Das Quartär in den Tropen

Klaus Heine

Das Quartär in den Tropen

Eine Rekonstruktion des Paläoklimas

Springer Spektrum

Klaus Heine
Universität Regensburg
Regensburg, Deutschland

ISBN 978-3-662-57383-9 ISBN 978-3-662-57384-6 (eBook)
https://doi.org/10.1007/978-3-662-57384-6

Die Deutsche Nationalbibliothek verzeichnet diese Publikation in der Deutschen Nationalbibliografie; detaillierte bibliografische Daten sind im Internet über http://dnb.d-nb.de abrufbar.

Springer Spektrum

Verantwortlich im Verlag: Stephanie Preuß

Springer Spektrum ist ein Imprint der eingetragenen Gesellschaft Springer-Verlag GmbH, DE und ist ein Teil von Springer Nature.
Die Anschrift der Gesellschaft ist: Heidelberger Platz 3, 14197 Berlin, Germany

Mit dem Wissen wächst der Zweifel.

Johann Wolfgang von Goethe (1749–1832),
deutscher Dichter der Klassik,
Naturwissenschaftler und Staatsmann

Vorwort

Rings um den Äquator haben natürliche Klimazyklen einen gewaltigen Einfluss auf Krieg und Frieden. Tropische Länder unterliegen dem doppelten Risiko von bewaffneten Konflikten und Bürgerkriegen, die häufiger während warmer, trockener El-Niño-Jahre ausbrechen als während kühler La-Niña-Phasen des ENSO (El Niño/*Southern Oscillation*) (Hsiang et al. 2011). Über klimabedingte Naturkatastrophen, wie Hurrikane/Taifune/Zyklone und Überschwemmungen, Bergstürze und Murgänge, wird häufiger aus tropischen Ländern berichtet als aus den Ländern der gemäßigten Breiten (Forschungsgruppe Geowissenschaften 1998). Megastädte sind die Motoren des globalen Wandels im System Mensch – Erde (Kraas 2009); die Mehrzahl der am schnellsten wachsenden, zugleich aber auch mit den komplexesten Problemen behafteten Megastädte befindet sich in den Tropen. Zudem sind die Megastädte der Tropen zu einem großen Teil von einem ansteigenden Meeresspiegel bedroht (Temmerman et al. 2013). Das Bruttoinlandsprodukt pro Einwohner soll aufgrund der Klimaerwärmung (temperaturbedingte Kosten) in den Tropen in diesem Jahrhundert stark zurückgehen, während es in den gemäßigten Klimagebieten der Nordhemisphäre ansteigt (Burke et al. 2015). Die irdische Vegetationsbedeckung verändert sich in den Tropen und Subtropen am eindrucksvollsten (Ersatz der Wälder durch landwirtschaftlich genutzte Flächen, Hansen et al. 2013; Fraser 2014; Abb. 1) mit heute noch unkalkulierbaren Folgen für das irdische Klima. Es liegt daher nahe, sich mit dem Klima und der Klimageschichte der tropischen und subtropischen Erdgegenden zu beschäftigen, um aus dem Klima der Vergangenheit Erkenntnisse für die Klimazukunft der tropischen und subtropischen Regionen zu gewinnen.

In diesem Buch werden Selbstverständlichkeiten in der Klimaforschung i. w. S. infrage gestellt bzw. hinterfragt. Weite Kreise der Öffentlichkeit sind durch ständige Berichterstattung (oft mit Bildern, z. B. Polarbär auf Eisscholle, Reich 2011; Abb. 1) – auch vonseiten der seriösesten Wissenschaftseinrichtungen (Helmholtz Perspektiven 2014) – überzeugt, dass der Mensch Verursacher des globalen Klimawandels seit AD 1850 sei und dass er den Klimawandel durch gezielte Maßnahmen beeinflussen (oder gar aufhalten) könne. Diese Vorstellungen werden auf den Prüfstand gestellt. Nicht Aussagen gegen Aussagen, sondern Fakten gegen Hypothesen werden behandelt.

Die Idee, ein Buch über die Eiszeitforschung zu schreiben und dabei nicht nur die Gebiete der großen Inlandeise in Eurasien und Nordamerika mit den angrenzenden Permafrostregionen zu behandeln, sondern ein Schwergewicht auf die Tropen und Subtropen zu legen, verfolge ich seit meinen ersten langen Aufenthalten in subtropischen Wüsten und tropischen, eiszeitlich vergletscherten Gebirgsregionen. Durch die Publikation meines Kollegen Jürgen Ehlers über *Das Eiszeitalter* im Jahr 2011 ist es nicht mehr erforderlich, die gemäßigten Zonen der Erde in einem Buch über die Eiszeitforschung einzubeziehen.

Bereits 1962 bereiste ich als Student die Namibwüste im damaligen Südwestafrika sowie die östliche und nordöstliche Kalahari im ehemals britischen Protektorat *Bechuanaland* und in der Föderation von *Rhodesia and Nyasaland* und war fasziniert von den einsamen Weiten der afrikanischen Landschaften, von den imposanten Dünenfeldern und Inselbergen der Namib, den endlosen mit Gras und Dornsträuchern bedeckten Dünenwällen der Kalahari und dem Sambesi-Strom ober- und unterhalb der Victoria-Fälle. Wieder zurück in Deutschland am Studienort fiel mir auf, dass die wissenschaftliche Erforschung des Quartärs (Eiszeitalters) dieser Gebiete damals noch in den Anfängen stand.

Bevor ich 15 Jahre später eigene Forschungen zur Klimageschichte der Wüsten und Halbwüstengebiete im südlichen Afrika aufnehmen konnte, führte mich mein Weg nach Mexiko, wo ich seit 1971 Studien zur Klimaentwicklung der letzten Jahrzehntausende ausführte, indem ich die frühere Vergletscherung der Vulkangebirge als Klimazeugen benutzte. Auch dort war die quartäre Klimageschichte noch sehr lückenhaft. Während des ersten, über ein Jahr währenden Mexiko-Aufenthalts lernte ich Land und Leute kennen und lieben.

Abb. 1 *Links*: In vielen Regionen der Erde werden die tropischen Regenwälder in global vernetzte Wirtschaftssysteme eingebunden; Agribusiness führt infolge von Rodung und Besiedlung der Regenwälder zu gewaltigen CO_2-Emissionen wie auch zur Vernichtung der CO_2-Senke *tropischer Regenwald*. Ölpalmen-Plantagen wie in Malaysia (ca. 2° N, 104° E) haben dabei einen großen Anteil. Historische CO_2-Emissionen als Folge von Landnutzungsänderungen sind größer als bisher angenommen. *Mitte*: Polarbär (*Ursus maritimus*) zwischen tauenden Eisschollen. Die Meldung, dass Eisbären infolge des abschmelzenden arktischen Meereises ertrinken, war eine frei erfundene Meldung (<go.nature.com/dfio50>). *Rechts*: Semiaride rand- und subtropische Ökosysteme (das Bild zeigt die Dünen der Südwest-Kalahari) sind bedeutende terrestrische CO_2-Senken und für jährliche Wechsel der globalen atmosphärischen CO_2-Konzentrationen weit mehr verantwortlich als bisher angenommen (Metcalfe 2014). Bilder: (alueni-images)

Mein weiteres Forscherleben wurde wesentlich von meinen Erfahrungen in den lateinamerikanischen Tropen sowie in den afrikanischen Wüsten und Savannen bestimmt (Heine 1994c). Um die Klimageschichte der letzten Jahrtausende, Jahrzehntausende und Jahrhunderttausende in den Tropen zu erhellen, boten sich mir einerseits die Spuren eiszeitlicher Gletscher in den tropischen Gebirgen an und andererseits die zahlreichen Hinweise auf frühere feuchtere, wasserreiche Zeiten in Trockengebieten. Eiszeitliche Spuren von ‚*Wasser in der Wüste*' zeigten sich mir in Namib und Kalahari (südliches Afrika), in der Simpson Desert (Australien), der Atacama (Südamerika) und im Südwesten der USA. In Mexiko und in den südamerikanischen Anden von Bolivien und Ecuador sammelte ich wissenschaftliche Belege für ausgedehntere Gletscher während der Eiszeiten (*Eis am Äquator*). Neben eigenen Forschungen führten Geländeaufenthalte in Verbindung mit zahlreichen Tagungen und Kongressen zu den eiszeitlichen Gletschergebieten im Himalaya, in Tibet und auf Borneo sowie zu Eiszeitspuren des Wassers in der westlichen (Mauretanien) und östlichen (Ägypten) Sahara, in den VAE (Vereinigten Arabischen Emiraten), in den Oman, nach Indien, in den Iran, nach China, Australien und Hawaii. Tropische und subtropische Tiefländer mit üppigen Regenwäldern und Savannen sowie die tropischen Küsten mit Mangroven und tsunami- und taifunbedingten küstennahen Sedimenten und Strandwällen, aber auch Korallenriffe und Atolle, konnte ich bei wissenschaftlichen Exkursionen kennenlernen. Von unschätzbarer Bedeutung für die Evaluierung der eigenen und fremden Feldforschungen weltweit, besonders aber in schwer zugänglichen Regionen in Hochgebirgen und Wüsten, ist das GOOGLE-Earth-Satellitensystem; es kann seit über zwei Jahrzehnten genutzt werden und erlaubt An- und Einblicke, die manche früheren Feldforschungsergebnisse auf den Prüfstand stellen.

Meine Erfahrungen zum Eiszeitalter in den Tropen reichen über 50 Jahre zurück. In den Medien werden Fragen der *globalen Erwärmung* und des *Klimawandels* erst seit drei Jahrzehnten behandelt (Abb. 2). Im vorliegenden Buch habe ich versucht, eine Zusammenschau zu geben. Dabei sollen eigene Beobachtungen und Deutungen mit dem gegenwärtigen Kenntnisstand der Eiszeitforschung (Paläoklimaforschung) i. w. S. diskutiert werden. Vor allem aber sollen die heutigen wissenschaftlichen Erkenntnisse der verschiedenen Disziplinen, wie Geologie, Geomorphologie, Ozeanographie, Bodenkunde, Palynologie, Biologie und andere Naturwissenschaften, mit Erd-Systemwissenschaften, wie Ökologie und Anthropologie etc., zusammengeführt werden. In Zukunft müssen die historischen, Sozial- und Geisteswissenschaften einbezogen werden (van der Leeuw 2013). Ich will den Versuch wagen, eine Synopse zum Problemkreis ‚Unser Klima in Vergangenheit, Gegenwart und Zukunft in den Tropen' zu entwerfen.

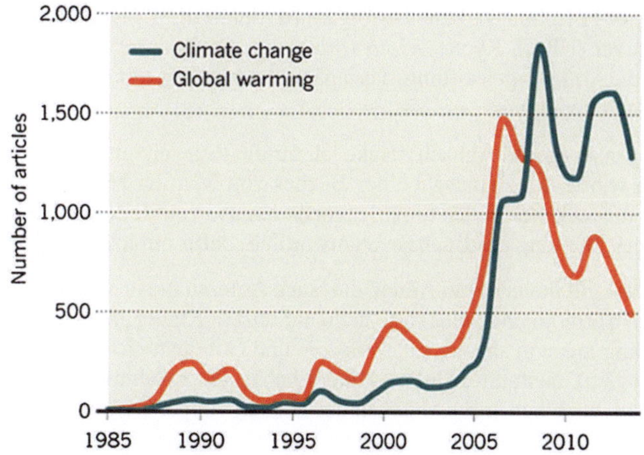

Abb. 2 *Climate Change* und *Global Warming* in Beiträgen der New York Times (Aus CHRONICLE/THE NEW YORK TIMES)

Um der komplexen Problematik einigermaßen gerecht zu werden, werden zuerst die Paläoklimaarchive kritisch betrachtet; auf Schwierigkeiten ihrer Deutung wird hingewiesen; dadurch werden Grenzen der Modellierungen aufgezeigt. Anschließend werden die Kenntnisse der Klimageschichte der Tropen und Randtropen vorgestellt. Eine vorsichtige Beurteilung des Forschungsstands findet sich am Schluss. Der Leitgedanke des Buches ist, meine jahrzehntelangen Erfahrungen mit der Paläoklimaforschung in die Diskussion einzubringen.

Unter den zahlreichen Abbildungen befinden sich viele Originaldarstellungen aus den unterschiedlichsten Quellen; die Abbildungen werden bewusst unverändert übernommen – auch wenn die Qualität und Lesbarkeit mitunter leidet –, denn jede Vereinfachung bzw. Generalisierung unterdrückt nicht nur einen Teil der dargestellten Daten, sondern führt auch zugleich zu einer Gewichtung der Daten sowie zu deren teilweiser Interpretation. Der Nutzer dieses Buches soll imstande sein, selbständig die Archive zu beurteilen.

Mein Dank gilt vielen Kollegen und Kolleginnen, Studierenden und Freunden, die meine Forschungen begleitet und mit Diskussionen, mit Material in Form von Publikationen und Abbildungen und mit Unterstützung im Gelände und Labor befruchtet haben, u. a.

- Baker, Victor R. (Tucson Arizona)
- Besler, Helga † (Köln)
- Blümel, Wolf-Dieter (Stuttgart)
- Coetzee, Johanna A. (Bloemfontein)
- Ern, Hartmut (Berlin)
- Flohn, Hermann † (Bonn)
- Geyh, Mebus A. (Hannover)
- Hüser, Klaus † (Bayreuth)
- Kadomura, Hiroshi (Tokyo/Yokohama)
- Lauer, Wilhelm † (Bonn)
- Leser, Hartmut (Basel)
- Mizuno, Kazuharu (Kyoto)
- Radtke, Ulrich (Köln/Duisburg-Essen)
- Roberts, Michael (Burnaby/Vancouver)
- Rust, Uwe † (München)
- Singhvi, Ashok K. (Achmedabad)
- Schönhals, Ernst † (Gießen)
- van Zinderen Bakker, Eduard M. † (Bloemfontein)
- Vázquez-Selem, Lorenzo (Mexiko-Stadt)
- Völkel, Jörg (München)
- Weyl, Richard † (Gießen)

Die Förderung meiner Forschungsarbeiten erfolgte u. a. durch die Universitäten Bonn, Saarbrücken, Regensburg, Vancouver (UBC), Kyoto (*Kyoto University*) sowie durch die Deutsche Forschungsgemeinschaft (DFG), die Volkswagenstiftung, das japanische *Ministry of Education, Science, Sports and Culture*. Dafür danke ich vielmals.

Ernst Ardelean (Regensburg/Bad Abbach) danke ich für die Reinzeichnung zahlreicher Abbildungen. Im Springer-Verlag wurde die Herausgabe des Buches von Martina Mechler, Stephanie Preuß und Merlet Behncke-Braunbeck stets unterstützt; Jeannette Krause vom le-tex publishing services GmbH Leipzig war für die Herstellung des Buches verantwortlich; dafür bin ich allen sehr dankbar.

Mein besonderer Dank gilt meiner Frau Almut, die lange Aufenthalte in Wüsten und Hochgebirgen der Tropen und Subtropen ermöglichte, indem sie nicht nur unsere Kinder Jan, Henrike und Caroline – oft unter extremen Bedingungen in abgelegenen Wüsten- und Gebirgsregionen – versorgte, sondern auch die erforderliche Logistik ausführte. Unsere Kinder haben das oft entbehrungsreiche Forscherleben geteilt und unterstützt; auch haben sie Anteil an der Lösung einiger wissenschaftlicher Probleme. Für alles danke ich ihnen.

Das Manuskript wurde im Herbst 2016 abgeschlossen und später noch durch einige neue Daten ergänzt.

Regensburg, Deutschland
Oktober 2018

Klaus Heine

Inhaltsverzeichnis

Einführung

1

K. Heine, *Das Quartär in den Tropen*, https://doi.org/10.1007/978-3-662-57384-6_1

Eiszeiten und Tropen – passt das zusammen? Die Vorstellungen, die sich mit den Eiszeiten verbinden, beinhalten gewaltige Gletscher, Tundren, eine eiszeitliche Tierwelt (Mammut, Säbelzahntiger, Wollhaarnashorn, etc.), Jäger und Sammler, nicht aber tropische Wälder, Korallenriffe, eine tropische Tierwelt. Die Tropen haben die Menschheit in der alten Welt seit jeher fasziniert (Griechen, Mittelalter, Neuzeit). Es war für sie eine fremde Welt. Erst heute, durch die Globalisierung des Handels, des Fremdenverkehrs, der industriellen Produktion, der globalisierten Medien (Katastrophen!) und Märkte rücken die Tropen mehr und mehr, fast täglich, in unser Bewusstsein. Wer aber denkt schon an die Tropen (Abb. 1.1), wenn Fragen der Klimageschichte der Vergangenheit diskutiert werden? Oder Probleme der Eiszeiten, der Warmzeiten, der plötzlichen Klimaänderungen? Oder Fragen nach unserer Klimazukunft?

1.1 Warum Eiszeitforschung in den Tropen?

Welche Rolle spielen die Tropen hinsichtlich *Global Change*? Wenn die globalen Treibhausgas-Emissionen nicht bald strenger kontrolliert werden, so wird behauptet (IPCC 2007, 2013), wird sich die Erde bis zum Ende dieses Jahrhunderts so stark erwärmen, dass katastrophale und chaotische Folgen für die Menschheit damit einhergehen (Abb. 1.2). Schmelzende Eiskappen, steigende Meeresspiegel, häufigere und intensivere Fluten, Dürren und Hitzewellen werden für die mittelfristige Zukunft projektiert. Und die ärmsten Länder, die zumeist in den Tropen liegen, werden voraussichtlich am stärksten davon betroffen sein. Deshalb werden drastische Schritte gefordert, um die Treibhausgas-Emissionen zu reduzieren (Rockström et al. 2009).

Können die Erkenntnisse aus der eiszeitlichen Klimageschichte, die große und kleine Klimaschwankungen und Klimafluktuationen kannte – auch in den Tropen –, lehren, worauf sich die Menschheit einstellen muss?

Global Change und das irdische System oder – ein Planet unter Druck – ist seit Jahren ein viel diskutiertes Thema (Negendank 2006; Easterbrook 2011). Ein einfaches Modell des irdischen Systems (Abb. 1.3) zeigt warum: Die Erde ist ein komplexes System, das signifikanten Umweltveränderungen ausgesetzt ist, die seit Jahrtausenden in Mensch-Umwelt-Beziehungen begründet sind. Die Herausforderung, *Global Change* zu verstehen (vgl. German et al. 1988), verlangt nicht nur nach *System-Wissenschaften*, sondern auch nach einem neuen *System der Wissenschaften*. Dieser neue Ansatz muss bestehende Wissenschaften, die sich dem System Erde widmen, stärken und einen neuen Rahmen für eine substanzielle Zusammenarbeit zwischen Natur- und Sozialwissenschaften schaffen (vgl. auch Grundmann 2016; C. Hamilton 2016). Die Erdwissenschaften (Geowissenschaften) haben sich in den letzten Jahrzehnten zu *Erd-System-Wissenschaften* entwickelt, die Interaktionen der physischen Komponenten der Erde mit den Ökosystemen von Land (terrestrisch) und Meer (marin) einschließen. Einerseits müssen sie erweitert werden, damit sie die anthropogene Sphäre einbeziehen, um Entscheidungen für eine nachhaltige Entwicklung zu ermöglichen, andererseits müssen die Erdwissenschaften weiterhin verstärkt Erkenntnisse zum eiszeitlichen, nacheiszeitlichen und gegenwärtigen Klimawandel anhand von Beobachtungen hervorbringen, denn die Natur selbst „erzählt" uns (Cloos 1936), wie sie funktioniert. *Wissenschaft besteht darin, Dinge zu entdecken, die zuvor nicht bekannt waren.* Dabei hilft die einfachste aller Methoden: sorgfältige Beobachtung. Umwelt- und Klimaszenarien der Vergangenheit und Zukunft, die auf Computermodellierungen basieren, sind nur so wahr bzw. zutreffend, wie die Annahmen, die für die Modellierungen gemacht wurden. Computer-Simulations-Modelle sagen uns, wie die Natur *vermutlich* funktioniert, und zwar unter starker Vereinfachung der tatsächlichen irdischen Komplexität. Wir wissen, dass die Natur so komplex ist, dass sie nicht in Formeln, die die natürlichen Systeme widergeben sollen, gefasst werden kann. Viel zu wenig ist darüber bekannt, welche Faktoren z. B. im Quartär Klimaänderungen, Klimaschwankungen und Klimafluktuationen bewirkt haben. In Modellen werden nur Annahmen gemacht. Ob sie richtig sind, ist nicht bekannt.

Es muss darum ständiges Bemühen der Wissenschaften sein, belastbare Daten der Klimavergangenheit der Erde zu gewinnen, denn es genügt nicht, mit aufwendigen Klimamodellen die Zukunft zu simulieren (vgl. Revesz et al. 2014; Tollefson 2015). Modelle kommen und gehen, aber gute Datensätze bestehen für immer!

Dass die Tropen bisher in der Klimadiskussion wenig Beachtung fanden, ist auch das Ergebnis einer wissenschaftlichen Erforschung des Eiszeitalters, bei der die Tropen stiefmütterlich behandelt wurden. Vor über 50 Jahren nennt Woldstedt (1958–1965) in seinem dreibändigen Werk über *Das Eiszeitalter – Grundlinien einer Geologie des Quartärs* die Tropen lediglich auf 66 Seiten des 766 Seiten starken regionalen Teils (Sudan: 2 S.; Zentralafrika: 4 S.; Südl. Afrika: 16 S.; Südasien: 18 S.; Trop. Australien: 0 S.; Pazifische Inseln: 2 S.; Mittel- u. trop.-subtrop. Südamerika: 24 S.). Die Ozeane der Erde werden auf nur 4 Seiten abgehandelt. Andererseits wird selbst in aktuellen Publikationen das Quartär der Tropen kaum beachtet. Bremer (1999) erwähnt in dem stark physisch-geographisch orientierten Werk *Die Tropen – Geographische Synthese einer fremden Welt im Umbruch* (428 S.) auf einer knappen Seite „Vorzeitformen" und auf 8 Seiten „Klimaänderungen", und Wirthmann (1987) widmet der Bedeutung der quartären Klimaänderungen in seiner *Geomorphologie der Tropen* nur wenige Zeilen. Auch das jüngste deutschsprachige Sachbuch *Das Eiszeitalter* von Ehlers (2011) behandelt die Tropenländer und die tropischen Meere nur am Rande. Mit Ausnahme des gerade erschienenen Buchs von Metcalfe und Nash (2012) *Quaternary Environmental Change in the Tropics* befassen sich auch die englischsprachigen Publikationen vorwiegend mit den Außertropen (z. B. Andersen und Borns 1994) (Abb. 1.4).

In den Lehrbüchern zur Physischen Geographie und Geologie wird das Quartär der Tropen ausgespart, so beispielsweise in Strahler und Strahler (1999) und Rothe (2008), obgleich seit 1927 (Thorbecke 1927) der Einfluss des Klimas auf die Ausbildung der Oberflächenformen in der deutschen Geomorphologie (zum Teil) heftig diskutiert wird, Schwarzbach (1974[3]) in seiner Einführung in die Paläoklimatologie *Das Klima der Vorzeit*

Abb. 1.1 Die Erforschung der quartären Klimaschwankungen in den Tropen ist oft mit logistischen Problemen verbunden. *Oben*: Auf dem Weg ins „Arbeitsgebiet" in Nepal. *Unten*: Der Weg zum Paläoklimaarchiv „Speläothem" in der Namib-Wüste führt durch enge Höhlengänge und steile Spalten. Die Personen sind (von links): Eduard van Zinderen Bakker, Louis Scott, Gisela Weigmann. (Fotos: alueni-images)

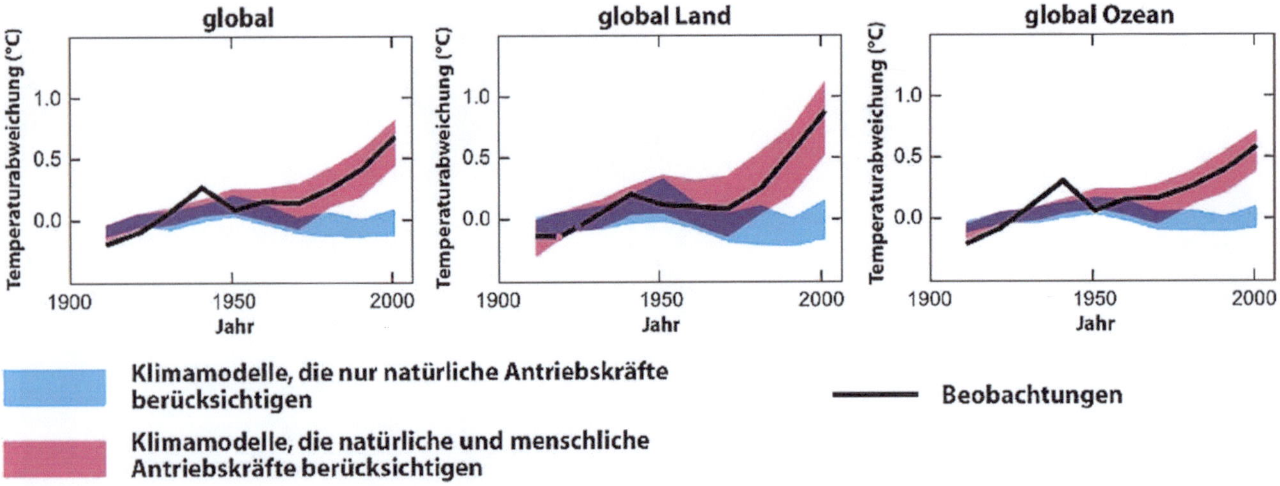

Abb. 1.2 Vergleich der beobachteten Änderungen der Erdoberflächentemperatur auf kontinentaler und globaler Skala mit den von Klimamodellen aufgrund natürlicher und anthropogener Antriebe berechneten Resultaten. Die Jahrzehnt-Mittel der Beobachtungen sind für den Zeitraum 1905–2006 (*schwarze Linie*) im Zentrum des Jahrzehnts und relativ zum entsprechenden Mittel von 1901–1950 eingezeichnet. Die *Linien* sind *gestrichelt*, wenn die räumliche Abdeckung weniger als 50 % beträgt. *Blau schattierte Bänder* zeigen die 5–95 % Bandbreite für 19 Simulationen von fünf Klimamodellen, welche nur die natürlichen Antriebe durch Sonnenaktivität und Vulkane berücksichtigen. *Rot schattierte Bänder* zeigen die 5–95 % Bandbreite für 58 Simulationen von 14 Klimamodellen unter Verwendung sowohl der natürlichen als auch der anthropogenen Antriebe. (Aus FAQ 9.2, Abb. 1 aus IPCC 2007: WG1-AR4).
Anmerkung: Die natürlichen Antriebe (*forcings*) durch Sonnenaktivität und Vulkanismus können sehr unterschiedlich eingeschätzt werden (vgl. GA Schmidt et al. 2014; LeGrande und Anchukaitis 2015). Die modellierten Kurven sind kein Beweis dafür, dass das anthropogene *forcing* im Wesentlichen auf den CO_2-Anstieg zurückzuführen ist. Die folgenden Ausführungen (Abschn. 2.2) weisen auf vielfältige Möglichkeiten des „anthropogenen *forcing*" hin

zahlreiche Hinweise auf den eiszeitlichen Klimawandel in den Tropen und Subtropen auflistet und in Büdels (1977) *Klima-Geomorphologie* der eiszeitliche Klimawandel in den Rand- und Subtropen von entscheidender Bedeutung für die Entstehung charakteristischer Landschaftsformen ist (siehe auch: Ahnert 1996). Vor allem nicht-deutschsprachige Lehrbücher berücksichtigen neuere Forschungsergebnisse zum Quartär der Tropen (z. B. Gutiérrez Elorza 2008; Metcalfe und Nash 2012; aber auch schon Thomas 1974).

Die Tropen sind von eminent großer Bedeutung, wenn Probleme des Klimas der Vergangenheit, Gegenwart und Zukunft angesprochen werden. Daher sind alle Bemühungen, unser Verständnis der quartären Klimageschichte der Tropen zu erweitern, außerordentlich wichtig. Die Tropen sind die Küche, in der das irdische Klima gebraut wird. Die schnelle Erwärmung der Arktis soll von einer Abkühlung des tropischen Pazifiks gesteuert werden (Ding et al. 2014) und einer starken atlantischen Zirkulation, die warmes Oberflächenwasser aus den Tropen in hohe Breitengrade bringt (Yeager et al. 2015). Die *climate forcings*, die Triebkräfte des Klimas, die in den Tropen ihren Ursprung haben, und die Änderungen/Auswirkungen im Eiszeitalter sollen im vorliegenden Buch behandelt werden. Schon heute konzentrieren sich die Erklärungen für die Verlangsamung der globalen Erwärmung während der letzten 15 Jahre auf die Tropen: Aus bisher unbekannten Gründen haben sich die Windstärken im tropischen Pazifik verstärkt und atmosphärische Wärme in den Ozean abgeführt (England et al. 2014). Beteiligt daran sind möglicherweise eine interne natürliche Variabilität wie die *Pacific Decadal Oscillation* (eine langzeitige Oszillation der Meeresoberflächentemperaturen) und/oder externe Einflüsse wie *man-made* troposphärische Aerosole (Huber und Knutti 2014) und geringere atmosphärische Methankonzentrationen (als Folge des Montreal-Protokolls), die solare Variabilität oder vulkanische Eruptionen (GA Schmidt et al. 2014; LeGrande und Anchukaitis 2015); auch die globale Erwärmung selbst, beispielsweise im Indischen Ozean, kann eine Rolle spielen. Klimawissenschaftler suchen nach Erklärungen (Visbeck 2014; Bader 2014; Huber und Knutti 2014), weniger in den ehemals großen quartären Vereisungsgebieten, sondern vielmehr in den Tropen!

1.2 Klimawandel in den Tropen

Am 12. April 1836 beschrieb und erklärte der bekannte Biologe, eifrige Vertreter der Schulgeologie und – dem Beispiel Alexander von Humboldts nacheifernde – Forschungsreisende Charles Robert Darwin, der wegen eines Streits mit den Kapitän Robert FitzRoy über die Sklaverei das Schiff *Beagle* in Brasilien verlassen wollte, in seinem Reisetagebuch, in dem er seine Weltumsegelung schildert, die Entstehung der Korallenriffe in den Tropen und verwies auf die Bedeutung relativer Meeresspiegeländerungen. Diese freilich erklärte Darwin nicht mit eustatischen, vom Anwachsen und Abschmelzen großer eiszeitlicher Gletschergebiete verursachten Meeresspiegeländerungen, sondern durch eine langsame, aber dem Betrag nach ungeheure Senkung des Meeresbodens (Darwin 1862). Auch

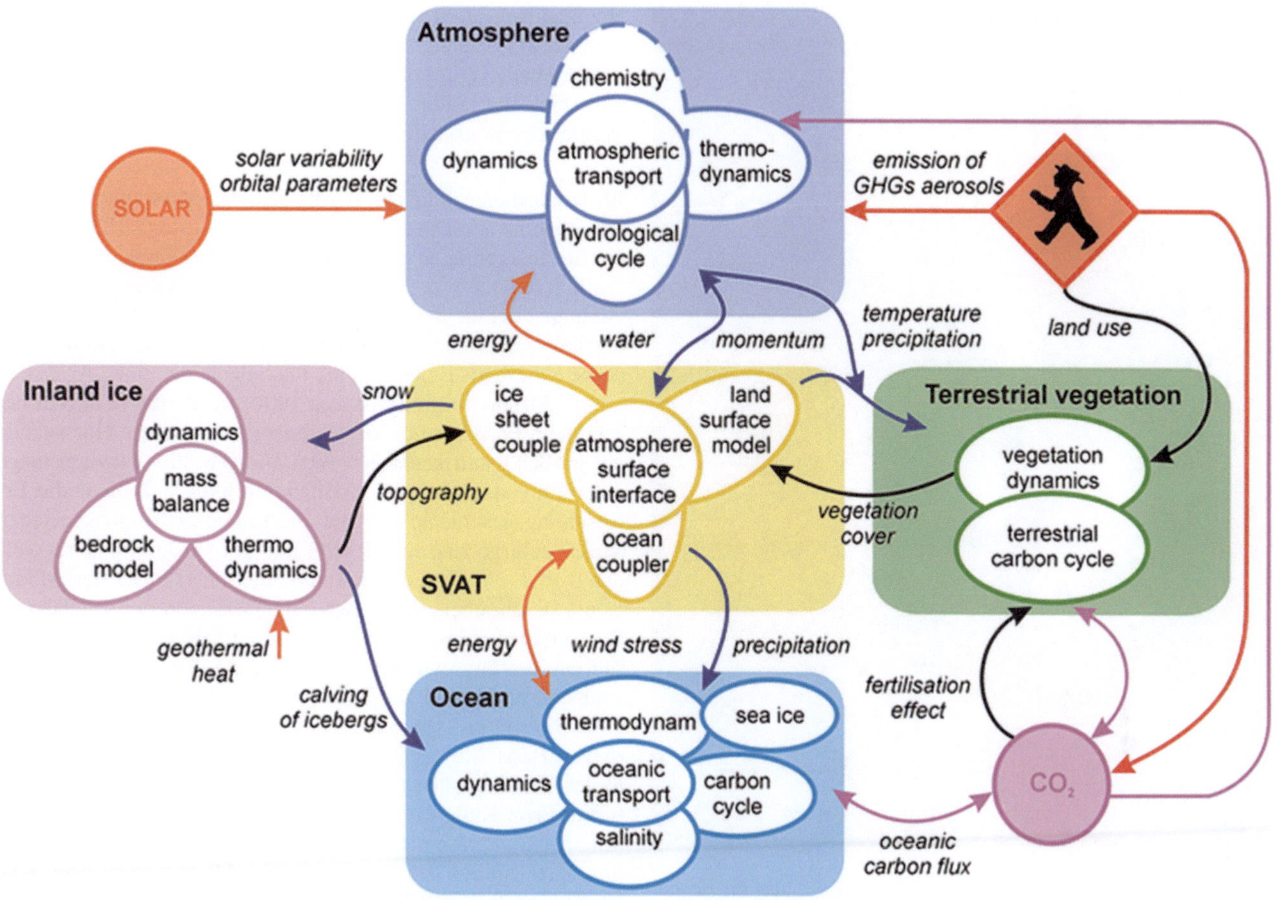

Abb. 1.3 Die Struktur des CLIMBER-Modells, ein Beispiel für ein Erd-System-Modell mittlerer Komplexität. Quelle: http://wiki.bildungsserver.de/klimawandel/index.php/Datei:Modellstruktur.jpg, vgl. auch Petoukhov et al. (2000)

erklärte Darwin (1842) ungegliederte Sande und Silte mit erratischen Blöcken im südlichen Südamerika, die er *till* nannte, nicht als Gletscherablagerungen, sondern in Übereinstimmung mit Charles Lyell als Ablagerungen gestrandeter Eisberge. Die Vorstellung, dass durch Klimaänderungen große Mengen Meereswasser als Inlandeis gebunden werden konnten, war Darwin fremd. Zuvor hatte auch A. von Humboldt auf seiner wissenschaftlichen Reise (1799–1804) in die Tropen der Neuen Welt zwar ein Schema der vertikalen Klima- und Vegetationsstufen entwickelt, mit bedeutenden Beobachtungen zu deren Höhenlage und Messungen zu Klimaparametern wie Schneegrenzhöhe etc. (Humboldt 1978), doch Zeugen für Klimaänderungen in den Tropen wurden nicht erkannt (Humboldt 2008), obgleich sowohl Darwin als auch Humboldt intensiv an den – damals neuen – Diskussionen über das Eiszeitalter beteiligt waren (Kinzl 1973; Krüger 2013).

Im Jahr 1885 führte Albert Heim im *Handbuch für Gletscherkunde* die bereits bekannten Gletscher der Tropenzone auf. Lediglich aus der *Sierra Nevada de Santa Marta* Kolumbiens sind ihm Gletscher bekannt. Alle anderen tropischen Gebirge und Vulkane, selbst in Höhen über 5000 m, sollen nur „vereisende Schneeflecken und Schneefelder" aufweisen, so in Südamerika, aber auch in Afrika, im tropischen Asien und Australien (Heim 1885: 414–416). Heims Zusammenstellung für das tropische Südamerika wird durch die Berichte von Reiss (1873, 1875, vgl. auch Pfaffl und Dullo 2014), Reiss und Stübel (1892–1898) und Stübel (1897) ergänzt, die Beobachtungen zu den rezenten Gletschern Ecuadors mitteilen, sowie durch Schilderungen über quartäre Gletscherspuren in Venezuela (Acosta 1851; Sievers 1886), Kolumbien (Hettner 1888, 1889, 1892; Sievers 1887, 1908), Bolivien und Peru (Hettner 1889; Agassiz 1875/76; Conway 1899, 1901; u. a. m.; vgl. Meyer 1907a: 468–469). Besonders die Berichte von Sievers (1887) und Hettner (1892) über Moränen, die bis über 1500 m tiefer als die jüngsten Moränenwälle liegen, belegen die frühzeitige Kenntnis vom quartären Klimawandel in den tropischen Anden. Auch hat der englische Alpinist Edward Whymper zahlreiche Gletscherenden in Höhen über 4700 m aus den Anden Ecuadors und Gletscherschliffe vom Chimborazo einige Meilen unterhalb des Thielmann-Gletschers beschrieben (Whymper 1892: 62).

Im Frühling und Sommer 1903 reiste Hans Meyer nach Ecuador mit dem alleinigen Ziel, die Schnee- und Eisregionen der ecuadorianischen Anden zu untersuchen (Meyer 1907a; Brogiato 2003). Auf 58 Seiten diskutiert Meyer (1907a: 427–484) die „heutige und einstige Vergletscherung Ecuadors und die Eiszeit in den Tropen". Ausführlich erörtert er die für tropi-

Abb. 1.4 Titelbilddarstellung auf dem neuesten Buch über die Rekonstruktion des quartären Klimas von Lowe und Walker (2015b). Der Titel zeigt die Nordhemisphäre mit den großen quartären Inlandvereisungen. Die Tropen verschwinden hinter der Erdkrümmung

sche Hochgebirge charakteristischen Büßerschnee-Bildungen, die Firn- und Gletscher-Bildungen und die Gletschererosion; er definiert einen „tropischen Gletschertypus" (S. 447) und beschreibt detailliert verschiedene Moränentypen, die vorwiegend in 4500–4800 m Höhe liegen, sowie einen zweiten, tiefer liegenden Moränengürtel zwischen 3900 und 4200 m Höhe (vgl. Abb. 1.5). Daraus rekonstruiert er eine frühere Gletschergrenze, die 800–900 m tiefer lag. Außerdem werden glaziäre Sedimente und Formen einer noch älteren und tiefer reichenden Vergletscherung beschrieben sowie eine pleistozäne Fauna, eine Interglazialzeit und die für Ecuador typische vulkanisch-äolische *Cangagua*-Lössformation. Das Abschmelzen der jüngeren Vergletscherung erfolgte in drei Rückzugsphasen. Aufgrund der vulkanologischen, morphologischen, faunistischen und floristischen Untersuchungen werden die beiden ecuadorianischen Glazialperioden der Riss- und Würmeiszeit Europas gleichgesetzt. Meyers Ausführungen zu den Eiszeiten in den Tropen waren seiner Zeit und den nachfolgenden Forschungen weit voraus; sie wurden erst 25 Jahre später von Carl Troll (1929) aus der Ostkordillere Boliviens bestätigt (Jordan 2003). Allerdings – von Troll unbeachtet – hat W. G. Tight bereits auf der Tagung der *Geological Society of America* 1906 in New York über pleistozäne Glazialphänomene des bolivianischen Hochlands referiert (Hovey 1907) und drei gut erkennbare Stadien der Vergletscherung mit deutlichen interglazialen Perioden beschrieben; Tight korreliert drei alte Strandlinien im Titicacaseegebiet, die höhere Seespiegel dokumentieren, mit den drei Vergletscherungsstadien.

Im tropischen südlichen Afrika hat der Missionar und Forschungsreisende David Livingstone (Livingstone 1858) bereits aus Seeablagerungen gefolgert, dass es in der Vergangenheit wesentlich feuchtere Zeiten gab. Der deutsche Geograph Siegfried Passarge, der in den Jahren 1896–1898 die Kalahari bereiste, fand zahlreiche Anzeichen größeren Wasserreichtums und deutete diese als Beleg für eine Pluvialzeit, der eine „Austrocknung" Afrikas folgte (Passarge 1904). Auch für Ostafrika beschreiben Forscher fluviale Sedimente und frühere Hochstände der großen ostafrikanischen Seen, die gewaltige Niederschläge einer Pluvialzeit belegen. Mahaney (1990: 1–7) fasst die Erforschungsgeschichte der Gletscherspuren der ostafrikanischen Vulkangebirge zusammen; am Ende des 19. Jahrhunderts wurden von J. W. Gregory erstmals Gletscherspuren des Mount Kenia beschrieben, die später (AD 1908) von den Engländern Ross und Hutchins, die eine Bestandsaufnahme der Wälder ausführten, bestätigt wurden. Vom Ruwenzori beschrieben Moore, Johnston und David am Ende des 19. Jahrhunderts eiszeitliche Gletscherspuren (vgl. auch Meyer 1907a). Am Kilimandscharo hat Hans Meyer als Erster eine stärkere Vergletscherung in der Vergangenheit nachgewiesen (Meyer 1890, 1900). 1912 führte Fritz Klute (1920, 1949) Forschungen zur Vergletscherung aus und präsentierte eine stereophotogrammetrische Karte mit Glazialspuren des Kilimandscharo-Massivs (vgl. Abb. 1.5). Bereits 1928 fasste Fritz Jaeger zusammen, dass die Tatsache der quartären Pluvialzeit Afrikas von größter Bedeutung für die gesamte Lebewelt ist, fanden dadurch doch Pflanzen, Tiere und Menschen ganz andere Lebens- und Verbreitungsbedingungen vor als heute (Jäger 1928: 31). „Nur die starke Einschränkung der Trockengebiete in der Pluvialzeit lässt uns die heutige Verbreitung allen Lebens in Afrika verstehen"; Jaeger folgert weiter, dass die Aridität auch in geschichtlicher Zeit weiter fortgeschritten ist. Im Tschadseegebiet kommen sowohl Fluss- und Seeablagerungen wie auch Dünen vor, weshalb Klute (1936: 254) von einem Kampfgebiet äolischer und fluvialer Kräfte spricht, das „seine Entstehung den diluvialen [eiszeitlichen] Klimaschwankungen" verdankt. Zur selben Zeit vertritt Alfred Kaufmann die Ansicht (Kaufmann 1936: 163), dass

> man leicht geneigt ist, in Ägypten … und anderen Ländern des Orients zur Erklärung von Ruinen bedeutender antiker Siedlungen in heute völlig kulturlos gewordenen Gegenden, von Tempeln, die aus dem Wüstensand ausgegraben werden mußten, Klimaänderungen anzunehmen. Aber eine derartige Annahme für historische Zeiten ist unmöglich. Die Nilflut hat heute noch die gleiche Höhe wie im grauen Altertum; ihr Beginn, ihre Dauer, ihr Maximum, ihre Schwankungen verliefen nach den uns erhaltenen geschichtlichen Daten vor Jahrtausenden genau so wie heute. In historischen Zeiten kann sich das Klima also nicht verändert haben. Nur von fernen vorgeschichtlichen Zeiten, zehntausenden von Jahren vor dem Beginn geschichtlicher Spuren wissen wir aus den geologischen Forschungen, daß ein anderes Klima mit Regenvegetation geherrscht haben muß …; schon seit dem Diluvium [Pleistozän] ist Ägypten trocken geworden.

Abb. 1.5 *Oben links*: El-Altar-Vulkanmassiv, Ecuador. In der Bildmitte sind die Moränenwälle der Kleinen Eiszeit deutlich ausgebildet (*Pfeil*) (nach Hans Meyer 1907a; Alueni-images). *Oben rechts*: „Karte der Hochregion des Kilimandscharo-Gebirges" von Fritz Klute und Eduard Oehler; die eiszeitlichen Gletscherspuren werden erstmals für das gesamte Gebirgsmassiv erfasst. Nach Klute (1920). Alueni-images. *Unten*: Die *linke* Luftaufnahme aus dem Jahr 1936 zeigt die Gletscher des Mount Carstensz (Puncak Jaya, 4884 m, Neuguinea, 04°04′44″S, 137°9′30″E), das *rechte Bild* eine GOOGLE-Schrägansicht derselben Region von AD 2015. Die *rote Linie* stellt in etwa die Gletscherausdehnung von 1936 dar. Der *blaue Pfeil* dient zur Orientierung. Blickrichtung: SE. Im Jahr AD 1623 beobachtete der holländische Entdecker Jan Carstensz als Erster die Gletscher an einem klaren Tag; seine Berichte über die Tropengletscher in Neuguinea wurden über zwei Jahrhunderte als Fantasien abgetan. Das Bergmassiv wurde AD 1936 zum ersten Mal bestiegen (Colijn 1937)

Lange wurde über die durch Almásy (1939) bekannt gewordenen Felszeichnungen und Felsgravuren im *Wadi Sura* (Gilf Kebir) der libyschen Sahara heftig und kontrovers diskutiert; die Darstellung der „schwimmenden" Menschen, aber auch der Flusspferde, Fische, Krokodile und vieler anderer Tiere waren für eine Gruppe von Forschern Belege von Klimaschwankungen in der heute extrem trockenen Ost-Sahara, für eine andere jedoch Hinweise darauf, dass die steinzeitlichen Bewohner der Sahara in Erinnerung an und aus Kenntnis von regenreicheren Gegenden entsprechende Felsmalereien in einer extrem ariden Wüste anfertigten.

Seit über 100 Jahren gibt es im tropischen Asien erste Hinweise auf alte, deutliche Gletscherspuren in den Himalaya-Tälern von Sikkim und Garhwal oberhalb von ca. 2500 m Höhe, in Kaschmir ab 1950 m NN, im oberen Indusgebiet über 2100 m NN (Drew 1875; Dainelli 1922), in den Tälern der Mustakkette zwischen 3000 und 2000 m Höhe (Meyer 1907a: 468; Diener 1896; Oestreich 1904). Aus Neuguinea wird zum ersten Mal 1921 (Detzner 1920 [ungeachtet der Berichte von Jan Carstensz aus dem Jahr 1623]) und aus Borneo 1967 (Koopmans und Stauffer 1967) von Gletschern bzw. eiszeitlichen Gletscherspuren berichtet. In Neuguinea werden die untersten Moränen in ca. 2400 m NN (Carstensz Mountains [*Puncak Jaya*], Dozy 1938, vgl. Abb. 1.5) und ca. 2600 m NN (Mt. Giluwe, Bik 1972) angetroffen. Die Klimatische Schneegrenze (ELA, *equilibrium line altitude*) lag um das Jahr 1960 bei ca. 4700 m NN (vgl. Hope und Peterson 1975). Auf die Bedeutung der wiederholten, bis über 100 m großen Absenkung des Meeresspiegels während der Eiszeiten und die dadurch bedingten Änderungen der Küstenlinien wird bei Behrmann (1937: 457, 484) hingewiesen.

Für das tropische nördliche und randtropische zentrale Australien stellte Bremer (1967: 90–98) die spärlichen Belege von pleistozänen Klimaschwankungen zusammen, die seit den 1940er-Jahren publiziert wurden, und wies auf eine zunehmende Austrocknung im quartären Klimaablauf hin. Mangels absoluter Altersbestimmungen war eine einfache Parallelisierung der ariden und humiden Zeiten mit denen der Nordhalbkugel für Bremer (1967) noch nicht möglich.

Von Hawaii (Mauna Kea) wurden erstmals 1909 glaziäre Ablagerungen beschrieben. Erst viel später konnte Porter (1975) die jüngsten letzteiszeitlichen Vergletscherungen tephrochronologisch datieren.

Die Vorstellung, dass Klimaänderungen auch die Tropen erfasst hatten und noch im Holozän äußerst wirksam waren, setzte sich nur langsam durch. In den 1960er-Jahren, als längst die Vielzahl von Warm- und Kaltzeiten erkannt worden war, vertraten viele Autoren die Ansicht, dass die Kaltzeiten der außertropischen Gebiete mit Pluvialzeiten der Tropen und Subtropen korrespondierten: Die Wüsten sollten sowohl am ektropischen als auch am tropischen Rand feuchter, die tropischen Regenwälder ausgedehnter gewesen sein (Leser et al. 1995: 88). Diese Vorstellung geht nicht zuletzt auf die wegweisenden Forschungen von Russell (1889) über die eiszeitliche Vergletscherung der Sierra Nevada sowie über die Paläoseen des Great Basin im Südwesten Nordamerikas zurück. Vorwiegend angelsächsische Forscher griffen diese Gedanken aufgrund wachsender Kenntnisse über vorzeitliche Seenbildungen (Lake Bonneville, Lake Lahonton im *Great Basin*) seit den 1940er-Jahren wieder auf (u. a. Price 1944; Grove 1969). Auch der einflussreiche deutsche Geograph Julius Büdel (1951) verbreitete diese Ideen. Seither wird der „klima-stratigraphische" Ansatz, nämlich die „Glazial- = Pluvial-Hypothese", im deutschsprachigen Raum immer wieder publiziert, obgleich durch die nachfolgenden Forschungen das Gegenteil belegt wird: Glazialzeiten gehen einher mit einer Ausdehnung der tropisch-subtropischen Trockenräume und einer arideren tropischen Regenwaldzone (Fairbridge 1972; Heine 1974; Kahlke 1981; Thomas und Thorp 1995; Collins et al. 2011).

Seit A. v. Humboldt werden in den neuweltlichen Tropen die in den Gebirgen ausgebildeten höhenabhängigen (*vertikalen*) Klima- und Vegetationsstufen wissenschaftlich erforscht (siehe Box *Alexander von Humboldt*). Auch die jüngere Eiszeitenforschung, die sich mit vertikalen, vom quartären Klimawandel verursachten Umweltveränderungen in den Tropen befasst, hat ihren Schwerpunkt in den Gebirgen Mittel- und Südamerikas. Wird der *horizontale* Wandel der eiszeitlichen Umweltveränderungen bearbeitet, steht der afrikanische Kontinent mit seinen lehrbuchhaft ausgebildeten Klima- und Landschaftszonen zur Verfügung. Aus diesen Gründen werde ich den vertikalen quartären Klimawandel eingehend am Beispiel der Neuen Welt diskutieren, während der horizontale Wandel in Afrika mehr Berücksichtigung findet. Nicht zuletzt möchte ich anmerken, dass ich meine eigenen Forschungen ebenfalls mit Schwerpunkt in den neuweltlichen tropischen Gebirgen und den altweltlichen randtropischen Trockengebieten (und Wüsten) ausgeführt habe.

Box Alexander von Humboldt

Friedrich Heinrich Alexander Freiherr von Humboldt (Abb. A), Naturforscher, geboren am 14. September 1769 in Berlin, gestorben ebenda am 6. Mai 1859. Nach seiner Studienzeit an den Universitäten in Göttingen und Frankfurt/Oder sowie an der damals bedeutenden Handelsakademie in Hamburg unternahm er eine wissenschaftliche Reise an den Rhein mit dem berühmten Weltumsegler G. Forster. Bereits als Oberbergmeister im preußischen Staatsdienst 1792–1796 begann er die Vorbereitungen zu seinen naturwissenschaftlich ausgerichteten Reisen. Er durchwanderte 1795 einen Teil der Schweiz und ging 1797 in Begleitung seines Bruders Wilhelm und des russischen Staatsrats Fischer über Wien und Salzburg nach Paris, wo er die Bekanntschaft mit Aimé Bonpland machte, den das gleiche wissenschaftliche Interesse an den Naturwissenschaften fesselte (Schulz 1960). Beide fassten den Entschluss, die spanischen Kolonien in der Neuen Welt zu bereisen. Nachdem sie beim Madrider Hof um Bewilligung dazu nachgesucht und diese als erste Nichtspanier erhalten hatten, waren sie von 1799 bis 1804 unterwegs. Die Ausbeute für die Natur- und Völkerkunde war außerordentlich reich. Humboldt hat sich als Erster bemüht, alle Erscheinungen, die sich auf dieser Erde abspielen, in ihrem Gesamtzusammenhang zu verstehen und zu deuten (Meyer-Abich 1963).

Nach seiner Rückkehr aus Südamerika im August 1804 beschrieb Humboldt in seinen *Ideen zu einer Geographie der Pflanzen* auch ein *Naturgemälde der Tropenländer*. Beobachtungen über die räumliche Anordnung der Vegetation in horizontaler wie auch vertikaler Verbreitung (Abb. B) werden mit klimatischen Gegebenheiten, Meeresströmungen, Hochgebirgen etc. in Beziehung gebracht. Die Grundlagen für die in der Klimarekonstruktion der Tropenländer so wichtigen palynologischen Forschung (Pollenanalysen) werden damit bereits skizziert. Allerdings sind Gedanken zu Klima- und Vegetationsänderungen in den Tropengebirgen bei Humboldt nicht zu finden. Humboldt neigte zum Plutonismus, Goethe eher zum Neptunismus. Humboldt und Goethe ging es um Anschauung, um aus Erfahrung zu Erkenntnis zu kommen (Goethe richtete seine Betrachtung auf das Werdende, Humboldt auf das Gewordene: Humboldt will Natur und Landschaft und menschliche Lebensgemeinschaft auf der Grundlage gesammelter und überprüfbarer Fakten sichtbar machen [Scurla 1977, S. 19]).

Humboldt hat sich aber auch zu drängenden Problemen der damaligen Zeit geäußert. „Ohne Zweifel ist die Sklaverei das größte aller Übel, welche die Menschheit gepeinigt haben", schrieb Humboldt, dessen *Essay über die Insel Cuba* das vielleicht wichtigste liberale Manifest des 19. Jahrhunderts gegen die Sklaverei darstellt (Zeuske 2013).

Alexander von Humboldt ist im tropischen Lateinamerika auch heute noch allgegenwärtig. Städte, Bezirke, Berge, Seen, Straßen, Plätze, Bildungseinrichtungen, ein Meeresstrom u. v. a. m. tragen seinen Namen. In Venezuela lernt jedes Dorfkind in der Schule, dass es Humboldt (*el gran sabio alemán*) gewesen ist, der den Pflanzen, Tieren und Mineralien den Namen gegeben hat (Meyer-Abich 1963).

Abb. A *Links*: Alexander von Humboldt. Das Gemälde von Friedrich Georg Weitsch entstand 1806 wenige Jahre nach Humboldts Forschungsreise und zeigt zwei Aspekte: Botanisieren und Messen. *Mitte*: Humboldt-Denkmal vor der Humboldt-Universität von Berlin, die 1809 gegründet und nach den Brüdern Wilhelm und Alexander von Humboldt benannt wurde. *Rechts*: Humboldt in jüngeren Jahren (Stahlstich). Quelle: alueni-images

Abb. B Alexander von Humboldts Darstellung der vertikalen Verbreitung der Pflanzenwelt in den Tropen (Anden). Die „Heiße Zone" beiderseits des Äquators zwischen 10°N und 10°S basiert auf Beobachtungen und Messungen von A. v. Humboldt und A. G. Bonpland in den Jahren 1799 bis 1803. (Humboldt und Bonpland 1807). Quelle: alueni-images

Das Eiszeitalter

2

K. Heine, *Das Quartär in den Tropen*, https://doi.org/10.1007/978-3-662-57384-6_2

2.1 Das Quartär

Während der letzten 2,6 Mio. Jahre spielten sich dramatische Veränderungen in der Erdgeschichte ab. Im frühen Pliozän vor 5,3 bis 3,6 Mio. Jahren waren die globalen Durchschnittstemperaturen noch 3–4 °C und die Arktis sogar 12 °C wärmer als heute – und das bei einem CO_2-Gehalt der Atmosphäre um 350–420 ppm (am 9. Mai 2013 überschritt die atmosphärische CO_2-Konzentration auf dem Mauna Loa, Hawaii, zum ersten Mal seit dem Beginn der Nacheiszeit vor 11.600 Jahren den Wert von 400 ppm; im Jahr 2016 überstieg der Wert global 400 ppm). Das Ende der pliozänen Wärme kündigte sich bereits vor 3,6 Mio. Jahren an, und zwar in den hohen wie auch in den niederen Breiten (Tropen) (Ravelo 2010). Der Temperaturgradient zwischen Tropen und Außertropen stieg an, und die Eisbedeckung der Arktis nahm langsam zu, um etwa eine Millionen Jahre später (ab 2,75 Mio. Jahre vor heute) rasch anzuwachsen (Abb. 2.1). Damit beginnt das Quartär, auch Eiszeitalter genannt (Abb. 2.2). Das Quartär wird durch markante globale Klimaschwankungen – kalte Glaziale (Kaltzeiten bzw. Eiszeiten) und warme Interglaziale (Warmzeiten) – charakterisiert.

Heute wird vermutet, dass die Klimasensitivität der irdischen Systeme wenig bekannt ist und bei Modellierungen zu wenig Berücksichtigung findet (Lea 2015). Unter Klimasensitivität werden die Reaktionen der globalen irdischen Mitteltemperatur auf Strahlungseinflüsse und *feedbacks* als Folge der Änderungen der CO_{2atm}-Konzentrationen verstanden oder anders ausgedrückt: Das Verhältnis zwischen der beobachteten Erwärmung und den *climate forcings*. Die pliozänen CO_{2atm}-Konzentrationen und deren Einfluss auf das irdische Klima zeigen, dass die Klimasensitivität der irdischen Systeme weit größer sein muss, als in den bisherigen Modellen angenommen wird (Pagani et al. 2014). Positive Klima-Rückkoppelungen waren im relativ warmen Pliozän stärker als in kühleren Epochen. Das warme pliozäne Klima hatte schwächere zonale und meridionale Temperaturgradienten in den Tropen, die ebenfalls nicht von den Klimasimulationen erfasst werden (*Pliocene Model Intercomparison Project* [PlioMIP]) (Brierley et al. 2015). Viel Unsicherheit besteht auch heute noch bei der Erklärung der Prozesse, die für den Beginn und das Ende einer Kaltzeit maßgeblich verantwortlich sind. So kann die Temperaturabnahme am Ende einer Warmzeit (z. B. MIS 5e) und zu Beginn einer Glazialzeit um Jahrtausende früher einsetzen als die Reduktion des CO_{2atm}-Gehalts. Das Verständnis der an den Eiszeitzyklen beteiligten Vorgänge ist von Fortschritten in den Klimasystemtheorien abhängig, die heute konzeptionelles Modellieren und Experimente mit numerischen Modellen verschiedener Komplexitätsniveaus kombinieren (Past Interglacials Working Group of PAGES 2016).

Obgleich die Begriffe *Quartär* und *Pleistozän* seit über 150 Jahren von den Erdwissenschaftlern benutzt werden, sind die Begriffe erst 2010 (Gibbard et al. 2010) hinsichtlich ihrer Stellung und Bedeutung innerhalb der geologischen Zeitskala festgelegt worden (Abb. 2.3). Die heutige, von der IUGS (*International Union of Geological Sciences*) ratifizierte Einteilung gliedert das Quartär in das Pleistozän (ca. 2,588 Mio. Jahre bis ca. 12.000 Kalenderjahre vor heute = cal a BP) und das Holozän (seit ca. 12.000 cal a BP). Das Pleistozän wiederum wird in Früh- (2,6–0,78 Ma), Mittel- (0,78–~ 0,13 Ma) und Jung-Pleistozän (~ 0,13–0,0116 Ma) unterteilt (Abb. 2.3). Die Einteilung des Quartärs wird ständig diskutiert und dem Forschungsstand angepasst (Lewis und Maslin 2015) (Abb. 2.3, 2.4 und 2.6).

Im vielfachen Wechsel folgen im Quartär Kaltzeiten (Glaziale) und Warmzeiten (Interglaziale) aufeinander (Abb. 2.2; Box Sauerstoffisotopen-Analyse; Box Eisbohrkerne), die weltweit Veränderungen nach sich ziehen, die alle Bereiche der physischen Umwelt, also auch die Lebensbedingungen von Tieren und Menschen, beeinflussen. Durch das Anwachsen kilometerdicker Eismassen auf den Kontinenten sinkt der Meeresspiegel mit jeder Kaltzeit bis zu 150 m ab (Rabineau et al. 2006; Düsterhus et al. 2016) (Abb. 2.5); gesunkener Meeresspiegel, gewaltige arktische und antarktische Schelfeisgebiete, kalte Schmelzwassereinträge und veränderte Küstenlinien mit ausgedehnten Schelfgebieten verändern die thermohaline Zirkulation (THC) der Weltmeere; das im Vergleich zu heute größere Temperaturgefälle zwischen Tropen und Mittelbreiten verstärkt die allgemeine Zirkulation der Atmosphäre: Die Winde der Passat- und Westwindzonen nehmen zu, Staub wird in vegetationsarmen Gebieten ausgeweht, oft über viele tausend Kilometer transportiert und – in Spuren selbst in der zentralen Antarktis – sedimentiert. Infolge kühlerer Temperaturen nimmt die Verdunstung über den Weltmeeren ab, was geringere Niederschläge nach sich zieht. Die größere Trockenheit lässt die tropischen Regenwälder auf relativ kleine Refugien schrumpfen, und die Wüsten breiten sich äquatorwärts aus. In den gemäßigten Breiten bildet sich in weiten Teilen Europas, Asiens, Nordamerikas sowie in den Hochgebirgen der niederen Breiten als Folge der stark reduzierten Jahresmitteltemperaturen Permafrost, das heißt ein bis in große Tiefen ständig gefrorener Boden, der während des kurzen eiszeitlichen Sommers an der Oberfläche kaum einen Meter tief auftaut.

Während die Wechsel von Kalt- und Warmzeiten vor über 2,6 Ma einem 23-bis19-ka-Zyklus folgten, stellte sich zwischen ca. 2,6 und 0,9 Ma ein 41-ka-Zyklus ein, der auch für die Tropen belegt ist (Liu und Herbert 2004), und danach ein ca. 100-ka-Zyklus (Billups 2004) (siehe Abschn. 2.2.5). Diese Wechsel, die auch in den immerfeuchten Tropen deutlich

Abb. 2.1 *Oben*: Das Meereis der Arktis wird infolge der arktischen Klimaerwärmung dünner. Die Nordwestpassage kann von der Schifffahrt wieder benutzt werden. *Unten*: In den Tropen schmelzen die Gletscher seit einigen Jahrhunderten ab, seit ca. 100 Jahren sehr schnell. Gletscherende am Chimborazo (Ecuador) in 5300 m Höhe. A. v. Humboldt ermittelte vor 200 Jahren am Chimborazo die Untergrenze des ewigen Schnees in 4816 m NN und ein Viertel Jahrhundert später J.-B. Boussingault in 4868 m NN. Cotocachi, Pichincha, Corazon, Atacazo, Carihuarazo und andere Berge Ecuadors wiesen um 1800 „ewigen Schnee" (Gletscher) auf (Wagner 1870). Heute befindet sich die Schneegrenze (ELA) in >5000 m NN ▶

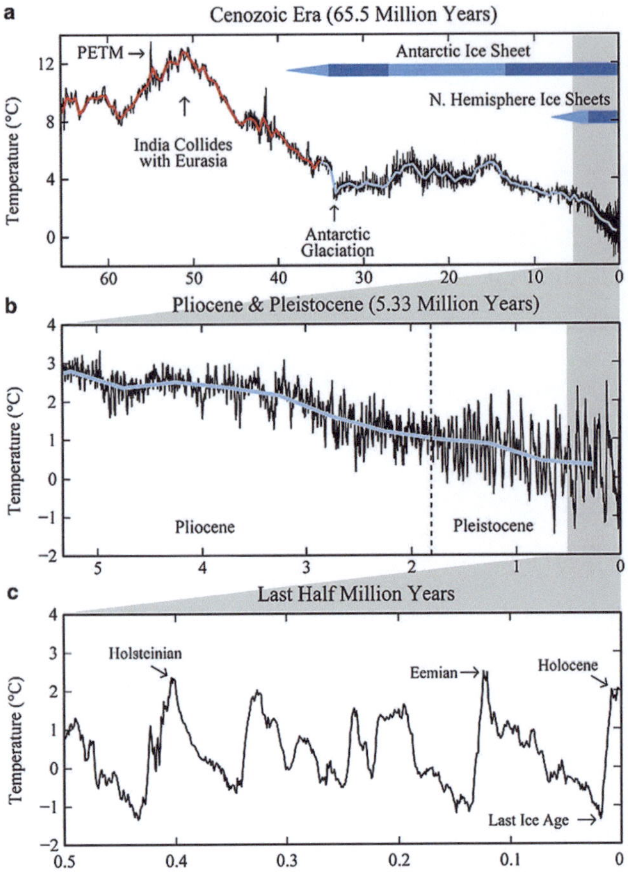

Abb. 2.2 **a** Geschätzte känozoische globale Temperaturen der tiefen Ozeane im Känozoikum, **b** im Plio/Pleistozän, **c** während der letzten 500.000 Jahre. Veränderungen mit hoher Frequenz (*schwarz*) basieren auf den Originaldaten von Zachos et al. (2008); *rote* und *blaue Kurven* haben eine Auflösung von 500.000 Jahren (**a**); PETM ist das thermische Maximum des Paläozän-Eozäns. *Blaue Balken* kennzeichnen das Vorhandensein von Eisschilden (*dunkelblau* – Eisschild-Maxima). Holsteinian (Holstein) und Eemian (Eem) entsprechen *Marine Isotope Stages* (MIS) 11 und 5e. (Aus Hansen und Sato 2012)

in den Paläoklimasignalen mariner Sedimente gespeichert sind (z. B. Harris und Mix 1999), werden gewöhnlich als nichtlineare Reaktionen des Klimasystems auf kleine zyklische Änderungen des irdischen Orbit zurückgeführt oder auf eine allmähliche Reduktion des irdischen „*background*"-CO_2-Niveaus. Crowley und Hyde (2008) vermuten, dass die sich verstärkenden Fluktuationen, obgleich von orbitalen Veränderungen angetrieben, Hinweise auf ein nichtpermanentes Verhalten eines Systems liefern, das einen Gabelungspunkt erreicht hat. Das ist ein Punkt, an dem das Klima einen Übergang zu einem neuen stabilen Zustand einer permanenten Mittelbreiten-Nordhemisphären-Vergletscherung macht. Dies kann in der nahen geologischen Zukunft (10.000 bis 100.000 Jahre) erfolgen, aber nur in dem unwahrscheinlichen Fall, dass das „*background*"-CO_2-Niveau unter das Niveau der letzten 10.000 Jahre sinkt. Weniger Beachtung finden bisher Erklärungen, die auf thermische Diffusionswellen in der Sonne (*resonant thermal diffusion waves*) zurückgehen und die viele Details der Paläotemperatur-*records* der letzten 5 Ma erklären können (Ehrlich 2007). Die Kalt- und Warmzeiten des Quartärs sind aufgrund der Sauerstoffisotopen-Schwankungen in marinen Sedimenten nummeriert worden: OIS (*oxygen isotope stage*) bzw. MIS (*marine isotope stage*) 1 (MIS 1) steht für das Holozän, MIS 2 für das letzte Hochglazial (LGM) etc. Ungerade Zahlen kennzeichnen warme (interglaziale, interstadiale), gerade Zahlen kalte Abschnitte (vgl. Box Sauerstoffisotopen-Analyse)

Die Eiszeiten des Quartärs sind kein Novum in der langen Erdgeschichte (Eyles 2008; Abb. 2.6). Bereits im Archaikum vor rund 2900 Ma und im Paläoproterozoikum (frühes Algonkium) um 2400–2200 Ma existierten große Gletschergebiete auf der Erde. Im Neoproterozoikum (spätes Algonkium) kam es zu mehrfachen Vereisungsphasen. Viel diskutiert werden die glazialen Epochen der *Cryogenian Period*, die vor ca. 840 Ma begann und vor ca. 635 Ma endete und die mehrmals zum „*Snowball Earth*", einer fast völlig schnee- und eisbedeckten Erde, geführt haben soll (Allen und Etienne 2008). Im Paläozoikum (Silur) waren zwischen 440 und 250 Ma manche Erdgegenden wiederholt von gewaltigen Gletschern bedeckt; vor 300 Ma sollen auch in tropischen Regionen Gletscher existiert haben. Sogar aus der Kreidezeit vor rund 90 Ma, während der wärmsten Periode der letzten 500 Ma mit tropischen Meeresoberflächentemperaturen über 35 °C, sind glaziale Erosionsspuren und geochemische Daten in Verbindung mit eustatischen Meeresspiegelschwankungen bekannt, die eine Vergletscherung nahe legen (Bornemann et al. 2008). In der Antarktis bildeten sich die ersten Gletscher vor rund 43 Ma. Vor 34 Ma nahm der Eisaufbau zu und beschleunigte sich seit $\sim$ 14 Ma in beiden Hemisphären (Eyles 2008).

Zwei Jahrhunderte lang war die wissenschaftliche Beschäftigung mit der jüngsten Klimageschichte der Erde, dem Eiszeitalter, vornehmlich eine Liebhaberei naturkundlich interessierter Personen. Die Geschichte der Kenntnisse vom Quartär ist aufs Engste mit der zunehmenden Erforschung der Gletscher verknüpft. Im Jahr 1787 wies der schweizerische Justiz- und Polizeiminister Bernhard Friedrich Kuhn auf eine größere Ausdehnung der Alpengletscher in früheren Zeiten hin. In den Jahren darauf mehrten sich die Beobachtungen über Sedimente, die vom Gletschereis transportiert und abgelagert wurden, nicht nur im Umkreis der Alpen, sondern auch aus Schottland (John Playfair, 1802), Nordeuropa (Jens Esmark, 1824) und Norddeutschland (Reinhard Bernhardi, 1832). Als erster Naturforscher benutzte Karl Schimper 1837 den Begriff „Eiszeit".

Der Beginn des Eiszeitalters, definiert durch die Pliozän/Pleistozän-Grenze, wurde lange Zeit um 1,8 Ma vor heute angesetzt, obgleich seit Jahrzehnten bekannt ist, dass der Übergang vom Pliozän zum Pleistozän zwischen 3 und 2,5 Ma erfolgte (LPT = *Late Pliocene Transition*). Im Jahr 2012 legte die *International Commission on Stratigraphy* (ICS) die Grenze auf 2,6 (2,588 Ma) Ma aufgrund geologischer Befunde fest, die zumeist klimatisch interpretiert werden (z. B. Beginn der weit verbreiteten Ablagerung der chinesischen Lösse) (Abb. 2.3). Etwa zur gleichen Zeit, vor 2,51 ± 0,07 Ma, ereignete sich im südöstlichen Pazifik ein Asteroid-Einschlag, der zu dem Eltanin-Megatsunami führte (Goff et al. 2012). Es stellt sich die Frage, ob ein derartiges katastrophales Ereignis Einfluss auf

Box Sauerstoffisotopen-Analyse

Von fast allen chemischen Elementen existieren unterschiedlich schwere Formen (Isotope), die sich nur in der Zahl der Neutronen unterscheiden, und zwar zwischen radioaktiven Isotopen, die mit einer charakteristischen Rate zerfallen, und stabilen Isotopen. Die Isotope eines Elements verhalten sich chemisch gleich, reagieren aber physikalisch etwas unterschiedlich. Dadurch entstehen bei vielen chemischen und biologischen Prozessen in der Natur charakteristische, quantitativ erfassbare und gut interpretierbare Muster, sogenannte „Isotopische Fingerabdrücke" (Auerswald 2005; Marris 2006). Eine der wichtigsten Möglichkeiten, Klimaänderungen zu erfassen, erfolgt über die Ermittlung der Verhältnisse der stabilen ^{18}O- und Deuterium(Hydrogen 2)-Isotope in verschiedenen Sedimentlagen (Eis, marine/limnische Ablagerungen, Korallen, Speläotheme etc., aber auch Grundwasser). Diese Verhältnisse sind oft von klimatischen Bedingungen abhängig. Für die O-Isotopen-Analyse sind zwei Isotope wichtig, das schwerere ^{18}O und das leichtere ^{16}O. Das ^{18}O/^{16}O-Verhältnis schwankt in der natürlichen Umwelt zwischen 1:495 und 1:515 (Mittel: etwa 1:500), d. h. nur ca. 0,2 % des O im natürlichen Kreislauf ist ^{18}O. O-Isotopenverhältnisse werden immer als relative Abweichung (δ^{18}O ml^{-1}) vom mittleren Verhältnis eines Standards angegeben. Die am häufigsten benutzten Standards sind PDB (*Pee Dee Belemnite*, auch für ^{13}C/^{12}C; VPDB = *Vienna Pee-Dee Belemnite Standard*) für Carbonatanalysen und SMOW (*Standard Mean Ocean Water*) für Wasser-, Eis- und Schnee-Analysen. PDB ist $\pm 0{,}28\,\%$ im Verhältnis zu SMOW. VSMOW (= Vienna SMOW)

$$\delta^{18}\mathrm{O}_{\mathrm{Probe}} = \left[\frac{^{18}\mathrm{O}/^{16}\mathrm{O}_{\mathrm{Probe}} - {}^{18}\mathrm{O}/^{16}\mathrm{O}_{\mathrm{V\text{-}SMOW}}}{^{18}\mathrm{O}/^{16}\mathrm{O}_{\mathrm{V\text{-}SMOW}}}\right]$$

bezieht sich auf ein Standardreferenzmaterial von bekannter Isotopenzusammensetzung, die „*Standard Mean Ocean Water*" repräsentiert. [Isotopenverhältnisse auch für: CDT = *Canyon Diablo Troilite*: ^{34}S/^{32}S].

Die O-Isotopen-Analysen werden an CO_2-Gas mit einem Massenspektrometer ausgeführt; das CO_2-Gas wird aus der Probe gewonnen (Lufteinschlüsse in Eiskernen, Kalkschalen von Muscheln, Skelette von Korallen sowie planktonischen und benthonischen Foraminiferen etc.). Die O-Isotopenverhältnisse werden als positive oder negative Werte im Verhältnis zum Standard (δ = null) angegeben, z. B. gibt der δ^{18}O-Wert von -3 ‰ an, dass die Probe um 0,3 % bzw. um 3,0 Teile pro Milliliter in ^{18}O (bezogen auf den Standard) abweicht.

Eine Isotopen-Fraktionierung nicht nur der Sauerstoff-, sondern auch der Wasserstoffisotope tritt bei jedem Phasenwechsel im Wasserkreislauf auf (z. B. Verdunstung an Meeresoberfläche). Geringe Unterschiede der physikalischen Eigenschaften (z. B. Dampfdrucksättigung) der isotopischen (HDO und $H_2^{18}O$) und Haupt- ($H_2^{16}O$) Wasserbestandteile sind dafür verantwortlich. In Polargebieten hängt der Isotopen-Gehalt des Schnees hauptsächlich von seiner Bildungstemperatur ab. Da über der Antarktis eine starke Korrelation zwischen der Temperatur unmittelbar über dem Inversionsniveau (wo Niederschlag gebildet wird) und der Oberflächentemperatur besteht, kann die Isotopen-Zusammensetzung des Schnees mit der Oberflächentemperatur in Zusammenhang gebracht werden. Dies ist die Basis für Paläoklimarekonstruktionen aus Eisbohrkernen.

In den Weltmeeren hat sich das O-Isotopenverhältnis immer wieder verändert, da als Folge der natürlichen Fraktionierung bei der Verdunstung bevorzugt leichtere $H_2^{16}O$-Moleküle als Wasserdampf in die Atmosphäre gelangen und, da sie am Aufbau der eiszeitlichen Gletschermassen beteiligt sind, den Ozeanen in Eiszeiten große Mengen an ^{16}O-Isotopen entziehen. Das ^{18}O/^{16}O-Verhältnis der Weltmeere (s. Abb. A) ändert sich in Kaltzeiten zugunsten des ^{18}O. (Mikro-)Organismen, die in den Meeren leben, bauen in ihre Kalkskelette sowohl Sauerstoff- als auch Kohlenstoffisotope ein. Die abgestorbenen und am Meeresboden abgelagerten Mikroorganismen haben die Isotopenverhältnisse früherer Epochen gespeichert. Sie sind daher – ebenso wie die Gletscher – Archive für paläoklimatische Rekonstruktionen. Foraminiferen-Schalen werden benutzt, das globale Eisvolumen, Temperaturen von Meeresoberflächen- und Tiefenwasser, ozeanische Zirkulationsänderungen und glazial-interglazialen Austausch zwischen terrestrischen und marinen Kohlenstoffsenken zu rekonstruieren. Die Standard-Interpretation der Daten der stabilen Isotope ^{18}O/^{16}O und ^{13}C/^{12}C wird teilweise infrage gestellt, da Schwankungen in der Alkalität der Ozeane diese Werte ebenfalls zu beeinflussen scheinen (Spero et al. 1997). Die Bedeutung der stabilen Isotope von Wasser, Baumringen, Knochen und Zähnen, Seesedimenten, Speläothemen (Höhlensinter) und marinen Ablagerungen für Paläoumweltrekonstruktionen ist in jüngster Zeit stark gewachsen; eine zuverlässige Datierung/Kalibrierung der Isotopen-Profile ist nur selten möglich, weshalb die Isotopen-Signale immer in Verbindung mit anderen Proxydaten benutzt werden sollten, wie Signale anderer Isotopenprofile und/oder Kombination mit anderen Methoden (Leng 2006).

Eine klare einheitliche Definition für Interglaziale und Glaziale existiert bisher nicht (vgl. Past Interglacials Working Group of PAGES 2016). Es gibt verschiedene Definitionsversuche, die jedoch jeweils Vor- und Nachteile haben. Beispielsweise für ein Interglazial – „so warm oder wärmer als das Holozän"; Nachteile: Mit dieser Definition gäbe es kein Interglazial zwischen 800 und 450 ka BP; mangels ausreichender Daten, um die globale Mitteltemperatur zu kalkulieren, würde diese Definition von Lokalität zu Lokalität variieren; Vorteile: unmissverständlich, da ein Abgrenzungsmerkmal angegeben wird (z. B. holozänes Temperaturmaximum).

Über Schwankungen des CO_2-Haushalts in hoher zeitlicher Auflösung während der Deglaziation (23 bis 9 ka BP) berichten Marcott et al. (2014). Die Ursachen dafür sind bisher immer noch unbekannt. *Low-frequency*-CO_2-Änderungen korrelieren mit den antarktischen Temperaturänderungen; plötzliche CO_2-Änderungen korrelieren mit abrupten Klimaänderungen der Nordhemisphäre. Ein signifikanter Anteil des direkten Strahlungs-*forcing* in Verbindung mit einem Anstieg des atmosphärischen CO_2 erfolgte in drei plötzlichen Schritten mit jeweils 10–15 ppm (16,3, 14,8 und 11,7 ka BP). Jeder Schritt dauerte weniger als zwei Jahrhunderte und wurde von 1000 bis 1500 Jahren ohne CO_2-Anstieg gefolgt. Prozesse, die in wenigen Jahrhunderten ablaufen (evtl. AMO), aber nicht bekannt sind, müssen den globalen CO_2-Haushalt beeinflusst haben. Dies wird in Erdsystem-Modellen bisher nicht berücksichtigt. (*Erdsystem* beschreibt sich einander beeinflussende physikalische, chemische und biologische Prozesse der Erde einschließlich der menschlichen Gesellschaften.)

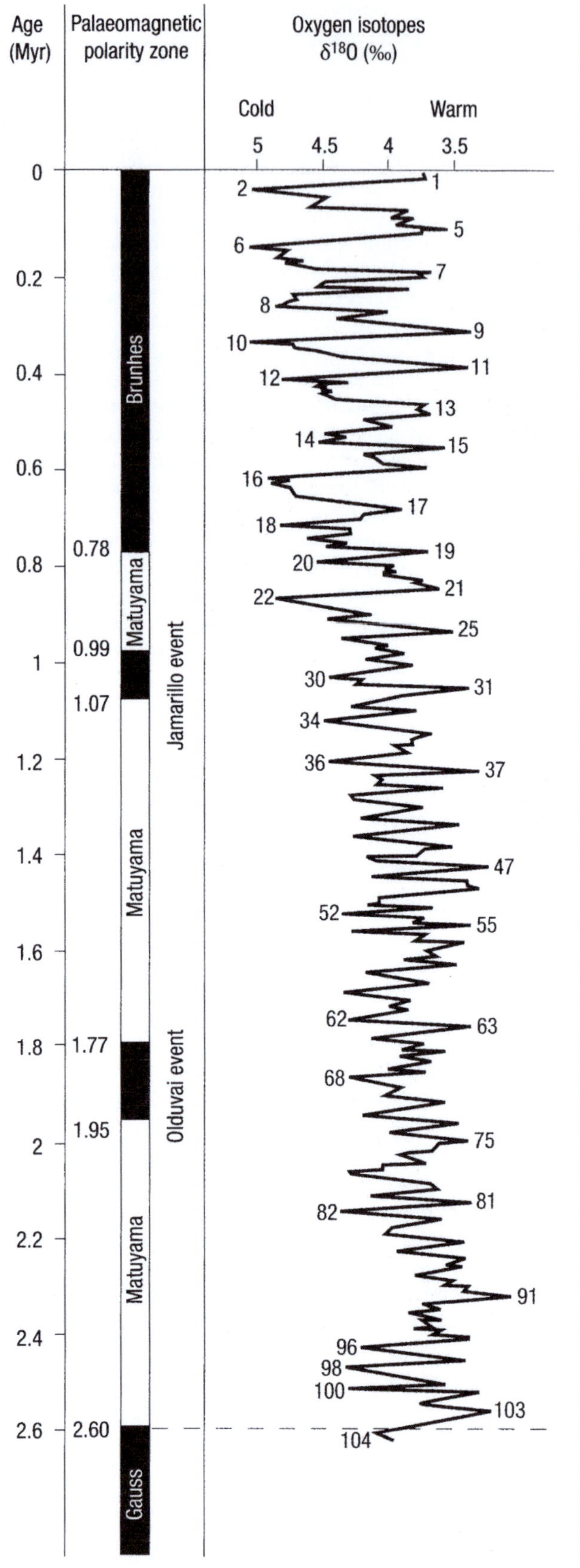

Abb. A Glaziale Zyklen. Im Quartär zeigen marine Sauerstoffisotopen-Belege (*marine oxygen isotope records*) vor 1 Mio. Jahre einen Wechsel im Verlauf der glazialen Zyklen von ca. 40.000 Jahren zu den gegenwärtigen ca. 100.000-Jahr-Zyklen. $\delta^{18}O = [(^{18}O/^{16}O)_{Probe} / (^{18}O/^{16}O)_{Standard}] - 1$, wobei der Standard das mittlere Meeresoberflächenwasser beschreibt (SMOW). Nach Berendsen (2008) aus Brocklehurst (2008). Die paläomagnetische Polarität und die Sauerstoffisotopen-Stadien von 1 (Holozän) bis 104 sind angegeben (gerade Zahlen = kalte Phasen, ungerade Zahlen = warme Phasen)

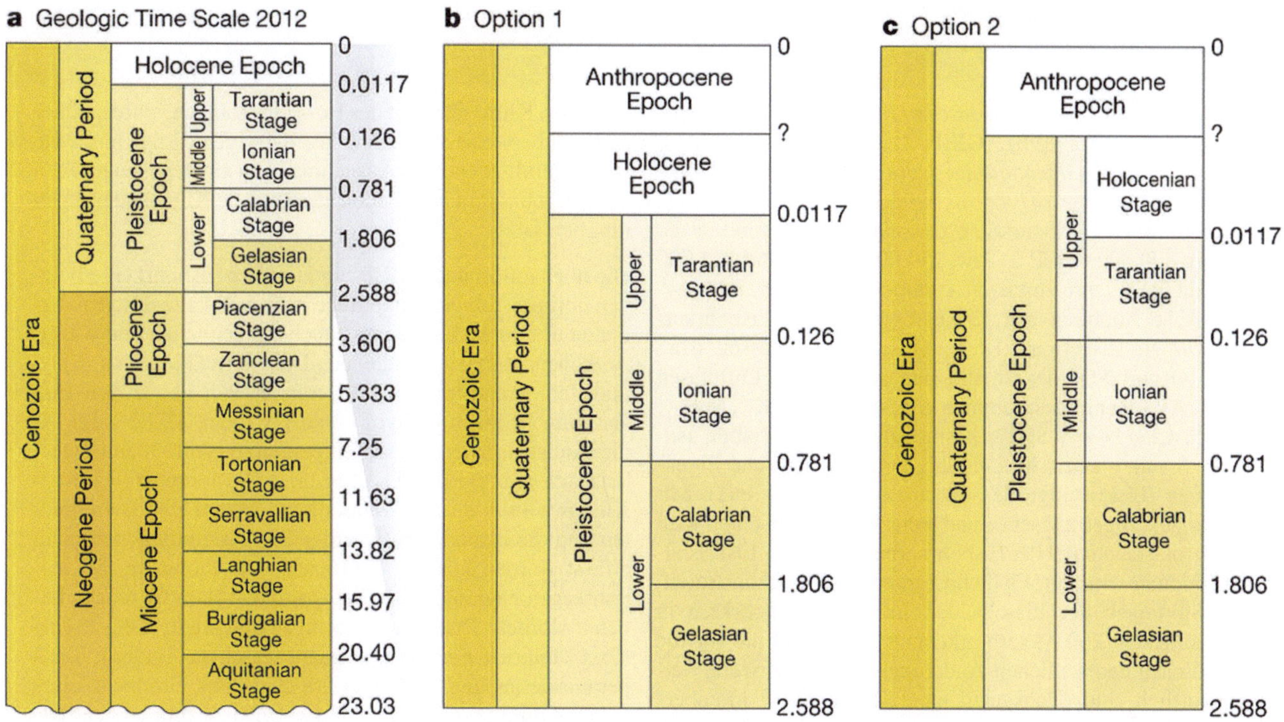

Abb. 2.3 Vergleich der Geologischen Zeittafel 10 (GTS2012) mit zwei Alternativen: **a** GTS2012 (*Geological Time Scale* 2012) mit Grenzen in Millionen Jahren. Die zurzeit (2012) gültige IUGS (*International Union for Geological Sciences*)-Zeittafel für das Känozoikum, in der das Quartär und das Pleistozän ihre Basis mit dem *Gelasian Stage* bei 2,6 Ma haben. Die Quartärperiode umfasst Pleistozän und Holozän. **b** und **c** Die Alternativen schließen eine definierte anthropozäne Epoche ein, die entweder dem Holozän folgt (**b**) oder direkt dem Pleistozän (**c**). Wenn das Anthropozän als eigene Epoche definiert wird, muss entschieden werden, ob das Holozän gleichbedeutend mit dem Anthropozän und Pleistozän ist. Das Fragezeichen kennzeichnet die gegenwärtige (im Jahr 2015) geführte Diskussion über den Beginn des Anthropozäns, vorausgesetzt dass es als Epoche anerkannt wird. Die Farbgebung entspricht der *Commission for the Geological Map of the World 10*, abgesehen für das Anthropozän. (Aus Lewis und Maslin 2015; vgl. auch Gibbard et al. 2010)

die Pliozän/Pleistozän-Klimawende hatte und/oder diese sogar auslöste. (An der Wende Kreide/Tertiär, vor 64,8 Ma, hat der gewaltige Chicxulub-Impakt in Yucatan vermutlich wesentlich zum Aussterben der Dinosaurier und dem anschließenden Aufkommen der Säuger beigetragen). Innerhalb des Pleistozäns fand vor 1,2–0,85 Ma der Mittelpleistozäne Übergang (*mid-Pleistocene transition* = MPT) statt. Während das Anwachsen des globalen Eisvolumens im LPT unmittelbar auf die globale Abkühlung zurückgeführt wird, wird der Wechsel zu den 100.000-Jahr-Zyklen im MPT („*100-ka-Problem*") mit zusätzlichen Veränderungen der Dynamik in den großen antarktischen und arktischen Eiskalotten vermutet oder – neuerdings – in einer Synchronisation von nichtlinearen internen Klimaoszillationen und den 413-ka-Ekzentrizitätszyklen (Rial et al. 2013).

Um detaillierte Daten über das letzte Interglazial, das Eem (vor 130.000 bis 115.000 Jahren), zu erhalten, wurde zwischen 2007 und 2012 das *North Greenland Eemian* (NEEM) *ice drilling*-Projekt ausgeführt (NEEM community members 2013). Auf der Basis von stabilen Isotopen des Wassers gipfelten die eemzeitlichen NEEM-Oberflächen-Temperaturen vor 126.000 Jahren bei 8 ± 4 °C über den mittleren Temperaturen der letzten 1000 Jahre.

Die letzte Eiszeit (Würm, Weichsel, Wisconsin) umfasst die MIS 4 (ca. 71–57 ka BP), MIS 3 (ca. 57–29 ka BP) und MIS 2 (ca. 29–12,7 ka BP) (vgl. Box Eisbohrkerne). Die letzte Kaltzeit weist zahlreiche Klimaschwankungen auf, die aufgrund der Eisbohrkern-Daten aus Grönland und der Antarktis hinsichtlich Chronologie, Temperatur, Chemismus der Atmosphäre und vieler anderer Parameter recht gut bekannt sind. Im MIS 2 war der Spiegel der Weltmeere am stärksten ($\sim$ 120 m) abgesenkt; daraus – und aus anderen Proxydaten – wird auf die maximale globale Vereisung (laurentischer und fennoskandischer Eisschild, Gebirgsvergletscherungen etc.) geschlossen; im sog. *last glacial maximum* (LGM, um 23–18 ka BP) bedeckte Gletschereis weite Gebiete der Nordhemisphäre. Im LGM waren die globalen Temperaturen um 4–5 °C kälter als im 20. Jahrhundert.

Der Übergang vom LGM zum gegenwärtigen Interglazial, dem Holozän (Nacheiszeit, MIS 1), wird als *Pleistocene/Holocene Transition*, *Termination I* (T I) oder Deglaziation (*Deglaciation*) bezeichnet. Er umfasst die Zeit von ca. 18 ka BP bis ca. 9 ka BP (Abb. 2.7, 2.8); andere Autoren fassen die Deglaziationsphase etwas weiter (z. B. $\sim$23–9 ka BP, Marcott et al. 2014). Es ist der jüngste Übergang, in dem das Klima von einer glazialen Periode zu einer interglazialen Periode wechselte. Das letztglaziale Maximum (*last glacial maximum*, LGM, $\sim$23–18 ka BP) verkörpert die Periode mit den maximalen Ausdehnungen der verschiedenen Eisschilde. Das Ende des LGM (*Termination I*) wurde durch eine Abkühlung der nördlichen Hemisphäre,

Box Eisbohrkerne

Grönland Das US-amerikanische *Greenland Ice Sheet Project* (**GISP**, 1971–1981; **GISP 2**, 1989–1993) wie auch das europäische *Greenland Ice Core Project* (**GRIP**, 1989–1993) haben in den 1970er- bis 1990er-Jahren durchgehende hochauflösende Eisbohrkerne gewonnen, die zumindest die letzten 200.000 (GISP 2) bzw. 250.000 (GRIP) und 123.000 (NorthGRIP) Jahre umfassen. Isotopen-, chemische und physikalische Analysen von 42 Eigenschaften der Eisbohrkerne wurden ausgeführt. Diese Messungen umfassen u. a.: CO_2, O und NO_x der im Eis eingeschlossenen Luftblasen (Abb. A); Ionenionzentrationen von Na^+, NH_{4^+}, K^+, Mg^{++}, Ca^{++}, Cl^-, NO_{3^-}, SO_4^{2-}; kosmogene Isotope; stabile Isotope; Staub; elektrische Leitfähigkeit; physikalische Eigenschaften (Eiskristallgröße, -gestalt, -orientierung etc.). Mit Radarmessungen zwischen und nahe den Eisbohrstellen wird die Repräsentativität der Eisbohrkerne anhand der Eiskristallausbildung ermittelt. Eisfließprozesse werden rekonstruiert, die Störungen der Eisschichten im GRIP-Eisbohrkern in den untersten 200 Metern erkennen lassen und die für die plötzlichen eemzeitlichen Änderungen der Laborwerte verantwortlich sind (Dansgaard et al. 1993; GRIP Members 1993; Taylor et al. 1993; Johnsen et al. 1992; Alley et al. 1995; Peel 1995) (Abb. B). Aus wiederholten Wechseln zwischen warmen (ca. 2 °C höhere Temperaturen als heute) und kalten (ca. 5 °C tiefere Temperaturen) Phasen *innerhalb* der Interglaziale (Eem, Holstein), die im Gegensatz zu der extremen Klimastabilität des Holozäns standen, wurde früher irrtümlicherweise abgeleitet, dass die gegenwärtige holozäne Klimastabilität eher als Ausnahme denn als Regel angesehen werden muss und plötzliche katastrophale Klimaänderungen möglich seien.

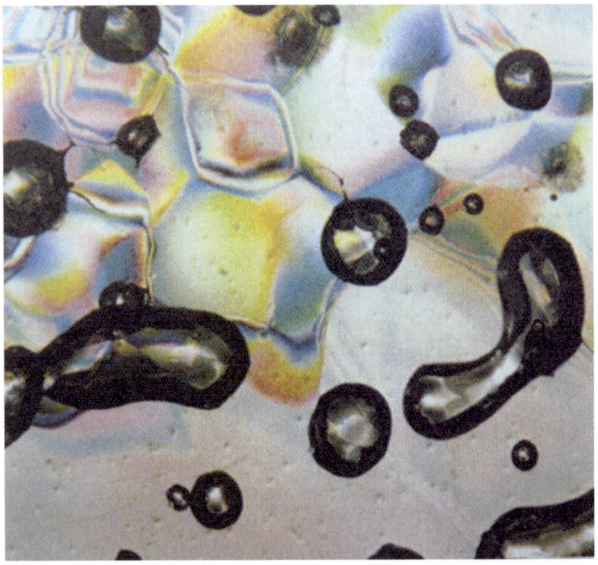

Abb. A Dünnschliff von polarem Eis, beleuchtet durch zwei Polarisationsfilter. In Eisbohrkernen ist in eingeschlossenen Luftblasen (*schwarz*) die chemische Zusammensetzung der früheren Atmosphäre eingefangen. Durch die Zusammensetzung in den Blasen können die Konzentrationen von Treibhausgasen (CO_2, CH_4) der letzten ca. 1 Ma rekonstruiert werden. (Aus Berger und Wefer 2010)

Die hochauflösenden GRIP- und GISP-2-Eisbohrkerne belegen abrupte Temperatursprünge zwischen kaltzeitlichen stadialen und interstadialen und auch kaltzeitlichen und warmzeitlichen stabilen Zuständen. Die Korrelation von CO_2- und Temperaturkurve des Übergangs von der letzten Eiszeit zum Holozän in Byrd (Antarktis) und GISP2 zeigt für die Antarktis zuerst eine Temperaturzunahme, dann (Jahrtausende später) eine CO_2-Zunahme. Die abrupten (warmen) Klimawechsel, die sich während der letzten Eiszeit ereigneten und die bisher in aufwendigen Klimasimulationen nicht erfasst werden können, sind nach zwei Pionieren der Eisbohrkernforschung, Willi Dansgaard und Hans Oeschger, benannt worden: Dansgaard/Oeschger-Ereignisse (D/O-*Event*) (Box Heinrich-*Events*, Dansgaard/Oeschger-Zyklen). Temperaturmessungen in den Bohrlöchern des Grönland-Eises ergaben direkte und unabhängige Angaben zum letzteiszeitlichen Temperaturgang in Grönland und gleichzeitig eine Kalibrierung der Sauerstoffisotopen-Befunde. Die Differenz zwischen dem Temperaturminimum des LGM und heute beträgt 20–25 °C in Zentral-Grönland, was im Gegensatz zur angenommenen 10-°C-Differenz steht, die aufgrund der SauerstoffIsotopenverhältnisse ermittelt wurde. Das Eem ist aufgrund der Bohrloch-Temperaturmessungen 5–10 °C wärmer als heute (alte Schätzungen: 4–5 °C). Die Antarktis zeigt im MIS 5.5 (Eem) im Vergleich zum Holozän um 4–5 °C wärmere Temperaturen (EPICA Community Members 2006). Die SauerstoffIsotopenverhältnisse scheinen weniger sensitiv auf Temperaturschwankungen zu reagieren, als man bisher annahm (Schøtt Hvidberg 2000).

Abb. B *Oben*: Idealschnitt durch einen Eisschild. Die Schichten werden durch plastisches Fließen gestreckt und ausgedünnt. Die beiden hellblauen Schichten umfassen dieselbe Anzahl von Jahreslagen (Nach Schwander 2006). Das Kalben (Abbrechen) von großen Eismassen wird als selbst organisiertes, kritisches System verstanden, das bisher wenig bekannt ist (Åström et al. 2014). Die Eisfließbewegungen reagieren in Zeitskalen von Jahrtausenden auf die Klimabedingungen des Spätglazials, des holozänen Klimaoptimums und des Neoglazials (Hvidberg 2016). *Mitte links*: Eiskern-Bohrung (Dome Fuji, Antarktis). Foto: Yoshiyuki Fujii. *Mitte rechts*: Scannen des Eiskerns (**a**) und ein 50-cm-Ausschnitt (**b**). (Nach Dahl-Jensen 2006). *Unten*: Bohrgraben des internationalen *North Greenland Eemian* (NEEM) *ice drilling*-Projekts in Grönland, an dem 14 Nationen beteiligt sind. Das eemzeitliche Eis ist 130.000 bis 115.000 Jahre alt. Der Eisbohrkern erhellt die interglaziale Erwärmung und das Eisschmelzen während einer Zeit, die eine ungewöhnlich hohe arktische Sommerinsolation aufwies. Die Eisakkumulation war im Eem sowohl in Grönland als auch in der Antarktis größer als im Holozän. Foto: Jérôme Chappellaz ►

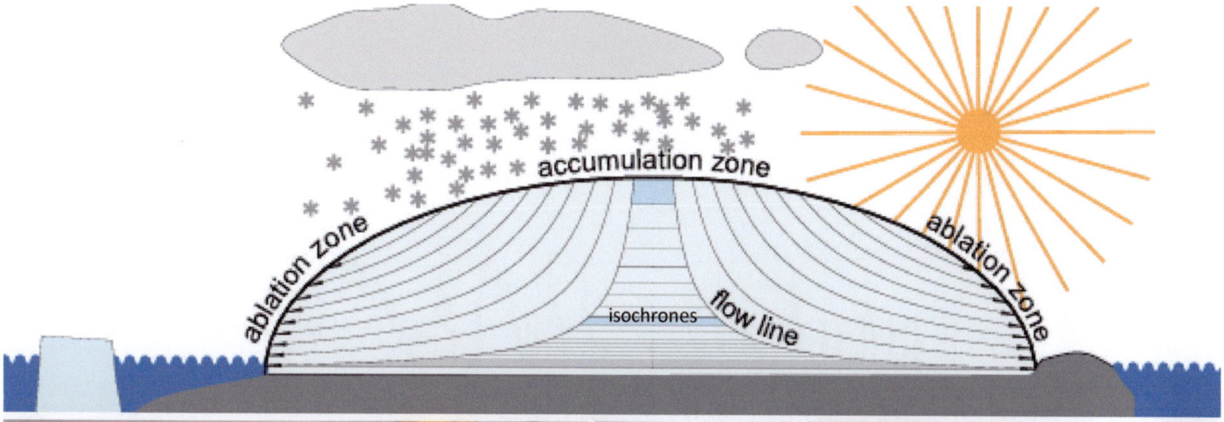
accumulation zone
ablation zone
ablation zone
isochrones
flow line

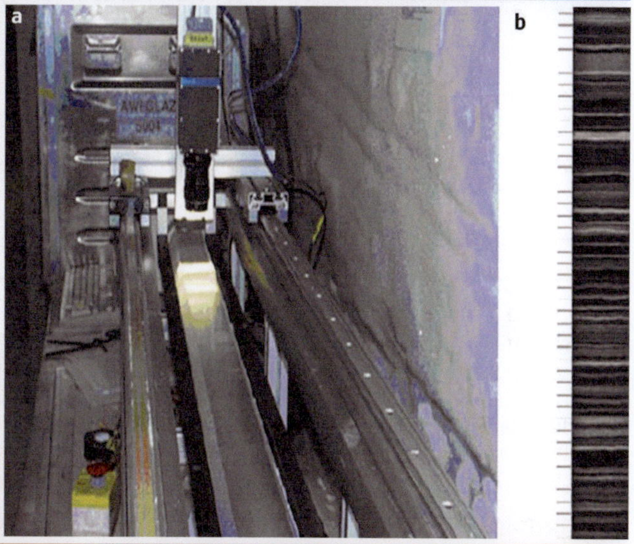
a
b

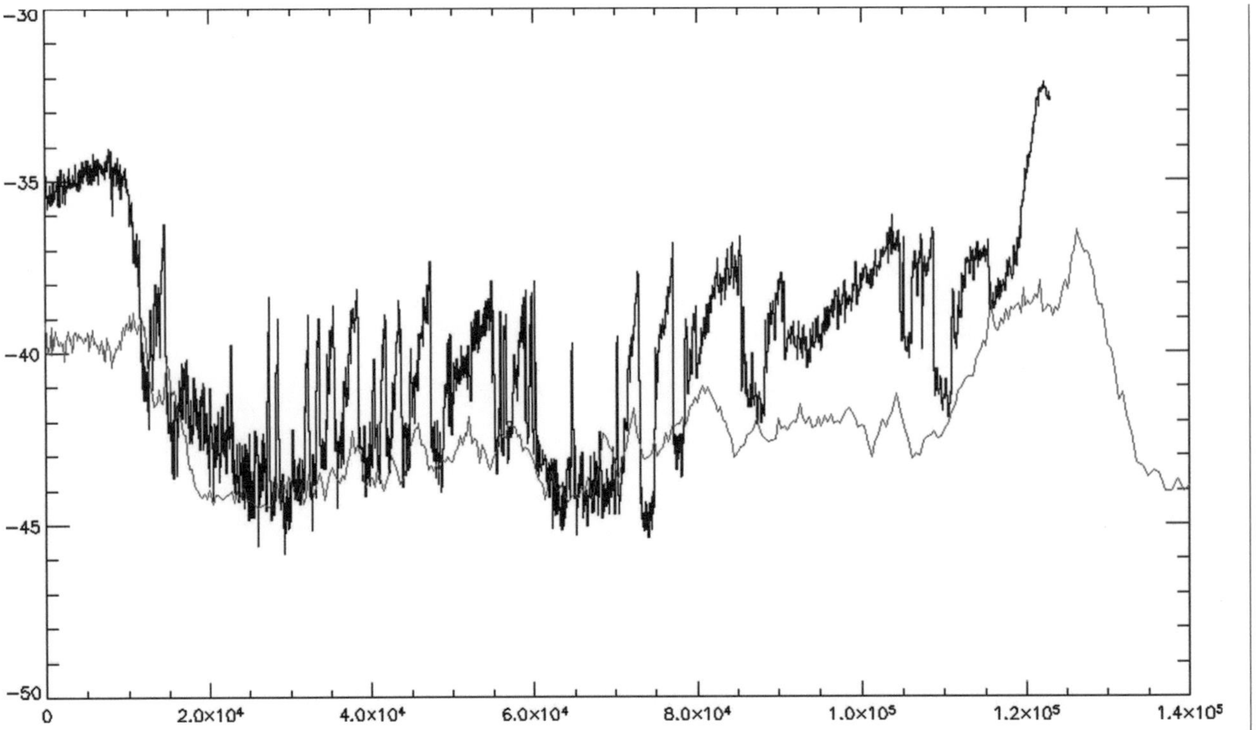

Abb. C $\delta^{18}O$ von NGRIP- (*schwarz*) und EPICA- (*blau*) Eiskernen. $\delta^{18}O$ ist ein Temperaturproxy; höhere Werte sind wärmer. Die *linke Seite* zeigt das gegenwärtige Interglazial (Holozän, MIS 1). Auf der *rechten Seite* ist das letzte Interglazial (Eem, MIS 5), das in den NGRIP-Daten unvollständig erfasst ist. Während der glazialen Periode zeigt der NGRIP-Kern deutlich Dansgaard/Oeschger-Events, die im EPICA-Kern unterdrückt sind (nach William M. Connolley). Die NGRIP-Daten stammen von http://www.gfy.ku.dk/~www-glac/data/NGRIP_d18O_50yrs.txt. Ordinate – $\delta^{18}O$-Werte; Abszisse – Zeitskala in Jahren

Die GRIP- und GISP 2-Eisbohrkerne erlauben zum ersten Mal eine direkte Korrelierung zwischen den paläoklimatischen Daten aus Grönland, der Antarktis und den Ozeanen (Abb. C, F und G). Die $\delta^{18}O$-Werte (der Luft) von Vostok (Antarktis) und Summit (GRIP/GISP 2, Grönland) stimmen gut mit den $\delta^{18}O$-Tiefsee-Werten (s. u.) und mit der Sommerinsolation in 65°N für die letzten 100.000 Jahre überein (Peel 1995). Auch zeigen die Korrelationen, dass die eemzeitlichen abrupten Temperaturschwankungen nur vorgetäuscht werden, da sie durch Eisfließprozesse erklärbar sind. Ebenfalls deuten Vergleiche von heutigen Temperaturprofilen mit den aus den Isotopen-Profilen ermittelten Paläooberflächentemperaturen an, dass die Isotopen-Profile zwar die Klimageschichte widergeben, jedoch nicht die genaue Kalibrierung. Während der Eiszeiten scheint der Gradient von Isotopen-Änderungen hinsichtlich der Temperatur wesentlich kleiner gewesen zu sein, als bisher aufgrund der Eisbohrkernanalysen und Modellrechnungen angenommen wurde (Peel 1995). Damit würden die Temperatursprünge zwischen Eiszeit und Interglazialzeit größer. In Grönland hat die Temperaturamplitude zwischen dem letzten Hochglazial und dem holozänen Temperaturoptimum möglicherweise um 20 °C betragen. Das Klima der polaren Breiten erscheint sensibler als angenommen zu sein; auch scheinen sich globale Temperaturänderungen in den Polargebieten zu verstärken. Das wiederum hat große Auswirkungen auf Meeresspiegelschwankungen und Albedo-Änderungen („Eis-Albedo-*Feedback*") in hohen Breitengraden (Tang et al. 2014).

Antarktis Die ersten Eisbohrkerne der Antarktis sind Byrd (1968 [80°01′S 119°31′W]), Vostok (verschiedene Bohrungen in den Jahren 1974–2012 [78°28′S 106°48′E]) und Dome C (1978–2004 [74°39′S 124°10′E]). In den darauffolgenden Jahren wurden zahlreiche weitere Bohrungen ausgeführt. 2012 wurde ein subglazialer See angebohrt (Vostok). Das EPICA (*European Project for Ice Core Drilling in Antarctica*) gliedert sich in die Projekte (1) Dome Concordia – Dome C (75°06′S 123°24′E), im tiefsten Teil wird ca. 900.000 Jahre altes Eis erfasst, und (2) Dronning Maud Land – DML (75°00′S 00°04′E), die Chronologie reicht bis ca. 300.000 a BP. Seit 2007/08 sind mehrere Bohrungen geplant, die 1,5 Mio. Jahre altes Eis fördern sollen.

Die Unterschiede im Eishaushalt von Ost- und Westantarktis sind groß: Es wird vermutet, dass das Eis der Westantarktis in extremen quartären Warmzeiten zum größten Teil (oder ganz) abgeschmolzen war; neuere Daten deuten jedoch darauf, dass auch die Westantarktis möglicherweise Eis enthält, das im Pliozän vor 5,3–2,6 Ma gebildet wurde. Damit steht fest, dass selbst in den wärmsten Phasen des Quartärs das Eis der Westantarktis nicht destabilisiert wurde („abgeflossen" ist) (Rose et al. 2013, 2014). Das Eis der Ostantarktis ist zweifelsfrei Beleg für die Existenz eines Inlandeiskörpers seit > 1 Ma. Über Entstehung, Veränderungen, Abflussverhalten, Eishaushalt in Vergangenheit und Gegenwart, etc. ist z. T. noch wenig bekannt. Ständig werden neue Erkenntnisse publiziert, beispielsweise dass die Gletscher der Antarktis über den Tälern auch von unten „gewachsen" sind (*Dome A area*) und zwar bis zur Hälfte der Eisdicke (2400–3000 m) (s. Abb. D); diese Prozesse erschweren die paläoklimatische Deutung der tiefen (älteren) Eiskernabschnitte. Im Abflusssystem des antarktischen Ross-Gebiets, im Küstengebiet der transantarktischen Gebirge, weisen die Datierungen der Moränen der größten Eisdicke (und damit der maximalen Ausdehnung) auf ein Alter hin, das jünger als das LGM ist und in die Deglaziationszeit zwischen ca. 18,7 und 12,8 ka BP fällt (Hall et al. 2015). Das Wachsen des antarktischen Eisschildes während der Deglaziation ist auf die höhere Eisakkumulation während der Periode zunehmender atmosphärischer Temperaturen zurückzuführen, was sich auch in den Eiskernen widerspiegelt. Die postglaziale Erwärmung der Antarktis war um 15 ka BP abgeschlossen und damit mehrere 1000 Jahre früher als in der Arktis. Klimamodelle, die dies nicht berücksichtigen, müssen verworfen werden (Proc. Natl Acad. Sci. USA http://doi.org/bt24 (2016)).

Wie in Grönland, so werden aus den Eiskernen der Antarktis zahlreiche Daten gewonnen, die eine Rekonstruktion der atmosphärischen Chemie erlauben, aufgrund der Zusammensetzung von atmosphärischen Gasen, die in Luftblasen eingeschlossen sind, von Aerosolen und von wasserlöslichen Gasen (Abb. E).

Von besonderer Bedeutung sind präzise arktische (grönländische) und antarktische Chronologien der (plötzlichen) Klimaänderungen während der letzten Eiszeit, der Deglaziationszeit (*Termination I*) und des Holozäns, aus denen auf den Mechanismus des Wärme/Kälteaustauschs zwischen Nord- und Südhemisphäre geschlossen werden kann (Abb. E und F). Neue Forschungsergebnisse weisen auf die große Bedeutung der ozeanischen Zirkulation (bes. AMOC – *Atlantic Meridional Overturning Circulation*) hin, die plötzliche Klimaschwankungen steuern (WAIS Divide Project Members 2015). Die in den grönländischen und antarktischen Eiskernen gespeicherten Daten über plötzliche Klimaänderungen, die als Dansgaard/Oeschger-Zyklen (D/O) bekannt sind, können aufgrund der Auszählung der einzelnen Eis-Jahreslagen bis über das LGM hinaus relativ exakt datiert werden. Während der warmen Grönland-D/O-Zyklen kühlte Antarktika ab und *vice versa*. Es stellt sich heraus, dass die D/O-Zyklen nicht synchron auftraten, sondern dass die jeweiligen plötzlichen Erwärmungen den antarktischen Abkühlungsphasen um ca. zwei Jahrhunderte vorausliefen (218 ± 92 Jahre [2σ]), auch beim Bölling-Ereignis. Abkühlungsphasen setzten 208 ± 96 Jahre vor dem Beginn der antarktischen Erwärmung ein. Die sich hier abzeichnende Bedeutung der Ozeanzirkulation für die *bipolar seesaw* („bipolare Klimawippe") kann zukünftig klare Kriterien für Hypothesen und Modellsimulationen der D/O-Dynamik liefern (WAIS Divide Project Members 2015). Sowohl ozeanische als auch atmosphärische Prozesse – beide operieren in unterschiedlichen Zeitskalen – verbinden die Nordhemisphäre mit der Südhemisphäre während plötzlicher Klimaänderungen.

Abb. H zeigt ein Beispiel für Korrelationen von Eiskerndaten (WAIS, westantarktischer Eisschild) mit marinen und terrestrischen Klimaproxys. Häufig wird versucht, eine Korrelierung mit Eiskerndaten vorzunehmen, um die Proxydaten besser interpretieren und in die globale Klimarekonstruktion einpassen zu können. Dabei spielen *tuning* und *matching* (s. Box Tuning) oft eine große Rolle.

Trotz aller Fortschritte, die die Eiskerndaten für die Paläoklimaforschung gebracht haben, konnten die Beziehungen zwischen Temperaturgang und Treibhausgasen (H_2O, CO_2, CH_4, etc.) während der letzten 10^2 bis 10^4 Jahre nicht befriedigend geklärt werden (vgl. Box CO_2-Klimasensitivität).

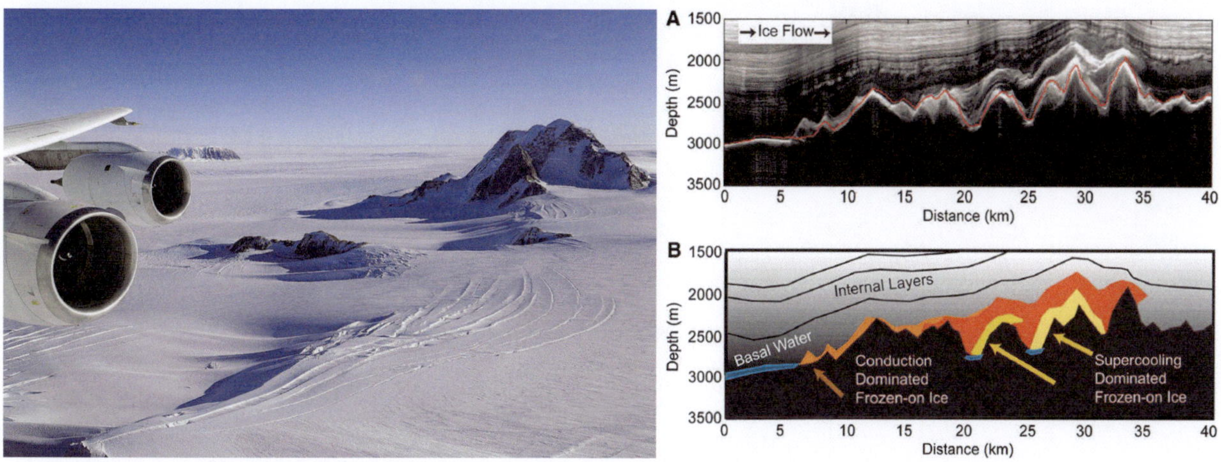

Abb. D *Links*: „Marie Byrd Land". Die höchsten Gipfel ragen aus dem antarktischen Inlandeis (Foto: Michael Studinger/NASA Goddard Space Flight Center – Flickr: Marie Byrd Land. Licensed under CC BY 2.0 via Wikimedia Commons – http://commons.wikimedia.org/wiki/File:Marie_Byrd_Land.jpg#/media/File:Marie_Byrd_Land.jpg). *Rechts*: *Freeze-on*-Prozesse in der zentralen Ost-Antarktis, Dome A-Gebiet. (**A**) Radar-Bild; (**B**) schematisch dargestellte Bereiche der *Freeze-on*-Prozesse. (Aus Bell et al. 2011)

Kapitel 2

Abb. E Eiskern-Parameter der letzten 740.000 Jahre im Vergleich mit dem benthischen marinen Sauerstoffisotopen-*record* (Lisiecki und Raymo 2005). Die Dome C-δD- und Staub-Daten sind in der EDC2-Zeitskala (EDC2, ursprüngliche Zeitskala von Dome C, EPICA Community Members 2004) und die marinen Daten in der LR04-Zeitskala (LR04-Skala ist die graphische Korrelation von 57 benthischen *records*, Lisiecki und Raymo 2005) angegeben. Die Daten von CO_2 und CH_4 sind von Dome C und Vostok. MIS 5.5 und 11.3 sind als Referenzpunkte markiert. Quelle: Wolff und EPICA Community (2006). Bei der Datierung der Eiskerne werden berücksichtigt: Zählung von Eisjahresschichten (für die letzten Jahrtausende), Eisflussmodelle, radiometrische Altersbestimmungen (seit Beginn der Kernwaffenversuche), Synchronisation (*tuning*) mit anderen Paläo-*records*, Änderungen des Erdmagnetfelds, Sonnenaktivität, globale *records* von Methan und $\delta^{18}O_{atm}$, *tuning* mit Milankovich-Zyklen u. v. a. m. Da die Grenze des Übergangs von Firn zu Eis etliche Zehnermeter unter der Eis-Oberfläche liegt, sind die im Eis eingeschlossenen Luftbläschen jünger als das umgebende Eis (über mehrere Dekaden) und erfassen keine einzelnen Jahresschwankungen (vgl. Schwander 2006). Beachte die Zunahme der Staubeinträge in die Antarktis in den letzten 800 ka BP. Der schnelle Anstieg von CH_4 (Methan) am Übergang von Eiszeit zu Warmzeit wird mit Emissionen von tropischen Feuchtgebieten bzw. aerobischer CH_4-Pflanzenproduktion, nicht aber aus marinen *clathrate*-Quellen, in Verbindung gebracht (Schaefer et al. 2006)

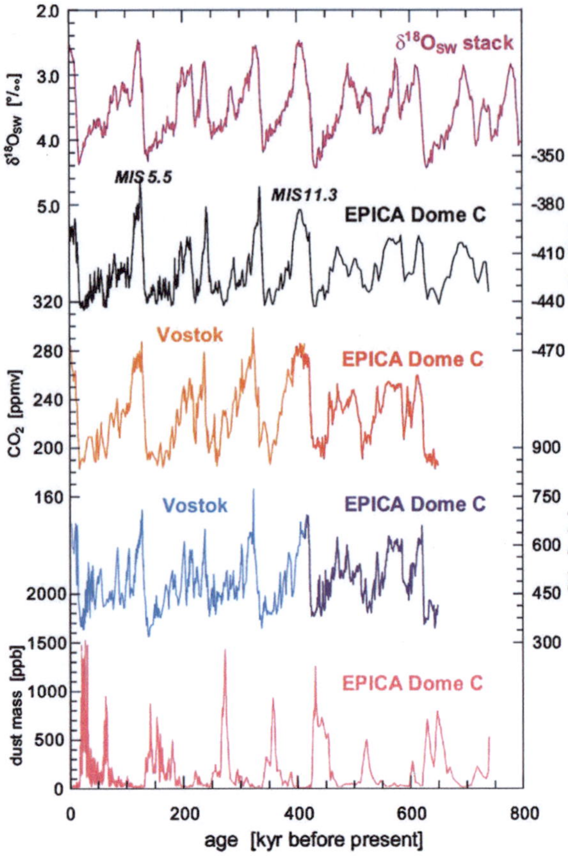

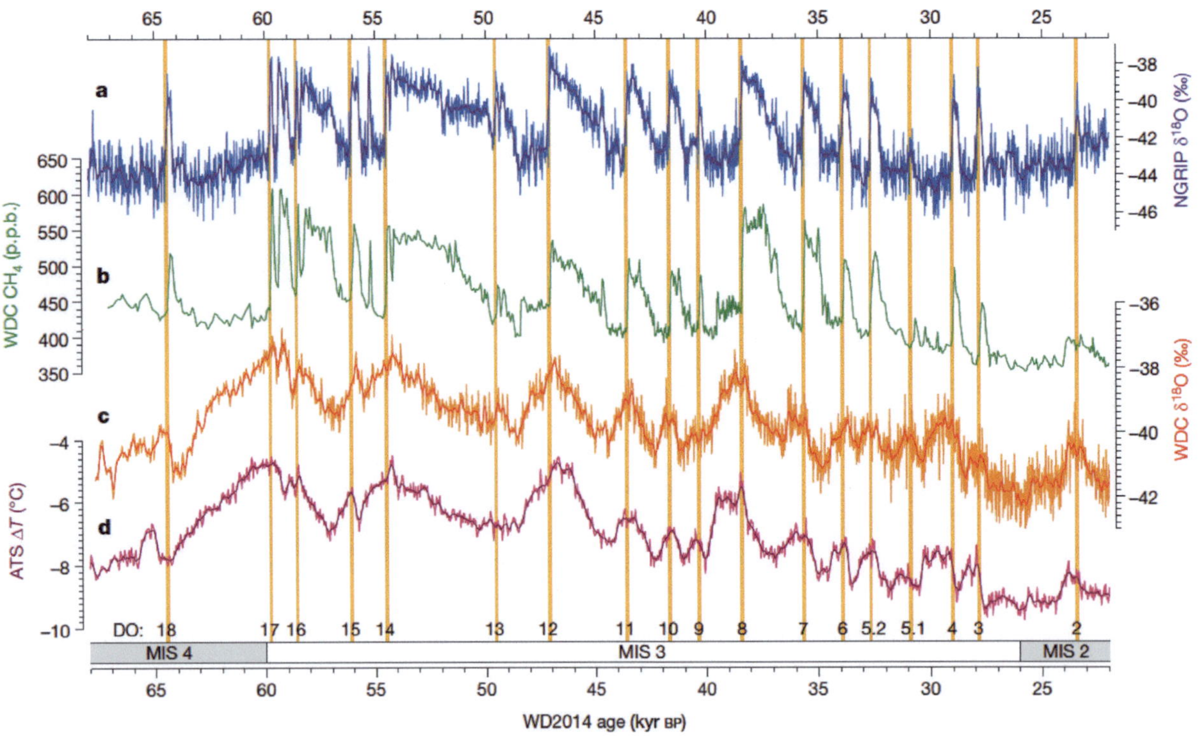

Abb. F *Records* von glazialen plötzlichen Klimaänderungen. **a** NGRIP $\delta^{18}O$ (Grönland); **b** *West Antarctic Divide ice core* (WDC) CH_4 (2014-Chronologie), basierend auf der Auszählung von Jahreslagen (0–32,2 ka BP); **c** WDC $\delta^{18}O$; **d** Temperaturkurve der Antarktis (ATS – *Antarctic Temperature Stack*) in °C bezogen auf die Gegenwart. DO-AIM *events* (*Dansgaard-Oeschger/Antarctic Isotopic Maximum events*) werden durch *gelbe vertikale Linien* angezeigt (mit Nummern). (Aus WAIS Divide Project Members 2015)

Abb. G Chronologie der Deglaziation der letzten Eiszeit zwischen 15,5 und 11 ka BP. **a** NGRIP $\delta^{18}O$; **b** WDC (WDC – *West Antarctic Divide ice core*) CH_4; **c** WDC $\delta^{18}O$ mit Umkehrpunkten (*tipping points*) des Trends (*orange* mit Fehlerbereich); **d** WDC CO_2-Daten (*Punkte*). Abkürzungen: OD, *Oldest Dryas*; B–A, Bølling–Allerød; ACR, *Antarctic Cold Reversal*; YD, *Younger Dryas*; Holoc., *Holocene*. Die *vertikalen gelben Linien* korrespondieren mit den Mittelpunkten der WDC CH_4-Übergänge. NGRIP- und WDC-Chronologien basieren auf Auszählung der Eis-Jahreslagen; sie sind völlig unabhängig für Grönland und die Westantarktis. (Aus WAIS Divide Project Members 2015)

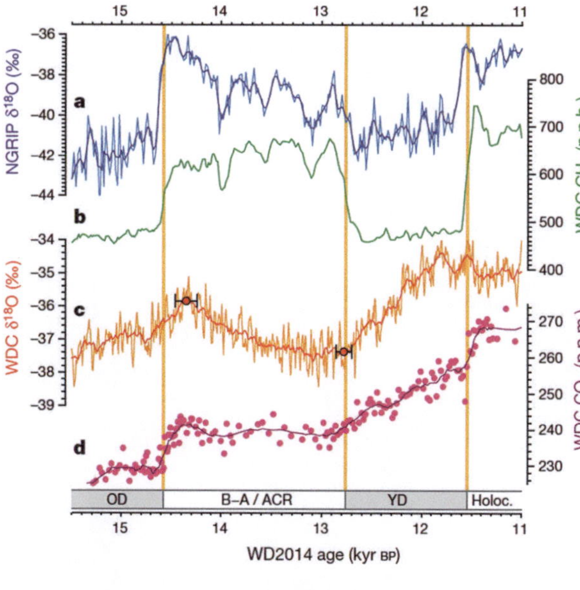

Abb. H CO_2- und CH_4-Daten des westantarktischen Eisschildes (WAIS) werden mit verschiedenen Umweltproxys verglichen. **a, b** WAIS Divide CO_2 und CH_4; **c** Eisberg-Index (IRD – *ice rafted debris*) des Nordatlantiks; **d, e** Biologische Fluktuationsproxys des südlichen Ozeans (s' Neuseeland); **f** Niederschlagsindex für Borneo und **g** China (Höhlen-Speläothem); **h** Kohlenstoffisotope von CO_2 einer Zusammenfassung mehrerer Kerne; **i** AMOC-Proxys. Farbbänder an der Basis der Darstellung kennzeichnen Zeiten, in denen CO_2 stabil (*blau*), langsam ansteigend (*rosa*) oder schnell ansteigend (*rot*) ist. Die *grauen* und *braunen vertikalen Bänder* zeigen Phasen klimatischer Übergänge (z. B. vom LGM zum H1) (aus Marcott et al. 2014).
Es sei darauf hingewiesen, dass die Gewinnung von CO_2 und CH_4 für die Messungen aus den Eiskernen schwierig ist, da dies entweder eine mechanische Disaggregation oder Sublimation unter Vakuumbedingungen einschließlich der Purifikation von CO_2 erfordert oder – da in größeren Tiefen des Eises (Grönland, Antarktis) die Luft langsam von Einschlüssen in Blasen in eine feste Hydratform übergeht – eine Freisetzung von Luft aus Hydraten; Letzteres ist mit mechanischen Mitteln ineffektiv und die Fraktionierung zwischen Blasen und Hydraten kann zusätzliche Probleme verursachen (Brook 2012)

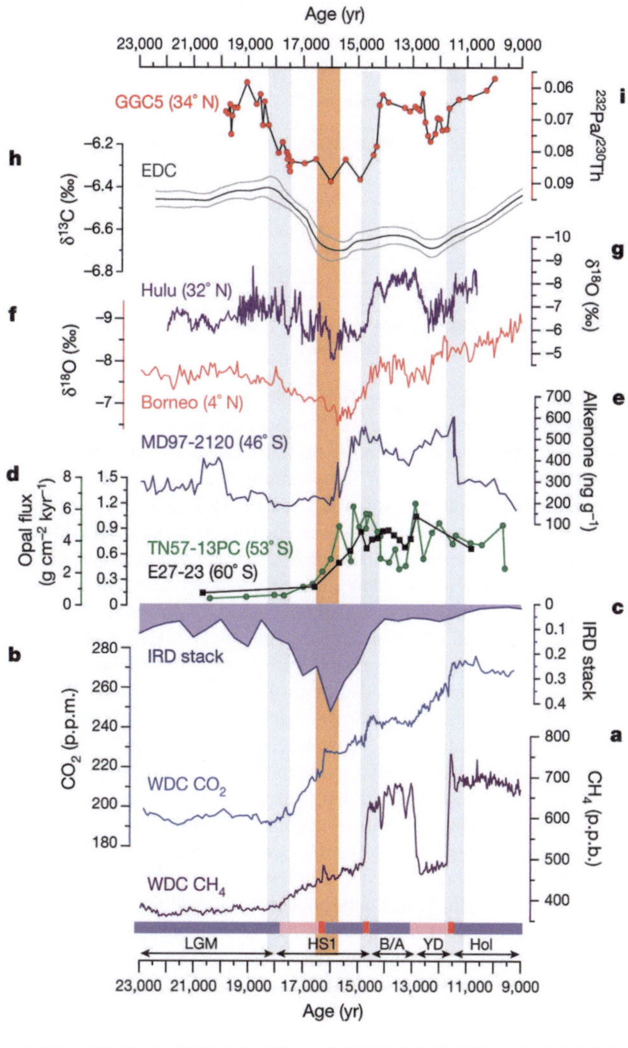

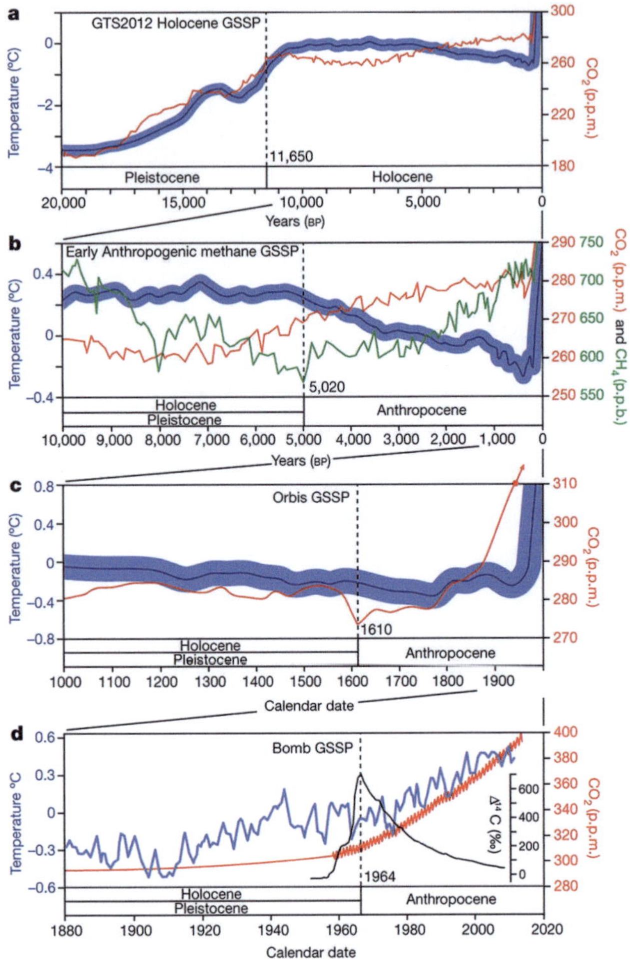

Abb. 2.4 Empfehlungen für den Beginn des Anthropozäns. **a** Gegenwärtige GTS2012 GSSP-Grenze (GTS – *Geologic Time Scale*; GSSP – *Global Stratotype Section and Point*) zwischen Pleistozän und Holozän (*gestrichelte Linie*) mit globalen Temperaturanomalien (*blau*, bezogen auf die Durchschnittstemperaturen des frühen Holozäns der Periode 11.500–6500 a BP) und den CO_2-Werten (*rot*). **b** Früher Vorschlag der Abgrenzung, basierend auf dem niedrigsten atmosphärischen Methangehalt (CH_4, *gestrichelte Linie*), der aufgrund der Ausweitung des Ackerbaus mit den Umweltveränderungen eine Trendwende macht; im Vergleich dazu die globalen Temperaturanomalien (*blau*) und der CO_2-Gehalt der Atmosphäre (*rot*). **c** Vorschlag der Grenzziehung aufgrund des Zusammenpralls der Kulturen der Alten und Neuen Welt; die CO_2-Abnahme bis AD 1610 (*gestrichelte Linie*) wird der um 50 Mio. Menschen reduzierten neuweltlichen Bevölkerung zwischen AD 1492 und 1650 zugeschrieben (reduzierte Brandrodung etc.); CO_2-Kurve (*rot*). **d** Grenzziehungsvorschlag aufgrund der Radioaktivität als Folge der Kernwaffenversuche in Beziehung zu globaler Temperatur (*blau*) und $CO_{2\mathrm{atm}}$-Werten (*rot*). Quelle: Lewis und Maslin (2015). Die Abbildungen belegen deutlich den Einfluss des Menschen auf Umweltparameter. Der Anteil des anthropogenen *climate forcing* an den holozänen Klimaschwankungen ist vor AD 1850 unbekannt und wird für die Zeit seit AD 1850 kontrovers diskutiert

eine Schwächung des asiatischen Monsuns, ein Anstieg der atmosphärischen CO_2-Konzentration und eine Erwärmung über Antarktika gekennzeichnet. *Termination I* wurde durch große Klimaveränderungen in Zeitskalen von Jahrtausenden charakterisiert: Nach dem LGM folgte ein Abkühlungsereignis (*cooling event, Heinrich stadial I*, ~ 18–15 ka BP) und darauf die Hauptphase der Deglaziation (Eisabschmelzen): die Bölling/Alleröd-Zeit mit dem *meltwater pulse 1A* (MWP-1A vor ca. 14,5 ka BP). Während des MWP-1A stieg der Meeresspiegel um 4 m pro Jahrhundert an, insgesamt zwischen ca. 8,6 und 14,6 m (J Liu et al. 2016). In welchen Inlandvereisungsgebieten eine Instabilität und ein schnelles Abschmelzen der Eisschilde erfolgte (Nordhemisphäre, Südhemisphäre), ist unbekannt. Im zirkum-nordatlantischen Raum wurde die Deglaziation nach der relativ warmen Phase von Bölling/Alleröd durch einen Rückfall in nahezu glaziale Verhältnisse unterbrochen – der Jüngeren Dryaszeit (*Younger Dryas*, YD, ca. 12,8–11,7 ka BP; Box Jüngere Dryaszeit) –, bevor die finale Deglaziationsphase, MWP-1B, auftrat. Im zirkumantarktischen Raum fand im ACR (*Antarctic cold reversal*, ca. 14,7–12,7 ka BP) eine Temperaturumkehr des Erwärmungstrends statt. Diese Klimaänderungen, die es in ähnlicher Ausprägung auch während des *Termination II* (ca. 136–129 ka BP) gab (Landais et al. 2013), wurden intensiv hinsichtlich ihrer relativen Zeiten analysiert, um Anhaltspunkte der treibenden Kräfte (*forcings*) und der damit verbundenen Mechanismen zu klären (Morgan et al. 2002). Schmelzwasserimpulse (Heinrich-Ereignisse) waren vermutlich die *forcings* (Abb. 2.7) (Billups 2015).

Die Ursachen der globalen Erwärmung zwischen dem LGM und dem Holozän liegen in den zyklischen Veränderungen der Geometrie der Erdbahn (Orbit), doch ein komplexes System von Rückkoppelungen bestimmt den Übergang von der Kaltzeit (Glazial) zur Warmzeit (Interglazial) und führt zu bedeutenden Schwankungen. ACR und YD sind Phasen, in denen der Erwärmungstrend unterbrochen wird (s. Box Jüngere Dryaszeit). Die Ursachen sind komplex, werden aber für die YD in den Prozessen des Abtauens der großen nordhemisphärischen Eisschilde und den damit verbundenen Eisstauseebildungen, Schmelzwasserausbrüchen, Veränderungen der THC im Nordatlantik etc. vermutet. Die Ursachen des ACR sind nicht klar (vgl. Pedro et al. 2016).

Als eine der wichtigsten Rückkoppelungen wird der gut dokumentierte Wandel des atmosphärischen Treibhausgases CO_2 genannt (Monnin et al. 2001). Die Kohlenstoffisotop-Daten von Schmitt et al. (2012) (Abb. 2.8) geben Hinweise auf mögliche Ursachen. Zwischen 17,5 und 14 ka BP nimmt das ^{13}C um 0,3 ‰ ab, während das CO_2 um 60 ppm ansteigt. Schmitt et al. (2012) vermuten darin CO_2-Abgaben des tiefen Ozeans, andere Autoren eine Intensivierung des windbedingten *Upwelling* rings um die Antarktis (Anderson et al. 2009) oder ein Ende der CO_2-Speicherung des Südozeans während der Kaltzeit (Sigman et al. 2010). Die ^{13}C-Schwankungen zwischen 14 und 12 ka BP fallen mit Klimaschwankungen zusammen, die in Eiskernen, durch Gletscherbewegungen und Vegetationsänderungen belegt werden, aber nicht durch die ^{13}C-Werte erklärt werden können. Zwischen 12 und 7 ka BP steigt das Isotopenverhältnis an; dies wird als Ausdruck der Ausbreitung der terrestrischen Biosphäre gedeutet, die vorzugsweise ^{12}C aus der Atmosphäre aufnimmt und damit als *forcing* für den CO_2-Anstieg infrage kommt.

Box Jüngere Dryaszeit

Die Jüngere Dryaszeit (*Younger Dryas Chron*, *Younger Dryas Period*, *Younger Dryas*, YD, heute: *Greenland Stadial 1* [GS-1], Heinrich-Ereignis H 0 (Heinrich-Event H 0), auch: *Deglacial Climate Reversal* [DCR]) ist ein plötzlicher (innerhalb einer Dekade) markanter Rückfall in eiszeitliche Klimaverhältnisse (Stadial) auf der Nordhemisphäre (bes. im zirkum-nordatlantischen Raum) während des allgemeinen globalen Erwärmungstrends. Die YD wurde zuerst palynologisch in Westeuropa erkannt und mit ^{14}C-Altersbestimmungen auf ca. 11.000 bis 10.000 ^{14}C-Jahre vor heute datiert. Aufgrund zahlreicher Altersbestimmungen (^{14}C, Zählung von Jahreslagen in Bändertonen [Skandinavien], in Eisbohrkernen [Grönland], in Seesedimenten [Eifelmaare], in marinen Sedimenten [Cariaco/Karibik], in Bäumen [Schweiz], in Korallen, etc.) wird die YD heute auf ca. 12,8–11,7 ka BP datiert. Anfang und Ende der YD sind nicht einheitlich festgelegt; es werden auch etwas abweichende Daten genannt: Wikipedia – 12,800 und 11,500 Jahre BP (zwischen 10.800 und 9500 BC), IntCal13 – vor 12.737 ± 31 bis 11.535 ± 58 Jahren (Lohne et al. 2014). Die YD folgt auf das Bølling-Allerød-Interstadial (warme Periode) am Ende des Pleistozäns. Die YD wird vom Präboreal des frühen Holozäns abgelöst. Die YD ist nach einer Zeigerpflanze der Tundra- (hochalpinen) Vegetation, dem Silberwurz *Dryas octopetala*, benannt (Abb. A), da die Silberwurzpollen in großer Anzahl in den Dryas-zeitlichen Ablagerungen (Torf, Seesedimente etc.) auftreten. Die YD ist die jüngste von drei Kältephasen während der globalen Erwärmung nach dem LGM; die Ältere Dryaszeit (*Older Dryas*, *Greenland Interstade* 1d [GI-1d], ca. 14 ka BP) datiert ca. 1000 Jahre vor der YD und dauerte nur ca. 300 Jahre; die Älteste Dryaszeit (*Oldest Dryas*, *Greenland Stadial* 2 [GS-2], > 14,7 ka BP, alpines Gletschermaximum um 16.590 ± 970 ^{10}Be a BP) wird zwischen 18.000 und 15.000 a BP angesetzt und entspricht dem Heinrich-Event 1 (H 1). Mit dem Bølling-Interstadial wird der nordatlantische *Meltwater pulse* 1A (MWP 1A, ca. 14.650/14.500 bis 14,310 a BP) gleichgesetzt, in dem der Meeresspiegel in nur 350 Jahren um 14–18 m anstieg (Gregoire et al. 2012). Auf der Südhemisphäre folgt die YD-Periode dem *Antarctic Cold Reversal* (ACR, Antarktischer Kälterückfall, ca. 14.500 bis 12.900 a BP), das in antarktischen Eiskernen belegt wird.

Isotopendaten grönländischer Eisbohrkerne weisen auf YD-zeitliche Temperaturverhältnisse in Grönland, die ~15 °C kälter als heute waren; in England belegen Studien an fossilen Käfern einen Temperaturabfall um 5 °C; periglaziale Bedingungen stellten sich in weiten Teilen West-, Nord- und Mitteleuropas wieder ein, und Gletscher rückten in den Gebirgen Skandinaviens und der britischen Inseln sowie in den Alpen vor.

Die Frage, ob und inwieweit die nordhemisphärische YD auch auf der Südhemisphäre nachzuweisen ist, hat zu heftigen wissenschaftlichen Disputen geführt. Im südlichen Südamerika und in Neuseeland wurden mit wissenschaftlich fragwürdigen Interpretationen der Proxydaten Beweise für eine Kältephase während der YD „gefunden". Da es in der Regel an zuverlässigen Altersbestimmungen mangelte, wurden die vorhandenen Daten überstrapaziert, um den Beweis der globalen klimatischen Auswirkungen der YD zu erbringen. Für Südamerika hat JT Heine (1993, 1995) eine kritische Evaluierung der Gletscherdaten, die den YD-zeitlichen Vorstoß in den südamerikanischen Anden belegen sollten, vorgenommen und gezeigt, dass es keine zuverlässigen Altersbestimmungen gibt, die einen YD-zeitlichen Gletschervorstoß belegen (vgl. auch Heine und Heine 1996); Markgraf (1991, 1993) hinterfragte die südamerikanischen Pollenprofil-Daten von Heusser und Streeter (1980) und Heusser et al. (1981), die allgemein akzeptiert wurden; Ashworth und Hoganson (1984) fanden im südlichen Südamerika keine YD aufgrund ihrer *Coleoptera*-Studien und fragen, wieso derart geringe Veränderungen in den Pollenprofilen von Heusser et al. (1981) so große Veränderungen des Klimas bezeugen. Der von Heusser und Rabassa (1987) in Feuerland sowie der von Denton und Hendy (1994) in Neuseeland (*Waiho Loop*-Moräne) beschriebene YD-Gletschervorstoß wurde viele Jahre als Indiz der globalen Auswirkungen der YD angesehen, obgleich zahlreiche palynologische und glaziologische Beobachtungen dagegen sprachen. Zweifel an der globalen Auswirkung des YD-zeitlichen nordatlantischen Temperaturabfalls kamen auf (z. B. Barrows et al. 2007; Lowell und Kelly 2008), nicht zuletzt deshalb, weil die *Waiho Loop*-Moräne keine Endmoräne, sondern das Ergebnis eines Gletscherausbruchs ist, der durch einen gewaltigen Bergrutsch ausgelöst wurde und damit unabhängig von Klimaschwankungen war (Evans 2008; Santamaria Tovar et al. 2008; Alexander et al. 2014). Erst 2010 wurden durch die Publikationen in NATURE (Kirkbride 2010; Kaplan et al. 2010; Abb. B) und NATURE GEOSCIENCE (Putnam et al. 2010) die Vorstellungen endgültig revidiert: Belege für die YD auf der Südhemisphäre mit kühleren Temperaturen wurden negiert; zuvor waren für Südamerika vergleichbare Studien bekannt geworden (s. Rutter et al. 2012). Anderseits werden Gletschervorstöße in den neuseeländischen Alpen während des ACR um 13 ka BP (^{10}Be-datiert) belegt (Putnam et al. 2010), und Hodgson und Sime (2010) bekräftigen, das „*this glacier expansion coincides with a period of abrupt cooling in Antarctica between 14,540 and 12,760 years ago*". Erwähnenswert ist, dass eine Zusammenstellung der Belege für spätglaziale Landschafts- und Vegetationsänderungen keine signifikanten Umkehrungen des allgemeinen Erwärmungstrends zeigen

Kapitel 2

(McGlone, 1995). Die Gletscherbewegungen während der YD und des ACR dokumentieren, dass die Temperaturabnahme in der Nordhemisphäre mit einer Erwärmung und einem Gletscherrückgang auf der Südhemisphäre einherging, der sich in den südamerikanischen Anden über den Äquator hinaus bis Kolumbien bemerkbar gemacht hat (vgl. Heine 1995b; Heine und Geyh 2002; Jomelli et al. 2014). Die Beispiele aus Neuseeland (*Waiho Loop*-Moräne) und Ecuador (*Río Mocha*-Seesedimente, Heine und Heine 1996) zeigen anschaulich, dass eine unzureichende geomorphologische Aufnahme bedeutender Schlüsselprofile der Quartärforschung über viele Jahre falsche „Erkenntnisse" stützte, die nicht zuletzt auch in Modellierungen eingingen.

Dennoch werden bis heute Klimarekonstruktionen der Tropen und der Südhemisphäre, die aus Proxydaten erarbeitet wurden und die im Spätglazial eine Klimaschwankung zeigen, oft im Zuge des *tuning* mit der YD-Phase der grönländischen Eisbohrkerne korreliert [z. B. J Zech et al. (2009): Gletschervorstoß in den bolivianischen Anden; Scott et al. (1995, 2012): Vegetationsänderungen in der südlichen Namibwüste Afrikas]. Selbst in den europäischen Alpen traten nicht alle Gletschervorstöße während der YD zeitgleich auf; in den südwestlichen Ötztal-Bergen erfolgten die Gletscherbewegungen im frühesten Holozän oder während des YD/Holozän-Übergangs (Moran et al. 2016). Anscheinend reagierten die Gletscher des alpinen Hauptkamms auf die YD-zeitliche Temperatur- und Niederschlagsänderungen abweichend von den Gletschern der Westalpen.

Über die Ursache der YD wie auch der kalten Heinrich-Perioden ist lange diskutiert worden. Drei Kategorien von möglichen Ursachen wurden in Erwägung gezogen: (i) Innerhalb des Klimasystems wandelten sich positive Rückkoppelungen in entgegengesetzte (Albedo, CO_2, Ozean-Zirkulation), (ii) Störungen, ausgelöst durch interne *tipping point feedbacks* (Kollabieren von Eisschilden) und (iii) system-externes *forcing* (Vulkanismus, solare Strahlung, Supernova, kosmischer Staub) (Berger 1990). Heute wird die YD in einer signifikanten Schwächung oder gar in dem Ausfallen der nordatlantischen Zirkulation (THC – thermohaline Zirkulation) gesehen. Die THC befördert warmes tropisches Wasser nordwärts. Die THC (und damit verbunden die AMOC) änderte sich zu Beginn der YD abrupt. Das plötzliche Einströmen von gewaltigen Mengen an Frischwasser erfolgte in Verbindung mit dem Abschmelzen des laurentischen Eises in Nordamerika und dem plötzlichen Auslaufen des Eisstausees (*Lake Agassiz*) über den St. Laurence-Strom. Der Lake Agassiz hatte sich südlich des laurentischen Eisschildes gebildet. Es sei hier angemerkt, dass auch andere Ursachen diskutiert werden (z. B. Verlagerung des nordhemisphärischen *Jetstreams* als Folge der schmelzenden Eisschilde). Vergleichbar mit der YD-zeitlichen Klimaschwankung sind Temperaturschwankungen, die während früherer Deglaziationen auftraten.

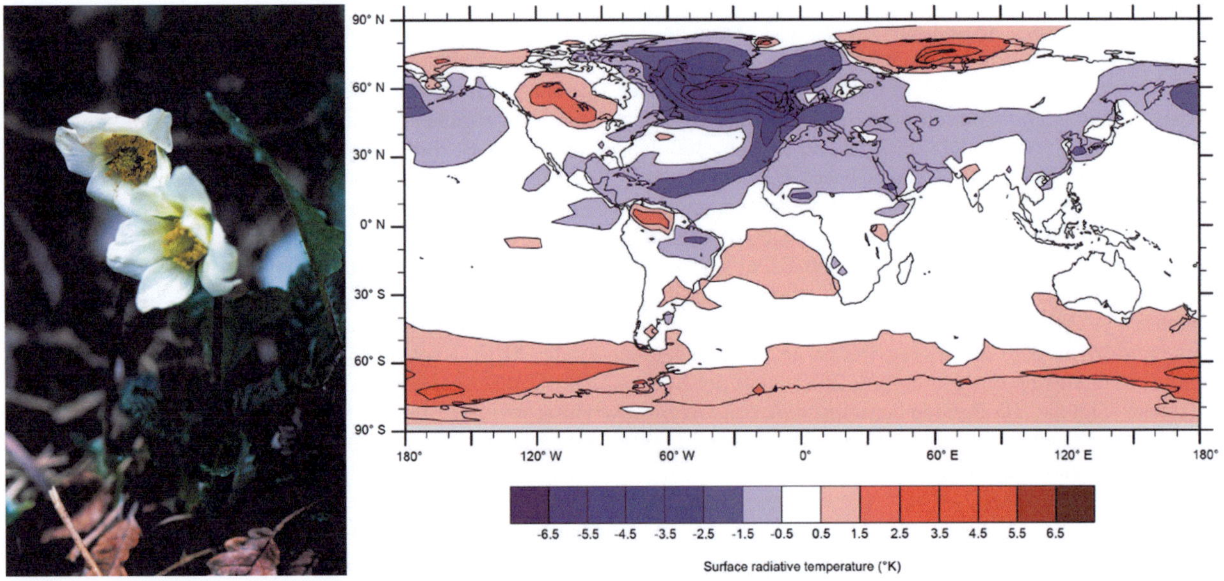

Abb. A *Links*: Silberwurz (*Dryas octopetala*), die der YD den Namen gab. *Rechts*: Änderung der Oberflächentemperatur während der YD: Werte für 12,9 ka BP minus Werte für 12,0 ka BP. (Aus Jomelli et al. 2014) Deutlich ist die Abkühlung im nordatlantischen Raum bis in die Karibik und in den angrenzenden Regionen zu erkennen. Die Südhemisphäre zeigt – im Gegensatz dazu – zirkumantarktisch eine Erwärmung. Die warme Insel im nordwestlichen Südamerika (Kolumbien, Venezuela) ist das Ergebnis falscher Alterszuordnungen zu spätglazialen Moränen (vgl. Abschn. 5.2.4)

Abb. B Neuseeland im Vergleich mit anderen Klimaproxys. **a** Rückzugsentfernung des Gletscherendes im *Irishman*-Becken und ELA-Änderungen zwischen 13 ka BP, 12 ka BP und 11,5 ka BP. **b** Kohlenstoff (% Kohlenstoff) und Verhältnis von Tiefland-*Podocarpus*/Gras-Pollen (*ratio of lowland podocarp to grass pollen* [LPG]) des Kaipo-Moores der Nordinsel. Diese Proxys zeigen das Ende des spätglazialen antarktischen *Reversals* (ACR) und den Beginn der frühen Erwärmung des (antarktischen) YD-Interstadials an. **c** δD (Deuterium) und CO_2 von EPICA Dome C; das spätglaziale ACR (*Antarctic Cold Reversal*) unterbrach den CO_2-Anstieg vom Glazial zum Interglazial. **d** Opal-Veränderung des Sedimentkerns TN057-13PC. Die *records* **a** bis **d** zeigen die Erwärmung in der Südhemisphäre zwischen 13 und 12 ka BP, die mit dem CO_2-Anstieg zusammenfiel, sowie Veränderungen des ozeanischen *Upwelling*, das in der Opal-Veränderung dokumentiert wird. **e** und **f** $\delta^{18}O$ vom NGRIP und Hulu- und Dongge-Höhlen (China). *Dunkel*- und *hellblaue* Zonen repräsentieren die kalten Perioden von YD-Zeit und ACR. (Aus Kaplan et al. 2010)

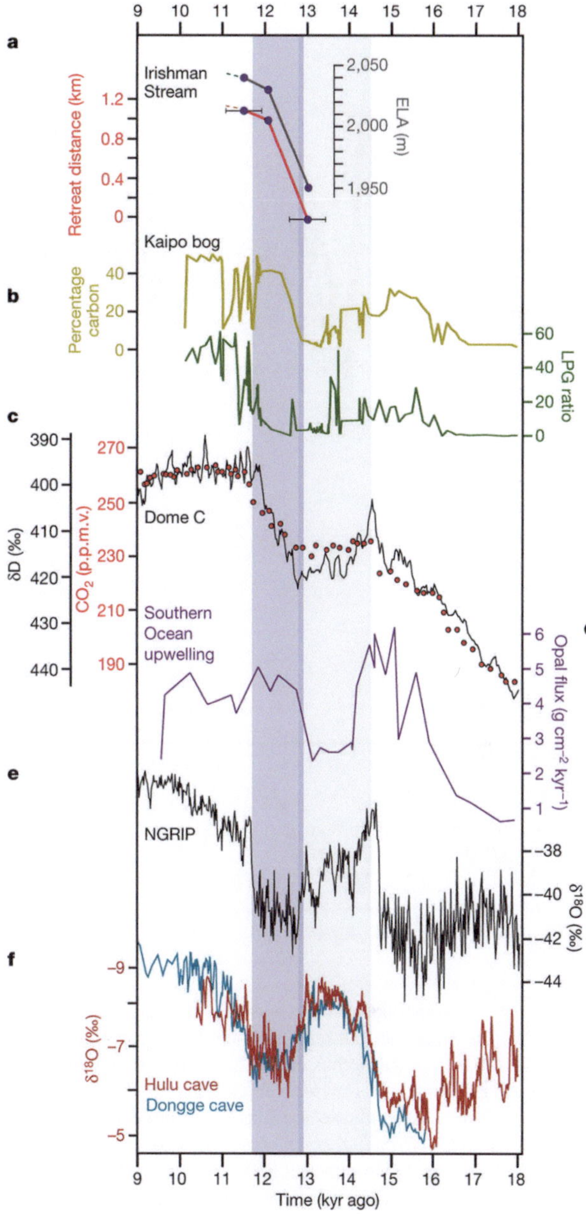

Die Nacheiszeit, das Holozän, beginnt vor ca. 11.700 bzw. 11.600 Jahren (Abb. 2.3). Für die Pleistozän/Holozän-Grenze werden immer wieder neue Jahreszahlen genannt (vgl. Rach et al. 2014). Für eine Gliederung des Holozäns ist eine Einteilung noch nicht festgelegt (Walker et al. 2012). Der gegenwärtig diskutierte Vorschlag gliedert die Holozän-Epoche in Früh-, Mittel- und Spät-Holozän, wobei die Grenzen zwischen Früh- und Mittel-Holozän um 8200 Jahre vor heute und zwischen Mittel- und Spät-Holozän bei 4200 Jahren vor heute angesetzt werden. Beide Zeiten repräsentieren globale Ereignisse, die in zahlreichen marinen und terrestrischen Sedimenten belegt sind.

Der grönländische Eisbohrkern von NorthGRIP enthält einen Proxyklima-*record*, der die Pleistozän/Holozän-Grenze in einer bisher nicht vorhandenen Klarheit und zeitlichen Auflösung zeigt. Die Analyse von zahlreichen physikalischen und chemischen Parametern, die aus dem Eis gewonnen wurden [Box Eisbohrkerne und Box Sauerstoffisotopen-Analyse], zeigt die erste markante Erwärmung in der ausgehenden letzten Kaltzeit am Ende der Jüngeren Dryas-Zeit (*Younger Dryas/Greenland Stadial* 1) mit großer Präzision vor 11.700 Jahren (11,700 calender yr b2k = before AD 2000). Dieses Klimaereignis wird durch eine plötzliche Änderung der Deuterium-Werte zu-

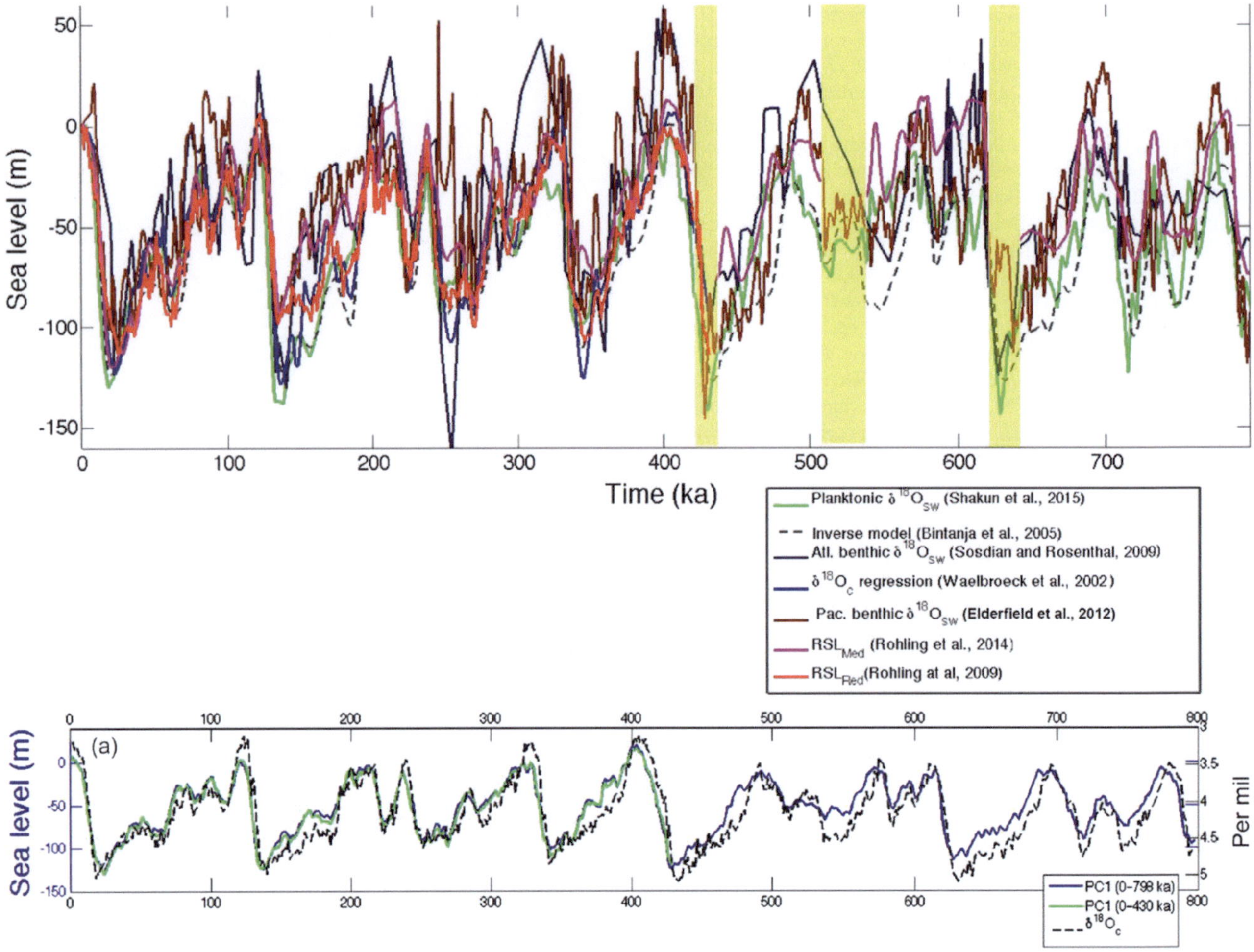

Abb. 2.5 *Oben*: Rekonstruktionen des eustatischen und relativen Meeresspiegels für 7 *records* aufgrund des Altersmodells LR04 (Lisiecki und Raymo 2005). Die *gelben Balken* kennzeichnen die Sapropel-Lagen des Mittelmeer-RSL-*records*. Literaturangaben bei Spratt und Lisiecki (2016). Hibbert et al. (2016) und Düsterhus et al. (2016) diskutieren die Möglichkeiten und Grenzen bisheriger Meeresspiegel-Rekonstruktionen: unterschiedliche Archive und eine gewisse Subjektivität bei der Interpretation der Proben haben abweichende Ergebnisse erzielt, die zum Teil große Differenzen zeigen. *Unten*: Lange und kurze Zusammenfassungen (*stacks*) von Meeresspiegelkurven im Vergleich mit den benthischen $\delta^{18}O$-*stacks* von LR04. PC – *Principal component* (Hauptkomponente); $\delta^{18}O_c$–$\delta^{18}O$ von Calcit; $\delta^{18}O_{sw}$ – $\delta^{18}O$ von *sea water* (Meerwasser): RSLMed – relativer Meeresspiegel (Mittelmeer); RSLRed – relativer Meeresspiegel (Rotes Meer). (Aus Spratt und Lisiecki 2016)
Anmerkung: Aus einer Vielzahl von Beobachtungen (*records*) werden durchschnittliche Veränderungen des Meeresspiegels für die letzten 800 ka BP berechnet. Die Grundlage bilden die Daten von marinen Bohrkernen, Korallen und Modelle. Die Genauigkeit der einzelnen Rekonstruktionen wird durch Fehler bei den Messungen, lokalen Schwankungen von Salinität und Temperatur sowie Annahmen, die für bestimmte Techniken gewählt werden, bestimmt. Holozäne und eemzeitliche Meeresspiegelstände sind wichtige Bezugsgrößen

sammen mit einer mehr graduellen Änderung des $\delta^{18}O$, der Staubkonzentration, der Dicke der Jahres-Eisschichten und verschiedener chemischer Werte angezeigt. Die Zeitskala basiert auf der Jahreslagen-Zählung mehrerer Parameter und wird mit einer Zählungenauigkeit von 99 Jahren angegeben (Walker et al. 2009). Allerdings kann eine „Zeitlücke" zwischen dem plötzlichen, im grönländischen Eis dokumentierten, Jüngere Dryas-zeitlichen Abkühlungsbeginn einerseits und der Zeit der hydrologischen und Umweltveränderungen in Europa andererseits bestehen (Rach et al. 2014).

Das bedeutendste Klimaereignis im Holozän ist das 8,2-ka-Ereignis; es wurde zuerst im Grönland-Eisbohrkern GRIP erkannt (Abb. 2.9) und ist inzwischen in verschiedenen Paläoklimaarchiven weltweit nachgewiesen worden (Beget 1983; Alley et al. 1997; Alley und Ágústsdóttir 2005; Heine und Vázquez-Selem 2002). Das 8,2 ka *event* unterbricht den Erwärmungstrend des holozänen Klimaoptimums. Es ist wesentlich stärker ausgeprägt als die Kleine Eiszeit, jedoch schwächer als die YD. Die mit dem 8,2 ka *event* verbundene Abkühlung und/oder Trockenphase dauerte einige Jahrhunderte. Die Ursache

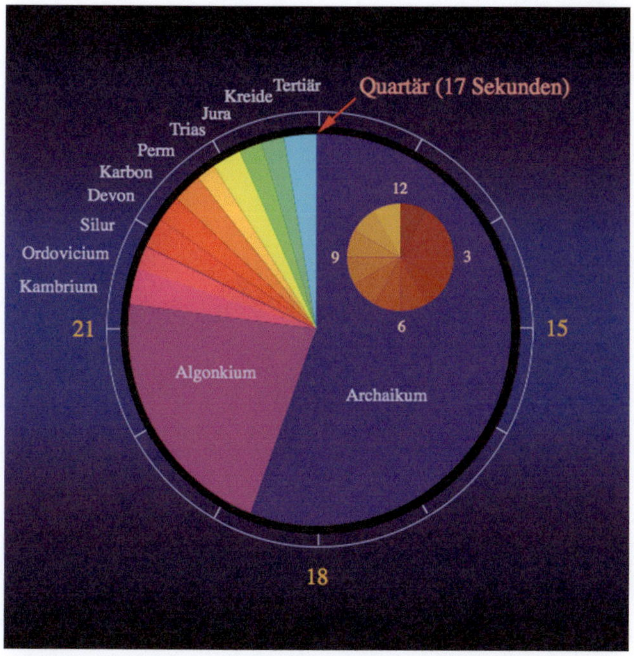

Abb. 2.6 Wird das Alter der Erde als Zifferblatt einer Uhr dargestellt, umfasst das Quartär lediglich 17 s der 12 h, die die 4,65 Mrd. Jahre des Erdalters repräsentieren

für das 8,2 ka *event* ist ein plötzlicher Ausbruch des gewaltigen Eisstausees (*Lake Ojibway* und *Lake Agas*siz), der sich südlich des zurückgeschmolzenen laurentischen Eises gebildet hatte. Über das Hudson-See-Gebiet und die Labrador-See gelangte das Eisstausee-Wasser in den Nordatlantik und führte zur Abkühlung im zirkumnordatlantischen Raum (Beget 1983; Alley et al. 1997; Alley und Ágústsdóttir 2005), zur Gletscherbildung in Mexiko (Heine und Vázquez-Selem 2002) sowie zu einer ariden Phase im tropischen (semi)ariden Trockengürtel Nord- und Ostafrikas.

Flohn und Nicholson (1980) haben die aride Phase in Nordafrika bereits mit einem katastrophalen Zusammenbruch des laurentischen Eisschilds im Hudson Bay-Gebiet in Verbindung gebracht.

Tropische Eisbohrkerne von Gletschern aus den peruanischen und bolivianischen Anden Südamerikas und aus Ostafrika (Kilimandscharo, Thompson et al. 2002) zeigen um ca. 5 ka BP den Übergang vom Mittel- und Spät-Holozän (Abb. 2.10). Da infolge der Klimaerwärmung die tropischen Gletscher besonders schnell abschmelzen, vor allem aber auch die obersten Gletschereispartien infolge des eindringenden Schmelzwassers versulzen und daher für wissenschaftliche Analysen kaum noch verwertbar sind, sollten die verbliebenen tropischen Gletscher möglichst bald umfassend als Paläoklimaarchive genutzt werden.

In den letzten Jahren wird diskutiert, ob eine weitere Gliederung des Holozäns sinnvoll ist (Monastersky 2015). Das Anthropozän (*Anthropocene*), eine entscheidend durch den Menschen geprägte geologische Epoche (E. Ehlers 2008, 2015; Guthrie 2015), soll als eigene Epoche die jüngste Entwicklung unseres Planeten beschreiben. Der Beginn wird zurzeit unterschiedlich definiert (Abb. 2.4): Vorschläge reichen einerseits für den Beginn von der Zeit, als die menschlichen Aktivitäten einen signifikanten globalen Einfluss auf die irdischen Geoökosysteme erlangten, d. h. Jahrhunderte bis Jahrtausende zurück, und andererseits bis in die jüngste Vergangenheit. Die 26 Mitglieder der *Stratigraphischen Arbeitsgruppe* (Zalasiewicz et al. 2015) wollen die neue geologische Einheit des *Anthropocene* auf den 16. Juli 1945 festlegen, dem Zeitpunkt des ersten Atombombentests in Neu-Mexiko; die seither freigesetzten radioaktiven Elemente markieren einen sensiblen Übergangspunkt im späten Holozän und lassen sich global in Sedimenten und Organismen nachweisen.

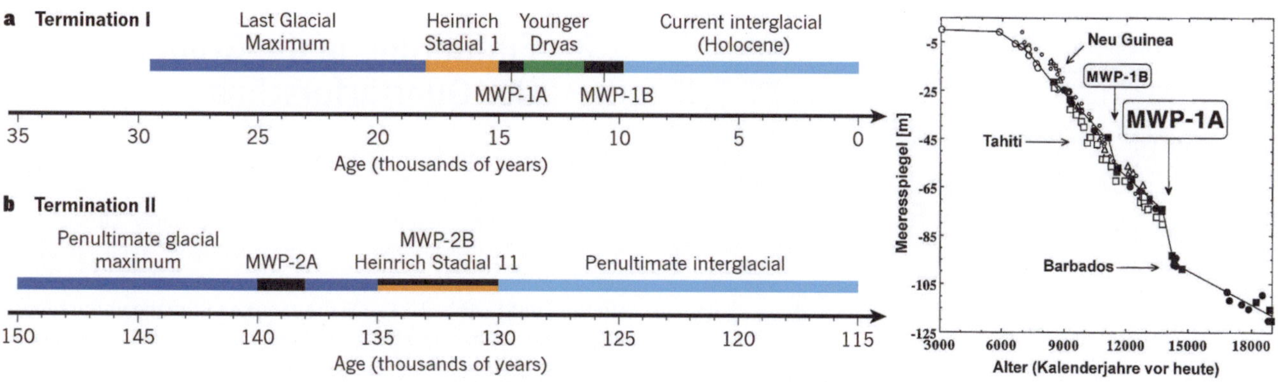

Abb. 2.7 *Links*: Glazial-interglaziale Übergänge (*Termination I* und *II*) der letzten und vorletzten Eiszeiten. Erläuterungen im Text. **a** *Termination I* (T I). Die Deglaziation nach dem *last glacial maximum* (LGM) gliedert sich in: Heinrich-Stadial 1, MWP-1A (*meltwater pulse* 1A), Jüngere Dryas (*Younger Dryas*) und MWP-1B. **b** *Termination II* nach der vorletzten Eiszeit gliedert sich in: MWP-2A und MWP-2B/Heinrich-Stadial 11. Die Altersangaben sind in ka BP (1000 Jahre vor heute). (Aus Billups 2015).
Rechts: Meeresspiegelanstieg während der Abschmelzphase beim Übergang vom letzten Glazial zum Holozän (*Termination I*). MWP – *Meltwater Peak* (Maximum der Schmelzwasserproduktion) aufgrund von Daten von Barbados, Tahiti und Neuguinea. (Aus Bard et al. 1996)

Kapitel 2

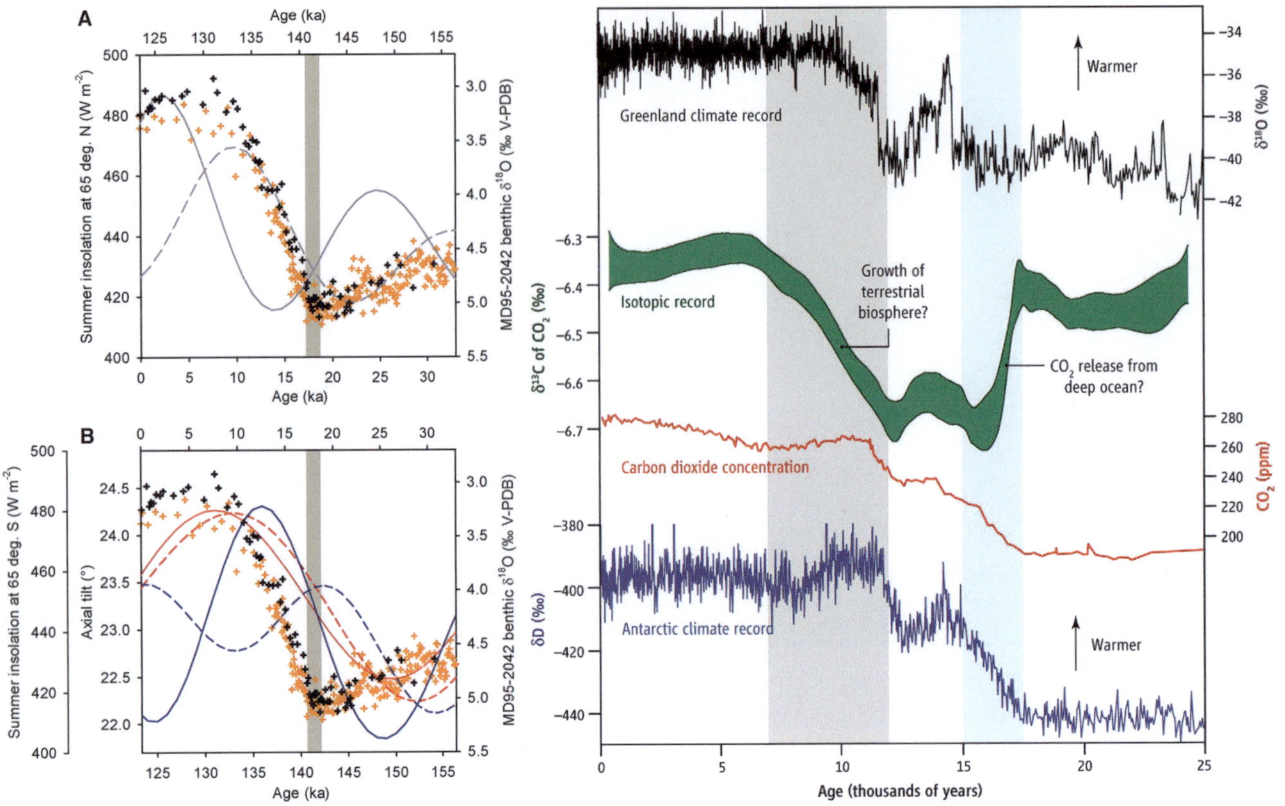

Abb. 2.8 *Links*: *Termination I* (T I, ~ 18–9 ka BP) im Vergleich zu *Termination II* (T II, ca. 142–133 ka BP, Übergang von der vorletzten Glazialzeit zum Eem-Interglazial). Dargestellt ist der benthische $\delta^{18}O$ *record* von *Termination I* (*gelbe Kreuze*, untere Zeitskala) und von *Termination II* (*schwarze Kreuze*, obere Zeitskala). Die Daten von *Termination I* und *Termination II* sind übereinander projiziert, um zu zeigen, dass beide Übergangsphasen vom Glazial zum Interglazial zeitlich ähnlich abliefen. **A** Sommerinsolation in 65°N (NHSI, *grau*); *Termination I – gestrichelte Linie*, *Termination II – durchgehende Linie*. **B** Sommerisolation in 65°S (SHSI, *blau*) und Kurve der Ekliptikschiefe (*rot*) für T I (*gerissene Linie*) und T II (*ausgezogene Linie*). Der senkrechte *graue Balken* markiert den Beginn von T I und T II. (Aus Drysdale et al. 2009). *Rechts*: Glazial-Interglazial-Übergang während der letzten 24.000 Jahre. Die CO_2-Konzentrationen (*rot*) sind in dieser Zeit angestiegen. δD-Werte der Antarktis (‰) und $\delta^{18}O$-Werte Grönlands (‰) repräsentieren den Temperaturverlauf. Der Verlauf des Isotopenverhältnisses von $^{13}C/^{12}C$ des CO_2 (*grün*, in δ-Angaben, wobei $\delta^{13}C$ die Abweichung des Verhältnisses einer Probe von einem internationalen Standard darstellt [in ‰]). Der Vergleich des CO_2-*records* mit den Isotopen-*records* vermittelt Hinweise auf die Mechanismen, die für den CO_2-Anstieg verantwortlich sind. (Aus Brook 2012, vgl. Schmitt et al. 2012)

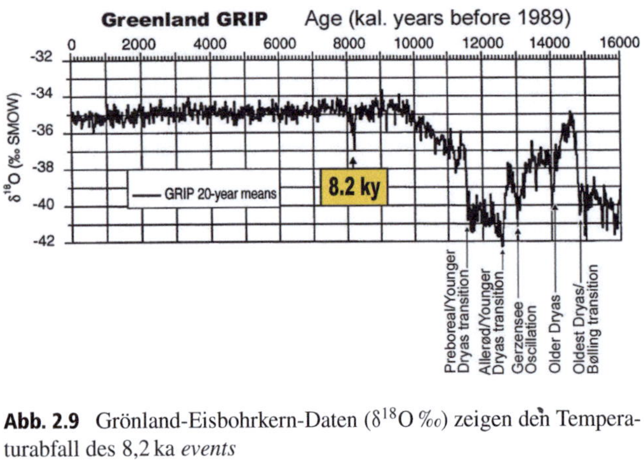

Abb. 2.9 Grönland-Eisbohrkern-Daten ($\delta^{18}O$ ‰) zeigen den Temperaturabfall des 8,2 ka *events*

2.2 Einführung in die Grundlagen der Quartärforschung

Die Klimageschichte des Eiszeitalters wird nur verständlich, wenn sie vor dem Hintergrund unseres gegenwärtigen klimatischen Systems gesehen wird. Unser irdisches klimatisches System ist höchst komplex und die wichtigen Wechselwirkungen zwischen seinen Gliedern sind vielfach nichtlinearer Natur (Flohn 1985) (Abb. 2.11). Da die externen klimabeeinflussenden Faktoren (Sonnenstrahlung, Vulkanismus etc.) nicht vorhersagbar sind, aber auch wegen der großen Lücken in der Kenntnis einzelner Details im klimatischen System selbst (Batterbee und Binney 2008), bemerkt Flohn (1985) zu Recht, dass das Projekt einer Klimavorhersage (Klimaprognose) einstweilen illusorisch ist. Trotz aller Fortschritte in den Kenntnissen des irdischen Systems und bei der Klimamodellierung mit immer leistungsstärkeren Großrechenanlagen trifft Flohns (1985) Bemerkung auch heute noch zu.

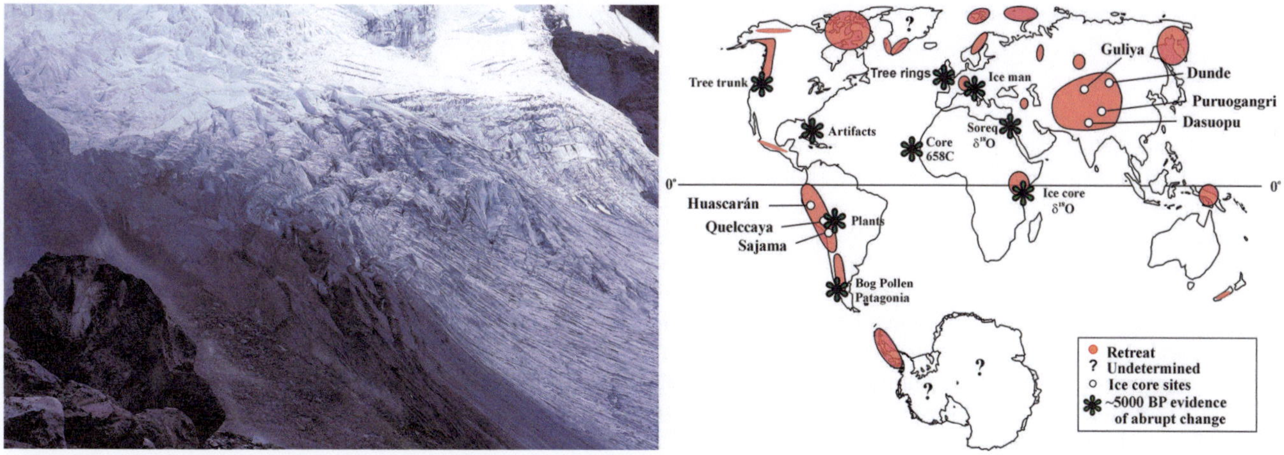

Abb. 2.10 *Links*: Abschmelzender Gletscher am Äquator, tropische Anden (Cayambe, Ecuador, 0°00′, 78°W). *Rechts*: Gebiete mit Gletscherschwund; Eisbohr-Lokalitäten und Belege für plötzlichen Klimawandel vor ca. 5000 Jahren. (Nach Thompson et al. 2006)

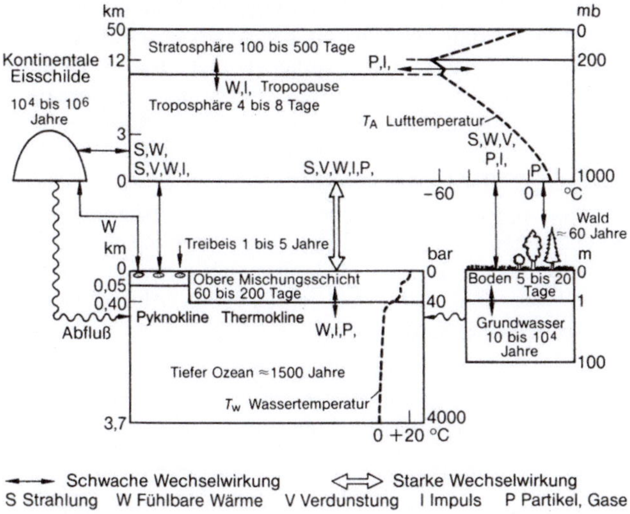

Abb. 2.11 Das klimatische Wechselwirkungssystem mit seinen Untersystemen. Die angegebenen Zeiten sind die charakteristischen Zeitskalen in den Untersystemen (z. B. Verweilzeiten charakteristischer Partikel oder Gase) (Aus Flohn 1985: 5)

2.2.1 Zirkulation der Ozeane und der Atmosphäre

Um die quartären Klimaänderungen – aber auch den Klimawandel in den Tropen unter einer sich erwärmenden Erde – besser verstehen zu können, müssen wir einen Blick auf die heutigen Zirkulationsverhältnisse von Ozeanen und Atmosphäre werfen. Sie spielen eine große Rolle bei der Erklärung der globalen und regionalen Klimaänderungen und Klimafluktuationen. Seit der Entdeckung der Eiszeiten und Warmzeiten spekulieren Wissenschaftler über die Ursachen dieser gewaltigen Klimaänderungen. Obwohl schon frühzeitig von Milankovitch (1920, 1941; Milanković 1998) postuliert, wurde erst Jahrzehnte später in zahlreichen Studien bestätigt, dass der Übergang von Kaltzeiten zu Warmzeiten durch eine Periodizität der Erdumlaufbahn um die Sonne und durch Änderungen der Sonnenstrahlung bedingt wird. Dies erklärt die langen und mehr oder weniger gleichmäßigen Änderungen des quartären Klimagangs (s. Abschn. 2.1). Die großen Amplituden der Klimazyklen jedoch müssen weitere Ursachen haben. Es muss starke Rückkoppelungsmechanismen im Klimasystem selbst geben, die verstärkend und modifizierend einwirken. Auch ist seit Langem aus geologischen und paläobotanischen Klimaarchiven bekannt, dass es immer wieder rigorose Klimaereignisse gab, in denen sich große Temperatursprünge innerhalb weniger Dekaden abspielten. Die *Jüngere Dryaszeit* (YD = das jüngste Heinrich-Ereignis H 0) vor ~12.800 bis 11.700 Jahren ist ein Beispiel dafür (s. Box Jüngere Dryasezeit; Box Heinrich-Events, Dansgaard/Oeschger-Events, Bond-Zyklen).

Andere Beispiele plötzlicher Klimaschwankungen sind die Dansgaard/Oeschger-Ereignisse (D/O *events*), die sich während der letzten Eiszeit ereigneten und die 1985 zuerst in grönländischen Eisbohrkernen entdeckt wurden. Die atmosphärischen CO_2-Konzentrationen blieben während der D/O-Events mehr oder weniger unverändert. Sie brachten eine Abkühlung über Grönland, hatten jedoch kaum Auswirkungen auf tropische Niederschläge. Es wurde in der Wissenschaft viel darüber diskutiert, ob die Stadiale von Jüngerer Dryaszeit, Dansgaard/Oeschger- und Heinrich-Ereignissen sich auch in den Subtropen und Tropen und – möglicherweise auf der Südhemisphäre sowie weltweit – nachweisen lassen (z. B. Barrows et al. 2007; Heine et al. 2014; Stager et al. 2011).

Wenn über die Ursachen dieser z. T. regelmäßig wiederkehrenden Klimaschwankungen von relativ kurzer Dauer, die zudem nicht gleichsinnig verlaufen müssen, spekuliert wird, werden diese in Interaktionen im Ozean-Atmosphäre-System gesucht und über Modellierungen verifiziert (Kaufman et al. 2013). Derart schnelle Veränderungen des Klimas können nicht mit veränderten Strahlungsverhältnissen der Sonne erklärt werden. Sie scheinen komplexer zu sein, als bisher angenommen wurde (Meissner 2015). Es handelte sich um „Energieverteilungskämpfe", die zwischen der Nord- und Südhemisphäre

Box Heinrich-Events, Dansgaard/Oeschger-Events, Bond-Zyklen

Die *Heinrich-Events* des Nordatlantiks werden mit gewaltigem Eisausfließen, Eisschelfabbrüchen und Eisbergbildung sowie Schmelzwassereintrag erklärt (u. a. Hulbe 2010). Sie sind nach Hartmut Heinrich (Heinrich 1988; Hemming 2004) benannt und werden durch Detritus-Lagen („*ice rafted detritus*" – IRD, Korngrößen >0,5 mm) in den marinen Ablagerungen belegt. Die Frischwasser-Einspeisung (Schmelzwasser, ca. 370 km^3; Alley und MacAyeal 1994) in den Nordatlantik während der Heinrich-Events verhinderte das Vordringen der warmen, salzhaltigen subtropischen Wassermassen in den Nordatlantik, die bei der nordwärtigen Verlagerung abkühlten, absanken und damit die globale Tiefenwasserzirkulation antrieben (Abb. 2.12). Verschiedene Mechanismen werden genannt, die diese Ereignisse förderten, allen voran interne Oszillationen des Laurentischen Eisschildes in Verbindung mit Schelfeiskonditionen und Ozeantemperaturen (Alvarez-Solas et al. 2010). Mindestens 6 Heinrich-Events (H1 bis H6) sind für die letzten 130.000 Jahre belegt (Abb. 2.27). Die Einspeisung gewaltiger Eismassen und Schmelzwasser vom Laurentischen Eisschild, vom Labrador- und/oder Barents-Eisschelf sowie dem fennoskandischen und britischen Eisschilden in den Nordatlantik führte zu großen Veränderungen der nordatlantischen thermohalinen Zirkulation (THC, AMOC; s. Abschn. 2.2.2) und möglicherweise zum Kollabieren der Tiefenwasserzirkulation (Kienast et al. 2006) mit weltweiten Folgen für das Klima (Temperaturabsenkung in Grönland; Wang 2001, nachlassende Intensität des asiatischen Monsuns; McManus 2004, Meeresspiegelanstieg in Papua Neuguinea um 10–15 m während der Heinrich-Events; Yokoyama 2001, arideres Klima im Cariaco-Becken, auf den Kleinen Antillen; Peterson et al. 2000; Weldeab et al. 2006 und in Ostafrika; Stager et al. 2002; Johnson et al. 1996, Abkühlung des Benguela-Stroms; Farmer et al. 2005). Im äquatorialen Pazifik lassen sich die Warm/Kalt-Oszillationen des H1 nicht nachweisen (Kiefer und Kienast 2005). Die Heinrich-Events gingen mit geringen CO_2-Anstiegen in der Atmosphäre einher. In den Tropen brachten sie starke Störungen der Niederschlagsverhältnisse (Severinghaus 2013; Cheng et al. 2016).

25 D/O-Ereignisse ereigneten sich in den letzten 110.000 Jahren. Sie traten ca. alle 1470 Jahre während eines sog. *Bond-Zyklus* auf. Die D/O-Events machten sich durch plötzliche Sprünge in Temperatur, Staubgehalt, Eis-Akkumulationsrate und Konzentration von CO_2 und CH_4 vor allem auf der Nordhemisphäre bemerkbar. Während der D/O-Ereignisse stiegen die Temperaturen in Grönland in wenigen Dekaden um 8–16 °C an, um dann – weniger abrupt – wieder in den stadialen Zustand zurückzukehren. Dieses „Flip-Flop"-Verhalten des Klimasystems wird mit Fluktuationen der nordatlantischen meridionalen sich umkehrenden Zirkulation (*Meridional Overturning Circulation* = MOC) und den dadurch veränderten polwärtigen Wärmetransport in Zusammenhang gebracht, wodurch Änderungen des Ausgleichs zwischen kaltem Schmelzwasser aus dem Norden und warmem, salzreicherem subtropischem Wasser aus dem Süden auftraten (Schmidt et al. 2006, EPICA Community Members 2006) und die Passatwinde und der asiatische Monsun intensiviert wurden. Die D/O-Ereignisse werden letztlich auf Aktivitätszyklen der Sonne zurückgeführt. Ob sie eine Asymmetrie zwischen Nord- und Südhemisphäre zeigen, wurde heftig diskutiert (Lynch-Stieglitz 2004; Wunsch 2006). Die WAIS Divide Project Members (2015) stellten fest, dass die plötzlichen grönländischen Erwärmungen den antarktischen Temperaturanstiegen um ca. 200 Jahren vorausgingen. Auch ist die Frage, was das Umschalten von stadialen zu interstadialen Bedingungen auslöste, noch nicht hinreichend geklärt. Zhang X et al. (2014) vermuten Höhenänderungen der nordhemisphärischen Eisschilde. Beteiligt waren Eisausbrüche und Schmelzwassereinträge im Nordatlantik (Bond und Lotti 1995) sowie große Änderungen der Meereisbedeckung im Umkreis der Antarktis. D/O-Events werden bis 800.000 Jahre zurückverfolgt (Barker et al. 2011). Frischwasser-Einspeisung (*freshwater discharges*) gab es während der letzten 800.000 Jahre im Nordatlantik immer wieder, nicht nur während der Glazial/Interglazial-Übergänge. Barker et al. (2015) nehmen an, dass eine nichtlineare Reaktion auf eine allmähliche Abkühlung des Nordatlantiks für die D/O-Events verantwortlich war. Seit 1999 werden die Stadiale und Interstadiale weiter untergliedert (Walker et al. 1999; Dahl-Jensen 2006). (Abb. A; siehe auch Box Eisbohrkerne).

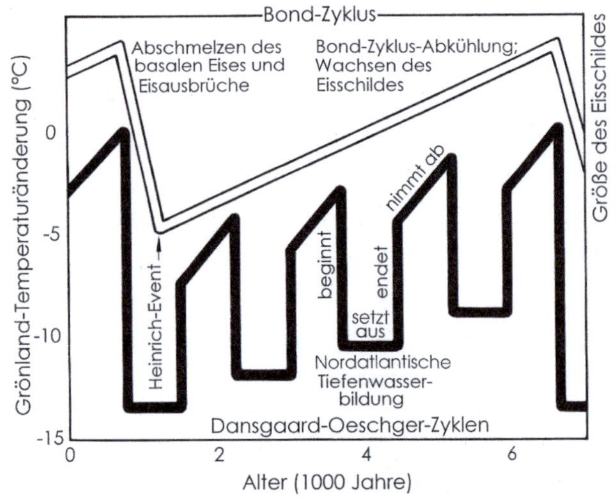

Abb. A Eine idealisierte Zeitserie von Klimaänderungen: Das Zusammenspiel von Bond-Zyklen, Heinrich-Events und Dansgaard/Oeschger-Zyklen. Jedem Heinrich-Event folgt eine schnelle Erwärmung nach, die letztlich eine neue Folge von D/O-Events bewirkt (= Bond-Zyklus)

stattfanden. Das scheint auch für die globale Temperaturentwicklung des letzten Jahrhunderts zuzutreffen, in dem sich die Temperaturen weltweit im Mittel um 0,75 °C erwärmten. Der größte Teil der Erwärmung erfolgte in der zweiten Hälfte des 20. Jahrhunderts, in dem die Temperaturen jährlich um 0,013 °C anstiegen, vermutlich aufgrund des Anstiegs der anthropogenen Treibhausgase. Doch seit 1999 (nach dem spektakulären El-Niño-Ereignis 1997/1998) bis 2014 wird kein merklicher globaler Temperaturanstieg registriert und dies trotz ansteigender Treibhausgas-Konzentrationen in der Atmosphäre (CO_2, CH_4, Halocarbone und N_2O) (Tollefson 2014a; Curry 2014). Im IPCC 5th Assessment Report (2013) wird noch von einer durchschnittlichen globalen Erwärmung von 0,21 °C pro Dekade ausgegangen, obwohl die gemessenen Werte bei nur 0,04 °C pro Dekade zwischen 1998 und 2012 liegen. Keine einzige Klimasimulation, die für den IPCC-Bericht ausgeführt wurde, hat diesen Hiatus in der Erwärmung angezeigt (Tollefson 2014a). Zunächst wurde diese Beobachtung von den meisten Klimaforschern als „Rauschen" im Klimasystem gedeutet: natürliche Änderungen in den Ozeanen, der Atmosphäre und der Biosphäre. Daraus resultieren Fragen nach dem Verständnis der treibenden Kräfte des Klimawandels sowie der Parameter, die die natürliche Klimasystem-immanente Variabilität bedingen, und wie die Faktoren in den Klimamodellen repräsentiert werden (Solomon et al. 2010). Verschiedene Faktoren sind diskutiert worden, um die ausgebliebene Erwärmung bzw. die Diskrepanz zwischen den beobachteten und den modellierten Temperaturen zu erklären (Huber und Knutti 2014). Die natürliche Variabilität des Klimasystems, ein reduziertes *forcing* (Einfluss) der (Sonnen-)Strahlung, eine schwächere Rückkoppelung zwischen atmosphärischen CO_2-Konzentrationen und den Temperaturen sowie Ungereimtheiten in den Temperaturbeobachtungen und – jüngst – die Zunahme der Bewölkung über den sich erwärmenden tropischen Ozeanen wurden als Ursachen genannt (Huber und Knutti 2014; Karl et al. 2015; Mauritsen 2016). Auch für die globale Erwärmung im 20. Jahrhundert werden ständig neue Erklärungen präsentiert; dabei spielen der tropische Pazifik und die tropischen pazifischen Windsysteme eine bedeutende Rolle (England et al. 2014). Thompson et al. (2015) vermuten, dass schwache Passatwinde und warme Temperaturen in der tropischen Pazifik-Region mit einer schnellen globalen Erwärmung zusammentreffen. Seit kurzem wird eine *Atlantic multidecadal variability* (AMV) diskutiert, deren Ursachen unklar sind, die jedoch von externen und internen Komponenten gesteuert werden sollen.

2.2.2 Die Ozeane

Die Ozeane nehmen über 2/3 der Erdoberfläche ein. Sie spielen im globalen Klimageschehen eine zentrale Rolle, da sie eine weit größere Wärmehaltekapazität als Land und Atmosphäre zusammen haben und den Wärmehaushalt, also die Umverteilung von Wärme, bestimmen. So nahmen z. B. zwischen 1993 und 2008 die Ozeane durchschnittlich 0,64 W/m^2 auf. Das führt zu einer Ausdehnung des Wassers und einem Meeresspiegelanstieg. Durack et al. (2014) benutzen eine Anzahl von Klimamodellen und Satelliten-Meeresoberflächen-Höhenmessungen, um die Erwärmung der südhemisphärischen Ozeane erneut zu berechnen; sie kommen zu dem Ergebnis, dass die Erwärmung des obersten Ozeanwassers (bis ca. 700 m Tiefe) um 58 % unterschätzt worden ist (vgl. Johnson und Lyman 2014). Gleckler et al. (2016) vermuten, dass > 33 % der Wärme unter 700 m Tiefe gespeichert wird. Im Mittelmiozän (vor ca. 14 Mio. Jahren) wuchs das antarktische Eis nahezu auf die heutige Größe an; diese Zunahme des Eisschildes wurde von einer Temperaturzunahme der SST der südhemisphärischen Ozeane begleitet, während eine leichte Zunahme der Tiefenwassertemperaturen mit einer Verzögerung von ca. 200.000 Jahren eintrat (Knorr und Lohmann 2014); diese Daten belegen die Komplexität der realen Prozesse und die Schwierigkeiten, diese zu simulieren. Auch könnten die Meere eine wesentlich größere Energiequelle als die Atmosphäre sein, wenn nämlich Gezeitenströme und Wellenbewegungen durch Turbinen und Pumpen genutzt würden (Tollefson 2014b).

Heute wird vermutet, dass mit der globalen Erwärmung die Rückkoppelungen zwischen dem ozeanischen Kohlenstoffkreislauf und dem Klima größer werden als zwischen dem terrestrischen Kohlenstoffkreislauf und dem Klima (Randerson et al. 2015). Der Gegensatz zu den bisherigen Anschauungen eines geringeren ozeanischen als terrestrischen *feedbacks* basiert auf den unterschiedlichen Zeitskalen der Betrachtungen: Kohlenstoffkreisläufe über Pflanzen und Böden laufen in Dekaden ab, doch es dauert Jahrhunderte, um Kohlenstoff von der Meeresoberfläche in die Tiefen der Ozeane zu transportieren.

Ein seitlicher Transport durch Strömungen verteilt in den Ozeanen Energie. Verändert sich der Zustand der Ozeane oder von Teilen der Ozeane (z. B. tropischer Pazifik), so haben diese Veränderungen einen globalen Einfluss. Die Ozeane sind in fast allen Teilen der Welt stabil geschichtet. In der Regel sind die Tiefenströmungen (*abyss*) viel dichter als die Wasser der obersten paar 100 m, sodass die vom Wind durchmischten Oberflächenschichten (*mixed layer*) dem tiefen Ozeanwasser mit nur einem geringen Austausch auflagern. Die *mixed layer* sorgt für die Verbindung von allen Austauschvorgängen zwischen der Atmosphäre und den tiefen Ozeanen. Nur in hohen Breitengraden werden die Oberflächen der Ozeane kälter und salzreicher und damit dicht genug, um einen direkten Austausch mit dem Tiefenwasser zu erlauben. Im Winter 2007/2008 war die Durchmischung im subpolaren Nordatlantik stärker als erwartet; er war damit eine große CO_2-Senke. Bedeutend sind auch Austauschvorgänge in den oberflächennahen Schichten des zirkumantarktischen Südozeans. Die Mächtigkeit der *mixed layer* hängt dort von der Stärke und Position der zirkumpolaren Winde ab.

Die Meeresströmungen stellen ein „globales Förderband", den sog. *conveyor belt*, dar (Wefer und Berger 2007; Schneider 2010). Der *conveyor belt* umfasst den ozeanischen Hauptwärmefluss (Abb. 2.12) mit kalten (< 3,5 °C), salzreichen Tiefenwasserströmen und warmen (> 3,5 °C), weniger salzhaltigen Oberflächenströmungen. Der *conveyor belt* ist ein gewaltiges, globales, ozeanisches Wärmeflusssystem, das leichtes, warmes Oberflächenwasser polwärts und schweres, kaltes Tiefenwasser äquatorwärts befördert, dabei große Wärmemengen zu den Polen bewegt und somit das Klima hoher Breiten und u. a.

den Austausch von CO_2 und N_2O zwischen Ozean und Atmosphäre wesentlich beeinflusst (z. B. Grefe 2015). Die südlichen Ozeane (Abb. 2.12) sollen infolge des CO_2-Austauschs mit der Atmosphäre wesentlich an der Korrelation zwischen den antarktischen Temperaturschwankungen und den atmosphärischen CO_2-Konzentrationen während der Glazial-Interglazial-Zyklen beteiligt gewesen sein (AJ Watson et al. 2015). Über die Wassermengen und Geschwindigkeiten des Wassertransports innerhalb des *conveyor belts* gibt es bisher nur vage Vorstellungen, die auf Modellierungen beruhen und die besagen, dass die Prozesse in Dekaden und Jahrhunderten ablaufen. Dieses Zirkulationsschema, von Temperatur- und Salinitätsunterschieden angetrieben, wird auch als ozeanische *thermohaline Zirkulation* (THC) bezeichnet. Die Verweildauer von Spurenstoffen im tiefen Ozean wird mit bis zu 1500 Jahren angegeben (Äquatorialer Atlantik: ~500, Südatlantik ~1000, äquatorialer Indik ~1300, Ostpazifik ~1500 Jahre). Die THC bildete sich im Tertiär aus und hat seit dem Auftauchen des Isthmus in Zentralamerika (vor ca. 3–4 Mio. Jahren) im Wesentlichen das heutige Muster. Änderungen in diesem System, einschließlich Änderungen in Richtung und Intensität einzelner Oberflächenströmungen, gehen mit eiszeitlichen Klimaschwankungen einher (z. B. Heinrich-Events, s. Abschn. 2.2.5, Abschn. 4.3) und stehen in gegenseitiger Beeinflussung mit der Erdrotation, dem Ozean/Atmosphäre-Wärmeaustausch, dem atmosphärischen Wärmetransport (durch den Wind) und den kontinentalen Klimaänderungen. Auch scheinen *orbital cycles* (23.000-Jahr-Zyklus der Präzession) die nordatlantische Zirkulation zu beeinflussen (Straub et al. 2013).

Der *conveyor belt* ist wesentlich komplexer aufgebaut, als in (Abb. 2.12) dargestellt (vgl. Ferrari 2014). Eine neue Zusammenfassung geben Marshall und Speer (2012). In jüngeren Arbeiten wird die *thermohaline Zirkulation* (THC) etwas allgemeiner als *meridional overturning circulation* (MOC) beschrieben, da neben den Temperaturen und der Salinität weitere Faktoren das ozeanische Zirkulationssystem antreiben: Wind- und Wirbelprozesse scheinen im zirkumantarktischen Ozean (*Antarctic circumpolar current* – ACC), der die globale Zirkulation stark beeinflusst und in dem *upwelling* bei gleichen Dichteverhältnissen des Oberflächenwassers auftritt, von zentraler Bedeutung zu sein (Marshall und Speer 2012). Dieses *upwelling* der südlichen Ozeane gleicht das *downwelling* im nördlichen Atlantik aus, dem bisher die größte Aufmerksamkeit galt und dem die größte Bedeutung in der ozeanischen *thermohalinen Zirkulation* zugeschrieben wurde (Schneider 2010).

Die AMO (*Atlantic Multidecadal Oscillation*) beschreibt multidekadische Variationen der nordatlantischen SSTs, die zu Dürren, Überschwemmungen und Hurrikane (Klotzbach et al. 2015) führen. Es bestehen Verbindungen zwischen einer warmen AMO-Phase, stärkeren Niederschlägen im Sahel und Staubgehalt der Atmosphäre (Staubstürme) (Wang et al. 2012). Zusammen mit der *Atlantic meridional overturning circulation* (AMOC) (Hurrell et al. 2003) kontrolliert das *upwelling* der süd-

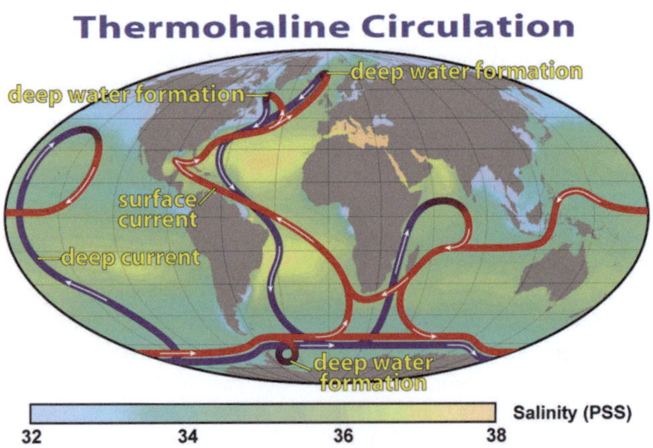

Abb. 2.12 Der *conveyor belt*, das thermohaline Förderband. Konzept der Ozeanzirkulation als globales Förderband. Quelle: Robert Simmon, NASA. NASA Earth Observatory (http://earthobservatory.nasa.gov/Features/Paleoclimatology_Evidence/paleoclimatology_evidence_2.php)

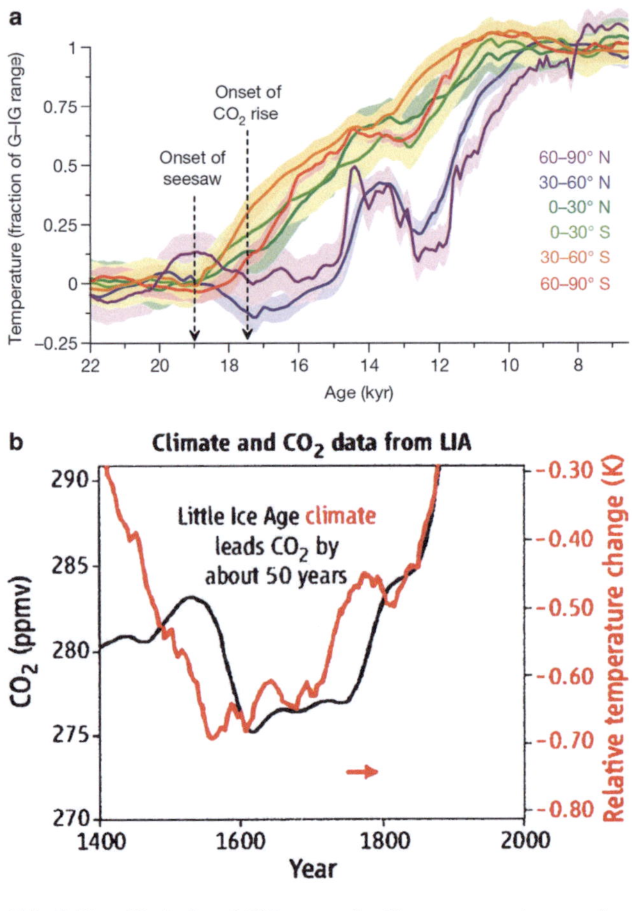

Abb. 2.13 **a** Nach dem LGM setzte der Temperaturanstieg vor dem Anstieg der CO_2-Konzentration ein. Die Verzögerung betrug auf der Südhemisphäre ca. 1500 Jahre. Der Temperaturgang wird für 30°-Zonen mit 1σ Fehlerbereich angegeben. Quelle: Shakun et al. (2012). **b** Der Temperaturgang von AD 1400 bis 2000 zeigt, dass die Temperaturen während der Kleinen Eiszeit sowohl zu Beginn als auch am Ende dem CO_2-Abfall bzw. dem CO_2-Anstieg um ca. 50 Jahre vorauseilten. (Aus Cox und Jones 2008)

lichen Ozeane das globale Klima. Die AMOC sorgt gleichzeitig dafür, das warme nordwesteuropäische Klima zu erhalten, indem die AMOC warmes, salzreiches Oberflächenwasser in hohe Breiten befördert (Golfstrom), wo das Wasser Wärme an die Atmosphäre abgibt und dadurch abkühlt, absinkt und in Tiefen von 2–3 km wieder südwärts zurückströmt. Wie sich die AMOC im Quartär verhalten hat, ist nicht völlig geklärt; neuerdings wird angenommen, dass eine starke Reduzierung der AMOC (Kalt-Modus) nur während der Heinrich-Events auftrat, d. h. während der Einleitung gewaltiger Eisbergmengen in den Nordatlantik (Böhm et al. 2015; Martin 2015; Meissner 2015); die AMOC ist somit stabiler als bisher angenommen und war nur während der extrem kalten Phasen mehr oder weniger unterbrochen. Während der letzten Eiszeit gab es einen Zusammenhang zwischen der AMOC und den Niederschlägen in Amazonien (Mosblech et al. 2012).

Tägliche Messungen der Stärke und Variabilität der AMOC seit dem Jahr 2004 haben ergeben, dass sich die AMOC in der zweiten Hälfte des 20. Jahrhunderts im subtropischen Bereich (10–40° N) ein wenig abgeschwächt, jedoch im subpolaren Gebiet (50–60° N) verstärkt hat (de Boer 2010). Auch variiert die Stärke der AMOC in wöchentlichen bis (mehr)monatlichen Zeitskalen. Im April 2009 verringerte sich die durchschnittliche Stärke der AMOC um 30 % für ein Jahr. Dies führte zu einer Wärmereduktion im Nordatlantik von 200 Trillionen Watt, was der Leistung von 100.000 großen Kraftwerken entspricht. Um mehr über das Verhalten der nordatlantischen Wassermassen innerhalb der AMOC und – vor allem – über Veränderungen der AMOC zu erfahren, wurden 2013 drei große Forschungsprojekte eingerichtet (Schiermeier 2013a). Ende der 1990er-Jahre wurden in Verbindung mit dem CO_2-Anstieg in der Atmosphäre und der globalen Erwärmung einschneidende Veränderungen der AMOC bis hin zu deren Kollabieren mit katastrophalen klimatischen Auswirkungen für den Nordatlantik und (Nord-)Europa aufgrund von Modellierungen postuliert. Während einerseits eine große Stabilität der AMOC – auch bei zukünftigen Änderungen der Klimaverhältnisse – beschrieben wurde (Schiller et al. 1997), befürchteten andererseits andere Autoren Klimakatastrophen, aufgrund modellierter AMOC-Veränderungen (z. B. Wood et al. 1999, Schneider 2007). Doch diese „Katastrophen-Szenarien" (sie wurden 2004 im Film *The Day After Tomorrow* thematisiert) konnten schon bald widerlegt werden, wenngleich viele Prozesse der AMOC unverstanden sind (Robson et al. 2014). Bisher haben Modelle der Ozeane starke Meeresströmungen unterschätzt (Kelly und Thompson 2016). Die Erfahrungen mit Modellierungen zeigen, wie vorsichtig die Resultate der Klimamodellierungen beurteilt werden müssen. Alle in den letzten Jahren erzielten neuen Erkenntnisse (z. B. di Lorenzo 2015) finden bisher keine Berücksichtigung in den Klimamodellierungen des IPCC (*Intergovernmental Panel on Climate Change*, 5th Assessment, IPCC 2013). In drei methodisch unabhängigen Arbeiten wird festgestellt, dass bisher keinerlei Beweise für eine anthropogene Beeinflussung (globale Erwärmung) der AMOC nachweisbar sind; die beobachteten Veränderungen der AMOC bewegen sich innerhalb der natürlichen Variabilität des Systems (Haine 2016; Delworth et al. 2016).

Abb. 2.14 *Oben*: Das El-Niño-Ereignis von 1997. SST-Anomalien: *Blau*: negative, *lila*: positive Niederschlagsanomalien (*links*); *braun*: negative, *blau*: positive (*rechts*). Bilder der NASA. (Aus Braconnot et al. 2013). El-Niño-Ereignisse erfassen weite Gebiete des tropischen Pazifiks. Ihre Temperatur- und Niederschlagsanomalien haben weltweite Auswirkungen. Eine Studie über das El-Niño-Phänomen der vergangenen 21.000 Jahre zeigt, dass El Niño beträchtlichen Schwankungen unterworfen war und auf Klimaänderungen in komplexer Weise reagierte, wobei mehrere konkurrierende Faktoren in ihren variierenden Stärken ein Rolle spielten (Brown 2014; Liu Z et al. 2014). Eine Steigerung der Intensivierung von ENSO (*El Niño Southern Oscillation*) während der letzten ca. 6000 Jahre wird angenommen (Moy et al. 2002; Conroy et al. 2008), verursacht durch orbitale Einflüsse; während der frühen Deglaziation veränderten Schmelzwasser-Ausbrüche im Nordatlantik (s. AMOC) die ENSO-Eigenschaften, und zunehmende CO_2-Konzentrationen schienen ENSO abzuschwächen, wohingegen die zurückweichenden Eisschilde ENSO intensivierten. Die Komplexität der ENSO-*forcings* wird von Z Liu et al. (2014) beschrieben. *Mitte*: Die kalten Auftriebwasser des Humboldtstroms führen zu einem großen Nährstoffangebot für Meeresfische in La Niña-Jahren. Der ursprüngliche Fischreichtum wurde durch internationale Fangflotten und Überfischung stark reduziert. Foto von 1990: alueni-images. *Unten*: Eine El-Niño-Erwärmung erfolgt, wenn die äquatorialen Passatwinde abschwächen; damit können sich warmes Wasser und Gewitteraktivitäten vom westpazifischen Ozean nach Osten ausbreiten. (Aus Schiermeier 2015)

Die Regionen mit Tiefenwasserbildung unterlagen Veränderungen in Temperatur und Salinität, die sich in Jahrtausenden vollzogen und die sich mit bereits bekannten Perioden korrelieren lassen, in denen (plötzliche) Klimawandel auftraten. In den Kaltzeiten waren der Nord-Pazifik und der Südliche Ozean durch geringe Produktivität gekennzeichnet (Sigman et al. 2010), da eine starke Schichtung verhinderte, dass nährstoffreiches Tiefenwasser zu den Algen in den sonnenbeleuchteten Oberflächen gelangte (Haug und Sigman 2009). Während des Übergangs von einer Kaltzeit zu einer Warmzeit (Deglaziation) stiegen die Temperaturen und der CO_2-Gehalt der Atmosphäre nacheinander an, wobei der CO_2-Anstieg dem Temperaturanstieg um 500 bis 1000 Jahre hinterherlief (Stauffer 1999; Fischer, H. et al. 1999; Severinghaus 2013). Diese Verzögerung von Temperatur- und CO_2-Verlauf zeigt sich auch bei der Kleinen Eiszeit (Abb. 2.13).

Tropische Klimaphänomene, wie die ungewöhnliche Oberflächen-Erwärmung des zentralen und östlichen Pazifik, bekannt als El Niño, haben oft weltweit signifikante Auswirkungen auf Umwelt und sozio-ökonomische Verhältnisse (Abb. 2.14, 2.15). Das Verständnis der Dynamik von El-Niño/La-Niña-Ereignissen in Gegenwart und Vergangenheit ist unverzichtbar für globale, besonders aber für tropische Klimavoraussagen (Santoso et al. 2013). Die heute vorherrschende Meinung geht davon aus, dass die wichtigsten Mechanismen der tropischen Klimate dynamische Interaktionen zwischen Ozeanen und Atmosphäre sind (z. B. Sprintall et al. 2014). Über dem warmen tropischen Pazifik ist die Atmosphäre instabil. Eine Zunahme der Meeresoberflächen-Temperaturen (SSTs) im zentralen und östlichen Pazifik kann eine ungewöhnlich tiefe Konvektion auslösen, die mit einer großräumigen Anpassung an die atmosphärische Zirkulation verbunden ist, was zum langsamen „Einschlafen" der östlichen Passatwinde führt. Modell-basierte Forschungen gehen davon aus, dass mit einer globalen Erwärmung die El Niño-Ereignisse zunehmen (Schiermeier 2015).

Die damit einhergehende Störung der Windsysteme kann die Ozeanströme beeinflussen und schnelle äquatoriale Meeresströmungen unter der Oberfläche bewirken, die die Thermokline tiefer legen. Die Thermokline ist die Wasserschicht, die den oberen warmen Teil des Ozeans vom kalten tieferen Teil trennt. Diese Vorgänge verstärken den anfänglichen Anstieg der SST, besonders im östlichen Pazifik, wo die Thermokline besonders flach ist und ca. 50 m unter der Oberfläche liegt. Dies wiederum schwächt die Passatwinde noch mehr. So können tropische Klimasignale, wie beispielsweise Anstiege in der SST, rasch anwachsen und weltweit Auswirkungen haben (Luo 2011). Die dynamischen Interaktionen zwischen SST, Passatwinden und Thermokline sind unter dem Namen *Bjerknes-Feedback* bekannt und stellen die Grundlagen unseres Verständnisses der tropischen Klimaphänomene über kürzere und längere Zeitskalen dar. Vor 50 Jahren (1964) vermutete *Bjerknes*, dass sich die Eigenschaften großräumiger Atmosphäre-Ozean-Interaktionen im Nordatlantik der mittleren Breiten in Abhängigkeit von Zeitskalen unterscheiden: Die Atmosphäre bestimmt unmittelbar die kurzzeitigen, innerhalb von Jahren auftretenden SST-Änderungen, während der Ozean die Langzeit-SST (über Jahrzehnte) stark beeinflusst. Dies wird nun von Gulev et al. (2013) bestätigt.

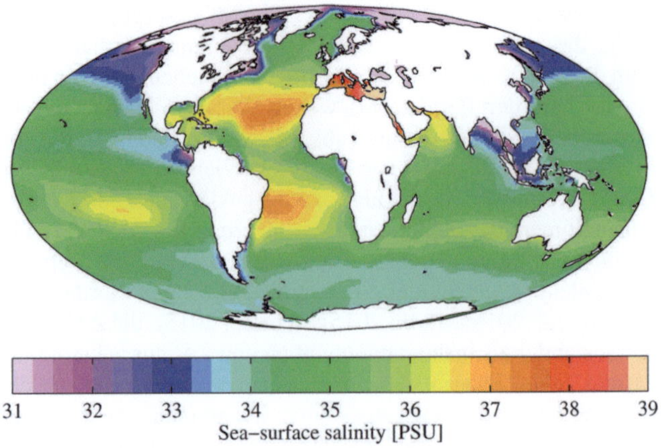

Abb. 2.15 Die Salinität der Ozeane. Mithilfe des NASA-Aquarius-Satellits, der im Juni 2011 gestartet wurde, konnte eine Weltkarte der Meeres-Salinität erstellt werden. Sie basiert auf schwacher Mikrowellenstrahlung, die von Natur aus von den Ozeanen abgegeben wird. Die Strahlung variiert in Abhängigkeit von der elektrischen Leitfähigkeit des Wassers, die wiederum vom Salzgehalt bestimmt wird. Da die Salinität von Wasserdichte und Evaporation abhängig ist, können die Daten auch Theorien über den globalen Wasserkreislauf in Abhängigkeit vom Klimawandel verbessern. (http://neo.sci.gsfc.nasa.gov/view)

Es wird vermutet, dass die tropischen Meeresoberflächen-Temperaturen, von denen man annimmt, dass sie aufgrund der globalen Erwärmung in Zukunft ansteigen werden, den Luftmassenaustausch zwischen Troposphäre (0–$\sim$ 16 km Höhe) und Stratosphäre ($\sim$ 16–50 km Höhe) beeinflussen. Die *Brewer-Dobson-Zirkulation* beschreibt diesen Vorgang des Aufsteigens der Luft in den Tropen und des Absinkens der Luft in den Außertropen. Dabei vermischt sich stratosphärische Luft mit der troposphärischen mit einer Umlaufzeit von einigen Jahren. Wärmere tropische Meere verstärken die stratosphärische Dynamik der *Brewer-Dobson-Zirkulation* mit Auswirkungen auf chemische Zusammensetzung und Klima nicht nur der Stratosphäre, sondern auch der Erdoberfläche (Deckert und Dameris 2008). In den letzten Jahren hat der Wasserdampfgehalt in der Stratosphäre zugenommen; dies soll dem globalen Erwärmungstrend entgegenwirken (Solomon et al. 2007). In den Bereichen mit absinkendem Wasser (*downwelling areas*) nehmen die Ozeane Treibhausgase der Atmosphäre auf; in den Bereichen mit Auftriebwasser (*upwelling areas*) werden diese an die Atmosphäre abgegeben. Die Ozeane haben die Hälfte des seit vorindustrieller Zeit in die Atmosphäre abgegebenen, aus fossilen Brennstoffen hervorgegangenen CO_2 aufgenommen. Während die CO_2-Aufnahme bei Vegetation und Böden ^{12}C bevorzugt, zeigen die Ozeane keine Präferenz für eine ^{12}C- bzw. ^{13}C-Aufnahme.

Das $^{12}C/^{13}C$-Verhältnis ist ein guter Klimaindikator. Während der letzten acht Eiszeiten fielen die CO_2-Konzentrationen der Atmosphäre um 80 ppm (*parts per million*), um in den Warmzeiten wieder anzusteigen. Die niedrigen glazialen CO_2-Konzentrationen sind bisher schwer zu erklären, evtl. spielen Tiefenwasserströmungen eine Rolle (Zeebe und Marchitto 2010). Heute variiert der CO_2-Austausch zwischen Ozeanen und Atmosphäre je nach Jahreszeit und Ort. In einem durch-

Abb. 2.16 Diversität der Ozeane. Die Ozeane sind die größten Ökosysteme der Erde, und dennoch ist sehr wenig über sie bekannt. Das gilt besonders für das Plankton, das die Ozeane bewohnt. Obwohl diese Organismen mindestens genauso bedeutend für das System Erde sind wie die tropischen Regenwälder und die Basis der marinen Nahrungskette (*food web*) bilden, ist das meiste Plankton unsichtbar für das bloße Auge und daher größtenteils nicht wissenschaftlich bestimmt. Um diese unsichtbare Welt zu erforschen, sammelte ein multinationales Team während der *Tara-Ozean-Expedition* in den Jahren 2009 bis 2013 mikroskopisches Plankton an 210 Orten (viele Tausend Proben) in Tiefen bis zu 2000 m in allen bedeutenden Ozeanregionen. Von *links nach rechts*: Ein aquatisches Virus; Faserkolonien vom Cyanobakterium *Trichodesmium* (Kolonie-Durchmesser: ca. 2 mm); einzelliger Dinoflagellat *Noctiluca scintillans* (Meeresleuchten; typischer Durchmesser: 0,5 mm), in Zellteilung begriffen; ca. 1,5 mm langes Zooplankton *Appendicularian Oikopleura dioca*. (Aus Armbrust und Palum 2015. Vgl. auch: Bork et al. 2015; Sardet 2015)

schnittlichen Jahr sind die tropischen Ozeane zwischen 14° N und 14° S starke CO_2-Quellen, während die mittleren Breiten zwischen 14° und 50° N und S und der Nordatlantik große Senken darstellen; der Südozean (südlich 50° S) schwankt zwischen CO_2-Quelle und -Senke und ist damit $\pm CO_2$-neutral. Die Unterschiede werden vom CO_2-Partialdruck in den Ozeanen und der Atmosphäre gesteuert (Allen 2015). Das CO_2-Gleichgewicht zwischen Ozeanen und Atmosphäre änderte sich mit den eiszeitlichen Klimaschwankungen (Kaltzeit = Aufnahme von CO_2 durch die Ozeane, Warmzeit *vice versa*). Die Schwankungen der Kohlenstoffspeicherung können durch physikalische, chemische oder biologische Mechanismen sowie Änderungen der ozeanischen Zirkulation, der Meereisbedeckung und der Phytoplankton-Produktivität verursacht worden sein. Aufgrund neuer Beobachtungen wird vermutet, dass auch die Biosphäre an den Austauschvorgängen in weit größerem Ausmaß beteiligt ist (z. B. Schiermeier 2013b). Kein einzelner Mechanismus kann für die gesamten Amplituden der vergangenen atmosphärischen CO_2-Konzentrations-Variabilität während der glazial-interglazialen Zyklen verantwortlich gemacht werden (s. Box Eisbohrkerne).

Die Interaktion von physikalischen und biogeochemischen Prozessen in den Ozeanen ist hauptsächlich verantwortlich für kurze Episoden der Erwärmung und Abkühlung sowie für CO_2- und N_2O-Schwankungen. Durch CO_2-Eintrag in die Ozeane wird die Rate der Azidifizierung/Versauerung (Abnahme der pH-Werte) verstärkt; das hat Auswirkungen auf die Stabilität mariner Ökosysteme (und damit auf die Fischereiwirtschaft).

Mikroorganismen (Mikroben, Abb. 2.16), zu denen Bakterien, Pilze, Algen, Protozoen (z. B. Pantoffeltierchen) und Viren zählen, produzieren in den Ozeanen 50 % des Sauerstoffs, den wir atmen, und entfernen – durch Photosynthese – etwa denselben Anteil an CO_2 der Atmosphäre. Sie beseitigen auch bis zu 90 % des Methans aus den Ozeanen. Erst seit wenigen Jahren ist bekannt, welche Rolle die marinen Bakterien, Archaeen (Archaebakterien), Viren und eukaryotischen Mikroben als globale Primärproduzenten für die Nahrungskette, für die Remineralisation (die Transformation von organischen Molekülen in anorganische Formen) und für die Ausscheidung von Kohlenstoff am Meeresgrund spielen (Dubilier et al. 2015).

Innerhalb des marinen Nährstoffkreislaufs (*food web*) sind marine Viren, welche Bakterien, Archaeen und Eukaryoten beeinflussen, die Hauptkomponenten. Viren haben die Fähigkeit, die Lebensläufe und die Evolution ihrer Wirtsorganismen in mannigfacher Weise zu verändern (Rohwer und Thurber 2009). Die Interaktionen zwischen marinen Viren und Archaeen, die Treibhausgase produzieren und abbauen (z. B. Methan) und sich am Recyceln von anorganischem Eisen und Stickstoff beteiligen, sind bisher wenig bekannt. Das gilt auch für die Beziehungen zwischen Viren und dem Zooplankton und für die Symbiose zwischen Insekten, Bakterien und Phagen in marinen Ökosystemen (Armstrong 2014). Jetzt ist bekannt geworden, dass weit verbreitete, photosynthetische planktonische Algen (z. B. die Diatomee *Pseudo-nitzschia multiseries* PC9) in marinen Environments mit Bakterien (z. B. *Sulfitobakter* SA11) zusammenleben. Spezifische mutualistische Beziehungen bestehen zwischen den Diatomeen, die CO_2 in organischen Kohlenstoff verwandeln, den die Bakterien über mehrere Prozessstufen in das volatile Gas DMS (Dimethylsulfid) überführen und zugleich Moleküle hervorbringen, die metabolische Manipulationen an beiden Organismen koordinieren (Limardo und Worden 2015). Alle Prozesse haben aber letztlich einen Einfluss auf das globale Klima, schon allein wegen der ungeheuren Ausdehnung und des großen Volumens der Ozeane. Es wird vermutet, dass Bakterien in den Ozeanen die Hauptbeteiligten der Vorgänge sind, die Kohlenstoff in komplexen Molekülen im Meerwasser binden (Lechtenfeld et al. 2015). Für die Ozeanökologie und die biogene Ozeanwasser-Durchmischung sind auch Quallen (G. Hamilton 2016; Qingdao 2014) und ihre Verwandte von Be-

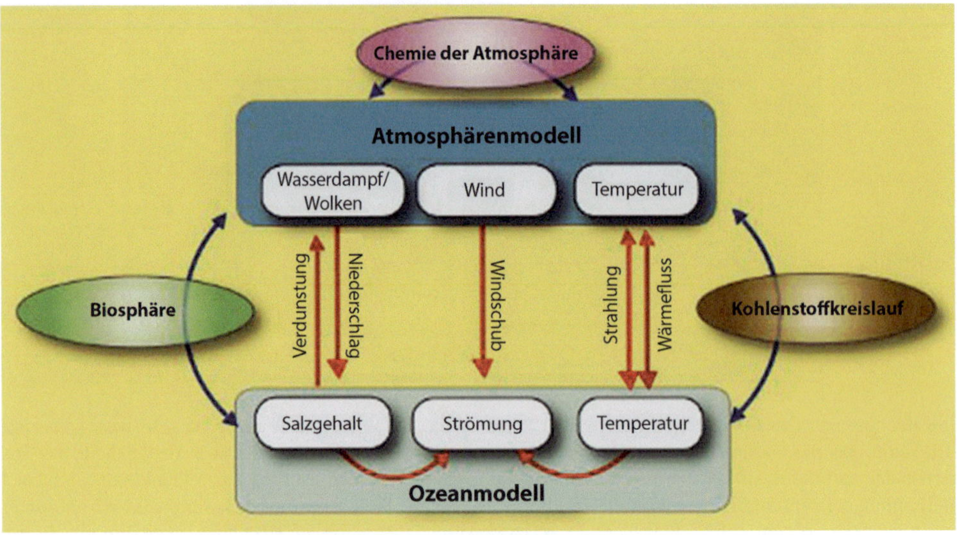

Abb. 2.17 Einfaches Schema eines gekoppelten Ozean-Atmosphären-Modells mit weiteren angegliederten Modellen. (Quelle: http://wiki.bildungsserver.de/klimawandel/index.php/Datei:Modellstruktur.jpg)

deutung. Wie ein Klimawandel in Zukunft diese Interaktionen, z. B. zwischen Phytoplankton und CO_2, beeinflussen könnte, wird heftig diskutiert (Arrigo 2007). Die Ozeane haben sich in den letzten Dekaden erwärmt. In den Tiefen der Meere, unterhalb von 300 m, wird Wärme gespeichert. Zwischen AD 1955 und AD 1998 nimmt die Temperatur bis 3000 m Tiefe durchschnittlich um 0,037 °C zu, mit negativem Trend zwischen AD 1980–1983 und AD 2003–2005, vermutlich aufgrund stärkerer Bewölkung (Schiermeier 2006a). Diese Temperaturfluktuationen werden erst in den letzten Jahren erfasst und gehen deshalb nicht in Klimamodelle ein (vgl. auch Abram et al. 2016).

In der gegenwärtigen Generation der Komplexen Klimamodelle (GCMs, *coupled General Circulation Models*) sind atmosphärische, ozeanische und terrestrische Subsysteme miteinander verbunden. Um die Frage nach den Ursachen der quartären Klimaschwankungen zu beantworten, muss eine neue Generation der Erdsystem-Modelle „aktive" Komponenten des biogeochemischen Kreislaufs und die kontinentalen Eisschilde berücksichtigen. Daten der Rückkoppelungen zwischen Klima und Kohlenstoffkreislauf werden als Schlüsselgrößen aufgefasst (Z Liu und Braconnot 2012). Es wird angenommen, dass die Reduzierung des CO_2 eine Hauptursache für ein glaziales Klima darstellt. Kältere Klimate fördern die Löslichkeit von CO_2 in den Ozeanen und tragen damit zur weiteren Reduzierung des atmosphärischen CO_2 bei. Kältere Klimate vergrößern die Meereisgebiete, die eine Abgabe von CO_2 an die Atmosphäre verhindern (aber auch die Aufnahme). Kältere Klimate und die damit verbundenen trockeneren Klimate fördern den Staubtransport und damit Nährstoffe (Fe) in den Süd-Ozean, was die marine biologische Aktivität stärkt und daher der Atmosphäre CO_2 entzieht. All das führt zu Abkühlung und schließlich zu kalten Klimaphasen. Liu und Braconnot (2012) sehen in diesen Rückkoppelungen die zentralen Prozesse der glazialen Zyklen und führen als Beleg an, dass sich das globale Eisvolumen (repräsentiert durch die Meeresspiegeländerungen) über 1000 Jahre später bildet als der CO_2- und Temperaturabfall in den Tropen und der Antarktis. Die Frage, warum die CO_2-Werte mit dem Klima ± parallel verlaufen, ist noch nicht beantwortet (Berger und Wefer 2010: 307). Dass jedoch immer wieder zentrale Annahmen der GCMs hinterfragt werden müssen (z. B. die Unterschiede der Absenkung der SSTs der tropischen Meere im Vergleich zu terrestrischen Temperaturwerten im LGM), belegen die Daten vor allem der terrestrischen Paläoklimaarchive (Abb. 2.17).

2.2.2.1 Der Wasserkreislauf

Der Wasserkreislauf wird als „ständige Folge der Zustands- und Ortsänderungen des Wassers mit den Hauptkomponenten Niederschlag, Abfluss, Verdunstung und atmosphärischer Wasserdampftransport" beschrieben (DIN 4049, Teil 1). Am Wasserkreislauf sind jährlich ca. 475.000 km^3 Wasser beteiligt.

Wie sich das Wasser in der Atmosphäre verhält, ist nur unzureichend bekannt. Der globale Wasserkreislauf (Abb. 2.18) hat Rückkoppelungseffekte auf den globalen Strahlungshaushalt, auf die Zirkulation der Atmosphäre und der Ozeane und auf die Beschaffenheit eines jeden Ökosystems (s. auch Rahn 2007). Umgekehrt bestimmen diese Faktoren die Verteilung der Feuchtigkeit. Die Auswirkungen können in Zeitskalen von Minuten bis zu Jahrhunderten und in Raumskalen von Metern bis zu Hunderten von Kilometern auftreten. Der kontinentale Abfluss hat im 20. Jahrhundert zugenommen, trotz des höheren anthropogenen Wasserverbrauchs. Als mögliche Ursachen für Änderungen von Niederschlag und/oder Verdunstung werden genannt: (i) Klimawandel und -variabilität, (ii) Entwaldung, (iii) solares *dimming* und (iv) direkte Auswirkungen der atmosphärischen CO_2-Zunahme auf eine Verringerung der Transpiration der Pflanzen (Gedney et al. 2006). Das solare *dimming* verursachen Aerosol-Partikel, die die Sonnenstrahlung streuen und absorbieren sowie als Kondensationskerne bei Wolken- und Eiskristallbildung dienen können (Ramanathan und Carmichael 2008; Wild 2012; Bianchi et al. 2016; Storelvmo et al.

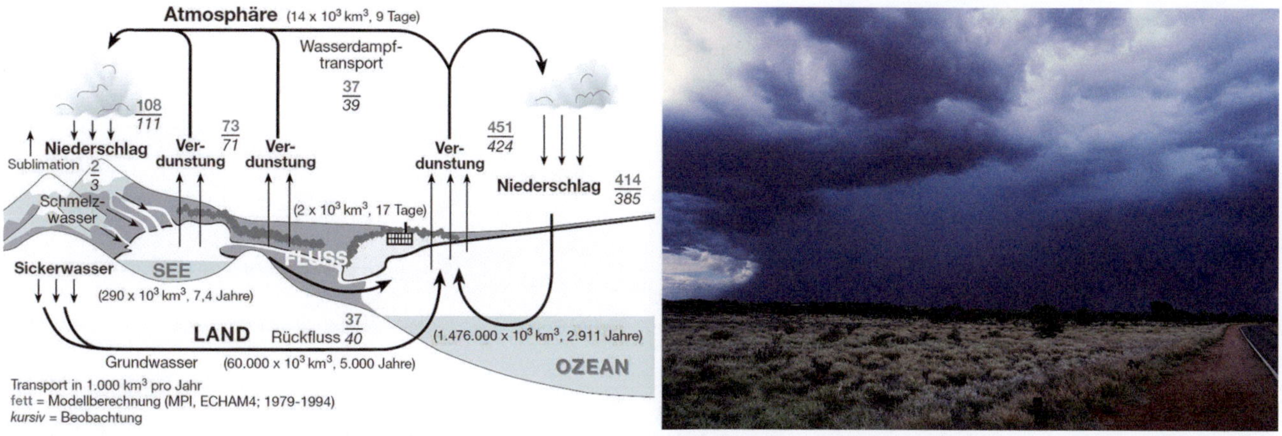

Abb. 2.18 *Links*: Wasserkreislauf der Erde (Geol. Survey USA). *Rechts*: Die konvektiven Niederschlagsereignisse der Tropen werden häufig durch große Intensität und begrenzte Verbreitung gekennzeichnet. Foto: alueni-images

2016). Wir müssen davon ausgehen, dass sich aufgrund anthropogener Beeinflussung die Niederschlags- und Abflussmuster in Zukunft verändern; es wird befürchtet, dass nicht genug Frischwasser zur Verfügung stehen wird, um von jedermann unbegrenzt genutzt zu werden (Alamaro 2014). Quartäre hygrische Schwankungen werden durch fossiles Grundwasser belegt, das einen großen Anteil (42–85 % je nach Region) an der gesamten Aquifer-Speicherung der obersten 1 km der Erdkruste ausmacht (Jasechko 2017).

Für paläoklimatische Forschungen ist von größter Bedeutung, dass die stabilen Isotope von Wasserstoff und Sauerstoff – ausgedrückt in den Verhältniswerten $^2H/^1H$ und $^{18}O/^{16}O$ – einer einfachen linearen Beziehung folgen und zwar bei allen Niederschlägen, gleichgültig woher das Wasser stammt. Die schweren Isotope von Wasserstoff (Deuterium, ^2H) und Sauerstoff (^{18}O) werden mit dem Regen vorzugsweise aus den Wolken entfernt, sodass eine Verringerung dieser Isotope in den Luftmassen stattfindet, wenn diese über die Kontinente ziehen. Diese Beziehung ist seit 1961 bekannt. Zusammen mit Karten der Verteilung von ^2H und ^{18}O im Niederschlag wird sie benutzt, um das Wasser in der Atmosphäre zu verfolgen. Dabei können sehr unterschiedliche Phänomene erhellt werden, beispielsweise die Ursprungsgebiete der Grundwasser-Erneuerung, die Wege der Zugvögel oder die Herkunft von Mineralvergesellschaftungen, die bei der Verdunstung von Wasser gebildet wurden (Rahn 2007). Messungen der Isotopenzusammensetzung des Wasserdampfs nahe tropischer Wolken zeigen, dass die Verdunstung von niedergehendem Regen beträchtlich zur Humidität der unteren Troposphäre in den Tropen beiträgt und zwar mit etwa 20 bis zu 50 % des fallenden Niederschlags. Konvektion des Wasserdampfs sowohl ozeanischer Herkunft als auch durch Evapotranspiration sind die dominanten Feuchtigkeitsquellen (Worden et al. 2007). Neuerdings wird darauf aufmerksam gemacht, dass die Fraktionierung der Wasserstoff- und Sauerstoffisotope sensitiver auf zahlreiche Faktoren reagiert als bisher angenommen; die Gebirgstopographie beispielsweise verursacht starke Gradienten im Isotopencharakter der Niederschläge, ebenso die Temperatur (geringere Fraktionierung bei höheren Temperaturen) sowie die Kondensation und Evaporation (Freeman 2014). Diese Erkenntnisse sind von großer Bedeutung für die Simulation der Konvektion in Klimamodellen, für ein besseres Verständnis von Isotopenveränderungen in Proxyarchiven (Speläotheme, Eiskerne, Seesedimente) und für die Rekonstruktion eiszeitlicher Feuchtigkeitsverhältnisse in den heute feuchten Tropen (vgl. Aggarwal et al. 2016).

Die Diskrepanz zwischen den Modell-Ergebnissen der Klimasimulation und den beobachteten *records* zeigt, dass bedeutende Rückkoppelungen im hydrologischen System noch nicht in den Modellierungen berücksichtigt werden (Mauritsen und Stevens 2015). Dazu zählt der sog. Iris-Effekt, der in einem wärmer werdenden Klima einen negativen Einfluss ausüben soll. (Unter „Iris-Effekt" wird die Erweiterung der ariden, trockenen und klaren randtropischen Klimazonen verstanden, die zu einem erhöhten Anteil der in den Weltraum abgegebenen langwelligen Strahlung führt.) Angemerkt sei, dass die Paläoklima-*records* in den Warmzeiten keine Ausdehnung, sondern eine Einengung der ariden Klimazonen dokumentieren.

Viele Detailprobleme des Wasserkreislaufs werden erst nach und nach bekannt. So ist das Bodenwasser, das verdunstet oder sich in Pflanzen befindet, größtenteils vom dem Bodenwasser getrennt, das den Flüssen zugeführt wird oder den Grundwasserspeicher auffüllt (Bowen 2015). Auch können in verschiedenen Biomen (z. B. Grasland, tropische Wälder) die Niederschlagswasser unterschiedlich den jeweiligen Bereichen (*pools*) zugeführt werden, wie die δ^2H- und $\delta^{18}O$-Daten von Niederschlags-, Fluss- und Bodenwasser zeigen (Evaristo et al. 2015).

Feste organische Partikel, die durch den Aufprall von Regentropfen auf den Boden gebildet und der Atmosphäre zugeführt werden, spielen eine entscheidende Rolle für das irdische Klimasystem, die allgemeine Gesundheit, die Luftqualität und den Wasser- und Kohlenstoffkreislauf; Ursprung und Bildungsmechanismen werden normalerweise in atmosphärischen Modellen vernachlässigt (B Wang et al. 2016).

Eine klimaabhängige Wasserspeicherung an Land (z. B. feuchte bzw. Dürrejahre in ariden Gebieten) führt zu dekadischen Schwankungen des Trends des Meeresspiegelanstiegs in jüngster Zeit (Reager et al. 2016). Dies hat große Bedeutung für das Verständnis des Wasserkreislaufs und für Abschätzungen der globalen hydrologischen und ökologischen Kreisläufe.

2.2.3 Die Atmosphäre

Das Spurengas CO_2 nimmt in der Diskussion über einen anthropogenen Einfluss auf die globale Erwärmung eine zentrale Rolle ein. Deshalb werden einige Ausführungen zur *Atmosphäre* und deren Zusammensetzung notwendig (vgl. Hupfer und Kuttler 1998; Schönwiese 1994; Warnecke 1991), denn der Klimawandel – ob in der Vergangenheit (z. B. Eiszeiten) oder in der Zukunft (*global warming*) – wird von Änderungen im globalen Energiehaushalt bestimmt. An der Obergrenze der Atmosphäre kann der Energiehaushalt heute global von Satelliten erfasst werden, die die Energieströme messen, die zur Erde gelangen und von der Erde ausgehen. An der Erdoberfläche sind die Beobachtungen größtenteils auf die Festländer beschränkt. Das führt dazu, dass das globale Gleichgewicht der Energieströme in der Atmosphäre oder an der Erdoberfläche nicht unmittelbar von gemessenen Daten berechnet werden kann und daher unsicher ist. Dieser Mangel an Kenntnissen über die Energieströme an der Erdoberfläche beeinträchtigt unser Verständnis, wie das irdische Klima auf ansteigende Konzentrationen von Treibhausgasen reagiert (Stephens et al. 2012). Neuere Daten von Satelliten und von der Erdoberfläche machen deutlich, dass die Werte des Energiehaushalts der Erdoberfläche revidiert werden müssen. So ist die langwellige Strahlung, die die Oberfläche erreicht, zwischen 10 und 17 Wm^{-2} größer als bisher für Modellierungen angenommen (Stephens et al. 2012). Auch wird mehr Niederschlag gebildet, als bisher in Modellrechnungen berücksichtigt wird. Daher ist unverzichtbar, ob und inwieweit die Daten und Annahmen für Modellierungen unserer Klimazukunft durch Fakten aus der Klimavergangenheit verifiziert werden können.

Die Atmosphäre ist der Bereich der Erde, dessen untere Grenzfläche Festländer und Wasseroberflächen bildet und der ohne obere Grenzfläche nach oben allmählich in den interplanetarischen Raum übergeht. Eine obere Grenze wird bei 800 (1000) km angenommen (Schönwiese 1994). Die Erdatmosphäre besteht aus einem Gasgemisch (Luft), aus Hydrometeoren (Wassertropfen, Eispartikel) und Aerosolen (Lithometeore). Die Hauptgase der Luft in der Troposphäre sind Stickstoff (N_2, 78,09 vol.-%), Sauerstoff (O_2, 20,95 vol.-%) und Argon (Ar, 0,93 vol.-%). Wasserdampf (H_2O, 0–4 vol.-%, in Bodennähe im Mittel 2,6 vol.-%, in den feuchten Tropen 3–4 vol.-%) ist der Luft in wechselnder Menge beigemischt in Form der drei temperaturabhängigen Aggregatzustände (Wasserdampf, Wassertropfen, Eis) (Abb. 2.19). Infolge der Temperaturabhängigkeit des Dampfdrucks ist die Wasseraufnahmefähigkeit in den Tropen, vor allem über den tropischen Ozeanen, besonders hoch (Abb. 2.20). Die Abnahme des Wasserdampfgehalts mit der Höhe erfolgt schneller als die des Luftdrucks (Hupfer und Kuttler 1998). Neben den Hauptgasen enthält die Luft Spurengase, von denen über 80 strahlungsaktiv sind und die den natürlichen und anthropogenen Treibhauseffekt bewirken. CO_2, NH_4, N_2O (Distickstoffoxid/Lachgas) und O_3 (Ozon) sind zusammen mit dem Wasserdampf für 98 % des natürlichen Treibhauseffekts verantwortlich (Hupfer und Kuttler 1998). Abb. 2.23 zeigt die Absorption und Streuung der Strahlung durch die Atmosphäre. Die wichtigsten atmosphärischen Absorber sind H_2O, CO_2, O_2, O_3 (Warnecke 1991). Es wird deutlich, dass nur ein Teil der Sonnenstrahlung an der Erdoberfläche ankommt; die direkte Einstrahlung liegt bei etwa 51 % (Abb. 2.21).

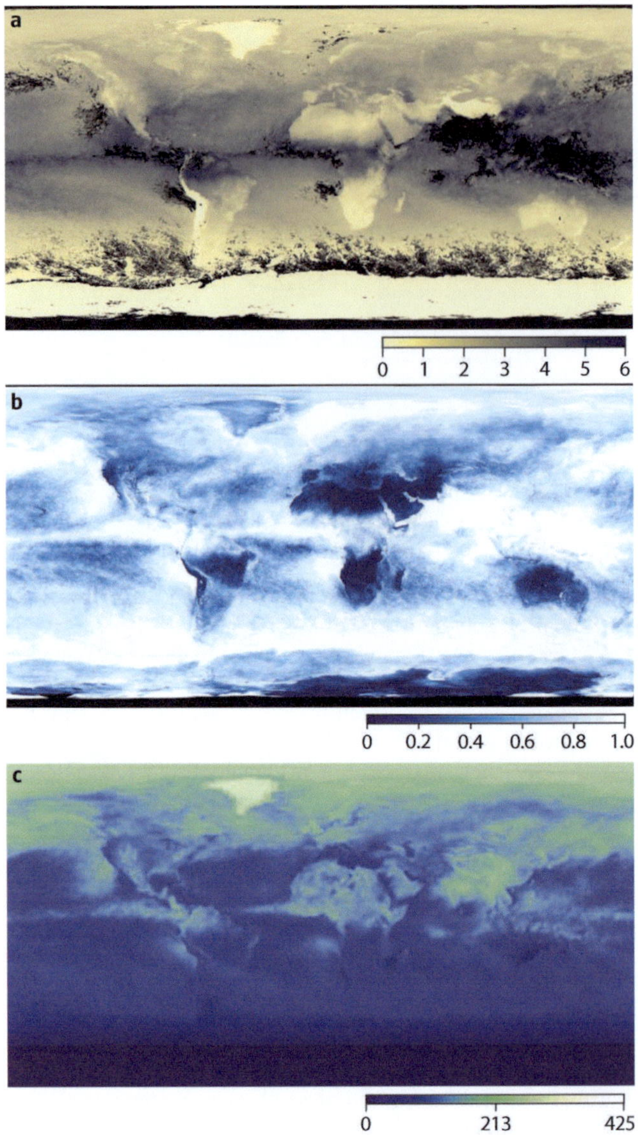

Abb. 2.19 Wasserdampf und Wolken im Juli 2012. **a** Wasserdampf in cm. **b** Anteil der Wolken am Wasserdampf. **c** Reflektierte Sonnenstrahlung in W/m^2

Die Tropen haben einen großen Energieüberschuss, während die Außertropen ein Energiedefizit aufweisen (Abb. 2.22). Über die Allgemeine Zirkulation der Atmosphäre und die Meeresströmungen erfolgt ein globaler Energieaustausch, der während der Eiszeiten intensiver war, da die Differenz zwischen Überschuss

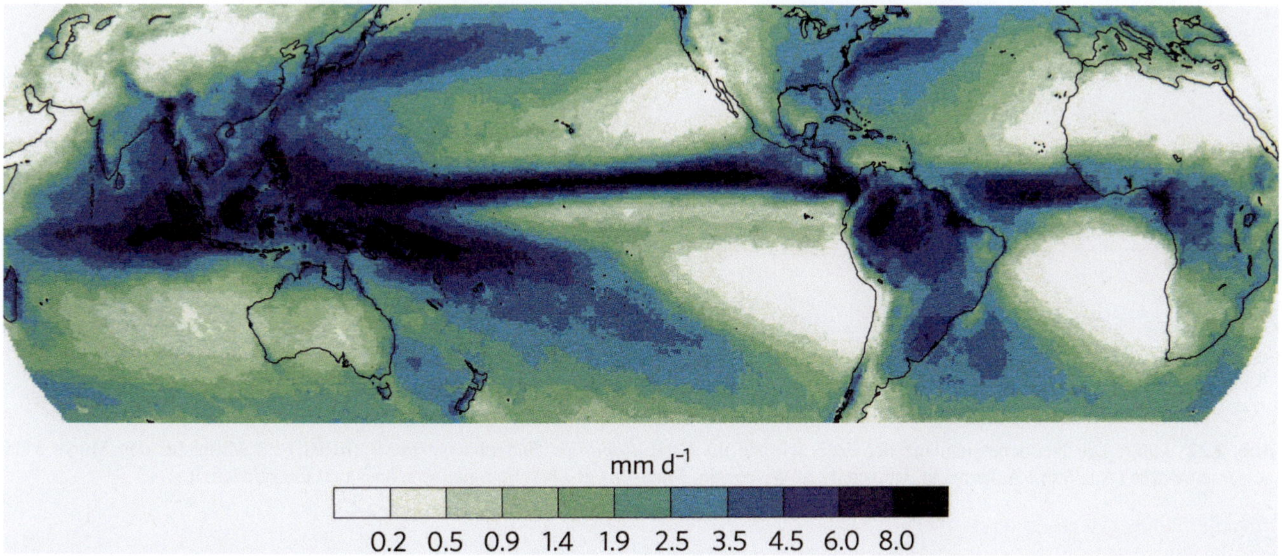

Abb. 2.20 Die Beobachtungen während der Periode 1998–2005 (Satellit der *Tropical Rainfall Measuring Mission*) zeigen die stark unterschiedliche Verteilung der Niederschläge in den Tropen. Hohe Niederschläge werden in schmalen Bändern erzielt. Die Position der tropischen Regenbänder hat einen großen Einfluss auf die Niederschläge über Land (Dürren über Perioden von Jahrzehnten, z. B. im Sahel zwischen AD 1950–2000, ausgelöst durch Verlagerungen der ITCZ). (Aus Bony et al. 2015)

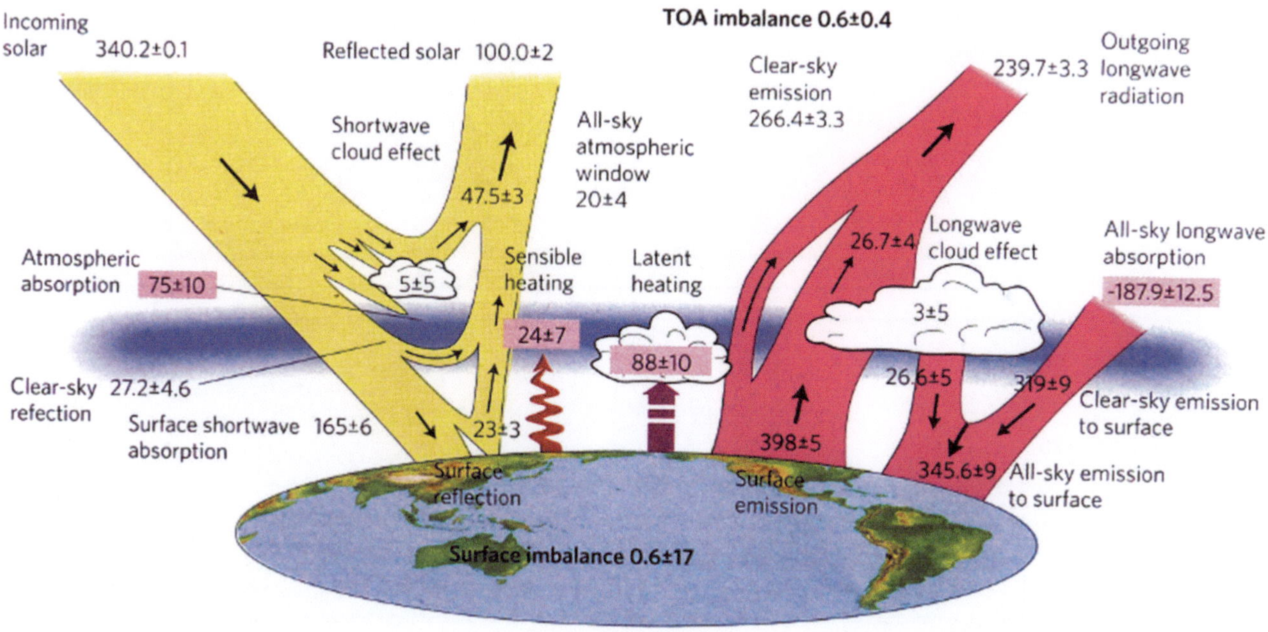

Abb. 2.21 Der globale mittlere jährliche Energiehaushalt der Erde für die Periode 2000–2012. Alle Flüsse sind in Wm^{-2} angegeben. Die solaren Ströme sind in *gelb*, die infraroten Ströme sind in *lila* dargestellt. Die vier Mengenangaben in *hellrosa* Kästchen repräsentieren die wesentlichen Komponenten des atmosphärischen Energiegleichgewichts. Die Differenz von einfallender und ausgehender Strahlung an der Obergrenze der Atmosphäre (TOA – *top of the atmosphere*) betrug zwischen 2000 und 2012 $0{,}6 \pm 0{,}4\,Wm^{-2}$. (Aus Stephens et al. 2012, dort werden auch die Unsicherheiten der Kalkulationen diskutiert.)

in den Tropen und Defizit in den hohen Breiten wesentlich größer war.

Weiterhin ist wichtig festzuhalten, dass die dreiatomigen Gase H_2O, O_3 und CO_2 eine große Rolle im Strahlungshaushalt spielen (vgl. Feldman et al. 2015), da sie im infraroten Spektralbereich (Wellenlängeninterval 789 nm–1 mm) starke Absorber darstellen (Abb. 2.23). Das bedeutet, dass bei einer sich erwärmenden Erde (am Ende einer Eiszeit bzw. in naher Zukunft) infolge größerer Verdunstung von den Wasseroberflächen (Ozeane, [künstliche] Seen etc.), von der Erdoberfläche (Böden, Gesteine, Feuchtgebiete, [bewässerte] landwirtschaftliche Nutz-

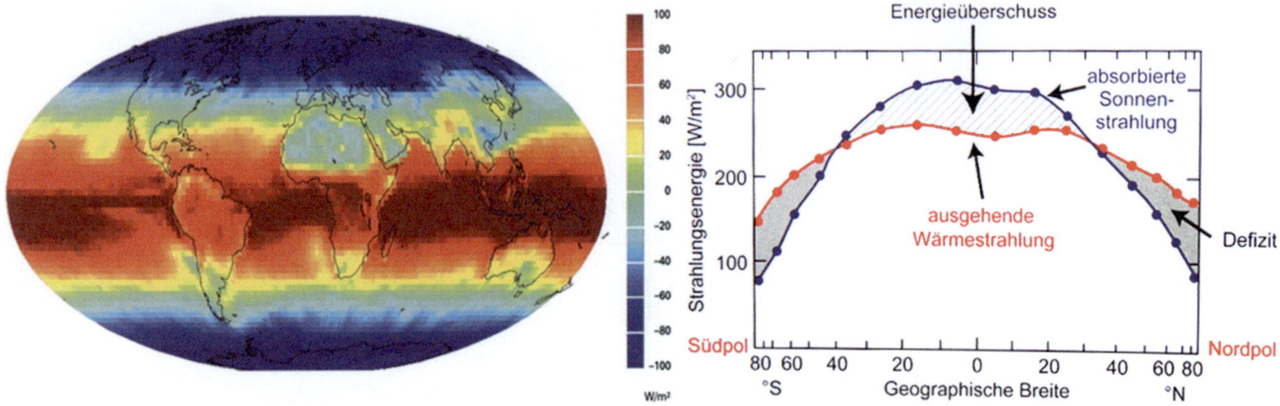

Abb. 2.22 *Links*: Die Nettoenergiebilanz der Erde, wie sie im *Earth Radiation Budget Experiment* (ERBE) im Mittel für den Monat März gemessen wurde (Aus Steve Ackermann, University of Wisconsin, Madison). *Rechts*: Energieüberschuss und Energiedefizit

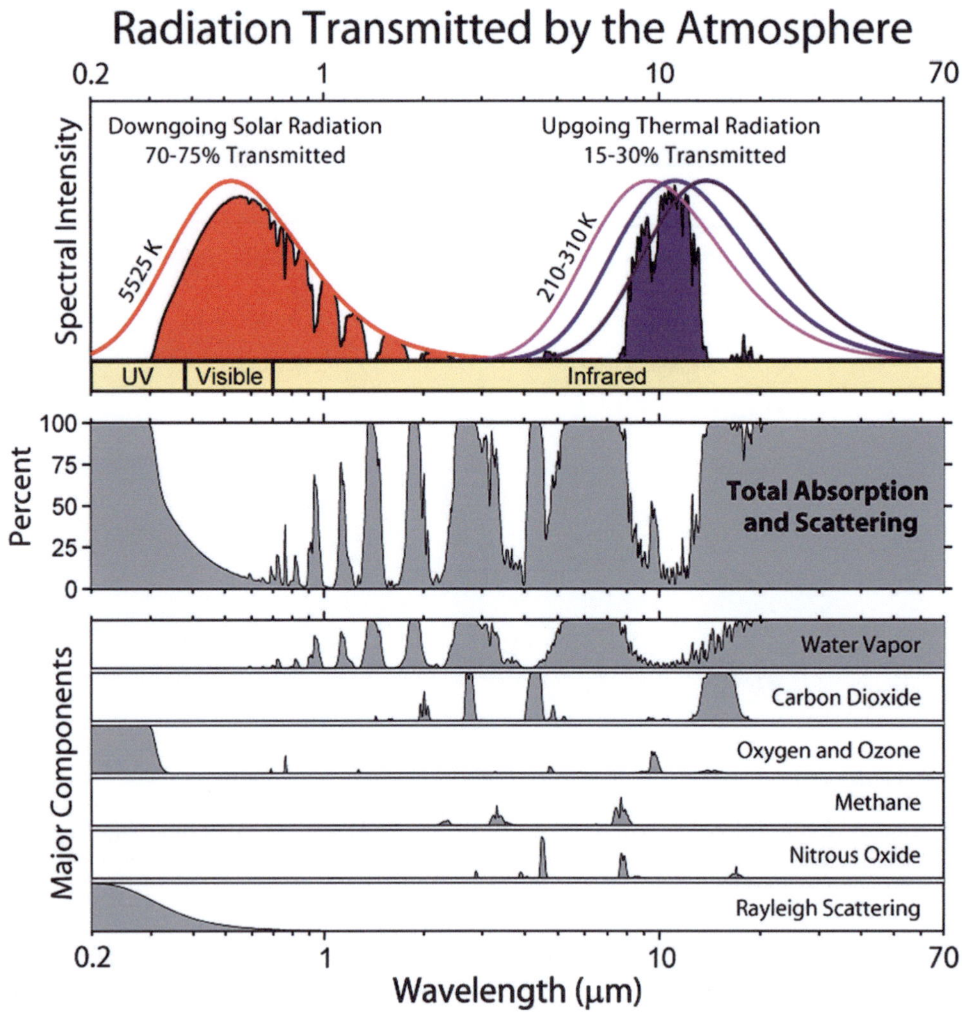

Abb. 2.23 Atmosphärische Absorption und Streuung in verschiedenen Wellenlängen der elektromagnetischen Wellen. (Aus Wikipedia 2016)

flächen etc.) und durch die Vegetation der Wasserdampfgehalt der Atmosphäre zunimmt, was wiederum den Treibhauseffekt verstärkt. Allerdings zeigt eine Studie, dass bei globaler Erwärmung die Niederschläge weniger zunehmen als viele Modelle anzeigen, da die Menge des Sonnenlichts im nahen Infrarot, das durch den Wasserdampf absorbiert wird, zunimmt (Sherwood et al. 2014).

Zu den Wechselwirkungen zwischen der Sonnenstrahlung und der Atmosphäre gehören Diffraktion (Beugung), Dispersion (spektrale Zerlegung), Polarisation (Beeinflussung der Schwingungsebene), Refraktion (Brechung), spiegelnde Reflexion, Absorption, Streuung (*Scatter*) und diffuse Reflexion (Warnecke 1991). Die ersten fünf Wechselwirkungen werden vorwiegend von der meteorologischen Optik behandelt. Hier sind die Absorption, Streuung und diffuse Reflexion von Interesse. Bei der Absorption wird die Strahlungsenergie von der Materie aufgenommen („verbraucht") und in andere Energieformen umgewandelt, so u. a. in Dissoziationsenergie (→ *ozone depletion events* über der Antarktis) oder in Wärme (thermische Energie = kinetische Energie der Luftteilchen). Die Absorption erfolgt bei materialspezifischen Wellenlängen in charakteristischen Spektrallinien oder Spektralbanden in Abhängigkeit von ein- oder mehratomigen Gasen (z. B. O_3, CO, H_2O, CO_2) (Warnecke 1991). Zusammen mit der Streuung bewirkt die Absorption eine Abschwächung der Strahlung an der Erdoberfläche.

Die Allgemeine Zirkulation der *Atmosphäre* (Abb. 2.24 und 2.25) ist der mittlere Zirkulationsmechanismus in der Lufthülle der Erde, der sich, von der solar bedingten unterschiedlichen Energiezufuhr in Gang gesetzt, zum großräumigen Ausgleich von Masse, Wärme und Bewegungsenergie unter den erdmechanischen und geographischen Bedingungen einstellt (Weischet 1995). Wie der *conveyor belt* für die Ozeane, so beschreibt die allgemeine atmosphärische Zirkulation für die Atmosphäre den mittleren Ablauf eines weltweiten Austauschvorgangs. Dynamische Eigenschaften der einzelnen Teilstücke der atmosphärischen Gesamtzirkulation und ihre geographische Lage bestimmen zusammen mit den Strahlungs- und den geographisch-räumlichen Randbedingungen die regionale Klimadifferenzierung auf der Erde (Seneviratne et al. 2006). Die allgemeine Vorstellung der atmosphärischen Zirkulation besagt (vgl. Schneider et al. 2014), dass warme Luftmassen in den Tropen im Bereich der *Innertropischen Konvergenz-Zone* (ITCZ) aufsteigen, in großen Höhen polwärts wandern, absinken (nicht nur im Bereich der Passatwüsten) und dann in niedriger Höhe wieder äquatorwärts strömen (Abb. 2.24 und 2.25). Neue Studien, die auch den Wasserdampf berücksichtigen, zeigen, dass die Hälfte der Luftmassen, die polare Regionen erreichen, aus warm-feuchten subtropischen Luftmassen bestehen, die in den mittleren Breiten aufgestiegen sind (Pauluis et al. 2008). Bisher kann nicht bestimmt werden, inwieweit der *conveyor belt* die atmosphärische Zirkulation und/oder inwieweit die Zirkulation der Atmosphäre den *conveyor belt* gegenseitig beeinflussen (z. B. beim El-Niño-Southern-Oscillation [ENSO]-Phänomen, bei dem eine wechselseitige Beeinflussung zwischen dem Pazifischen Ozean und den darüber befindlichen Luftmassen erfolgt). Dies scheint auch bei der *North Atlantic Oscillation* (NAO) der Fall zu sein. Die NAO beschreibt Fluktuationen der Differenz des Luftdrucks im Meeresspiegelniveau zwischen dem Island-Tief und dem Azoren-Hoch. Die NAO hat einen großen Einfluss auf die meteorologischen Bedingungen in Grönland, Europa, Nordasien, Nordafrika und Nordamerika. Bei positivem NAO-Index sind die Winter in Europa und in den östlichen US mild und feucht und in Nord-Kanada und Grönland kalt und trocken; bei negativem Index ist das Muster umgekehrt (Olsen et al. 2012). Vor 4500 (vgl. 4,2 ka *event*) und vor 650 (vgl. Kleine Eiszeit) Jahren wechselte die NAO von allgemein positiven zu variablen, zeitweise negativen Bedingungen, was mit dem Ende des holozänen Klimaoptimums einerseits und dem Beginn der Kleinen Eiszeit andererseits zusammenfällt. Beziehungen zwischen ENSO und NAO und zwischen NAO und dem asiatischen Sommermonsun werden nachgewiesen: Wechsel in der Frühjahrs-NAO wirken sich auf einen starken bzw. schwachen Monsun, der Einfluss auf 1 Mrd. Menschen hat, aus (Wu et al. 2009). Dass die NAO von der solaren Aktivität beeinflusst wird, wird vermutet, ist aber bisher nicht eindeutig nachgewiesen. Beobachtungen und allgemeine gekoppelte Ozean-Atmosphäre-Zirkulationsmodelle weisen auf einen Einfluss von Sonne (TSI – *total solar irradiance*) und Vulkanismus (große Eruptionen) auf mehrdekadische Variationen (AMO – *Atlantic multidecadal oscillation*, 60–80 Jahre) der AMOC sowie der nordhemisphärischen Temperaturen hin (Otterø et al. 2010; McGregor et al. 2015; Mohtadi et al. 2016).

Das ENSO-Phänomen ist das größte natürliche interannuelle Klimasignal in den Tropen. Oszillationen zwischen warmen El-Niño- und kaltem La-Niña-Phasen treten alle paar Jahre auf. Während der El-Niño-Phasen des ENSO sind die SST des zentralen und östlichen äquatorialen Pazifik anormal warm. Im Gegensatz dazu liegen die SST während der La-Niña-Phasen unter dem langjährigen Mittel. Die Phasen dauern gut ein Jahr. Die Auswirkungen werden nicht nur im Zentrum, dem tropischen Pazifik, wahrgenommen, sondern weltweit (Ineson und Scaife 2009). Das ENSO-Phänomen ist nicht auf die unteren Schichten der Atmosphäre beschränkt, sondern reicht bis in die Stratosphäre und geht einher mit Verschiebungen der troposphärischen Temperaturmuster und Niederschlagssysteme (Manzini 2009). Zusammenhänge zwischen ENSO-Phänomen, dem westafrikanischem Monsun und Hurrikane diskutieren Donnelly und Woodruff (2007). Chakraborty et al. (2012) weisen auf Interaktionen – aufgrund von Korallen-Analysen – zwischen dem asiatischen Monsun, dem ENSO-Phänomen und der troposphärischen Temperatur hin. Allerdings dokumentieren Korallen eine hohe Variabilität der ENSO-Aktivität, ohne einen Hinweis auf einen systematischen Trend in der ENSO-Veränderung; diese Beobachtung widerspricht Modellen, die eine Reaktion des ENSO auf Schwankungen der Sonnenaktivität zu erkennen glauben (Cobb et al. 2013). Auch zeigen die Ergebnisse, dass Änderungen in der ENSO, seien sie natürlich oder anthropogen verursacht, vor dem Hintergrund großer interner ENSO-Variabilität schwer zu erkennen sind.

Dass die Allgemeine Zirkulation der Atmosphäre die Klimaelemente (Temperatur, Niederschlag, Wasserdampfgehalt der Atmosphäre, etc.) in Raum und Zeit stark beeinflusst, soll hier nur kurz erwähnt werden. Aus Beobachtungen der letzten Jahrhunderte und aus Paläoklimaarchiven werden Nord- bzw. Süd-Verlagerungen der ITCZ für die *Kleine Eiszeit* und die letzte Eiszeit (Abb. 2.26 und 2.27) rekonstruiert (Schneider

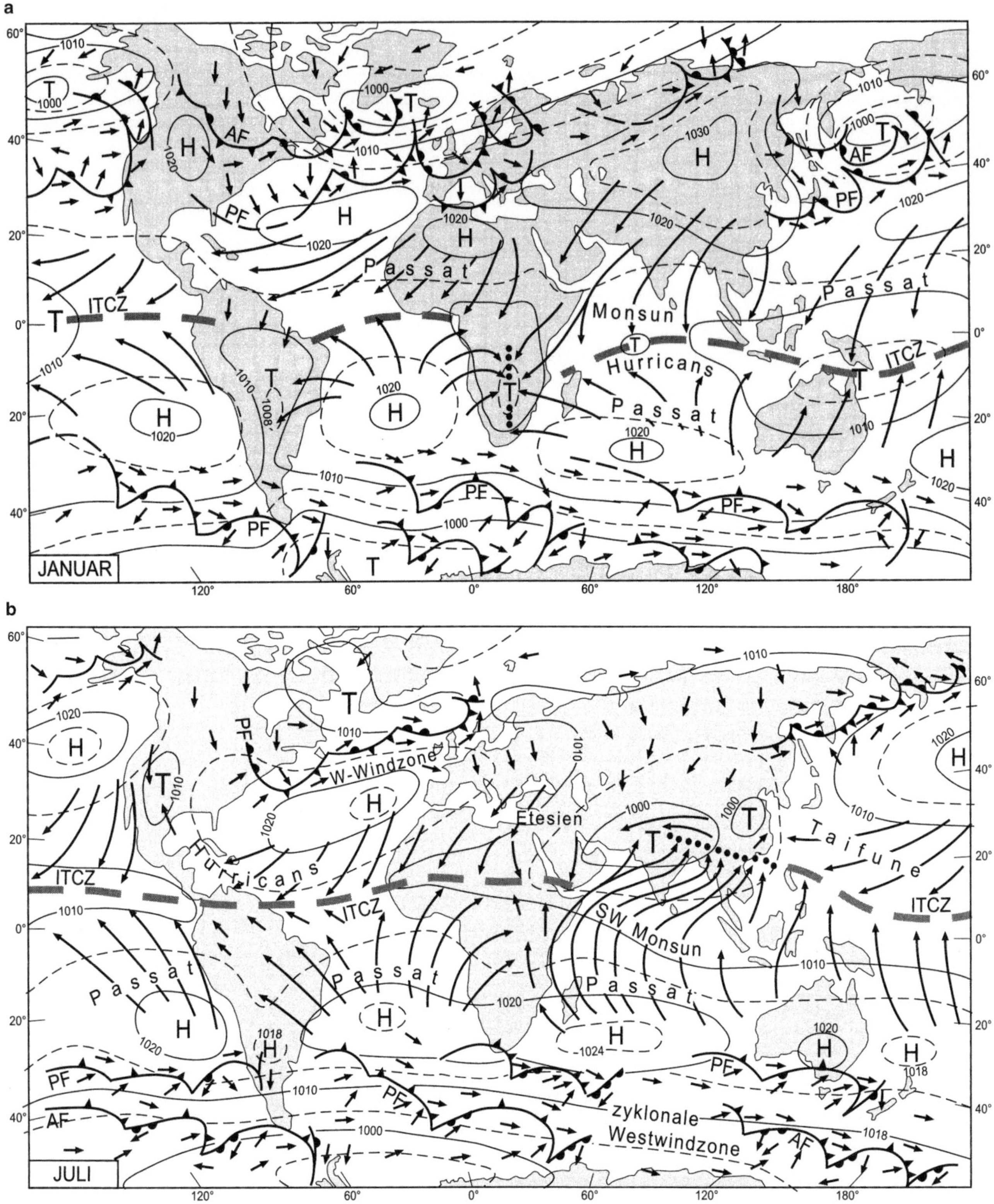

Abb. 2.24 Allgemeine Zirkulation der Atmosphäre. Mittlere Luftdruckverteilung und Luftströmung in der bodennahen Reibungszone im **a** Januar, **b** Juli. (Nach Weischet 1995: 240, 241)

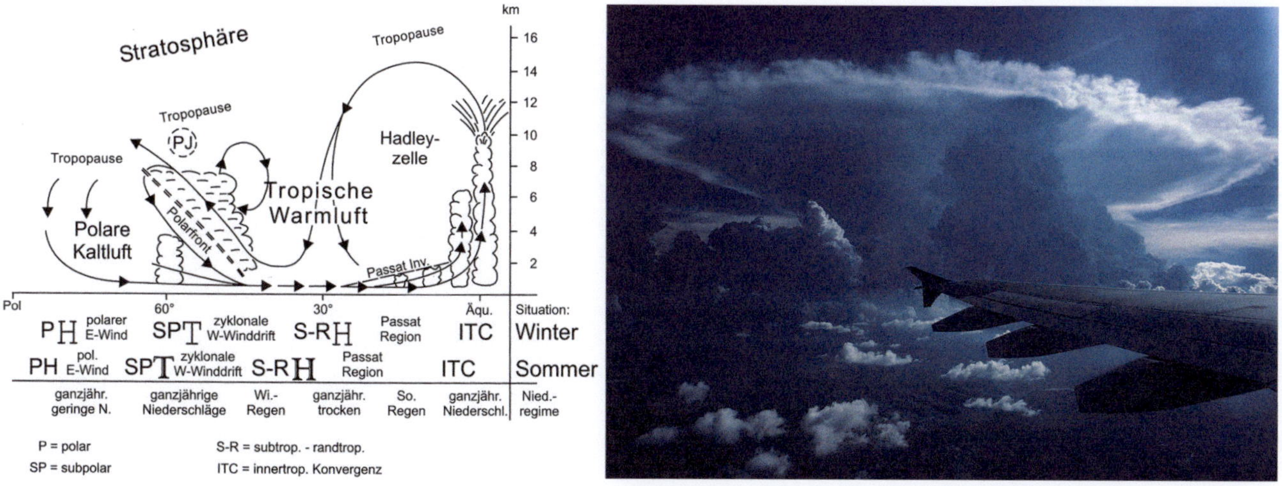

Abb. 2.25 *Links*: Schematische Darstellung der Meridionalkomponenten der Allgemeinen Zirkulation. In der Höhe steht der in der planetarischen Grenzschicht gebündelten Passatströmung eine auf großen Raum verteilte Rückkehrströmung gegenüber. Unten sind die planetarischen Luftdruck- und Windgürtel in ihrer Position für Winter und Sommer sowie Zonen unterschiedlicher Niederschlagsregime genannt (nach Blüthgen 1980: 540). Auf Nord- und Südhemisphäre ist beiderseits 30° ein dynamisch bedingter, hoch reichender Hochdruckgürtel in warmer Luft ausgebildet: der *Subtropisch-randtropische Hochdruckgürtel* (S-R H, Subtropenhoch). Zwischen beiden liegt die *Äquatoriale Tiefdruckrinne* (ITC = Innertropische Konvergenzzone). Polwärts der S-R H folgen kräftige, dynamisch bedingte Tiefdruckgürtel (SPT = *subpolarer Tiefdruckgürtel*) und weiter polwärts die *Polarhochs* (PH) (Weischet 1995). In Tropopausenhöhe und in der Stratosphäre treten maximale Windgeschwindigkeiten auf (Strahlströme – *Jetstreams*, 100–500 km breit, 1–4 km dick, 1000–10.000 km lang). Man unterscheidet den Polarfront-*Jetstream* (PJ) und den Subtropen-*Jetstream* sowie äquatoriale *Jetstreams*. Weitere Informationen zur allgemeinen atmosphärischen Zirkulation finden sich bei Hupfer und Kuttler (1998), Schönwiese (1994), Warnecke (1991), Blüthgen (1980) und Weischet (1995). (Nach Weischet 1995)
Rechts: Innerhalb der ITC bilden sich bei aufsteigender Luftbewegung häufig gewaltige Wolkentürme mit ambossartigen Abschlüssen in großen Höhen (10–14 km). Die Niederschlagsintensität im Bereich dieser (Gewitter-)Wolken ist in der Regel sehr hoch. Eine Verschiebung der ITC als Folge von Klimaänderungen führt zu Niederschlagsänderungen (z. B. im subsaharischen Raum im frühen Holozän: African Humid Period (AHP)). (Foto: alueni-images)

et al. 2014). Für die Zukunft wird aufgrund von Modellierungen mit einer Niederschlagszunahme von 1–3 % je 1 °C Erwärmung ausgegangen, doch neuere Satelliten-Messungen weisen darauf, dass die Niederschläge mit dem Wasserdampfgehalt zugleich ansteigen werden, d. h. um 7 % je 1 °C Erwärmung (Wentz et al. 2007; Santer et al. 2007). Das entspricht auch den Paläoklimaarchiven (z. B. „grüne Sahara", s. Abschn. 6.2.5). Die für Modellierungen berechneten und bisher benutzten Niederschlagswerte müssen aufgrund neuer Daten des *CloudSat radar* (Wolken-Radar-Satellit) um ca. 10 % für die tropischen Ozeane und um > 10 % für Ozeane der Mittelbreiten erhöht werden (Stephens et al. 2012; vgl. auch Hegglin et al. 2014). Am Beispiel der Temperatur für den Dezember 2013 soll auf die raum-zeitliche Varianz der Temperaturverhältnisse hingewiesen werden (Abb. 2.28). Werden gemittelte und lokale Temperaturkurven für das Holozän (seit 11.300 Jahren vor heute) der Nordhemisphäre (90°–30° N), der Tropen (30° N–30° S) und der Südhemisphäre (30°–90° S) verglichen (Abb. 2.29), zeigen sich große Unterschiede hinsichtlich des Temperaturverlaufs (Marcott et al. 2013). Gleiches gilt für die Niederschlagsverhältnisse.

Wenig Beachtung fand bisher die Tatsache, dass sich die Rate der globalen Erwärmung mit der Höhe vergrößert (Mountain Research Initiative EDW Working Group 2015). Umweltveränderungen in Hochgebirgen laufen schneller ab als in tieferen Lagen. Es wird von der *elevation-dependent warming* (EDW), der höhenabhängigen Erwärmung, gesprochen, die die Rate der Veränderungen der Ökosysteme, der Permafrostsysteme, der hydrologischen Regime und der Biodiversität beschleunigen kann. Inwieweit eine *elevation-dependent cooling* (höhenabhängige Abkühlung) in den Kaltzeiten den Temperaturhöhengradienten (*lapse rate*) gegenüber heute veränderte, ist nicht bekannt und wurde auch bisher nicht für tropisch-subtropische Gebirgsländer (z. B. Tibet-Hochland) wissenschaftlich eingehend diskutiert (Barry und Gan 2011; vgl. auch Jordan 1991).

Da wir das Klima als Ausdruck eines komplexen Systems, das alle Bereiche des *Systems Erde* einbezieht, behandeln wollen, werden einige Ausführungen zum Einfluss von (**1**) Wolken, (**2**) Aerosolen (einschließlich vulkanischer Eruptionen), (**3**) Vegetation und (**4**) Schnee- und Eisbedeckung auf das Klima notwendig, denn dadurch wird die Albedo zum Teil sehr stark verändert. Die Albedo ist ein bedeutender Faktor im Strahlungshaushalt der Erde. Änderungen der Wolkenbeschaffenheit und Aerosolbelastung führen zu Änderungen der Insolation an der Erdoberfläche und können daher wesentlich das Klima, den Wasserkreislauf, Gletscher und Ökosysteme beeinflussen. Im Zeitraum zwischen 1960 und 1990 (diese Zeit wird oft als Bezugsperiode verwendet) hat die Insolation an der Erdoberfläche abgenommen, danach hat sie zugenommen (Pinker et al. 2005; Wild et al. 2005).

Wetter, Witterung und Klima der Erde werden von den Wolken gesteuert. Wolken reflektieren die Solarstrahlung in den Weltraum und reduzieren die Wärmestrahlung in den Weltraum; beide Vorgänge beeinflussen den globalen Energiehaushalt wesentlich. Die Eigenschaften der Wolken werden größtenteils durch

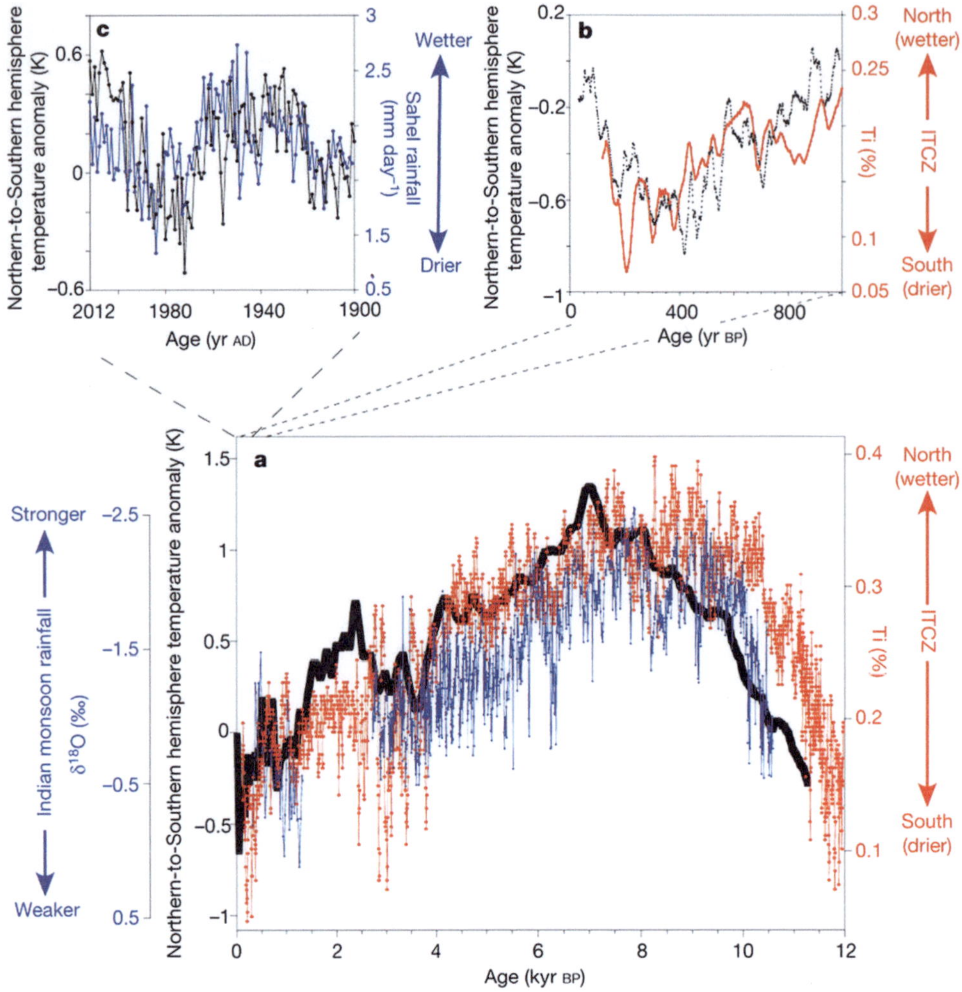

Abb. 2.26 Holozäne ITCZ-Wanderungen, Indischer Monsun und interhemisphärische Temperaturunterschiede. **a** Die letzten 12.000 Jahre: Die Temperaturunterschiede zwischen den Außertropen der Nord- und Südhemisphäre (*schwarz*) korrelieren mit den Proxys des Abflusses in das Cariaco-Becken (östliches Karibisches Meer, *rot*) und des Indischen Monsunniederschlags (*blau*). Der Abflussproxy (indirekter Anzeiger) in das Cariaco-Becken basiert auf den Titanwerten (Ti) des ODP 1002-Kerns. Höhere Ti-Konzentrationen dokumentieren einen größeren terrestrischen Abfluss und Niederschlag, der als weiter nach Norden reichende ITCZ während des Nordsommers interpretiert wird. Abfallende Ti-Werte stehen für eine südwärtige Verlagerung der ITCZ während des Nordsommers im späteren Holozän. Der Indische Monsunproxy wird durch eine Zunahme an δ^{18}O in den Stalagmiten in Oman (Arabische Halbinsel) angezeigt; höhere δ^{18}O-Werte dokumentieren eine Abschwächung der sommerlichen Monsunniederschläge. **b** Die letzten 1000 Jahre: Ti in Cariaco-Sedimenten (*rot*) mit höherer zeitlicher Auflösung der Temperaturen der Nordhemisphäre (*schwarz*). Die Temperaturen der Südhemisphäre änderten sich wenig in dieser Zeit. **c** Das letzte Jahrhundert: Die Temperaturunterschiede zwischen den Außertropen der Nord- und Südhemisphäre (*schwarz*) aufgrund von Instrumentendaten (*schwarz*) und durchschnittliche tägliche Niederschläge im Sahel (12°–18° N, 20° W–35° E) von Juni bis Oktober aufgrund von Land-Stations-Daten (*blau*). Alle Temperaturen und Temperaturunterschiede sind als Abweichungen vom Mittel der Periode AD 1960–1991 angegeben. (Nach Schneider et al. 2014)

Aerosolpartikel (= atmosphärische Partikel) und durch physikalische Prozesse, die in Mikrometer- und Meterskalen auftreten, beeinflusst (Ekman 2014). Zwischen AD 1999 und 2005 hat die globale Wolkenbedeckung vermutlich wegen vermehrter Evaporation um 1–2 % zugenommen (Schiermeier 2006a; vgl. auch Stephens et al. 2012). Die Wolken-Albedo (das Ausmaß, in welchem die Wolken die Sonnenstrahlung reflektieren) und die Wolkenoberseiten-Temperaturen haben sich vermutlich ebenfalls verändert. Dies alles hat Einfluss auf kurzfristige Temperaturänderungen innerhalb des äußerst komplexen Klimasystems, dessen interne Variabilität größer zu sein scheint, als bisher angenommen wurde: Die Wolken-Albedo ist durch atmosphärische Aerosole, die – anders als die Treibhausgase – ungleich über die Erde verteilt sind (Abb. 2.30), vergrößert worden; sie ist um das Dreifache größer als zuvor angenommen (Roberts et al. 2008). Die von den Wolken beeinflusste langwellige Strahlung hat Einfluss auf das ENSO-Phänomen (Rädel et al. 2016). Dies alles hat für Klimamodellierungen eine große Bedeutung. Beispielsweise könnte eine Zunahme der Albedo der globalen marinen Stratusbewölkung von 6 % die Erwärmung der Erde kompensieren, die von einer Verdoppelung der atmosphärischen CO_2-Konzentrationen verursacht würde (Latham et al. 2008). Norris et al. (2016) analysieren die Unstimmigkeiten zwischen den Klimamodellen und den Beobachtungsdaten über globale

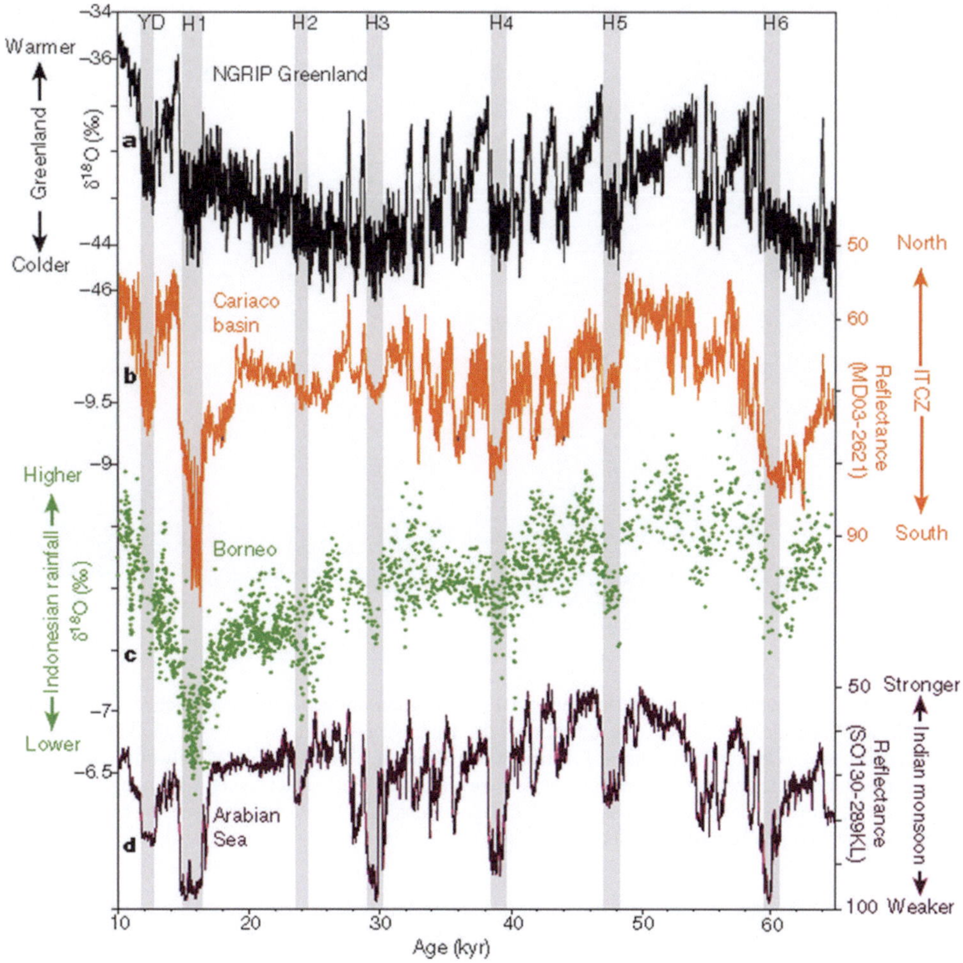

Abb. 2.27 Temperaturen der Nordhemisphäre und ITCZ-Wanderungen während der letzten Eiszeit. **a** δ^{18}O-Werte des NGRIP (*North Greenland Ice Core Project*) sind ein Proxy für arktische Temperaturen. Sie zeigen eine fortschreitende Erwärmung nach dem LGM (~20 ka BP) und Dansgaard-Oeschger-Zyklen in Jahrtausend-Intervallen an; kalt – Stadial, warm – Interstadial. Die kalten Intervalle schließen die Jüngere Dryas (YD) und die Heinrich-Stadiale H 1 bis H 6 (*grau* unterlegt) ein. **b** Der Reflexionsgrad der Cariaco-Sedimente gibt die relative Häufigkeit von marinen biogenen zu terrigenen Ablagerungen an. Sie ist hoch, wenn Niederschlag und Abfluss gering sind. Eine geringe Reflexion wird als Proxy einer weiter nach Norden reichenden sommerlichen (borealen) ITCZ gedeutet. Warme Intervalle (im NGRIP-Eiskern) korrelieren zumeist mit einem stärkeren Abfluss und einer nach Norden verschobenen ITCZ; in kalten Intervallen sind die Verhältnisse umgekehrt. Während der extrem kalten Stadiale zeigen die marinen Ablagerungen keine Laminierung, die durch jährliche Niederschlagszyklen (Regen/Trockenzeiten) bedingt sind. Dies weist auf eine Lage der ITCZ südlich des Cariaco-Beckens während des ganzen Jahres. **c** δ^{18}O-Werte von Höhlensedimenten aus Borneo stehen als Proxys für die Niederschlagsverhältnisse im äquatorialen westlichen Pazifik. Die Werte sind während der Heinrich-Stadiale gering; Dansgaard-Oeschger-Zyklen sind weniger deutlich ausgeprägt als in den *records* der höheren Breiten. **d** Analog zu **b** zeigen geringe Reflexionswerte der marinen Sedimente der Arabischen See einen starken Abfluss, der durch die Niederschläge des Indischen Monsuns gespeist wird. Er erfolgt während warmer Intervalle, die im NGRIP-Eiskern „gespeichert" sind. Eine höhere Reflexion und schwächere monsunale Niederschläge treten während kalter Intervalle auf. (Nach Schneider et al. 2014)

Veränderungen der Bewölkung während der letzten Jahrzehnte und stellen fest, dass die Haupttriebkräfte der Wolkenveränderungen die Treibhausgase und vulkanische Eruptionen sind.

Im Gegensatz zu den Treibhausgasen, die nur auf die infrarote Ausstrahlung reagieren, können Aerosole (Kaufman et al. 2002; Ramanathan und Carmichael 2008; Rosenfeld et al. 2008; Philipona et al. 2009) (Abb. 2.31) beide Seiten der Energiegleichung beeinflussen, und zwar in Abhängigkeit von ihrer Zusammensetzung und Größe und der geographischen Breite. Teilchen mit einer Größe zwischen 0,1 und 1 μm haben den größten Einfluss, die einfallende Sonnenstrahlung zu zerstreuen und damit zu einem Teil in den Weltraum zu reflektieren. Der Anteil an atmosphärischen Aerosolen, ein bedeutender Faktor des globalen Energiehaushalts, war während des Jungquartärs großen Schwankungen unterworfen. Dies wird auf eine größere Aridität im Innern der Kontinente sowie auf ausgedehnte Schotterfluren im Umkreis der großen Inlandeisgebiete und auf trocken gefallene Schelfbereiche zurückgeführt. Zeiten verstärkten Staubtransports sind in allen Eisbohrkernen belegt (De Angelis et al. 1987; Ruth 2006; Thompson et al. 2002). Lössablagerungen und Staubsedimente in See- und Meeresab-

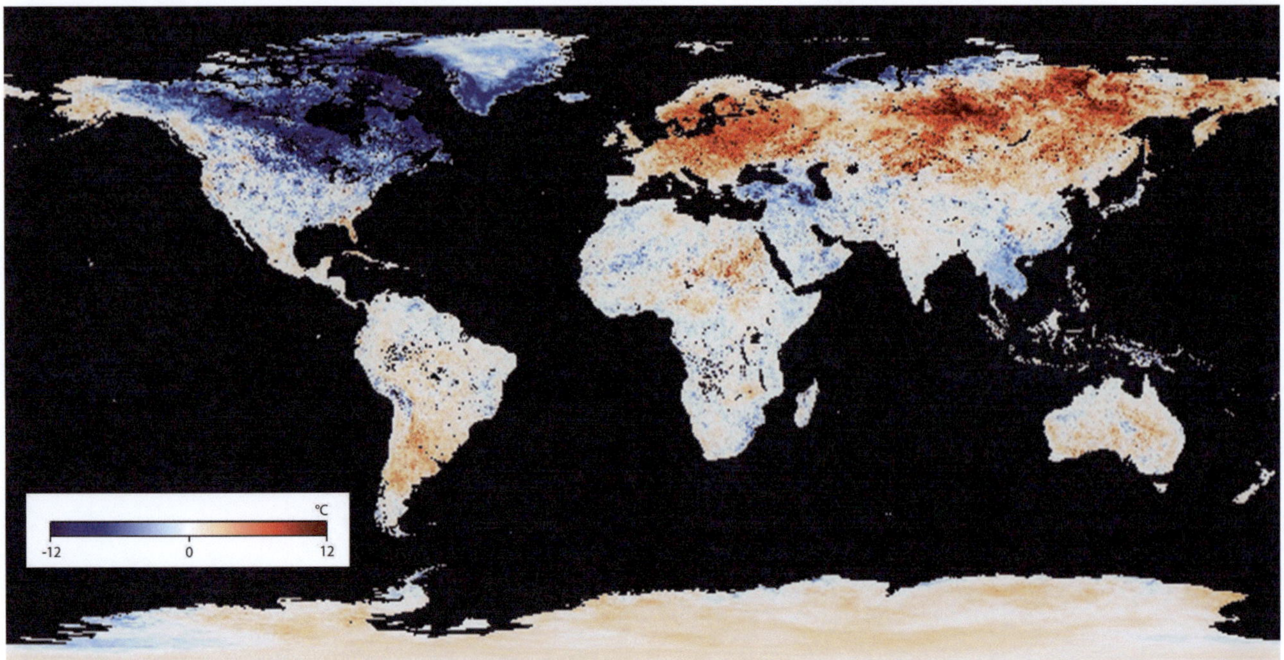

Abb. 2.28 Die Karte zeigt die Temperaturanomalie für Dezember 2013, verglichen mit den durchschnittlichen Verhältnissen während der Periode zwischen 2001–2010. *Rot* kennzeichnet Gebiete, die wärmer als der Durchschnitt sind, *blau* solche, die kälter sind. *Weiß* stellt Regionen dar, die „normal" sind und *schwarz* Gebiete ohne Daten. Es wird sofort deutlich, dass regionale Mittelwerte der Temperatur für bestimmte Zeitperioden (Monate, Jahre, Jahrzehnte) bei der Rekonstruktion des Vorzeitklimas nicht gleichsinnig verlaufen müssen, sondern stark voneinander abweichen können. Dies wird bei der Rekonstruktion der Klimageschichte aus Paläoklimaarchiven (s. Kap. 4) oft nicht berücksichtigt. (© <http://neo.sci.gsfc.nasa.gov/view.php?datasetId=MOD_LSTAN_M>)

lagerungen (Sirocko et al. 1993) deuten auf einen größeren Aerosolgehalt der eiszeitlichen Atmosphäre.

Aerosole beeinflussen die Entstehung und die Eigenschaften der Wolken und damit die Menge der Sonneneinstrahlung, die die Erdoberfläche erreicht bzw. reflektiert wird (Abb. 2.30). Die kumulative Auswirkung der Aerosole auf den Einfluss der Strahlung auf das irdische Klimasystem (Beziehungen zwischen Aerosolen, Wolken und Niederschlägen) ist bisher wenig bekannt (Baker und Peter 2008; Kerr 2009a; Huang et al. 2014). Direkte Messungen von Aerosol-Wolken-Wechselwirkungen können dazu beitragen, den Einfluss der Aerosole besser zu erfassen (vgl. Abb. 2.32). Das Aerosol-*forcing* ist heute eine der größten Unbekannten bei Klimamodellierungen (Ekman 2014). Bis vor wenigen Jahren wurde den Aerosolen ein abkühlender Effekt zugeschrieben, nicht zuletzt deshalb, da Vulkaneruptionen einen abkühlenden Effekt zeigten (Abb. 2.38 und 2.39). Modellergebnisse besagen, dass AD 2100 Aerosole zwei- bis viermal bedeutender für die Bildung und Frequenz extremer Niederschlagsereignisse als Treibhausgase sind (Lin et al. 2016).

Vulkanische Eruptionen können zum Aerosolanstieg beitragen und den irdischen Strahlungshaushalt durch Absorption und Streuung der einfallenden Sonnenstrahlung beeinflussen (Briffa et al. 1998) (Abb. 2.39, 2.33). Gewaltige sporadische vulkanische Eruptionen fördern große Mengen von schwefelhaltigen Gasen in die Stratosphäre, die dann photochemisch in Schwefelsäure-Aerosolpartikel verwandelt werden; diese Aerosole bewirken einen strahlungsbedingten Abkühlungseffekt des globalen Klimasystems, der einige Jahre andauern kann (Lacis 2015).

Die Klima-Vulkanismus-Beziehungen sind sehr komplex (Castellano et al. 2006; Salzer und Hughes 2007; Sigl et al. 2015a, b). Metzner et al. (2014) stellen eine Methode vor, um die ungefähren *volcanic forcings* und die möglichen Klimaauswirkungen von Schwefelemissionen, Sulfataerosolen oder AOD-Daten (AOD – *aerosol optical depth*) abzuschätzen und zwar für jede Eruption, die Schwefel in die tropische Stratosphäre einbringt. Paläoklimatische *records* aus hohen Breiten zeigen Beziehungen zwischen Klimaänderungen und vulkanischer Aktivität, sowohl in den Tropen als auch in den Außertropen; wenig ist jedoch über den Einfluss tropischer und außertropischer vulkanischer Eruptionen auf das Klima der Tropen bekannt. Für die letzten 450 Jahre können D'Arrigo et al. (2009) nachweisen, dass die tropischen Ozeane niedrige Temperaturen nach starken vulkanischen Eruptionen aufwiesen (vgl. Abb. 2.39). Die kälteste vulkanisch verursachte Temperaturabsenkung (Mittel für Ozeane zwischen 30° N und 30° S im Vergleich zur Periode 1897–1981) fand um 1731 statt; sie war von kurzer Dauer und hatte 0,9 °C kühlere Temperaturen. Vulkaneruptionen zu Beginn des 19. Jahrhunderts brachten eine mehrjährige Abkühlung der tropischen SSTs bis zu 0,84 °C (im Jahr 1817 nach dem Tambora-Ausbruch von AD 1815) (D'Arrigo et al. 2009; D'Arcy Wood 2014; Nield 2014; Brönnimann und Krämer 2016). Mehrere gewaltige Vulkaneruptionen Ende des 18. und zu Beginn des 19. Jahrhunderts brachten zusammen mit der ungewöhnlich niedrigen Sonnenaktivität (Dalton-Minimum) eine globale

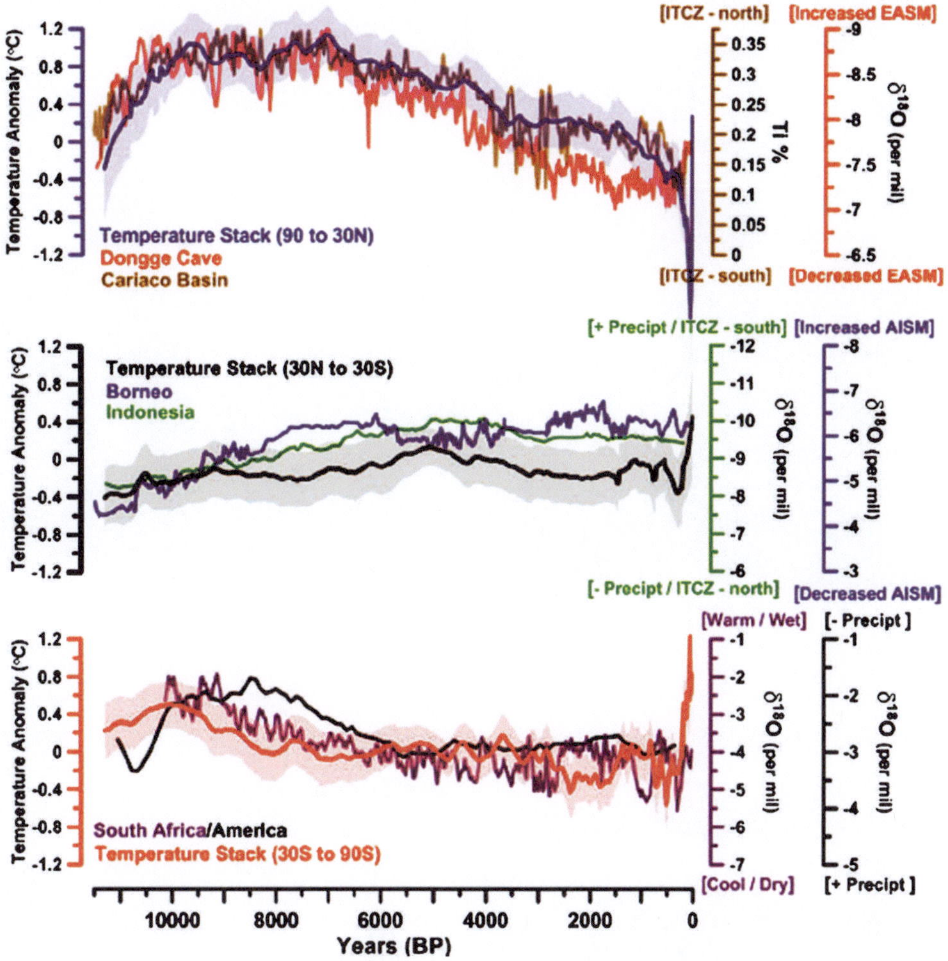

Abb. 2.29 Rekonstruktion der zonalen Mitteltemperatur für die Nordhemisphäre (90°–30° N), die Tropenzone (30° N–30° S) und die Südhemisphäre (30°–90° S), verglichen mit Proxydaten (Speläothem [Dongge-Höhle, China], Titan [Ti]-Konzentrationen in Sedimenten des anoxischen Cariaco-Beckens vor der Küste Venezuelas) für Niederschlag und Temperatur. ITCZ, Innertropische Konvergenz-Zone; EASM, Ostasiatischer Sommer-Monsun; AISM, Australisch-Indonesischer Sommer-Monsun (nach Marcott et al. 2013). Während der letzten 11.500 Jahre (Holozän) verläuft die Temperaturentwicklung in den Außertropen der Nordhemisphäre, der Tropenzone und den Außertropen der Südhemisphäre sehr unterschiedlich. Das holozäne Temperaturmaximum im frühen bis mittleren Holozän ist im tropischen Südostasien nicht und auf der ektropischen Südhemisphäre schwach und z. T. zeitlich verschoben ausgebildet. Die Kurven zeigen deutlich, dass ein globaler Mittelwert der Temperaturen wenig aussagefähig ist, wenn die Auswirkungen der globalen Erwärmung auf die Klima-, Witterungs- und Wetterbedingungen, Ökosysteme und Wirtschaftspotenziale bestimmt werden sollen

Abkühlung, die auf der Nordhemisphäre zum Maximum der Gletschervorstöße der *Kleinen Eiszeit* führte.

Im Jahr 1991 förderte die Mount Pinatubo-Eruption (Philippinen) so viel Staub und SO_2, das zu Sulfataerosolen umgewandelt wurde, in die Atmosphäre, dass aufgrund der reduzierten Einstrahlung (trotz der Absorption der Energie, die von der Erde ausgestrahlt wurde) die globale Mitteltemperatur um 0,5 °C und die Verdunstung reduziert wurden. Durch die Pinatubo-Eruption wurde der CO_2-Anstieg in der Atmosphäre für zwei Jahre geringer; die Ursachen hierfür werden in Rückkoppelungsmechanismen zwischen verringerter Strahlung, Temperaturabsenkung, Respiration der Vegetation, Anstieg der Photosynthese aufgrund erhöhter diffuser Strahlung u.v.a.m. vermutet (Baldocchi und Gu 2003). Zwei nordhemisphärische Eruptionen (Laki/Island AD 1783, Katmai/Alaska AD 1912) lösten außergewöhnlich kalte nordhemisphärische Winter aus (E Fischer 2006; Witze und Kanipe 2014). Als Folge des Laki-Ausbruchs führte im randtropischen Mexiko strenger Frost im August 1785 zu einer furchtbaren Hungersnot im darauffolgenden Jahr (Therrell et al. 2006a, Endfield und Fernández-Tejedo 2006).

Vor ~73.000/74.000 Jahren ereignete sich die stärkste Vulkaneruption der letzten zwei Millionen Jahre (Abb. 2.34). Der (jüngste) dramatische Ausbruch des Toba in Sumatra soll nicht nur eine schnelle globale klimatische Verschlechterung um 3–5 °C (Rampino und Self 1992) und eine ökologische Katastrophe gebracht haben, sondern auch eine gewaltige globale Reduzierung der eiszeitlichen Hominiden auf nur noch ca. 10.000 Individuen (Jones 2013). Paläoklimadaten aus Eis-

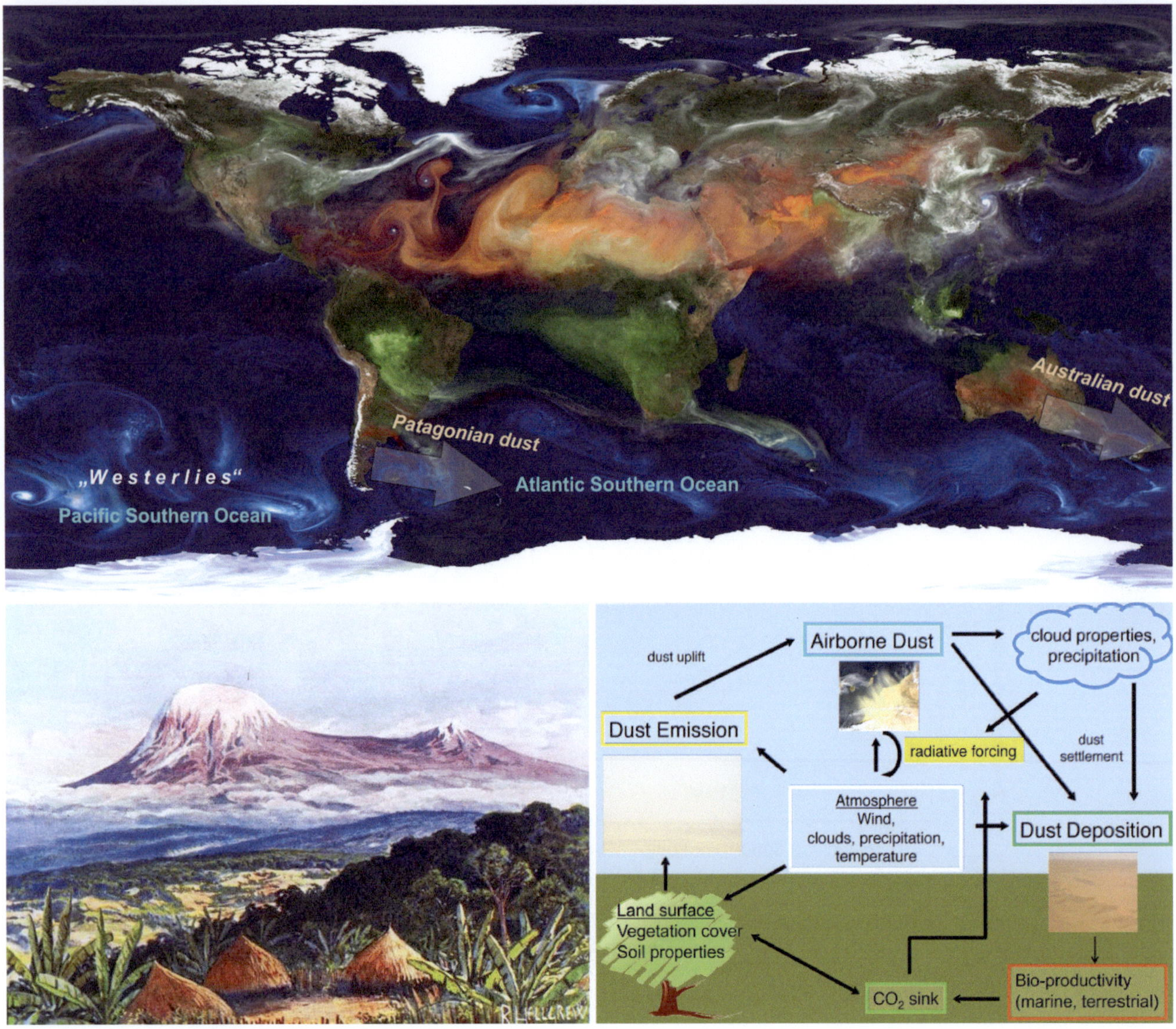

Abb. 2.30 *Oben*: Globale Verteilung der Aerosole: Salz – *blau*; Staub – *rot*; Ruß – *grün*; Sulfat – *weiß*. Aerosole haben über den Strahlungshaushalt einen größeren Klimaeinfluss als bisher angenommen, zum einen direkt durch ihre reflektierenden Eigenschaften, zum anderen indirekt durch ihren Einfluss auf die reflektierenden Eigenschaften und Lebensdauer der Wolken; einige Aerosole kühlen das Klima, einige erhöhen die Temperaturen (Shindell et al. 2009). Die Zusammensetzung der Schwebstoffe in der Atmosphäre bestimmt die optischen Eigenschaften und damit das Strahlungs-*forcing* der Staubwolken; Quarze können Sonnenlicht zerstreuen, Salzkristalle können es reflektieren, weit verfrachtete Stäube von Böden, die reich an Eisenoxiden sind, können Sonnenenergie absorbieren. Vor den anthropogenen Rodungen und der Industrialisierung waren eisenoxidhaltige Minerale die wichtigsten Aerosol-Stäube. (Bildnachweis: NASA, modifiziert vom AWI.)
Unten links: Das Gemälde (um 1910) der ostafrikanischen Landschaft mit dem Kilimandscharo von Rudolf Hellgrewe (*1860, †1935) macht deutlich, dass Bewölkung, Vegetation und Landnutzung klimabeeinflussende Faktoren sind, wenn sie sich großräumig ändern. Dies wird durch neueste Studien aus Ostafrika (Gezira-Bewässerungs-System) bestätigt (Alter et al. 2015; Abb. 2.31). Tief liegende Wolken (vor allem in 2–3 km Höhe über tropischen Ozeanen) reflektieren die einfallende Strahlung und haben abkühlende Wirkung auf das Klima; wenn diese Wolkenart abnimmt (was bei globaler Erwärmung vermutet wird und zu stärkerer Erwärmung führt als angenommen; Sherwood et al. 2014), steigt die Klimasensitivität. Auch sollen mit globaler Erwärmung die Niederschlagsextreme in den Tropen zunehmen (O'Gorman 2012).
Unten rechts: Atmosphärischer Staubkreislauf und Rückkoppelungsmechanismen. (Nach Schepanski et al. 2014)

bohrkernen und *Speleothems* (Speläotheme) geben Aufschluss über den Einfluss des Toba-Ausbruchs auf das globale Klima (Zielinski et al. 1996; Schulz et al. 2002). Aufgrund von Eisbohrkerndaten und Modellierungen wird angenommen (Williams 2012), dass nach der Toba-Katastrophe ein bis zwei Dekaden mit drastischer Temperaturabnahme folgten und anschließend einige Jahrhunderte mit niedrigeren Temperaturen und reduzierten Niederschlägen. Rückkoppelungsmechanismen zwischen kühleren SSTs, Albedo-Änderungen (u. a. durch Vegetationsänderungen bedingt) und Modifikationen der ozeanischen und atmosphärischen Zirkulationsmuster könnten auch langdauernde Auswirkungen auf das Klima gehabt haben. Ob

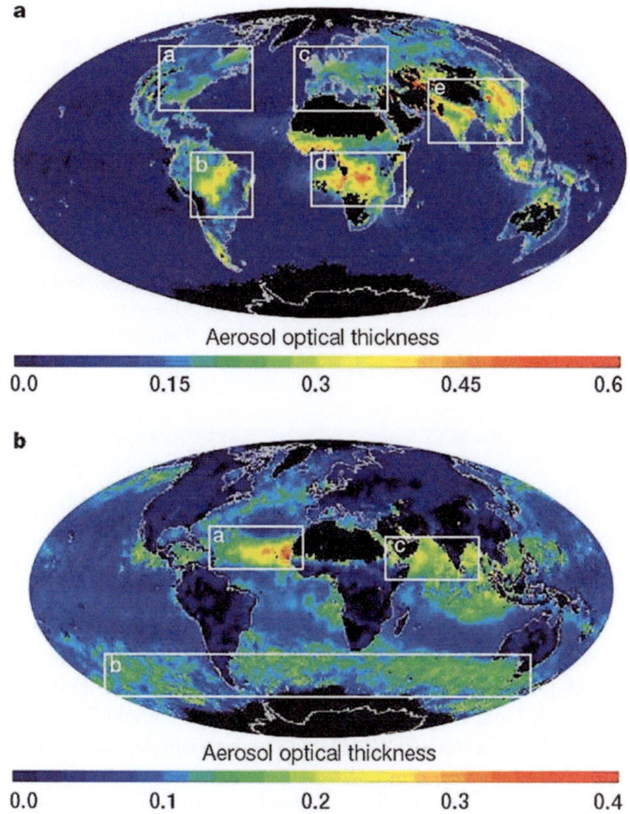

Abb. 2.31 Globale Verteilung von feiner und grober AOT (*aerosol optical thickness*) aufgrund von MODIS-Messungen für September 2000. AOT ist ein Maß für die Aerosolkonzentration in einer Säule und wird durch die Farbskala in der Wellenlänge von 0,55 mm repräsentiert. *Schwarze Regionen* haben Oberflächeneigenschaften, die für die MODIS-Aerosol-Datengewinnung ungeeignet sind oder die sehr niedrige Sonnenstände haben. Die *weißen Rechtecke* zeigen die Regionen mit hohen Aerosol-Konzentrationen an. **a** Verteilung der feinen AOT. Das Bild zeigt feine Partikel in der Aerosolbelastung in Nordamerika und Europa (Regionen a und c), Vegetationsbrände in Südamerika und im südlichen Afrika (Regionen b und d) und Verschmutzung in Süd- und Südostasien (Region e). **b** Verteilung der groben AOT. Grober Staub aus Afrika (Region a), Salzpartikel in der windreichen südlichen Hemisphäre (Region b) und Staub aus ariden Gebieten (Region c). (Aus Kaufman et al. 2002)

dies der Fall gewesen ist, wie Rampino und Self (1992) vermuten, kann zurzeit noch nicht belegt werden. Die zeitliche Auflösung der Chronologien der Eisbohrkerne (Grönland, Antarktis), der Speläotheme (bes. im tropischen Asien) und der Pollenprofile ist nicht hoch genug (Williams 2012), um zweifelsfrei die Zusammenhänge zwischen Toba-Eruption und Klimaänderungen zu belegen. Nur anhand von Proxydaten höchster Präzision kann erkannt werden, ob die Supereruption des Toba-Vulkans einen kurz- oder langandauernden Einfluss auf die Umwelt und das regionale und globale Klimageschehen hatte und für den plötzlichen Rückzug des Sommermonsuns in China an der markant ausgebildeten S1/L1-Löss-Grenze, die in etwa mit der MIS 4/5-Grenze zusammenfällt und auf ca. 75.000 Jahre datiert wird, verantwortlich war (Rousseau und Kukla 2000). Vor zwei Dekaden wurde vermutet, dass der Toba-Ausbruch den Beginn der letzten Eiszeit unterstützte, indem die Stratosphäre mit Aerosolen aufgeladen und die Einstrahlung reduziert wurde (Ramaswamy 1992; Rampino und Self 1992). Lane et al. (2013) können keine Belege für einen „*vulkanischen Winter*" in Ostafrika finden; sie analysieren einen zeitlich hoch auflösenden Sedimentkern des Malawi-Sees und stellen die paläoklimatischen Rekonstruktionen (ca. −4 °C Temperaturabnahme aufgrund von Modellierungen der Toba-Eruption) sowie die klimatisch bedingte Reduzierung der Hominiden aufgrund eines revidierten Modells von *Sedimentkerntiefe/Alter* infrage. Eine Temperaturreduzierung von ∼ 1,5 °C wird von Lane et al. (2013) angenommen.

McGregor et al. (2015) weisen für die *Common Era* (CE, 0–2000 AD) nach, dass wiederholte Häufungen von Vulkaneruptionen ein negatives Nettostrahlungs-*forcing* auslösen können, das zu einem Jahrhunderte langen Abkühlungstrend – auch im globalen Ausmaß – führen kann und zwar über eine Abnahme des Wärmegehalts in der *mixed layer* der Ozeane. Die Berechnungen von McGregor et al. (2015) bedürfen jedoch noch der Bestätigung durch weitere Abgleichungen mit geowissenschaftlichen Fakten, weisen aber auf komplexe Zusammenhänge zwischen Vulkaneruptionen und Klimafluktuationen.

Für die letzten 2500 Jahre können Sigl et al. (2014, 2015a, b) Beziehungen zwischen vulkanischen Eruptionen und globalen Temperaturen nachweisen (Abb. 2.40). Sigl et al. (2015a) benutzen einen kurzen Anstieg des atmosphärischen ^{10}Be, der mit einer Anomalie der kosmischen Strahlung einhergeht und in den Eiskernen Grönlands und der Antarktis zu finden ist; diese Anomalie stellt auch einen auffallenden atmosphärischen ^{14}C-*fingerprint* in Baumringen dar, der im Jahr AD 775 auftrat. Aufgrund dieser Beobachtungen können die Eiskerndaten mit rekonstruierten Temperaturdaten korreliert werden (± 7 Jahre). Sie zeigen, dass große vulkanische Eruptionen für kurze Zeiten (bis zu wenigen Jahren) hemisphärische Temperaturanomalien ausgelöst haben, aber auch eine Verschiebung der ITCZ, eine Abnahme der Niederschläge in Monsungebieten und eine Zunahme der Niederschläge in trockenen tropischen Meeresgebieten (Iles et al. 2015); sie stellen jedoch keine *tipping points* (plötzlicher Übergang von einem Zustand zu einem anderen) dar. Allerdings lassen sich die Rückkoppelungen zwischen Vulkaneruptionen und Temperaturverlauf nicht problemlos auf die klimatischen *forcings* von Aerosolen übertragen, worauf jüngst McGregor et al. (2015) aufmerksam machen. Unter Berücksichtigung weiterer Klima beeinflussender Faktoren, z. B. Landnutzung durch den Menschen, wird versucht, die (kurzfristigen) Klimaschwankungen der letzten Jahrtausende exakter zu modellieren (Abb. 2.41; LeGrande und Anchukaitis 2015). Bisher scheinen Klimamodelle oft den Beobachtungen nach Vulkaneruptionen zu widersprechen (McGraw et al. 2016). Die feedbacks von Vulkaneruptionen auf das Klimasysztem werden heute noch sehr theoretisch behandelt (und in Modellen diagnostiziert).

Erst im letzten Jahrzehnt haben Forschungssatelliten (Box EOS – *Earth Observing System*) dazu beigetragen, die komplexen Beziehungen zwischen Sonnenstrahlung, Aerosolen, Wolken, Niederschlag und Temperaturen ein wenig aufzuhellen. Koren et al. (2012) belegen, dass Aerosole zu höheren Niederschlägen

Abb. 2.32 *Links oben*: Satellitenbild der Wolkenbildung über dem Atlantik. Die *dünnen weißen Linien* sind lokal entstandene Wolken, die die Abgase von Schiffen markieren. Diese anthropogen bedingten Wolken verstärken die Albedo. Der weltweite Schiffsverkehr hat sich zwischen 1992 und 2012 vervierfacht. MODIS-NASA (nach Baker und Peter 2008). Y-C Chen et al. (2014) analysieren die Wolken-Aerosol-Beziehungen der marinen Stratusbewölkung und weisen auf die Unsicherheiten der Modellierungen der vorindustriellen Bewölkung im IPCC-Bericht hin.
Rechts oben: Kondensstreifen der Flugzeuge im Nordatlantik-Gebiet zwischen Nordamerika und Europa verursachen 1–2 % der Cirrusbewölkung (nach Graf et al. 2012). ATD – *Air Traffic Density*. Die Kondensstreifen-Cirren haben einen Einfluss auf das Klima (Reflexion der Einstrahlung, Reduzierung der Ausstrahlung; vgl. Irvine et al. 2014; Burkhardt und Kärcher 2011).
Mitte: Wechselwirkungen zwischen Rauch und Wolken (vgl. Bellouin 2014; Saleh et al. 2014): Der Rauch der Feuer weist nach der Vermischung mit Wolken eine wesentlich stärkere Reflexion auf. Das MODIS-Bild zeigt in Südostaustralien aktive Feuer (*rot*) am 19. Januar 2003 und Rauchwolken, die nach Südosten über die Tasman-See ziehen. Quelle: LANCE Rapid Response MODIS images (19. Januar 2003).
Unten: Trübung der Atmosphäre durch Staub- und Rußpartikel über Österreich im Winter (*links*) und durch Staub über der Kalahari/Südafrika (*rechts*). Neben einer Beeinflussung der chemischen und physikalischen Zusammensetzung der Atmosphäre wird auch die Albedo verändert: Bei schräg einfallender Strahlung ist die Albedo infolge der Reflexion größer mit abkühlender Wirkung (*links*), bei hohem Sonnenstand wird die Albedo kaum beeinflusst, weshalb die Aerosole einen erwärmenden Einfluss ausüben (*rechts*) ►

Box EOS – Earth Observing System

Der Satellit *Aqua* (lateinisch für Wasser), auch EOS-PM1 genannt, ist ein am 4. Mai 2002 gestarteter Forschungssatellit der US-amerikanischen Luft- und Raumfahrtbehörde NASA, der die komplexen Prozesse im Ökosystem der Erde erforschen soll.

Aqua ist Teil des *Earth Observing System* (EOS), eines etliche Missionen umfassenden, längerfristigen Forschungsprogramms der NASA. Die fünf Satelliten Aqua, Aura, CloudSat, PARASOL und CALIPSO bilden zusammen den A-Train. Aqua kostete 1 Mrd. US Dollar.

Das *Moderate Resolution Imaging Spectroradiometer* (MODIS) befindet sich am NASA Terra-Satellit. Das MODIS-Instrument hat ein Strahlenbündel von 2330 km Breite und erfasst die gesamte Erdoberfläche alle ein bis zwei Tage. Die Detektoren messen 36 Spektralbänder zwischen 0,405 und 14,385 µm und produzieren Daten mit drei räumlichen Auflösungen: 250 m, 500 m und 1000 m. Zusammen mit allen Daten der anderen Instrumente der Terra- und Aqua-Satelliten werden die MODIS-Daten den Bodenstationen in White Sands, New Mexico, über das *Tracking and Data Relay Satellite System* (TDRSS) übermittelt und von dort an das EOS-Daten- und Operations-System (EDOS) des *Goddard Space Flight Center*. Die Produkte von Level 1A, Level 1B, *geolocation* und Wolkenbedeckung sowie die Produkte von *Higher-level* MODIS Land und Atmosphäre werden mit dem MODIS *Adaptive Processing System* (MODAPS) produziert und dann für die Verteilung in drei DAACs (Distributed Active Archive Center) aufgeteilt. Farbige Ozeanprodukte stellt das *Ocean Color Data Processing System* (OCDPS) her und verteilt diese an die Wissenschaft und andere Anwender.

Viele Daten der MODIS-Beobachtungen beschreiben Strukturen des Festlandes, der Ozeane und der Atmosphäre, die bei der Analyse der Prozesse und Trends von lokalem bis globalem Maßstab helfen. Die MODIS-Produkte sind von verschiedenen Quellen erhältlich: Daten von MODIS Level 1 und der Atmosphäre durch das LAADS web, Land-Daten durch das *Land Processes* DAAC des US Geological Survey EROS Data Center (EDC), Daten der Kryosphäre (Schnee- und Eisbedeckung) durch das *National Snow and Ice Data Center* (NSIDC) in Boulder, Colorado, farbige Produkte der Ozeane und Meeresoberflächen-Temperaturen (*sea surface temperature*, SST) durch das OCDPS des GSFC. Anwender mit einem geeigneten x-band Empfangssystem können regionale Daten direkt vom Satelliten empfangen, indem sie das MODIS *Direct Broadcast Signal* benutzen.

Doch: Es zeigt sich, dass die MODIS-Sensoren im Verlauf der Jahre an Leistung verlieren können, so dass beispielsweise eine Abnahme der Albedo über Grönland nicht auf eine Verschmutzung der Schnee/Eisoberfläche, sondern auf veränderte Sensoren-Leistungen zurückzuführen ist (Polashenski et al. 2015).

Mehr Informationen zu MODIS gibt es über:

MODIS Level 1 data, geolocation, cloud mask, and Atmosphere products**:** http://ladsweb.nascom.nasa.gov/

MODIS land products: https://lpdaac.usgs.gov/

MODIS cryosphere products: http://nsidc.org/daac/modis/index.html

MODIS ocean color and sea surface temperature products: http://oceancolor.gsfc.nasa.gov/

in Tropen, Subtropen und Mittelbreiten führen. Die klimatischen Auswirkungen der Aerosole resultieren in einer Erwärmung, die den Treibhausgas-Auswirkungen gleichkommt (Ramanathan et al. 2007; Pilewskie 2007; Bellouin 2014), und nicht in einer Abkühlung, wie im IPCC-Bericht postuliert (Wild 2012; Myhre et al. 2013) und heute noch den Modellen zugrunde gelegt wird (Storelvmo et al. 2016). Neuere Studien zeigen, dass Änderungen in den Emissionen der Verunreinigungen und deren Vorläufer in der atmosphärischen Belastung und in der Wirkung der Sonnenstrahlung nicht im Verhältnis zueinanderstehen müssen. Auch enthalten die gegenwärtigen Klimamodelle nicht die komplexen atmosphärischen Prozesse, die mit den Aerosolen

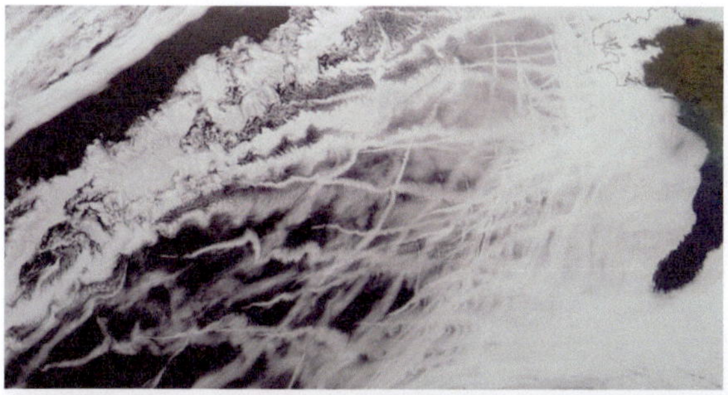

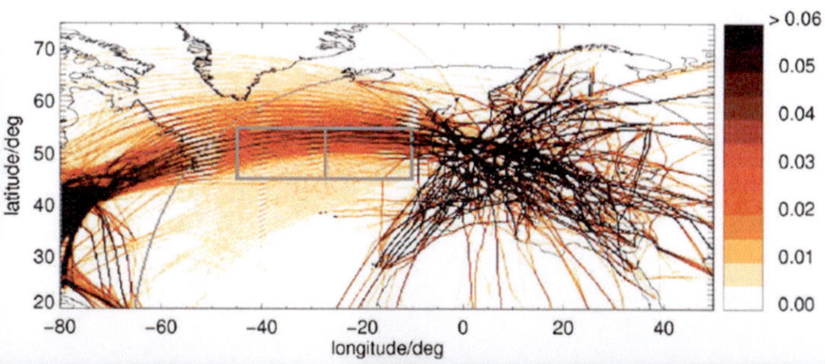
latitude/deg
70
60
50
40
30
20
-80
-60
-40
-20
0
20
40
longitude/deg
> 0.06
0.05
0.04
0.03
0.02
0.01
0.00
ATD / (km / km² h)

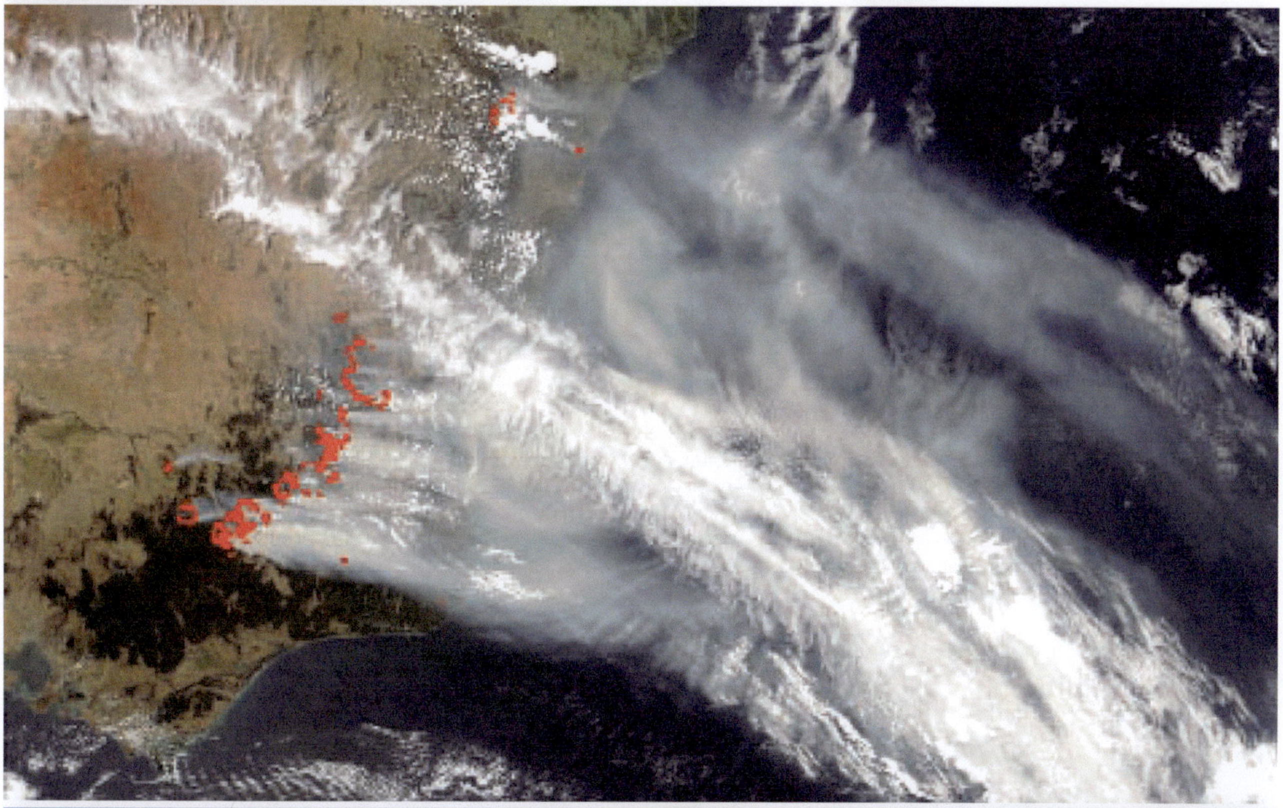

Abb. 2.33 Die Asche von gewaltigen vulkanischen Eruptionen kann das irdische Klima abkühlen und romantische Sonnenuntergänge bedingen. Doch die historischen Wirkungen auf das Klima können nur schwer quantifiziert werden, da direkte atmosphärische Beobachtungen fehlen. Zerefos et al. (2014) haben einen neuen Weg beschritten, um den Gehalt an vulkanischen Partikeln in der Atmosphäre in der Zeit von 1500 bis 2000 abzuschätzen. Sie analysieren die Sonnenuntergänge, die auf Bildern festgehalten wurden. Die Abbildung zeigt (*links*) *Die Lebensstufen* von Casper David Friedrich von 1834/1835 und (*rechts*) *Der Schrei* von Edvard Munch aus dem Jahr 1910. (Quelle: Wikimedia). Aus den Rot/Grün-Farbverhältnissen auf Hunderten von digitalen Fotos ergab sich, dass die Maler nach großen vulkanischen Ereignissen – wie den Krakatau-Ausbrüchen 1680 und 1883 – mehr rot benutzten. Aus den Rot/Grün-Verhältnissen rekonstruieren Zerefos et al. (2014), wie viel Licht durch vulkanische Asche zurückgehalten wurde. Die Daten korrelieren gut mit bestehenden historischen Rekonstruktionen der atmosphärischen Zusammensetzung

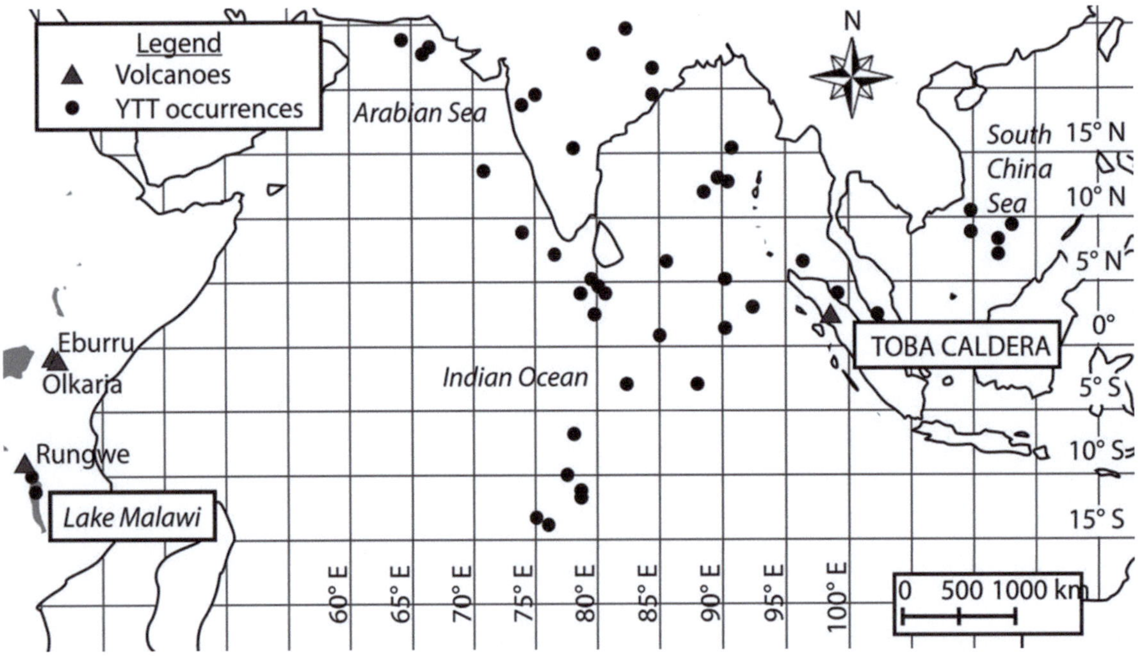

Abb. 2.34 Kärtchen der nachgewiesenen Fundstellen der YTT (*Youngest Toba Tuff* der Eruption von ca. 75 ka BP). (Nach Lane et al. 2013)

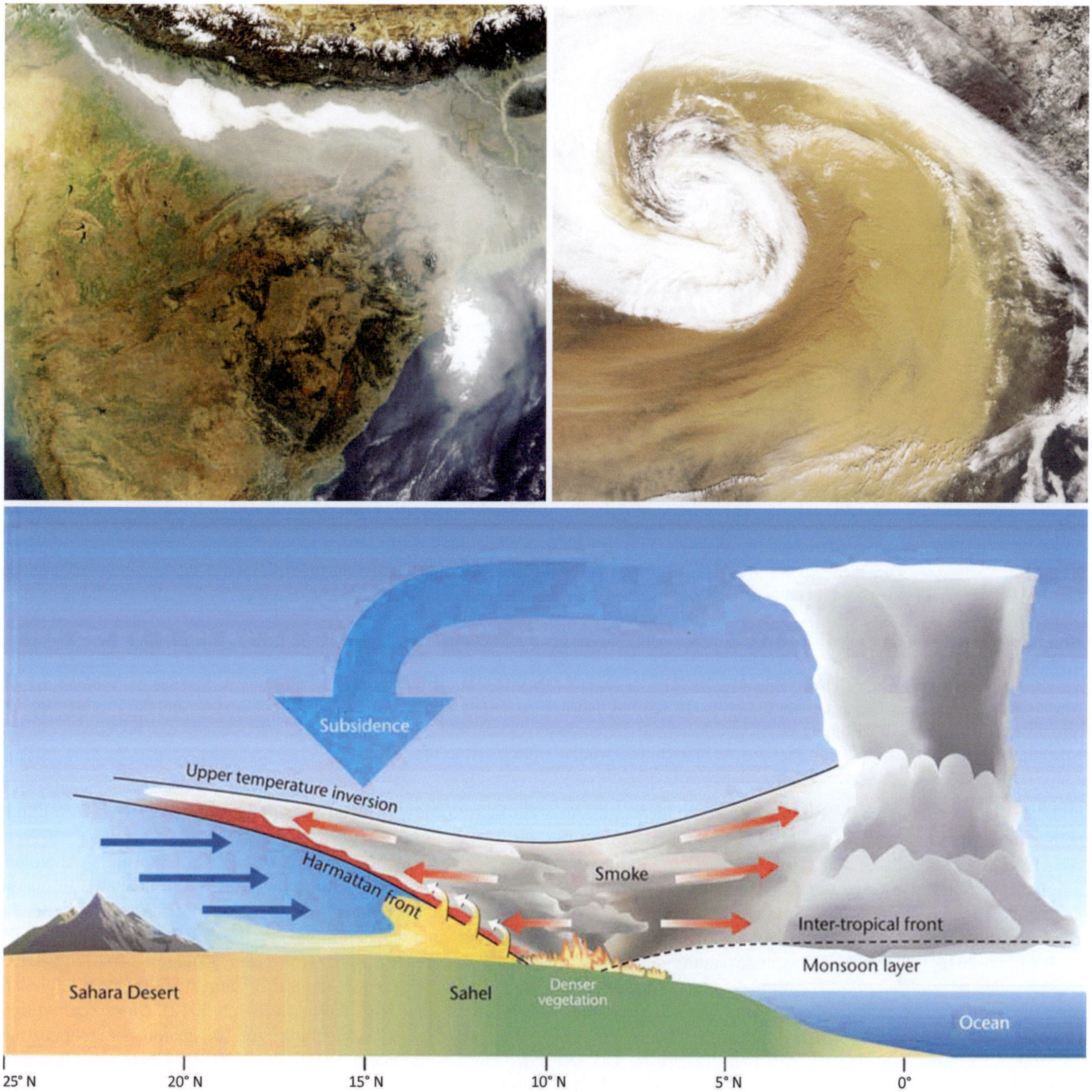

Abb. 2.35 *Links oben*: Aerosole driften im extrem stark besiedelten indischen Gangesgebiet in Richtung des Golfs von Bengalen. Hier liegt ein Ursprung für *brown clouds* im Indischen Ozean. Die klimatischen Auswirkungen resultieren in einer Erwärmung, die den Treibhausgas-Auswirkungen gleichkommt, und nicht in einer Abkühlung, wie im IPCC-Bericht postuliert (Pilewskie 2007; Ramanathan et al. 2007).
Rechts oben: Staubsturm über China (April 2001). Staub von diesem Ereignis querte den Pazifik und wurde auch im Gebiet der Großen Seen (USA) sedimentiert. (Quelle: NASA)
Unten: Der schematische Querschnitt zeigt den Nordwärtstransport von Aerosolen der Biomasse-Verbrennung in warmer, aufsteigender Luft (*rote Pfeile*) und den Westwärts/Südwärtstransport von mineralischen Stäuben in einer kühleren Luftströmung, die durch Gebirge „kanalisiert" wird (*blaue Pfeile*) am Beispiel Westafrikas. Die Harmattan-Front wird durch die *durchgezogene Linie* markiert, die die Grenze zwischen beiden Luftmassen angibt (die *Pfeile* zeigen die Vermischung von Staub und dem Rauch der Biomasse-Verbrennung an). Die innertropische Front (ITCZ) zeigt die Grenze zwischen der feuchten Monsun-Luft und der mit Rauch beladenen Luft. Die mächtige konvektive Wolke ist an die ITCZ gebunden (*rechts* über dem Ozean). (Aus Haywood et al. 2008)

Abb. 2.36 *Links*: Grönlands Inlandeis ohne Wolkendecke aus 12 km Höhe aufgenommen. Vor dem Zusammenbruch der Sowjetunion (1989/1990 mit einem schnellen Abbau der Industrie) gelangten große Mengen an Aerosolen in die arktische atmosphärische Zirkulation. Seit den frühen 1990er-Jahren führte die geringere Aerosolbelastung der Arktis einerseits zu einer geringeren Reflexion an der Obergrenze der Dunstschicht über der Arktis, andererseits zu größerer Einstrahlung und damit vor allem zu einer stärkeren Erwärmung der (eisfreien) Meere. Es wird vermutet, dass dadurch die überproportional schnelle und starke Erwärmung der Arktis mitverursacht wurde (Kerr 2007; Mishchenko et al. 2007; Gagné et al. 2015). „*Low-level liquid clouds*" (Wolken aus Wassertropfen) und die Reduktion von Schwefeldioxid können dabei mitgewirkt haben (Bennartz et al. 2013; Najafi et al. 2015; Acosta Navarro et al. 2016). Aerosole von Fahrzeugen und Fabriken sollen zwischen den 1950er- und 1970er-Jahren eine Abkühlung bewirkt haben, während eine sauberere Atmosphäre seit AD 1980 in Europa zu einer Erwärmung von 1 °C führte (Philipona et al. 2009).
Mitte: Geringe Aerosolbelastung der arktischen Atmosphäre führt zu starker Erwärmung der Arktis im Vergleich zu den Tropen und gemäßigten Breiten.
Rechts: Meereisbildung, u. a. durch abfließende Gletscher, ist ein entscheidender Faktor des polaren Klimasystems. Meereis hat Einfluss auf die Albedo, den Wärme- und Gasaustausch, die Primärproduktion und Kohlenstoffaustausch, die atmosphärische und ozeanische Zirkulation, den Frischwasserhaushalt, die Schichtung des Wassers und die Tiefenwasserbildung. Die Meereisbedeckung war während der Eiszeiten nicht nur wesentlich größer, sondern auch extremen Schwankungen unterworfen. (Fotos: alueni-images)

und den Rückkoppelungen der Spurengase verbunden sind (Arneth et al. 2009; Ekman 2014; Bellouin 2014; Huber und Knutti 2014). Kirkby et al. (2016) und Tröstl et al. (2016) beschreiben mögliche Beziehungen zwischen der magnetischen Variabilität der Sonne, die den galaktischen Fluss der kosmischen Strahlen zur Erde, aber auch Partikel (Aerosole) und Klima beeinflusst (vgl. Cappa 2016); die HOM-Zusammensetzung der Aerosole (*highly oxidized multifunctional organic compunds*) hat Einfluss über diverse Prozesse auf das Klima und Klimafluktuationen. Um den Mangel an Wissenslücken über die Zusammenhänge Sonne – Klima (teilweise) zu beheben, fördert die EU seit Dezember 2013 den Forschungsverbund *Aerosols and Climate* (vgl. Abb. 2.32 und 2.35).

Die Aerosole bedingen den Großteil der terrestrischen Niederschläge. Aerosole bestehen vor allem aus mineralischen Partikeln (in erster Linie Feldspäte und nicht Tonminerale, Atkinson et al. 2013), die in ariden Gebieten ausgeblasen werden. Vinoj et al. (2014) identifizieren einen Mechanismus, der durch eine atmosphärische Erwärmung, ausgelöst durch Wüstenstaub über der Arabischen See, die Monsunniederschläge über Zentral-Indien verstärkt. Immer mehr Belege zeigen, dass natürliche wie anthropogene Aerosole ein wesentliches Glied im monsunalen Klimasystem sind (Allen et al. 2014).

Mineralische Aerosole stammen vor allem aus Trockengebieten und von Böden, die als Folge landwirtschaftlicher Übernutzung und Waldvernichtung durch Erosion zerstört werden. Sulfataerosole entstehen über industrialisierten Gebieten durch die Oxidation des anthropogen erzeugten SO_2. *Black carbon*-Aerosole natürlichen und anthropogenen Ursprungs gehen aus der Verbrennung der (tropischen und subtropischen) Biomasse und der fossilen Brennstoffe hervor; sie beeinflussen – vielleicht in bisher unterschätztem Maße (Ramanathan und Carmichael 2008; Ramana et al. 2010) – den globalen Strahlungshaushalt und tragen nach dem CO_2 am stärksten zur globalen Erwärmung bei (Novakov und Rosen 2012). *Black carbon* und stratosphärisches Ozon führen zur Expansion der Tropenzone der Nord-Hemisphäre (Allen et al. 2012). Tibetische Gletscher schmelzen früher, weil der Einfluss von *black carbon* und Staub (Licht absorbierende Verunreinigungen) größer auf die Gletscherschmelze ist als die CO_2-Erwärmung (Ramana et al. 2010, Quaas 2011).

Für die Eiszeiten wird aufgrund der großen Verbreitung von Wüsten-, Steppen- und Permafrostgebieten eine starke Belastung der Atmosphäre mit mineralischen Staubpartikeln angenommen (Abb. 2.41). Inwieweit diese einen Einfluss auf die Klimaentwicklung gehabt haben, wurde zwar vermutet (Temperaturabnahme um 2–3 °C als Folge der LGM-zeitlichen atmosphärischen Staubbelastung, Harvey 1988), ist bisher aber nicht verifiziert.

Wenig Berücksichtigung fand bis heute die Verteilung der Aerosole in den verschiedenen geographischen Breiten (polar, gemäßigt, tropisch) hinsichtlich Absorption und Albedo (Refle-

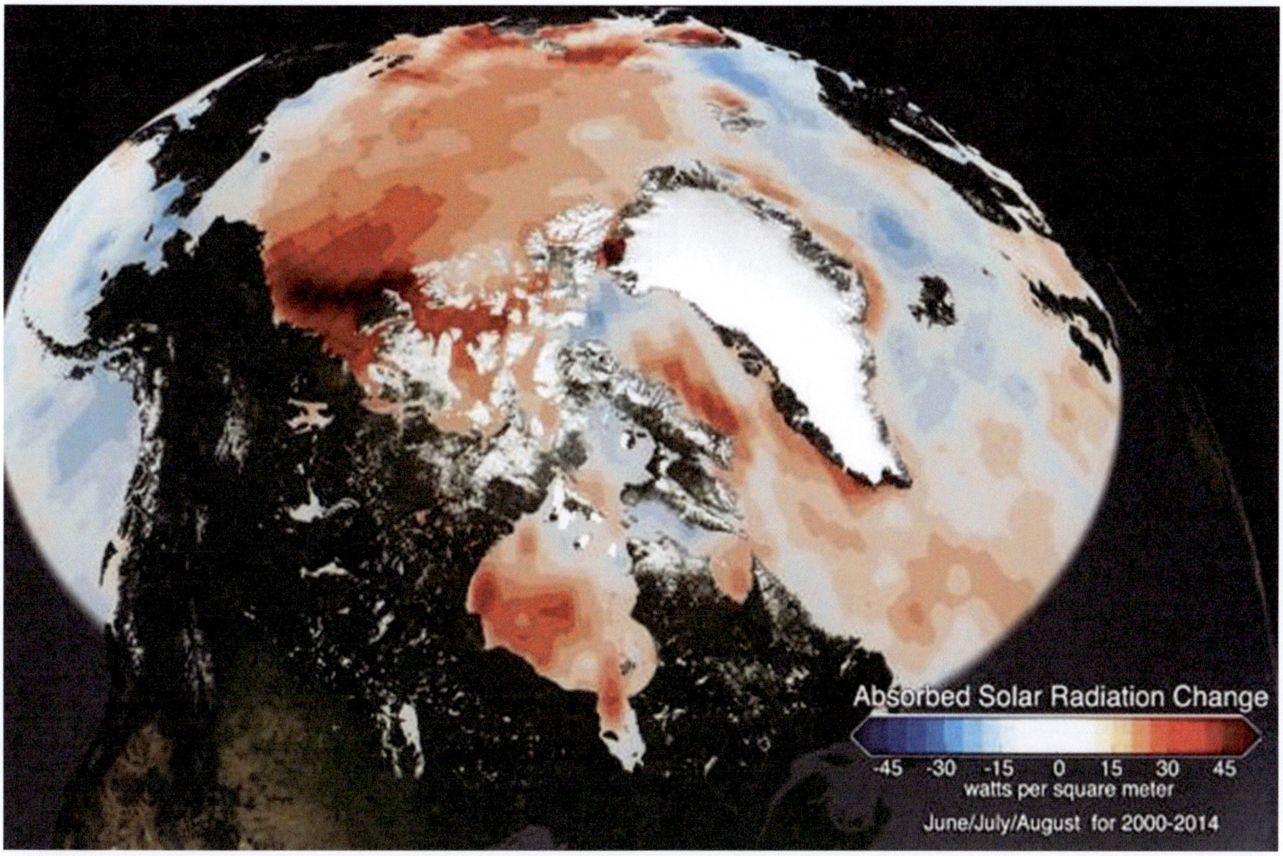

Abb. 2.37 Der arktische Ozean absorbierte in den letzten Jahrzehnten mehr Sonnenenergie als Folge der Schmelze des reflektierenden Meereises und der reduzierten Albedo der „dunkleren" arktischen Meere. Die angewachsene dunkle Fläche während des arktischen Sommers ist für eine Zunahme von 5 % der absorbierten Solarstrahlung seit AD 2000 verantwortlich. (Quelle: © NASA *Goddard's Scientific Visualization Studio/Lori Perkins (14-043; 17. Dezember 2014)*). Die vermehrte Absorption der Sonnenstrahlung im Meer und die Reduzierung der Albedo durch die geringere Aerosolbelastung der arktischen Atmosphäre führten zur extremen Erwärmung der Arktis in den letzten Jahrzehnten. Gleichzeitig (AD 2000–2014) erfolgte eine Zunahme der antarktischen Meereisbedeckung (Meehl et al. 2016)

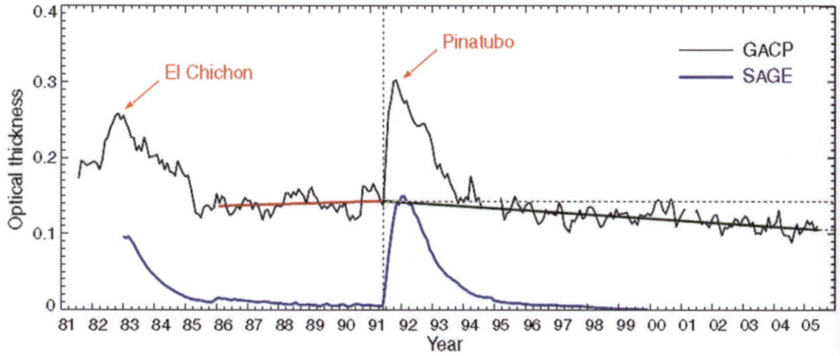

Abb. 2.38 *Links*: Satelliten-Daten zeigen eine Abnahme des globalen Dunstes (*grüne Linie*) (nach Mishchenko et al. 2007). Gleichzeitig dokumentieren die Messungen die starke Belastung durch die Vulkanausbrüche des El Chichón (1982 in Mexiko) und des Pinatubo (1991 auf den Philippinen). Vulkanische Eruptionen können das globale Klima durch den Ausstoß von (Schwefel-)Gasen und (feinem) Staub, z. T. bis in die obere Atmosphäre, beeinflussen. Die Eruptionen von El Chichón und des Pinatubo haben in den Jahren nach den Ausbrüchen eine Temperaturabsenkung bis zu 0,5 °C auf der Nordhemisphäre bewirkt. Laser- und Aerosol-Messungen vom Grund und von Ballons lassen vermuten, dass seit AD 2000 bis 2014 vulkanische Aerosole durch ihre Reflexion des Sonnenlichts die Erde um 0,05–0,12 °C abgekühlt haben (David Ridley, Geophys. Res. Lett. 2014). GACP – *Global Aerosol Climatology Project record*, SAGE – *Stratospheric Aerosol and Gas Experiment*. *Rechts*: Astronauten-Foto einer Aschenwolke des Mount Cleveland, Alaska, USA vom Mai 2006. (© earthobservatory.nasa.gov/Newsroom/NewImages/images)

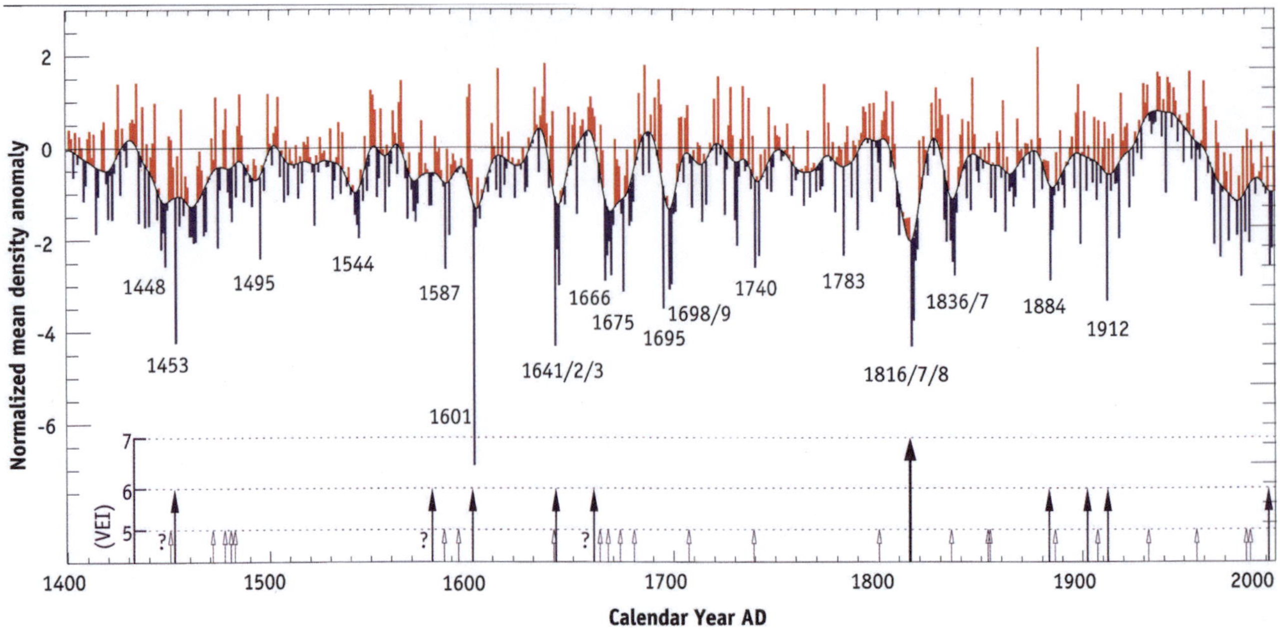

Abb. 2.39 Alle bekannten (und einige bisher nicht identifizierte) größeren Vulkaneruptionen der letzten 600 Jahre. Sie zeigen sich aufgrund von Änderungen in der mittleren Baumring-Dichte in borealen Wäldern der Nordhemisphäre. Die Baumringdichte ist an niedrigere Frühlings- und Sommertemperaturen geknüpft. Der vulkanische Explosivitäts-Index (VEI) ist ein ungefähres Maß der Eruptionsstärke. Die meisten Eruptionen haben nur einen Einfluss auf die Temperaturen von einem Jahr Dauer, die extremen Ausbrüche von mehreren Jahren (AD 1641 und 1816). (Aus Briffa et al. 1998)
Anmerkung: Vulkaneruptionen scheinen den Klimagang nicht beeinflusst zu haben; sie führten lediglich zu Klimaanomalien innerhalb des allgemeinen Klimagangs/Klimatrends

xion) der Sonnenstrahlung. Hohe Aerosolbelastung der polaren arktischen Atmosphäre beispielsweise führt zu einer starken Reflexion der unter spitzen Winkel einfallenden Sonnenstrahlung an der Obergrenze der aerosolbelasteten Atmosphäre, während eine große Aerosolbelastung der Atmosphäre in niederen Breiten mit ganzjährig hohem Sonnenstand (Tropen) nur eine verhältnismäßig geringe Reflexion bewirkt. Die seit dem Verfall der kommunistischen Wirtschaft Osteuropas und Asiens verminderte Aerosolproduktion bedingte eine geringere Aerosolbelastung der arktischen Atmosphäre und damit eine geringere Reflexion der solaren Strahlung, was zu einer überdurchschnittlichen Erwärmung der Arktis beigetragen hat (vgl. Philipona et al. 2009 und Abb. 2.53, 2.37 und 2.36).

Wie komplex die Vorgänge der (un)beabsichtigten Klimabeeinflussung jedoch sein können, sollen drei Beispiele zeigen: (1) Eiskristallreste mit anthropogenen Bleibestandteilen gehören zu den effizientesten eisformenden Substanzen in der Atmosphäre. Die postindustrielle Abgabe von Blei an die Atmosphäre (besonders durch bleihaltige Kraftstoffe) hat zu mehr Wolkenbildung und damit vermutlich zu einer Verringerung der Erwärmung durch Treibhausgase geführt (Cziczi et al. 2009). (2) Über Grönland bilden sich oft (30–50 % der Zeit) Wolkendecken, die optisch dick genug und tief sind, um die infrarote Strahlung an der Eisoberfläche zu erhöhen, die aber gleichzeitig optisch dünn genug sind, um genügend Sonnenstrahlung durchzulassen, um die Oberflächentemperaturen über dem Eisschmelzpunkt ansteigen zu lassen (Bennartz et al. 2013). Außerhalb dieses schmalen Bereichs in der optischen Wolkendicke scheint der Beitrag der Strahlung zum Oberflächen-Energie-Haushalt und somit das Eisschmelzen geringer zu sein. (3) Durch Aerosol bedingtes *solar dimming* (vgl. Storelvmo et al. 2016) wird in stark luftverschmutzten Regionen der Nordhemisphäre die Oberflächen-Evaporation verringert, dadurch wird der Abfluss der Flüsse vergrößert (in den 1980er-Jahren bis zu 25 %) (Gedney et al. 2014). Die Beispiele veranschaulichen, welche Schwierigkeiten globale Klimamodelle allein bei der Berücksichtigung der Bewölkung bewältigen müssen. Hier besteht noch großer Forschungs- und Modellierungsbedarf (vgl. auch Kerr 2009a). (Anmerkung: durch Luftverschmutzung (*Outdoor particulate matter*, bekannt als $PM_{2,5}$, da die Partikel kleiner als 2,5 μm im Durchmesser sind) sterben weltweit jährlich > 3,2 Mio. Menschen; Jerret 2015, vgl. Abb. 2.30).

Während in den ariden und semiariden Gebieten vor allem der Nordhemisphäre (Abb. 2.30) mineralische Stäube, die von der Erdoberfläche ausgeblasen werden, das Klima beeinflussen, sind es in den tropischen Bereichen sowie in den außertropischen dicht bevölkerten und industrialisierten Regionen Rußpartikel. In den Tropen werden bei großräumigen Savannen- und Rodungsbränden trübende Teilchen in die Atmosphäre befördert (Cahoon et al. 1992), die nicht nur eine diffuse Reflexion, sondern vor allem eine Absorption der Sonnenstrahlung bewirken (Booth und Bellouin 2015) (Abb. 2.30 und 2.32). In der Literatur (z. B. Andreae und Ramanathan 2013) finden sich die Bezeichnungen *soot* und *black/brown carbon* [BC, z. T. in Nanometergrößen, im Jahr 1996 Emissionen von ~ 8 Tg/Jahr, davon entfallen auf Biomasse-Verbrennung und Waldrodung

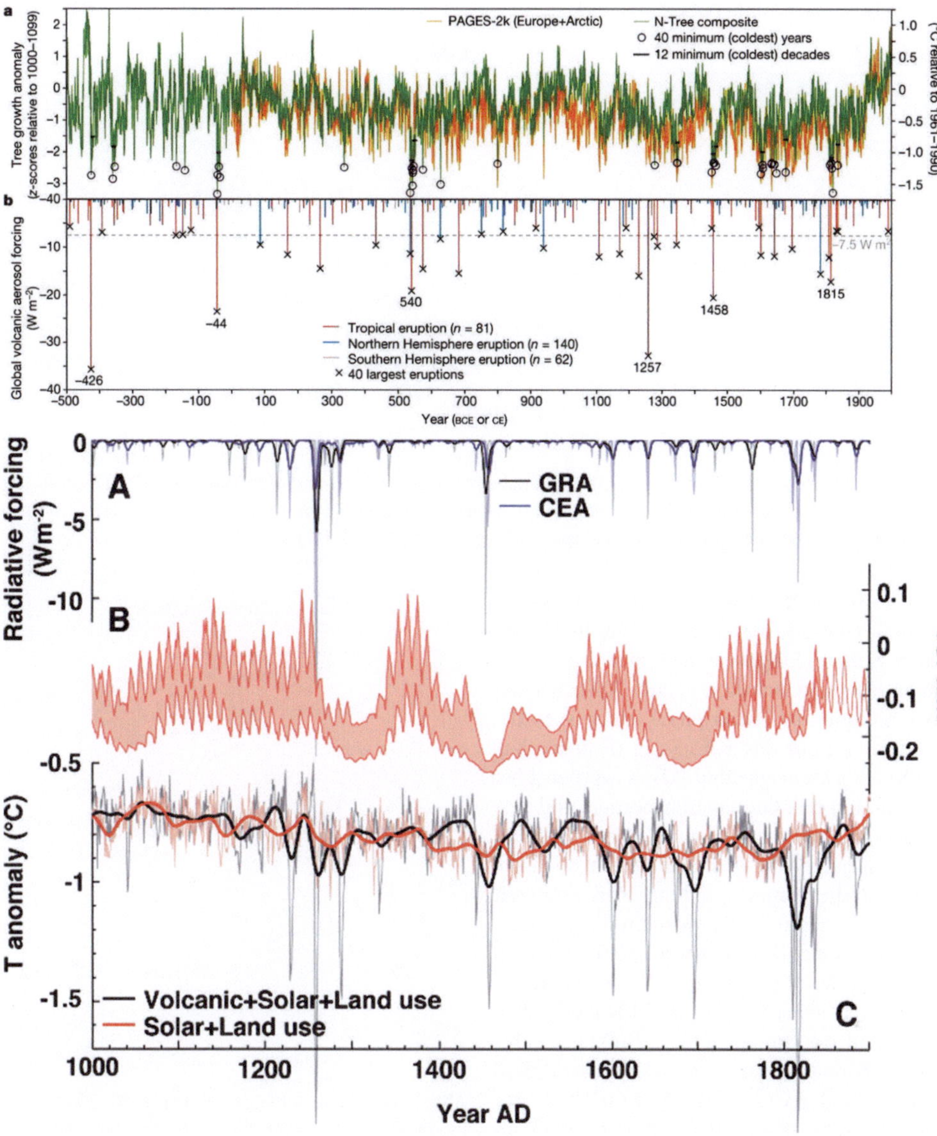

Abb. 2.40 *Oben*: Globales vulkanisches Aerosol-*forcing* und Temperaturveränderungen der Nordhemisphäre während der letzten 2500 Jahre. **a** Ein 2500-Jahr-Baumring-*record* (*z-scores* relativ zu AD 1000–1099) und rekonstruierte Sommer-Temperaturanomalien für Europa und die Arktis mit den 40 kältesten einzelnen Jahren und den 12 kältesten Dekaden. **b** Rekonstruiertes globales vulkanisches Aerosol-*forcing* aufgrund von Sulfat-*records* von tropischen, nordhemisphärischen und südhemisphärischen Eruptionen. Die 40 stärksten vulkanischen Signale (atmosphärische Sulfatgehalte) sind markiert; die Alter der Ereignisse sind angegeben, die die Eruption des Tambora von AD 1815 überschreiten. (Aus Sigl et al. 2015a)

Anmerkung: Für die Tropen gibt es bisher keine vergleichbaren Rekonstruktionen von Temperaturgang und Vulkaneruptionen. Die verheerende Eruption des Samalas (Indonesien) im Jahr AD 1257 hatte sehr wahrscheinlich einen erkennbaren Einfluss auf die globalen Oberflächentemperaturen (Lavigne et al. 2013; Sigl et al. 2015a).

Unten: Klimabeeinflussung der letzten 1000 Jahre durch vulkanische Ereignisse, Strahlung und Landnutzung: Modellierte globale Jahresmitteltemperaturen. (A) Globaler jährlicher Strahlungseinfluss durch globale Sulfat-Belastung nach verschiedenen Autoren (GRA und CEA) und 10-jährige Gauss'sche Glättung der Werte (kräftige Linie). (B) Berechnete gesamte Solarstrahlung (TSI – *total solar irradiance*) in Bezug zu 1976–2006. (C) Reaktion der globalen mittleren Oberflächen-Lufttemperatur im *GISS-E2 last millennium*-Experiment unter Berücksichtigung von anthropogener Landnutzung, solarer Variabilität sowie mit und ohne (rot) vulkanischem *forcing*. (Aus LeGrande und Anchukaitis (2015))

Anmerkung: Das Ergebnis ist extrem hypothetisch, da Temperaturfluktuationen in Raum und Zeit von Region zu Region stark variieren (vgl. Abb. 2.28 und 2.29). Auch wird die TSI und die SSI (*spectral solar irradiance*) erst seit 1978 durch Satelliten direkt gemessen und zwar in einem Zustand sehr hoher solarer Aktivität, weshalb diese Daten nicht für frühere Zeiten (z. B. Maunder-Minimum) repräsentativ sind

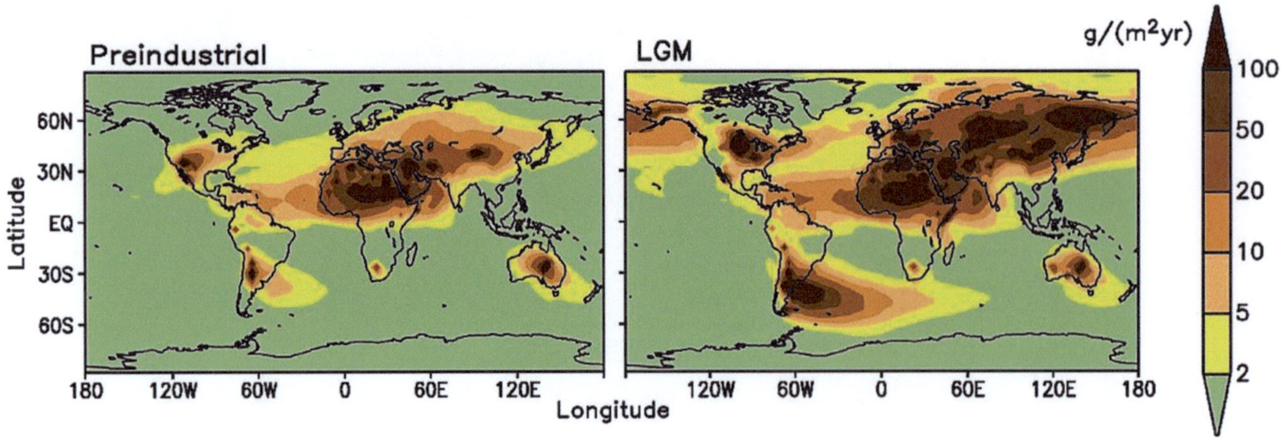

Abb. 2.41 Modellierte Staubdeposition unter präindustriellen Klimabedingungen (*links*) und während des LGM (*rechts*). (Aus Mahowald et al. 2006) Anmerkung: Die Bodélé-Depression östlich des Tschadsees ist heute aufgrund von 13-jährigen Satellitenmessungen das staubreichste Gebiet der Erde. Die globale jährliche Staubproduktion wird auf 1700 Tg geschätzt (= 1700 Mrd. kg)

(40 %), fossile Brennstoffe (40 %), Biokraftstoffe (20 %)]; *atmosperic brown clouds* (ABCs) bestehen aus Partikeln, die < 1 µm sind und Salze, Sulfate, Flugasche und andere Bestandteile enthalten können. Sie sind die dominanten Absorber der sichtbaren Sonnenstrahlung in der Atmosphäre und wirken damit besonders modifizierend auf das Klima ein (Ramanathan und Carmichael 2008). *Black carbon* und ABCs werden über weite Entfernungen rund um den Globus transportiert und vermischen sich dabei mit anderen Aerosolen. In den Tropen ist nicht nur die Rußkonzentration der Atmosphäre am höchsten (Abb. 2.30), sondern auch die Sonnenstrahlung. Ruß verändert die Energiebilanz der Atmosphäre: Ruß absorbiert das Sonnenlicht, verkleinert in den Wolken die Wassertropfen, wodurch diese heller werden und andere optische und Niederschlagseigenschaften annehmen, und färbt Schnee- und Eisoberflächen dunkel, was zu schnellerem Abschmelzen führt. Rußpartikel fügen 1,1 Wm^{-2} zu dem Klimasystem hinzu. Damit steht Ruß als Treibhauskraft direkt hinter CO_2, das mit 1,66 Wm^{-2} zur globalen Erwärmung beiträgt (Kerr 2013). Nimmt man alle anthropogen erzeugten Treibhauskräfte zusammen, sowohl diejenigen, die abkühlen, als auch diejenigen, die erwärmen, summieren sie sich auf nur 1,6 Wm^{-2}. Dabei wirkt Ruß doppelt so stark wie im IPCC-Bericht von 2007 angenommen wird (Kerr 2013). Auch der IPCC-Bericht 2013 revidiert die klimatischen Auswirkungen der Aerosole nicht wesentlich. Es wird vermutet, dass Rußpartikel zusammen mit der natürlichen Variabilität (und nicht der CO_2-Anstieg) starken Einfluss auf die Verringerung der Monsun-Niederschläge im Sahel Afrikas, in Indien und China haben (Abb. 2.42), nicht zuletzt durch eine Verringerung der Evaporation des Indischen Ozeans (infolge Ruß-induzierter geringerer Einstrahlung) (Ramanathan und Carmichael 2008). Auch werden die treibenden Kräfte (*forcings*) immer wieder neu berechnet (Abb. 2.43). Fazit: Der globale Strahlungshaushalt wird durch die Aerosole stark beeinflusst.

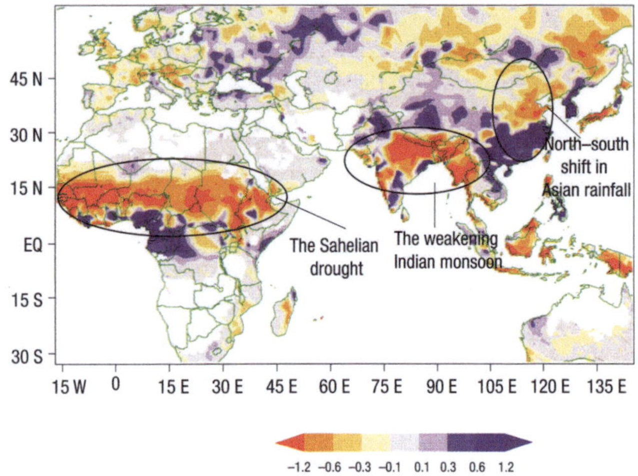

Abb. 2.42 Niederschlagstrend von 1950–2002. Einheiten: Änderungen in mm/Tag. Die *roten* und *dunkelblauen* Gebiete sind statistisch signifikant. (Aus Ramanathan und Carmichael 2008; nach Chung und Ramanathan 2006) In den Tropen sind Niederschlagsschwankungen wesentlich extremer als in den Außertropen

2.2.4 Die Biosphäre

Der Einfluss der Biosphäre auf das irdische Klimasystem ist vielfältig. Von großer Bedeutung sind die Vegetation der Festländer und das Phytoplankton der Meere. In einem erstaunlich harmonischen Fließgleichgewicht befinden sich die Gasbestandteile Stickstoff (N), Sauerstoff (O) und Kohlendioxid (CO_2). Ihre atmosphärische Konzentration hängt weitgehend von organischen Prozessen ab. Während die Energieaufnahme der Erde

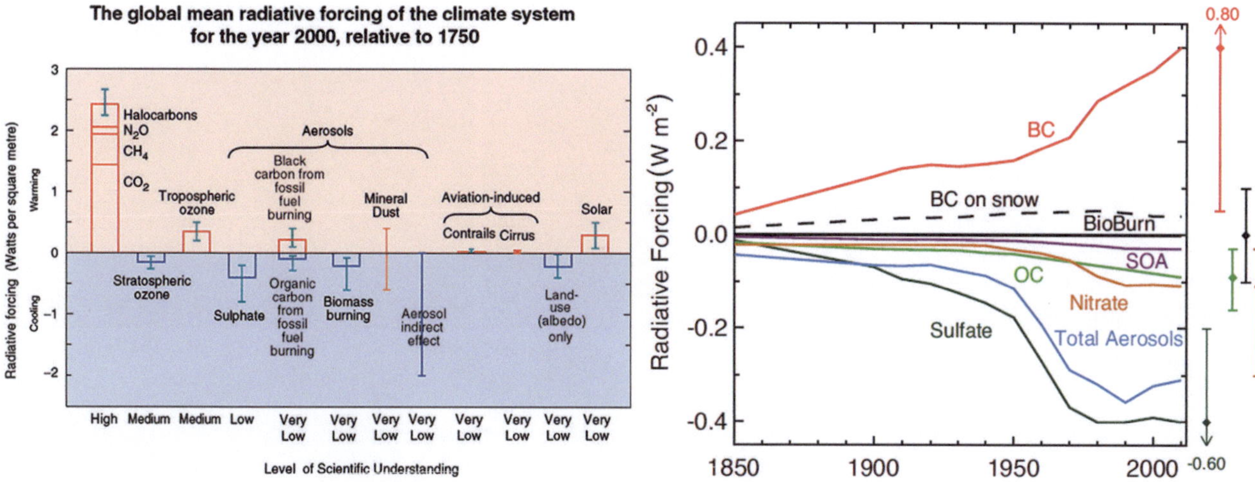

Abb. 2.43 *Links*: Globaler Strahlungshaushalt des Klimasystems für das Jahr 2000 im Vergleich zum Jahr 1750. (Aus File: IPCC *Radiative Forcings*) Die Aerosole haben hier eine abkühlende Wirkung; neueste Forschungen zeigen das Gegenteil. *Rechts*: Zeitliche Entwicklung des *radiative forcing* (Strahlungseinfluss) aufgrund der Interaktionen von Aerosolen und Strahlung und *black carbon* auf Schnee und Eis. Modell-Resultate. Die Unsicherheitsbereiche (5–95 %) sind rechts angegeben (sie reichen teilweise über die Skala hinaus). Der mineralische Aerosolanteil ist nicht erfasst. (Aus Myhre et al. 2013) Aufgrund neuester Daten müssen die Werte, die auch dem IPCC von 2013 zugrunde liegen, stark revidiert werden (vgl. Abb. 4.85)

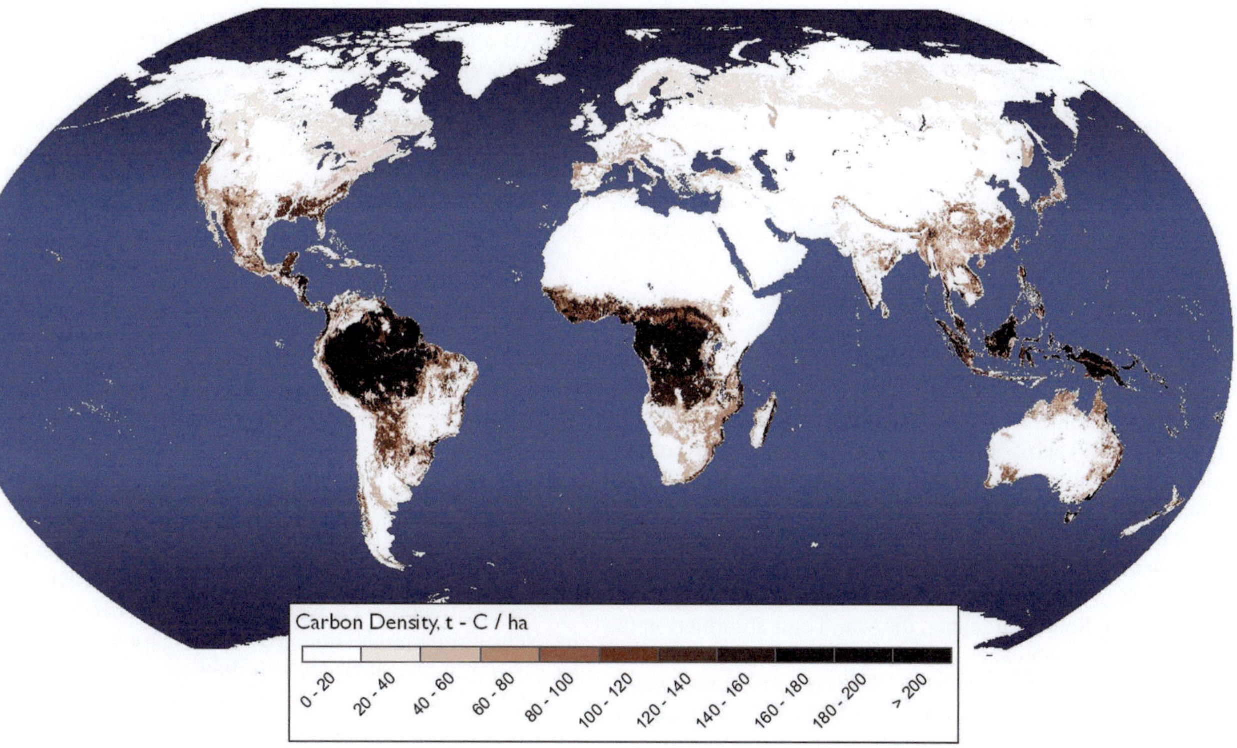

Abb. 2.44 Kohlenstoffgehalt der lebenden Biomasse über und unter der Erdoberfläche für das Jahr 2000. Die Karte macht deutlich, dass die tropischen Regenwälder eine der bedeutendsten Größen im globalen Kohlenstoffhaushalt sind (vgl. Ruesch und Gibbs 2008). Über die photosynthetische Saisonalität der immergrünen Regenwälder ist bisher wenig bekannt. © Carbon Dioxide Information Analysis Center [*http://cdiac.ornl.gov*], Oak Ridge National Laboratory, Oak Ridge, Tennessee

Kapitel 2

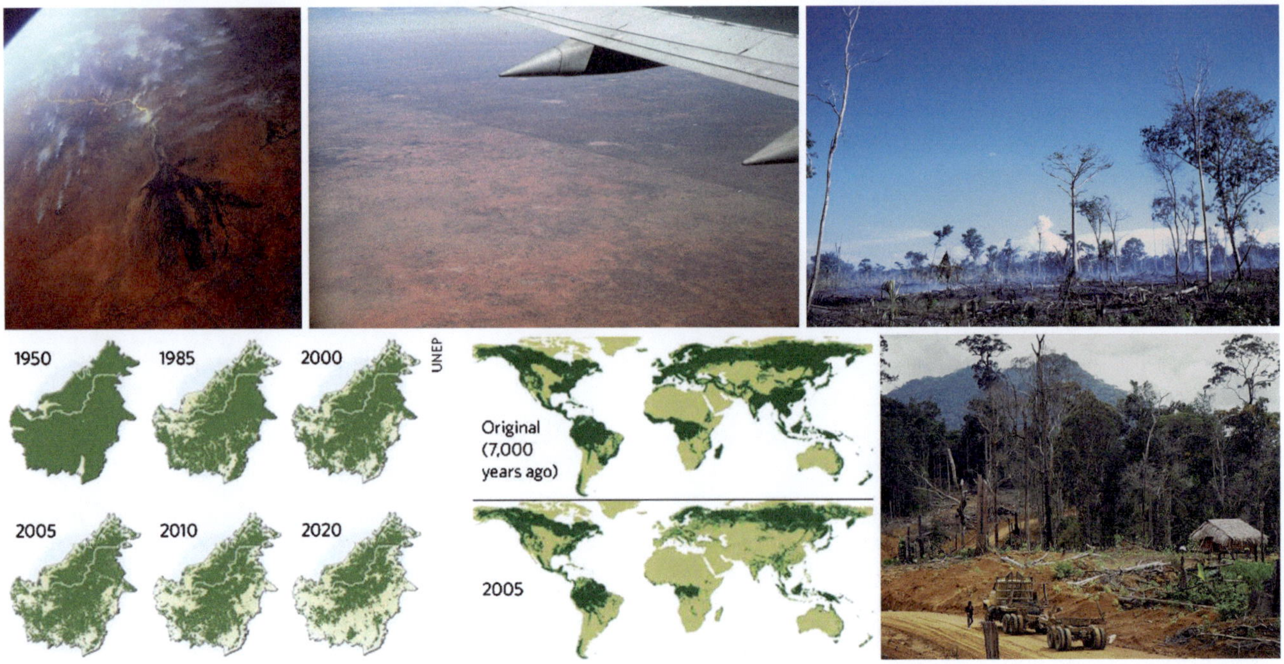

Abb. 2.45 *Oben links*: Rauchwolken über Nord-Botswana und den angrenzenden Gebieten trüben die Atmosphäre. Foto: NASA Space Shuttle Mission STS043 vom 08. August 1991. *Oben Mitte*: Grenze zwischen Namibia und Botswana im November 1962. Das weidewirtschaftlich genutzte Land in Namibia (*unten*) hat eine größere Albedo, einen höheren Oberflächenabfluss nach Regenfällen und einen anthropogen veränderten CO_2-Haushalt. Der Anteil von Weideland an der globalen Landfläche ist seit AD 1700 von 5,1 % (AD 1850: 9,2 %) auf 25,2 % im Jahr 2015 gewachsen! (https://doi.org/10.5194/essd-2016-58) *Oben rechts*: Brandrodung in Mittelamerika. (Fotos: alueni-images)
Unten links: Waldvernichtung in Borneo zwischen 1950 und 2020. Indonesien vernichtet mehr tropische Regenwälder als Brasilien, 40 % davon in Gebieten, in denen Rodung verboten oder eingeschränkt ist (Margono et al. 2014; Hansen et al. 2013). *Unten Zentrum*: Waldvernichtung durch den Menschen. Die Tropen sind besonders betroffen. Beachte: Die Projektion (*Mitte*) ist nicht flächentreu. *Unten rechts*: Holzeinschlag in West-Kalimantan (Borneo). (Tollefson 2008). Mit der Waldvernichtung geht der Bodenabtrag (Erosion) einher; dies führt auch zum Transport des im Boden gespeicherten Kohlenstoffs in die aquatischen Systeme (Flüsse und Seen). Der größte Teil des gelösten organischen Kohlenstoffs in den Flüssen der Tropen stammt aus den Böden und der Vegetation (Butman et al. 2015)

allein auf abiotischen Parametern basiert, ruht die Energieausfuhr hauptsächlich auf biotischen Parametern. Die terrestrische Vegetation stellt mit der Transpiration (Verdunstung durch die belebte Natur) ein bedeutendes Glied im Wasserkreislauf dar. Sehr unterschiedliche Werte werden für die Transpiration genannt, auf die 20 bis 65 % der Evapotranspiration (Landverdunstung der unbelebten und belebten Natur) entfallen sollen. Isotopenanalysen belegen jedoch, dass bei Weitem der größte Teil der Evapotranspiration auf die Transpiration entfällt, nämlich 80 bis 90 %. Damit recycelt die Transpiration $62.000 \pm 8000\,km^3$ Wasser jährlich in die Atmosphäre und verbraucht dabei die Hälfte der gesamten Sonnenstrahlung, die vom Land absorbiert wird. Gleichzeitig werden dabei jährlich 129 ± 32 Gigatonnen Kohlenstoff gebunden (Jasechko et al. 2013). Da bei einem weiteren Anstieg des atmosphärischen CO_2-Gehalts die Phytomasse (Blattdichte der Vegetation) und damit auch die Evaporation von den Pflanzenoberflächen zunehmen, führt dies zu einer merklichen Abkühlung. Der modellierte globale Temperaturanstieg soll bei Verdoppelung des CO_2-Gehalts der Atmosphäre bei 1,68 °C liegen, somit um 0,26 °C niedriger sein, als die konventionellen Modelle sagen; die Temperaturen der Festländer sollen sogar um 0,6 °C geringer sein (Bounoua et al. 2010). Diese Ergebnisse bestätigen andere Beobachtungen und deuten an, dass die Reaktion der Vegetation über lange Zeiten die globalen Temperaturen mildern kann, wenn die CO_2-Gehalte sich stabilisieren. Um die Quellen und Senken des CO_{2atm}, sowohl die natürlichen als auch die vom Menschen beeinflussten, genauer zu erfassen, wurde am 02. Juli 2014 das *Orbiting Carbon Observatory-2* (OCO-2) in den Weltraum gebracht (Morello 2014).

Wie die Kohlenstoffspeicher der tropischen Regenwälder (Abb. 2.44) auf Änderungen des Klimas und der atmosphärischen Beschaffenheit (CO_2, CH_4 etc.) reagieren, ist heute noch weitgehend unbekannt (Huntingford et al. 2013). Die ENSO-Dynamik (El Niño – La Niña) hat einen großen Einfluss auf die Netto-Primärproduktion (NPP – *net primary production*) der tropischen und subtropischen Biome; so ist das extreme La Niña-Jahr 2011 verantwortlich für außergewöhnliche Schwankungen der NPP, hauptsächlich durch die hohe Wasserverfügbarkeit auf der Südhemisphäre, die durch Temperatur- und Niederschlagsanomalien hervorgerufen wurde (Bastos et al. 2013) (Abb. 5.8). Daher ist es wichtig, die Reaktion der tropischen Regenwälder auf die eiszeitlichen Klima- und atmosphärischen CO_2-Schwankungen aufzuhellen.

Klimamodelle müssen zukünftig mehr die biologischen Prozesse – u. a. terrestrische Netto-Primärproduktion (Michaletz et al. 2014), Transpiration, Symbiose von Pflanzenwurzeln und

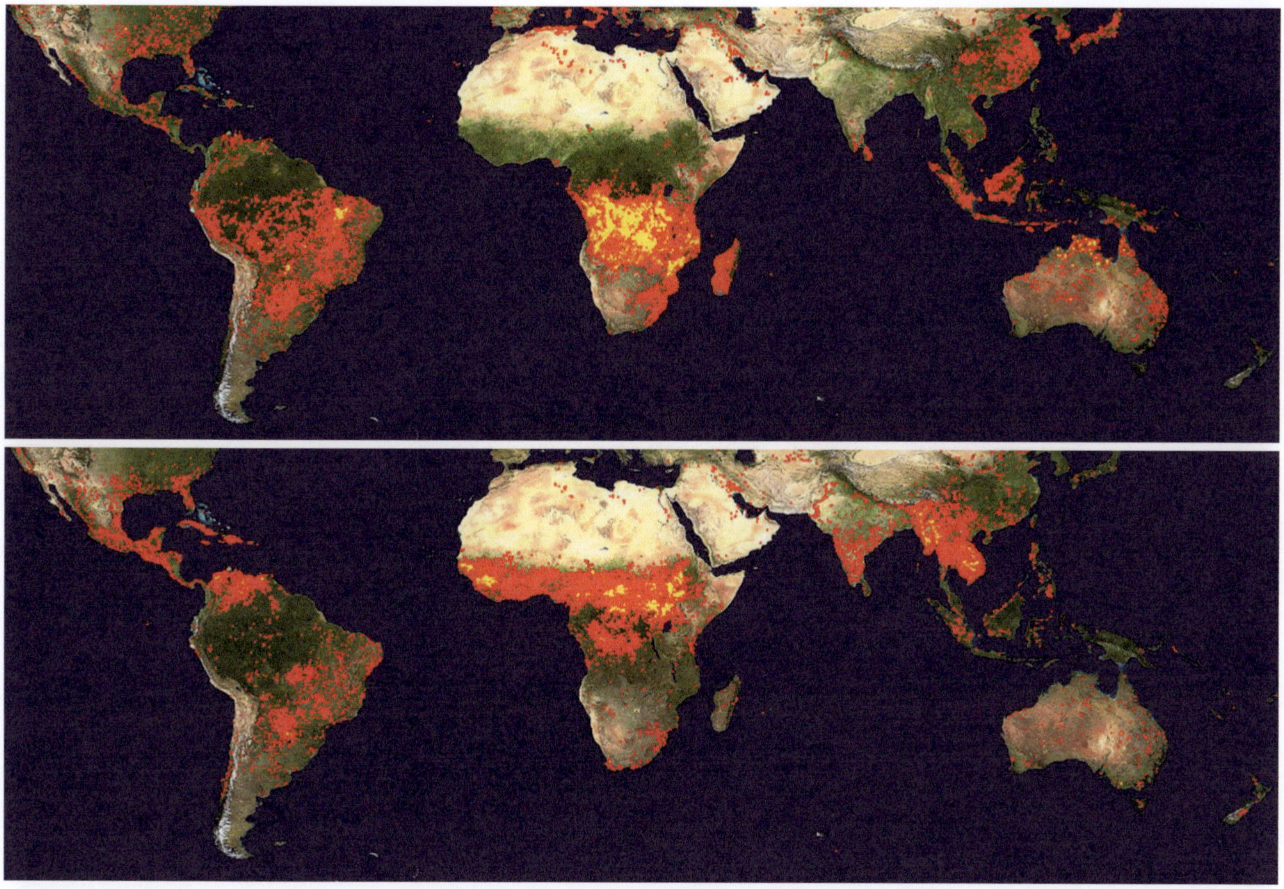

Abb. 2.46 Natürliche und vom Menschen verursachte Feuer vom 29. Juli–07. August 2012 (*oben*) und vom 20. Februar–01. März 2013 (*unten*). Besonders auffällig sind die Savannenbrände in den wechselfeuchten Tropen Lateinamerikas, Afrikas und Asiens, aber auch in den feuchten Tropen (südliches Amazonien, südliches Kongo-Becken und Südost-Asien). In den Tropen verschiebt sich der Gürtel mit Feuerereignissen mit den Jahreszeiten: nach Norden (März = Ende der Trockenzeit im Sahel, im nördlichen Südamerika etc.), nach Süden (August = Trockenzeit im südhemisphärischen Winter). Die Karten akkumulieren die Feuerstellen, die von MODIS an Bord der Terra- und Aqua-Satelliten über eine 10-Tages-Periode erfasst wurden. Die *gelben* und *roten Punkte* zeigen, wo mindestens ein Feuer aufgezeichnet wurde. Die Farben von *rot nach gelb* geben geringe bzw. häufige Zahlen an. Aus den Karten können die flächenhaften Auswirkungen auf die Atmosphäre abgeleitet werden. Feuer wird seit 1 Mio. Jahre in Südafrika von Hominiden benutzt (Roberts und Bird 2012). Feuerkarten: J. Descloitres, MODIS Rapid Response System (http://rapidfire.sci.gsfc.nasa.gov/) at NASA/GSFC, using detection algorithm by L. Giglio. Background map by Blue Marble (R. Stokli). http://lance-modis.eosdis.nasa.gov/cgi-bin/imagery/firemaps.cgi

Pilzen (Bradford 2014) – als die physikalischen Abläufe (Evaporation) berücksichtigen. Vorerst wird es aber unmöglich sein, alle komplizierten Interaktionen zwischen biologischen, chemischen und physikalischen Komponenten der Ökosysteme in den Modellen zu berücksichtigen (Editorial *Nature Geoscience* **8**/6, 2015: 417). Vegetationsveränderungen greifen in das Gleichgewicht des Klimasystems ein und müssen daher tiefreichende Konsequenzen haben (Blüthgen 1980, vgl. auch Wang et al. 2014), da die Vegetation und das Phytoplankton zugleich Produzent, Konsument und Puffermasse von N, O und CO_2 sind. Dies wird auch eindrucksvoll durch Zahlen belegt, die eine Aufnahme von großen CO_2-Mengen durch brachgefallene Flächen nach dem Zusammenbruch der kommunistischen Länder in Osteuropa beschreiben (Schiermeier 2013b). Für Amazonien wird in feuchten Jahren eine CO_2-Senke und für trockene Jahre (in Verbindung mit Bränden und Landnutzung) eine CO_2-Quelle nachgewiesen (Balch 2014); es wird befürchtet, dass die CO_2-Speicherkapazität des amazonischen Regenwalds langfristig bei zunehmenden globalen Temperaturen aufgrund sich ändernder Rückkoppelungen im System *Wachstum – Mortalität* abnimmt (Brienen et al. 2015); jahreszeitliche und nicht jährliche Niederschläge bestimmen, wie die Biomasse der Grasländer auf CO_2 reagiert (Hovenden et al. 2014); für südhemisphärische semiaride randtropische Ökosysteme berechnen Poulter et al. (2014) einen großen Einfluss auf jährliche CO_2-Schwankungen, der bisher in Klimamodellen nicht berücksichtigt wird, der aber aufgrund zukünftig zu erwartender anthropogen verursachter Veränderungen dieser sensitiven Ökosysteme das globale Klima beeinflussen kann (Abb. 2.53). Seit Jahrmillionen findet eine Veränderung oder Beseitigung der Vegetationsdecke in Teilen der Erde statt. Beteiligt daran sind Herbivoren und natürliche Feuer, die Vormenschen (Hominini) seit dem kontrollierten Umgang mit Feuer sowie der moderne Mensch durch Beweidung, (Brand-)Rodung und Ackerbau (Abb. 2.45 und 2.46).

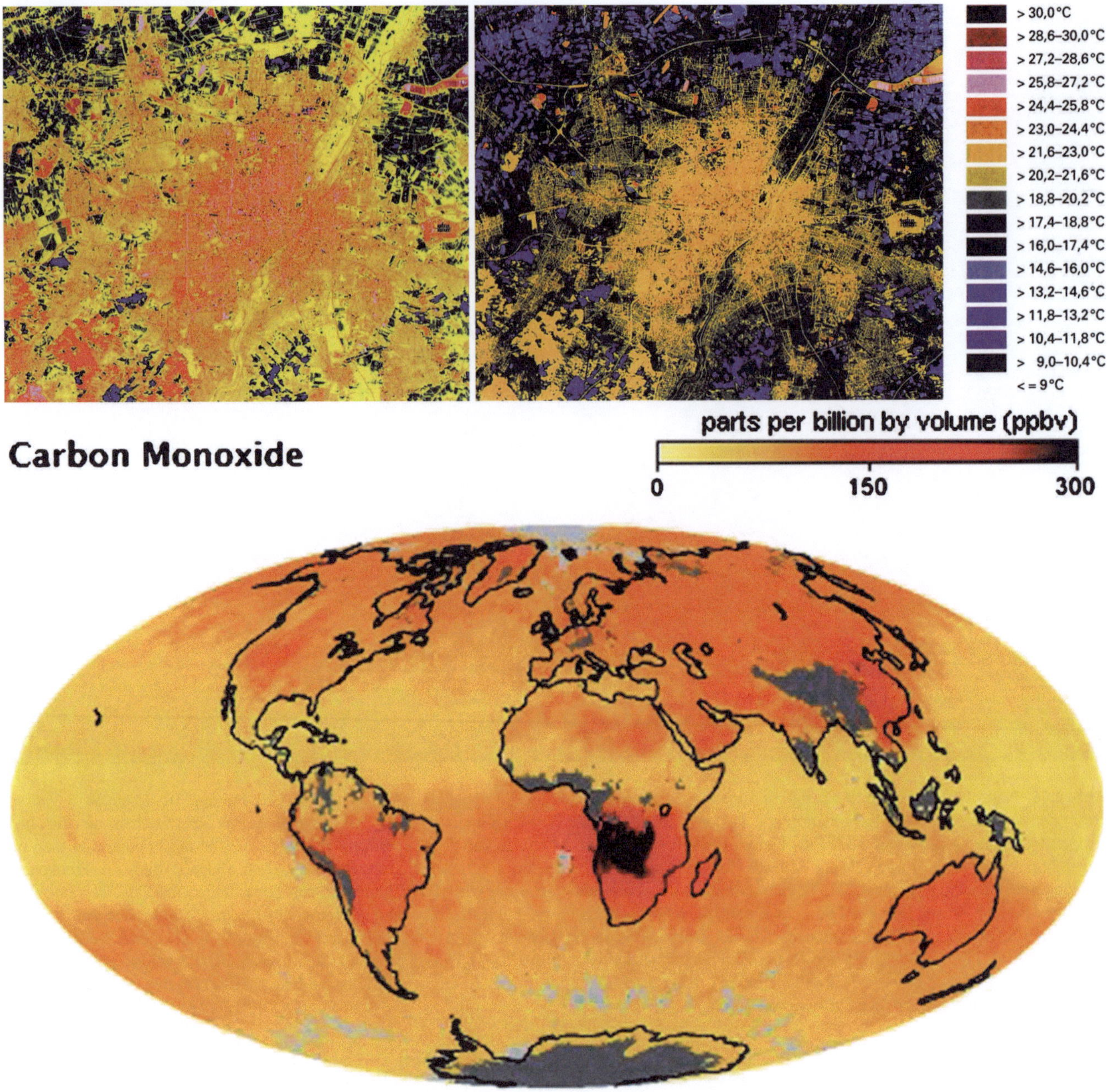

Abb. 2.47 Der Mensch verändert den Wärmehaushalt großer Regionen durch den Ersatz der (natürlichen) Vegetation durch Siedlungslandschaften seit vielen Jahrtausenden. Dies findet zu wenig Berücksichtigung bei Modellierungen. Vgl. Abb. 10.12 und 10.14. Die Thermalbilder vom 11.08.1998 zeigen München in den Abendstunden (21.50–0.17 Uhr); bebaute Flächen speichern Wärme, ebenso Wälder und Seen (*oben links*). Zum Morgen (3.20–5.40 Uhr) sind die Temperaturen weiter gesunken, und die städtische Wärmeinsel wird deutlich sichtbar. Wiesen und freie Ackerflächen haben die kühlsten Oberflächen (*oben rechts*). (Aus Steinicke und Streifeneder im Auftrag der Landeshauptstadt München, 1998–2000; Referat für Gesundheit und Umwelt der Stadt München)
Unten: Kohlenmonoxid(CO)-Konzentration im September 2012 (TERRA/MOPITT). Die CO-Konzentration in der Atmosphäre steigt in den Regionen mit Wald- und Savannenbränden (tropisches Afrika und tropisches Südamerika südlich des Äquators) stark an. Vgl. dazu Abb. 2.45 oben. (© neo.sci.gsfc.nasa.gov/view.php?datasetId=MOP_CO_M&year=2012)

Mit der Industrialisierung und Verstädterung werden seit dem 19. Jahrhundert Biosphärenbereiche in Siedlungslandschaften überführt, mit großen Auswirkungen auf die Temperaturverhältnisse infolge des veränderten Strahlungs-/Wärmehaushalts (Abb. 2.47).

Anthropogene Einwirkungen auf die chemischen und physikalischen Bedingungen der Atmosphäre, und damit auf das Klima, werden in jüngster Zeit als Nebenprodukt der modernen Technologien betrachtet. Aber auch prähistorische Aktivitäten der Menschen und Hominiden haben den N-, CO_2- und Wasser-

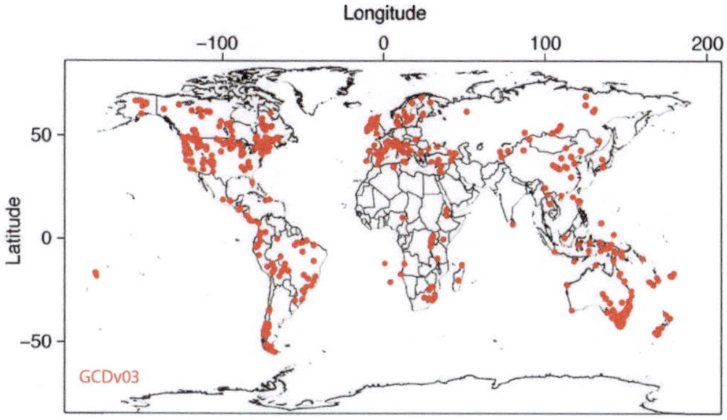

Abb. 2.48 Verfügbare Holzkohle-Archive, die in der *Global Charcoal Dataset* (GCDv3) verfügbar sind. (Aus Vannière et al. 2014)

kreislauf in der Bio- und Atmosphäre stark beeinflusst und damit einen Einfluss auf das irdische Klima ausgeübt, vor allem indem sie an der Ausrottung der Megaherbivoren (große Pflanzenfresser mit einem Körpergewicht >1000 kg; Schüle 1992, vgl. Abschn. 4.2.8.3) und an Wald- und Savannenbränden maßgeblich beteiligt waren. Im Eiszeitalter haben unsere Vorfahren unbewusst in den afrikanischen Tropen die Vegetation durch Jagd und Feuernutzung seit Jahrhunderttausenden beeinflusst, in den amerikanischen Tropen jedoch erst seit der ausgehenden letzten Eiszeit, d. h. seit ca. 15.000 Jahren.

In den Tropen führten die Vegetationsveränderungen durch Feuer auch zur Aerosolbildung und damit zu einer Klimabeeinflussung, die bisher für die Vergangenheit nicht abgeschätzt werden kann. Schon 1884 bemerkte der deutsche Geograph Alexander Freiherr von Danckelmann, nachdem er ausgedehnte Savannenbrände in den 1880er-Jahren in Afrika beobachtete, dass die Feuer mit Cumulus-Wolken einhergehen, die sich anschließend ausbreiten und ausdünnen und eine bräunliche oder bläuliche Dunstschicht bilden, die Tage und Wochen bestehen kann (Brönnimann 2007) (Abb. 2.32 und 2.46). 100 Jahre später schrieb Blüthgen (1980):

> Theoretisch muß ein durch weltweite Klimaänderung oder durch anthropogene Eingriffe verursachter Wechsel von Wald zu (Gras- oder Kultur-) Steppe oder von Gras- und Gebüschformationen zu (Halb- oder Voll-) Wüsten die Albedo … und den Energiehaushalt, die Rauhigkeit und damit die Turbulenz und Windeinflüsse auf die Oberfläche, die Verdunstung und damit den Wasserdampfgehalt der Luft mit ihren Folgen für Bewölkung und Niederschlag sowie schließlich auch den Wasserhaushalt des Bodens im Verhältnis von Abfluß und Versickerung entscheidend verändern.

Aber auch die chemische Zusammensetzung der Atmosphäre mit den Folgen für das Klima wird durch die Feuer verändert. Beispielsweise steigt die Kohlenmonoxid(CO)-Konzentration in den von Wald- und Savannenbränden heimgesuchten Regionen stark an (Abb. 2.47). Das CO sowie die chemischen Umwandlungssubstanzen von CO (z. B. Ozon, O_3) sind Treibhausgase. Im Eiszeitalter werden Brände in den tropischen Wäldern und Savannen in den Kaltzeiten vermehrt registriert, in denen eine geringere Verdunstung infolge kühlerer Meerestemperaturen zu größerer Aridität führte. Die tropischen Feuchtwälder Amazo-

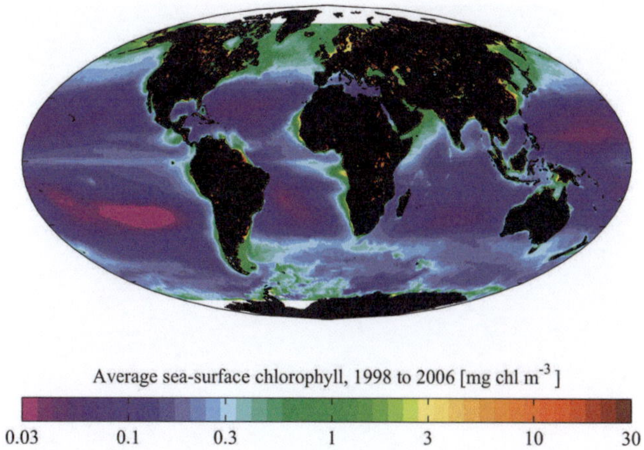

Abb. 2.49 Karte der Chlorophyllkonzentration im Oktober 2013 (MODIS/AQUA). Geringe Chlorophyllwerte zeigen geringe Phytoplanktonkonzentrationen an (blau). Phytoplanktonblüte wird in *hellgelb* dargestellt. *Grau* sind Gebiete, die aufgrund von Wolkenbedeckung, Meereis oder Polarnacht keine Daten lieferten. (© neo.sci.gsfc.nasa.gov/view.php?datasetId=MY1DMM_CHLORA) Ältere Chlorophyllkonzentrationen basierten mitunter auf CZCS (*Coastal Zone Colour Scanner*)-Sensoren und Algorithmen des Nimbus-7-Satellits, die das Chlorophyll nicht von Suspensionen oder Reflexionen des Meeresgrundes unterscheiden konnten, was zu Missdeutungen und Fehlinterpretationen führen kann, z. B. über die Wechselwirkungen von Chlorophyllkonzentrationen, Eutrophierung und Korallensterben im *Great Barrier Reef* (Australien) (Furnas et al. 2014)

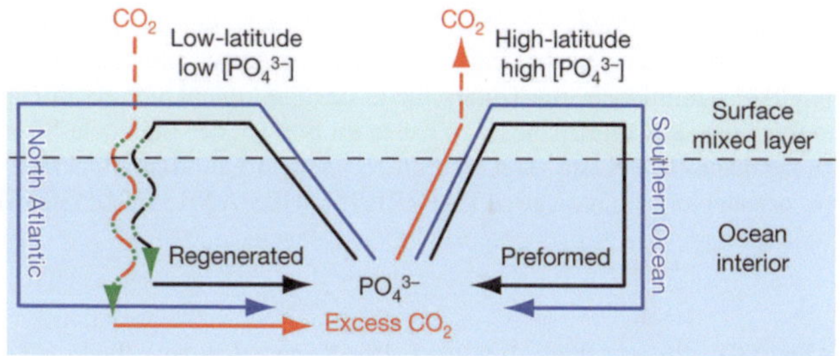

Abb. 2.50 Schema der „biologischen Pumpe" der Ozeane (Sigman et al. 2010). Die *blauen, schwarzen und roten Linien* kennzeichnen den Transport von Wasser, Nährstoffen (Phosphat) und CO_2. Die *Wellenlinien* zeigen den Transport durch Wasser, absinkendes organisches Material und Luft-Wasser-Austausch. Der *Bogen links* zeigt die hohe Wirksamkeit infolge der nährstoffarmen Oberflächen niederer Breiten. Nährstoffhaltiges Oberflächenwasser wird durch Sonnenlicht in nährstoffarmes Oberflächenwasser umgewandelt. Das ist mit der unvollkommenen biologischen Assimilierung von Nährstoff-Nitraten und -phosphaten in organisches Material verbunden, das dann im Ozean absinkt, wo es zersetzt wird, um Nährstoffe und einen Überschuss an CO_2 zu bilden (CO_2 wird bei der Regeneration des organischen Materials aufgenommen); zusätzlich wird atmosphärisches CO_2 in den tiefen Ozean abgeführt. Die nährstoffarmen Oberflächenwasser kehren nach Abkühlung über den Nordatlantik zurück. Der *rechte Bogen* stellt die geringe Wirkung dar, die durch das nährstoffreiche Oberflächenwasser hoher Breiten (besonders in der antarktischen Zone) gegeben ist. Dort kommt nährstoff- und CO_2-reiches Wasser an die Oberfläche und sinkt wieder ab, ohne die meisten gelösten Nährstoffe zu verlieren. Dabei wird CO_2 an die Atmosphäre abgegeben. Die Darstellung ist vereinfacht und enthält nicht die $CaCO_3$-Bildung und -lösung

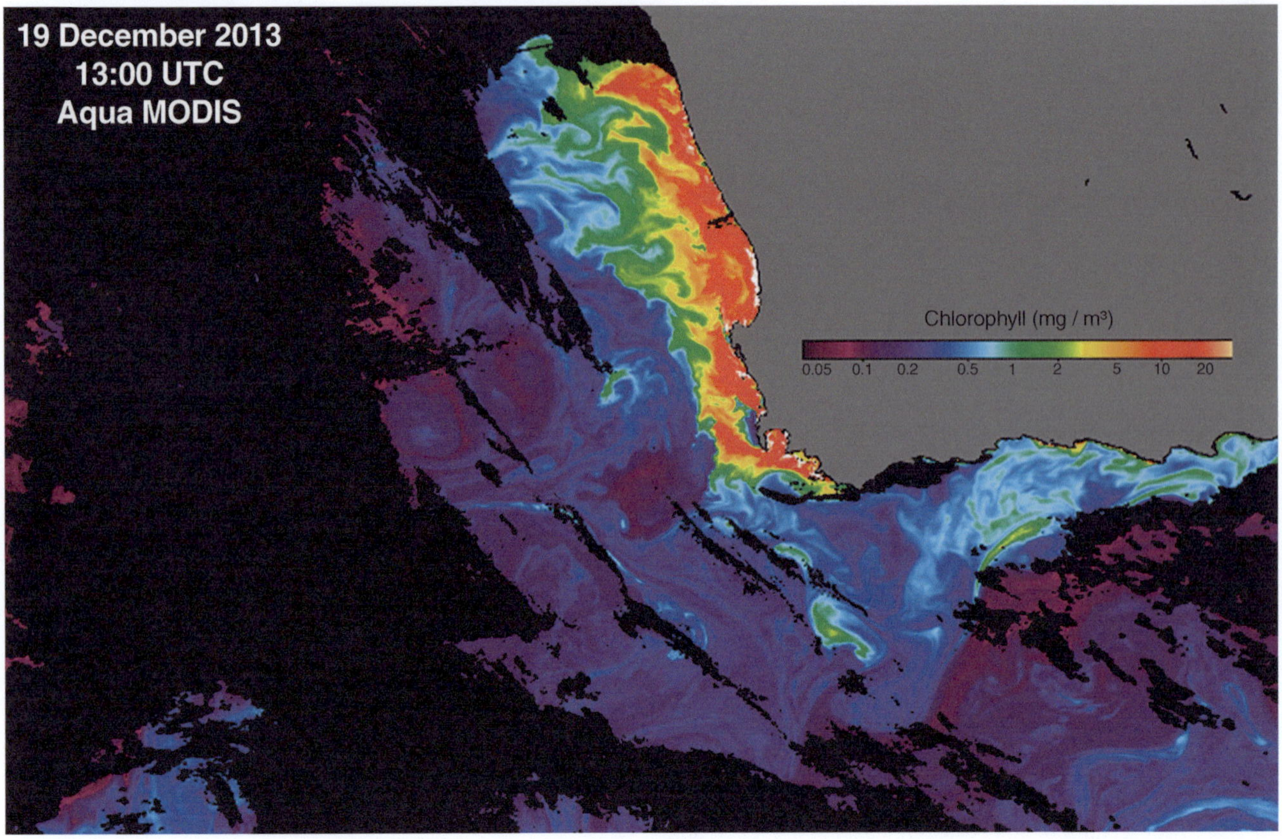

Abb. 2.51 Das Pseudo-Farbbild der Ozeane rings um das Kap Südafrikas vom 19. Dezember 2013 basiert auf Satelliten-Radiometer-Daten, die die Reflexion verschiedener Wellenlängen des Meeres zeigen, die die Basis für *multiband composites* sind. Dargestellt sind die Chlorophyllkonzentrationen, die Unterschiede des Phytoplanktons repräsentieren. Die *roten Farben* zeigen die phytoplanktonreichen kühlen Wasser entlang der südwestafrikanischen Küste im Bereich des Benguela-Stroms (*Upwelling*). Der warme Agulhas-Strom von Ost nach West entlang der südafrikanischen Küste zeigt wesentlich weniger Chlorophyll. *Schwarz* = Wolkenbedeckung. *Grau* = Südspitze des afrikanischen Kontinents. (© oceancolor.gsfc.nasa.gov/FEATURE/IMAGES/A2013353125500.SEAtlantic.chlor)

Abb. 2.52 *Oben*: Albedo Juli 2013. Die Karte zeigt die Albedo auf einer Skala von 0,0 bis 0,9; 0,0 bedeutet, dass kein einfallendes Sonnenlicht reflektiert wird, 0,9 bedeutet, dass fast das gesamte einfallende Sonnenlicht reflektiert wird. *Dunkelblaue Farben* kennzeichnen Gebiete, in denen wenig Licht reflektiert wird, im Gegensatz zu *helleren* Farbtönen, die eine höhere Reflexion anzeigen. *Schwarz* sind Gebiete markiert, von denen keine Daten vorliegen, entweder im Bereich der Ozeane oder in stark bewölkten Regionen. Die höchsten Albedo-Werte erzielen die Eiskappen, Gebirgsgletscher und schneebedeckte Landstriche. Auch Wüsten haben eine hohe Albedo. Im Gegensatz dazu zeigen Wälder (boreale Wälder besonders während der Sommermonate) eine geringe Albedo. Es wird deutlich, dass Vegetationsänderungen (Abholzung borealer Wälder, künstliche Bewässerung in Wüsten, Beweidung etc.) die Albedo stark verändern können, was einen Einfluss auf das Klima hat (s. Alter et al. 2015). Gering ist dagegen der Einfluss des abschmelzenden arktischen Meereises. Die Albedo der Polarregion macht heute 1 % aus; vor 18.000 Jahren (LGM) waren es ca. 3 %, als die Landeismassen dreimal so groß wie heute waren. Das zeigen Klimamodelle (Oerlemans 2009). Daher ist das Abschmelzen des Nordpolarmeereises wenig bedeutend für das globale Klima, was oft nicht bedacht wird. Änderungen der winterlichen Schneebedeckung des tibetanischen Hochlands dagegen, das zwischen 25° und 35° N liegt und somit wesentlich mehr Strahlung während des Jahres erhält, haben Einfluss auf das globale Klima; mehr Schnee in Tibet führt zu wärmeren Wintern in Kanada (Lin und Wu 2011). (© neo.sci.gsfc.nasa.gov/view.php?datasetId=MCD43C3_M_BSA (Reto Stöckli)). Satellitenmessungen der Albedo der arktischen Eis- und Schneeflächen zeigen seit einigen Jahren eine Verringerung der Albedo, die nicht auf Staubeintrag und *black carbon* zurückzuführen ist, sondern auf eine Abschwächung der Satelliten-Sensoren (Polashenski et al. 2015).
Unten: Gezira-Bewässerungssystem (ca. 32°50′E, 14°15′–13°45′ N) südlich von Khartoum. Aufgrund der großen bewässerten Gebiete haben sich verschiedene Klima-Parameter verändert (Albedo, Verdunstung, Winde etc.); eine Zunahme der lokalen Niederschläge wird durch die Bewässerungssysteme verursacht (Alter et al. 2015). *Kleines Bild* zeigt Ausschnitt. Norden ist *rechts*. (© GOOGLE) ►

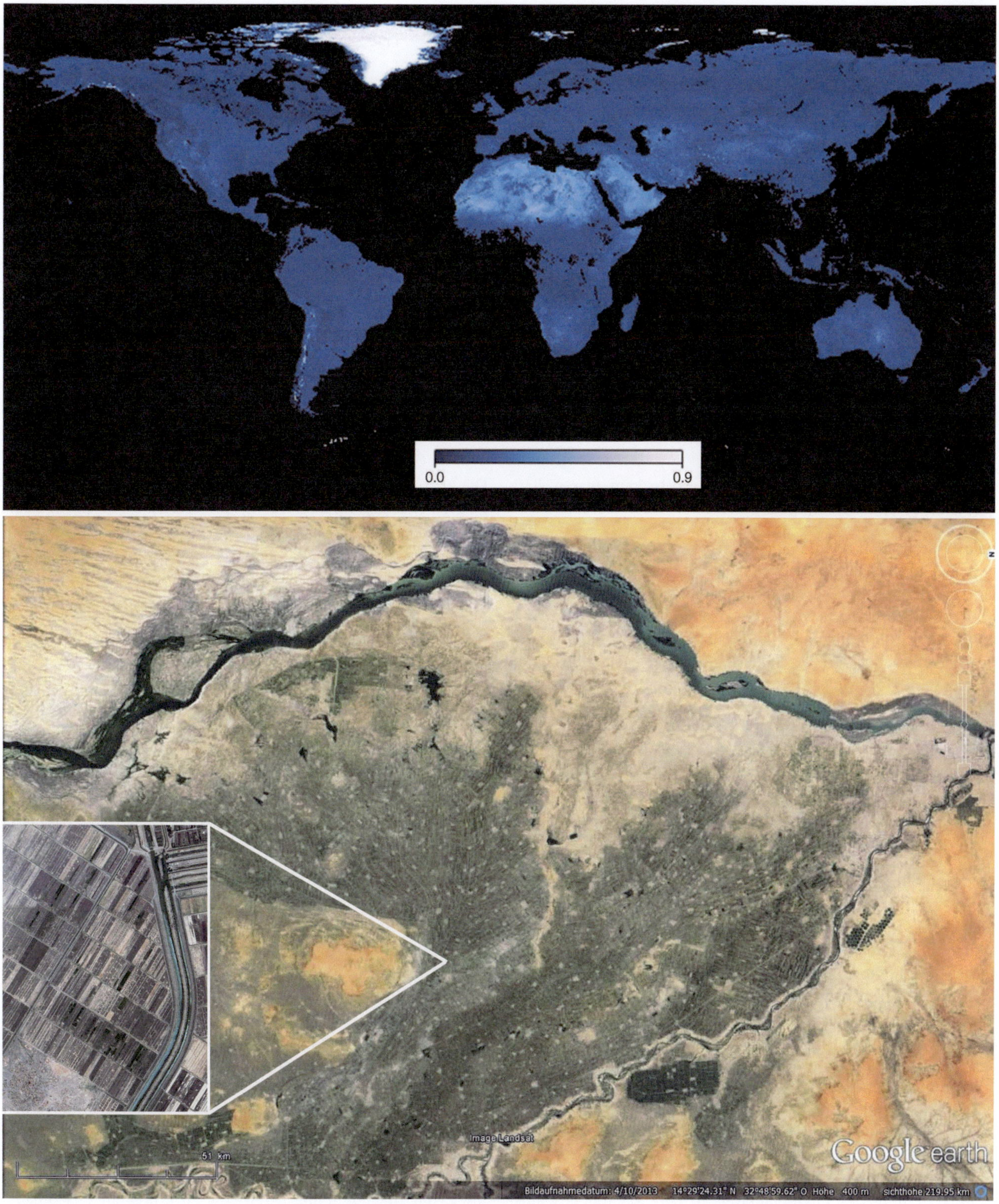
0.0
0.9
51 km
Image Landsat
Google earth
Bildaufnahmedatum: 4/10/2013 14°29'24.31" N 32°48'59.62" O Höhe 400 m sichthöhe 219.95 km

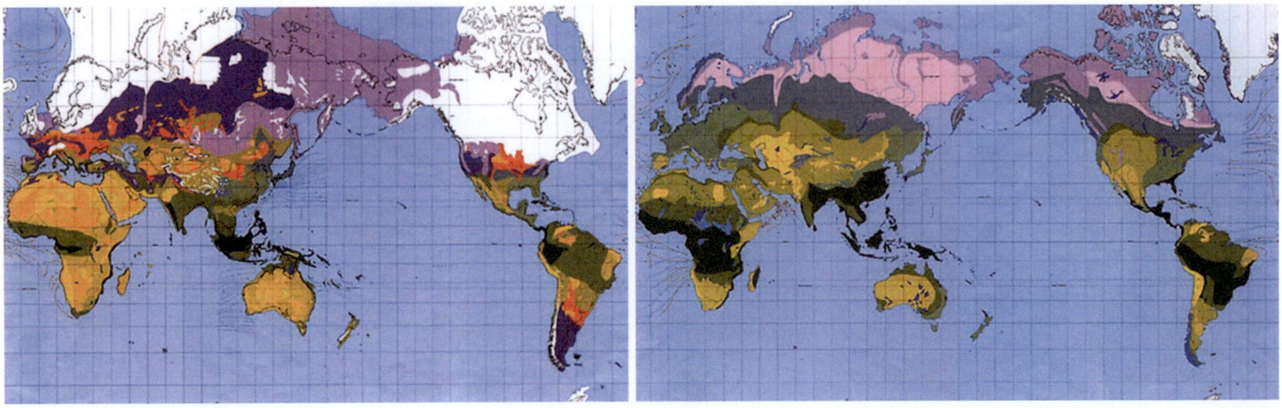

Abb. 2.53 *Links*: Gletscher und Biome (Ökosysteme) vor 21.000 Jahren während des Höhepunkts der letzten Eiszeit. *Rechts*: Gletscher und Biome vor 6000 Jahren (nacheiszeitliches Temperaturmaximum). *Weiß* = Gletscher, *lila* = Permafrostgebiete (Tundra, Taiga), *orange* = Kältesteppe, *gelb* = Wüste, *dunkelgrün* = tropischer Wald, daran anschließend in *grün* = Savanne, *blaugrün* = borealer Wald, daran anschließend *grün* = gemäßigter Wald. Man beachte, dass die Kartenprojektion nicht flächentreu ist! Details der Darstellung für die Tropen müssen aufgrund neuer Daten ergänzt werden. Auch ist die Meereisbedeckung in beiden Karten nicht erfasst. (Aus Petit-Maire 1999. alueni-images)

niens (Ochsenius 1998) und des Kongo-Beckens waren stark reduziert (s. Abb. 2.53 und 6.16).

Die Wissenschaft der „Paläo-Feuer" hat sich während der letzten Dekade schnell entwickelt. Um den Einfluss des Feuers auf das Klima besser zu verstehen, wird versucht, Modellierung und datenbasierte Methoden zusammenzuführen (Hantson et al. 2016; Marlon et al. 2016). Neue Holzkohle-Chronologien werden erarbeitet (Abb. 2.48), neue (Analyse-)Methoden der sedimentären Holzkohle-Archive eingeführt und neue Strategien entwickelt, die regionale und globale Synthesen unter Einbeziehung zahlreicher Archive erstellen (Vannière et al. 2014). Auch für die Tropen existieren inzwischen viele Chronologien. In den Tropen und Außertropen ist die Verbrennung von Biomasse in den letzten Dekaden höher als in irgendeiner Phase der vergangenen 22.000 Jahre (Marlon et al. 2016).

In den Ozeanen spielt das Leben eine bedeutende Rolle bei der Erhaltung geochemischer Gleichgewichte des irdischen Systems. Die Basis der Nahrungskette in den Ozeanen bilden einzellige, im Wasser schwebende Algen und andere pflanzenähnliche Organismen (Phytoplankton). C (Kohlenstoff) wird durch das Phytoplankton der Meere photosynthetisch fixiert. Wie die Pflanzen an Land, benutzt das Phytoplankton Chlorophyll neben anderen lichteinfangenden Pigmenten, um die Photosynthese auszuführen, indem atmosphärisches CO_2 (Kohlendioxid) aufgenommen wird, um Zucker für die Energieerzeugung zu gewinnen. Die Photosynthese produziert ca. 100 Gigatonnen organischen Kohlenstoff pro Jahr; 5–15 % davon gelangen in die Tiefsee (Giering et al. 2014). Im Wasser verändert das Chlorophyll die Art und Weise, wie Licht reflektiert und absorbiert wird (Abb. 2.49). Daraus kann auf die Menge und Verteilung des Phytoplanktons in den Meeren geschlossen werden, was wiederum wertvolle Einblicke in den Zustand der Ozean-Environments und des CO_2-Kreislaufs ermöglicht (Abb. 2.50). Man nimmt an, dass die Raten der Sedimentation von organischem C im äquatorialen Pazifik und Atlantik während der Kaltzeiten (z. B. vor ca. 20.000 Jahren im LGM) um das 2- bis 5-Fache erhöht wurden (Lyle 1988).

Die höchsten Chlorophyllkonzentrationen werden in den kalten polaren Meeren angetroffen, in denen kleine oberflächennahe ozeanische Pflanzen gedeihen, und dort, wo die Meeresströmungen kaltes, eisen- und nährstoffreiches Auftriebswasser an die Oberfläche fördern (z. B. Benguela-Strom im südöstlichen Atlantik (Abb. 2.51), Humboldt/Peru-Strom im südöstlichen Pazifik). In polaren Gebieten sammeln sich Nährstoffe während der dunklen Wintermonate im oberflächennahen Wasser an, wenn Pflanzen nicht wachsen können. Im polaren Frühjahr und Sommer gedeihen die pflanzlichen Mikroorganismen schnell (Phytoplanktonblüte, Algenblüte).

Fast die Hälfte der Photosynthese auf der Erde erfolgt über das Phytoplankton der Meere und die damit verbundene Aufnahme von Kohlenstoff. Die kleinen Zellen haben somit eine gewaltige Bedeutung für den globalen Kohlenstoffkreislauf und für die Klimaregulierung, indem sie den Anteil des Treibhausgases CO_2 in der Atmosphäre steuern. Phytoplankton ist der Motor der „biologischen Pumpe", die hilft, den steilen Gradienten des CO_2 zwischen der Atmosphäre und der Tiefsee aufrechtzuerhalten (Chisholm 2000). Es wurde vermutet, dass während der Glazialzeiten vermehrt eisenhaltige Staubsedimente aus ariden Gebieten in die Meere geweht wurden, was wiederum zum Algenwachstum anregte und zu einer niedrigeren Konzentration des atmosphärischen CO_2 führte. Der CO_2-Anstieg in der Atmosphäre am Ende der letzten Eiszeit könnte mit einem verringerten Staubeintrag in die Ozeane teilweise verbunden sein, wie aus Staubeinlagerungen in antarktischen Eisbohrkernen hervorgeht. Der irdische Eisenkreislauf geht bisher nur ungenügend in globale Klimamodelle ein (Resing und Barrett 2014). Vor diesem Hintergrund wurde in den letzten Jahren diskutiert, inwieweit Eisendüngung der Meere zu erhöhtem Phytoplanktonwachstum führt und damit zu einer erhöhten Bindung des atmosphärischen CO_2 in den marinen Ökosystemen (Boyd et al. 2000, A. J. Watson et al. 2000). Da aber die Sedimentation des biogenen Kohlenstoffs aus dem oberflächennahen Wasser auf den Meeresgrund nicht nachgewiesen werden konnte, beendete die UN 2008 die entsprechenden Projekte.

In Abb. 2.21 sind die Teilglieder der Strahlungsbilanz für die Erde und die Atmosphäre wiedergegeben. Die auf der Erdoberfläche ankommende Solarstrahlung ist elektromagnetische Energie, zusammengefasst als Bündel einzelner elektromagnetischer Strahlen unterschiedlicher Wellenlänge. An der Erdoberfläche wird jeder Strahl entsprechend den physikalischen Eigenschaften der Oberfläche nicht, teilweise oder ganz reflektiert bzw. der Rest absorbiert (Weischet 1995). Die Albedo ist das Verhältnis von reflektiertem Strahlungsstrom zu einfallendem (solaren) Strahlungsstrom, jeweils summiert über den ganzen Halbraum und über alle Wellenlängen. Häufig wird unter der Albedo allein die planetarische Albedo der gesamten Erde verstanden (Warnecke 1991). Die Reflexion erfolgt spiegelnd, jedoch hauptsächlich diffus. Die Albedo ist stark von der Oberfläche abhängig. Sie wird in Prozentwerten der einkommenden Strahlung ausgedrückt. Die Albedo ist abhängig von der Sonnenhöhe (Abb. 2.21), denn die Globalstrahlung variiert in Abhängigkeit vom Jahres- als auch Tagesgang. Die globalen Werte der Albedo an der Oberfläche der Atmosphäre konnten in den letzten Jahrzehnten genauer berechnet werden: 36 % (Blüthgen 1980), 30 % (Weischet 1995) und 30,6 % (Wikipedia 2018). Der Verhältniswert „Albedo", der immer in Relation zur Solarstrahlung am Grunde der Atmosphäre zu verstehen ist, beträgt (in % der auftreffenden Solarstrahlung) für Wasser bei einer Sonnenhöhe von 50° ca. 10, bei einer Sonnenhöhe von 20° ca. 20–25, für eine Neuschneedecke 75–95, für Altschnee 40–70, für trockene Sandfelder 35–45, für feuchte Braunerde 7–12, für trockene Braunerde 20–23, für Nadelwald 5–15, für Haufenwolken 70–90, Schichtwolken 40–60 und Cirren ca. 45 (Weischet 1995) (Abb. 2.52).

Die Albedo-Verhältnisse der Eiszeiten, aber auch diejenigen zur Zeit des holozänen Temperaturmaximums vor ca. 6000 Jahren, unterscheiden sich in vieler Hinsicht von den heutigen. Nicht nur die großen nordhemisphärischen Eisschilde und die daran angrenzenden Tundren mit langen winterlichen Schneeperioden haben die Albedo gegenüber heute verändert, sondern auch die Ausdehnung der Meereisgebiete in arktischen und antarktischen Gewässern (2014 hat die zirkumantarktische Meereisbedeckung mit 20,11 Mio. km^2 die größte Ausdehnung seit Beginn der Satellitenmessungen im Jahr 1979 erreicht, während sich das arktische Meereis verringerte) sowie die größere Verbreitung der Wüsten und die Schrumpfung der tropischen Wälder auf kleine Rückzugsgebiete (vgl. Lamy et al. 2014) (Abb. 2.53).

Ein Vergleich der heutigen Albedo-Messprogramme, die auf geostationären und die Pole überfliegenden Satelliten basieren, zeigt gewaltige Widersprüche in den in den vergangenen Jahren erfassten Trends; auch existiert ein großer Unterschied in den Daten zwischen dem *Earth Radiation Budget Experiment* und dem *Clouds and the Earth's Radiant Energy System* (CERES) sowie ein großes Ungleichgewicht im Betrag der einfallenden und reflektierten Strahlung aufgrund der CERES-Messungen. Die Gründe dafür sind bisher unbekannt. Daten hoher Qualität sind erforderlich, um die Klimamodellierungen zu verbessern. Die NOAA (*National Oceanic and Admospheric Administration*) startete das Satellitensystem *Deep Space Climate Observatory* (DSCOVR) am 11. Februar 2015. Der Satellit umkreist die Sonne im Abstand von ca. 1,5 Mio. km zur Erde synchron mit der Erde und erzielt Daten zur globalen Albedo,

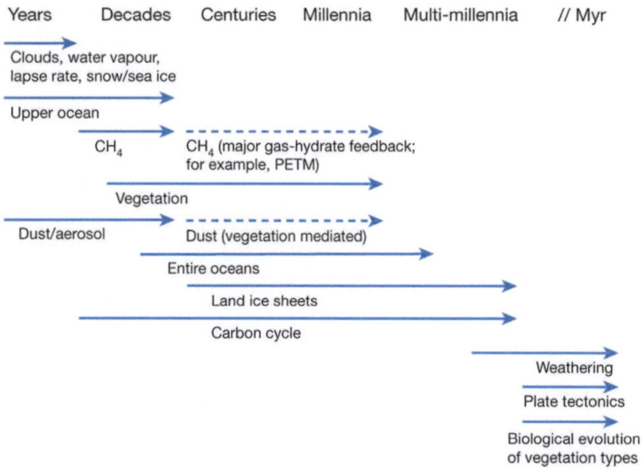

Abb. 2.54 Typische Zeitskalen für verschiedene *feedbacks*, die für ein Gleichgewicht der Klimasensitivität relevant sind. (Aus PALAEOSENS Project Members 2012)

indem die der Sonne zugewandte Seite der Erde kontinuierlich beobachtet wird. (Wichtigste Aufgabe des Satelliten ist jedoch, die solare Aktivität [koronale Massenejektionen, Änderungen des Sonnenwinds], die unsere elektronischen Systeme schädigen und zu deren Zusammenbruch führen kann, zu erfassen und davor zu warnen.)

Wie wichtig die Kenntnisse über die Rückkoppelungen von einzelnen Parametern im klimatischen System sind, belegt die sich mit den Jahren wandelnde Bedeutung der Annahmen der Triebkräfte (*forcings*: Aerosole, Vegetation, Eisschilde etc.). Aber auch die Vernachlässigung von klima-immanenten Variationen oder galaktische kosmische Strahlen, die durch Aerosol-Partikelbildung die Wolkenbildung steigern können (Carslaw 2009), sind zu nennen sowie nicht berücksichtigte Zweifel und Fehler in der Analyse und den Datensätzen oder eine Kombination davon. Nur einige IPCC-Modelle reproduzieren die beobachtete Verringerung der Amplitude des jährlichen Temperaturzyklus und kein IPCC-Modell die Verschiebung in Richtung früher eintretender Jahreszeiten (Vogelflug, Frühlingsbeginn) (Stine et al. 2009) oder die Bedeutung von Mikroorganismen (z. B. eukaryotische Algen, die in Schnee und Eis als lichtabsorbierende Verunreinigungen auftreten und bei Algenblüten Schnee und Eis von weiß wochenlang zu grün und rot verfärben können; Benning et al. 2014).

Die Unterschiede in den Modellstrukturen belegen dies durch die verschiedenen Modell-Ergebnisse (Knutti und Hegerl 2008) (Vgl. auch Abschn. 4.4 [Klimamodelle]). Die Klimasensitivität einzelner Parameter (Strahlung, Vulkanismus, Bewölkung, Vegetation, etc. Abb. 2.54) wurde und wird unterschiedlich eingeschätzt (vgl. McGregor et al. 2015). Daher müssen die sehr verschiedenen Resultate der Modell-Szenarien (z. B. IPCC-Ergebnisse) auf irrtümliche Annahmen der *forcings* zurückgeführt werden. Erstaunlich ist, dass sich – trotz enormer Fortschritte in den Wissenschaften und trotz unvorstellbarer Steigerung der Leistungen der Großrechner (Abb. 2.55) – die Resultate der Modelle (Klima-Szenarien) seit zwei Jahrzehnten nicht weiter konkretisieren ließen: Die Spanne der globalen Er-

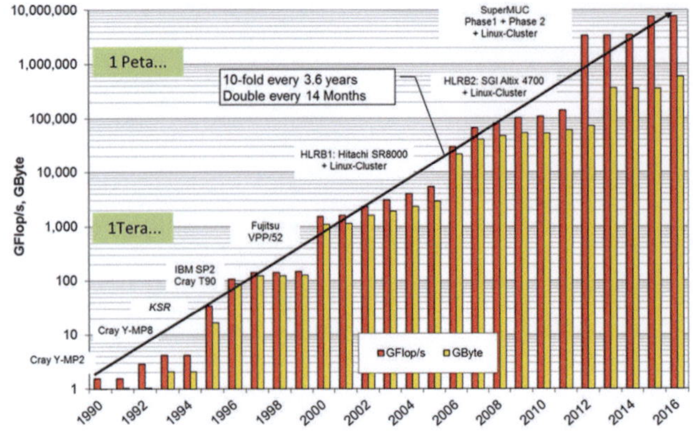

Abb. 2.55 Die Leistung der Großrechner verdoppelt sich alle 13 Monate und verzehnfacht sich alle 3 1/2 Jahre von 1990 bis 2016. (© LRZ München)

wärmung bis zum Ende dieses Jahrhunderts (Zeitraum 2081 bis 2100) wird immer noch zwischen 0,3–1,7 (niedrigster Wert) und 2,6–4,8 °C (höchster Wert) angegeben (CMIP5-Klimamodelle, IPCC 2007). Der jüngste Bericht des IPCC (IPCC 2013) gliedert die ähnlichen Werte nach verschiedenen Modell-Szenarien: die größte Wahrscheinlichkeit der Erwärmung liegt zwischen 1,5–2 °C. Diese Aussagen illustrieren eindrucksvoll das Bedürfnis, Fakten (beobachtete Daten) in den Vordergrund aller Versuche zu stellen, um ein detaillierteres Verständnis des Klimawandels der Vergangenheit, Gegenwart und Zukunft zu erreichen. Aus den Tropen und Randtropen wird dies im Folgenden erfolgen.

2.2.5 Ursachen der Klimaänderungen

> Ein Zusammentreffen günstiger terrestrischer und kosmischer Ursachen kann die Eiszeit erzeugt haben. Die Natur arbeitet ja selten so einfach, dass sie nur eine einzige Ursache ins Spiel bringt (Zitat aus A. Heim 1885).

Klimaänderungen treten in allen geologischen Ären und in allen Zeitskalen auf (Tab. 2.1). Unter welchen Umständen Vergletscherungen jedoch andauern oder nur vorübergehend vorkommen, ist viel diskutiert, doch ungeklärt. Auch während tropisch-warmer Zeiten, wie dem Eozän (vor ~ 54,8–33,7 Mio. Jahren), gab es kurzzeitige Eiszeit-Verhältnisse (Kump 2005). Ich beschränke mich hier auf die Quartär-Periode, die letzten 2,6 Mio. Jahre der känozoische Ära (Beginn vor 65 Mio. Jahren). Während Klimaänderungen (Abweichungen von langjährigen Mittelwerten) von Jahr zu Jahr heute gut erklärt werden können, besteht noch große Unsicherheit über die Vorgänge, die die Klimaänderungen in Zeitskalen von Dekaden bis zu Jahrhunderttausenden kontrollieren (Raymo und Huybers 2008). Die Croll-Milankovitch-Theorie der Klimaänderungen besagt, dass die Glazial-Interglazial-Zyklen von der Menge der Sonneneinstrahlung abhängen, die die Erdoberfläche in hohen nördlichen Breiten im Sommer erreicht und zwar in Wiederholung, verursacht durch Änderungen der Erdbahngeometrie (Box Milankovich-Theorie). Beziehungen zwischen Änderungen der Temperatur und Zyklen der Milankovitch-Perioden intermediärer Zeitskalen (23.000 und 41.000 Jahre) werden den Änderungen der Insolation zugeschrieben (Huybers und Curry 2006).

Tab. 2.1 Klimavariabilität (nach Negendank 2001)

Klimavariabilität (regelmäßig – unregelmäßig)			
Kurzfristig ± rezent, basierend auf meteorologischen Messreihen	Mittelfristig in meteorologischen Messreihen und Proxydaten	Langfristig (Proxydaten)	Ultralangfristig
NAO 5–7 Jahre ENSO El Niño QBA 2 Jahre	Warvierte Sedimente (Dickenvariationen), Eis, ^{14}C in Baumringen, Speleothemdicken, kosmogene Isotope, 11, 22, 88, ~ 500, 1050, ~ 1500, 2500 Jahre z. B. Kleine Eiszeit, Holozänes Klimaoptimum, Dansgaard/Oeschger-Zyklen, Heinrich-Events	Wechsel von Warm- und Kaltzeiten, zum Beispiel im Quartär 19.000, 23.000, 41.000, 100.000, 413.000	z. B. Vereisung der Nordhemisphäre seit ca. 2,7 Mio. Jahren, Entwicklung des Monsuns in Asien
Mögliche Ursachen			
Rotation der Erde, Atmosphärenbewegung, Ozeanströme, Treibhausgase, troposphärische Aerosole (SO_4), vulkanische Aerosole, CO_2-Senken, Albedo-Änderungen, solar	Jahre – Jahreszeiten (Rotation der Erde) Orbitale Parameter Solar (Strahlungsdifferenzen?), da mit Sonnenfleckenaktivität korreliert Änderungen thermohaliner ozeanischer Zirkulation	Orbitale Parameter (Insolation) Milankovitch-Zyklen Präzession, Schiefe, Exzentrizität	Schließung der Panama-Straße, Hebung von Tibet

Box Die Milankovich-Theorie

Der serbische Mathematiker und Astronom Milutin Milankovich (Milanković, engl. Milankovitch) (*28. Mai 1879, †12.12.1958) versuchte in den 1920er-Jahren, die Eiszeitzyklen des Quartärs astronomisch zu erklären (Milankovich 1920, 1941), was in der zweiten Hälfte des 19. Jahrhunderts bereits von Croll (1885) eingehend diskutiert wurde. Nach Milankovichs Theorie werden die 100.000-Jahr-Zyklen durch Änderungen der Insolation (Erwärmung durch die Sonne) bedingt, die sich auf Variationen der Exzentrizität der Erdbahn um die Sonne zurückführen lassen (Der Astronom und Mathematiker Johannes Kepler [1571 bis 1630] erkannte die Exzentrizität, nicht jedoch ihre rhythmischen Änderungen). Die Veränderung der Erdbahnelemente (Exzentrizität, Schiefe der Ekliptik, Präzession) führt zu Änderungen in der Menge der Sonnenenergie, die die Erde in verschiedenen Breiten empfängt (Abb. A). Seit Milankovichs Beobachtungen werden einige der langperiodischen zyklischen Klimaänderungen, die in marinen, glazialen und terrestrischen Archiven erkannt werden (z. B. Liu et al. 1999), durch die Insolations-Änderungen erklärt. Erst 1976 konnten Hays et al. (1976) anhand langer mariner Sedimentarchive Milankovichs Theorie bestätigen und detailliert erklären. Beispielsweise wird ein 41.000-Jahr-Zyklus in Klimaarchiven in der Regel den Änderungen der Neigung der Erdachse zugeschrieben, die sich besonders auf die Insolation in hohen Breitengraden auswirkt. Die Präzession beeinflusst die Insolation vorwiegend in den Tropen und Mittelbreiten und soll zu dem 19.000–23.000-Jahr-Zyklus führen (Liu und Herbert 2004). In den Tropen ist wenig über die Klimavariabilität vor der *mid-Pleistocene transition* (vor ca. 900.000 Jahren) bekannt, die den Übergang von einem Klima markiert, das vom 41.000-Jahr-Zyklus dominiert wurde (als die Eiszeitzyklen und die SST-Schwankungen hoher Breiten von der Ekliptikschiefe diktiert wurden), zu einem 100.000-Jahr-Zyklus der Eiszeiten. Doch es gab ernsthafte Schwierigkeiten mit dieser Theorie (vgl. Ehrlich 2007). Die Insolations-Schwankungen erscheinen zu gering, um die Zyklen hervorzubringen. Auch fehlt ein besonders starkes 400.000-Jahr-Signal, wie es die Theorie verlangt. Weiterhin ist die Amplitude der Glazialzyklen mitunter groß (so vor 400.000 Jahren und in der Gegenwart), wenn die Beeinflussung durch die Exzentrizität nahe null ist. Dieser Gegensatz ist auch als *Stage 11 problem* bekannt (s. Abb. 2.58). Hinzu kommt, dass verbesserte Messungen ein offensichtliches Kausalitätsproblem aufgedeckt haben: Das plötzliche Ende der Eiszeiten soll vor dem Ansteigen der Insolation einsetzen, was aber nicht unwidersprochen geblieben ist. Mehr und mehr setzte sich die Vorstellung durch, dass die 100.000-Jahr-Zyklen nicht unmittelbar exzentrizitäts-bedingt sind, sondern von der Inklination bestimmt werden (Muller und MacDonald 1995).

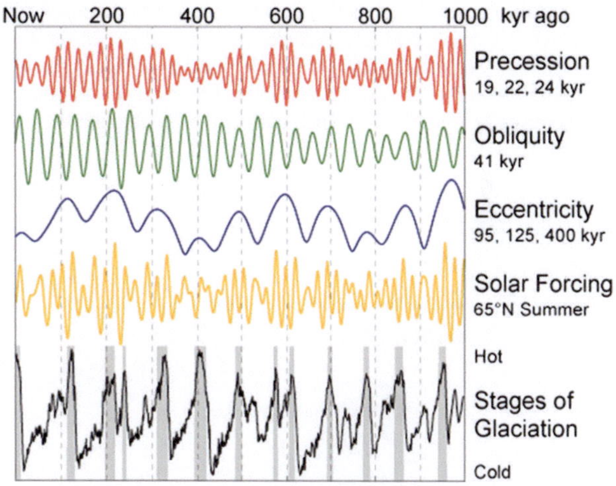

Abb. A Diagramm der Milanković-Zyklen mit Übersicht der Präzession (*Precession*), Schiefe der Ekliptik (*Obliquity*), Exzentrizität (*Excentricity*), Schwankungen der Solarstrahlung auf der Erde (*Solar forcing*) sowie den Kalt- und Warmzeiten (*Stages of glaciation*)

Von fundamentaler Bedeutung für den Energiehaushalt der Erde ist, dass der von der Sonne kommende Energiefluss (zumeist im sichtbaren Teil des Spektrums) gleich groß ist wie der in Form kurz- und langwelliger Strahlung reflektierte Energiefluss. Jede Abweichung von diesem Gleichgewicht überführt das irdische Klima in einen wärmeren oder kühleren Zustand, wobei die Größe der Veränderung durch die Höhe des Ungleichgewichts und die Trägheit der irdischen Wärmereservoirs, besonders die der Ozeane, bestimmt wird (vgl. Abb. 2.21). Es gibt langsame und schnelle *feedbacks*. Zu den wichtigsten Änderungen, die das Klima der Erde im Känozoikum (und besonders im Quartär) beeinflussten (s. Holbourn et al. 2005), gehören daher

a. astronomisch verursachte Schwankungen der primären Strahlung der Sonne (*orbital forcing*) (Abb. 2.56) und Änderungen der Solarstrahlung (*solar forcing*; Vonmoos et al. 2006),
b. Veränderungen der Zusammensetzung der Atmosphäre (besonders hinsichtlich der Konzentration von (Spuren-)Gasen, die aktiv auf die Strahlung reagieren, wie H_2O, CO_2, CH_4, etc. und Aerosole (vgl. Köhler et al. 2010)),
c. Schwankungen hinsichtlich Verbreitung und Volumen kontinentaler und mariner Eismassen (Elderfield und Rickaby 2000) und eustatische Meeresspiegelschwankungen, und
d. Änderungen der Oberflächentemperaturen (SST = *sea surface temperature*) und des Salzgehaltes der Meere (SSS = *sea surface salinity*), die die thermohaline Zirkulation steuern.

Zu a. *Orbital forcing*. Drei Hauptfaktoren beeinflussen die von der Erde empfangene Strahlung (Ruddiman 2003; Crucifix

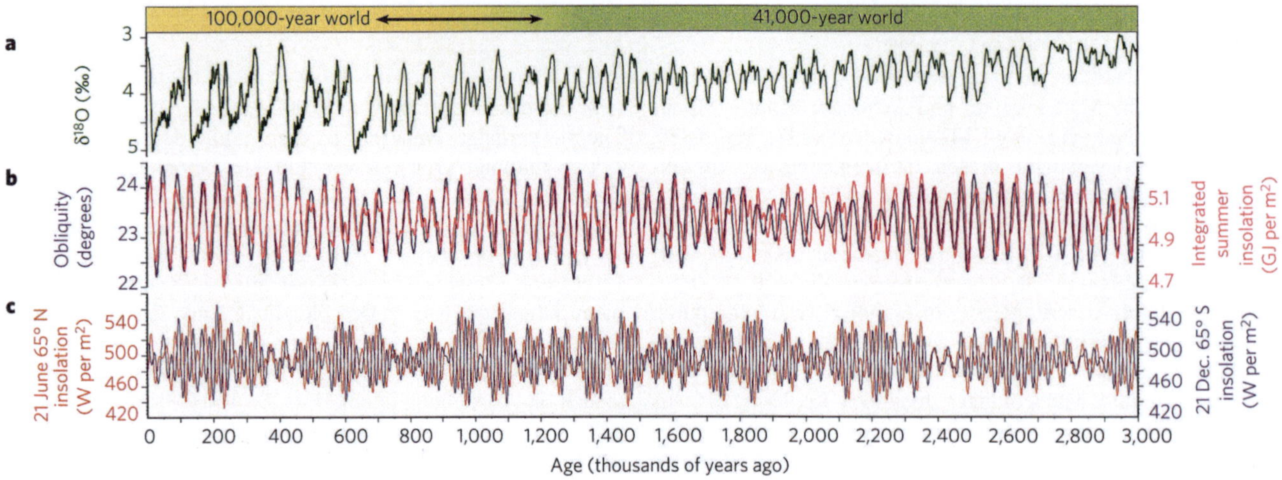

Abb. 2.56 Das Klima des Eiszeitalters und die Variabilität der solaren Strahlung (nach Raymo und Huybers 2008). **a** Die $\delta^{18}O$-Kurve; sie ist ein Proxy für Änderungen des globalen Eisvolumens, das überwiegend in der Nordhemisphäre auftritt. Zwischen 3 und 1 Mio. Jahren variiert $\delta^{18}O$ vornehmlich in einer 41.000-Jahr-Periode, die charakteristisch für die Schiefe der Ekliptik und für die Strahlung ist. Seit 1 Mio. Jahre stellen sich längere Klimazyklen mit ca. 100.000-Jahr-Perioden ein. Der *Doppelpfeil* zeigt einen Übergang, der mehr allmählich als abrupt verläuft; **b** Schiefe der Ekliptik (*obliquity*, *blau*) verglichen mit der Sommer-Insolation. **c** Sommer-Insolation für die Nordhemisphäre (am 21. Juni in 65°N, *rot*) und die Südhemisphäre (am 21. Dezember, *blau*). GJ = Gigajoule, W = Watt

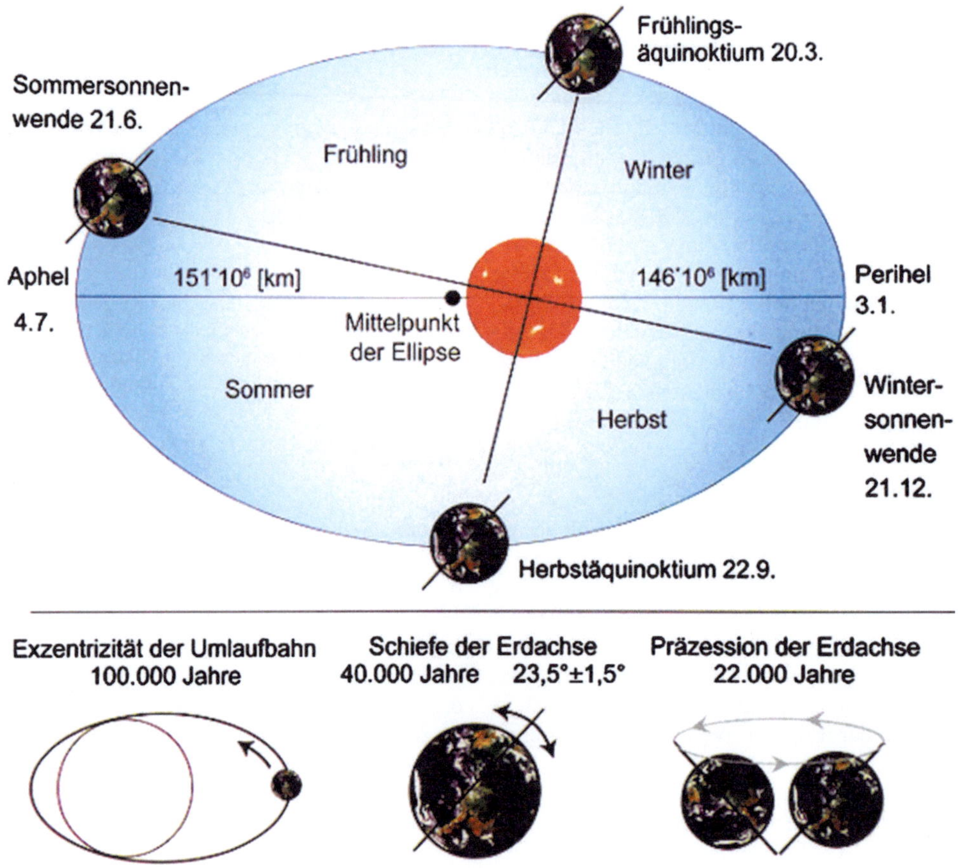

Abb. 2.57 Orbitale Konstellation der Sonne und der Erde nach Milankovitch (1941) und Imbrie und Palmer-Imbrie (1981) aus Sirocko et al. (2009)

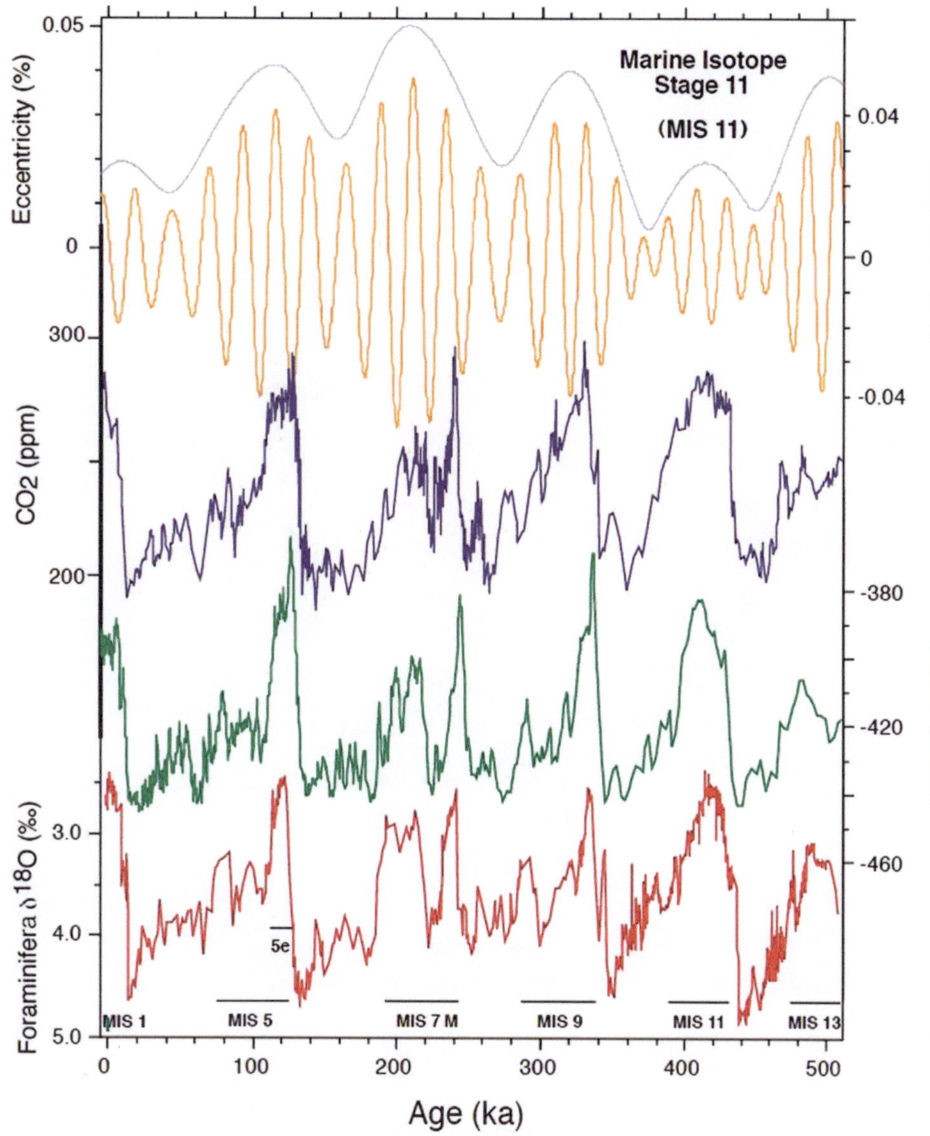

Abb. 2.58 Das Klima-*forcing* (*orbital forcing*, Exzentrizität und Präzession) und die Reaktionen von atmosphärischem CO_2, Deuterium (δD des Antarktis-Eises) und δ^{18}O-Verhälrnisse (von Foraminiferen des tiefen Atlantiks) während der letzten 500.000 Jahre. Exzentrizitäts- und Präzessions-Index nach Berger und Loutre (1991), atmosphärische CO_2-Konzentration nach Petit et al. (1999), Monnin et al. (2001) und Siegenthaler et al. (2005), Deuterium (^{TM}D) in Antarktika nach Wolff et al. (2006) und Sauerstoffisotopen-Verhältnis benthischer Foraminiferen des tiefen Atlantiks nach McManus et al. (1999). Quelle: McManus und Tzedakis (2006). Beachte, dass MIS 11 und MIS 1 einen ähnlichen Verlauf der Kurven von Exzentrizität und Präzession aufweisen, dass jedoch die interglazialen Kurven von MIS 9 bis MIS 5 stark abweichen; die Werte von CO_2, Deuterium (δD) und Foraminiferen sind dagegen sehr ähnlich. Vgl. Box Eisbohrkerne

2008; Lisiecki et al. 2008) (Abb. 2.57): (1) Exzentrizität (*eccentricity*), (2) Schiefe der Ekliptik (*obliquity*) und Präzession (*precession*).

1. Exzentrizität (*eccentricity*). Die Bahn der Erde um die Sonne ist schwach elliptisch; die Verlängerung der Ellipse (Exzentrizität) ändert sich in 404.000- und 100.000-Jahr-Zyklen. Es wurde auch diskutiert, ob der 100.000-Jahr-Zyklus durch die Inklination bedingt ist (Berger 1999; Muller und MacDonald 1995) oder ob interne Rückkoppelungen im Klimasystem als Ursache für die 100.000-Jahr-Zyklen verantwortlich sind (Lisiecki 2010). Der Übergang vom 41.000-Jahr-Zyklus zum 100.000-Jahr-Zyklus erfolgte vor ca. 900.000 Jahren (Abb. 2.56). Er wird als *mid-Pleistocene transition* (MTP, vor 1,2–0,85 Ma, auch MPR – *mid-Pleistocene (climate) Revolution*, Berger 1999) bezeichnet und oft auf eine nichtlineare Reaktion auf kleine Änderungen der externen Grenzbedingungen zurückgeführt (Crowley und Hyde 2008) bzw. als Antwort auf eine zusätzliche Änderung der Dynamik der großen Eisschilde (Sosdian und Rosenthal 2009).
2. Schiefe der Ekliptik (*obliquity*). Die Neigung der Erdachse zur Umlaufbahn um die Sonne beträgt heute etwa 23,5°; sie schwankt zwischen 24,5° und 22,5° in 41.000-Jahr-Zyklen. Je größer die Neigung ist, desto stärker sind die

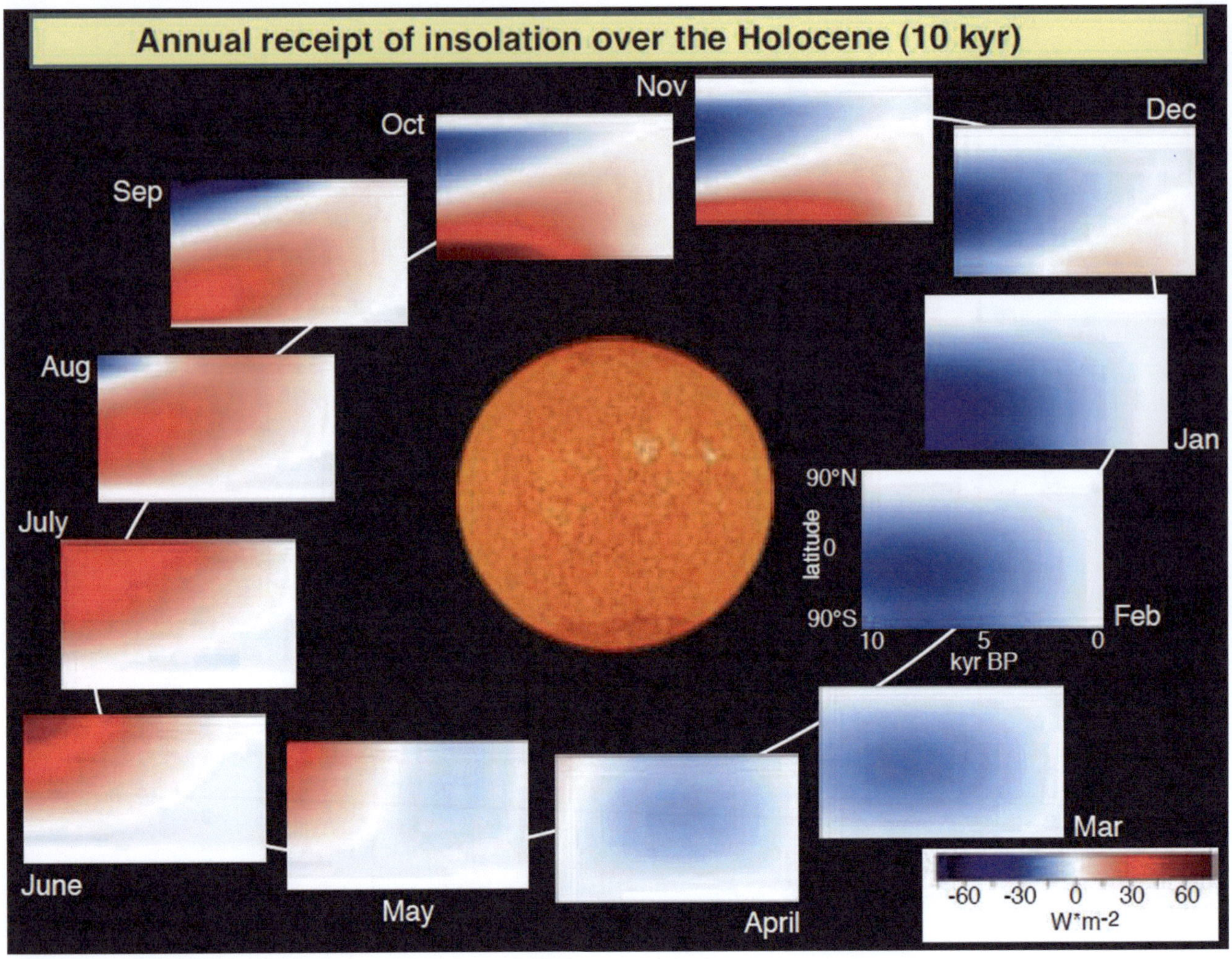

Abb. 2.59 Orbitale Insolations-Anomalien (außerhalb der Atmosphäre) im Holozän vs. Monat des Jahres in 1000-Jahr-Intervallen. Den Schlüssel zu jeder Tafel zeigt das Februar-Diagramm. (Nach Bradley et al. 2003)

Unterschiede in den Jahreszeiten (zwischen Sommer- und Wintertemperaturen). Im frühen Pleistozän bestimmte der 41.000-Jahr-Zyklus das Klima.

3. Präzession (*precession*). Als Folge der Änderungen der Neigung der Erdachse verändert sich die Rotation der Erde um den Pol der Ekliptik in 19.000- und 23.000-Jahr-Zyklen, und zwar relativ zur Jahreszeit.

Zum einen wirkt die Exzentrizität auf die Insolation, indem sie hauptsächlich den Präzessionszyklus verändert, zum anderen beeinflussen die astronomischen Parameter „Ekliptikschiefe" und „Präzession", je nach Tag, Jahreszeit und Hemisphäre, unterschiedlich die Strahlung: Während auf der Nord- und Südhemisphäre die Ekliptikschiefe zur gleichen lokalen Jahreszeit dieselbe Rolle spielt, hat die Präzession die entgegengesetzte Wirkung. Daher hat ein Anstieg der Ekliptikschiefe eine Zunahme der Solarstrahlung zur Folge, die von beiden Hemisphären während des Nord- bzw. Südsommers empfangen wird. Fluktuationen der Insolation für verschiedene geographische Breiten, berechnet unter Berücksichtigung von Exzentrizität, Ekliptikschiefe und Präzession, fallen recht unterschiedlich aus, je nachdem, ob z. B. die Monatsmittel, Jahreszeiten oder Tagesmittel der Jahreszeiten herangezogen werden. Die großen Glazialzeiten des Quartärs fallen mit Phasen zusammen, in denen Exzentrizität, Ekliptikschiefe und Präzession derart angeordnet sind, dass die Nordhemisphäre die gering möglichste Menge an Sommerinsolation erhält. Die großen Interglazialzeiten (auch das Holozän, Schneider et al. 2004) fallen in Phasen der größten sommerlichen nordhemisphärischen Insolation. Der für das Eiszeitalter so charakteristische 100.000-Jahr-Zyklus macht sich seit etwa 1,5 Ma bemerkbar (Rutherford und D'Hondt 2000), bestimmt aber erst den Kaltzeit-/Warmzeitrhythmus seit ca. 800.000 Jahren. Das Zusammenspiel zwischen Ekliptikschiefe und Präzession wird für die variable Intensität der interglazialen Perioden, die in Abständen zwischen 120 und 80 ka auftreten und die in den Eisbohrkernen repräsentiert sind, verantwortlich gemacht (Jouzel et al. 2007). Heute argumentieren manche Forscher, dass die Deglaziationsphasen alle vier oder fünf Präzessionszyklen erfolgten, andere nennen die zweiten oder dritten Zyklen der Ekliptikschiefe und manche eine Kombination der beiden Zyklen (Maslin 2016).

Doch die Berechnung der Strahlungsverhältnisse für das Quartär birgt Probleme in sich (Muller und MacDonald 1995; Clemens und Tiedemann 1997; Ruddiman 2003; Lisiecki et al. 2008). Daher verwundert es nicht, dass die Erklärung der beobachteten Amplituden und Alter der glazialen Klimazyklen Schwierigkeiten bereitet. Man ging lange davon aus, dass während der letzten 800.000 Jahre eine unmittelbare Beziehung zwischen Einstrahlung (*solar radiation*), CO_2-Gehalt der Atmosphäre und Klimagang besteht (Abb. 2.58), doch heute werden Amplituden-Unterschiede zwischen atmosphärischem CO_2-Gehalt und Klimaänderungen sichtbar. Möglicherweise hat neben dem *orbital forcing* die CO_2-Konzentration der Atmosphäre einen bedeutenden Anteil an der eiszeitlichen Abkühlung (Sigman et al. 2010). Auch wird vermutet, dass die Eiszeit-Zyklen unmittelbar mit den Auswirkungen der orbitalen Zyklen auf den tropischen Pazifik verknüpft sind, und zwar durch Änderungen in der Häufigkeit und Intensität der El-Niño-Ereignisse (Schrag 2000). Ferner soll die allgemeine Zirkulation der Ozeane, speziell der Agulhas-Strom (Zahn 2009; Bard und Rickaby 2009; Beal et al. 2011; Abb. 2.51), die globalen Temperaturen stark beeinflussen, indem durch eine Nord-Verschiebung der subtropischen Front mehr bzw. weniger Wärme und Salz in den Atlantik gelangen. Damit werden aber Temperaturen und CO_2-Gehalt entkoppelt. Es wird deutlich, dass viel Unsicherheit besteht, wenn es darum geht, das Ursachen-Wirkungs-Geflecht von *orbital forcing*, Glazialzyklen, CO_2 und Proxydaten zu erhellen.

Dennoch stellen orbitale Änderungen und die aus ihnen resultierenden breitenabhängigen und jahreszeitlichen Verteilungen der Insolation ein wichtiges Glied zwischen geologischen Proxydaten des Vorzeitklimas und Klimavariablen dar, die mit Klimamodellen simuliert werden. Die gesamte Insolation während der nordhemisphärischen Sommermonate hat sich in den letzten 10.000 Jahren (Holozän) um 8 % an der Obergrenze der Atmosphäre verringert, bei einem leichten Anstieg der Winterwerte (Abb. 2.59). Die Auswirkungen dieser Insolationsänderungen müssen bei klarem Himmel (geringe Aerosolbelastung, geringe Bewölkung) besonders in hohen Breiten (bei frühsommerlichen Beleuchtungsverhältnissen von 24 h) Auswirkungen auf das Klima haben (Bradley et al. 2003), z. B. im Frühholozän auf das Schmelzen des arktisches Gletschereises und auf eine Intensivierung der tropischen monsunalen Niederschläge in Afrika. Die GCMs (*General Circulation Model*) konnten dies bisher allein durch Insolations-*forcing* nicht reproduzieren.

Die Entwicklung der Präzessions- und Ekliptikschiefe-Zyklen während der vergangenen und zukünftigen 50.000 Jahre ist in Abb. 2.60 dargestellt (McCarroll 2015). Vor 10.000 Jahren befanden sich beide Zyklen im Maximum, so dass die empfangene Strahlung hoch war. Während des Holozäns nahmen die Werte langsam ab. Heute befinden wir uns nahe im tiefsten Bereich des Präzessions-Zyklus, jedoch wird der Anstieg der Energie, die in den kommenden 10.000 Jahren empfangen wird, von der anhaltenden Abnahme des zeitlich längeren Zyklus der Ekliptikschiefe (*tilt cycle*) überlagert. Dadurch kann es nicht zu einer neuen Eiszeit kommen (was auch durch die Treibhausgase erschwert wird). Eine orbital verursachte Abkühlung wird es in den kommenden 40.000 Jahren nicht geben. Das gegenwärtige Interglazial ist das längste des Quartärs. Aus der genannten Konstellation ergibt sich für die Sommer-Einstrahlung in 65° N

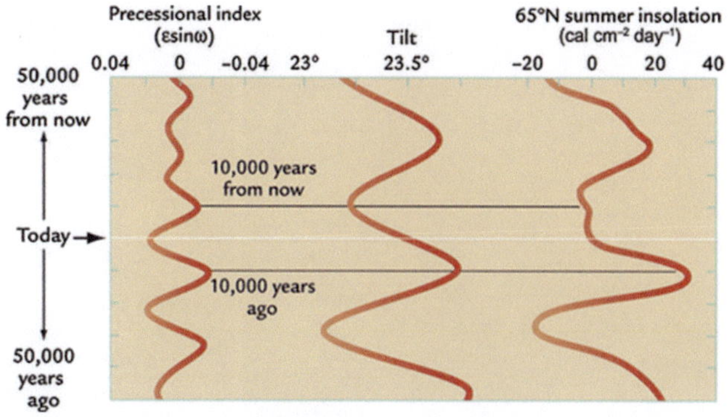

Abb. 2.60 Die Entwicklung der Präzessions- und Ekliptikschiefe-Zyklen während der vergangenen und zukünftigen 50.000 Jahre nach McCarroll (2015). Erläuterungen im Text

für die nächsten Jahrtausende keine wesentliche Veränderung (Abb. 2.60).

Solar forcing

Die Sonne ist die Hauptantriebsquelle des Klimasystems. Die Sonne beeinflusst das Klima der Erde durch ihr gesamtes Strahlungsspektrum, den sog. Sonnenwind und dessen Einfluss auf die kosmische Strahlung. Entsprechende solare Signale können in allen Sphären (Ionosphäre, Mesosphäre, Stratosphäre, Troposphäre) sowie dem bodennahen Klima beobachtet werden, einschließlich der Ozeane und der Meereisgebiete. Die größten Schwankungen des solaren Strahlungsspektrums treten im kurzwelligen Bereich (z. B. UV) auf. Energiegeladene solare Partikel haben im Mai 1967 beinahe zu einem Nuklearkonflikt geführt, als ballistische Radar-Frühwarnsysteme fälschlicherweise einen Angriff der Sowjetunion meldeten (Knipp et al. 2016).

Die Sonne emittiert insgesamt 4×10^{26} W, von denen ein Milliardstel die Obergrenze der irdischen Atmosphäre erreicht (2×10^{17} W bzw. $340{,}2 \pm 0{,}1\,\mathrm{Wm^{-2}}$, vgl. Abb. 2.22). Präzisionsmessungen der gesamten solaren Strahlung (TSI – *total solar irradiance*) und der solaren Spektralstrahlung (SSI) von Satelliten (seit 1978) haben ergeben, dass die Strahlungsleistung der Sonne sowohl im sichtbaren Bereich wie auch in der Gesamtstrahlung schwankt (Beer 2005, 2012; Foukal et al. 2006) (Abb. 2.61). Im UV-Bereich (< 170 nm) kann die Strahlung um den Faktor 2 variieren. Im Röntgenbereich (zwischen 0,2 und 3 nm) kann sich die Strahlungsleistung um bis zu zwei Größenordnungen ändern. Bei Sonneneruptionen sind im Röntgenbereich zwischen 0,1 und 0,8 nm auch Änderungen um mehr als fünf Größenordnungen möglich (Wikipedia) (Abb. 2.61). Der Begriff „Solarkonstante" (bisher oft mit ca. 1363–1368 $\mathrm{Wm^{-2}}$ angegeben) ist somit irreführend. Neuere Satellitenmessungen haben einen TSI-Minimum-Wert von $1360{,}8 \pm 0{,}5\,\mathrm{Wm^{-2}}$ ergeben, der deutlich niedriger als die bisher – auch für IPCC-Modelle benutzten – Werte liegt (Lean und Rind 2009; Kopp und Lean 2011). Messungen der Veränderungen des solaren Gesamtenergieausstoßes (*luminosity*) werden durch wechselnde dunkle und helle Strukturen auf der Sonne während eines 11-jährigen Sonnenfleckenzyklus bewirkt. Alle 11–13 Jahre wechselt das solare Magnetfeld von Nord nach Süd

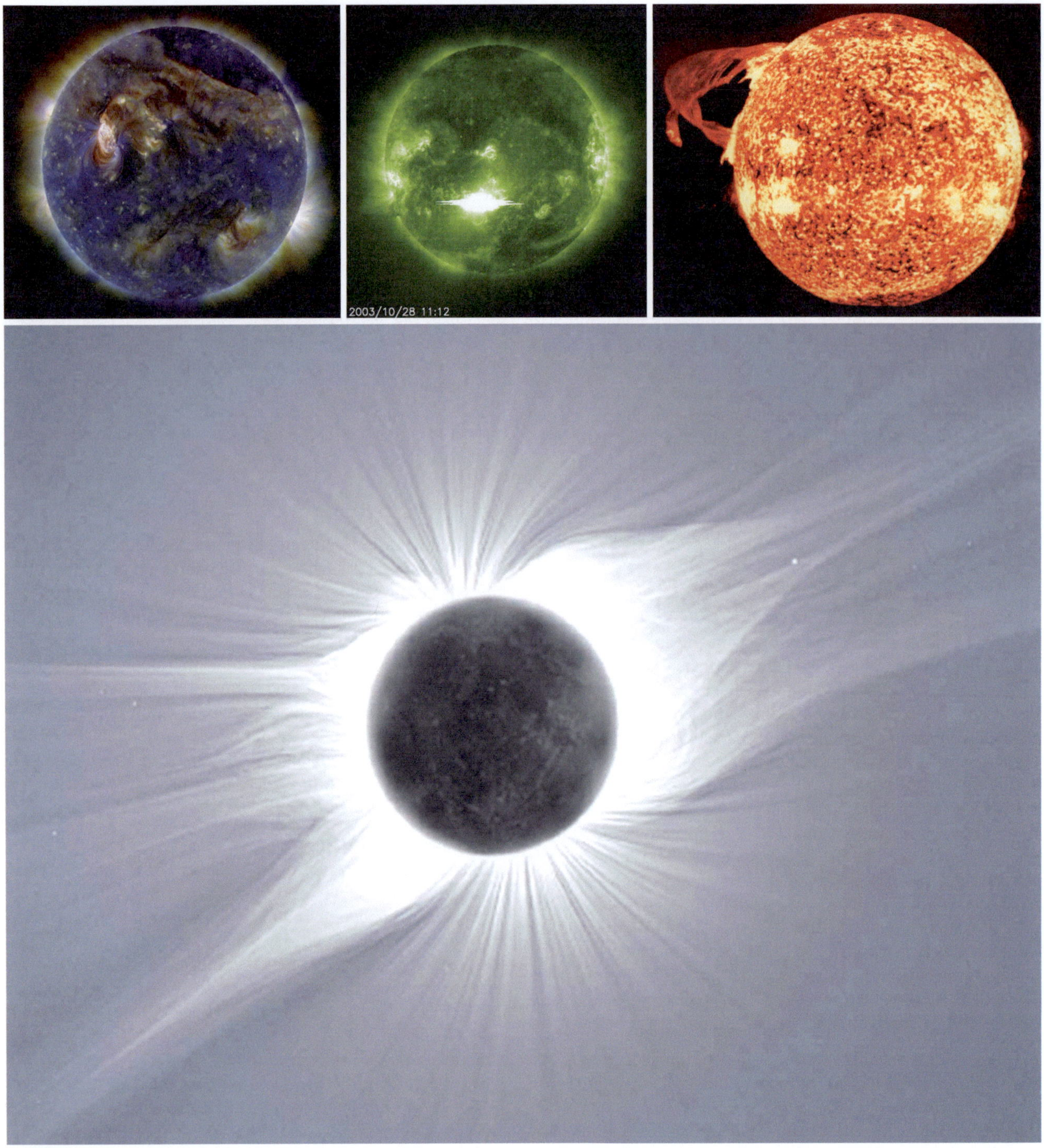

Abb. 2.61 *Oben links*: Bild der Sonne des Yohkoh Soft X-ray Telescope vom 1. August 2010. Das Bild zeigt ausgedehnte Regionen von Eruptionen der Sonne, die lange andauern können. Solares Flare ist *oben links* zu erkennen, ein solarer Tsunami (wellenartige Struktur) *oben rechts*. Fontänen aus Gas: Eruptionen (Protuberanzen) schleudern Plasma aus der heißen, im Innern zirkulierenden Sonnenmaterie: Aufnahme im extremen Ultravioletten. *Oben Mitte*: Die gewaltigen Eruptionen aus Gas sind sichtbar, die als Protuberanzen in die Höhe schießen und große Plasmamengen ins All schleudern. Hinter solchen Massenauswürfen (solare Flares) stecken Magnetfelder. Sie liefern auch die Energie für die Heizung der Korona (Priest et al. 1998). © Weekly Science Notes from the Yohkoh SXT. *Oben rechts*: Das Foto der Sonne wurde am 19. Dezember 1973 von der letzten bemannten Skylab-Mission aufgenommen. Es zeigt ein spektakuläres solares Flare, das sich über ca. 600.000 km auf der Sonnenoberfläche erstreckt. Die Pole der Sonne weisen ein relatives Fehlen des „supergranularen Netzwerks" auf (*dunklere Farbe*). Die Aufnahme wurde mit einem extremen Ultraviolett- Spektroheliograph-Instrument aufgenommen. © ESA & NASA/SOHO (28. Oct. 2003). *Unten*: Die totale Sonnenfinsternis (*solar eclipse*) vom 1. August 2008. Äquatoriale Ströme und polare Wolken kennzeichnen deutlich das magnetische Feld der Korona. (Die Theorie zur Entstehung des magnetischen Felds wird heute in Frage gestellt; Charbonneau 2016). Die Mondscheibe wird schwach von der Erdrückstrahlung beleuchtet. Quelle: Pasachoff (2009)

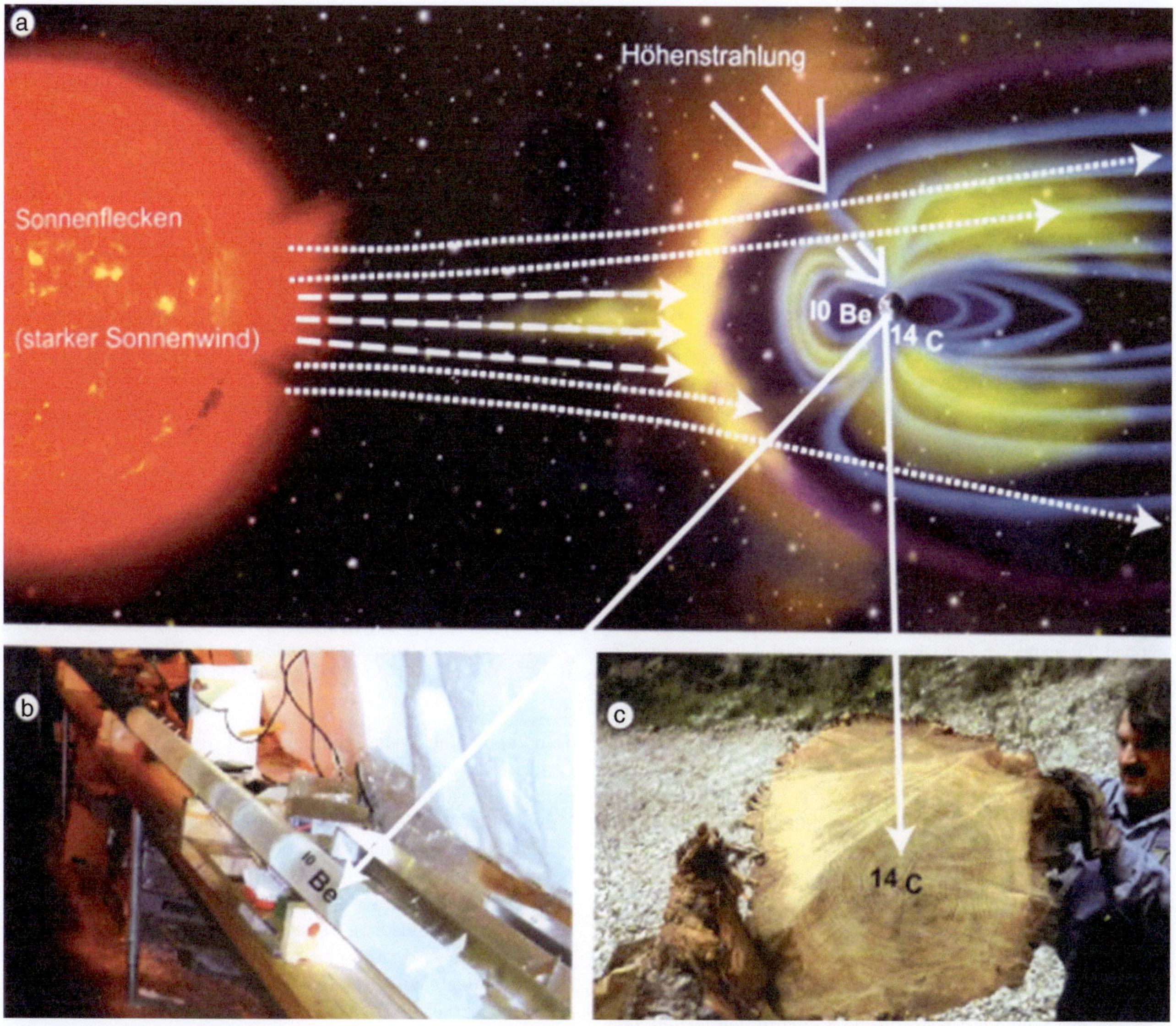

Abb. 2.62 **a** Schematische Darstellung der Sonnenoberfläche mit Sonnenflecken und Emissionsfackeln sowie Magnetfeldmodulation. Die radioaktiven Isotope ^{14}C und ^{10}Be werden durch die Höhenstrahlung produziert. **b** Sedimentation des kosmogenen Isotops ^{10}Be in Schnee und Eiskernen, **c** Einbau des kosmogenen Isotops ^{14}C in Baumholz. (Aus Sirocko (Hrsg.) (2009)). Kosmische Strahlung, die auf der Erde seit > 20 Jahren vom *Pierre Auger Cosmic Ray Observatory* (Argentinien) gemessen wird, wird von unbekannten neuen physikalischen Prozessen (z. B. spontaner Zerfall unbekannter massiver Teilchen) produziert (Hogan 2007)

und umgekehrt; die Sonnenfleckenaktivität und -verteilung auf der Sonne ändern sich (Stuart 2006). Es gab Zeiten mit hohen Sonnenfleckenzahlen und Phasen, in denen wenig oder keine Sonnenflecken auftraten (Abb. 2.62 und 2.63) (Eddy 1976). Hohe Sonnenfleckentätigkeit erzeugt größere Mengen der kosmogenen Isotope ^{14}C und ^{10}Be (Abb. 2.63).

Ein solarer Einfluss auf das Klima wird nachgewiesen, indem meteorologische und solare Parameter über lange Zeiträume rekonstruiert werden und die solaren Einflüsse von anderen (z. B. anthropogen induzierten) Einflüssen getrennt werden. Für die vergangenen 11.000 Jahre werden Schwankungen der Sonnenaktivität über die Konzentrationen der kosmogenen ^{14}C- und ^{10}Be-Isotope in marinen Sedimenten, Eisbohrkernen und Baumringen belegt (Kromer et al. 2004; Muscheler et al. 2007, 2008; Adolphi et al. 2014). Beide Isotope werden in größeren Raten in der höheren Atmosphäre der Erde durch kosmische Strahlen galaktischen und solaren Ursprungs gebildet. Die Produktion dieser kosmogenen Isotope ändert sich, wenn sich der Fluss kosmischer Strahlen ändert, die auf die Erde treffen (van Geel et al. 1999). Die Änderungen werden vorwiegend von Fluktuationen des Sonnenwindes hervorgerufen. Der Sonnenwind (Abb. 2.62) ist ein von der Sonne emittiertes ionisiertes Gas geringer Dichte, das die Stärke des Erdmagnetfeldes, das sich gegenwärtig abschwächt (ESA 19. Juni 2014), stark beeinflusst. ^{14}C gelangt über CO_2 in den globalen irdischen Kohlenstoffkreislauf; ^{10}Be setzt sich mit Aerosolen ab und wird in Sedimenten und Gletschereis angetroffen. Wenn die solare Aktivität hoch ist, be-

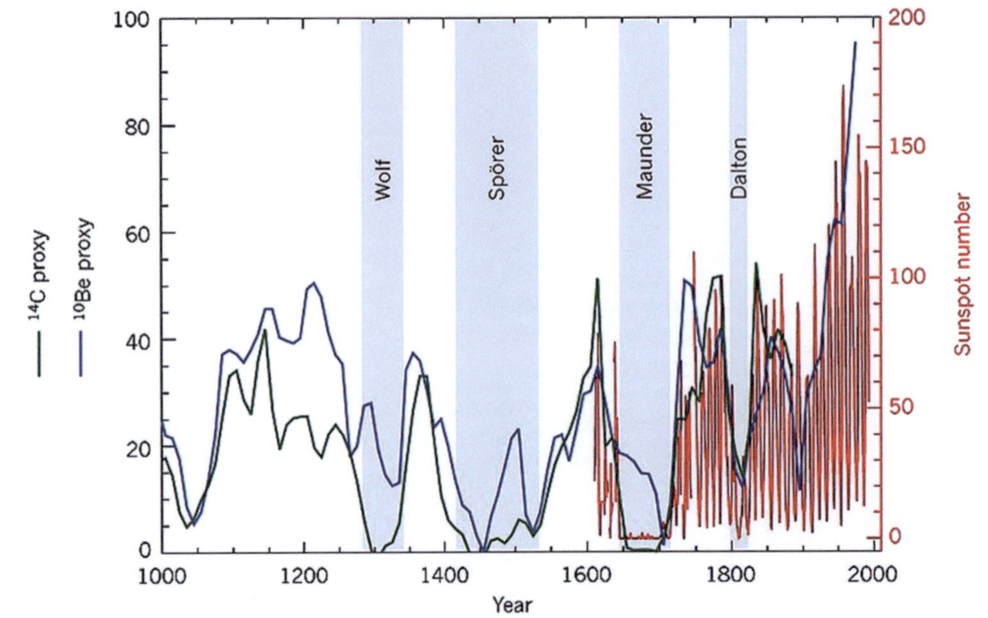

Abb. 2.63 Der Sonnenflecken-Zyklus. Dargestellt sind die 11-jährigen zyklischen Variationen in der Anzahl der Sonnenflecken und zwei Proxy-Äquivalente (Produktionsrate der radioaktiven Isotope Kohlenstoff 14 [^{14}C] und Beryllium 10 [^{10}Be]). Die Kurven von ^{14}C und ^{10}Be laufen in etwa mit den Sonnenflecken (10-Jahresmittel) parallel. Die *blaugrauen Zonen* kennzeichnen die Intervalle mit unterdrückter Sonnenfleckenaktivität (bekannt als Wolf-, Spörer-, Maunder- und Dalton-Minima). (Aus Charbonneau 2013; vgl. auch Vonmoos et al. 2006)

wegt sich das vergrößerte solare magnetische Feld durch den interplanetarischen Raum, wodurch die Erde wirksamer von kosmischer Strahlung abgeschirmt wird. Das führt zur Reduzierung der ^{14}C-Produktion. Geringe Sonnenaktivität lässt mehr kosmische Strahlen in die Erdatmosphäre eindringen, sodass mehr ^{14}C gebildet wird. Aus den ^{14}C-Proxydaten kann daher auf die solaren Strahlenemissionen geschlossen werden. Diese haben einen Einfluss auf das irdische Klima (Abb. 2.64) (van Geel et al. 1999).

Eine Studie von Usoskin et al. (2006) weist darauf, dass der Einfluss der Sonne auf das irdische Klima in den letzten Jahrzehnten bedeutender ist, als bisher angenommen wurde. Die Autoren rekonstruieren die Sonnenfleckenaktivität der vergangenen 7000 Jahre und stellen fest, dass der heutige hohe Grad der Sonnenaktivität selbst für die Zeitspanne seit 5000 BC sehr ungewöhnlich ist. Auch der ^{10}Be-Niederschlag hängt vom Fluss kosmischer Strahlen ab, der wiederum von Änderungen des Sonnenwindes beeinflusst wird (van Geel et al. 1999).

Es gibt viele Hinweise, auf die in den folgenden Kapiteln näher einzugehen ist, dass das irdische Klima in vielfältiger Weise von Schwankungen der Sonnenstrahlung und den daraus resultierenden *solar forcings* beeinflusst wird (vgl. Schwarzbach 1968, 260; Negendank und KIHZ-Konsortium 2004; Zyrkowski 2008; Rathmann und Jacobeit 2009; Adolphi et al. 2014). Die Schwankungen der Sonnenstrahlung und galaktischer kosmischer Strahlen ereignen sich in Zeitskalen von Jahrzehnten und Jahrhunderten (z. B. der *Gleissberg*-Zyklus von ~90 Jahren und der *de Vries*-Zyklus von ~200 Jahren) bis Jahrtausenden (Braun et al. 2005; Kromer et al. 2004; Haigh 2001; Heine 2004a; van Geel et al. 1999); sie können zu periodischen plötzlichen starken Schwankungen von Bewölkung, Niederschlag (u. a. Schnee), Temperatur und Eisbergbildung durch die in die Meere mündenden Gletscher führen (Carslaw et al. 2002); dadurch kann eine relativ geringe Produktion kosmischer Strahlen einen relativ großen Wandel des irdischen Klimas bedingen. Das *solar forcing* beeinflusste das Klima der letzten Warmzeit (u. a. mehr Niederschläge in Westafrika: Govin et al. 2014) und das Klima der letzten Eiszeit in Grönland (Adolphi et al. 2014) sowie die Intensität des asiatischen Monsuns (Miyahara et al. 2012; Uberoi 2012). Quasi-periodische Schwankungen des Luftdrucks in Zusammenhang mit der AMOC (Hurrell et al. 2003) werden ebenfalls beschrieben, Änderungen der solaren UV-Strahlung vom Maximum zum Minimum beeinflussen die NAO (Matthes 2011). Marine Sedimente (Kern ODP Leg-201) vom peruanischen Kontinentalhang zeigen eine multidekadische bis hundertjährige ENSO-Variabilität in Amplitude und Häufigkeit während der letzten 20 ka BP; die Auszählung der Jahreslagen deutet zwischen 17 und 15 ka BP auf eine interannuelle ENSO-Periodizität von durchschnittlich 5,6 Jahren, und Häufigkeitsanalysen ergeben spektrale Peaks bei 4,8 und 7,1 Jahren sowie bei 11, 21 und 149 Jahren, was für einen solaren Einfluss auf die langjährige ENSO-Variabilität hinweist (ANSTO 2007; Skilbeck und Fink 2006). Das Aussetzen der globalen Erwärmung zwischen AD 1999 bis 2014, einhergehend mit einer ungewöhnlich geringen solaren Aktivität (Lockwood et al. 2010), wird mit solarem *forcing* (vgl. Carslaw et al. 2002; Bradley et al. 2016) und/oder interner natürlicher Variabilität (vgl. Huber und Knutti 2014; GA Schmidt et al. 2014) in Verbindung gebracht.

Etwa alle 1500 Jahre (1470 Jahre, Braun et al. 2005) tritt ein starkes Minimum der solaren Aktivität auf. Der solare Einfluss der 1500-Jahr-Schwankung wird für das Holozän kontrovers

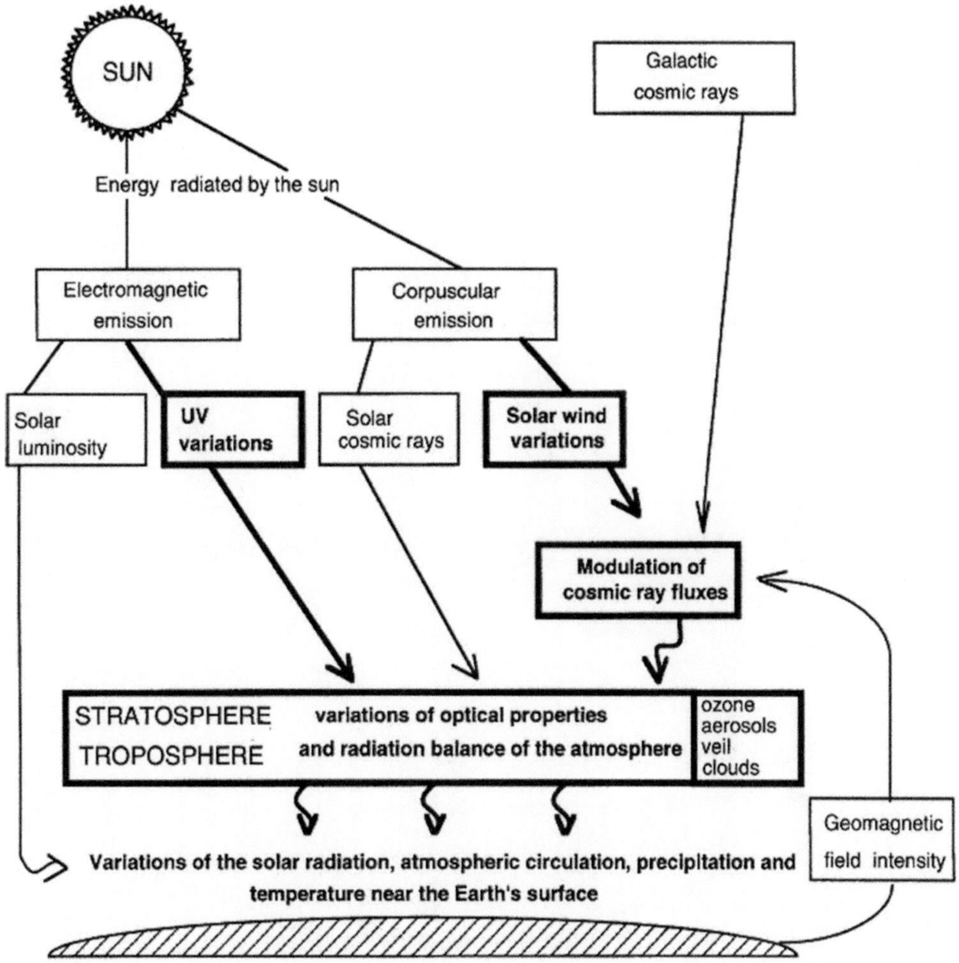

Abb. 2.64 Das Schema zeigt verschiedene solare und kosmische Faktoren, die einen Einfluss auf das irdische Klima haben. Die *climate forcings* spiegeln Änderungen in der UV-Strahlung und im Sonnenwind wider (van Geel et al. 1999)

diskutiert (Muscheler 2012; Sorrel et al. 2012), ist aber aufgrund mariner sedimentologischer Befunde vorhanden und wird entweder durch eine interne Variabilität im Klimasystem (die auch vom *solar forcing* initiiert sein kann) oder durch eine indirekte Reaktion auf *solar forcing* zurückgeführt, das in niederen Breiten (Tropen) das ENSO-System beeinflusst (Darby et al. 2012).

Aufgrund von MS (*magnetic susceptibility*)-Messungen von Gletschersee-Sedimenten beschreiben Polissar et al. (2006) aus den venezolanischen Anden vier Gletschervorstöße zwischen AD 1250 und 1810, die mit Minima der solaren Aktivität zusammenfallen; eine Temperaturabnahme um ~3,2±1,4 °C und eine Niederschlagsabnahme von 20 % sind erforderlich, um die beobachteten Reaktionen der Gletscher hervorzurufen. Diese Ergebnisse unterstreichen die Sensitivität hoch gelegener tropischer Regionen auf geringe Änderungen des *solar forcing*, wenngleich die rekonstruierten Temperatur- und Niederschlagsabnahmen nicht zutreffend sind, da Polissar et al. (2006) datierte Seeablagerungen, die Schwankungen der geomorphologischen Prozesse (Erosion) dokumentieren, mit nicht datierten, viel älteren (wesentlich älter als die Kleine Eiszeit) Moränen korrelieren (s. Abschn. 5.2.5).

Bekannt ist das Maunder-Minimum der *Kleinen Eiszeit* um AD 1700 (Eddy 1976; Abb. 2.63). Während des Maunder-Minimums traten Sonnenflecken kaum auf, und die Sonnenstrahlung war um 0,15 bis 0,4 % gegenüber den jüngst gemessenen Minimalwerten verringert (Lean 2006; Schiermeier 2007). Es gibt viele Hinweise, dass das Maunder-Minimum in klimasensiblen Geoarchiven dokumentiert wird (z. B. Heine 2004a; Kononov et al. 2009; Heine und Völkel 2011; Varma et al. 2012).

Der Solareinfluss auf das Klima wird durch zahlreiche neuere Untersuchungen immer häufiger bestätigt (vgl. Berman 2011; Abb. 2.65). Beispielsweise zeigt die NO_3^--Konzentration im Guliya-Eisbohrkern (Tibet) die Periodizität der Sonnenaktivitätsschwankungen seit AD 900 (Ninglian et al. 2000). Horiuchi et al. (2008) benutzen ^{10}Be und solare Aktivität seit AD 700 vom Dome Fuji-Eiskern aus der Antarktis für exakte Altersbestimmungen und für Aussagen zur Intensität der kosmischen Strahlung. Moffa-Sánchez et al. (2014) rekonstruieren aus δ^{18}O- und Mg/Ca-Analysen Temperatur und Salzgehalt des Nordatlantiks und stellen einen deutlichen Solareinfluss für das letzte Jahrtausend (einschließlich der *Kleinen Eiszeit*) fest. Dürren

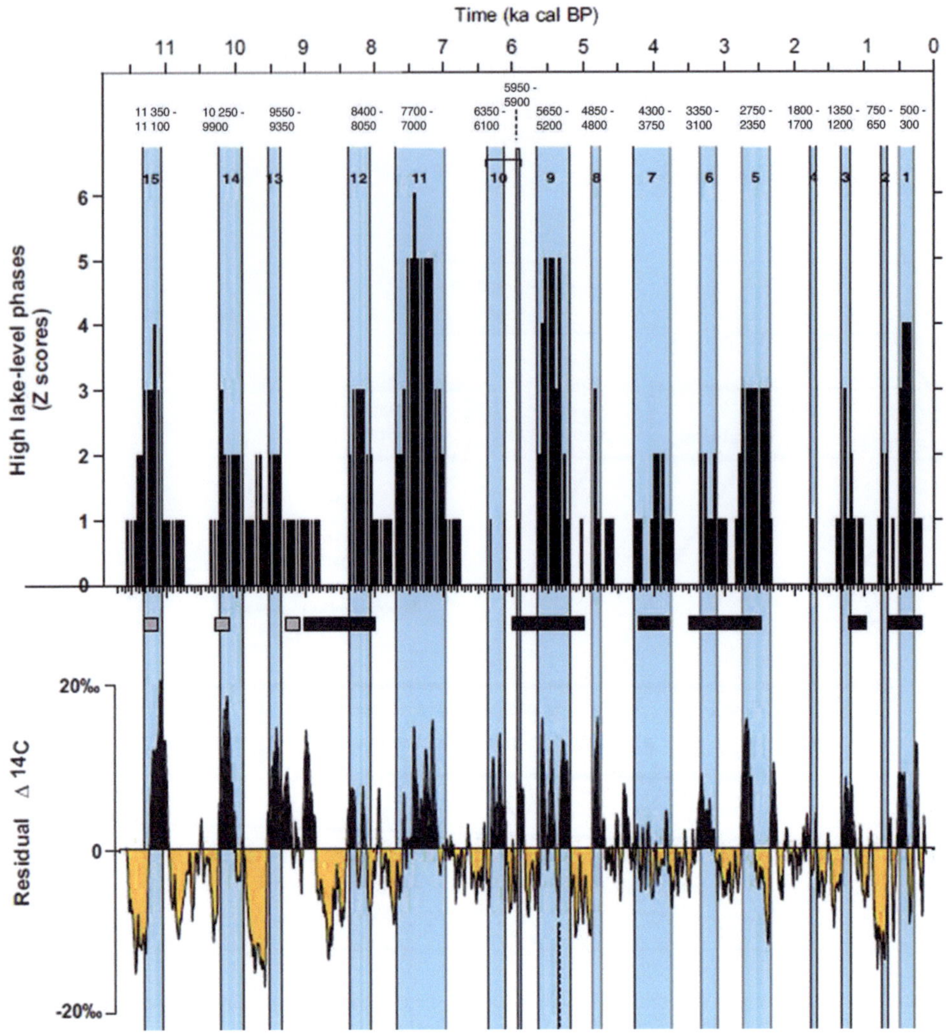

Abb. 2.65 Phasen mit hohen Seespiegelständen im europäischen Jura (Schweiz/Frankreich) im Vergleich zu Änderungen in atmosphärischen ^{14}C-Rückständen. Veränderungen der Sonnenstrahlung haben stark die hydrologischen Bedingungen während des Holozäns beeinflusst. (Aus Magny 2013)

in der Karibik, die während der Kleinen Eiszeit ± zur Zeit der solaren Minima (Oort, Wolf, Spörer, Maunder, Dalton, vgl. Abb. 2.63) auftraten, sind mit El-Niño-ähnlichen Bedingungen im östlichen äquatorialen Pazifik verknüpft; die El-Niño-Oszillationen werden durch das natürliche Strahlungs-*forcing* kontrolliert (Burn und Palmer 2014). Haigh et al. (2010) analysieren SIM-Daten (*Spectral Irradiance Monitor*) des *Solar Radiation and Climate Experiment* (SORCE)-Satelliten; die Daten zeigen erstaunliche Konsequenzen für das stratosphärische Ozon und das Klima: Ein Anstieg in der Sonnenaktivität führt nicht – wie bisher angenommen – zur Erwärmung des Klimas, sondern entgegengesetzt zu einer Abkühlung. Die Daten müssen bestätigt werden, bevor Computermodelle neu geschrieben werden sollten.

Neben dem *solar forcing* haben andere Prozesse einen Einfluss auf das Klima. Klimazyklen, Erdkerndynamik und Schwerefeld zeigen Abhängigkeiten im Periodenbereich von Dekaden bis zu einigen 100 Jahren. Variationen der Erdrotation – hervorgerufen durch die Erdkerndynamik oder Massenverlagerung an der Erdoberfläche – bilden mögliche Mechanismen für die bei meteorologischen Beobachtungen gefundenen Zustandsänderungen der Atmosphäre (z. B. AD 1900–1920, 1960–1980) (Jochmann und Greiner-Mai 1995; Schuh 2004). Diese Phänomene können nicht für die globale Erwärmung seit der Kleinen Eiszeit verantwortlich gemacht werden. In einer Zusammenfassung schreiben Foukal et al. (2006), dass es keine Hinweise gibt, dass größere Variationen der solaren Helligkeit (*luminosity*) zu signifikanten Klimaänderungen in Perioden von Jahrhunderten, Jahrtausenden oder Jahrmillionen geführt haben. Vielmehr scheint das Klima auf Änderungen des von der Sonne ausgesandten ultravioletten Lichts und des magnetisierten Plasmas zu reagieren. Diese Vorgänge sind aber zu komplex, als dass sie heute schon sinnvoll bewertet werden könnten (Foukal et al. 2006).

Box CO_2-Klimasensitivität

Die enge Assoziation zwischen Treibhausgasen (*Greenhouse gases*, GHG) und glazial-interglazialem Klimawechsel wurde zuerst durch die Analysen der im Eis Grönlands und der Antarktis eingeschlossenen Luftblasen enthüllt, die einen CO_2-Gehalt der Atmosphäre für das LGM von ~ 190–200 ppm und für das Holozän von ca. 270–280 ppm zeigen. Die Beziehung von atmosphärischem CO_2-Gehalt und Temperaturgang während eines glazial/interglazialen Zyklus sind eng. Grundlage der Temperaturrekonstruktionen sind die Verhältnisse der H- und O-Isotope im Eis. Die Paläotemperatur-Berechnungen basieren auf den gegenwärtigen Korrelationen zwischen den Verhältnissen von D/H ($^2H/^1H$) und $^{18}O/^{16}O$ im Eis und den Temperaturbedingungen unmittelbar über der Inversionslage, wo sich die Niederschläge bilden, und an der Oberfläche. Die Korrelationen werden benutzt, da die Fraktionierungsprozesse im atmosphärischen Wasserkreislauf aufgrund verschiedener Parameter ablaufen und ein lineares Isotopen-Temperatur-Verhältnis in beiden polaren Eisschilden (Arktis, Antarktis) aufweisen. Die Validität der benutzen Verhältnisse für die Paläotemperatur-Rekonstruktionen wird durch Modelle gestützt. Obgleich kein Zweifel besteht, dass die Konzentration einer bestimmten Luftmasse durch das Eis der jeweiligen Lokalität repräsentiert wird, leiden quantitative Schätzungen der atmosphärischen Konzentrationen an dem mangelhaften Verständnis des Ablagerungsprozesses (Anteil von nasser und trockener Deposition). – Für die Analysen ist die Auswahl des Probenorts von eminenter Bedeutung (Eisflussprozesse). Auch zwischen dem GHG Methan (CH_4) und Klimaänderungen besteht eine enge Korrelation. Die CH_4-Konzentration lag während des LGM bei 0,35 ppm und stieg zum Holozän auf Werte um 0,65 ppm an.

Die Beobachtungen der engen Beziehungen zwischen Klimagang und atmosphärischen GHG-Gehalten sind die Grundlage für die Berechnungen zur CO_2-Klimasensitivität (Geocarb III CO_2-Rekonstruktion, Berner und Kothavala 2001; s. auch Royer et al. 2004; Rahmsdorf et al. 2004). In welchem Ausmaß jedoch die GHGs die globalen Temperaturen während der Glazial- und Interglazialzeiten beeinflussten, wird seit Jahrzehnten heftig diskutiert. Lorius et al. (1990) schreiben zu „*Equilibrium temperature, feedback processes and 2 x CO_2 experiments*“:

> Earth's atmosphere is heated by short-wavelength solar radiation and cooled by the emission of long-wavelength radiation to space. The planetary radiative energy budget per unit area, N, can be written as the difference of these terms
>
> $$N = \frac{1-\alpha}{4} S - \varepsilon \sigma T_s^4 \quad (1)$$
>
> where S is the solar constant (1,370 W m^{-2}), α the planetary reflectivity or albedo (0.3), ε the effective emissivity of the atmosphere, σ the Stefan-Boltzmann constant and T_s the surface temperature[65]. At equilibrium ($N=0$) and with no atmosphere this yields $T_e = 255$ K. Earth's surface temperature is actually 288 K, primarily because of the presence of the atmosphere and the present greenhouse warming is therefore ~33 °C.
>
> If the atmospheric structure and all other factors remain fixed, the response of the system to an increase of radiative forcing ΔQ would be a change in T_e necessary to restore radiative equilibrium, $\Delta T_e = T_e \Delta Q/(1-\alpha)S$ leading to $\Delta T_e \approx 0.3 \Delta Q$. The radiative forcing for a doubling of the CO_2 concentration is $\Delta Q \approx 4$ W m^{-2} corresponding to $\Delta T_e \approx 1.2$ °C.
>
> The surface temperature changes, ΔT_s, calculated in recent GCM studies for doubled CO_2[6-11] are shown in the table. Here we have adopted the feedback terminology of Hansen *et al.*[6] in which a net feedback factor f is defined by assuming that the radiative forcing for doubled CO_2 is ~4 W m^{-2} and hence $\Delta T_s \approx 1.2 f$. The feedbacks that have been found to be significant in these models (water vapour, clouds, sea ice and snow cover) can be described as fast feedbacks, because they respond rapidly to climate change and are thus important on decadal timescales.

Die Ausführungen zeigen, dass zahlreiche Parameter bei der Berechnung berücksichtigt werden müssen. Die Bedeutung des Einflusses von vielen Parametern (z. B. Bewölkung, Aerosole, „Solarkonstante“, Albedo) wird durch ständig neue Erkenntnisse verändert. Inwieweit daher die Klimasensitivität des CO_2 korrigiert werden muss, ist nicht bekannt. Da in den letzten Jahren neue Erkenntnisse über den Einfluss von Albedo, Wolken und *solar forcing* auf den Energiehaushalt der Erde erzielt wurden, wird eine geringere Klimasensitivität des CO_2 vermutet.

Zu b. Veränderungen der Zusammensetzung der Atmosphäre.

Treibhausgase, wie Wasserdampf (H_2O), CO_2, CH_4 und HFCs (*Hydrofluorcarbons*, z. B. in Kühlschränken, Klimaanlagen), halten einen Teil der infraroten Ausstrahlung zurück; dadurch wird die Erdoberfläche veranlasst, eine höhere Temperatur einzunehmen, damit das Energiegleichgewicht wiederhergestellt wird. Die Konzentration der Treibhausgase verändert sich im Verlauf von Kaltzeiten und Warmzeiten erheblich und oft auch sehr rasch (Zachos et al. 2008). Die CO_2-Änderungen in der Atmosphäre werden aus polaren Eisbohrkernen und aus Torfmooren und Seesedimenten rekonstruiert (Meyers und Horie 1993; JWC White et al. 1994; Köhler et al. 2010). Alle CO_2-Kurven zeigen große Schwankungen, die nahezu synchron zu paläoklimatischen Änderungen auftreten (vgl. Box Eisbohrkerne). Auch im Holozän zeigen CO_2-Kurven und Kurven der solaren Aktivität starke Ähnlichkeiten (Jessen et al. 2007). Mögliche Ursachen der atmosphärischen CO_2-Schwankungen liegen in Änderungen der thermohalinen Zirkulation und des Chemismus der Ozeane. Damit ließen sich zumindest die auf der Nord- und Südhemisphäre synchron ablaufenden Klimaschwankungen erklären, obgleich als Folge der durch die Erdbahnparameter bedingten Insolationsanomalien Unterschiede der Hemisphären erwartet werden müssten (vgl. auch Huybers und Denton 2008). Heute (AD 2014) jedoch sind viele Zusammenhänge der dynamischen Prozesse, die den irdischen Kohlenstoffkreis-

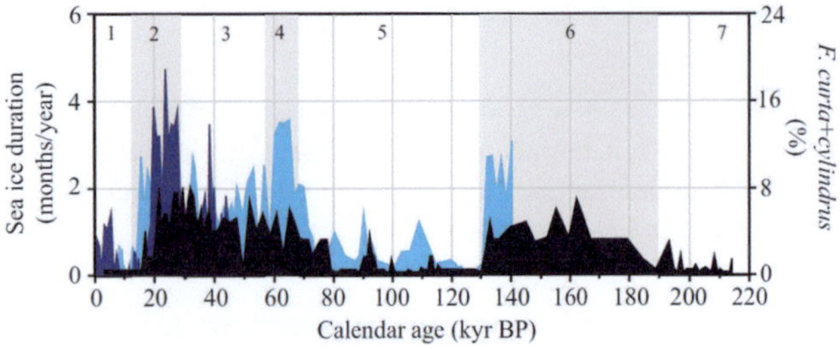

Abb. 2.66 Die Meereisausdehnung rings um die Antarktis seit 220.000 Jahren aufgrund fossiler Meereis-Diatomeen. *Schwarz*: Indischer Sektor des Südlichen Ozeans. *Dunkelblau*: Atlantischer Sektor des Südlichen Ozeans. *Hellblau*: Verteilung von *Fragilariopsis curta* und *F. cylindrus* zum Vergleich. Gerade Zahlen (*hellgraue Bereiche*) – Eiszeit-Stadien, ungerade Zahlen (*weiße Bereiche*) – interglaziale/interstadiale Stadien. (Nach Crosta 2007)

lauf beeinflussen, noch unklar. Dazu gehören die Fragen nach der Bedeutung der eiszeitlichen Vegetation für die terrestrische Kohlenstoffspeicherung, nach Wechselwirkungen zwischen eiszeitlichen Oberflächenverhältnissen (Albedo) und Klimaänderungen sowie nach genauer Charakterisierung der eiszeitlichen irdischen Oberflächenverhältnisse (Größe und Alter von Eisstauseen, Vergletscherung Tibets (?), Ausbreitung der Wüsten). Von besonderer Bedeutung erscheinen Änderungen in der Verbreitung tropischer Regenwälder, denn sie dienen als Quelle und Senke des atmosphärischen CO_2 und als irdischer Kohlenstoffspeicher (Adams et al. 1990; Burgermeister 2007).

Es soll hier nicht unerwähnt bleiben, dass aus dem nahezu synchronen Verlauf der $\delta^{18}O$-, CO_2- und Temperaturkurven (vgl. Box Eisbohrkerne), die zuerst aus Eisbohrkernen Grönlands (Camp Century 1963–1966, Dye 3 1971–1988) und der Antarktis (seit den 1970er-Jahren, u. a. Vostok, Dome C) gewonnen wurden und die noch eine – im Vergleich zu heute – extrem niedrige zeitliche Auflösung zeigen, gefolgert wurde, dass ein rascher Temperaturanstieg am Ende einer Eiszeit wesentlich vom Anstieg des atmosphärischen CO_2 von ca. 190 ppm (LGM, 20 ka BP) auf ca. 280 ppm (um AD 1850, heute 400 ppm) abhängig ist (u. a. Lorius et al. 1990; Box CO_2-Klimasensitivität); der CO_2-Anstieg nach dem LGM soll für ein Drittel des Temperaturanstiegs verantwortlich sein (Andersen und Borns 1994:28). Diese Hypothese wurde in den darauffolgenden Jahren von vielen Wissenschaftlern vertreten (Broecker und Kunzig 2008). Daher wurde dem CO_2-Gehalt der Atmosphäre besondere Aufmerksamkeit zuteil (mögliche Ursachen des spätglazialen CO_2-Anstiegs diskutiert u. a. Berger 1982). Erst langsam setzte sich die Erkenntnis durch, dass der CO_2-Anstieg nicht unmittelbar den Temperaturgang bestimmte. Der CO_2-Anstieg folgte dem Temperaturanstieg am Ende der letzten Eiszeit mit einer zeitlichen Verzögerung von bis zu mehreren 100 bzw. >1000 Jahren (Monnin et al. 2001; Shakun et al. 2012), und auch die Periode der *Kleinen Eiszeit* weist eine zeitliche Verschiebung von CO_2- und Temperaturgang um ca. 60 Jahre auf (Abb. 2.13) (Cox und Jones 2008). CO_2- und Temperaturentwicklung scheinen komplexen Vorgängen zu folgen, bei denen neben dem Treibhauseffekt zusätzliche Mechanismen, die in den Tropen, in der Nordhemisphäre sowie den südlichen Ozeanen zu suchen sind, eine Rolle spielen (Monnin et al. 2001). Im *Mid-Brunhes event* (MBE, vor ca. 430 ka BP) änderte sich der Charakter der Zyklen von CO_2 und Eisvolumen; die Amplituden der glazial-interglazialen Schwankungen von CO_2, antarktischen Temperaturen und globalem Eisvolumen (Meeresspiegel) wuchsen wesentlich an, während Amplitudenänderungen des interglazialen CH_4, $\delta^{18}O_{atm}$ und der Intensität des asiatischen Monsuns diesen Trend nicht aufweisen (H. Cheng et al. 2016; s. Abb. 2.16).

Tropische (Thompson 1992) und außertropische (Smith et al. 2004; Steinmann et al. 2006) Feuchtgebiete sind Quellen von Methan (CH_4). Die Gleichzeitigkeit zwischen dem Absinken des CH_4-Gehalts in den Kaltzeiten und dem plötzlichen Wiederanstieg am Ende derselben ist offenkundig (Schaefer et al. 2006); dies wurde zuerst in antarktischen und grönländischen Eisbohrkernen festgestellt (Lorius et al. 1990, 1993; Chappellaz et al. 1993). Die CH_4-Schwankungen und die plötzlichen postglazialen hygrischen und thermischen Klimaänderungen werfen die Frage nach Beziehungen zwischen Klimaschwankungen und Änderungen tropischer Landoberflächen und der atmosphärischen CH_4-Gehalte auf. Neue Forschungen zeigen, dass CH_4 von den Pflanzen in weit größeren Mengen (10–30 % des CH_4, das jährlich der Atmosphäre zugeführt wird) produziert wird (Keppler et al. 2006), als man zuvor angenommen hatte (Lowe 2006; Bousquet et al. 2006; Schiermeier 2006b), und dass CH_4 auch aus *clathrates* des Meeresbodens stammen kann (Kennett et al. 2003). Jedoch wird die Herkunft des CH_4 noch kontrovers diskutiert (Hopkin 2007; Keppler et al. 2006; Schaefer et al. 2006).

Der globale Stickstoffhaushalt (McLauchlan et al. 2013) und die Ursachen der Schwankungen des Treibhausgases N_2O sind ebenfalls noch nicht geklärt. Tropische Regenwälder und tropische Waldböden sind vermutlich bedeutende Quellen aktiver atmosphärischer Stickstoffverbindungen wie NO und NH_3 (Clarisse et al. 2009), die Vorläufer von NO_{3-} und NH_{4+} sind, welche als Aerosole auftreten. Geringe NO_3-Konzentrationen während der letzten Eiszeit deuten auf eine stark reduzierte Waldbedeckung infolge trockenerer Klimabedingungen hin.

Im Abschn. 2.2.3 wird auf die Bedeutung der Aerosole für den Strahlungshaushalt hingewiesen. In der Beurteilung der Aerosole als wichtige Faktoren des Klima-*forcings* fand in den letzten Jahren die größte Veränderung statt: Während bisher – und in den IPCC-Berichten – den Aerosolen bei der globalen Erwär-

Abb. 2.67 *Oben*: Meeresoberflächentemperaturen (SSTs), Eisverbreitung und kontinentale Albedo für den nordhemisphärischen Sommer (August) vor 18.000 ^{14}C-Jahren. Isolinien: 1 °C für Isothermen und 500 m für Eis-Höhe. Kontinentränder bei −85 m Meeresspiegel. In Sibirien zeigen gerissene Linien Ergebnisse der Eisverbreitung an. Albedo-Werte für (A) Schnee und Eis, >40 %, (B) 30–39 %, (C) 25–29 %, (D) Savannen und Grasländer, 20–24 %, (E) dichte Vegetation, <20 % (meist 15–18 %), (F) eisfreier Ozean mit Isolinien der SST in °C, Albedo <10 %. (Aus CLIMAP Project Members 1976). *Unten*: Differenz zwischen August-SSTs in °C des LGM und modernen Werten. Eisfreie Gebiete sind gerastert, ebenso Ozeangebiete, in denen der Temperaturunterschied >4 °C ist. (Aus CLIMAP Project Members 1976) ►

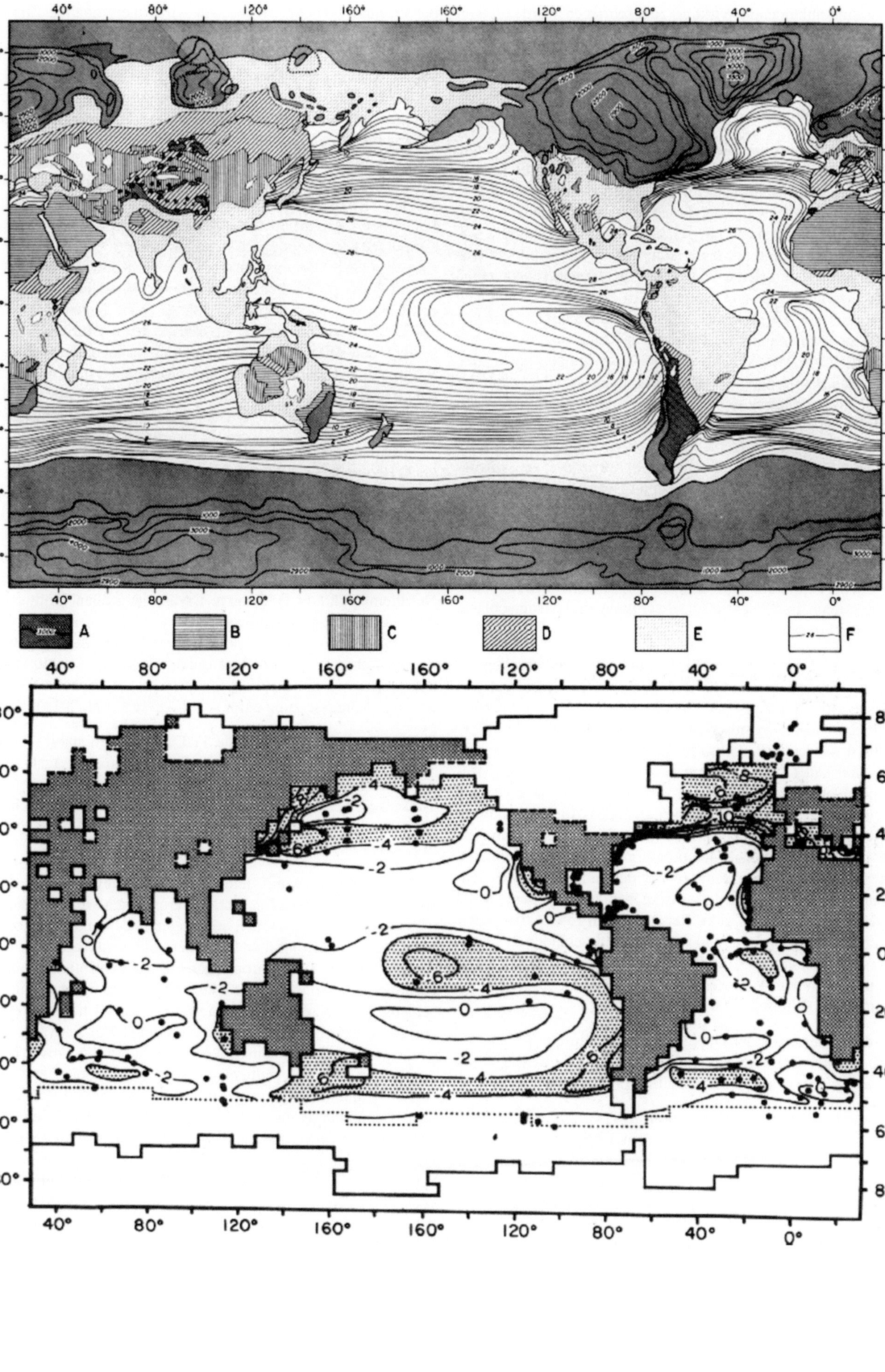
A
B
C
D
E
F

mung eine abkühlende Wirkung zugeschrieben wurde, zeigen die neuesten Daten das Gegenteil.

Zu c. Schwankungen hinsichtlich Verbreitung und Volumen kontinentaler und mariner Eismassen und eustatische Meeresspiegelschwankungen.

Zwar sind der Aufbau und der Zerfall großer Eisschilde eine Folge der Klimaänderungen, doch können ausgedehnte Inlandeise selbst Einfluss auf das Klima nehmen. Während des LGM wurden die Zugbahnen der Zyklone stark vom nordatlantischen Meereis und dem skandinavischen Inlandeis beeinflusst. Das fennoskandische und nordamerikanische Inlandeis bildete Antizyklonen aus, auf deren Südflanken östliche oberflächennahe Winde herrschten, die zu kälteren und trockeneren Bedingungen führten, als sie sich aus einer lediglich anhand erniedrigter eiszeitlicher Temperaturen rekonstruierten Klimasituation ergeben würden (Poser 1948). Klimatische Auswirkungen hatte auch der Zerfall der nordhemisphärischen Inlandeisschilde, denn der Schmelzwassereintrag in den Nordatlantik führte zu Störungen der thermohalinen Zirkulation mit klimatischen Auswirkungen weit über den Nordatlantik hinaus (z. B. Jüngere Dryaszeit). Zusätzlich führte eine Änderung des *conveyor belt* zu Schwankungen in der Konzentration atmosphärischer Treibhausgase.

Die Reduzierung der Gebiete mit tropischer Regenwaldbedeckung und die Ausweitung der Wüsten und Halbwüsten äquatorwärts beeinflussten während der Kaltzeiten nicht nur die allgemeine Zirkulation der Atmosphäre, sondern auch regionale Windsysteme, Luftfeuchtigkeit, Bewölkung und Niederschläge, Transpiration, etc.

Eustatische Meeresspiegelschwankungen haben vor allem in solchen Gebieten eine große Bedeutung für Klimaänderungen, wo sie sich in Flach- und Schelfmeeren (7 % der Ozeane) abspielen. Große ozeanische Strömungen können dadurch beeinflusst werden (vgl. Abb. 7.5: Sunda und Sahul). Der globale CO_2-Haushalt (Austausch Ozean-Atmosphäre) wird bei Meeresspiegelabsenkung von ca. 130 m modifiziert (schwächere *continental shelf pump*) (Rippeth et al. 2008). Auch haben marine Trans- und Regressionen Auswirkungen auf die Humidität und den jahreszeitlichen Temperaturgang. Es wird vermutet, dass die Energie der Ozeangezeiten nicht allein durch Bodenreibung in seichten Küstengewässern, sondern zu einem Drittel in der Tiefsee verloren geht. Bei einem um rund 130 m tiefer liegenden Meeresspiegel und entsprechend veränderten Flachmeergebieten kann dies die Rolle der Gezeiten hinsichtlich der Zirkulation in den Weltmeeren und damit des Wärmetransports beeinflussen (Wunsch 2000).

Zu (d): Änderungen der Oberflächentemperaturen (SST = *sea surface temperature*) und des Salzgehalts der Meere (SSS = *sea surface salinity*), die die thermohaline Zirkulation steuern.

Die Meeresoberflächentemperaturen (SSTs), die von der Stärke des vom Südatlantik über den Äquator erfolgenden Wärme- und Salztransports abhängig sind, bestimmen weitgehend das Klima in Nord- und Westeuropa. Änderungen der SST im Atlantik beeinflussen daher die Festländer beiderseits des Nordatlantiks. Der *conveyor belt* (Abb. 2.12), der von der Wasserdichte und damit von der Temperatur- und Salinitätsverteilung der Ozeanoberfläche angetrieben wird (thermohaline Zirkulation [THC]), reagiert äußerst empfindlich auf die Zufuhr von Schmelzwässern der spätglazialen Inlandeise und der Meereisgebiete (Abb. 2.66). Die Produktion des nordatlantischen Tiefenwassers kann durch Schmelzwassereintrag verringert werden (Duplessy et al. 1992; Rahmstorf 1995). Während der letzten Eiszeit und Deglaziation (vor ca. 33.000–11.000 Jahren) wird ein asynchrones Verhalten der Nord- und Südhemisphäre beobachtet: Abkühlung in der einen Hemisphäre verläuft gleichzeitig mit Erwärmung in der anderen. Diese Asymmetrie wird dem Phänomen zugeschrieben, das unter dem Begriff *bipolar seasaw* („bipolare Klimawippe") bekannt ist (Blunier und Brook 2001; Barker et al. 2009), das wiederum an Nord-Süd-Verlagerungen des südhemisphärischen Westwindgürtels gebunden ist. Auch der Eintrag großer tropischer Flüsse (z. B. Niger, Schneider 2007; Sambesi, Schefuß et al. 2011), deren Abflussverhalten sich mit den Klimaschwankungen ändert, ist zu berücksichtigen. Während der Deglaziation hat sich das Klimasystem von einem kalten in einen warmen Zustand „geschaukelt", mit abwechselnder Erwärmung der Nord- und der Südhemisphäre (Frank 2016).

Es gibt überwältigende Hinweise auf plötzliche Änderungen der THC und der SSTs in regionalen und globalen Maßstäben während der letzten 200.000 bis 300.000 Jahre (Schneider 2007). Wie komplex allerdings die Prozesse sind, die zu diesen Schwankungen führen, zeigen die Ergebnisse von Schefuß et al. (2011) und De Deckker et al. (2012). Während der letzten 17.000 Jahre haben Klimaänderungen in hohen Breiten der Nordhemisphäre (z. B. Jüngere Dryaszeit) großen Einfluss auf die Niederschlagsverhältnisse im Innern Südafrikas, in Mozambique und in Madagaskar, während SST-Änderungen im südwestlichen Indischen Ozean nicht als primäre Faktoren der hydrologischen Schwankungen auftreten; sie können aber eine wichtige Voraussetzung dafür sein (Schefuß et al. 2011).

Während des Holozäns ist die THC erstaunlich stabil (s. auch Toggweiler und Russel 2008); die viel größere Instabilität und häufige Variabilität des Klimas, die in Eisbohrkernen und Tiefseesedimenten für die letzten 150.000 Jahre dokumentiert werden, sind an eine größere Variabilität der THC gebunden (Tziperman 1997).

El-Niño-Ereignisse und deren Zusammenhang mit der atmosphärischen *Southern Oscillation* verursachen kurzfristige Klimaanomalien in den Tropen und zeigen bedeutende Telekonnexionen zu außertropischen Regionen. Schwankungen der SST und der Salinität der subtropischen Ozeane kontrollieren Veränderungen der Monsune. Die Monsune werden durch die unterschiedliche Erwärmung von Land und Meer, d. h. durch einen atmosphärischen Druckgradienten, bedingt. Ein schwacher Indischer wie auch Afrikanischer Monsun fällt mit positiven SST-Anomalien über den südhemisphärischen subtropischen Ozeanen zusammen. Dabei wiederum spielt das ENSO-Phänomen eine bedeutende Rolle. Die heutigen SST-Daten belegen, dass südliche Ozeane wärmer sind, wenn Nordatlantik und Nordpazifik kälter sind (und umgekehrt) und dass diese Verhältnisse zeitgleich mit Dürreperioden im Sahel auftreten (vgl. Chang et al. 2006). Neben Änderungen der jahreszeitlichen Verteilung der Einstrahlung scheinen dabei die SSTs und die Temperaturen der Festländer in den Tropen von Bedeutung zu sein. Dies

Tab. 2.2 Differenz zwischen glazialen und gegenwärtigen SST in °C und grobe Schätzung der Schwankung zwischen verschiedenen Proben für ausgewählte Methoden. (Nach Anderson und Webb 1994)

Methode	SST-Änderungen	Messunsicherheit
Korallen Sr/Ca	−5	±0,5
Korallen-$\delta^{18}O$	−5	±0,5
CLIMAP	−2	±1,5
Foraminiferen-$\delta^{18}O$	−2	+1
Algen-Alkenone	−1	±0,5

wird auch von Li et al. (2014) vermutet, die Rückkoppelungen zwischen einer Erwärmung des tropischen und nördlichen Atlantiks, dem Abschmelzen des arktischen Meereises und der gleichzeitigen Ausdehnung des antarktischen Meereises seit mehr als drei Dekaden modellieren. Die gewaltige Vergrößerung des antarktischen Meereisgebiets wurde nicht von den Klimamodellen des IPCC (2013) erfasst (King 2014), wird aber heute teilweise mit einem Fehler der Datenanalyse in Verbindung gebracht (Eisenman et al. 2014).

Über die Rekonstruktionen der eiszeitlichen tropischen SST (Sea Surface Temperature)SST!glaziales besteht zurzeit noch keine Einigkeit. Im Jahr 1976 wurden die Ergebnisse der CLIMAP Project Members (1976) (= *Climate Long-ranged Investigation Mapping and Predictions*) publiziert. Die Autoren ermittelten unter Auswertung zahlreicher mariner Bohrkerne aus den Sauerstoffisotopen-Zusammensetzungen der Mikroorganismen (Foraminiferen) die SSTs des LGM (18 ^{14}C ka BP) und publizierten Weltkarten der SSTs für die Gegenwart, für das LGM (18 ^{14}C ka BP) und für die Differenz „Gegenwart minus LGM" (Abb. 2.67). Diese Ergebnisse bildeten für Jahrzehnte die Bezugsbasis für zahlreiche Aussagen zum Klima des LGM und vor allem für Modellierungen und Szenarien der Klimazukunft, obgleich die CLIMAP-Rekonstruktion des LGMs viele Fragen aufwirft. Es ist erstaunlich, dass die tropischen und subtropischen SSTs im Hochglazial im Vergleich zur Gegenwart (1970) nur um 0–6 °C niedriger gewesen sein sollen (vgl. auch Rind und Peteet 1985). In den tropisch/subtropischen Meeren soll die größte Abkühlung im Bereich des Humboldt/Peru-Stroms erfolgt sein. Doch hochglaziale SSTs, die auf geochemischen Befunden von Korallen und von organischem Material beruhen, deuten auf deutlich tiefere SSTs während des Hochglazials hin (Anderson und Webb 1994) (Tab. 2.2). Im tropischen Pazifik war die SST 6,5 °C tiefer (Beck et al. 1997; Bard et al. 1997); vom westlichen Pazifik und Indischen Ozean entlang des Äquators werden um 0–3 °C tiefere Temperaturen genannt, während dort die tropischen SSTs allgemein bis 4 °C tiefer lagen und im südwestlichen Pazifik sogar 7–9 °C Abkühlung erreicht wurden (Barrows und Juggins 2005; Chabangborn et al. 2014).

Hinweise auf kühlere SSTs als im CLIMAP-Bericht angegeben, ergeben sich aus den terrestrischen Daten der tropischen Eisbohrkerne (Thompson et al. 1995, 1998; Bowen 2005), der Periglazialgebiete tropischer Gebirge (Heine 1995a, 2000), der Depression von Schnee- und Waldgrenze und von Vegetationsstufen sowie der Edelgas-Paläotemperaturen, die aus Grundwasservorkommen gewonnen werden (Stute und Schlosser 1993; Stute et al. 1995). Die terrestrischen Befunde aus den Tropen belegen Temperaturabsenkungen um 5 °C in tieferen Lagen und bis zu >8 °C in den Hochgebirgen (Farrera et al. 1999). Die LGM-zeitliche Schneegrenze war in Mexiko um rund 1000 m abgesenkt (Vázquez-Selem und Heine 2011); das entspricht einer Temperaturabsenkung von ≥ -6 bis −7 °C. In Ecuador und Bolivien ermittelte Heine (1998a, 2000, 2011a, 2011b) anhand der LGM-Moränen Werte von ≥ -5 °C. Blard et al. (2007) belegen für Hawaii −7 °C im LGM aufgrund der Moränen am Mauna Kea. Für die Tropengletscher ermittelt Hastenrath (2009) eine durchschnittliche LGM-zeitliche Schneegrenzdepression von 1000 m. Das entspricht einer Temperatur im LGM, die rund 6 bis 7 °C kälter war. Auch die palynologischen Daten belegen für das LGM niedrigere Temperaturen, als sie von den CLIMAP Project Members (1976) vorgegeben werden. Hooghiemstra (1984) ermittelt aufgrund der Depression der oberen Waldgrenze eine Temperaturdifferenz zwischen dem LGM und den holozänen Klimaoptimum von rund 12 °C; Stuijts (1993) findet für Java (Indonesien) eine Absenkung der Vegetationsstufen um mindestens 500 m (entspricht ≥ -3 °C), und Newsome und Flenley (1988) konstatieren für Sumatra bis zu 5,2 °C kältere Temperaturen (ca. 800 m Depression der Vegetationshöhenstufen).

Zweifel an den CLIMAP-Daten ergeben sich ebenfalls, wenn die mikroskopische Rekristallisation der planktonischen Foraminiferen berücksichtigt wird; daraus resultieren um einige °C niedrigere SSTs der tropischen Ozeane (Kump 2001); auch ergibt der $U^{K}_{37'}$ (*alkenone unsaturation index*) Temperaturabsenkungen während der Glaziale zwischen 2 und 5 °C für tropische Ozeane (Abb. 4.80). Die immer noch vorhandene Diskrepanz zwischen den in den letzten Jahren rekonstruierten SSTs und den terrestrischen Befunden (Moränen, Pollen) erklärt sich möglicherweise zum Teil aus einem LGM-zeitlichen größeren Temperaturgradienten mit der Höhe in den Tropen – oder zumindest lokal im Bereich der vergletscherten Gebirge –, verursacht durch eine trockenere Atmosphäre im LGM (Blard et al. 2007). Zusätzlich muss der um ca. 120 m tiefer gelegene Meeresspiegel berücksichtigt werden (Osmaston 2006).

Um die Diskrepanz zwischen den marinen und terrestrischen Rekonstruktionen der LGM-Temperaturen zu „entschärfen", wurden weitere Überlegungen vorgetragen. Ein reduzierter atmosphärischer CO_2-Partialdruck (pCO_2) hat in den Nordanden den Wettbewerb zwischen C_3- und C_4-Pflanzen verändert; dies wurde bei der Auswertung der Pollenprofile bisher oft nicht berücksichtigt (Wille et al. 2000). Heute wird die obere Waldgrenze mit der 9,5 °C-Jahres-Isotherme verknüpft, doch diese ist auch vom pCO_2 abhängig. Infolge der reduzierten pCO_2-Werte im LGM war der obere Waldgürtel nahezu verschwunden und Vegetationsformationen aus tieferen (trockeneren) Höhenstufen gingen in eine trockene (Páramo-)Vegetation der größeren Höhen über. Wille et al. (2000) rekonstruieren daher eine Temperaturdepression von 6–7 °C für das LGM gegenüber heute. Flenley (1993, 1996) erklärt das Verschwinden des oberen montanen Regenwaldes der südostasiatischen Inselwelt mit veränderten Werten des ultravioletten (UV-)B-Lichts, das in den Tropen in großen Höhen stark zunimmt, von der Bewölkung abhängt und im LGM aufgrund veränderter Bewölkungs- und Temperaturverhältnisse die Wachstumsgrundlagen der oberen Waldformationen einschränkte.

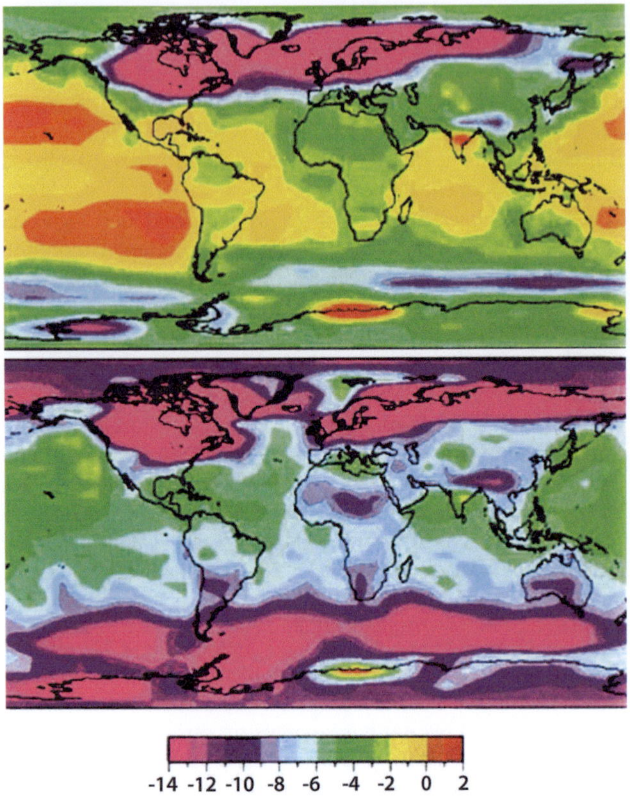

Abb. 2.68 Zwei Simulationen mit dem *Atmospheric General Circulation Model* für die Temperaturdifferenz der SSTs während des LGM unter der Annahme, dass der Wärmetransport im Wesentlichen wie heute verlief. *Oben*: Unter Verwendung von CLIMAP-Daten. *Unten*: Unter Berücksichtigung der Daten von Webb et al. (1997) zum Wärmetransport in den Ozeanen. Die meisten Regionen werden wesentlich kühler, besonders die Tropen. (Aus Charles 1997)

Die kritische Beurteilung der CLIMAP-Daten wurde erst 2009 von den MARGO Project Members (2009) zum Anlass genommen, eine erneute Rekonstruktion der SSTs für das LGM vorzunehmen unter Verwendung von Mikrofossilien und geochemischen Daten und einer Abwägung der Zuverlässigkeit der Befunde (vgl. Abb. 4.80). An einer weiteren Verbesserung der Rekonstruktion der SST-Verhältnisse wird gearbeitet (Lea et al. 2014; vgl. auch McCarroll 2015).

Im LGM sind die Temperaturen der Tiefenwasser der Ozeane nahezu auf den Gefrierpunkt gesunken.

Heute besteht viel Unklarheit über das Verhalten der thermohalinen Zirkulation der Ozeane (THC) unter *global-warming*-Bedingungen. Frühere Modellierungen unterschätzten Windwirkungen ganz allgemein (Toggweiler und Russel 2008), und auch heute gibt es große Schwierigkeiten bei der Modellierung von CO_2, allgemeiner Zirkulation der Ozeane und Temperaturentwicklung. Zwei ältere Simulationen veranschaulichen (Charles 1997), welche Bedeutung verschiedene Datensätze auf die Rekonstruktion (eiszeitlicher) Meeresoberflächentemperaturen (SST) haben können (Abb. 2.68).

Die unter a. bis d. genannten Faktoren beeinflussen durch ihre Änderungen im Quartär den Klimagang der Erde. Ihre wechselseitigen Beziehungen sind bisher im Einzelnen nur teilweise bekannt. An der Aufhellung wird gearbeitet.

Die Schwankungen der Erdbahnelemente bestimmen die Klimazyklen des Quartärs in großem Maße; sie sind jedoch nicht die Ursache des Eiszeitalters. Die orbitalen Parameter änderten sich auch vor dem Quartär im Laufe der Erdgeschichte (Schwarzacher 1994). Sicherlich spielten für die Ausbildung des känozoischen Eiszeitalters weitere Umstände eine bedeutende Rolle. Anzuführen sind die Heraushebung großer Gebirgssysteme und Hochländer seit dem Tertiär (nordamerikanische Kordilleren, Tibet; s. Dupont-Nivet et al. 2007; Bowen 2007) und das Driften der Kontinente mit Positionierung von Antarktika in Südpollage und Bildung der zirkumantarktischen Zirkulation seit dem frühen Oligozän. Ein Regen interplanetarischen Staubs auf die Erde erfolgt mit einer 100-ka-Periodizität (Farley und Patterson 1995) und mag auch Einfluss auf das globale Klima ausüben, ebenso Prozesse in und auf der Sonne (z. B. thermische Diffusionswellen, Ehrlich 2007). Die *Messinian Salinity Crisis* (MSC) vor 5,6–5,3 Ma (Garcia-Castellanos et al. 2009) hatte großen Einfluss auf das nordafrikanisch-europäische Klimasystem: vor 5,6 Mio. Jahren wurde das Mittelmeer vom Atlantik getrennt, das Wasser verdunstete und vor 5,3 Mio. Jahren erfolgte die Wiederauffüllung des Mittelmeers in nur zwei Jahren mit > 90 % des Wassers; Spitzenwerte des Anstiegs des Mittelmeerspiegels von > 10 m pro Tag wurden erreicht (Garcia-Castellanos et al. 2009). Seit etwa 4–8 Mio. Jahren bildete sich der Isthmus von Panama und schloss die Meeresverbindung zwischen Pazifik und Karibik/Atlantik mit großen Auswirkungen auf die globale THC, die Intensivierung des Golfstroms, den Feuchtigkeitstransport in hohe Breiten als Vorbedingung für den Aufbau großer eiszeitlicher Eisschilde (Haug und Tiedemann 1998; Newton 2015). Schwankungen der solaren Strahlung (z. B. Sonnenfleckentätigkeit) (Bradley et al. 1995; Stuiver et al. 1995; Stuart 2006) und vulkanische Eruptionen (Bray 1979; Salzer und Hughes 2007) lassen sich in Paläoklimaproxies nachweisen. Einschläge extraterrestrischer Körper fallen zeitlich mit markanten Umbrüchen der irdischen Umweltbedingungen zusammen. Der *Chicxulub*-Impakt in Yucatan vor ca. 64,8 Mio. Jahren beendete das Mesozoikum. Ob der *Popigai*-Impakt in Sibirien und der *Chesapeake Bay*-Impakt in den USA vor ca. 36 Mio. Jahren zeitgleich waren und welche klimatischen Auswirkungen die Einschläge hatten, ist nicht bekannt. Der *Ries*-Einschlag in Süddeutschland vor ca. 14,8 Mio. Jahren hat das globale Klimasystem nicht wesentlich beeinflusst. Der *Eltanin*-Impakt im Südost-Pazifik vor ca. 2,15 Mio. Jahren hatte das Potenzial, die Insolation für Jahre und Jahrzehnte zu beeinflussen. Der Impakt fällt in die Zeit des MIS 82, in der eine besonders starke Abkühlung erfolgte (Gersonde et al. 1997). Auch verursachte der *Eltanin*-Asteroid einen Megatsunami (Goff et al. 2012). Der Beginn der starken nordhemisphärischen Vergletscherung vor 2,7 Ma ist mit der Milankovitch-Theorie übereinstimmend und fällt mit einer größeren Saisonalität der Temperaturen (wärmere Sommer, kältere Winter) im Nordpazifik zusammen, woraus vermehrter Schneefall in Nordamerika resultiert (Haug et al. 2005).

Wird der heutige Stand der Diskussion über die Ursachen der eiszeitlichen Klimaschwankungen zusammengefasst, zeigt sich folgendes Bild (nach Wolff 2007): In den vergangenen 800.000 Jahren gab es auf der Erde lange kalte Phasen, die alle 100.000 Jahre durch kurze warme Interglaziale, die aber nicht identisch waren (Tzedakis et al. 2009), abgelöst wurden. Wenn wir behaupten, das irdische Klimasystem zu verstehen, sollten wir wissen, warum diese Zyklen auftreten und warum wir heute in einer warmen Phase leben. Die offensichtliche externe Kontrolle des irdischen Klimas basiert auf kleinen Änderungen der planetarischen Erdbahn, die Variationen der Einstrahlung von der Sonne in Abhängigkeit von Jahreszeit und Breitenlage hervorrufen. Die Milankovitch-Theorie besagt, dass dies wiederum das Auftreten von Eiszeiten kontrolliert. Aber ein Problem besteht: Obwohl die 100.000 Jahre eine Periode der Exzentrizität der Erdumlaufbahn sind, zeigt die Insolation viel stärkere Auswirkungen auf kürzere Perioden (41.000 und 23.000 Jahre; vgl. H Cheng et al. 2016). Ein Modell, das von internen Merkmalen bestimmt wird – wie der Zeitdauer, die für den Eisaufbau benötigt wird oder die Bedeutung der südlichen Ozeane für den CO_2-Haushalt (Sigman et al. 2010) – könnte die 100.000-Jahr-Zeitskala auch wesentlich bestimmen und wurde von Tziperman et al. (2006) vorgestellt. Damit wäre man von der 100.000-a-Periode Milankovitchs losgelöst (externes *forcing*), doch ist damit über die im eiszeitlichen Klimasystem herrschenden Mechanismen nichts ausgesagt.

Vielleicht wird heute noch das *solar forcing* zu sehr mit der Insolation in Verbindung gebracht, wenn über die Ursachen der „kleineren" Klimaschwankungen (10^2–10^4 a) spekuliert wird, und zu wenig mit Vorgängen, die die Sonne selbst betreffen und über thermische Diffusionswellen (Ehrlich 2007), hochenergetische Gammastrahlen-Photonen und/oder über den Einfluss des Sonnenwindes auf atmosphärische Aerosole das irdische Klima beeinflussen (Cappa 2016; Kirkby et al. 2016; Tröstl et al. 2016). Es besteht die Hoffnung, dass zukünftige Forschungen die Rückkoppelungen zwischen dem Weltraumwetter (Sonnenwind und kosmische Strahlung) und dem irdischen Klima lösen.

Anmerkung: Shaviv und Veizer (2003) machten den *galactic cosmic ray flux* (CRF, galaktischer kosmischer Strahlenfluss) für mindestens 66 % der Paläotemperaturveränderungen verantwortlich und sprachen sich gegen den großen Treibhauseffekt des CO_2 aus. Die Autoren lösten damit eine heftige Kontroverse aus, in der Rahmsdorf et al. (2004) den Autoren gravierende methodische und inhaltliche Schwächen unterstellten. Die Ansicht von Rahmsdorf et al. (2004) wurde in den IPCC-Berichten übernommen. Shaviv und Veizer (2004) wiesen Rahmstorfs Vorwürfe als politisch motivierten Rufmord zurück. Die neuesten Befunde über die Sonnenwinde und die kosmische Strahlung (Cappa 2016; Kirkby et al. 2016; Tröstl et al. 2016) zeigen, dass die Diskussion der extraterrestrischen Einflüsse auf das irdische Klima zukünftig vorurteilsfrei geführt werden sollte.

Durch die intensive Arktis- und Antarktisforschung der letzten Jahrzehnte basiert die Klimageschichte des Eiszeitalters vornehmlich auf Daten, die aus Eisbohrkernen gewonnen wurden, ergänzt durch Daten der marinen Paläoklimaforschung (Abb. 2.69). Letztere haben oft aber keine zufriedenstellende, hohe zeitliche Auflösung, sodass eine Kalenderzeitskala nicht verwendet werden kann. Deshalb sind hypothetische Korrelationen, die eher verwirren als Klärung bringen, nicht ausgeschlossen (vgl. Abschn. 4.5). Darüber hinaus wurden vier Faktoren bisher zu wenig beachtet, nämlich (i) die Sonne, (ii) atmosphärische Aerosole, (iii) die Ozeane und (iv) die terrestrischen Klimaarchive.

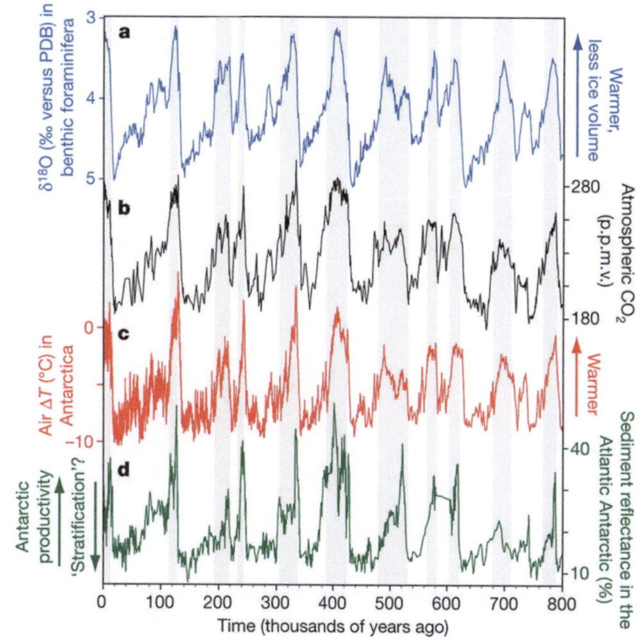

Abb. 2.69 Belege für Klimawandel, atmosphärische CO_2-Bedingungen und Verhältnisse im Südlichen Ozean während der letzten 800.000 Jahre. (Aus Sigman et al. 2010) **a** Zusammenfassung von $\delta^{18}O$-Werten benthischer Foraminiferen; sie stehen für Änderungen kontinentaler Eismassen und Temperaturen in tiefen Ozeanen. **b** Aus dem antarktischen Eiskern 93 rekonstruierte atmosphärische CO_2-Werte. **c** Aus dem Deuteriumgehalt des antarktischen Eiskern 94 rekonstruierte antarktische Lufttemperatur. **d** Sediment-Echo eines antarktischen Tiefsee-Sedimentkerns, dessen Konzentration an biogenem Opal variiert, das durch Phytoplankton im Oberflächenwasser gebildet wurde. Die *Kurve* stellt ein Maß dar für den Export von biogenem Material (einschließlich organischer Kohlenstoff) aus dem oberflächennahen Ozean. *Grau* – Interglaziale. Die Datierung beruht auf glaziologischen Eisflussmodellen

Zu (i). Werden jüngste Messungen der TSI (*total solar irradiance*) berücksichtigt, zeigt sich für die Zeit zwischen 1980 und 2010 ein stärkerer Einfluss der Sonne auf den globalen Temperaturgang, als bisher angenommen (Kopp und Lean 2011) (Abb. 2.70). Ob dies auch für das Holozän und die vorangegangenen Kalt- und Warmzeiten zutrifft, soll später anhand der Proxys der terrestrischen Paläoklimaarchive diskutiert werden. Dabei ist zu berücksichtigen, dass Proxydaten drei Nachteile haben: sie sind indirekte Maße der klimatischen Variabilität, sie können eine Mischung verschiedener Signale [z. B. Temperatur, Niederschlag und Verdunstung bei Gletschern] sein und sie haben oft eine ungenaue zeitlichen und räumliche Auflösung.

Zu (ii). Heute wird in der Regel das direkte und indirekte *climate forcing* durch Aerosole auf $-1{,}6\pm0{,}3\,\mathrm{Wm}^{-2}$ geschätzt, woraus eine wesentliche Beeinflussung des Klimas durch Aerosole über die Wolkenbildung etc. resultiert (Hansen et al. 2011). Doch:

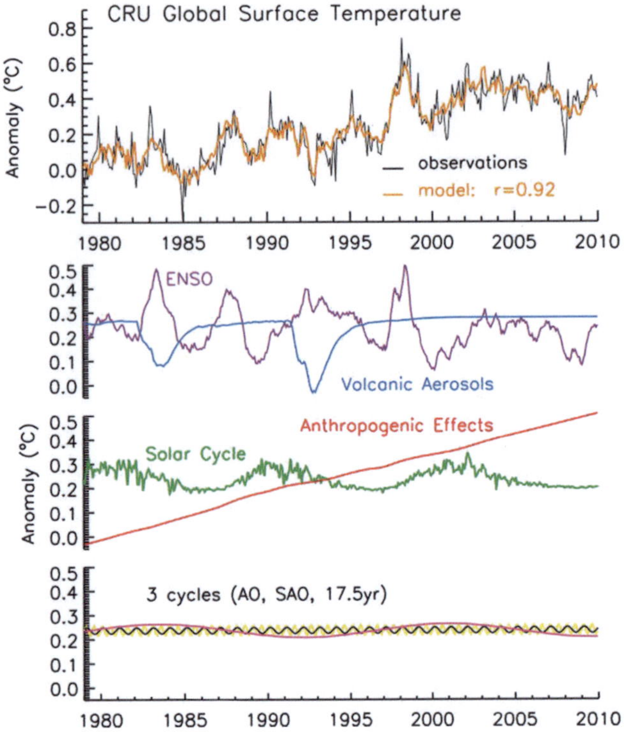

Abb. 2.70 Im *oberen Diagramm* werden die globalen irdischen Oberflächentemperaturänderungen (Monatsmittel) der *Climatic Research Unit* (CRU, Norwich, UK) mit einem empirischen Modell verglichen. Das Modell kombiniert vier Primäreinflüsse und drei untergeordnete Zyklen, die in den *unteren Diagrammen* einzeln dargestellt werden. Die Temperaturkurven belegen eindrucksvoll, dass neben den Primäreinflüssen (ENSO, vulkanische Aerosole, anthropogene Effekte und Sonnenzyklen) untergeordnete Zyklen (AO – jährliche, SAO – semi-annuelle und 17,5-Jahr-Oszillationen) die Temperaturkurve beeinflussen. (Aus Kopp und Lean 2011)

Neue Daten weisen darauf, dass die Aerosole die Erwärmung fördern (und nicht abschwächen).

Zu (iii). Weder Sonne noch Aerosole vermögen nach Ansicht vieler Wissenschaftler die zwischen 1998 und 2014 ausgebliebene Erwärmung zu erklären. Vielmehr wird in den Ozeanen die wichtigste Ursache vermutet (Storelvmo et al. 2016). Der äquatoriale Pazifik wechselt alle paar Dekaden (15–30 Jahre) von kalten Phasen, in denen La-Niña-Situationen charakteristisch sind, zu warmen Phasen, die häufig El-Niño-Verhältnisse zeigen. Diese Änderungen der Ozeantemperaturen, die *Pacific Decadal Oscillation* (PDO), werden bei neuen (noch nicht globalen) Modellierungen berücksichtigt und sollen den bisher in Modellergebnissen nicht aufgetretenen Temperaturhiatus erklären (Tollefson 2014a). Diese Vorstellungen werden zurzeit heftig diskutiert.

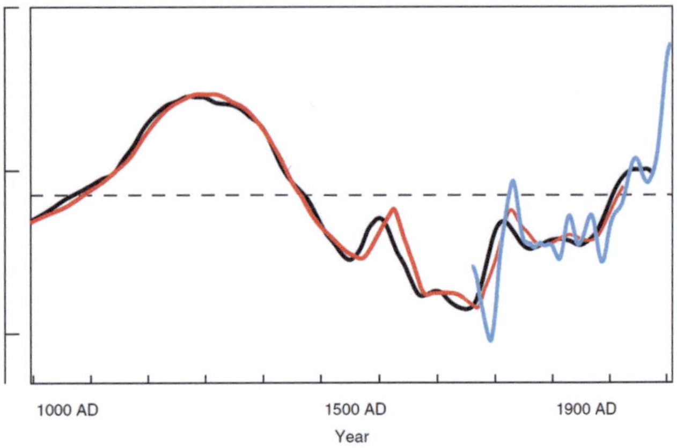

Abb. 2.71 Temperaturkurven des ersten IPCC-Berichts aus dem Jahr 1990 (IPCC 1990, Fig. 7.1; Folland et al. 1990). Die *schwarze Kurve* und die x- und y-Achsen sind von Fig. 7.1 des IPCC-Berichts 1990 übernommen. Die *rote Kurve* stammt von Lamb (1982, Fig. 30). Die Einteilung der y-Achse entspricht ca. 1 °C. Die *blaue Kurve* ist die geglättete Temperaturkurve der Instrumentenmessungen (seit 1659) für Mittelengland. (Aus Jones et al. 2009) Die von Lamb (1982) erarbeitete Kurve basiert auf einer möglichst umfassenden Auswertung aller verfügbaren Paläotemperatur-Proxydaten. Computermodellierungen wurden nicht eingesetzt

Zu (iv). Terrestrische Paläoklima-Archive finden bisher wenig Berücksichtigung in den Modellierungen, nicht zuletzt deshalb, weil die Modellierer den Disziplinen Physik, Mathematik, Statistik etc. angehören, die schon immer wenig Bezug zu den Geowissenschaften hatten. Der erste IPCC-Bericht (IPCC 1990) (Abb. 2.71) zeigt sehr deutlich die Klimaschwankungen der letzten 1000 Jahre, nämlich die mittelalterliche Wärmeschwankung [MWA – *medieval warm anomaly*] und die Kleine Eiszeit [ca. AD 1350–1850]. Die modellierten Klimakurven (vgl. Box Die Hockey-Stick-Diskussion, Abschn. 4.2.8.2) zeigen diese Temperaturschwankungen der vorindustriellen Zeit in dieser Deutlichkeit nicht mehr. Neukom et al. (2014a) dokumentieren die Temperaturunterschiede zwischen der Nord- und Südhemisphäre im letzten Jahrtausend und belegen, dass diese größer waren, als bisher angenommen und dass die meisten Klimamodelle nicht in der Lage sind, die beträchtlichen Unterschiede der Hemisphären einigermaßen befriedigend zu simulieren. Für Europa ist die Klimaentwicklung sehr gut bekannt. Eine vereinfachte Darstellung bringt Abb. 5.123.

Die Tropen

3

Kapitel 3

K. Heine, *Das Quartär in den Tropen*, https://doi.org/10.1007/978-3-662-57384-6_3

3.1 Allgemeines

Alle Ökologen wissen, dass die Zunahme der Artenvielfalt (Diversität) von den Polen zu den Tropen einerseits mit der Zunahme von Temperatur und Niederschlag und andererseits mit der Abnahme jahreszeitlicher Schwankungen des Klimas zusammenfällt. Das trifft auch für die Meere zu (Stuart-Smith et al. 2013). Die Tropen begünstigen die Artenvielfalt, da existierende Arten erhalten bleiben und neue dazukommen (Abb. 3.1). Da in den Tropen die Klimavariabilität zwischen AD 1860 und 2005 extrem gering war, wird vermutet, dass die globale

Abb. 3.1 *Oben*: „Tropensonne". Ölbild von Emil Nolde (1867–1956). *Unten links*: Antisana-Gletscher (Ecuador); Gemälde von R. Reschreiter (um 1907). Die Personen (Kreis) auf der Ufermoräne sind kleiner als in Wirklichkeit dargestellt, um den Gletscher gewaltiger erscheinen zu lassen. *Unten Mitte*: Antisana-Vulkan, Ecuador mit rezenter Vergletscherung (im Jahr 1991). *Unten rechts*: In den immerfeuchten Tropen ist die Biodiversität groß. Quartäre Klimaschwankungen führten zu Refugien von Flora und Fauna, nicht aber zum Aussterben der Arten. Zu den charakteristischen Bewohnern der Regenwälder Neuguineas zählen die großen flugunfähigen Kasuare (*Casuarius* sp., bis 1,7 m groß und > 60 kg schwer). Bilder: alueni-images

Kapitel 3

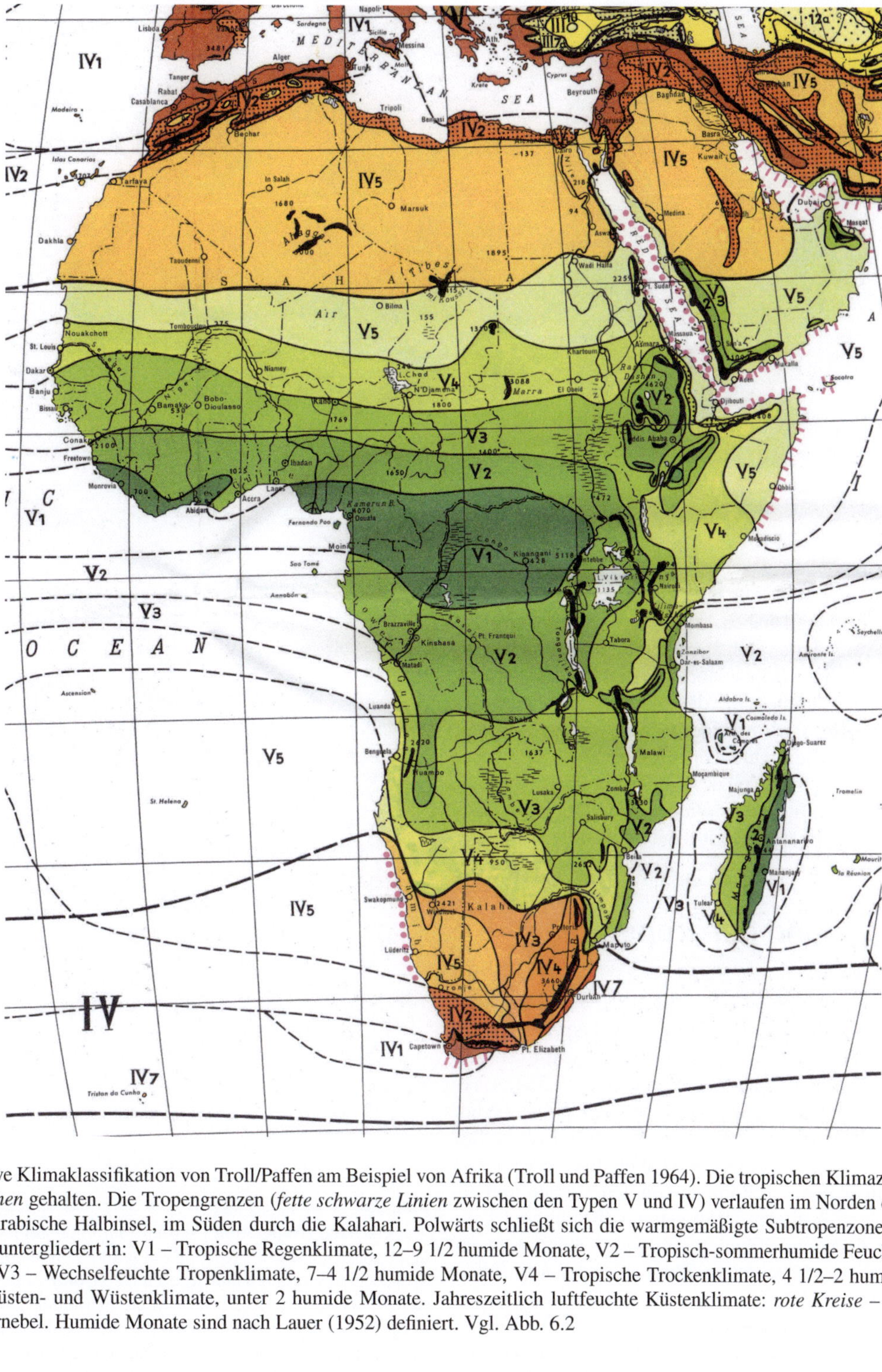

Abb. 3.2 Effektive Klimaklassifikation von Troll/Paffen am Beispiel von Afrika (Troll und Paffen 1964). Die tropischen Klimazonen (Typ V) sind in *grünen Farbtönen* gehalten. Die Tropengrenzen (*fette schwarze Linien* zwischen den Typen V und IV) verlaufen im Norden durch die südliche Sahara und die Arabische Halbinsel, im Süden durch die Kalahari. Polwärts schließt sich die warmgemäßigte Subtropenzone an (Typ IV). Die Tropenzone wird untergliedert in: V1 – Tropische Regenklimate, 12–9 1/2 humide Monate, V2 – Tropisch-sommerhumide Feuchtklimate, 9 1/2–7 humide Monate, V3 – Wechselfeuchte Tropenklimate, 7–4 1/2 humide Monate, V4 – Tropische Trockenklimate, 4 1/2–2 humide Monate, V5 – Tropische Halbwüsten- und Wüstenklimate, unter 2 humide Monate. Jahreszeitlich luftfeuchte Küstenklimate: *rote Kreise* – Winternebel, *rote Balken* – Sommernebel. Humide Monate sind nach Lauer (1952) definiert. Vgl. Abb. 6.2

Erwärmung zuerst in den Tropen Schwellenwerte überschreiten wird, die die Biodiversität beeinflussen (Post 2013; Mora et al. 2013). Arten, deren Vorkommen durch das Klima definiert wird, können auf Klimaänderungen in verschiedener Weise reagieren: sie können ihre geographische Verbreitung durch Wanderungen verschieben, sie können an Ort und Stelle bleiben und sich adaptieren, oder sie können aussterben. Da sich mit den eiszeitlichen Klimaänderungen auch die Grenzen der irdischen Landschaftsgürtel sowohl in der Horizontalen (z. B. Grenze tropischer Regenwald/tropische Savanne) als auch in der Vertikalen (z. B. obere Waldgrenze, Schneegrenze) vorschoben haben, werden die Ausmaße der Verschiebungen oft zu paläoklimatischen Rekonstruktionen herangezogen. Dies geschieht mitunter in Bezug zu vage definierten Grenzen der Gegenwart. Auch wird dabei verkannt, dass sich die eiszeitlichen und warmzeitlichen (holozänen) Landschaftsgürtel mit

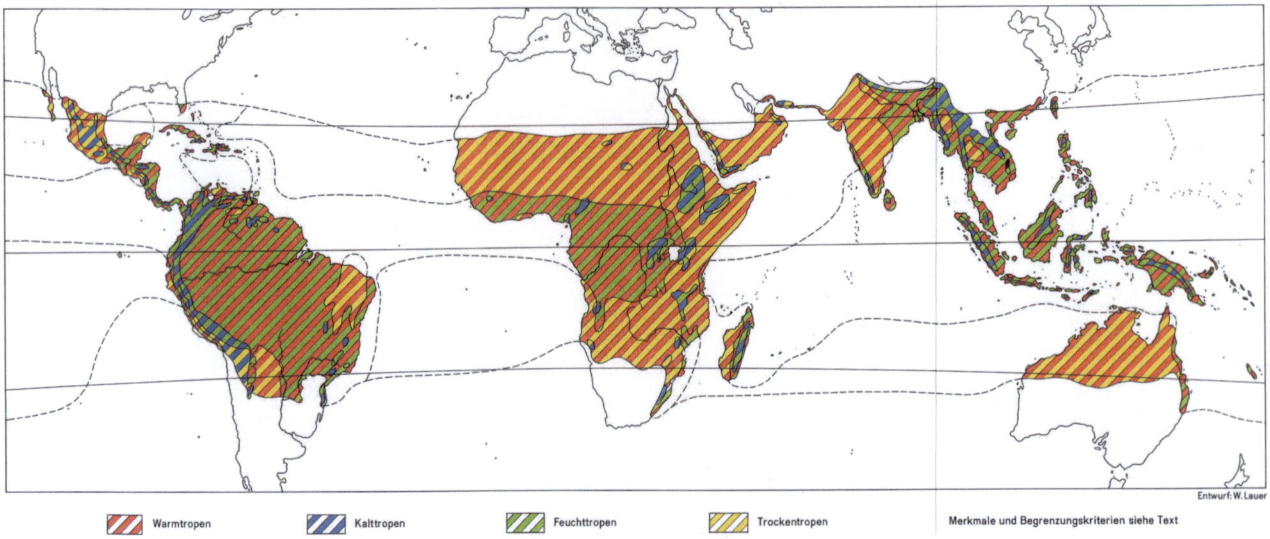

Abb. 3.3 Abgrenzung und Gliederung der Tropen nach Lauer (1975)

den Klimaänderungen nicht nur pol- und äquatorwärts sowie in der Vertikalen verlagert haben, sondern die Klimasysteme, Ökosysteme etc. veränderten sich auch inhaltlich. Wird die globale Erwärmung in den Tropen noch in diesem Jahrhundert Schwellenwerte überschreiten, die die Biodiversität (beispielsweise der Korallenriffe) stark verändern – wie vielfach vermutet wird –, oder sind die Befürchtungen unbegründet? Bevor der Blick auf die Klimavergangenheit der Tropen gerichtet wird, um Aussagen für die Zukunft zu ermöglichen, werden einige Ausführungen zu den Tropen und Randtropen notwendig.

3.2 Abgrenzung der Tropen

Die Abgrenzung der Tropen ist schwierig. Das Wesen der Tropen ist komplex, die Begriffsdefinition daher kaum eindeutig (Lauer 1975, 1989). Strahlungsklimatisch werden die Tropen durch die nördlichen und südlichen Wendekreise (23°27′) begrenzt. Die Subtropen schließen bis etwa 40° polwärts an. Tropen und Subtropen nehmen etwa zwei Drittel der Erdoberfläche ein. Klimatologen und Geographen haben diverse Versuche unternommen, die Tropen im Rahmen von genetischen und effektiven Klimaklassifikationen zu definieren (Blüthgen 1980). Die genetischen Klimaklassifikationen basieren auf den dynamischen Vorgängen der allgemeinen Zirkulation der Atmosphäre mit ihren Teilgliedern. Den effektiven Klassifikationen liegen charakteristische Werte der messbaren Klimaelemente (Temperatur, Niederschlag etc.) zugrunde sowie deren Auswirkungen auf das physisch-geographische Erscheinungsbild der Erdoberfläche (Blüthgen 1980). Die Biome bzw. Pflanzenformationen spielen dabei eine besondere Rolle, wie die Klassifikation von Troll und Paffen (1964) zeigt (Abb. 3.2).

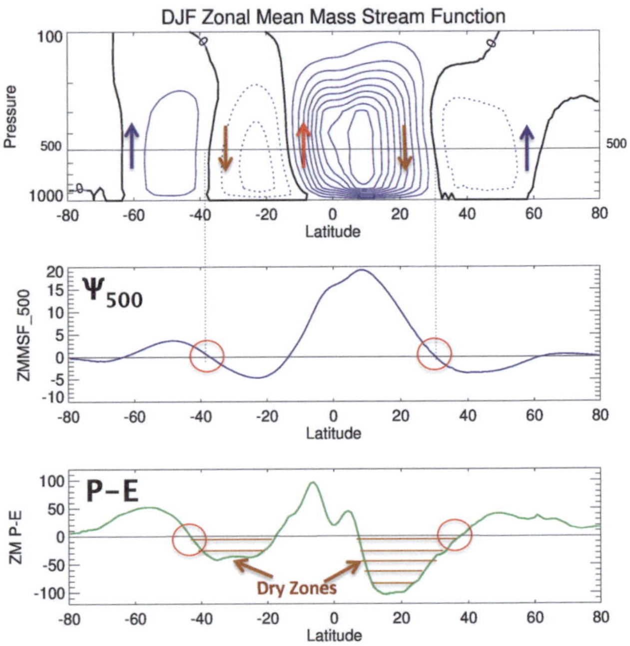

Abb. 3.4 Abgrenzung der Tropen aufgrund klimatischer Muster von Niederschlag, Evaporation (Verdunstung) und Atmosphärischer Zirkulation (nach Quan et al. 2013). Zwei Indikatoren für die Ausdehnung der Tropen, definiert durch die Grenzen der Hadley-Zellen (vgl. Abb. 2.13), werden herangezogen. *Oben*: Mittlere meridionale vertikale Luftbewegung (Dezember – Februar); die *Pfeile* zeigen die zonale durchschnittliche vertikale Bewegung für ausgewählte Breiten an. *Mitte*: Kalkulation, wo die zonale mittlere meridionale Strömungsfunktion bei 500 hPa (Ψ_{500}) das Vorzeichen ändert (ZM MSF). *Unten*: Kalkulation der Breite, in der der zonale durchschnittliche Niederschlag (P) gleich der zonalen durchschnittlichen Evaporation (E) ist (ZM P-E)

Eine hygrothermische Gliederung der Tropen nimmt Lauer (1975) vor (Abb. 3.3). Er entwirft eine Synthese aus thermischen Charakteristika (Warm-Tropen – Kalt-Tropen), hygrischen Merkmalen (Feucht-Tropen – Trocken-Tropen) und witterungsklimatischen Erscheinungen, die stark von der atmosphärischen Zirkulation beeinflusst werden. Letztere wird ihrerseits wieder vom Relief, Verteilung von Land und Meer

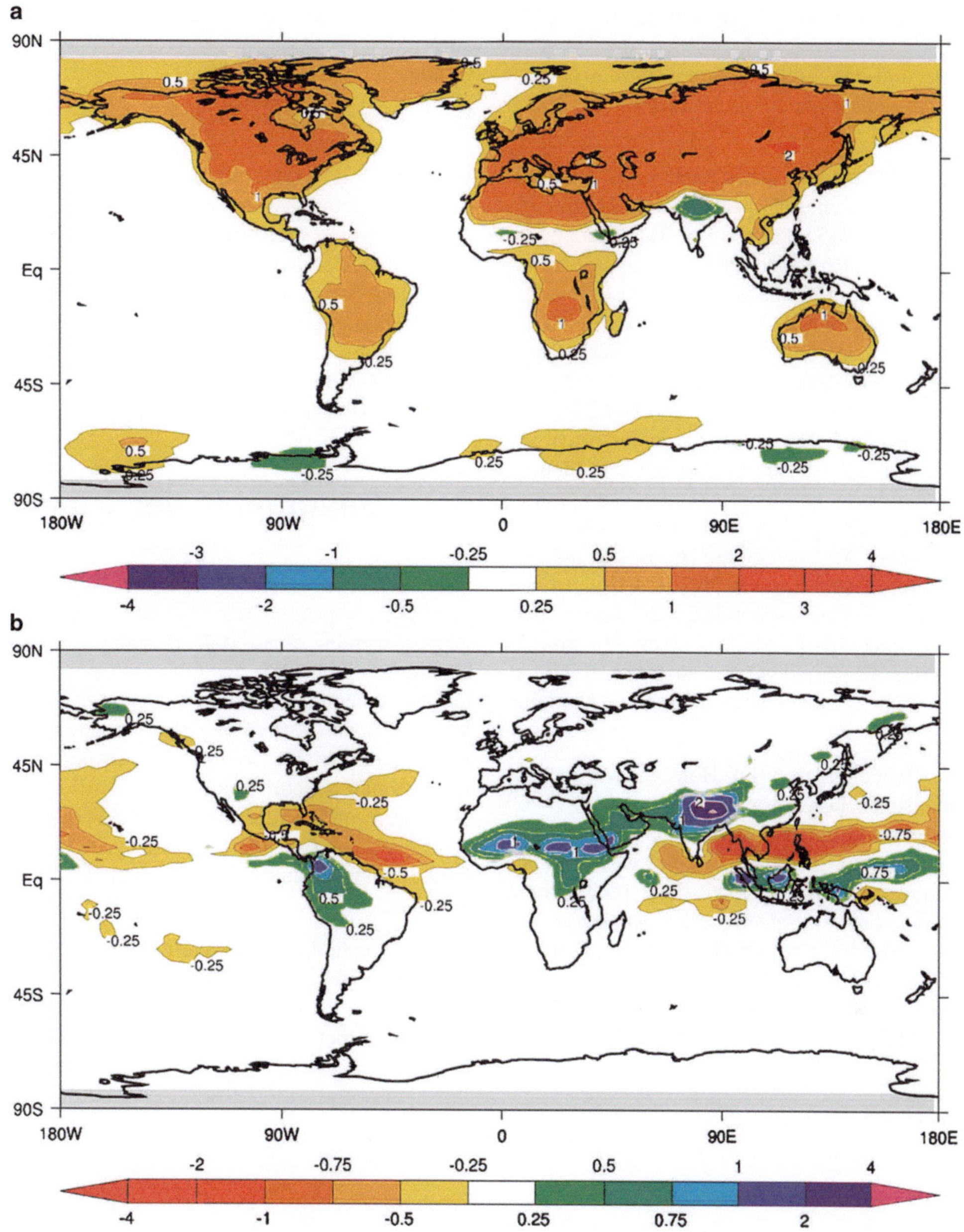

Abb. 3.5 PMIP2-Simulation: Differenz zwischen *mid-Holocene* (5000 ka) und vorindustrieller Zeit (0 ka) von Temperatur in °C (**a**) und Niederschlag in mm/Tag (**b**) für die Monate JJAS nach Wanner et al. (2008)

etc. modifiziert. Die Gliederung der Tropen von Lauer (1975) soll diesem Buch zugrunde liegen, wenn der Betriff *Tropen* verwendet wird.

Eine Abgrenzung der Tropen haben Quan et al. (2013) aufgrund klimatischer Muster von Niederschlag, Evaporation (Verdunstung) und Atmosphärischer Zirkulation vorgenommen (Abb. 3.4), um in Modellen das Klima zu simulieren. Eine Auswertung zahlreicher Beobachtungen hat ergeben, dass die Tropenzone in den letzten Dekaden in Verbindung mit der globalen Erwärmung größer geworden ist (Allen et al. 2012; Lucas et al. 2014; Norris et al. 2016); die maximale Intensität tropischer Zyklone hat sich zwischen 1982 und 2012 um etwa 50–60 km je Dekade in beiden Hemisphären polwärts verschoben (Kossin et al. 2014; Heffernan 2016); zugleich fand eine Anhebung der Wolkenobergrenzen in den Tropen statt; dies alles führte zu einer Verstärkung des Treibhauseffekts und damit zu globaler Erwärmung, die auch in der Zukunft andauert (Norris et al. 2016). Die Ausweitung des Tropengürtels ist von Bedeutung, weil sie mit einer großräumigen Verlagerung der atmosphärischen Zirkulation einhergeht. Diese Vergrößerung der Tropenzone wird auf der Südhemisphäre mit der Zerstörung der Ozonosphäre in Verbindung gebracht, während die Ursachen für die Nordhemisphäre unbekannt sind. Die Ausweitung der Tropen wird von Modellen bisher nicht dargestellt (Lu 2014). Allen et al. (2012) vermuten, dass verschiedene Erwärmungsprozesse, die durch Aerosol-Belastung der Atmosphäre und troposphärisches Ozon verursacht werden, die Vorgänge des *global warming* und der damit verbundenen Vergrößerung der Tropenzone in Modellen besser beschreiben als Treibhausgaseinflüsse.

Brönnimann et al. (2015) belegen anhand acht neuer Datensätze (u. a. Luftdruck in Meeresniveau, marine Oberflächenwinde) für die Zeit zwischen AD 1945 und 1980 eine Verschiebung des nördlichen Tropengürtels nach Süden um 0,25–1,5° Breite; dies haben die Meteorologen und Klimatologen Lamb (1969) und Flohn (1980) bereits aufgrund paläoklimatischer Archive (Luftdruckdaten in Meeresniveau) und theoretischer Überlegungen vermerkt. Nach Modellierungen von Quan et al. (2013) haben sich die Tropen zwischen 1979 und 2009 um 0,1–0,2 Breitengrade je Dekade ausgedehnt. Diese Angabe widerspricht den Annahmen, die von einem Breitengrad je Dekade ausgehen. Ihren Analysen zufolge scheint die Ausweitung des Tropengürtels vornehmlich auf die natürliche (nicht anthropogene) Variabilität in der Sensibilität der Atmosphäre auf die Erwärmung der Ozeane zurückzuführen zu sein (Quan et al. 2013). Ergänzt werden die Daten durch die Temperaturtrends des 20. Jahrhunderts (Abb. 4.96), die zwischen 1940 und 1980 einen Abkühlungstrend und danach einen Erwärmungstrend anzeigen. Regionale Veränderungen der Tropengrenzen werden durch die Modellierungen nicht erfasst.

Verlagerungen der Tropengrenzen im Holozän wurden bisher aus paläoklimatischen Daten vor allem von Lamb (1969) und Verschiebungen des Einflussbereichs tropischer Niederschläge in Verbindung mit der ITC, beispielsweise für die Sahara von Pachur und Altmann (2006: 548) rekonstruiert. Im Rahmen des *Paleoclimate Modeling Intercomparison Project* (PMIP) (Abb. 3.5) wird eine Abschätzung der Differenz von Niederschlag und Temperatur zwischen dem Mittelholozän (*mid-Holocene*, ca. 5000 ± 500 aBP) und der vorindustriellen Zeit (um ~AD 1850) vorgenommen (Wanner et al. 2008; Wanner und Ritz 2011). Deutlich erkennbar ist das weite Ausgreifen der tropischen Sommerniederschläge in das Sahara-Gebiet.

Eine Abgrenzung der Tropen aufgrund einzelner Merkmale (Temperatur, Niederschlag, Vegetation, atmosphärische Zirkulation etc.) ist nicht möglich. Nur eine Kombination vieler Klima-, Vegetations- und terrestrischer wie mariner Geofaktoren erlaubt eine sinnvolle Definition der Tropengrenzen. Quartäre Klimaänderungen der Tropen haben aber die verschiedenen Umweltmerkmale nicht gleichsinnig beeinflusst, sondern in einer mannigfaltigen Komplexität. Daher ist eine Rekonstruktion der Tropengrenzen für verschiedene Phasen des Quartärs (z. B. LGM, YD, Mittelholozän, Kleine Eiszeit) äußerst schwierig und mit vielen Unsicherheiten verbunden.

3.3 Geographie der Tropen

Hastenrath (2012) nennt folgende Charakteristika für die Tropen. Die Tropengrenzen können bei 30° N und 30° S angesetzt werden, denn dort befinden sich die subtropischen Hochdruckzellen. An der Obergrenze der Atmosphäre erzielen die Tropen einen Überschuss an Netto-Strahlungswärme. In den Tropen übertrifft der tägliche den jährlichen Zyklus der Sonnenstrahlung und Temperatur (Tropen = Tageszeitenklima, Außertropen = Jahreszeitenklima, Troll 1943). Bei 30° N und 30° S gewinnt die breitenabhängige Veränderung des Coriolis-Parameters an Bedeutung. Nähere Ausführungen zum Klima finden sich bei Lauer (1975), Bremer (1999), Hastenrath (2012) u. v. a. m.

Hydrographie, Untergrundverhältnisse, Geomorphologie, Böden, Biogeographie, Geoökologie sowie den Einfluss des Menschen auf den Landschaftshaushalt beschreibt Bremer (1999). Daher wird hier nicht näher darauf eingegangen.

Klimaarchive

4

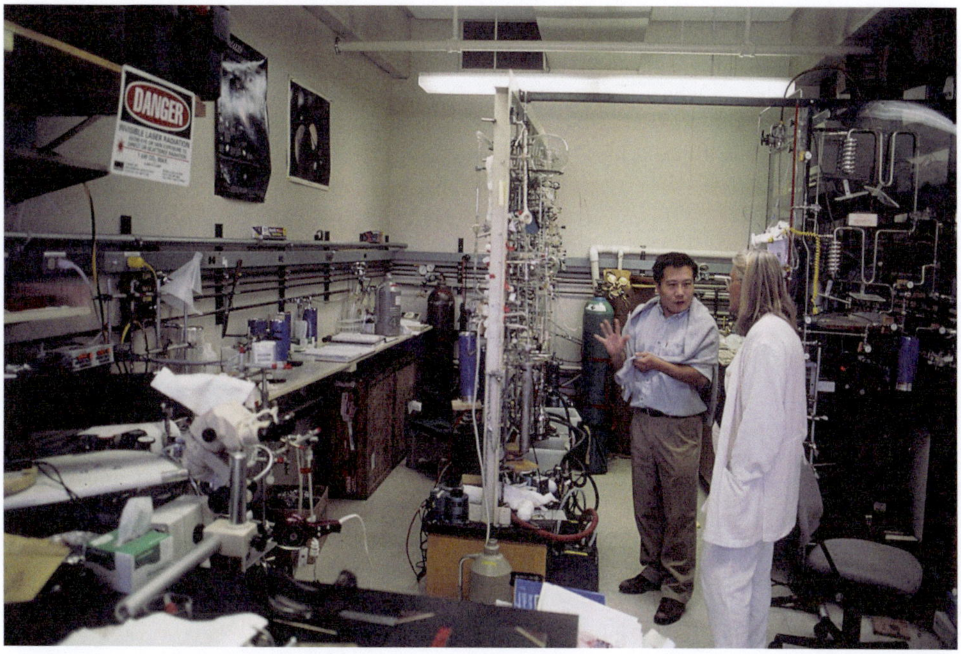

Kapitel 4

K. Heine, *Das Quartär in den Tropen*, https://doi.org/10.1007/978-3-662-57384-6_4

Falling in love with a single theory can cut off fruitful avenues of enquiry. Here's how to keep your mind open (Rosen 2016).

4.1 Allgemeines

Das irdische klimatische System beinhaltet variable Einflussfaktoren mit dimensionsverschiedenen Veränderungszeiträumen (Blüthgen 1980: 708). Die Variablen können in der Größenordnung von Jahren (z. B. Packeis) bis zu vielen Jahrmillionen (z. B. Konfiguration der Erdkruste) variieren. Lange Perioden können sich gegenseitig, kürzerperiodische die längerperiodischen Variablen überlagern. Hinzu kommt die Autovariation des Zirkulationssystems der Atmosphäre, das auf einen gleichen Anstoß für das Gesamtsystem durch eine Umstellung in sich, d. h. im eigenen System, an unterschiedlichen Orten Veränderungen mit unterschiedlicher Tendenz verursachen kann (Blüthgen 1980: 708).

Das Verständnis von zukünftigen Klimaänderungen hängt von der Kenntnis vergangener Schwankungen im Klimasystem ab. Zuverlässige Messreihen von Klimadaten aus wenigen Regionen der Erde decken lediglich die letzten 150 Jahre ab, sodass nur ein ganz schmales Fenster der Klimageschichte zugänglich ist (Stocker 2001, 2007). Für die Analyse verschieden langer und unterschiedlich weit zurückreichender Klimaschwankungen ist man auf grundverschiedene Informationen über die Fakten von Klimaänderungen und über die möglichen Einflussfaktoren angewiesen (Blüthgen 1980: 708), die in der Natur in verschiedenen Systemen verfügbar sind (Abb. 4.1). Diese Systeme heißen *Klimaarchive* und werden von der Klimaforschung seit vielen Jahren erfolgreich untersucht und ausgewertet. Damit ein System als Archiv geeignet ist, müssen Informationen aus dem Klimasystem regelmäßig aufgezeichnet und in einer Form gespeichert werden, die keinen langfristigen Änderungen unterworfen ist (Stocker 2001) (Box Klima – Klimaarchive).

Das Ziel von Eiszeitforschung und quartärer Paläoklimatologie ist die Rekonstruktion des Klima- und Landschaftswandels im Quartär (vgl. Sirocko et al. 2006). Dazu stehen drei Möglichkeiten zur Verfügung (vgl. Schwarzbach 1974: 19 ff.): (**a**) Klimazeugen, d. h. geologische, geomorphologische, pedologische Erscheinungen, die irgendwie klimabedingt sind (Geoarchive: Sedimente, Verwitterung, Fossilien etc.), (**b**) physikalische und chemische Methoden (Sauerstoffisotopen, Spurengase etc. einschließlich physikalisch-chemischer Datierungsmethoden) und (**c**) rechnerische Überlegungen (Modelle etc.). Geologische Indikatoren schneller Umweltänderungen bekommen eine immer größere Bedeutung in der Paläoklimatologie und wurden von der IUGS (*International Union of Geological Sciences*) 1996 festgelegt; diese zeitlich hochauflösenden (< 100 a) Indikatoren für katastrophale und langsame (innerhalb eines Menschenlebens) Änderungen der Erdoberfläche oder oberflächennahen Bereiche sollen mit anderen Paläoklimaindikatoren (biologische, klimatische, auch sozio-ökonomische) kombiniert werden, um ein umfassendes Bild der historischen und prähistorischen Umweltbedingungen zu erhalten. 27 Geoindikatoren werden genannt (u. a. Dünen-Bildung und Reaktivierung, Gletscherfluktuationen, Seespiegel- und Salinitätsänderungen, Bodenfrostaktivität).

Zeitlich hochauflösende Geoarchive treten bei Klima- und Umweltrekonstruktionen immer stärker in den Vordergrund (Zolitschka et al. 2014). Jährlich geschichtete Sedimente (z. B. Warven, Baumringe) gestatten, kurzzeitige und schnelle Umweltveränderungen zu erfassen. Moderne Analysetechniken erlauben heute sogar, dass nicht nur Jahreslagen erfasst und hinsichtlich der Umweltveränderungen gedeutet werden, sondern auch jahreszeitliche (saisonale) Lagen. Damit wird eine Brücke zwischen Proxydaten und instrumentellen Aufzeichnungen geschaffen. Da oft nicht sicher ist, ob gebänderte Jahresablagerungen in Seen und im Eis lückenlos und ohne Unterbrechung über Jahrhunderte und Jahrtausende entstanden sind, müssen die Stratigraphien mit anderen Befunden validiert werden. Das gilt auch für sog. „schwimmende" Chronologien. Diese stammen von unterschiedlichen Proben von unterschiedlichen Orten. Bei der Korrelierung und Datierung von fluvialen, limnischen, äolischen und marinen Sedimentsequenzen, aber auch von Moorbildungen und Baumjahresringen spielen vulkanische Ereignisse eine bedeutende Rolle.

Die meisten Klimaarchive (z. B. Baumringe, Bohrkerne von marinen, terrestrischen und glaziären Ablagerungen) zeichnen nur indirekt die gewünschten Klimainformationen auf. Statistische Methoden werden angewandt, um von den archivierten Charakteristika, die als Proxydaten bezeichnet werden, auf Temperaturen, Niederschläge, Winde, Strahlung etc. zu schließen. Die Qualität der Proxydaten hängt von der Konstanz des aufzeichnenden Prozesses ab. Einerseits können nicht klimatisch bedingte Habitatveränderungen vermeintliche Klimaänderungen vortäuschen oder solche maskieren, andererseits können sich Organismen an langsam verändernde Umweltbedingungen anpassen. Deshalb sind Archive, die Klimainformationen direkt und unverändert aufzeichnen, für die quantitative Paläoklimaforschung besonders wichtig (Stocker 2001). Heute besteht die größte Herausforderung der paläoklimatischen Studien in der Integration der aus zahlreichen Paläoumweltarchiven gewonnenen Daten zu zeitlich hochauflösenden (bis zu Jahren und Jahreszeiten) Analysen (Abb. 4.2). Herkömmliche Standardisierungsverfahren werden benutzt, um beispielsweise biologische Einflüsse (Konkurrenz, Verletzung, Wachstumstrends) aus den Proxydaten herauszufiltern (Gergis et al. 2006). „Multiproxy"-Annäherungen verknüpfen eine ausgewählte Anzahl paläoklimasensitiver Archive.

Abb. 4.1 *Oben*: Probennahme in der Rössing-Höhle, Namib-Wüste. Ein Speläothem-Bohrkern wird gewonnen. *Mitte*: Fluviale-Systeme speichern Klimainformationen in Sedimenten, die der Fluss transportiert und absetzt, aber auch in Altwasser-Mäanderbögen durch Verlandung. *Unten links*: Bildung von *Slackwater deposits* nach extremen Flutereignissen. El-Niño-Fluten in Perú (1981). *Unten rechts*: Glaziäre (Moränen) und periglaziäre (Hangschuttdecken) Ablagerungen am Huayna Potosí, Bolivien (GOOGLE-Bild). Fotos *oben und Mitte*: alueni-images ►

©2009 Google

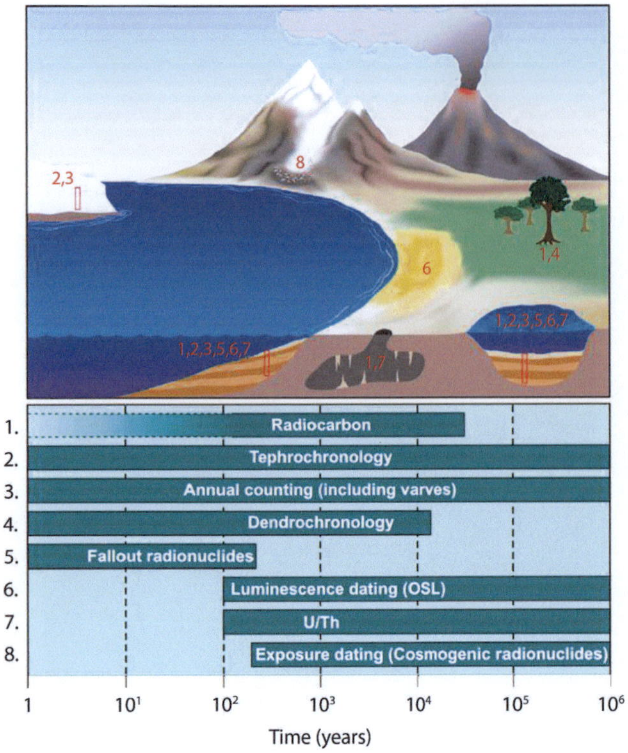

Abb. 4.2 Quartäre Sedimentation in verschiedenen Environments (Eisschilde, Moränen, Löss, Dünen, Bäume, marine Sedimente, Speläotheme, Seesedimente) und Datierungsmethoden (einschließlich ihrer Altersreichweite). (Aus Bertrand et al. 2008)

Besonders wichtig für Klima- und Umweltrekonstruktionen ist die Vernetzung der natürlichen Klimaarchive. Dabei versuchen die Klimaforscher der unterschiedlichsten wissenschaftlichen Disziplinen, ein kohärentes, möglichst zeitlich hoch aufgelöstes Bild der Klima/Umweltgeschichte zu erstellen. Die Eigenarten der einzelnen Umweltarchive machen die Vernetzung zur Herausforderung. Eine verlässliche Kalibrierung der einzelnen Umweltarchive und eine sorgfältige Umwandlung der gewonnenen Daten in Temperatur- und Niederschlagsschätzungen sowie in Umweltrekonstruktionen ist besonders für die Tropen bisher nur lückenhaft erfolgt.

Die systematische Umsetzung von Beobachtungen (Klimaproxys) in Daten ist ein Eckpfeiler der wissenschaftlichen Methode, wenn es um Modellierungen des Klimas in Vergangenheit, Gegenwart und Zukunft geht. „Aridität“ und „Humidität“ werden durch komplexe Abläufe von Temperatur und Niederschlag bestimmt, die bedeutenden raum-zeitlichen Schwankungen unterworfen sind. So können beispielsweise trotz der signifikant geringeren Niederschläge in der nördlichen Sommerregenzone des südlichen Afrika (u. a. Sambia, Zimbabwe, Nord-Botswana) während des LGM (*last glacial maximum*, 23–18 ka BP) die Klimabedingungen relativ „humid“ sein im Vergleich zu langen Phasen des Holozäns, da die Temperaturen im LGM wesentlich geringer (um ~5 °C) und die potenzielle Evapotranspiration reduziert waren. Auch ist der Einfluss der Temperatur auf die Aridität variabel – je nach Klimagebiet: Der Ariditätsindex (AI, Index zur Trennung von feuchten und trockenen Klimaten bzw. Perioden) reagiert sensitiver in trockenen Gebieten auf Niederschlagsschwankungen als in feuchteren Re-

Box Klima – Klimaarchive

Klima – Klimaarchive (nach Negendank 2001)

Tab. A Klima

Definition: Langzeitverhalten atmosphärischer Größen in globaler Verteilung, Mittelung > 30 Jahre	
heute: jenseits der Wettervorhersage	
Was wird gemessen?	
Seit ca. 150 Jahren	**Meteorologische Messwerte** Temperatur, Niederschlag, Feuchtigkeit etc.
Seit ca. 3000 Jahren (lückenhaft, zufällig, Extremereignisse)	**Historische Aufzeichnungen über** Fluten, Dürren, Kälteperioden (zugefrorene Seen), Winterstrenge u. a. m., z. B. Temperaturverlauf seit 1100 CE
Von heute in die Erdgeschichte zurück, in verschiedenen Archiven mit Auflösung von 1, 10, 100 Jahren (→ Millionen Jahre)	**Proxy- bzw. Stellvertreterdaten** Proxies für Niederschlag, Temperatur etc. in verschiedenen Archiven; über Multiproxy-Parameter-Netzwerke erfolgt die Ableitung von Klimavariablen
Klima Archive	
(alle „geo-biowissenschaftlichen“ Mess-Instrumente in allen Klimaarealen)	Baumringe, Speläotheme, Eis, Korallen, See- und Meeressedimente, etc.

Tab. B Klimaarchive

Archiv	Messgröße		Klimaindikation	Altersbestimmung
Baumringe	$\delta^{13}C$		Niederschlag, Temperatur	Zählungen (Jahrringe)
	$\delta^{18}O$		Niederschlag, Temperatur	$\delta^{14}C$ Radiokohlenstoffdatierung
	$\delta^{2}H$		Niederschlag, Temperatur	
	Ringbreitenindex		Niederschlag, Temperatur	
Eiskerne	Cl, Na	Marine Salzaerosole	Verdunstung, Wind	Zählungen (Jahreslagen)
	Ca^{2+}	Mineralaerosole	Windrichtungen	
	SO_4^{2-}	Vulk. Emissionen	Atmosphäre	
	NH_4	Biomasse	Vegetation + Antropogeneffekte	
	CO_2	Atmosphäre	Atmosphäre + Antropogeneffekte	
	$\delta^{18}O$	Niederschlag	Niederschlagsverteilung	
Lakustrine Sedimente	Warvendicke		Niederschlag, Temperatur	Zählungen (Warven)
	Pollenverteilung		Niederschlag, Temperatur	
	$\delta^{13}C$		Niederschlag, Temperatur	
Solare Größen	Sonnenflecken		Sonnenzyklen	Aufzeichnungen
Meteorologie	Niederschlag		Niederschlag	Aufzeichnungen
	Temperatur		Temperatur	
	Wind		Wind	
Speleotheme	Laminaedicke/$\delta^{18}O$		Niederschlag	Zählungen
Historische Aufzeichnung	Eisbedeckung, Ernteberichte, Handel, Extrem-Ereignisse (Dürre, Flut)		Temperatur, Niederschlag, Wind	Historische Dokumente
Marine Sedimente	$\delta^{18}O$, $\delta^{13}C$ und planktische und benthische Foraminiferen		SST, SSS, Paläoniederschlags- & Nährstoffverteilung	$\delta^{14}C$, Zählungen (Biostratigraphie, Orbitaltuning)
	Faunenanalysen (Diatom., Radiolarien, Foraminiferen)			
	Mg/Ca an plankt. Foraminiferen		SST, Wassermassenverteilung	
	$U^{k'}_{37}$		SST	
	$\delta^{11}B$ an Foraminiferen		pH	
	Ba/Ca an Foraminiferen		Alkalinität	
	$\delta^{13}C_{org}$		pCO_2	
	Cd/Ca an Foraminiferen		Nährstoffverteilung	
	Mg/Ca, Sr/Ca an Ostracoden		Temperatur Bodenwasser	
Korallen	$\delta^{18}O$		SST	$\delta^{14}C$, Zählungen, U/Th
	Sr/Ca		SST	
	$\delta^{14}C$		SST	

gionen (Chevalier und Chase 2016). Gletscherschwankungen bereiten besonders große Schwierigkeiten, da sie nicht allein von einem einzigen Parameter (z. B. Temperatur) bestimmt werden, sondern von sehr verschiedenen, wie Temperatur, Niederschlag, Strahlungshaushalt/Bewölkung, Wind, Schutt/Staubbedeckung der Eisoberfläche, Relief u. v. a. m. Aber auch Seespiegelschwankungen, Vegetationsänderungen und viele andere terrestrische Umweltveränderungen lassen sich nur schwer in Parameter überführen, die für Modellierungen brauchbar sind. Zudem liegen aus den tropischen Gebieten oft zeitlich nicht hinreichend auflösende, regional zufällig verstreute Paläoklimaarchive vor; dies wird am PAGES 2k Network (2013; Abb. 4.3) deutlich, das die letzten 2000 Jahre berücksichtigt.

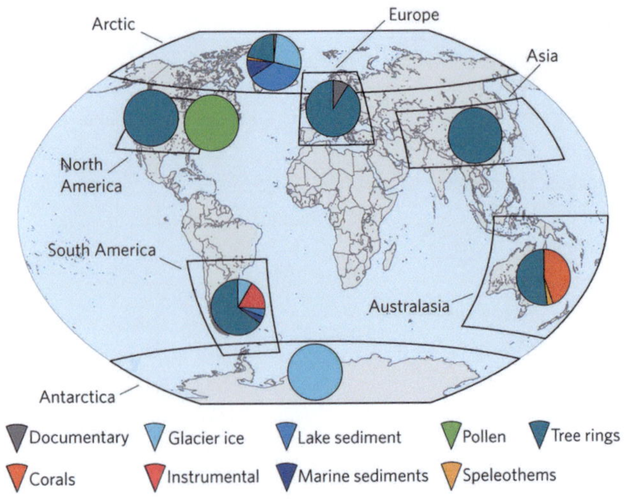

Abb. 4.3 Das PAGES 2k Network. Die Boxen zeigen im kontinentalen Maßstab die erfassten Regionen. Die Kreisdiagramm-Segmente nennen den Typ der berücksichtigten Proxydaten für die jeweilige Region. Baumringe spielen eine herausragende Rolle. Die Tropen sind stark unterrepräsentiert. (Aus PAGES 2k Network 2013). Karte: Alexander Hermann, Geogr. Inst. Univ. Bern

4.2 Terrestrische Klimazeugen

4.2.1 Gletscher

Abschmelzende Gletscher sind Ikone und Symbol für den Klimawandel (Bamber 2012) (Abb. 4.4). Das weltweite Gletscherverhalten (Abschmelzen, Stillstand, Vorrücken der Gletscherenden) der letzten rund 150 Jahre ist ein beredtes Beispiel für die Sensitivität, mit der Gletscher auf geringste Klimaänderungen reagieren. Die wissenschaftliche Bearbeitung und paläoklimatische Deutung der Gletscherbewegungen ist für viele Jahrzehnte das Fundament der Paläoklimaforschung gewesen.

Dies trifft auch für die Gletscher in den Tropen zu (vgl. Hastenrath 1985). Eine Übersicht über die tropischen Gletscher geben Kaser und Osmaston (2002). Sie beschreiben die Charakteristika der tropischen Gletscher, ihre Fluktuationen in jüngster Zeit und die quartären Gletscherbewegungen. Gletscher reagieren auf Klimaänderungen (Kääb et al. 2008; Knight 2006). Klimaänderungen können als Änderungen der Niederschläge, der Temperaturen, des Strahlungshaushalts oder in irgendeiner Kombination dieser drei Parameter auftreten (Kerschner und Ivy-Ochs 2008). Über paläoklimatische Rekonstruktionen der tropischen Andengletscher berichtet Mark (2008). Das Gletscherverhalten variiert bei verschiedener Niederschlags-Saisonalität (z. B. Sommer/Winterregen, Tropen/Außertropen, vgl. Barry und Gan 2011; Mölg et al. 2008; Kaser und Osmaston 2002; Kaser et al. 2010; Yamaguchi und Fujita 2013; Kapnick et al. 2014; Abb. 4.5). Schmelzwasser auf und in Gletschern können zu schnellem Gletscherfließen führen (Phillips et al. 2010), schuttbedeckte Gletscher haben ein Eigenleben (Scherler et al. 2011). Auch zeigen numerische Modellierungen, dass das

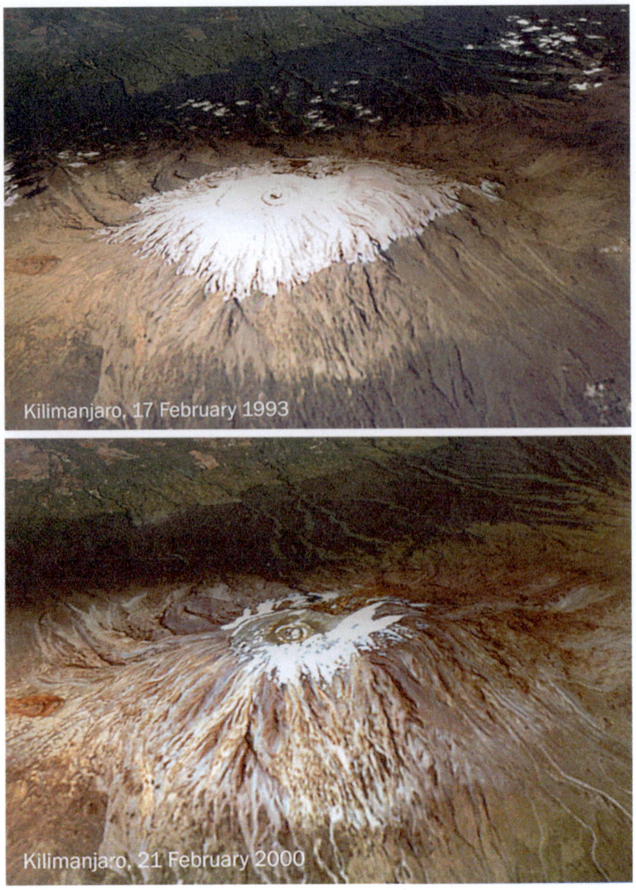

Abb. 4.4 Das Bildpaar vom Kilimandscharo (5895 m) in Ostafrika wurde oft als eindrucksvoller und sichtbarer Beleg für das schnelle Abschmelzen der tropischen Gletscher infolge der globalen Erwärmung benutzt. Beide Aufnahmen stammen aus der zweiten Februarhälfte (1993 und 2000). Die Interpretation der Bilder zeigt, dass die Argumentation zwei wesentliche Dinge nicht bzw. falsch einbezieht: (1) Das *obere Bild* aus dem Jahr 1993 zeigt den Vulkangipfel nach ergiebigem Schneefall, der sowohl die Gletscher als auch den gesamten oberen Gipfelbereich einschließlich des Kraters mit Neuschnee bedeckt; (2) das *untere Bild* aus dem Jahr 2000 zeigt den Kilimandscharo nach einer niederschlagsfreien Periode mit geringen Schneeresten auf den Gletschern und den obersten Vulkanhängen. Der Berg liegt 3° südlich des Äquators in einem Gebiet, das zu jeder Jahreszeit Niederschläge in Form von Schnee in entsprechenden Höhenlagen erhalten kann. Daher bezeugt das Bildpaar kein katastrophales Abschmelzen der Tropengletscher. Es wird an anderer Stelle auszuführen sein, dass in der Tat die Gletscher der Tropen seit dem Ende der Kleinen Eiszeit (ca. AD 1850) sehr schnell an Volumen eingebüßt haben (s. Abschn. 5.2.5 und Abschn. 6.2.5)

Vorrücken von Gletschern bei kühler werdendem Klima (vom Pliozän zum Pleistozän, MPT) stark von der Landoberfläche abhängt, die vorher bestand, und dass die Glazialerosion den Weg für eine größere Ausdehnung nachfolgender Vergletscherung bereitet (Brocklehurst 2013; Pedersen und Egholm 2013). Analogien aus heutiger Zeit helfen bei der Rekonstruktion quartärer Gletscher (Evans 2009). Ein komplexes Zusammenspiel sehr unterschiedlicher Faktoren führt zu einem Anwachsen

Abb. 4.5 *Oben links*: „Tafel-Eis" (*tabular ice*) auf dem Gipfelplateau des Kilimandscharo. Charakteristisch sind die Stufen im Gletschereis. (Foto: N. J. Cullen, Juli 2005; vgl. Kaser et al. 2010a und M Winkler et al. 2010). Zu Beginn des 21. Jhs. ist das Eis an den ± vertikalen Fronten um 1,4–0,9 m zurückgewichen, im horizontalen Bereich der Flächen nur um 0,65–0,25 m (Pepin et al. 2014). Kaser et al. (2010a) erkennen aufgrund langjähriger Messungen zahlreicher meteorologischer Parameter einen wiederholten phasenhaften Auf- und Abbau des Plateau-Eises im Holozän. Eisakkumulationsphasen korrespondieren mit Seespiegelhochständen in Ostafrika, die im jüngeren Holozän mit Schwankungen der solaren Insolation korreliert werden können (Verschuren et al. 2000). Über den Eishaushalt und Klimaänderungen des Kilimandscharo diskutieren auch Taylor et al. (2006a, 2006b), Mölg et al. (2008), Thompson et al. (2009) und Hastenrath (2010).
Oben rechts: Senkrechte Wand eines Gletschers in Bolivien. Starke Insolation und ein trockenkaltes Klima bestimmen die Massenbilanz des Gletschers beim Abschmelzen; den größten Massenverlust bewirkt die Sublimation („Verdunsten des Eises"). (Foto: alueni-images) *Unten links*: Bolivien. Mallachuma-Gletscher (Tres Cruces, Cordillera Quimsa Cruz) mit Moränen der Kleinen Eiszeit. *Unten rechts*: Illimani-Massiv, Bolivien. (Foto: alueni-images)

oder Schwinden der Menge und der räumlichen Verbreitung des Gletschereises. Holozäne Gletscherschwankungen erklärt Grove (2008) mit den natürlichen Schwankungen der Sonnenstrahlung in Verbindung mit vulkanischen Ereignissen und anthropogenen Einflüssen (Treibhausgase, *global dimming*, vgl. auch Koch und Clague 2006). Numerische Modellierungen des Gletscherverhaltens auf klimatische Änderungen werden mit Beobachtungen verglichen, um verbesserte Berechnungen zukünftigen Gletscherverhaltens bei Klimaänderungen zu erzielen. Große Eiskörper (z. B. Grönland) können nur unzureichend modelliert werden, da kinematische Wellen in Gletschern und Eisschilden entstehen, über deren Größe und Geschwindigkeit bisher nur wenig bekannt ist (Hooke 2005).

Im Jahr 2000 wurden auf der Erde über 10 % der Landoberfläche, nämlich rund 15,26 Mio. km^2 mit einem Eisvolumen von 26,25 Mio. km^3, von Gletschereis eingenommen. Auf die Antarktis entfallen 12,53 Mio. km^2 (23,45 Mio. km^3), auf Grönland 1,73 Mio. km^2 (2,6 Mio. km^3) und auf alle Gebirgsgletscher und kleinen Eiskappen 1,0 Mio. km^2 (0,2 Mio. km^3). Während der Eiszeiten war das Eisvolumen etwa 2 1/2-mal so groß wie heute, und die Masse des Eises verlagerte sich auf die Nordhalbkugel; in Warmzeiten wird die Antarktis zum Eisspeicher. Das Abschmelzen des antarktischen Eises würde den Meeresspiegel um 59 m ansteigen lassen, das Abschmelzen des grönländischen Eises einen 7-m-Anstieg der Meere und das Schmelzen sämtlicher anderen Gebirgsgletscher und Eiskappen einen 0,35-m-Anstieg verursachen (Abb. 4.6).

Gletschereis entsteht in der Regel durch die Vorgänge der Schneemetamorphose oder Diagenese in Gebieten, in denen der im Jahresverlauf fallende Schnee nicht vollständig abschmilzt. Neben Umkristallisation sind das Gefrieren von infiltriertem Schmelzwasser in Schnee und Eis und das Gefrieren von reinem

Abb. 4.6 Abschmelzen der Gletscher im 20. Jahrhundert. (Nach Thompson L 2000)

Schmelzwasser an der Gletschereisbildung beteiligt (Wilhelm 1975: 303). Gletscher der Antarktis sind über Tälern auch von unten „gewachsen" (*Dome A area*) und zwar bis zur Hälfte der Eisdicke, die 2400–3000 m betragen kann (Bell et al. 2011). Dies zeigt, dass die Erkenntnisse aus den polaren Eiskappen in keiner Weise für die tropischen Gletscher relevant sind.

Bei der Gletschereisbildung wird atmosphärische Luft in Blasen im Eis eingeschlossen (Abb. 4.7), so auch die Treibhausgase CO_2, CH_4 und N_2O. Da der Einschluss mehrere Zehnermeter unter der Oberfläche in einem kontinuierlichen Prozess erfolgt (Stocker 2007), ist die Luft in den Blasen 100 bis mehrere 1000 Jahre jünger als das umgebende Eis (Stocker 2001). Sehr rasche Änderungen werden durch den langsamen Einschlussvorgang geglättet (Abb. 4.7). So beträgt beispielsweise die Tiefe und Dichte der antarktischen Firnlage im Innern der Antarktis > 100 m, und das Porenschließen erfolgt erst nach ~ 2000 Jahren, küstennah in 40–60 m Tiefe schon nach < 50 Jahren (van den Broeke 2008).

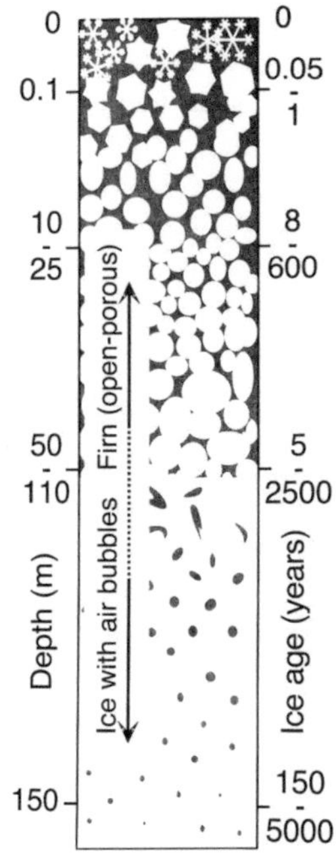

Abb. 4.7 Schema des Übergangs von Schnee über Firn zu Eis mit charakteristischem Tiefenbereich und Alter (nach Schwander 1996, NATO ASI Series book series **43** aus Schüpbach et al. 2016). Durch die Vermischung der Luft im Firnbereich ist die im Eis eingeschlossene Luft wesentlich jünger als das umgebende Eis. Die Altersdifferenz wird als Δage angegeben und ist für Unsicherheiten verantwortlich, die bei Korrelierung verschiedener Parameter in Phasen von plötzlichen Klimaänderungen (z. B. Jüngere Dryas) auftreten

Häufig werden Gletscher in temperierte (= warme), polythermale und polare (= kalte) Gletscher unterteilt; bei Letzteren werden hochpolare *ohne* und subpolare *mit* saisonalem Schmelzwasser unterschieden. Hinsichtlich der Genese unterscheidet sich daher das Eis verschiedener Gletschergebiete (Südgrönland, Eismitte der Antarktis, Küstengebirge Britisch-Kolumbien/Kanada, tropische Anden, Kilimandscharo, Himalaya etc.). Doch heute steht fest, dass (alpine) Gletscher auf ein komplexes Wechselspiel von günstigen und ungünstigen synoptischen Wettersituationen reagieren, weshalb die Einteilung in temperierte und kalte Gletscher zu schematisch erscheint (Solomina et al. 2008).

Tropische Gletscher sind sensible Klimaindikatoren, da sie eine eigene Saisonalität der Massenbilanz aufweisen (Kaser und Osmaston 2002). In den Tropen ist die Temperatur während des ganzen Jahres relativ konstant im Vergleich zur hygrischen (feucht – trocken) Saisonalität, die zu den Randtropen hin zunimmt. Damit unterscheiden sich die tropischen Gletscher von denen der höheren Breiten. In den Tropen wird vorwiegend während der feuchten Zeit akkumuliert (Sommer/Zenitalniederschläge), während Ablation ganzjährig erfolgt (Maximum

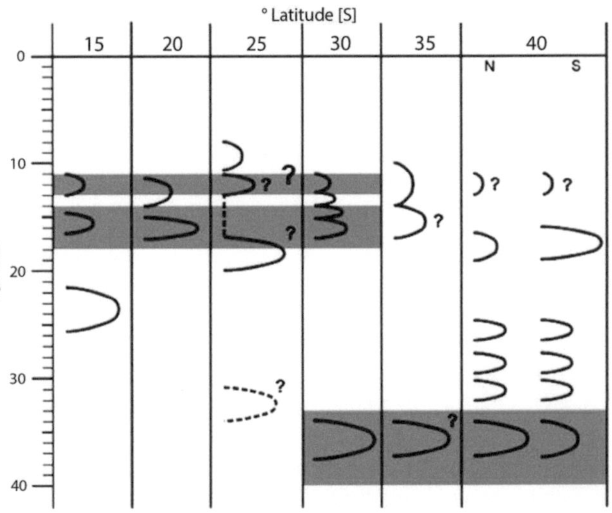

Abb. 4.8 Gletscherschwankungen in Raum und Zeit (Nord-Süd-Transekt) aufgrund datierter Moränen für den südamerikanischen Andenbereich zwischen 15° S (Bolivien) bis 40° S (Chile/Argentinien). Humide Phasen sind *grau* unterlegt. (Aus Zech et al. 2008). Im randtropischen (semihumiden) Bereich in 15° S (Bolivien) ereignete sich der größte Gletschervorstoß im LGM i. e. S. (~ 25–22 ka BP). In 20° S in der „ariden Diagonale" (Abb. 4.10) war das LGM i. e. S. zu trocken für eine stärkere Vergletscherung; diese trat im Spätglazial auf. In 30° S führten Aridität und Saisonalität (tropischer und außertropischer [Westwind-]Einfluss) zu maximaler Vergletscherung am Ende des MIS 3 (~ 57–29 ka BP) und kleinere Gletschervorstöße im Spätglazial. In 40° S (Außertropen) fand die maximale Vergletscherung im späten LGM (18–16 ka BP) statt (Sagredo 2017)

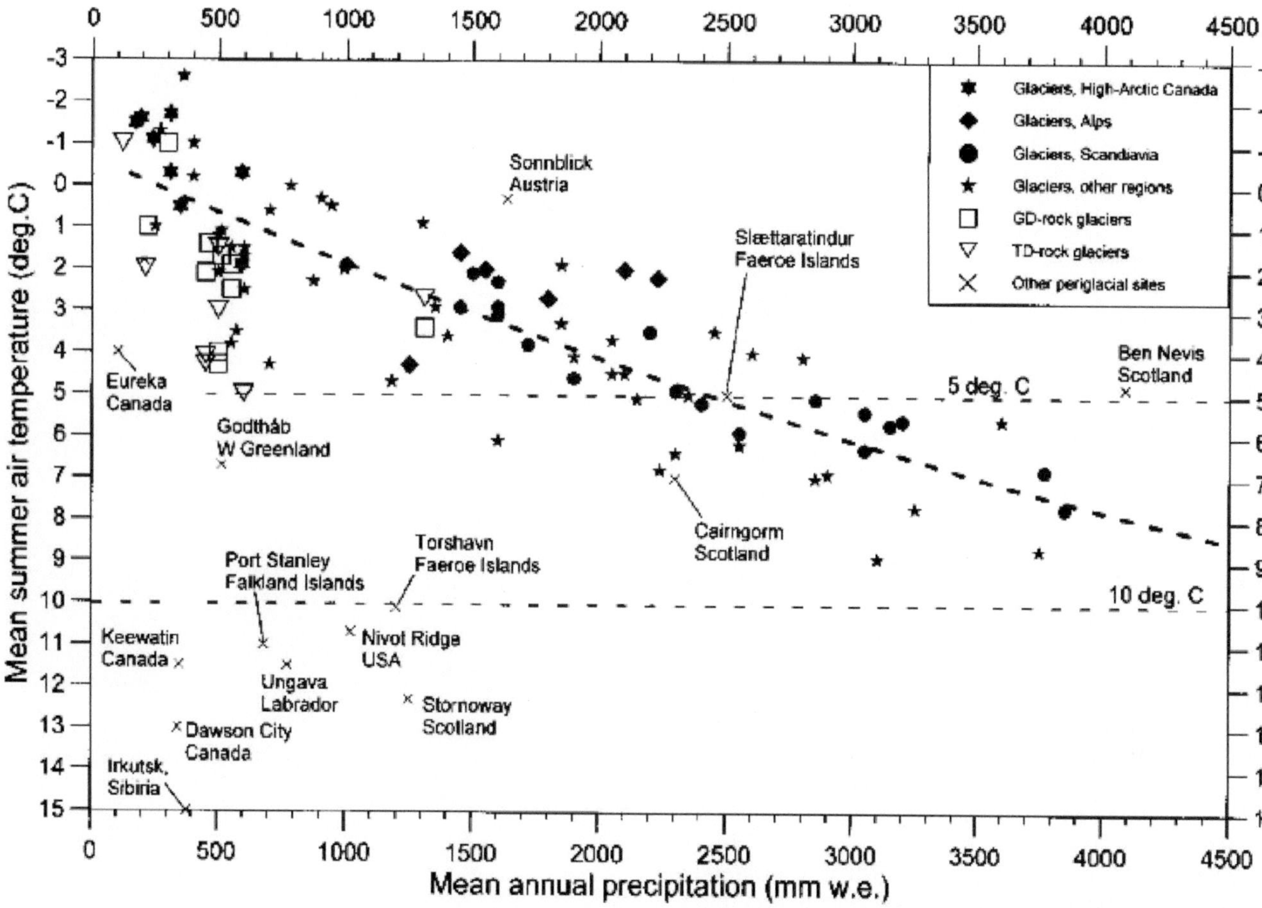

Abb. 4.9 Mittlere Sommer-Lufttemperatur im Verhältnis zum Jahres-Niederschlag der ELAs von 70 rezenten Gletschern. Die kräftige gerissene Linie markiert den allgemeinen Trend der ELA-Zone, die das Diagramm in zwei Bereiche trennt: (*oben*) Potenzielle Vergletscherung, (*unten*) Periglaziär. Die Sommer-Isotherme von 5 und 10 °C (der drei wärmsten Monate) sind gerissen; sie entsprechen etwa der oberen Grenze geschlossener Vegetation und der oberen Baumgrenze. Verschiedene Symbole kennzeichnen unterschiedliche klimatische Regionen (Alpen, Skandinavien, hocharktisches Kanada). *Glacier-derived rock glaciers – offene Quadrate*, *talus-derived rock glaciers – Dreiecke*. (Nach Humlum 1998) Anmerkung: Die Tropen und Subtropen bleiben unberücksichtigt

während der Akkumulationszeit). Die Isothermie sorgt auch für einen steilen vertikalen Massenbilanzgradienten: Ablation findet ganzjährig unterhalb der ELA (*equilibrium line altitude*, Klimatische Schneegrenze) statt, während Akkumulation auf die Regionen oberhalb der ELA konzentriert ist. Die Massenbilanz der Gletscher der inneren (feuchten) Tropen reagiert besonders empfindlich auf Temperaturschwankungen (vgl. Kelly et al. 2014), aber auch auf eine Vielzahl klimatischer Parameter wie Niederschlag, Humidität und Bewölkung (Kaser et al. 2004). Die Gletscher der (ariden) Randtropen reagieren stark auf Niederschlagsänderungen (Abb. 4.8). Es ist schwierig, die klimatischen Einflüsse, die das Gletscherverhalten in den Tropen steuern, kritisch zu bewerten, um paläoklimatische Daten zu gewinnen (und die Reaktion der Tropengletscher auf zukünftige Klimaänderungen vorauszusagen).

Gletscherkorngefüge, Fremdmaterialeinschlüsse (Staub, Schutt, Pollen) und Gletscherbewegungen verursachen bestimmte Merkmale der Gletscherstruktur und -textur (z. B. rhythmische Jahresbänderung). Gletscher bewegen sich vom Nährgebiet zum Zehrgebiet. Als Folge vermehrter Niederschläge (Copland et al. 2011) können *Surges* (Gletscherausbrüche) zu schnellen Eisbewegungen und – trotz globaler Gletscherschmelze – regional zu ausgeglichenem bis leicht positivem Eishaushalt führen (wie im Karakorum 1999–2009, Gardelle et al. 2012). Basale Bewegungen und Wasserimpulse sind für unterschiedliche Abflussgeschwindigkeiten verantwortlich (Bartholomaus et al. 2008). Die Gletschergleichgewichtslinie (Firnlinie) trennt das Nährgebiet vom Zehrgebiet. Die über mehrere Jahre gemittelte Gletschergleichgewichtslinie wird oft der lokalen (orographischen) Schneegrenze (ELA) gleichgesetzt. Dies ist für viele Regionen unzutreffend, denn Abweichungen zwischen Schneegrenze und Firnlinie bis über 1000 Höhenmeter (z. B. Tien Schan) werden beobachtet (Wilhelm 1975: 95, Abb. 4.11). Da die Höhenlage der lokalen Schneegrenzen und Gletschergleichgewichtslinien erheblichen reliefbedingten Schwankungen unterworfen ist, wurde als Vergleichswert der Begriff der klimatischen Schneegrenze eingeführt, der als „Schneegrenzwert mittlerer orographischer Begünstigung der Schneebewahrung und Gletscherbildung" (Louis 1955) definiert werden kann. In der internationalen Literatur entspricht der klimatischen Schneegrenze die ELA (*equilibrium line altitude*) (Abb. 4.9), die nach verschiedenen Verfahren ermittelt wird (Ramage et al. 2005; Reuther et al. 2004; Barry 2006) (THAR = *toe-to-headwall-altitude ratio method*; TSAR = *toe-to-summit-altitude ratio method*; AAR = *accumulation-area ratio method* (Barry 2006); BR = *balance ratio method*; AABR = *accumulation-area balance ratio method*; MELM = *maximum elevation of lateral moraines method*; *cirque-floor altitude method*; *glaciation threshold method*). Sagredo (2014) diskutieren die Sensitivität der ELA entlang der südamerikanischen Anden hinsichtlich Temperatur und Niederschlag und zeigen, dass die Temperatursensitivität in den inneren Tropen am größten ist, während die Niederschläge in den Subtropen und angrenzenden Mittleren Breiten an Einfluss auf die ELA zunehmen. Osmaston (2006) wirft die Frage auf, inwieweit Meeresspiegelschwankungen bei der Rekonstruktion der eiszeitlichen ELA berücksichtigt werden sollten.

Eiskappen (Stocker 2007) und Gebirgsgletscher (S Winkler et al. 2010) sind die wohl bedeutendsten Archive (H Fischer 2006), aus denen sowohl das Klima der Vorzeit als auch die Zusammensetzung der irdischen Atmosphäre im Eiszeitalter erschlossen werden können (Box Eisbohrkerne). Die Liste der möglichen Eigenschaften, die aus den Eisbohrkernen gewonnen werden, ist beträchtlich. Die Analysen bringen Aufschluss sowohl über die Klimaschwankungen der Vergangenheit als auch über die Ursachen der Klimaänderungen. Im Jahr 2004 (2006) reichen die *records* des antarktischen EPICA-Eisbohrkerns (Dome C) 740.000 (810.000) Jahre zurück. Die IPICS (*International Partnerships in Ice Coring Sciences*) plant in der Antarktis Bohrungen im Eis, die 1,2 bis 1,5 Mio. Jahre altes Eis erschließen sollen (Wolff und Brook 2008; IPICS 2016).

Die Eisbohrkern-Daten erhalten ihre Bedeutung durch die genaue Datierung (Schwander 2006). Diese erfolgt durch Auszählung der obersten Jahreslagen im Eis (in Grönland bis 42.000 Jahre zurückreichend mit 1 %iger Genauigkeit, Andersen et al. 2006) und über Eisflussmodelle (Barry 2006), die mit Zeit-„Markern" gekoppelt werden (*Matching*). Zu den Zeit-Markern, die anderweitig datiert werden, gehören u. a.

- Kernwaffenversuche (z. B. ^{3}H-Peak von 1964; *bomb spike*-Kalibrierung mit ^{210}Pb, ^{137}Cs, ^{14}C),
- Vulkanausbrüche (sie werden über saure Schwefelsignale, die mit vulkanischen Ereignissen korrelieren [CH_4, CO_2], und indirekt aus dem Vergleich von der ^{10}Be- und ^{14}C-Produktion ermittelt),
- das Ende der Jüngeren Dryaszeit (datiert auf 11,6 ka anhand der Auszählung der jahreszeitlichen Eisschichtung der grönländischen Eisbohrkerne sowie limnischen Jahreslagen),
- das globale CH_4-Ereignis (um 41 ka),
- der ^{10}Be-Gipfel (um 41 ka),
- Minima des Erdmagnetfeldes (Bleil und von Dobeneck 2008),
- organische Einschlüsse (z. B. Insekten, Baumrindenfragmente, Asche) können – wenn vorhanden (wie in den Tropen) – mittels ^{14}C datiert und in Kalenderjahren angegeben werden (Thompson et al. 1998).

Abb. 4.10 Andengletscher, aus denen Eiskerne erbohrt wurden. Die *Pfeile* zeigen die Hauptzirkulationsrichtungen an, die *Farben* die Niederschläge. (Aus Vimeux und Ginot 2006) Die „aride Diagonale" mit < 500 m/a Niederschlag erstreckt sich von Nordchile über die Anden bis Patagonien

- Eine Anzahl radioaktiver Isotope werden benutzt, um das Alter des Eises und eingeschlossener Luft abzuschätzen (u. a. ^{3}H, ^{210}Pb, ^{32}Si, ^{39}Ar, ^{85}Kr, ^{14}C, ^{81}Kr, ^{36}Cl, ^{10}Be, Uran-Reihen).

Heute können Eisbohrkerne durch „*matching*" mit anderen Eisbohrkernen (Arktis – Antarktis) sowie mit marinen Sedimentkernen und terrestrischen Abfolgen (z. B. Löss) synchronisiert, korreliert und datiert werden (EPICA Community Members 2006). Damit wird auch erreicht, klimatische Signale von Eiskappen-Signalen (z. B. Veränderungen in der Topographie, Eisfließstrukturen) zu trennen. Wertvolle Informationen, die einen vollständigen Eiszeitzyklus (die letzten 150.000 Jahre) umfassen, konnten bereits im 20. Jahrhundert aus den tiefen Eisbohrungen der grönländischen und antarktischen Eiskappen gewonnen werden.

Der antarktische Eisschild jedoch, vergleichbar mit der Größe Europas, umfasst sehr unterschiedliche klimatische und glaziologische Bereiche. Daher können die Bohrpunkte weder

Abb. 4.11 Der Rückzug der Gletscher in den tropischen Anden wird durch Moränen, die während der letzten Jahrhunderte gebildet wurden, deutlich. *Oben links*: Ein grobblockiger Schutt bedeckt den Gletscher, der aus dem Kar der Nordflanke des Nevados Huandoy (Cordillera Blanca, Peru) kommt. Der aktive Gletscher befindet sich im Kar; Gletschereis liegt aber auch 1–2 m unter der Schuttbedeckung aus Granodioriten und windet sich in die Quebrada Paron (vgl. Clapperton 1983: 106). *Oben Mitte*: Zongo-Gletscher am Huayna Potosí, Bolivien, mit Moränen der Kleinen Eiszeit. *Oben rechts*: Atoroma-Chuma-Gebiet der Cordillera Qimsa Cruz, Bolivien, mit Moränen der Kleinen Eiszeit. (Foto: E. Jordan). *Unten links*: Quelccaya-Eiskappe im Jahr 1976 mit Jahreslagen. Eine Bohrung im Jahr 1991 zeigte, dass die obersten 20 m der Firn/Eis-Jahreslagen in den letzten Jahrzehnten infolge ansteigender Temperaturen „versulzt" (Perkolation von Schmelzwasser) und für paläoklimatische Informationen nur bedingt geeignet sind. *Unten Mitte*: GOOGLE-Schrägaufnahme eines Vulkangebirges, Bolivien. Die Talformen und Moränen früherer Gletschervorstöße sind deutlich zu erkennen. *Unten rechts*: Zackenfirn und *Nieve penitente* (Büßerschnee) am Westgipfel des Chimborazo, Ecuador. (Farblithographie von R. Reschreiter aus Meyer (1907b, Tafel 16))

repräsentative Daten für die Südhemisphäre noch für die gesamte Zeitspanne, die von Interesse ist, liefern. Zu Beginn des Jahres 2014 reicht der *record* über Treibhausgase in der Atmosphäre bereits 900.000 Jahre zurück (EPICA/Dome C) und wirft neue Fragen bei Klimamodellierungen auf (Hopkin 2005, Brook 2005).

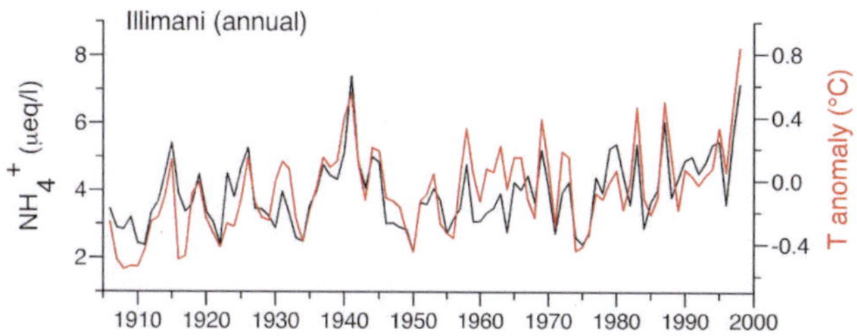

Abb. 4.12 Kalibrierung von Eiskerndaten (*schwarz*) des Illimani (Bolivien) mit Instrumenten-Temperaturen (*rot*) mit jährlicher Auflösung. Die NH_{4+}-Werte können als Temperatursignale gedeutet werden. (Aus Kellerhals et al. 2010)

Viele für den Menschen von größter Bedeutung erscheinende Klimaphänomene (z. B. Änderungen des ENSO-Phänomens und der Monsunsysteme, vgl. Clemens und Prell 2007) konnten bisher nicht über die Analyse polarer Eischilde erfasst werden. Daher sind tropische Klimazeugen von höchstem Interesse, befinden sich doch 50 % der Erdoberfläche zwischen 30° N und 30° S und 80 % der gegenwärtigen Weltbevölkerung in diesen Regionen. Die in den südamerikanischen tropischen Eiskernen (Abb. 4.10) enthaltenen paläoklimatischen Informationen reichen bis in die letzte Kaltzeit zurück (Thompson et al. 1995). Auch sind die Tropen das Zentrum des globalen hydrologischen Kreislaufs. Unglücklicherweise schwinden aber gerade infolge der weltweiten Erwärmung alle bekannten tropischen Gletscher und Eiskappen (Kaser und Osmaston 2002). Bedeutende Klimaarchive gehen damit für immer verloren (Bowen 2005; Abb. 4.11).

Zeitlich weit zurückreichende kalibrierte Eiskerndaten und Klimasignale mit einer jährlichen Auflösung liegen von Gletschern aus den Tropen bisher nur vereinzelt vor. Bei der Auswertung eines Eisbohrkerns vom Illimani (Bolivien) wurde u. a. versucht, die Eiskern-Proxy-*records* unmittelbar mit Instrumentenmessungen zu kalibrieren (Abb. 4.12; Kellerhals et al. 2010).

Probleme bereitet immer noch eine möglichst genaue Altersbestimmung der Eisbohrkerne, die auf Altersmodellen (*age models*) beruht (Lemieux-Dudon et al. 2010). Die Altersbestimmung erfolgt mittels *tuning* („Harmonisieren“) und *matching* (bekannte und unbekannte Abschnitte von [Eis]-Bohrkernen etc. werden „korreliert“). Das *tuning* basiert auf $\delta^{18}O$, δD, $U^{k'}_{37}$ (alkenone)-SST, MAT (*modern analog technique*), Mg/Ca *ratio*, Sr/Ca *ratio*, Diatomeen- und Radiolarien-Transfer-Funktionen u. v. a. m. Es gibt Hinweise auf zeitliche Diskrepanzen von bis zu 8000 Jahren beim *tuning* (Rashid et al. 2011). Daher wurde lange diskutiert, ob die Deglaziation am Ende der letzten Eiszeit von der Südhemisphäre (antarktisches Altersmodell) oder von der Nordhemisphäre (grönländisches Altersmodell) eingeleitet wurde. Lemieux-Dudon et al. (2010) diskutieren die Probleme der Korrelierung der arktischen und antarktischen Eis-Chronologien erneut und präsentieren eine neue Berechnung der antarktischen und grönländischen Altersmodelle. Neben den Chronologien aus glaziologischen Daten (Eisflussmodellierung, Firnverdichtungsmodell, Akkumulationsratenmodell etc.) werden Gas- und Eis-stratigraphische Einschränkungen berücksichtigt. Regionale und globale Indikatoren (*marker*), wie Tephralagen, vulkanische Sulfate, ^{10}Be, Methan etc., werden benutzt, um die Eisbohrkern-Chronologien stratigraphisch zu korrelieren. Ob die neuen Simulationen von He et al. (2013) diese Problematik lösen, bleibt abzuwarten; ihre Simulationen ergeben, dass Rückkoppelungen zwischen ansteigender Sommerinsolation der Nordhemisphäre (Milankovitch-Theorie) und der AMOC sowie den vor 17.000 Jahren ansteigenden CO_{2atm}-Werten und dem daraus resultierende Treibhauseffekt für die Deglaziation verantwortlich sind.

4.2.2 Glaziäre Ablagerungen und Formen

Seit Mitte des 19. Jahrhunderts haben glaziäre Formen und Ablagerungen (Hambrey und Alean 2004; Ehlers 2011) für die Rekonstruktion der quartären Klima- und Landschaftsgeschichte eine große Bedeutung und ergänzen die Erkenntnisse aus den Eisbohrkernen. Es gibt viele Probleme bei der paläoklimatischen Deutung der vom Gletschereis geschaffenen Phänomene. Glazialgeologie und Glazialmorphologie sind bis vor wenigen Jahrzehnten diejenigen Disziplinen gewesen, die am stärksten mit ihren wissenschaftlichen Methoden an der Erhellung der quartären Klima- und Landschaftsgeschichte beteiligt waren (Zeuner 1952; Woldstedt 1958, 1961, 1965; Flint 1971). Werden die glaziären Phänomene sorgfältig kartiert und erfasst, lassen sie weitreichende Aussagen zu über (1) das Ausmaß und die Mächtigkeit früherer Eismassen, (2) die Richtungen der Eisbewegungen sowohl im lokalen als auch regionalem Maßstab, (3) die Prozesse und Art des Eisabschmelzens („Gletscherrückzug“), (4) die Rekonstruktion früherer Gletscheroberflächen („Gletschertypen“), (5) die Lage früherer Schneegrenzen, (6) Gletscherschwankungen u. v. a. m.

Ausmaß und Mächtigkeit früherer Eismassen und Gletscher zeigt sich in der Verbreitung (1) der glaziären *Erosionsformen* (Kare, Schliffkehlen, Gletscherschliffe, auch submarin, glaziär erodierte, U-förmige Täler, Rundhöcker, Gletschermühlen, glaziär übertiefte Täler, Sichelbrüche, etc.; die thermischen Eigenschaften der Gletscher bestimmen die glaziären Erosionsraten stärker als die Ausdehnung der Eisbedeckung, die Eisbewegungen und die Gletscherfließgeschwindigkeiten (Koppes et al. 2015)), (2) der glaziären *Akkumulationsformen* (Moränen unterschiedlichster Ausbildung, Erratika, Oser, Kames, Drumlins) sowie (3) der glaziären *Formen*, die durch Erosions- und Akkumulationsprozesse und durch Eisdruck und -schub (Glazitektonik) entstanden sind (Urstromtäler, Rinnenseen, glaziär gestauchte Locker- und Festgesteine, fluvioglaziale Terrassen, Drumlinbildungen etc.). Geschiebekundliche Analysen (Einregelungsmessungen, Verteilung glaziärer Leitgeschiebe, Ehlers 2011) führen zur Rekonstruktion wechselnder Eisbewegungsrichtungen. Vor allem aber die Erfassung der Moränen spiegelt die frühere Eisausdehnung und die Schwankungen der Eisfronten wider; die Rekonstruktion der letzteiszeitlichen Eishalte und Rückzugsmoränen aus dem Gebiet der nordamerikanischen Großen Seen und aus dem südwestlichen Umkreis der Ostsee sind seit eineinhalb Jahrhundert Zeugen für die quartären Klimaänderungen.

Quartäre Gebirgsvergletscherungen lassen sich in der Regel besser rekonstruieren als eine ehemalige Inlandeis- und Gebirgsvorlandvergletscherung. End- und Ufermoränen, Rückzugsmoränen und eine Vielzahl weiterer glaziärer Formen (Abb. 4.11 und 4.13) belegen in vielen Gebirgen der Erde frühere Gletschervorstöße und ein – oft etappenweises – Abschmelzen des Eises. Während die jüngere Gletschergeschichte durch zahlreiche Rückzugsmoränen dokumentiert wird, ist die Deutung älterer Moränenbildungen (z. B. Seitenmoränen) oft erst möglich, wenn der Aufbau der Wälle bekannt ist.

Probleme und methodische Hinweise bei der Datierung von Moränen hat Röthlisberger (1986) zusammengestellt. Vor allem bei großräumigen Vergleichen und bei Klimarekonstruktionen aufgrund von Gletscherschwankungen können Probleme auftreten, die bedingt werden durch (i) komplexe Stratigraphien der Moränensysteme aufgrund von mehrmaligem Vorrücken und Abschmelzen des Gletschers (Abb. 4.14), (ii) Zusammenbrechen der Moränensysteme (nach Abtauen des Eises), (iii) Bodenbildung in unterschiedlichen Klimaten, (iv) Abhängigkeit der Gletscherbewegungen in verschiedenen Klimaten von Temperatur und/oder Niederschlag (z. B. Andenhänge Südamerikas in Richtung Amazonien bzw. Altiplano; monsun-beeinflusste Gletscher in SE-Tibet; Loibl et al. 2014), (v) nicht klimatisch bedingte Gletscherveränderungen durch Gletscherausbrüche (*surges*), Erdbeben, Vulkanismus, flaches/steiles Relief, Meeres-/Seespiegelschwankungen (kalbende Gletscher) (Röthlisberger 1986). Auch der Gletschertyp muss berücksichtigt werden (z. B. Eiskappe, Hang-, Kar-, Talgletscher).

Unter Berücksichtigung der glaziären Formen werden nach verschiedenen Methoden (vgl. Wilhelm 1975; Reuther et al. 2004) ehemalige Schneegrenzen bzw. Gletschergleichgewichtslinien (ELAs, s. o.) ermittelt. Diese wiederum werden für Klimarekonstruktionen und Klimamodellrechnungen benutzt. Beispielsweise ermitteln Stansell et al. (2007) für Venezuela eine LGM-zeitliche Temperaturabsenkung von > 8,8 °C aufgrund von ELA-Rekonstruktionen und Tripati et al. (2014) für den indo-pazifischen warmen *Pool* (Borneo-Neuguinea) von 4–5 °C, was im Gegensatz zu den 1–3 °C kühleren SSTs steht, die von

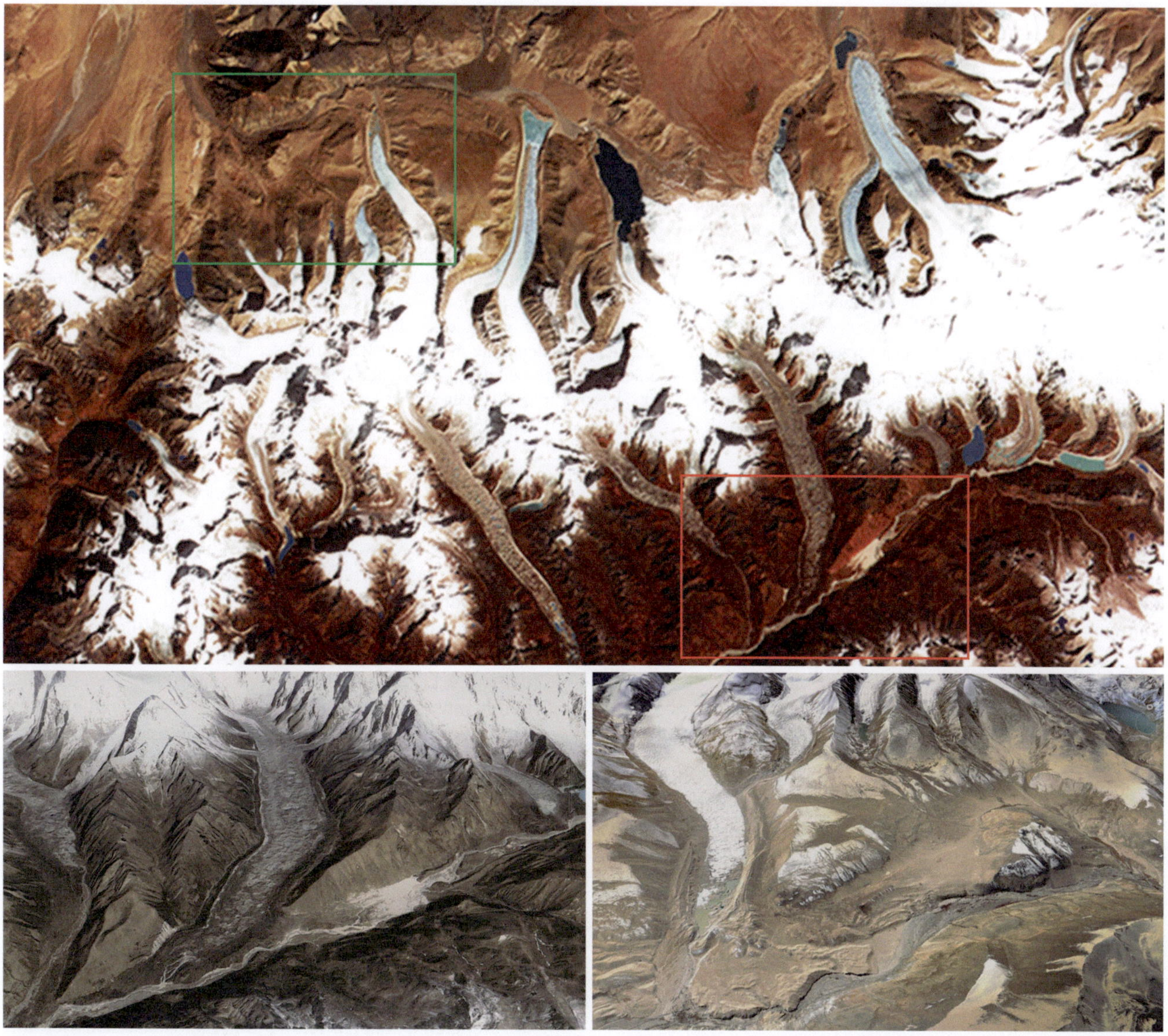

Abb. 4.13 *Oben*: Das Satellitenbild zeigt die Gebirgsvergletscherung im östlichen Himalaya (Kangphu Kang-Massiv, Grenzbereich Bhutan/China) aus dem Jahr 2007. Als Folge des Gletscherschwunds bildeten sich schuttbedeckte Gletscherzungen mit Seen in Südexposition (*unten*) und ohne Schuttbedeckung in Nordexposition (*oben*). End- und Seiten-(Ufer-)Moränen begleiten die Gletscherzungen. Satellitenbild: NASA und USGS *Unten links*: Schuttbedeckte Gletscher mit End- und Seitenmoränen der Südabdachung des Kangphu Kang-Massivs. → 28°05′11″N, 90°09′51″ E, ca. 1200 m NN (*rotes Rechteck* im NASA-Bild). *Unten rechts*: Gletscherzungen der Nordabdachung mit End- und Seitenmoränen. → 28°16′45″ N, 89°59′35″ E, ca. 5100 m NN (grünes Rechteck im NASA-Bild). Beachte die unterschiedliche Hangformung: (*Unten links*) Starke Zerrunsung und Tälchenbildung als Folge hoher Niederschläge (ca. 2500 mm/a). (*Unten rechts*) „Glatthangbildung" durch periglaziäre (solifluidale) Prozesse als Folge geringer Niederschläge und Permafrost (vgl. Ishikawa et al. 2001). Im *rechten Bild* dokumentiert im Bereich der Gletscherzungen eine deutlich differenzierte Abfolge der Seitenmoränen häufige kleine Gletscherschwankungen. Im *linken Bild* sind die Seitenmoränen-Staffeln weniger gut zu erkennen. Auf der sonnenexponierten wärmeren, aber wolken- und niederschlagsreichen Südseite des Gebirges reichen die Gletscherenden rund 1000 m tiefer als auf der wolken- und niederschlagsarmen, kalten Nordseite. Hier wird deutlich, wie schwierig eine paläoklimatische Deutung ehemaliger Gletscherstände ist und dass klimatische Parameter (Strahlung, Bewölkung, Niederschlag etc.) das Gletscherverhalten bestimmen. (Vgl. Owen et al. 2008a, 2008b). *Unten*: GOOGLE-Schrägaufnahmen

CLIMAP Project Members (1976) und Lea et al. (2000) berechnet wurden, sowie zu den Daten der MARGO Project Members (2009), die durchschnittlich 2 °C ($U^{K}_{37'}$) bzw. 3 °C (Mg/Ca) kühlere SSTs ermittelten (vgl. Abb. 4.80).

Erschwerend bei der Deutung der glaziären Paläoklimaproxys hinsichtlich Ausdehnung und Alter eiszeitlicher Gletscher können glaziär-induzierte Massenbewegungen (Iturrizaga 2015; Abb. 4.15) und Bergstürze sein, die Moränenmaterial verlagern. Diese Prozesse wurden oft bei früheren Arbeiten nicht berücksichtigt. Eine große Ausdehnung der letzteiszeitlichen Gletscher

Abb. 4.14 *Oben links*: Aufbau von Moränen (nach Röthlisberger 1986). *Oben rechts*: GOOGLE-Bild eines eiszeitlichen Moränensystems der Cordillera Apolobamba, Bolivien (15°04′ S, 69°11′30″ W, ~4500 m NN). Vor allen in den Tropen und Randtropen wurden bisher die Überschüttung und Anlagerung von Moränen wenig beachtet. Alte, prä-LGM-zeitliche Moränen zeigen oft schon aufgrund ihrer Ufermoränen-Oberflächen, dass mehrere Vorstoß- und Schwundphasen des Gletschers die Moränensysteme gebildet haben. Das wird bei Klimarekonstruktionen, die auf Moränen-Altersbestimmungen mittels SED (*surface exposure dating*) basieren, oft nicht berücksichtigt. *Mitte*: Profil durch eine zusammengesetzte laterale Moräne (Corbassièregletscher, Wallis/Schweiz). Aufgrund der *en bloc* abgesackten Moränen zeigen sich in den ^{14}C-Altern der Bodenhorizonte Inversionen (nach Schneebeli 1976 aus Röthlisberger 1986). Ohne Kenntnis der stratigraphischen Beziehungen der Bodenhorizonte sind Fehldeutungen leicht möglich. A, B, C und D kennzeichnen verschiedene Ufermoränen (Anlagerungen).
Unten: Moränen der Kleinen Eiszeit in der Cordillera Quimsa Cruz, Bolivien (Atoroma-Chuma-Gebiet). (GOOGLE-Schrägaufnahme) Während im *unteren Teil* die Gletscherbewegungen (Abschmelzen, Stillstand, Vorstoß) eine fächerartige Anordnung der End- und Ufermoränenwälle hervorrufen, findet im mittleren Teil eine Überlagerung/Überschüttung der Moränenwälle während der jeweils jüngeren Gletscherstillstände bzw. Vorstöße statt. Im Zuge des abschmelzenden Gletschers wurde die Gletscherzunge im Zehrgebiet ständig kürzer, was durch die Ufermoränenwälle angezeigt wird, die am oberen Hang während der verschiedenen Gletscherstillstand/vorrück-Phasen in etwa gleicher Höhenlage einsetzen. Der Abstand zwischen Gletschergleichgewichtslinie (ELA) und Gletscherende verringert sich. Dies ist ein wichtiger Hinweis, dass das Gletscherabschmelzen seit der Kleinen Eiszeit in den tropischen Gebirgen in erster Linie durch eine Reduktion der Humidität der Luft bedingt ist, mit allen Folgen für den Energie- und Massenhaushalt. Die Moränen bezeugen eindeutig, dass die Kleine Eiszeit feuchter war. Der Anstieg der Temperaturen erklärt nur teilweise das schnelle Abschmelzen der Gletscher in den Tropen (Kaser 1999) ►

wurde beispielsweise im Kaluyo-Tal Boliviens (vgl. Abb. 4.16) aufgrund von ^{14}C-datierten Moränenmaterial postuliert (Graf 1992); Bergsturzvorgänge hatten Moränenschutt wesentlich älterer Gletschervorstöße ins Tal befördert (Heine 1995a, 2011b), die fälschlicherweise als glaziäre Bildungen *in situ* interpretiert wurden.

Aufgrund von Fehlinterpretationen von Bergsturz- und Schuttmaterial wurde auch eine ausgedehnte holozäne Vergletscherung um 5 ^{14}C ka BP in den argentinischen Anden von Cuyo (Río Atuel [34°51′ S, 69°55′ W]) und Patagonien (Río Curi Leuvú [36°51′ S, 70°23′ W]; Garleff und Stingl 1984, 1994) postuliert. Schwemmfächerbildungen und fehlende Ufermoränen in den Tälern sind – neben den Abrissnischen und der petrographischen Zusammensetzung der Bergstürze – Belege gegen die Annahme einer extrem weit talwärts reichenden mittelholozänen Vergletscherung; Gosse und Evenson (1994) deuten das kuppige Relief als vulkanogene Schuttrutschungen. Allerdings können kurze, extrem feuchte Perioden (10^1 bis 10^2 a) – wie sie während des ariden Früh/Mittelholozäns für die aride Diagonale der Anden (s. Abb. 4.10) aufgrund von Seespiegelschwankungen belegt sind (Grosjean 2001) – Bergstürze und Rutschungen begünstigen. Das Beispiel zeigt, dass trotz einer Fehldeutung der Geoarchive die Fehldeutung selbst (Gletschervorstoß = feuchter) andere Paläoklimaproxys (hohe Seespiegelstände = feucht) scheinbar bestätigt.

Werden glaziäre Ablagerungen und Formen als Klimazeugen früherer Epochen herangezogen, so müssen bestimmte Voraussetzungen erfüllt sein (vgl. auch Solomina et al. 2008).

(1) Es muss zweifelsfrei belegt werden, dass die glaziären Ablagerungen und Formen von Gletschereis gebildet wurden; dies ist nicht immer sichergestellt. Beispielsweise können Bergsturzmassen und/oder durch Bergstürze talwärts transportiertes Moränenmaterial in relativ niedriger Lage einen vom Gletscher abgelagerten Moränenschutt vortäuschen (vgl. Heine 1995a; Hewitt et al. 2011; Abb. 4.16). Bortensander, von Kuhle (1991) als glaziäre Ablagerungen gedeutet, können präglaziale und anschließend in ihrem Wurzelbereich teilweise erodierte semiaride (Pediment-) Sedimente sein (Lehmkuhl 1995). Moränenmaterial kann unmittelbar vom Eis (unter, in oder auf dem Gletscher) bewegt und abgesetzt werden, aber auch von subglaziären Schmelzwässern, durch Rutschungen im Wasser unter dem Eis und/oder vor der Eisfront sowie vom im Meer schwimmenden Gletschern stammen. In sub-, intra- und supraglaziären Wasserläufen und auch seitlich vom Gletschereis können Sedimente befördert und abgelagert werden; ihre Genese und Unterscheidung von rein fluvialen Sedimenten ist oft nur in Verbindung mit anderen glaziären Phänomenen möglich (vgl. auch Owen und Dortch 2014). Fehlinterpretationen vermeintlicher glaziärer Ablagerungen und Formen sind daher nicht auszuschließen.

(2) Es muss zweifelsfrei dokumentiert werden, welches Alter die glaziären Ablagerungen und Formen haben. In vielen Fällen ist die Altersermittlung mit den heute zur Verfügung stehenden Methoden (s. Abschn. 4.4) gar nicht, unzureichend oder nur unsicher (vage) möglich (Abb. 4.17). Je älter die glaziären Ablagerungen und Formen sind, desto schwieriger wird die Datierung. Ohne eine exakte Altersansprache der glaziären Ablagerungen und Formen sind die aus ihnen abgeleiteten Daten zur Klima- und Landschaftsentwicklung nur sehr eingeschränkt verwertbar. Einige Beispiele seien hier angeführt: Nicht datierte Ufer- und Endmoränen – vor allem tropischer Gebirge – werden oft zur Rekonstruktion der letzteiszeitlichen Schneegrenzdepression herangezogen; detaillierte Geländeaufnahmen und Datierungen zeigen mitunter an, dass verschieden alte glaziäre Ablagerungen und Formen miteinander korreliert werden, was unzulässig ist (vgl. Heine 1974, 1977, 1983a, 1995b). Die (jung)quartären Gletscherschwankungen Tibets und des Himalaya konnten aufgrund fehlender Datierungen sehr unterschiedlich gedeutet werden. Owen et al. (2005, 2008b), Zech (2012) und andere Autoren bestätigen die Vermutungen von Heine (1983a), Gillespie und Molnar (1995) und Benn und Owen (1998), dass die jungquartären Vergletscherungen im Tien Shan, in Tibet und im Himalaya asynchron zu den großen Inlandeis-Vergletscherungen verliefen. Die maximale letzteiszeitliche Vergletscherung erfolgte im MIS 4 und 3 vor > 30.000 Jahren, nicht im MIS 2 (LGM) vor rund 20.000 Jahren. Anhand nicht datierter glaziärer Ablagerungen (u. a. Erratika) und Formen

Kapitel 4

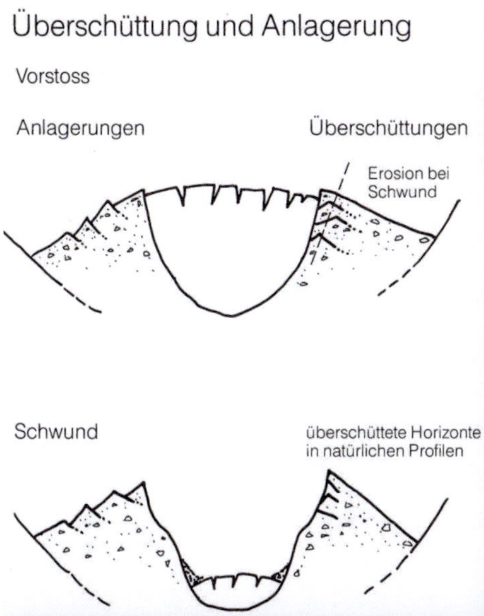
Überschüttung und Anlagerung
Vorstoss
Anlagerungen
Überschüttungen
Erosion bei Schwund
Schwund
überschüttete Horizonte in natürlichen Profilen

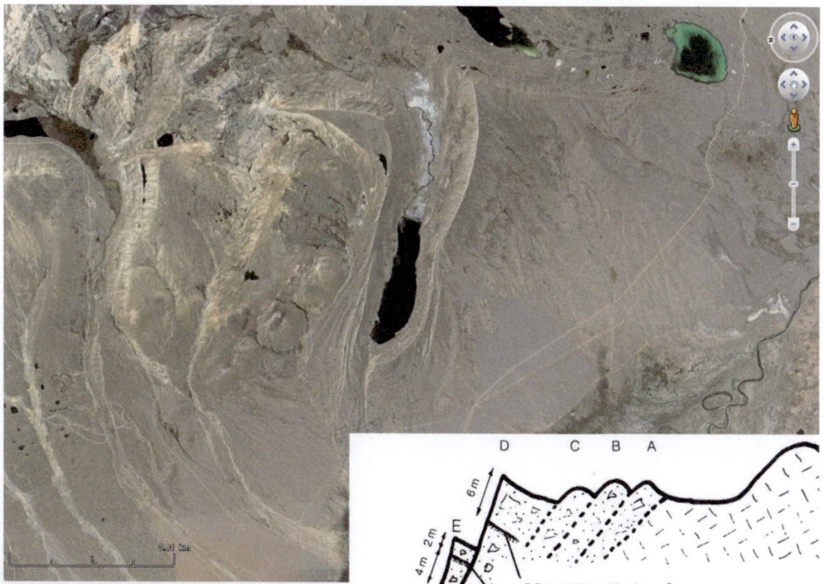

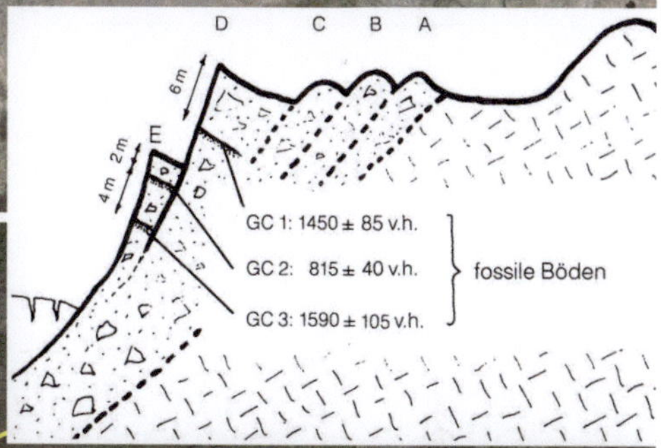
D
C
B
A
E
6m
4m
2m
GC 1: 1450 ± 85 v.h.
GC 2: 815 ± 40 v.h.
GC 3: 1590 ± 105 v.h.
fossile Böden

197 m
Google earth

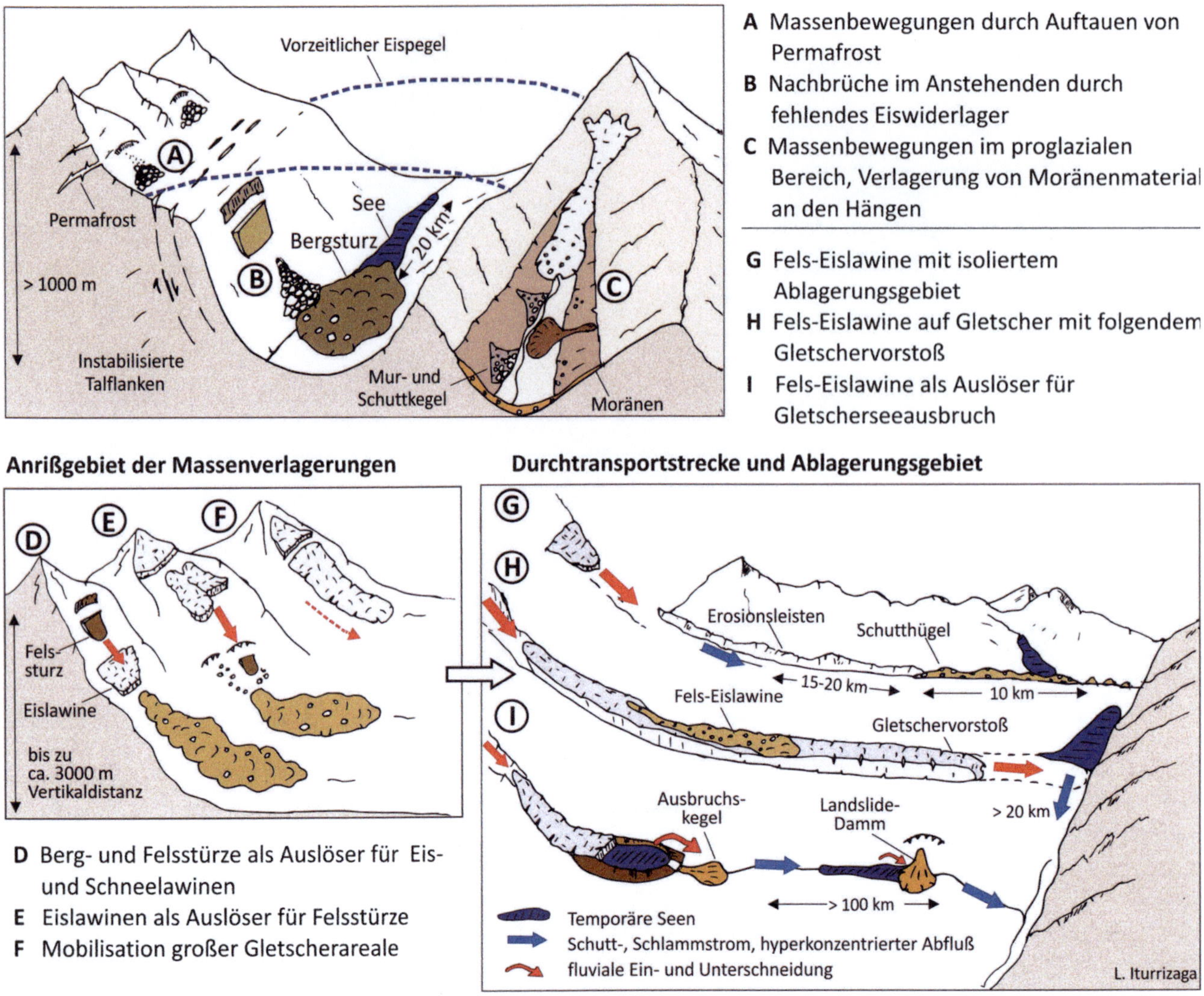

Abb. 4.15 Zusammenstellung von glazial-induzierten Massenbewegungen sowie über Herkunfts- und Ablagerungsgebiet von Massenbewegungen aus Fels und Eis. (Aus Iturrizaga 2015) Bergsturzmassen können als Folge von Vibrationen, die beim Bewegungsvorgang erzeugt werden, ein fließähnliches Verhalten annehmen und wie eine Flüssigkeit über weite Distanzen wandern (BC Johnson et al. 2016). Werden diese Bergsturzablagerungen datiert und paläoklimatisch als Moränen von Gletschervorstößen gedeutet, können (große) Klimaschwankungen postuliert werden, die Verwirrung bei der Klimarekonstruktion hervorrufen

(u. a. Bortensander) nicht-glaziären Ursprungs rekonstruierte Kuhle (1993) eine wiederholte quartäre Inlandeisbedeckung in Tibet, die aber nicht belegt werden konnte. Nicht datierte Moränen und Kare wurden für Schneegrenzrekonstruktionen herangezogen (z. B. Pelto 1992); aus Letzteren wiederum wurden Paläotemperaturen abgeleitet (z. B. Hostetler und Clark 2000). Das ist nur möglich, wenn das Alter der glaziären Formen und deren Temperaturindikatorwert bekannt sind (vgl. Rutter et al. 2012). Die Diskussion, ob die Klimaschwankung der Jüngeren Dryas global auftrat (Befürworter z. B. Denton und Hendy 1994; Lowell und Kelly 2008; Opponenten z. B. Singer et al. 1998) oder nur den zirkum-nordatlantischen Raum oder/und die Nordhemisphäre beeinflusste, ist heftig geführt worden; fehlende und unsichere Altersbestimmungen sind größtenteils daran schuld (vgl. u. a. Barrows et al. 2007 für Neuseeland; Heine und Geyh 2002 für Ecuador). Aber auch eine falsche Ansprache der vermeintlich glaziären Formen und Sedimente hat oft zu Irrwegen bei paläoklimatischen Rekonstruktionen geführt (z. B. die von Kuhle 1991 als glaziäre Bildungen gedeuteten „*Bortensander*" sind – teilweise erodierte – Pediment-Sedimente und repräsentieren keine ausgedehnte Vergletscherung Hochasiens im LGM).

(3) Im Vergleich zu den Eisbohrkernen (Abschn. 4.2.1) lassen glaziäre Ablagerungen und Formen, aus denen frühere Vergletscherungen erschlossen werden, nur vage Klimarekonstruktionen zu. Gletscher reagieren auf Temperatur-, Niederschlags-, Bewölkungs-, Strahlungs-, Wind-, Wasserdampfänderungen und auf Schwankungen anderer klimatologischer Größen. Daher ist es nicht möglich, aus positiven und/oder negativen Änderungen des Gletscherhaushalts unmittelbar auf Temperaturänderungen und/oder

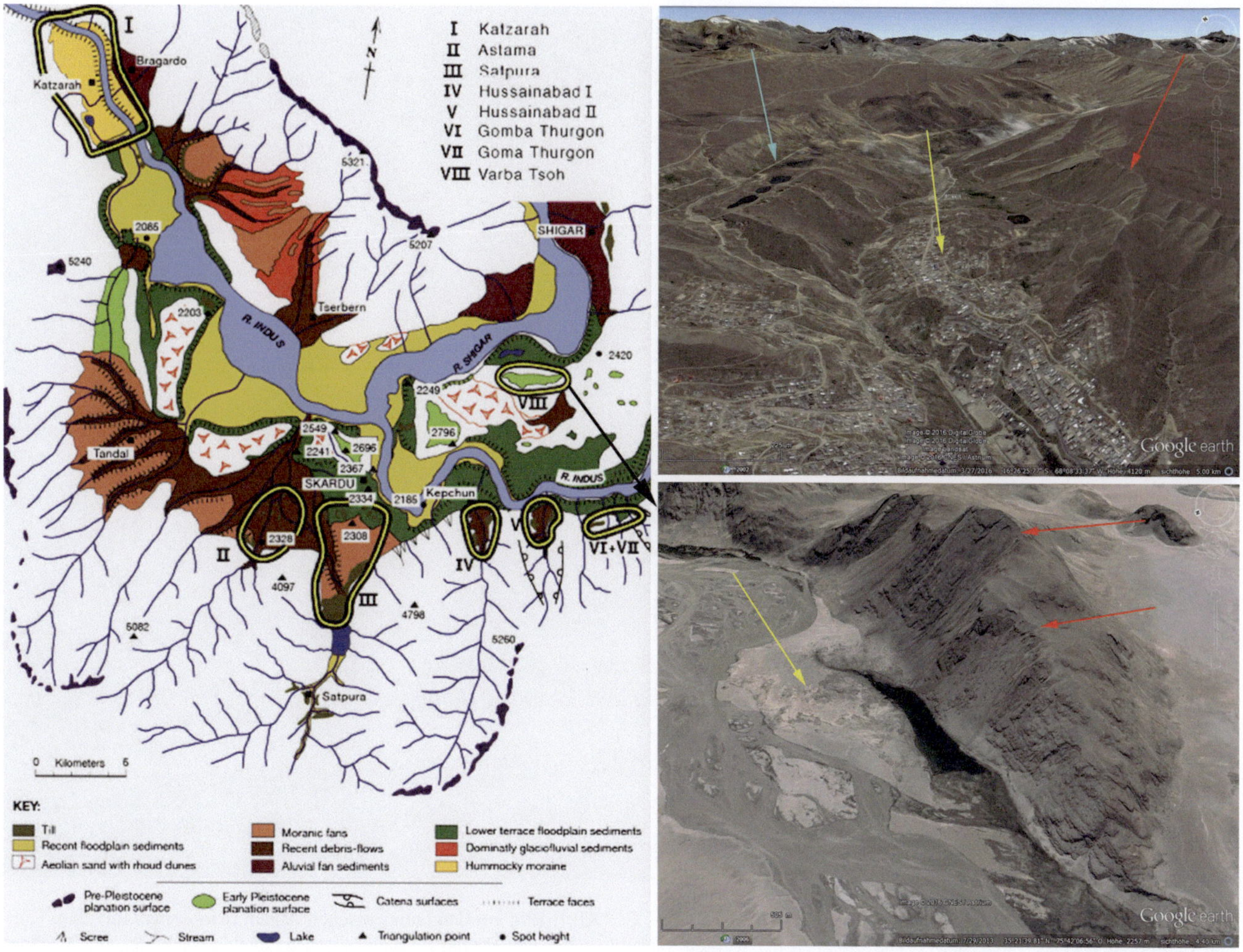

Abb. 4.16 *Links*: Geomorphologische Karte des Skardu-Beckens, Karakorum-Himalaya (Nord-Pakistan, 35°27′46″ N, 75°25′30″ E) nach Owen (1988). Hewitt et al. (2011) erkennen in einigen der kartierten Moränen Bergsturzmassen (*long runout landslides*); die Bergsturzlokalitäten sind eingekreist und numeriert (I–VIII). (Aus Owen und Dortch 2014). *Rechts oben*: GOOGLE-Schrägansicht des Bergsturzes bei La Paz, Kaluyo-Tal, Bolivien. Ein gewaltiger Bergsturz (rechter Talhang) hat das Tal ausgefüllt und altes Moränenmaterial vom Talhang mit spätglazialen/frühholozänen Talsedimenten (Torfe und Mudden) vermengt; spätglaziale ^{14}C-Alter der Mudden wurden irrtümlich als Belege für eine weit talwärts reichende, LGM-zeitliche Gletscherausdehnung angesehen. Der *rote Pfeil* weist auf die Abrisskante des Bergsturzes, der *gelbe Pfeil* auf die im Tal liegenden Bergsturzmassen, die als spätglaziale Moränen gedeutet wurden. Links im Bild (*blauer Pfeil*) weist die Seen-Reihe auf eine Absenkung der Bergflanke. *Rechts unten*: GOOGLE-Schrägansicht der Bergsturzlokalität VIII. *Rote Pfeile* – Abrisskanten; *gelber Pfeil* – Bergsturzmassen im Shigar-Tal. Die Bergsturzmassen wurden als Moränen angesehen. Vgl. auch Owen et al. (2008b)

Niederschlagänderungen zu schließen (vgl. Kick 1994). Verschiedene Klimaelemente üben außerdem unterschiedlichen Einfluss auf den Gletscherhaushalt aus; z. B. steigt die klimatische Schneegrenze auf einer Entfernung von nur 15 km in der Ostkordillere Boliviens um 700 Höhenmeter an (als Folge der Niederschlagsungunst, Jordan 1991; Abb. 4.11 und 4.13). Frühere, quartäre Gletscherschwankungen können in semiariden (randtropisch/subtropischen) Gebieten hauptsächlich durch Niederschlagsänderungen bedingt sein, in polaren Gebieten vorwiegend durch Temperaturänderungen (z. B. Heine 1977, 2011a, 2011b). Da Niederschlagsänderungen in den Tropen und Subtropen unabhängig von globalen Temperaturänderungen auftreten, wie das ENSO-Phänomen zeigt, können Gletscherschwankungen unabhängig von globalen, regionalen oder lokalen Temperaturveränderungen vorkommen. Das bedeutet aber zugleich, dass Gletscherbewegungen (Vorstoß- und Abschmelzphasen) nicht zeitgleich und damit korrelierbar ablaufen müssen, sondern in Raum und Zeit individuell auftreten können. Glaziäre Ablagerungen und Formen können deshalb nur stratigraphisch korreliert werden, wenn deren Alter bestimmt werden kann (vgl. Spielhagen 2001). Die Gefahr, dass verschieden alte glaziäre Ablagerungen und Formen miteinander korreliert werden, um daraus paläoklimatische Informationen zu gewinnen, ist groß. Sie sollte stets bedacht werden.

(4) Auf Veränderungen des Gletscherhaushalts reagieren die ausströmenden Gletscherenden je nach Größe und Typ (alpine Talgletscher, Kesselgletscher [Lawinenernährung], Dammgletscher, Inlandeis, etc.) unterschiedlich. Die Re-

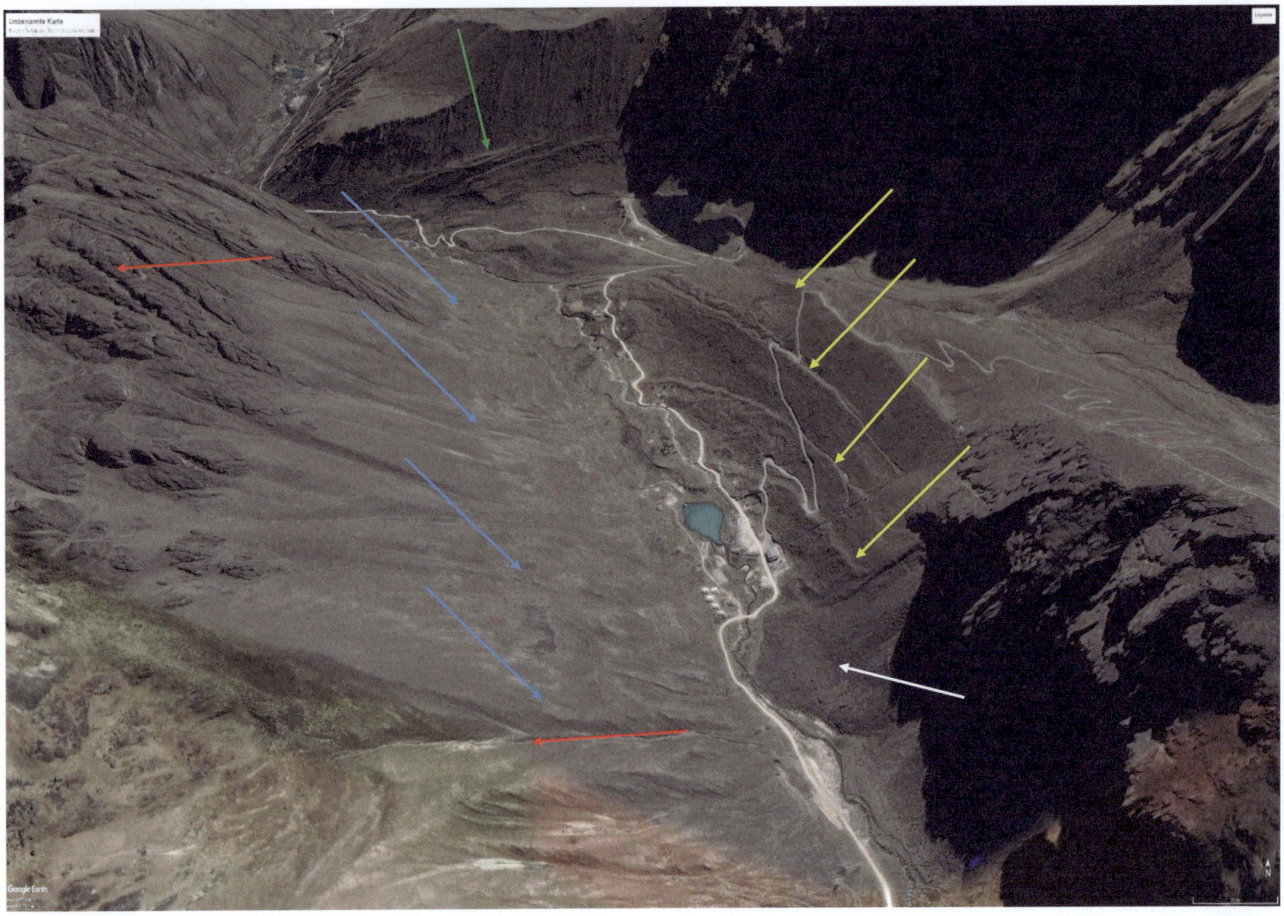

Abb. 4.17 Beispiel für morphostratigraphische Altersansprache. Das GOOGLE-Bild aus den bolivianischen Anden (Río Zongo-Tal) zeigt Ufer- und Endmoränen eines Talgletschers. Die Moränen der rechten Talseite (*gelbe Pfeile*) sind morphologisch deutlich ausgebildet, die Moränen auf der linken Talseite (*blaue Pfeile*) sind im Gelände kaum zu erkennen, obgleich die Moränenbögen der beiden Talflanken dasselbe Alter haben. Der Grund der unterschiedlichen morphologischen Erscheinung der Moränen ist: Die rechte Talseite hat oberhalb der Ufermoränen keinen Rückhang, von dem Hangschuttmaterial geliefert werden kann, das zu einer Überdeckung der Moränen führt, wie dies auf der linken Talseite erfolgt ist. Darüber hinaus belegen die morphologischen Phänomene, dass die Moränen ein prä-LGM-zeitliches Alter haben, denn die Bildung der Hangschuttlagen über den Ufermoränen (*blaue Pfeile*) erfolgte unter periglaziären Bedingungen während der letzten Eiszeit bis in Höhen um 4000 m NN (s. Abschn. 4.2.3, Abb. 4.21 und 4.21). Der See in der Bildmitte liegt in ca. 4000 m NN. Im *oberen Bildteil* sind letzteiszeitliche Moränen des Ilampú (*grüner Pfeil*) zu sehen. Der *rote Pfeil* (*unten*) markiert das LGM-zeitliche Gletscherende des Huayna Potosí-Massivs. Der *rote Pfeil* (*links oben*) weist auf die Periglaziärschutt-freien Felshänge hin, die im LGM vergletschert waren. Vgl. auch Abb. 5.44, 5.45, 5.49 und 5.51. Blickrichtung nach Norden

Kapitel 4

aktionszeit der Gletscherenden auf Eishaushaltsänderungen beträgt bei alpinen Kargletschern 1 Jahr, beim Aletschgletscher (25 km lang) 25–40 Jahre, bei Inlandeisen Jahrhunderte bis Jahrtausende. Von Tropengletschern liegen keine exakten Angaben vor.

4.2.3 Das Periglaziär

4.2.3.1 Permafrost

Permafrost (wie auch saisonal gefrorener Boden) ist das Ergebnis des Wärmeaustauschs zwischen Atmosphäre und oberflächennahem Untergrund. Permafrost oder Dauerfrostboden wird allein durch den Temperaturzustand des Untergrundes definiert: Während die *active layer* (Auftauboden) jahreszeitlich auftaut, ist der darunter liegende Permafrost mindestens zwei Jahre lang gefroren (Temperatur unter 0 °C, Definition in Amerika, Europa). Die russische Definition spricht von $\geq$ 3 Jahren Bodengefrornis. Permafrost wird in Böden (auch Torf), Lockersedimenten und festen Gesteinen angetroffen und kann in Sibirien bis > 1500 m Tiefe reichen (Abb. 4.18).

Die Permafrostforschung (*Geocryology*, Washburn 1979, 1980) ist eine relativ junge Sparte der Wissenschaft und beginnt in Russland in der ersten Hälfte des 20. Jahrhunderts, in Amerika in den 1940er- und in China in den 1960er-Jahren. Permafrostforschung wurde in tropischen Gebirgen bisher nicht systematisch betrieben. Die Tropengebirge werden auch im *Global Terrestrial Network for Permafrost* (GTN-P) kaum berücksichtigt. Permafrost reagiert auf Klimaschwankungen sehr sensibel.

Abb. 4.18 *Links*: Permafrostboden mit Eiskeilbildung in Sibirien. Der Auftauboden (*active layer*) über der Permafrosttafel ist ca. 1 m mächtig. (Foto: W. Golte 1976) *Rechts*: Permafrost am Pico de Orizaba-Vulkan, Mexiko. (Foto: alueni-images)

Permafrost ist ausschließlich temperaturabhängig und daher ein bedeutender Klimazeiger. Eine globale Erwärmung hat eine geringere Verbreitung, einen weniger tiefreichenden Permafrost, eine mächtigere *active layer* und die Freisetzung der oft seit Jahrtausenden im Permafrost gefangenen Treibhausgase (u. a. Methan: Mastepanov et al. 2008; CO_2: Schuur et al. 2009, 2015) zur Folge (Davis 2001; Walker 2007). Am Übergang von Kalt- zu Warmzeiten gelangen gewaltige Mengen an CO_2 mit dem Abtauen des Permafrosts in die Atmosphäre (vgl. Crowther et al. 2016). In Permafrostböden, die reich an organischem Material sind, können Mikroben, die organisches Material zerstören, Wärme produzieren, die zum schnelleren Abbau des Permafrosts beiträgt (Hollesen et al. 2015).

Die Möglichkeit, Permafrost früherer Epochen anhand fossiler periglaziärer, Permafrost-bedingter Phänomene für die Rekonstruktion früherer Klima- und Landschaftszustände zu benutzen (Washburn 1980), wird durch zwei Umstände stark eingeschränkt: (1) Die Datierung dieser Phänomene ist oft sehr schwer, wenn nicht gar unmöglich, und (2) sie lassen nur Aussagen über die obere Grenze der Temperaturverhältnisse zurzeit der Bildung der Periglazialerscheinungen zu, nicht über die Extremtemperaturen. Permafrost zeigt nur an, dass die Jahresmitteltemperaturen der Luft $< -2 \pm 2\,°C$, bei kontinuierlichem Permafrost ($> 90\,\%$ der Oberfläche muss von Permafrost eingenommen werden) kälter als -6 bis $-8\,°C$ sein müssen.

Neben der Temperatur bestimmen die Niederschläge (insbesondere die Mächtigkeit und Dauer der Schneedecke), die Vegetation, die Bodeneigenschaften, die Hydrologie und der geothermische Gradient Art und Ausbildung von Permafrost (Walker 2007). Zwischen der Atmosphäre und dem Permafrost bilden Auftauschicht, Vegetation und Schneedecke eine „Pufferschicht", die in wechselseitiger Beziehung zur Lufttemperatur steht (Abb. 4.19). Permaforst reagiert empfindlich auf Temperaturänderungen (Walker 2007). Bei gleichbleibenden Jahresmitteltemperaturen der Oberflächen stellt sich im Permafrost ein charakteristisches Temperaturprofil ein, das durch Klimaänderungen „verbogen" wird. Je nach der Wärmeleitfähigkeit des Untergrundes bleiben die Anomalien in den Tempera-

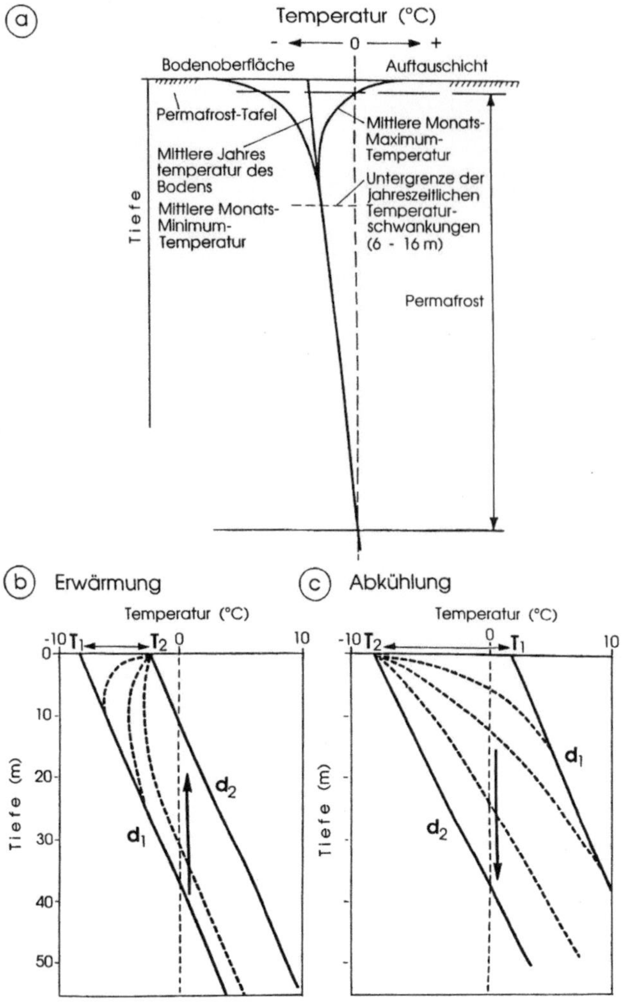

Abb. 4.19 Temperaturverhältnisse im Permafrost, **a** bei gleichbleibenden Temperaturbedingungen, **b** bei Erwärmung, **c** bei Abkühlung

turkurven mehr oder weniger lange sichtbar. Schwankungen der Oberflächentemperaturen können im Permafrost noch nach Jahrzehnten bis Jahrhunderten und Jahrtausenden nachgewiesen werden. Das Permafrosttemperaturregime (in Tiefen von 10 bis 200 m) ist ein sensitiver Indikator für Klimavariabilität in Dekaden bis Jahrhunderten und für langfristige Änderungen der Energiebilanz an der Erdoberfläche (vgl. Abb. 2.10, Stephens et al. 2012). Temperatur/Tiefen-Profile im Permafrost werden zu Rekonstruktionen früherer Temperaturänderungen an der Erdoberfläche herangezogen (Brown 2004). Dauert der Zustand der erhöhten bzw. niedrigeren Temperatur an der Oberfläche lange genug an, so stellt sich schließlich ein neues Gleichgewicht der Temperaturkurve auf höherem/niedrigerem Niveau ein.

Die Verbreitung des Permafrosts (Abb. 4.20) ist in den Tropen und Subtropen an große Höhenlagen gebunden. Permafrost kommt in den Anden Südamerikas, an den Vulkanen Mexikos und Ostafrikas sowie in den Gebirgen Neuguineas in Höhen über ca. 4800/5000 m vor (Haeberli et al. 1993; s. Abb. 5.4 und 5.30). Es erstaunt, dass Permafrostphänomene der Tropen in Lehrbüchern und bei Klimarekonstruktionen keine Beachtung finden (z. B. Barry und Gan 2011; Metcalfe und Nash 2012). Auch die Zusammenschau der LGM-zeitlichen Permafrostverbreitung von Vandenberghe et al. (2014) für die Nordhemisphäre behandelt die Tropen und Randtropen nicht. Allein der Nachweis von vorzeitlichem (eiszeitlichem) Permafrost ermöglicht zweifelsfrei Rekonstruktionen über die eiszeitlichen Temperaturbedingungen (kältere – wärmere Phasen).

4.2.3.2 Zeugen von Permafrost

Zeugen eines Permafrostes sind u. a. Eiskeilnetze, Pingos und Blockgletscher. Der Nachweis von Eiskeilspeudomorphosen [= ausgetaute Eiskeil(netz)e], von inaktiven („fossilen") Pingos und Blockgletschern belegt Permafrost zur Zeit der Bildung der entsprechenden Formen. Eiskeilspeudomorphosen werden benutzt, um die Dauer und die Jahresmitteltemperaturen kalter Abschnitte des Quartärs zu bestimmen. Oft werden fossilierte Eiskeile nicht von Sandkeilen, die auch bei jahreszeitlicher Bodengefrornis gebildet werden, unterschieden. Temperaturschwellenwerte für die Verbreitung periglaziärer geomorphologischer Phänomene geben Karte (1990) und Karte und Liedtke (1981). Wo eine Vielfalt eiszeitlicher periglaziärer Erscheinungen in einem begrenzten Gebiet beobachtet werden kann, ist es möglich, Paläotemperaturkarten zu rekonstruieren. Wie bei paläoklimatischen Informationen aus Gletscherschwankungen muss auch bei Paläoklimarekonstruktionen anhand von früheren Permafrost- bzw. periglaziären Phänomenen eine genaue Datierung der betrachteten Formen und Sedimente vorliegen, damit periglaziäre Klimazeugen verschiedener Zeitabschnitte nicht miteinander korreliert werden. Dies ist jedoch nur selten möglich.

Permafrostzeugen der Vergangenheit sind aus tropischen und randtropischen Gebirgen nur vereinzelt beschrieben worden (z. B. Stingl und Garleff 1985; Francou 1989, 1990; Heine 1995a). Inaktive periglaziäre, an Permafrost gebundene Phänomene sind periglaziäre Blockgletscher (*talus-derived rock glacier*) (Abb. 4.21). Die Temperatur ist die kritische Größe für die Bildung von *talus-derived rock glaciers* (unter der Voraussetzung genügender Feuchtigkeit) (Humlum 1988). *Talus-derived rock glaciers* werden nur bei Permafrostbedingungen (Jahresmittel-Temperatur < 0 °C) gebildet (Abb. 4.22). Die tiefste Lage von inaktiven *talus-derived rock glaciers* zeigt die tiefste Lage der Permafrostverbreitung an. *Glacier-derived rock glaciers* (glaziäre Blockgletscher) enthalten im Kern totes Gletschereis und werden von Temperatur *und* Niederschlag beeinflusst, weshalb dieser Blockgletschertyp weniger gut für Temperaturrekonstruktionen geeignet ist (Humlum 1988, 1997; Ishikawa et al. 2001). Humlum (1998) analysiert die Bedingungen, unter denen Gletscher und Blockgletscher gebildet werden. Aktive Blockgletscher und normale Gletscher kommen nebeneinander vor, ohne dass große klimatische Unterschiede bestehen. Die mittlere jährliche Lufttemperatur kann bei Blockgletschern etwas höher (1–2 °C) sein als bei den Gletscher-ELAs (*equilibrium line altitudes*). Auch können die mittleren Jahresniederschläge etwas geringer sein (Abb. 4.11). Während die Gletscher eine hohe Schneeakkumulation benötigen, ist dies bei den Blockgletschern das Gegenteil. Topographische

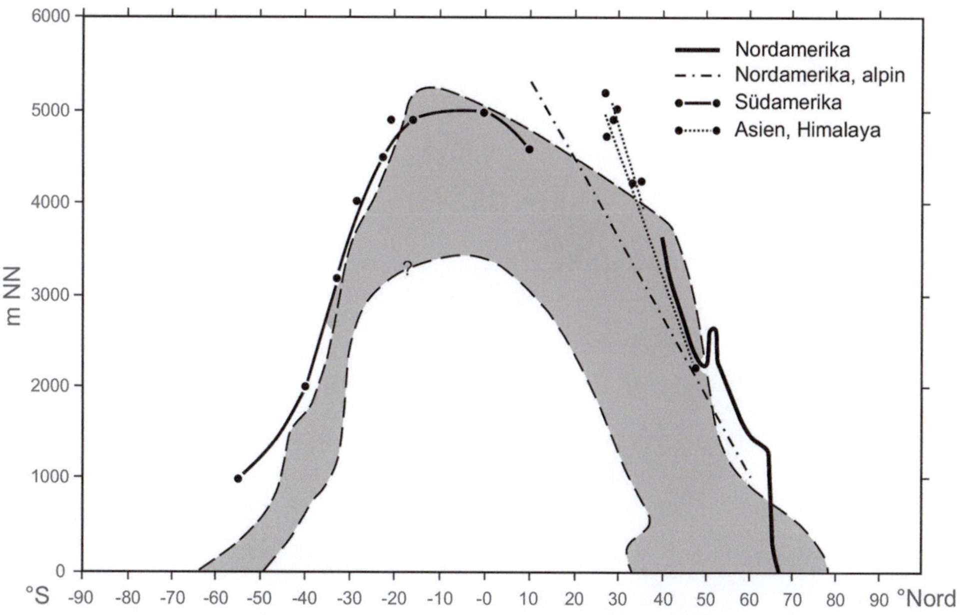

Abb. 4.20 Kammeisverbreitung (Nadeleis, *needle ice*, *grauer Bereich*) und Untergrenze des Permafrosts in Abhängigkeit von geographischer Breite und Höhenlage. (Nach Lawler 1988) Die Permafrost-Untergrenze steigt bei 60–70° N vom Meeresspiegel mit ca. 110 m/Grad bis auf ca. 5000 m in den Subtropen an

Bedingungen – und nicht regional-klimatische – bestimmen, ob Gletscher- oder Blockgletscher-Bildung erfolgt (Humlum 1998). Die Kenntnisse beziehen sich auf alpine Gebirge in gemäßigten Breiten sowie arktische und antarktische Gebiete, nicht auf die Tropen und Subtropen. Dennoch sind Blockgletscher in den Gebirgen niederer Breiten wichtige Quellen für paläoklimatische Informationen.

Stratifizierte Hangsedimente (*stratified slope deposits*) (Abb. 4.21) sind ebenfalls Zeugen für Bodengefrornis und/oder Permafrost. Die Mechanismen der Stratifizierung in Hangsedimenten in großen Höhenlagen äquatorialer Gebirge werden von Francou (1989, 1990) und Lautridou und Francou (1992) beschrieben. Der Begriff *stratified slope deposit* (auch *bedded slope deposits*) bezieht sich auf Gesteinsschutt, der einen Wechsel von Lagen mit deutlicher Korngrößensortierung aufweist (Francou 1990; DeWolf 1988). Francou (1990) unterscheidet zwischen *stratified screes* (Halden aus lockerem geschichtetem Material) und Ablagerungen vom *grèzes-litées*-Typ. *Stratified screes* haben Hangwinkel bis zu 30°, eine deutliche Vielfalt des Materials und die mögliche Beteiligung von schwerkraft-bedingten Mechanismen bei der Erzeugung der Schichtung. Ablagerungen vom *grèzes-litées*-Typ weisen Hangwinkel zwischen <28–30° und 5° auf und eine größere Homogenität in der Kornfraktion. Die Schichtung wird durch Solifluktionsdecken erzeugt (<20 cm dick), die sich mit einer Geschwindigkeit von einigen cm/Jahr bewegen. Die Solifluktion schließt Nadeleis, Frostkriechen und Gelifluktion ein. Die Sortierung wird durch Frosthebung hervorgerufen. Grobe Partikel konzentrieren sich an der Stirn der Decken; sie werden von der nachfolgenden Feinlage überfahren. Grobkörnige Decken sind in Permafrostgebieten aktiv. Indem die höhenabhängige Verbreitung aktiver stratifizierter Hangsedimente erfasst und mit reliktischen inaktiven Hangsedimenten in tieferen Höhenlagen verglichen wird, die die Merkmale der *stratified slope deposits* zeigen, ist es möglich, Verschiebungen in der Höhenlage der Untergrenze der *bedded slope deposits* zu ermitteln und als Permafrost- und Paläotemperatur-Indikatoren einzusetzen.

Abb. 4.21 Zeugen für Permafrost in tropischen Gebirgen. *Oben links*: Schema der Blockgletscherbildung. ELA – *Equilibrium line altitude*, RILA – *rock glacier initiation line altitude*. *Glacier-derived rock glacier* und *talus-derived rock glacier*. Klassifikation in zwei Großgruppen von Blockgletschertypen nach ihrem inneren Aufbau und ihrer Genese. Das *linke Modell* stellt einen aus einem Kargletscher entstandenen Blockgletscher dar, mit noch vorhandenem massivem Eiskern. Der *rechte Blockgletscher* bildet sich aus einem Schuttfächer mit Eislinsen und Eisschichten. Da der innere Aufbau der Blockgletscher meist unbekannt ist, erscheint eine Abgrenzung zwischen beiden Typen kaum möglich. Dies führte zu unterschiedlichen Ansichten (und „Schulen") über die Genese von Blockgletschern.
Oben rechts: Hänge mit *stratified slope deposits*, Bolivien. *Mitte links*: Inaktive Blockgletscher (*rock glacier*), Nevado de Toluca, Mexiko. *Mitte rechts*: GOOGLE-Aufnahme mit *stratified slope deposits*, Bolivien. *Unten links*: Der Caquella-Blockgletscher in Bolivien (21°30′21″S, 67°54′45″W) mit einer Länge von 1,2 km, einer Fläche von 0,23 km^2 und einer Stirnhöhe von 80 m. Die *Pfeile* markieren *von oben nach unten* jeweils das untere Ende des Blockgletschers und der *ice-cored moraine*-Generationen (nach Francou et al. 1999): Aktiver Blockgletscher in 5600–5300 m NN; M3-*ice-cored moraine*, bis 4775 m NN; M2-*ice-cored moraine*, bis ca. 4650 m NN; M1-*ice-cored moraine*, bis 4550 m NN. *Unten rechts*: Der aktive Blockgletscher; die Moränen der Kleinen Eiszeit (*Pfeil*) liegen auf der Blockgletscher-Wurzel. Die M1-*ice-cored moraines* werden in das LGM aufgrund von Analogieschlüssen von Francou et al. (1999) datiert ▶

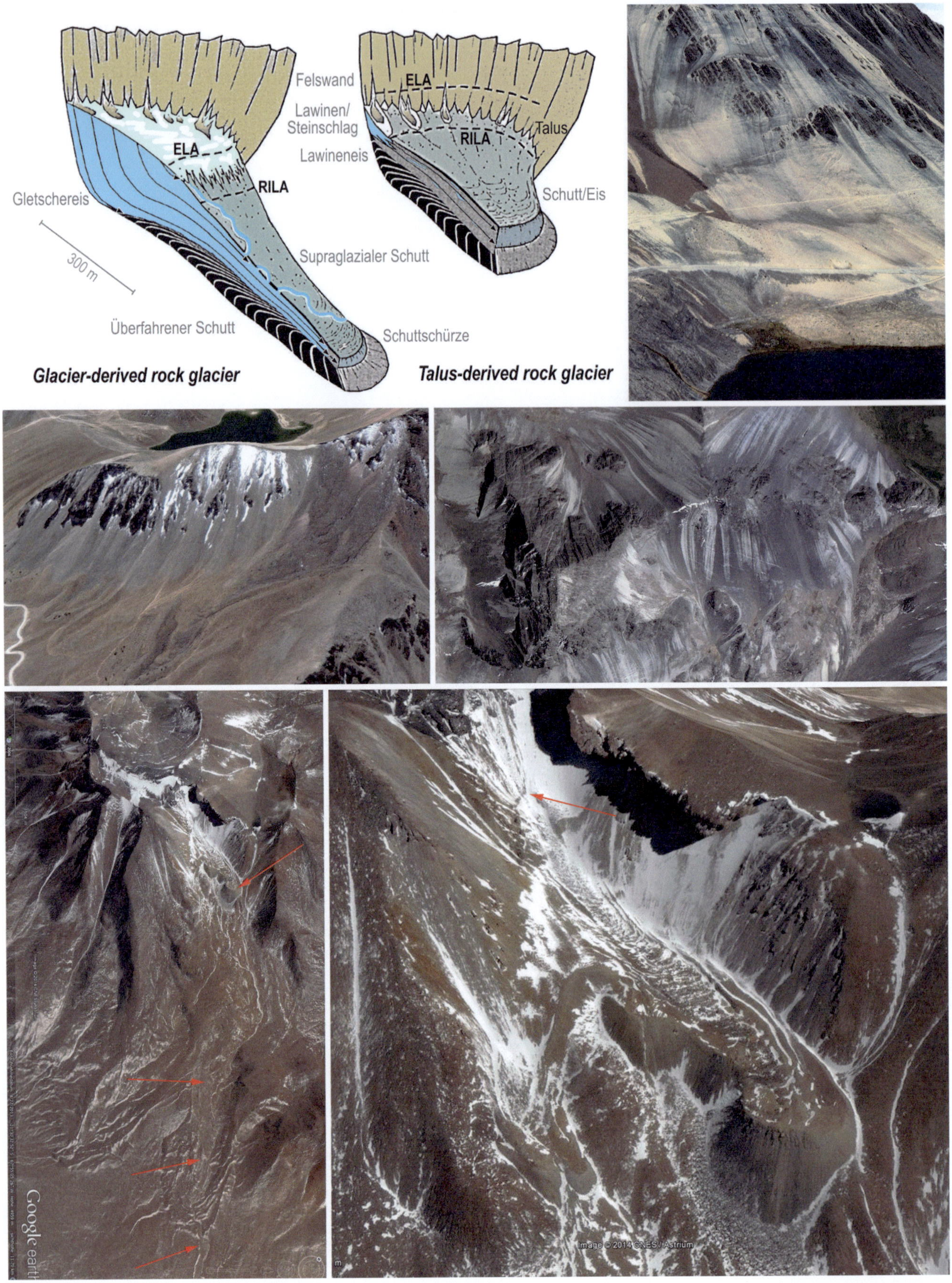
Felswand
Lawinen/
Steinschlag
Lawineneis
ELA
RILA
Gletschereis
300 m
Supraglazialer Schutt
Überfahrener Schutt
Schuttschürze
Glacier-derived rock glacier
ELA
RILA
Talus
Schutt/Eis
Talus-derived rock glacier
Google earth
Image © 2014 CNES/Astrium

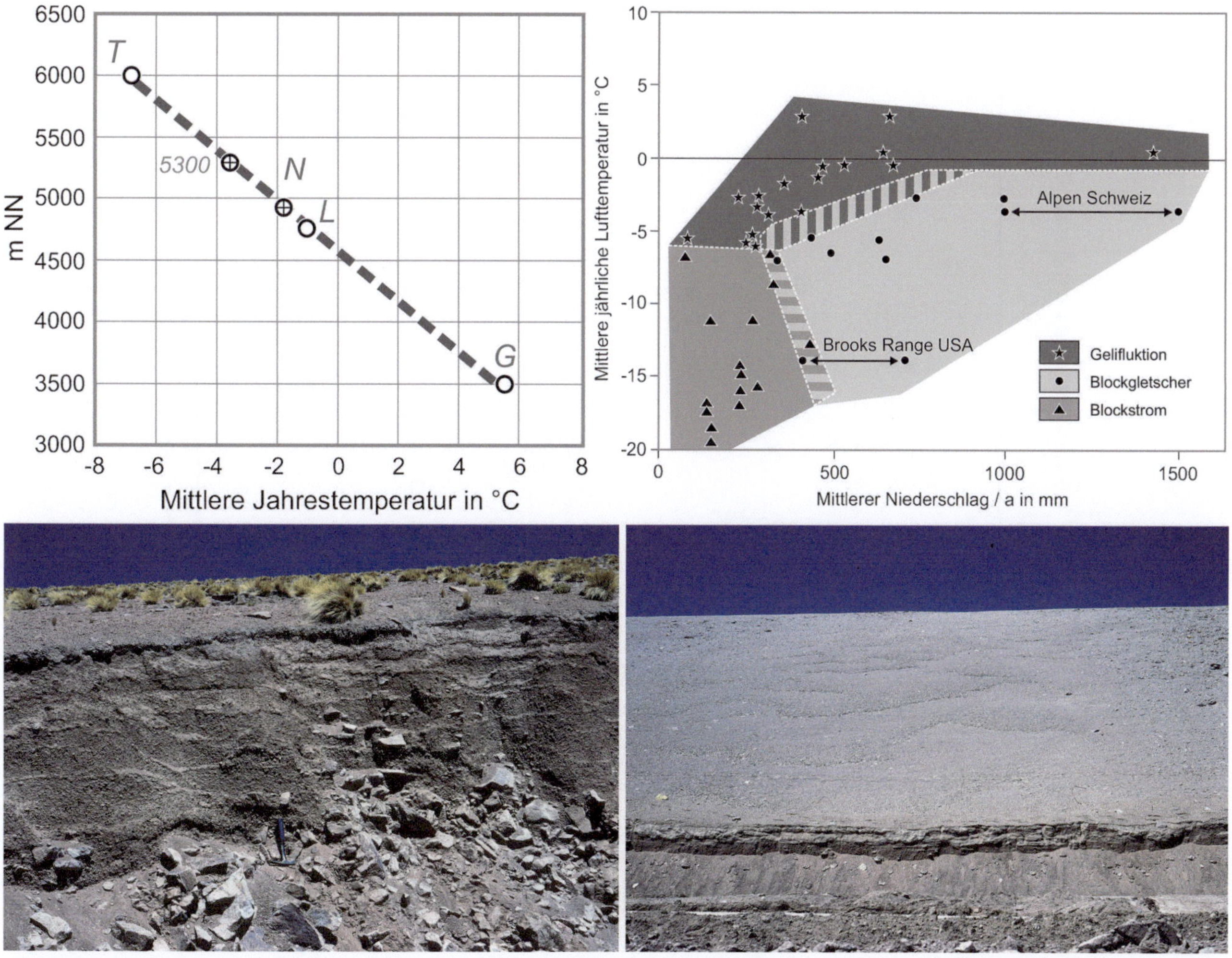

Abb. 4.22 *Links oben*: Beziehung zwischen der mittleren jährlichen Lufttemperatur und der Höhenlage der *talus-derived rock glaciers* im Ghunsa-Tal, Kanchanjunga Himalaya, Nepal. G – Ghunsa, L – Lhonak: *Debris-covered glacier*, T – Tengkoma-Massiv, N – Nupchu *rock glacier*-Stirn, 5300–5300 m *rock glacier*-Stirn. (Aus Ishikawa et al. 2001). *Rechts oben*: Beziehungen zwischen Klima und alpinen Regionen, die von aktiven Blockströmen, aktiven Blockgletschern und Solifluktions/Gelifluktions-Phänomenen bestimmt werden (nach van Steijn et al. 2002). In ariden Gebieten sind Gelifluktionserscheinungen in der Regel an Permafrostbedingungen geknüpft.
Links unten: Stratifizierte Hangsedimente (*bedded slope deposits*); Hammer als Maßstab. *Rechts unten*: *Bedded slope depopsits*; im *unteren Bildteil* ist das Profil aufgeschlossen, darüber blickt man auf die Hangoberfläche mit den geringmächtigen (< 20 cm) Solifluktionsdecken, die hier als Loben ausgebildet sind. Fotos: alueni-images

Sie erlauben die Trennung von Temperatur und Niederschlag als treibende Mechanismen der Veränderungen der tropischen Gletscher.

Blockgletscher und *stratified slope deposits* sind temperaturabhängig, wenngleich auch der Wassergehalt im Sediment einen Einfluss auf die Temperaturbewegungen hat (z. B. Harris 1990). Verschiebungen der unteren Verbreitungsgrenze der *stratified slope deposits* bezeugen Temperaturänderungen. Dabei ist zu beachten, dass *stratified slope deposits* weltweit auftreten, nicht an klar definierte Umweltbedingungen geknüpft sind und daher oft nur ein schwaches Klimasignal enthalten (van Steijn et al. 1995, 2002). Werden aber – wie in Ecuador und Bolivien (Abb. 4.21) – weit verbreitete rezente aktive Bildungen mit inaktiven *stratified slope deposits* verglichen, lassen sich daraus belastbare Temperaturschwankungen ableiten (Heine 1995a).

Aus vertikalen Veränderungen der unteren Permafrostgrenze seit dem Spätglazial sind für verschiedene Gebirgsregionen der Erde Temperaturwerte der Erwärmung berechnet worden, so für Gebiete südlich des nordamerikanischen Inlandeises ca. 6–10 °C (1000 m Anstieg der unteren Permafrostgrenze seit dem LGM), für die Alpen mindestens ca. 15 °C (über 3000 m Anstieg, Haeberli et al. 1993), für das chinesische Qinghai-Tibet-Plateau ca. 4–5 °C (700 m Anstieg, Jin et al. 2000), für die nordwestargentinischen Hochanden ca. 12–16 °C (Garleff und Stingl 1985) und für Bolivien und Ecuador mindestens ca. 4,8 °C ($\geq$ 800 m Anstieg, Heine 1995a; Abb. 4.23).

Eine zukünftige Erwärmung der Erdatmosphäre um 2 °C wird zu einer Reduzierung der Permafrostgebiete um 25–44 % führen (Anisinov und Nelson 1996) bei gleichzeitiger Zunahme der Mächtigkeit der *active layer* um 20–30 % (Anisinov et al.

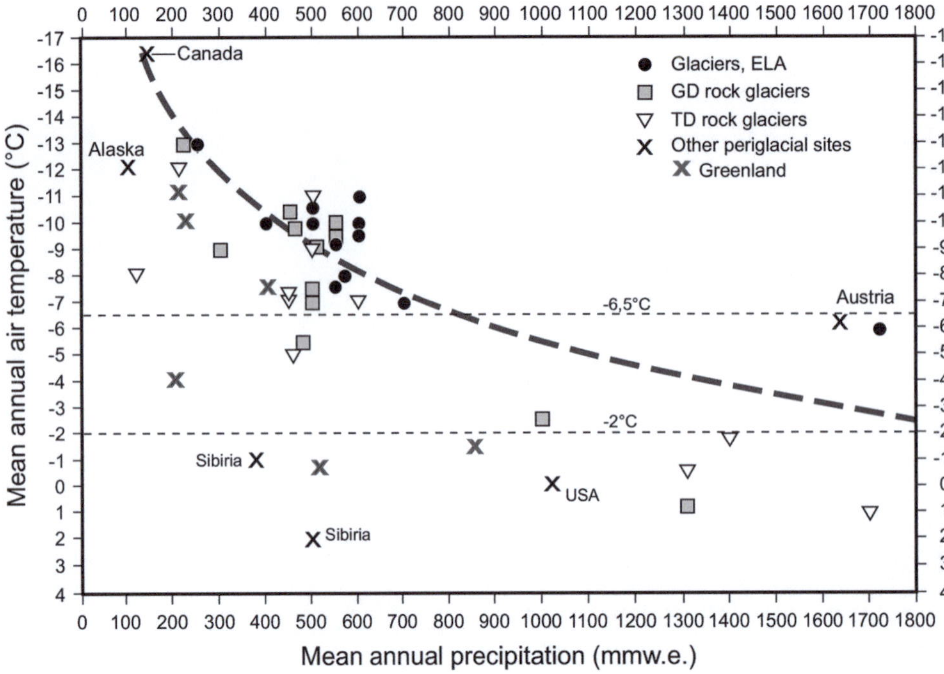

Abb. 4.23 Mittlere Jahres-Lufttemperatur im Verhältnis zum Jahres-Niederschlag. Rezente ELA – *dicke gerissene Linie*, untere Grenze des diskontinuierlichen Permafrosts = –2 °C-Isotherme, untere Grenze des kontinuierlichen Permafrosts = –6,5 °C-Isotherme, Lage der *glacier-derived rock glaciers* = *offene Quadrate*, *talus-derived rock glaciers* = *offene Dreiecke*, andere periglaziale Lokalitäten = *Kreuze*. (Aus Humlum (1998) unter Verwendung von Humlum und Christiansen (1998) und anderen Autoren.)

1997; Anisinov und Reneva 2006). Bisher liegen nur wenig direkte Messungen der Veränderungen des Permafrostes aufgrund der globalen Erwärmung während der vergangenen Jahrzehnte vor (Osterkamp 2005; Romanovsky et al. 2007), doch wird vermutet, dass das Permafrost-Tauen durch CO_2-Freisetzung die globale Erwärmung um 0,13–1,69 °C bis AD 2300 verstärkt (MacDougall et al. 2012). Doch die zahlreichen, im Holozän gebildeten Thermokarst-Seen Sibiriens, Alaskas und Nordkanadas sind von CO_2-Quellen zu CO_2-Senken geworden, da in den Seen seit etwa 5000 Jahren mächtige organische Ablagerungen gebildet werden, was bisher unbekannt war (Anthony et al. 2014) und bei Klimamodellierungen nicht berücksichtigt wurde.

4.2.3.3 Paraglaziäre (*paraglacial*) Abtragung und Akkumulation

Wichtige Hinweise über die zeitliche Einordnung von Paläoklimaarchiven aus Gebirgsregionen (z. B. südamerikanische Anden) erlauben Beobachtungen zur paraglaziären (*paraglacial*) Abtragung und Akkumulation. Ballantyne (2002) gibt eine Zusammenfassung. Paraglaziäre Geomorphologie befasst sich mit dem Studium der Prozesse an der Erdoberfläche, den Sedimenten, Oberflächenformen, Geoökosystemen und Landschaften, die unmittelbar durch eine frühere Vergletscherung und Deglaziation (Gletscherabschmelzen) bedingt sind. Der Rückzug von Gletschereis hinterlässt Landschaften, die in einem instabilen oder metastabilen Zustand sind und – konsequenterweise – anfällig für Veränderungen, Erosion und Akkumulation in Größenordnungen, die in der Regel die durchschnittlichen Denudationsraten überschreiten.

Aus ehemals vergletscherten tropischen Gebieten gibt es nur einige Beobachtungen über paraglaziäre Abtragung und Ablagerung (Ballantyne 2002). In Peru haben Miller et al. (1993) aufgrund von nur drei ^{14}C-Datierungen, die lediglich Minimalalter angeben (Birkeland et al. 1989), auf Hangstabilität im Holozän geschlossen. Eine Evaluierung der Daten und Geländebefunde zeigen, dass nicht die ^{14}C-Alter Aussagen über Alter und Dauer der Hangprozesse – und damit der Deglaziation –

Abb. 4.24 *Oben*: Gewaltige Sterndünenkomplexe sind für die Rub-el-Khali-Sandwüste in Arabien und Oman charakteristisch. Über Alter und Genese ist wenig bekannt. Vgl. Abb. 4.25 d. *Darunter im Uhrzeigersinn von links*: Edeyen Ubari (Sahara, Libyen, 27°30′ N, 10°21′ E) mit verschiedenen Sterndünenformen. Barchanoide Dünen der Makarikari-Pfanne (Botswana); die barchanartigen Dünen wurden aufgrund von OSL-Datierungen zwischen ca. 5–3 ka BP gebildet (Burrough und Thomas 2013). Der Namib-Erg wird im Norden durch das Kuiseb-Tal von der Kieswüste getrennt. Blick nach Osten. Winderosion im Murzuk-Becken (22°30′ N, 12°09′ E). (GOOGLE-Satellitenbild) Windschliff: In der Namib-Wüste wurde der Marmorblock von östlichen Winden (*von rechts*) auf der windzugewandten Seite durch mitgetragene Sandkörner geschliffen. In fast allen Dünengebieten der Erde dokumentieren Sebcha-Ablagerungen in den Dünentälern bedeutende hygrische Klimaänderungen während des Quartärs. Das Bild zeigt jungquartäre (*African Humid Period*) Sebcha-Ablagerungen mit Krustenbildung in der Westsahara (Mauretanien). (Fotos: alueni-images) ►

erlauben, wie die Autoren vermuten, sondern *vice versa*: Die Hangprozesse und Hangformen lassen Einschätzungen der Vergletscherunggeschichte zu. Zerrunsung und Sedimentkegel am Hangfuß im Bereich der Ufermoränen weisen in dem beschriebenen peruanischen Manachaque-Tal (ca. 7°42′ S, 77°30′ W) auf ein prä-LGM-Alter der Moränen hin.

Karátson et al. (2012) schließen aus einer systematischen Verteilung von *Neigung vs. Höhe* im Bereich ehemals vergletscherter Vulkankegel in der Region von Südbolivien und Nordchile auf eine alte Vergletscherung, die sternförmig an den Vulkanen ausgebildet war und ein Muster zeigt, das den Edelweiß-Blüten ähnelt, weshalb sie den Formen die Bezeichnung *Edelweiß-Moränen* gaben (Abb. 5.38, 5.77, 5.78, Tab. 5.3). Die Talentwicklung dokumentiert eine Erniedrigung der Oberfläche in Abhängigkeit von der Zeit. Während im (extrem) ariden Bereich der südamerikanischen „ariden Diagonale" die *Edelweiß-Moränen* vorwiegend durch periglaziäre Prozesse überformt wurden, treten im weniger ariden Peru *Edelweiß*-Muster auf, die durch fluviale Abtragung und Talbildung zerstört wurden. Darüber hinaus stellen die Autoren fest, dass *Edelweiß-Moränen* an alte Vulkanbauten (mittelpleistozänes Alter und älter) gebunden sind. Dadurch wird ein prä-mittelpleistozänes Alter einer ausgedehnten Vergletscherung dokumentiert.

4.2.4 Äolische Prozesse

Äolische Prozesse schaffen Erosions- und Akkumulationsformen. Äolische Prozesse werden im Allgemeinen mit ariden Klimabedingungen verknüpft, weil davon ausgegangen wird, dass Sand und Stäube vom Wind nur von Oberflächen aufgenommen werden können, wenn eine schützende Vegetation oder „Versiegelung" (z. B. Wüstensteinpflaster, Krustenbildungen) fehlt. Für die Entstehung von Sandstürmen ist wichtig, dass Sandkörner in der Luft zusammenprallen und einige nach oben geschleudert werden und damit größeren Windgeschwindigkeiten ausgesetzt sind; diese fallen mit größerer Wucht auf die Sandoberfläche zurück und schleudern weitere Sandkörner in die Luft (Carneiro et al. 2013). Das äolisch abgetragene Material wird beim Transport nach Korngrößen wieder abgelagert. Feinste Stäube können über viele Tausend Kilometer verfrachtet werden (z. B. von der Sahara nach Amazonien), Dünensande werden am Boden rollend (Reptation) und springend (Saltation) und nur unter Extrembedingungen schwebend (Sandsturm) bewegt. Äolisch transportiertes Material kann durch Korrasion bzw. Abrasion (Erosion des Locker/Festgesteins durch Sand) „Windschliffe" und andere Abtragungsformen schaffen. Die äolischen Prozesse und der äolische Formenschatz werden in Lehrbüchern der allgemeinen Geologie, physischen Geographie, Geomorphologie (z. B. Scheidegger 1990; Ahnert 1996; Besler 1992; Goudie 1998; Gutiérrez Elorza 2008) und Sedimentologie (z. B. Reineck und Singh 1980) sowie in zahlreichen wissenschaftlichen Publikationen beschrieben und diskutiert. Vieles ist bekannt, vieles aber auch nicht. Bei der Hinzuziehung äolischer Sedimente und Formen als Paläoklimaarchive besteht immer noch viel Unsicherheit (vgl. Thomas und Burrough 2016). Einerseits werden Grundvorstellungen aus Lehrbüchern kritiklos übernommen, ohne dass dabei die speziellen lokalen und regionalen geologisch-geomorphologisch-sedimentologischen und klimatischen Verhältnisse berücksichtig werden, und andererseits werden häufig Vorzeitformen, die unter anderen klimatischen Verhältnissen gebildet worden sind, zu wenig beachtet. Im Folgenden werden einige kritische Anmerkungen zur paläoklimatischen Deutung äolischer Ablagerungen und Formen vorgetragen.

4.2.4.1 Dünen

Über Dünen schrieb Bagnold (1941) in seinem wegweisenden Buch, wie vom Wind verfrachtete Sandkörner sich selbst in regelmäßige Muster arrangieren (Abb. 4.24). Wann und unter welchen Voraussetzungen aber verschiedene Dünenmuster (Bachane, Querdünen, Longitudinaldünen, Sterndünen, komplexe Dünen etc.) entstehen, wird zum Teil kontrovers diskutiert. Die Dünenform ist von den Winden in Vergangenheit und Gegenwart und der Sandverfügbarkeit abhängig. Zusätzlich haben hydrologische Bedingungen und Vegetationsverhältnisse einen Einfluss (Jerolmack et al. 2012). Die Bildung kleinerer Dünen von einigen Zehnermetern Länge ist gut erforscht. Die Entstehung riesiger Dünen (linear, sichelförmig, sternförmig) (Abb. 4.25) wird vom Windregime und von der Wechselwirkung zwischen Dünenmorphologie und Sandtransport bestimmt. In Wüstengebieten, die Winden aus zwei verschiedenen Richtungen, aber mit vergleichbarer Intensität ausgesetzt sind, finden sich lineare Dünen, die – abhängig vom Winkel zwischen den beiden Windrichtungen – entweder parallel (Longitudinaldünen) oder senkrecht (Transversaldünen) zur Hauptwindrichtung orientiert sind. Bei beiden Dünensystemen wird die Rekonstruktion ihrer Dynamik und damit ihr paläoklimatischer Aussagewert durch die großen Abstände der Dünen (einige Hundert Meter) und die Entwicklungszeit (Jahrhunderte bis Jahrzehntausende) erschwert (Reffet et al. 2010).

Kleine Dünen (Barchane) werden gebildet, wenn der Wind den Sand destabilisiert. Größe und Abstand der Dünen sind vom Gleichgewicht zwischen Windstärke und Sandtransport abhängig. Die Bildung riesiger Dünensysteme scheint an die Einengung des Luftstroms innerhalb der durchschnittlichen Mächtigkeit der atmosphärischen Grenzschicht gebunden zu sein. Die Lage der thermischen Inversion liegt in ca. 0,5–2 km Höhe und begrenzt die konvektive atmosphärische Grenzschicht. Die Topographie der Erdoberfläche verursacht Wellen an der Oberfläche der atmosphärischen Grenzschicht, wodurch die Strömungsgeschwindigkeit der Luft in Oberflächennähe modifiziert wird. Dieser Mechanismus ist für das Dünenmuster ein stabilisierender Prozess, der vor Veränderungen der Dünenmuster schützt. Die Abstände der äolisch gebildeten Riesendünen können von 300 m (z. B. in Küstennähe) bis zu 3,5 km reichen (Andreotti et al. 2009).

Longitudinaldünen (Sif, *seif dune*, Lineardünen, *linear dunes*, Längsdünen, fixierte Lineardünen: *Draa* [Sahara] bzw. *Alab* [Kalahari], vgl. Besler 1992) sind die am weitesten verbreiteten aller Dünentypen in den tropisch-subtropischen Wüsten; sie bedecken als äolische Formen rund 40 % der Wüsten-Sandgebiete. Trotz ihrer weiten Verbreitung ist ihre Genese und quartäre Entwicklung (während alternierender Klimaphasen) wenig

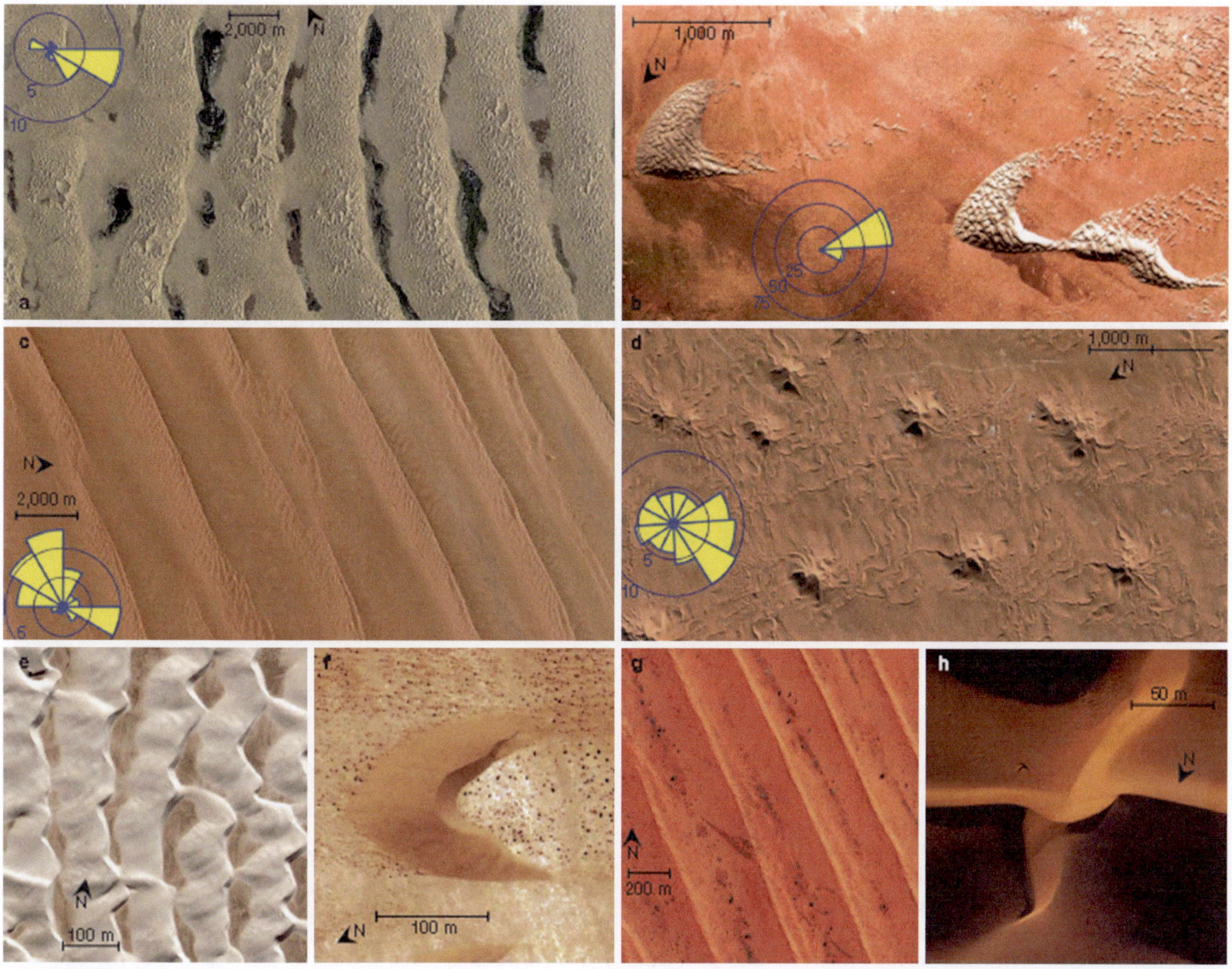

Abb. 4.25 Trennung der Längenskalen zwischen kleinen und riesigen Dünen in verschiedenen Windsystemen. **a–d**, Riesendünen **a** Transverse Dünen, Badain Jaran (China: 38°38′ N, 104°59′ E); **b** sichelartige Barchandünen, Sahara (Marokko: 28°02′ N, 12°11′ W); **c** Longitudinaldünen Rub el Khali (Süd-Arabien, 18°11′ N/, 7°21′ E); **d** Sterndünen, Sahara (Algerien, 31°27′ N, 07°45′ E). **e–h**, Kleine Dünen: **e** White Sands (USA, 32°49′ N, 106°16′ W); **f** atlantische Sahara (Marokko, 27°11′ N, 13°13′ W); **g** Australien (23°51′ S, 136°33′ E); **h** Mauretanien (18°09′ N, 15°29′ W). Die Luftaufnahmen (*Digital Globe*) zeigen, dass Riesendünen keine isolierten Objekte sind, sondern eine räumliche Anordnung dokumentieren. Die Windregime werden durch die Sandbewegungsrosen (1999–2007) angezeigt, bei denen die *gelben Pfeile* die Hauptwindrichtungen darstellen. Die Symmetrien der Rosen stimmen mit den Mustern der Riesendünen überein. (Aus Andreotti et al. 2009)

erforscht. Lineardünen werden auf zwei Arten gebildet: (i) Bimodale Winde (aus zwei Richtungen, *bidirectional wind regime* nach Munyikwa 2005a) und loser Sand können die Ursache sein, (ii) aber auch Winde aus einer Richtung, die als Doppelspiralen auftreten (Taylor-Görtler-Wirbel, *helical roll vortices* nach Munyikwa 2005a); oft werden die Sande lokal stabilisiert, sei es durch Vegetation, Kohäsion des Sediments durch Salz und Ton oder topographische Abschirmung (Rubin und Hesp 2009). Besler (1992) sieht nur in (ii) die Möglichkeit der Lineardünen-Entwicklung, die alle beobachteten Phänomene widerspruchsfrei zu erklären vermag.

Laborversuche ergaben, dass ausgedehnte Longitudinaldünen relativ stabil sind, im Gegensatz zu Transversaldünen (Reffet et al. 2010). Transversaldünen können zu Barchandünen „auseinanderbrechen", wenn die Sandzufuhr zu gering wird. Ein großer Winkel zwischen den Winden führt zur Bildung von Longitudinaldünen, ein kleiner Winkel zu Barchandünen. Die Beobachtungen zur Dünengenese sind äußerst wichtig, wenn aus Dünenformen regionale Paläo-Windrichtungen rekonstruiert werden sollen (Reffet et al. 2010), aber auch, wenn mittels Lumineszenz-Altersbestimmungen Chronologien der Dünensandakkumulationen rekonstruiert werden sollen. Munyikwa (2005a) fordert, dass Methoden entwickelt werden müssen, die bei der Interpretation der Lumineszenzdaten die Entwicklung der jeweiligen Dünensysteme berücksichtigen.

Sterndünen sind bis zu 300 m hohe pyramidenartige Dünen, die aus bandförmigen Armen zusammengesetzt sind (Abb. 4.25d). Obgleich Sterndünen in Wüsten weit verbreitet sind, ist ihre Genese wenig erforscht. Modellierungen zeigen, dass Sterndünen aus einer Kombination individueller Longitudinaldünen beste-

Abb. 4.26 Dünen der Namib-Wüste. *Oben*: Südlich der Kunene-Mündung (17°17′ S, 11°40′ E). *Mitte*: Südlich Swakopmund (20°41′ S, 14°32′ E). *Unten*: Südlich von Lüderitz (27° S, 15°15′ E). Die für das Dünenwandern entscheidende Hauptwindrichtung ist von SSW nach NNE. Die seltenen Bergwinde (an 10 bis 15 Tagen/Jahr) tragen zwar viel Staubmaterial von NE bzw. E nach SW bzw. W vom Land in den angrenzenden Atlantik, sie haben aber keinen Einfluss auf die Gestaltung der aktiven barchanoiden Dünenfelder, die die vorherrschenden morphologisch wirksamen Winde aus süd/südwestlichen Richtungen dokumentieren (Besler 1980; Lancaster 1981, 1989) ►

hen und nur unter günstigen Windverhältnissen gebildet werden. Eine häufige Reorientierung der Windrichtungen scheint erforderlich zu sein (Zhang et al. 2012).

Aktive Dünensysteme lassen Aussagen über die oberflächennahen Windsysteme zu. Am Beispiel der Namib (Abb. 4.26) lässt sich dies anschaulich dokumentieren. Ungeachtet der zahlreichen Beobachtungen über auflandige Winde aus süd- und südwestlichen Richtungen (z. B. Besler 1980; Lancaster 1981, 1989; Mendelsohn et al. 2002) werden bei der Interpretation mariner Bohrkerne vor der Namib-Küste im Bereich des Benguela-Stroms die Dünensysteme nicht berücksichtigt; es werden allein ablandige Passatwinde aus südöstlichen Richtungen angenommen (z. B. Dupont und Wyputta 2003), wie sie den allgemeinen Klimakarten (Abb. 2.12) und den Modellen (z. B. ECHAM 3) zugrunde gelegt werden. Derartige Passatwinde aus südöstlichen Richtungen sind in keiner Weise für den Staubtransport aus dem südafrikanischen Trockenräumen in den SE-Atlantik verantwortlich (vgl. Tyson et al. 2002). Auch werden die Anteile von äolisch und fluvial transportiertem Material (Pollen, Sand-Silt-Ton etc.) in den marinen Sedimentkernen nur hypothetisch geschätzt (Dupont und Wyputta 2003; Pichevin et al. 2005), ohne dass die Prozesse der Abtragung und des Transports in den angrenzenden terrestrischen Gebieten kritisch evaluiert werden (Heine und Völkel 2010). Beispielsweise nehmen Pichevin et al. (2005) an, dass Passatwinde aus südöstlichen Richtungen äolisches Material aus dem Innern Südwestafrikas in den Südost-Atlantik transportieren und die Korngrößen-Änderungen Aussagen über die Stärke der Passatwinde zulassen. Es gibt aber keine Beobachtungen über einen Staubtransport durch SE-Passatwinde (Eckardt et al. 2001; Eckardt und Kuring 2005; Goudie und Middleton 2006; Heine und Völkel 2010). Der Staubtransport in der Namib-Benguela-Region geht immer mit einer Verstärkung der oberflächennahen östlichen Zirkulation über dem Innern Südafrikas einher (Eckardt et al. 2001) und wird von den *Bergwinden* bewirkt, die als warme, trockene, teilweise katabatische Fallwinde auftreten (Goudie und Middleton 2006) (vgl. Abschn. 4.3 Marine Zeugen). Korngrößenänderungen in den marinen Sedimentkernen sind somit keine Indikatoren für Passatwind-Intensität. Weitreichende Schlussfolgerungen (z. B. Dupont et al. 2004) hinsichtlich der Stärke der Passatwinde, der Intensität des *Upwelling*, der nord- bzw. südwärtigen Verlagerung der ITCZ und der Vegetationszonen müssen unter Berücksichtigung der beobachteten Staubtransportwege und der Sedimenteinspeisung über die Flüsse in den Atlantik überdacht werden. Die kritische Würdigung terrestrischer und mariner Paläoklimaarchive aus dem südlichen Afrika von Gasse et al. (2008) weist daher auf die Schwierigkeiten hin, marine und terrestrische Daten sinnvoll in Einklang zu bringen.

Aber nicht nur die Trajektorien des Sand- und Staubtransports müssen bei Paläoklimarekonstruktionen bekannt sein, sondern vor allem auch das Alter der Prozesse. Die oft benutzte Regel, Sandtransport und Dünenbildung belegen aride, wüstenhafte Klimaverhältnisse, ist nur mit Einschränkungen anwendbar (Abb. 4.27). Heine (1981) und Chase et al. (2007) beschreiben Beispiele aus der südwestlichen Kalahari bzw. von der südwestafrikanischen Küste für eine Zunahme der Windintensität und Sandverlagerung, die gleichzeitig mit einer Zunahme der Humidität erfolgte. Oft erstellte Häufigkeitsdiagramme der Dünenalter (auf der Grundlage von ^{14}C- und Lumineszenzdaten) beschreiben weniger Phasen der äolischen Aktivität als Folge größerer Aridität, sondern vielmehr die komplexe Vergangenheit der Dünengenese bzw. des Dünensystems (Chase et al. 2007; Chase 2009; Thomas 2013). Nur allzu oft wurden Dünen und Dünensysteme – ohne eine exakte Analyse der Prozesse und des Alters – dem LGM zugeordnet (vor allem seit Sarnthein 1978), da die Bearbeiter davon ausgehen, dass ein kühleres und arideres Hochglazial die Ausbreitung der tropisch/subtropischen Wüstengebiete förderte. Zumindest für die großen Längsdünen der Kalahari und des Namib-Ergs ist die Anlage der Systeme bis in das ausgehende Tertiär zurückzuverfolgen. Da Riesenlängsdünen nur geringfügig oder gar nicht von kleinen Änderungen der Windsysteme beeinflusst werden (Rubin und Hesp 2009; Reffet et al. 2010), ist eine gesicherte Rekonstruktion der LGM-zeitlichen Paläowinde kaum möglich (wie sie z. B. für die Kalahari von Lancaster (2000) vorgenommen wurde). Aufgrund zahlreicher OSL-Alter, die aus Dünensanden der SW-Kalahari bis ca. 8 m Tiefe stammen, kommen Stone und Thomas (2008) zu folgenden Erkenntnissen: (1) Obgleich mehrere Akkumulationsphasen in den Dünen archiviert sind (wie Abb. 4.28 belegt), sind nur einige dieser Phasen in benachbarten Dünen dokumentiert. Das zeigt, dass individuelle Dünenprofile keine repräsentativen Aussagen zur Chronologie der Dünenentstehung gestatten. Dies ist aber oft geschehen, obwohl nur eine kleine Anzahl von Altersdaten aus großen Dünengebieten vorlag. (2) Altersgruppierungen können durch die Probennahme bedingt sein. Daher sind Paläoenvironment-Interpretationen allein aufgrund der OSL-Daten schwierig (z. B. Stokes et al. 1997; Telfer und Thomas 2007). (3) Teile der Dünensande wurden vermutlich während der letzten 120.000 Jahre immer wieder bewegt, ohne dass längere Phasen der Stabilisierung auftraten. Allein aufgrund der OSL-Daten kann nicht entschieden werden, ob größere Sandmengen relativ schnell während kurzer Zeitspannen (Dekaden) oder relativ langsam während Jahrtausender bewegt wurden. (4) Stone und Thomas (2008) können die zeitlich relativ hochauflösende Längsdünen-Chronologie nicht mit der aus marinen Bohrkernen rekonstruierten Klimaentwicklung (Passatwind-Intensität, Aridität, Verschiebung der ITCZ, etc.) korrelieren. Damit werden ältere Darstellungen relativiert; diese rekonstruieren anhand von OSL-Alter, die fast alle aus den obersten Dünensanden (bis 3–5 m Tiefe) gewonnen wurden, jungquartäre Phasen äolischer Aktivität, die größere Aridität dokumentieren sollen und mit Klimarekonstruktionen mariner Sedimentkerne korreliert werden (z. B. Stokes et al. 1997). Thomas und Burrough (2016) kommen anhand der kritischen

487 m
Image © 2014 DigitalGlobe
Google earth

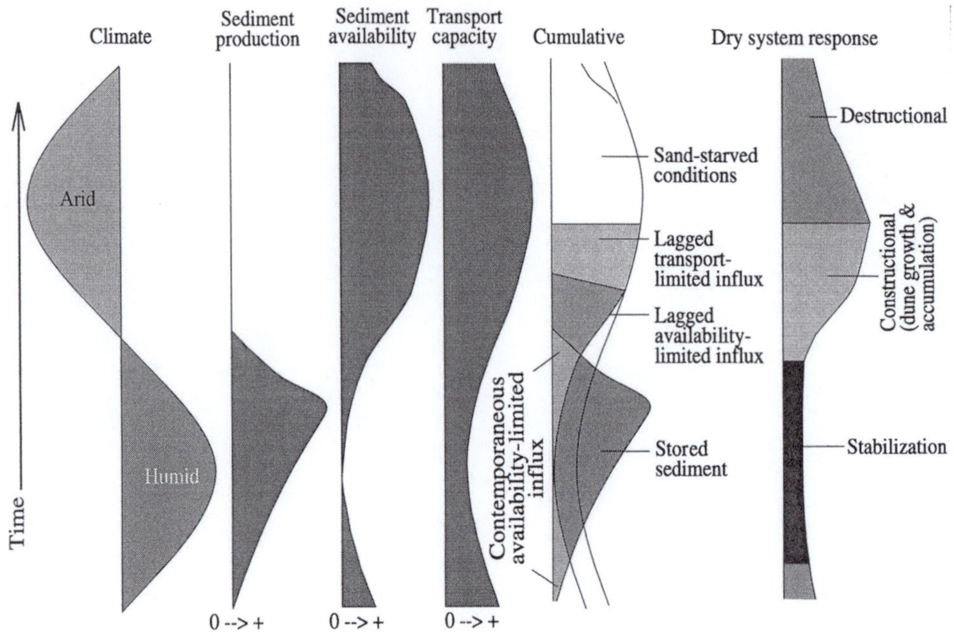

Abb. 4.27 Schema der Sedimentverfügbarkeit und der Reaktion äolischer arider Systeme während eines Klimazyklus. Die Zyklen können sich wiederholen (z. B. Kaltzeit/Warmzeit). Aspekte der Sedimentproduktion, -verfügbarkeit und Transportkapazität sind separat und in Kombination dargestellt. Phasen der Stabilisation, Akkumulation und Erosion sind das Resultat. (Aus Kocurek 1998)

Analyse von > 600 Lumineszenzdaten der Dünen des südlichen Afrika zu dergleichen kritischen Einschätzung der Dünensysteme als Paläoklimaarchive.

Die Längsdünensysteme sind für Paläoumweltrekonstruktionen wesentlich aussagefähiger, wenn neben den OSL-Daten auch der innere Aufbau der Dünenkörper betrachtet wird (Abb. 4.28).

Abb. 4.28 Das Profil einer Längsdüne bei Namushasha in der nördlichen Kalahari zeigt deutlich die Gliederung durch Akkumulations- und Bodenbildungsphasen. Der innere Aufbau der Dünen kann bei der Probennahme für Lumineszenzdatierungen mit Bohrern nicht berücksichtigt werden. In der *Mitte* des Aufschlusses befindet sich eine Person (Maßstab). Foto: A. Heine. Vgl. Abb. 6.70 und 6.71

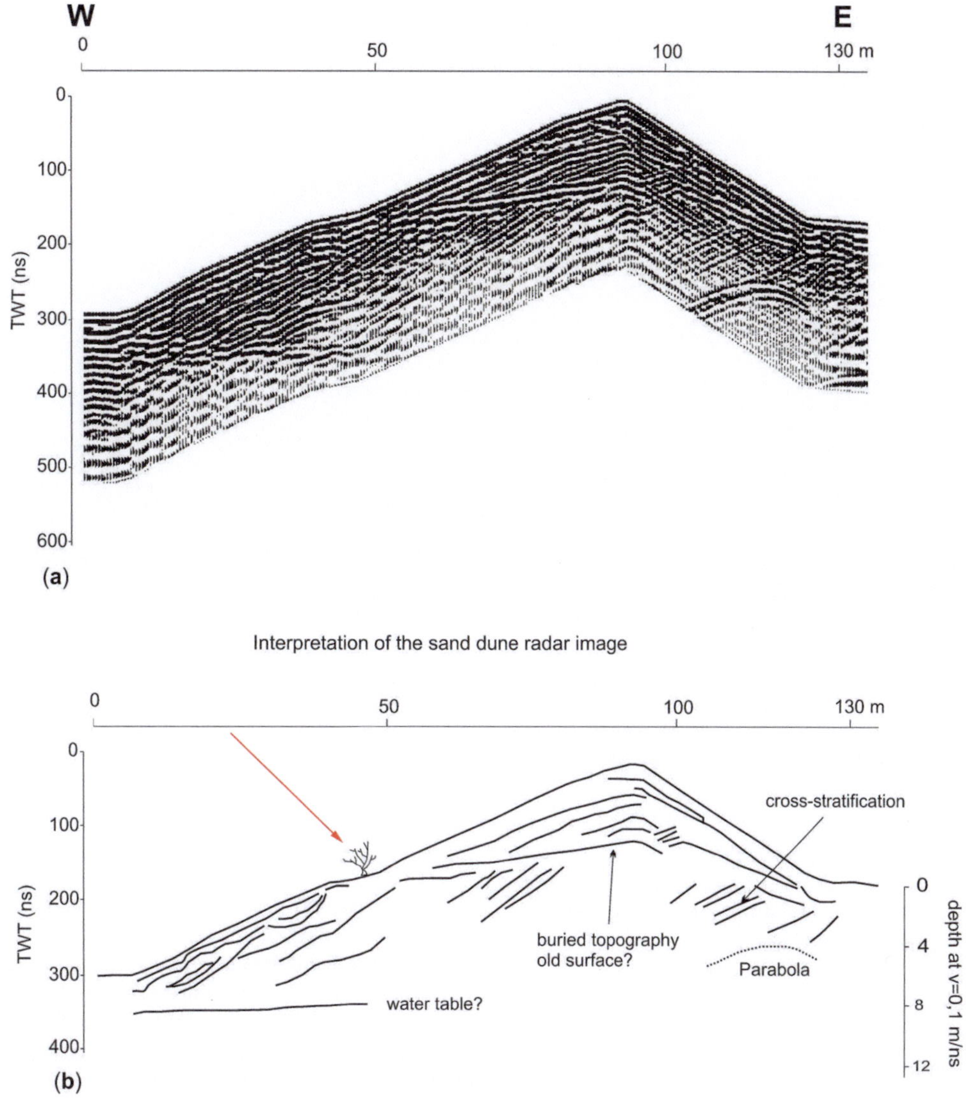

Abb. 4.29 Düne bei Sossus Vlei, Namib-Wüste, Namibia. **a** 100-MHz-Radar-Bild (GPR – *Ground Penetrating Radar*). **b** Interpretiertes Bild der Düne. Die Komplexität des Dünenaufbaus wird sichtbar. Das Vorherrschen der von Ost nach West einfallenden Sandlagen deutet auf Sandbewegungen durch östliche Winde. Begrabene Dünenoberflächen werden auch an der rezenten Dünenoberfläche sichtbar (*Pfeil*), u. a. durch den Bewuchs und das Hangprofil. (Aus Leopold et al. 2006)

Fossile Böden gliedern die meisten Längsdünen im Gebiet der Kalahari und Namib. Dies wird auch durch *Ground-Penetrating-Radar* (GPR)-Untersuchungen bestätigt (Leopold et al. 2006; Abb. 4.29).

Fazit: Die paläoklimatische Deutung der Längsdünensysteme in Wüsten und Halbwüsten birgt zahlreiche Möglichkeiten der paläoklimatischen Fehlinterpretationen in sich. Bei möglichst umfassender Rekonstruktion der Prozesse, ihrer Genese und ihres Alters – in Verbindung mit weiteren Paläoklimaarchiven – sind sie jedoch von großer Aussagekraft (vgl. Thomas 2013).

Eine globale digitale Datenbank (*INQUA Dunes Atlas Chronologic Database*) sammelt Daten zur Chronologie der quartären Akkumulation (Bewegung) und Stabilisierung von Wüstendünen-Systemen (Lancaster et al. 2016).

Wüsten-Dünensande gestatten detaillierte Aussagen über frühere (eiszeitliche) paläoökologische Verhältnisse, wenn Blitzschlag die Dünen trifft. Dabei entstehen Fulgurite, glasige röhrenförmig angeordnete Minerale, die aus Quarzsand zusammengeschweißt werden und zuerst von Humboldt und Bonpland vom Nevado de Toluca in Mexiko beschrieben wurden (Kayser 1918). Sie sind bedeutende Paläoklimaindikatoren in Wüsten (Sponholz et al. 1993; Navarro-González et al. 2007). In den glasigen Blasen der Fulgurite können CO_2, CO und NO eingeschlossen sein, die Aussagen über die früheren Böden gestatten; mit Thermolumineszenz-Altersbestimmungen können Phasen mit Blitzschlag (Gewitter, Niederschläge) bestimmt werden (Navarro-González et al. 2007). Fulgurite in heute extrem ariden Gebieten der Sahara sind daher eindeutige Belege für Gewitterniederschläge und damit für einen Klimawandel.

Abb. 4.30 *Links*: Transport von terrestrischem Material (Sand, Staub, Ton, Pollen etc.) aus der Namib-Wüste durch Bergwinde in den SE-Atlantik. Die Staubfahnen entstehen dort, wo vorwiegend durch menschliche Aktivitäten die Wüstenoberfläche „verletzt" wird (Siedlungen, Fahrspuren etc.). (Bild: NASA) *Rechts*: Windschliff an einem Marmorfelsen, zentrale Namib. Windrichtung von rechts (aus NE-Richtung). Das vor Windabtragung schützende Steinpflaster der Namib-Oberfläche wurde beim Stift (14 cm lang) entfernt, um den aus Feinmaterial bestehenden Untergrund zu zeigen. (Foto: alueni-images)

Wird Sand vom Wind bei Deflation aufgenommen und bewegt, kann Korrasion an Hindernissen auftreten. An Felsen entstehen durch Abrasion des Gesteins Windschliffe und Yardangs, an Geröllen Windkanter. Diese Korrasionsformen sind Archive für Rekonstruktionen von Windrichtungen (z. B. Diester-Haass et al. 1988; Donner und Embabi 2000; Abb. 4.30). Im Bereich der Namib-Wüste führen Bergwinde aus östlichen Richtungen zu Sandstürmen, die von ungeschützten Oberflächen (besonders in Tälern) Sand und Staub aufnehmen und weit auf den Atlantik hinaustragen. Auf ihrem Transportweg werden durch die Sande an Felsen Windschliffe gebildet, die belegen, dass die Bergwinde immer aus östlichen Richtungen wehten, über lange Zeiträume (Quartär) auftraten und für den Materialtransport aus der Namib-Wüste in den Atlantik verantwortlich sind. Nicht die Passatwinde aus süd/südöstlichen Richtungen – wie von vielen Bearbeitern der marinen Bohrkerne vermutet – haben terrestrisches Material in den Benguela-Bereich getragen, sondern die Bergwinde aus nordöstlichen (bis östlichen) Richtungen.

Eine Besonderheit der Interpretation von Dünen in Küstennähe erfolgte nach dem gewaltigen Tsunami-Ereignis im Indischen Ozean im Jahr 2004. Sogenannte *Chevrons* wurden als Folge von Tsunami-Flutwellen gedeutet (Abb. 4.31). *Chevrons* sind keilartige (Sand-)Ablagerungen, die an Küstenlinien beobachtet werden, aber auch küstenfern im Inland. Der Begriff stammt von aktiven, vom Wind erzeugten, großen, V-artigen, linear bis parabolischen Landformen in Südwest-Ägypten und inaktiven Formen der östlichen Bahama-Inseln. Heute werden diese Chevron-artigen Formen als parabolisch gestaltete Dünen angesehen (Bourgeois und Weiss 2009; Spiske et al. 2013).

4.2.4.2 Staub

Mineralische Staub-Aerosole spielen eine bedeutende Rolle im globalen Klimasystem (Evan et al. 2016), indem sie physikalische und biogeochemische Austauschprozesse zwischen dem Land, der Atmosphäre und den Ozeanen bewirken (Abb. 4.32). Atmosphärischer Staub beeinflusst den Strahlungshaushalt (s. Abschn. 2.2.3), und er ist eine Quelle der Mikronährstoffe für marine und terrestrische Ökosysteme (s. Abschn. 2.2.4). Der gesamte Einfluss dieser Prozesse ist immer noch wenig erhellt. Klimamodellstudien versuchen, diesen Nachteil zu beheben.

Die Ablagerungen von feinem terrestrischem mineralischem Material mit Korngrößen unter 0,6 mm Durchmesser, das von Wind aufgenommen und teilweise bis in große Höhen und über weite Entfernungen verfrachtet wird (Abb. 4.32), um dann wieder abgelagert zu werden, sind ein äußerst wichtiges Geoarchiv für Klimarekonstruktionen, die die vergangenen 10 Mio. Jahre umfassen (Roe 2009; Goudie und Middleton 2006). Der Nachweis von Staub in Eiskernen und marinen Sedimenten sowie Lössablagerungen belegen eindrucksvoll, dass während des Quartärs die glazialen Perioden wesentlich staubreicher waren als die Interglaziale. *Rare Earth Elements* (REE, seltene Erden) und Isotopen-Analysen in ostantarktischen Eiskernen (EPICA) zeigen Unterschiede zwischen den Stäuben des letzten Hochglazials (ca. 25 bis 16 ka BP) und den Stäuben des *Termination I* (ca. 15 bis 8 ka BP); Staub aus Neuseeland, Australien und der Antarktis neben nichtklassifizierbarem Material sedimentierte in der Antarktis (Vallelonga 2014). Vor allem haben die Lösse Chinas, Europas und Nordamerikas schon frühzeitig Eingang in die Paläoklimadiskussion gefunden, nachdem Richt-

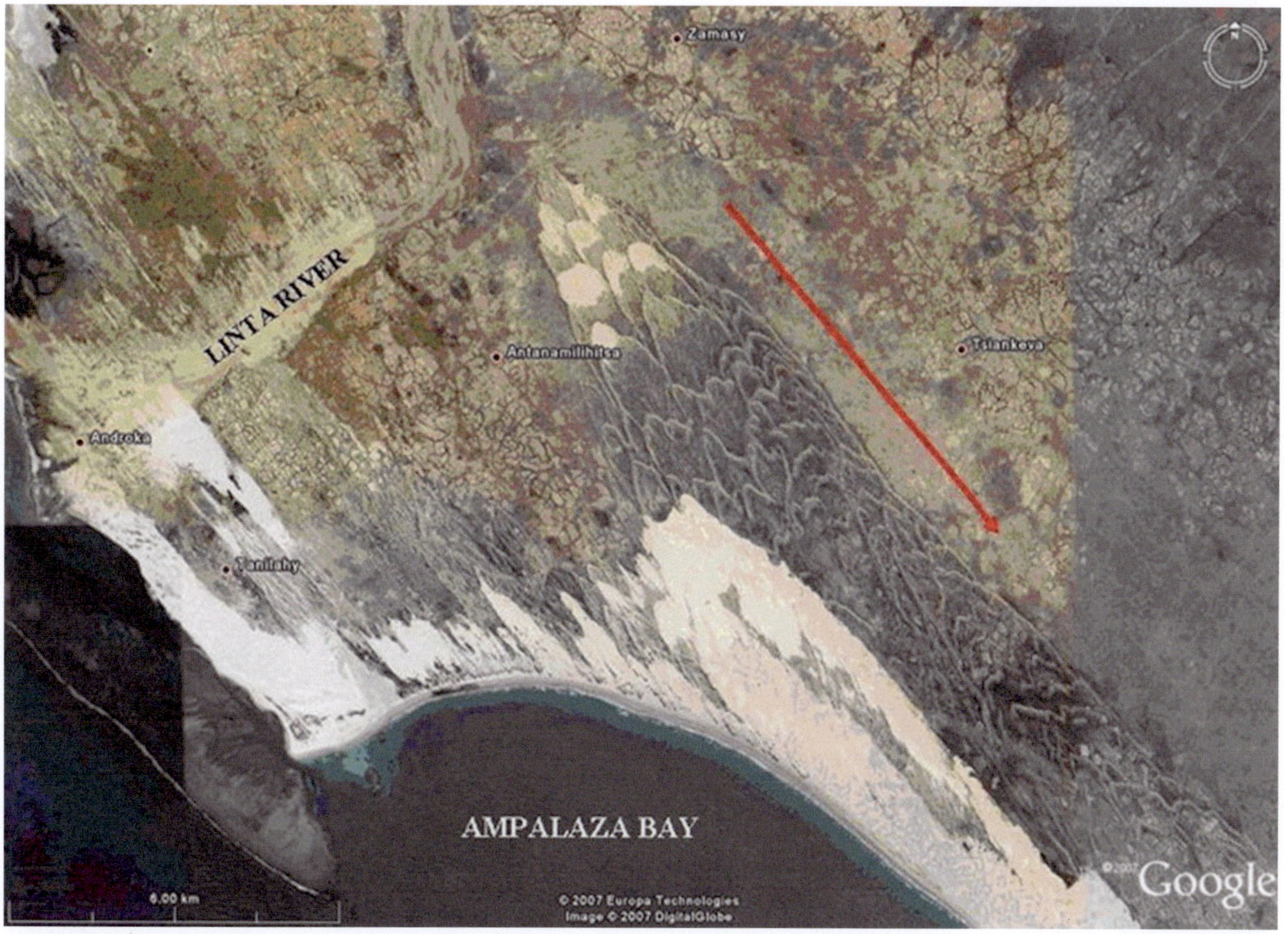

Abb. 4.31 Chevrons an der Küste bei Andraka, Madagaskar (ca. 25°02′ S, 44°12′ E), die als Mega-Tsunami-Flutwellen-Ablagerungen gedeutet wurden, die aber vom Wind geschaffene Dünen in Küstennähe darstellen (Bourgeois und Weiss 2009). Der *rote Pfeil* soll die Herkunft einer „Tsunami-Flutwelle" andeuten. (Aus <tsun.sscc.ru/hiwg/chevrons.htm>)

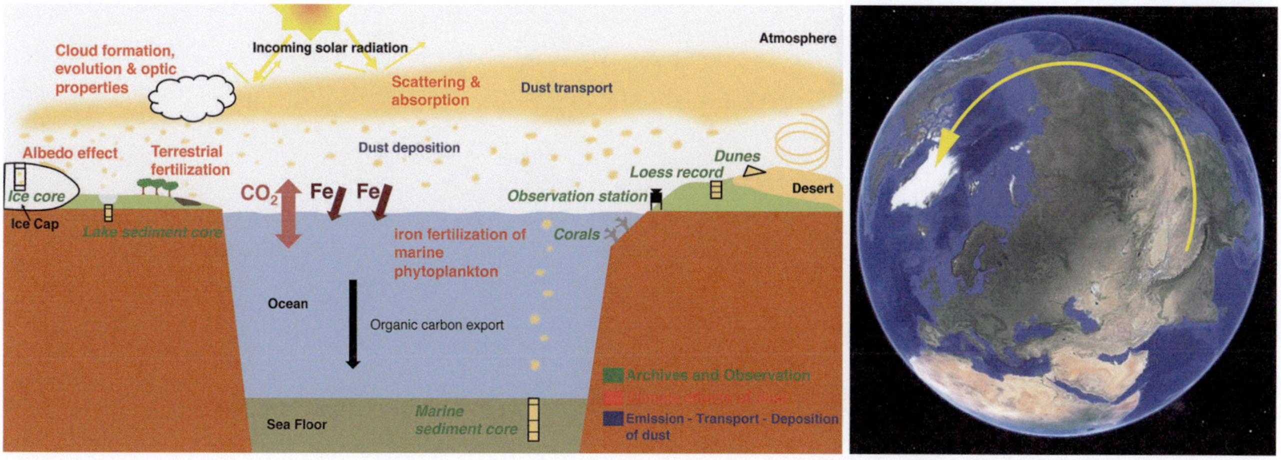

Abb. 4.32 *Links*: Schematische Darstellung der Beziehungen zwischen minerogenen Aerosolen und Klima (nach Winckler und Mahowald 2014). *Rechts*: Staubtransportweg von Asiens ariden Gebieten (z. B. Taklamakan-Wüste) über 10.000 km nach Grönland. Mineralogische, elementare und Isotopen-Analysen zeigen, dass in Kaltzeiten ein stärkerer Staubtransport stattfand; vulkanische Einflüsse sind dagegen gering (Bory 2014)

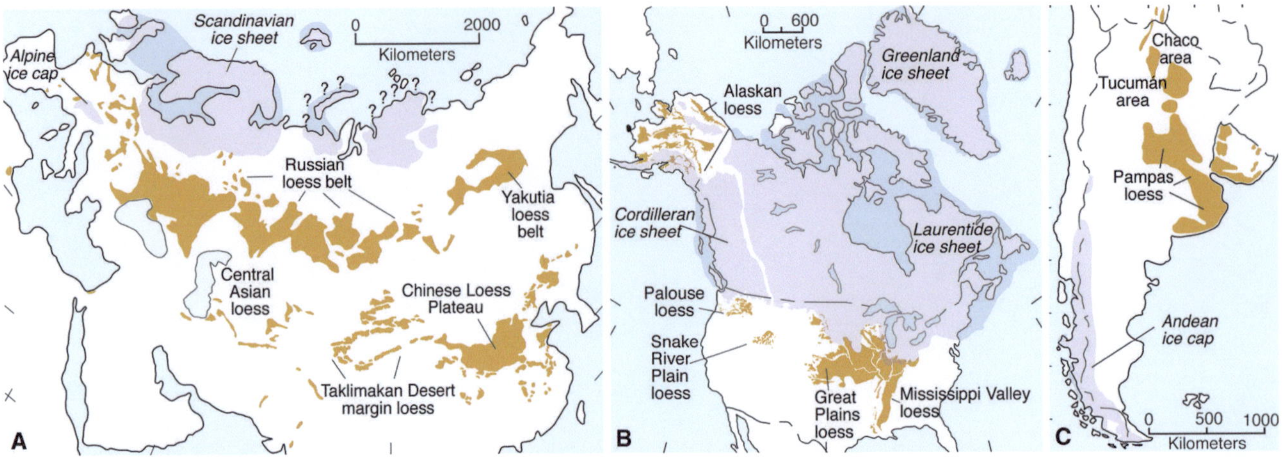

Abb. 4.33 Verbreitung von Löss in (*A*) Eurasien, (*B*) Nordamerika und (*C*) Südamerika. *Braun* – Lössgebiete; *hellviolett* – Eisschilde im LGM. (Nach Muhs et al. 2014a, 2014b)

Abb. 4.34 Lösslandschaft in China. (alueni-images)

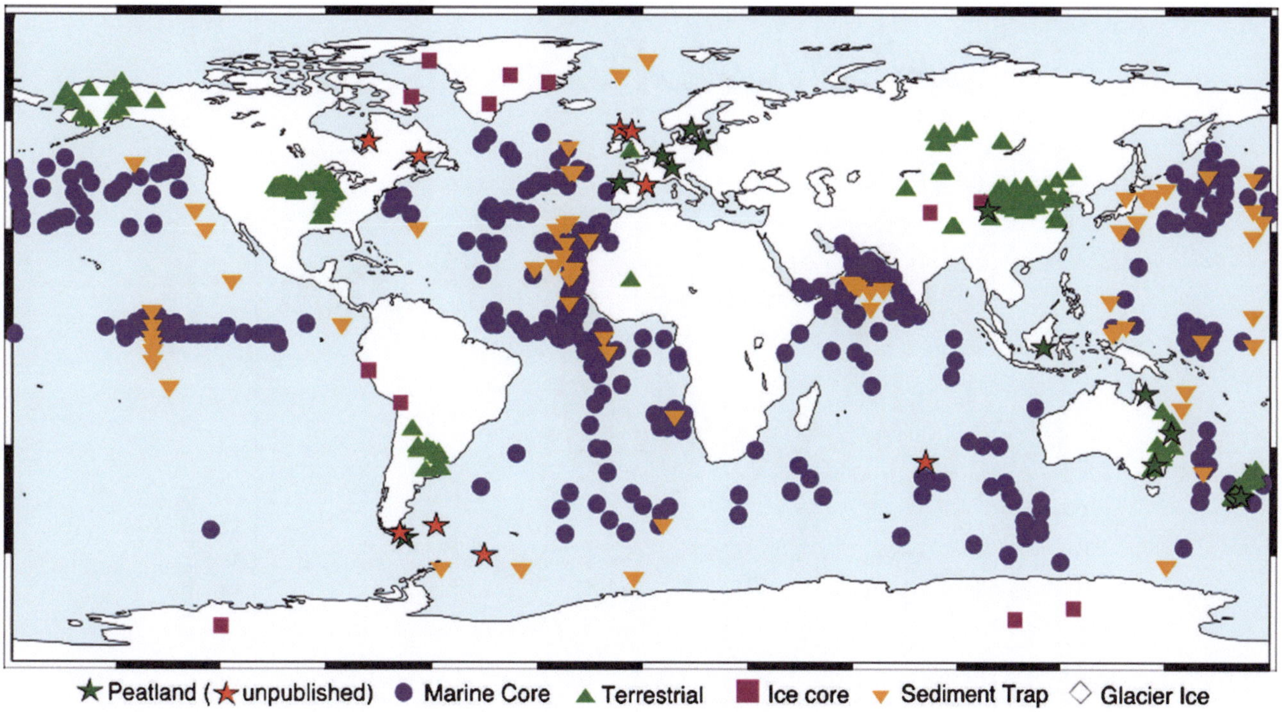

Abb. 4.35 Staub-*records* in Torfen, marinen und terrestrischen Sedimenten, Eiskernen. Dargestellt sind auch Staub-Sedimentfallen. (Aus De Vleeschouwer et al. 2014) In den Tropen sind vor allem marine Sedimentsequenzen Archive für quartäre Staubtransporte

hofen (1877) aufgrund seiner Studien in China den Löss als äolisches Sediment gedeutet hat. Heute wird versucht, die Lösssequenzen zeitlich aufzulösen für Information in Jahrtausend- und kürzeren Zeitabschnitten.

Während der Kaltzeiten wird in Nordamerika, West-, Mittel- und Osteuropa, China, Argentinien und in anderen Gebieten (vgl. Abb. 4.33) Löss unter vorwiegend periglaziären Bedingungen gebildet. Löss ist ein äolisches schluffreiches Sediment (vorwiegend Quarzkörner von 20–60 μm Korngröße), das in der Regel etwas Ton und Feinsand enthält und kalkhaltig ist. Löss ist meist ungeschichtet; er ist ein charakteristisches eiszeitliches Sediment, ausgeblasen aus vegetationslosen Schotterfluren und Bergregionen, vom Wind verfrachtet (oft nur über geringe Entfernungen in größeren Mengen, aber auch als Feinstäube über viele tausend Kilometer, z. B. Uno et al. 2009) und abgelagert zumeist an spärlich bewachsenen Hängen im Lee der vorherrschenden Winde, in eiszeitlichen Tundren und Steppen, aber auch – bei Ferntransport – in Gebieten, die fern der periglaziären Ursprungsregionen liegen (z. B. Atlantik, Nordpazifik). Ebenfalls äolisch abgetragen, transportiert und akkumuliert werden während der Kaltzeiten Stäube in großen Mengen in den Trockengebieten, die kein periglaziäres Milieu aufweisen, die aber aufgrund größerer Aridität und damit verbundener Vegetationsarmut äolischen Umlagerungsprozessen stärker ausgesetzt sind. Über die Entstehung der charakteristischen „Löss-Korngrößen" (Silte) wird seit über 100 Jahren debattiert (Nemecz et al. 2000). Abrasion und Zerkleinern des Gesteins durch Gletschereis scheint gegenüber der Verwitterung bei der Siltbildung geringere Bedeutung zu haben (Wright 2001). Es gibt eine enge Beziehung zwischen Flusssystemen und Lössgebieten (Heine 1970; Wright 2001).

Lösse und lössartige Sedimente sind wichtige periglaziäre Klimazeugen, wenn sie Permafrostindikatoren (Eiskeilspeudomorphosen, Sandkeilpolygone etc.) enthalten. Da Lösse sehr empfindlich auf Umweltveränderungen reagieren, weisen sie charakteristische Abfolgen von äolisch transportierten Sedimenten, erosiv und denudativ umgelagertem Material und Bodenbildungen auf (Derbyshire 2001). In China umfassen Lösssequenzen das gesamte Quartär (Abb. 4.34). Der wiederholte Wechsel von fossilen Böden (S1 bis S32) und Lösslagen (L1 bis L33) spiegelt die quartären Klimawechsel wider. Korngrößenveränderungen (GSR = *grain size ratio* $<2\,\mu\text{m}/>10\,\mu\text{m}$) dokumentieren glazial-interglazial-zyklische Veränderungen in der Intensität der wintermonsunalen Winde, die aus Sibirien wehen. Sie können als Proxydaten der Wintermonsunzirkulation angesehen und mit den orbitalen *records* abgestimmt werden. Korngrößenveränderungen chinesischer Lösse werden u. a. auch Heinrich-Events und D/O-Events zugeschrieben (Parker und Bloemendal 2005), ebenso *dusty events* niederer Breiten, die durch einen Anstieg des gesamten Staubanteils, lakustriner Diatomeen und Tonminerale in marinen Sedimenten vor NW-Afrika belegt werden (Jullien et al. 2007).

In Trockengebieten sind Lösse (Wüstenlöss, Wright 2001) Zeugen für aride Bedingungen. In China werden die ältesten Lösse auf 22 Mio. Jahre datiert. Sie dokumentieren die beginnende Desertifikation in Innerasien bereits im frühen Miozän und damit auch Wintermonsun-Winde, die den Lössstaub transportierten (Guo et al. 2002). In vielgliedrigen Lössprofilen dienen die

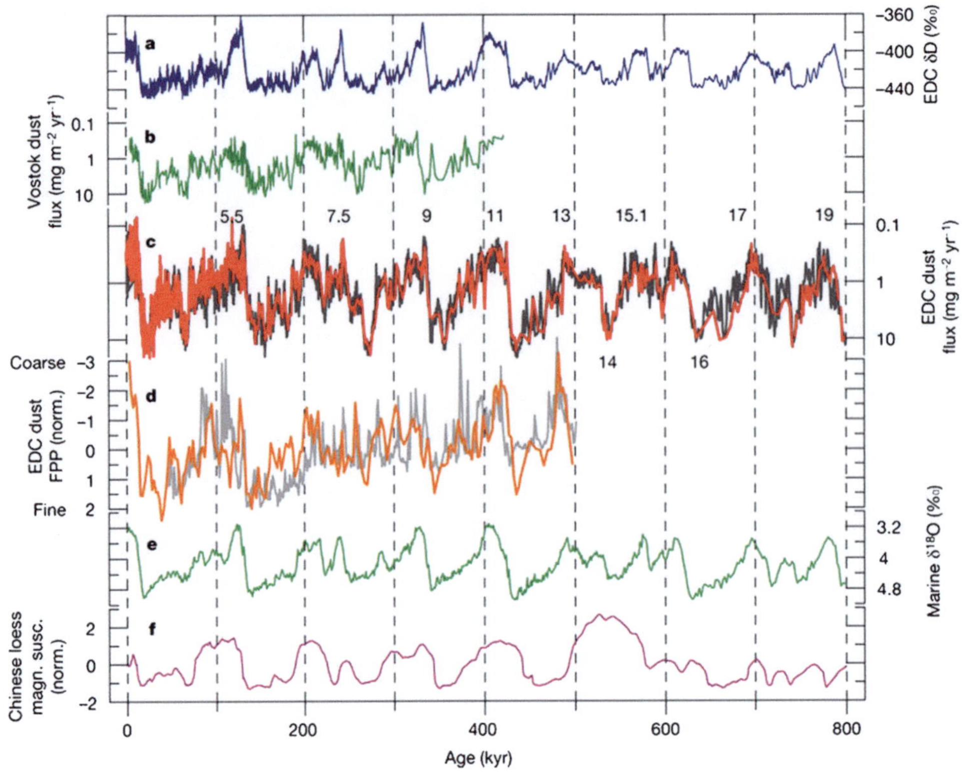

Abb. 4.36 Staubdaten des antarktischen EPICA Dome-C-Eiskerns (EDC) im Vergleich mit anderen Klimaindikatoren. **a** Stabile Isotope (δD) von EDC für die letzten ca. 800 ka BP (zurück bis MIS 20; EDC-Zeitskala); sie zeigen die Temperaturschwankungen in Antarktika. **b** Staub-Fluss des Vostok-Eiskerns, Antarktis. **c** EDC-Staub-Fluss-*records*: *Rote* und *graue Kurven* repräsentieren verschiedene Zählmethoden (55-cm- bis 6-m-Auflösung bzw. Laser-Verteilungsdaten). Die *Zahlen* nennen die MIS. **d** Staubgrößen von EDC (in FPP: *fine particle percentage*). Die *orangen* und *grauen Linien* beziehen sich auf die verschiedenen Zählmethoden. **e** Marine δ^{18}O-Kurve als Größe für das globale Eisvolumen. **f** Magnetische Suszeptibilität (*zusammengesetzte Kurve*) der chinesischen Lösse. (Aus Lambert et al. 2008).
Anmerkung: In den Kaltzeiten ist der Staubtransport um ein Vielfaches größer als in den Warmzeiten. Da die Staubeinträge zur „Eisendüngung" der Ozeane beitragen, haben sie großen Einfluss auf den globalen CO_2-Haushalt: Durch Phytoplankton-Wachstum wird der Atmosphäre CO_2 entzogen

bedeutenden magnetischen *Reversals* zur zeitlichen Kontrolle (s. Abschn. 4.4). Die Brunhes/Matuyama(B/M)-Grenze vor ca. 780.000 Jahren wird in China in der Löss-Lage L8 gefunden, die eine kalte Epoche verkörpert (in den Tiefseesedimenten ist die B/M-Grenze an das marine Isotopenstadium (MIS) 19, einer warmen Epoche, gebunden). Die Löss-Zyklostratigraphie zeigt zwei große Veränderungen im Klimageschehen während der letzten 2,5 Ma, und zwar um 1,7–1,6 Ma und um 0,8–0,5 Ma (Liu et al. 1999). Seit ca. 1,7–1,6 Ma nimmt die Wintermonsun-Zirkulation zu und zeigt deutlich Schwankungen in 41-ka-Zyklen; seit ca. 0,8–0,5 Ma geht der 41-ka-Klima-Zyklus in einen 100-ka-Zyklus über. Während die Veränderung um 0,8–0,5 Ma mit den Tiefsee-Bohrkernen vergleichbar ist (s. u.), ist die Veränderung um 1,7–1,6 Ma nicht in den marinen Sedimenten dokumentiert. Bei Klimamodellierungen wird die Lössbildung in China mit winterlichen Klimabedingungen korreliert, doch zeigen Beobachtungen, dass Staubstürme vorwiegend Frühjahr-Phänomene sind. Das Zusammenbrechen des sibirischen Winter-Hochs produziert die Staubstürme im Frühjahr (Roe 2009).

Nicht nur Lösse sind wichtige Paläoklimaarchive des Quartärs, sondern auch feine Stäube, die über die atmosphärische Zirkulation global verfrachtet werden (Abb. 2.18 und 2.23). Sie gelten als Geoarchive, die die detaillierteste und am besten erhaltene Quelle von paläoklimatischen Informationen hinsichtlich quartärer Zirkulationsverhältnisse darstellen (Abb. 4.35). Wüsten, Randwüsten und Steppen haben eine herausragende Bedeutung für die Entstehung mineralischer Aerosole (Stäube, „Wüstenlöss", Péwé 1981). Beispielsweise können europäische äolische Staubsedimente ihren Ursprung in Nordafrika haben (Stuut et al. 2009) wie auch lössartige Ablagerungen der Kanarischen Inseln, Westindiens (Zöller und Faust 2009) oder Staubsedimentation in Amazonien (Koren et al. 2006). In Innerasien (China, Mongolei) stammt der Staub, der weit verfrachtet wird, zum größten Teil aus Gebieten mit sandigen Böden und steinigen Wüsten und weniger aus Sandwüsten, wie vielfach angenommen wird (B Zhang et al. 2008). Die Bedeutung der minerogenen Aerosole für die Klimadynamik ist äußerst komplex und noch nicht befriedigend bekannt, worauf in Abschn. 2.2.3 hingewiesen wird. Sahara-Staub kann in Wolken die Albedo verstärken, die Niederschläge in niedrigen Wolken reduzieren und die Eisbildung in großen Wolken verändern; diese Prozesse verstärken sich, wenn die Stäube in der Atmosphäre aufgrund von Landnutzungswandel zunehmen. Die Stäube haben einen Einfluss auf die biogeochemischen Kreisläufe und damit auf den CO_2-Kreislauf. Wagener et al. (2008) weisen darauf hin, dass in Klimamodellen der Staubeintrag in die Ozeane der Südhemisphäre um zwei Größenordnungen zu hoch berechnet wird. Evan et al. (2016) stellen dekadische Veränderungen des afrikanischen Staubaustrags fest, deren *feedbacks* ebenfalls nicht in Klimamodellen erfasst werden. Während der Kaltzeiten ist die Staubfracht (*dust*, Korngrößen um 2 µm) in der Atmosphäre – und dementsprechend auch die Deposition der Stäube in den Ozeanen und auf den Kontinenten – wesentlich größer als während der Warmzeiten. Natürliche minerogene Staubemissionen sollen 89 % von der globalen Aerosolfracht ausmachen (Satheesh und Moorthy 2005; Bullard 2006). Neuere Schätzungen gehen davon aus, dass der Staubanteil in der Atmosphäre im LGM um das 2,5-Fache erhöht war. Die Staubfracht ist in polaren Breiten größer, wie die unlöslichen Mikropartikel in den Eisbohrkernen der Arktis und Antarktis belegen. In den antarktischen Dome-C- und Vostok-Kernen werden für das LGM 10- bis 20-fache Zunahmen der Staubdeposition im Vergleich zum Holozän belegt. Lambert et al. (2008) berichten, dass im EPICA Dome-C-Eiskern in den letzten 8 Glazialen eine 25-fache Zunahme des Staubeintrags erfolgte (Abb. 4.36). Im grönländischen GRIP-Kern erreichen die höchsten Werte im LGM das 68-Fache gegenüber den gegenwärtigen Werten (Delmonte et al. 2002). Heute werden ca. 40 Mio. Tonnen Staub, der aus Afrika über den Atlantik getragen wird, jährlich im Amazonasbecken sedimentiert. Über die Hälfte davon wird aus dem Nord-Tschad ausgeweht, wo die Winde durch Gebirge kanalisiert werden und feine diatomitreiche Bodensedimente aufnehmen können (Koren et al. 2006). Die tropischen Andenbergwälder erhalten Nährstoffe durch Sahara-Staubeintrag, der während La-Niña-Phasen erhöht ist (Boy und Wilcke 2008). Eisenreiche Stäube aus ariden Gebieten sind Nährstoffe für das Phytoplankton der Ozeane (Wagener et al. 2008). 40 % der Reduzierung (das sind 80–100 ppm) des CO_{2atm} während der Glaziale wird auf Staubeintrag in die Ozeane zurückgeführt (Martínez-Garcia et al. 2009; Kwon und Galbraith 2013). In den USA werden seit der Nutzung der westlichen inneren USA (Ackerbau, Viehzucht seit dem 19. Jh.) über 500 % mehr Staub in den Seen sedimentiert (Neff et al. 2008).

Der hohe Anteil an kaltzeitlichen Staubdepositionen in den Eis- und marinen Bohrkernen wird durch das Zusammenspiel zahlreicher Faktoren in der Atmosphäre, Biosphäre, Hydrosphäre und Lithosphäre erklärt, u. a. (1) durch die Zunahme der Aridität auf den Kontinenten infolge von Änderungen der Bodenfeuchte und/oder Vegetationsbedeckung in Verbindung mit der Vergrößerung der Staub-Auswehungsgebiete als Folge der Meeresspiegelabsenkung, (2) durch die intensivierte atmosphärische Zirkulation, verstärkt durch einen steileren Temperaturgradienten infolge großer arktischer und antarktischer (Meer-)Eisbedeckung, und (3) durch die Reduzierung des hydrologischen Kreislaufs und der damit einhergehenden Reduzierung der niederschlagsbedingten „Reinigung" der Atmosphäre von den Stäuben und somit vermehrtem Staubtransport (Delmonte et al. 2002) sowie durch Gletschervorstöße in Patagonien, deren Schmelzwasser-Schotterfluren Staub für die Antarktis bereitstellten (Sugden et al. 2009).

4.2.5 Verwitterung und Bodenbildung

4.2.5.1 Allgemeines

Gesteinsverwitterung ist ein Hauptbestandteil des globalen geologischen Systems und schließt – im Verlauf der Erdgeschichte – den Klimawandel, die Dynamik der kontinentalen Oberflächen sowie die Entwicklung des Lebens ein. Die Verwitterung entzieht der Atmosphäre CO_2 und stabilisiert damit die irdischen Temperaturen, trennt chemische Elemente und schafft sekundäre Produkte, wodurch Böden und Sedimente entstehen. Böden können offenbar weniger CO_2 aus der Luft aufnehmen als für die ESMs (*Earth System Models*) angenommen wird; die ESMs überschätzen den Betrag um den Faktor 2 (Y He et al. 2016). Die Verwitterung sorgt für den Transfer wichtiger Nährstoffe vom Gestein in die Ökosysteme. Die Böden sind das zentrale Glied zwischen dem Klima und den biogeochemischen terrestrischen Systemen (Yaalon 2000).

Gesteinsverwitterung durch physikalische, chemische und biologische Prozesse findet in allen Klimazonen statt, selbst unter Gletschereis (Wadham et al. 2010) und tief unter der Erdoberfläche (z. B. im Karst). Dabei können die physikalischen, chemischen und biotischen Prozesse in unterschiedlicher Intensität ablaufen und sich wechselseitig beeinflussen, indem sie auf tektonische, klimatische und anthropogene Einflüsse reagieren. Die durch Verwitterung gebildeten Böden (Abb. 4.37) sind die oberste Schicht des Regoliths, der Decke aus Lockermaterial, die über dem festen Gestein liegt. Die sog. *Critical Zone* reicht vom Grundwasser bis zur äußeren Grenze der Vegetation. Ein offenes System wie das des Bodens oder Regoliths ist nur ausgeglichen bzw. in einem stabilen Zustand, wenn Bestandteile (Gesteinspartikel, Minerale, Nährstoffe, organisches Material, etc.) mit derselben Rate entfernt werden, mit der sie auch erneuert werden. Da das Klima Verwitterung und Bodenbildung wesentlich beeinflusst, können wichtige paläoklimatische Informationen aus den Paläoböden und Kolluvien (Olson 2007; Leopold und Völkel 2007) gewonnen werden. Dabei sind die Faktoren von Interesse, die zuverlässige Proxys für frühere Umweltbedingungen darstellen, wie stabile Isotopenverhältnisse, mikromorphologische Charakteristika, Phytolithe etc. Sind Paläoböden von jüngeren Sedimenten bedeckt, spricht man von *fossilen Böden*; liegen sie noch an der Oberfläche, sind es *Reliktböden*.

4.2.5.2 Physikalische, chemische und biotische Prozesse

Über physikalische und chemische Prozesse der Verwitterung und Bodenbildung informieren zahlreiche Lehrbücher der Bodenkunde (u. a. Blume et al. 2010; Zech und Hintermaier-Erhard 2002). Der Boden ist das Produkt seiner Umwelt, d. h. das Produkt von an oder in der Nähe der Erdoberfläche wirkenden

Abb. 4.37 *Oben von links nach rechts*: Tiefgründig verwitterter tropischer Boden (Ferralsol, NE-Australien). Gypsisol mit Wüstenpflaster (Namib). Andosol (ca. 3800 m NN, Mexiko). *Mitte links*: Andosol mit zwei fossilen Bodenbildungen (Chile). Fersiallische Verwitterung (Ferrasol), Borneo; im *rechten Bildteil* ist das unverwitterte Gestein eines vertikalen Ganges zu sehen. *Mitte rechts*: Bodensediment mit Mollusken und Keramikscherben, die eine Datierung und paläoökologische Deutung der hangenden Ablagerungen zulassen; Ecuador. *Unten von links nach rechts*: Unverwitterter jungquartärer (LGM) Moränenschutt unter Tephralagen; Mexiko. Stark verwitterte Moränen unter Andosolbildungen; die Verwitterung schließt ein letzteiszeitliches Alter der Vergletscherung aus (Ecuador). (Fotos: alueni-images)

Vorgängen. Diese Beziehung stellt Semmel (1977) als Funktionsgleichung dar:

$$B = f(K, V, G, R, Zw, Z, W).$$

Es bedeuten: B = Boden, K = Klima, V = Vegetation und Tiere, G = Gestein, R = Relief, Zw = Zuschusswasser, Z = Zeit, W = menschliche Wirtschaft.

Es wird deutlich, dass Böden als Paläoklimaarchive dienen können, denn sowohl das Klima als auch die Zeit sind bedeutende Faktoren der Bodenbildung (vgl. Peña-Ramírez et al. 2015).

Trotz intensiver Forschung ist über die Mikrobiologie der Böden noch wenig bekannt. In Böden leben mehr Mikroorganismen als in jedem anderen terrestrischen Ökosystem (Dance 2008; Abb. 4.42). Fungi (Pilze) sind entscheidend bei der Verwitterung, nicht durch chemische Reaktionen, wie oft angenommen wird, sondern durch Hyphen (fadenförmige Zellen), die die Mineralstruktur des Gesteins zerstören. Erst danach laufen chemische Reaktionen ab, bei denen die Pilze Kalium aus dem Mineral entfernen und Eisen oxidieren, was zum Zerfall der Gesteinsminerale und zur Bildung von Ton führt (Bonneville et al. 2009). Flechten produzieren Säuren, die das unverwitterte Gestein in Jahresfrist bis zu einer Tiefe von 0,3–30 μm anätzen können. Ameisen, die jeden Kontinent außer der Antarktis bewohnen und die im Känozoikum eine Biomassenvergrößerung erfahren haben, sind an der Verwitterung in weit größerem Maß beteiligt, als bisher angenommen; auch an der Bildung von $CaCO_3$ bei der Ca-Mg-Silikatverwitterung, bei der CO_2 der Atmosphäre entzogen wird, haben Ameisen einen großen Anteil (Dorn 2014).

In den feuchten und wechselfeuchten Tropen sind Bodenprofile mit sog. *stonelines* (Steinlagen, Steinsohlen, dünne Grobsedimentlagen) häufig anzutreffen (Abb. 4.38). Eine *stoneline* ist eine dreidimensionale Lage unter der Bodenoberfläche (oft in 1–2 m Tiefe, aber auch bis 5 m Tiefe) aus Steinen, die im Profil eine Linie bilden. *Stonelines* kommen vor allem in Böden und Paläoböden der Tropen vor. Die Entstehung der *stonelines* wurde in der Literatur viel diskutiert. Bremer (1967: 72) kommt vor einem halben Jahrhundert zu dem Schluss, dass „Steinlagen … bislang als Klimaindikatoren wenig geeignet" sind (vgl. Rohdenburg 1971). Bremer (1999) bringt die Entstehung entweder mit Materialabfuhr oder mit *In-situ*-Bildung zusammen, weshalb sie weder Indikatoren für Bodenerosion noch für Klimawechsel sind. Fölster (1969) und Rohdenburg (1971, 1989) analysieren *stonelines* im tropischen Westafrika und Brasilien; sie erkennen in ihnen Archive für Erosions- und Akkumulationsprozesse. *Stonelines* werden unter semi-ariden Klimabedingungen mit vermehrtem Oberflächenabfluss gebildet (vgl. Rohdenburg 1989). Andere Autoren führen *stonelines* auf geogene (z. B. Ruhe 1959) oder pedogene (z. B. Morrás et al. 2009) bodenbildende Prozesse zurück. In ihnen wird aber auch der Beleg für einen Klimawandel von ariden (Bildung eines Steinpflasters an der Oberfläche) zu feuchteren Bedingungen (Bildung der Feinmaterial-Bedeckung) vermutet (z. B. Runge 2001c). Bei der Bedeckung der *stonelines* können in humideren Phasen (u. a. Holozän) auch Termiten und andere Bodentiere eine Rolle spielen (Thomas 1994; Gutiérrez Elorza 2001; Abb. 4.43).

Erst in jüngster Zeit konnte unter Anwendung *in-situ*-produzierter kosmogener Nuklide (^{10}Be, ^{26}Al, vgl. Cockburn und Summerfield 2004) die Genese der *stonelines* ein wenig aufgehellt werden (Brown et al. 2003). Der Ursprung der Grobsedimentlagen wird von Brown et al. (2003) rekonstruiert, und Erosion, Bedeckung, Bioturbation und Verlagerungsprozesse werden quantifiziert. Wenn die chronostratigraphische Stellung der *stoneline*-Bildung in Kaltzeiten fällt, ist dies in feuchttropischen Regionen ein Indiz für kaltzeitliche größere Aridität (Mousinho de Meis 1968). In den feuchten und wechselfeuchten Tropen sind Bodenprofile mit sog. *stonelines* häufig anzutreffen (Abb. 4.38).

Duricrusts (Krustenböden) sind harte Lagen an oder nahe der Bodenoberfläche (Abb. 4.38). Sie können ein paar Millimeter oder Zentimeter bis mehrere Meter mächtig sein. Die Verhärtung erfolgt an oder nahe der Oberfläche durch pedogene und/oder nicht-pedogene Prozesse. Lösliche Minerale werden in gelöster Form durch Wasser im Boden aufwärts, abwärts oder seitwärts bewegt und meist infolge Evaporation wieder ausgeschieden. An der Krustenbildung sind Silicium-, Eisen-, Calcium- und Gipsminerale zum größten Teil beteiligt (Goudie 1973).

Krusten haben viele Bezeichnungen. $CaCO_3$-reiche: *Calcrete, Caliche, Croûte calcaire* etc., SiO_2-reiche: *Silcrete*, Fe_2O_3- und Al_2O_3-reiche: *Ferricrete*. Für die Bildung der Krustenböden kommen sehr unterschiedliche Prozesse infrage. Neben geologisch-geomorphologischen Faktoren spielt auch das Klima eine bedeutende Rolle. *Calcretes* kommen weltweit vor allem in ariden bis semiariden Klimaten vor. Eine paläoklimatische Deutung der *Duricrusts* ist schwierig. Sie muss von Fall zu Fall vorgenommen werden unter Berücksichtigung möglichst vieler lokaler und regionaler geologischer, geomorphologischer, pedologischer, hydrologischer und klimatischer Parameter.

4.2.5.3 Hangsedimente/Kolluvien (*slope deposits, colluvium*), (Paläo)Böden

Nicht nur periglaziäre Hangsedimente (vgl. Abschn. 4.2.3.2) geben Auskunft über quartäre Umwelt- und Klimabedingungen der Hochgebirge in niederen Breiten, sondern auch die Hangsedimente tropischer und subtropischer Landschaften, die nicht in die eiszeitlichen und rezenten periglaziären Höhenstufen reichen. Die Ausbildung und Verteilung der Hangsedimente und Kolluvien, ihre Substratzusammensetzung, der Anteil und die Herkunft äolischen Materials einerseits sowie die Entwicklung, Typisierung und Verbreitung der auf den Deckschichten/Kolluvien entwickelten Bodentypen andererseits lassen weitreichende paläoökologische Folgerungen zu. Dies ist für die europäischen Verhältnisse durch jahrzehntelange Forschungstätigkeit belegt (vgl. Völkel et al. 2002), in den Tropen und Subtropen dagegen fehlen weitgehend systematische Analysen.

Paläosole (*Paleosols*) sind ein bedeutendes Archiv für umweltrelevante Prozesse, die in der Vergangenheit stattfanden (Abb. 4.39). Daher ist ein zentrales Ziel der Paläopedologie, das Klima der Vorzeit aus *Paleosols* abzuleiten. Die Erkenntnisse können auch in Modellen benutzt werden, die zukünftige Reaktionen des irdischen Systems beschreiben (Constantine et al.

Abb. 4.38 *Oben links*: Klassifizierungsschema verschiedener pedogener Krustentypen (Duricrusts) nach Runge (2001a). Dort auch Literaturangaben. *Oben rechts*: Calcrete (sekundäre Kalkbildung), Richtersveld, Südafrika.
Mitte links: Ferricrete. Mächtige Lateritkruste nahe „Wilson Point", SW-Dekkan, Indien. Mitte mittig: Lateritprofil, Goa (Indien). *Mitte rechts*: (*oben*) Typischer bifacialer (beidseitig bearbeiteter) Faustkeil des Acheuléen. Namib-Wüste südlich Gobabeb. Aufgrund der geomorphologischen Fundsituation wird ein Alter von > 200.000 Jahren angenommen. (*Unten*) Charakteristische Geröllgeräte (*Pebble Tools*) des *Early Stone Age*. Wenig bearbeitet. Südafrika, südlich Kimberley. Alter ca. 2,5 Mio. Jahre. Beachte die unterschiedlich starke Krustenbildung von nicht bearbeiteten Abschlagstellen und gerundeten Pebble-Oberflächen.
Unten links: Mächtiges Decksediment und alluvial-fluviale *stoneline* (roter Pfeil) in 3–4 m Tiefe mit fossiler Abflussrinne (*blauer Pfeil*). N3-Nationalstraße, DR Kongo (ca. 0°53′ S, 26°52′ E, ~ 550 m NN). *Stoneline* und Feinsedimentakkumulationen sind Belege für vorzeitige Abtragung und Akkumulation (vgl. Rohdenburg 1989: 167; Foto: Jürgen Runge). *Unten rechts*: Termiten-Hügel in Namibia. Termiten fördern gewaltige Mengen an Feinmaterial an die Oberfläche, das dann von Wasser und Wind verlagert wird. Vgl. Abb. 4.43. (Fotos: alueni-images (außer *stoneline*))

Abb. 4.39 *Oben*: Paläosole in Lössablagerungen: links in China und rechts in Deutschland. Korrelationen zwischen Kontinenten sind möglich. *Unten*: Fossile Bodenhorizonte im zentralmexikanischen Hochland sind Archive des Paläoklimas und der Besiedlungsgeschichte (Fotos: alueni-images)

V
IV
III
II
I
1m
2m
3m
4m
5m
6m
7m
lighter band with calc. rhizomorphs
darker band
lighter band with gravel & kankar
"palaeosol"
tufa in yellow bands & as detrital clasts
yellow bands
organic veneers, compact & more disturbed
red band
laminations
pedogenic unit (Bca) with gravel
surface drape
cobble line
A
B
C
D
E
F
G
1 m
1 mm
cm
10

Abb. 4.40 *Oben*: Ansicht eines geschichteten Profils im Brachina Creek, Südaustralien (S 31.33730, E 138.60655, ca. 335 m NN). Die fünf stratigraphischen Einheiten sind: (*I*) Basis-Lagen, (*II*) Übergangs-Lagen, (*III*) laminierte Einheit, (*IV*) pedogene Einheit, (*V*) verschüttete Hang-Lage. Die *Zeichnung links* zeigt die 12 verschiedenen Lithofazies. *Unten*: Lithostratigraphische Merkmale des Profils. (*A*) Liegende geschichtete bis laminierte Sequenz; die *weißen Linien* kennzeichnen die Grenze zwischen den Paläoböden der Basis-Lagen (*I*) und den Übergangs-Lagen (*II*) sowie zwischen (*II*) und der Basis der laminierten Einheit (*III*). (*B*) Inselartige Rückstände der roten Hangbedeckung. (*C*) Schotter an Nebental-Einmündung mit Schichtungsmerkmalen der Paläofließrichtungen. (*D*) Nass-Siebungsrückstände des Paläobodens mit gut gerundeten Quarz- und Feldspatkörnern. (*E*) Schnecken (*Charopidae* sp. (*links*) und *Austropyrgus* sp. (Hydrobiidae) (*rechts*)) aus den Basis-Lagen. Sie dokumentieren eine feuchte Vegetation und Quellen. (*F*) Kleine oxid-verbackene Pseudomorphs aus dem „roten Band". (*G*) Paludale (in Feuchtgebieten gebildete) Ausscheidungen von kalkhaltigen Konkretionen aus dem „gelben Band". (Aus Haberlah et al. 2010) ◀

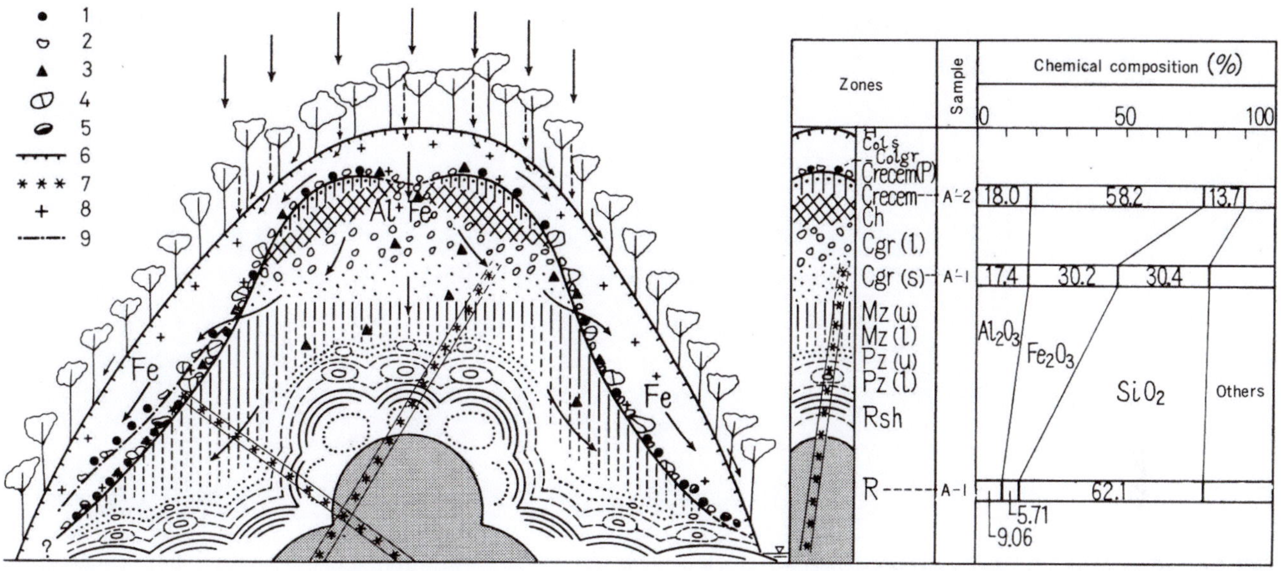

Abb. 4.41 Schema der Beziehungen zwischen Oberflächenform, Verwitterungsprofil und Kolluvien im tropischen Kamerun (Yaoundé-Gebiet). Es bedeuten: 1 – Gerölle mit glatten Oberflächen; 2 – Gerölle aus dem Cgr-Horizont; 3 – Körner aus verwitterten felsbildenden Mineralen (Garnet etc.); 4 – Gerölle und Blöcke aus verhärteten Krusten; 5 – Gerölle aus dem anstehenden Gestein; 6 – Humushorizont des Oberbodens; 7 – Quarzader; 8 – Artefakt; 9 – Diskonformität; H – Humushorizont; Cols – sandig-schluffige Lage in Kolluvien; Colgr – Kieslage in Kolluvien [*stone line*, Steinsohle]; Crecem(P) – verbackene Krustenreste mit Pisolith-Körnern; Crecem – verbackene Kruste; Ch – wabenartige Kruste; Cgr(l) – lockere Kruste mit größeren schotterartigen Konkretionen; Cgr(s) – lockere Kruste mit kleineren schotterartigen Konkretionen; Mz(u) – oberer Teil der gefleckten Zone; Mz(l) – unterer Teil der gefleckten Zone; Pz(u)- oberer Teil der gebleichten Zone; Pz(l) – unterer Teil der gebleichten Zone; Rsh – gering verwittertes anstehendes Gestein; R – unverwittertes Gestein. (Aus Hori 1977)

2014). Paläosole sind ein wichtiges terrestrisches Reservoir für organischen Kohlenstoff. Vorwiegend äolische Silte (v. a. Löss) haben die Böden bedeckt und konserviert (Johnson 2014). In den das gesamte Quartär umfassenden chinesischen Lössprofilen zeigt die magnetische Suszeptibilität die Klimazyklen der vergangenen 2,7 Mio. Jahre an. Eine Zunahme der Suszeptibilität, die die Magnetisierbarkeit der Lösskörner angibt, wird allgemein der Bildung von pedogenen magnetischen Körnern während der Bodenbildung, die klimaabhängig ist (Evans et al. 2003), zugeschrieben (Verosub et al. 1993). Allerdings sind die Prozesse, die die Änderungen der magnetischen Suszeptibilität in Lössen verursachen, nur unzureichend bekannt (Hu et al. 2009). Neben den pedogenen Prozessen müssen die äolische Dynamik, die Transportrichtungen und die Ursprungsgebiete des Materials berücksichtigt werden.

Es ist bekannt, dass Paläosole nicht nur in Lösssequenzen von herausragender Bedeutung sind, sondern auch in anderen vom Wind bewegten Materialien, da deren Mobilisierung und Sedimentation stark von klimatischen Faktoren gesteuert und oft von Phasen der Stabilität und Bodenbildung unterbrochen werden. Aus der südwestlichen Kalahari gibt Heine (1981, 1990) eine paläoklimatische Deutung der Dünen aufgrund geomorphologischer, sedimentologischer, pedologischer und paläontologischer Beobachtungen und zeigt, dass nicht nur Phasen der Bodenbildung mit solchen der aktiven Dünenbildung wechselten, sondern dass sowohl äolische als auch fluviale Prozesse gleichzeitig aktiv sein konnten. Daraus folgt, dass die paläoklimatische Interpretation von Sedimenten und (Paläo-)Böden äußerst vorsichtig vorgenommen werden muss (vgl. Völkel 1989 für die Südsahara; Heine 1975b für Mexiko).

In gleicher Weise wie Lösse und Dünen sind Kolluvien als Geoarchive für quartäre Klimaproxydaten oft benutzt worden (z. B. Faust et al. 2004). Botha et al. (1990) beschreiben eine wiederholte jungquartäre Zyklizität von erosiven, sedimentären und pedologischen Prozessen aus Natal (Südafrika), ohne jedoch eine eindeutige Klimaabhängigkeit zu postulieren. Es scheint, dass die paläoklimatische Deutung der Kolluvien oft fehlerhaft ist, vor allem, wenn die Interpretation auf eine geringe Anzahl von Parametern basiert. Haberlah et al. (2010) belegen eindrucksvoll an Beispielen aus Südaustralien, wie

Abb. 4.42 Auswahl an Organismen des Boden-*food web* (nach Bardgett und van der Putten 2014). **a** Ektomykorrhiza-Fungi (Symbiose von Pilzen und Wurzeln), **b** Endomykorrhiza-Fungi (Zersetzer-Fungi), **c** Bakterien, **d** Nematode (Fadenwurm, lebt sogar in Trockentälern der Antarktis), **e** Tardigrade (Bärtierchen), **f** Collembole (Springschwanz), **g** Milbe, **h** Enchyträischer Wurm, **i** Tausendfüßler, **j** Centipede (Hundertfüßler), **k** Regenwurm, **l** Ameisen, **m** Holzlaus, **n** Plattwurm, **o** Maulwurf. (© *European Soil Biodiversity Atlas*)

Kapitel 4

Abb. 4.43 Zusammenspiel von biologischer Aktivität und physikalischen Prozessen: In den meisten Wüsten sind Biomasse und Energieverbrauch der Ameisen größer als bei den Vertebraten (Wirbeltiere) (vgl. Seely und Pallett 2008). Die durch Steinpflaster geschützten Oberflächen arider Gebiete (bes. in Wüsten) zeigen aufgrund der Oberflächenaltersdatierungen (SED – *surface exposure dating*) eine äußerst geringe Abtragung; in der Namib ermitteln Bierman und Caffee (2001) 1–8 m pro 1 Mio. Jahren. Die SED-Methode berücksichtigt bisher nicht, dass durch die biologische Aktivität eine eventuell höhere Abtragungsrate unerkannt bleibt. Bodentiere – vor allem die Termiten und Ameisen – befördern bedeutende Mengen an Feinsubstanz aus dem Unterboden an die Oberfläche, ohne das Steinpflaster wesentlich zu beeinflussen. Dieses Feinmaterial kann immer wieder vom Wasser und Wind fortgetragen werden, wodurch eine flächenhafte Erniedrigung der Oberfläche erfolgt. Über Jahrtausende bzw. Jahrhunderttausende können beträchtliche Werte erreicht werden, über die es bisher keine Bilanzierungen gibt.
Mitte links und *rechts*: Feinmaterial wird von im Boden lebenden Tieren (Termiten, Ameisen, auch Spinnen etc.) an die Oberfläche gebracht und über dem Steinpflaster ausgebreitet. Gelbe Pfeile: Frisch ausgeworfenes Feinmaterial ist noch feucht. *Roter Pfeil*: freigelegte Gangröhre. *Unten links*: Termiten (*Microcerotermes*, *harvester termites*, hier in der Namib) bevölkern z. T. in großen Mengen Wüstengebiete. Sie „remineralisieren" organisches Material. *Unten rechts*: Kalkgeröll mit Karstrillen. Das Geröll war lange Zeit den wasserbedingten Lösungsprozessen an seiner Oberfläche ausgesetzt. Der Rand (*roter Pfeil*) markiert, wie tief das Geröll früher in dem umgebenen Substrat eingebettet war. Die biogen ausgelöste Abtragung durch Wasser und Wind wird hier deutlich. – Die Prozesse zeigen darüber hinaus, dass in Wüsten vermehrte Niederschläge zu stärkerem Pflanzenwachstum führen können, was eine höhere Besiedlung durch die Bodenfauna und damit – wie geschildert – eine stärkere Abtragung auslösen kann. Wenn aus marinen Sedimentkernen vor den Küsten der Wüsten äolische (und fluviale) Sedimenteinträge paläoklimatisch interpretiert werden, werden diese Zusammenhänge bisher nicht berücksichtigt ►

Staubstürme und extreme Regenereignisse kolluviale Sedimentsequenzen mit charakteristisch „pluvialen" Merkmalen schaffen können, die jedoch durch entgegengesetzte Prozesse gebildet wurden, nämlich verringerte Niederschläge und geringere Verdunstung während einer kühleren eiszeitlichen Klimaphase (Abb. 4.40).

Paläoböden bzw. Prozesse der chemischen Verwitterung geben Auskunft über frühere Temperaturverhältnisse. Paläoböden in den Lössen Alaskas (Muhs et al. 2008) belegen aufgrund der Indikatoren der chemischen Verwitterung, dass die Interglaziale und Interstadiale so warm bzw. wärmer als das Holozän waren. Die temperaturabhängige Obergrenze der Andosol-Bildung auf vulkanischen Aschen und Tuffen der mexikanischen Vulkangebirge zeigt für das holozäne Klimaoptimum (vor 8000 bis 5000 Jahren) eine Verschiebung in größere Höhen um ca. 200 m im Vergleich zum Jahr 1970, was einer Temperaturerhöhung von ca. 1,5 °C entspricht (Heine 1994a).

Auch für die immerfeuchten Tropen belegen die Beziehungen zwischen Oberflächenformen, Verwitterungsprofilen und oberflächennahen Ablagerungen (Abb. 4.41) bedeutende Umweltveränderungen in der letzten Eiszeit; Artefakte des afrikanischen *Middle Stone Age* (MSA, mittlere Steinzeit) in kolluvialen Ablagerungen weisen auf relativ aride Klimaverhältnisse vor ca. 30 bis 20 ka BP in Gebieten, die heute von tropischem Regenwald bedeckt sind (Hori 1977). Vergleichbare Kulluvien (LGM-zeitliche Bildungen) werden in vielen heute feuchttropischen Gebieten beobachtet; sie sind für ein tropisch wechselfeuchtes Klima charakteristisch.

Die bodenbiologischen Gesellschaften von Organismen (Pilze, Bakteria, Nematoden etc., Abb. 4.42) variieren in Zeitskalen von Stunden bis zu Jahrtausenden in Abhängigkeit von Bodenfeuchte, Bodentemperatur, Nährstoffversorgung, Pflanzenwachstum etc. (Bardgett und van der Putten 2014). Bodentiere können einen großen Einfluss auf Materialverlagerungen haben (Abb. 4.43). Über die Muster der Änderungen von Bodentier- und Mikrobengemeinschaften in Böden, über deren Bedeutung für die N-, CO_2 und CH_4-Kreisläufe sowie deren Inwertsetzung für die Paläoklimaforschung ist kaum etwas bekannt (s. u. a. Davidson 2015; Doetterl et al. 2015).

4.2.6 Fluviale und limnische Prozesse

Seit Jahrzehnten verursacht der Mensch die meisten Veränderungen im Wasserhaushalt der Erdoberfläche. Aktuelle Beobachtungen und Daten können daher nicht zur Erklärung und Deutung früherer Prozesse und deren Beziehungen zu anderen Parametern des irdischen Systems benutzt werden (Heine 2001). Viele Seen und Flüsse sind in den letzten Dekaden verschwunden (insgesamt > 90.000 km^2; z. B. Tschadsee) und > 213.000 km^2 früher trockenes Land werden heute (teilweise saisonal) überflutet (Pekel et al. 2016).

4.2.6.1 Flüsse und ihre Ablagerungen als Geoarchive

Flüsse fließen in fast allen Landschaften der Erde (Middleton 2012). Die Grundrissformen des Flussbetts können sehr verschieden sein: Gerade Flüsse, Flussverzweigungen, Flussmäander. Flüsse nehmen Material auf, transportieren es und setzen es wieder ab. Sie schaffen Täler und neues Land in Deltas. Die Morphologie der Flusstäler, vor allem aber die fluvialen Sedimente, wurden schon frühzeitig paläoklimatisch gedeutet (Kayser 1918). Die paläohydrologische Forschung liefert seit 50 Jahren einen bedeutenden Beitrag zu lokalen, regionalen und globalen kontinentalen Umweltveränderungen (Schumm 1965; Piotrowski 1997). Dennoch lassen sich Grundrissformen (Abb. 4.44) kaum paläoklimatisch deuten (vgl. Stark et al. 2010; Constantine et al. 2014).

Flussterrassen-Systeme (Abb. 4.45), die in allen Klimazonen der Erde angetroffen werden, bezeugen Klimaschwankungen, die kurz-, mittel- oder langfristig Einfluss auf Erosion und Akkumulation in fluvialen Systemen genommen haben. Einerseits können vor allem in Wüsten kurzdauernde heftige Regenfälle innerhalb weniger Tage Akkumulationsterrassen bilden (Mensching et al. 1970), andererseits kann die Terrassenbildung Jahrtausende/Jahrzehntausende dauern (z. B. Woldstedt 1965, Abb. 7.34). Während die über lange Zeiträume andauernde Terrassenbildung hinsichtlich der impulsgebenden Faktoren oft nur schwer zu beurteilen ist, sind Terrassenbildungen kurzer Zeiträume bisher häufig als klimatisch gesteuerte Phänomene

Abb. 4.44 *Links*: Flussmäander am Rios do Acre westlich von Rodriguez Alvez, Brasilien (ca. 7°23′ S, 72°22′ W, ~ 180 m NN). Die verschiedenen Mäander-Generationen (freie Mäander mit Abschnürungen der Mäanderschlingen, Altwasserarmen, *Oxbow*-Seen) belegen ständige Flussverlagerungen, die aber nicht klimatisch bedingt sind, sondern durch bestimmte Prozesse im Flusssystem selbst ihre Ursache haben (Theorie der Hydraulischen Geometrie, Stochastische Theorie, Equilibrium-Theorie; Scheidegger 1990; Ahnert 1996). *Mitte*: Ansicht eines Flussufers bei Niedrigwasser. Das Steilufer wird aus holozänen Sedimenten aufgebaut, die infolge einer differenzierten Aggradation (Sedimentation) als Folge der an Suspensionsstoffen reichen Flüsse die jährlichen Überschwemmungsgebiete (Várzea) ständig erhöhen (aufgrund von ^{14}C-Daten am mittleren Amazonas bei Manaus ca. 0,1 mm/Jahr während der letzten 2000 Jahre; Sternberg 1956). *Rechts*: Weißwasser-Überschwemmungswald (Várzea) am unteren Rio Japurá, Westamazonien. (Foto: Florian Wittmann, IFGG (Karlsruher Institut für Technologie))

Abb. 4.45 *Links oben*: Das Tal von Mérida in der Sierra Nevada, Venezuela. Auf einer Schotterterrasse, 180 m über dem Chamatal und fast allseits von Taleinschnitten umgeben, liegt Mérida. Über das Tal steigt der höchste Gebirgsstock Venezuelas mit vergletscherten Gipfeln bis rund 5000 m auf. Gemälde von Anton Goering (1836–1905). *Rechts oben*: Unterlauf des Río Arauca, Venezuela. In der Regenzeit bilden sich am unteren Río Arauca kilometerweite seichte Überschwemmungsseen aus, die die tiefe Lage und Ebenheit der Llanos-Landschaft betonen. Gemälde von Paul Malik (1890–1976). Zwischen markanten Schotterterrassen und Überschwemmungslandschaften finden sich alle Übergänge fluvialer Formen und Ablagerungen.
Unten von links nach rechts: San Nicolás-Terrasse im Becken von Santa Fé-Sopetran, nördliches Kolumbien. Die Terrasse enthält eine Abfolge zeitlich hochauflösender laminierter Sedimente, deren multidekadische hydrologische Frequenzen durch die Dynamik der ITCZ bestimmt werden (Martínez et al. 2015). (Foto: Jorge Ignacio Martínez, Medellin) Hochflutsedimente (*slackwater deposits*, hellbraune Sedimentlagen in der *Bildmitte*) bedecken eine Felsterrasse im Ugab-Tal der Namib-Wüste. Weder das Alter der Felsterrasse noch der Hochflutsedimente sind bekannt. Letztere sind durch Verwitterungseinflüsse zu einer harten Kruste verbacken. Vermutetes Alter der fluvialen Ablagerungen: Altpleistozän (vgl. Abb. 6.76). Geschichtete fluvial-lakustrine Sedimente des Niger-Flusses bei Bamako, Mali. Die jungquartären Ablagerungen sind bisher nicht paläoklimatisch interpretiert worden. (Foto: N'dji dit Jacques Dembele D. Sc. Quaternary geology and geomorphology USSGB, Bamako Mali)

angesehen worden (z. B. Gumnior und Preusser 2007). Probleme bereiten immer noch ein oft geringes Verständnis der Physik der Wasserbewegungen in Fließgewässern (z. B.: Wann geht laminares Fließen in turbulentes Fließen über? Vgl. Graham 2015).

Geologisch-tektonische und geomorphologische Prozesse initiieren die Ausbildung von Flussterrassen-Systemen (z. B. Richthofen 1886; Ahnert 1996). Dies kann aber auch durch Faktoren geschehen, die dem fluvialen *Prozess-Response*-System immanent sind (Buch und Heine 1988). Oft korrelieren die Terrassenbildungen mit Klimazyklen, unmittelbar oder verzögert und mit Veränderungen, die unbedeutend oder katastrophal sein können. Klimatisch bedingte Akkumulation und Erosion vieler Terrassen-Systeme ist vielfach beschrieben worden, beispielsweise für kaltzeitliche (Yokoyama et al. 2001), Jüngere Dryas-zeitliche (Macklin und Lewin 2008) oder Monsunabhängige (Juyal et al. 2010) Bildungen. In den letzten Jahren mehren sich die Beispiele für eine von Klimaschwankungen unabhängige Terrassenbildung. Diese wird für jungquartäre – vor allem aber holozäne – Terrassen aus verschiedenen Klimazonen beschrieben (z. B. Mitteleuropa: Buch und Heine 1988; Austra-

Abb. 4.46 *Oben links*: Abkommende Fluten nach Starkregenfällen in Guatemala (nach Hurrikan *Fifi* im September 1974). Die Wassermassen tragen feinstverteilte Sedimente (Suspension) in die Überschwemmungsbereiche, die oft fernab des Flusses liegen. Als *slackwater deposits* (SWD) zeigen sie an, wie ausgedehnt frühere Hochwasserereignisse waren und wann sie auftraten. Die Paläohydrologie greift oft auf SWD zurück (vgl. Heine 2004a). Beispielsweise rekonstruieren X. Li et al. (2015) für den Gelben Fluss Chinas vor 3200–3000 Jahren extreme Hochflutereignisse, die die neuzeitlichen Hochwasser um das 2,5-Fache übertreffen. (Foto: alueni-images) *Oben rechts*: Sedimente der El-Niño-Niederschlagsereignisse vom Januar 1998 in Peru (Mampuesto). Extreme Fluten brachten feine Sedimente geringer Mächtigkeit auf einem Friedhof zur Ablagerung (*slackwater deposits*), abfließendes Wasser mit geringer Sedimentfracht führte zur Erosion des Sedimentpakets, das zahlreiche Fluten repräsentiert. Akkumulation und Erosion basieren nicht auf verschiedenen Klimaphasen, sondern sind Erscheinungen hydrologischer Prozesse, die von einem einzigen klimatischen Ereignis (Starkregen) gesteuert wurden. Sie ereigneten sich in einem extrem ariden Gebiet (Atacama-Wüste). Sie dokumentieren außergewöhnliche extreme Ereignisse, jedoch keine Klimaschwankungen (vgl. Heine und Völkel 2009). (Foto: Joanna B. Pinneo). *Unten*: Chronodiagramm humider und arider Klimaphasen im Tibesti und der zentralen Sahara ab 16.000 ^{14}C-Jahre v. h., rekonstruiert nach dem fluvialen Formungswandel im Enneri Zoumri-Bardagué-Arayé. Für die Zeit zwischen 16 und 7,3 ^{14}C ka BP wurde der Kurvenverlauf aus dem differenzierten Sedimentationsverlauf von zwei Mittelterrassen-Profilen im Gebirge entworfen. Alle Zeitangaben ergeben sich aus konkreten ^{14}C-Daten bzw. den daraus abgeleiteten Sedimentationsraten. Die Feuchtphase zwischen 16 und 7,3 ^{14}C ka BP unterlag größeren Schwankungen. Insgesamt ist sie bis 9 ^{14}C ka BP als kühl-feucht zu bezeichnen; danach erfolgt ein Temperaturanstieg. Die Zeit zwischen 10 und 8,5 ^{14}C ka BP darf als die feuchteste Phase angenommen werden. Während der jüngeren neolithischen Feuchtphase (6–5 ^{14}C ka BP) lagen im Verhältnis zur älteren Zeit höhere Temperaturen vor. Jäkel (1978) vermutet, dass bis ca. 8 ^{14}C ka BP ein mediterran-feuchter (ektropische Westwindzone) Klimaeinfluss bestand, sich aber bereits ab ca. 13 ^{14}C ka BP sommerliche tropische Feuchtluftmassen nach Norden bis zum Tibesti ausbreiteten. Dies führte zur Überlagerung der außertropischen und tropischen niederschlagsbringenden Luftmassen und verursachte die feuchteste Phase zwischen 10 und 8,5 ^{14}C ka BP. (Aus Jäkel 1978) ►

lien: Cheetham et al. 2010; Südamerika: Valente und Latrubesse 2012). Eine kritische Wertung der Daten zur fluvialen Erosion und Akkumulation lässt keine Verallgemeinerung der Flussterrassenbildung zu. Vielfach bleibt unklar, welche Faktoren die fluvialen Prozesse in welchem Ausmaß beeinflusst haben. Eine äußerst komplexe Reaktion der fluvialen Systeme auf Impulse unterschiedlichster Art (geologisch-tektonisch, fluvialdynamisch, klimatisch etc.) muss konstatiert werden, kann aber heute im Einzelfall noch nicht wissenschaftlich erklärt werden. Für die Tropen gibt Thomas (2000) einen kritischen Überblick. Dies drückt sich auch in der Tatsache aus, dass Änderungen fluvialer Systeme bei Klimamodellierungen bisher keine Rolle spielen.

Während die von fluvialen Prozessen geschaffenen *Formen* nicht oder nur vereinzelt als Paläoklima-Archive dienen können (z. B. Flussmäander in den feuchten ostasiatischen Monsungebieten, Stark et al. 2010), trifft dies für die fluvialen *Ablagerungen* nicht zu. In ihnen ist ein ungeheurer Schatz an Klimaproxys enthalten (Abb. 4.46). Von Nachteil ist, dass fluviale Sedimentsequenzen nur mehr oder weniger lange/kurze Abschnitte der Flussgeschichte mit oft großen Lücken (Erosionsphasen, Flussverlagerungen etc.) dokumentieren. Auch können Bergstürze, Hangrutsche und Talverschüttungen sowie Talabdämmungen, die durch Erdbeben initiiert worden sind, zu plötzlichen Änderungen der Sedimenteigenschaften führen; grobe Schotterlagen oder feine Seesedimente können somit Umwelt- bzw. Klimaänderungen vortäuschen (vgl. Niemi 2014) oder aber auch glaziäre Sedimente (Till) in tiefe Tallagen befördern (Abele 1984; Heine 1995a; vgl. Abb. 4.16). Struktur, Textur und Korngrößen fluvialer Sedimente geben Auskunft über frühere hydrologische Regime. Mineralogische, petrologische und sedimentgeochemische Charakteristika, Verwitterungshorizonte (fossile Böden), organische Lagen, Fossilinhalt u. v. a. m. gestatten detaillierte Paläoumwelt-Rekonstruktionen (vgl. Sirocko 2009; Kowalski 1986).

Jäkel (1978) erstellt aufgrund von umfangreichen Untersuchungen an einem Flusssystem am Nordrand des Tibesti-Gebirges (Sahara) eine Klimakurve für den östlichen Bereich der Zentralsahara ab 16.000 ^{14}C-Jahre v. h. (Abb. 4.46); fluviale Formen und Sedimentabfolgen des Zuomri-Bardagué-Arayé-Flusssystems einschließlich der dazugehörigen Endpfannenregion geben Aufschluss über die hygrischen Veränderungen im Spät- und Postglazial. Die Ergebnisse haben auch für die östliche zentrale Sahara Gültigkeit.

Fluvial transportierte Sedimente können ins Meer gelangen (Abb. 4.47). 19 Mrd. Tonnen an Sedimenten transportieren Flüsse jährlich in die küstennahen Zonen (Deltas). Fluviale Ablagerungen sind wichtige Paläoklimaarchive in marinen Bohrkernen. Leider werden die fluvialen Sedimente oft „lehrbuchhaft" paläoklimatisch gedeutet: größerer Anteil an terrigenen Sedimenten in marinen Kernen = mehr Niederschläge und *vice versa* (z. B. Arz et al. 1998). Das kann zu großen Fehleinschätzungen bei den Klimarekonstruktionen führen, beispielsweise wenn eine Zunahme der Niederschläge in den Tropen zu einer Ausbreitung des tropischen Regenwaldes (mit extrem niedrigen Abtragungsraten und nicht mit verstärkter Erosion, wie oft angenommen) auf Kosten von Savannen (mit hohen Abtragungsraten) erfolgt. Änderungen der fluvial ins Meer getragenen gelösten und ungelösten Bestandteile sind im (jüngeren) Holozän oft nicht durch Klimaänderungen bedingt, sondern durch unterschiedliche Einflüsse des wirtschaftenden Menschen (Heine 1994e; Montgomery 2007).

4.2.6.2 Seesedimente als Geoarchive

Innerhalb der Paläoklima- und Paläoumweltforschung gewinnen See- und Reservoirsedimente als Geoarchive immer mehr an Bedeutung (Cohen 2003; Fritz et al. 2006; Williamson et al. 2009; Giralt et al. 2010; Birks et al. 2012), da sie (Proxy-) Daten aus allen Klimazonen liefern, die unmittelbar von den Kontinenten stammen und damit von den Regionen der Erde, die der Mensch bewohnt und in denen sich die Interaktionen zwischen den menschlichen Zivilisationen und dem Klima im regionalen und globalen Maßstab abspielen (Abb. 4.48). Darüber hinaus beinhalten die Ablagerungen der 117 Mio. Seen

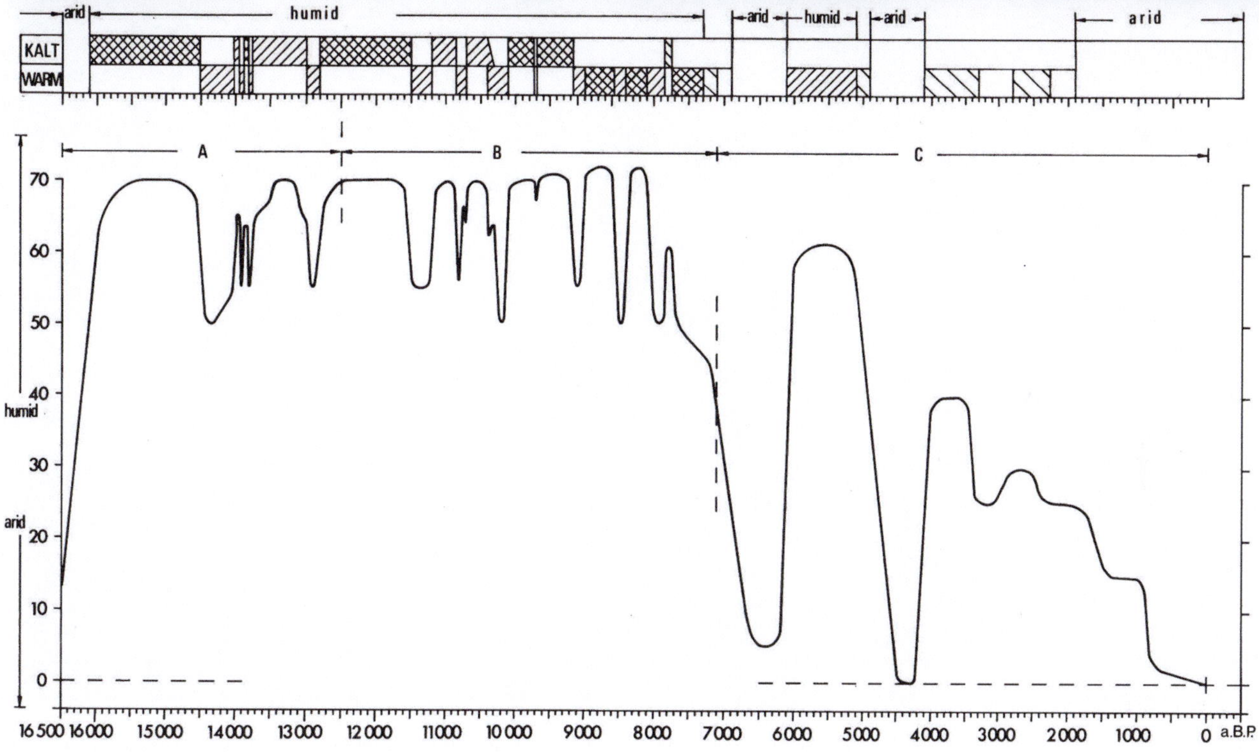

der Erde mit > $2000\,m^2$ Größe (Verpoorter et al. 2014) in der Regel zeitlich hochauflösende Daten, die Einblicke in Mechanismen und Auswirkungen von Klimaänderungen ermöglichen. Sediment-*records* kleiner europäischer Seen haben gewöhnlich Sedimentationsraten von 100 cm/1000 a (= 1 mm/a) und können daher Proxydaten von Dekaden- bis jährlicher Auflösung liefern. In den letzten Jahren wird besonders auf eine jährliche Auflösung (Warvenzählung) geachtet (z. B. im *European Lake Drilling Programme* [ELDP], Brauer und Negendank 2002); die Daten von *varved records* (jährliche Laminierung) reichen bis zur jahreszeitlichen Gliederung (Zolitschka und Pike 2014; Grosjean et al. 2014). Diese Daten sind besonders für Klimamodellierungen von Bedeutung.

Hydrologisch geschlossene tropische Seesysteme mit ihren Seespiegelfluktuationen wurden in den 1980er-Jahren als am besten geeignete und datierbare Paläoklimaarchive der Tropen und Randtropen angesehen (z. B. Kutzbach und Street-Perrott 1985), doch heute ersetzen kritische und wesentlich differenziertere Vorstellungen die ersten Rekonstruktionen. Vor allem weit

Abb. 4.47 Modis-Bild der Ganges-Brahmaputra-Mündung in Bangladesch mit fluvialem Sedimenteintrag in den Golf von Bengalen. Die Fracht des Ganges wird durch die extrem starke landwirtschaftliche Nutzung im Einzugsgebiet zwischen Himalaya und Meer und die jahreszeitliche Verteilung der Niederschläge (winterliche Trockenzeit einerseits, sommerliche Monsunregen andererseits) bestimmt. Ähnliche Verhältnisse bestehen im Arabischen Meer durch den Indus-Einfluss. (Aus © www.esa.int/spaceinimages/Images/2005/03/The_Bangladesh_coastline_seen_by_Envisat)

Abb. 4.48 *Links oben*: Der Maarsee Aljojuca im zentralmexikanischen Hochland. (GOOGLE-Bild) *Rechts oben*: Lake Yao, Ounianga Kebir, Nordost-Tschad (19° N, 20,5° E) mit Bohrplattform. (Foto: S. Kröpelin, Okt. 2004).
Mitte links: Laminierte Seesedimente des Lake Yao. (Foto: S. Kröpelin) *Mitte rechts*: Rasterelektronenmikroskopische Bilder der sechs am häufigsten vorkommenden Diatomeen-Arten eines Eem-zeitlichen Seesediments am Boteti (Kalahari, Botswana; S 20.28672°, E 24.26822°). 1–2 *Cyclotella meneghiniana*, 3–4 *Pseudostaurosira brevistriata*, 5–6 *Mastogloia elliptica*, 7–8 *Rhopalodia gibberula*, 9–10 *Epithemia sorex*, 11–12 *Halamphora thermalis*. Foto: Schmidt et al. (2017).
Links unten: Rezente Stromatholithenkolonie am Persischen Golf (VAE). *Rechts unten*: Rezenter Stromatolith mit laminierten Lagen. Mauretanien. Fotos: alueni-images ►

Kapitel 4

Google Earth
30
40
30
40
1
2
3
4
5
6
7
8
9
10
11
12
10 µm

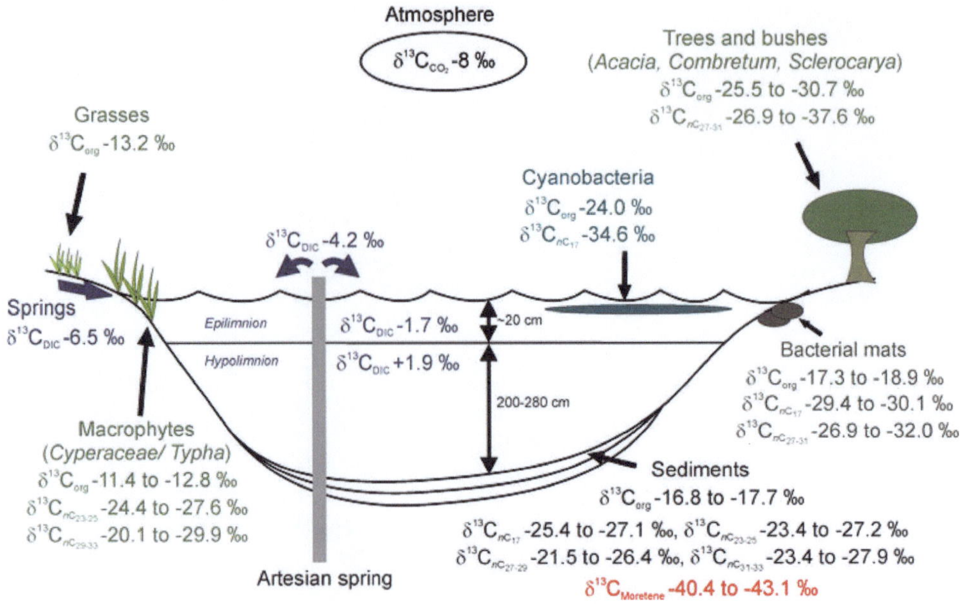

Abb. 4.49 Die Hauptkomponenten des heutigen limnischen Ökosystems des Twsaing-Kratersees (Südafrika) und seine relative Zusammensetzung der stabilen Kohlenstoffisotope in Pflanzengeweben sowie ausgewählte Biomarker der aliphatischen Kohlenwasserstoff-Fraktion. (Nach Kristen et al. 2007, 2010)

und kontinuierlich zurückreichende laminierte Seesedimentsequenzen sind von größter Bedeutung, doch diese werden nur selten angetroffen. Im Rahmen des *International Continental Scientific Drilling Program* (icdp) wurden und werden in den letzten Jahrzehnten in den Tropen zahlreiche Seesedimente erbohrt: Vom Titicacasee in den Anden Südamerikas umfasst ein 36-m-Sedimentkern vier glaziale Zyklen während der letzten 370.000 Jahre (Fritz et al. 2006, 2007); vom Lake Bosumtwi in Ghana ergibt ein 295-m-Kern Informationen über fünf glaziale Zyklen seit 520 ka BP (Miller und Gosling 2014); ein 385-m-Kern vom Lake Malawi erfasst die letzten 1,5 Ma (Fritz et al. 2006), ein Kern vom Lake Challa (3° 19′ S, 37° 42′ E) am Kilimandscharo die letzten 250 ka BP und vom Tschadsee die letzten ca. 10 Mio. Jahre (CHADRILL). Im Huguang Maar in Süd-China sind die letzten 16.000 Jahre dokumentiert (Yancheva et al. 2007), und im Lake Qinghai/Tibet, dem größten chinesischen Binnensee, werden eiszeitliche und holozäne Veränderungen des ostasiatischen Monsungeschehens detailliert erfasst (Z Xu et al. 2017). Im Lynch-Krater im tropischen Nordostaustralien wurden die letzten 230.000 Jahre erbohrt und damit die vollständigste Chronologie der Umweltveränderungen für Australien (Turney et al. 2006; Kershaw et al. 2007). Da lückenlose Sequenzen oft nicht angetroffen werden, werden auch Proxydaten erarbeitet, die lediglich bestimmte Zeitfenster erhalten (*floating chronologies*), die über Marker-Horizonte (z. B. Tephralagen) und absolute Altersbestimmungen zeitlich eingeordnet werden. Sie integrieren Informationen über komplexe lokale und regionale Landschaftsänderungen und zwar sowohl hinsichtlich der limnologischen als auch der terrestrischen Environments. Multiproxy-Analysen gestatten, die Interaktionen zwischen beiden Ökosystemen zu entschlüsseln (Brauer und Negendank 2002).

Die Analysen betreffen u. a. (s. Pienitz et al. 2009): chemische Elemente und geochemische Daten (u. a. Ca/Sr, Ca/Mg), feuchte/trockene Sedimentdichte, Lithologie, Geobiologie, Archäologie, magnetische Suszeptibilität (MS), Korngrößen, *Loss-on-ignition* (LOI), stabile C- und N-Isotope des gesamten organischen Kohlenstoffs (*total organic carbon* – TOC) und Stickstoffs (TON), Diatomeen – auch hinsichtlich der O-Isotope (s. Leng 2006; Leng und Barker 2006) und des pH-Werts der Paläoseen –, Insekten – hinsichtlich der Sommertemperaturen (z. B. Batterbee 2000), Algen – hinsichtlich der Wintertemperaturen, Pollen, alte DNA (aDNA). Die Chronologien basieren v. a. auf (AMS) ^{14}C-, TL/OSLund ^{137}Cs-Daten sowie auf paläomagnetischen und (tephro)stratigraphischen Korrelationen.

In lakustrinen Becken, die im Quartär (zeitweise) von schwankenden Seespiegeln eingenommen wurden, können Stromatolithen (Abb. 4.48) ein wichtiges Paläoklimaarchiv darstellen (z. B. Ostafrika, Kalahari).

Stromatolithen sind biogene Sedimentgesteine, die durch Einfangen und Bindung von Sedimentpartikeln oder Fällung gelöster Stoffe infolge des Wachstums und Stoffwechsels von Mikroorganismen in einem Gewässer entstanden sind. Sie sind meistens geschichtet und bestehen oft aus sehr feingeschichtetem Kalkstein. Die innere Struktur der Stromatolithen ist verschieden: flache, ebene Schichten, nach oben gewölbte Schichten, mehrere gewölbte Schichtpakete nebeneinander (Säulenform). Einige erinnern mit ihrem schaligen Aufbau aus Knollen, Säulen oder welligen Lagen äußerlich an einen Blumenkohl (Wikipedia).

Es gibt wenig systematische Studien der quartären Stromatolithen der Tropen. Sie werden benutzt, um frühere Seespiegel zu rekonstruieren und stabile Isotope zu analysieren (Casanova 1986; Casanova und Hillaire-Marcel 1987).

Abb. 4.50 Orte von paläolimnologischen *records* entlang der amerikanischen Kordilleren. Die Zeit vom LGM bis ins frühe Holozän wird dargestellt. Die Histogramme repräsentieren lakustrine Bedingungen (Seespiegel, Salinität etc.) ausgedrückt in effektiver Feuchtigkeit. FG (*ungefüllte Histogramme*) stehen für vollglaziale Phasen, *schraffierte Histogramme* für fragliche Interpretationen. Buchstaben stehen für Ortsnamen: Z: Zagoskin Lake, AK; K: Klamath Lake CA; La: Lake Lahontan, NV; O: Owens Lake, CA; E: Estancia Lake, NM; Ba: Cuenca de Babicora, Mexico; P: Lago de Pátzcuaro, Mexico; Q: Laguna Quexil, Mexico; Y: La Yeguada, Panama; Li: Laguna Los Lirios, Venezuela; V: Lago de Valencia, Venezuela; F: Laguna de Fuquene, Colombia; S: Laguna Surucucho, Ecuador; J: Laguna Junin, Peru; T: Lago de Titicaca, Peru; U: Salar de Uyuni, Bolivia; Le: Laguna Lejia, Chile; Be: Salinas del Bebedero, Argentina; CL: Cari Laufquen Grande, Argentina; Ca: Lago Cardiel, Argentina. (Aus Markgraf et al. 2000)

In den letzten Jahren werden organisch-geochemische Proxyparameter von limnischen (und marinen) Sedimenten benutzt, um die Klimaentwicklung zu rekonstruieren (Abb. 4.49). Biomarker und chemische Fossilien sind für bestimmte Organismen charakteristisch.

Die Zusammensetzung des organischen Materials spiegelt wider, welche Organismen zu einem bestimmten Zeitpunkt im Ökosystem des Sees gelebt haben. Diese Informationen werden in Beziehung zu anderen organischen Indikatoren gesetzt, die Auskunft über die Klimaentwicklung geben. Besonders nützlich sind dabei die Wasserstoffisotopenwerte der n-Alkane, bei denen es sich um Bestandteile der Blattwachse von Land- und Wasserpflanzen handelt. Sie zeichnen den Wechsel zwischen feuchteren und trockeneren Phasen in der Entwicklung eines Ökosystems auf (Wilkes et al. 2014).

Abb. 4.50 zeigt eine Zusammenstellung der Paläoklimaproxys zur effektiven Feuchtigkeit aufgrund limnologischer Daten entlang der amerikanischen Kordilleren für die Zeit vom LGM bis ins frühe Holozän. In den Feuchttropen waren die Seespiegel während des LGM (*Full Glacial*) niedrig, im Holozän hoch.

4.2.7 Grundwasser, Speläotheme, Bohrlochtemperaturen

4.2.7.1 Grundwasser

Grundwasser kann wichtige Paläoklimainformationen enthalten. Allerding müssen einige Voraussetzungen erfüllt sein: Kenntnisse über mögliche Vermischung verschieden alter Grundwässer, über Verweilzeiten, über Regenerationsgebiete, über Strömungsrichtungen und -geschwindigkeiten etc. Das Grundwasser kann mit verschiedenen Methoden datiert werden (u. a. ^{210}Pb, ^{14}C, ^{39}Ar; Geyh 1983, 2005). Das Grundwasseralter beschreibt die Zeit, die verstrichen ist, seitdem das Wasser zum ersten Mal in den Aquifer gelangt. Die meisten Aquifere enthalten Grundwasser mit einem Kontinuum von Generationen. Mit Altersbestimmungen an fossilen Grundwässern werden z. B. pluviale Phasen in Wüsten erkannt; mit δ^{18}O- und δ^{2}H-Werten sowie Edelgasbestimmungen werden Temperaturen rekonstruiert.

Fossile Sahara-Grundwasservorräte der letzten Eiszeit datieren Sonntag et al. (1978) und Klitzsch et al. (1976). Stute et al. (1995) ermitteln Paläotemperaturen für das letzte Hochglazial (vor ca. 30.000 Jahren) aus ^{14}C-datiertem Grundwasser in Brasilien und Stute und Talma (1998) für Namibia, indem sie die Konzentrationen von atmosphärischem Edelgasen (He, Ne, Ar, Kr, Xe), die im Grundwasser gelöst sind, benutzen. Die Konzentration von gelösten Edelgasen in Wasser ist eine Funktion von Luftdruck (Höhenlage ü. NN), Temperatur und Salinität während des letzten Kontakts mit der Luft. Die Temperatur, bei der sich ein bestimmter Grundwasserkörper mit der Luft im Gleichgewicht befindet, kann aus der Edelgaskonzentration bestimmt werden. In geeigneten Grundwasserkörpern (Aquiferen) geben die ermittelten Edelgas-Temperaturen die Jahresmitteltemperatur in der Tiefe des Grundwasserhorizonts wider.

4.2.7.2 Höhlen, Speläotheme (*Speleothems*)

Heute liegen von Höhlensintern (Speläotheme, *Speleothems*, Stalagmiten) zahlreiche gut datierte Multiproxy-*records* vor, die zu den wertvollsten terrestrischen Paläoklimaarchiven zählen (Meckler 2016; Abb. 4.51). Höhlensinter sind in Carbonat- und Evaporit-Karsthöhlen (gelegentlich auch in Granithöhlen) geographisch weit verbreitet, repräsentieren nichtmarine Environments und komplementieren andere Geoarchive. Sie wachsen kontinuierlich über sehr lange Zeiträume (chinesische Speläotheme dokumentieren die Monsungeschichte kontinuierlich über 640.000 Jahre; Cheng et al. 2016). Bioturbation – wie in marinen, limnischen, fluvialen und äolischen Sedimentsequenzen – ist ausgeschlossen. Daher sind auch kurzzeitige extreme Ereignisse, z. B. das nordatlantische 8,2-ka-Ereignis, bis in die Tropen zu verfolgen (Cheng et al. 2008). Aus ihnen werden zeitlich hochauflösende Profile von stabilen Kohlenstoff- und Sauerstoffisotopen (δ^{13}C, δ^{18}O) gewonnen, die Informationen über klimarelevante Parameter zur Zeit des Speläothem-Wachstums geben (bis hin zu Jahres- und Jahreszeiten-Auflösung, Fairchild et al. 2014; Tan et al. 2014) (Abb. 4.52). Wenn das Wachstum unter Bedingungen des Isotopengleichgewichts erfolgte, hängt das δ^{18}O des Speläothems vom δ^{18}O-Wert des Tropfwassers und der Höhlentemperatur ab. Bestand aber während des Wachstums ein Isotopenungleichgewicht, was durch eine positive Korrelation zwischen δ^{13}C und δ^{18}O angezeigt wird, ist die Interpretation der Daten schwierig, da auch das Tropf-Intervall (das ist die Zeitspanne zwischen zwei aufeinanderfolgende Tropfen, die einen Stalagmiten nähren) das Isotopen-Signal beeinflusst (Mühlinghaus et al. 2008). Mühlinghaus et al. (2008) entwickelten ein Modell, um die Temperatur- und Niederschlagsbedingungen auch bei Isotopenungleichgewicht zu rekonstruieren.

Zurzeit wird großer Wert darauf gelegt, eine Kalibrierung der aus den Speläothemen gewonnenen geochemischen Daten mit den instrumentell ermittelten Klimadaten zu erstellen. Proxydaten der Speläotheme basieren auf sehr genauen Th/U-Altern, stabilen Isotopen (δ^{18}O, δ^{13}C, δ^{2}H), Mg/Ca-Verhältnis, Wachstumsbändern (laminiert), organischem Material (Pollen), Grundwasserspiegelschwankungen, Erosionsraten etc. Speläothemwachstum kommt bei tiefen Temperaturen (z. B. Permafrost) und bei großer Aridität zum Erliegen. Hohe Niederschläge und hohe CO_2-Produktion im Boden (über den Höhlen)

Abb. 4.51 Speläotheme. *Links*: Rössing-Höhle, Namib-Wüste. *Mitte*: Drotzky-Höhle, *Kwihabe Hills*, Kalahari. *Rechts*: Hoti-Höhle, Oman. (Fotos: alueni-images)

Kapitel 4

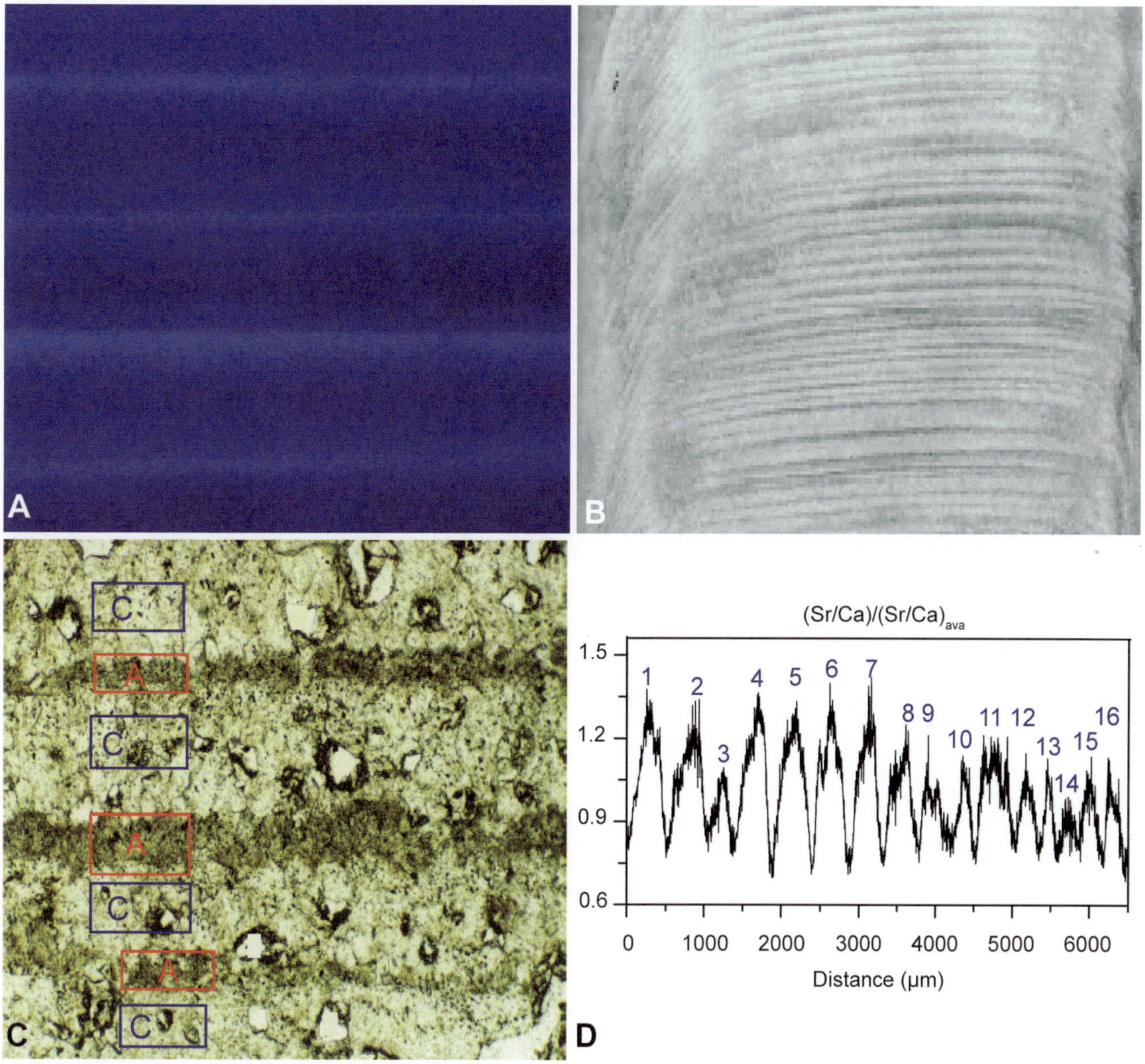

Abb. 4.52 Vier Beispiele von Speläothem-Laminierung. (*A*) Fluoreszenz-Schichtung (durch UV-Licht sichtbar gemacht), (*B*) Sichtbare Schichten unter dem Mikroskop (Phasenkontrastmikroskopie), (*C*) Calcit[C]- und Aragonit[A]-Paare in Durchlichtmikroskopie, (*D*) 16 geochemische Schichten ermittelt aufgrund von Sr/Ca-Peaks. (Nach L Tan et al. 2014)

fördern Speläothembildung. Die Speläothembildung ist klimatisch gesteuert und Teil des hydrologischen Kreislaufs (Lauritzen 1997; Henderson 2006). Einschränkend sei vermerkt, dass die Beziehungen zwischen dem Oberflächenklima und den Höhlen-Speläothemen aufgrund der Heterogenität und Komplexität der Karsthydrographie kompliziert sein können. Mehrere Parameter sollten daher berücksichtigt werden, wenn Speläotheme für Klimarekonstruktionen benutzt werden (Meckler et al. 2015).

Die Speläothemdaten sind für die Paläoklimaforschung von besonders großer Bedeutung (Wang et al. 2001; Fleitmann et al. 2003a, 2003b; Partin et al. 2008; Geyh und Heine 2014; Meckler et al. 2015; Cheng et al. 2016). Sie erlauben relativ exakte Altersbestimmungen, die bis über 400.000 Jahre (neuerdings in China bis 640.000 Jahre: Cheng et al. 2016) zurückreichen. Bei den Speläothemen handelt es sich um „*Zeit-Serien*" und nicht um „*Tiefen-Serien*" wie bei marinen und Eisbohrkernen, bei denen die *Tiefe* in *Zeit* umgewandelt wird, was allgemein eine große Unsicherheit mit sich bringt. Darüber hinaus beziehen sich die Speläothemdaten auf die unmittelbare Umgebung der Höhle und benötigen nicht zur Chronologie die Korrelierung mit besser datierten Sequenzen aus anderen (oft weit entfernten) Gegenden. Über die Speläothemdaten lassen sich tropische Klimaschwankungen thermischer und hygrischer Art mit den marinen Chronologien und den arktischen/antarktischen Eis-

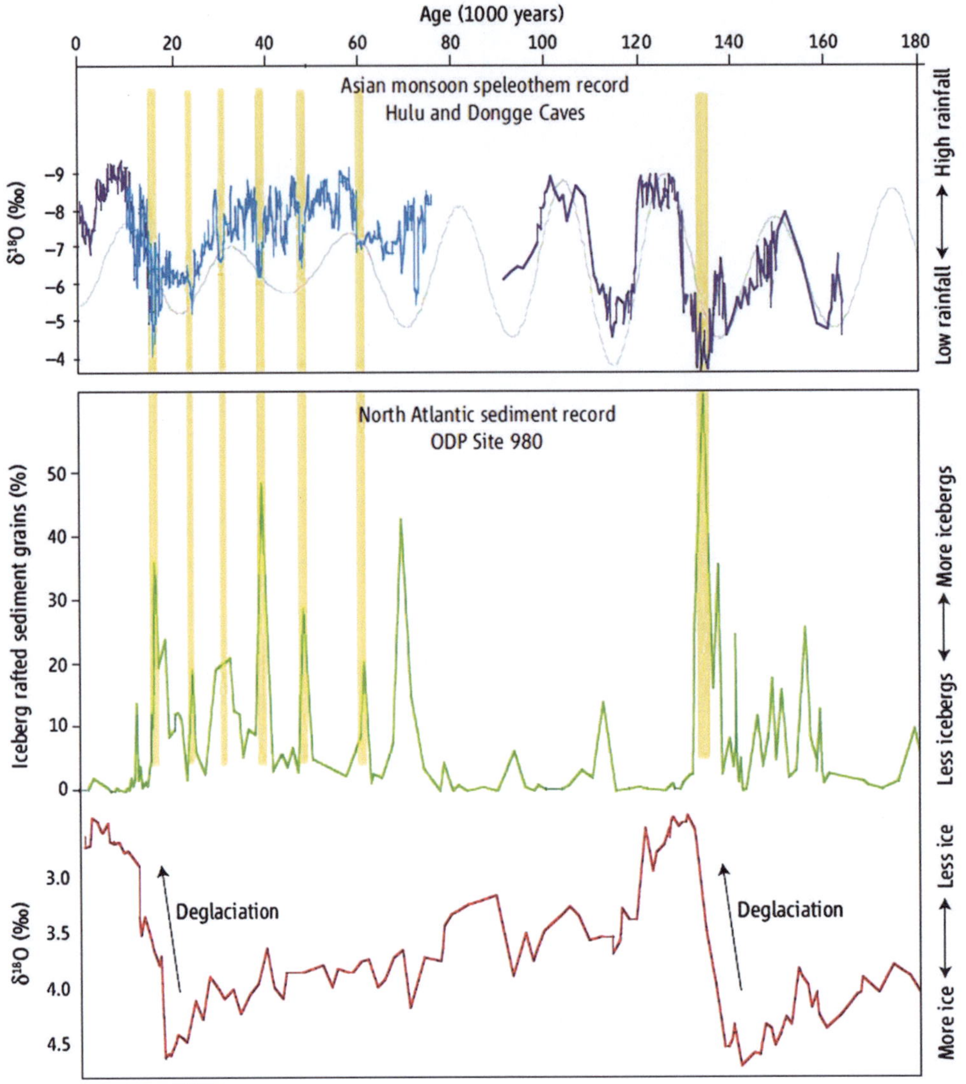

Abb. 4.53 Klimadaten von asiatischen Höhlen (*oben*) und ein nordatlantischer Sedimentkern zeigen eine 1000-jährige Variabilität (*gelbe Balken*) und Perioden mit einer längeren Variabilität, die mit der sich ändernden Insolation korreliert (*obere graue Kurve*). Die Speläothem-*records* haben gute Chronologien. Die nordatlantischen *records* können nur für die letzten 30.000 bis 40.000 Jahre zuverlässig datiert werden. Der Vergleich der Chronologien für diesen Zeitraum zeigt, dass Perioden mit geringerem Niederschlag in Asien mit Zeiten von Eisbergbildung und kalten Bedingungen im Nordatlantik zusammenfallen. Wenn diese Beziehung der *records* auch für Zeiten vor über ca. 60.000 Jahren zutrifft, kann die Speläothem-Chronologie auf ältere Teile der Sedimentsequenzen übertragen werden, für die eine direkte Datierung bisher nicht möglich ist. (Aus Henderson 2006)

kerndaten korrelieren (Wang et al. 2001; Fleitmann et al. 2003a, 2003b; Zhang W et al. 2014; Cheng et al. 2016; Abb. 4.53). Auch können hochauflösende Analysen von Schwefelsulfat-Konzentrationen in datierten Speläothemen Vulkaneruptionen identifizieren und damit dazu beitragen, über die Altersstellung und den Klima/Umwelt-Einfluss gewaltiger Vulkanausbrüche zu informieren (Frisia et al. 2008).

Die δ^{18}O-Werte der tropischen Speläotheme zeigen für das Holozän einen klaren Trend: Auf der Nordhemisphäre belegen sie seit dem postglazialen Klimaoptimum (vor 8000–6000 Jahren) eine Abnahme der Humidität, die mit einer Abnahme der Insolation (Nordsommer, JJA) einhergeht. Auf der Südhemisphäre wird eine Zunahme der Humidität belegt, die mit einer Zunahme der Insolation (Südsommer, DJF) zusammenfällt (Partin et al. 2008; Abb. 4.54).

Anhand der δ^{13}C-Werte eines Stalagmiten aus Belize in Zentralamerika (Yok Balum Cave, 16°12′30.780″ N, 89°4′24.420″ W, 336 m NN) mit jährlicher zeitlicher Auflösung rekonstruieren Ridley et al. (2015) eine südwärtige Verschiebung der ITCZ seit dem Beginn der Industrialisierung als Folge der Zunahme der Aerosolbelastung über Nordamerika, und in Südasien wird eine Abnahme der Monsunniederschläge in den vergangenen 70 Jahren aufgrund von Modellierungen mit der anthropogenen Aerosol-Emission in Verbindung gebracht (Mohtadi

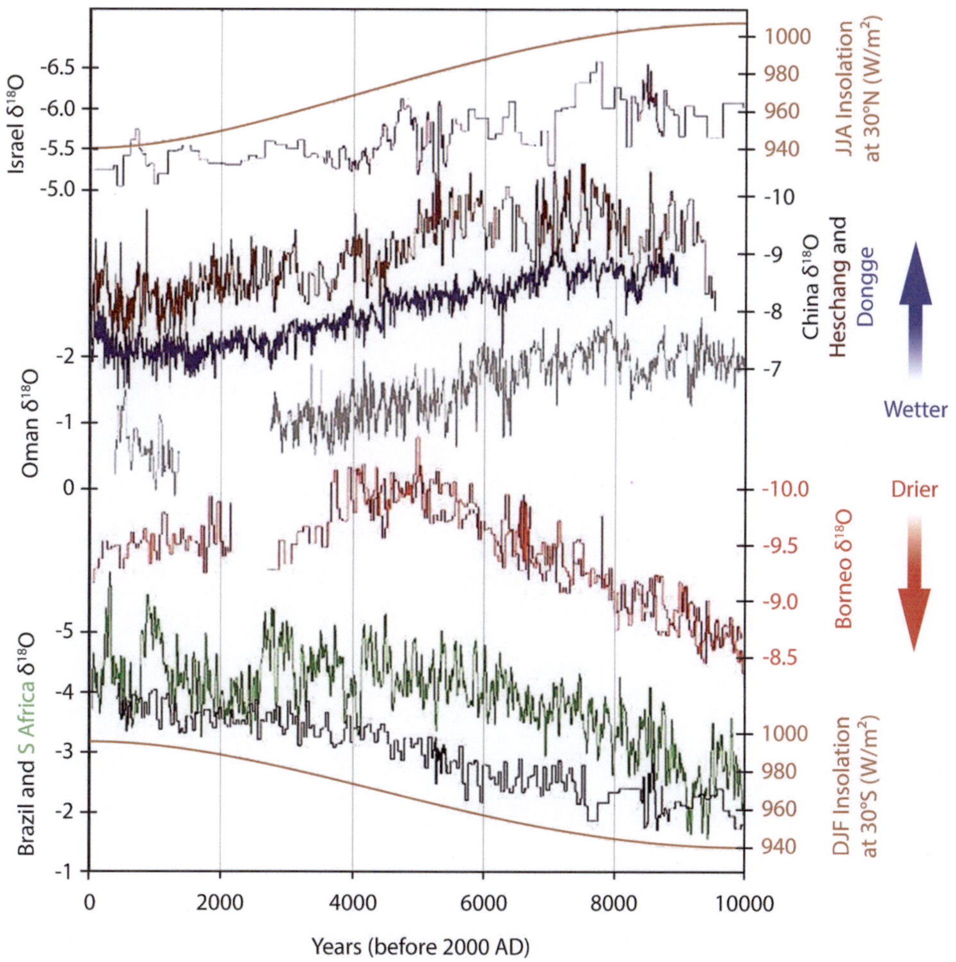

Abb. 4.54 Speläothem-δ^{18}O-*records* der letzten 10.000 Jahre. Die *Kurven* sind von Nord nach Süd (*von oben nach unten*) angeordnet. Soreq Cave, Israel (*lila*); Heshang Cave, China (*braun*); Dongge Cave, China (*blau*); Qunf Cave, Oman (*grau*); Snail Shell und Bukit Assam Caves, Nord-Borneo (*rot*); Cold Air Cave, Südafrika (*grün*); Botuverá Cave, Brasilien (*schwarz*). Ebenfalls dargestellt ist die Sommerinsolation (*orange*) für 30° N (oben) und 30° Süd (unten). Feuchtere (trockenere) Bedingungen korrespondieren mit geringeren (größeren) δ^{18}O-Werten. (Aus Partin et al. 2008)

et al. 2016). Der Nachweis einer Nordwärts-Verlagerung der ITCZ aufgrund der globalen Erwärmung steht den Modellierungen entgegen (vgl. Quan et al. 2013), wird aber durch die Ausweitung der Tropenzone in den letzten Dekaden bestätigt.

Seit Kurzem werden einige neue Methoden benutzt (Krüger et al. 2008, Scheidegger et al. 2008; Meckler et al. 2015), um Paläotemperaturen aus Speläothemen zu berechnen aufgrund von (i) Flüssigdampf-Homogenisation von fluiden Wassereinschlüssen, (ii) Edelgaskonzentrationen in wässrigen Einschlüssen, (iii) Partition von Sauerstoffisotopen zwischen fluiden Wassereinschlüssen und Kalzit und (iv) der Menge an $^{13}C^{18}O^{16}O$ (aggregierten) Isotopen in Kalzit. Hierbei ist das Ziel, eine Genauigkeit der Temperaturbestimmung von $\pm$ 1 °C (oder kleiner) bei hoher zeitlicher Auflösung zu erreichen. Allerdings wird dies dort schwierig sein, wo das Wachstum der Speläotheme nur äußerst langsam erfolgte.

4.2.7.3 Bohrlochtemperaturen

Seit den 1990er-Jahren werden Bohrlochtemperatur-Beobachtungen (geothermische Temperaturgradienten; Huang et al. 1999) als eine neue, gänzlich andersartige, jedoch aussagefähige Informationsquelle benutzt, um die Temperaturentwicklung der letzten Jahrhunderte zu rekonstruieren. Häufig sind routinemäßig Temperaturprofile in Bohrlöchern gemessen worden, um den Wärmestrom aus dem Erdinneren zu bestimmen. In einer idealen Situation ist der thermische Gradient einer bestimmten Lokalität für ein bestimmtes Gestein konstant. Es zeigt sich, dass die thermischen Gradienten besonders in den obersten 200–300 m der Bohrlöcher beträchtlichen Veränderungen unterworfen sind. Aus den Bohrlochtemperaturänderungen kann der Erdoberflächen-Temperaturgang ermittelt werden, wenn andere Faktoren wie Grundwasserfluss, Topographie, Änderungen der thermischen Eigenarten der Gesteine und Veränderungen in Verbindung mit dem Bohren bekannt sind (vgl. Majorowicz und Šafanda 2015).

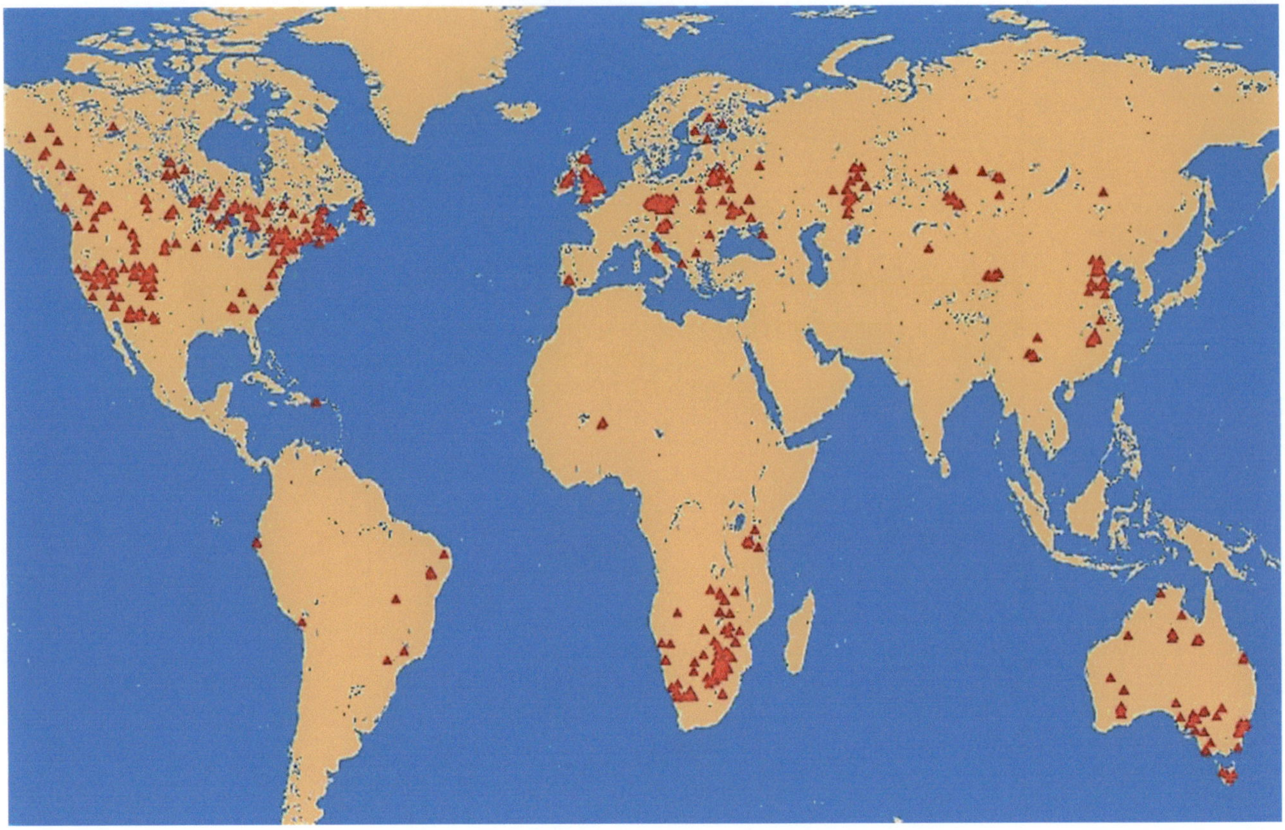

Abb. 4.55 Bohrloch-Lokalitäten. In den Tropen ist die Zahl der Bohrlöcher gering. (Aus Huang et al. 1999)

Aus 616 Bohrlöchern rekonstruieren Huang et al. (1999, 2000) und Huang (2006) für alle Kontinente mit Ausnahme von Antarktika jahrhundertelange Temperaturtrends für die letzten 500 Jahre in globalen, hemisphärischen und kontinentalen Maßstäben (Abb. 4.55). Der Temperaturanstieg der letzten fünf Jahrhunderte betrug etwa 1 °C und übersteigt damit herkömmliche Schätzungen aufgrund von Proxyklimadaten. Das 17. Jh. war das kälteste Jahrhundert. Für das südliche Afrika werden die kältesten Temperaturen Ende des 18. Jahrhunderts ermittelt (Jones et al. 1999). Für Australien geben Pollack et al. (2006) 0,5 °C Temperaturanstieg seit AD 1500 an. Die Kleine Eiszeit wird durch Bohrlochtemperaturen erfasst (Majorowicz et al. 2014), aber die Temperaturabsenkung kann nicht allein aufgrund der geringeren solaren Einstrahlung erklärt werden (Majorowicz et al. 2014).

Temperatur/Tiefen-Profile im Permafrost (bis in Tiefen von 200 m) sind in den Außertropen ein sensitiver Indikator für Klimavariabilität in Dekaden bis Jahrhunderten und für langfristige Änderungen der Energiebilanz an der Erdoberfläche (Stephens et al. 2012). Auch aus Eiskappen werden Temperatur/Tiefen-Profile beschrieben. In der Arktis (Spitzbergen, Severnaya Zemlya) werden heute die höchsten Eistemperaturen der letzten 1000 Jahre gemessen; die tiefsten Temperaturen werden um AD 1700 ermittelt; der Temperaturanstieg im oberflächennahen Eis beträgt während der letzten 150–200 Jahre 8 °C (Nagornov et al. 2006).

In Grönland ist das Eem aufgrund der Bohrlochtemperaturmessungen 5–10 °C wärmer als heute. Frühere Schätzungen belaufen sich auf 4–5 °C. Die Antarktis zeigt im Eem (MIS 5.5) im Vergleich zum Holozän um 4–5 °C wärmere Temperaturen (EPICA Community Members 2006). Zentral-Grönland hatte aufgrund der Bohrlochtemperaturen im letzten Hochglazial um 20–25 °C kältere Temperaturen (im Vergleich zu ca. 10 °C aufgrund der Sauerstoffisotopen-Verhältnisse) (Schøtt Hvidberg 2000). Für die Tropen sind die Schätzungen der Temperaturdifferenz zwischen Eem und Holozän widersprüchlich. Vielleicht scheinen die Sauerstoffisotopen-Verhältnisse weniger sensitiv auf Temperaturschwankungen zu reagieren, als man bisher annahm.

4.2.8 Flora und Fauna

4.2.8.1 Allgemeines

Die Paläontologie als Bio- und Geowissenschaft beschäftigt sich mit fossilen Organismen (Fossilien) und deren Bauplänen, Lebensfunktionen, Verwandtschaftsbeziehungen/Evolution, Lebensansprüchen an die Umwelt, etc. Fossilien der terrestrischen Flora und Fauna, wie auch deren Lebensspuren, sind in der Regel in Sedimenten eingebettet. Damit sind Fossilien bereits durch ihr Auftreten in Sedimenten mit paläoklimatischen

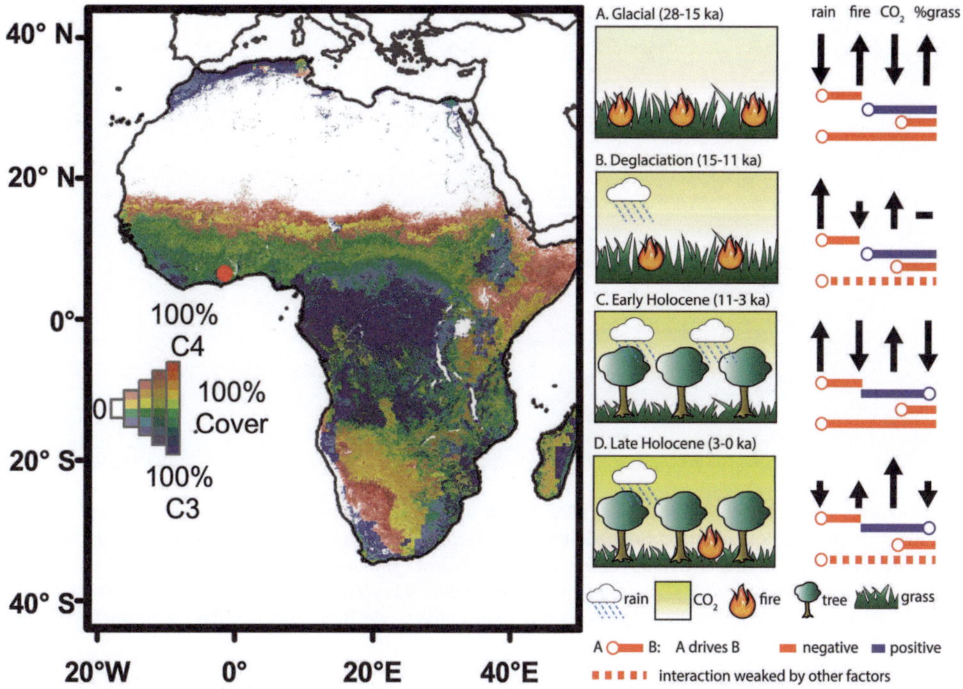

Abb. 4.56 *Links*: Verbreitung der bedeutenden Ökosysteme Afrikas, die von einer C_3- und C_4-Vegetation beherrscht werden. In den Tropen bestimmen C_3-Pflanzen die immerfeuchten Regenwälder, während C_4-Pflanzen die Grasländer (Savannen) dominieren. *Rechts*: Schema der Veränderungen im Gleichgewicht von Klima und Ökosystem als Funktion der Zeit. C_3/C_4-Verhältnisse – rekonstruiert aus den Sedimenten des Bosumtwi-Sees – sind u. a. Grundlage des Schemas. *Rechts* sind die Änderungen der einzelnen Parameter dargestellt; sie zeigen das Ausmaß und die Richtung der Änderungen zwischen Zeitstufen (*Pfeile*) und den Beziehungen zwischen den Parametern (*rot* = negatives *feedback*, *blau* = positives *feedback*, *Kreis* = hypothetischer Einflussfaktor der Beziehung, *gestrichelt* = schwache Beziehungen der Parameter aufgrund anderer *feedback*-Beziehungen). *Roter Punkt*: Bosumtwi-Krater. (Aus Shanahan et al. 2016)

Fragestellungen verknüpft. Über die Erforschung der Lebensansprüche der fossil überlieferten Organismen werden Hinweise gewonnen auf die Bildungsbedingungen der Ablagerungen und die Entwicklung signifikanter Parameter wie Paläotemperaturen und Paläoklima, aber auch Sauerstoffgehalt und Paläoströmungen der Weltmeere oder organisch gesteuerter und organisch beeinflusster Stoffbilanzen ($CaCO_3$-, SiO_3-, C- und P-Haushalt). In der Biomineralisationsforschung, einem interdisziplinären Arbeitsgebiet von Biologie, Biochemie, Mineralogie und Paläontologie, wird die Genese, Struktur und Zusammensetzung von biologischen Mineralisaten (v. a. Schalen- und Skelettmaterial, Enamelum/Zahnschmelz, vgl. Tafforeau et al. 2007) erforscht. Fossilien werden benutzt, um Biostratigraphien und Biochronologien aufzustellen.

1998 umreißt Birks (1998) die theoretischen und technologischen Entwicklungen, die zur Verlagerung der paläoökologischen Forschung von einer qualitativen und deskriptiven Arbeitsweise (mit Schwergewicht auf Produktion und grundlegender Beschreibung der Archive) zu einer mehr quantitativen und analytischen Forschung führt, die eine Weiterentwicklung und Sicherung sich widerstreitender Hypothesen erlaubt. Vier Hauptursachen sind zu nennen: (1) Die Entwicklungen in Theorie und Methoden der modernen Statistik (multivariate/multiregressive Analysen) aufgrund der Computertechnologie, (2) das „Testen" von Theorien, (3) eine größere zeitliche Auflösung anhand von Profilen mit feinerer Stratigraphie, aber auch anhand neuer Techniken beim Bohren und Probenehmen; damit können Langzeit-Trends vom „Hintergrund-Rauschen" getrennt werden; und (4) die Schaffung umfangreicher moderner Datensätze zur Kalibrierung der biotischen Gesellschaften und deren umweltrelevanten Daten, die – wenn sie numerischen Analysen unterzogen werden – Möglichkeiten eröffnen, die Fossildaten unmittelbar in quantitative Abschätzungen von Paläoklimavariablen zu übersetzen.

Seit zwei Jahrhunderten wird das Vorkommen und Aussterben der (Groß-)Säuger in den Wissenschaften diskutiert (Merck 1783; von Koenigswald 2002), aber erst seit 100 Jahren mit eiszeitlichen Umweltveränderungen in Zusammenhang gesehen (Koken 1912). Nicht nur aus außertropischen (Kahlke 1981), sondern auch aus tropischen Gegenden wurde vor über 100 Jahren über fossile Säuger berichtet, die heute nicht mehr leben (Branco 1883; Burmeister 1875). In jüngster Zeit werden differenziertere Methoden angewandt, um Veränderungen der Paläo-Umwelt zu erfassen. Terrestrische und marine Mikrofossilien (Haslett 2002) erlangen dabei eine besonders große Bedeutung.

4.2.8.2 Flora

Die Vegetation ist neben dem Klima, dem Boden und der Fauna ein Faktor in terrestrischen Ökosystemen (vgl. Abb. 1.3). Gegenüber der Fauna, die in der Regel wenig ortsgebunden ist, sind die mit Standorten verknüpften Pflanzen sehr gut geeignet, Kli-

Abb. 4.57 *Links*: Pollenkörner mit unterschiedlichen Oberflächen von unterschiedlichen Pflanzen: *Lilium auratum* mit monocolpaten Pollenkörnern; die anderen haben tricolpate Pollenkörner: Sonnenblume (*Helianthus annuus*), Prunkwinde (*Ipomoea purpurea*), *Sildalcea malviflora*, Nachtkerze (*Oenothera fruticosa*) und Rizinus (*Ricinus communis*). Pollenkörner sind meist 10 bis 100 µm groß. (Foto: Dartmouth College Electron Microscope Facility) *Rechts*: Nahaufnahme vom Auge einer Honigbiene, das mit Löwenzahn-Pollen bedeckt ist. (© Ralph Claus Grimm, *Nikon Small World Photomicrography Competition* 2015) Bestäuber haben eine große Bedeutung für das menschliche Wohlergehen

maänderungen anzuzeigen, wenn sich die Vegetation inhaltlich und raum-zeitlich verändert.

Aufgrund der Photosynthese, die bei den Pflanzen unterschiedlich abläuft und die sich unabhängig in verschiedenen nicht-verwandten Arten entwickelte, werden C_4- und C_3-Pflanzen unterschieden (Abb. 4.56). C_4 und C_3 bezeichnen Wege der Kohlenstoff-Fixierung in Pflanzen; CAM (*Crassulacean acid metabolism*) steht für die Photosynthese einiger an aride Verhältnisse angepasster Arten. C_4-Pflanzen nutzen einen Stoffwechselweg (*Hatch-Slack*-Zyklus), um Kohlenstoffdioxid für die Photosynthese zunächst räumlich vorzufixieren und erst dann wie C_3-Pflanzen im *Calvin-Benson*-Zyklus zu Kohlenhydraten aufzubauen. Der Name C_4 leitet sich vom ersten Fixierungsprodukt ab, welches durch die Assimilation von Kohlenstoffdioxid entsteht. Während dies bei C_3-Pflanzen eine Kohlenstoffverbindung mit drei C-Atomen ist, findet man in C_4-Pflanzen eine Verbindung mit vier C-Atomen (https://de.wikipedia.org/wiki/C4-Pflanze; https://de.wikipedia.org/wiki/C3-Pflanze).

Saisonale Niederschläge können einen großen Einfluss auf das Verhältnis von C_4- und C_3-Pflanzen haben, da ihre relative Verbreitung stark von den Temperaturverhältnissen während der Wachstumsperiode abhängig ist. Kühle Wachstumsphasen bevorzugen z. B. C_3-Gräser, während warme Phasen C_4-Gräser begünstigen (Cordova et al. 2013). Aus C_3/C_4-Verhältnissen des Enamelum (Zahnschmelz) von Herbivoren können daher Verschiebungen der Vegetationsformationen und der Niederschlagsregime (z. B. Winterregen – Sommerregen) abgeleitet werden (Lee-Thorp und Beaumont 1995). In ariden (heißen) Gebieten verfügen CAM-(*Crassulacean Acid Metabolism*) Pflanzen (C_3 und C_4) über Mechanismen, die CO_2-Fixierung nachts vorzunehmen.

Jüngst haben Shanahan et al. (2016) die zeitlichen Veränderungen im System Klima-Feuer-CO_2-Vegetation anhand der Sedimente des Lake Bosumtwi während der letzten 28 ka BP rekonstruiert; sie stellen fest, dass die Stabilität der tropischen Ökosysteme sensibel auf die verschiedenen Faktoren reagierte. Die Aridität zwischen 28–15 ka BP führte zur Ausbreitung des tropischen Graslands, wobei die häufigen Feuer und die niedrigen CO_{2atm}-Gehalte für die Erhaltung der Gras-Ökosysteme sorgte selbst dann, als die Humidität im Termination I zunahm und ein instabiler Ökosystemzustand eintrat. Als das Gleichgewicht zwischen Gras- und Waldvegetation langsam aufgrund veränderten Feuer- und CO_2-Bedingungen zunehmend destabilisiert wurde, änderte sich der Vegetationstyp plötzlich. Die hohen CO_2-Werte stabilisierten die Gehölzformationen trotz zunehmender Aridität im Holozän. Die Beobachtungen zeigen, dass die *feedbacks* zwischen Klima, CO_2 und Feuer die tropischen Ökosysteme gegen Veränderungen abfedern können, dass die Systeme jedoch dynamisch instabil und potentiell gegenüber plötzlichen Verschiebungen zwischen Wald und Savanne anfällig sind.

Pollen

Die Palynologie (Pollenanalyse) befasst sich mit den säureunlöslichen mikroskopischen Überresten vor allem von Pflanzen (Palynomorphe: Sporen, Pollen, pflanzliche Einzeller). Aufgrund der Pollenmorphologie lassen sich Pflanzenfamilien und Pflanzengattungen, manchmal auch Pflanzenarten unterscheiden (Abb. 4.57). Die Palynologie spielt in der Quartärforschung eine herausragende Rolle (Beug 2004). Die quartäre Palynologie hat sich zu einer Wissenschaft mit sehr großer Spezialisierung seit ihren Anfängen vor einem Jahrhundert entwickelt. Die Pollenproduktion ist in humiden Klimagebieten mit großen Waldanteilen besonders hoch, weshalb die Palynologie in Ländern der gemäßigten Breiten (vor allem in Westeuropa) zuerst betrieben wurde, später auch in den feuchten Tropen und Subtropen (z. B. Van Zinderen Bakker 1966; vgl. Meadows 2015; Abb. 6.129; Van der Hammen 1974). Die ariden Gebiete wurden

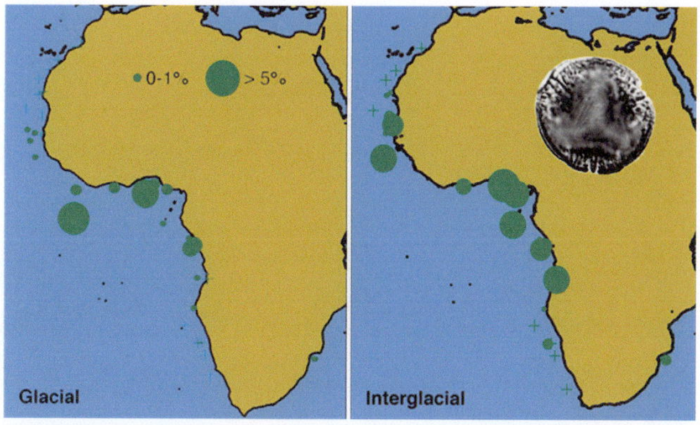

Abb. 4.58 Verteilung von tropischen Regenwald anzeigenden Pollen (*Alchornea* sp.) in marinen Sedimenten (in % der Gesamtpollen) entlang der afrikanischen Küste für das LGM und das Holozän (nach Bouimetarhan et al. 2014, verändert nach Dupont 2011). Obgleich die Herkunftsgebiete der Pollen sowie ihre Transportwege (äolisch, fluvial) nicht bekannt sind, belegen sie doch eindeutig eine LGM-zeitliche starke Reduzierung des tropischen Regenwalds

von der Palynologie lange vernachlässigt, da die Pollenerhaltung und die Pollenproduktion unter ariden Klimaverhältnissen stark eingeschränkt sind (Horowitz 1992); zudem können Pollenproben nur aus Mooren und Seesedimenten genommen werden.

Pollen (*Palynomorphe*) haben Durchmesser zwischen 0,0025 und 0,25 mm, sind von einer Doppelwand (äußere Kutikular- und innere Celluloseschicht) umgeben und sind unter Luftabschluss extrem haltbar. Sie werden äolisch transportiert (vgl. Abschn. 4.2.4), aber auch von Tieren (z. B. Insekten (Abb. 4.57), Vögel, Nager/*Hyrax*), durch Wasser an der Erdoberfläche (bes. in ariden vegetationsarmen Gebieten), in Flüssen und von Meeresströmungen. Selbst Sicker- und Grundwässer können Pollen verlagern und beispielsweise in tieferliegenden (älteren) Schichten oder Speläothemen absetzen. Pollentransport kann in der Horizontalen und Vertikalen und über weite Entfernungen (über Tausende von Kilometern) erfolgen. Pollen aus verschiedenen Gebieten können dabei vermischt werden, sodass sogar lokale Elemente von auswärtigen übertroffen werden, was zu zweifelhaften Interpretationen führen kann. In ariden Gebieten und den angrenzenden Meeren haben die Orte der Pollenproben oft äolischen *und* fluvialen Transporteinfluss (Abb. 4.58).

Mehrfache Umlagerung der pollenführenden Sedimente ist ebenfalls möglich. Daher ist es äußerst wichtig, zuerst die Transportwege der Pollen eines Probennahmeortes zu rekonstruieren (z. B. Dupont und Wyputta 2003), bevor Schlussfolgerungen aus den Pollenspektren gezogen werden (vgl. Heine und Völkel 2010).

Neben den Transportwegen nimmt die Verwitterung Einfluss auf die Pollenzusammensetzung. Aus tropischen Tiefländern liegen bisher nur wenige, bis in die letzte Eiszeit zurückreichende Pollenprofile vor. Aus den organischen Sedimenten

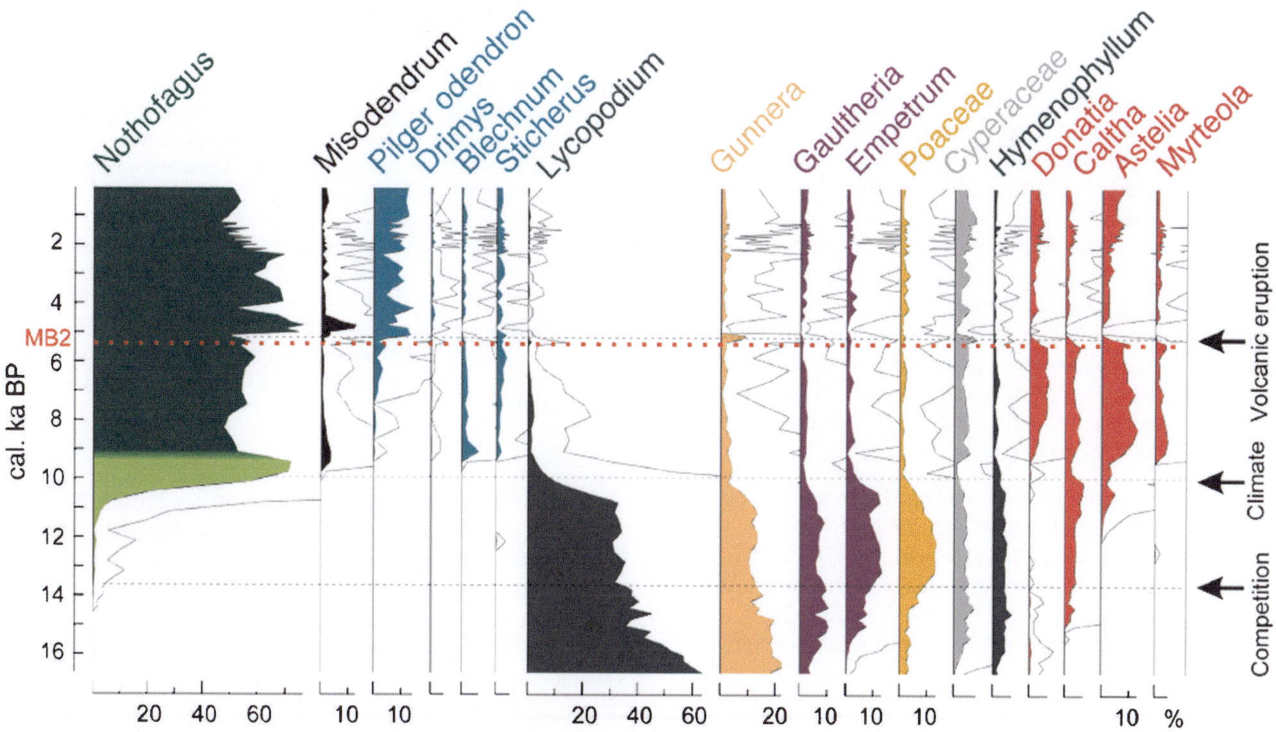

Abb. 4.59 Pollen-%-Diagramm ausgewählter Taxa vom Ballena-See, S-Chile (ca. 53°39 S; 72°25′ W). Verschiedene Prozesse (Wettbewerb, Klima, Vulkaneruptionen) haben die bedeutendsten Vegetationsänderungen seit dem LGM bewirkt. MB2 kennzeichnet die Lage des Tephra-Horizonts der Mt. Burney 2-Eruption (Patagonien). (Aus Fontana und Bennett 2012, 2014)

tropischer Gebirgsländer dagegen sind zahlreiche Pollenprofile bekannt. Einzigartig ist das von Hooghiemstra (1984) bearbeitete Profil der kolumbianischen Hochebene von Bogotá, das die Vegetations- und Klimageschichte der vergangenen 3,5 Mio. Jahre skizziert (Abb. 5.10).

Dass die Klimarekonstruktion anhand der Pollendaten stetig verbessert wird, zeigen zahlreiche Untersuchungen der letzten Jahre. So ist beispielsweise von Bedeutung, welche Methode bei den Auswertungen angewandt wird (MAT – *Modern Analogue Technique*, WA-PLS – *Weighted Average regression and Calibration Partial Least Squares*); die MAT-Methode zeigt abrupte und kräftige Temperaturänderungen besser an als die WA-PSL-Methode (Xu Q et al. 2010). Um die Kalibrierung „Pollen/Klima" zu verbessern, haben Roeland et al. (1988) eine Pollen-Klima-Transfer-Funktion für Ostafrika entwickelt. Auch werden zeitlich hochauflösende pollenbasierte Modelle erarbeitet, die jedoch bisher nur aus nordhemisphärischen gemäßigten/kühlen Breiten vorliegen (Kamenik et al. 2009; Husko und Hicks 2009). Für das südliche Afrika, einer Region mit hoher geographischer und botanischer Diversität, entwickeln Chevalier et al. (2014) die *Probability density function (PDF)-based Methode*, die quantitative Abschätzungen klimatischer Variablen (Temperatur, Niederschlag) erlaubt. Neben dem Klima werden die Pollendiagramme auch vom Wettbewerb unter den Pflanzen (z. B. bei Sukzessionen), von vulkanischen Eruptionen und anderen Faktoren beeinflusst (vgl. Fontana und Bennett 2014) (Abb. 4.59). Pollenkörner, die für AMS ^{14}C-Altersbestimmungen genutzt werden können, sind oft die einzigen organischen Bestandteile, die in ausreichenden Mengen in marinen und Seesedimenten gefunden werden. Für die Gewinnung dieser Pollen wurden neue Methoden entwickelt (Tennant et al. 2013).

Klimaänderungen führen zu horizontalen (vertikalen) Veränderungen (Verlagerungen) der Vegetationszonen (-stufen). Es ist daher wichtig, die Orte der Pollenprofile so zu wählen, dass die sensiblen Bereiche erfasst werden, in denen sich Vegetationsänderungen bemerkbar machen (vgl. Straka und Ohngemach 1989; Flenley 1979, Abb. 6.87). Ein Pollenprofil im Zentrum des immerfeuchten tropischen Regenwaldes wird kleine Klimaschwankungen nicht anzeigen, da das tropische Ökosystem die Temperatur- und Feuchtigkeitsänderungen auffängt. Befindet sich die Lokalität des Pollenprofils jedoch im Bereich der Regenwaldgrenze zur Savanne, so kann eine Verschiebung eben dieser Grenze, die auf geringe Klimaschwankungen antwortet, erfasst werden (vgl. Runge und Fimbel 2001).

Pollen-Datenbanken sind seit einigen Jahrzehnten eingerichtet worden, so 1994 die *Latin American Pollen Database* (LAPD) und 1996 die *African Pollen Database* (APD); die *NEOTOMA Paleoecology Database* erfasst Pollen und Diatomeen, Insekten, Pflanzen-Makrofossilien etc. und hat die LAPD integriert. Die Datenbanken sind für jedermann unentgeltlich zugänglich.

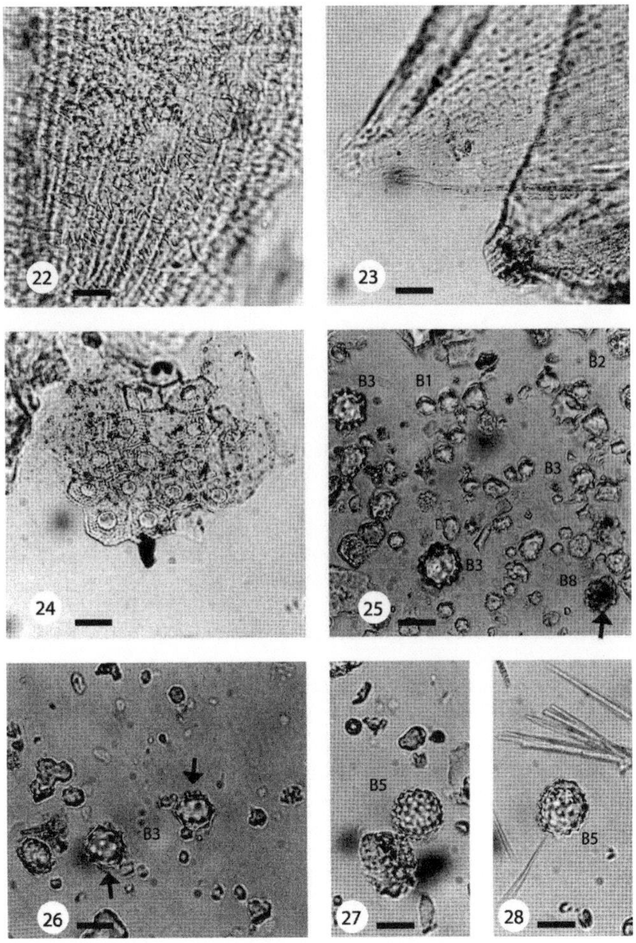

Abb. 4.60 Beispiele für Phytolithe. Klassifikation nach Runge F (1999). Die Bilder zeigen Opal-Phytolithe aus Böden. Maßstab-Balken: 20 µm. 22 – Savannen-Boden-Probe. Silifiziertes Gewebe aus sägeartigen Zellen von einem Poaceae-Blatt. 23 – Savannen-Boden-Probe. Silifiziertes Gewebe von Marantaceae oder Cyperaceae (D5- oder G7-Phytolith nach Runge F (1999)). 24 – Savannen-Boden-Probe. Silifiziertes Gewebe von G8-Phytolith; Epidermis einer Cyperaceae-Art. 25 – Wald-Boden-Probe. Verschiedene Typen von runden Phytolithen: *smooth* (B1), *rough* (B2), Palmae (B3), *crushed to nodular* (B8, *Pfeil*). 26 – Wald-Boden-Probe. Palmae-Phytolithen (B3, *Pfeile*). 27 – Wald-Boden-Probe. Nicht identifizierter Körper (B5). 28 – Wald-Boden-Probe. Nicht identifizierter sphärischer Körper (B5). (Aus Runge und Fimbel 2001)

Phytolithe

Der Begriff Phytolith wird einerseits für alle mineralischen Abscheidungen durch Pflanzen und andererseits für kieselsäurehaltige Pflanzenrückstände benutzt. Seit Charles Darwin an Deck der HMS *Beagle* im Jahr 1846 die ersten Phytolith-Proben sammelte, hat die Phytolith-Forschung gewaltige Fortschritte gemacht. Phytolithen entstehen, wenn Pflanzen, die Kieselsäure aus dem Boden aufnehmen und in intra- und extrazellularen Strukturen einbauen, absterben und die Kieselsäure in Form fester mikroskopischer Formen unterschiedlicher Größe und Gestalt zurückbleibt (Abb. 4.60). Diese Opalkörper können unter verschiedenen Umweltbedingungen ohne Veränderungen erhalten bleiben und ihre morphologischen Eigenschaften gestatten eine Identifizierung der ursprünglichen Taxa, mitunter sogar des Pflanzenteils, in dem sie gebildet wurden. Phytolithe sind ein bedeutendes Hilfsmittel der paläontologischen und vor allem der archäologischen Wissenschaften (Albert und Madella 2009). Da Phytolithe extrem haltbar sind, ermöglichen sie u. a. die Korrelierung terrestrischer Sedimentsequenzen (z. B. Lösschronologien) mit marinen Daten, geben Informationen über Paläoumwelt- und Landschaftsverhältnisse (z. B. Unterscheidung von C_3/C_4-Pflanzen: Baumvegetation einerseits, Strauchvegetation andererseits) (Albert und Madella 2009). Vor allem in den Feucht-Tropen sind Phytolithdaten wertvolle Ergänzungen anderer Proxydaten (Runge und Runge 1995, 1997; Runge und Fimbel 2001), da unter dem warm-feuchten tropischen Klima die Haltbarkeit des organischen Materials stark eingeschränkt ist.

Da aus den Tropen und Randtropen oft keine zuverlässigen Phytolith-Referenz-Kollektionen vorliegen, kann es zu Fehlinterpretationen (Burrough et al. 2012b) und falschen Paläoklimarekonstruktionen kommen, worauf Cordova et al. (2013) für die zentrale Kalahari hinweisen.

Dendrochronologie (Baumringanalysen)

Die Dendrochronologie (Abb. 4.61) basiert auf der Tatsache, dass Bäume langlebige, standorttreue Pflanzen sind, die während ihrer gesamten Lebenszeit unter dem Einfluss der am Standort herrschenden Umweltfaktoren stehen (Klimaelemente, geographische Lage [geogr. Breite, Kontinentalität, Höhe, lokale Topographie etc.], Böden, Hydrologie und singuläre Ereignisse [Sturm, Steinschlag, Rutschung etc.]) (Schweingruber 1983, 2000). Wurzel, Stamm und/oder Krone reagieren – oft in sehr komplexer Weise – auf die Umwelteinflüsse. Unter normalen Standortbedingungen entsteht jedes Jahr ein neuer Jahrring, der in Abhängigkeit von den Umweltfaktoren (Wachstumsbedingungen) unterschiedlich breit sein kann.

Die Dendrochronologie umfasst verschiedene Teilgebiete, die Jahrringe zur Datierung nutzen, wie Dendroklimatologie, -glaziologie, -tektonik, -geomorphologie und -ökologie. Die große Bedeutung der Baumringe in der Paläoklimaforschung basiert auf der hohen zeitlichen Auflösung, der exakten Datierung und der Sensibilität gegenüber Temperatur- und Niederschlagsänderungen (Briffa 2000; Helle und Panferov 2004; Schollaen et al. 2013). Ein weiterer Vorteil der dendrochronologischen Klimaproxydaten besteht darin, dass diese über dendrochronologische Datenbanken (Netzwerke) innerhalb von Regionen und Kontinenten, aber auch zwischen Hemisphären miteinander korreliert werden können. Klimaänderungen beeinflussen nicht nur das Baumwachstum sondern auch ökologische Prozesse, die ebenfalls in den Baumringen archiviert werden. Zu den klimatisch beeinflussten ökologischen Prozessen zählen die Brände, deren Ausbreitung und Alter durch „Feuer-Wunden" dokumentiert werden (Swetnam 2002), und Murgänge, die ebenfalls in Ausmaß und Alter anhand der Kombination von Baumringen mit Advektivwurzelbildung bzw. mit Wachstumsstörungen bestimmt werden können (Strunk 1995; Kogelnik-Mayer et al. 2011). Im randtropischen Mexiko belegen Baumringchronologien, dass die Temperaturen weniger Einfluss auf die obere Wald- und Baumgrenze haben als die monsunalen Niederschläge (Biondi 2002), was für die aus Pollenprofilen rekonstruierten quartären Temperaturänderungen tropischer Gebirge (z. B. Hooghiemstra 1984) von größter Bedeutung ist. Aus Baumringchronologien wird die holozäne Geschichte der ENSO- und NAO-Ereignisse (Lindholm et al. 2002) oder die Dynamik des asiatischen Monsuns seit AD 1800 (Buckley et al. 2007) rekonstruiert (Abb. 4.62). Clark et al. (2003) erkennen heute eine Entschleunigung der Wachstumsraten in tropischen Wäldern im Gegensatz zu Vorhersagen, die den pantropischen Wäldern vermehrtes Wachstum aufgrund der CO_2-Düngung bzw. der besseren Wassernutzungs-Adaption attestieren (Lewis et al. 2006). Damit beinhalten die Baumringe nicht nur Informationen über Klimageschichte (Dürreperioden, Kältejahre, etc.), Vulkaneruptionen (Salzer und Hughes 2007), Vor- und Frühgeschichte (Archäologie), Forstökologie, Biogeographie und Forstproduktion, sondern erlauben auch Aussagen über den anthropogenen Einfluss auf die Ökosysteme sowie über (zukünftige) Naturgefahren (Waldbrand-, Mur-, Erdbeben- etc. Gefährdung).

Das Prinzip der Erstellung einer Baumring(Jahrring)-Chronologie wird in Abb. 4.61 dargestellt. Jahrringchronologien sind zusammengesetzte Jahrringkurven verschiedener Bäume unterschiedlichen Alters. Charakteristische Jahrringe (Weiserjahre) haben eine besondere Bedeutung. Holz unbestimmten Alters wird durch *Crossdating* mit der Jahrringchronologie datiert.

Neue Ergebnisse zeigen, dass die Variationen spezieller Isotopenverhältnisse im Xylem (Holz) der Jahrringe mit ^{10}Be- und ^{14}C-Eisbohrkern-Isotopendaten, die mit der Sonnenaktivität variieren, korreliert werden können. Muscheler et al. (2008) benutzen diese Korrelation, um „schwimmende" Baumring-Archive, die ^{14}C enthalten, mit Eiskernen aus Grönland, die über den ^{10}Be-Gehalt datiert wurden, zu korrelieren. Kromer et al. (2004) analysieren C- und O-Isotope in Baumringen, die große Schwankungen in der Sonnenaktivität zeigen und zwar vor 11.310 bis 10.880 Jahren und vor 4900 bis 4700 sowie vor 2930 bis 2570 Jahren. Diese genaue Datierung der Sonnenaktivität ist entscheidend für die Bewertung zwischen (globalen) Ereignissen der Abkühlung und einem niedrigen Niveau der Sonnenaktivität, wie beispielsweise während des *Maunder-Minimums* um AD 1700 (vgl. Abb. 2.51). Auch über den Einfluss gewaltiger vulkanischer Eruptionen auf die Baumringchronologien wird diskutiert. Während Mann et al. (2012) ihre Analysen allein auf ein Baumring-Wachstums-Modell beschränken und folgern, dass die Eruptionen zu Lücken in den Chronologien führen (weshalb die Eruptionen nicht in den Temperaturrekonstruktionen auftauchen), benutzen Anchukaitis et al. (2012) ein gut getestetes Baumring-Wachstums-Modell in Verbindung mit realistischen Parametern und kommen zu völlig anderen Ergebnissen: Die explosiven Vulkaneruptionen werden sehr wohl in den Baumringchronologien erkannt.

Rekonstruktionen der warmen tropischen Tiefland-Environments sind oft wegen fehlender geeigneter Jahrringe nicht möglich, da in den feuchten Warm- und Kalttropen Jahreszeiten nicht ausgebildet sind und Wachstumsringe – sofern sie gebildet werden – nicht mit Kalenderjahren zusammenfallen müssen (Jacoby 1989; Gourlay 1995). Seit wenigen Jahren wird nach Baumarten gesucht, die auch in den feuchten und wechselfeuchten Tropen Jahrringe produzieren und die eine weite Verbreitung

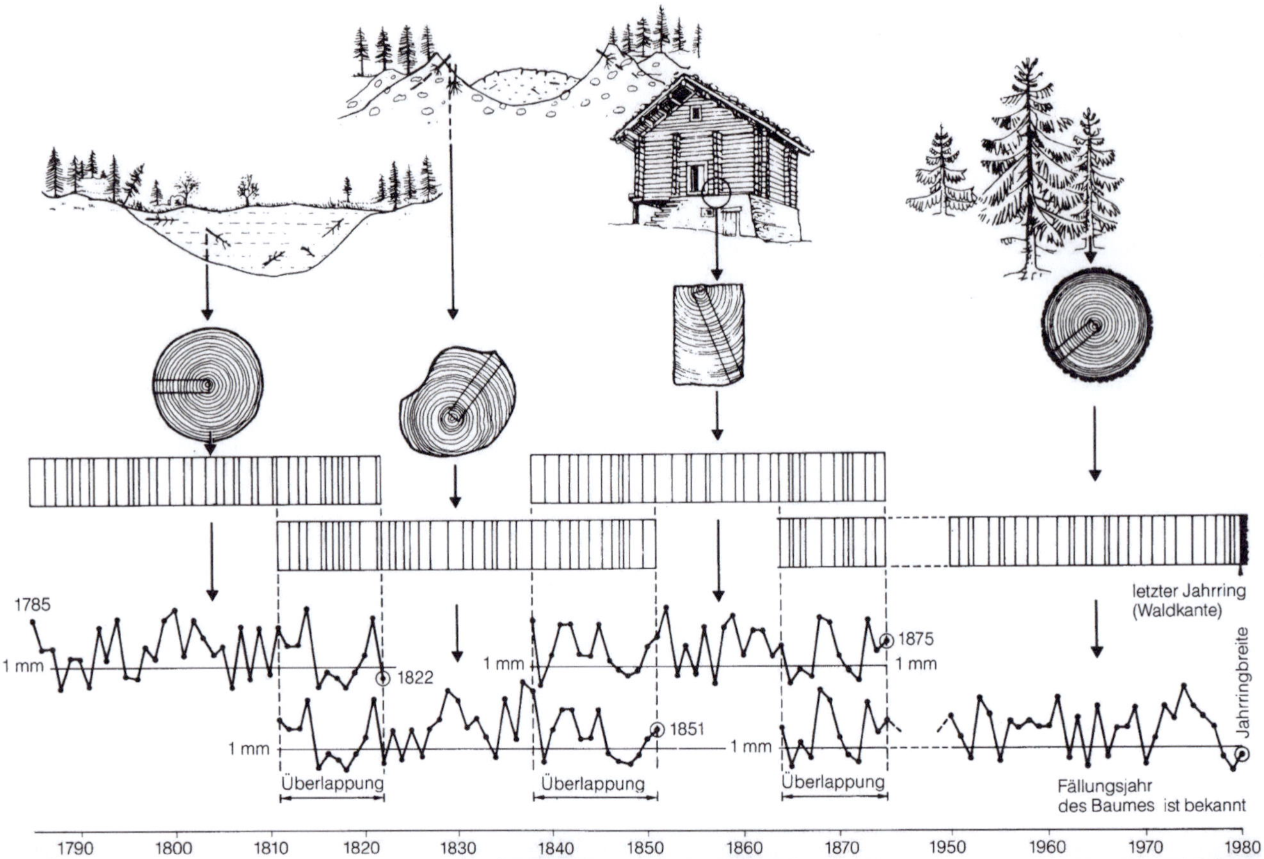
1785
1 mm
1822
1 mm
1851
1875
1 mm
1 mm
1 mm
Überlappung
Überlappung
Überlappung
letzter Jahrring
(Waldkante)
Jahrringbreite
Fällungsjahr
des Baumes ist bekannt
1790
1800
1810
1820
1830
1840
1850
1860
1870
1950
1960
1970
1980

Abb. 4.61 *Oben*: Das dendrochronologische Prinzip (nach Röthlisberger 1986). Durch Überlappung von heutigen Jahrringsequenzen mit älteren kann eine fortlaufende Chronologie erstellt werden. *Mitte links*: Yellowwood-Baumscheibe (*Podocarpus* sp.), Knysna, Südafrika. Die Jahresringe zeigen, dass der Baum AD 1312 zu wachsen begann. Die Jahrringe dieses subtropischen Baums sind im Schnitt nur schwach zu erkennen. *Mitte rechts*: Die meisten Bäume des tropischen Regenwaldes haben keine sichtbaren Baumringe ausgebildet (Schnitt durch einen Stamm einer unbekannten Art aus Borneo); eindeutige Periodizitäten von $\delta^{18}O$ und $\delta^{13}C$ im Holz zeigen sowohl Jahre als auch Beziehungen zu Niederschlägen an. *Unten links*: *Toona ciliata* aus NE-Australien. *Unten rechts*: Mamane-Baumscheibe (*Sophora chrysophylla*) aus Hawaii. Wuchsringe sind gut zu erkennen, jedoch sind Jahrringe oft unregelmäßig ausgebildet ◄

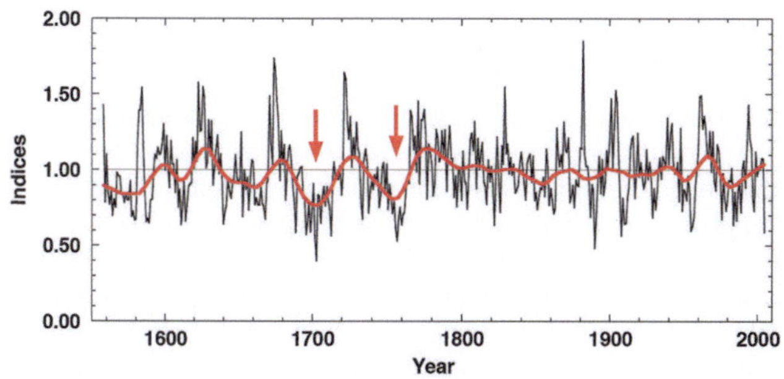

Abb. 4.62 Die Teak-Chronologie von Mae Hong Son (MHS) aus Nordwest-Thailand wurde von lebenden Bäumen und aus Stämmen, die zu Beginn des 20. Jhs. gefällt wurden, erstellt. Die Reduzierung des Wachstums im 17. und 18. Jh. (*rote Pfeile*) markiert Perioden mit verringerter Monsunintensität, die mit warmen SSTs im östlichen tropischen Pazifik korrelieren. (Aus Buckley et al. 2006) Anmerkung: Die Paläoklimadaten der Baumringe stimmen hinsichtlich des *volcanic forcing* nicht mit den GCMs überein: die Modelle zeigen trockene Verhältnisse nach extremen Vulkaneruptionen, die Klimaarchive dagegen signifikant feuchtere Bedingungen (s. Anchukaitis et al. 2012)

haben, wie beispielsweise in Asien: *Cedrela odorata* (Familie der *Meliaceae*) (Boninsegna 2002), Araucariacae (Neukaledonien, SW Pazifik) (Vincent et al. 2007), *Pinus merkusii* und *Pinus Wallichiana* (Monsun-Asien, Buckley et al. 2005, 2007), *Fokienia hodginsii* (Vietnam, Sano et al. 2008), Teak (Thailand, Buckley et al. 2006; Schollaen et al. 2013) und *Toona ciliata* im tropischen Australien (Abb. 4.61). Dendroklimatische Forschungen beschreiben Tarhule und Hughes (2002) und Therrell et al. (2006b) für Afrika und Biondi (2001, 2002), Schöngart et al. (2004), Biondi und Fessenden (1999) und Brienen und Zuidema (2005) für Südamerikas Tropen.

Fehlende Jahrringe in den Feuchttropen werden durch verbesserte Methoden ausgeglichen. Die Geochemie stabiler Isotope macht es möglich, Baumarten, die keine Ringe aufweisen, für dendrochronologische Studien in tropischen Environments zu nutzen. Eindeutige Periodizitäten von $\delta^{18}O$ und $\delta^{13}C$ zeigen sowohl Jahre als auch Beziehungen zu Niederschlägen an (Jones et al. 2009; Poussart et al. 2006). Einen Überblick über dendrochronologische Forschungen in den Tropen geben Jones et al. (2009).

Baumringchronologien reichen in den Außertropen Jahrtausende zurück: In den White Mountains (Kalifornien) basiert eine Chronologie auf den Jahrringen der Bristlecone pine (*Pinus longaeva*), die bis 6001 BC reicht und die in den 1960er-Jahren zur Kalibrierung der ^{14}C-Zeitskala benutzt wurde (Hughes et al. 2002); in Süddeutschland umfasst die ununterbrochene Eichen- und Kiefern-Baumringchronologie die letzten 12.410 Jahre (Friedrich et al. 2004); in der Schweiz die letzten 12.593 cal a BP (10.644 cal a BC) (Schaub et al. 2008); für Schweden beginnt die Kiefern-Chronologie 2893 BC (Gunnarson et al. 2003) und für Lappland (Nord-Finnland) bei 5520 BC (Eronen et al. 2003). In Tasmanien reichen die Chronologien bis 1500 BC zurück, in Neuseeland ebenfalls bis 1500 BC (Cook et al. 2006), im außertropischen Südamerika bis 1630 BC (Lara und Villalba 1993). „Schwimmende" Chronologien existieren in Neuseeland aus dem MIS 3 (Palmer et al. 2006), in Europa für die Phase > 14.202–12.820 cal BP (Friedrich et al. 2004), Allerdings wird auch vermutet, dass Baumring-Daten nicht alle über lange Perioden ablaufenden Temperaturänderungen widerspiegeln (Overpeck 2000). In diesem Zusammenhang wird auch die „Hockey-Stick" Temperaturkurve von Mann et al. (1999) kritisch diskutiert (Box Hockey-Stick-Diskussion) (vgl. Briffa und Osborn 2000). Esper et al. (2012) rekonstruieren aus der Dichte der Spätholz-Baumringe den Temperaturverlauf für Nordeuropa und belegen, dass in römischer und mittelalterlicher Zeit die Sommertemperaturen im Schnitt wärmer als heute waren (Schrope 2012). Für die Tropen liegen bisher nur einige Baumringchronologien vor, die wenige Jahrhunderte zurückreichen. Die Dendrochronologie ist hier noch in den Anfängen (Abb. 4.63).

Die makroskopische Analyse der Jahrringbreite und der maximalen Spätholzdichte wird seit einigen Jahren um die mikroskopische Untersuchung der Holzstruktur erweitert. Die zum Zeitpunkt der Zellbildung herrschenden Umweltbedingungen bestimmen die Ausprägung einzelner Zellen und somit die anatomische Struktur der Jahrringe (Gärtner 2014). Die Einbindung der Holzanatomie in die Jahrringanalyse eröffnet neue Möglichkeiten der geowissenschaftlichen Klimarekonstruktion (Abb. 4.64).

Biomarker

Im Jahr 1967 publizierten Eglinton und Hamilton (1967) eine Arbeit über Blattwachse (*leaf wax*), in der Forschungen aus Chemie, Biochemie und Botanik zusammengeführt werden. Chemische Überbleibsel von Zellen, die vor vielen Jahrtausenden bis Jahrmillionen gebildet wurden, sind „molekulare Fossilien". Sie werden als Biomarker bezeichnet. Der Begriff „Biomarker" wird seit den frühen 1980er-Jahren benutzt. Biomarker sind messbare Parameter biologischer Prozesse, die als Indikatoren für Umweltbedingungen herangezogen werden. In der Paläoklimaforschung werden Biomarker als Klimaarchive benutzt. In Sedimenten (vorwiegend marine und limnische Ablagerungen) sind organische Substanzen enthalten, die Rückschlüsse auf deren Ursprung (Umwelt i. w. S.) erlauben. Diese organischen Substanzen (Biomarker) haben in ihrem Aufbau bzw. ihrer Zusammensetzung Informationen über ihren Ursprung

Box Die Hockey-Stick-Diskussion

Es begann alles mit einer einfachen Zeichnung: Die Hockeyschläger-Kurve von Michael Mann (Mann et al. 1998, 2004; Abb. A). Dann entfachte sich eine nie zuvor dagewesene wissenschaftliche und politische Diskussion: Mächtige Politiker forderten von Mann, sämtliche gesammelten wissenschaftlichen Daten, Unterlagen, Computerprogramme und alle weiteren Zeugnisse zur Verfügung zu stellen, damit seine Arbeiten und Ergebnisse nachvollzogen werden könnten. Michael Mann erhielt verdächtige Briefe mit „weißem Pulver". Die Polizei versiegelte sein Büro. Seiner Familie wurde Gewalt angedroht. Die *US National Academy of Sciences* eröffnete 2006 ein Verfahren gegen Mann wegen wissenschaftlichen Fehlverhaltens, fand aber keine Beweise für eine Täuschung. Im Jahr 2009 wurden gestohlene kompromittierende Emails der *University of East Anglia* in Norwich, UK, veröffentlicht. Michael Mann, der eine der meist gehassten Personen der USA ist, berichtet in einem Buch über die Erfahrungen (Mann 2012). (Nach Lewis 2012)

Mann et al. (1998, 2004) benutzen Klimaproxydaten wie Baumringwachstum, Sauerstoffisotopen-Verhältnisse in Korallen und Eiskernen sowie historische Aufzeichnungen, um Schätzungen der Oberflächen-Lufttemperatur zu machen, die bis AD 1400 (bzw. AD 1000) zurückreichen, d. h. lange bevor Thermometermessungen bestehen. Die Ergebnisse zeigen, dass die Temperaturen der Nordhemisphäre in den letzten Jahren des 20. Jahrhunderts höher waren als während der vorausgegangenen 600 Jahre und dass die vermutete dominante Ursache dafür die anthropogenen CO_2-Emissionen sind.

Die Ergebnisse von Mann et al. (1998, 1999, 2004) sind weltweit als *Hockey Stick* bekannt geworden, da die Kurve mit einem flachen Stiel beginnt, der die geringen natürlichen Temperatur-Oszillationen in den Jahren vor der Zeit anthropogener Treibhausgas-Emissionen beschreibt. Die Kelle verkörpert den starken Lufttemperaturanstieg im 20. Jahrhundert. Die Ergebnisse von Mann et al. (1998) entfachten den Zorn der Lobbygruppen, die einer anthropogenen Klimabeeinflussung abweisend gegenüberstehen. Es folgte ein Jahrzehnt der Attacken auf die Glaubwürdigkeit der Resultate. Manns Buch (2012) dokumentiert diese unschöne Debatte.

Viele Wissenschaftler werden Manns wesentlichen Punkten zustimmen: (1) Der Klimawandel ist ein großes gesellschaftliches Problem. (2) Es gibt Kampagnen, um die Öffentlichkeit zu überzeugen, dass das nicht der Fall ist. (3) Wissenschaftler sollen sich mit der Gesellschaft verbünden und nicht zulassen, dass die Öffentlichkeit durch industriegeförderte Propaganda verunsichert und irregeführt wird.

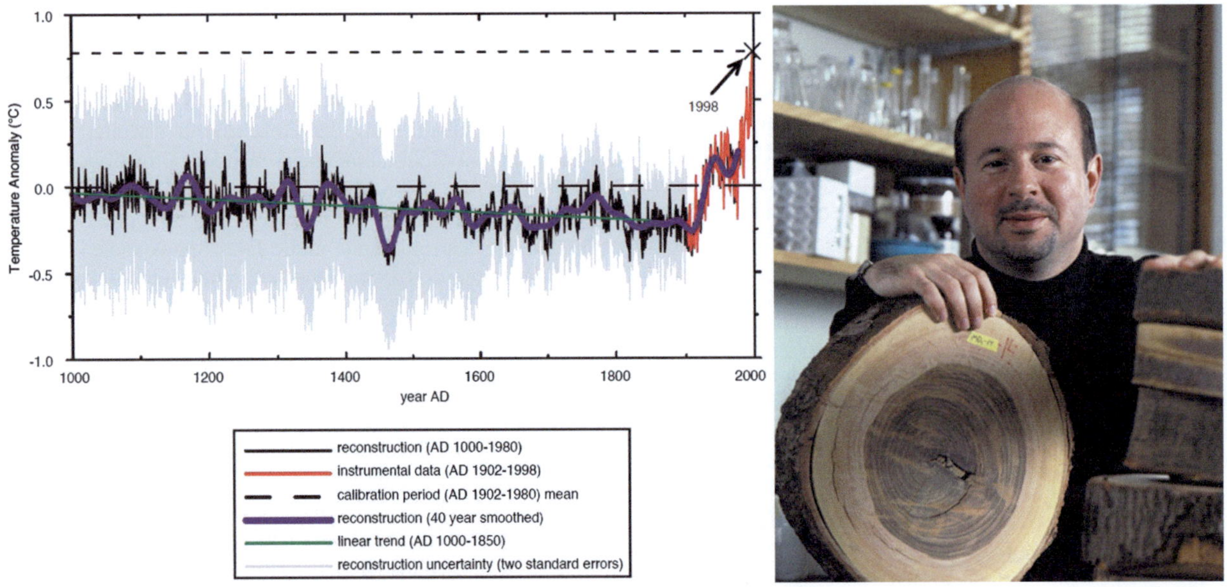

Abb. A *Links*: Die Hockeyschläger-Kurve (nach Bradley et al. 2003). *Rechts*: Michael Mann (Aus Lewis 2012)

McIntyre und McKitrick (2005) analysierten die von Mann et al. (1998, 1999, 2004) entwickelten und angewandten Methoden. Sie kritisieren, dass vor ihrer Hauptkomponentenanalyse (der Baumringdaten) eine „ungewöhnliche" Datentransformation vorgenommen wurde, die nicht in der Publikation (Mann et al. 1998) erwähnt wird, und dass diese Transformation die Hauptkomponentenanalyse stark beeinflusst. McIntyre und McKitrick (2005) weisen darauf hin, dass die von Mann et al. (1998) angewandte Methode fast immer eine Hockey-Stick-Kurve hervorbringt; auch wird der Kurvenverlauf des 15. Jahrhunderts kritisiert, da er auf der Baumring-Auswertung von nur einer nordamerikanischen Baumart (Bristlecone pine – *Pinus aristata*) basiert. Abgesehen von diesen methodischen Einwänden sei Folgendes angemerkt: Für Abb. A wurden für die Zeit seit AD 1400 insgesamt 397 *records* benutzt, aber nur 14 für die Zeit vor AD 1400. Baumringchronologien spielen eine herausragende Rolle. Ohne an dieser Stelle Einzelheiten der Auswahl der Proxydaten und das methodische Vorgehen durch Mann et al. (1998, 2004) zu diskutieren, sei erwähnt, dass zahlreiche Beobachtungen, die nicht eine „Datentransformation" erfordern, die Hockeyschläger-Kurve im Mittelalter nicht stützen (Vikinger in Grönland, Weinanbau in England, etc. vgl. Schrope 2012; Esper et al. 2012). In Abb. B wird die simulierte Temperaturkurve der Nordhemisphäre mit einer einfachen linearen Regression von den Pseudoproxys verglichen und zwar auf der Grundlage der Daten von Mann et al. (1999). Die lokalen Temperaturen werden anhand der einzelnen Pseudoproxys geschätzt und das Ergebnis wird über alle Pseudoproxy-Lokalitäten gemittelt, um für die Nordhemisphäre eine Temperaturabschätzung zu erreichen. Außerdem wird das arithmetische Mittel der Pseudoproxys, die besonders belastbar erscheinen, dargestellt sowie der Pseudoproxys, die 50 % Rauschen (*noise*) enthalten (von Storch et al. 2004). Hier wird der Hockey Stick von Mann et al. (1998, 1999) zum „Bumerang", der die Temperaturabsenkungen während der *Kleinen Eiszeit* deutlich widerspiegelt.

Die Unsicherheiten bei der Rekonstruktion des Klimas müssen realistischer eingeschätzt werden. Alle Fehlerquellen müssen berücksichtigt werden. Es müssen Methoden entwickelt werden, die die Unsicherheiten individueller Proxys, die Auswirkungen der Proxyauswahl und Unsicherheiten der Regression/des Maßstabs bei den Modellen einschließen. Alle Widersprüche zwischen Rekonstruktionen und Beobachtungen während der Kalibrierung bzw. Verifikation müssen besser gewichtet werden.

Abb. A und B zeigen, dass im 20. Jahrhundert eine deutliche Erwärmung stattgefunden hat. Diese Erwärmung – nach dem Ende der *Kleinen Eiszeit* – ist seit über einem Jahrhundert bekannt. Die Wissenschaftler diskutieren seitdem über die Ursachen (*forcings*).

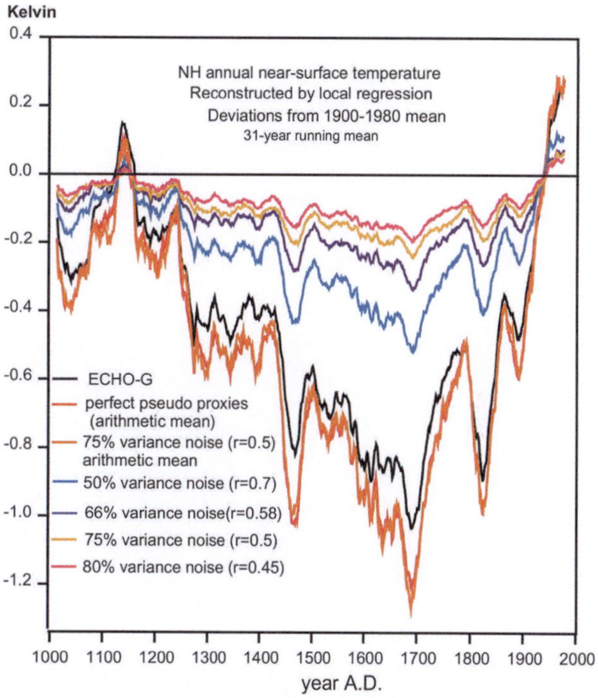

Abb. B Jährliche oberflächennahe Temperatur, rekonstruiert aufgrund von Regressionen der Proxydaten-Lokalitäten. Abweichungen vom Mittel 1900–1980, 31-jähriges laufendes Mittel. (Aus von Storch et al. 2004)

Abb. 4.63 *Oben*: Das Globale Netzwerk der Baumringweiten-Daten (*World Data Center for Paleoclimatology*, NOAA, Status 6 July 2012) zeigt die bearbeiteten Lokalitäten der am häufigsten benutzten Baumarten. (Nach George 2014) Aus den Tropen liegen nur vereinzelte Daten vor. Ergänzt durch x in Kamerun. Dort belegen die Baumringe von drei Arten (*Entandrophragma cylindricum* Sprague [bekannt als Sapele], *Triplochiton scleroxylon* K. Schum. [Ayous] und *Erythrophloeum ivorense* A. Chev. [Tali]), dass während der letzten 200 Jahre der CO_2-Anstieg nicht zu einer Förderung des Wachstums und damit vermehrter CO_2-Speicherung in tropischen Wäldern Afrikas führte (Battipaglia et al. 2015), wie oft postuliert worden ist. *Unten*: Lorenzo Vázquez-Selem mit einem Berg-Wacholder (*Juniperus* sp.) in der linken Hand am Iztaccíhuatl-Vulkanmassiv (Mexiko). Die *Juniperus* können bis 1000 Jahre alt werden und in Zukunft dendrochronologische Daten des letzten Millenniums für Mexiko liefern. Links im Bild ein Moränenblock, der mit SED auf ca. 8 ka BP datiert wurde und ein Gletschervorrücken während des 8,2-ka-Ereignisses belegt ►

gespeichert, die Auskunft über frühere Klimaverhältnisse, Organismusvergesellschaftungen, Ablagerungsmilieus u. a. m. geben können.

Geochemische Biomarker sind vor allem *Lipide* (Kohlenwasserstoffe, Fettsäuren, Sterole, Hopanoide), da diese relativ stabil sind und auch über geologische Zeiträume erhalten bleiben können. Zu den biologischen Funktionen der Lipide gehören die Speicherung von Energie, die Weitergabe von Signalen und das Wirken als strukturelle Komponenten der Zellmembrane. Lipide sind eine Gruppe natürlich auftretender Moleküle, die u. a. Fette, Wachse, Sterole, fettlösliche Vitamine, Mono-, Di-

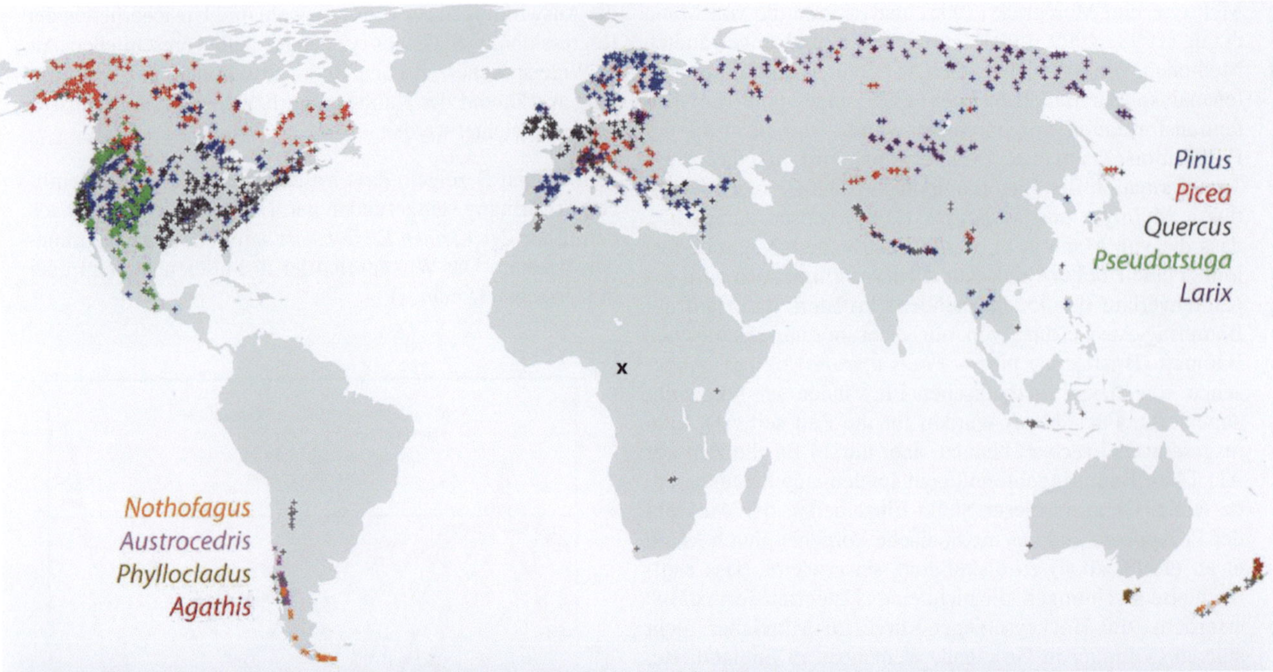
Pinus
Picea
Quercus
Pseudotsuga
Larix
Nothofagus
Austrocedris
Phyllocladus
Agathis

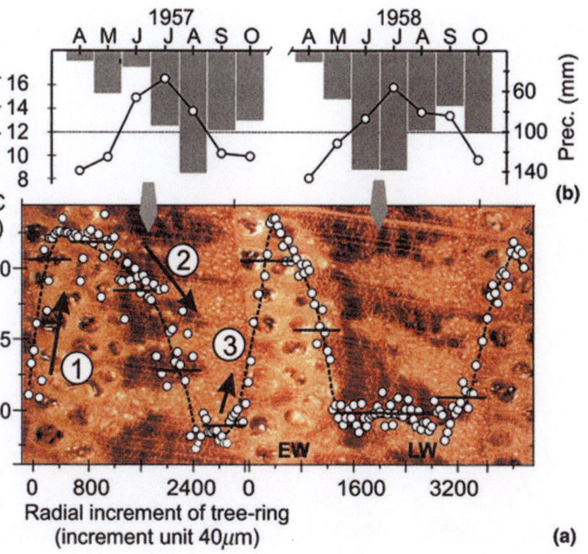

Abb. 4.64 Dreiphasiges Kohlenstoffisotopmuster von Eichen-Baumringen und daraus abgeleitete monatliche Mittelwerte von Temperatur und Niederschlag. Die $\delta^{13}C$-Daten spiegeln die Klimadaten (Temperatur und Niederschlag) wider. 1957 waren Juni und Juli warm und trocken. Die Photosynthese produzierte Stoffe mit hohem ^{13}C-Gehalt. Das führte zu einem langsamen Abfall der $\delta^{13}C$-Werte beim Spätholz (LW). 1958 fielen die $\delta^{13}C$-Werte plötzlich am Ende des Frühholzes (EW) ab. Das Spätholz zeigt keine signifikanten Veränderungen. Beachte: Der Baumring von 1958 ist 12 % breiter als derjenige von 1957. Baumringe archivieren zeitlich sehr hochauflösende Klimadaten. (Aus Helle und Panferov 2004) In den Tropen können derartige Forschungen jährliche Muster bei Holzgewächsen (z. B. Mangrove) zeigen, die keine Baumringe ausbilden

und Triglyzerine sowie Phospholipide umfassen. Lipide werden neuerdings für molekular-isotopische Studien (v. a. C und H) heutiger und vorzeitlicher (bisher vor allem mariner) Ökosysteme herangezogen, da sie großen Informationsgehalt besitzen, um Rückschlüsse auf Ursprungsorganismen sowie Umwelt- und Klimaveränderungen vorzunehmen (Collins et al. 2013a; Chen W et al. 2014).

Während konventionelle Methoden Änderungen der Verteilung von lipiden Biomarkern benutzen, um Kenntnisse über den Einfluss verschiedener Pflanzenklassen, über Transportwege und über anthropogene Einflüsse zu erhalten, gestatten spezialisierte Methoden, wie z. B. komplexe Isotopenanalysen terrestrischer Pflanzen-Lipide, die Kohlenstoffbindungsmechanismen (Photosynthese, C_3-, C_4-Pflanzen) und deren ökohydrologischen Bedingungen (D/H, Deuterium/Wasserstoff) zu erhellen. Kürzlich definierte Proxyparameter anhand von Änderungen der Verteilung von Membran-Lipiden der Bodenbakterien (GDGTs = *glycerol dialkyl glycerol tetraethers*) können wahrscheinlich Informationen über Boden/Lufttemperaturen und Boden-pH-Bedingungen liefern, was bisher aufgrund organischer Proxys nicht möglich war. Relativ stabile Biomarker (Lipide) können verändert werden, wenn das Sediment nach seiner Ablagerung dem Einfluss von Temperatur und Druck ausgesetzt ist; man kann dann nicht mehr unbedingt auf die biologische Ausgangssubstanz schließen, und spricht auch von Geomarkern (Wikipedia: https://de.wikipedia.org/wiki/Geomarker).

Organische (geochemische) Biomarkerproxys für eiszeitliche und nacheiszeitliche Temperaturen sind beispielsweise der TEX_{86}-Index von Membran-Lipiden von einzelligen Organismen (z. B. Archaea) und für den Feuchtigkeitshaushalt das δD von Blattwachs. Diese neuen geochemischen Proxys (TEX_{86}, Tetraeder-Index von Tetraedern mit 86 C-Atomen, und MBT–CBT [*Methylation index of branched tetraethers-cyclization index of branched tetraethers*, Methylations-Index von verzweigten Tetraedern – Zyklisations-Index von verzweigten Tetraedern]) haben wesentlich dazu beigetragen, die jungquartären Temperaturverhältnisse – auch in den Tropen – zu rekonstruieren, so z. B. in Ostafrika (Abb. 4.65; vgl. auch Abb. 6.36, 6.89 und 6.92).

Problematisch bei der Rekonstruktion von quartären Temperatur- und Humiditätsverhältnissen aufgrund der Biomarker bleibt die Interpretation der einzelnen Parameter. Loomis et al. (2012) benutzen *branched* GDGT(*glycerol dialkyl glycerol tetraether*)-Proxys für die Temperaturrekonstruktion (Jahresmittel der Luft); gleichzeitig rekalkulieren sie die Kalibrierungen ostafrikanischer Seen. Die Kalibrierung erfolgt auch unter Berücksichtigung von bisher publizierten Paläotemperatur-*records* aus Ostafrika (vgl. Box *Branched* GDGT-Proxy). Ob die Paläotemperaturen, die aus Biomarkern abgeleitet werden, für das LGM und das *Termination I* überhaupt zutreffen, wenn keine Vergleiche mit anderen Paläoklimaarchiven vorgenommen werden können, ist nicht bekannt. Die Ergebnisse von Loomis et al. (2012) vom Sacred Lake in 2400 m NN am Mount Kenya bestätigen die palynologischen Daten von Coetzee (1967; vgl. auch Meadows 2007) und zeigen zugleich, dass eine sorgfältige palynologische Bearbeitung von terrestrischen Profilen zur Absicherung der Ergebnisse der Biomarker von großer Bedeutung ist. Die Pollendaten von Coetzee (1967) weisen auf eine Temperaturdepression im LGM zwischen 5,1 und 8,8 °C hin; daher sind die Werte von Loomis et al. (2012), die etwa 5 °C ergeben haben, als Minimalwerte anzusehen.

4.2.8.3 Fauna (Säuger, Insekten etc.)

Oft wird darauf hingewiesen, dass im Zuge der globalen Erwärmung verschiedenen Tierarten der Lebensraum entzogen wird und dass sogar zahlreiche Tierarten aussterben könnten. Der Polarbär ist dafür Sinnbild geworden. Die quartäre Geschichte der Fauna belegt, dass nicht die globale Erwärmung am Ende der Kaltzeiten Stress für viele Tierarten verursachte, sondern die Abkühlung am Ende der Warmzeiten und die darauf folgenden Kaltzeiten. Lediglich am Ende der letzten Kaltzeit sind auf allen Kontinenten zahlreiche (Mega)Herbivoren (große pflanzenfressende Wildtiere) und andere große Wildtiere (Carnivoren/Fleischfresser, z. B. Raubkatzen; Omnivoren/Allesfresser, z. B. einige Hominiden), ausgestorben. Die Ursachen hierfür, und inwieweit unsere Vorfahren dabei eine Rolle gespielt haben, werden im Kap. 9 diskutiert. Dass sich jedoch die Tierwelt auf die quartären Klimaschwankungen eingestellt hatte, belegen die Fossilien (von Koenigswald 2002). Nicht nur arktische Säuger haben mit den eiszeitlichen Veränderungen der

Abb. 4.65 *Links*: Rekonstruktionen der Temperatur seit dem LGM für ostafrikanische Seen aufgrund von TEX_{86} für den Lake Malawi (Powers et al. 2005) und den Lake Tanganyika (Tierney et al. 2008) sowie aufgrund von *branched glycerol dialkyl glycerol tetraethers* für den Sacred Lake (ca. 2400 m NN) in Kenya (Loomis et al. 2012, 2017). Der *graue Balken* zeigt die Phase der Ablagerung der LGM-zeitlichen Moränen (Mahoma-2 und Mahoma-1) am Ruwenzori in Uganda (vgl. Abb. 6.52). Die Paläotemperaturkurven belegen eine LGM-zeitliche Abkühlung, die u. a. zu Gletschervorstößen an den ostafrikanischen Vulkanen führte. Die y-Achsenwerte beziehen sich nicht auf die Moränenalter. (Aus Kelly et al. 2014) *Mitte*: Die Riesen-Arum (*Amorphophallus titanum*) lebt im dunklen Schatten des humiden Regenwalds von Sumatra. Die Blüte ist nur ein bis zwei Tage geöffnet, wiegt weniger als 1 kg, und ungewöhnliche Wachskristalle befinden sich auf der unangenehm riechenden zentralen Kerze, die sich periodisch bis fast 40 °C erwärmen kann, um Konvektion zu erzeugen, damit Insekten angelockt werden. *Rechts*: Blattwachs: Wasserabweisende Eigenschaften von Pflanzen und Tieren sind in der Regel das Ergebnis von Wachskristallen, die durch *self-assembly* (Selbstassemblierung) gebildet werden. (a) Auf der Unterseite eines Blattes einer *Strelitzia reginae*, (b) auf der Frucht von *Benicasa hispida* (hier wird auch die Polymer-Kutikula von einem ultradünnen Wachsfilm bedeckt, der vermutlich in allen Pflanzen- und Tieroberflächen vorhanden ist). Quelle: Barthlott et al. (2016)

Box *Branched* GDGT-Proxy

Das nachfolgende Zitat von Loomis et al. (2012) deutet darauf hin, wie kompliziert – und damit problematisch – die Temperaturrekonstruktion mit bestimmten Biomarkern sein kann. Es bestehen unterschiedliche Meinungen über die Kalibrierung der geochemischen Daten, die aus den Sedimenten gewonnen werden.

Loomis et al. (2012, S. 1) beschreiben dies in ihrem Abstract folgendermaßen:

> Branched glycerol dialkyl glycerol tetraethers (brGDGTs) are a novel proxy for mean annual air temperature (MAAT) and have the potential to be broadly applicable to climate reconstruction using lacustrine sediments. Several calibrations have been put forth relating brGDGT distributions to MAAT using a variety of linear regressions, including the methylation (MBT) and cyclization (CBT) indices of brGDGTs, the relative abundances of the major, non-cyclized brGDGTs (MbrGDGTs), and best subsets regression (BSR) of the fractional abundances of the nine most common brGDGTs. However, these calibrations have rarely been applied to lake sediment cores to reconstruct temperatures and test the applicability of this proxy as a paleothermometer. We present an expanded East African lakes surface sediment brGDGT dataset based upon 111 lakes and examine three methods of calibrating brGDGTs to MAAT. These methods include recalculations of the East African lake MBT/CBT calibration and MbrGDGTs calibrations, as well as a new stepwise forward selection (SFS) calibration that uses the four combined brGDGTs that explain the most variance in temperature in our calibration set. We apply these new calibrations as well as five previously published lacustrine brGDGT calibrations to the brGDGT distributions of our surface sediment dataset and a 48 kyr sediment core from Sacred Lake, Mt. Kenya, producing the first brGDGT temperature reconstruction available from a small tropical lake. We compare the reconstructed temperatures to previously published paleotemperature records from East Africa to help us assess the performance of the brGDGT calibrations. We find that the SFS calibration has a consistently low root mean squared error of prediction (RMSEP) over the entire range of MAAT, while the MBT/CBT and MbrGDGT calibrations have relatively large RMSEPs, particularly between lakes with similar temperatures but variable pH. This suggests that these techniques do not properly deconvolve the temperature and pH signals recorded in the distributions of the brGDGTs. We further find that only the SFS calibration produces a credible reconstructed temperature history from Sacred Lake when compared to other last glacial maximum paleotemperature estimates from East Africa. Thus, we advocate for the use of the SFS calibration when reconstructing paleotemperatures from brGDGTs in East Africa. (S. auch Loomis et al. 2017.)

Klima- und Landschaftszonen ihre Lebensräume verlegt (z. B. Rentiere in Nordspanien, Gómez-Olivencia et al. 2014), sondern auch Reptilien, Vögel, Insekten, Fische und Weichtiere (Muscheln u. a.). Während für die außertropischen Gebiete die quartäre Tierwelt für Klimarekonstruktionen von großer Bedeutung ist (vgl. u. a. Kahlke 1981; von Koenigswald 2002), sind entsprechende Forschungsergebnisse aus den Tropen und Randtropen bisher wenig bekannt.

Für die Tropen der Neuen Welt benutzt P Müller (1973) in einer wegweisenden Studie die Ausbreitungszentren und Verwandtschaftsbeziehungen der terrestrischen Vertebraten (Amphibien, Reptilien, Vögel und Säugetiere) und folgert, dass (i) die Ausbreitungszentren die Ursprungszentren vieler Arten und Unterarten waren, (ii) im Pleistozän (bis in die Gegenwart) markante Klimaänderungen im tropischen Tiefland die Ausbreitung des tropischen Regenwalds auf Kosten der subhumiden xerischen Vegetation begünstigte, (iii) das gegenwärtige Verteilungsmuster eine eiszeitliche Verschiebung der montanen Gruppen ($\geq$ 1500 m) nahelegt, und (iv) in den Neotropen die postglazialen Fluktuationen mit Schrumpfung und Expansion der Verteilung von Rückzugsgebieten der Hauptfaktor der Artbildung war und sowohl für die Isolation als auch für die Abgrenzung verantwortlich war. Die Schlussfolgerungen (i) und (ii) werden durch Daten der Vögel und Säugetiere belegt; der Wert der eiszeitlichen vertikalen Depression der Höhenstufen (iii) um $\geq$ 1500 m erscheint zu hoch; Folgerung (iv) lässt außer Acht, dass zahlreiche Bestandteile der Ausbreitungszentren eine lange, bis ins Tertiär zurückreichende Entwicklungsgeschichte aufweisen.

Im südlichen Afrika weist die *Zambesian*-Ökozone (Abb. 4.66) die größte Artenvielfalt bei den großen Säugern (Großsäuger – Gewicht eines ausgewachsenen Tieres > 0,75 kg) auf, wo ein tropisch warmfeuchtes Klima mit geringen thermischen und hygrischen Schwankungen herrscht. Mit zunehmender Aridität (*Karoo-Namaqualian*) nimmt die Artendiversität ab. Das deutet auf die relativ üppige Vegetationsausstattung in der *Zambesian*-Ökozone hin sowie auf eine weniger artenreiche Pflanzenbedeckung in den *Kalaharian*- und *Karoo-Namaqualian*-Ökozonen (Klein 1984). Während Carnivoren recht unabhängig von der Vegetation ein weites Verbreitungsgebiet haben (z. B. Löwen), sind manche Herbivoren (z. B. Giraffen) an bestimmte Vegetationsformationen angepasst (Abb. 4.66). Andererseits beeinflussen die Herbivoren die Vegetationszusammensetzung; sie kontrollieren Typ und Struktur der Pflanzendecke (Hempson et al. 2015). Heutige Beobachtungen belegen, dass Megaherbivoren (> 800 kg, z. B. Elefanten) dramatische Auswirkungen auf die Ökosysteme haben, wenn sie diese mit hoher Populationsdichte bewohnen; die Vegetationszerstörung kann extrem sein (Abb. 4.66). Im Pleistozän waren die Diversität der Megaherbivoren und ihr Einfluss auf die Zerstörung der Ökosysteme größer als heute. Auch die Rivalität zwischen den Carnivoren war recht groß; da sich einige auf den Verzehr von Megaherbivoren spezialisierten, wurde deren Populationsdichte reduziert (Van Valkenburgh et al. 2016). Dies ist bei Paläovegetationsrekonstruktionen zu berücksichtigen. In Australien begünstigte beispielsweise das Aussterben der großen *browser* (sie ernähren sich von Bäumen und Sträuchern) vor rund 40.000 Jahren eine Ausbreitung der holzartigen Pflanzen, was wiederum die Landschaft für Flächenbrände anfällig machte (Lopes dos Santos et al. 2013).

Auf die menschlichen Wirtschaftsweisen wirkten sich lokale Klima- und Umweltveränderungen aus; diese können z. B. im MSA (*middle stone age*, ca. 250–30 ka BP) über Änderungen der Nahrungsaufnahme erfasst werden (vgl. Langejans et al. 2014: kleine marine Schalentiere *versus* Säuger).

Der *rock hyrax* (Klippschliefer, *Procavia capensis*, Abb. 4.66) ist ein Herbivore, der im südlichen Afrika weit verbreitet ist; oft bewohnen viele Generationen dieselben Felsnischen. In diesen Wohnstätten werden im Verlauf der Zeit Fäkalien-Pellets angehäuft (*midden*), die durch eingetrockneten Urin versiegelt werden (*Hyraceum*); dadurch werden sie gegen mechanische Zerstörung (Erosion) und wiederholtes Befeuchten und Austrocknen geschützt. *Heraceum*-Bildungen, die bis zu 50.000 Jahre alt sein können, sind bedeutende Paläoklimaarchive; sie haben Pollen, Isotopenverhältnisse u. a. gespeichert (Gil-Romera et al. 2007; Chase et al. 2012).

Die quartäre Verbreitung der Großsäuger – sofern sie zeitlich bestimmt werden kann – gibt grobe Anhaltspunkte über Veränderungen der Vegetationszonen und damit auch der Klimazonen. Häufigkeitsverteilungen beispielsweise der äußeren Oberarmknochen(*Humerus*)-Breite von *Bathyergus suillus* (kapländische Rattenart) belegt für das Jungquartär Klimawechsel zwischen warm/feucht, warm/trocken und kalt/feucht für das letzte Interglazial (vor ca. 130.000–70.000 Jahren) und kalt/feucht und kalt/sehr trocken im letzten Glazial, gefolgt vom warm/trockenen frühen Holozän und warm/feuchten Spätholozän (Klein 1984). Klimaproxys dieser Art ergänzen andere Klimarekonstruktionen.

Die Kleinsäuger erlauben detaillierte pakläoklimatische Rekonstruktionen (z. B. Avery 1981, 2007). Ebenso werden Muscheln, Schnecken und Ostrakoden (Muschelkrebse) für Paläoklima-Rekonstruktionen häufig herangezogen. Während entsprechende Forschungen in Europa auf eine lang zurückreichende Tradition aufbauen können (z. B. Lössschneckenforschung, Nehring 1890), trifft dies für die Tropen und Randtropen nicht zu. Auch heute ist das Wissen über die paläoökologischen Anforderungen der Weichtiere tropischer Regionen noch sehr lückenhaft (Parkinson et al. 1987).

In ihrem Werk über das Spätquartär der Ost-Sahara nehmen Pachur und Altmann (2006) eine detaillierte Rekonstruktion der Paläoökosysteme vor, indem sie neben Felsbildern und Fesselsteinen vor allem alle bekannten Fossilien (Säuger, Fische, Reptilien, Amphibien, Vögel, Schnecken, Muscheln, Muschelkrebse) paläoökologisch bewerten und zu einer paläoökologischen Synopse zusammenführen (vgl. Abb. 6.162–Abb. 6.168). Insekten wurden bei den Forschungen, die über drei Jahrzehnte Ende des 20. Jahrhundert ausgeführt wurden, noch nicht berücksichtigt.

Vor allem aber Insekten (Abb. 4.67) sind seit wenigen Jahrzehnten bedeutende (mikroskopische) Paläoklimaindikatoren geworden, da sie im Sediment oft gut erhalten bleiben und in hoher Anzahl abgelagert werden (vgl. Battarbee 2000). Sie reagieren empfindlich auf Temperatur und Niederschlag. *Chironomidae* sind Kopfkapseln von nicht stechenden Zuckmücken-Larven;

Abb. 4.66 *Oben links*: Ökozonen des südlichen Afrika mit einigen der am häufigsten auftretenden Ungulaten (Huftiere). Die Buchstabenkombinationen stehen für Abkürzungen der (wissenschaftlichen) Namen (nach Klein 1984). *Oben rechts*: Nahrungsansprüche verschiedener Säuger der ariden Zone (nach Owen-Smith 1982).
Mitte: Giraffe (*Giraffa giraffa*, Browser – Laub/Zweig-Fresser); vermutlich sind quartäre Umweltveränderungen an der Ausbildung von vier Giraffenarten verantwortlich; Zebra (Grazer – Grasfresser); Australopithecinen: Herbivoren (vgl. Grine 1981) oder doch Fleischfresser (vgl. Gupta 2016)?
Unten: Klippschliefer (*Procavia capensis*). Brian Chase bei der Probennahme von *hyrax middens* (*Mitte*, *Pfeil*); ein Schnitt durch den Midden zeigt die hohe stratigraphische Auflösung in diesen Ablagerungen (*rechts*). (Aus Hyrax-Project Team)

von ihnen kommen 5000 bis 10.000 Arten weltweit vor, und sie treten z. T. massenhaft auf, sowohl in der Antarktis als auch auf den Ozeanen. *Coleoptera* (Käfer) sind mit über 350.000 beschriebenen Arten weltweit verbreitet, aber auch *Acari* (Milben, vgl. Hodgson und Convey 2005). Insekten breiten sich – im Gegensatz zu den Pflanzen – schnell aus, wenn sich die

Kapitel 4

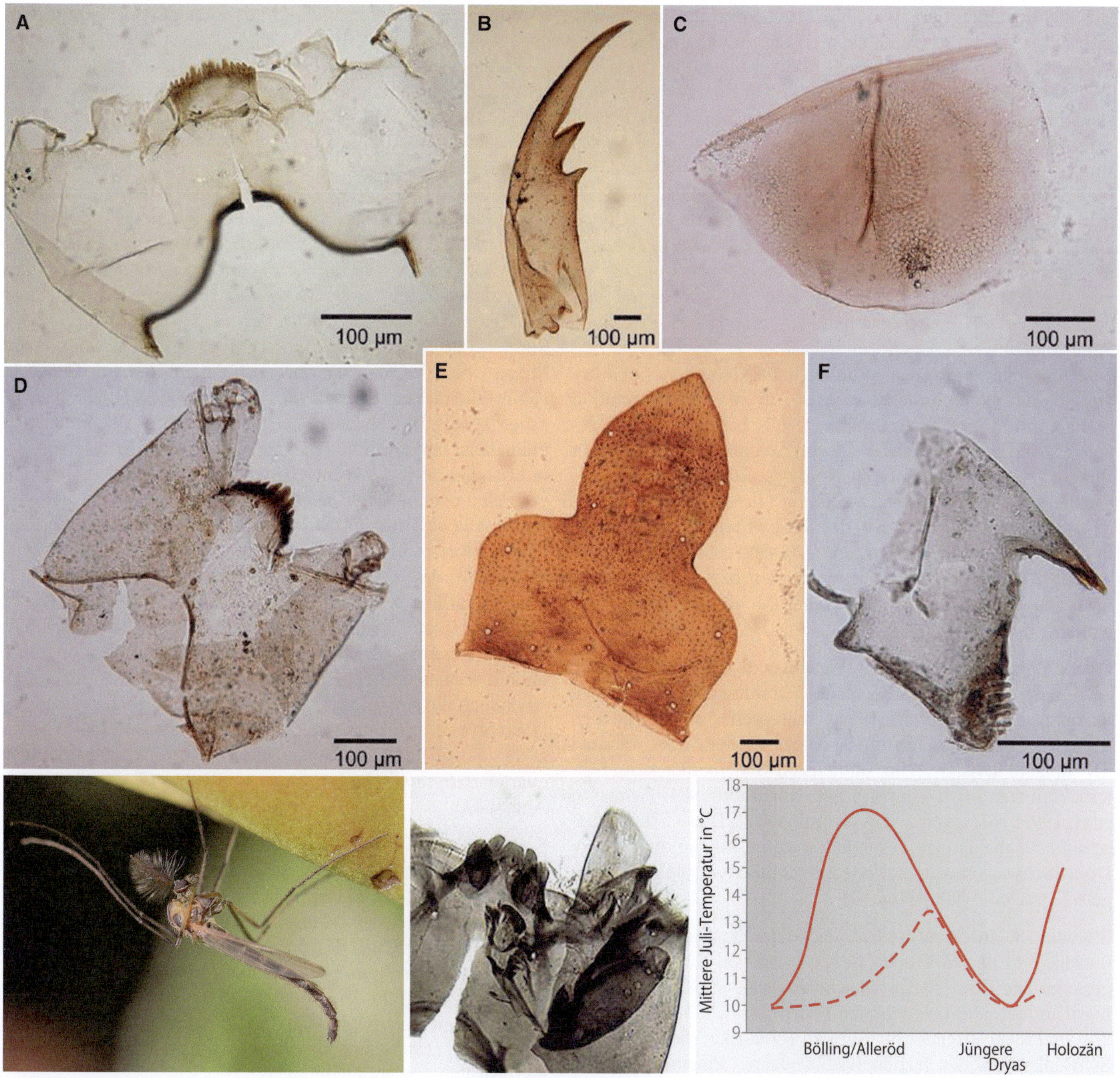

Abb. 4.67 Insekten als Klimaindikatoren. *Oben*: Beispiele für Chitinpanzer von aquatischen Fossilien. Kopfkapseln von Chironomiden-Larven: (*A*) *Polypedilum nubeculosum*, (*D*) *Cricotopus*; Larven-Kiefer anderer aquatischer Insekten: (*B*) *Megaloptera*, (*F*) *Ephemeroptera*; Ei einer Wasserfliege (ephippium): (*C*) *Cladocera*; Teil einer Kopfkapsel einer Köcherfliegenlarve (clypeus) (*E*) *Trichoptera*. (Aus Heiri et al. 2009).
Links unten: Zuckmücke *Chironomus plumosus* (Aus Wikipedia). *Mitte unten*: Fossile Kopfkapsel von *Corynocera ambigua* (Aus: Brooks et al. 2007). Diese Art ist einfach zu identifizieren, hat aber den Nachteil, dass sie eine weite Verbreitung in verschiedenen Ökosystemen hat. Für die Tropen sind bisher fossile Insekten als Klimaindikatoren kaum benutzt worden. *Rechts unten*: Mittlere Juli-Temperatur im englischen Tiefland aufgrund von Käfer-Fragmenten (*ausgezogene Linie*) und von Pollen (*gestrichelte Linie*) für den Übergang vom Spätglazial zum Holozän. Die Käferfauna reagiert schnell auf die Erwärmung vor der Jüngeren Dryaszeit (YD) im Bölling/Alleröd und zu Beginn des Holozäns (Präboreal); die wärmeliebende Vegetation stellt sich erst viele Jahrhunderte später auf die veränderten Temperaturbedingungen ein. Käfer verbreiten sich schnell; die Pflanzen wandern langsam in neue Lebensräume ein. Coleoptera (Käfer) und Vegetation liefern zudem unterschiedliche Temperaturwerte bei der Auswertung der Paläoklimaarchive. Vgl. GR Coope (2002)

(klimatischen) Umweltbedingungen ändern. Sie können daher unmittelbar und ohne zeitliche Verzögerung vor allem (sommerliche) Temperaturschwankungen belegen. Voraussetzung dafür ist, dass die Chitinpanzer der abgestorbenen Insekten in zeitlich hochauflösenden stratifizierten Sedimenten von Seen, Mooren etc. eingelagert wurden.

Die Identifizierung der quartären Insekten erfolgt durch Vergleich mit den gut bekannten rezenten Arten, die dieselben ökologischen (Wald, Tundra etc.) und vor allem dieselben klimatischen Bedingungen repräsentieren. Für Käfer existiert eine Datenbank, die Klimadaten (*mutual climatic range* – MCR) von ca. 450 Käferarten enthält. Damit werden quantitative Schätzungen von Paläotemperaturen ermöglicht, die mit anderen Indikatoren verschnitten werden können, und zwar hinsichtlich biologischer wie auch physikalischer Parameter (Coope 2002). Carnivore Coleoptera (oder allgemein *scavengers*) eignen sich für Paläoklimarekonstruktionen besonders gut, da sie von der Pflanzenwelt unabhängig sind. Sie sind somit den pollenbasierten Klimarekonstruktionen vorzuziehen. Plötzliche Klimaänderungen können durch bestimmte Coleoptera-Arten belegt werden, da die Käfer sich schnell verbreiten, noch bevor sich ein ökologisches Gleichgewicht zwischen Vegetation und Klima eingestellt hat. Insektengesellschaften der vergangenen 15.000 Jahre verändern sich im Spätglazial und Holozän ständig und dokumentieren in Nordwest-Europa die Ägelsee-Oszillation, die Gerzensee-Oszillation, die Jüngere Dryaszeit, das holozäne Klimaoptimum, das 8,2-ka-Ereignis, die Abkühlung um 2 ka und die *Kleine Eiszeit*. Anhand der Insektenfaunen werden Mitteltemperaturen des wärmsten bzw. kältesten Monats rekonstruiert und für die anderen Monate des Jahres modelliert.

Für Europa (z. B. Luoto 2009; Watson et al. 2010) und Kanada spielen die Insekten bei Klimarekonstruktionen eine wichtige Rolle. Auch kann bereits 1984 – entgegen der herrschenden Meinung – durch Käferstudien belegt werden, dass während der Jüngere Dryaszeit im südlichsten Südamerika kein Kälterückfall stattfand (Ashworth und Hoganson 1984; Ashworth et al. 1991; Hoganson und Ashworth 1992). Diese Erkenntnisse sind für die Tropen besonders wichtig, für die die Jüngere Dryas-Schwankung immer wieder postuliert wurde (Box Jüngere Dryaszeit (nach Abb. 2.4)).

Studien, die Insektenfossilien für paläoklimatische Aussagen nutzen, sind in den Tropen bisher kaum von Bedeutung (Eggermont und Heiri 2012). Verschuren et al. (1996) analysieren fossile aquatische Invertebraten (Wirbellose), u. a. Chironomidae, und rekonstruieren für Burundi (Ostafrika) die hygrischen Schwankungen der letzten 40.000 Jahre. Eggermont et al. (2010) stellen Korrelationen zwischen Chironomiden-Larven aus Oberflächen-Seesedimenten Ostafrikas in Höhen zwischen ca. 500 und 4500 m NN und Temperaturen her und präsentieren damit Grundlagen für Chironomid-basierte Temperaturrekonstruktionen.

Aber nicht nur für die Paläoklimaforschung sind Insekten bedeutende Archive; Insektenfossilien geben auch Auskunft über frühere menschliche Gesellschaften und deren Verhalten (Pringle 2010).

Neben der Fauna selbst können die Abfälle der Lebewesen wichtige paläoklimatische Proxydaten liefern. Tiere (und Hominiden) sammeln Nahrung und Material für ihre Bauten (Nester) und häufen Abfälle oft gesondert an. Überreste der Abfälle (Pflanzen, Pollen, Insekten (Pringle 2010), Schnecken, Knochen, etc., aber auch anthropogene Gegenstände, wie Bernsteinperlen und Stoffreste) werden in der Archäologie als „*midden*“ (Abfallhaufen, Kökkenmödinger) bezeichnet. Vor allem in Trockengebieten bleiben die Midden oft über Jahrtausende und Jahrzehntausende erhalten, wenn sie vor Wasser geschützt sind (Höhlen, Felsvorsprünge, Felsspalten etc.). Sie sind ausgezeichnete Umwelt-Geoarchive (Betancourt et al. 1990). Paläoklimatisch analysierte Abfallhaufen stammen von der amerikanischen Buschratte (*Neotoma sp.*), dem Katzenfrett (*Bassariscus* sp.) und dem Klippschliefer (*Procavia capensis*) aus den ariden Gebieten der USA, Afrikas und Arabiens (Betancourt et al. 1990; Scott 1987; Gil-Romera et al. 2007; Cole et al. 2001; Chase et al. 2012) sowie von Erdhörnchen (*Spermophilus parryi*) aus der Arktis (Zazula et al. 2004) und von Hamstern aus Steppenregionen. Auch der Guano von Fledermäusen (Leroy und Simms 2006; Maher 2006) beherbergt gut erhaltene Makro- und Mikro-Überreste von Pflanzen (auch Pollen) und von Tieren. In Koprolithen („versteinerter“ Kot, Davis 2006; z. B. von pleistozänen spanischen Hyänen: Carrión et al. 2007) befinden sich pflanzliche und tierische Bestandteile, die oft – bernsteinartig – in kristallisiertem Urin eingebettet sind. Die Midden sind weit verbreitet und viele Tausend dieser Ablagerungen sind allein im ariden Südwesten der USA wissenschaftlich hinsichtlich Fauna und Flora bearbeitet und ^{14}C-datiert worden (u. a. Holmgren et al. 2006). Vegetationsdynamik und Klimawandel werden aus ihnen detailliert rekonstruiert. Die Interpretation der Befunde ist aber mitunter kontrovers, wie das Beispiel der mittelholozänen Klimarekonstruktion der südlichen Zentralanden zeigt: Humid (Betancourt et al. 2000) oder trocken (Grosjean 2001). Aber auch die Koprolithen des Menschen (*fossil feces*) sind Paläoarchive, u. a. für das Alter der Besiedlung Amerikas (Balter 2008). Sogar die Ausscheidungen von Regenwürmern können quartärstratigraphische Informationen liefern (Canti 2007) (vgl. Abb. 4.42).

Spuren, die von Tieren in Sedimenten hinterlassen und fossiliert werden (*Ichnofossilien*), geben ebenfalls Auskunft über die früheren Umweltbedingungen, unter denen die Organismen lebten (Abb. 4.68). Ansammlungen von fossilen Spuren werden als *Ichnofacies* bezeichnet. Dazu zählen Grabspuren, Kriechspuren, Laufspuren, Fressspuren oder Kotspuren (vgl. Bardgett und van der Putten 2014). In den viel diskutierten jungquartären Hochwassersedimenten des Kuiseb-Tals in der Namib-Wüste haben Smith et al. (1993) anhand der *Ichnofacies* detaillierte Umweltrekonstruktionen vorgenommen.

Die quantitativen Rekonstruktionen biologischer Proxys haben in den letzten Jahrzehnten die Paläolimnologie und verwandte Disziplinen revolutioniert, doch die Methoden sind nicht ohne Probleme (Juggins 2013). Viele Modelle werden benutzt, um Wassertiefe, Sommertemperaturen etc. zu berechnen. Die Paläoökologen sollten jedoch viel stärker berücksichtigen, was und was nicht rekonstruiert werden kann, und ausdrücklich die Unsicherheiten bei den Rekonstruktionen nennen (Juggins 2013; Langdon und Brooks 2014).

4.2.8.4 DNA (*deoxyribonucleic acid*, Desoxyribonukleinsäure – DNS)

Alte DNA (aDNA, Abb. 4.69) – oder *palaeoenvironmental DNA* (PalEnDNA) – gibt Auskunft über Veränderungen früherer Ökosysteme (Bramanti und Hänsch 2014; Rawlence et al.

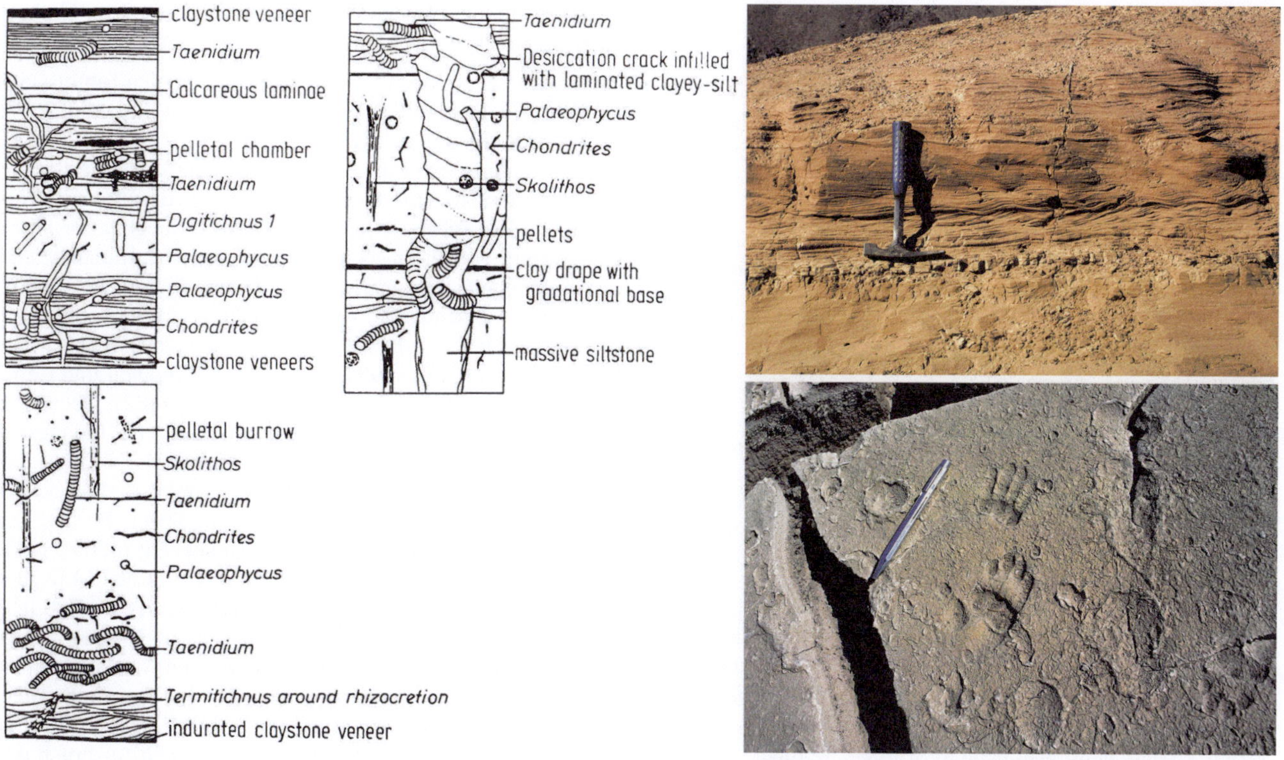

Abb. 4.68 *Links*: *Ichnofazies* in *slackwater deposits* des Kuiseb, Namib-Wüste. Profilskizze (Heine 1995c nach Smith et al. 1993). *Rechts oben*: *slackwater deposits* der Kleinen Eiszeit, südliche Namib. *Rechts unten*: Spuren auf einer Schichtfläche in *slackwater deposits*, u. a. von *Papio* sp. (Pavian)

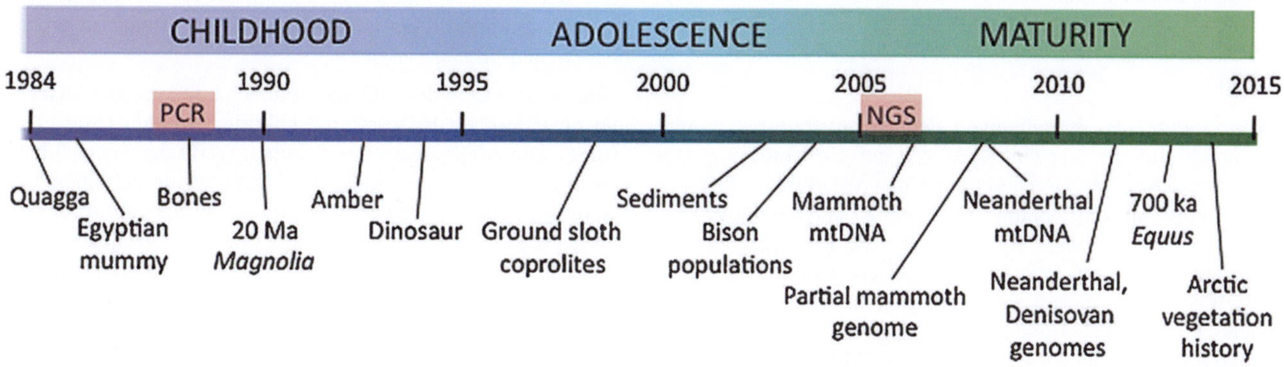

Abb. 4.69 Die Entwicklung der aDNA-Forschung. Die letzten drei Jahrzehnte können in drei Epochen eingeteilt werden; Fortschritte (und Rückfälle) in der Forschung sind markiert. PCR (*polymerase chain reaction*) und NGS (*next-generation sequencing*) – Daten, in denen diese Techniken zum ersten Mal für die allgemeine Forschungsgemeinschaft verfügbar werden. mtDNA – *mitichondrial DNA*. (Aus Brown und Barnes 2015)

2014). Heute ist es beispielsweise möglich, in Sedimenten und Böden, die keine Makrofossilien enthalten, Pflanzen- (auch Bakterien- und Pilz-) und/oder Tier-DNA nachzuweisen. Besonders günstig für die Erhaltung von aDNA sind Permafrost-, Höhlen- und Seesedimente sowie Torfe, Eis, Koprolithe, etc. Die auf aDNA untersuchten Sedimente müssen stratigraphisch und chronologisch einwandfrei dokumentiert werden und – das ist von besonderer Bedeutung – frei von Kontamination sein (Bramanti und Hänsch 2014; Rawlence et al. 2014). Bisher spielt die aDNA für paläoumwelt- und Klimarekonstruktionen kaum eine Rolle, doch in Zukunft kann sie eine große Bedeutung erlangen (Brown und Barnes 2015). Die Anwesenheit von Menschen in einem Ökosystem (Polen: seit AD 650) weist Madeja (2015) aufgrund von aDNA der humanspezifischen (Fäkalien anzeigender) *Bacteroides* in Seesedimenten nach. Dieses methodische Vorgehen kann in tropischen Regenwäldern in Verbindung mit palynologischen und geochemischen Daten den Einfluss des Menschen auf die Ökosysteme von klimatischen Einflüssen abgrenzen (vgl. Nshimyimana et al. 2014).

4.2.9 Tephrostratigraphie

Tephren (vulkanisches Lockermaterial) sind die explosiv herausgeschleuderten pyroklastischen Produkte vulkanischer Eruptionen. Sie umfassen alle Korngrößen von feinstem Staub (Asche) bis zu großen Blöcken. Sie können bei Eruptionen über Gebiete bis zu kontinentaler Größe ausgebreitet werden (z. B. Eyjafjöll-Eruption in Island: März bis Juni 2010, Davies et al. 2010). Tephren haben eine außerordentlich große Bedeutung bei der Erarbeitung von Chronologien von vulkanischen und sedimentären Abfolgen. Die fast gleichzeitige atmosphärische Deposition der Tephra nach einer Vulkaneruption erfolgt in sehr unterschiedlichen Ablagerungs-Environments. Sobald eine identifizierbare Tephra-Lage datiert ist, stellt sie einen Zeithorizont dar, wo immer sie auftritt (Abb. 4.70), und ist der Angelpunkt für die Korrelation gleichalter terrestrischer wie auch mariner Sedimentabfolgen (Froese et al. 2008). Nur wenige – wenn überhaupt – geochronologische Techniken erreichen die Präzision bei Datierungen und Korrelationen wie die Tephrochronologie.

Vulkanische Aschen werden seit über 150 Jahren als Leithorizonte in quartären Ablagerungen benutzt (Neuseeland: Dieffenbach 1843; Südamerika: Caldenius 1932). Etwa 500 Tephra-Lagen um Island und im Nordatlantik, die während der letzten 15.000 Jahre sedimentiert wurden, werden von Gudmundsdóttir et al. (2012) angeführt. Aus tropischen Gebieten (Land wie Meer) gibt es bisher nur wenig Tephrostratigraphien, wenngleich vulkanische Förderprodukte lokal und regional als stratigraphische Hilfen bei paläoklimatischen Studien benutzt wurden (z. B. Mexiko: Heine 1975b, 1976c; Ecuador: Heine und Geyh 2002; Ostafrika: Lane et al. 2013; Johnson TC et al. 2016).

Die traditionellen Bemühungen der Tephrostratigraphie und Tephrochronologie konzentrieren sich auf die Kartierung und geochemische Charakterisierung der makroskopisch sichtbaren (mm- bis cm-dicken) Tephra-Lagen von größeren eruptiven Ereignissen, um regionale und überregionale Korrelierungen zu ermöglichen und um tephrostratigraphische Gliederungen aufzustellen, die Paläoumwelt-Rekonstruktionen ergänzen. Zahlreiche kleinere Eruptionen wurden früher oft nicht erkannt, zumal mit zunehmender Entfernung und Bioturbation in terrestrischen (Bodenbildung i. w. S.) und Tiefsee-Environments die Tephra-Horizonte makroskopisch nicht mehr nachweisbar sind. Seit ca. AD 1990 werden „Cryptotephren“ (Tephrahorizonte, die für das bloße Auge unsichtbar sind) aus den Sedimenten extrahiert. Dies führt zur Identifizierung von zahlreichen Tephra-Horizonten. Auch kommen in den letzten Jahren neue Analysemethoden hinzu (z. B. Pearce et al. 2007). Eine Tephra-Datenbank existiert für Europa <http://www.tephrabase.org>.

Vulkanische Eruptionen haben einen bedeutenden Einfluss auf das Klima (z. B. Luterbacher und Pfister 2015; Sigl et al. 2014, 2015a; Brönnimann und Krämer 2016; Abb. 2.26 bis 2.29), da sie die Strahlung, den Chemismus, die Dynamik und die Temperatur des Klimasystems beeinflussen. Die bei Eruptionen geförderten magmatischen Gase (Schwefelverbindungen, vor allem SO_2, die eine Abkühlung bewirken) sind für die Luftchemie und die Strahlungsbilanz von großer Bedeutung (Schmincke 2000). In Jahres-Eisschichten der Arktis und Antarktis werden Sulfate von verschiedenen gut dokumentierten Vulkanausbrüchen gefunden: Lascar, Chile (1993), Pinatubo, Philippinen und Cerro Hudson, Chile (1991), El Chichón, Mexiko (1982), Deception Island, Süd-Schettland (1972, 1969, 1967), Agung, Indonesien (1963), Cerro Azul, Argentinien (1932), Santa Maria, Guatemala (1902), Tarawera, Neuseeland (1886), Krakatau, Indonesien (1883), Coseguina, Nicaragua (1835), Babuyan, Philippinen (1822), Tambora, Indonesien (1815), Unbekannt (1809), Laki, Island 1783. Der Kuwae-Ausbruch auf Vanuatu Ende 1452 oder Anfang 1453 ist der stärkste Sulfatausbruch der letzten 700 Jahre und ist in > 30 Eiskernen der Antarktis und Arktis belegt (Gao et al. 2006). Er führte im mexikanischen Aztekenreich zu sommerlichen Frösten und Dürre, die AD 1454 eine große Hungersnot auslösten (*One Rabbit Famine*, Abb. 4.71; Hassig 1981; Therrell et al. 2004). Der gewaltige plinianische Ausbruch des Ilopango (El Salvador, 13°50′ N, 89°03′ W) um ca. AD 540 (Sigl et al. 2015a) wird heute als Ursache für die nordhemisphärische Abkühlung der Jahre AD 535–536 angesehen; er soll einer der stärksten Ausbrüche der letzten ca. 2000 ka BP sein und führte aufgrund der ausgelösten Wetterextreme zu großen historischen Veränderungen.

Mithilfe der Daten der Vulkaneruptionen können die arktischen und antarktischen Eisbohrkerne kalibriert werden (Sigl et al. 2015a). Die erhöhten atmosphärischen Werte der Schwefelverbindungen werden auch in Speläothemen wiedergefunden, und Baumring-Analysen zeigen aufgrund der Temperaturabsenkungen nach gewaltigen Eruptionen verringertes Wachstum (z. B. Kaiser 1993; Friedrich et al. 2006; Muscheler et al. 2008). Tephren und magmatische Gase erlauben einen Vergleich der Eisbohrkern-Daten mit denen von Klimastationen sowie mit historischen Daten für die letzten Jahrhunderte. Paläoklima-Geoarchive des Holozäns und Spätpleistozäns werden ebenfalls anhand der vulkanischen Indikatoren datiert und korreliert. Während für die Außertropen (Nordatlantik, Europa, Mittelmeergebiet, Japan, Nordpazifik, Nordamerika, Neuseeland, Patagonien) in den letzten Jahrzehnten gewaltige Fortschritte in der Tephrostratigraphie und Tephrochronologie erzielt wurden

Abb. 4.70 *Oben*: Schrägluftbild der Sierra Nevada (Mexiko) mit dem aktiven Vulkan Popocatépetl und dem inaktiven Iztaccíhuatl-Vulkanmassiv. Beide Vulkane tragen rezente Gletscher. Vulkaneruptionen (Tephren) und Vergletscherungen (Moränen, Tills) wechsellagern an den Hängen und bilden ideale Voraussetzungen für die Erarbeitung von quartären Glazialchronologien.
Mitte links: Sichtbare Tephrahorizonte am Cayambe-Vulkan, Ecuador. *Mitte rechts*: Tephrostratigraphie des Grönland-Eiskerns und NGRIP Sauerstoff-Isotopen-Kurve. (*A*) Tephra-Ablagerungen in den Eiskernen GISP2 und GRIP; sichtbare Tephren werden erfasst. (*B*) Kryptotephra-Spuren („verborgene“ Tephren) der Eiskerne NGRIP, GRIP und NEEM. (Aus Davies 2015).
Unten links: Tephra-Lage (ca. 1 cm dick) im NGRIP-Eiskern (Grönland). *Unten Mitte*: Rasterelektronenmikroskopische (REM) Aufnahmen von Tephra-Scherben (Grönland-Eiskerne). *Unten rechts*: REM-Bilder von vulkanischem Glas aus Eisbohrkernen der Antarktis (EDC – EPICA Dome C, VK – Vostok) (Aus Narcisi et al. 2010) ►

A
B
NGRIP δ18O (‰)
NGRIP δ18O (‰)
Saksunarvatn
Vedde
NAAZ II
NGRIP (GICC05 modelext timescale) ka b2k
Tephra deposit
Drillers tag NGRIP 2000
Date:
Run:
Length:
Depth
EDC 2631.6
EDC 2631.6
VK 3288
VK 3288
10 µm
3 µm
35 µm
10 µm
20 µm
20 µm

(Davies 2015), kann dies für die Tropen – mit Ausnahme von Einzelfällen – nicht vermerkt werden. Der Toba-Ausbruch vor ca. 75 ka BP (vgl. Abb. 2.22) kann in Südostasien, aber auch in Indien (Pearce et al. 2014) und in Ostafrika (Lane et al. 2013; Johnson TC et al. 2016), durch Tephraspuren in Sedimenten nachgewiesen werden; dadurch können terrestrische Chronostratigraphien wesentlich besser datiert und korreliert werden.

Es gibt keine paläoklimatischen Beobachtungen, dass durch Vulkaneruptionen das globale Klima über Dekaden oder längere Zeiträume merklich beeinflusst wurde oder dass vulkanische Eruptionen Klimaschwankungen initiierten. Selbst Mega-Eruptionen, wie die des Toba (vor ~ 75 ka BP) und des Ilopango (um AD 540) haben das globale Klima nicht über einige Jahre hinaus verändert.

4.2.10 Archive (Karten, Bilder, Berichte etc.), historische Daten

Das Wissen über das Klimageschehen vor den Instrumentenmessungen kommt nicht nur von indirekten Klimazeugen wie Eisbohrkernen, Sedimenten, Pollenanalysen etc. Auch Chroniken, die über klimabedingte Katastrophen, Ernteertragszahlen, Eisstände und Gletschervorstöße berichten, sind von Bedeutung sowie Karten und Werke der darstellenden Kunst (Zumbühl 1980; Glaser 2001; Pfister et al. 2002; Brunner 2005; Brádzil et al. 2005) (Abb. 4.71). Die „Geomythologie" (Piccardi und Masse 2007) beschreibt geologische Ursachen/Quellen für die Mythen und Legenden (z. B. Sintflut, e. g. Herget 2012). Diese Proxydaten können für die letzten sechs Jahrhunderte das Klimageschehen (vor allem in Europa [Venedig, Vatikan], im Mittleren Osten, in China (Abb. 4.72) und Japan, z. B. Mikami 2002), mit zum Teil ungeahnter Genauigkeit belegen.

Ausgesprochen gut dokumentiert sind klimatische Extremereignisse. Das Bild der europäischen *Kleinen Eiszeit* basiert in wesentlichen Teilen auf archivalischen Daten (Zumbühl und Holzhauser 1988; Brunner 2005; Behringer 2007; Mauelshagen 2010; Glaser und Riemann 2009). In Japan existieren zahlreiche Tagebücher (offizielle Aufzeichnungen von Feudal-Familien und Klöstern), die tägliche Wetteraufzeichnungen enthalten und bis ins 17. Jahrhundert lückenlos zurückreichen. Chinesische schriftliche Aufzeichnungen zu Wetter-/Klimabedingungen, atmosphärischen Phänomenen und anderen klimarelevanten Daten decken die Zeit seit dem 13. Jahrhundert BC ab (Zhang 2004, 2005). Der Sturz der Ming-Dynastie AD 1643 folgte einer mehrjährigen Dürre und Hungersnöten mit Bauernaufständen (Luterbacher 2003). In Lateinamerika hat die spanische Administration nach der Conquista umfangreiche Materialien zu allen Bereichen des öffentlichen Lebens und der Umwelt gesammelt, die für Rekonstruktionen des Klimas der letzten ca. 500 Jahre ausgewertet werden (Metcalfe et al. 2002; Ortlieb et al. 2002). Quinn et al. (1987) und Quinn und Neal (1992) rekonstruieren ENSO-Ereignisse für die letzten 450 Jahre. Die zahlreichen erfassten El-Niño-Ereignisse werden von Ortlieb et al. (2002) kritisch evaluiert mit dem Ergebnis, dass eine bessere Kenntnis der regionalen Auswirkungen der El-Niño-Ereignisse bekannt sein muss, bevor weitreichende Folgerungen (z. B. El-Niño-Intensität und -Sequenz) daraus abgeleitet werden (Abb. 4.73). Für die letzten Jahrhunderte liefern die Logbücher tägliche klimatologische Daten über die Winde und die Meeresströmungen sowie über Meeresoberflächentemperaturen (Garcia et al. 2001; Wheeler et al. 2009). CLIWOC (*Climatological Database for the World's Oceans*) wurde im Jahr 2003 vollendet. Es enthält 273.269 Beobachtungen von 1624 Logbüchern! (Ainsworth 2008). Auch über die tropischen und subtropischen Meere werden Daten geliefert (Abb. 4.74); historische SST-Daten geben Auskunft über Veränderungen der Auswirkungen von El-Niño-Ereignissen seit AD 1880 (Banholzer und Donner 2014). Aufzeichnungen von Missionaren haben zur Rekonstruktion des Klimas im 19. Jahrhundert im südlichen Afrika beigetragen (Nash und Endfield 2002).

Dass historische Daten auch Probleme bei der Interpretation bereiten können, zeigt das Beispiel der Temperaturrekonstruktion im 20. Jahrhundert. AD 1940 endet eine leichte Erwärmungsphase (Abb. 4.96). Klimamodellierer haben dies mit natürlichem *forcing* bzw. Abkühlung aufgrund vermehrter atmosphärischer Aerosole oder als Folge natürlicher Fluktuation zu erklären versucht. Jetzt wird die Ursache in statistischen Methoden gesucht (Thompson et al. 2008; Forest und Reynolds 2008). Auch änderten sich beispielsweise die Geräte und die Standorte der Temperaturmessungen; zukünftig wird vielleicht die Temperaturmessung vorgenommen, indem weltweit über Apps von Millionen Smartphones die Akkutemperatur mehrmals am Tag mitgeteilt wird (Overeem et al. 2013).

Schon frühzeitig entwickelte sich eine wissenschaftliche Diskussion über prähistorische Kunst und den daraus abgeleiteten paläoökologischen Schlussfolgerungen (Barth 1857/58). Felsbilder und Felsgravuren/Petroglyphen aus der Sahara (Pachur und Altmann 2006) und aus der Namib (Lenssen-Erz und Erz 2000; Lenssen-Erz 2007) enthalten zahlreiche Informationen zu

Abb. 4.71 Quellen für paläoklimatische Daten. *Oben links*: Detail von Folio 32 des Codex Telleriano-Remensis. Dargestellt wird die Hungersnot von AD 1454 in Mexiko. Das Jahr 1454 hat das Zeichen *One Rabbit* (*oben rechts*). Das Bild zeigt Staubstürme und die Opfer der Hungersnot, die vermutlich mehrere Jahre andauerte und mit Dürren und Frösten im Sommer einherging. Zahlreiche andere aztekische Codices und Nahua-Annalen des 15. Jahrhunderts dokumentieren die Dürren und Hungersnöte, die auch durch Baumringchronologien bestätigt werden. Die extremen Witterungsereignisse sind Folgen des Kuwae-Vulkanausbruchs auf Vanuatu AD 1452/1453. (Aus Bibliothèque Nationale de France, Paris, aus Therrell et al. 2004) *Oben Mitte*: Titelblatt der ersten ausführlichen Beschreibung der Gletscher und Moränen der Vulkangebirge Ecuadors (AD 1907). *Oben rechts*: Seit etwa 1000 Jahren werden in Japan der Beginn der Kirschblüte registriert und damit Informationen zum Klima. *Mitte links* und *rechts* aus Meyer (1907a): Ecuador, Gipfel des Chimborazo, 3 Juli 1880, und Insekten, die H. Meyer in seinem Zimmer in Guayaquil antraf. Auch Insekten, die in Gemeinschaft mit dem Menschen leben, speichern Umweltinformationen.
Unten links: Gemälde von Pieter Bruegel AD 1565, Kleine Eiszeit. *Unten rechts*: Mexiko. Der stark vergletscherte Pico de Orizaba in der Kleinen Eiszeit (Gemälde von Johann Moritz Rugendas aus den Jahren 1831–1834). (Quellen: alueni-images) ►

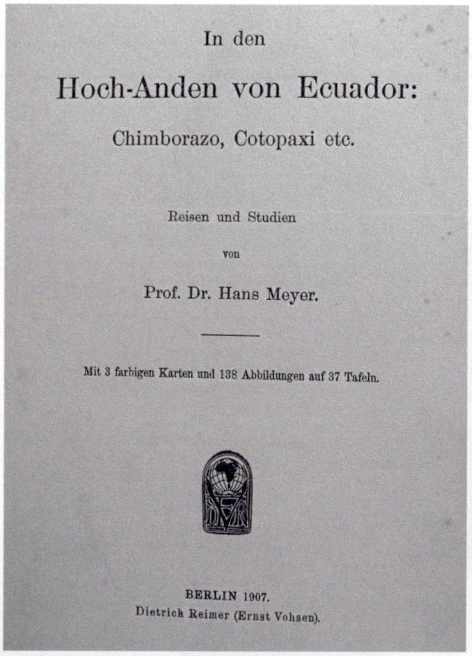

In den

Hoch-Anden von Ecuador:

Chimborazo, Cotopaxi etc.

Reisen und Studien

von

Prof. Dr. Hans Meyer.

Mit 3 farbigen Karten und 138 Abbildungen auf 37 Tafeln.

BERLIN 1907.

Dietrich Reimer (Ernst Vohsen).

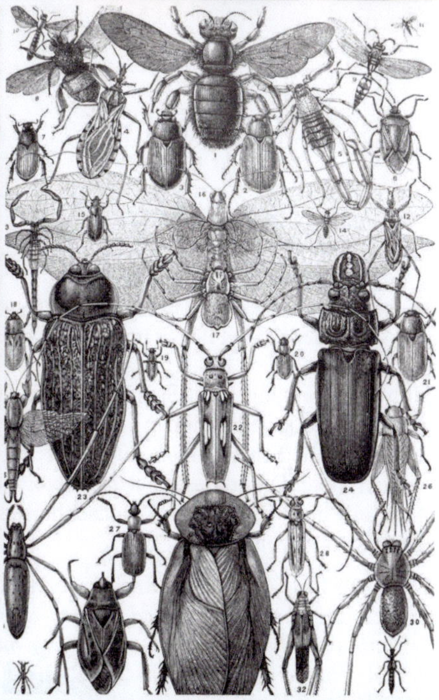

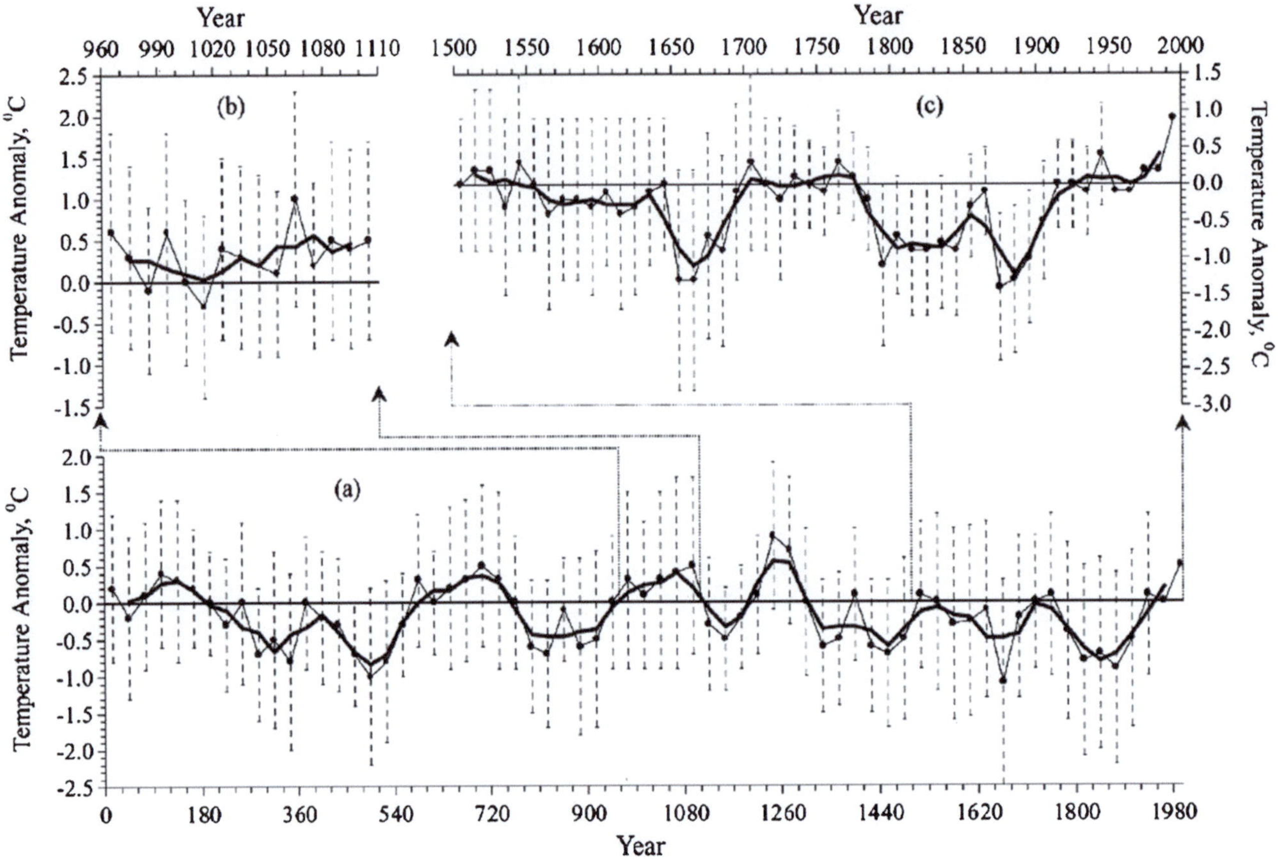

Abb. 4.72 Wintertemperaturanomalie-Änderungen für das Gebiet des unteren Gelben Flusses und Yangtze-Flusses (nach Ge et al. 2002). **a** 30-jähriges Mittel der letzten 2000 Jahre, **b** 10-jähriges Mittel für AD 961–1110, **c** 30-jähriges Mittel für AD 1501–1999. *Schwarze Linie*: Wintertemperaturanomalie; *graue Linie*: 3-Punkt gleitendes Mittel; *gerissene Linien*: Fehlerbereiche. Warme Perioden im Mittelalter und kalte Perioden in der Kleinen Eiszeit treten deutlich hervor

Umweltbedingungen im Spätglazial und Holozän. Pachur und Altmann (2006: 526) finden in Verbindung mit Petroglyphen, die die fossile Fauna zeigen, oft auch Knochenfunde der dargestellten Tiere. Die früheste Felskunst vor ca. 40.000 Jahren gibt Auskunft über Umwelt und Menschheitsentwicklung während der letzten Eiszeit (Abb. 4.75).

Nicht nur für die Klimageschichte sind historische Quellen von großer Bedeutung. „*We need history as well as modern observations to build and test predictive models*", sagte jüngst der Glaziologe und Klimaforscher Richard Alley (Pennsylvania State University) (Schiermeier 2016).

4.3 Marine Klimazeugen

4.3.1 Meeressedimente

Die Klimaforscher wissen aus den Erfahrungen vergangener Jahre, dass Messungen und Beobachtungen vom Land wesentlich robustere (Paläo-)Klimadaten liefern als Satellitensensoren, Radiosonden und marine Daten (Schiermeier 2008). Als Beispiel sei nur auf die Diskrepanz zwischen den LGM-zeitlichen tropischen Temperaturrekonstruktionen anhand mariner bzw. terrestrischer Archive hingewiesen: Erst nach und nach wird erkannt, dass die LGM-zeitliche Temperaturabsenkung in den Tropen wesentlich größer war, als dies bisher die Analysen mariner Paläoklimaarchve ergeben haben (vgl. Stansell et al. 2007; Tripati et al. 2014; Loomis et al. 2017). Dennoch spielen in der (Paläo-)Klimaforschung die marinen Klimazeugen des Quartärs eine überragende Rolle (Tiedemann 1995).

Gegenwärtig nehmen die Ozeane zwischen 6×10^6 und $11 \times 10^6\,\mathrm{t\,a^{-1}}$ an Sedimenten auf. Dieser Betrag änderte sich während des Känozoikums, da er von Gebirgsbildungsphasen, Humidität/Aridität, Eisbedeckung u. v. a. m. abhängig ist. Die Sedimente, die sich am Meeresboden absetzen, bestehen aus dem terrigenen (vom Festland stammenden) und dem biogenen (von marinen Organismen stammenden) Material (Abb. 4.76). Im tropischen Atlantik beispielsweise beträgt die Sedimentationsrate 1–6 cm/ka und kann bis 12 cm/ka zunehmen, im arktischen Ozean werden durchschnittlich 1–2 cm/ka während der letzten 14 Ma sedimentiert (Moran et al. 2006).

Die marinen Sedimente enthalten Paläo-Umweltinformationen unterschiedlichster Art. Zusammensetzung, Korngrößenverteilung, „*roughness/smoothness*" der marinen Sedimente geben Auskunft über die Herkunft, die Transportart und Windrich-

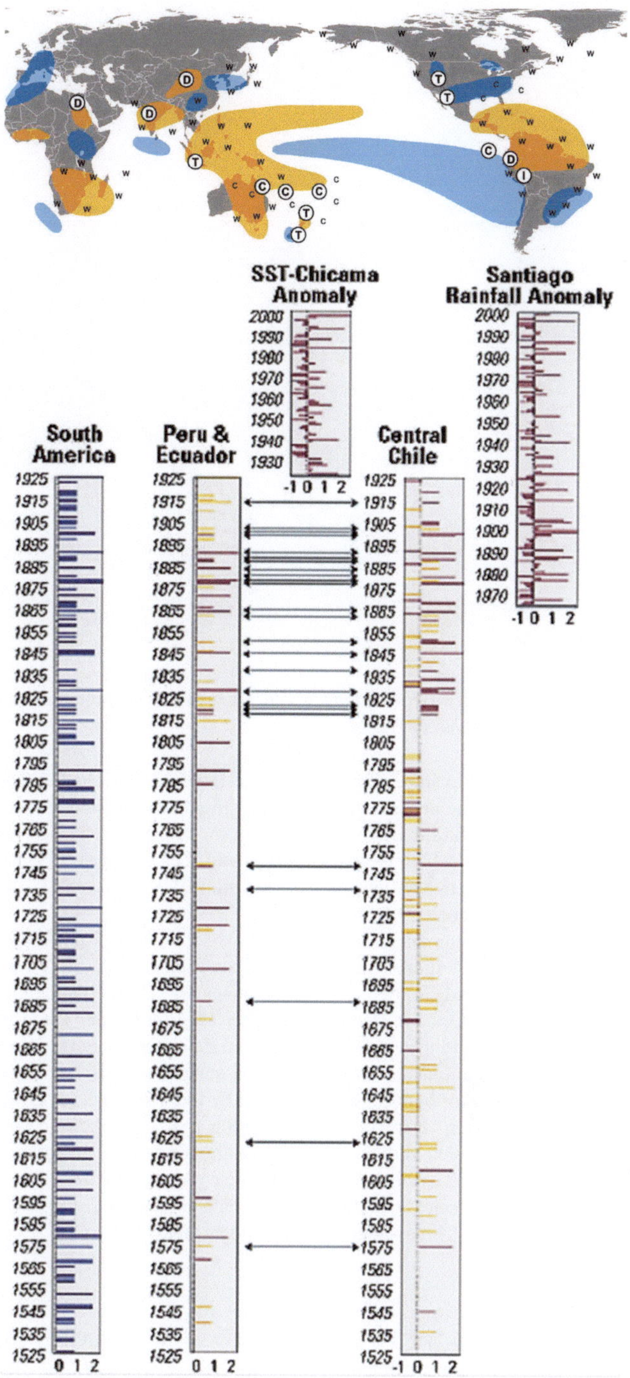

Abb. 4.73 *Oben*: Orte der Proxy-*records* (nach Gergis und Fowler 2009), um historische El-Niño- und La-Niña-Ereignisse zu rekonstruieren. Unterlegt ist eine Karte der ENSO-Telekonnexions-Charakteristika (nach Allan et al. 1996). Niederschlagsanomalien, die mit El-Niño-Ereignissen einhergehen, sind in *beige* (trocken) und *blau* (feucht) dargestellt. Temperaturanomalien repräsentieren c (kühl) und w (warm); D steht für dokumentarische *records* von Dürren und Fluten, T für Baumringchronologien, C für Korallen-Sequenzen und I für Eiskerndaten. (Aus Nash und Adamson (2014), dort auch Literaturangaben).
Unten: Vergleich zwischen der historischen Sequenz von El-Niño-Ereignissen, die anhand dokumentarischer Daten von ganz Südamerika (Quinn 1993), Ecuador/Nord-Peru (Ortlieb 2000) und Zentral-Chile rekonstruiert wurden. Für die historischen Sequenzen: −1: La-Niña-Ereignisse (nur für Zentral-Chile); 0: normale Jahre (oder Fehlen von relevanten Daten); 1, 2 und 2,5: schwache/mäßige, starke und sehr starke El-Niño-Ereignisse. *Gelbe Balken* betreffen weniger zuverlässige Daten. *Horizontale Pfeile* markieren El-Niño-Bedingungen, die zeitgleich in Zentral-Chile und Ecuador/Nord-Peru auftraten. Standardisierte Anomalien der (Februar–Mai) SST in Puerto Chicama (Nord-Peru) für die Periode 1925–1998 und jährlicher Niederschlag in Santiago (Zentral-Chile) für die Periode 1866–2000. Beide Reihen korrelieren gut mit ENSO. (Aus Ortlieb et al. 2002) ►

tung. „*Ice rafted material*“ (IRD = von Eis und Eisbergen transportiertes Material) belegt Gletscherfließ- und Eisbergdrift-Richtungen. Eisberge gelangten in den Glazialen bis vor die portugiesische Küste (Lebreiro et al. 1996, zitiert nach Mannion 1999) und die Südküste Floridas (24,5° N) (Hill und Condron 2014). Tonmineralassoziationen der marinen Sedimente lassen weitreichende Rückschlüsse auf Herkunft, Bildung, Transportweg und -art sowie Klimabedingungen zu (vgl. Heine und Völkel 2010).

Seit über 50 Jahren werden die Sedimente der Ozeane als bedeutende Archive der Klima- und Umweltgeschichte der vergangenen ca. 3 × 10^6 Jahre wissenschaftlich ausgewertet. Eine Vielfalt an Methoden wurde entwickelt, um zwischen Äquator und Nordpol bzw. Südozean die marinen Sedimente zu analysieren, die physikalische, chemische und biologische Daten gespeichert haben (Tiedemann 1995). Der Vorteil der marinen Sedimentsequenzen gegenüber den terrestrischen Paläoumweltarchiven liegt darin, dass sie ununterbrochene Zeugnisse der Umweltveränderungen über lange Zeiträume und aus allen Meeren der Erde liefern (vom Tertiär bis ins Holozän). Die Daten aus den marinen Sedimenten werden benutzt, um globale chronostratigraphische Einheiten zu benennen, die unter Verwendung der Sauerstoffisotopen-Verhältnisse (s. Abschn. 2.2.1) erarbeitet wurden: *oxygen isotope stages* (OIS) bzw. *marine isotope stages* (MIS) (Abb. 2.51). Auf die MIS wird in vielen terrestrischen wie glazialen regionalen und globalen Stratigraphien Bezug genommen. Neben der Bedeutung für die chronostratigraphische Gliederung des Känozoikums, vor allem aber des Quartärs, liefern die Meeressedimente Daten zur Geschichte (1) von Meeresoberflächentemperaturen, (2) von Aridität und Humidität der Kontinente (einschließlich der Veränderung von Klima-, Vegetations- und Landschaftszonen), (3) von Änderungen des globalen Eishaushalts, (4) vom Wandel des Kohlenstoffhaushalts während der Glazial- und Interglazialzeiten, (5) von Bodenbildung und Bodenabtrag/Bodenerosion (fluvial, äolisch), (6) von Meereisverbreitung, (7) von anthropogen initiierten Umweltveränderungen u. v. a. m.

Die marinen Zeugnisse belegen – wie auch die Eiskerne – Umweltveränderungen, die sich im Rhythmus von ca. 100.000 (seit ca. 1 Ma), ca. 41.000, 19.000/23.000 Jahren und auch in wesentlich kürzeren Phasen (Jahrtausende bis Jahrzehnte) abspielten. Die 100.000-Jahr-Zyklen korrelieren mit Milankovitch-Zyklen (Exzentrizität), die 41.000-Jahr-Zyklen mit Änderungen der Schiefe der Ekliptik und die 19.000/23.000-Jahr-Zyklen

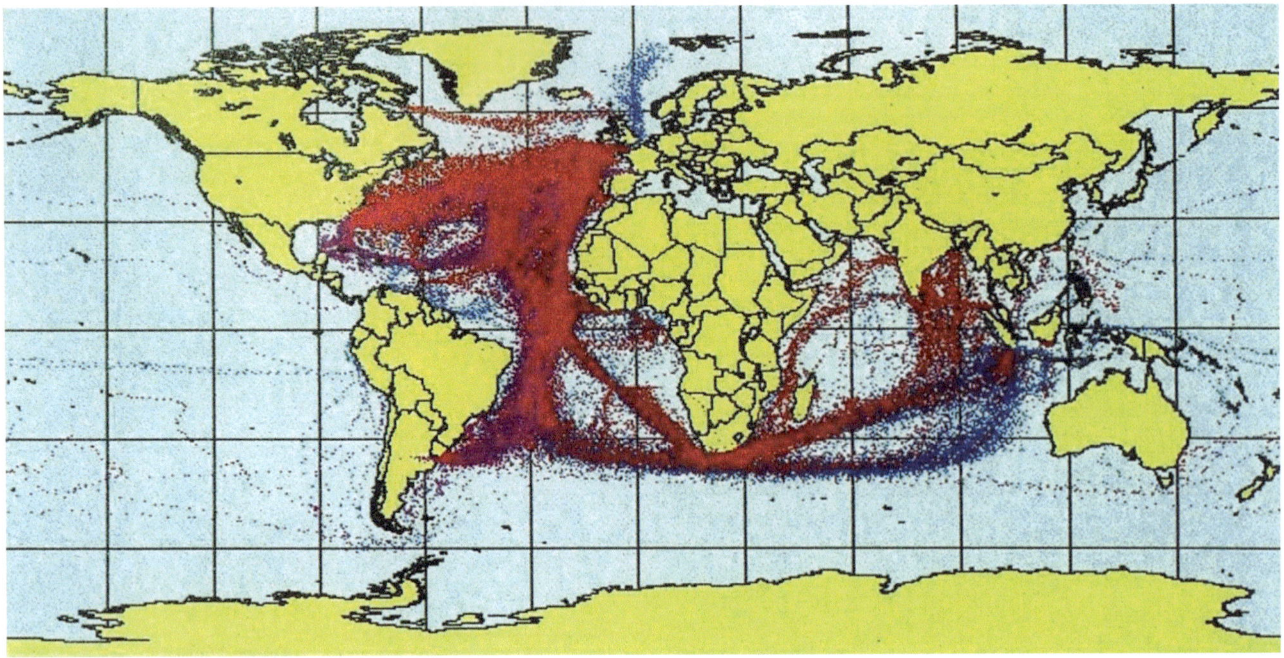

Abb. 4.74 Logbuch-Beobachtungen von britischen (*rot*), holländischen (*blau*) und spanischen (*lila*) Schiffen für die Zeit von AD 1750 bis 1850 (Aus Garcia und Garcia-Herrera 2003)

Abb. 4.75 *Oben*: Leang Timpuseng, Sulawesi, Indonesien. Die Felszeichnungen haben ein Alter von ca. 40–35 ka BP. Babirusa-Sau (ohne Hauer), Hirscheber, Familie der Schweine. **a** Fotografie, **b** Umzeichnung mit roter Linie (nicht in **a** sichtbar), die die Lauffläche darstellt. Die Orte der Probeentnahmen für die Datierungen (U/Th, ca. 40–35 ka BP) sind eingezeichnet. (Aus Aubert et al. 2014).
Mitte links: *Tsodilo Hills* (Kalahari, Botswana). Zeichnung von Fischen. Das Alter ist unbekannt. Am Fuß der *Tsodilo Hills* existierte im Jungquartär zeitweise ein See (vgl. Abb. 6.106 und 6.108). *Mitte rechts*: Twyfelfontein, Namibia. Petroglyphen. Das Alter wurde bisher nur geschätzt: Zwischen 5000 und 2000 Jahre v. h.
Unten links: Tanzoumaitak, Tassili, Sahara. Malereien der „Rundkopfzeit" (vor ca. 9000–8000 Jahren). Eine ideale Sequenz der Felszeichnungen und -gravuren der östlichen Sahara beschreiben Riemer et al. (2017); sie beginnt mit den Gravuren archaischer Figuren mit Rundköpfen zusammen mit Nashörnern und Giraffen, die eine Savannenlandschaft dokumentieren. Später folgen Darstellungen domestizierter Rinder und prähistorischer Schafhirten. Wiederum später werden Reiter auf Pferden der Eisenzeit dargestellt. Schließlich folgen Bilder mit Reitern auf Kamelen, die vor 2000 Jahren eingeführt wurden. Die jüngsten Zeichnungen zeigen auch Fahrzeuge, die im letzten Jahrhundert die Sahara „eroberten". Die Felskunst belegt die aufeinander folgende Anpassung des Menschen an die sich wandelnden Umweltbedingungen von einer „green Sahara" an der Pleistozän/Holozän-Wende (African Humid Period, AHP) bis zur Extremwüste der Gegenwart. Welche Absicht die steinzeitlichen „Künstler" mit ihren Darstellungen verfolgten, erschließt sich erst heute über ein tieferes Verständnis der stilistischen Variabilität, der Mobilität, der Gruppenidentität, des rituellen Verhaltens, der Demographie und der Integration in die Landschaft. *Unten Mitte*: Maack-Grotte, Brandberg, Namibia. Teil des Panoramabildes „Weiße Dame". Vermutetes Alter: ca. 3500–2000 Jahre vor heute. *Unten rechts*: In der Mythologie der australischen Aborigines werden auch heute noch die Naturphänomene behandelt: Der Wels (Catfish) auf dem Baumrindenbild symbolisiert reichliche Niederschläge während feuchter Klimaphasen. (Bilder: Alueni-images) ►

mit Änderungen der Präzession (s. Box Milankovitch-Theorie). Zeitlich wesentlich kürzer sind die *Bond-Zyklen*, die *Dansgaard/Oeschger-Events* und die *Heinrich-Events* (Broecker 2006) (Box Heinrich-*Events*, Dansgaard/Oeschger-*Events*, Bond-Zyklen; Abschn. 2.2.1).

In marinen Sedimenten sind Überreste mariner Organismen enthalten (planktonische = frei schwimmende und benthische = am Meeresboden lebende), wie Foraminiferen, Diatomeen, Radiolarien und Coccolithophoren (Abb. 4.77) (s. Mannion 1999). Die kleinen im oberflächennahen Wasser der Ozeane schwebenden Mikroorganismen (Phytoplankton – photosynthetische Mikroben) haben einen wichtigen Einfluss auf das globale Klima (Falkowski 2012; Moore et al. 2013, s. Abschn. 2.2.4).

Tiefseesedimente enthalten ein bemerkenswertes Reservoir an Kohlenstoff in Form von mikrobischer Biomasse. Von großer Bedeutung ist *Prochlorococcus marinus*, ein verbreitetes, Photosynthese betreibendes, einzelliges Cyanobakterium (Prokaryot, zelluläres Lebewesen ohne Zellkern), das sich durch Photosynthese selbst versorgen kann und nicht darauf angewiesen ist, andere Organismen zu fressen oder mit ihnen in enger Symbiose zu leben. Die Dynamik dieser Ökosysteme wird erst in den letzten Jahren erforscht (Zakaib 2011). Pearson (2008) zeigt, dass Archaea über Bacteria in weit verbreiteten prokaryotischen Sedimentgemeinschaften dominieren. Danovaro et al. (2008) berichten über eine hohe Virus-Produktion und über Virusinfektionen in diesen Ökosystemen. Virusinfektionen verursachen die Reduktion von $> 80\,\%$ der prokaryoti-

schen Biomasse-Produktion (und bis zu 100 % in Tiefen über 1000 m). Im Kampf zwischen Tiefsee-Viren und -Bakterien werden Bakterien vernichtet, wodurch sie gleichzeitig Nahrung für andere Bakterien bereitstellen. Dabei werden gewaltige Mengen an gelöstem organischem Kohlenstoff in die Tiefsee abgegeben, was den Nährstoffhaushalt nachhaltig beeinflusst. Auf 90 Mrd. Tonnen – das sind ca. 1/5 der globalen Pflanzenbiomasse – wird die ozeanische Biomasse geschätzt. Viren, die in marinen Systemen die mikrobischen Zellen im Verhältnis 10 zu 1 übertreffen, scheinen deshalb eine bedeutende Rolle im globalen biogeochemischen Kreislauf, im Tiefsee-Metabolismus (Stoffwechsel) und ganz allgemein im Funktionieren des größten Ökosystems der Biosphäre zu spielen.

Marine Mikroorganismen, die für die (Paläo-)Klimaforschung von großer Bedeutung sind, sind Foraminiferen, Diatomeen, Radiolarien und Coccolithophoren.

Abb. 4.76 *Oben links*: Das Satellitenbild zeigt, wie sedimentbeladene trübe Wolken von Amazonas-Frischwasser Hunderte von Kilometern in den tropischen Atlantik getragen werden. Die Schwebfracht stammt vorwiegend aus dem Andenbereich, nicht aus dem Amazonas-Tiefland. Amazonas-Sedimente im Atlantik geben daher keine Auskunft über den ausgedehnten tropischen Regenwald des Amazonas-Beckens. Fluviale Systeme der (feuchten) Tropen weisen die höchsten Sedimenttransportraten aller irdischen Ökosysteme auf. Die Kombination von hohen Niederschlägen und (tektonisch aktiven) Gebirgssystemen führt zu einer großen Dynamik der Stoffkreisläufe. Die fluvialen Systeme der Tropen agieren als bedeutende Transportbänder, indem sie gewaltige Mengen an Sedimenten und Nährstoffen zu den Sedimentationsräumen in alluvialen Niederungen, Deltas, kontinentalen Schelf- und Tiefseegebiete befördern. Unser Verständnis der geomorphologischen und geochemischen Prozesse, die dabei in Raum und Zeit ablaufen, ist oft wenig differenziert. Welche Rolle spielen großskalige Klimaveränderungen und Klimavariabilitäten (z. B. ENSO) oder mehr lokale Ereignisse (z. B. tropische Zyklone)? Ob die Wassermassen des Amazonas die Primärproduktion im Atlantik unterdrücken oder beschleunigen, wird seit Langem diskutiert. Subramaniam et al. (2008) halten den Amazonas-Ausfluss für eine Kohlenstoff-Senke. Sie kalkulieren, dass photosynthetische stickstoff-fixierende Organismen, die Fe und Phosphor assimilieren und dann absterben und zum Meeresboden sinken, über 20 Mio. Tonnen C pro Jahr binden. Weitere ca. 7 Mio. Tonnen C werden jährlich durch nitrat-fixierende Organismen absorbiert (Foto: ESA). *Oben rechts*: Staubeintrag aus dem Sahara-Sahel-Gebiet in den Atlantik. (NASA) Sahara-Staub gelangt über den Atlantik nach Südamerika und in den karibischen Raum. Der äolische Staubtransport aus Nordafrika sicherte die Nährstoffzufuhr für den Amazonas-Regenwald im Quartär. *Unten*: Satellitenaufnahme von Borneo mit sedimentbeladenen Flüssen und Schwebstoffeintrag ins Meer. Der Sedimenteintrag ins Meer ist die Folge der starken Regenwald-Rodungen (und nicht vermehrter und/oder intensiverer Niederschläge). *Kleines Bild*: Küste in Borneo ohne Rodungen im Hinterland (AD 1995); es findet kein Sedimenteintrag statt. (Fotos: alueni-images)

Foraminiferen sind einzellige Protozoen (= Einzeller = Eukaryoten [mit einem oder mehreren Zellkernen], welche als *Einzeller* leben oder *koloniale Verbände* bilden) und überwiegend in den (warmen) Meeren zu finden sind (Abb. 4.77). Sie bestehen aus kalkhaltigen Exoskeletten ($CaCO_3$) bis zu einer Größe von 40 bis 100 μm, die aus dem im Wasser gelösten $CaCO_3$ gebildet werden. Damit werden die Sauerstoffisotopen-Verhältnisse ($^{18}O/^{16}O$), die temperaturabhängig sind, in den Foraminiferen gespeichert. Die Gestalt der Foraminiferen (z. B. rechtsdrehend, linksdrehend) ist ebenfalls abhängig von der Temperatur, aber auch von der Wassertiefe, dem Salinitätsgrad etc. In Tiefen über 4000 m werden die kalkhaltigen Skelette in der Regel gelöst. Aus den Sauerstoffisotopen-Verhältnissen der Foraminiferen werden beispielsweise Temperatur-, Meeres-

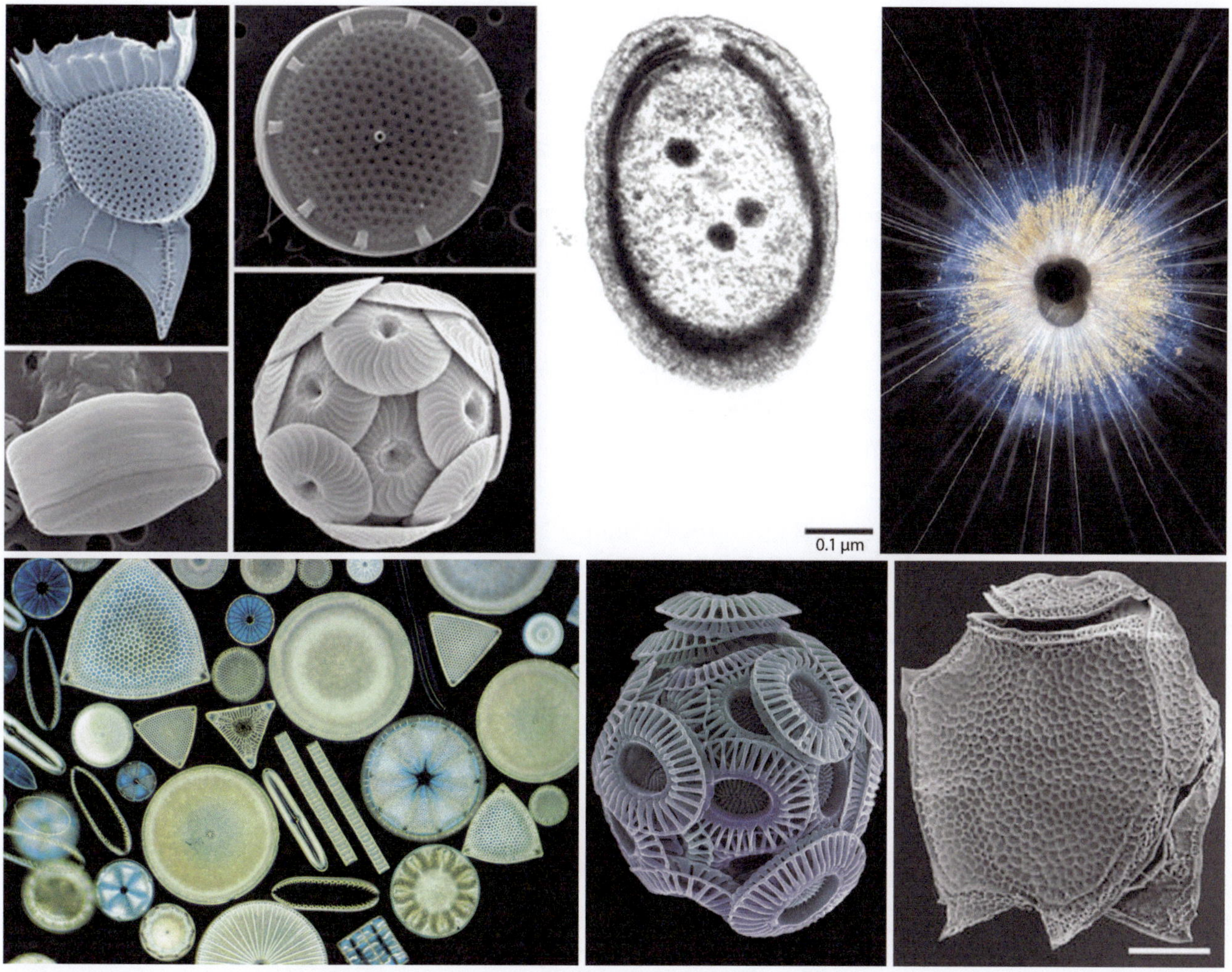

Abb. 4.77 *Oben links*: Die rasterelektronenmikroskopischen Aufnahmen zeigen die strukturelle Verschiedenheit und Schönheit des Phytoplanktons (Falkowski 2012). *Oben rechts*: Die planktonische Foraminifere *Globigerinoides ruber*.
Links unten: Diatomeen sind eine Hauptgruppe des Phytoplanktons; sie umschließen sich mit einer Siliciumhülle. Wenn diese marinen Organismen absterben, sinken sie auf den Ozeangrund und bilden Opal-Sedimente. Diese enthalten geochemische Signale, aus denen paläoklimatische Daten gewonnen werden (z. B. Meckler et al. 2013). *Mitte unten*: Coccolithophoren (hier: *Emiliania huxleyi*) sind marine Algen, die charakteristisch überlappend angeordnete Plättchen (Coccolithe) aus Calciumcarbonat zeigen. *Emiliania huxleyi* kommt von den Tropen bis in subarktische Gewässer vor. *Emiliania huxleyi* ist die Basis aller marinen Nahrungsketten. Coccolithophoren sind auch ein Proxy für frühere atmosphärische CO_2-Gehalte (Bolton und Stoll 2013). *Rechts unten*: Die Dinoflagellate *Bysmatrum granulosum* (Aus: Hoppenrath et al. 2014. Maßstab: 10 µm)

spiegeländerungen und globale Eisvolumina rekonstruiert (s. Abschn. 2.2.1). Erst seit dem Jahr 2000 ist bekannt, dass planktonische Foraminiferen häufig einer mikroskopischen Rekristallisierung unterworfen sind, die bei den aus ihnen rekonstruierten SST nicht berücksichtigt wurde (Kump 2001; Kandiano et al. 2004). Leider ist die Erforschung der planktonischen Foraminiferen in den letzten Jahrzehnten hinter der schnellen Entwicklung komplizierter geochemischer Verfahren und numerischer ökologischer Modelle und deren Anwendung in der Paläoklimaforschung zurückgeblieben.

Diatomeen (Kieselalgen) sind die dominierende Gruppe des Phytoplanktons in den heutigen Weltmeeren (Abb. 4.77). Sie sind eine der ökologisch erfolgreichsten Klassen der photosynthetischen marinen Eukaryoten. Im Känozoikum haben Diatomeen dazu beigetragen, das irdische Klima zu mäßigen, und zwar durch die Absorption von CO_2 aus der Atmosphäre, durch Sequestration über die biologische Kohlenstoffpumpe und durch nachfolgende Einlagerung des organischen Kohlenstoffs in die Lithosphäre. Sie sind an der ozeanischen Primärproduktion mit ca. 40 % beteiligt (das ist etwa gleichbedeutend mit den terrestrischen Regenwäldern, Bailleul et al. 2015) und an der ozeanischen Senke des organischen C in marinen Sedimenten mit > 50 %. Sie sind wichtig für die ozeanische biologische C-Pumpe und die Auswirkungen auf den atmosphärischen CO_2-Gehalt (Rabosky und Sorhannus 2009). Diatomeen sind einzellige Mikroalgen und in allen aquatischen Environments anzutreffen (Stoermer und Smol 2001). Sie sind photosynthetisch und bilden die Basis der Nahrungskette. Ihre SiO_2-Skelette

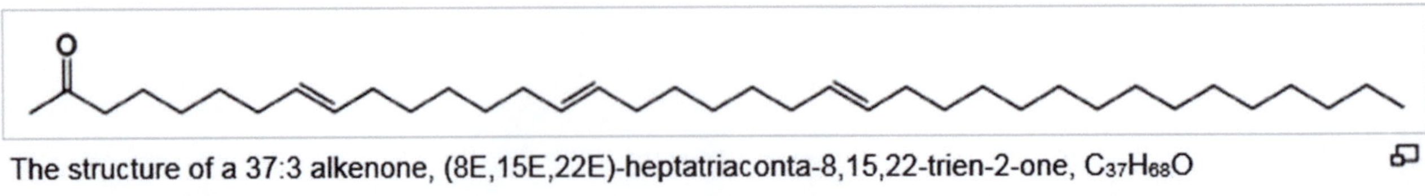

Abb. 4.78 Alkenone werden in der organischen Geochemie als Proxy für frühere Meeresoberflächentemperaturen (SSTs) benutzt. Alkenone produzierende Arten reagieren auf Umweltveränderungen (einschließlich SST-Änderungen), indem sie die relativen Anteile der verschiedenen Alkenone, die produziert werden, verändern. Bei höheren Temperaturen wird ein höherer relativer Anteil an weniger gesättigtem Alkenone gebildet. Das bedeutet, dass der relative Grad der Ungesättigtheit der Alkenone benutzt werden kann, um die Wassertemperatur abzuschätzen, in die der Alkenone produzierende Organismus wuchs. Quelle: Wikipedia

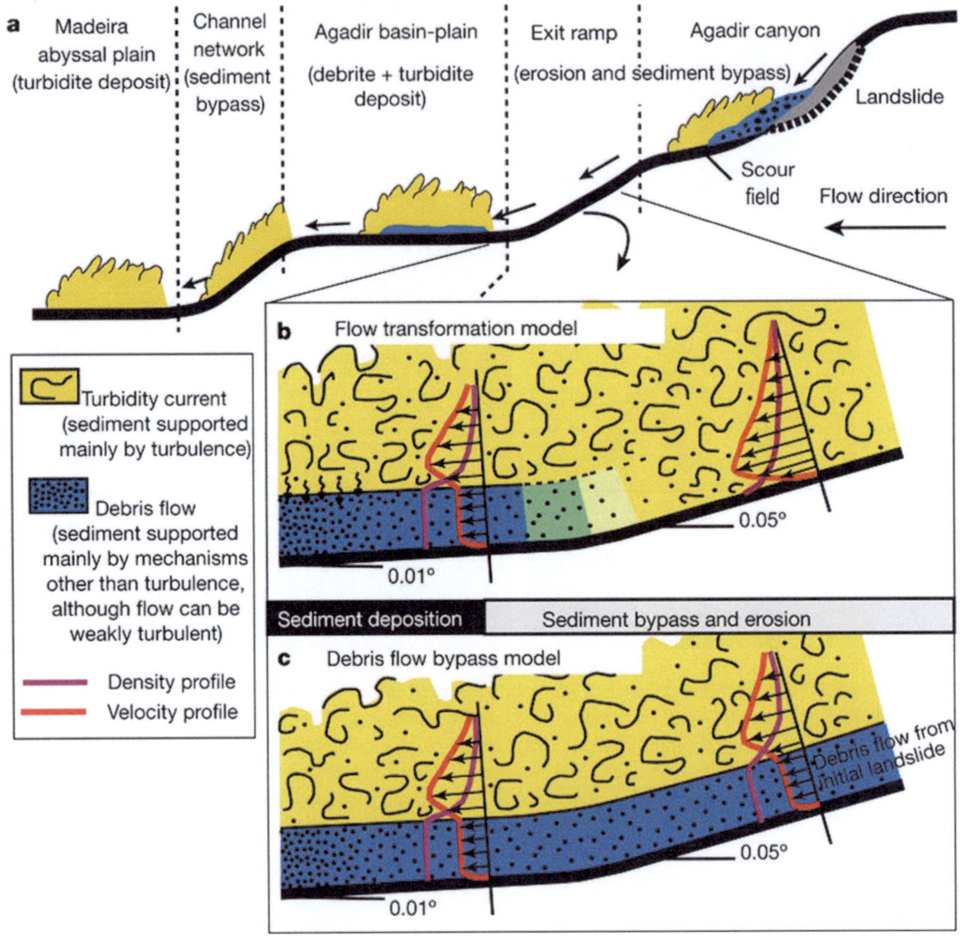

Abb. 4.79 *Turbidity*-Ströme (Nach Talling et al. 2007)

können mannigfaltige Gestalt annehmen. In den Ozeanen sind sie in höheren Breiten stärker vertreten. Diatomeenarten spielen aber auch bei paläoklimatischen Studien terrestrischer (See-) Sedimente (z. B. Passarge 1904; Pachur und Altmann 2006; Metcalfe et al. 2014) eine wichtige Rolle. Das Sauerstoffisotopenverhältnis ($^{18}O/^{16}O$) wird in den Diatomeen gespeichert. Schmelzwasser der Gletscher sind SiO_2-reich und fördern das Diatomeenwachstum, das wiederum zum Abbau des atmosphärischen CO_2 führt. Die Reduzierung des atmosphärischen CO_2 während der kalten Stadien kann hierdurch bewirkt worden sein. In den letzten 100 Jahren hat Phytoplankton in den meisten Weltmeeren abgenommen (Siegel und Franz 2010; Boyce et al. 2010). Dies wird in Modellen zu wenig berücksichtigt. Die Ursachen können in Änderungen der vertikalen Schichtung und des *Upwelling* liegen, ebenso in Aerosol-Niederschlägen, in Eis, Wind und Wolkenbildung sowie in Flusswassereinspeisung, in der Zirkulation der Ozeane und im Nahrungsangebot.

Radiolarien werden wie die Diatomeen aus Opal (SiO_2) aufgebaut (Abb. 4.77). Sie sind einzellige amöbische Protozoen (heterotrophe Organismen, d. h. sie photosynthetisieren nicht). Radiolarien-Vergesellschaftungen dokumentieren Änderungen der Wassertiefe, der Temperatur, der Salinität etc.

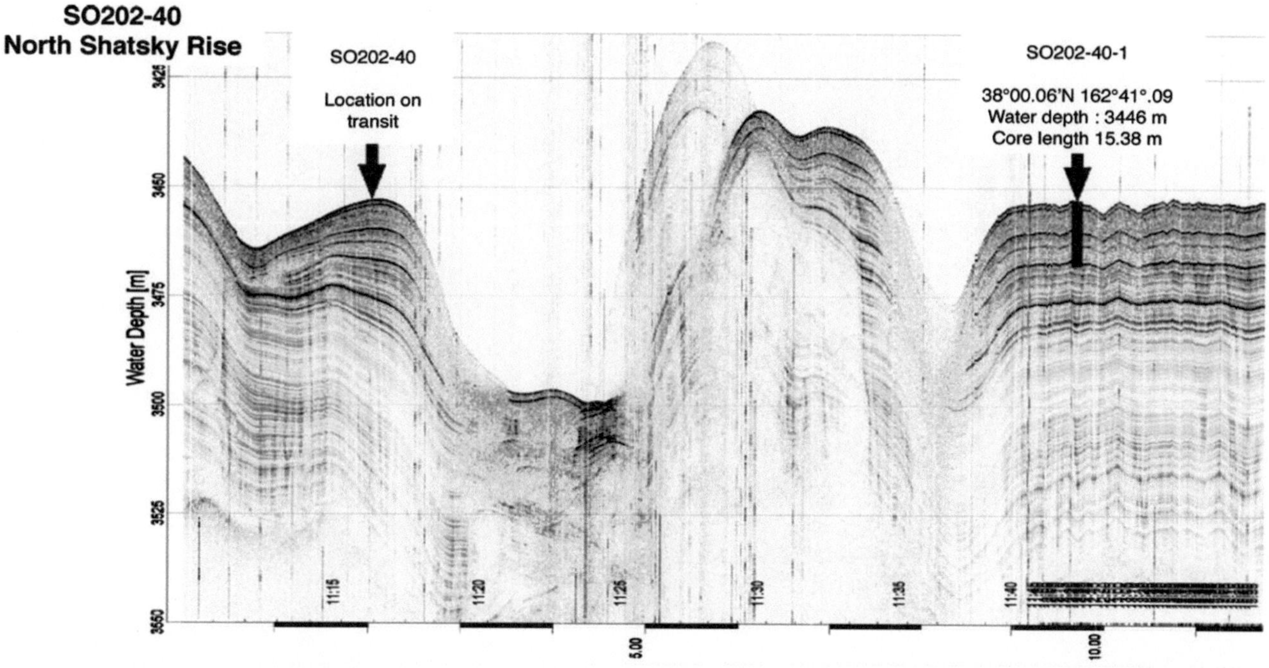

Abb. 4.80 Ein Beispiel des PARASOUND-*survey* von Site SO202-40 auf dem nördlichen Shatsky Rise (nach Gersonde 2012) für die Auswahl der Bohrstellen. PARASOUND Eindringtiefe reicht rund 75 m. Auf einer *Survey*-Fahrt wird eine Lokalität für die Sedimentbohrung ausgewählt und eine Kolbenbohrung (*piston core*) ausgeführt (*schwarzer Balken*). Der Bohrpunkt befindet sich im Bereich geringer Reliefierung mit horizontaler Schichtung. *Unten* sind Zeitmarken der Schiffsposition angegeben

Coccolithophoren sind marine kalkhaltige (Calcit), sehr kleine Organismen (Algen) ($< 100\,\mu m$ Durchmesser, Nanoplankton) (Abb. 4.77). Sie sind – wie die Diatomeen – Primärproduzenten (autotroph). Coccolithophoren (z. B. *Emiliania huxleyi*) produzieren $CaCO_3$-Plättchen (*liths*, $2{,}5\,\mu m$ lang). Calcit wird je nach Art unterschiedlich ausgebildet. Hutchins (2011) und Beaufort et al. (2011) zeigen Aufbau und Chemie von Coccolithophoren, die zu einem großen Teil an der Bildung der kalkhaltigen Meeressedimente beteiligt sind. Sie sind stark temperatur- und salinitätsabhängig. *Blooming* (Blühen) von *Emiliania huxleyi* bedeckt jährlich 1,4 Mio. km^2 der Ozeane. Große Mengen an atmosphärischem CO_2 werden gebunden, und der globale CO_2-Haushalt wird hierdurch kontrolliert. Bolton und Stoll (2013) zeigen eine Beziehung des Calciumcarbonats der Coccolithophoren zum atmosphärischen CO_2-Gehalt auf. *Gephyrocapsa oceanica* und *Emiliania huxleyi* werden z. B. zur Ermittlung des GEX-Index (Verhältnis zwischen zwei dominanten Coccolith-Taxa) benutzt, der als *Upwelling*-Proxy dient und spätquartäre Verschiebungen der ITCZ (z. B. im Cariaco Basin, Karibik) anzeigt (Mertens 2009; Mertens et al. 2009). Die komplexen organischen Substanzen der Coccolithophoren spielen in jüngster Zeit eine besondere Rolle bei der Rekonstruktion der Wassertemperaturen.

Alkenone Aus den Alkenonen (= lipide Teile [Fette] der Zellmembrane, organische Verbindungen → *Ketone*; Abb. 4.78) wird über den sog. „*alkenone unsaturation index*" ($U^K_{37'}$) die SST ermittelt (Rosell-Melé et al. 2011). Alkenone sind Ketone, die u. a. von haptophytischen Algen (z. B. *Emiliana huxleyi*) produziert werden. Die relative Ungesättigtheit dieser Verbindungen ist ein sehr präzises Proxy für Meeresoberflächentemperaturen (SSTs); seit über 30 Jahren werden mithilfe der Alkenone SSTs aus marinen Sedimenten rekonstruiert. Die alkenone-basierten Rekonstruktionen der SST weichen stark von denen ab, die aus planktonischen Foraminiferen (aufgrund der Isotopenanalysen) abgeleitet werden; der $U^K_{37'}$ führt zu Temperaturabsenkungen während der Glaziale zwischen 2 und 5 °C für tropische Ozeane.

Dinoflagellaten sind einzellige, zweigeißelige Flagellaten (Abb. 4.77). 190 Arten von 45 Genera stellen Hoppenrath et al. (2014) in Wort und Bild vor. Die meisten haben einen Zellulosepanzer. Sie bilden mit Kieselalgen und Kalkflagellaten die Hauptmasse des Phytoplanktons. *Dinocysts* oder *dinoflagellate cysts* sind meist 15 bis $100\,\mu m$ im Durchmesser und werden innerhalb des Lebenszyklus gebildet. Sie können sich als Mikrofossilien in marinen Sedimenten ablagern. *Dinocysts* sind oft widerständig (Dinosporin-Schalen). Neben den *dinocysts* kommen *calcareous dinoflagellate cysts* und *siliceous dinoflagellate cysts* vor (Sarjeant et al. 1987). *Dinocysts* werden benutzt, um Aussagen über Meerestemperaturen zu machen (z. B. Bouimetarhan et al. 2013).

Sauerstoffisotopenverhältnisse ($^{18}O/^{16}O$) der marinen Mikroorganismen geben Auskunft über die SST (z. B. Keigwin et al. 2005; Bouimetarhan et al. 2013), vermutlich auch über Meeresspiegelschwankungen (Schneider 2014; Rohling et al. 2014). Marine Mikroorganismen enthalten Spurenelemente, die den Chemismus des Meerwassers widerspiegeln. Cadmium und Barium (Ba/Ca) beispielsweise stehen für Nährstoffkonzentrationen im Wasser. Aus dem Cadmium/Calcium-Verhältnis (Cd/Ca) der Foraminiferen werden Schmelzwasser-Ereignisse

Kapitel 4

Abb. 4.81 Methoden der Probennahme. (*A*) Einsatz eines Schwerkraft-Bohrers vom Forschungsschiff R/V Akademic Joffe (Foto: A. K. Gunvald). (*B*) Ein 25 m langer *piston corer* an Deck des Forschungsschiffs R/V Sonne. Auf dem Deck befinden sich außerdem ein Kasten-Bohrer-Gewicht (im Vordergrund), ein *multicorer* im Zentrum des Decks und ein *box corer* am Ende des Decks (Foto: B. Diekmann). (*C*) Ein 12 m langer Kastenbohrer wird an Bord von R/V Polarstern geholt (Foto: R. Gersonde). (*D*) Ein *multicorer* mit 12 Plastikbehältern unter dem Gewicht (Foto: M. Winterfeld), (*E*) ein Kastenbohrer (*box corer*). (Foto: R. Gersonde)

Tab. 4.1 Vergleich von drei Techniken ohne Bohren (*non-drilling*) und eine Bohrtechnik (*drilling*). (Nach Gersonde und Seidenkrantz 2013) Es wird deutlich, dass aus den verschiedenen Bohrtechniken bereits Unsicherheiten für die spätere Interpretation der Daten resultieren können

	Gravity Corer	Piston Corer	Kasten Corer	MEBO sea floor drill rig
Corediameter	9–12 cm	9–12 cm	$0{,}1 \times 0{,}1$–$0{,}3 \times 0{,}3\,m^2$	7.4–8.4 cm
Max. core length	Up to 20 m	Up to 60–70 m	10–12 m	Up to 80 m
Total weight	1–10 tons	1–10 tons	3–7 tons	~ 10 tons
Max. water depth	Limited by ship wire length	Limited by ship wire length	Limited by ship wire length	2000 m
Advantages	• Easy and fast handling • Deployable in rough sea • Core recovered in liner	• Long core retrieval • Core recovered in liner	• Large volume of sediment ideal for multi-proxy studies	• Drills both soft and hard sediments • Operates from standard research vessels
Drawbacks	• Potential of over-penetration (i. e. loss of the top sediment) • Possible compression of sediment and of non-uniform recovery of deeper sediment • Only works in soft sediment	•Time consuming/complex deployment • Needs good sea conditions • Potential sediment inflow due to piston failure	• Heavy core weight • Needs good sea conditions • Liner-less core recovery: on-board sampling of core • Only works in soft sediment	• Time consuming/complex deployment • Needs good sea conditions • Core recovery may be discontinuous in sediment with alternating composition • High operation costs

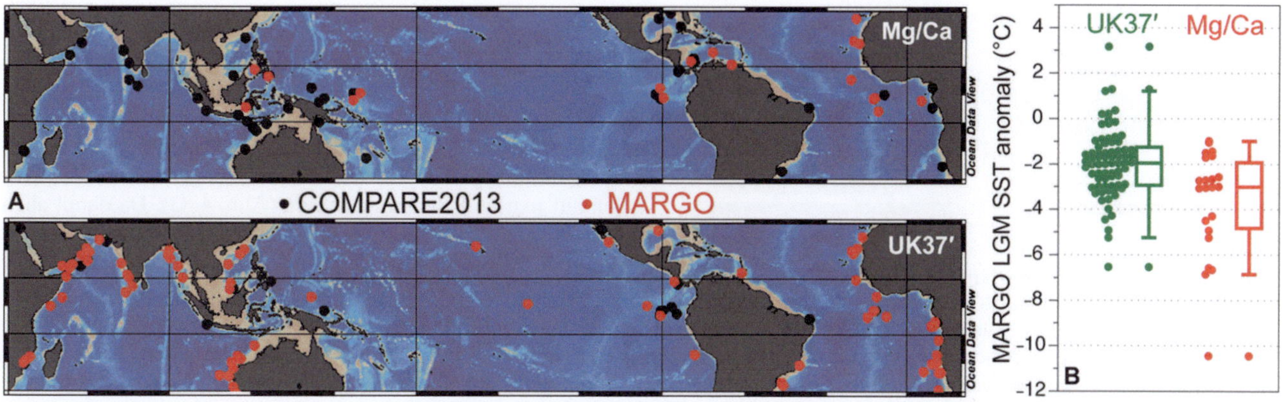

Abb. 4.82 (*A*) Verteilung der neuerlich verfügbaren Daten der SST (COMPARE2013, *schwarze Punkte*) aus niederen Breiten verglichen mit den MARGO-Daten (*rote Punkte*) (nach Lea et al. 2014). *Oben*: Mg/Ca-Paläotemperaturen, *unten*: UK37′-Paläotemperaturen. MARGO-Daten nach MARGO Project Members (2009). (*B*) Whisker plot-Vergleich der tropischen UK37′- und Mg/Ca-Daten aus MARGO Project Members (2009). Im Durchschnitt zeigen die Mg/Ca-Werte eine Abkühlung der tropischen Meere um 3 °C gegenüber 2 °C der UK37′-Werte an. Die Mg/Ca-Werte sind jedoch unter Vorbehalt zu sehen: Während des frühen Pliozäns waren die globalen Temperaturen 3–4 °C wärmer als heute. SST-Schätzungen aufgrund von Mg/Ca-Verhältnissen planktonischer Foraminiferen zeigen, dass die Temperaturen der pliozänen tropischen Ozeane den heutigen Temperaturen vergleichbar waren. Werden andere Temperaturproxys (Kombination von Mg/Ca-, TEX$^{H}_{86}$- und $U^{K'}_{37}$-SST-Proxys, O'Brien et al. 2010) benutzt, ergeben sich um 2 °C wärmere pliozäne tropische Ozeane (Pagani 2014; Brierley et al. 2015)

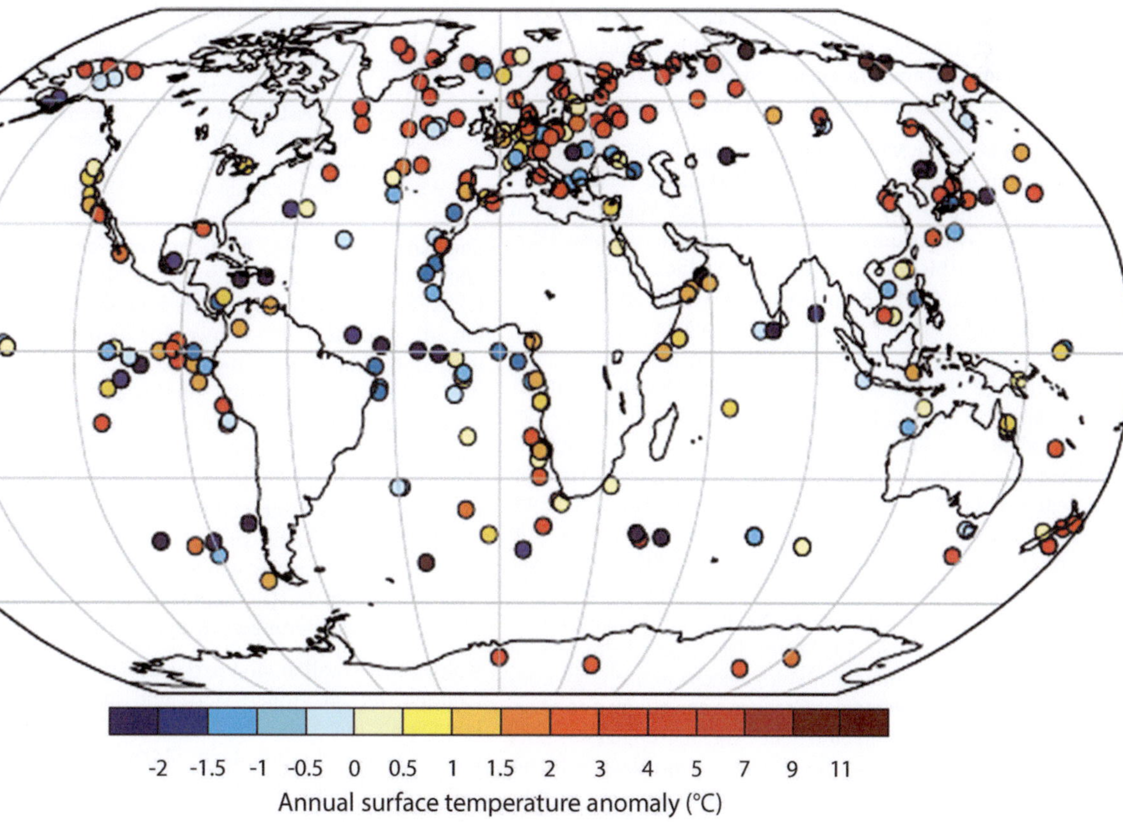

Abb. 4.83 Änderungen der Oberflächentemperaturen für das letzte Interglazial (LIG) bezogen auf die Periode 1961–1990 aufgrund von Proxydaten. (Aus IPCC 2013).
Anmerkung: Für die Tropen und Subtropen werden fast ausschließlich marine Paläoklimaarchive berücksichtigt. Terrestrische Daten beschränken sich für die Tropen auf das Pollenprofil von Funza (Kolumbien) und vom Lynch-Krater (NE-Australien). Die marinen Paläoklimaarchive zeichnen ein sehr heterogenes Bild

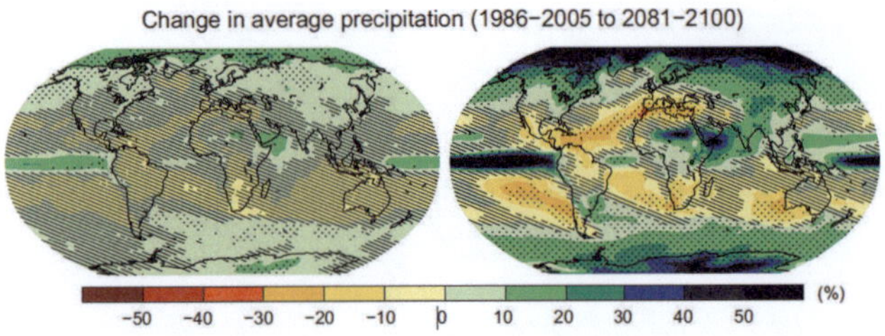

Abb. 4.84 IPCC-Karten von CMIP5 *multi-model mean results* für die Szenarien RCP2.6 (*links*) und RCP8.5 (*rechts*) (RCP – *Representative Concentration Pathway*) für die Periode 2081–2100 CE. Dargestellt sind die Änderungen der Niederschläge in % relativ zur Periode 1986–2005 CE. Schraffierte (*punktierte*) Regionen: weniger als 1 (größer als 2) Standardabweichung(en) der natürlichen internen Variabilität im 20-jährigen Mittel. Die beiden Szenarien basieren auf 32 (*links*) bzw. 39 (*rechts*) CMIP5-Modellen und stellen Mittelwerte (*multi-model mean*) dar. (Aus IPCC 2013).
Anmerkung: Beide Szenarien zeigen für wärmere Phasen eine Zunahme der Aridität z. B. im südlichen Afrika; die terrestrischen Paläoklimaarchive weisen auf das Gegenteil hin, nämlich eine Zunahme der Niederschläge in wärmeren Phasen (Interglazialzeiten)

(Mannion 1999) erschlossen. $\delta^{13}C$-Werte (Berger et al. 1978) und Bariumkonzentrationen zeigen die (Paläo-)Produktivität des Oberflächenwassers an. Mg/Ca-Verhältnisse geben Auskunft über Stratifizierung und Upwelling (Bouimetarhan et al. 2013); Germaniumkonzentrationen von Diatomeen und Radiolarien enthalten Informationen über den SiO_2-Gehalt.

Die Klimaarchive der Meeressedimente sind heute für die Paläoklimaforschung von unschätzbarer Bedeutung (z. B. Tiedemann 1995; Kemp 2014). Sie informieren über Veränderungen der marinen Umweltbedingungen in Zeiträumen, die von Jahrhunderttausenden bis zu Jahreszeiten einzelner Jahre reichen (Shackleton et al. 1988; Kemp 2014). Da sich aber die marine Paläoklimaforschung immer stärker spezialisiert und damit verselbständigt hat, finden mitunter die Erkenntnisse der terrestrischen Paläoklimaforschung bei der Deutung mariner Analysedaten zu wenig Berücksichtigung. Das führte in der Vergangenheit zu eklatanten Fehleinschätzungen. Verschiedene Ursachen können dafür verantwortlich sein: (i) Der Weg von Sedimentströmen, die für Ablagerungen verantwortlich sind, aus denen marine Kerne gewonnen werden, kann sich – von submarinen Rutschungen ausgehend – über 1500 km und mehr erstrecken; unterwegs werden Sedimente abgelagert (Abb. 4.79) (Allen 2007; Talling et al. 2007). Die Paläoklimainterpretation ist daher oft schwierig. (ii) Wenn der marine Kern unweit einer klimatischen und/oder geoökologischen Grenze liegt, können geringe Verschiebungen der Grenzen Schwellenwerte überschreiten und als große (und plötzliche) Veränderungen gewertet werden. (iii) Auch können marine Bohrkernsequenzen Schichtlücken aufweisen, die – wenn sie unerkannt bleiben – plötzliche (Klima-)Veränderungen vortäuschen.

Die Beispiele weisen auf die große Bedeutung der „richtigen" Auswahl der Bohrstellen und der Probenahme mariner Bohrkerne hin (Abb. 4.80 und 4.81, Tab. 4.1).

Auf die immer noch vorhandene Diskrepanz zwischen den marinen und terrestrischen Rekonstruktionen der LGM-zeitlichen Temperaturabsenkung in den Tropen wird im Kap. 2 hingewiesen (vgl. Abb. 2.55). Unterschiedliche Verfahren kommen zu unterschiedlichen Ergebnissen (Abb. 4.82).

Trotz der Diskrepanz zwischen marinen und terrestrischen Paläotemperatur-Rekonstruktionen der Tropen stützt sich der IPCC-Bericht (2013) in vielen Ausführungen fast ausschließlich auf marine Paläoklimaarchive (Abb. 4.83). Da damit auch vorwiegend marine Daten den Simulationen der Klimazukunft zugrunde liegen, ergeben sich Szenarien für die Zukunft, die für die Tropen und Randtropen den terrestrischen Beobachtungen teilweise entgegenstehen (Abb. 4.84). Die simulierte Zunahme der Aridität weiter Gebiete im südlichen Afrika wird in keiner Weise durch die Klimaarchive bestätigt; im Gegenteil, Interglazialzeiten waren feuchter und nicht trockener.

4.3.2 Korallen

2008 war das internationale Jahr der Korallen.

> Als Korallen werden sessile, koloniebildende Nesseltiere bezeichnet. Die verschiedenen Gruppen von Korallen sind nicht näher miteinander verwandt, sondern gehören verschiedenen Taxa der Nesseltiere an. Am bekanntesten sind die Steinkorallen, die den Hauptanteil an der Entstehung der Korallenriffe haben. Eine weitere bedeutende artenreiche Gruppe sind die Oktokorallen [...]. Die Schwarzen Korallen sind mit 150 Arten sehr viel artenärmer. Während die bisher genannten Gruppen Blumentiere sind, gehören die Feuer- und die Filigrankorallen zur Klasse der Hydrozoa. Neben den rezenten (heute lebenden) sind Rugosa und Tabulata ausgestorbene Korallengruppen (Wikipedia: https://de.wikipedia.org/wiki/Koralle; Abb. 4.85).

Die Korallenriffe der heutigen tropischen Meere wurden in den vergangenen Jahrmillionen gebildet. Sie sind komplexe Ökosysteme mit biologischen und geologischen Eigenschaften, die für die Paläo-Umweltforschung von größter Bedeutung sind (Abb. 4.86). In den Korallen-Algen-Gemeinschaften der Riffe wird biologisch produziertes $CaCO_3$ akkumuliert, indem Ca^{2+}- und CO_3^{2-}-Ionen dem Meerwasser für die Absonderung von $CaCO_3$-Mineralen (Calcit und Aragonit) entzogen werden. Viele Faktoren beeinflussen das Korallenwachstum: (i) physikalisch-chemische, wie Temperatur, $CaCO_3$-Sättigungsgrad, Licht, Salinität, Nährstoffe, Stürme, Meeresspiegel, (ii) biologische, wie Korallen-Algen-Diversität, Wettbewerb mit Algen, und (iii) geologische, wie Substrat und quartäre Meeresspiegeländerungen (Kleypas et al. 2001).

Kaltwasser-Korallen sind azooxanthellate (ohne Algen) Korallenarten, die in großer Tiefe und in kälterem Wasser leben können als ihre tropischen Verwandten. Sie sind in den Weltmeeren weit verbreitet, doch bilden sie nur an wenigen Stellen große Korallenbänke (z. B. Nordatlantik, Mittelmeer).

Bis in die jüngste Zeit werden Konzepte der Korallenriffbildung stark vom Darwin'schen Modell aus dem Jahr 1842 beeinflusst, in dem das Höhen- und Außenwachstum eines Riffkerns über einen Riffhang bei gleichzeitigem Auffüllen der rückwärtigen Lagune mit Korallenschutt erfolgt, der dem Riff selbst entstammt. Das Wachstum der Riffe wird über Meeresspiegeländerungen gesteuert. Dabei bleiben ozeanographische

Abb. 4.85 *Links*: Koralleninsel des Großen Barriereriffs, Nordostaustralien. (GOOGLE-Bild)
Rechts: Great Barrier Reef. In der *Bildmitte* Personen beim Schnorcheln. (Foto: alueni-images)

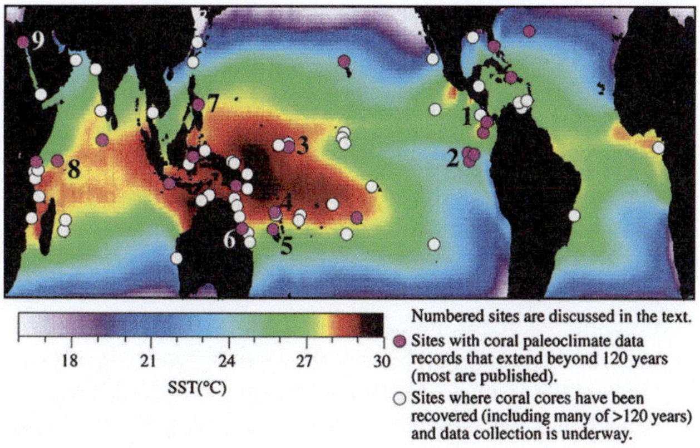

Abb. 4.86 Verteilung der jährlichen mittleren Meeresoberflächentemperaturen (SST) und Orte der Korallenforschung. Die SST-Daten sind erhältlich vom *National Meteorological Center* unter: http://www.ingrid.ldgo.columbia.edu. Die mit 1–9 gekennzeichneten Korallen-Orte werden von Gagan et al. (2000) beschrieben. (Aus Gagan et al. 2000)

Faktoren, wie Sturmfrequenz und -stärke, unberücksichtigt. Braithwaite et al. (2000) zeigen, dass das Korallenriffhöhenwachstum in relativ tiefem Wasser im frühen Holozän beginnt und mit langsamer werdendem Meeresspiegelanstieg abnimmt, während die Ablagerung von Riffschutt, der mengenmäßig überwiegt, zunimmt. Neue Modelle bringen das Riffwachstum mit dem Wechselspiel zwischen extremen Sturmereignissen und Schönwetter-hydrodynamischen Bedingungen zusammen. Während die Korallenökologie die Meeresbedingungen von Jahr zu Jahr widerspiegelt, werden Lithologie und Struktur der Riffe von außergewöhnlichen Stürmen bestimmt, überprägt von den Auswirkungen der Meeresspiegeländerungen (Braithwaite et al. 2000), aber auch subaerischen Lösungsprozessen der Riffkalke (Purdy und Winterer 2006). Die sehr komplexen Interaktionen ökologischer Gemeinschaften sind wenig bekannt (Volkov et al. 2007; Pennisi 2007).

Korallen bleichen, wenn die Korallenkolonien unter Stress, gewöhnlich durch hohe Wassertemperaturen und/oder starke Sonnenstrahlung sowie Azidifizierung (Versauerung) bedingt (Kennedy 2007), ihre symbiotischen (Mikro-)Algen (Zooxanthellae), die die Korallen mit Nahrung versorgen, abstoßen, ihr Pigment verlieren und dadurch weiß erscheinen. Weltweit starben Korallen nach dem El Niño 1997/98 und 2015 ab (Aronson et al. 2000; Payet und Agricole 2006). In Südostasien führten Waldbrände durch Fe-Düngung und durch Unterversorgung mit Sauerstoff (*asphyxiation*) zum Korallensterben (Abram et al. 2003). Korallenpolypen, die vermehrt Zooplankton zu sich nehmen, können das Korallenbleichen überdauern (Grottoli et al. 2006). Starke Durchmischung des oberflächennahen Wassers (z. B. durch tropische Stürme) reduziert die SSTs und kann dadurch das Korallensterben aufhalten. Es wird befürchtet, dass die Wirkungen von einem schnellen Klimawandel und Ozeanversauerung (*Ocean acidification*) das Korallenwachstum behindern (Schiermeier 2011; Hoegh-Guldberg et al. 2007). Seit 1950 sind 19 % der Korallen abgestorben und 35 % sind gefährdet; die Karibik hat seit 1970 80 % ihrer Korallen verloren (Mascarelli 2014). Eine Änderung in der Zusammensetzung der symbiotischen Algen kann die Korallen befähigen sich zu akklimatisieren, wenn höhere Wassertemperaturen zur Bleichung geführt haben; dann leben Korallen weiter (Jones et al. 2008). Nach dem Bau des Panama-Kanals wuchsen die Korallen in der Umgebung schlechter in Abhängigkeit von Verschmutzung etc., nicht aber von der Wassertemperatur (Guzman et al. 2008).

Box Sclerochronologie

In den letzten Jahren hat das Studium der physikalischen und chemischen Veränderungen in den festen, vom Wachstum abhängigen Bestandteilen der Organismen (z. B. Korallen, Muschelschalen) in Verbindung mit dem Zeitraum, in denen diese harten Teile geformt wurden, stark zugenommen (z. B. Allison und Finch 2007). Man nennt diese Forschungsrichtung Sclerochronologie. Muscheln aus den Meeren, aber auch aus Flüssen und Seen, sind dabei besonders geeignete Geoarchive, denn die Sclerochronologie konzentriert sich besonders auf Wachstumsstrukturen, die jährliche, monatliche, wöchentliche, tägliche und noch kürzere Phasen archivieren, die umwelt- und/oder astronomisch bedingt sind. Die tägliche Bänderung in Korallenriffskeletten und jährliche Wachstumsringe in Muscheln sind gute Paläoumweltarchive (Abb. A und B). Die Biomineralisation und die biologischen und umweltbedingten Prozesse, die die Geochemie biogener mariner Carbonate in Korallen, Muscheln, Foraminiferen etc. beeinflussen, sind Gegenstand intensiver Studien. Die Sclerochronologie kann mit der Dendrochronologie, dem Studium jährlicher Baumringe, verglichen werden, denn sie versucht gleichermaßen charakteristische Lebenszyklen der Organismen zu erkennen, um daraus Veränderungen der Umwelt und des Klimas in Raum und Zeit abzuleiten. In diffizilen Versuchen werden im Labor Veränderungen von Temperatur, Azidität, Wasserchemismus etc. geschaffen, um die Auswirkungen dieser Manipulationen auf den organischen Metabolismus, die Calcifizierung und die Skelettchemie näher zu erschließen. Die Ergebnisse der Sclerochronologie decken immer wieder Mängel der modellbasierten Umweltrekonstruktionen auf; die saisonale SST-Amplitude ist im Südwestpazifik im holozänen Klimaoptimum größer als dies die Modelle ergeben (Lazareth et al. 2013).

Abb. A *Links* und *Mitte*: Foto einer lebenden *Tridacna gigas* von Heron Island, Great Barrier Reef (Australien). *T. gigas* sind riffbewohnende Muscheln, in deren Mantel symbiotische Algen leben. Die Mantelschalen sind 50 cm groß. Es sind große, langlebige Bivalven der indopazifischen Region. Die Symbionten erzeugen die auffälligen verschiedenen Farben. Nahaufnahme von *T. gigas* mit deutlich sichtbaren Jahreswachstumslinien. Verschiedene Korallen des *Great Barrier Reef*. (Fotos: Raphael Wust)

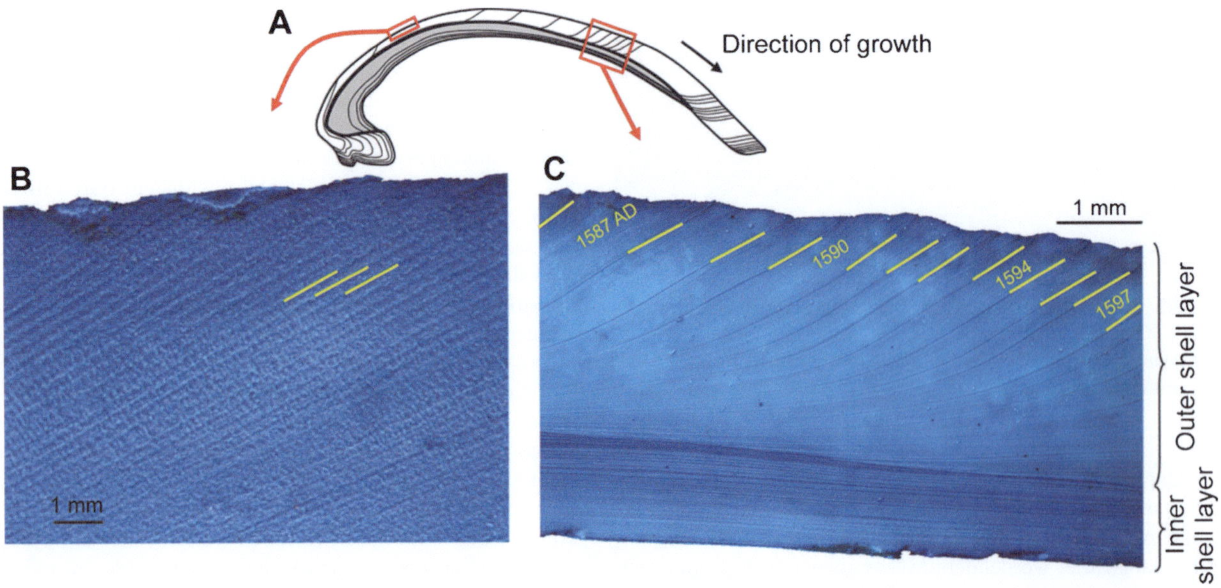

Abb. B Wachstumsstrukturen der Muschel *Arctica islandica*. (*A*) Der schematische Schnitt zeigt die internen Wachstumsmuster in den äußeren (*weiß*) und inneren (*grau*) Muschellagen. Polierte Schnitte zeigen (*B*) Tages- und (*C*) Jahreswachstumsmuster in der äußeren Muschellage. Die *gelb* markierten Wachstumslinien begrenzen Wachstumseinheiten. (Nach Schöne und Surge 2014)

Im Bereich des *Great Barrier Reef* haben am Korallensterben Taifune und korallenfressende Fische (*Acanthaster planci*) mit 48 % bzw. 42 % am Schwund Anteil, während dem Klimawandel 10 % zugeschrieben werden (De'ath et al. 2012). Auch bleiben aus Angst vor Raubfischen kleinere Algen fressende Fische in der Nähe der Riffe. Das führt zu unterschiedlichem Algen- und Korallenwachstum (Madin et al. 2011).

In den Korallenskeletten werden Umweltinformationen von Jahr zu Jahr, den Baumringen vergleichbar, archiviert (vgl. Gagan et al. 2000; s. Box Sclerochronologie). Messungen von Mg/Ca-, Sr/Ca- und U/Ca-Verhältnisse sowie von $\delta^{18}O$ und $\delta^{13}C$ werden benutzt, um Paläo-SSTs (aber auch Paläo-SSS = *sea surface salinity*, Morimoto et al. 2007) mit hoher (jahreszeitlicher) Auflösung zu rekonstruieren (Wei et al. 2000; Gischler et al. 2005; Corrège 2006; Cahyarini et al. 2009; Tierney et al. 2015; Abram et al. 2016). Cadmium und Barium (Cd/Ca- und Ba/Ca-Verhältnisse) sind sensitive Indikatoren für die vertikale Durchmischung der Wassersäule. Bariumkonzentrationen im Aragonit der Korallenskelette zeigen das *Upwelling* von nährstoffreichem Wasser an oder aber auch die Einspeisung von Suspensionen durch Flüsse in küstennahe Gewässer (Fleitmann et al. 2007b). Korrelationen zwischen negativen Cd/Ca- und Ba/Ca-Anomalien (Abnahme der Nahrungsverfügbarkeit bei vermindertem *Upwelling*) und positiven SST-Anomalien (während ENSO-Ereignissen) können Aufschluss über Paläo-ENSO-Ereignisse geben (Gergis et al. 2006). Sr/Ca-Analysen erlauben SST-Rekonstruktionen mit einer Genauigkeit von $\leq$ 0,35 °C (Zinke et al. 2008; Oschmann 2009). Sr/Ca-Analysen kombiniert mit $\delta^{18}O$-Verhältnissen der Korallenskelette zeigen, dass ostasiatische Sommer- und Wintermonsune im Mittelholozän stärker waren, als die nordhemisphärische Sonneneinstrahlung größer war (Morimoto et al. 2007). Eine Beeinflussung des asiatischen Monsungeschehens durch das *orbital forcing* wird immer deutlicher belegt (Li und Harrison 2008; P. Wang et al. 2011). Aus Sr/Ca-Verhältnissen werden monatliche SSTs für den Golf von Mexiko seit AD 1734 rekonstruiert (DeLong et al. 2013). Für die letzten Jahrhunderte können für den westlichen Indischen Ozean sogar Beziehungen zwischen Sauerstoffisotopen-Zeitserien, die aus Korallen ermittelt wurden, und *terrestrischen* Oberflächentemperaturen und Niederschlägen belegt werden (Zinke et al. 2009). Landnutzungänderungen sind in den Spurenelementen der tropischen Korallen gespeichert. Ba-, Y- (Yttrium)- und Mg-Konzentrationen in Korallen belegen in Nordost-Australien eine verstärkte Bodenerosion nach Einführung der Weidewirtschaft um AD 1854 (Lewis et al. 2007). Die oben genannten Faktoren, die das Korallenwachstum beeinflussen (Kleypas et al. 2001), haben sich teilweise in jüngster Zeit verändert, sodass die früheren Korrelationen zwischen geochemischen und klimatischen Parametern nicht mehr erkannt werden können. Besonders die anthropogenen Aerosole beeinträchtigen das Korallenwachstum in den letzten Jahrzehnten, da die Aerosole (s. o.) sowohl die Temperatur als auch die Sonneneinstrahlung verändert haben (Kwiatkowski et al. 2013).

Wenn die detaillierten Labordaten nur eine Lokalität und eine Methode (oder eine geringe Anzahl) berücksichtigen und sich nicht in das allgemeine Bild der Paläo-Environments einfügen, ist Vorsicht geboten. Beispielsweise rekonstruieren Corrège et al. (2004) für die Korallensee im westlichen Pazifik aufgrund von Sr/Ca- und $\delta^{18}O$-Werten in Korallen eine YD-zeitliche Abkühlung der SST um 4,5 ± 1,3 °C; dieser Befund widerspricht allen marinen und terrestrischen Paläoklimarekonstruktionen. Auch müssen Modellierungen der *forcings* von neuzeitlichen Temperaturschwankungen der Tropen, die aufgrund von Korallendaten vorgenommen werden (z. B. Tierney et al. 2015; Abram et al. 2016), kritisch den terrestrischen Beobachtungen gegenübergestellt werden. Zudem wird dem *solar forcing* (Shapiro et al. 2011) in vielen Modellierungen eine zu geringe Bedeutung zugemessen (z. B. Tierney et al. 2015).

Die meisten Studien über die marinen Sedimente sind multi- und interdisziplinär und benutzen ein weites Spektrum an Analysetechniken (s. Schöne und Surge 2005, 2014). Die deutsche Paläoklimaforschung ist stark an den Arbeiten beteiligt (Pätzold et al. 2004; GEOMAR Kiel; MARUM Universität Bremen; GeoForschungsZentrum [GFZ] Potsdam).

Abb. 4.87 *Links*: Marine Strandwälle (*Pfeil*) aus Beachrock des Eem an der Namibküste bei Lüderitz (Namib-Wüste, Namibia). *Rechts*: Marine eemzeitliche Strandterrasse der nördlichen Namib (*Pfeile*). Die ^{14}C-Datierung ergibt ein zu junges Alter von ca. 25 ka BP aufgrund der Kontaminierung. Vgl. Heine (1982). (Fotos: alueni-images)

4.3.3 Marine Terrassen, Sturm- und Tsunami-Sedimente

Klimabedingte Meeresspiegeländerungen sind durch Strandlinien, marine Terrassen (Abb. 4.87), fossile Korallen und δ^{18}O-*Proxyrecords* von marinen Carbonaten belegt. Die glazial/interglazialen großen Klimarhythmen haben weltweit zur Bildung von markanten marinen Strandterrassen geführt. Die Höhenlage dieser marinen Terrassen belegt aufgrund neuer Berechnungen für das Eem (vor ca. 125 ka) global höhere Meeresspiegel im Vergleich zu heute von 6–9 m und für das MIS 11 (vor ca. 400 ka) von 6–13 m (Dutton et al. 2015a). Fossile Korallen liefern für die Rekonstruktion früherer Meeresspiegelstände wertvolle Daten, da sie oft sehr gut erhalten sind und mittels Methoden der Uran-Thorium-Datierung (*U-series*) zuverlässig datiert werden können. Unter Berücksichtigung von taxaspezifischen Tiefenverteilungen der Korallen (die neuesten ökologischen Forschungen geben Auskunft über die komplexen physikalischen, chemischen und biologischen Interaktionen mit dem Wachstum, der Verbreitung und der Zusammensetzung der Korallenriffe), können interglaziale Meeresspiegel (z. B. MIS 5e) rekonstruiert werden, jedoch immer noch mit gewissen Unsicherheiten (vor allem aufgrund tektonischer Einflüsse) (Hibbert et al. 2016).

Das Abschmelzen von beträchtlichen Mengen des grönländischen und westantarktischen Eises hat neben der thermischen Expansion der Meere zum interglazialen Meeresspiegelanstieg geführt; das Abschmelzen der Gebirgsgletscher hat nur eine untergeordnete Bedeutung. Zwischen AD 2002 und 2014 stieg der gemittelte Meeresspiegel um $\sim 2{,}74$ mm/a an, davon entfallen 1,38 mm auf die thermische Ausdehnung (das ist mehr als Modelle zeigen), der Rest auf Gletscherschmelze und andere terrestrische Wasserquellen (Rietbroek et al. 2016). Regionale Unterschiede sind groß und liegen in den Jahren AD 2002–2014 zwischen 14,7± mm/a nahe den Philippinen und −2,8± mm/a im zentralen äquatorialen Pazifik. Für die Seychellen rekonstruieren Dutton et al. (2015b) einen um $7{,}6 \pm 1{,}7$ m höheren Meeresspiegel vor 125 ka BP (Eem) im Vergleich zu heute (vgl. Sinclair et al. 2015).

Tropische Wirbelstürme (Karibik: Hurrikane; Pazifik: Taifune; Australien [volkstümlich]: Willy-willies), Tsunamis und Extrem-Wellen (Monster-/Killer-Wellen, Yeom und Eggleton 2007) bringen mit ihren hohem Wellengang aus dem küstennahen Meer Sedimente an Land. Die Wellen erreichen Küsten-Feuchtgebiete, Mangrovesümpfe, Seen etc., durchbrechen oder überspülen die Barrieren aus Küstendünen und sedimentieren das marine mitgeführte Material zusammen mit aufgenommenem terrestrischem Material. Dieses bildet in den unter normalen Bedingungen sedimentierten organischen Lagen charakteristische Horizonte, die marinen Sand und marine Organismen enthalten. An Korallenküsten können die Wellen tropischer Zyklone große Korallenblöcke, die datiert werden können, über größere Entfernungen transportieren (z. B. Zhao et al. 2009). Nach extremen Wirbelsturm- und Tsunami-Ereignissen der letzten Jahrzehnte wurden prähistorische Sturm-/Tsunami-Ereignisse systematisch erforscht, indem die küstennahen Sedimente auf Schichten untersucht wurden, die marine Anteile aufweisen (Abb. 4.88). Diese *Palaeotempestology*-Forschung basiert auf geologisch-sedimentologischen und biologischen Befunden (Elsner 2007; Monecke et al. 2008; Jankaew et al. 2008; Leroy und Niemi 2009). Woodruff et al. (2009) finden in küstennahen Seesedimenten Japans Taifun-Lagen, die während El-Niño-Phasen gebildet wurden; seit ca. 6000 Jahren korrelieren diese Taifun-Lagen im westlichen Pazifik mit El-Niño-Phasen, während im westlichen Nordatlantik hurrikanbedingte Sedimentlagen vorwiegend in den Phasen geringer El-Niño-Vorkommen auftreten. Auch die Taifun-Ereignisse, die die Invasion der mongolischen Flotten in den Jahren AD 1274 und 1281 verhinderten (Abb. 4.88), sind in japanischen See-Sedimenten dokumentiert (Woodruff et al. 2014).

Die Ergebnisse der *Palaeotempestology*-Forschung zeigen, dass Tsunamis wesentlich häufiger vorkommen, als man bisher annahm. In der Vergangenheit wurden jedoch auch sog. *Chevron*-Formen (vgl. Abb. 4.31) als Bildungen von Mega-Tsunamis beschrieben. Außerdem bereitet die Unterscheidung zwischen Hurrikan- und Tsunami-Sedimentlagen mitunter Schwierigkeiten (Donnelly 2005). Aufgrund der lokalen geologischen Situation können in der Regel entweder die Hurrikan- oder die Tsunami-Ereignisse ausgeschlossen werden.

Die Paläo-Hurrikan-Chronologien geben Auskunft über Veränderungen der Wirbelsturmfrequenz und -intensität, aber auch über Veränderungen ihrer Zugbahnen seit Jahrtausenden (z. B. McCloskey und Keller 2009). In den letzten drei Jahrzehnten hat die Intensität der tropischen Wirbelstürme nicht zugenommen; eine polwärtige Verlagerung der tropischen Stürme hat jedoch stattgefunden (Kossin et al. 2014). Während der Kleinen Eiszeit (vor 300–150 Jahren) waren die SSTs um Puerto Rico (Karibik) ca. 2 °C kühler, während die Sturmtätigkeit größer war (Donnelly und Woodruff 2007). Die Autoren zeigen, dass bei globaler Erwärmung nicht die höheren SSTs von Bedeutung sind, um die Intensität und Frequenz der tropischen Zyklone zu

Abb. 4.88 *Oben*: Sturm-Ablagerungen bilden Wälle aus marinen Geröllen. Great Barrier Reef. (Foto: Rafael Wust) *Zweite Bildreihe*: Tsunami-Welle bei Fukushima, Japan am 11. März 2011. *Dritte Bildreihe links*: Darstellung von Tsunami-Wellen in Japan. Farbholzschnitt (ca. 1830–1832, Ausschnitt) von Katsushica Hokusai: „Die große Welle". *Rechts*: Auf der Suche nach Tsunami-Sedimentlagen. (Aus Normile 2011). *Untere Bildreihe links*: Taifun-bedingte Sedimentation von Seesedimentlagen der Kamikoshiki-Insel, SW-Japan. **a** Strontium (Sr)-Konzentrationen der Taifun-Lagen; **b** El-Niño-Rekonstruktionen aufgrund der Seesedimente (rotes klastisches Material) der Laguna Pallcocha, Ecuador (Moy et al. 2002); **c** Proxy *records* von hurrikanbedingter Sedimentation in der Laguna Playa Grande, Vieques, Puerto Rico (Donnelly und Woodruff 2007). Die *schwarzen* und *grauen Dreiecke* markieren Alterskontrollen. Die Phasen häufiger Taifun-Ereignisse sind *grau* unterlegt. (Aus Woodruff et al. 2014).
Rechts: Taifun-Ereignisse. *Kamikaze* – der göttliche Wind rettete Japan im Jahr 1274 und 1281. 1281 verlor Kublai Khan seine Flotte von 4000 Schiffen und 100.000 mongolischen, chinesischen und koreanischen Invasoren. Bereits 1274 hatte er im Sturm 900 Schiffe und 40.000 Truppen verloren. (Foto: alueni-images) ►

Kapitel 4

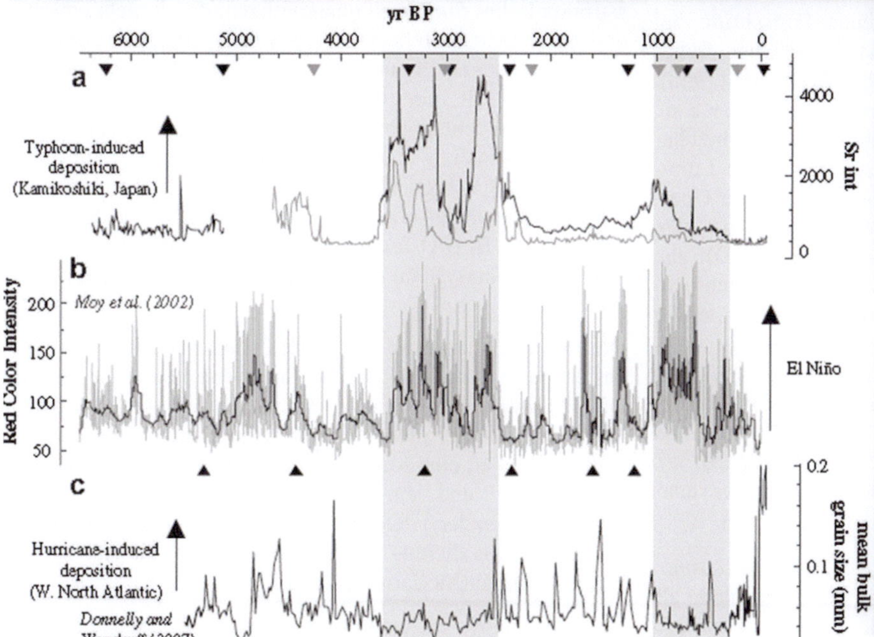
yr BP
a
Typhoon-induced deposition (Kamikoshiki, Japan)
Sr int
b
Red Color Intensity
Moy et al. (2002)
El Niño
c
Hurricane-induced deposition (W. North Atlantic)
Donnelly and Woodruff (2007)
mean bulk grain size (mm)
yr BP

erhöhen (wie viele Modelle zeigen, vgl. Elsner et al. 2008), sondern die regionale Struktur der Erwärmung (Elsner 2007). Die Küstensedimente der Zyklone entlang der nordostaustralischen Küsten und Inseln belegen, dass extreme tropische Stürme während der letzten 5000 Jahre etwa alle 200 bis 300 Jahre auftraten (Nott und Hayne 2001) und damit wesentlich häufiger als zuvor angenommen worden war. Weiterhin zeigt die *Palaeotempestology*-Forschung, dass starke Hurrikane mit geringerer TSI (*total solar irradiance*) und der AMO (*Atlantic multidecadal oscillation*) korrelieren (Nyberg et al. 2007).

4.4 Altersbestimmungen

Zuverlässige Alter sind die Grundlage, um Änderungen von Klima, Flora und Fauna, Oberflächenformen und Sedimentationsprozessen einschließlich der Evolution des Menschen mit den daraus resultierenden ökologischen Auswirkungen in ihrer korrekten zeitlichen Abfolge zu erfassen und um das Tempo und die Art geologischer, morphologischer und biologischer Prozesse zu verstehen. Die Komplexität des Quartärs verlangt nach geochronologischen Methoden, die exakte Altersbestimmungen ermöglichen. Erst durch die exakten Alter lassen sich Ursachen und Konsequenzen der Ereignisse in einer großen Zahl von zeitlichen und räumlichen Skalen bestimmen (Heine 1974). Einige quartäre Datierungsmethoden sind *well-established*, während sich andere noch im frühen Stadium der Entwicklung befinden. Über die Entwicklungen, Verbesserungen und Anwendungen quartärer Datierungsmethoden, einem sich ständig und schnell entwickelnden Forschungsfeld, informieren u. a. G. Wagner (1995), Geyh (2005), M. J. C. Walker (2005) und die Zeitschrift *Quaternary Geochronology* (seit 2006).

Die letzten 50 Jahre brachten bedeutende Fortschritte bei der Altersbestimmung quartärer Klimaarchive. Über frühere Methoden informieren die Werke von Woldstedt (1958), Schwarzbach (1974), Andersen und Borns (1994) u. v. a. m. Meilensteine der Datierung sind die Einführung zahlreicher neuer Methoden (Geyh 2005): die optisch stimulierte Lumineszenz (*optically stimulated luminescence*, OSL), die Oberflächenaltersdatierung mit Radionukliden (*surface exposure dating*, SED; *cosmogenic radionuclide dating*, CRD), die (Jahres-)Eislagen-Zählung (*ice-layer counting*), die molekularen „Uhren“ (*molecular „clocks“*) sowie die Verfeinerung bewährter Methoden (z. B. AMS [*accelerator mass spectrometry*] ^{14}C-Datierungen; die ^{14}C-Kalibrierung; Uran/Uran-Methode [*high-precision uranium-series dating*]; Argon-Argon-Datierung; Aminosäure-Racemisierungs-Datierung [*amino acid dating*]; Kryptotephra-Analysen) (Lowe und Walker 2015a). Die Entwicklung neuer Technologien und Methoden der quartären Zeitmessung schreitet rasant voran.

Eine besondere Bedeutung haben kosmogene Isotope (*cosmogenic isotopes,* CI). Sie werden sowohl in der Atmosphäre als auch an der Erdoberfläche gebildet und haben sich zu den wichtigsten Komponenten für die Studien der globalen paläoklimatischen und Landschaftsentwicklung erwiesen. Die Isotope sind radioaktiv (wie ^{14}C, ^{10}Be, ^{26}Al, ^{36}Cl) oder stabil (wie ^{21}Ne, ^{3}He) und liefern die Daten und Raten der früheren globalen Umweltveränderungen, die in glaziären Ablagerungen, marinen Sedimenten, Speläothemen, Baumringen, Korallen, Gesteinsoberflächen und Eiskernen archiviert sind. Sie stellen die essenziellen chronologischen Rahmenbedingungen bereit, die den zeitlichen Skalen der Klimavariabilität und den räumlichen Quantifizierungen der Erdoberflächenprozesse zugrunde liegen. Bevor es diese Methoden der äußerst sensiblen analytischen Isotopentechniken gab, waren derartige Informationen nicht verfügbar (ANSTO 2007). Beispielsweise wird die geomagnetische Abweichung (*excursion*) des Lachamp-Ereignisses um $\sim$41 ka BP von der Antarktis (EDML [*eastern Dronning Maud Land*]- und Vostok-Eiskerne) und von Grönland (NGRIP) aufgrund von ^{10}Be-Daten mit einer Genauigkeit von $\pm$20 Jahren synchronisiert (Raisbeck et al. 2016).

Lowe und Walker (2015a) referieren einige bedeutende Grenzen der marinen Sauerstoffisotopen-Sequenzen und des grönländischen Eiskern-*record*. Obgleich beide Verfahren immer wieder für Korrelationen herangezogen werden, bestehen immer noch Unsicherheiten und erschweren kohärente Chronologien für quartäre Umweltrekonstruktionen in Zeitskalen von Jahrtausenden und Jahrhunderten (Abb. 4.89).

Die Kurve des *marine oxygen isotope stratotype* (LR 04; Abb. 4.90) wird als Standardkurve für das *tuning* mit anderen Paläoklimazeitskalen herangezogen. Dies bringt oft Probleme mit sich, da zahlreiche Beispiele zeigen, dass unabhängig datierte Paläoklimasequenzen um (viele) Jahrtausende von der LR 04-Zeitskala abweichen können: Diskrepanzen gibt es zwischen Atlantik und Pazifik hinsichtlich der Reaktionen auf externes *forcing*, aber auch zwischen marinen/limnischen Sedimentdaten und Eiskerndaten sowie Speläothem-*records* (Lowe und Walker 2015a; Johnson TC et al. 2016). Es ist daher schwierig, die Reaktionen des *Ozean-Atmosphäre-Eis*-Klimasystems auf astronomisches *forcing* zu quantifizieren, da oft nicht entschieden werden kann, ob beispielsweise der Aufbau der arktischen und antarktischen Eisschilde, Änderungen der thermohalinen Zirkulation (THC) und der Zirkulation der Atmosphäre sowie der extremen Situationen der nord- bzw. südhemisphärischen solaren Einstrahlung so erfolgten, wie aufgrund der auf *tuning* basierenden Synchronität angenommen wird. Dies ist besonders für Modellierungen von eminenter Bedeutung, da Klimaumschwünge (z. B. D/O-Ereignisse) von internen *feedbacks* innerhalb des Klimasystems abhängig sein können (Barker et al. 2015).

Die Isotopenkurve (Abb. 4.90) von Lisiecki und Raymo (2005) basiert auf 57 über die gesamte Erde verteilte marine *records*. Da die Sauerstoffisotopen-Verhältnisse jedoch kein Maß für die Veränderungen der globalen Durchschnittstemperatur der Luft sind (sie stellen eine Mischung dar von Tiefenwassertemperatur, Salzgehalt und dem Volumen der Weltmeere), müssen die Veränderungen der δ^{18}O-Werte weder linear noch konstant hinsichtlich der Skalierung (*scaling*) sein, die für die Ableitungen benutzt werden (McCarroll 2015).

Auch die zeitlich extrem hochauflösende Chronologie des letzten glazialen Zyklus, die eine jährliche Auflösung aufweist (Abb. 4.91), muss bei Korrelationen kritisch angewandt werden. Die Kurve zeigt in erstaunlicher Klarheit die Schnelle und

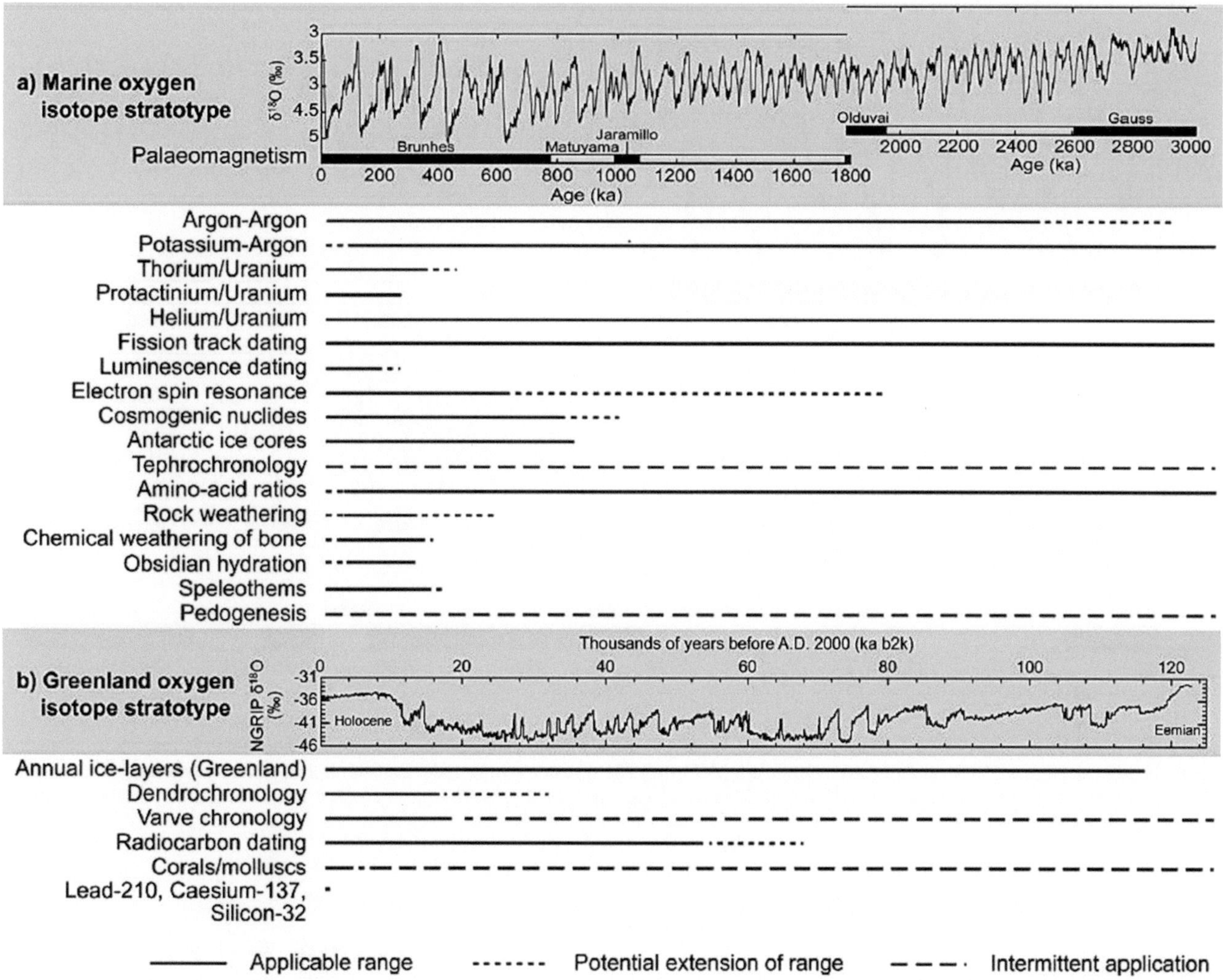

Abb. 4.89 Spanne verschiedener Datierungsmethoden, die **a** über mehrere Glazial-Interglazial-Zyklen reichen und **b** auf das Holozän und den letzten glazialen Zyklus beschränkt sind. *Kurz-gerissene Linien* deuten an, dass in Zukunft mit einer zeitlichen Ausweitung der Methode zu rechnen ist. *Lang-gerissene Linien* geben an, dass die Methode zurzeit nur unterbrochen (d. h. zeitlich lückenhaft) angewendet werden kann. (Aus Lowe und Walker 2015a, 2015b)

Frequenz klimatischer Fluktuationen während eines glazialen Zyklus, von deren Anzahl und Intensität bis in die 1990er-Jahre nichts bekannt war. Seither wird oft versucht, Korrelationen mittels *tuning* zwischen Klimafluktuationen in Grönland und in anderen Erdgegenden – sowohl anhand mariner als auch terrestrischer (Proxy-)Daten – herzustellen. Korallenterrassen in Neuguinea, Höhlensedimente und Löss-Sequenzen in China, marine Proxydaten des Arabischen Meeres, Pollendaten aus Japan, Dürren in Senegal etc. werden mit der GRIP-Kurve korreliert (Lowe und Walker 2015a). Die Kompatibilität basiert in der Regel allein auf dem, was als Äquivalent der stadialen und interstadialen Ereignisse von den jeweiligen Autoren betrachtet wird, m. a. W. die *records* werden mit dem Grönland-„Prototyp" „harmonisiert" bzw. daran „angepasst" (*getuned* bzw. *gematched*). Vorausgesetzt wird ein synchrones globales Verhalten hinsichtlich des klimatischen *forcings*, oft auch ohne unabhängige, eigene Zeitskalen zu haben (Lowe und Walker 2015a). Es ist nicht verwunderlich, dass das *tuning*-Verfahren häufig zu wissenschaftlichen Disputen geführt hat (s. Box Jüngere Dryaszeit).

In den letzten Jahren wurde die Korrelierung zwischen den Daten der grönländischen und antarktischen Eiskerne wesentlich verbessert (Abb. 4.92). Hatte man anfangs aufgrund des *tunings* angenommen, dass die kalte grönländisch/nordatlantische Jüngere Dryas-Phase (YD) auch in der Antarktis nachzuweisen ist, geht man heute aufgrund einer verbesserten Korrelierung der arktischen und antarktischen Eiskerndaten davon aus, dass die Jüngere Dryas-Phase ein nordhemisphärisches Ereignis darstellt und die antarktische kalte Phase, die der YD zugeschrieben wurde, älter ist; die YD datiert zwischen 12,8 und 11,7 ka BP, die antarktische kalte Phase (*Antarctic Cold Reversal*) datiert zwischen 14,7 und 12,7 ka BP. Wenn das Klima sich in der Nordpolarregion erwärmt, findet eine Abkühlung in der Südhemisphäre statt und *vice versa*. Diese Vorgänge werden als *Bipolar Seesaw* (bipolare Klimawippe) bezeichnet; sie spie-

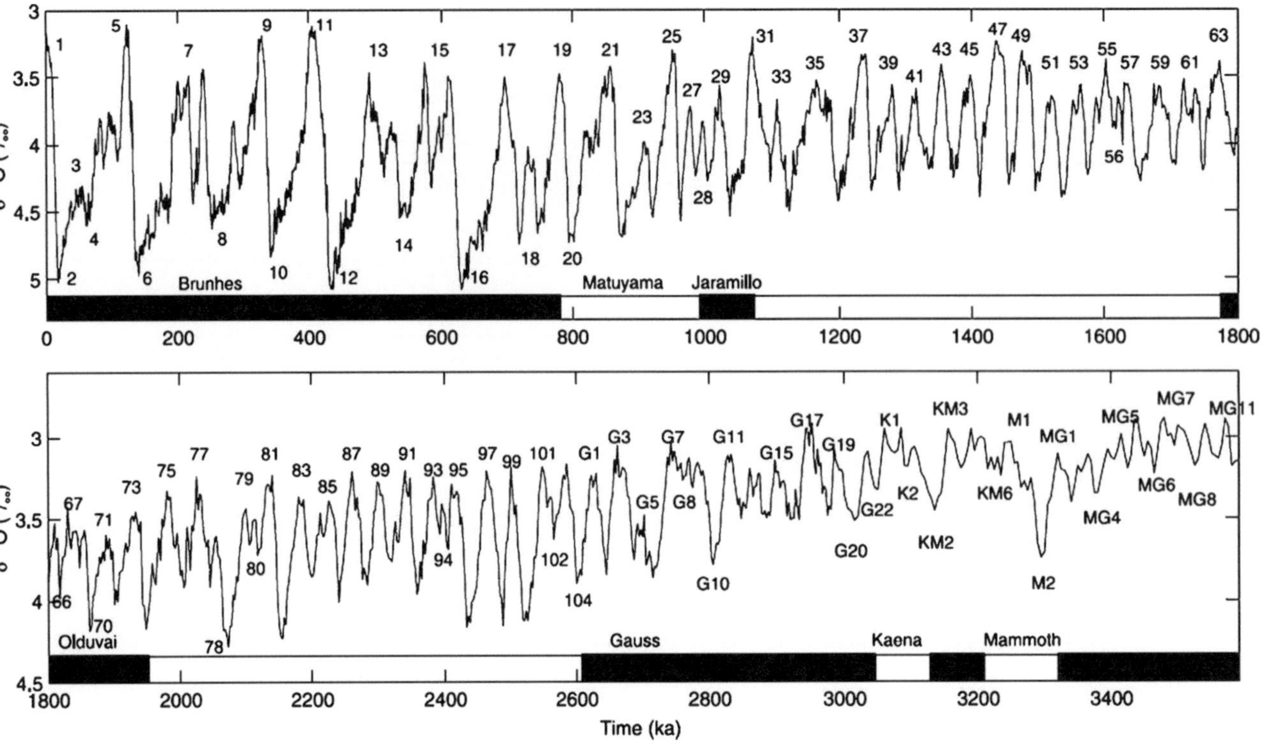

Abb. 4.90 Klimatrends während der letzten 3 Mio. Jahre, dargestellt in einer zusammengesetzten Sauerstoffisotopen-Kurve und vor der paläomagnetischen Zeitskala (nach Lisiecki und Raymo 2005, aus McCarroll 2015). Gerade (ungerade) Zahlen bis 104 und kombiniert mit G (Gauss), K (Kaena) und M (Mammoth) benennen die OIS (*oxygen isotope stages*) bzw. MIS (*marine isotope stages*); gerade (ungerade) Zahlen stehen für kalte (warme) Phasen

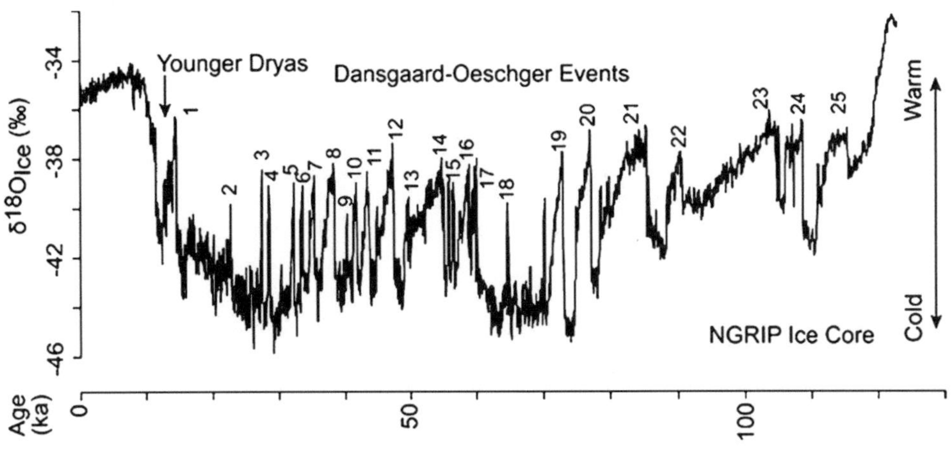

Abb. 4.91 $\delta^{18}O$ *record* des nordgrönländischen GRIP-Eiskerns für die letzten 125.000 Jahre. 25 interstadiale (Dansgaard/Oeschger-)Ereignisse werden erfasst. (Nach Lowe und Walker 2015a)

len sich in Zeitskalen von Jahrtausenden ab, doch scheint der *tuning*-Prozess kompliziertere Änderungen innerhalb des globalen Klimasystems in Zeitskalen von Jahrhunderten zu maskieren (Lowe und Walker 2015a) (s. Box *Tuning*).

Es bleibt unverständlich, warum oft Klimaänderungen und Klimafluktuationen der Südhemisphäre mit den grönländischen Daten „ge*tuned*" bzw. „*gematched*" werden und nicht mit den Antarktisdaten (z. B. Gletscherbewegungen in den Anden Südamerikas, vgl. Abschn. 5.2).

Paläomagnetismus

Umkehrungen des irdischen geomagnetischen Dipols (= Hilfsvorstellung von dem erdmagnetischen Feld) erfolgen in einer Zeitspanne von einigen 1000 Jahren. Daher findet man sel-

Box *Tuning* (vgl. Abschn. 4.2.1)

Die Datierung der marinen Bohrkerne erfolgt für die jüngeren Abschnitte mittels ^{14}C- und AMS ^{14}C-Altersbestimmungen, die in ein Alter/Tiefe-Diagramm eingebracht werden, um die einzelnen Probenalter abzuschätzen. ^{14}C-Alter werden korrigiert, da ein Reservoir-/Hartwassereffekt angenommen wird. Die älteren Abschnitte (> 50.000 Jahre) werden mittels *tuning* zeitlich eingestuft. Das *tuning* geschieht durch eine Korrelation bestimmter Analyse-Daten-Verläufe mit allgemein anerkannten Chronologien (zumeist $^{18}O/^{16}O$-Verhältnisse, $\delta^{18}O$) von marinen und antarktischen sowie grönländischen Eis-Bohrkernen (Abb. A). Durch dieses methodische Vorgehen bei der Altersansprache wird nicht ausgeschlossen, dass Peaks miteinander korreliert werden, die zeitlich nicht identisch sind. Das Beispiel der Korrelierung der späteiszeitlichen Jüngeren Dryaszeit, die im zirkumnordatlantischen Raum bekannt war, mit einer späteiszeitlichen Temperaturschwankung der Antarktis in den 1970er-Jahren, sei in diesem Zusammenhang erwähnt. Die antarktische Klimaschwankung wurde – durch bessere zeitliche Ansprache – nachfolgend ca. 1500 Jahre älter eingestuft und als *Antarctic Cold Reversal* (ACR) bezeichnet.

Die Abb. A–C zeigen die Korrelierung mittels *tuning*. Die SPECMAP-Kurve (Abb. A) ist eine zusammengesetzte Kurve zahlreicher Paläoklimaproxys. Der benthische $\delta^{18}O$ *record* eines marinen Kerns, der in SPECMAP enthalten ist, wird mit einer hochauflösenden Meeresspiegelrekonstruktion korreliert, die auf Korallenanalysen basiert. Das Ergebnis ist eine aktualisierte (verbesserte) SPECMAP-Kurve.

Dass Korrelierungen allein aufgrund vom Kurvenverlauf einzelner Parameter immer problematisch sind (vgl. Abb. B und Abb. C) und stets durch weitere – methodisch unabhängige – Befunde gestützt werden sollten, macht Abb. D deutlich. Rekonstruierte Temperaturschwankungen der Antarktis, die aus dem Vostok-Eisbohrkern ermittelt wurden, können mit einer Kurve *getuned* werden, die völlig andere Schwankungen angibt. In diesem Fall werden Preise für bestimmte Rohstoffe dargestellt. Dank der enormen Vermehrung der Daten aus marinen und Eisbohrkernen in den letzten Jahren in Verbindung mit verfeinerten Analysemethoden sind die Unsicherheiten beim *tuning*, die früher aufgetreten sind, fast ganz eliminiert worden; es existieren verschiedene Referenz-Chronologien.

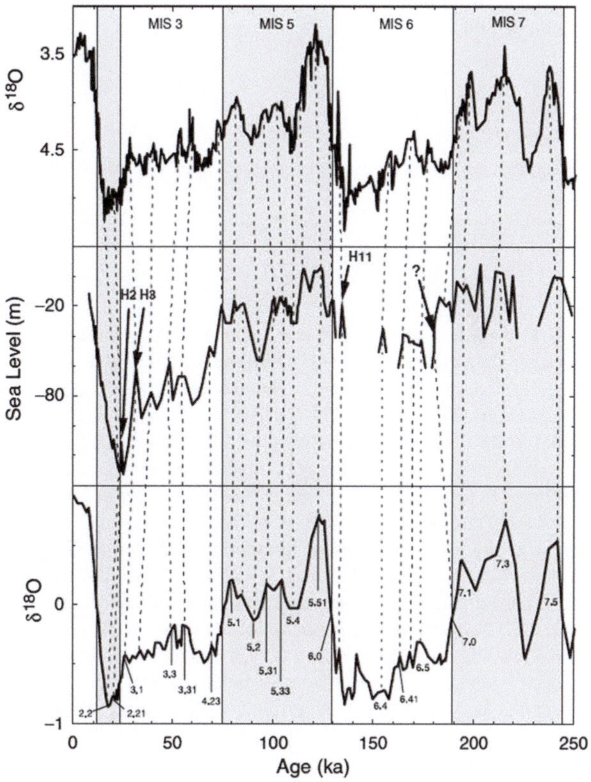

Abb. A Die Datierung mariner Bohrkerne mittels *tuning*. Die *gerissenen Linien* zeigen die Korrelierungen zwischen den *records*. Die angegebenen MIS-Grenzen sind von SPECMAP übernommen. *Oben*: Benthischer $\delta^{18}O$ *record* des marinen Kerns V19-30; es ist der am besten zeitlich aufgelöste *record* von SPECMAP. Alle $\delta^{18}O$-Skalen sind derart dargestellt, dass negative Isotopenereignisse als Peaks erscheinen, um den Vergleich mit der Meeresspiegelrekonstruktion zu erleichtern. *Mitte*: Hochauflösende Meeresspiegelrekonstruktion aufgrund von Korallen. Drei Meeresspiegelhochstände werden hypothetisch mit Heinrich-Ereignissen verbunden. Das *Fragezeichen mit Pfeil* kennzeichnet ein ungewöhnliches Ereignis. *Unten*: Die zusammengefügte SPECMAP-Kurve von benthischen $\delta^{18}O$ *records* in SPECMAP-Zeitskala mit ausgewählten $\delta^{18}O$-Ereignissen. Das SPECMAP-Projekt hat eine Standard-Chronologie erarbeitet, die sich auf die Sauerstoffisotopen-*records* bezieht und von verschiedenen Isotopen-*records* abgeleitet ist; die zusammengesetzte SPECMAP-Kurve wurde geglättet, gefiltert und mit bekannten Zyklen der astronomischen Variablen getuned. (Aus Thompson und Goldstein 2006)

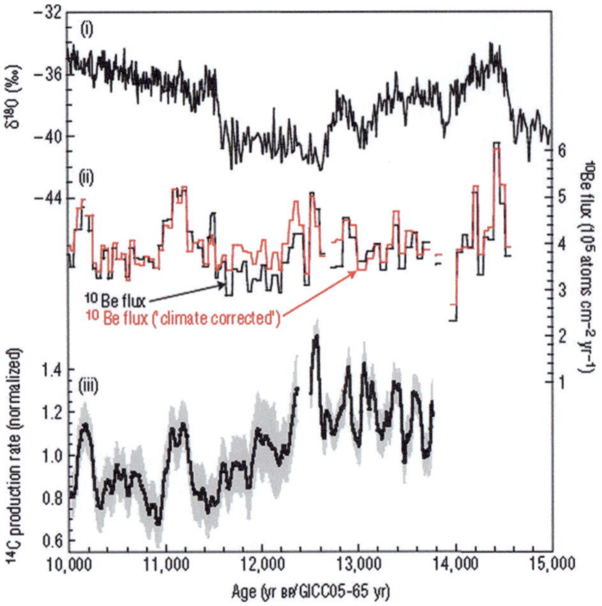

Abb. B Produktionsraten von $\delta^{18}O$, ^{10}Be und ^{14}C für die Zeit von 15.000 bis 10.000 Jahren vor heute. Die Eiskerndaten (i) und (ii) werden mit Baumring-Daten (iii) korreliert auf der Grundlage, dass sich ^{14}C und ^{10}Be in Abhängigkeit von der Sonnenaktivität verändern. Sog. „schwimmende" ^{14}C-Baumringchronologien konnten dadurch in die absolute Zeitskala eingepasst werden. (Nach Muscheler et al. 2008)

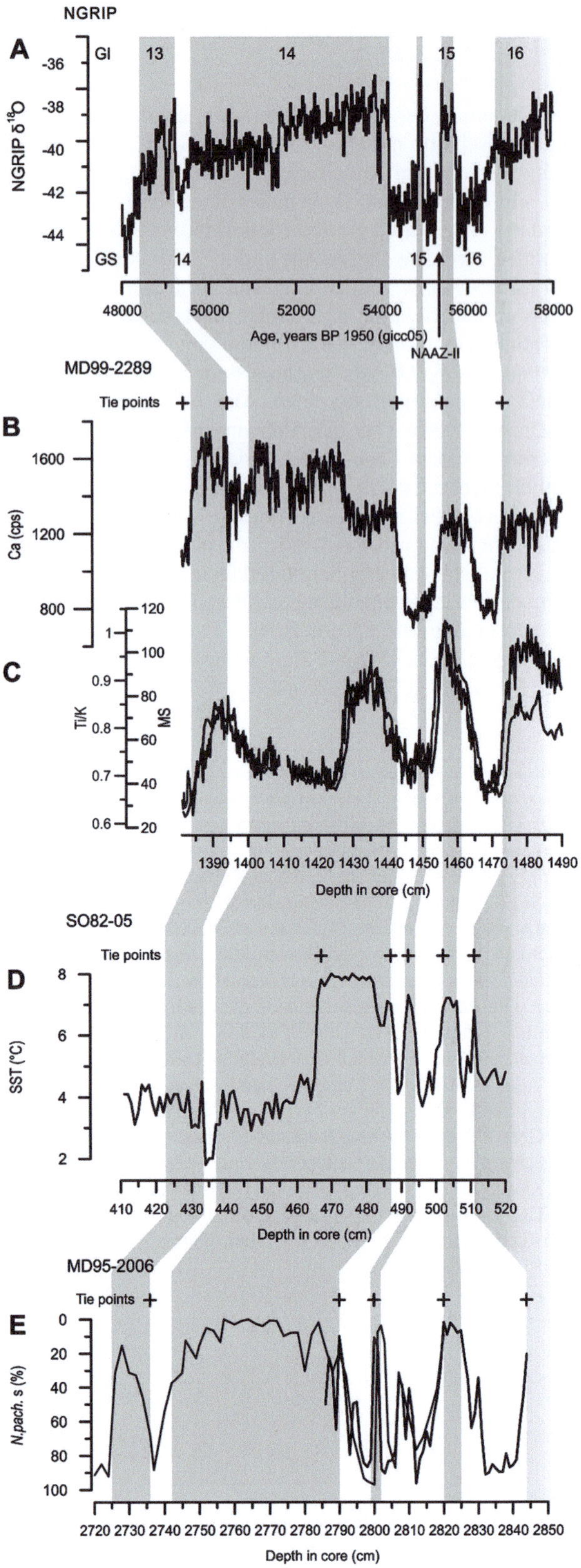

Abb. C Vorgeschlagene Korrelierung und Beziehungspunkte zwischen dem grönländischen Eisbohrkern NGRIP und den marinen Kernen MD99-2289, SO82-05 und MD95-2006 für den Zeitabschnitt 58–48 ka BP. (*A*) NGRIP $\delta^{18}O$ Daten: 20-jähriges Mittel (GICC05 Chronologie; Svensson et al. 2008). Grönland-Interstadiale (GI) und -Stadiale (GS) sind nummeriert, und die Position der Tephra II-RHY-1 (heute: NAAZ-II = *North Atlantic Ash Zone II*) ist angegeben. (*B, C*) Ca-Intensität (*B*) und (*C*) Ti/K (*graue Linie*) sowie magnetische Suszeptibilität (*schwarze Linie*) stammen vom Kern MD99-2289. (*D*) SST vom Kern SO82-05 aufgrund der Foraminiferen-Vergesellschaftungen (van Kreveld et al. 2000). (*E*) *Neogloboquadrina pachyderma* (sinistral) [N. *pach* (s)] vom Kern MD95-2006 in Prozent der Gesamtzahlen der planktonischen Foraminiferen. Daten von Austin et al. (2004, *schwarze Linie*) und Dickson et al. (2008, *graue Linie*). Die Lage der Verbindungspunkte zum NGRIP $\delta^{18}O$ *record*, die benutzt werden, um das Altersmodell für die einzelnen marinen Kerne zu konstruieren, wird durch *Kreuze* angezeigt. Die *x*-Achsen zeigen die Kerntiefen; sie haben gleiche Skalierungen. (Aus Brendryen et al. 2011) ▶

Ein Beispiel des heutigen Vorgehens findet sich bei H. Cheng et al. (2016):

> Chronologies. We use original chronologies of other climate records in most cases, including the Greenland ice core record (GICC05 chronology), Antarctic ice core CO_2, CH_4 and $\delta^{18}O_{atm}$, dust and temperature records (EDC3 chronology), the composite CO_2 record (AICC2012 chronology), and the stacked benthic $\delta^{18}O$ or the composite sea level record (LR04 chronology). However, in order to compare our AM record with marine IRD and benthic $\delta^{18}O$ records of ODP 980 and U1314 cores from the North Atlantic [...], we have tuned their chronologies to our composite AM record through the correlation strategy as described in the main text: that is, by simple shifting of original chronologies to align the IRD events with WMIs as depicted by the grey bars in [...]. In addition, we also tuned EDC ice core chronologies around the MIS 4/3 and 5.2/5.1 transitions in [...] by synchronizing the abrupt AM change with the CH_4 jump as described in the text. Amounts of age shifts from the original chronologies of the marine and ice core records are described in the [...] legend.

Neben dem *tuning* wird das *matching* benutzt, bei dem ähnliche Beobachtungen in zwei oder mehr Datensätzen verbunden werden. Mit *matching*-Methoden werden anhand gemeinsamer Merkmale den Beobachtungen aus einem Datensatz eine oder mehrere ähnliche Beobachtungen aus den anderen Datensätzen zugeordnet. Damit wird eine gemeinsame Analyse der Daten möglich, obwohl es vermutlich keinen Fall gibt, der in beiden Datensätzen tatsächlich vorkommt (Wikipedia: https://de.wikipedia.org/wiki/Matching_(Statistik)). Ein Beispiel für die Anwendung von *matching* und *tuning* zeigt Abb. E. Eiskerndaten der Plateau-Gletscher des Kilimandscharo werden mittels *matching* mit einer Zeitskala versehen und anschließend mittels *tuning* mit Paläoklimaproxys aus Ostafrika, Israel, Peru und dem Golf von Oman korreliert. Wie problematisch diese Darstellungen und deren Interpretationen sind, wird durch die Tatsache deutlich, dass die Kilimandscharo-Plateaugletscherbildung nicht durch einen kontinuierlichen Eisaufbau im Holozän erfolgte (wie von Thompson et al. (2002) angenommen), sondern zyklisch in Phasen des Eisaufbaus und Eisschwunds (Kaser et al. 2010).

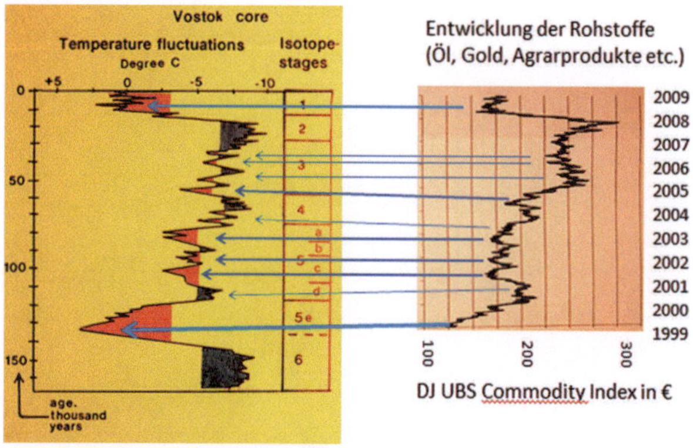

Abb. D *Tuning*. Das Beispiel zeigt, dass Kurven völlig sinnlos „korreliert" werden können. Die aus dem antarktischen Vostok-Eisbohrkern rekonstruierte Temperaturkurve der letzten ca. 125.000 Jahre zeigt einen verblüffend ähnlichen Verlauf mit der Kurve der Entwicklung der Rohstoffe (Öl, Gold, Agrarprodukte etc.) in den Jahren AD 1999 bis 2009. Die *blauen Pfeile* weisen auf die Peaks der beiden Kurven. Bei gewissenhafter Anwendung des *tuning* jedoch ist die Methode eine große Hilfe bei der (groben) chronostratigraphischen Zuordnung von Sedimentsequenzen verschiedener Geoarchive (Eiskerne, marine Kerne, limnische Kerne etc.). Leider ist aus den Tropen nur eine geringe Anzahl zeitlich hochauflösender Chronologien bekannt; die Mehrzahl der Chronologien wird oft – ohne hinreichende Datenlage – „korreliert", um eine zeitliche Einordnung bestimmter Phänomene (z. B. Gletscherschwankungen) zu erreichen

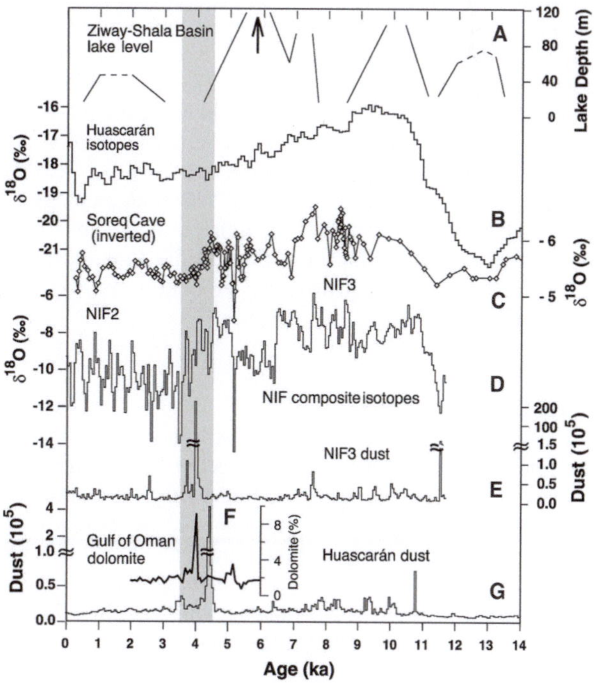

Abb. E Beispiel für *tuning* und *matching*: Die $\delta^{18}O$-Kurve der Kilimandscharo-Eiskerne NIF2 und NIF3 (NIF – *Northern Ice Field*; vgl. Abb. 4.5 und 6.43) werden durch *matching* der $\delta^{18}O$-Eigenschaften (D) in eine $\delta^{18}O$-Kurve des Holozäns überführt. Die Datierung dieser $\delta^{18}O$-Kurve basiert auf drei ^{14}C-Daten an der Basis von Eiskern NIF2 (8,28 $\pm$ 0,38 ^{14}C ka BP) und NIF1 (4,05 und 6,09 ^{14}C ka BP). Um die gesamte $\delta^{18}O$-Kurve mit einer Zeitskala zu versehen, wird die einfachste Altersmodellierung für einen Gletscher angenommen, der sich in Ruhe befindet und gleichmäßig akkumuliert wurde (*We used the simplest age-modeling for a steady-state glacier of constant*). Diese $\delta^{18}O$-Kurve und Staubeinträge werden mit verschiedenen anderen Paläoklima-Proxykurven *getuned*. (*A*) Seespiegeländerungen des Ziway-Shala-Beckens (Ostafrika); (*B*) Isotope des Huascarán-Eiskerns (Peru); (*C*) Isotope der Soreq-Höhle (östliches Mittelmeergebiet, nahe Bet Shemesh, Israel); (*D*) Kilimandscharo Isotopenkurve; (*E*) Kilimandscharo-Staub-Eintrag; (*F*) Zunahme von Dolomit im Golf von Oman; (*G*) Staubeintrag im Eiskern von Huascarán, Peru. Der *vertikale graue Balken* kennzeichnet eine Dürreperiode um 4,2 ka BP, die einige Jahrhunderte andauerte. (Aus Thompson et al. 2002, dort auch weitere Literaturangaben). Anmerkung: Da der Eisaufbau am Kilimandscharo nicht gleichmäßig (wie angenommen) erfolgte, sind die Zeitangaben für die Kurven von *D* und *E* rein spekulativ ►

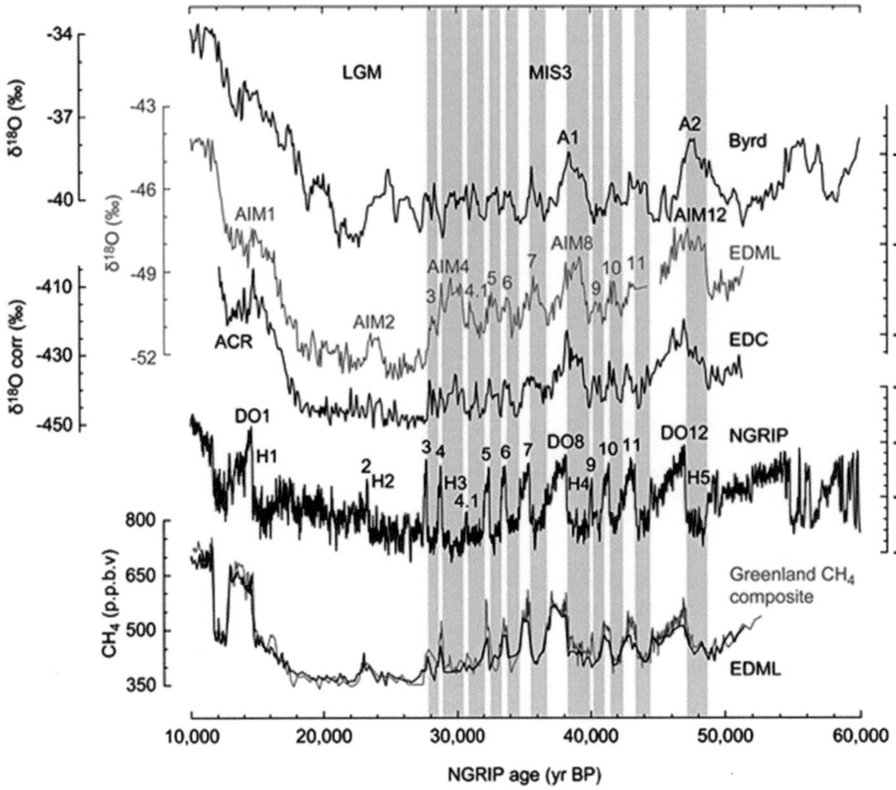

Abb. 4.92 Synchronisation von Isotopen-*records* der Eiskerne der Antarktis und von NGRIP zwischen 10 und 52 ka BP aufgrund von allgemeinen Änderungen des Methans (CH_4, *untere Kurve*). Alle *records* sind in der Grönland-Zeitskala (GICC05) angegeben. H1–H5: Heinrich-Lagen; DO: Dansgaard/Oeschger-Events; A und AIM: antarktische Isotopen-Maxima-Ereignisse (markante Erwärmungsereignisse); ACR: *Antarctic Cold Reversal*. (Nach Lowe und Walker 2015a)

ten hochauflösende geologische Archive für diese Ereignisse (Abb. 4.93 und 4.94). Dennoch verkörpern sie sehr gute geochronologische Zeitmarken. Die jüngste dieser Umkehrungen, die Matuyama-Brunhes (M–B) *transition* (ein Ereignis von etwa 1000–6000 Jahren), fällt in das Eiszeitalter und wird radiometrisch auf 776 ± 12 ka datiert. Der M–B-Übergang ist auch astrochronologisch datiert und zwar auf 778 ± 2 ka. Ca. 15 ka vor der M–B-Grenze soll bereits ein Vorläuferereignis aufgetreten sein. Die Datierungen aus dem EPICA DC-Eiskern aufgrund der ^{10}Be-Konzentrationen datieren den M–B-Übergang auf 775–786 ka (Raisbeck et al. 2006). Während geomagnetischer Umkehrungen nimmt das Dipolfeld an Stärke ab, sodass galaktische kosmische Strahlen leichter in die Erdatmosphäre eindringen können; dadurch wird die Produktion kosmogener Isotope erhöht.

^{14}C, TL, OSL, U/Th, SED

Für alle Altersbestimmungen der terrestrischen Paläoklimaarchive mittels physikalischer und chemischer Methoden ist die Probenahme von ausschlaggebender Bedeutung. Wird durch die Probe nicht zweifelsfrei das zu bestimmende Alter (Zeitpunkt der Ablagerung, Überdeckung, Freilegung etc.; Abb. 4.95) angezeigt, können die Ergebnisse der Altersbestimmungen mehr Verwirrung hervorrufen als zur Lösung von Problemen beitragen (vgl. Kirillova et al. 2016). Darüber hinaus müssen die Grenzen und Möglichkeiten jeder Methode bekannt sein. Es hat sich gezeigt, dass erst mit zunehmender Erfahrung bei der Anwendung der jeweiligen Methode Fehlerquellen vermieden werden können. Als Beispiel sei darauf verwiesen, dass in den 1960er-Jahren mittels der ^{14}C-Altersbestimmung zahlreiche Daten von marinen Terrassen weltweit gewonnen wurden, die im Altersbereich von ca. 35–25 ^{14}C ka BP lagen und die zur Hypothese führten, dass während des letzten glazialen Zyklus im MIS 3 ein Meeresspiegelhochstand existierte (vgl. Abb. 4.87). Die Diskussion war sogar so kontrovers, dass vorgeschlagen wurde, durch eine Abstimmung bei einschlägigen Konferenzen festzulegen, ob dieser vermeintliche Meeresspiegelhochstand im MIS 3 bestand oder ein methodischer Fehler war. Erst als sich herausstellte, dass durch geringe Kontamination des Probenmaterials die Alter von ca. 35–25 ^{14}C ka BP verursacht worden waren (und es sich zumeist um eemzeitliche Terrassen handelt), wurde allgemein anerkannt, dass der MIS 3-Meeresspiegel nicht zur Bildung einer marinen Strandterrasse auf den verschiedenen Kontinenten geführt hatte. Auch an anderer Stelle führten kontaminierte ^{14}C-Alter zu Fehlinterpretationen, beispielsweise bei der Datierung von Speläothemen (vgl. Heine und Geyh 1984, 2014!).

Oft wird versucht, die methodischen Fehler und/oder die Unsicherheiten bei der Auswahl desjenigen Probenmaterials, das für Altersbestimmungen benutzt wird, auszuschließen, indem

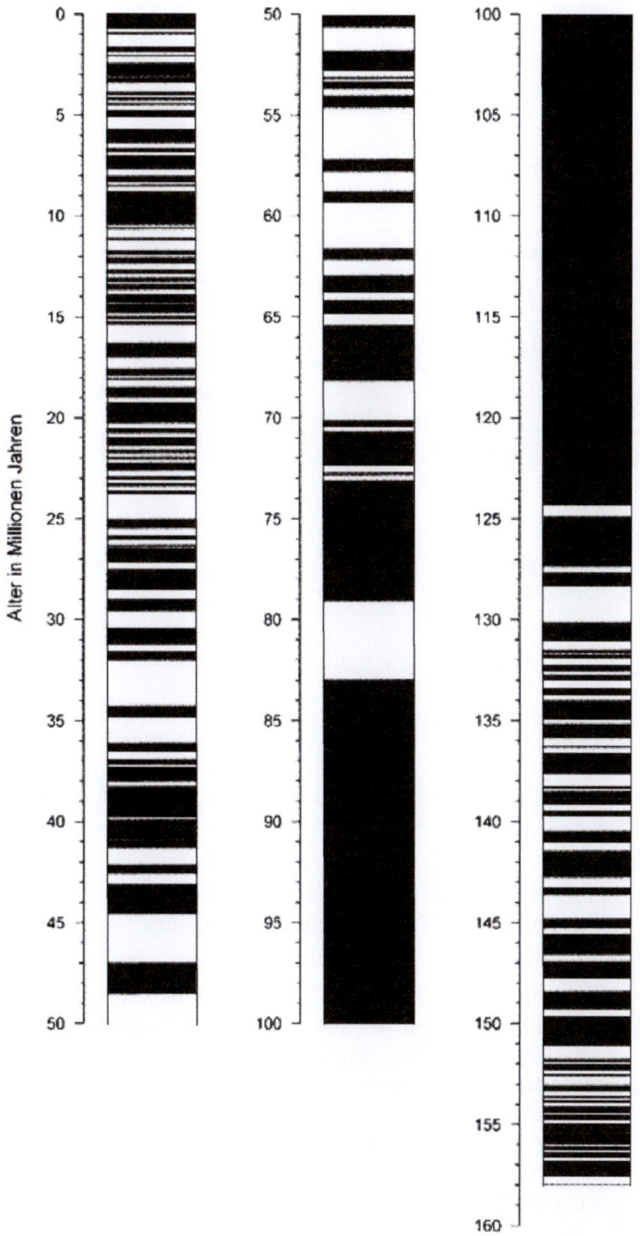

Abb. 4.93 Geomagnetische Polaritätszeitskala der letzten ca. 160 Mio. Jahre. Phasen normaler (heutiger) Polarität sind *schwarz*, inverse Polaritäten (*reversals*) sind *weiß* gekennzeichnet. In der Kreidezeit gab es eine extrem lange normale Phase (*Cretaceous normal superchron*, CNS). Seit 80 Ma nehmen die *reversals* zu. (Aus Gubbins 2008)

von einer größeren Zahl datierter Proben Altersmittelwerte berechnet werden. Proben, deren Alter extrem zu hoch oder zu niedrig ausfallen, bleiben dabei als sog. „Ausreißer" unberücksichtigt. In den meisten Fällen ist dieses Vorgehen wenig sinnvoll, da weder Beginn noch Ende eines Prozesses erfasst werden (Abb. 4.96).

Radiokohlenstoff(^{14}C)-Datierungen werden seit 60 Jahren häufig an Proben vorgenommen, die jünger als ca. 50.000 Jahre sind. Natürlicher Radiokohlenstoff entsteht hauptsächlich in der

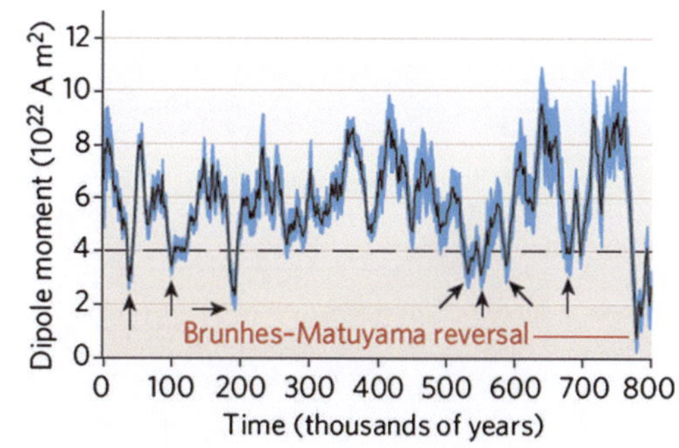

Abb. 4.94 *Excursions*. Kurve der magnetischen Intensität für die letzten 800.000 Jahre. Die letzte Umkehrung (*reversal*) zwischen der *Brunhes Chron* und der vorhergehenden *reversed Matuyama Chron* wird durch eine besonders schwache Intensität vor 780.000 Jahren gekennzeichnet. *Excursions* werden durch *Pfeile* angezeigt; sie treten auf, wenn die Feldstärke unter 4 fällt (*gerissene Linie*). Die Abbildung zeigt das höchst erratische Verhalten des Erdmagnetfelds, selbst während der Zeiten stabiler Polarität. (Aus Gubbins 2008)

Stratosphäre der Erde durch die Interaktion von Neutronen mit 14-Stickstoff; die Neutronen werden durch kosmische Strahlen produziert. Weder die Rate der Radiokohlenstoff-Produktion ist konstant noch die Aufteilung zwischen Atmosphäre, terrestrischer Biosphäre und Ozeanen. Daher müssen Radiokohlenstoff-Alter kalibriert werden (^{14}C-Jahre → Kalenderjahre); dies ist mit Schwierigkeiten und Einschränkungen verbunden (Guilderson et al. 2005; Wacker 2014).

Häufungen von ^{14}C-Alter (Histogramm) werden paläoklimatisch gedeutet, z. B. in ariden Gebieten. Da das ^{14}C-datierte Material in der Regel organischen Ursprungs ist (Holzkohle, Holz, Mollusken etc.) oder Grundwasseralter repräsentiert, enthalten statistisch bearbeitete ^{14}C-Alter aus Wüsten Hinweise auf hygrische Klimaschwankungen (z. B. Geyh 2005; Geyh und Jäkel 1974; Geyh und Obenauf 1974). Bereits in den 1960er- und 1970er-Jahren konnte aufgrund der ^{14}C-Alter der Grundwässer der Sahara in Verbindung mit der signifikanten Abnahme des Anteils an schweren stabilen Isotopen (Deuterium und ^{18}O) belegt werden (Sonntag et al. 1978, 1980), dass Nordafrika (i) Niederschläge der atlantischen Westwinddrift während MIS 3 und MIS 2 erhielt, (ii) die Niederschläge von der Mittelmeerküste bis zum Tibesti-Gebirge von ca. 600 auf 250 mm/a abnahmen und (iii) diese Werte mit Niederschlagrekonstruktionen übereinstimmen, die aufgrund von ^{14}C-datierten fluvialen und limnischen Ablagerungen sowie vom Wasserbedarf der Paläofauna von Pachur und Braun (1980) und Pachur und Altmann (2006) berechnet worden waren.

^{14}C-Altersbestimmungen werden oft zur Datierung von marinen Sedimentsequenzen benutzt (Box Marine Paläoklimaarchive im SE-Atlantik). Die Unsicherheiten der Altersmodelle, die auf ^{14}C-Daten basieren, sind oft erheblich; sie können bereits für die letzten 2000 Jahre bis zu ± 85 Jahre (4,25 %) betragen (McGregor et al. 2016). Die zuverlässige Datierung relativ kurzer Klimaschwankungen (z. B. Jüngere Dryas) wird dadurch erschwert.

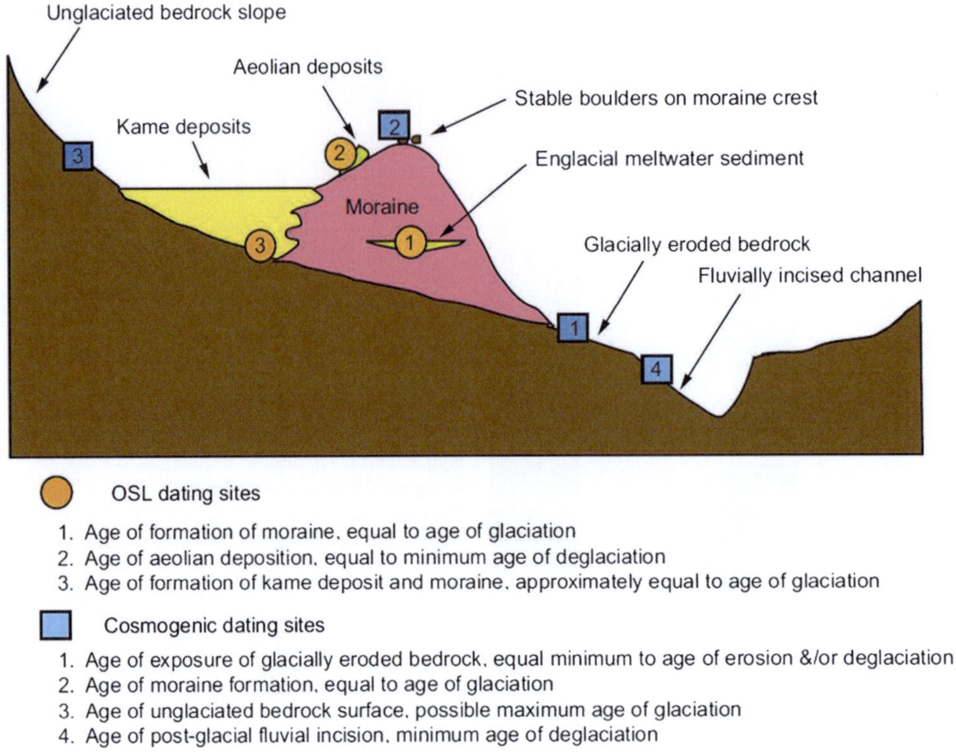

Abb. 4.95 Schema der Probennahme für OSL- und SED-Datierungen von Moränen und relevanten Sedimenten und Oberflächenformen. (Nach Benn und Owen 2002 aus Owen und Dortch 2014)

Die **Thermolumineszenzdatierung** (TL-Datierung) ist eine weltweit erprobte Standardmethode zur Datierung von vor allem äolischen (Löss, Dünensande), kolluvialen, glaziären, fluviatilen und küstennahen marinen Sedimenten mit einem Datierungsbereich bis zu $\geq$ 350 ka. Bei der TL-Datierung wird die Eigenschaft mancher Festkörper genutzt, beim Erhitzen die zuvor im Kristallgitter gespeicherte Energie in Form von Licht abzugeben. Die Energie wird in metastabilen Zuständen gespeichert, sie stammt vor allem aus Zerfallsprozessen natürlich vorkommender radioaktiver Nuklide oder aus der kosmischen Strahlung (Wikipedia: https://de.wikipedia.org/wiki/Thermolumineszenzdatierung; siehe auch Geyh 2005). Nach dem gleichen Wirkungsprinzip wie die Thermolumineszenzdatierung arbeiten weitere Verfahren, bei denen die Abregung aus den metastabilen Zuständen nicht durch Erhitzung des Materials erfolgt, sondern durch Energiezufuhr in Form von Photonen. Diese Photo- oder Radiolumineszenzmethoden lassen sich nach der Frequenz der von außen zugeführten, stimulierenden Strahlung unterscheiden: (i) optisch stimulierte Lumineszenz (OSL – *optically stimulated luminescence*) mithilfe von Licht aus dem sichtbaren Bereich des Spektrums. Anwendbar bei Quarz und Feldspat, d. h. bei ehemals dem Sonnenlicht oder einer Erhitzung ausgesetzten Gesteinen (Sandstein, Granit) und insbesondere quarzhaltigen Sedimenten, geeignet zur Datierung von Proben, die bis zu 200.000 Jahre alt sind, (ii) infrarotstimulierte Lumineszenz (IRSL – *infrared stimulated luminescence*) mithilfe von Infrarotlicht, (iii) Radiolumineszenz (RL – *Radioluminescence*) mithilfe von ionisierender Strahlung, (iv) grün stimulierte Lumineszenz (GLSL – *green-light stimulated luminescence*) mithilfe von grünem Licht (Wikipedia: https://de.wikipedia.org/wiki/Thermolumineszenzdatierung; siehe auch Geyh 2005).

Die Ergebnisse (Altersdaten) der heute vielfach angewandten OSL-Methode können bei Sedimenten stark verzerrt werden, wenn sich der Wassergehalt der Probe seit der Ablagerung (mehrfach) veränderte und daher nicht hinreichend genau rekonstruiert werden kann; dies betrifft vor allem (semi)aride Gebiete, die häufig feuchtere Phasen (Pluviale) erlebten. Nicht erkannte höhere/niedrigere Wassergehalte in den zu datierenden Sedimenten können zu älteren/jüngeren Altersangaben führen.

Die **Oberflächen-Expositionsaltersbestimmung** (SED – *Surface Exposure Dating*; TCN – *Terrestrial Cosmogenic Nuclide*) liefert Expositionsalter zwischen wenigen 10 Jahren und > 10 Ma von ständig unbedeckten Gesteinsoberflächen (Geyh 2005). Datiert werden Gletscherschwankungen (Vorstöße, Abschmelzen), Erosionsverlauf, Lavaströme, Meteoriten-*Impacts*, Bergstürze und andere geologisch-tektonisch-geomorphologische Ereignisse. Die SED(TCN)-Altersbestimmung wird am häufigsten angewendet. Die Erde ist ständig einem Bombardement von primären kosmischen Strahlen ausgesetzt (Teilchen mit hoher Energieladung, meist Protonen und Alpha-Teilchen). Die Teilchen interagieren mit Atomen von atmosphärischen Gasen und erzeugen Kaskaden von Sekundärteilchen, die ihre Energie durch viele Reaktionen beim Durchlaufen der Atmosphäre reduzieren. Wenn die kosmische Strahlenkaskade die Erde erreicht, besteht sie größtenteils aus Neutronen. Wenn diese Teilchen auf Atome treffen,

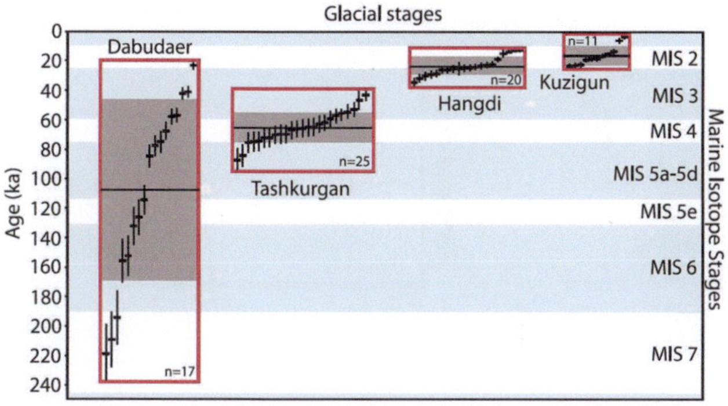

Abb. 4.96 SED (Oberflächenalterdatierung, *surface exposure dating*) und Moränenalter. Das Beispiel zeigt die ^{10}Be-Datierung von Blöcken auf Moränen des Tashkurgan-Tals im Pamir. Die Alter streuen sehr. Sie sind nach ihrem relativen Alter eingezeichnet, wobei die ältesten Werte *links* sind. Die *horizontalen schwarzen Linien* und die *grauen Bänder* zeigen das Mittel und 1σ für jedes glaziale Stadium. Die *hellblauen Bänder* stehen für Interstadiale und Interglaziale (MIS – *marine oxygen isotope stages*). Beachte, dass die Streuung der Alter mit zunehmendem Alter progressiv größer wird. Dies zeigt, dass geologische Prozesse (Verwitterung, Exhumierung, Verlagerung der Blöcke etc.) zu einem ungewöhnlich jungen Alter führen. (Aus Owen und Dortch 2014).
Anmerkung: Weder Beginn und Ende einer Vergletscherungsphase noch wiederholte Bewegungen der Gletscherenden werden erfasst (vgl. Abb. 4.14). Die Streuung der Daten veranschaulicht zugleich, dass die Auswahl der Proben das Datierungsergebnis stark beeinflussen kann (vgl. Reuther et al. 2006). Das Dabudaer Stadium hat einen Altersmittelwert von ca. 110 ka BP; es fällt damit nahezu in die wärmste Phase der letzten Warmzeit (Eem). Der 1σ-Bereich reicht von ca. 50 bis 170 ka BP; das sind 120.000 Jahre! Vermutlich weisen die ^{10}Be-Daten auf ein wirkliches Alter hin, das prä-eemzeitlich ist und ins MIS 6 oder sogar ins MIS 8 zu stellen ist. Das Tashkurgan-Stadium scheint aufgrund der SED-Daten dem MIS 4 anzugehören. Das Hangdi- und das Kuzigun-Stadium können dem MIS 2 zugeordnet werden; eine genaue Altersansprache (z. B. LLGM – ca. 22 ± 1 ka BP und H1 – ca. 18–15 ka BP) ist nicht möglich

können Protonen und/oder Neutronen von den Atomen entfernt werden; sie produzieren damit andere Elemente oder Isotope des ursprünglichen Elements. In Gesteinen wird der Fluss kosmischer Strahlen in den obersten Zentimetern (Dekametern) des freiliegenden Gesteinsmaterials absorbiert. Dabei werden neue Isotope gebildet, sog. kosmogene Nuklide. An der Erdoberfläche entstehen die meisten dieser Nuklide durch Neutronen-*spallation* (Kernzertrümmerung). Indem bestimmte kosmogene Radionuklide benutzt werden, kann datiert werden, wie lange eine Gesteinsoberfläche exponiert oder (unter Sedimenten) bedeckt war bzw. wie schnell ein Gebiet erodiert wird. Grundvoraussetzung ist die Kenntnis über die Produktionsraten der Radionuklide sowie über deren Zerfall. Wenn die Konzentration der kosmogenen Nuklide in der Gesteinsprobe und der *Flux* der kosmischen Strahlen sowie die Halbwertzeit der Nuklide (^{10}Be = 1,4 Ma, ^{26}Al = 0,7 Ma) bekannt ist, kann berechnet werden, wie lange die Probe der kosmischen Strahlung ausgesetzt war. Der kumulative *Flux* der kosmischen Strahlen eines Probenortes kann durch zahlreiche Faktoren beeinflusst werden, einschließlich der Höhenlage, der geomagnetischen Breitenlage, der schwankenden Intensität des Erdmagnetfelds, des Sonnenwinds, der atmosphärischen Abschirmung (*shielding*) etc. Die Raten der Nuklidproduktion müssen für die Altersbestimmung bekannt sein (geschätzt werden). Diese Raten werden empirisch durch Vergleiche der Nuklidkonzentrationen der Proben ermittelt, die mit anderen Methoden datiert wurden (^{14}C, TL, OSL) (Wikipedia: https://de.wikipedia.org/wiki/Oberflächenexpositionsdatierung). Die SED-Methode wird erst seit den 1990er-Jahren angewandt; sie ergänzt in idealer Weise die ^{14}C- und OSL-Altersbestimmungen.

Eine normale Verteilung der Streuung der SED-Datencluster von einer einzelnen Moräne mit günstiger Lithologie kann allein durch analytische Fehlerquellen erklärt werden; polymodale oder „verbeulte“ Verteilungen deuten auf den Einfluss geomorphologischer Prozesse. Viele Autoren benutzen ein Altersdatencluster einer Moränengruppe, um einen Altersmittelwert zu bilden, der dann das Alter der Moränenbildung bzw. den Beginn des Gletscherrückzugs anzeigen soll (vgl. JA Smith et al. 2005a). Für die Alterscluster sind jedoch verschiedene geomorphologische und geologische Prozesse verantwortlich. Prozesse, die *„zu junge“* Alter verursachen, sind beispielsweise eine spätere Freilegung der Moränenblöcke durch Erosion der Deckschichten, Bedeckung mit Schnee oder Vegetation. *„Zu alte“* Alter können entstehen, wenn Blöcke aus älteren Moränen wieder in jüngere Moränen eingearbeitet werden (Vielzahl glaziärer Vorstöße) oder Blöcke, die bereits der kosmischen Strahlung ausgesetzt waren, von den Berghängen auf die Gletscher gelangen (Bergsturz, Lawinen), was in ariden und semiariden Gebieten häufig zu schuttbedeckten Gletschern führt (Scherler et al. 2011). Auch die Verwitterung der zu datierenden Blöcke kann die Ergebnisse beeinflussen (Rodbell et al. 2012). Die *„zu jungen“* Alter dominieren und ergeben gewöhnlich Minimalalter der Moränen. Moränenalter reflektieren nicht nur die Zeit der Ablagerung der Moräne, sondern auch die Erosionsgeschichte (vgl. Heyman et al. 2011; Abb. 4.97). Darüber hinaus wurden bei der Anwendung der SED in Bolivien verschiedene Altersmodelle der Expositionsalter, die mit verschiedenen Kalkulationen des Skalierungssystems ermittelt werden, benutzt (vgl. JA Smith et al. 2008; Zech et al. 2008; Balco et al. 2008). Die jüngeren Skalierungssysteme ergaben jüngere Alter als die von JA Smith et al. (2005a, 2005b, 2005c), doch lokale (auf Bolivien bezogene) Kalibrierungsstudien sind erforderlich, um die SED-Kalkulationen zu bestätigen (Zech et al. 2008). Reuther et al. (2006) weisen nachdrücklich darauf hin, dass – unabhängig von den genannten Einschränkungen – mit dem SED eine detaillierte morphostratigraphische Geländearbeit einhergehen muss. Nur dadurch können Fehlinterpretationen vermieden werden (vgl. Heine 2011b).

Oft wird den Altersbestimmungen der terrestrischen Paläoklimaarchive mittels physikalischer und chemischer Methoden mehr Bedeutung geschenkt als den klassischen „traditionellen“ Methoden der geomorphologischen Analyse, bei denen Beobachtungen, Erfahrungen und Vergleiche zu den wichtigen Methoden zählen. Das Beispiel der Abb. 4.98 veranschaulicht, dass oft nur die Kombination traditioneller und neuartiger Methoden zu fehlerfreien Deutungen der Paläoklimaarchive führt. Dass extrem alte glaziäre/periglaziäre Bildungen „frische“ Oberflächenformen (große Stabilität der Oberflächen) aufweisen können,

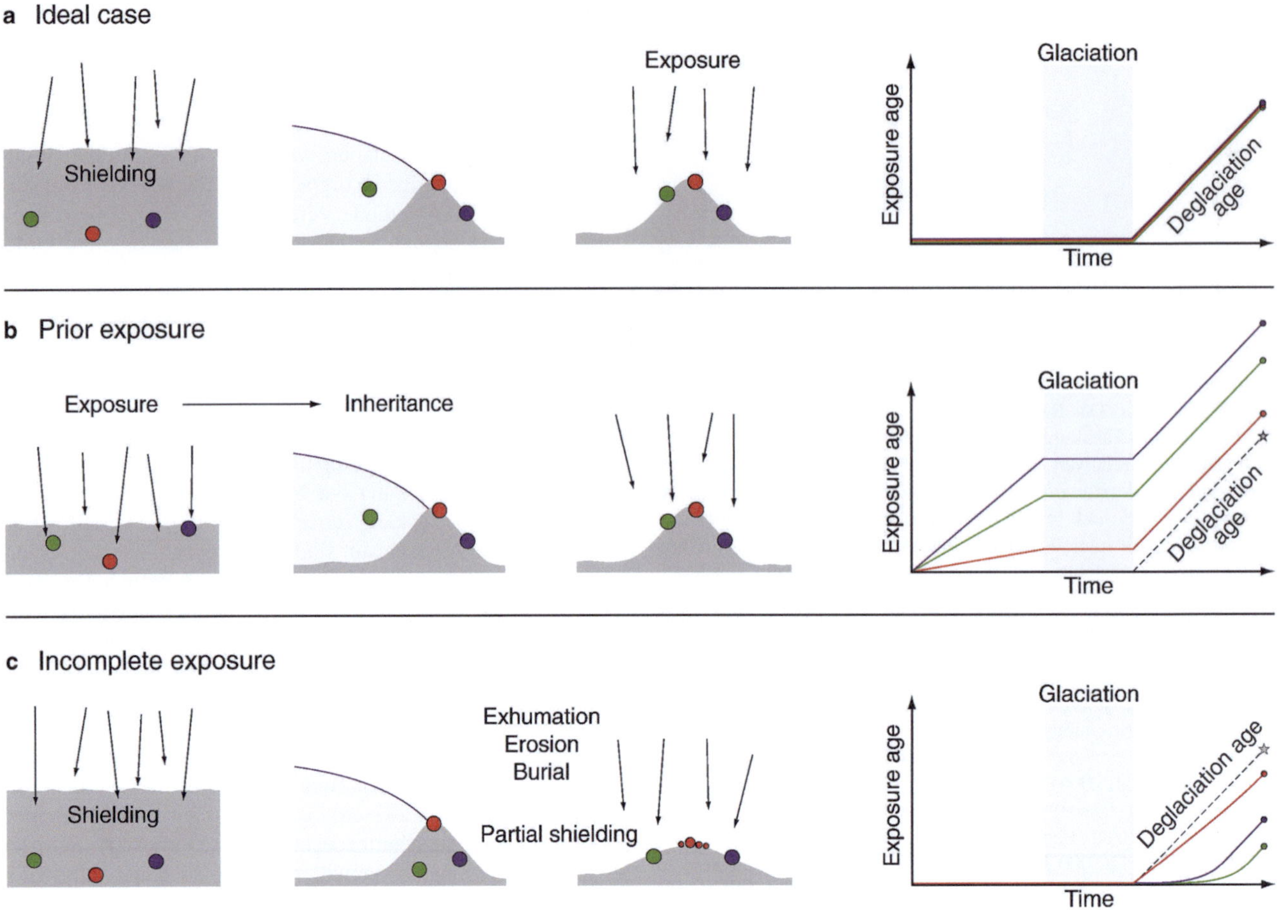

Abb. 4.97 Grundzüge für unterschiedliche Expositionsalter aufgrund von unvollständigen bzw. früheren Strahlungseinflüssen. **a** Im Idealfall (der Deglaziationsdatierung) ist die Probe vor der Vergletscherung vollständig von kosmischer Strahlung abgeschirmt und seit der Vergletscherung ständig der Strahlung ausgesetzt. **b** Wenn eine Probe vor der Vergletscherung der kosmischen Strahlung ausgesetzt ist und nach der Vergletscherung keine Abschirmung erfährt, wird das SED-Alter das Vergletscherungsalter übertreffen. **c** Wenn die Probe vor der Vergletscherung vor der kosmischen Strahlung völlig und postglazial partiell abgeschirmt ist (unvollständiger Strahlungseinfluss), wird das SED-Alter jünger als das Deglaziationsalter sein. (Aus Heyman et al. 2011)

belegen die Blockgletscher (*rock glacier*) im Beacon-Tal der Ost-Antarktis (McMurdo-Trockentäler), deren Anlage bis ins Jungtertiär zurückreicht: Belege dafür sind die Daten der *Interferometric Synthetic-Aperture Radar* (InSAR), von kosmogenen Oberflächendatierungen und von ^{40}Ar/^{39}Ar-Bestimmungen an vulkanischen Tephra-Lagen (Rignot et al. 2002). Vorsicht bei der Deutung von Altersbestimmungen (SED, OSL, etc.) ist aber auch geboten, wenn geomorphologische Prozesse (Solifluktion, Erosion, Bodenbildung, äolische Bedeckung, etc.) die Geoarchive (z. B. Moränen, Dünen) überprägt haben; oft ergeben die Altersbestimmungen (SED, OSL, etc.) zu junge Alter, und „alte" Oberflächenformen (z. B. Moränen, Dünen) werden – trotz abweichender Beobachtungen – (viel) zu jung datiert (vgl. u. a. Heine 1991, 1994b, 2011b).

In dem vorliegenden Buch sind die meisten ^{14}C-Daten kalibriert (^{14}C – www.calpal-online.de/cgi-bin/quickcal.pl). Wenn das ursprüngliche Altersdatum nicht zugänglich ist, wird die Kalibrierung mit ca. 2 % Messfehler angenommen. Die Alter beziehen sich auf das Jahr AD 1950 als Basisjahr. In diesem Buch werden die cal ^{14}C-Alter mit a BP bzw. ka BP angegeben und die nicht kalibrierten Alter mit ^{14}C a BP bzw. ^{14}C ka BP (vgl. Singhvi et al. 2012).

Das Basisjahr für Thermolumineszenz(TL)- und optisch stimulierte Lumineszenz(OSL)-Daten kann mit AD 2000 angenommen werden. Damit ergibt sich für den Vergleich von kalibrierten ^{14}C- und Lumineszenz-Alter eine Differenz von 50 Jahren.

U series disequilibrium und *cosmogenic radioisotopic dating* stellen Kalenderjahre dar. Als Basisjahr kann ebenfalls AD 2000 angenommen werden.

Zu beachten ist, dass verschiedene Methoden unterschiedliche Prozesse in der „Geschichte" ein und derselben Probe datieren können (z. B. Transport, Ablagerung oder Bedeckung von Sandkörnern).

Abb. 4.98 Moränen des Leh-Stadiums nahe der Stadt Leh in Ladakh (Himalaya). (*A*) Blick von der Ladakh Range nach Süden auf das Indus-Tal mit der Zanskar Range im Hintergrund. (*B*) Kuppe eines Moränenwalls. Diese Moräne wurde ursprünglich als LGM-zeitliche Bildung betrachtet, doch die SED-Altersbestimmungen zeigen, dass die Moränen in der vorletzten Kaltzeit oder sogar noch früher gebildet wurden. (Aus Owen 2009)

4.5 Klimamodelle

Die Beobachtung, nicht die Modellierung des irdischen Systems muss Grundlage aller wissenschaftlichen Klimadiskussionen sein (Abb. 4.99).

Nur wenig wissenschaftliche Schöpfungen hatten einen größeren Einfluss auf die öffentliche Meinung und das politische Handeln als Computermodelle des irdischen Klimas (Edwards 2010). Sie haben im letzten Jahrzehnt weltweit den wissenschaftlichen und politischen Konsens, dass *global warming* eine ernste Gefahr ist, bestimmt. Es gibt eine große Anzahl verschiedener Modelle und Modellgenerationen (Abb. 4.100). Eine knappe Übersicht geben Stone et al. (2013) (Abb. 4.101) und der IPCC-Bericht (2013).

Die Klimaforschung bedient sich einer Hierarchie von Klimamodellen, die in den letzten zwei Jahrzehnten von einfachen Modellen (*simple climate models*) zu Modellen intermediärer Komplexität (*models of intermediate complexity*), zu umfassenden Klimamodellen (*comprehensive climate models*) und zu Erdsystem-Modellen (*Earth System Models*) entwickelt wurden. Die Modelle simulieren Veränderungen, die sich aus einer Anzahl von Szenarien der anthropogenen Klimabeeinflussung ergeben. Eine neue Serie von Szenarien, die sog. *Representative Concentration Pathways* (RCPs), wird für die letzten IPCC-Klimamodell-Simulationen im Rahmen des *Coupled Model Intercomparison Project Phase 5 (CMIP5)* des Welt-Klima-Programs (*World Climate Research Programme*) benutzt. Details zu den Modellen werden im IPCC-Bericht (2013) genannt (https://ipcc.ch/pdf/assessment-report/ar4/wg1/ar4-wg1-chapter8.pdf).

Abb. 4.99 Alexander von Humboldt und Bonpland in Südamerika. Grundlage ihrer Forschungen war die Beobachtung und die Messung. Gemälde von Eduard Ender (1822–1883) aus dem Jahr 1856

Geowissenschaftlich orientierte Paläoklimaforscher haben in der Regel keine Erfahrung mit diesen Modellen, doch – abgesehen von einer allgemeinen Skepsis gegenüber komplizierten Modellen („Alle Modelle sind falsch, aber einige sind nützlich“; Box und Draper 1987: 424) –, können Geowissenschaftler nicht nachvollziehen, warum sie versagen (vgl. Thomson 2009). Wir müssen uns vergegenwärtigen, dass, obwohl Klimamodelle eine erstaunliche Vielfalt an Erscheinungen berücksichtigen und auch viele Elemente richtig erfassen, sie doch wesentlich mehr Dinge übersehen (vgl. Paeth 2015). So erstaunt z. B. noch vor wenigen Jahren bei Modellierungen, dass versucht wird, die Auswirkungen von CO_2 mit höchster Genauigkeit (0,01 °C) zu messen und zwar in einem System mit jährlichen Temperaturextremen, die ± 50 °C überschreiten. Innerhalb der Eiszeit-Zeitskala sind die Einflüsse der Präzession gewaltig, doch die instrumentellen Temperaturaufzeichnungen umfassen lediglich 1 bis 2 % des 26.000-Jahr-Präzessionszyklus. Wenn kleine Auswirkungen (anthropogener Einfluss auf das irdische Klima) gemessen werden sollen, ist es töricht, die großen nicht zu beachten (Thomson 2009). Klimamodelle werden in der Regel *getuned* (angepasst), um den Fakten zu entsprechen (Stocker 2004). Klimamodellierer benutzen mathematische Formulierungen (Parameterisationen), um Prozesse zu beschreiben, die wegen ihrer Größe und Komplexität nicht gelöst werden können oder aber schlichtweg nicht verstanden werden. Auch sollte das

Missverhältnis zwischen den enormen Ausgaben für Computermodellierungen und den relativ bescheidenen Ausgaben, die für die Gewinnung realer Daten erforderlich sind, betont werden.

Es kommt nicht darauf an, wie beeindruckend eine Theorie ist. Wenn sie nicht mit den Fakten bzw. dem Experiment übereinstimmt, ist sie schlichtweg falsch (Thomson 2009). Heute verstehen wir noch nicht den subtilen Einfluss durch solare Wirkungen auf das irdische Klima, z. B. durch den Sonnenwind, der aus Protonen, Elektronen und Heliumkernen besteht. Beobachtungen und Forschungen in der oberen Atmosphäre der letzten Jahrzehnte belegen Verbindungen zwischen Sonne und Klima (Paläoklimadaten) (z. B. schon erörtert bei Wigley 1981). Ganz allgemein wird die Kalkulation der unbestimmten Parameter bei Projektionen der globalen Erwärmung dem Expertenurteil überlassen, denn eine große Anzahl der Schlüsselvariablen des Klimawandels ist bisher unzureichend quantifiziert. Dazu zählen u. a. die Klimasensitivität bezüglich wechselnder Treibhausgaskonzentrationen in der Atmosphäre wie auch Auswirkungen der Aerosole und Wolken auf den Strahlungshaushalt (z. B. Norris et al. 2016), die Mengen an Wärme, die die Ozeane aufnehmen (u. a. Rowlands et al. 2012), und inwieweit die tropischen Regenwälder CO_2-Senken sind oder auch nicht (Tollefson 2015).

Stocker (2001) ist der Ansicht, dass numerische Klimamodelle benötigt werden, um die Mechanismen zu erfassen, die die Klimaänderungen, vor allem aber abrupte Klimasprünge verursachen, da die Paläoklimadaten allein nicht genügen. Die mathematische Formulierung der numerischen Klimamodelle berücksichtigt die Erhaltung von Masse, Impuls, Energie und weiteren Größen, durch die das System Erde beschrieben wird. Die Simulationen zeigten unter anderem, dass Änderungen der Wasserdichte im Nordatlantik die thermohaline Zirkulation stark beeinflussen kann, z. B. Abschwächung oder gar Ausbleiben des Golfstroms im Nordatlantik (vgl. Stocker und Schmittner 1997; Clark et al. 2002; Thiede et al. 2004). Modellergebnisse hatten vor Jahren das *Golfstrom-Problem*, nämlich das Ende des Wärmetransports (der Golfstrom transportiert $3 \times 10^6\,m^3\,s^{-1}$ Wasser und $1{,}3 \times 10^{15}$ W an Wärme in den Nordatlantik) bei weiterem CO_2-Anstieg prognostiziert und damit große Ängste ausgelöst; auch wurden schnelle Klimaschwankungen („*flip-flop*-Mechanismus") als Instabilitäten im System Erde aufgefasst (Stocker 2001). Dies soll in nichtlinearen Systemen oft beobachtet und auf die Existenz von mehreren möglichen Zuständen des Systems zurückgeführt werden. Als Beispiel nennt Stocker (2001) die Hysterese (das Zurückbleiben einer Wirkung hinter dem jeweiligen Stand der sie bedingenden veränderlichen Kraft), die in vielen nichtlinearen physikalischen Systemen auftritt und als Konzept für plötzliche Klimaschwankungen angesehen wird. Dabei reagiert das System auf Veränderungen eines Kontrollparameters zunächst in linearer Weise: Je größer die Störung, desto mehr entfernt sich das System vom ursprünglichen Zustand. Wird ein Schwellenwert übertroffen, können plötzliche Veränderungen im System auftreten, deren Ausmaß nicht mehr mit der Störung in Zusammenhang steht. Je nach Anfangszustand des Systems und Größe der Störung können reversible, aber auch irreversible Zustandsänderungen ausgelöst werden (z. B. durch Schmelzwasserereignisse: Heinrich-Event, Lewis und Teller 2006, 2007, 8,2 ka-*event,* Alley und Ágústsdóttir 2005). Die numerischen Modelle zeigen, dass das Klimasystem, insbesondere die atlantische THC, sich derart verhalten kann (Stocker 2001).

Scott und Kettleborough (2002) benutzten ein umfassendes, Atmosphäre-Ozean-gekoppeltes globales Klimamodell. Dieser Typ von Modellen simuliert die Zirkulation der Atmosphäre und der Ozeane als Ganzes. Es erstellt die natürliche Variabilität von Wetter und Klima in Zeitskalen von Stunden bis Jahrhunderten, und zwar ähnlich den beobachteten Verhältnissen. Es schließt die wichtigsten Rückkoppelungsmechanismen ein, wie Variationen der solaren Strahlung und explosiven Vulkanismus, aber auch die anthropogenen Treibhausgase und Aerosolemissionen während des 20. Jahrhunderts. Darüber hinaus wenden Scott und Kettleborough (2002) eine Regressionsmethode an, um Klimaänderungen zu erfassen. Diesen werden Ursachen zugeschrieben. Dieses wiederum erlaubt ihnen, ein *up-scaling* der Signale vorzunehmen, die von kleinen Simulations-Ensembles der Verhältnisse des 20. Jahrhunderts ausgehen und die den Beobachtungen am besten entsprechen. Die *scaling*-Faktoren werden anschließend benutzt, um die Modellprojektionen des zukünftigen Klimawandels zu justieren. Eine Unsicherheitsspanne wird bestimmt, indem die Unsicherheit bei den *scaling*-Faktoren und die Auswirkungen der natürlichen Variabilität angegeben werden. Das Modell gibt für 2020–2030 AD eine Temperaturerhöhung von 0,3–1,3 °C gegenüber 1990–2000 AD an (im 5–95 % Wahrscheinlichkeitsbereich).

Knutti et al. (2002) benutzen ein Klimamodell intermediärer Komplexität. Es enthält eine atmosphärische Komponente, die die Nord-Süd-Veränderungen in der Verteilung von Wärme und Feuchtigkeit repräsentiert, und eine ozeanische Komponente, die für die Nord-Süd- und vertikale Wasserbewegung steht sowie für Salinitäts- und Wärmeänderungen. Wegen seiner Einfachheit läuft dieses Modell sehr schnell. So können gründliche Analysen mit veränderten Modellparametern ausgeführt, mit Beobachtungen verglichen und schließlich für Zukunftssimulationen verwendet werden. Ihre Ergebnisse, obgleich auf ganz verschiedener Methode beruhend, gleichen denen von Scott und Kettleborough (2002). Auch andere Modelle ergeben ähnliche Resultate im globalen Maßstab. Für 2100 AD geben beide Modelle die obere Grenze der potenziellen Erwärmung weit über 5,8 °C an (5,8 °C ist der Wert des IPCC-Berichts bei „starken Emissionen"). Allerdings muss angemerkt werden, dass die Modelle nicht alle klimatisch wichtigen Prozesse richtig repräsentieren. Beispielsweise bleiben Rückkoppelungen im Kohlenstoffkreislauf und abrupte, nichtlineare Klimaänderungen unberücksichtigt. Daher bestehen Unsicherheiten bei den Klimaprojektionen vorerst fort. Die „Voraussagen" der jüngsten Modelle haben sogar eine größere Unsicherheitsspanne (Abb. 4.102) (Maslin und Austin 2012). Dies ist das Ergebnis aufgrund eines Mangels an zuverlässigen Methoden (PALAEOSENS Project Members 2012). (Ein Beispiel sei genannt: 29 Forschungsteams erzielten eine weite Vielfalt von Ergebnissen, indem sie verschiedene Methoden, jedoch dieselben Datensätze benutzten, um dieselbe Frage zu beantworten [*Beziehungen zwischen der Hautfarbe von Fußballspielern und roten Karten*]) (Silberzahn und Uhlmann 2015).

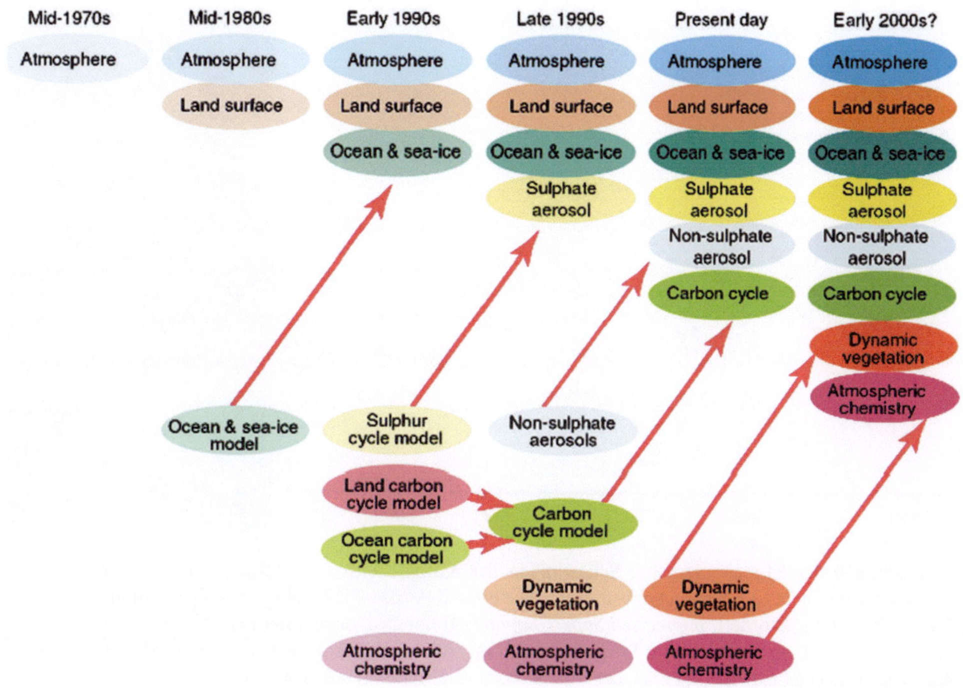

Abb. 4.100 Die Chronologie der Klimamodellentwicklung im 20. Jahrhundert. (Nach Stocker 2002/2003) Die Berücksichtigung verschiedener neuer Komponenten (Kohlenstoffkreislauf, Vegetation und Atmosphärenchemie) führt zu einer drastischen Erhöhung der Komplexität und der benötigten Computerressourcen. Sie stellt aber eine notwendige Entwicklung dar, um die Wechselwirkung der verschiedenen Prozesse quantitativ zu simulieren. (Aus IPCC 2001, The Science of Climate Change, Technical Summary, http://www.ipcc.ch/pub/wg1TARtechsum.pdf, Seite 48)

Model	Type	Components	Resolution	Time to run 10 ka	Main references
CLIMBER-2	EMIC	At; Oc; Si; Is; Ve	10°×51°, 1 level (atm + land) 2.5° x 20 levels (latitude-depth) Ice sheets: 40 km x 40 km	~3 hours	Petoukhov et al. (2000); Bonelli et al. (2009)
Bern3D	EMIC	At; Oc; Si; Ve; Cc; Se	~5°×10°, 1 level (atm+land) ~5°×10 °, 32 levels (ocn + sea ice)	~2 -12 hours	Müller et al. (2006); Ritz et al. (2011)
LOVECLIM	EMIC	At; Oc; Si; Ve	~5.6°×5.6°, 3 levels (atm + land) ~3°×3°, 20 levels (ocn + sea ice)	~15 days	Goosse et al. (2010)
FAMOUS	Low resol. GCM	At; Oc; Si; Ve; Cc	5.0°×7.5°, 11 levels (atm + land) 2.5°×3.75°, 20 levels (ocn +sea ice)	~2 months	Smith (2012); Smith et al. (2008); Williams et al. (2013)
CCSM3	GCM	At; Oc; Si; Ve	~3.75°×3.75°, 26 levels (atm + land) ~3.6°×1.6°, 25 levels (ocn + sea ice)	~4-5 months	Collins et al. (2006); Yeager et al. (2006)

Abb. 4.101 Einige Klimamodelle, die im Past4Future-Projekt benutzt werden. (Nach Stone et al. 2013) Folgende Komponenten werden berücksichtigt: Atmosphäre (At), Ozeane (Oc), Meereis (Si), Eisschilde (Is), Landoberfläche mit Vegetation (Ve), Kohlenstoffkreislauf (Cc) und marine Sedimente (Se). Mit dem CCSM3 (*Community Climate System model version 3* des *US National Center for Atmospheric Research*) werden Rekonstruktionen der Klimaentwicklung möglich, die sich nicht auf Zeitscheiben (z. B. LGM [21 ka BP] und/oder Mittelholozän [6 ka BP]) beschränken, sondern die gesamten 21.000 Jahre seit dem LGM erfassen. So konnte die El-Niño-Vergangenheit seit dem LGM in ihrer ganzen Variabilität und Abhängigkeit von verschiedenen *forcings* rekonstruiert werden (Liu Z et al. 2014, dort auch alle Literaturangaben)

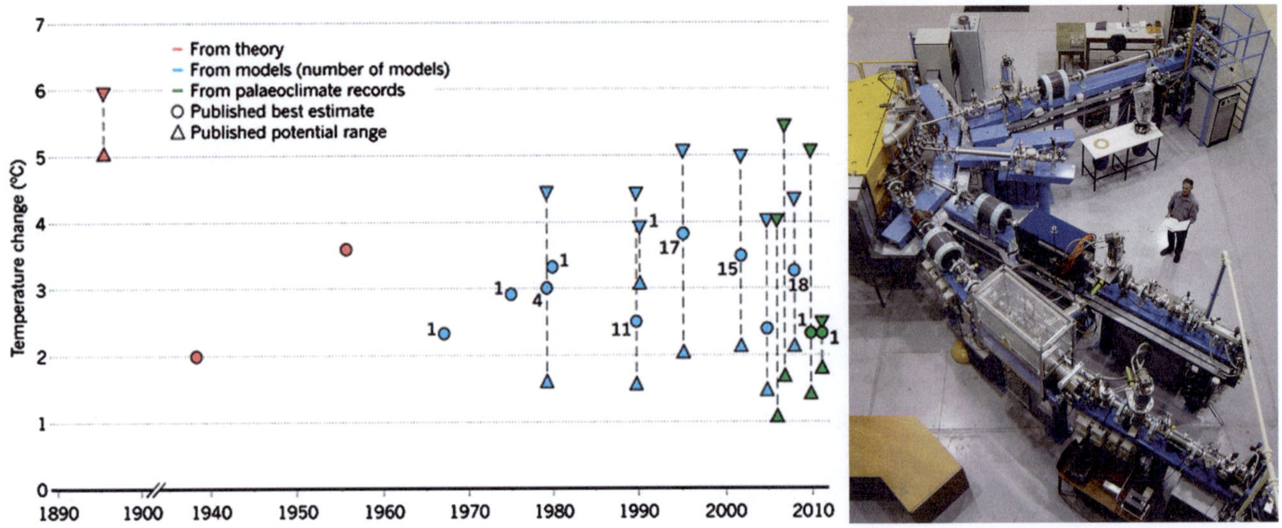

Abb. 4.102 *Links*: Voraussagen der Klimaerwärmung. Schätzungen der Klimasensitivität aufgrund einer Verdoppelung des atmosphärischen CO_2-Gehalts sind über Jahrzehnte nahezu gleich geblieben (Aus: Maslin und Austin 2012), obgleich Supercomputer für die Klimamodellierung eingesetzt werden. Neuerdings wird gefordert, *Imprecised Supercomputers* (unpräzise Supercomputer) zu entwickeln, nämlich energieoptimierte Hybrid-Computer, die konventionelle energieintensive Prozessoren mit nichtdeterministischen Niedrigenergie-Prozessoren verbinden und die damit in der Lage sind, Daten in unterschiedlichen Ebenen der Präzision zu verarbeiten (Palmer 2015).
Rechts: Grundlage aller Modellierungen sind Paläoklimaarchive (Geoarchive), die eine hohe zeitliche Auflösung und exakte Bestimmungen der klimasensitiven Parameter erlauben. Modernste Laboreinrichtungen helfen dabei. Im Bild: Die *ANTARES (10 MV) multi-isotope Facility* (*Institute of Environmental Research at the Australian Nuclear Science and Technology Organisation*, ANSTO)

Ständig werden neue Erkenntnisse über die Resultate der Klimamodelle publiziert. Huber und Knutti (2012) beschreiben eine Methode, die den anthropogenen Einfluss auf die globale Erwärmung besser belegen soll. Allerdings nehmen die Autoren an, dass der Aerosol-Abkühlungseffekt die Hälfte der Treibhausgas-Erwärmung ausgleicht, was jedoch durch neue Daten widerlegt wird (s. Abb. 2.18, Ausführungen zu *Aerosole*). Zwei Jahre später präsentieren Huber und Knutti (2014) Modellergebnisse zur ausbleibenden globalen Temperaturerwärmung seit 1998 und machen dafür eine ENSO-ähnliche Variabilität im Klimasystem in Verbindung mit solarem und stratosphärischem Aerosol-*forcing* verantwortlich. Gillet et al. (2012) analysieren, wie genau das jüngste kanadische „Erdsystem-Modell" Temperaturänderungen erfasst, die den vulkanischen Eruptionen, anthropogenen Aerosolen und ansteigenden Treibhausgas-Emissionen zugeschrieben werden. Sie berücksichtigten dabei Temperaturaufzeichnungen seit AD 1851 und damit eine um 50 Jahre längere Zeitspanne als frühere Modelle. Ihr Modell zeigt unter dieser Voraussetzung, dass das Klimasystem weniger sensitiv auf die Treibhausgas-Erwärmung reagiert, nämlich bei Verdoppelung des CO_{2atm} nur einen Anstieg um 1,3–1,8 °C zeigt. Der Wert ist wesentlich geringer, als viele Modelle vorausgesagt haben. Tollefson (2012) schreibt „*What we need now is to really understand what the models are doing, and why they differ*" und bemerkt, dass Wolken und Aerosole erst jetzt von den Klimamodellierern wahrgenommen werden (Abb. 4.103).

Klimamodelle haben Schwierigkeiten, den Meereisrückgang in der Arktis zu simulieren; die Resultate von fünf *state-of-the-art*-Klimamodellen zeigen zu geringe Werte im Vergleich zu den Beobachtungen (Winton 2011). Klimamodelle überschätzen das Ausmaß, das beim Klimawandel zu extremen Hitze- und Niederschlagsereignissen führt (Bellprat und Doblas-Reyes 2016). Van de Berg et al. (2011) geben zu bedenken, dass die ECHO-G-Klimamodelle sehr unterschiedlich ausfallen, wenn sie das Eem und AD 2100 modellieren. Man nimmt an, dass das Eem vergleichbare Temperaturen mit den für AD 2100 simulierten Temperaturen hat. Die Insolation und nichtlineare Rückkoppelungseffekte spielen eine größere Rolle. Bisher ist in den gegenwärtigen Klimamodellen beim Vergleich der Eem – AD 2100-Szenarien die Insolation, bzw. der Einfluss der Sonne i. w. S. unterrepräsentiert (vgl. Kerr 2009b).

Für die Tropen liegen heute Proxydaten vor, die zeigen, dass die tropischen Niederschlagsverhältnisse komplexe raum-zeitliche Muster während des Hoch-, Spät- und Postglazials aufweisen. Das betrifft die Nord-Süd-Wanderungen der ITCZ und die zonale Reorganisation der Ozean-Atmosphäre-Zirkulation; Letztere ist jedoch noch wenig erforscht. Die aus den Proxydaten rekonstruierten Muster der Niederschlagsveränderungen werden mit Modellsimulationen verglichen, um diese zu verifizieren (Russell et al. 2014).

Climate field reconstructions (CFRs, vgl. Mann et al. 2007) erlauben räumlich auflösende Abschätzungen vergangener Klimate und liefern damit bedeutende Erkenntnisse über die Klimavariabilität der letzten 2000 Jahre (*Common Era*, CE) (J Wang et al. 2015). Die CFRs benutzen Klimarekonstruktionen, die auf Klimaproxys basieren. Auch heute sind die Ergebnisse noch stark von den verschiedenen CFR-Methoden abhängig, die angewandt werden (J Wang et al. 2015).

Bisher ist es nicht möglich, weder die atmosphärische Zirkulation (Shepherd 2014) noch extreme Wetter-/Witterungsverhältnisse der Zukunft zu modellieren (vgl. auch Harrison et al.

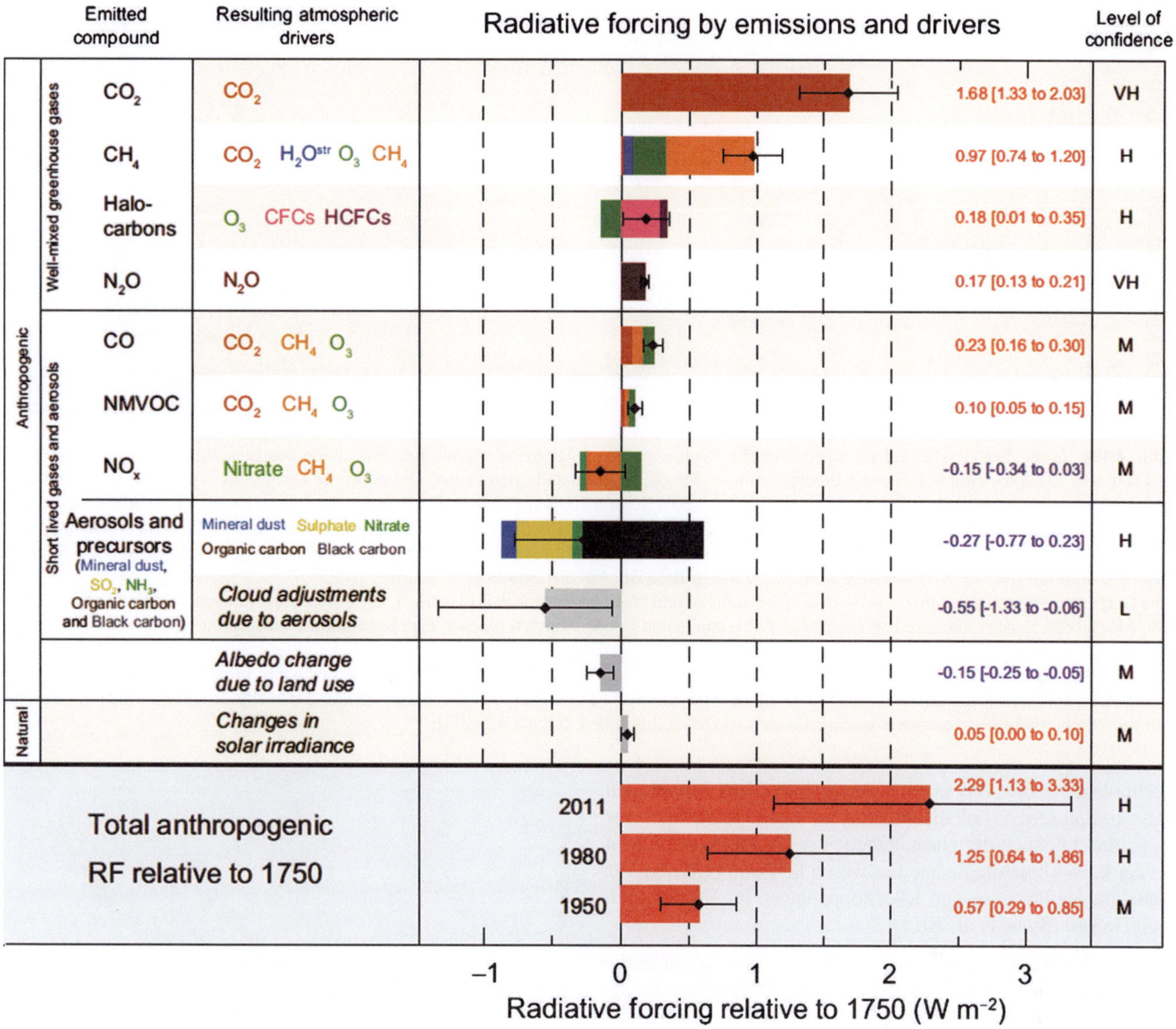

Abb. 4.103 Komponenten, die die Strahlung beeinflussen (Quelle: IPCC Report 2013). Die Aerosole wurden im IPCC-Bericht (2007) ausschließlich mit negativer Beeinflussung aufgeführt. 2013 werden die Aerosole als Komponenten genannt, die neben dem negativen *forcing* auch ein positives *forcing* (*Black carbon*) bewirken. Das entspricht jedoch immer noch nicht den jüngsten Messungen; diese zeigen ein positives *forcing*! Es stellt sich daher die Frage, inwieweit immer neue Generationen von komplexen Erd-System-Modellen, d. h. immer mehr Komplexität, hilfreich für die Klimaforschung sind; sie führen zu größerer Ungewissheit über die Klimazukunft (Heffernan 2010)

2016). Die *Attribution of Climate-related Events Group* (s. Scott und Walton 2013) stellt eine Modellierung von Wetter-/Witterungsereignissen ganz allgemein infrage. Das gilt auch für die Tropen (Lenderink 2012). Greve et al. (2014) zeigen, dass das einfache Muster der Klimamodellprojektionen für das 21. Jahrhundert, nämlich *feucht* wird *feuchter* und *arid* wird *arider* (wie es im IPCC-Bericht beschrieben wird), in den letzten 70 Jahren nur für 11 % der irdischen Landoberfläche zutrifft. Wetter-/Witterungsextreme werden durch die unvorhersehbare erratische Natur des komplexen, untereinander vernetzten Systems verursacht, das die irdische Atmosphäre, die Ozeane und die Landoberflächen miteinander verbindet (Allen 2014). Wie komplex allein Teilbereiche für Klimamodelle sind, zeigen Bachelet und Turner (2015) am Beispiel der Vegetationsdynamik und CR Stokes et al. (2016) am Beispiel des Abschmelzens bzw. des Eisabflusses des Laurentischen Eisschilds, was in Modellierungen bisher immer mit katastrophalen Eisausbrüchen in Zusammenhang gebracht wurde; glazialgeologische (empirische) Daten belegen dagegen einen stetigen Eisabbau (Abb. 4.104).

Die Wahl eines Klimamodells muss sorgfältig erfolgen hinsichtlich der zu berücksichtigenden Prozesse, der räumlichen Auflösung, der Zeit und Kosten für den Modellierungsvorgang, der Kapazität des Computers und des Datenspeicherungsplatzes (vgl. Abb. 2.43 und 4.102). Obgleich Modelle immer eine unvollständige Repräsentation des Erdsystems sein werden, haben doch die Fortschritte der Modellentwicklung und Computer-

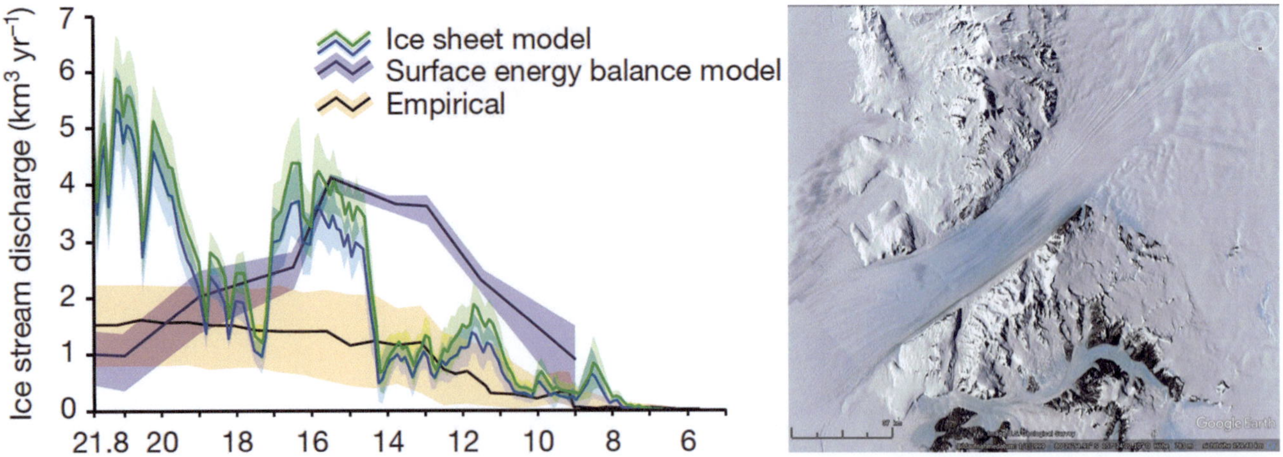

Abb. 4.104 *Links*: Empirische, auf glazialgeologische Beobachtungen (Daten) basierende Rekonstruktion des Eisabflusses vom Laurentischen Eis seit dem LGM bis zum holozänen Klimaoptimum im Vergleich zu modellierten Daten. Die *schwarze Linie* (und *ockerfarbige Schattierung*) geben den empirisch ermittelten Eisabfluss an, der keine starken Schwankungen während des *Termination I* zeigt, sondern eine Abnahme der Geschwindigkeit des Eisabflusses mit zunehmender Erwärmung. Die *grüne* und *hellblaue Linie* zeigen den modellierten Abfluss für $> 100\,\mathrm{m\,a^{-1}}$ und $> 500\,\mathrm{m\,a^{-1}}$ an (mit 1σ Wahrscheinlichkeit). Die *dunkelblaue Linie* stellt den Eisabfluss aufgrund von modellierten Oberflächen-Massen-Bilanzen des Eisschilds dar (mit 1σ Wahrscheinlichkeit). (x-Achse in 10^3 a BP. Aus CR Stokes et al. 2016).
Die Daten von Stokes et al. (2016) weisen auf einen stetigen und nicht-katastrophalen Eisverlust, der bisher immer angenommen wurde, während des Abschmelzens des Laurentischen Eisschilds. Die empirischen Beobachtungen machen eine Revision der modellierten Daten zwingend erforderlich.
Rechts: Eisströme wie der Byrd-Gletscher (Antarktis) sind schnell fließende Eismassen, die unverhältnismäßig große Mengen an Eis von den Eisschilden abführen. Über die Eisstromaktivität in der Antarktis und in Grönland bei globaler Erwärmung widersprechen die Daten empirischer geowissenschaftlicher Forschungen den Ergebnissen von Modellierungen. (GOOGLE-Bild)

technologie in den vergangenen Jahrzehnten dazu beigetragen, dass komplexere physikalische Prozesse besser verstanden werden, einschließlich der Unsicherheiten der Modellvoraussagen. In der Paläoklimatologie hat dies wesentlich zum besseren Verständnis der Prozesse und Rückkoppelungen im Klimasystem beigetragen (Stone et al. 2013).

In den Anfängen stehen heute noch sog. *data assimilation methods* (Methoden des Daten-Abgleichens), um zuverlässige Schätzungen früherer Klimazustände zu gewährleisten. *Data assimilation methods* verknüpfen Informationen, die aus Beobachtungen (Proxys) gewonnen werden, mit numerischen Modellen, um eine physikalisch zuverlässige Schätzung des Klimazustands zu erhalten. Dies wurde für die letzten Jahrzehnte erfolgversprechend ausgeführt (Brönnimann et al. 2013; Mairesse und Goose 2013).

Eine neue Kombination von Simulationen und Daten zeigt, dass kurzzeitige Klimatrends von natürlichen (freien) Variationen dominiert werden (Marotzke und Forster 2015) (Abb. 4.105). Inwieweit Klimatrends, die in Zehnerjahren ablaufen, dazu führen müssen, die Sensitivität der Klimamodelle hinsichtlich der *forcings* (z. B. Treibhausgaskonzentrationen) zu revidieren, wird noch diskutiert. Die freien Variationen und gelegentlich gesteigertes *forcing* durch Aerosole und Sonnenzyklen bewirken die Fluktuationen, die dem anhaltenden Erwärmungstrend aufgesetzt sind, diesen aber nicht unterdrücken.

Im September 2008 trafen sich 20 Klimamodellierungsgruppen aus der ganzen Welt (WCRP – *Working Group on Coupled Modelling*) und vereinbarten, eine neue Reihe von koordinierten Klimamodellexperimenten voranzubringen, u. a. die 5.

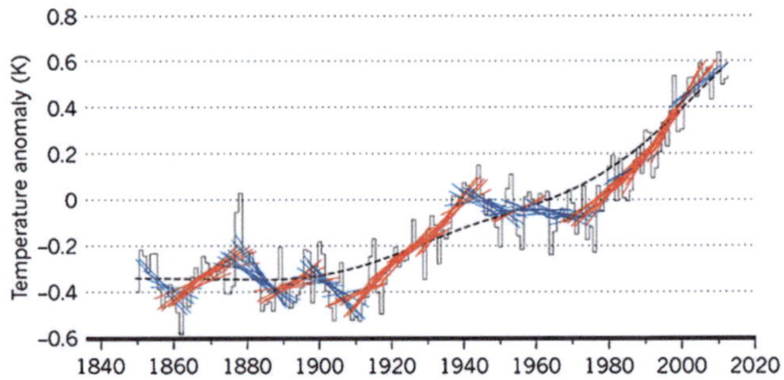

Abb. 4.105 15-Jahr-Temperaturtrends. Die *graue Linie* gibt die globale Mitteltemperatur bezogen auf die Periode 1961–1990 an. Die *gerissene Linie* zeigt die Erwärmungsrate über längere Zeiten. Die *blauen* und *roten Linien* sind lineare Trends für jeweils 15-Jahr-Segmente (1850–1864, 1851–1865, … 1999–2013). Jedes 15-Jahr-Segment wird *rot* gezeigt, wenn der Trend schneller ansteigt als die langjährige Erwärmungsrate in derselben 15-Jahr-Periode, und *blau*, wenn der Trend langsamer steigt. Die 15-Jahr-Trends werden von natürlichen (freien) Variationen bestimmt. Diese freien Variationen treiben den 15-Jahr-Trend über und unter die langjährige Erwärmungsrate. (Aus Risbey 2015).
Anmerkung: Der Temperaturtrend seit ca. AD 1850 und der Trend der Sonnenflecken verlaufen ähnlich

Phase des *Coupled Model Intercomparison Projects* (CMIP5). CMIP5 (s. Box Modelle/Modellierungen) soll einen Zusammenhang von vielen Modellen herstellen und klären: (i) die verantwortlichen Mechanismen für die Modellunterschiede bei wenig verstandenen Rückkoppelungen in Verbindung mit CO_2

Box Modelle/Modellierungen

Abb. A *Links*: Ein Beispiel für das methodische Vorgehen bei Modellierungen (nach Huber und Knutti 2014). Die Autoren modellieren den „*warming hiatus*" (auch: *hiatus interval* = die von AD 1999/2000 bis 2014 beobachtete stagnierende globale Erwärmung) mit dem Ergebnis, dass sich natürliche Klimavariabilität, Strahlungs-*forcing* und Klimaverhalten nicht widersprechen. *Rechts*: CMIP5-Modelle. Modelle (Coupled Model Intercomparison Project Phase 5). Informationen zu den Modellen bietet das Internet unter den jeweiligen Modell-Namen. Vgl. Belda et al. (2016)

Methods

We use monthly mean output of the Coupled Model Intercomparison Project (CMIP5) for surface air temperature (*tas*), sea surface temperature (*tos*) and ocean potential temperatures (*thetao*) from 40 climate models for the unforced control simulations (*piControl*) as well as the historical forcing scenario from the RCPs (ref. 26) during the twentieth century until year 2005, followed by the RCP8.5 scenario. The monthly fields were interpolated on a 2.5° × 2.5° grid to compare the different climate models. A list of climate models with information regarding the length of the control simulation and the model drift is given in the Supplementary Methods.

For each control simulation of the CMIP5 climate models, we compute time series of the Niño3.4 Index by averaging monthly SST fields over the Niño3.4 region (5° S–5° N and 120°–170° W) and subtract the climatology over the entire control simulation. The index is normalized by the standard deviation over the control simulation and then compared with the observed Niño3.4 Index 1997–2012 as illustrated in Fig. 1a. The Niño3.4 observations are based on the NOAA (National Optical Astronomical Observatories) Optimum Interpolation Sea Surface Temperature V2 data set (obtained at www.cpc.ncep.noaa.gov/data/indices/sstoi.indices). We select those segments of the control simulation that match the evolution of the observations by applying a correlation criterion of $r = 0.6$, leading to a set of 52 control segments matching the Niño3.4 observations. Only 2 of the 52 segments slightly overlap. We choose the threshold of $r = 0.6$ to have a balance between the strength of correlation and the number of members selected into our variability analogue ensemble (see Supplementary Fig. 1 for a sensitivity analysis of the temperature trend of the variability ensemble to the correlation threshold).

The impact of a reduced radiative forcing on global mean temperatures is estimated with the Bern2.5D climate model of intermediate complexity (EMIC; ref. 27) driven with global-mean radiative forcing series from the RCP archive[26]. In terms of solar forcing, the default RCP set-up is based on solar irradiance data by ref. 28 and repeats the 23rd solar cycle in the future, but implementations differ between models. The previous 23rd solar cycle lasted until about the year 2008, and updated records suggest that the minimum in 2009 was substantially lower than expected from a typical cycle[15]. This is not represented in the RCP set-up. We account for the prolonged solar cycle by using two observational data sets of total solar irradiance by the Active Cavity Radiometer Irradiance Monitor (ACRIM) and by the Physikalisch–Meterologisches Observatorium Davos (PMOD). Both data sets are available at http://www.acrim.com/TSI%20Monitoring.htm. The two data sets show differences during their overlapping periods, and we derive radiative forcing time series for both data sets to account for the observational uncertainty. We also normalize the derived historical solar forcing to have an average of zero for the 22 years around 1750 (ref. 26).

The RCP forcing data set constitutes also the reference case in terms of stratospheric aerosol, which is based on previous volcanic stratospheric aerosol data used in the NASA (National Aeronautics and Space Administration) Goddard Institute for Space Studies (GISS) climate model up to the year 2001, followed by zero forcing to the year 2005 (ref. 26). Here, we use updated optical thickness time series (τ) from NASA GISS (accessed at http://data.giss.nasa.gov/modelforce/strataer/tau.line_2012.12.txt) and convert them to radiative forcing with a conversion factor of $-23.5\ \mathrm{W\,m^{-2}}\tau^{-1}$, denoted by GISS in Fig. 2b. We further account for an additional negative radiative forcing during the period 1960–1990 of about $-0.1\ \mathrm{W\,m^{-2}}$ suggested by observations[5], denoted with by GISS-Back in Fig. 2b.

Model
CMIP5 ENS
ACCESS1.3
BCC-CSM1.1-m
BCC-CSM1.1
CanESM2
CCSM4
CESM1-BGC
CESM1-CAM5
CESM1-CAM5.1-FV2
CESM1-FASTCHEM
CESM1-WACCM
CMCC-CESM
CMCC-CM
CNRM-CM5
CNRM-CM5.2
CSIRO-Mk3.6.0
EC-EARTH
FGOALS-g2
GFDL-CM2p1
GFDL-CM3
GFDL-ESM2G
GFDL-ESM2M
GISS-E2-H
GISS-E2-H-CC
GISS-E2-R
GISS-E2-R-CC
HadCM3
HadGEM2-AO
HadGEM2-CC
HadGEM2-ES
INM-CM4
IPSL-CM5A-LR
IPSL-CM5A-MR
IPSL-CM5B-LR
MIROC-ESM
MIROC-ESM-CHEM
MIROC5
MPI-ESM-LR
MPI-ESM-MR
MPI-ESM-P
MRI-CGCM3
MRI-ESM1
NorESM1-M
NorESM1-ME

und Wolken, (ii) die Klimavorhersagbarkeit der Modelle (auch in dekadischen Zeitskalen) und (iii) die große Streuung der Ergebnisse der ähnlich angelegten Modelle. Der *Fifth Assessment Report* (AR5) des IPCC bezieht sich auf CMIP5.

Bei allen Modellierungen der Klimavergangenheit und Klimazukunft sollte stets berücksichtigt werden, *unbekannte Unbekannte* in *bekannte Unbekannte* zu überführen und nicht vorzutäuschen, sie könnten eliminiert werden (M Allen 2010; Harrison et al. 2016). Ein Beispiel für methodisches Vorgehen mit *unbekannten Unbekannten*, wie es jüngst Huber und Knutti (2014) darlegen, zeigt die Box Modelle/Modellierungen (Abb. A).

Wenn es darum geht, mit Computermodellen die Klimazukunft zu simulieren, sollten vier Herausforderungen (*challenges*) berücksichtigt werden (nach McCarroll 2015): (i) ein besseres Verstehen, wie das Klimasystem arbeitet; Schlüsselprozesse müssen identifiziert und – soweit möglich – quantifiziert werden. (ii) Eine bessere Kalkulation der treibenden Kräfte des Klimawandels; eingeschlossen sind direkte externe Einflüsse auf das Klimasystem, wie die Abschätzung von orbitalem und solarem *forcing*, langsameren Rückkoppelungen, wie beispielsweise bei der Vegetation, und bessere Abschätzungen von Größe und Häufigkeit der internen Komponenten des Klimasystems (z. B. ENSO). (iii) Eine verbesserte Schätzung der Klimasensitivität; die mittlere Veränderung der globalen durchschnittlichen Jahrestemperatur, die von dem Anstieg des strahlungsbedingten *forcing* ausgeht, ist das wesentliche Maß, das beschreibt, wie das Klimasystem auf steigende Treibhausgasemissionen reagieren wird. Ungewissheit über die Klimasensitivität führt zu Ungewissheit in allen anderen Aspekten des Klimasystems. (iv) Testen der allgemeinen und Erdsystemmodelle; dies ist extrem kompliziert und enthält zahlreiche Parameter, die nicht sicher quantifiziert werden können. Selbst in einfachen Modellen können geringe Veränderungen der physikalischen Parameter zu unterschiedlichen Aussagen über die Zukunft führen. Verschiedene Modelle und Modellvarianten können getestet und bewertet werden, wie gut bzw. schlecht sie das beobachtete Klima reproduzieren, aber auch wie gut sie das Klima der Vergangenheit rekonstruieren können.

Doch nicht nur die Modellierung der Klimavergangenheit, Klimagegenwart und Klimazukunft birgt Probleme in sich. Auch die Software, mit der heute in der Wissenschaft allerorts gearbeitet wird, kann zu Fehlern, Unregelmäßigkeiten und wissenschaftlichen Debatten führen. So wurde kürzlich von Harsch und Hille Ris Lambers (2015) in *Global Change Biology* publiziert, dass in Nordamerika infolge der Klimaerwärmung die Pflanzenarten in tiefer gelegene Gebiete verdrängt werden und nicht in kühlere, höher gelegene Bereiche abwandern – wie Biologen, Palynologen und anderen Wissenschaftlern seit über 200 Jahren bekannt ist (vgl. Humboldt 1978, 2008). Die „Erkenntnis“ von Harsch und Hille Ris Lambers (2015) ist falsch; der Artikel wurde zurückgezogen als bekannt wurde, dass die „faszinierenden Schlussfolgerungen“ das Ergebnis eines fehlerhaften Software-Codes waren (Check Hayden 2015). Vor dem Hintergrund, dass Dokumentationen und Algorithmen wissenschaftlicher Arbeiten oft nicht mehr kritisch nachvollziehbar sind bzw. kritisch im Detail evaluiert werden (können), ist es umso wichtiger, neue Erkenntnisse an unumstößlichen Fakten zu messen. Die Beobachtung (Humboldt 2008; Cloos 1936), nicht die Modellierung des irdischen Systems muss Grundlage aller wissenschaftlichen Klimadiskussionen sein.

Abschließend sei noch eine Bemerkung zu BIG DATA gemacht: Die Muster und Korrelationen von BIG DATA bleiben zufällig, wenn wir die zugrunde liegenden Zusammenhänge nicht verstehen, z. B. bei der CO_2-Problematik. Aber: BIG DATA ermöglicht es, in wissenschaftlich bisher unbekannte Regionen vorzustoßen, indem Petabytes (10^{15} Bytes) von Daten der gesamten *scientific community* zur Verfügung gestellt werden. Dadurch können auch bessere Klimamodelle entstehen.

Regionale Beschreibung – Mittel- und Südamerika einschließlich der karibischen Inselwelt

5

Kapitel 5

K. Heine, *Das Quartär in den Tropen*, https://doi.org/10.1007/978-3-662-57384-6_5

5.1 Allgemeines

Die tropischen und randtropischen Gebiete Lateinamerikas (Abb. 5.2) erstrecken sich auf der Nordhemisphäre in Mexiko von Niederkalifornien über das Hochland von Mexiko bis zur amerikanischen Golfküste und schließen die karibische Inselwelt und Florida ein. Auf der Südhemisphäre zählen die Atacama-Wüste und das nördliche Argentinien bis zum Rio de la Plata dazu. Die von Nord nach Süd (meridional) verlaufenden Gebirgssysteme Nord- und Südamerikas, verbunden über die mittelamerikanischen Vulkangebirge, waren nicht nur Wander- und Rückzugsgebiete der artenreichen Vegetation während der quartären Klimaschwankungen, sondern zeigen mit ihren Paläoklimaproxys in nahezu idealer Weise den rezenten und vorzeitlichen (LGM, Spätglazial) Verlauf klimarelevanter Höhengrenzen, wie obere Waldgrenze, klimatische Schneegrenze, untere Permafrostgrenze etc. (Abb. 5.4).

Heute wird das tropische südamerikanische Klima (Abb. 5.2 und 5.3) bestimmt durch (1) den jährlichen Gang der Innertropischen Konvergenzzone (ITCZ), die jedoch über dem südamerikanischen Kontinent nicht ausgebildet ist, sondern durch ein gewaltiges flaches Tiefdruckgebiet (FERRELsches Hitzetief, Weischet 1990) ersetzt wird, (2) die Anden als bedeutende orographische Barriere, (3) die südatlantische Konvergenzzone und (4) das südpazifische Hoch (vgl. Abb. 2.12). Das Amazonasgebiet (Abb. 5.1) zeigt eine Gleichförmigkeit der thermischen Bedingungen. Dies wird verursacht durch die Lage

beiderseits des Äquators mit hohem Strahlungsbilanz-Überschuss während des ganzen Jahres (vgl. Abb. 2.11) und derjenigen zwischen den subtropisch-randtropischen Hochdruckgürteln beider Halbkugeln, in denen Kaltluft der höheren Breiten zu Tropikluft transformiert wird, bevor sie in den tropischen Teil der Allgemeinen Zirkulation der Atmosphäre gelangt. Hinsichtlich der Niederschläge hat das zur Folge, dass diese als Schauerregen aus konvektiven Kreisläufen fallen, tages- und jahresperiodisch an den Strahlungsgang gekoppelt sind, erhebliche zeitliche und örtliche Variabilität bei großer Häufigkeit von Starkregen aufweisen und zum größeren Teil aus dem Wasserdampfrecycling über dem Amazonas selbst gespeist werden (Weischet 1990).

Der größte Teil der Niederschläge fällt in den Anden in Äquatornähe (z. B. Quito, Ecuador zwischen Oktober und Mai). Nach Süden, mit zunehmender Entfernung vom Äquator, reduziert sich die Hauptregenzeit auf die Monate Dezember bis Februar/März (z. B. La Paz, Bolivien), während nach Norden (z. B. Bogotá, Kolumbien) die Hauptniederschläge im Oktober/November und im April/Mai fallen. Die nördlichen und zentralen Anden beziehen ihre Feuchtigkeit aus Amazonien, da die saisonale Erhitzung der Anden – besonders im Bereich des bolivianischen Altiplano – Luftmassen von großer Labilität in der Höhe zur Folge hat. Dadurch entsteht ein monsunaler Effekt mit Advektion feuchter Luft von Ost (Amazonien) nach West (Anden). Hygrische Schwankungen in Amazonien (z. B. letzteiszeitliche Aridität) beeinflussen daher die Niederschlagsbedingungen in den Anden.

Indizien für quartäre Klimaschwankungen im tropisch-randtropischen Mittel- und Südamerika sind erst seit Mitte des 19. Jahrhunderts bekannt geworden (vgl. Abschn. 1.2). Beachtung fanden vor allem die Veränderungen der Gletscher in den Anden (Abb. 5.5). Hettner (1892) beschrieb bereits den Gletscherrückgang in den kolumbianischen Anden und verglich diesen mit dem Gletscherrückgang in den europäischen Alpen und anderen Gebirgen seit Mitte des 19. Jahrhunderts. Eiszeitliche Gletscherspuren (Moränen, Gletscherschliffe) hatten vor ihm schon Joaquin Acosta 1851 und W. Sievers 1886 beobachtet; die glaziären Phänomene zeigen eine eiszeitliche Depression der Schneegrenze um mindestens 1000 Höhenmeter an (Hettner 1892). Vor diesem Hintergrund ist erstaunlich, dass eiszeitliche markante Temperaturschwankungen für die feuchten tropischen Tiefländer noch bis in die 1960er-Jahre ausgeschlossen wurden (vgl. Büdel 1951, der für das LGM sogar eine polwärtige Ausdehnung der tropischen Regenwälder postulierte, ganz im Gegensatz zu Fairbridge 1972, der ein Schrumpfen der feucht-warmen äquatorialen Zone ver-

Abb. 5.1 Tropischer Regenwald in Amazonien (folgende Seite). *Von links nach rechts*: (I) Der Boden der tropischen immergrünen Regenwälder wird von einer Schicht aus abgestorbenen Pflanzen bedeckt, so dass selbst bei extrem starken und häufigen Regenfällen keine Erosion stattfinden kann. (II) Der mineralische Unterboden wird fast nur von der chemischen Verwitterung beeinflusst. Daher findet aus den tropischen Regenwäldern über die Flüsse kein Austrag von festen Bestandteilen (Sedimente etc.) statt. (III) Die traditionelle Wirtschaftsweise (*shifting cultivation*) der Regenwaldbewohner führt nicht zu verstärkter Bodenerosion. Die „zeitgemäße" Landnutzung fördert dagegen den Bodenabtrag sehr (vgl. Abb. 4.76)

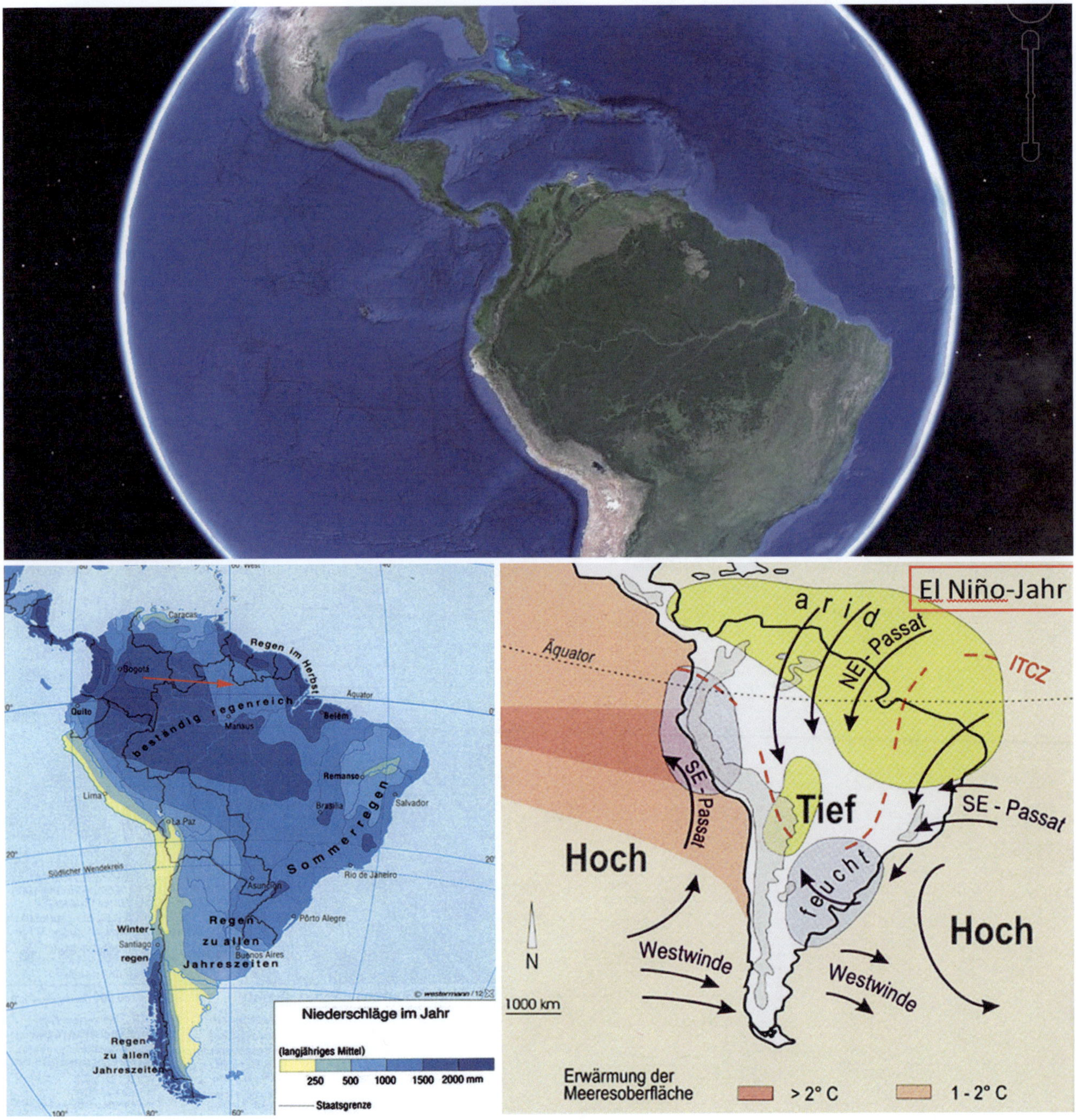

Abb. 5.2 *Oben*: Südamerikas Physiogeographie. *Unten links*: Mittlere jährliche Niederschläge. Der „aride Korridor" (*Pfeil*) hatte im LGM ca. 60 % und im Holozän vor 6 ka BP ca. 140 % der heutigen jährlichen Niederschläge (X Wang et al. 2017). *Unten rechts*: Zirkulationsmuster über Südamerika im Sommer (DJF) mit der Verteilung hygrischer Anomalien während eines El-Niño-Jahres

trat) und dass die CLIMAP Project Members (1976) für die tropischen Meere im Norden und Westen der nördlichen Anden lediglich eine LGM-zeitliche Temperaturerniedrigung um 0–2 °C ermittelten (Abb. 2.55). Während diese Werte inzwischen revidiert wurden, bleibt doch anzumerken, dass den geologisch-geomorphologischen Beobachtungen bei der modernen Paläoklimarekonstruktion (so bei Farrera et al. 1999) auch heute noch zu wenig Beachtung geschenkt wird (Abb. 5.6). Daher werden die Paläoklimaarchive der lateinamerikanischen Tropen, die Temperaturschwankungen belegen, ausführlich behandelt. Dies geschieht vor dem Hintergrund, dass die modellierte Erwärmung im 21. Jahrhundert für die tropischen Anden von 2–7 °C ausgeht (Urrutia und Vuille 2009), was gravierende Veränderungen der hydrologischen und biologischen Verhältnisse (Malcolm et al. 2006) zur Folge haben würde (vgl. Hanselman et al. 2011).

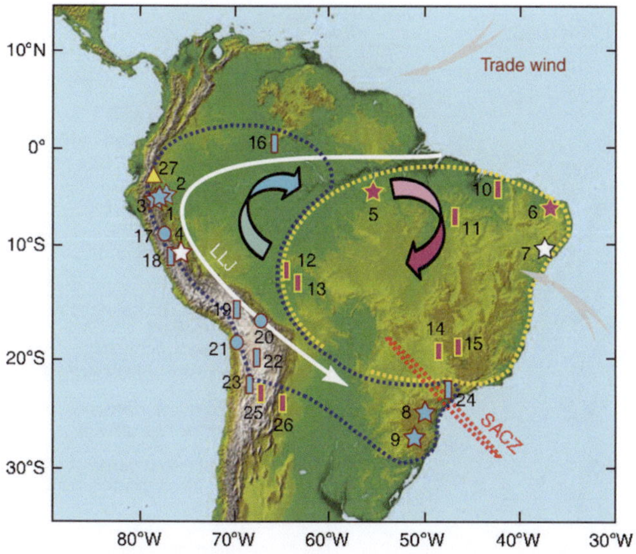

Abb. 5.3 Lage bedeutender Klimaarchive in Südamerika und gegenwärtiges Klima. Dargestellt sind die wichtigsten Komponenten des Südamerikanischen Monsuns (SAM): SACZ (*gerissene rote Linien*) – Südatlantische Konvergenzzone; LLJ (*weißer Pfeil*) – *low-level* Jet. *Blaue/gelbe Punktlinien* – SADP (südamerikanisches Dipol-artiges Niederschlagsmuster); Sterne – Höhlen (1. El Condor, 2. Cueva del Diamante, 3. Cueva del Tigre Perdido, 4. Pacupahuain. 5. Paraíso, 6. Rio Grande do Norte, 7. Toca da Boa Vista, 8. Santana und 9. Botuverá); *Rechtecke* und *Kreise* (10–27) – See- und Eis-*records*. *Hellblaue* und *lila Symbole* repräsentieren feuchte und trockene LGM-Verhältnisse; *weiß* zeigt feuchte Bedingungen während Heinrich-Events. *Gelbes Dreieck* – Surucucho-Pollen-*record* (mit geringen Änderungen der Wald-Zusammensetzung während des Holozäns). Die *beiden breiten Pfeile* (*blau/lila*) zeigen die Zirkulation mit auf- und absteigenden Bewegungen über West- und Ost-Amazonien während starker SAM-Zeiten. (Aus: H Cheng et al. 2013)

Indizien für hygrische Schwankungen während der Kalt- und Warmzeiten gibt es sowohl aus den tropischen Tiefländern als auch aus den tropischen Gebirgsregionen. Das tropische und randtropische Südamerika einschließlich der Anden erhält seine Feuchtigkeit vom tropischen Atlantik infolge Wasserdampftransports (Abb. 5.2, 5.3 und 5.7). Die Verteilung der Niederschläge wird vom Recycling des Wasserdampfs gesteuert. Das Amazonas-Einzugsgebiet erhält $12 \times 10^{12}\,m^3$ Wasser jährlich durch Niederschläge, aber nur $5{,}5 \times 10^{12}\,m^3$ Wasser erreichen im Jahr den Atlantik über den Amazonas. Das ist der Betrag an Wasser, der vom Atlantik nach Amazonien transportiert wird (Weischet 1990, 1996). Hinzu kommt ein geringer Anteil, der als Wasserdampf in andine Einzugsgebiete außerhalb des Amazonas-Flusssystems gelangt. Nach Molion (1975) stammen 75 % der Niederschläge aus recyceltem Wasserdampf. Salati et al. (1979) nennen ähnliche Werte auf der Grundlage von $^{18}O/^{16}O$-Verhältnissen in Regenwasser und Flusswasser. Marques et al. (1980) kalkulieren, indem sie den Wasserdampftransport der höheren Luftschichten analysieren, dass der Wasserdampf, der für 54 % der Niederschläge verantwortlich ist, aus der Evapotranspiration stammt. Im westlichen Amazonasbecken ist der Anteil an recyceltem Wasserdampf höher als in atlantischen Gebieten. Leopoldo et al. (1982) finden ca. 80 % recyceltes Wasser nahe Manaus und Lettau und Lettau (1978) ca. 88 % im westlichen Amazonien nahe dem Andenrand, dem Gebiet mit den höchsten Niederschlagsraten im gesamten Amazonasbecken. Die großen Mengen an recyceltem Wasserdampf zeigen eindrucksvoll, dass Veränderungen der Vegetationsbedeckung während des Quartärs Niederschlagsänderungen zur Folge haben mussten und *vice versa*. In gleicher Weise mussten Änderungen der Oberflächentemperaturen (SSTs) des tropischen Atlantiks – als Hauptquelle der Feuchtigkeit – die Evaporation und damit die Niederschläge in Amazonien verändert haben.

Da die Niederschlagsregime der tropischen Anden eng mit dem Wasserdampf des Amazonasbeckens verknüpft sind – Wasserdampf wird vom Atlantik über das Amazonasbecken transportiert und die Luftmassen gelangen schließlich über die Anden (vgl. Diaz und Markgraf 1992) –, können Rückschlüsse auf LGM-zeitliche Temperatur- und Niederschlagsschwankungen im amazonischen Tiefland aus den Beobachtungen in den Anden geschlossen werden. Mehr Aridität in Amazonien muss auch mehr Aridität in den tropischen Anden von Ecuador, Peru und Bolivien bedingen.

Auch in der letzten Eiszeit wurde die Feuchtigkeit vom Atlantik herangeführt (Abb. 5.2). Selbst in der nördlichen Atacama-Wüste belegt die Zusammensetzung der stabilen Isotope von Oberflächenwasser und Wassereinschlüssen in quartären Salzen, dass die Feuchtigkeitszufuhr immer von Osten über Amazonien in den Andenraum gelangte (Godfrey et al. 2003).

Von besonderer Bedeutung sind markante Schwankungen der Niederschläge im tropischen Südamerika, die in Abständen von mehreren (3 bis 8) Jahren beobachtet werden. Sie sind unter dem Namen *El Niño* und *La Niña* seit drei Jahrhunderten bekannt. *El Niño* steht für „Junge", gemeint ist das Christuskind, da sich die Klimaanomalie der *El-Niño*-Jahre um die Weihnachtszeit am deutlichsten bemerkbar macht. Dann führt eine Erwärmung des Humboldt/Peru-Stroms vor der südamerikanischen Pazifikküste zu dessen Abschwächung, zu geringerem Auftrieb kalten nährstoffreichen Tiefenwassers und zu teilweise extremen Niederschlägen in der ariden Küstengegend (Abb. 5.2 und 4.45) sowie zum Rückgang der großen Fischbestände im küstennahen Pazifik. Heute ist das *El-Niño*-Phänomen unter dem Begriff ENSO (El Niño-Southern Oscillation) bekannt. Die hygrischen starken Veränderungen in Verbindung mit dem ENSO-Phänomen sind besonders in den Tropen und Randtropen weltweit zu spüren (Abb. 5.8). ENSO beeinflusst(e) in Vergangenheit und Gegenwart Mensch und Natur stark. Klimamodelle sind uneins darüber, ob die Klimaerwärmung Stärke und Häufigkeit von ENSO-Ereignissen verändern wird (Zastrow 2014). ENSO-Rekonstruktionen für Kaltzeiten und extreme Warmzeiten (Keefer et al. 2003) lassen Rückschlüsse über die Zirkulation der Ozeane und der Atmosphäre zu.

5.2 Das tropische Südamerika

Aus dem tropischen Südamerika sind nur einige Paläoklimaarchive bekannt, die ohne Unterbrechungen weit in das Quartär zurückreichen (Abb. 5.9, 5.3). Die Archive liegen in den öst-

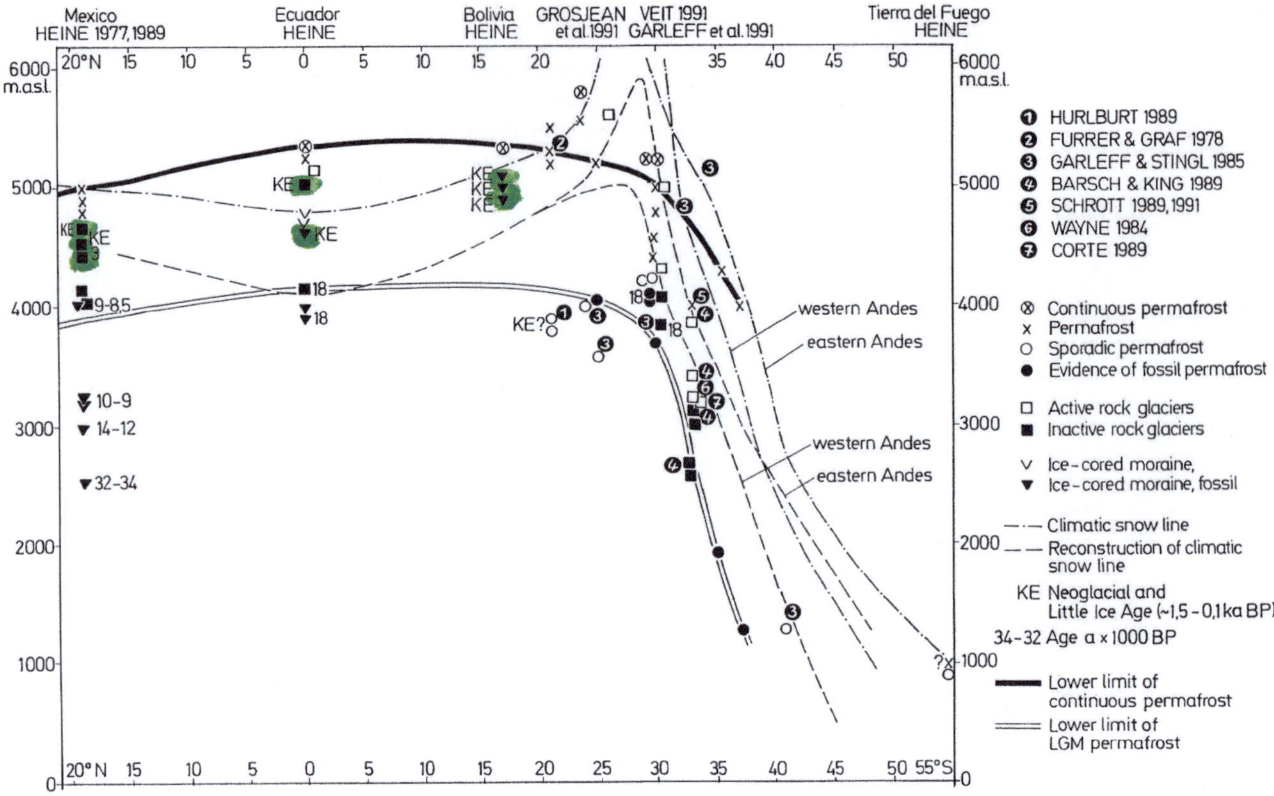

Abb. 5.4 Verlauf der Permafrost- und Schneegrenze zwischen Mexiko und Feuerland: ca. AD 1970 und im LGM. Zusammengestellt nach verschiedenen Autoren und unveröffentlichten eigenen Daten. Die Untergrenzen des aktiven kontinuierlichen Permafrosts und des LGM-zeitlichen kontinuierlichen (?) Permafrosts werden durch die *schwarze* und die *Doppellinien* angegeben. *Grün markiert*: Inaktive Blockgletscher und *ice-cored moraines* der Kleinen Eiszeit. (Nach Heine 1995a, dort auch Angaben zu den genannten Autoren. Daten zum Permafrost südlich von 25° S aus Garleff und Stingl 1985)

lichen kolumbianischen Anden in der Hochebene von Bogotá bei Funza (Pollen), im Altiplano des bolivianischen Hochlands (Seesedimente des Titicacasees und des Salar de Uyuni) und in Nordost-Brasilien (Speläotheme). Aus diesem Grunde werden bei der Behandlung der eiszeitlichen Klimageschichte vor allem die letzte Kaltzeit und das Holozän vorgestellt. Für die letzten ca. 50.000 Jahre ist die Datierung der Klimaarchive und damit eine Korrelierung der verschiedenen Daten und deren paläklimatische Interpretation hinreichend gegeben. Dies ist die Voraussetzung für eine Synopse der Befunde.

5.2.1 Paläoklimaarchive mit großer zeitlicher Spanne

In Kolumbien wurde ein großes Seebecken mit plio-pleistozänen pollenhaltigen, unverfestigten, tonigen Sedimenten von bis zu 890 m Mächtigkeit gefüllt. Hooghiemstra (1984) beschreibt detailliert die Pollen des 357-m-Kerns der Bohrung Funza I (4°50′ N, 75°12′ W, ca. 2547 m NN). Über 100 vulkanische Aschenlagen (Tephren) ermöglichten unter Berücksichtigung der Bohrung Funza II eine Datierung mit *Fission track* (Spaltspurdatierung) und Kalium-Argon (Andriessen et al. 1993). Die Alter zeigen, dass eine kontinuierliche Sedimentation ohne erkennbare Hiaten erfolgte. 55 Pollenzonen werden ausgegliedert, die einen vielfachen Wechsel von relativ kalten und warmen Bedingungen erkennen lassen. Diese kalt/warmzeitlichen Klimazyklen reichen bis ca. 3,5 Mio. Jahre zurück und umfassen damit das gesamte Eiszeitalter und einen Teil des Pliozäns. Die Funza-Klimazyklen können mit marinen Klimazyklen (δ^{18}O-Kurve des ODP 677) korreliert werden (Hooghiemstra pers. Kommunikation 1990). Ein enger Bezug zu astronomischen Daten ist ebenfalls gegeben. In Abb. 5.10 sind die letzten 620.000 Jahre erfasst. Gegenüber der ersten zeitlichen Ansprache (Hooghiemstra 1984) konnte die Altersstellung aufgrund von absoluten Altersdatierungen des Funza-Kerns II revidiert werden (Hooghiemstra und van 't Veer 1999).

Die kolumbianischen Anden weisen eine klare Höhengliederung der Vegetation auf vom tropischen Tiefland-Wald (0 bis 1000 m NN) über den subandinen Wald (unterer montaner Wald, 1000 bis 2300 m NN) zum andinen Wald (oberer montaner Wald, 2300 bis 3200 m NN). Oberhalb der Höhenwaldgrenze in rund 3200 m NN, die durch die 9,5 °C-Jahres-Isotherme charakterisiert wird, erstreckt sich der Subpáramo bis 3500 m NN. Darüber folgt der Graspáramo von 3500 bis 4200 m NN und oberhalb von 4200 m NN der Superpáramo bis zur Schnee- und Eisbedeckung in rund 4800 m NN. Jeder Vegetationsgürtel wird durch eine charakteristische Vergesellschaftung bestimm-

Abb. 5.5 Die Gletscher der tropischen Anden schmelzen seit Mitte des 19. Jahrhunderts ab. *Oben links*: GOOGLE-Bild von 2013. Pacliash-Gletscher, Quebrada Honda, Peru (9° 19′ S, 77°20′48″ W). Die *rote Markierung* zeigt die Gletscherenden vor 80 Jahren. *Oben rechts*: Aufnahme von H. Kinzl aus den 1930er-Jahren des Pacliash-Gletschers, Quebrada Honda, Peru. *Unten links*: Laramkkota-Gletscherzunge (links im Bild), Cordillera Quimsa Cruz, Bolivien (16°58′ S, 67°22′45″W, der Seespiegel liegt in 4850 m Höhe). Um 1900 reichte die Gletscherzunge noch fast bis zum Seeufer (Müller 1985). Die neuzeitlichen Ufermoränenwälle sind deutlich zu erkennen (▼). *Unten rechts*: GOOGLE-Bild des Valle Atoromachuma, Cordillera Quimsa Cruz, Bolivien (16°56′ S, 67°25′30″ W, ● = 4730 m NN). Die Gletscher-Vorfelder (innerhalb der neuzeitlichen Moränen) sind durch scharfkantige Wälle abgegrenzt und heben sich als hellere Flächen von der dunkleren Umgebung ab (Müller 1985)

ter Taxa gekennzeichnet. In dem Funza-Pollenprofil werden die vertikalen Verschiebungen der Vegetationsstufen in Abhängigkeit von der Zeit erfasst. Dies ermöglicht die Bestimmung der oberen Waldgrenze und deren Veränderungen während des Eiszeitalters. Die obere Waldgrenze schwankte zwischen 3400 m NN in den wärmsten Interglazialen und 1900 m NN in den kältesten Glazialen. Bei einem Temperaturgradienten von 6 °C/1000 m Höhe und einer Verschiebung der oberen Waldgrenze bis zu 1500 Höhenmetern ergeben sich für die Paläotemperaturen der einzelnen palynologisch ermittelten kalten glazialen Perioden der letzten Eiszeit (MIS 4 und MIS 2) eine Temperaturdepression von mindestens 6,6 °C gegenüber heute und 7,8 °C gegenüber den wärmsten Phasen der Interglaziale (z. B. holozänes Optimum) (Hooghiemstra und van 't Veer 1999).

Die Ergebnisse der palynologischen Studien der Funza-Bohrung sind eindeutige Belege für eine große Absenkung der montanen Vegetationsgürtel in den tropischen Nordanden. Wird berücksichtigt, dass während der kältesten Phasen der Glaziale der Meeresspiegel um mindesten 120 m tiefer lag, kann eine Korrektur des Wertes von ≤ 1 °C angenommen werden (Osmaston 2006). Aber auch dann ist die belegte hochglaziale Temperaturdepression in den Nord-Anden um ein Vielfaches größer als die Temperaturdepression, die über verschiedene Verfahren aus marinen Geoarchiven der umgebenden Ozeane ermittelt wurde (vgl. Abb. 2.55).

Das zweite, weit ins Quartär zurückreichende Profil mit paläoökologischen Daten (es sind mehrere Bohrkerne) liegt im Grenzbereich von Bolivien/Peru im Titicacasee (Abb. 5.11). Der See bedeckt in 3810 m Meereshöhe (16–17° S, 68,5–70° W) ca. 8300 km^2 (Bodensee im Vergleich: 539 km^2). Er ist der größte Hochgebirgssee und der höchste schiffbare See der Erde. Um 1860 hatte der See einen jüngsten Hochstand; er sank danach ab und hatte 1903 einen Tiefstand. Monheim (1956)

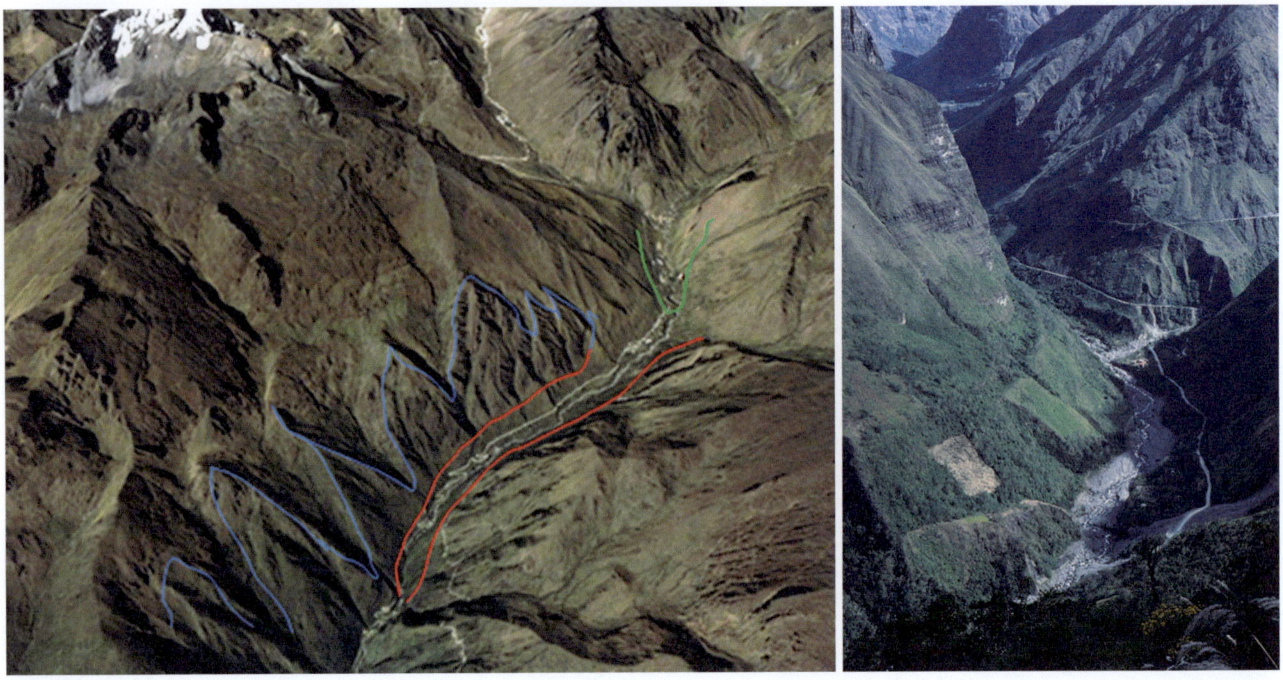

Abb. 5.6 GOOGLE-Bild des Zongo-Tals, Bolivien. Das Tal führt zum amazonischen Tiefland. Deutlich sind die Hänge morphologisch gegliedert. Oberhalb der *blauen Linien* sind durch Glazialerosion geglättete Hänge ausgebildet; Gletscherzungen erreichten nicht die Talsohle; unterhalb der *blauen Linien* fand Hangzerrunsung durch Wasser und Schwerkraft statt. Im Tal, innerhalb der *roten Linie*, lag die Gletscherzunge, die bis ca. 3000 m NN reichte (ca. 16°09′ S, 68°07′ W). Die *grüne Linie* markiert ein jüngeres Talgletscherende. Die geomorphologisch rekonstruierte klimatische Schneegrenze einer frühen (Prä-MIS 5) Vergletscherung lag zwischen ~3800 m NN im Norden und ~4000 m NN im Süden des Zongo-Tals. Im zentralen Andenkamm lag die LGM-zeitliche Schneegrenze ca. 700–900 m höher in ~4700 m NN (vgl. Heine 2011b). Jordan (1991) stellt für die Ostkordillere auf 15 km Horizontalentfernung einen Höhenunterschied der Schneegrenze von 700 m fest. Gleiche geomorphologische Beobachtungen können an vielen Stellen der Anden gemacht werden, so beispielsweise in der Sierra Nevada de Santa Marta, Kolumbien (16°56′ N, 67°25′30″W) *Rechts*: Foto der mittelpleistozänen Moräne im Zongo-Tal (*grüne Markierung im Bild links*). Vgl. Abb. 5.44. (Foto: alueni-images)

weist bereits auf die schnellen (innerhalb von Jahren auftretenden) periodischen positiven wie negativen Pegelschwankungen des Titicacasees (> 1 m in 10 Jahren) hin; 1860–1870 und 1933–1943 folgten auf außergewöhnliche Maxima innerhalb von 11–12 Jahren extreme Minima. Monheim (1956) stellt auch einen Zusammenhang zwischen El-Niño-Ereignissen und den Titicaca-Pegelkurven her; feuchte El-Niño-Jahre bringen hohe Wasserstände. Auf eiszeitliche Seespiegelstände hat bereits Troll (1927, S. 220) aufmerksam gemacht, der das obere Desaguadero-Becken als Bucht des Titicacasees deutete (vgl. Abb. 5.12). Kessler (1984) stellte fest, dass ein beträchtliches Ansteigen der Seespiegelhöhe in den Jahren 1973–1976 mit einer Abnahme der Meereisflächen der Südhemisphäre und einem Anstieg der Schneebedeckung der Festländer in der Nordhemisphäre zusammenfällt; diese globale Asymmetrie der Schnee- und Eisbedeckung und der gleichzeitige Anstieg des Titicacasee-Wasserstands wird als gegenwärtige Analogie zur spätpleistozänen Tauca-See-Periode gesehen.

Hanselman et al. (2011) beschreiben vom Titicacasee eine lückenlose Sedimentserie, die bis in die viertletzte Kaltzeit reicht. Die zeitliche Einordnung der Sedimente erfolgt mittels ^{14}C- und U/Th-Altersbestimmungen für den jüngeren Bereich (bis MIS 5e) sowie durch *tuning* der $CaCO_3$-Daten mit der antarktischen Vostok-CO_2-Chronologie (Fritz et al. 2007, 2008, 2010). Die Auswertung von Pollen, aquatischen Mikrofossilien, Holzkohle, Diatomeen, Kalkgehalt und Kohlenstoffisotopen-Verhältnissen des organischen Kohlenstoffs weisen auf warme und trockene Interglaziale und kühl-feuchte (Hoch-)Glaziale. Die Interglaziale sind nicht einheitlich; MIS 5e und MIS 9 zeigen niedrigere Seespiegel und eine trockenere Vegetation als die Interglaziale von MIS 7 und MIS 1.

Für die jüngere Zeit zwischen 60.000 und 20.000 a BP nehmen Fritz et al. (2010) und Hanselman et al. (2011) eine weitreichende paläoklimatische Deutung der Titicacaseesedimente vor: Aufgrund von *tuning* der Korngrößenverteilungen bzw. der Konzentration der *Isoëtes*-Sporen (*Isoëtes* lebt subaquatisch in Ufernähe) und des biogenen SiO_2-Gehalts im Titicacasee mit den $\delta^{18}O$-Werten aus dem Grönlandeis (NGRIP-Bohrkern) und Antarktica (EPICA-Bohrkern, EPICA Community Members 2006) werden 16 bzw. 19 kalte *events* ausgegliedert, die den D/O-Ereignissen unmittelbar vorausgehen. Inwieweit Deutungen zutreffen, die detaillierte Korrelationen im Millennium-Jahresbereich zwischen dem tropischen Südamerika und Grönland beschreiben, sei dahingestellt. Die großen Unsicherheiten bei der Datierung der Bohrkerne werden oft nicht genügend beachtet. Das Bestreben, globale paläoklimatische Beziehungen zwischen Tropen und Polargebieten (mit zeitlich hochauflösen-

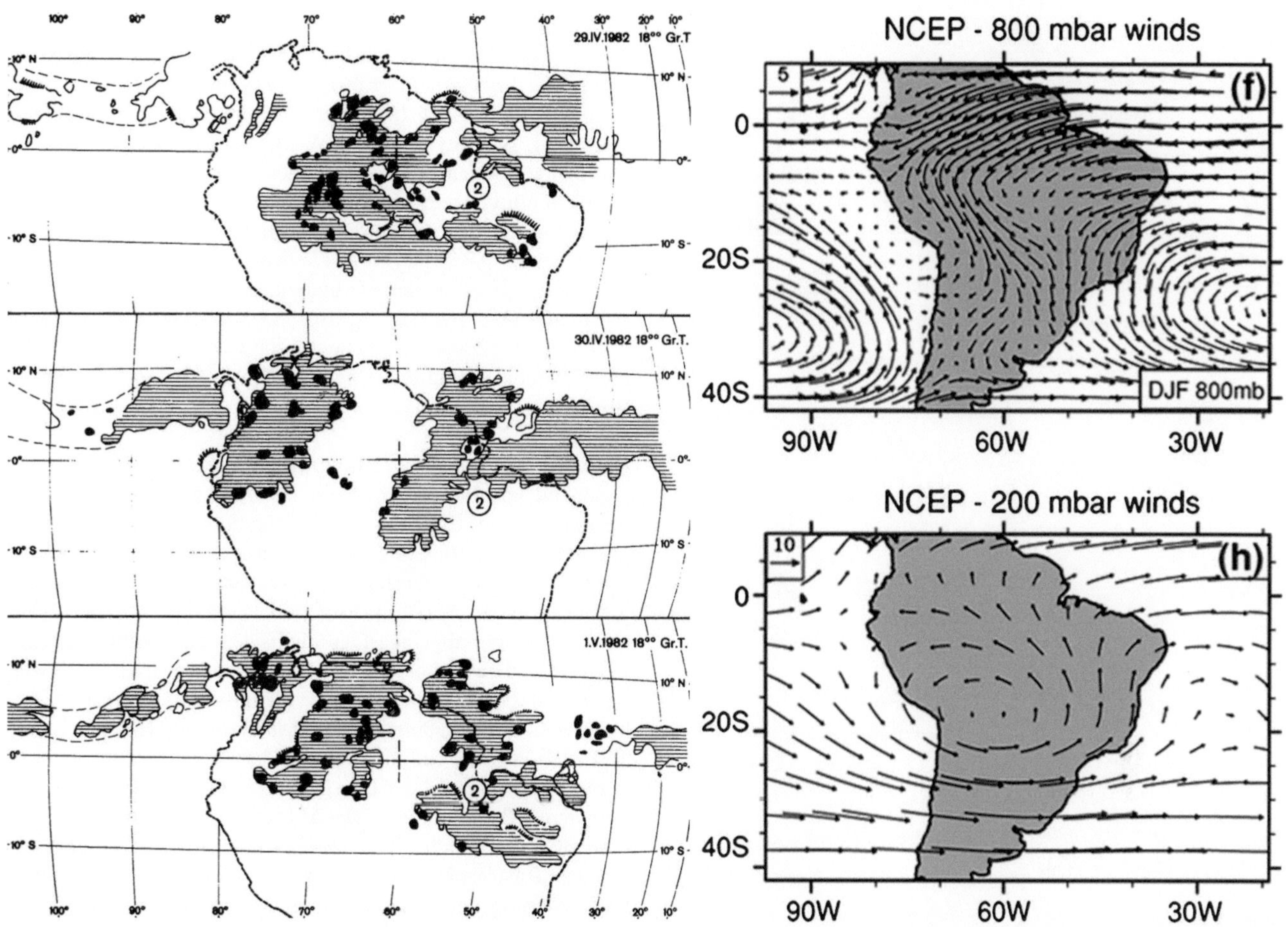

Abb. 5.7 *Links*: Abfolge und räumliche Verlagerung der Cluster-Agglomerationen und der relativ wolkenfreien Zonen als charakteristische Formen des konvektiven Witterungsgeschehens über den kontinentalen südamerikanischen Innertropen. Auszüge aus den GEOS-Satelliten-Bildern (Infrarot) vom 29.04. bis 01.05.1982 (nach Weischet 1990). *Rechts: (oben)* Winde im 800-mbar-Niveau im Südsommer (DJF); *(unten)* Winde im 200-mbar-Niveau im Südsommer (DJF) (nach Insel et al. 2009). Der Transport des Wasserdampfs vom Atlantik ins Amazonasbecken wird durch die Winde im 800-mb-Niveau angezeigt. NCEP ist eine Datensammlung, die den Zustand der Atmosphäre zeigt und seit AD 1948 bis heute kontinuierlich erneuert wird

den Stratigraphien) zu belegen, steht hier im Vordergrund (vgl. Box Jüngere Dryaszeit).

Im Gegensatz zu Hanselman et al. (2011) beschreiben Fritz et al. (2004) vom Salar de Uyuni (20°15′ S, 67°30′ W, ~3665 m NN) eine trockene vorletzte Kaltzeit (MIS 7) und ein feuchtes LGM (Abb. 5.13, vgl. auch Baker et al. 2001a). Die Ursachen für die unterschiedlichen Ergebnisse (MIS 7 feucht am Titicacasee und trocken am Salar de Uyuni) können durch die Wahl verschiedener Untersuchungsmethoden und unterschiedlicher Klimasensitivität der Paläoklimaarchive sowie durch fehlende exakte Datierungen bedingt sein; sie können aber auch Änderungen der paläohydrologischen Situation anzeigen: Der Titicacasee hat eine Entwässerung bei sehr hohen Seeständen (= extrem feuchten Phasen) über den Desaguadero in den Poopó-See und von dort über den Salar de Coipasa in den Salar de Uyuni (Fritz et al. 2004) (Abb. 5.12). Die Becken von Poopó, Coipasa und Uyuni waren während der letzten Eiszeit von einem See eingenommen, dem *Tauca*-See (Servant und Fontes 1978). Fritz et al. (2004) vermuten, dass diese Entwässerung während feuchter Phasen seit ca. 50.000 Jahren möglich war. Es ist nicht ausgeschlossen, dass die unterschiedlichen paläoklimatischen Rekonstruktionen durch eine jungquartäre Neuorientierung der Abflussbahnen des Titicacasees verursacht werden. Eine detaillierte geomorphologische Bearbeitung der paläohydrologischen Entwicklung einschließlich der Strandlinien der Paläoseen *Tauca* und *Minchin* könnte dieses Problem lösen.

Kessler (1984) berechnete die Wasserbilanz für den glazialen *Tauca*-See und kam zu dem Ergebnis, dass es im gesamten Altiplano-Becken (Abb. 5.12) eine Niederschlagszunahme um mindestens 30 % gegenüber heute gegeben hat; darüber hinaus spielte der Zufluss vom Titicacasee, der heute für den Wasserhaushalt des südlichen Altiplano von sekundärer Bedeutung ist, für den *Tauca*-See eine bedeutende Rolle. Wenn der Zufluss vom Titicacasee früher, d. h. vor > 50.000 Jahren, nicht existierte, wäre dies eine Erklärung dafür, dass mächtigere Sedimente aus der Zeit vor > 50.000 Jahren im Salar de Uyuni nicht zur Ablagerung kamen (vgl. Abb. 5.14). Weitere Ausführun-

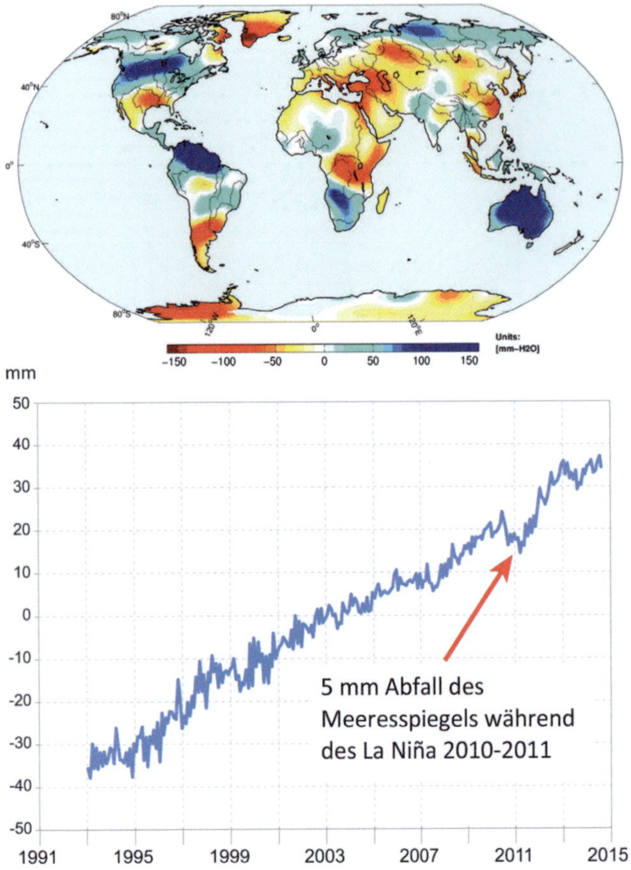

Abb. 5.8 *Oben*: Veränderung der Wassermassen von Anfang 2010 (JFM-Durchschnitt) bis Mitte 2011 (MAM). Die *blauen Farben* zeigen den Anstieg der Wassermassen über den Kontinenten an. Im La-Niña-Jahr 2010–2011 erhielten die Tropen und Subtropen der Südhemisphäre sowie das nördliche Südamerika überdurchschnittlich viel Niederschläge, was zu einer sehr hohen Nettoprimärproduktion der Phytomasse („Grüne Wüsten") und einer hohen terrestrischen CO_2-Speicherung führte. In welchem Ausmaß eine zukünftige Verdoppelung des CO_{2atm}-Gehalts (CO_2-Düngung) die Photosynthese und damit die Primärproduktion der Pflanzen fördert, wird noch kontrovers diskutiert und bildet daher einen Unsicherheitsfaktor in Klimamodellen (aus Boening et al. 2012). *Unten*: Globale Messungen des Meeresspiegels mit einem Abfall von ~5 mm während des La-Niña-Jahres 2010–2011 aufgrund der Speicherung der Wassermassen auf den Festländern. Der Trend zwischen 1992 und 2014 beträgt ca. 3,2 mm/Jahr. (Topex/Poseidon, Jason-1- und Jason-2-Satelliten-Höhendaten (CSIRO))

gen zur Paläohydrologie finden sich weiter unten (s. Abb. 5.12 und 5.14).

Dass die Datierung von Gletscherbewegungen über Sedimente des Titicacasees hypothetisch ist, veranschaulichen die Schlussfolgerungen von Baker et al. (2001b). Die Autoren analysieren die magnetische Suszeptibilität (MS) der Seesedimente. Mit zunehmendem Detritusgehalt der Sedimente nimmt auch die MS zu. Vor 21 ka BP ist die MS hoch; sie verringert sich abrupt in den jüngeren Ablagerungen. Baker et al. (2001b) schließen daraus, dass nach 21 ka BP die Sedimentzufuhr von den Gletscherbächen der Anden versiegte, weil die Gletscher abschmolzen und Endmoränenbögen in den Tälern zurückließen, die die Sedimentzufuhr abschnitten. Die Kenntnisse über paraglaziäre (*paraglacial*) Einflüsse auf die Muster lakustriner Sedimentation finden bei dieser Deutung keine Berücksichtigung (vgl. Ballantyne 2002). Wieder aufgearbeitete glazigene Sedimente können in Flusssystemen über lange Zeiten (> 10^3 Jahre) in alluvialen Schwemmkegeln und Talfüllungen wiederholt zwischengelagert werden, bevor sie in Seebecken endgelagert werden (Ballantyne 2002). Vor dem Hintergrund dieser Beobachtungen und der oft ungenauen Datierungen von Moränen mit SED (*surface exposure dating*, s. u.) erstaunt, dass Rodbell et al. (2008) eine Synchronität von SED-Moränen-Alter und Sedimenteintrag in Seen im Andenbereich von Ecuador bis Bolivien feststellen.

Hinweise auf quartäre Klimazyklen geben Paläoböden. Im Hochland von Ecuador in Höhen zwischen 1500 und 3500 m werden die sog. Cangahua-Sedimente durch fossile Böden gegliedert (Abb. 5.9). Cangahua-Böden zeigen einen verhärteten Horizont unter der Oberfläche. Cangahua-Böden sind in feinem pyroklastischem Material ausgebildet, das als äolisches Sediment im Quartär abgelagert wurde. Es handelt sich um lössartige Bildungen. Die Cangahua-Sedimente sind vermutlich vorwiegend während der Kaltzeiten aus vulkanischen Lockerprodukten ausgeweht und an Hängen und im interandinen Hochland, zum Teil auch in Seen, sedimentiert worden. Bodenbildung erfolgte vorwiegend während der Interglazialzeiten unter wärmeren und feuchteren Bedingungen. Die Abfolge aus fossilen Böden dokumentiert zahlreiche Klimazyklen. Cangahua-Bildungen sind mit den Toba/Tepetate-Bildungen Mexikos vergleichbar. SiO_2-Mobilisierung und -ausscheidung führt zu verbackenen Horizonten, die über 1,5 m mächtig werden können. Wasser kann nur schwer eindringen, und die Durchwurzelung wird oft sehr erschwert (Creutzberg et al. 1990).

Für das tropische Tiefland Südamerikas sind nur zwei Klimaarchive bekannt, die bis 250 ka BP zurückreichen. Im westlichen Amazonasbecken haben Cheng et al. (2013) Speläotheme aus zwei peruanischen Höhlen analysiert (in Abb. 5.3: 1. El Condor Cave [5°56′ S, 77°18′ W, 860 m NN], 2. Cueva del Diamante Cave [5°44′ S, 77°30′ W, 960 m NN]). Abb. 5.15 zeigt die $\delta^{18}O$-Daten im Vergleich zu Speläothem-Daten aus Süd-Brasilien und China, Insolationsschwankungen, ENSO-Anomalien und marinen $\delta^{18}O$-Werten. Es besteht ein deutlicher Zusammenhang zwischen den Insolationswerten und den $\delta^{18}O$-Werten, die die Menge der Niederschläge des südamerikanischen Monsuns (SAM) repräsentieren sollen. Daraus wird auf einen schwächeren (stärkeren) Einfluss des ENSO in Interglazialen (Glazialen) geschlossen. Im Holozän ist der $\delta^{18}O$-Wert am höchsten, was Cheng et al. (2013) veranlasst, eine geringe Abnahme der Niederschläge im Früh/Mittel-Holozän anzunehmen. Alles in allem werden für das westliche Amazonien geringe Niederschlagsschwankungen während der letzten 250 ka BP angenommen, während für das östliche Amazonien drastische Wechsel zwischen feuchten und ariden Perioden postuliert werden. Die Interpretation der $\delta^{18}O$-Analysen (relativ feuchte Glaziale in West-Amazonien) steht im Widerspruch zu den (glazial)geologischen Beobachtungen der tropischen Anden, die trockenere glazialzeitliche Bedingungen anzeigen.

Abb. 5.9 *Oben links*: Auswahl von zeitlich weit zurückreichenden Geoarchiven (Quelle: PAGES News **7**(3) 1999). Für die Tropen wird nur eine Lokalität genannt. Vgl. Abb. 5.3. *Oben rechts*: Páramo-Vegetation, Anden im Grenzgebiet Kolumbien/Ecuador. Die vertikale Verschiebung der Páramo-Stufe sowie anderer Vegetationsformationen während des Quartärs bezeugt markante Klimaschwankungen in den tropischen Nordanden (vgl. Abb. 5.10). *Mitte links*: Cangahua-Ablagerungen in Ecuador. Die lössartigen Sedimente werden durch zahlreiche Bodenbildungen gegliedert. Der Wechsel zwischen Cangahua-Ablagerung und Bodenbildungen dokumentiert ebenfalls große quartäre Klimaschwankungen. *Mitte rechts*: Der Bereich des Andenabfalls zum Amazonasbecken ist eines der regenreichsten Gebiete Amazoniens. Hier wird u. a. ein bedeutendes Refugium für Flora und Fauna während der quartären Kaltzeiten, die relativ arid waren, vermutet. *Unten*: Die Spuren früherer Vergletscherungen in Ecuador, die weit ins Quartär zurückreichen, sind ebenfalls Zeugen starker Klimaschwankungen. Im Bild sind sog. *Edelweiß*-Moränen (*Pfeile*, vgl. Abb. 5.38) deutlich sichtbar, die große Vergletscherungsphasen im Mittelpleistozän schufen. Gleichzeitig deutet die Formung der oberen Hangpartien auf den Einfluss periglaziärer Prozesse hin, während die unteren Hangbereiche durch fluviale Zerschneidung charakterisiert werden. (Fotos: alueni-images)

Abb. 5.10 Pollendiagramm (Synthese) des Funza-Bohrkerns der obersten 140 m (aus Hooghiemstra und van 't Veer 1999). Der Ort liegt heute in dem andinen Waldgürtel (*grün*), doch in der Vergangenheit war der See von einer Subpáramo-Vegetation oder Graspáramo-Vegetation umgeben, was auf eine vielfache wiederholte höhenwärtige Verschiebung der Vegetationsstufen hinweist. Es bedeuten *von links nach rechts*: (1) Skala der berechneten Alter; (2) Korrelierung mit den marinen Sauerstoffisotopen-Stadien (MIS) 2 bis 15; (3) Bohrkerntiefe in Meter; (4) Baum- versus Nicht-Baum-Pollenprozente auf der Grundlage der „Standard-Pollen-Summe"; (5) Hauptpollendiagramm (aufgrund der „Standard-Pollen-Summe" einschließlich der subandinen Wälder [untere montane Wälder] und der andinen Wälder [obere montane Wälder], *Alnus* und *Quercus* haben gesonderte Kurven); Subpáramo und Graspáramo sind Vegetationsgürtel oberhalb der oberen Waldgrenze. Die Eiche (*Quercus*) ist ein Einwanderer aus der nördlichen Hemisphäre und traf in den Nordanden vor rund 478 ka BP ein; zonaler Eichenwald tritt seit 330 ka BP auf; (6) Haupt-Pollendiagramm aufgrund der Pollensumme von Taxa der zonalen Vegetationstypen („zonale Pollensumme"). Compositae mit einer großen ökologischen/Höhenverbreitung bleiben in der Subpáramo-Gruppe unberücksichtigt. Auch Gräser werden in der Graspáramo-Gruppe ausgeschlossen, die allein durch charakteristische Kräuter dargestellt wird; (7) Pollendiagramm aufgrund der Marsch- und See-Taxa. Flachwasser-Taxa *links*, Tiefenwasser-Taxa *rechts*. Seespiegelschwankungen korrelieren mit glazial/interglazialen Zyklen. Ganz allgemein entsprechen kalte Klimate den hohen Seespiegelständen, während aufgrund erhöhter Evaporation während warmer Klimabedingungen die Seespiegel niedrig sind; (8) Cluster-Zonen (Pollengesellschaften) ergeben sich aus einer modifizierten TWINSPAN-Klassifikation und veranschaulichen die Vegetationsgürtel in Relation zu der heutigen Höhenverbreitung der Taxa in den einzelnen Cluster-Zonen. TWINSPAN (*Two-Way-INdicator-SPecies-Analysis*, siehe Van 't Veer et al. 1995) ist eine verbreitete Software zur Analyse von Vegetationsaufnahmen. Die Abschnitte zeigen warme, kühle und kalte Klimabedingungen.
Anmerkung: Der Anteil der Páramo-Vegetation nimmt in den Kaltzeiten (von *Oxygen Isotope Stage* 14 bis 2) ab. Das deutet auf eine Abnahme der Intensität der Kaltzeiten hin. Dies spiegelt sich auch in den Vergletscherungen der tropischen Anden wider. Während der *Termination II* und *III* (MIS 6/5 und MIS 8/7) ereigneten sich abrupte Temperaturänderungen von bis zu 10 °C innerhalb von 100 Jahren ►

Abb. 5.11 *Links*: Río Napo, Amazonien. Der aus den Anden kommende Fluss führt Schwebstoffe ins Amazonas-System. *Rechts*: Titicacasee. Im Hintergrund die schnee- und eisbedeckte Cordillera Real. (Fotos: alueni-images)

5.2.2 Das letzte Hochglazial (*Last Glacial Maximum*, ca. 21.000 Jahre vor heute) in Amazonien

Die klimatischen und (geo)ökologischen Verhältnisse des tropischen Südamerika während des *Last Glacial Maximums* sind immer noch wenig bekannt und teilweise Gegenstand heftiger wissenschaftlicher Diskussionen (Colinvaux 1979, 1987, 1989; Colinvaux et al. 1996a, 1996b, 2000; Liu und Colinvaux 1985; Heine 1994b, 1998a, 2000; Clapperton 1993a, 1993b; Absy et al. 1991; Van der Hammen und Absy 1994; Behling et al. 1998; Sylvestre 2009; Hermanowski et al. 2012). Die terrestrischen Paläoklimazeugen (Pollen, Speläotheme) zeigen eine kaltzeitliche Temperaturdepression im LGM, die wenig Anlass zu kontroversen Ansichten gibt. Hooghiemstra (1997) nennt für das Amazonas-Tiefland nur 4 °C bzw. 4–5 °C (van der Hammen und Hooghiemstra 2000). Eine Verringerung der Jahresmittel-Temperatur von bis zu 6 °C für das tropische Tiefland während des LGM wird von Colinvaux et al. (1996a, 1996b), wie auch von Behling (1997), aufgrund palynologischer Befunde postuliert. Dies entspricht in etwa der LGM-zeitlichen Temperaturdepression, wie sie von Heine (1998a, 2000) für das tropische Tiefland anhand zahlreicher unterschiedlicher Paläoklimaindikatoren rekonstruiert wurde (Abb. 5.16). Zum Andenrand hin scheint die eiszeitliche Temperaturdepression größer gewesen zu sein, nämlich 5–9 °C, wie die Pollen-Daten von Bush et al. (2004a) vom Lago Consuelo in Peru (13°57′ S, 68°59′ W, 1360 m NN) bezeugen. Aufgrund von Schneegrenzrekonstruktionen in der Cordillera de Mérida in den venezolanischen Anden berechnen Stansell et al. (2007) für das LGM eine um > 8,8 °C niedrigere Temperatur; dieser Wert basiert jedoch auf nicht datierten Moränen und kann auch eine prä-LGM-Kaltphase betreffen.

Die LGM-zeitliche Abkühlung ist deutlich größer als von den CLIMAP Project Members (1976) angegeben, die von einer Temperaturdepression von < 2 °C ausgehen. Dass der CLIMAP-Wert von < 2 °C für das LGM-zeitliche Amazonien

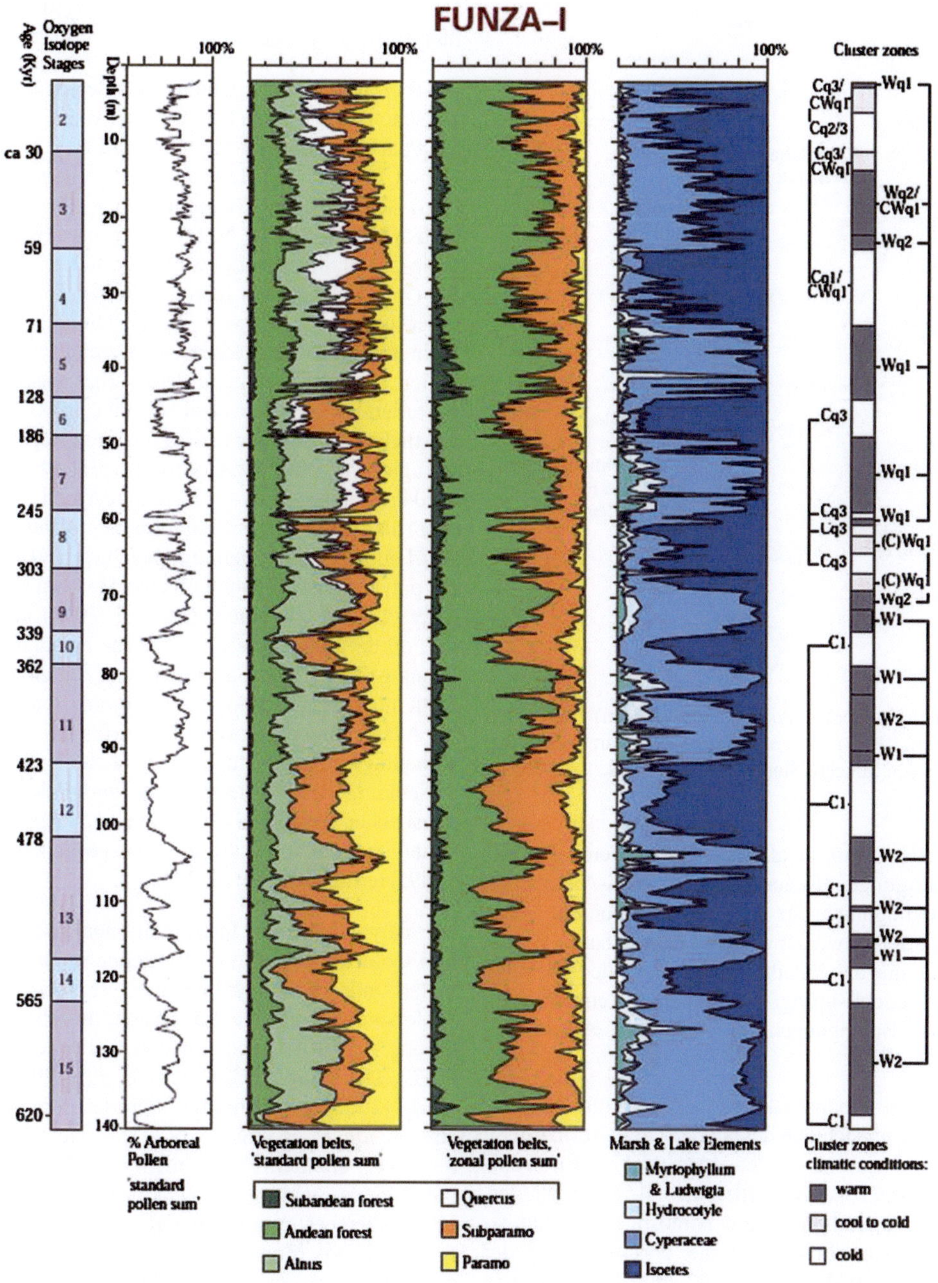

korrigiert werden muss, steht außer Frage (vgl. Farrera et al. 1999). Der Wert war ohnehin lange Zeit Gegenstand heftiger Diskussionen über die letzteiszeitlichen Temperaturänderungen in tropischen Tiefländern, zumal er sich nicht mit den Befunden aus den tropischen Anden, die auf Temperaturabsenkungen von 7 bis > 8 °C hinweisen, in Einklang bringen ließ. Mit einem veränderten vertikalen Temperaturgradienten (vgl. Heine 1995a) lassen sich die Diskrepanzen nicht erklären.

Über die Niederschlagsverhältnisse Amazoniens während des LGM gehen die Meinungen in den Publikationen immer noch weit auseinander (Sylvestre 2009). Vor allem aufgrund von Pollenprofilen, die das LGM erfassen, wird angenommen, dass (i) entweder die tropischen Regenwälder Amazoniens teilweise durch Savannen ersetzt wurden, (ii) oder Amazonien auch im LGM einen Regenwald aufwies bzw. (iii) Amazoniens Regenwälder an den Rändern von Savannen ersetzt wurden (vgl. Hermanowski et al. 2012). Großräumige Fluktuationen in der Ausdehnung der tropischen Regenwälder Amazoniens im Einklang mit Änderungen des globalen Klimas während des Quartärs werden von Behling (1997), Behling et al. (1998), Behling und Lichte (1997), Heine (1994b), Cordeiro et al. (2011), Hermanowski et al. (2012) und anderen angenommen, während die Gruppe um Colinvaux (1979, 1987, 1989, 2000), Colinvaux et al. (1996a, 1996b) und Liu und Colinvaux (1985) das periodische Schrumpfen der Regenwälder als Folge der eiszeitlichen

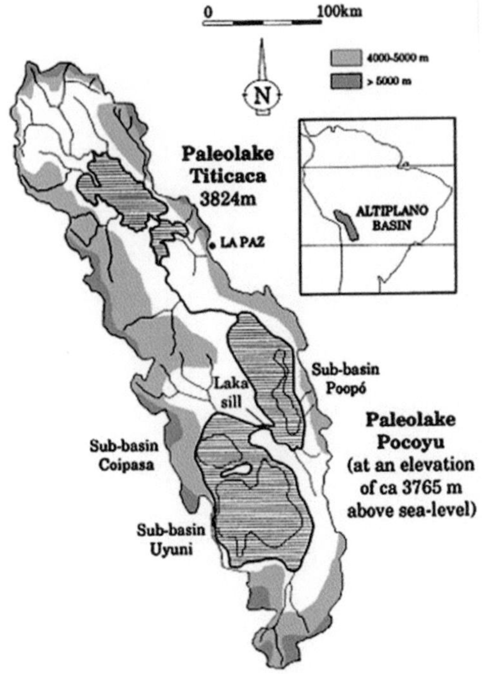

Abb. 5.12 Der Paläosee Pocoyu (Poopo-Coipasa-Uyuni) nach Wirrmann und Mourguiart 1995 (aus Argollo und Mourguiart 2000). Der Pocoyu zeigt in etwa den Minchin-Stand

Aridität negieren. H Cheng et al. (2013) postulieren für das LGM feuchte Bedingungen (Regenwälder) in West-Amazonien und trockenere Bedingungen im östlichen Amazonien. Wenn die Ausdehnung der Regenwälder während kalter Phasen verringert war, kann dies nur das Resultat reduzierter Niederschläge gewesen sein, die jedoch infolge der kühleren Temperaturen ökologisch feuchte Bedingungen im westlichen Amazonien zuließen.

Wenig Beachtung bei den paläoklimatischen Deutungen eiszeitlicher Geoarchive hinsichtlich der Niederschlagsverhältnisse fanden bisher hydrologische Fakten (Abb. 5.17): Im tropischen Regenwald Amazoniens werden ca. 74 % der Niederschläge über die Evaporation in die Atmosphäre zurückgeführt; sie haben keinen Einfluss auf die Wasserführung der Flusssysteme und auf den Wasserhaushalt von Altwasserarmen und Seen (aus denen Pollen/Sedimente für Paläo-Environment-Rekonstruktionen gewonnen werden). Auch die Art der Niederschläge (Landregen, Starkregen) hat einen Einfluss auf den Wasserkreislauf Amazoniens.

Unter der Annahme eines semi-humiden Klimas mit geringeren Niederschlägen, jedoch höheren Abflussmengen infolge einer geringeren Evapotranspiration, und einer eventuell anderen Intensität und jahreszeitlichen Verteilung können die hydrologischen Verhältnisse der Flusssysteme und der Seen Amazoniens durchaus Abflusswerte bzw. Spiegelstände aufweisen, die den heutigen vergleichbar sind und die dann – unter Missachtung der o. a. Gesichtspunkte – als Indikatoren eines feuchten, den heutigen Bedingungen vergleichbaren Klimas gedeutet werden. Müller et al. (1995) benutzen beispielsweise geophysikalische Daten der Flusssedimente, um eine eiszeitliche Aridität Amazoniens infrage zu stellen.

Bush et al. (2002) berichten, dass der peruanische Andenrand zwischen 35 und 27 ka BP trockener war als in irgendeiner anderen Phase des Jungquartärs. Im LGM (vor 22–18 ka BP) war das Gebiet feuchter. Ein feuchtes LGM erkennen auch Colinvaux et al. (1996a) in den Pollenprofilen von Seesedimenten Amazoniens (Pata-See, 0°16′ N, 66°41′ W, ca. 300 m NN). Die Lithologie des Sedimentkerns weist deutlich zwischen ca. 30–14 ka BP (= LGM i. w. S.) einen gelblichen Ton auf, der von Gyttja unter- und überlagert wird, dessen Mineralogie, Geochemie etc. nicht analysiert und dessen Genese nicht von den Autoren diskutiert wird, der aber auf aridere Verhältnisse hinweist. Dennoch postulieren Colinvaux et al. (1996a, 2000) für das LGM des westlichen Amazoniens einen feuchten Regenwald, der nicht in Refugien aufgeteilt ist. Colinvaux et al. (1999) und Bush et al. (2004a) interpretieren einen hohen Anteil an Graspollen (Poaceae) als eine Überrepräsentation der lokalen Vegetation (Gräser von Feucht/Überschwemmungsgebieten). Da es nicht möglich ist, palynologisch Feuchtgebietsgräser von Savannengräsern zu unterscheiden (Hermanowski et al. 2012), lässt sich nicht klären, ob der hohe Anteil an Poaceae auf den Polleneintrag von Feuchtgebiets- oder Savannenarten zurückzuführen ist. Es ist nicht möglich, palynologisch die Reduktion von Regenwald und die Ausweitung der Savannen zu erfassen. Trockene Verhältnisse bedingen eine Reduktion von Feuchtgebieten infolge einer Absenkung des Wasserspiegels, und Pollen von lokaler und aquatischer Vegetation (Poaceae und *Sagittaria* [Pfeilkraut]) erhalten dadurch statistisch ein Übergewicht (Faegri und Iversen 1989; Hermanowski et al. 2012).

Die palynologischen Interpretationen von Bush et al. (2002) und Colinvaux et al. (1999) stehen auch im Widerspruch zu vielen anderen Paläoklimadaten. Teilweise lassen sich diese Widersprüche auf eine mangelnde, unsichere oder falsche Datierung der Profile von Liu und Colinvaux (1985), Colinvaux (1979, 1987, 1989), Colinvaux et al. (1996a, 2000) und Bush et al. (2002) zurückführen. Für das Mera-Profil, das häufig als *key site* zitiert wird, wurde von Heine (1994b) dokumentiert, dass ein LGM-Alter nicht zutreffen kann und aufgrund morphostratigraphischer, paläopedologischer und ^{14}C- sowie U/Th-Altersbestimmungen ein wesentlich höheres Alter vorliegt (vgl. Box Mera-Profil, Ecuador). Die zeitliche Einstufung wird durch die Forschungen von Cárdenas et al. (2011, 2014) erhärtet.

Eine vorsichtige Abschätzung der palynologischen Befunde spricht für eine Abkühlung und verringerte Niederschlagstätigkeit während des LGM und des Spätglazials in Amazonien (vgl. Hermanowski et al. 2012).

Für die tropischen Küsten- und Araukarienwälder Südbrasiliens (Santa Catarina) weist Behling (1993) anhand verschiedener spätpleistozäner und holozäner Pollenprofile nach, dass das Spätglazial auf dem Hochland eine weitgehend waldfreie Campos-Vegetation aufwies; Araukarien konnten sich nur in feuchten Tallagen halten. In der atlantischen Küstenebene wuchsen ausgedehnte Myrtaceen-Bestände, die erst im Holozän durch einwandernde tropische Arten ersetzt wurden. Die

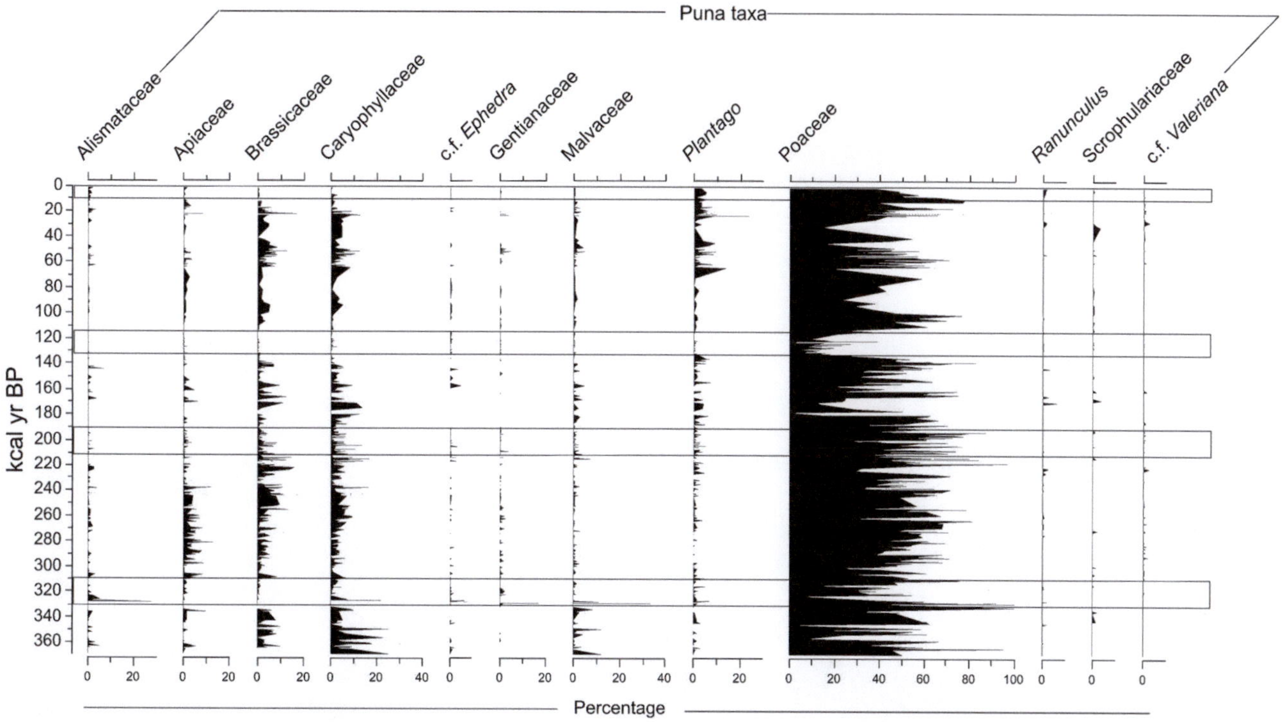

Abb. 5.13 Pollenprofil vom Titicacasee (aus Bush und Metcalfe 2012, nach Hanselman et al. 2011). Das 370.000 (?) Jahre umfassende Profil zeigt die glazial-interglazialen Veränderungen der Vegetationstypen. Die Datierung > 50.000 a BP basiert auf *tuning* und ist daher hypothetisch

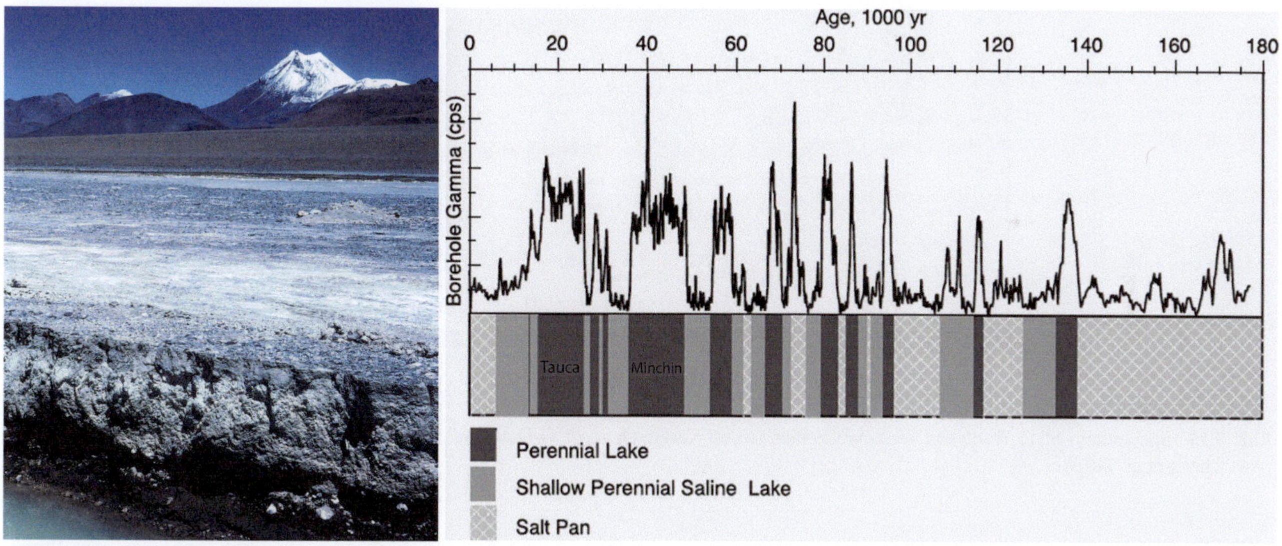

Abb. 5.14 *Links*: Salarsedimente. Profilhöhe ca. 1 m (Foto: alueni-images). *Rechts*: Sedimente der oberen 100 m des Bohrkerns vom Salar de Uyuni (nach Fritz et al. 2004). Drei stratigraphische Seebildungen werden unterschieden: mehrjährige Seen; flache mehrjährige Salzseen; Salzpfanne. Grundlage dafür bildet die Kurve der natürlichen Gammastrahlung, die in dem Bohrloch der Seesedimente gemessen wurde: Hohe Werte (*perennial lake*) wurden im Schlamm gemessen aufgrund hoher Anteile an K, U und Th; die Salze (Halit [NaCl] und Gips [$CaSO_4$]) sind meist nicht radioaktiv (*salt pan*). *Tauca* (26.000–15.000 cal a BP) und *Minchin* (46.000–36.000 a) sind jungquartäre Phasen hoher Seestände im bolivianisch/peruanischen Altiplano

Vegetation belegt für das Spätpleistozän kühlere und trockenere Klimabedingungen.

In Nordostbrasilien finden Ledru et al. (2006) im LGM eine aride Vegetation vor, die erst vor 15 ka BP von einem Regenwald ersetzt wurde, jedoch ab 12,8 ka BP einer trockeneren Vegetation (während der Jüngeren Dryaszeit) weichen musste. Ab 12 ka BP spielten Feuer eine größere Rolle; ob dafür die Besiedlung verantwortlich war, kann bisher nicht entschieden werden. Im frühen Holozän breitete sich die heute charakteristische *Cer-*

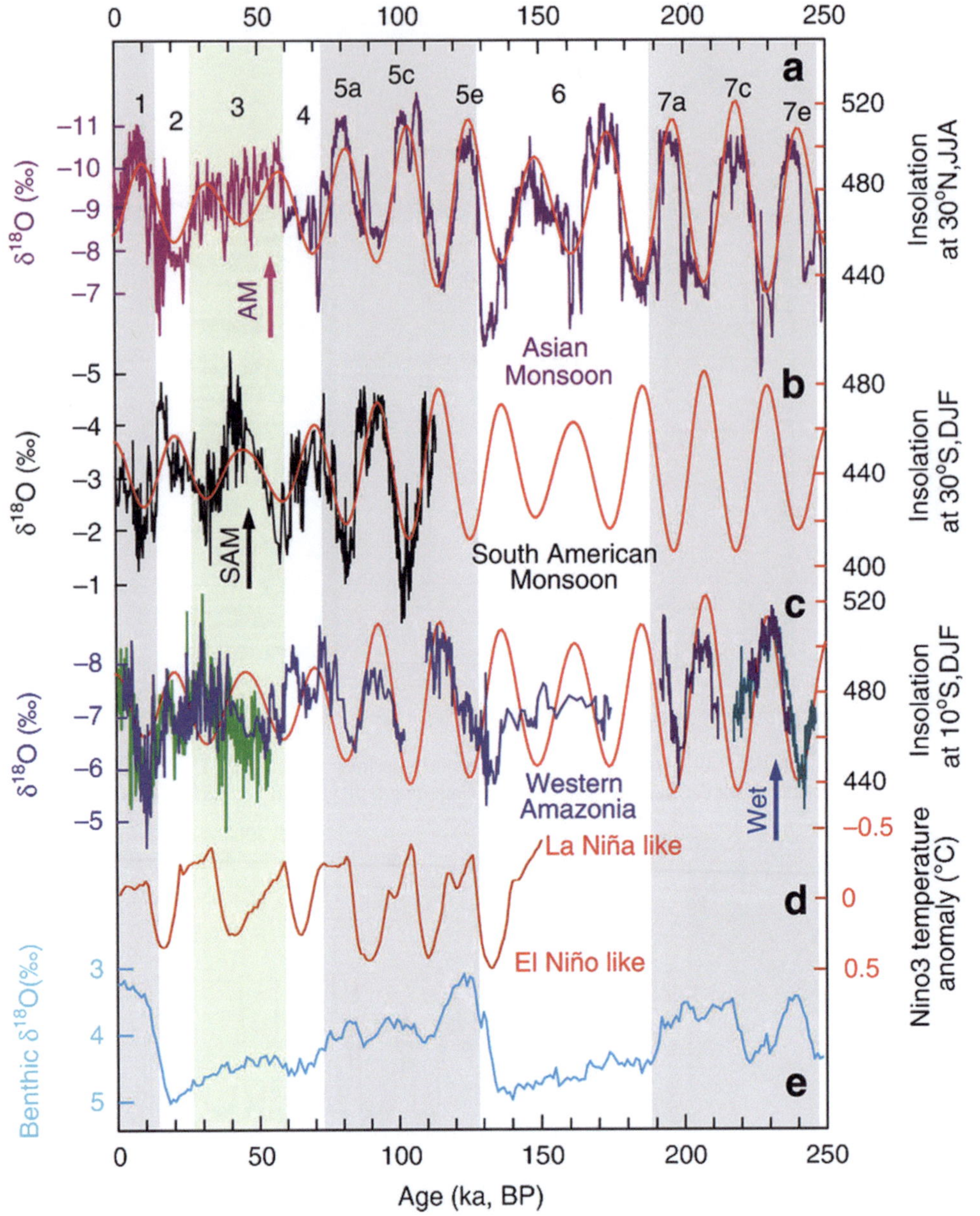

Abb. 5.15 Speläothem-δ^{18}O-Werte aus West-Amazonien (c) im Vergleich zu δ^{18}O-Daten aus Süd-Brasilien und China. Erläuterungen im Text. (Aus Cheng et al. 2013)

rado-Vegetation, ein tropischer Trockenwald (das artenreichste Ökosystem mit > 4800 Pflanzen- und Vertebratenarten), aus. Im frühen Holozän erreichte die sommerliche Insolation ihre niedrigsten Werte auf der Südhemisphäre, was mit einer geringeren Niederschlagstätigkeit (die ITCZ reichte weniger weit nach Süden), wärmeren Wintern und kühleren Sommern südlich des Äquators einherging (Martin et al. 1997); auch war das ENSO-Phänomen schwächer oder gar nicht ausgebildet (Rodbell et al. 1999). Die Ergebnisse von Ledru et al. (2006), die eine größere Aridität in Amazonien zeigen, werden von X Wang et al. (2004) bestätigt, die auf Analysen von Speläothemen beruhen (vgl. Abb. 5.19 und 5.21).

Die geomorphologisch-stratigraphischen Analysen von fluvialen, kolluvialen und *stoneline*-Bildungen am mittleren Amazonas (Mousinho de Meis 1968) zeigen schon frühzeitig, dass das LGM ein trockeneres Klima im Vergleich zur Gegenwart aufwies (Abb. 5.18). Tricart (1974) sieht in quartären Dünenbildungen in Amazonien Belege für aridere Klimaphasen während der Kaltzeiten. Für Venezuela gibt Rull (1996) aufgrund geomorphologisch-pedologischer Paläoklimaproxys eine Synthese des letzteiszeitlichen Klimas, das wesentlich aridere Bedingungen aufwies als das heutige Klima. Auch die Pollenanalysen von Absy et al. (1991) und van der Hammen und Absy (1994) von Rondonia (9° S, 63° W), Carajas (SE-

Abb. 5.16 *Links*: Daten zur Paläoklimarekonstruktion des tropischen Südamerika für das LGM (nach Heine 1998a). Thompson (2000) nennt 8–12 °C kältere Temperaturen für die tropischen Hoch-Anden aufgrund von δ^{18}O-Werten in den Eisbohrkernen; diese Werte ähneln den Daten der palynologischen und periglazialen Paläoklimaarchive. *Rechts*: Feinkörnige stratifizierte Hangsedimente (*bedded slope deposits*) werden durch frostbedingte Prozesse gebildet und sind eindeutige Belege für Temperaturänderungen; ihre Untergrenze der Verbreitung in den tropischen Anden belegt eine LGM-zeitliche Temperaturdepression von ≥ 5 °C. Huayna Potosí, Bolivien, 4500 m NN. Foto: alueni-images

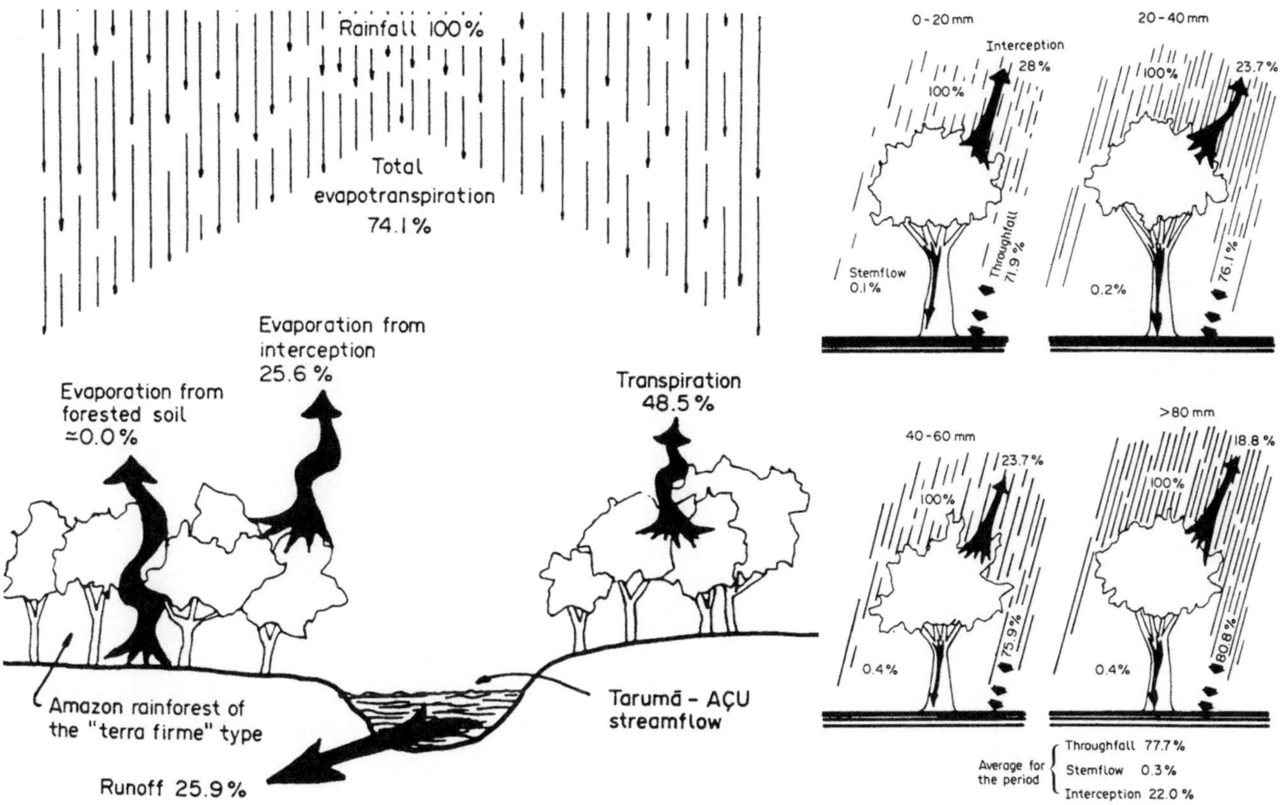

Abb. 5.17 *Links*: Hydrologisches Gleichgewicht in einem Modell-Wassereinzugsgebiet Amazoniens. *Rechts*: Interzeption des Regenwassers in den Baumkronen in einem Modell-Wassereinzugsgebiet Amazoniens als Funktion der Niederschlagsintensität. (Aus Salati 1985)

Box Mera-Profil, Ecuador

Das erste Pollenprofil, das die LGM-zeitlichen Vegetationsveränderungen am Westrand des Amazonasbeckens repräsentieren sollte, wurde von Liu und Colinvaux (1985) in der renommierten Zeitschrift *Nature* publiziert. Es befindet sich in Ecuador am Ostabfall der Anden bei Mera und wird von den Autoren folgendermaßen charakterisiert (Abb. A und B):

> The forest beds are exposed along the road cuts at two sites near Mera (1°28′S, 78°6′ W, elevation 1,100 m) in Oriente Province, Ecuador (Fig. 1). The area has a mean annual temperature of 20.8 °C and precipitation of > 4,800 mm, making it one of the wettest places in the Amazon Basin. (…) At the first exposure, an organic bed ~ 2 m thick is overlain by ~ 12 m of largely inorganic deposit (…) suggesting lahars (…). A darker lithological unit, possible organic, overlies the upper debris flow and is in turn overlain by a fluvial sequence of clast-supported gravel and sand (…). Wood sample 5 yielded a radiocarbon date of 33,520 ± 1,010 yr B.P. (B-9618).
>
> The second exposure lies about 3 km east of the first. The road-cut section is ~ 20 m high here and consists of deeply weathered fluvial sand at the base, overlain unconformably by a clast-supported gravel with rounded boulders. The forest-bed, ~ 2 m thick, lies above the gravel and is overlain by fluvial sand (…). Wood samples (…), were taken from the slumped blocks. Sample 4 has a radiocarbon age of 26,530 ± 270 yr B.P. (B-10170) (…). Wood samples from both forest beds (…) are of *Podocarpus* (…). *Podocarpus* typically grows today in the Andean forest between the 2,000- and 3,500-m contours in Ecuador (…). The lowest confirmed modern elevation (of *Podocarpus*) is 1,800 m. The late Pleistocene population of *Podocarpus* grew at least 700 m below the lowest modern populations. If (…) the altitudinal ranges are temperature dependent, we can calculate the necessary temperature depression. Assuming a lapse rate of 0.65 °C per 100 m, the minimum lowering of mean annual temperature is 4.5 °C. As the pollen data suggest extensive montane forests at this elevation, the actual lower limit of *Podocarpus* was certainly below 1,100 m and the actual temperature depression > 4.5 °C (…). Note that both our radiocarbon dates fall within various definitions of a mid-Wisconsin interstade, suggesting that forest and temperature depressions at full glacial times were even larger than our calculations suggest.

Einige Jahre später beschreiben Bush et al. (1990) ein weiteres Profil in Ecuador (San-Juan Bosco) mit einem auffallend ähnlichen Polleninhalt: *Alnus, Weinmannia, Heydyosmum,* Tubuliflorae, Ericaceae etc. sind mit Taxa des tropischen Regenwalds vermischt; die Profile von Mera und San Juan Bosco zeigen beide hohe *Alnus*- und Gras-Pollenanteile an der Basis und darüber eine Zunahme von *Weinmannia.* In den Schichten von San Juan Bosco befinden sich nicht nur Holzstücke von *Podocarpus,* sondern auch von den ausschließlich montanen Taxa *Drimys* (Winteraceae) und Magnoliaceae. Auch nennen Bush et al. (1990) ein zusätzliches Radiocarbon-Alter (ohne Labor-Nummer) für das Mera-Profil. *Podocarpus*-Holz-Radiocarbon-Daten von der obersten und untersten Lage (San-Juan-Bosco-Profil) ergaben 26,020 ± 300 ka BP (B-27144) und 30,990 ± 350 ka BP (B-27145). In der paläoklimatischen Interpretation des Mera- und des San-Juan-Bosco-Profils verlassen sich Bush et al. (1990) auf die ^{14}C-Alter, ohne die Möglichkeit einer Kontamination anzunehmen und rekonstruieren für bestimmte Phasen (33–30 ka BP, 30–26 ka BP) die „eiszeitlichen Klimaverhältnisse" (Bush et al. 1990, S. 342):

> We conclude, therefore, that the observed vegetation changes at our two study sites (Mera and San Juan Bosco) were the product of a regional cooling, suggesting a 7,5 °C temperature depression at low altitudes near 0° latitude during the period 33,000 to 30,000 yr B.P (…). The lowermost date from Mera, taken from a large single piece of wood, gives an effective minimum date for the onset of this cold period of 33,520 ± 1010 yr B.P. (B-9618) (…). The data from Mera and San Juan Bosco suggest the period 30,000 to 26,000 yr B.P. to have been one of warming (…).

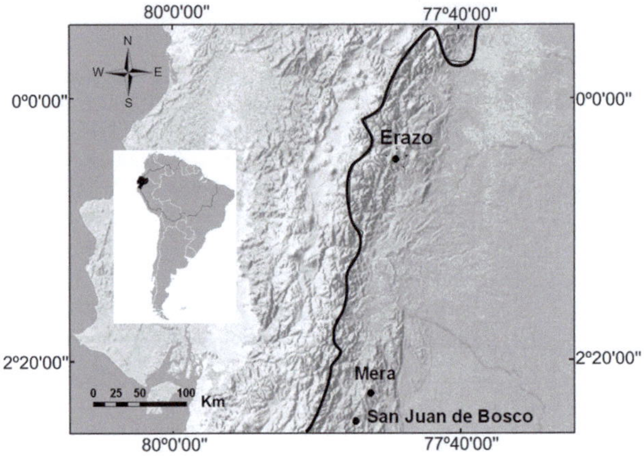

Abb. A Lage der Profile von Mera, San Juan Bosco und Erazo am Rand (*schwarze Linie*) des Amazonasbeckens. (Nach Cárdenas et al. 2014)

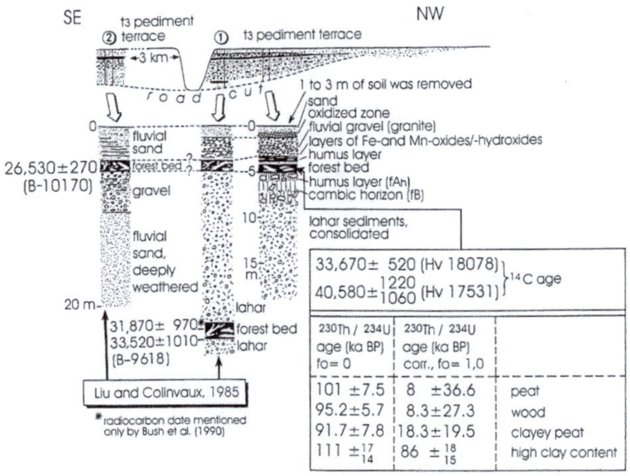

Abb. B Das Mera-Profil. (Nach Heine 1994b)

Kapitel 5

Eine eingehende Untersuchung des Mera-Profils aus geologisch-geomorphologischer Sicht unter Berücksichtigung paläopedologischer und mineralogischer Charakteristika in Verbindung mit ^{14}C- und U/Th-Altersbestimmungen (Heine 1994b) ergab ein wesentlich höheres Alter (Abb. B). Ein LGM-Alter konnte definitiv ausgeschlossen werden. Dennoch wird das Mera-Profil mit den von Liu und Colinvaux (1985) und Bush et al. (1990) genannten Altersbestimmungen bis heute als bedeutendes LGM-zeitlichen Pollenprofil aus dem westlichen Amazonien angesehen und zitiert (z. B. Cárdenas et al. 2014).

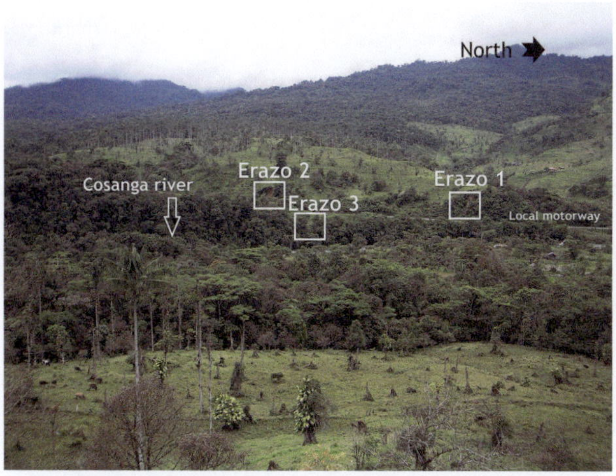

Abb. C Erazo-Gebiet mit den Profilen 1 bis 3 (vgl. Cárdenas et al. 2011, 2014). Blick nach Westen. (Aufnahme: LM Cárdenas)

Neben den Argumenten, die Heine (1994b, 2000) vorgetragen hat, soll nicht unerwähnt bleiben, dass neuere palynologische Studien ergeben haben, dass der Polleninhalt des Mera-Profils (und des San-Juan-Bosco-Profils) ungewöhnlich interpretiert wurde: Colinvaux et al. (1997) nehmen die Pollenprofile, die von ihnen für LGM-zeitlich angesehen werden, als Belege dafür, dass eine Verschiebung der Vegetationsstufen mit den Klimaschwankungen *nicht* hangaufwärts und hangabwärts erfolgte, sondern dass sich die Vegetationsassoziationen inhaltlich änderten, weil montane Arten bei Abkühlung in tiefere Regionen einwanderten, in denen tropische Arten verblieben, und temperatursensitive tropische Arten bei Temperaturänderungen verschiedene Zentren aufsuchten. Geht man allerdings davon aus, dass die Pollenprofile von Mera, San Juan Bosco und anderen Orten eine viel ältere (möglicherweise alt- und/oder mittelpleistozäne) Vegetationsgemeinschaft repräsentieren, können durchaus vertikale Verschiebungen der Vegetationshöhenstufen während des LGM angenommen werden, wie dies die Beobachtungen anderer Autoren (z. B. Hooghiemstra 1989) belegen. Die Befunde von Cárdenas et al. (2011, 2014) vom Napo-Tal in Ecuador (Erazo-Profil: 00°33′42,4″ S, 77°52′42,5″ W, 1914 m NN) zeigen mittelpleistozäne Pollenprofile, die ^{40}Ar-^{39}Ar-datiert wurden. Die rekonstruierten kaltzeitlichen Vegetationsverhältnisse des Erazo-Profils lassen durchaus vermuten, dass die sog. LGM-Profile von Mera und anderen Orten wesentlich ältere Bildungen sind (Abb. C). Sie belegen darüber hinaus, dass sich tropische Taxa unter suboptimalen Klimabedingungen (kühlere Temperaturen, weniger Niederschlag) durchaus behaupten konnten (*Microrefugia*, Rull 2009); dies trug bei einer Klimaverbesserung zur schnellen Anpassung der tropischen Vegetation bei.

Amazonian) und Nord-Guyana zeigen trotz ihrer begrenzten regionalen Aussagekraft, dass bestimmte Gebiete Amazoniens in der letzten Kaltzeit zwischen 22 und 13 ka BP eine savannenartige Vegetation und einen Savannenwald aufwiesen, die den feuchten Regenwald ersetzt hatten. Der Regenwald hatte sich sehr wahrscheinlich in ein größeres westliches und mehrere andere Waldareale aufgeteilt (Haffer und Prance 2002; P Müller 1973). Zudem wanderten montane Elemente aus höher gelegenen Arealen ein (Servant et al. 1993). Van der Hammen und Absy (1994) schließen daraus auf eine Niederschlagsreduzierung von 500 bis 1000 mm/Jahr; das entspricht einer Verringerung um 25 bis 40 % (Abb. 5.20). Auch die Temperaturen sollen um 2–6 °C niedriger gewesen sein; das hatte einen wesentlichen Einfluss auf die amazonische Vegetation. In West-Amazonien (am peruanischen Andenrand) zeigen Pollen aus Seesedimenten (Lake Consuelo, 13°57,1′ S, 68°59,45′ W, ca. 1360 m NN) für das LGM eine Absenkung der Höhenzonen bestimmter Pflanzenarten um 1000 bis 1200 m an; dort existierte während der erfassten letzten ca. 45 ka BP immer eine Waldvegetation, jedoch mit veränderter Artenzusammensetzung (Urrego et al. 2010).

Ehemals zusammenhängende Tierpopulationen können getrennt werden durch auseinander driftende Kontinente (Plattentektonik), Gebirgsbildung, Bildung gewaltiger Flusssysteme und Landschafts-/Ökosystem-Wandel. Das führt zu einer biologischen Diversität (Vielfalt an Arten, Unterarten und Lokalrassen). Es entstehen in verschiedenen benachbarten Lebensräumen nah verwandte stellvertretende Rassen (Vikarianz). Haffer (1969; vgl. auch P Müller 1973) hat in einer wichtigen Arbeit auf die Bedeutung der quartären Klimaschwankungen für die tropische Fauna Amazoniens hingewiesen. Er kam zu dem Schluss, dass die meisten Vogelarten ihren Ursprung in den Regenwaldrefugien während arider Phasen hatten (Abb. 5.21). Die mehrmalige Kontraktion und Expansion des Regenwaldes im Quartär führte zur wiederholten Isolierung und Wiedervereinigung von Regenwald-Tierpopulationen, zu einer hohen Rate des Aussterbens der Tierformen – nicht zuletzt wegen der kleinen Populationen vieler tropischer Regenwald-Tierarten –, gleichzeitig aber auch zu einer intensivierten Vermehrung der Spezii. Daraus erklärt sich auch der Artenreichtum der Fauna Amazoniens, nicht nur der Vögel, sondern auch der Insekten, Amphibien, Reptilien und Säuger (Haffer und Prance 2002).

Heute gewinnt die Vorstellung immer mehr an Bedeutung, dass die Organismen im Zuge der Entwicklung entstehen und nicht einfach durch die Gene „programmiert" werden, sich zu entwickeln; die Lebewesen entwickeln sich nicht, um in vorgegebene Environments zu passen, sondern entwickeln sich zusammen

Abb. 5.18 Lago Agrio, Amazonien, Ecuador: Deutliche Gliederung des Profils in hangende, jungquartäre, braungelbe, größtenteils äolische Sedimente und intensiv verwitterte Gesteine im Liegenden. Das zweigeteilte Bodenprofil belegt Klimaänderungen: der hangende Teil dokumentiert die letzte Kaltzeit. (Foto: alueni-images)

mit den Environments, in denen sie leben (vgl. BT Smith et al. 2014; Antonelli 2015). Dadurch ändern sie gleichzeitig die Struktur der Ökosysteme (Laland et al. 2014). Hier zeichnet sich ab, welche Bedeutung die quartären Klima- und Landschaftsänderungen der Tropen für die Evolution hatten. Die Ansammlung beispielsweise der zahlreichen Vogelarten in Amazonien ist das Ergebnis wiederholter geographischer Isolation, Artenbildung (*speciation*) und Ausbreitung, wobei die Artenvielfalt innerhalb der Abstammungslinien (*lineages*) eine Funktion der Zeit ist. Auch wenn einschneidende Ökosystemänderungen (z. B. tropischer Regenwald → Savanne) nicht zu Wellen der Artenbildung in Amazoniens Vogelwelt geführt haben (BT Smith et al. 2014), sind dennoch die quartären Klimaänderungen ein bedeutender Faktor des Diversifikationsprozesses. Allerdings werden die Details des *wie*, *wann* und *in welchem Ausmaß* noch nicht völlig verstanden (Abb. 5.22). Der Artenreichtum belegt in jedem Fall die großen Umweltveränderungen in Amazonien.

Kenntnisse über die geomorphologische quartäre Entwicklung der tropischen südamerikanischen Tiefländer, die zugleich detaillierte, gut fundierte Chronologien präsentieren, sind bisher nicht erarbeitet (vgl. Sinha et al. 2012; Abb. 5.23). Fluviale, äolische und pedogene Formen und Prozesse belegen jedoch zweifelsfrei im LGM eine größere Aridität im Vergleich zu heute. Dies wurde beispielsweise schon 1994 von Iriondo und Latrubesse (1994) postuliert. Inzwischen liegen zahlreiche Beobachtungen vor, die für das LGM eine Abnahme der Niederschläge dokumentieren.

Im bolivianischen tropisch-wechselfeuchten Chaco-Gebiet (ca. 15–21° S, 58–64° W) benutzen Latrubesse et al. (2012) große Schwemmfächer und fluvial-äolische Sedimente als Paläoklimaarchive, die OSL-datiert werden. In der Zeit zwischen ca. 60–28 ka BP (MIS 3 und frühes MIS 2) waren bei kühleren Temperaturen die saisonalen hygrischen Wechsel extremer ausgebildet; darauf deuten die Abflussverhältnisse und die Sedimentzufuhr sowie die zeitgleich gebildeten Sanddünen-Felder hin. Die maximale Aridität im LGM (MIS 2) wird durch eine geringe fluviale Aktivität und Lössbildungen auf den Schwemmfächern belegt; die Winde wehten von Nord nach Süd. Von Süden traten Kaltlufteinbrüche vermutlich häufiger und mit größerer Intensität auf. Das Spätglazial war ebenfalls noch arid, doch mit geringerer Intensität als das LGM.

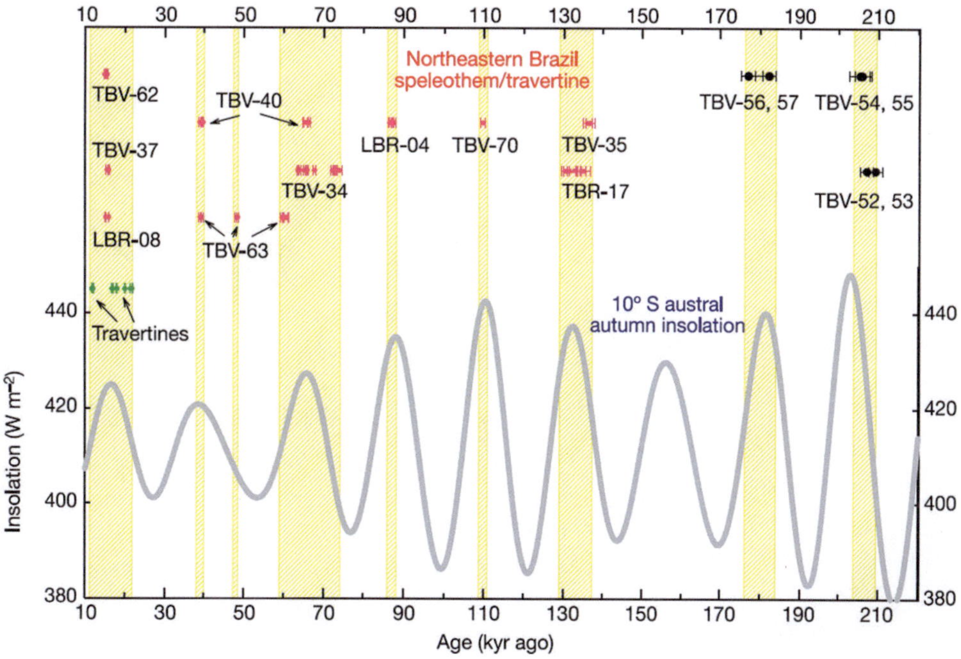

Abb. 5.19 Beziehungen zwischen Wachstumsphasen von Stalagmiten (*lila*), Flowstone (*schwarz*) und Travertinen (*grün*) in NE-Brasilien und Insolationsschwankungen in 10° S während des südhemisphärischen Herbstes (Februar bis Mai) (aus X Wang et al. 2004). Die Speläothem- und Travertin-Bildungen fallen mit Maxima der Insolation zusammen (*gelbe Balken*)

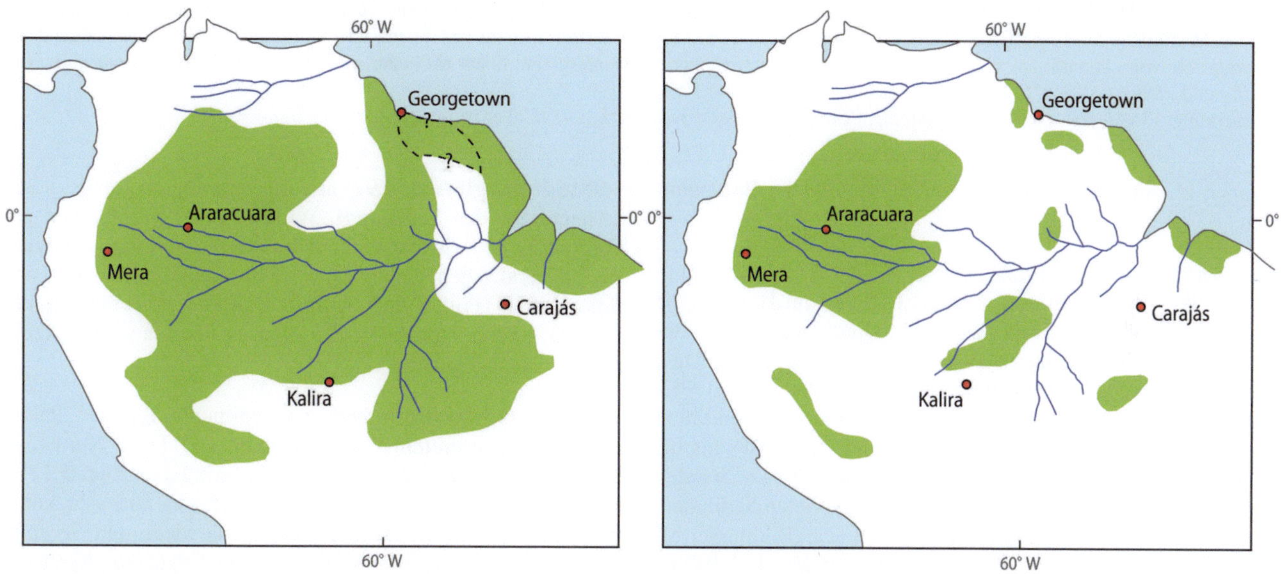

Abb. 5.20 *Links*: Gebiete mit > 1500 mm Niederschlag und möglichem Regenwald bei allgemein 500 mm (25 %) Niederschlagsreduktion. Das Carajas-Gebiet liegt in der Savanne (bzw. Savannenwald); dies ist auch der Fall für trockene Phasen während des LGM. *Rechts*: Gebiete mit > 1500 mm Niederschlag und möglichem Regenwald bei allgemein 1000 mm (40 %) Niederschlagsreduktion. Carajas, Katira und Georgetown (Guyana) liegen im Gebiet der Savanne (bzw. Savannenwald); dies ist auch der Fall für trockene Phasen während des LGM. Araracuara und Mera verbleiben im Regenwaldgebiet. (Aus Van der Hammen und Absy 1994; vgl. auch: Van der Hammen und Hooghiemstra 2000)

Das Bananal-Becken Brasiliens (ca. 9–16° S, 51° W), das saisonal teilweise überflutet wird, liegt im Grenzbereich vom tropischen Regenwald zum Cerrado, einer Sekundärwaldformation des halbimmergrünen tropischen Monsunwaldes. Veränderungen der Flussverzweigungen, der fluvialen Erosion und des Flusssedimenttransports zeigen markante Wechsel zwischen ca. 60–34 ka BP und zwischen ca. 25–17 ka BP, die auch im Amazonas- und Paraná-Becken erkannt wurden (Abb. 5.24). Zwischen 17–10 ka BP traten – aufgrund der TL- und OSL-Daten – keine Veränderungen auf (Valente und Latrubesse 2012). Eine paläoklimatische Interpretation ist schwierig, doch die Befunde belegen markante hydrologische Schwan-

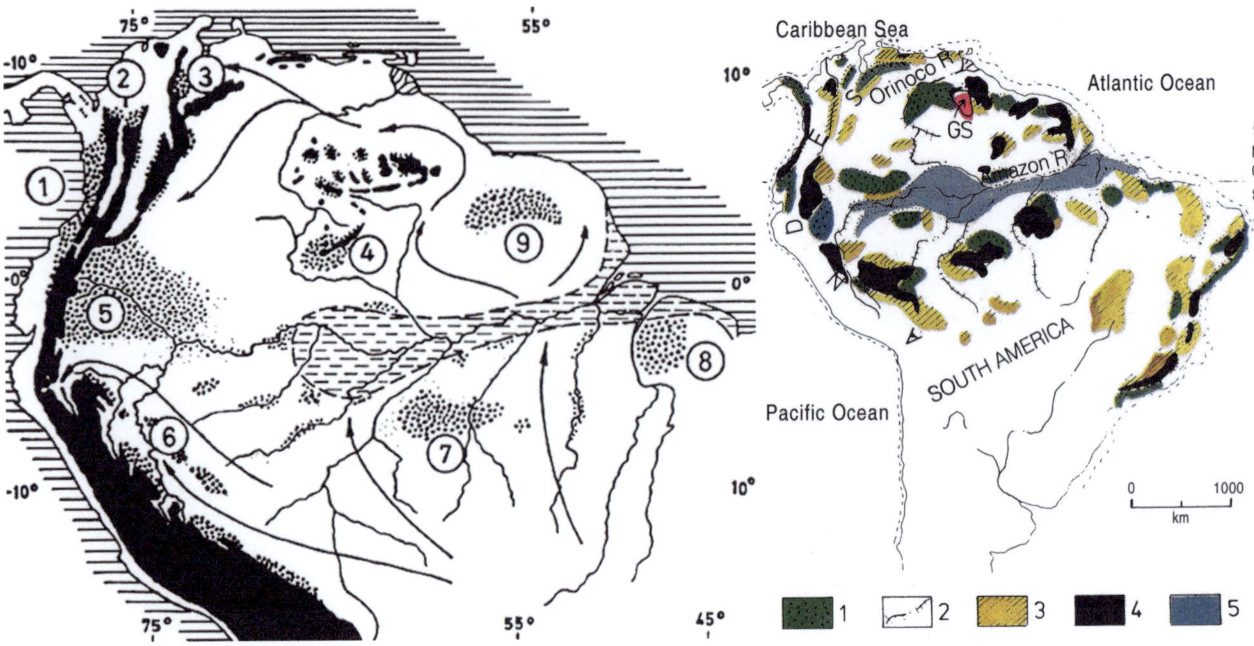

Abb. 5.21 Regenwaldrefugien während warm-trockener Perioden des Pleistozäns. *Links*: Die Pfeile markieren die nordwärts vorrückende, Nicht-Regenwald-Fauna von Zentralbrasilien. (1) Chocó-Refugium; (2) Nechi-Refugium; (3) Catatumbo-Refugium; (4) Imern-Refugium; (5) Napo-Refugium; (6) Ost-Peru-Refugium; (7) Madeira-Tapajos-Refugium; (8) Belem-Refugium; (9) Guiana-Refugium; (*gestricheltes Areal*) interglaziale amazonische Bucht (Meeresspiegelanstieg um ca. 50 m); (*schwarze Areale*) Erhebungen über 1000 m. Nach Haffer (1969). *Rechts*: Verteilung der Environments während des LGM auf der Grundlage von Haffer (1987) und Brown (1987) aus Schubert und Huber (1990). Es bedeuten: 1 – Waldrefugien, 2 – Fluss-Uferwälder, 3 – Humide Zonen, 4 – Kombinierte Refugien von Fauna und Flora, 5 – Gebiete, die während der Interglaziale vom Atlantik aus überschwemmt werden konnten, als der Meeresspiegel höher als heute war. GS – Gran Sabana, Venezuela. Vgl. Haffer und Prance (2002).
Anmerkung: Ein Meeresspiegelanstieg um 50 m ist für das Quartär nicht belegt, wohl aber im Jungtertiär

kungen im Jungquartär und aridere LGM-zeitliche Bedingungen.

Im oberen Río Negro-Einzugsgebiet (Tiquié-Fluss am Äquator, ca. 70–67° W) gab es vor dem LGM und im Holozän die Bildung von Flussterrassen aus reinen Quarzsanden; die ältere Terrasse, die sich bis zu 14 m über dem trockenzeitlichen Niedrigwasserstand erhebt, wird ins mittlere Pleniglazial ^{14}C-datiert (> 30–40 ka BP); die jüngere Terrasse aus tonigen Silten bildete sich vom Spätglazial (ca. 13,5–12,5 ^{14}C ka BP) bis ins Holozän (ca. 4 ^{14}C ka BP). In der rezenten Talaue werden wieder reine Quarzsande akkumuliert. Die fluvialen Sedimente dokumentieren einen deutlichen Wechsel von Bildungen eines Schwarzwasserflusses vor dem LGM und ab ca. 4 ^{14}C ka BP, während von ca. 13 bis 4 ^{14}C ka BP die Ablagerungen eines Weißwasserflusses auftreten (Latrubesse und Franzinelli 1998). Das relativ junge Alter von 4 ^{14}C ka BP für den Beginn der jüngsten Schwarzwasserflusssedimentation deutet auf ein junges Alter des Bildung des geschlossenen amazonischen Regenwald-Ökosystems, das fast keine Stoffe in die Flüsse entlässt (Abb. 5.1). Geochemische Daten der fluvialen Sedimente des Río-Acre-Beckens (ca. 9–10° S, 67–68° W) dokumentieren das Trockenfallen eines weiten fluvial-lakustrinen Systems während des letzten Glazials (Kronberg und Benchimol 1993).

Metcalfe et al. (2014) beschreiben aus dem bolivianischen Tiefland vom Río Paraguay (Laguna La Gaiba, 17°45′ S, 57°35′ W, ~95 m NN, vgl. Abb. 5.97) aridere Verhältnisse im Vergleich zu heute für das LGM (vgl. Whitney et al. 2011). Die paläoklimatische Aussage stützt sich auf umfangreiche Analysen der physikalischen, chemischen (einschließlich Isotope) und biologischen (Pollen und Sporen, Diatomeen) Parameter der Lagunen-Sedimente. AMS-^{14}C-Alter ermöglichen eine recht genaue Altersansprache.

Aufgrund biogeochemischer und sedimentologischer Paläoklima-Proxys ermitteln Cordeiro et al. (2011) in Nordwest-Brasilien (*Morro dos Seis Lagos* [Hill of Six Lakes], ca. 0°17′ N and 66°40′ W) für das LGM (ca. 32,5–15,3 ka BP) sehr kühle und sehr trockene Klimabedingungen mit niedrigem Seespiegel; zwischen 15,3 ka BP und 10,0 ka BP erfolgte ein plötzlicher Anstieg des Seespiegels, der als Anstieg von Temperatur und Niederschlag interpretiert wird. Die biogeochemischen Proxys zeigen bedeutende Schwankungen, ohne dass sich die Vegetationsbedeckung im Wassereinzugsgebiet signifikant veränderte (Bush et al. 2004b). Interne Prozesse im See können durch hydrobiologische Bedingungen und Schwankungen der Erosionsraten sowie der Feuer (Holzkohlepartikel) zu bedeutenden Veränderungen der Seesedimentationsgeschichte führen, selbst dann, wenn großräumige Vegetationsänderungen nicht nachzuweisen sind.

Vom Madeira-Fluss (in 7°30′–8°30′ S und 61°–63°30′ W), dem längsten Nebenfluss des Amazonas, beschreiben Rosetti et al.

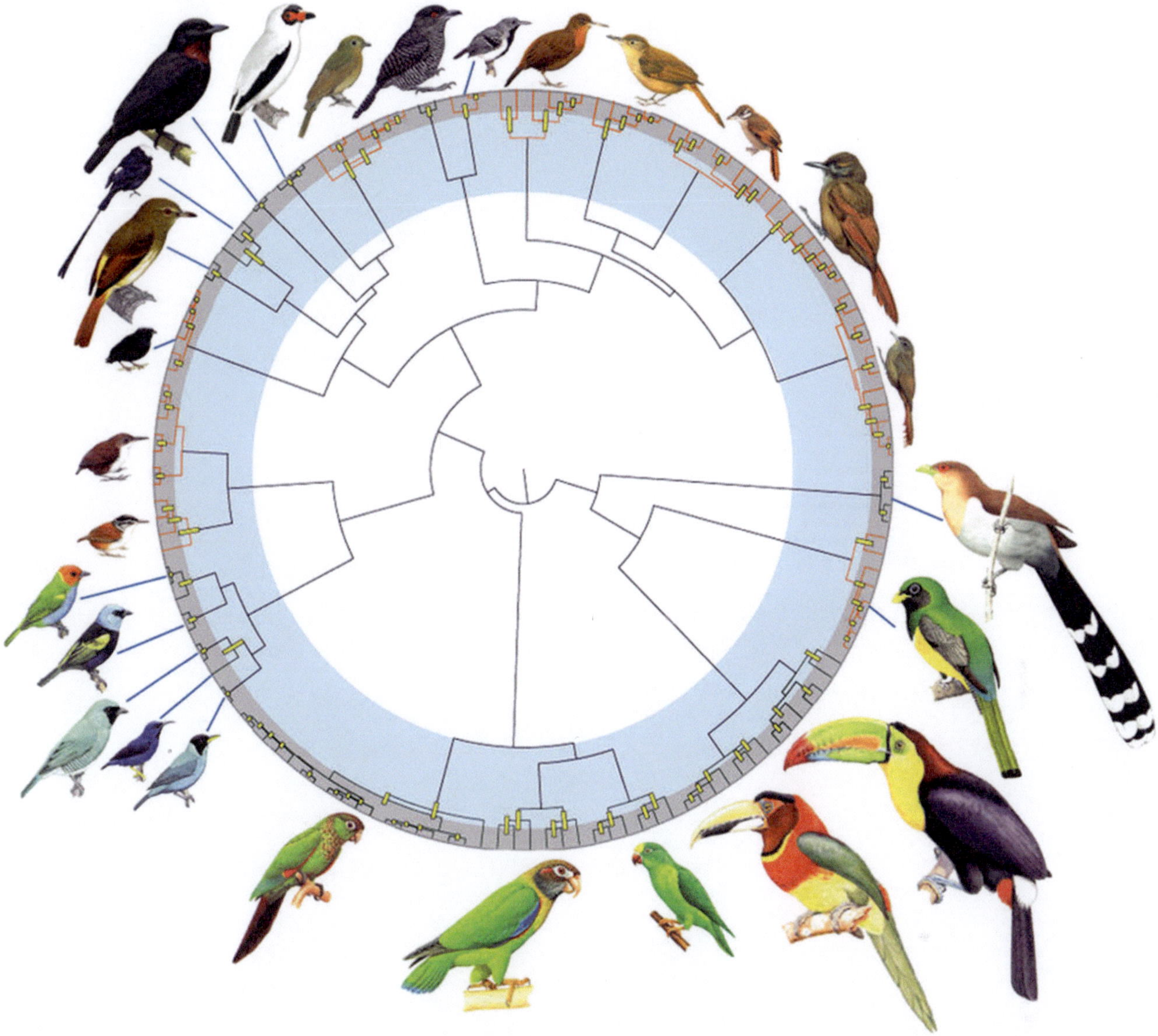

Abb. 5.22 Gen-Baum von 27 neotropischen Vogelarten. Die *gelben Balken* korrespondieren mit 95 % der höchsten vorangegangenen Dichte für die Ausbreitungszeit der einzelnen Art. Das Quartär (2,6 Ma bis heute) und das Neogen (23 bis 2,6 Ma vor heute) sind in *grau* und *hellblau* dargestellt. Die meisten Alter der Abstammungslinien (25) treten im Neogen auf, bis auf zwei, die ins Quartär fallen. Das Quartär ist die Zeit, die zur großen Biodiversität führt. Die quartäre allopatrische Artenbildung belegt die gewaltigen quartären Landschaftsveränderungen in Amazonien. (Aus BT Smith et al. 2014; vgl. auch: Prum et al. 2015)

(2014) detailliert eine jungquartäre Terrassenabfolge, die – so die Autoren – deutlich klimatisch induzierte Erosions- und Akkumulationsphasen erkennen lässt. Diese können aber nur zum Teil mit den globalen letzteiszeitlichen Klimaschwankungen (LGM, Jüngere Dryaszeit, Holozän) – wie sie aus außertropischen Regionen vorgegeben werden – korreliert werden (Abb. 5.25). Deshalb wird von Rosetti et al. (2014) vermutet, dass neben klimatischen Faktoren auch tektonische Bewegungen an der Terrassenbildung beteiligt waren; dies ist für andere Flusssysteme Amazoniens belegt (Latrubesse und Rancy 2000). Die T1-Terrasse akkumulierte vor >45 bis ca. 32 ka BP; von ca. 32–25 ka BP fand Erosion statt. In dieser Zeit gab es in Bolivien ein starkes Gletscherwachstum (s. u.). Die nachfolgende Akkumulationsphase der T2-Terrasse erfolgte zwischen ca. 25/26 und 14/15 ka BP; sie fällt damit in das LGM i. w. S. Von besonderer Erwähnung ist die kurzzeitige starke Erosion zwischen ca. 15/16 und 13 ka BP, d. h. zur Zeit des *Antarctic Cold Reversal* (ANC), einer in der Antarktis und in den außertropischen südlichen Anden kälteren Phase (z. B. Rutter et al. 2012). Anschließend – zwischen ca. 13 und 3,5 ka BP – wurde die T3-Terrasse gebildet. Die Befunde vom Madeira-Fluss belegen bedeutende paläohydrologische und damit Klimaschwankungen im tropischen Südamerika.

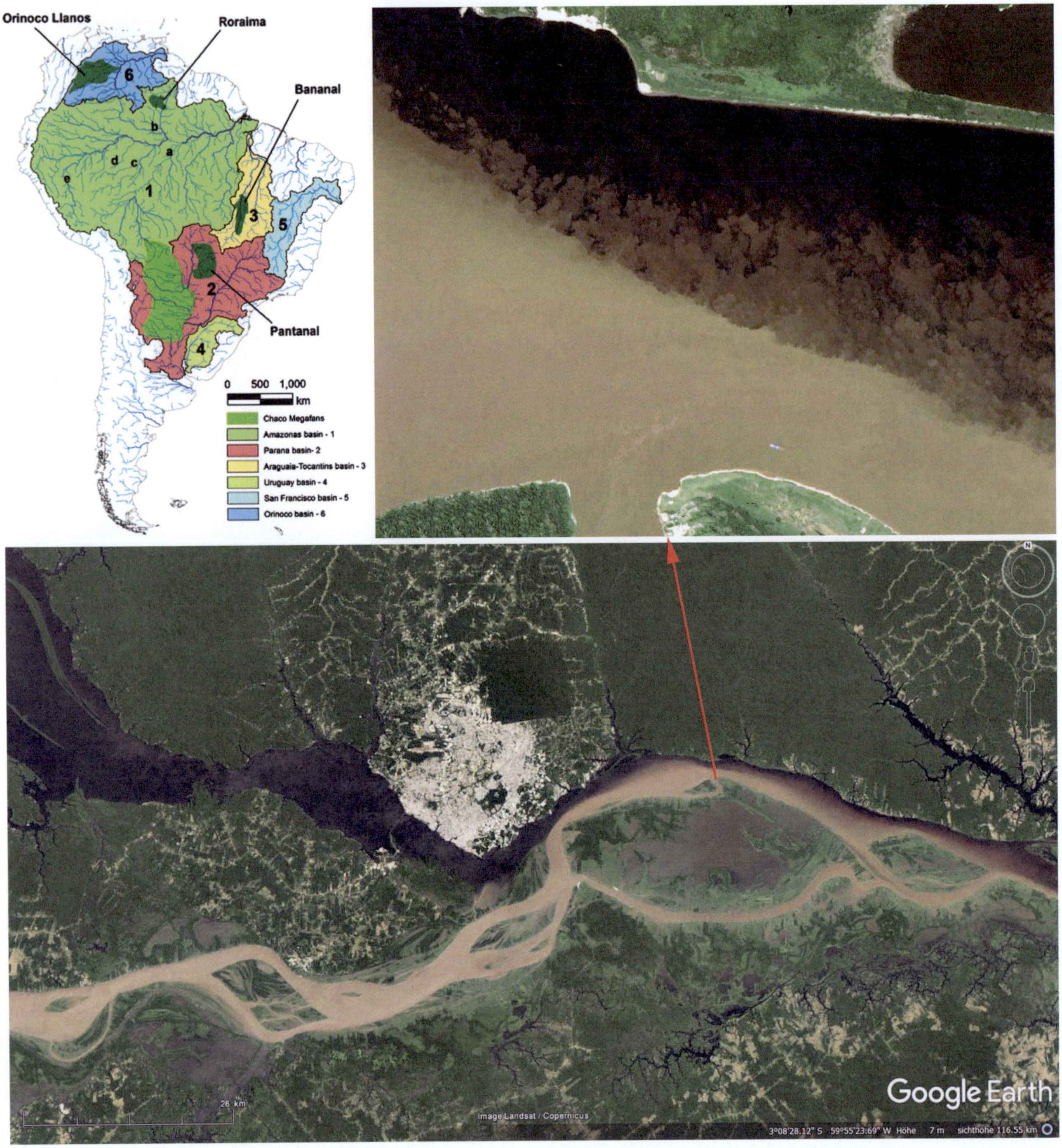

Abb. 5.23 *Links oben*: Die großen tropisch-randtropischen Fluss-Einzugsgebiete in Südamerika und die tropischen (Überschwemmungs-)Ebenen (*grün*) (aus Sinha et al. 2012). *Unten*: Weißwasser- und Schwarzwasserflüsse in Amazonien. Zusammenfluss von Solimões/Amazonas (*unten*) und Rio Negro (*links*). In der *Bildmitte*: Manaus. Die verschiedene Sedimentfracht belegt die unterschiedliche Geologie der Einzugsgebiete (Anden bzw. Amazonasbecken). *Rechts oben*: Vermischung von Schwarzwasser und Weißwasser. (Quelle: GOOGLE Earth)

Die Ergebnisse von Rosetti et al. (2014) lassen aber Zweifel an der Datierung der T1- und T2-Terrasse aufkommen. Die T1- und T2-Terrassen-Oberflächen befinden sich über 20 m (T1: 65–100 m NN) bzw. über 10 m (T2: 50–85 m NN) über dem heutigen Wasserstand des Madeira-Flusses. Vor dem Hintergrund, dass während der Kaltzeiten infolge der Meeresspiegelabsenkung der mittlere Wasserspiegel des Amazonas einschließlich seiner Nebenflüsse im weiteren Umkreis von Manaus um 20–25 m (LGM) tiefer lag und die meandrierenden Flüsse die interglazialen Überschwemmungesedimente teilweise erodierten (Müller et al. 1995), erscheint die zeitliche Zuordnung der Madeira-Flussterrassen in die Kaltzeiten wenig plausibel. Auch

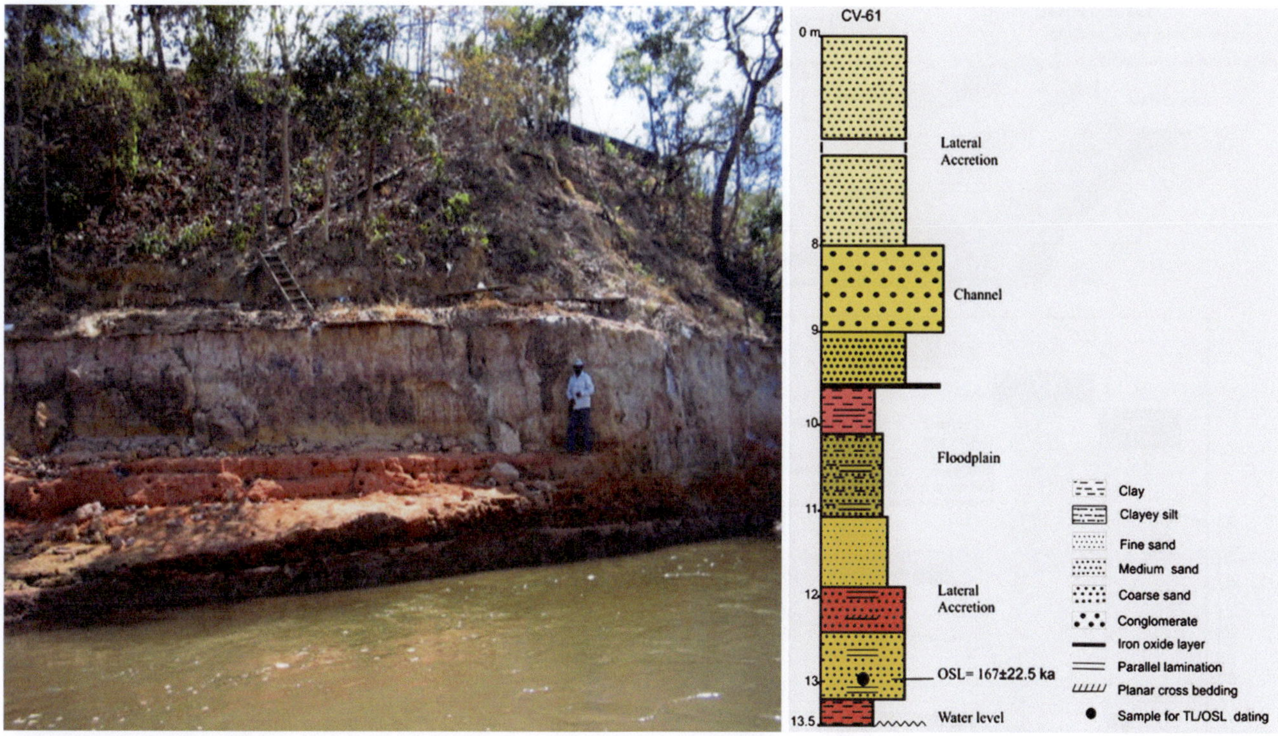

Abb. 5.24 Das Bild zeigt das Ufer des Araguaia River, 13,5 m hoch, im oberen Bananal-Becken (Itacaiú-Region) mit den unterschiedlichen Sedimenten der quartären fluvialen Araguaia-Formation (nach Valente und Latrubesse 2012). *Rechts*: Darstellung der Fazies

die jahreszeitlichen Wasserstandsschwankungen dürften sich im LGM nicht wesentlich von den heutigen unterschieden haben (der niedrigste Stand seit 1902 war 13,64 m NN im Jahr 1963, der höchste 29,70 m NN im Jahr 1953; Müller et al. 1995), weshalb allein die Höhenlage der T1- und T2-Terrassen auf interglaziale und nicht auf glaziale Bildungen deutet. Außerdem weisen die von Rosetti et al. (2014) präsentierten Aufschluss- und Sediment/Verwitterungsbeschreibungen und Fotos der T1- und T2-Terrassen (u. a. 3–5 m mächtige lateritische Paläosole in den T1-Sedimenten) auf ein hohes Alter der Sedimente hin. Die Chronologie der Madeira-Flussterrassen basiert allein auf ^{14}C-Daten, die jedoch nicht im Einklang mit den eiszeitlichen hydrologischen Verhältnissen stehen. Das Beispiel zeigt, dass nur über eine kritische Evaluation der Methoden, Befunde und deren Deutungen – und nicht durch das unkritische Vergleichen konträrer Ansichten – Fortschritte in der Paläoklimarekonstruktion möglich sind.

Von besonderer Bedeutung sind die Beobachtungen, dass im Quartär sowohl die Temperaturen als auch die Niederschläge im tropischen Südamerika Schwankungen zeigten, die einem 19.000- bis 22.000-Präzessionszyklus zugeschrieben werden können (Abb. 5.18). Die Pollenprofile von Ran et al. (1996) belegen dies für Temperaturen; in Pollenspektren erkennen Martin et al. (1997) ebenfalls diese Zyklen für Niederschlagsschwankungen. Auch Seesedimente (z. B. Bush et al. 2002; Metcalfe et al. 2014) sowie Speläotheme (Wang X et al. 2004) dokumentieren den Einfluss der Insolationsschwankungen des Präzessionszyklus auf Veränderungen der Niederschläge im tropischen Südamerika (Abb. 5.18 und 5.26). Geringe Änderungen der Strahlungsbilanz der Sonne als Folge veränderter Erdbahnelemente scheinen mittel- oder unmittelbar das tropische Klima in Südamerika zu beeinflussen. Im Pantanal (17°45′ S, 57°35′ W) finden Whitney et al. (2011) keine Belege für Beziehungen zwischen Insolationsschwankungen (Präzession) und Klima.

5.2.3 Das letzte Hochglazial (*Last Glacial Maximum*, ca. 21.000 Jahre vor heute) in den Anden

In Abschn. 5.2.1 wurden Paläoklimaarchive aus den Anden vorgestellt, die über die letzte Eiszeit hinaus ins Mittel- und Altquartär zurückreichen. Allein die palynologisch belegten Klimaschwankungen des Funza-Pollenprofils aus Kolumbien sind hinreichend exakt datiert (Andriessen et al. 1993; Boom 2004; Helmens 1990; Hooghiemstra 1984, 1989; Hooghiemstra und Cleef 1995; Van't Veer et al. 1995), um Vergleiche und Korrelationen der Kalt-/Warmzeiten im regionalen und globalen Zusammenhang zuzulassen (PAGES News **7**(3), 1999). Es gibt zahlreiche Versuche, die letzteiszeitlichen Klima- und Umweltverhältnisse der tropischen Anden zu rekonstruieren (z. B. Clapperton 1993a, 1993b; Heine 2000; Seltzer et al. 2003). Die folgenden Ausführungen sind von Heine (1998a) übernommen, aktualisiert und ergänzt; sie geben eine Zusammenfassung der Probleme, die bei Klimarekonstruktionen des LGM in den tropisch-subtropischen Anden zu berücksichtigen sind.

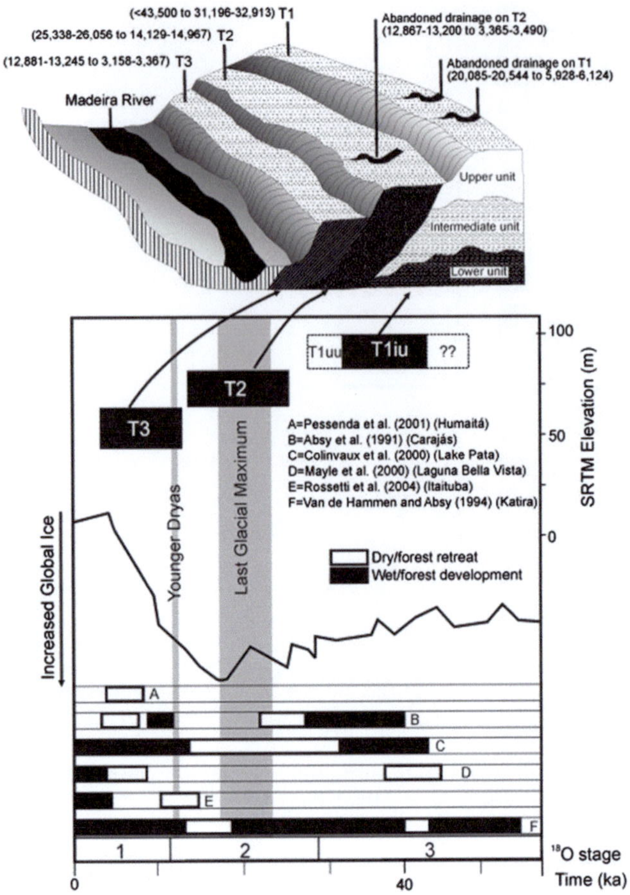

Abb. 5.25 Die Abbildung stellt eine Synthese der Daten von Rosetti et al. (2014) dar. Die Terrassen des Madeira-Flusses sind sehr schematisch dargestellt. T1 wurde im MIS 3 akkumuliert, die T2 im MIS 2 und T3 im Holozän. Terrassenbildung fand demnach sowohl unter LGM- als auch unter warmzeitlichen Klimabedingungen statt. Die Jüngere Dryaszeit wirkte sich nicht aus, wohl aber das *Antarctic Cold Reversal*, das mit der Erosionsphase zwischen den Terrassen T2 und T3 zusammenfällt, das von den Autoren jedoch nicht erwähnt wird (s. auch Box Jüngere Dryaszeit). Ob die Chronologie zutrifft, wird bezweifelt (siehe Text)

Paläoklimatisch ausgewertet wurden vor allem die letzteiszeitlichen Gletschervorstöße (Abb. 5.27, Abb. 5.28, Abb. 5.29, Abb. 5.30), periglaziäre Phänomene, Verschiebungen der Höhen- und Trockengrenzen der Vegetation, Paläoböden, Seespiegeländerungen einschließlich Sedimentation in Seen sowie geophysikalische und geochemische Daten von Gletschereis, Grundwasser und Sedimenten. Viele Autoren belegen anhand von Pollenprofilen eine Depression der oberen Waldgrenze um über 1000 m – teilweise bis zu 1600 m – während des LGM; das bedeutet eine Temperaturerniedrigung von 7 °C, teilweise bis 10 °C (z. B. Absenkung der andinen Nebelwald-Höhenstufe in Peru um 1300 m; das entspricht einer Abkühlung im LGM von 7–8 °C, Valencia et al. 2010). Auch tiefliegende Moränen werden dem LGM zugeordnet; aus den glaziären Ablagerungen wird auf eine Depression der klimatischen Schneegrenze um rund 1000 m (teilweise auch mehr) geschlossen, woraus sich

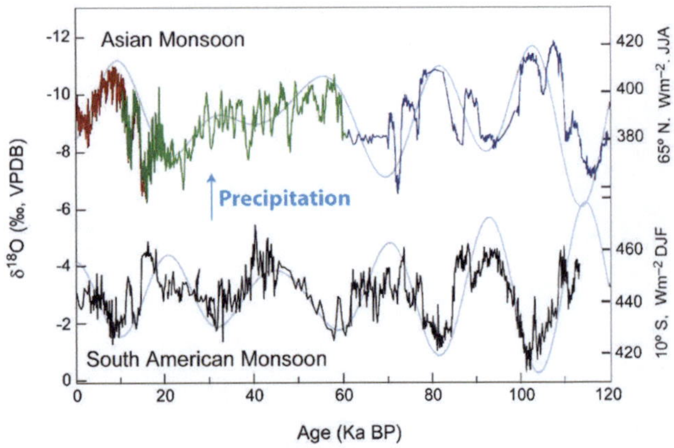

Abb. 5.26 Interhemisphärische Vergleiche der Monsun-Niederschläge zwischen Ost-Asien und Südamerika. Die Niederschlagsschwankungen werden durch die $\delta^{18}O$-Werte von Speläothem-Calcit wiedergegeben. *Braun*: Dongge-Höhle (Dykoski et al. 2005); *grün*: Hulu-Höhle (Wang et al. 2001); *blau*: Sanbao-Höhle (Wang et al. 2008); *schwarz*: Botuverá-Höhle, Südbrasilien (Cruz et al. 2005) (nach: P Wang et al. 2011). Der Einfluss des Präzessionszyklus' (19–22 ka) ist deutlich zu erkennen

wiederum eine Temperaturerniedrigung von 7–8 °C ableiten lässt. Periglaziäre Phänomene, wie Eiskeilspeudomorphosen, periglaziäre Hangschuttdecken und Lössablagerungen, liefern darüber hinaus paläoklimatische Informationen. Auch diese Paläoklimaarchive weisen auf eine LGM-zeitliche Temperaturdepression von mindestens 5 °C bis maximal > 8 °C hin (Heine 1998a).

Problematisch bei den geomorphologischen Befunden und den sich daraus ergebenden Paläoklimaaussagen ist, dass viele der glaziären und periglaziären Formen und Sedimente nicht zuverlässig datiert werden können. Daraus ergibt sich die Unsicherheit, dass geomorphologische Paläoklimazeugen für die Rekonstruktion herangezogen werden, deren Alter unbekannt ist. Zahlreiche Autoren haben daher anhand von Hypothesen und Vermutungen den Formen und Sedimenten ein Alter zugewiesen (vgl. Jomelli et al. 2014 zur Revision von späteiszeitlichen Gletscherständen). Beispielsweise wurden (und werden immer noch, z. B. Stansell et al. 2007) große Moränenwälle, die eine relativ frische Formung aufweisen, dem LGM zugeordnet. Aus der Höhenlage dieser undatierten glaziären Ablagerungen wiederum wurde dann die Depression der LGM-zeitlichen Schneegrenze, und aus dieser die Temperaturerniedrigung rekonstruiert (z. B. Stansell et al. 2007). Hostetler und Clark (2000) argumentieren, dass palynologische und geologisch-geomorphologische Befunde eine LGM-zeitliche ELA-Absenkung um ~ 900 m der tropischen Gletscher anzeigen und dass diese Daten für eine wesentlich größere Temperaturabsenkung der tropischen Meeresoberflächen stehen als dies von den CLIMAP Project Members (1976) und vielen anderen Autoren angenommen wird. Auch der IPCC-Bericht 2013 nennt für die Tropen lediglich eine LGM-zeitliche Temperaturerniedrigung von 1,1–2,5 °C (bzw. 1,5–2,9 °C) (IPCC 2013). Dagegen wird eine größere Temperaturabsenkung auch in der Synthese zum LGM-Klima der Tropen von Farrera et al. (1999) bestätigt, die die generell arideren

Abb. 5.27 GOOGLE-Bild der Andenregion zwischen Titicacasee und Amazonas-Tiefland (Bolivien). Die Paläoklimaarchive *See* (limnische Sedimente) – *Gletscher* (glaziäre Formen und Sedimente) – *Tal* (fluviale und Hangsedimente) sind deutlich zu erkennen

Abb. 5.28 *Links*: Der Cotopaxi-Vulkan in Ecuador Ende des 20. Jahrhunderts. Gewaltige Schlammströme als Folge der Ausbrüche des Vulkans haben u. a. große (Andesit-)Blöcke bis in tiefe Hanglagen befördert. *Rechts*: Der Chimborazo von Süden. Standpunkt: Tal von Totorillas bei 3980 m NN. Im Mittelgrund das Curipoquiotal mit Moränen. (Fotos: alueni-images)

LGM-Verhältnisse in den Tropen als Beleg für deutlich kältere Meeresoberflächentemperaturen und einen abgeschwächten hydrologischen Kreislauf ansehen. Da die obere Wald- bzw. Baumgrenze möglicherweise im LGM durch die Auswirkungen einer verringerten CO_2-Konzentration in der Atmosphäre im LGM beeinflusst wurde (Jolly und Haxeltine 1997; Street-Perrott et al. 1997), betrachten Hostetler und Clark (2000) ehemalige Gletscher als die Hauptquelle für paläoklimatische Daten aus größeren Höhen in den Tropen (vgl. auch Clark et al. 2009). Die Unsicherheiten der Datierungen früherer Gletschervorstöße versuchen die Autoren zu überwinden, indem sie Simulationsergebnisse von Modellierungen einem Sensitivitätstest unterziehen. Die Resultate von Hostetler und Clark (2000) bleiben damit sehr hypothetisch.

Meine Untersuchungen in Mexiko, einem randtropischen Gebiet, hatten schon vor vier Jahrzehnten ergeben (s. Abschn. 5.3.1), dass die Gletscherschwankungen der hohen mexikanischen Vulkane nicht synchron mit den Gletscherbewegungen der außertropischen nordamerikanischen Gebirge verliefen (Heine 1975b, 1977, 1994c) (Abb. 5.31). Später stellte sich für Ecuador heraus, dass die LGM-zeitlichen Gletscher-

Abb. 5.29 Der Cotopaxi als Beispiel der Erforschung des Quartärs in den Anden. Kein Berg hat das Interesse der Menschen so gefangen genommen wie der Cotopaxi aufgrund seiner Lage, seiner Gestalt und seiner jüngsten vulkanischen Tätigkeit (Welsch 2003). Doch erst Meyer (1907a, 1907b) erkannte die große Bedeutung früherer Vergletscherungsspuren als Indizien für Klimaschwankungen. Wegen seiner episodischen vulkanischen Tätigkeit bis in historische Zeit und dem Wechselspiel zwischen aklimatischen Schmelzwasserereignissen und Gletschereisregeneration ist der Cotopaxi wenig geeignet, um paläoklimatische Informationen aus dem Gletscherverhalten zu gewinnen (vgl. Jordan 1983). *Links oben*: Cotopaxi, Ecuador, von der Westseite, rechts die Felszacken des Picacho. Aus Humboldt A von und Bonpland A (1810, Tafel 10, Vues des Cordillères). Humboldt konzentrierte seine wissenschaftliche Erkundung auf die Höhenstufung (Wald–, Aschen–, Schneeregion). Seine Abbildung steht noch ganz im Banne der Katastrophentheorie. *Rechts oben*: Der Cotopaxi um ca. 1850 (nach Villavicencio 1858). Moränen werden nicht erkannt. *Links unten*: Der Cotopaxi im Jahr 1873, gezeichnet von Alfons Stübel vier Jahre vor der mächtigen Eruption von 1877. Quartärzeitliche Seitenmoränen werden zum ersten Mal erfasst. Im Mittelgrund die Aufschüttungsebene des Río Cutuchi. *Rechts unten*: Der Cotopaxi um 1900, von R. Reschreiter gezeichnet; quartäre Sediment-Abfolgen (z. T. Cangahua) in der Aufschüttungsebene des Rio Cutuchi. (Bilder: alueni-images)

vorstöße nicht die Ausmaße erreichten, die ihnen aufgrund der Deutung undatierter Moränenzüge (z. B. Hastenrath 1981) zugewiesen worden waren (Heine 1995b). Auch in Bolivien konnte ich nachweisen, dass die letzteiszeitlichen Gletscher bei Weitem nicht so ausgedehnt waren wie in der Literatur angegeben (Heine 1996). Die Daten aus Mexiko, Ecuador und Bolivien belegen, dass die größeren Gletschervorstöße zwar den Kaltphasen der letzten Glazialzeit und vorangegangenen Eiszeiten zuzuordnen sind, dass jedoch die feinere zeitliche Auflösung zum Teil erhebliche Unterschiede hinsichtlich eines synchronen Gletscherverhaltens erkennen lässt. Es fällt auf, dass die mexikanische Gletschergeschichte (vgl. Abschn. 5.3.1) am stärksten von den tropischen (Ecuador) und außertropischen Verhältnissen abweicht. Werden bestimmte Zeitscheiben betrachtet (MIS 4, MIS 2, ACR, YD), so wird die unterschiedliche Ausdehnung der jungquartären Gletscher Mexikos, Ecuadors und Boliviens sofort sichtbar. Daraus folgt, dass im LGM in den Tropen und Randtropen Lateinamerikas die Veränderungen einzelner Klimaelemente (Niederschlag, Temperatur, Wind, etc.) nicht gleichsinnig abliefen (Heine 1998a).

Im Folgenden wird unter Berücksichtigung der jüngsten Forschungsergebnisse eine kritische Neubewertung des LGM im tropischen Andenbereich vorgenommen.

Stratifizierte Hangsedimente in Ecuador und Bolivien

Das Vorkommen von periglaziären Phänomenen benutzt Heine (1995b), um LGM-zeitliche Temperaturverhältnisse zu rekonstruieren und um zwischen prä- und post-LGM-zeitlichen Mo-

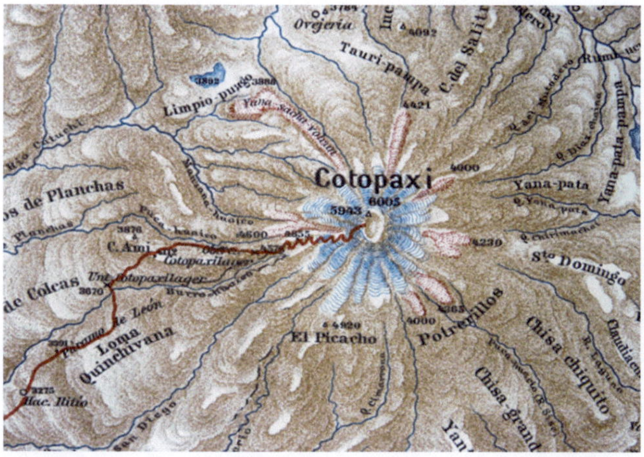

Abb. 5.30 Die Karte zeigt die Expeditionsroute von Hans Meyer im Jahr 1903. (Foto: alueni-images)

ränen zu unterscheiden. Stratifizierte Hangsedimente (*bedded slope deposits*, *stratified slope deposits*) (Abb. 5.32), Blockgletscher (*rock glaciers*, Francou et al. 1999) und Eiskernmoränen (*ice-cored moraines*) sind periglaziäre Bildungen, die paläoklimatisch interpretiert werden können (s. Abschn. 4.2.3.2). Das Vorkommen von periglaziären stratifizierten Hangsedimenten in Ecuador und Bolivien belegt, dass Permafrost aktiv war. Die am tiefsten liegenden Permafrostzeugen sind an eine Jahresmitteltemperatur von $\sim 0\,°C$ gebunden (Abb. 5.32). Indem Zeugen eines LGM-zeitlichen Permafrosts mit LGM-zeitlichen Moränen in Beziehung gebracht werden, können Depression von Temperatur und klimatischer Schneegrenze (ELA) für das Spätquartär ermittelt werden.

In den Gebirgen des zentralen ecuadorianischen Hochlands wird Permafrost in Höhen über 5200–5300 m (Abb. 5.33) angetroffen; nach Osten (Oriente) – zum Amazonas-Tiefland – sinkt diese Grenze um 200–400 m. In Peru liegt die Permafrost-Untergrenze bei 5200 m NN (Francou 1989) und in Bolivien ebenfalls in rund 5200 m NN (Abb. 5.4).

Die Erfassung von aktiven und inaktiven, reliktischen *stratified slope deposits* in den Gebirgen Ecuadors und Boliviens, insbesondere auf den Moränen der quartären Gletschervorstöße, in Abhängigkeit von der Höhenlage, ist in Abb. 5.34 schematisch wiedergegeben (römische Zahlen = Ecuador, lateinische Zahlen = Bolivien). Die Moränen des Neoglazials (M VII), die bis rund 4500 m NN reichen, weisen keine ausgedehnten

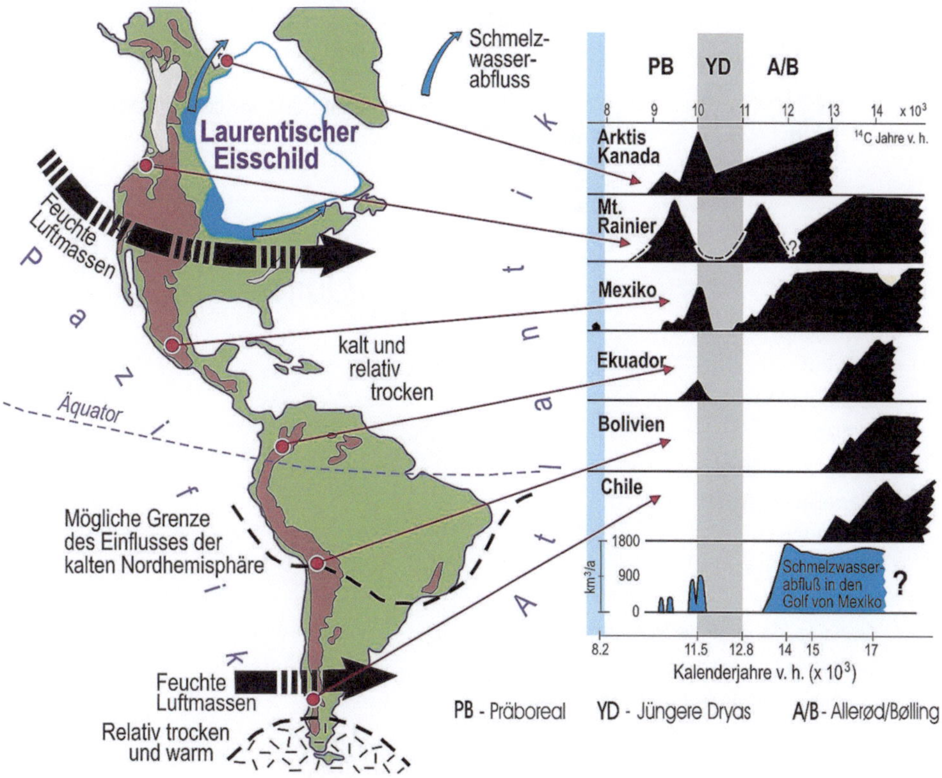

Abb. 5.31 Darstellung der Gletschervorstöße im Spätglazial und Frühholozän entlang der amerikanischen Kordilleren. Das Kärtchen der YD-zeitlichen Verhältnisse und das Diagramm zeigen, wie sich die Gletscherbewegungen im Spätglazial und frühen Holozän entlang der amerikanischen westlichen Gebirgssysteme verhalten haben: Von Nord nach Süd nimmt die Intensität der Gletscherbewegungen in der Zeit vom Bölling bis zum Präboreal ab. Während an der Wende YD/Präboreal auf der Nordhemisphäre (bis nach Ecuador) ein Gletschervorstoß beobachtet wird, ist dies südlich des Äquators nicht mehr der Fall. Allein in Mexiko ist der Gletschervorstoß um 8,5–7,5 ka BP belegt, der zugleich mit dem 8,2 ka *event* auftritt. Die Situation in Mexiko spiegelt den Einfluss des Schmelzwasserabflusses vom Eisstausee südlich des laurentischen Eisschilds über das Mississippi-Flusssystem wider. (Vgl. Abb. 5.143)

Abb. 5.32 *Links*: Stratifizierte grobe Hangsedimente. *Rechts*: Grobe stratifizierte Hangsedimente im Profil. In der *Bildmitte* Objektivkappe (6 cm Ø) als Maßstab. Siehe auch Abb. 4.22 und 5.16. (Fotos: alueni-images)

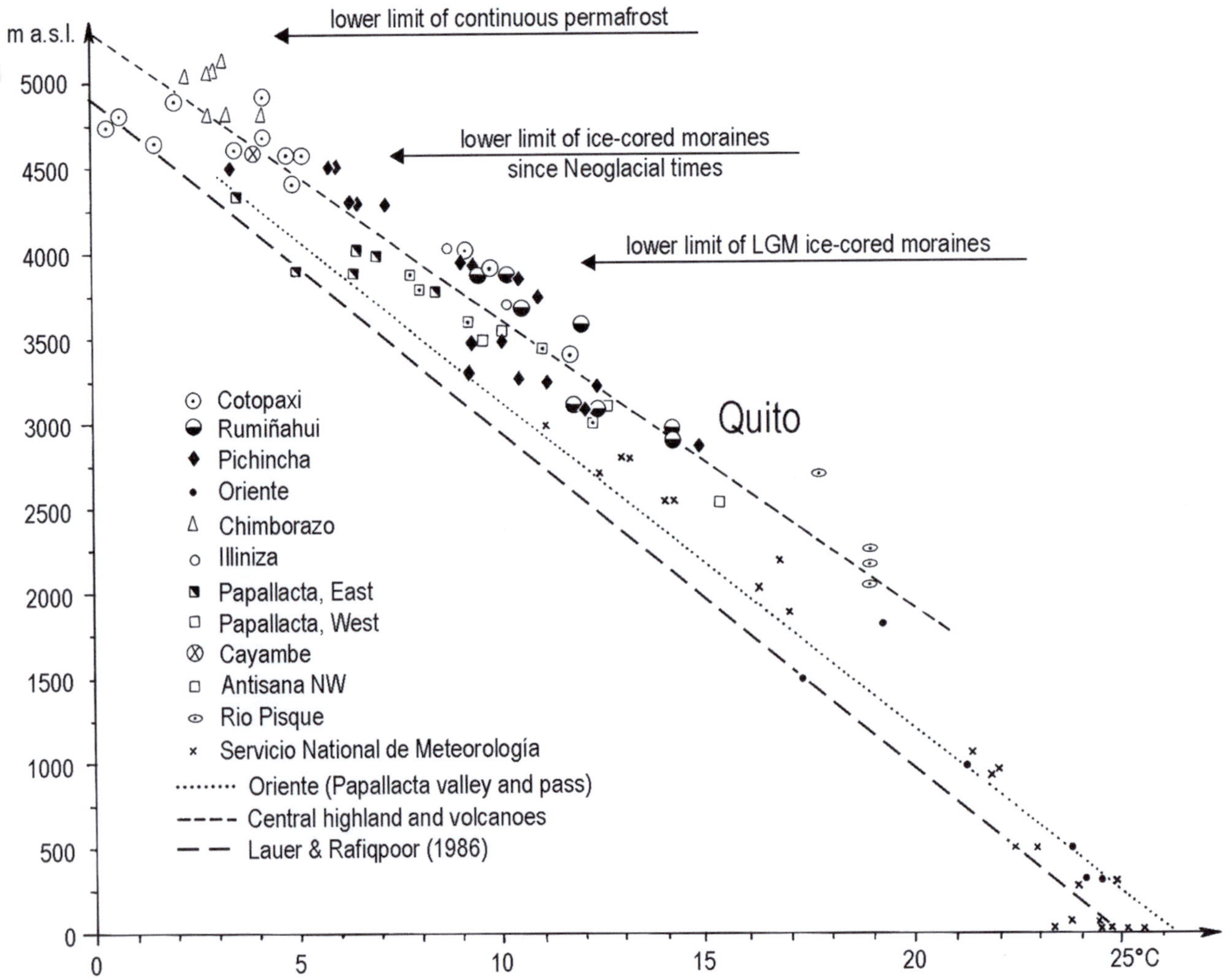

Abb. 5.33 Bodentemperaturen in Abhängigkeit von der Höhe in Ecuador. Aufgrund der Relation Temperatur/Höhe ist Permafrost oberhalb 5200–5300 m NN ausgebildet. *Stratified slope deposits* werden oberhalb ca. 5000 m NN gebildet. Die untere Grenze von Eiskern-Moränen seit dem Neoglazial liegt bei ca. 4600 m NN. Im LGM befand sich die Untergrenze von Eiskernmoränen in rund 3900 m NN. (Nach Heine 2011a)

aktiven *stratified slope deposits* auf, wohl aber die Moränen M VI und ältere glaziäre Bildungen. Inaktive *stratified slope deposits* bedecken die prä-LGM-zeitlichen Moränen in Höhen bis ca. 3800/3900 m in Ecuador und bis ca. 4000 m in Bolivien. In tieferen Lagen zeigen die Moränen keine Deckschichten aus *stratified slope deposits*. Daraus lässt sich ableiten, dass die Moränen M V (Ecuador) bzw. M 5 (Bolivien) und älter bereits im LGM existierten, denn nur die LGM-zeitlichen, temperaturabhängigen periglaziären Prozesse waren in der Lage, die reliktischen *stratified slope deposits* zu bilden (Abb. 5.34). Die Absenkung der Höhenstufe mit aktiver Bildung von *stratified slope deposits* betrug im LGM rund 750 m (Ecuador) bzw. 800 m (Bolivien) (vgl. Heine 1995a). Bei einem vertikalen Temperaturgradienten von 0,65 °C/100 Höhenmeter ergibt sich daraus eine LGM-zeitliche Temperaturerniedrigung von ca. 5 °C für das feucht-tropische Ecuador in Höhen über 4000 m und für das randtropisch-semiaride Bolivien von ca. 5,5 °C. Da der Temperaturgradient mit abnehmender Feuchte ansteigt und das LGM trockener war, können die genannten Werte als Minimalwerte angesehen werden (vgl. Flenley 1985).

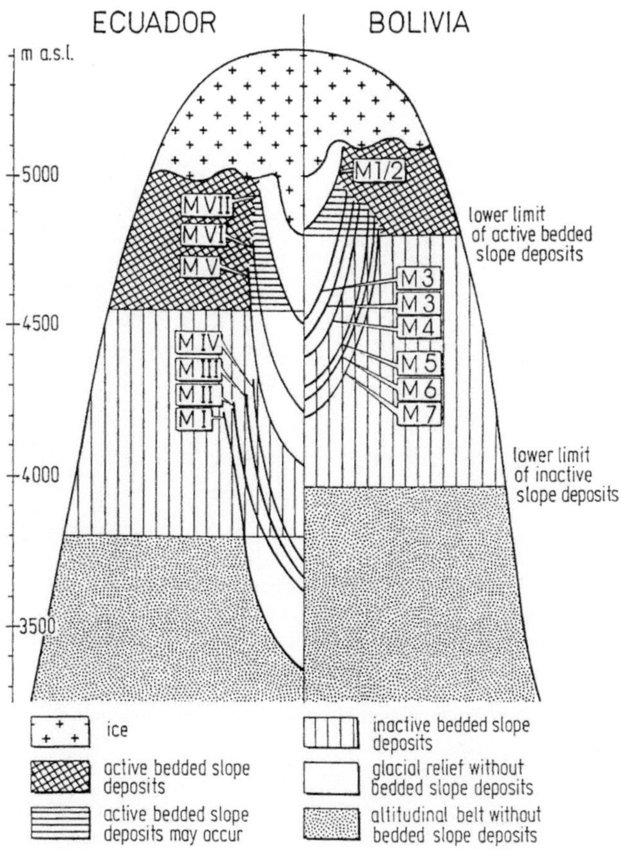

Abb. 5.34 Schematisches Modell der geomorphologischen Lage der aktiven und inaktiven *stratified slope deposits* für Ecuador und Bolivien (nach Heine 1995a). Beziehungen zwischen quartären Moränen (Gletschervorstößen) und stratifizierten Hangsedimenten können zur Datierung der Moränen und zur Abschätzung der LGM-zeitlichen Temperaturdepression benutzt werden. Siehe Text

Ecuador

Die Vergletscherung der ecuadorianischen Anden wird seit über 100 Jahren diskutiert (Jordan et al. 2003; Reiss und Stübel 1886; Wolf 1892; Meyer 1904, 1907a; Sauer 1971; Hastenrath 1981; Lauer und Rafiqpoor 1986; Clapperton 1985, 1987a, 1987b, 1990; Clapperton und McEwan 1985; JT Heine 1993, 1995; K Heine 1995a, 2000; Mark et al. 2004; Smith et al. 2008). Clapperton (1990) erarbeitete eine Glazialchronologie für Ecuador, die die zum Teil fundamentalen Fehler früherer Studien aufzeigt und die die Grundlage für spätere Forschungen ist. Jordan und Hastenrath (1998) gaben eine Auflistung der etwa 100 Gletscher Ecuadors mit insgesamt ~ 100 km² Fläche. JT Heine (1993, 1995) und K Heine (1995a, 1995b, 2004b) befassen sich mit der spätquartären Gletschergeschichte. Ihre Zuordnungen von Moränenabfolgen zwischen acht verschiedenen Vulkanen (Abb. 5.35) stützen sich auf eine Evaluierung der Lage über NN von Moränen und glaziären Sedimenten, auf die geomorphologische Charakterisierung der Moränen, den Grad der Verwitterung der glaziären Sedimente (Paläoböden), auf die tephrostratigraphische Position der Tills sowie auf ^{14}C-Alter (und einigen U/Th-Datierungen) von zahlreichen Profilen. Die Autoren publizierten neue Daten und belebten damit die Diskussion über das Alter des LLGM (*local last glacial maximum*), über die spätglazialen Gletschervorstöße und über die glaziale (MIS 2) Aridität in den tropischen Anden (K Heine 2000, 2004b, 2011a, 2011b). Glazialchronologien, die auf Oberflächenaltersdatierungen (*surface exposure dating* – SED) basieren, sind bisher nicht von den ecuadorianischen Anden publiziert worden (vgl. u. a. Smith et al. 2008; Rodbell et al. 2009; Jomelli et al. 2014).

Die Glazialchronologie Ecuadors, die mittlere Untergrenze der Endmoränen und das Alter der Gletschervorstöße werden in Tab. 5.1 dargestellt. Die geschätzte mittlere Höhenlage der Untergrenze der Moränengruppen stützt sich auf datierte Moränensequenzen in Verbindung mit inaktiven *bedded slope deposits* auf den Moränen (Abb. 5.34). Die Daten zeigen, dass die Angaben zur Ausdehnung der quartären Gletscher von Schubert und Clapperton (1990), aber auch von anderen Autoren, revidiert werden müssen; dies trifft auch für das LGM zu. In Abb. 5.36 und 5.37 werden die erkannten sieben Moränengruppen und deren Altersstellung gezeigt. Die Moränen der M I- und M II-Vergletscherungen werden am Pichincha-Vulkan durch deformierte gebänderte Tone (Warven) und Tephralagen getrennt (Abb. 5.37), die zwei eigene Vergletscherungsphasen dokumentieren. Die Ablagerungen der M I- und M II-Moränen sind bis zur Basis stark verwittert. Damit unterscheiden sie sich von den M III-Moränen, die weniger intensiv bis zu einer Tiefe von 2–4 m verwittert sind. Nicht zuletzt aufgrund von *Fission-track*-Altersbestimmungen von Vulkaniten (150–180 ka), die die Moränen bedecken können, haben die M I- und M II-Moränen ein Alter von (oder älter als) MIS 8 bzw. MIS 6.

Aufgrund einer Reevaluierung der von Clapperton (1990) untersuchten Profile auf der Nordflanke des Chimborazo-Carihuarazo-Vulkanmassivs (Heine 1995a, 1995b, 2000) wird eine vorläufige Korrelation der Moränenabfolge von Clapperton (1990) mit der Moränenstratigraphie von (Heine 1995a, 1995b) gegeben: M I = GL 1; M II = GL 2; M III = GL 3, damit hat

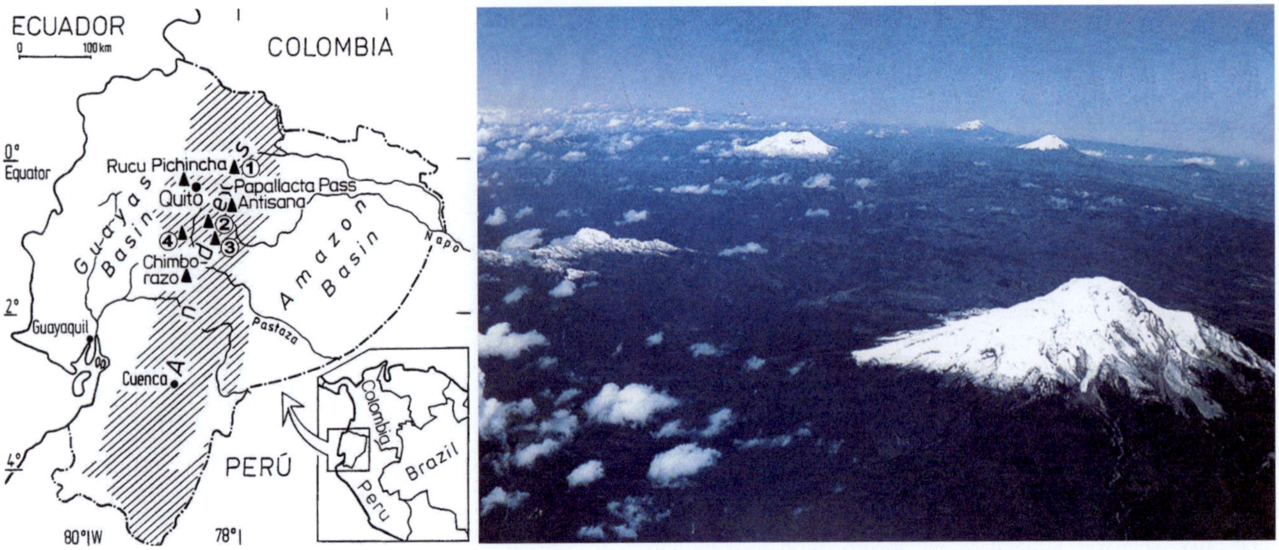

Abb. 5.35 *Links*: Übersichtkarte von Ecuador mit Lage der quartärmorphologisch und chronostratigraphisch bearbeiteten Vulkangebirge (nach Heine 2011a).
1 – Cayambe; 2 – Rumiñahui; 3 – Cotopaxi; 4 – Illiniza. *Rechts*: Luftaufnahme der Vulkane Cayambe (*vorn rechts*), Sara Urcu (*Mitte links*), Antisana (*Mitte hinten*), Cotopaxi (*hinten rechts*), Chimborazo (*am Horizont rechts*); Blick nach Süden. (Bild: alueni-images)

Tab. 5.1 Die quartären Vergletscherungen der ecuadorianischen Anden. (Nach Heine 2011a)

	Age and duration			Lower limit (mean value) in m		Schubert und Clapperton (1990)	
		^{14}C kyr BP	ka BP	Western and central Cordillera	Eastern Cordilleran slopes	Lower limit West–East	Age
M VII	Little Ice Age Neoglacial	> 0.01 < 3.5		4800–4500	4400–3900	4800–∼ 4100 4600–3900	Neoglacial interval
M VI	Early Holocene and/or Late Pleistocene	> 8.2 < 10.6		4500–4200	4050	4400–3800	Late-Glacial stade
M V	Late Pleistocene	> 13 < LGM		4100–4000	3800–3700	3700–3600	Last Glaciation (late)
M IV	Late Glacial Maximum (LGM)	> 20 < 30		4000–3800	3750–3500	3900–3000	Last Glaciation (main)
M III	Wisconsin (stage 4?)	> 49.5		3900–3800	?		
M II	Pre Wisconsin (stage 6?)		> 125	3700	3200–3000	3500–2900	Last Glaciation (early)
M I	Pre Wisconsin (stage 6?, stage 8?)		> 150–180	3500	2800	3500–2750	Penultimate Glaciation

der GL 3-Till kein LGM-Alter (< 35 und > 12 ^{14}C-ka BP), wie Clapperton (1990) annimmt, sondern er ist älter (MIS 4?); GL 2 und GL 1 haben ein prä-Wisconsin-zeitliches Alter. In Ecuador umfassen die Glazialstratigraphien der Cayambe- und Illiniza-Vulkane sowie vom Antisana/Papallacta-Tal ebenfalls Moränen von sieben Vergletscherungsphasen (vgl. Heine 1995b); damit bieten sie weitere Belege für die in Abb. 5.36 dargelegte Chronologie.

Zahlreiche glaziäre Formen im Bereich der Hänge der älteren Vulkanbauten sowie am Rand der östlichen Kordilleren belegen eine frühere, ausgedehnte Vergletscherung (Abb. 5.38). Talgletscher bildeten sog. *Edelweiß*-Moränen (s. Abschnitt Nordchile und Nordargentinien, Tab. 5.3, Abb. 5.77), die ein prä-jungquartäres Alter aufweisen. Frühere Bearbeiter der Glazialstratigraphie Ecuadors datierten die meisten dieser Formen in das LGM.

Für das LGM zeigen die glazialchronologischen Arbeiten von Heine und Heine (1996) und Heine (1995a, 1995b, 2000, 2011a, 2011b) eindrucksvoll, dass die größte Ausdehnung der letzteiszeitlichen Vergletscherung zeitlich nicht mit den klassischen außertropischen Verhältnissen übereinstimmt. In den Außertropen erfolgte die letzteiszeitliche Maximalvergletscherung im LGM i. e. S., d. h. zur Zeit des maximalen, durch marine Isotope bestimmten globalen Eisvolumens und der größten Meeresspiegelabsenkung vor ∼ 21.000 Jahren. In Ecuador rückten die Gletscher bereits am Ende des MIS 3 vor und erreichten ihre maximale Ausdehnung zwischen 30 und 25 ^{14}C ka BP (∼ 34,75–27,9 ka BP, Abb. 5.36). Zwischen 25 und 16 ^{14}C ka

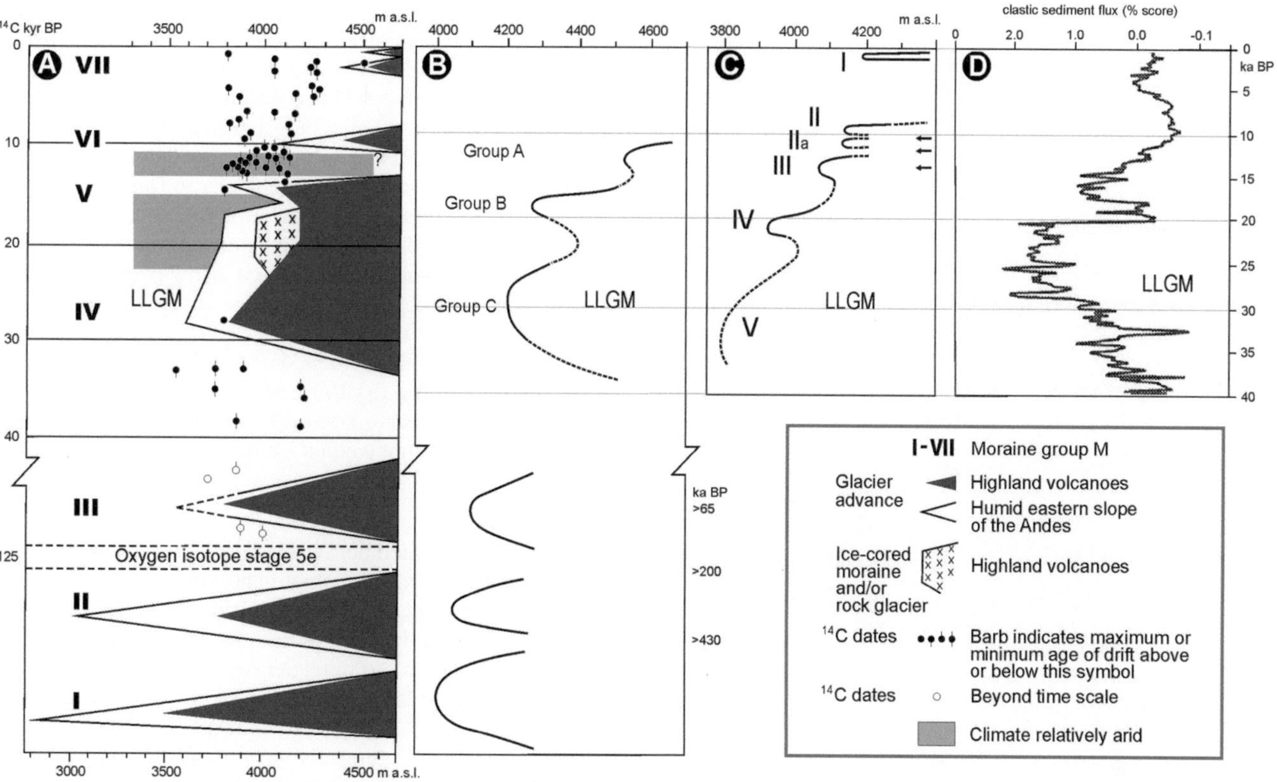

Abb. 5.36 Mögliche Korrelation der quartären Glazialstratigraphie Ecuadors (*A*) mit Proxydaten von Peru. (*B*) Quartäre glaziale Stadien der zentralen peruanischen Anden (nach Smith et al. 2005a,c); die Moränengruppe C markiert die Eisgrenze des LLGM in der Region. (*C*) Spätquartäre Glazialstadien (I–V) der Cordillere Huayhuash, Peru, nach Hall et al. (2009), vgl. auch Licciardi et al. (2009). Spätglaziale/frühholozäne Gletschervorstöße in Bolivien (*Pfeile*) nach J Zech et al. (2009a). (*D*) Sammelprofil-Daten von Sedimentflüssen als Proxys für die Gletscherausdehnung im Gebiet zwischen Süd-Ecuador bis zur Cordillera Real in Bolivien (nach Rodbell et al. 2008). Man beachte die ^{14}C-Zeitskala (*links*) und die kalibrierte Zeitskala (*rechts*). (Nach Heine 2011a; alueni-images)

BP (~ 27,9–19,2 ka BP) war das Volumen der Gletscher reduziert, und *ice-cored moraines* bildeten sich im Bereich der Gletscherzungen in vielen Tälern (Abb. 5.37). Das Auftreten von *ice-cored moraines* – und an einigen Stellen auch von Blockgletschern – zeugt von einem Wechsel zu größerer Aridität nach ca. 25 ^{14}C ka BP (~ 27,9 ka BP). Die auf den Moränen der Gruppen I bis III (prä-LGM-zeitliche Bildungen) und der Gruppe IV (frühes LGM) beobachteten *bedded slope deposits* belegen, dass die Höhenstufe mit aktiver Bildung von stratifizierten Hangsedimenten um rund 750 m während des LGM tiefer lag; das entspricht einer Temperaturerniedrigung um ca. 5 °C. Werden die geomorphologischen und geochronologischen Befunde zusammen betrachtet, ergibt sich für das LGM im äquatorialen Andenbereich eine Temperaturdepression von ca. 5 °C, zusammen mit einem Wechsel zu größerer Aridität. In den ecuadorianischen Anden verschob sich das Verhältnis von Temperatur zu Niederschlag während der Klimaänderung am Übergang von MIS 3 zu MIS 2. Unter relativ feuchten, aber bereits kühleren Temperaturen konnten die Gletscher zwischen ca. 30 und 25 ^{14}C ka BP wachsen (vgl. Smith et al. 2005a), während danach unter kühlen bis kalten, aber trockeneren Bedingungen die Ausdehnung der Gletscher geringer war (häufig mit *ice-cored moraines* im Gletscherzungenbereich). Die aus den glazialmorphologischen Befunden abgeleiteten Schlussfolgerungen werden durch die Daten von Smith et al. (2005a, 2008) aus Peru und Bolivien (s. u., vgl. Heine 2011b) bestätigt. Sie fügen sich auch in die Vorstellung ein, dass die LGM-zeitlichen SSTs (*sea surface temperatures*) in den Tropen in der Tat 5 °C niedriger waren (Anderson und Webb 1994) und dass das Amazonasbecken – die Hauptquelle der Feuchtigkeit für die tropischen Anden – arider war (Heine 2000). In Ecuador erfolgte im Spätglazial ein kleiner erneuter Gletschervorstoß vor > 13 ^{14}C ka BP (→ 15,5 cal ka BP).

Über die spätglaziale Entwicklung der Vergletscherungen nach dem LGM ist viel debattiert worden (vgl. JT Heine 1993, 1995). Heine und Heine (1996) und Heine und Geyh (2002) konnten am Papallacta-Pass in Ecuador belegen, dass ein Gletschervorstoß nicht – wie vielfach postuliert worden ist (vgl. Box Jüngere Dryaszeit) (Clapperton et al. 1997a, 1997b) – während der nordatlantischen Jüngeren Dryas-zeitlichen Klimaschwankung auftrat, sondern erst am Ende der Jüngeren Dryaszeit und im frühen Holozän zwischen 10,5 und 9,0 ^{14}C ka BP (~ 12,5–10,25 ka BP) (vgl. Heine 2011a) (Abb. 5.39 und 5.40). Auch wurde ein Jüngere Dryas-zeitlicher Gletschervorstoß von Clapperton und McEwan (1985) im Río-Mocha-Tal am Chimborazo rekonstruiert. Beleg dafür sollten zwei Torflagen in gebänderten Ablagerungen eines Sees sein, der durch einen im Spätquar-

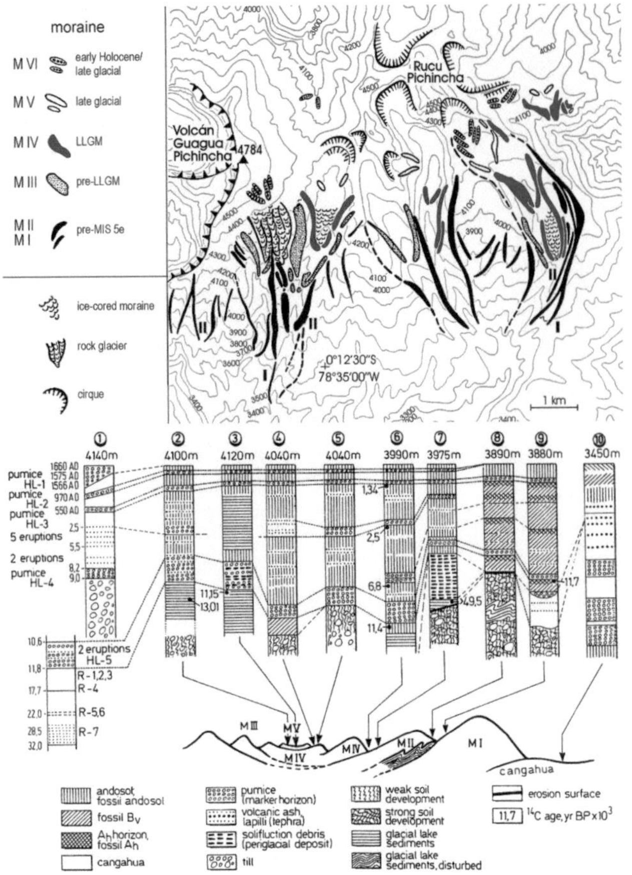

Abb. 5.37 *Oben*: Glazialmorphologische Skizze des Pichincha-Vulkans (Rucu Pichincha und Guagua Pichincha). Die Moränen der Gruppen M I bis M III wurden lange Zeit dem LGM zugeordnet (z. B. Hastenrath 1981). Sie sind prä-LGM-zeitlich; dies wird auch zweifelsfrei durch einen vor ~ 30.000 Jahren erfolgten explosiven Ausbruch des Guagua-Pichincha-Vulkans belegt, der jünger als die Moränen M I bis M III ist. *Unten*: Glaziale Chronostratigraphie des Pichincha-Vulkans (nach Heine 1995b). Die Moränen der M I- bis M VI-Vergletscherungen werden am Pichincha-Vulkan durch deformierte gebänderte Tone (Warven), periglaziäre Sedimente, Paläoböden und Tephralagen getrennt

tär erfolgten Gletschervorstoß gebildet wurde. Aufgrund der Neubearbeitung des Profils und der Geländesituation wurde der Gletschervorstoß auf mindestens 15,5 ka BP datiert (JT Heine 1993; Abb. 5.41).

In den letzten Jahren stützen sich die meisten Autoren der glazialchronologischen Forschungen in den tropischen Anden ausschließlich auf physikalische Datierungsmethoden: Altersbestimmungen mittels ^{14}C, AMS ^{14}C, TL, OSL und SED (vgl. Smith et al. 2005b, 2008; Zech et al. 2009b; La Frenierre et al. 2011; Jomelli et al. 2011, 2014). Die Beispiele der ecuadorianischen Anden zeigen, dass die Basis für jede Chronostratigraphie die Kombination verschiedener Methoden sein muss. Die geomorphologisch-quartärgeologische Kartierung möglichst vieler, ehemals vergletscherter Gebirgsregionen sowie die zweifelsfreie Identifizierung der als glaziäre Bildungen gedeuteten Formen und Sedimente ist ein wesentlicher Bestandteil (vgl. Heine 1995b), denn oft führte eine falsche Ansprache der Geländebefunde zu weitreichenden fehlerhaften paläoklimatischen Folgerungen (z. B. werden bei Clapperton 1979 jungtertiäre Pedimentsedimente in Bolivien als jungtertiäre glaziäre Ablagerungen [Tills] gedeutet). Ergänzend müssen (paläo)pedologische, sedimentologische und tephrostratigraphische Befunde berücksichtigt werden; schließlich können limnologische, palynologische und archäologische Daten ebenfalls – falls vorhanden – Informationen liefern. Werden die Ergebnisse dieser Proxydaten mit allen verfügbaren „absoluten" Altersbestimmungen zusammengeführt, lassen sich zuverlässige Chronostratigraphien erstellen. Für Ecuador ist dies bisher nur für die letzten ca. 35.000 Jahre möglich (Abb. 5.36 und 5.42). Dabei muss berücksichtigt werden, dass die Datierung der lokalen LGM-Vergletscherung (M IV) und des spätglazialen schwach ausgeprägten Gletschervorstoßes (M V) nicht in Zeitskalen von Jahrhunderten bestimmt werden kann.

Bolivien

Der bolivianische Anteil der Anden erstreckt sich von 14° S bis 23° S (Abb. 5.43). Dieses Gebiet gehört zur „ariden Diagonale", die von der Atacama-Wüste in Peru bis in die trockenen Regionen von Argentinien im Süden reicht. Zwischen 18° S und 27° S tragen die höchsten Gipfel der Anden (z. T. > 6000 m) keine Gletscher, da sie hier weder Niederschläge aus Osten (vom Atlantik) noch vom Westen (Westwinde der Mittelbreiten) empfangen. Die höheren Gebirge der bolivianischen Anden nördlich 18° S waren im Pleistozän vergletschert. Die ersten Berichte über pleistozäne Vergletscherungen in Bolivien wurden von Hettner (1889), Hoek und Steinmann (1905) und Hauthal (1906, 1911) publiziert. In den 1920er- und 1930er-Jahren folgten Troll (1927, 1929, 1968, 1985) und Troll und Finsterwalder (1935), die Belege für drei Vergletscherungsphasen vorlegten; die ältere Vergletscherung konnte deutlich aufgrund geomorphologischer Beobachtungen von den beiden jüngeren Vergletscherungen unterschieden werden. Darüber hinaus wurden drei Gruppen von Rückzugsmoränen erkannt. Die Moränengruppen aller Vergletscherungen wie auch die Rückzugsmoränenstände konnten in allen Tälern der Ostkordillere zwischen den rezenten Gletschern und dem Altiplano aufgefunden werden. Troll und Finsterwalder (1935) wiesen bereits auf die große Bedeutung der detaillierten morphostratigraphischen Geländearbeit hin. Seit den 1980er-Jahren hat die Erforschung der Glazialchronologie in Bolivien stark zugenommen (vgl. Heine 2011b, darin auch weitere Literaturangaben). Die Altersbestimmungen der quartären Vergletscherungen stammen von den östlichen Kordilleren und isolierten Vulkanen (z. B. Sajama).

Seit einigen Jahren werden *surface exposure dating* (SED) benutzt, das auf kosmogene Nuklide zurückgreift, um „absolute Alter" der Moränenbildung wie auch der Gletscherabschmelzphasen zu ermitteln. JA Smith et al. (2008), Rodbell et al. (2009) und La Frenierre et al. (2011) haben die Daten für die tropischen Anden zusammengefasst. Die Ergebnisse werden u. a. dafür benutzt, die lokale LGM-ELA und die Depression der ELA seit dem LGM bis heute zu bestimmen, um daraus Änderungen von Temperatur und Niederschlag abzuleiten (vgl. Ramage et al. 2005; CA Smith et al. 2009, 2011). Bei der Interpretation der SED-Daten treten allerdings Probleme auf. Balco (2011) und Balco et al. (2008) heben hervor, dass die Skalierungsschema-

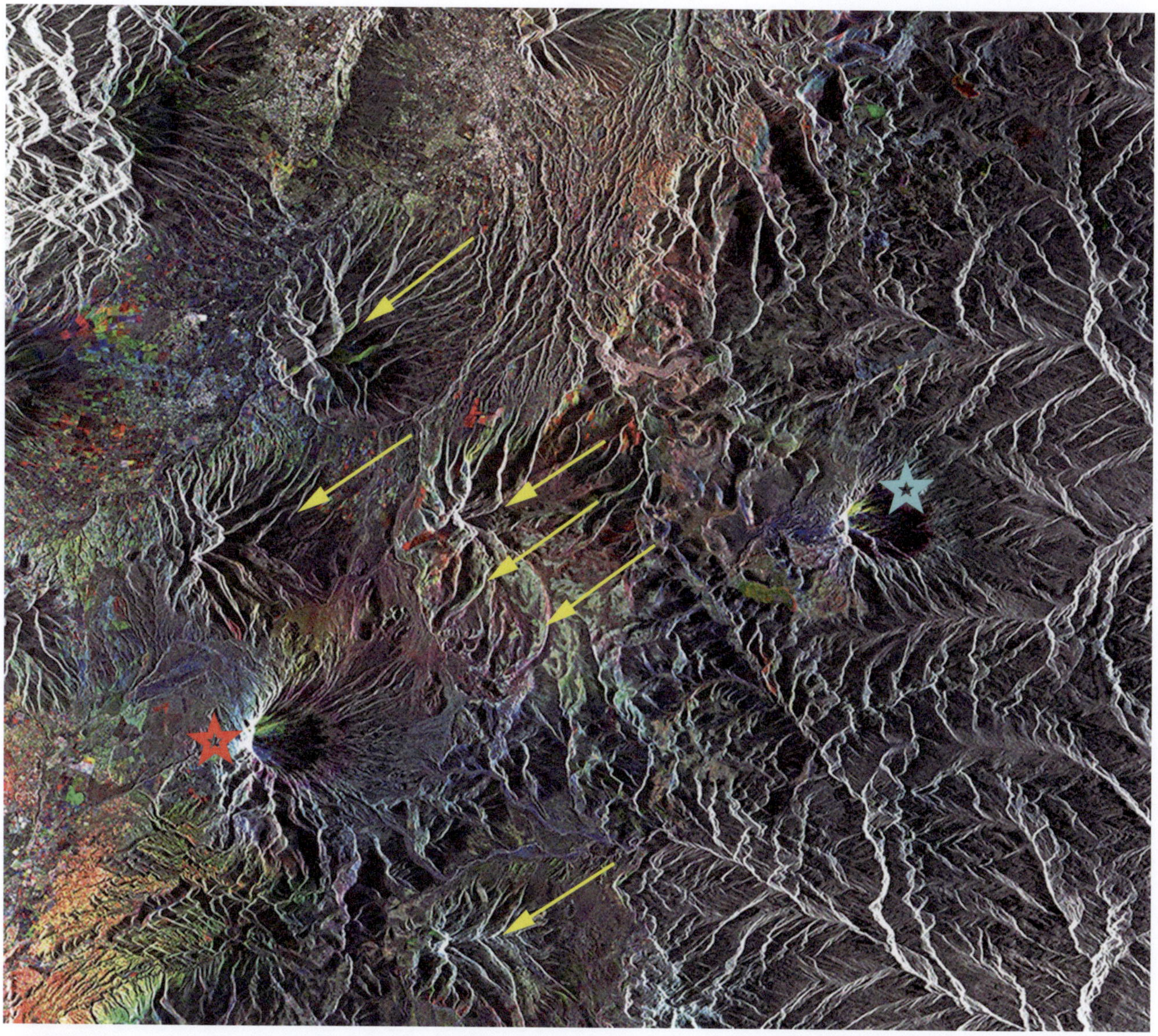

Abb. 5.38 *Edelweiß*-Moränen in Ecuador (*Pfeile*). Die jüngeren Vulkanbauten haben keine *Edelweiß*-Moränen ausgebildet (Antisana [*blauer Stern*], Cotopaxi [*roter Stern*]). Falschfarben-Darstellung (aus *Envisat Medium Resolution Imaging Spectrometer* (MERIS), 20. Februar 2009, 300 m Auflösung). (www.esa.int/spaceinimages/Images/)

ta (Abschätzung der Produktionsraten der kosmischen Nuklide) für Analysen der Proben aus großen Höhen der niederen Breiten (tropische Gebirge, Anden) wenig gesichert sind und daher zu falschen Altersangaben führen können; während des LGM und der Deglaziation weichen die Alter, die mit verschiedenen Skalierungsschemata für den Laurentischen Eisschild in Martha's Vineyard, MA/USA gewonnen wurden, um 4000 bis 5000 Jahre voneinander ab (Balco 2011). Die von JA Smith et al. (2005a) genannten Alter für das LGM in Peru werden von Balco (2011) infrage gestellt. Reuther et al. (2006) diskutieren die Faktoren, die für „*zu alte*" und „*zu junge*" Alter bei Anwendung der SED von Moränenblöcken verantwortlich sein können, denn die SED-Alter weisen oft eine hohe Streuung auf, die nicht mit analytischen und systematischen Unsicherheiten der Methode (vgl. Balco 2011; Balco et al. 2008) erklärt werden können (vgl. auch Abschn. 4.4).

Mit Abb. 5.44 wird zum ersten Mal eine detaillierte Kartierung der Vergletscherungen aus den tropischen Anden eines größeren Gebiets vorgestellt. Die Karte zeigt Verbreitung und Alter der Vergletscherungen aufgrund geomorphologischer Geländekartierungen in Verbindung mit Luft- und Satellitenbildauswertungen, relevanter ^{14}C- und SED-Altersbestimmungen, Verwitterungserscheinungen (Paläoböden), periglaziärer Erscheinungen (*bedded slope deposits*, vgl. Abb. 5.34) und einer Auswertung der in der Literatur genannten relevanten Daten (z. B. Müller 1985; Jordan 1991). Das hierarchische Vorgehen der hier vorgetragenen Diskussion ist folgendes: (i) die relative Chro-

Abb. 5.39 *Oben links*: Papallacta-Pass-Gebiet in rund 4000–4100 m Höhe. Straßeneinschnitte zeigen den Aufbau der Moränen (Tills) sowie die liegenden und hangenden Schichten aus vulkanischen Aschen, Torfen, Böden und minerogenen Hangsedimenten. Die *Pfeile* markieren die Profile A, B und C der Abb. 5.40. *Oben rechts*: Aufschluss in 4055 m NN: Der unverwitterte Till der Moränengruppe VI wird von Schotter, Sand, Torf und Tephra unterlagert (im Bild *unten links*). Die Deckschichten bestehen aus Tephra und Andoböden (im Bild *oben links*). Die *Nummern* zeigen die Entnahmestellen der Proben für ^{14}C-Altersbestimmungen. T1, T2 etc. sind Tephralagen. Hammer als Maßstab (*unten neben Probe 3*). *Links unten*: Moränenwall der Gruppe M V mit Deckschichten in 3870 m NN. Tephra-Horizonte (T1 etc.) und ^{14}C-Probenentnahmestellen sind gekennzeichnet. *Rechts unten*: ^{14}C-Alter der Papallacta-Pass-Profile nach Clapperton et al. (1997b) und Heine und Geyh (2002)

nostratigraphie der geomorphologischen Formen der ehemals vergletscherten Täler wird erfasst; die glaziär überformten Täler zeigen eine charakteristische Abfolge von Moränengruppen, die durch bestimmte Prozesse und Formen charakterisiert werden (vgl. Troll und Finsterwalder 1935); (ii) periglaziäre Hangsedimente auf Moränen und an Hängen werden ermittelt; (iii) relevante ^{14}C- und SED-Alter werden berücksichtigt.

Wie wichtig eine geomorphologische Geländeaufnahme ist, zeigt das Beispiel des Zongo-Tals (Abb. 5.45). Die quartären Gletscher aus zwei Tälern des Huayna Potosí und aus einem Tal des Ilampú bildeten im Río-Zongo-Tal die Moränen M7 und M6. Die LGM-Moränen (M4, *grün*) sind relativ klein im Vergleich zu den Moränen M5 (*ocker*), die vor > 25 ka BP gebildet wurden. Die inaktiven *bedded slope deposits*, die die M5-Moränen überziehen, erlauben die deutliche Trennung von M5- und M4-Moränen. Diese Beobachtungen decken sich nicht mit den Angaben von Rodbell et al. (2009) und JA Smith et al. (2008), die eine große Zahl an Altersdaten aus der Literatur berücksichtigen, jedoch nur die Daten verwerfen, deren Zu-

Kapitel 5

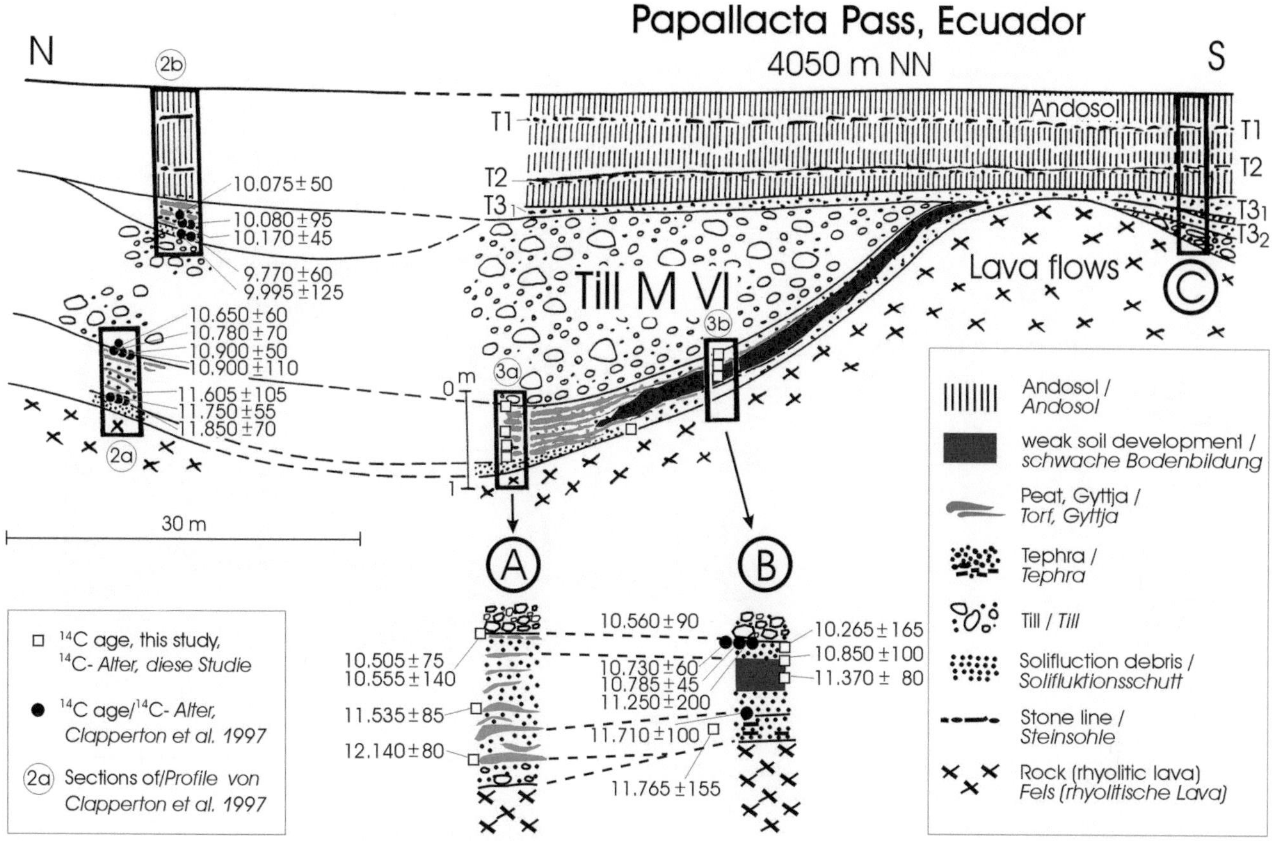

Abb. 5.40 Spätglazial/frühholozäne Profile vom Papallacta-Pass in Ecuador (nach Heine und Geyh 2002). Im Zuge der Straßenbaumaßnahmen waren die spätglazialen und holozänen Sedimente über weite Strecken gut aufgeschlossen. Die Datierung der liegenden und hangenden Schichten begrenzen die Vergletscherung der M VI-Phase auf 10,5 bis 9,0 ^{14}C ka BP ($\sim$ 12,5–10,25 cal ka BP)

verlässigkeit bereits von den Autoren selbst angezweifelt wird. Rodbell et al. (2009) und JA Smith et al. (2008) entwickeln Chronologien für das LGM, das Spätglazial und das Holozän. Sie diskutieren aber nicht die Zuverlässigkeit der Altersangaben vor dem Hintergrund der allgemeinen geomorphologischen Situation.

Zeugen von Vergletscherungen, die älter als des LGM sind, können in allen großen Tälern beobachtet werden (Abb. 5.44 und 5.45) (vgl. Troll und Finsterwalder 1935). Es handelt sich um Moränen und Tills. Sie werden im Folgenden behandelt. Teilweise werden sie als LGM-zeitliche Bildungen angesprochen. Allein aufgrund der *bedded slope deposits*, die die prä-LGM-zeitlichen Moränen sowie Hänge oberhalb ca. 4000 m NN bedecken, können die älteren glaziären Formen (> 25 ka BP) erkannt werden (Abb. 5.46). Es zeigt sich, dass viele frühere Altersansprachen revidiert werden müssen (Abb. 5.43). Mindestens drei prä-LGM-zeitliche Vergletscherungsphasen können belegt werden (Abb. 5.47).

Im Zongo-Tal befindet sich die älteste Moräne (M7) in nur $\sim$2850 m NN. Für die Moränengruppen M7 und M6 kann ein Entstehungsalter im MIS 8 bzw. MIS 7 (oder sogar älter) postuliert werden, und zwar aufgrund der Verwitterung des Tills, der Morphologie der Moränenwälle, der tiefsten Lage der Endmoränen in anderen nach Amazonien führenden Tälern und in Bezug zu den Moränengruppen M7 bis M4.

Müller (1985) und Troll und Finsterwalder (1935) beschrieben „*Hochflächenmoränen*" einer alten Vergletscherung. Das Alter dieser Altiplano-Moränen (Abb. 5.48) ist nicht bekannt; sie sind älter als die Moränen M7; sie dokumentieren gewaltige Gletscher dort, wo sich heute das obere Sorata-Tal befindet. Ihre Bildung erfolgte vor der starken Erosion im Gebiet des Sorata-Tals. Vielleicht handelt es sich um Bildungen, die mit alten Moränen in Peru vergleichbar sind. In Peru datieren Farber et al. (2005) die ältesten, am tiefsten liegenden Moränen mit SED (^{10}Be) auf älter als 800 ka BP. Ebenfalls aus Peru beschreiben und SED-datieren JA Smith et al. (2005c) Moränen (Gruppe D), die zwei Alterscluster zeigen: 440–325 und 280–50 ka BP bzw. 530–380 und 315–51 ka BP. Aufgrund verschiedener Schätzungen der Erosion der Blöcke und Hebung (*surface uplift*) vermuten die Autoren, dass langsam ablaufende geomorphologische Prozesse die gute Erhaltung der ältesten Moränen bewirkten. Rodbell et al. (2012) untersuchten detailliert die Erosionsraten von Granit- und Granodiorit-Erratika auf Moränenwällen der Cordillera Blanca (Peru), die von JA Smith und Rodbell (2010) ^{10}Be SED-datiert wurden; sie stellen fest, dass mylonitische Textureigenschaften der Blöcke hohe Verwitterungsbeträge bewirken können, wodurch spätglaziale

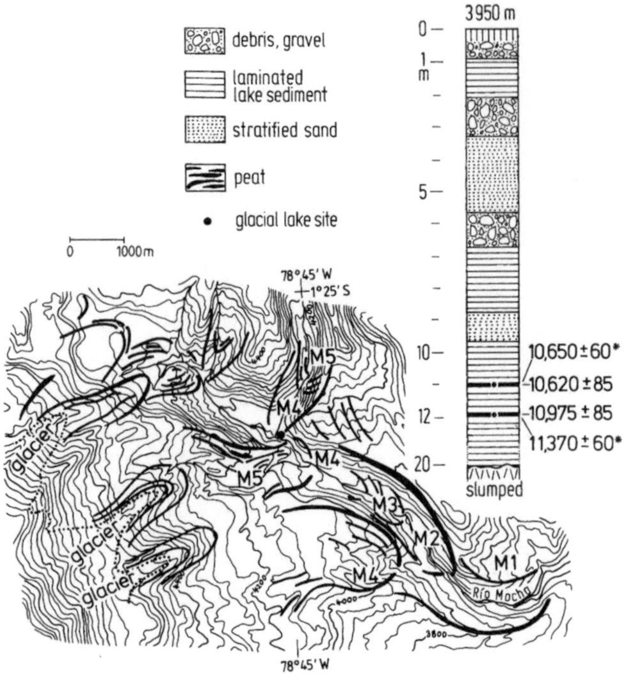

Abb. 5.41 Karte der Moränen der östlichen Flanke des Chimborazo. Das Río-Mocha-Profil (*glacial lake site*) liegt *in der Mitte* des Kärtchens. Die Moränen sind nicht datiert. Die Zuordnung ergibt sich aufgrund der Übereinstimmungen der Moränensequenzen mit den anderen Vulkangebirgen Ecuadors. Die Profilsäule (mit ^{14}C-Daten) zeigt die Sedimente des vom spätglazialen Gletschervorstoß um ≤ 15,5 ka BP gebildeten Sees. Vgl. Heine und Heine (1996)

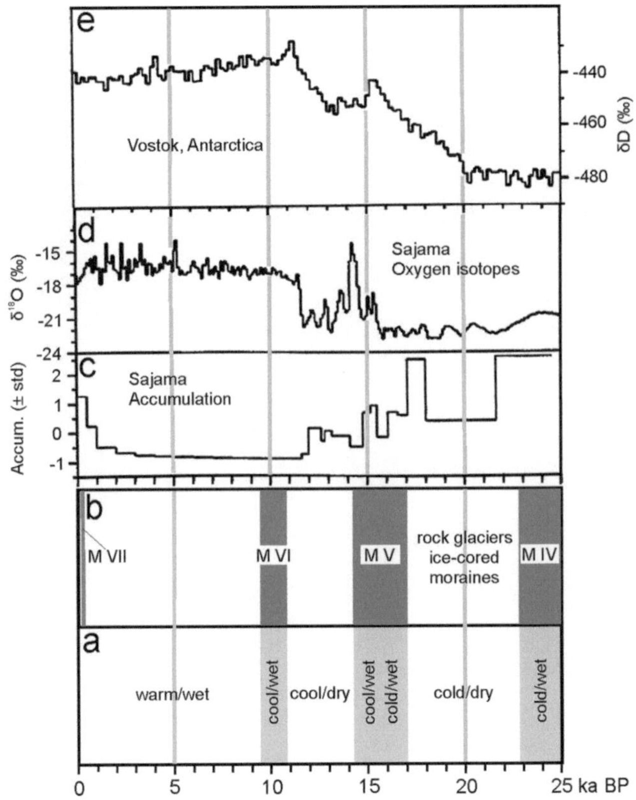

Abb. 5.42 Rekonstruktion von Temperatur- und Niederschlagstrends in den ecuadorianischen Anden (3000–4000 m NN) seit 25 cal ka BP aufgrund glazärer und periglaziärer Klimaarchive (nach Heine 2011a). **a** Ermittelte Klimaphasen; **b** Phasen mit Gletschervorstößen (Moränen) und *ice-cored moraines*/Blockgletscher; **c** und **d** Sajama-Eisbohrkern, Bolivien: Akkumulation von Eis (die Werte zeigen Abweichungen vom Mittel von zwei *records*) und Sauerstoffisotope (δ^{18}O [‰]) (nach Thompson et al. 1998). Die Zuordnung der Werte im Bereich des Spätglazials ist nicht gesichert (vgl. Abb. 5.37); **e** Vostok Eisbohrkern, Antarktis: δ^{18}O (‰) nach Jouzel et al. (1987, 2007)

SED-Alter mindestens um 19 % und LGM-SED-Alter um 43 % zu jung ausfallen können. Ein Block einer Moräne, die > 400 ka BP von Farber et al. (2005) SED-datiert wurde, zeigt eine Erosion von 1,5 m, was einerseits auf die Ungenauigkeit der SED-Alter und andererseits auf das hohe Alter der Moräne hinweist. Die Altiplano-Moränen – wie auch die Moränen-Gruppen M7 bis M5 – zeugen von Veränderungen der Klimabedingungen vom Altquartär zum Jungquartär. Vermutlich haben sich die hygrischen Bedingungen während des Quartärs in den tropischen und randtropischen Anden von den älteren zu den jüngeren Kaltzeiten in Richtung verstärkter Aridität verschoben.

Das Prä-LGM-Alter (> 25 ka BP) der M5-Moränen und Tills wird durch die glaziale Abfolge bestätigt, die in den Tälern des Río Zongo, Río Kaluyo, Río Tuni und Río Unduavi kartiert wurde. Stratifizierte Hangsedimente sind auf den M5-Moränen oberhalb ca. 4000 m NN ausgebildet. Im Gegensatz dazu wurden die M4-Moränen, die in rund 4100 m NN enden und keine *bedded slope deposits* aufweisen, nicht mehr von periglaziären Prozessen beeinflusst. Im Kaluyo-Tal reichen die M4-Moränen bis 4380 m NN, im Tuni-Tal bis 4400 m NN. Weitere Belege für ein prä-LGM-Alter der M4-Moränen sind organische Seesedimente im Tuni-Tal, die durch Bergstürze verlagert und mit glaziären Ablagerungen vermischt wurden und ein Alter von ~25,5 ka BP haben (Abb. 5.44). Sie zeigen das Minimalalter der M4- und das Maximalalter der M5-Vergletscherung an. Auch sind in den Tälern oft große und kleine Schwemmfächer ausgebildet, die die Moränen M5 bis M7 durchbrechen oder überlagern, also jünger sind. Organisches Material dieser Schwemmfächer vom Kaluyo-Tal ergab Alter von rund 33 ka BP.

Hier muss auch darauf hingewiesen werden, dass Tills im Kaluyo-Tal nahe La Paz, die einem LGM-zeitlichen Gletschervorstoß zugeschrieben werden (Choqueyapu-Vergletscherung an der Pleistozän/Holozän-Wende, Clapperton 1979), während einer frühen (M7) Vergletscherung abgelagert wurden. Hangrutsch-Prozesse, die für das Tal charakteristisch sind, haben am Talboden Tills zu moränenartigen Formen – durchsetzt von und verwürgt mit Talsedimenten aus Schluffen und Mudden – zusammengeschoben (Abb. 4.16). Verschiedentlich wurde das organische Material dieser Hangrutsch-Ablagerungen ^{14}C-datiert in der Annahme, damit das Alter der Moränenbildung zu erfassen. Dies erklärt, warum es eine Anzahl recht junger Radiocarbon-Alter von Tills in Verbindung mit Torf aus sehr tiefen Lagen der Täler gibt (z. B. Graf 1979; Villaroel und Graf 1979). Selbstverständlich sind diese ^{14}C-Alter keine Bewei-

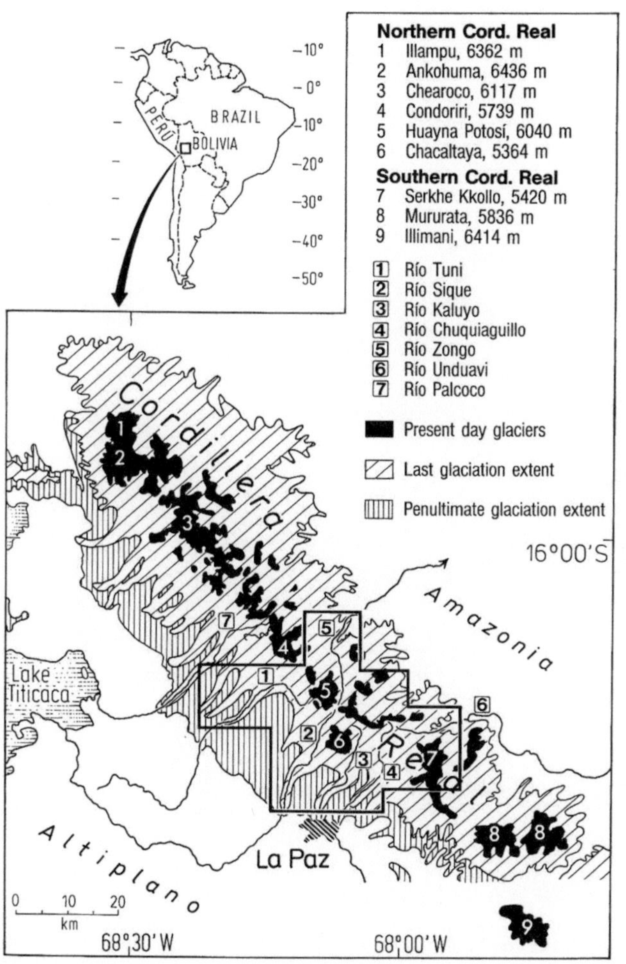

Abb. 5.43 Übersichtskarte der Cordillera Real, Bolivien (nach Heine 2011b). Die gegenwärtige (AD 1960), letzteiszeitliche und präeemzeitliche Ausdehnung der Gletscher ist von Lauer und Rafiqpoor (1986) übernommen. Die neueren Untersuchungen haben ergeben, dass die Angaben der Autoren revidiert werden müssen: Die Gletscher der vorletzten Vergletscherung und der letzten Eiszeit waren weit weniger ausgedehnt, als hier von Lauer und Rafiqpoor (1986) dargestellt. Umrahmt ist das Gebiet eingehender glazialmorphologischer Kartierung (s. Abb. 5.44)

se für weit talwärts reichende Gletschervorstöße während des LGM (vgl. Heine 1995).

Obgleich die unmittelbare Alterskontrolle der Prä-LGM-Vergletscherungsgeschichte des bolivianischen Altiplano und angrenzender Gebirge sehr schlecht ist (Heine 2011b; Mark et al. 2004; La Frenierre et al. 2011), liefern die ersten ^{10}Be SED (JA Smith et al. 2005a; Zech et al. 2007a; CA Smith et al. 2009, 2011) zusätzliche Belege für prä-LGM-zeitliche Gletschervorstöße. JA Smith et al. (2005a) nennt Alter von Blöcken von zwei M7-Moränen des Milluni-Tals (ca. 16°24′ S, 68°11,5′ W, ~4600 m NN) (Abb. 5.49). Die ^{10}Be-Alter fallen mit dem letzten glazialen Zyklus zusammen (34–23 ka BP). Bei der Annahme, dass Erosionsprozesse nach der Ablagerung feineres Material vom Moränenwall entfernt und die Blockoberflächen ebenfalls durch Verwitterung Material verloren haben, kann mit Reuther et al. (2006) gefolgert werden, dass die ältesten Alter das Minimalalter der Moränenbildung anzeigen (vgl. auch Heyman et al. 2011), vorausgesetzt, es handelt sich nicht um einen „Ausreißer" oder um stratigraphische Diskrepanzen (vgl. Zech et al. 2008). Wenn für die Datierungen große, hohe Blöcke beprobt werden, kann die Streuung der Daten minimiert werden, da es unwahrscheinlich ist, dass derartige Blöcke auf dem Scheitel der Moränenwälle aus dem Till exhumiert oder schwerkraftbedingt verlagert wurden. Die Blöcke der von JA Smith et al. (2005a: Group C) auf den Prä-LGM-Moränen des Milluni-Tals datierten Blöcke waren relativ klein (Höhe zwischen 0,4 und 1,2 m). Viele kleine Blöcke zu beproben, um die Anzahl der Altersdaten zu steigern, verbessert aber nicht die Qualität der Aussage (Reuther et al. 2006). Es wird vermutet, dass das älteste ^{10}Be-Oberflächen-Alter (~34 ka BP) das Minimalalter der Moräne angibt. Es bestätigt damit das Prä-LGM-Alter der M7-Moränen von Heine (1996, 2004b). Auch haben JA Smith et al. (2005a) Moränen (Group D) in Peru mit SED auf > 65 ka BP datiert, die mit den bolivianischen Moränen M7 aufgrund ihrer morphostratigraphischen Befunde korreliert werden können und damit ebenfalls die viel zu jungen SED-Alter der bolivianischen Moränengruppen M6 und M7 einwandfrei belegen.

JA Smith et al. (2005a) legen nicht nur SED-Daten von den M7-Moränen des Milluni-Tals vor, sondern darüber hinaus auch von M3-Moränenkämmen, die sich ca. 8 km talaufwärts befinden. Hier wurden Alter zwischen 17,14 und 8,8 ka BP ermittelt (Group B von JA Smith et al. 2005a). Die Abfolge der Moränengruppen im Milluni-Tal zeigt mindestens drei weitere Moränengruppen zwischen den Endmoränen von M3 und M7 (Abb. 5.44), die von JA Smith et al. (2005a) nicht berücksichtigt wurden. Der Abstand zwischen den SED-datierten M3- und M7-Moränen beträgt rund 8 km, und die Moränengruppen M4–M6 weisen ausgeprägte Wälle und eine große Anzahl von Rückzugsmoränen auf. Es ist unwahrscheinlich, dass die M3- bis M6-Moränen auf Gletscherschwankungen zurückzuführen sind, die sich innerhalb weniger Jahrtausende während des Spätglazials nach dem LGM ereigneten, wie JA Smith et al. (2005a) angeben (Abb. 5.49).

Allein aufgrund der SED-Alter – und kontrovers zu allen früheren Beobachtungen – gehen JA Smith et al. (2005a) davon aus, dass die LGM-zeitliche Vergletscherung im Milluni-Tal weit talwärts reichte (Abb. 5.49). Dagegen sprechen (i) die in vielen Tälern der Cordillera Real ausgebildete Moränensequenz M1 bis M7 (vgl. auch Müller 1985), (ii) die starke Verwitterung (vgl. Leinweber et al. 1996) des M7-Moränenmaterials, (iii) die periglaziären *bedded slope deposits* auf den M7-Moränen und (iv) die Schwemmfächer mit einem Alter, das älter als der LGM-Gletschervorstoß und jünger als die M7-Vergletscherung ist (Abb. 5.50). Bereits in den 1920er-Jahren des vorigen Jahrhunderts folgerten Troll (1929, 1985) und Troll und Finsterwalder (1935) aufgrund ihrer eingehenden Geländebeobachtungen, dass die großen Ufermoränenwälle der M7-Vergletscherung nicht das LGM repräsentieren können, sondern ein mindestens Prä-MIS 5-Alter haben müssen.

Im Río-Zongo-Tal, das zum Amazonasbecken hin entwässert (Abb. 5.44 und 5.45), werden Moränen mit SED von JA Smith

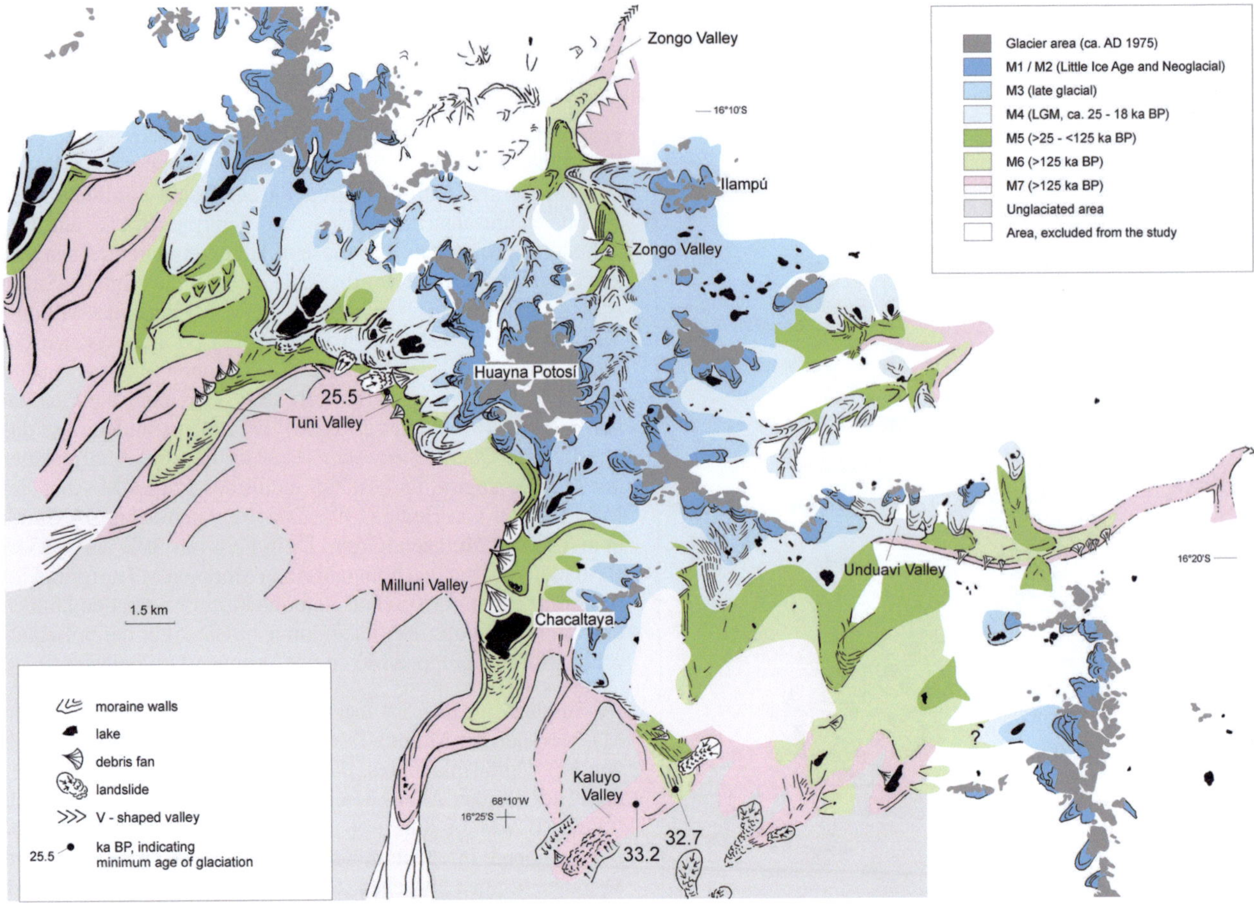

Abb. 5.44 Glazialmorphologische Karte eines Ausschnitts der Cordillera Real (Täler von Milluni, Zongo, Kaluyo, Tuni, Undavi). Die neoglazialen und Kleine-Eiszeit-Moränen sind im Wesentlichen nach Jordan (1991) angegeben. Im Río-Zongo-Tal konnte auf Angaben von Müller (1985) zurückgegriffen werden. Die Moränen der Gruppen M5 bis M7 wurden früher dem LGM zugeordnet. Die revidierte Glazialchronologie zeigt, dass die Moränen der Gruppe M4 ein LGM-Alter haben und die Moränen der Gruppe M5 älter als 25.000 Jahre sind (nach Heine 2011b). Alter in ka BP (z. B. 33.2 = 33,2 ka BP)

et al. (2005a) datiert; für die ältere Group B werden Alter von 20–16 ka BP und für die jüngere Group A 16–12 ka BP genannt. Nach eigenen Kartierungen (Abb. 5.45) gehören die Moränen der Group B der Vergletscherungsphase M6 an und die Moränen der Group A den Moränen M6, M5 und M4. JA Smith et al. (2005a, 2008) haben nicht erkannt, dass ihre Group A-Moränen vom Ilampú-Gletscher, der von Osten in das Zongo-Tal floss, gebildet wurden und nicht vom eiszeitlichen Zongo-Gletscher des Nevado Huayna Potosí. Nach den Beobachtungen von Müller (1985) und Heine (1995) endete sowohl der LGM-zeitliche und wie auch der spätglaziale Zongo-Gletscher mit einer relativ kurzen Gletscherzunge im Zongo-Tal (Abb. 5.55 und 5.51). Im Zongo-Tal kann eine klare Trennung verschiedener Moränengruppen aufgrund morphostratigraphischer Befunde (*bedded slope deposits* etc.) vorgenommen werden. Die Zuordnung *allein* aufgrund von SED-Daten, wie von JA Smith et al. (2005a) ausgeführt, ist für die Rekonstruktion der quartären Gletscher- und Klimageschichte wenig hilfreich (s. u. Calcalcocha- und Alcacocha-Täler in Peru, Abb. 5.64 und 5.66). Das trifft auch für die SED-Daten aus den tropischen Anden von Bolivien und Peru zu, die La Frenierre et al. (2011) diskutieren; La Frenierre et al. (2011), wie auch JA Smith et al. (2008), korrelieren ausschließlich die von verschiedenen Autoren publizierten Daten ohne kritische Würdigung der geomorphologischen Situation der jeweiligen glaziären Formen und Sedimente. Werden diese zusammen mit den Altersbestimmungen gedeutet, ergeben sich schlüssige Rekonstruktionen der (jung)quartären Gletscherbewegungen.

Bis vor kurzem wurde von einigen Autoren vermutet, dass sich die LGM-zeitlichen Gletschervorstöße in den bolivianischen Anden gegen Ende des MIS 3 um 30 ^{14}C ka BP (~ 34,7 ka) ereigneten (z. B. Seltzer 1990, 1991, 1992, 2001; Argollo und Mourguiart 1995; Seltzer et al. 2002). Doch die Befunde sind nicht eindeutig. Vermutlich hatten die bolivianischen Gletscher ihre maximale LGM-zeitliche Ausdehnung zwischen 25 und 15 ^{14}C ka BP (~ 32 und ~ 18 ka) (Jordan et al. 1993; Heine 1996; Abb. 5.47). Es gibt nur einige Radiocarbondaten, die die LGM-Alter der Moränen zeitlich grob fixieren. Werden ausschließlich Radiocarbonalter berücksichtigt, ist nicht klar, ob die LGM-Vergletscherung um 20 ^{14}C ka BP (~ 24 ka) kulminierte (Jordan et al. 1993; Heine 1995, 1996; Zech et al. 2007a), zwi-

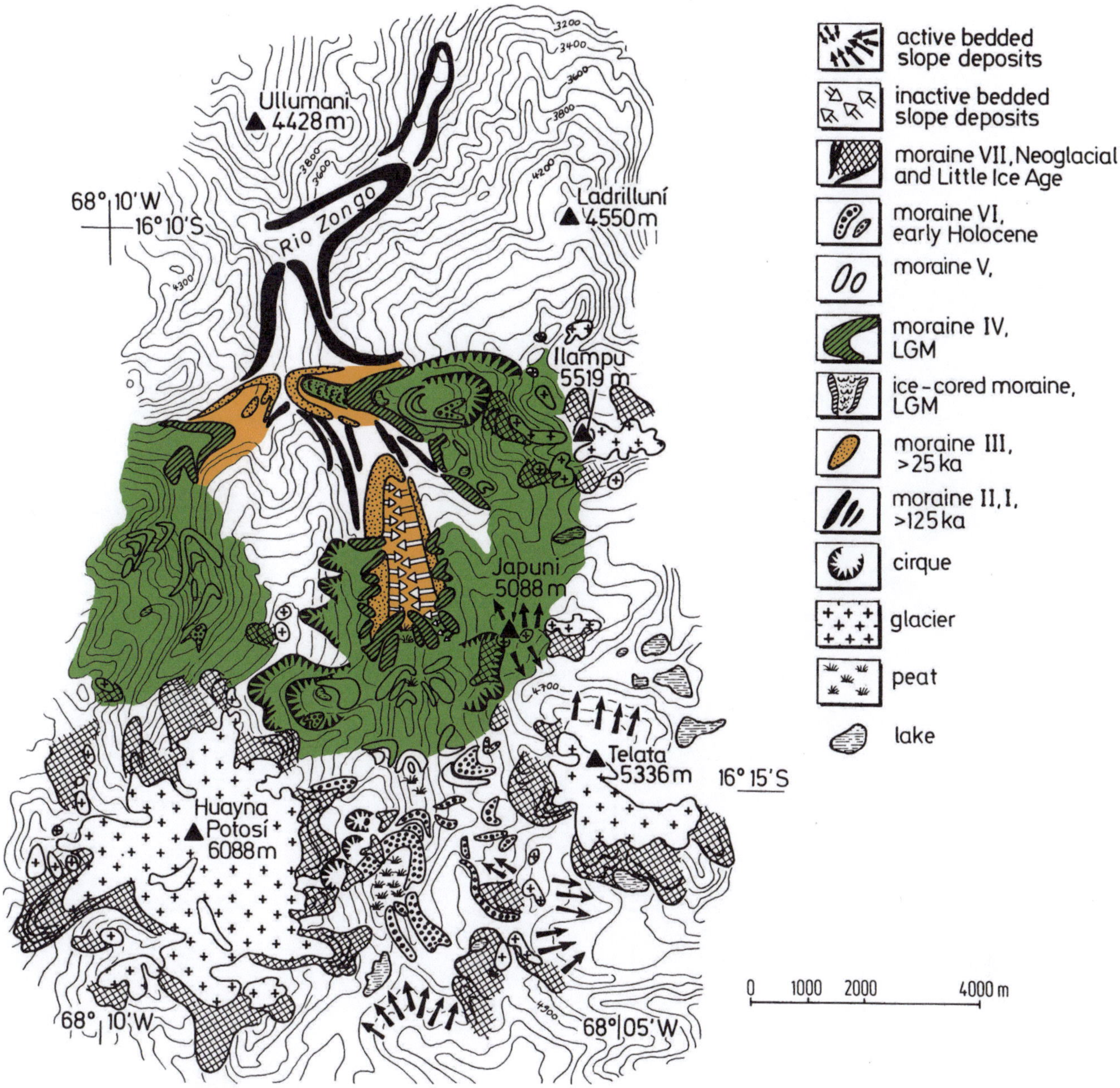

Abb. 5.45 Geomorphologische Kartierung des Zongo-Tals. Für die verschiedenen Moränengruppen Boliviens werden von Heine (1995a, 1996, 2004d, 2011b) zwei Benennungen benutzt: M I = M7, M II = M6, M III = M5, M IV = M4 (LGM), M V = M3, M VI = M2, M VII = M2 und M1 (Neoglazial). Erläuterungen im Text

schen 16 und 12 ^{14}C ka BP (~ 19 und 14 ka) (Argollo 1980; Seltzer 1992; vgl. kritische Diskussion in Heine 1996) oder zwischen 14 und 13 ^{14}C ka BP (~ 17 und ~ 15,7 ka) (Clapperton et al. 1997a; Clapperton und Seltzer 2001; Mark et al. 2004; La Frenierre et al. 2011).

Die Datierung des LGM mit SED ist ebenfalls verwirrend, seit JA Smith et al. (2005a, 2005b, 2005c), CA Smith et al. (2009) und Zech et al. (2007a, 2007b, 2008) ihre Daten publiziert haben (vgl. La Frenierre et al. 2011). JA Smith et al. (2005a) datierten die lokalen LGM-Moränen auf 34–15 ka BP bzw. neu kalkuliert auf 32–15 ka BP (JA Smith et al. 2008). Zech et al. (2007a) bestimmten das Alter von Moränen im Valle San Francisco der Cordillera Real mit ^{10}Be und benutzten das Kalkulationsschema von Lifton et al. (2005). Sie erhalten SED-Alter zwischen 24,1 und 15,3 ka BP für die Blöcke einer äußeren Moräne in 4670 m NN und zwischen 19,3 und 17,2 ka BP von einer markanten inneren Seitenmoräne. Zech et al. (2007a, 2008) kalkulierten die umfassenden Datensätze von JA Smith et al. (2005a, 2005b, 2005c) neu und kamen zu dem Ergebnis, dass das LLGM in den bolivianischen tropischen Anden zwischen 25 und 20 ka BP auftrat, was in etwa dem globalen Temperaturminimum wäh-

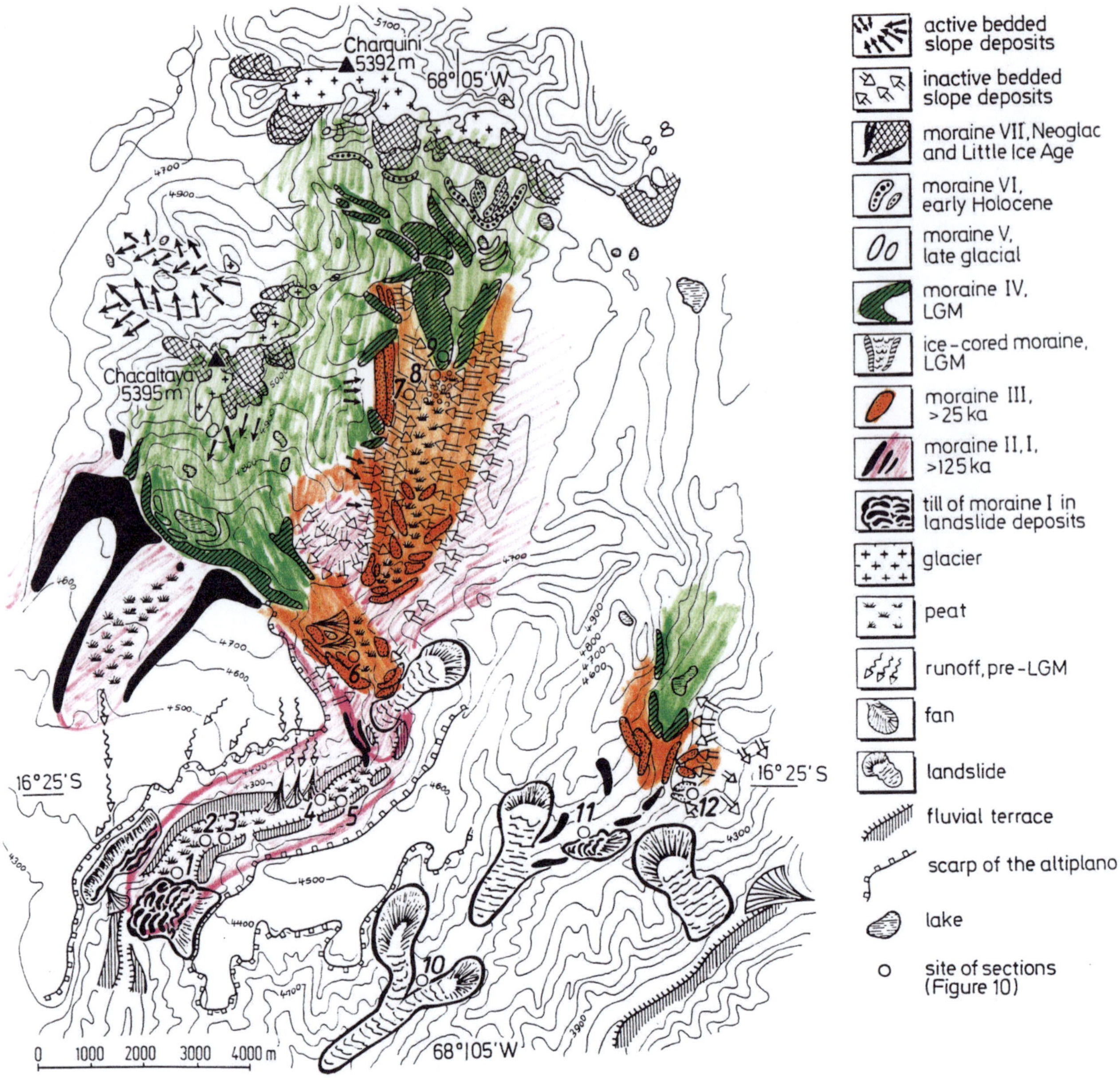

Abb. 5.46 Glazialmorphologische Skizze des Río-Kaluyo-Tals, Bolivien. Neoglaziale und Kleine Eiszeit-Moränen nach Jordan (1991). Die Moränen der Gruppen I bis III (M7 bis M5) wurden früher dem LGM zugeordnet. Die *bedded slope deposits* und die Schwemmfächer-Sedimente belegen eindeutig, dass die Moränen der Gruppe I–III (M7–M5) älter sind. Im unteren Kaluyo-Tal haben Erdrutsche (von Erdbeben ausgelöst?) altes Moränenmaterial in den Talgrund befördert und mit spätglazialen/frühholozänen organischen Sedimenten (Torf, Mudde) vermengt. (Aus Heine 1995a)

rend des LGM entspricht. Dabei wurde nicht berücksichtigt, dass die von JA Smith et al. (2005a) datierten Blöcke nicht von LGM-Moränen, sondern von älteren Moränen stammen (s. o., Abb. 5.44, 5.45, 5.49 und 5.51). Wir nehmen aufgrund der morphostratigraphischen Befunde an, dass die SED-Alter nicht das Alter der Ablagerung des Moränenmaterials dokumentieren, sondern lediglich ein Minimalalter. Die Verwitterung und Abtragung der Moränenwälle während vieler Jahrzehntausende – in den Kaltzeiten unter strengen periglaziären Klimabedingungen mit intensiven Gelisolifluktionsprozessen als Folge der Depression der klimatischen Höhenstufen (vgl. auch Troll und Finsterwalder 1935) – führte zur Exhumierung, Verwitterung und Umlagerung (Rotation) der (datierten) Blöcke (vgl. Reuther et al. 2006). Zudem wurden Blöcke von Moränen SED-datiert, die nachweislich älter als das LGM sind. Die Verteilung der SED-Alter von den Moränen streut sehr stark; dies stützt die Beobachtungen, dass die Alter zu jung sind (vgl. Heyman et al. 2011).

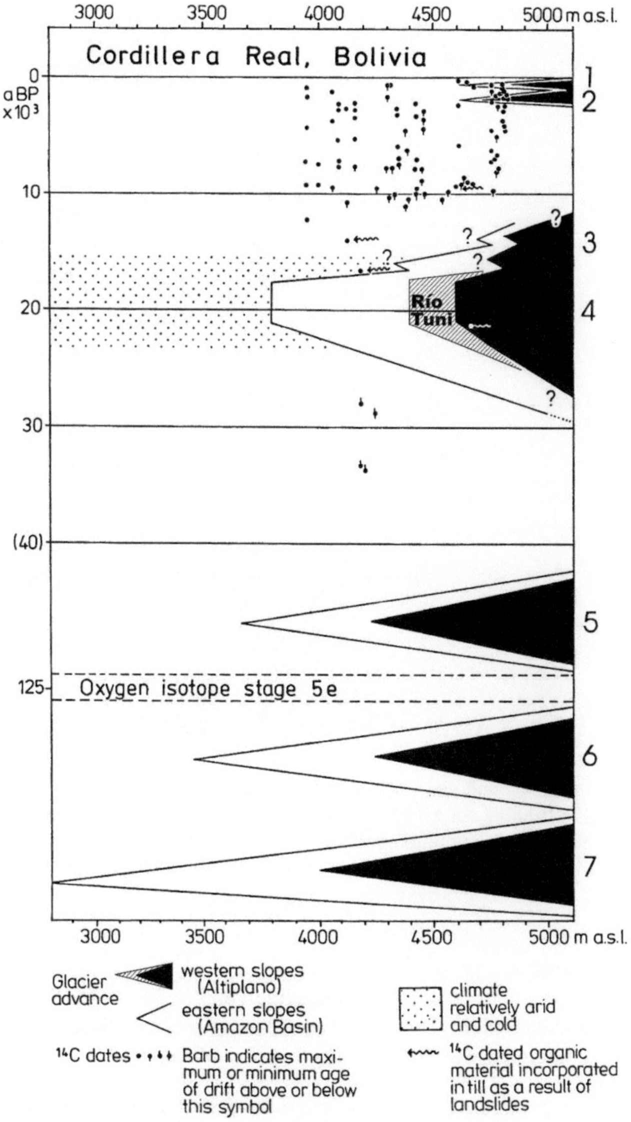

Abb. 5.47 Glazialstratigraphie der bolivianischen Cordillera Real. Die Gletschervorstöße des LGM und des Spätglazials sind nicht zuverlässig ^{14}C-datiert. Die ^{14}C-Daten sind verschiedenen Publikationen entnommen (vgl. Heine 2011b). SED-Datierungen von Moränen werden in Zukunft die Chronostratigraphie verbessern, sofern methodische Unsicherheiten sorgfältig abgeschätzt werden. Vgl. Abb. 5.34

Vom Sajama berichten CA Smith et al. (2009) ^{36}Cl-SED-Alter zwischen 16,9 und 11,3 ka BP für die größte Gletscherausdehnung im MIS 2, d. h. im Spätglazial. CA Smith et al. (2009) erkennen und SED-datieren drei *Ground Moraines* in den von Talgletschern geformten und von Ufermoränen gesäumten Tälern. Die Lage der beprobten Blöcke für die SED-Datierungen und die große Streuung der SED-Alter von Blöcken ein und desselben Moränenwalls lassen vermuten, dass CA Smith et al. (2009) Minimalalter erzielten (vgl. Reuther et al. 2006). Von anstehendem Fels mit Gletscherschrammen aus dem Huaqui-Jihuata-Tal werden zwei Alter genannt (ca. 20,3 und 27,8 ka BP in Fig. 3 von CA Smith et al. (2009)), die auf das prä-LGM-Alter der letzteiszeitlichen Vergletscherung deutlich hinweisen. Außerdem sind die *Ground Moraines* von CA Smith et al. (2009) in vielen Fällen *ice-cored moraines* (Abb. 5.52 und 5.53). *Ice-cored moraines* sind Zeugen für relativ trockene und kalte Klimabedingungen (Kaser und Osmaston 2002; Scherler et al. 2011). Da im Spätglazial in Höhen über ca. 4000 m NN am Sajama die *ice-cored moraines* (aufgrund der Depression der unteren Permafrostgrenze) im Bereich des Permafrosts lagen, erfolgte der Abtauprozess des unter dem Schutt begrabenen Gletschereises äußerst langsam und hat sich über Jahrtausende vollzogen. Francou et al. (1999) nehmen an, dass die *ice-cored moraines* in Süd-Bolivien im LGM während einer Dauer von 8000–10.000 Jahren gebildet wurden (vgl. Abb. 4.21). Im Spätglazial und Holozän wanderte die Permafrost-Untergrenze im Zuge der globalen Erwärmung hangaufwärts und erfasste nach und nach die höher gelegenen *ice-cored moraines*. In höheren Lagen waren diese Abtauprozesse auch noch während des Holozäns und z. T. bis in die Gegenwart aktiv (vgl. Heine 1975a; Hurlbert und Chang 1984). An der Oberfläche führte der Abtauprozess der *ice-cored moraines* zu Verlagerungen der Blöcke (Rotation, Rutschen, Wenden). Damit sind die von CA Smith et al. (2009) genannten holozänen Alter zu erklären, die zwischen 7,0 und 3,3 ka BP zwei Gletschervorstöße belegen sollen. Die holozänen Gletschervorstöße wiederum sollen Zeugen für feuchtere und kühlere Klimaverhältnisse sein. Dies steht im Gegensatz zu anderen Paläoklimaarchiven: Die Seespiegel im Altiplano sind niedrig und dokumentieren damit Aridität (Argollo und Mourgiart 2000); der Sajama δ^{18}O-*record* weist auf kühlere und trockenere Klimabedingungen hin (Thompson et al. 1998; Abb. 5.57).

An dieser Stelle muss darauf hingewiesen werden, dass die von Baker et al. (2001a, 2001b; vgl. Abb. 5.56) rekonstruierten LGM-zeitlichen hohen Altiplano-Seespiegelstände nicht zutreffen. Baker et al. (2001a) rekonstruieren die LGM-Feuchtphase aus Daten der natürlichen Gammastrahlung der schluffig-tonigen Seesedimente unter der Annahme, dass diese Sedimente während feuchter Klimaabschnitte abgelagert wurden; zudem wird die Datierung durch Extrapolation vorgenommen, was u. a. zur Aussage führt, dass die Jüngere Dryaszeit feucht und das Bölling/Alleröd trocken waren (vgl. Box Jüngere Dryaszeit). Dieser Auffassung schließen sich auch Kelly et al. (2012) an und berufen sich auf Placzek et al. (2006), Baker et al. (2001b) und Wang X et al. (2004, 2007). Nach Baker et al. (2001b) sollen Sedimente des Titicacasees aufgrund der magnetischen Suszeptibilität (MS) ebenfalls feuchte LGM-zeitliche Bedingungen repräsentieren. Änderungen der MS in den Titicacaseesedimenten sind abhängig von Detritus-reichem bzw. Detritus-armem organischem Material. Baker et al. (2001b) nehmen an, dass der fluvioglaziale Eintrag der Sedimente sich mit dem Abschmelzen der Talgletscher änderte, weil Endmoränen Seen bildeten, die als Sedimentfallen dienten, und damit die Sedimentzufuhr abschnitten. Hierfür können aber weder glazialmorphologische noch fluvialmorphologische Belege gefunden werden. Auch die von Baker et al. (2001b) genannten Endmoränen, die bis 400 m oberhalb des Titicacaseespiegels (3820 m NN) liegen, sind zweifelsfrei wesentlich älter als das LGM und können somit nicht für Änderungen der Sedimentzufuhr im LGM bzw. Spätglazial verantwortlich

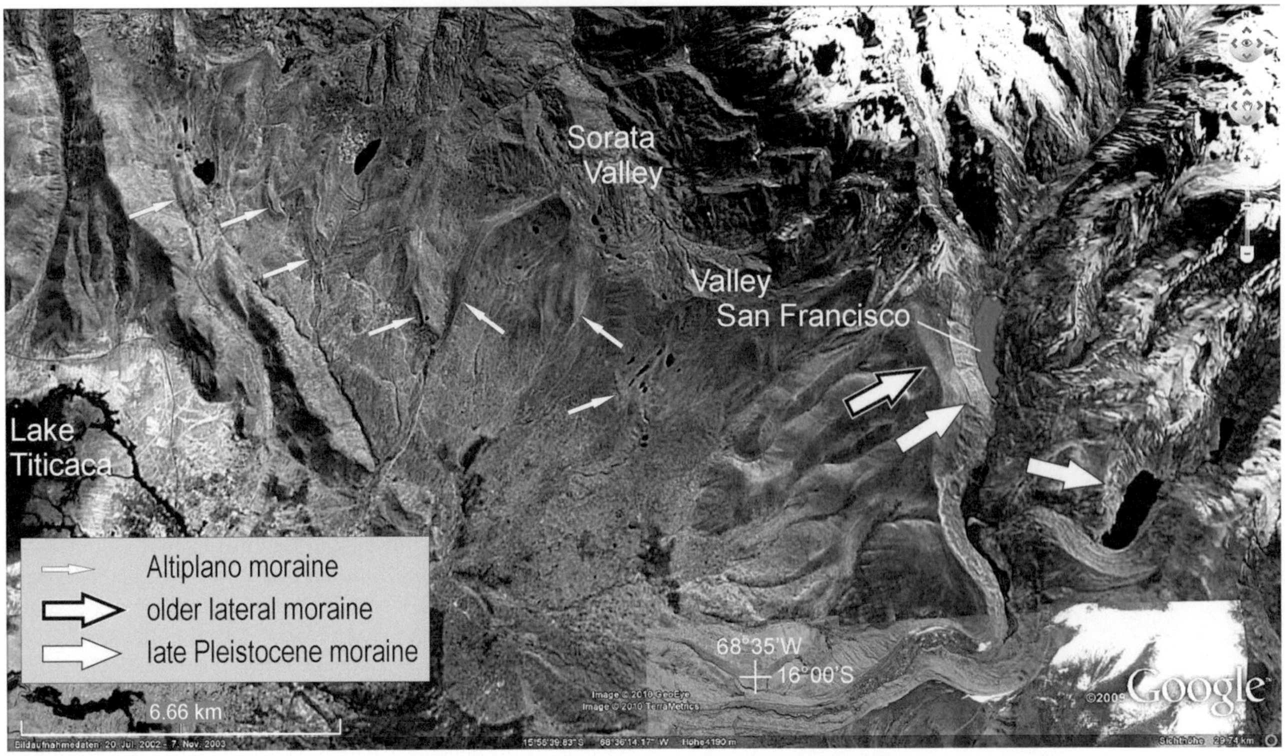

Abb. 5.48 Satellitenbild des Altiplano östlich des Titicacasees mit Altiplano-Moränen und pleistozänen Moränen des San Francisco-Tals (nach Heine 2011b). Troll (1929) und Troll und Finsterwalder (1935) vermuteten eine Bildung der Moränen in der vor-vorletzten und Lauer und Rafiqpoor (1986) in der vorletzten Kaltzeit. Doch sie sind mit Sicherheit älter aufgrund geomorphologischer Befunde und SED-Datierungen von vergleichbaren Moränen in Peru. Im San-Francisco-Tal überlagern die spätpleistozänen Moränen, die Zech et al. (2007a) mit SED datiert haben, die älteren hohen Seitenmoränenwälle

sein. Ganz abgesehen davon wird beobachtet, dass bei zurückweichenden Gletschern die Sedimentfracht der Schmelzwässer zunimmt.

Auch am Nordhang des Illimani-Vulkanmassivs haben CA Smith et al. (2011) Moränen des Pasto-Grande-Tals SED (^{10}Be)-datiert. Die Gletscher schmolzen von den Moränengruppen A, B und C in den Phasen 15,5–13,0 ka BP, 10,0–8,5 ka BP und 3,5–2,0 ka BP zurück. Wie bereits am Sajama so zeigen auch diese SED-Alter für die Moränengruppen B und A gewaltige Diskrepanzen zwischen ihrer morphostratigraphischen Lage und den SED-Altersbestimmungen (Abb. 5.54). Die Moränen C gehören dem Neoglazial an und stammen von einer *ice-cored moraine*, die im oberen Teil noch Gletschereis enthält. Die Moränen A1 haben ein Prä-LGM-Alter, denn die Karmoränen der Talflanken oberhalb des Haupttals zeigen frischere Formen und bedecken A1-Moränenreste; letztere werden zudem unterhalb der Endmoränen B durch Schwemmkegel und *bedded slope deposits* teilweise bedeckt. Die morphostratigraphische Situation lässt eine hypothetische Einordnung der Moränen im Bereich der Gruppe B in das LGM zu (Abb. 5.54). Die unterhalb liegenden Moränen A2 (10,5 ka BP) in ca. 4200–4350 m NN und die Moränen A1 (15,3–10,5 ka BP) in 3980–4030 m NN haben – auch im Vergleich zu anderen glaziären Bildungen in Bolivien – ein Prä-LGM-Alter.

Aufgrund der eigenen Beobachtungen und Schlussfolgerungen ist offensichtlich, dass die SED-Alter bisher in Bolivien keine sinnvolle glaziale Chronostratigraphie ergeben haben.

Neben den glaziären Paläoklimaarchiven geben die großen Paläoseen (~ 33.000–66.000 km^2) des bolivianischen Altiplano Auskunft über die wichtigen Änderungen des jungquartären hydrologischen Systems. Es sind dies die Becken von Poopo, Coipasa und Uyuni (POCOYU, 18–22° S) in Süd-Bolivien (Abb. 5.14, 5.12, 5.55, 5.56). In diesen heute trockenen oder oligosalinen Becken erlauben zahlreiche natürliche Aufschlüsse Einblicke in Zyklen von zwei tiefen und mehreren flachen Seephasen während der letzten 120 ka BP. Diese Paläoklimaarchive ergänzen die Arbeiten an Sedimentkernen aus dem Titicacasee und dem POCOYU-Becken (vgl. Abschn. 5.2.1). Die Bearbeiter kommen zu teilweise konträren Ansichten.

Placzek et al. (2006) legen eine neue Chronologie dieser Paläoseen vor. 53 U-Th- und 87 ^{14}C-Daten ergänzen die älteren Angaben. Ablagerungen eines tiefen Seezyklus (Ouki) sind im Poopo-Becken weit verbreitet, doch zwischen ca. 98 und 18,1 ka BP waren keine entsprechenden Seesedimente nachweisbar. Die Ouki-Paläosee-Phase dauerte von 120 bis 98 ka BP; in dieser Zeit war der See bis zu ~ 80 tief. Flache Seen existierten in dem Uyuni-Becken zwischen 95 und 80 ka BP (Salinas-Seephase), um 46 ka BP (Inca Huasi-Seephase) und

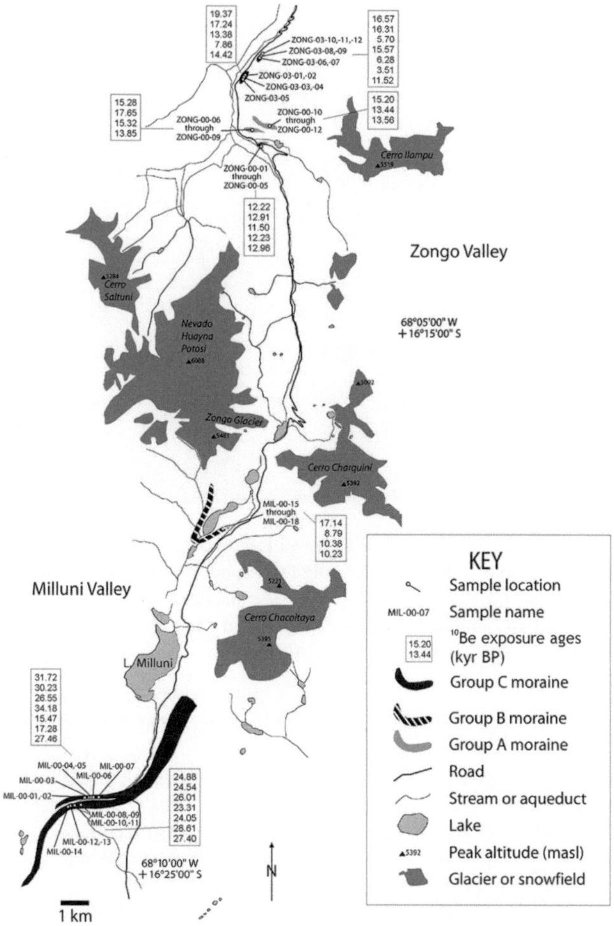

Abb. 5.49 Oberflächenaltersdatierungen von Moränen des Milluni- und Zongo-Tals (nach JA Smith et al. (2005a) aus Heine 2011b). Erläuterungen im Text

zwischen 24 und 20,5 ka BP (Sajsi-Seephase). Die Tauca-Phase wird zwischen 18,1 und 14,1 ka BP durch äußerst tiefe (bis ~ 140 m) Paläosee-Zyklen bestimmt. In der Tauca-Zeit existierte der größte Paläosee der letzten 120.000 Jahre mit dem höchsten Wasserstand von 16,4 bis 14,1 ka BP. Die Datierung stimmt nicht mit dem von Argollo und Mourgiart (2000) genannten Alter der Tauca-Phase überein und rückt die feuchte Tauca-Zeit noch an das LGM i. e. S. heran. Der Post-Tauca-Paläosee Coipasa erreichte bis zu 55 m Wassertiefe und wird hypothetisch auf 13 bis 11 ka BP datiert (Placzek et al. 2006).

Placzek et al. (2006) vermuten, dass die Paläoseen des bolivianischen Altiplano von einer Zunahme der Feuchtigkeit in Amazonien und einem gesteigerten Feuchtigkeitstransport zum Altiplano abhängig waren (vgl. Tapia et al. 2003). Verstärkte Passatwinde oder eine Südverlagerung der ITCZ können dafür verantwortlich sein. Abhängigkeiten zwischen der Position der ITCZ und den 23-ka-Präzessions-Sonnenzyklen können mit den Paläoseezyklen in Verbindung gebracht werden. Da die vermutlich trockenen Glaziale Amazoniens mit den klimatischen Verhältnissen des Altiplano verknüpft sind, postulieren Placzek et al. (2006) nur einen indirekten Einfluss der Temperaturen auf die Paläoseepiegelschwankungen. Sie weisen darauf, dass Intensivierungen der Passatwinde in Zusammenhang mit La-Niña-Situationen heute dem Altiplano vermehrte Niederschläge bringen und dass die tiefen Seephasen der Tauca-Zeit mit intensiven und andauernden La-Niña-Bedingungen im zentralen Pazifik zusammenfallen. Daraus folgern sie, dass SST-Gradienten im Pazifik auch einen großen Einfluss auf die Paläoseestände des Altiplano haben können.

Doch auch heute sind die paläohydrologischen Rekonstruktionen für das Altiplano-Gebiet noch in Diskussion (Abb. 5.55, vgl. Abb. 5.14). Blard et al. (2011) legen neue ^{14}C- und U-Th-Altersbestimmungen von Sedimenten, Mollusken etc. in Verbindung mit $\delta^{18}O$- und $\delta^{13}C$-Werten der Paläosee-Wasser vor und kommen erneut zu etwas abweichenden Ergebnissen hinsichtlich der Altersstellung der verschiedenen Seespiegelschwankungen. Die Daten von Blard et al. (2011) zeigen drei hohe Seespiegelstände während des Spätpleistozäns: Der Sajsi-See existierte etwa zwischen 25 und 19 ka BP und kulminierte um 22 ka BP, d. h. $\pm$ gleichzeitig mit dem LGM. Die Tauca-Seephase dauerte von 18 bis 14,5 ka BP; sie hatte den höchsten Wasserstand um 16,5 bis 15 ka BP. Die Phase des Coipasa-Sees wird zwischen 12,5 und 11,9 ka BP datiert. Blard et al. (2011) gehen davon aus, dass die Seespiegelfluktuationen mit den kalt-warmen Klimaoszillationen im nordatlantischen Raum korrelieren: Heinrich 1, Bølling/Allerød, Jüngere Dryas (Abb. 5.56). Aufgrund der zeitlichen Übereinstimmung von Altiplano-Paläoseespiegelschwankungen und Nordatlantikklimaschwankungen machen Blard et al. (2011) eine südwärtige Verschiebung der ITCZ für die feuchten Klimaphasen verantwortlich.

Blard et al. (2011) versuchen – wie viele Autoren vor ihnen – die Klimaschwankungen der bolivianischen Anden mit den nordhemisphärischen Klimaänderungen zu korrelieren. Hier stellt sich die Frage, ob allein aus der Relation von Höhenlage der Proben im Gelände und den zahlreichen Altersbestimmungen eine derart differenzierte Seespiegelkurve für das Spätglazial rekonstruiert werden kann (Abb. 5.56). Da eine detaillierte geomorphologische Kartierung nicht mit der Probennahme verbunden ist und alle Proben weit über das gesamte Gebiet, das der spätglaziale Tauca-See einnahm (Blard et al. 2011), verteilt sind, bleiben die Ergebnisse hinsichtlich ihrer Korrelierung mit nordatlantischen Klimaschwankungen (H 1, Bölling/Alleröd, YD) hypothetisch.

Werden die glaziären und periglaziären Beobachtungen und Daten zugrunde gelegt, kann für das LGM i. e. S. (ca. 24–20 ka BP) eine um mindestens 4,8 °C kühlere Temperatur in Bolivien in Höhen um 4000 m NN (Altiplano) rekonstruiert werden (Heine 1995). Zugleich ging diese Temperaturdepression mit einer größeren Aridität einher (Heine 2000). Die LGM-zeitliche Aridität wird eindrucksvoll durch die Seespiegelschwankungen auf dem Altiplano Boliviens belegt (Abb. 5.56). Zwischen ca. 24 und 20 ka BP hatte der Titicacasee einen Wasserstand, der keinen Überlauf nach Süden zuließ. Daher existierten auch keine ausgedehnten Paläoseen in den Becken von Poopo, Coipasa und Uyuni (POCOYU). Erst zwischen ca. 18 und 14 ka BP war der Paläosee POCOYU extrem groß und tief (Placzek et al. 2006),

Abb. 5.50 *Links*: GOOGLE-Schrägansicht eines Schwemmfächers (*Pfeil*) im Kaluyo-Tal nördlich La Paz. Zwei Lagen aus humosen Sedimenten aus zwei Schwemmfächern wurden auf 33,2 und 32,7 ka BP datiert (vgl. Abb. 5.44; Heine 1996). Nicht nur die Datierungen, sondern vor allem die morphostratigraphische Situation belegen das Prä-LGM-Alter der Gletschervorstöße im Kaluyo-Tal, die von verschiedenen Autoren dem LGM zugeordnet wurden. *Rechts*: GOOGLE-Schrägansicht des Schwemmfächers (*Pfeil*) im Tuni-Tal. Humose Schichten in den Schwemmfächersedimenten haben ein ^{14}C-Alter von 25,5 ka BP. Auch hier beginnt die Schwemmfächerbildung lange vor dem LGM und belegt damit ein Alter der Talvergletscherung, das älter als das LGM ist

Abb. 5.51 *Links oben*: Rekonstruktion des LGM-zeitlichen Gletschers im Río Zongo-Tal. Gletscherrekonstruktion nach Müller (1985), Glazialchronologie nach Heine (1995). Vgl. auch Abb. 5.45. Die Methode der Rekonstruktion wird bei Müller (1985, 84–104) und Gross et al. (1978) beschrieben. *Rechts oben*: GOOGLE-Schrägbild. Blickrichtung nach Süden (talaufwärts). Die Ufer- und Endmoränen haben ein Prä-LGM-Alter und sind durch *Pfeile* markiert. *Mitte*: Zongo-Tal. Die Bildmontage zeigt das von Süden nach Norden verlaufende Tal; *links* – Blick nach Süden (talaufwärts), *rechts* – Blick nach Norden (talabwärts). In der *Bildmitte* Moränen (*weiße Pfeile*, vgl. das GOOGLE-Bild *rechts oben*), die von JA Smith et al. (2005a) nicht datiert wurden, jedoch aufgrund der SED-Datierungen der Autoren jünger als das Spätglazial sein sollen. Aufgrund glazialmorphologischer und relativstratigraphischer Untersuchungen wurden die Moränen vor dem LGM (> 25 ka BP) gebildet. Die LGM-Endmoräne (*gelber Pfeil*) des Haupttals und die LGM-Endmoränen von Gletscherzungen, die ins Haupttal reichten (*rote Pfeile*) belegen die völlig falsche Interpretation der Moränenalter, die sich allein auf SED-Datierungen stützt und glazialmorphologische Befunde außer Acht lässt. (Foto: alueni-images)
Unten: Ilampu-Moränen des LGM (*Pfeile*), die von JA Smith et al. (2005a) SED-datiert wurden und aufgrund fehlender glazialmorphologischer Kartierungen fälschlicherweise einem spätglazialen Zongo-Talgletscher zugeordnet werden. Vgl. Abb. 5.45 und 5.49. Die fehlerhaften Altersansprachen von JA Smith et al. (2005a) führen zu unhaltbaren Rekonstruktionen der LGM-zeitlichen ELAs (und damit auch zu fehlerhaften Berechnungen der LGM-zeitlichen Temperaturdepression). (Foto: alueni-images) ►

vermutlich weil in dieser Zeit ein Überlauf des Titicacasees über den Desaguadero erfolgte (vgl. Abschn. 5.2.1).

Die LLGM-ELA lag oberhalb von 4750/4800 m NN in der westlichen Cordillera Real, denn *bedded slope deposits* der letzten Eiszeit sind unterhalb ~4800 m verbreitet; diese konnten nur unterhalb der ELA, wo eine ganzjährige Schnee- und Eisbedeckung fehlte, entstehen. Daher kann eine tiefere Lage der ELA ausgeschlossen werden. Darüber hinaus waren der vertikale und der horizontale Klimagradient von Niederschlag und Humidität steil ausgebildet zwischen dem Amazonas-Tiefland im Osten und den Kordilleren, die mit ihren Gipfeln über 6000 m Höhe erreichen. Wie heute (vgl. Jordan 1991), so führten auch im Spätpleistozän (LGM) die ausgeprägten Unterschiede in Bewölkung, Niederschlag, Strahlung und Temperatur zwischen dem Amazonas-Tiefland und dem Altiplano zu einem markanten Klimagradienten auf relativ kurzer Distanz. Obgleich für die LGM-zeitlichen Gletschervorstöße, die sich vermutlich zwischen 25 und 20 ka BP ereigneten, keine exakten Altersangaben verfügbar sind, kann doch als gesichert gelten, dass die Ausdehnung der LGM-Gletscher wegen des ariden Klimas sehr gering war. Dieser Befund wird durch andere *records* bestätigt. Thompson et al. (1998) (Abb. 5.57) ermitteln aus Eisbohrkernen des Sajama δ^{18}O-Werte, die – trotz der Unsicherheiten in der Datierung – für das LGM aridere Bedingungen anzeigen; δ^{18}O-Werte repräsentieren in den Tropen vor allem die Niederschlagsverhältnisse (z. B. Hardy et al. 2003; YJ Wang et al. 2005), in den polaren Regionen vor allem die Temperaturverhältnisse. Dies wurde bisher bei Klimarekonstruktionen aus δ^{18}O-Werten für die Tropengebirge zu wenig berücksichtigt und führte sowohl zu fraglichen Temperaturrekonstruktionen als auch zu fehlerhaften Niederschlagsschätzungen für das LGM; die LGM-zeitlichen Temperaturdepressionen der Hochanden wurden zu groß und die Niederschlagsreduzierung zu gering eingeschätzt.

Zu einer abweichenden Synthese der LGM-Klimarekonstruktion für Bolivien kommen Kull et al. (2008) aufgrund eines Gletscher-Klima-Modells, um die Klimabedingungen am Ost-Andenhang bei Cochabamba (17°S) zu kalkulieren. Sie errechnen eine starke Temperaturabsenkung von 6,4

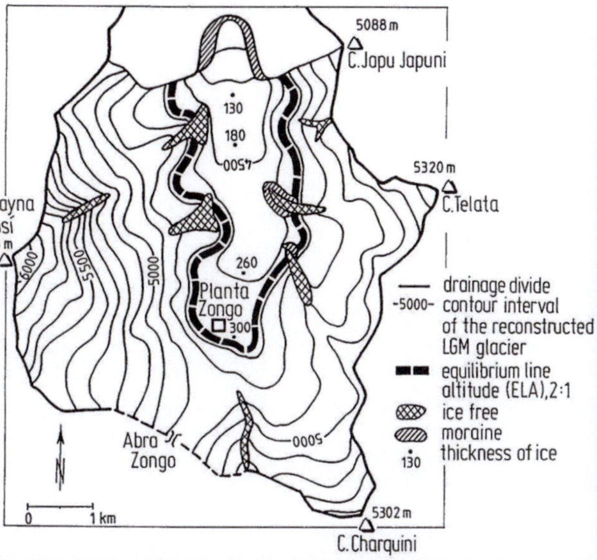
5088 m
C. Japu Japuni
130
180
4500
5320 m
C. Telata
C. Huayna Potosí 6088 m
6000
5500
5000
260
Planta Zongo
300
drainage divide
-5000- contour interval of the reconstructed LGM glacier
equilibrium line altitude (ELA), 2:1
ice free
moraine
130 thickness of ice
Abra Zongo
5000
N
0 1 km
5302 m
C. Charquini

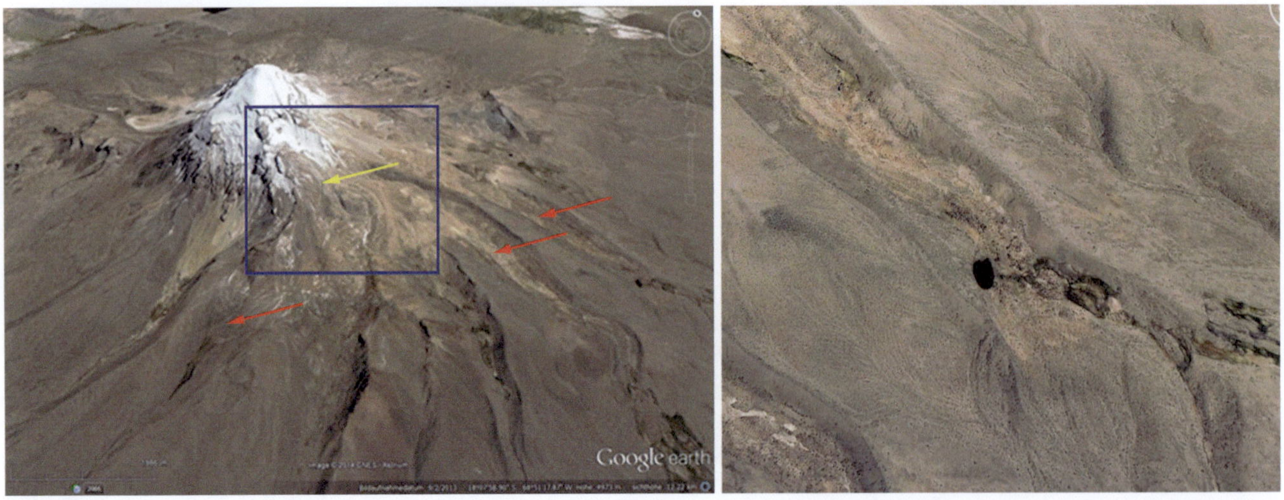

Abb. 5.52 *Links*: *Ice-cored moraines* (*rote Pfeile*: pleistozäne Bildungen; *gelber Pfeil*: holozäne Bildungen) am Sajama-Vulkan, Bolivien. Die *ice-cored moraines* werden von CA Smith et al. (2009) teilweise als *Ground Moraines* bezeichnet. Aufgrund von ^{36}Cl-SED-Daten werden sie von den Autoren dem Spätglazial und dem Holozän zugeordnet. Im Holozän sollen sie zwei Gletschervorstöße zwischen 7,0 und 3,3 ka BP belegen. Da das Abtauen des Eises der *ice-cored moraines* in den großen Höhen (> 5000 m NN) Jahrtausende dauert und da damit Bewegungen des – das Gletschereis bedeckenden – Schutts einhergehen, die zu Verlagerungen der (datierten) Blöcke führen (vgl. Reuther et al. 2006), geben die SED-Alter von CA Smith et al. (2009) lediglich ein Mindestalter der Gletscherbewegungen an. *Blauer Rahmen*: Ausschnitt von Abb. 5.53. GOOGLE-Bild. *Rechts*: Ablagerungen der *ice-cored moraines* im Huaqui Jihuata-Tal, das von älteren, > 25 m hohen Ufermoränenwällen gesäumt wird. Anstehender Fels mit Gletscherschrammen *links* von dem See (*schwarz*, *Bildmitte*) innerhalb der Ufermoränen ergaben ^{36}Cl-SED-Alter von ca. 20,3 und 27,8 ka BP (CA Smith et al. 2009)

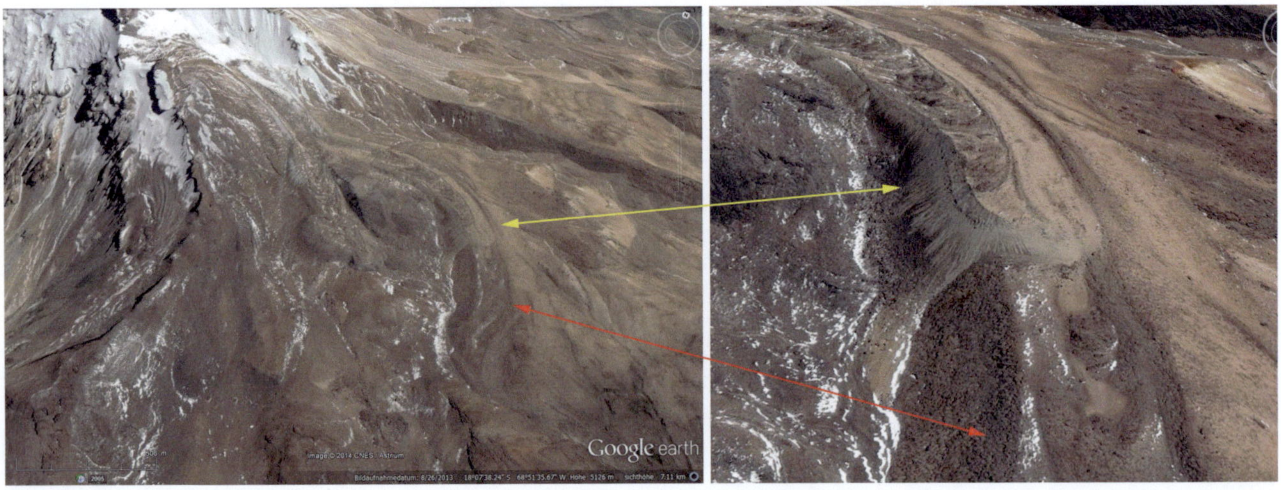

Abb. 5.53 *Ice-cored moraines* des Holozäns, Sajama-Vulkan, Bolivien (*Bildmitte*: 68°51′48″ W, 18°07′19″ S, ca. 5270 m NN). Die *ice-cored moraines* enden in ca. 5050 m NN (*Bildmitte*) und in ca. 4850 m NN (*Vordergrund rechts*). Mindestens zwei Generationen von *ice-cored moraines* können deutlich unterschieden werden; die jüngere Generation (*gelber Pfeil*) überlagert die ältere (*roter Pfeil*)

+1,4/−1,3 °C bei einer jährlichen Sommerniederschlagsleistung von ca. 1100 mm (+570 mm/−280 mm). Das bedeutet, dass keine wesentliche Niederschlagsänderung in Menge und Saisonalität gegenüber heute stattgefunden hat. Das LGM wird durch SED-Alter auf rund 20 ka BP datiert (Zech et al. 2007b). Unberücksichtigt bleiben dabei jedoch die möglichen paläohydrologischen Veränderungen (vgl. Abb. 5.12), die das Abflusssystem zwischen Titicacasee und POCOYU-Becken im Spätquartär beeinflussten.

Zusammenschauend ergibt sich folgendes Bild: (i) Im LGM treten temperaturbedingte maximale Vergletscherungen in der östlichen Kordillere auf, (ii) im Spätglazial (15–10 ka BP) sind Gletschervorstöße auf höhere Sommerniederschläge im Westteil des Altiplano (18°S–23° S) zurückzuführen und (iii) bedeutende prä- und post-LGM-zeitliche Gletschervorstöße (∼ 32 ka BP und ∼ 14 ka BP) in rund 30°S (westliche Anden) fallen mit reduzierten Temperaturen und höheren Niederschlägen zusammen. Kull et al. (2008) machen vor allem auf die Bedeutung

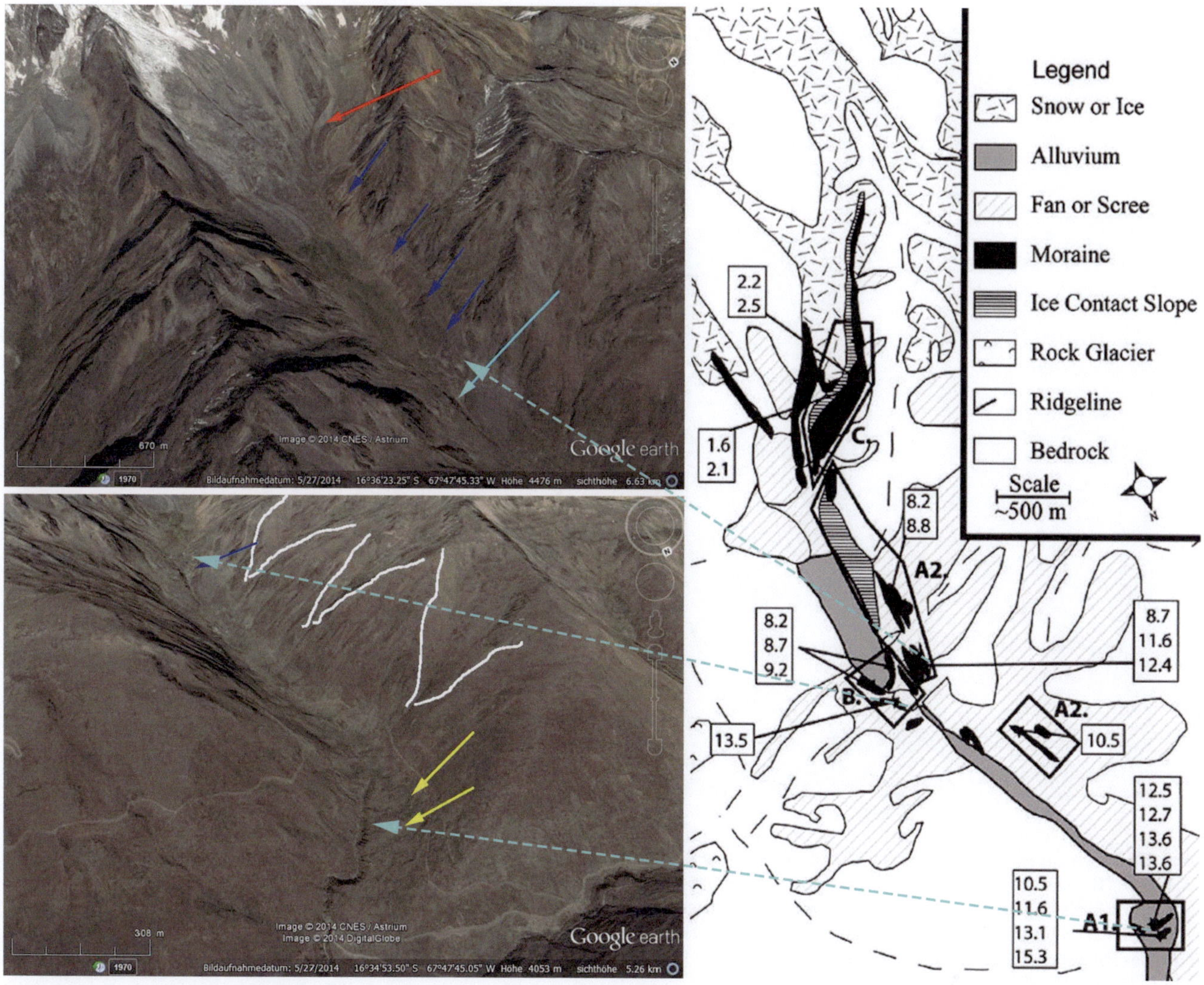

Abb. 5.54 Am Nordhang des Illimani-Vulkanmassivs haben CA Smith et al. (2011) Moränen des Pasto Grande-Tals SED (^{10}Be)-datiert (*rechts*). Die GOOGLE-Schrägbilder belegen, dass die allein aufgrund von SED-Altersbestimmungen vorgenommene chronologische Einordnung nicht zutreffen kann. Vgl. Text. *Pfeile*: *gelb* – vermutlich Prä-LGM-Moränen; *blau* – vermutlich LGM-Moränen; *rot* – neoglaziale Moränen; *Linien weiß* – vermutlich LGM-Kargletscher. *Gerissene blaue Pfeile*: Zuordnung der Moränen. SED-Alter in ka BP

der Saisonalität und Details der Gletschermassenbilanz-Klima-Interaktionen aufmerksam. Diese Gedanken greifen Zech et al. (2008) ebenfalls auf (Abb. 4.8).

Peru

Aus Peru liegen die meisten Untersuchungen zur pleistozänen Vergletscherung der tropischen Anden vor (La Frenierre et al. 2011; JA Smith et al. 2005a, 2005b, 2005c, 2008). Die peruanischen Anden sind das am stärksten vergletscherte tropische Gebirgssystem (Kaser und Osmaston 2002). Von Klebelsberg (1949, 583 ff.) gibt eine Einzelaufstellung der Autoren, die zuerst die pleistozänen und holozänen Vergletscherungen in Peru bearbeitet haben (z. B. Kinzl 1942, 1949).

Von besonderer Bedeutung für die Paläoklimaforschung in den Tropen sind Eisbohrkerne von peruanischen Gletschern. Daten zu Eisbohrkernen aus den südamerikanischen Anden haben Vimeux et al. (2009) zusammengestellt. 1983 wurde der erste Eiskern eines tropischen Gletschers in der Quelccaya Eiskappe in 5670 m NN (13°56′ S, 70°50′ W) erbohrt. In dem darauffolgenden Jahrzehnt wurden weitere Kerne gewonnen. Die letzten 1500 Jahre konnten detailliert erfasst werden, während das frühe Holozän und Spätglazial eine nicht zufriedenstellende zeitliche Auflösung erbrachten (Thompson et al. 1988, 1993; Vimeux et al. 2009). Wegen der großen Bedeutung tropischer Gletschereiskerne für Rekonstruktionen des Klima- und Landschaftswandels im Spätquartär wurden die Bohrungen 1993 auf die peruanische Huascarán-Kordillere (6048 m NN, 9°06′41″S, 77°36′53″ W) ausgedehnt (Thompson et al. 1995). In den Eiskernen werden u. a. die Staubanteile, die Leitfähigkeit, die δ^{18}O-Werte und die Eisakkumulationsraten bestimmt. Zwei Staubphasen werden mit prä-inkaischen Phasen der Landnutzung erklärt. Während der Kleinen Eiszeit (ca. AD 1500–1850) wird zuerst überdurchschnittlich Gletschereis akkumuliert, dann

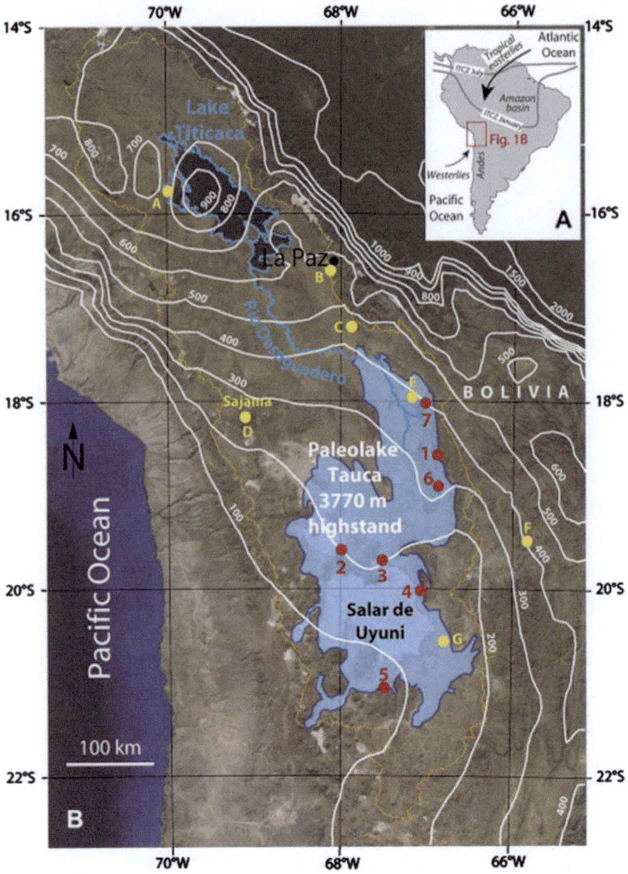

Abb. 5.55 (**A**) Grundzüge der atmosphärischen Zirkulation über Südamerika. (**B**) Die hydrographische Karte des Altiplano ist einem Landsat-Bild überlagert. Die *gerissene dünne orange Linie* begrenzt das Tauca-Einzugsgebiet. Die heutigen Isohyeten sind *weiß* gezeichnet. Die Lage des Paläosees (*blau*) und moderne Proben – *rot* (1 bis 7); Lage von Klimastationen – *gelb* (A bis G). (Aus Blard et al. 2011)

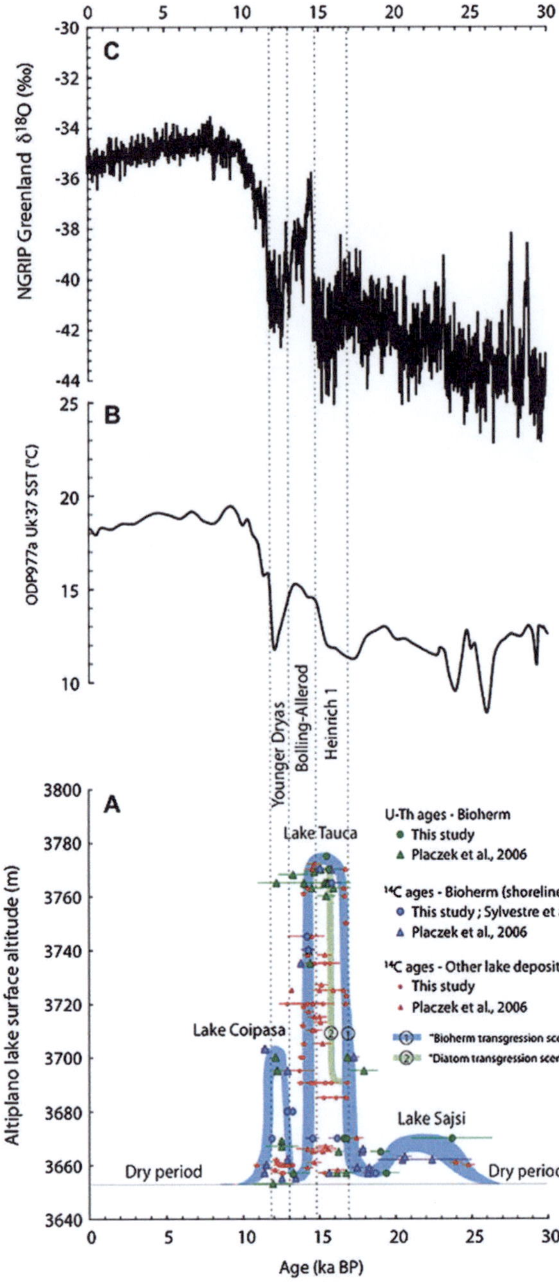

Abb. 5.56 Vergleich Altiplano-Paläoseespiegel mit NGRIP-$\delta^{18}O$(‰)-Daten und SSTs des marinen Kerns ODP97a (°C). (*A*) Chronologie der Altiplano-Paläoseen während der letzten 30 ka BP. Die *blaue Kurve* basiert auf den geochronologischen Daten der Strand-Ablagerungen. Die *grüne Kurve* kennzeichnet ein alternatives Transgressionsszenarium aufgrund von Diatomeen-Gesellschaften (nach Sylvestre et al. 1999). (Aus Blard et al. 2011, dort auch Details und Literaturangaben)

unterdurchschnittlich. Gleichzeitig sollen geringere $\delta^{18}O$-Werte auf niedrigere Temperaturen hinweisen (Thompson et al. 1988). Doch heute werden die Änderungen der $\delta^{18}O$- und δD-Werte tropischer Gletscher auch mit Niederschlagsänderungen in Verbindung gebracht (z. B. Hardy et al. 2003; YJ Wang et al. 2005). Vimeux et al. (2005) ermitteln für Bolivien, dass lediglich < 10 % der δD-Änderungen zwischen Glazialen und Interglazialen von den Temperaturänderungen bestimmt werden. Villacís et al. (2008) nennen ähnliche Werte für Ecuador. Die im Jahr 1991 erbohrten Eiskerne zeigen im Gegensatz zu den 1983 geborgenen Kernen keine jahreszeitlich differenzierten $\delta^{18}O$-Werte mehr; dies ist eine Folge des perkolierenden Schmelzwassers, das die Erwärmung der tropischen Tropopause während der letzten Jahre widerspiegelt (vgl. Thompson et al. 1993; Fraser 2012).

Die in den Eiskernen enthaltenen paläoklimatischen Informationen reichen bis in die letzte Kaltzeit zurück und sollen auch Hinweise auf die kühle Jüngere Dryas-Phase geben. Doch heute müssen die paläoklimatischen Deutungen der peruanischen Eisbohrkerne, vor allem die ältesten Bereiche, teilweise revidiert werden. Ob die eiszeitlichen Temperaturbedingungen in großen Höhen der Tropen bis zu 8–12 °C kälter als heute waren, wie Thompson et al. (1995, 2000) aufgrund der $\delta^{18}O$-Werte annehmen, muss vor dem Hintergrund der Analysen von Vimeux et al. (2005) und Villacís et al. (2008) überprüft werden. Die $\delta^{18}O$- und δD-Werte der tropischen Andengletscher

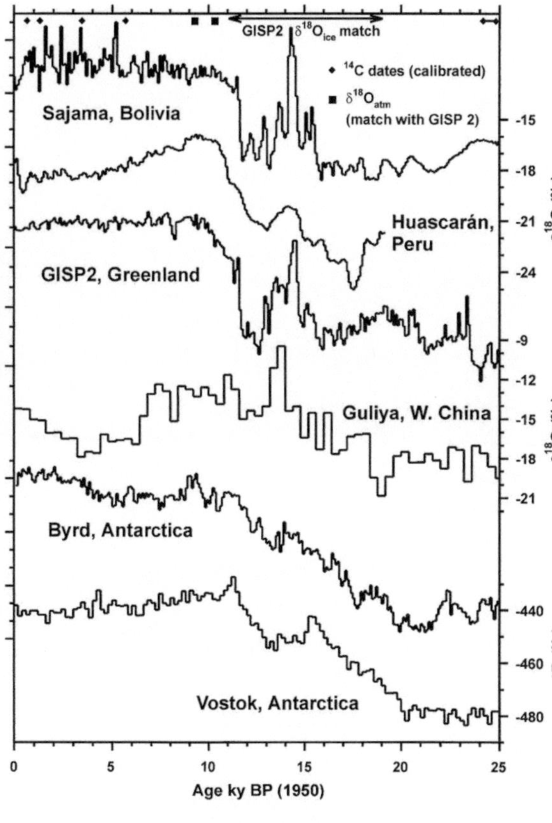

Abb. 5.57 Interhemisphärischer Vergleich von Daten stabiler Isotope von zwei tropischen Gletschern (Sajama, Bolivien und Huascarán, Peru) mit zwei Eisbohrkernen der Nordhemisphäre (Guliya, China und GISP2, Grönland) und mit zwei Eiskernen der Antarktis (Byrd Station und Vostok) (nach Thompson et al. 1998). Die Darstellung soll die globale klimatische Umkehrung der Erwärmung (bzw. Abkühlung, *late glacial stade*) während der Deglaziation zeigen. Die Sajama- und Huascarán-Kurven sind mit *matching* im Bereich des Spätglazials und LGM datiert. Diese Methode der Datierung (*matching*) hat für das Spätglazial zu großen Fehlern bei der Interpretation der Daten/Kurven geführt: Die spätglazialen Schwankungen der Jüngeren Dryaszeit (12,8–11,7 ka BP) und des *Antarctic Cold Reversals* (14,7–12,7 ka BP) wurden oft korreliert, obgleich sie zeitlich deutlich getrennt sind. Thompson et al. (1998) begehen auch den Fehler, die südhemisphärische $\delta^{18}O$-Kurve vom Sajama-Eiskern mit der grönländischen $\delta^{18}O$-Kurve gleichzusetzen; sie korrelieren damit die Jüngere Dryaszeit mit einer Klimaschwankung der Anden, die vermutlich dem *Antarctic Cold Reversal* angehört (vgl. Jomelli et al. 2014; Heine et al. 2014). Trotz der fraglichen zeitlichen Zuordnung der Sajama-$\delta^{18}O$-Kurve von Thompson et al. (1998) wird diese für andere Daten in vielen Publikationen als Bezugsbasis benutzt (z. B. CA Smith et al. 2009)

repräsentieren in erster Linie die Niederschlagsverhältnisse in Amazonien. Unterschiede sowohl des Verhältnisses von $\delta^{18}O$ (8 ‰) als auch des Deuterium-Überschusses (4,5 ‰) zwischen dem Spätglazial und dem Holozän werden mit polaren Eiskernen verglichen und zur Datierung mittels Korrelation (*tuning, matching*) herangezogen (vgl. Abb. 5.57). Damit werden Temperaturschwankungen der polaren Regionen mit Niederschlagsschwankungen der inneren Tropen zur Datierung von tropischen Eisbohrkernen benutzt. Dieses Vorgehen birgt Probleme in sich.

Die von Thompson et al. (z. B. 1984a, 1984b, 1995, 2000) in allen Publikationen angegebenen Datierungen der spätglazialen Klimaschwankungen (Jüngere Dryaszeit etc.) sind – wie wir heute wissen – unter der Annahme entstanden, dass die Jüngere Dryaszeit ein globales Ereignis darstellt (siehe Box Jüngere Dryaszeit). Unabhängig von der exakten zeitlichen Einstufung der spätglazialen Temperatur- und Niederschlagsschwankungen belegen die Daten von Thompson et al. (z. B. 1995, 2000), dass der tropische Atlantik im Spätglazial etwa 5–6 °C kälter war, dass das Klima zwischen 8400 und 5200 aBP am wärmsten war und dass es sich langsam bis zur Kleinen Eiszeit (ca. AD 1500–1850) abkühlte. Die letzten zwei Jahrhunderte werden von einer starken Erwärmung bestimmt (Thompson et al. 1995). Vor allem aber bezeugen die $\delta^{18}O$- und δD-Werte der peruanischen Andengletscher für das LGM eine Abnahme der Humidität in Amazonien, d. h. dem Ursprungsgebiet der feuchten Luftmassen, die für Niederschläge im Andenbereich verantwortlich sind.

Die Analysen der tropischen Eiskerne von Thompson et al. (z. B. 1995) haben ergeben, dass die Atmosphäre in den Tropen im LGM etwa 100-mal so viel Staubpartikel wie heute enthielt (Abb. 5.58). Die in den Andengletschern nachgewiesenen LGM-zeitlichen Staubeinträge sind Belege für die größere Aridität im LGM, eine geringere Vegetationsbedeckung in Südamerika und eine Zunahme des Ferntransports der Stäube.

Eine Synopse der peruanischen quartären Vergletscherungen muss zurzeit mit größter Vorsicht vorgenommen werden. Trotz der zahlreichen Versuche, die Vergletscherungsphasen in den peruanischen Anden zu datieren, besteht immer noch viel Unklarheit. Selbst die Oberflächenaltersdatierungen der letzten Jahre konnten die Altersfragen nicht klären. Unter Berücksichtigung der glazialgeologischen, glazial-/periglazialmorphologischen, paläopedologischen und anderer Paläoklimaarchive bei der Interpretation der ^{14}C- und SED-Alter werden die LGM-zeitlichen und spätglazialen Klimaverhältnisse nachfolgend beschrieben, wie sie sich aus der Interpretation der quartären Gletscherschwankungen ergeben.

Kein Zweifel besteht über das hohe Alter der Hochflächen-Moränen (vgl. Bolivien, Troll und Finsterwalder 1935). JA Smith et al. (2008) und La Frenierre et al. (2011) geben eine Zusammenschau. Sie beschreiben sowohl eine regionale als auch lokale Variabilität der Vergletscherungen in Raum und Zeit. Werden die Datierungen von vulkanischen Gesteinen berücksichtigt, dann beginnt die Talbildung in den zentralen Anden von Peru bereits im Miozän vor 9 Ma (Thouret et al. 2007) und schon vor 1,4 Ma waren tief eingeschnittene Täler wieder mit 1,3 km mächtigen pyroklastischen Ablagerungen aufgefüllt. Die jungtertiären und altpleistozänen Vulkanbauten zeigen die Spuren alter Vergletscherungen, die als Hochflächen-Moränen (Troll und Finsterwalder 1935) bzw. als *Edelweiß*-Moränen (Karátson et al. 2012) bezeichnet worden sind. Diese Moränen müssen aufgrund ihrer Form, Abtragung und Einordnung in eine geomorphologische Formensequenz aus Talbildung und Vergletscherung ein Alter von > 0,5 Ma haben. Abb. 5.59 zeigt einen Ausschnitt aus dem ehemals vergletschertem Gebiet (ca. 12°40′ S, 75°30′ W) der peruanischen zentralen Anden. Eine Datierung dieser Moränen mittels SED ist wegen ihres großen Alters und der periglaziären Überformung der Moränenwälle nicht möglich.

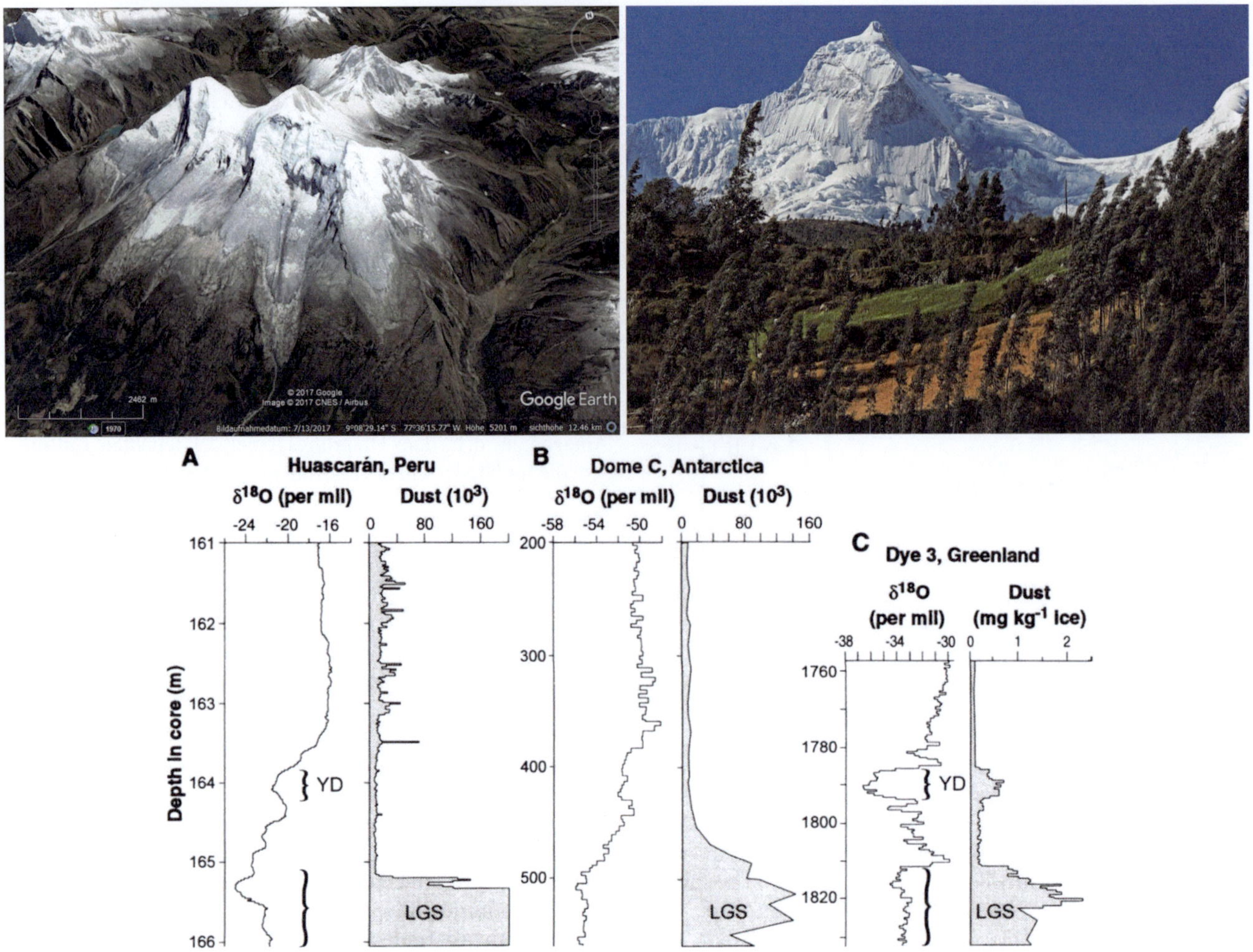

Abb. 5.58 *Oben*: Huascarán-Massiv. GOOGLE-Schrägansicht und Foto (ANDINA/Difusión). *Unten*: δ^{18}O- und Staub-Daten (A) der Huascarán C2-Bohrung im Vergleich zu den Daten von (B) Dome C, Antarktis, und (C) Dye 3, Grönland, für das LGM, das Spätglazial und frühe Holozän. Die Jüngere Dryaszeit (YD) wird durch *matching* auch in den peruanischen Anden postuliert; neueste Daten zeigen jedoch, dass dies nicht zutrifft. Die Staubkonzentrationen zeigen die Anzahl der Teilchen mit Durchmesser $\geq 0{,}63\,\mu$m und $\leq 16{,}0\,\mu$m je Milliliter Eisprobe (Peru und Dome C). Zum Vergleich des Huascarán-Staubs mit dem Dye 3-Staub (in Milligramm pro Kilogramm Eis) wird der holozäne Durchschnitt von Huascarán mit 0,16 mg kg^{-1} und des LGM mit 32,2 mg kg^{-1} angegeben. Nach Thompson et al. (1995). Die Daten belegen eindeutig die hohe Staubkonzentration in der Atmosphäre während des LGM aufgrund größerer Aridität

In Peru sollen SED-Ergebnisse auf ein relativ frühes LGM um 30 ka BP in einigen Gebieten und ein spätglaziales lokales Vergletscherungsmaximum in anderen Regionen deuten. Wie in den meisten Versuchen, Zusammenfassungen anhand der verfügbaren Daten zu erstellen, werden auch von JA Smith et al. (2008) die absoluten Altersangaben (^{14}C, AMS ^{14}C, SED) unkritisch übernommen und für Korrelationen der Stratigraphien benutzt. Das führt wegen der sehr unterschiedlichen Qualität der Altersdaten zu erheblichen *Fehleinschätzungen der regionalen als auch lokalen Variabilität der Vergletscherungen in Raum und Zeit*. Jede Synopse muss zu Beginn eine kritische Würdigung der Daten vornehmen.

JA Smith et al. (2001, 2002) haben in den Tälern östlich des Junin-Sees Moränen SED-datiert, die deutlich älter als das LGM sind (Abb. 5.60 und 5.61(A)). Die kosmogenen Alter (^{10}Be) der Moränenblöcke im Alcacocha-Tal (11°03′ S, 75°58′ W, ~4100–4800 m NN) reichen von der letzten Vergletscherung (~12–33 ka) bis > 1,5 Ma. Die SED-Alter der Moränengruppe D belegen eindeutig das hohe Alter. Eine Zuordnung aufgrund der SED-Daten zu bestimmten Kaltzeiten ist nicht möglich. Zu viele Unsicherheiten sind mit der unbekannten Geschichte der datierten Blöcke verbunden (Bewegung, Exhumierung, Erosion etc., vgl. Reuther et al. 2006; Heyman et al. 2011). Auffällig ist aber, dass JA Smith et al. (2005a) ungeachtet der glazialgeologischen und glazialmorphologischen Befunde ausschließlich aufgrund der SED-Alter die Moränen in vier Gruppen (A, B, C und D) einteilen. Während in Peru (Abb. 5.61(A)) die Gruppe D ein prä-letzteiszeitliches Alter hat – das ist auch allein aufgrund glazialmorphologischer Charakteristika zu fordern –, wird dies für die Moränen im Milluni-Tal Boliviens (Abb. 5.61(B)) nicht angenommen, obgleich die morphologische Erscheinung der Moränengruppe C des Milluni-Tals den Moränen der Gruppe D in den Junin-Tälern entspricht. Da

Abb. 5.59 Hochflächen-Moränen der zentralen Anden in Peru. Aufgrund der Talentwicklung, die Thouret et al. (2007) seit dem Miozän anhand von Altersbestimmungen vulkanischer Eruptivgesteine datieren und quantifizieren konnten, muss mit einem Alter der Hochflächen-Moränen von > 500 ka BP gerechnet werden. Die Hochflächen-Moränen werden von jüngerer Talbildung (*Pfeil*) zerstört (Peru, 15°27′ S, 72°15′ W)

die Westflanken der bolivianischen Cordillera Real zum ariden Altiplano weisen und niederschlagsärmer sind als die Ostkordillere Perus, können die vermeintlich LGM-zeitlichen Moränen des Milluni-Tals auch nicht das Ergebnis höherer Niederschläge im LGM sein.

Wie bereits für Bolivien am Beispiel der Milluni- und Zongo-Täler gezeigt wurde (Abb. 5.51), ist auch für Peru keine eindeutige Datierung der LGM-zeitlichen Gletscherstände mittels SED möglich. JA Smith et al. (2005a) geben SED-Alter zwischen ca. 23 und 25,6 ka BP für die Ufermoränenwälle im Collpa-Tal an (Abb. 5.62). Diese Datierungen scheinen aufgrund der geomorphologischen Situation, der klaren Zuordnung der datierten Moränenblöcke zu den kaum erodierten Ufermoränenwällen, und der geringen Streuung der SED-Alter relativ zuverlässig das Alter der LLGM-Vergletscherung anzuzeigen (vgl. Abb. 5.63). Die von JA Smith et al. (2005a) vorgenommene Moränengruppierung im Calcalcocha- und Alcacocha-Tal (Abb. 5.64) ist nicht eindeutig. Es bestehen große Zweifel, dass die SED-Alter nicht das Alter der Gletschervorstöße dokumentieren, sondern lediglich Minimalalter darstellen (vgl. Balco 2011; Heyman et al. 2011). Auffällig ist allerdings die Zweiteilung der LGM-zeitlichen Moränen. Diese zeigt sich auch im Antacocha-Tal; dort werden zwei Moränen-Gruppen ausgewiesen, die den Gruppen C (28–32 ka BP) und B (16–18,5 ka BP) aufgrund der SED-Daten zugeordnet werden (JA Smith et al. 2005a).

Eine vorsichtige Reinterpretation der SED-Alter unter Berücksichtigung der Einwände von Balco (2011) hinsichtlich der Skalierungsschemata (Abb. 5.65) in Verbindung mit weiteren glazial/periglazialmorphologischen Beobachtungen ergibt folgende Vergletscherungsphasen für das Junin-Gebiet in Peru: Der LLGM-Gletschervorstoß endete frühestens zwischen ca. 33 und 23 ka BP; frühestens zwischen ca. 23 und 18 ka BP wurden die älteren Rückzugsmoränen und frühestens zwischen ca. 15 und 12 ka BP die jüngeren Rückzugsmoränen gebildet. Abgesehen von der Zuordnung der Moränen zu bestimmten Gruppen allein aufgrund der SED-Alter und der damit verbundenen Interpretationsprobleme geben die SED-Daten von JA Smith et al. (2005a) wichtige Anhaltspunkte für die glaziale jungquartäre Chronostratigraphie der tropischen peruanischen Anden.

Hall et al. (2009) präsentieren eine gründlich recherchierte und auf SED-Altersbestimmungen in Verbindung mit einigen ^{14}C-Daten basierende Glazialchronologie für die Cordillera Huayhuash der zentralen peruanischen Anden. Maximale Gletschervorstöße bzw. der Beginn von Abschmelzphasen werden auf ~ 0,3 ka BP, ~ 9–10 ka BP, ~ 13–14 ka BP, ~ 20–22 ka BP und > 26 ka BP datiert. Verschiedene Gletscherschwankungen nach dem LGM weisen auf Klimaschwankungen während der Deglaziation hin.

Bereits vor vier Jahrzehnten haben Mercer und Palacios (1977) eine erste, bis heute gültige Chronostratigraphie der Vergletscherungen der Cordillera Vilcanota in der Nähe der Quelcca-

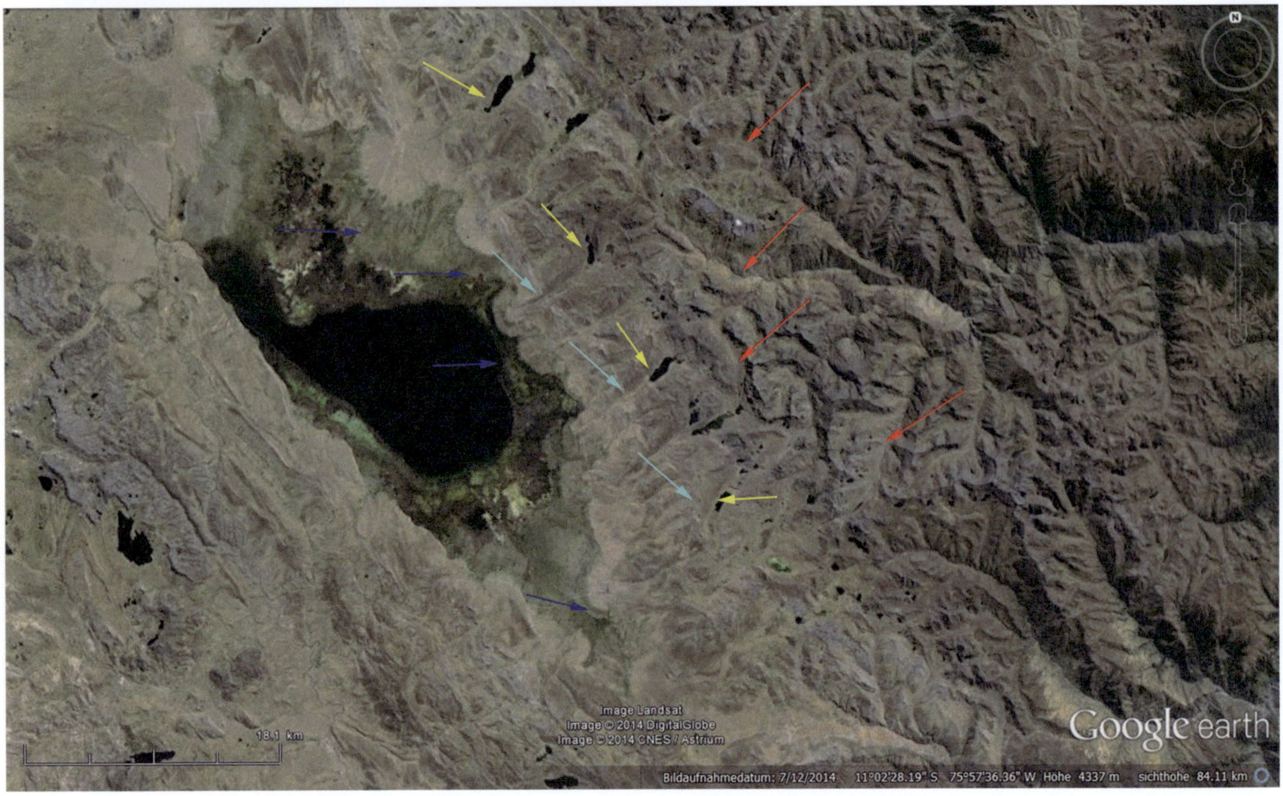

Abb. 5.60 Junin-See und Ostkordillere Perus. Deutlich sichtbar sind die Seen in den glaziär überformten Andentälern (*rote Pfeile*). Westlich der Zungenbecken-Seen (*gelbe Pfeile*) begleiten Ufermoränenwälle (*hellblaue Pfeile*) die Täler, die in Schwemmfächer (*blaue Pfeile*) übergehen. Blöcke der Ufermoränenwälle wurden an einigen Stellen SED-datiert. Die Alter liegen > 65 ka BP und reichen bis 1,4 Ma BP (JA Smith et al. 2001, 2002)

ya-Gletscherkappe (ca. 13°45′ S, 71°15′–71°22′ W) publiziert (Abb. 5.66). Sie datieren die Moränen des LGM zwischen ca. 28 und 14 ^{14}C ka BP (30 und 16,8 ka BP). Wichtig ist ihre Beobachtung, dass die Talgletscher einer älteren, undatierten Vergletscherung doppelt so weit talabwärts reichten wie die LGM-Gletscher. Dieses Verhältnis der Talgletscherlängen, das eine klare relative Altersansprache ermöglicht, wird bei den Recherchen und der Altersgruppenbildung von JA Smith et al. (2005a) nicht berücksichtigt. Hervorzuheben ist ferner, dass Mercer und Palacios (1977) einen kleineren spätglazialen Gletschervorstoß um 11,5–11 ^{14}C ka BP (13,4 und 12,9 ka BP) beschreiben und ^{14}C-datieren, der sich etwa 500 bis 800 Jahre vor der Jüngeren Dryaszeit ereignete. Er kann dem ACR (*Antarctic Cold Reversal*, ~ 14,7–12,8 ka BP) zugeordnet werden. Um 10 ^{14}C ka BP (11,8 ka BP) war die Quelccaya-Gletscherkappe bereits stark zurück geschmolzen und so groß (oder nur wenig größer) wie um 1970. Die Autoren konnten keine Gletschervorstöße zwischen 10 und 3 ^{14}C ka BP (11,8 und 3 ka BP) finden. Das Maximum der Gletscher während der Kleinen Eiszeit ereignete sich vor 600 bis 300 Jahren. Über Temperatur- und Niederschlagsschwankungen, die sich aus den jungquartären Gletscherbewegungen ergeben, machten die Autoren keine Angaben. Die Daten von Mercer und Palacios (1977) decken sich mit denen von Kelly et al. (2012).

Die Befunde von Mercer und Palacios (1977) und Mercer (1984) werden zum einen von der Verbreitung der *bedded slope deposits* und zum anderen von Goodman et al. (2001) in der Cordillera Vilcanota und Quelccaya-Ice-Cap-Region von Südperu (13°30′–14°00′ S, 70°40′–71°25′ W) bestätigt. Die *bedded slope deposits* sind auch noch auf den LGM-Moränen ausgebildet. Damit dokumentieren diese periglaziären Deckschichten eine Bildung der LGM-Moränen, die im frühen MIS 2 (ca. 28–25 ^{14}C ka BP) (30–27 ka BP) erfolgt sein muss. Goodman et al. (2001) berücksichtigen neben ^{14}C-Datierungen vor allem den Verwitterungszustand der Moränen. Sie finden stark verwitterte Moränen, die älter als 41,5 ^{14}C ka BP, vermutlich älter als MIS 5, sind. Die LGM-Moränen datieren sie auf > 16,65 ka BP. Eine Rückzugsmoräne hat ein Alter von maximal 13,09 + 0,42/ − 0,36 a BP und ein Minimalalter von 12,8 + 0,16/ − 0,18 a BP.

Auch am Nevado Coropuna (15°33′ S, 72°93′ W) (Abb. 5.67) sind Prä-MIS 2-Moränen verbreitet (Bromley et al. 2009). Die LGM-Vergletscherung wird SED-datiert (^{3}H) auf 24,5–25,3 ka bzw. auf 16,7–21,1 ka, je nachdem, welche Skalierungsmodelle (z. B. Stone 2000; Balco et al. 2008; Balco 2011), geomagnetische Korrekturen (Dunai 2000), Produktionsraten der kosmogenen Nuklide (z. B. Blard et al. 2006) etc. benutzt werden. Bromley et al. (2009) berechnen nach einheitlicher Methode die SED-Alter der peruanischen Vergletscherungen anderer Bearbeiter neu und vergleichen ihre eigenen ^{3}H-SED-Alter mit den ^{10}Be-*records* anderer Autoren (Farber et al., 2005; JA Smith et al., 2005a, 2005b, 2008). Dabei werden keine wesentlichen Unterschiede zwischen den Daten von Bromley et al. (2009)

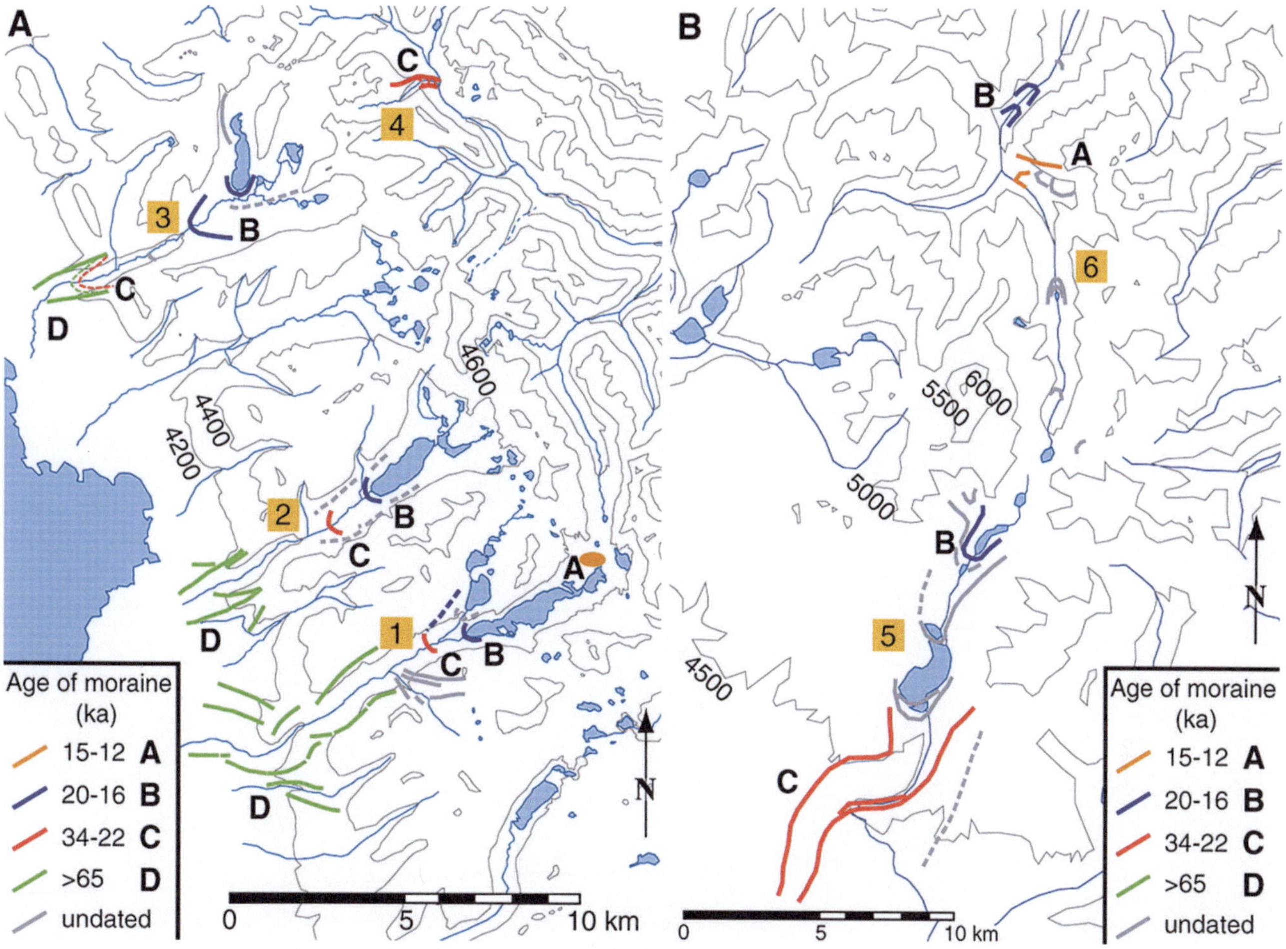

Abb. 5.61 SED-Alter (^{10}Be) von Moränen in den Junin-Tälern, Ostkordillere (A) und Zongo-Tälern, Cordillera Real (B). Die Höhenlinien (*grau*) haben Abstände von 200 m (A) und 500 m (B). *Dicke Linien*: Deutlich ausgebildete Moränen; *gerissene Linien*: Schwach ausgebildete Moränen. Die Alter wurden ohne Erosion und Gebirgshebung kalkuliert. Analytische Ungenauigkeit der SED-Alter für alle Moränengruppen (A, B, C, und D): 3 ± 1,5 %. Das LLGM wurde um ~ 34 ka erreicht. Das Junin-Tal in (A) umfasst die Täler von Alcacocha (1), Antacocha (2), Calcalcocha (3) und Collpa (4). In den nach Westen orientierten Junin-Tälern sind die LLGM-Gletscher (Moränen-Gruppe C) relativ klein im Verhältnis zu den Moränen der Gruppe D, die wesentlich älter sind (> 65 ka BP). (B) Im Milluni-Tal (5) und Zongo-Tal (6) sollen alle datierten Moränen während der letzten Eiszeit gebildet worden sein (< 65 ka BP). Gleich alte Moränen liegen im Zongo-Tal über 1000 m tiefer als im Milluni-Tal. (Aus JA Smith et al. (2005a); vgl. Abb. 5.44, 5.45, 5.49, 5.51 und Erläuterungen im Text)

und den anderen Autoren festgestellt und die maximale LGM-Vergletscherung auf ca. 25–20 ka BP datiert (vgl. auch Bromley et al. 2011b; Balco 2011). Die LGM-Alter von JA Smith et al. (2005a) beispielsweise werden um einige Jahrtausende jünger (vgl. Tabelle A3 in Bromley et al. 2009 und JA Smith et al. 2008). Diese Befunde deuten auf ein LGM-Alter der maximalen Vergletscherung von ca. 25 bis 20 ka hin. Dieses LGM-Alter scheint auch für den Mauna Kea (Hawaii) zuzutreffen (Blard et al. 2006, 2007). Ein spätglazialer Gletschervorstoß wird in gleicher Weise auf ca. 13,4–10 ka (Bromley et al. 2009) bzw. 13,9–11,9 ka BP (Bromley et al. 2011a) datiert. Er erfolgte ca. 6,5 ka nach der LLGM-Moränenbildung (unabhängig von der SED-Berechnungsmethode). Die Schwierigkeiten der SED-Altersberechnungen machen es zurzeit unmöglich, eine exakte Korrelierung der verschiedenen Moränenalter – und damit der verschiedenen Gletscherschwankungen – vorzunehmen (vgl. Abschn. 5.2.4). Nur in Verbindung mit ^{14}C-Altersbestimmungen und einer glazialmorphologisch begründeten, relativen Altersabfolge der End- und Ufermoränen erhalten die SED-Daten ihre Bedeutung für die glaziale Chronostratigraphie der tropischen Anden, denn die größte Unsicherheit in der SED-Moränendatierung ist geomorphologischer und/oder glaziologischer Natur (Reuther et al. 2006; Heyman et al. 2011). Wird die kritische Wertung der SED-Alter der peruanischen Moränen auf die Milluni- und Zongo-Täler in Bolivien übertragen, deren Moränen von JA Smith et al. (2005a, 2005b, 2008) SED-datiert wurden (vgl. Abb. 5.49), ergibt sich für die bolivianischen Moränen zweifellos ein Prä-LGM-Alter.

Bei zusammenfassenden Ausführungen beziehe ich mich teilweise – abweichend von den Bearbeitern – auf die ältesten SED-Daten, d. h. die älteren/ältesten Werte werden bei der Datierung der Moränen berücksichtigt, da – wie am Coropuna-Vulkan – viele der SED-datierten Blöcke im intensiv periglaziär

Abb. 5.62 Collpa-Tal, Ostkordillere, Peru (s. Abb. 5.61(A) Tal 4). Die Moränenwälle (*Pfeile*), die im *linken Bildteil* ins Haupttal ziehen, wurden SED-datiert. Die Alter liegen zwischen ca. 23 und 25,6 ka BP (JA Smith et al. 2005a)

beeinflussten Bereich oberhalb 4500 m NN liegen und starke Bewegungen der Blöcke nach deren Deposition angenommen werden müssen (vgl. Reuther et al. 2006; Heyman et al. 2011).

Werden die von JA Smith et al. (2005a) vorgestellten Moränengruppen für ELA-Rekonstruktionen und paläoklimatische Aussagen benutzt, führen die falschen Zuordnungen von Altersgruppen (A, B, C und D) und Moränen im Gelände zu unhaltbaren wissenschaftlichen Aussagen. Die Schneegrenzrekonstruktionen, die für Temperaturrekonstruktionen herangezogen werden, müssen aufgrund der tatsächlichen Moränenalter revidiert werden (Abb. 5.68). Während für Peru die angegebenen Werte (Alcacocha-Tal: LGM-ELA ca. 300–400 m abgesenkt; Collpa-Tal: LGM-ELA ca. 400–600 m abgesenkt) zutreffen, sind die angegebenen Werte für Bolivien aufgrund einer falschen Zuordnung der Moränendatierungen zu den Moränen bestimmter Talgletscher im Zongo-Tal (vgl. Abb. 5.51) von JA Smith et al. (2005a) viel zu hoch; im Zongo-Tal liegt die LGM-ELA knapp unterhalb 4700 m NN und nicht bei 4200 m NN und die LGM-Endmoräne bei 4200 m NN. Damit ergeben sich für Bolivien – wie für Peru – in etwa gleiche ELA-Depressionen im LGM, nämlich von ca. 500 ± 100 m.

Für den Coropuna in Peru (Abb. 5.68) errechnen Bromley et al. (2011b) eine ELA-Depression im LGM gegenüber dem LIA-Maximum von 550–770 m und gegenüber heute von ~750 m unter Verwendung der MELM-Methode (*maximum elevation of lateral moraines*). Die Diskrepanz der MELM-Werte zu den THAR-Werten beträgt bis zu 100–200 m. Die THAR-Methode kommt zu einer geringeren ELA-Absenkung im LGM. Bromley et al. (2011b) rekonstruieren für den Coropuna-Vulkan eine Temperaturdepression während des LGM zwischen 4,5 und 5,5 °C unter der Annahme, dass die Niederschläge mit den heutigen vergleichbar sind.

Aufgrund der Vergletscherungen der peruanischen Anden und einzelner Vulkane darf unter vorsichtiger Evaluierung der ^{14}C- und SED-Altersbestimmungen angenommen werden, dass die LGM-zeitlichen Gletscher zwischen 25 und 20 ka BP ihre maximale Ausdehnung hatten und dass ab 20 ka BP ein schnelles Abschmelzen erfolgte (Abb. 5.69; vgl. Shakun et al. 2015). Ein erneuter kleinerer Vorstoß oder ein längerer Stillstand erfolgte im Spätglazial um 14–12 ka BP und fällt damit in die Phase des ACR. Diese Chronostratigraphie der jungquartären Vergletscherungsgeschichte Perus ergänzt die Befunde einerseits aus

Abb. 5.63 Moränen unbekannten Alters in der Ostkordillere von Peru. Die Ufer- und Endmoränenwälle des Haupttals werden in der *Bildmitte* von Endmoränen eines Seitentals unterbrochen. Die Zerrunsung der Hänge oberhalb der Ufermoränen in dem Moränenschutt (*Bildmitte*) hat nicht mehr die Ufermoränen erfasst, d. h. nach der Vergletscherung erfolgte nur noch schwache Abtragung an den Hängen. Deutlich hebt sich die ehemals vergletscherte Bergflanke (ohne Schuttbedeckung) von den schuttbedeckten Hangpartien ab. Die ELA zurzeit der Vergletscherung lag bei ~4300 m NN, die Endmoräne des Haupttals liegt in ~3875 m NN (10°52′47″ S, 75°47′11′ W). (GOOGLE-Bild)

Bolivien und andererseits aus Ecuador. Eine markante Gletscherschwankung, die der Jüngeren Dryaszeit zugeschrieben werden kann, ist nicht zu belegen. Abb. 5.69 zeigt die Situation vom Coropuna-Vulkan, der beispielhaft für die allgemeine Entwicklung steht.

Kolumbien und Venezuela

Über die quartären Vergletscherungen Kolumbiens gibt Helmens (2011) eine Zusammenfassung (Abb. 5.70). Früh- und mittelpleistozäne Vergletscherungen werden aus glaziofluvialen Sedimenten im Becken von Bogotá abgeleitet. Paläomagnetische Polarität und *fission-track dating* deuten auf pleistozäne Vergletscherungen bereits vor 2,6 Ma und können mit den Funza-Pollenprofilen (Abb. 5.10) korreliert werden. Ab ca. 800 ka BP wird eine Zunahme der glaziären Aktivität beschrieben. Allerdings stützen sich diese Aussagen in erster Linie auf die sedimentologisch-palynologischen Befunde der Sedimente im Becken von Bogotá (Funza, vgl. Hooghiemstra 1984, 1989; Rutter et al. 2012).

Detaillierte Kartierungen der glaziären Formen in den Páramoregionen von Palacio, Sumapáz, Peña Negra und Guerrero (Abb. 5.70 und 5.71) zeigen eine Abfolge von vier Moränen-Komplexen mit deutlichen Unterschieden bezüglich Morphologie und Verwitterung/Abtragung (Gonzales et al. 1965; Helmens 1988). Aufgrund von ^{14}C-Datierungen von basalen Seesedimenten, torfhaltigen Horizonten und Paläoböden, die reich an organischer Substanz sind, konnten Gletschervorstöße datiert werden auf (1) 43 bis 38 ^{14}C ka BP, (2) 36–31 ^{14}C ka BP, (3) 23,5–19,5 ^{14}C ka BP, (4) 18,0–15,5 ^{14}C ka BP und (5) 13,5–12,5 ^{14}C ka BP (Helmens 1988; Helmens et al. 2011; Rutter et al. 2012; Tab. 5.2). Die zeitliche Auflösung der jungquartären Moränensequenzen ist vor > 25 ^{14}C ka BP gering. In den benachbarten venezolanischen Anden konnten Schubert und Rinaldi (1987) das LGM auf 22,75 bis 19,96 ka BP datieren, nicht aber das Alter von älteren Gletschervorstößen bestimmen. Ihre Daten sind damit für das LGM älter als die von Helmens et al. (2011) und Rutter et al. (2012).

Die Vergletscherungen der venezolanischen Anden wurden bereits von Sievers (1886, 1887, 1908, 1911) beschrieben. Die Quartärchronostratigraphie wurde vor allem von Schubert (Schubert und Clapperton 1990; Schubert und Vivas 1993) erarbeitet. Folgende jungquartäre Gletscherbewegungen werden genannt: Um 20 ^{14}C ka BP kulminierte die LGM-zeitliche Hauptvergletscherung (*Mérida Glaciation*), und ab ca. 16 ^{14}C ka BP schmolzen die Gletscher ab. Dabei wurden einige Rückzugsmoränen gebildet, die älter als 13 ^{14}C ka BP sind. ^{10}Be-SED-Alter für die Post-LGM-Zeit präsentieren Carcaillet et al. (2013). Sie datieren die ältesten Moränen auf 18,1 und 16,8 ka BP (Älteste Dryas). Während der Deglaziation wurden verschiedene Moränen gebildet, von denen einige der Älteren Dryaszeit und der Jüngeren Dryaszeit angehören sollen. Die Moränen der Jüngeren Dryaszeit liegen in verschiedenen Tälern in sehr unterschiedlichen Höhen, was als Ausdruck einer starken Abhängigkeit der Moränenbildung von der Orientierung der Täler gedeutet wird. Die Oberflächenaltersdatierungen jedoch lassen keine Zuordnung der verschiedenen Moränenstadien zu grönländischen kalten Phasen (Älteste Dryas, Alte Dryas, Jüngere Dryas) zu, wie von Carcaillet et al. (2013) postuliert (Abb. 5.72).

ELA-Rekonstruktionen für das LGM (tropische Nord-Anden)

Stansell et al. (2007) benutzen die Alter von Schubert und Rinaldi (1987), um die LGM-ELA in der Cordillera de Mérida zu rekonstruieren. Sie bestimmen die Paläo-ELA sowohl mit der AAR(*accumulation area ratio*)- als auch mit der AABR(*area-altitude balance ratio*)-Methode. Von der Paläo-ELA, die ca. 1000 m tiefer lag, wird eine LGM-zeitliche Temperaturdepression von > 8,8 °C abgeleitet (Abb. 5.73). Die Werte werden durch palynologische Daten gestützt. Rull (1998) berechnet die Temperaturdepression für die Anden Venezuelas auf 7 ± 1 °C für das LGM aufgrund einer um ~1200 m tieferen Lage der Vegetationsstufen. In Kolumbien werden die Moränen des frühen LGM (23,5–19,5 ^{14}C ka BP) von Mark und

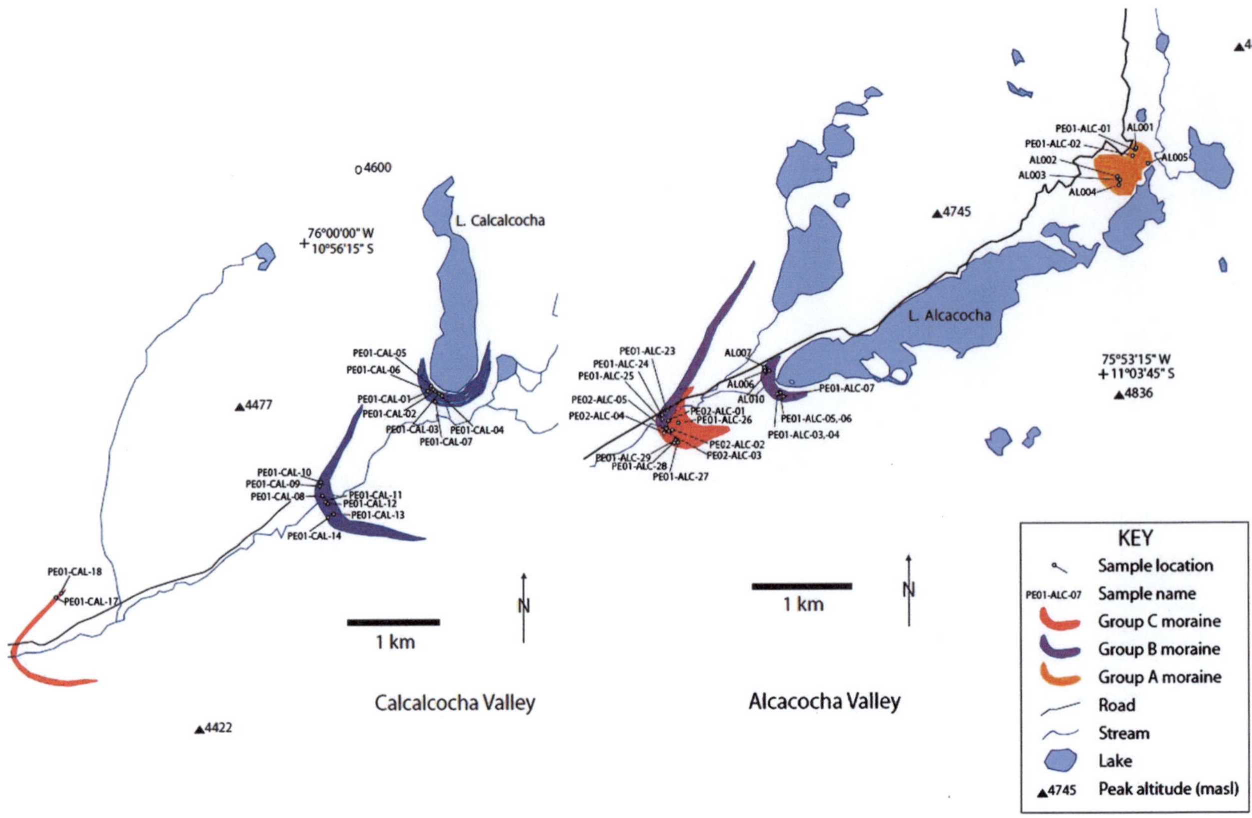

Abb. 5.64 Moränen-Gruppen im Calcalcocha-Tal (*links*) und im Alcacocha-Tal (*rechts*) der Ostkordillere in Peru (nach JA Smith et al. 2005a). Zur Lage siehe Abb. 5.61. Aufgrund glazial- und periglazialmorphologischer Befunde hat die Moränengruppe C im Calcalcocha-Tal ein Prä-LGM-Alter. Dafür sprechen auch die beiden, sehr verschiedenen SED-Alter von 23,44 und 33,38 ka BP. *Rechtes Bild*: Die Moränen im Alcacocha-Tal haben für die Gruppe C streuende, teilweise sehr hohe SED-Alter ergeben: 18,46 bis 53,23 ka BP. Vermutlich hat der Gletscher der Gruppe B noch Endmoränen der Gruppe C erreicht und diese ein wenig bewegt. Zudem liegen die datierten Blöcke der Gruppe C nicht auf deutlich sichtbaren Moränenkämmen, sondern im Talgrund

Helmens (2005) benutzt, um die LGM-zeitliche ELA nach der Methode AABR zu berechnen. Eine Absenkung der ELA im frühen LGM gegenüber heute von ca. 1300 m wird mit einer Temperaturdepression von rund 8 °C erklärt. Allerdings ergab eine Überprüfung der für die LGM-ELA-Rekonstruktionen ausgewählten Moränen, dass auch Moränen in die Berechnungen einbezogen wurden, die – unter Berücksichtigung der Morphologie und Lage – ein Prä-LGM-Alter aufweisen können. Datierungen der Moränen fehlen. Dies trifft für viele von Mark und Helmens (2005) genannte Moränen zu, die besonders weit talwärts reichen. Der Wert von ca. 1300 m ist daher vermutlich zu hoch.

Wie bereits für Bolivien und Peru gezeigt, ist die Rekonstruktion der LGM-zeitlichen ELA sehr schwierig, da viele Unsicherheiten mit der Moränen-Altersbestimmung verknüpft sind. Häufig werden Moränenbildungen für die Paläo-ELA-Rekonstruktion herangezogen, deren Alter unbekannt ist und die von den Bearbeitern – rein hypothetisch – dem LGM zugeordnet werden. Daher kann zurzeit noch keine detaillierte Rekonstruktion der ELA-Depression für das LGM vorgenommen werden. Eine vorsichtige Deutung der hinreichend zuverlässigen LGM-ELA-Rekonstruktionen ergibt, dass in den nördlichen tropischen Anden von Venezuela und Kolumbien die ELA-Absenkung mit über 1000 m am größten war; nach Süden (Ecuador, Peru) scheint sich der Betrag zu verringern, um im ariden Bolivien auf nur noch 500 ± 100 m zu fallen. Auch war die Lage der LGM-ELA im Osten (wesentlich) tiefer als im Andenhochland und in den westlichen Kordilleren. Der räumliche Gradient der LGM-ELA-Werte stimmt mit den heutigen Bewölkungs- und Niederschlagsmustern überein, weshalb ähnliche Muster auch im LGM geherrscht haben dürften. Im LGM war Amazonien die Quelle der feuchten Luftmassen, die den Anden die Regen- und Schneefälle brachten. Die Niederschlagsgunst der nach Amazonien ausgerichteten Anden übertraf darüber hinaus in den äquatorferneren Gebieten (Bolivien) die Expositionsgunst; das spiegelt sich in ELA-Höhenunterschieden von 700 m auf 15 km Horizontalentfernung und bei Niederschlagsdifferenzen von > 1000 mm/a im Osten auf < 300 mm/a in der Westkordillere Boliviens wider (Jordan 1991). In den äquatornahen Anden Perus hatte die Expositions(un)gunst noch einen stärkeren Einfluss auf die ELA (Mark 2008). Inwieweit der steile Ost-West-ELA-Gradient im LGM durch die größere Aridität und die damit verbundene trockenere Atmosphäre mitbestimmt wurde, ist nicht bekannt (vgl. Stansell et al. 2007).

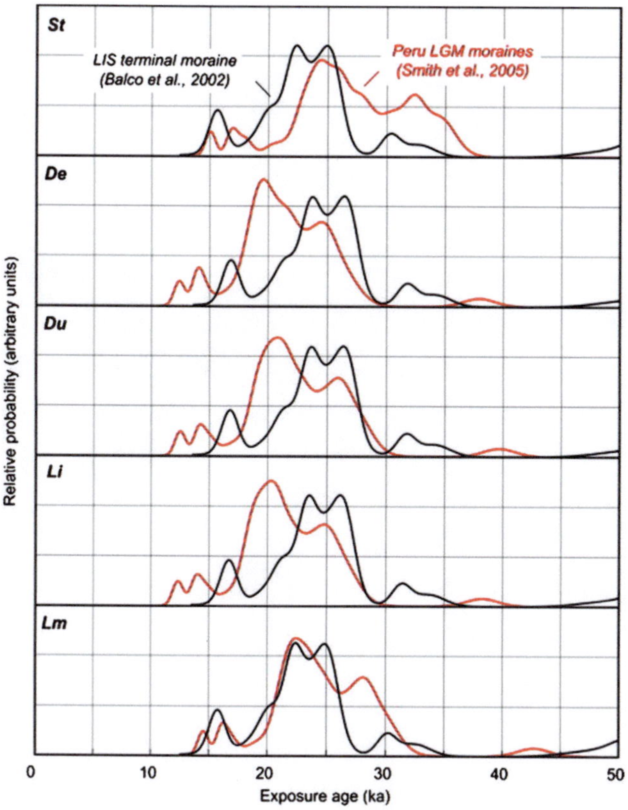

Abb. 5.65 Auswirkungen der Unsicherheiten der Produktionsraten-Skalierung auf die Ergebnisse von JA Smith et al. (2005a); die Autoren belegen mit ihren SED-Daten für die peruanischen Anden (Group C-Moränen, *rote Linien*) eine LGM-zeitliche maximale Gletscherausdehnung und ein Abschmelzen von diesem Maximalstand um Jahrtausende früher als in den nordamerikanischen Vereisungsgebieten (LIS – *Laurentide Ice Sheet*, *schwarze Linien*, nach Balco et al. 2002). Fünf verschiedene Skalierungsschemata der Produktionsraten werden gezeigt. St – dieses Skalierungsschema wurde von JA Smith et al. (2005a) benutzt; es zeigt ein wesentlich früheres LGM-Vergletscherungsmaximum und einen früheren Beginn des Abschmelzens im Vergleich mit den nordamerikanischen Verhältnissen. Andere Skalierungsschemata ergeben jedoch abweichende Ergebnisse, u. a. dass die Gletscherbewegungen im Wesentlichen gleichzeitig abliefen. Die Darstellung veranschaulicht die große Bedeutung der systematischen Unsicherheiten in den Produktionsraten-Skalierungsschemata, wenn SED-Altersbestimmungen von Moränen vorgenommen werden, bei denen Extrapolationen über große geographische Entfernungen (horizontal wie vertikal) mit den Orten erfolgen müssen, die eine Kalibrierung der Produktionsraten aufweisen (aus Balco 2011). Skalierungsschemata zitiert nach Balco et al. (2008): St – Lal (1991), Stone (2000), De – Desilets et al. (2006), Du – Dunai (2000), Li – Lifton et al. (2005), Lm – Lal (1991), Stone (2000), Nishiizumi et al. (1989)

Weiterhin muss berücksichtigt werden, dass der Vergleich der Werte der LGM-ELA-Depressionen aus verschiedenen Regionen durch die Tatsache eingeschränkt wird, dass eine Anzahl unterschiedlicher Methoden benutzt wird. Viele ΔELA-Werte beziehen sich auf die heutige 0 °C-Isotherme und nicht auf die heutige ELA (vgl. Mark 2008); dieses Vorgehen ist kritisch zu beurteilen, da die heutige 0 °C-Isotherme nur schwer bestimmt werden kann und nicht im Gleichgewicht mit der bestehenden Vergletscherung stehen muss und somit nicht die ELA verkörpert (Stansell et al. 2007). Die AAR- und THAR-Methoden in Verbindung mit der rezenten 0 °C-Isotherme ergaben beispielsweise ELA-Depressionen für Costa Rica bis zu 1500 m (Lachniet und Seltzer 2002). Ältere Methoden, z. B. die *median altitude method*, unterschätzen die LGM-ELA-Absenkung in den Tropen, während die THAR-, AAR- und AABR-Methoden zuverlässiger sind und höhere ΔELA-Werte ergeben (Stansell et al. 2007).

Temperaturdepressionen, die aus LGM-ELAs berechnet werden, müssen durch methodisch andersartige Befunde gestützt werden. Die errechneten Paläotemperaturdepressionen aus ELA-Daten der nördlichen tropischen Anden zeigen größere Abnahmen als die Daten, die aus Änderungen der Vegetation, der Seespiegel und der geochemischen Analysen hervorgegangen sind: Die Zusammenstellung von Farrera et al. (1999) nennt für die hohen Anden Werte von ca. –5 bis –6,4 °C. Doch auch diese Daten müssen kritisch hinterfragt werden, zeigt doch das Beispiel der Quelccaya-Eiskappe (Peru) (Thompson et al. 1995), dass eine geänderte Interpretation der δ^{18}O-Daten die von Thompson et al. (1995) genannte Temperaturabsenkung von 8,8 ± 2,0 °C (oder gar bis 11 °C) revidiert werden muss (sie ist geringer), da die δ^{18}O-Daten weniger die Temperatur- als vielmehr die Niederschlagsverhältnisse in den tropischen Eiskernen repräsentieren.

Nordchile und Nordargentinien

Der Norden Chiles ist extrem trocken. Zwischen 18°30′ und 27° S erreichen die vorwiegend im Sommer fallenden Niederschläge an der Küste lediglich < 50 mm/a und bis 250 mm/a in den westlichen Anden. Im Winter können 0–8 Schneefallereignisse auftreten (Ammann et al. 2001). Die heutige ELA liegt über 6000 m NN, und Gletscher bzw. kleine Eiskappen existieren an den zahlreichen Vulkanen nicht (Abb. 5.4). Die trockenen Hochgebirgs-Environments reagieren sehr empfindlich auf klimatische Grenzbedingungen, insbesondere auf hygrische Schwankungen, da die mittleren Temperaturen ohnehin unter dem Gefrierpunkt liegen. Eine Untersuchung der jungquartären Gletscherspuren stammt von Ammann et al. (2001). Sie haben die Moränen kartiert; nördlich ca. 25° S sind diese regelmäßig zu finden, während zwischen 25° und 27° S Moränen fehlen bzw. nur unsicher auszumachen sind (Abb. 5.74). Drei Moränengruppen werden unterschieden und wie folgt chronologisch eingeordnet (z. B. am Choquelimpie, 18°17′ S, 69°15′ W): Die älteste (N I) ist Prä-LGM und durch starke Erosion der Moränen gekennzeichnet; die zweite (N II) ist LGM-zeitlich und die dritte (N III) ist Post-LGM. Datierungen und relative Altersansprachen (z. B. über die Verbreitung von *bedded slope deposits*) liegen nicht vor.

Eine Evaluierung der von Ammann et al. (2001) bearbeiteten Moränen ergibt, dass die vermeintlichen *LGM-Moränen* (N II) mit großer Wahrscheinlichkeit prä-LGM-zeitlicher Entstehung sind. (i) Sie zeigen im GOOGLE-Bild (Abb. 5.75) deutlich Spuren intensiver periglaziärer Überformung. (ii) In der Abfolge der Moränen belegen sie einen Platz zwischen den ältesten N I-Moränen und den – ebenfalls jungquartären –

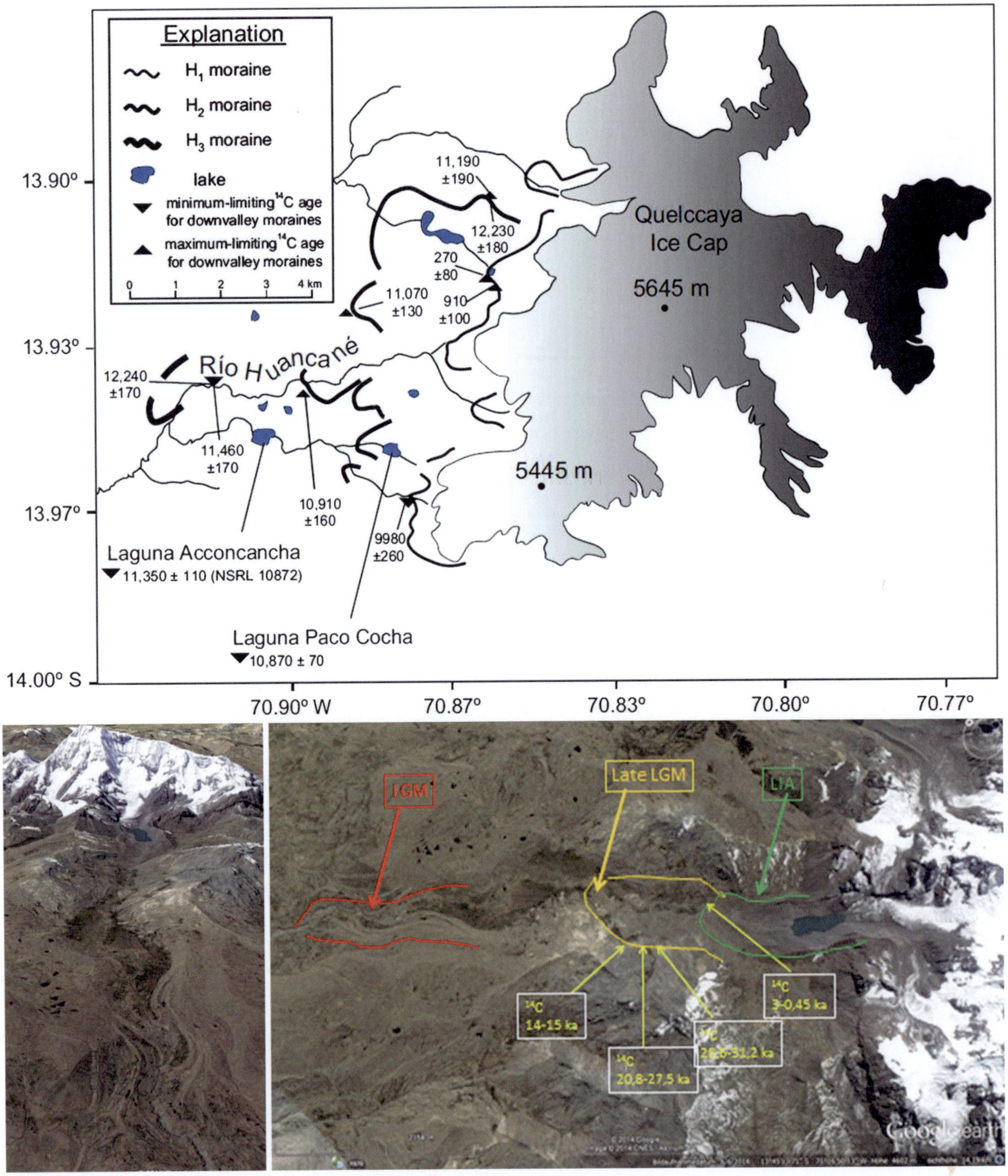

Abb. 5.66 Jungquartäre Vergletscherungen der Cordillera Vilcanota, Peru (Daten nach Mercer und Palacios 1977; Mercer 1984). *Oben*: Kärtchen mit Moränen und ^{14}C-Daten. *Darunter*: GOOGLE-Bilder der Region. *Links*: Schrägansicht der Quebrada Upismayo mit den LGM-Moränen im Vordergrund, die in ca. 4200 m NN enden; die spätglazialen Moränen in der *Bildmitte* reichen bis ca. 4365 m NN und die Moränen der Kleinen Eiszeit mit See vor dem Gletscherende bis ca. 4460 m NN. Die Prä-LGM-Moränen sind nicht mehr erfasst. *Rechts*: GOOGLE-Bild mit Moränen

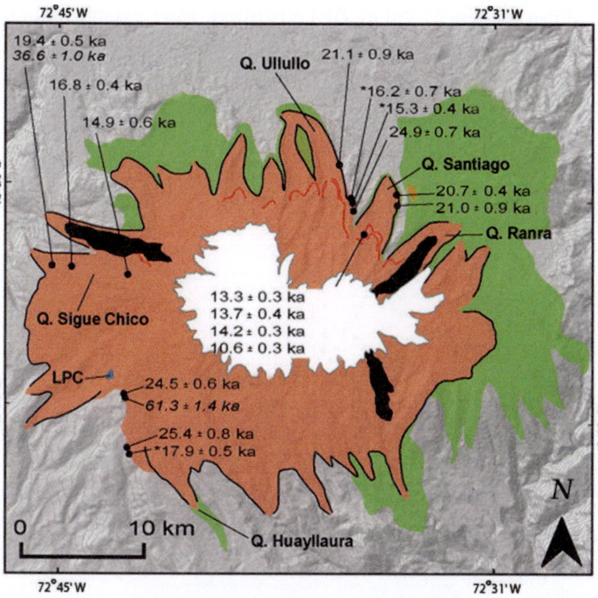

Abb. 5.67 Nevado Coropuna (15,5° S, 72,6° W). Orte der Proben der SED-Altersbestimmungen. *Rotbraun*: C1-Vergletscherung (LGM); *grün*: Prä-C1-Vergletscherung. Angaben mit * kennzeichnen Alter, die jünger als die morphologische Form (Moränenwälle) sind; Angaben in *kursiv* kennzeichnen „Ausreißer". (Aus Bromley et al. 2009; vgl. Abb. 5.92)

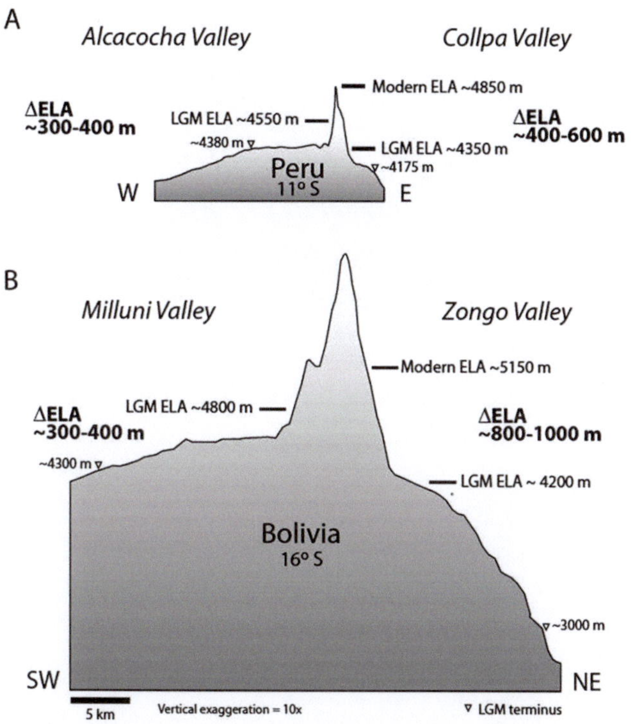

Abb. 5.68 Schneegrenz(ELA)-Rekonstruktionen für Peru (A) und Bolivien (B) nach JA Smith et al. (2005a) aufgrund von SED-Daten. Sie müssen revidiert werden (vgl. Text). Die Werte der LGM-ELA für Bolivien betragen – wie für Peru – ca. 500 ± 100 m; auch die Lage der LGM-Gletscherenden wird für Bolivien völlig falsch angegeben. Die LGM-ELA lag im Zongo-Tal Boliviens bei ca. 4700 m NN und damit „nur" ca. 450 m tiefer als heute (Müller 1985; Heine 2011b)

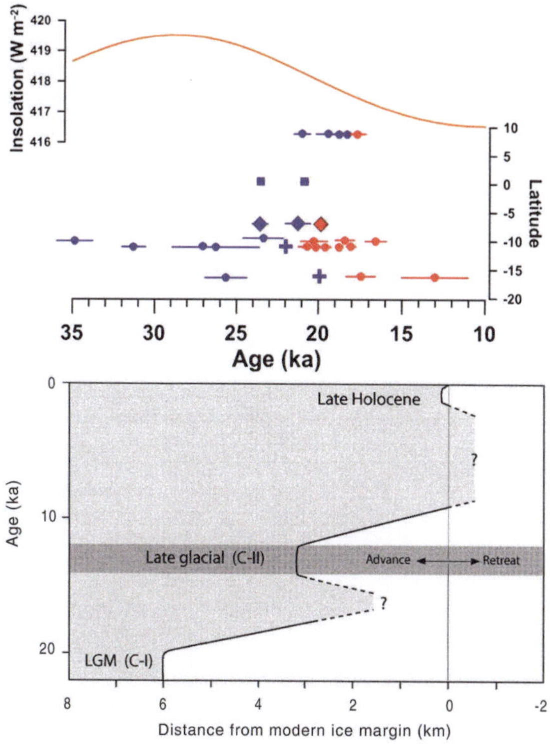

Abb. 5.69 *Oben*: ^{10}Be-Alter von lokalen LGM-Moränen (*blaue Symbole* mit Fehlerbereich) und die erste Moräne, die deutlich den Gletscherrückzug im Tal oberhalb anzeigt (*rote Symbole* mit Fehlerbereich). *Quadrate* – Äquatorial-Ostafrika (Kelly et al. 2014); *Rauten* – Peru (Shakun et al. 2015); *Kreise* – zentrales und südliches Peru (Farber et al. 2005; Smith et al. 2005a; Smith und Rodbell 2010). Datierte Blöcke, die als Ausreißer von den Autoren betrachtet werden, sind nicht berücksichtigt. Alle Alter sind rekalkuliert mit LSD-Skalierung (Lifton et al. 2014). Eine ^{10}Be-Produktionsrate (Meeresspiegel, hohe Breitengrade) von $4{,}0 \pm 0{,}1$ at gr^{-1} a^{-1} wird angenommen. *Blaue Kreuze* – Beginn der Deglaziation aufgrund von Seesediment-*records* der magnetischen Suszeptibilität des Junin- und Titicacasees (Seltzer et al. 2002) (aus Shakun et al. 2015).

Unten: Das Diagramm zeigt die Beziehung zwischen Entfernung der Endmoränen vom neuzeitlichen Gletscherende und dem Alter am Coropuna-Vulkan (Quebrada Santiago). Die C-I-Vergletscherung des LGM wird von Bromley et al. (2009) beschrieben. Die C-II-Vergletscherung erfolgte deutlich vor der Jüngeren Dryaszeit. (Nach Bromley et al. 2011a)

N III-Moränen. (iii) Nach gesamtmorphologischer Situation (periglaziäre Hangformung, Schwemmfächerbildung innerhalb der Seitenmoränen, Erosion der Seiten- und Endmoränen etc.) sind die N II-Moränen durchaus vergleichbar mit den in Bolivien im ariden Altiplano ausgebildeten Moränen, die zweifelsfrei auf ein Alter größer als das LGM datiert werden. Auch die Lage und geomorphologischen Charakteristika (geringe periglaziäre Überformung, geringe Erosion, regelmäßiges Auftreten) der N III-Moränen zeigen, dass die N II-Moränen älter sein können. ^{14}C-Daten belegen ein Alter > 12 ^{14}C ka BP. Hypothetisch ist daher ein Prä-LGM-Alter für die N II-Moränen und ein LGM-Alter für die N III-Moränen Nordchiles anzunehmen. Damit werden die Schlussfolgerungen von Ammann et al. (2001) infrage gestellt, die eine LGM-ELA-Absenkung von 700–1000 m annehmen. Die Autoren folgern aufgrund der großen ELA-Depression, dass die Humidität zur Zeit der N II-Vergletscherung größer gewesen sein muss und dass die N II-Vergletscherung (LGM) nicht mit dem globalen LGM korreliert werden kann, da dieses arider und kälter war. Andererseits wird eine Gleichzeitigkeit der N II-Vergletscherung mit dem Tauca-Stadium (ca. 26–15 cal ka BP) postuliert. Eine Synchronität der N II-Moränen mit der sehr feuchten Minchin-Phase (ca. 46–36 ka BP oder einer älteren Feuchtphase) und der N III-Moränen mit der Tauca-Phase ist wahrscheinlicher.

Am benachbarten Vulkan Parinacota (18° 10′ S, 69° 10′ W) (Abb. 5.76) sind die jungquartären Eruptionsgesteine mit

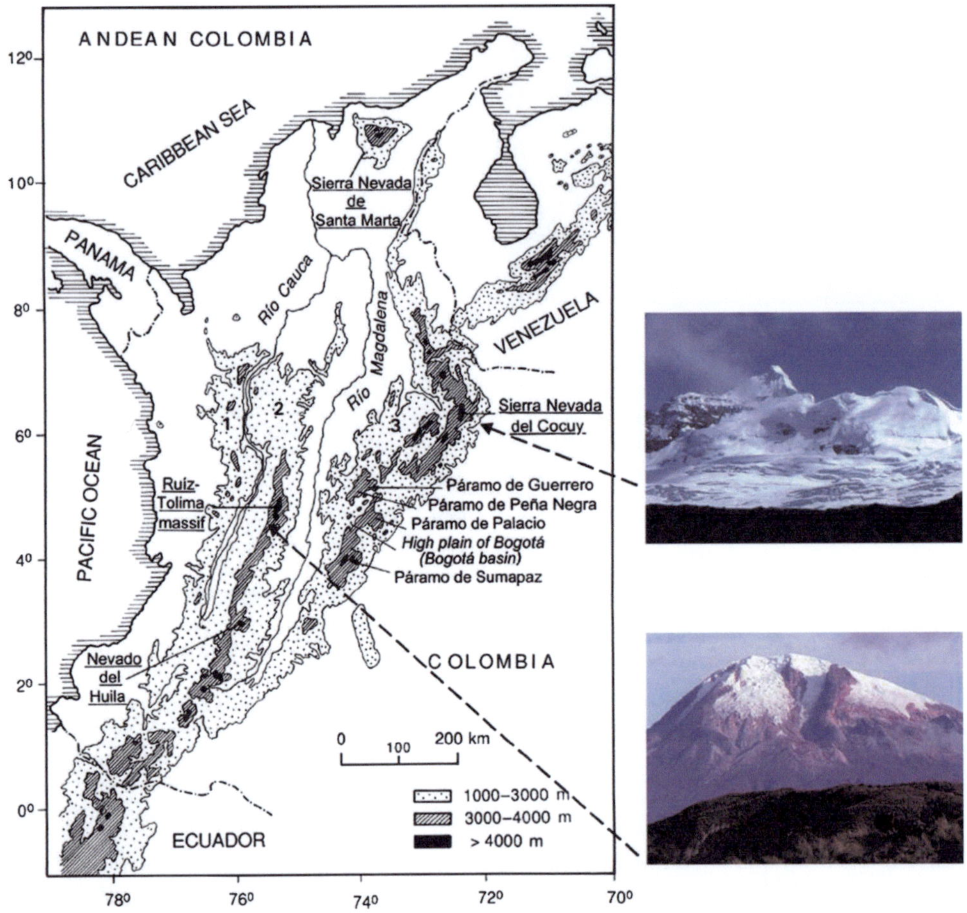

Abb. 5.70 Die kolumbianischen Anden mit den westlichen (1), zentralen (2) und östlichen Kordilleren. Die von Helmens (2011) behandelten Gebiete sind angegeben. *Unterstrichene Gebiete* sind heute noch vergletschert. (Aus Helmens 2011)

Tab. 5.2 Glazial-Chronostratigraphie für die kolumbianischen Anden nach van der Hammen et al. (1980/1981), Helmens (1988, 2011) und Rutter et al. (2012)

Drift 6	LIA	Corralitos moraines
	Kleine Eiszeit	
Drift 5	Early Holocene	Upper Bocatoma moraines
	Younger Dryas	Lower Bocatoma moraines
Drift 4	> 12.5 ^{14}C ka BP < 13.5 ^{14}C ka BP	Upper Lagunillas moraines
	> 15.5 ^{14}C ka BP < 18.0 ^{14}C ka BP	Lower Lagunillas moraines
Drift 3	> 19.5 ^{14}C ka BP < 23.5 ^{14}C ka BP	Upper Cóncavo moraines
	> 24.5 ^{14}C ka BP < 27.5 ^{14}C ka BP	Lower Cóncavo moraines
Drift 2	Ca. 31–36 ^{14}C ka BP	Río Negro
Drift 1	43–38 ^{14}C ka BP?	

K-Ar datiert worden (Gonzalez-Ferran 1994; Wörner et al. 1988, 2000; Hora et al. 2007). Vier Ausbruchsphasen werden unterschieden: (I) ~ 5000 Jahre, (II) ~ 28–30 ka BP, (III) ~ 40–47 ka BP und (IV) ca. 135–162 ka BP (Abb. 5.76). Die periglaziäre Überformung der verschieden alten Eruptivgesteine ist sehr unterschiedlich in Abhängigkeit vom Alter. Die jungholozänen andesitisch-basaltischen Gesteine (Phase I, ~ 5000 Jahre) zeigen weder periglaziäre Abtragungsspuren noch periglaziäre Decksedimente. Die dazitischen Laven (Phase II, ~ 28–30 ka BP) zeigen deutlich, dass periglaziäre Prozesse wirksam waren; jedoch hat das LGM lediglich „geringfügige" Abtragungsleistungen verursacht. Rhyolithischen Gesteine (Phase III, ~ 40–47 ka BP) werden durch periglaziäre Umlagerungs- und Abtragungsprozesse charakterisiert; dennoch haben sich an den Loben der Rhyolithgesteine nur kleine periglaziäre Schuttschleppen gebildet. Die andesitischen Laven (Phase IV, ca. 135–162 ka BP) weisen sehr „verwaschene" Oberflächenformen auf, die das Ergebnis der über ca. 150.000 Jahre andauernden periglaziären Überformung sind. Werden diese Befunde auf die Moränen des benachbarten Pomerape-Vulkans übertragen, so ergeben sich für die oft dem LGM zugeordneten Moränen ein wesentlich höheres Alter. Auch ist zu bemerken, dass am Parinacota alte Moränen nur dort auftreten, wo Eruptivgesteine des Jungquartärs fehlen. Dies ist ein weiterer Hinweis darauf, dass die vermeintlichen „LGM-Moränen" einer wesentlich älteren Kaltzeit zuzuordnen sind (Abb. 5.76). Diese Beobachtungen und Schlussfolgerungen werden durch die K-Ar-Altersbestimmungen der Vulkanite am Pomerape (Abb. 5.76) bestätigt. Die Moränen, die weiter unten als „*Edelweiß*"-Moränen beschrieben werden und ein Prä-LGM-Alter haben, sind nicht im Bereich von Oberflächen zu finden, die auf ca. 100 und 200 ka BP datiert werden (Wörner et al. 2000; Hora et al. 2007).

Karátson et al. (2012) haben Erosionsraten und Erosionsmuster der Vulkane der westlichen Kordilleren im tropisch-subtropischen Bereich von Peru, Bolivien und Chile mit besonderer Berücksichtigung des ariden Altiplano bestimmt. Die untersuchten Vulkane haben Alter zwischen 15 Ma und einigen Jahrtausenden. Die Vulkane haben sternartige Wall- und Talmuster entwickelt, das als *Edelweiß*-Muster von den Autoren aufgrund der Ähnlichkeit mit den *Edelweiß*-Blütenblättern bezeichnet wird (Abb. 5.77). Die Muster werden von einer systematischen Verteilung von *Neigung vs. Höhe* charakteriert und dokumentieren die Spuren ehemaliger Vergletscherungen. Karátson et al. (2012) schließen daraus, dass sich die Talentwicklung durch eine Erniedrigung der Oberfläche in Abhängigkeit von der Zeit abspielte. Bei den präquartären Vulkanen führten die Vergletscherungen einerseits zu einer glaziären Überformung der alten präglazialen Talungen. Andererseits können glaziäre Täler und Moränen durch ein dendritisches Drainage-Muster unter mehr humiden Klimabedingungen (z. B. Ccarhuaraso in Südperu) zerstört werden.

Die Talformanalysen von Karátson et al. (2012) in Verbindung mit den K-Ar-Altersbestimmungen der einzelnen Vulkane zeigen eine beeindruckende Beziehung zwischen Alter und quartären Moränen (Tab. 5.3). Der Parinacota-Vulkankegel ist im Holozän durch zahlreiche Eruptionen geformt worden; die letzten größeren Ausbrüche werden auf 1700 Jahre datiert (Karátson et al. 2012; Wörner et al. 2000; Hora et al. 2007). Er zeigt keine Moränen im Gipfelbereich, und auch an den tieferen Bergflanken fehlen Moränen (vgl. Abb. 5.76). Der Cerro Aracar hat ein Alter von ca. 100.000 Jahren; er liegt ca. 500 km südlich des Uyuni-Sees. Die Moränen (vorwiegend auf der Ostseite) sind relativ „frisch"; sie reichen bis ca. 4500 m NN hinab und weisen auf eine ELA bei ca. 5200 m NN. „*Edelweiß*"-Formen sind nicht vorhanden. Der Ollagüe-Vulkan hat ein Alter von ~ 130.000 Jahren; auch ihm fehlen die „*Edelweiß*"-Formen. Am Tacora-Vulkan, der ein Alter von ca. 490.000 Jahren aufweist, sind „*Edelweiß*"-Moränen bis 4350/4300 m NN weit verbreitet; die ELA lag vermutlich bei ca. 4800 m NN. Zahlreiche jüngere Moränen, ehemalige *ice-cored moraines* und inaktive Blockgletscher-Stadien sind in die „*Edelweiß*"-Formen einge-

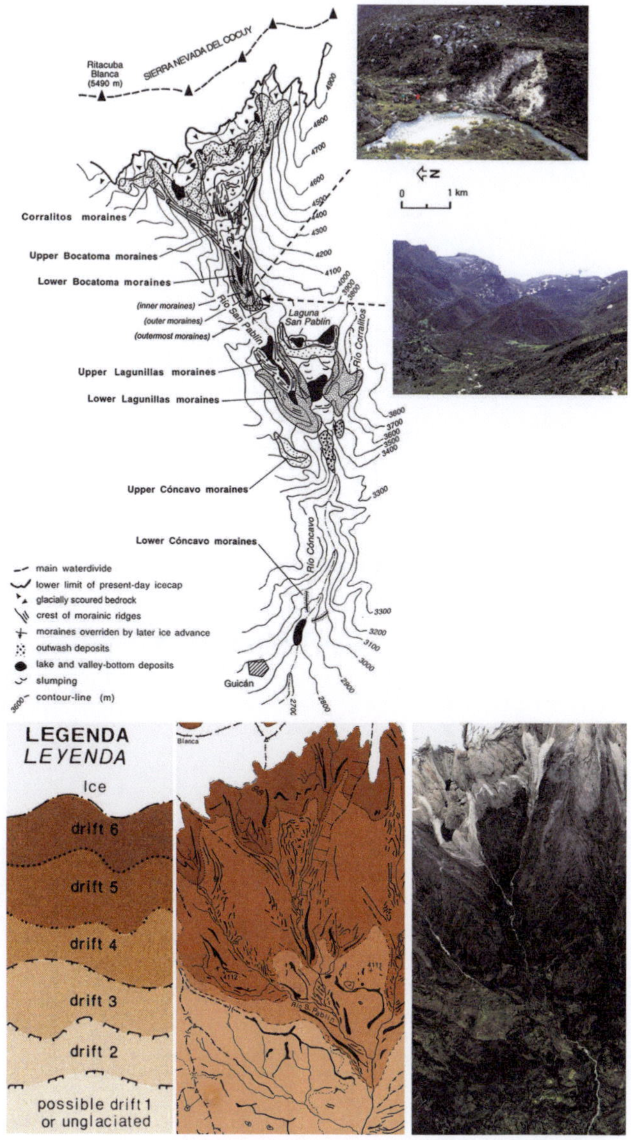

Abb. 5.71 *Oben*: Spätquartäre Moränensequenz im Río San Pablín- und Cóncavo-Tal, Sierra Nevada del Cocuy (6°27′47,68″ N, 72°20′29,11″ W). Glazialmorphologische Karte nach Helmens (2011); *unten*: nach van der Hammen et al. (1980/1981); *rechts*: GOOGLE-Bild

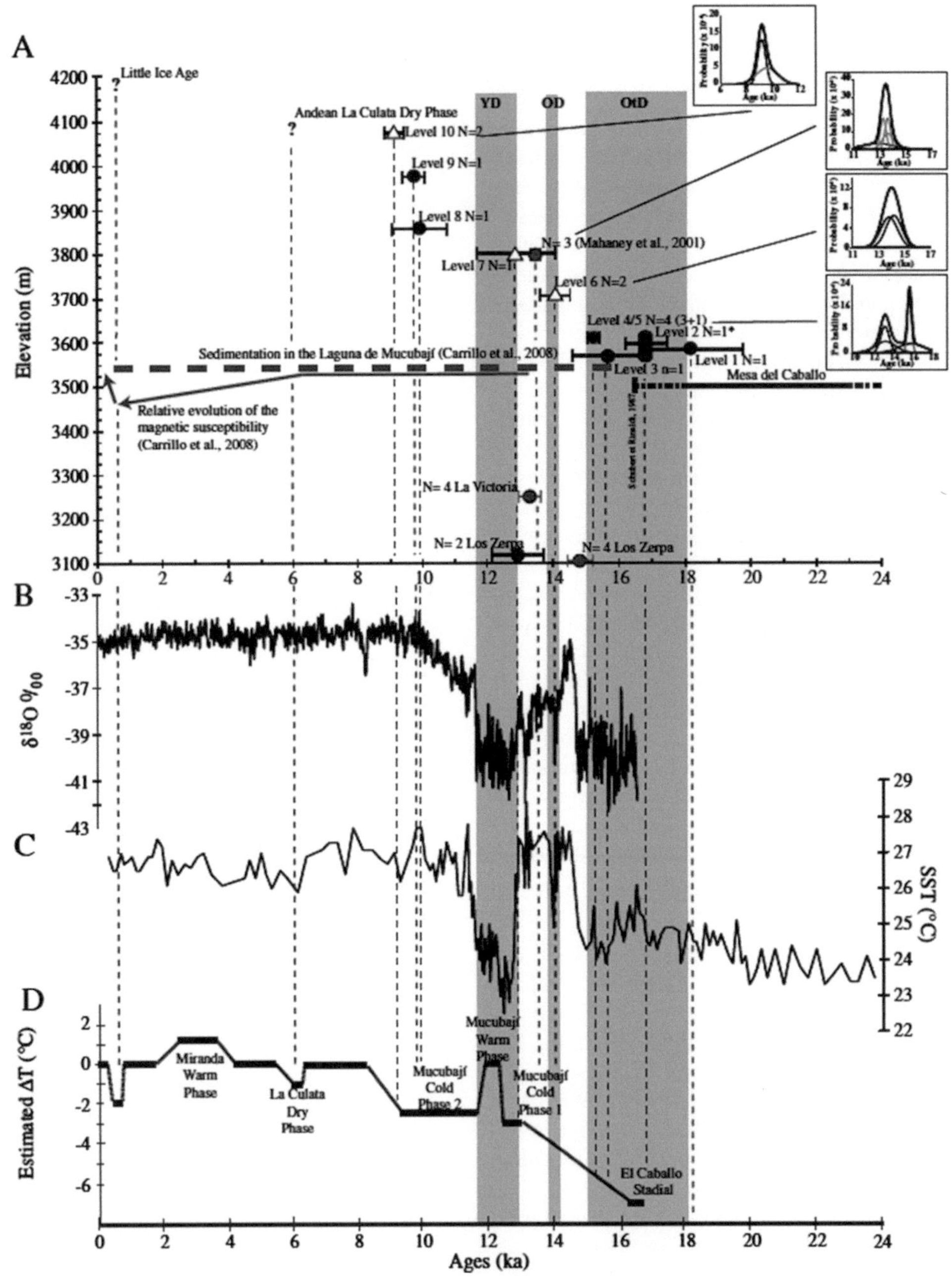

Abb. 5.72 (*A*) Lage der Gletscherfront seit dem LGM. Synthese des Gletscherrückzugs im Mucubaji-Tal, venezolanische Anden (ca. 8°48′ N, 70°48′ W). *Schwarze Punkte* – Moränenproben, *weiße Dreiecke* – Felsproben mit Gletscherschliff. Gewichtete Durchschnittsalter aufgrund von TCN-(*Terrestrial Cosmogenic Nuclide*, SED: hier mit ^{10}Be) Datierungen (Level 4/5 enthält auch bereits publizierte Daten). *Graue Punkte* – WA (*weighted average ages*), abgeleitet von publizierten Daten. Fragezeichen – Perioden möglicher Gletscher-Reaktivierung, die nicht erfasst wurden. N – Anzahl der Daten für die WA-Kalkulation. Der * steht für die Mächtigkeit (∼ 100 m) des Moränenstands 2. Eingefügte Diagramme zeigen die individuellen Alters-Wahrscheinlichkeitsverteilungen (*hellgraue Kurven* – publizierte Daten, *dunkelgraue Kurven* – Daten der vorliegenden Studie, *schwarze Kurven* – Summe der individuellen Wahrscheinlichkeiten). *Gerissene graue Linie* – Zeitspanne der Sedimentation in der Laguna de Mucubaji. *Graue Bänder* lokalisieren kalte Phasen von GISP2 (Grönland-Eiskern). YD – *Younger Dryas*; OD – *Older Dryas*; OtD – *Oldest Dryas*. (*B*) GISP2-δ^{18}O-Werte (‰). (*C*) Meeresoberflächentemperaturen (SSTs), abgeleitet von Mg/Ca-Sedimentanalysen des Cariaco-Beckens. (*D*) Klimarekonstruktion aufgrund palynologischer Befunde (nach Rull aus Carcaillet et al. 2013, dort auch Literaturangaben). Es erstaunt, dass auch hier versucht wird, die wenig präzise datierten Moränen/Gletscherstände mit den grönländischen Klimarekonstruktionen zu korrelieren

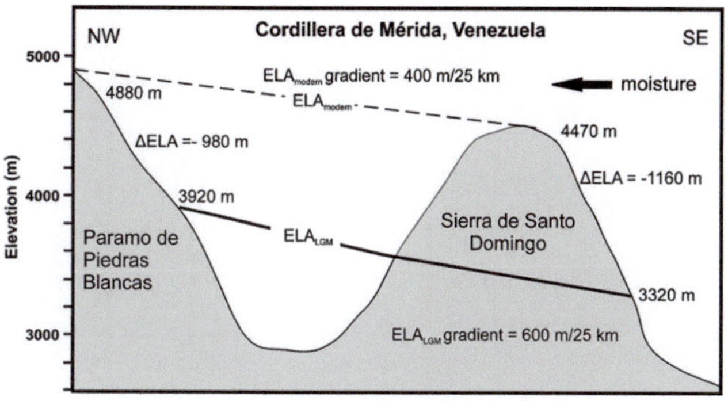

Abb. 5.73 ELA und Paläo-ELA (LGM) für die Cordillera de Mérida, venezolanische Anden. (Nach Stansell et al. 2007)

bettet (Abb. 5.78). Der Nevado Chuquiananta wurde im Pliozän vor rund 3,23 Ma gebildet. Die *„Edelweiß"*-Moränen ziehen sich bis ca. 4000 m NN hangabwärts. Der Gipfelbereich ist stark erodiert. Die oberen Bereiche der ehemaligen Nährgebiete der Gletscher der *„Edelweiß"*-Moränen sind durch Erosionsformen (Schluchten) von den unteren Zehrgebieten abgeschnitten (Abb. 5.78) und haben daher bei den jüngeren Vergletscherungsphasen eigene Gletscher bzw. Blockgletscher gebildet. Die ELA der jüngeren Gletscher (LGM?) lag in ≥ 5000 m NN.

Werden die *„Edelweiß"*-Moränen, die von vielen Autoren in das LGM gestellt werden, teilweise allein aufgrund ihrer deutlichen morphologischen Ausprägung im ariden Altiplano, teilweise allein aufgrund von SED-Daten, hinsichtlich ihrer Beziehungen zum Alter der ehemals vergletscherten Vulkane betrachtet, ergeben sich ganz eindeutige Belege für das hohe Alter der *„Edelweiß"*-Moränen. Vulkane, die jünger als das Eem sind (ca. 125.000 Jahre), zeigen keinerlei Spuren dieser Moränen. Ein letzteiszeitliches oder gar LGM-Alter ist damit definitiv ausgeschlossen. Die *„Edelweiß"*-Moränen der ca. 500.000 Jahre alten Vulkane sind überall vorhanden, reichen aber nicht so weit talwärts wie die *„Edelweiß"*-Moränen der jungtertiären Vulkane. Es ist anzunehmen – und wird auch durch die Kartierungen der glazialgeologischen/geomorphologischen Formen und Sedimente bestätigt (Abb. 5.44) –, dass die *„Edelweiß"*-Moränen mehrere Gletschervorstöße (Vergletscherungsphasen) des Quartärs seit > 500.000 Jahren repräsentieren.

Das hohe Alter der *„Edelweiß"*-Moränen wird auch durch die extrem stark erodierten glaziären Formen der *„Edelweiß"*-Moränen in Peru gestützt, die als solche aber kaum noch in Erscheinung treten (Abb. 5.77). Die Vulkane Ccarhuaraso und Jatunpunco dokumentieren, dass in einem feuchteren Klima im Vergleich zum ariden Altiplano die alt/mittelpleistozänen *„Edelweiß"*-Moränen größtenteils abgetragen wurden. Die Abtragungsleistung (*surface lowering*) beziffern Karátson et al. (2012) in Peru (Ccarhuaraso und Jatunpunco) auf 199 bzw. 188 m und am Cerro Aracar auf nur 9 m (Tab. 5.3). Diese Werte zeigen eindrucksvoll die großen Unterschiede in der Erhaltung der Moränenwälle im Bereich des ariden Altiplano einerseits und im feuchteren Andenbereich andererseits. Die Datierungen der vulkanischen Gesteine durch Wörner et al. (1988, 2000) und

Abb. 5.74 Nevados-de-Putre-Vulkan, Nordchile. Historische Eruptionen sind nicht bekannt. Aktive und inaktive Blockgletscher sind charakteristisch für die nordchilenischen Gebirgsmassive. Infolge der extremen Aridität sind Moränensequenzen nur schwach ausgebildet. Das untere Zungenende des Blockgletschers in der *Bildmitte* liegt in ~4850 m NN (18°07′36″ S, 69°31′36″ W)

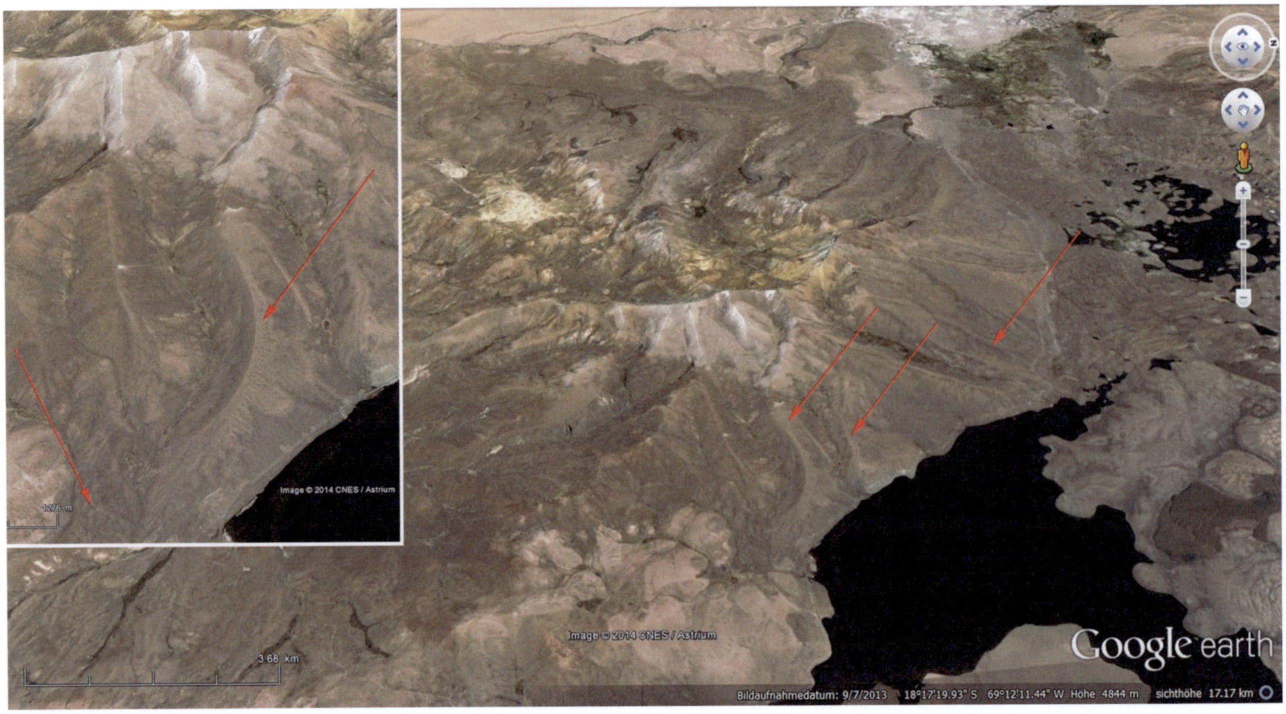

Abb. 5.75 Das Choquelimpie-Vulkanmassiv (GOOGLE-Schrägbild; 18° 17′ S, 69° 15′ W). Eine pliozäne Caldera (≥ 7 Ma: Wörner et al. 1988, 2000) ist stark erodiert. An den Hängen der Caldera sind die Moränensequenzen (N I bis N III) zu erkennen (*Pfeile*). Die N II-Moränen datieren Ammann et al. (2001) hypothetisch in das LGM. Geomorphologie, Hangformung und Vergleiche mit datierten Moränen in Bolivien lassen ein höheres Alter der N II-Moränen vermuten. *Kleines Bild*: Ausschnitt mit Moränen (*Pfeile*) der N I-, N II- und N III-Vergletscherungen

Tab. 5.3 Auswahl einiger Vulkane der Anden im Bereich der *„ariden Diagonale“* mit verschiedenem Alter. Das Vorkommen verschiedener Moränen ist abhängig vom Alter der Vulkane. Die oft dem LGM zugeordneten *„Edelweiß“*-Moränen sind deutlich älter als die letzte Kaltzeit; sie wurden von mehreren Gletschervorstößen gebildet und reichen bis ins Altquartär zurück. Zusammenstellung der Daten nach Karátson et al. (2012)

Name	Geograph. Breite	Geograph. Länge	Gipfelhöhe in m NN	Alter in Ma	Abtragung der Oberfläche in m	Bemerkungen
Parinacota	−18,17	−69,15	6328	0,0026	–	Keine pleistozänen und holozänen Moränen
Cerro Aracar	−24,29	−67,79	6064	~0,1	9	Jungquartäre Moränen; **keine** *„Edelweiss“*-Moränen
Ollagüe	−21,30	−68,17	5851	0,13 ± 0,04	15	Jungquartäre Moränen; **keine** *„Edelweiss“*-Moränen
Tacora	−17,72	−69,77	5953	0,489 ± 0,015	32	Quartäre Moränen; *„Edelweiss“*-Moränen bis ~ 4500 m NN
Chuquiananta	−17,08	−70,47	5538	3,23 ± 0,5	80	Quartäre Moränen; *„Edelweiss“*-Moränen bis ~ 4000 m NN
Cerrro Ccarhuaraso	−14,32	−73,78	5076	9,2 ± 0,5	199	Quartäre Moränen; **stark erodierte** *„Edelweiss“*-Moränen bis ~ 4000 m NN
Cerro Jatunpunco	−14,73	−73,72	5143	14,35 ± 0,7	188	Quartäre Moränen; **stark erodierte** *„Edelweiss“*-Moränen bis ~ 4100 m NN

Hora et al. (2007) schließen definitiv aus, dass die *„Edelweiß“*-Moränen ein letztglaziales oder gar LGM-Alter haben. Ob diese bedeutenden morphologischen Beobachtungen zur quartären Gletschergeschichte der Anden im Bereich der „ariden Diagonale“ auch uneingeschränkt für vergleichbare Bildungen in feuchteren Regionen (z. B. Peru, Ecuador) zutreffen, ist nicht geklärt, jedoch zu vermuten.

J Zech et al. (2009b) beschreiben eine Glazialchronologie von der Tres Lagunas-Region (22°S, 65°W) in Nordwest-Argenti-

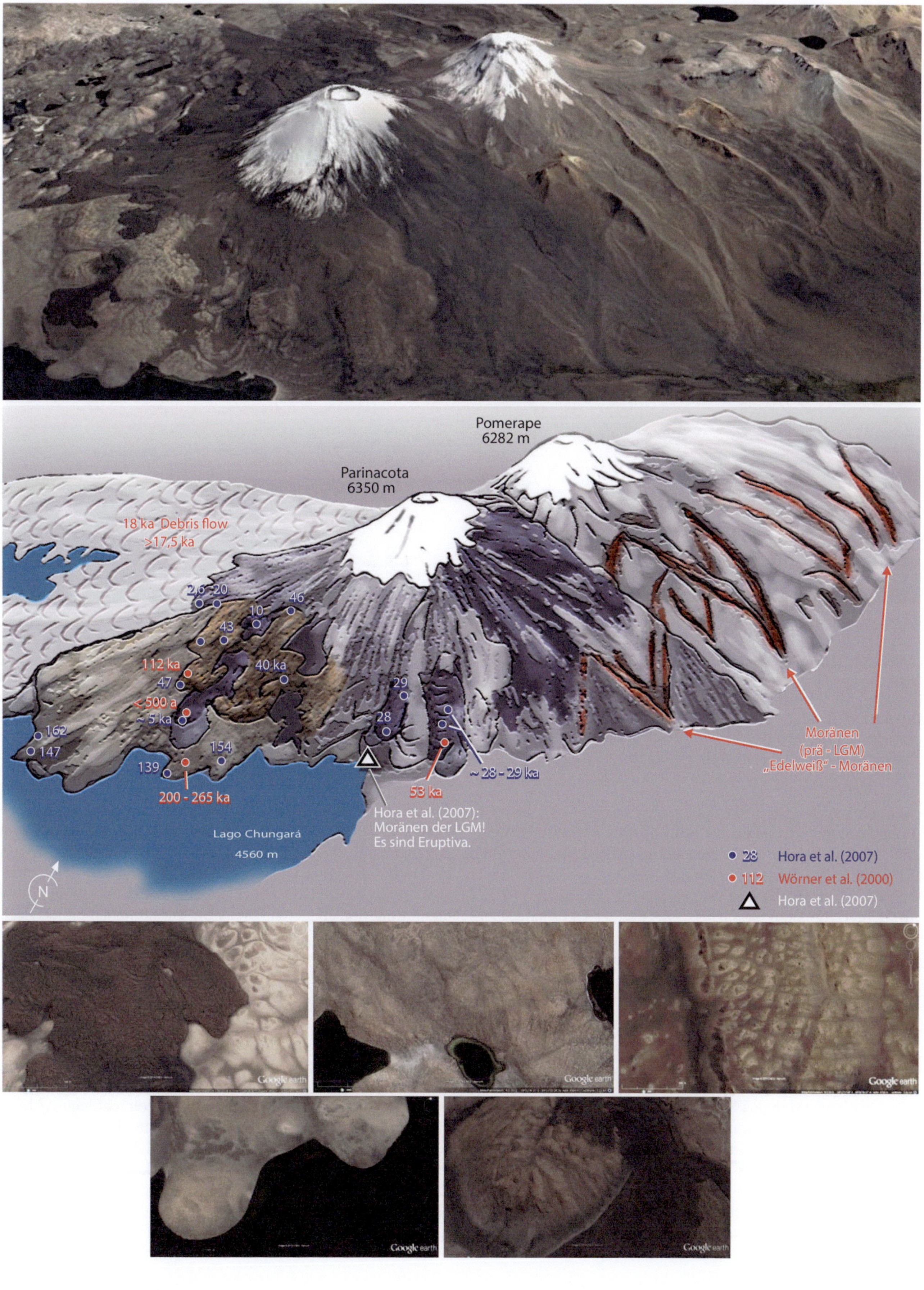
Pomerape
6282 m
Parinacota
6350 m
18 ka Debris flow
>17,5 ka
26
20
46
10
43
112 ka
40 ka
47
< 500 a
~ 5 ka
29
28
162
147
154
139
200 - 265 ka
53 ka
~ 28 - 29 ka
Moränen
(prä - LGM)
„Edelweiß" - Moränen
Hora et al. (2007):
Moränen der LGM!
Es sind Eruptiva.
Lago Chungará
4560 m
N
28 Hora et al. (2007)
112 Wörner et al. (2000)
Hora et al. (2007)
Google earth

Abb. 5.76 Parinacota-Vulkan (18°10′ S, 69°10′ W) und Pomerape-Vulkan. Der Parinacota-Vulkan hatte verschiedene jungquartäre Eruptionen, die K-Ar datiert wurden und die eine – in Abhängigkeit von der Zeit – unterschiedlich starke periglaziäre Überformung erfahren haben. Wird die Beziehung „Alter der Gesteine – periglaziäre Überformung" von den Eruptivgesteinen auf die Moränenwälle übertragen, ergeben sich für die markanten großen Moränen deutlich höhere Alter, als dies von zahlreichen Bearbeitern der glaziären Formen in der ariden Region Nord-Chiles, Süd-Boliviens und Nord-Argentiniens angenommen wird. *Oben*: GOOGLE-Schrägansicht der Vulkane Parinacota (*links*) und Pomerape (*rechts*). *Darunter*: Umzeichnung. Altersangaben der vulkanischen Gesteine nach Wörner et al. (1988, 2000) und Hora et al. (2007). *Kleine GOOGLE-Bilder (von links oben im Uhrzeigersinn)*: Phase I-Oberfläche, ca. 5 ka BP; *Debris flow*, ca. 18 ka BP; Phase II-Oberfläche, ca. 28–30 ka BP; Phase III-Oberfläche, ca. 40–47 ka BP; Phase VI-Oberfläche, ca. 135–162 ka BP. Es sei angemerkt, dass es sich bei den von Hora et al. (2007, Fig. 3) eingezeichneten Moränen nicht um Moränen des LGM handelt, sondern um Prä-LGM-Moränen, die von den auf 28–29 ka BP datierten Andesit- und Dazit-Laven überlagert werden. Die bogenförmigen Moränenwälle, die stark periglaziär überformt wurden, sind *rechts* oberhalb des Chugara-Sees gut zu erkennen ◄

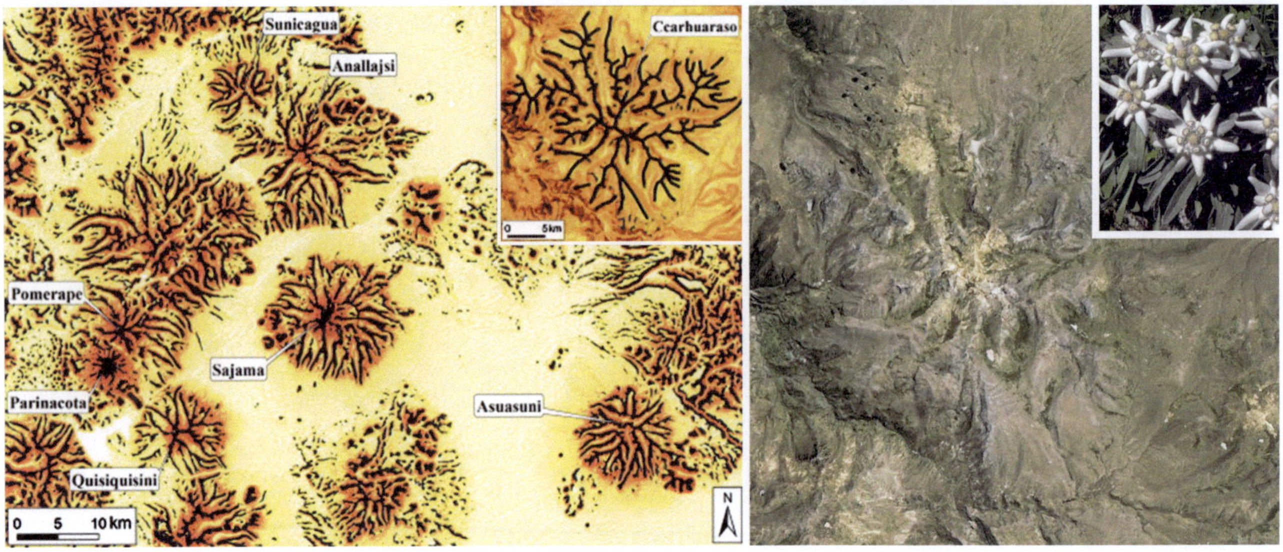

Abb. 5.77 „*Edelweiß*"-Vulkane des ariden Altiplano (insbesondere Sajama [18,10°S, 68,88°W], vgl. Abb. 5.52, Abb. 5.53, Quisiquisini, Asuasuni, Sunicagua) mit den glaziären Talformen. Im Gegensatz dazu zeigt das Relief des Ccarhuaraso (14,32° S, 73,78° W) im humideren Peru ein dendritisches Talmuster, das nach der glaziären Formung gebildet wurde und auf das hohe Alter der früheren Vergletscherungen hinweist (aus Karátson et al. 2012). Die SRTM-DEM-basierte, leicht schattierte Hangkarte mit Verstärkung der Wälle wurde mit einer Median-Differenz filternden Methode erstellt (detaillierte Beschreibung bei Karátson et al. 2010). Das *kleine Kärtchen* und das *GOOGLE-Bild rechts* zeigen den stark erodierten Ccarhuaraso, dessen älteste Moränenwälle nur noch undeutlich zu erkennen sind. *Oben rechts*: Edelweiß-Blüten

nien, die auf 35 ^{10}Be-SED-Datierungen basiert (Abb. 5.79). In Ergänzung mit ^{14}C-Daten aus benachbarten Seesedimenten erhält die Chronologie große Bedeutung (Abb. 5.80), sofern die Korrelation von Seesedimenten und Moränen gesichert ist. Die älteste und ausgedehnteste Vergletscherung wird auf $\geq$ 116,3 ka BP datiert. Sie kann möglicherweise mit der Oki-Phase, einer Feuchtphase mit hohen Seespiegelständen auf dem Altiplano, korreliert werden. Die größte Vergletscherung während des globalen LGM erfolgte vor 25–22 ka BP und dokumentiert eine Gletschermassenbilanz, die auf bedeutend kältere Temperaturen (−4,5–8 °C) bei geringer Niederschlagszunahme (Faktor 2–4 im Vergleich zu heute) hinweist (vgl. Kull et al. 2003). Die Vergletscherung fällt mit der Sajsi-Seetransgression zusammen (24–20,5 ka BP, Placzek et al. 2006). Zu Beginn der Deglaziation wird in den Seesedimenten ein *outwash*-Diamiktit (ungeschichtetes Sediment) auf 19–17 ka BP datiert und mit einem erneuten Vorrücken der Gletscher in Verbindung gebracht. ^{14}C-Alter des Diamiktits und SED-Alter dieses Gletschervorstoßes fallen zusammen. Die am besten ausgebildete Moräne wurde $\geq$ 14,5 ka BP (SED-Alter) gebildet. Ihre Bildung fällt damit mit der Tauca-Phase hoher Seespiegelstände zusammen.

Während eines schnellen Eisabschmelzens im Spätglazials nach $\sim$ 14,5 ka BP erfolgten Gletscherstillstände um $\sim$ 13,8 $\pm$ 1,5 ka BP und 12,0 $\pm$ 1,5 ka BP. Der ältere Vorstoß soll mit dem Heinrich 1-Ereignis und der jüngere Vorstoß mit der Coipasa-Transgressionsphase (13–11 ka BP) auf dem Altiplano und damit mit der Jüngeren Dryaszeit zusammenfallen (J Zech et al. 2009a, b). Ob diese Interpretation von J Zech et al. (2009b) zutrifft, wird im Folgenden kritisch diskutiert (vgl. Abb. 5.79).

Die SED-Daten der LG6-Moränen weisen auf ein Alter von $\geq$ 116,3 ka BP hin (Abb. 5.79). Wird berücksichtigt, dass die Abtragung am $\sim$ 350 km westnordwestlich entfernten, ca. 100 ka alten Ollagüe-Vulkan ca. 9 m betrug (Karátson et al. 2012), ist im Tres Lagunas-Gebiet mit beträchtlichen Abtragungsleistungen zu rechnen, die – wegen des wesentlichen höheren Alters der Oberflächenformen und der höheren Niederschläge (heute ca. 390 mm/a) – ein Vielfaches betragen können. Die SED-datierten Blöcke sind exhumiert, verlagert und erodiert worden, worauf die Streuung der Alter und auch die Bedenken der Autoren deutlich hinweisen. Ein wesentlich hö-

Abb. 5.78 *Oben*: Tacora-Vulkan (ca. 490.000 Jahre alt) mit „*Edelweiß*"-Moränen (im Vordergrund *links* und *Mitte*), jüngeren Moränen, ehemalige *ice-cored moraines* und inaktiven Blockgletscher-Stadien innerhalb der „*Edelweiß*"-Moränen bzw. am Fuß des Vulkankegels (GOOGLE-Schrägbild).
Unten: Chuquiananta-Vulkan (ca. 3,23 Mio. Jahre alt) mit „*Edelweiß*"-Moränen (*rechte Bildseite*). Die starke Erosion dieses jungtertiären Vulkans hat Teile der Nährgebiete der Gletscher der alten „*Edelweiß*"-Moränen abgeschnitten. Jüngere Vergletscherungen haben die Nährgebiete der „*Edelweiß*"-Moränengletscher (*Bildmitte*) nicht mehr erfasst; diese Bereiche zwischen rund 5000 und 4500 m NN sind intensiv periglaziär überprägt. Zahlreiche Blockgletscher enden in 4800 bis 5000 m NN. (GOOGLE-Schrägbild)

heres Alter, als von J Zech et al. (2009b) angenommen wird, ist daher für die LG6-Moränen wahrscheinlich. Gleiches gilt für die LG2-, LG5-, LG9-, TL1- und TL2-Moränengruppen. Außerdem ist die Beziehung des Tres Laguna III-Diamikts zu einem bestimmten Gletschervorstoß nicht belegt.

Aus der fraglichen Korrelierung des Diamikts, der ^{14}C-datiert wurde (Abb. 5.80), mit den Moränen, die SED-datiert wurden (Abb. 5.79), folgern J Zech et al. (2009b), dass die Befunde eine starke Intensivierung des südamerikanischen Sommermonsuns (SASM) dokumentieren, die als Reaktion auf die nordhemisphärische Abkühlung während des Heinrich-1-Ereignisses (H 1, 17–15 ka BP) mit südwärtiger Verlagerung der ITCZ und La-Niña-artigen Verhältnissen im östlichen äquatorialen Pazifik erfolgte.

Eine derart detaillierte paläoklimatische Rekonstruktion ist jedoch – wie die Autoren selbst anmerken – vor dem Hintergrund der SED-Datierungen und der Unsicherheiten nicht nur bei der exakten H 1-Altersbestimmung (Hemming 2004) stark hypothetisch. Die Unterschiede in den *scaling*-Methoden sind besonders problematisch.

DJ Ward et al. (2015) nehmen eine neue Skalierung eigener und bereits für Peru, Bolivien und das nördliche Chile publizierter SED-Daten (^{10}Be) vor und kommen zu synchroner Stabilisierung von Gletschervorstößen um ca. 40–25 ka, 17–15 ka und 14–12 ka BP. Damit wird das LGM-Maximum der Vergletscherung auf > 25 ka BP bestimmt; darüber hinaus werden das Heinrich-1-Ereignis sowie Gletscherbewegungen während des ACR und zu Beginn der YD belegt. Südlich von

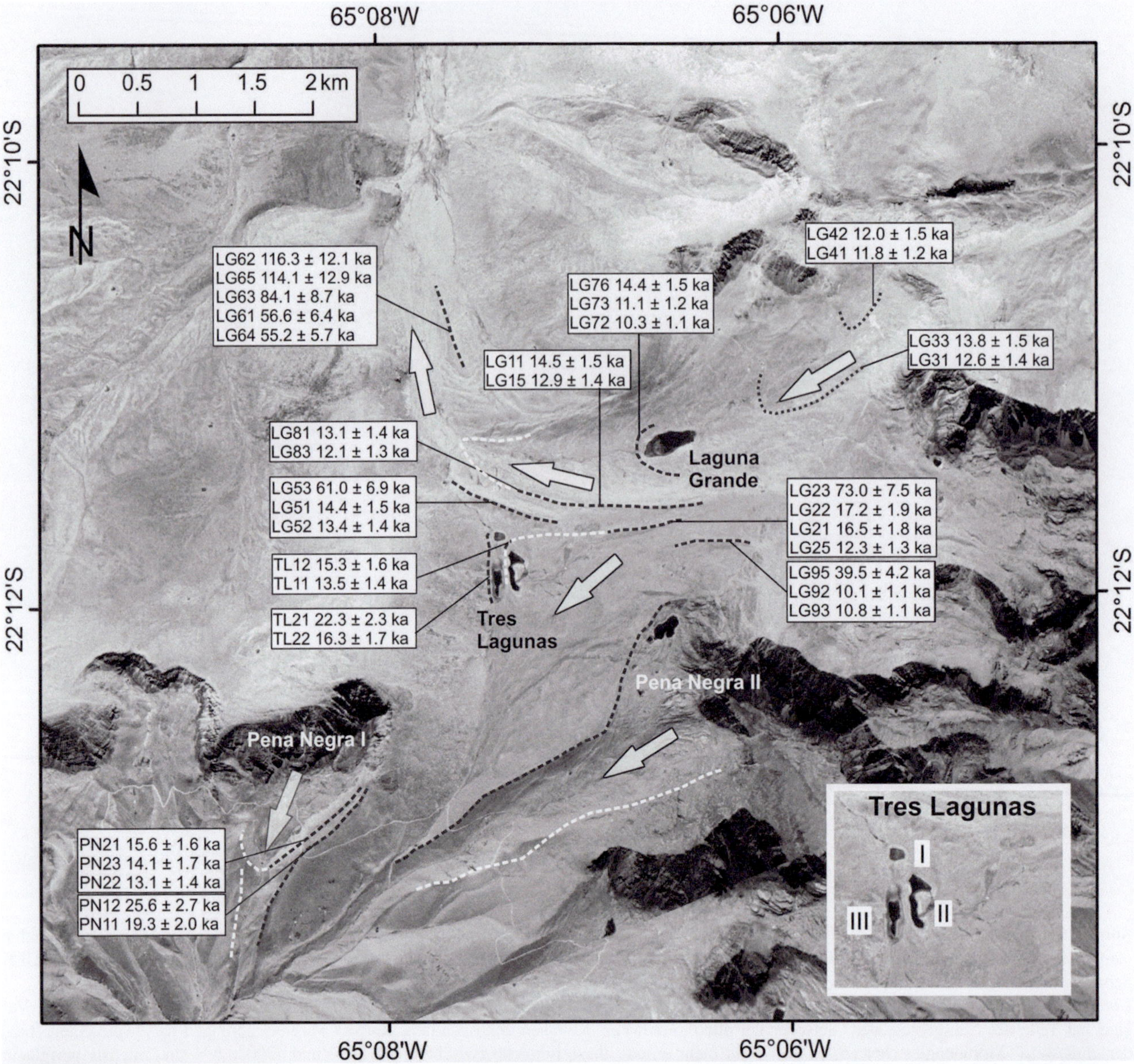
65°08'W
65°06'W
0 0.5 1 1.5 2 km
22°10'S
22°12'S
N
LG62 116.3 ± 12.1 ka
LG65 114.1 ± 12.9 ka
LG63 84.1 ± 8.7 ka
LG61 56.6 ± 6.4 ka
LG64 55.2 ± 5.7 ka
LG76 14.4 ± 1.5 ka
LG73 11.1 ± 1.2 ka
LG72 10.3 ± 1.1 ka
LG42 12.0 ± 1.5 ka
LG41 11.8 ± 1.2 ka
LG33 13.8 ± 1.5 ka
LG31 12.6 ± 1.4 ka
LG11 14.5 ± 1.5 ka
LG15 12.9 ± 1.4 ka
LG81 13.1 ± 1.4 ka
LG83 12.1 ± 1.3 ka
Laguna Grande
LG53 61.0 ± 6.9 ka
LG51 14.4 ± 1.5 ka
LG52 13.4 ± 1.4 ka
LG23 73.0 ± 7.5 ka
LG22 17.2 ± 1.9 ka
LG21 16.5 ± 1.8 ka
LG25 12.3 ± 1.3 ka
TL12 15.3 ± 1.6 ka
TL11 13.5 ± 1.4 ka
LG95 39.5 ± 4.2 ka
LG92 10.1 ± 1.1 ka
LG93 10.8 ± 1.1 ka
TL21 22.3 ± 2.3 ka
TL22 16.3 ± 1.7 ka
Tres Lagunas
Pena Negra II
Pena Negra I
PN21 15.6 ± 1.6 ka
PN23 14.1 ± 1.7 ka
PN22 13.1 ± 1.4 ka
PN12 25.6 ± 2.7 ka
PN11 19.3 ± 2.0 ka
Tres Lagunas
I
II
III

Abb. 5.79 Tres Lagunas-Gebiet, NW Argentinien. *Oben*: Moränenstadien (*gerissene schwarze Linien*) mit SED-Daten. *Weiße Linien* kennzeichnen die Moränen, die im Gelände kartiert werden konnten. SED-Alter wurden mit dem Skalierungs-Modell von Lifton et al. (2005) berechnet. Die *Pfeile* kennzeichnen die frühere Richtung des Eisflusses. Die Probenbezeichnungen nennen im ersten *Buchstaben* die Moränennummer und im zweiten die Probennummer (nach J Zech et al. 2009b).
Unten: GOOGLE-Bild des zentralen Teils. Die Laguna Grande befindet sich im Tal, das von zahlreichen Moränenwällen gesäumt wird. Die Tres Lagunas liegen außerhalb der Seitenmoränenwälle. Im *Bild oben links* ist noch die prä-letzteiszeitliche Moräne zu erkennen. In der *Bildmitte unten* sind die LG9-Moränen und *darüber* die LG2-Moränen zu sehen, deren SED-Alter stark streuen und die sehr wahrscheinlich $> 73{,}0 \pm 7{,}5$ ka (LG23) und $> 61{,}0 \pm 6{,}9$ ka (LG53) alt sind. Die LG8-Moränen können evtl. das LLGM repräsentieren. Es ist nicht bekannt, ob das Alter des LLGM vor, um oder nach 20 ka BP anzusetzen ist. Die SED-Daten können darüber keine Auskunft geben ◄

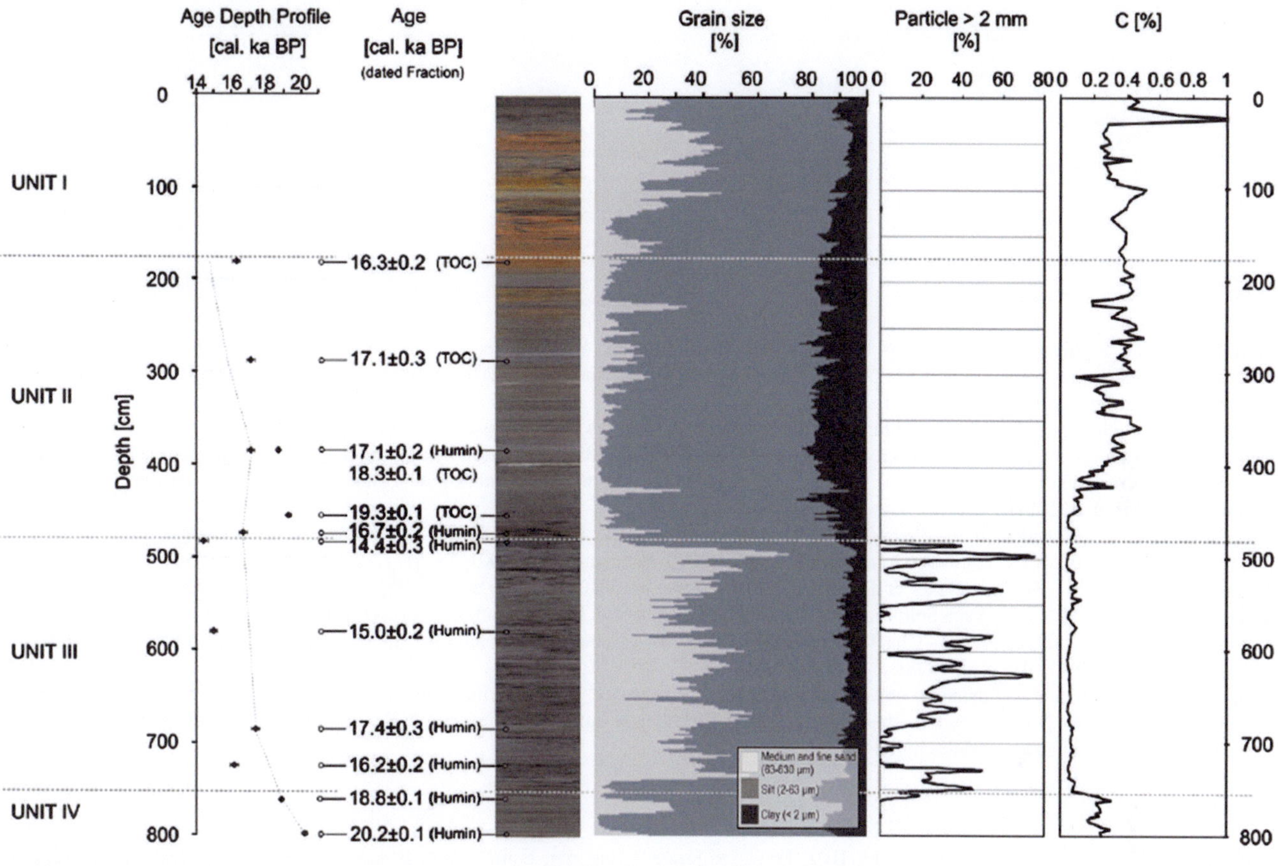

Abb. 5.80 Der Sedimentkern von Tres Lagunas III mit ^{14}C-Alter, Korngrößen und TOC (*total organic carbon*); die Alter der *Unit III* sind aus dem Diamikt. Die TOC-^{14}C-Alter werden als zu alt angesehen aufgrund von Kontamination mit altem gelöstem Kohlenstoff. Es wird angenommen, dass die Seesedimentablagerung um ~ 17 ka BP beginnt. Es bleibt offen, ob die Bohrung die Basis der Seesedimente erreichte. (Aus J Zech et al. 2009b)

20° S sind die 14- bis 12-ka-Moränen nicht mehr nachzuweisen (vgl. DJ Ward et al. 2015). Bisher gibt es keine zuverlässigen Angaben über die lokalen Produktionsraten in großen Höhen (Anden) und niederen Breiten (Tropen). Kalibrierungen fehlen. Indem J Zech et al. (2009b) die Seesediment-^{14}C-Daten mit den SED-Altersbestimmungen der Moränen korrelieren, kommen sie zu dem Ergebnis, dass die LGM-Moränen in der Tat LGM-Moränen sind; die ermittelten Alter sind jedoch mit einem zu großen Fehlerbereich versehen. Interhemisphärische Korrelierungen der Glazialchronologie der ariden Anden mit Meeressedimenten/Eisbohrkernen des Nordatlantiks/Grönlands, wie von den Autoren postuliert, sind daher sehr hypothetisch.

Das Problem der Klimaschwankungen in Zeitskalen von ≤ 1000 Jahren für das tropische Lateinamerika greifen Urrego et al. (2014) erneut auf und zeigen am Beispiel des Heinrich 1-Ereignisses, dass die spätglazialen Chronologien (Abb. 5.81) der See-, Höhlen- und marinen Sedimente verschiedene methodische Ansätze verfolgen, die zu Zeitdiskrepanzen von ≤ 800 Jahren führen. Ihr – unter Vorbehalt – erarbeitetes Ergebnis ist: Das H 1-Ereignis zeichnet sich durch verringerte Niederschläge in den nördlichen amerikanischen Tropen aus, aber durch vermehrte Niederschläge in den südlichen amerikanischen Tropen (Abb. 5.81).

Im östlichen Brasilien sind außerdem zwei untergeordnete Ereignisse im H 1 zu beobachten. Am Kontinentalhang vor Brasilien (Abb. 5.81, *links*: 16) finden Arz et al. (1998) in einem marinen Sedimentkern aus heute 767 m Wassertiefe rhythmische Einlagerungen von terrigenem Erosionsmaterial (datiert

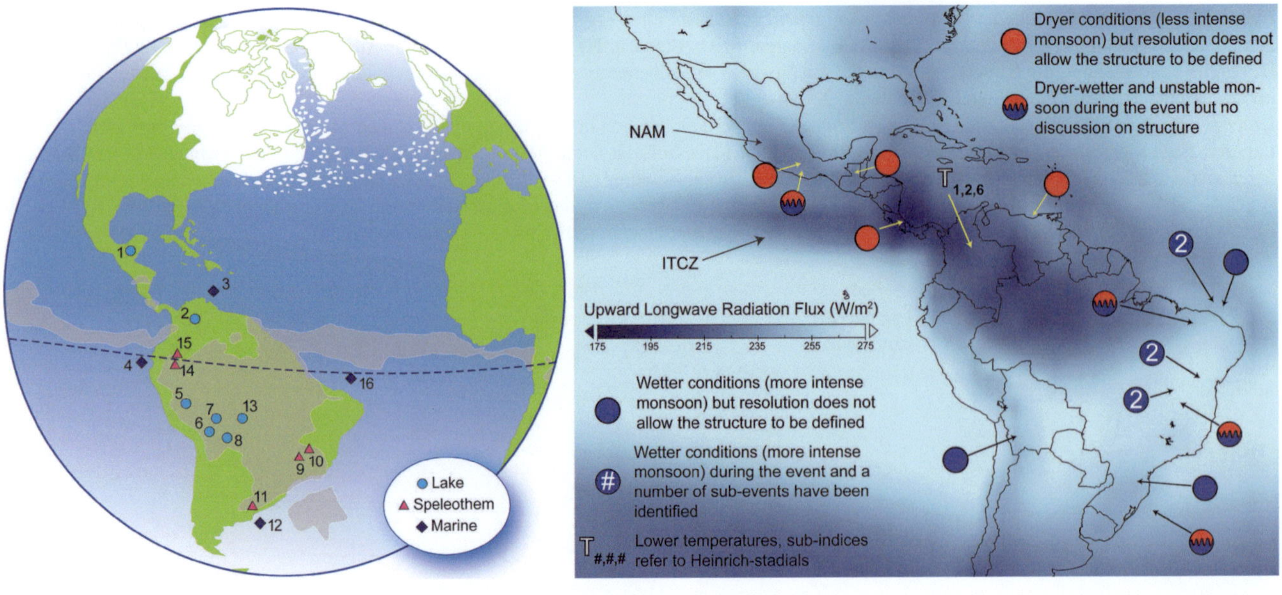

Abb. 5.81 *Links*: Probenorte und schematische Darstellung des H 1 *events*. *Weiß*: Eisbergbildung im Nordatlantik. *Grau*: Nordhemisphärische Winter(Januar)-Situation von ITCZ und SASM (südamerikanischer Sommermonsun). Glazialchronologien und morphologische Proxydaten bleiben unberücksichtigt (aus Urrego et al. 2014).
Rechts: Durchschnittliche langwellige Strahlung, die die Erde verlässt (Mai bis November) für die Periode 1950–2008 für die amerikanischen Tropen und Subtropen als Indikator für konvektive Aktivität, die die durchschnittliche Position von ITCZ und NAM (nordamerikanischer Monsun) widerspiegelt. *Kreise* markieren die Struktur und Signatur ± 1000-jähriger nordatlantischer kühler Stadiale (z. B. H 1 *event*) an verschiedenen Orten (aus Urrego et al. 2014).
Die Zahlen (*linkes Bild*) bedeuten: 1 – Peten-Itza (Correa-Metrio et al. 2012; Escobar et al. 2012), 2 – Fúquene (Bogotá et al. 2011; Groot et al. 2011; Hooghiemstra 1984), 3 – Cariaco (González und Dupont 2009; Peterson et al. 2000), 4 – M772-059 (Mollier-Vogel et al. 2013), 5 – Junin (Hansen et al. 1994), 6 – Titicaca (Baker et al. 2001a, 2001b; Fritz et al. 2010; Paduano et al. 2003), 7 – Consuelo (Urrego et al. 2010), 8 – La Gaiba (Whitney et al. 2011), 9 – Lapa Sem Fim. und 10 – Paixão (Strikis et al. Pers. Komm. Urrego), 11 – Botuverá (Cruz et al. 2005), 12 – GeoB 6211-2 (Chiessi et al. 2008, 2009), 13 – Chaplin (Mayle et al. 2000), 14 – Cueva del Diamante (Cheng et al. 2013), 15 – Santiago (Mosblech et al. 2012), 16 – GeoB 3104-1 (Arz et al. 1998).
Anmerkung: Die feuchten Bedingungen der Paläoklimaarchive „Titicacasee“ und „mariner Kern NE-Brasilien“ zeigen nicht den allgemeinen Trend; sie belegen nicht feuchte, sondern ebenfalls trockenere Verhältnisse aufgrund einer geomorphologischen Interpretation der Paläoklimaarchive (vgl. die entsprechenden Textabschnitte)

auf ca. 40, 33, 24 und 15,5–11,8 ^{14}C ka BP). Die terrigenen Lagen, die mit Heinrich-Lagen korreliert werden, unterbrechen die allgemeine $CaCO_3$-Sedimentation. Ob diese terrigenen, an Titan und Eisen reichen Lagen jedoch feuchtere Klimabedingungen repräsentieren, wie Arz et al. (1998) annehmen, ist nicht sicher. Das Gegenteil ist wahrscheinlicher: Zur H 1-Zeit ($\sim$ 16,8 ka BP) lag der Sedimentkern infolge des abgesenkten Meeresspiegels von $\geq$ 90 m (Clark et al. 2009) weniger als 10 km von der spätglazialen Küstenlinie Nordost-Brasiliens entfernt; die terrigenen Lagen der marinen Sedimente stammen aus (feucht)tropischen Gebieten, in denen vor allem trockenere Klimaphasen eine Verstärkung von Erosion und Oberflächenabfluss (Abspülungsprozesse) als Folge einer verringerten Vegetationsbedeckung nach sich ziehen (Abb. 5.1, vgl. u. a. Rohdenburg 1971,1989; Vanacker et al. 2007; Torres Acosta et al. 2015). Die Rückkoppelungsmechanismen von Klimawechsel und Geomorphodynamik sind sehr komplex und lassen sich nicht auf die Annahme *Verstärkung der terrestrischen Abtragung = Zunahme der Niederschläge* reduzieren. Folgt man den geomorphologischen Forschungsergebnissen (MF Thomas 2008), dann sind die von Arz et al. (1998) beschriebenen terrigenen Sedimente in den marinen Bohrkernen Belege für Wechsel zu arideren (und nicht feuchteren) Klimabedingungen. Mit dem stärkeren Bodenabtrag haben auch die Pollen- und Sporenanteile in den marinen Sedimenten zugenommen; die Pollen- und Sporenkonzentrationen sind daher kein Beleg für feuchtere Klimaphasen, wie Behling et al. (2000) vermuten. Ebenfalls aufgrund der falschen Deutung der Abtragungsprozesse unter semiariden Klimabedingungen in NE-Brasilien folgern Jennerjahn et al. (2004), dass die terrestrischen und marinen Signale von Klimaänderungen um Jahrtausende voneinander abweichen können, wie dies für das Heinrich-Ereignis fälschlicherweise angegeben wird. Auch kann nicht ausgeschlossen werden, dass der „terrigene“ Eintrag z. T. auf Stäube zurückzuführen ist; Staub wurde immer wieder – besonders während arider Phasen im LGM und Spätglazial – von Afrika über den Atlantik ins tropische Südamerika und die Karibik verfrachtet (Abschn. 4.2.4.2; Abb. 2.30). Nicht zuletzt sind die OSL-datierten LGM-zeitlichen aktiven Dünensysteme der kolumbianisch-venezolanischen Llanos eindeutige Belege für eine größere Aridität aufgrund einer südwärtigen Verlagerung der ITCZ und morphologisch aktiver NE-Passatwinde im Winter der Nordhemisphäre (Carr et al. 2016).

Zusammenfassend ergibt sich folgendes Bild für die LGM-zeitlichen Klimaverhältnisse (ca. 25–20 ka BP) im nördlichen Chile und Argentinien: Die glazialmorphologischen Beobachtungen weisen einen Mangel an ± exakten Datierungen auf. Betroffen davon sind auch die Daten von J Zech et al. (2009b). Die Temperaturen waren um ca. 6 ± 2 °C kälter (vgl. Heine 2000). Die Niederschläge waren gering (≤ im Vergleich zur Gegenwart), was durch die weite Verbreitung LGM-zeitlicher Blockgletscher belegt wird. In dieses Bild fügen sich auch die Beobachtungen von Messerli et al. (1992) ein, die ein kaltes und trockenes LGM aufgrund einer Synthese der Paläoklimazeugen rekonstruieren. Dies stimmt überein mit Befunden von Seesedimenten (Pollen, Geochemie der Sedimente) sowohl aus den chilenischen Anden (23°44′ S, 67°46′ W, 4140 m NN, Grosjean et al. 2001) als auch aus den östlichen tropischen Tieflandsregionen (Metcalfe et al. 2014). Bereits um 19 ka BP setzt eine rasche Erwärmung in den Anden und im Pantanal ein. Mindestens eine markante Klimaschwankung mit kühleren Temperaturen kann für das Spätglazial belegt werden. Eine exakte Datierung gibt es nicht, sodass alle Korrelierungen mit regionalen und interhemisphärischen Chronologien äußerst hypothetisch bleiben.

Das LGM im tropischen Südamerika (Synthese der Befunde)

Die Klimabedingungen in Amazonien während des LGM (ca. 21 ka BP) sind vielfach diskutiert worden. Eiszeitliche Fauna, Edelgasanalysen, Seezustandsrekonstruktionen, Pollenauswertungen, atmosphärischer Staub und Holzkohle-*records* – vor allem jedoch die Paläodünensysteme und die Paläoböden – geben Hinweise auf LGM-zeitliche Feuchtigkeits- und Temperaturbedingungen. Die meisten Belege weisen auf großklimatische Verhältnisse, die kühler und trockener waren, hin (z. B. van der Hammen und Hooghiemstra 2000; Flenley 1998; Lichte und Behling 1999; Latrubesse 2007; Carr et al. 2016). Proxydaten der Anden (Heine 2000) und Modellierungen der Vegetation (Cook und Vizy 2006) ergänzen dies.

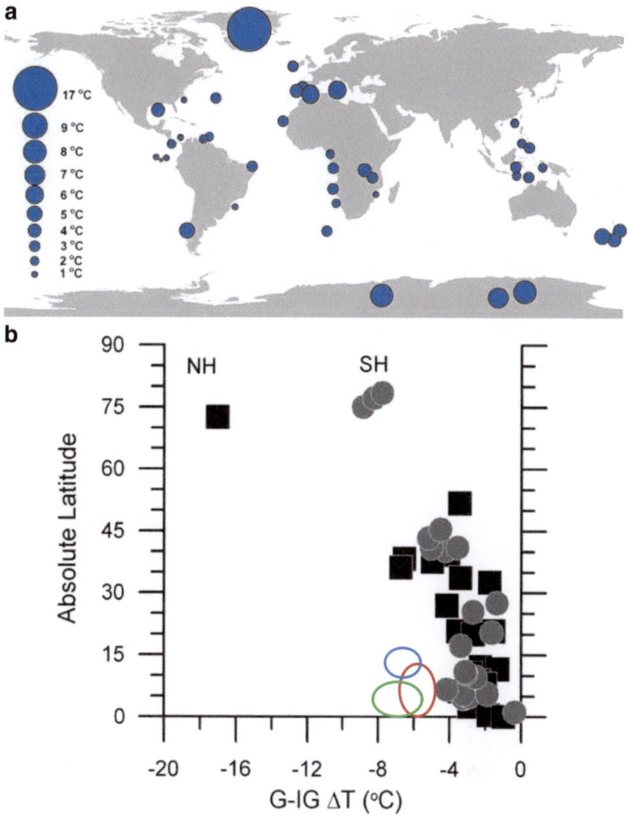

Abb. 5.82 Größenordnung der Temperaturänderung zwischen LGM (G – Glazial) und Holozän (IG – Interglazial) in Abhängigkeit von der Breitenlage. *Schwarze Quadrate* – Nordhemisphäre (NH), *graue Kreise* – Südhemisphäre (SH). (Aus Shakun und Carlson 2010, ergänzt um: *grünes Oval* – Nord-Anden, *blaues Oval* – Süd-Anden, *lila Oval* – Amazonien)

Von 104 zeitlich hoch auflösenden Paläoklima-Datensätzen rekonstruieren Shakun und Carlson (2010) die Temperaturdifferenz zwischen dem LGM und dem Holozän (Abb. 5.82). Die Zusammenstellung zeigt ein relativ übereinstimmendes zeitliches und räumliches Muster für das LGM (Maximum der glazialen Bedingungen, NH = ca. 22,1 ± 4,3 ka BP, SH = 22,3 ± 3,6 ka BP) und das Altithermal (maximale interglaziale Bedingungen, NH = 8,0 ± 3,2 ka BP, SH = 7,4 ± 3,7 ka BP). Das Maximum der glazial-interglazialen Temperaturveränderungen nimmt polwärts zu; die globale Abkühlung während des LGM im Verhältnis zum Althitermal beträgt nach Shakun und Carlson (2010) global ca. 4,9 °C. Zu ähnlichen Werten der LGM-zeitlichen globalen Temperaturabsenkung kommen auch andere Autoren (z. B. Lea et al. 2003, 2014; Shakun et al. 2012; Abb. 4.80).

Aufgrund der zuvor beschriebenen Paläoklimaproxys aus dem tropischen und randtropischen Südamerika (Amazonien und Anden) und der kritischen Evaluierung der terrestrischen Paläoklimaarchive ergibt sich ein abweichendes Bild. Die terrestrischen *records* aus den Bergländern (u. a. Flenley 1998; Lichte und Behling 1999) belegen um ca. 5–8 °C kältere Temperaturen im LGM, während van der Hammen und Hooghiemstra (2000) für Amazonien im Meeresspiegelniveau (−120 m) Werte um −4,5 ± 1 °C (entspricht etwa −5,5 ± 1 °C in Amazonien) annehmen. Die Ursache für die stark divergierenden Temperaturwerte zwischen den Angaben von Shakun und Carlson (2010) und den hier vorgetragenen Daten liegt vor allem in der Auswahl der Paläoklimaproxys und deren Interpretation. Shakun und Carlson (2010) und Shakun et al. (2012) berücksichtigen für die tropisch-subtropischen Gebiete fast ausschließlich marine Geoarchive. Die Temperaturwerte werden in der Regel durch „Transferfunktionen" ermittelt (z. B. werden aus den $\delta^{18}O$-Werten verschiedener Arten von planktonischen Foraminiferen der marinen Sedimente des Cariaco-Beckens für das LGM um 4 °C kältere Temperaturen rekonstruiert: Lin et al. 1997). Den Berechnungen können unterschiedliche Annahmen (die sich mit zunehmender Kenntnis der Paläoökosysteme den realen Verhältnissen annähern) zugrunde liegen (vgl. Abschn. 4.2 und Diskussion der CLIMAP-LGM-Rekonstruktion; Abb. 5.83). Die geologisch-geomorphologischen wie auch die palynologischen Geoarchive können auf die komplexen Übertragungen von – vorwiegend chemischen und geochemischen – Analysedaten zu Temperaturwerten weitgehend verzichten.

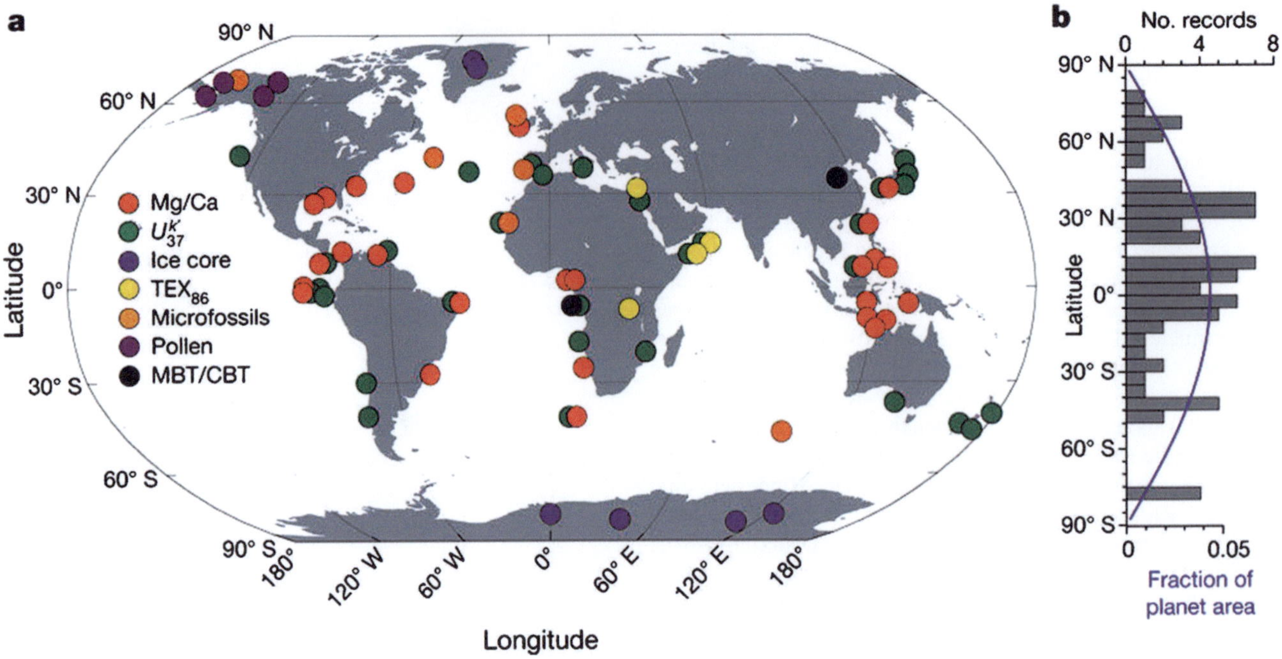

Abb. 5.83 Proxytemperatur-*records*. **a** Lagekarte. MBT/CBT (*methylation index of branched tetraethers/cyclization ratio of branched tetraethers*); TEX_{86} (*tetraether index of tetraethers consisting of 86 carbon atoms*); $U^{k'}_{37}$ (*alkenone unsaturation index*). **b** Verteilung der *records* nach Breitengraden (graues Histogramm) und irdischem Gebietsanteil in 5°-Schritten (*blaue Linie*) (aus Shakun et al. 2012). Terrestrische (glazialgeologische, geomorphologische u. a.) Proxydaten aus den Tropen finden hier wie auch bei anderen Zusammenstellungen keine Berücksichtigung

Die Befunde im Gelände sind eindeutig und daher sehr aussagekräftig. Eine Erklärung für die genannten Unterschiede der LGM-Temperaturrekonstruktionen gibt es bisher nicht (vgl. auch McCarroll 2015). Vermutlich haben pCO_2 und UV-B-Strahlung – beide Werte ändern sich in den Tropen mit der Höhe – einen Einfluss auf die Vegetation (Verhältnis von C_3/C_4-Pflanzen, obere Waldgrenze) und damit auf die palynologisch rekonstruierten Temperaturdepressionen im LGM, die möglicherweise geringer angesetzt werden müssen (Flenley 1993, 1996; Wille et al. 2000).

Sowohl aus Amazonien als auch aus dem Andenbereich belegen die sehr unterschiedlichen Paläoklimaarchive aridere Bedingungen im Vergleich zum Holozän. Mitteilungen über eine LGM-zeitliche Zunahme der Niederschläge im tropischen Andenbereich sowie feuchte Klimabedingungen (ohne eine wesentliche Aridifizierung) im Amazonasbecken und seinen Randgebieten können nicht bestätigt werden; entweder entbehren die Paläoklimaarchive eine hinreichend exakte Datierung (z. B. das amazonische Mera-Pollenprofil; Liu und Colinvaux 1985; Colinvaux 1989) oder die Interpretation der Daten ist angreifbar (z. B. Titicacaseesedimente; Baker et al. 2001a, 2001b). Tapia et al. (2003) stellen eine starke Veränderung der Diatomeen-Gesellschaften zwischen 26 und 20 ka BP in Titicacaseesedimenten fest, die vor dem Hintergrund eines relativ feuchten LGM nicht erklärt werden kann. Frühere Paläoklimarekonstruktionen aufgrund von planktonischen Chlorophyten (Grünalgen: *Botryococcus, Pediastrum*), die allerdings eine große ökologische Verbreitung haben, nennen niedrige Wasserstände während des LGM (Wirrmann et al. 1992; Mourguiart et al. 1992, 1997, 1998; Mourguiart 1999). Diese Daten werden von Sifeddine et al. (2003) durch sedimentologische und palynologische Analysen limnischer Ablagerungen in Nordbrasilien und von Stevaux (2000) aufgrund fluvialer Geoarchive des oberen Paraná-Flusses bestätigt. Eine größere Aridität während der Glaziale der letzten ca. 500 ka BP wird auch durch marine Sedimente vor der Küste Ecuadors belegt (Rincón-Martínez et al. 2010).

Es wurde ausgeführt, dass das Vorkommen der sog. *„Edelweiß“*-Moränen (Karátson et al. 2012), die ein alt- bis mittelpleistozänes Alter haben und die mehrere Kaltzeiten dokumentieren können, paläoklimatisch neu gedeutet werden muss, werden doch die *„Edelweiß“*-Moränen bzw. einzelne Stadien davon von vielen Autoren dem LGM zugeordnet. Da die LGM-Altersstellung definitiv nicht zutrifft, stimmen auch zahlreiche ELA-Rekonstruktionen für das LGM einschließlich der aus ihnen abgeleiteten Temperatur- und/oder Niederschlagswerte nicht. Dieses Problem wurde bisher nicht bei Paläoklimarekonstruktionen des tropisch/subtropischen Südamerika diskutiert! Ebenfalls wird in der Literatur über die Vergletscherung der tropisch-subtropischen Anden nicht berücksichtigt, dass es sich bei den *„Edelweiß“*-Moränen als Folge von Überschüttung und Anlagerung durch jeweils jüngere Gletschervorstöße um zusammengesetzte Formen handelt (vgl. Röthlisberger 1986) und durch sie somit viele einzelne Vergletscherungsphasen repräsentieren werden können.

Obwohl die Kenntnis über die eiszeitliche Säugetierfauna in der Amazonasregion wegen der hohen chemischen Verwitterung und der wenigen Fundstellen sehr lückenhaft ist, las-

Abb. 5.84 Das eiszeitliche Amazonas-Savannenwald-Biom. (Nach Ochsenius 1982)

sen sich doch bedeutende ökologische Veränderungen vom letzten Glazial zur Nacheiszeit belegen (Ochsenius 1982). Die letzteiszeitliche Megafauna zeigt einen bemerkenswerten Rückgang des Regenwaldes zugunsten einer extensiven Savannenlandschaft (Abb. 5.84). Das Vorkommen von Edentaten (*Eremotherium*, *Glyptodon* und (?) *Pampatherium*), Mastodonten (*Haplomastodon Waringi*, der in tropischen Savannen weit verbreitet war) und die Toxodonten (*Toxodon platensis*) stützt die Annahme, dass das Amazonasgebiet in der Eiszeit nur eine relative Barriere für einen Faunenaustausch zwischen den offenen Savannen darstellte (Ochsenius 1982). Das Amazonas-Savannenwald-Biom stellt einen weiteren Beleg für Aridität im Amazonasgebiet während der letzten Eiszeit dar.

5.2.4 Die Spätglazial/Holozän-Übergangszeit (*Termination I*)

Der Übergang vom LGM zum Holozän, das *Termination I* (T I) oder Deglaziation (*Deglaciation*), umfasst die Zeit von ca. 18 ka BP bis ca. 9 ka BP. Nachweise der sehr gut datierten nordhemisphärischen Klimaschwankungen von Heinrich-Ereignis 1 und YD wurden von vielen Wissenschaftlern auch in den südamerikanischen Tropen in den Paläoklimaarchiven gesucht. Darüber ist bereits aus dem Andenraum (u. a. Ecuador) berichtet worden. Im Folgenden werden ergänzende Fakten vorgetragen.

Eine Synchronität zwischen dem Atlantik in hohen Breiten (und Grönland) einerseits und dem tropischen Atlantik (Karibik) andererseits während des Termination I (T I) wird von Lea et al. (2003) beschrieben (Abb. 5.86, vgl. Abb. 2.27). Die zeitlich hochauflösende SST-Kurve des westlichen tropischen Atlantiks aus dem Cariaco-Seebecken am nördlichen Schelf von Venezuela (10°42,00′ N, 64°56,50′ W, 790 m Wassertiefe) basiert auf den Mg/Ca-Werten von planktonischen Foraminiferen, die im oberflächennahen Wasser lebten. Änderungen der SST während des T I verlaufen innerhalb ±30 bis ±90 Jahre synchron mit der im Grönland-Eiskern GISP2 ermittelten Lufttemperatur sowie mit den Methanänderungen der Atmosphäre. Das herausragende Ereignis im Cariaco-Becken während der Deglaziation ereignete sich während der Jüngeren Dryaszeit (YD – *Younger Dryas*, vgl. Hughen et al. 1996, 2004), als die SST um 3–4 °C fiel. Diese Beobachtung wird mit einer plötzlichen Verlagerung der ITCZ nach Süden erklärt, woraus sich die Gleichzeitigkeit von tropischem und nordatlantischem Temperaturverlauf ergibt (Hughen et al. 2004; Lea et al. 2003; vgl. Bard et al. 1997).

Die *colour reflectance* (ein Maß für terrigene *vs.* biogene Anteile) des Cariaco-Kerns dokumentiert deutlich die Verlagerung der ITCZ nach Süden während der Stadiale (YD, H1, D/O-*events*) (Deplazes et al. 2013). Die Klimaschwankungen, die im zeitlich hochauflösenden und außergewöhnlich gut datierten Cariaco-Sedimentkern durch SST-Änderungen belegt sind (Lea et al. 2003; vgl. Abb. 2.27) und mit der grönländischen Klimakurve korreliert werden können, treten jedoch nicht zeitgleich (z. B. YD) in den tropischen Anden auf. Daher muss die oft vorgenommene Korrelierung der nordatlantischen Jüngeren Drayszeit mit spätglazialen Klimaschwankungen der neuweltlichen Tropen kritisch überprüft werden. Schwierigkeiten bereiten hierbei vor allem die paläoklimatisch gedeuteten Gletscherschwankungen, da (i) die exakte Datierung in vielen Fällen fehlt und (ii) die Trennung von Temperatur- und Niederschlagsmerkmalen kaum möglich ist (vgl. JT Heine 1993; K Heine 1977, 1998a).

Das Cariaco-Becken liegt unmittelbar vor der venezolanischen Küste. Aus Venezuela liegen zahlreiche Paläoklimaproxys vor. Aufgrund geomorphologisch-pedologischer und palynologischer Forschungen werden im Bereich des Lago de Valencia (Abb. 5.87, 10°08′ N, 67°52′ W; Peeters 1968, 1971; Salgado-Labouriau 1980; Leyden 1985) und der Gran Sabana (5° N, 62° W; Schubert und Huber 1990) sowie in den kolumbianisch-venezolanischen Llanos zwischen Anden und Orinoco (Tricart 1974; Carr et al. 2016) aride letzteiszeitliche Verhältnisse beschrieben (trockenes Hochglazial). Der Valencia-See liegt rund 200 km westlich und die Gran Sabana rund 800 km südsüdöstlich des Cariaco-Beckens. Der Valencia-See war im Spätglazial nahezu ausgetrocknet (um 15 ka BP), und das Becken wurde von Sümpfen und Trockensavannen eingenommen; erst um 10 ^{14}C ka BP begann der Wasserspiegel wieder anzusteigen,

Abb. 5.85 *Oben links*: Subtropisches *Megatherium americanum*, Schulterhöhe ca. 3 m (tropische Form: *Eremotherium*), zusammen mit *Smilodon populator*. *Oben rechts*: *Haplomastodon Waringi*, Schulterhöhe ca. 3,2 m. *Mitte links*: *Toxodon platensis*, Schulterhöhe ca. 1,2 m. *Mitte rechts*: *Glyptodon clavipes*, Höhe ca. 1,2 m (aus Ochsenius 1982). *Unten links*: Paläontologische Sammlung vorwiegend pleistozäner Fauna im Museum Estanzuela (nördlich von Zacapa, Guatemala). Aus den quartären fluvialen (und limnischen) Sedimenten des Río Montagua-Tals wurden viele Fossilien geborgen, u. a. Mastodon (> 50 ^{14}C ka BP) und Riesenfaultier (~ 20 ^{14}C ka BP). *Unten rechts*: Wandbild mit pleistozäner Tierwelt im Museo de Antropología (Mexiko-Stadt). (Fotos: alueni-images)

und um 9 ^{14}C ka BP hatte der feucht-tropische Wald die umgebenden Berge eingenommen. Auf den heute sehr feuchten Höhen der Gran Sabana bildeten sich erst im frühen Holozän Torfmoore. Der Beginn der feuchten Phase wird palynologisch auf ca. 10,2 ka BP (9070 ^{14}C a BP; Leal et al. 2011) datiert. Die Dünen in den westlichen *Llanos de Orinoco* waren zwischen 27–10 ka aktiv (OSL-Alter, Carr et al. 2016) und wurden danach inaktiv; damit endete dort die pleistozäne aride Phase (Roa 1979; Vaz und García-Miragaya 1989; Tricart 1974). Bereits in den 1970er- und 1980er-Jahren hat Ochsenius (1983) anhand der Landmegafauna, die am Ende des Pleistozäns ausgestorben ist, eine aride Phase um 14–10 ^{14}C ka BP für das nördliche Südamerika nachgewiesen. Hoffmann et al. (2014) leiten aus der plötzlichen Zunahme der Ba/Ca-Verhältnisse und der δ^{18}O-Werte von Foraminiferen der marinen Sedimente vor der Orinoco-Mündung ab, dass um 10,8 ka BP (d. h. ca. 600 Jah-

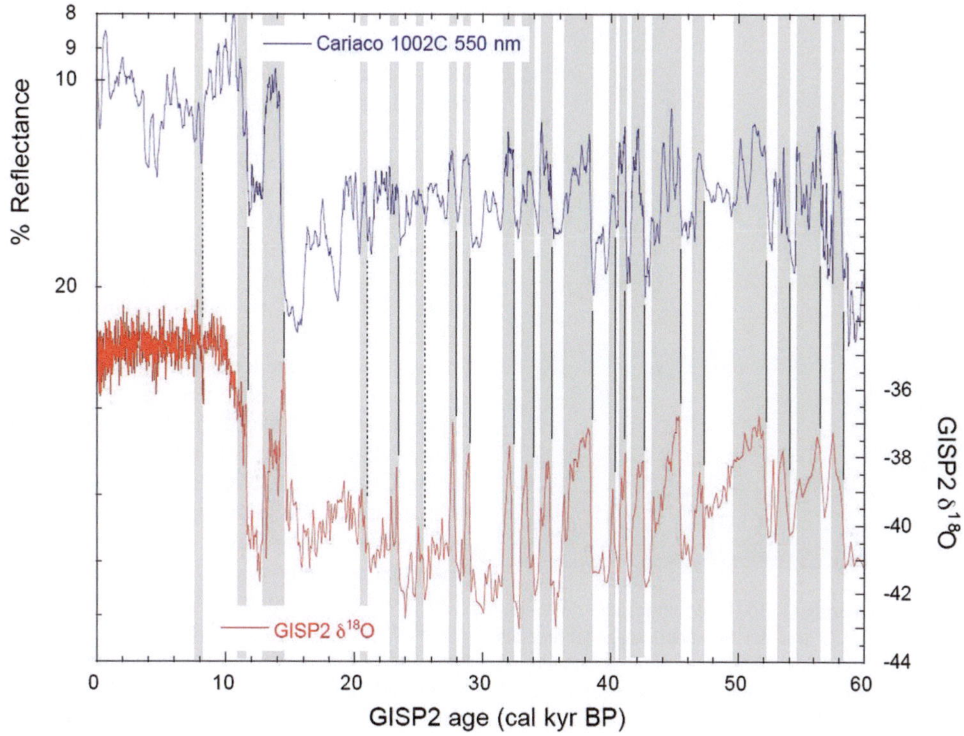

Abb. 5.86 Reflexion (*reflectance*) in % bei 550 nm der Cariaco-Leg 165-Bohrung 1002C im Vergleich zum $\delta^{18}O$ des grönländischen Eisbohrkerns GISP2. Die Reflexionsdaten sind auf einer log-Skala aufgetragen, um die Verzerrung der Kurve zu verringern, die sich aus den extremen Farbwechseln der stark oxidierenden Bedingungen während des späten Glazials (17–15 ka BP) ergeben. Die GISP2-Chronologie basiert auf der Auszählung von Eislagen und wird mit der Cariaco-Sediment-Kurve korreliert, indem diese mit plötzlichen Erwärmungsphasen am Beginn der Dansgaard-Oeschger-Ereignisse (D/O *events*) *getuned* wird. Der Cariaco-Befund spiegelt die ITCZ-Variabilität während des letzten glazialen Zyklus wider, einschließlich der D/O *events* und der Bond-Zyklen. Dunkle laminierte Sedimente wurden im Cariaco-Becken während der GISP2-Interstadiale abgelagert, während hellere, bioturbat gestörte Lagen den kalten Grönland-Stadialen entsprechen. Die Farbunterschiede gehen auf den organischen Kohlenstoff (TOC) zurück, der von der Oberflächenproduktivität stammt und die Nährstoffverfügbarkeit vom Festland repräsentiert. Abgesehen von den Sediment-Reflexionsdaten zeigen auch die Werte von %Fe, %Ti und %Ca, Foraminiferen-Mg/Ca-Verhältnisse und organische Biomarker abrupte Änderungen in Zeitskalen von Jahrtausenden, die Veränderungen der Passatwinde in Stärke und *upwelling*, Niederschlag und Abfluss vom Festland sowie arider vs. humider Vegetation im nördlichen Südamerika belegen. Alle diese Veränderungen, die sich aus den Proxydaten ergeben, stimmen mit südwärtigen Verlagerungen der ITCZ während stadialer kalter Klimabedingungen des Nordatlantiks überein. Die YD ist dafür ein Beispiel. (Aus Hughen et al. 2004, SOM Fig. S2)

re nach dem Ende der YD) eine markante Reorganisation der ITCZ erfolgte, die zu erhöhten Niederschlägen im nördlichen Andenbereich führte; die damit verbundene ITCZ-Verlagerung nach Norden und/oder Monsunverstärkung wurde durch die Insolation verursacht. Die in den Cariaco-Sedimenten archivierte markante YD-Schwankung zeigt sich bisher nicht in den angrenzenden terrestrisch-lakustrinen Klimaarchiven.

Nach der frühholozänen feuchten Phase folgte die *Early-Mid-Holocene Dryness* ab ca. 7,8 ka BP bis zum Neoglazial, belegt durch Pollenprofile (Leal et al. 2011), durch natriumreiche Bodenhorizonte, die zwischen 8,7 und 4,3 TL ka BP gebildet wurden (Vaz und García-Miragaya 1992), sowie durch andere geomorphologisch-pedologische Beobachtungen. Die terrestrischen Befunde lassen keine zeitlich hochauflösende Klimarekonstruktion für den Pleistozän/Holozän-Übergang zu. Sie zeigen aber eindeutig den Wechsel vom ariden LGM/Spätglazial zum humiden frühen Holozän.

Die palynologischen, glaziären und marinen Paläoklimaarchive werfen die Frage auf, ob Klimaschwankungen des *Termination I*, insbesondere die Jüngere Dryaszeit, aufgrund terrestrischer Paläoklimaarchive im tropisch-randtropischen Südamerika nachgewiesen werden können. Andererseits ist zu berücksichtigen, dass durch Gletscherschwankungen, Seespiegeländerungen, Verlagerungen und Veränderungen der Biotope etc. thermische und hygrische Klimaänderungen während des *T I* belegt werden. Problematisch ist die genaue Datierung der Klimaschwankungen.

Werden allein die Gletscherschwankungen betrachtet, ohne dass eine kritische Bewertung der ^{14}C- und SED-Alter erfolgt, entsteht ein verwirrendes Bild (Abb. 5.88). Rodbell et al. (2009) berücksichtigen in ihrer Synthese der spätglazialen und holozänen Gletscherschwankungen fast alle verfügbaren Daten. Sie können jedoch keine schlüssige spätglaziale Glazialchronologie der tropischen Anden vorstellen. Der Grund liegt allein in der unkritischen Zuordnung von ^{14}C- und SED-Daten zu glaziären Formen und Sedimenten (Moränen). Diese Problematik wird im Folgenden diskutiert. Schon hier sei erwähnt, dass die jüngsten Arbeiten von Hall et al. (2009) und Jomelli et al. (2014)

Kapitel 5

Abb. 5.87 Bild von Anton Goering (1836–1905) vom Lago de Valencia, Venezuela. Im Jahr AD 1879 war der See noch ausgedehnter als heute. Im Spätglazial (vor ca. 15.000 Jahren) war er ausgetrocknet und das Gebiet des rezenten Sees wurde von Sümpfen, flachen Tümpeln und Trockensavanne eingenommen. (alueni-images)

die Angaben eines frühholozänen Gletschervorstoßes (Heine und Heine 1996) bestätigen. Damit erweist sich der oft postulierte Gletschervorstoß in den tropischen Anden während der Jüngeren Dryaszeit als nicht existent. Andererseits wird ein Gletschervorstoß im ACR (*Antarctic Cold Reversal*) belegt.

Für Ecuador konnte bereits belegt werden (Abschnitt *Ecuador*), dass ein spätglazialer Gletschervorstoß nicht mit der YD korreliert werden kann. Zahlreiche ^{14}C-Datierungen in Verbindung mit der glazialmorphologischen Situation spätglazialer Moränenbildungen belegen positive Gletscherbewegungen *vor* der YD (> 12,8 ka BP) und am Ende der YD mit maximalem Vorstoß der Gletscher im beginnenden Holozän. Trotz der von Heine (1995b) und Heine und Heine (1996) publizierten Daten bemühten sich Clapperton et al. (1997b), die ecuadorianischen Befunde dahingehend zu interpretieren, dass der frühholozäne Gletschervorstoß ein Beleg für einen YD-zeitlichen Gletschervorstoß sei (vgl. auch Heine und Geyh 2002 und Box Jüngere Dryaszeit).

In den vorangegangenen Ausführungen wurde bereits die spätglaziale, tropische andine Gletschergeschichte behandelt. Im Folgenden wird diese um neuere Daten und Erkenntnisse ergänzt, die dokumentieren, dass (i) die YD in den Anden nicht durch einen Gletschervorstoß repräsentiert wird, (ii) ein Gletschervorstoß an der Wende YD/Holozän erfolgte, (iii) ein Einfluss des *Antarctic Cold Reversal* (ACR) wahrscheinlich ist und (iv) die nördlichen Anden einen nordhemisphärischen (nordatlantischen) Einfluss erkennen lassen, während die Anden südlich des Äquators einen südhemisphärischen (antarktischen) Einfluss zeigen, der mit der Entfernung vom Äquator nach Süden an Bedeutung zunimmt.

Jomelli et al. (2014) haben die SED-Alter von spätglazialen Gletschervorstößen der tropischen Anden berechnet, indem sie neue Erkenntnisse über die Produktionsraten des kosmogenen ^{10}Be und ^{3}He berücksichtigen. Sie präsentieren zugleich eine SED-datierte (^{10}Be) glaziale Chronologie des Spätglazials für Kolumbien. Die Autoren kommen zu dem Schluss, dass die Gletscher der tropischen Nord-Anden zum größten Teil während des ACR (ca. 14.500 bis 12.900 a BP) vorrückten und weniger während der YD (Abb. 5.89). Dadurch, dass Jomelli et al. (2014) die von verschiedenen Autoren publizierten SED-Daten zur spätglazialen Glazialchronologie unreflektiert (hinsichtlich geomorphologischer Kriterien) benutzen, um paläoklimatische Rekonstruktionen für das Spätglazial vorzunehmen, werden neue Probleme geschaffen: Nördlich des Äquators zeigt die Gletschergeschichte einen ACR-Einfluss und keinen YD-Einfluss; südlich des Äquators soll jedoch der YD-Einfluss, der ja vom Nordatlantik ausgeht, nachzuweisen sein. Hier muss erwähnt werden, dass die Moränen, die aufgrund der Neuberechnung in die YD fallen sollen (Abb. 5.89a), am Coropuna (Bromley et al. 2011a) und Illimani (CA Smith et al. 2011) keine zuverlässigen SED-Alter liefern können, da – wie weiter oben dargelegt wurde – die SED-datierten Proben durch Umlagerung, Exhumierung, Erosion etc. für eine exakte Altersbestimmung ungeeignet sind. Werden die Ergebnisse von Bromley et al. (2011a) für den Coropuna, von CA Smith et al. (2011) für den Illimani und von Licciardi et al. (2009) für die peruanischen Anden (Cordillera Vilcabamba) kritisch aufgrund der glazialmorphologischen Situation evaluiert, stellt sich heraus, dass die SED-Daten in keiner Weise einen YD-zeitlichen Gletschervorstoß dokumentieren, auch nicht unter Anwendung veränderter Produktionsraten des kosmogenen ^{10}Be und ^{3}He.

Jomelli et al. (2014) vergleichen ihre SED-Alter vom Ritacuba Negro (Kolumbien) mit 16 SED-Gletscher-Chronologien der tropischen Anden, die das *Termination I* vom ACR bis zur YD abdecken (Abb. 5.89a). Werden die Daten der verschiedenen Bearbeiter nach einheitlicher Berechnung der Produktionsraten der kosmogenen Nuklide etc. homogenisiert und in einer Synthese zusammengeführt, ergibt sich, dass sieben spätglaziale Moränen mindestens einmal im ACR *sensu stricto* gebildet wurden und dass weitere sieben Moränen Sedimente aufweisen, deren SED-Alter sich innerhalb der methodischen Fehlergrenzen mit der ACR-Periode überlappen. Die ACR-Moränen sollen die äußersten Gletschervorstöße der letzten ca. 14,5 ka BP in Peru, Bolivien und Nordargentinien repräsentieren und unzweifelhaft ausgedehnter gewesen sein als Gletschervorstöße der YD-Zeit (Jomelli et al. 2014). Daraus schließen Jomelli et al. (2014), dass die Gletscher der tropischen Anden von Kolumbien bis Nordargentinien vergleichbare (synchrone) Bewegungen als Reaktion auf die kalten Bedingungen des ACR, das der YD vorausging, ausführten. Auch leiten sie aus den SED-Daten ab, dass Gletscher während der YD an drei Gebirgen (*blaue Dreiecke* in Abb. 5.89a) weiter vorstießen als während des ACR. Diese weitreichenden Interpretationen können nicht bestätigt werden. Problematisch erscheinen daher auch die Resultate des *globalen, kombinierten Ozean/Atmosphäre/Meer-Eis/Landoberfläche-Klima-Models* CCSM3 (*without flux adjustment*) von Jomelli et al. (2014) (vgl. Box Jüngere Dryaszeit).

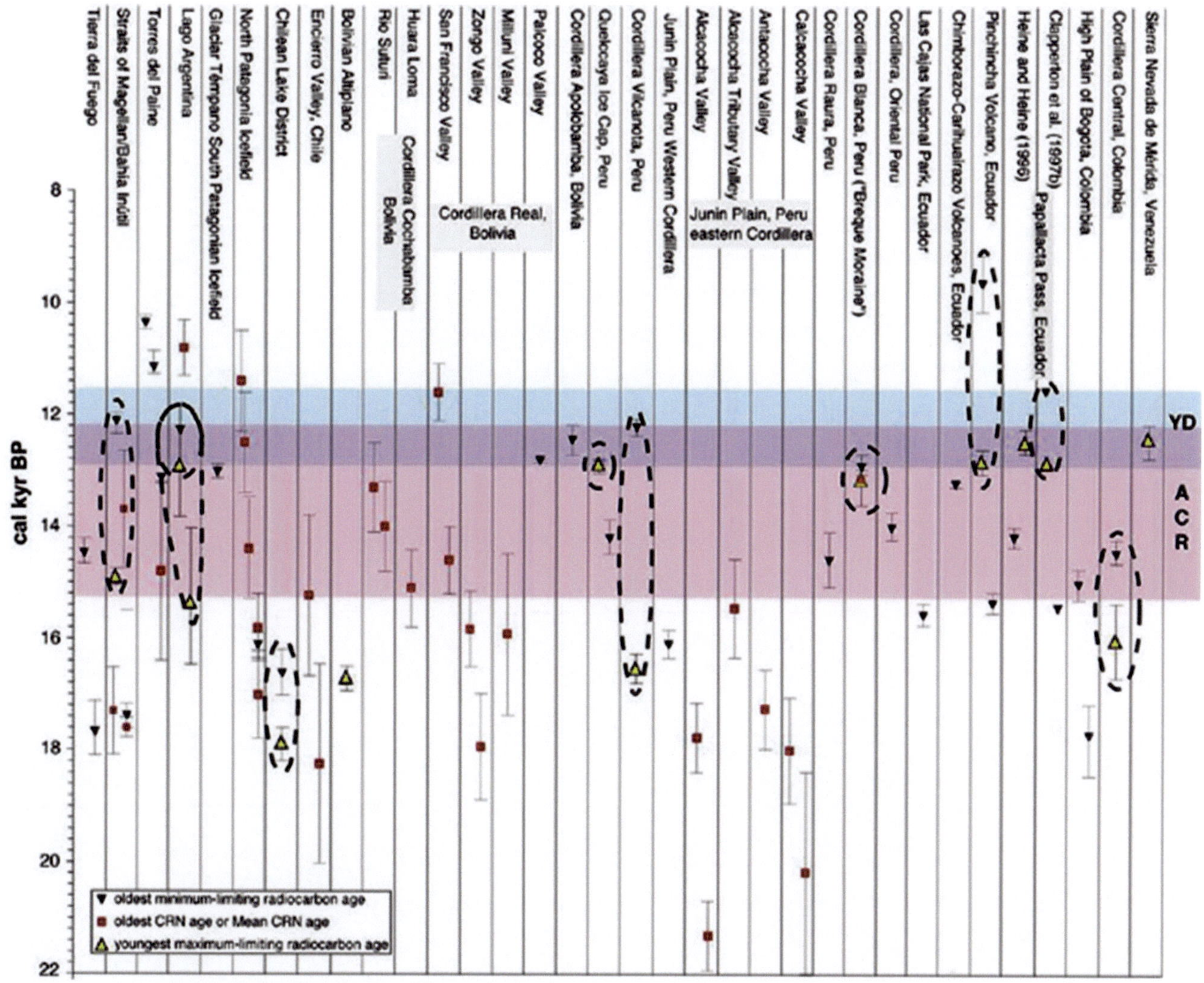

Abb. 5.88 Alter der spätglazialen Moränen in den tropischen Anden (nach Rodbell et al. 2009). Die Spalten zeigen die Alter der Moränen mit zunehmendem relativem Alter *von links nach rechts*. Es werden nur die ältesten Minimum-^{14}C-Alter und die jüngsten Maximum-^{14}C-Alter aufgeführt. Alter, die von den Autoren infrage gestellt werden, sind nicht dabei. Zusätzlich werden die SED-Alter (CRN-Alter) genannt, die von den Autoren als sicher betrachtet werden. Einige SED-Daten werden nicht berücksichtigt, da sie als „zu alt" angesehen wurden. Die von den Autoren genannten Mittelwerte der Alter werden übernommen. Nur sechs Moränen (*eingekreist*) werden durch ^{14}C-Daten begrenzt, und nur eine Moräne (*Breque moraine*, Cordillera Blanca, Peru) wird durch Minimum- und Maximum-^{14}C-Alter und SED-Alter datiert und zwar auf das Ende des ACR (Antarctic Cold Reversal). *Schwarzes Dreieck* – ältestes Minimum-^{14}C-Alter, *rotes Viereck* – ältestes SED-Alter oder Mittelwert-SED-Alter, *gelbes Dreieck* – jüngstes Maximum-^{14}C-Alter

Trotz dieser Einschränkungen sind die Ergebnisse von Jomelli et al. (2014) von größter Bedeutung für die spätglaziale Glazialchronologie der tropischen Anden. Die sorgfältig SED-datierten Moränen belegen, dass morphologisch stark hervortretende Moränenwälle (M15, 11,8–11,0 ka BP) am Ende der YD und zu Beginn des Holozäns gebildet wurden (Abb. 5.89 und 5.90). Morphologisch weniger deutlich ausgebildete Moränen der älteren Gruppen M16 bis M18, die ins ACR gestellt werden, sind Rückzugsmoränen, die – wenn überhaupt – geringere Klimafluktuationen repräsentieren als die M14/M13-Moränen, die an der Wende YD/Holozän entstanden. Dieselben Befunde – Rückzugsmoränen des Spätglazials und markant ausgebildete Moränen des YD/Frühholozäns – beschreiben Heine (1995b), Heine und Heine (1996) und Heine und Geyh (2002) vom Papallacta-Pass in Ecuador. Auch aus Mexiko werden Moränen beschrieben, die nicht der YD, sondern dem Übergang von der YD zum Holozän angehören (Vázquez-Selem und Heine 2011). Da die Datierung der spät-YD/frühholozänen Gletschervorstöße in Kolumbien, Ecuador und Mexiko (s. unten) sowohl auf umfangreichen ^{14}C- als auch SED-Altersbestimmungen basiert, erscheinen diese glazialen Chronologien gesichert.

Es ist erstaunlich, dass Jomelli et al. (2014) zwar die eigenen SED-Alter vom Ritacuba-Negro-Gletscher (und aus der Literatur für 16 weitere Gebirge der tropischen Anden) als Grundlage ihrer Rückzugschronologie und anderer Parameter (*density*

Kapitel 5

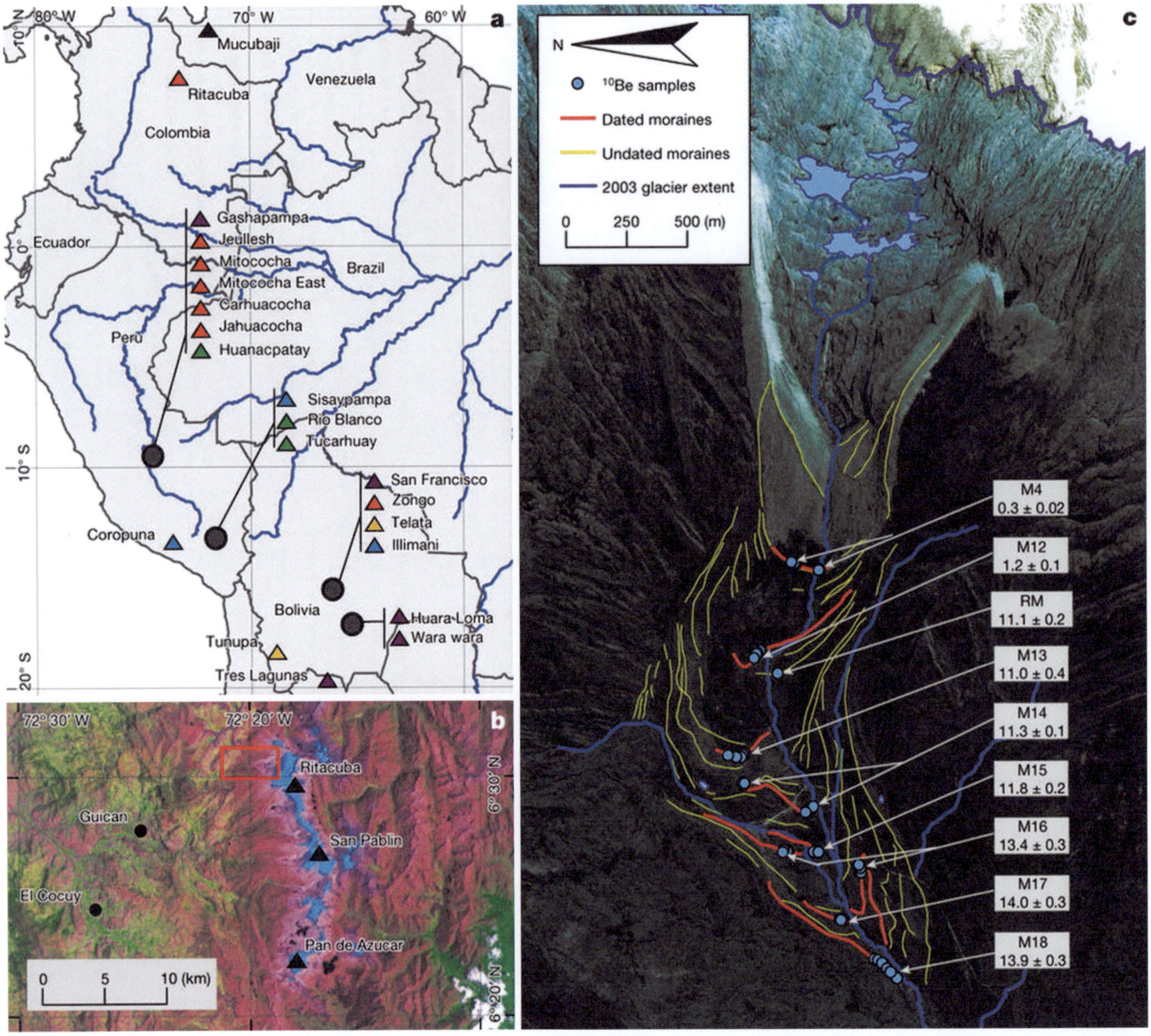

Abb. 5.89 Der Ritacuba-Negro-Gletscher in den kolumbianischen Anden (6°30′ N, 72°20′ W). **a** Lage der homogenisierten ^{10}Be- und ^{3}H-Moränen-Altersdaten der nördlichen und südlichen tropischen Anden mit den größten Gletschervorstößen, die während des ACR oder davor (unter Berücksichtigung der Datierungsunsicherheiten) stattfanden: *lila*; ACR-datierte Vorstöße: *rot*; ACR- oder YD-Vorstöße (unter Berücksichtigung der Datierungsunsicherheiten): *orange*; YD-Vorstöße: *blau*; Holozän-Vorstöße: *grün*; verworfene Werte: *schwarz*. **b** Lage des Ritacuba Negro-Tals in der Cordillera de Cocuy (*rotes Rechteck*) mit Berggipfel (*schwarzes Dreieck*). **c** Karte des Ritacuba-Negro-Gletschers mit datierten und undatierten Moränen; Präfix M – Moräne, RM – *roche moutonnée* (Gletscherschliff); Einheiten in ^{10}Be ka BP. Gletscherende im Jahr 2003 – *fette blaue Linie*; Fehlerbereich der Alter (0,5 % Abweichung aufgrund Standard-Langzeitmessungen plus statistischer Fehler der gezählten ^{10}Be-Ereignisse plus Unsicherheiten der chemischen und analytischen Korrekturen). (Aus Jomelli et al. 2014)

function, trend in glacier size evolution etc.) und letztlich auch für ihre paläoklimatischen Interpretationen und Modellierungen benutzen, nicht aber die gewaltigen *morphologischen Unterschiede* von Größe, Lage, Abtragung und Verwitterung/Erosion, Flechtenbewuchs etc. der Moränenwälle berücksichtigen, die am Ritacuba Negro klar den markanten Gletschervorstoß um 11 ka BP (M13, Abb. 5.89c und 5.90) nach der YD zu Beginn des Holozäns dokumentieren und die Moränen des ACR (M16, M17 und M18) als Rückzugsmoränen erscheinen lassen. Wird beides, nämlich die SED-Alter von Jomelli et al. (2014) und die glazialgeomorphologischen Befunde in die paläoklimatische Deutung einbezogen, ergibt sich ein etwas abweichendes Bild: Während des ACR wurden Rückzugsmoränen gebildet (in Abb. 5.90 nur schwach zu erkennen); während der YD wird das rasche Zurückschmelzen des Gletschers durch die fehlenden (Rückzugs-)Moränen belegt; während des beginnenden Holozäns rückte der Gletscher erneut vor und bildete den gewaltigen M-13-Moränenkomplex (Abb. 5.89c und 5.89). In benachbarten Tälern des Ritacuba Negro-Gletschers (Abb. 5.91) ist diese Abfolge der prä-YD-zeitlichen und der frühholozänen Morä-

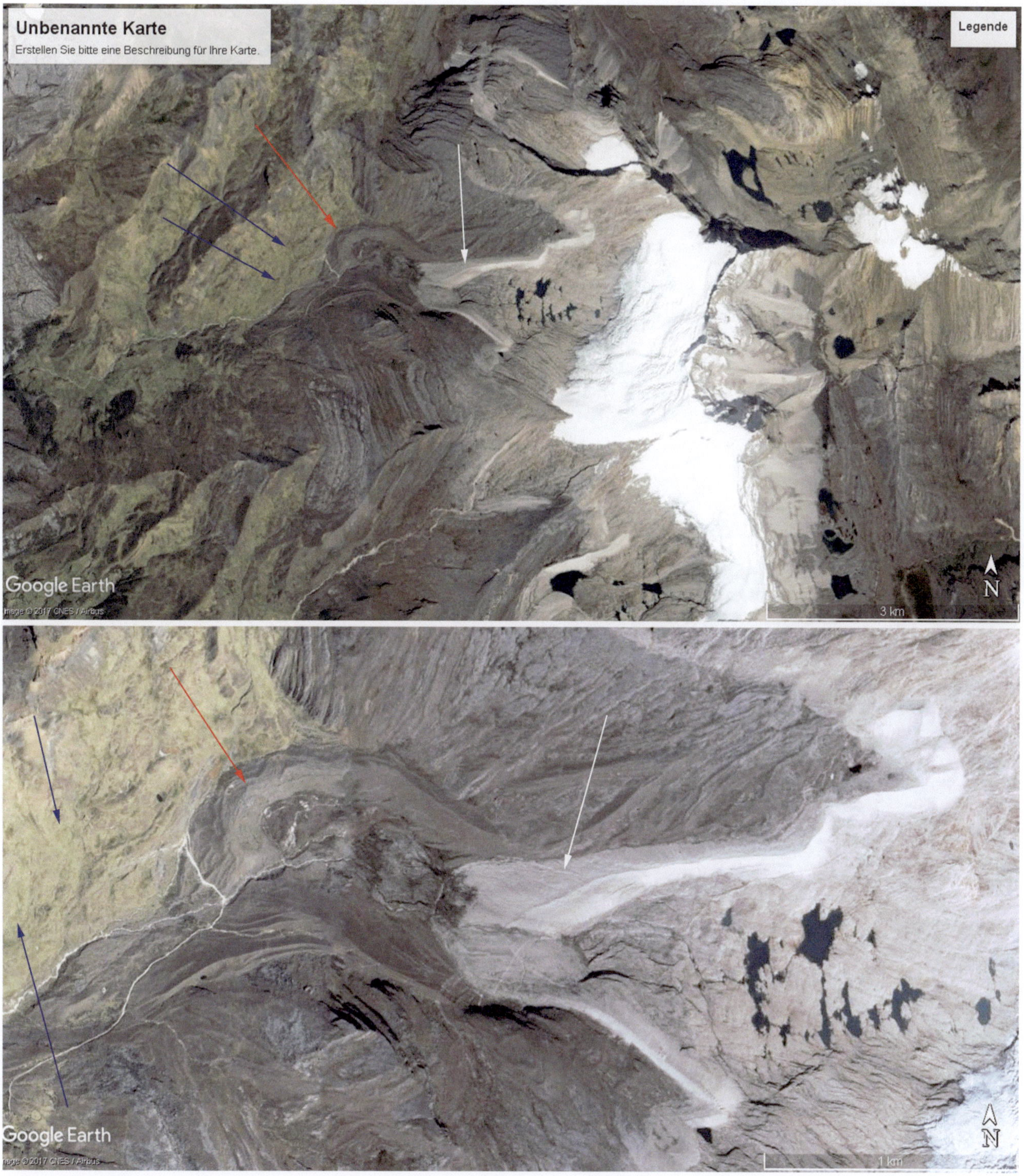

Abb. 5.90 Der Ritacuba-Negro-Gletscher in den kolumbianischen Anden. Die Moräne M13 (*roter Pfeil*) wird auf 11,0 ± 0,4 ka BP von Jomelli et al. (2014) datiert. GOOGLE-Bilder. Die M13-Moräne ist die am besten morphologisch ausgebildete Moräne des spätglazial/holozänen Übergangs. Die Größe des komplexen Moränenwalls – im Vergleich zu den anderen datierten Moränen (vgl. Abb. 5.89) – dokumentiert einen markanten Gletschervorstoß, der auch in Ecuador, nicht aber in Bolivien beobachtet und datiert worden ist (Heine 2011a, 2011b). Die SED-Daten belegen ein Post-YD-Alter. *Blaue Pfeile*: Moränen des ACR; sie treten weniger deutlich auf den GOOGLE-Bildern hervor; es handelt sich um Rückzugsmoränen. Die Färbung (*unteres Bild*) der frühholozänen M13-Moränen ist dunkel infolge Flechtenbewuchses (Alter!); die neoglazialen, jungholozänen Moränen (ca. 0,3 ka BP, *weißer Pfeil*) und der „Gletschervorfeldbereich" zeigen eine helle Färbung infolge des geringen bzw. fehlenden Flechtenbewuchses

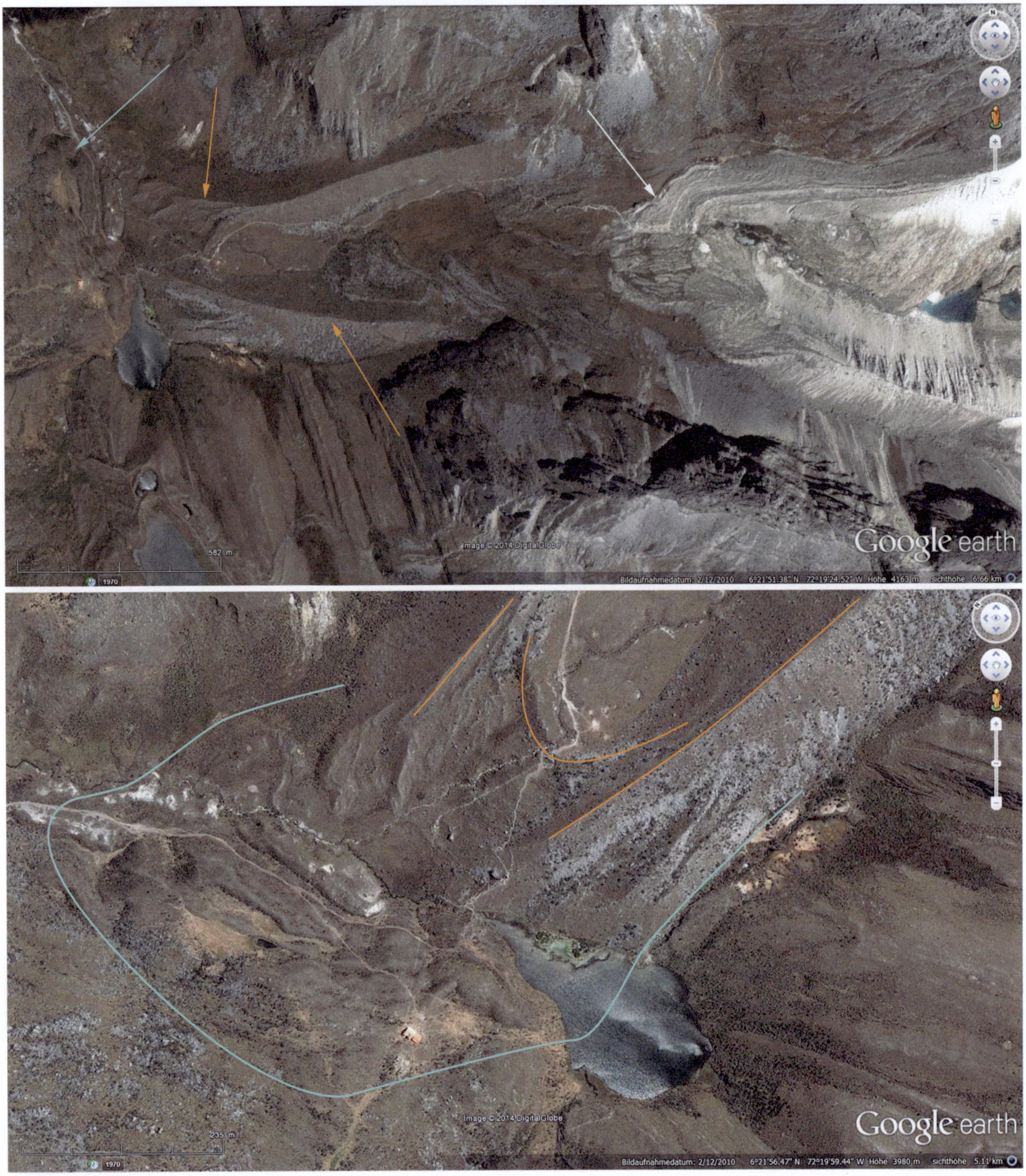

Abb. 5.91 Kolumbianische Anden. Ca. 16 km südlich des Ritacuba-Negro-Gletschers befindet sich der hier dargestellte Gletscher. *Oben*: Seine holozänen (*weißer Pfeil*) und frühholozänen (*orange Pfeile*) Moränen (6°21′56″ N, 72°19′56″ W, ~4000 m NN) sind in gleicher Weise markant ausgebildet wie am Ritacuba-Negro-Gletscher. Prä-frühholozäne Moränen (*blauer Pfeil*), die dem ACR zugeordnet werden können, sind auch hier schwächer entwickelt und stärker abgetragen. *Unten*: Detail der Endmoränenwälle

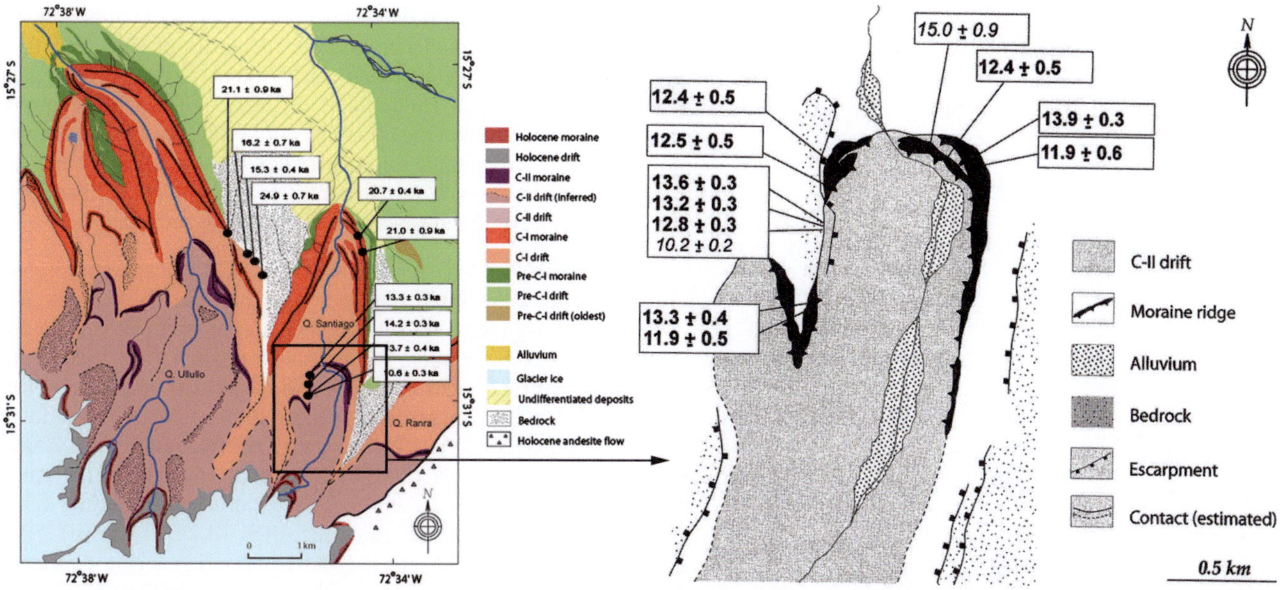

Abb. 5.92 *Links*: LGM- und spätglaziale Gletschervorstöße am Coropuna-Vulkan, Peru nach Bromley et al. (2009). *Rechts*: Für den spätglazialen Gletschervorstoß ermitteln Bromley et al. (2011a) mit SED (^{3}He) ein Alter von 13,9–11,9 ka BP (vgl. Abb. 5.67). Eine Evaluierung der SED-Daten ergibt für die C-II-Moränen ein Alter, das in die ACR-Phase fällt

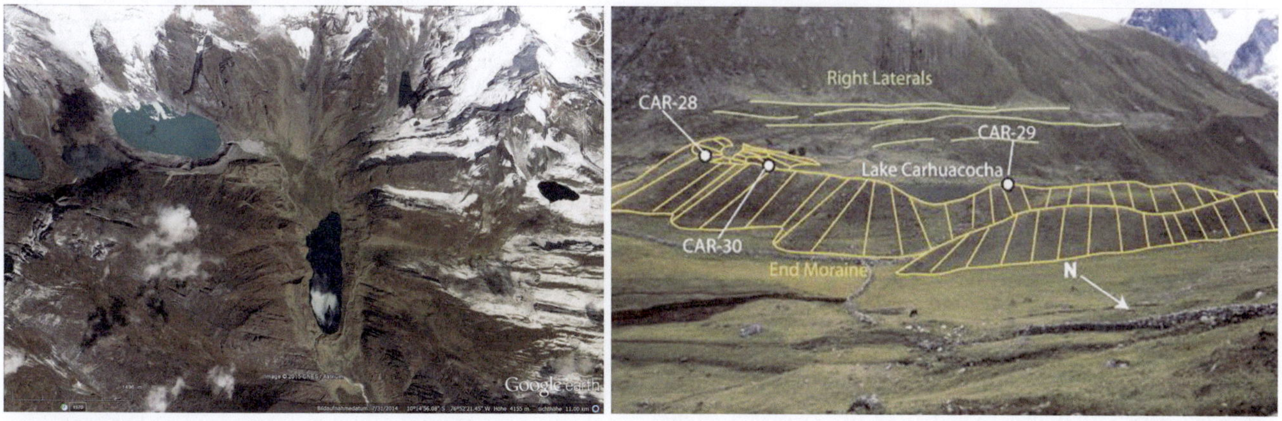

Abb. 5.93 Frühholozäne Moränen im Cahuacocha-Tal, Cordillera Huayhuash, Peru (10°14′33″ S, 76°51′37″ W, ca. 4150 m NN). *Links*: GOOGLE-Bild. In der *Mitte* der von den frühholozänen Moränen (Group II) abgedämmte See. *Rechts*: Group II-Moränen im Cahuacocha-Tal (aus Hall SR et al. 2009). Die Probe CAR-28 des Moränenkamms ergab ein ^{10}Be-Alter von 9,35 ± 0,86 ka BP und die Probe CAR-25 (Probenahme rechts außerhalb des Fotos) von 9,42 ± 0,85 ka BP

nenwälle in gleicher Weise ausgebildet; die von Jomelli et al. (2014) SED-datierte Moränenchronologie ist für die kolumbianischen Anden (Sierra Nevada del Cocuy) charakteristisch. Die Interpretation der Gletscherschwankungen unter Berücksichtigung der geomorphologischen Situation ist daher zwingend und steht im Einklang mit den zweifelsfrei erkannten Gletscherbewegungen in Ecuador (Heine 2011a, 2011b).

Die Daten vom Coropuna-Vulkan von Bromley et al. (2011a) werden u. a. von Jomelli et al. (2014) herangezogen, um das spätglaziale Klima, insbesondere während der ACR-Phase, zu modellieren. Die Coropuna-Moränenalter des *Termination I* sind von großer Bedeutung, denn die Kartierung der verschiedenen Moränenkomplexe zeigt sehr deutlich, dass zwischen den LGM-Moränen und den jungholozänen Moränen der Kleinen Eiszeit nur diejenigen Moränenwälle morphologisch hervortreten, für die Bromley et al. (2011a) mit SED (^{3}He) ein Alter von 13,9–11,9 ka BP ermittelten (Abb. 5.92; vgl. Abb. 5.67). Wird berücksichtigt, dass aufgrund periglaziärer Prozesse am Coropuna-Vulkan in Höhen um 5000 m die SED-Daten ein *Zujung*-Alter ergeben müssen (vgl. Reuther et al. 2006; Heyman et al. 2011), können nur die höchsten Alter berücksichtigt werden. Unter diesen Voraussetzungen fällt die Moränenbildung in das ACR, ungeachtet, ob die SED-Daten von Bromley et al. (2009) oder von Bromley et al. (2011a) benutzt werden.

Hall SR et al. (2009) präsentieren eine SED-basierte Glazialchronologie aus Peru. Sie vergleichen zahlreiche Paläoklimaproxys aus Peru (u. a. SED-Glazialchronologien, Seesedimentkerne und Eisbohrkerne) und führen daraufhin aus, dass die

Kapitel 5

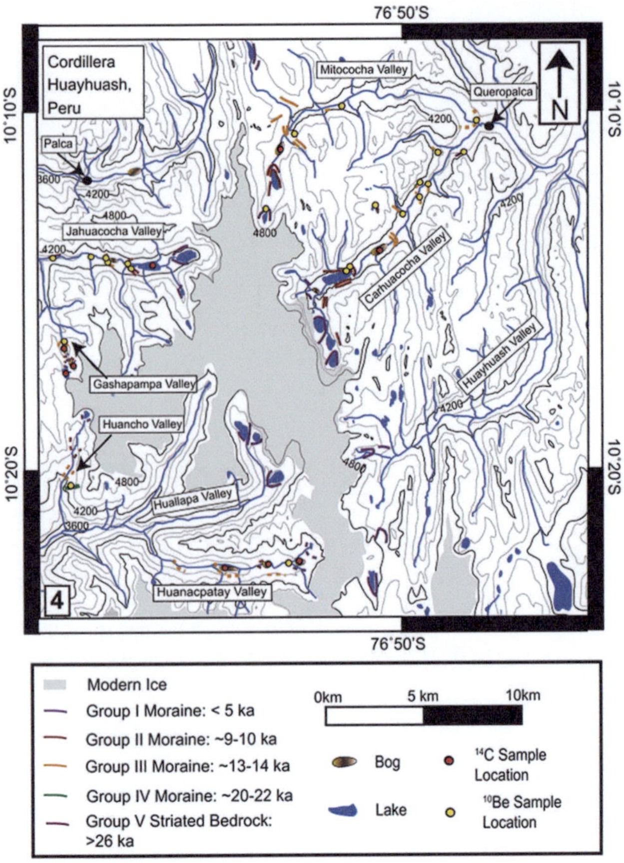

Abb. 5.94 Frühholozäne Moränen im Cahuacocha-Tal, Cordillera Huayhuash, Peru (10° 14′33″ S, 76°51′37″ W, ca. 4150 m NN). Glazialmorphologische Karte (aus Hall SR et al. 2009)

Deglaziation um 20 ka BP begonnen hat. Phasen vorrückender Gletscher gab es zwischen 16 und 10 ka BP; zwischen 10 und 9 ka BP wird eine frühholozäne Gletschervorstoßphase (*group II*, Hall SR et al. 2009) datiert (Abb. 5.93, 5.94 und 5.95). Die *Group-II*-Moränen korrelieren mit einem höheren Sedimenteintrag in benachbarte Seen (Rodbell et al. 2008) und sind deutlich markanter in ihren Seiten- und Endmoränenwällen ausgebildet als die älteren Moränen der *group IIa* und der *group III*. Hall SR et al. (2009) bemühen „*a localized increased precipitation in the Cordillera Huayhuash region possibly due to temporal and spatial changes in the SACZ*“ (*South American Convergence Zone*), um das Vorrücken der Gletscher um 10–9 ka BP zu erklären, da sie davon ausgehen, dass dieser frühholozäne Gletschervorstoß nur lokal sein kann. Auf die frühholozänen Gletschervorstöße in Ecuador (Heine und Heine 1996) wird nicht Bezug genommen. Die Glazialchronologie von Hall et al. (2009) korreliert erstaunlich gut mit der Chronologie von Jomelli et al. (2014) aus den kolumbianischen Anden sowohl hinsichtlich der SED-Alter als auch hinsichtlich der Größe und Formen der Moränenwälle; damit bestätigt diese Glazialchronologie (Hall SR et al. 2009) den frühholozänen Gletschervorstoß von Heine und Heine (1996).

Während die spätglazialen Proxydaten der marinen Sedimentkerne aus dem östlichen und westlichen tropischen Pazifik – verglichen mit dem NGRIP-Eisbohrkern Grönlands und den Speläothemen der Hulu-Höhle in China – bei der Korrelierung eine gewisse Übereinstimmung aufweisen, und zwar für das Heinrich-Event 1 und die Jüngere Dryas (Abb. 5.96), ist dies für die Jüngere Dryas aufgrund der terrestrischen Paläoklimaproxys des tropischen/randtropischen Südamerikas nicht gegeben.

Wird das Problem der YD und des ACR im außertropischen Südamerika verfolgt, zeigt sich auch hier eine Abkehr von der Vorstellung eines YD-zeitlichen Gletschervorstoßes (vgl. Pedro et al. 2016). Vor allem in Patagonien rückten die Gletscher im ACR vor (und nicht in der YD, wie z. B. von Heusser und Rabassa 1987 vermutet), so am Lago Buenos Aires, Argentinien (71° W, 46°30′ S) um 14,4 ± 0,9 ka BP (Douglass et al. 2006). Fogwill und Kubik (2005) beschreiben vom Torres del Paine einen Stillstand oder ein Vorrücken des patagonischen Eises zwischen 15–12 ka BP (mittleres Alter: 13,2 ± 0,8 ka BP, ^{10}Be-Daten). McCulloch et al. (2005) präsentieren eine revidierte Glazialchronologie für das südlichste Südamerika aufgrund von SED-Daten, ^{14}C-Altersbestimmungen, *amino acid racemization dating* und tephrochronologischen Analysen. Ein Gletschervorstoß ereignete sich um 15,5–11,77 ka BP während des ACR. Die Gletscher schmolzen während des Höhepunkts der YD-Zeit ab. Diese Daten decken sich mit den Beobachtungen vom nordpatagonischen Gletschergebiet (*North Patagonian Icefield*), wo Turner et al. (2005) einen schnellen Gletscherrückzug um 16–15 ka BP belegen, der von einer Phase der Gletscherstabilität um 13,6–12,8 ka BP abgelöst wurde. Die letzte Phase der Deglaziation erfolgte ca. 12,8 ka BP. Alle Autoren stellen übereinstimmend fest, dass im südlichen Südamerika kein YD-zeitlicher Gletschervorstoß nachzuweisen ist (Harrison und Glasser 2011). Die Nicht-Existenz eines YD-zeitlichen Gletschervorstoßes in Südamerika (Peru) wurde bereits von Mercer (1976) publiziert.

Eine Zusammenfassung der spätglazialen Gletscherschwankungen für das tropische Südamerika unter Berücksichtigung der ± exakt datierten Moränen führt zu folgenden Ergebnissen:

(i) ^{14}C-Altersbestimmungen aus stratigraphisch relevanten Profilen liegen nur aus dem humiden Andenbereich, nicht aber aus den ariden Gebieten vor. SED-Altersbestimmungen, die den gesamten hier betrachteten Andenraum betreffen, sind oft für eine paläoklimatische Deutung unbrauchbar, da methodische Unsicherheiten und ungeeignete Probenauswahl die Ergebnisse infrage stellen.

(ii) Im feucht-tropischen Südamerika beiderseits des Äquators können für das Spätglazial (ca. 18–11,5 ka BP) Rückzugsmoränen SED-datiert werden, die in Kolumbien und in Peru zwischen ca. 14–13 ka BP gebildet wurden und damit in die Zeit des ACR fallen. Aus der Morphologie der Moränenwälle lässt sich jedoch kein markanter ACR-Gletschervorstoß ableiten. Auch in Ecuador konnte kein morphologisch auffallender Gletschervorstoß während des ACR gefunden werden.

(iii) Die Jüngere Dryaszeit (YD) wird im tropischen Südamerika nördlich des Äquators durch Gletscherabschmelzen

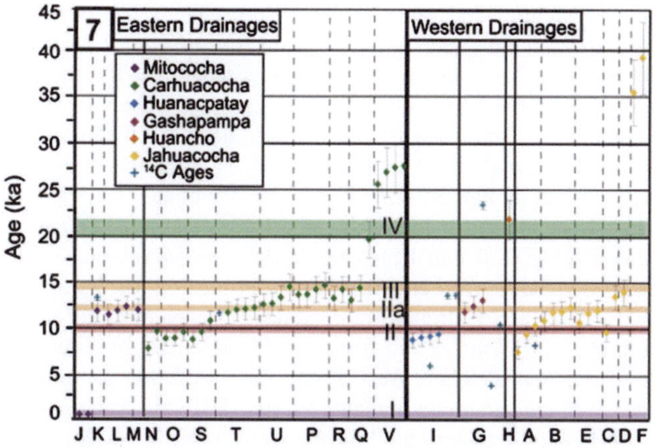

Abb. 5.95 Verteilung der ^{10}Be- und ^{14}C-Daten für einzelne Täler der Cordillera Huayhuash, Peru (aus Hall et al. 2009). ^{10}Be – *Rauten*, ^{14}C – *Kreuze*. Die ^{10}Be-Alter sind nach Lal (1991)/Stone (2000) berechnet und für die einzelnen Moränengruppen vom jüngsten zum ältesten Alter geordnet. Die ^{14}C-Alter werden in Beziehung zu den Moränen angegeben, wenn das Moor/der See unmittelbar oberhalb der Moräne liegt. Die *farbigen Balken* kennzeichnen die Moränengruppen: I – Neoglazial, II – Frühholozän, IIa – Spätglazial (ACR?), III – Spätglazial (ACR?), IV – LGM. Die Gruppen IIa und III fallen in die Zeit des ACR; die Moränen dieser Gruppen sind morphologisch weniger deutlich ausgebildet als die Moränen der Gruppe II

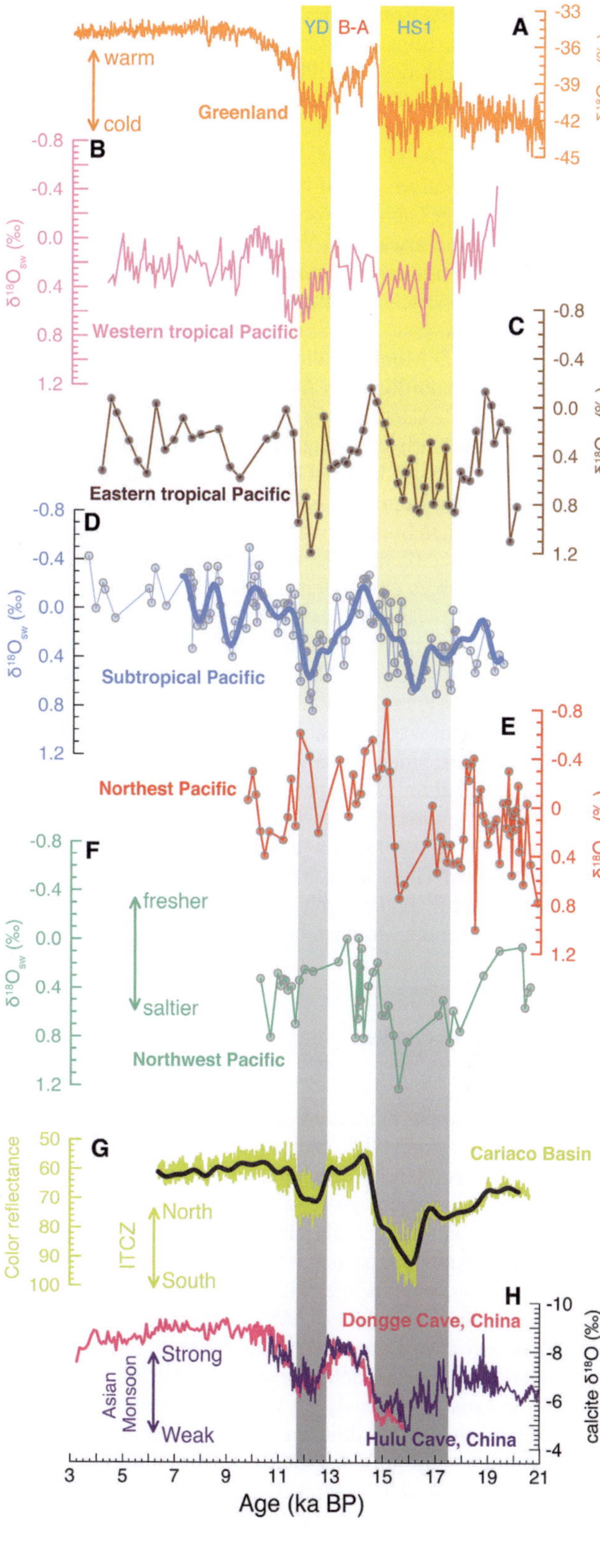

Abb. 5.96 Bei paläohydrologischen *records* aus dem Pazifik im Vergleich mit Paläoklima-*records* anderer Regionen spielen die Klimaschwankungen der Pleistozän/Holozän-Grenze eine bedeutende Rolle. Es stellt sich die Frage, inwieweit diese Schwankungen korrekt datiert worden sind. Bemerkenswert ist, dass im westlichen tropischen Pazifik (*B*) zu Beginn des Holozäns – und nicht in der YD – die größte Abkühlung auftritt (δ^{18}O‰). Darüber hinaus ist zu berücksichtigen, dass die Korrelierung und Interpretation der δ^{18}O-Werte der Arktis (NGRIP) mit den tropischen δ^{18}O-Werten Probleme aufwirft: In den hohen Breiten sind advektive Niederschläge charakteristisch, in den Tropen dagegen konvektive. Die Beziehung δ^{18}O – Temperatur der hohen Breiten gilt nicht für die Tropen (Vimeux et al. 2009). (*A*) Klimavariabilität aufgrund des δ^{18}O im grönländischen Eisbohrkern NGRIP. Meerwasser δ^{18}O für den westlichen (*B*) und östlichen (*C*) tropischen Pazifik, den subtropischen östlichen Pazifik (*D*) sowie den Mittelbreiten-Nordost- (*E*) und Nordwest- (*F*) Pazifik. (*G*) Lage der ITCZ (Deplazes et al. 2013). (*H*) Intensität des asiatischen Monsuns (Wang et al. 2001). HS1 – Heinrich-Stadial 1; B-A – Bølling-Allerød; YD – Younger Dryas. (Aus Rodríguez-Sanz und Mortyn 2015, dort auch weitere Hinweise auf die verwendeten Quellen) ▶

repräsentiert. Erst am Ende der YD und zu Beginn des Holozäns erfolgt um 11 ka BP ein ausgeprägter Vorstoß der Gletscher, der zur Bildung markanter Moränen in Kolumbien, Ecuador und Peru führt. Ebenfalls an der Wende YD/Holozän setzt in Venezuela die frühholozäne humide Phase ein.

(iv) Ausdrücklich sei darauf hingewiesen, dass die YD nicht durch einen Gletschervorstoß repräsentiert wird. Die in der Literatur erwähnten YD-zeitlichen Gletschervorstöße wurden hypothetisch konstruiert; die Datierungen dieser sog. YD-Gletscherschwankung erwiesen sich als falsche Annahmen.

(v) Die Prä-YD-Moränen, die in die Phase des ACR fallen, erscheinen nördlich des Äquators als Rückzugsmoränen.

(vi) Spätglaziale Gletschervorstöße in Kolumbien und Ecuador, charakterisiert durch markante Moränenwälle, erfolgten vor > 15 ka BP. Dies wird durch die tephrochronologischen Befunde aus Ecuador zweifelsfrei belegt.

(vii) Im tropischen Südamerika südlich ca. 15° S sind ebenfalls keine YD-zeitlichen Gletschervorstöße nachzuweisen.

(viii) In Peru gab es einen kleinen Gletschervorstoß um 13,4–12,9 ka BP während des ACR, der schon aufgrund fundierter glazialgeologisch-geomorphologischer Forschungen und zuverlässiger Datierungen von Mercer und Palacios (1977) erkannt wurde und zwar zu einer Zeit, als die YD bekannt war, nicht aber das ACR.

(ix) In Bolivien sind wegen der größeren Aridität und besseren Erhaltung der spätglazialen Moränen zahlreiche Rückzugsmoränen bzw. Gletscherstillstandsphasen und Gletscherschwankungen bekannt, doch die exakte Datierung der Gletscheroszillationen steht noch aus. Es ist wahrscheinlich, dass während des ACR Gletscheroszillationen kleinere Moränen bildeten.

5.2.5 Das Holozän

Das Holozän umfasst die letzten ca. 11.700 Jahre und damit fast die gesamte Zeitspanne der menschlichen Zivilisation. Das Holozän ist ein Intervall relativer klimatischer Stabilität. Zahlreiche Temperatur-, Niederschlags- und Gletscherschwankungen mit einer Dauer von weniger als einem Millennium belegen relativ geringe Änderungen des holozänen Klimas. Wegen der Schwierigkeiten, bedeutsame Klimasignale der Proxys vom lokalen/regionalen „*Klima-Rauschen*" zu unterscheiden, bereiten Vergleiche zwischen Daten und Modellergebnissen immer noch Schwierigkeiten. Die Modelle neigen dazu, die Klimavariabilität, die die Proxys in Zeitskalen von Jahrzehnten bis Jahrhunderten vorgeben, zu unterdrücken. Diese Diskrepanz zeigt, dass die Modelle die interne Variabilität geringer Frequenz nicht erfassen. Dadurch wird die Fähigkeit der Modelle stark begrenzt, exakte Simulationen des Klimas für längere Zeitskalen zu produzieren (Laepple und Huybers 2014).

Für das Holozän werden im tropischen Südamerika vor allem Schwankungen der hygrischen Bedingungen genannt. Gletscher, Seespiegel, Seesedimente, *Speleothems* aus Höhlen und Pollen – vorwiegend aus dem Andenbereich – belegen Phasen vermehrter und verminderter Niederschläge. Die Ursachen dieser Klimafluktuationen werden im *orbital forcing* (Liu und Braconnot 2012) und *solar forcing* gesehen, da im Holozän vor ca. 1850 AD (in vorindustrieller Zeit) der Gehalt der atmosphärischen Treibhausgase und die glazialen Grenzbedingungen (*boundary conditions*) keinen Veränderungen unterworfen waren. Die gesamten Schwankungen der Treibhausgase während des Holozäns hatten lediglich einen Einfluss von 0,5 W/m^2 auf das *forcing* (Liu und Braconnot 2012). Im Mittelholozän um ca. 6000 Jahre vor heute nimmt das *insolation forcing* in den hohen nördlichen Breiten während des borealen Sommers (JJA) um etwa 30 W/m^2 zu (im frühen Holozän sogar um 40 W/m^2), und um den gleichen Wert nimmt das *insolation forcing* auf der Südhemisphäre im borealen Winter (DJF) ab. Auch änderte sich die mittlere jährliche Insolation ein wenig: es erfolgten eine Abnahme in den Tropen um 1 W/m^2 und eine Zunahme um 4 W/m^2 in den hohen Breiten als Folge eines größeren *obliquity forcing* im frühen bis zum mittleren Holozän (24,1° um 6 ka gegenüber 23,5° heute). Das führte in der nördlichen Hemisphäre zu einer Verstärkung des saisonalen Zyklus' der Insolation und zu deren Verringerung um 10 % in der südlichen Hemisphäre. Die Veränderungen im saisonalen Zyklus werden hauptsächlich vom *precession forcing* bestimmt, da das Perihel (sonnennächster Punkt der Erdumlaufbahn) im borealen Herbst (September um 6 ka gegenüber Januar heute) auftrat. Im Verhältnis zu heute war die Erde näher an der Sonne während des frühen und mittleren Holozäns, was zu einer größeren sommerlichen Erwärmung in der Nordhemisphäre und zu einer reduzierten winterlichen Abkühlung in der Südhemisphäre führte. Das Gegenteil erfolgte im borealen Winter. Das *precession forcing* beeinflusst nicht die mittlere jährliche Insolation, jedoch die Länge der Jahreszeiten (Liu und Braconnot 2012).

Zahlreiche terrestrische Paläoklimaarchive zeigen, dass das holozäne Klima in den Tropen auf die Veränderungen des *orbital forcing* reagiert hat. Hervorzuheben ist auch, dass die Datierungen mit ^{14}C in der Regel für das Holozän sehr gute Ergebnisse bringen. Gleiches gilt auch für SED-Altersbestimmungen.

Die Schwankungen des Klimas während des klimatisch relativ stabilen Holozäns werden durch die verschiedenen Klimaproxys unterschiedlich stark angezeigt. Es bedarf kaum einer Erwähnung, dass im zentralen Teil Amazoniens mit einem sehr feuchten und warmen Klima geringe Klimaoszillationen weder eine Auswirkung auf die Vegetation noch auf die geomorphologisch-pedologischen Prozesse haben. Sollen schwache (im Vergleich zu den glazial/interglazialzeitlichen) Klimaänderungen erfasst werden, müssen sich die Forschungen auf Paläoklimaarchive stützen, die äußerst sensibel auf Änderungen von Temperatur und Niederschlag reagieren. Beispielsweise können Paläoklimaarchive an der Grenze von tropischem Regenwald zur Savanne Verschiebungen der Vegetationsgrenzen erfassen, ebenso in Gebirgen eine Verschiebung der höhenabhängigen Vegetationsstufen. Die Bildung von Speläothemen in Höhlen ist ebenfalls ein sensitiver Klimazeiger. Weniger in den Feuchttropen, als vielmehr in den Trockentropen reagieren die Geoökosysteme empfindlich auf Klimaoszillationen, vor allem auf hygrische Veränderungen. Die wertvollsten Paläoklimaproxys werden jedoch aus glaziären und periglaziären Formen und Sedimenten ermittelt. Die Gletscher der tropisch/randtropischen Anden be-

Abb. 5.97 GOOGLE-Bild des Pantanal in der Umgebung der Laguna La Gaiba. *Kleines Bild*: Landschaftsfoto (pantanalecoturismo.tur.br/fotos). Während des südamerikanischen Sommermonsuns (SASM) (DJF) wird der südamerikanische *Low-Level-Jet* (LLJ) an den östlichen Andenhängen abgelenkt, bringt konvektive Feuchtigkeit aus dem Amazonasbecken in das Pantanal (ca. 18° S, 57° W) und verbindet sich mit dem Chaco-Tief (ca. 23,5° S, 60° W). Der LLJ trifft auf den westlichen Rand des südatlantischen subtropischen Hochs und die südwestliche Strömung der Mittelbreiten (Abb. 5.2 und 5.3); dadurch entsteht die südatlantische Konvergenzzone (SACZ), die Feuchtigkeit nach Südbrasilien führt. (Vgl. Abb. 5.2)

legen durch ihre Bewegungen im Holozän, dass das Holozän durchaus Klimafluktuationen aufwies, die sich im feuchttropischen amazonischen Tiefland nicht nachweisen lassen, da sie dort die Geoökosysteme nicht zu verändern vermochten. Aus den Feuchttropen ist der globale Temperaturanstieg seit ca. AD 1850 in dem Abschmelzen der Gletscher überzeugend belegt; der Amazonas-Regenwald zeigt für diese Zeit keine Veränderungen!

In Nordostbrasilien belegen die Seesedimente von *Morro dos Seis Lagos*, *Lagoa da Pata* (Amazonas-Regenwald, 66°40′35″ W, 0°17′07″ N, ca. 300 m NN), einen Anstieg des Seespiegels zwischen 15,3 und 10,0 ka BP, was nach einem trockenem LGM mit einer Zunahme der Niederschläge in Verbindung gebracht wird (Cordeiro et al. 2011).

Holozäne Klimabedingungen stellen sich im Pantanal im kontinentalen tropischen Südamerika um 12,8–12,2 ka BP ein (Whitney et al. 2011). Eine Zunahme der Niederschläge im Pantanal-Eiszugsgebiet verursachte größere Überschwemmungen und ansteigende Seespiegel. Eine mehr oder weniger markante Klimaschwankung, die der YD entspricht, ist nicht nachzuweisen. Zwischen 10 und 3 ka BP stellt sich eine früh- bis mittelholozäne aride Phase ein, die im tropischen Südamerika weit verbreitet zu sein scheint. Die Befunde von Whitney et al. (2011) basieren auf der fundierten Analyse von Seesedimenten der Laguna La Gaiba (17°45′ S, 57°35′ W) (Abb. 5.97). Pollen der *terra-firme*-Wälder und von überschwemmungstoleranten Wäldern sowie Diatomeen-Verhältnisse von Tiefenwasser- und Flachwasserarten erlauben eine zeitlich hoch auflösende Rekonstruktion von Temperatur und Niederschlag. Der 95 km^2 große See La Gaiba ist mit dem Pantanal hydrologisch verknüpft. Das Pantanal ist ein von zahlreichen mäandrierenden Dammflüssen aufgeschüttetes Binnendelta von 135.000 km^2 Ausdehnung, das in der Regenzeit und bei Hochwasser des Paraguay (Juni–Oktober) weithin überschwemmt wird. Seespiegeländerungen und Sedimente der Laguna La Gaiba repräsentieren Klimaveränderungen in dem tropischen Feuchtgebiet.

Auch in Südbrasilien (22°30′ S, 53°20′ W) zeigen Dünenformationen nahe des Paraná-Flusses signifikante Klimaschwankungen während des Holozäns an (Parolin und Stevaux 2006). Zwischen ca. 8,5 und 4 ka BP (TL-Datierungen) werden Dünensande erodiert, was auf aride Bedingungen hinweist; anschließend wird ein klimatischer Umschwung zwischen ca. 3,7 und 3,3 ka BP in zahlreichen Sedimentsequenzen aus Seen, Flüssen, Torfen und Dünen belegt, den markante Änderungen der magnetischen Suszeptibilität, der Polleninhalte sowie der geochemischen und sedimentologischen Daten dokumentieren. Für den bolivianischen Chaco (ca. 18–20° S, 60–63° W) gibt May (2014) eine Zusammenfassung der holozänen äolischen Aktivität aufgrund von OSL- und ^{14}C-Daten; eine Datierung der Dünensandbewegungen lässt keine eindeutigen ariden Phasen

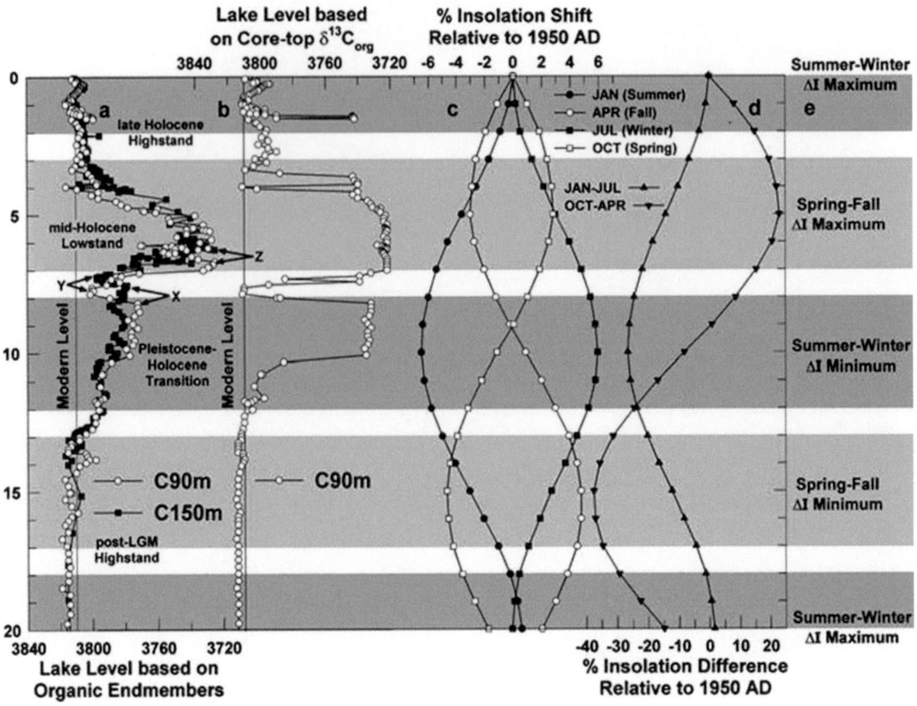

Abb. 5.98 Seespiegelschwankungen des Titicacasees **a** seit dem LGM, ermittelt aus zwei C-Isotopen-Transfer-Funktionen (TF1 [Bohrkern aus 90 m Tiefe] und TF2 [Bohrkern aus 150 m Tiefe]). Die Punkte X, Y und Z der Seespiegelkurven markieren Strukturen, die gleichlaufend sind. **b** Seespiegelkurve ermittelt aus $\delta^{13}C_{org}$-Werten. **c** Änderungen der Insolation in 20° S als Differenz in % des 1950-Wertes. **d** Änderung der Insolation in 20° S als Differenz in % des 1950-Wertes zwischen Januar–Juli (Sommer–Winter) und Oktober–April (Frühling–Herbst). **e** Maxima/Minima der jahreszeitlichen Insolationsdifferenz (ΔI). (Aus Rowe et al. 2002)

erkennen: Im Spätquartär können sowohl klimatische als auch Umweltbedingungen (Vegetation, Sandverfügbarkeit etc.) die äolischen Prozesse steuern.

Im unteren Amazonasgebiet wird das Holozän in Seesedimenten (Geral- und Comprida-See, NW′ Prainha, ca. 15 und 20 km nördlich vom Amazonas) anhand von chemischen Analysen, Diatomeen, Pollen und Holzkohle erfasst; eine differenzierte paläoökologische Chronologie der letzten ca. 9200 ^{14}C-Jahre (10.060 + 230/ − 70 a BP) stellen Bush et al. (2000) vor. Der *terra-firme*-Wald zeigte kleine Schwankungen in der Zusammensetzung. Höhere Seespiegel stellten sich im frühen Holozän ein. Eine stufenweise Zunahme der Niederschläge erfolgte um 8,8 ^{14}C ka BP (ca. 9,7 ka BP), 7,4 ^{14}C ka BP (ca. 8,1 ka BP) und zwischen 6,1 und 5,8 ^{14}C ka BP (ca. 7,0 bis 6,6 ka BP). Der Einfluss des Menschen ist seit 5,5 ^{14}C ka BP (vor ca. 6,5 ka BP) belegt, und Ackerbau wurde seit 3,35 ka BP (ca. 3,6 ka BP) betrieben. Der anthropogene Einfluss auf Veränderungen der Ökosysteme Amazoniens war unbedeutend (McMichael et al. 2012), doch wird seit ca. 10.000 Jahren in Nordwestkolumbien der Einfluss des Menschen auf die Vegetation und zwischen 8000 und 3000 a BP die Kultivierung von Pflanzen (in geringem Umfang) belegt (Santos Vecino et al. 2015). Im peruanischen Amazonas-Tiefland, in dem Bush et al. (2016) zwei Mega-Dürren (um 6,7 und 4,2 ka BP) dokumentieren, wurde seit über 6 ka BP Mais angebaut; zwischen ca. 3,4 und 0,7 ka BP war der Maisanbau am intensivsten. Nach der Conquista wird eine Entvölkerung vermutet.

Für Südost-Amazonien folgte nach einem kühlen und trockenen LGM und Spätglazial eine feuchte Phase im frühen Holozän, die ca. 1200 Jahre dauerte und während der sich tropische Wälder unter humiden Bedingungen ausbreiteten. Danach begann bei weiterer Erwärmung das saisonale tropisch-warme Klima, das zwischen 10,2 und 3,4 ka BP längere trockene Jahreszeiten aufwies; von 9,0 bis 3,7 ka BP war die Aridität ausgeprägter. Nach 3,4 ka BP stellte sich das heutige Klima mit kürzeren ariden saisonalen Jahreszeiten ein (Hermanowski et al. 2012). Die holozänen Klimaphasen, die auf palynologischen Forschungen basieren, charakterisieren großräumige Verschiebungen der Niederschlagsmuster als Folge von latitudinalen Verlagerungen der ITCZ und von Änderungen der SST im tropischen Atlantik (Hermanowski et al. 2012; X Wang et al. 2004). Mit zunehmender Entfernung vom Äquator wird der Nachweis holozäner Klimaänderungen der Tiefland-Feuchttropen durch die Paläoklimaproxys deutlicher angezeigt.

In den tropischen und randtropischen Anden zeigen Seesedimente (3 *piston cores* – Zylinder-Bohrkerne) des Titicacasees relativ hohe Spiegelstände bis ca. 11,5 ka BP (z. B. Tapia et al. 2003). Zwischen 12,5 und 10,0 ka BP schwankte der Wasserspiegel stark und von 10,0 bis 8,0 ka BP belegen planktonische Frischwasser-Diatomeen feuchte Verhältnisse. Anschließend wurde es arider, doch zwischen 7,5 und 6,5 ka BP gab es eine feuchtere Phase (Tapia et al. 2003). Von 6,0 bis 3,5 ka BP dokumentieren die Diatomeen aride Bedingungen mit der extremsten Phase um 4,5 ka BP. Ab ca. 4,0 ka BP wurde es wieder feuchter. Die heutigen hydrologischen Verhältnisse stellten sich vor 1500 Jahren ein. Untersucht wurden Diatomeen und Phytoplankton in Verbindung mit 45 AMS ^{14}C-Altersbestimmungen.

Zu etwas anderen Titicacaseespiegel-Rekonstruktionen gelangen Cross et al. (2000), deren Seesedimentkerne (32 *piston cores* aus 37 bis 208 m Wassertiefe) fast alle aus dem südlichen Titicacasee stammen. Sedimentologische Daten, Kalkgehalt, organische Bestandteile, Isotopen- und geochemische Analysen, Diatomeen und Reflexionsseismik werden für die paläohydrologische Rekonstruktion herangezogen. Während $\geq$ 14 ^{14}C ka BP die Seeablagerungen noch mit der andinen Vergletscherung in Verbindung gebracht werden, folgte danach eine Absenkung des Wasserspiegels, die mit $\geq$ 100 m im frühen und mittleren Holozän kulminierte. Um 5,2 ^{14}C ka BP lag der Spiegel ca. 80 m, zwischen 4,1 und 3,6 ^{14}C ka BP wieder $\geq$ 100 m tiefer. Zwischen 3,6 und 3,2 ^{14}C ka BP stieg der Seespiegel an; die Salinität blieb bis ca. 3,3 ^{14}C ka BP hoch. Um 2,6 und 2,3 ^{14}C ka BP gab es kleinere Spiegelabsenkungen, und seit ca. 2,1 ^{14}C ka BP pendelte sich der Spiegel auf das heutige Niveau ein (Cross et al. 2000). Die früh-/mittelholozäne aride Phase, die um 3,6 ^{14}C ka BP zu Ende ging, zeigt sich auch in anderen Seen des südlichen Altiplano (z. B. Valero Garcés et al. 1996; Grosjean et al. 2001) sowie in Peru (Cuzco-Region, Lake Huaypo: 13°24′31,87″ S, 72°7′59,01″ W, 3500 m NN), wo um 2,8 ka BP feuchtere Klimaverhältnisse einsetzten (Sublette Mosblech et al. 2012).

In den Sedimentkernen werden große Seespiegelschwankungen durch große Veränderungen der Isotopenzusammensetzung des organischen Kohlenstoffs, vom C/N-Verhältnis, vom Anteil an C_{org}, $CaCO_3$ und biogenem SiO_2 angezeigt, aber auch vom $\delta^{13}C_{org}$-Werten. Letztere benutzen Rowe et al. (2002) und Rowe und Dunbar (2004) zur Modellierung der hydrologischen Energiebilanz des holozänen Titicacasees; sie kommen zu dem Ergebnis (Abb. 5.98), dass relativ geringe Schwankungen von drei meteorologischen Variablen (mittlerer jährlicher Niederschlag, Temperatur und/oder Bewölkung) die gewaltigen mittelholozänen Seespiegelabsenkungen ($\sim$ 85 m) erklären können. Dies zeigt darüber hinaus, dass die LGM-zeitlichen (hohen) Seespiegel nicht zwingend Belege für ein feuchtes LGM darstellen (vgl. auch Kessler 1984), welches das gesamte tropische äquatoriale Südamerika (Andenraum und Amazonien) erfasste, wie von manchen Autoren angenommen wird, z. B. von Baker et al. (2001a, 2001b), deren Schlussfolgerungen immer wieder zitiert werden. Auch können veränderte Windverhältnisse die Verdunstung steigern und zur Absenkung der Seespiegel führen (vgl. Ohlendorf et al. 2013).

Die Titicacasee-Paläoklimaproxys ergänzen die Ergebnisse von Tapia et al. (2003), Grosjean et al. (2001) und Cross et al. (2000), die zweifelsfrei eine früh-/mittelholozäne aride Phase im Bereich der Randtropen Südboliviens und Nordchiles belegen. Es verwundert, dass Placzek et al. (2001) anhand von Sedimenten am Aricota-See ein feuchtes mittelholozänes Klima für die unmittelbare Nachbarschaft in Peru (17°22′ S, 70°18′ W, ca. 2733 m NN) rekonstruieren. Der Aricota-See wurde durch große Bergsturz-Ablagerungen im Tal aufgestaut; wiederholt hat sich der Abfluss verschiedene Wege zu verschiedenen Zeiten durch das Bergsturzmaterial gebahnt. Die dadurch bedingten Seespiegeländerungen und die Schwemmfächer-Ablagerungen der auf variierende Seespiegel eingestellten Zuflüsse dokumentieren in keiner Weise die (über)regionalen Klimabedingungen. Auch in den *midden* (Hügel) von wühlenden (Nage-)Tieren (z. B. *Abrocoma* – Chinchillaratte) deuten Makrofossilien auf geringfügig feuchtere Klimaverhältnisse im Mittelholozän (Holmgren et al. 2001). Mächtle und Eitel (2009) vermuten in den hygrischen mittelholozänen Unterschieden zwischen den Gebieten westlich der Anden in Südperu und dem Altiplano (Titicacasee) einen räumlich veränderten Energie-Input durch die Sonne, der im frühen und mittleren Holozän ein nach Norden verlagertes Maximum des Bolivien-Hochs bedingte und dadurch zu vermehrter Feuchtigkeit im Bereich der Andenwestabdachung führte.

Die Synthese von Abbott et al. (2003) für die zentralen Anden belegt zweifelsfrei die Aridität im Mittelholozän (Abb. 5.99). Den Autoren zufolge begannen die neoglazialen feuchteren Klimaverhältnisse im nördlichen, äquatornahen Gebiet um 5–3,5 ka BP (Titicacasee) und damit früher als im weiter südlich gelegenen Bereich (Lago Taypi Chaka Kkota, 16°12′ S, 68°21′ W), in dem feuchtere Klimabedingungen um 2,3 ka BP einsetzten. Abbott et al. (2003) erkennen in Verbindung mit anderen Paläoklimazeugen eine allgemeine Aridität vom späten Pleistozän bis einschließlich des Mittelholozäns, wobei die Aridität im nördlichen Bereich nicht so ausgeprägt und zudem von kürzerer Dauer war. In den Anden südlich des Äquators nahm die Insolation im Holozän zu; dies führte zu einer südwärtigen Verlagerung und Intensivierung der Zone intensiver Sommerkonvektion (ITCZ) über dem tropischen Pazifik und Atlantik. Damit erklärt sich auch das verzögerte Einsetzen der neoglazialen feuchteren Phase im südlichen randtropischen Andenraum. Die insolationsbedingte ITCZ-Verschiebung erklärt jedoch nicht die Variabilität der hygrischen Verhältnisse, die in Dekaden und Jahrhunderten von denselben Geoarchiven (limnische Sedimente) belegt werden. Alles in allem sind die letzten ca. 2,3 ka BP die feuchtesten während des gesamten Holozäns. Doch auch in dieser niederschlagsreichen Zeit gibt es Phasen (Jahrzehnte, Jahrhunderte) mit Seespiegeltiefständen. Dies zeigt die große Sensibilität der Region gegenüber Änderungen im Humiditätsgleichgewicht (Abbott et al. 2003).

Aus den tropischen Anden liegen zahlreiche Beobachtungen über Gletscherfluktuationen während des Holozäns vor. Es wurde bereits ausgeführt, dass an der Wende Pleistozän/Holozän am und nördlich des Äquators in Ecuador und Kolumbien ein Gletschervorstoß deutlich durch Moränenbildungen belegt ist, der seine maximale Ausdehnung im frühesten Holozän (ca. 10,5–9,5 ^{14}C ka BP, nach der Jüngeren Dryaszeit) hatte (vgl. Box Jüngere Dryaszeit; Abb. 5.39, 5.40, Heine und Geyh 2002; Heine 2011a; Abb. 5.89, 5.90, 5.91; Jomelli et al. 2014). Die frühholozäne Gletscherchronologie von Heine und Geyh (2002) wird durch die Befunde von Jomelli et al. (2014) und Licciardi et al. (2009) aus Peru ergänzt. Aus der Cordillera Vilcabamba (Süd-Peru, 13°20′ S) berichten Licciardi et al. (2009) über einen markanten Gletschervorstoß zwischen $\sim$ 9,9 und 8,0 ka BP und eine kleinere Vergletscherungsphase während der Kleinen Eiszeit (*Little Ice Age*) (Abb. 5.100). Die mittels SED-Altersbestimmungen erstellte Chronologie der Gletschervorstöße ist durch die Anzahl und die geringe Streuung der Daten sehr zuverlässig.

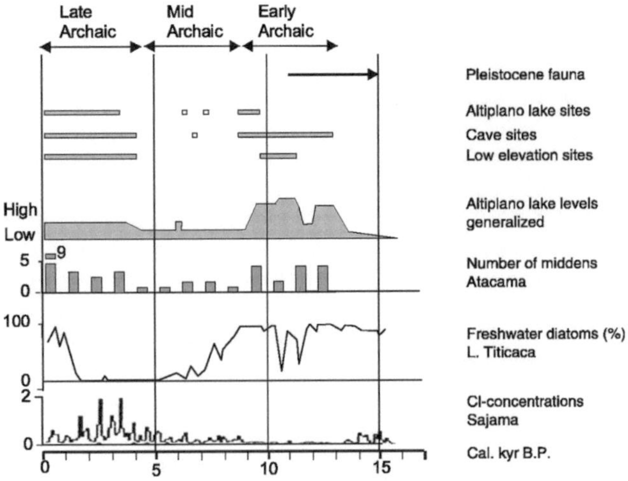

Abb. 5.99 Synthese der spätglazialen Umweltverhältnisse und der menschlichen Besiedlung der hoch-, mittel- und tiefgelegenen Siedlungsstellen. Die aride Phase zwischen ca. 9 und 4 ka BP wird durch unterschiedliche Paläoklimaarchive angezeigt, so durch das Verschwinden der pleistozänen Fauna, durch die Besiedlungsleere des Altiplano (aber auch der tiefer gelegenen Regionen), durch die niedrigen Seespiegel (bzw. Austrocknung) (Grosjean 2001), durch die Abnahme der *middens* (Abfallhaufen) von Nagetieren (Betancourt et al. 2000; Latorre et al. 2002) und der Süßwasser-Diatomeen des Titicacasees (PA Baker et al. 2001b) sowie durch die geringe Cl^--Konzentrationen im Sajama-Eiskern (Cl^- wie auch SO_4^{2-} repräsentieren aus den trocken gefallenen Salzseen des Altiplano ausgewehten Salze, die auf den Eiskappen der hohen Gebirge abgelagert wurden; Thompson et al. 1998) (aus Núñez et al. 2002).
Anmerkung: Der gut datierte *record* aus der zentralen Atacama-Wüste von Betancourt et al. (2000) unterscheidet sich in verschiedenen Aspekten von den paläoklimatischen Rekonstruktionen anderer Autoren, indem Betancourt et al. (2000) keine früh/mittelholozäne aride Phase, sondern eine feuchtere Zeit zwischen 8 und 3 ka BP annehmen und bemerken, dass derartige Diskrepanzen in paläoklimatischen *records* normal sind: Ursachen dafür können ungenügende Datierungen sein, aber auch Unterschiede im regionalen Klimageschehen einer relativ großen Region sowie die Unklarheit zwischen den Auswirkungen von Niederschlag und Temperatur auf Gletscher- und See-Haushalte. Die Tatsache, dass eine falsche Interpretation der Befunde vorliegt, wie Grosjean (2001) zeigt, wird nicht in Erwägung gezogen

Allerdings wird diese Glazialchronologie von Kelly et al. (2012, 2015) und Stroup et al. (2014) aufgrund von ^{14}C- und ^{10}Be-Moränendatierungen im Bereich der Quelccaya-Gletscher nur für die Kleine Eiszeit bestätigt; frühholozäne Moränen wurden nicht gefunden, wohl aber – aufgrund der Datierungen – Moränen der frühen YD (12,5–12,4 ka BP). Die Ursachen dieser Diskrepanz zwischen den spätglazialen Glazialchronologien der verschiedenen Bearbeiter sind bisher unbekannt. Da der Gletscherrückzug nach dem frühen YD-Vorstoß zwischen 12,35 und 11,6 ka BP erfolgte und damit während der YD, scheinen die Unterschiede in dem methodischen Vorgehen der Autoren und der Deutung der Paläoklimaarchive begründet zu sein (vgl. Kelly et al. 2015). Kelly et al. (2012) postulieren eine warm-feuchte YD allein aufgrund der Korrelierung mit Daten anderer Autoren (Baker et al. 2001a, 2001b; Placzek et al. 2006; X Wang et al. 2004), deren paläoklimatische Rekonstruktion der YD jedoch revidiert werden muss (s. o.).

Die holozäne Glazialchronologie des bolivianischen Telata-Gletschers im Zongo-Tal fügt sich in die Beobachtungen ein (Jomelli et al. 2011; Abb. 5.101). Zwischen ca. 10,8 und 8 ka BP dokumentieren zahlreiche Rückzugsmoränen ein relativ langsames Abschmelzen der späteiszeitlichen Gletscher mit Stillstands- und kleinen Vorstoßphasen. Erst während des Neoglazials kam es erneut zur Bildung von Moränen, die zwischen den Moränen der Gruppe G3 und dem neuzeitlichen Gletscherende liegen. Die Moräne No. 2 (Abb. 5.101) scheint dem frühen Neoglazial (älter als die Kleine Eiszeit) anzugehören. In Analogie zu den Moränen der Kleinen Eiszeit, die von Jordan (1991) umfassend kartiert wurden, liegen die Moränen der *Kleinen Eiszeit* (AD 1350–1850) am Steilhang unterhalb der rezenten Gletscher; sie sind deutlich von älteren neoglazialen Moränen aufgrund ihrer hellen Färbung (als Folge eines geringeren Flechtenbewuchses) zu erkennen (vgl. auch Abb. 5.90).

Nicht nur in Peru und Bolivien sind durch SED-Altersbestimmungen frühholozäne Gletschervorstöße nachgewiesen worden, die den ^{14}C-datierten Gletschervorstoß um 10,5–9,5 ^{14}C ka BP der ecuadorianischen Anden bestätigen, sondern auch aus den nördlichen tropischen Anden von Kolumbien. Jomelli et al. (2014) erfassten einen markanten frühholozänen Moränenwall, der in den venezolanischen Anden weit verbreitet ist (vgl. Abb. 5.89 bis 5.91). Auch hier sind im Holozän erst wieder im Neoglazial Gletschervorstöße belegt, die – wie überall in den tropisch/randtropischen Anden – nur eine geringe Ausdehnung hatten. Die neoglazialen Moränen datieren Jomelli et al. (2014) auf $1{,}1 \pm 0{,}1$ ka BP und $0{,}3 \pm 0{,}02$ ka BP, d. h., es handelt sich um Bildungen der Kleinen Eiszeit und von Gletschervorstößen, die der Kleinen Eiszeit vorangingen.

Am Illimani in Bolivien werden neoglaziale Moränen von CA Smith et al. (2009, 2011) mit ^{10}Be-SED auf ca. 3,5–2,0 ka BP datiert (vgl. Abb. 5.54). Auch am Illimani sind im Holozän ausschließlich frühholozäne und neoglaziale Gletschervorstöße durch SED-datierte Moränen belegt. CA Smith et al. (2009, 2011) bemerken, dass die neoglazialen Moränen nicht das Ergebnis eines einzigen Vorstoßes sind, denn die Ufermoränen sind stratigraphisch komplex aufgebaut (Abb. 5.103). Dennoch belegen die SED-Alter zweifelsfrei ein neoglaziales Alter mit einer Stabilisierung der Moränen nach 3,5 ka BP.

Systematische Forschungen zu den Gletscherschwankungen des Neoglazials der tropischen Anden sind nur von Röthlisberger (1986) ausgeführt worden. Alle anderen Bearbeiter beschränken sich bei den Datierungen der Moränen bzw. den Gletschervorstößen auf Daten, die entweder nach dem Abschmelzen der Gletscher aus organischen Ablagerungen stammen und ^{14}C-datiert wurden, oder seit ca. zwei Jahrzehnten auf SED-Altersbestimmungen von Blöcken, die an der Moränenoberfläche gefunden werden. Röthlisberger (1986) hat nicht nur die äußere Form der Moränenwälle untersucht und die chronostratigraphische Einordnung über ^{14}C-Alter organischer Ablagerungen vorgenommen, die vor bzw. nach dem Gletschervorstoß gebildet wurden, sondern er hat den Aufbau der Moränenwälle analysiert (Abb. 5.104 und 5.105). Die mehrfache Überschüttung dokumentiert das mehrmalige Vorrücken und

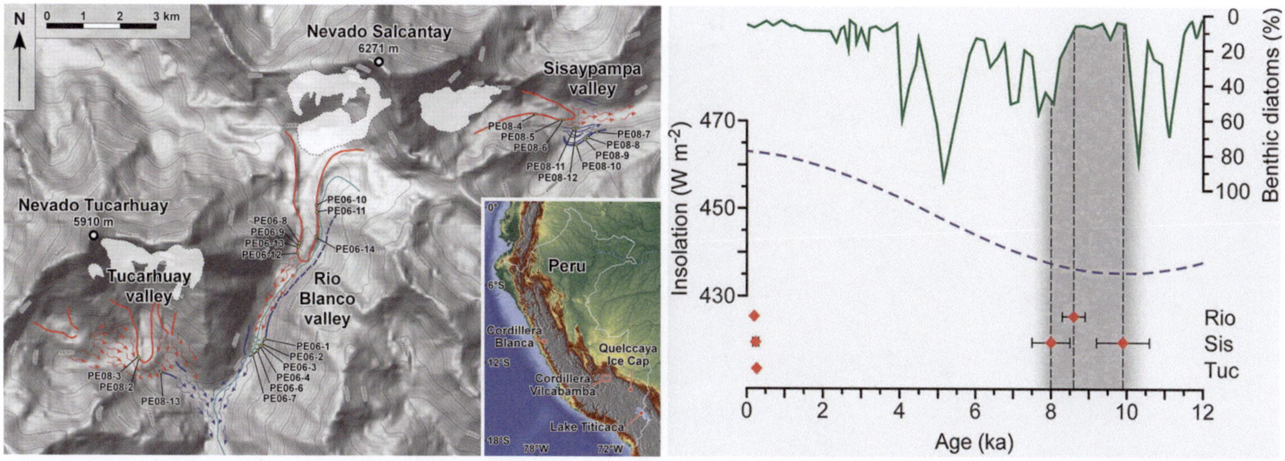

Abb. 5.100 *Links*: Geomorphologische Skizze der inneren Moränen (*rote Linien*: Kleine Eiszeit, ca. AD 1700–1800) und äußeren Moränen (*blaue Linien*: ca. 9,9–8,0 ka BP) nach Licciardi et al. (2009). Die *Pfeile* kennzeichnen die fluvioglazialen *outwash*-Ablagerungen. Die heutigen Gletscher sind *weiß* dargestellt. Basiskarte: GOOGLE Maps. *Rechts*: Zeitliche Einordnung der holozänen Gletscherphasen im südlichen Peru. Die *grüne Linie* zeigt den Prozentsatz an benthischen Diatomeen im Titicacasee (Baker et al. 2001a); geringe Werte korrespondieren mit hohen Seespiegelständen. Die *gerissene blaue Linie* zeigt die Präzessions-Insolation der feuchten Jahreszeit (September bis März) in 30° S an. Die *roten Rauten* mit Fehlergrenzen sind Mittelwerte der Moränenalter. (Aus Licciardi et al. 2009)

Abschmelzen des Gletschers. Die Chronologie basiert auf ^{14}C-Altersbestimmungen. Die Methode der ^{14}C-Altersbestimmung, ihre Zuverlässigkeit sowie Probleme und Deutung der Ergebnisse bei der Datierung von Gletscherschwankungen werden eingehend von Geyh (1986) diskutiert. Die Altersangaben belegen Prä-Kleine Eiszeit-Gletschervorstöße im Neoglazial. Diese neoglazialen Gletscheroszillationen sind in den tropischen Anden bisher nur in Einzelfällen erfasst worden (z. B. CA Smith et al. 2009, 2011; Jomelli et al. 2014), da die Gletscher der Kleinen Eiszeit die älteren neoglazialen Gletscherspuren erodiert und/oder überdeckt haben. Die ^{14}C-Alter begrabener Bäume und fossiler Bodenhorizonte dokumentieren für die Cordillera Blanca in Peru eindeutig Gletscherschwankungen seit ca. 5000 ^{14}C-Jahren vor heute, die in der Regel von den jüngeren neoglazialen Moränen überschüttet wurden, sodass sie weder morphologisch noch durch SED-Altersbestimmungen erfasst werden können. Häufig haben die Moränen der Gletschervorstöße der Kleinen Eiszeit die älteren mittelholozänen und neoglazialen Moränenwälle begraben. Seit ca. 3500 ^{14}C-Jahren vor heute scheinen die Gletscher der tropisch/randtropischen Anden über die neuzeitlichen Gletscherstände hinaus vorgestoßen zu sein, nachdem zuvor zwischen ca. 4100 und 3700 ^{14}C-Jahren vor heute ein Gletschertiefstand herrschte Röthlisberger (1986).

Aufgrund seiner Moränenstudien gibt Röthlisberger (1986: 205–206) folgende neoglaziale Chronologie an (Alter in ^{14}C-Jahren vor AD 1950; *kursiv*: mögliche kalibrierte Alter):

- Nach 3500 v. h. (ca. 3800 a BP)
  Vorstoß der Gletscher Ocshapalca und Tulparaju, die annähernd die seitliche Ausdehnung der neuzeitlichen Gletscherhochstände erreichen. Die Gletscher haben in den letzten 4000 Jahren v. h. die neuzeitlichen Ausmaße nie mehr bedeutend übertroffen.
- 3000–2000/1600 v. h. (ca. 3300–2000/1550 a BP)
  Gletschertiefstand. Um 2000 erreichte der Ocshapalca-Gletscher ein mittelhohes Eisniveau, bezogen auf die maximale neuzeitliche Ausdehnung und den Minimalstand von AD 1977.
- Nach 2000/1600 v. h. (ca. 2000/1550 a BP)
  Vorstoß der Gletscher Ocshapalca und Huallcacocha. Die neuzeitlichen Ausmaße wurden nicht oder nur annähernd erreicht.
- 1600–1300 v. h. (ca. 1550–1300 a BP)
  Gletscherschwund.
- 1300–1150 v. h. (ca. 1300–1200/1000 a BP)
  Vorstoß der Gletscher Huallcacocha, Tulparaju und Cuchilla. Die Gletscher erreichten neuzeitliche Ausdehnung.
- Nach 700 v. h. (ca. 1270 AD)
  Vorstoß des Huallcacocha-Gletschers mit neuzeitlicher Ausdehnung.
- Nach 400 v. h. (ca. 1500 AD)
  Vorstoß des Ocshapalca-Gletschers mit neuzeitlichen Ausmaßen. In der Mitte des 19. Jahrhunderts erreichten die Gletscher nochmals eine maximale Ausdehnung.
- Nach AD 1875
  Starke Schwundphase, die um 1890 und 1920 unterbrochen wurde.

Die Vergletscherungsgeschichte der tropisch/randtropischen Anden zeigt ein klares Bild, wenn die Rekonstruktionen sowohl auf gründlichen (vergleichenden) geomorphologischen Beobachtungen als auch auf einer kritischen Evaluierung der Ergebnisse der verschiedenen Datierungsmethoden – ^{14}C-Daten einerseits, SED-Daten andererseits – beruhen. Die holozäne Glazialchronologie belegt eindeutig eine Klimaschwankung, die in der ausgehenden YD einsetzte und ihren Höhepunkt im frühen Holozän hatte. Erst im Neoglazial können wieder markante Gletschervorstöße belegt werden, die um 3500 ^{14}C ka BP einsetzen. Während der Kleinen Eiszeit hatten die meisten Gletscher

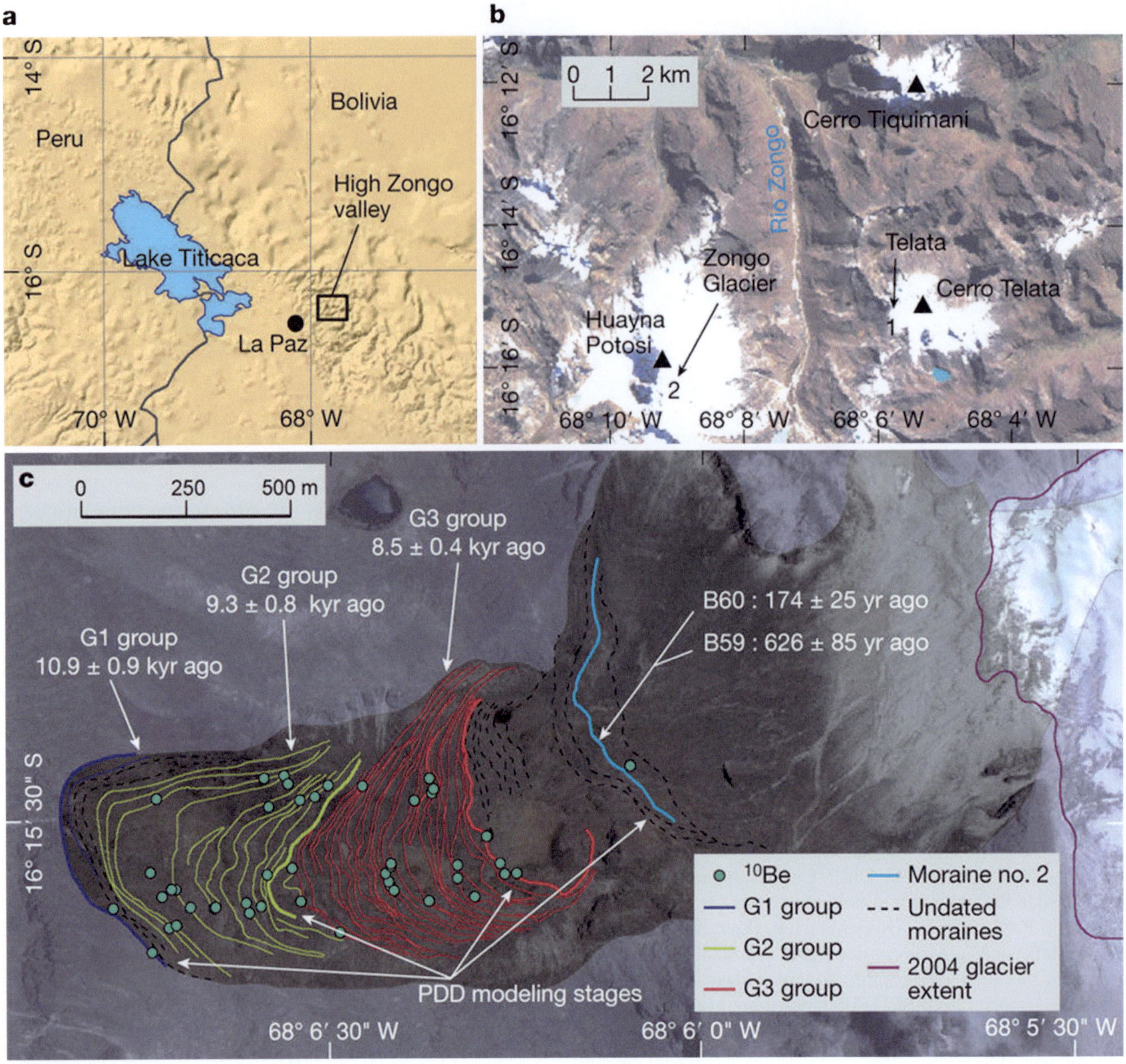

Abb. 5.101 **a** Lage des Zongo-Tals. **b** Lokale Karte mit den Untersuchungsorten: 1 – Telata-Gletscher; 2 – Lage des Zongo-Gletschers; *schwarze Dreiecke* – Gipfel. **c** Karte des Telata-Gletschers mit datierten und undatierten holozänen Moränen; ^{10}Be-Proben-Orte – *grüne Kreise*; die Ausdehnung des Telata-Gletschers von 2004; die Alters-Unsicherheiten beziehen sich allein auf analytische Fehlermöglichkeiten. Die Moränen-Gruppen wurden für Modellierungen vorgenommen. (Aus Jomelli et al. 2011)

ihre neoglaziale Maximalausdehnung, weshalb die Prä-Kleine Eiszeit-Moränen in der Regel überfahren wurden und damit schwer nachweisbar sind.

Ausdrücklich soll an dieser Stelle darauf hingewiesen werden, dass die Forschungen von Müller (1985) und Jordan (1991) bereits klar zeigen, dass in Bolivien zwischen dem frühen Holozän und dem Neoglazial keine Moränen nachzuweisen sind, die auf prä-neoglaziale holozäne Gletschervorstöße deuten. Spätestens um 8 ^{14}C ka BP (^{14}C-Alter 7995 ± 125 vom Vorfeld des Chojña Kkota/Tres Cruces; Müller 1985: 123; ^{14}C-Alter 8380 ± 55 vom Sajama; Jordan 1991: 234) begann die „gletscherfreie“ Zeit, die bis zum Neoglazial andauerte. Aus der Kombination von Luftbild-/Bildauswertung und Geländeuntersuchung (Formfrische der Moränen, Bewuchs an höheren Pflanzen, Grad der Bodenentwicklung, Abstand der subrezenten Stirnmoränen von älteren Moränen) folgert Jordan (1991) eine lange holozäne Phase, ohne größere Gletscheroszillationen seit ≥ 8000 ^{14}C a BP bis zur Kleinen Eiszeit. Müller (1985) beschreibt im Zusammenhang mit den Moränen des Gletschervorfeldes (Kleine-Eiszeit-Moränen) „schwarze Moränen“, die oft grobblockig sind und knapp außerhalb der Moränenwälle IV (vgl. Abb. 5.102) liegen, aber auch fehlen können. Wenn sie fehlen, wurden sie von jüngeren Gletschervorstößen überfahren.

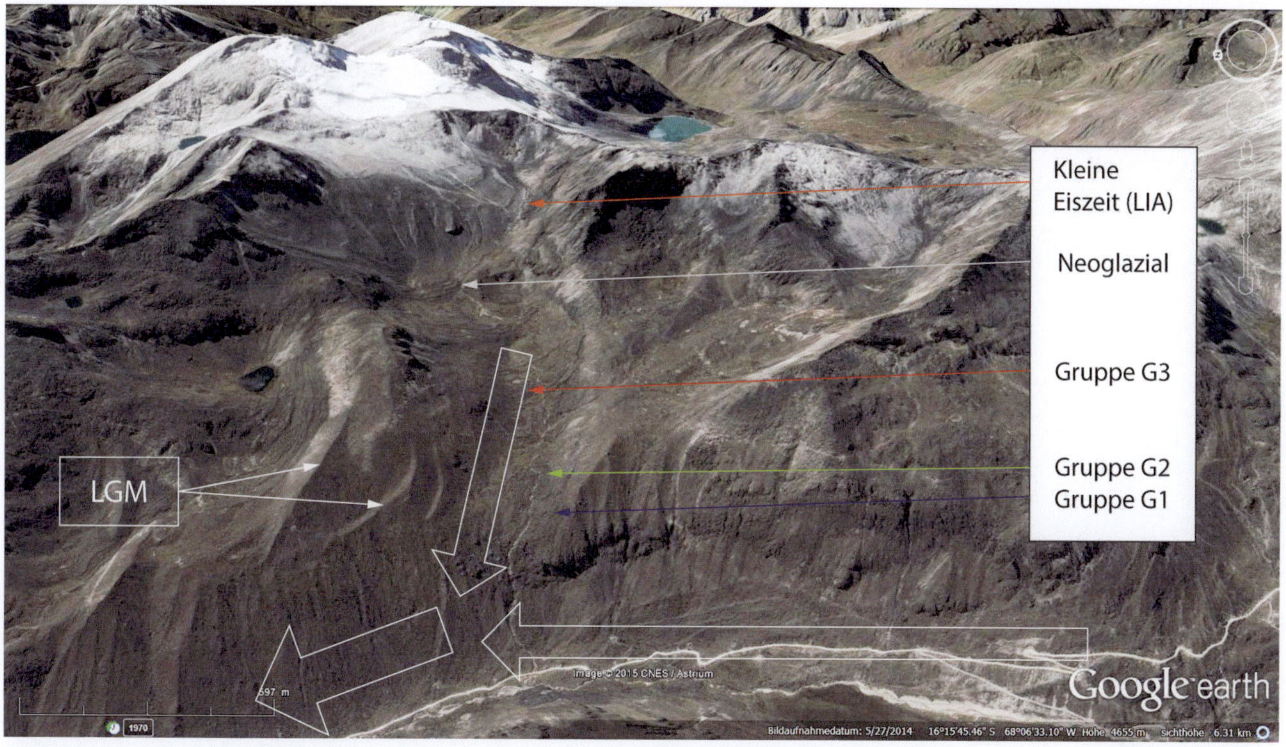

Abb. 5.102 GOOGLE-Schrägansicht der Telata-Gletscher und Moränen. Die *offenen weißen Pfeile* zeigen die Abflussrichtung des Telata-Gletschers und des Zongo-Tal-Gletschers während des LGM. (Vgl. Abb. 5.44 und 5.45)

Diese „schwarzen Moränen", die mit Moränen aus der Cordillera Blanca (Peru) aufgrund ihrer morphologischen Lagesituation, Verwitterung, etc. parallelisiert werden können und die Kinzl (1942: 11–12) beschrieben hat, können heute dem frühen Neoglazial zugeordnet werden (< 4 ka BP, > Kleine Eiszeit).

Neben den glazialgeologischen und glazialmorphologischen Befunden weisen auch die Prozesse an den Hängen in den Anden auf relativ stabile klimatische Bedingungen während der Zeit zwischen ca. 8 und 4 ka BP hin. Der Aufbau eines Schwemmfächers, der für das Unduavi-Tal, Bolivien (16°19′30″ S, 68°01′01″ W, ca. 4190 m NN) repräsentativ ist, zeigt im Profil eine Abfolge von Schwemmfächersedimenten, die von begrabenen organischen Lagen (Böden) gegliedert werden (Abb. 5.106). Die ^{14}C-Alter zeigen, dass im frühen Holozän im Unduavi-Tal fluviale Schotter akkumuliert wurden; zwischen Schotterbänken bildeten sich Mudden (7620 ± 85 ^{14}C a BP). In den darauffolgenden 2–3 Jahrtausenden wurden weiterhin Flussschotter abgelagert, fand Torfbildung statt und sedimentierten Tone in einem Auentalbereich. Die Schuttlieferung von den Hängen hatte noch nicht eingesetzt; sie war jedoch um 3170 ± 70 ^{14}C a BP bereits aktiv und hielt im Aufschlussbereich bis nach rund 2000 ^{14}C a BP an. Die Schwemmkegelbildung aus stark physikalisch (frost)verwittertem schiefrigem Material setzte mit dem Neoglazial ein und dokumentiert sowohl eine Zunahme der Niederschläge (Starkregen) als auch eine Abnahme der Temperaturen (Frostverwitterung), gleichzeitig eine früh- bis mittelholozäne Phase geomorphologischer Stabilität.

Im Kaluyo-Tal (16°24′ S, 68°06′ W, ~4300 m NN) werden zwischen 7820 ± 115 ^{14}C a BP und dem Neoglazial (1650 ± 70 ^{14}C a BP) an den Hängen skelett- und carbonatfreie tonige Schluffe abgelagert, die aus dem verwitterten anstehenden Gestein hervorgegangen und nur wenig am Hang verlagert sind. Diese tonig-schluffigen Hangsedimente dokumentieren auch hier – wie im Unduavi-Tal – Abtragungsruhe an den Hängen und damit relativ aride Klimabedingungen im Vergleich zum frühesten Holozän und zum Neoglazial. Die Schluffe werden im Neoglazial von Hangschuttdecken überlagert, die von höheren Hangpartien stammen und die durch anmoorige Horizonte gegliedert werden; seit 645 ± 60 ^{14}C a BP (Kleine Eiszeit) finden die Hangschuttdecken eine besonders weite Verbreitung. Ergänzende Beobachtungen liegen aus anderen Tälern Boliviens vor. Rodbell et al. (2008) stellen fest, dass die Mengen an klastischen Sedimenten in Anden-Seen nach 5 ka BP zunahmen; dies deuten die Autoren als erneutes Vorrücken der Gletscher im Neoglazial. Es ist anzunehmen, dass eine Intensivierung der Hangabtragung damit einherging. Malone (2015) rekonstruieren für die Region unterhalb der Quelccaya-Eiskappe eine LIA-Temperaturabsenkung von ~0,7–1,1 °C, was mit einer SST-Absenkung des benachbarten Ozeans von ~0,4–0,6 °C korrespondiert.

Gletschervorstoß- und -abschmelzphasen, Hangabtragung und Schwemmkegelbildung, Seespiegeländerungen, Dünenbildung und Vegetationsdynamik belegen neben geochemischen Daten aus limnischen und fluvialen Sedimenten folgende Klimaentwicklung im tropisch/randtropischen Südamerika: In den nörd-

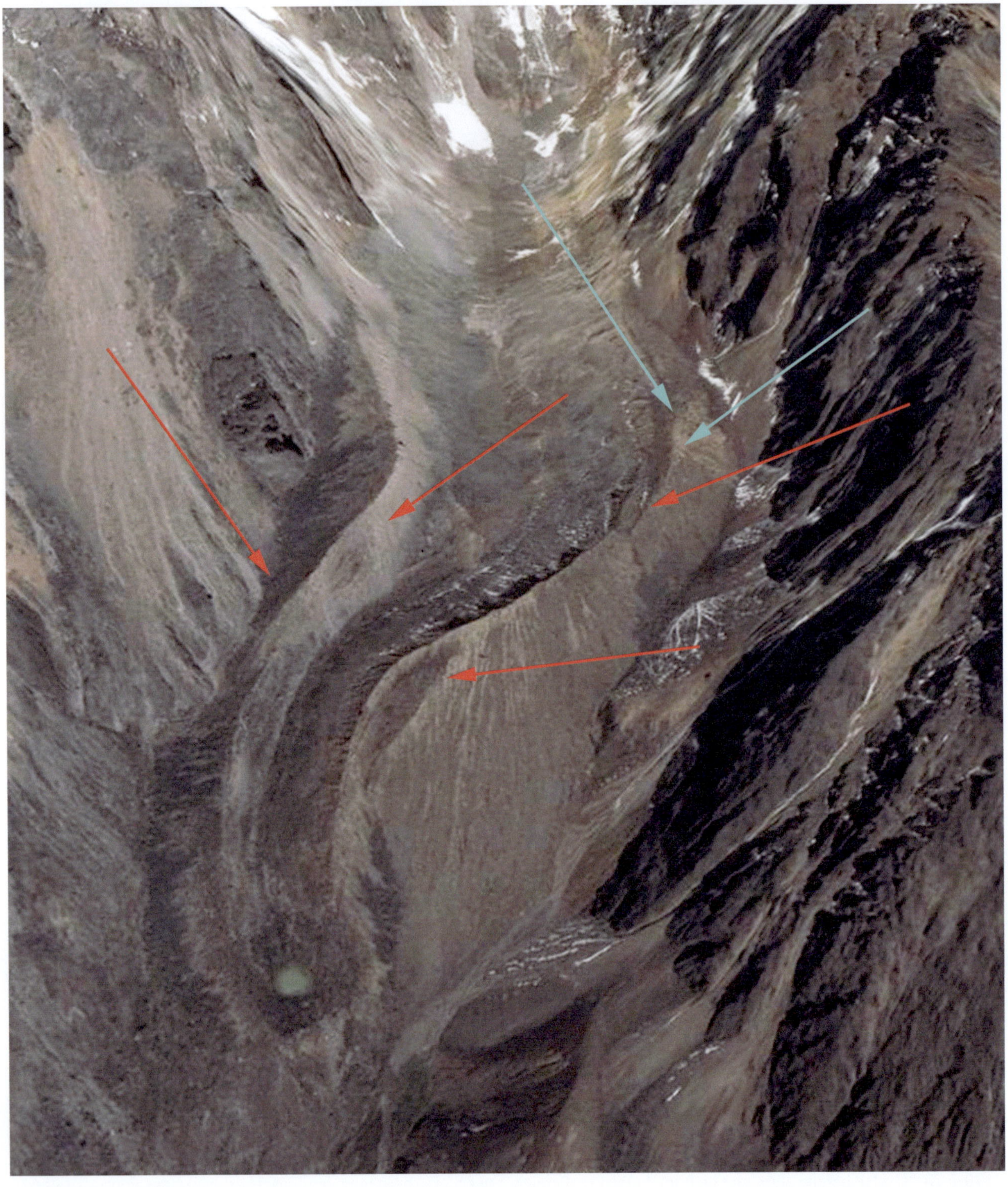

Abb. 5.103 Die Ufermoränenwälle des Pasto-Grande-Tals am Illimani, Bolivien (16°36′47″ S, 67°48′02″ W), zeigen auf dem GOOGLE-Schrägbild deutlich Strukturen, die die komplexe Stratigraphie der Wälle andeuten (*rote Pfeile*). Sie dokumentieren Überschüttungen und Anlagerungen infolge eines vorstoßenden und schwindenden Gletschers im Neoglazial. Der kleine See innerhalb der neoglazialen Endmoräne (28 m Durchmesser) liegt in ~4657 m NN. Die SED-Alter (CA Smith et al. 2011) von 2,1/2,8 bis 1,3/1,8 ka BP (je nach Skalierungsmethode) stammen von Blöcken der Uferwälle (*blaue Pfeile*)

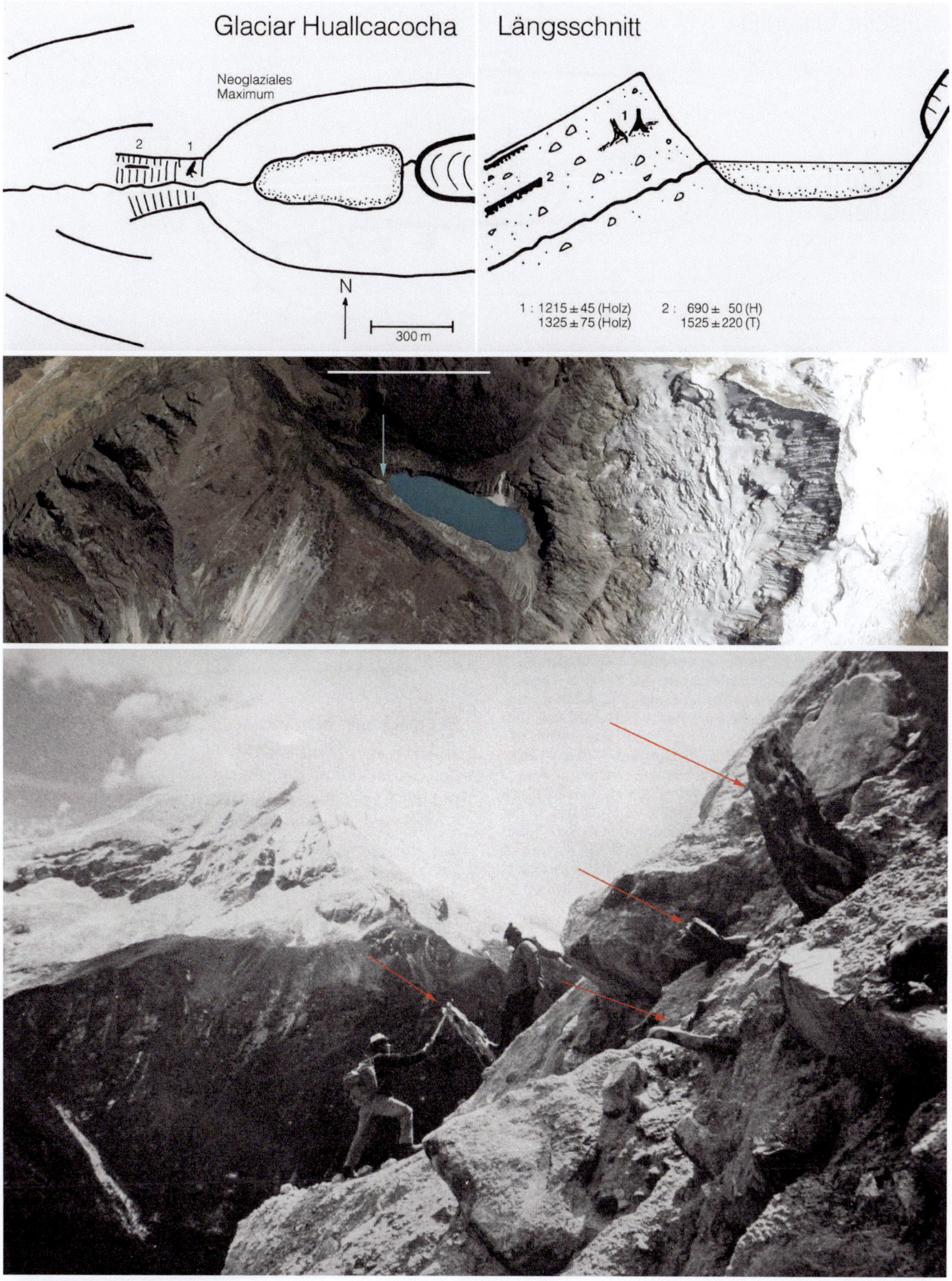

Abb. 5.104 *Oben*: Moränen des Huallcacocha-Gletschers, Cordillera Blanca, Peru (9°09′40″ S, 77°32′48″ W, ~4350 m NN). Skizze mit Aufsicht und Längsschnitt (nach Röthlisberger 1986: 191). Die Profile bezeugen einen neoglazialen Gletschervorstoß nach ca. 1200 ^{14}C-Jahren vor heute. H – Huminsäuren, T – totale organische Substanz, H – Holz. *Mitte*: GOOGLE-Bild der neoglazialen Huallcacocha-Moränen. Lage der Profile (*blauer Pfeil*). *Weißer Balken* = 1 km. *Unten*: Vom Gletscher Huallcacocha überfahrener Wald von *Polylepis*-Bäumen (*rote Pfeile*) (aus Röthlisberger 1986: 194). Die ^{14}C-Alter der Bäume betragen 1215 ± 45 und 1325 ± 75 ^{14}C-Jahre vor AD 1950. (Nach Röthlisberger 1986)

Kapitel 5

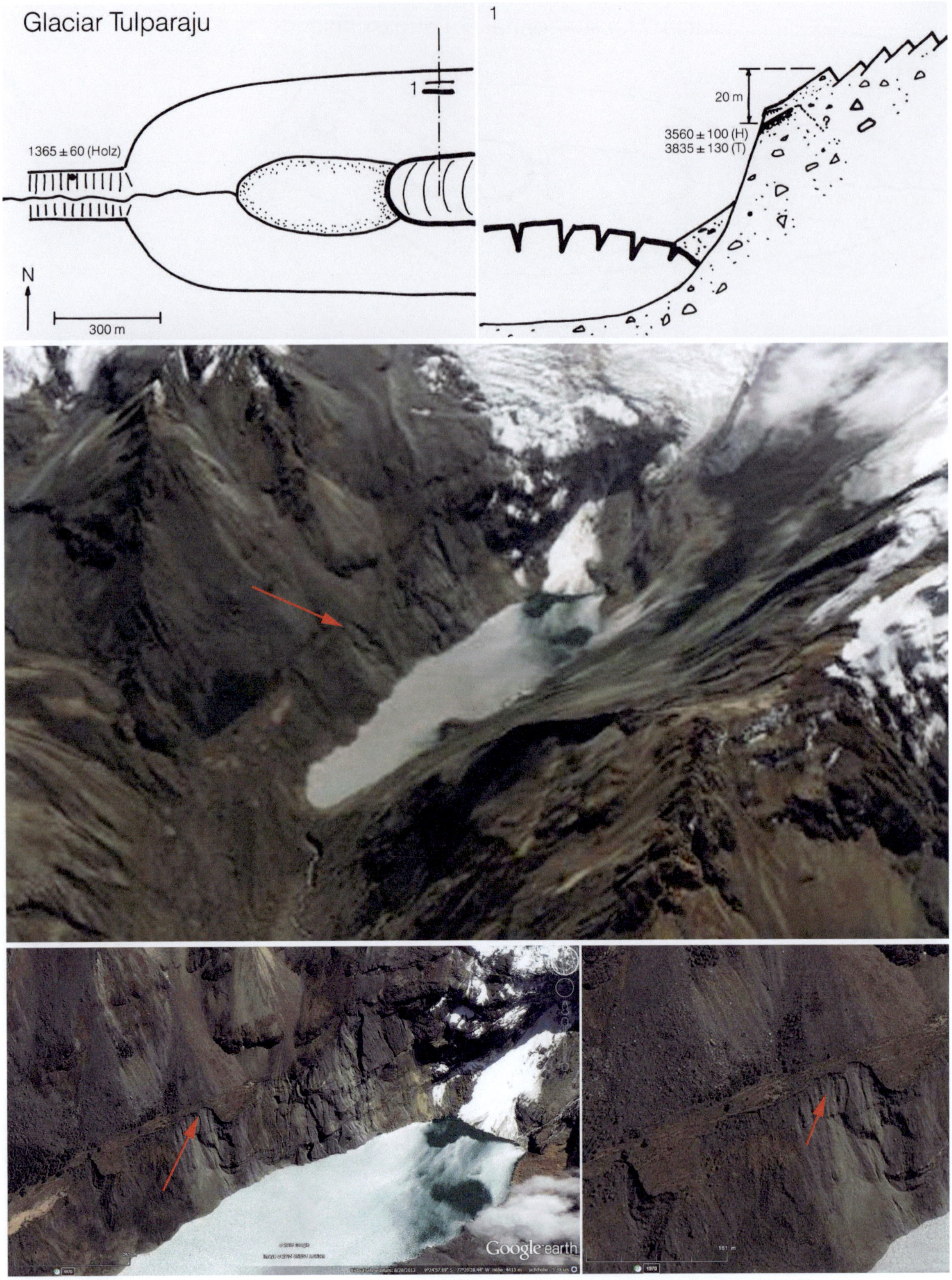

Abb. 5.105 *Oben*: Moränen des Tulparaju-Gletschers, Cordillera Blanca, Peru (9°25′07″ S, 77°20′30″ W, ~4300 m NN). Skizze mit Aufsicht und Längsschnitt. Die Profile bezeugen mehrere neoglaziale Gletschervorstöße nach ca. 3500 ^{14}C-Jahren vor heute. Der obere fossile Bodenhorizont wurde nicht datiert (nach Röthlisberger 1986: 201). H – Huminsäuren, T – totale organische Substanz, H – Holz. *Mitte*: GOOGLE-Schrägansicht des Tulparaju-Gletschers. *Unten*: Die ca. 150 m hohen Aufschlusswände der neoglazialen Moränen mit deutlicher Schichtung des Moränenmaterials von mehreren Gletschervorstößen. Die datierten Proben stammen aus dem Moränenwall (*roter Pfeil*) nördlich des Sees. Seit der Probennahme von Röthlisberger im Jahr 1977 ist das Gletscherende um > 900 m abgeschmolzen. Der Moränenstausee wurde dadurch vergrößert. (Bilder: Google)

Abb. 5.106 Schwemmkegel im Unduavi-Tal, Bolivien (16°19′30″ S, 68°01′01″ W, ca. 4190 m NN). *Links oben*: Auszug aus dem Feldtagebuch des Verfassers vom 15. September 1990 mit Ergänzungen der ^{14}C-Alter. Schwemmkegelmaterial des Neoglazials wechsellagert mit Bodenbildungsphasen. Der Aufbau des Schwemmkegels beginnt im Neoglazial vor 3170 ± 70 ^{14}C a BP und endet nach 2320 ± 80 ^{14}C a BP vermutlich, da im Zuge der Kegelbildung eine Verlagerung der Sedimentation erfolgte (Ausdehnung des Kegels in das Tal). *Rechts oben*: Foto des Profils. *Unten*: GOOGLE-Schrägbild, Blick nach Süden. Die Schwemmkegelbildung ist jünger als die periglaziäre Hangschuttbildung, denn der Schwemmkegel durchtrennt die unteren Periglaziärablagerungen. Der periglaziäre Hangschutt ist eine Bildung von LGM und Spätglazial; seine Verbreitung bis in die unteren Hangbereiche schließt hier einen LGM/spätglazialen Talgletscher aus (vgl. Abb. 5.44)

lichen und äquatorialen Anden (Kolumbien bis Peru) beginnt das Holozän mit einer kühlen und feuchten Phase (Gletschervorstoß), die auch aufgrund der geochemischen und Isotopendaten der marinen Sedimente des Amazonas-Kegels (*cone*) belegt wird (Showers und Bevis 1988; Harris und Mix 1999). In den Anden Boliviens und Nordchiles/Nordargentiniens fehlt diese feucht-kühle Phase zu Beginn des Holozäns. Im frühen und mittleren Holozän wurde es trockener, sowohl im nördlichen als auch im südlichen tropischen Bereich, einschließlich Amazonien und der randtropischen Gebiete der ohnehin trockenen sog. ariden Diagonale. Das Neoglazial zeigt einen markanten Wechsel zu kühleren und feuchteren Bedingungen, die sich in verschiedenen Regionen ab ca. 5,0 ka BP einstellten. Ab 3,5 ka BP machte sich dieser Klimawandel vor allem durch Gletschervorstöße in den Anden bemerkbar, die gut erfasst und datiert sind, durch Seespiegel- und Vegetationsänderungen sowie durch zahlreiche andere Paläoklimaproxys. Das Maximum der neoglazialen Abkühlung erfolgte in der Kleinen Eiszeit zwischen ca. AD 1350 und 1850. Anschließend – nach AD 1850 und allgemein sichtbar – begann mit der Erwärmung das schnelle Zurückschmelzen der Gletscher.

Die trockene Phase während der Jüngeren Dryaszeit und die feuchte Phase zu Beginn des Holozäns im tropischen nordwestlichen Südamerika lässt sich mit Rückkoppelungen im System *Atlantische Meeresströmungen – Klima* hypothetisch erklären (Abb. 5.107). Aridität und Humidität werden im tropischen Südamerika stark von der Zirkulation im Atlantik beeinflusst (Marino und Zahn 2015). Der Zufluss von warmem Wasser des Indischen Ozeans um das *Kap der guten Hoffnung* in den südöstlichen Atlantik (*Agulhas leakage*) tritt während einer nordatlantischen kalten Phase mit schwacher AMOC auf. Bei einer nordatlantischen warmen Phase mit starker AMOC und gesteigerter Frischwasserzufuhr in den Nordatlantik ist die *Agulhas leakage* schwach. Die miteinander verknüpften Wechsel von interhemisphärischer Ozeanzirkulation und atmosphärischer Zirkulation führen zur südwärtigen Verlagerung und Verstärkung der Westwindzone der südhemisphärischen Mittelbreiten; gleichzeitig wandert die Subtropische Front südwärts und verstärkt die *Agulhas leakage*. Während der YD war es im nördlichen Südamerika trocken, im südöstlichen Brasilien südlich des Äquators feucht. Im anschließenden frühesten Holozän war die Situation umgekehrt. Die Glazialchronologien der Phase von YD und frühem Holozän, die einen markanten Gletschervorstoß in dieser Zeit bezeugen (Heine 2011a), bestätigen die Rekonstruktion von Marino und Zahn (2015). Diese Hypothese wird durch den marinen Cariaco-Bohrkern gestützt, der für die Jüngere Dryaszeit trockene Klimabedingungen anzeigt (Abb. 5.86).

Für die Klimaschwankungen der letzten Jahrtausende im tropischen und randtropischen Südamerika wird eine Vielzahl von Prozessen verantwortlich gemacht, so die jährliche/dekadische Wanderung der ITCZ, Verschiebungen der Passatgürtel und der Westwindzonen der globalen atmosphärischen Zirkulation. Die sich verändernden Werte der Sonneneinstrahlung als Folge der Änderungen der Erdbahnelemente sind dafür verantwortlich (s. Abb. 5.159). Damit einher geht eine Zunahme der ENSO-Ereignisse und Änderungen der Monsune (Abb. 5.108). Der neoglaziale Klimawandel macht sich in einer globalen Abkühlung bemerkbar, die nicht nur die Tropen erfasst, sondern ebenso die Außertropen. Die Dynamik von ENSO und die

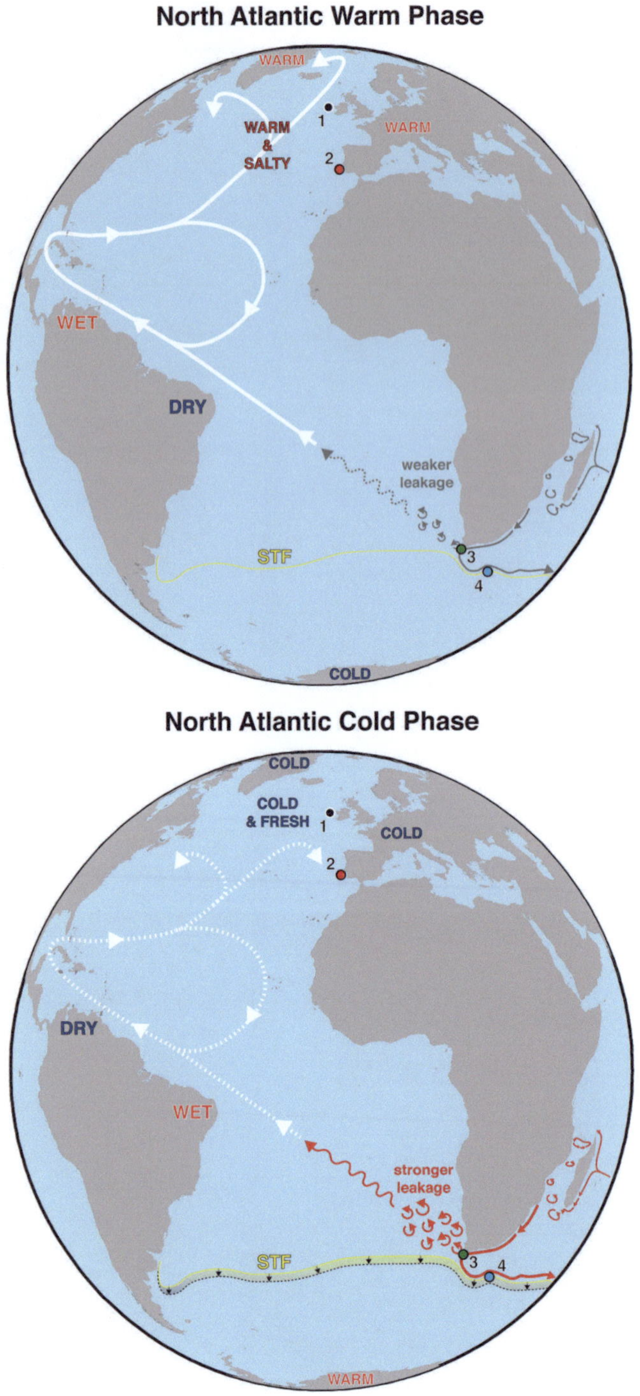

Abb. 5.107 Die globalen *feedbacks* veranschaulichen hypothetisch, dass Aridität und Humidität im tropischen Südamerika stark von der Zirkulation im Atlantik beeinflusst werden (Marino und Zahn 2015). *Kreise* und *Zahlen* geben die Lage von marinen Sedimentkernen an, die für die Rekonstruktionen benutzt wurden: ODP 980 (1), MD01-2444 (2), MD96-2080, GeoB3603-2 (3) und MD02-2588 (4). Erläuterungen im Text und in Marino et al. (2013)

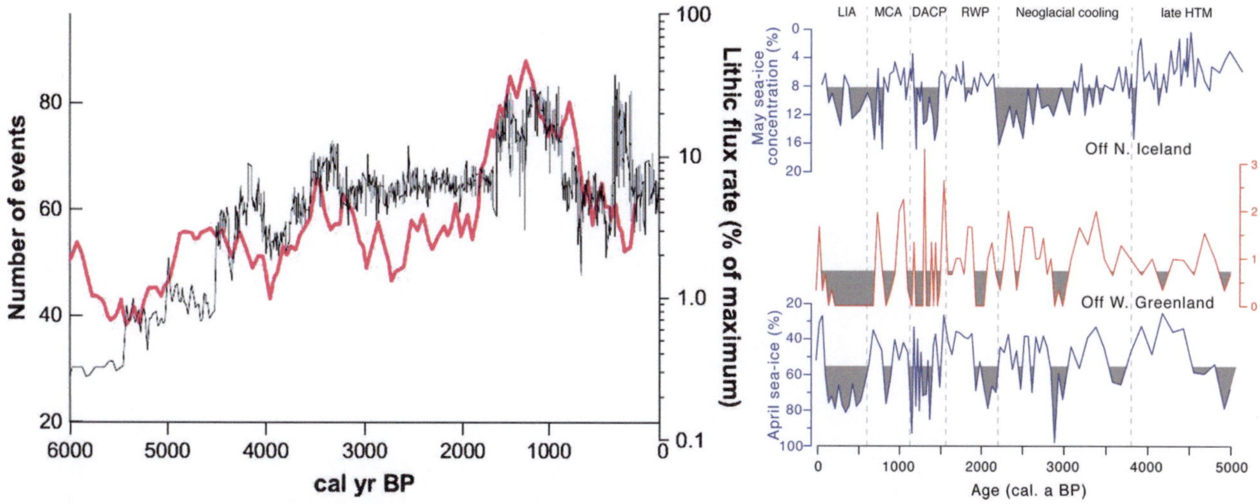

Abb. 5.108 *Links*: ENSO-Aktivität während der letzten 6000 Jahre; die *schwarze Kurve* basiert auf mineralischem Eintrag in marine Sedimente vor der Küste Perus, die *lila Kurve* zeigt Modellergebnisse (nach Wanner et al. 2008). *Rechts*: Die neoglaziale Abkühlung beginnt nicht nur im tropischen Südamerika um 3,5 ka BP, sondern auch in anderen tropischen wie ektropischen Gebieten der Erde. Deutlich wird dies durch die Meereisbedeckung während der letzten 5000 Jahre im Nordatlantik: Die Meereiskonzentration (Mai) nördlich von Island nimmt ab ca. 3,5 ka BP zu; vor Westisland (April) trifft dies ebenfalls zu; gleichzeitig nehmen die Warmwasser-Diatomeen ab. Auch während des Neoglazials treten markante Klimaschwankungen auf. Kühlere Phasen gibt es zwischen 3,5 und 2,2 ka BP, 1,5 und 1,2 ka BP und während der Kleinen Eiszeit. Es bedeuten: LIA: *Little Ice Age*; MCA: *Medieval Climate Anomaly*; DACP: *Dark Ages Cold Period*; RWP: *Roman Warm Period*; HTM: *Holocene Thermal Maximum*. (Aus Sha et al. 2015)

multidekadischen Änderungen der PDO (*Pacific Decadal Oscillation*) und der AMO (*Atlantic Meridional Oscillation*) können (mit Einschränkungen) auch die Mittelalterliche Klimaanomalie (MCA), die Kleine Eiszeit (LIA) und die gegenwärtige warme Phase erklären; alle Elemente scheinen über das südamerikanische Monsunsystem verknüpft zu sein (Martínez et al. 2015).

Die Klimafluktuationen des tropisch/randtropischen Südamerika während der Kleinen Eiszeit sind in den Gletscherbewegungen detailliert gespeichert, obgleich die physikalischen Parameter, die die Andengletscher beeinflussen, kompliziert und nicht allein temperaturabhängig sind. Entsprechend der geographischen Breite und auf welcher Seite der Anden sich die Gletscher befinden, kann die Massenbilanz von sehr unterschiedlichen Faktoren bestimmt werden (Kaser 1999; Kaser und Osmaston 2002; Mark und Seltzer 2005). In den meisten Gebieten scheint die Lufttemperatur den größten Einfluss zu haben, doch in manchen Gebieten sind Humidität (*moisture flux*) und Niederschlag dominierend (Barnett et al. 2005; vgl. Abb. 5.109).

Die Beobachtungen über wesentlich ausgedehntere Vergletscherungen in den tropischen Anden während der Kleinen Eiszeit reichen weit zurück (Reis und Stübel 1886; Hettner 1889; Meyer 1904; Sievers 1908). Doch bis in die jüngste Zeit gibt es wenig exakte Angaben über den Verlauf der neoglazialen Gletscherbewegungen während der Kleinen Eiszeit. Röthlisberger (1986) hat als erster Bearbeiter versucht, das Vorrücken und Abschmelzen der neoglazialen Gletscher zu erfassen. Historische Quellen legen Zeugnis davon ab, dass die andinen Gletscher im 16.–19. Jahrhundert vorrückten und ab etwa AD 1860 abschmolzen (Rabatel et al. 2008). Auf der Grundlage der historischen Berichte und von Beobachtungen wurde vermutet, dass die maximale Gletscherausdehnung in der Kleinen Eiszeit in der Mitte des 19. Jahrhunderts (Kaser 1999), am Ende des 19. Jahrhunderts (Kinzl 1949) oder gar im frühen 20. Jahrhundert (Lliboutry et al. 1977) auftrat (Rabatel et al. 2008).

^{14}C-Altersdatierungen benutzt Röthlisberger (1986), um die Gletscherschwankungen zeitlich zu erfassen. In Peru erfolgte *nach* 700 v. h. (ca. 1270 AD) ein Vorstoß des Huallcacocha-Gletschers mit neuzeitlicher Ausdehnung und *nach* 400 v. h. (ca. 1500 AD) ein Vorstoß des Ocshapalca-Gletschers mit neuzeitlichen Ausmaßen. In der Mitte des 19. Jahrhunderts erreichten die Gletscher nochmals eine maximale Ausdehnung. Ebenfalls ^{14}C-Alter benutzt Gouze et al. (1986), um in Bolivien LIA-Gletschervorstöße zu datieren, die zwischen 670–280 a BP erfolgten. Die peruanischen Quelccaya-Eiskernanalysen von Thompson (1996) stellen die LIA in die Zeit von ca. AD 1500 bis 1900.

Da die kalibrierten ^{14}C-Alter stets eine (oder mehrere) Zeitspanne(n) für Proben der Kleinen Eiszeit angeben (Baumstämme in Moränen, organisches Material unter bzw. über den Moränen), ist eine exakte Altersstellung der Gletscherbewegungen nicht möglich. Wesentlich genauere Daten liefern Untersuchungen, die sich auf das Flechtenwachstum von *Rhizocarpon* sp. stützen.

Rodbell (1992) und Solomina et al. (2007) haben in der Cordillera Blanca von Peru anhand lichenometrischer Analysen (Flechten) die LIA-Gletscherbewegungen rekonstruiert. Solomina et al. (2007) berichten über den Vergleich von zwei unabhängigen Studien (ausgeführt von Solomina im Jahr 1996 und von Jomelli im Jahr 2002) an 66 LIA-Moränen von 14 Gletschern. Die Kalibrierung der *Rhizocarpon*-Kurve führt zu folgenden Ergebnissen (Abb. 5.111): Während der Kleinen Eiszeit erfolgte die Bildung der markantesten und zahlreichsten End- und Seitenmoränen auf der west-orientierten Seite (Pazifik) der

Abb. 5.109 *Oben*: Atoroma-Chuma-Einzugsgebiet auf der Westseite der Tres Cruces in der Ostkordillere Boliviens (rezentes Gletscherende: 16°55′03″ S, 67°25′17″ W, ca. 4990 m NN; Endmoräne der maximalen neoglazialen Gletscherausdehnung: 16°55′43″ S, 67°25′23″ W, ca. 4745 m NN) (vgl. Abb. 4.14). *Unten*: Charquini-Süd-Gletscher, Cordillera Real, Bolivien (Rezentes Gletscherende: 16°18′12,45″ S, 68°06′28,43″ W, ca. 5060 m NN; Endmoräne der maximalen neoglazialen Gletscherausdehnung: 16°18′41,47″ S, 68°065′56,08″ W, ca. 4782 m NN). Die Gletscherzungen (Zehrgebiet) wurden im Zuge des Abschmelzens immer kürzer; die Seitenmoränen der verschiedenen älteren Gletscherstände beginnen in nahezu gleicher Höhenlage (*rote Pfeile*), ein Hinweis, dass weniger Temperatur- als vielmehr Feuchtigkeitsänderungen für den Gletscherschwund verantwortlich sind (vgl. Kaser 1999; Rabatel et al. 2005). *Kleine Karte*: Zum Vergleich ist der Aletschgletscher aus den Schweizer Alpen gezeigt. Der lange Talgletscher im Zehrgebiet weist auf die kalt-humiden Klimabedingungen während des Gschnitz-Stadials (> 15,4 ka BP) hin. Es sei hier angemerkt, dass die langen prä-LGM-zeitlichen Talgletscher in den tropischen Anden (z. B. Abb. 5.44: Bolivien; Abb. 5.71: Peru) auf relativ feuchte Klimabedingungen früherer Vergletscherungsphasen hinweisen. Unter dem kleinen Bild sind sog. „schwarze Moränen" zu erkennen, die vor der Kleinen Eiszeit im Neoglazial gebildet wurden; Müller (1985) beschreibt diese Bildungen für Bolivien (Abb. 5.110); Kinzl (1942) hat ähnliche Beobachtungen in Peru gemacht. (Bilder: GOOGLE)

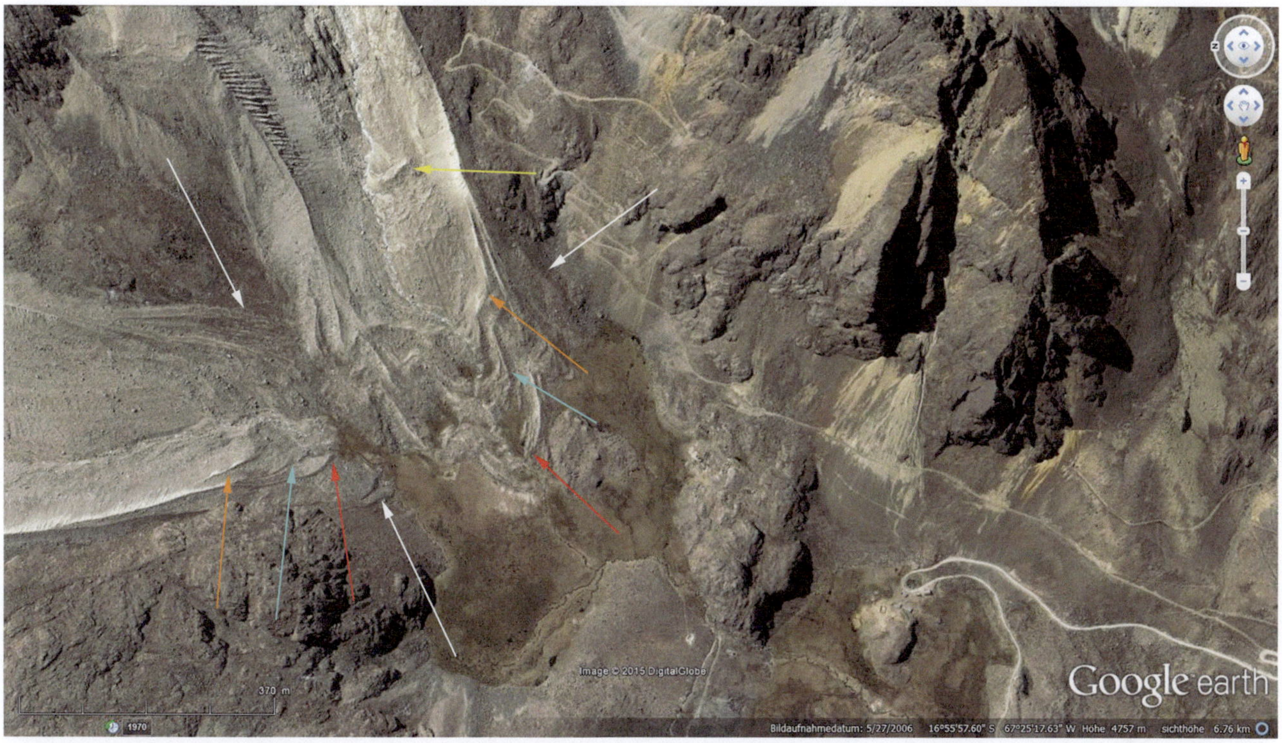

Abb. 5.110 Atoromachuma-Gletscher, Bolivien, mit neoglazialen Moränenwällen. *Pfeile*: Moränenstadien der *Kleinen Eiszeit*: I (*gelb*), ca. AD 1920; II (*orange*), ca. AD 1850; III (*blau*) – 18. Jh.; IV (*rot*) – ca. AD 1700. *Weiße Pfeile*: „schwarze Moränen" (nach Müller 1985) mit einem Alter < 4000 a BP, älter als *Kleine Eiszeit* (vgl. Abb. 5.112 und 5.113; 4.14 zeigt eine Schrägansicht). (Bild: GOOGLE)

Cordillera Blanca zwischen AD 1590 und 1720. Diese Moränen korrespondieren mit der kältesten und feuchtesten Phase der tropischen Anden, die aus Eisbohrkernen ermittelt wurde (Thompson et al. 1995). Weniger markante Gletschervorstöße gab es zwischen AD 1780 und 1880 (Solomina et al. 2007).

In Bolivien wurden von Rabatel (2005) und Rabatel et al. (2005) zahlreiche neoglaziale Moränensequenzen in der Cordillera Real und der Cordillera de Quimsa Cruz lichenometrisch datiert. 10 Moränenbildungen, die während der Kleinen Eiszeit gebildet wurden, werden in allen Arbeitsgebieten angetroffen (Abb. 5.112). Die LIA-Gletscher erreichten ihre maximale Ausdehnung in der zweiten Hälfte des 17. Jahrhunderts. Dieses Gletschermaximum fällt mit dem Maunder-Minimum der solaren Strahlung zusammen. Rabatel et al. (2005) rekonstruieren auf der Basis der durch Flechten datierten Moränen die ELA und Änderungen der Massenbilanz der LIA-Gletscher. Für die maximale Ausdehnung der Gletscher postulieren sie einen Niederschlagsanstieg um 20 bis 30 % und einen Temperaturabfall um 1,1–1,2 °C im Vergleich zu den heutigen Verhältnissen. Mit Beginn des 18. Jahrhunderts begannen die Gletscher mit unterschiedlichen Raten abzuschmelzen. Diese Prozesse hielten bis Ende des 19./Anfang des 20. Jahrhunderts an. Im 20. Jahrhundert war vor allem ein Anstieg der Temperatur für den Rückzug der Gletscher verantwortlich. *Solar forcing* hat die Bewegungen der Gletscher in der Kleinen Eiszeit stark beeinflusst.

Rabatel et al. (2005) geben für den Charquini-Süd-Gletscher exakte Altersdaten für die Rückzugsmoränen an (Abb. 5.112). Jordan (1991) und Müller (1985) erfassten die Moränen der LIA für Bolivien systematisch aufgrund von Luftbildauswertungen und geomorphologischen Kriterien; sie gliederten fünf markante Moränen aus, die mit bestimmten Moränenwällen der zehn Moränen von Rabatel et al. (2005) korreliert werden können (Abb. 5.113). Folgende Zuordnung ergibt sich, siehe Tab. 5.4.

Die Moränengruppen von Rabatel et al. (2005, 2008) und Jordan (1991) können in Bolivien in fast allen Gebieten angetroffen werden, die in der Kleinen Eiszeit vergletschert waren. Da bisher keine weiteren exakten Alter vorliegen, müssen die Altersbestimmungen der Moränen 1 bis 8 von Rabatel et al. (2005, 2008) bzw. von Jomelli et al. (2009) auf die Moränengruppen II bis IV von Jordan (1991) übertragen werden. Bei der zeitlichen Bestimmung der jüngeren Moränen ergeben sich zwischen beiden Bearbeitern Unterschiede. Die Moräne 10 scheint in der Tat Anfang des 20. Jahrhunderts gebildet worden zu sein. Doch am Huayna-Potosí-Westgletscher zeigen Vergleiche der Bearbeiter in Verbindung mit Fotos (Abb. 5.114), dass die Korrelierung schwierig ist: (i) Die Situation belegt, dass die Moränen der Kleinen Eiszeit von zwei Gletschern, dem Hauptgletscher und einem Nebengletscher (Gletscher Nr. 30 und 34, Jordan 1991), gebildet wurden. Der mit Schutt beladene Seitengletscher hinterließ wesentlich gröberen Moränenschutt als der Hauptgletscher Nr. 30. Wegen der Schuttbedeckung reagierte der Seitengletscher sehr verschieden vom Hauttalgletscher. (ii) Die jüngsten Moränen der Kleinen Eiszeit des Hauptgletschers befinden sich unmittelbar unterhalb einer steilen Felspartie, die die Moränenmaterialablagerung beeinflusste.

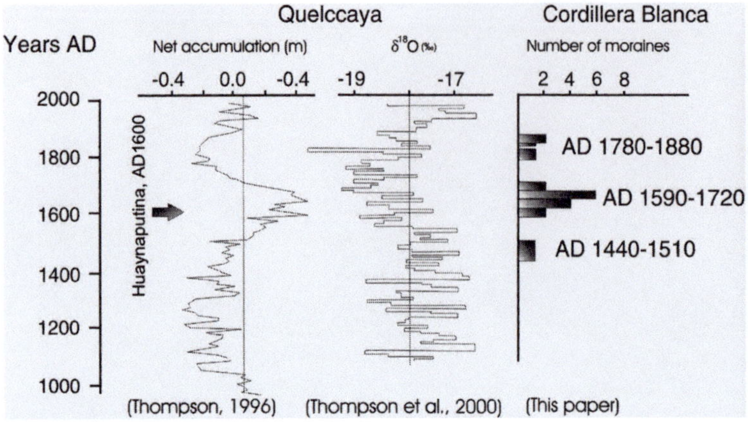

Abb. 5.111 *Links*: Vergleich der mittels Lichenometrie (Flechten) ermittelten Moränenalter der Cordillera Blanca (Peru) mit den Eiskerndaten der Quelccaya-Eiskappe (Akkumulation nach LG Thompson 1996; $\delta^{18}O$[‰] nach LG Thompson et al. 2000) (aus Solomina et al. 2007). *Rechts*: *Rhizocarpon-geographicum*-Flechten, die zur Lichenometrie benutzt werden

Abb. 5.112 Charquini-Süd-Gletscher. *Links*: Aufnahme aus Rabatel et al. (2005) mit den Moränen 1 bis 10. Die humosen Ablagerungen im Vordergrund haben im Liegenden ein Alter von > 1090–1220 cal AD, d. h. die Moränen 1 bis 10 sind jünger. *Rechts*: GOOGLE-Schrägbild

Tab. 5.4 Datierung der Moränen der Kleinen Eiszeit nach verschiedenen Autoren. Nach AD 1700 schmelzen die bolivianischen Gletscher etappenweise zurück

Rabatel et al. (2005)	Jomelli et al. (2009)	Jordan (1991)
Moräne 10 – AD 1912 ± 9		ca. AD 1975
Moräne 9 – AD 1871 ± 9	1860 ± 7	Gruppe I – ca. AD 1920
Moräne 8 – AD 1843 ± 9	1834 ± 8	–
Moräne 7 – AD 1825 ± 10		–
Moräne 6 – AD 1808 ± 10	1804 ± 9	Gruppe II – ca. 1850 (?)
Moräne 5 – AD 1802 ± 10		–
Moräne 4 – AD 1765 ± 10	1771 ± 7	–
Moräne 3 – AD 1734 ± 12	1727 ± 9	Gruppe III
Moräne 2 – AD 1703 ± 12		–
Moräne 1 – AD 1686 ± 14	1679 ± 10	Gruppe IV – ca. AD 1700 (?)

Das betrifft vor allem die Moränen des letzten Jahrhunderts. (iii) Ein Foto von AD 1907 zeigt die Gletscherfront oberhalb der Felswand. Aus dem Foto geht hervor, dass im Jahr AD 1907 die Moränen 9 (Rabatel et al. 2005, 2008) bzw. I (Jordan 1991) fehlen. Deshalb muss der Gletscher nach AD 1907 erneut vorgerückt sein: Er schob sich über die steile Felswand und lagerte die Moräne 9 bzw. I ab. Diese Moräne (Abb. 5.114) entstand ca. AD 1920. Jordan (1991) geht davon aus, dass die Moränen I in Bolivien von vorrückenden Gletschern um AD 1920 nicht nur am Huayna Potosí, sondern auch von anderen Gletschern (z. B. am Laram-Kkota-Gletscher durch Fotos belegt, Müller 1985: 50–55, vgl. Abb. 5.115; am Charquini-Südgletscher durch Luftbilder, Jordan 1991) gebildet wurden. Für den Huayna-Potosí-Westgletscher ergeben sich damit die

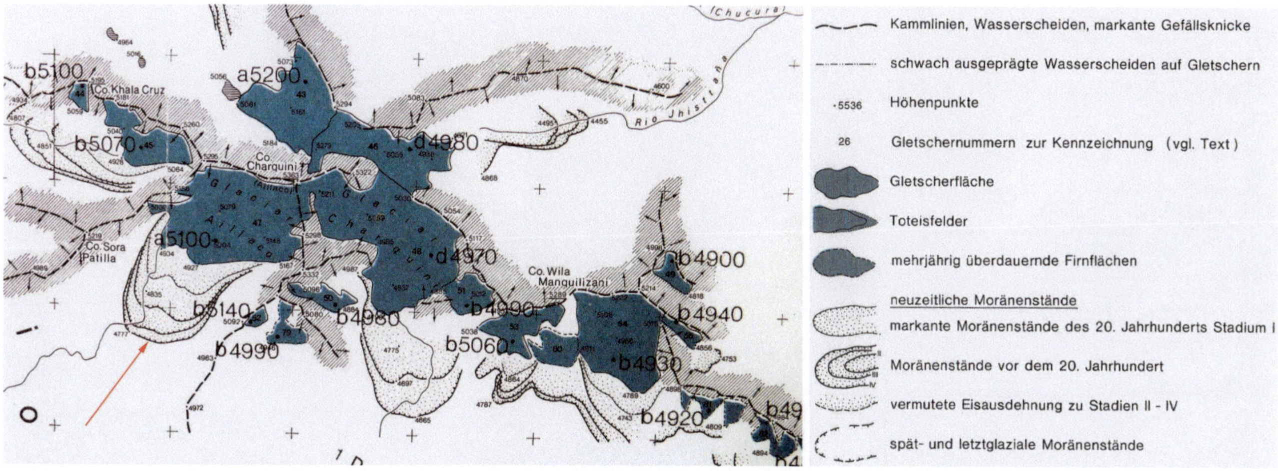

Abb. 5.113 Kartenausschnitt aus Jordan (1991), Anhang Karte 12. *Roter Pfeil*: Charquini-Süd-Gletscher mit den 4 markanten jungholozänen Moränen nach Jordan (1991). Die Moränenstände der Gruppen II bis IV ordnet Jordan (1991) der Kleinen Eiszeit zu

in Abb. 5.68 dargestellten Korrelierungen. Darüber hinaus wird deutlich, dass die Bildung der Moräne 1 (Rabatel et al. 2008) nicht um AD 1650 während der Kleinen Eiszeit erfolgte, sondern bereits früher im Neoglazial; Moräne 1 entspricht den „schwarzen Moränen" von Müller (1985).

Unter Berücksichtigung der hier vorgebrachten Korrelierung der Moränen der Kleinen Eiszeit von Rabatel et al. (2008) und Jordan (1991) stellt sich die Frage, ob nicht auch ältere Moränen der Kleinen Eiszeit durch vorrückende Gletscher gebildet wurden. Die Beobachtungen (Überschüttung von Moränenwällen und Anlagerung an Moränenwälle) von Röthlisberger (1986) lassen dies zumindest vermuten. Auch unterscheiden Rabatel (2005) und Rabatel et al. (2005, 2006, 2008) nicht zwischen den ältesten Moränen der Kleinen Eiszeit und den Moränenresten des frühen Neoglazials („schwarze Moränen" nach Müller 1985). Unabhängig von Gletscheroszillationen während der Kleinen Eiszeit und von der Genauigkeit der lichenometrischen Datierungen belegen die Ergebnisse von Rabatel (2005) und Rabatel et al. (2005, 2008), dass während der Kleinen Eiszeit die maximalen Gletschervorstöße in den bolivianischen Anden um AD 1700 erfolgten. Damit fallen sie mit dem Maunder-Minimum der solaren Strahlung zusammen.

Seit dem Maunder-Minimum (um AD 1700) schmelzen die Gletscher – unterbrochen durch kleinere Oszillationen (Stillstand, Vorrücken) – ab. Die fächerartige Anordnung der neoglazialen Seitenmoränenwälle, deren Wurzeln oft dicht beieinander liegen, dokumentiert eine Zunahme der Aridität seit ca. AD 1700. Dies wird auch durch limnische Sedimente aus der Region belegt (Valero-Garcés et al. 2003). Seit dem Ende des 19. Jahrhunderts stellen sich die heutigen Klimaverhältnisse ein. Aufgrund der Datierung der maximalen Ausdehnung der Vergletscherung in der Kleinen Eiszeit in den bolivianischen Anden wird erneut belegt, dass die Intensität der Gletscherbewegungen in verschiedenen Regionen der Erde asynchron verlief (Abb. 5.116).

Rodbell et al. (2009) machen nachdrücklich darauf aufmerksam, nachdem sie eine umfassende Zusammenstellung der andinen Gletscherbewegungen vorgenommen haben – allerdings ohne eine kritische Evaluierung der Originalquellen durchzuführen –, dass

> the myriad other proxy paleoclimatic records from the region must be rigorously considered along with the glacial record, and in collaboration with climatic modelers, before comprehensive inter- and intrahemispheric climatic linkages can be demonstrated.

Eine Synthese der Gletscherbewegungen der Kleinen Eiszeit in den tropischen Anden geben Jomelli et al. (2009). Sie stellen fest, dass die maximale Gletscherausdehnung (MGE – *maximum glacier extent*, Abb. 5.117) in Abhängigkeit von der geographischen Breite zu unterschiedlichen Zeiten erfolgte: In Bolivien (ca. 16° S) wurden die äußersten LIA-Endmoränen zwischen AD 1630 und 1680 gebildet, in Peru (ca. 10–13° S) zur gleichen Zeit, doch in Ecuador (ca. 0°) erst ab ca. AD 1730 an Bergen, die über 5700 m hoch sind; an Bergen unter 5400 m Höhe erreichten die Gletscher erst um AD 1830 ihre maximale Ausdehnung. Aus den Gletscherbewegungen leiten Jomelli et al. (2009) für Ecuador eine LIA-Temperaturdepression von 0,8–1,1 °C und eine Niederschlagszunahme von 25–35 % ab. In Bolivien soll die Temperatur 1,1–1,2 °C niedriger und der Niederschlag um 20–30 % (oder die Bewölkung 1/10–2/10) höher gewesen sein.

Das ENSO-Phänomen beeinflusst in starkem Maß die Niederschlagsverhältnisse im tropischen Südamerika. La-Niña-Ereignisse kommen vor, wenn sich der äquatoriale Pazifik abkühlt, was zu Dürren und Überschwemmungen weltweit führt. Extreme La Niñas folgen in der Regel extremen El Niños; dieser Wechsel verursacht großräumige, jährliche Schwingungen zwischen entgegengesetzten Witterungsextremen. Über die prä-pleistozäne ENSO-Geschichte ist wenig bekannt, da die ENSO-Ereignisse nur von kurzer Dauer (Monate, wenige Jahre) sind und in Paläoklimaarchiven der Tropen nicht nachweisbar sind. Eingeschränkt gilt dies auch für das Quartär vor dem Holozän. Das ENSO-Phänomen mit Zentrum im tropischen Pazifik ist das größte natürliche interannuelle Klimasignal in den Tropen. Die Oszillationen zwischen warmen El-Niño- und

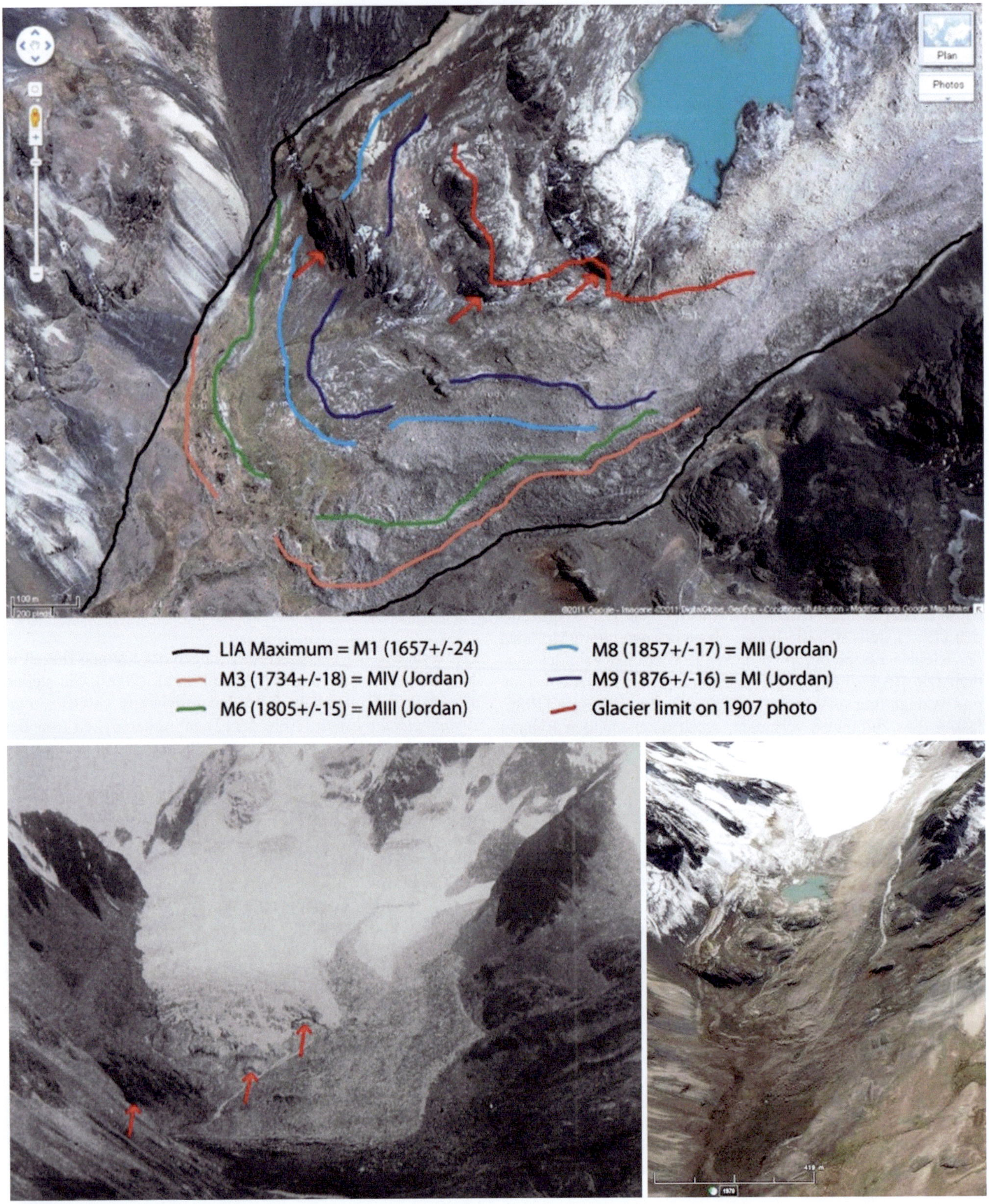

Abb. 5.114 Huayna-Potosí-Westgletscher (der See liegt in 4911 m NN, 16°16′27″S, 68°10′30″W). *Oben*: GOOGLE-Bild mit eingezeichneten neoglazialen Moränen. Die Moräne 1 (M1) datieren Rabatel et al. (2008) um AD 1700; sie ist jedoch älter als die Kleine Eiszeit und wurde im frühen Neoglazial (< 3,5 ka BP) gebildet. Die Gletscherfront von AD 1907 wird durch die *rote Linie* markiert. Die Moräne 9 (*blau*) wurde vom Gletschervorstoß um AD 1920 gebildet; das Alter von AD 1876 ± 16 (Rabatel et al. 2008) kann daher nicht zutreffen. *Unten links*: Aufnahme aus dem Jahr 1907 von Hauthal (aus Jordan 1991). Die Zunge des Seitentalgletschers (*von rechts* kommend) ist noch vollständig vom Moränenschutt bedeckt und nur in Toteisresten vorhanden. Das Gletscherende befindet sich oberhalb der Felsschwelle. Die *roten Pfeile* dienen zur Orientierung. *Unten rechts*: GOOGLE-Schrägbild (AD 2014)

Abb. 5.115 Laramkkota-Gletscher, Cordillera Quimsa Cruz, Bolivien, und neoglaziale Moränen (Einmündung des Tals in den See: 16°58′16″ S, 67°22′52″ W, ca. 4820 m NN). Deutlich ist die An-/Ineinanderlagerung des Schutts verschiedener Gletscherstände zu erkennen (*gelbe Pfeile*). Der Gletscherstand von ca. 1920 wird von Müller (1985) anhand von Fotos und Beschreibungen (Ahlfeld 1932; Gerstmann 1928; Kirchhoff 1944) rekonstruiert (*blaue Punktlinie*). Die Ablagerung des ca. 1920er-Moränenschutts innerhalb der teilweise erodierten älteren Seitenmoränen weist auf ein Vorrücken des Gletschers um AD 1920 hin. Aufnahme vom 29. Sept. 1990. (Foto: alueni-images)

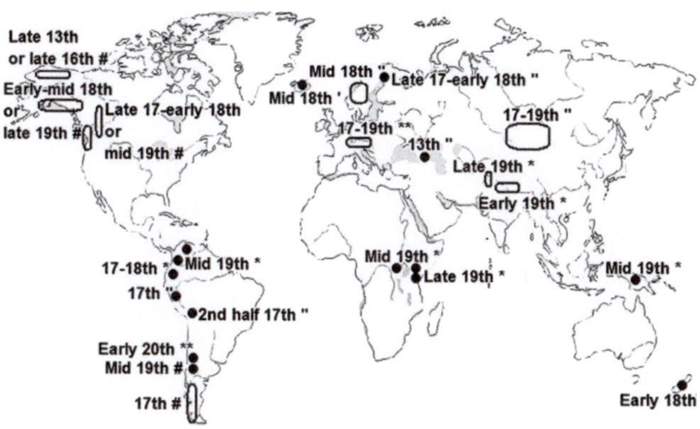

Abb. 5.116 Datierung der maximalen Gletschervorstöße der Kleinen Eiszeit weltweit (nach Rabatel et al. 2008, dort auch Quellenangaben). Die Datierungen basieren auf verschiedenen Methoden: ″ – Lichenometrie; ** – historische Dokumente; # – Dendrochronologie; ′ – Tephrochronologie; * – geschätzte Alter

kalten La-Niña-Phasen kommen alle paar Jahre vor. Die Auswirkungen werden nicht nur in den Tropen, sondern weltweit beobachtet (Ineson und Scaife 2009). ENSO-Chronologien aufgrund von historischen Daten reichen sehr detailliert bis in die Kleine Eiszeit zurück (Quinn et al. 1987; Quinn und Neal 1995; Abb. 4.73). Allerdings ergeben sich Probleme, wenn isolierte Paläoklimaarchive (z. B. geochemische Daten von marinen und Seesedimenten, Speläotheme) des Holozäns und Pleistozäns mit ihren Proxydaten herangezogen werden, da ENSO ein äußerst komplexes Phänomen ist, das sich in verschiedenen Erdgegenden unterschiedlich auswirkt (Gergis et al. 2006): Extreme Niederschläge im ariden Küstenbereich an und vor der südamerikanischen Pazifikküste und auf den Galapagosinseln, Dürren in NE-Brasilien, Niederschlagszunahme auf dem Altiplano der Anden, aber Niederschlagsabnahme in Amazonien; in ENSO-Jahren ist Ostafrika feuchter, während Südostafrika trockener ist.

Rodbell et al. (1999) finden in den Sedimenten eines alpinen Sees (Laguna Pallcacocha, 4060 m NN, 2°46° S, 79°14° W) in ca. 75 km Entfernung vom pazifischen Ozean dünne Lagen von anorganischem Sedimenten, die durch starke Niederschlä-

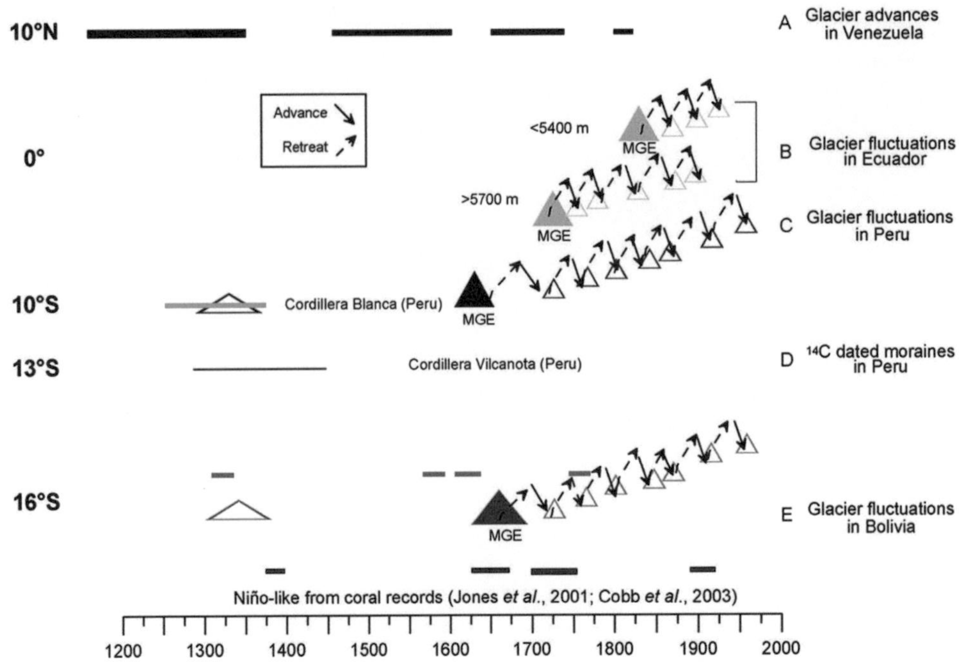

Abb. 5.117 Gletschervorstöße in den tropischen Anden seit AD 1200 zwischen 10° N und 16° S (nach Jomelli et al. 2009). *Gefüllte Dreiecke* – maximale Gletscherausdehnung, *offene Dreiecke* – kleinere Vorstöße, *schwarze Balken* – Gletschervorstöße in Venezuela, *grüner Balken* – maximales Alter, *rote Balken* – häufige El-Niño-Jahre. Bemerkenswert sind die Hinweise auf Moränen in Peru und Bolivien, die vor der Kleinen Eiszeit zwischen ca. AD 1300 und 1400 gebildet wurden. *Schwarze Balken* – Die *„Glacier advances in Venezuela"* wurden von Polissar et al. (2006) aus Seesedimenten (magnetische Suszeptibilität, MS) rekonstruiert; die MS-Daten zeigen lediglich Phasen mit größeren Sedimenteinträgen in die Seen an, die nicht *a priori* mit Gletschervorstößen verbunden sein müssen. Die MGE (maximale Gletscherausdehnung) erfolgte während der LIA zu verschiedenen Zeiten

ge in den See gespült wurden. Diese Ablagerungen wurden ^{14}C-datiert. Die Sedimentlagen, die jünger als 200 Jahre sind, korrelieren mit historischen El-Niño-Ereignissen (Abb. 5.118). Das Profil reicht bis 15 ka BP zurück. Von 15 ka BP bis ca. 7 ka BP war die Periodizität der klastischen Sedimente $\geq$ 15 Jahre. Danach erhöhte sich die Frequenz ständig auf eine Periodizität von 2–8,5 Jahre; dies ist die rezente El-Niño-Periodizität, die sich um 5 ka BP einstellte.

Hinweise auf ENSO-Aktivitäten spiegeln auch die Sedimente von extremen Fluten und Schuttströmen aus der südperuanischen Wüste wider. Keefer et al. (2003) benutzen Ablagerungen von drei küstennahen Schwemmfächern, um eine Chronologie der extremen El-Niño-Ereignisse zu erstellen. Die ^{14}C-datierten Sedimente reichen bis 38,2 ka BP zurück. Sie repräsentieren das LGM, *Termination I* und das Holozän. Sie werden von mehreren Metern mächtigen Schuttstromsedimenten aus Geröllen in einer Matrix aus Silt und Sand aufgebaut; sie bilden charakteristische Ablagerungen von Starkregenereignissen in einer extrem ariden Umgebung. El-Niño-Ereignisse gab es während des gesamten Spätpleistozäns, jedoch mit deutlich unterschiedlicher Frequenz. Die Zeit mit der größten El-Niño-Aktivität war im frühen Holozän, als sich mindestens sechs Extrem-Überschwemmungen innerhalb von 3600 Jahren nach ca. 12 ka BP ereigneten. Während des mittleren Holozäns zwischen ca. 8,4 und 5,3 ka BP gab es keine extremen Niederschlagsereignisse. Das korrespondiert mit zahlreichen anderen Paläoklimaproxys, die ebenfalls anzeigen, dass das ENSO-Regime damals besonders schwach entwickelt war. Seit ca. 5,3 ka BP werden vier Extremereignisse nachgewiesen.

Während die Seesedimente der Laguna Pallcacocha aus Ecuador und aus El Junco von den Galapagosinseln eine geringere ENSO-Aktivität im mittleren Holozän dokumentieren (Abb. 5.119), lässt sich dies nicht in Korallenbildungen von den Christmas- (2° N, 157° W) und Fanning- (4° N, 160° W) Inseln, die mitten im tropischen Pazifik liegen, nachweisen (Cobb et al. 2013).

Morales et al. (2011) präsentieren eine exakt datierte Niederschlagsrekonstruktion der letzten ca. 700 Jahre mit jährlicher Auflösung für den Altiplano (Abb. 5.120). Die Grundlage ist eine Baumringchronologie von *Polylepis tarapacana* (Queñua-Krüppelbäume von wenigen Metern Höhe). *P. tarapacana* ist in den Anden von 16° bis 23° S zwischen 4000 und 5200 m NN verbreitet. Das Wachstum ist niederschlagsabhängig. Die Bäume können bis zu 700 Jahre alt werden. In den von Morales et al. (2011) ausgewerteten nahezu 88.000 Baumringen von über 350 Bäumen ist ein ENSO-Signal enthalten. Über die Identifizierung von ENSO-Jahren werden feuchte und trockene Phasen ermittelt (Abb. 5.121).

Einige der andauernden Dürren bzw. Feuchtphasen der vergangenen 700 Jahre korrelieren mit den Befunden, die auf den wenigen zuverlässigen Proxydaten der Region basieren. Beispielsweise gehören dazu die Dürren während des 14. Jahrhunderts und in der zweiten Hälfte des 20. Jahrhunderts (Boucher

Kapitel 5

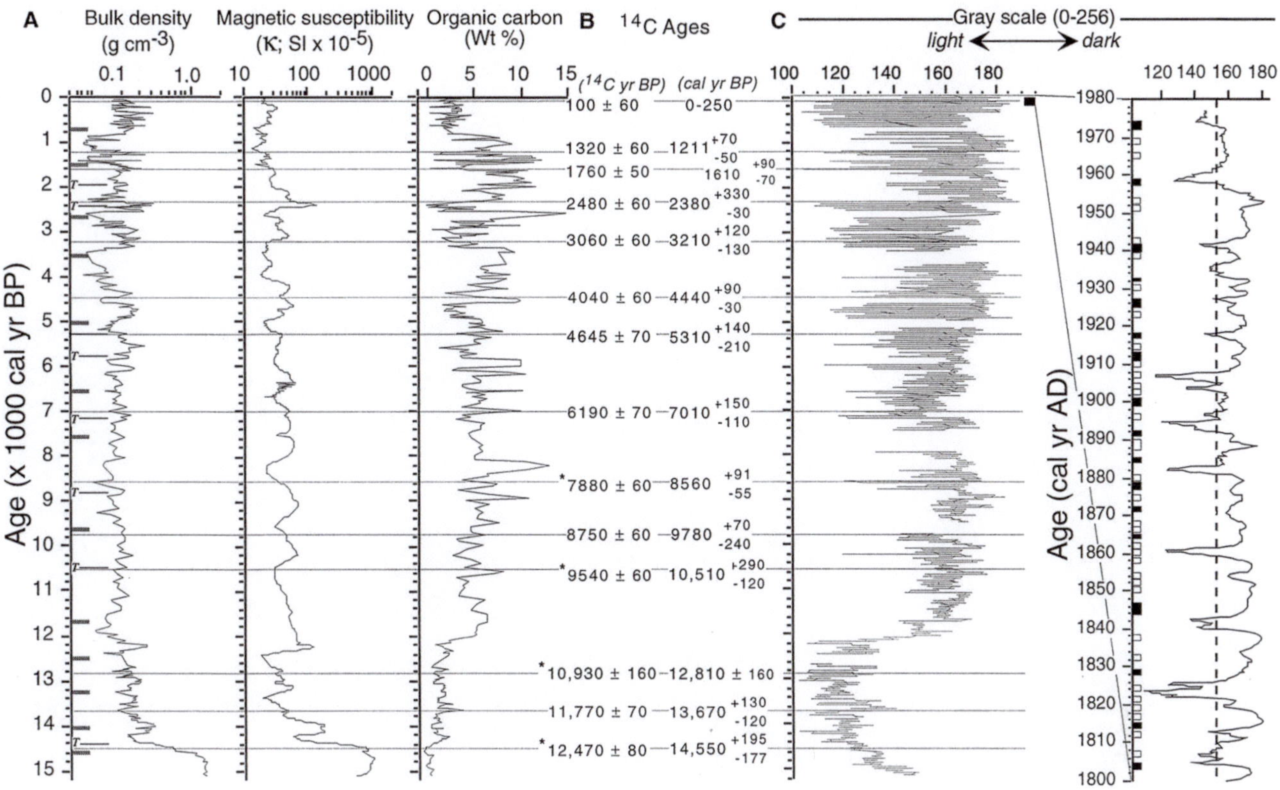

Abb. 5.118 Veränderungen der erbohrten Sedimente der Laguna Pallcacocha (4060 m NN, 2°46° S, 79° 14° W) in den ecuadorianischen Anden. (A) Dichte, magnetische Suszeptibilität und organischer Kohlenstoff; (B) ^{14}C-Alter; (C) Grauskala. Die 14 AMS-^{14}C-Alter sind von terrestrischen Pflanzen-Makrofossilien; sie sind in Kalenderjahre überführt worden. Die Daten mit * stammen von einem benachbarten See und wurden mit den Pallcacocha-Sedimenten korreliert aufgrund ihrer stratigraphischen Lage in Beziehung zu bestimmten geochemischen Tephra-Horizonten (durch ein T in der linken Tiefenskala gekennzeichnet). Die Grauskala reicht von 0 (*weiß*) bis 256 (*schwarz*) und wird in erster Linie vom C-Gehalt des Sediments bestimmt. Das Alter der klastischen Lagen, die hell, anorganisch und 200 Jahre alt sind, stimmt mit dem Alter historisch und instrumentell ermittelter starker oder mäßig starker El-Niño-Ereignisse überein. Damit werden ENSO-Oszillationen als wichtigste Ursachen für die Sedimentation in der Laguna Pallcacocha erkannt. (Aus Rodbell et al. 1999)

et al. 2011; Jomelli et al. 2011) sowie kalt-feuchte Phasen im 17. Jahrhundert, die von Rabatel et al. (2006) aufgrund der Moränenabfolgen belegt sind. Mit den Ergebnissen anderer Autoren ergeben sich nicht immer Übereinstimmungen. Eine Zweiteilung des Klimas der LIA beschreiben Thompson et al. (1985, 1986) aufgrund von Quelccaya-Eisbohrkern-Daten ($\delta^{18}O$): Ein kalt-feuchtes Klima während der Zeit von AD 1500 bis 1720 und eine kalt-trockenes Klima von AD 1720 bis 1880.

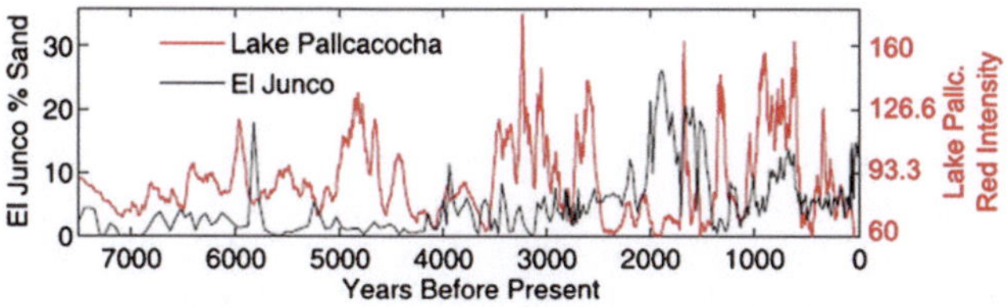

Abb. 5.119 *Records* der Laguna Pallcacocha, Ecuador, und des El-Junco-Sees, Galapagosinsel. *Rote Linie* – Kurve des Rot-Intensitäts-*records* des Pallcacocha-Sees (Moy et al. 2002). *Schwarze Linie*: %-Anteil der Sandfraktion (Conroy et al. 2008) (Aus Cobb et al. 2013). Die ENSO-Intensität nimmt im Neoglazial zu

Zu gleichen Ergebnissen gelangt Liu et al. (2005) anhand von Pollenanalysen des Sajama-Eisbohrkerns. Darüber hinaus zeigen die dendrochronologischen Daten zum ersten Mal extreme Niederschlagsanomalien: eine Dürre AD 1520–1597 und eine lange feuchte Phase AD 1820–1880. Eine große Zahl extrem trockener Jahre gab es in den vergangenen 75 Jahren mit den vier trockensten Jahren seit AD 1300; auch treten seit AD 1980 die drei extremsten Dürren (1982, 1994 und 2006) der letzten 700 Jahre auf (Morales et al. 2011). Werden die dendrochronologisch ermittelten niederschlagreichen Phasen mit den Gletscherschwankungen der Kleinen Eiszeit vergleichen, können die LIA-Moränen von Jordan (1991, römische Zahlen) und Rabatel et al. (2005, arabische Zahlen) feuchten Phasen zugeordnet werden:

Moräne 1 bzw. IV = Feuchtphasen des 17. Jhs.,
Moräne 3 bzw. III = Feuchtphase 1. Hälfte des 18. Jhs.,
Moräne 6 bzw. II = Feuchtphase des 19. Jhs. und
Moräne 9 bzw. I = Feuchtphase Anfang des 20. Jhs.

Die Feuchtphase in der 2. Hälfte des 15. Jhs. hat nicht zu einem Gletschervorstoß geführt, der die Ausdehnung der Gletscher

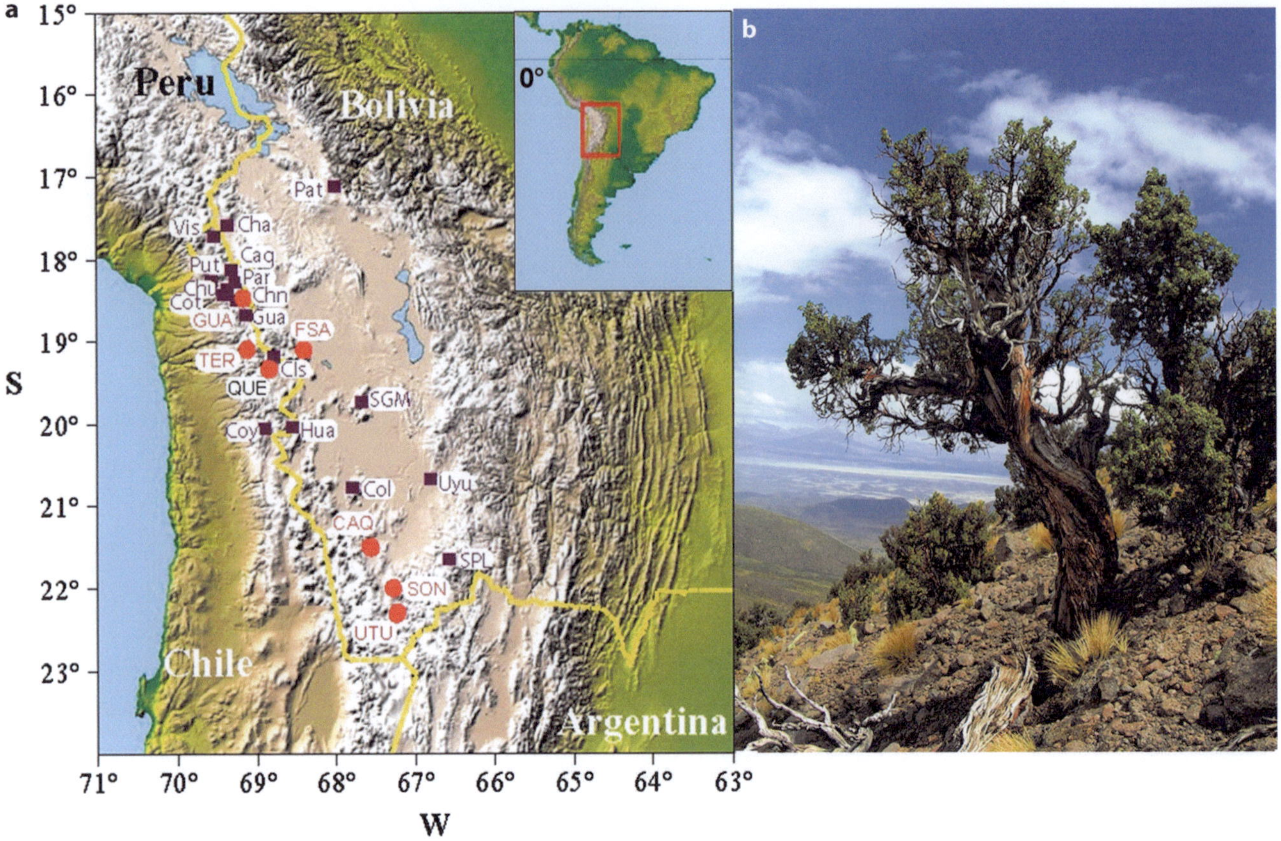

Abb. 5.120 **a** Orte der Baumring-Probennahme (*rote Punkte*) und Niederschlags-Messstationen (*dunkle Quadrate*) auf dem Altiplano. Codes bezeichnen die Probenorte. **b** Ein 500 Jahre alter *Polylepis tarapacana* (Queñoa) am Hang des Tata-Sabaya-Vulkans in Bolivien in 4750 m NN. Im Hintergrund ist der Coipasa-Salzsee. (Aus Morales et al. 2011)

des 17. Jhs. übertraf (vgl. Abb. 5.113 und 5.114). Die feuchte Phase mit extremen ENSO-Ereignissen zwischen AD 1820 und 1910 korreliert recht gut mit den sedimentologischen Befunden der Laguna Pallcacocha (Abb. 5.118). Die beiden extremsten Trockenjahre der letzten 700 Jahre (1942 und 1980) traten zusammen mit besonders starken El-Niño-Jahren auf. Heute sind feuchte Jahre im Altiplano an La-Niña-Anomalien gebunden, während trockene Jahre mit positiven Temperaturen des tropischen Pazifiks (El Niño) korrespondieren.

Die Korrelationen zwischen den dendrochronologischen Daten, den limnischen Sedimenten, den Eisbohrkernen und den Gletscherschwankungen zeigen, dass die Gletscherbewegungen – dokumentiert in den Moränenbildungen – Trends der Niederschlags- *und* der Temperaturverhältnisse speichern, während die Seesedimente und die Baumringe unmittelbar auf Niederschlagsanomalien hinweisen und sich hinsichtlich der Temperatur nicht deuten lassen. Ein Vergleich der dendrochronologischen Niederschlagsrekonstruktion mit den Daten der Quelccaya- und Sajama-Eisbohrkerne aus Peru und Bolivien zeigt nicht immer Übereinstimmung. Im Gegensatz zu den Eislagen (Thompson et al. 1985, 1986) verzeichnet die paläoklimatische Deutung der Baumringanalysen (Morales et al. 2011) für die Zeitabschnitte AD 1700 bis 1740 und AD 1820 bis 1880 feuchte Verhältnisse. Diese Diskrepanz kann in der Lage der Untersuchungsorte begründet sein; der Quelccaya-Eiskern liegt wesentlich näher am Äquator und damit im ± ganzjährig tropisch-feuchten Bereich, während die Proben der *Polylepis tarapacana* aus dem randtropisch-wechselfeuchten bolivianischen Altiplano stammen. ENSO-Einflüsse können sich unterschiedlich ausgeprägt haben (vgl. Mächtle und Eitel 2009). Obgleich die Gletscher der Eisbohrkerne ihre (*recycelte*) Feuchtigkeit aus dem Atlantik bezogen haben (nicht aus dem tropischen Pazifik), zeigt eine Synopse der Isotopendaten mehrerer Eisbohrkerne der tropischen Anden, dass ENSO-Ereignisse durchaus in den Eiskernen gespeichert sind, was auf Fernwirkungen zwischen tropischem Pazifik und tropischem Atlantik deutet (Vimeux et al. 2009). Die $\delta^{18}O$-Werte der Eisbohrkerne weisen auf eine kühlere und feuchtere *Kleine Eiszeit* hin.

Eine Rekonstruktion der Temperatur des Illimani-Eisbohrkerns zeigt deutlich den Temperaturverlauf der letzten 1600 Jahre für das bolivianische Hochland (Abb. 5.122). Kellerhals et al. (2010) benutzen das NH_{4+} (Ammonium) des Eiskerns, das ein Temperaturproxy darstellt. Das NH_{4+} stammt hauptsächlich aus der tropischen Vegetation des Amazonasbeckens; bei der bakteriellen Verrottung abgestorbener Biomasse wird Ammonium als Endprodukt freigesetzt. Es wird von den *Easterlies* zum Illimani transportiert. Wärmere tropische Temperaturen beein-

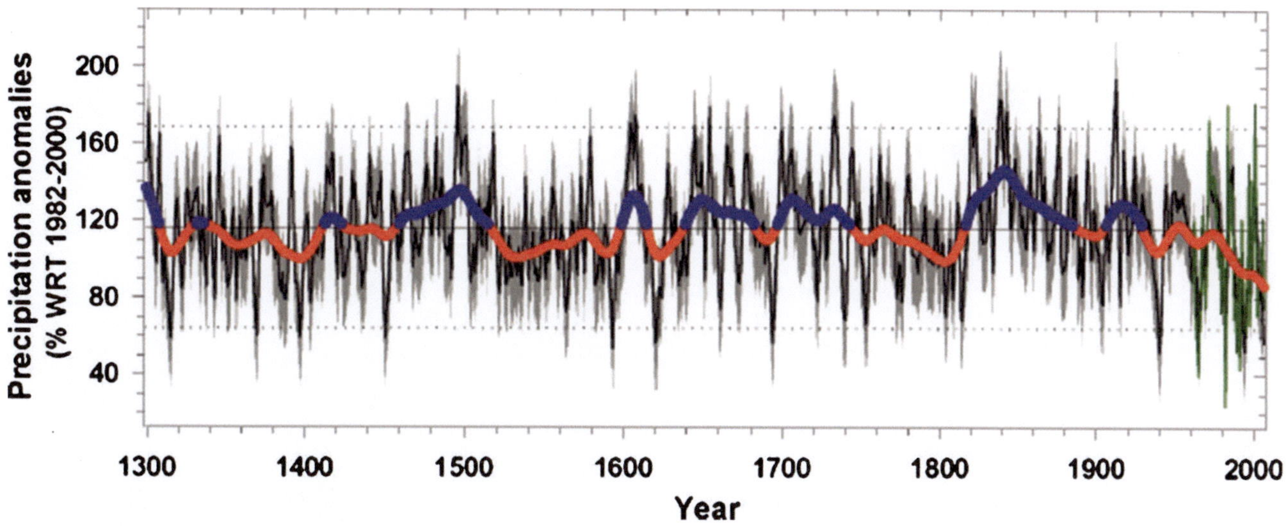

Abb. 5.121 Baumring-rekonstruierter jährlicher Niederschlag (November–Oktober) im Altiplano, zentrale Anden für die Zeit von AD 1300–2006. Jährlicher Niederschlag ausgedrückt als % des Niederschlagsmittels von 1982–2000. Die *grüne Linie* zeigt die Instrumentenaufzeichnungen. Die *dunkelblau-rote Kurve* zeigt die geglättete (35 Jahre) Niederschlagskurve. *Blau* – feuchte Phasen, *rot* – trockene Phasen. Die *Punktlinien* geben $\pm 2\sigma$-Standardabweichungen an (aus Morales et al. 2011).
Wird die Baumringkurve mit der $\delta^{18}O$-Kurve der Quelccaya-Eiskappe in Peru (Thompson et al. 1985, 1986) und mit der Pollen-Kurve (Poaceae/Asteraceae [P/A] Pollen-Verhältnis) der Sajama-Eiskappe (Bolivien) (Liu et al. 2005) vergleichend betrachtet, ergeben sich Unstimmigkeiten. Zwischen AD 1700 und 1900 war die Eisakkumulation gering, d. h. es herrschte größere Aridität, während die Baumringkurve eine feuchte Phase – unterbrochen von einer ariden Zeit – anzeigt. In der Baumringkurve sind die ENSO-Ereignisse zu Beginn des 17. Jhs. (AD 1607/1608) deutlich zu erkennen, die sowohl in historischen Quellen (Quinn et al. 1987) als auch in Geoarchiven (Keefer et al. 2003) nachzuweisen sind

flussen die Stärke der *Easterlies* und führen daher zu höheren NH_4^+-Konzentrationen in den Niederschlägen, die das Illimani-Gletschereis nährten. Relativ warme Temperaturen während der ersten Jahrhunderte des letzten Jahrtausends und nachfolgend kalte Bedingungen vom 15. bis 18. Jahrhundert dokumentieren deutlich, dass die mittelalterliche Wärmephase (MWP – *medieval warm period*) und die Kleine Eiszeit (LIA) auch die Tropen beeinflusste. Wichtig an dieser Temperaturrekonstruktion ist die Tatsache, dass unterschiedliche Paläoklimaarchive (Moränen, Baumringanalysen, geochemische Eiskerndaten) zu gleichen Ergebnissen hinsichtlich des Klimaverlaufs des letzten Jahrtausends führen.

Werden die Befunde für das Holozän zusammengefasst, zeichnet sich folgendes Bild für das tropische Südamerika ab: Im frühen Holozän (ca. 12–8 ka BP) ist es feuchter; dies belegen Gletschervorstöße, hohe Seespiegelstände, Erosions/Akkumulationsprozesse und Vegetationsverhältnisse. Das Mittelholozän (ca. 8–5/4 ka BP) ist überall arider und wärmer, sowohl im feucht-tropischen, randtropischen als auch andinen Bereich. Die fehlenden Moränen, der hohe atmosphärische Staubgehalt in den Anden, die niedrigen Seespiegelstände (Abbott et al. 2000) und die umfassende Rekonstruktion der Biome um 6000 ^{14}C-Jahre vor heute (Marchant et al. 2009) bezeugen dies eindrucksvoll neben den peruanischen und bolivianischen Eisbohrkerndaten (Thompson et al. 1995, 1998). Allerdings blieben die feucht-tropischen Regenwälder Amazoniens und zum größten Teil auch die Savannenwälder unverändert. Dies ist ein Hinweis, dass die mittelholozäne Klimaänderung nicht zu wesentlichen Verschiebungen der Vegetationszonen und -stufen führte. Erst im Neoglazial (ab ca. 4/3,5 ka bis AD 1850) wird es wieder feuchter und kälter; Gletschervorstöße, Seespiegelstände, Erosions/Akkumulationsprozesse und Vegetationsverhältnisse in klimatisch sensiblen Regionen belegen dies. Die Kleine Eiszeit, die in sich zahlreiche Klimafluktuationen aufweist, tritt deutlich als eine kühlere (0,5–0,8 °C im tropischen Tiefland) und feuchtere Phase hervor. Die Erwärmung nach der Kleinen Eiszeit fällt mit einer zunehmenden Niederschlagsabnahme in den tropischen Anden zusammen.

Während die orbitale Konstellation zwischen Erde und Sonne (Exzentrizität der Umlaufbahn – Schiefe der Erdachse – Präzession der Erdachse) einen wesentlichen Anteil an den großen Klimaveränderungen seit dem LGM hat – einschließlich der mittel- und jungholozänen Schwankungen – (vgl. Abb. 5.26), werden die Klimafluktuationen des Neoglazials, besonders die der Kleinen Eiszeit, von Veränderungen der Sonnenaktivität (*solar forcing*, bereits von Heim (1885) vermutet; Polissar et al. 2006; Jomelli et al. 2009) beeinflusst (Abb. 5.123). Dabei spielt die Klimavariabilität, die dem Klimasystem selbst zufällig innewohnt, eine bisher schwer abzuschätzende Rolle (Marotzke und Forster 2015). Das holozäne Klimaoptimum, seit über 70 Jahren in den Außertropen durch Pollenanalysen und prähistorische Funde bekannt, zeigt sich auch in den Tropen durch den starken Gletscherschwund, durch zumeist größere Aridität und höhere Temperaturen sowie durch den langsamen Übergang zum Neoglazial, das vor 3500 Jahren das Klimaoptimum endgültig mit Gletscherwachstum, einem Anstieg der Seespiegel und niedrigeren Temperaturen sowie größerer Humidität beendet.

Die Paläoklimaarchive der Tropen und Randtropen dokumentieren darüber hinaus, dass die Kleine Eiszeit in den Tropen nicht

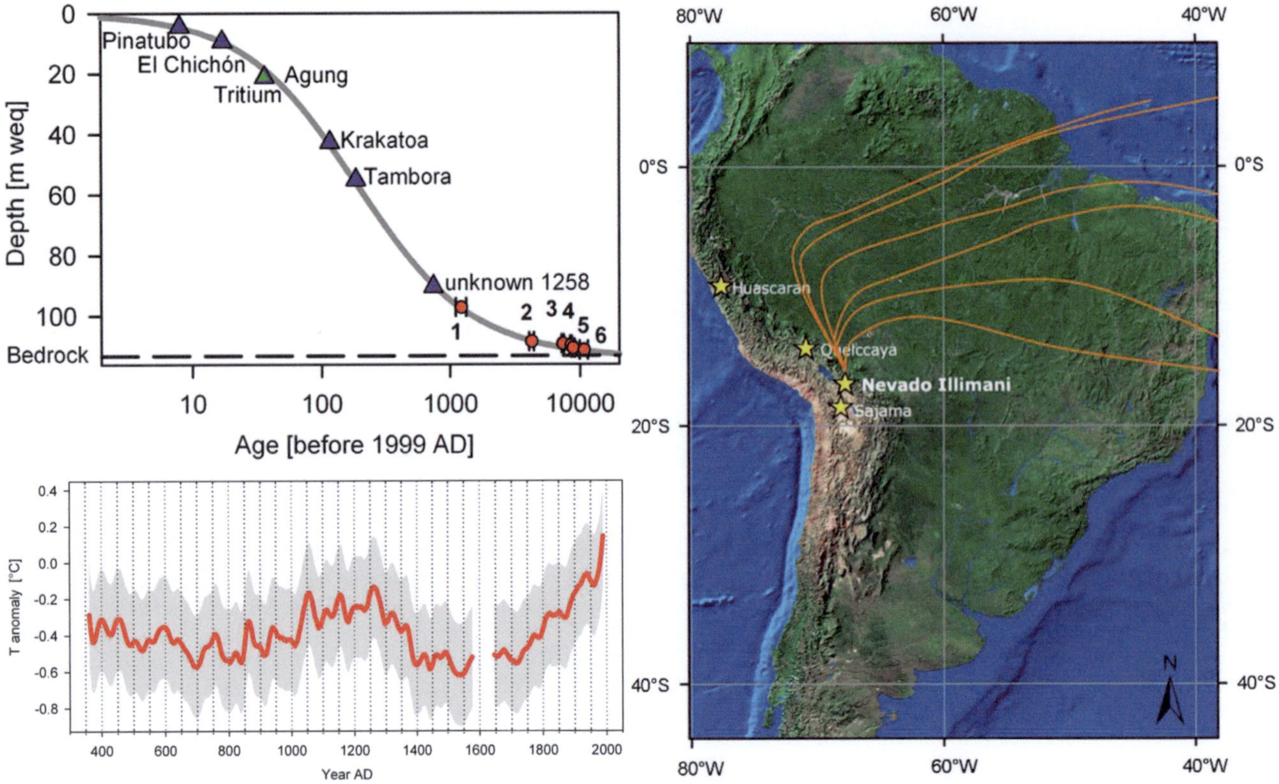

Abb. 5.122 Temperaturrekonstruktion für die letzten ca. 1000 Jahre für das tropische Südamerika aufgrund geochemischer Daten der Illimani-Eiskernbohrungen. *Links oben*: Beziehungen zwischen Eiskern-Tiefe und Alter (logarithmische Zeitskala). Die *blauen Dreiecke* markieren 6 vulkanische Zeitmarken (Pinatubo, 1991; El Chichón, 1982; Agung, 1963; Krakatoa, 1883; Tambora, 1815; und „*unknown*", 1258); das *grüne Dreieck* kennzeichnet den Tritium-Horizont von AD 1964 (Kernwaffenversuche); die *nummerierten roten Kreise* beziehen sich auf 6 kalibrierte ^{14}C-Daten: 1 (1060–1280 BP), 2 (4000–4350 BP), 3 (7180–7440 BP), 4 (8350–8580 BP), 5 (8540–9010 BP), 6 (9930–11,400 BP). Der Gesteinsuntergrund liegt in 113,2 m Wasseräquivalent: *gerissene horizontale Linie*. Die zeitliche Auflösung der untersten Meter ist sehr gering. *Links unten*: Rekonstruierte tropische südamerikanische Temperaturanomalien (in Bezug auf das Mittel der Periode AD 1961–1990) für die letzten ca. 1600 Jahre (*rote Kurve*, geglättet mit einem 39-Jahr-Gauss-Filter). Die Schattierung kennzeichnet den $\pm 2\sigma$-Fehlerbereich. Die schlechte Eiskernqualität schließt jede chemische Analyse für die Zeitphase zwischen AD 1580 und 1640 aus. Die mittelalterliche warme Anomalie (MWP, ca. AD 1000–1350) und die Kleine Eiszeit (ca. AD 1350–1850) treten deutlich hervor. *Rechts*: Satellitenbild von Südamerika mit der Lage des Illimani (16°37′ S, 67°46′ W) in den östlichen bolivianischen Anden. Huascaran, Quelccaya und Sajama sind ebenfalls dargestellt; von ihnen stammen weitere Eisbohrkerne. Trajektorien zeigen die Luftmassenbewegungen (*orange*) von Amazonien in die Anden. (Aus Kellerhals et al. 2010)

nur kühler war, sondern vor allem durch Niederschlagsschwankungen charakterisiert wurde. Da Niederschlagsschwankungen in den Tropen durch Änderungen der Allgemeinen Zirkulation der Atmosphäre (Monsunsysteme, Verlauf der ITCZ) bedingt werden, ergibt sich ein Zusammenhang zwischen solarer Strahlung (u. a. Sonnenfleckenminima) und dem Verlauf von Niederschlag und Temperatur in der Kleinen Eiszeit. Während des *Termination I* verliefen die Klimaschwankungen (ACR, YD) – dokumentiert durch die Gletscherschwankungen – in verschiedenen Breitenlagen der Erde nicht synchron. Die Klimaschwankungen der Kleinen Eiszeit traten synchron auf. Das deutet auf solare Einflüsse hin, die unmittelbar von Vorgängen auf der Sonne gesteuert werden. Die eiszeitlichen Klimaschwankungen (in 10^3–10^5 Jahren) sind dagegen den Änderungen der Erdbahnelemente unterworfen (*orbital forcing*).

5.2.6 Synopse

Die kritische Bewertung der terrestrischen paläoklimatischen Proxys ergibt folgende Schlussfolgerungen:

(i) Die markanten Klimawechsel zwischen quartären Kalt- und Warmzeiten sind durch Pollenprofile (Hooghiemtra 1984, 1989; Hooghiemstra und van 't Veer 1999), Moränensequenzen (J Ehlers et al. 2011), Paläoböden (im bolivianischen Tiefland, im ecuadorianischen Hochland) und andere Paläoklimaarchive belegt.

(ii) Das Ausmaß der Vergletscherungen nimmt seit dem Mittelpleistozän von Kaltzeit zu Kaltzeit ab. Die ältesten erfassten Moränen reichen in den nach Amazonien weisenden Tälern in Ecuador und Bolivien bis < 3000 m NN und damit bis zu 800 m tiefer als im LGM.

(iii) Die mittel- und jungpleistozänen kalt/warmzeitlichen Klimaschwankungen werden darüber hinaus durch See-

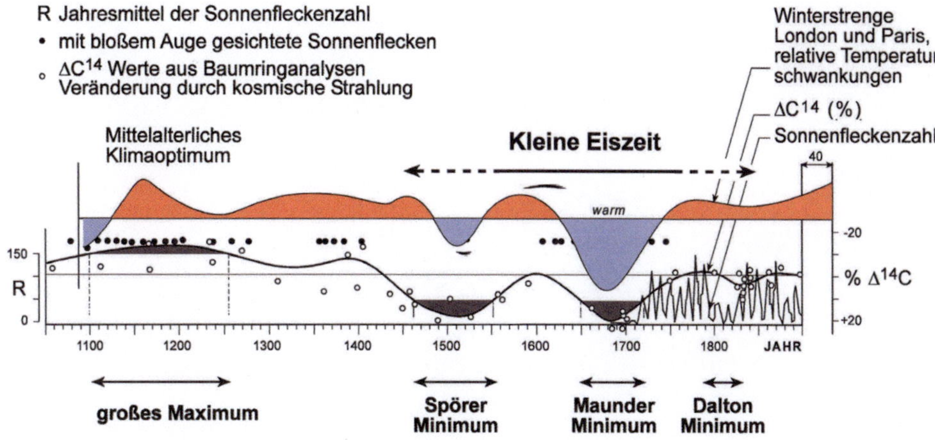

Abb. 5.123 Klimaentwicklung in Europa während der letzten 1000 Jahre – Temperaturschwankungen, Sonnenfleckenzahlen und Radiokohlenstoff-Veränderung ($\Delta^{14}C$) durch kosmische Strahlung (aus Kienel und Negendank 2010). Auffällig ist, dass um AD 1700 zusammen mit dem Maunder-Minimum in Westeuropa die kälteste Phase der Kleinen Eiszeit auftritt, in den Anden die Gletscher die größte Ausdehnung zeigen und in Südostasien die Intensität des Monsuns schwächer ist (vgl. Abb. 4.62)

sedimente, Seespiegelstände, Flussterrassen, Speläotheme und andere Paläoklimaarchive dokumentiert.

(iv) Bisher gibt es Klimarekonstruktionen, die auf weitreichende Hypothesen verzichten können, nur für das LGM, das *Termination I* und das Holozän.

(v) Das LGM war im tropischen Südamerika arider; der Regenwald Amazoniens wurde zum Teil durch trockenere Biome (Savannen) ersetzt. Seespiegelstände waren niedrig. Gletscher waren ausgedehnter als heute. Die Temperaturen waren mindesten 5 °C kälter als heute, in den Anden mindestens 7–8 °C kälter.

(vi) Während des *Termination I* traten Klimaschwankungen stärker hygrisch als thermisch hervor. Südlich des Äquators sind Einflüsse der antarktisch/zirkumantarktischen Region erkennbar (ACR). Nördlich des Äquators sind Auswirkungen des nordatlantischen/arktischen Geschehens dokumentiert (Bölling-Alleröd/YD/Präboreal).

(vii) Das Holozän begann feuchter. Das holozäne Klimaoptimum war trockener. Das Neoglazial (einschließlich der Kleinen Eiszeit) war etwas kühler und feuchter.

(viii) Der vielfach in der Vergangenheit postulierte Gletschervorstoß der YD existierte nicht. Es gab Gletschervorstöße während des ACR und im frühen Holozän.

(ix) Die Anwendung der SED-Moränendatierung führt häufig zu falschen Schlussfolgerungen, da diese oft allein auf den SED-Daten basieren und da geomorphologische und glazialgeologische Fakten nicht berücksichtigt werden.

(x) Die terrestrischen Paläoklimaarchive erlauben in der Regel bisher keine Korrelierung einzelner Klimaschwankungen mit exakt datierten *events* (YD, H 1, H 2 etc.) der Außertropen (z. B. GRIP, EPICA, etc.), da die Datierungen der tropischen terrestrischen Paläoklimaarchive zu ungenau sind. Dies liegt zum einen an den begrenzten methodischen Möglichkeiten (z. B. SED), zum anderen an dem Probenmaterial und der stratigraphischen Situation.

(xi) Das 4,2 ka *event* erscheint als aride Phase im peruanischen Amazonas-Tiefland (Bush et al. 2016).

(xii) Da trotz der Unsicherheiten in der Datierung häufig Korrelationen vorgenommen werden, resultiert daraus eine scheinbare Synchronität der Ereignisse, die in Wirklichkeit – nach sorgfältiger Bewertung der Paläoklimaarchive – nicht vorhanden ist.

(xiii) Die Übernahme von „Lehrbuchwissen" bei Interpretationen von limnischen und marinen Sedimentkernen führt mitunter zu Fehlinterpretationen.

5.3 Mexiko und Mittelamerika

Nachstehend werden die mittelamerikanische Landbrücke, Mexiko und die karibischen Inseln betrachtet (Abb. 5.124). Von Panamá (ca. 8° N) reicht der Raum bis zur mexikanisch-US-amerikanischen Grenze (ca. 30° N) und von den Kleinen Antillen (ca. 60°–65° W) bis Niederkalifornien (ca. 110°–115° W). Von Panamá bis Südmexiko erstrecken sich die feuchten Warmtropen; nach Norden schließen sich die wechselfeuchten Randtropen an. Im mexikanischen Hochland und im Bereich der mittelamerikanischen Vulkane und Gebirgsländer werden die Warmtropen von den Kalttropen abgelöst. Die charakteristischen Züge des Klimas sind in Abb. 5.125 und 5.126 dargestellt.

In den küstennahen Gebieten Mittelamerikas und den karibischen Inseln herrschen Jahresmitteltemperaturen zwischen ca. 24 und 28 °C vor, während in den Gebirgen und Hochländern (z. B. Mexiko) die Temperaturen in Abhängigkeit von der Höhe abnehmen (zentralmexikanisches Hochland in ca. 2200 bis 2500 m NN: 12 bis 15 °C Jahresmitteltemperaturen). Die 0 °C-Jahresisotherme liegt in Zentralmexiko in ~5000 m NN. Die Niederschläge fallen in den Sommermonaten (Zenitalregen) zwischen April/Mai und September/Oktober. Mit zunehmender Entfernung vom Äquator nimmt die Dauer der Regenzeit ab und die Temperatur-Jahresamplitude zu; gegen den Äquator wird die Regenzeit durch eine *Kleine Trockenzeit* zweigeteilt. Jährliche Regenmengen betragen beispielsweise in Yucatan ~400 mm

Abb. 5.124 Übersichtskarte von Mexiko, Zentralamerika und den karibischen Inseln. Ausschnitt des Erdglobus von Peter J Oestergaard (Berlin, um 1904)

an der Nordküste und ~ 1300 mm am Gebirgsrand, in Panamá reliefbedingt zwischen 1300 bis 3000 mm, im zentralmexikanischen Hochland reliefbedingt zwischen 800 mm (Mexiko-Stadt) und ca. 300 mm in den Hochbecken (z. B. Chihuahua). In den Gebirgen nehmen die Niederschläge in der Regel zu. In Gebirgen, die den aus NE wehenden Passatwinden ausgesetzt sind, können Nebelniederschlag und Steigungsregen zu ganzjährig feuchten Bedingungen führen (stellenweise > 4000 mm/a Niederschlag).

5.3.1 Mexiko

Quartäre Klimaschwankungen, die dem Kalt/Warmzeit-Rhythmus folgten, sind seit einem Jahrhundert aus Mexiko bekannt. Das Becken von Mexiko (Abb. 5.127), in der transmexikanischen vulkanischen Zone in ca. 2240 m NN gelegen, war im Quartär wiederholt von einem See erfüllt. Penck (1913) nahm an, dass dies während der pleistozänen Warmzeiten der Fall war, während später die meisten Bearbeiter die Seesedimente als kaltzeitliche Ablagerungen deuteten (vgl. Woldstedt 1965). Erst durch die Arbeiten von Bradbury (1989), der detaillierte Analysen der Diatomeen der Beckensedimente der letzten ca. 30 ka BP ausführte, wurden glaziologische, stratigraphische und palynologische Befunde bestätigt, die aride Klimabedingungen und das Fehlen großer pluvialer Seen im Becken von Mexiko während und nach dem LGM beschreiben. Einen Trend zur Aridisierung seit dem MIS 3 (ab ca. 27 ka BP) bis ins jüngere Holozän bestätigen neuerdings auch Sedov et al. (2010) von der Tepexpan-Lokalität am Rand des Texcoco-Paläosees aufgrund pedologischer, palynologischer, physikalischer und ^{14}C-Analysen. Andererseits konnte Bradbury (1989) zeigen, dass in der Zeit vor dem LGM (MIS-3-/MIS-2-Übergang) die Niederschläge wesentlich höher waren. Trotz der überzeugenden Proxydaten von Bradbury (1989) werden immer wieder gegenteilige Ansichten (LGM-zeitliche pluviale Klimabedingungen) geäußert, die einerseits auf palynologischen Einzelprofilen basieren, andererseits auf pedologischen Befunden (z. B. Solleiro-Rebolledo et al. 2006). Die fossilen Böden haben jedoch keine hohe zeitliche Auflösung, und pedogene

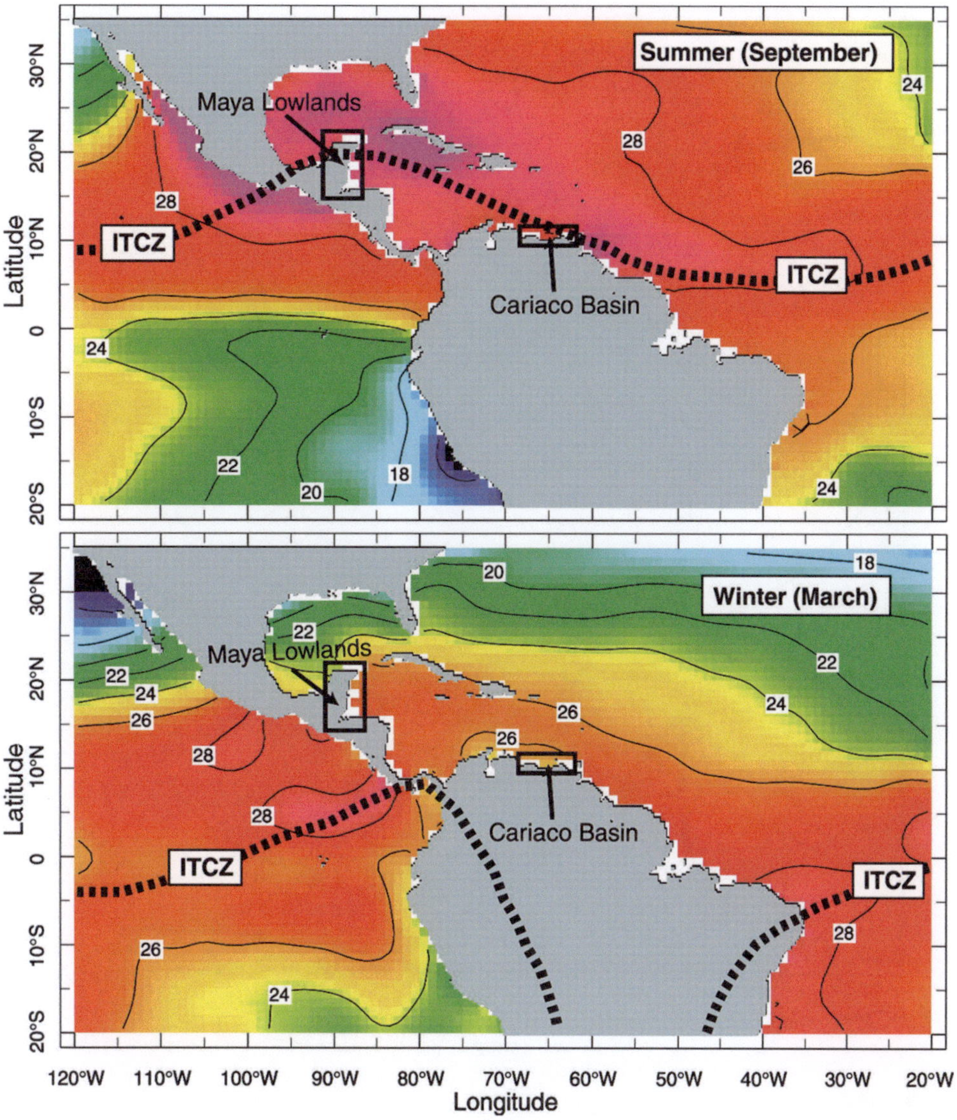

Abb. 5.125 Jahreszeitliche Änderungen der durchschnittlichen Lage der ITCZ in Mesoamerika und dem nördlichen Südamerika. Charakteristische Situation im Sommer (*oben*, September) und im Winter (*unten*, März). Diese saisonalen Änderungen bestimmen die Verteilung und die Zeiten der regionalen Niederschläge. *Zahlen* und *Farben* zeigen die Meeresoberflächentemperaturen (SST) in °C. Die Lage der Forschungsgebiete des Cariaco-Seebeckens und des Maya-Tieflands sind eingerahmt. Beide Gebiete werden in gleicher Weise von saisonalen und länger anhaltenden Veränderungen der Position der ITCZ beeinflusst. (Aus Haug et al. 2003a, vgl. auch Haug et al. 2001)

Merkmale aus ariden Phasen können in nachfolgenden humiden Phasen überprägt und/oder verändert worden sein.

Von besonderer Bedeutung für eine paläoklimatische Interpretation der Seespiegeländerungen im Bereich des zentralmexikanischen Vulkangürtels sind seismische und vulkanische Prozesse. Israde-Alcántara et al. (2005) weisen darauf hin, dass Schwankungen der Seespiegel (z. B. Pátzcuaro-See) stark von vulkanischer und tektonischer Aktivität (Erdbeben) und – dadurch ausgelöst – Erdrutsche/Bergstürze und durch anthropogene Umweltveränderungen (Vegetation, Bodenerosion) beeinflusst wurden. Dies kann große Komplikationen bei der Deutung klimatischer Ereignisse hervorrufen. Ebenfalls können Tephren, die äolisch oder fluvial in die lakustrinen Ökosysteme gelangen, die Geochemie, die Diatomeen-Vergesellschaftungen und andere Paläoklimaproxys beeinflussen bzw. verändern (Telford et al. 2004). Aufgrund der Analyse von stabilen Isotopen, Diatomeen, Tephren und Pollen weisen Metcalfe et al. (2016) darauf hin, dass im frühen und mittleren Pleistozän im zentralmexikanischen Valsequillo-Becken (südlich von Puebla) die Klimaverhältnisse feuchter waren; ausgedehnte Seenbildungen – wie oft vermutet – können die Autoren nicht belegen.

Darüber hinaus muss berücksichtigt werden, dass sich das mexikanische Hochland im Bereich des transmexikanischen vulkanischen Gürtels (Cordillera Neovolcánica) in einer Region befindet, die während des LGM sowohl von tropischen als auch von außertropischen Klimaeinflüssen bestimmt wurde. Darauf

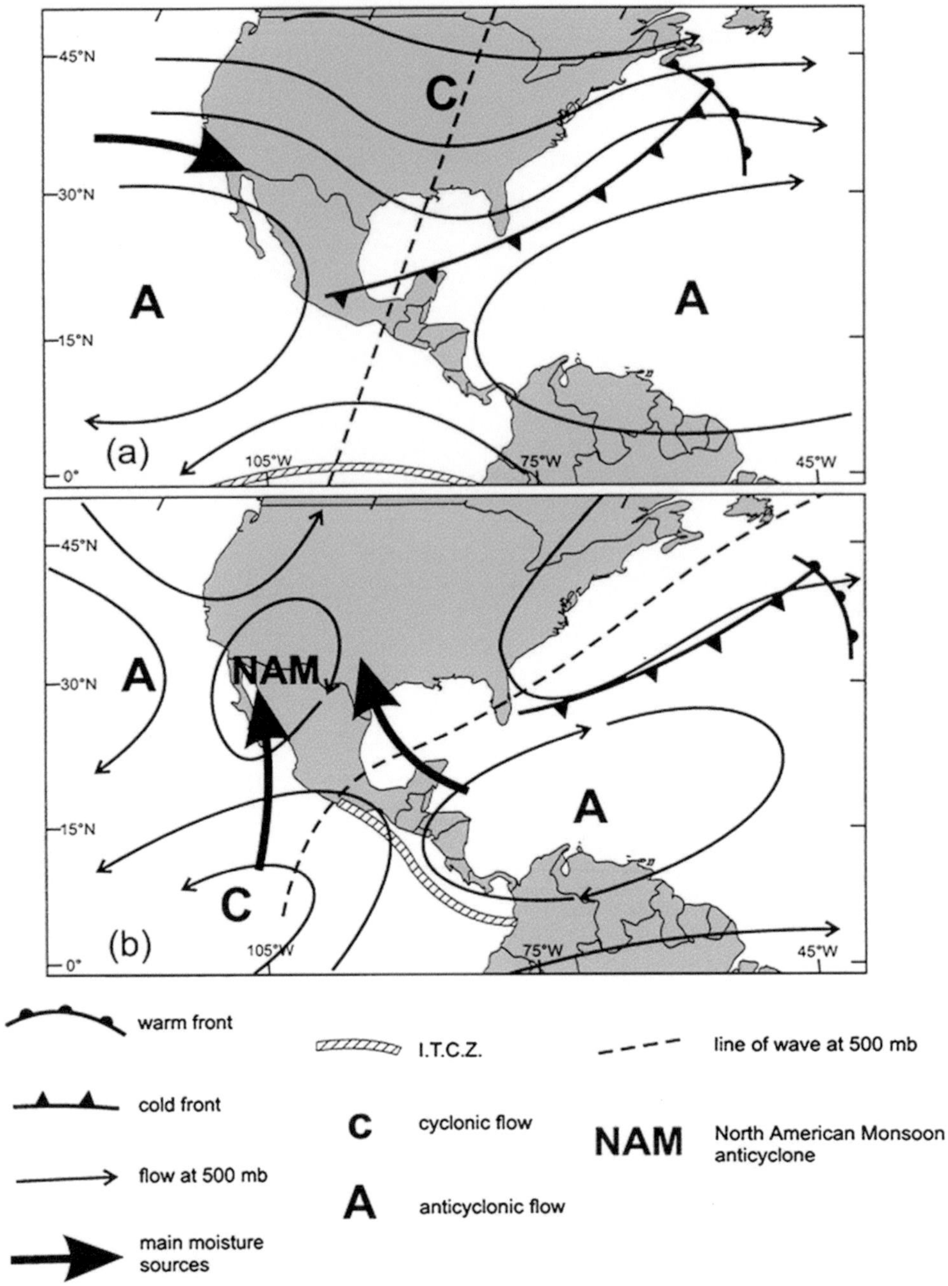

Abb. 5.126 Grundzüge der atmosphärischen Zirkulation im mexikanisch-karibischen Raum im Winter **a** und im Sommer **b**. Die Hauptquellen der Feuchtigkeit während der verschiedenen Jahreszeiten werden durch die *fetten Pfeile* angezeigt. (Aus Metcalfe et al. 2000)

deuten die limnischen Paläoklimaarchive vom Pátzcuaro-See (19°35′ N, 101°39′ W, ca. 2040 m NN) hin, der ca. 300 km westnordwestlich des Beckens von Mexiko liegt. Diatomeen-Arten, die im LGM (~27–13 ka BP) im Winter und Frühjahr blühten, dokumentieren den Einfluss von außertropischen Zyklonen zu diesen Jahreszeiten, die infolge der nordamerikanischen Eisschilde und der nach Süden verschobenen Westwindzone noch das westliche mexikanische Hochland erreichten (Bradbury 2000; Abb. 5.128).

Bevor auf die Glazialchronologie Mexikos näher eingegangen wird, sollen die Paläoklimaarchive *Paläoböden* und *Pollenprofile* vorgestellt werden, die für die Klimarekonstruktion Mexikos ebenfalls von großer Bedeutung sind. Die Paläobodenprofile reichen zum Teil weit ins Quartär zurück. Als Erster hat Bryan (1948) für das zentralmexikanische Hochland darauf hingewiesen.

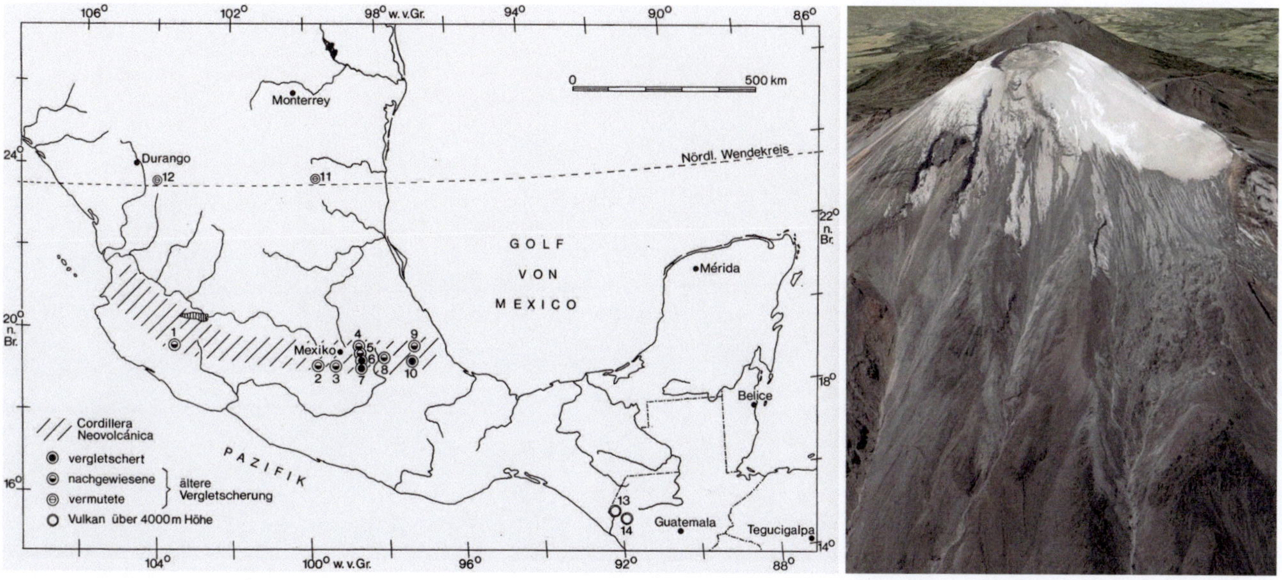

Abb. 5.127 *Links*: Der transmexikanische Vulkangürtel. Zwischen der Sierra Nevada (4 bis 7) und dem Ajusco (3) liegt das Hochbecken von Mexiko. Übersichtskarte der höchsten Berge Mexikos und Guatemalas mit glaziären und periglziären Erscheinungen. Es bedeuten: 1 – Nevado de Colima (4180 m), 2 – Nevado de Toluca (4690 m), 3 – Ajusco (3952 m), 4 – Tláloc (4160 m), 5 – Telapón (4090 m), 6 – Iztaccíhuatl (5286 m), 7 – Popocatépetl (5452 m), 8 – La Malinche (4461 m), 9 – Cofre de Perote (4282 m), 10 – Pico de Orizaba (Citlaltépetl, 5675 m), 11 – Cerro Pena Nevada (4056 m), 12 – Bergland von Durango (bis 3559 m), 13 – Sierra de los Cuchumatanes (bis 3837 m), 14 – Tajumulco (4210 m). *Rechts*: Der Pico de Orizaba mit Gletschern und Moränen der Kleinen Eiszeit. (GOOGLE-Bild vom 20.01.2015)

Wie in Ecuador die *Cangahua*-Ablagerungen, so sind die *Toba*-Sedimente im zentralmexikanischen Hochland weit verbreitet (Abb. 5.129). Das *Toba*-Material besteht aus schluffigen, gelblichbraunen Sedimenten von oft großer Mächtigkeit. *Toba*-Sedimente sind äolisch umgelagerte vulkanische Aschen und Bimse. Auch kommen in Verbindung mit den *Toba*-Ablagerungen lössartige Sedimente vor, die in der Regel geringmächtiger sind, die sich mit charakteristischen glaziären und periglaziären Ablagerungen korrelieren lassen. Zwischen *Toba*- und lössartigen Sedimenten gibt es Übergänge. Einzelne jungpleistozäne und holozäne *Toba*-/-„Löss“-Sedimente konnten datiert werden (Heine und Schönhals 1973). Am Malinche-Vulkan liegen sie in gleichen stratigraphischen Niveaus wie Moränen, Periglaziärschutt, glazifluviale Ablagerungen, Geröllhorizonte und Bändertone; eine kaltzeitliche Bildung wird daher für den größten Teil der *Toba*-Sedimente angenommen. Die Phasen mit starker Vergletscherung, mit ausgedehnter Periglazialstufe in den Gebirgen in Höhen über 3000 m NN, verbreiteten Schotterfluren und niedrigen Seespiegelständen boten günstige Voraussetzungen für die äolische Umlagerung des vulkanischen Materials (Heine und Schönhals 1973).

In den *Toba*-Sedimenten bildeten sich Barro-Böden und *Tepetate*-Horizonte aus (Aeppli 1973). Charakteristische Barroböden sind vertisolartige Bildungen und zeigen eine von oben nach unten abnehmende Verbraunung, die mit einer Abnahme der Tongehalte einhergeht. Ebenfalls typisch ist eine Kieselsäureverlagerung von oben nach unten im Bodenprofil. Diese Kieselsäureverlagerung ist weniger klimatisch bedingt, sondern vielmehr eine Folge des Ausgangsmaterials, der vulkanischen Lockerprodukte (Aschen), mit hohem Anteil an leicht verwitterbaren Gläsern (Aeppli 1973). Durch die Verlagerungsprozesse wird in den unteren Horizonten von den Barroböden der *Tepetate* gebildet, in dem Kieselsäure die einzelnen Bodenteilchen verkittet. Das führt zu einer außerordentlich starken mechanischen Festigkeit und Verhärtung (Krustenbildung, *Duripan*) im trockenen Zustand. Die paläoklimatische Deutung dieser Böden ist vage, da der Einfluss des Klimas einerseits und die Dauer der Pedogenese andererseits auf die Ausprägung der Bodeneigenschaften nur schwer zu unterscheiden sind. Aufgrund der Analysedaten weisen die fossilen Böden die gleichen bodenbildenden Prozesse wie die holozäne Bodenbildung auf (Aeppli 1973). Dies bezeugt quartäre Klimazyklen, die den großen quartären Klimaschwankungen zugeordnet werden können. Die jüngsten Böden sind aufgrund ihrer chronostratigraphischen Lage warmzeitliche bzw. interstadiale Bildungen (vgl. Heine 1980a). Dies wird durch die physikalisch-chemischen Eigenschaften der fossilen Böden bestätigt: Verwitterung und Neubildung von Kaolinit-Halloysit-Tonmineralgesellschaften und Tonverlagerung. Aeppli (1973) findet im Hochbecken von Puebla eine Sequenz von mindestens fünf Barro/*Tepetate*-Böden.

Sedov et al. (2009) gliedern eine Abfolge von *Toba*-Sedimenten und Paläoböden im nördlichen Becken von Puebla (Abb. 5.130) in eine untere *Red Unit*, die am stärksten verwittert ist, eine mittlere *Brown Unit* mit deutlicher Ton-Illuviation, und eine obere *Grey Unit*. Die *Red Unit* wird der mittelpleistozänen Transition (ca. 800 ka BP) zugeordnet (K/Ar-Altersbestimmung). Im Mittelpleistozän waren die Glazial/Interglazial-Klimazyklen weniger akzentuiert ausgebildet und erlaubten daher längere Verwitterungseinflüsse. Die *Brown Unit* repräsentiert den größten Teil des Mittel- und Jungpleistozäns. In der *Grey Unit* fand

Kapitel 5

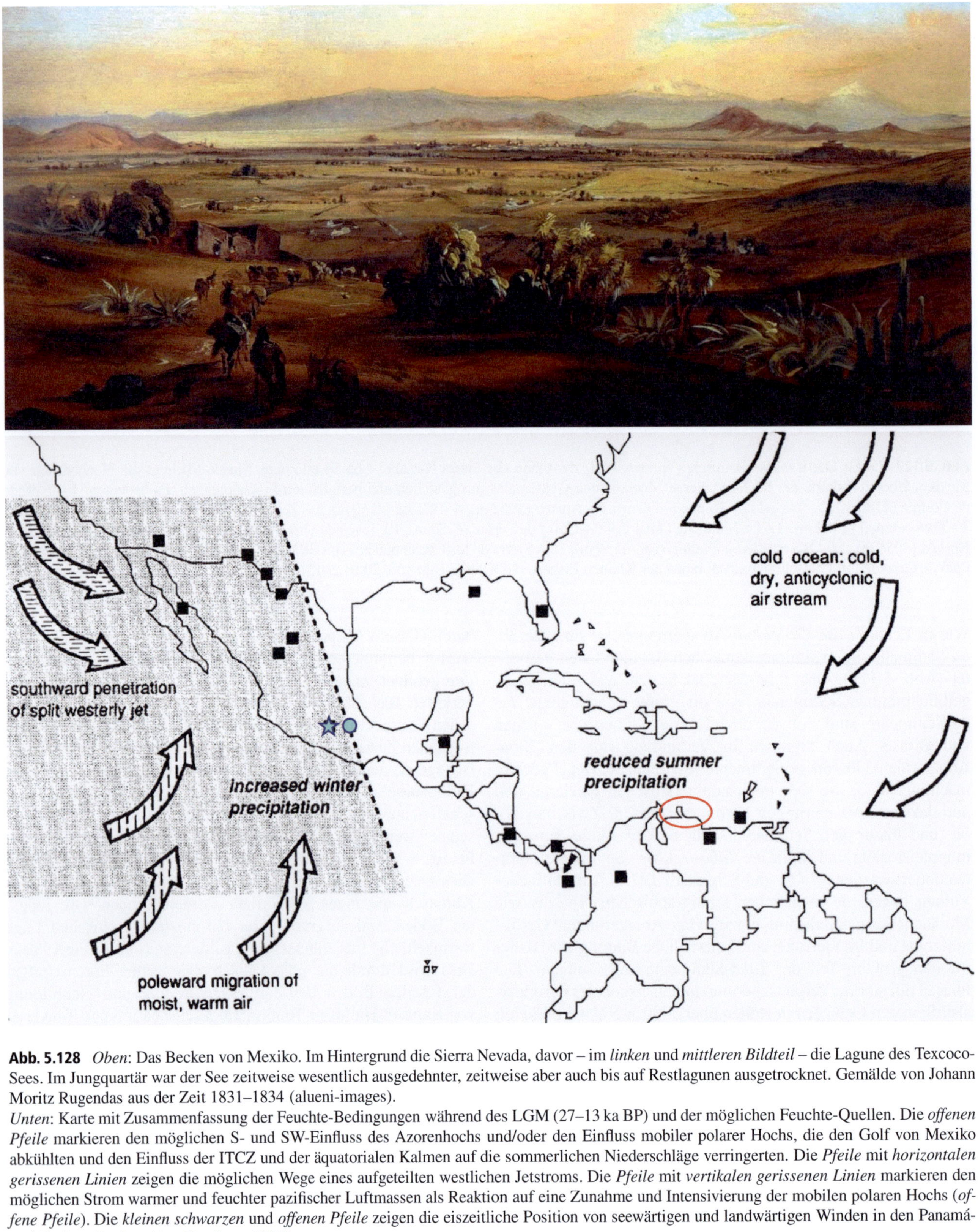

Abb. 5.128 *Oben*: Das Becken von Mexiko. Im Hintergrund die Sierra Nevada, davor – im *linken* und *mittleren Bildteil* – die Lagune des Texcoco-Sees. Im Jungquartär war der See zeitweise wesentlich ausgedehnter, zeitweise aber auch bis auf Restlagunen ausgetrocknet. Gemälde von Johann Moritz Rugendas aus der Zeit 1831–1834 (alueni-images).
Unten: Karte mit Zusammenfassung der Feuchte-Bedingungen während des LGM (27–13 ka BP) und der möglichen Feuchte-Quellen. Die *offenen Pfeile* markieren den möglichen S- und SW-Einfluss des Azorenhochs und/oder den Einfluss mobiler polarer Hochs, die den Golf von Mexiko abkühlten und den Einfluss der ITCZ und der äquatorialen Kalmen auf die sommerlichen Niederschläge verringerten. Die *Pfeile* mit *horizontalen gerissenen Linien* zeigen die möglichen Wege eines aufgeteilten westlichen Jetstroms. Die *Pfeile* mit *vertikalen gerissenen Linien* markieren den möglichen Strom warmer und feuchter pazifischer Luftmassen als Reaktion auf eine Zunahme und Intensivierung der mobilen polaren Hochs (*offene Pfeile*). Die *kleinen schwarzen* und *offenen Pfeile* zeigen die eiszeitliche Position von seewärtigen und landwärtigen Winden in den Panamá- und Cariaco-Becken (Aus Bradbury 1997).
Blauer Kreis: Becken von Mexiko; *blauer Stern*: Pátzcuaro-See. *Roter Kreis*: Parque Arqueológico y Paleontológico Taima-Taima, in dem die spätpleistozäne Corianense-Fauna gefunden wurde, die aride Verhältnisse anzeigt (Ochsenius 1983). Ein Vergleich von Proxydaten mit Modellergebnissen zeigt neuerdings für das LGM ein System mit starkem Lufthochdruck (Hoch) über dem Nordpazifik und den nordamerikanischen Eisschilden sowie ein schwaches Aleuten-Tiefdrucksystem; diese Konstellation führte zu einer verengten Westwindzone, die mehr Niederschläge im SW der USA und weniger im NW der USA zu Folge hatte (Oster et al. 2015)

Abb. 5.129 *Toba*-Sedimente im zentralmexikanischen Hochland. *Oben links*: Aufschluss an der Autopista von Mexiko-Stadt zum Río Frío-Pass (Sierra Nevada). Mächtige *Toba*-Ablagerungen werden durch fossile Bodenbildungen gegliedert. Das Alter der *Toba*-Sedimente ist nicht bekannt; aufgrund relativstratigraphischer (paläopedologischer) Beobachtungen werden sie in der Zeit vom frühen Quartär bis ins Holozän datiert. Die auf dem Foto gezeigten *Toba*-Sedimente haben vermutlich ein alt- bis mittelpleistozänes Alter.
Oben rechts: Tlalpan-Aufschluss in *Toba*-Sedimenten im nördlichen Hochbecken von Puebla/Tlaxcala mit zahlreichen fossilen Böden, die durch Gefügemerkmale (Tepetate – *rote Pfeile*) hervortreten. Im Hangenden (*links oben* im Bild) der rezente holozäne Barro-Boden (*gelber Pfeil*). Der linke Teil des Profils ist in Abb. 5.130 wiedergegeben. (Fotos: alueni-images)

in der zweiten Hälfte von MIS 3 ein Wechsel von einem trockeneren Klima mit starker Saisonalität zu einem uniformen kühlen humiden Klima im MIS 2 statt. Das Spätglazial war klimatisch wechselhaft mit gelegentlichen extremen Niederschlägen (Sedov et al. 2009).

Heine beschreibt eine Bodenbildung (fBo1, Heine 1975b, 1980a) auf *Toba*-Sedimenten, die vor $\geq 30\,^{14}$C ka BP begann und bis ca. 25 ^{14}C ka BP andauerte, um dann hinsichtlich der Pedogenese schwächer zu werden; um ca. 16 ^{14}C ka BP endete die Bodenbildungsphase. Dieser sog. fBo1-Paläoboden ist in tieferen Hanglagen als Barroboden ausgebildet (Abb. 5.131) und in höheren Hanglagen zwischen rund 3000 und 4000 m Höhe als typischer Andosol. Über die Andosol-Böden und deren höhen- bzw. klima- sowie zeitabhängige Bildung und Verbreitung berichtet Miehlich (1991) ausführlich. In der Sierra Nevada Mexikos werden die Boden-Chronosequenzen auf gleichem Ausgangsmaterial (vulkanische Aschen) von verschiedenen Klimabedingungen (trocken/warm, feucht/kühl und trocken/kalt) bestimmt. Peña-Ramírez et al. (2015) beschreiben eine lineare Zunahme aller bodenbildenden Indikatoren in Abhängigkeit von der Zeit im Holozän. Die Ergebnisse von Miehlich (1991) liefern bedeutende Hinweise auf die jungquartären und holozänen Klimaschwankungen, wenn die klimaabhängige Andosol-Bildung berücksichtigt wird. Während des LGM befand sich die Höhenstufe der Andosol-Bildung ca. 1000 m tiefer, während des holozänen Klimaoptimums (ca. 8–5 ka BP) reichte sie dagegen ca. 200 m höher bis $\sim$4200 m NN (Heine 1980a). In Gebieten, die nicht mehr durch die vulkanischen Ablagerungen beeinflusst werden, haben sich anstelle der Barro- und *Tepetate*-Böden häufig Vertisole mit (mächtigen) *Caliche*-Horizonten (*Calcretes*) entwickelt. Ihre paläoklimatische Deutung ist schwierig, da die Differenzierung verschiedener pedogener Phasen nicht wie im Bereich des Vulkangürtels tephrostratigraphisch vorgenommen werden kann.

Von den zahlreichen mexikanischen Pollenprofilen, die spätpleistozäne und holozäne Umwelt-, Vegetations- und Klimarekonstruktionen vornehmen, sollen nur wenige genannt werden. Die Interpretation der Pollenanalysen ist schwierig, da die Mehrzahl der Profile Beckensedimente dokumentiert, die oft durch kleine Schwankungen der hydrologischen Verhältnisse, durch fluvialen und äolischen Polleneintrag (starke lokale Winde) oder durch eine ungünstige Lage hinsichtlich der Pflanzenverbreitungsgrenzen beeinflusst werden (z. B. Lozano-García und Ortega-Guerrero 1994). Deutlich zeigen sich Unterschiede in der Klimaentwicklung zwischen dem tropischen Yucatán und dem zentralmexikanischen Hochland. Im Hochland wiederum unterscheidet sich die Entwicklung zwischen dem südlichen Bereich, der im randtropischen Klimaeinfluss liegt, vom nördlichen Hochland, das vom außertropischen Klimageschehen geprägt wird (Lauer 1975; vgl. Abb. 3.3 und 5.126). Metcalfe et al. (2000) weisen in einer Zusammenfassung des spätpleistozänen/holozänen Klimawandels auf die oft gegensätzliche Entwicklung von Yucatán und Nordmexiko hin, während das zentrale Hochland eine Zwischenstellung einzunehmen scheint. Die palynologischen Daten zeigen im mexikanischen randtropischen Hochland durchweg feuchtere Klimabedingungen vor dem LGM an; das LGM war trockener, da einerseits das mit der sommerlichen Nordwärtswanderung der ITCZ verbundene Sommerregen-Niederschlagsregime das zentrale Hochland in der Regel nicht mehr erfasste, andererseits die außertropischen Winterregen weiter nach Süden reichten (Abb. 5.128). An der Pleistozän/Holozänwende traten hygrische Schwankungen auf. Erst nach 9 ka BP stellten sich die modernen Niederschlagsverhältnisse ein. Teils trockene, teils feuchtere Phasen werden für das frühe und mittlere Holozän rekonstruiert; das Neoglazial hebt sich in der Regel von den mittelholozänen Klimaverhältnissen ab (vgl. Caballero et al. 1999). Im nördlichen mexikanischen Hochland macht sich der Einfluss des subtropischen Hochs im holozänen Kli-

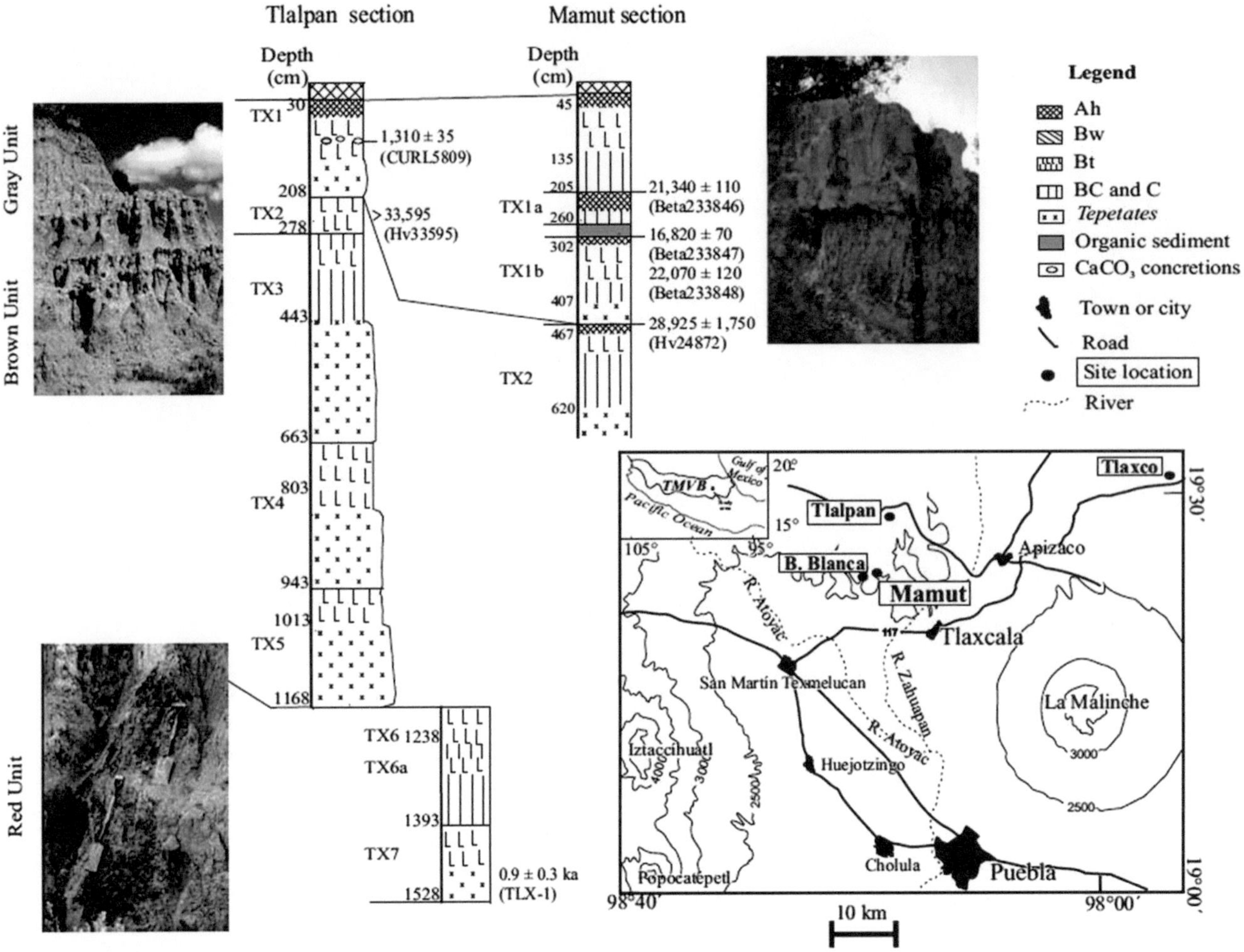

Abb. 5.130 Lage und Bodenstratigraphie der Paläoböden auf Toba-Sedimenten im nördlichen Becken von Puebla/Tlaxcala (aus Sedov et al. 2009). TX1 – holozäner Boden; TX2, TX3 etc. – Paläoböden. Vgl. Abb. 5.129

maoptimum stärker bemerkbar (z. B. Ortega-Ramírez et al. 1998).

Die Pollenprofile, die einen längeren Zeitraum umfassen und bis ins Prä-LGM zurückreichen, befinden sich im Hochland im Bereich der Sierra Neovolcánica in den Becken, die im Spätquartär von lichten Wäldern aus *Pinus* und *Quercus* bedeckt und (zeitweise) von Seen, Lagunen und Feuchtgebieten eingenommen wurden. Geringe hygrische Klimaschwankungen und hydrologische Veränderungen werden daher relativ gut über die Pollenprofile erfasst; der regionale Einfluss ist oft schwer vom überregionalen Einfluss zu unterscheiden. Thermische Klimaschwankungen, die eine vertikale Verschiebung der Vegetationsstufen der Gebirge verursachten, sind in den Pollenprofilen der Hochbecken oft nicht nachzuweisen, da sich die vertikalen Veränderungen der Vegetation nicht bis in die Beckenlagen auswirkten, wo die *Pinus-/Quercus*-Wälder sich nur unwesentlich in ihrer Artenzusammensetzung änderten (Lauer 1979). Nach Ohngemach (1973) ist allein das Auftreten der Fichte (*Picea*) in den Pollenprofilen der Hochbecken ein Anzeiger für kaltzeitliche Klimabedingungen. Pollenprofile aus größeren Höhenlagen der Gebirge sind – bis auf einige Ausnahmen – nicht in Zentralmexiko bearbeitet worden. Für das zentrale Mexiko nehmen Metcalfe et al. (2000) für das Jungquartär eine Zusammenfassung aufgrund der Paläoklimaarchive *Pollen, Diatomeen, Sedimentchemie, stabile Isotope* und *Gletscherschwankungen* vor – jedoch ohne eine kritische Bewertung der Befunde – und kommen zu dem Schluss, dass *„the records are, however, difficult to bring together to produce a clear picture"*. Werden ausgewählte Paläoklimadaten kritisch bewertet, ergeben sich durchaus Übereinstimmungen zwischen den verschiedenen Proxys (z. B. zwischen Pollenprofilen und der Glazialchronologie seit dem LGM).

Vom Westhang des Vulkans La Malinche liegt in ca. 3100 m Höhe ein kleiner Parasitärkrater (*Tláloc* bei Straka und Ohngemach 1989, *Atitlán* bei Castro-Govea und Siebe 2007). Aus dem Krater stammt ein Pollenprofil, das den Übergang von der letzten Eiszeit zum Holozän beschreibt (Straka und Ohngemach 1989; Heine und Ohngemach 1976; Abb. 5.132). Das Pollenprofil reicht bis in die Zeit der spätglazialen M-III-Vergletscherung zurück (vgl. Abb. 5.138). Die obere Waldgrenze liegt am Malinche-Vulkan heute in ca. 4000 m NN und wird aus *Pinus hartwegii* gebildet. *Pinus hartwegii* erreicht die größten Höhen

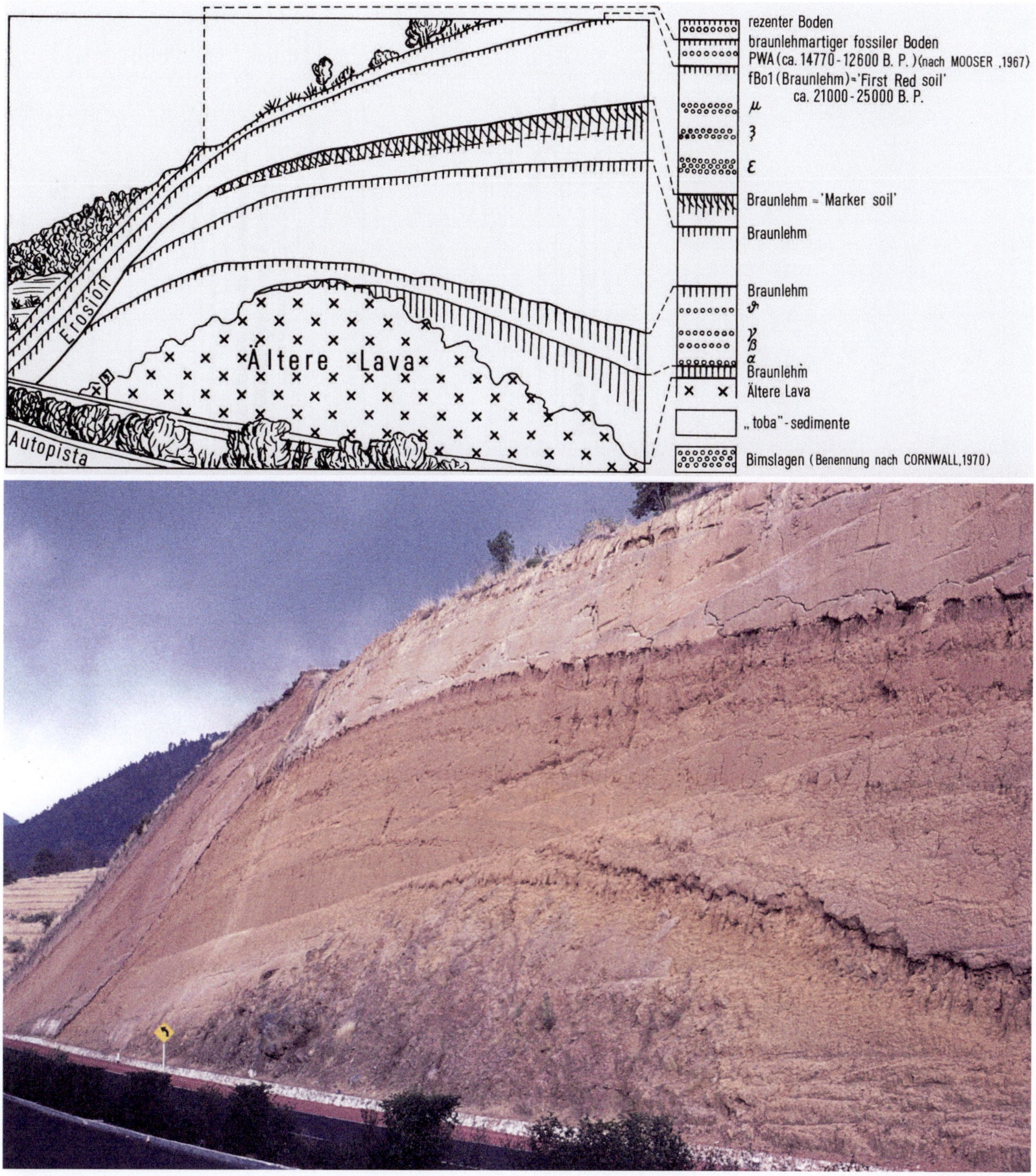

Abb. 5.131 Skizze und Foto der *Toba*-Sedimente an der Autopista Mexiko – Puebla (km 41,5). Verschiedene Schichten aus Bims und *Toba*-Ablagerungen werden durch fossile Böden gegliedert. Der *Marker*-Boden Cornwalls (1968, 1970) wird von einer Erosionsdiskordanz abgeschnitten. Der fBo1-Paläoboden ist ein braunlehmartiger Barroboden und entspricht dem *First red soil* von Cornwall (1968, 1970). Er hat aufgrund der stratigraphischen Lage ein Alter von ca. 30–20 ^{14}C ka BP

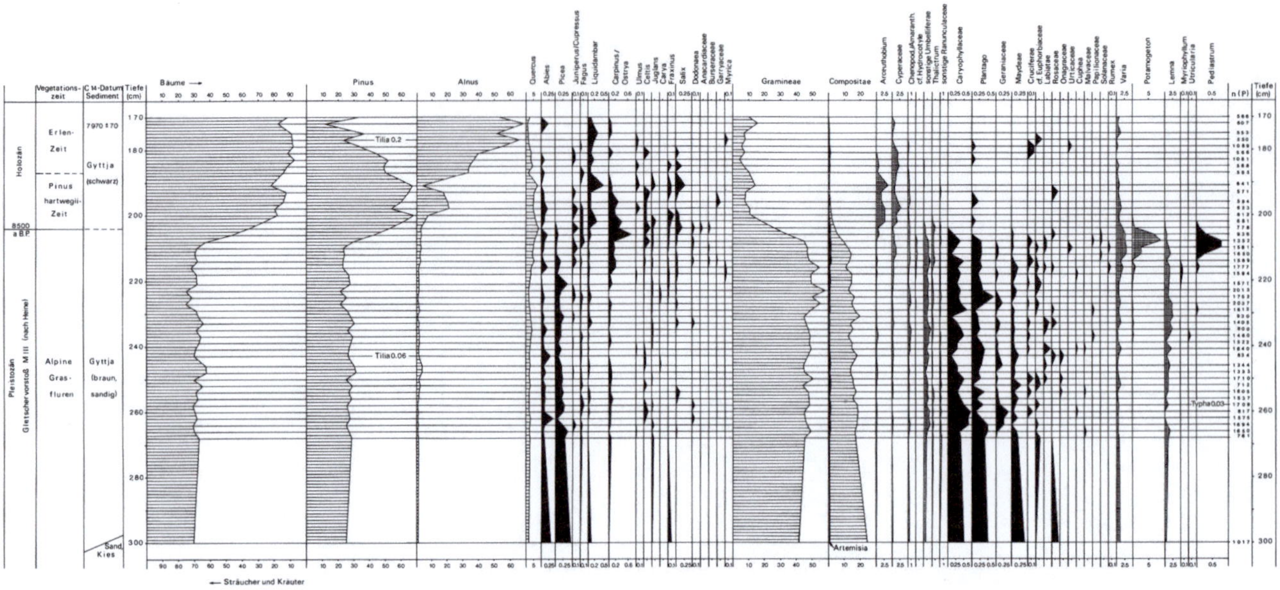

Abb. 5.132 Pollenprofil vom Westhang des La Malinche-Vulkans aus 3100 m NN (Tláloc-Parasitärkrater). Der Übergang von pleistozänen zu holozänen Vegetations- und Klimaverhältnissen erfolgte erst um 9000 ^{14}C ka BP mit einem schnellen Anstieg der oberen Waldgrenze um $\geq$ 900 m. (Nach Straka und Ohngemach (1989))

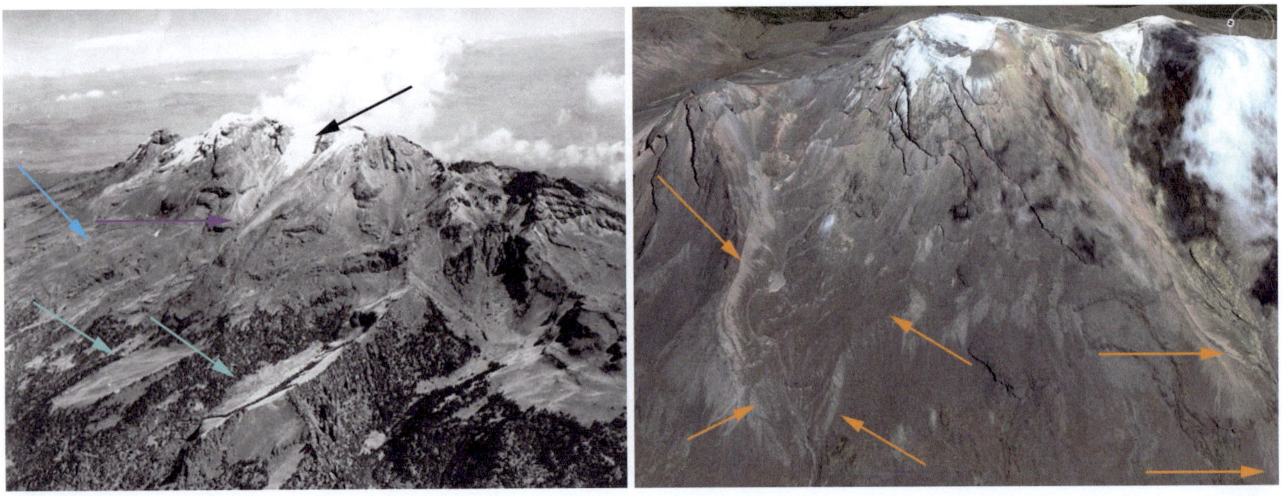

Abb. 5.133 *Links*: Luftbild der Westflanke des Iztaccíhuatl-Massivs aus den 1960er-Jahren. *Pfeile* kennzeichnen: Rezente Gletscher – *schwarz*; Ayoloco-Moränen (Kleine Eiszeit) – *lila*; Milpulco-2-Moränen – *blau*; Hueyatlaco-Moränen – *hellblau* (Foto: alueni-images). *Rechts*: GOOGLE-Schrägbild von AD 2014 des nördlichen Teils des Iztaccíhuatl-Massivs mit Moränen der Kleinen Eiszeit (*Pfeile*). Die Moränenwälle sind in- und übereinander geschoben und dokumentieren damit Gletscherschwankungen während der Kleinen Eiszeit

von allen mexikanischen Kiefern. In Mexiko gibt es rund 60 Kiefernarten, die aufgrund ihrer Pollenmorphologie nicht unterschieden werden können. Straka und Ohngemach (1989) haben eine Methode gefunden, *Pinus-hartwegii*-Pollen zu identifizieren. *Pinus hartwegii* wird oft und reichlich von dem Parasiten *Arceuthobium eryptopodium* (Loranthaceae) bewohnt, dessen Pollen leicht erkennbar sind. Die *Arceuthobium*-Pollen werden nicht vom Wind über größere vertikale und/oder horizontale Entfernungen verfrachtet. Daher sind die Pollen ideale Zeiger für frühere (kaltzeitliche) Standorte von *Pinus hartwegii*. Am Ende des Spätglazials erreichen die *Arceuthobium*-Pollen 2–4 % im Tláloc-Profil, während sie bis zum Ende des MIS 2 fehlen. Das ist ein eindeutiger Hinweis, dass im LGM und Spätglazial die obere Waldgrenze, die – wie heute – aus *Pinus hartwegii* bestand, unterhalb von 3100 m NN am Malinche-Westhang lag, d. h. die Depression der oberen Waldgrenze betrug mindestens 900 m. Das entspricht einer Temperaturabnahme im Spätglazial von > 4,5 °C. Bemerkenswert ist darüber hinaus, dass die Fichte (*Picea*) am Ende des Pleistozäns in Zentralmexiko ausstirbt und der recht plötzliche Übergang zu nacheiszeitlichen Klima- und Vegetationsverhältnissen erst um ca. 9 ^{14}C ka BP (ca. 10,2 ka BP) erfolgte. Sowohl der späte Temperaturanstieg

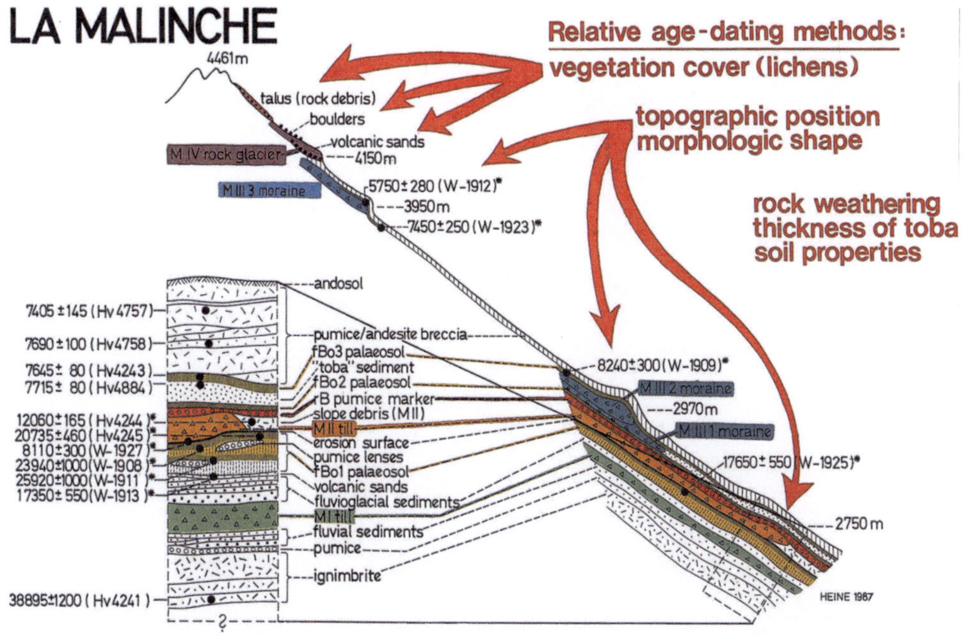

Abb. 5.134 Am Beispiel der La Malinche wird gezeigt, welche Informationen genutzt werden, um die Glazialchronologie zu erstellen. Vor allem aufgrund der tephrostratigraphischen und paläopedologischen (z. B. fBo1-Paläoboden) Korrelationen können relevante glaziäre Bildungen (Moränen, Tills) im Bereich eines Vulkanmassivs chronostratigraphisch erfasst werden (vgl. Heine 1988a). SED-Altersbestimmungen wurden am La Malinche-Vulkan bisher nicht ausgeführt

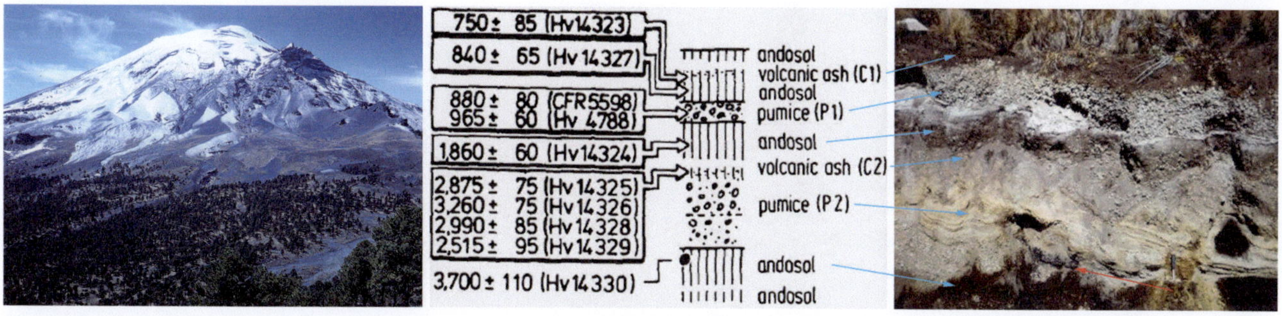

Abb. 5.135 *Links*: Der Popocatépetl-Vulkan im Jahr 1971 von Norden gesehen. Die Gletscher sind nur noch auf der Nordflanke ausgebildet. Eine geringmächtige Neuschneedecke (eines Kaltlufteinbruchs) bedeckt die Hänge oberhalb ca. 4400 m NN. *Rechts*: Tephra-Horizonte P1 und P2 (Bims) und C1 und C2 (vulkanische Asche) des Popocatépetl-Vulkans (Miehlich 1991) mit Andosol-Bodenbildungen (Südflanke des Iztaccíhuatl-Vulkans, Sierra Nevada, Zentralmexiko). In den Tephren können verkohlte Bäume (*roter Pfeil*) und oft Holzkohleteile für zuverlässige ^{14}C-Altersbestimmungen herangezogen werden; das ^{14}C-Alter des Kiefernrestes beträgt 3700 ± 110 ^{14}C-Jahre v. h. Die Andosol-Bodenbildungen sind reich an organischen Substanzen und eignen sich ebenfalls hervorragend für ^{14}C-Altersbestimmungen. Zwischen P2- und P1-Bimslagen befindet sich in Höhen über 4000 m NN mitunter ein periglaziärer Schutthorizont, der zweifelsfrei den Beginn der kühleren neoglazialen Phase nach ca. 3000 ^{14}C-Jahre v. h. und vor ca. 1000 ^{14}C-Jahre v. h. anzeigt. (Fotos: alueni-images)

während der Pleistozän/Holozän-Wende als auch das Ausmaß der schnellen Erwärmung zeigt sich in gleicher Weise bei den Gletscherschwankungen (*Milpulco 1*; s. u.).

Vom Nordwesthang des Iztaccíhuatl-Vulkans aus 3860 m Höhe stammt das Pollenprofil von Lozano-García und Vázquez-Selem (2005), das die letzten 11.000 Jahre umfasst. Das Profil liegt innerhalb der *Milpulco-1*-Moränen, die am Ende der YD und zu Beginn des Holozäns gebildet wurden (vgl. Abb. 5.136). Da sich das Profil weit oberhalb der spätglazialen oberen Waldgrenze befindet, die in ca. 3000 m NN lag, wurde der palynologisch markante Übergang von der offenen eiszeitlichen Gras- und Kräutervegetation zum Wald in 3860 m NN erst im Holozän erreicht. Das 8,2 ka *event* zeigt sich daher im Pollenprofil nicht. Zwischen 11 und 7,2 ka BP war ein alpines Grasland verbreitet; zwischen 7,2 und 6,5 ka BP entwickelte sich schließlich ein Koniferen-Wald, als die obere Waldgrenze den Standort erreichte; doch das alpine Grasland stellte sich wieder zwischen 6,5 und 5 ka BP infolge größerer Aridität ein. Diese trockene Phase wird auch von anderen Orten Zentralmexikos beschrieben. Die obere Waldgrenze erreichte ihre heutige Höhenlage von ca. 4000 m NN in den letzten 3000 Jahren.

Im tropischen Tiefland Mexikos (Yucatán) war das Spätpleistozän relativ trocken. Der bis um 130 m abgesenkte Meeresspiegel führte im verkarsteten Yucatán zur Absenkung des Grundwas-

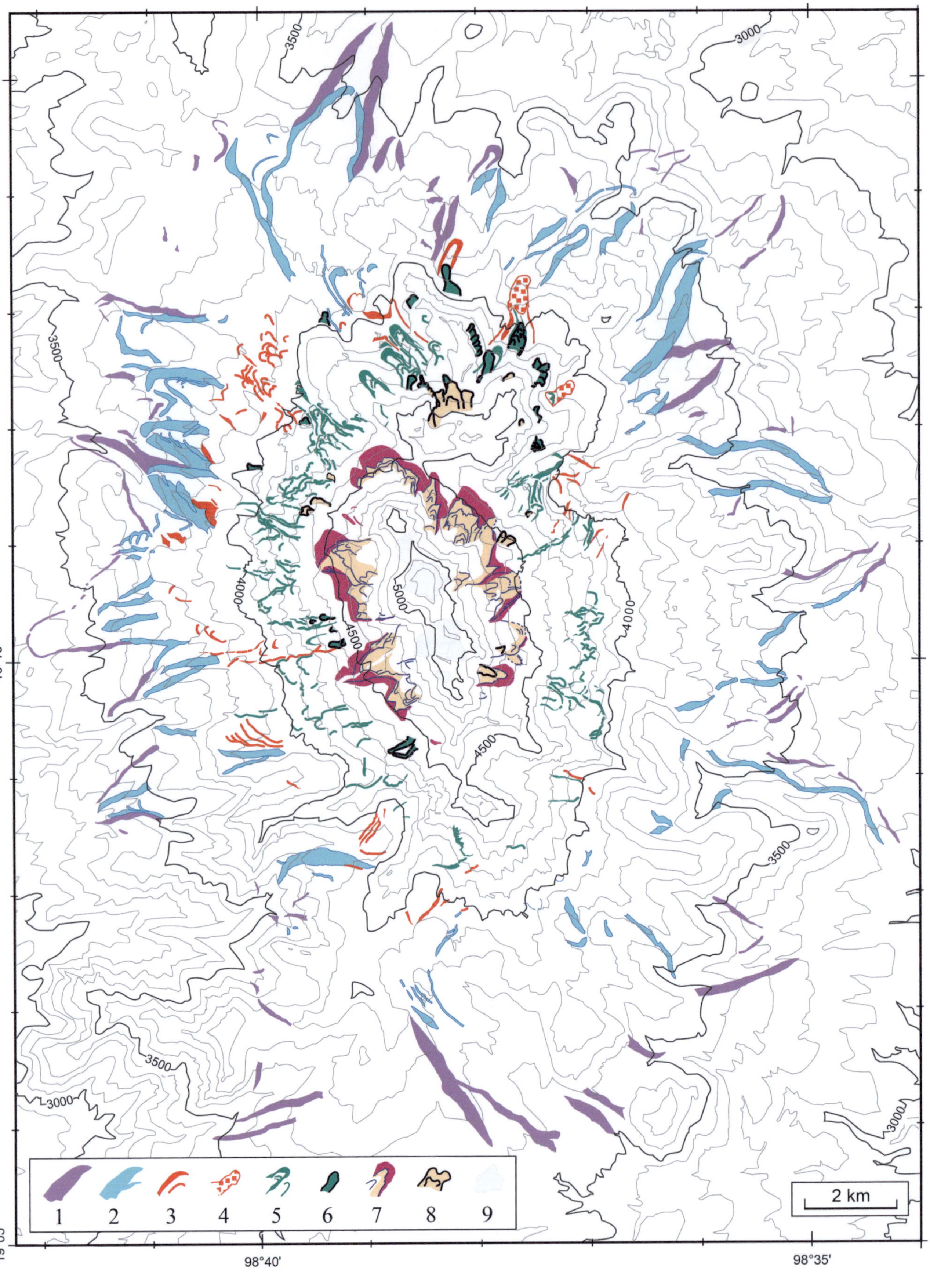
3500
3000
19°15'
4000
4500
5000
19°10'
3000
1
2
3
4
5
6
7
8
9
2 km
19°05'
98°40'
98°35'

Abb. 5.136 Spätpleistozäne und holozäne Moränen und Blockgletscher am Iztaccíhuatl-Massiv. 1 – *Hueyatlaco-1*-Moräne, 2 – *Hueyatlaco-2*-Moräne, 3 – *Milpulco-1*-Moräne, 4 – *Milpulco-1*-Blockgletscher, 5 – *Milpulco-2*-Moräne, 6 – *Milpulco-2*-Blockgletscher, 7 – *Ayoloco*-Moräne, 8 – *Ayoloco*-Blockgletscher, 9 – Gletscher AD 1983 (verändert nach Vázquez-Selem 2000 aus Vázquez-Selem und Heine 2011) ◄

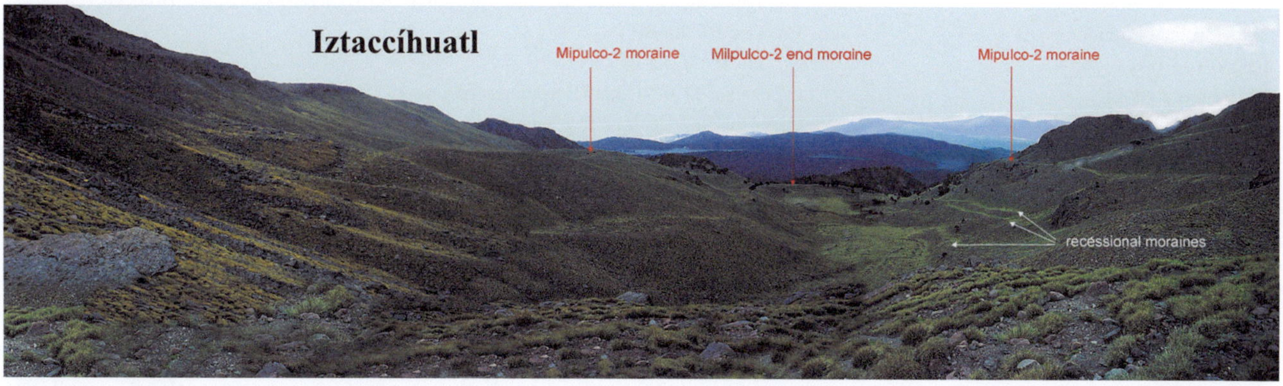

Abb. 5.137 *Milpulco-2*-Moränen und Rückzugsmoränen an der Iztaccíhuatl-Nordwestflanke. Die *Milpulco-2*-Moränen wurden SED-datiert auf ca. 8,5–7,5 ka BP. Sie repräsentieren das 8,2 ka *event*

Tab. 5.5 Glazialchronologie des Iztaccíhuatl-Massivs, Sierra Nevada, Mexiko. Verändert nach Vázquez-Selem (2000) aus Vázquez-Selem und Heine (2011)

Mean Altidude of Glacier				
Glacial advance	Age (^{36}Cl ka)	Glaciated Area (km^2)	Terminus (m a. s. l.)	Mean ELA THAR – 0.4 (m a. s. l.)
Modern (AD 1960)	0.04	1.3	4860 ± 130	4970 ± 90
Ayoloco	< 1	7.6	4510 ± 110	4720 ± 70
Milpulco-2 (recessional)	7.8–7.3		4180 ± 80	4530 ± 100
Milpulco-2 (main advance)	~ 8.3	29	4050 ± 120	4420 ± 120
Milpulco-1	12–10	46	3870 ± 80	4240 ± 60
Hueyatlaco-2 recessional	14.5–13.5			
Hueyatlaco-2	17–14.5	101	3500 ± 190	4040 ± 130
Hueyatlaco-1	21–17.5	131	3390 ± 160	3940 ± 130
Nexcoalango	~ 205–175	> 200	~ 3000	?

serspiegels und Austrocknung von Seen. Erst im holozänen Klimaoptimum wurden die warmen und feuchten Bedingungen erreicht, die das Holozän prägen. Einige aride Phasen sind um 6–5 ka BP (Leyden et al. 1996) und im Neoglazial belegt.

Die spätquartäre Vergletscherung der mexikanischen Vulkane (ca. 19° N) ist sehr gut erforscht (vgl. Heine 1975b; Vázquez-Selem und Heine 2011). Seit Ende des 18. Jahrhunderts gibt es Berichte über die Gletscher der Sierra Nevada und seit Ende des 19. Jahrhunderts über Moränenbildungen unterhalb der rezenten Gletscherenden an der Westseite der Iztaccíhuatl (Heine 1975b). Die erste Glazialchronologie Mexikos mit fünf deutlich ausgebildeten Moränenstadien stellte White (1962) auf. Die Glazialchronologie von Vázquez-Selem (2000), Vázquez-Selem und Phillips (1998) und Vázquez-Selem und Heine (2011) basiert im Wesentlichen auf den glaziären Formen und Ablagerungen der Iztaccíhuatl (5282 m, 19° 10′ N, 98° 40′ W), des Nevado de Toluca (4558 m, 19° 08′ N, 99° 45′ W) und der La Malinche (4461 m, 19° 14′ N, 98° 00′ W), ergänzt durch Studien vom Tancítaro (3842 m, 19° 25′ N, 102° 19′ W) und des Cofre de Perote (4282 m, 19° 29′ N, 97° 09′ W) (Abb. 5.127 und 5.133). Morphostratigraphie, Tephrochronologie, Paläopedologie, ^{14}C- und kosmogene ^{36}Cl-Oberflächen-Alter stützen die Chronologie (Abb. 5.134 und 5.135). An den Hängen der Iztaccíhuatl erfolgte der weiteste Gletschervorstoß (*Nexcoalango*) während des MIS 6 um ca. 190 ka BP in der vorletzten Kaltzeit. Die Gletscherenden lagen bei ~ 3000 m NN. An der Iztaccíhuatl wurden keine Spuren einer letzteiszeitlichen Vergletscherung gefunden, die älter als 21 ka BP sind. Das LLGM stimmt in etwa mit dem globalen LGM überein (Abb. 5.136). Ein erster Gletschervorstoß (*Hueyatlaco-1*) gipfelte um 21–17,5 ka BP und ein zweiter Vorstoß (*Hueyatlaco-2*) um ca. 17–14,5 ka BP. Die Talgletscher reichten bis ca. 3400–3500 m NN hinab. Rückzugsmoränen wurden zwischen 14,5 und 13,5 ka BP gebildet. Während der nordatlantischen Jüngeren Dryaszeit zwischen 13 und 12 ka BP erfolgte ein rascher Gletscherrückzug. Am Ende der Jüngeren Dryas um 12 ka BP rückten die Gletscher erneut bis etwa 3800 m NN vor (*Milpulco-1*) und bildeten in der Zeit bis ca. 10 ka BP Rückzugsmoränen. Zwischen ca. 8,5 und 7,5 ka BP bildeten die Gletscher kleine, aber markante Moränenwälle (*Milpulco-2*) oberhalb von 4000 m NN (Abb. 5.137).

Tab. 5.6 Glazialchronologie des Nevado de Toluca, transmexikanischer Vulkangürtel. (Aus Vázquez-Selem und Heine 2011)

M V rock glacier	Little Ice Age
M IV moraine/till/rock glacier	Younger than 11.6 ^{14}C ka BP; ^{36}CI dating suggests 8–7 ka
M III moraine/till/rock glacier	Younger than 11.6 ^{14}C ka BP, most probably late Younger Dryas/early Holocene
Upper Toluca Pumice	Ca. 11.6 ^{14}C ka BP
Palaeosol (fBo2)	Ca. 11–12 ^{14}C ka BP
M II 2 moraine/till	Older than 11.6 ^{14}C ka BP, younger than ca. 17 ^{14}C ka BP
Gelifluction layer	Older than 17 ^{14}C ka BP, younger than 21.7 ^{14}C ka BP
M II 1 moraine/till	Older than ca. 17 ^{14}C ka BP, younger than ca. 21.7 ^{14}C ka BP
Lower Toluca Pumice	Ca. 21.7 ^{14}C ka BP
Palaeosol (fBol)	Ca. 28–21.7 ^{14}C ka BP
Varved clays, reworked till, gelifluction deposits	Older than 25 ^{14}C ka BP
M I till	Older than ca. 40 ^{14}C ka BP, probably MIS 4 and/or older

Mit dem Abschmelzen der *Milpulco-2*-Moränen wurden kleine Rückzugsmoränen gebildet. Für ein Gletschervorrücken nach ca. 7,5 ka BP bis zur Ablagerung der gewaltigen *Ayoloco*-Moränen der Kleinen Eiszeit (< 1000 Jahre) gibt es keine Belege. Die Moränen der Kleinen Eiszeit befinden sich in Höhen zwischen 4300 und 4700 m NN.

Die ELAs der fünf letzteiszeitlichen (Wisconsin/Würm) Gletschervorstöße am Iztaccíhuatl wurden von Vázquez-Selem (2000) wie folgt berechnet: 1030, 930, 730, 550 und 250 m unterhalb der ELA von AD 1960 (Tab. 5.5).

Korrelationen der Glazialchronologie der Iztaccíhuatl mit anderen Vulkangebirgen Mexikos sind möglich (Tab. 5.6 und Abb. 5.7). Die detaillierten glazialmorphologischen Karten des Nevado de Toluca (Abb. 5.138) und des La Malinche-Vulkans (Abb. 5.139) ergänzen die jungquartäre Gletschergeschichte. Das Auftreten von Blockgletschern, vor allem während der jüngeren Vergletscherungsphasen sowohl am Nevado de Toluca als auch an der Iztaccíhuatl und – weniger ausgeprägt – an der La Malinche, deutet auf größere Aridität und Permafrost in den Höhenlagen hin, in denen Blockgletscher aktiv waren.

In den letzten Jahren wurden auch im Nordosten Mexikos am Cerro Potosí (24°53′ N, 100°14′ W) Moränen gefunden, die auf eine Höhenlage der jungquartären ELA in ca. 3550 m NN schließen lassen; damit liegt der ELA-Wert im Bereich der LGM-Werte der Iztaccíhuatl. Im Westen des transmexikanischen Vulkangürtels sind am Tancítaro (19°25′ N, 102°20′ W, 3842 m) Moränen ^{36}Cl-datiert worden; die Alter liegen zwischen ~ 19–14 ka BP und um 13,5 ka BP für Rückzugsmoränen (Vázquez-Selem und Heine 2011). Auffällig ist, dass am Tancítaro die jüngeren Moränen fehlen; der Gipfel mit einer relativ geringen Höhe lag unterhalb der ELA.

Aufgrund der rekonstruierten *Hueyatlaco-1*-ELA wird eine starke Temperaturabnahme von 5–9 °C während des LGM angenommen. Die ELA lag im Westen – in größerer Nähe zum Pazifik – tiefer als im Osten. Diese Beobachtung lässt auf eine vermehrte Feuchtigkeitszufuhr im LGM durch außertropische *Westerlies* schließen (vgl. Abb. 5.128).

Besonders bemerkenswert ist der Gletschervorstoß (*Milpulco-1*) am Ende der Jüngeren Dryaszeit und zu Beginn des Holozäns

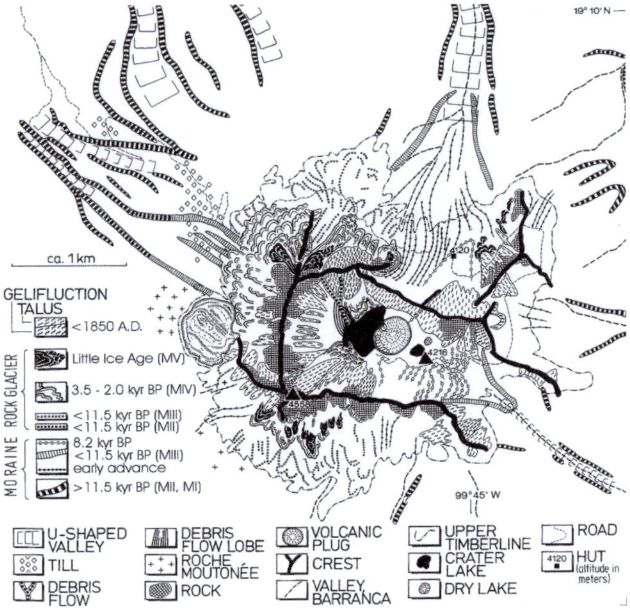

Abb. 5.138 Glazialmorphologische Karte des Nevado de Toluca. Aufgrund tephrostratigraphischer und paläopedologischer Korrelierung zahlreicher Geländebefunde in Verbindung mit ^{14}C-Altersbestimmungen können die durch Moränen belegten Gletscherbewegungen zeitlich erfasst werden. Besonders die Gletschervorstöße und Blockgletscherbildungen der Phase M III und M IV des Nevado de Toluca (vgl. Tab. 5.6) lassen sich auch für die Malinche (M III 1, M III 2 und M III 3, Tab. 5.7) nachweisen und mit der Iztaccíhuatl-Chronologie korrelieren

(Abb. 5.139). Beobachtungen über Gletschervorstöße, die mit dem mexikanischen *Milpulco-1*-Vorstoß korreliert werden können, liegen aus den nördlichen südamerikanischen Anden und aus Ecuador vor. Darüber wurde an anderer Stelle berichtet. Wie in den tropischen Anden des nördlichen Südamerika, so kann auch zu Beginn der YD in Mexiko kein Gletscherwachstum festgestellt werden (vgl. Box Jüngere Dryaszeit). Erst am Ende der YD und im frühen Holozän setzte Gletscherwachstum ein und führte zu einem ausgeprägten Gletschervorstoß mit Bildung auffälliger Moränen (*Milpulco-1*; Abb. 5.31, 5.136, 5.139, 5.140). Für die *Milpulco-1*-Vergletscherungsphase erhält

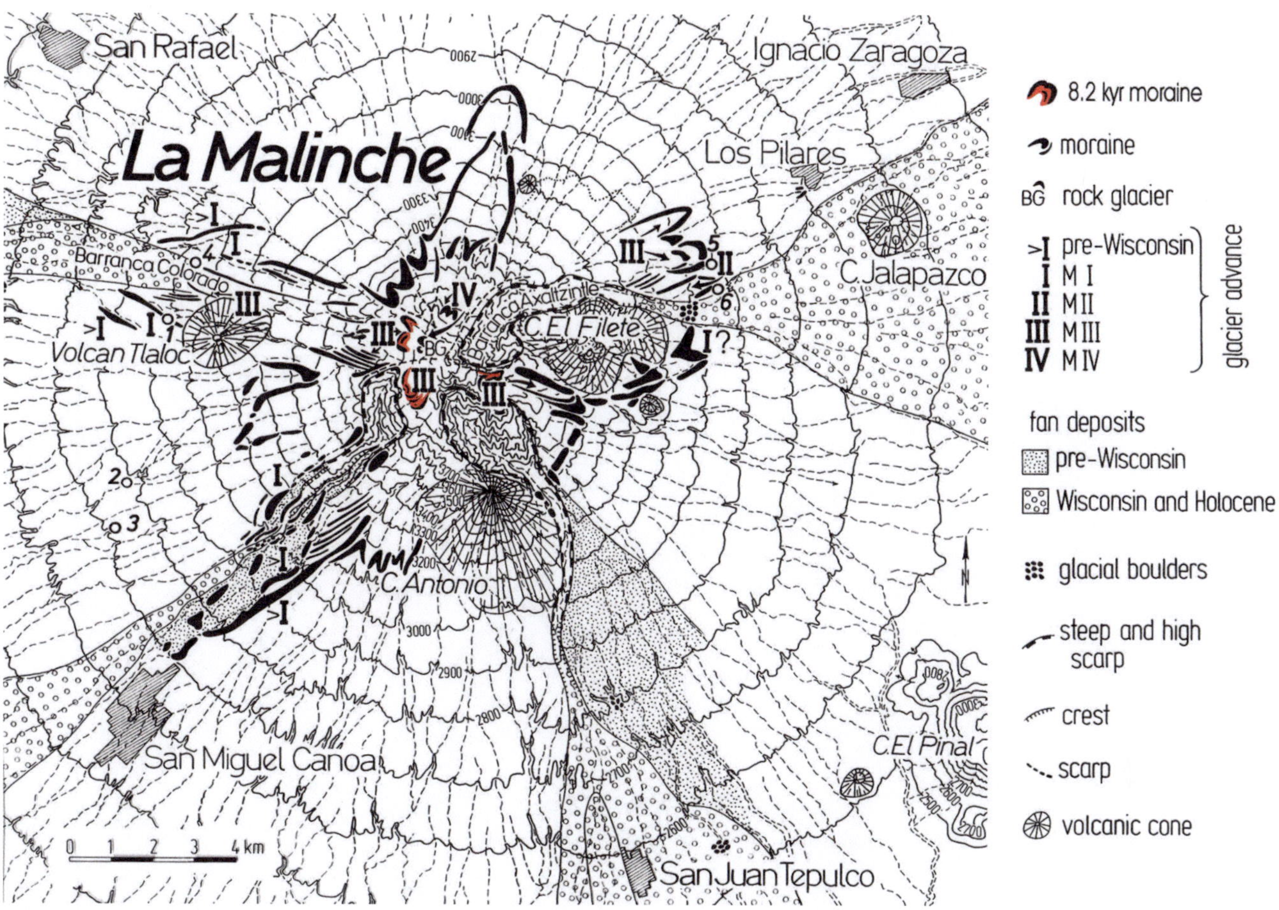

Abb. 5.139 Glazialmorphologische Karte des La Malinche-Vulkans

Tab. 5.7 Korrelation der Glazialchronologien von drei zentralmexikanischen Vulkanen. Die Chronologie der Iztaccíhuatl basiert auf ^{36}Cl-Datierungen, die anderen Chronologien basieren auf ^{14}C-Datierungen. Den Korrelationen liegt die Annahme zugrunde, dass ^{36}Cl-Alter den kalibrierten ^{14}C-Altern entsprechen. (Aus Vázquez-Selem und Heine 2011)

Iztaccíhuatl[a] (^{36}Cl a)	La Malinche[b] (^{14}C a BP)	Nevado de Toluca[c] (^{14}C a BP)
Ayoloco (Little Ice Age, < 1000)	M V rock glacier (Little Ice Age)	M V rock glacier (Little Ice Age)
	M IV rock glaciers (ca. 3500–2000)	
Milpulco-2 (8300–7300)	M III 3 (> 5750)	M IV rock glacier (8000–7000 ^{36}Cl a)
Milpulco-1 (12,000–10,000)	M III 1 and M III 2 (10,000–9000)	M III moraines and rock glaciers (< 11,500)
Hueyatlaco-2 (17,000–14,500) Hueyatlaco-1 (21,000–17,500)	M II (> 15,000–12,000)	M II (> 11,500)
	M I (36,000–32,000)	
Nexcoalango (~ 190,000 ^{36}Cl a)	Pre-Wisconsinan	M I (> 40,000)

[a] verändert nach Vázquez-Selem (2000)
[b] verändert nach Heine (1988a, 1994d)
[c] verändert nach Heine (1994d)

Vázquez-Selem (2000) eine Temperaturdepression für Zentralmexiko je nach Berechnung von 3,6–6,4 °C. Mit der Abkühlung zu Beginn der YD erfolgte weder in Mexiko noch in den Nord-Anden ein Gletschervorstoß. Dies weist auf aridere Klimaverhältnisse hin, die durch die südwärtige Verlagerung der ITCZ bedingt wurden. Der marine Cariaco-Bohrkern (Abb. 5.88) belegt eindeutig diese Verschiebung der ITCZ. Die mexikanischen (und nordandinen) Gletschervorstöße dokumentieren eine Zeit großer Aridität in den amerikanischen Tropen und Randtropen während der grönländischen YD; erst gegen Ende der YD und zu Beginn des Holozäns nahmen die Niederschläge wieder zu und führten zum Gletscherwachstum. Die detaillierte Cariaco-Kurven weisen zum Ende der YD die niedrigsten Ti- und Fe-Werte auf, die einen geringen fluvialen Sedimenteintrag dokumentieren; dieser kann durch größere Aridität, aber auch durch höhere Niederschläge und, damit verbunden, durch dichtere tropische Vegetation und geringere Erosion bedingt sein. Die Gletschervorstöße in Verbindung mit den Cariaco-Daten

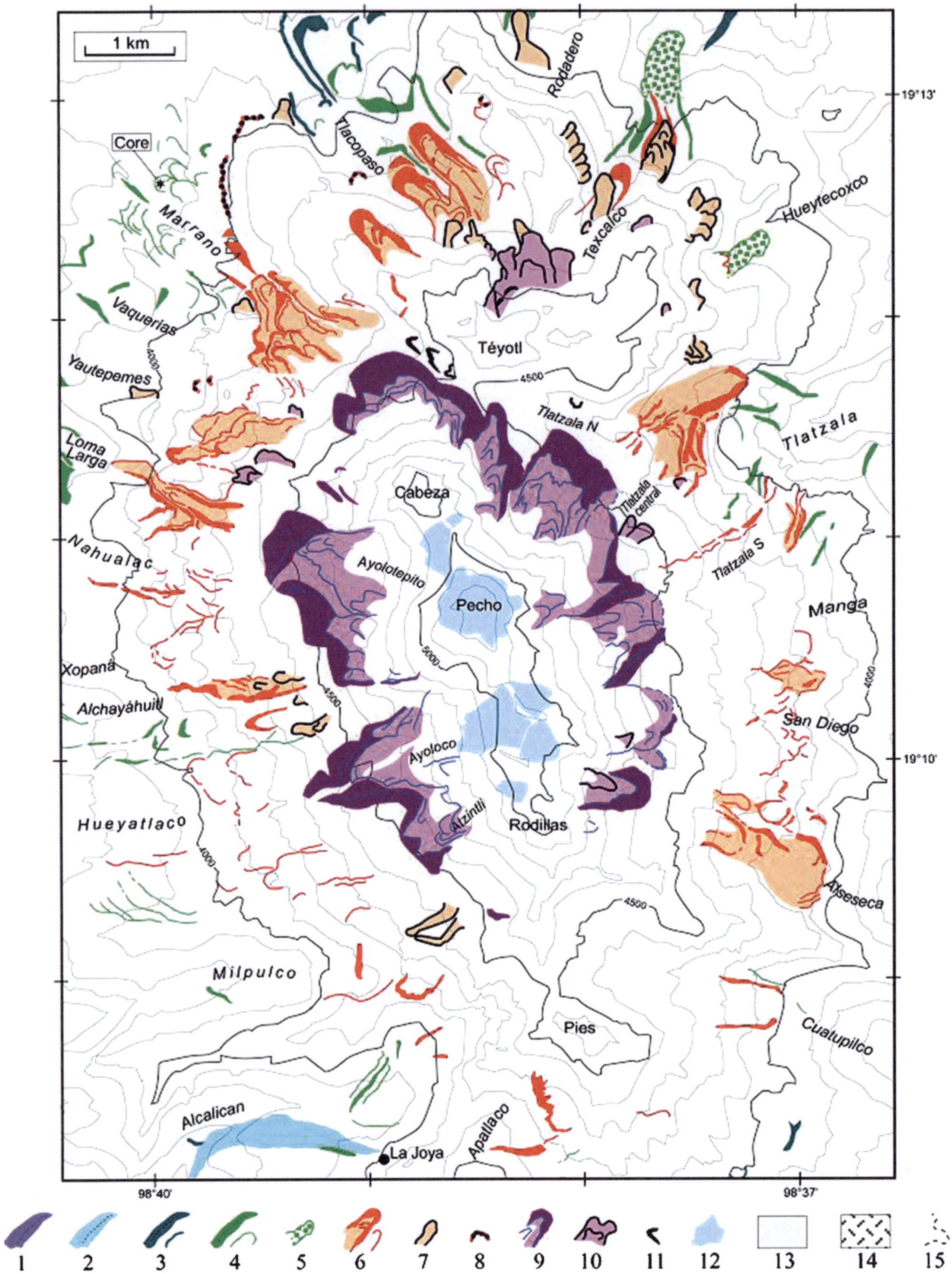
1 km
Core
Marrano
Vaquerias
Yautepemes
Loma Larga
Nahualac
Xopana
Alchayáhuitl
Hueyatlaco
Milpulco
Alcalican
La Joya
Apatlaco
Pies
Rodillas
Atzintli
Ayoloco
Pecho
Ayolotepito
Cabeza
Téyotl
Tlacopaso
Rodadero
Texcalco
Hueytecoxco
Tlatzala N
Tlatzala
Tlatzala central
Tlatzala S
Manga
San Diego
Axseseca
Cuatupilco
4500
5000
4000
19°13'
19°10'
98°40'
98°37'
1
2
3
4
5
6
7
8
9
10
11
12
13
14
15

Abb. 5.140 *Links*: Glazialmorphologische Karte des Gipfelbereichs der Iztaccíhuatl (Ausschnitt aus Abb. 5.136) (nach Vázquez-Selem 2000). Die Moränen sind in Farben dargestellt: *lila – Ayoloco*; *rot – Milpulco-2*; *grün – Milpulco-1*; *blau* (*hell* und *dunkel*) *– Hueyatlaco-1 + 2*; *hellblau* im Gipfelbereich – Gletscher im Jahr 1960. Die *Milpulco-2*-Moränen mit einem Alter von ca. 8,3–7,3 ka BP sind überall deutlich ausgebildet (vgl. Abb. 5.137). Sie dokumentieren eine Absenkung der ELA (klimatische Schneegrenze) um 550 m. Das Pollenprofil von Lozano-García und Vázquez-Selem (2005), das die letzten 11.000 Jahre umfasst, liegt an der NW-Flanke (* core) innerhalb der Milpulco-1-Moränen, die am Ende der YD und zu Beginn des Holozäns gebildet wurden ◄

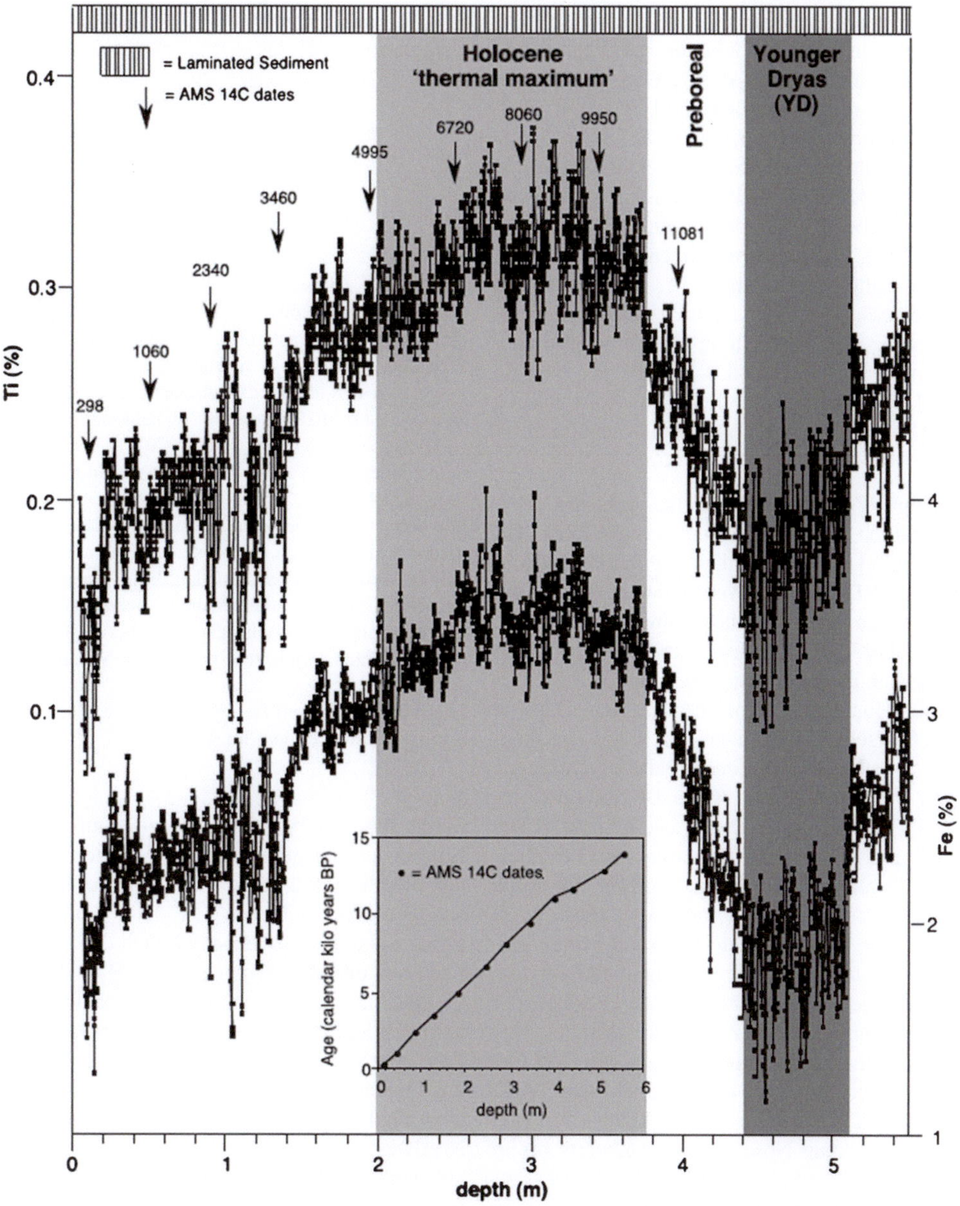

Abb. 5.141 Konzentrationen von Fe und Ti der Cariaco-Sedimente (Bohrkern ODP Site 1002). Titan und Eisen stehen für den fluvialen Eintrag von terrigenem Material in den Atlantik. Es wird angenommen, dass geringe Werte auf geringen Sedimenteintrag hinweisen; dies soll eine größere Aridität anzeigen. Die *Pfeile* markieren die Lage der kalibrierten AMS ^{14}C-Daten (Kalenderjahre vor heute). *Kleines Diagramm*: Das Verhältnis von Alter und Kerntiefe zeigt die Sedimentationsraten an. Das 8,2-ka-Ereignis ist im Kurvenverlauf im holozänen Klimaoptimum (10,5–4,5 ka BP) zwischen 8,3 und 7,8 ka BP zu sehen. Zwischen 3,8 und 2,8 ka BP nimmt die Amplitude der Fluktuationen deutlich zu, mit vier Minima der Fe- und Ti-Konzentrationen um 3,8, 3,4, 3,0 und 2,8 ka BP. Schließlich tritt ein weiteres Minimum vor 550–200 Jahren auf (Kleine Eiszeit). (Aus Haug et al. 2001)

weisen auf höhere Niederschläge bei noch relativ geringen Temperaturen am Ende der YD hin.

Die *Milpulco-2*-Moränen repräsentieren einen markanten Gletschervorstoß im frühen Holozän um 8,5–7,5 ^{36}Cl ka BP. Diese durch die *Milpulco-2*-Moränen belegte Klimaschwankung hat an den zentralmexikanischen Vulkanen zur ELA-Depression um 550 m geführt, was einer Temperaturabnahme gegenüber AD 1960 um ca. 2,5–3 °C entspricht, unter der Voraussetzung vergleichbarer Feuchtigkeitsverhältnisse. Entsprechende Gletscherschwankungen um 8 ka BP sind aus anderen amerikanischen, ehemals vergletscherten Gebirgen der Tropen und Randtropen nicht bekannt. Der *Milpulco-2*-Gletschervorstoß erfolgte während einer relativ warmen und feuchten Phase im karibischen Raum (Abb. 5.141). Die *Milpulco-2*-Gletscherschwankung fällt exakt in die Zeit des 8,2 ka *events*. Aus den mexikanischen *Milpulco-2*-Gletscherrekonstruktionen und der sich daraus ergebenden Temperaturerniedrigung muss zur 8,2-ka-Zeit die AMOC zeitweise zusammengebrochen sein; im Golf von Mexiko hatte der Golfstrom bei einem um rund 15 m niedrigeren Meeresspiegel einen deutlich geringeren Wärmetransport zur Folge. Die Verbreitung der Blockgletscher (Permafrost) mit einem ^{36}Cl-Alter von 8–7 ka BP am Nevado de Toluca (Abb. 5.138) weist auf eine hygrische Schwankung zu größerer Aridität bei gleichzeitiger markanter Temperaturabnahme hin.

Die Glazialchronologie Zentralmexikos zeigt, dass die Gletscher äußerst empfindlich auf die spät- und postglazialen Klimaschwankungen reagiert haben. Vor allem die markanten Klimaänderungen an der YD/Holozän-Wende und während des 8,2-ka-Ereignisses werden durch die Glazialchronologie erfasst. Damit wird deutlich, dass diese Klimaschwankungen nicht nur in marinen, sondern auch in den terrestrischen Geoarchiven des zentralmexikanischen Hochlands gespeichert wurden. Darüber hinaus zeigen die Gletscherbewegungen ein relativ trockenkaltes LGM bis ca. 20–19 ka BP und feucht-kalte Bedingungen mit Schwankungen zwischen 19 und 13 ka BP während des *Termination I* (*Hueyatlaco-1*- und -2-Moränensysteme). Die YD war relativ arid und führte nicht zu markanten Gletschervorstößen; erst mit vermehrter Feuchtigkeitszufuhr am Ende der YD konnten die Gletscher deutlich vorstoßen (*Milpulco-1*) (Abb. 5.142). Heine (1994d) vermutete aufgrund seiner glazialmorphologischen und chronostratigraphischen Studien, dass die spätglazialen Gletschervorstöße eng mit den Perioden der Schmelzwasser-Einspeisung aus dem nordamerikanischen Vereisungsgebiet über das Mississippi-Flusssystem in den Golf von Mexiko verbunden waren (Abb. 5.143). Während des LGM (ca. 21 ^{14}C ka BP bzw. 25 ka BP, Lewis und Teller 2007) erstreckte sich die Eisbedeckung Nordamerikas südwärts bis in das nördliche Mississippi-Einzugsgebiet (Abb. 5.143). Zu dieser Zeit drainierte das Gebiet südlich des Eisrandes zwischen den Rocky Mountains und den Appalachen in den Golf von Mexiko. Als der südliche Eisrand sich nach Norden über die kontinentale Wasserscheide nach 16 ^{14}C ka BP bzw. 19 ka BP zurückzog, bildeten sich im südlichen Bereich der Großen Seen Eisstauseen, die über die Wasserscheide in den Golf von Mexiko entwässerten. Das weitere Abschmelzen des Eises öffnete tiefer gelegene Abflusswege aus dem Gebiet der Großen Seen zuerst über das Hudson-River-Tal (Abb. 5.143), danach

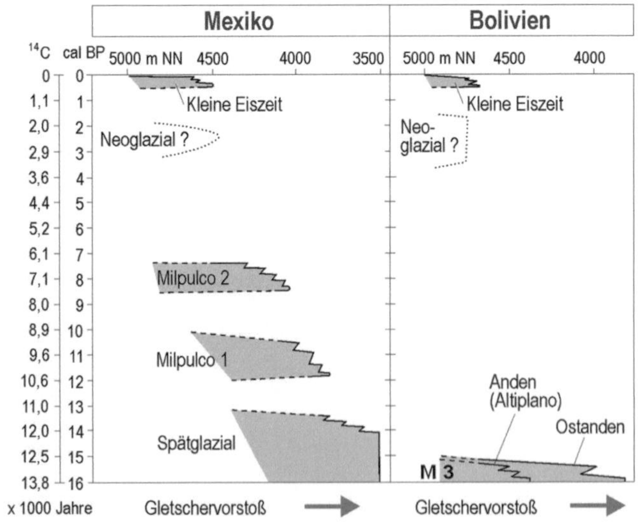

Abb. 5.142 Gletschervorstöße in Mexiko (Cordillera Neovólcanica, ca. 19° N) und Bolivien (16–19° S) im Vergleich. In Mexiko sind die Gletscherschwankungen am Ende der YD und zu Beginn des Holozäns (*Milpulco-1*) und um 8,5–7,5 ka BP (*Milpulco-2*) deutlich ausgeprägt und chronostratigraphisch gut erfasst (Vázquez-Selem und Heine 2011); in Bolivien gibt es keinerlei Hinweise auf vergleichbare Gletscherbewegungen (Heine 2011b). Die Gründe dafür liegen in dem Einfluss der Schmelzwassereinspeisung in den Nordatlantik während verschiedener Phasen des *Termination I* und des frühen Holozäns und den damit ausgelösten Veränderungen der AMOC. Diese Einflüsse machten sich südlich des Äquators in den Anden, die ihre Feuchtigkeit aus dem tropischen Südatlantik mit einem wiederholten Recycling der Niederschläge in Amazonien beziehen, nicht mehr bemerkbar. Die Hinweise auf neoglaziale Gletschervorstöße vor der Kleinen Eiszeit verdichten sich immer mehr, jedoch hatten die LIA-Gletscher im Allgemeinen eine größere Ausdehnung als die älteren neoglazialen Gletscher; daher sind fast immer nur die Moränen der Kleinen Eiszeit erkannt worden. (alueni-images)

durch das Tal des St. Lorenz-Stroms in die Labrador-See. Einige der riesigen gestauten Schmelzwasserseen entwässerten plötzlich und führten zu katastrophalen Fluten, nachdem das zurückschmelzende Eis neue Abflusswege öffnete. Der große Lake Agassiz entstand nach 12 ^{14}C ka BP (13,9 ka BP) zwischen der Mississippi-Hudson-Bay-Wasserscheide und dem Eisrand. Der Lake Agassiz existierte über 5000 Jahre und bildete schließlich mit den Lake Ojibway südlich der Hudson Bay eine Wasserfläche von 841.000 km^2 (Lewis und Teller 2007). Der Abfluss des Lake Agassiz erfolgte – teilweise katastrophal – zu verschiedenen Zeiten nach Süden (Abb. 5.143), Nordwesten, Osten und Südosten. Das Ende des Lake Agassiz erfolgte mit dem finalen Ausbruch durch die Hudson Bay vor ca. 7,7 ^{14}C ka BP (8,4 ka BP) (Abb. 5.143). Rund 1 Mio. km^3 kalte Eisstausee-Wassermassen (das entspricht in etwa dem doppelten Volumen des Schwarzen Meeres) ergossen sich über die Labrador-See in den Nordatlantik. Dieses Ereignis wird als 8,2 ka *event* bezeichnet. Es führte zu einer plötzlichen Abkühlung, die etwa 150 Jahre andauerte, die sich deutlich in den Wasser-Isotopendaten der grönländischen Eiskerne widerspiegelt und die in Modellen allgemein mit einer temporären Schwächung der atlantischen meridionalen *overturning*-Zirkulation

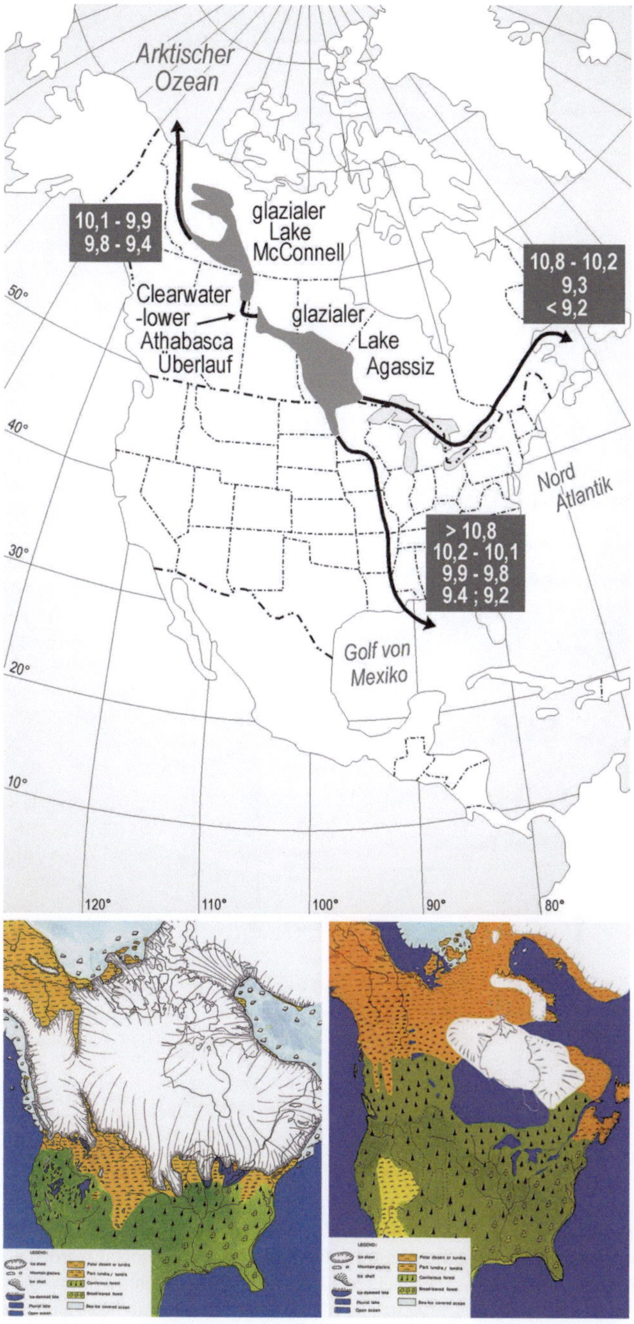

Abb. 5.143 *Oben*: Haupt-Schmelzwasserabflussbahnen mit Angaben der Phasen der Entwässerung in ^{14}C ka BP während der Deglaziation. *Unten*: Skizzen der Eisbedeckung zu Beginn der Deglaziation und im frühen Holozän; *links*: Im LGM mit Entwässerung in den Golf von Mexiko. *Rechts*: Vor dem Ausbruch über die Hudson Bay in die Labrador-See um 8,2 ka BP. (Nach Andersen und Borns 1994)

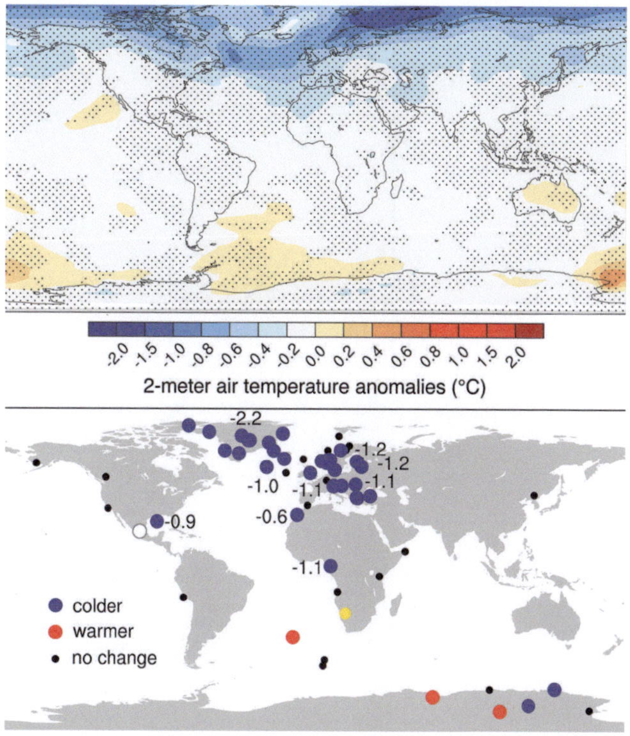

Abb. 5.144 Vergleich der mittleren jährlichen Temperaturanomalien für das 8,2 ka *event* von einer Modellierung aus mehreren Modellen (*oben*) und Proxydaten (*unten*). Die Rasterung zeigt an, wo mindestens 3 von 4 Simulationen im Prinzip übereinstimmen. Die quantitativen Schätzungen der Temperaturanomalien aufgrund der Proxys sind in °C angegeben (aus Roche et al. 2015). Ergänzungen: *offener grauer Kreis*: *Milpulco-2*-Vergletscherung dokumentiert > 2 °C kältere Temperaturen in 4000 m Höhe in Zentralmexiko. *Gelber Kreis*: Gröbere Dünensande belegen Sandtransport durch stärkere Winde (vgl. Abschn. 6.2.5)

(AMOC) verknüpft ist (Frischwasser-Impuls). Es gibt Hinweise der Geoarchive, dass dies der Wirklichkeit entspricht (Roche et al. 2015; Abb. 5.144).

Der wiederholte spätglazial/frühholozäne Wechsel des Schmelzwasserabflusses einerseits in den Golf von Mexiko und andererseits in den Nordatlantik (z. B. YD-Zeit) führte zu bedeutenden Änderungen der AMOC und der SST im Golf von Mexiko. Der Einfluss auf das regionale Klimageschehen wird durch die Arbeiten von Vázquez-Selem (2000), Vázquez-Selem und Philips (1998) und Vázquez-Selem und Heine (2011), die die spätglazialen und frühholozänen Gletscherschwankungen erfassen, bestätigt.

Eine vorsichtige Interpretation der Paläoklimaproxys (glaziale Sedimente und Formen, Seesedimente, Pollen, Paläoböden, Abb. 5.145) zeigt für das zentralmexikanische Hochland im LGM bis ca. 20–19 ka BP kalttrockene Verhältnisse, die gegen Ende des LGM im *Termination I* von kalt-feuchten Bedingungen abgelöst wurden. Die spätglazialen und holozänen Klimaänderungen, die sowohl thermische als auch hygrische relativ schnelle Wechsel belegen (Abb. 5.146), wurden von der allgemeinen spät- und postglazialen Erwärmung geprägt, jedoch stark von regionalen (Golf von Mexiko, Nordatlantik) Einflüssen überlagert. Das frühe Holozän war allgemein feuchter als das Mittel- und Jungholozän.

Werden die Ergebnisse der paläoklimatischen Beobachtungen mit den Ergebnissen verschiedener Modellierungen für das holozäne Klimaoptimum in den amerikanischen Tropen zwischen

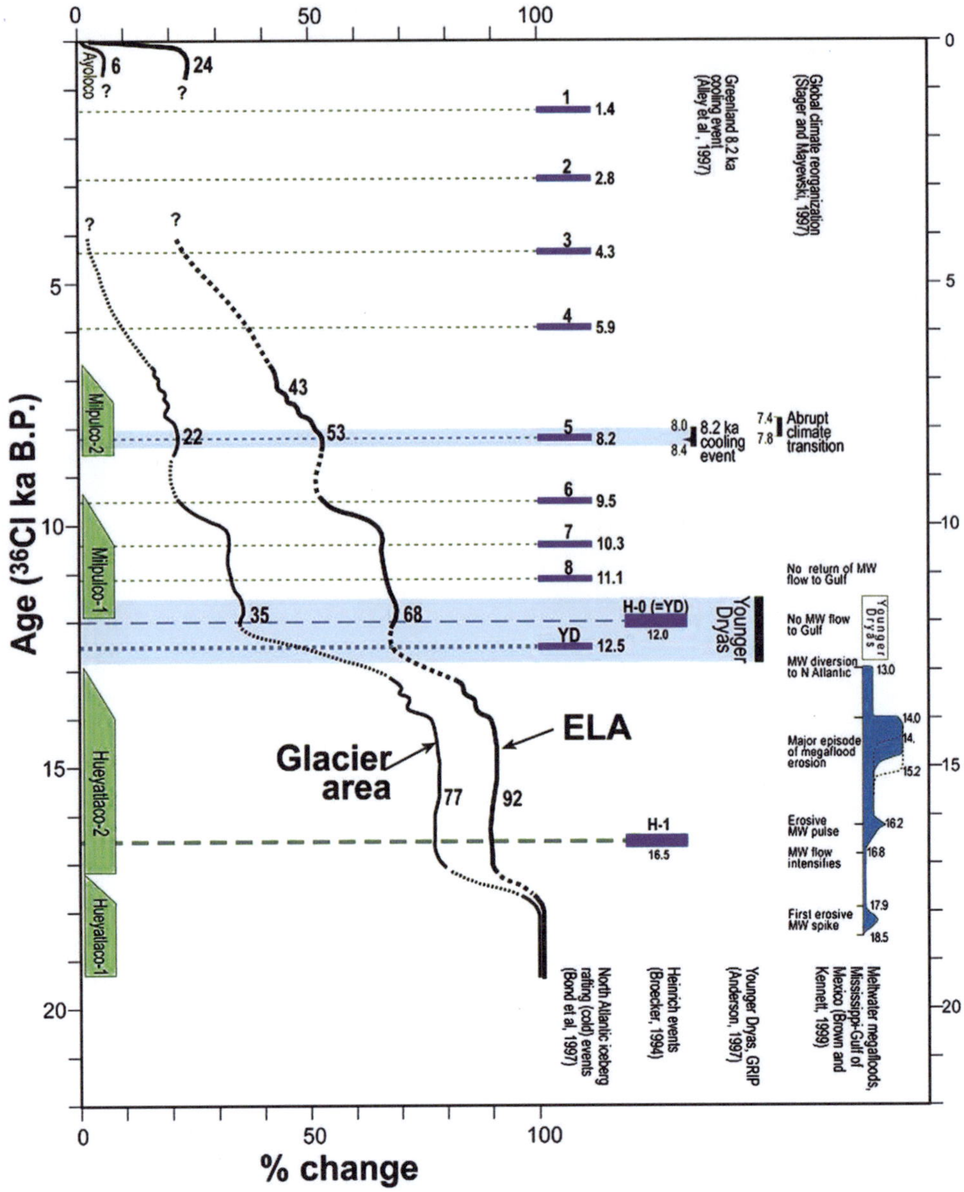

Abb. 5.145 Repräsentativ für die mexikanischen Gletscherbewegungen im Spätquartär ist die Glazialchronologie des Iztaccíhuatl-Vulkanmassivs. Spätpleistozäne und holozäne Gletscherschwankungen im Vergleich mit *records* von Klimaschwankungen. Die Gletscherbewegungen werden als % der maximalen Schwankung (*Hueyatlaco-1*-Vorstoß) angegeben. *Glacier area* – vergletschertes Gebiet; ELA – klimatische Schneegrenze nach der Methode THAR = 0,4. *Gerissene Linien* sind Schätzungen der Abschnitte ohne *records*. Die Zeitskala für die Iztaccíhuatl sind ^{36}Cl-Jahre, die Kalenderjahren entsprechen. Die ^{14}C-Daten der Mississippi-Megaflut-*records* sind in Kalenderjahre überführt. Alle anderen Alter sind entweder in kalibrierten ^{14}C-Jahren oder Eiskern-Jahren angegeben. Gekennzeichnet sind die Bond-Zyklen von 1 bis 8, H0, YD und H1; sie zeigen holozäne Temperaturveränderungen mit einer Periode von 1470 ± 500 Jahren an. (Aus Vázquez-Selem 2000)

Äquator und 30° N betrachtet (Abb. 5.147), ergeben sich recht gute Übereinstimmungen. Um 6 ka BP war es in Zentralmexiko feuchter im Vergleich zu heute. In Florida war es trockener. Nicht übereinstimmend sind die Ergebnisse für Yucatán; einige Modellierungen zeigen aridere Klimabedingungen, während die terrestrischen Paläoklimaarchive eindeutig auf feuchtere Verhältnisse hinweisen (s. u.). Auch für das nördliche Südamerika sind die Modellergebnisse ambivalent.

5.3.2 Mittelamerika

Terrestrische Paläoklimaarchive aus Mittelamerika von Yucatán bis Panama betreffen Gletscherspuren, Pollenprofile, geochemische und mikropaläontologische *records*.

Pleistozäne Gletscher hinterließen Moränen in den höchsten Bergländern der mittelamerikanischen Landbrücke. Aus der Cordillera de Talamanca in Costa Rica (Cerro Chirripó, 3810 m

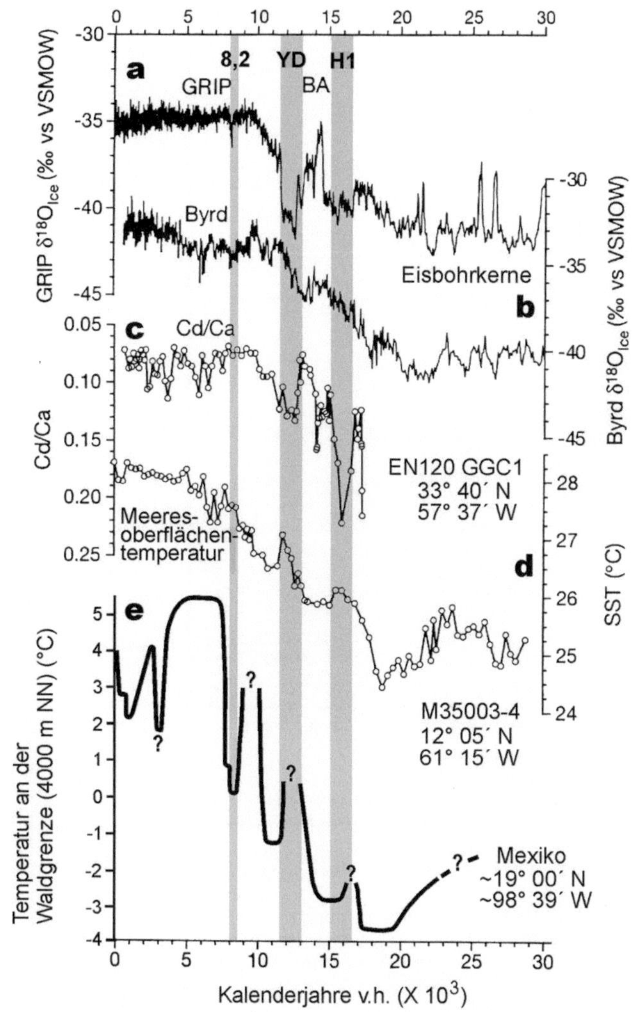

Abb. 5.146 Temperaturentwicklung in Zentralmexiko während der letzten 25.000 Jahre in rund 4000 m NN (rezente obere Waldgrenze) im Vergleich zu anderen Paläoklimaproxies. Berechnung erfolgte anhand der Gletscherschwankungen (Vázques-Selem 2000). **a** und **b** Temperaturtrends, ausgedrückt durch $\delta^{18}O_{ice}$-Werte des GRIP-Eiskerns (Grönland) und des Byrd-Eiskerns (Antarktis), **c** durch das Cd/Ca-Verhältnis des marinen Kerns EN120 GGC 1 (Nordatlantik), **d** durch die rekonstruierten SSTs (°C) des tropischen Nordatlantiks; **e** Temperatur (°C) in 4000 m NN (obere Waldgrenze) in Zentralmexiko. 8,2 ka – 8,2 ka-Ereignis; YD – Jüngere Dryaszeit; BA – Bölling/Alleröd; H1 – Heinrich 1-Event

NN, 9°29′ N, 83°29′ W) berichtet Weyl (1956) über eine ehemalige eiszeitliche Vergletscherung. Im *Valle de las Morrenas* auf der Nordseite des Cerro Chirripó (Abb. 5.148) datiert Horn (1990) die Eisfreiheit auf > 10 ^{14}C ka BP anhand von organischen Ablagerungen. Lachniet und Seltzer (2002) präsentieren eine detaillierte glazialmorphologische Studie des Chirripó-Gebiets und gliedern drei Moränenstadien aus: *Talamanca Moraine* (bis 3040 m NN), *Chirripó Moraine* (bis 3300 m NN) und *Talari Moraine* (bis 3300–3420 m NN). Ohne absolute Datierungen (^{14}C, SED etc.) werden die Moränengruppen bestimmten Zeiten zugeordnet: Die Talamanca-Moränen sollen im LLGM gebildet worden sein; bei den anderen Gruppen soll es sich um Rückzugsmoränen handeln. Aufgrund vergleichender Moränenstudien ergibt sich jedoch ein größeres Alter der Moränengruppen; das LGM wird vermutlich durch die Chirripó-Moränen dokumentiert. Damit werden auch die extremen Werte der LGM-zeitlichen ELA-Depression von ~ 1500 m und der Temperaturdepression von 8–9 °C der Autoren infrage gestellt. Da Lachniet und Seltzer (2002) ihre Daten mit anderen extremen Werten von LGM-ELA-Rekonstruktionen in Beziehung setzen, die ebenfalls auf undatierten – und vermutlich Prä-LGM-Moränenbildungen – basieren, wird ein scheinbar schlüssiges Ergebnis vorgetäuscht.

In Guatemala befinden sich eiszeitliche Moränen in den *Altos de Cuchumatanes* (Hastenrath 1974), die von einer pleistozänen Eiskappe gebildet wurden (Abb. 5.149). Die *Altos de Cuchumatanes* bestehen aus kretazischen Kalken, die im Tertiär weitgehend eingeebnet und gehoben wurden. Die glaziäre Formung der *Altos de Cuchumatanes* belegt – wie auch in der Cordillera de Talamanca – wiederholte Vergletscherungsphasen, die weit ins Pleistozän zurückreichen können. Vermutlich haben die kaltzeitlichen Eiskappen die *Altos de Cuchumatanes* vor einer starken pleistozänen Zertalung geschützt, die für die Bergländer Guatemalas charakteristisch ist. Da bisher keine Datierungen der mittelamerikanischen Vergletscherungen vorliegen, können die glaziären Formen und Sedimente nicht mit überregionalen Chronologien korreliert werden, wie dies beispielsweise von Roy und Lachniet (2010) vorgenommen wird (Abb. 5.149). Die Autoren stellen die durch Moränen belegte Eiskappe (*Mayan Ice Cap*) ohne hinreichende Daten in das LLGM, rekonstruieren mit verschiedenen Methoden (AAR, AABR) die ELA zur Zeit der maximalen Eisausdehnung und kommen zu folgenden Ergebnissen: Die LGM-ELA der Eiskappe lag in ~ 3700 m NN und die der Talgletscher (vgl. Abb. 5.149, I–IV) in ~ 3520 m NN; unter der Annahme der 0 °C-Isotherme für Guatemala in ca. 4840 ± 230 m Höhe (d. h. ca. 1000 m oberhalb der Cuchumatanes-Gipfel in der freien Atmosphäre) ergibt sich eine ELA-Depression von > 1100 m (Eiskappe) bzw. > 1420 m (Talgletscher). Damit sind die Werte wesentlich höher als in angrenzenden Regionen. In Mexiko lag die LGM-ELA um 4000 m NN (LGM-ELA-Depression: ca. 1000 m) aufgrund gesicherter Datierungen der LGM-Moränen; in Venezuela hat die LGM-ELA aufgrund undatierter Moränen vermutlich in 3920–3320 m NN gelegen (LGM-Depression: ca. 1000–1150 m, je nach Lage) (Stansell et al. 2007; Abb. 5.73). Die Daten aus Guatemala zeigen, dass auf der Grundlage undatierter Moränen eine wissenschaftlich fundierte ELA-Rekonstruktion für das LGM nicht möglich ist.

Betont werden muss jedoch, dass ältere (prä-Würm/Wisconsin-zeitliche) Vergletscherungen auch in Zentralamerika eine größere Ausdehnung hatten als die Gletscher der letzten Kaltzeit. Aufgrund der ELA-Rekonstruktionen für Zentralmexiko, die im LGM in rund 4000 ± 100 m NN und an der Pleistozän/Holozän-Wende in rund 4240 m NN lag, können die *Altos de Cuchumatanes* im LGM keine Gletscher mehr getragen haben. In Costa Rica ist eine LGM-zeitliche Vergletscherung nur möglich, wenn die ELA unterhalb von ca. 3600 m NN lag, d. h. um mindestens 1300 m gegenüber heute abgesenkt war. Das LGM war in Mexiko und im nördlichen Südamerika kalt und arid, eben-

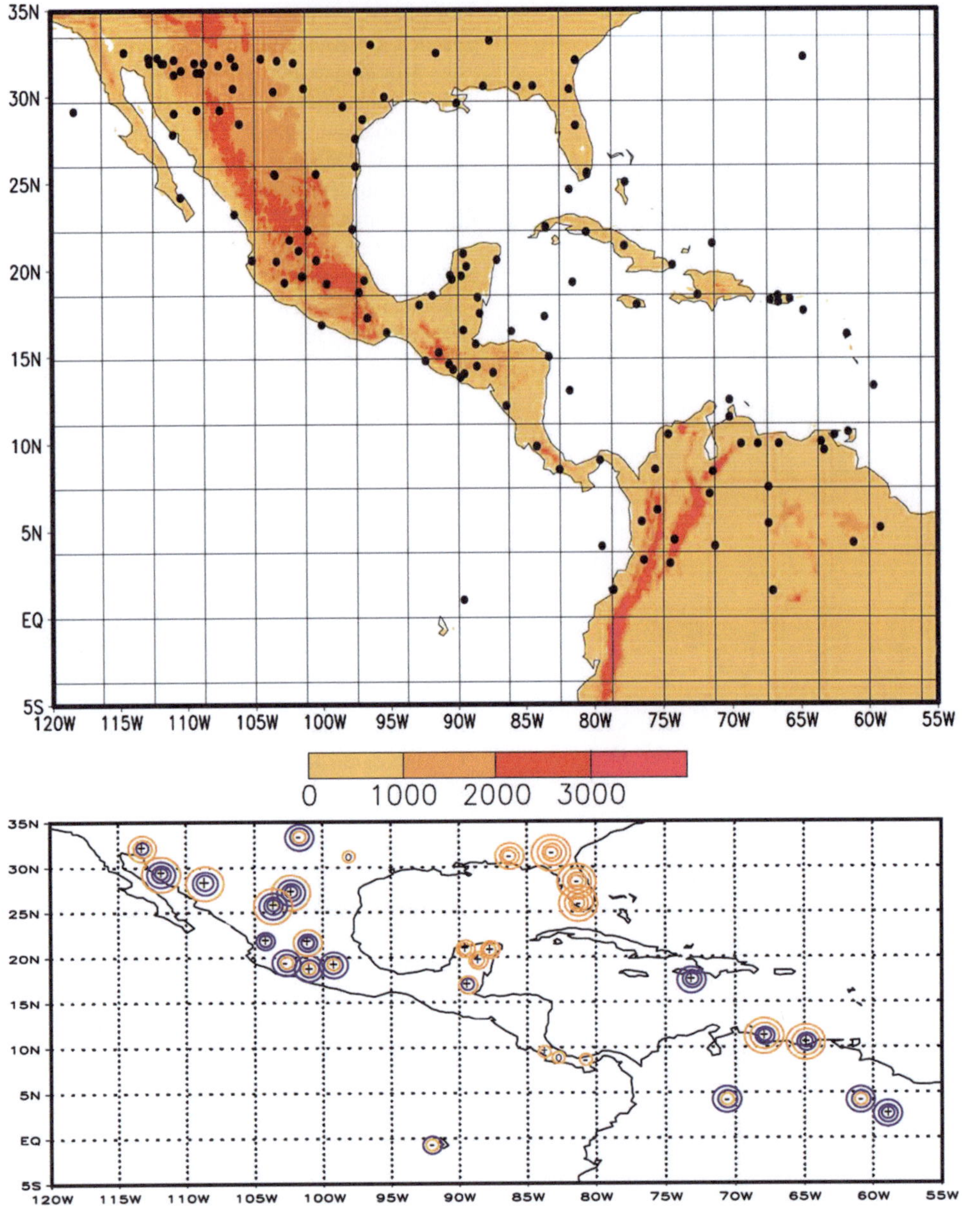

Abb. 5.147 *Oben*: Topographie (in m NN) mit Orten, die für die Modellierung (MCM [*Macrophysical Climate Model*] und GCM [*General Circulation Model*] mit T31-Auflösung) des mittelholozänen Klimas des tropischen Amerikas zwischen dem Äquator und 30° N berücksichtigt werden (aus Ruter et al. 2004). Es werden fast nur lakustrine Sedimente erfasst.
Unten: Zusammenfassende Darstellung der Modellergebnisse für die Orte, an denen Hinweise auf paläoökologische Veränderungen des Sommerniederschlags (JJA) um 6 ka BP gefunden werden. Die Orte sind mit (+) für feuchtere und (–) für trockenere Bedingungen im Vergleich zur Gegenwart aufgrund der Paläoklimaarchive markiert. Die Farbringe um die Orte kennzeichnen die Niederschlagsanomalien, die aufgrund der Modellierungen und der Übereinstimmung zwischen verschiedenen Modellen gefunden werden. Jeder Ring repräsentiert eine Modellsimulation von entweder wesentlich mehr Niederschlag (> 10 %, *blau*) oder weniger Niederschlag (*gelb*) im Vergleich zu den Modellierungen der heutigen Situation. Zum Beispiel zeigen zwei blaue Ringe und zwei gelbe Ringe um einen Ort an, dass zwei Modelle feuchtere und zwei Modelle trockenere Bedingungen simulieren. Wenn weniger als vier Ringe auftreten, haben nicht alle Modelle Niederschlagsveränderungen gegenüber heute ergeben (aus Ruter et al. 2004). Die Modellsimulationen ergeben ein vieldeutiges Bild. Eine kritische Bewertung der Klimaproxys erfolgt nicht

so im karibischen Raum (vgl. u. a. Farrera et al. 1999). Die zahlreichen Belege einer größeren Aridität während des LGM im karibischen Raum widersprechen der rekonstruierten LGM-ELA-Depression in Costa Rica.

Die in den zentralamerikanischen Bergländern von Guatemala und Costa Rica aufgrund der undatierten Moränen rekonstruierte LGM-zeitliche Temperaturdepression wird verständlicherweise sehr unterschiedlich angegeben, je nachdem, welche

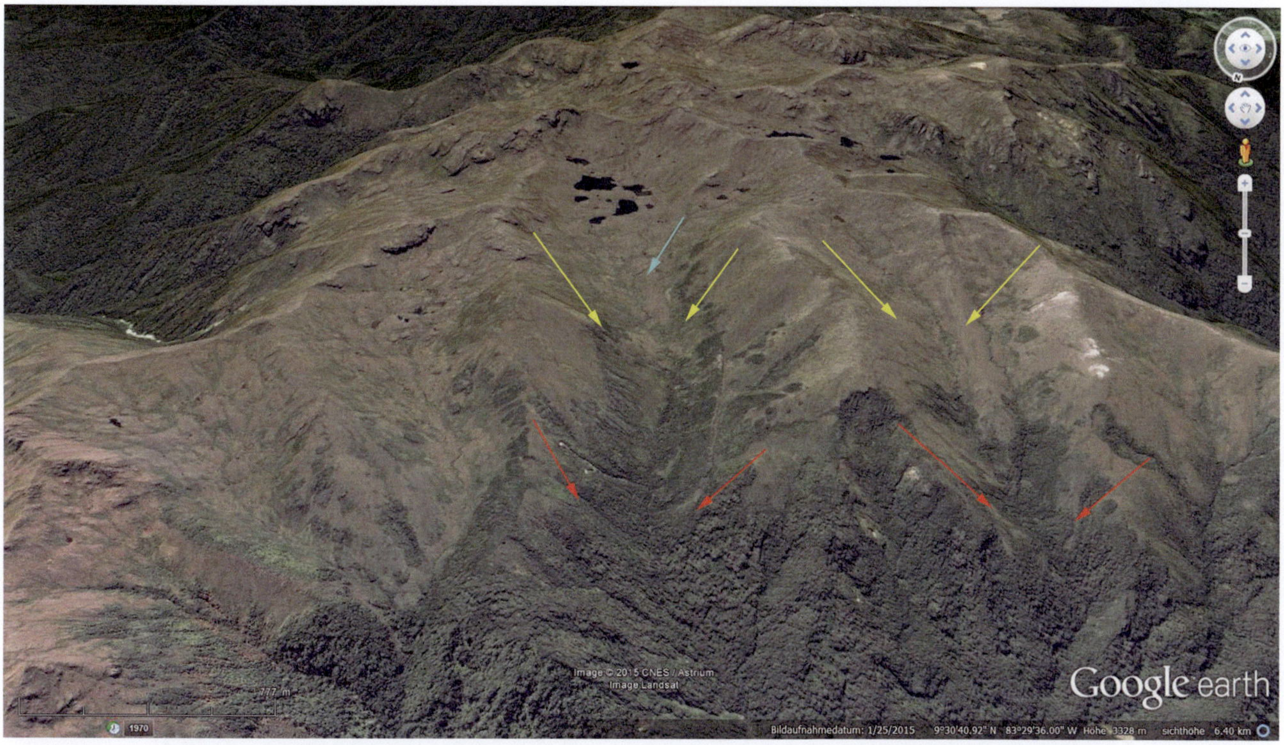

Abb. 5.148 Glaziallandschaft am Chirripó, Cordillera de Talamanca, Costa Rica. Das *Valle de las Morrenas* ist in der *Bildmitte* (Blickrichtung: SE). Die Ausbildung der ausgeprägten glaziär geformten Kare, U-förmigen Täler und Moränenwälle ist Zeichen intensiver glaziärer Abtragung und damit Ausdruck einer mehrmaligen pleistozänen Vergletscherung. Vermutlich im letzten LGM wurden die Moränen (*gelbe Pfeile*, Chirripó-Moränen nach Lachniet und Seltzer 2002) oberhalb ca. 3300 m NN gebildet, während die Moränen in tieferen Lagen (*rote Pfeile*, Talamanca-Moränen, LGM nach Lachniet und Seltzer 2002) ein Prä-LGM-Alter haben. *Blauer Pfeil*: Talari-Moräne nach Lachniet und Seltzer (2002). (GOOGLE-Schrägbild)

Moränenwälle in die Berechnungen einfließen (Lachniet und Seltzer 2002; Lachniet und Vázquez-Selem 2005; Stansell et al. 2007; Roy und Lachniet 2010). Für Mittelamerika und die nördlichsten Anden geben Lachniet und Vázquez-Selem (2005) eine Synthese der letzteiszeitlichen Schneegrenzdepression, teilweise unter Berücksichtigung undatierter Moränen (Abb. 5.150). Auch für die statistische Auswertung des umfangreichen Materials benutzen Mark et al. (2005) undatierte Moränen, um die LGM-zeitlichen ELA-Verschiebungen in den Tropen zu erfassen. Die aus der Differenz von rezenter und eiszeitlicher ELA ermittelten ΔT-Werte (°C) variieren daher auch sehr stark zwischen ca. 6 °C in Peru (Cordillera Blanca) und ca. 13 °C in den Gebirgen Neuguineas.

Schneegrenzdepressionen werden oft benutzt, um die letzteiszeitliche Temperaturabsenkung zu bestimmen. Lachniet und Seltzer (2002) ermitteln 5,9 bis 7,6 $\pm$ 1,2 °C und Roy und Lachniet (2010) 7,0 bis 8,6 $\pm$ 1,5 °C kältere Temperaturen für Mittelamerika. Diese Werte sind wesentlich höher und stehen im Gegensatz zu den Werten der letzteiszeitlichen Depression der SSTs der Karibik; vermutlich müssen die Werte der LGM-ELA-Depression geringer angesetzt werden, wenn absolute Datierungen der Moränen vorliegen und das wahre Ausmaß der LGM-Vergletscherungen bekannt ist.

Porter (2001) präsentiert eine Zusammenstellung der ELA-Depression für das LGM in den Tropen, die jedoch ohne eine eingehende kritische Würdigung der publizierten Daten erfolgt (Abb. 5.151). Die Darstellung zeigt, dass die mittelamerikanischen (Cuchumatanes, Chirripó) und mexikanischen Daten (Ajusco) herausfallen; die Gründe dafür liegen in der Annahme, dass einerseits Prä-LGM-Moränensysteme (Cuchumatanes, Chirripó) dem LGM zugeordnet werden und andererseits vulkanische Sedimente und Formen nicht als solche erkannt, sondern mit jungquartären Moränen verwechselt werden (Ajusco; vgl. Heine 1988a).

Die mittleren Paläotemperaturen, die den ELA-Depressionen zugrunde liegen, stimmen im Allgemeinen mit anderen Paläotemperaturen aus den terrestrischen Tropen überein; sie zeigen, dass die LGM-zeitlichen Temperaturen wesentlich niedriger waren als die Meeresoberflächentemperaturen (SST) der warmen Jahreszeiten (Abb. 5.152). Eine Auswahl terrestrischer tropischer Proxydaten macht deutlich, dass während des LGM die Temperaturabsenkung über Land wesentlich größer war als über den Meeren. Repräsentative Daten, die zwischen −5 bis −12 °C liegen, finden sich bei Porter (2001; Abb. 5.151); sie basieren auf Pollendaten, Edelgaswerten im Grundwasser und Sauerstoffisotopen-*records* aus Gletschereis (Porter 2001; Farrera et al. 1999).

Die Glazialchronologie der zentralamerikanischen Landbrücke gibt Hinweise auf pleistozäne Vergletscherungen. Aufgrund unzureichender Datierungen der verschiedenen Vergletscherungs-

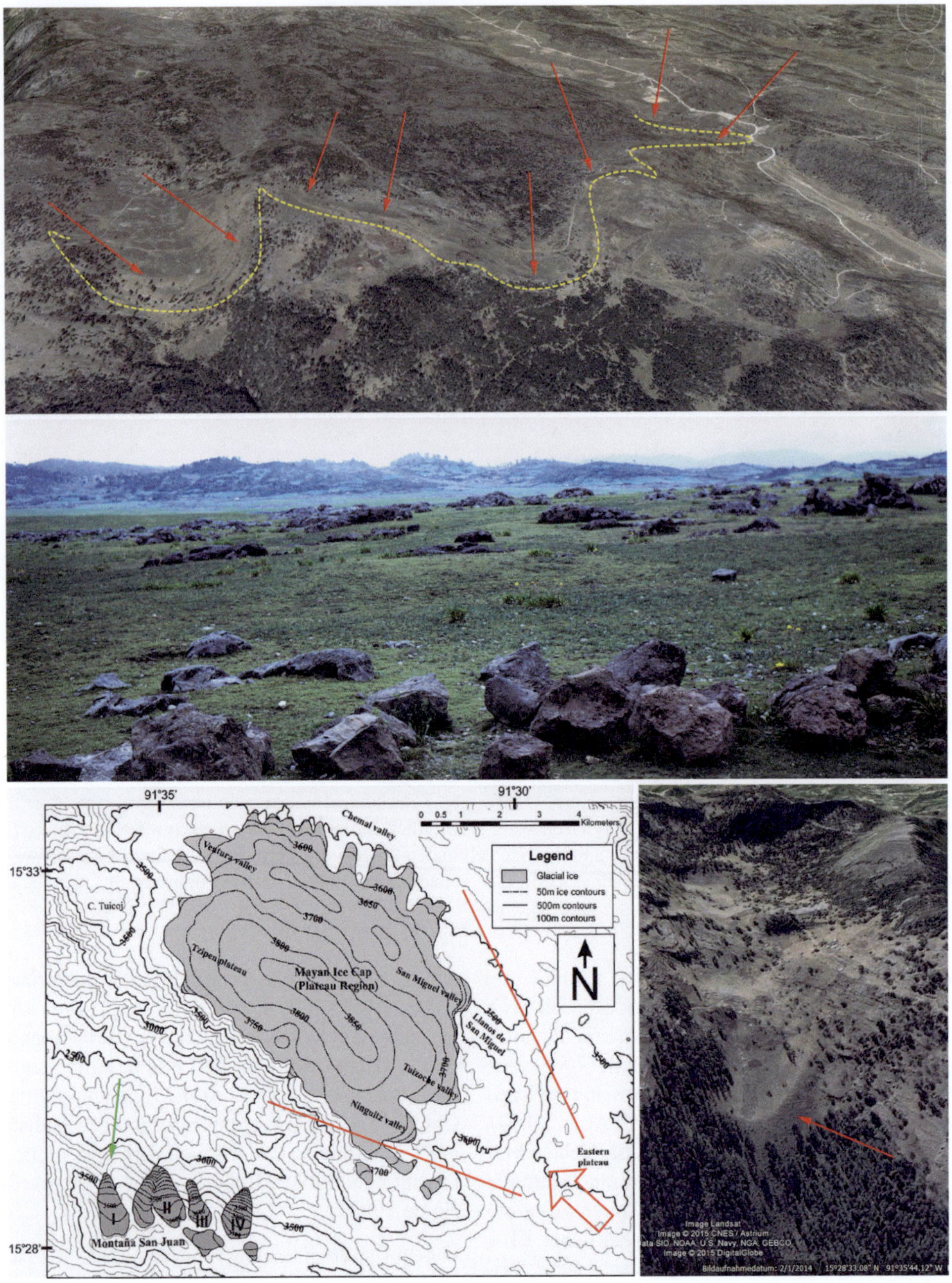

Abb. 5.149 *Oben*: Altos de Cuchumatanes, Guatemala. Der Gipfelbereich des Gebirges trug eine pleistozäne Eiskappe (*gelbe gerissene Linie*), deren Alter aufgrund der Höhenlage, vor allem aber aufgrund der „verwaschenen" glaziären Formen (Moränenwälle, *rote Pfeile*) ins Prä-LGM datiert werden muss; vermutlich existierten in der letzten Kaltzeit keine Gletscher mehr (GOOGLE-Schrägbild).
Mitte: Landschaftsbild aus dem ehemals vergletscherten Gipfelbereich mit erratischen Blöcken (Foto: alueni-images).
Unten links: Plateau-Vergletscherung (Mayan Ica Cap) und Talgletscher in den Cuchumatanes, Guatemala nach Roy und Lachniet (2010). *Rote Linien* und *Pfeil*: Blickrichtung der GOOGLE-Schrägaufnahme (oben). *Grüner Pfeil*: Tal I der Montaña San Juan. *Unten rechts*: GOOGLE-Schrägbild mit Moränen der pleistozänen Talgletscher (Montaña San Juan). *Roter Pfeil*: Prä-LGM-Endmoräne in 3300 m NN (Tal I), die neben den anderen Endmoränen (II bis IV) der LGM-ELA-Rekonstruktion von Roy und Lachniet (2010) zugrunde liegt

phasen und fehlender spätglazialer Gletscherbildungen ist es nicht möglich, die glaziären Befunde für detaillierte Angaben zu den Klimaschwankungen seit dem LGM zu nutzen.

Seit über drei Jahrzehnten werden limnische Ablagerungen und niedrige Wasserstände in den Seen – oft in Verbindung mit Pollenanalysen – zu Paläoklimarekonstruktionen aus dem zentralamerikanischen Raum herangezogen. Die Sedimente verschiedener Seen im Siedlungsgebiet der Maya-Kulturen in Yu-

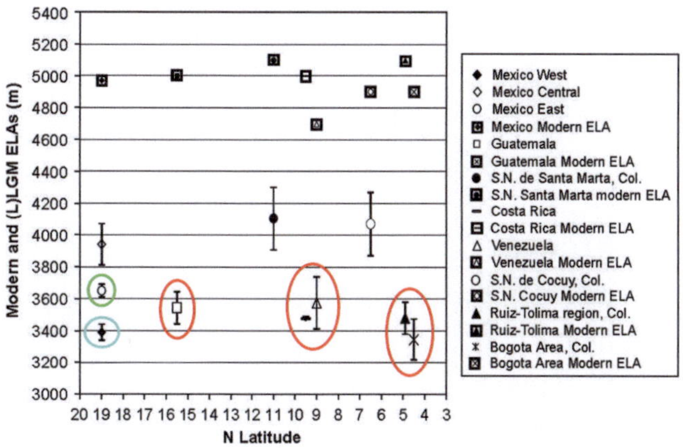

Abb. 5.150 Das Diagramm gibt die ELAs in Bezug zur geographischen Breite (° N) an. Die ELAs (*best estimates*) basieren auf verschiedenen Methoden: AABR – 4,0 für Costa Rica, die Mérida-Anden in Venezuela und die Sierra Nevada de Santa Marta in Kolumbien; THAR – 0,2 für Guatemala und die Nevado de Ruíz-Tolima-Eiskappe; THAR – 0,4 für Talgletscher in Mexiko, die Sierra Nevada del Cocuy und die Bogotá-Region. Die rezenten ELA-Schätzungen sind ebenfalls angegeben (aus Lachniet und Vázquez-Selem 2005). Ergänzungen: *Rot umrandet* sind Werte, die auf undatierten und sehr wahrscheinlich älteren Moränen basieren. *Blau umrandet*: Ajusco-Vulkan in Mexiko; die Daten basieren auf Formen, die fälschlicherweise als Moränen gedeutet wurden, bei denen es sich aber um vulkanische (Erosions-)Formen handelt (Heine 1988a). *Grün umrandet*: Cofre de Perote, Mexiko; der Vulkan liegt am Ostabfall des mexikanischen Hochlandes zum Golf von Mexiko und erhält – im Vergleich zur mexikanischen Sierra Nevada – wesentlich mehr Niederschläge; die tiefe LGM-zeitliche ELA weist darauf hin, dass auch im LGM die Nähe zum Golf von Mexiko eine Niederschlagsbegünstigung bewirkte; dabei wird vorausgesetzt, dass die SED-Altersbestimmungen zutreffend sind. Werden nur die gesicherten Daten berücksichtigt, ergibt sich eine Absenkung der LGM-ELA von rund 1000 m; das entspricht einer Temperaturdepression von ca. 5–7 °C (je nach Berechnungsmethode)

catán und Guatemala waren dabei von besonderem Interesse (Deevey et al. 1983; Leyden 1984, 1987; Leyden et al. 1994). Pollenanalysen, mineralogische und geochemische Daten der Sedimentsequenz des *Lago Quexil* in Guatemala (16°55′24″N, 89°48′38″W, ~120 m NN; Abb. 5.153) dokumentiert die Klimaentwicklung seit ca. 36 ^{14}C ka BP (Leyden et al. 1994). Die großen Klimaschwankungen (glazial – interglazial) werden auf den Einfluss des orbitalen *forcings* der Insolation zurückgeführt; kleinere, plötzlich auftretende Schwankungen des Spätglazials werden als das Ergebnis interner *forcing*-Mechanismen gedeutet, bei denen Schmelzwassereinspeisung in den Golf von Mexiko über das Mississippi-Flusssystem mit ihren abkühlenden Auswirkungen im karibischen Raum einen entscheidenden, aber nicht ausschließlichen Einfluss ausübte. LGM und Spätglazial waren im Vergleich zu heute trockener; das geht aus den wesentlich niedrigeren Seespiegelständen und den glazialen Calcit- und Gipsbildungen in Verbindung hohen δ^{18}O- und niedrigen δ^{13}C-Werten der Carbonate hervor; der Kiefern-Eichen-Wald (nicht-tropische Bäume) wurde im LGM durch einen spärlichen Dornbusch mit Kräutern und Sträuchern ersetzt. Im LGM zeigen die *Pinus*-Pollen den Einfluss des Ferntransports (Leyden et al. 1994). Der Übergang vom Spätglazial zum Holozän erfolgte recht plötzlich um 10 ^{14}C ka BP (Abb. 5.153). Tropische Bäume wanderten ein und belegen einen Temperaturanstieg bei höheren Niederschlägen (Deevey et al. 1983). Leyden et al. (1994) gehen für das LGM (Pollenzone Q-G 2, Q-G 1) von 6,5–8 °C niedrigeren Temperaturen im Vergleich zu heute aus. Auch zu Beginn des Holozäns bis nach 9 ^{14}C ka BP (Pollenzone P 1) blieben die Temperaturen 3,0–4,7 °C tiefer als heute. Hier zeigt sich eine erstaunliche Übereinstimmung mit der Glazialchronologie aus dem zentralmexikanischen Hochland: Die *Milpulco 1*-Vergletscherung korreliert mit der Yucatán-Pollenzone P 1. Erst um 8,5 ^{14}C ka BP entwickelte sich der tropische Wald. Ab 5 ^{14}C ka BP wird es arider. Jedoch wurde die Vegetation Yucatáns seit dem mittleren Holozän stark vom Menschen beeinflusst. Daraus erwachsen Schwierigkeiten bei der paläoklimatischen Deutung der Pollenprofile.

Seit zwei Jahrzehnten konnten detaillierte Chronologien der Seesedimente des Petén-Itzá-Sees (Petén, Guatemala; ca. 16°59′ N, 89°49′ W, ~110 m NN) (Abb. 5.154) erarbeitet und paläoklimatisch gedeutet werden. Islebe et al. (1996) präsentieren die ersten palynologischen Daten für das Holozän. Hodell et al. (2008) erfassen mit den limnischen Sedimentkernen die letzten ca. 85 ka BP.

Die Seeablagerungen (Abb. 5.155) werden von alternierenden Tonen und Gipsen gebildet, die relativ feuchte bzw. trockene Bedingungen repräsentieren. Von ~85 bis 48 ka BP herrschen in den Sedimenten carbonatreiche Tone vor; sie zeigen feuchte Klimaverhältnisse in MIS 5a, 4 und im frühen MIS 3 an. Die erste Gipslage wurde um 48 ka BP abgelagert; sie zeigt den Übergang zu trockeneren hydrologischen Verhältnissen und den Beginn der feucht/trockenen Oszillationen an (Hodell et al. 2008). Im jüngeren MIS 3 wechselte das Klima zwischen feuchteren Verhältnissen in den Interstadialen und trockeneren in den Stadialen. Das Muster der feucht/trockenen Ton-Gips-Oszillationen zeigt zwischen ~48 und 23 ka BP Temperatur-*records*, die den grönländischen Eiskernen und den nordatlantischen Sedimentkernen sowie den Niederschlags-Proxys aus dem Cariaco-Meerbecken ähneln. Die aridesten Perioden fallen mit Heinrich-Ereignissen zusammen, in denen kaltes Meeresoberflächenwasser im Nordatlantik vorherrschte, die MOC geschwächt und die ITCZ südwärts verschoben waren (Hodell et al. 2008). Ein mächtiger Tonkomplex wurde zwischen 23 und 18 ka BP sedimentiert, der als Hinweis auf einen tiefen See gedeutet wird. Die Pollen aus diesen Tonen weisen nach Hodell et al. (2008) auf einen temperierten *Pinus-Quercus*-Wald und zusammen mit den tonmineralogischen Befunden auf relativ feuchte Verhältnisse im LGM hin. Diese Interpretation steht jedoch vielen anderen Aussagen entgegen, die ein arides LGM dokumentieren. Die Pollen von *Pinus* können auch durch Ferntransport in den See gelangt sein. Um ~18 ka BP wechselte das Klima im Petén von feucht zu trocken und blieb während der Deglaziation bis ca. 14,7 ka BP arid. Während des Bölling/Alleröd (14,7–12,8 ka BP) – unterbrochen von einer kurzen ariden Phase um 13,8 ka BP (= Ältere Dryaszeit bzw. *meltwater pulse* 1A) – herrschten wieder feuchtere Verhältnisse (Hodell et al. 2008). Mit Beginn der YD um 12,8 ka BP wurden erneut Gipslagen gebildet, die Aridität anzeigen. Um 10,3 ka BP änderte sich das Klima; es traten deutlich mehr Niederschläge auf. Die

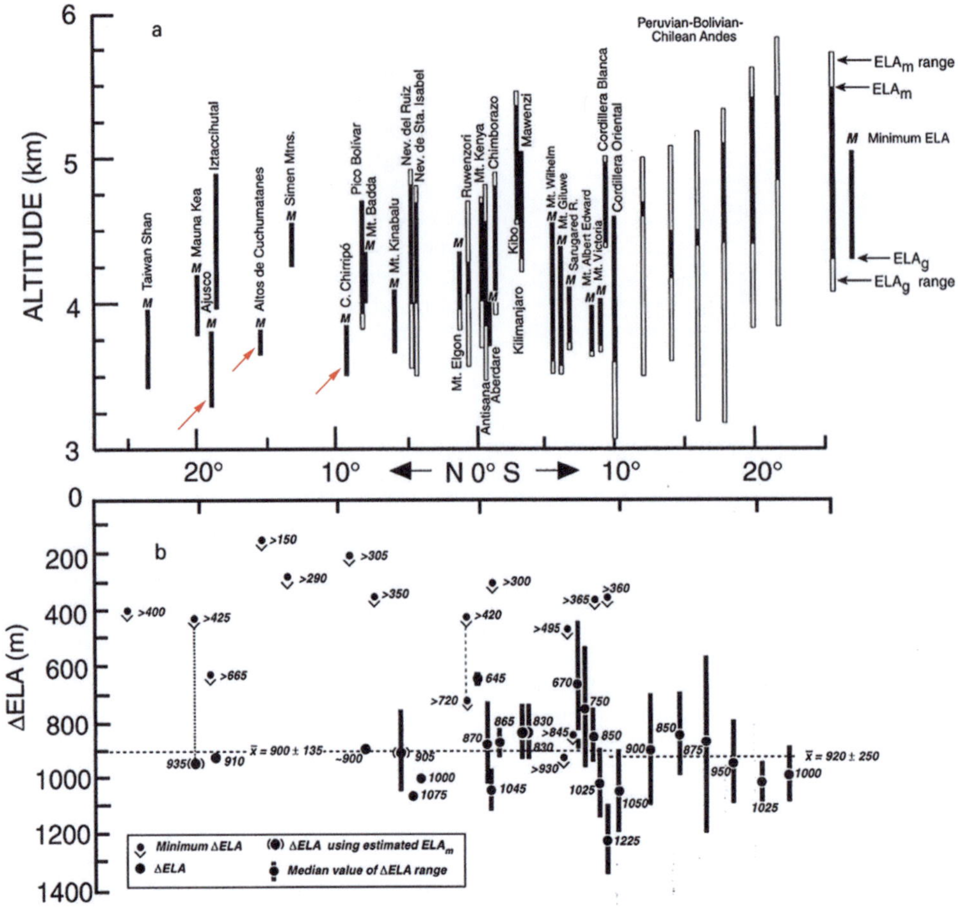

Abb. 5.151 **a** Heutige und letzteiszeitliche (LGM) ELA aufgrund von Gebirgsvergletscherungen zwischen nördlichem und südlichem Wendekreis (23,53° N bzw. S). Wo die Berggipfel heute unterhalb der Schneegrenze liegen, werden Minimum-ELA als Gipfelhöhe gezeigt. In einigen Fällen werden die ELAm (*modern* – rezent) und ELAg (*glacial* – glazial) mit Werten dargestellt, die sich aus den ELA-Gradienten zwischen Bergen/Gebirgen ergeben. *Rote Pfeile*: Mittelamerikanische Paläoklimaarchive, die nicht dem LGM zugeordnet werden können; gleiches trifft auch für viele andere Lokalitäten zu (z. B. in den Anden zwischen 10° und 25° S). Die weite Streuung zwischen maximalen und minimalen Werten ist das Resultat der fehlenden zuverlässigen Altersbestimmungen der berücksichtigten Daten. **b** LGM-Schneegrenz-Depression (LGM-ELA) für tropische Berge und Gebirge, die im Spätpleistozän vergletschert waren. Minimumwerte repräsentieren Gipfel, die unterhalb der heutigen Schneegrenze liegen. In Gebieten, in denen ELA-Gradienten auftreten, geben die Zahlen Durchschnittswerte an. Gebiete nördlich von 10° S haben eine mittlere ΔELA von 900 ± 135 m, während eine regionale Studie der Anden südlich davon einen Mittelwert von 920 ± 250 m ergibt. (Aus Porter 2001)

letzten ca. 40 ka BP der Sedimente des Lago Petén Iztá lassen sich mit zahlreichen detaillierten und gut datierten Paläoklimaproxys korrelieren (Abb. 5.156).

Die palynologischen Daten des Kerns PI-6 vom Petén-Iztá-See (mit einer zeitlichen Auflösung von ~ 170 Jahren) wurden von Correa-Metrio et al. (2012) mit (multi)variaten statistischen Methoden ausgewertet (Abb. 5.157). Die Ergebnisse zeigen, dass Vegetationsänderungen, die den Heinrich-Events zugeschrieben werden, deutlicher ausgeprägt sind als solche, die dem LGM angehören. Jedes Heinrich-Ereignis verursachte einen Wandel zu einer mehr xerischen Vegetationsformation. Obgleich das LGM kühler als die Heinrich-Events war, scheint das LGM noch relativ feucht gewesen zu sein. Die trockenste Phase lag zwischen 18 und 14 ka BP, d. h. während der Deglaziation (Correa-Metrio et al. 2012). Diese Deutung der palynologischen und sedimentologischen Paläoklimaarchive aus dem Petén-Iztá-See muss nicht früheren – weniger detaillierten – Klimarekonstruktionen widersprechen (z. B. Leyden et al. 1994): Es scheint, dass in zahlreichen älteren Profilen das Alter von LGM und Spätglazial aufgrund der Probleme bei der ^{14}C-Altersbestimmung (Hartwassereffekt) und der geringen Zeitresolution nur unzureichend bestimmt wurde. Warum die YD-Phase nicht im Diagramm erscheint, bleibt ungeklärt.

Für die Zeit von LGM und *Termination I* (Abb. 5.158) geben Hodell et al. (2008) Korrelierungen mit verschiedenen Paläoklimaproxys an, die die Interpretation der Petén-Iztá-Sedimente bekräftigen sollen. Es ist auffällig, dass die markante Klimaschwankung der YD, die in allen anderen Lokalitäten deutlich hervortritt, sich in den Petén-Iztá-Sedimenten nicht zeigt, auch nicht in den Pollensequenzen (Correa-Metrio et al. 2012). Der Übergang von der YD zum Holozän (ca. 11,7–11,5 ka BP) deutet sich in keiner Weise an. Im See fand Gipsausscheidung bis zum Ende des Präboreals um 10,3 ka BP statt, während im Cariaco-Becken das Ende der YD mit einem plötzlichen Wechsel

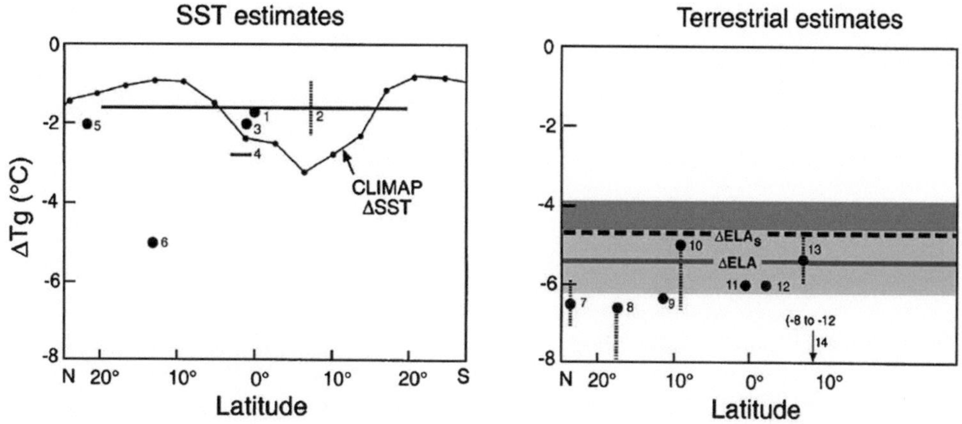

Abb. 5.152 Schätzungen der Temperaturdepression während des LGM (ΔT_g) von repräsentativen tropischen Lokalitäten aufgrund unterschiedlicher Klimaproxys. CLIMAP-SST-Differenz (August heute – August LGM). Die tropische Temperaturdepression, die auf dem Mittelwert (ΔELA) basiert, wird mit *dicker gerissener Linie* dargestellt (1σ-Bereich = *dunkelgrau*); Fehlerschätzungen (1σ) in *vertikalen gerissenen Linien*.
1 – *Eastern Atlantic Ocean alkenone data* (Sikes und Keigwin 1994);
2 – *Indian Ocean alkenone data* (Bard et al. 1997);
3 – *Central Pacific Ocean alkenone data* (Lyle et al. 1992);
4 – *Western and eastern Pacific Ocean Mg/Ca data* (Lea et al. 2000);
5 – *Hawaiian foram $\delta^{18}O$ data* (Lee und Slowey 1999);
6 – *Barbados $\delta^{18}O$ and Sr/Ca data* (Guilderson et al. 1994);
7 – *Noble gases in Oman groundwaters* (Weyhenmeyer et al. 2000);
8 – *Pollen in Guatemala lakes* (Leyden et al. 1993);
9 – *Noble gases in Nigerian groundwaters* (Edmunds et al. 1999);
10, 11 und 12 – *Pollen data from Panama, Brazil, and Ecuador, respectively* (Colinvaux et al. 1996b);
13 – *Noble gases in Brazil groundwaters* (Stute et al. 1995);
14 – *$\delta^{18}O$ of Huascarán ice cap, Peru* (Thompson et al. 1995);
15 – *Pollen data from Brazil* (Colinvaux et al. 1996b);
16 – *Noble gases in Namibia groundwaters* (Stute und Talma 1998).
(Aus Porter (2001), dort auch alle Literaturzitate)

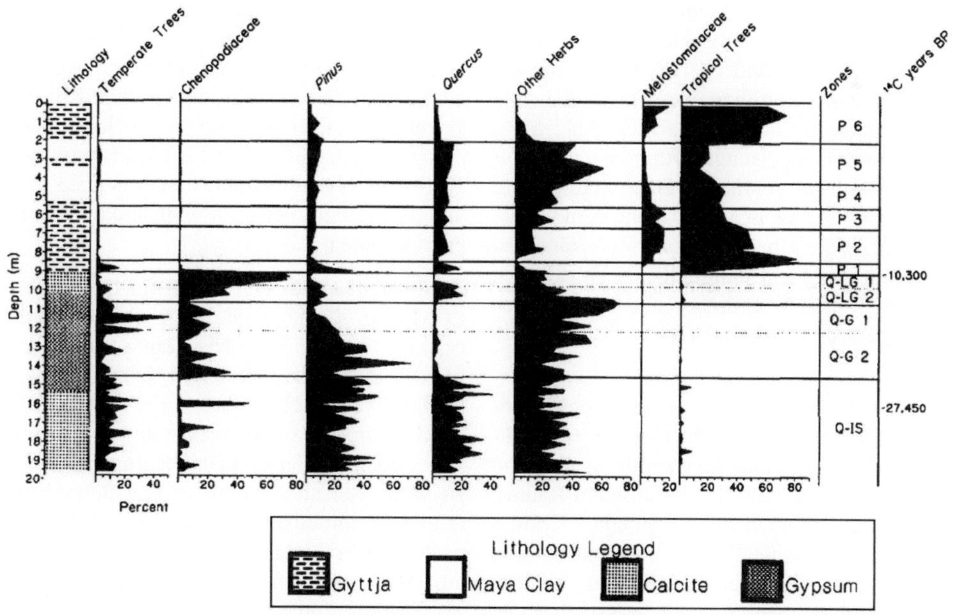

Abb. 5.153 Sammelprofil für den Lago Quexil, Guatemala. Die Pollengruppen enthalten die Mehrzahl der vorkommenden Taxa. Die temperierten Bäume umfassen sowohl mesische als auch xerische Arten. Chenopodiaceae repräsentiert auch Chenopodiaceae-Amaranthaceae-Pollentypen. Die tropischen Bäume sind vorherrschend Moraceae-Arten. Pollenzonen werden *rechts* im Profil angegeben (aus Leyden et al. 1994).
Die Abbildung zeigt deutlich, dass die tropischen Bäume in den Pollenzonen P 3–5 stark abnehmen; dies ist auf die Waldrodung und den Brandrodungsfeldbau zurückzuführen. P 3 repräsentiert das Spätklassikum der Maya-Zivilisation, P 4 die frühe Klassische Periode und P 5 die spätklassische Zeit sowie das Postklassikum mit dem Kollaps der Zivilisation. In P 6 werden das Brachfallen der Anbauflächen und die Wiederbewaldung mit tropischer Waldvegetation angezeigt. P 6 verkörpert die Post-Maya-Zeit

Kapitel 5

Abb. 5.154 Petén-Iztá-See, Guatemala. *Rechts*: (nach Hodell et al. 2008) (A) Lage im karibischen Raum. (B) Nord-Guatemala mit Lago Petén Izta. (C) Bathymetrische Karte des Sees mit den Bohrstellen. *Links*: Landschaftsbild. (alueni-images)

zu warmen und feuchten Bedingungen zusammenfällt. Pollenstudien von Leyden et al. (1993, 1994), Islebe et al. (1996) und Hillesheim et al. (2005) zeigen, dass sich der tropische Wald nach 12,5 ka BP (ca. 10,5 ^{14}C ka BP, vgl. Abb. 5.153) im Petén ausbreitete und um 11 ka BP (ca. 9,5 ^{14}C ka BP) dominierte. Die Petén-Iztá-Sedimente belegen einen langsamen Wechsel zu einer mehr feuchteliebenden Vegetation zwischen 13 und 11 ka BP und einen plötzlichen Anstieg der Niederschläge zwischen 11 und 10,3 ka BP (Hodell et al. 2008). Vier markante aride Phasen traten um 11,2, 10,9, 10,7 und 10,4 ka BP auf, die mit vergleichbaren Schwankungen korreliert werden können, die im Titan-*record* des Cariaco-Beckens beobachtet (Abb. 5.86) und mit den Schmelzwasser-Einspeisungsrhythmen in den Golf von Mexiko in Zusammenhang gebracht werden (Hillesheim et al. 2005). Auf die Tatsache, dass in Mexiko (und dem Gebiet um den Golf von Mexiko) der Übergang von pleistozänen zu holozänen Klimabedingungen nicht unmittelbar nach der YD, sondern erst nach dem (europäischen) Präboreal erfolgte, hatten bereits Heine und Ohngemach (1976) nachdrücklich hingewiesen.

Der Verlauf der Paläoklimaproxys in den Sedimenten des Petén-Iztá-Sees zeigt für das Spätglazial und frühe Holozän wesentliche Unterschiede zu den Paläoklimaproxys im tropischen und subtropischen Nordatlantik außerhalb des karibischen Raums. Große und Kleine Antillen scheinen die Allgemeine Zirkulation im Nordatlantik während kalter Heinrich-Ereignisse und der YD stark zu beeinflussen. Auch die wechselnden Abflussverhältnisse der nordamerikanischen Schmelzwasser über den Mississippi in den Golf von Mexiko haben einen großen Einfluss auf die spätglazialen/frühholozänen Klimaschwankungen im mittelamerikanischen Raum. Die Mg/Ca-Verhältnisse zeigen das H1-Ereignis (ca. 16,9–15,4 ka BP, H1 – *Mystery Interval* in Abb. 5.158) im Cariaco-Becken kaum (vgl. Lea et al. 2003; Abb. 5.81, 2.17); die YD, die zeitlich hochauflösend erfasst wird (Hughen et al. 2000), tritt deutlich hervor. In Yucatán ist das H1 *event* klar zu erkennen, doch die YD als eigene markante Klimaschwankung fehlt. Unter Berücksichtigung dieser Tatsachen, dass nämlich das H1-Ereignis einerseits und die Jüngere Dryas-Phase andererseits im karibischen und mittelamerikanischen Raum zwischen Mexiko und dem Cariaco-Becken nicht einheitlich in den Geoarchiven dokumentiert werden, ist es nicht gerechtfertigt, die spätquartären Klimafluktuationen des nördlichen Südamerika (Amazonien und Anden) mit bestimmten nordatlantischen (und grönländischen Klimaschwankungen) zu korrelieren, es sei denn, dass zeitlich hochauflösende und chronologisch gut gesicherte Paläoklimaproxys vorliegen. Das ist aber – wie oben diskutiert wird – bei den glazialen, limnischen und palynologischen Paläoklimaarchiven in den meisten Fällen nicht gegeben.

Zusammenfassend ergibt sich für den karibischen Raum: Das LGM war – wie auch im tropischen Südamerika – relativ trocken. Die aus der Absenkung der ELA um rund 1000 m für das LGM rekonstruierten Temperaturen waren ca. 5–7 °C kühler (in den Höhenlagen der Gebirge). Der aus den Paläoklimaproxys *Seesedimente* und *Pollen* ermittelte Übergang von ariden kühleren Klimabedingungen des Spätpleistozäns zu wärmeren und vor allem feuchteren Verhältnissen erfolgte nicht unmittelbar nach der YD um 11,7 ka BP, sondern erst nach dem Präboreal um 10,3 ka BP, d. h. ca. 1400 Jahre später. Der Grund dafür ist: Das neotropische Klima ist während der Deglaziation und des frühen Holozäns eng mit Klimaänderungen des (außertropischen) Nordatlantiks verknüpft. Die hygrischen Schwankungen des karibischen Raums wurden von nord- und südwärtigen Wanderungen des ITCZ-Systems gesteuert. Dieser Mechanismus lief in Zeitskalen von Jahrtausenden und Jahrhunderten ab und wurde von der solaren Einstrah-

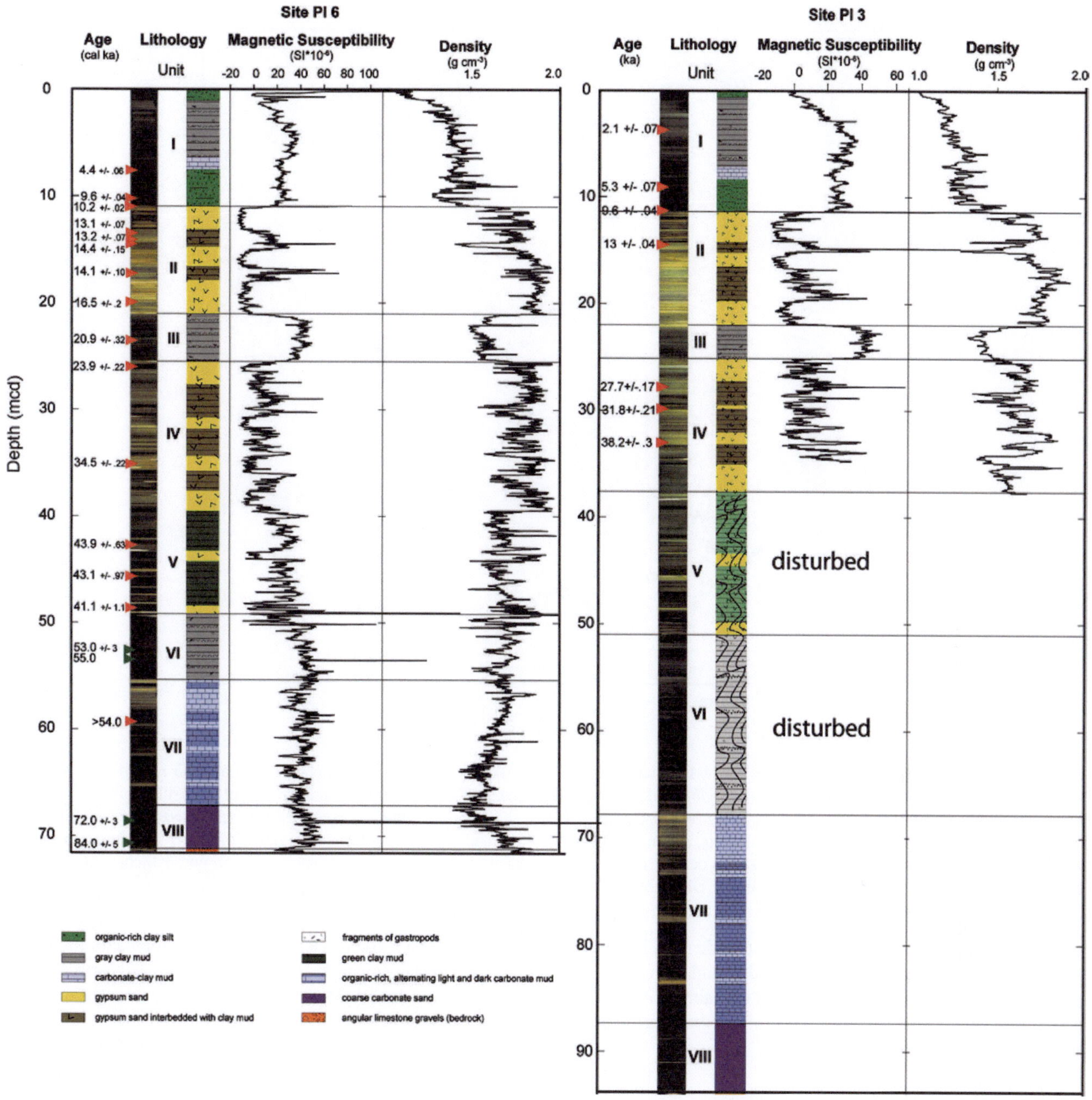

Abb. 5.155 Petén-Itzá-Seesediment-Stratigraphie (nach Hodell et al. 2008). Zusammengesetze Profile mit Lithostratigraphie, magnetischer Suszeptibilität und Dichte der Kerne PI-6 und PI-3. Gipslagen (*gelb*) zeichnen sich durch relativ geringe Suszeptibilität aus, während tonreiche Lagen (*grau* und *braun*) eine höhere Suszeptibilität und geringere Dichte aufweisen. *Rote Pfeile* kennzeichnen die Position der ^{14}C-Daten (cal ^{14}C)

lung (Abb. 5.159), den glaziären Schmelzwasserereignissen, der nordatlantischen Meereisbedeckung und der AMOC gesteuert. ELA-basierte LGM-Temperaturrekonstruktionen verschiedener Autoren, die eine extreme Temperaturdepression angeben, sind teilweise unbrauchbar, da glaziäre Bildungen (Moränen) einbezogen werden, die nicht im LGM, sondern während älterer Vergletscherungsphasen gebildet wurden.

5.3.3 Das Holozän

Vor allem die holozänen Klimaschwankungen sind für den mittelamerikanischen Raum von besonderem Interesse in Verbindung mit archäologischen Forschungen der präspanischen Kulturen. Die holozäne Klimaentwicklung Mexikos wird durch Gletscherbewegungen, Vegetationsdynamik, Bodenbildungen, Erosions- und Akkumulationsprozesse, Seesedimente und – im Jungholozän – anthropogene Zeugnisse (vor- und früh-

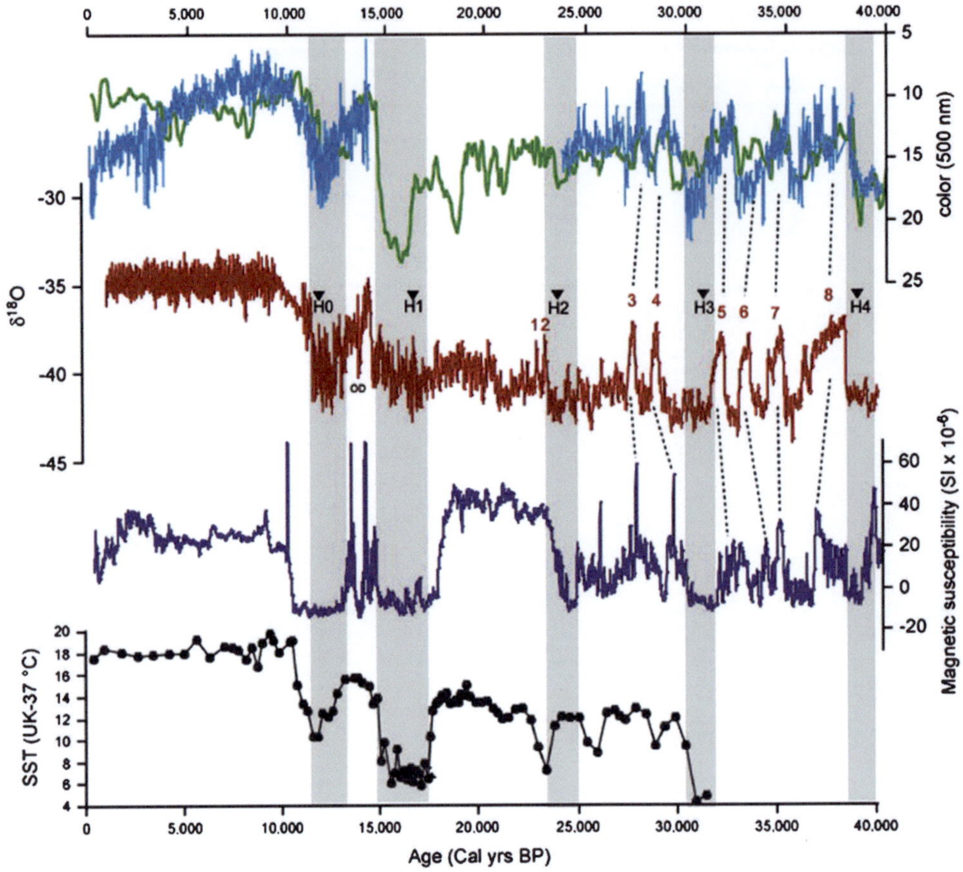

Abb. 5.156 Magnetische Suszeptibilität des Kerns PI-6 (*dunkelblau*; Petén-Iztá-Seesediment) verglichen mit dem $\delta^{18}O$ *record* des Grönland-Eiskerns (*rot*). Farb-Reflexion (*grün*) und Titan (*hellblau*) des Cariaco-Beckens. SST von Alkenone von Kern SU8118 des subtropischen Atlantiks (*grau*). Heinrich-Ereignisse – *schwarze Dreiecke*. Die mächtigsten Gipslagen (markiert durch geringe magnetische Suszeptibilität) sind *grau unterlegt* und korrespondieren mit Heinrich-Events, die in den kältesten Grönland-Stadialen auftreten, zugleich mit einer Zunahme der Passatwindintensität und verringerten Niederschlägen in den Cariaco-Sedimentkernen sowie kühlen SST im subtropischen nordöstlichen Atlantik. Die *roten Zahlen* zeigen die Grönland-Interstadiale an; OD steht für Ältere Dryas. (Aus Hodell et al. 2008)

geschichtliche sowie archäologische Befunde und historische Aufzeichnungen) dokumentiert. Globale (und regionale) Zusammenstellungen der Daten in den letzten Jahren (Abb. 5.160, 5.161 und 5.162) zeigen Trends, doch oft bleiben regionale Besonderheiten unberücksichtigt.

Mexiko (zentralmexikanisches Hochland)

Metcalfe et al. (2000) geben eine Zusammenfassung der spätpleistozänen und holozänen Klimaentwicklung für Mexiko aufgrund von Pollen, Diatomeen, Sedimentchemie und -Isotopen, *Packrat middens* und glaziären Befunden, jedoch ohne eine kritische Evaluation der Daten vorzunehmen. Sie kommen zu dem Ergebnis, dass signifikante Klimaänderungen im Holozän auftraten, die jedoch in ihrer Intensität geringer als in anderen Regionen der nordhemisphärischen Tropen und Subtropen waren. Nordmexiko und Yucatán (Zentralamerika) zeigen oft entgegengesetzte Klimasignale, die im zentralmexikanischen Hochland (Abb. 5.163) stärker schwanken. Die heutigen Klimabedingungen stellten sich erst um 9 ka BP ein; die allgemein feuchten Verhältnisse (Sommer-Niederschlagsregime) herrschten über rund 6000 Jahre. Im Mittelholozän um 6–5 ka BP bestimmten stärkere Oszillationen das Hochlandklima (vgl. Abb. 5.159). Das späte Holozän, ab ca. 3 ka BP, wurde durch eine Serie von mehreren trockenen Phasen charakterisiert, die besonders zwischen 2,3 und 0,9 ka BP auftraten (Metcalfe et al. 2000). Ergänzend zu diesen Angaben (vgl. auch Bush und Metcalfe 2012) werden nachfolgend *Temperatur*rekonstruktionen erwähnt.

Die glaziären Paläoklimaarchive (Abb. 5.146) belegen für das frühe Holozän Klimaschwankungen in ca. 4000 m NN an der oberen Waldgrenze, die im Präboreal um 5 °C kälter und um 8,2 ka BP um 4 °C kühler als heute waren. Zwischen ca. 8 und 5 ka BP war es ≥ 1 °C wärmer als heute. Mit Beginn des Neoglazials (um 4 ka BP) wurde es ca. 2 °C kühler; auch während der Kleinen Eiszeit waren die Temperaturen bis zu 1,5–2 °C abgesenkt (Vázquez-Selem 2000). Obgleich die neoglazialen Moränen der zentralmexikanischen Vulkane gestaffelt sind und auf differenzierte Gletscherbewegungen während der Kleinen Eiszeit hinweisen, gibt es bisher keine detaillierte Chronostratigraphie der neoglazialen glaziären Bildungen (Abb. 5.164). Auch ist nicht bekannt, ob es zwischen 3 und 2 ^{14}C ka BP Gletschervorstöße gab, die eine geringere Ausdehnung als die

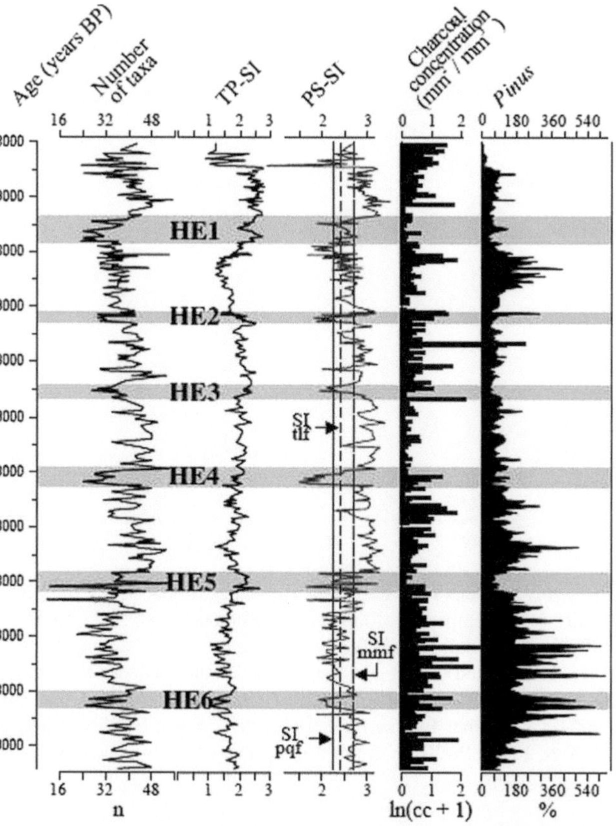

Abb. 5.157 Diversität der Pollen-Taxa im Kern PI-6 von Petén Iztá (s. Abb. 5.154). *Von links nach rechts*: Anzahl der Taxa in jeder Probe, Shannon-Wiener-Diversitäts-Index aufgrund der Gesamtzahl der Pollen (TP-SI) bzw. der Pollensummen (PS-SI), logarithmisch transformierte Holzkohle-Konzentrationen sowie *Pinus*-Prozentanteile. Heinrich-Events (HE) sind *grau* markiert. Der mittlere Shannon-Wiener-Index für heutige tropische Tieflandwälder (SI tlf), für montane mesophyllische Wälder (SI mmf) und für *Pinus-Quercus*-Wälder (SI pqf) wird als Referenz für PS-SI angegeben. Die Jüngere Dryaszeit (YD, HE 0) zeigt sich nicht (aus Correa-Metrio et al. 2012)

Gletscher der Kleinen Eiszeit hatten und deshalb bisher nicht erkannt wurden, oder ob die in diese Zeit datierten periglaziären Hangsedimente (Heine 1975b) ausschließlich kühlere und trockenere Bedingungen dokumentieren.

Werden die Trends der holozänen Gletscherschwankungen der Kordilleren von Nord- und Südamerika verglichen (Abb. 5.165), zeigt sich, dass auf der Nordhemisphäre die jüngsten Gletschervorstöße des Neoglazials am größten waren (Kleine Eiszeit um AD 1850), während auf der Südhemisphäre die mittel- und jungholozänen (neoglazialen) Gletscher mit abnehmendem Alter geringere Ausdehnungen zeigten, was zur Bildung von Moränenstaffeln führte, bei denen die jeweils jüngeren Gletschervorstöße nicht mehr die älteren Moränen überfahren haben. Das Gletscherverhalten im Neoglazial reflektiert den Wandel der solaren Strahlung (Abb. 5.159) und erklärt möglicherweise die „fehlenden" neoglazialen Moränen, die älter als die Kleine Eiszeit sind.

Die Temperaturrekonstruktionen aufgrund der holozänen Gletscherbewegungen werden durch Beobachtungen der Vegetationsentwicklung und holozänen Bodenbildungen ergänzt. Die palynologischen Daten (Abb. 5.132; Straka und Ohngemach 1989) aus 3100 m NN am Malinche-Vulkan benutzt D'Antoni (1993) für Paläotemperaturberechnungen. Im Spätglazial waren die Temperaturen bis zu $\sim$ 6 °C kälter als im Holozän zwischen 8 und 5 ka BP. Das Neoglazial war bis zu 3 °C kühler im Vergleich zu heute und wird in Pollenprofilen durch eine kühl-feuchte Waldvegetation mit *Abies religiosa* (Tannenzeit) angezeigt. Die Tannenzeit wird auf AD 320–800 datiert, d. h. neoglazial, aber älter als die Kleine Eiszeit (Heine 1985). Ein Pollenprofil von der Sierra Nevada aus 3860 m NN (Lozano-García und Vázquez-Selem 2005) umfasst die letzten 11.000 Jahre (s. o.) und ergänzt die Daten einer warm-feuchten Phase um 7,5–5 ka BP sowie trockenere Verhältnisse ab 5 ka BP.

Auf den Aschen und Bimsen der wiederholten vulkanischen Eruptionen (Abb. 5.135) entwickelten sich in Höhen über rund 3000 m NN Andosole. Die Andosol-Bildung ist klima- und höhenabhängig (Miehlich 1991). Zwischen 8 und 5 ka BP reichte die Andosol-Bildung ca. 200 m höher an den Vulkanhängen als in den letzten ca. 3000–4000 Jahren. Das entspricht einer Temperatur, die im Mittelholozän um ca. 1,5 °C wärmer als heute war.

Daten über Temperaturänderungen sind aus den vorwiegend limnischen Sedimenten der zentralmexikanischen Hochbecken nur schwer zu erhalten. Geringe Temperaturschwankungen hatten im mittleren und Jungholozän kaum Auswirkungen auf Vegetationszusammensetzung, Mikroorganismen (z. B. Diatomeen) und geochemische Parameter sowie Isotopencharakteristika der Sedimente. Geringe Temperaturschwankungen hatten in den Hochbecken keine Umweltveränderungen zur Folge. Darüber hinaus erschwert der anthropogene Einfluss auf die Umwelt seit > 8 Jahrtausenden (Abb. 5.166) die paläoklimatische Interpretation der Geoarchive.

Das Spätholozän (*Late Holocene*: 4,2 ka BP bis heute; Wanner et al. 2008) bzw. die letzten ca. 2500 Jahre (*Subatlantikum* der klassischen europäischen Gliederung) sind im mexikanischen Hochland hinsichtlich hygrischer Schwankungen viel diskutiert worden, da trockene und feuchte Klimaphasen großen Einfluss auf die mesoamerikanischen prähistorischen Kulturen ausübten. Doch die Daten sind teilweise widersprüchlich (Conserva und Byrne 2002). Für die Rekonstruktionen einzelner Zeitscheiben (18, 9, 6, $\sim$5, $\sim$1 ^{14}C ka BP) erwähnen Metcalfe et al. (2000) unterschiedliche Geoarchive (geochemische, Pollen- und Diatomeenanalysen); ihre Synthese stützt sich jedoch ausschließlich auf ^{14}C-datierte Seesedimente. Sämtliche paläopedologischen (z. B. Miehlich 1991) und glazialgeomorphologischen und -chronologischen Daten (z. B. Vázquez-Selem 2000), aber auch detaillierte palynologische Studien (z. B. Straka und Ohngemach 1989) bleiben unberücksichtigt. Doch geringe (Temperatur- und) Niederschlagsschwankungen können oft nur schwer aus paläolimnologischen Daten erschlossen werden; dies betrifft vor allem Diatomeen, die vergleichsweise sehr kurze Lebenszyklen haben und zudem jahreszeitlich in ihrer Produktivität stark schwanken.

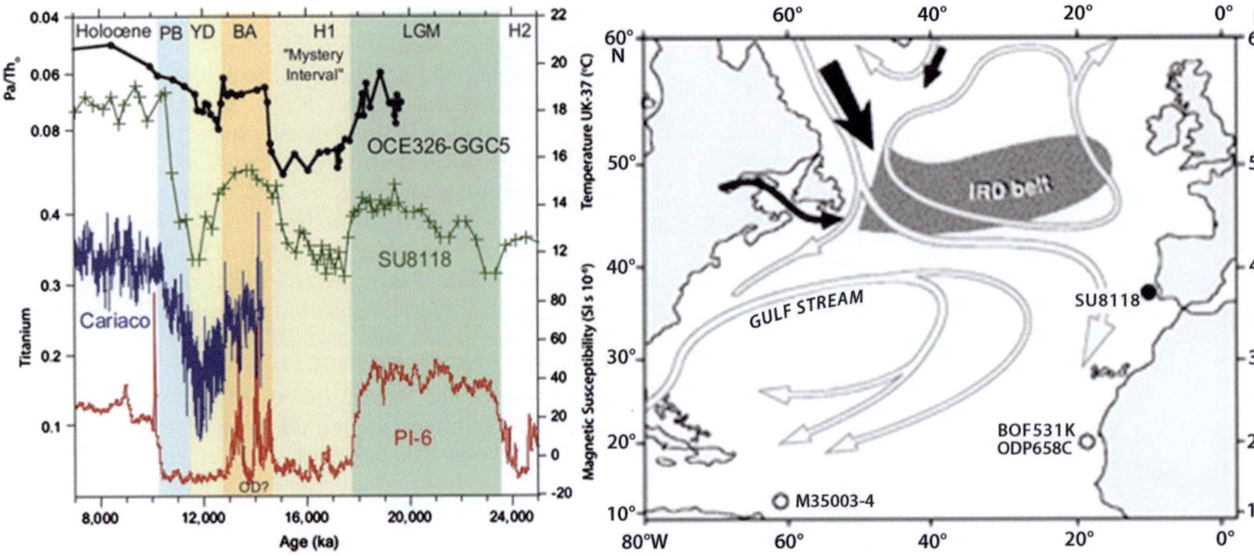

Abb. 5.158 *Links*: Vergleich der magnetischen Suszeptibilität des Kerns PI-6 (*rot*) mit dem Titan des Cariaco-Beckens (*blau*; Proxy für Niederschlag; Haug et al. 2001), der SST des Golfes von Cadiz (*grün*; Alkenone als Proxy für Temperatur; Bard et al. 2000) und den ^{231}Pa/^{230}Th-Werten von OCE326-GGC5 (*schwarz*; Proxy für die AMOC-Intensität; McManus 2004) (aus Hodell et al. 2008).
Rechts: Der Nordatlantik mit marinen Sedimentkernen, die im tropischen und subtropischen Gebiet genommen wurden und in denen das Heinrich 1-Event erfasst wird (Alkenone-Daten). *Schwarze Pfeile* – Herkunft der Eisberge; IRD belt – *Ice rafted detritus*-Bereich; *graue Pfeile* – rekonstruierte Zirkulation nach verschiedenen Autoren (aus Bard et al. 2000). M350003-4 – Mariner Bohrkern (12°06′ N, 61°14′ W); SU1881 – Mariner Bohrkern (Bard et al. 2000); BOFS31K/ODP658C – Marine Bohrkerne (18°35′ N, 20°06′ W/20°45′ N, 18°35′ W). Der Cariaco-Bohrkern liegt auf der Karte *unten links* (10°42′ N, 64°57′ W) vor der Küste Venezuelas

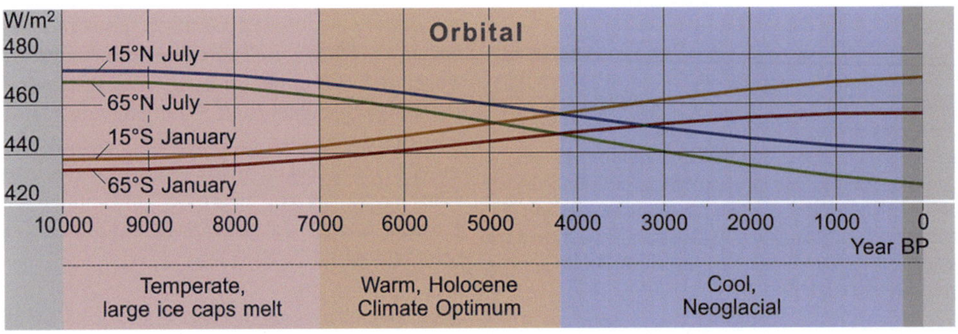

Abb. 5.159 Solare Insolation aufgrund orbitaler Veränderungen für zwei Orte der Nord- und der Südhemisphäre während des jeweiligen Sommers (*orbital forcing* (nach Berger 1978 und Wanner et al. 2011), http://www.oeschger.unibe). Der mesoamerikanische Raum (zwischen 10 und 25° N) erhält im frühen und mittleren Holozän eine wesentlich größere Einstrahlung als im Spätholozän (Neoglazial). Die ITCZ wanderte im Früh- und Mittelholozän im Nordsommer weiter nach Norden als heute; dadurch wurden höhere Niederschläge bis zum Beginn des kühleren Neoglazials möglich. Der Übergang vom Mittel- zum Spätholozän fällt mit dem Übergang von der nordhemisphärischen Insolationsdominanz zur südhemisphärischen Insolationsdominanz zusammen und wird in Mexiko durch einen Wechsel von ariden und feuchten Phasen charakterisiert

Bhattacharya et al. (2015) analysieren die Sedimente des Aljojuca-Maarsees (19°05′29″ N, 97°32′ W, ~2380 m NN) im zentralmexikanischen Hochland (Abb. 4.48). Aufgrund geochemischer Werte (Elementkonzentrationen, u. a. Al_2O_3, Ti) und stabiler Isotope (u. a. $\delta^{18}O$) wird eine relativ aride Phase zwischen 500 CE (*Common Era/Current Era*) und 1150 CE angenommen, die zur Aufgabe der großen städtischen Siedlung von Cantona (19°35′ N, 97°29′ W, ~2580 m NN, bis zu 90.000 Einwohner) geführt haben soll. Auch hier werden hohe Aluminium- und Titan-Werte in den Seesedimenten mit einem hohen Eintrag von terrigenem Material und – daraus wird gefolgert – mit hohen Niederschlägen gleichgesetzt. Geringe Al_2O_3- und Ti-Werte sollen die trockene Phase (500–1150 CE) dokumentieren, in der zuerst ein Anstieg der Bevölkerung aufgrund möglicher regionaler politischer Instabilität postuliert wird und die aufgrund eines lange anhaltenden Umweltstresses schließlich zum Verlassen der Stadt führte. Die Möglichkeit, dass die Elementkonzentrationen von Al_2O_3 und Ti weniger die Niederschlagsverhältnisse repräsentieren, sondern vielmehr die anthropogenen Eingriffe in den Naturhaushalt (siehe Box Dürren, Bevölkerungskollaps und Bodenerosion), wird nicht diskutiert.

Auch die umfassende globale Synthese von Mann et al. (2009) der *Medieval Climate Anomaly* (MCA), einer globalen wärme-

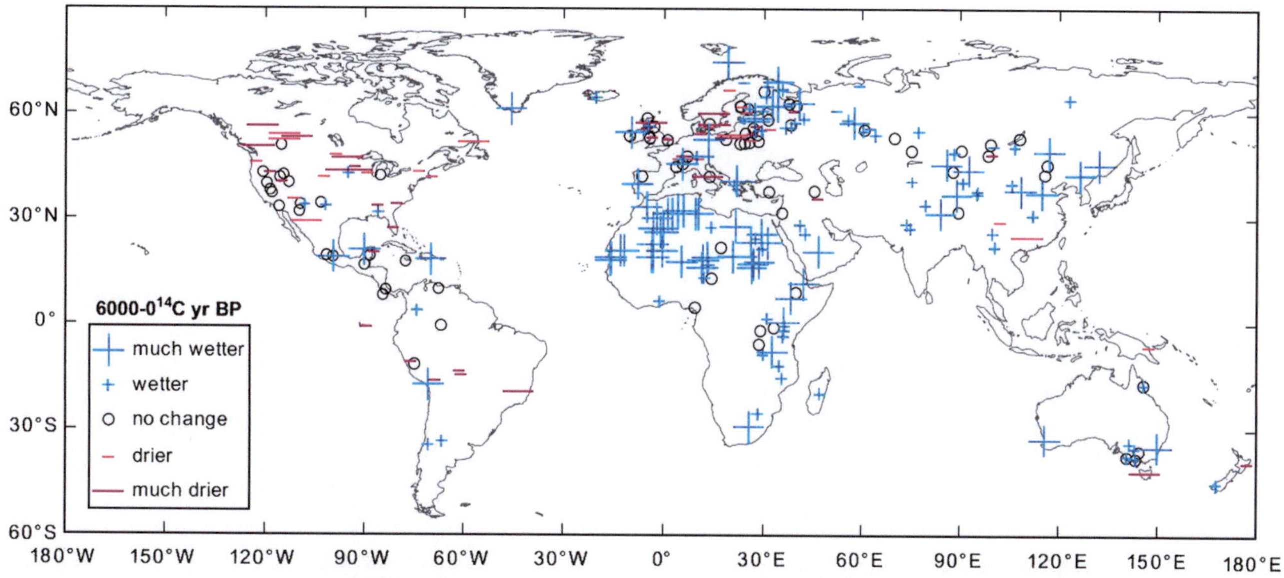

Abb. 5.160 Veränderungen der limnischen Situation um 6,8 ka BP (6 ^{14}C ka BP) im Vergleich zu heute. Die Daten stammen vom *Global Lake Status Data Base* (nach Wanner et al. 2008). Die nordhemisphärischen Tropen sind feuchter; die südhemisphärischen Neotropen sind arider

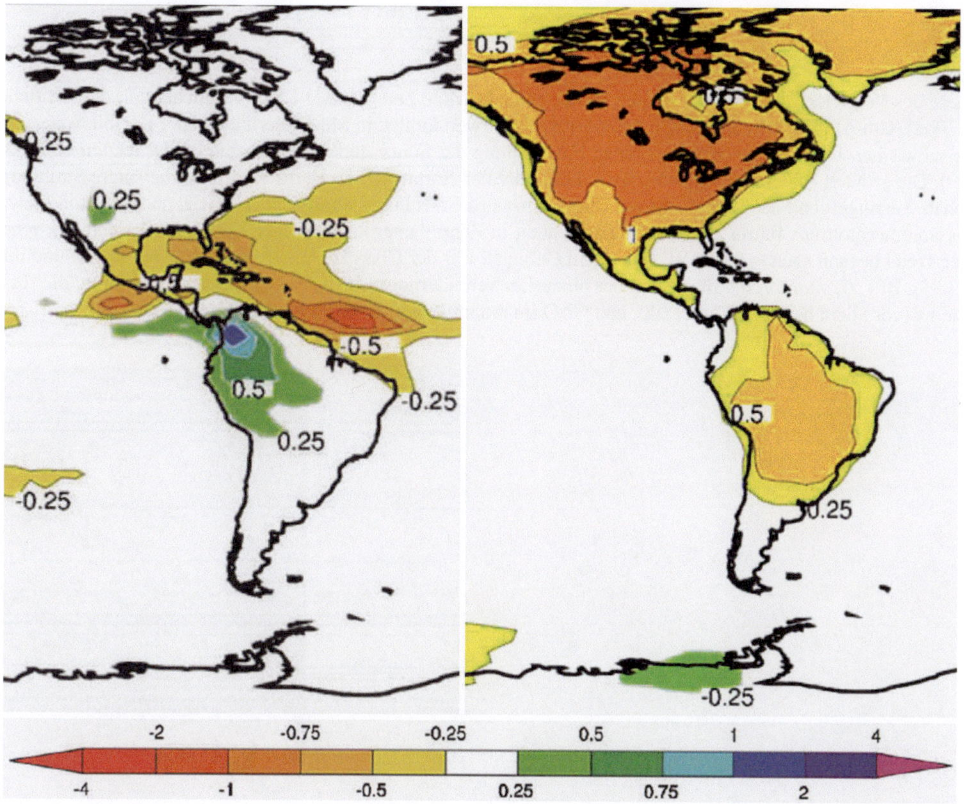

Abb. 5.161 PMIP2-Simulationen (PMIP – *Paleoclimate Modeling Intercomparison Project*). *Rechts*: JJAS mittlere Oberflächentemperaturdifferenzen (°C) zwischen dem Mittelholozän und der Gegenwart (präindustrielle Zeit). *Links*: Dasselbe für die Niederschläge (mm/Tag) (aus Wanner et al. 2008).
Für das Mittelholozän werden für Mesoamerika bis zu 1 °C höhere Temperaturen und geringere Niederschläge angegeben (bis zu 0,75 mm/Tag)

ren Phase um ca. AD 950–1250, und der Kleinen Eiszeit (*Little Ice Age* – LIA), einer globalen kühleren Phase zwischen ca. AD 1350–1850, basiert für Mexiko allein auf (See-)Sedimenten (MCA) bzw. auf historischen Dokumenten (LIA) (Abb. 5.167). Für die MCA wird – im Vergleich zur Phase AD 1961–1990 – eine Temperaturerhöhung in Zentralmexiko von 0,5–1,0 °C

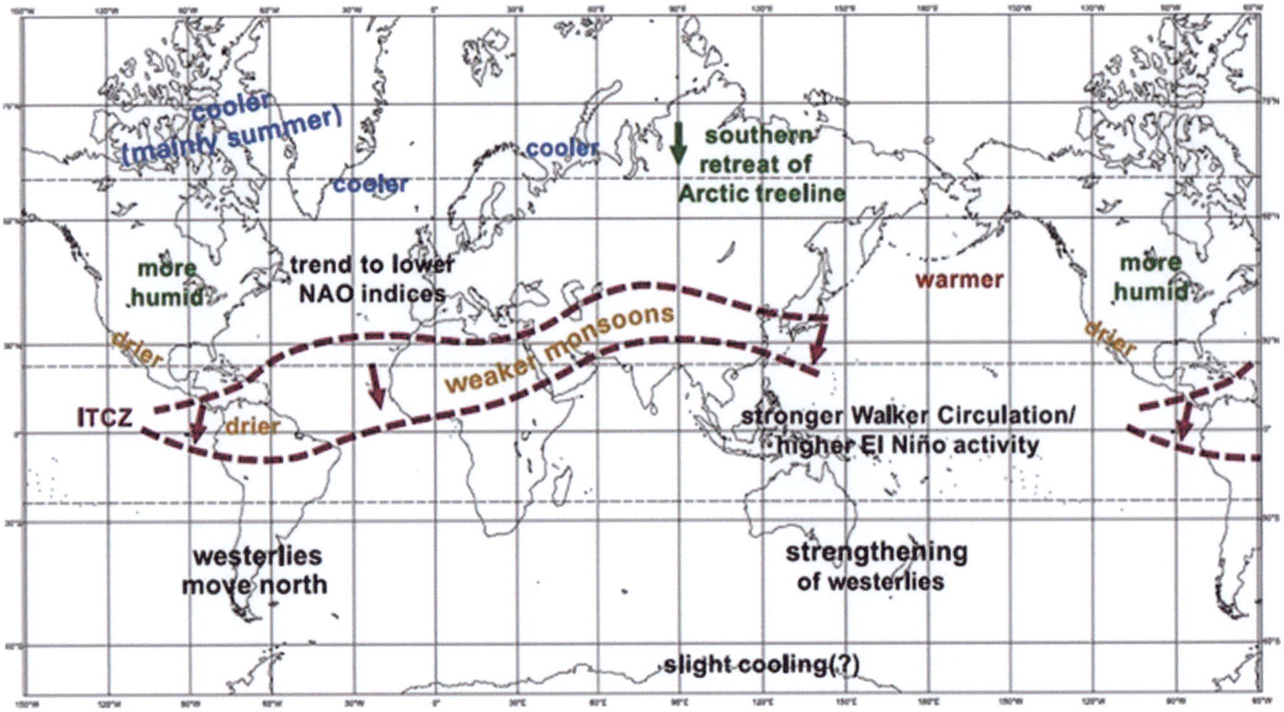

Abb. 5.162 Synthese des Vergleichs des globalen Klimas für die präindustriale Zeit (ca. AD 1700) verglichen mit dem Mitteholozän (~ 6 ka BP) (aus Wanner et al. 2008). Um AD 1700 (Maunder-Minimum) war es weltweit kühler, in Mesoamerika und der Karibik war es arider, und die Monsunzirkulation war schwächer. Die Verteilung der gesamten Einstrahlung der Sonne änderte sich während der letzten 6000 Jahre (Änderung der orbitalen Parameter). Die größten Änderungen traten während des borealen Sommers und Herbstes auf, als die solare Strahlung Schritt für Schritt in der Nordhemisphäre verringert und der Südhemisphäre vergrößert wurde. Als Folge wanderten die ITCZ und das Monsunsystem südwärts. Die Abschwächung des Sommermonsuns führte zu größerer Trockenheit in Zentralamerika, aber auch in Nordafrika und den zentralasiatischen Trockenräumen. Dieser Trend begann nach ~ 5,5 ka BP. In einigen Gebieten war der Übergang relativ plötzlich (in Mexiko und im Tschadsee-Gebiet zwischen 4,2 und 3,8 ka BP). *Orbital forcing* führte darüber hinaus zu Veränderungen im Verhalten der Hauptfaktoren, die für die Variabilität des internen Klimasystems (vor allem bei ENSO im Pazifik und NAO im Atlantik) verantwortlich sind (Wanner et al. 2008)

Abb. 5.163 *Links*: Das zentralmexikanische Hochland während der Trockenzeit (November–April) mit der Sierra Nevada *links im Hintergrund* aus Nordosten gesehen. Gemälde von Johann Moritz Rugendas aus der Zeit 1831–1834. Die Vulkane der Sierra Nevada zeigen die Gletscher der Kleinen Eiszeit. *Rechts*: Aztekische Tláloc-Statue vor dem anthropologischen Museum in Mexiko-Stadt. Tláloc war bei den präspanischen Kulturen der Totonaken und Azteken eine der wichtigsten Gottheiten; er wurde mit allen Wetterphänomenen assoziiert, besonders aber mit dem Regen. Ob die Kollosalfigur wirklich den Gott Tláloc darstellt, wird neuerdings bezweifelt. (Fotos: alueni-images)

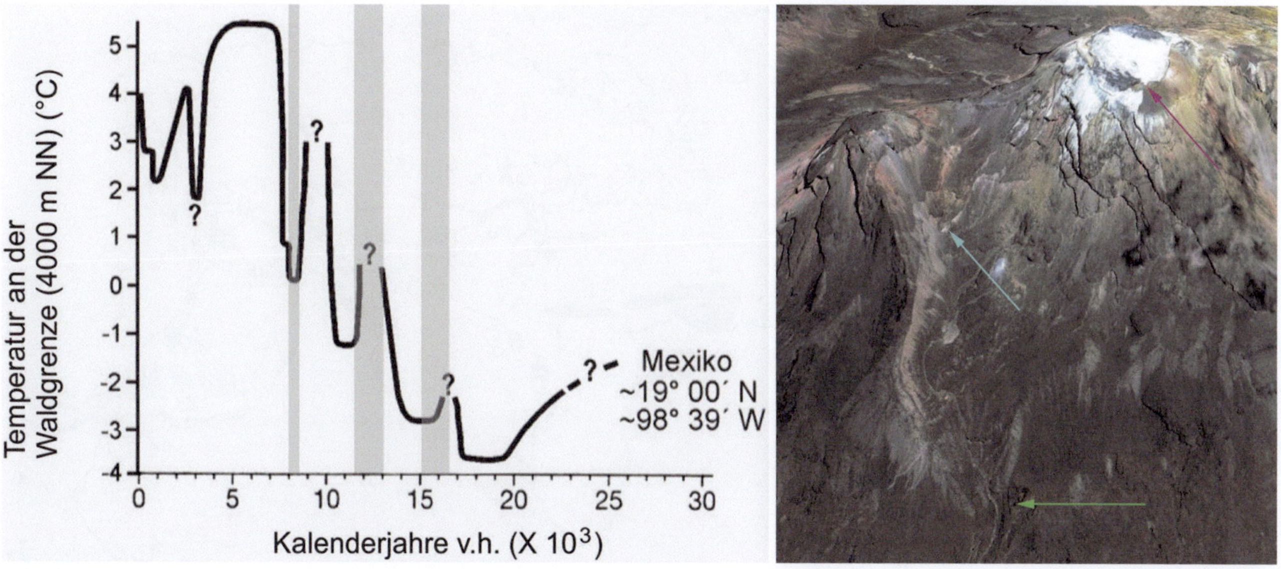

Abb. 5.164 *Links*: Rekonstruktion der Temperatur im Bereich der rezenten oberen Waldgrenze (ca. 4000 m NN, Iztaccíhuatl, Zentralmexiko) aufgrund der Glazialchronologie (nach Vázquez-Selem 2000). Die *grauen Balken* repräsentieren das 8,2 ka *event*, die YD (~ 11,7–12,8 ka BP) und H1 (Heinrich 1-Event, ~ 15,0–16,5 ka BP). Vgl. Abb. 5.146. *Rechts*: Iztaccíhuatl. Moränen der Kleinen Eiszeit belegen eindrucksvoll das Gletscherabschmelzen seit ca. AD 1850. *Grüner Pfeil* – Gletscherende um AD 1850 in rund 4300 m NN; *blauer Pfeil* – Gletscherende im Jahr 1954 in ca. 4700 m NN; *lila Pfeil* – Gletscherende im Jahr 2015 in rund 5170 m NN. (Vgl. Heine 1983b)

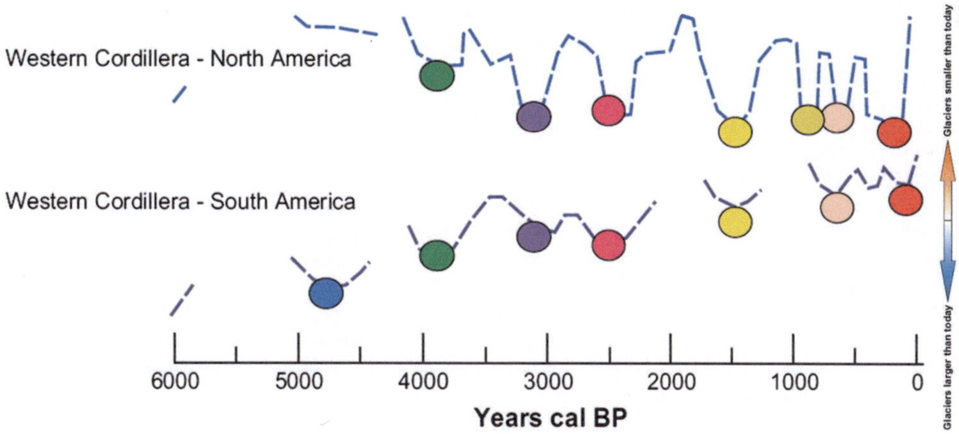

Abb. 5.165 Altersstellung und relative Größe von Gletscherschwankungen (Vorstoß- und Abschmelzphasen) während der letzten 6000 Jahre für Nord- und Südamerika. Die *farbigen Punkte* markieren mögliche zeitgleiche neoglaziale Vorstöße (nach Wanner et al. 2008). Die Klimaschwankungen im Neoglazial (seit ca. 5 ka BP) zeigen auf der Nordhemisphäre einen Trend der Gletschervorstöße, der dem südhemisphärischen Trend entgegengesetzt ist; vom Beginn des Neoglazials bis zum Ende der Kleinen Eiszeit nahm die Ausdehnung der Gletscher auf der Nordhalbkugel zu, auf der Südhalbkugel dagegen ab. Das führte zu Moränensequenzen in den Anden (Peru, Bolivien, vgl. Abb. 5.101), die eine Staffelung von alt zu jung aufweisen; in Mesoamerika (Mexiko) wurden vermutlich ältere Moränen von jüngeren Gletschervorstößen überfahren und sind daher nicht leicht zu erkennen. (Der gleiche Trend zeigt sich auch im asiatisch-australisch-neuseeländischen Bereich.)
Anmerkung: Unterschiedliche Gefällsverhältnisse der ehemals vergletscherten Talungen können den Trend verstärken oder maskieren

aufgrund der Sediment-Geoarchive ermittelt und für die Kleine Eiszeit eine Temperaturänderung aufgrund archivalischer Quellen zwischen −0,5 bis +0,6 °C. Während die Temperaturrekonstruktion für die MCA einen realistischen Wert ergibt, sind die Daten, die für das LIA genannt werden (−0,5 bis +0,6 °C), wenig aussagefähig; auch weichen sie stark von der glazialmorphologisch ermittelten Temperaturdepression ab: Die ELA lag ~ 250 m tiefer als um AD 1960 (Tab. 5.5, Abb. 5.145 und 5.164); dies entspricht einer Temperaturabnahme um ≥ 1,5 °C (bei einem Temperaturgradienten von 0,6 °C/100 Höhenmetern).

Die letzten Jahrhunderte seit der Entdeckung, Eroberung (Conquista) und nachfolgenden Kolonialisierung Mittel- und Südamerikas sind durch historische Dokumente und – neuerdings – durch dendrochronologische Daten hinsichtlich der hygrischen Klimaschwankungen recht gut erfasst (Therrell et al. 2006a).

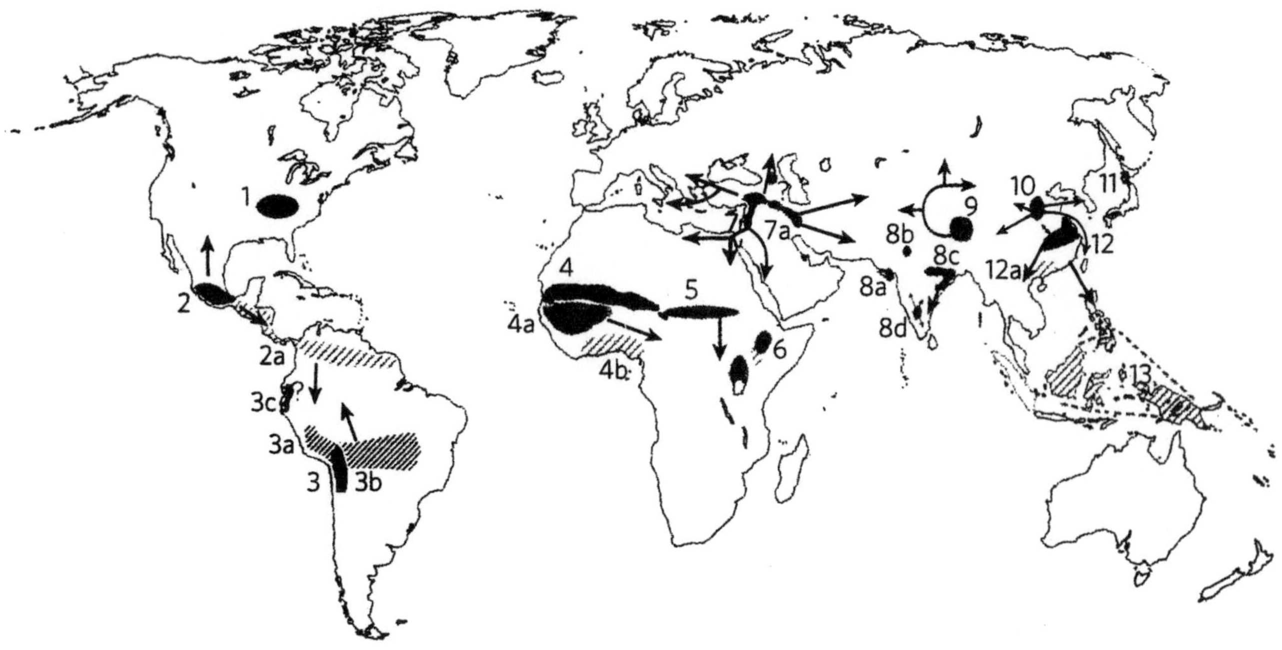

Abb. 5.166 Zentren der Pflanzendomestifikation (nach Purugganan und Fuller 2009). Der Beginn der Domestifikation geht mit einer anthropogenen Veränderung der Umwelt einher. Primäre Zentren – *schwarz*; sekundäre Zentren – *grau*; *Pfeile* – Verbreitung von Ackerbau und Anbaupflanzen in verschiedene Richtungen; die *Nummern* bezeichnen die verschiedenen Gebiete mit Anbaupflanzen und Zeit der Domestifizierung. 1 – östliches Nordamerika (*Chenopodium berlandieri*, *Iva annua* und *Helianthus annuus*, 4500–4000 a BP); 2 – Mesoamerika (*Cucurbita pepo*, 10.000 a BP; *Zea mays*, 9000–7000 a BP); 2a – nördliche Tiefland-Neotropen (*Cucurbita moschata*, *Ipomoea batatas*, *Phaseolus vulgaris*, Baumfrüchte, 9000–8000 a BP); 3 – zentrale Anden mittlerer Höhe (*Chenopodium quinoa*, *Amaranthus caudatus*, 5000 a BP); 3 – Nord- und Zentralanden, mittlere und größere Höhenlagen (*Solanum tuberosum*, *Oxalis tuberosa*, *Chenopodium pallidicaule*, 8000 a BP); 3 – südliches Amazonas-Tiefland (*Manihot esculenta*, *Arachis hypogaea*, 8000 a BP); 3 – Ecuador und Nordwestperu (*Phaseolus lunatus*, *Canavalia plagiosperma*, *Cucurbita ecuadorensis*, 10.000 a BP; das *Fragezeichen* besagt, dass es Unsicherheiten zwischen den Gebieten 3, 3a und 3b gibt); 4 – Sub-Sahara-Westafrika (*Pennisetum glaucum*, 4500 a BP); 4 – westafrikanische Savannen und Wälder (*Vigna unguiculata*, 3700 a BP; *Digitaria exilis*, *Oryza glaberrima*, < 3000 a BP); 4b – westafrikanische Regenwälder (*Dioscorea rotundata*, *Elaeis guineensis*, schlecht dokumentiert); 5 – östliche Sudanzone (*Sorghum bicolor*, > 4000 a BP?); 6 – ostafrikanische Hochländer (*Eragrostis tef*, *Eleusine coracana*, 4000 a BP?) und Tiefland-Gemüseanbau (*Dioscorea cayenensis*, *Ensete ventricosum*, schlecht dokumentiert); 7 – Naher Osten (*Hordeum vulgare*, *Triticum* spp., *Lens culinaris*, *Pisum sativum*, *Cicer arietinum*, *Vicia faba*, 13.000–10.000 a BP); 7a – östlicher fruchtbarer Halbmond (zusätzlich *Hordeum vulgare* und, 9000 a BP, auch Ziegen); 8a – Gujarat, Indien (*Panicum sumatrense*, *Vigna mungo*, 5000 a BP?); 8b – Oberer Indus (*Panicum sumatrense*, *Vigna radiata*, *Vigna aconitifolia*, 5000 a BP); 8c – Ganges (*Oryza sativa* subsp. *indica*, 8500–4500 a BP); 8d – südliches Indien (*Brachiaria ramosa*, *Vigna radiata*, *Macrotyloma uniflorum*, 5000–4000 a BP); 9 – östlicher Himalaya und Yunnan Uplands (*Fagopyrum esculentum*, 5000 a BP?); 10 – nördliches China (*Setaria italica*, *Panicum miliaceum*, 8000 a BP; *Glycine max*, 4500 a BP?); 11 – südliches Hokkaido, Japan (*Echinochloa crusgalli*, 4500 a BP); 12 – Yangtze, China (*Oryza sativa* subsp. *japonica*, 9000–6000 a BP); 12a – südliches China (*Colocasia*, *Coix lachryma-jobi*, schlecht dokumentiert, 4500 a BP?); 13 – Neuguinea und Wallacea (*Colocasia esculenta*, *Dioscorea esculenta*, *Musa acuminata*, 7000 a BP)

Eine 400-Jahr-Baumringchronologie vom Nevado de Colima-Vulkan (Biondi 2001, 2002) zeigt, dass die *Pinus-hartwegii*-Kiefern in Höhen bis zu 300 m unterhalb der oberen Baumgrenze (~ 4000 m NN) 200–300 Jahre jünger sind; die Kiefern konnten erst nach der Kleinen Eiszeit die Hänge oberhalb ca. 3700/3800 m NN erneut besiedeln. Das deutet auf einen Temperaturanstieg von ca. 1,5–2,0 °C seit dem Temperaturminimum der Kleinen Eiszeit hin. Darüber hinaus repräsentiert der Baumringindex (Abb. 5.168) Niederschlagsschwankungen, die vom Monsunsystem beeinflusst wurden (Biondi 2001). In tropischen Gebieten sind Monsuneinflüsse charakteristisch für Korrelationen zwischen Eigenschaften der Holzbildung (Baumringe) und dem Klima (Mariaux 1995).

Markante Schwankungen der Niederschlagsverhältnisse werden auch durch weitere mexikanische Dendro-Archive belegt. Therrell et al. (2006a) benutzen eine Baumringkurve, ermittelt aus 85 Stämmen von *Pseudotsuga menziesii* aus 3154 m Höhe (19,173 N, 97,312 W) nordwestlich von Puebla, um eine „Standard-Chronologie" für die Zeit von AD 1474 bis 2001 zu erstellen. Therrell et al. (2006a) vergleichen die dendrochronologischen Daten mit historischen Aufzeichnungen über den Regenfeldbau, Maismissernten sowie sozialen Krisen und validieren kreuzweise Jahrring- und historische Daten. Die Autoren belegen, dass beide Datenquellen sehr gut übereinstimmen, besonders für die Phasen der extremsten und lange andauernden Dürreepisoden (Abb. 5.169). Die Dürren nach der Conquista im

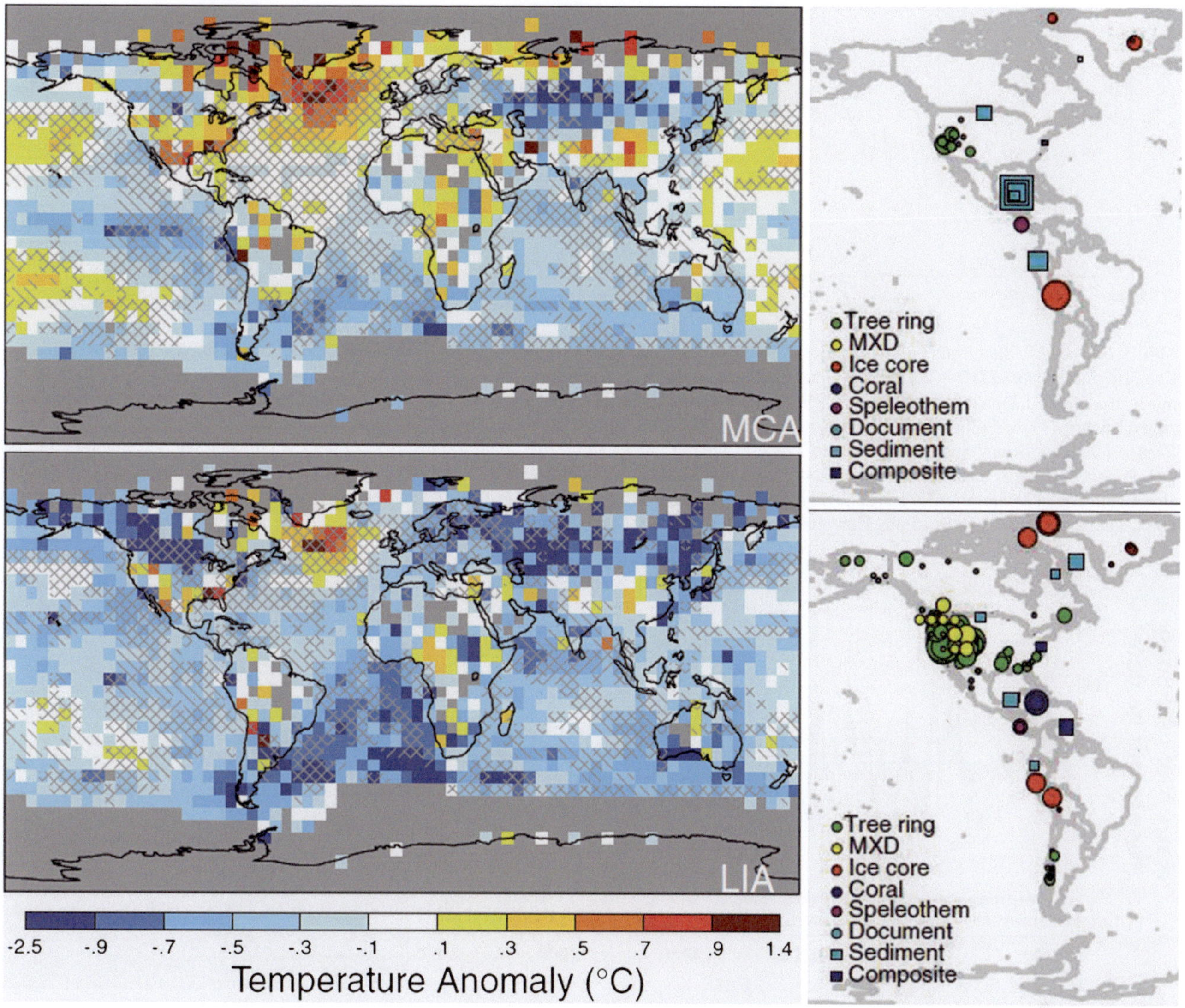

Abb. 5.167 Rekonstruierte Oberflächentemperaturen für die *Medieval Climate Anomaly* (MCA, AD 950–1250) (*oben*) und die Kleine Eiszeit (LIA – *Little Ice Age*, hier die Phase AD 1400–1700) (*unten*). *Links* werden die Temperaturanomalien relativ zur Periode AD 1961–1990 gezeigt; die *Kreuzschraffur* bezieht sich auf statistisch gesicherte Berechnungsverfahren. *Rechts* zeigen die Symbolgrößen die relative Wichtung der Daten an (Die MCA-Daten aus [See-]Sedimenten werden als relativ zuverlässig angegeben, die LIA-Daten aus Dokumenten als relativ vage). MXD steht für dendroklimatische Daten, die in einem Baumring-Netzwerk von 105 *maximum latewood density* (MXD) erfasst sind. (Aus Mann et al. 2009)

16. Jahrhundert haben auch zu einem Bevölkerungskollaps geführt (Acuña-Soto et al. 2000, 2005; Heine 2003, 2010, Endfield 2008) (Box Dürren, Bevölkerungskollaps und Bodenerosion).

Die dendrochronologischen und archivalischen Daten zeigen, dass während der vergangenen ca. 500 Jahre in Zentralmexiko (i) die Pátzcuaro-Seespiegelschwankungen eine zunehmende Aridität während der Kleinen Eiszeit belegen (Abb. 5.170) und (ii) Dürren ein wesentlicher Faktor des Klimas waren (und auch in Zukunft sein werden) (Liverman 1999). Wichtig ist hervorzuheben, dass die historischen Daten verschiedener mexikanischer Regionen *a priori* nur bedingt korreliert werden können (Abb. 5.171). Die extremen Dürren des zentralmexikanischen Hochlands (Abb. 5.169) – beispielsweise das *El Año del Hambre* AD 1785–1786 (Hungerjahr) – ist sowohl im Norden (Chihuahua) als auch in südlichen Hochland markant ausgebildet (Abb. 5.171), während die Chihuahua-Dürren von AD 1750 bis 1770 im südlicher gelegenem Oaxaca nicht hervortreten. (Nur nebenbei sei erwähnt, dass die Eruptionen des isländischen Vulkans Laki AD 1783/84 Klimaanomalien vor allem in Europa zur Folge hatten, E. Fischer 2006, aber auch extremen Frost im August 1785 in Zentralmexiko.)

Zentralamerika und Karibik

Terrestrische (z. B. Haiti, Petén Iztá) und marine (z. B. Cariaco) Seesedimente geben Auskunft über die holozäne Klimaentwicklung im zentralamerikanischen Tiefland und im karibischen Raum (Abb. 5.156, 5.172, 5.173) (Hodell et al. 1991, 1995, 2008).

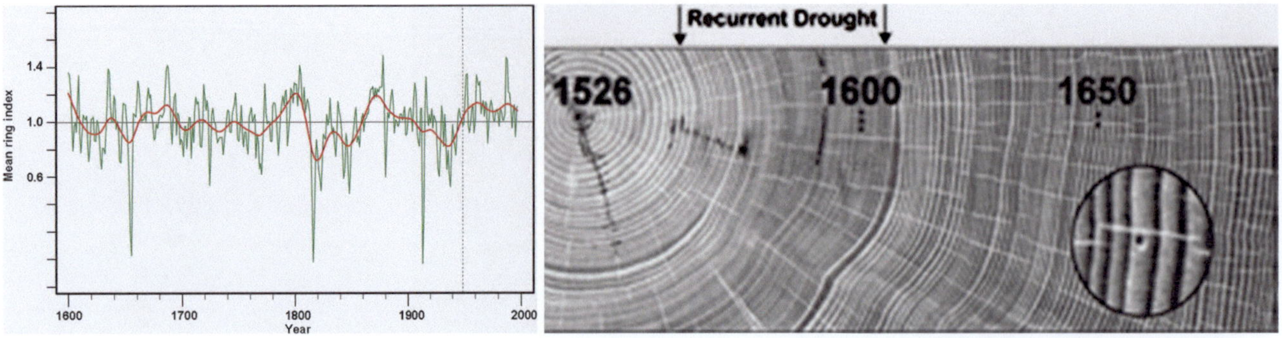

Abb. 5.168 *Links*: Baumringchronologie des Nevado de Colima, Zentralmexiko. *Grüne Linie* – jährliche Veränderungen (durchschnittlicher Baumringindex); *rote Linie* – dekadische Veränderungen (geglättete 30-Jahrlinie). Die Periode nach AD 1949 (*vertikale gerissene Linie*) wurde mit Instrumenten-Klimaaufzeichnungen verglichen. Die extrem niedrigen Werte von AD 1913, 1816 und 1655 werden vulkanischen Eruptionen zugeschrieben (1913: Colima-Vulkan und Novarupta/Alaska, 1816: Tambora, 1655: Long Island/Papua Neuguinea [?]) (aus Biondi 2001).
Rechts: Jahreswachstumsringe einer Douglas-Tanne. (Polierter Querschnitt eines toten Baums, der auf dem Waldboden lag; Cuauhtemoc la Fragua, Puebla (Mexiko)). Die hellen Jahrringzonen sind Frühholz, die dunklen Spätholz. Ein reduziertes Wachstum reicht vom 16. Jahrhundert bis zum Beginn des 17. Jahrhunderts und schließt die Dürrephasen der 1590er- und frühen 1600er-Jahre ein. Historische *records* zeigen für die Dürren von dekadischer Dauer Ernteausfälle, Hungersnöte und Epidemien. (Aus Therrell et al. 2006a)

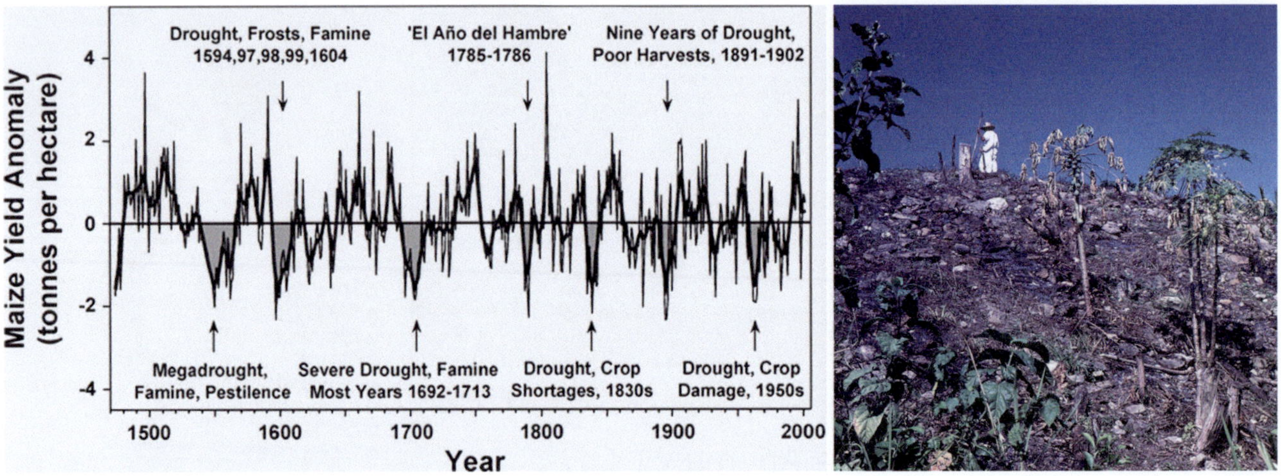

Abb. 5.169 *Links*: Jährliche (*dünn*) und geglättete (Dekaden, *dick*) Linien der Anomalien der rekonstruierten Maisernte in Zentralmexiko von AD 1474 bis 2001. Die sieben folgenschwersten und längsten Perioden geringer Maisernten nach AD 1500 sind angezeigt, ebenso wichtige historische Hinweise auf Dürren und Hungersnöte im zentralen Mexiko (aus Therrell et al. 2006a). *Rechts*: Brandrodungswanderfeldbau (*shifting cultivation*). Aussaat der Maiskörner mit dem Pflanzstock in Totonacapan, Mexiko (März 1973). (Foto: alueni-images)

Aufgrund der $^{18}O/^{16}O$-Verhältnisse in Ostrakodenschalen des Miragoane-Sees in Haiti (18°24′20″ N, 73°03′ W, ca. 15 m NN) rekonstruieren Hodell et al. (1991) das holozäne Klima. Die Daten zeigen, dass während des letzten Teils der YD (10,5–10 korr. ^{14}C ka BP) aride Bedingungen herrschten und der Seespiegel niedrig war (Abb. 5.172). Zwischen ~ 10 und 7 ^{14}C ka BP stieg der Seespiegel an und war bis ca. 4 ^{14}C ka BP zeitweise höher als heute, was als Beleg für feuchtere Verhältnisse im frühen Holozän gedeutet wird. Um 3,2 ^{14}C ka BP fiel der Seespiegel mit dem Einsetzen eines trockeneren Klimas, das während des späten Holozäns ab 2,5 ka BP (Pollenzone 5: Trockenwald-Formation) vorherrschte. Der holozäne Klimagang von trocken (YD) zu feucht und wieder zu trocken wird auf die Änderungen der jahreszeitlichen Insolation (Milankovitch-Theorie) zurückgeführt, die für eine Verlagerung der ITCZ und damit der Niederschlagsintensität verantwortlich war. Aufgesetzt auf diesen orbital bestimmten Klimatrend sind (zumeist) abrupte Klimaereignisse, die auf komplexe, nichtlineare Rückkoppelungen im Ozean-Atmosphäre-System beruhen (Hodell et al. 1991). Der generelle Trend des holozänen Klimagangs mit einem ariden ausgehenden Glazial (Jüngere Dryaszeit einschließlich Präboreal) und einem warm-feuchten frühen (bis mittleren) Holozän sowie einer zunehmenden „Aridisierung" im Spätholozän wird nicht nur in Haiti dokumentiert, sondern auch in vielen anderen Geoarchiven (Petén-Iztá-Seesedimente, Yucatán, Hodell et al. 1995; Andosol-Bodenbildung der Vulkane in Zentralmexiko, Heine 1980a; Miehlich 1991; Seesedimente in Venezuela, Leal et al. 2011). Das Neoglazial macht sich auch im Korallenwachstum im Golf von Panama bemerkbar; nach ca. 4,1 ka BP fand als Reaktion auf ein kühleres Klima kein Korallenwachstum für 2500 Jahre statt (Toth et al. 2015).

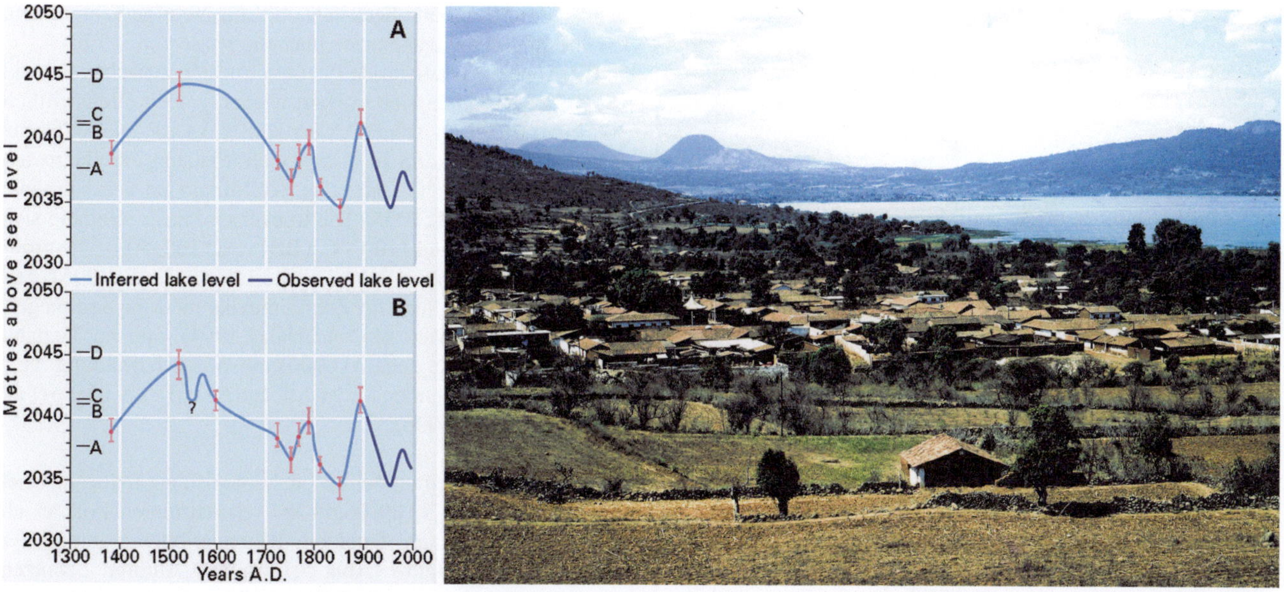

Abb. 5.170 *Links*: Seespiegelschwankungen des Pátzcuaro-Sees im zentralmexikanischen Hochland seit AD 1380. (A) Seespiegelkurve nach O'Hara (1993). (B) Revidierte Kurve aufgrund archivalischer Studien. Die Buchstaben A bis D beziehen sich auf Referenzpunkte im Seebecken: C – Copujo existiert nur als Insel zwischen den Spiegelständen A und B. Apupuato erscheint als Insel, wenn der Seespiegel über C liegt; unterhalb dieses Niveaus ist Apupuato mit dem Festland verbunden. Steigt der Spiegel über D, wird Tzentzencuaro zur Insel (aus Metcalfe et al. 2002). Die *16th century megadrought* war bis in die 1980er-Jahre unbekannt (Sancho und Pérez-Gavilán 1981) und wurde auch von O'Hara und Metcalfe (1995) nicht registriert, die das Klima für Zentralmexiko anhand einer Vielzahl primärer und sekundärer historischer Quellen für die vergangenen 600 Jahre erschlossen haben; sie rekonstruieren die Niederschlagsverhältnisse für das Becken von Mexiko allein aufgrund von Seespiegeländerungen im Becken selbst und postulieren – entgegen anderer Befunde – als einzige Autoren sogar für das 16. Jahrhundert relativ feuchte Klimabedingungen; außerdem wird ein extrem hoher Spiegel des Pátzcuaro-Sees für das 16. Jh. rekonstruiert. Historische Daten können – wie dieses Beispiel zeigt – die Daten der Geoarchive ergänzen. *Rechts*: Landschaft am Pátzcuaro-See. (Foto: alueni-images)

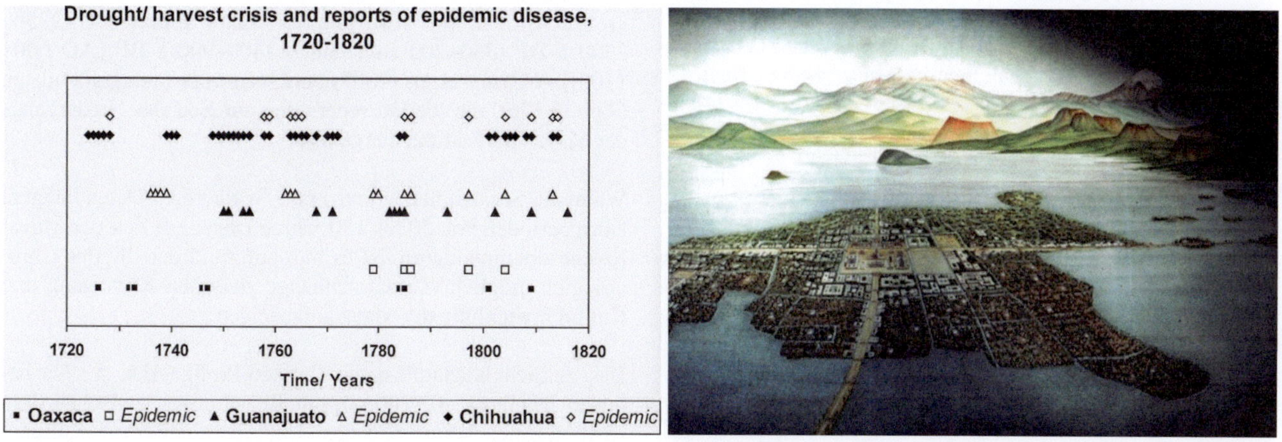

Abb. 5.171 *Links*: Dürren, Erntekrisen und Berichte über Epidemien in Oaxaca, Guanajuato und Chihuahua in den Jahren 1720 bis 1820. Deutlich ist zu erkennen, dass die extremen hygrischen Ereignisse in Mexiko von Süden (Oaxaca) nach Norden (Chihuahua) zunehmen. Der Grund liegt in der Ausdehnung der sommerlichen ITCZ nach Norden; ein weniger weites Ausgreifen nach Norden hat dort geringe Niederschläge mit den entsprechenden Konsequenzen (Dürren, Missernten) zur Folge (aus Endfield und Fernández Tejedo 2006). *Rechts*: Die Aztekenstadt Tenochtitlán im Hochtal von Mexiko um AD 1500. Das Tal von Mexiko war mit einem großen See ausgefüllt. (Foto: alueni-images)

Die Klimaentwicklung des Spätholozäns, d. h. die letzten ca. 5000/4000 Jahre, sind von großem Interesse, da sich im zentralamerikanischen Tiefland von Yucatán/Guatemala/Honduras die Maya-Zivilisation seit rund 3000 Jahren entwickelte (z. B. Wilhelmy 1981; Brenner et al. 2001). Sie hatte ihre kulturelle Blütezeit in der *Klassischen Periode* und kollabierte um AD 750–900 (Abb. 5.173). Da im tropischen Tiefland Temperaturschwankungen bis zu wenigen °C kaum einen Einfluss auf Umwelt und menschliche Gesellschaften ausüben können, werden hygrische Schwankungen von Bedeutung, wenn es darum geht, den Einfluss von Klimaänderungen auf Zivilisationen zu diskutieren. Daher sind zahlreiche Studien zu Veränderungen

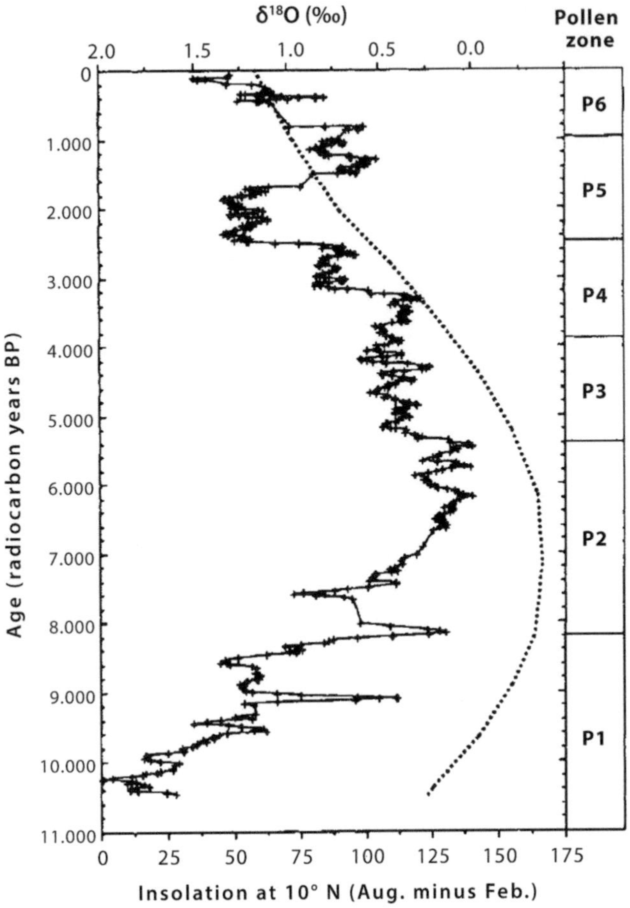

Abb. 5.172 Sauerstoffisotopen-Daten der Ostrakodenart *Candona* sp. eines Sedimentskerns aus 41 m Tiefe im Miragoane-See, Haiti. Das Verhältnis von Evaporation zu Niederschlag ist im *linken Teil* der Abbildung hoch, im *rechten Teil* niedrig. Die *Punktlinie* repräsentiert die Differenz der Insolation (Langleys) an der Obergrenze der Atmosphäre in 10° nördlicher Breite zwischen den Monaten August und Februar. Die Insolations-Zeitskala ist in ^{14}C-Alter umgewandelt, um den Vergleich mit den Isotopendaten zu ermöglichen (aus Hodell et al. 1991). Es sei darauf hingewiesen, dass die ^{14}C-Alter aufgrund des Hartwassereffekts um −1000 Jahre korrigiert wurden unter der Annahme, dass die Hartwasserbedingungen während des gesamten Holozäns gleichbleibend waren

der Vegetation (Abb. 5.174) und zu Schwankungen der Niederschlagsverhältnisse im Maya-Einflussgebiet ausgeführt worden, mit dem Ziel, eine Abhängigkeit von Aufstieg, Blüte und Untergang der Maya-Reiche von hygrischen Schwankungen nachzuweisen (Abb. 5.175). Dürren sollen Krisen verursacht haben. Diese Argumentation steht im Widerspruch zur Komplexität der archäologischen Daten.

Die relativ feuchten Klimabedingungen (Abb. 5.175) zwischen 7 bis ∼3 ^{14}C ka BP werden durch hohe Calcit- und geringe Schwefelgehalte und relativ geringe δ^{18}O-Werte dokumentiert. Diese Zeit fällt mit der feuchten Periode des frühen und mittleren Holozäns zusammen und ist – wie bereits dargestellt – weit verbreitet. Die aus den Sedimenten des Chichancanab-Sees rekonstruierte Klimaentwicklung ist erstaunlich ähnlich mit derjenigen des Miragoane-Sees in Haiti: Eine niedrige Salinität und feuchte Bedingungen kennzeichnen die Phase von ∼7 bis 4 ^{14}C ka BP. Auch die relativ aride Phase in Yucatán zwischen 2,2 und 1,2 ^{14}C ka BP findet sich in Haiti wieder, jedoch offensichtlich 300 Jahre früher zwischen 2,5 bis 1,5 ^{14}C ka BP. Die Differenz in der Datierung kann in einer Unterschätzung des Hartwassereffekts bei der ^{14}C-Datierung der Miragoane-Seesedimente liegen (Hodell et al. 1995). Die trockenste Phase ereignete sich zwischen ∼1300 und 1100 ^{14}C a BP (~ AD 100–800). Die größte Trockenheit wird um AD 922 datiert (Hodell et al. 1995). Aus dieser Zeit werden auch für Zentralmexiko niedrige Seespiegelstände berichtet (Metcalfe und Hales 1994), und im Tiefland Guatemalas erfolgte nach AD 900 eine Wiederbewaldung (aufgrund der brachfallenden Maya-Anbauflächen) (u. a. Islebe et al. 1996; Wahl et al. 2006).

Aus Höhlensedimenten bei der archäologischen Stätte Ix Chel (Belize, 16°52,84′ N, 89°06,68′ W) rekonstruieren Polk et al. (2007) trockenere und feuchtere Klimaperioden während der letzten ca. 2600 Jahre (Abb. 5.176). Die Autoren benutzen die Schwankungen der δ^{13}C-Werte von Fulvosäuren (Huminsäuren). Die Werte zeigen Veränderungen der Vegetation, die durch das Klima und die Maya-Bevölkerung im späten Holozän verursacht wurden. Die Schwankungen der δ^{13}C-Werte repräsentieren veränderte Zusammensetzungen von C_3- und C_4-Pflanzen in der Vegetation; C_4-Pflanzen weisen auf eine Intensivierung der Maya-Landwirtschaft hin. Die Daten werden mit der Rekonstruktion hygrischer Klimaschwankungen aus der Nachbarschaft verglichen, die aus δ^{13}C- und δ^{18}O-Werten von Speläothemen gewonnen wurden (Webster 2000). Auch die Isotopendaten der Speläotheme zeigen die wiederholten Perioden großer Aridität, die etwa alle 280 Jahre auftreten (∼2350–2200 a BP [350–200 BC] und ∼1400–900 a BP [AD 600–1100]). Webster et al. (2007) berichten über Stalagmitendaten (Abb. 5.176), die die Dürreperioden zur Zeit des Niedergangs der Maya-Zivilisationen ergänzen.

Während Seesedimente und erste Speläothem-Daten längere Dürreperioden von 50 bis 130 Jahren Dauer zur Zeit der Maya-Reiche dokumentieren, ist es nun aufgrund detaillierter Chronologien möglich, Zusammenhänge zwischen Klimagang und Kulturentwicklung der Maya aufzuzeigen.

Das zeitlich hochauflösende Cariaco-Profil (Abb. 5.177) benutzen Haug et al. (2003a), um Beziehungen zwischen dem spätholozänen Klima und dem Untergang der Maya-Kulturen herzustellen (Abb. 5.177). Im Cariaco-Becken repräsentiert der Titangehalt von anoxischen, bioturbat ungestörten Sedimenten Schwankungen des fluvialen Sedimenteintrags vom Land ins Meer und damit der Veränderungen der hydrologischen Bedingungen im nördlichen Südamerika (vgl. Abb. 5.125). Die marinen Sedimente des Cariaco-Beckens zeigen Jahreslagen (Abb. 5.177 Mitte), deren Titanwerte aride Perioden widerspiegeln. Mit diesen ariden Perioden fällt der Untergang der Maya-Zivilisation in der spätklassischen Periode zusammen. Mehrjährige Dürren konzentrieren sich um die Jahre AD 810, 860 und 910. Die Daten lassen vermuten, dass ein Jahrhundert mit abnehmenden Niederschlägen zu allgemeinen ökologischen und sozialen Stresssituationen führte und dass plötzlich auf-

Abb. 5.173 *Links*: Copán (Honduras) vor 1300 Jahren. Klassische Maya-Kultur mit Tempelanlage (*vorn*) und offener Kulturlandschaft (im *Hintergrund*). Der tropische Regenwald war großflächig gerodet. *Rechts*: Ruinen der Maya-Zivilisation im tropischen Wald von Quintana Roo, Mexiko. Nach dem Kollaps der Maya-Zivilisation um AD 800–900 erfolgte die Wiederbewaldung. (Foto: K. Heine)

Abb. 5.174 *Links*: Das Castello von Chichén Itzá. Kreidelithographie von Frederick Catherwood, um AD 1840. Die Atmosphäre des Verfalls in einem üppigen Wald wird dargestellt. (Vgl. Abb. 5.177) (alueni-images) *Rechts*: Die Akropolis von Bonampak im tropischen Regenwald. Die Ruinen von Bonampak waren über Jahrhunderte im Wald verborgen. Erst AD 1946 wurden die Ruinen von dort lebenden Lacandone-Maya dem Amerikaner Giles Healey gezeigt und damit der interessierten Öffentlichkeit bekannt gemacht. (Foto: E. Thiem/Lotusfilm, Kaufbeuren)

tretende extreme Dürrejahre zum endgültigen Niedergang der Maya-Reiche beitrugen (Haug et al. 2003a, 2003b).

Zu ähnlichen Ergebnissen kommen Medina-Elizalde et al. (2010) aufgrund von Analysen eines Stalagmiten aus der Höhle *Tzabnah* beim Dorf Tecoh (20°43,83′ N, 89°28,47′ W, 20 m NN). Die zeitlich hochauflösenden δ^{18}O-Daten (Abb. 5.178 und 5.179) liefern ein wesentlich detaillierteres Bild der Klimavariabilität als die *records* von Haug et al. (2003a) für die letzten 1500 Jahre. Die Kalibrierung zwischen δ^{18}O und Niederschlagsmengen zeigt, dass acht extreme Dürren das Tiefland der Yucatán-Halbinsel während der Spätklassischen Periode (*Terminal Classic Period* [TCP]) heimsuchten, die um Jahre/Jahrzehnte von den Angaben von Haug et al. (2003a; Abb. 5.177) abweichen. Die *records* von Haug et al. (2003a) basieren auf den rund 5000 km entfernten marinen Cariaco-Bohrkernen und der Annahme, dass Veränderungen der Titanwerte in den marinen Sedimenten Schwankungen der Jahresniederschlagsmengen darstellen und dass die Niederschlagsschwankungen in der Cariaco-Region mit historischen Daten der Maya-Siedlungsgebiete korreliert werden können. Die Dürren, die in dem Stalagmiten der *Tzabnah*-Höhle repräsentiert

Box Dürren, Bevölkerungskollaps und Bodenerosion

(Darstellung nach Heine 2003, 2010; dort auch weitere Literaturangaben)

Mexiko ist ein Land der Naturkatastrophen. Erd-/Seebeben, Vulkanausbrüche, tropische Wirbelstürme, Dürren, Waldbrände, Überschwemmungen und Erdrutsche bestimmten und bestimmen das Leben in Mexiko wie in kaum einem anderen Land der Erde (z. B. Diamond 2005; Endfield 2008). Das zentralmexikanische Hochbecken von Puebla-Tlaxcala ist eines der kulturell bedeutendsten Gebiete des präspanischen Mesoamerika. Seit > 3500 Jahren gestaltete hier der Mensch aktiv seine Umwelt. In Jahrtausenden wurde die Naturlandschaft in eine Kulturlandschaft überführt. Die kulturelle Entwicklung zeigt Aufstiege und Niedergänge von Zivilisationen. Klimafluktuationen wurden oft dafür verantwortlich gemacht (Sanders et al. 1979: 407 ff.; Conserva und Byrne 2002; Endfield 2008; Bhattacharya et al. 2015). Bereits vor über 100 Jahren stellte Huntington (1915) Beziehungen zwischen dem Klima und den Zivilisationen her.

Die schematische Darstellung der Kulturentwicklung, der geomorphodynamischen Prozesse und einiger Umweltfaktoren in Zentralmexiko (Puebla-Tlaxcala-Region) seit 3500 Jahren belegt, dass Klimafluktuationen und klimatisch bedingte Extremereignisse (Dürren, Hochwasser) Aufstieg und Niedergang der Siedlungen nicht beeinflussen konnten (Abb. A). Die Bodenerosionsprozesse, die wesentlich die Sedimentation in Beckengebieten und Seen steuern und die seit über 2500 Jahren als Folge der Entwaldung und Brandrodung nachgewiesen werden können (Heine 1976d; O'Hara et al. 1993), nahmen mit wachsender Bevölkerung (Zahl der Siedlungen, Ausweitung des Ackerlandes) bis ca. AD 100 zu. Mit einer Abnahme der Siedlungen und der Bevölkerung sowie mit dem Wüstfallen der Felder nach AD 100 nahm die Bodenerosion stark ab und setzte nach AD 700 zusammen mit einer erneuten Landnahme und Bevölkerungszunahme wieder verstärkt ein. Der gleiche Trend wiederholte sich nach AD 1300. Nach der Conquista (AD 1519–1521) traten mehrere extreme Dürren auf; gleichzeitig erfolgte eine starke Abnahme der Bodenerosion (Abb. B). Darüber hinaus zeigt Abb. A, dass extreme „Umweltzerstörung" nicht erst seit der spanischen Eroberung mit der Einführung neuer Bodennutzungssysteme auftrat, sondern schon in präspanischer Zeit vor > 2500 Jahren existierte.

Man könnte annehmen, dass die extreme Abnahme der Bodenerosionsprozesse unmittelbar nach der Conquista (AD 1519) eine direkte Folge der geringen Niederschläge während der Dürreperioden des 16. Jahrhunderts war, werden doch Änderungen des Bodenabtrags i. w. S. häufig als Beleg für Niederschlagsänderungen angesehen: So leiten beispielsweise Arz et al. (1998) humide Klimabedingungen aus hohen Titanwerten der marinen Sedimente vor NE-Brasilien ab, die als Beleg für einen stärkeren Eintrag von terrigenem Material in den Atlantik angesehen werden, obgleich eine entgegengesetzte Deutung wahrscheinlicher ist. Von Haug et al. (2003a, 2003b) werden die Titandaten aus den Cariaco-Seebeckensedimenten vor der venezolanischen Küste in gleicher Weise interpretiert (vgl. Abb. 5.1). Das Ursache-Wirkungs-Geflecht ist jedoch kompliziert; darauf wurde bereits hingewiesen. Eine genauere Analyse der zentralmexikanischen Befunde zeigt, dass sehr unterschiedliche Faktoren beteiligt sind.

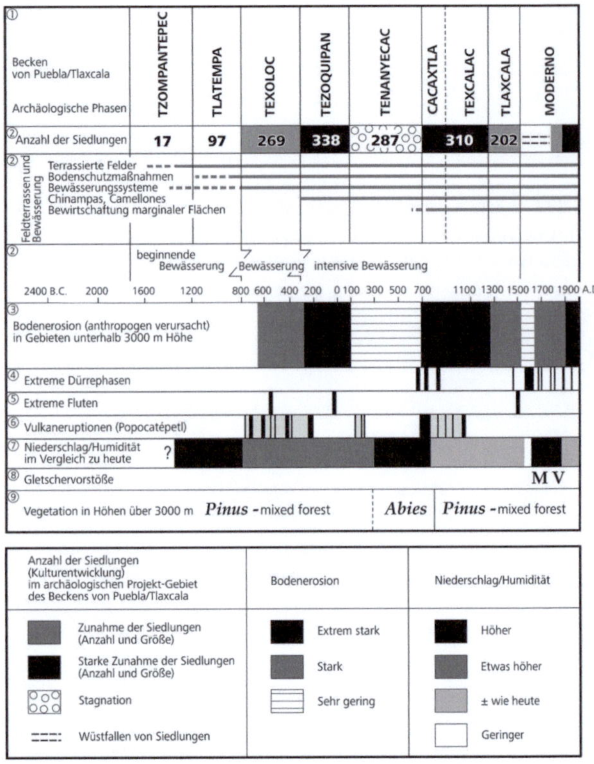

Abb. A Schematische Darstellung der Kulturentwicklung, der geomorphodynamischen Prozesse und einiger Umweltfaktoren in Zentralmexiko (Puebla-Tlaxcala-Region) seit 3500 Jahren (nach Heine 2010). Die Zusammenschau zeigt, dass Phasen geringer Bodenerosionsprozesse zwischen AD 100 und 700 und nach AD 1520 mit Phasen der Bevölkerungsstagnation bzw. -abnahme einhergingen und nicht unmittelbar von Klimafluktuationen und/oder Geo-Hazards bedingt wurden. Es bedeuten: (1) Archäologische Phasen nach verschiedenen Autoren, u. a. García Cook (1986, 1995), Heine (2003), Museo de Antropología, México (Erläuterungen zur Ausstellung); (2) Anzahl der Siedlungen und Beginn der Feldterrassierung und der Bewässerung nach Heine (1978a), García Cook (1986, 1995); (3) Anthropogen verursachte Bodenerosion nach Heine (2010); (4) Extreme Dürrephasen nach Florescano und Swan (1995), Endfield und Fernández Tejedo (2006); (5) Extreme Fluten nach O'Hara und Metcalfe (1995), eigene Daten; (6) Vulkaneruptionen nach Siebe et al. (1996), http://www.cenapred.unam.mx/popo/historia.html; (7) Niederschlag/Humidität im Vergleich zu heute nach Florescano und Swan (1995), Endfield und Fernández Tejedo (2006), eigene Daten; (8) Gletschervorstöße nach Vázquez-Selem und Heine (2011); (9) Vegetation in Höhen über 3000 m nach Straka und Ohngemach (1989) (weitere Literaturzitate sind angegeben in Heine 2010). (Aus alueni-images)

Abb. B Bodenabtrag im zentralmexikanischen Hochland. *Links*: Schrägluftaufnahme eines Teils des Cerrijón de Amozoc (*rechts*), eines kleinen Kalksteinhöhenzugs südlich von Puabla, Mexiko, mit stark erodierten Hängen. (1) *Duricrusts* (Tepetate und Caliche) bilden die Landoberfläche. (2) Barrancas (Gullies, Erosionsschluchten) sind tief eingeschnitten. (3) Das erodierte Bodenmaterial liegt im Tal (*Bild unten*). (4) Reste der Barro- und Tepetate-Böden pleistozänen (fBo1) und holozänen (fBo3) Alters bedecken noch die unteren Hänge. *Unten*: Profil charakteristischer Talfüllungen (siehe *Bild oben*). Die Schotter auf der Barranca-Talsohle (1) liegen auf den verhärteten Tepetate-Schichten (pleistozäne fBo1-Bildung, ca. 25–18 ka BP) (2). Der fBo3-Paläoboden (4) (ca. 8–5 ka BP) entwickelte sich auf alluvial-lakustrinen Sedimenten (3). Der fossile fBo3-Boden bildet zwei markante humusreiche Zonen (4), die durch limnische Ablagerungen getrennt sind. Die Tezoquipan-Phase (Abb. A) wird durch den Sedimentkomplex (5) repräsentiert, der infolge der Siedlungs- und Flurausweitung eine Periode mit relativ starker Bodenerosion anzeigt. Ein weiterer fossiler Boden (6) liegt zwischen den Sedimenten der Tezoquipan- (5) und Tlaxcala- (7) Phase und dokumentiert wieder als Folge des Rückgangs der Siedlungsdichte und des Wüstfallens von Feldern Abtragungsruhe während der Tenanyecac-Phase. Äolische Decksedimente (8) wurden in den letzten ca. 500 Jahren sedimentiert (mit nur geringem Anteil an erodiertem Bodenmaterial) (Heine 2003). (Fotos: alueni-images)

Die Bodenerosionsprozesse (Rubrik 3 in Abb. A) schwanken zwischen extrem stark und gering. Eine Korrelierung von Bodenerosion und Klimagang ist nicht möglich. Wird allein der Rückgang der Bodenerosion im 16. Jahrhundert betrachtet, könnte man annehmen, dass während der Dürren im 16. Jahrhundert die Bodenerosion aufgrund geringer Regenfälle zum Erliegen kam. Die Beziehungen zwischen der Klimaänderung (Niederschlagsreduzierung) und den Abtragungsprozessen stellen sich folgendermaßen dar: Nach der Ankunft der Spanier im Jahr 1519 und der Eroberung des Aztekenreichs 1521 erlitt Mexiko nicht nur tiefgreifende Veränderungen der Agrarlandschaft, der Siedlungen und der sozio-ökonomischen Strukturen (Trautmann 1984), sondern vor allem eine demographische Katastrophe, für die es nur wenig Parallelen in der Weltgeschichte gibt (Abb. C).

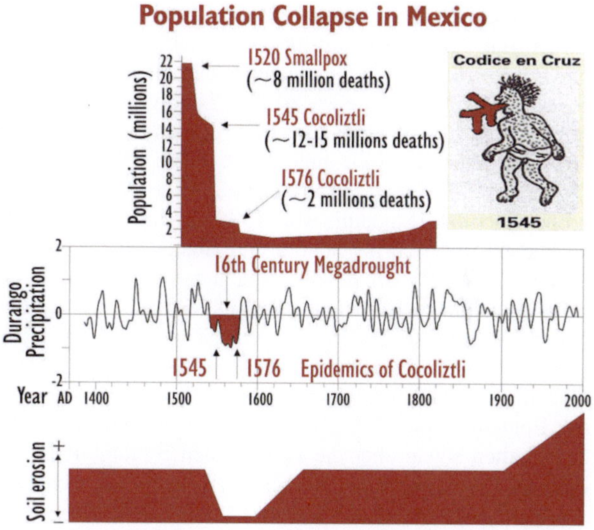

Abb. C Beziehungen zwischen Extremdürre, Epidemie, Bevölkerungskollaps (nach Acuña-Soto et al. 2000, 2002) und Bodenerosion im 16. Jahrhundert in Zentralmexiko. Die Intensität der Bodenerosion ist sehr schematisch dargestellt. Unmittelbar nach dem Erscheinen der Spanier nimmt die Bevölkerung schnell ab (als Folge der Pocken und später der dürrebedingten Cocoliztli-Epidemien). Die fehlende indigene Landbevölkerung, die kolonialen Umwälzungen der agrarischen Nutzungssysteme (Prem 1978; Butzer 1991) und die extremen Dürrephasen führten zur Aufgabe von Feldern und Siedlungen, Verbuschung und Wiederbewaldung besonders an den Hängen der Vulkane und Gebirge. Die Folge war ein Aussetzen der Bodenerosionsprozesse. Die günstigeren Niederschlagsverhältnisse seit dem 17. Jh. ließen zusammen mit den von den Spaniern importierten Agrarsystemen (Prem 1978; Butzer und Butzer 1997) schon bald die Bodenerosionsprozesse wieder ansteigen. Seit ca. 1900 AD findet eine starke Bodenerosion besonders an den Hängen oberhalb 2500 m Höhe als Folge von Klimaerwärmung, neuen Anbauprodukten in höheren Hanglagen (u. a. Kartoffel) und „Bevölkerungsexplosion" statt. Die Niederschläge (Winter/Frühjahr) wurden aus Baumringdaten rekonstruiert (normalisiert und geglättet). Die Baumringschätzungen erklären 56 % der Niederschlagsvarianz für Durango und stimmen mit unabhängigen Niederschlagsdaten überein. Die Niederschlagsrekonstruktion korreliert sehr gut mit den Niederschlägen von Zentralmexiko, wo die Cocolitzli-Epidemien besonders stark waren

Die Einwohnerzahl Zentralmexikos wird vor der spanischen Conquista (AD 1519) auf ca. 21 Mio. geschätzt (Malvido 1973); Acuña-Soto et al. (2004) geben Zahlen zwischen 15 und 30 Mio. Einwohner an. Am Ende des 16. Jahrhunderts lag die Einwohnerzahl bei < 1,8 Mio. (Werner 1988) bzw. 2 Mio. (Acuña-Soto et al. 2004) oder 1,1 Mio. (Zensus von 1605, Sommerhoff und Weber 1999). Epidemien wie Pocken, Masern und Mumps, aber auch Kriege und Hungersnöte sowie der Zusammenbruch der traditionellen Landnutzungssysteme wurden als Ursachen des gewaltigen Bevölkerungsrückgangs genannt (Sommerhoff und Weber 1999). Heute wird neben der Pockenepidemie von 1519–1520, die ~ 8 Mio. Tote forderte, vor allem hämorrhagisches Fieber unbekannten Ursprungs für den größten Teil der Todesfälle (Acuña-Soto et al. 2004: 60–70 %) verantwortlich gemacht. Die Krankheit, die „Cocoliztli" genannt wurde und in präkolonialer Zeit vermutlich unbekannt war, trat zum ersten Mal 1545 auf und raffte in der schlimmsten Epidemie der mexikanischen Geschichte zwischen 5 und 15 Mio. Menschen dahin, was etwa 80 % der indigenen Bevölkerung ausmachte. Weitere Cocoliztli-Epidemien gab es im 16. Jahrhundert in den Jahren 1559, 1566, 1576 (extreme Epidemie), 1587 und 1592 (Acuña-Soto et al. 2000). Die große Cocoliztli-Epidemie von 1576, die in Zentralmexiko begann und sich bis Sonora und Guatemala ausbreitete und der über 50 % der Bevölkerung zum Opfer fielen, kann anhand historischer Quellen sehr gut rekonstruiert werden (Acuña-Soto et al. 2004), denn es gab vor und nach der Epidemie einen Bevölkerungszensus (1570 und 1579/80); Letzterer sollte auch Aufschluss über die quantitativen Daten der Epidemie von 1576 geben, umfassende Zeugenberichte enthalten sowie über die klimatischen Bedingungen zur Zeit der Cocoliztli-Epidemie berichten. Es stellte sich heraus, dass *extreme und langdauernde Dürren den Cocoliztli-Epidemien vorausgingen und dass in den Jahren eines Cocoliztli-Ausbruchs die Niederschläge besonders hoch waren* (Acuña-Soto et al. 2004). Cocoliztli ist ein hämorrhagisches Fieber mit inneren Blutungen aus Nase, Ohren, Mund etc. mit zumeist tödlichem Ausgang in wenigen Tagen. Die Krankheit wurde vermutlich von einem endemischen Virus, das von Nagetieren übertragen wurde, ausgelöst. Nach dürrebedingten Ernteausfällen und Nahrungsverknappung gab es eine schnelle Vermehrung der Nager in feuchten Jahren, die die Viren in die einfachen Hütten der indigenen Bevölkerung trugen. (Die spanische Stadtbevölkerung litt nicht unter Cocoliztli-Epidemien.) In Verbindung mit den schlechten Lebensbedingungen (Encomienda-System von Neuspanien) führte die Epidemie in einigen Gegenden Zentralmexikos (Becken von Puebla-Tlaxcala) zur Abnahme bis zu 90 % der Bevölkerung (Prem 1979; Abb. C). Ackerbaulich genutzte Flächen fielen brach und wurden von (üppiger) Vegetation eingenommen; Bodenerosion fand nicht mehr statt.

Nicht die Dürren stoppten die Bodenerosion, sondern Dürren und Extrem-Niederschlagsjahre begünstigten den Ausbruch von Cocoliztli-Epidemien in den Jahren 1545 und 1576 (beide Jahre fallen mit extremen El-Niño-/La-Niña-Jahren zusammen, vgl. Abb. 4.73); diese führten zum katastrophalen Bevölkerungsschwund, Wüstfallen der landwirtschaftlich genutzten Fluren und schließlich zum Abnehmen der Bodenerosion. Eine direkte Beziehung *Dürren – Bevölkerungskollaps* gibt es nicht; die menschlichen sozialen Organisationsformen sind unglaublich komplex, und die Reaktionen der Gesellschaft auf extreme Klimaereignisse sind in keiner Weise monokausal (vgl. Haldon 2016).

sind, charakterisieren das Maya-Gebiet selbst und zeigen Niederschlagsreduzierungen zwischen 52 und 36 % (im Vergleich zu heute); die Dürren dauerten 3 bis 18 Jahre. Sie ereigneten sich während größerer Entvölkerungsphasen der Maya-Staaten während der TCP. Intensität und Dauer der Dürren können erklären, warum der Kollaps der Maya-Zivilisation sich über 150 Jahre hinzog und nicht im gesamten Siedlungsgebiet gleichzeitig erfolgte (Medina-Elizalde et al. 2010). Die aufeinander folgenden Dürren führten zu verminderter Tragfähigkeit der Umwelt, größerer Rivalität um Ressourcen zwischen den Staaten, Hunger, Krankheiten und Versagen der „göttlichen" Herrscherschicht bei der Vorhersage der Dürren (Wilhelmy 1981; Gill 2000; D Webster 2002; Medina-Elizalde et al. 2010). Obgleich die Klimagunst zwischen den Dürren zur teilweisen Erholung der Zivilisation ausreichte, kollabierte das sozial-politische System in der spätklassischen Maya-Zeit. Die Reduzierung der jährlichen Niederschläge während der TCP entspricht in etwa dem IPCC-AR4-A1B-Szenarium für AD 2100. Abb. 5.180 zeigt Paläoklimaproxys der letzten ca. 1500 Jahre für Yucatán im Vergleich.

Doch die Diskussion über die Ursachen des Niedergangs der Maya-Zentren zeigt, dass kein unmittelbarer Zusammenhang zwischen Klimaanomalien (hier: Dürren) und Entvölkerung (hier: Verfall der Maya-Zentren und Aufgabe der ackerbaulich genutzten Flächen) besteht (vgl. Diamond 2005; A. Lawler 2010). Ein Beispiel aus dem zentralmexikanischen Hochland zeigt die komplexen Interaktionen zwischen Klimaanomalien, sozialen Veränderungen und Umweltveränderungen auf (Box Dürren, Bevölkerungskollaps und Bodenerosion).

Werden die zahlreichen und sehr detaillierten Studien über die hygrischen Klimaschwankungen der letzten Jahrtausende im Siedlungsgebiet der Maya zusammen betrachtet (vgl. Kap. 9), lassen sich folgende allgemeine Trends erkennen: Nach der früh- bis mittelholozänen warmen und feuchten Zeit erfolgte mit dem Übergang zum Neoglazial eine Abnahme der Niederschläge. Dies wird mit der veränderten solaren Einstrahlung und einer allgemeinen Verlagerung der nördlichen sommerlichen ITCZ-Grenze nach Süden erklärt (Haug et al. 2001). Das Spätholozän wies tockenere Klimaverhältnisse auf. Die relative Stabilität des holozänen Klimas – im Vergleich zu den eiszeitlichen (glazial/interglazial) und späteiszeitlichen Schwankungen mit großen Amplituden (H1-*event*, YD, 8,2 ka *event*) – führte zu der Ansicht, dass moderne menschliche Zivilisationen nur wenig von Klimaschwankungen beeinflusst würden. Jedoch haben die signifikanten Änderungen des holozänen Regional-

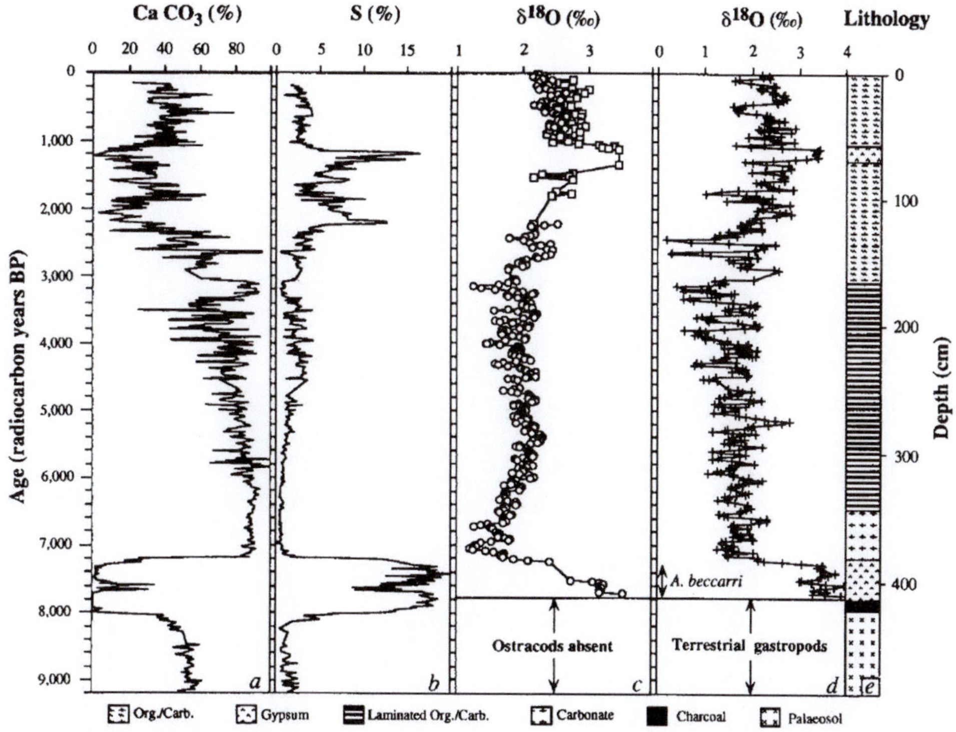

Abb. 5.175 Daten der Sedimente des Chichancanab-Sees (19°50′ N, 88°45′ W, ~15 m NN, Yucatán, Mexiko). Dargestellt sind $CaCO_3$-Gehalt, Schwefelgehalt, $\delta^{18}O$ von Ostrakoden, $\delta^{18}O$ von Gastropoden und die Lithologie. Unterhalb von 4 m befindet sich eine 7 cm dicke Holzkohleschicht, die terrestrische Sedimente bedeckt, die frei von Gastropoden und Ostrakoden sind. Zwei Perioden mit besonders trockenem Klima (hohes Evaporation/Niederschlagsverhältnis) werden durch die Peaks im Schwefelgehalt (Gips) und den $\delta^{18}O$-Werten von Ostrakoden und Gastropoden angezeigt. Die erste trockene Periode liegt zwischen 8000 und 7200 ^{14}C a BP im frühen Holozän (8,2 ka-Event?), die zweite konzentriert sich um 1200 ^{14}C a BP (ca. AD 900) im späten Holozän und zeigt eine Zunahme der Aridität während des Endes der Klassischen Maya-Periode an (aus Hodell et al. 1995).
Anmerkung: Die Datierung des Sedimentkerns enthält viele Fehlermöglichkeiten

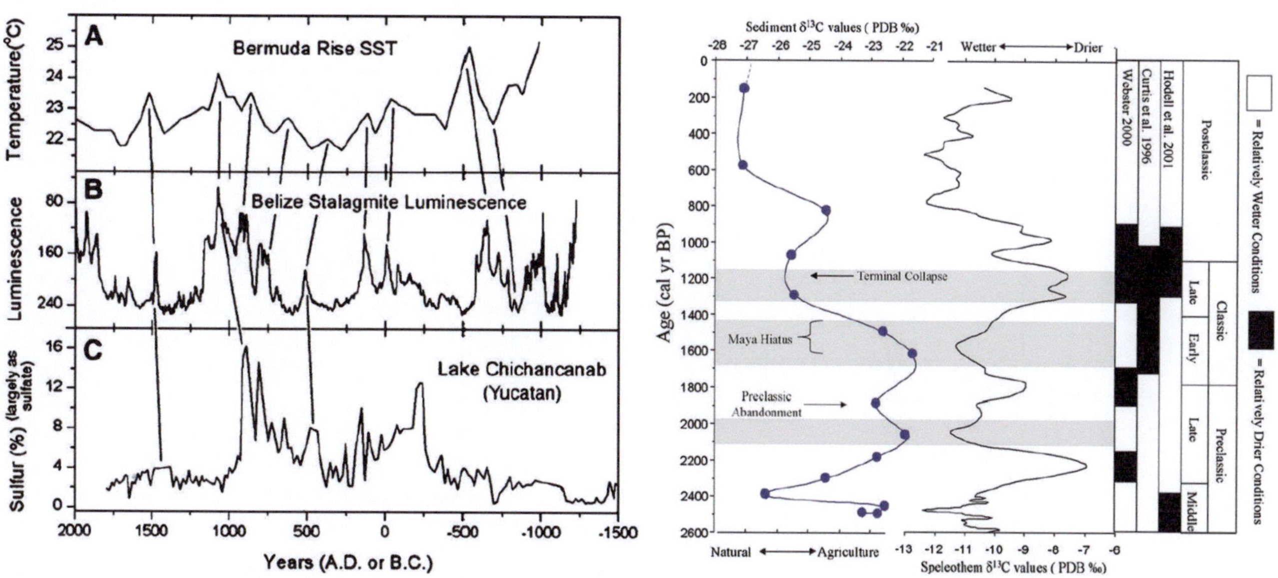

Abb. 5.176 *Links*: Vergleich des Lumineszenz-Stalagmiten-*record* von Belize (Macal-Chasm-Höhle, ca. 16°53′ N, 89°07′ W) mit den SSTs des Bermuda-Hochs und den Schwefelwerten des Chichancanab-Sees (aus Webster et al. 2007). *Rechts*: $\delta^{13}C$-Werte von Sedimenten der Ix-Chel-Höhle (Belize, 16°52,84′ N, 89°06,68′ W) im Vergleich mit $\delta^{13}C$-Werten einer benachbarten Höhle. Die Speläothem-Werte ändern sich ~200 Jahre früher, was auf eine Verunreinigung mit altem ^{14}C zurückgeführt wird. Außerdem werden $\delta^{18}O$-*records* von Seesedimenten (Curtis et al. 1996; Hodell et al. 2001) dargestellt. Die *schwarzen Balken* kennzeichnen die ariden Phasen. (Aus Polk et al. 2007)

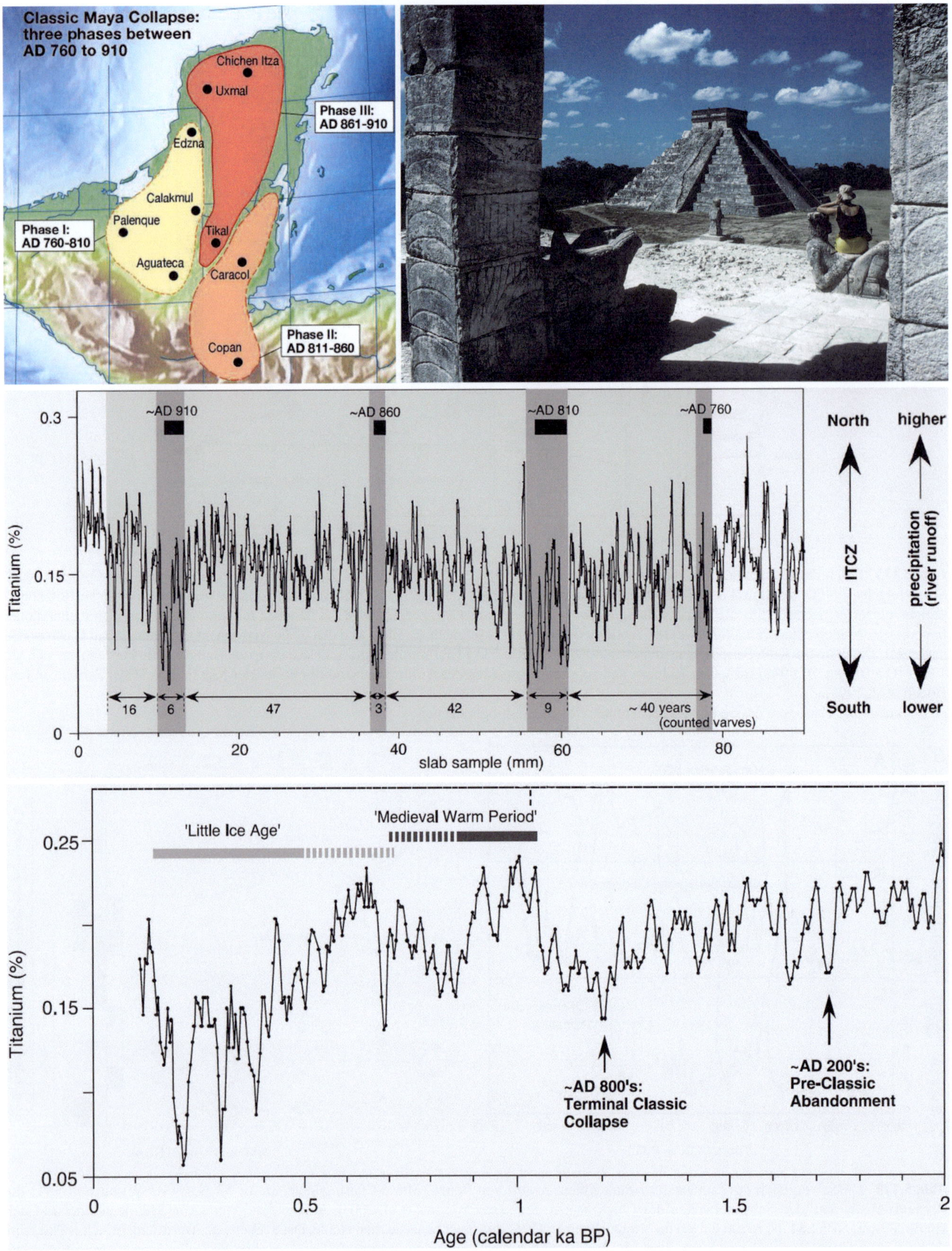
Classic Maya Collapse: three phases between AD 760 to 910
Chichen Itza
Uxmal
Edzna
Calakmul
Palenque
Tikal
Aguateca
Caracol
Copan
Phase I: AD 760-810
Phase II: AD 811-860
Phase III: AD 861-910
~AD 910
~AD 860
~AD 810
~AD 760
16
6
47
3
42
9
~ 40 years (counted varves)
Titanium (%)
slab sample (mm)
North
South
ITCZ
higher
lower
precipitation (river runoff)
'Little Ice Age'
'Medieval Warm Period'
~AD 800's: Terminal Classic Collapse
~AD 200's: Pre-Classic Abandonment
Age (calendar ka BP)

Abb. 5.177 *Oben links*: Der Niedergang der Maya-Reiche in drei Phasen zwischen AD 760 und 910. Phase I: Erstes Verlassen der westlichen Tiefländer, in denen Regenwasser die primäre Quelle für Wasser war. Phase II: Aufgabe der südöstlichen Tiefländer; hier stellten Frischwasser-Seen zumindest etwas Oberflächenwasser bereit. Phase III: Endgültige Aufgabe der verbliebenen Städte in den zentralen Tiefländern und im Norden (aus Haug et al. 2003b nach Gill 2000). *Oben rechts*: Die Pyramide von Chichén Itzá. Chichén Itzá war mit kurzen Unterbrechungen für 700 Jahre kulturelles Zentrum im Norden des Maya-Siedlungsgebiets (Foto: alueni-images).
Mitte: Kern ODP 1002D des Cariaco-Beckens; Ausschnitt des 90-mm-Teils, der den Niedergang der Maya-Kulturen in der spätklassischen Periode betrifft. Die Dauer der Dürrezeiten und die Abstände derselben können exakt bestimmt werden. Wegen der ^{14}C-Altersbestimmungen des Kerns können die Dürrephasen selbst nicht exakt angegeben werden (±30 Jahre) (aus Haug et al. 2003a).
Unten: Titangehalt des Kerns ODP 1002C des Cariaco-Beckens. Die Schwankungen der Titanwerte lassen sich gut den bekannten spätholozänen Klimaphasen (mittelalterliche warme Periode, MCA; Kleine Eiszeit, LIA) zuordnen. Die Dürrephasen zeichnen sich durch geringe Titanwerte aus. Die geringen Titanwerte in den Sedimenten sind sehr wahrscheinlich das Ergebnis von Klimabedingungen, die die ITCZ und die damit verbundenen Niederschläge von einem Vorrücken weit nach Norden (Normalfall) abhielten (aus Haug et al. 2003a). Die *Pre-Classic Abandonment* und der *Terminal Classic Collapse* der Maya-Kultur sollen mit Phasen geringen fluvialen Titan-Eintrags in das Cariaco-Becken und mit ariden Bedingungen zusammen fallen (aus Haug et al. 2003a) ◄

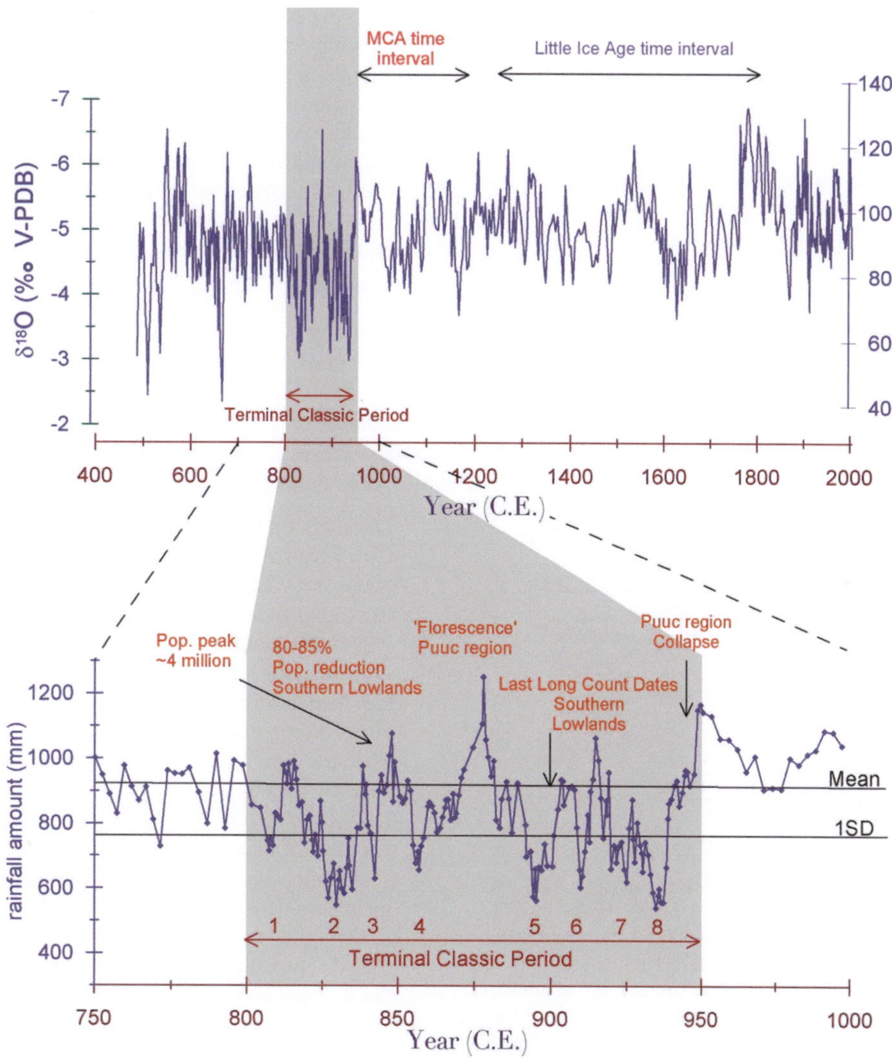

Abb. 5.178 Stalagmit der Tzabnah-Höhle (20°43,83′ N, 89°28,47′ W, 20 m NN). Niederschlagsrekonstruktion aufgrund der δ^{18}O-Daten für die letzten 1500 Jahre. Durchschnittliche zeitliche Auflösung: 2,3 Jahre. δ^{18}O wurde in Niederschlagsmengen überführt unter Anwendung einer Kalibrierungsgleichung. Der Fehlerbereich für die Schätzungen der Jahresniederschläge liegt bei ±100 mm. Die Niederschlagsänderungen während der Spätklassischen Periode (TCP) weisen eine Serie von acht aufeinanderfolgenden Dürren auf, die sich zwischen AD 800 und 950 ereigneten. Die Reduzierung der Niederschläge betrug zwischen 36 und 51 % im Vergleich zu heute (jährliches Mittel: 1120 mm). Einige bedeutende politische und demographische Ereignisse der Spätklassischen Periode sind angegeben. (Aus Medina-Elizalde et al. 2010)

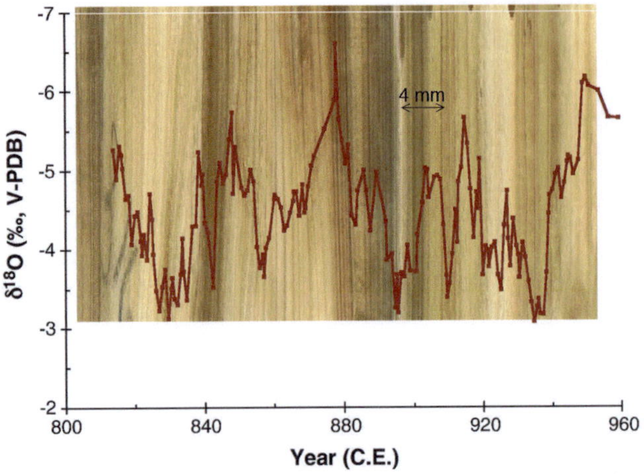

Abb. 5.179 Speläothem-Lagen der Spätklassischen Periode (TCP). Insgesamt wurden zwischen der thorium-datierten Zeitspanne 918–820 (98 Jahre) 85 ± 10 Lagen gezählt; die Lagen dokumentieren sehr wahrscheinlich Jahresablagerungen. Der Fehler in der Jahreslagen-Zählung beruht auf der Tatsache, dass im Zentrum des Wachstums im Vergleich zur Peripherie eine einzige Lage in mehrere Lagen übergeht. Die TCP-Dürren (*rote Linie*) überlagern den Schnitt des Speläothems. (Aus Medina-Elizalde et al. 2010)

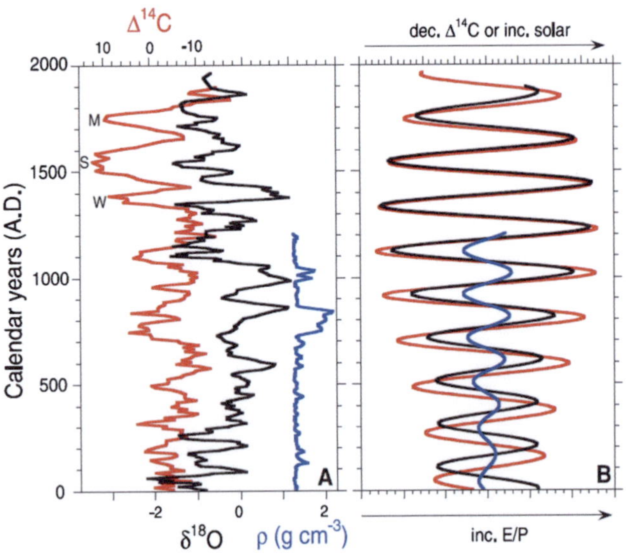

Abb. 5.180 (A) Vergleich von $\Delta^{14}C$ (*rote Linie*), $\delta^{18}O$ (*schwarze Linie*) und GRA *bulk density* (Gamma Ray Attenuation/Abnahme der Massendichte) vom Chichancanab-See (*blaue Linie*). Peaks in $\delta^{18}O$ zeigen Dürren an und fallen mit Minima der ^{14}C-Produktion zusammen; die ^{14}C-Produktion wird zum größten Teil durch eine Zunahme der Sonnenaktivität verursacht. M, S und W zeigen die Maunder-, Spörer- und Wolf-Sonnenflecken-Minima an. (B) Bandpass-Filter sind bei 208-Jahre des $\Delta^{14}C$ *record* konzentriert (*rote Linie*), $\delta^{18}O$-Signale vom Punta-Laguna-See (*schwarze Linie*) und GRA Bulk-Dichte vom Chichancanab-See (*blaue Linie*). Abnehmende Solaraktivität fällt zusammen mit zunehmendem Evaporation/Niederschlagsverhältnis. Die 208-Jahr gefilterte $\delta^{18}O$-Komponente deckt sich mit den Änderungen der solaren Aktivität während der letzten 1500 Jahre. Die 208-Jahr-Komponente des $\delta^{18}O$ vom Punta-Laguna-See ist phasengleich mit den Dichtesignalen des Chichancanab-Sees zwischen AD 0 und 1200. (Aus Hodell et al. 2001)

klimas, die aus Zentralamerika bekannt wurden, nicht nur die Diskussion über Rückkoppelungen zwischen Klima und Kulturentwicklung beflügelt (Abb. 5.159, 5.162), sondern auch die Diskussion über die Ursachen der „Klima-Eskapaden".

Die sedimentologisch und chronostratigraphisch sehr gut erfassten Dürrephasen der letzten ca. 3000 Jahre lassen ein Muster von sich zeitlich wiederholenden Dürren erkennen mit einer vorherrschenden Periodizität von 208 Jahren. Dieser Zyklus ist vergleichbar mit der 206-Jahres-Periode der kosmogenen Nuklidproduktion (^{14}C und ^{10}Be), die den Veränderungen der solaren Aktivität zugeschrieben wird. Hodell et al. (2001) folgern, dass eine wesentliche Komponente der Variabilität der Dürren in Yucatán, die in ca. 200-Jahr-Oszillationen ablaufen, mit dem *solar forcing* erklärt werden können (Abb. 5.180). Auch Medina-Elizalde et al. (2010) erkennen in dem Speläothem-*record* die bedeutende Rolle, die *solar forcing* für die Niederschlagsschwankungen hatte. Sie bemerken allerdings, dass die Klimarekonstruktionen der Cariaco-Sedimente ungeeignete Klimaanalogien für die Yucatán-Halbinsel sind; Korrelationsanalysen unter Verwendung von Niederschlagsaufzeichnungen aus Mittelamerika und dem nördlichen Südamerika zeigen gute Korrelationen zwischen Yucatán, dem östlichen Mexiko und Guatemala, jedoch nicht zwischen Yucatán und dem nördlichen Südamerika (Medina-Elizalde et al. 2010).

5.3.4 Synopse

In Mittelamerika und der Karibik führt die kritische Bewertung der terrestrischen paläoklimatischen Proxys zu folgenden Schlussfolgerungen:

(i) Die markanten Klimawechsel zwischen quartären Kalt- und Warmzeiten sind durch Pollenprofile, Moränensequenzen (Vázquez-Selem und Heine 2011), Paläoböden (im mexikanischen Hochland), Seesedimente und andere Paläoklimaarchive belegt.

(ii) Das Ausmaß der Vergletscherungen nimmt seit dem späten Mittelpleistozän von Kaltzeit zu Kaltzeit ab. Die ältesten erfassten Moränen reichen an den Vulkanhängen Mexikos durchschnittlich bis ≤ 3000 m NN und damit bis zu 400 m tiefer als im LGM.

(iii) Die mittel- und jungpleistozänen kalt/warmzeitlichen Klimaschwankungen werden darüber hinaus durch Seesedimente, Seespiegelstände, Flussterrassen, Speläotheme und andere Paläoklimaarchive dokumentiert.

(iv) Bisher gibt es Klimarekonstruktionen, die auf weitreichende Hypothesen verzichten können, nur für das LGM, das *Termination I* und das Holozän.

(v) Das LGM war im tropischen Mittelamerika arider; der Regenwald der Tieflandregionen und karibischen Inseln war zum Teil durch trockenere Biome (Savannen) ersetzt. Seespiegelstände waren niedrig. Gletscher waren ausgedehnter als heute. Die Temperaturen waren mindesten 5 °C kälter als heute und in den Gebirgen um mindestens 7–8 °C erniedrigt.

(vi) Trotz der Unsicherheiten in der Datierung werden häufig Korrelationen von glaziären Archiven Zentralamerikas vorgenommen, um LGM-ELAs und LGM-Temperaturen zu rekonstruieren.

(vii) Während des *Termination I* traten Klimaschwankungen stärker thermisch als hygrisch hervor. Einflüsse des nordatlantischen/arktischen Geschehens und vor allem des nordamerikanischen laurentischen Eisschilds mit wechselnder Entwässerungshydrographie bestimmten Schmelzwasser-Impulse und SSTs im Golf von Mexiko und im Nordatlantik mit *Feedback*-Prozessen für Mittelamerika und die Karibik.

(viii) Die YD war relativ trocken und warm.

(ix) Das Holozän begann feuchter und kühler. Ein vielfach in der Vergangenheit postulierter Gletschervorstoß während der YD existierte nicht. Es gab Gletschervorstöße an der Wende YD/frühes Holozän.

(x) Das holozäne Klimaoptimum war wärmer als heute und gebietsweise trockener. Das Neoglazial (einschließlich der Kleinen Eiszeit) war etwas kühler und feuchter als heute.

(xi) Die letzten 2000 Jahre sind besonders gut paläoklimatisch erfasst, um Beziehungen zwischen Kulturentwicklung (Maya) und Klimaschwankungen zu erhellen.

(xii) Die Anwendung der SED-Moränendatierung führt in Mexiko im Zusammenhang mit umfangreichen Kartierungen und anderen Paläoklimaarchiven zur vollständigsten Glazialchronologie des Jungquartärs in den Tropen.

(xiii) Die mexikanische jungquartäre Chronologie erlaubt eine Korrelierung einzelner Klimaschwankungen mit datierten *events* der Außertropen (YD, H 1 in GRIP, etc.).

Kapitel 5

Regionale Beschreibung – Afrika und Madagascar

6

K. Heine, *Das Quartär in den Tropen*, https://doi.org/10.1007/978-3-662-57384-6_6

6.1 Allgemeines

Der quartäre Klima- und Landschaftswandel lässt sich in Afrika besser rekonstruieren als in Lateinamerika, da (i) der afrikanische Kontinent über 8000 km beiderseits des Äquators bis ca. 35° nach Norden und Süden reicht, (ii) über Dreiviertel der Fläche innerhalb der Wendekreise (23,5° N und S) liegen, (iii) größere Gebirgssysteme weder meridional (wie die Anden Südamerikas) noch latitudinal den Kontinent queren und (iv) der Wechsel vom feucht-heißen tropischen äquatorialen Regenwald bis zur extrem ariden Wüste beispielhaft ausgebildet ist. Die Klima- und Vegetationszonen werden nur in den Gebirgen Ostafrikas in ihrer breitenkreis-abhängigen Ausbildung unterbrochen (Abb. 6.2).

Das gegenwärtige Klima Afrikas wird vor allem durch die Wind- und Luftdrucksysteme, die Niederschläge und Niederschlagsregime und die Reliefcharakteristika sowie die ozeanischen Meeresströmungen bestimmt (Abb. 6.3). Im Bereich der Cw-Klimate (Köppen/Geiger) sind die Temperaturen aufgrund der größeren Höhenlage reduziert. Eine ausführliche Beschreibung des afrikanischen Klimas geben Weischet und Endlicher (2000).

Wie komplex die klimabestimmenden Faktoren in verschiedenen Regionen ausgebildet sein können, wird am Beispiel Ostafrikas dargestellt (Abb. 6.4). Ostafrika kommt eine klimatische Sonderstellung zu: Bereits unweit des Äquators im nördlichen Kenia sinkt der Jahresniederschlag auf < 300 mm, und am Horn von Afrika existiert eine Halbwüste, obwohl das Gebiet seiner planetarischen Lage nach mit seinem südlichen Teil zu den immerfeuchten Tropen und seinem nördlichen Teil zu den wechselfeuchten Tropen gehört (Weischet und Endlicher 2000). Das äthiopische Hochland stellt eine Ausnahme dar; es ist feuchter als die Umgebung. Innerhalb der feuchten Tropen sind Hochländer in der Regel Trockeninseln.

Ostafrikas Abweichungen von den schematischen Modellvorstellungen werden durch die Strömungsverhältnisse bedingt, die von den nord- und südhemisphärischen Subtropenhochs, von den dazwischen liegenden äquatorialen Tiefs und dem indischen Monsuntief gesteuert werden (Abb. 6.4). Im Nordwinter sorgt die Nordostpassatströmung für Trockenheit in Somalia und für Stauniederschläge im Nordosten des äthiopischen Berglands; südlich des Äquators sorgen die Flächenkonvergenz, die Feuchtigkeitsaufnahme der Luftmassen aus den Wäldern, die Labilisierung in Hitzetiefs (Zenitstand der Sonne) und die Strömungskonvergenz mit dem Südostpassat des Indischen Ozeans (ITCZ) im Süden sowie mit den Kongo-Luftmassen des Südwestmonsuns im Westen für die Ausbildung der Regenzeit (Abb. 6.4 *links*; Weischet und Endlicher 2000). Im Nordsommer bestimmt das Südwestmonsun-Regime die Niederschlagscharakteristika mit sommerlichen Zenitalregen das Hochland von Äthiopien, während das Horn von Afrika von ablandigen Winden (Südwestmonsun, der durch Umlenkung des Südostpassats entsteht) und Trockenheit betroffen ist. Über dem ostafrikanischen Bergland unterliegt der Südostpassat, der an den bis 2500 m hohen Gebirgen Madagaskars viel Feuchtigkeit abgegeben hat, der Flächendivergenz mit absinkenden, relativ stabil geschichteten Luftmassen; feuchte maritime Indikluftmassen dringen kaum landeinwärts; relative Trockenheit ist die Folge (Abb. 6.4 *rechts*; Weischet und Endlicher 2000). Die Vulkane des ostafrikanischen Hochlandes zeigen eigene Niederschlagsverhältnisse (Abb. 6.5). Die Luvseiten im Südosten erhalten deutlich höhere Niederschläge.

Bereits 1912 machte Klute (1920) Beobachtungen zu Windverhältnissen am Kilimandscharo-Gebirge und folgerte aus den Spuren der eiszeitlichen Vergletscherung eine Depression der Temperaturen im LGM, die denen der gemäßigten Breiten ähnlich ist:

> In 4150 m [Höhe] befanden wir uns bereits im Antipassat, der von NO mit geringer Windstärke wehte. Da der Kilimandscharo in 3° südlicher Breite liegt, wehte im Sommer der Passat von Südost. Der Antipassat war sehr trocken. Auch der Passat konnte nur im Schutz der Berge auf der Südseite ansteigen und dabei Wolken bilden. Dieser Unterschied zeigt sich in der rezenten Vergletscherung sehr deutlich. Auf der trockenen Nordseite trägt der Kraterrand nur eine Eiskrone, die etwa 100–200 m herabreicht, also etwa in 5650–5700 m endet, während der Kraterrand hier etwas über 5800 m mißt. Auf der feuchten Südseite reichen die Gletscher bis 4600 m herab, also 900–1000 m tiefer. In der Eiszeit bestand dieser Unterschied auch; denn die tiefste Moräne auf der Nordseite des Kibo fanden wir in 4200 m, und wie man aus den glazialen Hohlformen sehen kann, waren die Gletscher wenig mächtig und haben schwach erodiert. Auf der feuchten Südseite endeten die Gletscher zur Eiszeit in 3750 m, also 450 m tiefer. Daß der Unterschied heute größer ist als zur Eiszeit, hat seinen Grund darin, daß das Eis der Nordseite ganz im trockenen Antipassat liegt, zur Eiszeit aber im Nordwinter noch in den NO-Passat reichte, der zwar auch nicht gerade feucht ist, aber beim Ansteigen doch Feuchtigkeit geliefert haben mag. Hieraus kann man folgendes schließen: Wäre der Nordpol zur Zeit der Vereisung auf Grönland in 70° nördlicher Breite gelegen, dann wäre der Kilimandscharo in etwa 17° nördlicher Breite zu liegen gekommen, also in eine Gegend, die trockener ist als seine heutige Lage, und seine eiszeitliche Vergletscherung wäre nicht so bedeutend gewesen, wie man sie heute findet. Andererseits zeigte der Kilimandscharo, wie auch der Kenia und Ruwenzori eine eiszeitliche Vergletscherung, die nach der Senkung der Schneegrenze die gleiche Senkung der Temperatur beansprucht wie die Vergletscherung der gemäßigten Breiten. Man kann somit als Ursache der Eiszeiten keine Theorie annehmen, welche nicht auch für die Tropen die gleiche Temperaturerniedrigung bringt wie für die gemäßigten Breiten.

Die Beobachtung, dass in der Eiszeit der NO-Passat (Monsun) im Nordwinter noch das Kilimandscharo-Massiv wesentlich stärkere Niederschläge brachte, belegt eine starke Intensivierung des NO-Monsuns (vgl. Abb. 6.4 und 6.5).

Aufgrund der komplexen Klimaverhältnisse ist es besonders schwierig, Paläoklimaarchive richtig für Paläoklimarekonstruktionen zu nutzen. Werden für Ostafrika aus Paläoklimaproxys des Quartärs Phasen von hygrischen Klimaschwankungen mit

Abb. 6.1 *Oben*: Gletschereis am Kilimandscharo (Foto: NJ Cullen, Juli 2005). *Unten*: Felsgravuren. Twyfelfontein, Namibia. In der *Bildmitte* werden u. a. zwei Robben dargestellt, die an der ca. 100 km entfernten Küste zahlreich auftreten. (Foto: alueni-images) ►

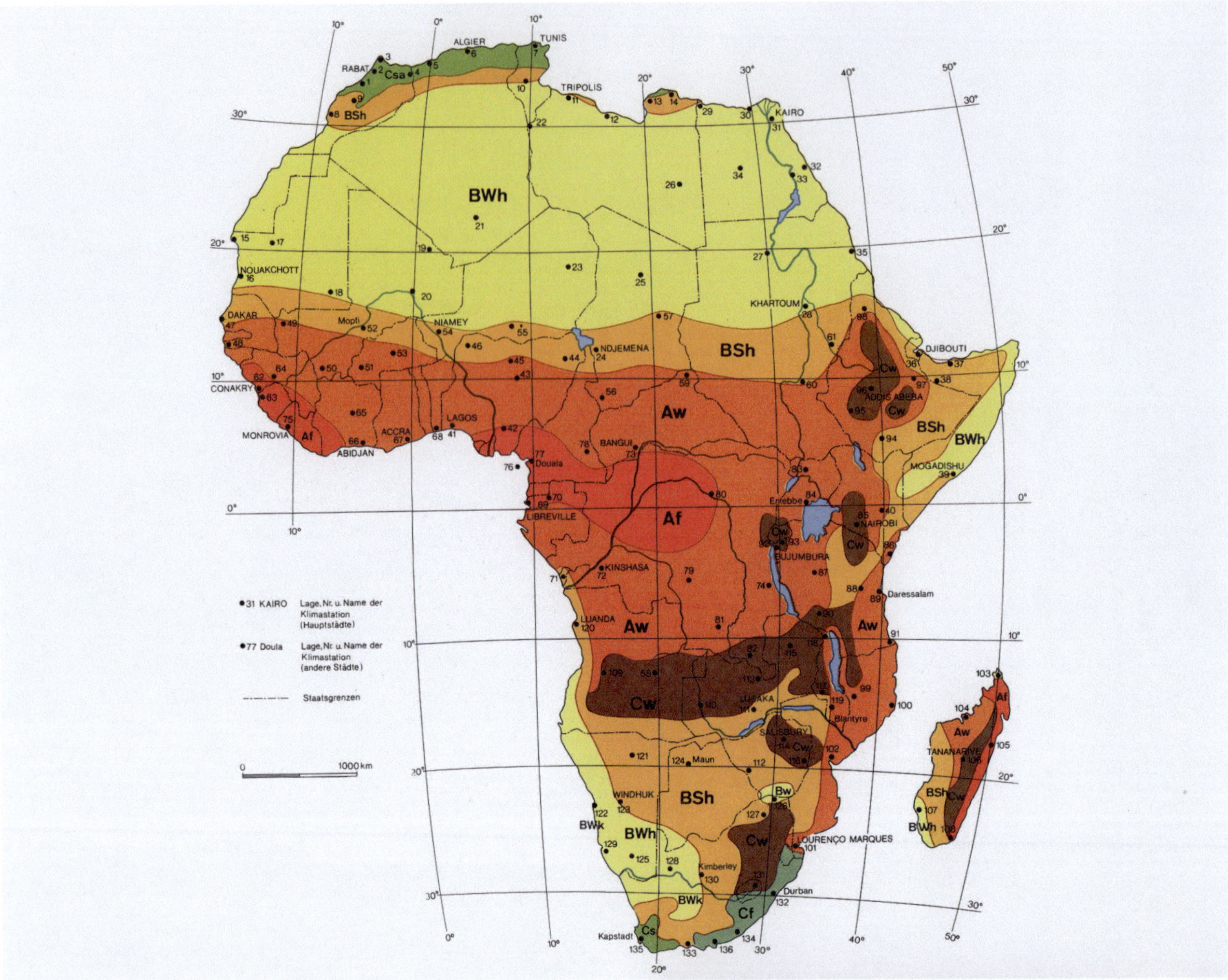
ALGIER
TUNIS
RABAT
TRIPOLIS
KAIRO
NOUAKCHOTT
DAKAR
Mopti
NIAMEY
NDJEMENA
KHARTOUM
DJIBOUTI
ADDIS ABEBA
CONAKRY
MONROVIA
ABIDJAN
ACCRA
LAGOS
BANGUI
Douala
MOGADISHU
Entebbe
LIBREVILLE
NAIROBI
BUJUMBURA
KINSHASA
Daressalam
LUANDA
Blantyre
SALISBURY
TANANARIVE
Maun
WINDHUK
LOURENÇO MARQUES
Kimberley
Durban
Kapstadt
Csa
BSh
BWh
Aw
Af
Cw
BWk
Bw
Cf
Cs
•31 KAIRO Lage, Nr. u. Name der Klimastation (Hauptstädte)
•77 Doula Lage, Nr. u. Name der Klimastation (andere Städte)
Staatsgrenzen
0 1000 km

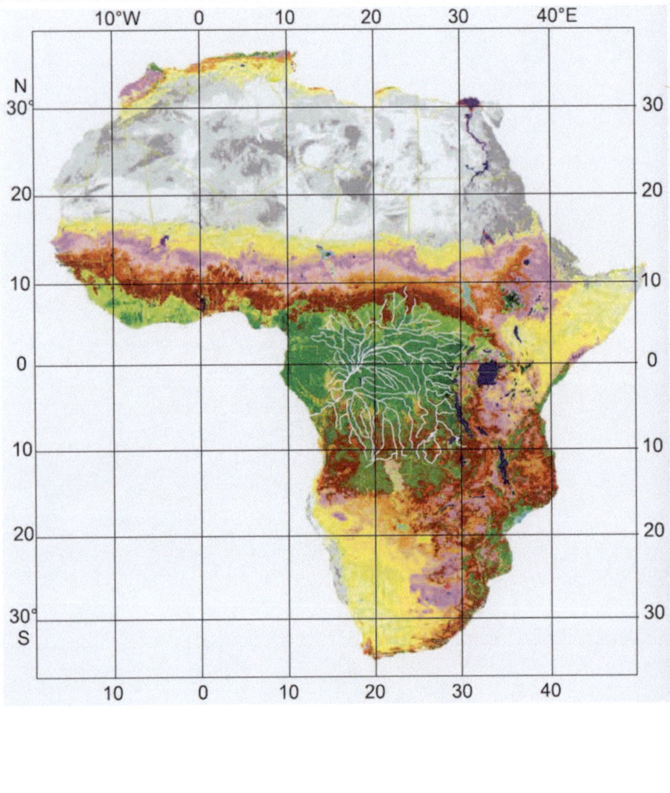
10°W
0
10
20
30
40°E
N 30°
20
10
0
10
20
30° S

Abb. 6.2 Klima- und Vegetationszonen Afrikas. *Oben*: Klimazonen nach Köppen/Geiger. Die Trockenklimate (B) werden hygrisch definiert, alle anderen Klimate thermisch. Eine Definition der Tropen wird nicht gegeben. Vgl. Abb. 3.2.
Unten links: Satellitenbild der Vegetation Afrikas aufgrund einer Landbedeckungsklassifikation von Daten, die im Jahr 2000 mit dem *VEGETATION-Instrument* des SPOT4-Satellits ermittelt wurden; zusätzlich wurden Radardaten des ERS- und JERS-Satelliten benutzt. Geschlossener Wald ist *dunkelgrün*; Savannen sind in *braunen Farbtönen* dargestellt, Grasländer sind *hell-lila*, Halbwüsten *gelb* und Wüsten *grau*. Das Kongo-Flusssystem ist hervorgehoben; sein Einzugsgebiet erstreckt sich über den größten Teil des äquatorialen Regenwaldes (aus Dupont (2009)).
Unten rechts: GOOGLE Bild ◄

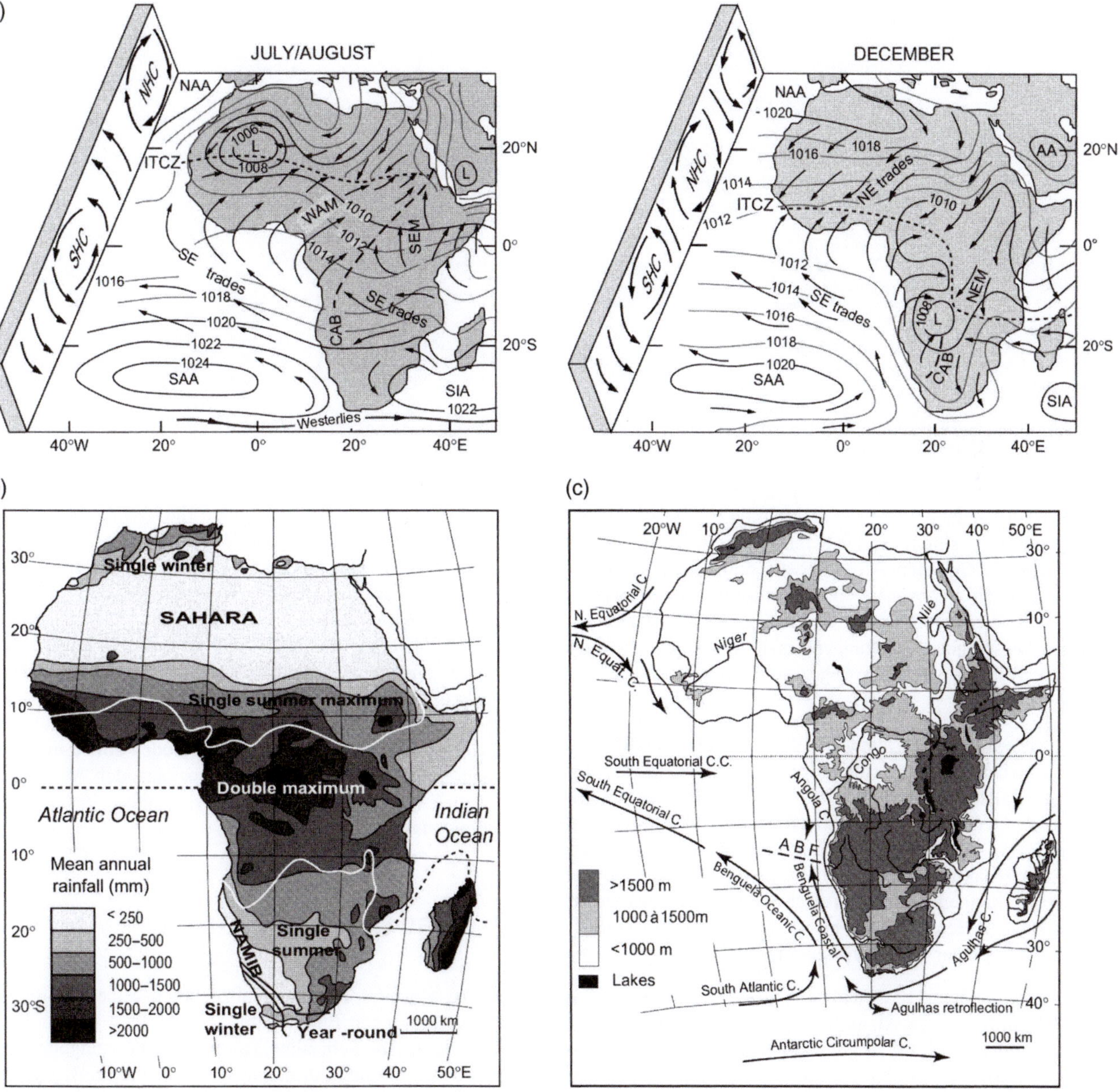

Abb. 6.3 Grundzüge der heutigen Klimavariabilität in Afrika (nach Gasse et al. 2008 aus Metcalfe und Nash 2012). **a** Wind- und Luftdruckmuster in Oberflächennähe im Juli/August (*links*) und im Dezember (*rechts*) (Nicholson 1996). **b** Mittlerer jährlicher Niederschlag und Niederschlagsregime. Afrika zerfällt in vier Kategorien: Äquatorial mit doppelten Niederschlagsmaxima, Monsunal mit einfachem Niederschlagsmaxima und Mediterran mit einfachem Wintermaxima. **c** Wichtige Reliefmerkmale (Höhen) und ozeanische Oberflächenströme. Abkürzungen: AA – Arabische Antizykone; ABF – Angola-Benguela Front; L – Haupt-Tiefdruckzellen (Low); NAA – Nordatlantische Antizyklone (Azorenhoch); NEM – nördlicher ostafrikanischer Monsun; SAA – Südatlantische Antizyklone (St. Helena-Hoch); SIA – Südindik-Antizyklone (Maskarenen-Hoch); SEM – Südlicher ostafrikanischer Monsun; WAM – Westafrikanischer Monsun; *Punktlinie* – Innertropische Konvergenzzone (ITCZ); *gerissene Linie* – Kongo-Luftmassengrenze, *Congo Air Boundary* (CAB); in den Profilen: SHC – südliche Hadley-Zelle; NHC – nördliche Hadley-Zelle

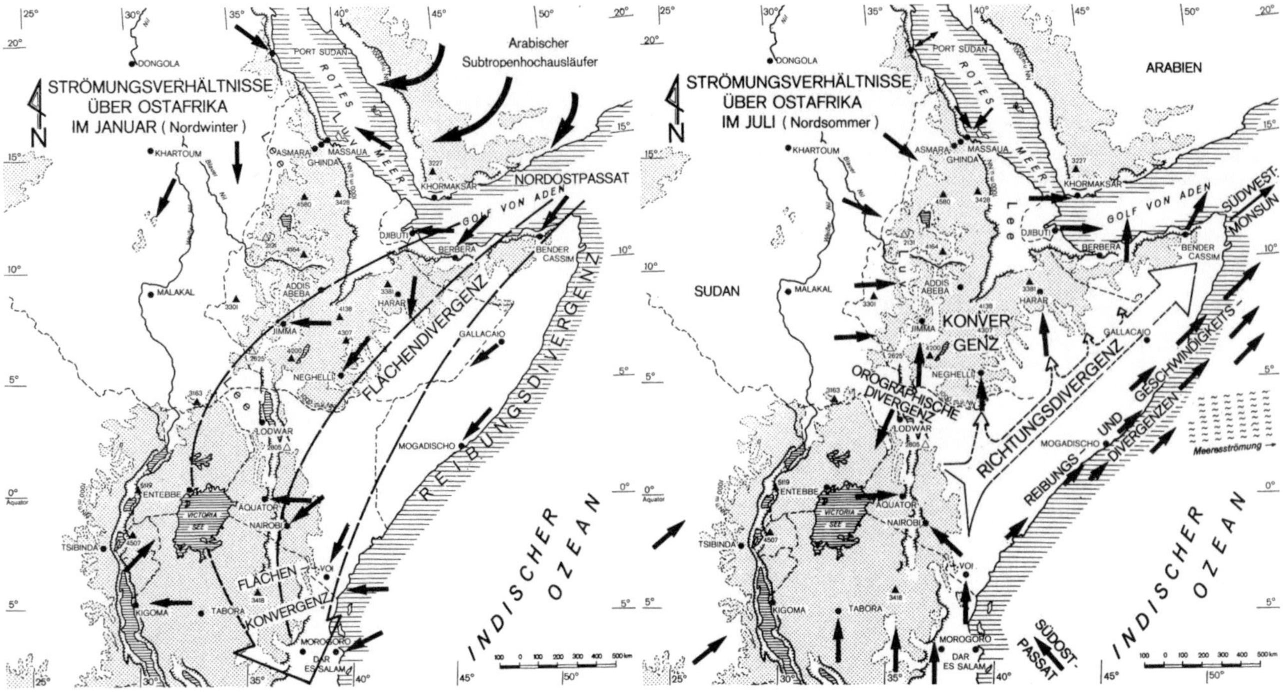

Abb. 6.4 Strömungsverhältnisse über Ostafrika im Januar (Nordostpassat-Regime des Nordwinters) (*links*) und im Juli (Südwestmonsun-Regime des Nordsommers) (*rechts*). (Aus Weischet und Endlicher 2000)

größerer/geringerer Aridität bzw. Humidität abgeleitet, müssen Höhenlage, Exposition, etc. weit mehr berücksichtigt werden als in anderen Gebieten Afrikas. Unterschiedliche Werte der LGM-zeitlichen hygrischen und thermischen Veränderungen sind daher über relativ kurze Distanzen bei Gletscherbewegungen, Seespiegelschwankungen sowie vertikalen und horizontalen Verlagerungen der Vegetationsgrenzen zu beobachten.

Afrika hat während des Quartärs viele, komplexe und oft starke Klima- und Umweltveränderungen erlebt. Die *forcing*-Faktoren, die die globalen warmzeitlichen und kaltzeitlichen Klimazyklen wesentlich steuerten, sind Änderungen der Insolation (orbital gesteuerte Änderungen der Solarstrahlung; Abb. 6.6) und Eisaufbau-/Eisabbau-Prozesse einschließlich ihrer Rückkoppelungen in marinen und terrestrischen Regionen der hohen Breiten beider Hemisphären. Insolationsänderungen sind die Haupttriebkräfte der Klimaschwankungen.

Diese Veränderungen – so wird angenommen – hatten einen großen Einfluss auf die Menschwerdung und Menschheitsentwicklung. Viele wichtige Stadien der frühen Entwicklung der Hominiden (Hominini), einschließlich des Auftauchens der Gattung *Homo*, fallen mit Habitatänderungen zusammen, die vor allem von hygrischen Schwankungen bestimmt wurden (Metcalfe und Nash 2012; deMenocal 2004). Auch die Ausbreitung der Hominini (in der jüngeren Fachliteratur steht allein Hominini für den Menschen und seine Vorfahren bis zur Abzweigung der Schimpansen) von Afrika aus nach Eurasien wurde durch aride und feuchte Klimaphasen gehemmt oder begünstigt (vgl. Schrenk und Bromage 2002; Kap. 9: Menschheitsentwicklung und Klima).

Viel diskutiert wurde und wird auch die „*grüne Sahara*“, eine Feuchtphase vom Ende der letzten Eiszeit bis ins Früh- und Mittelholozän (Pachur und Altmann 2006; Kröpelin et al. 2008a; deMenocal 2015), und ob es zur gleichen Zeit ähnliche Pluvialphasen auf der Südhemisphäre in Afrika (Chase et al. 2010, 2015b), Australien und Südamerika gegeben hat. In den vergangenen Jahrzehnten brachten paläolimnologische, speläologische, palynologische, sedimentologische und paläontologische Beobachtungen und Analysen in Verbindung mit verbesserten und neuen Datierungsmethoden sowie unter Berücksichtigung der marinen Bohrkerne aus den Meeren um Afrika viele Erkenntnisse, die zum Verständnis der quartären Paläoumweltverhältnisse beitragen.

6.2 Das tropische Afrika

Afrika ist ein alter Kontinent hinsichtlich seiner geologisch-geomorphologischen Entwicklung. Große Teile des südlichen Afrika werden von sehr alten Landoberflächen eingenommen, die seit Jahrmillionen Abtragungsgebiete sind (z. B. Partridge und Maud 1987, 1989). Das trifft auch für Westafrika (z. B. Michel 1973) und die Regionen zwischen dem Kongo-Becken und der Sahara zu (z. B. Pachur und Altmann 2006). In Nord- und Südafrika können selbst noch die Spuren derjenigen Eiszeiten gefunden werden, die im späten Ordovizium um ca. 440 Ma in Nordafrika und im Permokarbon zwischen ca. 360–260 Ma in Südafrika Teile der ehemaligen Landflächen bedeckten und die infolge der Abtragung „exhumiert“ wurden. Lückenlose, kontinuierlich während langer Zeiträume entstandene quartäre

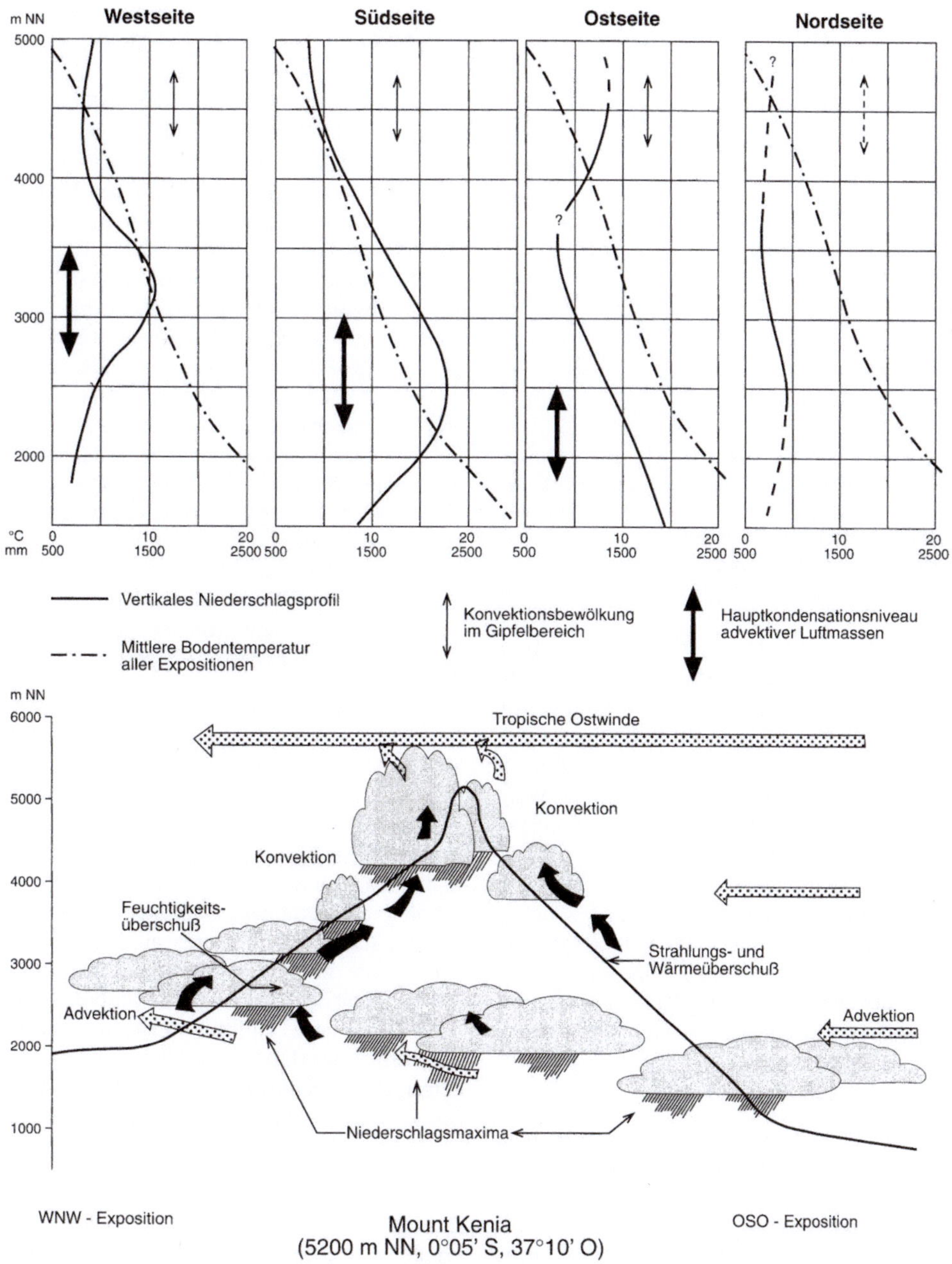

Abb. 6.5 *Oben*: Schema der Zirkulation, Bewölkungs- und Niederschlagsverteilung für die Mittagsstunden am Mt. Kenia, Ostafrika. Wärmeüberschuss- bzw. -mangelgebiete zeigen eine gute Übereinstimmung mit Niederschlag und Bewölkung. WNW – ESE-Schnitt. *Unten*: Vertikale Niederschlags- und Bodentemperaturverteilung am Mount Kenia. Auf der SE-Seite sind die SE-Monsune für die Regenmaxima in 2000–3000 m Höhe verantwortlich, auf der Westseite des Berges führt Konvektion zu einem Niederschlagsmaximum in größeren Höhen. (Aus Weischet und Endlicher 2000, nach Winiger)

Paläoklimaarchive finden sich daher vorwiegend in Vulkankratern und in Seen der ostafrikanischen Grabenzonen (Schlüter 1997). Nicht nur wegen der natürlichen Beschaffenheit der afrikanischen Landschaften (Abb. 6.7), sondern auch wegen der politischen Verhältnisse sind große Teile Afrikas bisher kaum quartärwissenschaftlich bearbeitet worden, so das Kongo-Becken, Angola, Sambia, Simbabwe, Moçambik, Somalia und Teile Westafrikas.

6.2.1 Paläoklima-Archive mit großer zeitlicher Spanne

In geomorphologischen Paläoklimaarchiven können Informationen zur Klimaentwicklung über lange Zeitspannen (Tertiär bis Holozän) gespeichert sein, denn die geomorphologischen Formen und Sedimente sind das Ergebnis geomorphologischer

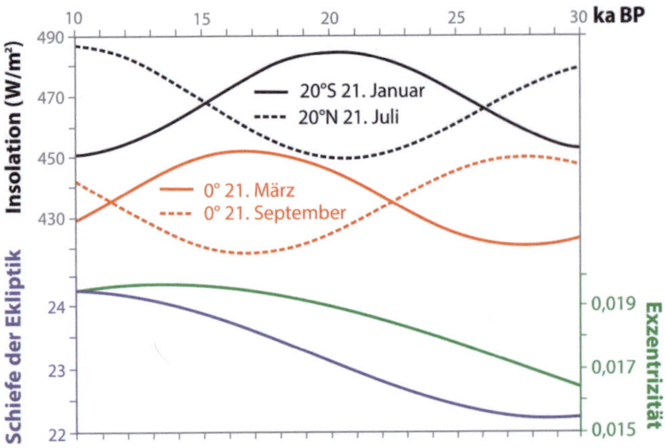

Abb. 6.6 *Forcing*-Faktoren, die das afrikanische Klima beeinflussen. Änderungen der Insolation während der Regenzeiten in den nördlichen Tropen (20° N, 21. Juli) und in den südlichen Tropen (20° S, 21. Januar) sowie in den äquatorialafrikanischen Regionen mit doppelter Regenzeit (0°, 21 März, 21. September). (Nach Laskar et al. 2004)

Prozesse, die wiederum von den Umweltfaktoren (Geologie, Klima, Flora und Fauna [dazu gehört auch der Mensch], etc.) gesteuert werden. Allerdings ist die zeitliche Auflösung oft gering, vor allem bei präholozänen Geoarchiven. Auch die Interpretation hinsichtlich qualitativer und quantitativer Eigenschaften der Klimaelemente (Niederschlag, Temperatur, Verdunstung, Wind, etc.) ist nur eingeschränkt möglich. In Verbindung mit anderen Paläoklimaarchiven kommt den geomorphologischen *records* aber eine größere Bedeutung zu. In Flussterrassensystemen sind die großen quartären Klimazyklen gespeichert, aber auch untergeordnete Klimaschwankungen innerhalb von Warm- und Kaltzeiten. Gleiches gilt für die gewaltigen Dünensysteme der Sahara, Arabiens und des südlichen Afrika. Paläobodensequenzen sind in den Dünen archiviert (vgl. Völkel 1989), bisher jedoch kaum in paläoklimatische Deutungen einbezogen worden.

Bei den (globalen) quartären Klimarekonstruktionen auf der Basis von Computersimulationen bleiben geomorphologische Daten bisher unberücksichtigt, da diese nicht hinreichend exakt aufbereitet und quantifiziert werden können, um in Modellsimulationen eingespeist zu werden. Das sagt jedoch nichts über die Bedeutung der geomorphologischen Paläoklimaarchivdaten aus. Oft würde eine Hinzuziehung derselben eine Hilfe bei der Beurteilung der Plausibilität der Modellierungsergebnisse sein. Geomorphologische Klimaarchive spiegeln in der Regel nicht einzelne Klimaelemente wider, sondern das Zusammenspiel sehr unterschiedlicher Klimaelemente. Das wird oft verkannt, z. B. bei der Interpretation von marinen Sedimenten, Dünen, Paläoböden, Strandterrassen und Hang-/Tal-Formen bzw. -Sedimenten.

Seit dem Beginn des Quartärs vor ca. 2,5 Ma können Vegetationsänderungen in Abhängigkeit von orbitalen Änderungen belegt werden (Giresse 2008); zwischen 2,5 und 0,8 Ma folgten die Schwankungen den 41.000-Jahrzyklen und in den letzten 800.000 Jahren den 100.000-Jahrzyklen. Dupont et al. (2001) datieren palynologisch den Beginn des 100-ka-Glazial-Interglazial-Rhythmus' um 1,05 Ma. Die Zeiten maximaler Eisausdehnung in den Außertropen korrelieren mit ariden und kühleren Phasen in den Tropen (vgl. Schefuß et al. 2003). In kühlen Phasen waren die tropischen Regenwälder fragmentiert und auf Refugien reduziert (Maley und Brenac 1998). *Podocarpus* war in den Glazialen in den zentralafrikanischen Bergländern weit verbreitet und die Wasserführung des Kongo war reduziert. In den kalten Phasen des Quartärs wanderten kälteliebende montane Pflanzenarten in tiefergelegene Regionen, um bei einem Temperaturanstieg wieder in höhere Areale auszuweichen; dabei kam es zu einer Isolierung der Bergvegetation in einzelnen Bergregionen zur Zeit der stärksten Erwärmung. Während der letzten 800 ka nahmen diese extremen interstadialen Klimabedingungen nur etwa 10 % der gesamten Zeitspanne ein. Dupont und Hooghiemstra (1989) können zeigen, dass sich die Sahara-Sahel-Grenze in den letzten 680.000 Jahren zwischen 14° N und 23° N wiederholt latitudinal verschob (Abb. 6.8). Dupont et al. (2001) belegen, dass das Klima-*forcing* und die Rückkoppelungen in den niederen Breiten eine bedeutende Rolle beim Beginn der 100-ka-Eiszeit-Zyklen spielten und dass während des mittleren und späten Pleistozäns die Klimabedingungen der Tropen in zunehmendem Maße von dem glazial-interglazialen Wechsel der kontinentalen Eisschilde beeinflusst wurden.

Ebenso dokumentieren marine Sedimentkerne einen Wechsel im Eintrag von Süßwasserdiatomeen in den Atlantik vor Westafrika (Abb. 6.9) und von äolischem Staub vom afrikanischen Festland in die umgebenden Meere (Abb. 6.10). Süßwasserdiatomeen sind Belege für feuchtere Verhältnisse an Land, Staubeinträge für ein trockeneres Klima. Der Gehalt an $CaCO_3$ in den marinen Sedimenten dokumentiert ebenfalls bedeutende Umweltveränderungen; Carbonatmaxima zeigen interstadiale, Minima stadiale Bedingungen an. Man nimmt an, dass während der Stadiale die Zirkulation in den Ozeanen schneller ablief, die Produktivität der Meere und die Carbonatlösung zunahmen. Eine hohe zeitliche Auflösung gewähren die Daten der marinen Sedimentkerne (Diatomeen, Staub, $CaCO_3$) jedoch nicht. Sie zeigen aber den allgemeinen Trend: (i) Wechsel zwischen Phasen (großer) Aridität und Humidität bzw. warme und kühlere Phasen, die (ii) mit dem orbital verursachten Klimawandel korreliert werden können.

Die Daten der weit ins Quartär zurückreichenden Chronostratigraphien beruhen auf marinen Sedimentsequenzen. Die Vegetationsrekonstruktionen aufgrund der marinen Kerne sind jedoch schwierig wegen (i) der großen Pollen-Einzugsgebiete (fluvialer und äolischer Eintrag), (ii) der komplexen ozeanischen Transportwege (einschließlich der *offshore*-Strömungen) und (iii) der geringen Pollenkonzentrationen in den marinen Sedimenten; daher repräsentieren marine Pollen-*records* oft weiträumige und ungenau definierte Herkunftsgebiete.

Erst seit Kurzem belegen auch die terrestrischen Pollenprofile vom Lake Bosumtwi (Ghana, s. u.), die bis 520 ka BP zurückreichen, sechs Perioden der Waldausbreitung, die sehr wahrscheinlich mit Interglazialen korrespondieren (Miller und Gosling 2014). MIS 1 (Holozän) ist die feuchteste Periode, MIS 7 war eine weniger feuchte Periode. Die Verschiebungen der Vegetationsgrenzen (Regenwald – Savanne) sind bisher aufgrund der marinen Daten unterschätzt worden. Darüber hin-

Abb. 6.7 Afrikanische Landschaften. *Links oben*: Lake Ossa (Kamerun) im immerfeucht tropischen Regenwald (Foto: Wikipedia). *Rechts oben*: Kilimandscharo-Massiv mit Kibo (*links*, 5895 m) und Mawenzi (*rechts*, 5148 m) mit Gletscherbildungen und Firnflecken um AD 1910. Der Mawenzi-Gipfelbereich ist durch Glazialerosion und Hochgebirgsverwitterung stark zerschnitten. Gemälde von Rudolf Hellgrewe um 1910 (Bild: alueni-images).

Mitte links: GOOGLE-Satellitenbild (ca. 17°53′ S, 24°45′ E, 930 m NN). Die Chobe-Flussniederung nimmt den *oberen Teil des Bildes* ein, die afrikanische Rumpffläche mit Savannenwald die *untere Bildhälfte*. Die *untere Bildkante* umfasst ca. 15 km. *Gelbe Linie* – Staatsgrenze zwischen Namibia (*oben*) und Botswana (*unten*). Die GOOGLE-Satellitenbildbasierte globale Erfassung der Wälder der tropisch-subtropischen Trockenklima-Regionen ergibt eine um ca. 45 % größere Verbreitung der Waldformationen, u. a. im Bereich der Kalahari (Bastin et al. 2017). Für Simulationen der zukünftigen Klima- und Vegetationsänderungen ist der Ist-Zustand der Waldverbreitung von größter Bedeutung. *Mitte rechts*: Der vom Grundwasser gespeiste Lake Yao, Sahara (Nordosttschad) (Foto: S Kröpelin).

Links unten: Erongo-Massiv (Namibia). Wüstenlandschaft mit Serirfläche (in der Trockenzeit) und zerklüftetem Gebirge (Foto: alueni-images). *Rechts unten*: Kubu Island (Granitausbiss) in den Makarikari-Pfannen, Botswana, mit Baobab-Bäumen (*Adansonia digitata*, Affenbrotbaum) in der Trockenzeit. (Foto: alueni-images)

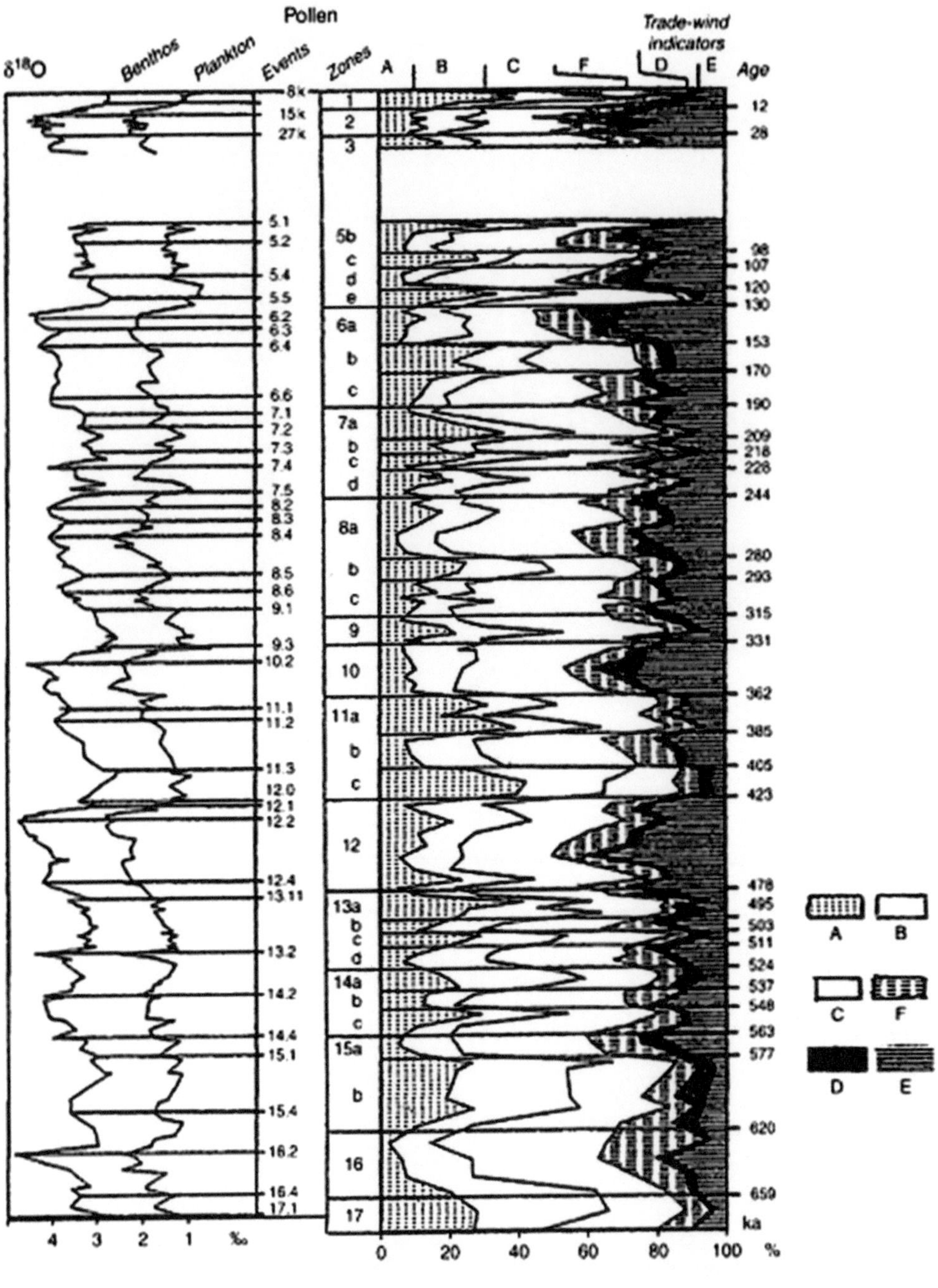

Abb. 6.8 Sauerstoffisotopen-Daten und synthetisches Pollendiagramm vom marinen ODP-658. (A) Indikatoren für humide Verhältnisse (einschließlich Cyperaceae und *Rhizophora*); (B) Poaceae (Gramineae); (C) Wüstenelemente der Sahara und des Sahel; (D) europäische und mediterrane Elemente; (E) trockene Elemente des südlichen Mediterraneis und der nördlichen Sahara (einschließlich Asteraceae und *Ephedra*); (F) andere Taxa. Diese Gruppen sind nach ihren Indikatorwerten für aride Klimabedingungen angeordnet von negativ (A) nach positiv (E); die Gruppen D und E repräsentieren zusammen die Passatwind-Indikatoren. (Nach Dupont und Hooghiemstra 1989)

aus belegen die Vegetationsänderungen, die auch in Skalen von Jahrtausenden stattfanden und mit den globalen Klimaänderungen korreliert werden können, dass die Sensitivität der tropischen Ökosysteme von der orbitalen Konfiguration (Präzessionszyklen) abhängt (Miller et al. 2016; Abb. 6.84).

Bei der Auswertung der terrigenen Sediment-*records* in den marinen Bohrkernen ist bisher davon ausgegangen worden, dass das terrigene Material allein durch äolischen Transport von der Sahara in den Atlantik gelangte (z. B. Abb. 6.10). Daher werden hohe Anteile an terrigenem Material mit ariden (windreichen) Klimaabschnitten korreliert. An einen fluvialen Sedimenteintrag aus der Sahara in den Atlantik muss jedoch aufgrund der Erkenntnisse von Skonieczny et al. (2015) ebenfalls ausgegangen werden, was Dupont (2011) bereits vermutete. Der fluviale Eintrag ist an humide Klimaphasen gebunden, im Gegensatz zu

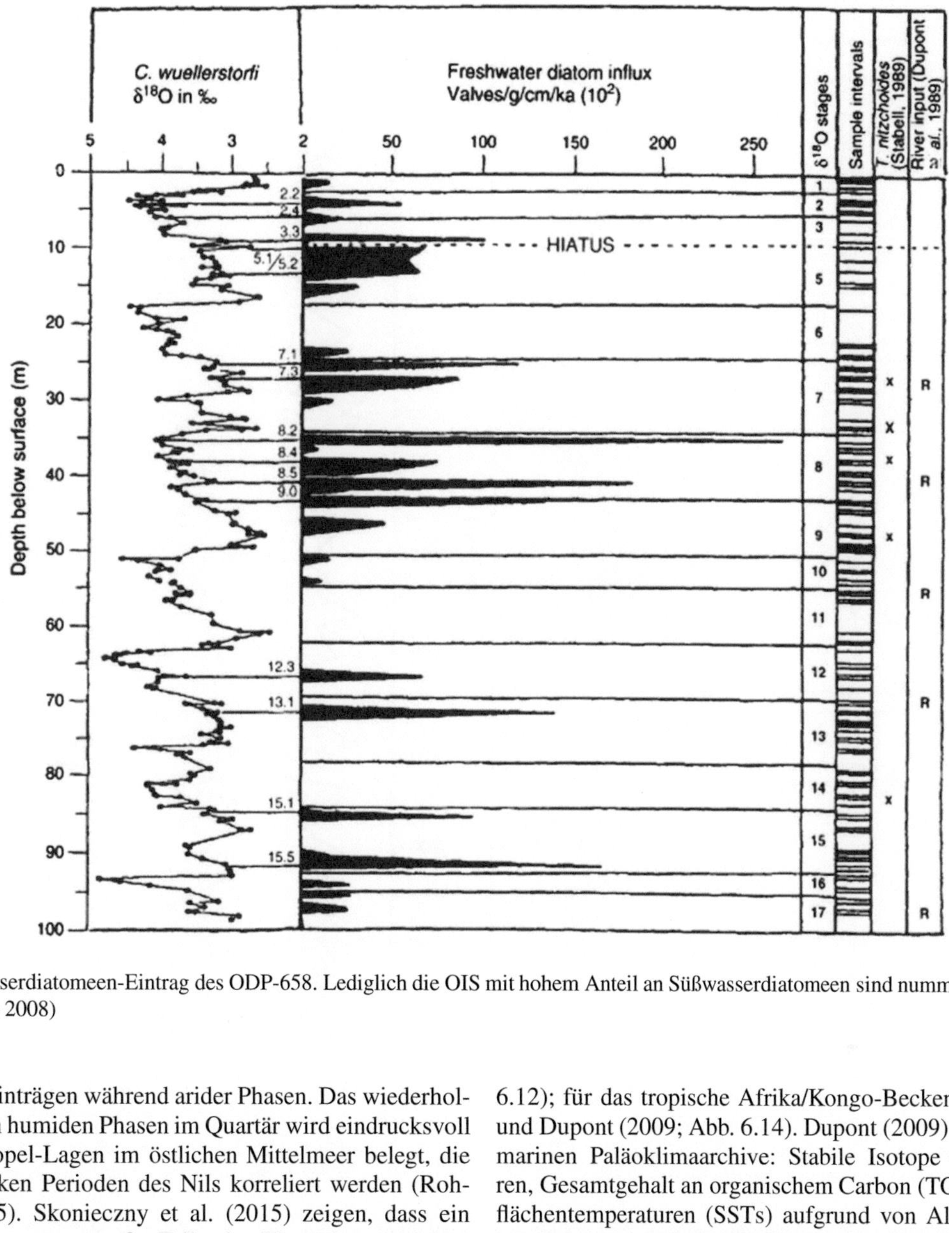

Abb. 6.9 Süßwasserdiatomeen-Eintrag des ODP-658. Lediglich die OIS mit hohem Anteil an Süßwasserdiatomeen sind nummeriert. (Aus Stabell 1989; aus Giresse 2008)

den äolischen Einträgen während arider Phasen. Das wiederholte Auftreten von humiden Phasen im Quartär wird eindrucksvoll durch die Sapropel-Lagen im östlichen Mittelmeer belegt, die mit abfluss-starken Perioden des Nils korreliert werden (Rohling et al. 2015). Skonieczny et al. (2015) zeigen, dass ein gewaltiges Flusssystem große Teile der Westsahara während feuchter Phasen im Jungquartär entwässerte und für den Transport von terrigenem Material in den Atlantik verantwortlich war (Abb. 6.11, 6.12). Auch zahlreiche kleinere Paläo-Flussläufe sind auf PALSAR-Radarbildern im mauretanischen Küstenbereich zu erkennen. Terrigenes Material aus ariden Gebieten in hohen Konzentrationen in marinen Kernen muss daher vor dem Hintergrund der neuen Erkenntnisse diskutiert werden (vgl. auch Heine und Völkel 2010).

Aus dem tropischen Afrika liegen bisher nur wenig terrestrische Paläoklimaarchive vor, die ohne große Hiaten in den Sedimenten weit ins Quartär zurückreichen. Die Informationen zum quartären Klimawandel stammen fast ausschließlich aus marinen Kernen, die vor den Küsten Afrikas gewonnen wurden, z. B. für die Sahara-Sahel-Zone Westafrikas: Hooghiemstra (1996; Abb. 6.13) und Skonieczny et al. (2015; Abb. 6.11, 6.12); für das tropische Afrika/Kongo-Becken: Giresse (2008) und Dupont (2009; Abb. 6.14). Dupont (2009) benutzt folgende marinen Paläoklimaarchive: Stabile Isotope von Foraminiferen, Gesamtgehalt an organischem Carbon (TOC), Meeresoberflächentemperaturen (SSTs) aufgrund von Alkenone, Biomarker-Gehalt, spezifische Zusammensetzung der stabilen Isotope, Zusammensetzung der Elemente, Tonminerale, Pollen und Sporen, Dinocysten (*dinoflagellate cysts*), Diatomeen-Röhren (*diatom valves*) und Opal. Sie gestatten eine weitreichende (und teilweise hypothetische) Interpretation, denn verschiedene Prozesse sind an der Entstehung der Archive beteiligt, wie die Produktivität der Ozeane, die von der hydrographischen Situation abhängt, welche wiederum beeinflusst wird von den Ozeanströmungen, den Windverhältnissen, dem Nährstoffangebot durch entweder *Upwelling* und/oder fluvialen/äolischen Eintrag. Abb. 6.13 zeigt große Veränderungen der Vegetationsgürtel, die klimatisch interpretiert werden. Während der Kaltzeiten breitete sich die Sahara-Wüste äquatorwärts aus; die tropischen Savannengürtel wurden ebenfalls äquatorwärts verschoben, während die tropischen Feuchtwälder in ihrer Verbreitung auf Refugien reduziert wurden. Bemerkenswert ist, dass diese raum-zeitliche Verschiebung der Vegetationsgürtel

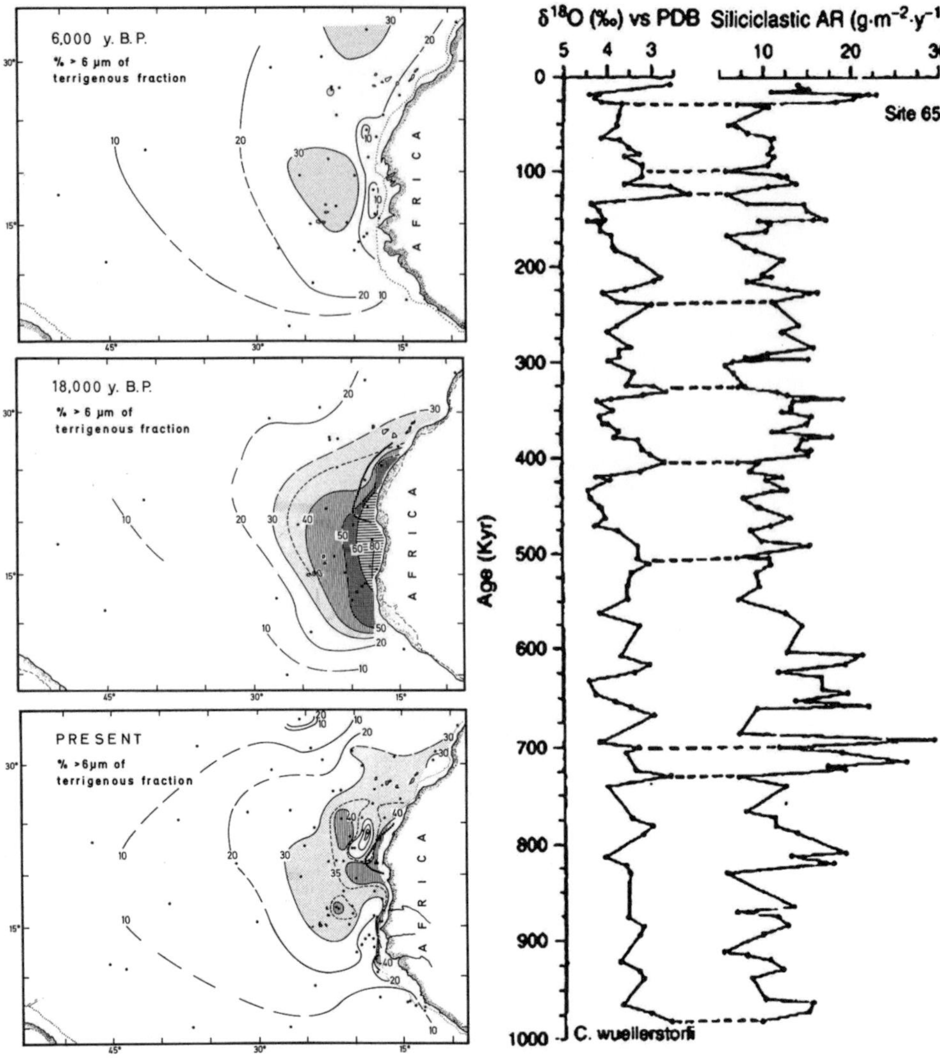

Abb. 6.10 *Links*: Kärtchen von **a** den am häufigsten vorkommenden Korngrößen und **b** Anteil von äolischem Sand und Silt ($> 6\,\mu$m) in Oberflächensedimenten (Gegenwart), in Sedimenten des holozänen Klimaoptimums (6000 Jahre v. h.) und in Sedimenten des LGM (18 ^{14}C ka BP) bezogen auf carbonat- und opal-freie Sedimente. **a** *Gepunkteter Bereich*: $> 16\,\mu$m; *schraffiert*: $> 25\,\mu$m; *kreuzschraffiert*: $> 32\,\mu$m; *fett schraffiert*: $> 40\,\mu$m. **b** Areal mit ungebleichten äolischen Sedimenten ($< 15\,\%$ gebleichter Quarz) ist durch eine *punktierte Linie* umgeben (aus Sarnthein und Koopmann 1980).
Rechts: Staubeintrag (siliklastische Akkumulationsrate AR) des Kerns Site 659 für die letzten 1 Ma. Die AR-Kurve ist mit der δ^{18}O-Kurve *getuned* (aus Giresse 2008 nach Tiedemann et al. 1989). Hohe AR-Werte werden mit Aridität der Süd-Sahara und kalten OIS in Verbindung gebracht

nicht zu einer parallelen Verlagerung der Vegetationsformationsgrenzen führte, sondern zu unterschiedlich breiten/schmalen Gürteln: Im OIS 2 (Sauerstoffisotopen-Stadium 2, LGM) und OIS 6 war der Sahara-Wüstengürtel zeitweise doppelt so breit wie im OIS 1 (Holozän) und OIS 5 (Eem). Auch zeigt die Grenze der Sahara im Verlauf der Zeit am Südsaum wesentlich größere Verschiebungen als am Nordsaum (Übergang zur mediterranen Vegetation).

Neue Auswertungen der marinen Sedimente in Verbindung mit Modellierungen bestätigen, dass im Eem (*Last Interglacial*, LIG, 130–115 ka BP) nicht nur die äquatorialen Niederschläge in Westafrika zunahmen, sondern dass Änderungen der Intensität der Niederschläge über lange Zeiträume von der Insolation gesteuert wurden (Govin et al. 2014).

Indem die Verteilungsmuster der Pollen vom Land und vom Meer verglichen werden, wird die Frage nach einer inhaltlichen Veränderung der Vegetationsformationen berücksichtigt. Eine starke Aridifizierung der heutigen Sahara lässt sich seit dem Jungtertiär belegen. Offene Vegetationsformationen (Baumsavannen) ersetzten sehr wahrscheinlich große Gebiete eines feuchten immergrünen Waldes. Dieser bedeutsame Umweltwandel ging mit Phasen der Entwicklung der Säugetierfauna einher, die an dramatische klimatische Umwälzungen im Plio/Pleistozän geknüpft war (Hooghiemstra 1996).

Kapitel 6

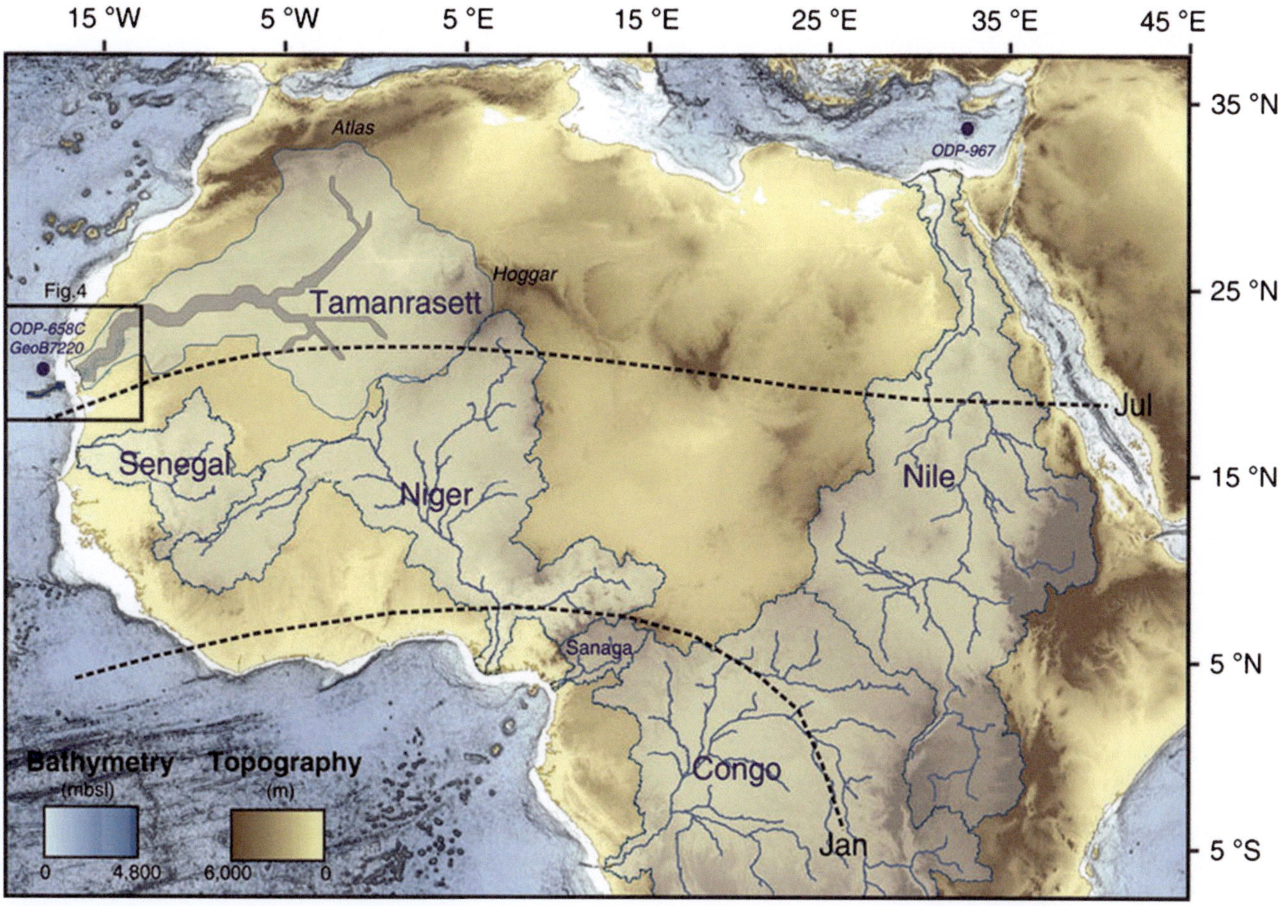

Abb. 6.11 Die großen Flusseinzugsgebiete der westafrikanischen tropischen und äquatorialen Gebiete und des Mittelmeers (nach der *USGS HydroSHEDS database*). Das Tamanrasett-Paläo-Flusssystem ist nur in humiden Klimaphasen (*African Humid Period*, Eem etc.) aktiv. Das korrelate submarine Canyon ist südlich von den marinen Bohrkernen ODP-658C und GeoB7220 eingezeichnet. Den heutigen Verlauf der Januar- und Juli-ITCZ-Lage zeigen die *gerissenen schwarzen Linien*. ODP-967 im östlichen Mittelmeer repräsentiert Sapropel-Lagen. (Aus Skonieczny et al. 2015)

Die Interpretation der marinen Sedimente berücksichtigt zahlreiche Prozesse und Faktoren (Abb. 6.15): die Beziehungen zwischen (i) der heutigen Vegetationsverteilung (Herkunftsgebiet der Pollen und Sporen) und (ii) den heutigen atmosphärischen Zirkulations- und marinen Strömungsverhältnissen (sie sind das Transportsystem der Pollen). Für Westafrika und die angrenzenden Meeresgebiete zeigt sich, dass die Pollenverteilung in den rezenten Sedimenten genau die geographische Position der Herkunftsgebiete widerspiegelt (Hooghiemstra 1996).

Obgleich der Anteil des terrestrischen Eintrags in die marinen Sedimente nur schwer zu quantifizieren ist, werden terrigene Bestandteile in marinen Kernen als wertvolle Informationen über Änderungen und Entwicklungen der afrikanischen Festlandsgebiete betrachtet (Dupont 2009). Für das Kongo-Becken und die umgebenden Hochländer zeigen Pollenanalysen und komplexe Analysen der terrigenen Bestandteile der marinen Kerne Änderungen der Vegetation. Der tropische Regenwald wurde während der Kaltzeiten wiederholt von einer „*offenen*" Vegetation (Savannenwälder) ersetzt; besonders während der kältesten glazialen Phasen weisen die Vegetationsänderungen auf aridere Klimabedingungen hin (Abb. 6.16). Der $\delta^{13}C$-*record* der Wachse (*n*-Alkane) der Landpflanzen zeigt eine größere Verbreitung der C_4-Vegetation (einschließlich tropischer Gräser und Papyrus) während trockener Perioden (Dupont 2009).

Aus dem Gebiet des Kongo-Beckens und seiner Randbereiche liegen bisher keine terrestrischen Geoarchive vor, die über das Holozän (z. B. Giresse et al. 2005) bzw. Jungquartär (z. B. Giresse 2008; Giresse et al. 2014; Runge et al. 2014) hinausreichen (vgl. auch Metcalfe und Nash 2012). Detaillierte geomorphologisch-pedologische Studien (Kadomura und Hori 1978) erbrachten bereits in den 1970er-Jahren Belege für das Weichen des tropischen Regenwaldes in Kamerun zugunsten einer Savannenvegetation.

Wie für das nördliche und zentrale Afrika so werden auch für das südliche Afrika marine Sedimentkerne als Paläoklimaarchive benutzt, um Aussagen über die terrestrischen quartären Veränderungen zu machen (vgl. Nash und Maedows 2012). Die Rekonstruktionen basieren auf der paläoklimatischen Deutung der Mineralogie, der (Geo-)Chemie und der Mikrofossilien mariner Sedimente vor der südwestafrikanischen Küste; sie haben

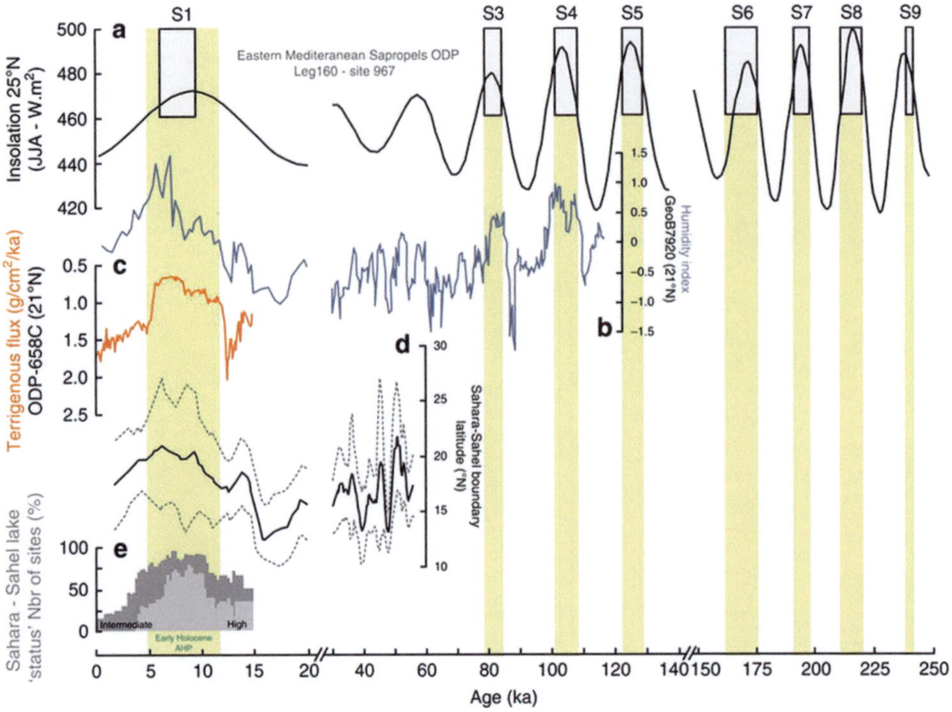

Abb. 6.12 Zusammenstellung nordafrikanischer Paläoklima-*records* für die letzte bekannte Periode einer Aktivität im Timiris Canyon. **a** Sapropel-*record* vom Bohrkern ODP Leg 160 (site 967, östliches Mittelmeer) zusammen mit der Sommer-Insolation (Juni-Juli-August) in 25° N. Die humiden Perioden (*African Humid Period*, AHP) werden durch die Sapropel-Lagen angezeigt (S1 bis S9). **b** Kontinentaler Humiditätsindex aufgrund von Korngrößenmessungen des marinen Kerns GeoB7920. **c** Terrigener Anteil in Kern ODP-658. **d** Breitenlage der Sahara-Sahel-Grenze aufgrund von Sedimenten (*schwarze Linie*) mit Unsicherheitsbereichen (*graue gerissene Linien*) (Collins et al. 2013b). **e** Seespiegelstände in Ost- und Nordafrika. (Aus Skonieczny et al. 2015)

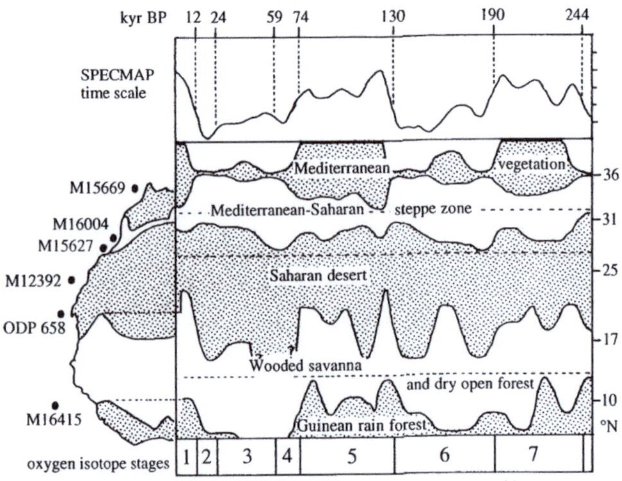

Abb. 6.13 Schematische Darstellung der Verschiebungen der westafrikanischen Vegetationszonen während der letzten 250.000 Jahre (aus Hooghiemstra 1996). *Schwarze Punkte* – für die Rekonstruktion berücksichtigte marine Bohrkerne. (Siehe auch: Dupont und Hooghiemstra 1989)

widersprüchliche Resultate ergeben (z. B. Little et al. 1997; Stuut et al. 2002, 2011; Wefer et al. 2004; Pichevin et al. 2005; Collins 2011).

Die Namib-Wüste ist eine der ältesten Wüsten der Erde (Vermeesch et al. 2010; Ward et al. 1983); sie erstreckt sich entlang der südöstlichen Atlantikküste mit einer Breite von 100 bis 150 km zwischen dem Ozean und dem Fuß der Großen Randstufe (*Great Escarpment*) in rund 1000 m NN, die zum südafrikanischen Hochland überleitet (Abb. 6.17). Die zentrale Namib wird von proterozoischen metamorphen Gesteinen mit granitischen Intrusionen aufgebaut. Abtragung im Känozoikum hat eine flache Landschaft (*Namib Unconformity Surface*, Ollier 1977) mit Inselbergen, widerständigen Dolerit- und Marmorrippen und einigen tief eingeschnittenen Tälern (van der Wateren und Dunai 2001) entstehen lassen. Seit dem Miozän ist die Namib einer zunehmenden Aridität ausgesetzt (Partridge und Maud 1987). Die Frage, inwieweit quartäre (hygrische) Klimaschwankungen die heute extrem aride Namib erfassten, ist für globale Paläoklimarekonstruktionen von großer Bedeutung.

Stuut et al. (2002) benutzen die terrigene Fraktion von marinen Sedimenten des Walvis Ridge (Walfisch-Rücken, SE-Atlantik; Kern MD 962094, 19°59,97′ S, 9°15,87′ E, 2280 m Wassertiefe), um das Klima des südwestlichen Afrika während der letzten 300.000 Jahre zu rekonstruieren (Abb. 6.18): *End member modelling* (EMMA, vgl. Schulte et al. 2014) eines Datensatzes von Korngrößenverteilungen führt zu drei *end members* (EM). Die beiden gröbsten *end members* werden als äolischer Staub interpretiert, die dritte *end member* als hemipelagischer Schlamm. Das Verhältnis der beiden äolischen *end members* spiegelt die

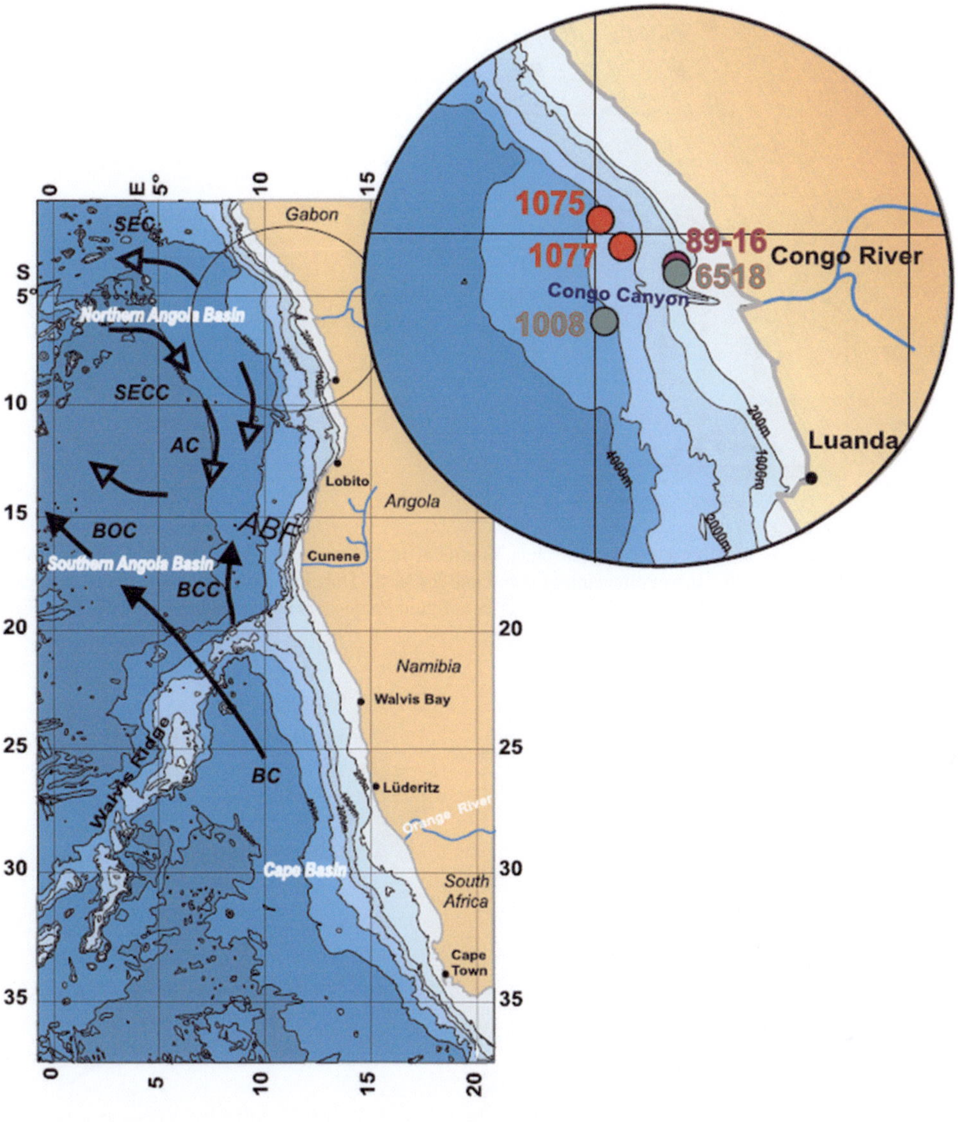

Abb. 6.14 Karte des östlichen Südatlantiks und Detail des Kongo-Tiefsee-Fächersystems. Die Nummern geben Bohrstellen an: 89-16 – Netherlands Institute of Sea Research; 1008 und 6518 – Department of Geosciences der Universität Bremen; 1075 und 1077 – Ocean Drilling Program. Meeresoberflächenströme über dem Angola-Becken: SECC – südäquatorialer Gegenstrom (*South Equatorial Counter Current*); AC – Angola-Strom (*Angola Current*); BCC – Benguela-Küstenstrom (*Benguela Coastal Current*); BOC – Benguela-Ozean-Strom (*Benguela Ocean Current*); BC – Benguela-Strom (*Benguela Current*); ABF – Angola-Benguela-Front (*Angola-Benguela Front*). (Aus Dupont 2009)

äolische Korngrößenverteilung wider und wird als Ausdruck der Intensität des SE-Passats betrachtet. Die Passatwinde waren während der Glaziale verstärkt im Vergleich zu den Interglazialen. Veränderungen im Verhältnis der beiden äolischen *end members* zur hemipelagischen *end member* sollen Änderungen der südwestafrikanischen Aridität anzeigen. Nach Stuut et al. (2002) war das spätquartäre südwestafrikanische Klima während der Interglaziale relativ arid und während der Glaziale relativ humid; dies wird auf eine meridionale Verschiebung im System der atmosphärischen Zirkulation zurückgeführt. Während der Glaziale soll die Polarfront äquatorwärts gewandert sein, was zu einer nordwärtigen Verlagerung der Zone der Westerlies führte und damit zu vermehrten Niederschlägen im südwestlichen Afrika. Eine äquatorwärtige Verschiebung der Polarfront ist an eine Zunahme des meridionalen Druckgradienten geknüpft und führt zu verstärkter atmosphärischer Zirkulation und größerer Passatwindintensität (Stuut et al. 2002).

Viele Autoren (z. B. Little et al. 1997; Stuut et al. 2002, 2011; Pichevin et al. 2005; Gasse et al. 2008; Collins 2011) haben die Schwierigkeiten diskutiert, die sich aus der Rekonstruktion des Paläoklimas aufgrund mariner Sedimente ergeben, vor allem deshalb, weil die äolischen und fluvialen Transportprozesse des terrestrischen Materials in die Ozeane wenig bekannt sind (Lee-Thorp und Schneider 2002; Heine und Völkel 2010). Dass die von Stuut et al. (2002) anhand der *end-member-modelling*-Analyse von marinen Sedimenten rekonstruierten Ariditäts-Humiditäts-Wechsel nicht für das südwestliche aride

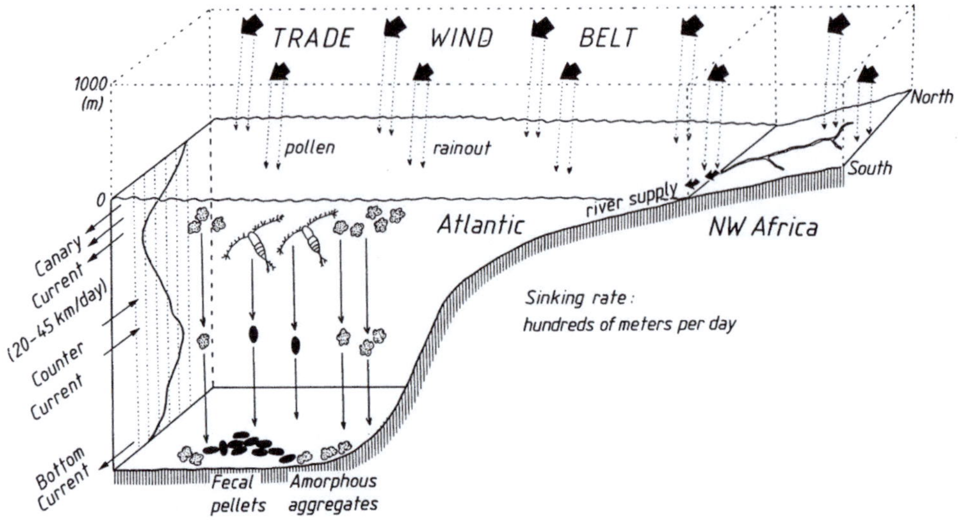

Abb. 6.15 Modell des Pollentransports vom nordwestafrikanischen Kontinent in die marinen Sedimente des Ostatlantiks (nach Hooghiemstra 1996). Es erfolgt sowohl äolischer als auch fluvialer Polleneintrag vom Land ins Meer. Dabei sind die Passatwinde und die vertikal unterschiedlich gerichteten Meeresströmungen entscheidend. Zahlreiche Analysen der beteiligten Prozesse und Bestandteile (Pollen, Phytolithe, Sand/Staub etc.) konnten die wichtigsten *feedbacks* innerhalb der Transportwege klären

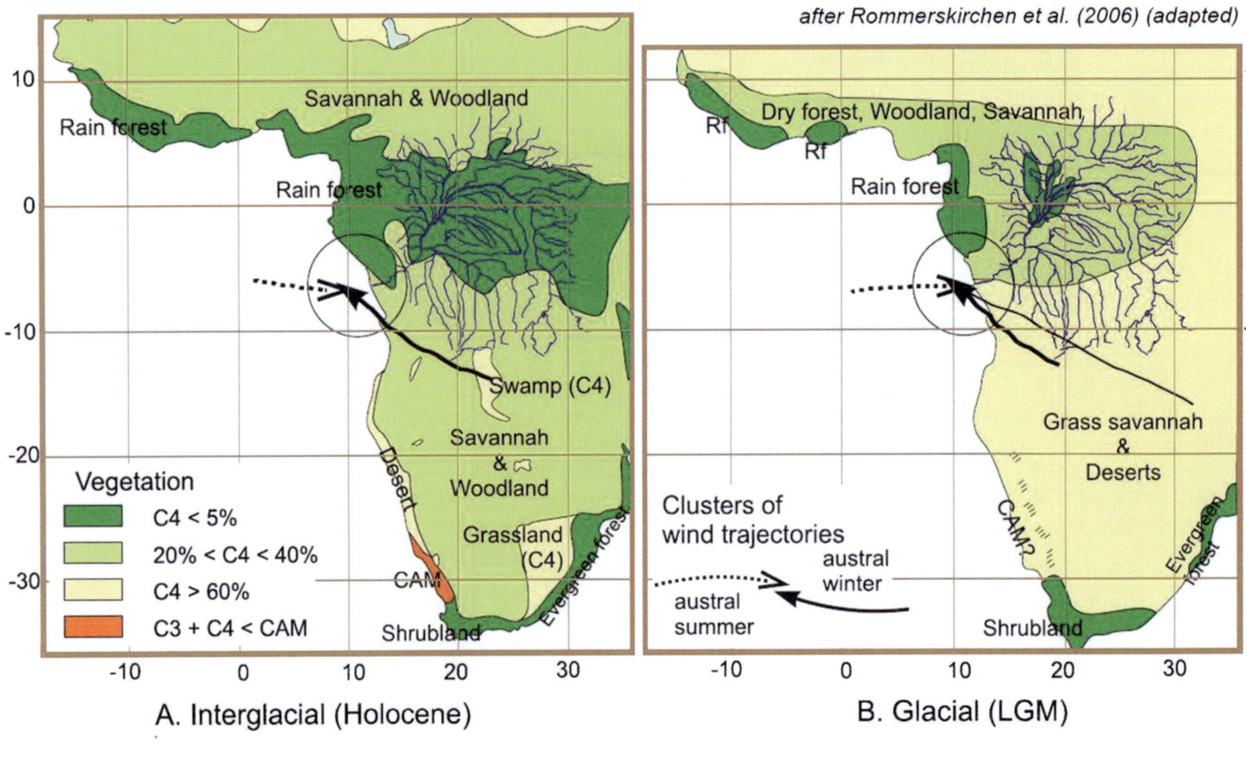

Abb. 6.16 Vereinfachte phytogeographische Einheiten (Farbwertabstufungen gemäß dem C_4-Pflanzen-Vorkommen) des Holozäns (*links*) und des LGM (*rechts*) im südwestlichen Afrika (nach Rommerskirchen et al. 2006). Das Kongo-Flusssystem ist eingezeichnet. Die Cluster der Wind-Trajektorien sind für den Südsommer (DJF, *Punktlinie*) und den Südwinter (JJA, *ausgezogene Linie*) angegeben, bezogen auf den marinen Bohrpunkt GeoB 1008-3 (6°35′ S, 10°19′ E) (aus Dupont (2009)).
Der Anteil der tropischen Regenwaldbäume war während des LGM stark verringert. Dies ist ein klares Indiz für eine größere Aridität während des Hochglazials. Die Wind-Trajektorien wurden aufgrund der in den marinen Sedimenten gefundenen Phytolithe (Kieselsäurebestandteile der Blätter von Gefäßpflanzen; sie treten in Gräsern besonders zahlreich auf) rekonstruiert in der Annahme, dass die Phytolithe vorwiegend durch Südost-Passate vom Land ins Meer gelangten

Abb. 6.17 Die Namib beim Vogelfederberg (ca. 500 m NN, 23°03′25″ S, 14°59′10″ E). Die Abtragungsfläche wird stellenweise von Inselbergen überragt. Die flächenhafte Abtragung betrug seit dem Jungtertiär 5–7 m/Ma am Granit-Inselberg und ca. 1–7 m/Ma im Bereich der Namib Peneplain (Bierman und Caffee 2001). Links ist die Straße von Walvis Bay nach Windhoek zu sehen. Im Zuge der Straßenplanierung wurden die obersten Gipskrusten-Lagen (Gypcretes), die flächenhaft ausgebildet sind und auf die äußerst geringe Abtragung durch Denudation und Erosion seit Jahrhunderttausenden hinweisen, als kleiner Wall am Straßenrand zusammengeschoben (*Pfeil*). Fahrzeug auf der Piste als Maßstab. Blick nach Osten. Vgl. Abb. 4.43. (Foto: alueni-images)

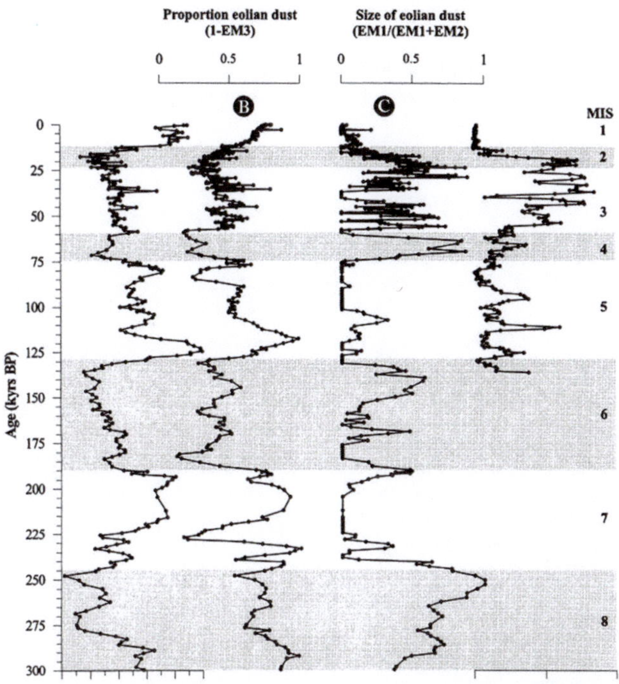

Abb. 6.18 Rekonstruktion der spätquartären Aridität und Passatwindstärke im südwestlichen Afrika. (A) δ^{18}O-*record* von *Globorotalia inflata* (Kern MD 962094). (B) Der Anteil der äolischen *end members* (EM) wird als Proxy für die kontinentale Aridität verwendet. (C) Das Verhältnis von grobem zu feinem Staub wird als Proxy für die SE-Passatwindintensität benutzt. (D) Die relative Häufigkeit der planktonischen Foraminifere *Neogloboquadrina pachyderma* (s) im Kern GeoB 1711 spiegelt die Benguela-Upwelling-Intensität wider. (Little et al. 1997)

Afrika zutreffen, belegen die geomorphologischen, pedologischen und speleologischen Befunde.

Eine über 420.000 Jahre zurückreichende Chronostratigraphie der hygrischen Verhältnisse in der zentralen Namib-Wüste basiert auf ^{230}Th/U-Daten (TIMS) von Höhlenablagerungen (*Speleothems*, Geyh und Heine 2014). Die rekonstruierten feuchten Phasen in der extrem ariden Wüste sind von großer Bedeutung, da sie auf dem „einfachen" Prinzip *Speläothem-Bildung = feuchter* und *Unterbrechung der Speläothem-Bildung = extrem arid* beruhen. Die chronostratigraphischen Daten werden weder durch *tuning* oder *matching* gewonnen (wie dies bei marinen, große Zeiträume umfassenden Bohrkernen üblich ist), sondern durch direkte Datierungen des Materials mittels ^{230}Th/U.

Die Höhle befindet sich unter einer Gesteinsrippe (Abb. 6.19). Sinterbildung konnte nur erfolgen, wenn Regen unmittelbar über der Höhle die Gesteinsoberfläche erreichte. Eine oberflächliche Regenwasserzufuhr aus niederschlagsreicheren östlichen Wüstengebieten war ausgeschlossen. Drei Bohrkerne aus dem Stalagmiten und ein Bohrkern (Abb. 6.20) aus den *Flowstone*-Bildungen (Abb. 6.21) wurden datiert.

Der Stalagmit wurde fast vollständig im MIS 11 zwischen 420 und 380 ka BP gebildet. Auch die tieferen Bereiche des *Flowstone* haben ein Alter zwischen ca. 410 und 380 ka BP. Der Stalagmit zeigt eine Erosion/Lösungsphase, die die Lagen der MIS 11-Bildungen von den sehr dünnen MIS 7-Schichten trennt (Abb. 6.21). Der *Flowstone*-Kern ist in diesem stratigraphischen Bereich wenig kompakt ausgebildet. Während die Sinter des MIS 7 im *Flowstone* eine beachtliche Dicke aufweisen, ist dies beim Stalagmiten nicht der Fall. MIS 7-Lagen sind nur millimeterdick ausgebildet; sie überziehen die Oberfläche des Stalagmiten, der vor der Ablagerung der MIS 7-Lagen teilweise durch Lösung angegriffen wurde, recht gleichmäßig. Das MIS 5 ist bei *Flowstone* und Stalagmit in geringer Mächtigkeit der Lagen vertreten. Post-MIS 5-Speläothem-Bildungen sind nicht vertreten. MIS 5 war feuchter als MIS 1. Im Gebiet der Makari-

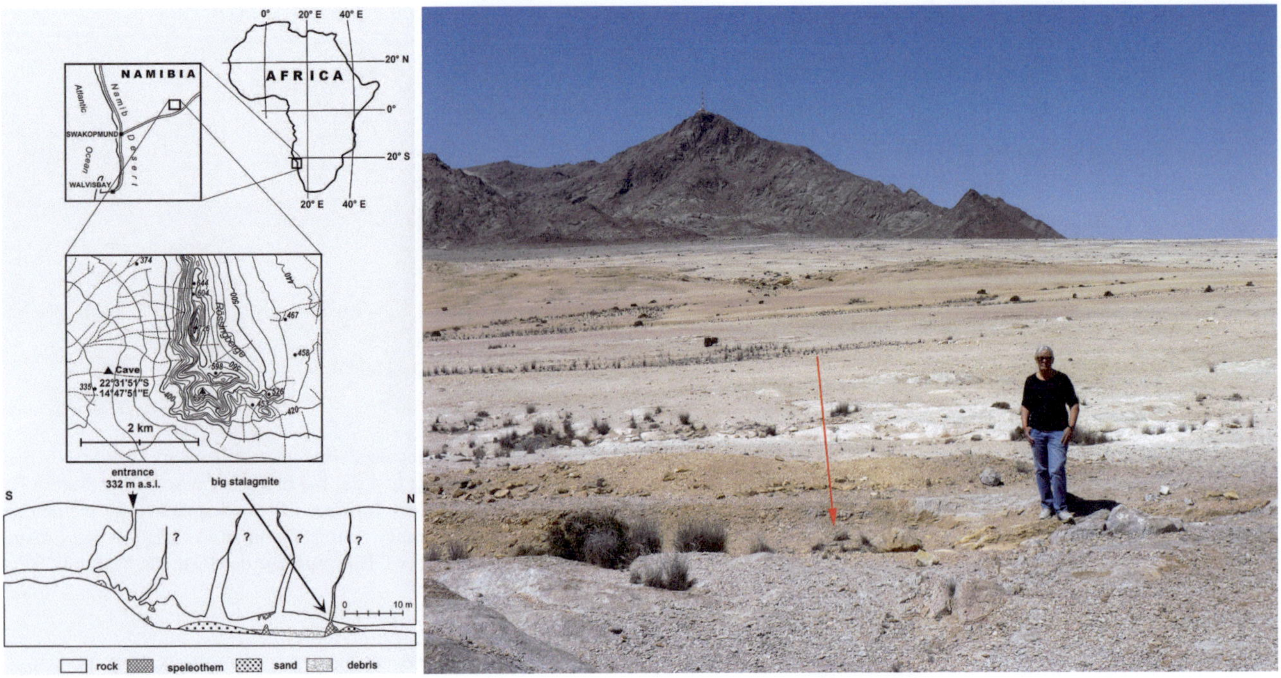

Abb. 6.19 *Links*: Lagekärtchen der Rössing-Höhle in der zentralen Namib-Wüste. *Links unten*: Profilskizze der Höhle mit dem analysierten Stalagmiten (*Pfeil*). *Rechts*: Geländebild mit Höhleneingang (*Pfeil*), Marmor-Rippe (*im Vordergrund*), Namib-Abtragungsfläche (*Mittelgrund*) und Rössing-Berge (*Hintergrund*). (Foto: alueni-images)

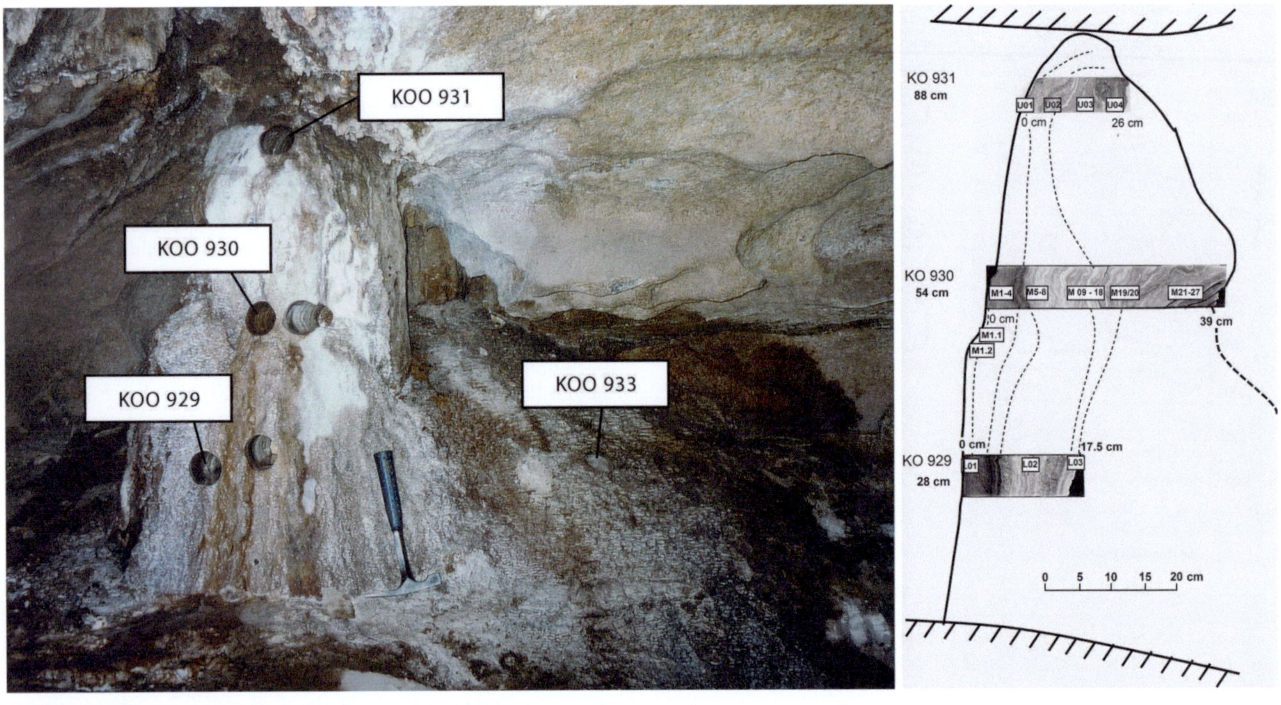

Abb. 6.20 *Links*: Stalagmit (ca. 0,9 m hoch, ca. 0,4–0,6 m dick) mit den Lokalitäten der Proben (KOO 929 bis 931) und den *Flowstone*-Bildungen mit der beprobten Stelle KOO 933. *Rechts*: Skizze des Stalagmiten mit Lage der drei Bohrkerne (28, 54 und 88 cm über dem Höhlenboden). Rekonstruierte Wachstumslinien sind *gerissen* gezeichnet; Kopien der Bohrkerne sind eingefügt. (Foto: alueni-images)

Kapitel 6

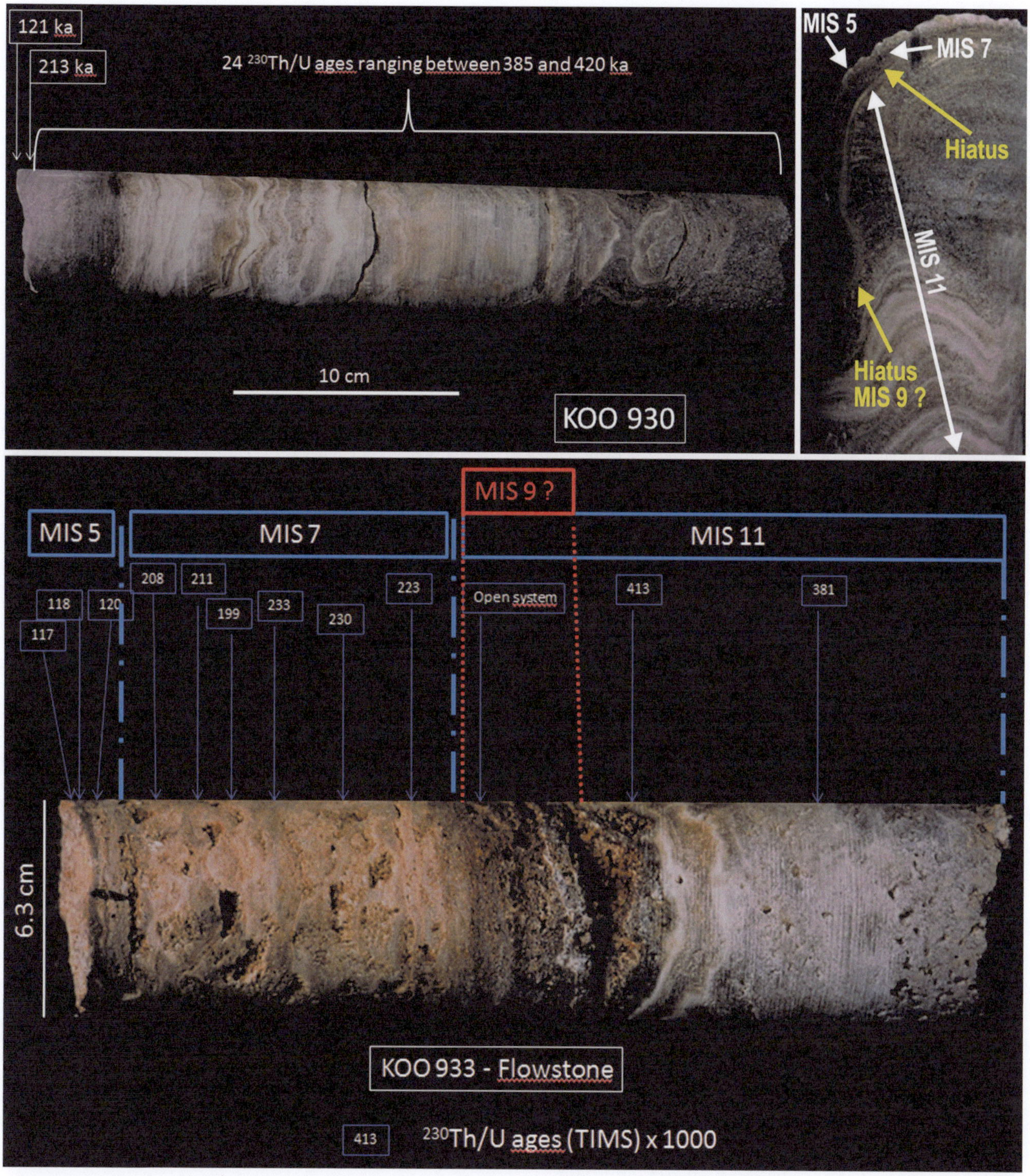

Abb. 6.21 *Oben links*: Kern KOO 930 des Stalagmiten. Der Kern wurde fast vollständig im MIS 11 gebildet. Nur die äußersten Millimeter sind Bildungen des MIS 7 und MIS 5. *Oben rechts*: Kern KOO 932 mit Hiatus (*Pfeile*) als Folge einer Lösungsphase zwischen den Bildungen vom MIS 11 und MIS 7. *Unten*: Kern KOO 933 mit Probenahmestellen für ^{230}Th/U-Altersbestimmungen. Die Alter sind angegeben. Man beachte die geringe Dicke der MIS 5-Lagen. (Foto: alueni-images)

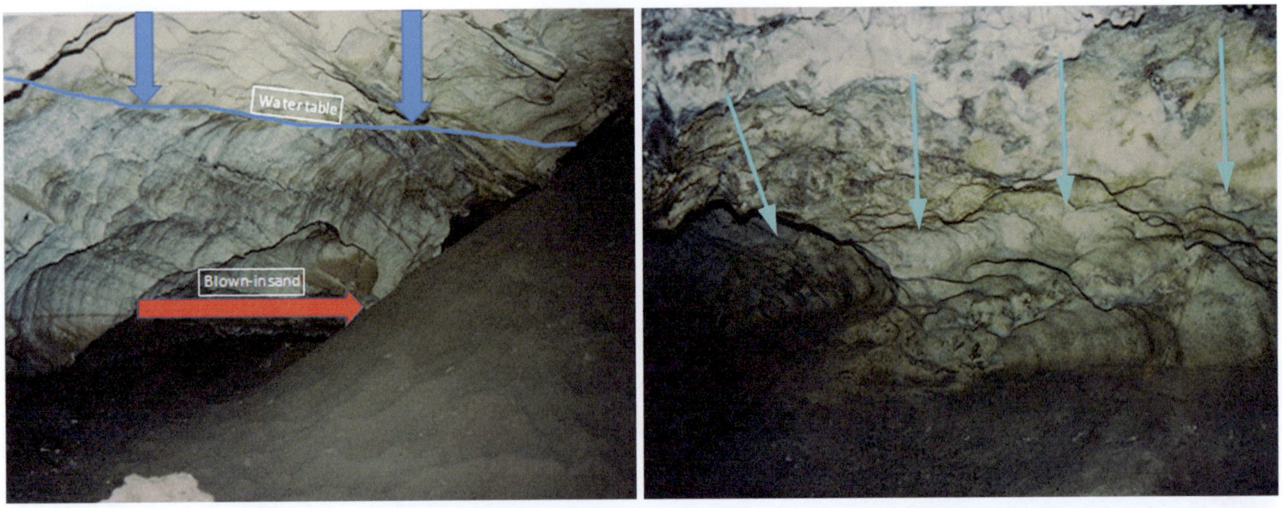

Abb. 6.22 *Links*: Die Wände der Höhle zeigen die Spuren von Flutungen, die bis ca. 1 m über den Höhlenboden reichen. Die in die Höhle eingewehten äolischen Sande haben ein Lumineszenzalter von > 90 ka BP. *Rechts*: Spuren der Flutung der Höhle und Hinweise auf die Höhe des Wasserspiegels. (Foto: alueni-images)

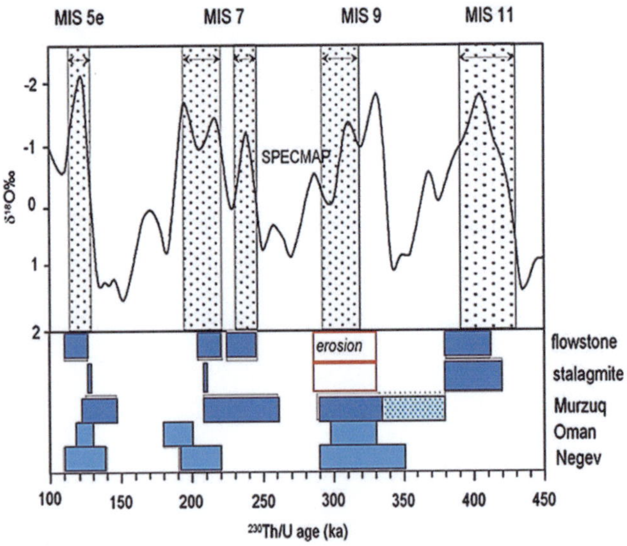

Abb. 6.23 Mindestens drei, möglicherweise vier Wachstumsperioden von Stalagmit und *Flowstone* der Rössing-Höhle dokumentieren zum ersten Mal mittelpleistozäne feuchte Phasen in der zentralen Namib. Diese niederschlagsreicheren Phasen korrelieren recht gut mit $\delta^{18}O$-Kurven von SPECMAP (Imbrie et al. 1984; Lisiecki und Raymo 2005) und stimmen überein mit Perioden der limnischen Tuff-Bildung im Murzuk-Becken der libyschen Sahara (Szabo et al. 1995; Thiedig et al. 2000; Geyh und Thiedig 2008), mit dem Speläothem-Wachstumsphasen der Hoti-Höhle in Oman (Fleitmann et al. 2003b; Fleitmann und Matter 2009) und in Höhlen der Negev-Wüste in Israel. (Vaks et al. 2010)

Abb. 6.24 Lage von terrestrischen Chronostratigraphien, die über die letzte Glazial/Interglazialzeit hinausreichen. Oman – *rot* (Fleitmann et al. 2003b); Negev/Israel – *gelb* (Vaks et al. 2010); Murzuk – *grün* (Geyh und Thiedig 2008); S-Ägypten/N-Sudan – *blau* (Szabo et al. 1995); Kurkur-Wadi – *lila* (Crombie et al. 1997); *schwarz* – Namib

kari-Pfannen (Kalahari) gibt es Hinweise auf einen Paläosee im MIS 5 (Schmidt et al. 2012), der ausgedehnter war als alle nachfolgenden Paläoseen. Dies bestätigt ebenfalls die abnehmende Humidität der Interglaziale von MIS 5 zu MIS 1.

Die Ergebnisse dokumentieren (Geyh und Heine 2014): (i) Speläothem-Bildung erfolgte ausschließlich während der Interglaziale; (ii) vom Interglazial MIS 11 zum Interglazial MIS 5 (Eem) nimmt die Intensität der Sinterbildungen ab; (iii) das jüngste Interglazial (MIS 1 – Holozän) ist nicht mehr durch Speläothem-Bildungen vertreten; (iv) MIS 9 wird nicht durch Sinterlagen dokumentiert; sehr wahrscheinlich erfolgte während MIS 9 eine Flutung der Höhle, belegt durch Lösungsformen am

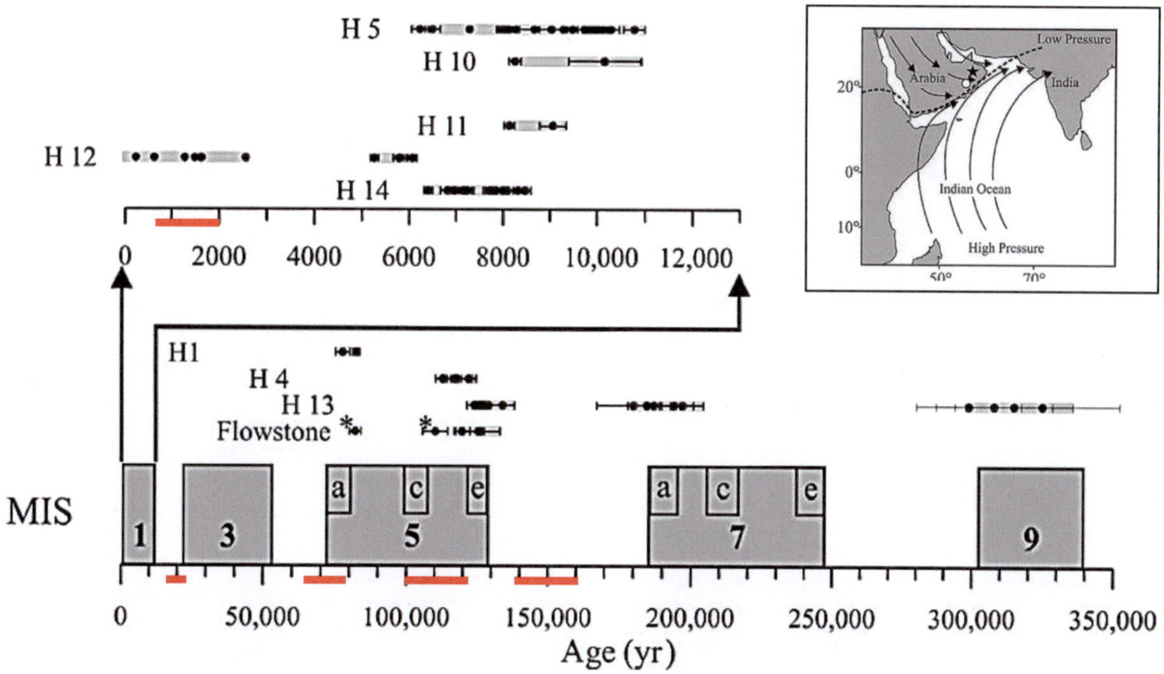

Abb. 6.25 Bereich der U/Th-datierten Stalagmiten der Hoti-Höhle mit den Fehlergrenzen. Die *grauen Balken* kennzeichnen die Wachstumsperioden. Die Bildung der Hoti-Höhlen-*Speleothems* erfolgte hauptsächlich während der Höhepunkte der Interglaziale MIS 9, 7a, 5e, 5a und dem frühen und mittlerem Holozän. In den dazwischenliegenden Perioden gab es kein Stalagmiten-Wachstum. Die durch *Sterne* gekennzeichneten *Flowstone*-Alter sind nicht zuverlässig; das ergibt sich aus der stratigraphischen Lage des *Flowstone* unter dem Stalagmit H 4, der ein eemzeitliches Alter hat (nach Fleitmann et al. 2003b). *Rote Balken*: IRSL-datierte Phasen der Dünenbildung (nach Preusser et al. 2002). *Nebenkarte*: Lage der Hoti-Höhle (*schwarzer Stern*). Die *Pfeile* zeigen in generalisierter Form die heutigen oberflächennahen Winde im Sommer. Die *gerissene Linie* markiert die ungefähre Lage der ITCZ (innertropische Konvergenzzone), die in etwa die nördliche Verbreitung der Monsun-Niederschläge anzeigt. Der *weiße Kreis* markiert das Al-Wusta-Gebiet, in dem das Grundwasser ausschließlich durch Regenfälle erneuert wird. (Nach Fleitmann et al. 2003b)

Stalagmiten (Hiatus, Abb. 6.21 *rechts oben*) und durch Wassermarken in der Höhle (Abb. 6.22).

Vergleichbare Chronostratigraphien, die eine Zunahme der Feuchtigkeit der heute (extrem) ariden Gebiete in Nordafrika und der Arabischen Halbinsel während der quartären Warmzeiten seit dem Mittelpleistozän belegen, sind bisher nur aus der Nordhemisphäre bekannt (Abb. 6.23). Im Murzuk-Becken der Sahara, in der Negev-Wüste und im Oman wurden *Speleothems* während der letzten Warmzeiten gebildet und zwar – wie in der Namib – mit abnehmender Intensität von Interglazial zu Interglazial seit dem MIS 9.

Acht Stalagmitenproben und eine *Flowstone*-Probe der Hoti-Höhle in Oman im Südosten der Arabischen Halbinsel (57°21′E, 23°05′N; Abb. 6.24) wurden U/Th-datiert (Burns et al. 1998, 2001; Fleitmann et al. 2003b; Abb. 6.25). Die Bildung der Speläotheme erfolgte in fünf pluvialen Perioden zwischen 330–300 ka, 210–180 ka, 130–117 ka, 82–78 ka und 10,5–6 ka BP (vgl. Abb. 6.23). In den Zeiten zwischen den Speläothem-Wachstumsperioden gab es kein oder nur ein sehr geringes Wachstum. Im Vergleich mit der Namib fällt auf, dass auch noch nach dem Eem (MIS 5e) Sinterbildung stattfand. In der Hoti-Höhle dokumentiert der Stalagmit H 13 drei Wachstumsperioden, die MIS 5e, 7a und 9 entsprechen und die nicht länger als 5000 bis 10.000 Jahre andauerten. Die früh- und mittelholozäne pluviale Periode und MIS 5e können als Analogbeispiel für die beiden älteren Intervalle MIS 7a und MIS 9 betrachtet werden (Fleitmann et al. 2003b).

Sauerstoff($\delta^{18}O$)- und Wasserstoff(δD)-Isotopenverhältnisse von Speläothem-Calciten und von wässrigen Einschlüssen enthüllen die Feuchtigkeitsquelle und geben über die Menge der Niederschläge Auskunft (Fleitmann und Matter 2009). Die $\delta^{18}O$- und δD-Werte der Stalagmite, die während der wärmsten Phasen der Interglaziale gebildet wurden, variieren zwischen −8 und −4 ‰ (VPDB) und −53 und −20 ‰ (Vienna Standard Mean Ocean Water [VSMOW]). Die modernen Stalagmiten-Werte liegen zwischen −2,6 bis −1,1 ‰ bei $\delta^{18}O$ (VPDB) und −7,6 und −3,3 ‰ bei δD (VSMOW). Diese Werte sind wesentlich negativer als bei heutigen Niederschlägen (δD) und rezenten Speläothemen ($\delta^{18}O$) (Abb. 6.26).

Das Wachstum und die Isotopendaten zeigen, dass sich während der Höhepunkte der Interglaziale die Grenze der monsunalen Niederschläge weit nach Norden im Vergleich zur heutigen Lage vorschob und dass jede einzelne pluviale Phase mit einem Interglazial der marinen Sauerstoffisotopen-Kurve zusammenfällt (Fleitmann und Matter 2009). Isotopenstudien an Niederschlägen im Oman haben ergeben, dass die Isotopenzusammensetzungen der Niederschläge aus dem Norden (Mittelmeer) und aus dem Süden (Indischer Ozean) sehr unterschiedlich

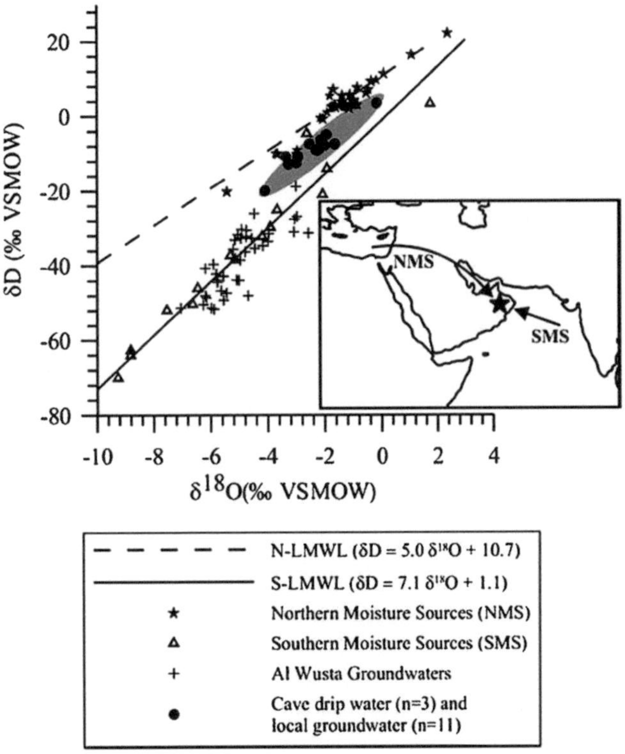

Abb. 6.26 Wasserstoff(D)- und Sauerstoff(^{18}O)-Isotopenzusammensetzung der Niederschläge verschiedener Regenfälle zwischen 1995 und 1999 im nördlichen Oman. Zwei *Local Meteoric Water Lines* (LMWL) existieren: Die nördliche (N-LMWL) ist charakteristisch für Niederschläge, deren Feuchtigkeit aus dem Mittelmeer im Norden stammt (mediterrane Frontsysteme, NMS); die südliche (S-LMWL) steht für die Niederschläge, die von Süden mit Feuchtigkeit gespeist werden (tropische Zyklone des Indischen Ozeans, SMS). Tropfwasser in Höhlen ($n = 3$) wie auch Grundwasser von Quellen und Brunnen in der Nachbarschaft der Hoti-Höhle (*schwarzer Stern*) sind ebenfalls angegeben. Die *graue Zone* markiert den Isotopenbereich von Grund- und Tropfwasserproben. Grundwasserproben der Al-Wusta-Region, in der Niederschläge ausschließlich von Feuchtigkeitsquellen im Süden gespeist werden, werden darüber hinaus gezeigt. (Aus Fleitmann et al. 2003b)

sind. Die gemessenen δD-Werte der wässrigen Einschlüsse in Verbindung mit den δ^{18}O-Werten der interglazialzeitlichen Speläotheme zeigen, dass das Grundwasser vorwiegend aus südlichen Feuchtigkeitsquellen (Indischer Ozean) gespeist wurde, als die Monsunregenzone nordwärts wanderte und den nördlichen Oman erreichte und mit Niederschlägen versorgte. Dies war während der Interglaziale der Fall (Fleitmann und Matter 2009).

Bis 350.000 Jahre reichen auch die Paläoklimaarchive in der Negev-Wüste in Israel zurück. Vaks et al. (2010) benutzen Speläotheme, um das Niederschlagsgeschehen am Nordsaum des altweltlichen Trockengürtels in Israel zu rekonstruieren. Die Autoren finden mehrere humide Perioden in der zentralen und südlichen Negev (*Negev Humid Periods*, NHP) und zwar zwischen 350–310 ka (NHP-4), 310–290 ka (NHP-3), 220–190 ka (NHP-2) und 142–109 ka (NHP-1). NHP-4, NHP-2 und NHP-1 sind interglaziale *events*, während NHP-3 in eine glaziale Periode fällt. Während NHP-1, -2 und -3 nimmt die Dicke und das Volumen der Speläotheme von Norden nach Süden ab; im äußersten Süden wurde nur eine sehr dünne *Flowstone*-Lage während NHP-1 gebildet. In NHP-2 und -3 gab es dort keine Speläothem-Bildung. Aus den Daten geht hervor, dass das östliche Mittelmeer die Feuchtigkeit für die Niederschläge in der nördlichen und zentralen Negev lieferte (Abb. 6.27). Die NHP-4-Speläothem-Bildung war in der südlichen Negev am stärksten; das deutet auf den Einfluss tropischer Regenfälle aus dem Süden hin. Die δ^{13}C-Werte belegen während der NHP *events* eine dichtere Vegetationsbedeckung, die als Halbwüste mit Vorherrschen der C_4-Pflanzen angesehen wird (Vaks et al. 2010). Die NHP-Perioden-Gruppen waren sehr kurze humide Episoden, unterbrochen von langen Dürren. Die NHP-Events fallen mit einem Monsun-Index von 51, der extreme Sommerniederschläge anzeigt, und mit der Bildung von Sapropel-Lagen im Mittelmeer zusammen (Abb. 6.28). Die *Speleothems* der Negev zeigen, dass eine Intensivierung der nordafrikanisch-arabischen Monsuntätigkeit und der atlantisch-mediterranen Zyklone gleichzeitig erfolgte. Vaks et al. (2010) vermuten deshalb, dass die Zelle hohen Luftdrucks über dem subtropischen Atlantik abgeschwächt war, sodass mehr Niederschläge von Norden und Süden den saharisch-arabischen Trockenraum erreichen konnten. Damit wären auch günstigere Voraussetzungen für die Ausbreitung der afrikanischen Fauna einschließlich der Auswanderung der Hominiden aus Afrika über den Vorderen Orient nach Eurasien geschaffen.

Abgesehen von den Höhlen-Paläoklimaarchiven sind von der Arabischen Halbinsel nur wenige prä-LGM-zeitliche Paläoklimaproxys bekannt. Perioden mit verstärkter Sandbewegung (Dünenbildung) werden von Preusser et al. (2002) aus der *Wahiba Sand Sea* (Oman) beschrieben und ins MIS 6 (ca. 160–140 ka), MIS 5 (120–100 ka), MIS 4 (78–64 ka), MIS 2 (22–18 ka) und MIS 1 (2 und 0,7 ka) datiert. Teilweise werden die Dünenbildungen von pluvialen Episoden (z. B. im MIS 5d) unterbrochen (vgl. Abb. 6.25). Gleiche Ergebnisse erzielen Radies et al. (2004), die Dünenaufbau in den ariden Kaltzeiten und Dünenstabilisation und/oder Dünenzerstörung während feuchter Warmzeiten beschreiben. Die Autoren unterscheiden in der Sedimentabfolge der *Wahiba Sand Sea* zwischen zwei verschiedenen Ablagerungsstilen. Die älteren Sedimente werden von einem feuchten äolischen System beherrscht, das einen starken Kontrast zwischen arider Dünenbildung und feuchten Episoden (Paläobodenbildungen) aufweist, während die jüngeren Dünenbildungen ein arides äolisches System verkörpern, in dem Paläobodenbildungen fehlen. Die beiden unterschiedlichen Bildungsstile sind klimatisch bedingt. Die Wechsel zwischen feuchten und trockenen Perioden waren in der Vergangenheit (Prä-MIS 3) stärker ausgeprägt als in der jüngeren Zeit. Das zeigt sich auch in der größeren Amplitude des Monsun-Index während MIS 5 und 6 (Abb. 6.28). Seit dem MIS 3 wird das Klima trockener. Die frühholozäne Feuchtphase zeigt sich nicht in Paläobodenbildungen, wie die feuchten Perioden in MIS 6 und 5d (Radies et al. 2004).

Zusammenfassend kann festgestellt werden, dass die Paläoklimaproxys der Arabischen Halbinsel belegen, dass die Interglaziale feuchter und die Glaziale trockener waren. Die Intensität

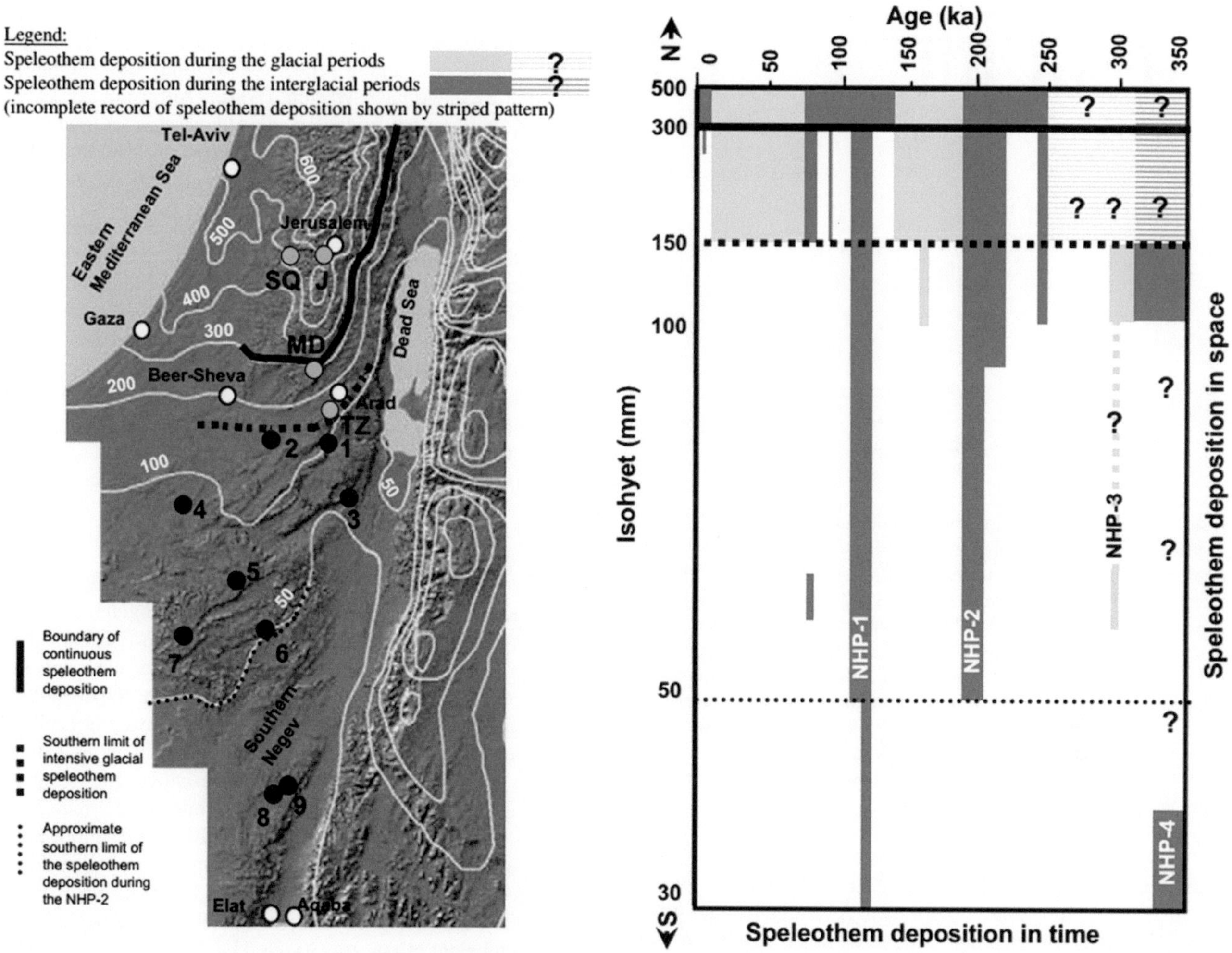

Abb. 6.27 *Links*: Untersuchungsgebiet von Vaks et al. (2010) mit Höhlen der Probennahme (*Kreise*). Mittlerer jährlicher Niederschlag (*weiße Linien*, in mm). *Schwarze Kreise* mit Nummern: 1 – Hol-Zakh Cave, 2 – Izzim Cave, 3 – Makhtesh-ha-Qatan Cave, 4 – Ashalim Cave, 5 – Even-Sid minicaves, 6 – Ma'ale-ha-Meyshar Cave, 7 – Wadi-Lotz Cave; südliche Negev: 8 – Shizafon mini-caves und 9 – Ktora Cracks. *Weiße* und *graue Kreise*: andere Höhlen: SQ – Soreq Cave; J – Jerusalem Cave; MD – Ma'ale-Dragot Caves; TZ – Tzavoa Cave. *Rechts*: Alter der Speläothem-Bildungen in Bezug zu der Lage in der Negev bzw. zu den Niederschlagsmengen. Im Norden ± kontinuierliche Speläothem-Bildung; im Süden Speläothem-Bildung nur während der Interglaziale. Die Verkürzung der Perioden mit Speläothem-Bildungen von Norden nach Süden zeigt sich deutlich. (Aus Vaks et al. 2010)

der warmzeitlichen Feuchtphasen hat seit 350 ka abgenommen. Nicht nur die Speläotheme der Höhlen sprechen dafür, sondern auch die Paläoböden der Dünen. Aufgrund der Probleme, die sich aus dem *matching* bzw. *tuning* mit anderen – z. B. marinen – Klimaproxys ergeben, ist es heute noch nicht möglich, ein kongruentes Bild der Klimasituation vor dem letzten glazialen Maximum zu geben.

In der Sahara von Südägypten und Nordsudan (*Bir Tarfawi, Bir Sahara East, Wadi Hussein, Oyo Depression* und *Great Selima Sand Sheet*) datieren Szabo et al. (1995) lakustrine Carbonate mit U/Th (Abb. 6.24). Fünf Perioden der Paläoseenbildung haben Alter von 320–250, 240–190, 155–120, 90–65 und 10–5 ka BP. Obgleich bei den Altersbestimmungen aufgrund methodischer Probleme ein gewisser Fehlerbereich berücksichtigt werden muss, können doch die pluvialen Seeperioden mit den großen Interglazialen MIS 9, 7, 5e und 1 korreliert werden (Szabo et al. 1995). Die feuchte Periode von 90–65 ka BP fällt ebenfalls noch in MIS 5 (5c oder 5a). Die Beobachtungen im Gelände in Verbindung mit den Altersbestimmungen deuten darauf hin, dass die ältesten See- und Grundwassercarbonate wesentlich ausgedehnter sind als die jüngeren Bildungen; die Carbonate der letzten Feuchtphase sind auf Depressionen und begrabene Entwässerungswege beschränkt (Szabo et al. 1995).

Ergänzt werden diese Daten von Crombie et al. (1997) und Geyh und Thiedig (2008). Im Kurkur-Wadi (Südägypten, 23°54′ N, 32°20′ E, ca. 320 m NN) sind 10–30 m mächtige Travertinablagerungen (Abb. 6.29) von Crombie et al. (1997) datiert worden (*uranium-series dating*). Die Alter ergeben für den jüngsten Travertin 70–160 ka BP; diese Quell- und limnischen Travertine liegen im Wadi Kurkur und bilden 2–3 m hohe Terrassen.

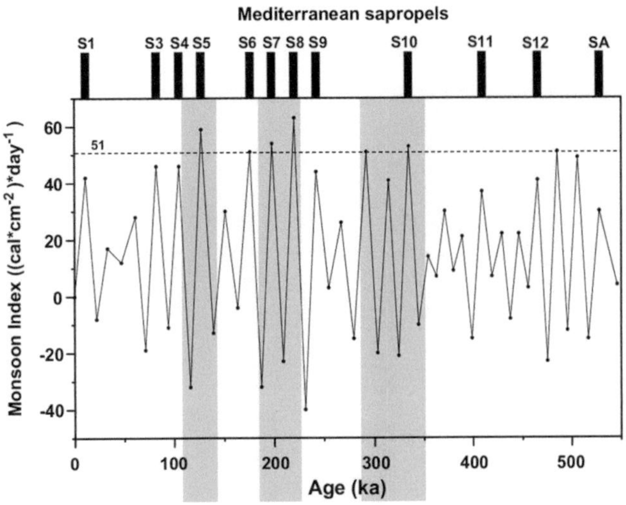

Abb. 6.28 Perioden der Speläothem-Bildung (*Negev Humid Periods* – NHPs, *graue Balken*), afrikanischer Monsun-Index und Phasen der Sapropel-Bildung im Mittelmeer. Der afrikanische Monsun-Index, errechnet aus den orbitalen Veränderungen der Insolation, kennzeichnet saisonale Abweichungen und Variabilität zwischen einzelnen Jahren des monsunalen Geschehens. Die dunklen/schwarzen Sapropel-Lagen des Mittelmeers sind reich an organischem Material und dokumentieren gewaltige Sommerfluten des Nils aufgrund extremer sommerlicher Monsunniederschläge über Äthiopien. Die Nilfluten waren immer und ausschließlich am größten, wenn der Monsun-Index maximale Werte erreichte (Rossignol-Strick 1983; Rossignol-Strick und Paterne 1985). (Aus Vaks et al. 2010)

Travertine mit einem Alter von ca. 191–220 ka BP wurden durch Erosion freigelegt und zeigen zu Reihen angeordnete Hügel, die über Bruchzonen an Quellsysteme gebunden sind. Die ältesten Travertine haben Alter von > 260 ka BP; sie sind als flächenhafte Bildungen oberhalb des Wadis weit verbreitet. Die feuchten Perioden mit Travertinbildung korrelieren mit den warmen Interglazialzeiten MIS 5 und 7. Nur der Vollständigkeit halber sei angeführt, dass Osmond und Dabous (2004) ^{230}Th/^{234}U-Altersbestimmungen von sekundärem Uran in Erzen und Carbonaten benutzen, um das Alter und die Intensität von Grundwasserbewegungen in der ägyptischen Sahara zu ermitteln; aus stark streuenden Daten werden für pluviale Phasen Einflüsse des 23.000-Jahr-Präzessionszyklus' abgeleitet.

Für das endorheische Murzuk-Becken in Libyen (Abb. 6.24) ermitteln Geyh und Thiedig (2008) feuchtere Phasen bei 400–340 ka, um 300 ka, 250–200 ka und 170–130 ka (Abb. 6.30). ^{230}Th/U-Alter von limnischen Kalken deuten auf erhöhte Niederschläge während der Interglazialzeiten hin. Da die Mächtigkeit der limnischen Kalkbildungen mit abnehmendem Alter geringmächtiger wird, wird vermutet, dass ältere warmzeitliche pluviale Perioden feuchter waren als jüngere.

Erstaunlich ist, dass in den Wüsten sowohl auf der Nord- als auch auf der Südhemisphäre feuchtere Bedingungen während der Interglaziale auftraten. Aus den Daten der Negev-Höhlen geht hervor, dass die tropischen Sommerniederschläge als Folge einer nordwärtigen Verlagerung der ITCZ sogar noch die südliche Negev erreichten. Für die östliche Sahara kommen Pachur und Altmann (2006) zu demselben Ergebnis. Im südlichen Afrika bezeugen die interglazialen Speläothem-Bildungen in der Namib eine interglaziale Ausweitung der sommerlichen Niederschläge nach Westen. (Anm.: Aufgrund der Land-Wasser-Konfiguration verlaufen die hygrischen Klimazonen im Sudan/Sahara-Bereich ± breitenkreisparallel, im südlichen Afrika [Namib/Kalahari] ± meridional. Vgl. Abb. 6.2.)

Die terrestrischen Paläoklimaarchive (Pollen, *Speleothems*, lakustrine Kalke, Travertine), die die letzten Glazial-/Interglazial-Zyklen umfassen, belegen, dass in den Interglazialen die ariden Wüsten Nord- und Südafrikas einerseits von den wechselfeucht-tropischen Savannen und andererseits von den subtropisch-mediterranen Vegetationsformationen eingeengt wurden (vgl. Abb. 6.13). In Ostafrika scheinen die durch Seespiegel-Hochstände belegten feuchten Perioden in der Übergangszeit von Glazial- zu Interglazialzeit aufgetreten zu sein, wie die ^{230}Th/^{234}U-Chronologie von Stromatolithen der Depression vom Natron- und Magadi-See bezeugen: Sie haben Alter von $\geq$ 240 ka, 135 ka und ~ 10 ka BP (Casanova und Hillaire-Marcel 1987).

Auch Trauth et al. (2003) kommen aufgrund eingehender Analysen der ostafrikanischen Seesedimente zu dem Ergebnis, dass Phasen erhöhter Humidität bereits am Ende der glazialen Perioden einsetzten und zwar um 146 ka BP am Naivasha-See. Die humide Phase dauerte ca. 25 ka. Die höchsten Seespiegel wurden für 139–133 ka BP rekonstruiert. McGlue et al. (2008) berichten von einer afrikanischen Mega-Dürre vor ~ 106 ka BP. Interessanterweise sind die Interglaziale MIS 9 (ca. 336–305 ka BP) und MIS 7 (ca. 237–228 ka BP) nicht durch hohe Seespiegel am Naivasha-See vertreten. Jüngere Perioden hoher Seespiegel gab es um 113–108, ~ 91 und ~ 66 ka BP (Trauth et al. 2003). Zwischen 60 und 30 ka BP sind keine höheren Seespiegel belegt. Erst um 30–28,5 ka BP sind im Nakuru-Elmenteita-Becken hohe Wasserstände nachgewiesen, ebenso in anderen ostafrikanischen Seen bzw. Becken (z. B. Ziway-Shala-System im *Main Ethiopian Rift* [7–8°30′ N, 38°07′–39°30′ E], Benvenuti et al. 2002). Die hohen Seespiegelstände repräsentieren Klimaphasen mit größerer Humidität. Diese folgten auf Perioden maximaler äquatorialer solarer Strahlung im März oder September. Das *forcing* der äquatorialen ostafrikanischen Eiszeit-Klimazyklen scheint nicht allein von der nordhemisphärischen Sommer-Insolation ausgelöst worden zu sein (Trauth et al. 2003).

Das ostafrikanische Grabensystem bietet günstige Voraussetzungen für paläoklimatische Rekonstruktionen langer Zeitreihen, denn in den zahlreichen Seen und Becken wurden seit dem Jungtertiär Sedimente abgelagert, die als Paläoklimaarchive dienen (Johnson und Odada 1996; Tiercelin und Lezzar 2002; Odada und Olago 2006). Durch tektonische Einengungsbewegungen wurden jungtertiäre und altpleistozäne Sedimente des nördlichen Malawi-Rifts vor ca. 0,5 Ma gehoben. Die Paläoumweltinformationen dieser Sedimente werden seit 1983 im Hominiden-Korridor-Projekt (*Hominid Corridor Research Project*, HCRP) ausgewertet (Schrenk und Bromage 2002). In den Grabengebieten und den tektonischen Senken sowie in Vulkankratern bildeten sich Seen, die im Verlauf der quartären Klimaschwankungen immer wieder großen und kleineren See-

Abb. 6.29 Kurkur-Wadi mit MIS 5-Travertinterrassen (Südägypten, 23°54′ N, 32°20′ E, ca. 320 m NN). GOOGLE-Schrägansicht mit Blick nach Norden. Die Travertine (*weiß-graublau*) begleiten das Kurkur-Wadi an den Hängen. *Uranium-series dating* (Uranreihen-Datierung) ergab eine Bildung der Travertine vor 160 bis 70 ka BP. (Crombie et al. 1997)

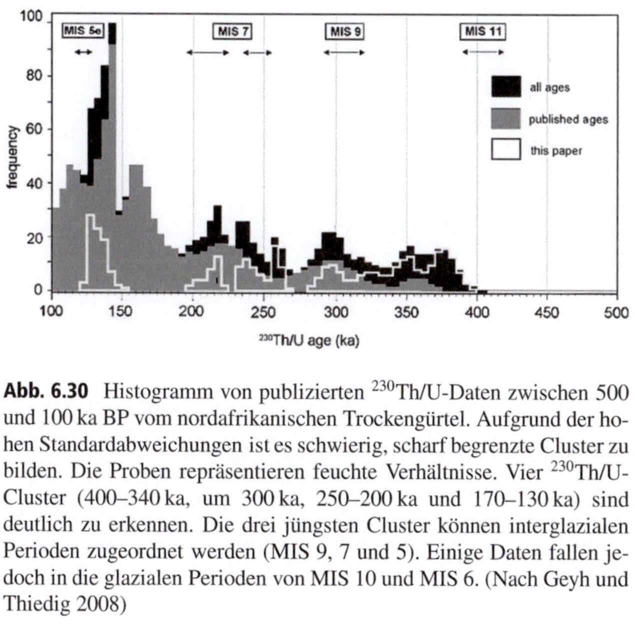

Abb. 6.30 Histogramm von publizierten ^{230}Th/U-Daten zwischen 500 und 100 ka BP vom nordafrikanischen Trockengürtel. Aufgrund der hohen Standardabweichungen ist es schwierig, scharf begrenzte Cluster zu bilden. Die Proben repräsentieren feuchte Verhältnisse. Vier ^{230}Th/U-Cluster (400–340 ka, um 300 ka, 250–200 ka und 170–130 ka) sind deutlich zu erkennen. Die drei jüngsten Cluster können interglazialen Perioden zugeordnet werden (MIS 9, 7 und 5). Einige Daten fallen jedoch in die glazialen Perioden von MIS 10 und MIS 6. (Nach Geyh und Thiedig 2008)

spiegelschwankungen ausgesetzt waren oder gänzlich trocken fielen. Die Sedimente dieser Seen erweckten schon frühzeitig das Interesse der Paläoökologen und Paläoklimatologen (z. B. Livingstone 1962; Coetzee 1967).

Es dauerte jedoch Jahrzehnte, bis spezifische Probleme dieser Paläoklimaarchive wie methanhaltige Schlammschichten, instabile sedimentäre Environments in Verbindung mit fluktuierenden Seespiegeln erkannt und überwunden wurden. Quantitative Temperaturproxys, das Zusammenspiel von Grundwasser und Seewasser und Beziehungen zwischen Temperatur und Evaporation waren weitgehend unbekannt. Hinzu kamen logistische Herausforderungen. Seit den 1980er-Jahren wurden neue paläolimnologische Methoden angewandt. Da die Stratigraphie der Sedimente oft komplex ist, basieren die Chronologien auf radiometrischen Daten, deren Qualität wiederum von der Variabilität der Sedimentationsraten und dem Radiocarbon-Reservoireffekt abhängt. Alter-Tiefen-Relationen können daher nur schwer aus ^{210}Pb/^{14}C-basierten Modellen abgeleitet werden. Hinzu kommt der anthropogene Einfluss seit Jahrhunderttausenden (Verschuren und Russell 2009).

Schon in den 1980er-Jahren gab es Hinweise aufgrund seismischer Daten, dass die Wasserspiegel vor > 25.000 Jahren um bis zu 500–600 m am Tanganjika-See und um bis zu 250 und 500 m am Malawi-See tiefer lagen (Scholz und Rosendahl 1988); damals erfassten die Sedimente von *Piston cores* – bis auf wenige Ausnahmen vom Tanganyika- und Malawi-See – nur die letzten ca. 20.000 Jahre (Johnson 1996). Palynologische Daten weisen jedoch auf eine geringere LGM-zeitliche Absenkung (ca. 250 bis 300 m) des Tanganyika-Seespiegels hin (Vincens et al. 1993).

Vor einem Jahrzehnt wurde die *Lake-Malawi-Drilling-Project*-Kampagne (Fritz et al. 2006) in Ostafrika abgeschlossen (Abb. 6.31). Die Seesedimente sollen über die Langzeitentwicklung des Klimas im tropischen Afrika Auskunft geben: (i) Ist

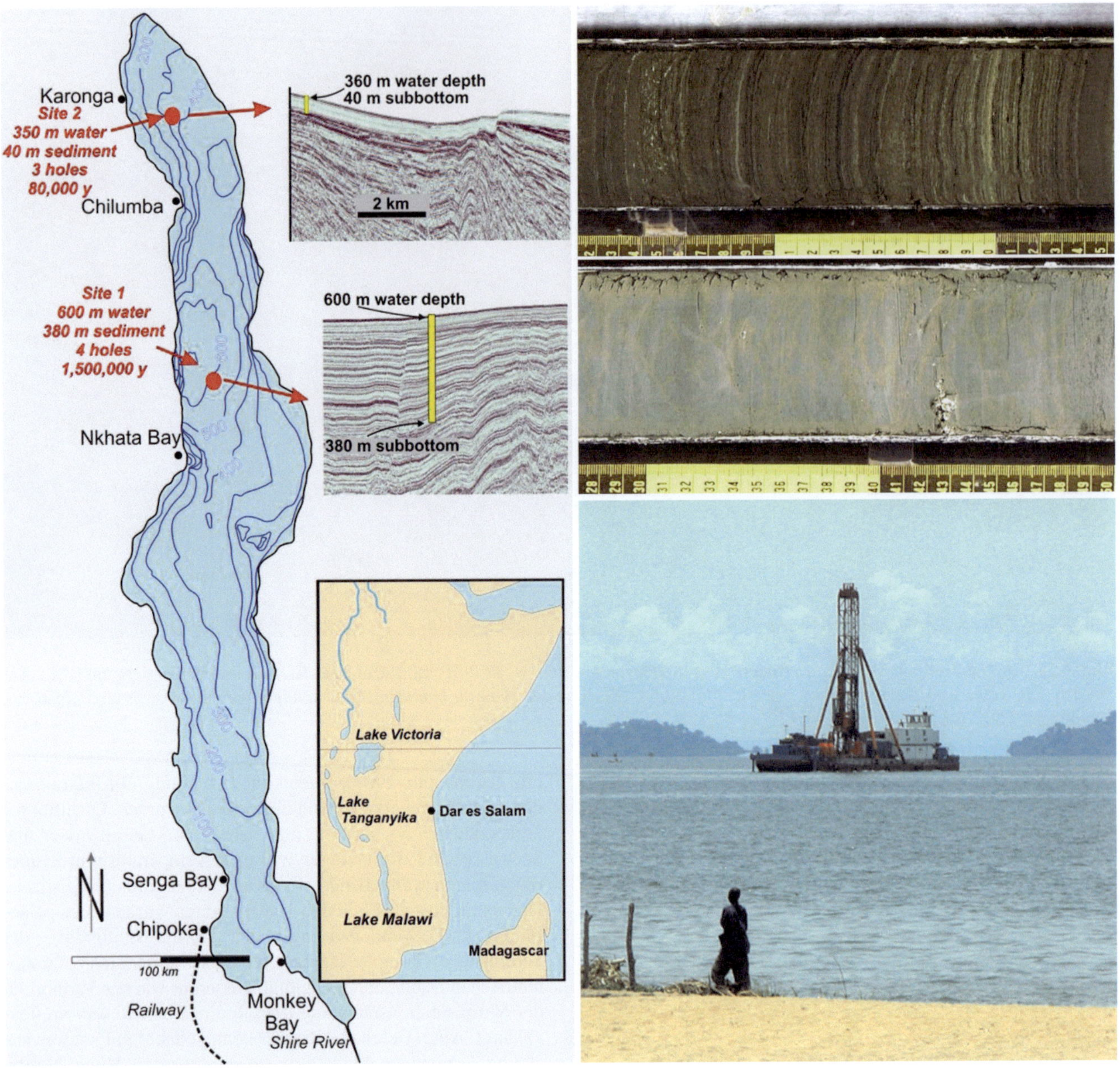

Abb. 6.31 *Links*: Bathymetrische Karte des Malawi-Sees (100-m-Konturlinien) mit den Bohrstellen von 2005. Die *kleinen Bilder rechts* zeigen reflexionsseismische Profile für zwei Bohrstellen. Das Bohrunternehmen ging von Chipoka aus; das Projekt wurde von Nkhata Bay und Chilumba aus versorgt. *Rechts oben*: Feingebänderte, diatomeenreiche, schluffig-tonige Seesedimente (*oben*), die während hoher Seespiegelstände abgelagert wurden. Graue, carbonatreiche, marmorierte Tone (*unten*), die während extremer Niedrigstände und Megadürren sedimentiert wurden (aus *Lake Malawi Drilling Project*.).
Rechts unten: Die Bohrplattform Viphya auf dem Weg zu den Bohrstellen. Der Malawi-See ist einer der größten und tiefsten Seen der Erde und enthält zusammen mit dem Tanganyika-See über 80 % des Süßwassers auf dem afrikanischen Kontinent. Die neuen Bohrergebnisse zeigen, dass vor > 75.000 Jahren der 700 m tiefe See um über 500 m erniedrigt war; dies weist auf Perioden starker Aridität hin. (Foto: M. R. Talbot, Department of Earth Sciences, University of Bergen)

die dominante Milankovitch-Frequenz der marinen Sedimentkerne auch in den limnischen Ablagerungen des Malawi-Sees erkennbar, nämlich der Wechsel der globalen Warm/Kaltzeit-Rhythmen vom gegenwärtigen 100-ka-Zyklus über einen 41-ka-Zyklus zum plio/pleistozänen 21-ka-Zyklus? (ii) Ein weiteres wissenschaftliches Ziel ist die Dokumentation eines kontinuierlichen, zeitlich hochauflösenden (jährlich-dekadisch) *records* des Paläoklimas der kontinentalen Tropen während der Brunhes-Epoche (insbesondere des späten Pleistozäns) und der Nachweis, ob und inwieweit das tropische Klima Afrikas auf Änderungen des *forcings* der südhemisphärischen Präzessions-Insolation (23–19 ka) oder der Eisvolumina der hohen Brei-

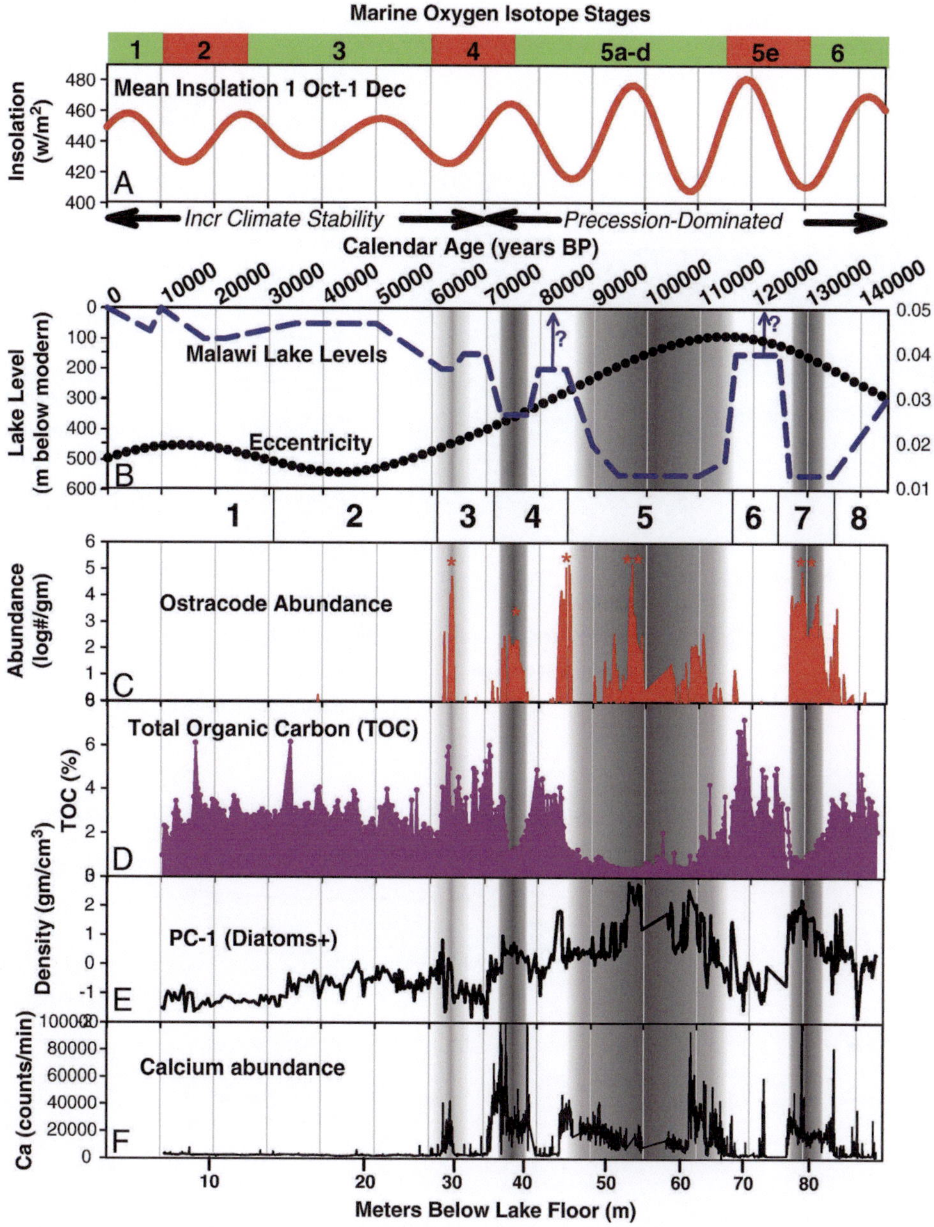

Abb. 6.32 Zusammenfassung der wichtigsten paläoklimatischen Indikatoren und anderer tropischer Klimainformationen. *A*: Mittlere Insolation zu Beginn der Regensaison im Malawi-Catchment (1. Oktober–1. Dezember, 10° S). *B*: Rekonstruierte Spiegel des Malawi-Sees während der letzten 145 ka BP (*blau*) und orbitale Exzentrizität (*schwarz gepunktet*). Die Seespiegelrekonstruktionen basieren auf einer Synthese der Bohrkern-Paläoklimaindikatoren und Beobachtungen der seismischen Reflexion. Lange Perioden extrem niedriger Seespiegelstände befinden sich bei 130 und 100 ka BP. *C*: Ostrakoden-Vorkommen. Ein *Stern* kennzeichnet die Dominanz von Taxa großer Tiefe und *zwei Sterne* von Taxa des Littoralbereichs. *D*: Gesamtorganischer Kohlenstoff (TOC, Gew.-%). Bereiche mit erhöhten TOC-Werten sind feingeschichtet und Zeiger für hohe Seespiegel, Schichtung der Wassersäule und Tiefenwasser-Anoxie. *E*: Hauptkomponenten (PC-1) von Diatomeen und anderen paläoökologischen Indikatoren. Erhöhte PC-1-Werte zeigen Perioden an, in denen der See alkalisch und (gering) salin mit wesentlich niedrigerem Wasserspiegel war. *F*: Ca-Gehalt. Peaks kennzeichnen Phasen mit Ca-Sättigung im See. *Vertikale graue Balken* kennzeichnen Perioden mit extrem niedrigen Wasserständen und ausgeprägter Aridität im Einzugsgebiet des Malawi-Sees. Dies war der Fall während Zeiten hoher Exzentrizität. Perioden großer Aridität fallen allgemein, jedoch nicht perfekt, mit verminderter mittlerer Insolation zu Beginn der Regenzeit zusammen. (Aus Scholz et al. 2011)

ten (100 ka und 41 ka) reagierte. (iii) Überlagern D/O- und Heinrich-Ereignisse die glazial/interglazialen Klimaänderungen in Form von feucht/trockenen Zyklen?

Die lithostratigraphischen, geochemischen, geophysikalischen und paläobiologischen Daten des *Malawi Drilling Project* sind jedoch nicht detailliert genug, um alle genannten Fragen zu be-

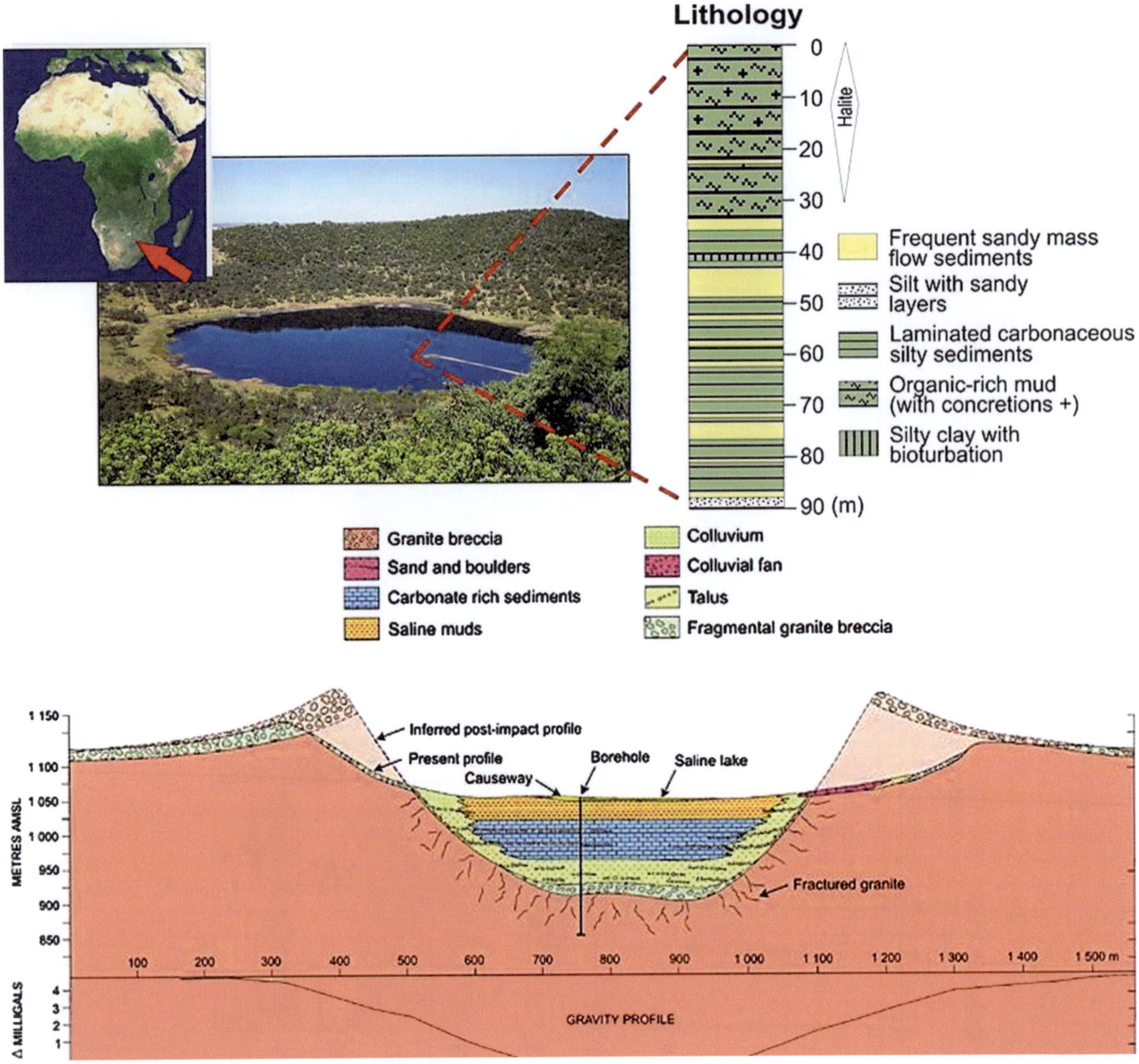

Abb. 6.33 Tswaing Crater (*Pretoria Saltpan*), ein Meteoritenkrater, 40 km nordöstlich von Pretoria, RSA (25°24′31″ S, 28°04′57″ E). Der Krater entstand vor ca. 220.000 Jahren. Seither wurden in den Kratersee Sedimente gebildet und eingeschwemmt. Er dient als Geoarchiv der letzten ca. 220 ka BP. *Oben*: Lage, Ansicht und Schema der erbohrten Schichten. *Unten*: Geologischer Schnitt. Nach dem Einschlag bedeckte eine Granitbrekzie den Kraterboden. Darüber wurden Kolluvien, carbonatreiche Sedimente und salzhaltige Tone und Salze (Evaporite) abgelagert. Von den Kraterwänden gelangten Hangsedimente in den Kratersee. Die Bohrung erreicht in 90 m Tiefe die Untergrenze der Sedimentfüllung. (Aus http://www.gfz-potsdam.de/en/section/climate-dynamics-and-landscape-evolution/projects/completed-projects/BioArchive Tswaing Crater)

antworten. Johnson et al. (2016) können die 100-ka-Zyklen von Niederschlag und Temperatur nach der *Mid-Pleistocene Transition* (ca. 900 ka BP) belegen; Interglaziale waren relativ humid und warm, Glaziale waren kühler (um 2–4 °C) und trocken. Hinweise auf präzessions-bedingte Variabilität des Klimas sind sehr schwach ausgebildet. Der Temperaturverlauf der letzten ca. 500 ka BP ähnelt dem Verlauf der CO_{2atm}-Kurve und dem Eintrag von terrestrischem Staub in den Indischen Ozean, nicht aber dem globalen Eisvolumen. Scholz et al. (2011) erkennen zwischen ca. 145 und 60 ka BP eine Periode mit hoher klimatischer Variabilität, in der mehrere extrem aride Intervalle (Megadürren zwischen 135 und 75 ka BP) zu einer Reduzierung des Malawi-Seewasservolumens um bis zu 95 % führen (Abb. 6.32). Diese ariden frühen letzteiszeitlichen Perioden des tropischen Ostafrika sind wesentlich stärker ausgebildet als die Aridität im LGM. Nach ca. 70 ka BP wurde das Klima humider, und die Seespiegel stiegen. Scholz et al. (2011) vermuten, dass die Windverhältnisse schnell wechselten und – vielleicht – synchron mit Änderungen der thermohalinen Zirkulation in hohen Breiten. Dieser Übergang zu mehr stabilen und feuchteren

Bedingungen fiel mit der verringerten orbitalen Exzentrizität zusammen sowie einer Reduzierung der präzession-dominierten klimatischen Extreme. Signale von kurzen markanten Klimaereignissen während des LGM und/oder *Termination I* sind jedoch bisher nicht in den Malawi-Seesedimenten nachgewiesen worden und werden auch in der jüngsten Publikation nicht genannt (Johnson et al. 2016). Ferner ist die Absenkung des Seespiegels im LGM um ca. 100 m (Abb. 6.32) nur eine grobe Schätzung.

Im südlichen Afrika wird ein Paläoklimaarchiv oft für Korrelierungen herangezogen: Die Salzpfanne des Tswaing-Kraters (*Pretoria Saltpan*; Abb. 6.33; Partridge et al. 1991, 1997).

Regelmäßige Wechsel in der Sediment-Textur und Zusammensetzung nutzen Partridge et al. (1997), um Beziehungen zwischen den Sedimentcharakteristika und der Insolation (*climate forcing*) herzustellen. Es gibt keine sedimentologischen Hinweise auf eine völlige Austrocknung des Kratersees. Geringe oder fehlende Pollengehalte werden als Anzeichen für Aridität, während feine (hoher Anteil $<20\,\mu m$ Korndurchmesser) und carbonatfreie Lagen als Hinweise für Humidität (See mit großer Wassersäule) betrachtet werden. Die sedimentologischen Daten wurden für eine Hauptkomponentenanalyse benutzt, deren Ergebnisse in Niederschlagswerte überführt wurden; die Niederschlagskurve wurde mit der Juli-Insolationskurve (in 30° Süd) *getuned* (Abb. 6.34). Einen Einfluss der Präzession (23-ka-Zyklus) auf den Gang der Niederschläge im randtropischen Südafrika scheint sich für die Zeit vor >50 ka BP abzuzeichnen, nicht aber für das LGM (Partridge et al. 1997, 1999). Eine Bestätigung dieser Ergebnisse durch andere Paläoklimaarchive gibt es bisher nicht. Es ist bemerkenswert, dass sich das letzte Interglazial (MIS 5) und die vorletzte Kaltzeit (MIS 6) in der Rekonstruktion nicht klar voneinander unterscheiden, obgleich die Tswaing-Krater-Daten für das LGM eine deutliche Niederschlagsreduktion zeigen und für das südliche Afrika von Partridge et al. (1999) große Schwankungen der Niederschläge und der Temperatur zwischen LGM und Holozän (d. h. zwischen Kalt- und Warmzeiten) genannt werden. Auch die Pollengehalte der Tswaing-Kraterseesedimente lassen kaum weiterreichende Deutungen zu: Allgemein kühle Temperaturen herrschten zwischen 11 und 33 ka BP; zwischen 33 und dem extrapolierten Alter von 80 ka BP traten mindesten drei unterschiedlich warme Phasen auf; für die Zeit zwischen 80 und 150 ka BP liegen keine palynologischen Daten vor, während zwischen 150 und 190 ka BP zwei kühle und zwei mäßig warme Phasen vermutet werden (Scott 1999).

Die Tswaing-Kraterdaten benutzt Partridge (2002), um Beziehungen zwischen Insolation, Niederschlägen und Sandmobilität der Kalahari-Dünen herzustellen mit dem Ergebnis, dass Perioden der Sandbewegungen in der Kalahari zeitgleich mit Tswaing-Aridifizierungs-Phasen auftraten (Abb. 6.34). Daraus wiederum wird ein Mechanismus abgeleitet, der diese südhemisphärischen Klimaänderungen mit Phasen der Abkühlung in der Antarktis korreliert (*tuned*), die um 3–4 ka den Heinrich-Events des Nordatlantiks vorausgingen. Nichtlineare Reaktionen auf das Präzessions-*forcing* sollen das *timing* dieser Ereignisse kontrolliert haben, und ein Transfer der südhemisphärischen Klimasignale in hohe Breiten der Nordhemisphäre soll durch Fluktuationen in Ausmaß und Intensität der zirkumantarktischen Westwindgürtel bedingt worden sein (Partridge 2002). Hier werden Rückkoppelungen im quartären Klimasystem postuliert, die durch Fakten wenig gesichert sind. Die Altersstellung der Tswaing-Krater-Sedimente basiert auf nur 7 ^{14}C-Daten, die sich zudem auf das Holozän und das MIS 3 verteilen (Tab. 6.1). Für den Zeitraum zwischen ca. 7 ka BP und 34 ka BP liegen keine Altersbestimmungen vor. Die Datierung des Bohrkerns ist damit sowohl für den Bereich des LGM als auch für die älteren Abschnitte äußerst hypothetisch. Gleiches gilt auch für die von Partridge (2002) zitierten OSL-Alter der Kalahari-Dünenmobilität.

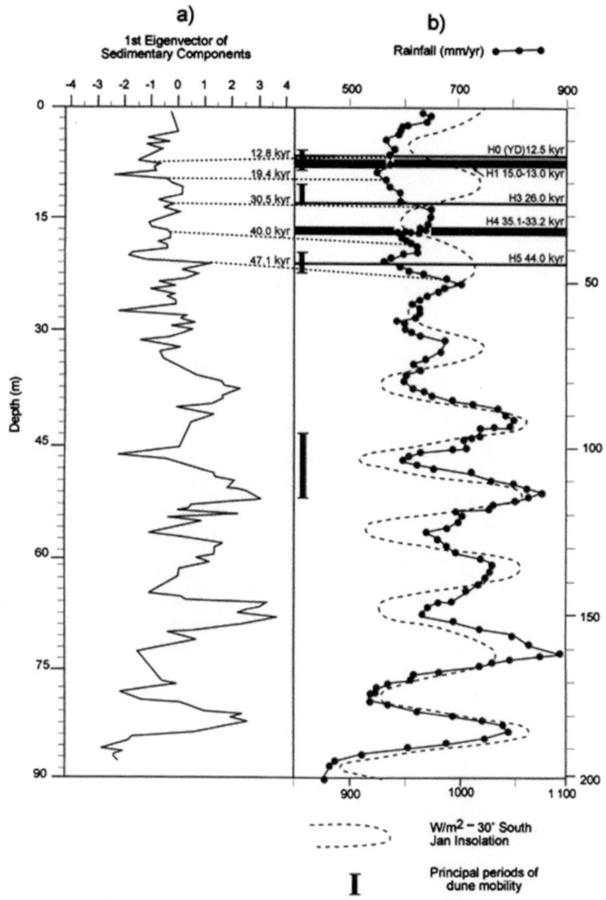

Abb. 6.34 **a** Erster Eigenvektor der Sedimentkomponenten des Tswaing-Bohrkerns. Der Beginn der ariden Perioden ist markiert. **b** Aus der Textur der Tswaing-Kratersedimente rekonstruierte Niederschläge für die letzten ca. 200.000 Jahre auf der Basis eines *orbitally-tuned* (30° S, Januar) Altersmodells. Die Proxy-Niederschlagsperioden werden mit Heinrich-Ereignissen und Perioden der Kalahari-Sandmobilität korreliert. (Aus Partridge 2002)

Kristen et al. (2007, 2010) publizieren neun weitere ^{14}C-Datierungen eines neuen Tswaing-Kraterbohrkerns. Die Alter bestätigen im Großen und Ganzen die Daten von Partridge (2002) (Tab. 6.1). Damit scheint für die letzten ca. 40 ka BP die Chronologie einigermaßen gesichert. Das gilt jedoch nicht für den älteren Bereich der Tswaing-Sedimente. Deren Altersstellung wurde aufgrund der Tswaing-Kraterbildung, die vor

Tab. 6.1 Daten von ^{14}C-Proben (organisches Material) der Tswaing-Kratersedimente. (Aus Partridge 2002)

Depth (cm)	Analysis no. (Pta-)	δ^{13}C (‰)	^{14}C (pmC)	Age (radiocarbon yr BP)	Calibrated age (yr BP) with 1,150 yr reservoir correction
237–245	5240	−17.3	75.90 ± 0.57	2,330 ± 50	1,180
382–388	5228	−16.8	58.68 ± 0.39	4,420 ± 50	3,730
492–500	5222	−17.0	57.32 ± 0.45	4,600 ± 60	4,140
612–618	5770	−20.2	41.19 ± 0.40	7,200 ± 80	6,780
1233–40	5225	−18.2	2.13 ± 0.19	31,000 ± 700	34,350
1600–10	5559	−13.7	1.79 ± 0.17	32,500 ± 750	35,650
1966–74	5180	−19.0	0.71 ± 0.14	39,900 ± 1600	43,350

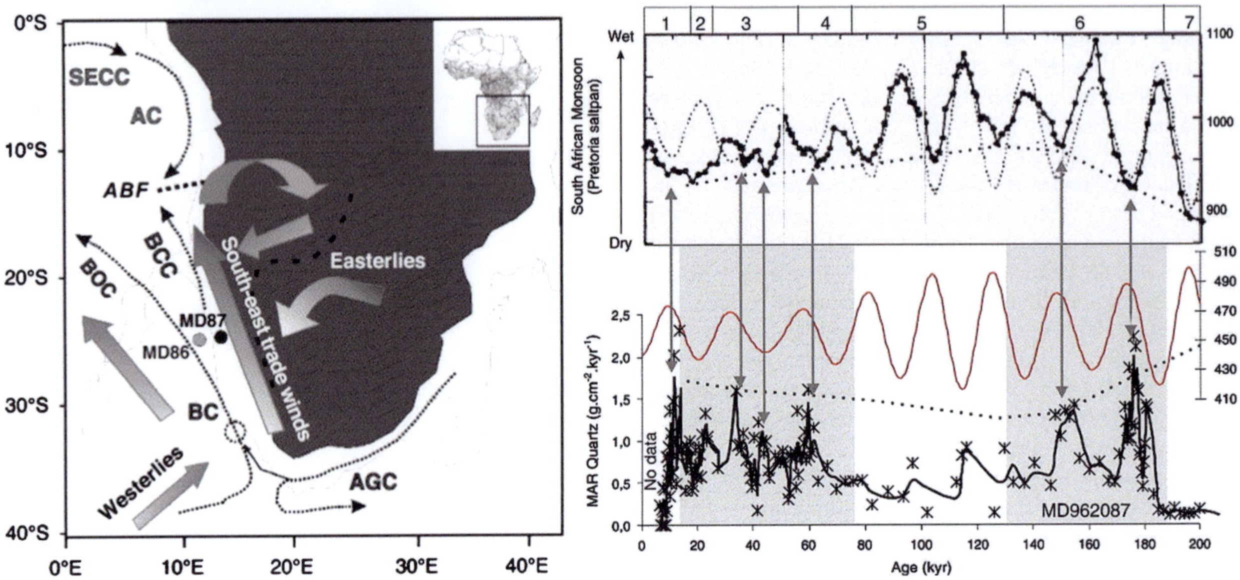

Abb. 6.35 *Links*: Kärtchen des südöstlichen Atlantiks und des südlichen Afrika mit den marinen Bohrstellen, den oberflächennahen Januar-(Sommer-)Windsystemen und Meeresströmungen. BC, *Benguela Current*; BOC, *Benguela Ocean Cur*rent; BCC, *Benguela Coastal Current*; AC, *Angola Current*; AGC, *Agulhas Current*; ABF, *Angola-Benguela-Front*. Die *schwarze gerissene Linie* zeigt die Wind-Diskontinuität im Südwinter (aus Pichevin et al. 2005). *Rechts*: Rekonstruktion der südafrikanischen Niederschläge (Monsun) nach Partridge et al. (1997) verglichen mit Änderungen der Sommer-Insolation in 30° S (*oben*). Massenakkumulationsrate (MAR, *mass accumulation rate*) von äolischem Quarz verglichen mit Änderungen der Sommer-Insolation in 15° N. Die Akkumulationsraten des Holozäns können zu hoch sein aufgrund der Sedimentausdehnung im Bereich des obersten Bohrkerns. Die glazialen Isotopenstadien MIS 2–4 und 6 sind *grau* unterlegt. (Aus Pichevin et al. 2005)

ca. 220 ± 52 ka BP (Koeberl et al. 1999) erfolgte, *getuned*, unter der Annahme, dass die Sedimentation der limnischen Ablagerungen nach 20.000 Jahren um 200 ka BP begann und dass die rhythmischen Schwankungen in der Sediment-Textur mit den 23.000-Jahr-Rhythmen der Insolation korrelieren. Hohe lokale Sommer-Insolation entspricht hohen Niederschlägen. Der Versuch, die Kraterbildung exakter mit ^{40}Ar/^{39}Ar zu datieren (Jourdan et al. 2007), ergibt keine zuverlässigen Daten. Auch OSL-Datierungen schlagen fehl (Kristen et al. 2007). Es ist nicht gesichert, dass die Korrelation hohe Niederschläge – hohe Insolation (wie in Abb. 6.34 dargestellt) zutrifft; sie kann auch stark von dem *tuning* abweichen; dies ist beispielsweise der Fall, wenn der Beginn der Seesedimentbildung um Jahrtausende früher oder später angenommen wird. Kristen et al. (2007, 2010) und F Schmidt et al. (2014) übernehmen die *getunte* Chronologie von Partridge et al. (1993, 1997).

Scott et al. (2008) versuchen eine Rekonstruktion der Klimaverhältnisse der letzten ca. 60 ka, indem sie Speläothem-, Pollen- und andere Daten aus dem Gebiet der randtropischen Savannen im weiteren Umkreis des Tswaing-Kraters zusammenschauend interpretieren. Abgesehen von den Problemen der Datierungen und den damit verbundenen Korrelierungen der verschiedenen Proxys sind die Ergebnisse wenig befriedigend und bleiben hypothetisch.

> The interplay between all these factors [Sommer-Insolation, atmosphärische CO_2-Konzentration, Wanderung und Lage der ITCZ, Situation des zirkumantarktischen Westwindgürtels] remains uncertain and understanding it would require more past environmental records from Southern Africa (Scott et al. 2008).

Trotz der großen Unsicherheiten in der Datierung der Tswaing-Kraterdaten werden diese auch für Korrelationen benutzt, die über die Region hinausgehen.

Pichevin et al. (2005) rekonstruieren Änderungen der Windstärken vor der namibischen Küste (Benguela-Strom-Gebiet, 25°06′ S, 13°38′ E) für die letzten 190 ka, indem sie Korngrößendaten und SSTs (auf Alkenone-Basis) vergleichen (Abb. 6.35). Als Proxys für die Windstärken dienen terrigene Korngrößenverteilungen eines marinen Kerns, die in zwei Untergruppen nach einem einfachen statistischen Modell unterteilt werden. Das feine, schlecht sortierte Sediment soll sowohl feinen äolischen Staub als auch hemipelagischen Schlamm, der durch Flüsse ins Meer gelangte bzw. vom Schelf stammt, repräsentieren. Die Untergruppe des gröberen, gut sortierten Anteils verkörpert plötzliche Änderungen mit hoher Amplitude während der Sedimentationszeit; Pichevin et al. (2005) sehen darin ausschließlich eine äolische Herkunft und verbinden damit die Vorstellung oberflächennaher Winde, die die gröberen Partikel vom Land ins Meer transportierten; Gleiches wird auch von Stuut et al. (2002) angenommen. Veränderungen der Korngrößen der groben Staubpartikel korrelieren mit Änderungen der SST. Während früher angenommen wurde, dass SST-Änderungen die Intensität des *Upwelling* (Auftriebwasser) in Verbindung mit einem Vordringen von Warmwasser aus dem angolanischen Gewässern reflektieren, sehen Pichevin et al. (2005) in den langen SST-Schwankungen Windstärkenänderungen als primäre Ursache, die ein küstennahes *Upwelling* bezeugen. Das frühe MIS 6 soll die einzige Periode sein, in der Warmwasser von Norden vordringen konnte. In MIS 3 und 4 herrschten die windreichsten Bedingungen. Den Autoren zufolge sollen die Proxys der Windstärken zuverlässige Proxys für die *Upwelling*-Intensität während der letzten zwei glazialen Zyklen sein.

Dass die Korrelierung der marinen Sedimentdaten mit denen des Tswaing-Kraters wegen der sehr hypothetischen Altersstellung sowohl der marinen als auch der Kratersedimente fraglich erscheint, soll hier angedeutet werden. Aber auch die Interpretation der marinen Sedimente erscheint zweifelhaft, da ein äolischer Sedimenteintrag vom Land ins Meer nicht durch (Südost-)Passatwinde erfolgt (diese wehen vom Meer aufs Land; Abb. 4.26), sondern durch heftige Bergwinde aus nordöstlichen bis östlichen Richtungen (Abb. 4.30), die während weniger Tage im Jahr auftreten (Heine und Völkel 2010). Es bleibt zu klären, ob während der Kaltzeiten häufiger Bergwind-Situationen auftraten, die äolisches Material ins Meer transportierten, oder ob eine relative Anreicherung der gröberen (äolischen) Bestandteile das Ergebnis eines geringeren (fluvialen) Eintrags von feinen Komponenten während der Kaltzeiten aufgrund von größerer Aridität im Inland Südafrikas ist. Die geomorphologischen Beobachtungen deuten auf die zuletzt genannte Möglichkeit hin.

Die Tswaing-Sedimente sind in den letzten Jahren mit neuen Methoden, die organisch-geochemische Proxyparamater betreffen, von Kristen et al. (2007, 2010) und F Schmidt et al. (2014) bearbeitet worden (Abb. 6.36). Die Autoren analysieren in den Sedimenten der letzten 84 ka BP lipide Biomarker und deren stabile Kohlenstoff(δ^{13}C)- und Wasserstoff(δD)-Isotopenzusammensetzungen. Die δD-Werte der *n*-Alkane der höheren Pflanzen variieren zwischen -155 und -82 ‰ und korrespondieren mit Änderungen des SST-Gradienten zwischen dem tropischen und subtropischen südwestlichen Indischen Ozean. Höhere SSTs korrelieren mit deuterium-reduzierten δD-Werten von *n*-Alkanen und weisen auf eine stärkere Konvektion mit dem Transport von vermehrter Feuchtigkeit über Südafrika in der Periode 84–80 ka BP hin, während des MIS 4 und von 50 bis 39 ka BP. Während dieser humiden Perioden wurden große Mengen an organischem Material im Tswaing-See abgelagert (bis 9,8 % TOC [*total organic carbon*]). Perioden mit deuterium-erhöhten δD-Werten von *n*-Alkanen (76 ka BP, 73–69 ka BP, 55–51 ka BP und 31,4–12,6 ka BP) zeigen ein trockenes Klima und höhere Salinität des Wassers an; sie haben niedrigere TOC-Gehalte und höhere Zersetzung des terrestrischen organischen Materials. Gelegentlich finden sich C_{37}- und C_{38}-Alkenone, besonders bei höheren Salinitäts- und Alkalinitätsgraden. Um 25 ka BP verschwanden die Alkenone zusammen mit stark erniedrigten δD-Werten von *n*-Alkanen der aquatischen Organismen (-180 ‰ für *n*-C_{23}); das zeigt deutlich einen Frischwassersee an. Während der erfassten 84 ka BP umgab eine savannenartige Vegetation den See (Bäume, Sträucher und C_4-Gräser). Die Gräser dominierten im ausgehenden MIS 5 und während der ariden Bedingungen im MIS 3. Die Vegetationsänderungen bestimmten das Verhältnis von *n*-Alkohol zu *n*-Alkanen des Blattwachses. Das wird durch höhere Pflanzen-Alkane(HPA)-Indizes angezeigt. In den semiariden Perioden sind die HPA-Index-Werte erhöht; sie weisen auf eine Savannen-Vegetation hin, die an ein trockeneres Klima adaptiert war (nach F Schmidt et al. 2014; Abb. 6.36 und 6.37).

In der Gladysvale-Höhle datieren Pickering et al. (2007) *Flowstones* mit U-Th. Mehrere in Höhlensedimente eingebettete *Flowstone*-Lagen belegen, dass sich während der letzten ca. 600 ka die Klimaverhältnisse mehrmals gewandelt haben (Abb. 6.38). Werden die U-Th-Alter mit der δ^{18}O-Kurve von Lisiecki und Raymo (2005) verglichen, ergeben sich keine klaren Zuordnungen von den ältesten *Flowstone*-Bildungsphasen mit Glazial/Interglazialzeiten. Aufgrund der 25-ka-Fehlerbereiche der ältesten *Flowstones* kann die Bildung sowohl in eine Warmzeit als auch in eine Kaltzeit zwischen 590 und 550 ka BP erfolgt sein (Abb. 6.38). Die nächstjüngeren *Flowstones* wuchsen während der Warmzeiten MIS 11 (um 393 ka BP) und MIS 9 (um 308 ka BP). Es folgen die jüngeren Bildungen von 255, 57 und 43 ka BP, die während verschiedener Interstadiale gebildet wurden. Ein Bezug zu den Tswaing-Kratersedimenten wird ebenfalls hergestellt. Der jüngste *Flowstone* hat ein Alter zwischen 16 und 7 ka BP. Die *Flowstones* dokumentieren Phasen größerer effektiver Feuchtigkeit, in denen es zur Tropfwasserbildung in der Höhle kam. Ohne die U-Th-Alter zu weitgehend zu deuten, zeigen die Daten Phasen der *Flowstone*-Bildung während warmer Interglaziale bzw. Interstadiale. Damit ergänzen sie die Ergebnisse der Speläothem-Alter der Namib-Höhle (vgl. Abb. 6.21 und 6.23) und Modellergebnisse, die „*wet-gets-wetter*“ und „*warmer-gets-wetter*“ bei *global warming* für die ITCZ-Regionen (mit konvektiven Niederschlägen) zeigen (Tan et al. 2015). Auch der Nachweis von lakustrinen diatomeenhaltigen Sedimenten aus dem Okavango-Makarikari-Gebiet, die im MIS 5 (Eem) einen ausgedehnten Paläosee belegen (M Schmidt et al. 2012), spricht für eine Zunahme der Humidität während warmer Interglaziale.

Ein differenziertes Bild der letzten 160.000 Jahre zeigt das kombinierte Pollen- und Diatomeenprofil aus den Sedimenten des Tritrivakely-Sees in Zentralmadagaskar (Gasse und van Campo 2001; Abb. 6.39). Sechs bedeutendere Kalt-/Warmzyklen sind aufgrund der Vegetationsänderungen belegt. Unter der

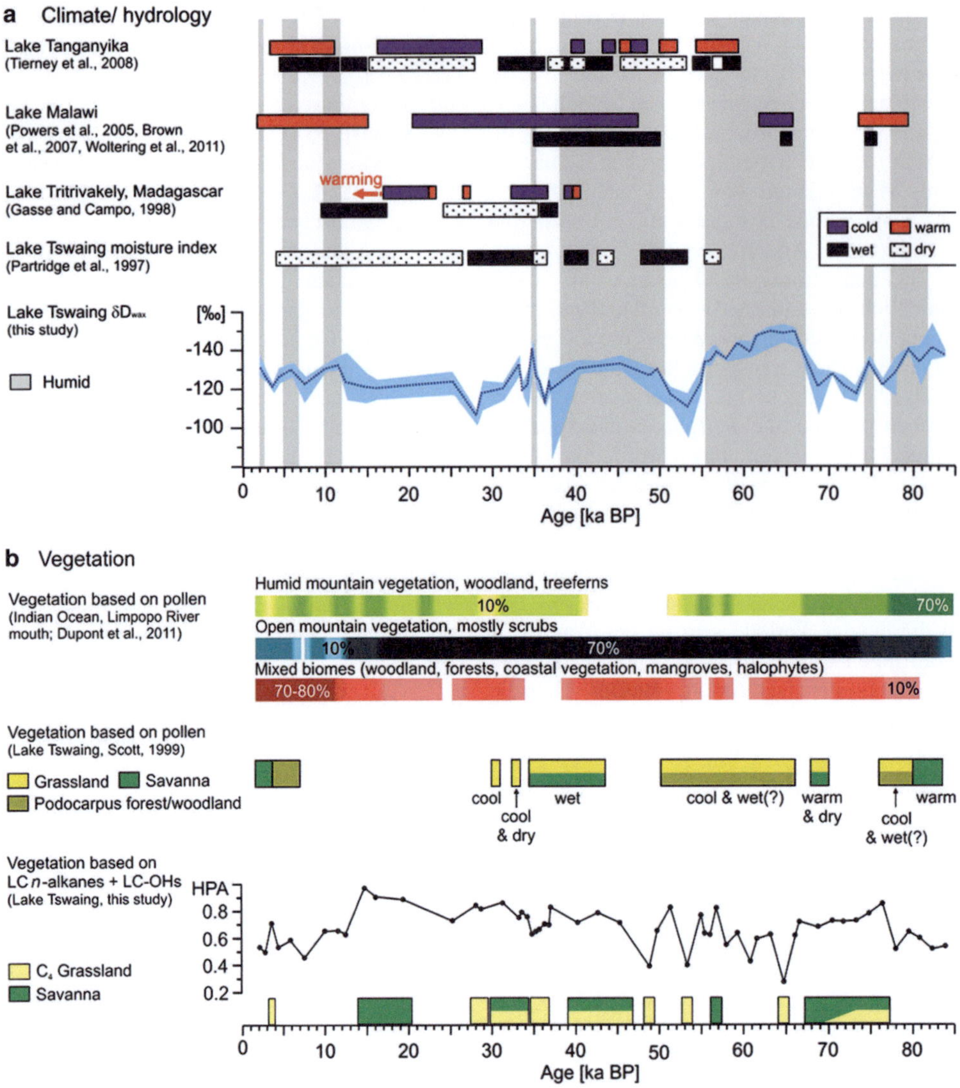

Abb. 6.36 **a** Vergleich von δD_{wax} vom Lake Tswaing mit anderen Temperatur- und Hydrologie-*records* des tropischen und subtropischen Ostafrika; die *records* basieren auf δD-Werten (Lake Tanganyika: Tierney et al. 2008), Elementzusammensetzung (Lake Malawi: Brown et al. 2007; Lake Tswaing Feuchtigkeits-Index: Partridge et al. 1997), lipid-basiertes Temperatur-Proxy Tex_{86} (Lake Malawi: Powers et al. 2005; Woltering et al. 2011; Lake Tanganyika: Tierney et al. 2008) und Pollen- und Diatomeendaten (Lake Tritrivakely: Gasse und Van Campo 1998). **b** Vergleich des HPA-Index (HPA – *higher plant alkane*) und der vorherrschenden Vegetation (*gelbe* und *grüne Balken*) auf der Basis von δ^{13}C-Zusammensetzung von LC *n*-Alkanen und *n*-Alkohol des Lake Tswaing mit Pollen-*records* vom Lake Tswaing (Scott 1999) und vom Indischen Ozean (Dupont et al. 2011). Die *grauen Balken* kennzeichnen feuchte Perioden (weitere Referenzen zur Interpretation der Farben sowie Angaben zur zitierten Literatur finden sich in der Web-Version des Artikels) (aus F Schmidt et al. (2014), geringfügig ergänzt). Aufgrund der Unsicherheiten bei den Altersbestimmungen für die Tswaing-Sedimente, die > 40 ka alt sind, sind die Korrelierungen teilweise hypothetisch

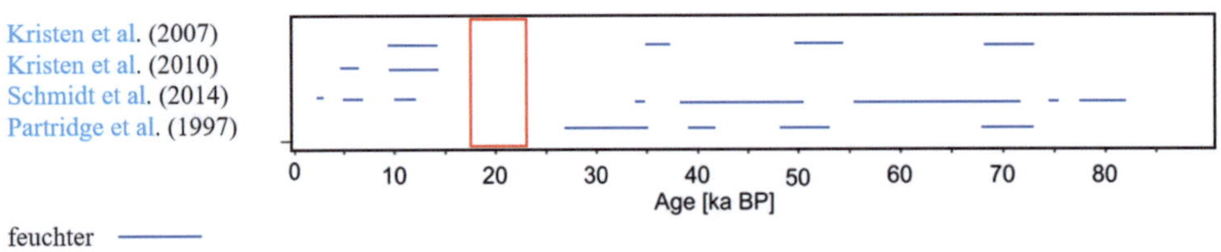

Abb. 6.37 Die für den Tswaing-Krater rekonstruierten feuchten Phasen von verschiedenen Autoren werden gegenübergestellt. Während sich für das Spätglazial und Holozän eine weitgehende Übereinstimmung erkennen lässt, weichen die Ergebnisse der älteren (> 30 ka BP) Phasen stark voneinander ab. Alle Autoren belegen ein arides LGM (*rot markiert*)

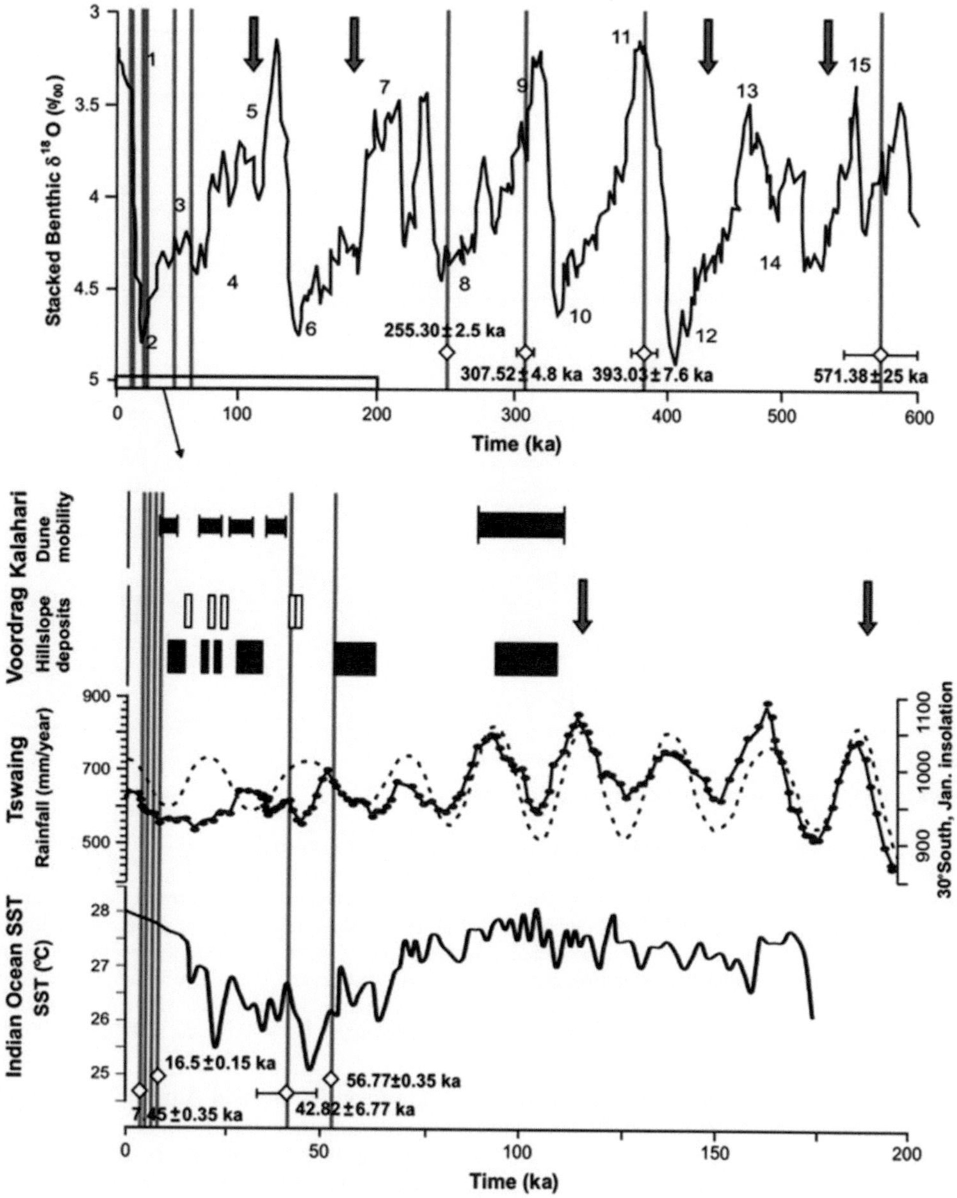

Abb. 6.38 Vergleich von U-Th-datierten *Flowstones* der Gladysvale-Höhle (25°7′ S, 27°3′ E) mit globalen und lokalen *records* des quartären Klimawandels. *Flowstones* werden als *graue Balken* dargestellt, undatierte Flowstones können eventuell während der Zeiten gebildet worden sein, die durch *graue Pfeile* gekennzeichnet sind (aus Pickering et al. 2007). Das Wachstum der U-Th-datierten *Flowstones* fällt in Phasen, in denen wärmere Klimaverhältnisse herrschten, was auch durch die SSTs des Indischen Ozeans angezeigt wird. Die Korrelierung mit anderen südafrikanischen Klimaproxys ist unsicher (Kalahari-Dünenmobilität, Hangsedimente, Niederschlagsrekonstruktionen anhand der Tswaing-Krater-Sedimente)

Voraussetzung, dass das Altersmodell korrekt ist, können kalte Phasen (vor > 143, 115–110, 94–88, 75–69 und 22–17 ka BP) mit Perioden hoher lokaler Sommer-Insolation (20° S) korreliert werden. Die warmen Phasen zeigen unterschiedliche Amplituden und korrelieren mit Perioden geringer Sommer-Insolation (um 125, 100, 83, 60 und 10 ± 5 ka BP). Die Diatomeen spiegeln das Verhältnis von Niederschlag zu Evaporation im Einzugsgebiet des Sees wider. Die beiden ersten Seespiegelhochstände vor > 143 und um 115 ka BP und die Tiefstände um 125 und 105 ka BP fallen mit kalten bzw. warmen Phasen (aufgrund der Polleninhalte) zusammen. Später können auch Perioden mit geringem Verhältnis von P–E (*precipitation – evaporation*) mit kalten Phasen zusammentreffen und kommen alle 12–10 ka vor. Besonders während des kalten LGM waren die Sommerniederschläge nicht stark genug, um während der warmen Sommer und trockenen Winter die hohen Evaporation-Evapotranspirations-Verluste auszugleichen. Daher war das LGM trockener im Vergleich zu heute (Gasse und van Campo 2001).

Es ist schwierig, die prä-LGM-zeitlichen Daten aus Madagaskar mit den Befunden aus dem südlichen Afrika zu verknüpfen (vgl.

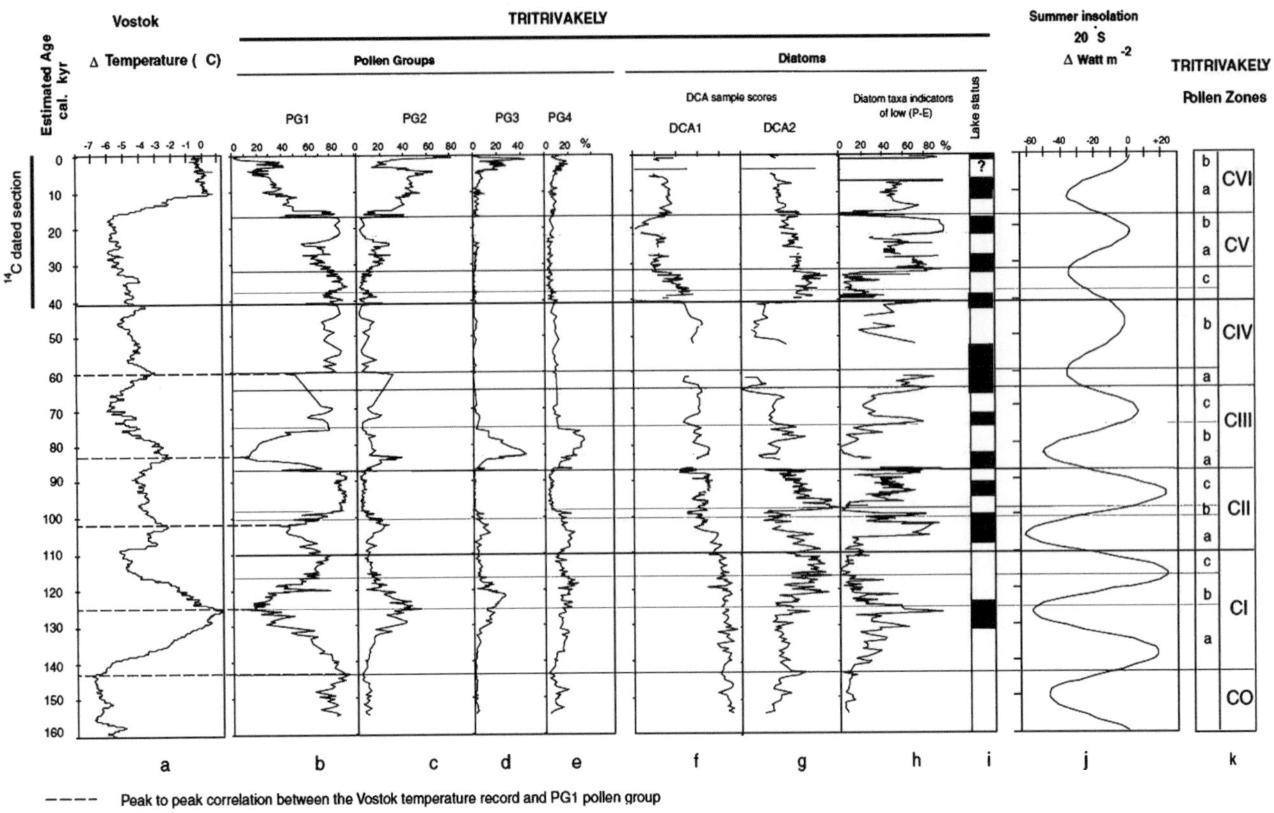

Abb. 6.39 Vorläufige Interpretation der Pollen- und Diatomeen-*records* des Tritrivakely-Sedimentkerns aus Zentralmadagaskar (19°47′ S, 46°55′ E, 1778 m NN). Bis ~40 ka BP ist der Kern ^{14}C-datiert worden. Die Chronologie wird bis 40 ka BP in kalibrierten ^{14}C-Jahren angegeben; der ältere Teil wird modellhaft durch eine Korrelierung von Peak zu Peak zwischen der Vostok-Temperaturkurve und den Prozentzahlen der Pollengruppe PG1 altersmäßig erfasst. **a** Vostok-Temperaturkurve (δD); **b** bis **e** Haupt-Pollengruppen, die Warm-/Kaltzyklen repräsentieren; PG1 enthält Ericaceae, *Stoebe* und *Brachylaena*, PG2 enthält Gramineae, Chenopodiaceae, Compositae, Caryophyllaceae und andere Taxa einer offenen Vegetationsformation, PG3 enthält Baum- und Waldarten, PG4 enthält *Podocarpus* und andere Komponenten des montanen Waldes; **f** und **g** Haupt-Diatomeenindikatoren (DCA = *Detrended Canonical Analysis*); **h** Diatomeenartenindikator für ein geringes (P–E [Niederschlag-Verdunstung])-Gleichgewicht; Seekondition; **j** Sommer-Insolation in 20° S; **k** Pollenzonen. (Aus Gasse und van Campo 2001)

Nash und Meadows 2012), vor allem wegen der vagen chronologischen Zuordnung der prä-LGM-zeitlichen Pollen- und Diatomeendaten.

Aufgrund jahrelanger intensiver Forschungen zum quartären Klima- und Landschaftswandel der Ost-Sahara im Rahmen des SFB 69 (*Geowissenschaftliche Probleme in ariden und semiariden Gebieten*, Klitzsch und Thorweihe 1999) können Pachur und Altmann (2006) eine Chronologie der quartären Entwicklung der Sahara zwischen Murzuk-Becken und Niltal präsentieren (vgl. auch Pachur 1999; Kröpelin 1999; Abb. 6.40). Selbst für die zentrale, heute extrem aride Sahara zeichnen sich bedeutende (hygrische) Klimaschwankungen ab. In den vergangenen ca. 500 ka waren die Interglaziale in der Sahara wesentlich feuchter: bis 300 mm mittlerer jährlicher Niederschlag in tiefen Lagen und bis > 400 mm/a in den Gebirgen (Tibesti). Die exakte zeitliche Einordnung der Feuchtphasen, die älter als das LGM sind, ist bisher nicht möglich. Deshalb verzichten die Autoren auf eine Korrelierung mit marinen und Eiskernchronologien. Für die letzten ca. 30 ka BP (LGM und jünger) können detaillierte Chronologien für die Sahara vom Murzuk-Becken bis zum Nil aufgrund der bemerkenswerten Synopse von Pachur und Altmann (2006) angegeben werden. Für weiterführende Informationen wird auf dieses Werk verwiesen, das die Klimageschichte NE-Afrikas im Spätpleistozän, besonders aber im Holozän, detailliert schildert und mit umfangreichem Material zur Geomorphologie i. w. S., zur Tier- und Pflanzenwelt, zur Siedlungsgeschichte und zu entsprechenden Sedimentationsprozessen belegt. „*Ergänzende Isotopenuntersuchungen resultierten in einer nahezu lückenlosen zeitlichen Einordnung des Klimawandels im Holozän*" (Klitzsch und Thorweihe 1999).

Südlich von Khartoum (zwischen ca. 15° N und 10° N) erstreckten sich im Tal des Weißen Nils während warmer Interglaziale Paläoseen (Williams et al. 2003). Der größte Paläosee hatte eine Ausdehnung von bis zu 70 km Breite und 500 km Länge (Abb. 6.41). Uferlinien der Paläoseen und feine, laminierte grüne Tone, deren zwischengeschaltete Sande OSL-Alter von 15 ka bis > 250 ka aufweisen, dokumentieren einen stärkeren Sommer-Monsun und sehr hohe Nilfluten. Nicht kalibrierte AMS-^{14}C-Alter von mikrokristallinen Carbonaten ergaben für die älteren Seesedimente Alter zwischen 31 und 40 ka (und sind vermutlich kontaminiert), während die OSL-Alter deutlich höher waren und mit ca. 166 ka, 200 ka und 210 ka BP den Mittelmeer-Sapropel-Lagen S6, S7 und S8 (vgl. Abb. 6.28) zu entsprechen scheinen. Der größte Paläosee war bedeutend älter als MIS 7 und wird hypothetisch ins MIS 11 (ca. 400 ka BP) datiert (Williams et al. 2003). Damit würde er ebenfalls für das außergewöhnlich lange Interglazial des MIS 11 wesentlich größere Humidität als in den nachfolgenden Interglazialen bezeugen und die Speläothem-Daten aus den nordafrikanisch-arabischen und den südwestafrikanischen ariden Räumen ergänzen.

In dem großen Werk von Michel (1973) über die geomorphologische Entwicklung der Flussgebiete von Sénégal und Gambia in Westafrika werden die Beziehungen zwischen Oberflächenformen, Verwitterung und Bodenbildung benutzt, um zusammen mit archäologischen und ^{14}C-Daten eine Chronologie der Relief- und Klimaentwicklung zu erarbeiten (Abb. 6.42). Für die tertiäre Entwicklung zeigen die *Duricrusts* (Laterite, *Silcretes* und *Calcretes*) Klimaschwankungen zwischen *feucht* und *trocken*, und auch im Alt- und Mittelpleistozän (seit ca. 1 Ma) weisen die *Duricrusts* in Verbindung mit drei Glacis/Pedimentbildungen (Pediment – schwach geneigte, erosiv/denudativ gebildete [ausgedehnte] Fläche mit steilerem Rückhang) auf große Klimazyklen hin, die 400.000-Jahr-Rhythmen zwischen einerseits generell feuchteren und andererseits arideren Bedingungen zeigen. Das Jungquartär wird durch ein arides LGM (*Ogolien*) zwischen 21 und 15 ^{14}C ka BP charakterisiert; die Periode zwischen 12 und 7,3 ^{14}C ka BP war recht feucht (pluviale Phase; AHP – African Humid Period); um 7 ^{14}C ka BP (8,2 ka *event*?) wird eine aride Schwankung belegt. Seit ca. 4 ^{14}C ka BP wurde es arider. Die Ergebnisse von Michel (1973) können sich nur auf wenige ^{14}C-Daten stützen; in Verbindung mit der Synthese der geomorphologischen Entwicklung eines großen Gebiets beschreiben die Daten bereits die quartäre Klimaentwicklung für Westafrika (und darüber hinaus), die teilweise erst Jahrzehnte später durch neue Methoden bestätigt und im Detail exakter dargestellt werden konnte.

Aus dem Gebiet der Sahara und der äquatorwärts angrenzenden Sudan-Zone liegen keine jüngeren Untersuchungen zur Chronostratigraphie des frühen und mittleren Quartärs aufgrund geomorphologisch-bodenkundlicher Forschungen vor. Die auf fluvialmorphologischen Beobachtungen basierenden quartären Klimarekonstruktionen aus dem Tibesti-Gebirgsmassiv sind in Abb. 6.40 von Pachur und Altmann (2006) berücksichtigt und werden daher hier nicht mehr diskutiert.

Quartäre Gletscherspuren der ostafrikanischen Gebirge (einschließlich der LGM-zeitlichen Gletscherbewegungen)

Zahlreiche hohe Berge und Gebirge des tropischen Afrika zeigen die Spuren pleistozäner Vergletscherungen, obgleich nur wenige heute noch Gletscher aufweisen, die jedoch schnell abschmelzen (Osmaston und Harrison 2005; Abb. 6.43). Die am besten wissenschaftlich glazialgeomorphologisch und glazialchronologisch bearbeiteten Gebirge befinden sich in Ostafrika und Äthiopien. Die chronostratigraphische Einordnung der einzelnen Vergletscherungsphasen bereitet Schwierigkeiten, da bei den Bearbeitern sowohl hypothetische Zuordnungen der einzelnen Moränen(gruppen) erfolgten als auch Zuordnungen allein aufgrund von Datierungen (SED, ^{14}C) vorgenommen wurden. Bei Klimarekonstruktionen, die über LGM-ELA-Rekonstruktionen zu Temperatur- (und Niederschlags-) Werten führen, sind daher fehlerhafte Ergebnisse oft nicht auszuschließen. Da die eiszeitlichen Gletscherspuren in Äthiopien bisher weder hinreichend exakt datiert wurden (Osmaston und Harrison 2005; Mark und Osmaston 2008) noch in einer neueren Synthese vorliegen (Ehlers et al. 2011), wird hier nicht näher darauf eingegangen. Mark und Osmaston (2008) versuchen, die Daten zur ostafrikanischen Gletschergeschichte zusammenzufassen (Abb. 6.44). Im Folgenden werden kritische Anmerkungen vorgetragen, die einige Widersprüche (er)klären.

In Ostafrika reicht die Glazialchronologie des Quartärs bis ca. 1 Ma zurück. Glazial- und periglazialmorphologische sowie paläopedologische Charakteristika sind zusammen mit relativen und absoluten Datierungsmethoden (^{14}C, K/Ar, Paläomagnetismus), Lössbildungen und Tephrahorizonte die Grundlage der Quartärstratigraphie des Mount Kenia (5199 m NN) (Mahaney et al. 1989; Mahaney 1990, 2011; Abb. 6.45 und 6.46). Fünf pleistozäne und zwei spätholozäne (< 1000 a) glaziale Einheiten werden unterschieden. Von den ältesten zu den jüngsten Moränen bzw. Tills sind dies: Gorges, Lake Ellis, Naro Moru, Teleki, Liki (I, II, III), Tyndall und Lewis. Oberhalb 4400 m NN befinden sich die neoglazialen Sedimente und Moränen. Die nächst älteren Gletschervorstöße (Liki-Vergletscherung) ereigneten sich zwischen < 100 ka und ~ 15 ka und reichten bis ca. 3200 m NN. Moränen bzw. Tills, die älter als MIS 5 sind, werden den Teleki- und Naro-Moru-Vergletscherungen zugeordnet; sie weisen eine normale geomagnetische Polarität (Brunhes) auf, während die Tills der Lake-Ellis- und Gorges-Vergletscherungen eine deutlich ausgebildete reverse Polarität zeigen. Die glaziären Sedimente haben einen hohen Anteil an ferromagnetischen Mineralen und sind daher ausgezeichnete Archive des Paläomagnetismus. Die Paläoböden, die auf den älteren glaziären Ablagerungen gebildet wurden, liegen als fossile und Reliktböden vor und liefern Hinweise auf Verwitterung und Paläoklima seit dem frühen Quartär (Mahaney et al. 1989). Die Datierung der Gletschervorstöße vor dem LGM ist vage, reicht aber mit den Lake-Ellis- und Gorges-Vergletscherungen in die Matuyama-Zeit (> 780 ka) zurück. Leider legt Mahaney (1990) keine glazialmorphologische Kartierung des gesamten Mount-Kenia-Bergmassivs vor (wie dies beispielsweise für die mexikanischen Vulkane durch Vázquez-Selem und Heine [2011] erfolgte (s. Abb. 5.133)). Es ist nur mit großer Mühe möglich, sich ein Bild der pleistozänen Vergletscherung des Mount Kenia anhand der Angaben von Mahaney (1990) zu machen. Aufgrund einer eingehenden Analyse der Beschreibungen Mahaneys (1990) in Verbindung mit einer detaillierten Auswertung von GOOGLE-Bildern stellt sich heraus, dass bestimmte Moränengruppen (z. B. Teleki, Liki I) unterschiedlich alten Gletschervorstößen zugeordnet werden müssen.

Die zusammenschauenden Ergebnisse von geomorphologisch-paläopedologischen, sedimentologischen und chronostratigraphischen Untersuchungen machen deutlich, dass die Liki-I-Vergletscherung nicht mehr dem LGM angehört, sondern älter als 25 ^{14}C ka BP ist. Dies wird auch von Mahaney (1990) und Mahaney et al. (1989) klar herausgestellt. Ob die Liki I-

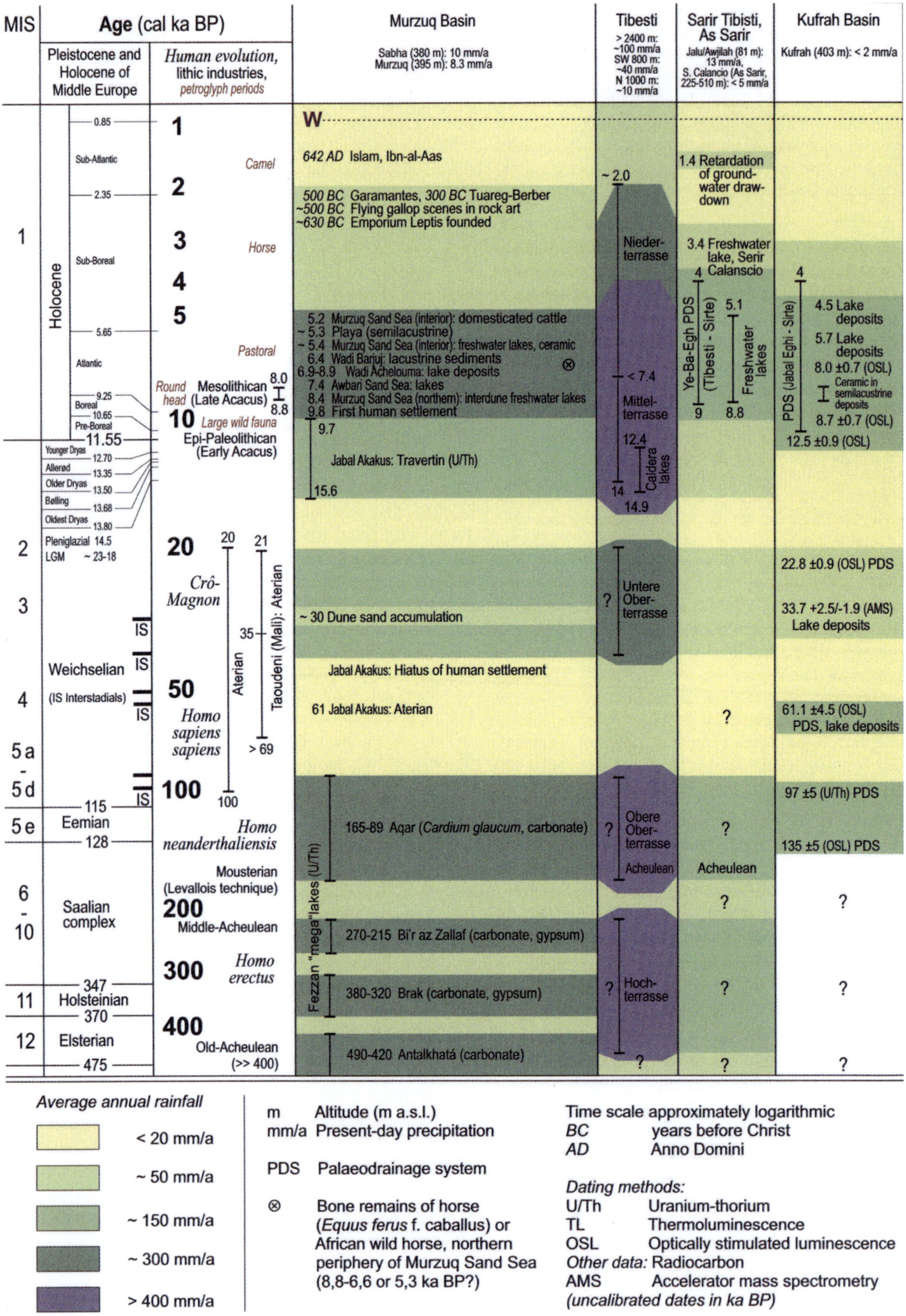
MIS
Age (cal ka BP)
Pleistocene and Holocene of Middle Europe
Human evolution, lithic industries, petroglyph periods
Murzuq Basin
Sabha (380 m): 10 mm/a
Murzuq (395 m): 8.3 mm/a
Tibesti
> 2400 m: ~100 mm/a
SW 800 m: ~40 mm/a
N 1000 m: ~10 mm/a
Sarir Tibisti, As Sarir
Jalu/Awjilah (81 m): 13 mm/a,
S. Calancio (As Sarir, 225-510 m): < 5 mm/a
Kufrah Basin
Kufrah (403 m): < 2 mm/a
W
Holocene
Sub-Atlantic
Sub-Boreal
Atlantic
Boreal
Pre-Boreal
0.85
2.35
5.65
9.25
10.65
11.55
Younger Dryas
Allerød
Older Dryas
Bølling
Oldest Dryas
12.70
13.35
13.50
13.68
13.80
Pleniglazial 14.5
LGM ~ 23-18
Weichselian
(IS Interstadials)
IS
115
Eemian
128
Saalian complex
347
Holsteinian
370
Elsterian
475
1
2
3
4
5
5 a - 5 d
5 e
6 - 10
11
12
Camel
Horse
Pastoral
Round head
Mesolithican (Late Acacus)
8.0
8.8
Large wild fauna
Epi-Paleolithican (Early Acacus)
Crô-Magnon
Aterian
Taoudeni (Mali): Aterian
20
21
35
> 69
100
Homo sapiens sapiens
Homo neanderthaliensis
Mousterian (Levallois technique)
Middle-Acheulean
Homo erectus
Old-Acheulean (>> 400)
642 AD Islam, Ibn-al-Aas
500 BC Garamantes, 300 BC Tuareg-Berber
~500 BC Flying gallop scenes in rock art
~630 BC Emporium Leptis founded
5.2 Murzuq Sand Sea (interior): domesticated cattle
~ 5.3 Playa (semilacustrine)
~ 5.4 Murzuq Sand Sea (interior): freshwater lakes, ceramic
6.4 Wadi Barjuj: lacustrine sediments
6.9-8.9 Wadi Achelouma: lake deposits ⊗
7.4 Awbari Sand Sea: lakes
8.4 Murzuq Sand Sea (northern): interdune freshwater lakes
9.8 First human settlement
9.7
Jabal Akakus: Travertin (U/Th)
15.6
~ 30 Dune sand accumulation
Jabal Akakus: Hiatus of human settlement
61 Jabal Akakus: Aterian
Fezzan "mega"lakes (U/Th)
165-89 Aqar (Cardium glaucum, carbonate)
270-215 Bi'r az Zallaf (carbonate, gypsum)
380-320 Brak (carbonate, gypsum)
490-420 Antalkhatá (carbonate)
~ 2.0
Nieder-terrasse
< 7.4
Mittel-terrasse
12.4
Caldera lakes
14
14.9
Untere Ober-terrasse
Obere Ober-terrasse
Acheulean
Hoch-terrasse
1.4 Retardation of ground-water draw-down
3.4 Freshwater lake, Serir Calanscio
Ye-Ba-Egh PDS (Tibesti - Sirte)
4
9
5.1
Freshwater lakes
8.8
Acheulean
PDS (Jabal Eghi - Sirte)
4
4.5 Lake deposits
5.7 Lake deposits
8.0 ±0.7 (OSL)
Ceramic in semilacustrine deposits
8.7 ±0.7 (OSL)
12.5 ±0.9 (OSL)
22.8 ±0.9 (OSL) PDS
33.7 +2.5/-1.9 (AMS) Lake deposits
61.1 ±4.5 (OSL) PDS, lake deposits
97 ±5 (U/Th) PDS
135 ±5 (OSL) PDS
Average annual rainfall
< 20 mm/a
~ 50 mm/a
~ 150 mm/a
~ 300 mm/a
> 400 mm/a
m Altitude (m a.s.l.)
mm/a Present-day precipitation
PDS Palaeodrainage system
⊗ Bone remains of horse (Equus ferus f. caballus) or African wild horse, northern periphery of Murzuq Sand Sea (8,8-6,6 or 5,3 ka BP?)
Time scale approximately logarithmic
BC years before Christ
AD Anno Domini
Dating methods:
U/Th Uranium-thorium
TL Thermoluminescence
OSL Optically stimulated luminescence
Other data: Radiocarbon
AMS Accelerator mass spectrometry
(uncalibrated dates in ka BP)

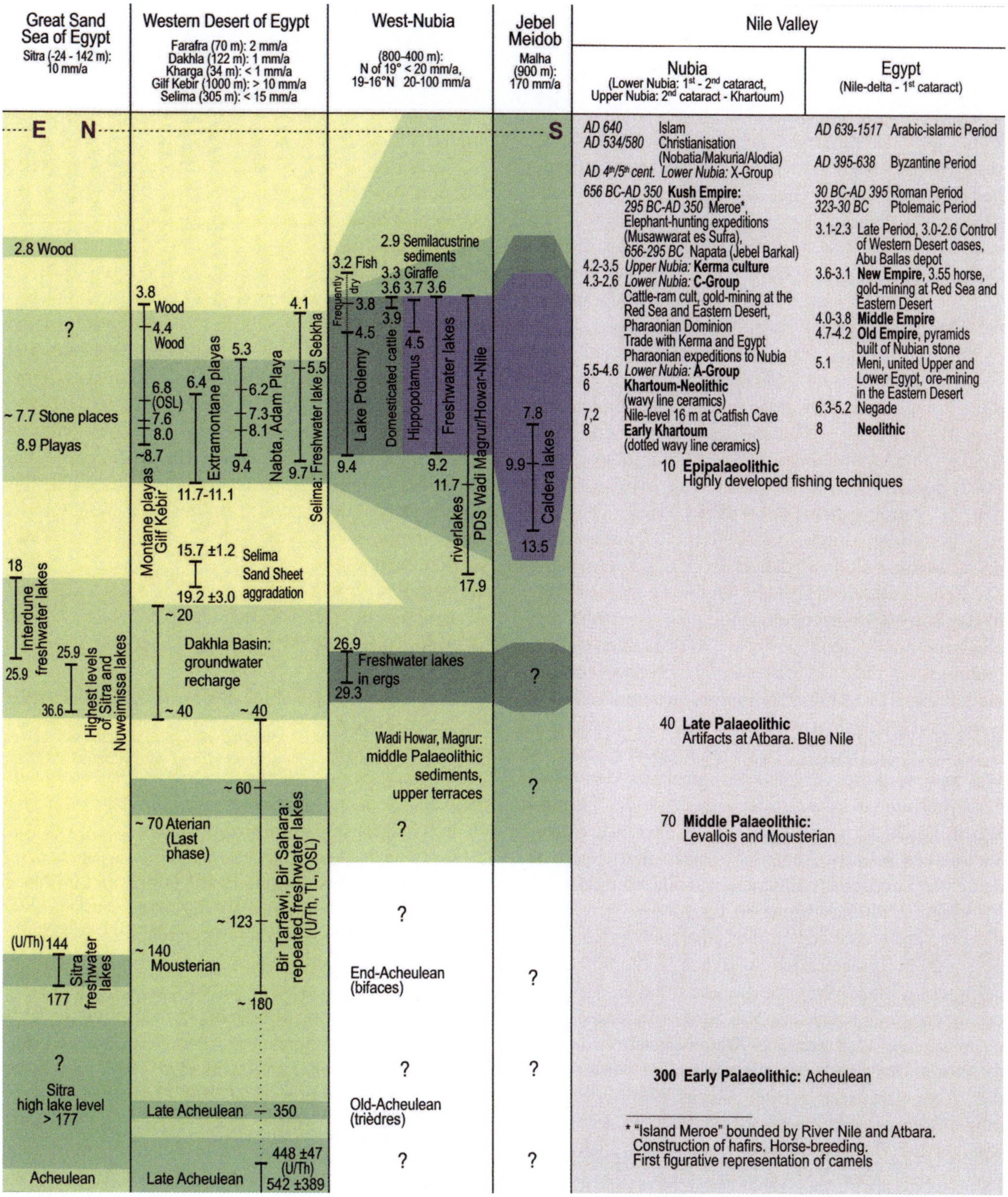

Abb. 6.40 Mittel- und spätquartäre Entwicklung der Ost-Sahara. (Nach Pachur und Altmann 2006)

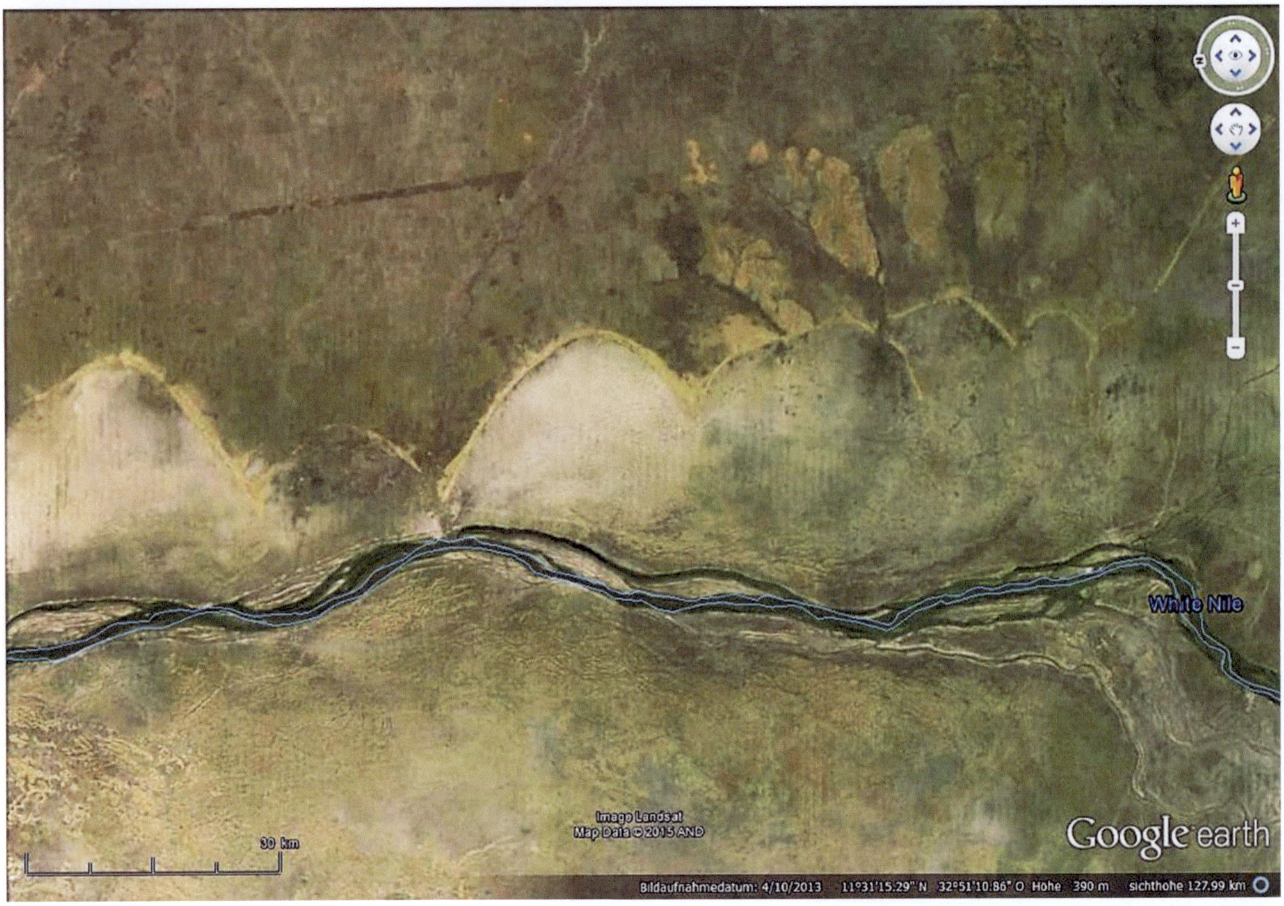

Abb. 6.41 GOOGLE-Bild der Uferlinien des Paläosees des Weißen Nils bei Renk (11°30′ N, 32°50′ E). Die Sandwälle, die den Paläosee säumen, sind gut zu erkennen. OSL-Datierungen weisen auf ein Alter von > 240 ka BP hin. Die Existenz des Paläosees im MIS 11 wird vermutet (Williams et al. 2003). Norden ist *links*, Süden *rechts* im Bild

Vergletscherung noch dem letzten glazialen Zyklus zuzuordnen ist oder bereits in einer früheren Kaltzeit erfolgte, kann aufgrund der von Mahaney (1990) präsentierten Daten nicht sicher entschieden werden. Mit Blick auf die Verhältnisse in den tropischen Anden Südamerikas, in denen ebenfalls die vergleichbaren markanten Moränenwälle nicht – wie oft angenommen wurde – im LGM gebildet wurden, sondern älter sind, ist die Glazialchronologie des Mount Kenia von größter Bedeutung: Sie belegt auch für das äquatoriale Afrika eine relativ geringe LGM-zeitliche Ausdehnung der Vergletscherung im Vergleich zu vorangegangenen Vergletscherungen. Dies dokumentiert – wie in den Anden – für Ostafrika eine größere Aridität im LGM.

Shanahan und Zreda (2000) präsentieren Oberflächenaltersdatierungen von den Vulkangebirgen Ostafrikas (Mount Kenia und Kilimandscharo) und datieren die von Mahaney beschriebenen Moränen des Mount Kenia. Die Daten werden für Klimarekonstruktionen Ostafrikas oft benutzt (z. B. Osmaston und Harrison 2005). Doch die Ergebnisse werfen Fragen auf, die auch schon für die Anden Südamerikas diskutiert wurden. Die Autoren stellen eine neue Glazialchronologie für Ostafrika vor, die auf zahlreichen ^{36}Cl-Altersbestimmungen an Moränenblöcken des Mount Kenia und des Kilimandscharo basiert (Abb. 6.47 und 6.48). Die ältesten Ablagerungen am Kilimandscharo haben ein limitierendes ^{36}Cl-Alter von > 360 ka BP. Am Mount Kenia erzielen die ältesten Moränen Alter zwischen 355–420 ka (Liki I nach Mahaney 1990) und 255–285 ka (Teleki nach Mahaney 1990). Shanahan und Zreda (2000) vermuten, dass die Liki-I-Vergletscherung im MIS 10 oder 12 und die Teleki-Vergletscherung im MIS 8 erfolgte. MIS-6-Alter von Moränen fehlen. Die Liki-II-Moränen des Mount Kenia (nach Mahaney 1990) und die vierte Vergletscherung des Kilimandscharo ergaben Alter von 28 ± 3 ka bzw. 20 ± 1 ka BP. Sie repräsentieren das LGM (MIS 2). Eine Serie kleinerer Moränen oberhalb der LGM-Moränen (Rückzugsmoränen) belegt mehrere Gletscherschwankungen während des Spätglazials. Am Mount Kenia haben diese Bildungen Alter von 14,6 ± 1,2 ka (Liki IIA), 10,2 ± 0,5 ka (Liki III), 8,6 ± 0,2 ka (Liki IIIA) und ∼200 a (Lewis-Vergletscherung). Die entsprechenden Moränen des Kilimandscharo zeigen mittlere Alter von 17,3 ± 2,9 ka (Vierte Vergletscherung – Sattel), 15,8 ± 2,5 ka (Kleine Vergletscherung – Sattel) und 13,8 ± 2,3 ka (Vierte Vergletscherung – Kibo). Die Daten zeigen, dass am Ende der letzten Kaltzeit das Klima in den Tropen Ostafrikas sehr variabel war (Shanahan und Zreda 2000).

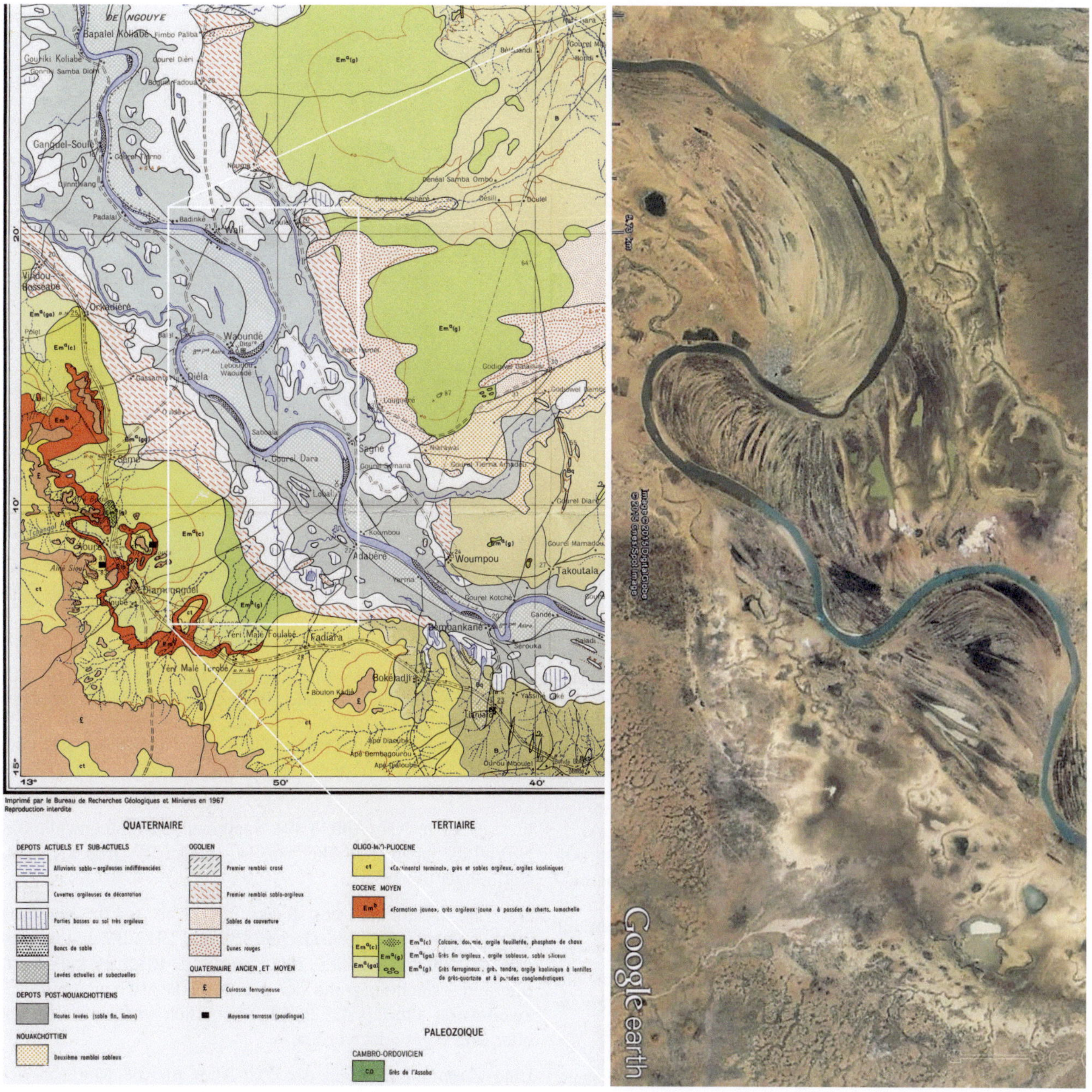

Abb. 6.42 *Links*: Ausschnitt der geologischen Karte 1:200.000 der Republik Mauretanien, Blatt Selibabi. Das (fluviale) Quartär wurde von P. Michel kartiert. Die Synopse von Reliefformen und (Paläo-)Böden, ergänzt durch relative und absolute Altersbestimmungen, ergibt eine Chronostratigraphie der Quartärs, die Grundlage für nachfolgende Forschungen darstellt (aus Michel 1973).
Rechts: GOOGLE-Bild eines Teils des Sénégal-Tals. Tertiäre Formen und Sedimente im *linken unteren* und *rechten oberen* Bildteil. Quartäre Formen und Sedimente begleiten den Sénégal-Fluss

Aufgrund der geomorphologisch-paläopedologischen Befunde ist die Teleki-Vergletscherung eindeutig älter als die Liki I-Vergletscherung (Mahaney 1990). Die ^{36}Cl-Altersbestimmungen ergeben für die Teleki-Vergletscherung jedoch ein jüngeres Alter als für die Liki I-Vergletscherung (Shanahan und Zreda 2000; Abb. 6.49). Diese Diskrepanz zeigt, dass Oberflächenaltersdatierungen (^{36}Cl-Alter) allein, d. h. ohne Bezug zur geomorphologischen Situation, für ältere Moränensequenzen keine zuverlässigen Alter erzielen, wenn – wie von Shanahan und Zreda (2000) methodisch ausgeführt – Altersmittelwerte bestimmt werden. In den Abb. 6.46 und 6.47 sind die Moränen und Probennahmestellen nach Mahaney (1990) und Shanahan und Zreda (2000) dargestellt. In Abb. 6.46 sind die Liki I-Moränen von Mahaney (1990) relativ-stratigraphisch jünger als die Teleki-Moränen, da sie sich innerhalb der Teleki-Moränen befinden. Sie können somit nicht älter als die Teleki-Bildungen

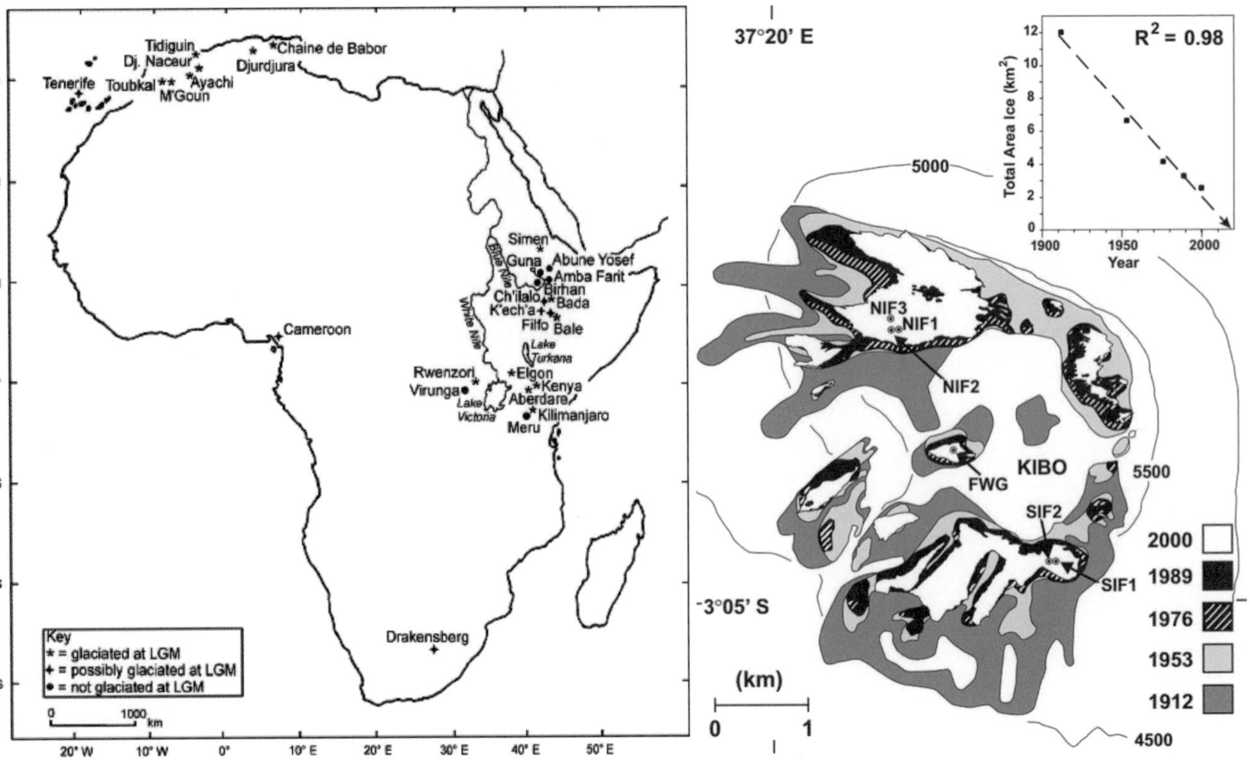

Abb. 6.43 *Links*: Gebirge in Afrika, die Spuren quartärer Vergletscherungen zeigen. Diese werden häufig dem LGM zugeordnet. Von Teneriffa und Kamerun liegen keine Feldstudien vor; aufgrund von Analogieschlüssen ist es wahrscheinlich, dass auch dort eiszeitliche Gletscher existierten (aus Osmaston und Harrison (2005)). *Rechts*: Die Gletscherflächen des Kibo (Kilimandscharo) in den Jahren 1912, 1953, 1976 und 1989 mit Ergänzungen bis 2000 aufgrund von Luftbildern vom 16. Februar 2000. Das *kleine Diagramm* zeigt den nahezu linearen Schwund des Gletschereises von 1912 bis 2000. (Aus Thompson et al. 2002)

sein. Shanahan und Zreda (2000) ermitteln für die Liki I-Moränen des Nithi-Tals (Abb. 6.46 und 6.47d) ^{36}Cl-Alter von ca. 355 bis 420 ka BP. Diese Liki I-Moränen entsprechen aufgrund glazialmorphologischer Befunde den Teleki-Moränen des Teleki-Tals (Abb. 6.47b), die Shanahan und Zreda (2000) auf 255 bis 285 ka BP kalkulieren. Da die individuellen ^{36}Cl-Alter zwischen ca. 134 und 531 ka BP streuen und von gut gerundeten, angewitterten Blöcken stammen, die auf einem sanft abfallenden Moränenrücken liegen, widerspricht das kalkulierte Alter von 255–285 ka BP nicht dem Alter von 355–420 ka BP der Nithi-Talmoränen, die zudem weniger stark erodiert sind als die Teleki-Talmoränen und in 3150 m NN enden, während die Teleki-Talmoränen bis ca. 2900 m NN reichen. Dies wird als Hinweis auf die stärkere Niederschlagstätigkeit am Westhang (Teleki-Tal) des Mount Kenia gedeutet gegenüber den arideren Verhältnissen am Osthang (Nithi-Tal).

Die ^{36}Cl-Alter der Liki I-Moränen Mahaneys (1990) des Nithi-Tals stammen von Blöcken, die einen Gletschervorstoß dokumentieren, der bis ca. 3150 m NN reichte. Weitere Endmoränenstadien, von denen drei deutliche Wälle bilden, sind im Tal zu erkennen. An den Talflanken können diese Moränen ineinander verschachtelt sein (vgl. Abb. 4.14). Der schuttreiche LGM-zeitliche Endmoränenkomplex hat ^{36}Cl-Alter zwischen ca. 23 und 31 ka BP (kalkuliertes Alter: 28 ka BP) und endet in ca. 3380 m NN (Abb. 6.49). Spätglaziale Moränenwälle des Nithi-Tals haben ^{36}Cl-Alter von 14–15,5 ka BP (Liki 2A) bzw. sind jünger (undatiert).

Die Liki II-Moränen des Teleki-Tals (Abb. 6.47b; Mahaney 1990) haben ^{36}Cl-Alter zwischen 135 und 19 ka BP und werden von Shanahan und Zreda (2000) auf 64 ± 40 ka BP kalkuliert. Sie sind – auch aufgrund der geomorphologischen Analyse – zweifelsfrei älter als das LGM. Vermutlich sind sie im MIS 4 oder MIS 6 gebildet worden.

Eine Zusammenstellung der ^{36}Cl-Alter für die Moränen des Mount Kenia (Abb. 6.50) zeigt eine klare zeitliche Abfolge. Die ältesten Gletschervorstöße erfolgten vor >400 ka BP. Eine eindeutige Zuordnung zu bestimmten MIS-Stadien ist nicht möglich. Vermutlich wurden die deutlich ausgeprägten Moränenwälle der Gorges-Valley-Liki I-Vergletscherung und der Teleki-Vergletscherung in derselben Kaltzeit gebildet. Die Gletscher der ältesten glazialen Phase reichten – wie in den Anden – am weitesten talwärts. Jüngere Moränenwälle belegen weitere Vergletscherungsphasen im Quartär zwischen ca. 400 ka BP und 130 ka BP (MIS 6).

Am Mount Kenia bringt der SE-Monsun die meisten Niederschläge. Der SE-Hang erhält in Höhen um 3000 m bis >2500 mm Niederschlag (Abb. 6.5). Für den aktuellen Gletscherhaushalt ist der Tagesgang der Bewölkung von großer Bedeutung: Der konvektive Aufstieg der warmen Luftmassen

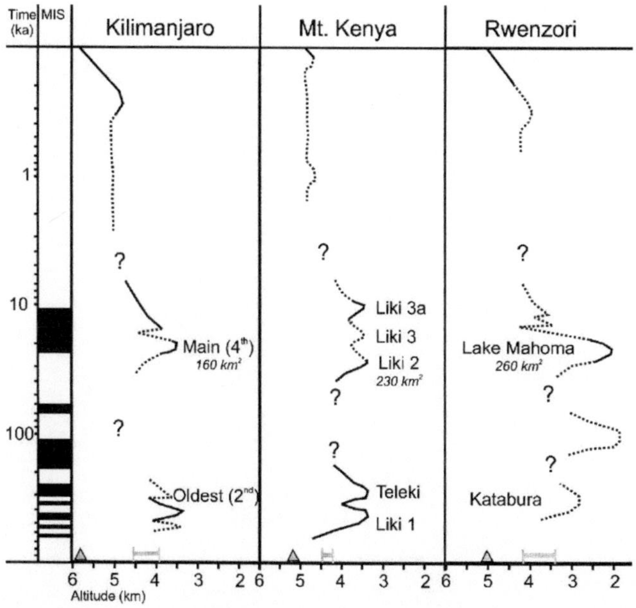

Abb. 6.44 Raum-Zeit-Diagramm für die drei am besten kartierten und datierten vergletscherten Gebirge Ostafrikas: Kilimandscharo, Mt. Kenia und Ruwenzori (Rwenzori). Die Zeitskala ist logarithmisch. *Schwarz* und *weiß* markieren die MIS (*marine isotope stages*); *schwarz* sind die MIS mit geraden Zahlen. x-Achse – Reichweite der Gletscher mit Angabe der Höhen in km. Die *Dreiecke* markieren die Höhe der höchsten Gipfel. Die *grauen Balken* kennzeichnen die beste Annahme der LGM-ELA. *Durchgezogene Linien* zeigen die Moränenausdehnung mit guter Altersbestimmung. *Punktlinien* kennzeichnen gut erhaltene Moränen, jedoch ohne absolute Datierung. *Fragezeichen* stehen für unterbrochene Stratigraphien. Geschätzte gesamte Eisfläche (in km^2) ist *kursiv* dargestellt. (Aus Mark und Osmaston 2008)

führt zur Wolkenbildung, die am frühen Nachmittag den Berg umhüllen. Dadurch wird die Insolation reduziert, und die Gletscherausdehnung im Vergleich zur Ostseite begünstigt (Troll und Wien 1949). Ob diese Bedingungen auch für die kalten Perioden des Quartärs zutreffen, ist bisher nicht wissenschaftlich erörtert worden. Die Gletscherenden der ältesten Glazialzeiten reichten am Westhang des Mount Kenia bis in $\sim$2900 m NN (Teleki-Tal) und damit ca. 250 m tiefer als am Osthang (Nithi-Tal, 3150 m NN) und Südosthang (Rupingazi-Tal, 3160 m NN, 0°12′58″ S, 37°22′35″ E). LGM-zeitliche Moränen liegen am Osthang (Nithi-Tal) bis 3380 m NN; am Westhang wurden LGM-Moränen bisher nicht eindeutig datiert. Am Südhang können im Rupingazi-Tal hügelige Moränenablagerungen als Zeugen von *ice-cored moraines* gedeutet werden; diese Ablagerungen sind im Talboden bis $\sim$3360 m NN zu finden (0°12′42″ S, 37°22′03″ W). Aufgrund der geomorphologischen GOOGLE-Bild-Interpretation (u. a. periglaziäre Hangformung, *bedded slope deposits*) können sie dem LGM zugewiesen und mit den datierten LGM-Moränen des Nithi-Tals korreliert werden.

Am Südosthang des Kilimandscharo (ca. 3°06′ S, 37°23′ E, ca. 4400 bis 4600 m NN) ermittelten Shanahan und Zreda (2000) ^{36}Cl-Alter vom anstehenden Gestein (mit Gletscherschliffen) und von Moränenblöcken (Abb. 6.51; vgl. auch Osmaston 1989a). Die Festgesteinsalter liegen zwischen ca. 18,5 und 28 ka BP, die Moränenblöcke (*Fourth-Kibo*-Vergletscherung) zwischen ca. 12 und 17 ka BP. Aufgrund der geomorphologischen Befunde handelt es sich bei den auf 12 bis 17 ^{36}Cl ka BP datierten Moränen um die LGM-Maximalvergletscherung. In Verbindung mit den älteren Festgesteins-^{36}Cl-Datierungen wird eine maximale LGM-Vergletscherung zwischen 15 und 30 ka BP vermutet. Die ELA (kalkuliert anhand der Ufermoränen-Ansätze: MELM = *maximum elevation of lateral moraines method*) befand sich am Osthang $\geq$ 4700 m NN und damit oberhalb des Sattels (ca. 4400 m NN) zwischen Kibo und Mawenzi. Auf einen gletscherfreien Sattelbereich im LGM weist auch das ^{36}Cl-Alter von 38 ka BP eines wenig verwitterten Blocks hin, der vom Mawenzi stammt (Probe 114 in Abb. 6.48c; Shanahan und Zreda 2000).

Die Moränen der *Fourth-Saddle*-Vergletscherung am Südwesthang des Mawenzi (Abb. 6.48a und c) werden von Shanahan und Zreda (2000) auf ein mittleres ^{36}Cl-Alter von 16,3 $\pm$ 1,9 ka BP (zwischen 13,6 und 23 ka BP) datiert; auch diese Bildungen gehören sehr wahrscheinlich dem LGM an, denn die jüngeren Moränenbildungen (*Little-Saddle*-Vergletscherung, Abb. 6.48c) innerhalb der datierten Ufermoränenwälle haben ^{36}Cl-Alter zwischen 11,5 und 19,2 ka BP (mittleres Alter: 15,8 $\pm$ 2,5 ka BP). Die große Streuung der Daten und die hügelige Anordnung des Moränenmaterials ohne eine klare Gliederung in Rückzugsmoränenwälle deutet auf das Abtauen von stark schuttbeladenen Gletschern hin; Oberflächenformen und SED-Alter sind für das LGM charakteristisch.

Am Südhang des Mawenzi reichen Moränen bis fast 3300 m NN talwärts (Abb. 6.48d). Hier wurden die ältesten ^{36}Cl-Alter an Moränenblöcken ermittelt (Shanahan und Zreda 2000). Die Alter reichen von 74$\pm$3 ka BP bis 663$\pm$37,0 ka BP; ein Mittelwert wird mit > 360 ka BP angegeben. In demselben Tal werden jüngere Moränenbildungen in die Vierte (*Fouth*) Vergletscherung gestellt, die bis ca. 3500 m NN reichte und deren ^{36}Cl-Alter zwischen 16,4 und 103 ka BP (Mittlerer Wert: 20 $\pm$ 1 ka BP) angegeben wird. Auch hier deuten die glazialmorphologischen Befunde auf ein Prä-LGM-Alter hin.

Über die quartären Vergletscherungen des stark von der Erosion zerklüfteten Ruwenzori (ca. 0°22′ N, 29°52′ E, 5109 m NN) berichten Osmaston (1989b), Osmaston und Harrison (2005) und Mark und Osmaston (2008). Allerdings bleiben viele Fragen bei der Datierung der Moränen unbeantwortet. Die Datierung der „LGM"-Moränen basiert auf einem einzigen extrapolierten ^{14}C-Alter (14.700 $\pm$ 290 a BP) von limnischen Ablagerungen aus einem kleinen Glazialsee (Lake Mahoma, ca. 2980 m NN), der in einem Kessel auf der Ostflanke liegt und von Moränenwällen umgeben wird; er befindet sich jedoch außerhalb des ehemals vergletscherten Haupttals (Livingstone 1962). Aufgrund glazialmorphologischer Detailkenntnis des Ruwenzori wird von Mark und Osmaston (2008) die Datierung der Mahoma-Moränen als gesichert angegeben (vgl. Abb. 6.44). Die glazialgeologischen Geländearbeiten belegen zweifelsfrei mehrere Vergletscherungsphasen, die durch Moränen dokumentiert sind und deren Alter bis ins Mittelpleistozän zurückreicht (Osmaston und Harrison 2005).

Erst vor kurzem legten Kelly et al. (2014) ^{10}Be-Daten für die vermeintlich LGM-zeitlichen Moränen des Ruwenzori vor

Abb. 6.45 *Links*: Quartärstratigraphie des Mount-Kenia-Gebiets nach Mahaney (1990). Die Alter bis 25 ka BP sind ^{14}C-Jahre. Die Vergletscherungen sind durch Moränen und/oder Tills belegt, die Interglaziale durch fossile bzw. Reliktböden. Die Grenze Matuyama/Brunhes (geomagnetische Umkehr; M–B-Grenze) wird heute auf 775–786 ka datiert (Raisbeck et al. 2006). *Rechts*: Mount Kenya. *Links* im Bild: Neoglaziale Moränen. Ericaceen- und afroalpine Vegetation in ca. 4000 m NN. Für den Ericaceen-Gürtel sind *Lobelia telekii* charakteristisch. (Foto: Go To Mount Kenya climbing & trekking gotomtkenya@naturaltoursandsafaris.com)

(Abb. 6.44). Die Alter der markanten Ufermoränen und Nebenmoränen um den Mahoma-See, dessen Sedimente das ^{14}C-Alter [14.700 ± 290 a BP] liefern, bestätigen die früheren Schlussfolgerungen von Osmaston (1989b). Eine ausgedehnte Vergletscherung existierte zwischen ca. 23,4–20,1 ka BP. Die Maximalstände fallen damit ins LGM, das kalt und trocken war. Nach 20,1 ka BP schmolzen die Gletscher ab. Das ist zeitgleich mit einem Anstieg der Lufttemperaturen, der in ostafrikanischen limnischen Sedimenten nachgewiesen wird (Powers et al. 2005; Tierney et al. 2008). Kelly et al. (2014) vermuten daher, dass die LGM- und spätglazialen Gletscherschwankungen stark von der Lufttemperatur beeinflusst wurden.

Die von Kelly et al. (2014) am Ruwenzori datierten Moränen befinden sich in Höhenlagen zwischen ca. 2950 und 2650 m NN in einem Gebiet, das heute mit einem dichten tropischen Bergwald bedeckt ist (Abb. 6.52). Im Spätglazial war der Mahoma-See (vgl. Abb. 6.87) von einer afroalpinen Vegetation umgeben, die auf eine Absenkung der Vegetationshöhenstufen um ca. 1000 m deutet. Mit einer entsprechend großen Depression der ELA (∼ 800–1000 m, Osmaston 1989a, 1989b, 2006) darf daher ebenfalls gerechnet werden (vgl. Abb. 6.54). Damit liegt die ELA am Osthang des Ruwenzori im LGM mit ca. 3800–4000 m NN (verglichen mit AD 1965) wesentlich tiefer als am Kilimandscharo und Mt. Kenia. Unter der Annahme, dass die ^{10}Be-Alter von Kelly et al. (2014) das wirkliche Alter der Ablagerung der Moränenblöcke angeben und nicht durch Verwitterungs- und Erosionsprozesse und/oder methodische Bearbeitung „verjüngt" worden sind, dokumentieren sie eine LGM-zeitliche größere Humidität am Rand des Kongo-Beckens als an den Vulkanen Ostafrikas, die dem Indischen Ozean näher liegen.

Die klimatischen Bedingungen, die zur Vergletscherung der ostafrikanischen Gebirge führten, werden von Kelly et al. (2014) knapp diskutiert, indem die Ruwenzori-Gletscherschwankungen des LGM mit regionalen paläoklimatischen *records* verglichen werden. Fast alle ostafrikanischen größeren Seen zeigten im LGM niedrigere Seespiegel oder waren trocken gefallen (Johnson et al. 1996; Beuning et al. 1997; Gasse 2000; Russell et al. 2003). Der Albert-See nördlich des Ruwenzori war zwischen ca. 35 und 21,5 ka BP ein flacher See, umgeben von Grasland, und zwischen 21 und 15 ka BP war der See völlig ausgetrocknet (Beuning et al. 1997). Im Süden war das Wasservolumen des Edward-Sees um 2/3 verringert (McGlue et al. 2006). Albert- und Edward-See werden zu einem großen Teil vom Ruwenzori-Massiv gespeist. Das Viktoria-Seegebiet erhielt ca. 30 % weniger Niederschlag im LGM (Johnson et al. 1996). Im Westen belegen Abtragungsprozesse im östlichen Kongo-Becken aride Bedingungen (Runge et al. 2014; Runge 2015). Da Hinweise auf feuchte LGM-zeitliche Klimabedingungen für

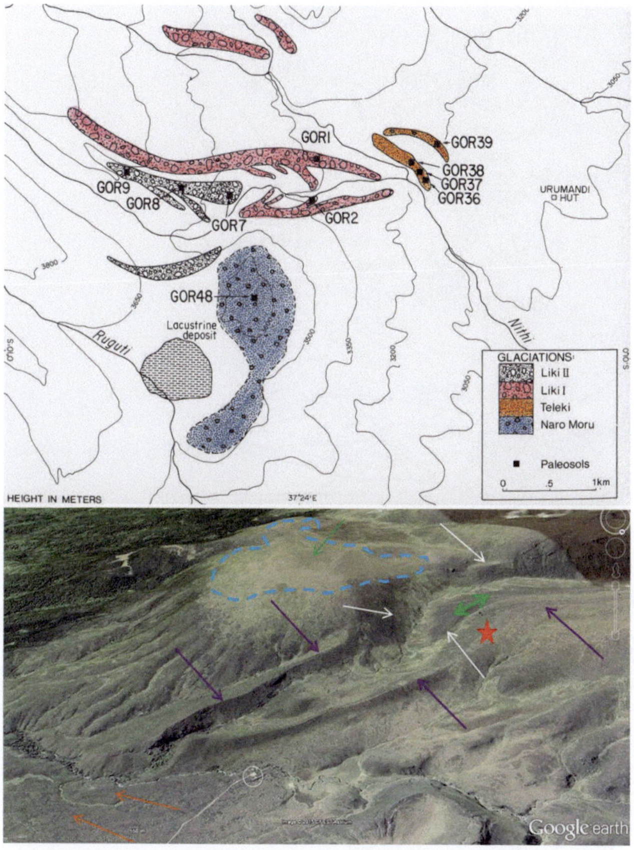

Abb. 6.46 *Oben*: Karte der Liki-, Teleki- und Naro-Moru-Moränen an der Ostflanke des Mount Kenia (Nithi- bzw. Gorges-Tal). Das Vorkommen der Lake-Ellis-Moränen ist nicht auf dem Ausschnitt enthalten. GOR + Zahl: Aufschlussnummern der Paläoböden auf Moränen (aus Mahaney 1990). *Unten*: GOOGLE-Schrägansicht von Nordosten auf das Nithi-Tal. Im Vordergrund (*Kreis*) ist der Campground zu erkennen. Die Liki-I-Moränen (*lila Pfeile*) sind deutlich ausgebildet, ebenso die Liki-2-Moränen (*weiße Pfeile*). Die Teleki-Moränen (*orange Pfeile*) sind nur undeutlich zu erkennen. Die *blaue gerissene Linie* markiert die Vergletscherungsspuren der Naro-Moru-Kaltzeit; sie bilden keine Moränenformen; es handelt sich um verwittertes tillartiges Material (glazigene Diamiktite). Der *grüne Pfeil* weist auf die Seeablagerungen (*lacustrine deposit*). *Roter Stern* und *grüner Doppelpfeil*: Lage der Proben für ^{36}Cl-Datierungen von Shanahan und Zreda (2000; vgl. Abb. 6.47).
Anmerkung: In Höhen über 3500 m NN haben periglaziäre Prozesse die Liki-1-Moränen stark überformt, unterhalb von 3500 m NN ist das nicht mehr der Fall; hier sind die Moränen gut erhalten. Die SED-Alter der Liki-1-Moränen stammen von den periglaziär stark erodierten Wällen

das äquatoriale Afrika fehlen, muss die Vergletscherung der ostafrikanischen Gebirge um 25–20 ka BP durch eine starke Temperaturabnahme ausgelöst worden sein.

Wird die ELA-Depression des LGM benutzt, um mit einer adiabatischen *lapse rate* von 0,55 °C die LGM-Temperaturdepression zu berechnen (Eggermont et al. 2010), ergibt sich ein Wert von ca. minus 3–5 °C im Vergleich zu heute (vgl. Abb. 6.53). Unter Berücksichtigung der trockeneren LGM-zeitlichen Atmosphäre dürfte die *lapse rate* und damit die Temperaturerniedrigung größer gewesen sein (~ 3–8 °C) (Kelly et al. 2014). Vom Sacred Lake (ca. 2400 m NN, Mt. Kenia) nennen Loomis et al. (2012) aufgrund geochemischer Daten eine Temperaturdepression im LGM von ca. 5 °C.

Die revidierten Glazialchronologien vom Mount Kenia, Kilimandscharo und Ruwenzori sind für paläoklimatische Interpretationen von großer Bedeutung, da sie (i) mittelpleistozäne Vergletscherungen dokumentieren, (ii) mehrere prä-LGM-letzteiszeitliche Vergletscherungen belegen, (iii) eine Rekonstruktion der LGM-zeitlichen Vergletscherung am Mount Kenia ermöglichen (*ice-cored moraines*), (iv) eine Revision der ELA-Rekonstruktionen für das LGM erfordern (Abb. 6.54), (v) spätglaziale Gletscherschwankungen erfassen, (vi) das Alter der neoglazialen Gletschervorstöße zeigen und (vii) Hinweise auf die Niederschlagverteilung und damit auf das monsunale und konvektive Niederschlagsgeschehen in Ostafrika geben. Darüber hinaus ergibt ein Vergleich der quartären Vergletscherungsgeschichte Ostafrikas mit den tropischen Anden viele Übereinstimmungen (Geomorphologie, Alter, Probleme der Altersbestimmungen durch SED-/Oberflächenaltersdatierung).

Prä-LGM-zeitliche Paläoklimaarchive aus dem zentralen und südlichen Afrika

Aus dem tropisch warm-feuchten Afrika (Kongo-Becken und angrenzende Regionen) liegen keine geomorphologisch-bodenkundlichen Paläoklimaarchive vor, die über das LGM hinausreichen. Nur geomorphologisch-sedimentologisch-paläopedologische Befunde geben einen ersten Einblick in die Klima- und Umweltverhältnisse im und vor dem LGM (s. Abschn. 6.2.2: Das letzte Hochglazial).

Im südlichen Afrika sind die randtropischen Trockengebiete von Kalahari und Namib – nicht zuletzt wegen der recht günstigen Bedingungen für Feldforschungen (Infrastruktur, politische Verhältnisse) – seit über einem Jahrhundert immer wieder geomorphologisch bearbeitet worden, um paläoklimatische Informationen zu erhalten (u. a. Passarge 1904; Kaiser 1926; Grove 1969; Besler 1980; Besler et al. 1994; Thomas und Shaw 1991; Heine 1991, 1995c, 1998b; Heine und Walter 1996). Quartäre Klimaschwankungen, die weit über das LGM hinausreichen, sind vor allem in Sedimentsequenzen zu finden, die aus Dünen, Paläoböden und Seesedimenten sowie fluvialen Formen und Ablagerungen bestehen.

Dünengebiete bieten wichtige Daten zur quartären Geschichte in vielen Wüsten (Abb. 6.55 und 6.56). Ihre geomorphologischen und sedimentologischen *records* archivieren sowohl aride als auch humide Klimaphasen. Die meisten paläoklimatischen Kenntnisse aus den Ergs (Sandmeere) der Wüsten stammen von Sedimenten, die zwischen den Dünen während Phasen größerer Feuchtigkeitsverfügbarkeit abgelagert wurden. Die Feuchtigkeit in diesen normalerweise ariden bis hyperariden Räumen wird von vermehrten Niederschlägen in den Wüsten selbst oder von einer Zunahme der Niederschläge in den Gebieten geliefert, die in die Wüsten entwässern (Teller et al. 1990; Abb. 6.1).

In der Namib-Wüste (Abb. 6.57) führen die Tsauchab- und Tsondab-Täler aus dem Hochland-Randbereich im Osten in den Namib-Erg. Sie bilden dort Pfannen und gelegentlich Endseen.

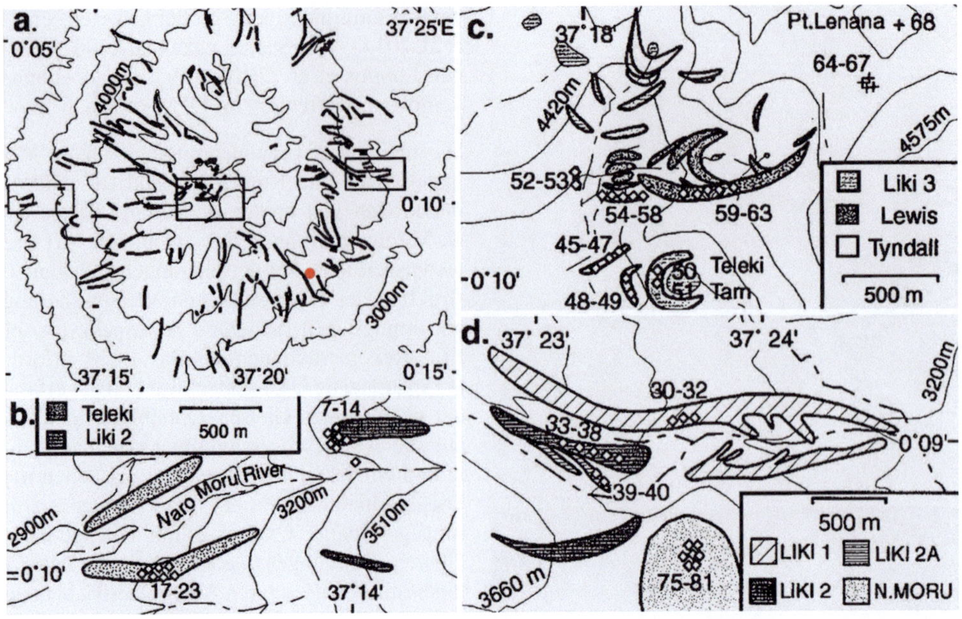

Abb. 6.47 a Moränen des Mount Kenia. *Schwarze Linien* kennzeichnen Moränen, die anhand von Luftbildern kartiert wurden. *Rechtecke* zeigen die Untersuchungsgebiete, die in **b** bis **d** detailliert dargestellt werden. Sie sind von Mahaney (1990) übernommen (Moränen und Probennahmestellen [arabische Zahlen]). *Roter Punkt*: Rupingazi-Tal. **b** Unteres Teleki-Tal; **c** Oberes Teleki-Tal; **d** Nithi- bzw. Gorges-Tal. (Aus Shanahan und Zreda 2000)

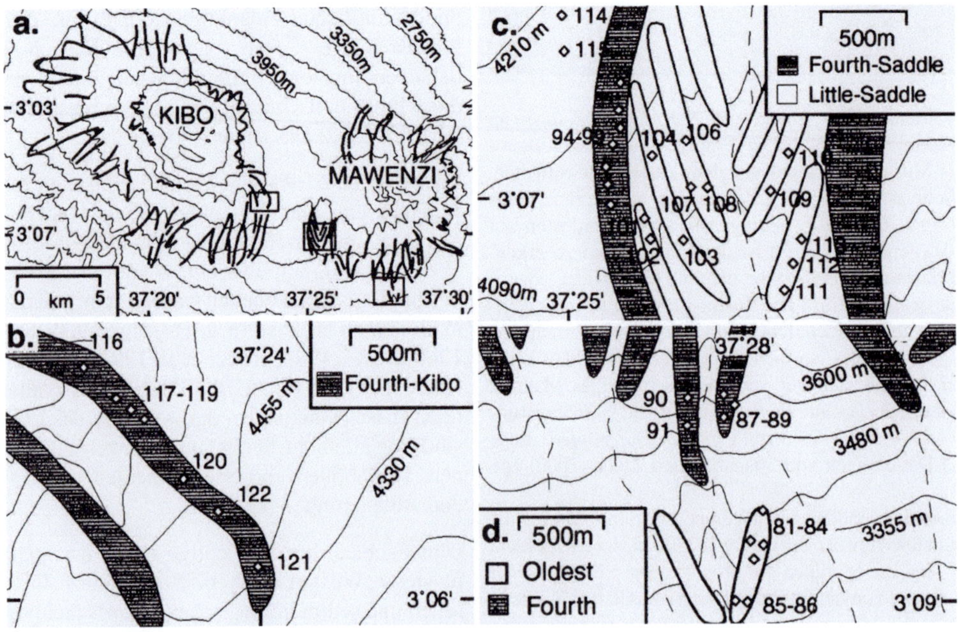

Abb. 6.48 a Moränen des Kilimandscharo. *Ausgezogene Linien* kennzeichnen Moränen, die anhand von Luftbildern kartiert wurden. *Rechtecke* zeigen die Untersuchungsgebiete, die in **b** bis **d** detailliert dargestellt werden. Die Kärtchen mit den Moränen und Probenehamestellen: b Osthänge des Kibo-Gipfels; **c** Sattel zwischen Kibo und Mawenzi; **d** Südhänge des Mawenzi-Gipfels. (Aus Shanahan und Zreda 2000) Arabische Zahlen – Probenahmestellen

Darüber hinaus existieren zahlreiche lakustrine Ablagerungen in den Dünentälern ohne direkte Verbindung zu den Tälern. Die äolischen, fluvialen und limnischen Sedimente wurden von zahlreichen Geowissenschaftlern als Paläoklimaarchive genutzt, um Rekonstruktionen der quartären Klimaschwankungen vorzunehmen (Näheres bei Teller et al. 1990; Heine 1991; Besler et al. 1994; Geyh und Heine 2014). Aus Mangel an Datierungsmöglichkeiten wurden bis in die jüngste Zeit quartäre Klimaschwankungen chronostratigraphisch aufgrund von ^{14}C-Daten bestimmt – oft ohne eine geomorphologisch-paläopedologische

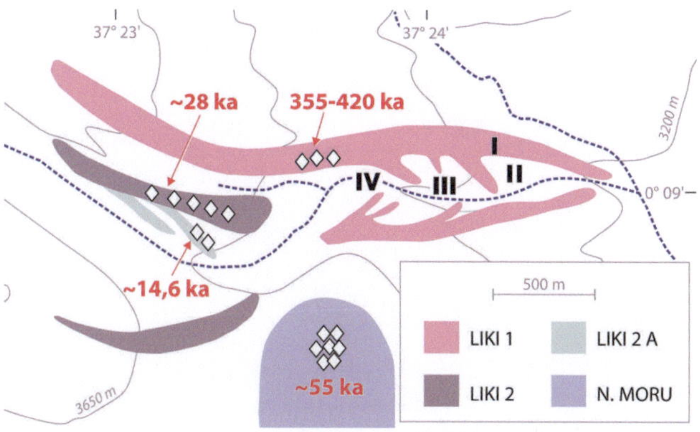

Abb. 6.49 Moränen im Nithi-Tal (Gorges-Tal) aufgrund glazialmorphologischer Interpretation von GOOGLE-Bildern und ^{36}Cl-Altersbestimmungen von Shanahan und Zreda (2000; vgl. Abb. 6.46 und 6.47d)

Analyse. Am Beispiel des nördlichen Namib-Ergs soll gezeigt werden, welche Probleme sich daraus ergeben.

In den Endsee-Gebieten wurden fluvial-lakustrine Silte und Tone (Pelite) in Wechsellagerung mit Dünensanden abgelagert (Abb. 6.58, 6.59, 6.60). Geomorphologisch-sedimentologische Untersuchungen deuten auf Wechsel zwischen der äolischen Morphodynamik (Dünen) und der fluvial-limnischen Morphodynamik im Bereich der Kampfzone zwischen dem Endlauf der Riviere (episodisch fließende Flüsse) und den gewaltigen Dünensystemen hin. Es zeichnet sich ab, dass in den Endseen im frühen Holozän (ca. 10 bis 8 ^{14}C ka BP) und vor über 20 ^{14}C ka BP Tone sedimentiert wurden, d. h. im Einzugsgebiet der Riviere war es feuchter, und im Namib-Erg waren – legt man die ^{14}C-Daten zugrunde – die äolischen Prozesse abgeschwächt.

Die paläopedologischen Beobachtungen jedoch lassen Zweifel an den Daten um 20 ^{14}C ka BP aufkommen, denn die datierten Ablagerungen sind den fossilen Dünensanden zwischengeschaltet, die intensiv rot gefärbt und relativ stark verbacken sind. Färbung und Verfestigung der Dünensande müssen älter als 20 ^{14}C ka BP sein, wie aus Vergleichen mit der Verwitterung der großen letzteiszeitlichen Dünenkörper hervorgeht (s. TR Walker 1979).

Im nördlich gelegenen Tsondab-Gebiet sind bei Narabeb Endseesedimente aufgeschlossen, die eine über 20 m mächtige Abfolge zeigen. Sechs ^{14}C-Daten deuten auf Seebildungen zwischen 20 und 40 ^{14}C ka BP hin (Vogel und Visser 1981; Teller et al. 1990). Die Lage der großen Längsdünen über dem Profil, die intensive Rotfärbung der fossilen Dünensande und deren Verfestigung sowie die Ausräumung der Sedimente im Bereich der Dünengasse widerlegen aus geomorphologischer Sicht die radiometrische Altersstellung. Wichtiger noch sind die archäologischen und paläontologischen Befunde: Im Interdune-Korridor liegen Artefakte des ESA (*Early Stone Age*) und MSA

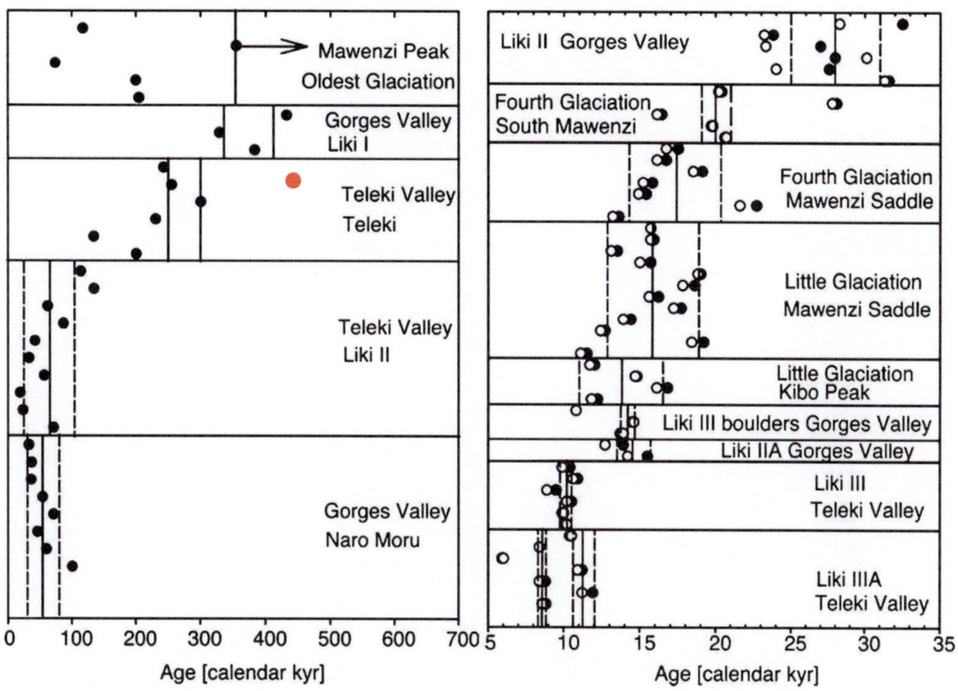

Abb. 6.50 Zusammenstellung der ^{36}Cl-Alter für alte Moränen (*links*) und junge Moränen (*rechts*) des Mount Kenia und des Kilimandscharo. *Gefüllte Kreise* repräsentieren Alter für Zero-Erosion, *ungefüllte Kreise* zeigen Alter, die mit einer Erosionsrate von 2 mm/ka kalkuliert wurden. Für alte Proben, die mit einem Bodenerosionsmodell berechnet wurden, werden Altersabschnitte (*durchgezogene Linien*) angegeben. Für junge Proben werden die mittleren (*durchgezogene Linie*) und ±1σ- (*gerissene Linie*) Alter als die wahrscheinlichsten Alter genannt (aus Shanahan und Zreda 2000). *Roter Punkt*: Alter von 531 ± 35 ka BP, das von den Autoren verworfen wurde. Aufgrund der geomorphologischen Befunde können die Gorges-Valley-Liki I-Moränen und die Teleki-Valley-Moränen derselben Vergletscherungsperiode angehören (vgl. Reuther et al. 2006)

Abb. 6.51 *Oben links*: Ansicht des Kilimandscharo. Ausschnitt eines Gemäldes von R. Hellgrewe (ca. 1910) mit einer ausgedehnten Vergletscherung des Kibo und des Mawenzi. *Oben rechts*: GOOGLE-Schrägbild. *Mitte*: GOOGLE-Schrägbild vom Südosthang des Kilimandscharo (ca. 3°06′ S, 37°23′ E; vgl. Abb. 6.48a und b). Vom Gletscher geschliffene Felsen (*blaue Ellipse*) haben ^{36}Cl-Alter von ca. 18,5 bis 28 ka BP; Moränenblöcke (*rote Ellipse*) ergaben ^{36}Cl-Alter zwischen ca. 12 und 17 ka BP (Shanahan und Zreda 2000). Periglaziäre Prozesse haben die Hangpartien einschließlich der Moränenwälle (*weiße Pfeile*) stark überprägt; die periglaziären Hangschuttdecken sind deutlich zu erkennen; jüngere Decken wanderten über ältere. In Analogie zu den periglaziär geformten Hängen der bolivianischen Anden muss die Vergletscherung, die zur Bildung der komplexen Moränenwälle (*rote Ellipse*) führte, mindestens ein LGM-zeitliches Alter haben. *Unten*: Durch periglaziäre Solifluktion geprägte Landschaft im Bereich des Kilimandscharo-Sattels. Die Kuppe in der *GOOGLE-Bildmitte* (3°05′50″ S, 37°24′51″ E) ist 4425 m hoch und war im letzten LGM und Spätglazial nicht mehr vergletschert. Der weiße Maßstabsbalken ist 375 m lang (vgl. Abb. 6.7 rechts oben) ◄

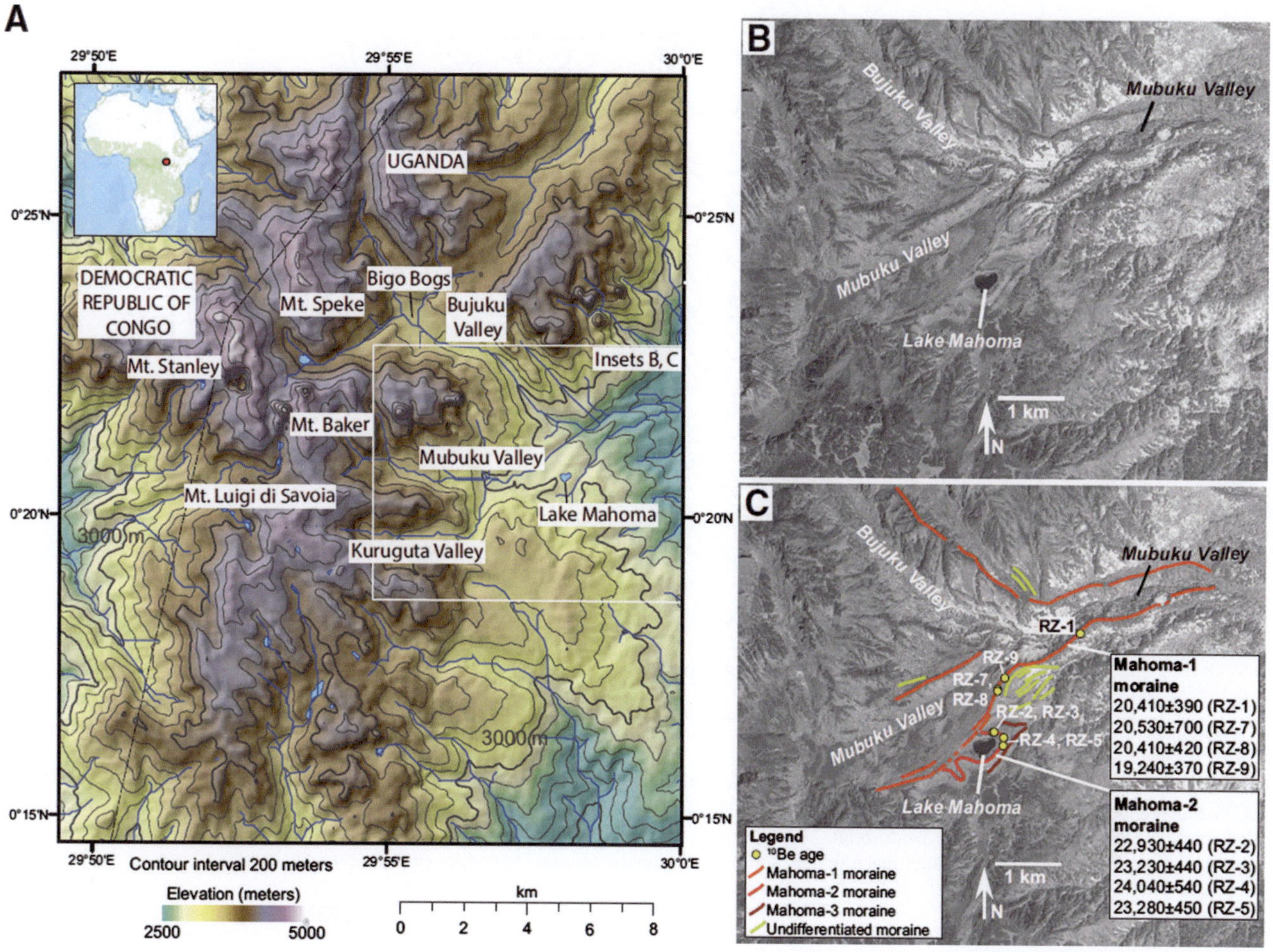

Abb. 6.52 Karte des Ruwenzori-Gebirges und ^{10}Be-Alter der Moränen des Lake-Mahoma-Stadiums in den Mubuku- und Bujuku-Tälern. (**A**) Topographische Karte des Ruwenzori im Grenzbereich von Uganda und der Demokratischen Republik Kongo mit den von Kelly et al. (2014) genannten Lokalitäten. *Weißes Rechteck* zeigt die Ausschnitte **B** und **C**. (**B**) Worldview2 (www.satimagingcorp.com/gallery-worldview-2.html): Satellitenbild mit 0,5-m-Auflösung vom Januar 2012 mit den Mubuku- und Bujuku-Tälern am Osthang des Ruwenzori. (**C**) Dieselbe Satellitenaufnahme mit den Lake-Mahoma-Moränen, ^{10}Be-Probennahme-Lokalitäten. (Aus Kelly et al. 2014)

(*Middle Stone Age*) im Verband des Wüstenpflasters (Seely und Sandelowsky 1974; Shackley 1985); dies ist ein eindeutiger Hinweis auf die lange Abtragungsruhe in diesem Bereich. Der Fund von *Elephas recki* in einer benachbarten Pfanne mit einem archäologisch ermittelten Alter von 400–700 ka BP (Shackley 1980) belegt ebenfalls äußerst geringe geomorphodynamische Prozesse und führt die ^{14}C-Daten *ad absurdum*. Ein ^{230}Th/^{234}U-Alter der liegenden Pelite ergab 210–240 ka BP (Selby et al. 1979). Oberflächenaltersdatierungen belegen, dass der Namib-Erg als Ganzes keine Wanderung nach Norden ausführt und dass sich das Relief, dem die Dünen aufsitzen, in einem stabilen Zustand befindet (Bierman und Caffee 2001).

Aufgrund der ^{14}C-Daten von Narabeb und benachbarter Pfannen postulieren Teller et al. (1990) feuchtere Verhältnisse im MIS 3 und ein Zurückweichen des Tsondab zwischen 30 und 14 ^{14}C ka BP, d. h. die abkommenden Tsondab-Fluten waren immer weniger in der Lage, in den Namib-Erg nach Westen vorzudringen. Dies soll in weniger als 20.000 Jahren erfolgt sein; allein die ^{14}C -Alter der lakustrinen Sedimente werden dafür als

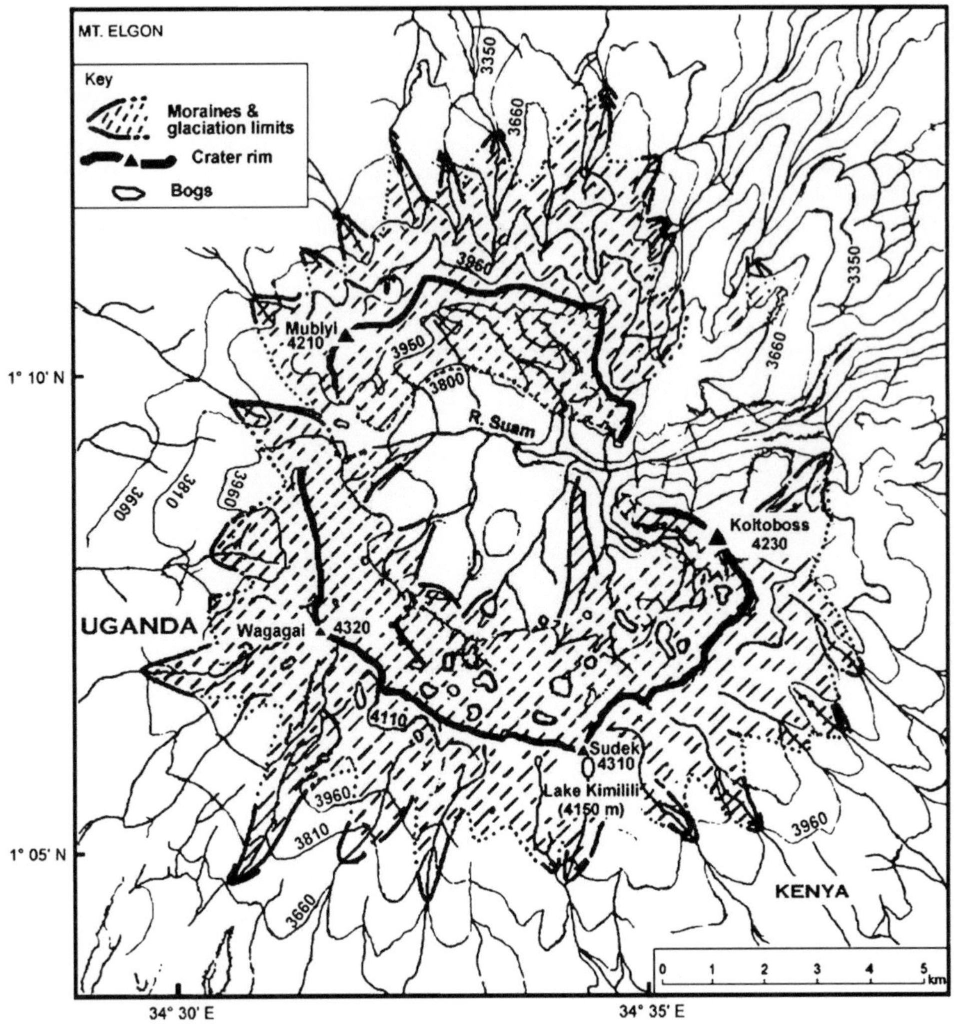

Abb. 6.53 Glazialmorphologische Skizze des Mount Elgon (aus Hamilton und Perrott 1979, ergänzt von Osmaston und Harrison 2005). Die dem LGM zugerechneten Moränen deuten auf eine Asymmetrie der LGM-zeitlichen ELA hin, die im Norden und Nordosten um ca. 570 m tiefer lag als heute, im Süden jedoch geringere Werte zeigt. Dieser Befund steht den heutigen Verhältnissen einer trockeneren N-NE-Seite des Mt. Elgon entgegen. Da zuverlässige Moränendatierungen fehlen, sollte eine paläoklimatische Deutung vorerst ausbleiben

Beweis angeführt. Zu den geomorphologischen und archäologischen Befunden erklären die Autoren:

> Archeological materials (Early Stone Age artefacts at Namib IV, Narabeb, and Khommabes) and vertebrate evidence (extinct *Elephas recki* at Namib IV) may be explained by reworking from older deposits, and the numerous Middle and Late Stone Age implements at some sites indicate that Late Quaternary conditions were, in fact, wet during the Late Quaternary as suggested by Korn and Martin (1957).

Stone et al. (2010a) haben die limnischen Ablagerungen der Narabeb-Sequenz sowie von zwei weiteren Sequenzen erneut bearbeitet und 24 OSL-Daten von den äolischen Sanden ermittelt (Abb. 6.59). Sie nehmen eine neue zeitliche Einordnung der äolischen und limnischen Sedimente vor, die die geomorphologischen Schlussfolgerungen bestätigt, die Heine (1991) bereits vor Jahrzehnten publizierte. Von den acht Pelit-Einheiten (s. Abb. 6.59 und 6.60) sind sechs älter als die letzte glaziale Epoche und werden ins MIS 5 (128–75 ka BP) gestellt. Von benachbarten limnischen Sedimenten (Hartmut Pan, Ancient Tracks) werden OSL-Alter zwischen $16{,}9 \pm 0{,}9$ und $< 10{,}5 \pm 0{,}5$ ka BP ermittelt. Diese neue Chronostratigraphie feuchterer Bedingungen fügt sich gut in die paläoklimatischen Rekonstruktionen der Namib und seiner Randbereiche ein, nämlich feuchtere Bedingungen im MIS 5 (Eem) und am Übergang vom letzten Glazial zum Holozän, wobei die Intensität der Humidität von MIS 5 zum MIS 1 abgenommen hat. Dies bezeugen auch die Speläotheme der Rössing-Höhle.

Die Diskussion der Problematik der ^{14}C-Daten von carbonathaltigem Material der lakustrinen Namib-Sedimente erfolgte bereits durch Heine (1991) aufgrund geomorphologischer Beobachtungen. Die Forderung, alle ^{14}C-Daten carbonathaltiger Proben der Trockengebiete von Namib und Kalahari einer gründlichen Revision zu unterziehen (Heine 1991), wird von Stone et al. (2010a) erneut aufgegriffen. Auch der Wert der Hi-

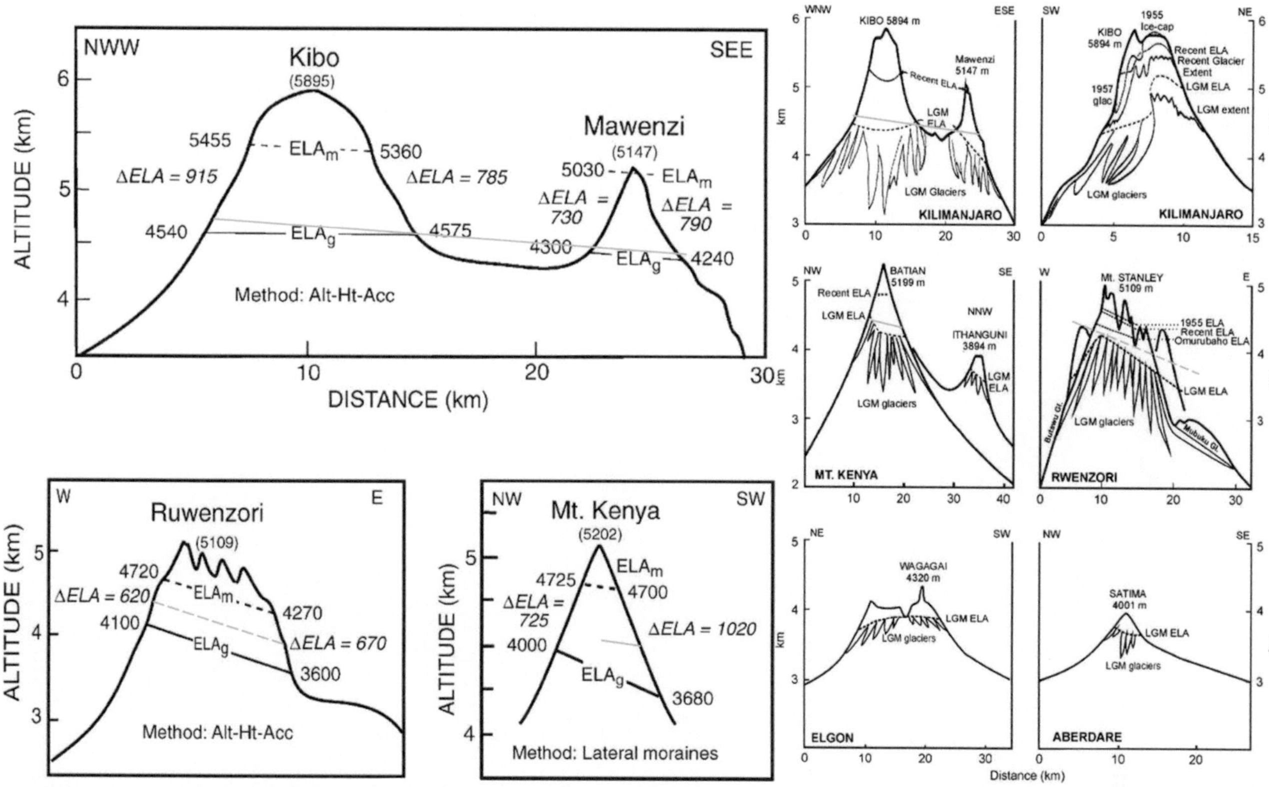

Abb. 6.54 ELA-Rekonstruktionen ostafrikanischer Gebirge. *Links*: Nach Porter (2001). *Rechts*: Nach Osmaston und Harrison (2005), Osmaston (1989a, 1989b). Zum Teil sind die Differenzen zwischen den Darstellungen beachtlich (Mawenzi, Mount Kenia, Ruwenzori-Westflanke). Daraus resultieren Unterschiede der eiszeitlichen Klimaelemente (Temperatur, Niederschlag), die aus den ELAs rekonstruiert werden. Werden allein die zuverlässig datierten LGM-zeitlichen Moränen, Gletscherstände und ELAs berücksichtigt, ergeben sich kleinere Asymmetrien der LGM-ELAs. Die tiefen Lagen der LGM-ELAs von 3600 m NN (und tiefer) am Osthang des Ruwenzori und SW-Hang des Mount Kenia (Porter 2001) sowie des ESE-Hangs des Mawenzi, des NNW-Hangs des Ithanguni (Mt. Kenia), des E-Hangs des Ruwenzori und der Aberdare-Berge (Osmaston und Harrison 2005) sind allein durch Datierungsprobleme der Moränen hervorgerufen. Prä-LGM-Moränen werden für LGM-Moränen angesehen. Osmaston und Harrison (2005) betonen, dass:
„particularly in East Africa and Ethiopia there is sufficiently reliable field information to make useful estimates of equilibrium line altitude changes at the provisionally identified LGM, but this age needs confirmation by further CRN dating. By making some hypothetical assumptions, inferences can be drawn that indicate a temperature lowering of 5–6 °C during the LGM".
Blaue ausgezogene und *gerissene Linien*: LGM-ELAs aufgrund datierter Moränen

stogramme von ^{14}C-Daten, um Phasen größerer Humidität im südlichen Afrika anzuzeigen, muss infrage gestellt werden.

Weit ins Jungtertiär und Pleistozän reicht die Bildung der Calcretes in Namibia zurück. Die quartären Calcrete-Krusten sind in der Regel 1,5 bis 2,5 m dick, (extrem) hart und finden sich als reliefprägende Elemente in weiter Verbreitung im südlichen Afrika. Ihre Entstehung beginnt mit einem Carbonat-Anreicherungshorizont im Untergrund, der durch den Transport von gelöstem Kalk durch Sickerwasser von der Bodenoberfläche und/oder aus den oberen Bodenhorizonten in die Tiefe transportiert und dort ausgefällt wird. Der Kalk wie auch silikatische Komponenten stammen von Staubeinwehungen. Wiederholte Prozesse der Einwehung, Einwaschung, Ausfällung, aber auch der Calcrete-Erosion, Umlagerung der Bruchstücke, Lösung und Krustenneubildung führen zu komplexen Calcrete-Bildungen (nach Blümel 2001).

Die Kalkkrustenreliefs am Namib-Rand im südwestlichen Afrika dokumentieren eine komplexe Landschaftsgeschichte. Seit dem Plio-/Pleistozän hat immer wieder, in unterschiedlicher zeitlicher Dimension, ein klimatisch-geoökologischer Wandel stattgefunden (Blümel 2001; Abb. 6.61). Eine Zuordnung der verschiedenen Phasen der Relief- und Krustenbildung zu bestimmten Klimaphasen ist bisher nicht möglich. Heine (z. B. 1991) hat mehrfach darauf hingewiesen, dass die ^{14}C-Altersbestimmungen der Calcretes aus dem südlichen Afrika recht unbefriedigend sind, da beispielsweise ^{14}C-Alter von 33–28 ka der Kuiseb-Tal-Kalkkrusten weder im Zusammenhang mit dem Bildungsalter der Sedimente noch dem Alter der Krusten stehen, in denen die Calcretes auftreten (Abb. 6.62). Dies gilt auch für eine große Zahl von ^{14}C-Altersbestimmungen an Calcretes der Kalahari, die als Paläoklimaproxys verwendet wurden, um (jungquartäre) aride und humide Phasen zu rekonstruieren (Thomas und Shaw 1991).

Im Bereich der küstennahen Namib-Wüste bilden *Gypcretes* (Gipskrusten) eines der größten Vorkommen von *Gypcretes* in Africa (Abb. 6.63). Die Gipskrusten sind pedogene Bildungen,

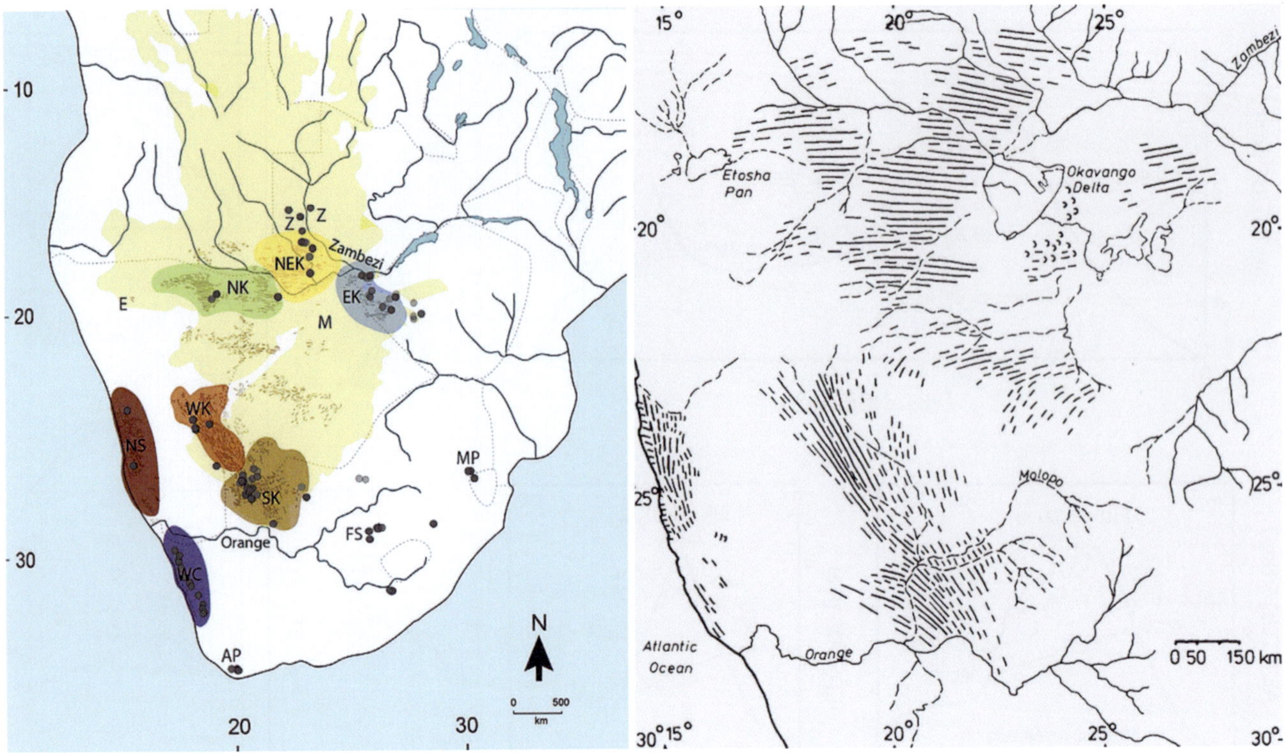

Abb. 6.55 *Links*: Die Dünengebiete des südlichen Afrika, die in der INQUA-Dünendatenbank erfasst sind (*INQUA dune database*). Die Hauptdünengebiete sind hervorgehoben. Es bedeuten: SK – südliche Kalahari; WK – westliche Kalahari; EK – östliche Kalahari; NK – nördliche Kalahari; NEK – nordöstliche Kalahari; NS – *Namib Sand Sea*; WC – *West Coast dunefield*. Kleinere Dünengebiete mit z. T. vereinzelten Dünengruppen: AP – *Agulhas Plain*; FS – *Free State*; MP – Mpumalanga; Z – Sambia östlich des Sambesi-Flusses; E – Etoscha-Pfanne; M – Makarikari-Becken (*Makgadikgadi basin*) (aus Thomas und Burrough 2016).
Rechts: Die Dünenregionen im südlichen Afrika. Orientierung der Lineardünen. (Aus Lancaster 1981)

Abb. 6.56 *Links*: Namib-Wüste. *Links im Bild* das stark erodierte Gramadulla-Relief, in der *Bildmitte* das Kuiseb-Tal (*weiße Pfeile*), *rechts* der Nordrand des Namib-Ergs: rote Lineardünen bedecken die tertiären Kalkkrusten (*Kamberg Calcrete Formation*, *gelbe Pfeile*). Blick nach Nordosten. *Rechts*: Im Namib-Erg endet der Tsauchab und bildet Pfannen, die episodisch nach starken Niederschlägen im östlichen Einzugsgebiet für Wochen mit Wasser gefüllt sein können (Sossus Vlei, *roter Pfeil*). Die jüngsten Pfannensedimente des Dead Vlei (*blauer Pfeil*) wurden an der Wende Pleistozän/Holozän abgelagert, und die Akazien (*schwarzer Pfeil*) sind vor rund 600 Jahren abgestorben. Blick nach Norden. Die Lage von Kuiseb und Sossus Vlei ist in Abb. 6.57 markiert

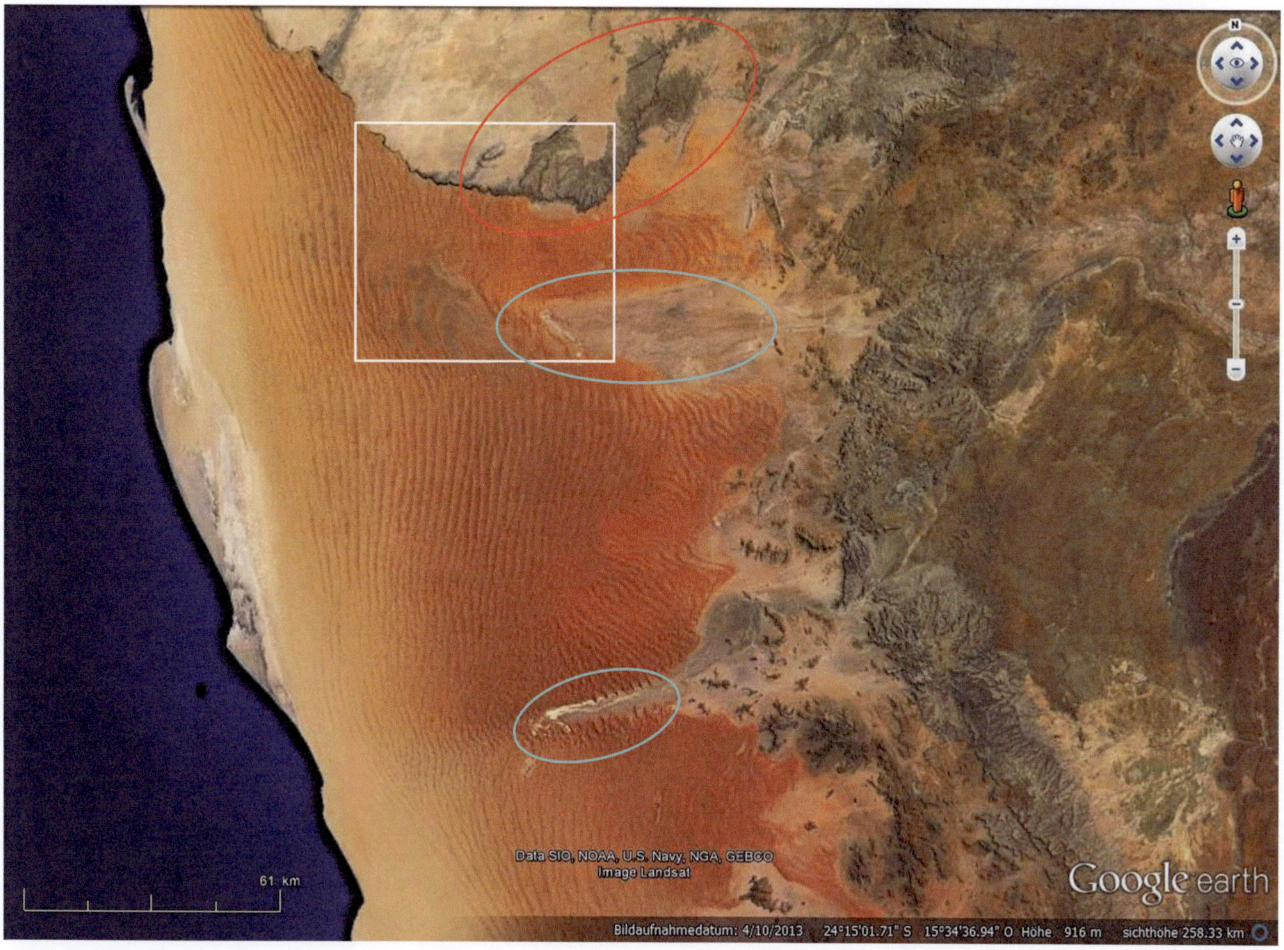

Abb. 6.57 Nördlicher Teil des Namib-Ergs (GOOGLE-Bild). *Rote Ellipse*: Gramadulla-Relief des Kuiseb-Flusses. *Blaue Ellipsen*: Tsondab-Tal-Bereich (*oben*) und Tsauchab-Talbereich (*unten*). *Weißes Rechteck*: Ausschnitt der Abb. 6.58

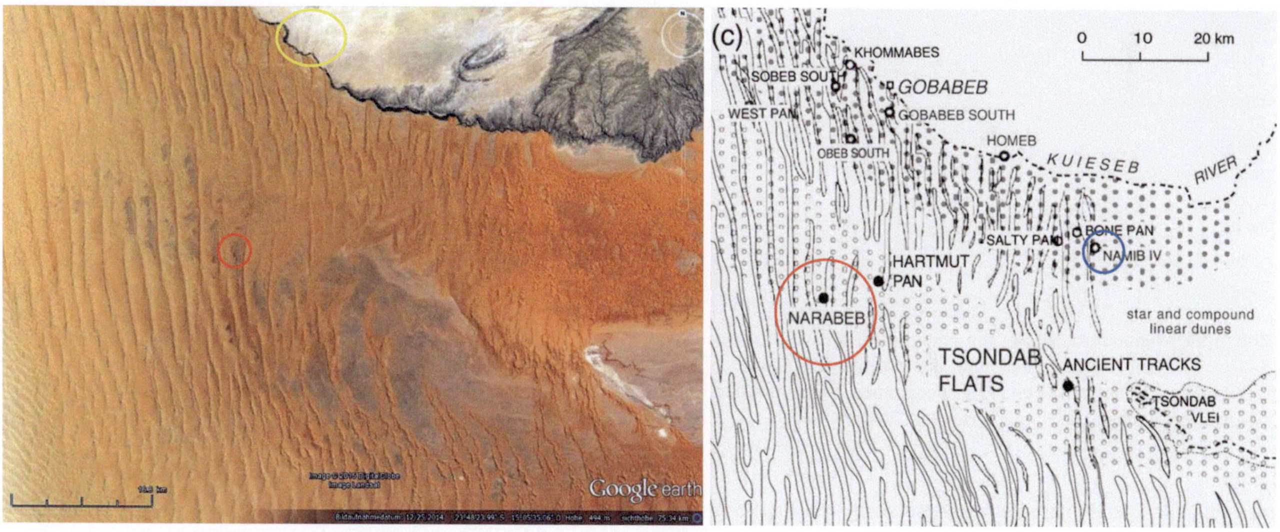

Abb. 6.58 *Links*: GOOGLE-Bild des nördlichen Namib-Ergs. *Roter Kreis*: Narabeb. *Gelber Kreis*: Untersuchungsgebiet der Gipskrustenböden. *Rechts*: Skizze mit den Haupt-Lineardünen, mit Orten der bearbeiteten Profile der Dünengassen (*interdunes*) sowie mit den reliktischen fluvialen Ablagerungen von Kuiseb und Tsondab (aus Stone et al. 2010a) *Roter Kreis*: Narabeb. *Blauer Kreis*: Namib IV; hier wurden zusammen mit Acheul-Werkzeugen die Reste von *Elephas recki* gefunden, der vor 400–700 ka BP lebte

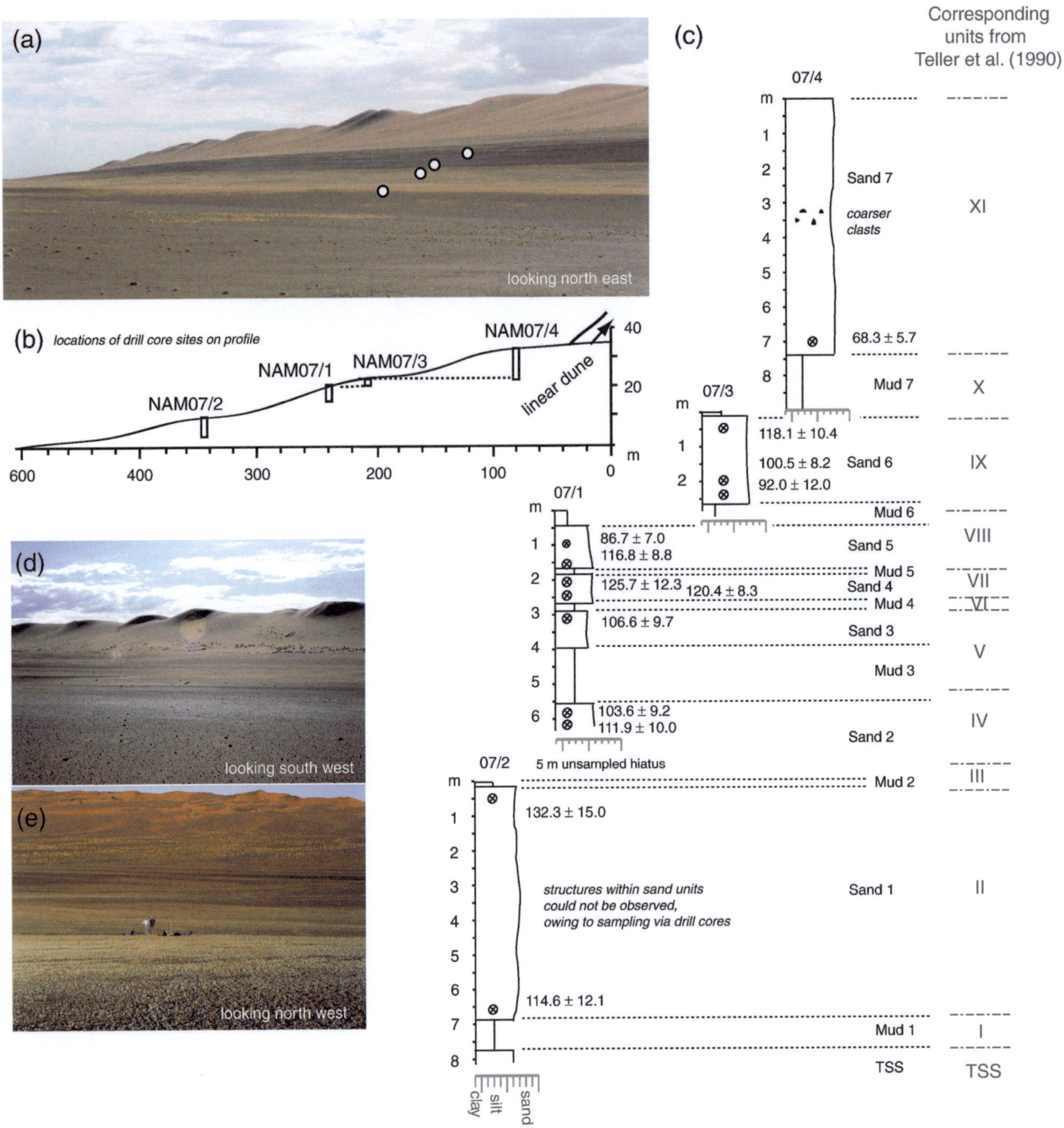

Abb. 6.59 Narabeb im nördlichen Namib-Erg. **a** Zwischen den Lineardünen sind in den Dünentälern geschichtete Ton/Silt- und Sandlagen zu finden. **b** Schematische Darstellung der Sedimentsequenz. **c** Stratigraphie der äolischen (Sand) und lakustrinen (Ton/Silt) Einheiten der vier Bohrkerne, aus denen die OSL-Proben stammen. Die römischen Zahlen beziehen sich auf die Schichtenfolge wie in Abb. 6.60. **d** und **e** Bilder der Westseite des Dünentals. (Aus Stone et al. 2010a)

zwischen 0,1 und 5 m mächtig, enthalten bis zu 95 % Gips und zeigen an, dass der Niederschlag unter 250 mm/a beträgt und dass die mittlere Evaporation den mittleren Niederschlag übersteigt. Die Gipsanreicherung in den Namib-Wüstenböden läuft äußerst langsam ab, wie aus *Gypcretes* gefolgert werden kann, die auf Flussterrassen seit rund 10.000 Jahren am Kuiseb bzw. auf eemzeitlichen marinen Terrassen gebildet werden (vgl. Abb. 6.58). Während der letzten ca. 100.000 Jahre wurde die Gipskrustenbildung in der Namib nicht durch feuchte Klimaphasen gestört (Heine 1995c; Heine und Walter 1996). Es wurde angenommen, dass mit dem Nebelniederschlag vom Atlantik, in dem unter anaerobem Milieu H_2S produziert wird, Schwefel in

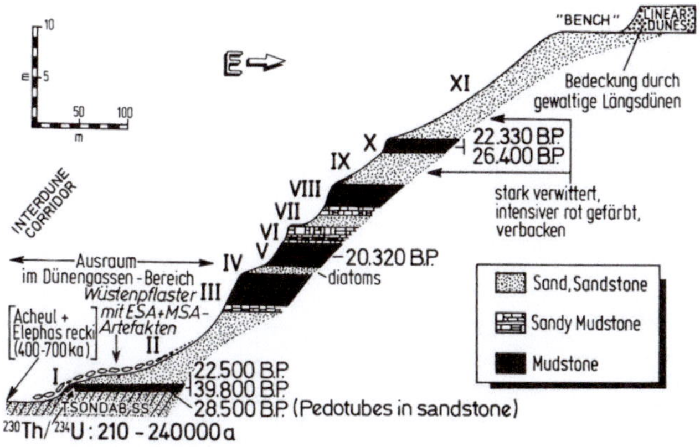

Abb. 6.60 Narabeb. Schematisches Profil der ^{14}C-datierten Pelite (Mudstone). Die Darstellung von Teller et al. (1990) wurde ergänzt. Die ^{14}C-Alter (22.330 BP etc.) stehen nicht im Einklang mit den geomorphologisch-sedimentologischen, archäologischen und paläontologischen Beobachtungen. Näheres im Text. (Nach Heine 1991; vgl. Abb. 6.59, alueni-images)

die Wüste geführt und in Verbindung mit (als Staub eingewehten) Carbonaten Gips gebildet wurde (Miller 2008). Isotopenanalysen des Gipses haben jedoch ergeben, dass Schwefel als atmosphärisches Sulfat, das vom marinen Phytoplankton produziert wurde, in das Namib-Ökosystem eingebracht wurde (Bao et al. 2000).

Die in den marinen Sedimenten archivierten Klimaänderungen, die die letzten Jahrhunderttausende erfassen (z. B. Embley und Morley 1980, jedoch mit unsicherer Alterskontrolle, oder Stuut et al. 2002, auf unsicherer methodischer Basis, vgl. Abb. 6.18), können aufgrund der paläopedologischen (*Gypcretes*, *Calcretes*) und geomorphologischen (Flussterrassen, Pedimente, Oberflächenaltersdatierungen) Paläoklimaarchive nicht in der Namib-Wüste nachgewiesen werden. M. a. W.: Die Namib-Wüste war im küstennahen, bis ca. 60–100 km landeinwärts reichenden Gebiet nicht von den quartären hygrischen Klimaschwankungen in entscheidender Weise betroffen, wie aus den marinen Klimaarchiven abgeleitet worden ist. Die Speläotheme der Rössing-Höhle belegen feuchtere Niederschlagsperioden während der Interglazialzeiten (MIS 11, 9, 7 und 5), die jedoch das klimatisch-geoökologische System nicht – wie in allen anderen Gebieten des tropisch-subtropischen Afrika (z. B. Sahara) – wesentlich veränderten bzw. beeinflussten.

Dünen (s. Abschn. 4.2.4.1) haben im südlichen Afrika in der Namib und der Kalahari eine weite Verbreitung. Sie wurden – teilweise aus Mangel an anderen Paläoklimaarchiven – oft für die Rekonstruktion des Paläoklimas herangezogen (z. B. Passarge 1904; Sarnthein 1978; Besler 1991; Thomas und Shaw

Abb. 6.61 Kalkkrustenrelief am Ostrand der Namib. Am Fuß der Gebirgshänge wurden sog. Fußflächen (*rote Pfeile* weisen auf verschiedene Niveaus hin) durch das vom Hang abfließende Niederschlagswasser gebildet. Die verschiedenen Niveaus, die von Calcretes (*gelbe Pfeile*) bedeckt werden, belegen einen mehrfachen Wechsel der klimatisch-geoökologischen Bedingungen: Aufschüttung der Fußflächensedimente, Calcrete-Bildung, (linienhafte) Erosion von Calcretes und Fußflächen, erneute Fußflächenbildung etc. Der *blaue Pfeil* zeigt auf die rezente Entwässerungslinie. Vgl. Blümel (2001). (Foto: Klaus Hüser)

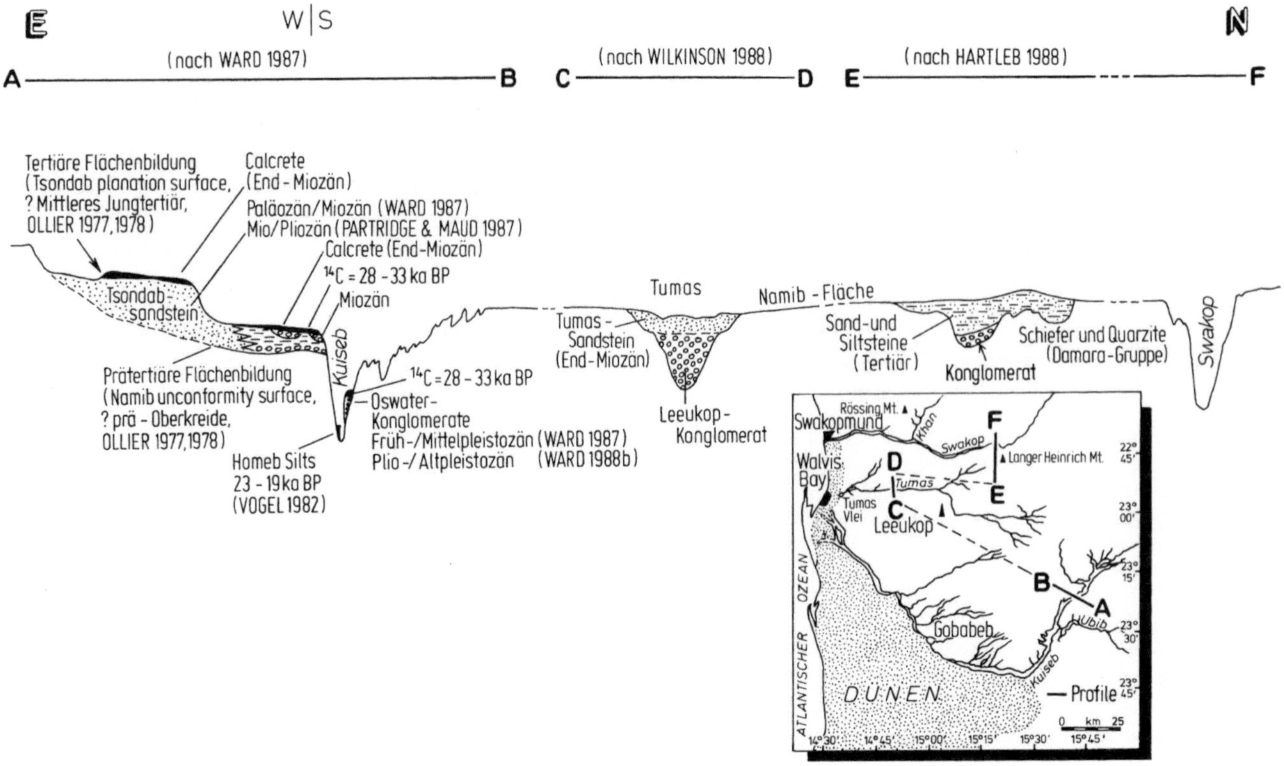

Abb. 6.62 Tertiäre Erosions- und Akkumulationszyklen im Tsondab/Kuiseb-, Tumas- und Swakop-Gebiet nach verschiedenen Autoren. Die tertiären Sedimente verkörpern eine aride bis extrem aride terrestrische Fazies und dokumentieren somit das hohe Alter der Namib-Wüste. Die ^{14}C-Alter der Calcretes stehen in keinerlei Zusammenhang, weder mit dem Alter der Sedimente noch mit der Zeit der Kalkkrustenbildung. Die ^{14}C-Altersbestimmungen der Calcretes haben infolge von Kontamination (Lösung und Rekristallisation von Kalk) viel zu junge endliche Alter ergeben. (Aus Heine 1991, dort auch die Literaturzitate; alueni-images)

1991; Vermeesch et al. 2010; Nash und Maedows 2012; Burrough et al. 2007, 2009a, 2009b).

Für den Namib-Erg benutzen Vermeesch et al. (2010) die kosmogenen Nuklide ^{10}Be, ^{26}Al und ^{21}Ne, um die Verweildauer der Dünensande und damit die Entstehung/Wanderung der Dünen zu datieren. Sie kommen zu dem Schluss, dass – *„trotz der großen Klimaschwankungen in Verbindung mit den Glazial/Interglazialzyklen“* – die Namib-Erg-Region während der vergangenen Jahrmillionen niemals frei von Dünen war. Vermeesch et al. (2010) gehen davon aus, dass die Namib im Quartär bedeutenden Klimaschwankungen ausgesetzt war. Dies ist jedoch aufgrund der o. a. geomorphologischen Befunde i. w. S. nicht der Fall gewesen. Dass der Namib-Erg seit dem Miozän (nach Bildung der Camberg-Calcretes (vgl. Abb. 6.56)) existiert, ist aufgrund geologisch-geomorphologischer Befunde bereits vor über 25 Jahren von Besler (1991) beschrieben worden, und Koeberl et al. (1993) datierten mit ^{40}Ar/^{39}Ar das Alter eines Impakt-Kraters in der Namib (Abb. 6.64) auf 3,7 ± 0,3 Ma; die Impakt-Auswurfmassen stabilisierten die losen Dünensande des pliozänen Namib-Ergs. Eine differenzierte Chronostratigraphie der Namib-Dünen liegt jedoch bis heute nicht vor. Aufgrund des hohen Alters des Namib-Ergs und des durch Bodenradarmessungen (*ground penetrating radar*, GPR) bekannten inneren Aufbaus der großen Lineardünensysteme (Bristow et al. 2000, 2005, 2007; Leopold et al. 2006) darf davon ausgegangen werden, dass die Namib-Erg-Dünen als Paläoklimaarchive noch wertvolle Daten liefern werden, die das Quartär vor dem LGM betreffen.

Aus der Kalahari liegen zahlreiche Untersuchungen zum Alter der Dünenbildungsphasen vor. Bereits 1981 folgert Heine (1981) aufgrund einer Synthese der Geomorphologie von Dünen, Pfannen und Tälern der Südwest-Kalahari, dass *„die weite Verbreitung der Kalahari-Sande vom Oranje bis in das Kongo-Becken räumlich und zeitlich sehr differenziert erklärt werden muss“* (vgl. Abb. 6.64).

Obgleich seit Langem bekannt ist, dass die Anlage der Lineardünensysteme der Kalahari bis ins Jungtertiär zurückreicht (u. a. Helgren 1978; Cooke 1980; Thomas und Shaw 1991), werden die Lineardünen dem LGM zugeordnet und weitreichend paläoklimatisch gedeutet, seitdem Sarnthein (1978) in seiner viel beachteten und zitierten Studie die Kalahari-Dünen als aktive LGM-zeitliche Klimaarchive bezeichnete. Auch Lancaster (1981) vermutet eine bedeutende Umlagerung der Dünensande im LGM. Schon frühzeitig machte Heine (1981, 1990) darauf aufmerksam, dass in den Lineardünensystemen der SW-Kalahari verschiedene Dünengenerationen enthalten sind, die durch fossile Bodenbildungen und Diskordanzen im Aufbau der Dünenkörper angezeigt werden (Abb. 4.28). Im LGM erfolgte oft nur eine – im Verhältnis zur Größe des Dünenkörpers – geringe Umlagerung der Sande. Dies belegen die TL- und OSL-

Abb. 6.63 *Links oben*: Gipskruste (Gypcrete) in der Namib-Wüste. Die harte Kruste – im Bild nicht sichtbar – wird von einer geringmächtigen (bis ~20 cm) Schuttlage bedeckt, die nach außergewöhnlich seltenen, jedoch starken Niederschlägen durch das an der Oberfläche abfließende Wasser (Schichtflut) bewegt wird. Eine Abtragung der Fläche selbst, die eine nahezu gleichbleibende Neigung (< 1°) zum Atlantik aufweist, fand dabei in der Namib nicht statt. Die durch die Gipskrusten dokumentierte Abtragungsruhe in der Namib wird durch Oberflächenaltersdatierungen bestätigt; sie haben ergeben, dass die Abtragung der Namib-Fläche (*Namib peneplain*) seit dem Jungtertiär nur etwa 1–7 m/Ma betragen hat (Bierman und Caffee 2001; van der Wateren und Dunai 2001). Aufgrund geomorphologischer Beobachtungen kam Heine (1992) bereits zu einer ähnlich geringen Abtragungsrate. *Welwitschia-mirabilis*-Pflanzen (*dunkle Flecken*) wachsen entlang einer Tiefenlinie, die *von rechts nach links* zieht. Die SED-Methode berücksichtigt bisher nicht, dass durch die biologische Aktivität eine eventuell höhere Abtragungsrate unerkannt bleibt. Vgl. Abb. 4.43. *Rechts oben*: Gipskruste einer Flussterrasse (*Pfeil*) im Messum-Krater (21°23′45″ S, 14°03′ E, ca. 250 m NN). Die Gypcrete versiegelt die alte Terrassenoberfläche. Im Vordergrund eine *Welwitschia mirabilis*. *Unten links*: Gipskrustenprofil nach Heine und Walter (1996). *Unten rechts*: Schematisches Gypcrete-Profil der Flächennamib in der Region nördlich von Gobabeb. (Aus Heine und Walter 1996; Bilder oben: alueni-images; Bild unten links: Rolf Walter)

Alter, aufgrund derer das Alter der Dünenbildung und damit arider Phasen rekonstruiert werden sollte (Stokes et al. 1997; Thomas und Shaw 2002; Stone und Thomas 2008; Telfer und Thomas 2007). Doch die Proben für die OSL-Datierungen stammen in der Regel nur aus den obersten Metern der Dünenwälle (bis ca. 8 m, maximal bis 14,5 bei Telfer und Thomas 2007; bis maximal 4,5 m bei Stokes et al. 1997). Zudem wurden die Proben in definierten Abständen genommen (bei Stokes et al. 1997; siehe Abb. 6.65, bei Telfer und Thomas 2007 in Intervallen von 0,5 bzw. 1 m; siehe Abb. 6.66). Dabei konnte der innere Dünenaufbau nicht berücksichtigt werden, und weitere sedimentologisch-pedologische Analysen der OSL-datierten Profile, die auf verborgene Dünengenerationen hinweisen (Thomas und Burrough 2016), wurden nicht erkannt. Telfer und Thomas (2007) versuchen anhand der Alter und der Färbung der Sande Hiaten zu erkennen.

Die OSL-Daten von Stokes et al. (1997) aus der SW-Kalahari erfassen nur die jüngsten Umlagerungen seit dem LGM. Dass die Dünenwälle jedoch eine mehrphasige Entwicklung von Akkumulation, Umlagerung und Bodenbildung repräsentieren (vgl. u. a. Bateman et al. 2003; Abb. 6.67 und 4.28), wird nicht berücksichtigt. Während das höchste Alter bei Stokes et al. (1997) 28,7 ka BP ist, zeigen die Daten von Telfer und Thomas (2007) auch höhere Alter, die bis 104 ± 8,3 ka BP (Abb. 6.66) reichen.

Abb. 6.64 *Links oben*: GOOGLE-Schrägansicht des Roter-Kamm-Impakt-Kraters (27°46′ S, 16°17′ E). Der Impakt erfolgte vor ca. 3,7 ± 0,3 Ma. Auswurfmassen bedecken lose Sande eines pliozänen Namib-Ergs. Der Durchmesser des Kraters beträgt ca. 2 km. *Rechts oben*: Lineardünen der SW-Kalahari. Flugaufnahme aus ca. 3 km Höhe. *Links unten*: Lineardünen der SW-Kalahari beiderseits des Auob-Tals (24°19′ S, 10°16′ E, ca. 1110 m NN [Tal] und ca. 1160 m NN [Dünen]). (Vgl. Abb. 4.24) Die Dünen haben einen Abstand von ca. 300–400 m. Das Auob-Tal ist in diesem Abschnitt frei von Dünen. Die Farbunterschiede (mit geradlinigen Grenzen) im Bereich der Dünen zeigen die unterschiedliche Vegetationsbedeckung aufgrund der unterschiedlichen Beweidung der Kamp-Einheiten an. Die *weiße Linie* ist eine Schotterstraße (GOOGLE-Bild). *Rechts unten*: Satellitenbild der Dünen (*clustered dendritic dunes*, vgl. Heine 1990), Pfannen und Täler im Bereich des Molopo (ca. 27°25′ S, 20° E, ca. 800–850 m NN). Die Bildbreite beträgt ca. 35 km. *Roter Stern*: Abiquas Puts Police Station. (Bilder: GOOGLE und alueni-images)

Hürkamp et al. (2011) datieren mit OSL eine Düne auf 28 bis 37 ka BP, die im Lunettedünengebiet am Ostrand der Koppieskraal-Pfanne liegt (26°56′56″ S, 20°20′49″ E, ca. 820 m NN), und dokumentieren damit eine Bildung vor dem LGM (Abb. 6.67). Auch zeigt die Düne vier Akkumulationsphasen, die durch Phasen der Bodenbildung unterbrochen wurden. Nur die obersten Meter des Dünenkamms wurden im Holozän vor 1–2 ka BP bewegt und ergänzen die jungholozänen Alter von Stokes et al. (1997).

Werden die zurzeit vorliegenden Daten der Bildung/Umlagerung der Dünen der SW-Kalahari vergleichend betrachtet, ergeben sich keine eindeutigen Zuordnungen zu Klimaschwankungen (Abb. 6.68). Vor allem die Anzahl der Prä-LGM-Daten ist gering, sodass sich keine prä-LGM-zeitlichen Dünenbildungsphasen rekonstruieren lassen. Bei den Lunettedünen zeichnet sich eine Bildungsphase zwischen ca. 40 und 23 ka BP und seit dem Spätglazial ab. Besonders auffällig ist, dass im LGM i. e. S. die Lunettebildung unterbrochen gewesen zu sein scheint; vermutlich verhinderten die feuchten Verhältnisse in den Pfannen (Seen?) eine Auswehung des sandigen Materials, zumal für das LGM eine Intensivierung der äolischen Prozesse aufgrund der marinen Daten (z. B. Stuut et al. 2002) anzunehmen ist.

Trotz aller Vorbehalte wird oft versucht, auch für die Zeit vor dem LGM Beziehungen zwischen den Dünenbildungsphasen der SW-Kalahari und den weit entfernten marinen und terrestrischen Paläoklimaarchiven herzustellen (Abb. 6.69).

Im Abschn. 4.2.4.1 wird die Problematik angesprochen, die sich aus den Häufigkeitsdiagrammen von Lumineszenzaltern ergeben, wenn es darum geht, Dünen als Paläoklimaarchive zu benutzen (Abb. 4.27). Lumineszenzdatierungen von Dünenkörpern sollen Perioden der Aridität anzeigen. Dünen können nicht einfach als chronostratigraphische Sequenzen betrachtet wer-

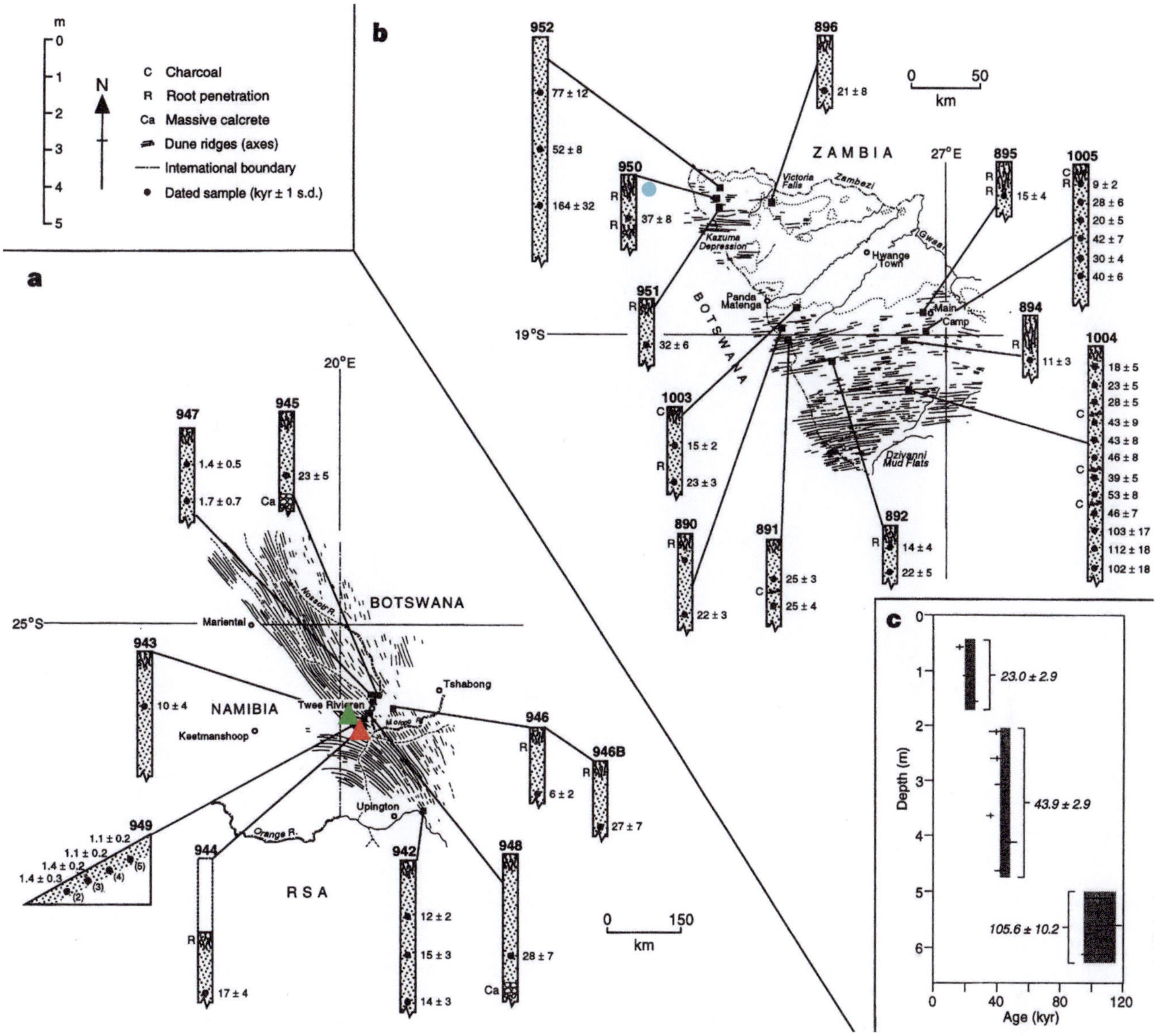

Abb. 6.65 Zusammenfassung der stratigraphischen und chronologischen Daten der Dünen (nach Stokes et al. 1997). **a** SW-Kalahari; *grünes Dreieck*: Lage von Abb. 6.66; *rotes Dreieck*: Lage von Abb. 6.67; **b** NE-Kalahari; *blauer Kreis*: Lage des Profils Abb. 6.70; **c** Zusammenfassung der OSL-Daten und die daraus abgeleiteten Akkumulationsphasen für die Bohrung 1004 der NE-Kalahari. Man beachte die verschiedenen Skalen in **a** und **b**. Die Proben von degradierten Dünen (Bohrung 945 und 948) über Calcretes ergaben die höchsten Alter in der SW-Kalahari, ebenso die Probe 646B von einer degradierten Lineardüne. Die Stellen 942 und 944 stehen für die Hauptperiode der spätpleistozänen Lineardünenbildung in der SW-Kalahari (vor 10–20 ka BP); die Dünenbildung soll bis ins Holozän angedauert haben (Proben 943/1 und 946/1). Die jüngsten Dünenbildungen erfolgten im Holozän vor 1–2 ka BP (Stelle 947). Lunettedünenbildung erfolgte vor ca. 1–1,5 ka BP (Stelle 949). Die Dünenalter der NE-Kalahari sind in der Regel älter als in der SW-Kalahari. Bohrung 1004 (**c**) wird als Leitchronologie angesehen; drei Dünenbildungsphasen werden genannt: 115–95, 46–41 und 26–20 ka BP. Die Daten der NE-Kalahari, die jünger als 20 ka BP sind, weichen nicht statistisch signifikant von der jüngsten aktiven Phase der Bohrung 1004 ab

den, die Ariditätsphasen repräsentieren. Sie sind oft sehr alt, und Teile des *records* können infolge der Abtragung/Umlagerung fehlen. Zudem kann auch die Bioturbation die Lumineszenzsignale verfälschen (McFarlane et al. 2005; McFarlane und Eckardt 2007). Allein wenn es gelingt, den Dünenaufbau mit den TL- bzw. OSL-Daten zu verknüpfen, können paläoklimatische Schlussfolgerungen vorgenommen werden (Munyikwa 2005a, 2005b). Dünenquerprofile, die die innere Struktur der Dünenkörper zeigen, sind bisher nur von Heine (z. B. 1990) und Hürkamp et al. (2011) aus der SW-Kalahari publiziert worden. Die Korrelierung von Dünenbildungsphasen (äolische Aktivität) mit dem LGM bzw. anderen Stadialen lassen die Häufigkeitsdiagramme nicht erkennen.

Ein Lineardünenprofil aus der NW-Kalahari (vgl. Abb. 6.65 zur Lage) war 2012 im Zuge von Straßenbauarbeiten aufgeschlos-

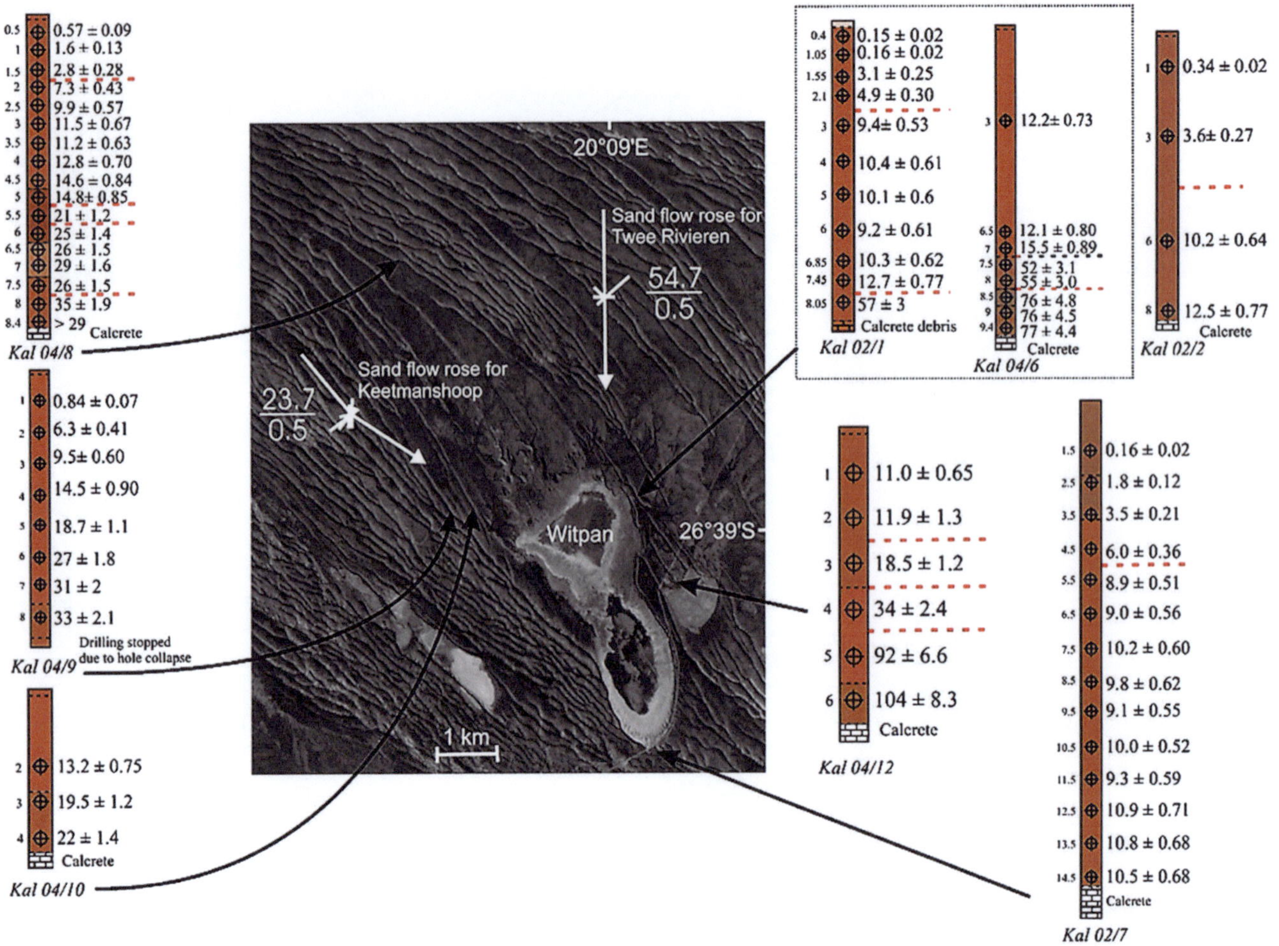

Abb. 6.66 Leardünen-OSL-Alter des Witpan-Gebiets. Profile mit Angabe der Tiefe in m; alle Alter in ka; *rote gerissene Linien* zeigen Hiaten in den Profilen an. *Gerissene Linien* in den Profilsäulen markieren geringe Farbunterschiede. Die Bohrkerne bestehen aus erstaunlich einheitlichen Sanden. Die Rosen der Sandbewegung enthalten für Keetmanshoop (200 km im Westen) und Twee Rivieren (60 km im Osten des Arbeitsgebiets) das Drift-Potenzial (*obere Zahl*) und einen Index der Richtungsvariabilität (*untere Zahl*). (Aus Telfer und Thomas 2007)

sen (Abb. 6.70). Über fluvial-lakustrinen Sedimenten bilden sechs Dünengenerationen den Dünenkörper. Der älteste liegende Sandkörper ist rund 140 ka alt und hat damit ein MIS 6-Alter. Die darüber gebildeten Sandeinheiten haben Alter von ca. 72, 50 und 31 ka BP. Die drei ältesten Dünengenerationen sind verwittert; die Intensität der Bodenbildung nimmt mit dem Alter zu. Der lose, nicht verwitterte Sandkörper (undatiert) im Hangenden kann aufgrund der Bodenbildung in dem ca. 30 ka alten Sandkörper auf < 25 ka datiert werden.

In Verbindung mit der geomorphologischen Situation der Umgebung des Namushasha-Profils (Abb. 6.71) ergibt sich folgende quartäre Landschaftsentwicklung: Vor der Bildung der ältesten Dünengeneration in der vorletzten Kaltzeit wurde das Gebiet von fluvial-limnischen Prozessen und Sedimenten gestaltet; das belegen die liegenden fluvial-lakustrinen Ablagerungen. Inwieweit ältere Längsdünen durch ein *dune over-washing* (Ringrose et al. 2008; McFarlane et al. 2005) eingeebnet wurden, lässt sich zwar aufgrund der Geländeformen, der Diagenese von degradierten Dünensanden und Schwemmfächersedimenten vermuten, jedoch nicht durch gesicherte Stratigraphien belegen. Ringrose et al. (2008) datieren diese *dune-over-washing*-Periode auf > 200 ka BP. Das Namushasha-Profil belegt, dass nach der ersten Dünenbildung keine Phase mehr mit *dune over-washing* erfolgte. Seit dem MIS 6 überwiegen die Prozesse des Dünenaufbaus gegenüber denen der Dünenzerstörung. Im Eem setzt eine intensive Bodenbildung ein. Zwei weitere Phasen der Sandakkumulation vor rund 70 und 50 ka BP, jeweils mit nachfolgender Bodenbildung, deuten auf Klimaschwankungen zwischen dem Ende von MIS 5 und dem frühen MIS 3 hin (Abb. 6.72). Die äolische Aktivität um 30 ka BP, d. h. vor dem LGM, mit nachfolgender Bodenbildung deutet sich auch in OSL-Daten von Längsdünen aus dem Gebiet um Rundu an (NE-Namibia, ca. 18–19° S, 20–22° E) (Eitel et al. 2004).

Bisher wurden Chronologien der Dünenaktivitätsphasen, die mit ariden Klimabedingungen erklärt werden, aufgrund der Altersgruppierungen der TL- und OSL-Daten vorgenommen (z. B. Stokes et al. 1997; Telfer und Thomas 2007; Thomas und Burrough 2016). Die Altersgruppen (s. Abb. 6.72) können durch

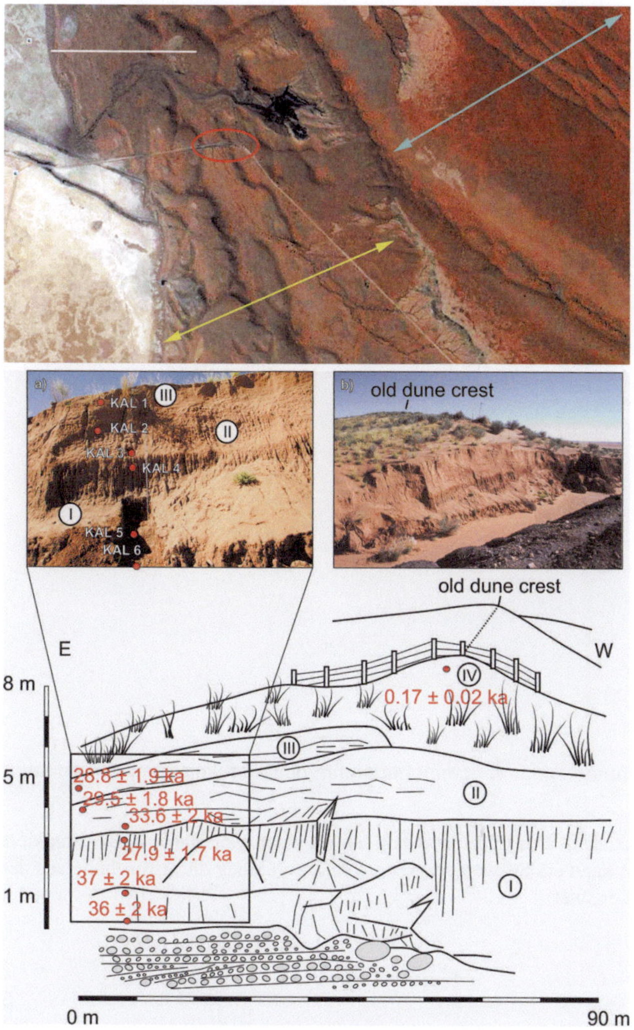

Abb. 6.67 *Oben*: GOOGLE-Bild des östlichen Randes der Koppieskraal-Pfanne mit angrenzenden Lunette- und Lineardünen. *Roter Kreis*: Profil. *Gelber Doppelpfeil*: Bereich der Lunettedünen; *blauer Doppelpfeil*: Bereich der Lineardünen. *Weißer Balken*: 1 km.
Mitte und unten: Dünengenerationen am Rand der Koppieskraal-Pfanne. Die Hauptakkumulation der Düne erfolgte vor dem LGM im MIS 3. Im Holozän wurden lediglich vor ca. 1–2 ka BP die Sande des Dünenkamms umgelagert (aus Hürkamp et al. 2011).
Anmerkung: Fehlende Lunettedünenbildung im LGM deutet auf Wasserbedeckung der Pfanne hin

die Probennahme bedingt sein. Nach diesen Daten wurden die Dünensande vermutlich während der letzten 120.000 Jahre immer wieder bewegt, ohne dass längere Phasen der Stabilisierung auftraten. In Verbindung mit den o. a. Dünenprofilen (Koppieskraal-Pfanne, Namushasha) zeichnen sich Perioden der Sandverlagerung/Dünenbildung und der Bodenbildung/Dünenstabilisierung ab, die bis in die vorletzte Kaltzeit zurückreichen. Es ist noch zu früh, diese Lineardünen-Chronostratigraphie mit der aus marinen Bohrkernen rekonstruierten Klimaentwicklung (Passatwindintensität, Aridität, Verschiebung der ITCZ, etc.) zu korrelieren, wie es beispielsweise von Stone und Thomas (2008) versucht wurde.

In einer Zusammenstellung von lumineszenz-datierten Dünen der Südhemisphäre nennt Munyikwa (2005b) für das südliche Afrika (und Australien) eine äolische Aktivität um 65–41 ka BP und 36–9 ka BP; zwischen 41 und 36 ka BP existiert eine Periode der reduzierten äolischen Prozesse. Aus den Daten schließt Munyikwa (2005b) auf eine ausgedehnte Instabilität der Landschaft während der letzten glazialen Periode, besonders während des LGM. Das entspricht der allgemeinen Meinung. Eine zeitlich stärker differenzierte Chronologie kann heute für das südliche Afrika noch nicht gegeben werden.

Eine detaillierte Analyse der Dünen, fluvialen und lakustrinen Sedimente und Formen des Okavango-Linyanti-Sambesi-Gebiets (vgl. Abb. 6.70), die Informationen zum Paläoklima vor der letzten Eiszeit erlauben, existiert bisher nicht. Es zeichnet sich aber ab, dass vor > 200 ka BP Teile des Okavango-Linyanti-Sambesi-Gebiets großen Überflutungen ausgesetzt waren, die zur teilweisen (starken) Degradation der Lineardünensysteme führten. Die Hypothese kann aufgeworfen werden, dass diese „pluvialen Perioden" ihren Höhepunkt im MIS 11 (ca. 400 ka BP) hatten, als nachweislich in der Namib (und auch in dem nordhemisphärischen afrikanisch-arabischen Trockengürtel) wesentlich feuchtere Klimaverhältnisse herrschten. Auch das Eem war noch durch feuchtere Klimabedingungen gekennzeichnet als das Holozän.

Wenn alt- und mittelpleistozäne Klimaschwankungen rekonstruiert werden sollen, werden in außertropischen Gebieten seit Ende des 19. Jahrhunderts Flussterrassen nicht nur als Zeugen geologisch-tektonischer Vorgänge, sondern auch von „*Änderungen des Klimas*" gesehen (von Richthofen 1886, 192–204). Aus dem randtropischen südlichen Afrika sind zwar von einzelnen Tälern fluviale Terrassensysteme beschrieben worden, doch zuverlässige Chronostratigraphien und paläoklimatische Folgerungen liegen lediglich als Hypothesen vor.

Vom Nossob (ca. 23°09′ S, 18°42′ E, ~ 1260–1320 m NN) beschreibt Heine (1981) Terrassenprofile (Abb. 6.73). Aufgrund der Flussterrassenmorphologie sowie der Beziehungen zwischen Lineardünenausrichtung und Flussnetz und der fehlenden Flussnetzverzweigungen (Nebentäler, Abb. 6.74) wie auch der Beziehungen zwischen den großen Pfannen und dem unteren Molopo-Tal (Abb. 6.64) ist von einer sehr alten Anlage der Haupttalungen in der SW-Kalahari auszugehen, die „*sicherlich bis ins Tertiär zurückreicht*" (Heine 1981). Der Aufbau der verschiedenen Terrassen, die nach Süden morphologisch weniger deutlich hervortreten und schließlich bei Abiquas Puts unter jüngere Sedimente abtauchen (bei 27°20′ S, 20°10′ E, ca. 820 m NN; Abb. 6.73), dokumentiert zahlreiche Wechsel der morphodynamischen Prozesse, die vorwiegend klimatisch gesteuert wurden. Datierungen der Formen und Sedimente wurden bisher nicht vorgenommen.

Während die Geomorphologie der Täler von Auob, Nossob und Molopo in der südwestlichen Kalahari deutlich die Spuren quartärer hygrischer Klimaschwankungen zeigt, ist dies in der westlich gelegenen arideren Region nicht mehr der Fall. Die vom Hochland durch die Namib zum Atlantik fließenden Gewässer haben zwar teilweise tiefe Täler im Bereich der Großen Randstufe und der Namib-Wüste geschaffen, doch können bisher nur die spätglazialen und holozänen Sedimente

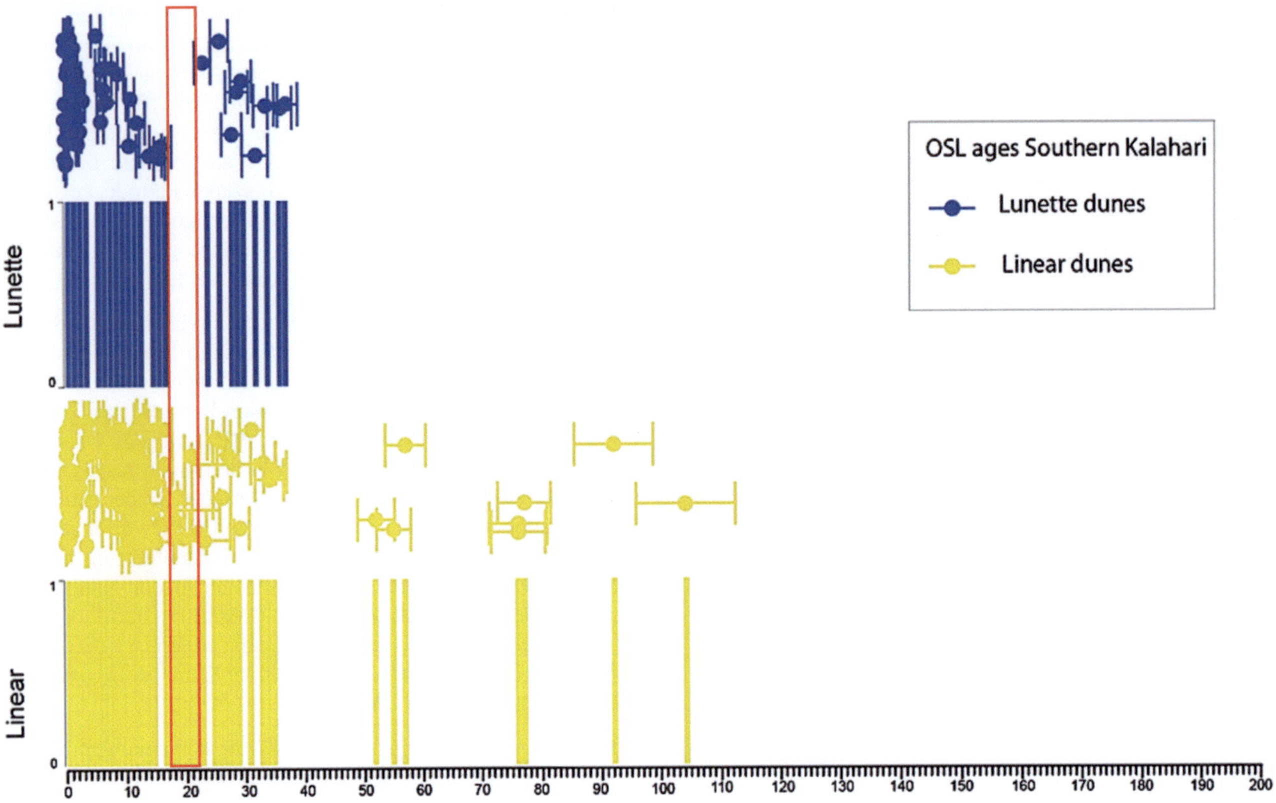

Abb. 6.68 Alter von Lineardünen und Lunettedünen der südwestlichen Kalahari. Das LGM ist durch den *rot gekennzeichneten Balken* markiert. Lunettedünenbildung am Rand der Pfannen fand im LGM nicht statt. Dies kann erklärt werden, wenn eine Seenbildung die Auswehung aus den Pfannen verhinderte. (Zusammengestellt von Thomas und Burrough 2016, ergänzt)

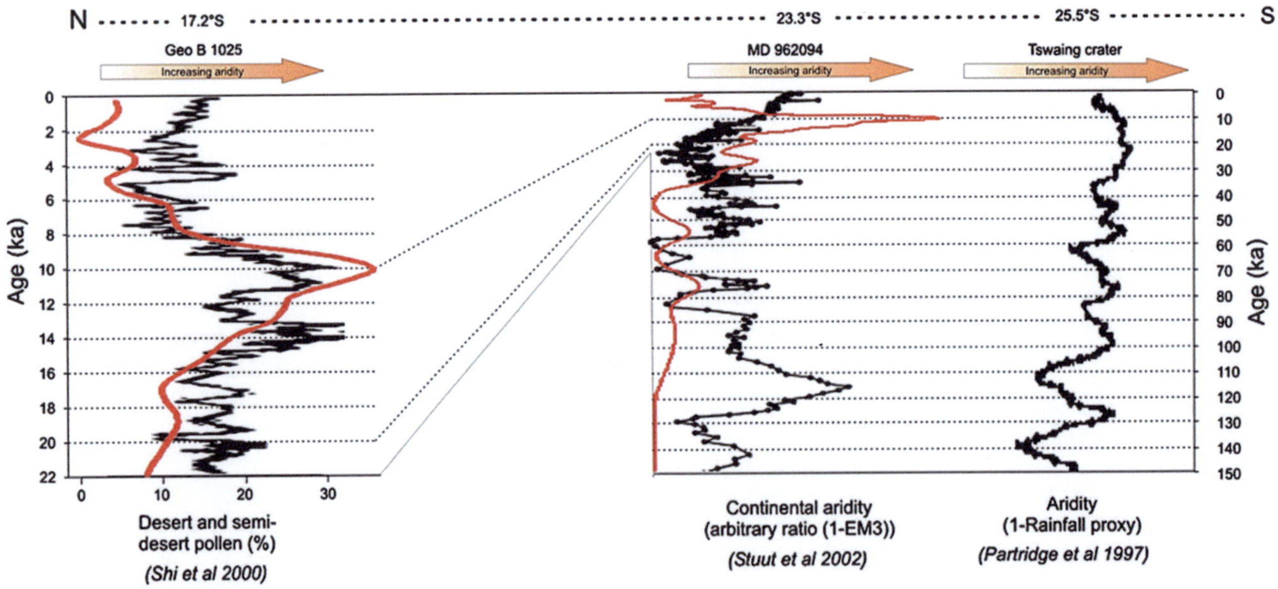

Abb. 6.69 Aktivität der äolischen Prozesse (*rote Linie*) aufgrund der OSL-Datierungen von Lineardünensanden der SW-Kalahari im Vergleich zu marinen (GeoB 1025 und MD 962094, rund 1500 km entfernt) und limnischen (Tswaing-Krater, 800 km entfernt) Proxys. Aride Phasen werden korreliert. Es wurde weiter oben gezeigt, dass die Interpretation der marinen Sedimente von Stuut et al. (2002) problematisch ist. Auch die Ariditätskurve des Tswaing-Kraters von Partridge et al. (1997) ist umstritten. (Aus Telfer und Thomas 2007)

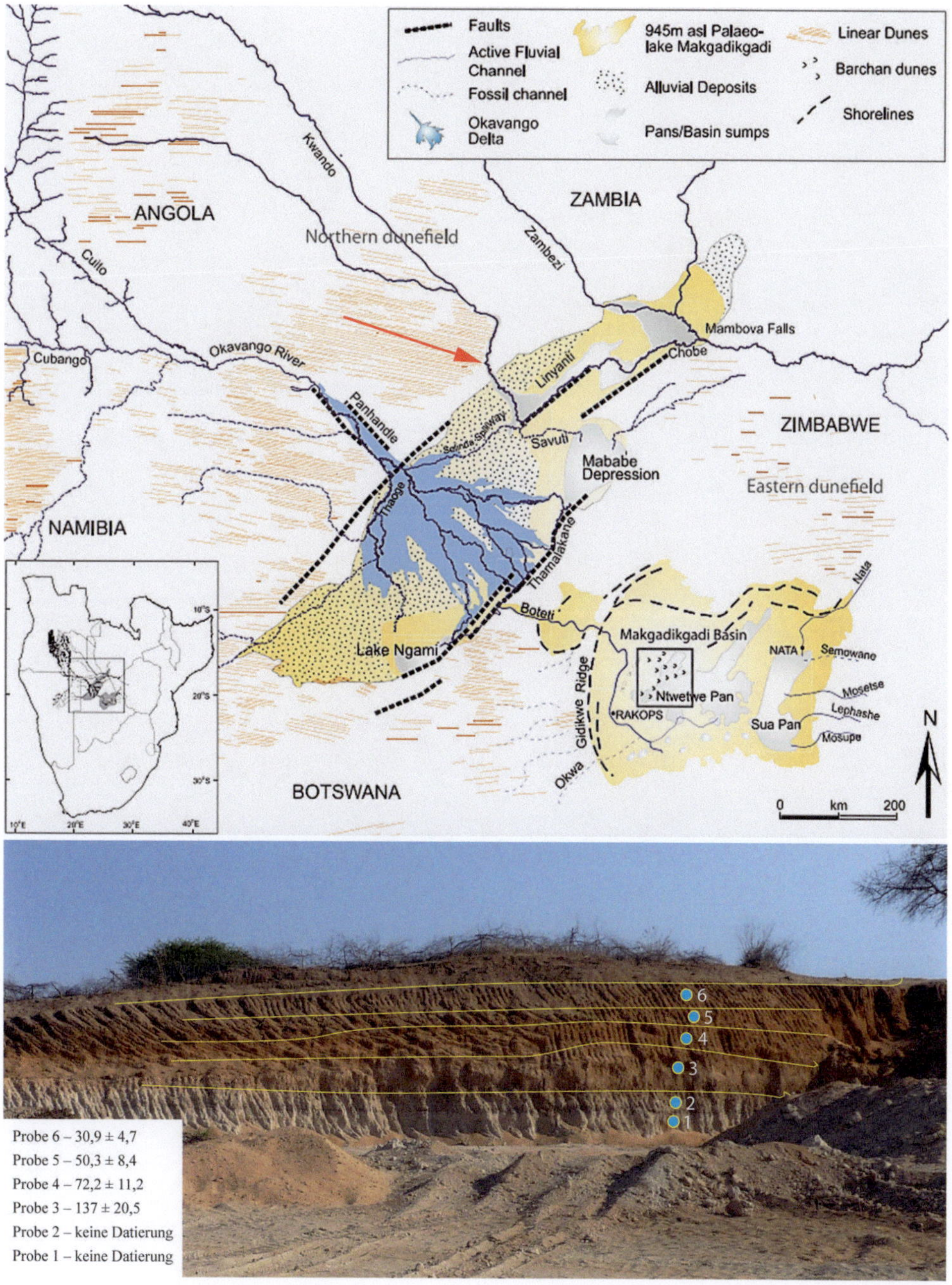

Abb. 6.70 *Oben*: Die *kleine Karte* zeigt die hydrologischen Flusssysteme von Okavango, Cuando und Sambesi, die im Jungquartär der Region des Ngami-Sees, des Okavango-Deltas, der Mababe-Depression und dem Linyanti-Chobe-Gebiet Wasser zuführten. Durch den Botletle (Boteti) erhielten auch die Makarikari-Pfannen Wasser. Das ostafrikanische Riftsystem läuft zwischen dem Sambesi und dem Ngami-See aus. Das Makarikari-Becken (Makgadikgadi Pans) ist nicht mehr Teil des Riftsystems. Das Okwa-Talsystem, das von Südwesten das Makarikari-Becken erreicht, hat nach Burrough et al. (2009b) für die Paläoseen in den Makarikari-Pfannen keinerlei Bedeutung. Neue Untersuchungen (Riedel et al. 2014) stellen jedoch den paläohydrologischen Einfluss des LGM-zeitlichen Okwa-Flusses heraus (vgl. Abb. 6.112), der von Shaw et al. (1992) bereits angedeutet wird. *Roter Pfeil*: Namushasha-Profil im Cuando-Gebiet (17°55′29,6″ S, 23°20′11,8″ E, ca. 972 m NN). Karte nach Thomas und Burrough (2016). *Unten*: Namushasha-Profil mit Probennahmestellen und OSL-Alter. Höhe des Aufschlusses ca. 7 m. Die Proben 1 und 2 befinden sich in fluvial-limnischen Ablagerungen (eines Paläosees?). OSL-Daten: Ulrich Radtke und Alexandra Hilgers, Geographie, Universität Köln. (Foto: alueni-images)

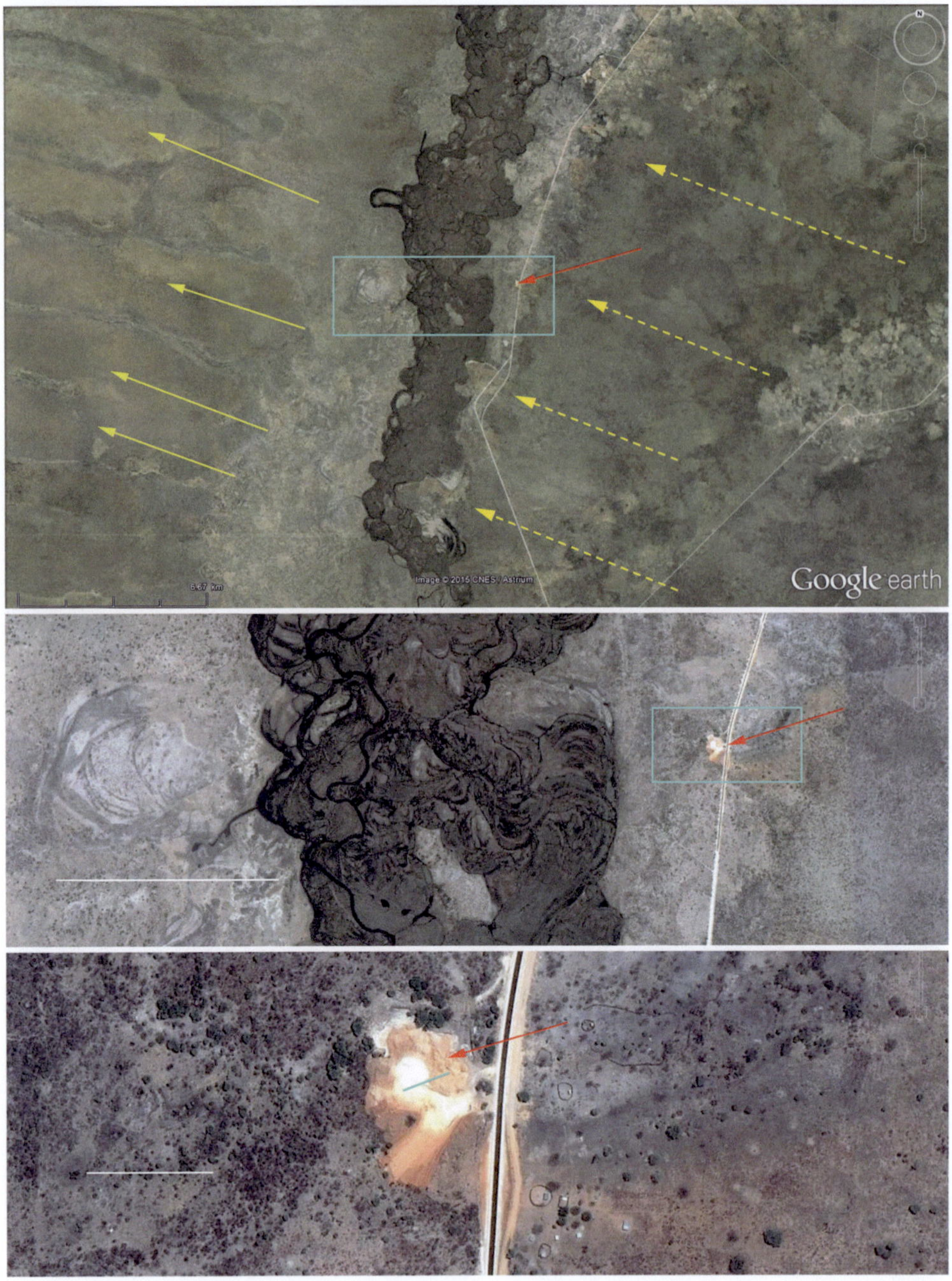

Abb. 6.71 GOOGLE-Bilder der Umgebung des Namushasha-Profils. *Blaue Rechtecke*: Ausschnitte der jeweils darunter gezeigten Bilder. *Oben*: Übersicht des Cuando-Tals und angrenzender Lineardünengebiete. *Roter Pfeil*: Namushasha-Profil. *Gelbe Pfeile*: Alte Lineardünensysteme westlich der Cuando-Niederung. *Gerissene gelbe Pfeile*: Stark erodierte Lineardünen östlich der Cuando-Niederung. In diesem Bereich wurden die Lineardünen durch Überflutungen und Niederschläge bis auf inselartige Reste abgetragen (*dune over-washing*). *Mitte*: Ausschnitt. Die Namushasha-Düne wurde vom mäandrierenden Cuando von den Seiten teilweise abgetragen (Weißer Maßstabsbalken: 4000 m). *Unten*: Ausschnitt. *Blauer Balken*: Lage des Profils im Jahr 2012. (Weißer Maßstabsbalken: 150 m)

paläoklimatisch gedeutet werden. Dies geschieht weiter unten (Abschn. 6.2.4–Abschn. 6.2.5).

Die Auswirkungen von Klimawandel, Meeresspiegelschwankungen und kontinentaler Hebung seit dem Jungtertiär auf ein ephemeres Flusssystem der Namib-Wüste rekonstruieren Stollhofen et al. (2014) aufgrund der Sedimente und Formen der Namib-Küste in NW-Namibia (Abb. 6.75). Der Horingbaai-Schwemmfächer gliedert sich in obere, mittlere und untere Abschnitte. Im oberen und mittleren Schwemmfächer dominieren *braided-river*-Systeme. Nur im oberen Schwemmfächer sind *hyperconcentrated flow deposits* (Ablagerungen extrem sedimentbeladener Abflussereignisse; s. Svendsen et al. 2003) zu finden. Marine Terrassen von plio/pleistozänen Meeres-

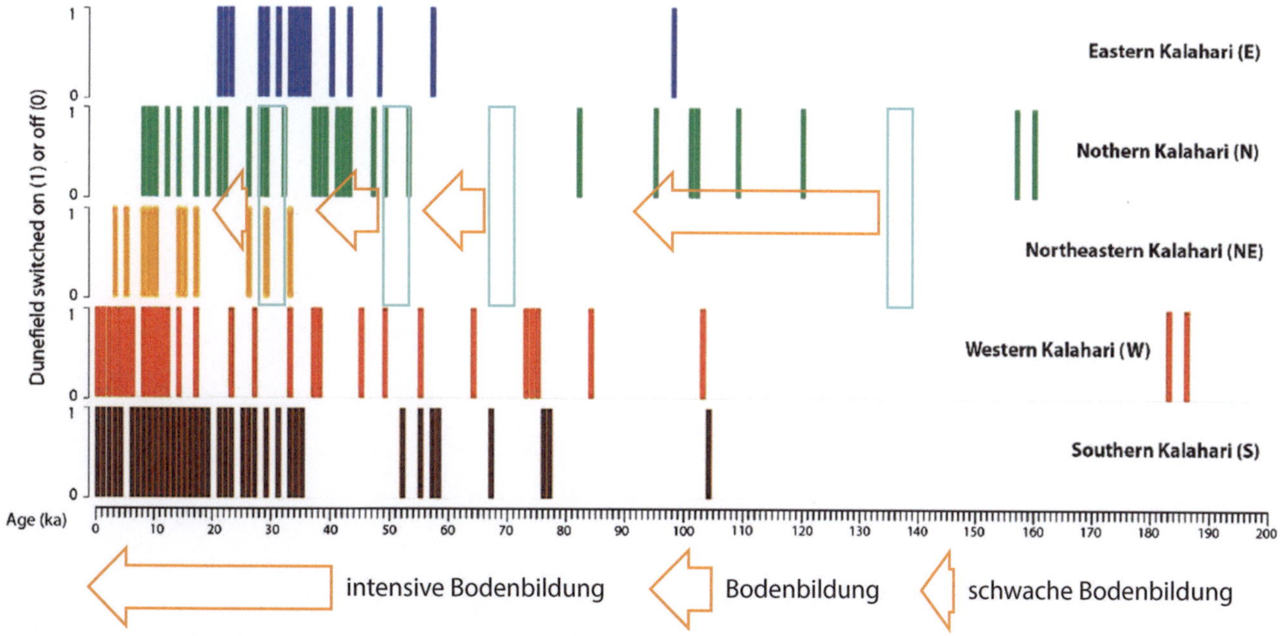

Abb. 6.72 Alter (0 bis 200 ka BP) der Akkumulation der Lineardünen und Sandfelder der Kalahari (nach Thomas und Burrough 2016). Ergänzt durch die Namushasha-Dünenbildungsphasen (*blaue Rechtecke*) und Bodenbildungsphasen (*ockerfarbene Pfeile*)

spiegelhochständen sind auf dem Schwemmfächer ausgebildet, ermöglichen eine Korrelierung mit marinen *records* und erlauben dadurch Datierungen der Schwemmfächerbildung. Zwischen <2,7–2,4 Ma fand die wesentliche Schwemmfächerbildung statt. Die *Oyster Terrace* entstand vor <2,4–2,2 Ma. Die Hauptanlage des Schwemmfächers fällt mit einer Hebung der Region (ca. 12 ± 5 m/Ma) und einem Klimawandel im südwestlichen Afrika zusammen; Letzterer wird mit den nordhemisphärischen Kaltzeiten in Verbindung gebracht. Die jüngeren Schwemmfächerbildungsphasen sind schwächer und auf Bereiche beschränkt, die unterhalb der 10 m marinen Terrassenkörper (mit fast ausschließlich Kaltwasserfauna) liegen (Abb. 6.76). Diese Terrassen korrespondieren mit dem Beginn der markanten glazial/interglazialen Klimaschwankungen, die dem allgemeinen Aridifizierungstrend überlagert sind, sowie mit den kälteren SSTs nach 2,2 Ma (Stollhofen et al. 2014).

Der Horingbaai-Schwemmfächer hat sein Einzugsgebiet ausschließlich in der Namib-Wüste. Wird der Aufbau des Schwemmfächers zugrunde gelegt, der Erosionsleistungen im Bereich der Namib-Wüste repräsentiert, zeigt sich auch hier – wie bei den Speläothemen der Rössing-Höhle – eine Intensivierung der Aridität bzw. eine Verringerung der Humidität während der Warmzeiten seit dem Mittelpleistozän. Bemerkenswert ist, dass in der Rössing-Höhle, die nur ca. 140 km südöstlich des Horingbaai-Schwemmfächers liegt, Speläothem-Wachstum bzw. pluviale Phasen zeitgleich mit marinen Terrassen (*Upper Vein Quartz Terrace*, ca. 400 ka BP, *Lower Vein Quartz Terrace*, ca. 320 ka BP, *Upper Donax Terrace*, ca. 220 ka BP und *FLV Terrace*, ca. 120 ka BP) auftreten. Warum zwischen der *Upper Vein Quartz Terrace* und der *Oyster Terrace*, die ein frühpleistozänes Alter hat, weder bedeutende Speläotheme noch bedeutende marine Terrassen gebildet wurden, bleibt unbekannt.

Sehr unterschiedliche geomorphologische Paläoklimaarchive (*Speleothems*, Moränen, Dünen, fluviale Bildungen), die weit ins Mittel- (und Alt-)Pleistozän zurückreichen und damit lange Zeitreihen repräsentieren, belegen bedeutende Klimaschwankungen im Quartär im tropischen und randtropischen Afrika – auch vor dem letzten Glazial. Bisher ist die altersmäßige Einordnung dieser Archive lückenhaft und oft hypothetisch. Die Synopse der Daten zeigt deutlich, dass (i) die älteren (alt/-mittelpleistozänen) Warmzeiten sowohl im tropischen als auch randtropischen nord- und südhemisphärischen Afrika feuchter als die Kaltzeiten waren und (ii) die Intensität der interglazialen Feuchtphasen seit mindestens dem MIS 11 (ca. 400 ka BP) immer geringer geworden ist.

6.2.2 Das letzte Hochglazial (*Last Glacial Maximum*, ca. 21.000 Jahre vor heute) in Zentral- und Ostafrika

Für das tropische Zentral- und Ostafrika gibt es heute viele übereinstimmende Zeugnisse für eine größere Aridität während des LGM im Vergleich zu heute, obgleich Trauth et al. (2003) im LGM (zwischen 21 und 17,5 ka BP) für den Naivasha-See höhere Seespiegel rekonstruieren. Dieser Hochstand soll mit einem höheren Niederschlags/Evaporationsverhältnis im Tanganyika-Becken korrelieren (Gasse et al. 1989). Die neueren Studien stehen dem entgegen, beispielsweise die detaillierten Daten aus dem Kongo-Becken (Runge 2001a, 2015), vom Malawi-See (TC Johnson et al. 2016), von Mauritius (van der Plas et al. 2012) und vom Tritrivakely-See in Zentralmadagaskar (Gasse und van Campo 2001) (Abb. 6.39). Die Studien belegen extrem

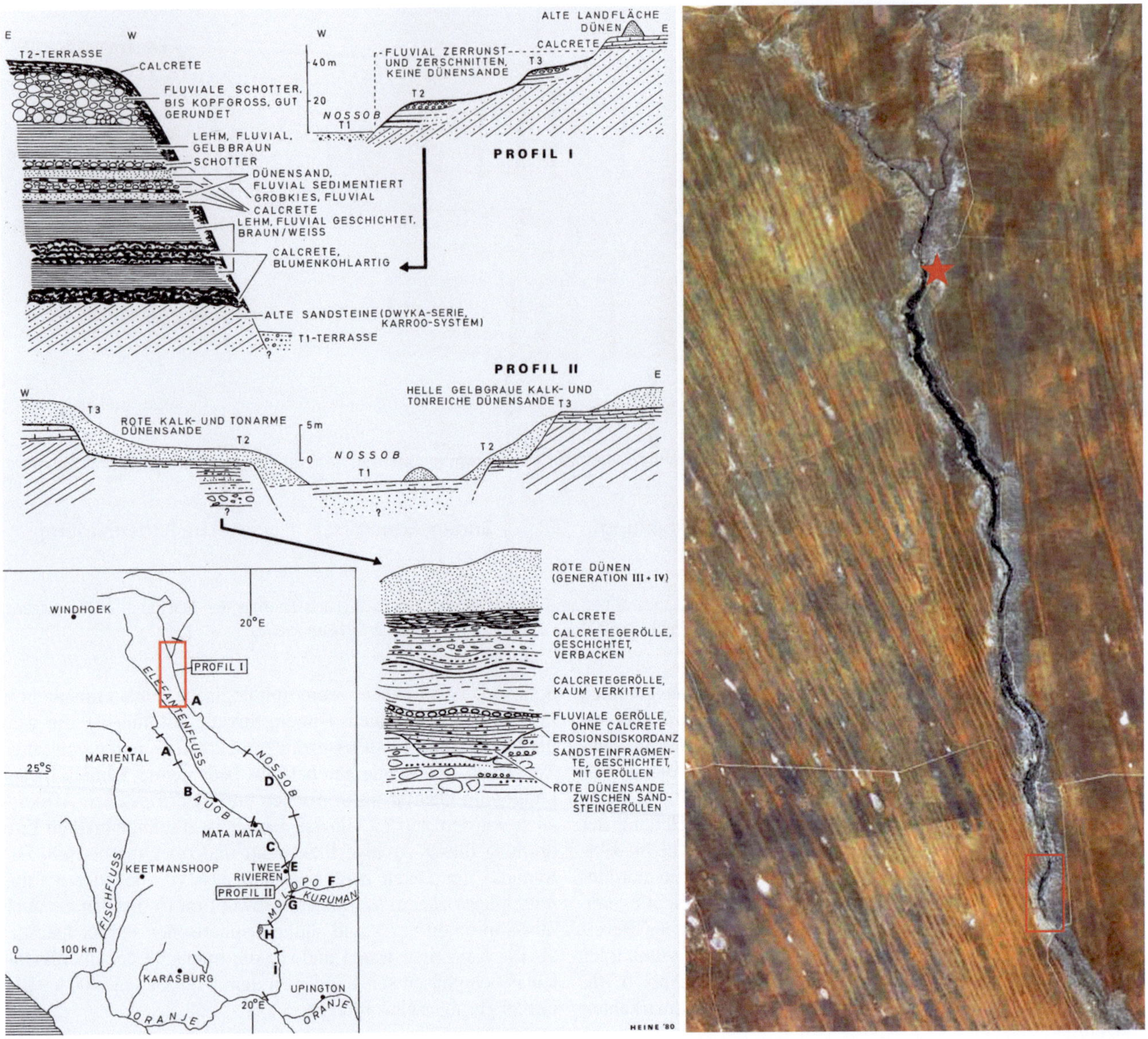

Abb. 6.73 *Links*: Nossob-Terrassenprofile (ca. 23°09′ S, 18°42′ E). In der Nebenkarte sind verschiedene Talabschnitte mit *Großbuchstaben* gekennzeichnet, die die von NE nach SW abnehmenden Niederschläge widerspiegeln und von Heine (1981) beschrieben wurden (nach Heine 1981). *Rotes Rechteck*: Ausschnitt des Satellitenbilds. In dem Übersichtskärtchen bedeuten A bis I verschiedene Talabschnitte, die sich aufgrund der geomorphologischen Phänomene unterscheiden: A – Nördlich von ca. 25° S sind die Talsohlen breit, die Flussbetten schmal; niedrige holozäne Flussterrassen im Talbereich deuten auf Phasen mit geringer Erosion bzw. Akkumulation hin; die Longitudinaldünen reichen nicht an den Hängen ins Tal. B – schmales (sub)rezentes Flussbett; Schuttfächer von den Hängen bis zum Flussbett; im südlichen Teil fehlt das Flussbett; Hangschutt bis ins Tal; Longitudinaldünen reichen bis zur Talsohle. C – Ebene Talsohle ohne Flussbett; Longitudinaldünen bis zur Talsohle. D – Teilweise mäandrierender Verlauf (Nossob) und fossile Talschlingen; von Norden kommen inaktive Nebentäler. E – Schmale weißgraue Longitudinaldünen queren das Molopo-Tal; keine Hinweise auf jüngere Erosion bzw. Akkumulation. F – Longitudinaldünen reichen von den Hängen bis zur Talsohle, queren diese aber nicht; Spuren junger fluvialer Prozesse im Talsohlenbereich. G – Der untere Kuruman führt episodisch Wasser (z. B. 1947, 1976, 1988); geringe Erosion/Akkumulation. H – Dünen queren regelmäßig das Tal; keine fluvialen Prozesse; teilweise ein von Dünen bedeckter Endsee. I – Talsohle ist frei von Dünen. Die unterschiedliche Formung der Talsohle (T1-Terrasse), der Talhänge, des Talverlaufs, der Talweite und der (fehlenden) Dünenbedeckung dokumentieren räumlich wie zeitlich stark differenzierte fluviale und äolische Prozesse, die paläoklimatisch interpretiert werden können (Einzelheiten bei Heine 1981; vgl. Abb. 6.120; alueni-images).
Rechts: GOOGLE-Bild des Nossob-Tals mit Lineardünensystemen der westlichen Kalahari. Die *hellen Flecken* zwischen den Lineardünenwällen sind Pfannen. *Roter Stern*: Lage von Profil I. *Rotes Rechteck*: Abb. 6.74

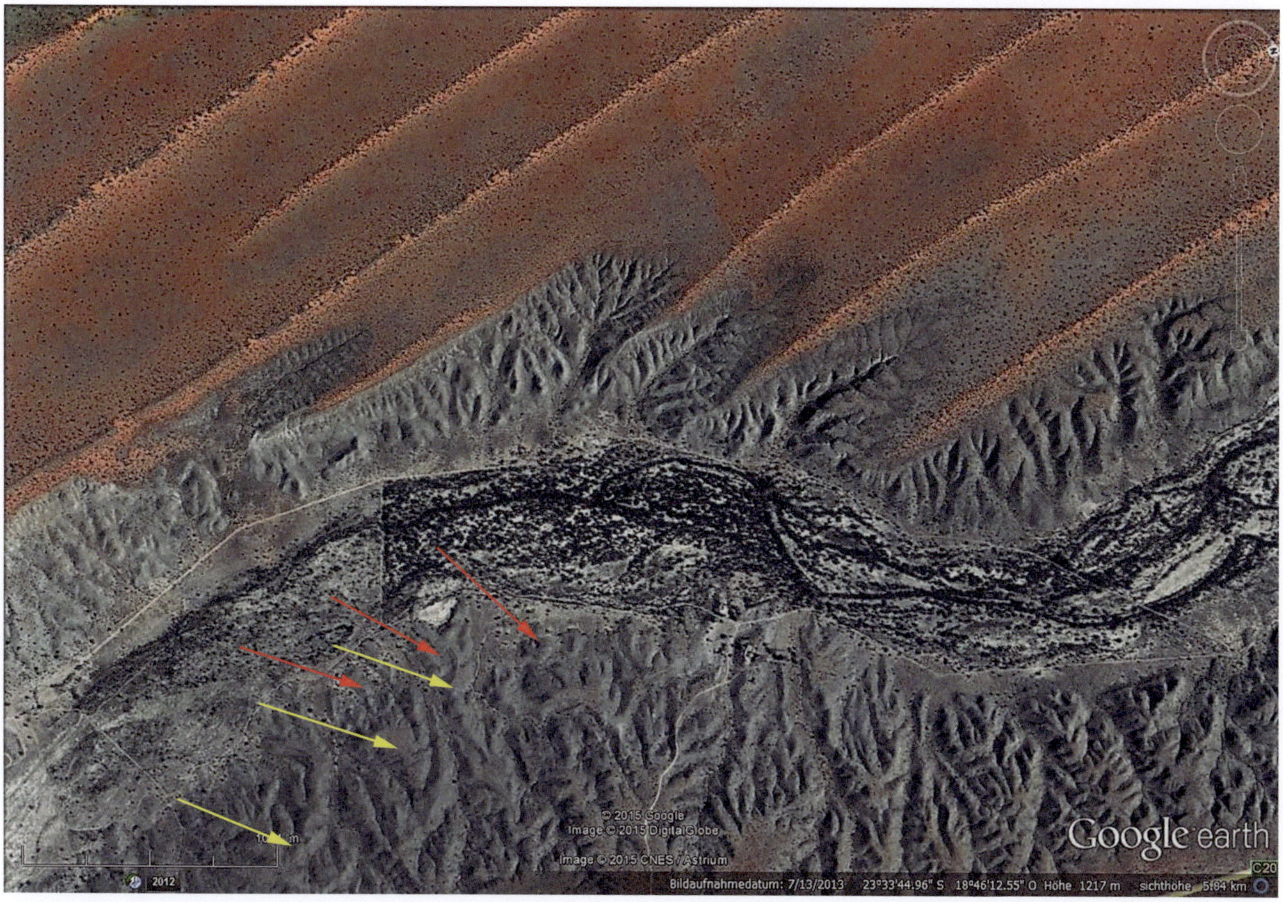

Abb. 6.74 Nossob-Talung. Nördlich von 25° S ist oft eine breite Talsohle mit relativ schmalem Flussbett, jedoch alten verzweigten Rinnen ausgebildet, das nur gelegentlich nach heftigen Niederschlägen Wasser führt. Verschiedene Terrassen an den Talhängen deuten auf Erosions- und Akkumulationsphasen. Die Talhänge sind fluvial zerschnitten, ebenso die Terrassenreste der T2- (*rote Pfeile*) und T3- (*gelbe Pfeile*) Terrassen (vgl. Abb. 6.73). Die Lineardünen befinden sich allein auf der alten Landoberfläche; dort bedecken sie die tertiären Calcretes großer Mächtigkeit und schützen sie vor Erosion; die Dünen reichen nicht in den Talbereich; die geomorphologische Situation bezeugt die Lagekonstanz der Dünenkörper. Die Erosion der Hänge greift vom Talboden aus in den Bereich der Dünentäler (*Interdune corridor*) ein. Terrassenreste, Erosionsformen an den Talhängen und die Calcrete-Bildungen auf den Terrassenresten dokumentieren Klimaschwankungen größerer Intensität im mittleren und frühen Quartär. Die Talfüllung (T1) am unteren Nossob besteht aus letzteiszeitlichen und holozänen Sedimenten (Heine 1981). (GOOGLE-Bild. Norden ist *rechts*)

trockene Klimabedingungen während des LGM i. w. S. Auch vom Tanganyika-See werden aufgrund seismischer Daten und ^{14}C-Datierungen sehr niedrige Seespiegelstände (~ -260 m) während des LGM genannt (McGlue et al. 2008). Sie stimmen mit palynologischen Daten überein, die für das LGM eine Temperaturdepression von ca. 4,2 °C und eine Abnahme der Niederschläge von ca. 180 mm/a annehmen (Vincens et al. 1993). Von großer Bedeutung sind daher Paläoklimaarchive, die aus den heute ganzjährig warm-feuchten Regenwaldgebieten des Kongo-Beckens stammen und die eine größere LGM-zeitliche Aridität im zentralen äquatorialen Afrika (entsprechend dem zentralen Amazonasbecken) belegen. Allerdings sind die Paläoklimaarchive des Kongo-Beckens (Af- und Teile der Aw-Klimagebiete, Abb. 6.2 und 6.77) wesentlich lückenhafter als für die Regionen außerhalb des Kongo-Beckens in West-, Ost- und Südafrika. In ihren Synopsen behandeln weder Gasse (2000), Gasse et al. (2008) noch Nash und Meadows (2012) Paläoklimaarchive aus dem Kongo-Becken.

Da während der kältesten Phasen der Glaziale in den Warmtropen (i. S. von Lauer 1975) die Temperaturdepressionen nie zu Werten führten, die für wärmeliebende Pflanzen kritisch wurden, kann die Reduzierung der tropischen Regenwälder allein mit dem verfügbaren Niederschlagsangebot erklärt werden. Die Rekonstruktion der LGM-zeitlichen Niederschlagsverhältnisse für den äquatorialen Regenwald wurde auf verschiedene Weise versucht. Schefuß et al. (2003, 2005) analysierten die Isotopenzusammensetzung der terrigenen Pflanzenlipide von marinen Sedimentkernen (ODP 1077 und GeoB 6518) vor der Kongomündung, um die Niederschlagveränderungen des innertropischen Afrika für das Quartär bzw. für die letzten 20 ka BP zu rekonstruieren und mit SSTs des Südatlantiks zu vergleichen. Schefuß et al. (2005) dokumentierten für das Kongo-Becken ein arides Hochglazial (> 20–17 ka BP); bis ca. 13 ka BP nahmen die Niederschläge zu, um ab 12,9 ka BP mit dem Beginn der YD plötzlich abzunehmen. Nach der YD stiegen die Niederschläge wieder an, erreichten um 9 ka BP ihr Maximum und

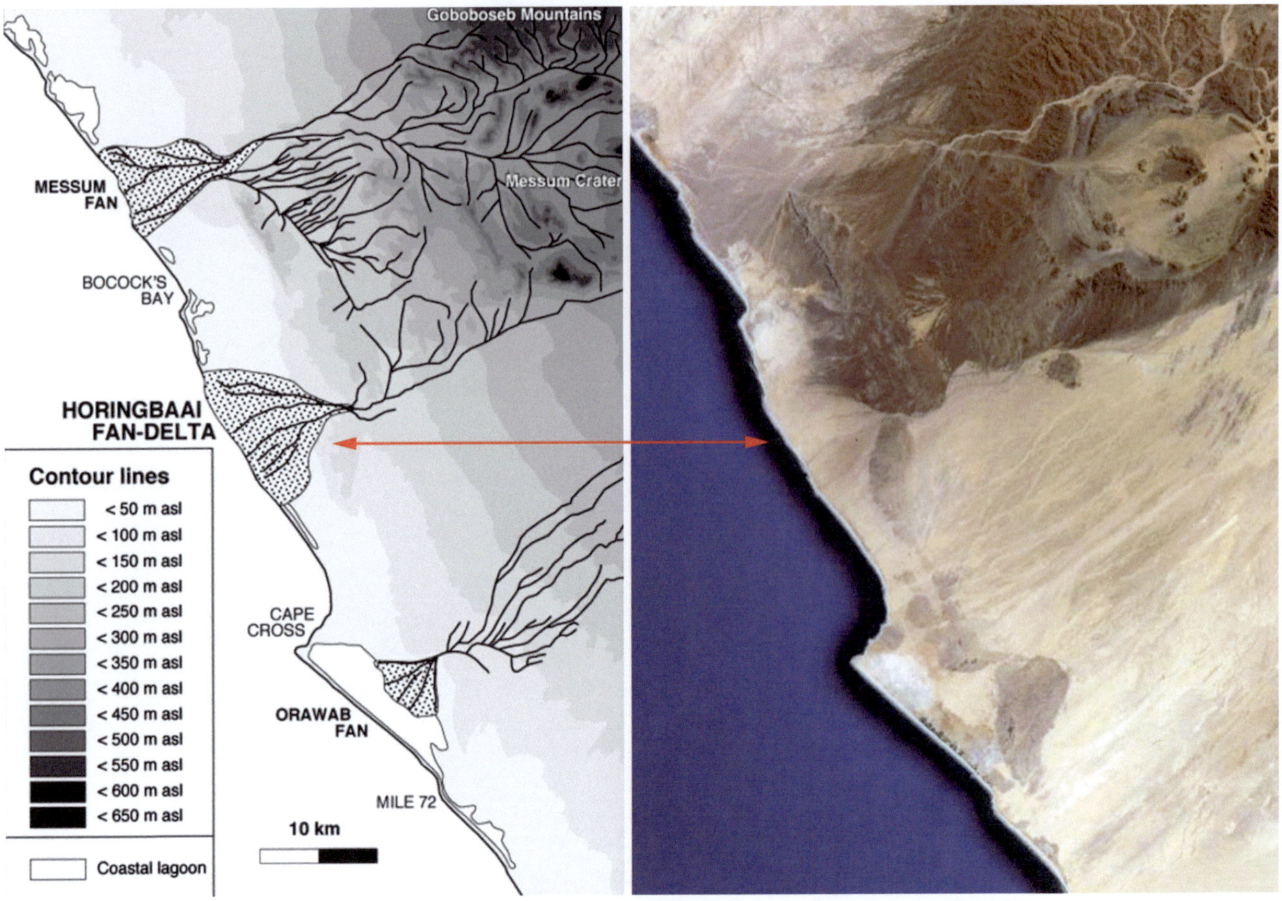

Abb. 6.75 *Links*: Skizze der Namib-Küste mit dem Horingbaai-Schwemmfächer (ca. 21°37′ S, 13°55′ E) (aus Stollhofen et al. 2014). *Rechts*: GOOGLE-Bild. Das Einzugsgebiet des Schwemmfächers liegt in der Namib und hat keine Verbindung zum niederschlagsreicheren Hinterland

verringerten sich leicht bis zur Gegenwart. Die Autoren folgern, dass die (jung)quartären Niederschlagsänderungen im Wesentlichen durch die Unterschiede in den SSTs zwischen den Tropen und Subtropen im südatlantischen Bereich bestimmt wurden; sie finden keine Hinweise, dass Veränderungen in der Position der ITCZ einen entscheidenden Einfluss auf die allgemeine Verfügbarkeit der Feuchtigkeit in Zentralafrika hatten. Daher folgern sie, dass die ozeanische Zirkulation – und damit die Muster der SSTs – den atmosphärischen Feuchtigkeitstransport in das äquatoriale tropische Afrika bestimmte. Die Daten ergänzen die Beobachtungen (i) zur LGM-Aridität bis 14,5 ^{14}C ka BP (Thomas 2000), (ii) zur Reduzierung der terrigenen Sedimentation vom Kongofluss im LGM (vgl. Giresse et al. 1982; Jansen et al. 1984) und (iii) zu den kühlen und semiariden Klimabedingungen zwischen 30 und 12 ^{14}C ka BP (Kadomura 1995).

Zentralafrika (Kongo-Becken)

In den letzten Jahren konnten Runge (2001a, 2001b, 2015) und Runge et al. (2014) wichtige Forschungsergebnisse aus dem Kongo-Becken zur jungquartären Klima- und Landschaftsgeschichte vorlegen und teilweise ältere Daten, die bereits (botanische und palynologische) Belege für eine Aridität im LGM beinhalten (z. B. De Ploey 1969; Preuss 1986; Coetzee 1967; Giresse et al. 1982; Maley 1991, 1996; Abb. 6.78), ergänzen. Geomorphologische Paläoklimaarchive rücken in den Vordergrund, da limnische Sedimente nur ein begrenztes Gebiet abdecken. Neben Bohrungen bieten vor allem größere Aufschlüsse bei Straßenbauarbeiten Einblicke in den Aufbau der jüngsten Sedimente und Bodenbildungen (Abb. 6.79).

Zahlreiche Aufschlüsse entlang der Nationalstraße N3 im östlichen Kongo-Becken wurden von Runge (2001a, 2015) und Runge et al. (2014) stratigraphisch erfasst und sedimentologisch-pedologisch bearbeitet (Abb. 6.79). Sedimente und fossile Böden dokumentieren vorzeitliche, klimagesteuerte morphodynamische Aktivitäts- und Stabilitätsphasen (Runge 2015). Mehrschichtige allochthone Bodenbildungen (Pedisedimente, Runge 2015) belegen Abtragungs- und Umlagerungsprozesse, die nicht unter einem tropischen Regenwald, sondern nur bei relativ offener Vegetationsformation (Savanne) stattfanden. In den Aufschlüssen bei Osokari (Abb. 6.79 unten links) wurden unter holzkohleführenden Decksedimenten (*hillwash*) mit Grobmaterialbändern (*stonelines*) sowie einer mächtigen *stoneline* in einer fleckigen und hellen Zone fossile Baumstämme gefunden, deren AMS ^{14}C-Alter zwischen rund 12.960 ± 330 und 36.680 ± 440 a BP liegen (Abb. 6.79 unten rechts). Die Alter lassen auf verstärkte morphodynamische Prozesse während

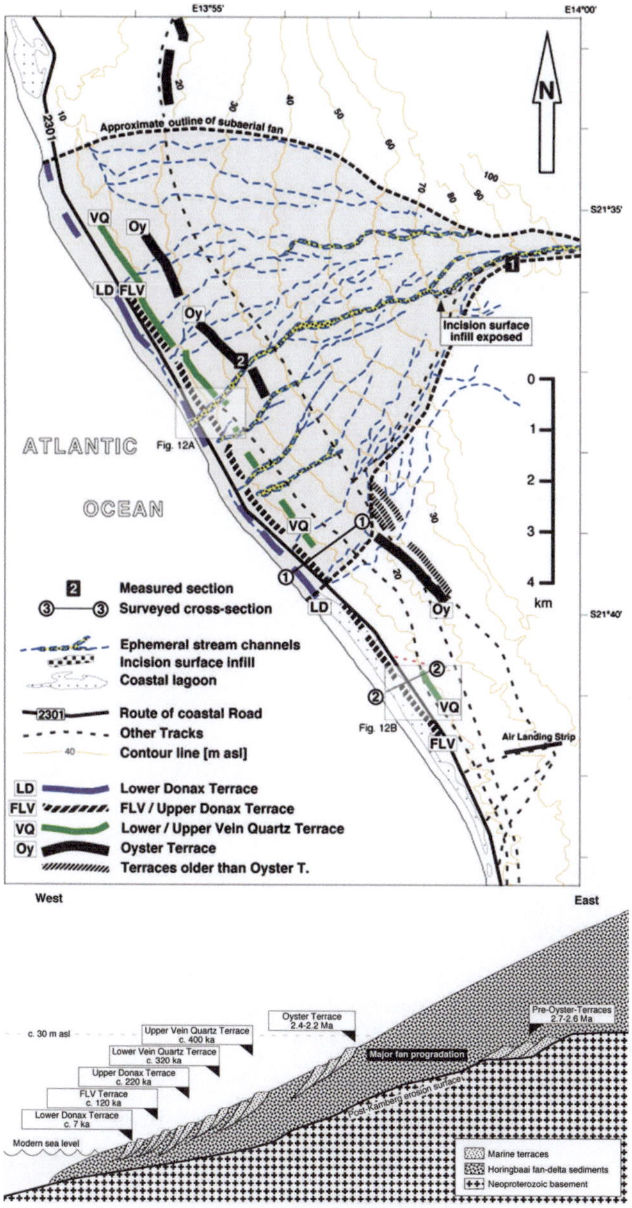

Abb. 6.76 *Oben*: Karte des Horingbaai-Schwemmfächers mit aktiven und inaktiven Abflussbahnen. Die plio/pleistozänen marinen Terrassen erlauben die zeitliche Einordnung der Schwemmfächerbildungsphasen. Die *Lower/Upper Vein Quartz Terrace* und die *FLV/Upper Donax Terrace* können auf der Karte nicht getrennt eingetragen werden, sind aber im Profil unterschieden. Die Lage der Profile, die bei Stollhofen et al. (2014) detailliert beschrieben werden, ist gekennzeichnet.
Unten: Schema des Horingbaai-Schwemmfächers mit den marinen Terrassen. Die Haupt-Schwemmfächerbildung erfolgte vor der Anlage der *Oyster Terrace* (<2,4–2,2 Ma), aber nach der Bildung der Abtragungsfläche der *Pre-Oyster Terrace*-Phase. Das Mittelpleistozän wird durch geringere Schwemmfächerbildung repräsentiert. Das obere Pleistozän und Holozän zeigt marine Terrassen, die während warmzeitlicher Meeresspiegelhochstände gebildet wurden. (Aus Stollhofen et al. 2014)

des LGM, aber auch schon im MIS 3 und im *Termination I* schließen. Runge (2015) weist darauf hin, dass die Stratigraphie der Osokari-Beckenfüllung über permokarbonen Tongesteinen komplex ist und „vermutlich mehrere quartäre Phasen verstärkter morphodynamischer Aktivität“ umfasst. Perioden mit flussgesteuerter Akkumulation (Alluviation) und lateraler fluvialer Erosion (Sedimenteintrag) haben somit in den letzten 36.000 Jahren mehrfach gewechselt (Runge 2015).

Die geomorphologischen Paläoklimaarchive (Abb. 6.79) sind Belege für die Aridität während des LGM, das Fehlen des tropischen Regenwalds und intensive morphodynamische Prozesse. Hori (1977) hat für Kamerun aufgrund detaillierter geomorphologisch-pedologischer Feldstudien den Ersatz des tropischen Regenwalds durch ein Savannen-Ökosystem im LGM belegt (vgl. Abb. 4.41). Geomorphologische Archive ergänzen eindrucksvoll die paläobotanischen Befunde, die eine starke LGM-zeitliche Reduzierung des tropischen Regenwaldes in weiten Teilen des Kongo-Beckens (Abb. 6.78) zeigen. Anhuf et al. (2006) gehen davon aus, dass die Flächen des tropischen Regenwaldes (einschließlich der immergrünen und halbimmergrünen Wälder) im LGM um 84 % reduziert waren. Die geomorphologischen Paläoklimaarchive dokumentieren – in Ergänzung zu den Daten aus den tropischen Savannengebieten (s. u.) – intensive Klimaschwankungen auch im Bereich der inneren, heute warm-feuchten Tiefland-Tropen (Abb. 6.80). Eine Reduzierung der Niederschläge führte zur Intensivierung der Abtragungsleistungen, und – *vice versa* – eine Zunahme der Regenfälle zu einer Abnahme der Abtragungsraten. Dies wird oft bei der Klimarekonstruktion aus marinen Bohrkernen nicht berücksichtigt oder gar falsch bzw. entgegengesetzt interpretiert (z. B. Arz et al. 1998).

Aufgrund einer umfangreichen Auswertung von acht marinen Sedimentkernen des tropischen Atlantiks zwischen ca. 21° N und 17° S entlang der afrikanischen Westküste zeigen Collins et al. (2011), dass der tropische afrikanische Regengürtel (er bestimmt die Vegetationsformationen) während der letzten 23 ka BP keiner Verschiebung nord- bzw. südwärts unterlag; Kontraktion einerseits und Ausdehnung andererseits ließen die tropische Regenzone und damit die Vegetationszonen symmetrisch schrumpfen bzw. wachsen. Diese Befunde ergänzen terrestrische Beobachtungen, die seit über 100 Jahren zusammengetragen wurden; auf der Basis von vielfältigen terrestrischen lithologischen und biologischen Indikatoren formulierte Fairbridge (1964, 1972) bereits vor einem halben Jahrhundert: *The equatorial humid (hot/wet) zone expands during interglacials and contracts during glacials* (Abb. 6.81). Die LGM-zeitliche starke Aridität, die im Kongo-Becken zur Auflösung des zusammenhängenden Regenwaldgebiets in zahlreiche Refugien führte, wird jedoch von den Analysen von Collins et al. (2011) nur andeutungsweise erfasst.

Collins et al. (2011, 2013a) wenden komplexe Methoden an und rekonstruieren Verbreitung und Niederschlagscharakteristika der afrikanischen tropischen Regenwaldzone. Da hier die Niederschläge zum größten Teil an die feuchte Jahreszeit (Zenitalregen) gekoppelt sind, ist die mittlere jährliche Niederschlagsmenge von der Länge und Intensität der saisonalen Regenzeit abhängig. Die räumliche Verteilung der mittleren

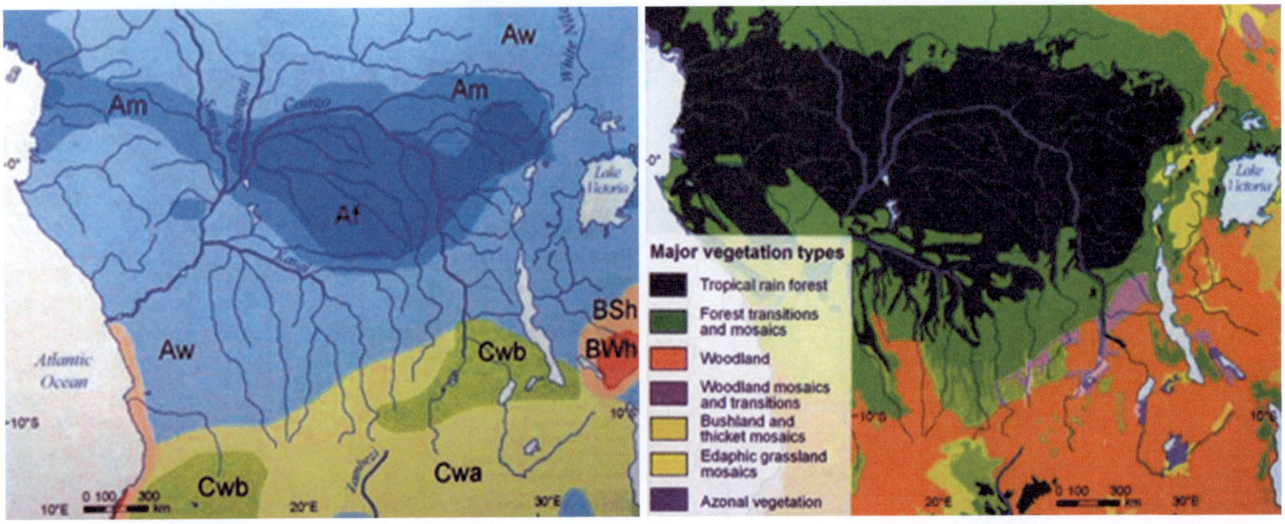

Abb. 6.77 *Links*: Das Klima Zentralafrikas nach Köppen-Geiger (vgl. Abb. 6.2) (aus Runge et al. 2014). *Rechts*: Die Vegetation Zentralafrikas nach White (1983) aus Runge et al. (2014)

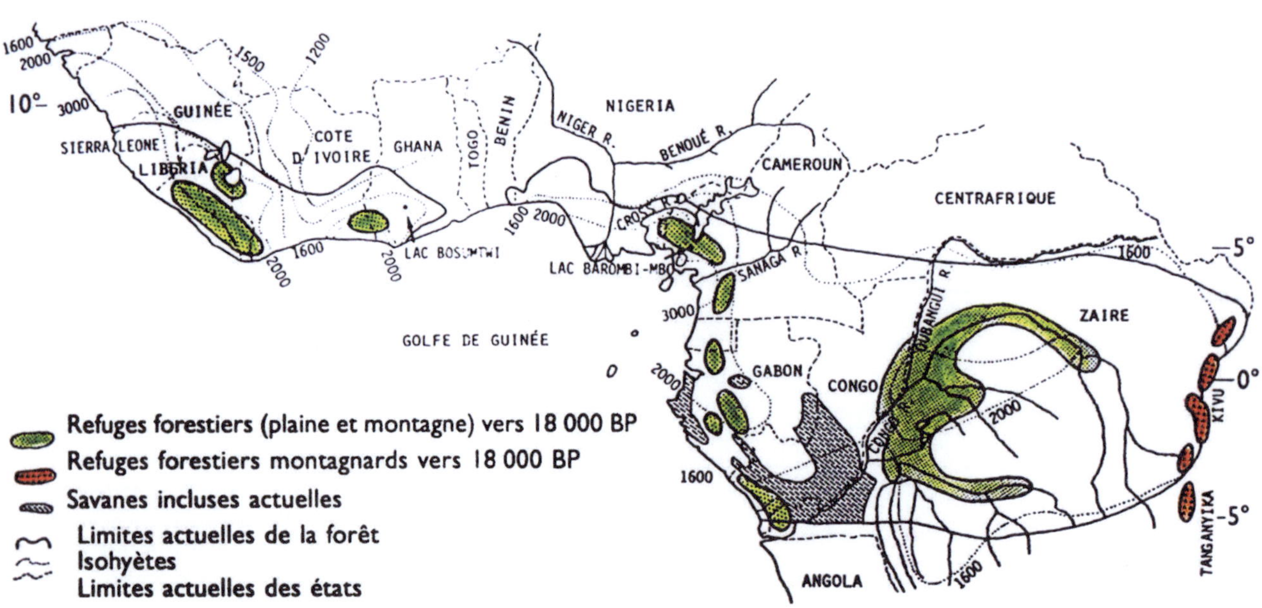

Abb. 6.78 Rekonstruktion der Regenwaldrefugien während des LGM (18 ^{14}C ka BP, ca. 22 ka BP). (Aus Maley 1996)

Jahresniederschläge spiegelt die Dauer der Regenzeit wider und weniger die Intensität derselben. Die Verteilung der C_3-Vegetation (Bäume und Sträucher) und der C_4-Vegetation (Gräser und Riedgräser) ist ebenfalls von der Länge der Regenzeit abhängig. Basierend auf der robusten linearen Regression vom heutigen Anteil der C_3-Vegetation und Regenzeitdauer + mittlerem Jahresniederschlag schätzen Collins et al. (2011) die Dauer früherer Regenzeiten aufgrund früherer Vegetationsformationen. Die Autoren erhalten die relative Beteiligung der C_3- und C_4-Vegetation an den marinen Sedimentkernen, indem die stabilen C-Isotopenverhältnisse der *n*-Alkane des Wachses der Pflanzenblätter bestimmt werden: Die C_3- und C_4-Vegetation produziert Wachse mit durchschnittlichen δ^{13}C-Werten von −35,2 ‰ bzw. −21,7 ‰. Runge (2001a) nennt jedoch wesentlich geringere Werte für C_4-Pflanzen aus der zentralafrikanischen Republik (Abb. 6.82). Collins et al. (2011) nehmen an, dass die *n*-Alkane der Pflanzen mit äolischem Staub und/oder Suspensionen der Flüsse ins Meer transportiert wurden.

Collins et al. (2011) stellen fest, dass die Vegetationsmuster im LGM (23–19 ka BP) und im HS1 (Heinrich-Even*t* 1, 19–16 ka BP) sehr ähnlich sind, wenn diese mit dem späten Holozän verglichen werden (Abb. 6.82). Während der beiden glazialen Perioden war die C_3-Vegetation gegenüber den Gräsern relativ gering, und zwar in den marinen Kernen in 21–12° N, die die Sahara und die Savannen repräsentieren, sowie in den Ker-

Abb. 6.79 *Links oben*: Bergiges Regenwaldgebiet bei Amisi (N3-Streckenkilometer 310–320; ca. 0°53′ S, 26°52′ E, ~550 m NN; Dem. Rep. Kongo). Die am Straßenanschnitt erkennbare Schleppe aus Hangschutt (*Pfeil*) deutet auf LGM-zeitliche starke Abtragungsprozesse unter einer aufgelichteten Vegetation (aus Runge 2015). *Rechts oben*: Interpretation des Profils (aus Runge 2001a).
Links unten: Straßenaufschluss bei Osokari (N3-Streckenkilometer 404–406; ca. 1°18′ S, 27°49′ E, ~620 NN). Die Mehrschichtigkeit des Profils mit holzkohleführendem Decksediment, welliger *stoneline* und mit ^{14}C-datierten fossilen Baumstämmen (*Pfeile*) schließt eine LGM-zeitliche Regenwaldbedeckung aus; es herrschte im LGM ein wechselfeuchtes Savannenklima (ca. 800–1000 mm Niederschlag/Jahr) mit morphodynamischer Aktivität (Abtragung, Umlagerung, Ablagerung) (aus Runge 2015, Profil nach Runge 2001a). *Rechts unten*: Übersicht der ^{14}C-Alter aus dem östlichen Kongo-Becken und den Monts Mitumba im stratigraphisch landschaftsgeschichtlichen Kontext. Probengruppen: a = Holzkohle aus Decksedimenten und Torfe; b = organische Sedimente und Pflanzenfasern aus dem Musisi-Karashoma-Sumpf, c = organische Sedimente und fossile Baumstämme bei Osokari. Nach der differenzierten Lage im Aufschluss kann in drei Phasen gegliedert werden: 36–28 ka, 21–18 ka, 13–12 ka. Die Grenze Pleistozän/Holozän wird durch eine markante *stoneline* markiert. (Aus Runge 2001a)

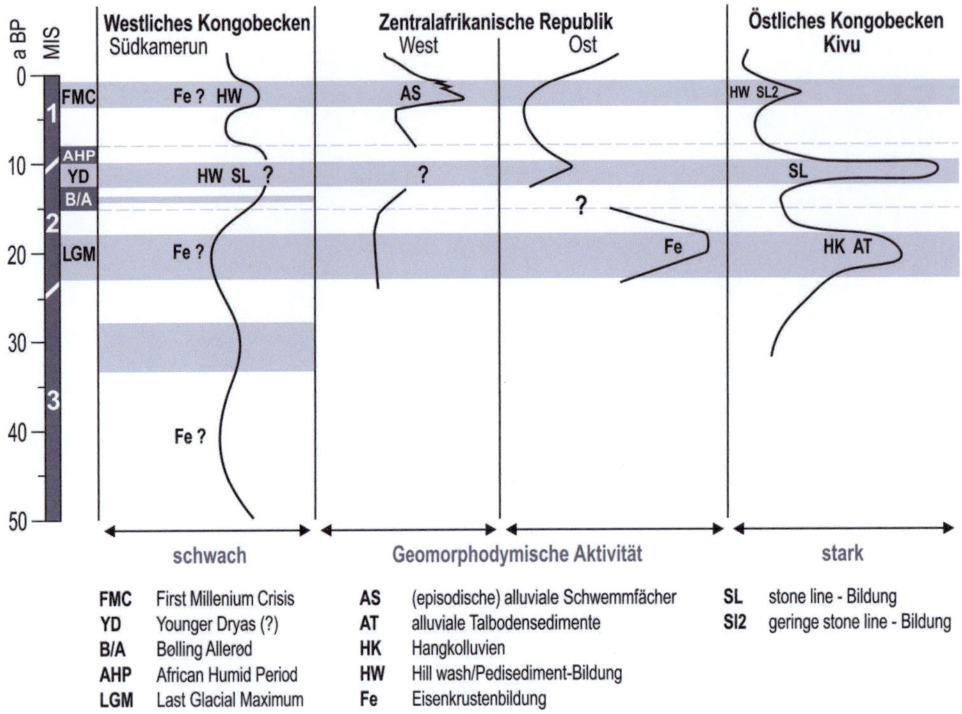

Abb. 6.80 Geomorphodynamische Aktivität (Prozesse der Abtragung, des Transports und der Sedimentation) in Zentralafrika seit dem MIS 3. (Aus Runge et al. 2014)

nen in 6–17° S, die für den kongolesischen Regenwald und die angolanisch-namibischen Savannen stehen. Aufgrund der C_3-Vegetationswerte wird eine Dauer der Regenzeit von 3 ± 1 Monate während des LGM und HS1 angenommen, was kürzer ist als der entsprechende Wert von 4 ± 1 für das späte Holozän. Der jährliche durchschnittliche monatliche Niederschlag wird für das LGM und HS1 von Collins et al. (2011) mit 6 ± 1 cm angegeben (spätes Holozän: 8 ± 1 cm/Monat). Im Gegensatz zur Abnahme der C_3-Vegetation in den peripheren Regenwaldgebieten zeigen sich keine Unterschiede in 9° N (entspricht der Guinea-Liberia-Regenwaldregion) zwischen LGM, HS1 und spätem Holozän. Die äquatornahe Kamerunregion (mariner Kern in 2°30′ N) weist im LGM und HS1 (bei Regenzeitlängen von 7 ± 1 Monaten) sogar mehr C_3-Vegetation auf als im späten Holozän (bei Regenzeitlängen von 6 ± 2 Monaten). Die mittleren Niederschläge waren dort im LGM und HS1 12 ± 2 cm/Monat gegenüber 10 ± 4 cm/Monat im späten Holozän.

Diese von Collins et al. (2011) vorgenommenen Rekonstruktionen feuchterer Klimabedingungen für den äquatornahen afrikanischen Regengürtel im LGM und HS1 stehen nicht nur im Widerspruch zu den geomorphologischen Befunden, sondern auch zu zahlreichen anderen Paläoklimaproxys (vgl. Hori 1977; Kadomura 1980, 1986). Botanische Paläoklimarekonstruktionen benutzen die Pollen aus limnischen Sedimenten. Bisher sind nur Pollenprofile von einigen Seen im Gebiet der afrikanischen äquatorialen Regenwälder bearbeitet; die für paläoklimatische Forschungen wichtigsten befinden sich im westafrikanischen Ghana (*Lake Bosumtwi*, ein 1,08 Ma alter Impakt-Krater) und in Kamerun (Lake *Barombi Mbo*, ein ca. 1 Ma alter vulkanischer Explosivkrater) (vgl. Gasse et al. 2008). Aus dem Kongo-Becken sind zwei bis ins LGM zurückreichende Pollenprofile bekannt (Elenga et al. 1994, 2004; Abb. 6.83).

(i) Der *Lake Bosumtwi* zeigt einen extrem niedrigen LGM-zeitlichen Seespiegel (Abb. 6.84), den Collins et al. (2011) mit regionalen Unterschieden in der Niederschlagsverteilung zu erklären versuchen. (ii) Die Sedimente des Lake *Barombi Mbo* (4°40′ N 9°24′ E, ca. 300 m NN; Abb. 6.85) wurden sedimentologisch, palynologisch, geochronologisch (^{14}C) und Isotopen-geochemisch ($\delta^{13}C$) (Maley et al. 1990; Giresse et al. 1991, 1994, 2014; Maley und Brenac 1998; Miller et al. 2016) untersucht mit dem Ergebnis, dass diese Region am Äquator zwischen 20 und 10 ka BP relativ arid war. Die $\delta^{13}C$-Werte verschieben sich in Richtung niedrigerer Werte (durchschnittlich −26 ‰ im Vergleich zu −32 ‰ während der holozänen Ausbreitung des Regenwaldes). Der Wert von −26 ‰ ist an der Grenze der charakteristischen Regenwald-Isotopenwerte (−26 bis −36 ‰) (Giresse et al. 1994; Abb. 6.82) und belegt zugleich, dass in dieser Region im LGM große Regenwaldrefugien im Savannenbereich existierten (Talbot und Johannessen 1992). (iii) Vom Batéké Plateaux (1–4° S, 14–16° E) beschreiben Elenga et al. (1994, 2004) trockenere Klimaverhältnisse zwischen 24 und 13 ka BP. (iv) Unabhängig von den limnischen Sedimenten belegen die geomorphologisch-paläopedologischen Beobachtungen zu Abtragung, Transport und Akkumulation (Handschutt, *stonelines*, *hillwash*-Sedimente, Runge 2001c; Preuss 1986; Schwartz 1988; Hori 1977) zweifelsfrei eine größere Aridität im heutigen Regenwaldgebiet während des LGM.

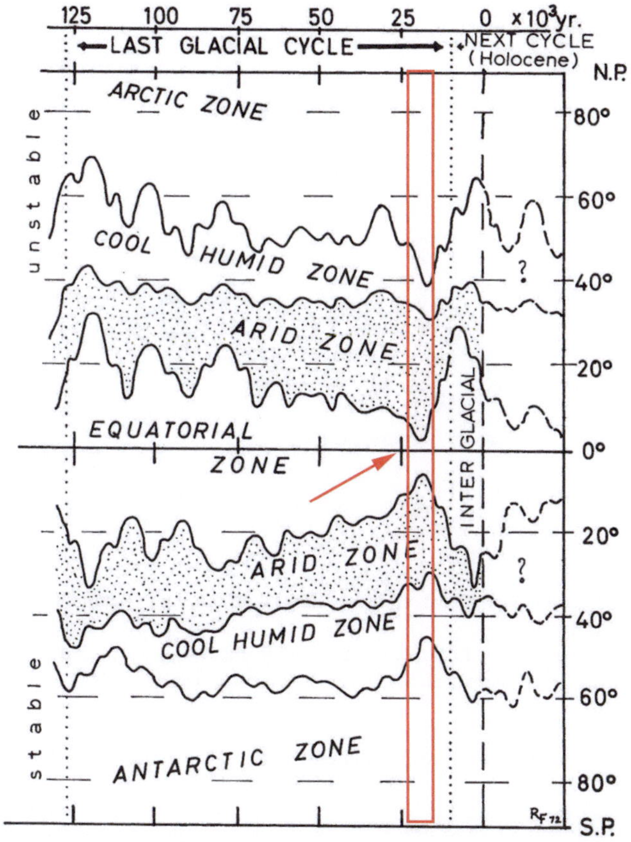

Abb. 6.81 Die Veränderungen der Klimagürtel der Kontinente (ohne Meere) während des Verlaufs des letzten glazialen Zyklus in Abhängigkeit vom Breitenkreis einschließlich des hypothetischen Beginns des zukünftigen Zyklus'. Die tropischen humiden (warm-feuchten) Regionen verbreitern sich in Interglazialzeiten und schrumpfen während der Glazialzeiten. *Rot umrandet*: LGM. *Roter Pfeil*: Der warm-feuchte äquatoriale Gürtel ist im LGM stark komprimiert und zwar sowohl von Norden als auch von Süden. (Nach Fairbridge 1972; alueni-images)

Mit Elenga et al. (2004) können die Klimarekonstruktionen für das LGM im feucht-tropischen Kongo-Becken und den angrenzenden Gebieten zusammengefasst werden (Tab. 6.2). Bei ca. 3–4 °C kühleren Temperaturen war das Klima zwischen 20 und 12 ka BP arider. Ob das LGM (um ca. 22 ka BP) bereits ebenfalls so trocken war wie in der Zeit danach, kann noch nicht eindeutig beantwortet werden. Es zeigt sich aber, dass sich die Rekonstruktionen der terrestrischen Paläoklimaarchive wesentlich besser zu einer Synthese zusammenführen lassen als die marinen *records*. So ergeben die von Collins et al. (2011) ermittelten Veränderungen der Vegetationsformationen unter Verwendung zahlreicher Annahmen kaum wirklichkeitsnahe Klimarekonstruktionen. Darüber hinaus sind aus zahlreichen marinen Paläoklimaarchiven des Atlantiks LGM-Rekonstruktionen für das tropische Afrika vorgenommen worden, die ein arides LGM belegen (Hooghiemstra 1996, Abb. 6.13; Giresse 2008; Dupont 2009, Abb. 6.14; Weldeab et al. 2006, 2007, Abb. 6.144 und 6.145; Skonieczny et al. 2015, Abb. 6.11 und 6.12).

Eine Rekonstruktion der LGM-zeitlichen Temperaturen für das Kongo-Becken nehmen Weijers et al. (2007) vor. Sie benutzen Lipide (*branched tetraether membrane lipids*) von Bodenbakterien aus einem marinen Bohrkern vor der Kongomündung, um Paläotemperaturen zu kalkulieren; sie ermitteln einen Temperaturanstieg von 21 °C auf 25 °C vom LGM bis zum Holozän, d. h. eine LGM-Depression von ca. 4 °C (Abb. 6.86).

Abschließend sei vermerkt, dass die hygrischen Rekonstruktionen des LGM-Klimas aufgrund der terrestrischen Paläoklimaarchive für viele Regionen nicht mit den Ergebnissen der gekoppelten Klimamodelle (*coupled climate models*) übereinstimmen.

Ostafrika

In Ostafrika wurden vor allem Änderungen der Seespiegel im Bereich der Grabenbruchzone rekonstruiert, indem die limnischen Sedimente und die Strandlinien/Strandterrassen paläoklimatisch gedeutet wurden (Abb. 6.31). Hinzu kommen Beobachtungen über die quartären Vergletscherungen der hohen (Vulkan-)Gebirge, über die bereits berichtet wurde. Rekonstruktionen der Vergletscherungen des LGM wurden dabei ebenfalls erfasst (vgl. Abb. 6.16 bis 6.54). Sie dokumentieren aufgrund der Revisionen früherer Altersstellungen der glaziären Formen und Sedimente (i) eine maximale Eisausdehnung im LGM zwischen 25 und 13 ka BP, (ii) geringere regionale und expositionsabhängige Unterschiede der Gletschervorstöße, (iii) eine Absenkung der ELA um 900–1100 m, durchschnittlich 1000 m, (iv) eine Temperaturdepression von ca. 5–8 °C, unter der Annahme eines vertikalen Temperaturgradienten (feucht-adiabatisch in 2 km Höhe) von $\geq$ 4,5 °C/1000 m und (v) eine größere Aridität im Vergleich zu heute, belegt durch LGM-zeitliche *ice-cored moraines* und Blockgletscher. Palynologische Daten sprechen für eine Absenkung der oberen Baumgrenze im LGM um 1000 bis 1100 m (Abb. 6.87); dies entspricht einer Temperaturdepression von 5–9 °C (Coetzee 1967). Diese Temperaturrekonstruktionen werden unter der Annahme vorgenommen, dass die Temperatur der wesentliche Faktor ist, der die Waldgrenzen bestimmt und dass der Temperaturgradient während des Jungquartärs konstant geblieben ist. Street-Perrott et al. (1997) weisen jedoch darauf hin, dass die Beziehung *Obere Wald/Baumgrenze – Temperatur* während des LGM nicht mit der heutigen Relation vergleichbar ist, da die glaziale Aridität, die ultraviolette B (UV-B)-Strahlung (Flenley 1996) und die CO_2-Konzentrationen der Umgebung ebenfalls einen Einfluss auf die Höhenzonierung der Vegetation haben und daher die Schätzungen der Temperaturdepression zu hoch sein können. Bereits im Jahr 1990 legten Bonnefille et al. (1990) auf der Grundlage von palynologischen Daten eine Abschätzung der LGM-zeitlichen Temperaturdepression für Ostafrika vor, die 4 ± 2 °C betrug; für die Niederschläge ermittelten die Autoren eine Reduktion von ca. 30 %, ein Wert, den Flohn (1969) bereits unter Anwendung der Dalton'schen Gleichung der Verdunstung berechnet hatte.

Die Sedimente der zahlreichen Seen in der ostafrikanischen Grabenbruchregion, aber auch im Bereich der Vulkangebirge, sowie die fluvialen Ablagerungen sind Paläoklimaarchive (Abb. 6.88), die eine Rekonstruktion der Klimaverhältnisse des

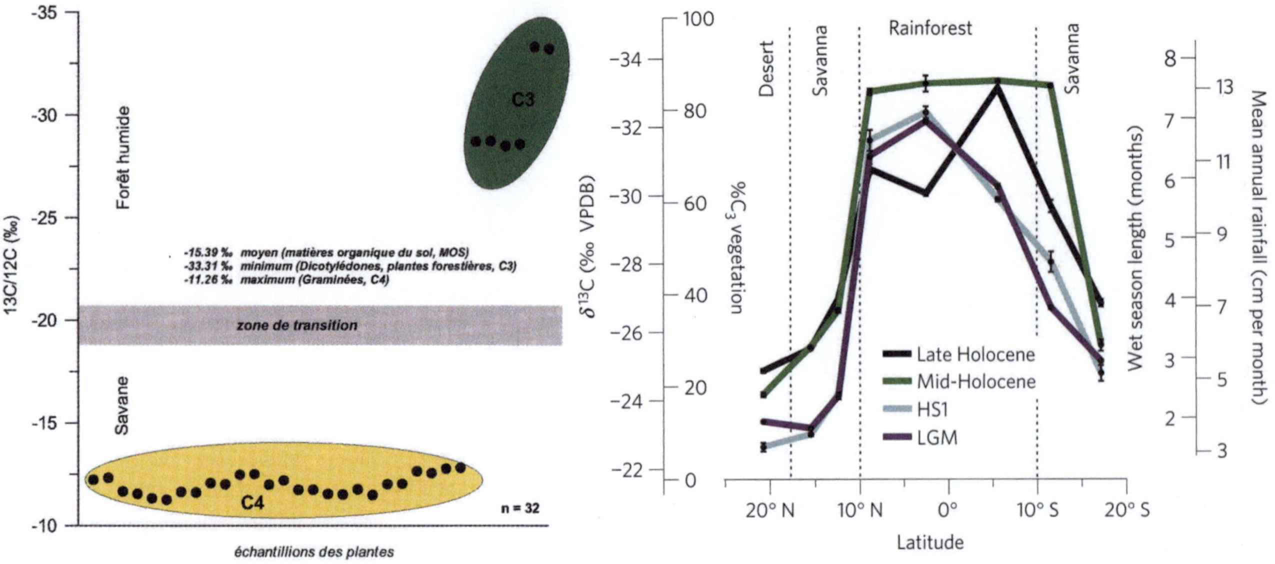

Abb. 6.82 *Links*: δ^{13}C-Verhältnis von rezentem Pflanzenmaterial aus C_4- und C_3-Pflanzen im Mbari-Tal der Zentralafrikanischen Republik (Massenspektrometrische Bestimmung, G. H. Schleser & A. Lücke) (aus Runge 2001a).
Rechts: Breitenkreisabhängige Verteilung der Vegetationsformationen für gegenwärtige und frühere Klimazustände (aus Collins et al. 2011). Die von Collins et al. (2011) benutzten δ^{13}C-Verhältniswerte für C_4-Vegetation (−21,7 ‰) stimmen nicht mit den gemessenen Werten (−10 bis −15 ‰) von Savannenpflanzen überein

Tab. 6.2 Synthese der Klimaschwankungen und Vegetationsänderungen während der letzten 28.000 Jahre im atlantischen äquatorialen Afrika. (Nach Elenga et al. 2004)

Ages kyrs BP	Climate	Vegetation
0 (Present day)	Wet and warm	Forest extension, in progress
2/0	Wetter and warmer/cooler	Forest extension
3/2	Dry and cooler/warmer	Abrupt forest opening, savanna extension and phases of pioneer development
4.5/3	Wetter (north) and cooler	In South Cameroun, increase of Caesalpiniaceae. In upland, extension of montane forest (Podocarpus)
	Dryer (south) and cooler	In South Congo, increase of semi-deciduous taxa
9.5/4.5	Humid and warm	Maximum forest extension
12/10	Transition (warmer and wetter)	Forest recolonization with large oscillations
20/12	Colder and dryer (temperature ca. 3–4 °C lower)	Extension of montane grassland and savanna in lowland. Treeline ca. 1000 m lower. Montane taxa in lowland forest. Lowland forest refugia
30/20	Relatively moist Temperature relatively lower	Lowland forest with more Caesalpiniaceae. Montane taxa in lowland forest

LGM ermöglichen (Gasse 1977; Gasse und Street 1978; Johnson und Odada 1996). Auf niedrige Seespiegel während des LGM weist bereits van Zinderen Bakker (1972) hin. 25 Jahre später fasst TC Johnson (1996) den damaligen Forschungsstand für die letzten ca. 25.000 Jahre zusammen: Alle großen Seen des *Rift Valley* nördlich von 9° S zeigen das gleiche Muster der Seespiegelschwankungen während der letzten 20 ka mit Tiefständen zwischen 20 und 12 ka BP, gefolgt von einem Anstieg der Seespiegel bis zu den Aus-/Überflussniveaus in der Zeit zwischen 12 und 10 ka BP. Hohe Seespiegelstände blieben fast während des ganzen Holozäns erhalten. Aus vereinzelten weiter zurückreichenden Bohrkernen (*Piston cores*) wurde ersichtlich, dass die LGM-zeitliche Aridität um 25 ka BP einsetzte. Vom Malawi-See werden Seespiegelstände berichtet (TC Johnson 1996), die *out of phase* mit den Seen im Norden waren und möglicherweise die Reaktion der südlichen Hemisphäre auf das *orbital forcing* der Insolation sowie die Variabilität (in Jahrtausenden) der Position der ITCZ anzeigen.

In den letzten 20 Jahren wurden große Fortschritte bei der Rekonstruktion der ostafrikanischen Klimageschichte gemacht (Verschuren und Russell 2009). Die verbesserten Techniken belegen, dass die ostafrikanischen jungquartären Klimaschwankungen in glazial/interglazialen, orbitalen und kürzeren Zeitskalen abliefen und globale Telekonnexionen erlauben. Darüber hinaus lassen die Klimarekonstruktionen charakteristische tropische Klimaprozesse erkennen. Die Sedimente des Malawi-Sees (und des Bosumtwi-Sees) zeigen, dass die Klimageschichte des tropischen Afrika vom typischen 100.000-Jahr-Muster des kontinentalen Eisaufbaus und Eisabbaus abweicht. Vor al-

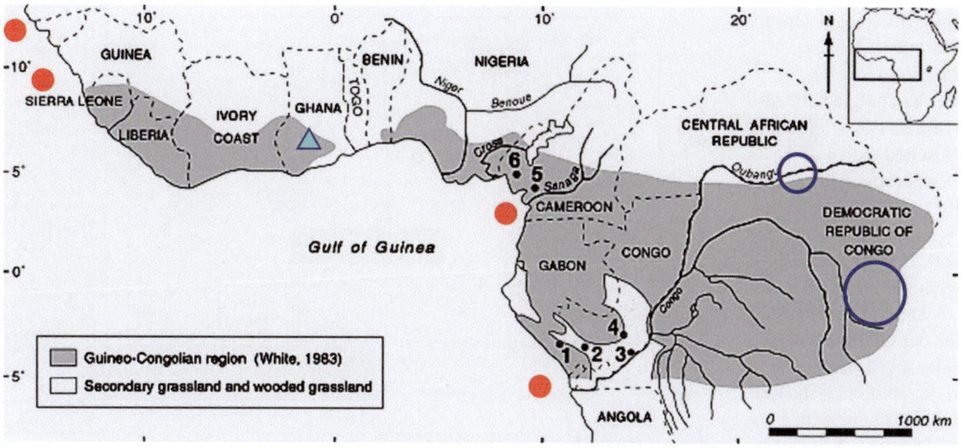

Abb. 6.83 Bedeutende Pollenprofile aus dem Bereich des atlantischen äquatorialen Afrika. 1 – Kitina, 2 – Sinnda, 3 – Ngamakala, 4 – Bilanko, 5 – Ossa, 6 – Barombi Mbo. Nur die Orte 1, 5 und 6 befinden sich im tropischen Tiefland mit Regenwaldvegetation und einer Regenzeit von ≥ 8–9 Monaten (aus Elenga et al. 2004). Die Pollenprofile (1 bis 6) bzw. die marinen Bohrkerne (*rote Kreise*: von Nord nach Süd) haben folgende Koordinaten und Höhenlage bzw. Wassertiefe:

Ort	Breite	Länge	Höhe	Referenz
1 – Kitina	4°15′ S	11°59′ E	150 m	Elenga et al. 1996
2 – Sinnda	3°50′ S	12°48′ E	128 m	Vincens et al. 1994, 1998
3 – Ngamakala	4°04′ S	15°23′ E	400 m	Elenga et al. 1994
4 – Bilanko	3°31′ S	15°21′ E	600 m	Elenga et al. 1991
5 – Ossa	3°50′ N	10°01′ E	8 m	Reynaud-Farrera et al. 1996; van Geel et al. 1998
6 – Barombi Mbo	4°40′ N	9°24′ E	300 m	Maley und Brenac 1998
			Wassertiefe	
GeoB9526-5	12°26,10′ N	18°03,40′ W	3223 m	
GeoB9535-4	08°52,54′ N	14°57,66′ W	669 m	
GeoB4905-4	02°30,00′ N	09°23,40′ E	1328 m	
GeoB6518-1	05°35,30′ S	11°13,30′ E	962 m	

Die Referenzangaben finden sich bei Elenga et al. (2004)

Die *roten Kreise* zeigen die Lage der äquatornahen marinen Bohrkerne von Nord nach Süd, aus denen die Änderungen des innertropischen Regengürtels bzw. des feuchttropischen Regenwalds von Collins et al. (2011) rekonstruiert wurden. *Blaue Kreise*: Gebiete der geomorphologisch-pedologischen Paläoklimaarchive (Runge 2001a, 2015). *Blaues Dreieck* – Lake Bosumtwi (6°30′ N, 1°25′ W, ca. 100 m NN)

lem die LGM-zeitliche Aridität (im MIS 2) war im Vergleich zu den extremen Dürrephasen abgeschwächt, die in ~21-ka-Intervallen im MIS 5 und MIS 4 auftraten; in dieser Zeit verstärkte eine hohe Exzentrizität das Präzessions-Insolations-*forcing* (Verschuren und Russell 2009). Vom Tanganyika-See liegt ein Sedimentbohrkern vor (Felton et al. 2007), der bis ca. 60 ka BP reicht. Die organischen Biomarkerproxys für die früheren Temperaturen (TEX_{86}-Index von Membranlipiden [Crenarchaeota]) und der Feuchtigkeitshaushalt (δD von Blattwachs) geben an, dass Dürreepisoden des MIS 3, das im Ganzen weder besonders feucht noch trocken war, im südöstlichen tropischen Afrika mit Heinrich-Ereignissen (H 4, H 5 und H 6) zusammenfallen (Abb. 6.89). Das kann auf einen Einfluss der hohen nördlichen Breiten auf die SSTs des westlichen Indischen Ozeans zurückzuführen sein (Verschuren und Russell 2009). Zwischen 32 und 18 ka BP war es trocken. Die Temperaturen waren um ca. 4 °C kälter (Gasse et al. 2008; Clark et al. 2012). Interessant ist auch, dass die postglaziale Erwärmung um ~20 ka BP begann, das ist zeitgleich mit dem Beginn des epochalen Abschmelzens der kontinentalen Eisschilde, und zwar noch bevor der CO_{2atm}-Gehalt anstieg.

Eine Rekonstruktion des Feuchtehaushalts und der Seetemperaturen aufgrund der Kohlenstoffisotope des Blattwachses von Malawi-Seesedimenten in 10° S liefert ein *record* von C_3- versus C_4-Vegetation und damit einen sensiblen Indikator für Aridität seit dem LGM (Castañeda et al. 2007). Aride Bedingungen herrschten in SE-Afrika während des LGM, der YD, im frühen Holozän und während der Kleinen Eiszeit. Feuchte Phasen gab es um 13,6 und 4,9 ka BP. Zwischen 23 und 11 ka BP traten feuchte und trockene Phasen synchron zu den Verhältnissen der nord- und südhemisphärischen Tropen auf. Zu Beginn des Holozäns jedoch endete diese Übereinstimmung und eine gegensätzliche Beziehung herrschte vor. Die *African Humid Period* (ca. 12–5,5 ka BP) existierte in SE-Afrika nicht. Der plötzliche Übergang von synchronen zu entgegengesetzten Verhältnissen kann teilweise mit der Südverlagerung der ITCZ während der letzten Kaltzeit erklärt werden. Eine südwärtige Verschiebung der ITCZ geht auch mit ariden Klimabedingungen in SE-Afrika während der Jüngeren Dryas und der Kleinen Eiszeit einher (Castañeda et al. 2007).

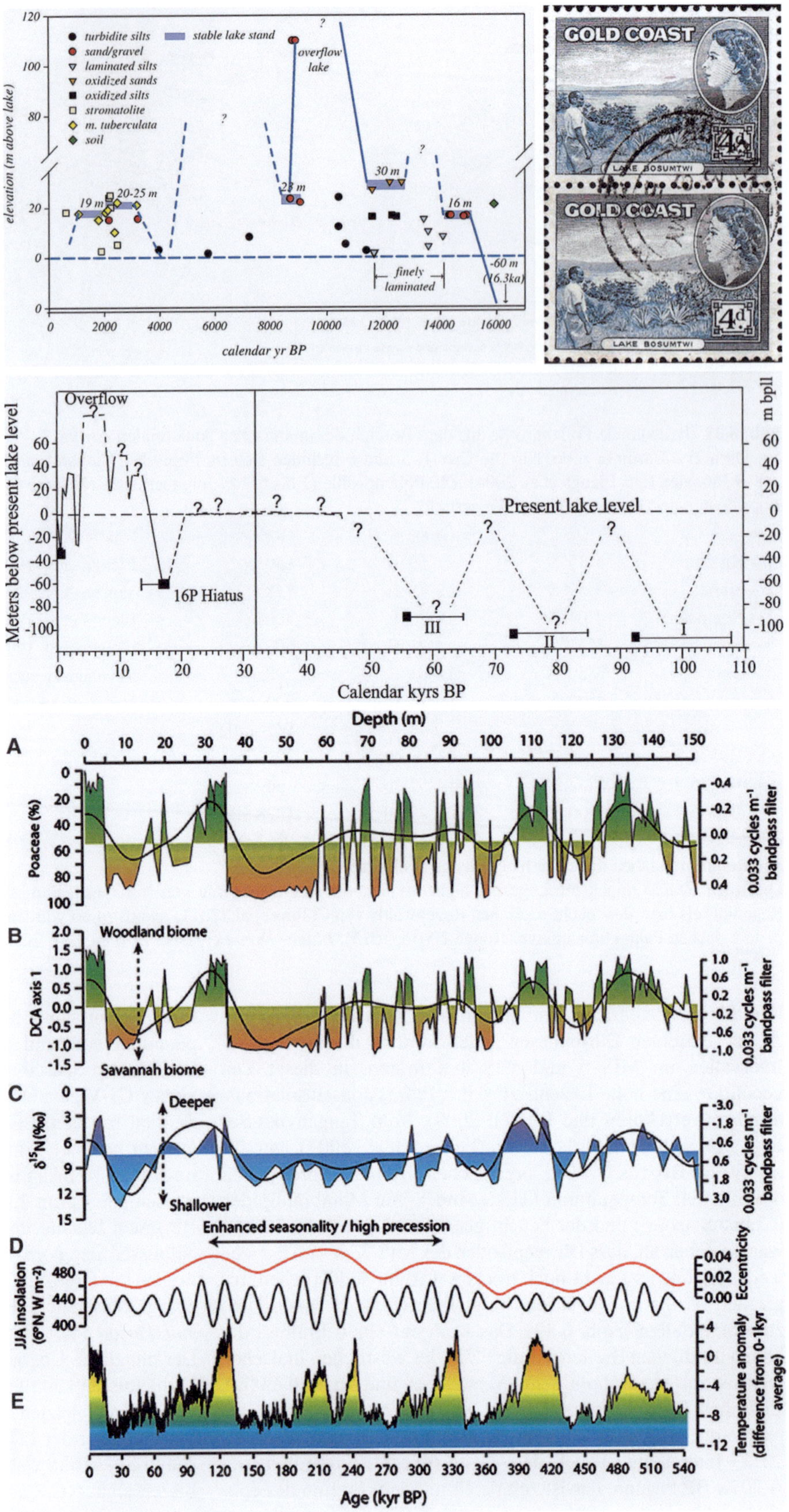

Abb. 6.84 *Oben links*: Seespiegelschwankungen des Lake Bosumtwi (Ghana). Extrem niedrige Seespiegel werden für das LGM registriert. Der spätglaziale Anstieg beginnt nach 16,3 ka BP. Während der hohen Seestände zwischen ca. 14 und 5 ka BP gab es Phasen der Seespiegelabsenkung von 12,6–11,6 ka BP (YD, Jüngere Dryaszeit), um 8,8 ka BP (8,2 ka *event*?) und um 4–3 ka BP. Zwischen ca. 11 und 9 ka BP ist der Kratersee übergeflossen (aus Shanahan et al. 2006). *Oben rechts*: Lake Bosumtwi auf einer Briefmarke der Goldküste. *Mitte*: Seespiegeländerungen des Lake Bosumtwi während der letzten ca. 110 ka BP. Die *schwarzen Quadrate* beziehen sich auf seismische Daten von K Brooks et al. (2005). Die Ergebnisse von Talbot et al. (1984) sind berücksichtigt. Der 60-m-Tiefstand (ca. 18–16 ka BP) im LGM wird durch die ^{14}C-Alter (Balken) bestätigt. Nach K Brooks et al. (2005) kann das Alter des 16P Hiatus bis zu 3000 Jahre jünger sein. Die Datierung der älteren Tiefstände basiert auf Interpolationen der Sedimentationsraten; Unsicherheitsfaktor ist die Sedimentverdichtung infolge Alter und Druck, weshalb die möglichen Altersintervalle durch Balken angegeben werden (aus K Brooks et al. (2005). bpll – *below present lake level*).
Unten: Lake Bosumtwi. Umweltveränderungen während der letzten ~ 540 ka BP. (A) Poaceae(Gras)-Pollen. (B) Dominanz von Grasland- und Wald-Pollentaxa. DCA – *detrended correspondence analysis*. (C) δ^{15}N-Veränderungen der organischen Masse (repräsentiert Seespiegeländerungen und Feuchtigkeitsangebot). (D) Die mittlere Insolation im Sommer (JJA) in 6° N (*schwarze Kurve*) wird vom Präzessionszyklus (~ 20 ka) dominiert. Exzentrizität – *rote Kurve* (sie moduliert die Stärke der Präzession). (E) Globale Klimaänderungen (aufgrund der Temperaturanomalien des antarktischen EPICA-Eiskerns). (Aus CS Miller et al. 2016)

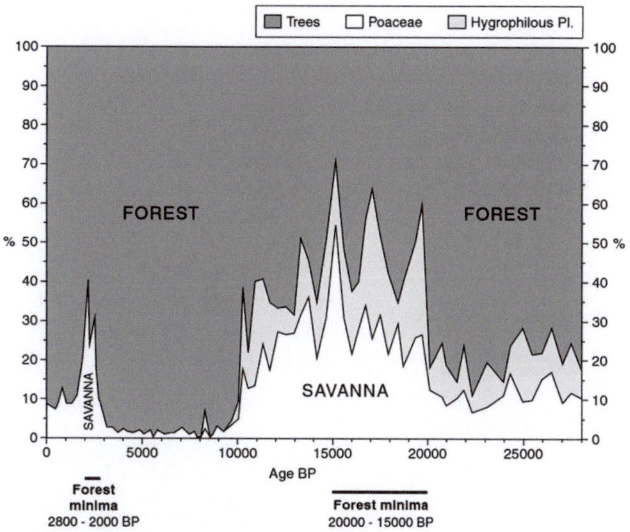

Abb. 6.85 Lake Barombi Mbo, Kamerun. Generalisiertes Pollendiagramm: Die Pollensumme schließt alle Taxa ein (ausgenommen Sporen und beschädigte Pollenkörner) (Maley und Brenac 1998 aus Elenga et al. 2004). Zwischen 20 und 10 ka BP waren Regenwaldrefugien und Savannenvegetation im Gebiet um den Kratersee verbreitet. Die geringste Regenwaldverbreitung wird auf 20–15 ka BP datiert. Dieser Befund belegt die größere Aridität im ausgehenden LGM und Spätglazial. Eine weitere Periode mit Waldminimum war zwischen 2,8 und 2 ka BP (*rainforest crisis*, Oslisly et al. 2013; vgl. Abb. 9.13)

Vom Kratersee Lake Massoko (9°20,0′ S, 33°45,3′ E, 840 m NN) beschreiben Garcin et al. (2006, 2007) für das LGM feuchte Klimabedingungen vornehmlich aufgrund der magnetischen Suszeptibilität (χ_{lf}, Abb. 6.90c), die hauptsächlich von der Konzentration des detritischen (Ti-)Eisenoxids abhängt; Letzteres gelangt mit dem terrigenen klastischen Sedimenteintrag in die Seesedimente. Ob jedoch eine niedrige magnetische Suszeptibilität einen hohen Seespiegel (große Feuchtigkeit) anzeigt, wie Garcin et al. (2006, 2007) vermuten, und ein niedriger Seespiegel den Sedimenteintrag vom Land in den See begünstigt, ist nicht bewiesen. In einem tropisch wechselfeuchten Klima werden größere Abtragungsleistungen möglich, wenn die saisonalen Niederschläge zunehmen. Daher ist auch eine konträre Interpretation der MS-Daten möglich; damit würde der Lake Massoko keine Sonderstellung in Ostafrika einnehmen, sondern auch für das LGM ± aride Bedingungen belegen. Stager et al. (2011, SOM) vermuten ebenfalls eine falsche paläoklimatische Interpretation der Lake-Massoko-Daten. Barker und Gasse (2003) kommen aufgrund von Diatomeenstudien zu dem Ergebnis, dass das LGM die trockenste Phase der letzten 50 ka war (Abb. 6.90). Auch die paläoklimatischen Daten anderer ostafrikanischer Seen südlich des Äquators dokumentieren für das LGM aride (bzw. mindestens mit der Gegenwart vergleichbare) Verhältnisse (Abb. 6.91; Barker und Gasse 2003). Die palynologischen Daten vom Tritrivakely-See in Zentralmadagaskar (Gasse und van Campo 2001; Abb. 6.39) sprechen für ein arides LGM-Klima, das von Westafrika über das Kongo-Becken und Ostafrika bis nach Madagaskar reichte.

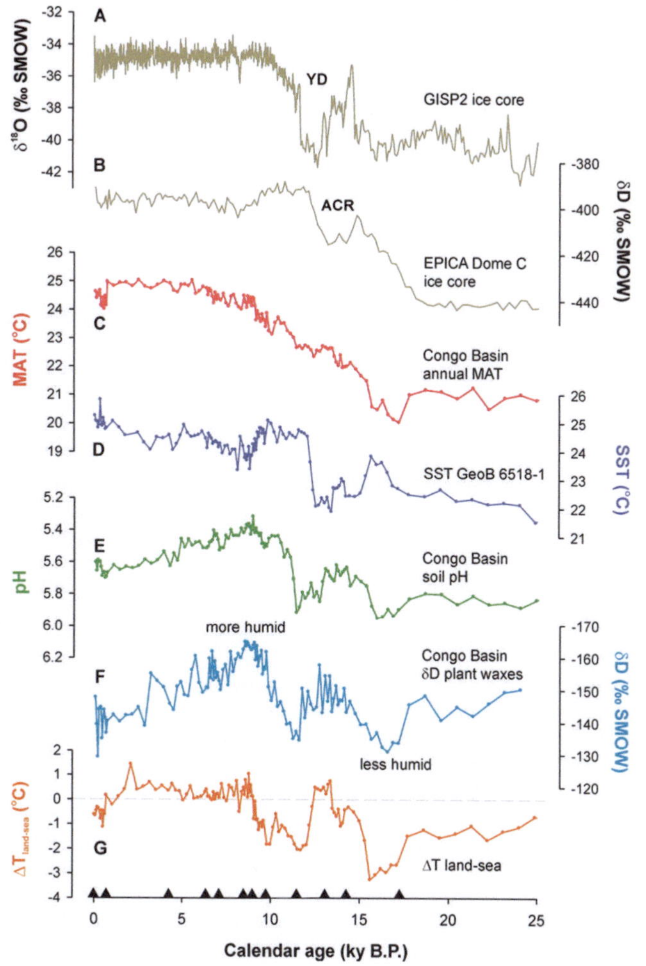

Abb. 6.86 Temperaturänderungen im äquatorialen Afrika (Kongo-Becken) während der letzten 25.000 Jahre aufgrund von Lipiden (*branched tetraether membrane lipids*) von Bodenbakterien aus einem marinen Bohrkern vor der Kongomündung. Die Daten werden mit Humiditätsschwankungen in Afrika und arktischen sowie antarktischen Klimasignalen verglichen (aus Weijers et al. 2007). (A) GISP2(*Greenland Ice Sheet Project* 2)-δ^{18}O-*record*: Temperaturfluktuationen werden angezeigt; SMOW – *standard mean ocean water*. (B) EPICA- Dome-C δD-*record*: Lufttemperaturen in der Antarktis werden angezeigt. (C) Jährlicher MAT-*record* des Kongo-Beckens aufgrund des MBT(*Methylation index of Branched Tetraethers*)-Indexes und CBT(*Cyclization ratio of Branched Tetraethers*)-Verhältnisses von GDGT(*Glycerol Dialkyl Glycerol Tetraethers*)-Lipiden von Bodenbakterien des marinen Kerns GeoB6518-1. (D) SST-Änderungen im tropischen Atlantik aufgrund von Alkenone-Paläotemperaturen des marinen Kerns GeoB 6518-1. (E) *Record* der mittleren Boden-pH-Werte im Kongo-Becken aufgrund vom CBT-Verhältnis von GDGT-Lipiden von Bodenbakterien des marinen Kerns GeoB 6518-1. (F) δD-*record* von C_{29}-*n*-Alkane-Pflanzenwachs im marinen Kern GeoB 6518-1: Humiditätsänderungen im tropischen zentralen Afrika. (G) Land-Meer-Temperaturgradient zwischen dem tropischen zentralen Afrika und dem tropischen Atlantik aufgrund der *records* von (C) und (D). Die *schwarzen Dreiecke* der Zeitskala zeigen die AMS-^{14}C-Alter an; sie stammen von gemischten planktonischen Foraminiferen, die für die Chronologie von Kern GeoB 6518-1 verwendet wurden. YD – *Younger Dryas*; ACR – *Antarctic Cold Reversal*

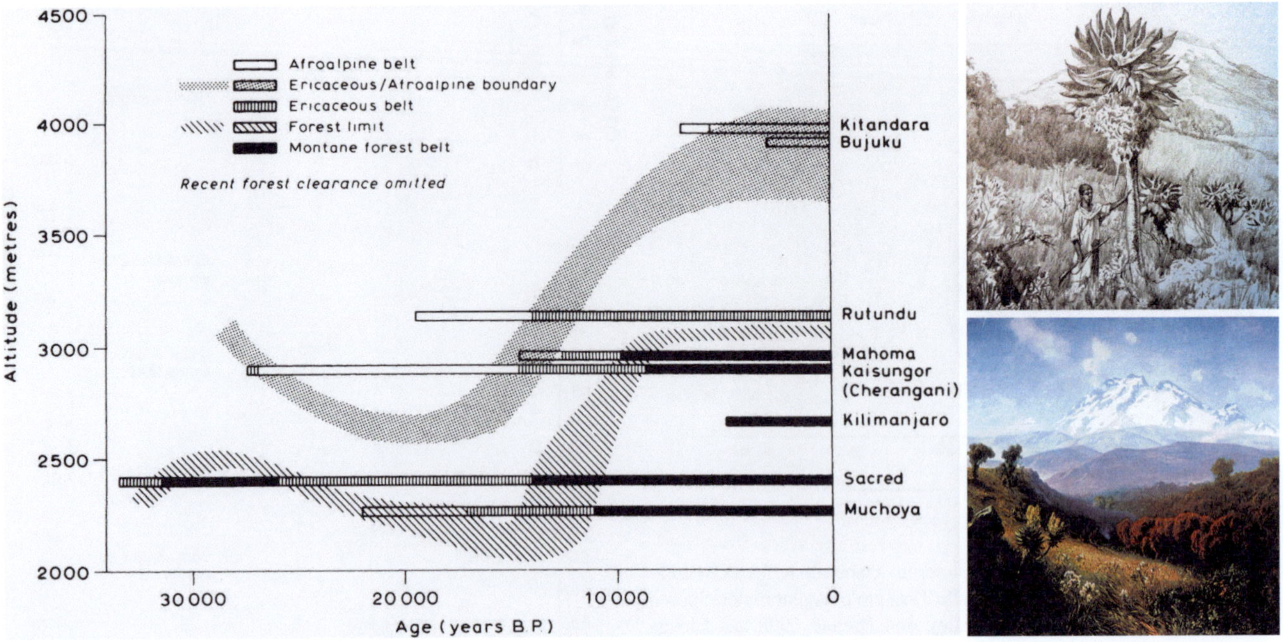

Abb. 6.87 *Links*: Vegetationsänderungen der ostafrikanischen Gebirge (nach Flenley 1979, aus Rind und Peteet 1985). Zeitskala in ^{14}C a BP. Die vertikale Depression der Vegetationszonen im LGM gegenüber heute betrug ≥ 900 m, die Temperaturdepression mindestens 4,5 °C. Vor der ostafrikanischen Küste nennen die CLIMAP Project Members (1976) einen um nur 1 °C kühleren Indischen Ozean vor 18 ^{14}C ka BP und eine Absenkung der 0 °C-Isotherme der Gebirge um nur 500 m. Die Diskrepanz der rekonstruierten LGM-Temperaturen zwischen Meer und Land diskutieren bereits Rind und Peteet (1985). Bis heute steht eine Erklärung aus, obgleich sich der LGM-zeitliche Unterschied zwischen SSTs und terrestrischen Temperaturen ein wenig angenähert hat: Wenn die LGM-SSTs um 2 °C erniedrigt werden, zeigt die Modellierung für Ostafrika eine Depression der 0 °C-Isotherme um ca. 1000 m (Rind und Peteet 1985). Die Darstellung zeigt, dass Pollenprofile, die einige 100 m unterhalb ca. 2000 m NN genommen werden, während der letzten ca. 30.000 Jahre palynologisch keine wesentlichen Veränderungen anzeigen. Allein die Kombination der Pollenprofile aus verschiedenen Höhenlagen ergibt ein schlüssiges Bild der Vegetations- (und Klima)entwicklung. *Rechts*: Ericaceen- und afroalpine Stufe am Mt Kenia in ca. 3000 m NN (*oben* mit *Senecio Johnstoni*) und in ca. 3000 m NN am Mawensi (unten mit Baumerika und blühenden Senecien; Gemälde von A. Lutteroth). (Bilder: alueni-images)

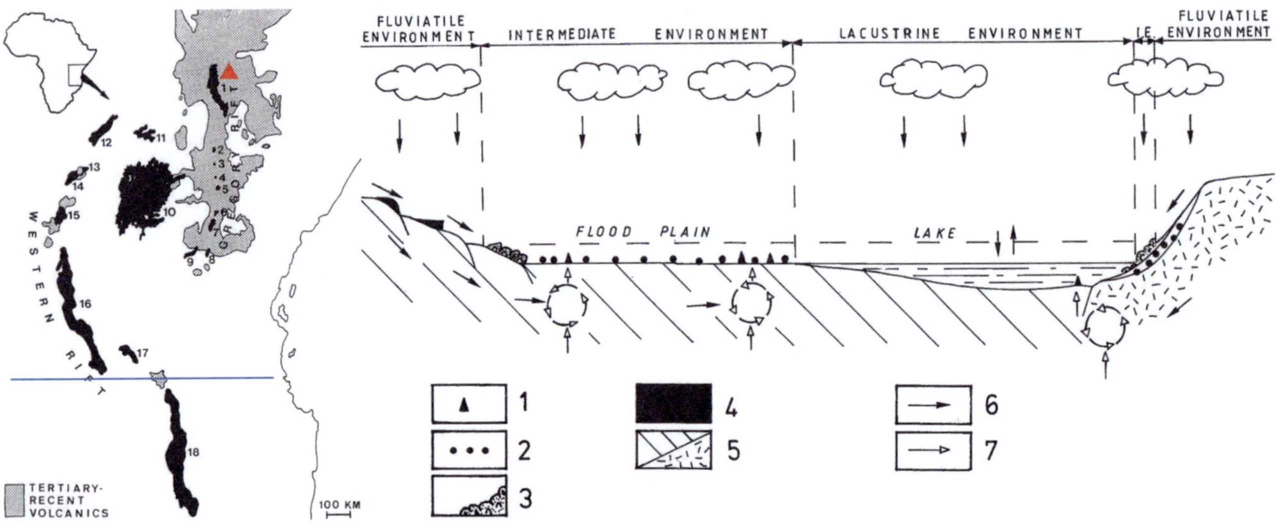

Abb. 6.88 *Links*: Lage der Seen in der ostafrikanischen Rift-Region (*Western Rift* und *Gregory Rift*). 1 – Lake Turkana, 2 – Lake Baringo, 3 – Lake Bogoria, 4 – Lake Nakuru, 5 – Lake Naivasha, 6 – Lake Magadi, 7 – Lake Natron, 8 – Lake Manyara, 9 – Lake Eyasi, 10 – Lake Victoria, 11 – Lake Kyoga, 12 – Lake Albert, 13 – Lake George, 14 – Lake Edward, 15 – Lake Kivu, 16 – Lake Tanganyika, 17 – Lake Rukwa, 18 – Lake Malawi/Nyasa. *Blaue Linie*: 9° S. *Rechts*: Schematische Darstellung der Stromatolithen-Environments. Stromatolithen sind ein wichtiges Paläoklimaarchiv. Sie können detaillierte Informationen über frühere Strandlinien geben, da verschiedene ökologische Zonen von der Seeoberfläche bis in ca. 12 m Wassertiefe unterschieden werden können. Paläoseespiegel können rekonstruiert werden. 1 – Heiße Quellen, 2 – Onkolithe (sedimentäre $CaCO_3$-Gesteine, durch biogene Ausfällungen gebildet), 3 – Lakustrine Stromatolithen, 4 – Travertine, 5 – Gesteine des Untergrunds (Basement), 6 – Niederschlagswasser, 7 – Grundwasser (aus Schlüter 1997). *Rotes Dreieck* – Chew Bahir-Becken

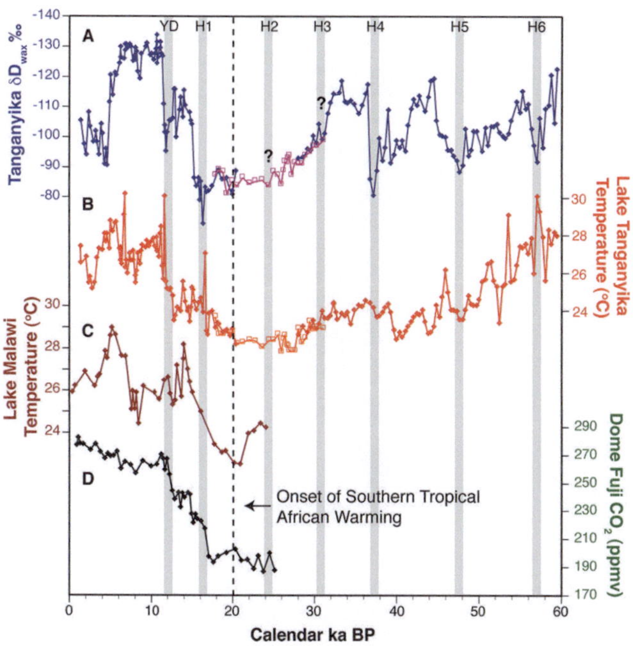

Abb. 6.89 Vergleich des regionalen Feuchtigkeitshaushalts des Tanganyika-Sees aufgrund von $\delta D_{leafwax}$ (A: *blaue* und *lila Linien*) und der Temperatur aufgrund von TEX_{86} (B: *rote* und *orangefarbene Linien*) mit den Malawi-Seetemperaturen aufgrund von TEX_{86} (C: *braune Linie*) sowie mit dem CO_{2atm}-*record* vom Dome-Fuji-Eiskern (Antarktis) (D: *schwarze Linie*). Die *grauen Balken* kennzeichnen die Jüngere Dryas (YD) und die Heinrich-Ereignisse H1 bis H6. H2 und H3 zeichnen sich nicht im Tanganyika-Becken ab. (Aus Verschuren und Russell 2009, modifiziert nach Tierney et al. 2008)

Werden die paläoklimatischen Daten zusammengefasst, ergibt sich folgendes Bild für das tropische Ostafrika (Clark et al. 2012): Im LGM war Ostafrika arider und um $\geq 4\,°C$ kälter als heute. Aride Bedingungen, die auch noch während der YD herrschten, erstreckten sich bis 10° S. Aus palynologischen Befunden darf mit einer Reduzierung der Niederschläge im LGM um ca. 20 % gerechnet werden. Um 16 ka BP begannen die Niederschläge zuzunehmen; zwei plötzliche Niederschlagsanstiege gab es um 15 ka BP und um 11,5 ka BP, die mit dem plötzlichen Einsetzen des Bølling-Interstadials und des Holozäns korrelieren und eine Intensivierung des nordafrikanischen Sommermonsuns belegen. Nur einige limnische *records* existieren, die die Temperaturentwicklung seit dem LGM zeigen: Ein gleichmäßiger Anstieg erfolgte zwischen 20 und 18 ka BP, gefolgt von einer schnellen und stärkeren Erwärmung zwischen 18 und 14,5 ka BP. Die Erwärmung weist ein gleiches Muster auf wie das der antarktischen Eiskerne (Abb. 6.90; Powers et al. 2005; Abb. 6.88; Tierney et al. 2008).

Der Nachweis eines relativ ariden LGM im tropischen Ostafrika hat große Bedeutung für unser Verständnis von den Faktoren, die das Klima steuern (Barker und Gasse 2003; vgl. auch Kiage und Liu 2006). Die Änderungen der Sommerinsolation, die durch die Präzession bestimmt werden, sind zwischen beiden Hemisphären entgegengesetzt. Eine größere Sommerinsolation sollte die Monsunzirkulation verstärken, indem der Druckunterschied zwischen Land und Meer zunimmt, wodurch die Monsunwinde landeinwärts bewegt werden, und *vice versa*. In Afrika *nördlich* des Äquators verlaufen die sehr trockenen Verhältnisse im LGM und die sehr feuchten im frühen Holozän synchron mit den Minima und Maxima der sommerlichen Insolation und bestätigen damit die „Regel". Im Gegensatz dazu zeigen die Paläoklimaproxys der ostafrikanischen Seen, dass *südlich* des Äquators weder im LGM eine Niederschlagszunahme erfolgte (wie von der Zunahme der Sommerinsolation erwartet werden könnte) noch im frühen Holozän eine Abnahme. Eine Südwärtsverlagerung der ITCZ, angetrieben von den Klimaänderungen der hohen Breiten, wird als primäres *forcing* angesehen. Aber auch ein vorherrschender Einfluss der SSTs des Indischen Ozeans auf die regionalen Niederschlagsschwankungen wird genannt. Die Klimaproxys dokumentieren eine Steuerung der hydrologischen Verhältnisse durch die Milankovitch-Zyklen einerseits und durch niedrigere SSTs andererseits, die den antarktischen und arktischen *forcings* unterliegen. Diese Beziehungen werden auch von den PMIP-LGM-Simulationen bestätigt (Barker und Gasse 2003). Fazit: Die Rekonstruktion der CLIMAP-SSTs für das LGM (CLIMAP Project Members 1981) muss revidiert werden.

Abschließend sei darauf hingewiesen, dass Schefuß et al. (2011) aufgrund der Paläoklimadaten eines marinen Sedimentkerns vor der Mündung des Sambesi (vgl. Abb. 6.93) zwar auch eine Südverlagerung der ITCZ während des LGM und der YD erkennen, doch mit der Südverlagerung der ITCZ soll eine Niederschlagszunahme im Sambesi-Einzugsbereich einhergegangen sein, während am Malawi-See diese ITCZ-Südverlagerung zu größerer Aridität führen soll. Schefuß et al. (2011) rekonstruieren den Niederschlag und den Sambesi-Abfluss, indem sie die Wasserstoffisotopenzusammensetzung von lipiden (wasserunlöslichen) Biomarkern analysieren, die von höheren Pflanzen stammen. Die Wasserstoffisotopenzusammensetzung der n-C_{31}-Alkane bewegt sich zwischen 136 ‰ und 164 ‰ (relativ zum VSMOW-Standard). Reduzierte Werte kennzeichnen das HS 1 (Heinrich-Stadial 1) und die YD (*Younger Dryas*). Die höchsten Werte werden im frühen Holozän erreicht; sie fallen – mit einigen Unterbrechungen – zum späten Holozän hin ab. Die n-C_{31}-Alkane stammen von der schützenden Wachsschicht der höheren Landpflanzen. Ihre Wasserstoffisotopenzusammensetzung spiegelt Änderungen in der Isotopenzusammensetzung der Niederschläge wider, und zwar mit einer möglichen Anreicherung aufgrund der Evaporation von Böden und der Evapotranspiration von den Blättern, was die aufgezeichneten Signale unter ariden Bedingungen verstärkt. In Monsungebieten werden reduzierte Isotopenzusammensetzungen der Niederschläge als Hinweise auf Änderungen in der Menge der Niederschläge betrachtet. Die Daten von Schefuß et al. (2011) sollen daher Änderungen der Niederschlagsmengen belegen, die durch Abflussschübe während des HS 1 und der YD auftraten. In dieser Argumentation verbergen sich viele Möglichkeiten der Interpretation der Proxydaten. In der Blattwachs-n-Alkane-Verteilung stellen Carr et al. (2014) in (semi)ariden Biomen eine große Variabilität der einzelnen Pflanzen fest und raten zur Vorsicht bei der paläoklimatischen Interpretation der Daten. Daher kann im Sambesi-Einzugsgebiet während der Stadiale HS 1 und YD die Menge der Niederschläge nicht höher, sondern auch geringer

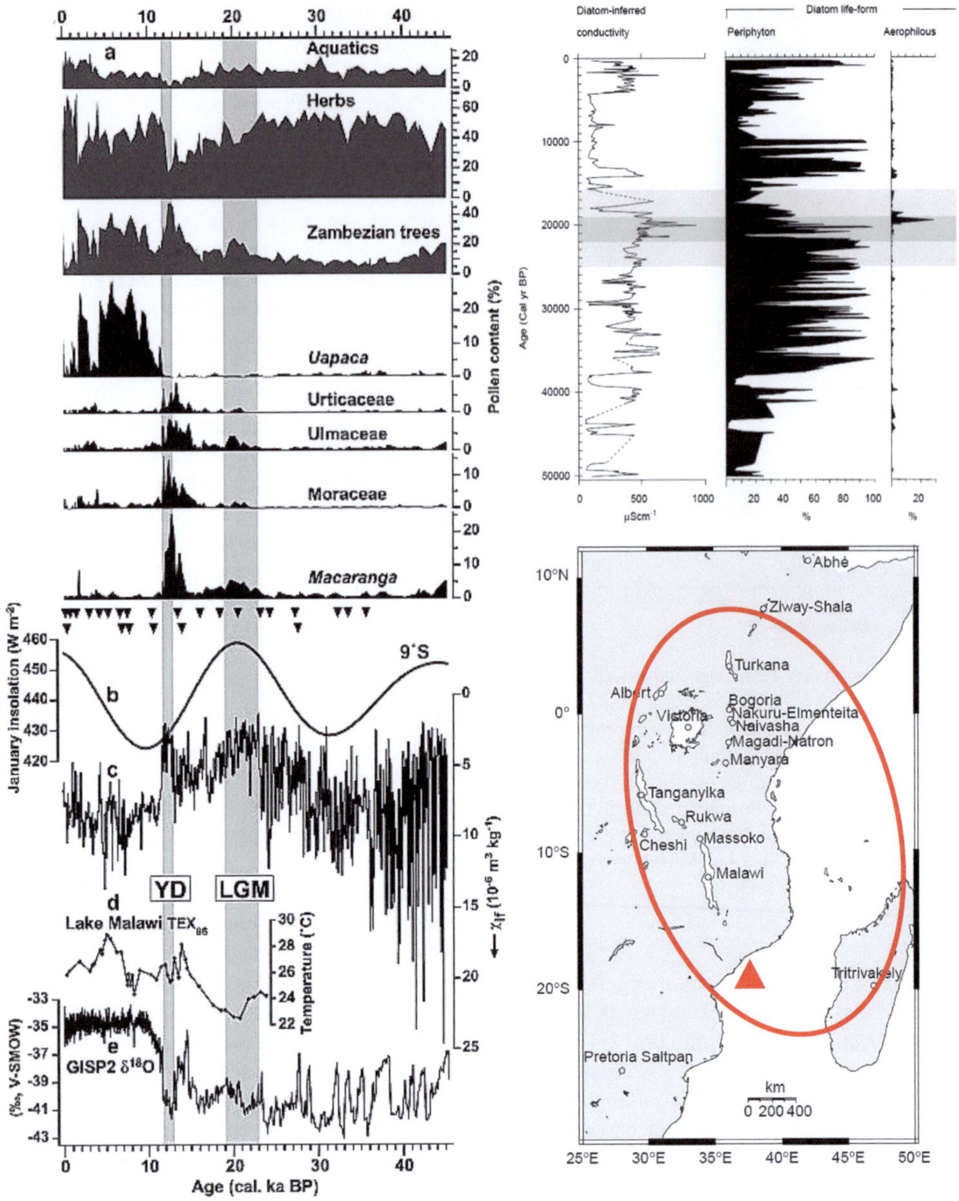

Abb. 6.90 *Links*: Vergleich der Paläoenvironment-Daten des Lake Massoko (9°20,0′ S, 33°45,3′ E, 840 m NN) mit rekonstruierten Klimaproxydaten. **a** %-Pollendiagramm ausgewählter Taxa (+50 Pollenkörner); **b** Januar-Insolation in 9° S; **c** Massoko-Sedimente: magnetische Suszeptibilität (50-Jahr-Durchschnitt); **d** Malawi-See-TEX_{86}-Oberflächentemperatur. **e** Sauerstoffisotopen des GISP-2-Eiskerns (Grönland). *Dreiecke* – cal AMS ^{14}C-Alter. Younger Dryas (YD) und LGM sind durch *graue Balken* markiert (aus Garcin et al. 2006, dort auch Referenzen).
Oben rechts: Zusammenfassung des Diatomeen-*records* vom Massoko-See nach Barker und Gasse (2003). Das LGM (*grau unterlegt*) ist die trockenste Phase der letzten 50.000 Jahre. *Unten rechts*: Karte mit Lokalitäten, die eine LGM-zeitliche Aridität für Ostafrika südlich des Äquators belegen (aus Barker und Gasse 2003). Rot umrandet ist die Region mit LGM-Aridität. Der Massoko-See befindet sich im Zentrum und kann als Beleg für die problematische Deutung von Seesedimenten angesehen werden, wenn geomorphodynamische Prozesse falsch gedeutet werden. *Rotes Dreieck*: Mariner Bohrkern GeoB9307-3 (18°33,99′ S, 37°22,89′ E, 542 m Wassertiefe) (vgl. Abb. 6.93)

gewesen sein. Auch das frühe Holozän kann nicht arid, sondern feucht gewesen sein. Das Beispiel zeigt, wie vorsichtig die marinen paläoklimatischen Proxydaten, die über vielfältige Wechselbeziehungen, Theorien und Hypothesen erarbeitet werden, gedeutet werden müssen. In ihrer Synthese zum LGM-Klima des südlichen Afrika haben Chevalier und Chase (2015) Schwierigkeiten, die Daten von Schefuß et al. (2011) zu berücksichtigen und nehmen daher fälschlicherweise für das Gebiet zwischen 10 und 15° S in SE-Afrika feuchte LGM-Verhältnisse an, die nicht schlüssig erklärt werden können. Paläoklimarekonstruktionen, die allein auf marine Daten zurückgreifen, sollten mit den terrestrischen Paläoklimarekonstruktionen, d. h. mit direkt und unverändert aufgezeichneten Klimainformationen, weitgehend übereinstimmen, damit ein kohärentes, möglichst

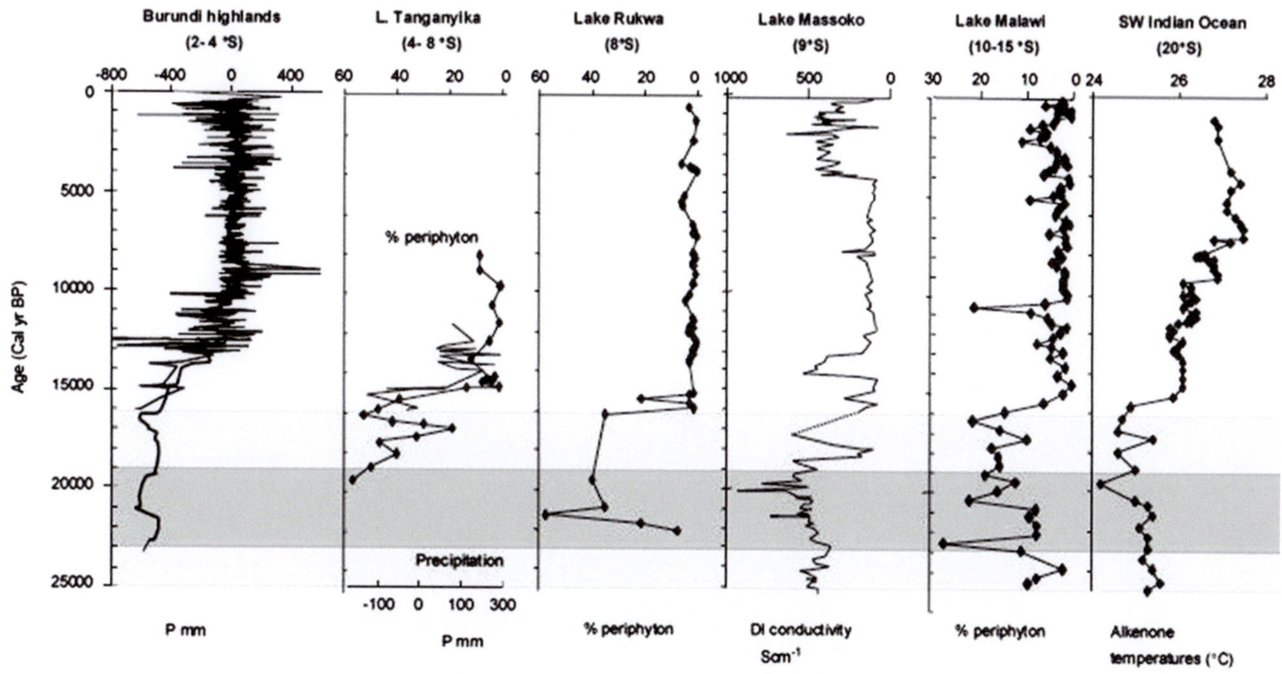

Abb. 6.91 Paläoklima-*records* für Ostafrika südlich des Äquators (Seesedimente, Pollen und SST). *Graue Balken* – LGM (aus Barker und Gasse 2003). Die LGM-zeitliche Aridität ist vom Hochland in Burundi über die Seen (Tanganyika, Rukwa, Massoko und Malawi) bis zum Indischen Ozean (kühlere Temperaturen) deutlich gegenüber den holozänen Verhältnissen abgesetzt

zeitlich hoch aufgelöstes Bild der Klima-/Umweltgeschichte gezeichnet werden kann.

6.2.3 Das letzte Hochglazial (*Last Glacial Maximum*, ca. 21.000 Jahre vor heute) im tropisch-wechselfeuchten Afrika

Die wechselfeuchten Tropen umfassen nach Köppen/Geiger die Aw-, Bsh- und Teile der Bwh-Klimate, nach Troll/Paffen die V_2-, V_3-, V_4- und V_5-Klimate (Abb. 6.2). Viele Daten zum LGM der wechselfeuchten Tropen sind bereits im Abschn. 6.2.1 und Abschn. 6.2.2 in Verbindung mit den Paläoklimaarchiven vorgestellt worden, die lange Zeitreihen und/oder das LGM i. w. S. der äquatorialen Feuchttropen einschließlich Ostafrika behandeln. Auf sie wird Bezug genommen.

Das tropisch wechselfeuchte Afrika nördlich des Äquators erhält seine Feuchtigkeit im Nordsommer vom äquatorialen und südlichen tropischen Atlantik über das westafrikanische Monsunsystem (WAM); regenbringende Luftmassen erreichen im Zuge der nordwärtigen Verlagerung der ITCZ den Südsaum der Sahara (Abb. 6.3). Im LGM herrschte eine größere Aridität in beiden Hemisphären mit reduzierten Temperaturen (Gasse 2000). Die Wüstengebiete dehnten sich nach Süden aus (vgl. Abb. 6.81). Im Sahara-Sahel-Bereich (Hoggar- und Tibesti-Gebirge) weisen periglazialmorphologische und vegetationsgeographische Paläoklimaarchive auf eine Depression der 0 °C-Isotherme des mittleren Minimums des kältesten Monats sowie der geoökologischen Höhenstufen um bis zu 2000 m hin (Messerli et al. 1980). Paläodrainagesysteme von über 1000 km Länge mit Einzugsgebieten im Tibesti waren im Quartär wiederholt entwickelt; sie wurden geomorphologisch erfasst, relativ und absolut (seit ca. 18 ka BP) datiert (Pachur und Altmann 2006). Wie in Ostafrika, so sind es jedoch vor allem Seen, deren Seespiegelschwankungen, Sedimente und Strandlinien Hinweise auf jungquartäre Änderungen des Environments geben. Gasse (2000) fasst den Kenntnisstand zusammen, der sich aufgrund der schwierigen Feldarbeiten (vor allem infolge kriegerischer Auseinandersetzungen) in weiten Gebieten der Sahara-Sudan-Zone in jüngster Zeit nicht wesentlich erweitert hat.

Die Tschadsee-Region ist ein endorheisches Becken von ca. 2 Mio. km^2. Die Hydrographie wird von Flüssen und Einzugsgebieten in den feuchten Tropen bestimmt; hinzu kommen Paläodrainagesysteme aus der Tibesti-Region. Bei extrem hohen Seeständen (Mega-Tschadsee, > 350.000 km^2, Ehlers 2011) konnte ein Überlauf in den Niger erfolgen (Abb. 6.94; nähere Angaben bei Pachur und Altmann 2006). Im Tschadbecken hatte der Tschadsee um AD 1970–1980 je nach Jahreszeit bzw. in längeren Perioden noch eine Ausdehnung zwischen ca. 10.000 bis 25.000 km^2 (Servant und Servant-Vildary 1980); heute ist er auf einen Restsee geschrumpft (Abb. 6.95). Im frühen Holozän jedoch nahm er eine Fläche von über 300.000 km^2 ein (Tilho 1925; Abb. 6.96). In den letzten Dekaden betrugen die Spiegelschwankungen 1–2 m, die Wassertiefe schwankte meist zwischen 1–6 m. Der Tschadsee-Seespiegel ist ein sensibler Zeiger für geringe hygrische Schwankungen, was Barth (1859/60, I:499) bereits beobachtet hat und sich dabei auf den Historiker Makrisi (AD 1364–1442) beruft. Die Transgressionen und Regressionen des Tschadsees haben im Holozän während

Tab. 6.3 Entwicklung des Tschadsees im Spätpleistozän und Holozän. Übersicht der spätpleistozänen und holozänen Seestadien und Oszillationen (schematisch nach verschiedenen Autoren) (aus Pachur und Altmann 2006). (Die Zeitangaben in ka BP sind nicht kalibriert; sie entsprechen ^{14}C-Altersangaben)

Stratigraphie		Seestadien, Hydrographie	Seespiegelhöhe (m ü. d. M.)	Seefläche (1000 km^2)	Äolische Formung
Alter (ka BP)					
Série de Labdé					
Nigéro-Tchadien	12–0	1 ka bis heute Endsee mit wechselnden Spiegelständen	**278–286**	0–24	Heutiger Erg: Südgrenze 16° N (Barchane und Sandschilde)
		– *Grand Tchad* (12.–7. Jh. AD)	286		
		– *Moyen Tchad*	282,5	20	
		– *Petit Tchad* (in zwei Seen aufgegliedert, Archipel bei Bol fällt episodisch trocken)	281,5		
		– *Micro Tchad* (offenes Wasser nur noch im SE Becken)	279,5	1,5–1,8	
		– *Tchad à sec* (1430–1420 AD)	278	0	
		Heutige Übernutzung trägt zur Seespiegelabsenkung bei			
		Bodélé: 2 ka Bahr-el-Ghazal-See trocknet aus			< 2 ka Yardangs
		3,2–1,8 ka Transgression, Archipel im NE des Sees, 3. Chari-Delta, Besiedlung der Firki-Tonebene unterbrochen	287–290	ca. 180	
		4,6–3,5 ka Regression infolge ariden Klimas (*Tchad Majeur*), *Bodélé*: ca. 3,7 ka Bahr-el-Ghazal-See (120 m tief), Tibestiflüsse enden nördlich	300		3. Erg: Südgrenze 12° N (Barchane, Vergitterung der Dünen)
		12–5,4 ka hoher Seespiegelstand mit Schwankungen (Hochstände 11, 9–8 und 6,0–5,2 ka, *Mégatchad*), 12–7,5 ka psychrophile Diatomeen, Bama Ridge, Überlauf bei Bongor in das Benue-Niger. Flusssystem, 2. Chari-Delta, *Bodélé*: See, *Kanem*, *Manga*: intradunäre Seen	**320**–325	330–350	
Sérié de Soulias					
Kanémien (Ogolien)	20–12	Tiefer Seespiegelstand infolge ariden Klimas, psychrophile Diatomeen durch tropische Arten ersetzt	?	?	2. Erg: Südgrenze 12° N (NE-Monsun, Transversaldünen)
Ghazalien	40–20	Hoher Seespiegelstand, 26–20 ka psychrophile Diatomeen	350–**400**	860 (?)	
		35–26 ka tiefer Seespiegelstand bei hoher Aridität			1. Erg: Südgrenze 10° N
		Hoher Seespiegelstand, 40–36 ka psychrophile Diatomeen			
Anté ghazalien	> 40	> 42 ka 1. Chari-Delta > 46 ka hoher Seespiegelstand, *Kanem*: intradunäre Seen	400 (?)		

der letzten Jahrtausende die Lebensbedingungen der Bewohner beeinflusst. Der 285–290 m-Seespiegel, der den ausgedehnten holozänen See charakterisiert, sank vor 4000–3000 Jahren rapide ab; anschließend wurde der 285/286-m-Spiegelstand mehrere Male erreicht. Die Oszillationen der letzten beiden Jahrhunderte werden von Reisenden und in Kolonialberichten erwähnt (Brunk und Gronenborn 2004; Abb. 6.96).

Das Tschadbecken wird von Pachur und Altmann (2006: Kap. 2, S. 22–45) ausführlich hinsichtlich der geologisch-geomorphologischen, sedimentologischen und paläoklimatischen Entwicklung beschrieben. Die LGM-zeitlichen Verhältnisse beschreiben die Autoren wie folgt: Vor dem LGM existierte ein ausgedehnter See von möglicherweise 860.000 km^2 mit einen Seespiegelstand in 350–400 m NN (Tab. 6.3). „Während des *Kanémiens* (*Ogolien*, 20–12 ka), in das das letzte glaziale Maximum (LGM, ca. 21–15 ka) fällt, waren im Tschadbecken

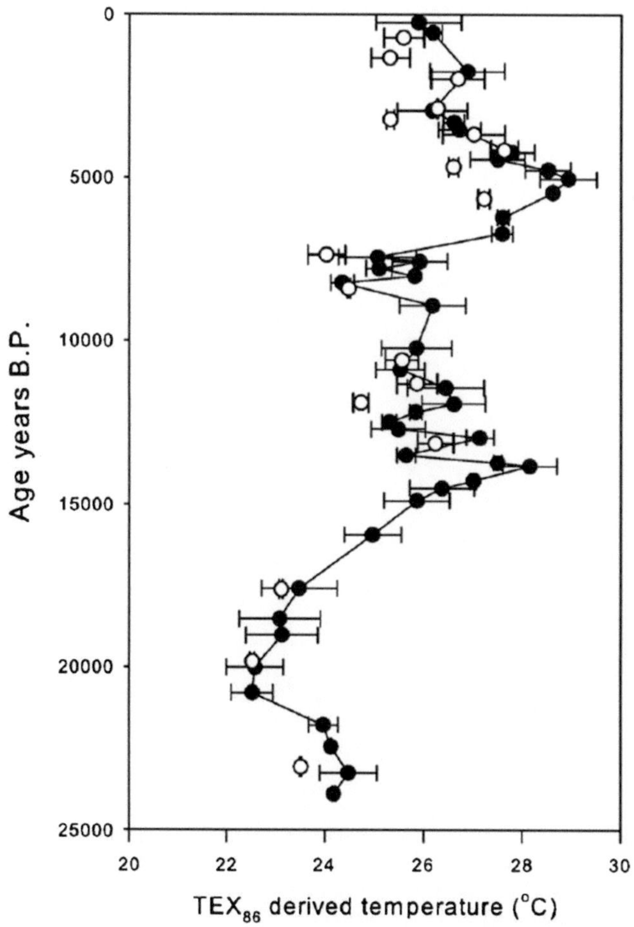

Abb. 6.92 Die TEX_{86}-Temperaturkurve des Malawi-Sees (aus Powers et al. 2005). Die Erwärmung des Malawi-See-Oberflächenwassers (mittlere Jahrestemperaturen) seit dem LGM beträgt ~3,5 °C. Die Erwärmung beginnt bereits um 20 ka BP, also vor dem Anstieg des CO_{2atm}. Abkühlung erfolgte während der YD (~2 °C) und des 8,2-ka-Ereignisses; die höchsten holozänen Temperaturen (~29 °C) waren um 5 ka BP ca. 2 °C wärmer als heute. Vgl. auch Johnson et al. (2002); die Autoren kommen aufgrund geochemischer Proxys von zwei *Piston cores* zu gleichen Ergebnissen

wie in der gesamten Ost-Sahara Deflation und äolische Akkumulation die beherrschenden geomorphologischen Komponenten, vergleichbar der Gegenwart. Aus gut sortierten Sanden bestehend, wurden im zentralen Tschadbecken zwischen 13° und 16° N Dünen akkumuliert. Das Klima war kalt und arid. Von 18 bis 13 ka wies das Tschadbecken nur einige isolierte Seen auf (Servant und Servant 1983); ein See lag in der Bodélé-Depression. Die Bildung der intradunären Seen in Kanem und Manga wie in der gesamten Sahara dürfte durch die temperaturbedingte Abnahme der Evaporation gestützt worden sein. Interdunäre Seen persistierten abhängig von lokalem Grundwasser und Niederschlägen an hydrogeologisch vergleichbar ausgestatteten Lokalitäten – gedacht ist an das Murzuk-Becken (Fezzan), die großen ägyptischen Oasendepressionen (*New Valley*) und das Gebiet von Bir Tarfawi/Bir Safsaf im Dakhla-Becken. In den ost-saharischen Gebirgen existierten Caldera-Seen. Eine detaillierte Chronologie der Seespiegelschwankungen im Tschadbecken fehlt bisher für die Zeit von ca. 22 bis 15 ka BP.

Die größere Aridität im LGM wird auch für andere Gebiete der heute extrem ariden Sahara belegt (Abb. 6.25). Während im MIS 3 deutlich höhere Niederschläge vom Tibesti-Gebirge/Tschadbecken in der zentralen Sahara bis zum Niltal in der Ostsahara dokumentiert werden können (Pachur und Altmann 2006), war das LGM von ca. 21–19 ka BP bis ca. 16–12 ka extrem arid. Diese paläoklimatischen Verhältnisse setzten sich bis nach Äthiopien (*Main Ethiopian Rift*, MER) und zur Arabischen Halbinsel fort. Im Ziway-Shala-Seengebiet waren die Seespiegel vor dem LGM zwischen 30 und 28 ka BP und nach den LGM um 12–11 ka, 9 ka, 6–5 ka und 2,5–2 ka BP höher (Benvenuti et al. 2002; vgl. Abb. 6.96 links).

Von der Arabischen Halbinsel belegen die Speläotheme aride LGM-zeitliche Klimaverhältnisse (Fleitmann et al. 2003b; Abb. 6.97). Die Aridität im Vergleich zum Eem (MIS 5) und zum Holozän (MIS 1) wird durch die Sinterbildungen in der Hoti-Höhle in Oman zweifelsfrei dokumentiert. Erst vor ca. 11 ka BP setzte die Sinterbildung nach dem LGM und Spätglazial wieder ein (Fleitmann et al. 2003b, 2007a). Auch fluviale Ablagerungen in Zentralarabien (24°15′ N, 45°10′ E) wurden nicht im LGM, sondern um ca. 54 ka, ca. 39 ka und ca. 0,8 ka (OSL-Alter) gebildet und deuten damit auf Phasen erhöhter Niederschläge hin (McLaren et al. 2009; vgl. Abb. 6.97).

Größere und kleinere Klimafluktuationen, wie sie in den Seesedimenten Ostafrikas für die Zeit zwischen dem LGM und dem Holozän nachgewiesen werden (vgl. Abb. 6.89 und 6.92), sind bisher durch die Paläoklimaarchive *Speleothems*, Uferwälle und Seesedimente (Seespiegelschwankungen) aus dem randtropischen arabischen Trockengürtel nicht belegt.

Anhand von über 40 zeitlich hochauflösenden marinen Kernen aus dem Indischen Ozean vor der südost-arabischen Küste und vor dem Horn von Afrika haben Sirocko (1996), Sirocko et al. (1993, 1996, 2000), Leuschner und Sirocko (2000) sowie Zonneveld et al. (1997) Paläoklimadaten für das LGM und *Termination I* erarbeitet (Abb. 6.98). Grundlage der Monsunrekonstruktionen sind Windbahnen der äolischen Staubeinträge in den Ozean und geochemische *Tracer* (Spuren) der *Upwelling*-Intensität des oberflächennahen Wassers, die von den Winden gesteuert wird. Im LGM war der sommerliche SW-Monsun nach Süden verlagert und nordwestliche Winde herrschten während des Sommers über der westlichen Arabischen Halbinsel vor. Der winterliche NE-Monsun war besonders stark ausgeprägt. Vor rund 19 ka BP setzten die aus NE stammenden Staubanteile plötzlich aus, und ein Ariditätsmaximum dauerte von ca. 18,5–16 ka BP; es entspricht der Heinrich-Lage 1. Der Übergang zum Interglazial begann um 16 ka BP mit einem plötzlichen Anstieg der Intensität des SW-Monsuns und einer markanten Abnahme der Raten an äolischen Eintrag, was auf eine Zunahme der Humidität an Land weist. Die YD wird durch eine Wiederkehr der winterlichen Staubeinträge aus nördlichen Gebieten gekennzeichnet, während sich der sommerliche Staubtransport aus Arabien nicht bemerkbar macht. Um 11,5 und 9,9 ka BP markieren zwei weitere Phasen der plötzlichen Zunahme des SW-Monsunsystems den Übergang zum Holozän. Die nördlichste Ausweitung des SW-Monsuns fand zwischen 9,9 und

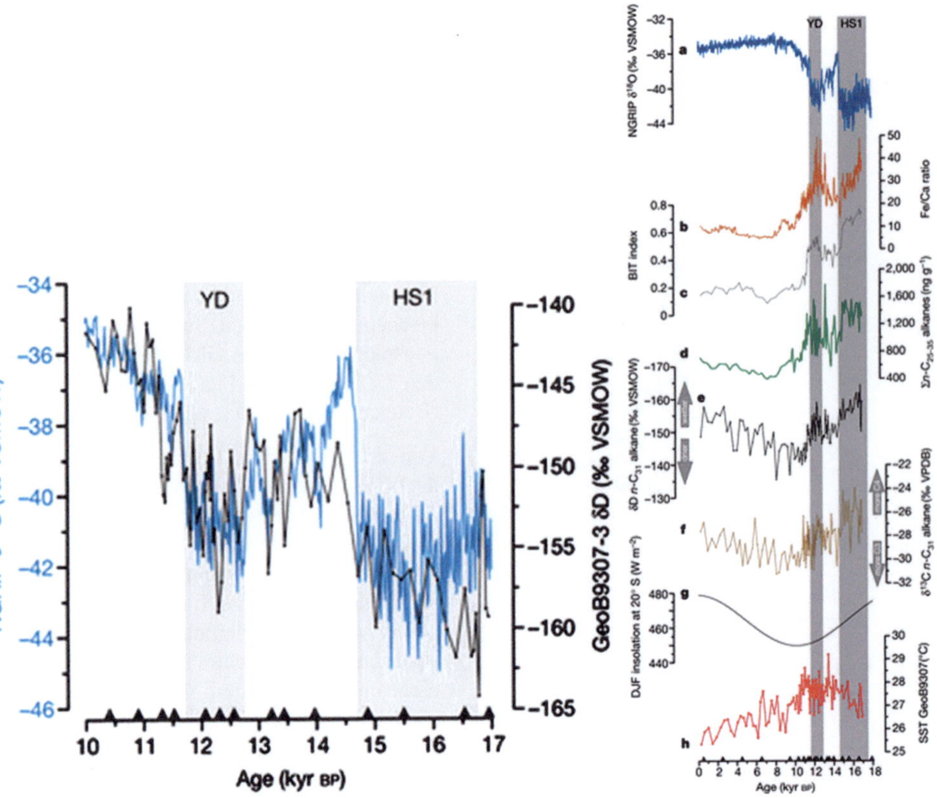

Abb. 6.93 *Links*: Detaillierter Vergleich der grönländischen Klimaschwankungen mit den hydrologischen Veränderungen des Sambesi-Einzugsgebiets zwischen 17 und 10 ka BP (*Termination I*, Deglaziation). *Blaue Linie*: Grönland-Sauerstoffisotopen-Kurve des NGRIP-Eiskerns, die die Temperatur reflektiert. *Schwarze Linie*: Wasserstoffisotopenänderungen der n-C_{31}-Alkane in Sedimenten des marinen Kerns GeoB9307-3, die die Niederschläge zeigen. Abweichungen der Amplituden sind teilweise auf Anpassungen der Niederschlagsintensität an die lokale Insolation zurückzuführen. *Graue Balken*: HS1 (*Heinrich stadial* 1) und YD (Jüngere Dryas). *Schwarze Dreiecke*: AMS-^{14}C-Alter (aus Schefuß et al. 2011). Die Autoren schließen auf höhere Niederschläge während der kalten H-1- und YD-Stadiale.
Rechts: *Records* der Umweltveränderungen im tropischen südöstlichen Afrika während der letzten 17.000 Jahre. *a* Sauerstoffisotopen-Änderungen des NGRIP-Eiskerns; die Kurve steht für Temperaturänderungen. *b* Fe/Ca-Verhältnis; gezeigt werden terrestrische versus marine Elemente in Sedimenten des marinen Kerns GeoB9307-3. *c* BIT-Index von GeoB9307-3; er zeigt Änderungen in dem relativen Eintrag von organischem Material aus Böden. *d* Konzentration der n-Alkane mit ungeraden Zahlen (n-C_{25} bis n-C_{35}) in den Sedimenten von GeoB9307-3. *e* Wasserstoffisotopen-Zusammensetzung der n-C_{31}-Alkane in GeoB9307-3; gezeigt werden Niederschlagsänderungen im Sambesi-Einzugsgebiet. *f* Stabile Kohlenstoffisotopen-Zusammensetzung der n-C_{31}-Alkane in GeoB9307-3; sie steht für relative Änderungen des Eintrags von der Talaue des unteren Sambesi. *g* Insolations-Änderungen im südlichen Afrika in 20° S während des Südsommers (DJF). *h* TEX_{86}-SST-*record* von GeoB9307-3; er steht für Temperaturänderungen des südwestlichen Indischen Ozeans. *Vertikale graue Balken* markieren das Heinrich-Stadial 1 (HS1) und die Jüngere Dryaszeit (YD). *Schwarze Dreiecke* stehen für AMS-^{14}C-Alter. (Aus Schefuß et al. 2011)

8,6 ka BP statt, das ist während der Zeit der maximalen Insolation in den nördlichen Subtropen. Ab 5,5 ka BP nahm der Staubeintrag von Arabien erneut zu; dies belegt die Desertifikation der Arabischen Halbinsel und eine Südwärtsverlagerung des SW-Monsuns und der damit einhergehenden Niederschläge (Sirocko 1996). Die ariden Phasen des LGM und H 1 korrelieren mit einer niedrigen Monsunaktivität; diese steigt vor dem Bölling/Alleröd an und ist im Bölling/Alleröd und in YD gleichbleibend; eine Intensivierung erfolgt mit Beginn des Holozäns. Humide Phasen korrelieren mit Temperaturmaxima in Antarktika und zeigen damit den Einfluss der Südhemisphäre auf das Monsunsystem zu einer Zeit, als in Grönland noch volle glaziale Bedingungen herrschten (Sirocko et al. 1996). Die Daten belegen die Beziehungen seit dem LGM zwischen den Klimaänderungen, die in dem grönländischen Eiskernen gespeichert sind und dem Monsunsystem des Indischen Ozeans, das die Niederschlagsänderungen der Arabischen Halbinsel steuert (Sirocko et al. 1996). Die Befunde werden durch die Beobachtungen Klutes (1949) bestätigt, der für das LGM aufgrund der eiszeitlichen Moränen des Kilimandscharo-Massivs eine Intensivierung des NE-Monsuns rekonstruiert; auch die Verbreitung der Korallen im afrikanischen Schelfbereich des Indischen Ozeans in Abhängigkeit vom eiszeitlichen Meeresspiegelanstieg (Toya et al. 1973) weist auf eine schnelle Temperaturänderung (Erwärmung) nach dem LGM mit Einsetzen des SW-Monsuns hin.

Ein mariner Kern aus dem Golf von Aden (P178-15P; 11° 57,3′ N, 44° 18′ E, 869 m Wassertiefe) belegt ein arides LGM und ein extrem arides H-1-Ereignis (Abb. 6.99). Die AHP fand ein relativ abruptes Ende (Tierney und deMenocal 2013). Dies deutet auf ein plötzliches Ausbleiben des Monsuneinflusses im Mittelholozän hin.

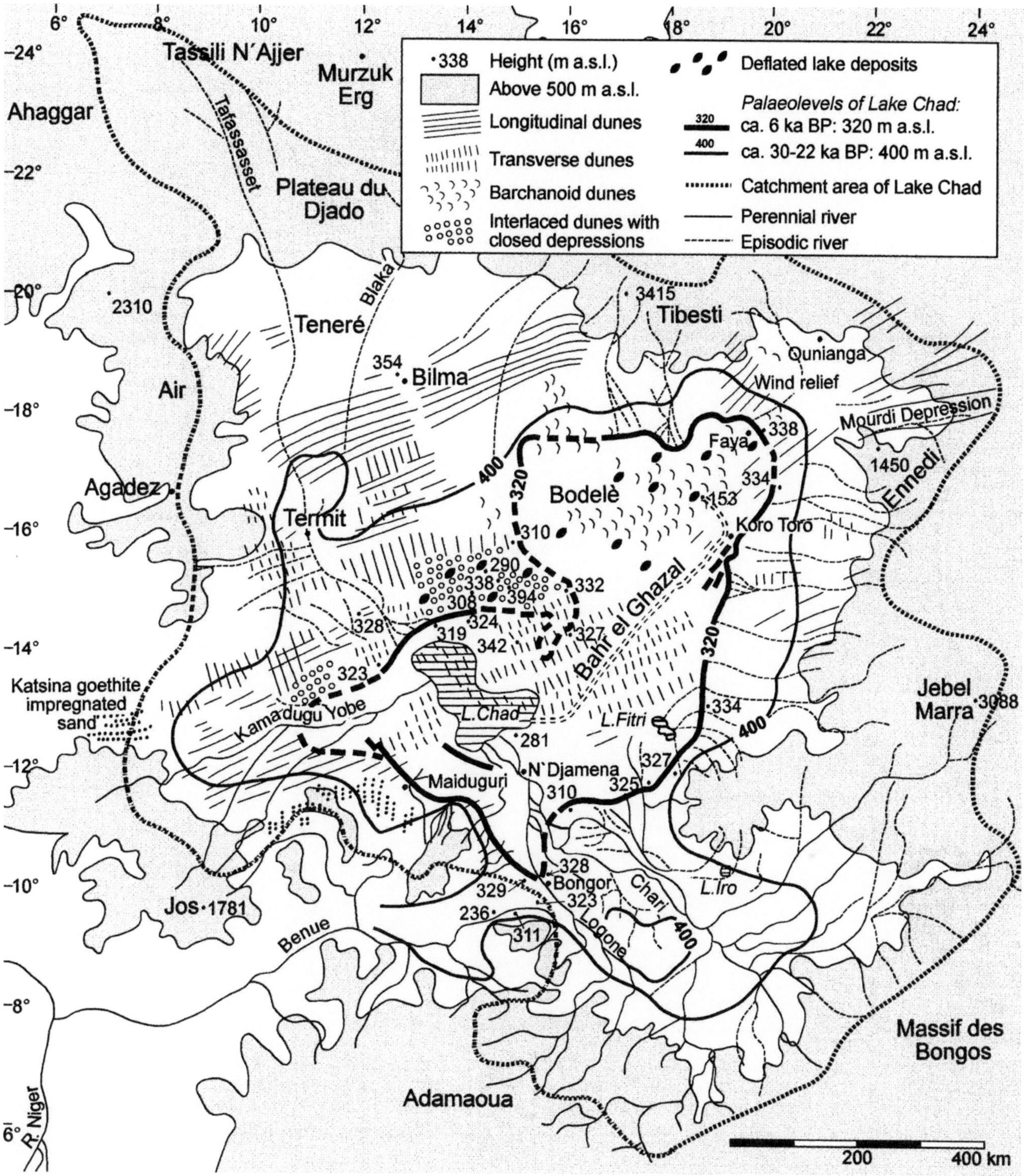

Abb. 6.94 Übersichtskarte des Tschadseebeckens mit charakteristischen physiogeographischen Phänomenen. Die Ausdehnung der Paläo-Tschadseen (ca. 30–22 ^{14}C ka BP und ca. 6 ^{14}C ka BP) sind eingetragen. 400-m-Seespiegel (vor ca. 30–22 ^{14}C ka BP) mit Überlauf zum Benue und damit zum Niger und in den Golf von Guinea: Dadurch wird auch die Sedimentzufuhr in den Golf von Guinea geändert: Werden die Anteile der Tonminerale bzw. der chemischen Elementverhältnisse (vgl. z. B. Sirocko 1996) als Paläoklimaindikatoren benutzt, müssen die sich ändernden hydrographischen Verhältnisse berücksichtigt werden. (Aus Pachur und Altmann 2006)

Abb. 6.95 Tschadsee. *Oben*: Bild der Tschadsee-Landschaft im Jahr 1851 (nach Barth 1859/60; alueni-images). *Mitte links*: Auszug aus der Barth'schen Karte von 1860, in der der Tschadsee als See mit ausgedehntem sumpfigem Gelände eingezeichnet ist (nach Barth 1859/60; alueni-images). *Mitte rechts*: Karte des Tschadsees mit Eintragung der Reiserouten von Barth und Overweg 1851 (Petermann 1854, aus Pachur und Altmann 2006). *Unten*: GOOGLE-Bild vom Oktober 2013 (am Ende der Regenzeit). Der See ist auf einen Restsee von ca. 30 km Nord-Süd-Ausdehnung geschrumpft. *Rote Pfeile*: Strandwälle eines ehemals ausgedehnten Sees (ca. 6 ka BP, 320 m NN Seespiegelhöhe). Um AD 1960 nahm der See noch die grünen Flächen ein (vgl. Pachur und Altmann 2006: Abb. 2.1.11). *Blauer Pfeil*: Bhar-el-Ghazal

Ein anderer, jedoch sehr bedeutender Ansatz der Klimarekonstruktion für Ostafrika stammt von Toya et al. (1973). Sie erfassen die Tiefenlage der Ränder der jüngsten Korallenriffbildungen entlang der Ostküsten des tropischen Afrika (Abb. 6.100). Die rezenten Korallenriffe entstanden während der spät- und postglazialen Transgression. Es stellt sich heraus, dass es zwischen ca. 20° N und ca. 10° S eine Kernzone des Wachstums der Korallenriffe gibt, in der selbst während der extremen Klimabedingungen des LGM (maximale Meeresspiegelabsenkung um ca. 120 m) Korallen wuchsen. In Verbindung mit dem ansteigenden Meeresspiegel und den ansteigenden Meerestemperaturen weitete sich die Zone mit Korallenwachstum langsam nach Norden und Süden aus. Dadurch wird in der Kernzone (20° N bis 10° S) der Umfang der postglazialen Transgression durch die

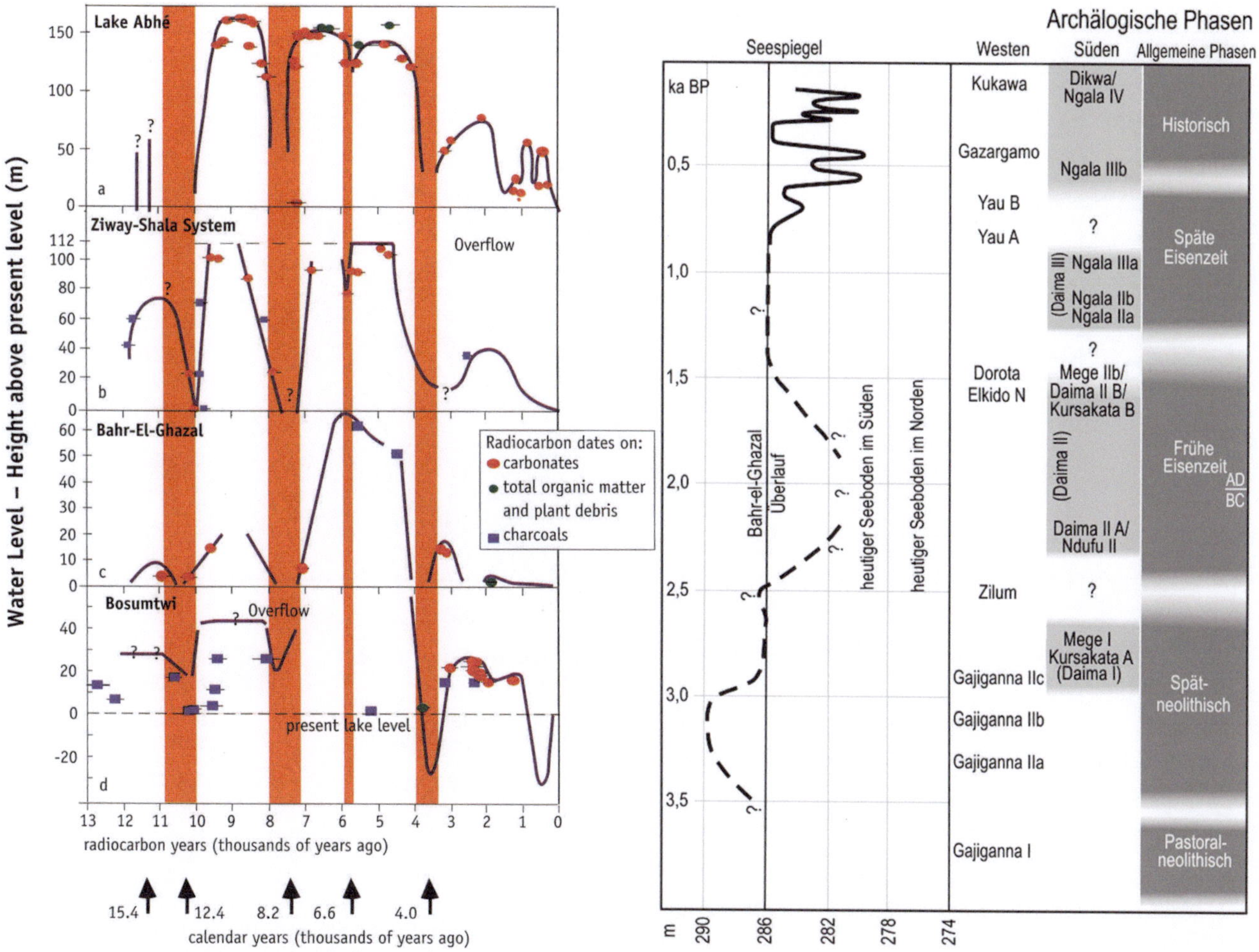

Abb. 6.96 *Links*: Änderungen der Seespiegel während der letzten 15,4 ka im monsunal beeinflussten Gebiet Afrikas nördlich des Äquators. **a** – Lake Abhe (auch: Abbe) an der Grenze von Äthiopien zu Djibuti (11°10′′ N, 41°47′ E, ca. 240 m NN); **b** Ziway-Shala-System, MER (*Main Ethiopian Rift*). Seespiegelhochstände nach Benvenuti et al. (2002) existierten von 10–8 ka BP und von 5,5–4 ka BP; **c** – Bhar-el-Ghazal, Abfluss des Tschadsees nach Nordosten: Die *Kurve* charakterisiert die hydrologischen Verhältnisse im Tschadbecken; **d** Bosumtwi – Ghana (aus Gasse 2000). *Rechts*: Spätholozäne Spiegelstände des Tschadsees und archäologische Phasen. (Aus Brunk und Gronenborn 2004)

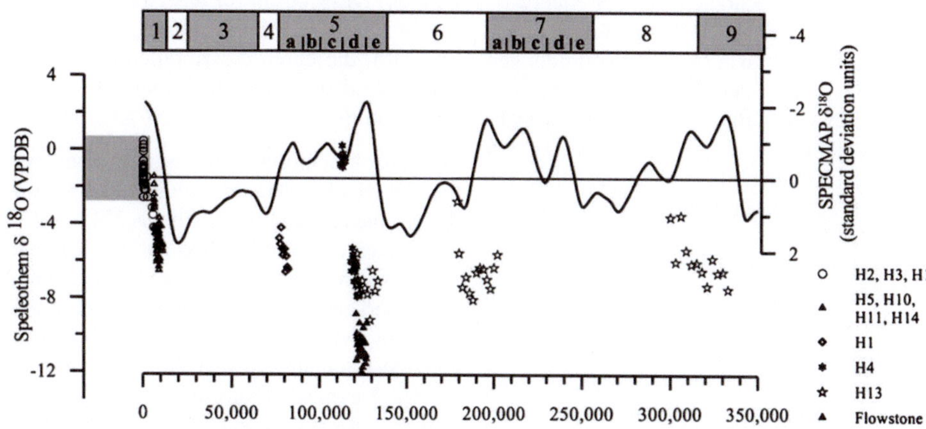

Abb. 6.97 Sauerstoffisotopen-Daten der Hoti-Höhle (Oman) in Bezug zur SPECMAP-Kurve. Die *graue Zone* markiert den Bereich der $\delta^{18}O$-Werte von rezenten Stalagmiten. Die Proben H2, H3 und der oberste Teil von H12 sind rezent; alle anderen Alter basieren auf U/Th-Daten (aus Fleitmann et al. 2003b). MIS 2 (LGM) und MIS 3 sind nicht durch Speläothem-Bildungen vertreten. Die Aridität des LGM wird zweifelsfrei belegt. Fluviale Sedimente (OSL-datiert) im zentralen Saudi-Arabien haben Alter von ca. 54, 39 und 0,8 ka BP (Nach McLaren et al. 2009)

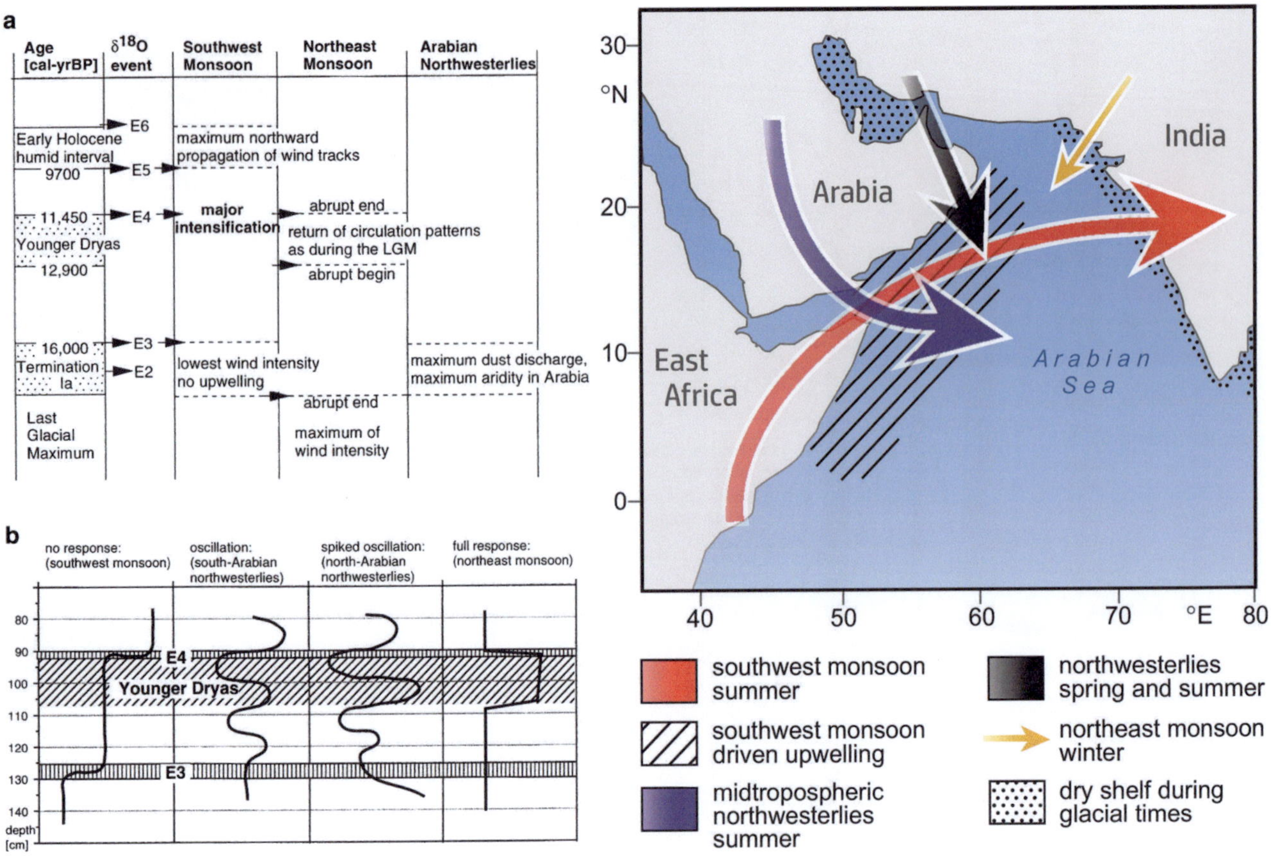

Abb. 6.98 *Links*: **a** Die Veränderungen des monsunalen Klimas über dem Arabischen Meer während der letzten 24 ka BP. E2 bis E6 sind markante δ^{18}O *events*. **b** Schematische *records* der geochemischen Spuren, die für die Rekonstruktion der jahreszeitlichen Komponenten des Monsunsystems benutzt wurden, einschließlich der *records* von Cr und Al, die für die Rekonstruktion des Einflusses der Nordwesterlies im Frühjahr und Sommer benutzt wurden. Der Einfluss der Jüngeren Dryas (YD) zeigt sich (aus Heine 2002, nach Sirocko 1996). *Rechts*: Windbahnen der staubtransportierenden Winde über dem Arabischen Meer und das Gebiet mit *Upwelling* während des sommerlichen SW-Monsuns. (Aus Sirocko 1996)

Mächtigkeit der Riffkalke und der mit ihnen abgelagerten Sedimente angezeigt. Das Korallenwachstum begann nach dem LGM in der Nähe des kontinentalen Schelfrandes (Toya et al. 1973; Abb. 6.100). Da tropische Korallen nur bei Meerwassertemperaturen wachsen, wenn diese 20 °C nur selten unterschreiten, zeigen die Beschränkungen der Korallenriffbildungen im LGM an, dass die SST entlang der ostafrikanischen Küste im LGM nördlich von 20° N und südlich von 10° S nicht mehr die erforderlichen Temperaturen von 20 °C erreichten. Da sich der Bereich der holozänen Korallenbildung von ca. 30° N bis ca. 30° S erstreckt (Abb. 6.101), darf mit einer SST-Absenkung von 6 °C während des LGM gerechnet werden. Dieser Wert ist deutlich höher als die Rekonstruktionen aufgrund geochemischer Daten; der Wert von ca. 6 °C stimmt mit den Daten ± überein, die über die Absenkung der Vegetationshöhenstufen (Pollen), der klimatischen Schneegrenzen (Gletscher) und der alpinen Permafrostuntergrenzen ermittelt werden. Coetzee (1967) nennt bereits vor einem halben Jahrhundert eine Depression der Vegetationshöhenstufen an den ostafrikanischen Vulkangebirgen um ca. 1000–1100 m; das entspricht einer Temperaturabsenkung von ca. 5,1–8,8 °C. Die Ergebnisse von Toya et al. (1973) werden durch die Schlussfolgerungen von Sirocko (1996), Sirocko et al. (1996) und Leuschner und Sirocko (2000) bestätigt, die für das LGM eine Verlagerung des sommerlichen SW-Monsuns nach Süden, eine Zunahme des Einflusses nordwestlicher (kühler) Winde und einen starken winterlichen (kühlen) NE-Monsun für das Arabische Meer (vgl. Abb. 6.98) beschreiben. Die Temperaturabsenkung der SST von ca. 6 °C im LGM, die durch die Korallenriffbildungen angezeigt werden, findet dadurch eine zusätzliche Bestätigung (vgl. Abb. 2.55, Abb. A in Box Die Milankovich-Theorie).

Die paläoklimatische Auswertung eines hervorragend datierten (25–0 ka BP) Kraterseesedimentkerns vom unteren Osthang des Kilimandscharo (Lake Challa, 3° 19′ S, 37° 42′ E, 840 m NN) zeigt einen externen Einfluss auf das Klima durch Änderungen in der solaren Einstrahlung und Insolation. Verschuren et al. (2009) erkennen, dass die monsunalen Niederschläge in Ostafrika in Zyklen von ca. 11.500 Jahren variieren und zwar in Übereinstimmung mit dem Solarstrahlungs-*forcing*, das durch orbitale Parameter kontrolliert wird. Die solare Strahlung spielt auch eine Rolle während der Phasen der negativen Eisbilanz am Kilimandscharo im Holozän (Eis-Kliff-Rückgang, Erniedrigung der Eisoberfläche; vgl. Kaser et al. 2010).

Um das Problem der eiszeitlichen und nacheiszeitlichen Temperaturverhältnisse, die auf kontinuierlichen Daten über längere

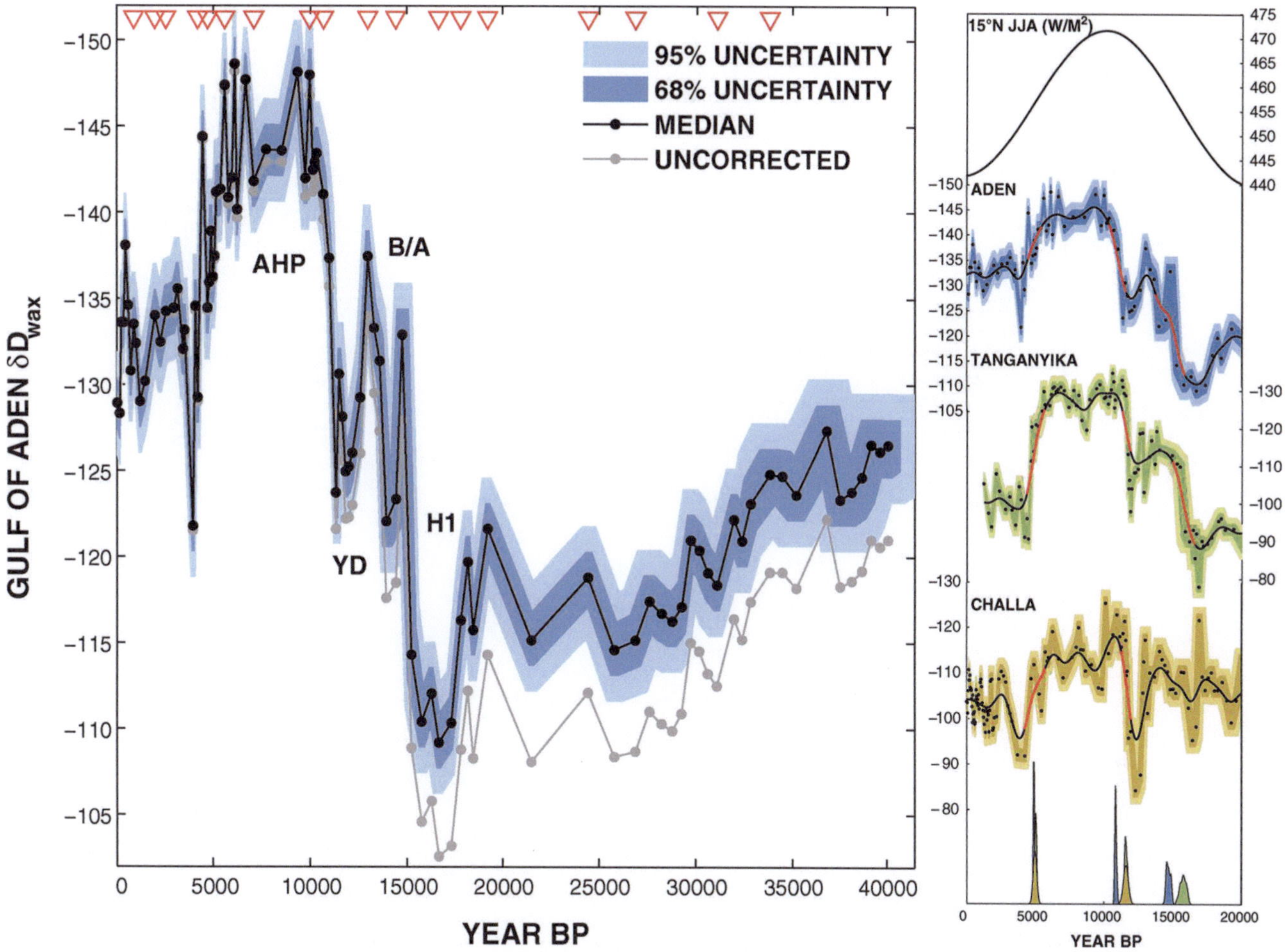

Abb. 6.99 *Links*: δD_{wax}-Daten vom Golf von Aden, Bohrkern P178-15P. δD_{wax}-Daten sind in ‰ zum VSMOW (*Vienna standard mean ocean water*) angegeben. Die *schwarze Linie* kennzeichnet die Mittelwerte (der wechselnde Effekt der Eisvolumenschwankungen auf die Isotopenwerte ist entfernt, um die regionalen hydroklimatischen Komponenten zu isolieren). Die *graue Linie* zeigt die δD_{wax}-Daten ohne die Eisvolumen-Korrektur. Schattierungen geben die 68- und 95-%-Abweichungen an. *Rote Dreiecke* kennzeichnen die Lage der Proben der ^{14}C-Alter. *Rechts*: JJA-Insolation in 15° N, δD_{wax}-Daten von drei Lokalitäten in Ostafrika und Zeiten ihrer plötzlichen Übergänge. JJA-Insolation ist in Watt pro m^2; δD_{wax}-Daten sind in ‰ (VSMOW). Der wechselnde Effekt der Eisvolumenschwankungen auf die Isotopenwerte ist entfernt, um die regionalen hydroklimatischen Komponenten zu isolieren. *Schwarze Markierungen* geben Mittelwerte an und Schattierungen die 68- und 95-%-Abweichungen. Die *schwarze Linie* zeigt die 2000-Jahr-Gauss'schen geglätteten Zeitserien für jede Lokalität; die identifizierten Übergänge sind in *rot* hervorgehoben. *Unten* werden die Wahrscheinlichkeitsverteilungen gezeigt, die die Zeitstellung der Übergänge markieren. Die δD_{wax}-Daten vom Lake Challa zeigen keine große Austrocknung während des H1-Ereignisses und damit auch keinen besonderen H1 – B/A-Übergang (Heinrich 1 – Bölling/Alleröd). (Aus Tierney und deMenocal 2013)

Zeiträume basieren, zu lösen, werden in den letzten Jahren immer häufiger mittels organischer geochemischer Proxys Temperaturrekonstruktionen vorgenommen. Die Daten vom Lake Malawi (Powers et al. 2005), Lake Tanganyika (Tierney et al. 2008), Sacred Lake am Mount Kenia (Loomis et al. 2012) und aus dem Kongo-Becken (Weijers et al. 2007) weisen auf eine LGM-zeitliche Temperaturdepression von 3–5 °C hin; dieser Wert entspricht den Paläotemperaturrekonstruktionen anhand von Pollen aus dem Hochland von Burundi (Bonnefille et al. 1990), die eine Abkühlung von 2–4 °C anzeigen. Die organischen geochemischen *records* (TEX_{86}, MBT-CBT, s. Abschn. 4.4) der ostafrikanischen Seen zeigen darüber hinaus den Beginn der Erwärmung nach dem LGM zwischen 21 und 20 ka BP; das ist zeitgleich mit dem Gletscherrückzug am Ruwenzori (Kelly et al. 2014). Die Werte der Temperaturdepression für das LGM sind jedoch wesentlich geringer als der von Coetzee (1967) palynologisch ermittelte Wert von 5,1–8,8 °C an den ostafrikanischen Vulkanen, bzw. als die von Toya et al. (1973) aufgrund der Korallenverbreitung im Indischen Ozean ermittelten LGM-SST-Abkühlung von ca. 6 °C oder als die LGM-zeitliche ELA-Depression von ca. 800–1000 m, die eine um ca. 6 °C kühlere Temperatur anzeigt.

Die wechselfeuchten Tropen südlich des Äquators

Aus den wechselfeuchten Tropen südlich des Äquators in der Region Angola – Moçambique liegen keine bedeutenden neueren Paläoklimadaten vor. Das ist in den jahrzehnte-

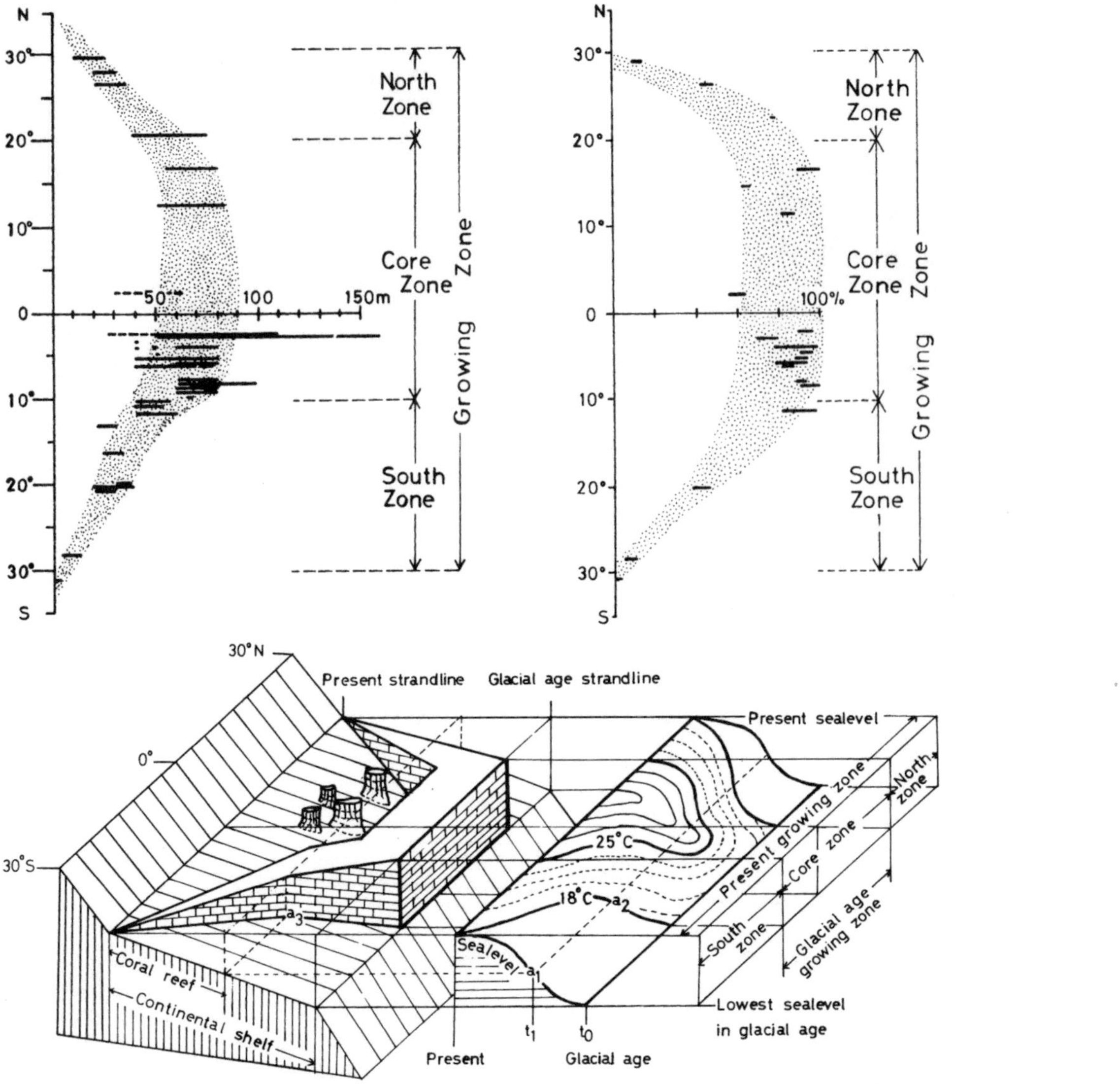

Abb. 6.100 *Oben links*: Tiefenbereich der Ränder der rezenten Korallenriffe entlang der ostafrikanischen tropischen Küsten (ca. 30° N–30° S). Der Tiefenbereich nimmt von ca. 100 m in den niederen Breiten auf einige Meter in den höheren Breiten ab. Die *Kurve* ist nicht zum Äquator symmetrisch, sondern zu ca. 5° N. Die Tiefe ist ± gleich zwischen 15–20° N und ca. 10° S; sie verringert sich abrupt ab ca. 20° N und deutlich ab ca. 10° S. Die *Kurve* wird dreigeteilt in eine Kernzone sowie Nord- und Südzone. In der Kernzone erfolgt Korallenwachstum auch im LGM. Die quartären Klimaschwankungen machen sich in der Kernzone nicht bemerkbar. *Oben rechts*: Das Breitenverhältnis der rezenten Korallenriffe entlang der ostafrikanischen Küste. Breitenverhältnis: Rw/Sw × 100 (%). Rw – Breite des Korallenriffs, Sw – Breite des kontinentalen Schelfs. Die *Kurve* der Breitenverhältnisse zeigt dasselbe Muster wie die Kurve der Tiefenlage der Riffränder. *Unten*: Schema der Korallenriffbildung während der spät- und postglazialen Transgression. t_0 – Maximalstadium im LGM; a_1 – Meeresspiegel zur Zeit von t_1, als das Korallenriffwachstum bei a_3 beginnt; a_2 – Position der Isotherme der SST von 18 °C zur Zeit von t_1; a_3 – Bereich, in dem das Korallenriffwachstum zur t_1-Zeit beginnt (aus Toya et al. 1973). In der Nähe von Mündungen größerer Flüsse fehlt das Korallenriffwachstum als Folge von Süßwasser- und Sedimenteinträgen in den Indischen Ozean

langen Bürgerkriegen begründet, die Feldarbeiten unmöglich gemacht haben. Aus marinen Bohrkernen vor der angolanischen Küste (z. B. GeoB 1023-5: östliches Angolabecken: 17°09.5′ S, 11°00.5′ E, Wassertiefe 1978 m) wurden SSTs (Kim und Schneider 2003), die Intensität der Passatwinde und Änderungen der Meeresströme (Kim et al. 2003), aber auch Vegetationsänderungen sowie aride und humide Perioden auf dem afrikanischen Kontinent für die letzten ca. 25 ka rekonstruiert. Abb. 6.102 zeigt beispielhaft die detaillierten Rekonstruktionen von verschiedenen Paläoklimaproxys. Die Rekonstruktionen bezeugen starke Veränderungen in den SSTs, die mit Perioden verstärkter Passatwinde – und damit verstärktem *Upwelling* (das bedeutet Abkühlung) – zusammenfallen, und zwar im LGM, in der YD und im Mittel- bis Spätholozän. Eine Abschwächung der Passatwinde (gleichbedeutend mit Erwärmung) erfolgt während des H 1, im frühen Bölling/Alleröd und im frühen Holozän. Inwieweit sich diese Schwankungen auf dem tropisch-subtropischen afrikanischen Kontinent bemerkbar machen, ist

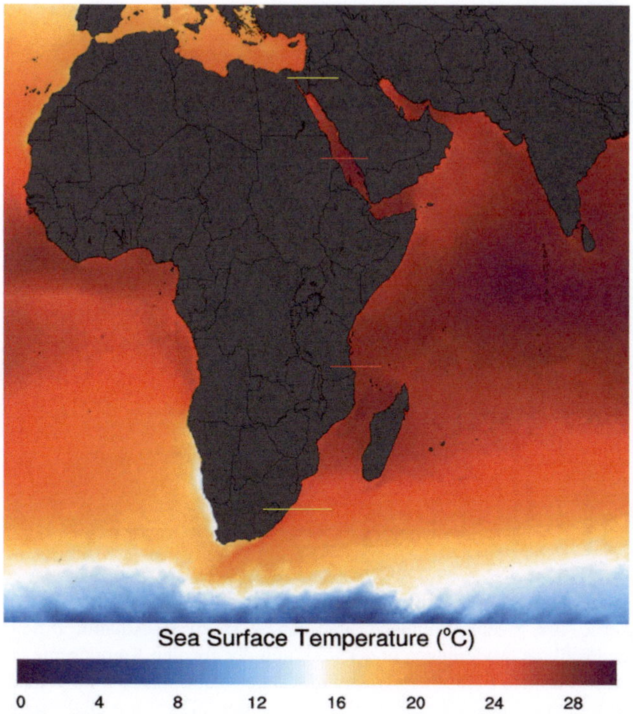

Abb. 6.101 AD 2003–2011 Meeresoberflächentemperaturen (SST) aufgrund von MODIS-Aqua-Daten. Die *roten Balken* bei ca. 20° N und ca. 10° S zeigen den äquatorialen Bereich an (Kernzone), in dem Korallenriffwachstum im LGM erfolgte. Zum Vergleich: Die *gelben Balken* repräsentieren die heutigen Grenzen des tropischen Korallenriffwachstums. Nördlich bzw. südlich der Kernzone müssen die SSTs unter 20 °C betragen haben. Eine SST-Absenkung von ca. 6 °C wird dadurch für den Indischen Ozean vor der Küste Tansanias (10° S) und im Roten Meer (20° N) belegt. Quelle: CC BY-SA 4.0 International License (26. August 2018). https://en.wikipedia.org/wiki/Sea_surface_temperature

nicht durch terrestrische Paläoklimaarchive belegt. Auch können sich bei der Korrelierung der Daten Probleme ergeben, da die Chronologien teilweise auf *tuning* bzw. *matching* beruhen (vgl. Heine et al. 2014).

Terrestrische Paläoklimaarchive, die das LGM erfassen, basieren vor allem auf geomorphologischen Beobachtungen i. w. S. Aus dem zentralen randtropischen semiariden südlichen Afrika liegt die klassische Studie zum (LGM-zeitlichen) Klimawandel von Grove (1969) vor (Thomas 2010). Grove (1969) verbindet eine detaillierte Luftbildinterpretation mit Beobachtungen im Gelände. Die Synthese ist in Abb. 6.104 dargestellt. Sie zeigt die Lage und Orientierung zahlreicher Sanddünenfelder innerhalb einer weitgehend semiariden Landschaft, Strandlinien ehemaliger Seen, trockene Flusstäler, Pfannen und Inselberge; Feldstudien führen zu einer relativen Stratigraphie, in der die Beziehungen zwischen Dünen, Strandlinien und anderen Phänomenen erfasst werden; Laboranalysen ergänzen die Arbeiten. Probleme treten bei dem Versuch auf, die Strandlinien, Paläoseen und anderen Paläoklimaarchive, die auf pluviale Bedingungen deuten, zu datieren. Während Grove (1969) keine Datierung (^{14}C) der Formen und Sedimente vorweisen kann, geben Street und Grove (1976) in einer Zusammenstellung über die Seespiegelstände des LGM in Afrika das Alter eines pluvialen Makarikari-Sees in der Kalahari (vgl. Abb. 6.70) mit 20.990 ± 1100 ^{14}C-Jahren v. h. an (Street und Grove 1976, darin Reference 24; Grove 1969; und Grove, *unpublished*). Einzelheiten zum datierten Material, Beziehungen zu Strandlinien etc. werden nicht genannt. Die Autoren vermuten, dass das nordhemisphärische letzteiszeitliche Maximum (LGM) in den Randtropen einer Pluvialphase entspricht. Einige Jahre später postuliert Lancaster (1979a) aufgrund von ^{14}C-Datierungen von Stromatolithen einer Pfanne der südwestlichen Kalahari und unter Berücksichtigung des ^{14}C-Alters von 20.990 ± 1100 a BP, dass eine pluviale Phase in der Kalahari um 22.000 ^{14}C-Jahre v. h. begann und bis 14.000 ^{14}C-Jahre v. h. andauerte. Er vermutet, dass die pluvialen Bedingungen durch ein nach Süden verschobenes Ausgreifen der sommerlichen äquatorialen Regen verursacht wurden.

Wichtige Beobachtungen zur jüngeren geologisch-geomorphologischen Entwicklung der Kalahari legte Siegfried Passarge schon zu Beginn des 20. Jhs. vor, der bereits auf der Suche nach wertvollen Mineralien in den Jahren 1896 bis 1898 das Gebiet im Auftrag der ehemaligen *British West Charterland Ltd.* bereiste, in dessen Mittelpunkt der Ngami-See liegt. Seine Beobachtungen und Ausführungen (Passarge 1904) zur Genese von Verkieselungen, Seekreiden, Kalkkrusten, Mollusken und Diatomeen benutzt Heine (1987) in Verbindung mit eigenen Geländearbeiten, um ein in Raum und Zeit differenziertes Bild der quartären Landschaftsentwicklung der Kalahari zu erstellen (Abb. 6.103), das zum ersten Mal durch ^{14}C-Altersbestimmungen ergänzt wird.

Die von Grove (1969) und Street und Grove (1976) publizierten Daten veranlassten Heine im Jahr 1977, eigene Feldforschungen auszuführen (Heine 1977, 1978a, 1978b, 1979, 1980a, 1980b, 1980c, 1981). Heine (1974, 1977) nimmt für das tropische Afrika von 30–27 ^{14}C ka BP bis 13,5 ^{14}C ka BP kühlere und trockenere Klimabedingungen im Vergleich zu heute an. Er datiert die pluvialen Phasen der Kalahari, die die markanten Strandwälle und diverse limnische Sedimente bildeten, älter als das LGM (Abb. 6.105) in die Zeit zwischen $\geq$ 30–20/19 ^{14}C ka BP (MIS 3/MIS 2). Das LGM (ca. 19–15 ^{14}C ka BP) soll in der Nord- und Zentralkalahari arid gewesen sein, während der südlichste Teil der Kalahari feucht war, da sich dort Sommer- und Winterregengebiete überlappten (Abb. 6.105). Die Erforschung der jungquartären Klimageschichte der Kalahari zeigt viele Wendungen und ist symptomatisch für die Deutung verschiedener Paläoklimaarchive. Erst in den letzten Jahren können Riedel et al. (2014) ein schlüssiges Bild präsentieren, das den großen Einfluss der Winterregen für die Bildung eines Makarikari-Paläosees um 20(?)–17 ka BP (ca. 17–14 ^{14}C ka BP) dokumentiert (s. u.).

Die Daten von Heine (1977, 1978a, 1978b) wurden von Lancaster (1979b) in einer Witwatersrand-Universitäts-Publikation zitiert, um anschließend von Lancaster (z. B. 1981, S. 342) unter eigenem Namen genannt zu werden. Immerhin setzte sich dadurch schnell die Revision der von Grove (1969) und Street und Grove (1976) formulierten LGM-zeitlichen Pluvialphase der randtropischen Kalahari durch. Das LGM war relativ arid.

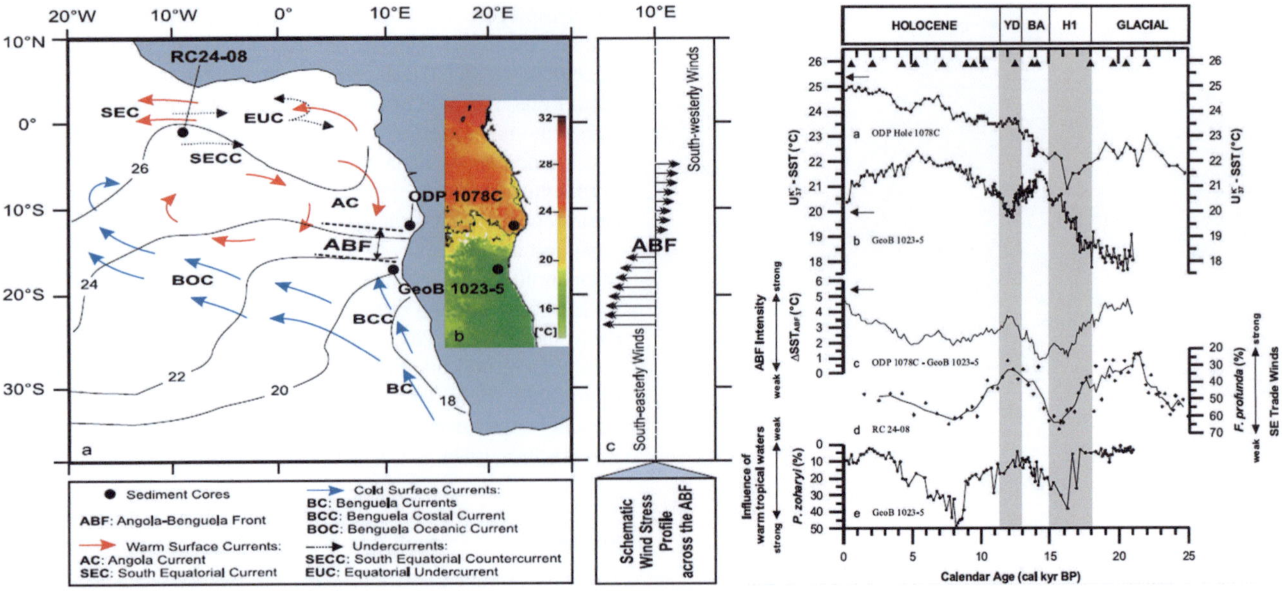

Abb. 6.102 *Links*: *a* Karte mit Lokalitäten verschiedener mariner Bohrkerne, den Meeresströmungen und den SSTs im SE-Atlantik. *b* SSTs im Juli. Die *schwarze Linie* kennzeichnet die 22-°C-Linie. *c* Schematisches Profil der Änderungen in der Richtung der zonalen Komponente der Winde im Bereich der ABF (Angola-Benguela-Front, die Konvergenz zwischen warmem tropischem Wasser und kaltem subtropischen *Upwelling*-Wasser) in 10° E. Die meridionale Komponente der Winde wird durch die Pfeile nicht angezeigt. *Rechts*: Vergleich der SSTs von *a* ODP 1078C mit *b* GeoB 1023-5. *c* ΔSST_{ABF} ist die Differenz in der alkenone-abgeleiteten SST zwischen ODP 1078C und GeoB1023-5. *d* Prozentanteil der in Tiefen lebenden Coccolithophoride *Florisphaera profunda* von RC24-08 relativ zu allen anderen Coccolithen. *e* Anteil (5) der tropischen Dinoflagellaten *Polyspaeridium zoharyi* von GeoB 1023-5 relativ zu allen anderen Dinoflagellatenzysten. *Schwarze Dreiecke* markieren ^{14}C-Alter. *Vertikale graue Balken* zeigen H1- und YD-Phasen. *Pfeile* zeigen die heutige SSTs an für die Lokalitäten von ODP 1078C (25,4 °C) und GeoB 1023-5 (19,9 °C) und die SST-Differenz zwischen beiden Bohrkernen (5,5 °C). (Aus Kim et al. 2003)

In den letzten drei Jahrzehnten wurden umfangreiche Forschungen zur jungquartären Klimageschichte des tropisch-randtropischen südlichen Afrika ausgeführt. Diese Untersuchungen konzentrieren sich einerseits auf die hydrologischen Schwankungen im Makarikari/Ngami/Okavango-Gebiet und andererseits auf die Phasen der Dünenbildung im Bereich der Kalahari (Abb. 6.106; vgl. Abb. 6.64 bis 6.72).

In ihrer Synthese des LGM-zeitlichen Klimawandels der *Okavango-Makgadikgadi-Zambezi*-Region (ca. 18–21,5° S) stellen Gasse et al. (2008) fest, dass Perioden mit einer Niederschlagszunahme nur schwer zu bestimmen sind wegen des Zusammenspiels von (i) Niederschlägen in dem tropischen angolanischen Hochland, aus dem die Hauptflüsse stammen, (ii) tektonischer Aktivität und damit verbundenen Änderungen der Flussläufe und (iii) Schwierigkeiten bei den Datierungen. Aus dem Gebiet der *Tsodilo Hills* (Abb. 6.106) rekonstruieren Thomas und Shaw (2002) und Thomas et al. (2003) unter Auswertung von Seesedimenten (einschließlich Mollusken und Diatomeen), Strandwällen und Lineardünen windreichere und trockenere (?) Verhältnisse zwischen 36 und 28 ka BP und zwischen 23 und 21 ka BP, während lakustrine Bedingungen von 40–32 ka BP, 27–22 ka BP und von 19–12 ka BP geherrscht haben sollen. Zwischen 22 und 19 ka BP, d. h. im LGM, soll der kleine See ausgetrocknet sein. Vom Ngami-See berichten Huntsman-Mapila et al. (2006) aufgrund sedimentologischer und geochemischer Daten von einer Feuchtphase, die um 40 ka BP endete, und von einem Seespiegelanstieg zwischen 19 und 17 ka BP. Nach Burrough et al. (2007) datiert der höchste LGM- und Post-LGM-Ngami-Seespiegel zwischen 18 und 12 ka BP, was in etwa mit U-Th-datierten Speläothem-Bildungen in der Drotzky-Höhle (Abb. 6.107) zusammenfällt, die Alter von 19–14 und 12,5–11 ka BP haben (Brook et al. 1996, 1998). Der Makarikari-See soll zwei hohe Seespiegelstände zwischen 32 und 27 ka BP gehabt haben und mit dem Ngami-See, dem Sambesi und dem Okavango-Delta vor 20–15 ka BP verbunden gewesen sein (nach Gasse et al. 2008). Er bedeckte ca. 66.000 km^2 und war bis 45–55 m tief. Alluviale Sedimente und fehlende ausgeprägte Lineardünensysteme, jedoch *ghost dune vegetation patterns* (z. B. zwischen Ngami-See und Drotzky's Cave, Abb. 6.107 und 6.78) belegen prä-jungpleistozäne limnische Prozesse auch außerhalb des Paläo-Mega-Makarikari-Sees (McFarlane und Eckardt 2007; Eckardt et al. 2015).

Weitere Synopsen der geomorphologisch-sedimentologisch-paläontologischen Arbeiten zu den jungquartären Seespiegelständen im Kalahari-Entwässerungssystem präsentieren u. a. Burrough und Thomas (2009), Burrough et al. (2007, 2009a, 2009b) und Riedel et al. (2014). Die Ergebnisse sind unterschiedlich und werden nachfolgend kurz vorgestellt.

Burrough und Thomas (2008) rekonstruieren zahlreiche feuchte Phasen für das Gebiet *Okavango Delta – Mababe – Ngami* aufgrund geomorphologischer Paläoklimaarchive (Abb. 6.108). Die Zusammenstellung zeigt, dass das LGM (ca. 25–19 ka BP) trocken war. Die jungquartären feuchten Phasen im Ngami-Seegebiet und in den Speläothemen der Drotsky-Höhle zeigen

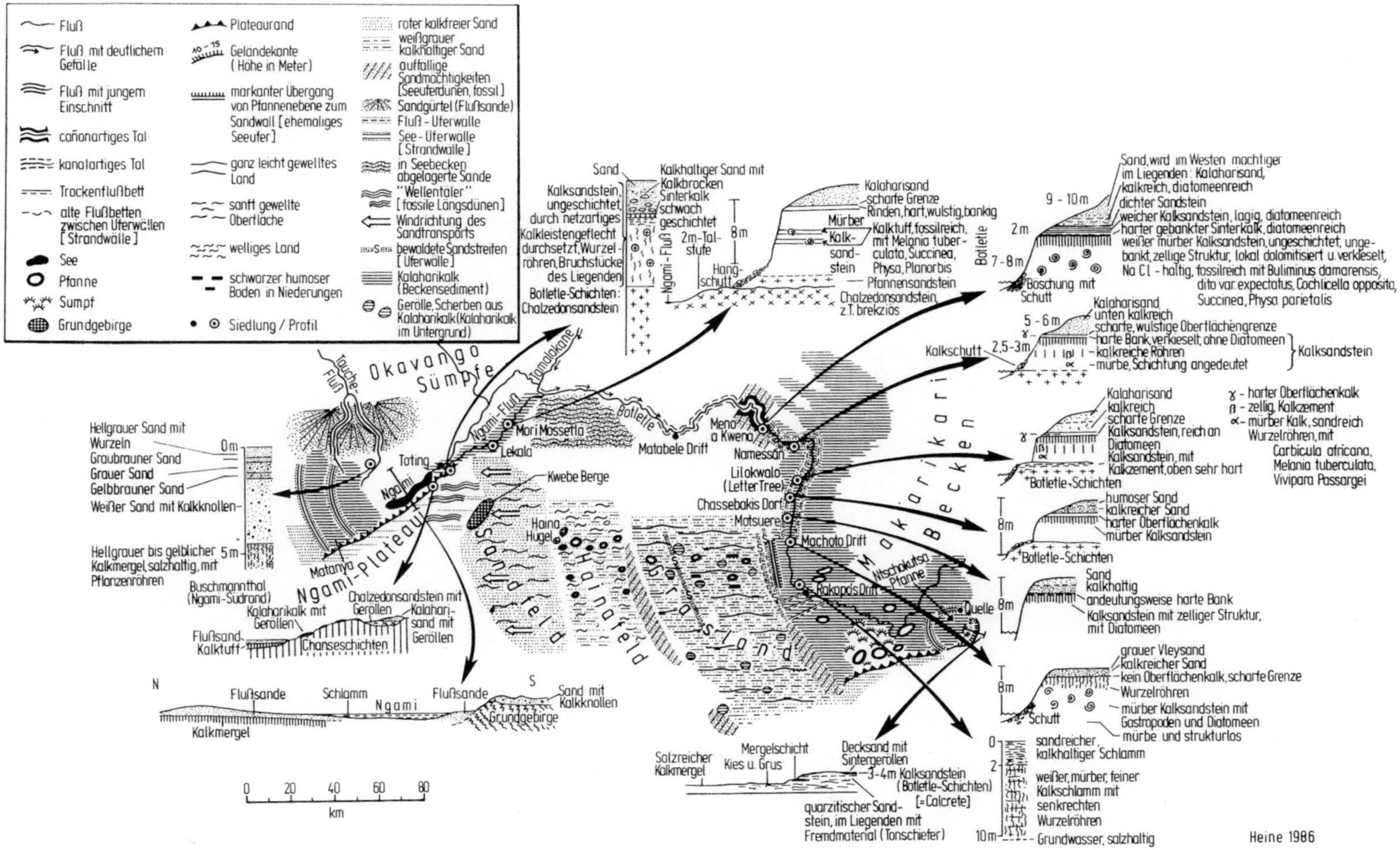

Abb. 6.103 Geomorphologisch-relativ-stratigraphische Karte der Mittel-Kalahari, zusammengestellt ausschließlich nach den Angaben bei Passarge (1904). In *eckigen Klammern*: Vom Autor hinzugefügte Erläuterungen (aus Heine 1987). Die Geländebeobachtungen Passarges (1904) lassen bereits die für die paläohydrologischen Rekonstruktionen bedeutenden Strandwälle erkennen. (alueni-images)

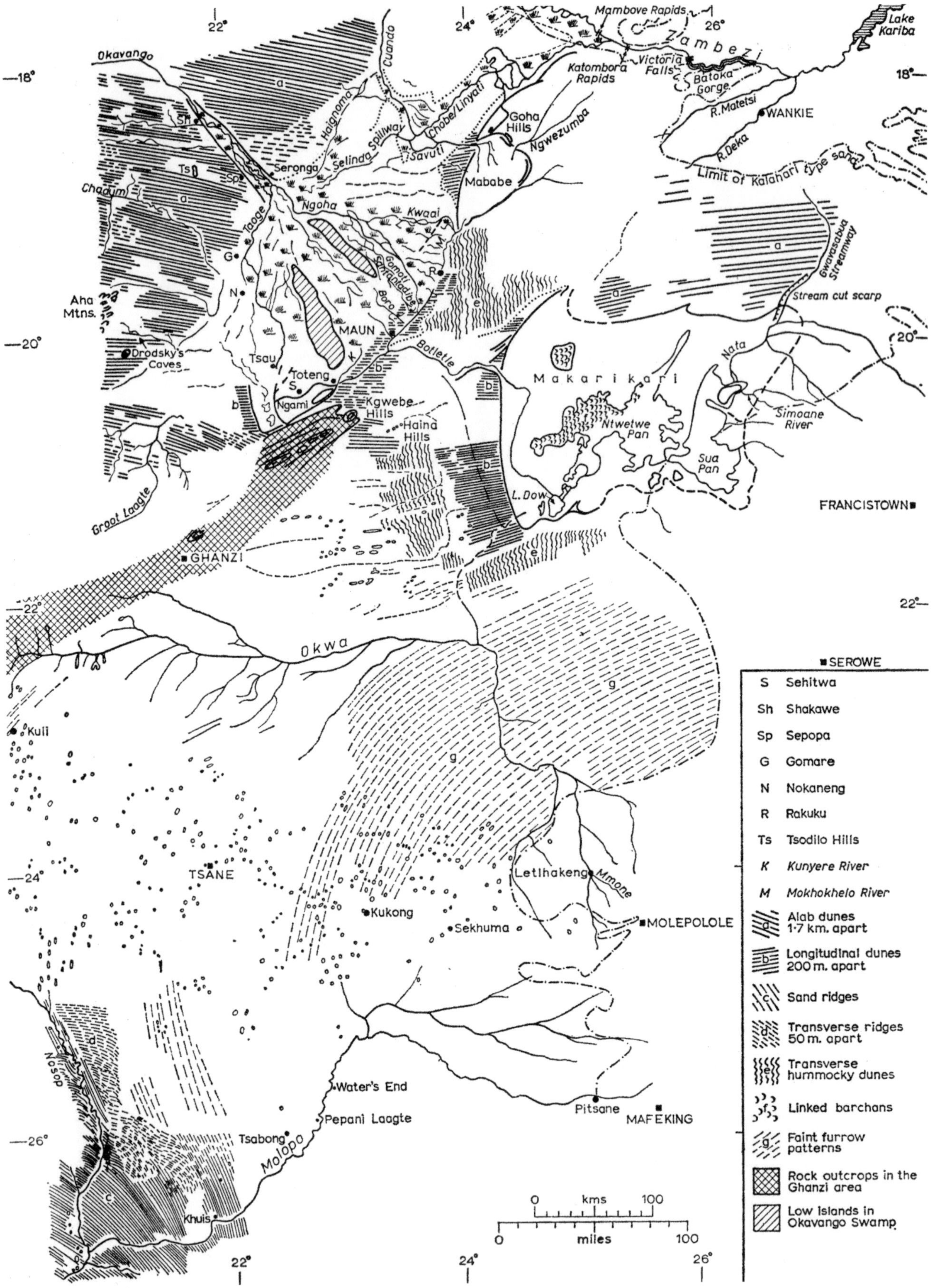

Abb. 6.104 Geomorphologische Karte von Kalahari und Ngamiland von Grove (1969). Die Landformen, die Grove (1969) darstellt, können nur mit bedeutenden Klimaschwankungen in dieser Region erklärt werden (Thomas 2010)

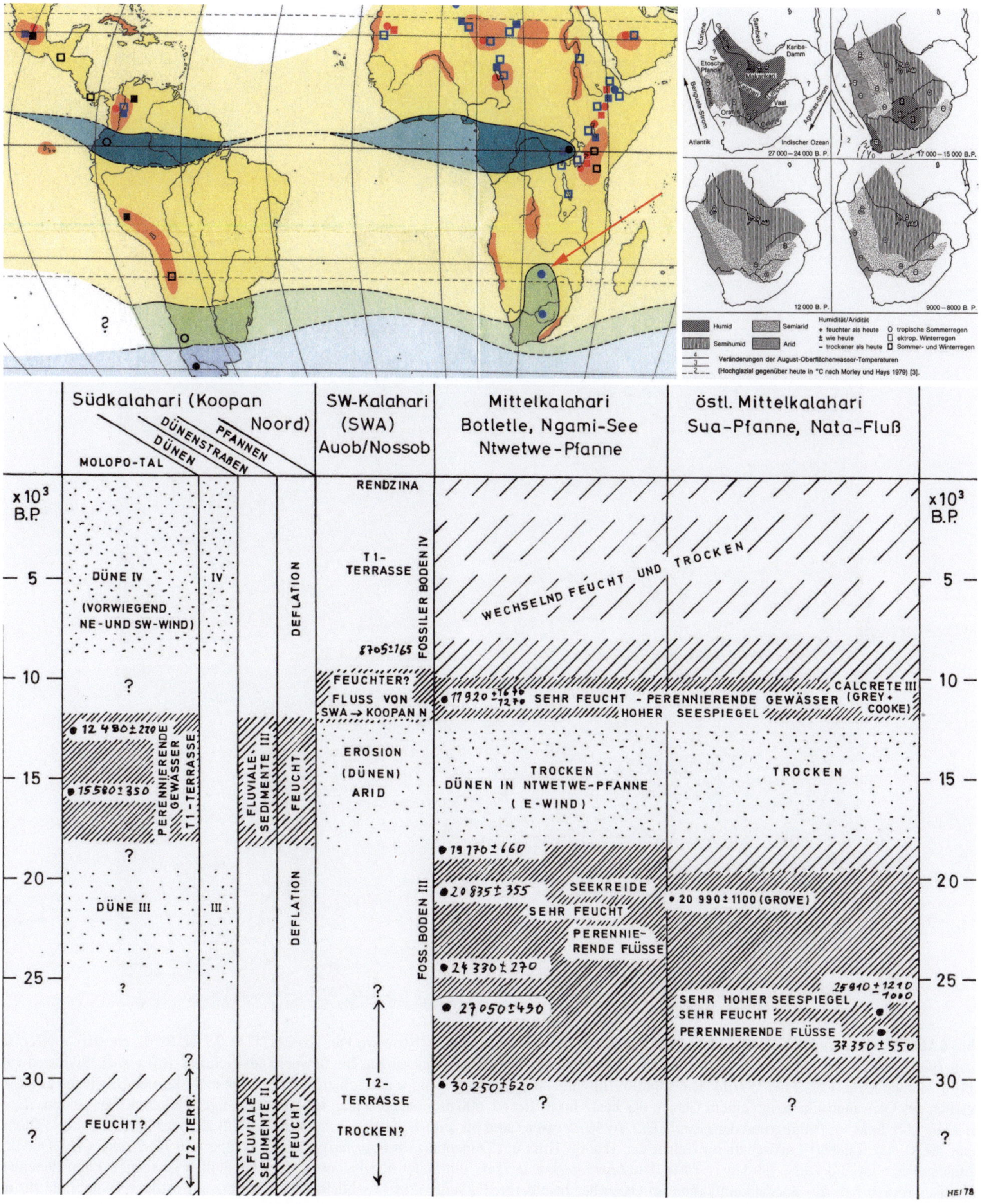

Abb. 6.105 *Oben links*: Ausschnitt aus einer Karte, die LGM-zeitliche Proxys verschiedener Paläoklimaarchive (Symbole) vorstellt. Die Daten von Grove (1969) und Street und Grove (1976), die für die Kalahari pluviale Verhältnisse angeben, fließen in die Abbildung ein und deuten auf die Problematik der ^{14}C-Daten der Autoren hin. Das Ausgreifen der kühl-feuchten Westwindzone im LGM nach Norden (*roter Pfeil*) fügt sich nicht ein. Auch ein mögliches Ausgreifen der äquatorialen Sommerregenzone mit vermehrten Niederschlägen widerspricht den Proxys für ein arideres LGM (aus Heine 1977). *Oben rechts*: Klimarekonstruktionen des südafrikanischen Subkontinents für verschiedene Perioden des Jungquartärs: 27.000–24.000 ^{14}C-Jahre v. h., 17.000–15.000 ^{14}C-Jahre v. h., 12.000 ^{14}C-Jahre v. h. und 9000–8000 ^{14}C-Jahre v. h. (aus Heine 1980b).
Unten: Jungquartäre Chronostratigraphie verschiedener Teilregionen der Kalahari aufgrund der ersten ^{14}C-Alter (aus Heine 1978a, dort auch Labornummern und weitere Angaben). Die für die Mittelkalahari (Ngami-See bis Nata-Fluss) dokumentierte Feuchtphase zwischen ≥ 30 bis $\sim 20/19$ ^{14}C ka wird von Lancaster (1979b) übernommen. (Abbildungen: alueni-images)

Abb. 6.106 *Von oben nach unten*: (1) Landschaftsbild der Makarikari-Pfannen (Ntwetwe Pan, 20°26′34″ S, 25°22′16″ E, ca. 910 m NN). Die *roten Pfeile* weisen auf holozäne Strandlinien, die sich auf dem Bild durch Änderungen im Bewuchs abzeichnen. Blick nach Südosten (vgl. Abb. 4.24 oben rechts). (2) *Tsodilo Hills*. Die Tsodilo Hills sind eine Inselberg-Gruppe aus Schiefern, Quarziten und Marmor. Sie liegen ca. 40 km westlich des Okavango-Flusses in einem Gebiet, das heute im Mittel ca. 600 mm Niederschlag im Jahr empfängt. Aufnahme von Süden. *Rechts* der *Male Hill*, links im Hintergrund der *Female Hill*. *Im Vordergrund* und bis zum *Male Hill* erstreckt sich der Boden des Paläosees (vgl. Thomas et al. 2003). (3) Kalahari-Landschaft im Gebiet der Tsodilo Hills mit Dünental (*Vordergrund*) und Längsdüne (*am Horizont*). (4) GOOGLE-Aufnahme der Tsodilo Hills. Norden ist *links*. Die *blaue gerissene Linie* umrandet den Paläosee, der den südlich gelegenen Längsdünenwall teilweise erodiert hat. *A* – Sandakkumulation im Osten der Inselberge. Passarge (1904) schließt daraus bereits auf östliche Winde, die für den Sandtransport verantwortlich sind. Im Lee (Westen) der Tsodilo-Berge fehlen Längsdünen und Sandakkumulationen (im *Bild unten*); es ist sogar eine flache Hohlform durch äolische Abtragung entstanden, in der sich im Jungquartär wiederholt seichte (Brackwasser-)Seen bilden (*B*). *C* – Längsdünen, die zum letzten Mal im LGM in den obersten Metern Sandbewegungen erfahren (vgl. Thomas et al. 2003). (Fotos: alueni-images)

Abb. 6.107 Drotzky-Höhle. Speläothem-Bildungen mit Bohrlöchern der Probennahme. Die Speläotheme werden von Burney et al. (1994) als Stalagmiten bezeichnet und die Diskordanzen (*blaue Pfeile*) als *cracks*, die durch Setzung der Höhlenbodensedimente oder durch Erdbeben gebildet sein sollen. Die *cracks* befinden sich im Bereich ehemaliger Höhlenbodenoberflächen, wie dies auch rechts im Bild (*blaue Doppelpfeile*) an dem Rest eines mit Sintern überzogenen Paläohöhlenbodens zu sehen ist. Es sind keine Stalagmiten, die die Proben (*rote Pfeile*, z. B. DC87-2) liefern, sondern *Flowstones*, die durch herabrinnendes Wasser gebildet wurden. Burney et al. (1994) datieren mit U-Th und ^{14}C den *Flowstone* DC87-2 ins Holozän. *Kleines Bild*: *Flowstone* mit DC87-2-Probenentnahmestelle (nach Burney et al. 1994). (Foto: alueni-images)

Alter, die in die vorletzte Kaltzeit und MIS-7-Warmzeit zurückreichen. Das Einzugsgebiet der Zuflüsse der Paläoseen im Bereich zwischen Sambesi im NE und dem Ngami-See im SW (Thamalakane-Paläoseen; Abb. 6.70) liegt im Norden und damit im tropischen Sommerregengebiet.

Die Makarikari-Paläosee-Phasen wurden ermittelt, indem die Strandwall-Ablagerungen an 20 Stellen bis 9,5 m Tiefe erbohrt und 36 Proben im Abstand von 0,5 bzw. 1,0 m OSL-datiert wurden (Burrough et al. 2009a; Abb. 6.110). In Tab. 6.4 sind von zwei Bohrungen im Gidikwe-Strandwall die OSL-Alter der Proben angegeben, die in regelmäßigen Abständen von 0,5 m genommen wurden. Die Alter zeigen – von einigen Ausnahmen abgesehen – eine chronologische Abfolge von *jung* (oben) nach *alt* (unten). Das Profil *Mak06/6* enthält in den obersten drei Metern Material, das ca. 27–26 ka und jünger ist, d. h. die Ablagerungen erfolgten im LGM (3,0–2,5 m Teufe), im Spätglazial zwischen 17 und 15 ka (2,0–1,5 m Teufe) und im frühen Holozän um 8,6 ka. Die tieferen Ablagerungen sind deutlich älter (> 66 ka BP). Das Profil *Mak06/7* ist altersmäßig abweichend aufgebaut. Die spätglazialen und holozänen Sedimente fehlen. Das LGM und MIS 3 sind geringmächtig vertreten. Ab 2 m Teufe liegen – wie beim Profil *Mak06/6* – wieder über 62 ka alte Ablagerungen vor. Die Daten zeigen sehr deutlich einen hangenden jüngeren (LGM bis Holozän) und einen älteren Komplex, der ebenfalls mehrere Sedimentations/Erosionsphasen verkörpern kann.

Schwierigkeiten bereiten die Beziehungen zwischen den OSL-Daten und den postulierten Seespiegelständen. In dem Gebiet spielt die Bioturbation sicherlich eine bedeutende Rolle (Passarge 1904); sie kann nicht abgeschätzt werden und wird von Burrough et al. (2009a) auch nicht ausgeschlossen. Teilweise enthalten die Strandwall-Ablagerungen kleine Calcrete-Knötchen, Wurzelröhren und Sand/Eisenkonkretionen. Es gibt keinerlei Hinweise über den inneren Aufbau der Strandwälle. Wann immer Einblicke in den Aufbau von Dünen und Strandwällen möglich sind, zeigen sich verschiedene Generationen von Sedimentation, Erosion und Verwitterung/Bodenbildung (vgl. Abb. 6.67, 6.70; Reineck und Singh 1980). Strandwallbildungen weisen

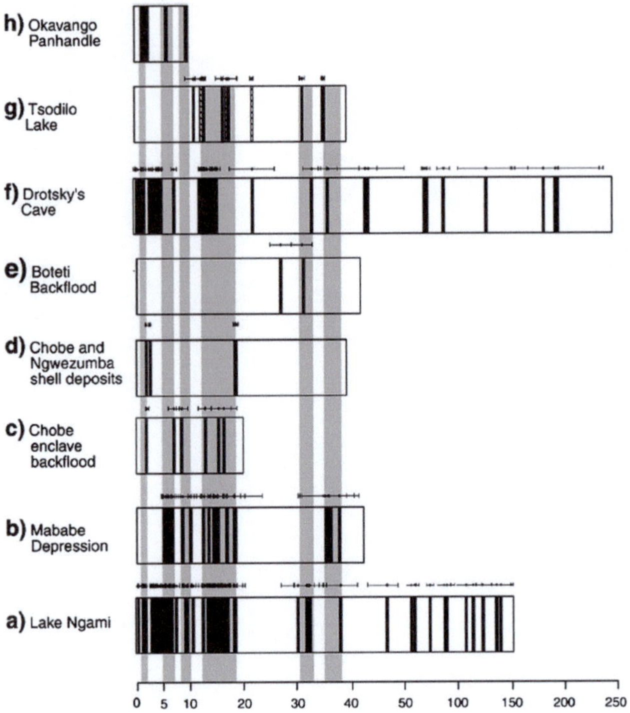

Abb. 6.108 Chronologie der feuchten Phasen in der mittleren Kalahari (Thamalakane-Phasen sind *grau markiert*). Die *schwarzen Balken* beziehen sich auf datierte Proxys feuchter Phasen. Die Daten sind neben den Säulen angegeben. **a** Seespiegelhochstände des Ngami-Sees (Burrough et al. 2007); **b** Mababe-Depression-Seespiegelhochstände (Burrough und Thomas 2008); **c** Chobe-Rückstau (Burrough und Thomas 2008); **d** Caprivi-See: Muschelablagerungen der Serondella- und Ngwezumba-Terrassen (Shaw und Thomas 1988); **e** Boteti-Rückstau (Shaw et al. 1997); **f** Drotsky-Höhlen-Speläotheme (Cooke 1975; Cooke und Verhagen 1977; Shaw und Cooke 1986; Brook et al. 1996; Robbins et al. 1996); **g** Tsodilo Hills (Robbins et al. 1994; Thomas et al. 2003); **h** Okavango-Panhandle Pollen-*record* (Nash et al. 2006). Aus Burrough und Thomas 2008. Dort auch alle Literaturzitate. Die Zeitskala (x-Achse) ist in ka BP

Tab. 6.4 OSL-Alter der Makarikari-Strandlinie in 945 m (*Gidikwe Ridge*, vgl. Abb. 6.110; aus Burrough et al. 2009a). *Blau*: Holozän; *schwarz*: LGM und Spätglazial; *grün*: MIS 3; *lila*: MIS 4; *rot*: älter als MIS 4; *grau*: Ausreißer (MAK/06/6/9)

Probe	Tiefe	OSL-Alter
Mak/06/6/1	1,0	8,6 ± 0,9
Mak/06/6/2	1,5	15,3 ± 2,0
Mak/06/6/3	2,0	16,8 ± 2,1
Mak/06/6/4	2,5	26,9 ± 3,9
Mak/06/6/5	3,0	25,2 ± 3,1
Mak/06/6/6	3,5	65,9 ± 7,5
Mak/06/6/7	4,0	66,3 ± 5,3
Mak/06/6/8	4,5	90,8 ± 9,7
Mak/06/6/9	5,0	62,4 ± 6,5
Mak/06/6/10	5,5	93,1 ± 9,7
Mak/06/6/11	6,0	109,5 ± 14,7
Mak/06/7/1	1,0	19,0 ± 1,8
Mak/06/7/2	1,5	36,5 ± 4,5
Mak/06/7/3	2,0	62,4 ± 8,4
Mak/06/7/4	2,5	89,2 ± 9,9
Mak/06/7/5	3,0	89,4 ± 9,8
Mak/06/7/6	3,5	91,7 ± 10,4
Mak/06/7/7	4,0	102,0 ± 14,5
Mak/06/7/8	4,5	103,2 ± 7,6
Mak/06/7/9	5,0	100,0 ± 13,2
Mak/06/7/10	5,5	112,0 ± 19,7

Sedimentsequenzen auf, die einen ansteigenden bzw. absinkenden Seespiegel dokumentieren. Unter der Annahme eines stark jahreszeitlich und in Dekaden schwankenden Seespiegels müssen transgressive und regressive Phasen differenzierte Abfolgen der Schichten verursachen. Da die OSL-Daten der Strandwälle der Makarikari-Pfannen (Burrough et al. 2009a) nicht im Zusammenhang mit sedimentologischen und paläopedologischen Beobachtungen an den Strandwällen selbst interpretiert werden können, ist eine zeitlich enge Korrelation von OSL-Daten und hohen Seeständen des Mega-Paläo-Makarikari-Sees kaum sinnvoll. Zudem ist nicht gesichert, dass ausschließlich Strandwallmaterial, das hohe Seespiegel repräsentiert, datiert wurde. Die datierten Ablagerungen können neben Strandwallsanden auch äolisches Material enthalten, das bei niedrigem Wasserstand bzw. trocken gefallenem See von den Pfannenoberflächen ausgeweht und im Strandwallbereich wieder abgelagert worden ist. Am Westufer der Etoscha-Pfanne (Nord-Namibia) wird eine deutlich ausgebildete reliktische Uferlinie in 17–20 m über dem Pfannenboden von Stuart-Williams (1992; vgl. auch Thomas und Shaw 1991:135) als Strandlinie eines großen Sees gedeutet, der vor 35 ka BP existierte; Buch (1997) und Buch und Trippner (1997) führen eindeutige Belege an, dass es sich um ein System von doppelten Pfannenranddünen (Lunettedünen) handelt, die kein Beleg für eine ausgeprägte humide Phase darstellen (Buch 1997). Die Beobachtungen von der Etoscha-Pfanne (vgl. Heine 1995c) sowie die zahlreichen Daten über die Lunettedünen (vgl. Heine 1981) schließen nicht aus, dass der Gidikwe-Strandwall auch zum Teil von windtransportierten Sanden aufgebaut wurde und Erosionsdiskordanzen in der Sedimentabfolge hat (vgl. Heine 1987: 93; Passarge 1904: 392). Darauf deutet auch die Tatsache hin, dass die Strandwälle an den westlichen Ufern der Pfannen (Abb. 6.110) am deutlichsten ausgebildet sind; die morphologisch wirksamen Winde kamen vornehmlich aus östlichen Richtungen. Eine Analyse der Strandwälle mit GPR (Bodenradar, *ground penetrating radar*) würde interessante Einblicke gewähren (vgl. Leopold et al. 2006).

Riedel et al. (2014) geben an (Abb. 6.111), dass der *Gidikwe Ridge* (Strandwall) von äolischen Sanden während der Paläoseetiefstände gebildet und von aquatischen Prozessen (Wellen) während der Paläoseehochstände geformt wurde. Die Strandlinien des *Gidikwe Ridge* sind in ~936 und ~945 m NN besonders deutlich ausgebildet. Eine detaillierte Aufnahme der geomorphologischen Beziehungen zwischen Strandlinien, Talanlagen (Boteti, Okwa), fluvialen, limnischen und äolischen Sedimenten, Ostrakoden- und Diatomeen-Faunen und chronologischen Daten (^{14}C, OSL) in Verbindung mit Modellen der Topographie und der Deformationen des Beckens (aufgrund der Paläoseebildungen) ergibt eine völlig neue Rekonstruktion der

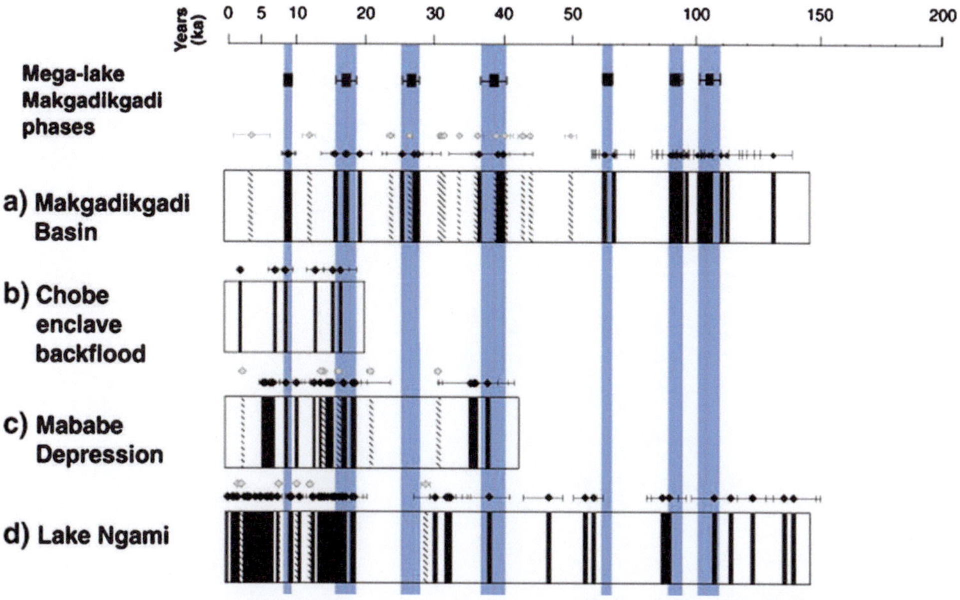

Abb. 6.109 Im Makarikari-Paläoseegebiet werden hohe Seespiegel aufgrund der OSL-Datierungen von Strandablagerungen nicht im LGM (19–25 ka BP), sondern vor und nach dem LGM ermittelt. Die *schwarzen Balken* kennzeichnen die datierten Strandwälle. *Gestrichelte Balken* stehen für sehr niedrige bzw. fehlende Paläoseen. *Lücken*: Es liegen keine Informationen vor. Beim Vergleich der Paläoseespiegel zwischen dem Makarikari-Becken und dem Thamalakane-Paläosee (Ngami, Mababe, Chobe) ist eine Übereinstimmung im LGM gegeben, doch für die Zeit zwischen ca. 25 bis 30 ka BP werden für das Makarikari-Becken hohe Seespiegelstände angegeben (aus Burrough et al. 2009b). *Blaue Balken*: Makarikari-Megasee-Phasen. *Gestrichelte Balken* stehen für Calcrete-Bildungen in den Becken und im Bereich der Strandlinien. Datierungen sind *über den Balken* angegeben (Calcrete-Alter in *grau*)

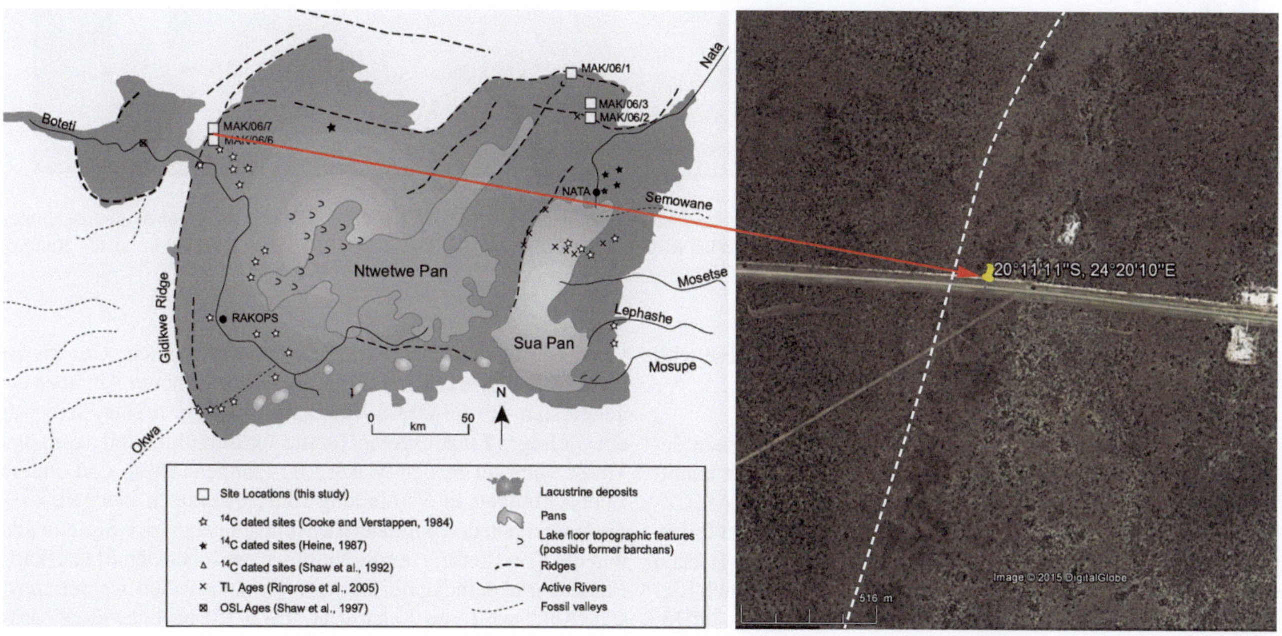

Abb. 6.110 *Links*: Makarikari-Pfannen. Karte der Probenahmestellen für OSL-Datierungen der Strandwall-Ablagerungen. Lokalitäten früherer Probenorte sind angegeben. *Grau*: Mega-Makarikari-Paläosee (aus Burrough et al. 2009a). *Rechts*: GOOGLE-Aufnahme der Lokalität *MAK06/6* und *MAK06/7* im nördlichen *Gidikwe Ridge* (Gidikwe-Strandwall) nördlich der Straße Gweta – Maun. *Gerissene Linie*: Verlauf des Strandwalls (945-m-Strandlinie) des Mega-Makarikari-Paläosees; Street und Grove (1976) schätzten sein Alter auf ca. 21.000 ^{14}C-Jahre BP, Heine (1978a und 1978b) auf ca. 30.000 bis 20.000 ^{14}C-Jahre BP, Thomas und Shaw (1991) auf 40.000 bis 35.000 ^{14}C-Jahre BP (allerdings mit großem Unsicherheitsfaktor); Riedel et al. (2014) datieren den entsprechenden Paläosee ins LGM. Burrough et al. (2009a) schließlich geben zahlreiche Seespiegelschwankungen für die letzten 150.000 Jahre an (Abb. 6.109)

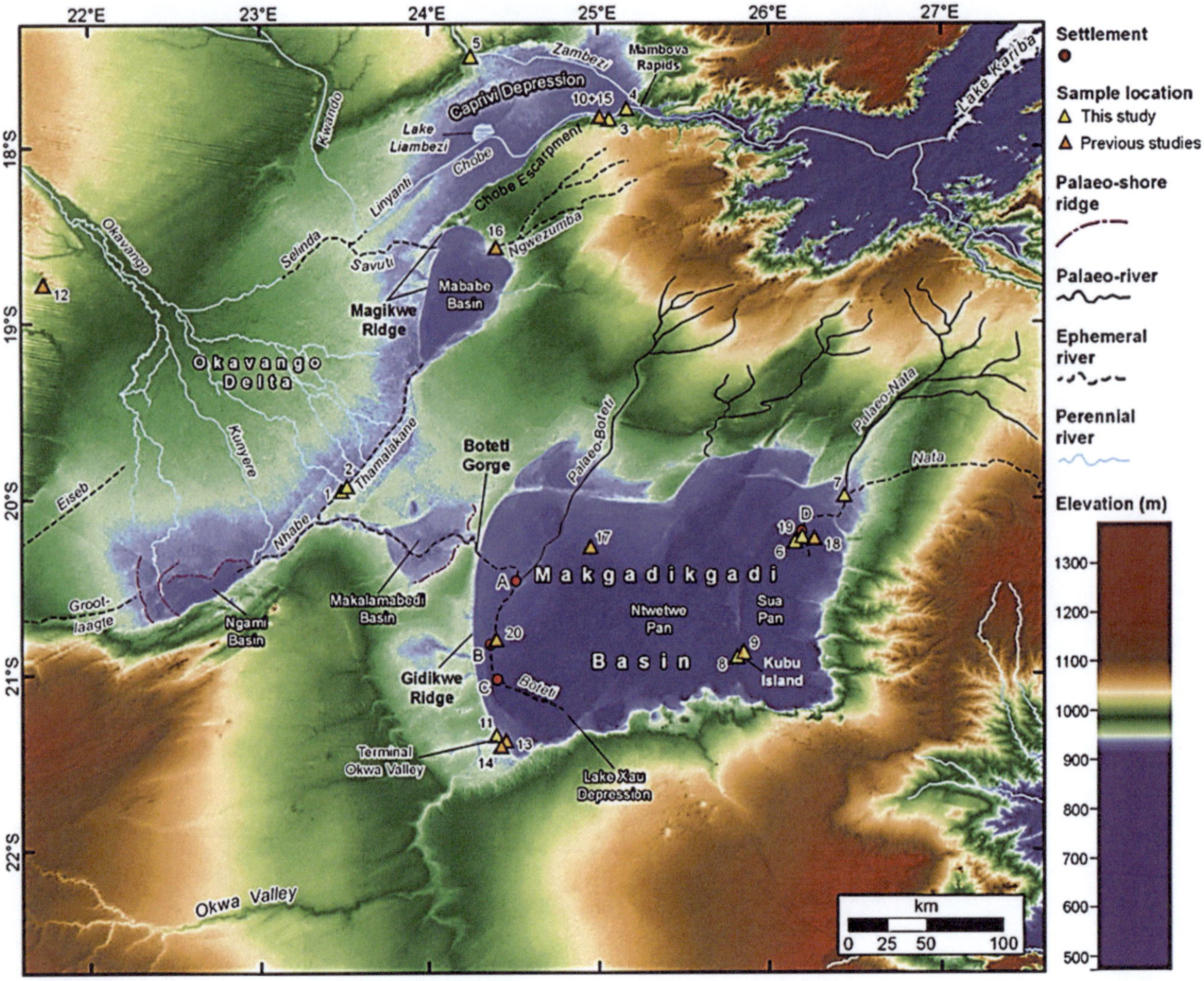

Abb. 6.111 Das digitale SRTM-3-Höhenmodell zeigt die Depressionen der nördlichen und mittleren Kalahari. Die *Dreiecke* geben die Lokalitäten der Probenentnahmen an (die Zahlen beziehen sich auf Angaben bei Riedel et al. 2014). A–D Siedlungen: A – Khumaga, B – Sukwane, C – Rakops, D – Nata. (Aus Riedel et al. 2014)

jungquartären Landschafts- und Klimaentwicklung. Diese wird im Folgenden wiedergegeben.

Es gibt zahlreiche Hinweise, dass die Seen und Paläoseen der Okavango-Sambesi-Grabenzone (vgl. Abb. 6.70), die hauptsächlich von den Niederschlägen profitieren, die von der ITCZ-Wanderung ausgelöst über dem angolanischen Hochland fallen, während MIS 3 und MIS 2 nicht mit dem Makarikari-Becken verbunden waren. Aufgrund früherer Höhendaten, die nach Riedel et al. (2014) große Fehler und nach Eckardt et al. (2015) tektonische Versetzungen belegen, können die früher publizierten Seespiegelstände von ~936 und ~945 m NN nicht deutlich unterschieden und über die gesamte Region von Ngami-See, Mababe-Depression und Makarikari-Pfannen korreliert werden (Riedel et al. 2014). Beispielsweise liegt die Okwa-Mündung in ca. 936–938 m NN und bildet kein eingeschnittenes Tal (wie der Botlete) in den Gidikwe-Strandwällen. Auch finden sich keine Sedimente und Fossilien, die auf eine Ausweitung des Paläosees in den Okwa-Mündungsbereich deuten. Um bis zu 15 m Höhenunterschiede im Vergleich zu früheren Angaben ergeben sich für die Okwa-Mündung. Das Okwa-Talsystem war ein wichtiges Einzugsgebiet für die Wasserzufuhr und damit den Wasserhaushalt in den Makarikari-Pfannen. Diese und andere Beobachtungen in Verbindung mit Höhendaten belegen, dass die immer wieder publizierten Höhenangaben der Strandwälle und die Korrelierung der Strandlinien zwischen den Makarikari-Pfannen und dem Ngami-Mababe-Gebiet revidiert werden müssen. Auch wird von Eckardt et al. (2015) nachgewiesen, dass tektonische Bewegungen, die bis in die Gegenwart andauern (Scholz 1997), zu einer Versetzung der Strandlinien geführt haben; das trifft für die sog. 945-m-Strandlinie zu, die den ausgedehnten jungquartären Paläosee umschloss (Abb. 6.70).

Die gründliche Revision der Altersbestimmungen (vor allem der ^{14}C-Daten) und deren Bezug zur raum-zeitlichen Entwicklung der Seen ergibt folgende Chronologie (Riedel et al.

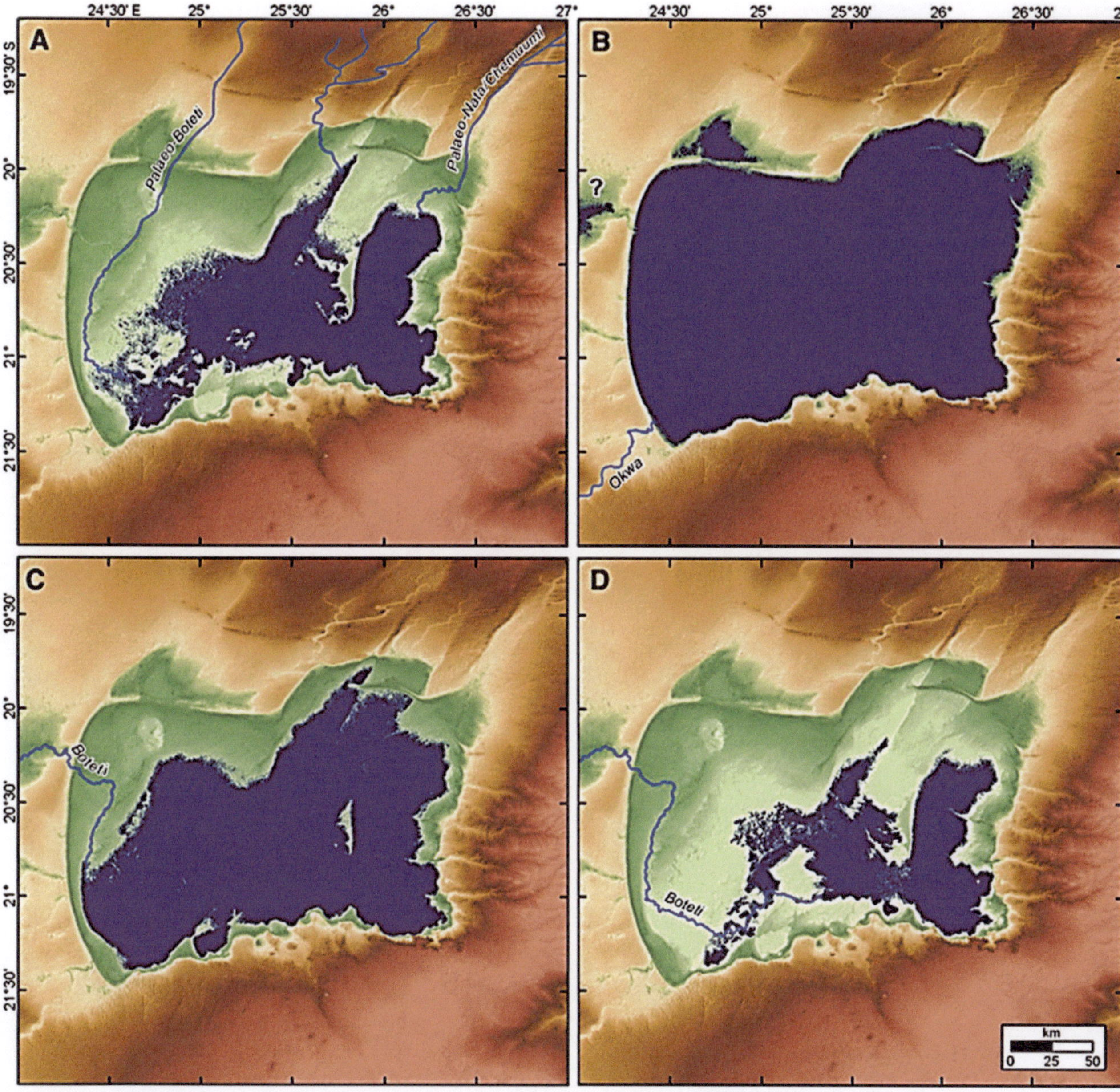

Abb. 6.112 Seespiegelrekonstruktionen für das Makarikari-Becken. **A** Um 46 ka BP kamen die Hauptzuflüsse von Flusssytemen aus dem Norden (Paläo-Botletle, Paläo-Nata); der Seespiegel lag in ~912 m NN. **B** Während des LGM kam der Hauptzufluss vom Okwa-Flusssystem aus dem Südwesten; der Seespiegel lag in ~936 m NN. Der Seespiegel im westlich gelegenen Makalamabedi-Becken (Ngami-See, Mababe-Depression) ist unbekannt. **C** Im Mittelholozän kam der Hauptzufluss aus dem Okavango-Gebiet über den Botletle (Boteti); der Seespiegel lag in ~920 m NN. **D** Die maximale Seeausdehnung während des frühen letzten Millenniums; der Hauptzufluss erfolgte über den Botletle aus dem Okavango-Gebiet; der Seespiegel lag in ~908 m NN. (Aus Riedel et al. 2014)

2014). Sechs Perioden der Seebildung werden belegt: (i) Um 46 ka BP existierten Flusssysteme mit Einzugsgebieten nördlich des Makarikari-Beckens, nämlich der Paläo-Botletle und der Paläo-Nata, die einen Seespiegel in ca. 910–912 m NN unterhielten (Abb. 6.112A). Die Feuchtigkeitszufuhr erfolgte vom Indischen Ozean. Eine Verbindung vom Okavango-Delta zu den Makarakari-Pfannen durch die Botletle-Schlucht (Abb. 6.113) gab es (noch) nicht. (ii) Um 37 ka BP wird ein Seespiegel unterhalb von ~908 m NN durch fossile lakustrine Ostrakoden aus sandigen Sedimenten angezeigt. (iii) Hohe Seespiegel bis ca. 936 m NN existierten während des LGM, als das Okwa-Flusssystem die Hydrologie der Makarikari-Pfannen kontrollierte (Abb. 6.112B). Diese Entwicklung wurde durch die nordwärtige Verschiebung/Ausdehnung der außertropischen Winterregenzone möglich und dauerte bis ca. 17 ka BP an. Die hohen Seespiegelstände wurden auch durch das wesentlich kühlere Klima und die verminderte Evapotranspiration bei einer geringeren Saisonalität der Niederschläge begünstigt. Um 17 ka

Abb. 6.113 Der Botletle-Fluss (Boteti River), September 2012. *Oben*: Der Botletle bei Motopi vor dem Eintritt in die „Schlucht". Blick nach Norden (20°12′46″ S, 24°30′55″ E). *Kleines Foto*: Botletle bei Motopi im Jahr 1977. *Mitte*: Alt- und mittelpleistozäne Sedimente, in die sich der Botletle am Ende des MIS 2 eingeschnitten hat. *Unten*: Der Botletle bei Khumaga. Blick nach Osten (20°28′20″ S, 24°30′55″ E). Es gibt keine Hinweise geomorphologischer, sedimentologischer und paläontologischer Art, die eine Anlage der Botletle Gorge vor dem späten MIS 2 belegen. Die Hydrologie der Makarikari-Pfannen wird erst seit dem späten MIS 2 vom Okavango-Cuando-Flusssystem gesteuert (vgl. Riedel et al. 2014). In den Jahren 2007/2008 war der Botletle völlig ausgetrocknet; es fand kein Abfluss in die Makarikari-Becken statt (Riedel et al. 2014). (Bilder: alueni-images)

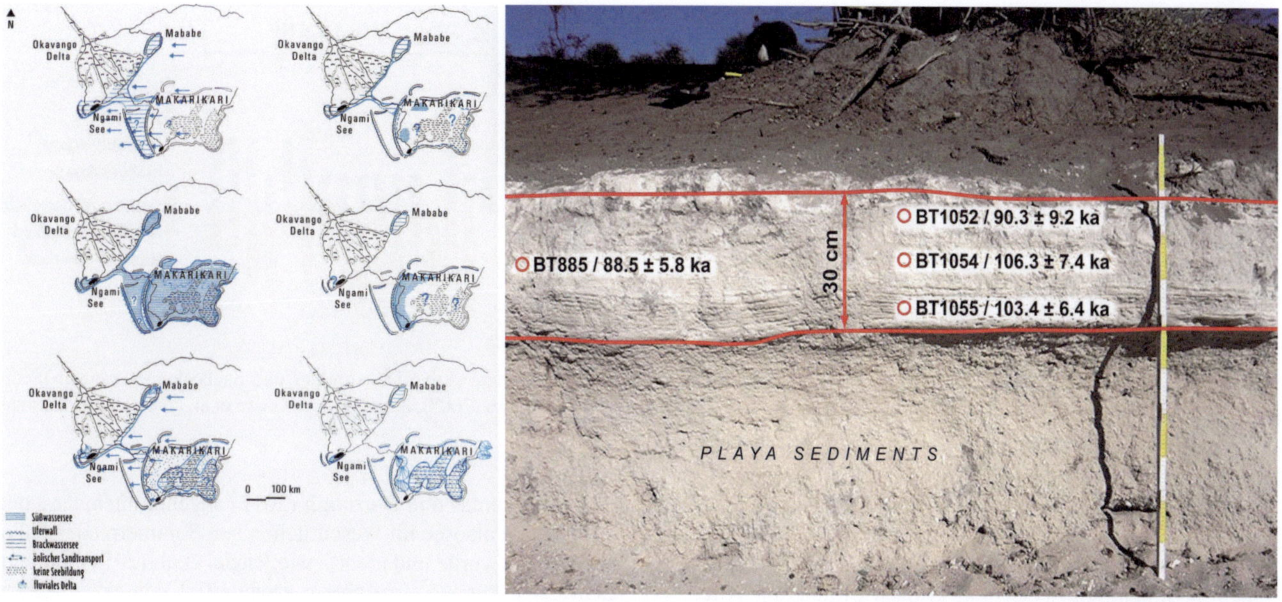

Abb. 6.114 *Links*: Paläogeographische Skizzen jungquartärer Seespiegelschwankungen in der Mittel-Kalahari. *Von links oben nach unten (i bis iii) und von rechts oben nach unten (iv bis vi)*: (i) Brackwasserseen bildeten sich vor der letzten Warmzeit zwischen Okavango-Delta und Makarikari-Pfannen. (ii) Ein ausgedehnter Süßwassersee existierte zum letzten Mal vor der letzten Kaltzeit (im MIS 5, 125.000 Jahre v. h.?). Dieser hier noch mit ? gekennzeichnete See westlich des *Gidikwe Ridge*, wird durch die sedimentologischen und paläontologischen Daten von M Schmidt et al. (2012, 2017) eindrucksvoll bestätigt. (iii) Im letzten Hochglazial gab es stärkere Winde und Brackwasserseen ($\geq$ 25–20 ^{14}C ka BP und $\sim$ 19–14/12 ^{14}C ka BP). (iv) Vor ca. 20–19 ^{14}C ka BP war es weniger windig. Süßwasserseen sind in der westlichen Makarikari-Pfanne belegt. Sie hatten eine wesentlich größere Ausdehnung als hier (in der Abbildung von 1994) dargestellt, wie die Ergebnisse von Riedel et al. (2014) zeigen. (v) Vor ca. 12 ^{14}C ka BP existierte ein kleiner Süßwassersee. (vi) Im Früh- und Mittelholozän ist es wieder etwas trockener. Nach Heine (1994c; alueni-images).
Anmerkung: Die Darstellung von Heine (1994c) zeigt bereits die verschiedenen Entwicklungsphasen. Nicht berücksichtigt ist die junge (MIS-2-) Ausbildung der Botletle-Schlucht und der Einfluss des Okwa-Talsystems. *Rechts*: Hangende Sedimente des Botletle-Tals (Boteti, S 20.28672, E 24.26822) mit den diatomeenreichen Schichten (BT, 30 cm) und der Lage sowie den Daten der OSL-Proben (Quelle: Schmidt et al. 2017). Die Sedimente belegen, dass das Botletle-Flusssystem erst nach dem Eem eine Verbindung zwischen dem Okavango-Einzugsgebiet und den Makarikari-Pfannen schuf

BP versiegte der Okwa-Fluss, vermutlich infolge der Verlagerung der Winterregenzone nach Süden. Die Kalahari erlebte gleichzeitig eine Trockenphase, die weite Teile Afrikas während des Heinrich-Ereignisses 1 (H 1; < 17 ka BP) erfasste. Das Fehlen von geomorphologischen und sedimentologisch-paläontologischen Zeugen einer Transgression nach dem H 1 im Bereich der Okwa-Mündung legt nahe, dass Seespiegel über 936 m NN im Makarikari-Becken nach 17 ka BP nicht mehr vorkamen. (iv) Deflation von Seesedimenten in der Zeit von 16 ka–8 ka BP deuten auf Phasen der Austrocknung, die vermutlich im frühen Holozän am extremsten ausgebildet waren. (v) Die Verbindung über den Botletle zwischen der Okavango-Sambesi-Grabenzone und dem Makarikari-Seesystem öffnete sich zwischen dem späten MIS 2 und dem Mittel-MIS 1, vermutlich aufgrund tektonischer Prozesse (Passarge 1904; Heine 1987; Gumbricht et al. 2001). Dies führte zur Anlage der Botletle-Schlucht (Abb. 6.113), die eemzeitliche limnische Ablagerungen eines ausgedehnten Paläosees (vgl. Abb. 6.114) und die sandigen Sedimente des *Gidikwe Ridge* durchschneidet (M Schmidt et al. 2012). Die Wasserzufuhr aus dem Okavango-Sambesi-Grabenbereich in das Makarikari-Becken während des Holozäns wird durch die Existenz eines ausgedehnten Sees angezeigt, der durch fossile lakustrine Ostrakoden belegt wird, sowie durch das Okwa-Tal, das kein Wasser mehr führt (Abb. 6.112C). (vi) Zum letzten Mal bedeckte ein relativ ausgedehnter flacher See das Makarikari-Becken bis $\sim$ 908 m NN (Abb. 6.112D) während der ersten Hälfte des letzten Jahrtausends.

Die Entwicklung des Makarikari-Paläosees während der letzten 50 ka BP wird durch starke Seespiegelfluktuationen gekennzeichnet, die bedeutende limnologische Veränderungen mit unterschiedlichen Zeitspannen dokumentieren. Die Dauer der hohen Seespiegelstände bleibt unklar; sie mag im Bereich von Jahrzehnten bis Jahrtausenden liegen (Riedel et al. 2014). Vermutlich herrschte im LGM zwischen 23 und 17 ka BP ein Mega-See mit einem Spiegel in $\sim$ 936 m NN vor (Riedel et al. 2014). Allein während derartiger Phasen mit relativ stabilen Umweltverhältnissen konnte die Biodiversität in den Seen zunehmen; entsprechende Paläogesellschaften sind aber bisher nicht bekannt. Große Veränderungen der hydrologischen Verhältnisse im Jungquartär werden durch die starke *Speziation* (das Entstehen neuer biologischer Arten) und *Parapatrie* (reproduktive Isolation aufgrund von geographischer Trennung von Populationen) bei den Fischen in den Gewässern des Okavango-Sambesi-Flusssystems angezeigt, über die u. a. Kramer et al. (2014) und Joyce et al. (2005) berichten.

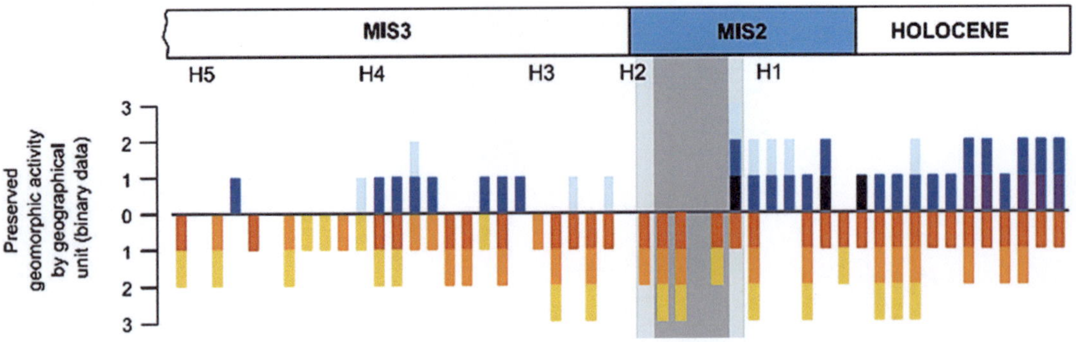

Abb. 6.115 Geomorphologische Aktivität im Kalahari-Gebiet, repräsentiert durch datierte aktive Dünenfelder und Seebecken- (Pfannen-)Sedimente in 1000-Jahrschritten. Das LGM ist *grau unterlegt*: *Hellgrau* – Chase und Meadows (2007), *dunkelgrau* – Gasse et al. (2008). (Aus Thomas und Burrough 2012)

Die Ergebnisse von Riedel et al. (2014) belegen sehr anschaulich, dass erst durch die Synthese von geomorphologischen detaillierten Geländestudien in Verbindung mit paläontologischen, sedimentologischen und kritisch evaluierten Altersbestimmungen eine Rekonstruktion der Klima- und Landschaftsentwicklung möglich wird, die zahlreiche Paläoklimaarchive sinnvoll einschließt. Dieses methodische Vorgehen nutzt Heine (1987) bereits, um auf eine getrennte Entwicklung von Ngami-Mababe-Region einerseits und den Makarikari-Pfannen andererseits hinzuweisen (Abb. 6.114, vgl. Abb. 6.111). Auch der Einfluss der Tektonik wird genannt, der sich in den in der Botletle-Schlucht aufgeschlossenen Sedimenten zeigt. Die Beschreibungen der Botletle-Schluchtsedimente und Schlussfolgerungen von Passarge (1904) und die paläohydrologischen Hypothesen von Heine (1987) werden durch die Ergebnisse von Riedel et al. (2014) und M Schmidt et al. (2012, 2017) bestätigt, jedoch mit einer wesentlich exakteren zeitlichen Einordnung der Klimaschwankungen. Eine Klimarekonstruktion über Seespiegelstände, die ausschließlich auf OSL-datierten Strandwall/Lunettedünensedimenten basiert, die unreflektiert benutzt werden (z. B. Burrough et al. 2009a, 2009b), erscheint vor dem Hintergrund der Forschungen von Riedel et al. (2014) wenig sinnvoll, um die komplexen Paläoklimaverhältnisse zu erhellen.

Werden die Lineardünen der Kalahari nördlich von ca. 23° N (s. Abb. 6.106) paläoklimatisch gedeutet, um das LGM-zeitliche Klima zu rekonstruieren, ergibt sich kein einheitliches Bild (vgl. Abb. 6.72; u. a. Munyikwa 2005b; Singhvi und Porat 2008; Thomas und Burrough 2012, 2016). Die bisher vorliegenden zahlreichen OSL-Alter der Lineardünen belegen Dünensandakkumulation vor, während und nach dem LGM (Abb. 6.115). Da Dünen Paläoklimaarchive sind, die als *geoproxy records* angesehen werden müssen (Thomas und Burrough 2012), können sie nur in Verbindung mit anderen *geoproxy records* paläoklimatisch gedeutet werden. In Abb. 6.116 sind OSL-Alter der Kalahari-Lineardünen zusammen mit Altersbestimmungen von Seesedimenten (Strandwälle) für die Ost-, Nord- und Südwest-Kalahari angegeben. Daraus geht hervor, dass in der Nord-Kalahari (Makarikari-Region) das LGM arid ist, jedoch ab ca. 19 ka BP das Makarikari-Becken für einige Jahrtausende von einem See eingenommen wird. Diese Darstellung deckt sich mit den Ergebnissen von Riedel et al. (2014). Allerdings wird von Thomas und Burrough (2012) angenommen, dass der Makarikari-Paläosee im Wesentlichen von Sommerniederschlägen gespeist wurde und nicht – wie Riedel et al. (2014) fundiert nachweisen können – zu einem großen Teil von ektropischen Winterregen.

Geomorphologische Paläoklimaarchive deuten für das LGM in Nordwestsambia (ca. 13°30′ S, 24° E, ca. 850 km nördlich des Makarikari-Beckens) auf aride Klimabedingungen hin; für das Spätglazial/frühe Holozän (ca. 15–7 ^{14}C ka BP) werden feuchte Verhältnisse genannt (z. B. Tamura 1989; vgl. Kadomura 1980, 1986).

Etwa 1000 km westlich der Makarikari-Pfannen liegt die Etoscha-Pfanne; die Klimaentwicklung wird in jüngeren Arbeiten von Heine (1992), Besler et al. (1994), Buch (1997) und Buch und Trippner (1997) beschrieben. Die nachfolgenden Ausführungen sind im Wesentlichen der Arbeit von Buch (1997) entnommen.

Die Etosha-Pfanne (Abb. 6.117) ist eine außergewöhnliche geomorphologische Erscheinung mit einer Ausdehnung von ca. 6000 km^2, die sowohl als ausgetrockneter Paläosee (Jäger 1926/27; Shaw und Thomas 1989; Stuart-Williams 1992; Hipondoka 2005) als auch als gewaltige Erosionsform (Rust 1984, 1985; Buch 1997) gedeutet wird. Aufgrund vieljähriger geomorphologisch-sedimentologisch-pedologischer Geländearbeiten in Verbindung mit Laboranalysen zur Mineralogie, Geochemie, Hydrologie, Pedologie und ^{14}C-, TL- und OSL-Altersbestimmungen kann die Arbeitsgruppe um MW Buch die Genese der Etoscha-Pfanne seit dem Jungtertiär aufzeigen und paläoklimatische Rekonstruktionen – insbesondere für das Jungquartär – vornehmen; die Paläoklimaarchive aus dem Etoscha-Gebiet geben keine Hinweise auf ausgedehnte Paläoseebildungen (u. a. Buch und Zöller 1992; Buch et al. 1992; Buch und Rose 1996; Beugler-Bell und Buch 1997; Buch 1997; Buch und Trippner 1997; Heine 1992). Ein seichter salinalkalischer Playa-See existierte nur im ausgehenden Tertiär. Das Etoscha-Becken war im Neozoikum ein ausgedehntes Zentrum kontinentaler Sedimentation. Als Folge der paläogeographischen, tektonischen und paläoklimatischen Veränderungen, die den südafrikanischen Subkontinent im Pliozän erfassten, entwickelte sich die Etoscha-Pfanne als Erosionsform während der letzten ca. 2 Ma.

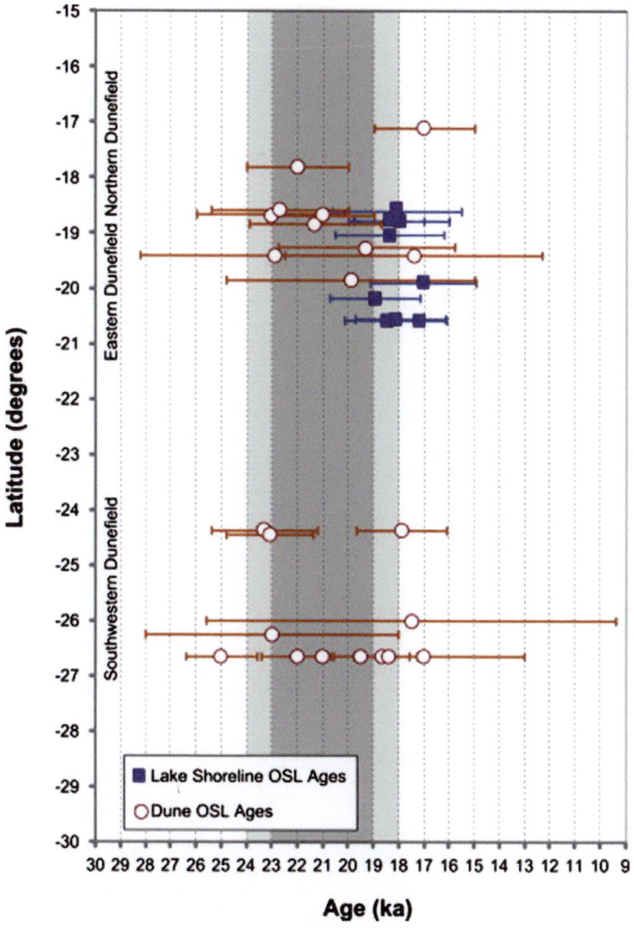

Abb. 6.116 Die Alter der Geoproxys *Dünen* und *Strandwälle* (mit Fehlerbereichen) zeigen für die Nord- und Ost-Kalahari im LGM zwar Dünenbildung, aber keine Seenbildung; Letztere tritt erst zwischen ~ 19 und 17 ka BP auf. Das LGM ist *grau unterlegt*: *Hellgrau* – Chase und Meadows (2007), *dunkelgrau* – Gasse et al. (2008). (Aus Thomas und Burrough 2012)

Die Entstehung der Etoscha-Pfanne – wie auch zahlreicher anderer Pfannen der Kalahari – resultiert aus dem Zusammenspiel von Sedimenteintrag/aufbereitung durch Wasser, Austrocknung und physikalisch-chemisch-biologischer Gesteinsaufbereitung des Pfannenbodens und Austrag des Materials durch Wind über lange geologische Zeiträume; alternierende feuchte und trockene Bedingungen (Regenzeit/Trockenzeit), die weder eine Sedimentakkumulation noch eine perennierende Seenbildung in der Pfanne zuließen, sind weitere Voraussetzungen der Pfannenbildung (vgl. auch Heine 1981). Längere und kürzere Perioden der Seenbildung in den Pfannen sind für die Pfannen der mittleren und nördlichen Kalahari (z. B. Makarikari, Mababe) für das Quartär nachgewiesen. Im arideren Etoscha-Gebiet fehlen die Spuren früherer pleistozäner und holozäner Seebildungsphasen (Buch 1997). Nicht zuletzt waren die hydrographischen Gegebenheiten ausschlaggebend: Die Makarikari-Pfannen haben über das Okavango/Cuando-System, einem endorheischem Einzugsgebiet mit perennierendem Flusssystem, Anschluss an das tropisch semihumide angolanische Hochland und über die Zuflüsse aus dem Norden und Nordosten an tropische Klimaregionen mit > 500 mm/a Niederschlag, während die Etoscha-Pfanne lediglich ein Wassereinzugsgebiet im semiariden Owamboland mit episodisch/periodisch abkommenden Wasserläufen (z. B. Ekuma) hat; ein Anschluss an das Kunene-Flusssystem gab es im Quartär nicht. Die Etoscha-Pfanne wird unter den gegenwärtigen Klima- und Umweltbedingungen aktiv weitergebildet.

Inwieweit bei der Etoscha-Pfannengenese die gewaltige Anzahl der Wildtiere beteiligt war, wie Passarge (1904) vermutet, ist bisher nicht geklärt; der äolische Staubaustrag aus dem Etoscha-Becken scheint jedoch bei der Pfannenbildung während des Pleistozäns eine erhebliche Rolle gespielt zu haben. Die Pfanne ist eine bedeutende Quelle von „Wüstenstaub" (*desert dust*, Goudie und Middleton 2006; Eckardt et al. 2001; Heine und Völkel 2010), denn mineralisches Feinmaterial wird über die *Oshanas* (Trockentäler des Owambolands) in die Pfanne eingespült, abgesetzt und in der Trockenzeit ausgeweht. Da die große Zahl der Herbivoren das Material des verwitterten Pfannenbodens wie auch die eingeschwemmten Sedimente lockert, zerkleinert und für den äolischen Abtrag aufbereitet (Abb. 6.118), können sie bei der Pfannengenese von Bedeutung sein. Passarge (1904: 660) spricht von *zoogener Erosion*:

> Die Herdentiere wirken, resp. haben in doppelter Weise gewirkt. Auf dem alluvialen Schlammboden üben die Hufe eine sehr starke zerstäubende Wirkung aus, namentlich wenn sie von den den Boden durchwühlenden Tieren, wie Erdeichhörnchen, Mäusen, Termiten, Ameisen u. a. unterstützt werden. Sie wirken indes nur indirekt insofern, als sie dem Wind Material liefern, und diesen Vorgang kann man daher eine *indirekte zoogene Erosion* nennen [. . .]. *Direkte zoogene Erosion* kann man diejenige Erosion nennen, [. . .] [bei der] die Herdentiere durch Trinken, Baden und Rollen im Schlamm große Quantitäten von Schlamm ausführen.

Die Informationen des Umweltwandels im Etoscha-Gebiet während der letzten 140 ka BP basieren auf detaillierten pedostratigraphischen *records* der äolischen Ablagerungen am westlichen Rand der Etoscha-Pfanne (Buch 1997; Abb. 6.117 und 6.119). Mineralogische und chemische Daten belegen eine fortschreitende (phasenhafte) Tieferlegung der Pfanne im Quartär (1100-m-Niveau, 1090-m-Niveau). Bis um 20 ka BP erfolgte die Abtragung in den *Etosha-Limestone*-Gesteinen. Die darunterliegenden Schichten der *Andoni Formation*, die aus Ton-, Silt- und Sandsteinen aufgebaut werden, werden am Pfannenboden seit 20 ka BP freigelegt und äolisch ausgetragen. Die Pfannenrand-Dünen am Westrand der Pfanne werden seit ca. 140 ka BP gebildet und zeigen Phasen unterschiedlicher äolischer Akkumulation sowie unterschiedlicher Bodenbildung an. Die paläoklimatische Deutung der Profile (Abb. 6.119) lässt nur relativ geringe Schwankungen zwischen Phasen geomorphologischer „Stabilität" und „Aktivität" im Sinne von Rohdenburg (1971) erkennen. Es gibt keine paläopedologischen Hinweise in Form von intensiver Verbraunung, Entkalkung und Tonmineralneubildung, die deutlich feuchtere Klimabedingungen in der Zeit von 35 bis 25 ka BP anzeigen, wie von Deacon und Lancaster (1988), Heine (1988b) und Stuart-Williams (1992) postuliert wird – im Gegensatz zu Heine (seit 1991, 1992) und Buch (1997). Der *Okondeka II*-Bodenkomplex (Abb. 6.119) im Spätglazial/Frühholozän dokumentiert eine Phase der „Stabilität" der Dünenbildung, die durch Veränderungen der Windintensität, der Niederschläge,

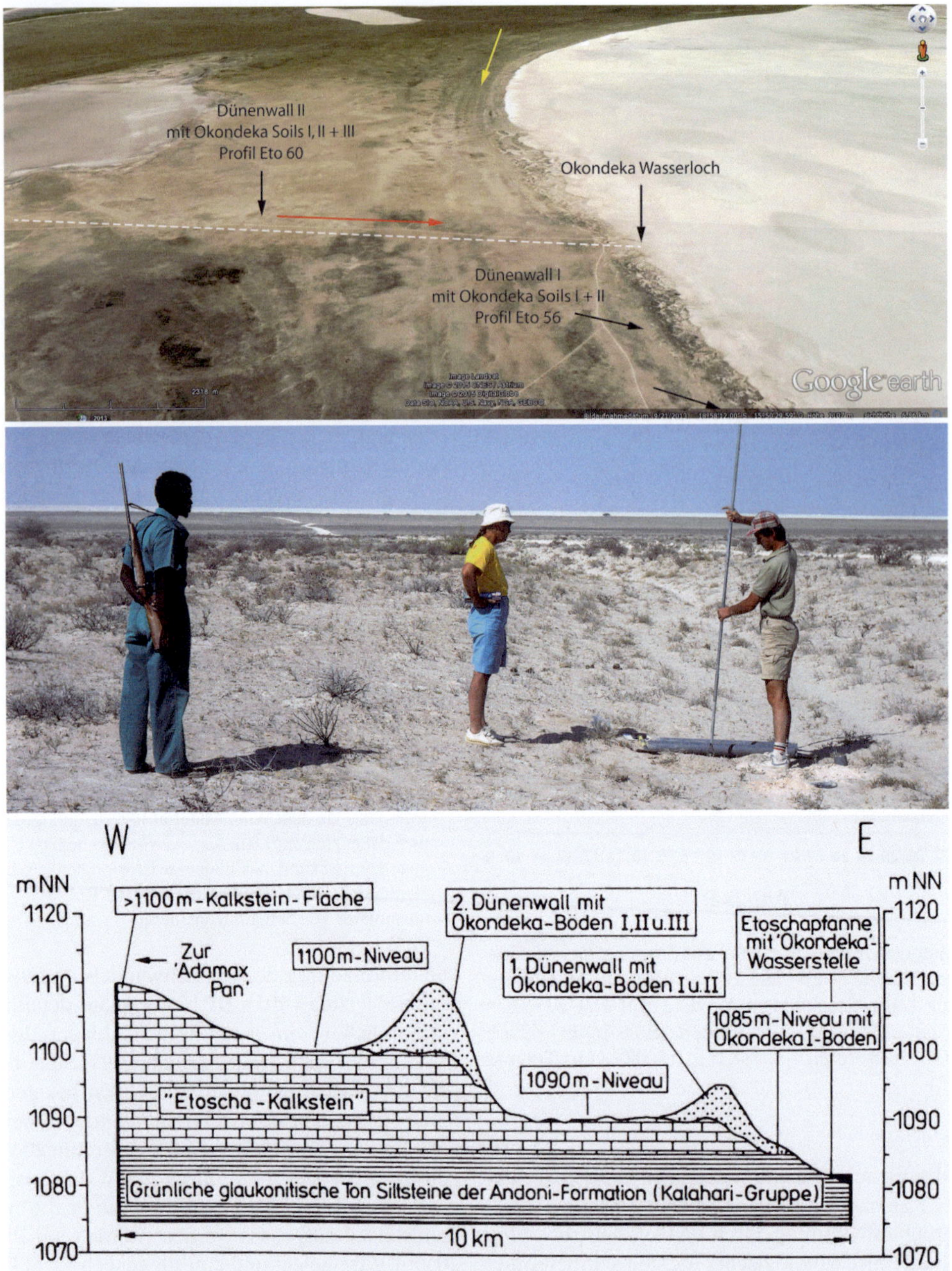

Abb. 6.117 *Oben*: Westrand der Etoscha-Pfanne bei Okondeka. Die Dünenwall I- und II-Profile sind *unten* wiedergegeben. GOOGLE-Schrägansicht. Der *rote Pfeil* zeigt die Lage des Profils (*unten*) und die Blickrichtung des Bildes (*Mitte*). Der *gelbe Pfeil* weist auf die Strandlinien, die Hipondoka (2005) untersucht hat und mit jungquartären Seespiegelständen in Zusammenhang bringt. Im Bereich der Lunettedünenwälle bedecken jüngere Dünensande (*roter Pfeil*) die Strandlinien (*gelber Pfeil*). *Mitte*: Blick vom Dünenwall II nach Osten (*roter Pfeil* auf der GOOGLE-Ansicht) auf die Etoscha-Pfanne bei Okondeka (*weißer Streifen* am Horizont). Der Ranger schützt bei den Probenahmen vor Löwen. *Unten*: Profil der Pfannenranddünen vom Okondeka-Wasserloch nach Westen (nach Heine 1995c, nach Buch et al. 1992). Die phasenhafte Eintiefung der Pfanne wird durch die Niveaus in 1100 m, 1090 m und 1085 m angezeigt

der Vegetation, der Ausblasungsgebiete (Pfanne) und anderer Faktoren (vgl. Bateman et al. 2003; Chase 2009) verursacht sein kann. Der semi-aride Charakter des Klimas bestimmt nicht nur das jüngere Quartär, sondern das gesamte Quartär; das belegt die geomorphologisch-sedimentologisch-pedologische Entwicklung der Etoscha-Pfannen-Region (Buch 1997).

Hipondoka (2005) sieht in den Terrassen der Zuflüsse und in den Strandlinien im westlichen und nordwestlichen Randbereich der Etoscha-Pfanne Hinweise auf pluviale Phasen, die im Jungquartär hohe Seespiegel bewirkten und zwar ca. 34–28 ka BP, um 20 ka BP, 15–10 ka BP und um 5 ka BP. Jedoch deutet Hipondoka (2005) die Lunettedünen nicht als äolische Formen, sondern

Abb. 6.118 *Links oben*: Starke und häufige Staubquellen des südlichen Afrika. TOMS AAI (TOMS – *Total Ozone Mapping Spectrometer*, AAI – *Absorbing Aerosol Index*): Häufigkeit der Verteilung der Ereignisse (Tage je Monat, an denen AAI gleich oder höher 0,7 ist) (aus Prospero et al. 2002). Die Etoscha- und Makarikari-Pfannengebiete sind die bedeutendsten Areale des Staubaustrags im südlichen Afrika. In der Namib-Wüste tritt das relativ vom Menschen stark beanspruchte Gebiet um Swakopmund – Walfischbucht hervor. Die südliche Kalahari und das namibische Hochland weisen keine besonderen Staubquellen auf. *Unten*: Die Hufe der Herdentiere bereiten die Sedimente für den äolischen Abtrag vor. Makarikari-Gebiet. *Rechts oben*: Durchfeuchtung und Austrocknung bewirken physikalisch-chemisch-biologische Verwitterung der Pfannenbodengesteine. Nicht nur die Hufe der Herdentiere bereiten die tonig-schluffig-sandigen Pfannensedimente für die äolische Auswehung vor, sondern Material wird auch von den Tieren selbst (nach Schlammbädern) aus den Pfannen entfernt (zoogene Erosion nach Passarge 1904). (Fotos: alueni-images)

als Strandwälle hoher Seespiegel – entgegen den geomorphologischen, geochemischen und mineralogischen Befunden (u. a. Buch 1997). Auch werden wenige cm große, undatierte Bruchstücke von *Clariidae* sp. (Süßwasserfisch) und ca. 5000 Jahre alte Knochenfragmente der amphibischen Sitatunga-Antilope (*Tragelaphus spekii*) als Belege für Etoscha-Paläoseen genannt. Die Fossilien haben jedoch keine Beziehungen zu Formen und Ablagerungen möglicher ausgedehnter Paläoseen im Etoscha-Becken während des LGM bzw. in den Jahrtausenden vor und nach dem LGM. Sie weisen lediglich auf periodisches Abkommen des Ekuma-Flusssystems und zeitweise (jahreszeitliche bis mehrjährige) flache Seenbildungen in (Teilen) der Etoscha-Pfanne hin (vermutlich im Holozän).

Die unterschiedlichen Deutungen der Formen und Sedimente aus dem Etoscha-Gebiet von Buch (1997) und Hipondoka (2005) lassen sich folgendermaßen erklären: Buch (1997) und Mitarbeiter analysieren die Sedimente (und Formen) sedimentologisch, mineralogisch und geochemisch und datieren dieselben; die Lunettedünensande werden als korrelate Sedimente erkannt, die aus dem Pfannenbereich ausgeweht wurden. Hipondoka (2005) bringt mit den Strandterrassen/Strandlinien des West- und Nordwestrands der Etoscha-Pfanne (vgl. Abb. 6.117), die phasenhafte Seenbildungen von kurzer Dauer repräsentieren und keine limnischen Sedimente aufweisen, Paläoseephasen in Verbindung, die jedoch weder durch Ablagerungen im Bereich der Strandlinien noch durch Datierungen (^{14}C, OSL) bestätigt

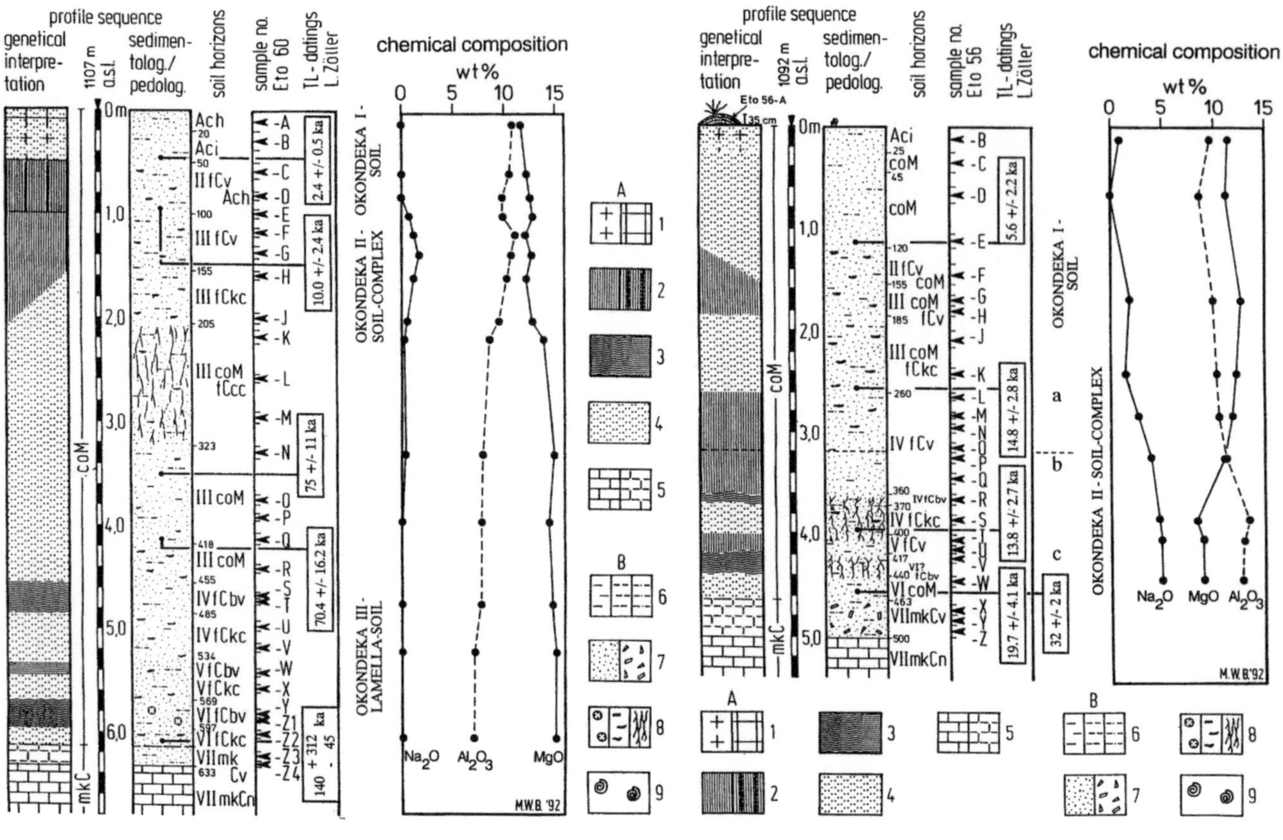

Abb. 6.119 Profile Okondeka I und II nach Buch et al. (1992), vgl. Heine (1991). *Links*: Profil Eto 60 auf dem zweiten Dünenwall. *Rechts*: Profil Eto 56 auf dem ersten Dünenwall. Legende für beide Profile: Die Werte für Al_2O_3, MgO und Na_2O sind auf calcitfreier Basis rekalkuliert worden. Die TL-Daten von Heine (1991) 75 ± 11 ka (Eto 60) und 32 ± 2 ka (Eto 56) wurden neu berechnet. Es bedeuten: A – Allgemeine Interpretation: 1 – initialer organisch angereicherter A-Horizont/organisch angereicherter A-Horizont; 2 – initialer Cv-Horizont/initialer Cv-Horizont mit feinen Wurzeln; 3 – initialer Cv-Horizont „Lamellen-Typ" (*lamella type*), verschiedene Intensitäten; 4 – kalkreiche bis extrem kalkreiche äolische Sande; 5 – *Etosha limestone* (unverwittert)/*Etosha limestone* (verwittert); B – sedimentologisch-pedologische Beschreibung: 6 – Textur: Ton/Silt/Lehm; 7 – Textur: Sand/Gesteinsbruchstücke; 8 – $CaCO_3$-Konkretionen: gerundet/unregelmäßig/$CaCO_3$-Ausfällungen; 9 – Mollusken

werden. Hipondokas (2005) Datierung der „pluvialen Phasen" basiert im Wesentlichen auf hypothetischen Korrelierungen mit Daten von pluvialen Phasen des Makarikari-Gebiets und einer Umdeutung der Lunettedünenprofildaten. Eine Diskussion der Beobachtungen von allen beteiligten Bearbeitern im Gelände könnte die Klimarekonstruktionen des Etoscha-Gebiets von Buch (1997) weiter differenzieren.

Werden die Befunde aus dem tropisch wechselfeuchten südlichen Afrika zwischen Sambesi – Okavango – Makarikari – Pfannen – Ngami-See einerseits und dem Etoscha-Gebiet andererseits zusammenschauend paläoklimatisch gedeutet, ergibt sich folgendes Bild für das LGM: Die Phase um 22–20 ka BP war arider als das jüngere Holozän. Verschiedene feuchtere Perioden, deren Dauer bisher nicht exakt erfasst werden kann, ereigneten sich vor und nach dem LGM i. e. S. Das Spätglazial war feuchter. Die Intensität der hygrischen Klimaschwankungen nahm von Westen (Namib-Wüste) nach Osten (Etoscha-Pfanne, Makarikari-Pfanne) zu. Während im Etoscha-Bereich die Klimaschwankungen im MIS 2 geringe Auswirkungen auf die geomorphologischen und hydrologischen Prozesse hatten, war dies im Makarikari-Becken anders: Für die Bildung eines Paläosees im Makarikari-Becken sorgte sehr wahrscheinlich der LGM-zeitliche Zufluss über das Okwa-Einzugsgebiet, das im LGM im Einflussbereich der ektropischen Winterregenzone lag, während die Ngami-Mababe-Sambesi-Grabenzone infolge geringen Wasserzuflusses aus den tropischen (ITCZ beeinflussten) Gebieten von Angola und Sambia keine hohen Seespiegel zeigte. Die raum-zeitlich differenzierten paläohydrologischen Verhältnisse im endorheischen südlichen Afrika können paläoklimatisch nur sinnvoll in Verbindung mit den Paläoklimaarchiven aus den südlich gelegenen Regionen der Süd/Südwest-Kalahari und der westlich gelegenen Namib-Wüste gedeutet werden. Darauf wird im Folgenden eingegangen.

Die *Südwest-Kalahari* (vgl. Abschn. 6.2.1, Abb. 6.73) ist von großer Bedeutung für die Rekonstruktion des LGM-zeitlichen Klimas, liegt sie doch im äußersten Einflussbereich der Sommerregen. In den fluvialen und äolischen Paläoklimaarchiven sind Veränderungen der ITCZ (Sommerniederschläge), der Westwindzone (Winterniederschläge) sowie der Stärke und Richtung der vorherrschenden Windsysteme gespeichert. Starke Regenfälle, die zu einem Abkommen der Flüsse (z. B. Molopo, Kuruman) südlich von ca. 27° S führen, sind heute äußerst selten. Die Talsedimente von Auob, Nossob, Molopo und Kuruman (Abb. 6.120) zeigen einerseits, dass fluviale Prozesse im Jungquartär die verschiedenen Talabschnitte unterschiedlich geformt haben, und andererseits, dass äolische Prozesse sowohl während trockener als auch während feuchter Phasen aktiv waren (Heine 1981; Hürkamp et al. 2011). Von besonderer Bedeutung ist der Nachweis ganzjähriger Wasserführung im Molopo in ca. 26°40′ S bis ca. 27° S, belegt durch die Molluskenhorizonte mit *Corbicula fluminalis*, Unioniden-Arten, *Bulinus* sp. und Planorbiden. Perennierende Gewässer erfordern Niederschläge, die über das Jahr verteilt sind. Dies ist nur möglich, wenn sowohl Sommerregen als auch Winterregen das Gebiet in größeren Beträgen erreichen (was heute nicht der Fall ist). Die tropischen Sommerregen betragen im Jahresmittel 150 bis <200 mm (Mendelsohn et al. 2002), die Winterregen lediglich ca. 5 mm (Waibel 1922). In Verbindung mit neuen ^{14}C- und OSL-Altersbestimmungen der fluvialen Sedimente des Molopo (Hürkamp et al. 2011) muss davon ausgegangen werden, dass perennierende Wasserführung im hier betrachteten Molopo-Talabschnitt im LGM einsetzte und über mehrere Jahrtausende anhielt. Außerdem belegt der große Anteil der in die Talungen eingewehten Dünensande zusammen mit den Mollusken, dass äolische Prozesse (Sandtransport, Sandablagerung) gleichzeitig mit höheren Niederschlägen auftraten (Heine 1981). Dünenbildung und fluviale Aktivität waren zeitlich nicht getrennt. Dies stellt auch Chase (2009; vgl. Chase und Thomas 2006, 2007) fast drei Jahrzehnte später fest und führt aus, dass „*an increasing number of ages from a broader range of environments are calling into question the assumption that aeolian activity can be simply equated with aridity*". Erstaunlich ist, dass erst eine große Zahl von zumeist OSL-Altersbestimmungen zu dieser Erkenntnis führt und nicht die – mindestens ebenso beweiskräftigen – geomorphologisch-sedimentologisch-pedologischen Beobachtungen und Daten (vgl. Heine 1981; Buch 1997).

Werden die geomorphologisch-sedimentologischen Beobachtungen aus der südwestlichen Kalahari zusammenschauend interpretiert, ergibt sich für das LGM und Spätglazial folgendes Bild (Abb. 6.120, 6.121 und 6.122): Die Molopo-Sedimente, die zum größten Teil aus den in das Tal eingewehten Dünensanden bestehen, enthalten Mollusken, die perennierende bis saisonale Wasserführung belegen. Die Mollusken sowie die fluvial transportierten und abgelagerten Dünensande und die Altersbestimmungen der Molopo-Sedimente (Heine 1981; Hürkamp et al. 2011) sind Zeugen für LGM-zeitliche, ganzjährig feuchte Klimabedingungen in der südwestlichen Kalahari. Perennierende Gewässer konnten in dieser Region, die heute im Randbereich des Einflusses sommerlicher tropischer ITCZ-bedingter Niederschläge liegt, nur auftreten, wenn auch während der heute winterlichen Trockenzeit Regenfälle für ausreichende Feuchtigkeit sorgten. Das ist der Fall, wenn die Winterniederschläge der außertropischen Westwindzone wesentlich weiter nach Norden ausgreifen als heute. Der Nachweis eines Paläo-Makarikari-Sees zur gleichen Zeit durch Riedel et al. (2014), der nicht durch die tropischen Sommerregen, sondern hauptsächlich durch die ektropischen Winterregen über das ausgedehnte Okwa-Talsystem gespeist wurde (Abb. 6.111), ergänzt die Molopo-Daten. Das Okwa-Talsystem blieb bisher von allen Bearbeitern der quartären Rekonstruktion paläoklimatischer und paläohydrologischer Studien als Einzugsgebiet für die LGM-zeitliche Makarikari-Hydrologie völlig unbeachtet (vgl. u. a. Thomas und Burrough 2012), obgleich Shaw et al. (1992) für das Okwa-Tal ^{14}C-Daten von Mollusken nennen, die einen Wasserabfluss ins Makarikari-Becken zwischen 15 und 12 ^{14}C ka BP anzeigen, der jedoch irrtümlich mit den tropischen Sommerregen in Verbindung gebracht wurde.

Dass nicht nur der Molopo im LGM (zwischen ca. 24 und 16 ka BP) perennierend war, sondern durch die besonderen klimatischen und hydrologischen Bedingungen auch die zahlreichen Pfannen der Südwest-Kalahari wasserbedeckt waren, zumindest aber feuchte Pfannenbodenverhältnisse aufwiesen, wird durch die vielen, heute vorliegenden OSL-Altersbestimmungen der Lunettedünenbildung eindrucksvoll bestätigt (Abb. 6.67 und 6.68). Die Lunettedünen der Koppieskraalpan (Abb. 6.67) werden in mehreren Phasen vor dem LGM zwischen ca. 37 und 28 ka BP akkumuliert; im LGM und bis ca. 0,18 ka BP findet keine Lunettedünenbildung statt. Das Aussetzen der Sandauswehung aus den Pfannen im LGM ist für die südwestliche Kalahari charakteristisch; die OSL-Altersbestimmungen aus der Region dokumentieren Lunettebildung vor und nach dem LGM in eindeutiger Weise (Abb. 6.68), während die Daten der Längsdünen auch für das LGM äolische Aktivität belegen (Thomas und Burrough 2016). Die „Lücke" bei den OSL-Lunettedaten im LGM wird durch die Wasserbedeckung der Pfannen erklärt, die ein Auswehen von Feinmaterial verhinderte. Dies ist ein weiterer Beleg für die ganzjährig feuchten Klimabedingungen der Südwest-Kalahari.

Im Profil Abb. 6.67 fehlt eine Sandakkumulation zwischen ca. 28 ka BP und dem Jungholozän (0,17 ka BP). Das Profil lässt verschiedene Verbraunungsbereiche erkennen; der Komplex III ist nur teilweise erhalten. Die hangenden Teile sind erodiert. Daher lässt sich aus dem Profil nicht erschließen, inwieweit im Spätglazial und Holozän äolische Prozesse aktiv waren. Erst mit dem Beginn der Landnahme durch Siedler und Beweidung konnte die Lunettedünenbildung in den letzten zwei Jahrhunderten wieder einsetzen (vgl. Heine 1990).

Die Bestimmung (Singhvi und Porat 2008) und Auswertung der OSL-Alter der äolischen Ablagerungen (Lineardünen, Lunettedünen) der Kalahari für Paläoklimarekonstruktionen wird sehr unterschiedlich gehandhabt. Thomas und Burrough (2012:5) diskutieren die Probleme:

> Sources of palaeo-data from the interior [of southern Africa] are predominantly „geoproxies": reconstructions not based on highly resolved organic or isotope records, but on interpretation of spatially extensive geomorphological proxies of past environments [dunefields]. Despite being increasingly datable using OSL, their inclusion in syntheses has proved complex not least when interpretations appear to conflict with records from other sources. Consequently, they are sometimes removed from regional syntheses of climate change.

Hinzu kommt, dass die OSL- (und TL-) Alter der Dünen in Histogrammen (Abb. 6.123 und 6.124) gezeigt werden, die möglichst viele Daten einschließen; eine kritische Evaluierung der Aussagekraft des jeweils datierten Paläoklimaarchivs unterbleibt. So werden für die Südwest-Kalahari Lineardünen- und

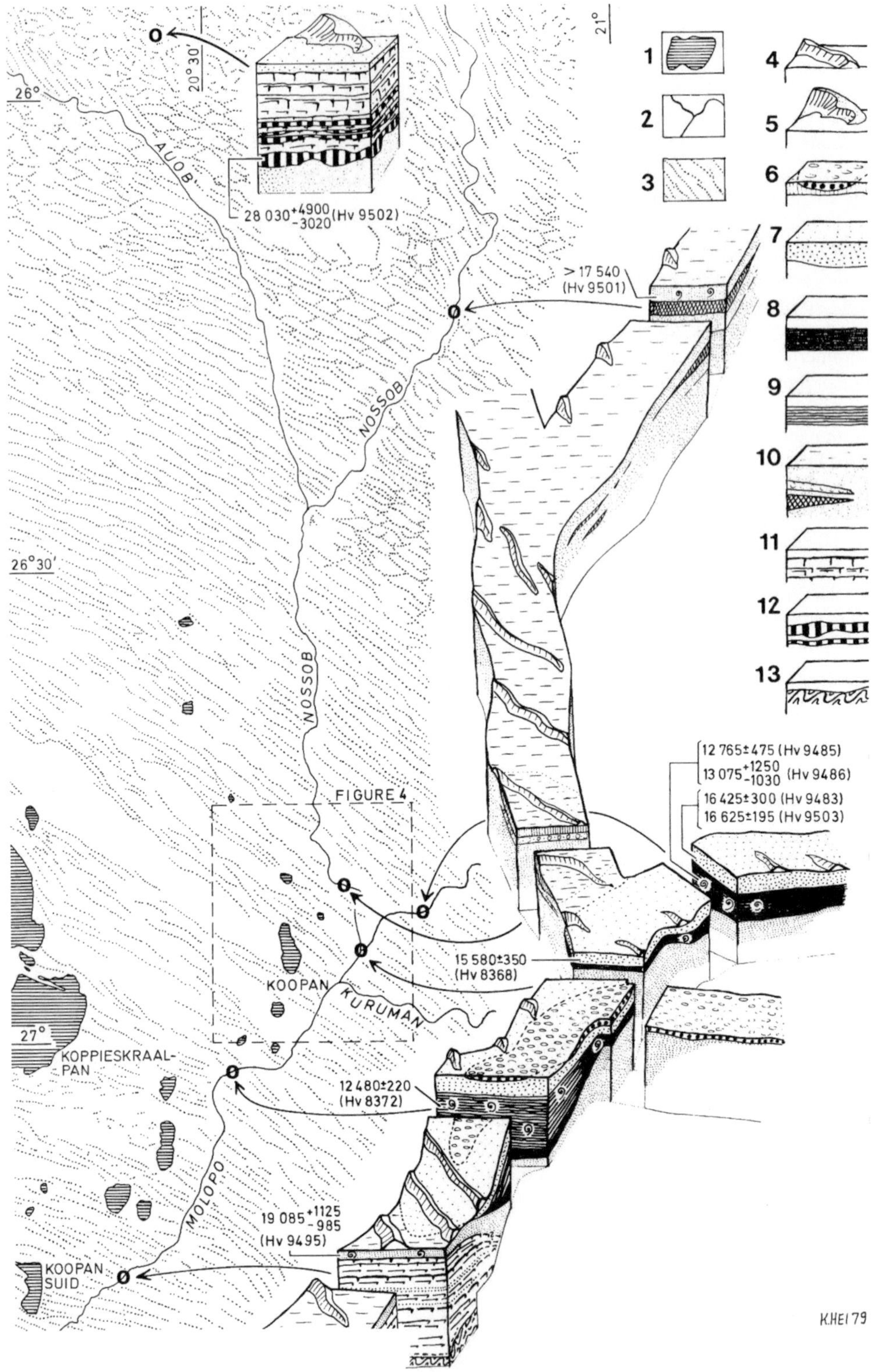

Abb. 6.120 Profile der Talsedimente von Nossob und Molopo zwischen 26°15′ S und 27°15′ S. Die fluvialen und äolischen Sedimente in Verbindung mit den Mollusken dokumentieren feuchtere Phasen im Einzugsgebiet vom Molopo (mit perennierenden Gewässern) nach dem LGM im Spätglazial. Es bedeuten: 1 – Pfanne; 2 – Trockental; 3 – Dünen; 4 – Dünen im Trockental; 5 – Longitudinaldünen (Lineardünen, Alab-Dünen); 6 – rezente bis subrezente fluviale Sedimente; 7 – fluviale Ablagerungen des Spätpleistozäns; 8 – fluviale Ablagerungen mit post-LGM-glazialem Alter; 9 – limnisch/fluviale Ablagerungen; 10 – fluviale Ablagerungen > 18 ^{14}C ka BP; 11 – Calcretes, jungpleistozänes Alter; 12 – Paläosol (mittelwürmzeitlich); 13 – anstehendes Gestein (Schiefer). Altersangaben in ^{14}C-Jahre v. h. (Aus Heine 1981; vgl. Abb. 6.73)

Abb. 6.121 *Links*: Koppieskraal-Pfanne. *Rechts*: Molopo-Tal nördlich Koopan Suid. (Fotos: alueni-images)

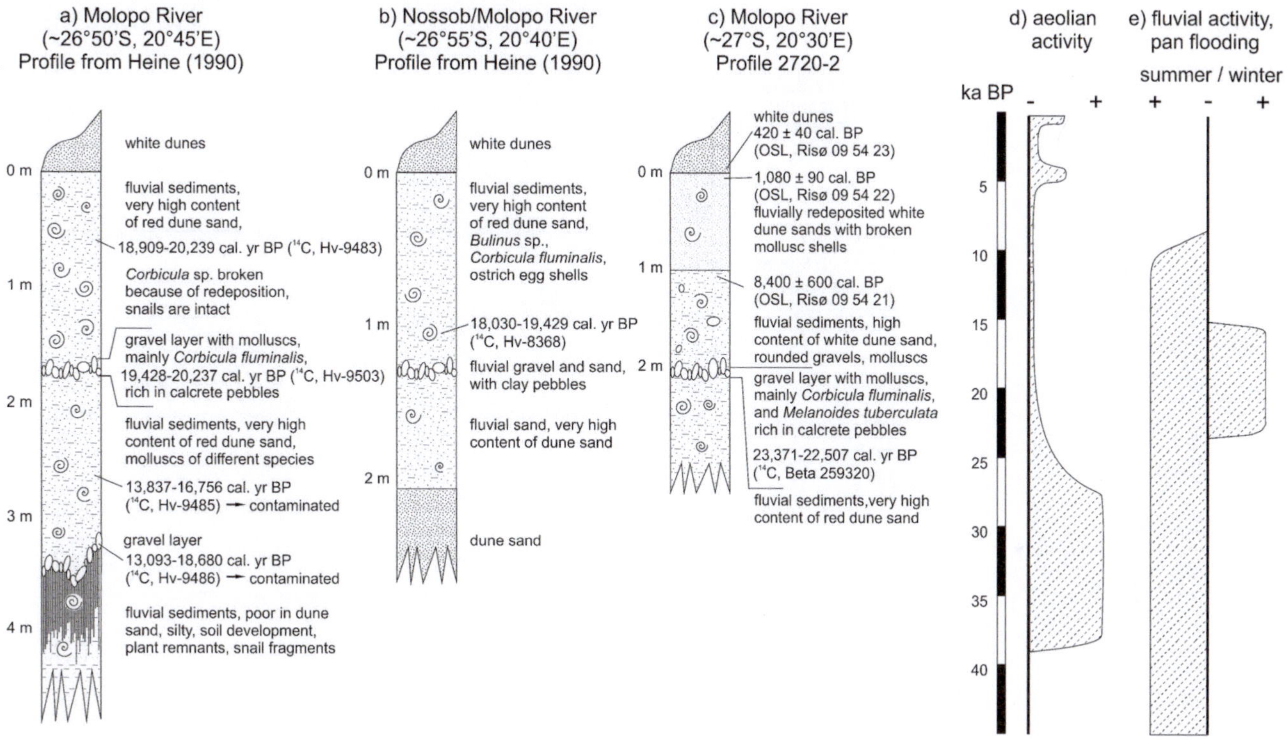

Abb. 6.122 Profile des unteren Molopo-Tals zwischen 26°50′ S und 27° S (**a** bis **c**) und paläogeomorphodynamische Interpretation der äolischen Aktivität (**d**) und fluvialen Prozesse sowie Pfannenseenbildung (**e**). (Nach Hürkamp et al. 2011)

Lunettedünenalter in einem einzigen Histogramm dargestellt und mit anderen Paläoklimadaten-Histogrammen und -Kurven korreliert. Für die Südwest-Kalahari zeigt das Histogramm die stärkste Phase der aktiven Dünenbildung nach dem LGM zwischen 15 und 5 ka BP mit der Spitze um 12 ka BP. Das spiegelt jedoch nicht die Paläoklimaverhältnisse wider, die sich aus einer Synthese der geomorphologisch-sedimentologischen Befunde ableiten lassen (Abb. 6.93).

Chase (2009) folgert aus den Verteilungen und der Korrelierung mit der *Upwelling*-Intensität sowie der Windstärke, dass *Upwelling* und Windstärke im LGM für die Dünenbewegungen in der SW-, mittleren und nördlichen Kalahari von größerer Bedeutung sind als eine Zunahme der Aridität. Ab ~ 17 ka BP nahm die Intensität der atmosphärische Zirkulation und der Winterregeneinfluss in der SW-Kalahari ab; das bewirkte dort stärkere Dünenbildung. Da jedoch die meisten OSL-Daten im Histogramm einerseits aus den obersten Metern der Lineardünen (Telfer und Thomas 2007; Telfer et al. 2010) und andererseits von Lunettedünen sind, ist (i) das LGM wegen der (im LGM fehlenden) Lunettedünendaten unterrepräsentiert und sind (ii) die älteren LGM- und prä-LGM-zeitlichen Lineardünenbil-

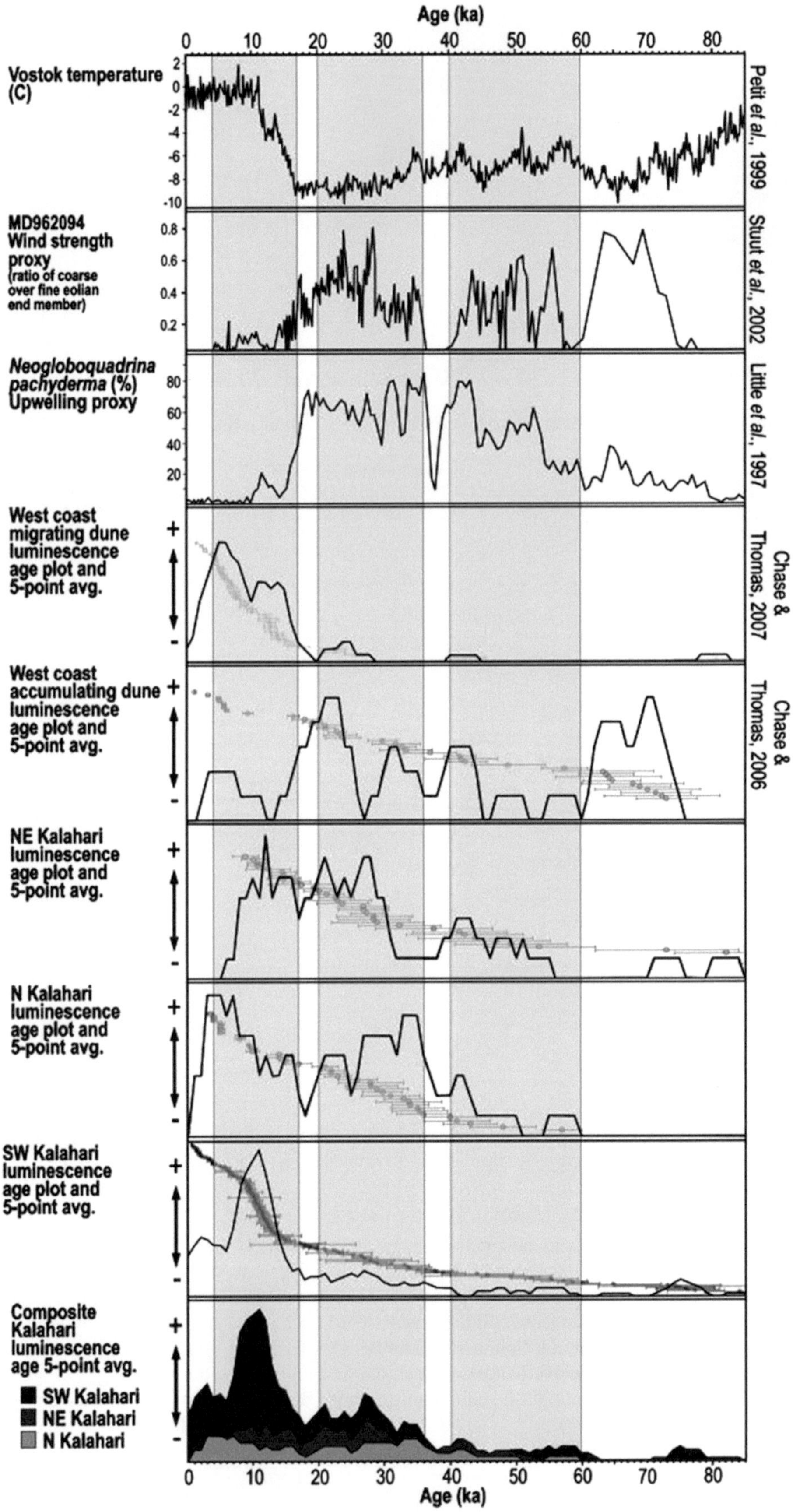

Abb. 6.123 Korrelierung von Verteilungen der OSL-Alter von wandernden und akkumulierenden Dünen der Westküste Südafrikas und von Lineardünenfeldern der Kalahari mit den Proxys der *Upwelling*-Intensität und der Windstärke, ermittelt aus marinen Kernen vor der südwestafrikanischen Küste. Dünenalter und Fehlerbereich sind angegeben. Die *dunkleren grauen Bereiche* sind die Hauptphasen der Dünenbildung: ~ 60–40, 35–20 und 17–4 ka BP. (Aus Chase 2009)

Abb. 6.124 Das GOOGLE-Bild zeigt einen Ausschnitt der Dünen, Pfannen und Täler der SW-Kalahari. Die ältesten Dünensysteme (*A*) unterscheiden sich von den Lunettedünen (*B*) und den Dünen im Molopo-Tal (*C*) durch ihre Form, Farbe und Lagebeziehungen zu Pfannen und Talungen sowie durch ihr Alter. Die Pfannen und großen Täler (Molopo) waren im LGM wassergefüllt bzw. feucht und verhinderten dadurch eine Auswehung von Sand und die Bildung von Lunettedünen. Die Alterscluster der äolischen Formen (Dünen) sind wenig aussagekräftig, wenn die verschiedenen Dünentypen nicht gesondert dargestellt, sondern nur nach Regionen zusammengefasst werden

dungen (und Sandbewegungen) nur in Einzelfällen erfasst. (iii) Auch eine geschlossenere Vegetationsbedeckung, die äolische Prozesse reduziert, ist wegen der ganzjährig möglichen Niederschläge nicht auszuschließen.

Auf der Grundlage der Synopse für die spätquartäre Entwicklung der Südwest-Kalahari von Heine (1981, 1982) entwickeln Hürkamp et al. (2011) eine hypothetische Rekonstruktion der paläo-geomorphodynamischen Bedingungen für die Phasen ~39–25 ka BP, ~23–18 ka BP und ~20–18 ka BP (Abb. 6.125). Vor dem LGM (~39–25 ka BP) war es in der SW-Kalahari feuchter im Vergleich zu heute. Das LGM wurde durch ein windreiches Klima charakterisiert, wobei im Südwinter sowohl Winde aus NW (von der Antizyklone über der Kalahari beeinflusst) als auch aus westlichen Richtungen (ektropische Westwinde) morphologisch aktiv waren. Die ektropischen Winterregen und die tropischen Sommerregen führten im LGM dazu, dass die SW-Kalahari ± ganzjährig Niederschläge empfangen konnte, was zu perennierendem Wasser des Molopo führte (mindestens im Abschnitt zwischen 26°50′ S und 27° S). Diese hygrischen Verhältnisse bestanden aufgrund der fluvialen Sedimente und Fossilien zwischen ~20 und 18 ka BP, aufgrund der Wasserbedeckung der Pfannenböden (keine Lunettedünenbildungen als Folge der Änderungen der Sandzufuhr; vgl. Rendell et al. 2003) zwischen ~22 und 18 ka BP. Vermutlich reichten die Winterregen im LGM (bis ~17 ka BP) im heutigen Namibia und Botswana wesentlich weiter nach Norden und beeinflussten die hydrologischen Verhältnisse des Okwa-Flusssystems, das für die Bildung eines Paläosees in den Makarikari-Pfannen sorgte (Riedel et al. 2014). Auch konnte ein Anstieg des Grundwasserspiegels zur ganzjährigen Wasserbedeckung der Pfannen beitragen. Diese Deutung der Paläoklimaarchive stimmt mit vielen bedeutenden Beobachtungen und Altersbestimmungen aus der südwestlichen und nördlichen Kalahari überein, ebenso mit Befunden aus den Nachbargebieten. Im tropischen Bereich wurde das LGM durch eine Abnahme der Niederschläge charakterisiert. In Teilen der südlichen Kalahari bestand eine besondere Konstellation der Sommer- und Winterregeneinflüsse, die – trotz einer Abnahme der tropischen Sommerregen – infolge der Winterregen bei kühleren Temperaturen ganzjährig ± humide Klimabedingungen aufwies (Abb. 6.125). Das stimmt auch mit Ausführungen von Chase und Brewer (2008) überein, die die Beziehungen zwischen Dünenaktivität und Klima diskutieren: Zahlreiche Dünenaktivitätsindizes (DAI), die Paramater wie Windstärke, Feuchtigkeitshaushalt etc. berücksichtigen, werden mit Modellierungen verglichen, mit dem Ergebnis, dass die SW-Kalahari im LGM weniger starke Dünenaktivität aufwies, als allgemein angenommen. Das wirft Fragen auf (Chase und Brewer 2008): (i) über die Zuverlässigkeit der Modellergebnisse, (ii) inwieweit DAIs in der Lage sind, die Komplexität und Dynamik äolischer Systeme zu erfassen und (iii) über die Interpretation der Dünen-*records* als Paläoklimaarchive mit zeitlicher Auflösung in Jahrtausenden.

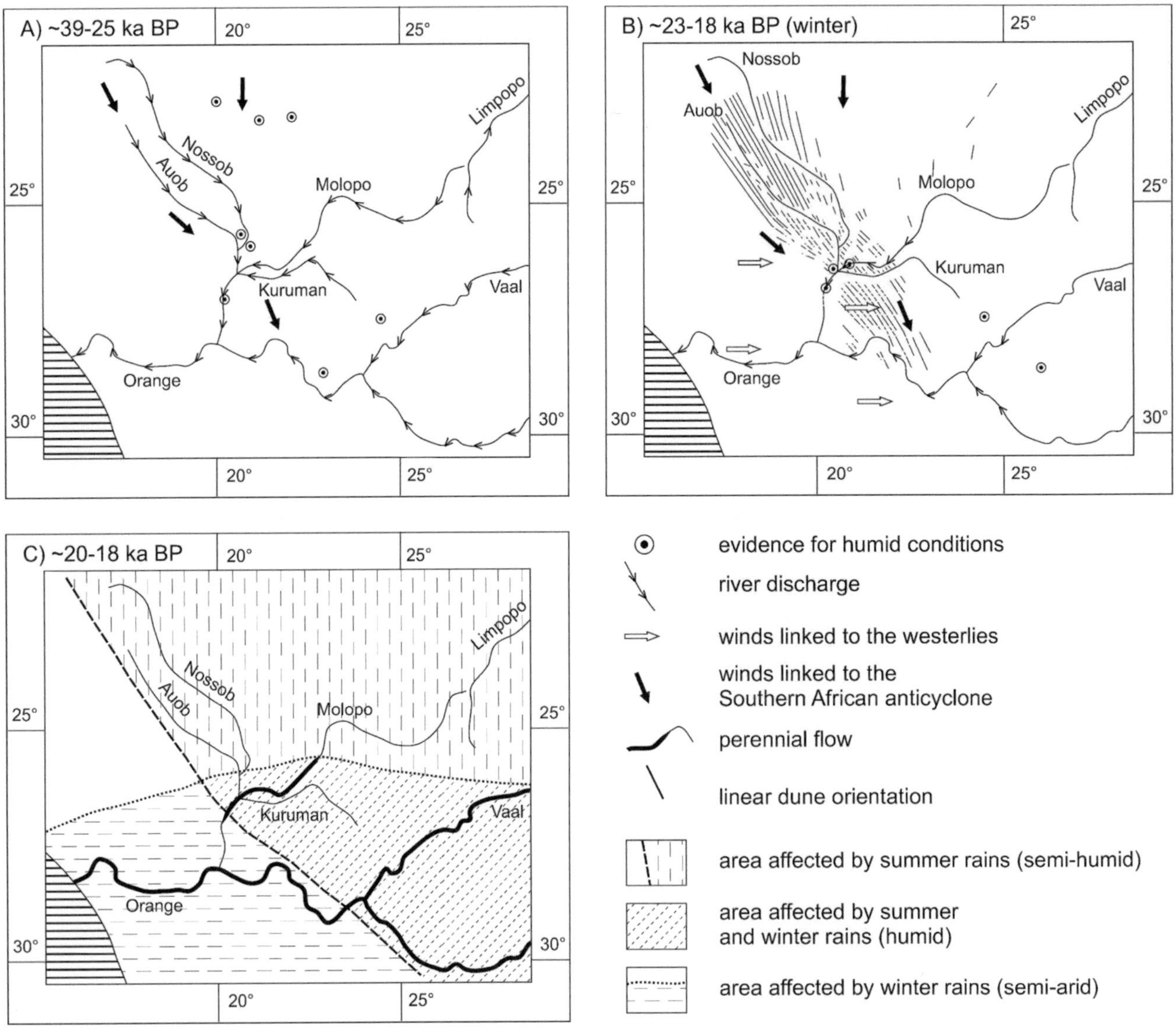

Abb. 6.125 Hypothetische Rekonstruktionen paläo-geomorphologischer Prozesse und paläoklimatischer Verhältnisse für die Südwest-Kalahari nach Hürkamp et al. (2011). (*A*) Periode von ~ 39–25 ka BP; (*B*) Periode von ~ 23–18 ka BP (Winter); (*C*) Periode von ~ 20–18 ka BP. Aufgrund neuer Beobachtungen (Riedel et al. 2014) muss der Winterregeneinfluss wesentlich weiter nach Norden gereicht und dem Okwa-Flusssystem Wasser gebracht haben

Eine zeitlich hochauflösende Chronologie der LGM-zeitlichen und spätglazialen Klimaschwankungen kann heute noch nicht für die SW-Kalahari erstellt werden. Zurzeit werden die terrestrischen Salzpfannen der Kalahari als Klima- und Umweltarchive bearbeitet, denn mögliche Mechanismen ihrer Entstehung und der in ihnen ablaufenden Prozesse sind bislang nicht umfassend verstanden (Wilkes et al. 2014). Sie sind – wie der Tswaing-Kratersee – bedeutende Paläoklimaarchive. Vergleiche der Zusammensetzung des organischen Materials in den heutigen (periodischen/episodischen) Kalahari-Seen und in quartären Sedimentschichten eröffnen Einblicke in die Entwicklung und Veränderungen dieser Ökosysteme (Kristen et al. 2010).

Werden die Erkenntnisse der südwestlichen Kalahari im Zusammenhang mit der LGM-zeitlichen Klimarekonstruktion benachbarter Gebiete gesehen, ergeben sich eindeutige Daten: (i) Neue Ergebnisse vom Tswaing-See (25°24′30″ S, 28°04′59″ E) und Wonderkrater (24,5° S, 28,5° E; Backwell et al. 2014) dokumentieren, dass das LGM relativ arid war (Wonderkrater: −50 % der mittelholozänen Niederschläge). Aus den Angaben von F Schmidt et al. (2014) wird deutlich, dass die Winterregen im LGM das Tswaing-Gebiet nicht mehr erreichten und die Sommerniederschläge geringer waren. Diese Daten ergänzen die Beobachtungen aus der Kalahari vom Makarikari-Paläosee (Riedel et al. 2014) und aus der SW-Kalahari vom Molopo (Hürkamp et al. 2011).

Die Beobachtungen zu jungquartären Verlagerungen der Vegetationsformationen im Bereich der südlichen Kalahari aufgrund von ^{13}C-/^{12}C-Verhältnissen vom Zahnschmelz grasfressender

Abb. 6.126 Sossus Vlei, Namib Erg. Hier endet der Tsauchab inmitten des Namib Ergs. Nach starken Niederschlägen im östlichen Einzugsgebiet des Tsauchab gelangt das Rivierwasser bis in das Sossus Vlei; danach kann es mehrere Monate dauern, bis das Vlei trockenfällt. Die Fluten sind mit Ton und Schluff beladen, der im Vlei abgesetzt wird. Bohrungen im Vlei zeigen eine Wechsellagerung von Vleisedimenten und äolischen Dünensanden. (Vgl. Abb. 6.181; alueni-images)

Herbivoren (Lee-Thorp und Beaumont 1995) weisen auf einen weit nach Norden reichenden Winterregeneinfluss vor 25–21 und 17–15 ka BP hin und stehen damit im Widerspruch zu den Tswaing-Krater-Klimarekonstruktionen. Die Sommer- bzw. Winterregenzeit kann einen großen Einfluss auf die relativen Anteile von C_3- und C_4-Pflanzen im Ökosystem haben, da die Verteilung der Gräser von den Temperaturen der Wachstumsperioden abhängt. Eine kühle Wachstumsperiode (Winterregen) begünstigt C_3-Gräser, während eine warme Wachstumsperiode C_4-Gräser favorisiert. Aus dem ^{13}C-/^{12}C-Verhältnis des Zahnschmelzes der Weidegänger (*grazer*) werden Veränderungen von Saisonalität des Niederschlags und Vegetation rekonstruiert. Lee-Thorp und Beaumont (1995) folgern, dass die Anteile der Gräser der Winterregengebiete im LGM und Spätglazial (25–21 und 17–15 ka BP) höher als im Holozän waren, das von Gräsern der Sommerregengebiete dominiert wurde. Die Analysedaten können aber auch dahingehend interpretiert werden, dass sie allein eine stärkere LGM-zeitliche Temperaturabnahme repräsentieren und keinen Winterregeneinfluss. Für das südliche innere Afrika (ca. 23–25° S) werden aufgrund von Isotopendaten von Speläothemen und Aquiferen Temperaturdepressionen im LGM von 5,2–5,5 °C (*Multiproxy record* vom Wonderkrater: warme und kalte Jahreszeiten sind 6 ± 2 °C kälter; Backwell et al. 2014) angenommen. Für die außertropischen Kap-Gebirgsketten in größeren Höhen (> 2500 m) soll die Temperaturdepression sogar aufgrund von periglaziären Paläoklimaproxys 8–10 °C betragen haben (Chase und Meadows 2007).

Das Klima der Namib-Wüste (Abb. 6.126 und 6.127) wird entscheidend durch den küstenparallel verlaufenden Benguela-Strom geprägt. Der Benguela-Strom ist Teil des *Upwelling*-Systems des Südostatlantiks (Abb. 6.3). Auch ohne den Benguela-Strom wäre die Namib arid, doch die extreme Aridität, die ausgedehnten Gipskrustenflächen, die häufigen Nebel und die große Diversität von Flora und Fauna würden fehlen (Seely und Pallett 2008). Der Benguela-Strom wird im Süden und Norden von warmen Meeresströmungen begrenzt: *Agulhas Current* im Süden (vgl. Abb. 2.39; Zahn 2009; Bard und Rickaby 2009; Beal et al. 2011) und *Angola Current* im Norden. Veränderungen bzw. Verschiebungen der Grenzen (z. B. ABF – *Angola-Benguela Front*) haben großen Einfluss auf das Zirkulationsgeschehen, auf Temperaturen und Niederschlagsintensität und -verteilung im südlichen Afrika. Aus marinen (Wefer und Berger 2007) und terrestrischen Paläoklimaarchiven wird seit Jahrzehnten versucht, die Interaktionen zwischen Atlantik, Namib-Wüste (Biosphäre, Pedosphäre) und Atmosphäre zu erhellen. Trotz aller Forschungsanstrengungen liegen heute gegensätzliche Ansichten über das LGM-zeitliche Klima der Namib-Wüste vor.

Eine Zusammenstellung der Verteilung von ^{14}C-Daten aus der Namib-Wüste soll Perioden mit stärkeren Niederschlägen zeigen (Lancaster 2002; Abb. 6.128). Häufungen liegen bei 32–26 ^{14}C ka BP (37–31 ka BP, MIS 3/MIS 2-Grenze), bei 25–20 ^{14}C ka BP (30–24 ka BP) sowie bei 12–9 ^{14}C ka BP (14–10 ka BP, Spätglazial). Dem Diagramm liegen die Ergebnisse über calcifizierte Schilflagen und lakustrine Sedimente der Koichab-Pfanne, von Narabeb, Khommabes und Gobabeb zugrunde (Chase und Meadows 2007), die ^{14}C-Alter zwischen 24 und 31 ka BP aufweisen und die mit erhöhter Niederschlagstätigkeit in der Namib im MIS 3 in Zusammenhang gebracht werden. Gasse et al. (2008) bemerken bereits, dass *the validity of many of these* ^{14}C *dates is problematic*, und berücksichtigen die Daten daher nicht in ihrer Paläoklimarekonstruktion. Inzwischen hat sich herausgestellt, dass die MIS 3-^{14}C-Alter von kontaminiertem Probenmaterial stammen (Stone et al. 2010a), worauf Heine (1991) schon frühzeitig aufgrund geomorphologischer Studien hingewiesen hat (Abb. 6.57 bis 6.60). Weiterhin ist zu berücksichtigen, dass die Alter zwischen 20 und 25 ^{14}C ka BP aus fluvialen Ablagerungen stammen, die die Niederschlagsbedingungen nicht der Namib, sondern in dem östlich gelegenen Einzugsgebiet widerspiegeln. Gleiches gilt für die Daten von grundwassergespeisten Ablagerungen. Nach kritischer Durchsicht bleiben keine eindeutigen Paläoklimaarchive aus der zentralen Namib übrig, die zweifelsfrei feuchtere Verhältnisse in der küstennahen Namib um 20 ka BP bezeugen.

In der zentralen Namib-Wüste dokumentieren nur vereinzelte Paläoklimaarchive die LGM-zeitlichen Klimaverhältnisse. Eine Speläothembildung fand in der Rössing-Höhle (s. o.) im LGM nicht statt. Eine Zunahme der Niederschläge im LGM

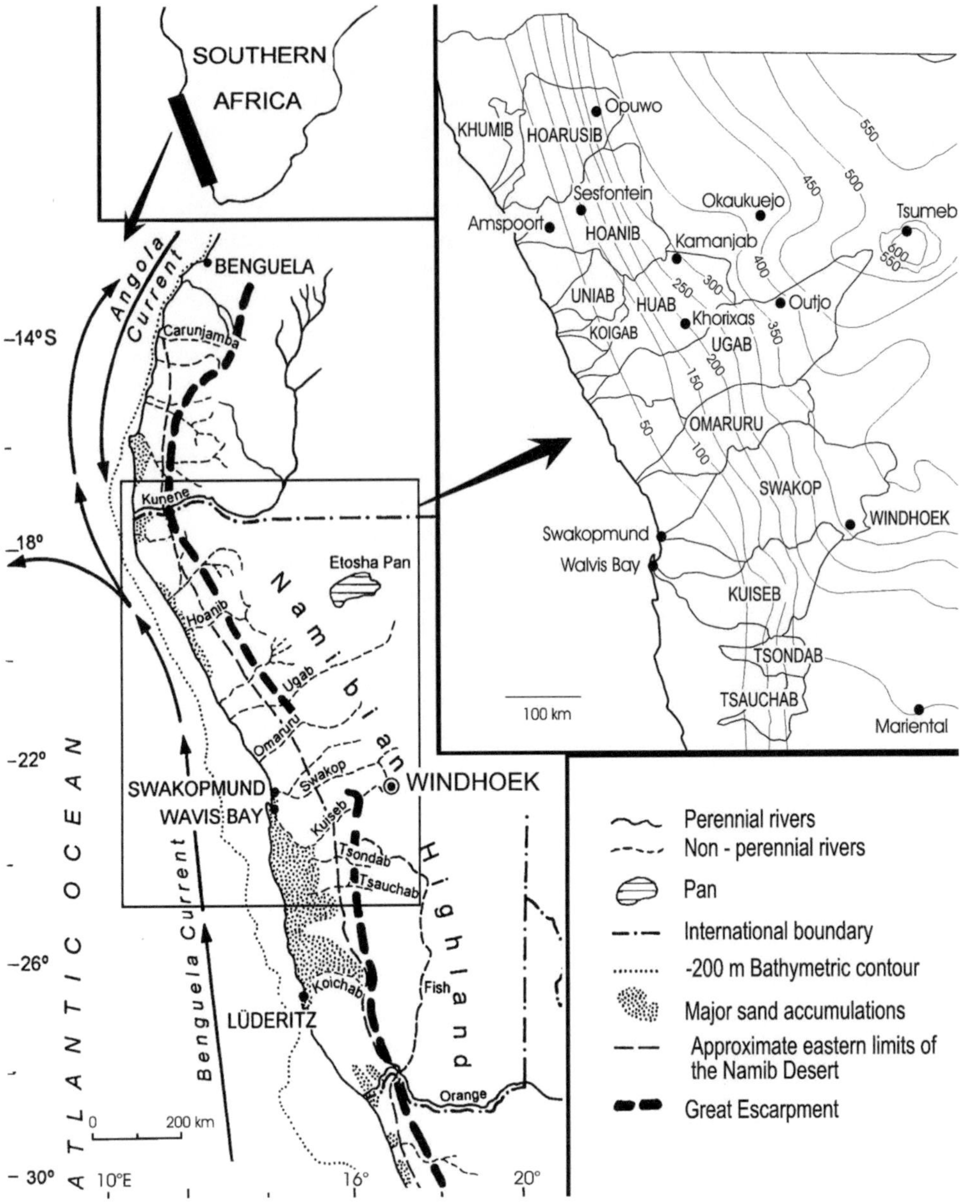

Abb. 6.127 Übersicht der Namib-Wüste mit perennierenden und episodisch fließenden Gewässern und Haupt-Sandgebieten. Die Nebenkarte zeigt die größeren Entwässerungssysteme und die Isohyeten (mm a^{-1}). Die Täler von Hoanib, Swakop, Kuiseb, Tsondab und Tsauchab (von Nord nach Süd) sind bevorzugt paläohydrologisch untersucht worden. (alueni-images)

kann daher ausgeschlossen werden (Geyh und Heine 2014). Da die Namib eine alte Abtragungsfläche darstellt, sind Paläoklimaarchive in Form von terrestrischen Sedimentsequenzen nicht vorhanden. Eine Ausnahme bilden die *slackwater deposits* (SWD), Ablagerungen von extremen Fluten in den Tälern der Namib (Abb. 6.129), sowie küstennahe Lagunen, die bisher jedoch nicht als Paläoklimaarchive genutzt werden (Wilkes et al. 2014). Die bekanntesten SWDs sind die *Homeb Silts* im Tal des Kuiseb (Abb. 6.130).

Die Homeb-Silte werden von verschiedenen Autoren sehr unterschiedlich paläoklimatisch gedeutet: Einerseits sollen sie Zeugen eines in der Wüste versiegenden Flusses und somit größerer Aridität sein (*river endpoint accumulation*, z. B. Marker und Muller 1978), andererseits Dokumente für einen akkumulierenden Fluss (*aggrading river*, z. B. Smith et al. 1993; Srivastava et al. 2006) und höherer Niederschläge. Die kontroverse paläohydrologisch/paläoklimatische Deutung veranlassen Gasse et al. (2008), die *Homeb Silts* überhaupt nicht als Paläoklima-*records* in ihrer Synthese zu berücksichtigen. Die *Homeb Silts* sind jedoch bedeutende Paläoklimaarchive, wenn sie richtig interpretiert werden. Heine und Heine (2002) und Heine (2004a) beschreiben die Homeb-Silte im Detail: Es handelt sich um *slackwater deposits* (SWD, Hochflutablagerungen extremer Flutereignisse; vgl. Abb. 4.45) im Sinne von Baker (1987). Die Bedeutung der *slackwater-deposit*-Forschung hat

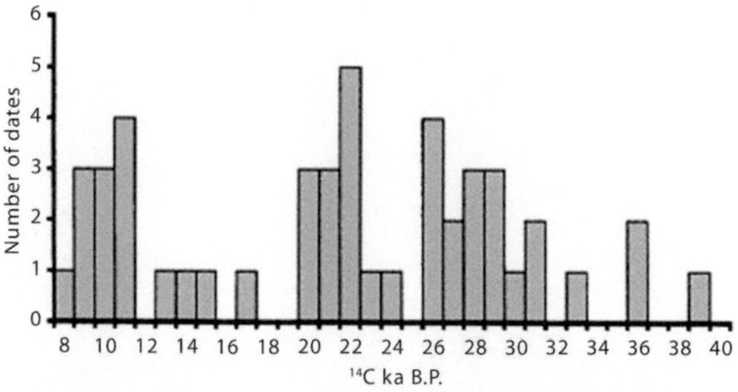

Abb. 6.128 Zusammenstellung der Verteilung von ^{14}C-Daten aus der Namib-Wüste. Bestimmt werden die ^{14}C-Alter von lakustrinen, Pfannen-, Tuff- und Grundwasseraustritts-Sedimenten. Die Häufung der Daten soll Phasen mit höheren Niederschlägen dokumentieren. Zusammengestellt nach Vogel und Visser (1981); Vogel (1989); Heine und Geyh (1984); Brook et al. (1999) und Teller et al. (1990; aus Lancaster 2002). Aufgrund von Kontamination sind die Alter > 25 ^{14}C ka BP nicht zutreffend; sie können wesentlich älter sein. Die LGM-zeitlichen Daten stammen aus Ablagerungen, die Niederschläge außerhalb der zentralen Namib im Osten dokumentieren. Dies trifft auch für die ^{14}C-Datenhäufung zwischen 12 und 8 ^{14}C ka BP zu. Diese niederschlagsreichere Periode an der Pleistozän/Holozän-Wende hatte teilweise auch die zentrale Namib erfasst

in den letzten zwei Jahrzehnten große Fortschritte gemacht und vor allem aus ariden Gebieten Belege für extreme Flutereignisse hervorgebracht (vgl. Heine und Völkel 2009).

Die Homeb-Silte sind feinkörnige *slackwater deposits*, die von extremen Fluten in Bereichen von plötzlich reduzierter Fließgeschwindigkeit im Kuiseb-Canyon (Abb. 6.56 bis 6.58) an geschützten Stellen und im Kuiseb-Tal bei Homeb in Talweitungen und Nebentalmündungen abgelagert wurden. Sie bestehen aus zahlreichen einzelnen Lagen, die 1–150 cm dick sind und während aufeinanderfolgender Fluten sedimentiert wurden. Strukturmerkmale, Trockenrisse und kleine Erosionsrinnen weisen auf die wiederholten Flutungen aus dem Haupttal in die Nebentäler, auf Rückfluss (*return flow*) und das Abklingen (*waning*) der Fluten hin. Von großer Bedeutung ist die Beobachtung, dass Schuttschleppen von den Hängen nur selten in den Siltlagen eingebettet sind, die auf Niederschlagsereignisse in der Namib-Wüste im Umkreis der Homeb-Silte weisen. Vor allem in den hangenden Siltlagen verzahnt sich im Hangbereich lokaler Hangschutt mitunter mit den Silten. Die Mächtigkeit und Verbreitung der gesamten Homeb-Siltfolge, die große Anzahl der Einzellagen, zwischengeschaltete Verwitterungs- und Wurzelhorizonte, Fossilinhalt (v. a. Ichnofazies [Spurenfossilien]), rekonstruierte Spitzenabflusswerte (Abb. 6.131; Heine und Heine 2002) sowie vergleichbare Ablagerungen in anderen Wüsten der Erde lassen keine Zweifel, dass die *Homeb Silts* Zeugen einer Periode starker Niederschlagsereignisse im östlich gelegenen Einzugsgebiet des Kuiseb-Talsystems darstellen.

Nur extreme Niederschlagsereignisse im Einzugsgebiet der Namib-Flusstäler können ein Abkommen der Flüsse bis in den Atlantik verursachen und/oder zur Bildung von *slackwater deposits* in der Namib-Wüste selbst führen. Dies belegen auch die Ergebnisse von Greenbaum et al. (2014), die die SWDs des Swakop/Khan-Einzugsgebiets beschreiben: Zahlreiche SWD-Lagen werden identifiziert und datiert, die im Swakop-Tal nahe der Küste nicht mehr vertreten sind. Unbeantwortet bleibt bisher die Frage, warum die Homeb-Silte keine adäquaten Siltablagerungen im unteren und mittleren Swakop-Tal haben (vgl. Abb. 6.132). Möglicherweise wurden die Silte im Swakop-Tal mit den LGM-zeitlichen Fluten durch das Swakop-Canyon bis in den Atlantik transportiert und nicht im Tal selbst akkumuliert. Auch die *Homeb Silts* kommen erst bei Homeb großflächig zur Ablagerung, wo sich das Tal weitet.

Vogel (1982) datiert die *Homeb Silts* ins LGM (23–19 ^{14}C ka BP). Jüngere Versuche, die *Homeb Silts* mit TL und OSL zu datieren, erbringen ebenfalls Daten, die die LGM-zeitliche Bildung der Sedimente bestätigen. Eitel et al. (2002) erhalten für äolische Sandlagen, die in die Silte eingeweht wurden, TL-Alter von 20,3 ± 3,2 und 19,3 ± 1,8 ka BP. Diese TL-Alter stimmen relativ gut mit den ^{14}C-Daten (Vogel 1982) überein. Dies trifft nicht für die OSL-Alter von Srivastava et al. (2006) zu, die einen Mittelwert von 14,9 ± 2,1 ka BP für die Silte der Typlokalität (23°37′46″S, 15°10′46″E) und ein gemitteltes Alter von nur ca. 6 ka BP für ein zweites Profil (23°37′39″ S, 15°10′06″ E [die Koordinaten können nicht stimmen]) angeben. Die Silte mit einem Alter von ca. 6 ka BP bilden einen 18 m mächtigen Sedimentkomplex aus einer Wechsellagerung von Silten, feinen Sanden und lokalem Hangschutt; diese Sedimente sind durch Abtragung vom Damara-Schiefer getrennt und bilden einen ± freistehenden Sedimentkörper (vgl. Abb. 6.132). Geomorphologisch-sedimentologische Hinweise auf eine Zweiphasigkeit der Perioden der Homeb-Silt-Akkumulation – wie von Srivastava et al. (2006) allein aufgrund der OSL-Alter angenommen wird – können nicht bestätigt werden. Erfahrungsgemäß sind die Lumineszenzalter äolisch transportierter und sedimentierter Sande infolge der sehr guten Bleichung (*bleaching*) zuverlässiger als die ermittelten Alter von fluvialen Silten, die in einer (trüben) Suspension transportiert und sedimentiert wurden. Daher werden die *Homeb Silts* hier als LGM-zeitliche Bildungen mit einem Alter von ca. 23–19 ka BP betrachtet. Das Alter wird auch von Miyamoto (2010) bestätigt.

Die starke Erosion der Homeb-Silte setzte erst nach ihrer Ablagerung im LGM (Abb. 6.132) ein und bezeugt höhere Niederschläge in der Namib selbst (Ringrose et al. 2014). Diese Periode mit (extremen?) Regenfällen führte zu starkem Oberflächenabfluss an den Schiefergesteinshängen, wodurch die Homeb-Silte im Kontaktbereich Schiefer/Silte wesentlich schneller abgetragen wurden als im Bereich der flach lagernden Silte selbst. Turmartige Siltreste und vielerorts V-artige Schluchten zwischen Gesteinshängen und Siltlagen sind die Folge (Abb. 6.132). Darüber hinaus belegen die *Gobabeb Gravels*, grobe fluviale Schotter im Kuiseb-Tal bei Gobabeb mit einem spätpleistozän/frühholozänen Alter (Ward 1987), starke Wasserführung im Kuiseb. Ob die *Gobabeb Gravels* zur Zeit der Homeb-Silterosion sedimentiert wurden, ist nicht bekannt. Auch fehlen Hinweise anderer Paläoklimaarchive auf höhere Niederschläge in der zentralen Namib.

In der nördlichen Namib-Wüste reicht das Hoanib-Einzugsgebiet (17.200 km^2) vom Atlantik (< 20 mm/a Niederschlag) bis ins Hochland (bis ca. 1800 m Höhe mit ~325 mm/a Niederschlag) (Abb. 6.127 und 6.133). Das Einzugsgebiet wird durch

Abb. 6.129 *Slackwater deposits* (SWDs) im Helskloof-Tal. Die fein geschichteten SWDs wurden in der Kleinen Eiszeit abgelagert, als extreme Hochwasser des Oranje-Flusses die Seitentäler fluteten (*Backflooding* erfolgte von links in das Tal). Nachträgliche Erosion hat den größten Teil der leicht erodierbaren SWDs abgetragen. SWD-Reste dienen den beiden Pionieren der afrikanischen Palynologie EM van Zinderen Bakker und JA Coetzee (s. Meadows 2015) sowie A Heine (*von links*) als Picknick-Tisch. (Foto: alueni-images)

Gebirgsschwellen und Becken gegliedert. Engtalstrecken sind charakteristisch (z. B.: Khowarib-Schlucht). Die morphologische Gliederung schafft Stau- bzw. Rückstausituationen, auf welche sich das Abtragungsverhalten der Flüsse – zumindest zeitweise – einstellt (Leser 2000). In der Khowarib-Schlucht des Hoanib-Flusses sind pleistozäne und holozäne fluviale Sedimente besonders gut aufgeschlossen (Abb. 6.134); sie werden paläoklimatisch interpretiert (u. a. Heine 2004c; Eitel et al. 2006). Die Hoanib-Sedimente der Khowarib Gorge zeigen eine differenzierte Abfolge von älteren Siltsedimentsequenzen und jüngeren *slackwater deposits*; Hangschutt, fluviale Schotter, Calcretes und Verwitterungshorizonte gliedern mitunter die fluvialen Komplexe. Heine (2004c) hat die jüngsten SWDs ^{14}C-datiert und eine relative Chronologie der fluvialen und Erosionsprozesse gegeben (Abb. 6.134).

In Abb. 6.134(links) sind einzelne Profile der Khowarib-Schlucht vorgestellt. Über braunen fluvial-limnischen Silten (*Silt Member 2*) kamen graue Silte (*Silt Member 1*) zur Ablagerung. Nach einer Phase der Hangabtragung (Hangschuttschleppen) erfolgte Gully-Bildung in den Siltsedimenten; diese lokale Erosionsphase stellt Heine (2004c) unter Vorbehalt ins LGM. Im frühen Holozän setzte SWD-Ablagerung ein. Im Verlauf des Holozäns wurden die SWDs weitgehend ausgeräumt. In der Kleinen Eiszeit gab es erneut geringe SWD-Bildung. Eitel et al. (2006) datieren die oberen Lagen der *Silt Member 1* auf 34–24 ka BP (OSL-Alter) und ergänzen damit die relative Chronologie von Heine (2004c). Demnach entstand der Siltkomplex 1, der mit leichter Calcretebildung abschließt, vor dem LGM. Die Ablagerung von *Silt Member 1* wird von Eitel et al. (2006) mit einer Verringerung der Niederschläge und der damit einhergehenden Schwächung der Transportkraft des Hoanib-Flusssystems in Verbindung gebracht; die paläohydrologische Deutung kann aber auch konträr ausfallen: Verstärkte Sedimentzufuhr in die Täler als Folge höherer Niederschläge und Akkumulation der feinen Sedimente im Tal als Folge einer Überlastung der Flüsse durch die große Sedimentlast. Vor der Sedimentation der SWDs 2 fand Gullybildung statt. Den Beginn der SWD-2-Bildung datieren Eitel et al. (2006) auf ca. 12 ka BP; sie soll zwischen 9 und 5 ka BP ihren Höhepunkt mit schwankenden Abflussintensitäten gehabt haben und im Mittelholozän ausklingen. Die Akkumulation der SWD-1-Silte in der Kleine Eiszeit wird durch OSL-Alter bestätigt.

Nicht nur mit allen Siltsedimenten verbinden Eitel et al. (2006) aridere Klimabedingungen, sondern auch mit den *slackwater*

Abb. 6.130 *Homeb Silts*, zentrale Namib. *Oben*: Ablagerungen der *Homeb Silts* (Hs) bei Oswater im Bereich einer Nebentalmündung. Das Haupttal des Kuiseb mit dichter Vegetation verläuft *rechts im Bild* vor den Sanddünen des Namib-Ergs *von links nach rechts*. Blick nach Osten. *Links unten*: Typ-Lokalität der Homeb-Silte (Hs); die Silte sind durch die Erosion des Nebentals angeschnitten. Im *Hintergrund*: Proterozoische Damara-Schiefer (Ps). *Rechts unten*: Oxidierte Spuren früherer Pflanzenwurzeln und *pedotubes* in einer verhärteten Siltlage. Kugelschreiberlänge: 12 cm. Die Siltlagen zeigen außerdem verschiedene Spurenfossilien (*trace fossils*): Horizontal – Kriechspuren [*feeding trails*], vertikal – Röhrengänge [*pedotubes*]. (Vgl. Abb. 4.68) (Fotos: alueni-images)

deposits, da die Autoren die Sedimentation mit nachlassender fluvialer Aktivität und die Erosionsphasen mit gesteigerter Flussarbeit verbinden. Diese paläoklimatische Deutung widerspricht dem heutigen Forschungsstand von fluvialen Ablagerungen extremer Fluten in semiariden und ariden Regionen der Erde (Kochel und Baker 1988; Herget 2012).

Fluviale Sedimente werden nicht nur vom Hoanib beschrieben, sondern auch vom Hoarusib und vom Khumib (Abb. 6.127). Die *Clay Castle Silts* des Hoarusib (Abb. 6.135) sollen vor ~44–40 ka und ~29–20 ka BP (OSL-Alter) als Stillwassersedimente abseits des Haupttals abgelagert worden sein (Srivastava et al. 2005); Rust und Vogel (1988) deuten sie als Flutauslaufsedimente (*river end point*) und datieren sie mit ^{14}C auf > 40 ka BP. Die *Clay Castle Silts*, die deutlich in zwei Sedimentkomplexe gegliedert sind, haben nicht die gut erhaltenen Texturmerkmale der *Homeb Silts*; sie müssen aufgrund der Sedimenteigenschaften (Verfestigung), Verbreitung, Schuttbedeckung und Erosion wesentlich älter als die *Homeb Silts* sein, was auch von Rust und Vogel (1988) vermutet wird. Die OSL-Alter von Srivastava et al. (2005) können daher nicht zutreffen. Eitel et al. (2006) korrelieren die *Clay Castle Silts* hypothetisch mit den Sedimenten der Hoanib-*Silt Member 1*. Dafür gibt es keine Belege.

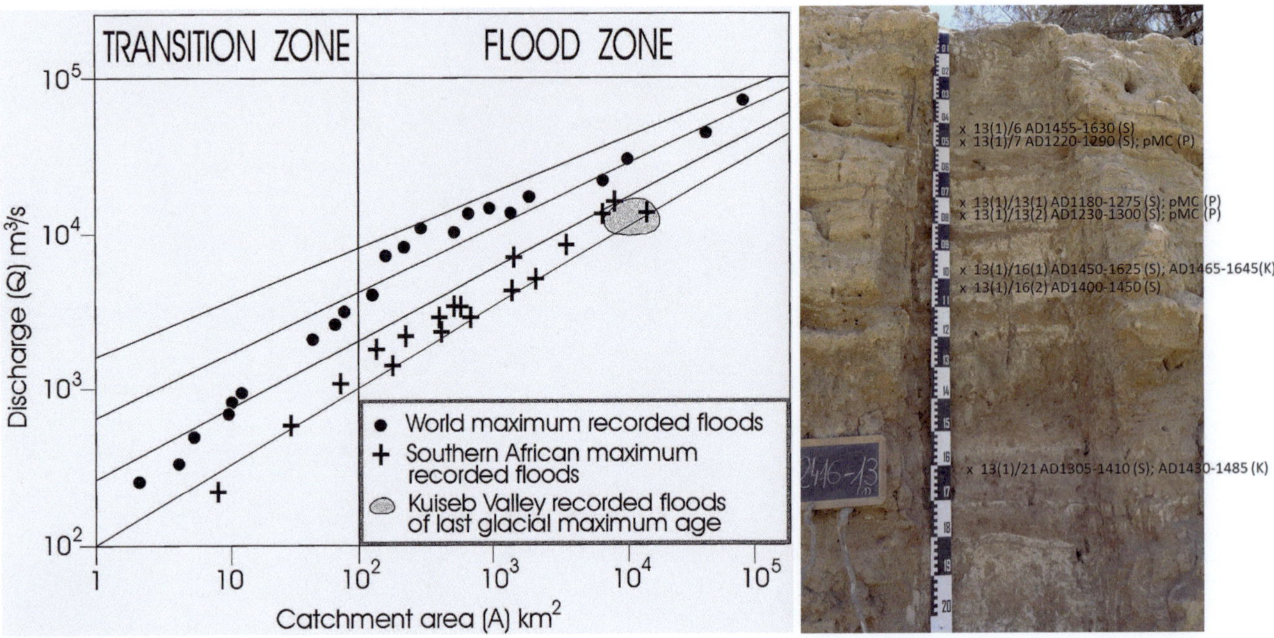

Abb. 6.131 *Links*: Extrem-Flutereignisse (weltweit und im südlichen Afrika): Verhältnis von Abfluss in m^3/s zur Größe des Einzugsgebiets. Die Werte für die *Homeb Silts* sind durch den *grauen Bereich* gekennzeichnet (nach Heine und Heine 2002; alueni-images). *Rechts*: Subrezente SWDs des Hauchab (Namibia) mit Datierungen. (Aufnahme und Daten: Forschergruppe Jörg Völkel, GeoArchives SPACES, 2017. TU München)

Abb. 6.132 *Links*: Homeb-Silte (*Bildmitte*) in einem Seitental des Kuiseb. Die Silte sind ± horizontal geschichtet und haben nur vereinzelt dünne auskeilende Horizonte von Hangschuttmaterial eingelagert. Zur Zeit der Homeb-Siltakkumulation war die Hangerosion unbedeutend, d. h. stärkere Regenfälle gab es in der zentralen Wüste nicht. Nach der Siltsedimentation erfolgte die Abtragung derselben. Vor allem abfließendes Wasser an den Gesteinshängen hat die Silte turmartig herauspräpariert. Das Alter der Erosionsperiode, die auf vermehrte Niederschläge in der heute extrem ariden Namib deutet, ist nicht bekannt; sie ist jünger als ~20 ka BP. *Rechts*: *Homeb Silts* (*Pfeil*) an geschützter Stelle im Kuiseb Canyon: Vermutlich haben Dünensande die Silte bedeckt und konserviert; die Reste der Dünensande werden heute von einem Pflaster aus gröberen Steinen vor der Erosion geschützt. (Fotos: alueni-images)

In Abb. 6.136 sind die Ablagerungen der bisher datierten extremen Flutereignisse der Namib aufgeführt. Werden die Befunde kritisch evaluiert, können für das LGM und Spätglazial folgende Tendenzen festgestellt werden: Allein die Homeb-Silte sind hinreichend exakt ^{14}C- und TL-datiert (Spalten 9 und 10); sie können als LGM-zeitliche Bildungen (ca. 23–19 ka BP) betrachtet werden. Darüber hinaus bezeugen ihre sedimentologischen Charakteristika (*slackwater deposits*) extreme Flutereignisse im Einzugsgebiet östlich der küstennahen Namib-Wüste. Nach ca. 19 ka BP führten Niederschläge auch im Bereich der *Homeb Silts*, d. h. in der zentralen Namib, zur teilweisen Erosion der Silte. Diese Niederschläge führten nicht zu weiterer SWD-Bildung; sie müssen daher nicht als extreme Ereignisse aufgetreten sein. Die Verhältnisse des Hoanib bezeu-

Kapitel 6

Abb. 6.133 *Oben*: GOOGLE-Bild. Maßstab: 20 km. *Blaues Rechteck*: Ausschnitt der Karte in Abb. 6.134. *Unten links*: Khowarib-Schlucht. Die weißgrauen Ablagerungen der *Silt Member 1* sind teilweise erodiert worden; die braunen SWD 1 der Kleinen Eiszeit wurden in den Erosionsbuchten sedimentiert. *Unten rechts*: SWD 1-Schluffe der Kleinen Eiszeit über umgelagerten Sedimenten der *Silt Member 1*. Die SWDs dokumentieren Starkregenfälle im oberen Einzugsgebiet des Hoanib, während die umgelagerten hellen liegenden Sedimente lokale Niederschläge anzeigen. Fotos: alueni-images

gen eine Siltakkumulation, die vor > 24 ka BP erfolgte und von einer Erosionsphase im Gebiet der Khowarib-Schlucht, d. h. in der östlichen Namib-Wüste, abgelöst wurde (Abb. 6.134). Nach den bisher vorliegenden (zuverlässigen) Datierungen erfolgte die Ablagerung der Kuiseb-, Hoanib- und Sossus-Vlei-Silte in unterschiedlichen Phasen vor bzw. im LGM. Da die fluvialen Prozesse der Akkumulation und Erosion in den Namib-Flussgebieten nicht allein vom Klima bestimmt werden, sondern auch von der Größe der jeweiligen Einzugsbereiche, der Geologie, dem Relief, den Boden- und Vegetationsverhältnissen, können hygrische Klimaänderungen von Tal zu Tal unterschiedliche Auswirkungen haben. Ein synchrones Verhalten hinsichtlich Akkumulation und Erosion in einer bestimmten Region (hier: Namib) – wie dies in humiden Klimagebieten häufig der Fall ist – kann für aride bis semiaride Klimagebiete nicht *a priori* angenommen werden.

Aus der Zusammenstellung in Abb. 6.136 ergeben sich feuchtere Klimabedingungen während des LGM und im Spätglazial sowie im frühen Holozän. Die Wechsel zwischen der Ablagerung von *slackwater deposits* im LGM (z. B. *Homeb Silts*) und im Frühholozän (z. B. Sossus Vlei, Spalte 13; GA Brook et al. 2006) einerseits und der Erosion der SWDs nach dem LGM andererseits belegen Wechsel in der Intensität der Niederschläge:

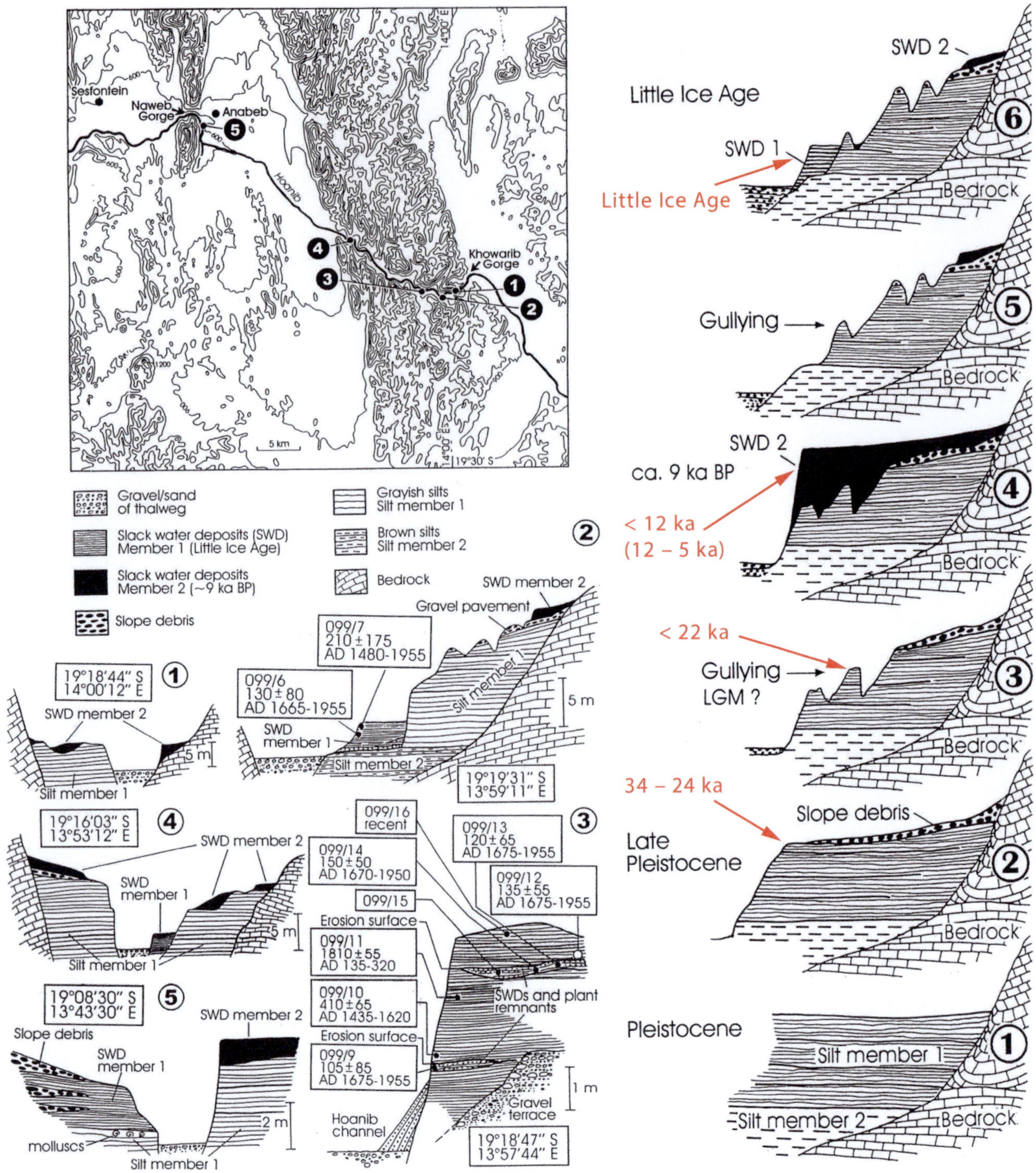

Abb. 6.134 *Links*: Lage der Profile des Hoanib-Tals im Gebiet östlich von Sesfontein und in der *Khowarib Gorge*. *Rechts*: Schematische Entwicklung der verschiedenen fluvialen Sedimentkomplexe. Erläuterungen im Text (nach Heine 2004c). *Rot*: Ergänzung durch OSL-Alter (Eitel et al. 2006) der *Silt Member 1*, des Beginns der Erosionsphase (*Gullying*), der Ablagerung von SWD 2 und SWD 1. (alueni-images)

SDWs sind an extreme Ereignisse geknüpft, die Erosionsphasen an weniger extreme Ereignisse. Dies wird durch die fluvialen Prozesse im Jungholozän, die exakter datiert und rekonstruiert werden können (s. u.), belegt.

Die letzteiszeitliche Erosionsphase nach dem LGM in der Namib-Wüste, die zur Abtragung der leicht erodierbaren SWDs führte, muss kein Indiz für höhere Niederschläge sein. Gelegentliche Regenfälle – wie sie auch in der Gegenwart auftreten

Abb. 6.135 *Links*: *Clay Castle Silts* im Hoarusib-Tal. Deutlich sind zwei Komplexe zu erkennen (*Pfeile*). *Rechts*: Clay Castle Silts am Hoarubib. GOOGLE-Schrägbild.
Anmerkung: Die Datierungen der *Clay Castle Silts* von Srivastava et al. (2005) haben wesentlich zu junge Alter ergeben und können daher nicht mit anderen paläoklimatischen Archiven (z. B. Speläotheme der Orumana-Höhle bei der Orumana Missionsstation; 18°15,42′ S; 13°53,68′ E) im Kaokoveld korreliert werden (Railsback et al. 2016)

– konnten im Verlauf von einigen Jahrtausenden im Spätglazial die Erosion der SWDs bewirkt haben. Andererseits fällt diese Erosionsphase mit der feuchten Phase zusammen, in der die Südwest-Kalahari Sommer- und Winterniederschläge erhielt und in der den Makarikari-Pfannen über das Okwa-Talsystem Wasser zugeführt wurde. Daher ist zu vermuten, dass auch die zentrale Namib noch in den Genuss geringer Sommer- und Winterregen gekommen ist.

Chase und Meadows (2007) versuchen, die Paläoklimaproxys zu gewichten, indem sie in einzelnen Darstellungen der paläoklimatischen Verhältnisse des südlichen Afrika bestimmte Gruppen (Namib-Silte, Calcretes, Dünen etc.) ausschließen (Abb. 6.137). Es wird sofort augenfällig, dass die äolischen Paläoklimazeugen (Dünen) der Südwest-Kalahari sich nicht in das Bild (A und B) einfügen, wenn die äolische Dynamik als Proxy für größere Aridität gewertet wird. Weiterhin fällt auf, dass im Bereich der tropischen Sommerniederschläge im LGM ein Trend zu arideren Bedingungen vorherrschte, während im nördlichen Teil des Winterregengebiets, das sich sowohl weit nach Norden als auch ins Innere Südafrikas nach Nordosten auszudehnen schien, humidere Verhältnisse eingetreten waren. Inwieweit die Namib-Wüste selbst im LGM feuchter war, bleibt umstritten, werden doch von Chase und Meadows (2007) die Daten für die Namib in Abb. 6.137 aus marinen Daten abgeleitet (z. B. Shi et al. 2000, 2001), ebenso aus lakustrinen Sedimenten der Namib selbst (vgl. Abb. 6.58 bis 6.60) sowie aus ^{14}C-Alter der Rössing-Höhle, die aufgrund von Kontamination zu jung sind und nicht letztglaziale Feuchtphasen repräsentieren (vgl. Geyh und Heine 2014). Unter Ausschluss der Silte und äolischen *records* (C) und zusätzlich der Carbonate offener Systeme (D) werden humidere LGM-zeitliche Verhältnisse vom Atlantik bis weit ins Innere des südlichen Afrika angezeigt; im Südosten, Osten und Norden zeichnet sich eine Zunahme der Aridität im LGM ab. Diese Rekonstruktionen der hygrischen Veränderungen im LGM (C und D) werden durch Paläoklimaproxys, die kritisch evaluiert sind, bestätigt.

Bereits 1998 legt Heine (1998a) zwei Kärtchen zur Paläoklimarekonstruktion des südlichen Afrika für das LGM vor, die durch die neueren Daten nun in einigen Details verbessert werden können (Abb. 6.138). Das betrifft die kritische Region der Süd- und Südwest-Kalahari, in der im LGM sowohl tropische Sommer- als auch ektropische Winterregen auftraten. In Südangola/Nordnamibia reichte das Gebiet mit größerer Humidität im LGM nicht nach Angola hinein. Die LGM-zeitliche Temperaturdepression in der SW- und S-Kalahari, die aufgrund von Edelgasanalysen rekonstruiert wird, liegt bei 5,2–5,5 °C (Stute und Talma 1998; Kulongoski et al. 2004; Abb. 6.138). *Excess-air*-Konzentrationen (Luftblasen, ausgedrückt durch ΔNe) zeigen vermehrte Niederschläge im Vergleich zum späten Holozän an, vor allem zwischen 33 und 20 ^{14}C ka BP (38–24 ka BP). Die Anreicherung von Sauerstoffisotopen (^{18}O) in dem Stampriet-Aquifer im LGM belegt, dass die Feuchtigkeit im MIS 2 nicht wie im Holozän, das geringere ^{18}O-Werte aufweist, vorwiegend vom Indischen Ozean herangeführt wurde, sondern dass die Feuchtigkeit auf kürzerem Weg mit den Westwinden in die SW-Kalahari gelangte. Dies ist ein Beleg für den Winterregeneinfluss im MIS 2 in der SW-Kalahari (vgl. auch Gasse et al. 2008). In Botswana (Gebiet von Letlhakeng, ca. 24° S, 25° E) können Kulongoski et al. (2004) ebenfalls aufgrund von Edelgas-, Sauerstoffisotopen- und *excess-air*-Analysen kühlere und trockenere Klimabedingungen vor dem LGM nachweisen. Kühle und trockene Verhältnisse (vgl. auch Speläothem-Daten aus dem *Makapansgat Valley* [24°01′ S, 29°11′ E] von K Holmgren et al. 2003) deuten auf einen schwächeren hydrologischen Kreislauf im Innern des südlichen Afrika; das steht im Widerspruch zu der modellierten Verstärkung der Monsunzirkulation aufgrund der höheren Sommereinstrahlung in den südhemisphärischen Tro-

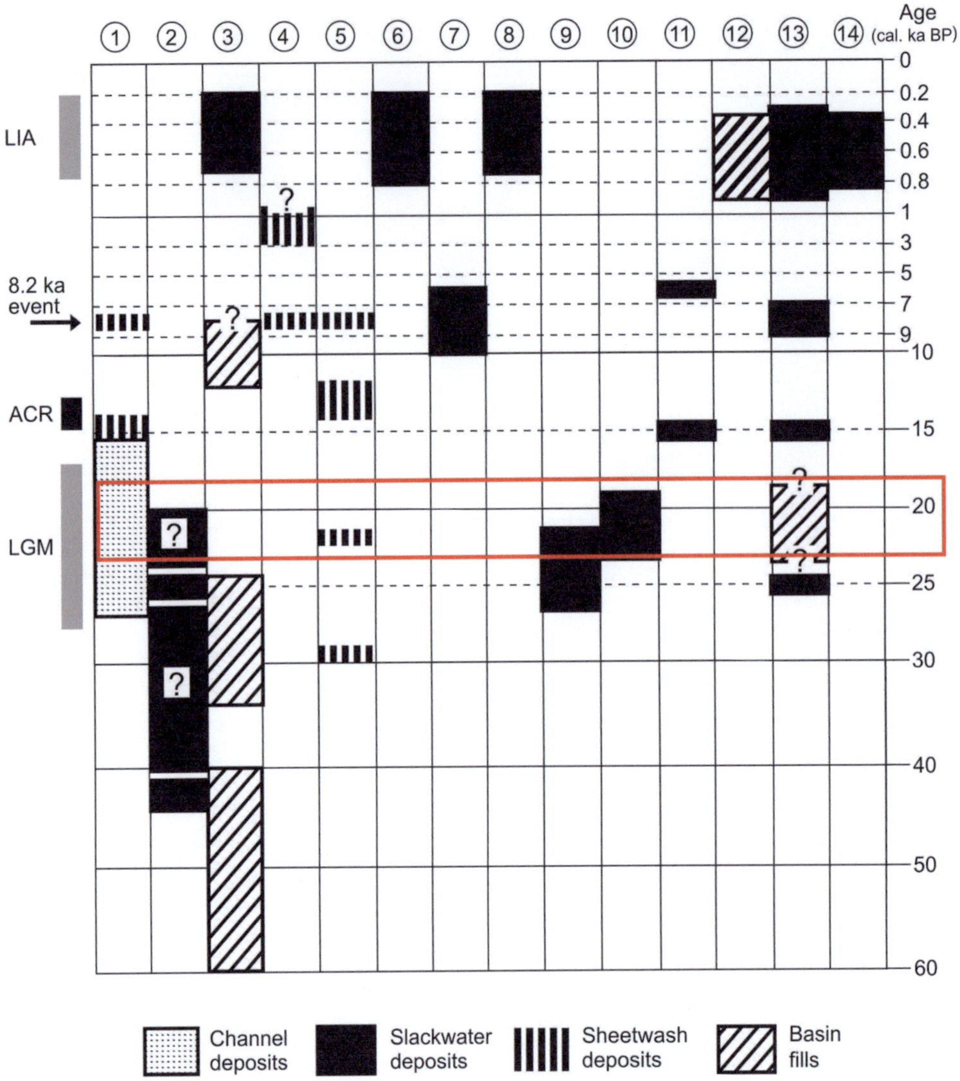

Abb. 6.136 Alter der Ablagerungen von extremen Fluten in Tälern der Namib-Wüste. Die *Nummern* (1) bis (14) beziehen sich auf verschiedene Flusseinzugsgebiete. Die Autoren, die Täler und die Datierungsmethoden sind angegeben. ^{14}C- (und AMS-^{14}C-) Alter werden in „cal a BP" bzw. in OSL-/TL-Jahren genannt. Das LGM i. e. S. ist *rot* markiert. Man beachte die unterschiedliche Zeitskala für die letzten 10 ka BP. (Nach Heine und Völkel 2009, dort auch Literaturzitate; alueni-images)

pen, bedingt durch die orbitale Präzession im LGM (Gasse et al. 2008). Zwischen den δ^{18}O-Werten der Grundwasser von Letlhakeng und Uitenhage einerseits und von Stampriet andererseits besteht ein Unterschied: Während die Werte von Letlhakeng und Uitenhage vor dem LGM niedrig sind und anschließend langsam zu den heutigen Werten ansteigen, sind die Stampriet-δ^{18}O-Werte in den älteren Wässern höher und nehmen nach dem LGM ab. Die Anreicherung von δ^{18}O in dem Stampriet-Aquifer wird mit der Ausweitung des Winterregeneinflusses vom Atlantik nach Nordwesten erklärt, der sich mit dem Einfluss der monsunalen tropischen Feuchtigkeit vom Indischen Ozean vermischte (oder diese ersetzte) (Stute und Talma 1998). Der abweichende Trend der δ^{18}O-Werte von Letlhakeng und Uitenhage dokumentiert, das eine Beteiligung atlantischer Einflüsse auf die Niederschläge dort nicht mehr erfolgte; bei beiden Lokalitäten war der Indische Ozean die dominante Quelle des Wasserdampfes. An der Westküste zwischen der Oranje-Mündung und der *Elands Bay* (ca. 28°–32°30′ S) belegen die OSL-Daten der Dünenbildung (Sandtransport und Akkumulation) eine Zunahme der Humidität in Verbindung mit einer Zunahme der Winde (der ektropischen Westwindzone) und der Sandtransportkapazität während der glazialen Perioden (Chase und Thomas 2007). Die Dünenkonfiguration in der SW-Kalahari, die δ^{18}O-Werte der Grundwasser und die kaltzeitlichen Westküsten-Dünenaktivitätsphasen dokumentieren neben anderen geomorphologisch-sedimentologischen Daten (z. B. Molopo-Talsedimente), dass Sommer- und Winterregengebiete im LGM die SW-Kalahari mit Feuchtigkeit versorgten, wie von Heine (1981) aufgrund der Auswertung geomorphologischer Paläoklimaarchive belegt wird.

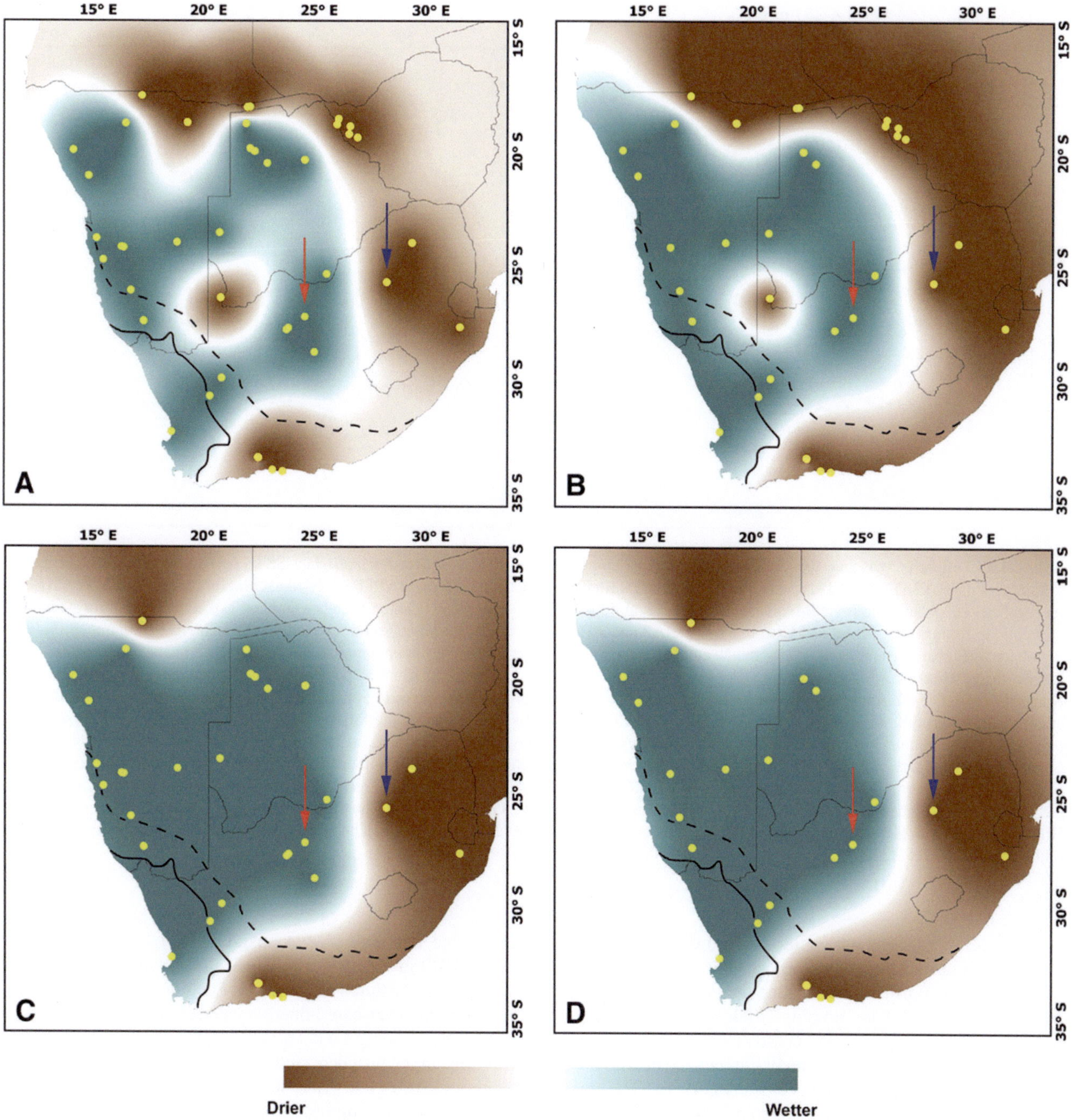

Abb. 6.137 Interpolation verfügbarer Paläoklimaproxys (*gelbe Markierungen*) im südlichen Afrika, die aridere oder humidere Klimabedingungen im Vergleich zur Gegenwart für die Zeit von 24–18 ka BP (LGM) anzeigen. (*A*) Alle Daten werden berücksichtigt mit Ausnahme der Namib-Silte. (*B*) Ohne die Namib-Silte und *records*, die auf ^{14}C-Alter von Carbonaten offener Systeme (Calcretes, Quellen-Sinter, lakustrine Carbonate) beruhen. (*C*) Ohne Silte und *records*, die sich auf äolische Prozesse (Dünen) stützen. (*D*) Ohne Silte, Carbonate offener Systeme und äolische *records*. *Durchgezogene Linie* – heutiges Winterregengebiet, *gerissene Linie* – heutiges Sommerregengebiet (aus Chase und Meadows 2007). Ergänzungen: *blauer Pfeil* – Tswaing-Krater, *roter Pfeil* – Equus-Höhle. Erläuterungen im Text

Die Synthese der LGM-zeitlichen Klimabedingungen im südlichen Afrika von Gasse et al. (2008) zeigt Abb. 6.138. Die Trends sind identisch, doch evaluieren die Autoren die Interpretationen der Paläoklimaproxys nicht. Das führt zu Unstimmigkeiten in den Darstellungen (vgl. Abb. 6.139).

In Abb. 6.140 wird eine Synopse versucht. Zwei Möglichkeiten der Niederschlagsgenese für das LGM werden aufgezeigt: (i) Eine Ausdehnung der Winterregengebiete nach Norden und Osten weit in die Kalahari würde die von Chase und Meadows (2007) postulierte Niederschlagszunahme im heutigen

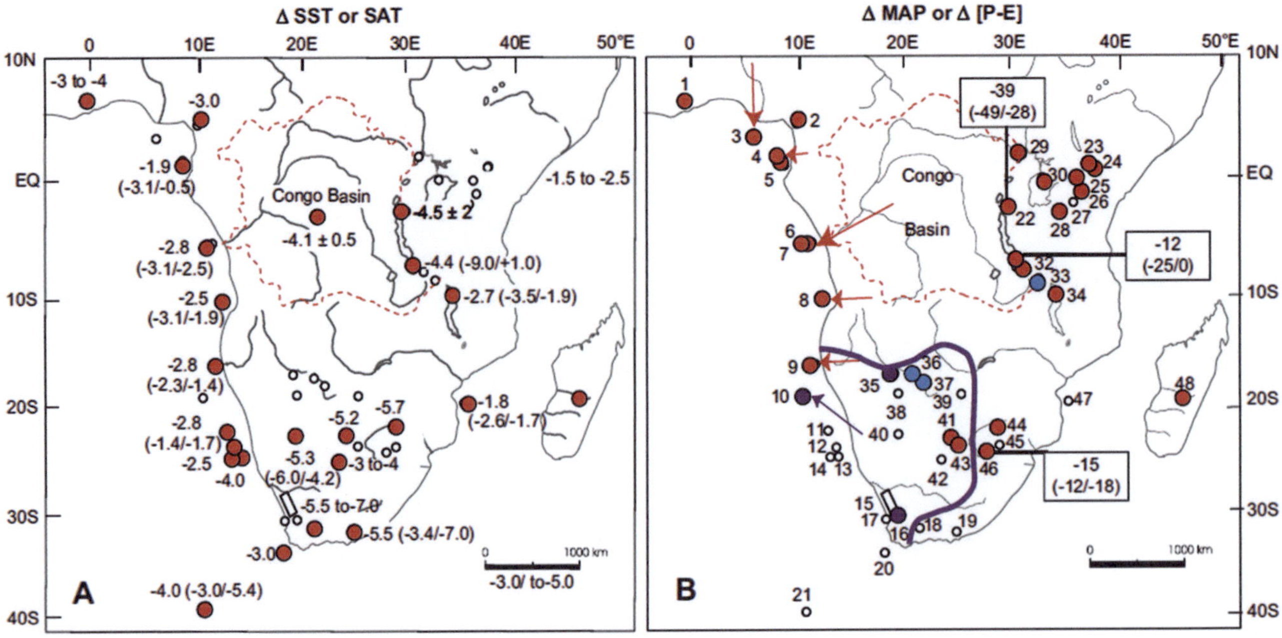

Abb. 6.138 Differenz zwischen dem LGM (23–19 ka BP) und heute und (*A*) zwischen der jährlichen SST (ΔSST) bzw. SAT (Oberflächenlufttemperatur), (ΔSAT) und (*B*) zwischen den mittleren jährlichen Niederschlägen (ΔMAP) bzw. Niederschlag minus Evaporation (Δ[P–E]). Angegeben sind paläoklimatische Proxys, die bei Gasse et al. (2008) diskutiert werden (Zahlen beziehen sich auf Lokalitäten). (*A*): *rot* – niedriger als heute; in Klammern – Mittel und Extreme. (*B*) ΔMAP und Δ[P–E]: *rot* und *lila* – allgemein trockenere bzw. feuchtere Bedingungen; *hellblau* – größere verfügbare Feuchtigkeit. *Pfeile* zeigen an, dass die marinen Kerne für die Bedingungen an Land stehen. Die Angaben in den *Rechtecken* nennen die geschätzten ΔMAP-Werte in % der heutigen Werte (Mittel und Extreme in Klammern). Die *rote gerissene Linie* umreist das heutige Kongo-Becken. Die *lila Linie* zeigt die ungefähre Grenze der feuchteren SW-afrikanischen Regionen nach Chase und Meadows (2007; aus Gasse et al. 2008). In (*B*) fällt der marine Kern MD96-2094 (Lokalität 10) heraus; der Grund ist die falsche Interpretation der Befunde (*SE trade wind index*, *SW African humidity index* durch Stuut et al. 2002; vgl. Box Marine Paläoklimaarchive im SE-Atlantik). Die feuchteren Bedingungen der Lokalität 35 (Nordnamibia) basieren auf unsicheren Datierungen und Deutungen von Speläothemen, die heute unter dem Grundwasserspiegel liegen, durch Brook et al. (1996). Die Lokalitäten 36 (Tsodilo Hills) und 37 (Lake Ngami) in Verbindung mit Lokalität 35 lassen vermuten, dass die Region im LGM über ein höheres Feuchtigkeitsangebot verfügte. Im LGM zwischen 22 und 19 ka BP war der kleine See bei den Tsodilo Hills trockengefallen (Thomas und Shaw 2002; Thomas et al. 2003), und der Ngami-See verzeichnete erst nach 19 ka BP einen Seespiegelanstieg (Huntsman-Mapila et al. 2006)

Namibia (einschließlich der Namib-Wüste) und in großen Teilen der Kalahari erklären. Dagegen sprechen jedoch die Daten aus der Namib-Wüste selbst, in der für das LGM im zentralen Bereich (*Homeb Silts*, Rössing-Höhlen-Speläotheme) keine feuchteren Bedingungen nachgewiesen werden können. Die Daten der marinen Bohrkerne sind nicht hinreichend belastbar (vgl. Heine und Völkel 2010; Heine et al. 2014). (ii) Die zweite Möglichkeit, die viele Beobachtungen berücksichtigt und keine Widersprüche aufweist, verbindet die Ergebnisse von Hürkamp et al. (2011) mit den Ergebnissen von Riedel et al. (2014), Geyh und Heine (2014) sowie anderen ± eindeutigen Paläoklimaproxys (vgl. Chase und Meadows 2007). Dazu zählen vor allem die Temperatur- und Niederschlagsrekonstruktionen aus LGM-zeitlichen Aquiferen (Abb. 6.139; Stute und Talma 1998; Kulongoski et al. 2004). Demnach war der Winterregeneinfluss nach Norden ausgeweitet und erreichte vermutlich noch das Okwa-Talsystem der westlichen Kalahari und war somit für den Makarikari-Paläosee im LGM mitverantwortlich (zusammen mit den Sommerniederschlägen). Zusätzlich konnten Niederschläge durch die nach Westen verlagerten *Tropical-Temperate-Troughs* (TTT) verursacht werden, was wiederum eine Folge der nach Süden ausgreifenden *Angola-Benguela-Front* (ABF) im Atlantik war. Die zentrale Namib-Wüste erhielt im LGM weder durch Winterregen noch durch tropische Sommerregen nachweisbare höhere Niederschläge, wohl aber nach dem LGM im Spätglazial. Paläoklimaproxys, die dieser Rekonstruktion entgegenstehen, sind nicht bekannt. Die bei Chase und Meadows (2007) und Lancaster (2002) angeführten Belege für eine LGM-zeitliche humidere zentrale Namib-Wüste haben sich inzwischen als problematisch erwiesen, basieren sie doch auf falschen Datierungen (zumeist ^{14}C-Alter: z. B. Rössing-Höhlen-Speläotheme, Heine und Geyh 1984; lakustrine Namib-Erg-Sedimente, Stone et al. 2010a; oder Quelltuffe, Brook et al. 1999). Die Unsicherheiten bei der paläoklimatischen Deutung der Namib-Wüstenklimaarchive führen dazu, dass in der Synopse von Gasse et al. (2008) zur jungquartären Klimarekonstruktion des südlichen Afrika aus der Namib-Wüste kein einziges Paläoklimaarchiv genannt wird. Die oft zitierten feuchten Klimabedingungen der Namib im LGM (Lancaster 2002) können nicht bestätigt werden. Nach dem LGM, im Spätpleistozän ab ca. 19 ka BP, zeigen die geomorphologischen Prozesse der Kalahari- und Namib-Regionen feuchtere Klimabedingungen.

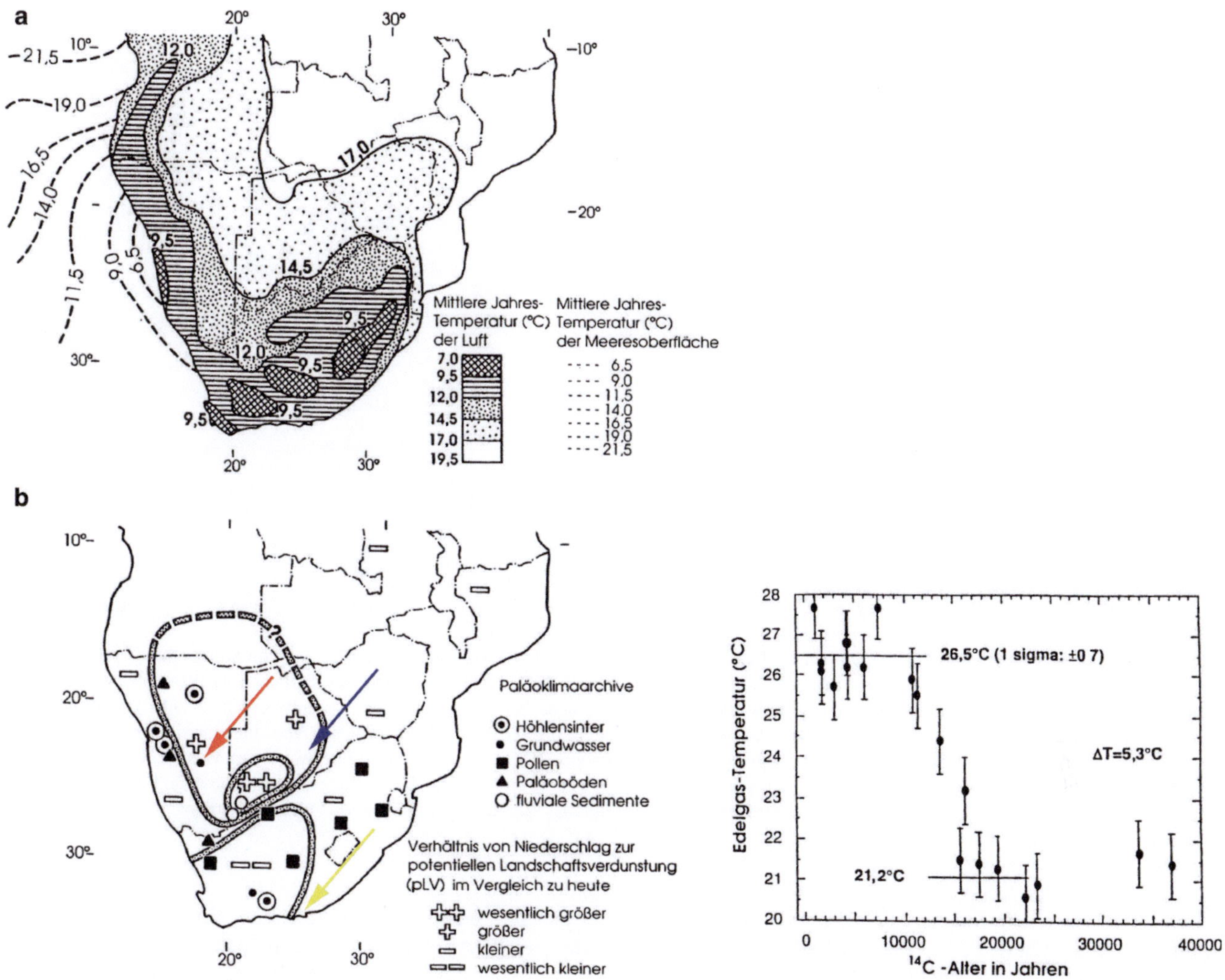

Abb. 6.139 *Links*: Paläoklimarekonstruktion für das südliche Afrika im LGM. **a** LGM-zeitliche Jahresmitteltemperaturen, unter Verwendung von Diester-Haass et al. (1988), Schneider et al. (1996) und Partridge (1997). **b** LGM-zeitliche Abschätzung der Wasserbilanz im Vergleich zu heute (Verhältnis von Niederschlag zur potenziellen Landschaftsverdunstung pLV im Sinne von Lauer et al. 1996). Das Verhältnis von Niederschlag zu pLV kann sich im LGM aufgrund niedriger Temperaturen und infolge höherer Windgeschwindigkeiten bei ± gleichen Niederschlägen stark ändern. *Roter Pfeil*: Stampriet-Aquifer; *blauer Pfeil*: Lethlakeng-Aquifer; *gelber Pfeil*: Uitenhage. *Rechts*: Edelgastemperaturrekonstruktionen als Funktion korrigierter ^{14}C-Alter vom Stampriet-Aquifer, Namibia (aus Stute und Talma 1998). Die ermittelte Temperaturdepression von ~ 5,3 °C deckt sich mit Daten von Heaton et al. (1983) aus der westlichen Kalahari (−5,5 °C), von Kulongoski et al. (2004) aus der Kalahari [Lethlakeng] (−5,2 ± 1,5 °C) sowie von Talma und Vogel (1992) aus der Uitenhage-Region im Kapland (−6 °C) (alueni-images)

Die LGM-zeitlichen Temperaturrekonstruktionen für Namib und Kalahari belegen eine Abkühlung von ca. 5–6 °C, die in beiden Regionen gleich war und stark auf Änderungen der SSTs (Meeresoberflächentemperaturen) und Interaktionen zwischen Ozeanen und Atmosphäre reagierte.

In einer Synthese der Paläoklimaarchive (Pollenprofile) des tropisch-randtropischen SE-Afrika gelangen Chevalier und Chase (2015) nicht zu einer schlüssigen Rekonstruktion von LGM-zeitlichen Temperatur- und Niederschlagsverhältnissen, nicht zuletzt wegen der Daten des marinen Kerns von Schefuß et al. (2011; vgl. Abb. 6.93). Um 20–18 ka BP war es am kältesten, um 7 ka BP am wärmsten. Temperasturdifferenzen zwischen dem LGM und dem Mittel-Holozän bewegen sich meist zwischen 2–4 °C (~ 3–3,5 °C wird am häufigsten angegeben); sie stimmen damit mit SST-Rekonstruktionen des Indischen Ozeans mehr oder weniger überein. Vom Meer zum Inneren des südlichen Afrika nahmen die Temperaturunterschiede leicht zu. Die Autoren bemerken, dass die Temperaturabsenkung im LGM auch größer (5–6 °C) sein kann, da andere Klimaarchive (Speläotheme, Edelgastemperaturrekonstruktionen, auch Pollenprofile) dies andeuten. Die Niederschlagsvariabilität (LGM vs. Holozän) ist in keiner Weise homogen, doch zeigen die Lokalitäten in kälteren Perioden geringere Niederschläge. Eine direkte Beziehung zwischen der Insolation in SE-Afrika und den eiszeitlichen Temperatur- und Niederschlagsschwankungen im Spätquartär wird ausgeschlossen. Leider wird eine kritische Evaluation der benutzten Daten nicht vorgenommen.

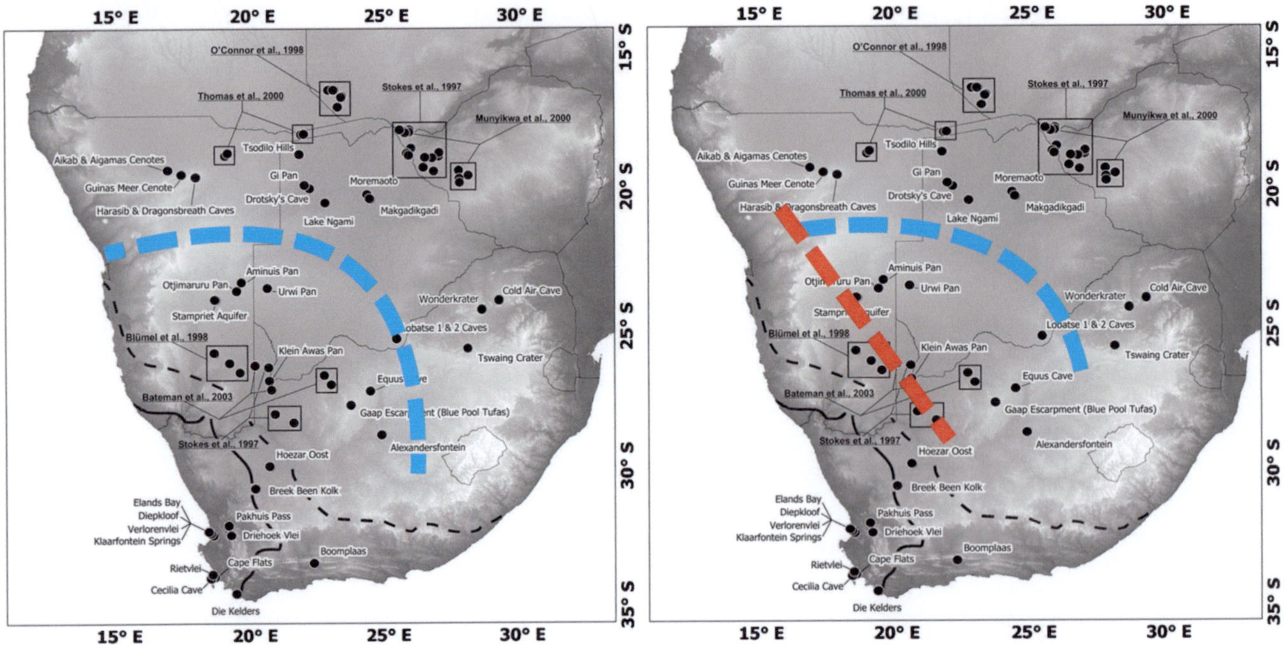

Abb. 6.140 Zwei mögliche Rekonstruktionen der Einflussgebiete von Winterregen (*blaue gerissene Linie*) und von Sommerniederschlägen (*rote gerissene Linie*) für LGM-zeitliche Klimaverhältnisse. *Links*: Die Winterregen reichen weit ins Innere des südlichen Afrika und sind u. a. für die hohen Seespiegelstände im Makarikari-Becken, bedingt durch den Zufluss über das Okwa-Talsystem, verantwortlich. *Rechts*: Die Winterregen bringen der SW-Kalahari einschließlich dem Okwa-Talsystem Niederschläge. Infolge einer LGM-zeitlichen Verschiebung der *Angola-Benguela-Front* (ABF) im Atlantik nach Süden haben die *Tropical-Temperate-Troughs* (TTT) häufiger eine Lage weiter im Westen, sodass vermehrte Sommerniederschläge das namibische Hochland und Teile der Namib-Wüste erreichen. Die Darstellung ist von Chase und Meadows (2007) übernommen und um die Grenzen der Sommer- und Winterregengebiete ergänzt. Wichtige Lokalitäten von Paläoklimaarchiven sind eingezeichnet und mit Namen bzw. Referenzen versehen

Obgleich es zahlreiche Studien zur jungquartären Fauna des südlichen Afrika gibt (z. B. Avery 1993, 2000, 2007; Brain und Brain 1977; Brink 2016), spielen paläozoologische Daten bei der Klimarekonstruktion kaum eine Rolle. Die großen Herbivoren, *grazers* (Grasfresser, Weidetiere) und *mixed feeders* (Gras- und Gehölzfresser), des zentralen südlichen Afrika dokumentieren den Prozess eines lange anhaltenden Trends der Anpassung der Fauna an die quartäre Aridifizierung und die globale Abkühlung seit etwa 1 Ma; diese Zeit wird als das *Cornelian Land Mammal Age* (LMA) bezeichnet. Das *Florisian LMA* umfasst die Zeit von ca. 0,6 Ma bis zum Ende des Pleistozäns und frühen Holozäns; im *Florisian LMA* traten in Verbindung mit dem Vorkommen von Seen und Feuchtgebieten subregional Feuchtgebietsfaunen auf. Das Ende der *Florisian LMA* fällt mit dem regionalen Aussterben der Feuchtgebietsfauna und spezialisierter *grazer* im Innern Südafrikas zusammen. Das führte zu einer Fauna, die in jüngster Zeit für das semiaride Südafrika charakteristisch ist (Brink 2016). Für detaillierte Paläoklimarekonstruktionen sind die Daten nicht geeignet.

Brain und Brain (1977) beispielsweise analysieren die Eulen-Gewölle der Mirabib-Halbhöhle in der Namib-Wüste, die Knochen von Geckos, Nagern, Reptilien und anderen Wüstentieren enthalten, und rekonstruieren eine Grasvegetation und damit feuchtere Verhältnisse vor 6000 Jahren. Avery (1993) geht in gleicher Weise vor und beschreibt für das südostafrikanische Sommerregengebiet wärmere und feuchtere (25–100 % mehr Niederschlag) Klimaverhältnisse für die wärmste Phase des letzten Interglazials (Eem). Für Zentralsambia zeigen die Kleinsäuger wenig differenzierte Daten für das Früh- und Mittelpleistozän (Avery 2003). Paläozoologische Daten finden jedoch kaum Berücksichtigung in den Synthesen der letzteiszeitlichen Klimaverhältnisse für das südliche Afrika durch Gasse et al. (2008) oder für das tropisch/subtropische Afrika durch Nash und Meadows (2012). Dies ist in den zahlreichen ungelösten Fragen begründet, die sich aus dem Umstand ergeben, dass die Taxa bestimmte Habitate (Relief, Vegetation, Lokalklima) bewohnen, die bestimmte biologische und ökologische Charakteristika aufweisen. Paläoumweltinterpretationen von Kleinsäugern basieren zum großen Teil auf ökologischen und biologischen Erkenntnissen, sowohl hinsichtlich der Methoden als auch hinsichtlich der Daten, die heute noch heftig diskutiert werden (Avery 2007). Dennoch werden die Kleinsäuger in zahlreichen Studien paläoklimatisch gedeutet und können in Verbindung mit Mollusken (seit Passarge 1904 bis Riedel et al. 2014) sowie der Ichnofazies (z. B. Smith et al. 1993) und anderen paläozoologischen Befunden zum Verständnis des Paläoklimas beitragen. Die großen Säuger (Klein 1984; vgl. Abb. 4.66) erlauben weniger gut detaillierte LGM-Klimarekonstruktionen.

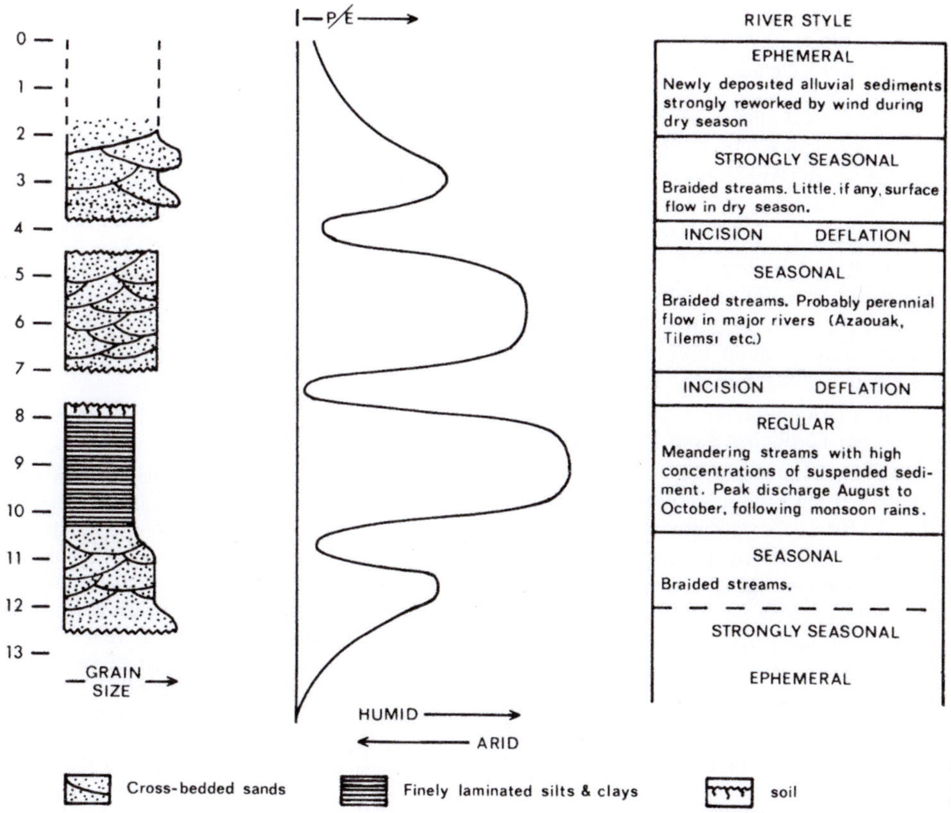

Abb. 6.141 Schematische Zusammenfassung der Entwicklung der größeren Flüsse im Sahel während des Spätpleistozäns und Holozäns. Die Niederschlags-/Evaporations-Kurve (P/E) von Servant et al. (1976) für das Tschadgebiet ist ebenfalls angegeben (aus Talbot 1980). Die ariden Phasen der YD, des 8,2 ka *events* und um 4 ka sind in den fluvialen Sedimenten erfasst, aber auch die AHP (*African Humid Period*)

6.2.4 Die Spätglazial/Holozän-Übergangszeit (*Termination I*)

Termination I (TI) umfasst die Zeit vom Heinrich-Stadial 1 bis zum Holozän (Abb. 2.6 und Box Eisbohrkerne). Die Klimaentwicklung während der globalen Erwärmung seit dem LGM zeigt für die verschiedenen Regionen des tropisch-randtropischen Afrikas unterschiedlich starke (vor allem) hygrische Schwankungen, die in den paläoklimatischen Rekonstruktionen der fluvialen Systeme (z. B. Niger, Talbot 1980; Abb. 6.141), der Dünengenerationen (z. B. Talbot 1980), der Seespiegelstände (z. B. Servant et al. 1976; Talbot und Delibrias 1977, 1980) und der Seesedimente (z. B. Hecky und Degens 1973) dokumentiert sind und schon frühzeitig erkannt wurden (Butzer et al. 1972). Eine physikalische Erklärung für diese plötzlichen paläoklimatischen Ereignisse (*abrupt paleoclimatic events*, Flohn 1979) konnte lange Zeit nicht gegeben werden. Die verschiedenen terrestrischen Paläoklimaarchive mit deutlichen Hinweisen auf diese markanten *events* (aride Phasen) von oft kurzer Dauer und deren zeitliche Synchronität führten zu Annahmen, dass die Ereignisse überregionale oder gar globale Dimensionen haben (Flohn 1979). Erst Jahrzehnte später wurden die Ursachen der aufgrund der terrestrischen Paläoklimaarchive entdeckten Klimaereignisse gefunden (z. B. 8,2 ka *event*).

Ganz allgemein nahm nach dem relativ ariden (und kühleren) LGM die Humidität zu und erreichte im frühen Holozän ihr Maximum. Werden vorwiegend die terrestrischen Paläoklimaarchive berücksichtigt, zeigt sich eine sehr heterogene Datenlage: Für den tropisch geprägten Südsaum der Sahara mit Sommerniederschlägen liegt eine große Datenfülle vor (Zusammenstellungen bei Pachur und Altmann 2006; Kröpelin et al. 2008a; deMenocal 2015). Für das innertropische ganzjährig feuchte Kongo-Becken fehlen detaillierte Paläoklimadaten; erste Hinweise auf Klimaschwankungen leiten Runge et al. (2014) aus dem Nachweis geomorphodynamischer Aktivitätsphasen ab (Abb. 6.159 und 6.80). Es wäre von großer Bedeutung, wenn die zeitliche Auflösung dieser geomorphologisch-sedimentologischen Klimaarchive bald differenzierter dargestellt werden könnte. Runge et al. (2014) nehmen eine sorgfältige Evaluierung aller verfügbaren Paläoklimadaten vor und präsentieren eine fundierte Rekonstruktion der Klimaentwicklung seit dem LGM. Dank der zahlreichen Paläoklimastudien aus dem äquatorialen Ostafrika, die sich vor allem auf Seesedimente stützen (z. B. Foerster et al. 2015), und den marinen Kernen aus dem Arabischen Meer (vgl. Sirocko et al. 2000) können Beziehungen zwischen dem vom Indischen Ozean monsunal beeinflussten Ostafrika und dem vom Atlantik geprägten Niederschlagsgeschehen im Kongo-Becken hergestellt werden. Aus dem randtropischen südlichen Afrika sind die terrestrischen Paläoklimaarchive hinsichtlich ihrer Deutung teilweise heterogen. Obgleich darauf weiter oben bereits hingewiesen wurde (z. B. Dünen als Klimaarchive), soll im Folgenden das südliche Afrika eingehender erörtert werden.

Die Diskussion der Klimaentwicklung in der Spätglazial/Holozän-Übergangszeit wird von dem Nachweis der in den zirkumnordatlantischen Klimaarchiven (Pollen, Eis, etc.) dokumentierten markanten Temperaturschwankungen zwischen ca. 18 ka BP und 10 ka BP bestimmt (Abb. 2.6). In diese Zeit fallen die kalte Phase des Grönland-Stadials 2 (Älteste Dryaszeit, *Heinrich-Event*-1, ca. 18–16 ka BP), das Grönland-Interstadial 1 (MWP [*meltwater pulse*] 1a und 1b; Bölling/Alleröd zwischen ca. 16–12,9 ka BP mit kurzer Unterbrechung um 14 ka BP [Ältere Dryaszeit]) und die Jüngere Dryaszeit (ca. 12,9–11,7 ka BP; Grönland-Stadial 1). Die Erwärmung der südlichen Hemisphäre ging der Erwärmung der nördlichen Hemisphäre um einige Jahrtausende voraus. Seit ca. 18 ka BP setzte die Erwärmung der Antarktis ein; in Grönland begann die Erwärmung erst – jedoch plötzlich – um ca. 14,5 ka BP. Zu dieser Zeit setzte das *Antarctic Cold Reversal* (ACR, Pedro et al. 2016) ein. Nach dem ACR und mit der erneuten Erwärmung der Antarktis um 12,8 ka BP begann in Grönland die Jüngere Dryaszeit (YD, Younger Dryas). Dieser Trend der entgegengesetzten Temperaturentwicklung bestand bis zum Ende der YD (Erwärmung im Norden innerhalb weniger Dekaden, Ende der Erwärmung im Süden). Die nordatlantische Tiefenwasserzirkulation (NADW – *North Atlantic deep water*) brach während der YD ab und setzte an deren Ende wieder ein. Gasse (2000) geht davon aus (vgl. auch Heine 2002), dass die paläoklimatischen Wechsel in Afrika zwischen ca. 20 und 8 ka BP von den Entwicklungen sowohl der Süd- als auch der Nordhemisphäre beeinflusst wurden, nämlich von dem frühen Ende der LGM-Bedingungen, wie es durch die antarktischen Eisklimaarchive belegt wird, und von dem schrittweisen Übergang zu den vollständig interglazialen Bedingungen, wie er aus den Grönlandeiskernen bekannt ist.

Für Westafrika und die südliche Sahara einschließlich der Sahel- und Sudanzone sind bedeutende hygrische Schwankungen während des *Termination I* seit Jahrzehnten bekannt (Abb. 6.142). Talbot et al. (1984) nahmen 7 *Piston Cores* (Kolbenkernbohrkerne) aus dem Lake Bosumtwi und publizierten die längste lückenlose Chronostratigraphie Westafrikas für die spätquartäre Klimaentwicklung anhand von lithologischen, geochemischen und magnetischen Analysen (Talbot et al. 1984; Talbot und Johannessen 1992). Für den Lake Bosumtwi geben die Autoren folgende Entwicklung an: ca. 20–16,5 ^{14}C ka – niedriger Seespiegel (aber nicht extrem niedrig); 16,5–12,5 ^{14}C ka – ansteigender Seespiegel; 12,5–9 ^{14}C ka – hoher Seespiegel; 9–3,75 ^{14}C ka – extrem hoher Seespiegel, teilweise Überlauf. Mehrere signifikante Trockenphasen von kurzer Dauer ($\geq$ 1000 Jahre) werden mit kurzen kalten Ereignissen der Nordhemisphäre korreliert, so um 11–10 ^{14}C ka (Jüngere Dryaszeit) und im Holozän um 8–7,5 ^{14}C ka (8,2 ka *event*), 4,5–4 ^{14}C ka sowie um 0,5 ^{14}C ka (Kleine Eiszeit) (vgl. Abb. 6.84 und 6.96).

Detaillierte geomorphologische Studien der Paläostrandlinien und stratigraphische Profile des Lake Bosumtwi (Shanahan et al. 2006) können die Seespiegelfluktuationen des Lake Bosumtwi noch genauer erfassen (Abb. 6.84). Sehr deutlich werden die ariden Verhältnisse vor dem Bölling/Alleröd, während der

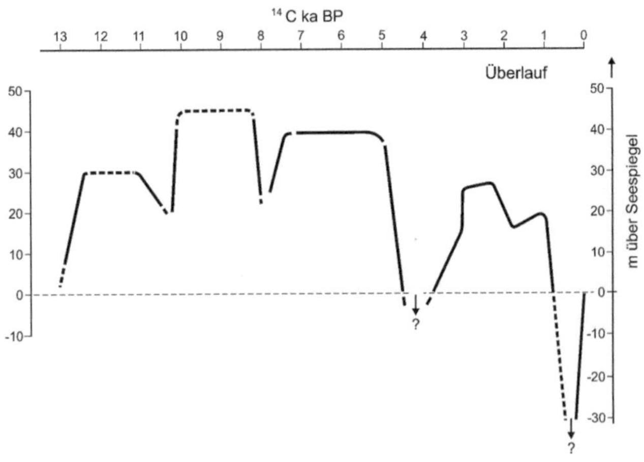

Abb. 6.142 Seespiegelkurve für den Lake Bosumtwi für die letzten 13.500 ^{14}C-Jahre v. h. Angegeben ist der Spiegelstand über dem gegenwärtigen Stand der 1970er-Jahre (aus Talbot und Delibrias 1980, ergänzt). Bereits in den 1970er-Jahren belegen geomorphologische Studien aus Westafrika markante Klimafluktuationen im Spätquartär. Diese Klimaereignisse können heute mit den nordatlantischen Klima-*events* des Heinrich-Stadials (HS1), der Jüngeren Dryaszeit (YD) und des 8,2-ka-Ereignisses (8,2 ka) korreliert werden. In den Pollenprofilen aus Westafrika zeichnen sich diese kurzen plötzlichen ariden Ereignisse nicht in dieser Deutlichkeit ab (vgl. Abb. 6.85); der Umschwung von einer vom kalten Grasland geprägten Vegetation zur dürreintoleranten Waldvegetation (AHP – *African Humid Period*) nach der YD wird in Pollenprofilen erfasst. Vgl. auch die Klimakurve für die Zentralsahara von Jäkel (1978; Abb. 4.16)

YD und im Zusammenhang mit dem 8,2 ka *event* belegt. Für das Bahr-el-Ghazal-Gebiet im Tschadbecken geben Servant und Servant-Vildary (1980) ganz ähnliche Entwicklungen an. Die für den Lake Bosumtwi belegten Seespiegelschwankungen sind auch aus Äthiopien bekannt (Abb. 6.96).

Die geomorphologischen Daten der Seespiegelschwankungen des Lake Bosumtwi von Talbot und Delibrias (1980) werden durch Analysen der stabilen Isotope der Lake Bosumtwi-Sedimente ergänzt (Shanahan et al. 2015). Proxy- und Modelldaten der hydrologischen Veränderungen zeigen eindrucksvoll die Schwankungen des *Termination I* (Abb. 6.143). Nach dem Heinrich-Ereignis 1 erfolgte – in Verbindung mit der Zunahme der Insolation – die Zunahme der Humidität. Dieser Trend wurde durch die Jüngere Dryaszeit unterbrochen. Das 8,2 ka *event* machte sich nur schwach bemerkbar; es fiel mit dem Insolationsmaximum zusammen. Verschiedene Schwankungen der Niederschläge werden durch die Wasserstoffisotopenzusammensetzung (δD) angezeigt. Gegen Ende der *African Humid Period* (AHP) wird die Phase niedriger Seespiegel (um 5 ka BP, ca. 4 ^{14}C ka BP) ebenfalls erfasst.

Im Sahel-Gürtel etablierte sich das monsunale Klimasystem während des *Termination I* in zwei Schritten: zwischen 15–14,5 ka BP und um 11,5–11 ka BP. Im Dünengürtel Ost-Nigers datiert Völkel (1989) den Beginn der Feuchtphase nach dem ariden LGM (Ogolien/Kanémien-Phase) aufgrund geomorphologisch-pedologischer Befunde auf 14–12 ^{14}C ka BP. Während der Jüngeren Dryas herrschte größere Aridität.

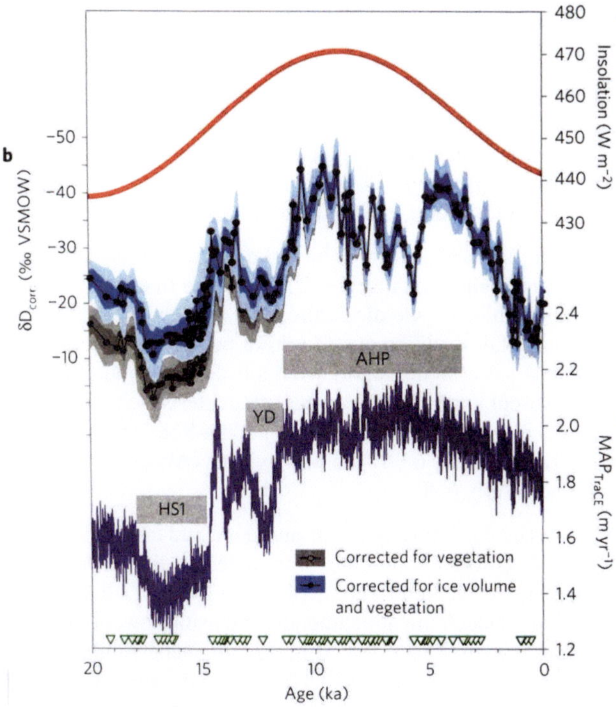

Abb. 6.143 Vergleich von Proxy- und Modelldaten der hydrologischen Schwankungen im Lake Bosumtwi. Insolation für Juni–August (JJA) in 6,5° N (*rote Linie*). *Mittlere Kurve*: Wasserstoffisotopenzusammensetzung von C_{31}-*n*-Alkanen unter Berücksichtigung der Veränderungen von Vegetation (*grau*) und von Vegetation plus Eisvolumen (*blau*); die Kurve steht für Niederschlagsschwankungen; die Farbwerte beziehen sich auf 66 % (*dunkel*) und 95 % (*hell*) Zuverlässigkeit. *Untere Kurve*: mittlerer jährlicher Niederschlag (MAP in m/a) für das Lake-Bosumtwi-Gebiet aufgrund der *TraCE-21*-Simulation. Die *grünen Dreiecke* kennzeichnen die ^{14}C-Daten, die für das Lake-Bosumtwi-Altersmodell berücksichtigt werden. (Aus Shanahan et al. 2015)

Ein mariner Kern vor der mauretanischen Küste (Cap Blanc) dokumentiert in gleicher Weise das Einsetzen der nordafrikanischen pluvialen Phase um 14,8 ka BP und deren Ende um 5,5 ka BP (deMenocal et al. 2000). Während der Jüngeren Dryaszeit belegen zahlreiche terrestrische Paläoklimaarchive aride Verhältnisse.

Auch der marine Kern MD03-2707 (02°30,11′ N, 09°23,68′ E, 1295 m Wassertiefe) im Golf von Guinea nahe der afrikanischen Küste (Abb. 6.144) zeigt die Änderungen der ITCZ während der *Termination I*. So schließen für den Golf von Guinea Weldeab et al. (2007) aus dem plötzlichen Anstieg von Ba/Ca (Proxy für die SSS [*sea surface salinity*]) von 1,4 auf 1,8 µmol/mol, das einer Salzgehaltänderung des Oberflächenwassers von 27 auf 24 psu (*practical salinity unit*) entspricht, auf einen Wechsel von relativ trockenen zu relativ feuchten Klimaverhältnissen (Abb. 6.145). Dieser Umschwung erfolgt in ~50 Jahren und wird als Indiz für eine bedeutende Verlagerung der monsunalen Niederschlagsfront (ITCZ) nach Norden gedeutet; diese sprunghafte nordwärtige Verschiebung der ITCZ wird auch durch Modellstudien (Liu et al. 2016; Ganopolski et al. 1998) belegt sowie durch paläoklimatische Daten (Gasse 2000; Weldeab et al. 2005; Kuhlmann et al. 2004).

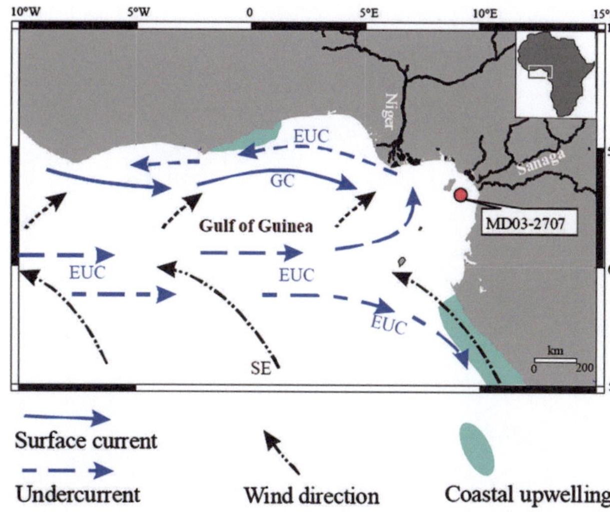

Abb. 6.144 Oberflächenmeeresströmungen, Tiefenströmungen, Windrichtungen und Küstenauftrieb im Golf von Guinea. GC – Guinea-Strom; EUC – Äquatorialer Tiefenstrom; SE – südöstliche Passatwinde (südlich des Äquators). Das *Upwelling* vor dem westlichen äquatorialen Afrika wird nicht von den Lokalwinden und/oder Meeresströmungen bestimmt, sondern vom Auseinanderdriften des EUC aufgrund des entfernten *forcing* des westlichen äquatorialen Atlantiks. (Aus Weldeab et al. 2007)

Aus der Ost-Sahara wird von Pachur und Altmann (2006), Kröpelin (1999) und Kröpelin et al. (2008a) der Übergang vom kalt-hyperariden in den warm-semiariden Klimamodus eingehend beschrieben (vgl. Abb. 6.40). In zwei Caldera-Seen im Djebel Meidob (15°21′ N, 26°22′/28°24′ E, Kraterböden in ca. 980/985 m NN; Abb. 6.146) sind terrassenartig ausgebildete Reste von Limnit-Sequenzen, die Paläoseen dokumentieren, am Fuß der Steilwände in ca. 30 m Höhe über dem Kraterboden erhalten (Pachur und Wünnemann 1996; Abb. 6.148). Die Seebildung setzte vor rund 15 ka BP ein. Damit begann die Feuchtphase, die von wiederholten Austrocknungsphasen unterbrochen wurde, in den Gebirgen der Sahara in einer Zeit, in der vor der mauretanischen Küste marine Sedimente eine Abnahme der äolischen Staubeinträge aus der Sahara anzeigen, was als Zunahme der Niederschläge gedeutet wird (deMenocal et al. 2000). Pachur und Altmann (2006: 276) weisen darauf hin,

> dass die hygrisch begünstigten Gebirge beim Einsetzen der früh- bis mittelholozänen Feuchtphase früher durch Seebildung reagiert haben – worauf auch Datierungen in den Kratern des Tibesti-Gebirges [. . .] hinweisen – als die extramontanen Bereiche, in denen die Seengenese erst nach dem Durchlaufen der kalt-ariden Tundrenzeit (Younger Dryas) und dem Aufladen der Aquifere erfolgte. Nach dem LGM stieg der Wasserdampfgehalt der Atmosphäre wieder an, die Temperaturen blieben aber noch in einem Niveau, in dem die geringe Evaporation eine Seegenese in den saharischen Gebirgen ermöglichte. Dies war eine Phase, in der eine Steigerung der Monsunaktivität noch nicht wirksam war.

In der Region des Arabischen Meeres beeinflussten antarktische und arktische Prozesse die Klimafluktuationen während

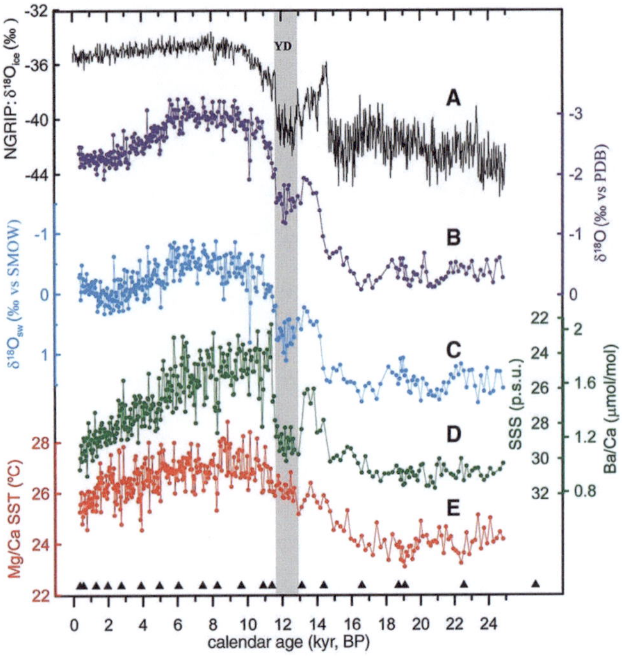

Abb. 6.145 Paläoklima-*record* des Golfes von Guinea für die letzten 25.000 Jahre aufgrund von Spurenelementen und $\delta^{18}O$ (*G. ruber*) sowie $\delta^{18}O$-*record* des NGRIP-Eiskerns (Grönland-Chronologie). (A) $\delta^{18}O_{ice}$ (‰) von NGRIP; (B) und (C) $\delta^{18}O$ von MD03-2707; (D) Ba/Ca und Ba/Ca-basierte SSS-Abschätzungen (SSS – *sea surface salinity*); (E) Mg/Ca-basierte SST-Schätzungen (SST – *sea surface temperature*). *Dreiecke* der *x*-Achse markieren Datierungskontrollpunkte (AMS-^{14}C-Alter). Der *graue Balken* markiert die YD-Chron. (Aus Weldeab et al. 2007)

des Spätglazials (*Termination I*). Sekundäre kurze Fluktuationen der Niederschläge können mit den Klimaereignissen in Zusammenhang gebracht werden, die in den grönländischen Eiskernen gespeichert sind (Sirocko 1996; Sirocko et al. 1996, 2000; Abb. 6.98; vgl. Heine 2002; Naidu und Govil 2010; Patnaik et al. 2012).

Im wechselfeucht tropischen Afrika sind die ariden Phasen (Heinrich-*Event* 1 [*Heinrich-Stade* 1, HS 1], YD, 8,2 ka *event*) vom Atlantik über den gesamten Kontinent bis zum Indischen Ozean in den Geoarchiven belegt. Über die Ursachen dieser ariden Phasen können lediglich aufgrund der Korrelation mit den nordatlantisch-grönländisch-europäischen Paläoklimadaten Aussagen getroffen werden. In Verbindung mit den Daten aus dem Arabischen Meer (u. a. Sirocko et al. 1993, 1996, 2000; Abb. 6.98), die eine zeitlich differenzierte Rekonstruktion der Windsysteme (SW-Sommer-/NE-Wintermonsun, NW-Winde) ermöglichen, wird deutlich, dass die Allgemeine Zirkulation der Atmosphäre im *Termination I* großen Schwankungen unterworfen war. In kalten Phasen (HS 1, YD, 8,2 ka *event*) war der Sommermonsun geschwächt. Das führte zu verringerten Niederschlägen im betrachteten Raum. Die Schwächung des Sommermonsuns wiederum wird durch die ozeanischen Zirkulationsverhältnisse gesteuert. Werden die marinen spätglazialen Klimarekonstruktionen mit den Rekonstruktionen der arabischen Speläotheme zusammen betrachtet, zeigt sich, dass der Sommermonsun im südlichen Arabien erst wieder um 10,5 ka BP bedeutendere Niederschläge brachte, die zu Speläothem-Bildung führten (Fleitmann et al. 2003b, 2007a; Fleitmann und Matter 2009). Gleiches zeigen auch die Pollenprofile aus der Sahelzone und die Niederschlagsverhältnisse der Ost-Sahara. Damit scheint sich das nacheiszeitliche tropische monsunale Zirkulationssystem erst nach der YD vollständig auf interglaziale Verhältnisse eingestellt zu haben.

Der Einfluss des Geschehens im zirkumnordatlantischen Raum auf das tropische afrikanische Klima reichte über den Äquator nach Süden hinaus, wie die zahlreichen Studien zur spätquartären Klimarekonstruktion aus Ostafrika belegen. Die Seespiegel Ostafrikas schwankten stark; während des HS 1 und der YD waren Absenkungen der Seespiegel charakteristisch. Sie weisen auf größere Aridität hin, so am Tanganjika-See (Abb. 6.89), am Massoko-See (Abb. 6.90), am Malawi-See (Abb. 6.92) sowie in Äthiopien (Abb. 6.90).

Die hygrischen Schwankungen aus dem Sudan/Sahel-Bereich und aus Ostafrika, die in den – vorwiegend – limnischen Sedimenten erfasst werden (Abb. 6.147), erreichten auch die südliche Sahara, jedoch mit abnehmender Intensität sowohl räumlich als auch zeitlich: Die ITCZ, d. h. der tropische Einfluss (Niederschläge), reichte nach dem HS 1 im Bölling/Alleröd noch nicht so weit nach Norden in die zentrale Sahara, wie im frühen Holozän. Außerdem sind in den Gebirgen die hygrischen Schwankungen deutlicher in den Paläoklimaarchiven dokumentiert als in den Tiefländern. Dass in der Sahara zwischen Murzuk-Becken, Tibesti-Gebirge und dem Niltal das Einsetzen der humiden Phase zu unterschiedlichen Zeiten registriert wird (s. Abb. 6.40), zeugt nicht von unterschiedlichen Entwicklungen in den Großregionen der Sahara, sondern spiegelt die Eigenheiten der Lokalitäten der Geoarchive wider (Grundwasserreservoir, Gebirge, Entfernung von Atlantik bzw. Indischem Ozean, etc.) (vgl. Pachur und Altmann 2006).

Die bisher bekannten Chronostratigraphien der Vergletscherungen der ostafrikanischen hohen Bergmassive (Kilimandscharo, Mount Kenia u. a.) erlauben noch keine exakte Korrelierung von Gletschervorstößen mit den Spiegelschwankungen der ostafrikanischen Seen. Oberflächenaltersdatierungen von Shanahan und Zreda (2000) deuten auf spätglaziale Gletschervorstöße um 15,5–14 ka BP hin (Abb. 6.49 und 6.50). Dieses Alter betrifft den Übergang vom HS 1 zum ACR (Bölling). Hypothetisch können die Gletscherschwankungen, die zur Bildung mehrerer kleinerer Moränen führten (Abb. 6.49), sowohl dem ausgehenden HS 1 als auch dem ACR sowie der schnellen Erwärmungsphase zugeordnet werden, die der randtropischen Sahara zu Beginn der humiden Phase Niederschläge brachte. Auf jeden Fall bezeugen die Moränenstaffeln Gletscherbewegungen und damit kurzzeitige Klimafluktuationen (Niederschlag und Temperatur) in Größenordnungen von einigen Jahrhunderten.

Die hygrischen spätquartären Klimaschwankungen erfassten auch noch das Einzugsgebiet des Sambesi. Schefuß et al. (2011) analysieren Wasserstoffisotopenänderungen der n-C_{31}-Alkane in Sedimenten des marinen Kerns GeoB9307-3 (Abb. 6.93); sie deuten ihre Daten derart, dass für das HS 1 und die YD feuchtere Bedingungen angenommen werden, während das frühe Holozän trockener gewesen sein soll. Diese Auslegung der

Abb. 6.146 GOOGLE-Schrägansicht (Blick nach Westen) des 130 m tiefen westlichen Kraters, Meidob Hills, Sudan. *Roter Kreis*: Mikromorphologisch und sedimentologisch bearbeitete Limnit-Sequenz in ca. 30 m über dem Kraterboden am Fuß der steilen, durch lokale Regenwasser zerrunsten Kraterwände. (Vgl. Pachur und Wünnemann (1996) und Pachur und Altmann 2006)

Daten steht im krassen Widerspruch zu allen anderen Paläoklimaproxys (Abb. 6.148; z. B. Chevalier und Chase 2015). Die Daten können auch entgegengesetzt interpretiert werden (s. o.).

Für das Heinrich-Event 1 (H1) haben Stager et al. (2011) die paläoklimatischen Daten bezüglich hygrischer Änderungen im tropischen afrikanischen und monsunasiatischen Bereich zusammengestellt (Abb. 6.148). Das H1 ist wesentlich arider als die Perioden vor und nach dem H1 (Abb. 6.149). Einige Lokalitäten fügen sich nicht in dieses Gesamtbild ein. Die Gründe dafür liegen in Fehldeutungen der Analysedaten, so beispielsweise beim *Lake Massoko* (Tansania, 23–25 in Abb. 6.148) und *Lake Chilwa* (Malawi, 22 in Abb. 6.148). Auch für den marinen Kern 27 im Benguela-Stromgebiet vor der südwestafrikanischen Küste, der feuchte H1-Bedingungen anzeigt, beruht diese Aussage auf der Fehlinterpretation von marinen Sedimenten des Kerns MD962094 (9°27′ S, 20° E; Stuut et al. 2004; Abb. 6.69).

Für das südliche Afrika liegen zahlreiche Studien vor, die die paläoklimatische Entwicklung im *Termination I* zu klären versuchen. Dabei wird häufig auf die Bedeutung der unterschiedlichen Strahlungsverhältnisse hingewiesen, die sich aus der wechselnden Position des Perihels in Verbindung mit der sich ändernden Exzentrizität des Orbits ergeben. Beispielweise hat Hövermann (1988) aufgrund seiner Forschungen in Nord- und Südafrika sowie in Zentralasien und Australien gefolgert, dass allgemeine Verknüpfungen zwischen der Verschiebung geomorphologischer Zonen und den Änderungen in den Strahlungsbedingungen in den Tropen und Subtropen bestehen: Mit zunehmender Solarstrahlung beginnen humide Phasen und mit abnehmender Strahlung enden sie (Abb. 6.150). Extrem hoher Strahlungsgenuss erzeugt extreme Pluviale. Die Hauptperioden der Temperaturabnahme scheinen mit einer verringerten Strahlung einherzugehen. Hövermann et al. (1992: 147–148) führen aus, dass das Verständnis der räumlichen Ausdehnung, Einengung und Verschiebung von morphogenetischen Zonen (und damit Klimazonen, z. B. tropische Tallandschaften) in Verbindung mit einer exakten Datierung der *records* uns in die Lage versetzen zu verstehen, *wie* und schließlich *wann* und *wo* sich das globale Klima änderte. Die anregenden Ideen von Hövermann et al. (1992) sind leider später nicht weiter diskutiert worden (vgl. Heine 2002).

Für die deutliche Ausprägung der humiden Phase zwischen ca. 15 und 5 ka BP im nordafrikanischen randtropischen Trockenraum wird übereinstimmend die Insolation während des *Termination I* und im frühen Holozän, und zwar der Strahlungsüberschuss der Nordhemisphäre gegenüber der Südhemisphäre, verantwortlich gemacht (z. B. deMenocal et al. 2000). Ob dieser postulierte Strahlungseinfluss auch *vice versa* die südafrikanischen Trockenräume beeinflusste, kann nur vor dem Hintergrund einer detaillierten Rekonstruktion der spätquartären Klimaentwicklung beantwortet werden.

Während des Übergangs vom LGM zum Holozän zeigen die Eiskern-*records* der Antarktis und Grönlands, dass sich die schnellen Erwärmungsereignisse zuerst in der Südhemisphäre (Blunier und Brook 2001; White und Steig 1998; Shi et al. 2000) und darauf in der Nordhemisphäre ereigneten. Diese asynchro-

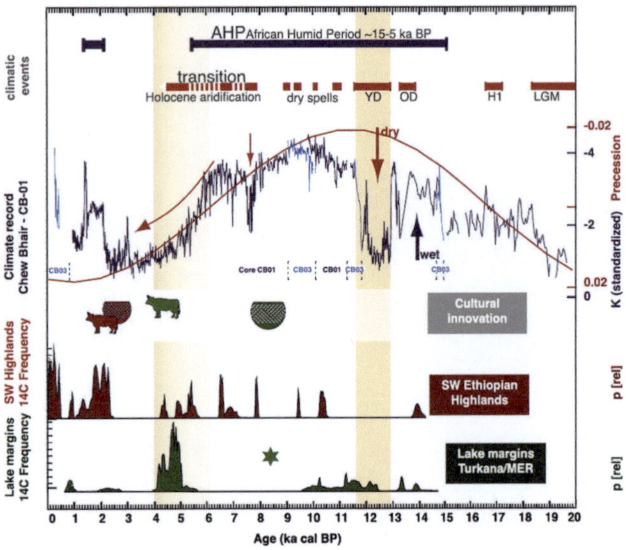

Abb. 6.147 Vergleich von limnischen Klima-*records* des Chew Bahir-Salzsees in S-Äthiopien (K-Gehalt wird als Proxy für Aridität benutzt) und der Veränderungen der Präzession mit den Siedlungen im südwestlichen äthiopischen Hochland sowie den Seerändern der Turkana- und Ziway-Shalla-Seen (zur Lage s. Abb. 6.88). AHP – *African Humid Period* (~ 15,5–5 ka BP); YD – *Younger Dryas* (~ 12,8–11,6 ka BP); OD – *Older Dryas* (um 14 ka BP); H1 – Heinrich-Event 1 (um 16 ka BP); LGM – *Last glacial maximum* (~ 24–18 ka BP). Während der AHP gab es mehrere markante Trockenphasen, deren Ursachen im nordatlantischen Raum lagen. Die graduelle holozäne Aridifizierung (*Balken in beige*) wird von ariden Phasen von wenigen Jahrzehnten unterbrochen. Die Siedlungstätigkeit in den beiden möglichen Refugien wird durch die Häufigkeit der ^{14}C-Alter der archäologischen Funde angegeben. Kulturelle Innovationen werden durch das erste Auftreten von Keramik (*Schalen-Symbol*) und die Einführung des Pastoralismus (*Rind-Symbol*) dargestellt; *rote* und *grüne* Farben beziehen sich auf Hochland- bzw. Seeuferlagen. Der *grüne Stern* markiert Kulturhinweise, die nicht exakt datiert sind (aus Foerster et al. 2015).
Anmerkung: Der generelle Klimatrend von arid (LGM) über humid (AHP) zu arid (4–3 ka BP) wird vom *orbital forcing* bestimmt; die feinere Ausgestaltung der hygrischen Klimakurve mit zahlreichen markanten Fluktuationen (OD, YD, 8,2 ka *event*) bestimmen die Vorgänge beim Eisabbau im nordatlantischen Raum

nen Temperaturänderungen werden neuerdings auch bestätigt (Barker et al. 2009; Stenni et al. 2011; Marino und Zahn 2015). Die Chronologie der Antarktis basiert auf der Synchronisation der Methandaten und stützt die Hypothese, dass die Abkühlung des *Antarctic Cold Reversal* (ACR, ca. 14.700–12.700 ka BP) mit der Bölling/Alleröd-Erwärmung der Nordhemisphäre, die vor ca. 14.700 ka BP einsetzte, korreliert werden kann. Im Gegensatz dazu verlief der Beginn der Jüngeren-Dryas-Abkühlung der Nordhemisphäre (YD, ca. 12.800–11.700 ka BP) synchron mit dem Ende des ACR. Obgleich seit den 1990er-Jahren feststeht, dass die Abkühlungsphasen des *Termination I* nicht in beiden Hemisphären synchron verliefen, werden spätglaziale plötzliche Abkühlungsoszillationen der YD-Phase zugeschrieben und benutzt, um die Gleichzeitigkeit der spätglazialen Abkühlungsereignisse in beiden Hemisphären zu dokumentieren (Peteet 1995). Thompson et al. (1995), Clapperton et al. (1997b), Heusser und Rabassa (1987), Lowell et al. (1995) u. v. a. m. benutzen die Eisbohrkerne Grönlands und Moränen der Anden, um YD-zeitliche Gletschervorstöße in Südamerika zu postulieren; Gleiches unternehmen Denton und Hendy (1994) für die neuseeländischen Alpen (vgl. Box Jüngere Dryaszeit). Im südöstlichen atlantischen Ozean benutzen Farmer et al. (2005) Mg-/Ca-Analysen von *Globigerina bulloides* und *Neogloboquadrina pachyderma* des *Ocean Drilling Program* (ODP) Leg 175 Hole 1084B aus dem küstennahen Benguela-Auftriebswassersystem, um niedrigere SSTs während des LGM, in der YD, im Mittelholozän und in der Kleinen Eiszeit nachzuweisen (siehe Box Marine Paläoklimaarchive im SE-Atlantik).

Terrestrische *records* des Spätglazials und Frühholozäns aus dem ariden und semiariden südlichen Afrika sind selten und zeigen nur eine geringe zeitliche Auflösung. In den Tropen und Subtropen von Westafrika bis Südostafrika werden Abkühlungs- und Erwärmungsphasen vornehmlich durch alternierende Muster der Niederschläge reflektiert (z. B. Peterson et al. 2000). Scott et al. (2012) stützen sich in ihren Synthesen der hygrischen und thermischen Schwankungen während des *Termination I* auf Pollen-*records* aus verschiedenen Regionen des südlichen Afrika, insbesondere auf die Lokalität Eksteenfontein in der südlichen Namib (Richtersveld, 28°49′26,60″ S, 17°14′46,04″ E, ca. 630 m NN; Abb. 6.151; Heine et al. 2014). Es ist die einzige Stelle in der ariden südwestafrikanischen Winterregenzone, die von spätquartären räumlichen und zeitlichen Klimaveränderungen erfasst wurde, die durch Verschiebungen der nördlichen Winterregenzone und der südlichen ITCZ während des ACR und der YD verursacht wurden. Kenntnisse über die Verschiebungen der Biome (vgl. Shi et al. 2001), nämlich von *Succulent Karoo*, *Nama Karoo* und *Namib Desert* (Scott et al. 2012), erlauben Aussagen über Einflüsse von HS 1, ACR und/oder YD. Daher werden die Daten von Eksteenfontein von Scott et al. (1995) immer wieder im Zusammenhang mit den Klimarekonstruktionen des südlichen Afrikas und des südöstlichen Atlantiks zitiert, so beispielsweise bei Korrelationen zwischen terrestrischen und marinen *records* von Dupont et al. (2004), Gasse (2000) und Gasse et al. (2008). Diese Autoren weisen auch auf einen möglichen Einfluss des ACR neben der YD hin sowie auf die Schwierigkeit, dass die *records* der terrestrischen Sedimente lediglich schwache oder widersprüchliche Klimasignale anzeigen. Scott et al. (1995, 2012) erwähnen das ACR nicht (s. Box Marine Paläoklimaarchive im SE-Atlantik).

Ergänzende AMS-^{14}C- und OSL-Alter des *Eksteenfontein*-Profils von Heine et al. (2014) zeigen klar, dass der liegende, tiefere Teil des Profils (Abb. 6.152) das ACR repräsentiert (ca. 14.700–12.700 ka BP); die YD kann in dem Profil nicht nachgewiesen werden. Damit dokumentiert das Eksteenfontein-Profil nicht – wie vielfach angenommen wird – die YD im südlichen Afrika, sondern das ACR. Es ist ein Beispiel dafür, dass auf der Südhemisphäre in der Vergangenheit oft die letzte spätglaziale Abkühlungsphase, die dem ACR zuzuordnen ist, mit der YD-Phase verwechselt wird.

In den marinen Geoarchiven vor der namibischen Küste werden bemerkenswerte Fluktuationen von Temperatur und Niederschlag zwischen 15 und 11 ka BP gefunden, die keine Ana-

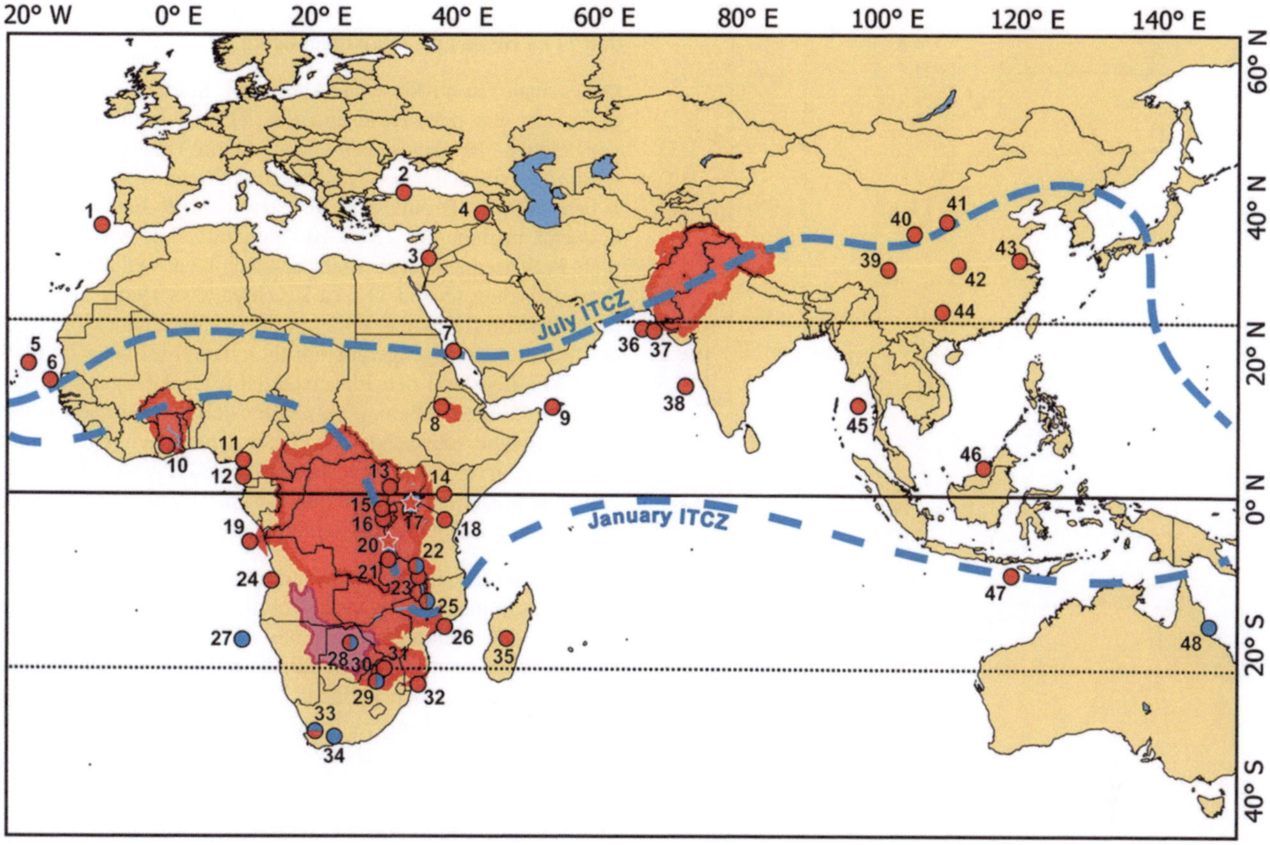

Abb. 6.148 Karte mit Angaben der Lokalitäten, die hydrologische Veränderungen während des Heinrich-Events 1 (H1, 17–16 ka BP) zeigen. *Rote Punkte* – verringerte Niederschläge und Evaporation; *blaue Punkte* – vermehrte Niederschläge und Evaporation; vertikal getrennte *rot/blaue Punkte* – Hinweise auf unbedeutende klimatische Signale; *horizontal getrennte Punkte* weisen auf zunehmend feuchtere Bedingungen während des H1 hin. Dargestellt werden lediglich die Lokalitäten und einige der wichtigsten Einzugsgebiete (*rot*). Die gesamte geographische Region, die von der H1-Aridität erfasst wird, ist nicht farblich abgesetzt. Die marinen Lokalitäten 5 und 6 repräsentieren die klimatischen Bedingungen von großen Teilen des nordwestlichen Afrika. Die *lila* Färbung der Kalahari-Region zeigt feuchtere Bedingungen unbekannten Ursprungs, Alters und geographischer Ausdehnung an („*wetter conditions of uncertain origin, timing and/or geographic extent*") (aus Stager et al. 2011). Die Paläoklimaarchive der Kalahari-Region, wie sie präsentiert wurden (s. o.), belegen aride Klimaverhältnisse und fügen sich damit in das Gesamtbild ein

logie auf dem Festland haben (Heine 2005, 2010; Chase und Meadows 2007; Geyh und Heine 2014). In der Box Marine Paläoklimaarchive im SE-Atlantik werden die problematischen Interpretationen der marinen Daten diskutiert; einige Annahmen sind schlichtweg falsch und können nicht als Grundlage für paläoklimatische Rekonstruktionen dienen (z. B. Staub-Trajektorien vom Land zum Atlantik durch Passatwinde). Das Eksteenfontein-Profil bestätigt den fehlenden Einfluss der YD in der südlichen Namib-Region; es befindet sich im sensiblen Bereich des Grenzsaums zwischen ektropischen Winter- und tropischen Sommerregengebieten. Jeder Wandel der geoökologischen Verhältnisse während der YD – wie er aufgrund der marinen Kerne postuliert wird – müsste sich, wenn er für das Festland zuträfe, im Eksteenfontein-Profil in der Pollenzusammensetzung und im Sedimentaufbau zeigen. Das ist nicht der Fall.

Die Erkenntnisse aus dem Eksteenfontein-Profil werden durch weitere Beobachtungen aus dem südlichen Afrika ergänzt. Für die Namaqualand-Sukkulenten-Karru (in der *Eksteenfontein* liegt) benutzen Scott et al. (2012) die Hauptkomponentenanalyse (*Principal Components Analysis* – PCA), um die Taxa zu prüfen, die empfindlich auf Temperatur- und Humiditätsänderungen reagierten. Sie nehmen die *Stoebe/Elytropappus*-Typ-Pollen als Temperaturindikatoren der Vergangenheit und finden kühle Temperaturen ca. 15,2–13,6 ka BP, d. h. im ACR, und eine Erwärmung um 12,5 ka BP. Für das Innere von Südafrika benutzen Holmgren et al. (2003) hoch auflösende $\delta^{18}O$- und $\delta^{13}C$-*records* von Stalagmiten der *Makapansgat Cave*, um das Klima seit 23 ka BP zu rekonstruieren. Die Isotopendaten belegen trockene und kühle Bedingungen um ~ 23–21, 19,7–17,5 ka BP und während des ACR um ~ 15–13,5 ka BP. Die maximale Abkühlung tritt um 17,5 ka BP auf, und die starke postglaziale Erwärmung beginnt um 13,5 ka BP. Diese Daten stimmen nicht mit den alkenon-basierten SSTs des marinen Kerns GeoB1023-5 überein, die häufig bei Klimakorrelierungen im südlichen Afrika zitiert werden.

Einerseits muss berücksichtigt werden, dass der Kern GeoB1023-5 etwa 1500 km nördlich von *Eksteenfontein* in der tropischen Sommerregenzone liegt, andererseits aber auch,

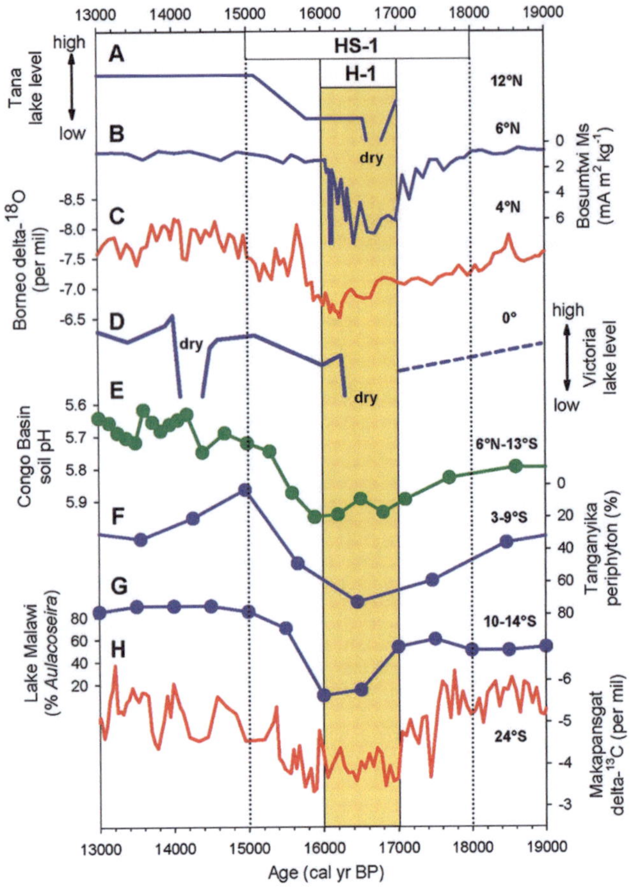

Abb. 6.149 Paläoklimatische *records* von Afrika und Borneo, angeordnet von Norden nach Süden (Breitengrade sind *rechts* vermerkt). (*A*) Lake Tana, Äthiopien, relative Seespiegel; (*B*) Lake Bosumtwi, Konzentration der magnetischen Minerale; (*C*) Borneo-Speläothem, $\delta^{18}O$-Daten; (*D*) Lake Victoria, relativer Seespiegel; (*E*) Kongo-Becken, Boden-pH; (*F*) Lake Tanganyika, % der periphytischen Diatomeen; (*G*) Lake Malawi, *Aulacoseira nyassensis* mit geringerer Prozentangabe zeigt geringere Winde und/oder aridere Bedingungen; (*H*) Stalagmit T7 der Cold Air Cave, $\delta^{13}C$-Daten (vgl. Abb. 6.177). *Gelber Balken* – ungefährer H1-Intervallbereich; *gepunktete Linien* kennzeichnen das HS-1-Intervall. Alle Kurven zeigen den Trend zur Aridität nach unten an. (Aus Stager et al. 2011)

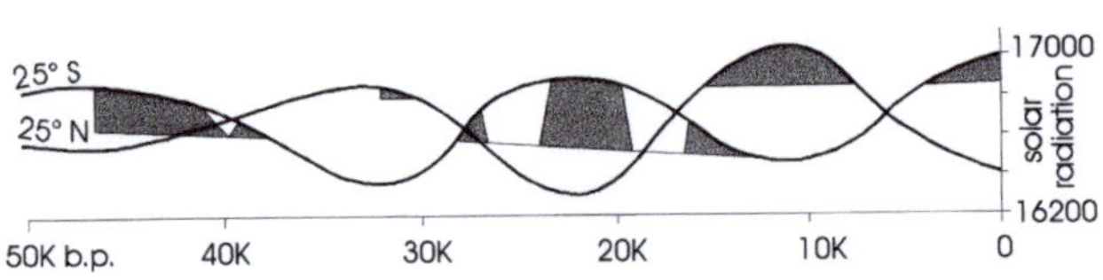

Abb. 6.150 Die feuchten (humiden) Phasen (*grau*) in der Kalahari (25° S) und der Sahara (25° N) werden zu der kanonischen Sommerhalbjahresstrahlung in 25° Nord und Süd während der letzten 50 ka BP in Beziehung gebracht. Vertikale Skala: Kanonische Einheiten nach Meinardus. (Nach Hövermann 1988 aus Heine 2002)

dass das ACR von den über das südliche Afrika verteilten Paläoklimaarchiven (Pollenprofile, Stalagmiten) und den marinen Kerne erfasst wird: Innerhalb des allgemeinen spätpleistozänen Erwärmungstrends können die kühlen Phasen zwischen ca. 14,5 und 11 ka BP das ACR dokumentieren.

Die genaue Kontrolle von Alter und Stärke von Klimaereignissen, wie dem ACR und der YD, ist grundlegend, um verschiedene Hypothesen zu testen, die die Ursachen und Auswirkungen der Klimaschwankungen während des *Termination I* beschreiben (Bromley et al. 2011a). Die Eksteenfontein-Sequenz beginnt um 15 ka BP. Im südlichen Afrika zeigen viele Pollensequenzen ebenfalls den Beginn des Pflanzenwachstums zwischen 15 und 11,5 ka BP (Meadows 1988). Dies wird eindrucksvoll durch das Pollenprofil bei Braamhoek bestätigt, das im Sommerregengebiet nördlich von Lesotho (28°14′ S, 29°35′ E) liegt und den Pleistozän/Holozän-Übergang im Detail zeigt (Norström et al. 2009). Offensichtlich verursachte hier das ACR eine schwache klimatische Unterbrechung während der allgemeinen Erwärmung nach dem LGM. Diese Unterbrechung zieht sich auch durch die YD-Phase. Die YD-Zeit weist keine erkennbare Klimaschwankung auf.

Werden die Ergebnisse vom südlichen Afrika in einen globalen Zusammenhang gestellt, zeigt sich, dass in den letzten Jahren auf der Südhemisphäre das ACR an vielen Stellen erkannt worden ist (vgl. Pedro et al. 2016), so in Südamerika und Neuseeland, aber auch in Japan (vgl. Box Jüngere Dryaszeit; Abschn. 5.2.4, Abschn. 7.3, Abschn. 8.3). Diese Beobachtungen ergänzen die palynologischen *records* aus dem südlichen Afrika (Scott et al. 2012).

Die Beispiele von Südafrika, Südamerika, Neuseeland und Japan zeigen, dass Gletscher viel sensiblere Klimazeiger der spätglazialen Temperatur/Feuchtigkeitsschwankungen sind als die Pollenprofile und dass die spätglazialen Klimaänderungen der südhemisphärischen Kontinente unter dem Einfluss der Antarktisregion standen und nicht mit denen der Nordhemisphäre zeitlich übereinstimmten. Während in Südamerika und Neuseeland gut datierte Glazialchronologien existieren, mit denen die spätglazialen und holozänen Klimaänderungen rekonstruiert werden können, besteht diese Möglichkeit nicht für das südliche Afrika. Trotz dieser Einschränkungen ergibt eine sorgfältige Evaluation der Daten einerseits keine Hinweise auf einen Einfluss der YD und andererseits, dass das *Termination I* im südlichen Afrika von dem ACR beeinflusst wurde. Da das ACR einen beachtlichen Einfluss auf das Klima im südlichen Südamerika und Neuseeland ausübte und schwache Auswirkungen auf die zirkumpazifischen Regionen (Chile, Peru, Japan, Neuseeland) hatte, darf angenommen werden, dass das Klima des südlichen Afrika ebenfalls von einem Klimawandel im ACR mit gesteuert wurde, der die südhemisphärischen Regionen betraf. Auch spiegeln Änderungen der Westwindzone an einem einzigen Ort Verschiebungen der gesamten südlichen Windzone wider (Lamy et al. 2010). Änderungen in der Intensität und Lage der südhemisphärischen Westwindzone während des Pleistozän/Holozän-Übergangs, wie sie rekonstruiert und modelliert werden, zeigen, dass die Westwindzone in kalten Phasen nach Norden verschoben wurde und dadurch eine atmosphärische Abkühlung verursachte, die die Südhemisphäre rings um den Globus beeinflusste (Hodgson und Sime 2010). In der Südhemisphäre ist der atmosphärische Wärmetransport an die Westwinde geknüpft (McGlone et al. 2010). Die Be-

Box Marine Paläoklimaarchive im SE-Atlantik

Auch noch in den späten 1990er-Jahren haben zahlreiche Autoren zeitgleiche Klimaänderungen während des *Termination I* auf der Nord- und der Südhemisphäre angenommen (z. B. Bard et al. 1997; Steig et al. 1998). Kirst et al. (1999) versuchen, eine Klimaphase in marinen Kernen vor der südwestafrikanischen Küste zu finden, die der YD-Chron entspricht. Ihre Chronostratigraphie basiert (i) auf einer visuellen Korrelierung mit der SPECMAP-Standardkurve, (ii) auf der Korrelierung mit einem ^{14}C-datierten benachbarten marinen Kern und (iii) auf vier AMS-^{14}C-Daten. Drei Jahre später führt Heine (2002) aus:

> Because of dating uncertainties, paleoclimate archives deposited in the southern African arid areas between c. 20 and 9 cal kyr BP can be neither cross-correlated, nor correlated with the well-known climatic fluctuations shown in ice cores. Only by referring to the marine sediment cores from the South Atlantic Ocean (see Shi et al. 2000) we can document increasing temperatures and precipitation [changes] since c. 17,500 cal kyr BP as well as an extremely arid phase between 14,400–12,500 cal kyr BP, which correlates with the ACR and stronger upwelling of the Benguela Current. A second arid phase occurred between 11,000 and 8900 cal kyr BP. For South Africa, isotope analyses of mollusk shells show two cooler climate phases during the Pleistocene/Holocene transition, with a temperature about 4 °C cooler than during the early Holocene (Abell and Plug 2000). According to ^{14}C ages the arid phases match the ACR and the early Holocene.

Als erste Autoren publizierten Shi et al. (2000) Daten eines marinen Kerns, die zeigen, dass weder die *Termination-I*-Erwärmung um 17.500 a BP mit der Bølling-Allerød-Erwärmung in der Nordhemisphäre übereinstimmt noch das ACR mit der YD. Jahre später rekonstruieren Gasse et al. (2008) die Klimaentwicklung im südlichen und äquatorialen Afrika von 30–10 ka BP aufgrund terrestrischer und mariner küstennaher Proxydaten. Die Autoren weisen auf die zahlreichen Schwächen der Daten, auf die ungelösten strittigen Fragen und Unsicherheiten in den Chronologien hin und bemerken, dass

> several records [...] suggest that the 19–10 ka interval has been more complex than the gradual transition from a cool-wet LGM to a warm mid-Holocene proposed by Chase and Meadows (2007), with several rapid wet/dry shifts. Too few high resolution records are available from the subtropical rainfall domain to draw definite conclusions about the region (Gasse et al. 2008).

Gasse et al. (2008) schreiben, dass von 17,5 bis ca. 14,5 ka BP die Temperaturen im südwestlichen Afrika zusammen mit der Erwärmung der Antarktis ansteigen, dass jedoch für das ACR die marinen Paläoklima-*records* sowohl Erwärmung als auch Abkühlung und für die YD Abkühlung und aride Bedingungen anzeigen. Die Schlussfolgerungen von Gasse et al. (2008),

> that the 19–10 ka interval has been more complex than the gradual transition from a cool-wet LGM to a warm mid-Holocene proposed by Chase and Meadows (2007), with several rapid wet/dry shifts,

sind vermutlich durch unzureichende Altersbestimmungen der marinen Kerne bedingt. Gasse et al. (2008) können ihre Interpretationen lediglich auf fünf marine Kerne vor der Namib-Küste stützen in Verbindung mit zwei terrestrischen Paläoklimaarchiven, nämlich *Eksteenfontein* und *Pakhuis Pass* (32,04 S, 19,02 E, Scott und Woodborne 2007). Weitere ergänzende *records* sind aus dem randtropischen Südwestafrika nicht vorhanden, die Informationen über den Pleistozän/Holozän-Übergang im Detail präsentieren. Das Pakhuis-Pollenprofil zeigt weder das ACR- noch das YD-Ereignis; um 13 ka BP liegt die Grenze zwischen den eiszeitlichen und den nacheiszeitlichen Verhältnissen. Im *Eksteenfontein*-Profil zeigt sich das ACR (Heine et al. 2014).

Wegen der fehlenden terrestrischen Paläoklimaarchive werden marine Kerne vor der südwestafrikanischen Küste immer wieder zitiert, die das spätglaziale und frühholozäne Klima detailliert beschreiben. Fünf Kerne werden im Folgenden vorgestellt und kritisch gewürdigt (vgl. Heine et al. 2014).

(i) GeoB1023-5 (17,16 S, 11,01 E), c. 1500 km NW von Eksteenfontein
(ii) MD96-2094 (20,00 S, 9,44 E), c. 1250 km NW von Eksteenfontein
(iii) GeoB1711-4 (23,32 S, 12,38 E), c. 850 km NW von Eksteenfontein
(iv) ODP1084B (25,51 S, 13,03 E), c. 650 km NW von Eksteenfontein
(v) MD96-2087 (25,60 S, 12,15 E), c. 600 km NW von Eksteenfontein

(i) Der Kern *GeoB1023–5* liefert eine hohe zeitliche Auflösung zwischen 45 und 350 Jahren (Kernlänge: 938 m; 112 Proben; 7 AMS-^{14}C-Daten) (Shi et al. 2000). Zwei aride Phasen werden aufgrund der Pollen- und Dinoflagellaten-(Dinocyst-)Gesellschaften um 14,3–12,6 ka und 11–8,9 ka BP erkannt, die mit dem ACR und dem frühen Holozän korrelieren (Shi et al. 2000). Kim und Schneider (2003) rekonstruieren die SST anhand der Alkenone: Die Temperaturen steigen von ca. 21 ka BP bis ca. 14,5 ka BP an; während der YD nehmen die Temperaturen ab (mit einem Minimum um 12,5 ka BP), um anschließend bis zum holozänen Maximum um 5 ka BP wieder anzusteigen. Der Kern wurde ~ 110 km vor der Kunene-Mündung genommen. Die ariden Phasen werden durch die Pollen-*records* und die Dinocyst-Gesellschaften dokumentiert und im Zusammenhang mit Phasen von starkem *Upwelling* und einer Nordwärtsverlagerung der Angola/Benguela-Front (ABF) gesehen. Die aride Phase zwischen 11 und 8,9 ka BP ist auch in anderen Paläoklimaarchiven des südwestlichen Afrika zu erkennen (z. B. Chase et al. 2009, 2010). Das YD-Ereignis (12,8–11,7 ka BP) zeigt sich nicht im Pollenprofil, obwohl die SSTs (auf Alkenone-Basis) des Benguela-Stroms ihre tiefsten Temperaturen ca. 12,5 ka BP haben, d. h. zu Beginn der YD. Aufgrund der Daten vom Kern *GeoB1023-5* schließen Dupont et al. (2004, 321–322), dass die Beziehungen zwischen den kalten Benguela-SSTs und der südafrikanischen ariden Vegetation, die bis ca. 14 ka BP offensichtlich sind, nicht mehr nach ca. 13 ka BP existierten und dass „*the YD fluctuation [...] is clearly seen in the SSTs of the southeast Atlantic, but not very well expressed on the continent*".

Wir nehmen an, dass die Interpretation des Pollen-*record* durch Shi et al. (2000) infrage gestellt werden muss (s. Scott et al. 2004; Chase und Meadows 2007). Die Pollen von Restionaceae zeigen nicht eine Verschiebung der Kap-Vegetation nach Norden in die Kunene-Region an, sondern den Einfluss der Kalahari und/oder der ostafrikanischen Gebirge und angolanisch-namibischen Bergländer. Scott und Woodborne (2006, 2007) bemerken, wegen des Fehlens von vielen Fynbos-Pollen (Kapflora) am Pakhuis-Pass, dass keine nennenswerte Intensivierung der Winterregen nach Norden im Spätpleistozän erfolgte. Dies wird auch durch Hyrax-Kot-Daten aus dem Dâures-Massiv (Brandberg) in Namibia bestätigt (Scott et al. 2004). Die geringen Übereinstimmungen, die unterschiedliche Art der *records*, deren geringe Auflösung und problematische chronologische Kontrolle gestatten keine zuverlässigen Korrelationen des Kerns *GeoB1023-5* mit anderen marinen und/oder terrestrischen Paläoklimaarchiven.

(ii) Der marine Kern *MD96–2094* liefert nach Stuut et al. (2002, 2011) und Stuut und Lamy (2004) einen „*SW African humidity index*" und einen „*SE trade wind index*"; die Indices basieren auf der Korngrößenverteilung der terrigenen Fraktionen, die in Untergruppen unterteilt und als *coarse eolian dust*, *fine eolian dust* und *fluvial mud* (grober äolischer Staub, feiner äolischer Staub, fluvialer Schlamm) interpretiert werden. Die Autoren nehmen an, dass der Staub-*record* in marinen Sedimenten humide Bedingungen während der Glaziale und Aridität während der Interglaziale anzeigt. Die zeitliche Auflösung des Kerns ist gering, und die Deutung steht im Widerspruch zur allgemeinen Situation (Geyh und Heine 2014). Die terrestrischen *records* zeigen aride Glaziale, während die Interglaziale einen Anstieg der Humidität/Niederschläge für die Namib-Wüste belegen (Heine 2002; AEC Stone et al. 2010a, 2010b; Geyh und Heine 2014). Die Deutungen von Stuut et al. (2002, 2011) und Stuut und Lamy (2004) werden bezweifelt und fordern eine kritische Würdigung aller feinkörnigen marinen Schlamm- und Siltproben, von denen bisher angenommen wurde, dass sie kontinuierlich abgelagert wurden. Dies ist selten der Fall, wie die Forschungen von Schieber et al. (2007) und Macquaker und Bohacs (2007) zeigen; viele Annahmen über die Deutung von feinkörnigen Sedimenten sind *naïv* (unkritisch). Die Ablagerung von Schlamm ist dynamisch und komplex,

> because of myriad processes — including grain-size changes due to aggregate growth and decay, presence of biofilms, reworking, and cement precipitation — that occur in mudstone to control their variability (Macquaker und Bohacs 2007).

(iii) Die Rekonstruktion der alkenone-basierten SSTs des marinen Kerns *GeoB1711-4* (Kirst et al. 1999), die häufig zitiert werden (z. B. Gasse et al. 2008, Fig. 6c), soll die YD-Schwankung zeigen, doch die zeitliche Auflösung ist gering, und aufgrund der AMS-^{14}C-Daten können die SST-Schwankungen nicht der YD, sondern auch dem ACR zugeschrieben werden.

(iv) Der marine Kern *ODP1084B* gibt einen Temperaturabfall an (aufgrund des Alkenone-Index), der um 14,2 ka BP begann, d. h. zeitgleich mit dem ACR, der jedoch bis nach 13 ka BP andauerte. Minimale SSTs wurden während der YD-Phase erreicht (Kim et al. 2002, 2003; Kim und Schneider 2003; Farmer et al. 2005). Auch hier erlauben die geringe zeitliche Auflösung und die problematische chronologische Kontrolle keine zuverlässigen Korrelierungen mit marinen und terrestrischen Paläoklimaarchiven.

(v) Der Kern *MD96–2087* zeigt nach Pichevin et al. (2005) eine Abkühlung der SSTs und relativ feuchte Bedingungen während der YD. Doch die Chronologie ist äußerst unsicher. Die Windsysteme, auf denen die Interpretation basiert, können nicht nachvollzogen werden. Pichevin et al. (2005) nehmen an, dass die SE-Passatwinde äolisches Material aus dem ariden Innern des südwestlichen Afrika in den Atlantik transportierten. Es gibt jedoch keinerlei Beobachtungen für einen Staubtransport vom Land zur See durch SE-Passatwinde (Eckardt et al. 2001; Eckardt und Kuring 2005; Goudie und Middleton 2006; Heine und Völkel 2010; vgl. Abschn. 4.2.4; Abb. 4.26 und 4.30). Der Staubtransport in der Namib-Wüsten- und Benguela-Strom-Region ist immer mit der Entwicklung einer niedrigen östlichen Zirkulation über dem Innern des südlichen Afrika verbunden (Eckardt et al. 2001) und wird durch „*the Berg winds, a warm, dry, off-plateau, partially katabatic phenomena*" (Goudie und Middleton 2006) verursacht. Die Änderungen der Korngrößen sind daher keine Indikatoren für die Stärke der Passatwinde, wie Pichevin et al. (2005) annehmen! Darüber hinaus müssen die Passatwindstärke, die *Upwelling*-Intensität, die Verschiebungen der ITCZ nach Norden bzw. Süden und die Vegetationsänderungen unter Berücksichtigung der beobachteten Staubtransportbahnen (vgl. Abb. 4.30) und fluvialen Sedimenteinträge in den Atlantik berücksichtigt werden, wenn marine Kerne als Paläoklimaarchive genutzt und weitreichende Folgerungen abgeleitet werden (Heine und Völkel 2010). Beispielsweise nehmen Dupont et al. (2004) an, dass nach dem ACR die SSTs des südöstlichen Atlantiks nicht mehr die Vegetationsentwicklung im Innern des südlichen Afrika beeinflussten und dass stärkere Passatwinde während des ACR und der YD zunehmendes *Upwelling* verursachten sowie einen schwächeren Einfluss der ektropischen Westwinde auf das Klima Südwestafrikas ausübten. Auch schlagen Gasse et al. (2008) vor, eine andere paläohydrologische Interpretation der *Tribulus*-Pollen vorzunehmen, was den Deutungen von Dupont et al. (2004) entgegensteht. Nicht nur die Trajektorien des Staubtransports durch südöstliche Passatwinde (Pichevin et al. 2005) müssen infrage gestellt werden, sondern auch die vielfach den paläoklimatischen Rekonstruktionen zugrunde liegenden Annahmen, dass Häufungen der ^{14}C- und Lumineszenzalter Aridität repräsentieren (vgl. Abschn. 4.2.4). Heine (1981) und Chase et al. (2007) berichten über Beispiele von zunehmender Windintensität in Verbindung mit einer Zunahme der Humidität in der südwestlichen Kalahari sowie entlang der Westküste Südafrikas. Histogramme der Altershäufigkeit von Dünen dokumentieren oft weniger eine intensivierte Dünenaktivität als vielmehr die komplexe Genese der Dünenentwicklung (Chase et al. 2007; Chase 2009; Thomas 2013).

Fazit: Im südlichen Afrika und insbesondere im südwestafrikanischen Trockenraum können die spätglazial/frühholozänen Klimaschwankungen teilweise dem ACR und nicht der YD zugeschrieben werden. Gleichzeitig wird deutlich, dass die mangelhafte zeitliche Auflösung der Geoarchive zu eklatanten Fehlern bei der zeitlichen Korrelierung der Klimaschwankungen (ACR und YD) führt. Die detaillierten Paläoklimaproxys der *hyrax midden* (Chase et al. 2009) und zukünftige Forschungen werden die jungquartäre Klimageschichte im randtropischen Südafrika schnell voranbringen.

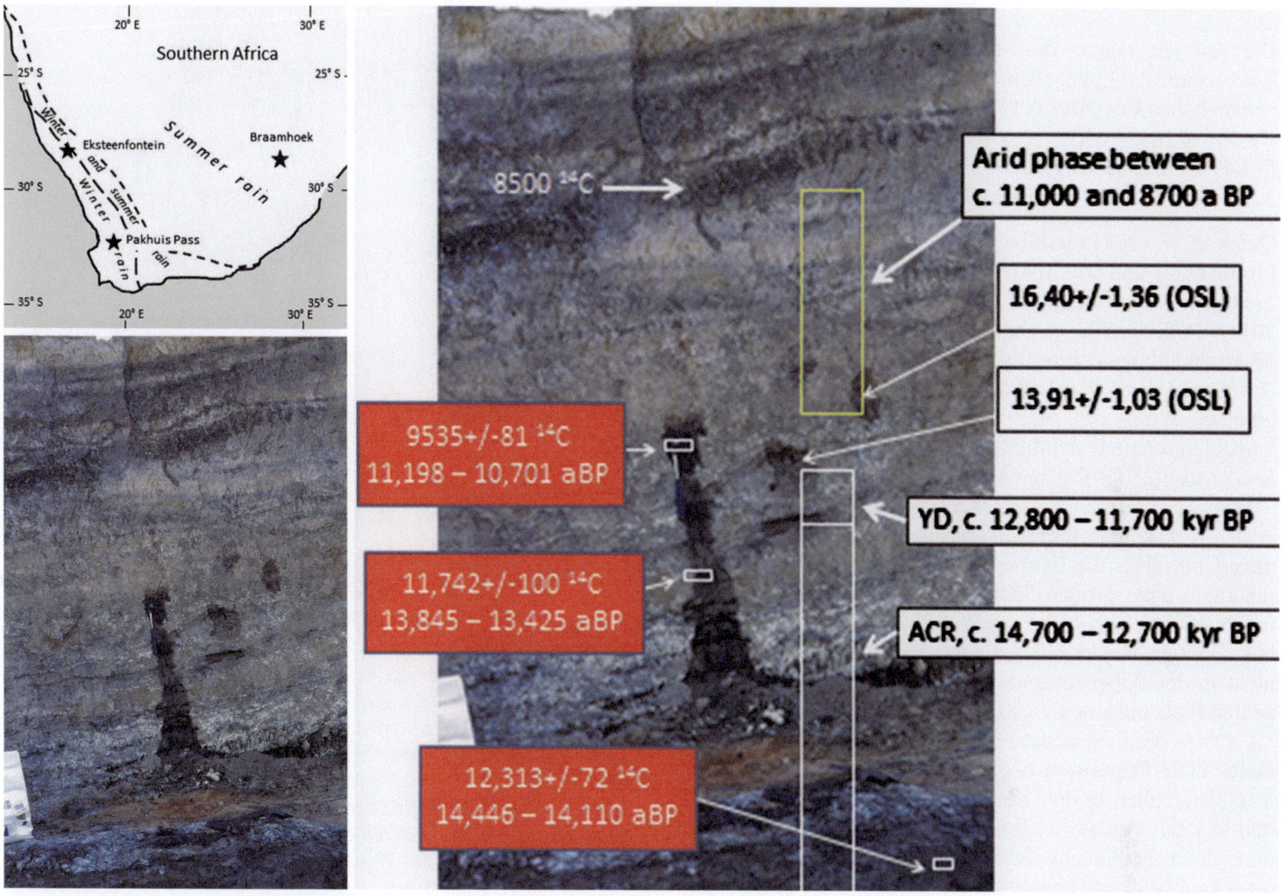

Abb. 6.151 *Links*: Die Lokalität Eksteenfontein in der südlichen Namib sowie weitere Paläoklimaarchive. Die Einflussbereiche der tropischen Sommerregen und ektropischen Winterregen sind angegeben. *Rechts*: Detail des Profils, das durch Erosion 2006 und 2009 zugänglich wurde. ^{14}C- und OSL-Daten zeigen in Verbindung mit dem ^{14}C-datierten Pollenprofil (Abb. 6.152 unten), dass die YD nicht durch eine markante Klimaschwankung vertreten ist. Das ACR wird durch die veränderten Pollengesellschaften sowie stärkere Akkumulation angezeigt. Der Hammer (30 cm, *Bildmitte*) als Maßstab. (Nach Heine et al. 2014; Abbildungen: alueni-images)

wertung der südhemisphärischen Paläoklimaarchive stützt die Vorstellung, dass größere latitudinale Verlagerungen der südlichen Westwindzone die Ursache für die spätglaziale klimatische Asymmetrie von Nord- und Südhemisphäre waren (De Deckker et al. 2012).

Im südlichen Afrika und insbesondere in den südwestlichen ariden Regionen können die spätglazial/frühholozänen Klimaschwankungen dem ACR zugeordnet werden und nicht der YD-Phase der Nordhemisphäre. Werden (i) die Daten berücksichtigt, die die terrestrischen und marinen Geoarchive liefern, und (ii) die Faktoren, die einen Klimawandel während des *Termination I* im und um das südliche Afrika verursachten, wird deutlich, dass die unzureichende zeitliche Auflösung der Geoarchive zu Irrtümern bei der Datierung von Klimaänderungen (ACR und/oder YD) führt.

In den letzten Jahren sind detaillierte Chronologien von *hyrax middens* publiziert worden (Chase et al. 2009, 2011, 2012, 2015a), die

> key evidence for the relative influence of the YD [provide], and suggest that a subtropical-temperate transition zone existed along the oceanic Subtropical Front (~41° S) across the Southern Hemisphere, with the Northern Hemisphere exerting a strong influence on all

Kapitel 6

Abb. 6.152 *Oben*: Die Eksteenfontein-Lokalität, Richtersveld, südliche Namib-Wüste (28°49′26,60″ S, 17°14′46,04″ E, ca. 630 m NN). Die Profile von Heine (1993) und Scott et al. (1995, 2012) sind *links* zu sehen. Das Foto stammt von 1981. Nachfolgende Fluten erodierten diese Profilteile und schufen durch Unterschneidung neue Anschnitte (Profile von 2006 und 2009 sind durch „Heine, this paper" gekennzeichnet). *Mitte*: Korrelierung der Profile von Heine (1993) und Heine et al. (2014) mit dem Profil von Scott et al. (1995, 2012, ergänzt). *Unten*: Pollendiagramm des Eksteenfontein-Profils (nach Scott et al. 1995). Das ACR hebt sich deutlich vom Holozän ab. Die YD ist palynologisch und sedimentologisch nicht zu erkennen. (Abbildungen: alueni-images) ►

but the higher latitudes of the Southern Hemisphere after the Heinrich Stadial 1 (15 ka) (Chase et al. 2011).

Die Autoren zeigen, dass die YD-Phase einen signifikanten Einfluss auf die hygrischen Bedingungen des südlichen Afrika gehabt haben soll (Abb. 6.153). Vor allem die *hyrax midden* von De Rif in den Cederbergen (SW-Kapprovinz, Südafrika, Profil DR-1, 32°26,8′ S; 19°13,4′ E, 1138 m NN und Profil DR-2, 32°26,8′ S; 19°13,4′ E, 1151 m NN) sollen dies belegen.

Quick et al. (2011) publizieren das Altersmodell der De-Rif-Profile DR-1 und DR-2 (Abb. 6.154). Zwischen 70 und 235 mm Tiefe nimmt die Rate der Deposition stark zu (Quick et al. 2011). Pollenprofile zeigen für die De-Rif-Profile nur geringe Veränderungen: Eine Fynbos-Vegetationsformation war im Spätglazial (ca. 18–11,5 ka BP) wie auch im Holozän ausgebildet. Weder das ACR noch die YD werden in den Pollengemeinschaften sichtbar. Die stabilen Stickstoff($\delta^{15}N$)- und Kohlenstoff($\delta^{13}C$)-Daten (Abb. 6.155) weisen demgegenüber deutliche Schwankungen der Werte während der YD auf. Quick et al. (2011) können diese Diskrepanz nicht auflösen. Sie weisen darauf hin, dass die Fynbosvegetation eine weite Verbreitung innerhalb einer großen Spanne unterschiedlicher Temperatur- und Niederschlagsbedingungen (< 300 mm/a bis > 3000 mm/a) hat. Geringe Niederschlagsschwankungen müssen sich daher nicht in der Pollenzusammensetzung abzeichnen. In einer erneuten Probennahme (DR2010) und in Verbindung mit weiteren ^{14}C-Daten wird die pellet-reiche Lage auf ca. 11,3–10,4 ka BP datiert. Die Deposition beginnt nach der YD. Die $\delta^{15}N$- und $\delta^{13}C$-Anomalien in den Kurven während der YD (Abb. 6.153 und 6.155) werden weder durch Pollenzusammensetzungen noch durch Sedimentationsraten, sondern allein durch die stabilen Isotopenwerte angezeigt.

Die De-Rif-Daten, insbesondere die $\delta^{15}N$- und $\delta^{13}C$-*records*, zeigen den Einfluss von drei bedeutenden Ereignissen, die durch Süßwasserzufuhr in den Nordatlantik ausgelöst wurden: HS 1, YD und 8,2 ka. In den De-Rif-Profilen sind zwei Phasen während des *Termination I* archiviert: (1) eine allgemeine Zunahme der Feuchtigkeitsverfügbarkeit, verbunden mit einer Abnahme der Saisonalität in der Zeit vom Ende des LGM bis zum Ende von HS 1 um 14,6 ka BP; (2) eine späte Deglaziations-/Frühholozän-Periode von ca. 14,6–7 ka BP mit ariden Episoden während der YD und des 8,2 ka *events*. Aufgrund der vorliegenden terrestrischen Paläoklimaproxys (Pollen, Erosion/Akkumulation, etc.) gibt es bisher nur vereinzelt Hinweise auf aride Episoden zwischen ca. 14,6 und 7 ka BP (z. B. eine Zunahme der äolischen Aktivität in der NW-Kalahari um 8,2 ka BP, Heine 1995c, 2005; eine Absenkung des Grundwasserspiegels im Otavi-Bergland/Nordnamibia um 8,5 ± 0,5 ka und 7,5 ± 0,3 ka BP; Brook et al. 1999; eine ausgeprägte Strandlinie im Makarikari-Becken eines Rückzugsstadiums des frühholozänen Mega-Sees um 8,5 ± 0,2 ka BP; Burrough und Thomas 2009). Der Nachweis der Jüngeren Dryas (YD) als bedeutende Klimaschwankung mit geoökologischen Auswirkungen im ariden südlichen Afrika (und dem südafrikanischen Winterregengebiet) steht nach wie vor noch aus.

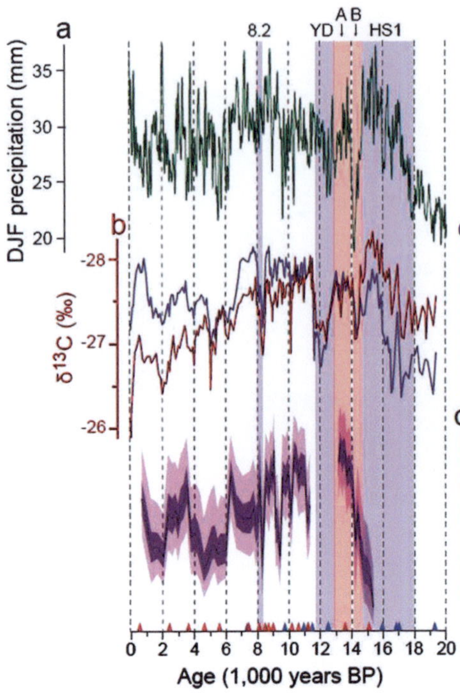

Abb. 6.153 Vergleich von Proxy-*records* vom De-Rif-*hyrax-midden* mit Simulationsdaten des *General Circulation Model* (GCM) für die Region. ^{14}C-Daten sind auf der Abszisse durch Dreiecke angegeben (*blau* – De-Rif-2-Profilabschnitt; *rot* – De-Rif 2010-Profil). Heinrich-Stadial 1 – HS 1; Jüngere Dryas – YD; 8,2-ka-Ereignis – 8,2; Bölling – B, Alleröd – A. Stabile Stickstoff($\delta^{15}N$)- und Kohlenstoff($\delta^{13}C$)-Daten (**b**, **c**) des Midden reflektieren die Wasserverfügbarkeit der Umgebung und die Wirksamkeit des Wassergebrauchs der Pflanzen. Diese Daten werden mit Pollenanalysen (Valsecchi et al. 2013) und einer Rekonstruktion des Ariditätsindexes (berechnet aufgrund einer pdf-basierten Modellierungstechnik) verglichen. **a** Ähnlichkeiten 1. Ordnung zwischen Ergebnissen der *CCSM3 TraCE-21ka transient GCM simulation* für den südhemisphärischen Sommer (DJF) und den Proxy-*records* stützen die Schlussfolgerungen; das Fehlen eines signifikanten YD-Signals in der Simulation kann auch darauf zurückzuführen sein, dass die Modellierung einige bedeutende Elemente des globalen Klimasystems im *Termination I* nicht erfasst. Weitere Erläuterungen bei Chase et al. (2015a). Eine kritische Betrachtung der Daten der De-Rif-Profile wird im Text vorgenommen

Heine (2002) versucht, die Daten der terrestrischen Paläoklimaarchive aus dem ariden nordafrikanischen Bereich (Sahara)

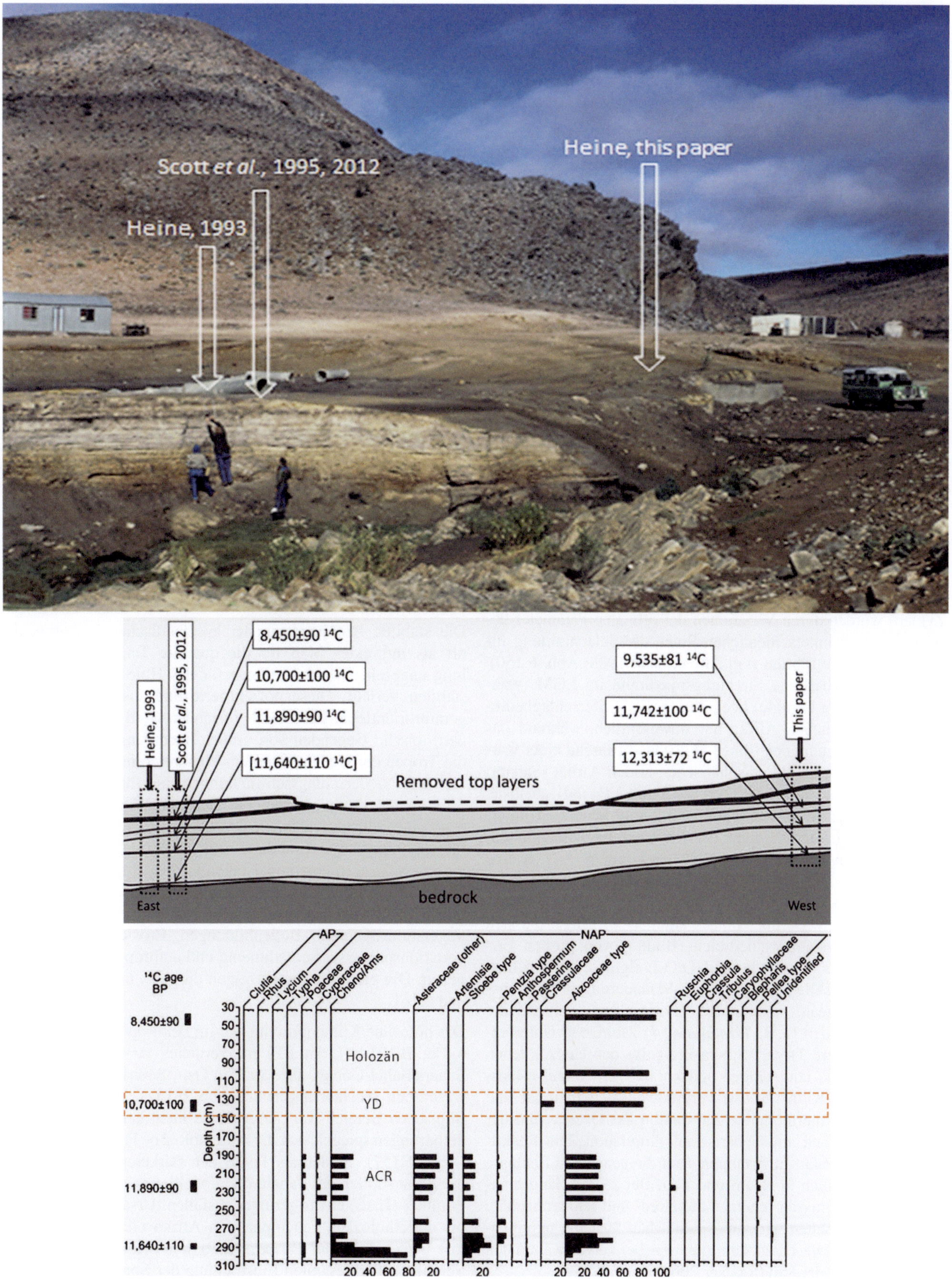
Scott et al., 1995, 2012
Heine, 1993
Heine, this paper
8,450±90 14C
10,700±100 14C
11,890±90 14C
[11,640±110 14C]
9,535±81 14C
11,742±100 14C
12,313±72 14C
This paper
Removed top layers
bedrock
East
West
AP
NAP
14C age BP
Depth (cm)
Holozän
YD
ACR
Clutia
Rhus
Lycium
Typha
Poaceae
Cyperaceae
Cheno/Ams
Asteraceae (other)
Artemisia
Stoebe type
Pentzia type
Anthospermum
Passerina
Crassulaceae
Aizoaceae type
Ruschia
Euphorbia
Crassula
Tribulus
Caryophyllaceae
Blepharis
Pellea type
Unidentified

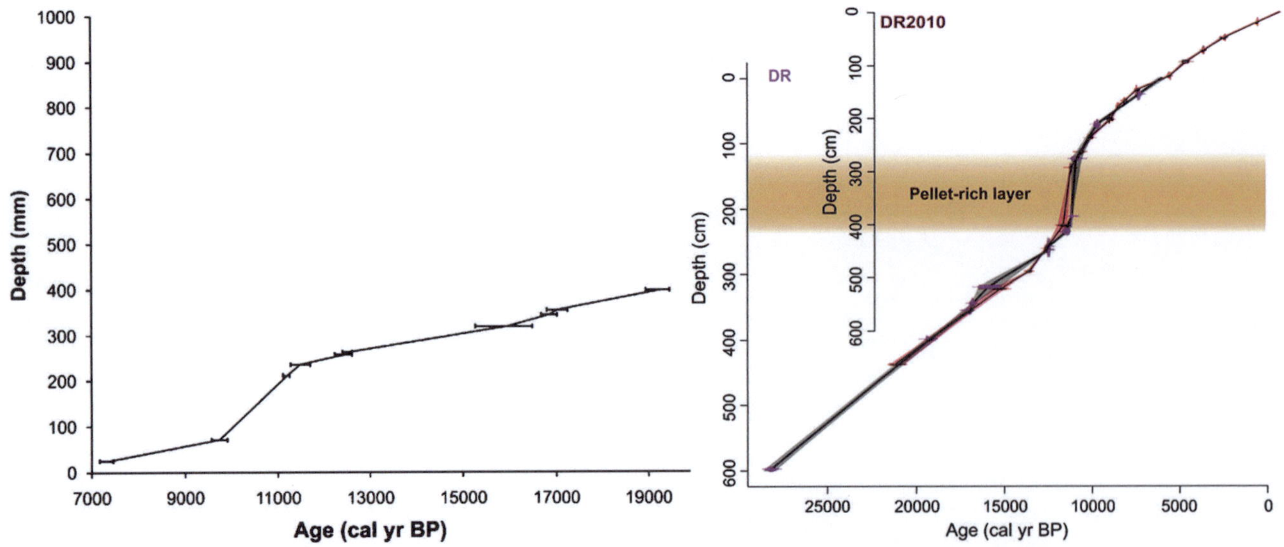

Abb. 6.154 *Links*: Altersmodell der De-Rif-*Hyrax-midden*-Lokalität. Der markante Anstieg der Deposition fällt mit der Ablagerung einer Pellet-Lage zusammen. Darüber und darunter sind die Sedimentationsraten in etwa gleich (1 mm in 30 years) (aus Quick et al. 2011). *Rechts*: Die pellet-reiche Lage ist auch im Profil DR2010 durch starke Sedimentationsraten vertreten. Die Daten von Quick et al. (2011) werden in der Darstellung berücksichtigt. Die pellet-reiche Schicht wurde nach der YD gebildet (aus Chase et al. 2012). Man beachte, dass x-Achsen und y-Achsen in beiden Diagrammen entgegengesetzt angeordnet sind

mit den Daten der ariden südafrikanischen Region zu vergleichen (Abb. 6.156). Die großen Klimarhythmen (Milankovich-Zyklen) wurden durch Variationen der orbitalen Parameter bestimmt, die zu unterschiedlichen Raten der Solarstrahlung für jede Hemisphäre führten (vgl. Hövermann 1988; Abb. 6.150). Das südhemisphärische Strahlungsmaximum im LGM (während einer kalten Periode) beeinflusste die Niederschlagbedingungen im südlichen Afrika nur unwesentlich, während das Strahlungsmaximum des frühen Holozäns (während einer warmen Periode) im nordhemisphärischen ariden Afrika (Sahara) eine extrem feuchte Phase (*African Humid Period*) auslöste. Variationen der gesamten solaren Strahlung bewirkten untergeordnete Klimafluktuationen, die den Trend der Milankovich-Zyklen intensivieren oder abschwächen konnten (z. B. Kleine Eiszeit). Kurze plötzliche Klimafluktuationen konnten von endogenen Prozessen auf der Erde (z. B. vulkanische Eruptionen) ausgelöst werden. Darüber hinaus konnten Vorgänge, die sich im globalen System wiederholen (Bildung von großen Eisschilden, *Surges*, Heinrich- und D/O-Ereignisse), das Klima modifizieren. Schließlich bewirkten Veränderungen im globalen System (Ozean, Atmosphäre, Hydrosphäre) während der Übergangsperioden (z. B. *Termination I*) zahlreiche Unterbrechungen (Jüngere Dryas, 8,2-ka-Ereignis) der langzeitlichen Klimatrends. Die langzeitigen und kurzzeitigen Impulse (Klimaänderungen, Klima-*events*) verbreiteten sich regional und global über die thermohaline Zirkulation der Ozeane und der damit verbundenen atmosphärischen Zirkulation. Die Reaktion bestimmter Paläo-Environments auf die genannten Eisflüsse war unterschiedlich in Raum und Zeit. Bei zeitlich länger andauernden Ereignissen scheinen die Nord- und Südhemisphäre über die ozeanischen und atmosphärischen Systeme miteinander verknüpft gewesen zu sein; dies war bei kürzer währenden Ereignisse nicht der Fall (Stocker 2000).

6.2.5 Das Holozän

Die stabilen Isotopendaten der grönländischen Eiskerne, die oft als indirektes Maß für die quartäre Temperaturentwicklung angesehen werden, zeigen für das Holozän einen relativ stabilen Verlauf. Diese polzentrierte und ausschließlich temperaturorientierte Sicht auf Klimaänderungen ist zwar für außertropische Gegenden von großer Bedeutung, nicht aber für die Tropen der niederen Breiten. Weniger Temperatur- sondern vielmehr Niederschlagsschwankungen sind für die Tropen und Subtropen von entscheidendem Einfluss. Wie bereits für das tropisch-randtropische Lateinamerika aufgezeigt, so haben auch für das tropische und randtropische Afrika die *holozänen Klimaschwankungen* eine herausragende Bedeutung, besonders in Verbindung mit archäologischen Forschungen. In Afrika wird die holozäne Klimaentwicklung durch Gletscherbewegungen, Vegetationsdynamik, Bodenbildungen, Erosions- und Akkumulationsprozesse, Seesedimente und anthropogene Zeugnisse belegt. Die globalen Trends zeigen die Abb. 6.159, Abb. 5.158 und 6.161.

Das holozäne Klimaoptimum war im randtropischen Afrika um 6,8 ka BP (6 ^{14}C ka BP) im Vergleich zu heute im ariden Sahara/Sahel-Gebiet, aber auch in Ost-, Südost- und Südafrika wesentlich feuchter als heute (Abb. 6.157). Im immerfeucht-tropischen Bereich war dieser Trend nicht ausgeprägt. In Modellierungen spiegelt sich die mittelholozäne Feuchtphase wider (Abb. 6.157), in der als Folge der stärkeren Bewölkung in der Zone südlich der Sahara die modellierten Temperaturen im Sommer (JJAS) etwas geringer ausfallen. Ursache für die früh- bis mittelholozäne Feuchtphase in Afrika nördlich des Äquators (*African Humid Period*, AHP) war die sich verändernde Verteilung der gesamten Einstrahlung der Sonne als Folge der

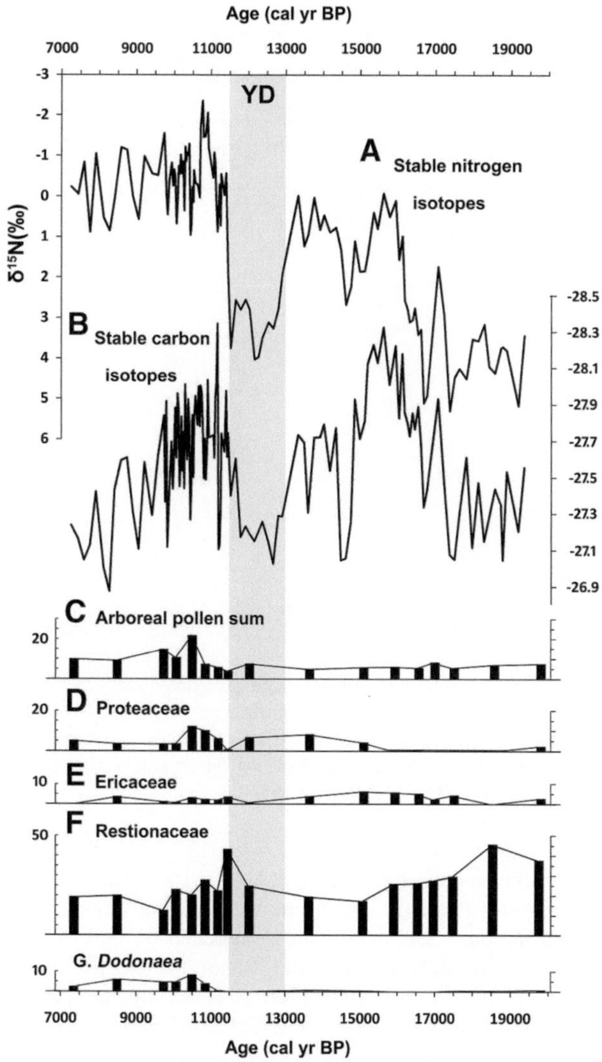

Abb. 6.155 Vergleich der De-Rif-Daten der stabilen Isotope ($\delta^{15}N$ und $\delta^{13}C$) (A, B) mit Prozenten der Baumpollensumme (C), der Proteaceae-Pollen (D), Ericaceae-Pollen (E), Restionaceae-Pollen (F) und Dodonaea-Pollen (G) (aus Quick et al. 2011). Die YD zeigt sich nicht in den Pollendaten

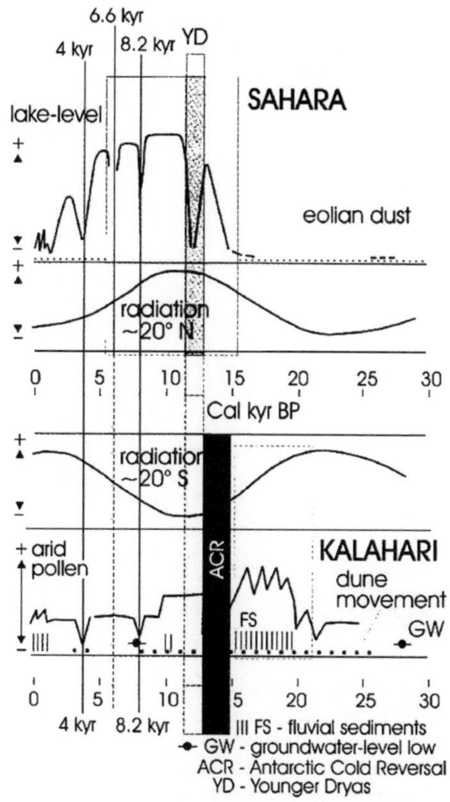

Abb. 6.156 Die Klimaentwicklung von Sahara und Kalahari (arides südliches Afrika) im Vergleich während der letzten 30 ka BP. Seespiegel für die Sahara/Sahel-Region nach Gasse (2000). Äolischer Staubeintrag vor der NW-afrikanischen Küste nach deMenocal et al. (2000). Pollen, die aride Klimaverhältnisse anzeigen, nach Shi et al. (2000). Dünenbildungsphasen der Kalahari nach Stokes et al. (1997), Heine (1995c) und Blümel et al. (1998). Fluviale Sedimente in der Kalahari, die humide Bedingungen anzeigen, nach Heine (1981, 1982, 1987, 2004c). Grundwasserspiegel in Nordnamibia nach Brook et al. (1999). Insolation-Rekonstruktionen nach Berger und Loutre (1991). (Nach Heine 2002; alueni-images)

Änderung der orbitalen Parameter (*orbital forcing*, Präzession, vgl. Abb. 2.47, 6.143 und 6.156). Die Nordhemisphäre verzeichnete ein Maximum der Strahlung. Damit ging eine sommerliche weiträumige Ausdehnung des Monsuns nach Norden einher. Insbesondere nach 6 ka BP verringerte sich nach und nach die Solarstrahlung (vor allem während des borealen Sommers und Herbstes). Die ITCZ und das Monsunsystem wanderten südwärts (Abb. 5.159). Die Abschwächung des Sommermonsuns führte zu größerer Aridität in Nordafrika. Dieser Trend machte sich besonders nach 5,5 ka BP bemerkbar. Auch in Ostafrika wurde es trockener. Zwischen 7 und 5 ka BP führte im außertropischen südlichen Afrika eine Verlagerung der Westwindzone nach Süden (als Folge der Reduktion der antarktischen Meereisausdehnung) zu höheren Temperaturen und größerer Aridität (Chase et al. 2013).

Diese hier skizzierte allgemeine Klimaentwicklung wurde von kurzzeitigen (Jahrhunderte bis Jahrtausende) Schwankungen der hygrischen Verhältnisse unterbrochen. Bereits an anderer Stelle wird das 8,2-ka-Ereignis genannt, das im wechselfeucht tropischen Afrika vom Atlantik über den gesamten Kontinent bis zum Indischen Ozean in den Geoarchiven auftritt (vgl. Abb. 6.142) und das als Folge der gewaltigen Süßwassereinleitung über die Hudson Bay (plötzliches Auslaufen des Eisstausees) in den Nordatlantik zu einer schnellen Abkühlung und damit einhergehenden ariden Phase von mehreren Hundert Jahren nicht nur im Nordatlantik, sondern auch im afrikanischen Raum führte.

Feuchttropen

Abb. 6.158 zeigt einen zusammenschauenden Vergleich zahlreicher Paläoklimaproxys für Afrika im Holozän (Burrough und Thomas 2013). Aus dem feucht-tropischen Bereich des Kongo-Beckens werden keine terrestrischen Paläoklimaarchive

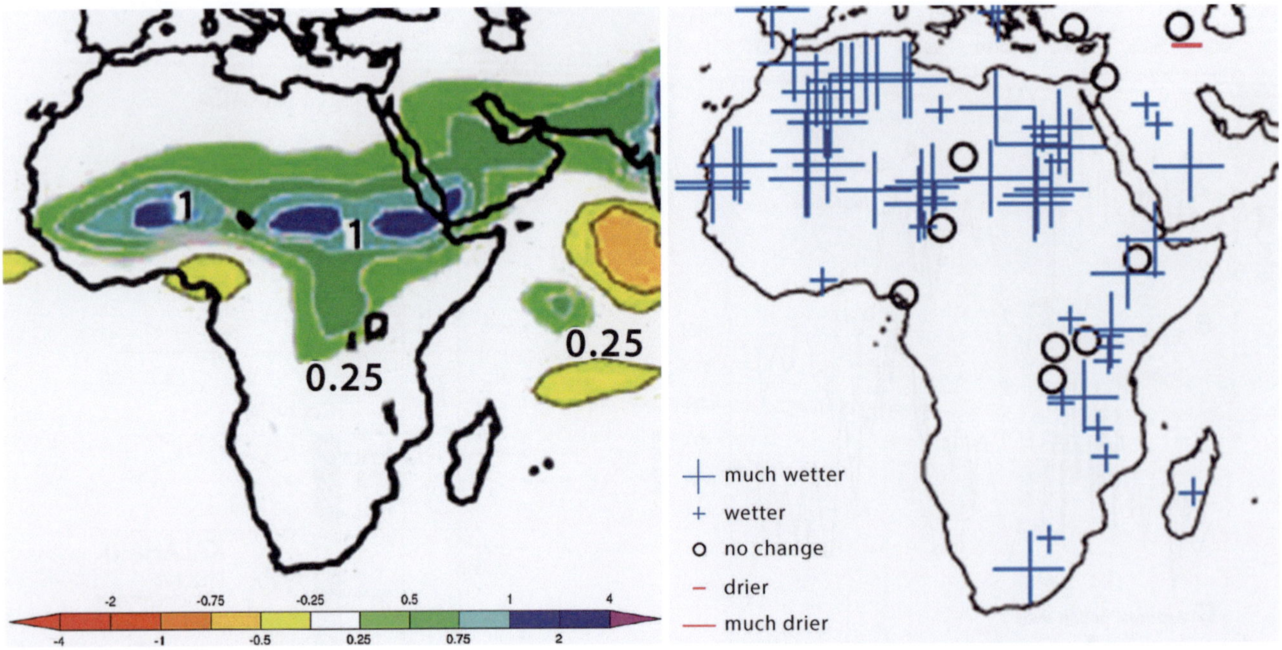

Abb. 6.157 Differenzen zwischen dem Mittelholozän und der Gegenwart (präindustrielle Zeit). *Links*: Veränderungen der hygrischen Situation um 6,8 ka BP (6 ^{14}C ka BP) im Vergleich zu heute. Die Daten stammen vom *Global Lake Status Data Base* (nach Wanner et al. 2008). Die nordhemisphärischen afrikanischen Tropen und Subtropen waren feuchter, ebenso die vom Passat/Monsun-System beeinflussten Regionen Ostafrikas. Die immerfeuchten Regenwaldgebiete sind ausgenommen. *Rechts*: PMIP2-Simulationen (PMIP – *Paleoclimate Modeling Intercomparison Project*). Mittlere Niederschläge der Sommermonate (JJAS) im mm/Tag. (Aus Wanner et al. 2008; vgl. Abb. 5.157 und 5.158)

genannt, sondern die Autoren greifen auf zwei marine Kerne zurück, um die äquatorialen holozänen Klimaschwankungen zu erfassen. Dass diese auch in den inneren afrikanischen Tropen auftraten, belegen die spätholozänen *debris-flow*-Prozesse in Kamerun (Lake Assom, 6°38′ N, 12°59′ E, ca. 900 m NN), die nach der Ausbreitung des Waldes zwischen ~9500–2800 ka BP ein Verschwinden des tropischen Waldes zwischen 2800 und 2000 ka BP zugunsten einer Savannenvegetation anzeigen (Giresse und Ngos III 2014). Die AHP (*African Humid Period*) wird durch fluvialgeomorphologische Prozesse (*cut-and-fill*-Sequenzen, Einschneiden in ältere Sedimentkörper, etc.) in Zentralafrika charakterisiert; ab ca. 5 ka BP – mit Zunahme deutlich ausgebildeter Regen- und Trockenzeiten – ändern sich die fluvialen Prozesse: Die Ufer werden stabilisiert, jahreszeitlich auftretende Fluten führen zu *overbank*-Sedimentation, *avulsion* (Abtrag und Anlagerung), etc. Die früh- und mittelholozänen Sedimentarchive sind in den Flussgebieten Kameruns weit verbreitet (Runge et al. 2014). Zwischen ca. 4 und 2,5 ^{14}C ka BP dokumentieren z. B. im Ntem-Tal (Abb. 6.159) Sedimentsequenzen beachtliche Schwankungen des fluvialen Geschehens, die Umwelt/Klimafluktuationen dokumentieren. Um ca. 2,5 ^{14}C ka fand abermals ein Wechsel der fluvialen Prozesse statt (vgl. Abb. 6.80).

Im Holozän zeigt der Grenzsaum zwischen tropischem Regenwald und Savanne Verschiebungen, die deutlich ab ~3 ka BP eine Aridifizierung anzeigen (vgl. Abb. 6.80). Dieser klimatische Umschwung fällt mit der zentralafrikanischen Regenwaldkrise (*third millennium BP Central African rainforest crisis*, Neumann et al. 2007) zusammen, die möglicherweise auch zu Bantu-Völkerwanderungen führte (Abb. 6.160). Bayon et al. (2012) rekonstruieren die chemische Verwitterungsintensität anhand der marinen Sedimente von Kern KZAI-01 und machen Ackerbau- und Viehwirtschaft der Bantu für die Savannenausbreitung mitverantwortlich. Eine Aridisierung des Klimas (Akzentuierung von Regen- und Trockenzeiten) – u. a. auch durch die Gramineae-Pollen der Barombi Mbo-Seesedimente belegt – und anthropogene Einflüsse haben sich möglicherweise gegenseitig in ihrer Wirkung verstärkt.

Nordafrikanische Randtropen

Für die nordafrikanischen Randtropen/Tropen liegen – im Gegensatz zu früheren quartären Perioden – viele und detaillierte Studien für das Holozän vor. Die *African Humid Period* (AHP), die etwa um 14,8 ka BP einsetzte und bis ca. 5,5 ka BP andauerte (Shanahan et al. 2015), soll – so wird lange aufgrund von marinen Kernen (ODP 658/659; deMenocal et al. 2000) und Modellierungen (Claussen et al. 1999; Liu und Braconnot 2012: 343) postuliert – ein abruptes Ende gehabt haben. Die terrestrischen sedimentologischen, palynologischen, archäologischen (Kröpelin et al. 2008a, 2008b) und meteorologischen (Nicholson 2009, 2011) sowie modellierten Daten (Claussen et al. 2003; Renssen et al. 2003; Goosse et al. 2010) belegen einen weniger abrupten, in Raum und Zeit fortschreitenden Übergang von feucht zu arid, der sich während Jahrhunderte vollzog. Hoelzmann et al. (2004) haben zahlreiche Klimaarchivdaten zu paläohydrologischen Veränderungen in der westlichen und zentralen Sahara/Sahel-Region zusammengetragen, die die letzten 18.000 Jahre umfassen. Nach der YD werden Perioden

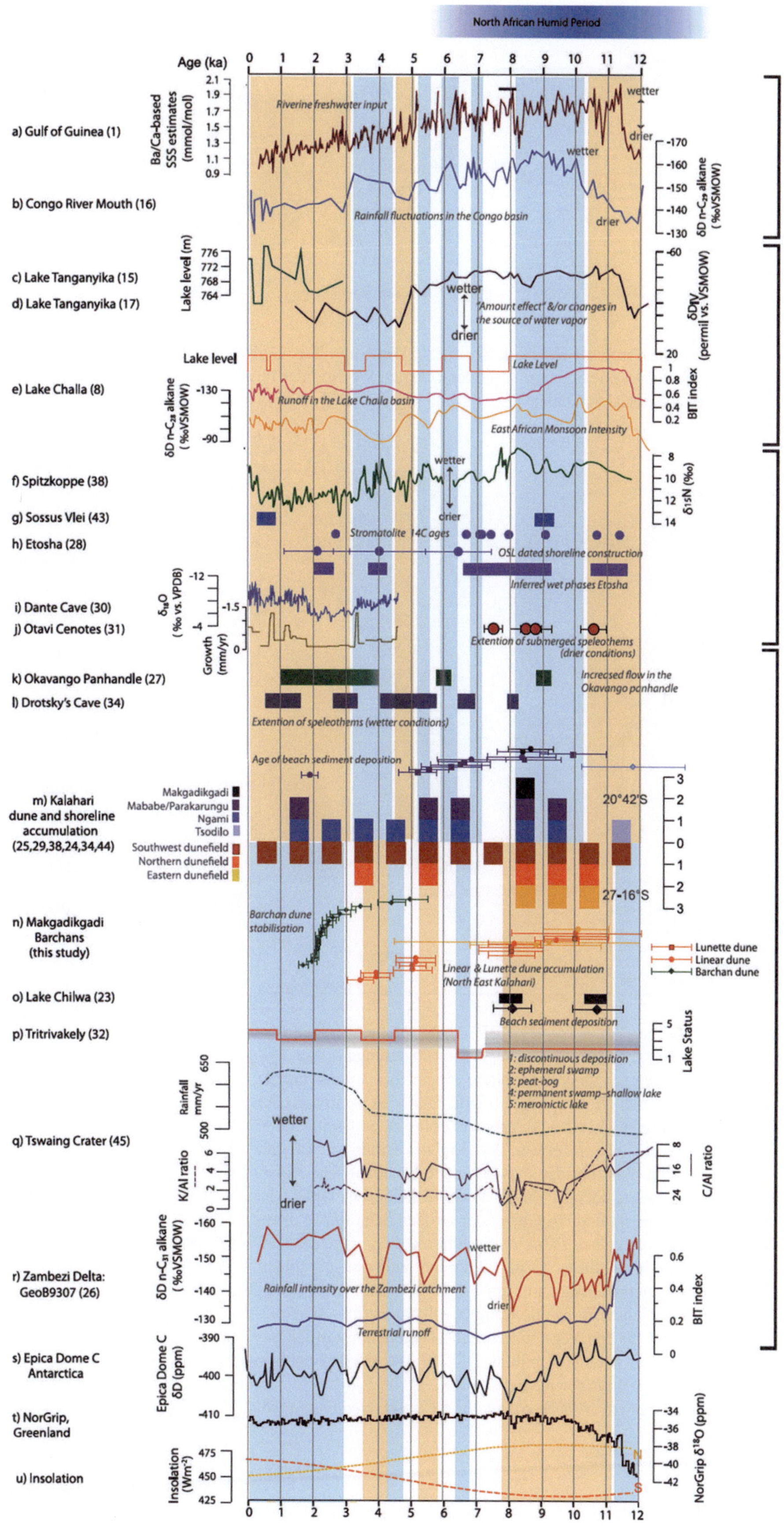

Abb. 6.158 Holozäne hydrologische und geomorphologische *records* des zentralen südlichen Afrika. **a** Frischwassereinspeisung in den Golf von Guinea (Ba/Ca-Verhältnis); **b** Feuchtigkeitsverfügbarkeit im Kongo-Becken (δD-Werte der marinen Sedimente des Kongoflusses); **c** Seespiegelkurven des Tanganjika-Sees aufgrund von Stromatolithen und Mollusken; **d** Tanganjika-See: δD-Werte der Sedimente; **e** Seespiegeländerungen des Lake Challa, Abfluss in das Lake-Challa-Becken (Branched-and-Isoprenoidal-Tetraether(BIT)-Index) und ostafrikanischer Monsun-Index (δD-*n*-C_{28} Alkane-Werte); **f** δ^{15}N-Werte von *hyrax midden* der Spitzkoppe (Namibia); **g** fluviale Aktivität des Tsauchab (Sossus Vlei), Namibia; **h** Strandlinien, feuchte Phasen und Stromatolithen-Alter der Etoscha-Pfanne, Namibia; **i** δ^{18}O-Werte der Dante Cave, Namibia; **j** Otavi-Cenote (Namibia), Alter ertrunkener Speläotheme; **k** erhöhter Okavango-Abfluss; **l** Drotzky's Cave (Botswana): Speläothem-Wachstum; **m** Daten von Dünenaktivitätsphasen der Kalahari; **n** Barchan-Dünenstabilisierung in den Makarikari-Pfannen; **o** Lake Chilwa: Strandlinienbildung; **p** Lake Tritrivakely: Seestatus; **q** Tswaing-Krater: Niederschlags-Index und K/Al- (*gerissen*) und Cl/Al- (*schwarz*) Intensitätsverhältnisse (XRF-Bohrkern-Scanning); **r** Niederschlag im Sambesi-Gebiet (Schefuß et al. 2011); **s** Deuteriumdaten des EPICA Dome-C-Eiskerns; **t** δ^{18}O-*record* von NGRIP; **u** Insolation in 15° N und S. *Schwach blaue* und *beigefarbene Balken* sollen zunehmende/abnehmende Feuchtigkeitsverfügbarkeit anzeigen aufgrund der marinen Daten vom Kongo-Becken im Westen und der Sambesi-Region im Osten. Die Zahlen in Klammern der Lokalitäten beziehen sich auf die Referenzen von Burrough und Thomas (2013).
Anmerkung: Die Daten der verschiedenen Autoren werden nicht kritisch evaluiert, sondern lediglich nebeneinander gestellt. (Aus Burrough und Thomas 2013)

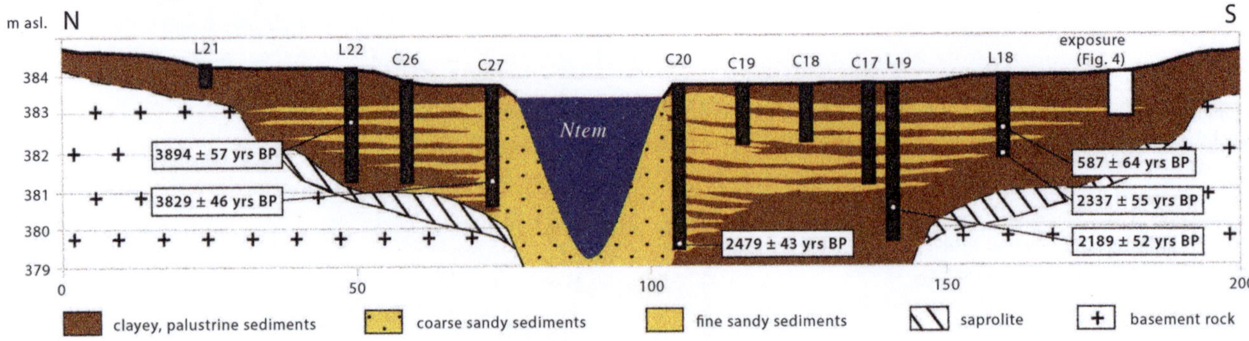

Abb. 6.159 Schnitt durch die fluvialen Sedimente des Ntem-Tals südwestlich von Nyabessan (Südkamerun, ca. 2°24′ N, 10°23′ E, 400 m NN) (aus Runge et al. 2014). Die Sequenz zeigt deutlich den Wechsel der fluvialen Prozesse nach der AHP und dokumentiert damit die Veränderungen der Umwelt im äquatorialen Gebiet

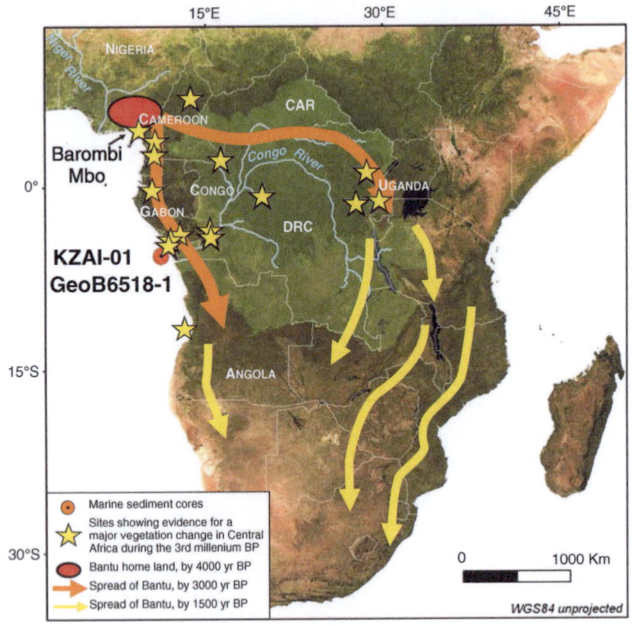

Abb. 6.160 Zwischen ca. 3 und 2 ka BP zeigen zahlreiche Paläoklimaarchive (*gelbe Sterne*) markante Vegetationsänderungen: Der Primärwald wurde durch Savannen und andere Pionierformationen ersetzt (*rainforest crisis*). Dieses Entwaldungsereignis fand gleichzeitig mit der Migration der bantu-sprechenden Agrarbevölkerung statt, die im Gebiet von Nigeria-Kamerun beheimatet war. Während des dritten Jahrtausend BP breiteten sich die Bantufarmer südwärts über das atlantische Äquatorialafrika und ostwärts über die Kongo-Wasserscheide aus. Um 2,5 ka BP erreichten sie Angola und das Gebiet der Großen Seen (*dicke orange Pfeile*). Die *dünnen gelben Pfeile* repräsentieren die anschließenden Wanderungswellen ins südliche Afrika. Während früher angenommen wurde, dass die Savannenausbreitung um 4–3 ka BP klimatisch bedingt sei, wird heute die sich ausbreitende Bantubevölkerung (mit Ackerbau und Viehwirtschaft) für den Vegetationswechsel mitverantwortlich gemacht. CAR – Central African Republic; DRC – Democratic Republic of Congo. KZAI-01 – Mariner Kern (05°42′ S, 11°14′ E), der die terrestrischen Daten ergänzt. (Aus Bayon et al. 2012; vgl. Neumann et al. 2007)

mit maximalen Seespiegelständen registriert, die unterschiedlich lange andauerten und zwischen ca. 5,5 und 3,5 ka BP endeten (Abb. 6.161). Nash und Meadows (2012) geben eine Zusammenfassung für das semiaride und aride Afrika nördlich das Äquators; sie berücksichtigen jedoch die äußerst detaillierten Ergebnisse von Pachur und Altmann (2006) und Kröpelin (1999, 2009) für die Ost-Sahara nicht.

Dass sich letztlich die saharische Paläoklimarekonstruktion für das Holozän durchgesetzt hat, die sich auf die Vielfalt der Paläoklimaarchive aus der Sahara selbst stützt (und nicht allein auf einen einzigen marinen Bohrkern), wird nun auch von deMenocal (2015) anerkannt. deMenocal (2015) beschreibt – aufgrund der Arbeiten von Shanahan et al. (2015) – eine fortschreitende Aridität im Sahara-Raum von Nord nach Süd: In Mauretanien (20° N) endet die *African Humid Period* um 5 ka BP, am Lake Bosumtwi (5° N) erst um 3 ka BP.

Obgleich Pachur und Altmann (2006; Abb. 6.40), Kröpelin (1999, 2009) und Kröpelin et al. (2008a, 2008b) ein raumzeitlich differenziertes Ende der AHP beschreiben, werden erst in jüngster Zeit die Ergebnisse der deutschen Wissenschaftler international voll anerkannt (deMenocal 2015; Bathiany et al. 2016). Die Aridität der Sahara nach der AHP begann im Norden und weitete sich langsam nach Süden aus. Ein plötzliches Kollabieren des Monsunsystems, das zum Ende der niederschlagsreicheren holozänen Periode (AHP) in der Sahara geführt haben soll, bestätigt sich nicht. Die interdisziplinären Forschungen in geoarchäologischen Teilgebieten der östlichen Sahara zu Klimawandel und Besiedlung während des Holozäns erfassen die früh- und mittelholozäne Feuchtzeit (*African Humid Period*, AHP; „*green Sahara*“ [Nicole Petit-Maire]) im Detail (Kröpelin 2009).

Es handelt sich um (a.) eine heute fast vollständig von Dünen verborgene ehemalige Seenlandschaft östlich des tschadischen Ennedi-Plateaus; (b.) das Wadi Hariq, ein isoliertes Talsystem im Zentrum der südöstlichen Sahara; (c.) das Einzugsgebiet und den Oberlauf des Wadi Howar in West-Dafur sowie (d.) dessen Unterlauf zwischen Jebel Rahib und dem Nil.

Kuper und Kröpelin (2006) fassen die Klima- und Besiedlungsgeschichte wie folgt zusammen: (A) Während des LGM und

Abb. 6.161 Beobachtete oberflächennahe paläohydrologische Veränderungen während der letzten 18.000 Jahre in der westlichen und zentralen Sahara/Sahel-Region. Maximale Feuchtigkeit/Humidität – *dunkel-blau;* Übergänge von maximalen Seespiegelständen und Sebkha-Environments – *hell-blau*; floristische Beziehungen der rekonstruierten Vegetation für die Zeitscheiben 0, 3,0, 6,0 und 13,0 ka BP werden ebenfalls angegeben: gui = Guinean, sud = Sudanian, sahel = Sahelian, sah = Saharan (aus Hoelzmann et al. 2004). Die Originalquellen werden bei Hoelzmann et al. (2004) genannt

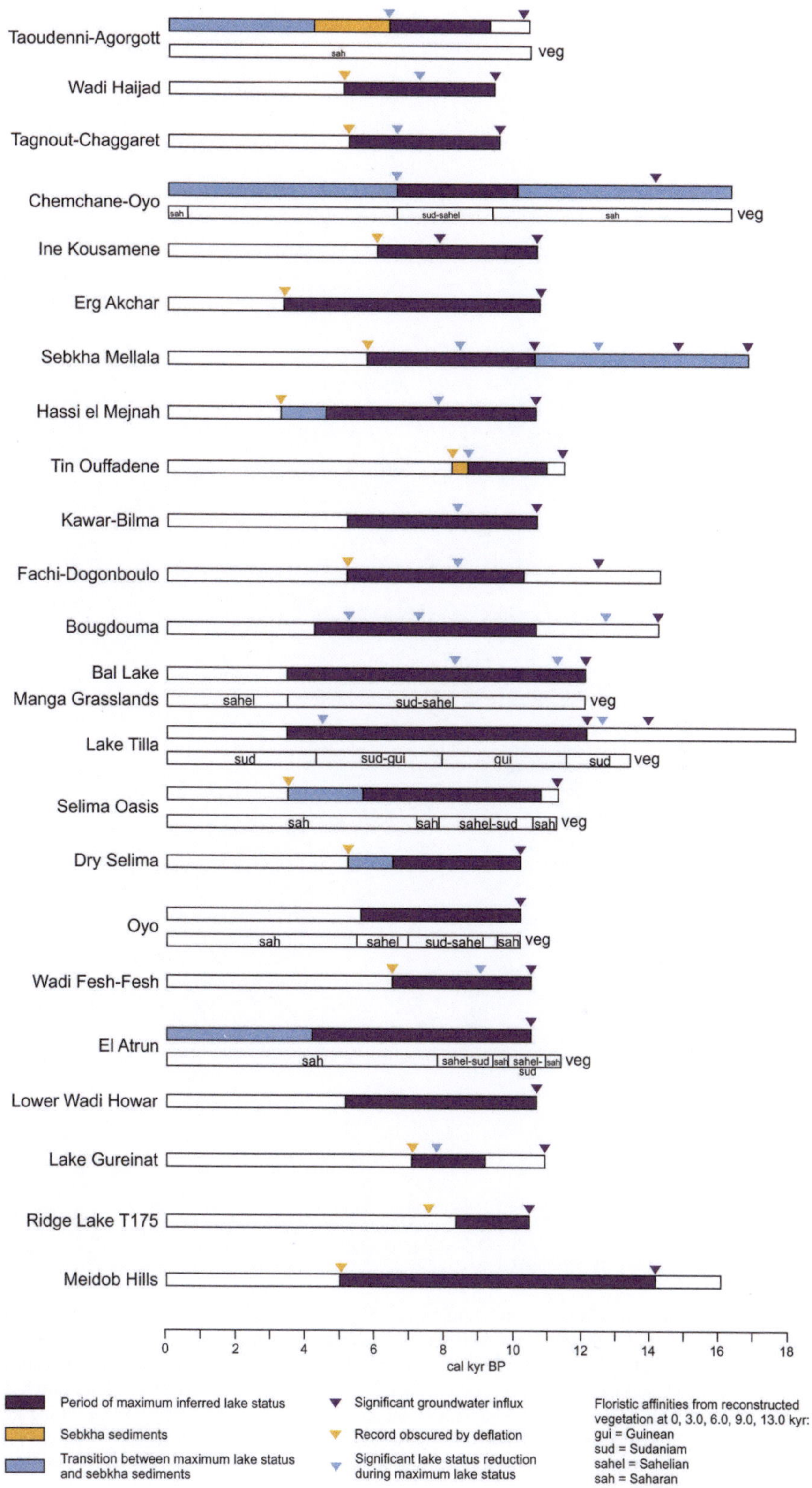

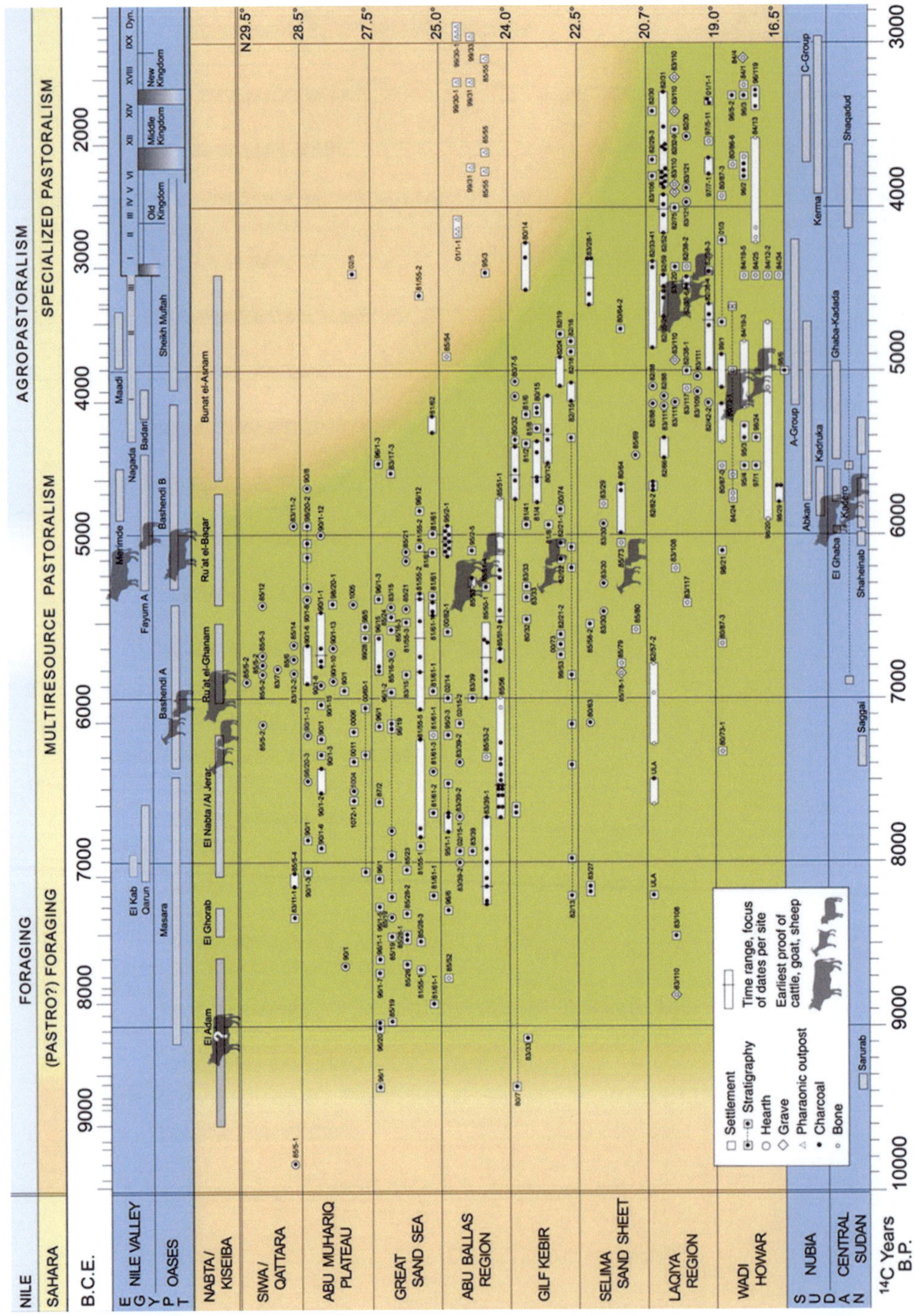

Abb. 6.162 ^{14}C-Daten von früh- und mittelholozänen Siedlungsplätzen in der Ost-Sahara. Die Darstellung ist von Nord nach Süd zusammengestellt und umfasst ca. 500 radiometrische Altersbestimmungen von prähistorischen Ausgrabungsstellen, die nicht in Oasen liegen (mit verdichteten Chronologien der ägyptischen Orte von Jebel Napta und Bir Kiseiba sowie des ägyptischen und sudanesischen Niltals und Oasen). Die Daten zeigen einen klaren Trend einer nach Süden weichenden Verlagerung der Siedlungen, bedingt durch den Rückgang der monsunalen Niederschläge und der kontrastierenden Wirtschaftsweisen im Niltal und in der Sahara. Die *grüne Schattierung* kennzeichnet humide Klimaverhältnisse; Symbole domestizierter Rinder zeigen die Ausbreitung der Weidewirtschaft. ^{14}C-Jahre B.P. – *before present*; B.C.E. – *before Common Era*; Dyn. – Dynastie. (Aus Kuper und Kröpelin 2006)

Termination I (23–10,5 ka BP) ist die Sahara frei von jedweder Siedlung außerhalb des Niltals (vgl. Abb. 6.162 und 6.163). Die Südgrenze der Sahara reichte ca. 400 km weiter nach Süden als heute. (B) Mit dem plötzlichen Auftreten der Monsun-Niederschläge um 10,5 ka BP wurde die hyperaride Wüste durch savannenartige Environments ersetzt, die schnell von prähistorischen Siedlern genutzt wurden. Während der frühen holozänen maximalen humiden Zeit waren die südliche Saha-

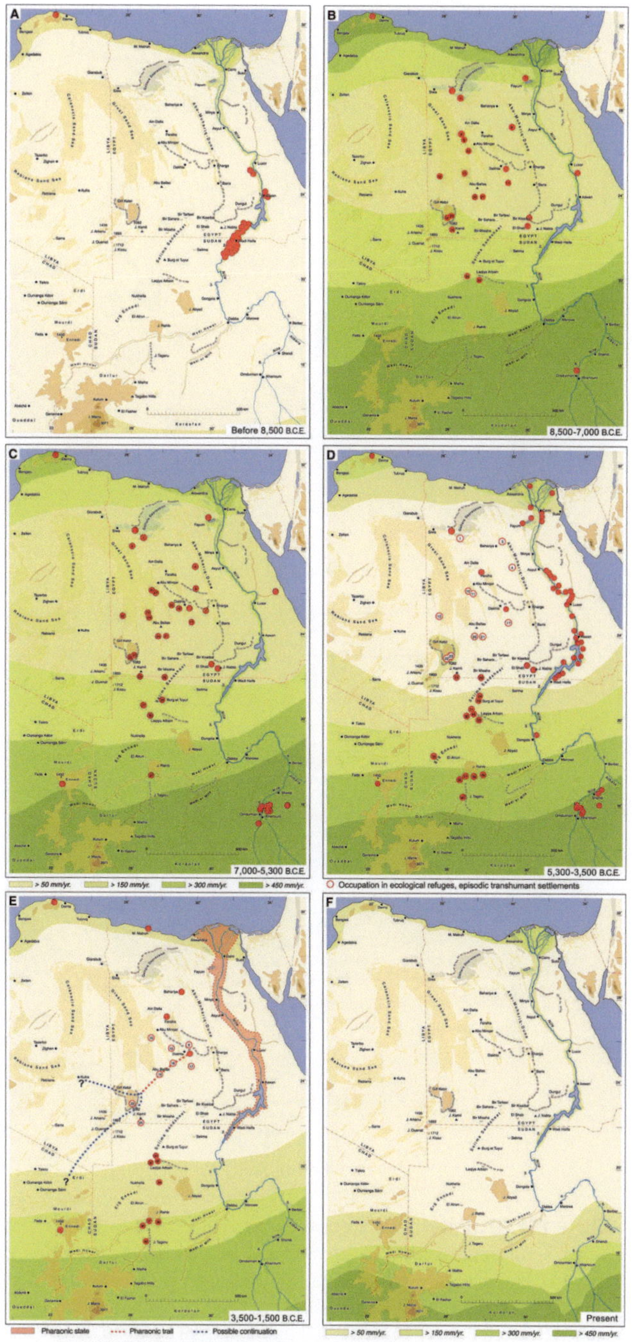

Abb. 6.163 Klimawandel und Besiedlung der östlichen Sahara während des Holozäns. *Rote Punkte* markieren größere Siedlungsgebiete, *weiße Punkte* isolierte Siedlungen in ökologischen Refugien und Transhumance-Gebieten. (Nach Kuper und Kröpelin 2006; auch in: Kröpelin 2009; Kröpelin und Kuper 2007) ▶

ra und das Niltal offensichtlich zu feucht und unwirtlich für die menschliche Besiedlung. (C) Nach 9 ka BP breiteten sich die Siedlungen über die gesamte östliche Sahara aus; Rinderweidewirtschaft war weit verbreitet. Die subsaharischen Vegetationsgürtel waren 600–800 km nach Norden verschoben. (D) Seit ca. 7,3 ka BP führte die Verlagerung der Nordgrenze der monsunalen Regen nach Süden zur langsamen Austrocknung der ägyptischen Sahara. Die prähistorische Bevölkerung wurde gezwungen, ins Niltal, in ökologische Refugien sowie in die sudanesische Sahara auszuweichen, wo die Niederschläge und Oberflächenwasser noch in ausreichender Menge verfügbar waren. Die Rückkehr der vollariden Wüstenverhältnisse in ganz Ägypten fiel mit den Anfängen der Pharaonenzivilisationen im Niltal um ca. 5,5 ka BP zusammen. (E) Während der nachfolgenden Periode zwischen 5,5 und 3,5 ka BP beschränkten sich die menschlichen Aktivitäten außerhalb des Niltals und der Oasen auf Wüstendurchquerungen, zeitweise Außenposten und Orte mit oberflächennahem Grundwasser. (F) Die klimabedingte Austrocknung der Ost-Sahara kulminiert in der heutigen Menschenleere der Wüste. Siedlungen sind auf das Niltal und Oasen sowie das subsaharische Afrika beschränkt (Kuper und Kröpelin 2006).

Die von Kuper und Kröpelin (2006) skizzierte Klimaentwicklung (vgl. Abb. 6.162 und 6.163) wird durch die Zusammenstellung paläohydrologischer Proxys (Abb. 6.164) ergänzt (Shanahan et al. 2015). Allerdings werden für den Beginn der AHP für die zentrale und Ost-Sahara und Sahelzone keine Proxydaten genannt; die Proxydaten für das Ende der AHP in Raum und Zeit werden raum-zeitlich wenig differenziert erfasst.

Für das Tschadseegebiet werden große hygrische Schwankungen im Holozän registriert (vgl. Abschn. 6.2.3; Abb. 6.94, 6.96 und Tab. 6.3). Die geomorphologisch-hydrographische Kartendarstellung der Tschadregion von Pachur und Altmann (2006; Abb. 6.94) zeigt um 6 ka BP einen Paläo-Tschadsee im *Bahr el Ghazal*, der bis ≥ 50 m tief war und eine Größe von ca. 340.000 km^2 hatte (entspricht dem Kaspischen Meer). Die Seebildung begann um 13 ka BP mit Unterbrechungen um 12 ka BP während der YD, um 8,2 ka BP während des 8,2 ka *events* und um 4 ka BP (Abb. 6.96c). Der maximale Seespiegelstand wurde um 6,6 ka BP während des Höhepunkts der *African Humid Period* erreicht. Die Speisung dieses Paläo-Mega-Tschadsees erfolgte aus den saharischen Gebirgen Tibesti und Ennedi, vor allem aber auch aus den südlich gelegenen tropischen Bergländern von Andamaoua und Bongos über das Chari-Flusssystem. Das Tschadbecken hatte – tektonisch bedingt – im Bodélé-Gebiet (Abb. 6.94) mit ca. 153 m NN seinen tiefsten Punkt. Hier trat artesisches Grundwasser auf. Über den Bahr-el-Ghazal erfolgte in der AHP ein Wasserausgleich zwischen Tschadsee und Bodélé und die Bildung des Paläo-Mega-Tschadsees. Mit zunehmender Aridisierung entstand in der Bodélé-Depression ein Restsee, der um 2 ka BP ganz austrocknete (Tab. 6.3). Weitere Einzelheiten finden sich bei Pachur und Altmann (2006: 32–36).

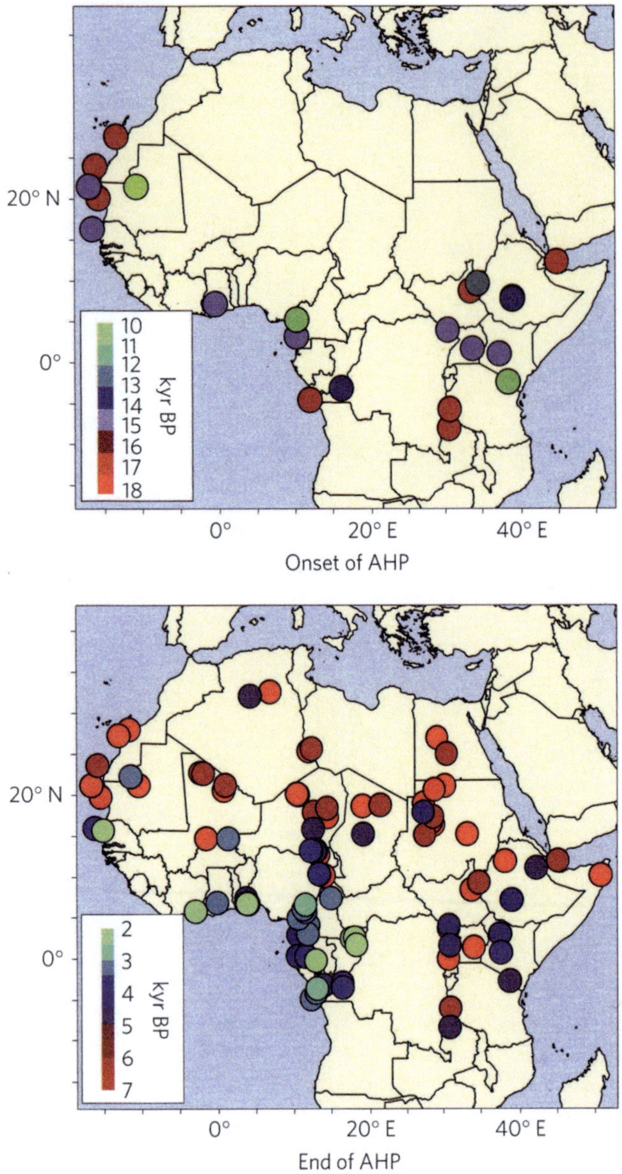

Abb. 6.164 Hydrologische Veränderungen in Afrika nördlich von ca. 10° S aufgrund von Proxydaten. *Oben*: Beginn der *African Humid Period* (AHP) im tropischen West-, Zentral- und Ostafrika nach dem Heinrich-Stadial 1 (ca. 17–15 ka BP). Die feuchten Verhältnisse im tropischen Bereich um 17–16 ka BP und in Westafrika nördlich 20° N (*rote Farben*) werden nicht durch die sich nach Norden verlagernde ITCZ und dem damit verbundenen Einfluss des Monsunsystems verursacht. Im tropischen Bereich wird die Zunahme der Humidität nach dem relativ ariden LGM erfasst, in Westafrika die Periode des *Termination I*, in dem sowohl außertropische als tropische Niederschläge im Heinrich-Stadial 1 zu größerer Humidität nach dem LGM führten. *Unten*: Ende der *African Humid Period* (AHP) im tropischen West-, Zentral- und Ostafrika (aus Shanahan et al. 2015). Im Vergleich zu den Ergebnissen von Kuper und Kröpelin (2006) wird für den Südsaum der Sahara lediglich der Trend erfasst

Doch nicht nur der Paläo-Mega-Tschadsee dokumentiert die *African Humid Period* im Sahara/Sahel-Raum. Der früh/mittelholozäne Ptolemäus-See (*Lake Ptolemy*) in West-Nubien (Abb. 6.165) bildete sich in einer Region, in der heute Niederschläge von < 10–25 mm/a verzeichnet werden. Neben den Paläoseen der AHP zeugen ausgedehnte Paläoflusssysteme von den feuchten Klimabedingungen. Playa-artige Sedimente sind in der heute (hyper)ariden Sahara weit verbreitet; oft dokumentieren die Paläoklimaarchive (limnische Ablagerungen, Diatomeen, Fische, Frischwasser-Mollusken, Ostrakoden etc.) Süßwasserseen in Deflationshohlformen und in Teilbereichen der Flusstäler.

In West-Nubien wurde der Ptolemäus-See (Abb. 6.166) nicht wie der Tschadsee – obgleich in gleicher geographischer Breite liegend – von Flüssen aus den semihumiden bis humiden Tropen gespeist, sondern von regionalen Drainagebahnen, deren Einzugsgebiete im Ennedi-Gebirge und nördlich des Sees lagen (Pachur 1999: 391). Selbst in Dünengebieten befinden sich häufig unter jungholozänen äolischen Sanden (Dünen, Abb. 6.167) limnische Sedimente, Fossilien und grundwasserbedingte Bildungen (z. B. Humatüberzüge, Abb. 6.167), die oft an Deflationshohlformen gebunden sind und humide Bedingungen in den heute hyperariden Wüstengebieten bezeugen.

Pachur und Altmann (2006) und Kröpelin (1999) nehmen aufgrund der zahlreichen Geoarchive aus der Ost-Sahara eine tentative Paläoniederschlagsabschätzung für das Frühholozän vor (Abb. 6.168 bis 6.170). Eine Zusammenstellung der verschiedenen Transferfunktionen und modellbasierten Ableitungen, die zu den Niederschlagsabschätzungen führen, sind in Abb. 6.168 angegeben. Die Daten werden für eine vorläufige Niederschlagskarte für 9 ka BP benutzt. Die Isohyeten werden unter der Annahme gebildet, dass der frühholozäne Monsun wesentlich weiter nach Norden reichte und Niederschläge aus regionalen Wasserdampfquellen gespeist wurden. Der Norden der Ost-Sahara erhielt in der AHP ca. 200 mm/a, der Süden ca. 550 mm/a mehr Niederschlag. Damit waren die monsunalen Regenfälle im randtropischen ost-saharischen Raum wesentlich höher als bisher angenommen (z. B. Butzer 1958; Pachur und Altmann 2006). Zu ergänzenden Ergebnissen kommt Kröpelin (1999): Die Verlagerung der Grenze *Sahara/Sahel* nach Norden während der AHP betrug 600–800 km (Abb. 6.169). Die holozänen Wachstumsperioden der arabischen (Abb. 6.25) und Negev-Wüsten-Speläotheme (Abb. 6.27) sowie die mediterranen holozänen Sapropel-Bildungen (Abb. 6.28) fügen sich in das Gesamtbild ein.

Früh- und mittelholozäne Faunenelemente werden von Pachur und Altmann (2006) als Indikatoren für die geoökologische Ausstattung der Umwelt genutzt und in Wort und Bild (Abb. 6.170) ausführlich und anschaulich beschrieben. Die allgemeine Nordwärtsverlagerung der Faunenelemente erfolgte in Abhängigkeit von Refugien und Paläodrainagesystemen; ein kompliziertes Netzwerk von Migrationsbahnen entstand. Relief- und Bodenverhältnisse (Gebirge, Hamada, Erg, etc.) hatten einen Einfluss auf den Wasserkreislauf (Abfluss, Versickerung, Speicherung) und damit auf die Vegetation als Grundlage für die Verbreitung vieler Faunenelemente (z. B. Ungulaten [Huftiere]). Zumindest zur Zeit der Existenz des Ptolemäussees gibt die Rekonstruktion der Biotope in der heute ariden Wüste ein Zeugnis der „grünen Sahara". Der Prolemäus-See existierte über ca. 4800 Jahre von 8300–3500 ^{14}C-Jahre v. h. In dieser

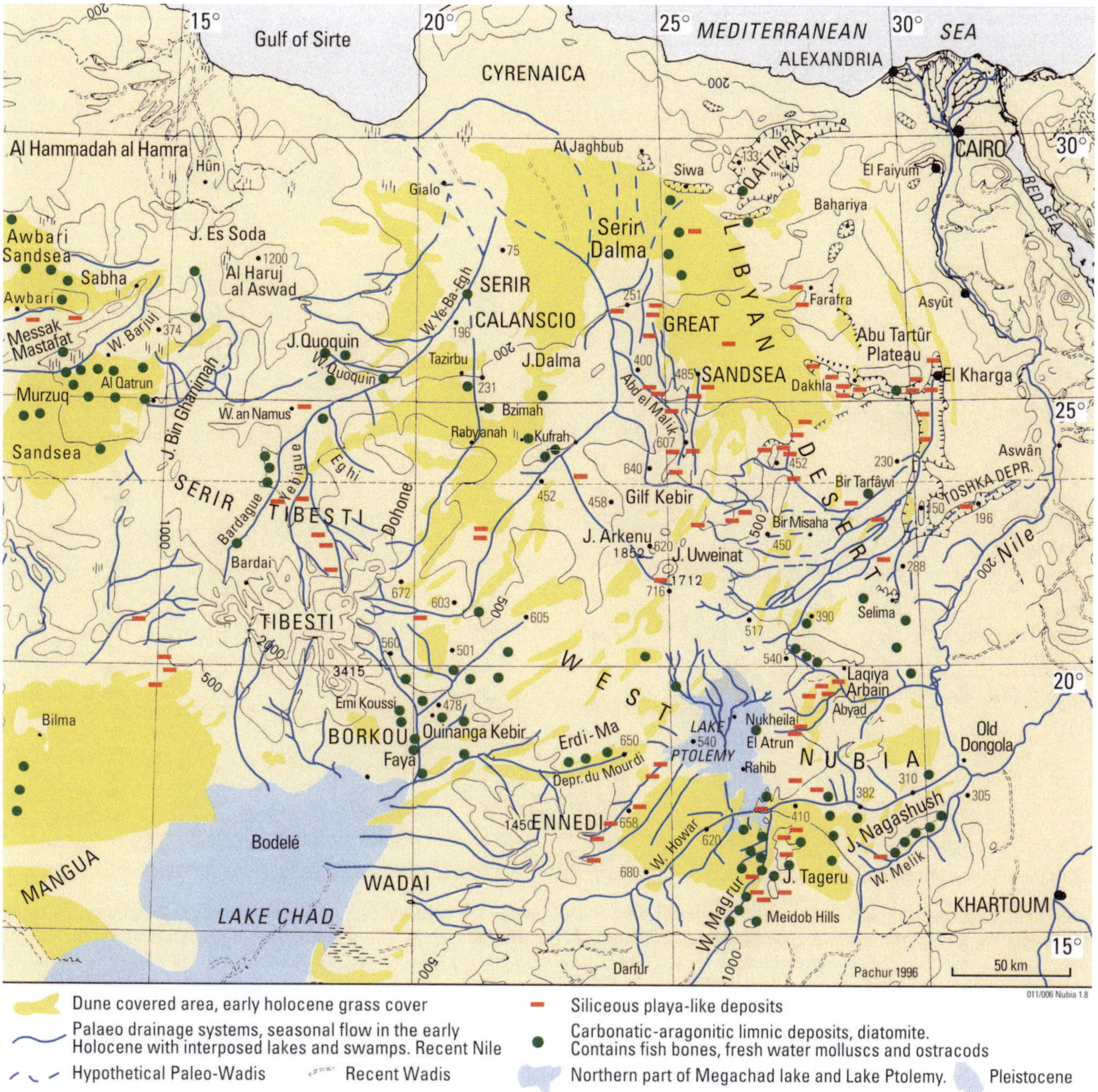

Abb. 6.165 Aktive Paläodrainagesysteme des Alt- und Mittelholozäns in der Ost-Sahara. Zusammengestellt von Pachur (1999) unter Verwendung von McCauley et al. (1982, 1995): Radar-Täler nordwestlich von Selima und Drainagesysteme Jebel Auenat – Kufra-Oase; Faure (1969): Paläoseen und Playas im Tibesti-Gebirge; Wendorf et al. (1987): Paläoseen und Playas im Bir-Tarfawi-Gebiet. Die Paläoseen der Great Sand Sea haben pleistozänes Alter. (Aus Pachur 1999)

Zeit gab es wiederholt große Schwankungen der Niederschläge, die zu teilweisen und/oder auch völligem Trockenfallen des Seearchipels führten. Pachur und Altmann (2006) können für den Ptolemäus-See keine exakte Chronologie der Seespiegelschwankungen vornehmen, die eine Zuordnung arider Phasen zu den kurzen Niederschlagsfluktuationen um 8,3–8,0 ka (8,2 ka *event*) und/oder den niedrigen Tschadseespiegelständen um 4,2–4,0 ka BP erlaubt (vgl. Abb. 6.96 und 6.156). (Auch die Nilfluten sind um 4,2 ka BP beträchtlich reduziert; Said 1993.)

Pachur und Altmann (2006) diskutieren die früh- und mittelholozänen Niederschlagsverhältnisse vor dem Hintergrund der gegenwärtigen atmosphärischen Zirkulation und unter Berücksichtigung, dass um 9 ka BP in der Ost-Sahara die hydrographischen Verhältnisse und die Vegetationsformationen

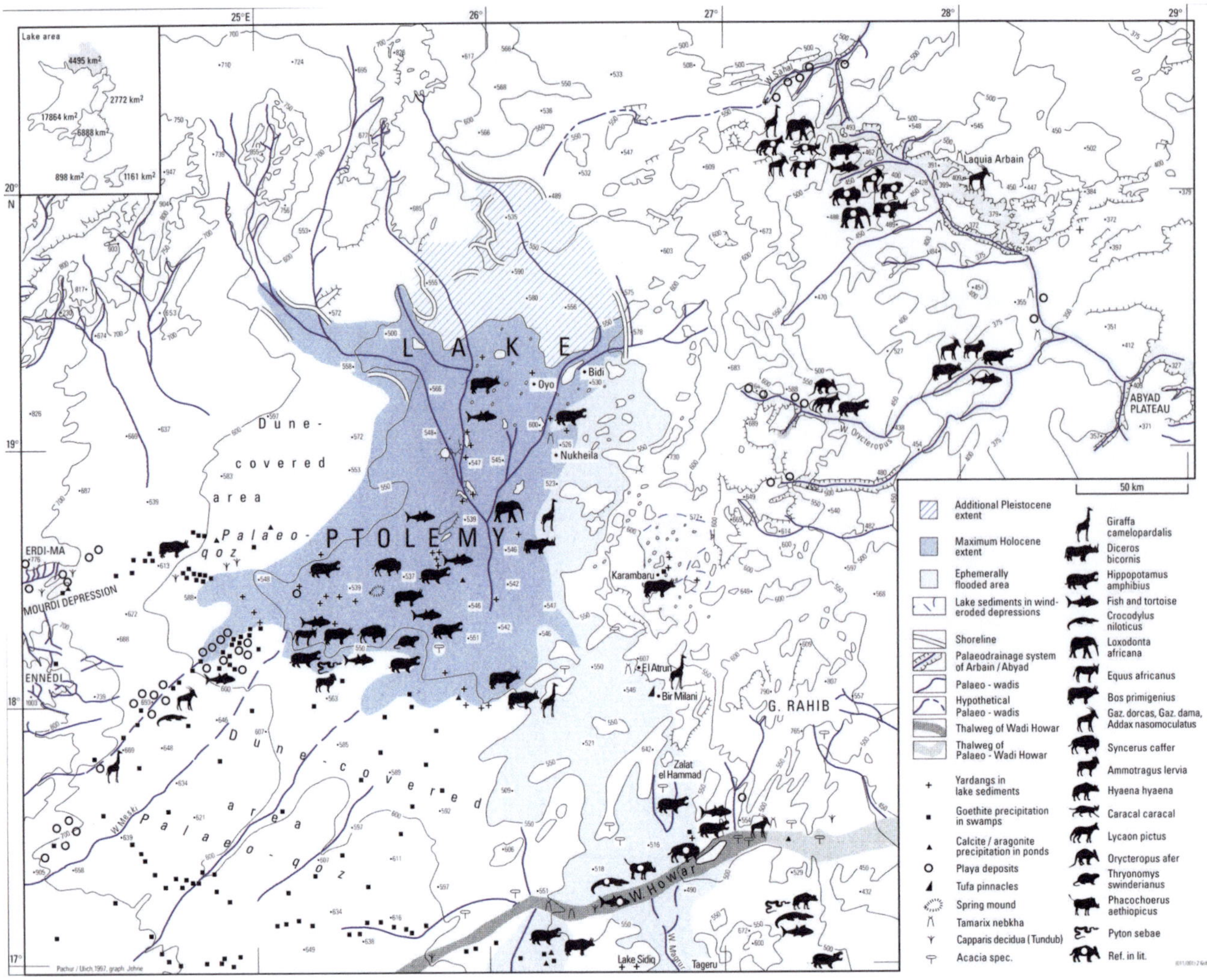

Abb. 6.166 Ptolemäus-See und Paläodrainagesysteme in West-Nubien im Alt- und Mittelholozän. Die Abgrenzung des Sees basiert im Osten, Süden und Westen auf dem Nachweis von Seekreide, im Norden auf der Auswertung von TM- und SIR/SAR-X-Satellitenaufnahmen. Seekreidevorkommen innerhalb des dünenbedeckten Areals im Westen (*Dreieck-Signatur*) können oberhalb des Seeniveaus in Abhängigkeit von der Dünentopographie entstanden sein. (Aus Pachur 1999)

völlig anders geartet waren (Abb. 6.170). Die Ökosysteme der AHP beeinflussten den Wasserhaushalt im Vergleich zu Wüstenökosystemen, indem sie über die Aufnahme, Speicherung und Abgabe des Niederschlagswassers dieses *recycelten*. Dass selbst größere Bewässerungsgebiete heute zu vermehrtem Niederschlag führen, stellen Alter et al. (2015) fest. Daher erscheint das konzeptionelle Modell zur Auslösung von Niederschlägen unter dem Einfluss von früh- bis mittelholozänen Seen und riparinen Landschaften als Wasserdampfquellen (Abb. 6.171) in Verbindung mit einer Nordwärtsverlagerung der AHP-ITCZ überzeugend. Die Ergiebigkeit der Niederschläge im Sahara/Sahel-Gebiet hängt von zwei Wasserdampfquellen ab: Atmosphärenströmungen und Verdunstung (Tetzlaff et al. 1988). Im randtropischen Sahara/Sahel-Gebiet werden Regenfälle vor allem durch *Squall Lines* (SL, Abb. 6.172) hervorgerufen. SL sind großräumig organisierte Niederschlagsgebiete, die von Ost nach West wandern und die *Easterly Waves* verstärken (Konvergenzkonzentratoren).

Während das 8,2-ka-Ereignis durch die Schmelzwassereinspeisung in den Nordatlantik erklärt werden kann, ist die Ursache für die kurze Trockenperiode um 4 ka BP nicht wissenschaftlich gesichert. Fest steht, dass um 4 ka BP die Seespiegel im Sahara/Sahel-Gürtel Nordafrikas, in Arabien (nördliche UAE) und in Ostafrika niedrige Spiegelstände aufwiesen (im Vergleich zu den hydrologischen Bedingungen vor und nach ca. 4,3–4,0 ka BP). Dies kann nur durch die südwärtige Verlagerung und Abschwächung des Sommermonsunsystems erklärt werden. Dafür spricht auch das Kollabieren der Indus-Kultur um 3900 BP, die über ein halbes Jahrtausend von 2600 bis 1900 BC blühte (Robinson 2015). Um 4,2 bis 3,4 ka BP wurden für das Rote Meer trockenere Klimaverhältnisse nachgewiesen (Arz et al. 2006; Edelman-Furstenberg et al. 2009; Abb. 6.173), die mit einer Verstärkung des mediterranen Klimasystems und einer Abschwächung des Monsunsystems des Indischen Ozeans einhergingen. Dies machte sich auch im Einzugsbereich des Toten Meeres bemerkbar, wo um 4,2 ka BP zuerst der Seespiegel

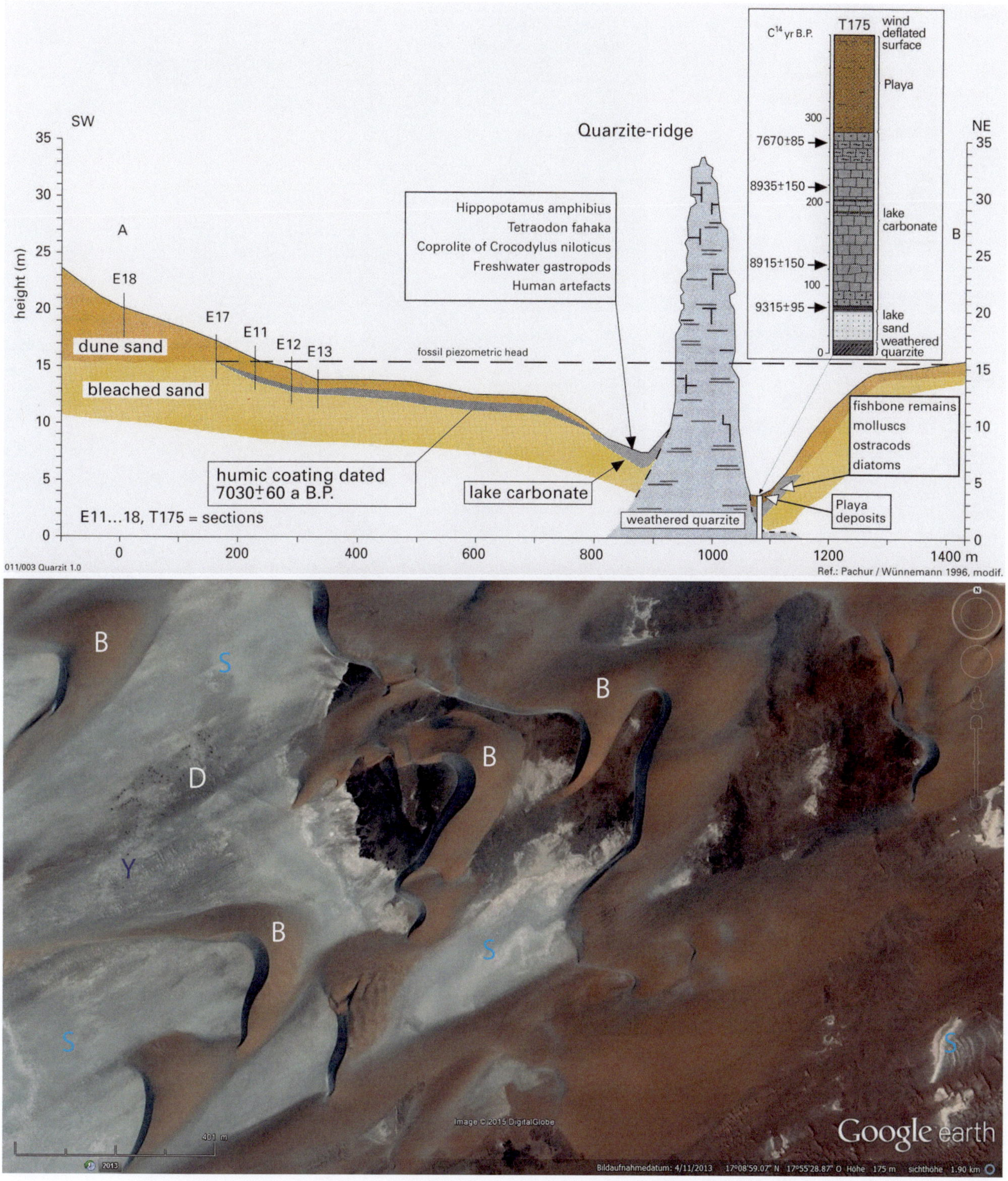

Abb. 6.167 *Oben*: Paläoseen in Deflationshohlformen am Fuß eines Quarzithärtlings im Erg östlich des Jebel Tageru (ca. 16° N, 18° E). Rekonstruktion der Bodensättigung durch Humatüberzüge (aus Pachur 1999). *Unten*: Barchan-Dünen (B) wandern nach der humiden AHP-Phase über die limnischen Seekreiden (S) im Gebiet des Bar-el-Ghazal-Paläosees (ca. 17° N, 18° E). Im unteren rechten Teil des Bildes bedecken die äolischen Sande die Seesedimente. Die Passatwinde aus nordöstlichen Richtungen bildeten Deflationshohlformen (D), Yardangs (Y) und Dünen. GOOGLE-Aufnahme vom 4. November 2013

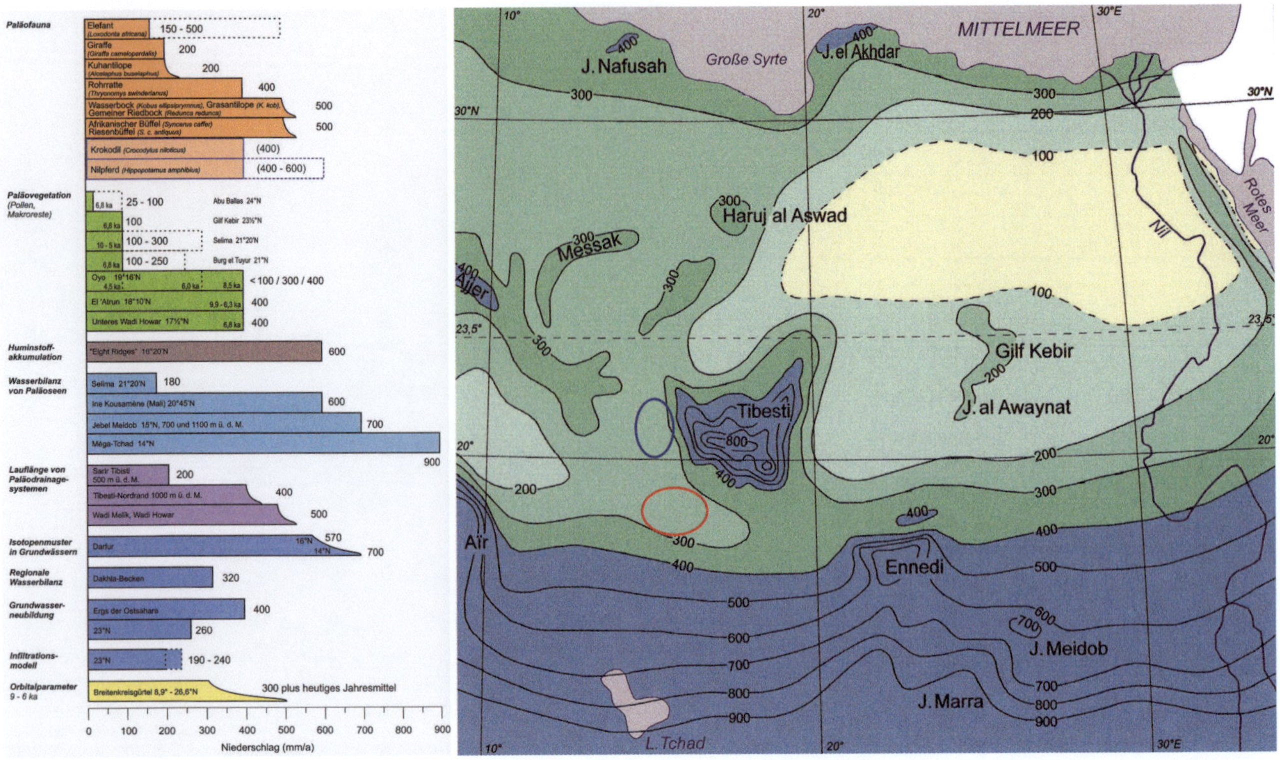

Abb. 6.168 *Links*: Transferfunktionen zu Paläoniederschlägen (11–5,1 ka BP). Die amphibisch lebenden Tierspezies (Krokodil, Flusspferd) sind Indikatoren für offene Gewässer, welche Niederschläge in der Größenordnung von 400 mm/a erfordern, ausgenommen sind Gueltas (Wasserstellen in Gebirgsschluchten). *Rechts*: Tentative Isohyetenkarte der östlichen Sahara für 9 ka BP. Zur Orientierung ist der rezente Tschadsee eingetragen (aus Pachur und Altmann 2006). *Roter Kreis*: Für den Ost-Niger rekonstruiert Völkel (1989) aufgrund paläopedologischer Beobachtungen für die Hochphase des Tschadien (AHP) Niederschläge von > 600 mm/a. *Blauer Kreis*: In NE-Niger weist Baumhauer (1986) zwei früh- und mittelholozäne Seenphasen (9,0–7,5 und 6,4–5,0 ^{14}C ka BP) nach

drastisch fiel, um anschließend (4,0 ka BP) schnell anzusteigen. Das 4,2-ka-Ereignis großer Aridität erscheint lediglich als kurze Abweichung, die nur ~300 Jahre während einer ansonsten feuchten Periode andauerte, die bis 3,5 ka BP währte (Migowski et al. 2006).

Der spätquartäre Ökosystemwandel im hyperariden Gebiet der Ost-Sahara und benachbarter Regionen wird von Pachur und Altmann (2006) umfassend dokumentiert und vor allem vor dem Hintergrund der existierenden Literatur auch rekonstruiert. Der interdisziplinäre Ansatz der Autoren führt zu einer bisher einmaligen Synthese eines großen tropischen/randtropischen Raumes. Da sich die Rekonstruktion, die von detaillierten Karten im Maßstab 1 : 2.500.000 begleitet wird, auf viele Hundert *terrestrische* Paläoklimaarchive (Beobachtungen im Gelände, Profile, messende Analysen) stützt, müssen sich zukünftige Forschungen mit den Ergebnissen eingehend auseinandersetzen. Vor allem die Versuche, mit *sophisticated methods* Paläoklima- und Paläo-Environment-Informationen aus (zumeist) marinen Sedimentkernen zu erhalten, müssen überdacht werden. Aus einem einzigen marinen Sedimentprofil wurden Klima- und Umweltrekonstruktionen für große Regionen vorgenommen (Kongo-Becken, Amazonasbecken, Sambesi-Einzugsgebiet, etc.). Die Schlussfolgerungen dieser Untersuchungen stehen nicht selten in krassem Gegensatz zu den Synthesen der terrestrischen, eine Vielzahl verschiedener Geoarchive berücksichtigenden Arbeiten. Beispiele sind die Deutung der marinen Kerne (i) vor NE-Brasilien (Arz et al. 1998: „Humidität" im LGM), (ii) vor der Sambesi-Mündung (Schefuß et al. 2011: ITCZ-Verlagerung und Niederschlagszunahme), (iii) vor der Küste Namibias (Stuut et al. 2002: *end member modelling*-Analyse und Ariditäts-Humiditäts-Wechsel), (iv) vor der Küste Nordwestafrikas (deMenocal et al. 2000: „Abruptes Ende" der AHP, ebenso im Golf von Aden: Tierney und deMenocal 2013; Abb. 6.100) und (v) vor den tropischen westafrikanischen Küsten (Collins et al. 2011: kein Ausdehnen/Schrumpfen des äquatorialen Regenwaldgürtels seit 23 ka BP).

Da marine Kerne oft nur eine einzige Lokalität repräsentieren, wird bei einer (langsamen) Verschiebung von ökologischen Grenzen zu einer bestimmten (kurzen) Zeitspanne die Lokalität von einer ökologischen Region in eine andere überführt. In den Paläoklimaproxys zeichnet sich dann ein „plötzlicher" Wandel ab, der jedoch nur die „ökologische Grenzverlagerung" betrifft (und nicht die Regionen beiderseits dieser Grenze). Die Grenze wandert *de facto* über die Lokalität hinweg. Dies berücksichtigt z. B. Bard (2013) nur teilweise, wenn er ausführt:

> The African Humid Period ended abruptly ~5000 cal. yr B.P. in many locations, such as western North Africa [...] and northern Kenia [...]. In other places, changes occurred gradually over several mill-

Abb. 6.169 Schematische Darstellung der Verschiebung der Vegetationszonen zum frühholozänen Klimaoptimum (*blaue Linie*) im Vergleich zu heute (*grüne Linie*) aufgrund des Vordringens monsunaler Sommerniederschläge. (Aus Kröpelin 1999)

> ennia — for example, in the central Sahara [...] and the southern Arabian Peninsula.

Nicht nur Kuper und Kröpelin (2006) und Kröpelin und Kuper (2007; Abb. 6.162 und 6.163) belegen das langsame Wandern der „Wüstengrenze" nach der AHP nach Süden aufgrund des umfangreichen Datenmaterials zahlreicher Disziplinen, auch gewissenhafte palynologische Studien stützen diese Beobachtungen (z. B. Amaral et al. 2013).

Ostafrika

In Ostafrika stellten sich nach den relativ ariden Bedingungen der YD feuchtere Klimaverhältnisse von ca. 11,5 bis ca. 4 ka BP ein (vgl. Abb. 6.96). Nash und Meadows (2012: 110–112) fassen die Situation wie folgt zusammen: Die YD endete abrupt mit einer Niederschlagszunahme (Garcin et al. 2007; Tierney et al. 2008; Tierney und deMenocal 2013); die Seespiegelschwankungen der ostafrikanischen Seen (Tanganjika-See, Kivu-See, Massoko-See) dokumentieren die ariden Phasen, die während der früh- und mittelholozänen Feuchtphase auftraten (um 8,2 ka BP und um 4 ka BP). Diese hydrologischen Schwankungen wei-

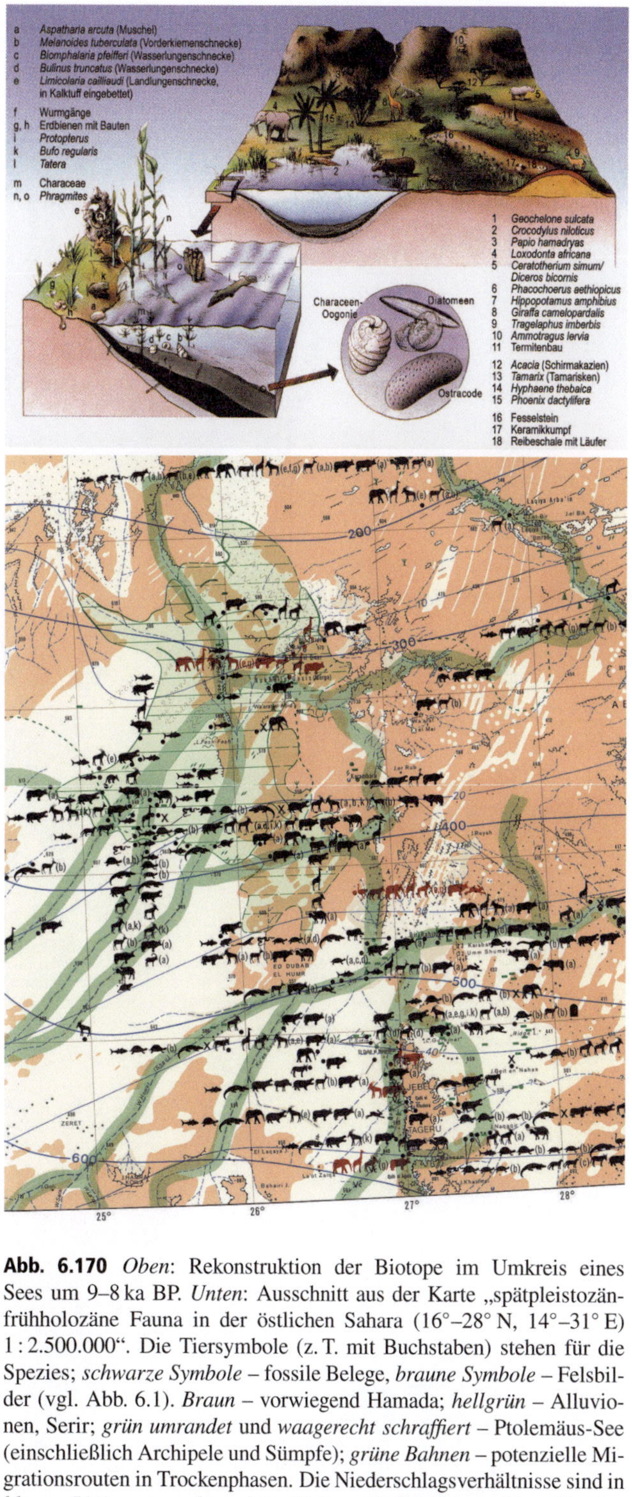

Abb. 6.170 *Oben*: Rekonstruktion der Biotope im Umkreis eines Sees um 9–8 ka BP. *Unten*: Ausschnitt aus der Karte „spätpleistozän-frühholozäne Fauna in der östlichen Sahara (16°–28° N, 14°–31° E) 1 : 2.500.000". Die Tiersymbole (z. T. mit Buchstaben) stehen für die Spezies; *schwarze Symbole* – fossile Belege, *braune Symbole* – Felsbilder (vgl. Abb. 6.1). *Braun* – vorwiegend Hamada; *hellgrün* – Alluvionen, Serir; *grün umrandet* und *waagerecht schraffiert* – Ptolemäus-See (einschließlich Archipele und Sümpfe); *grüne Bahnen* – potenzielle Migrationsrouten in Trockenphasen. Die Niederschlagsverhältnisse sind in *blauen Linien* angegeben: *fette Linien* – Isohyeten um 9 ka BP, *dünne Linien* – rezente Isohyeten. Die AHP-Isohyete von 300 mm befindet sich im oberen Bildteil, die 600-mm-Isohyete im unteren Bildteil; die rezenten Niederschläge reichen von < 10 mm/a (*oben*) bis ca. 50 mm/a (*unten*). (Aus Pachur und Altmann 2006)

Kapitel 6

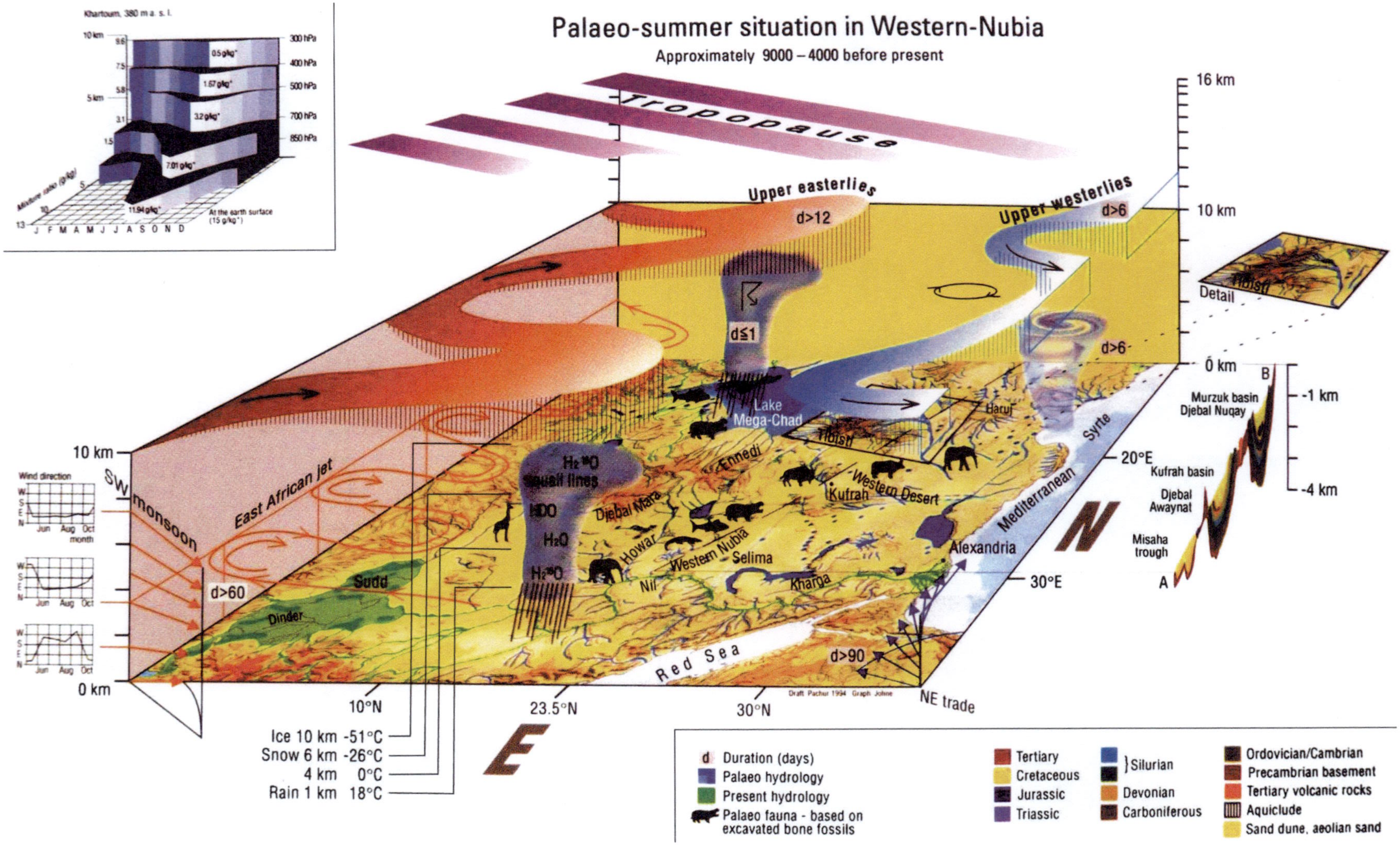

Abb. 6.171 Konzeptionelles Modell zur Auslösung von Niederschlägen unter dem Einfluss von früh- bis mittelholozänen Seen und riparinen Landschaften als Wasserdampfquellen. (Aus Pachur und Altmann 2006, dort auch umfassende Erläuterungen)

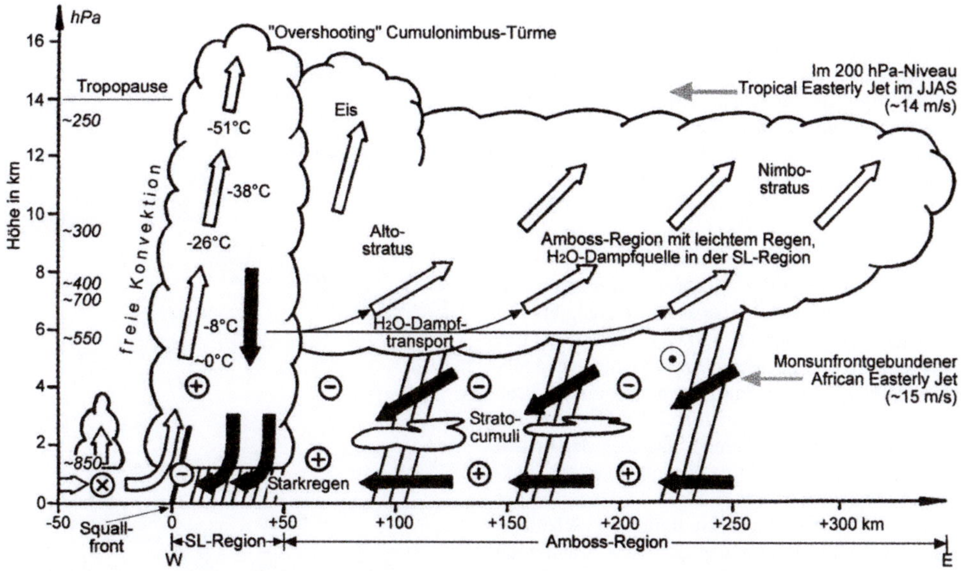

Abb. 6.172 Schematischer West-Ost-Schnitt eines Squall-Line-Systems. Zugbahnen bei 10–15° N, Nord-Süd-Erstreckung 300–500 km, bogenförmige Front. *Pfeile*: Luftströmungen (*hell* – warme; *dunkel* – kalte); *Kreise* (–) – Divergenzgebiete; *Kreise* (+) – Konvergenzgebiete; (×) – starker Einstrom feuchter Luft wegen der hohen Verlagerungsgeschwindigkeit (ca. 15 m/s) des Systems nach Westen; ⊙ – kalte Luft ($\Delta t = 6$–$8\,°C$) durch Verdunstung von Regentropfen und schmelzendem Schnee im 550-hPa-Niveau. In der SL-Region oberhalb von ca. 5,9 km Schnee. (Aus Pachur und Altmann 2006, dort auch umfassende Erläuterungen)

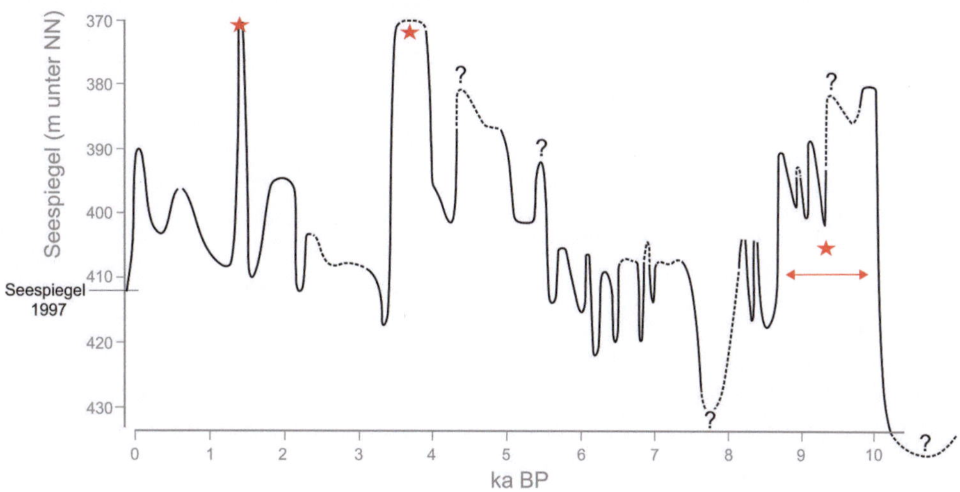

Abb. 6.173 Rekonstruierte Seespiegel des Toten Meeres aufgrund von Paläostrandlinien und detaillierten lithologischen Veränderungen. Die Seespiegeländerungen werden durch Sedimentsequenzen angezeigt und sind durch 38 AMS ^{14}C-Altersbestimmungen erfasst. Die Hochstände der Seespiegel (*rote Sterne*) sind ^{14}C-datiert. (Aus Migowski et al. 2006)

sen z. T. große Amplituden auf. Die am besten datierte und zeitlich hoch auflösende Sequenz paläoklimatischer Daten beschreiben Verschuren et al. (2009) vom Lake Challa, einem 4,2 km^2 großen und 94 m tiefen Kratersee einer Caldera-Füllung am unteren Osthang des Kilimandscharo (3°19′ S, 37°42′ E, 840 m NN). Die Autoren benutzen eine Reflektionsseismik-Stratigraphie und organische Biomarkermoleküle der Sedimente als Paläoklimaarchive (Abb. 6.174). Zwei holozäne Feuchtphasen – zwischen 6,8–5,5 ka BP und ab ~4,8 ka BP – korrespondieren weitgehend mit der Datierung von neoglazialen Gletschervorstößen am Mt. Kenia, die von Karlén und Rosqvist (1988) und Karlén et al. (1999) auf kurz vor 5,7 ka, 4,5–3,9 ka, 3,5–3,3 ka, 3,2–2,3 ka, 1,3–1,2 ka und 0,6–0,4 ka BP aufgrund von Seesedimentanalysen datiert werden. Am Kilimandscharo sind bisher keine neoglazialen Moränen gefunden worden (Mark und Osmaston 2008). Die von Karlén et al. (1999) erfassten neoglazialen Moränen haben ein mittelholozänes Alter und wurden vor bzw. nach 5,7 ka BP gebildet. Sie liegen ca. 1 km talabwärts von den Moränen der Kleinen Eiszeit (Abb. 6.175).

Der Lake-Challa-BIT-Index (Abb. 6.174) korrespondiert mit der $\delta^{18}O$-Kurve des Kilimandscharo-Gletschereises (Thompson et al. 2002). (Der BIT-Index[*branched and isoprenoid tetraether*] beschreibt die relative Häufigkeit von GDGT-Lipiden

Kapitel 6

Abb. 6.174 Vergleich der Lake-Challa-Proxydaten (**g**, **h**) mit anderen ausgewählten Klima-*records* (**a–c**, **i**), der Insolation (**d**) und Niederschlagsparametern (**e**, **f**). Relevante Chronozonen sind *purpur* und *blau* für die nord- bzw. südhemisphärischen Einflüsse unterlegt. *Orange/rosa* Farben zeigen regionale Dürrephasen. YD, *Younger Dryas*; ACR, *Antarctic Cold Reversal*, H1 and H2, *Heinrich-Events 1 und 2*, LGM, *Last Glacial Maximum*. **a** CH_4-*record* von NGRIP-GISP2-GRIP (kombiniert). **b** NGRIP-$\delta^{18}O$-*record*. **c** Hulu/-Dongge Cave $\delta^{18}O$; D4, DA, PD und MSD stehen für die einzelnen Stalagmiten-Proben. **d** Januar/Dezember-Insolation in 20° N/S und März/September-Insolation am Äquator. **e** Monatliche Insolation und schematische Darstellung der saisonalen Niederschläge (Januar bis Dezember) in der Lake-Challa-Region um 1, 7, 11, 18 und 23 ka BP; sie zeigen die Auswirkungen auf die jährlichen Gesamtniederschläge von (1) einem verstärkten Monsun zusammen mit einem Peak des Sommer/Winter-Insolations-Kontrasts zwischen den Hemisphären (der zur Erhöhung der Niederschläge während entweder der langen oder der kurzen Regenzeiten führt) und (2) Veränderung der lokalen März- oder September-Insolation (mit mäßigen Maxima, die zur Abschwächung der darauffolgenden Regenzeit führen). **f** Schematische Darstellung der latitudinalen Ausdehnung der ITCZ-Wanderung im westlichen Indischen Ozean um 1, 7, 11, 18 und 23 ka BP unter dem Einfluss des Insolations-*forcings* in niederen Breiten und (während des Glazials) von der äquatorwärtigen Verlagerung der südlichen Polarfront. Die Dicke der Pfeile nach oben und unten repräsentiert die Intensität der SE- und NE-Monsune. **g** Niederschlagsrekonstruktion aufgrund des Lake-Challa-BIT-Index. **h** Rekonstruktion des Lake-Challa-Seespiegels aufgrund der reflexionsseismischen Stratigraphie. U1–U4 = seismische Einheiten; L1–L6 und L69 = Episoden mit niedrigem Seespiegel; rote Marker-Horizonte = beckenweite Massenverlagerung-*events* (MWEs) und lokale Massenverlagerungs-*deposits* (MWDs). **i** $\delta^{18}O$-*record* des antarktischen EDML-Eiskerns. **j** Lake-Challa-Alter/Tiefenmodell aufgrund von AMS-^{14}C-Daten von gesamtorganischem Kohlenstoff (*schwarze Striche*), korrigiert mit dem Reservoir-Alter zwischen 200 und 450 Jahren, das in 19 Tiefenintervallen bestimmt wurde (*rote Markierungen*); die *rosa Bereiche* kennzeichnen Sektionen mit erfolgreicher *wiggle-match*-Datierung. (Aus Verschuren et al. 2009) ►

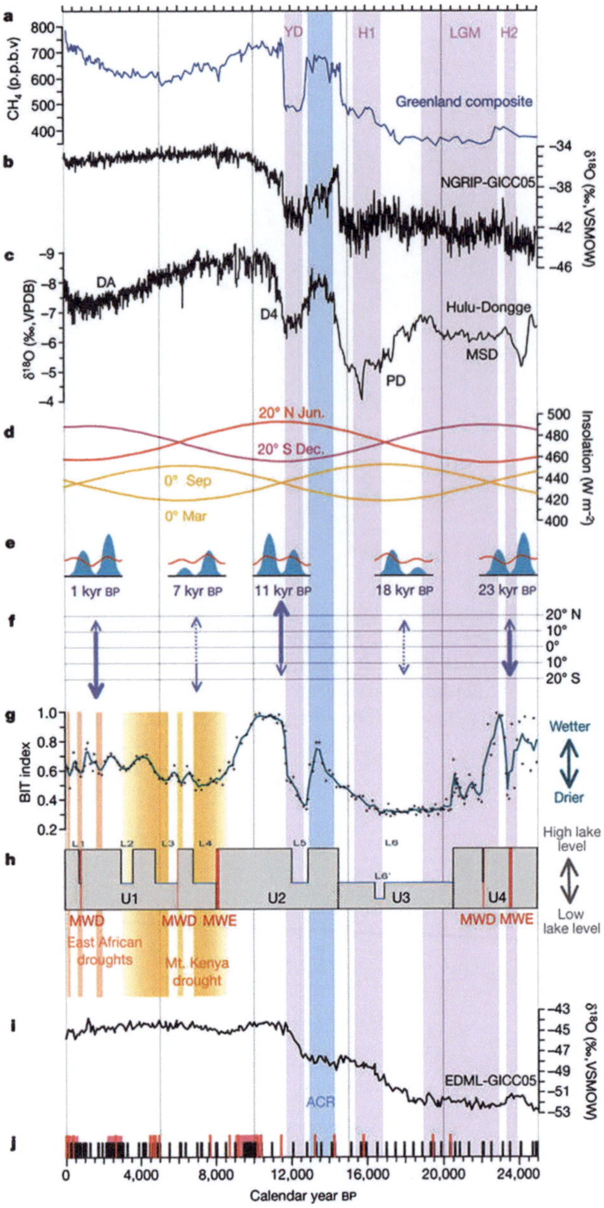

[*glycerol dialkyl glycerol tetraether*], die von terrestrischen Bodenbakterien stammen, im Verhältnis zu solchen, die von aquatischen *Crenarchaeota* [Einzeller] stammen; der BIT-Index wird benutzt, um den Anteil an organischem Bodenmaterial in marinen und limnischen Sedimenten zu bestimmen.) Der Kilimandscharo-Eiskern-*record* weist auf relativ feuchte spätholozäne Klimaverhältnisse, die ~4,5 ka BP einsetzten und zwischen ~4 und 2,5 ka BP ihr Maximum erreichten. Aufgrund der relativ wenig gesicherten Chronologie des Kilimandscharo-Eiskerns (Thompson et al. 2002) kann eine detaillierte Korrelierung der Daten mit dem Lake-Challa-Profil nicht erfolgen. Darüber hinaus belegen Kaser et al. (2010) eindrucksvoll aufgrund jahrelanger umfassender Beobachtungen und meteorologischer Messungen, dass das Gletschereis auf dem Gipfel (Kibo) des Kilimandscharo während des Holozäns typische „Lebenszyklen" (*life cycles*) zeigt. Diese *life cycles* des Eises können nur einige Jahrhunderte dauern. Wenn sich *life cycles* überlappen, bilden sie die Stufen der Plateaugletscher (s. Abb. 6.1). Es wird vermutet, dass sich das Gipfeleis des Kibo-Plateaus während des Holozäns wiederholt aufbaute und verringerte. Kaser et al. (2010) korrelieren diese Zyklizität der Gletscherbildung mit den Spiegelschwankungen der ostafrikanischen Seen (Verschuren et al. 2009; Abb. 6.174). Wenn diese Deutung der Kibo-Plateaugletscher zutrifft, ist der Bohrkern von Thompson et al. (2002) aus verschiedenen Eisbildungen von verschiedenen holozänen Eisakkumulationsphasen zusammengesetzt und muss entsprechend gedeutet werden.

Die Lake-Challa-Daten zeigen, dass die Monsunniederschläge in der ostafrikanischen Region (i) in Intervallen variierten, die mit ca. 11.500 Jahren einen halben Präzessionszyklus umfassen, und (ii) mit orbital bestimmtem Insolations-*forcing* übereinstimmen (Verschuren et al. 2009). Südöstliche und nordöstliche Monsunwinde, die Feuchtigkeit vom westlichen Indischen Ozean aufnehmen, waren im Wechsel verstärkt, wenn der interhemisphärische Insolationgradient sein Maximum aufwies (früh- und mittelholozäne humide Periode); aride Bedingungen herrschten vor, wenn keine Intensivierung des Monsunsystems

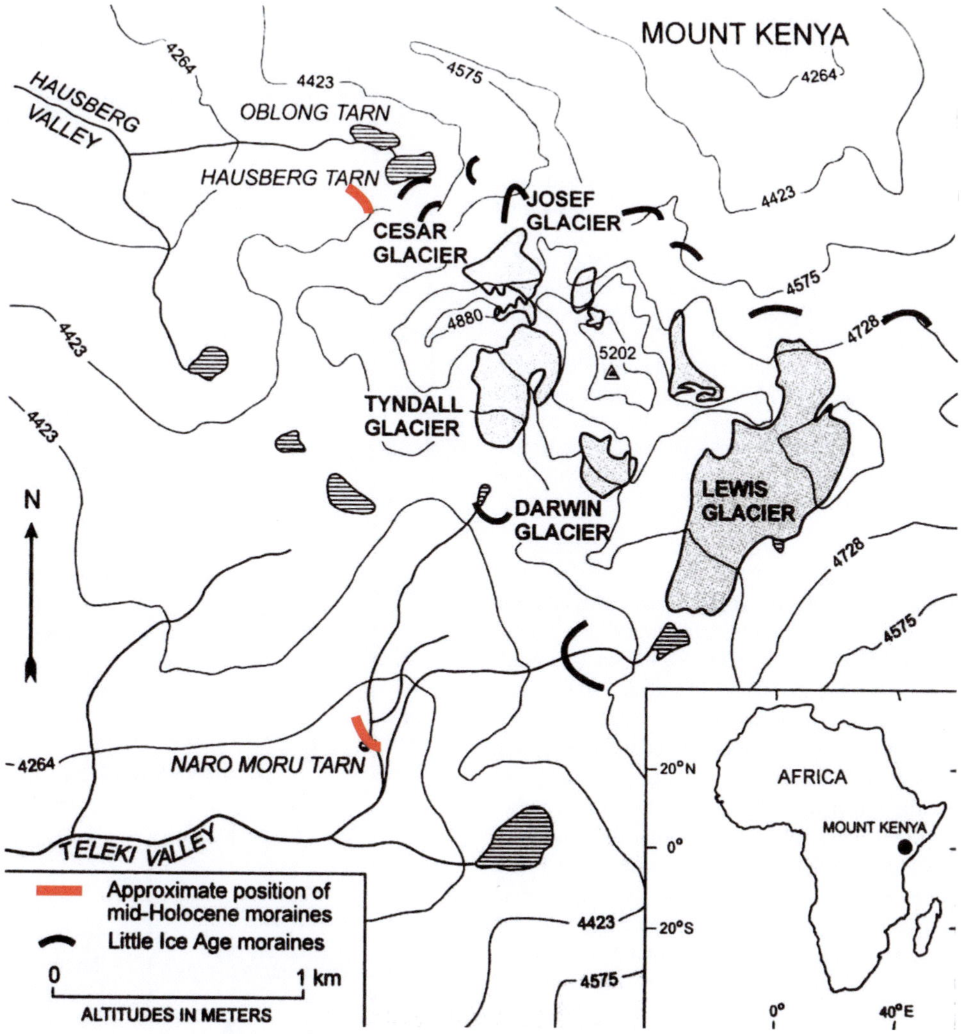

Abb. 6.175 Kartenskizze des Mt. Kenia mit neoglazialen und Kleine-Eiszeit-Moränen. (Aus Karlén et al. 1999)

erfolgte und eine gemäßigte März- oder September-Insolation die nachfolgende Regenzeit abschwächte. In Perioden unter 1000 Jahren trägt das zeitliche Muster der hydrologischen Veränderungen im ostafrikanischen Raum deutlich Signale der hohen nördlichen Breiten (YD, 8,2 ka event). Die Klimaprozesse der niederen Breiten in der ostafrikanischen Monsunregion wurden durch die äquatoriale Position derjenigen kontinentalen Gebiete bestimmt, in denen die Konvergenz der oberflächennahen Luftmassen erfolgte, und darüber hinaus durch die relative Isolation vom Atlantischen Ozean. In der Atlantikregion verknüpfte die MOC (*meridional overturning circulation*) die Klimaregime der Tropen viel enger mit denen der hohen Breitengrade (Verschuren et al. 2009; Abb. 6.176). Die Autoren vermuten, dass Phasen großer Aridität in NE-Afrika, die in Zeitskalen von ≤ 100 Jahren auftraten, durch den langdauernden holozänen Aridisierungstrend maskiert werden. Im südöstlichen Afrika zeigen die Dürrephasen den Trend noch weniger, da das Maximum des südhemisphärischen Sommer-Insolations-*forcings* den Feuchtigkeitshaushalt verbesserte (vgl. Abb. 6.176).

Der Trend, der in Abb. 6.176 zum Ausdruck kommt, zeigt sich auch im südöstlichen Afrika (Abb. 6.177). Chevalier und Chase (2015) nehmen mit der CREST-Methode (*Climate REconstruction SofTware*) und der *software* (www.hyrax.univ-montp2.fr/data.html) eine Klimarekonstruktion vor, die auf der Basis moderner Pflanzenverteilungen und Klimadaten beruht (Chevalier et al. 2014). Die Autoren stellen fest, dass zu Beginn des Holozäns die Gleichzeitigkeit der Niederschlagstrends der tropischen Gebiete nördlich und südlich des Äquators im östlichen Afrika kollabierte, da der Einfluss der direkten Insolation an Bedeutung zunahm. Dadurch wurde der phasenverschobene Trend bei den Niederschlägen nördlich und südlich von ca. 10° S möglich. Im Innern des südlichen Afrika wurde die Bedeutung der direkten Insolation durch den Einfluss der Lage der südlichen Westwindzone abgeschwächt, da die Westwindzone mit den tropischen Systemen interagierte und sich sog. *tropical-temperate troughs* (TTTs) entwickelten. Die südafrikanischen Sommer- und Winterregengebiete waren damit nicht völlig unabhängig voneinander (Chevalier und Chase 2015; Abb. 6.178).

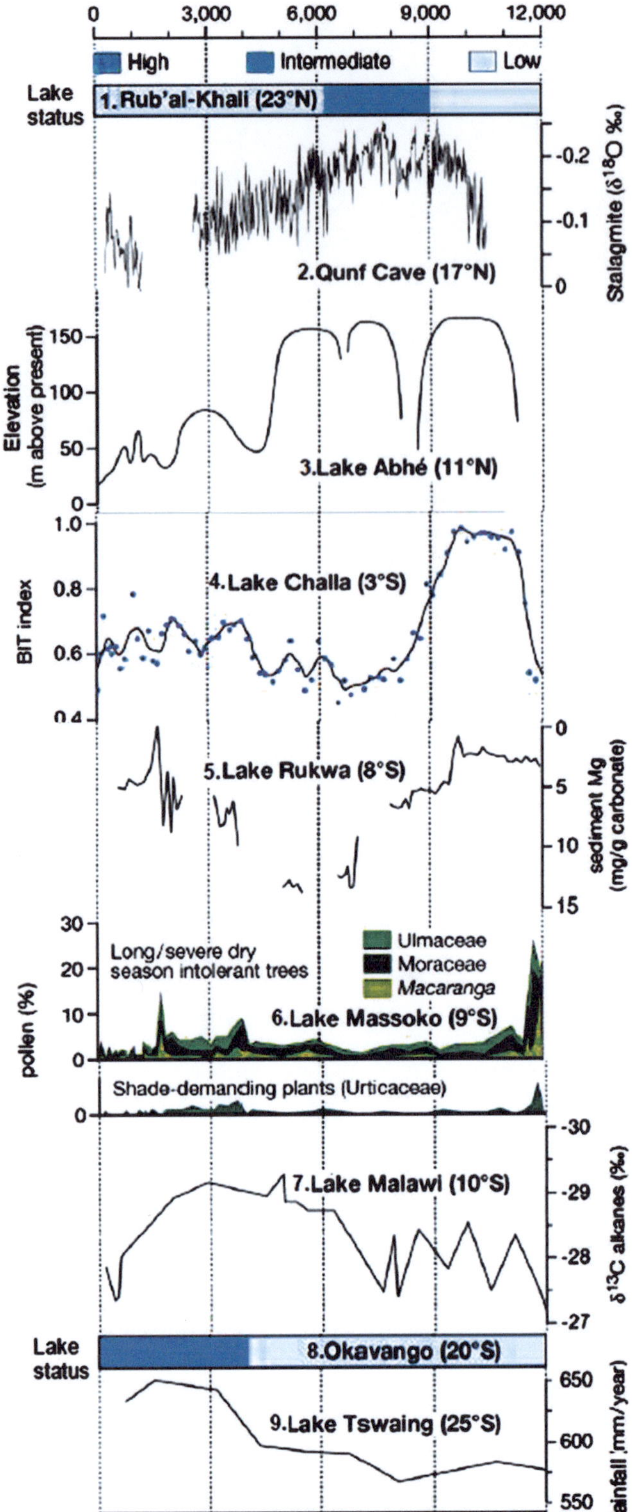

Abb. 6.176 Nord-Süd-Profil ausgewählter holozäner paläohydrologischer *records* von tropischen und subtropischen Lokalitäten, die in der Nähe zum Indischen Ozean liegen. Die Proxys (eine positivere Humiditätsbalance weist in den Kurven nach oben) illustrieren das Nord-Süd-Muster der entgegengesetzten Klimaeigenschaften, die das Präzessions-Insolations-*forcing* des SE- und NE-Monsuns beeinflussten. Die Zahlen beziehen sich auf (1) Rub'al-Khali in Saudi-Arabien (McClure 1976), (2) Qunf Cave in Oman (Fleitmann et al. 2003a) und (3) Lake Abhé in Ethiopia (Gasse 2000); sie repräsentieren das Nord-Muster; (9) Lake Tswaing in Südafrika (Partridge et al. 1997), (8) das Okavango-Delta in Botswana (Nash et al. 2006) und (7) Lake Malawi in Malawi/Mozambique (Castañeda et al. 2007) stehen für das südliche Muster; (4) Lake Challa (Verschuren et al. 2009) und (5) Lake Rukwa in Tanzania (Thevenon et al. 2002) repräsentieren das äquatoriale Muster. Die Paläo-Vegetationsänderungen des Lake Massoko (6) im südlichen Tanzania (Garcin et al. 2007) befinden sich in der Mitte zwischen dem südlichen und äquatorialen Muster; in diesem – wie auch in anderen – Übergangzonen ist der Wandel der holozänen Feuchtigkeitsbalance von den Proxys abhängig. (Aus Verschuren et al. 2009) ►

In Ost- und Südostafrika zeigt sich deutlich der schwindende Einfluss der nordatlantischen Klimaschwankungen des *Termination I* und des Holozäns (H 1, YD, 8,2 ka *event*). Südlich ca. 10° S macht sich die insolations-bedingte AHP nicht mehr bemerkbar. Im tropisch/subtropischen südwestlichen Afrika zeichnet sich dagegen eine holozäne Klimaentwicklung ab, die stärker vom atlantischen Geschehen geprägt war. Da bis in die Gegenwart vor allem marine Paläoklimaarchive (z. B. Schefuß et al. 2005) für die Rekonstruktionen herangezogen und mit den terrestrischen Daten korreliert werden, verwundert es nicht, wenn TC Johnson et al. (2016) zu der Feststellung gelangen, dass eine „*large regional variability in climate history over the African continent*" bestand; diese große regionale Variabilität des quartären Klimas wird jedoch schlüssig erklärt, wenn die Klimaarchive kritisch gedeutet werden.

Südliches Afrika

Aus den südafrikanischen randtropischen Trockengebieten (Kalahari und Namib) liegt eine große Zahl an holozänen Klimarekonstruktionen aufgrund terrestrischer Paläoklimaarchive vor. Allerdings fehlen Daten aus dem Gebiet der wechselfeuchten tropischen Savannen Angolas, Sambias und Moçambiks. Die Versuche, einzelne Paläoklimaarchivdaten vergleichend nebeneinander zu stellen, um die holozäne Klimaentwicklung zu klären, haben bisher nicht zu schlüssigen Synopsen geführt. Werden Dünenbildungsphasen, die TL-, IRSL-, OSL- und ^{14}C-datiert werden und äolische Prozesse dokumentieren, mit Chronologien für fluviale Prozesse, Seespiegelschwankungen und Bodenbildungen zusammengeführt (Abb. 6.179), ergeben sich hinsichtlich einer (lehrbuchhaften) Klimainterpretation dieser Archive oft große Gegensätze (vgl. Heine 1981, 1990, 1991, 1995c, 2002; Heine und Völkel 2009, 2010). Die Gegensätze resultieren (i) aus der Auswahl der (oft marinen [vgl. Hahn et al. 2015]) Paläoklimaproxys und (ii) aus der vielfach unreflektierten Übernahme der Schlussfolgerungen der einschlägigen Publikationen. Äolische Erosion (einschließlich Windtransport) und Akkumulation von Sand und Staub sind nur bedingt Zeugen für aride Verhältnisse (vgl. Abschn. 4.2.4); fluvialer Transport und Ablagerung sind ebenfalls nur bedingt Zeugen für humide Verhältnisse (vgl. Abschn. 4.2.6).

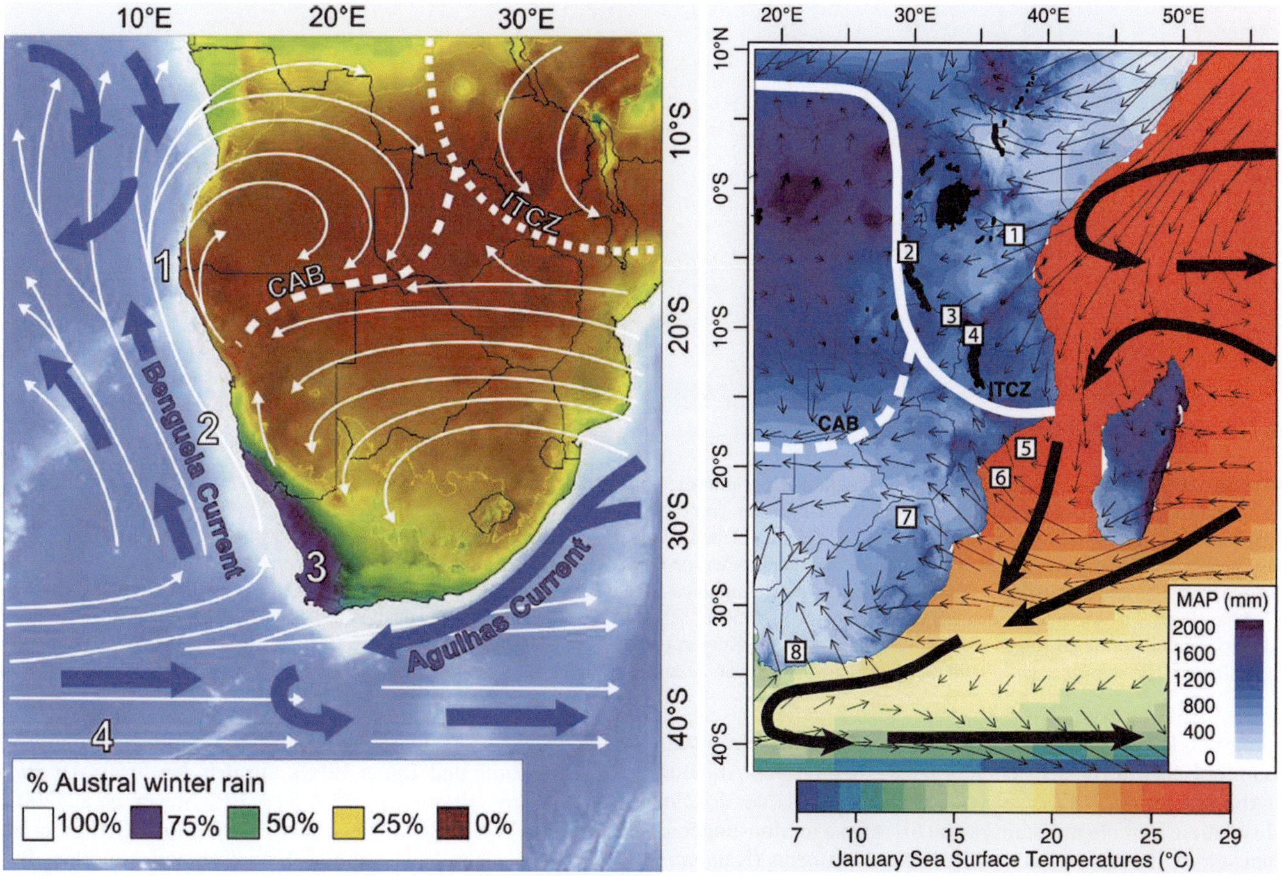

Abb. 6.177 *Links*: Karte der allgemeinen atmosphärischen (*weiße Pfeile*) und ozeanischen (*blaue Pfeile*) Zirkulationssysteme und der saisonalen Verteilung des Niederschlags (in %) des gesamten mittleren jährlichen Niederschlags während der südhemisphärischen Wintermonate von April bis September. Die ITCZ und die CAB (*Congo Air Boundary*) sind in ihrer Südsommerposition dargestellt. Zahlen: 1 – GeoB1023; 2 – ODP1084b; 3 – De Rif *hyrax midden*; 4 – TNO 57-21 (aus Chase et al. 2015a).
Rechts: Karte der Hauptsysteme der atmosphärischen und ozeanischen Zirkulation, der Konvergenzzonen (ITCZ und CAB), von MAP (*mean annual precipitation*, mittlerer Jahresniederschlag), von SSTs (Sommer, Januar) und von dem mittleren sommerlichen Windfeld. Die Zahlen geben die Lokalitäten an: 1 – Lake Challa; 2 – Lake Tanganyika; 3 – Lake Massoko; 4 – Lake Malawi; 5 – mariner Kern GeoB9307 (Sambesi-Mündung); 6 – mariner Kern MD79257; 7 – Cold-Air-Cave-Speläothem; 8 – Seweweekspoort *hyrax midden*. (Aus Chevalier und Chase 2015)

Heine (2005) gibt einen Überblick über die holozäne Klimaentwicklung für Namibia auf der Basis von verschiedenen Geoarchiven (Abb. 6.180). Die verfügbaren Paläoklimaarchive weisen auf geringe Klimafluktuationen während des Holozäns hin. Fluviale Ablagerungen (Abb. 6.181), Bodenbildungen, Hangsedimente (Kolluvien), Grundwasserspiegel und Pollen belegen feuchtere Bedingungen während des frühen Holozäns. Kurze trockene Episoden gibt es um 8 ^{14}C ka BP und um 5–3 ^{14}C ka BP. Seit ca. 3–2 ka BP wird es im Innern Südafrikas (Kalahari) trockener; seit ca. 1000 Jahren kühlen die SSTs des nördlichen Benguela-Stroms ein wenig ab, und seit ca. 500 Jahren weisen die Namib-Wüste und die angrenzenden Gebiete eine stärkere Aridität auf als in der Zeit davor. Extreme Fluten (*flash floods*) kommen in der Kleinen Eiszeit häufiger vor. In einer jüngeren Zusammenstellung legen Burrough und Thomas (2013) weitere Proxydaten für das feuchtere Frühholozän und die Aridifizierung im Mittel- und Spätholozän vor und stellen diese Klimaentwicklung auch für das innere Südafrika (Kalahari-Region) fest.

Der in Abb. 6.178 und 6.180 dargestellte Trend der Zunahme der Aridität seit dem frühen Holozän wird durch die sehr detaillierten Paläoklimarekonstruktionen aufgrund von *hyrax middens* (*Procavia capensis*, Klippschliefer, vgl. Abb. 4.66) ergänzt. Chase et al. (2010) werten stabile Stickstoffisotope der Kot-Urin-Sedimente der Klippschliefer aus und bestätigen die fortschreitende Verringerung der Humidität im Verlauf des Holozäns. Darüber hinaus können sie zum ersten Mal eine Serie von schnellen Aridifizierungs-Ereignissen feststellen, die um 3,8 ka BP beginnen und mit der weiteren (stärkeren) Abnahme der Humidität zusammenfallen. Chase et al. (2010) sehen in dem Verlauf des holozänen Humiditätsganges relativ große Übereinstimmungen mit anderen terrestrischen und marinen Paläoklimaarchiven des südlichen Afrika und somit den Beweis, dass die *African Humid Period* (AHP) nicht nur die nordhemisphärischen afrikanischen Tropen erfasste, sondern auch die südhemisphärischen. Diese Vorstellung ist unvereinbar mit vielen Modellsimulationen, die einen direkten Einfluss eines Insolations-*forcing* der niederen Breiten postulieren. Die

Kapitel 6

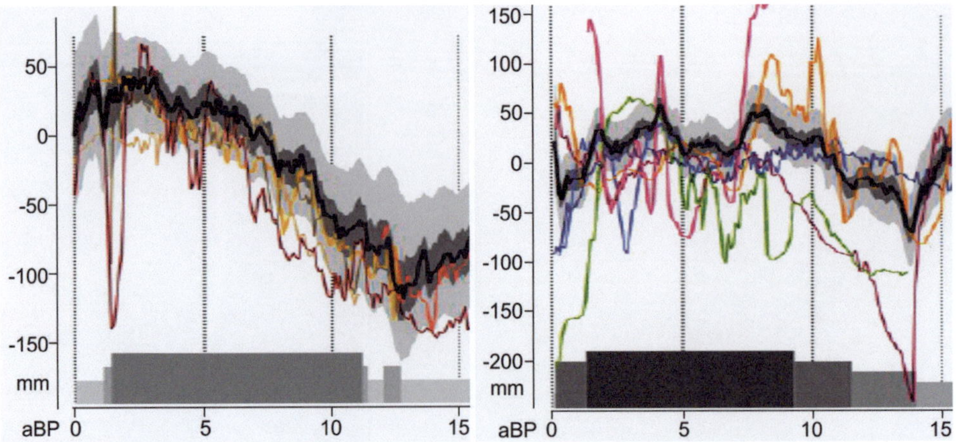

Abb. 6.178 Regionale (Südostafrika-)Rekonstruktionen der mittleren Jahresniederschläge für die letzten 15 ka BP. *Links*: Nördlicher Bereich, u. a. mit Daten des Tswaing-Kraters. Die *Kurven* zeigen den Trend des tropischen Ostafrika südlich von ca. 10° S: eine ständige Zunahme der Niederschläge fand im Holozän statt (vgl. Abb. 6.176). Zwischen 5 und 3,5 ka BP nahmen die Niederschläge etwas ab, um danach bis ~2 ka BP wieder anzusteigen; die feuchteste Phase des Spätquartärs wurde erreicht. *Rechts*: Zentraler und östlicher Bereich, u. a. mit Daten von Equus Cave, Florisbad und Braamhoek. Die feuchteste Periode trat um 8 ka BP auf und wurde von einem ausgesprochen trockenen Abschnitt zwischen 7–5 ka BP gefolgt. Anschließend stiegen die Niederschläge wieder schnell bis ~4,2 ka BP an, um dann langsam wieder abzunehmen. Die Anzahl der erfassten Lokalitäten zeigen die Histogramme unter den Kurven (*links*: 2 bis 4; *rechts*: 3 bis 6). Die Farben der Kurven stehen für bestimmte Lokalitäten. Die *schwarze Linie* stellt den gemittelten Trend dar. *Abszisse*: ka BP. (Aus Chevalier und Chase 2015)

jüngsten Daten zum holozänen Klimawandel des tropisch/-subtropischen afrikanischen Kontinents südlich des Äquators (Abb. 6.176 und 6.178) zeigen, dass der Einfluss des lokalen Insolations-*forcing* in Ostafrika und SE-Afrika in Monsungebieten stärker hervortrat, als im Innern des Kontinents (Kalahari); im Westen (Namibia) schwächte sich der lokale Insolations-Einfluss stark ab (Abb. 6.182). Die Daten deuten auf den großen Einfluss der Nordhemisphäre auf die Südhemisphäre hin; dieser Einfluss ist orbital (Insolation der Nordhemisphäre) begründet und erreichte über die ozeanischen (v. a. atlantischen) Meeresströmungen auch die Südhemisphäre. Plötzliche kurzzeitige (10^2–10^3 Jahre) Klimaschwankungen können vermutlich mit Änderungen des „geomagnetischen Schilds" der Erde (vgl. Abb. 2.50, Sirocko et al. 2009) in Verbindung gebracht werden. Das geomagnetische Feld schirmt die Erdoberfläche gegen den Solarwind und Strahlung aus dem Weltraum ab. Die Abschirmung ist in hohen Breiten und in einer Region um den Südatlantik (SAA – *South Atlantic Anomaly*) besonders schwach. Geodynamische Prozesse im Erdkern, über die wenig bekannt ist, beeinflussen das Dipolmoment (Knudsen et al. 2008; vgl. Abb. 4.89) und die SAA. Dazu schreiben Chase et al. (2010):

> Earth–Sun interactions in the form of solar forcing and/or variations in the Earth's geomagnetic shield are a potentially important factor driving climate change on centennial–millennial timescales in both the northern and southern tropics. Together with a reconsidered role for precessional forcing, these factors need to be considered if we are to achieve a reliable understanding of climate change in the southern African subtropics.

Die Daten von Chase et al. (2009, 2010) weisen auf holozäne hygrische Klimaschwankungen im ariden südwestlichen Afrika hin, die durch andere Paläoklimaarchive bisher nicht erfasst werden. Die Trends decken sich mit Temperatur- und Niederschlagsveränderungen aufgrund von Edelgas- (*excess air component*, ΔNe) und δ^{18}O-Daten von Stampriet in der SW-Kalahari (Stute und Talma 1998), mit dem Nachweis der *mid-Holocene transition* (ca. 8,2–7,5 ka BP; Stager et al. 2002, 2003), mit Speläothem-Daten aus NE-Namibia (Sletten et al. 2013) und zahlreichen geomorphologisch-pedologischen Befunden (vgl. Abb. 6.180; Heine 2005). Die markanten ariden Ereignisse um 4,8 und 2,7 ka BP (Abb. 6.183) fallen mit einem plötzlichen Nachlassen der solaren Aktivität zusammen. Auch die *Medieval Warm Period* (MWP, ca. AD 850–1250) und die Kleine Eiszeit (LIA, ca. AD 1450–1650) zeichnen sich in der *hyrax-midden*-Kurve ab (Chase et al. 2009).

Die in Nord- und Ostafrika durch niedrige Seespiegelstände beobachtete kurze, aber deutlich ausgebildete aride Episode um 4,2–4 ka BP (vgl. Abb. 6.156), die sich auch in fluvialen und äolischen Sedimenten im sudanesischen Niltal andeutet (Williams et al. 2010), wird im südlichen Afrika nicht mit derselben Eindeutigkeit erfasst. Weißer und Blauer Nil zeigen eine Reduzierung von Überflutungen und verstärkte lokale Ablagerung nach 4,5 ka BP, als das Klima in der südlichen Sahara trockener wurde. Geomorphologisch-sedimentologische Hinweise auf das ca. 4 ka-*event* aus der SW-Kalahari finden sich bei Heine (1990); in fluvialen Sedimenten ist ein Horizont aus äolischen Sanden eingeschlossen, der zwischen ca. 3,5–4,5 ^{14}C ka BP entstand. In der Dante Cave (NE-Namibia, Sletten et al. 2013) begann der Übergang von feuchteren zu trockeneren Bedingungen um 4,6 ka BP. Bedeutende Veränderungen der hygrischen Verhältnisse fallen im Holozän im tropisch/subtropischen Afrika in die Zeit zwischen ca. 5 und 3,5 ka BP, d. h. mit dem Beginn des Neoglazials zusammen. Da Auswirkungen des Neoglazials in beiden Hemisphären und in tropischen wie außertropischen Gebieten dokumentiert werden, scheint nicht nur die veränderte Situation des Strahlungshaushalts (Verlagerung des sommerlichen Strahlungsmaximums von der Nord- zur Südhemisphäre,

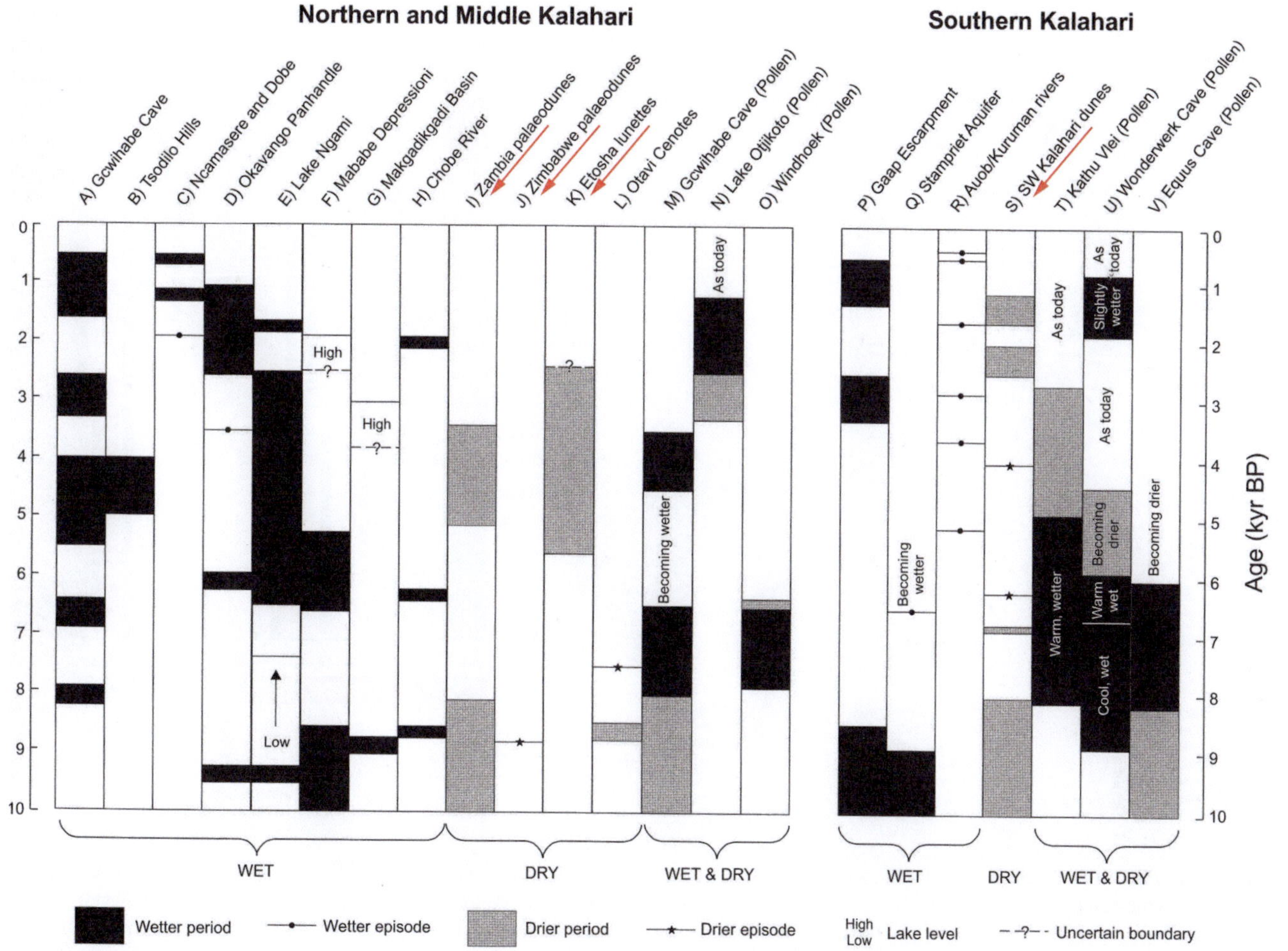

Abb. 6.179 Holozäne Chronologien aufgrund von Lumineszenz-, U/Th- und kalibrierten ^{14}C-Altersbestimmungen für die Kalahari, südliches Afrika. (A) Gcwihabe (Drotzky's) Cave; (B) Tsodilo Hills; (C) Ncamasere und Dobe; (D) Okavango Panhandle; (E) Lake Ngami; (F) Mababe Depression; (G) Makarikari-Becken; (H) Chobe River; (I) Paläodünen in Sambia; (J) Simbabwe-Paläodünen; (K) Etoscha-Lunettedünen; (L) Otavi-Cenote; (M) Gcwihabe Cave (Pollen); (N) Otjikoto Lake (Pollen); (O) Windhoek (Pollen); (P) Gaap Escarpment (Südafrika); (Q) Stampriet-Aquifer; (R) Auob/Kuruman-Täler; (S) SW-Kalahari-Dünen; (T) Kathu Vlei (Pollen); (U) Wonderwerk Cave (Pollen); (V) Equus Cave (Pollen) (aus Nash und Meadows (2012), dort auch alle Literaturangaben zu den Lokalitäten) Die Auswahl der Paläoklimaarchive und die z. T. unkritische Übernahme der diversen Deutungen führen zu einem uneinheitlichen Bild der holozänen Klimageschichte im zentralen südlichen Afrika (Kalahari i. w. S.). Die Paläoklimaarchive „Dünen" (*rote Pfeile*) fügen sich kaum in das allgemeine Bild ein

vgl. Abb. 6.182) für den Wandel verantwortlich zu sein, sondern in Verbindung mit den Strahlungsverhältnissen auch eine Vielzahl von Interaktionen innerhalb der irdischen atmosphärischen und ozeanischen Systeme. Diese *feedback*-Mechanismen, deren Folgen deutlich in zahlreichen terrestrischen und marinen Paläoklimaarchiven gespeichert wurden, können bisher nicht befriedigend erklärt werden.

Medieval Warm Period (MWP) und Kleine Eiszeit (Little Ice Age, LIA)

Die letzten 1500 Jahre werden durch die Klimaschwankungen der *Medieval Warm Period* (MWP) und der Kleinen Eiszeit (LIA, *Little Ice Age*) sowie den globalen Temperaturanstieg nach ca. AD 1850 gekennzeichnet. Es ist von großer Bedeutung für die Klimaforschung zu ergründen, ob und wie sich diese jungholozänen Anomalien in Afrika ausgewirkt haben. Wenn die hygrischen Schwankungen von dekadischer und hundertjähriger Dauer, die Afrika erfasst haben, in einen globalen Zusammenhang gestellt werden können, ergeben sich damit Möglichkeiten, die globalen Mechanismen des Klima-*forcing* zu erforschen und in die Debatte über den raschen Klimawandel einzubringen.

Hydrologische, die Wasserverfügbarkeit betreffende Klimafluktuationen sind in Geoarchiven gespeichert, die Gletscherbewegungen und Seespiegeländerungen dokumentieren. Wesentlich sensibler als Vegetationsänderungen reagieren die hydrologischen Klimaarchive. Das wird deutlich, wenn die Seespiegelstände afrikanischer Seen (Tschadsee, Seen des *East-African-Rift*-Systems, Viktoria-See, Makarikari-Pfannen etc.) betrachtet werden, die in den letzten Jahrhunderten und Jahrzehnten z. T.

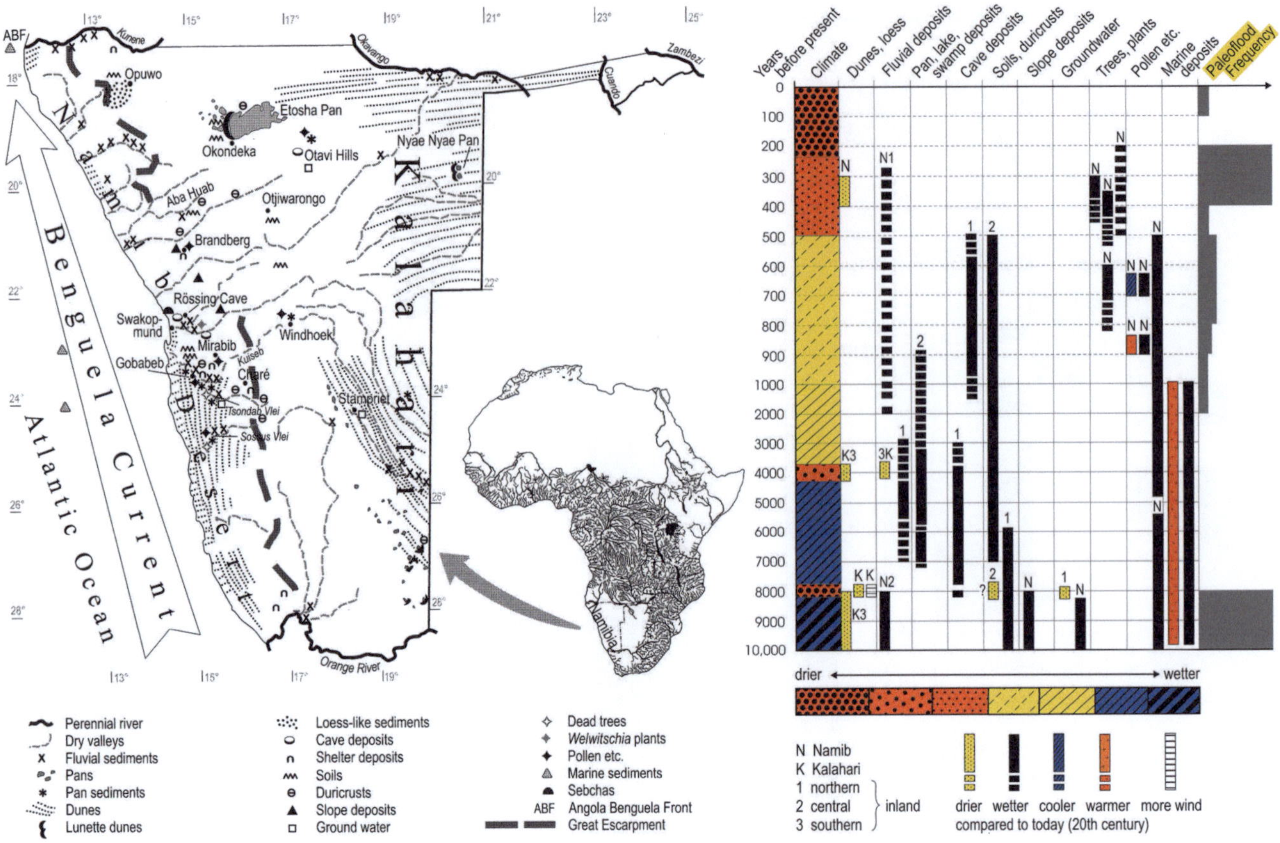

Abb. 6.180 *Links*: Lage der für die holozäne Klimarekonstruktion berücksichtigten Lokalitäten und Art der Paläoklimaarchive. Die Nebenkarte zeigt die perennierenden Flüsse Afrikas. *Rechts*: Synopse der datierten Geoarchive für Perioden mit zu- bzw. abnehmender Feuchtigkeit, Phasen zunehmender Windstärke, Absenkung des Grundwasserspiegels, Bodenbildungsphasen, etc. Die Zeitskala ist ab 1000 BP erweitert. (Nach Heine 2005; alueni-images)

starke Schwankungen zeigten. Auch fluviale Archive, die Abflussereignisse speichern, belegen bedeutende Klimafluktuationen in den letzten 1–2 ka BP.

Am Beispiel ausgewählter Regionen (Tschadsee, Viktoria-See, Makarikari-Pfannen) werden hydrologische Klimafluktuationen im Folgenden vorgestellt.

Für das Tschadgebiet geben Brunk und Gronenborn (2004) eine Synopse der Umweltbedingungen und deren Auswirkungen auf die historischen Ereignisse der Bevölkerung während der letzten 1000 Jahre (Abb. 6.184, vgl. auch Abb. 6.96, 6.141 und 6.142). In der MCA (*medivial climate anomaly*, ca. AD 900–1300, Xoplaki et al. 2011; auch: „*Medieval Warm Epoch*", „*Medieval Warm Period*", Lamb 1965; mittelalterliche Wärmephase) war der Tschadsee durch niedrige Seespiegelstände gekennzeichnet, die keinen großen Schwankungen unterlagen. Erst nach der MCA (um AD 1400) stieg der Tschadseespiegel an, erreichte zwischen AD 1600 und 1700 den Stand von ~286 m NN und fiel anschließend unter großen Schwankungen ab. Seit den 1960er-Jahren fiel der Seespiegel besonders schnell; von ca. 25.000 km^2 im Jahr 1963 reduzierte sich der See auf ca. 1350 km^2 (mit durchschnittlich 1,5 m Tiefe) im Jahr 2001 (Abb. 6.185).

Inwieweit die Spiegelschwankungen während der Kleinen Eiszeit mit Schwankungen der Insolation (Sonnenflecken) übereinstimmten, wird zurzeit diskutiert.

Die Sedimente des Nils sind bedeutende paläoklimatische Geoarchive (Williams et al. 2003, 2010), die Einblicke in die (spät)quartäre Klimageschichte geben. Zeitlich wesentlich differenzierter sind die Archivaufzeichnungen über die Nilfluten, wenn Klimarekonstruktionen für die letzten eineinhalb Jahrtausende vorgenommen werden (vgl. Butzer 1976: 122). Archivalische Dokumente benutzt Hassan (2011); er stellt eine Chronologie der Nilfluten auf, die bis in das 7. Jahrhundert AD zurückreicht (Abb. 6.186) und die die Beziehungen zwischen Nilfluten, Klimawandel und Hungersnöte in Ägypten während der MCA zeigt. Das Volumen der abkommenden Nilwasser wie auch die Saisonalität wird von den Niederschlägen im Nil-Eiszuggebiet gesteuert (Äthiopien und Äquatorial-Ostafrika). Während der letzten Jahrtausende wurde die Nahrungsproduktion wesentlich von den Nilfluten und der Menge der mitgeführten und abgelagerten Schwebstoffe bestimmt. Die archivalischen Daten zeigen, dass die Nilfluten während der MCA (AD 930 bis 1350) nicht konstant waren (Hassan 2011). Die MCA begann mit jahrzehntelangen niedrigen Fluten (AD 930–1070). Auch von AD 1180 bis 1350 waren die Fluten gering, während von AD 1070

Abb. 6.181 *Oben*: Satellitenbild der zentralen Namib mit dem Tsauchab-Tal, das in den Dünen endet. *Pfeil*: Lokalität des *Dead Tree Vlei*. *Links unten*: Frühholozäne Sedimente des Tsauchab im Namib Erg (*Dead Tree Vlei*) (vgl. Abb. 4.24; Vogel 2003; Vogel und Rust 1987, 1990). Die *Acacia-erioloba*-Bäume starben vor 500–600 ^{14}C-Jahren BP ab. *Rechts unten*: Profile der Sossus-Vlei-Region. Playa-Sedimente (Silt, Ton) wurden in Wechsellagerung mit äolischen Sanden abgelagert. Frühholozäne tonreiche Silte sind weit verbreitet und dokumentieren Abtragung im Einzugsgebiet (Tsauchab) und die Bildung von Endseen, die anschließend – bei zunehmender Aridität – durch große Dünenbildungen vom Tsauchab-Einfluss abgeschnitten wurden. Akazien (*A. erioloba*), die vor > 500–600 ^{14}C-Jahren auf den Playa-Sedimenten wuchsen, starben innerhalb weniger Dekaden ab. Ringrose et al. (2014) vermuten im nördlich benachbarten Kuiseb-Tal im Frühholozän bedeutende Erosionsprozesse der sog. Homeb Silts; diese frühholozäne Erosion dokumentiert eine stärkere episodische Wasserführung im Kuiseb und ergänzt die Daten von Heine (2005; s. Abb. 6.180)

bis 1180 und von AD 1350 bis 1470 hohe Nilfluten auftraten (Abb. 6.186). Die beiden feuchten Phasen (AD 1070–1180 und 1350–1470) erklärt Hassan (2011) mit einer nordwärtigen Verlagerung der ITCZ.

In Ostafrika haben Verschuren (2001), Verschuren und Russell (2009) und Verschuren et al. (2000, 2009) die spätholozänen hygrischen Veränderungen aufgrund von limnischen Sedimenten rekonstruiert (Abb. 6.187). Verschuren et al. (2000) benutzen

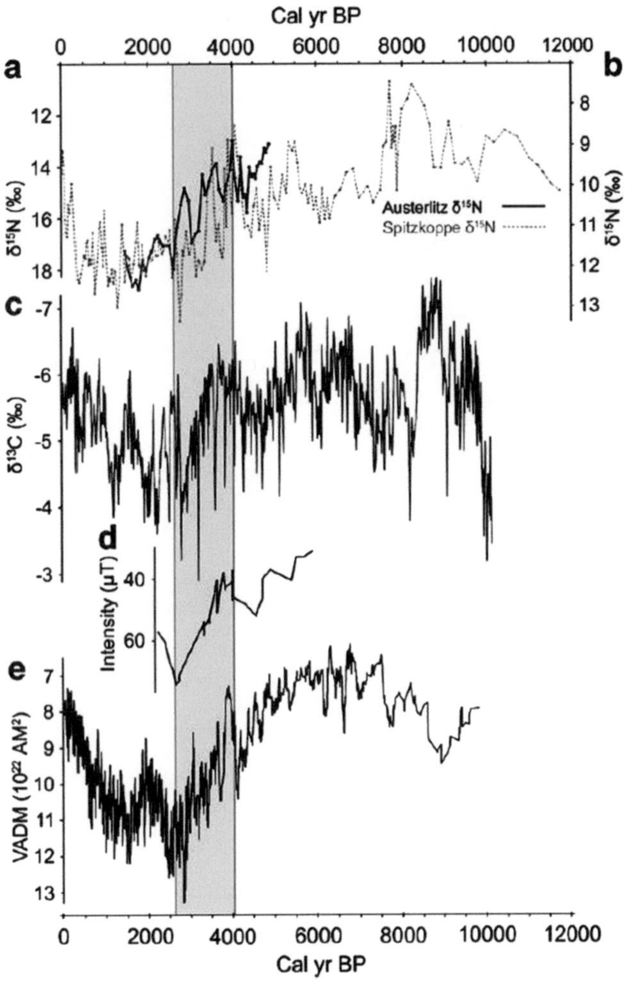

Abb. 6.182 Vergleich von δ^{15}N-Werten von *hyrax middens* der Lokalitäten (a) Austerlitz und (b) Spitzkoppe (Chase et al. 2009), von (c) δ^{13}C-Daten von Speläothemen der Cold Air Cave (Holmgren et al. 2003), von (d) dem *record* der geomagnetischen Feldintensität in Syrien (Gallet et al. 2006) und von (e) Veränderungen im globalen Dipolmoment (Knudsen et al. 2008). Die *graue Zone* kennzeichnet die Phase der schnellen Aridifizierung, die mit Änderungen des globalen Dipolmoments korrespondiert. Das Dipolmoment-Minimum um 8–7 ka BP und das -Maximum um 2,5–2 ka BP fällt mit dem plötzlichen Abfall der Wasserverfügbarkeit zusammen, sowohl in den *hyrax middens* als auch in den Cold-Air-Cave-Speläothemen (aus Chase et al. 2010, dort auch Literaturzitate). VADM, VDM – *virtual (axial) dipole moments*. Die δ^{15}N(‰)-Werte zeigen Phasen mit erhöhter Humidität von ca. 8700–7500, 6900–6700, 5600–4900 und 4200–3500 ka BP; anschließend folgte eine Phase mit stärker arid geprägten Bedingungen, die bis ca. 300 a BP anhielt (Abb. 6.183). Generell wurde das feuchtere frühe Holozän von einer fortschreitend zunehmenden Aridität (ca. 7,5 bis 1 ka BP) abgelöst

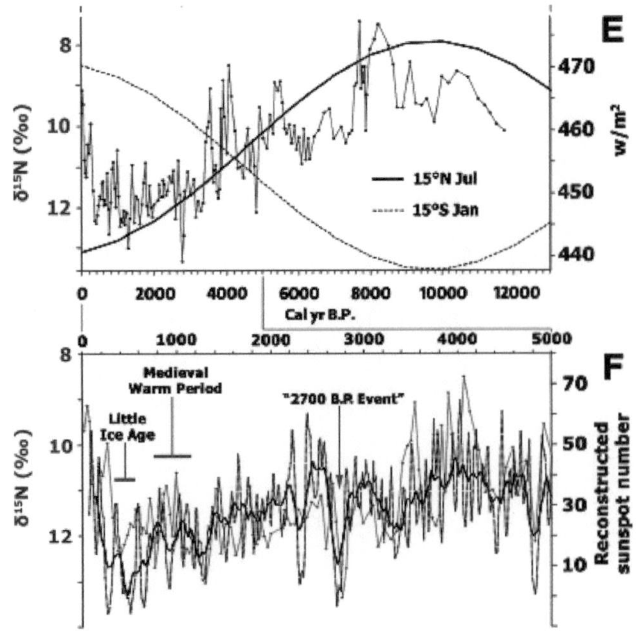

Abb. 6.183 Vergleich der δ^{15}N(‰)-Kurve der *hyrax midden* (Spitzkoppe, **E**) mit der rekonstruierten Sonnenfleckenkurve (**F**) für die letzten 5000 Jahre. Außerdem ist die Sommer-Insolation für 15° N (Juli, *schwarze Linie*) und 15° S (Januar, *gerissene Linie*) angegeben (**E**) (aus Chase et al. 2009; vgl. auch Nash und Meadows 2012).
Anmerkung: Burrough und Thomas (2013) geben die Insolationskurven etwas anders an: Vor 2,6 ka BP übersteigt die Sommer-Insolation in 15° S diejenige in 15° N

die Sediment-Stratigraphie sowie fossile Diatomeen und Milben (*midges*) des ostafrikanischen Krater-Sees (*Crescent Island Crater* im Lake Naivasha, 0°46° S, 36°25′ E) als voneinander unabhängige Indikatoren für Seespiegel- und Salinitätsänderungen. Während der letzten 1000 Jahre gab es in der Kleinen Eiszeit mindestens drei markante Perioden ausgeprägter Dürren, nämlich AD 1380–1420, 1560–1620 und 1760–1840. Die Dürren übertrafen hinsichtlich Dauer und extremer Ausprägung alle Dürrejahre, die seit der instrumentellen Aufzeichnung bekannt sind. Die Periode mit den höchsten Niederschlägen fiel in die Zeit des „Maunder-Minimums" der solaren Strahlung (ca. AD 1645–1715). Verschuren et al. (2000) vergleichen die Chronologie der rekonstruierten hygrischen Schwankungen mit Änderungen der ^{14}C-Produktion (als Proxy für Schwankungen der solaren Strahlung) und mit der kulturellen Entwicklung der Region (aufgrund von archivalischen Quellen und mündlicher Überlieferung) (Abb. 6.187). Die Verknüpfung der Daten lässt Beziehungen zwischen Klimagang und Sonnenaktivität während der letzten 1000 Jahre erkennen. Auch während der letzten 100 Jahre zeigt sich der Einfluss der Sonne. Kürzere Seespiegelschwankungen (innerhalb von ca. 10 Jahren) zeigen eine deutliche Seespiegel-Sonnenflecken-Korrelation (Stager et al. 2005).

Die Beobachtungen über Einflüsse der Solarstrahlung auf das irdische Klima werden seit Jahrzehnten diskutiert, mit dem Ergebnis, dass die solaren Strahlungsänderungen eine signifikante Auswirkung auf das Klima haben. Gleichzeitig belegen die Ergebnisse, dass Klima- und Kulturentwicklung sich gegenseitig beeinflussen können.

In neueren Untersuchungen von Verschuren et al. (2009) werden die spätholozänen Klimarekonstruktionen aus dem Lake-Naivasha-Becken bestätigt (Abb. 6.188). Die größten spätholo-

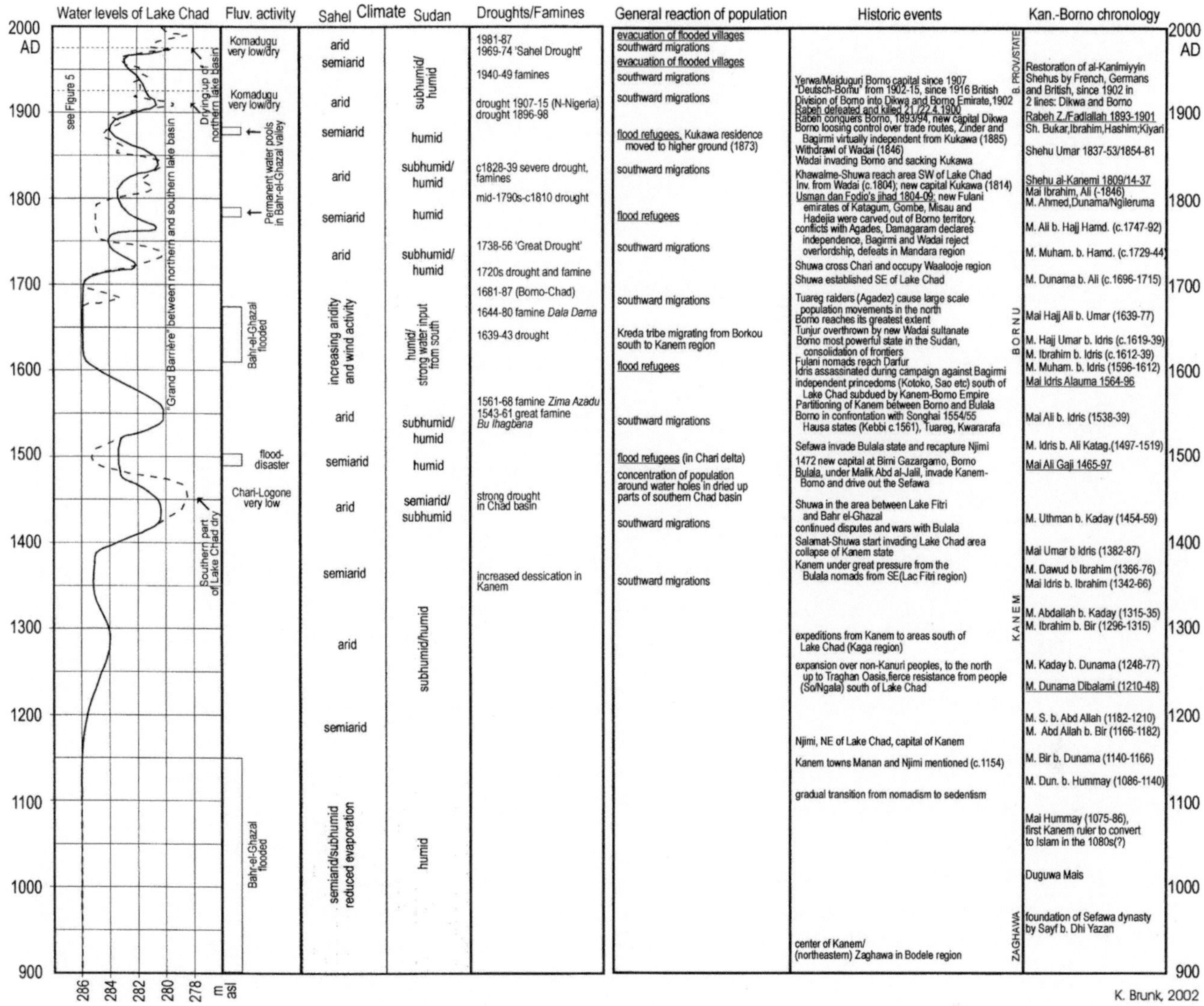

Abb. 6.184 Tschadbecken. Synopse der Umweltbedingungen und deren Auswirkungen auf die historischen Ereignisse der Bevölkerung während der letzten 1000 Jahre. (Aus Brunk und Gronenborn 2004; vgl. Abb. 6.96)

zänen Trockenphasen (Dürren) während der letzten 1000 Jahre ereigneten sich im Lake Challa (Krater-See am Kilimandscharo, vgl. Abb. 6.174) um 0,8–0,6 ka BP ($\sim$ 1100–1300 AD) und 0,2–0,15 ka BP ($\sim$ 1750–1810 AD). Diese sehr gut dokumentierten ostafrikanischen Dürrephasen waren mindestens so extrem ausgebildet und andauernd wie die holozänen Dürren im frühen Neoglazial um 3,6–2,8 und 2,0–1,6 ka BP (Verschuren et al. 2009). Die exakten zeitlichen und ursächlichen Beziehungen zwischen den einzelnen spätholozänen ariden Episoden Ostafrikas und der Klimadynamik der hohen Breiten sind noch nicht bekannt. Die Autoren vermuten, dass Phasen großer Aridität in NE-Afrika, die in Zeitskalen von ≤ 100 Jahren auftreten, durch den langdauernden holozänen Aridisierungstrend maskiert werden, während im südöstlichen Afrika die Dürrephasen den Trend weniger zeigen, da das Maximum des südhemisphärischen Sommer-Insolations-*forcing* den Feuchtigkeitshaushalt verbessert (vgl. Abb. 6.176).

Im Innern des südafrikanischen Kontinents (Okavango-Makarikari-Region mit randtropischen Sommerregen) wurden hygrische Änderungen im Makarikari-Pfannen-Gebiet schon von Livingstone (1858) erkannt und später von Passarge (1904) und Seiner (1909) eingehend beschrieben. Die neueren Arbeiten (z. B. Burrough et al. 2007, 2009a, 2009b) werden von Riedel et al. (2012) zusammengefasst und mit sedimentologischen, paläontologischen, pflanzenhistorischen und Fernerkundungsdaten diskutiert. Die *Medieval Warm Period* (MCA) und vor allem die Kleine Eiszeit (LIA) waren von bedeutenden Seenbildungen und Trockenphasen im Makarikari-Pfannen-Eiszugsgebiet betroffen. In einer Synopse der holozänen Klimaentwicklung erfassen Burrough und Thomas (2013) diese MCA- und LIA-hygrischen Schwankungen nicht; sie beschreiben relativ stabile Klimaverhältnisse während der letzten 2 ka BP aufgrund von OSL-datierten barchanartigen Dünenbildungen in der Ntwetwe-Pfanne (Makarikari-Pfannen, vgl. Abb. 4.24); nach dem hydro-

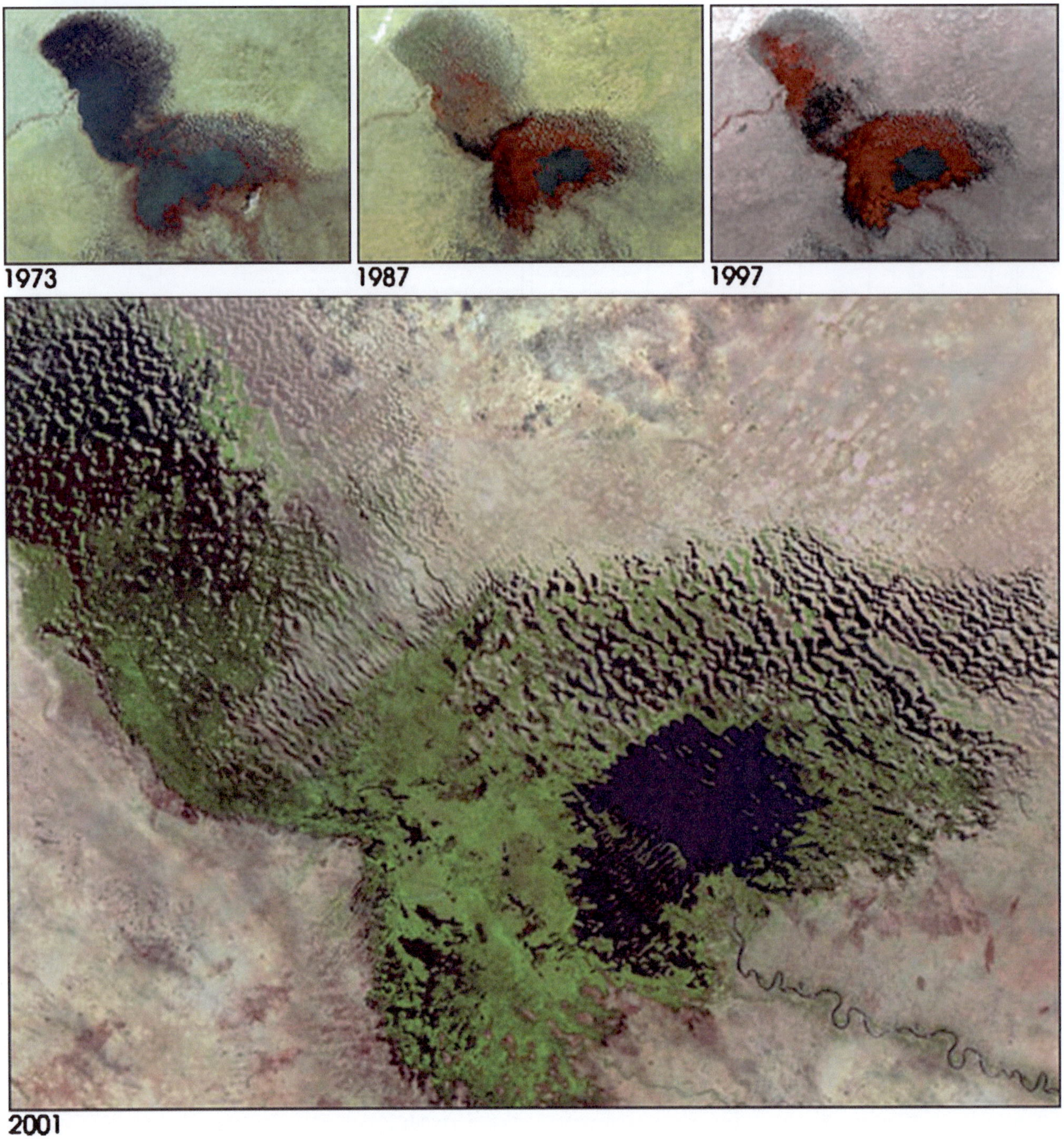

Abb. 6.185 Tschadsee. Satelliten-Falschfarbeninfrarotbilder dokumentieren den rapiden Rückgang der offenen Wasserflächen (blaugrün und blau) zwischen AD 1973 und 2001. Im unteren Bild ist die Vegetation grün dargestellt. Man schätzt, dass ca. 50 % der Seefläche verschwunden ist als Folge des Wasserverbrauchs (Bewässerung) im Einzugsgebiet. (https://de.wikipedia.org/wiki/Tschadsee, 29.10.2018: ©2016 by Institute Water for Africa e. V.)

logisch „dynamischen" Frühholozän (durch Strandlinien belegt) folgte im Mittel- und Spätholozän die Aridifizierung. Riedel et al. (2012) rekonstruieren für die MCA eine Seephase in der Sua-Pfanne (Makarikari-Pfannen-System) und für die LIA trockene Bedingungen. Die Daten von Riedel et al. (2012) basieren auf detaillierten Geoarchiven (Alter von Baobab-Bäumen, lakustrine Sedimente mit Ostrakoden, Fischfossilien, ^{14}C-Alter, etc.), während den Rekonstruktionen für das Holozän von Burrough und Thomas (2013) fast ausschließlich datierte Strandlinien zugrunde liegen. Die arideren LIA-zeitlichen Verhältnisse setzen sich von feuchteren Bedingungen im außertropischen südafrikanischen Winterregengebiet ab. Im tropischen Ostafrika

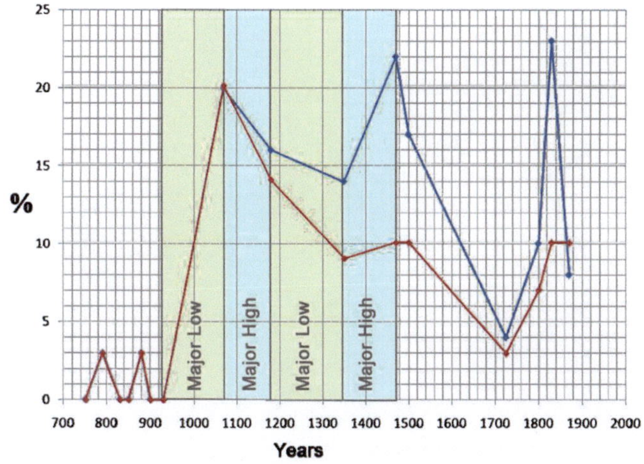

Abb. 6.186 Prozentualer Anteil der außergewöhnlich niedrigen Fluten (*rot*) und der sowohl niedrigen als auch hohen Fluten des Nils (*blau*). Unterlegt sind Phasen mit dominierendem Auftreten von niedrigen und hohen Nilfluten. (Aus Hassan 2011)

war die MCA relativ arid und die LIA relativ feucht (Verschuren et al. 2000). Ostafrika und das randtropische zentrale Südafrika verhielten sich hinsichtlich der Niederschlagsschwankungen der letzten ca. 1000 Jahre antizyklisch.

Zweifelsfreie Zeugen für bedeutende Niederschlagsschwankungen während der MCA und der LIA aus dem südafrikanischen Sommerregengebiet sind selten (vgl. Abb. 6.189). Die räumlichen Muster der Niederschlagsschwankungen erscheinen komplex, wenn eine unkritische Übernahme der Klimarekonstruktionen aufgrund der Autorendaten erfolgt. Burrough und Thomas (2013) machen jedoch andere Faktoren dafür verantwortlich, nämlich (i) komplexe Ursachen für das Klima, (ii) nichtlineare Reaktionen der Proxys hinsichtlich der Klimaereignisse und der Schwellenwerte (*thresholds*); unterschiedliche Umweltreaktionen auf Klimaänderungen; kurzzeitige Schwankungen werden nicht erfasst; und (iii) große hydrologische Systeme (z. B. Okavango und die Frage des Einflusses des Okwa-Gebiets) haben Anteil an sehr verschiedenen Klimaregionen, was die Erkennung der Umweltveränderungen in den Klimaarchiven erschwert. Die größten Diskrepanzen bei Vergleichen – wie in Abb. 6.189 – ergeben sich jedoch aus der starren Einteilung in Zeitscheiben (2–1 und 1–0 ka BP) und der nicht evaluierten Übernahme der Originaldaten. Ein Beispiel: Die Zeitscheibe 1–0 ka BP – sie umfasst sowohl die MCA als auch die LIA und die Phase der Erwärmung nach AD 1850 – zeigt in der SW-Kalahari (*roter Pfeil*) und im Makapansgat-Tal (*blauer Pfeil*) trockene Bedingungen, während alle anderen Klimaproxys dies nicht bestätigen. Grundlage für diesen Eintrag in der SW-Kalahari sind zwei TL-Altersbestimmungen von Blümel et al. (1998) an kleinen, auf einem Pfannenboden auslaufenden Längsdünen. Die durch diese TL-Alter dokumentierte geringe äolische Sandverlagerung im Pfannenbereich ist aber keinesfalls ein belastbares Indiz für größere Aridität in der Periode 1–0 ka BP. Es wird aber mit anderen Paläoklimaproxys gleichgestellt (Stone und Thomas 2008; Burrough und Thomas 2013). Gleiches trifft für die Speläothem-δ^{18}O-Daten aus den

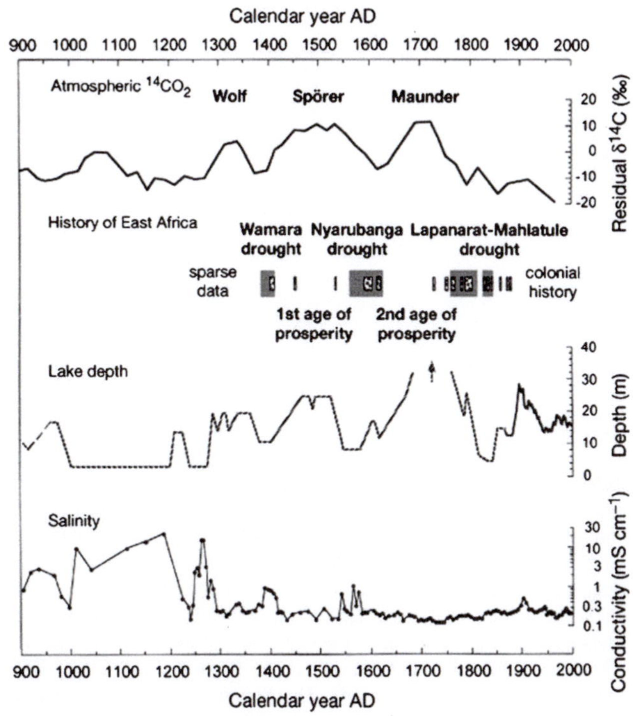

Abb. 6.187 Vergleich der *Crescent-Island-Crater*-Entwicklung mit dokumentierten und rekonstruierten Proxydaten. Dargestellt sind: dekadischer *record* der atmosphärischen $^{14}CO_2$-Produktion als Proxy für die solare Strahlung; die präkoloniale Geschichte Ostafrikas: *Graue Balken* repräsentieren Belege für dürrebedingte politische Unruhen, die in mündlicher Überlieferung bestehen, *gestrichelte Balken* kennzeichnen die Hinweise auf strenge Dürrejahre aufgrund verschiedener archivalischer Quellen (einschließlich der Nilabflussdaten) (aus Verschuren et al. 2000). Die Daten werden vom Viktoria-See bestätigt (Stager et al. 2005). Beziehungen zwischen Sonne und Seespiegelschwankungen des Viktoria-Sees zeigen das gleiche Muster, nämlich die Gleichzeitigkeit von Seespiegelanstiegen und Sonnenfleckenminima während der letzten 1000 Jahre

Höhlen des Makapansgat-Tals zu, die nicht rechtfertigen, das letzte Jahrtausend als trockener im Vergleich zu heute zu kennzeichnen. (Für die Zeitscheibe 2–1 ka BP in Abb. 6.189 gelten die Einwände ebenfalls.)

Bereits vor 25 Jahren haben Tysen und Lindesay (1992) die Klimaschwankungen der letzten 2000 Jahre für das südliche Afrika skizziert. Sie kommen zu folgenden Ergebnissen aufgrund einer gewichteten Auswertung der damals vorliegenden spärlichen Daten: Das zweite Jahrtausend vor heute scheint durch eine kühlere Periode um AD 100–200, eine wärmere Periode von ca. AD 250–600 und eine veränderliche Periode der Abkühlung von AD 600–900 bestimmt zu sein. Von AD 900–1300 herrschten allgemein wärmere Temperaturen (MWP, im 13. Jh. maximal > 3 °C höher als AD 2000; Tyson et al. 2000). In der Kleinen Eiszeit war es zwischen AD 1300 und 1750 allgemein kühler (um ca. 1 °C). Das Maunder-Minimum wies die kälteste Phase auf. Extreme Ereignisse zeigen deutliche Telekonnexionen mit anderen Erdgegenden der Nord- und Südhemisphäre. Die MWP fällt mit Maxima der kosmogenen ^{10}Be- und ^{14}C-

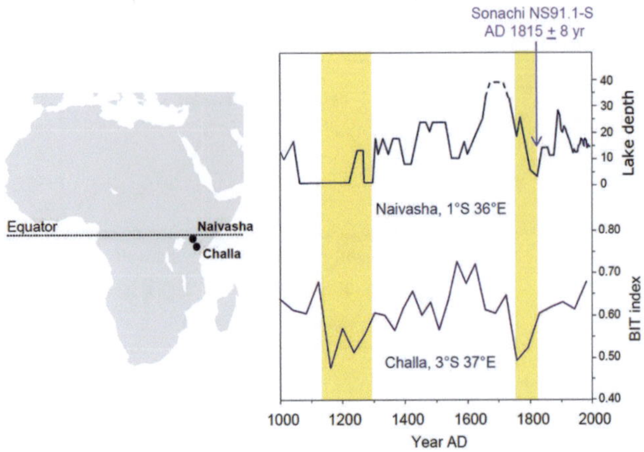

Abb. 6.188 Vergleich der Lake-Challa-BIT-Index-Kurve während des letzten Millenniums mit den Seespiegeländerungen im Rift Valley von Zentralkenia. Der Vergleich zeigt die fast identische Struktur der multidekadischen Variabilität. Beide Kurven sind mit ihren eigenen Zeitskalen dargestellt, die ^{14}C- und ^{210}Pb-basiert sind. Das Jahr AD 1815 ± 8 markiert das Ende der historisch dokumentierten Laparanat-Mahlatule-Dürre. Unter der Annahme der regionalen klimatischen Übereinstimmung wird die mittelalterliche Dürre im Lake-Challa-BIT-Index-*record* korrekter dargestellt. Die Sedimente des Lake Naivasha können bei fast völliger Austrocknung für diesen Zeitabschnitt auch umgelagert sein. (Aus Verschuren et al. 2009)

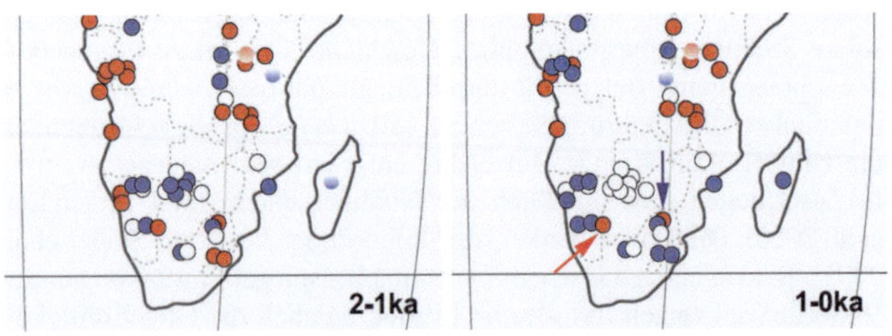

Abb. 6.189 Umweltbedingungen im südlichen Afrika in den Zeitscheiben 2–1 und 1–0 ka BP. Die paläoklimatische Interpretation der Proxydaten wird in feucht (*blau*) und trocken (*rot*) in Bezug auf die gegenwärtigen Klimaverhältnisse entsprechend der ausgewählten Originalliteratur angegeben. *Offene Kreise*: Unterschiedliche oder keine hygrischen Schwankungen werden in den Quellen genannt. Lokalitäten und Quellenangaben bei Burrough und Thomas (2013). *Roter Pfeil*: SW-Kalahari-TL-Dünenalter (Blümel et al. 1998). *Blauer Pfeil*: Makapansgat-Valley-Speläotheme (Holmgren et al. 2003)

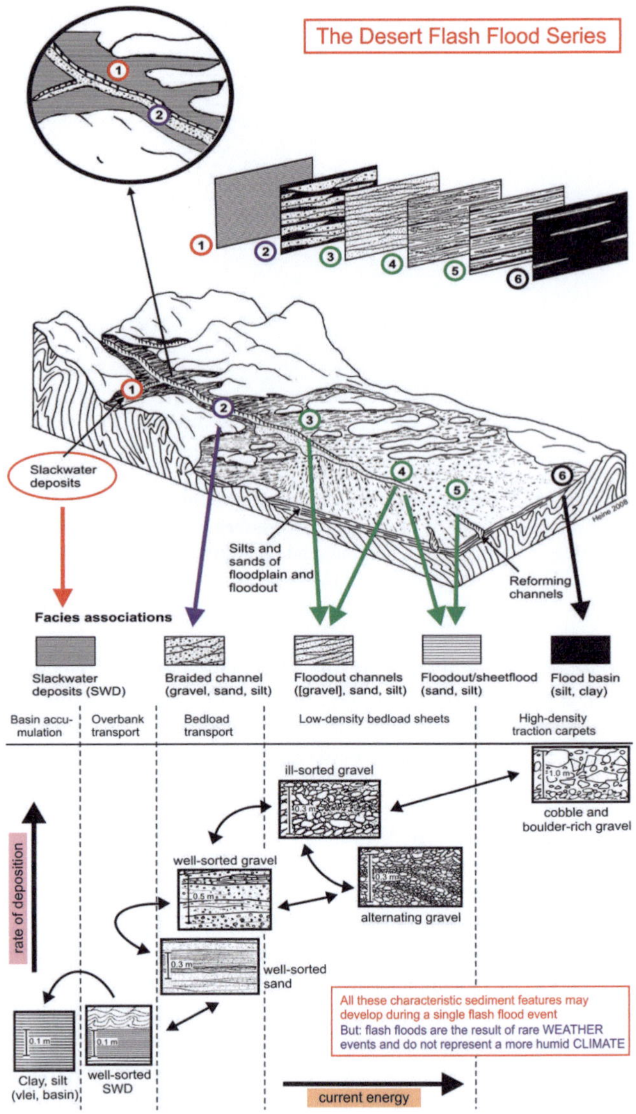

Abb. 6.190 *Desert Flash Flood Series*. Die aus den oberen Einzugsgebieten kommenden extremen Fluten führen zur SWD-Bildung in den Tälern (*oben*) und zur FOD-Bildung im Auslaufbereich der Fluten. Ein Flutereignis bildet daher sehr unterschiedliche Faziessequenzen (*unten*). Die paläoklimatische Deutung der fluvialen Sedimente dokumentiert mit den unterschiedlichen Faziessequenzen *a priori* keine Klimaschwankungen, sondern allein extreme Flutereignisse, die für aride Environments charakteristisch sind. Aus der zeitlichen Abfolge und Magnitude der extremen Flutereignisse können Phasen mit fehlenden bzw. zeitlich schnell aufeinanderfolgenden Fluten und die Intensität der Niederschläge rekonstruiert werden (nach Heine und Völkel 2009). Die unterschiedliche, z. T. entgegengesetzte paläoklimatische Interpretation der SWDs und FODs diskutieren Heine (2004a, 2004c), Heine und Heine (2002), Heine und Völkel (2009) und Leopold et al. (2006). (Abbildungen: alueni-images)

Isotope zusammen (Maxima der solaren Strahlung). Tyson und Lindesay (1992) verbinden mit manchen Paläoklimaarchiven – beispielsweise die *slackwater deposits* des Hoanib (s. u.) und die Auswirkungen extremer Fluten am unteren Kuiseb – ein trockeneres Klima. Tysen et al. (2000) berücksichtigen hygrische Schwankungen nicht.

Wenn detaillierte Chronologien der Paläoklimaarchive vorliegen, ist eine Rekonstruktion der Umweltverhältnisse möglich. Dies soll am Beispiel der extremen Fluten, die für semiaride und aride tropisch-randtropische Regionen charakteristisch sind, dargestellt werden (vgl. Abb. 6.129 bis 6.135).

Extreme Fluten lassen außerhalb der aktiven Gerinnebett-Sohlen *slackwater deposits* (SWDs) und – in Wüstengebieten – bei nachlassender Wasserführung *floodout deposits* (FODs) (Abschn. 4.2.6.1; Abb. 4.45) zurück (Baker 1987; Heine 2004a, 2004c; Heine und Völkel 2009). SWDs und FODs sind geeigne-

Abb. 6.191 *Oben links*: SWDs bei Amspoort, Hoanib-Tal, nördliche Namib. Die SWDs haben weite Teile des Tals mit mehrere Meter mächtigen Sedimenten bedeckt und die Akazien (*Acacia erioloba*) der flussbett-begleitenden Talvegetation um AD 1700 (Maunder-Minimum der LIA) begraben (Vogel und Rust 1990). *Roter Balken* – Lage des Profils (vgl. Leopold et al. 2006). *Rechts oben*: SWD-Profil von Amspoort. Über *sheetwash*-Sedimenten mit einem Alter ≤ 4 ka BP liegt ein Sandband (~ 1 ka BP). Die LIA-zeitlichen SWDs akkumulierten um ca. AD 1650–1750 (Maunder-Minimum). *Unten links*: Abseits des Oranje-Tals liegen SWDs der Kleinen Eiszeit (ca. 28°42,5′ S, 17°33′ E). *Unten rechts*: SWDs der Kleinen Eiszeit in einer Nebentalmündung des Oranje-Flusses (ca. 28°05′ S, 16°52′ E). Sie dokumentieren den extrem hohen Wasserspiegel zur Zeit der SWD-Sedimentation. Fotos: alueni-images

te Paläoklimaarchive, um Magnitude und Häufigkeit von Fluten zu bestimmen, die Jahrhunderte oder Jahrtausende zurückliegen. Diese Paläoklima-*records* müssen jedoch unzweifelhaft interpretiert werden. Für die Namib-Wüste und angrenzende Gebiete Namibias entwerfen Heine und Völkel (2009) ein Modell der SWDs und FODs (*Desert Flash Flood Series*, Abb. 6.190), das die Beziehungen zwischen den außerhalb der Wüste gelegenen Flusseinzugsgebieten mit höheren Niederschlägen, den Sedimentationsräumen in den Wüstentälern und dem Versiegen der Fluten im Bereich der küstennahen Namib-Fläche (*unconformaty surface*, *peneplain*) darstellt.

Die SWDs der verschiedenen Namib-Täler zeigen von Nord nach Süd eine unterschiedliche Ausbildung. Im Norden bildeten die extremen Flutereignisse während der Kleinen Eiszeit besonders mächtige SWD-Sequenzen (Abb. 6.191). Nach Süden sind die Mächtigkeiten der SWD der LIA geringmächtiger, um im Oranje-Tal wieder extremer zu werden (Abb. 6.191). Die Lage der höchsten SWD über den rezenten Talsohlen belegt während des Maunder-Minimums in der Kleinen Eiszeit die extremsten Flutereignisse, sowohl in der nördlichen Namib als auch im Oranje-Einzugsgebiet (Abb. 6.192).

Die Zusammenstellung der SWD-Daten für die Namib-Täler (Abb. 6.193) zeigt eine Konzentration der extremen Fluten während der Kleinen Eiszeit. Im Kunene-Tal sind nur Fluten geringer Intensität durch die SWDs repräsentiert. Dies deutet auf einen geringen Einfluss der hygrischen Schwankungen während der LIA im tropisch-wechselfeuchten Kunene-Eiszugsgebiet hin. In der nördlichen Namib sind die Fluten extrem; sie nehmen nach Süden ab. Im Oranje-Tal belegen die extremen Fluten hohe exzeptionelle Niederschlagsereignisse im Einzugsgebiet. Die SWD stammen aus den im Osten gelegenen zentralen südafrikanischen Gebirgen und Hochflächen (Heine und Völkel 2010, 2011; Grodek et al. 2013). Werden die SWD-Daten der letzten 1000 Jahre mit den Sonnenfleckenzyklen und den hygrischen Schwankungen aus Ostafrika (Naivasha-Seespiegeländerungen) sowie dem südafrikanischem Makapansgat-Tal ($\delta^{18}O$ der Speläotheme) verglichen, zeigen sich (i) die Einflüsse der solaren Strahlung auf (extreme) Niederschlagsereignisse und (ii) die gegenläufigen Auswirkungen in den verschiedenen Regionen Süd- und Ostafrikas (Zunahme der Humidität bzw. der extremen Fluten in Ostafrika und der Namib, Abnahme der Humidität in SE-Afrika).

Eine Phase außergewöhnlicher Bedingungen zeigen die rekonstruierten Fischgesellschaften im Benguela-Strom vor der Küste der Namib bei Walfischbucht (Marine Kerne GeoB4501 und 4502) (Abb. 6.194). Um ca. AD 1000 fielen die SSTs im nördlichen Benguela-Strom um ~1 °C im Vergleich zu den vorangegangenen 2200 Jahren (Altenbach und Struck 2006). In den letzten ca. 500 Jahren zeichnen sich für die Namib-Wüste Grundwasserbedingungen ab, die auf größere Aridität hinweisen: *Acacia-erioloba*-Bestände im Sossus-Vlei-Gebiet (Abb. 6.181) und Tsondab Vlei starben ab (Vogel 1989; Heine 2005). Diese

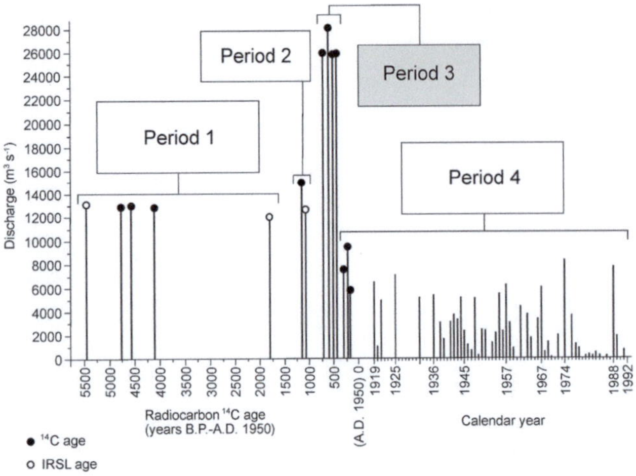

Abb. 6.192 Kompilation der *records* der Paläofluten für den unteren Oranje-Fluss während der letzten ca. 5500 Jahre. Der *linke Teil* der x-Achse stellt die Fluten in IRSL- und ^{14}C-Jahren BP (vor AD 1950) dar; im *rechten Teil* der x-Achse sind die gemessenen jährlichen Spitzen-Abflusswerte der Station Vioolsdrif für die Jahre AD 1919–1992 dargestellt. Vier Paläoflut-Perioden werden unterschieden: der Abflussschwellenwert überschreitet nicht den Wert von 12.800 m^3s^{-1} (Periode 1), von 14.700 m^3s^{-1} (Periode 2), von 27.000 m^3s^{-1} (Periode 3, Kleine Eiszeit), von 9500 m^3s^{-1} (Periode 4, AD 1785–1992). Die bei Weitem größten Fluten während der letzten 5500 Jahre ereigneten sich während der Kleinen Eiszeit (vor AD 1785). (Aus Heine und Völkel 2011 nach Zawada 2000)

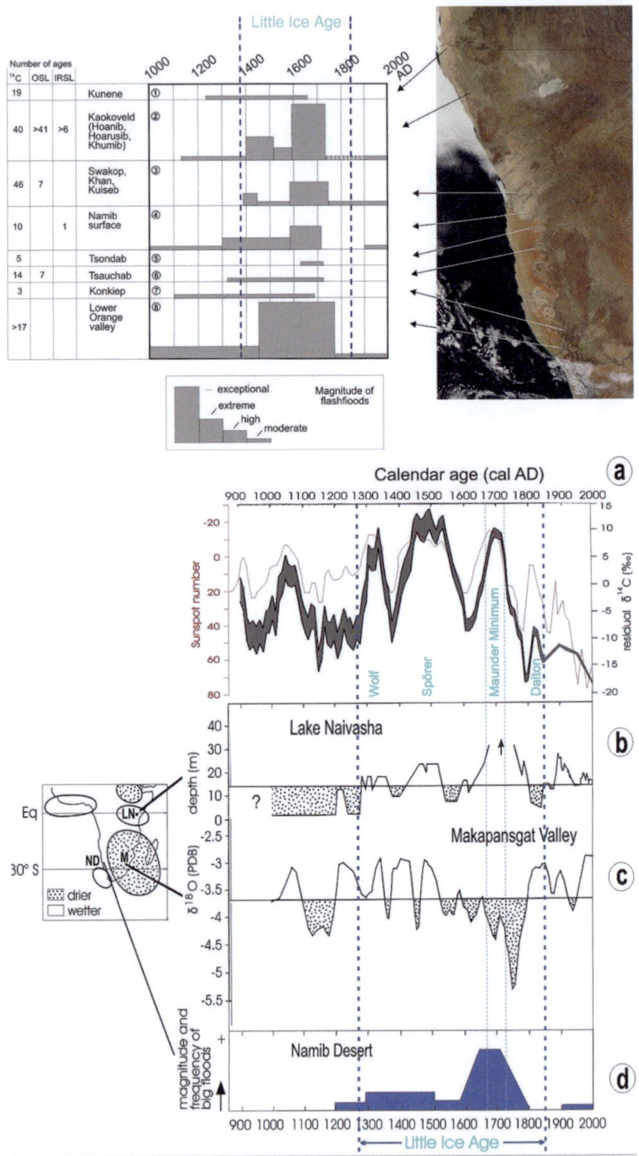

Abb. 6.193 *Oben*: Die jüngste Akkumulationsphase der SWDs fand in der LIA statt. Die Anzahl der ^{14}C- und OSL-Alter und die Magnitude der *flash floods* werden für verschiedene Namib-Täler angegeben. Während der LIA nahm die *flash-flood*-Magnitude von Nord nach Süd ab. Die extremen Fluten im Oranje-Tal hatten ihren Ursprung im oberen Einzugsgebiet (nach Heine und Völkel 2011).
Unten: Vergleich der *records* (**a**) von Sonnenflecken-Anzahl (*rot*, Solanki et al. 2004) und residuales ^{14}C (‰), repräsentativ für die Solarstrahlung (Mauquoy et al. 2002), (**b**) von Seespiegelfluktuationen in Ostafrika (Verschuren et al. 2000), (**c**) von $\delta^{18}O$-Werten südafrikanischer Speläotheme (Makapansgat-Höhle), repräsentativ für Arid-humid-Wechsel (Holmgren et al. 1999; Tyson et al. 2002), und (**d**) Namib-Wüsten-*flash-flood*-Ereignisse seit AD 1000. Zahlreiche der multidekadischen Ereignisse dieser Klimaarchive waren zeitgleich (z. B. während des Maunder-Minimums) und deuten auf eine gemeinsame Reaktion auf das Strahlungs-*forcing*. Die Nebenkarte zeigt Gebiete in Süd- und Ostafrika mit Telekonnexionsmustern in Verbindung mit El-Niño-Bedingungen im Benguela-Stromgebiet, die vermutlich mit den arideren und feuchteren Gebieten im südlichen und äquatorialen Afrika während des Maunder-Minimums korrelieren. LN – Lake Naivasha; M – Makapansgat-Tal; ND – Namib Desert. (Nach Heine und Völkel 2011; Abbildungen: alueni-images) ►

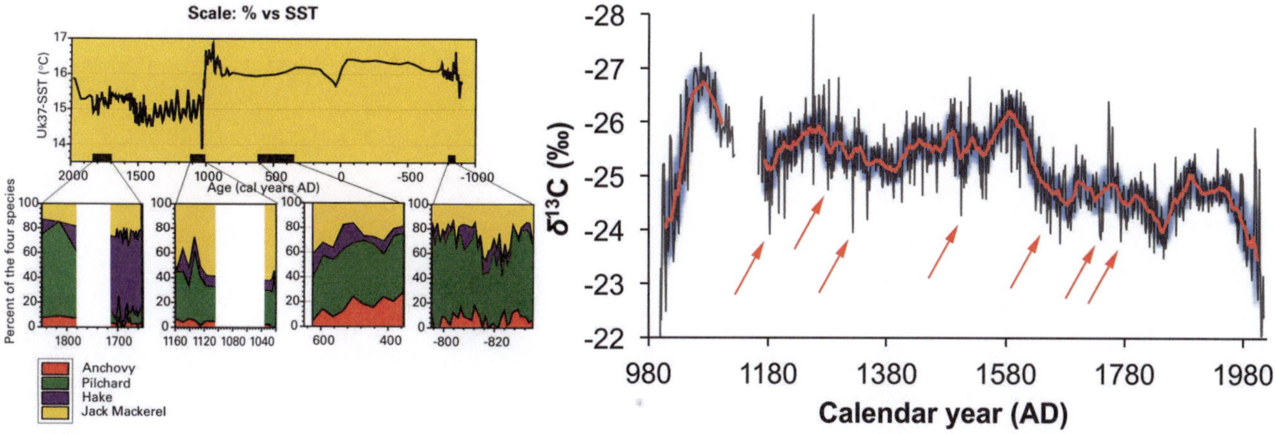

Abb. 6.194 *Links*: SST aufgrund des Alkenone-Indexes „Uk37" und relative Häufigkeit der Fischschuppen von Sardinen, Anchovis (Kapsardelle), Seehecht und Makrele des Sedimentkerns (GeoB4501, 22,58° S, 14,17° E, 97 m Wassertiefe, hypoxischer Diatomeen-*mud-belt*) aus dem *Upwelling*-Bereich des Benguela-Stroms (aus Altenbach und Struck 2006). *Rechts*: Proxy-Niederschlagsdaten der letzten ca. 1000 Jahre aufgrund von $\delta^{13}C$-Analysen (‰) von 13 Baobab-Bäumen der Pafuri-Region (Limpopo) in Südafrika. Um AD 1000 nahm der Niederschlag zu, um danach langsam wieder abzunehmen. Trockene Phasen (rituelle Verbrennungen bei Trockenperioden, *rote Pfeile*) korrelieren mit Dürren. (Aus Woodborne et al. 2015 und Huffman und Woodborne 2015)

Aridisierung steht im Gegensatz zu den Fischschuppen-*records* der marinen Benguela-Sedimente (Altenbach und Struck 2006; Struck und Altenbach 2006), die Populationsänderungen verschiedener Fischarten während der LIA und feuchtere Klimabedingungen im „Hinterland" anzeigen (vgl. Baumgartner et al. 2004). Die „feuchteren" Bedingungen können durch episodische extreme Fluten verursacht worden sein und müssen nicht *a priori* humidere Klimaphasen anzeigen. Diese Befunde ergänzen jedoch die Datierung der extremen Fluten der nördlichen Namib, die ebenfalls in der LIA auftraten und dem Benguela-Strom-Gebiet Wasser aus dem „Hinterland" zuführten (vgl. Struck und Altenbach 2006). Die Daten der *hyrax midden* von Chase et al. (2009; vgl. Abb. 6.182) belegen gleichermaßen markante hygrische Schwankungen im Namib-„Hinterland". Auffällig ist der Umschwung der Benguela-SSTs um AD 1000 (Abb. 6.194), der sich auch in Isotopenanalysen von Baobab-Bäumen im Limpopo-Gebiet (ca. 29–31° E, 22° S) zeigt (Abb. 6.194).

Werden die Umweltrekonstruktionen der verschiedenen Paläoklimaarchive (SWDs, Fischschuppen, stabile Isotope der *hyrax midden*, abgestorbene Akazien, etc.) für die randtropische Sommerregenzone zusammenschauend interpretiert, ergeben sich für die südwestafrikanische Namib-Wüste und angrenzende Gebiete nicht *a priori* aufgrund der SWDs humidere Klima/Umweltverhältnisse; die SWDs sind Zeugen extremer Fluten von wenigen Stunden bis einigen Tagen, die von bestimmten Wetterlagen begünstigt werden. Eine leichte Verlagerung charakteristischer sog. *tropical-temperate-troughs* (TTTs) über dem südwestlichen Afrika in Richtung Atlantikküste im Bereich der nördlichen Namib bringt oft extreme Regenfälle mit sich. Daher geht Heine (2004a, 2004c) davon aus, dass in der LIA die TTTs nicht nur häufiger als vor und nach der LIA auftraten, sondern auch etwas weiter westwärts verliefen und zudem mit extremeren Regenfällen verbunden waren (Abb. 6.195). Als mögliche Ursache für die Verlagerung der TTTs nach Westen wird eine nach Süden verschobene Angola-

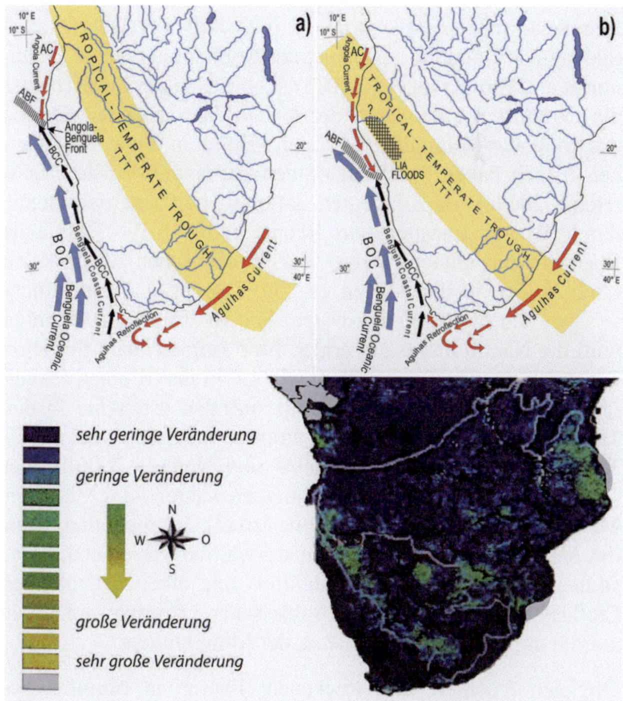

Abb. 6.195 *Oben*: Ozeanische Ströme und Lage der *tropical-temperate-troughs* (TTTs) während außergewöhnlich starker Niederschläge im ariden Namibia (**a**) während der letzten 100 Jahre und (**b**) während der Kleinen Eiszeit. Die Gebiete, die besonders hohe Niederschläge verzeichneten, sind kreuzschraffiert (aus Heine 2004a, 2004c). *Unten*: Änderungen der Landbedeckung (Vegetation) im südlichen Afrika zwischen Mai 1998 und April 2000, bestimmt mit SPOT-VEGETATION-Daten. Die Änderungen repräsentieren für Nordnamibia, das obere Einzugsgebiet des Oranje und einige andere Regionen überdurchschnittliche Niederschläge, die z. T. an TTT-Wetterlagen gebunden sind und für die Nord-Namib extreme Regenfälle bringen. (Abbildungen: alueni-images)

Abb. 6.196 *Links*: Ein in der Kleinen Eiszeit durch extreme Spülfluten über die Namib-Fläche transportierter Stamm einer Akazie (^{14}C-Alter: 120 ± 50). Der Transportweg beträgt ≥ 12 km. Lokalität: 23°05′ S, 15°01′ E, ~500 m NN (vgl. Heine 2004c). *Rechts*: *Welwitschia-mirabilis*-Pflanzen, die während der Kleinen Eiszeit aufwuchsen. Damit die Keimlinge Wurzeln bilden können, die bis zum Grundwasser reichen, muss der Standort über viele Jahre feuchte Sedimente aufweisen. Das war seit der Kleinen Eiszeit nicht mehr der Fall, wie das Fehlen jeglicher Jungpflanzen (jünger als ca. < 150–200 Jahre) belegt (vgl. dazu: Stone und Edmunds 2016). Lokalität: 21°43′ S, 14°38′ E, +450 m NN. (Vgl. Heine 2004c; Fotos: alueni-images)

Benguela-Front (ABF) vermutet, die wärmeres Wasser nach Süden in den Atlantik im Gebiet der Nordnamib brachte (Shannon et al. 1986; Krapf et al. 2003). Es besteht kein Zweifel, dass die extremsten Paläofluten der letzten Jahrtausende während des Maunder-Minimums auftraten. Bis zum Ende der Kleinen Eiszeit haben diese Paläofluten die Namib-Wüste erfasst (Heine 2004c); darauf deuten datierte Spülflächensedimente, durch Wasser transportierte Bäume (Abb. 6.196), fehlende Regeneration (Jungpflanzen) der endemischen *Welwitschia* (Abb. 6.196) in den letzten ca. 200 Jahren, Höhlensedimente sowie die *hyrax-midden*-Daten. Seit ca. 150 bis 200 Jahren wird die Namib insgesamt arider. Eine vergleichbare Situation mit den extremen Regenfällen, wie sie in der Kleinen Eiszeit im Bereich der nördlichen Namib auftraten, herrschte in den Jahren 1998 bis 2000 (d.i. unmittelbar nach dem starken El-Niño-Jahr 1997/98; vgl. Williams und Nottage 2006). Über mögliche Ursachen für Klimaanomalien während des Maunder-Minimums berichten Varma et al. (2012); sie modellieren für das Maunder-Minimum eine äquatorwärtige Verschiebung des südhemisphärischen Westwindgürtels und einen bedeutenden Einfluss solarbedingter stratosphärischer Ozonschwankungen auf die troposphärische Dynamik der Mittelbreiten.

Obgleich feuchtere und trockenere Phasen in Namibia belegt sind, ist das holozäne Klima doch im Wesentlichen dem heutigen ähnlich und nicht von den markanten hygrischen Fluktuationen Nord- und Ostafrikas betroffen.

Werden historische Daten für die Klimarekonstruktionen des südlichen Afrika benutzt, ergibt sich ein uneinheitliches Bild hinsichtlich feuchter und trockener Phasen (Abb. 6.197). Im Vergleich zu der geglätteten Kurve der Niederschlagsschwankungen in Simbabwe, die auf Baumringanalysen basiert und markante Fluktuationen zeigt, bieten die historischen Paläoklimaarchive nur überzeugende Rekonstruktionen, wenn sie zusammen mit anderen Paläoklimadaten interpretiert werden. Dann ergeben sich für das südliche Südafrika (außertropischer Bereich) relativ feuchte Verhältnisse im 19. Jahrhundert mit einer Unterbrechung um AD 1830–1850 und mit einem Trend zu größerer Aridität nach ca. AD 1920. Im tropischen Bereich (Simbabwe) zeigt das 19. Jahrhundert dagegen nur zwischen AD 1830–1840 und 1850–1860 feuchtere Phasen. Die Daten deuten auf eine Verschiebung des Einflusses der Westwindzone nach Süden (polwärts) seit dem Ausgang der Kleinen Eiszeit hin.

6.3 Synopse

Die kritische Bewertung der terrestrischen paläoklimatischen Proxys ergibt folgende Schlussfolgerungen:

(i) Die markanten Klimawechsel zwischen quartären Kalt- und Warmzeiten sind durch Pollenprofile (Hooghiemtra 1996; Dupont und Hooghiemstra 1989), Moränensequenzen (Mark und Osmaston 2008; J Ehlers et al. 2011; Shanahan und Zreda 2000), Speläotheme (Fleitmann et al. 2003b; Geyh und Heine 2014), Paläoböden, Dünengenerationen, Seesedimente, Seespiegelstände, marine Kerne und andere Paläoklimaarchive belegt.

(ii) Zeitlich hochauflösende Klimarekonstruktionen, die auf weitreichende Hypothesen verzichten können, bestehen nur für das LGM, das *Termination I* und das Holozän.

(iii) Das LGM war im tropischen Afrika arider; der Regenwald des Kongo-Beckens und an der Guineaküste war zum größten Teil durch trockenere Biome (Savannen) ersetzt. Seespiegelstände waren niedrig. Gletscher waren ausgedehnter als heute. Die Temperaturen waren mindesten 5 °C kälter als heute, an den ostafrikanischen Vulkanen vielleicht noch etwas kälter.

(iv) Während des *Termination I* traten Klimaschwankungen stärker hygrisch als thermisch hervor. Südlich des

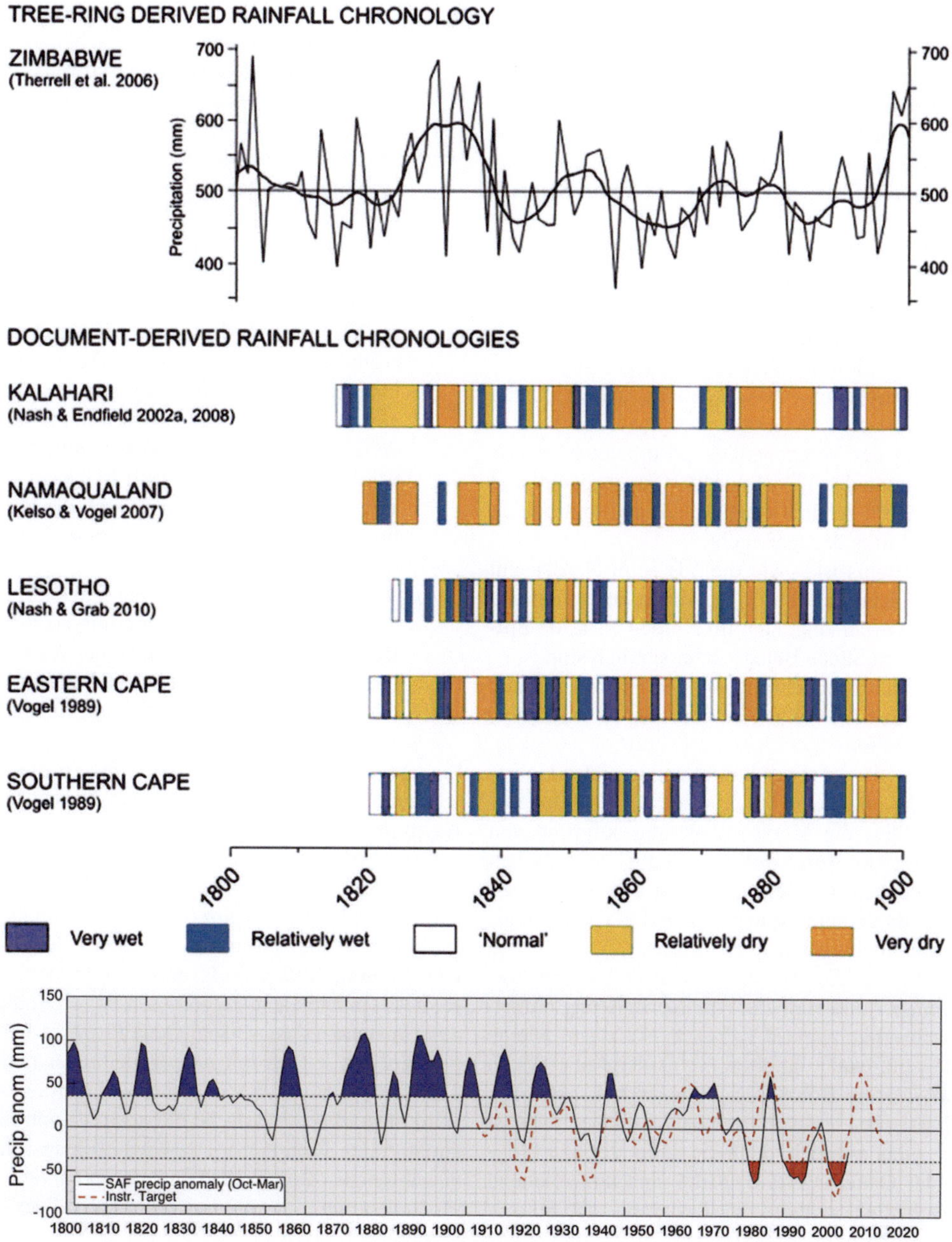

Abb. 6.197 *Oben*: Niederschlagschronologien aufgrund von zeitlich hochauflösenden archivalischen Quellen für die südliche Kalahari, das Namaqualand, die südliche und östliche Kapregion und Lesotho (nach verschiedenen Autoren). Ebenfalls dargestellt wird die baumringrekonstruierte Niederschlagskurve für Simbabwe (jährliche und 10-jährige geglättete Kurve) für die Regenzeit (November–Februar). *Lücken* in den Chronologien zeigen fehlende Daten bzw. ungenaue Jahresangaben (bei Dokumenten). Die Dürrephasen bei Kelso und Vogel (2007) umfassen die Jahre AD 1820–1821, 1825–1827, 1834, 1861–1862, 1874–1875, 1880–1883 und 1894–1896, außerdem die trockene Phase um AD 1840, die nur in der Kalahari und in Simbabwe auftrat (aus Nash und Adamson 2014, dort auch die Literaturzitate).
Unten: Rekonstruktion der Niederschläge für die Sommerregenregion des südlichen Afrika (SAF). Geglättete Kurve (11-Jahre). Feuchte (*blau*) und trockene (*rot*) Perioden sind als Standardabweichung vom Mittel angegeben. Sie korrespondieren mit trockenen/feuchten Jahren, die als Niederschlagsanomalien (± 67 mm) definiert sind (aus Gergis und Henley 2016, nach Neukom et al. 2014b).
Anmerkung: Die Rekonstruktion von Neukom et al. (2014b) basiert auf einer PCR(*Principle Component Reconstruction*)-Methode mit folgendem Ergebnis: Während der letzten 200 Jahre (AD 1796–1996) erfolgte eine Niederschlagsabnahme in der Sommerregenzone Afrikas südlich von ca. 10° S. Ausgesprochen trockene Perioden traten um AD 1845, in den frühen 1860ern, 1930ern, 1945 und seit den frühen 1970ern auf. Die feuchteste Periode ereignete sich zwischen AD 1870 und 1900. In NE-Namibia wird die jüngste feuchte Phase auf AD 1720–1850 datiert (Sletten et al. 2013)

Äquators waren Einflüsse der antarktisch/zirkumantarktischen Region erkennbar (ACR – *Antarctic Cold Reversal*). Nördlich des Äquators waren Auswirkungen des nordatlantischen/arktischen Geschehens markant ausgeprägt (H 1 – Heinrich-1-*event*, Bölling – Alleröd, YD – *Younger Dryas*, Präboreal). Diese Fluktuationen machten sich bis in den Südatlantik (Benguela-Strom-System) bemerkbar.

(v) Das Holozän begann – bedingt durch die Insolation – in den nord- und ostafrikanischen Randtropen/Tropen feuchter (AHP – *African Humid Period*). Das holozäne Klimaoptimum war feuchter und wurde im Neoglazial von z. T. großer Aridität (Sahel/Sahara) abgelöst.

(vi) Auch im südwestlichen Afrika war das frühe Holozän feuchter.

(vii) Die vielfach in der Vergangenheit postulierte markante Klimaschwankung der YD ist nördlich des Äquators und in Ostafrika durch Aridität (und Abkühlung) gut belegt, im südlichen Afrika dagegen nicht.

(viii) Das 8,2-ka-Ereignis ist – wie die YD – im Norden gut dokumentiert (als aride Phase), im Süden nur vereinzelt. Das 4,2–4,0 ka *event* zeigt sich im Norden als aride Episode, während im Süden Belege dafür spärlich sind.

(ix) In vielen holozänen Paläoklimaarchiven ist ein Umbruch (von wärmer zu kühler und/oder feuchter zu trockener) um 2,8 ka BP erfasst.

(x) Die Kleine Eiszeit war etwas kühler und in vielen Gebieten etwas arider und zeigte feucht-aride Schwankungen.

(xi) In Ostafrika führt die Moränendatierung aufgrund von SED (*surface exposure dating*) häufig zu falschen Schlussfolgerungen, da diese allein auf den SED-Daten basieren und da geomorphologische und glazialgeologische Fakten kaum berücksichtigt werden.

(xii) Teilweise erlauben die terrestrischen Paläoklimaarchive im *Termination I* und Holozän eine Korrelierung einzelner Klimaschwankungen (H 1, YD, 8,2 ka *event*, Kleine Eiszeit, etc.) mit exakt datierten *events* der Außertropen (z. B. GRIP, marine Bohrkerne, Pollenprofile, etc.). Bei vielen afrikanischen terrestrischen Paläoklimaarchiven ist dies jedoch nicht möglich, denn die methodischen Möglichkeiten der Datierung (z. B. SED) sind unzureichend oder das Probenmaterial und die stratigraphische Situation sind unvollständig.

(xiii) Die Insolation bestimmte entscheidend das letzteiszeitlich/nacheiszeitliche Klimageschehen. Im späten Holozän können hygrische Klimaschwankungen während der Kleinen Eiszeit mit Schwankungen der Sonnenfleckenaktivität korreliert werden.

(xiv) Marine Sedimentkerne werden in zahlreichen Fällen paläoklimatisch falsch interpretiert. Beispiele sind u. a.: Klimarekonstruktionen für das Sambesi-Einzugsgebiet (Schefuß et al. 2011), für die südwestafrikanischen Wüstengebiete (Stuut et al. 2002), für das Kongo-Becken (Collins et al. 2011).

(xv) Im Vergleich zu den neuweltlichen Tropen Südamerikas ergibt sich ein wesentlich stärkerer Einfluss der nordatlantischen Klimaschwankungen auf die Klimaänderungen in Afrika, wobei in den afrikanischen Gebieten, die dem Atlantik nahe sind, dieser Einfluss stärker ausgeprägt ist als in Gebieten, die dem Indischen Ozean zugewandt sind. Außerdem verringerte sich der nordatlantische Einfluss von Nord nach Süd und im südlichen Afrika von Ost nach West.

(xvi) Aufgrund der terrestrischen Paläoklimaarchive können die Ergebnisse von Modellierungen (zusammengefasst im Bericht des IPCC 2013) in keiner Weise bestätigt werden, die aussagen, dass sich bei globaler Erwärmung die Aridität in den Randtropen (Sahara, Kalahari) verstärkt.

Singarayer und Burrough (2015) fassen die Entwicklung folgendermaßen zusammen. Drei Hypothesen bestehen: (1) Eine Asymmetrie der feuchten Phasen zwischen den Hemisphären aufgrund der Insolationseinflüsse; (2) eine symmetrische Kontraktion und Expansion des tropischen Sommerregengürtels; (3) ein unabhängiges *forcing* der Humiditätsverfügbarkeit im südlichen Afrika aufgrund von SSTs des Indischen Ozeans. Die Autoren finden (aufgrund von Modellierungen) Hinweise, dass verschiedene Hypothesen zutreffen und zwar aufgrund des Umstands, dass verschiedene Prozesse wirksam waren, die gleichzeitig, jedoch mit unterschiedlicher regionaler Wirkung, auftraten (z. B. asymmetrische Verlagerungen der saisonalen Extreme und symmetrische Expansion/Kontraktion in den westäquatorialen Regionen). Die Niederschlagsschwankungen sind an zahlreiche *forcing*-Mechanismen gebunden, die bezüglich ihrer Bedeutung in Raum und Zeit während des glazialen Zyklus' variieren.

Regionale Beschreibung – Süd- und Südost-Asien

7

Kapitel 7

K. Heine, *Das Quartär in den Tropen*, https://doi.org/10.1007/978-3-662-57384-6_7

7.1 Allgemeines

Die tropischen und randtropischen Gebiete Asiens reichen von Arabien (das in Kap. 6 [Afrika] behandelt wird) über den indischen Subkontinent und Hinterindien bis nach Indonesien (Abb. 7.1). Vom Golf von Oman bis Ostneuguinea erstrecken sich die Tropen von 60° E bis 145° E und vom Himalaya (ca. 30° N) bis über den Äquator nach Papua-Neuguinea (ca. 10° S). Die Tropengrenze (Abb. 3.3) verläuft in Asien vom Roten Meer durch die Arabische Halbinsel und den Persischen Golf entlang der iranisch-pakistanischen südlichen Küstengebiete, um dann weit nach Norden bis in die südliche Karakorum-Gebirgsregion auszugreifen. Ganz Südostasien zählt zu den Tropen, einschließlich Südchina und Taiwan sowie die südlichen Ryukyu-Inseln Japans. Die Reliefunterschiede sind gewaltig (Abb. 7.2). Karakorum und Himalaya zählen zu den höchsten Gebirgsregionen der Erde; in Borneo erreicht der Mt. Kinabalu 4101 m Höhe (Abb. 7.3), in Taiwan der Yu Chan 3951 m Höhe, und in Neuguinea sind die höchsten Erhebungen der Gebirgsketten (5029 m Puncak Jaya; Abb. 7.42) vergletschert (Abb. 7.4).

Die in Hinterindien meridional ausgerichteten Gebirgszüge waren – wie in Lateinamerika – Wander- und Rückzugsgebiete der artenreichen Vegetation während der quartären Klimaschwankungen. Der Indische Ozean gliedert sich im Norden in das (westliche) Arabische Meer und den (östlichen) Golf von Bengalen. Die südostasiatische Inselwelt liegt im westlichen Pazifik, der in zahlreiche kleinere Seebecken aufgelöst ist (Südchinesisches Meer, Javasee, Sulusee, Celebessee, Molukkensee, Bandasee, Bismarck-See und Salomonsee); zwischen den Inseln

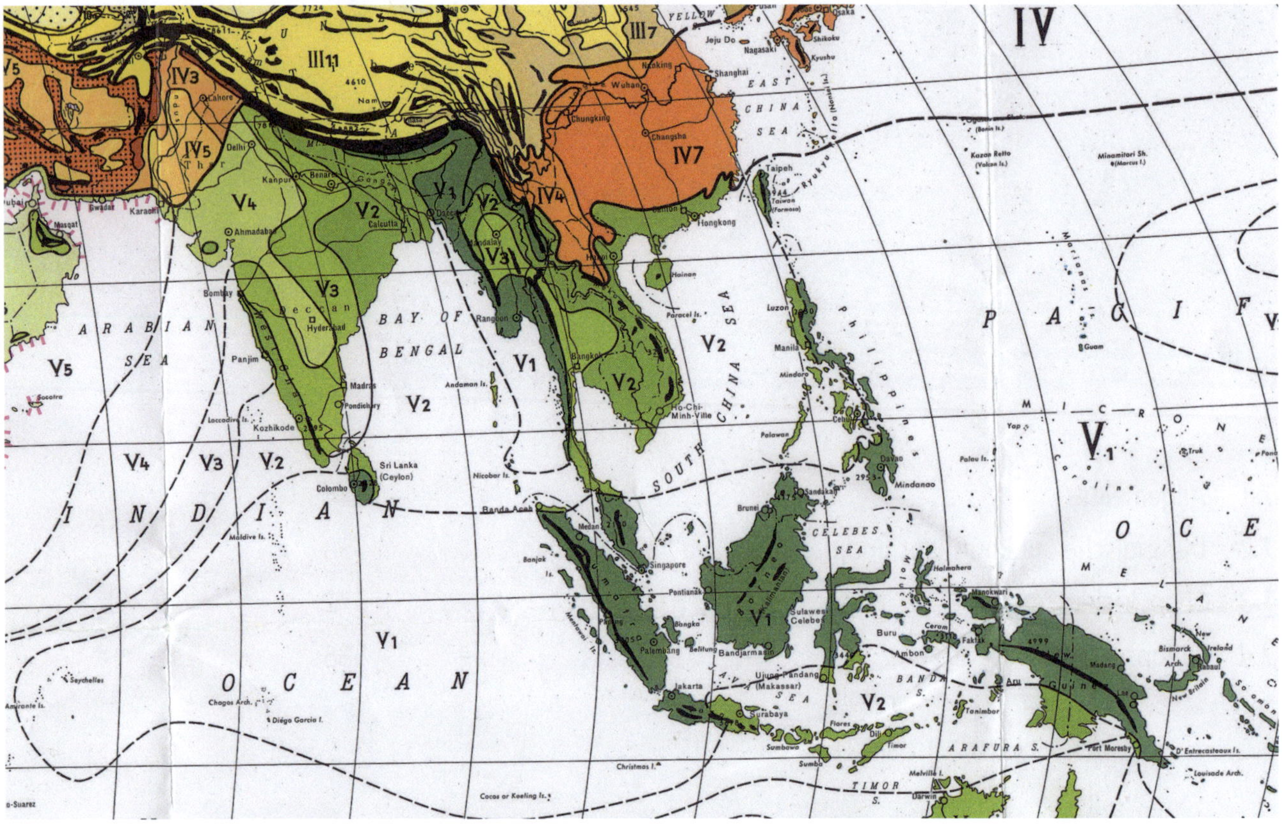

Abb. 7.1 Effektive Klimaklassifikation von Troll/Paffen am Beispiel von Süd- und Südostasien (Troll und Paffen 1964). Die tropischen Klimazonen (Typ V) sind in grünen Farbtönen gehalten. Die Tropengrenze (*fette schwarze Linien* zwischen den Typen V und IV bzw. III [Tibet]) verläuft im Norden durch die südliche Arabische Halbinsel, entlang des Südsaums der iranisch-pakistanischen Gebirgsketten und schließt die südlichen Gebirgsteile vom Himalaya mit den südöstlichen Ausläufern ein; entlang des nördlichen Wendekreises führt die Grenze nach Osten unter Einschluss von Taiwan und der südlichen Ryukyu-Inseln. Polwärts schließen sich die warmgemäßigten Subtropen (Typ IV) und in Tibet das winterkalte und sommerfeuchte Steppenklima (III_{11}) an. Diese Abgrenzung der Tropen schließt nicht mehr das Industal und die pakistanisch/indische Punjab-Region ein und reicht damit nicht bis zum Karakorum. Die Tropenzone wird untergliedert in:
V_1 – Tropische Regenklimate, 12–9 1/2 humide Monate,
V_2 – Tropisch-sommerhumide Feuchtklimate (a – wintertrocken), 9 1/2–7 humide Monate,
V_3 – Wechselfeuchte Tropenklimate, 7–4 1/2 humide Monate,
V_4 – Tropische Trockenklimate (a – winterfeucht), 4 1/2–2 humide Monate,
V_5 – Tropische Halbwüsten- und Wüstenklimate, unter 2 humide Monate.
Humide Monate sind nach Lauer (1952) definiert. Heute reicht der ostasiatische Sommermonsun in China bis zum Gelben Fluss in die Klimazonen III_7 und III_{11}. (Abbildung: alueni-images)

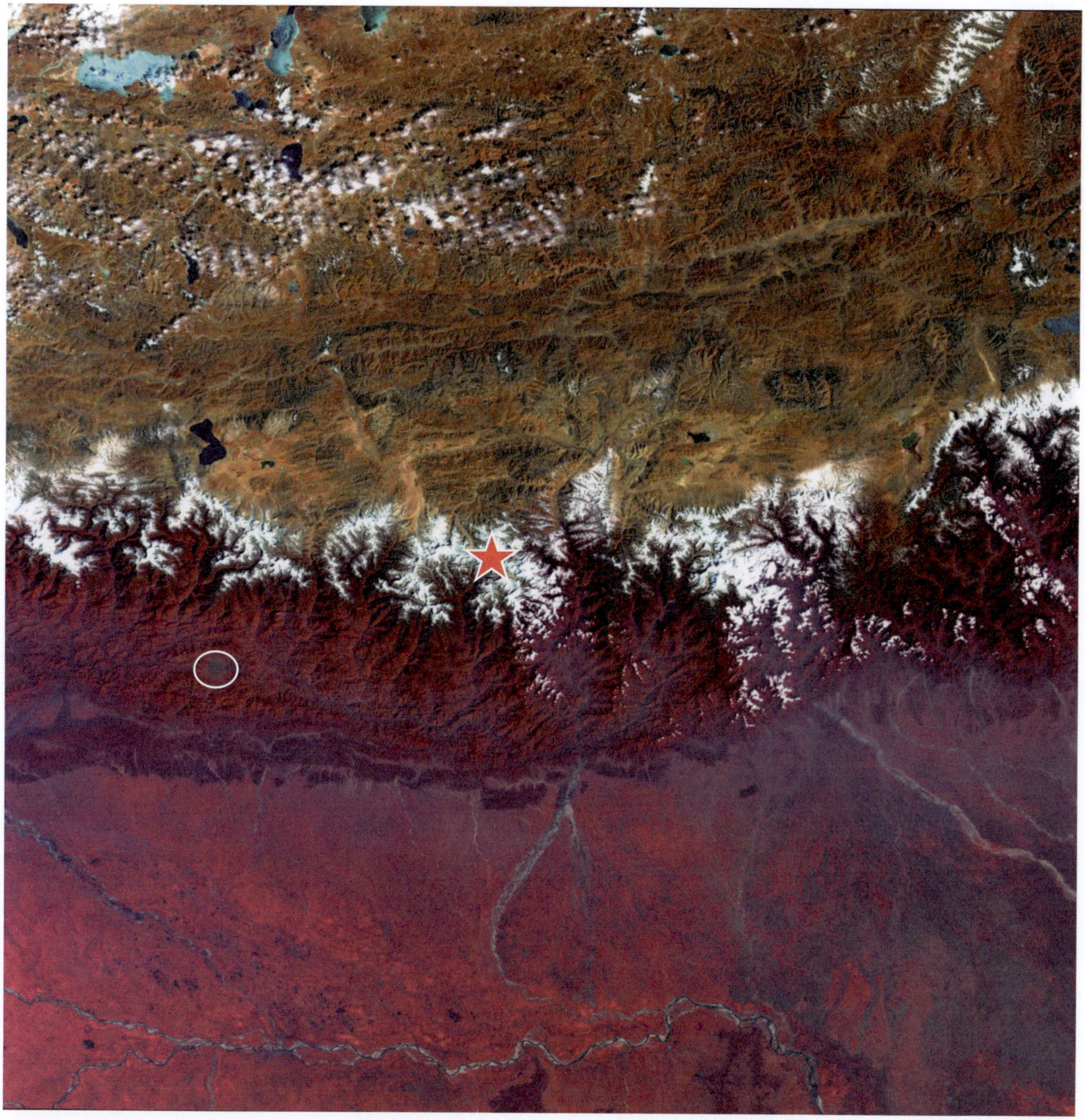

Abb. 7.2 Das Envisat-Bild zeigt die Unterschiede in Topographie und Klima im Gebiet von Indien und Tibet. Die schnee- und gletscherbedeckten Himalaya-Berge markieren die Grenze zwischen dem tibetischen Plateau (*oben*) und den Ebenen von Nepal, Bhutan und Indien (*unten*). In der Falschfarbendarstellung erscheint die Vegetation in leuchtendem Rot. Das Himalaya-System wird von dem Mt. Everest (Stern, 8850 m) und dem K2 (8612 m) sowie von weiteren 30 Bergen über 7000 m Höhe gekrönt. Kathmandu wird durch einen *Kreis* gekennzeichnet. Der Ganges-Fluss quert das Bild *unten von links*. *Envisat Medium Resolution Imaging Spectrometer* (MERIS), 20 Februar 2009, 300 m Auflösung. (Aus © www.esa.int/spaceinimages/Images/)

und Australien liegen die Timorsee, Arafurasee und Korallensee. Zur Zeit der größten quartären Meeresspiegelabsenkungen (Abb. 7.5) fielen weite Teile der Seebecken trocken und bildeten größere Landmassen. Zwischen den eiszeitlichen Sunda- und Sahul-Schelfen schränkte die Meeresverbindung zwischen Pazifik und Indischem Ozean die Wanderungen der Flora und Fauna ein. Die Nähe der Inselgebirge zu den auch in Kaltzeiten relativ warmen Meeren führte zu relativ großer Humidität.

Das klassische Monsunklima des Indischen Subkontinents beherrscht die gesamte Indo-Pakistanisch-Bengalische Region („Monsunasien“). Mit dem Monsunsystem verbinden sich jah-

Abb. 7.3 Mt. Kinabalu, Borneo. *Oben*: Im Gipfelbereich des 4101 m hohen Berges hat die Glazialerosion charakteristische geglättete Hänge und markante Kanten hinterlassen. Personen (*Pfeil*) als Maßstab. *Unten*: Mt. Kinabalu (Kina Balu from Kinokok Valley). Lithografie. (Foto: alueni-images)

Abb. 7.4 Paläoklimaarchive im tropischen Asien. *Links*: Mount Everest (Qomolangma, 8848 m) von Norden gesehen. (Foto: alueni-images) *Rechts*: Neuguinea, Puncak Jaya-Gebirge (GOOGLE-Bild): Seit der Kleinen Eiszeit schmelzen die Gletscher (*weiß*) in der glazial geprägten Hochgebirgslandschaft schnell ab. Der Tagebau (Grasberg-Mine) fördert Kupfer und Gold

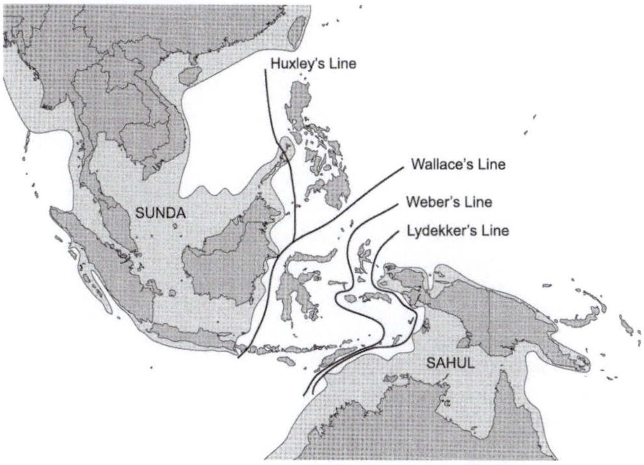

Abb. 7.5 Während der quartären Meeresspiegelabsenkungen um ≥ 120 m wurden zahlreiche Inseln zu größeren Festländern zusammengefasst. Zwischen den asiatischen und australischen Festländern bestand eine Meeresverbindung vom Pazifik zum Indischen Ozean. Die Wallace-Linie ist die biogeographische Linie, die die weiteste Ausbreitung australischer Faunen auf dem Malaiischen Archipel (Sunda-Schelf) angibt. Im Bereich der Sundainseln verläuft sie im Süden zwischen Bali und Lombok, im Norden zwischen Borneo und Sulawesi (Celebes). Die Wallace-Linie ist nach dem Naturwissenschaftler Alfred Russel Wallace benannt, der die Inseln zwischen 1854 und 1862 erforschte, und erhielt ihren Namen 1868 von Thomas Henry Huxley, der eine Variante des Nordteils der Wallace-Linie angibt. Als erster Wissenschaftler hatte 1857 der Ornithologe Philip Lutley Sclater auf die Existenz und Lage dieser Linie hingewiesen. Weber-Linie und Lydekker-Linie sind weitere Vorschläge für eine Festlegung der biogeographischen Grenze (aus Whiffin 2002). Die Sunda- und Sahul-Schelfgebiete sind *hellgrau*. Die Inseln Celebes und Flores, die bedeutende Lokalitäten der Menschheitsgeschichte aufweisen, sind auch während der maximalen Meeresspiegelabsenkung Inseln

reszeitlich wechselnde Winde (> 120–135°), die vom Land aufs Meer und umgekehrt wehen (Weischet und Endlicher 2000; Hastenrath 2012). Für die Monsunzirkulation sind strahlungsklimatische, zirkulatorische und tellurisch-orographische Ursachen ausschlaggebend.

> Das klassische Schema der Hadley-Zirkulation mit der Passatkonvergenz in der ITCZ ist über Süd- und Südostasien grundlegend verändert. Als tellurisch-orographische Gründe sind die riesige Landmasse Eurasiens [. . .] und die einzigartige Sonderstellung Hochasiens anzuführen. Das Tibetanische Plateau [. . .] besitzt mittlere Höhen von 4500–5000 m NN und liegt damit deutlich höher als etwa der südamerikanische Altiplano. [. . .] Außerdem befindet sich Hochasien nur knapp polwärts der im Hochsommer solarklimatisch optimalen Breitenlage am nördlichen Wendekreis, wobei durch die zonale Erstreckung des Hochplateaus die Strahlungsgunst voll ausgenutzt wird (Weischet und Endlicher 2000: 356 f).

Die sommerliche Ausbildung der Druckunterschiede zwischen dem tibetischen Höhenhoch und dem indischen Monsuntief führt zur Bildung des bodennahen Südwestmonsuns (Sommermonsun), der sehr warme, wasserdampfreiche, feucht-labil geschichtete Luftmassen aus dem äquatorialen Raum bis zur Himalaya-Abdachung transportiert und dort ausgiebige Niederschläge verursacht. Die winterliche Monsunzirkulation weicht nur gering von der planetarischen Zirkulation ab; der bodennahe Nordost-Passat (NE-Monsun, Wintermonsun) ist trocken, stabil geschichtet und reicht bis in 1–2 km Höhe, wo er durch eine Inversion vom darüber wehenden tropischen Ostwind begrenzt wird (Weischet und Endlicher 2000; dort auch weitere Einzelheiten).

Im den zentralasiatischen Hochgebirgen (u. a. Karakorum) erfolgt eine zirkulationsgenetische Verzahnung von ektropischen und tropischen Klimaelementen (Westwindzone und Monsunzirkulation; Abb. 7.6). Zwischen westlichem Himalaya und Karakorum sehen Troll und Paffen (1964; Abb. 7.1) daher auch eine Klimagrenze.

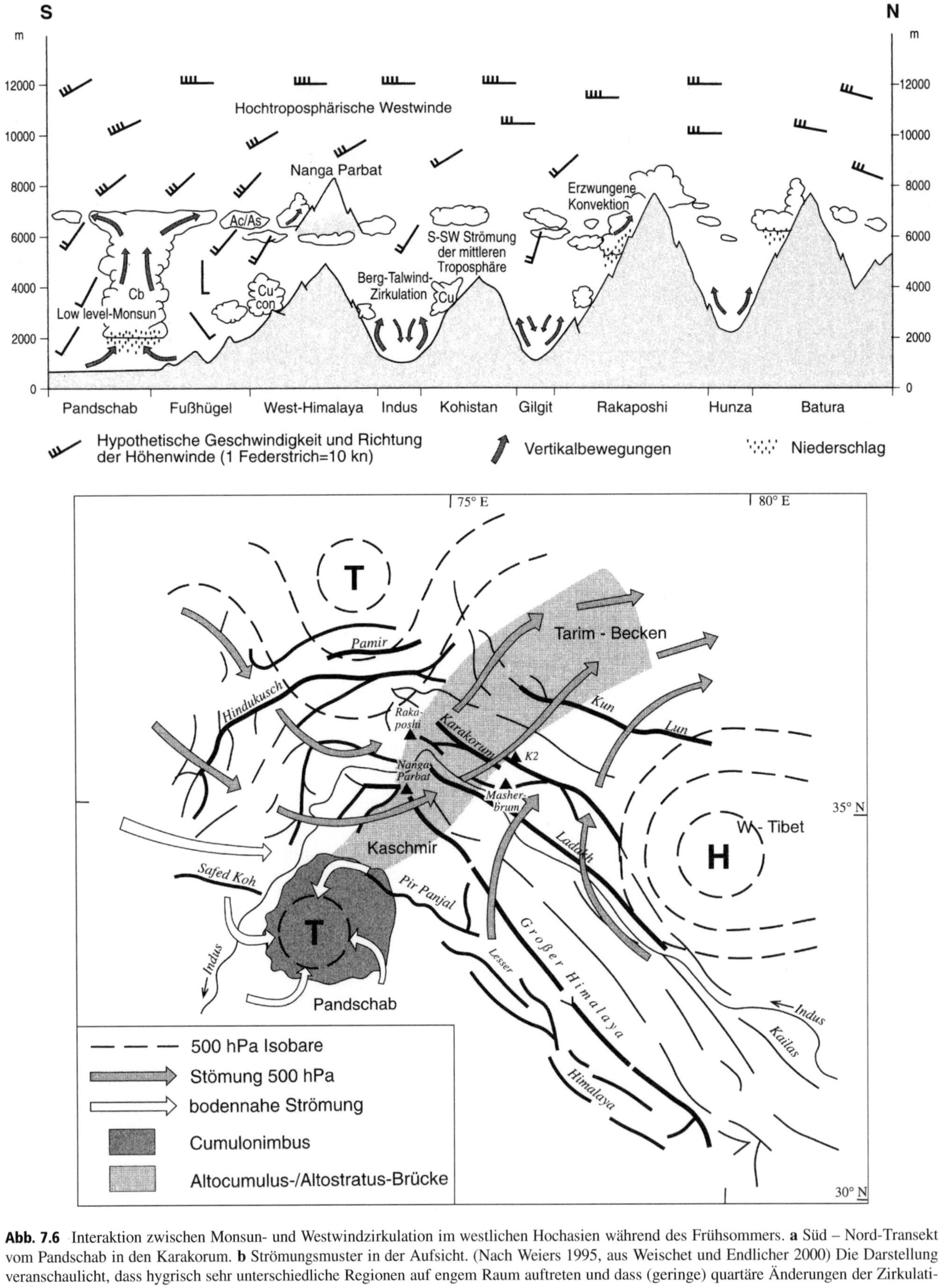

Abb. 7.6 Interaktion zwischen Monsun- und Westwindzirkulation im westlichen Hochasien während des Frühsommers. **a** Süd – Nord-Transekt vom Pandschab in den Karakorum. **b** Strömungsmuster in der Aufsicht. (Nach Weiers 1995, aus Weischet und Endlicher 2000) Die Darstellung veranschaulicht, dass hygrisch sehr unterschiedliche Regionen auf engem Raum auftreten und dass (geringe) quartäre Änderungen der Zirkulationsmuster große klimatische Auswirkungen haben können

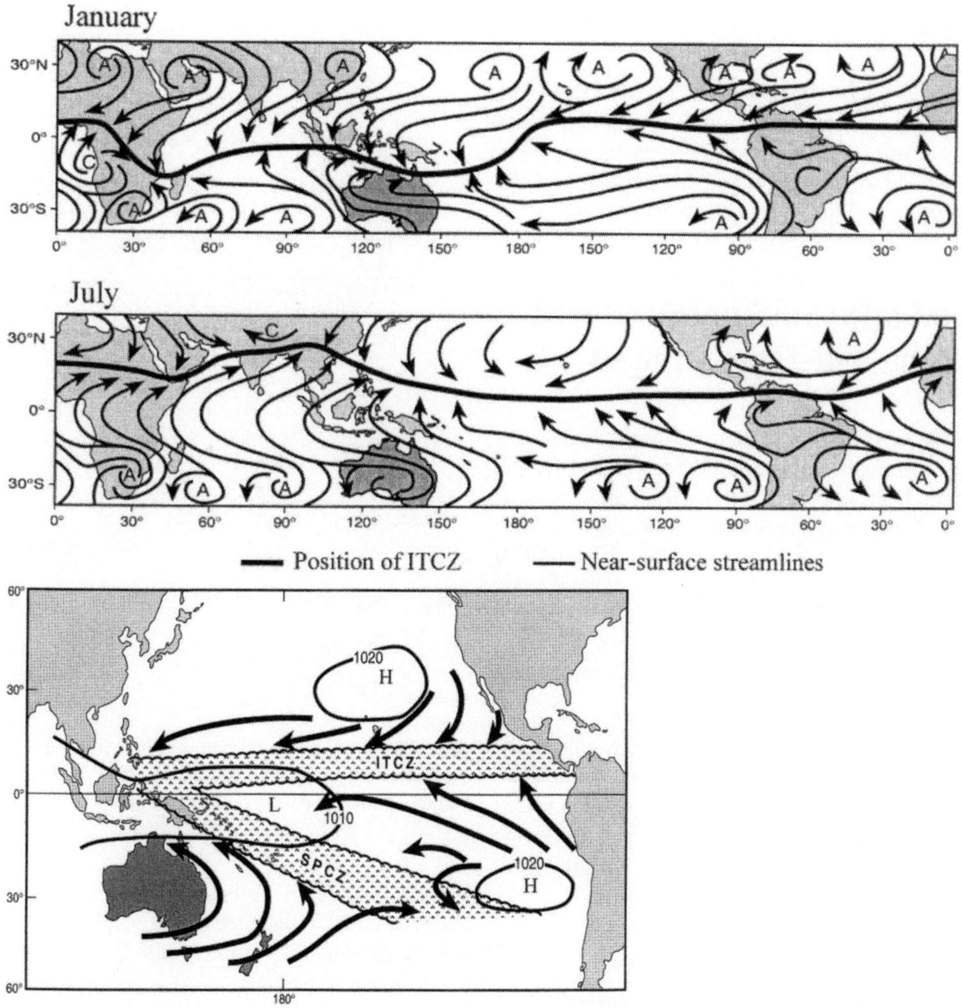

Abb. 7.7 *Oben*: Mittlere Lage der ITCZ im Januar und Juli und Strömungslinien der bodennahen Winde in den Tropen. (Aus Tapper 2002) *Unten*: Lage der ITCZ und der SPCZ (*South Pacific Convergence Zone*) im Südpazifik. (Aus Tapper 2002) Das asiatische Monsunsystem beeinflusst weltweit über die Hälfte der Menschheit; die dynamischen Prozesse, die die komplexe raumzeitliche Variabilität steuern, sind jedoch wenig bekannt. Der *Monsoon Asia Drought Atlas* (MADA), der auf dendrochronologischen Daten basiert, präsentiert erste Erklärungen der Monsunvariabilität

Inwieweit die quartären Klimaschwankungen das System der Monsunzirkulation veränderten (in Intensität und jahreszeitlicher Dauer) oder gar zum Kollabieren der Monsunzirkulation führten, wird später diskutiert. Die Monsunzirkulation besteht seit ca. 23 Ma aufgrund von Analysen der Sedimente (u. a. K/Al-Verhältnis als Proxy für Niederschläge) im Golf von Bengalen (Ganges-Fächer) und der Arabischen See (Indus-Fächer) (Clift et al. 2008). Von 17–15 Ma und 10,5–3,5 Ma waren die monsunalen Niederschläge relativ gering.

In Südostasien (Hinterindien und SE-asiatische Inselwelt) kommen zwei bedeutende globale atmosphärische Zirkulationssysteme zusammen: der asiatisch-australische Monsun und die Walker-Zirkulation. Beide Systeme und Änderungen in ihrer Intensität haben einen großen Einfluss auf die Umwelt. Die Klimatologie und Meteorologie Südostasiens ist sehr komplex, und die Kenntnisse über die Prozesse sind noch lückenhaft.

Die Region wird durch eine starke Bewölkung gekennzeichnet, die durch die Nähe zum *Western Pacific Warm Pool* (WPWP), einer sehr warmen Ozeanwasseroberfläche (maximal $\sim$ 29,5 °C) nördlich von Neuguinea, verursacht wird. Zusätzlich trägt dazu auch das Zusammentreffen von ITCZ (*Intertropical Convergence Zone*) und SPCZ (*South Pacific Convergence Zone*) bei (Abb. 7.7; vgl. auch Abb. 4.82 und 4.86).

Für SE-Asien ist im Winter der Nordmonsun (Nordostpassat) mit nördlicher bis nordöstlicher Strömung und stabiler Luftschichtung charakteristisch. Mit Annäherung an den Äquator wird die Strömung schwächer und verliert ihre Richtungs- und Schichtungsstabilität; nach Überqueren des Äquators dreht sie auf Nordwest bis West (Weischet und Endlicher 2000; dort auch weitere Einzelheiten). Der Südmonsun (Sommer) wird durch den Gegensatz von hohem Luftdruck über Australien und dem sehr tiefen Druck im Hitzetief über Südasien bestimmt. Die Sommermonsunströmung schwenkt von SE nach S und SW (Abb. 7.7). Durch Land-Meer-Verteilung und Reliefunterschiede ist die Witterung des Sommermonsuns variabel. In den Übergangsmonaten von der Winter- zur Sommermonsunzirkulation (März–April und Oktober–November) sind die Winde schwach.

In Verbindung mit El-Niño-Ereignissen ändert sich die Lage der Walker-Zirkulation, was zu geringeren Temperaturen in der SE-asiatischen Inselwelt und geringeren Niederschlägen (Trockenheit) im Winter führt. Ebenfalls von Bedeutung sind die Taifune, die die Küsten und Inseln SE-Asiens erreichen.

7.2 Der indische Subkontinent und das Himalaya-Tibet-Orogen

Singhvi et al. (2012: 152) fassen die stratigraphischen und chronometrischen *records* des quartären Klimawandels für die Region zusammen. Die Autoren weisen darauf hin, dass es schwierig ist, verschiedene Regionen zu vergleichen, da diese (i) ein sehr unterschiedliches Klimaregime, (ii) räumlich unterschiedliche Sedimentationsmuster, (iii) eine ungenügende chronologische Absicherung und (iv) das Fehlen jeglicher Information über Reaktionszeiten der Klimaproxys haben sowie (v) oft in der Region verstreut sind. Der unter (iv) genannte Aspekt wird in der Paläoklimatologie oft übersehen.

Der indische Subkontinent zeigt viele physiogeographisch unterschiedliche Regionen: die Himalaya-Gebirgsketten, die Wüsten und Halbwüsten (IV$_5$ in Abb. 7.1), die ausgedehnten Flussniederungen von Indus und Ganges mit quartären Sedimenten sowie die Dekkan- und Westghat-Region mit den alluvialen Schwemmfächern (Abb. 7.8).

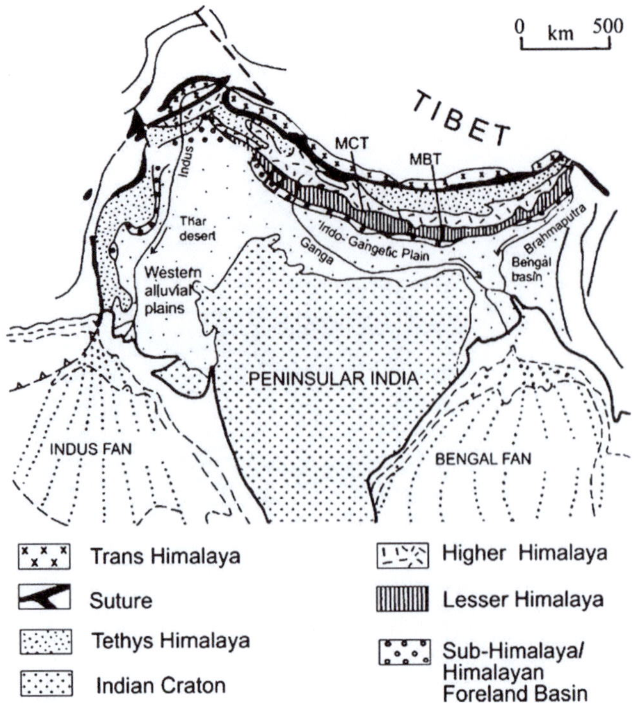

Abb. 7.8 Geologische Skizze von Indien mit den bedeutendsten spätkänozoischen fluvialen Sedimenten. Nach verschiedenen Autoren zusammengestellt. (Aus R Sinha et al. 2007)

7.2.1 Paläoklimaarchive mit großer zeitlicher Spanne

Am vollständigsten werden die quartären Klimaschwankungen Südasiens in der Löss-Zyklostratigraphie erfasst, die das gesamte Quartär abbildet (vgl. Abschn. 4.2.4.2). Die großen Veränderungen im Klimageschehen während der letzten 2,5 Ma (Liu et al. 1999) sind zwar in den chinesischen Lösssequenzen, nicht aber in terrestrischen Paläoklimaarchiven Indiens und angrenzender Gebiete gespeichert. Die Lösssequenzen zeigen, dass seit ca. 1,7–1,6 Ma die Wintermonsunzirkulation zunimmt mit Schwankungen in 41-ka-Zyklen und dass seit ca. 0,8–0,5 Ma der 41-ka-Zyklus von einem 100-ka-Zyklus abgelöst wird.

Die zeitlich bis ins frühe Quartär zurückreichenden Geoarchive Indiens befinden sich in den *Siwalik Hills* und in der Tharr-Halbwüste. Die *Siwalik Hills*, eine Gebirgskette aus tertiären Abtragungsprodukten des aufsteigenden Himalaya-Gebirges im Bereich des *Lesser Himalaya* (Abb. 7.8) mit Höhen bis zu 1500–2000 m, erstreckt sich östlich von Lahore über mehrere Hundert Kilometer. Die in die *Siwalik Hills* eingeschnittenen Täler zeigen pleistozäne Flussterrassen-Abfolgen, die schon frühzeitig mit alpinen Terrassensystemen verglichen (und korreliert) werden (Abb. 7.9; Woldstedt 1965). Die fluvialen Formen und Sedimente in Verbindung mit paläontologischen Funden (vorwiegend Großsäuger) belegen glazial-interglaziale Klimaschwankungen, die bis ins Jungtertiär zurückreichen.

In der Tharr-Halbwüste bilden fluviale, fluvio-lakustrine und vor allem äolische Sedimente in Verbindung mit Calcretes und Ferricretes über 100 m mächtige Sequenzen, die die letzten ca. 2 Ma umfassen (Singhvi et al. 2012). Diese Paläoklimaarchive zeigen in den letzten ca. 1,5 Ma einen viermaligen Wechsel von semiarid (fluviale und lakustrine Prozesse) zu arid (äolische Prozesse). Ein Dünenprofil, das die letzten 200 ka detailliert und chronologisch (TL) erfasst, ist in Abb. 7.10 dargestellt. 12 Zyklen werden durch Dünensandablagerung, Bodenbildung, Calcrete-Bildung und Erosionsphasen in Verbindung mit Steinartefakten des Jüngeren Paläolithikums und Mesolithikums belegt. Phasen mit Bodenbildungen und Carbonatausscheidungen weisen auf feuchtere Bedingungen, während die Dünenbildungsphasen für größere Aridität stehen. In den letzten 190 ka BP gibt es demnach 12 feuchtere und 11 aride Phasen. Die Zeitspannen zwischen den äolisch geprägten (Dünen-)Phasen liegen bei 22,2–15,8 ka (Mittel: 19,0 ka). Diese Werte stimmen mit dem Präzessionseinfluss auf die Dünenaktivität überein und auch mit dem damit verbundenen Einsetzen der frühen Monsuntätigkeit in der Region (vgl. Abb. 5.26). Kohlenstoffisotopmessungen an organischem Material aus den Sandhorizonten zeigen übereinstimmende Werte um −21,6 ± 1 ‰ und weisen damit auf eine Ablagerung während klimatischer Übergangszeiten von offenem C$_4$-Grasland zu C$_3$-Wald (Singhvi et al. 2010).

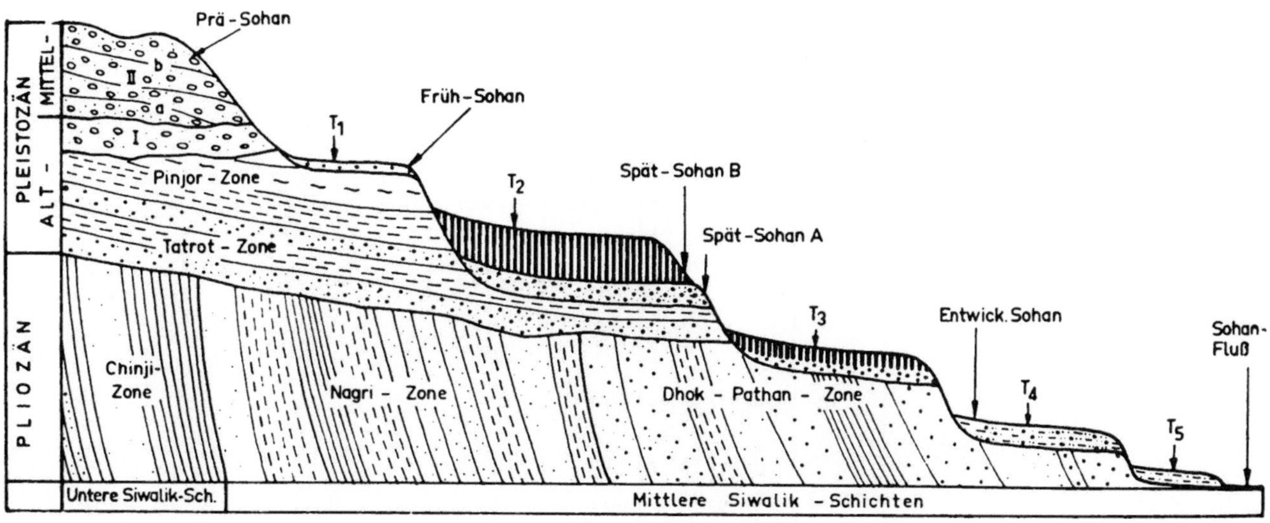

Abb. 7.9 Schematische Skizze der Schichtfolge und fluvialen Terrassen im Sohan-Tal (Siwalik Hills). I – Bain Boulder Bed; II – Boulder Conglomerate; a – unterer Teil; b – oberer Teil; T_1 – Mittelpleistozän (Mindel/Riss); T_2 – Riss-Terrasse mit eingelagertem Potwar-Silt (Schwemmlöss); T_3 – Riss/Würm; T_4 – Letzte Eiszeit; T_5 – Spätwürm/postglazial. (Nach HL Movius 1948, vgl. Woldstedt 1965)

Lössablagerungen in Kaschmir nahe Shrinagar dokumentieren die letzten ca. 300 ka BP und zeigen, dass die äolische Lössdeposition in kalten Phasen erfolgte, während in den wärmeren (interglazialen) Phasen die Pedogenese zu deutlich ausgebildeten Bwt-Horizonten führte (Abb. 7.11). Die Bodenbildungen sind denen des Holozäns vergleichbar und dokumentieren vier Interglaziale. In der Periode 80–50 ka BP zeigen drei humusreiche Ah-Horizonte drei wärmere und humidere Intervalle an (Bronger et al. 1987; Singhvi et al. 2010). Diese hygrischen Schwankungen im MIS 4 zeichnen sich auch in den Dünenprofilen der Tharr-Wüste ab (Abb. 7.10).

Löss- und Bodenbildungsphasen finden Pant et al. (2005) im indischen zentralen Himalaya im Pindar-Tal (Dhakuri-Dhar, ca. 30° N, 79° E). Das 2 m mächtige Profil umfasst aufgrund von 2 ^{14}C- und 4 IRSL-Daten die letzten ca. 20 ka BP und ergänzt die älteren Dünen- und Lössprofile. Deutlich zeigt sich der Übergang vom ariden LGM mit Lössakkumulation; das *Termination I* begann um 16 ka BP mit dem Wiedererwachen des Monsunsystems; verschiedene Klimaschwankungen folgten bis zum Beginn des holozänen Klimaoptimums, das vom Neoglazial abgelöst wurde (Tab. 7.1). Während das Holozän durch fünf Datierungen chronologisch differenziert werden kann, werden LGM und *Termination I* lediglich durch zwei IRSL-Altersbestimmungen (9 ± 2 und 20 ± 4 ka BP) bestimmt. Die in Tab. 7.1 vorgestellte weitreichende Differenzierung ist in keiner Weise gesichert und erfolgt unter der Annahme, dass (i) das globale Maximum der Lössakkumulation um $\sim$17 ka BP erfolgte, (ii) die globale Deglaziation um $\sim$16–15 ka BP begann und (iii) die YD-zeitliche Abkühlung zwischen 12,9 und 11,5 ka BP stattfand (Pant et al. 2005). Trotz der kritischen Einwände zur zeitlichen Stellung der Episoden 1–3 (Tab. 7.1) dokumentieren glaziale Lössakkumulation und interglaziale Bodenbildung den starken klimatischen Wechsel, der sich auch in den früheren Glazial- und Interglazialzeiten abzeichnet.

Singhvi et al. (2012) versuchen, die wichtigsten Paläoklimaarchive, die über das LGM hinausgehen, in ihrer Synopse zu berücksichtigen (Abb. 7.12). Terrestrische Archive mit hoher zeitlicher Auflösung existieren nicht. In der Darstellung werden die Himalaya-Vergletscherungen nicht berücksichtigt. Sie sind jedoch als Paläoklimaarchive von größter Bedeutung. Vermutlich erfolgte ein Anwachsen und Schwinden der Himalaya-Gletscher seit dem frühen Pleistozän (Owen 2008a).

Große Anstrengungen wurden in den letzten Jahren unternommen, um die Chronologie und das Ausmaß der Vergletscherungen des Himalaya-Tibet-Orogens zu bestimmen. Vor der Öffnung Chinas in den 1980er-Jahren gab es keinerlei Beobachtungen, die über die Arbeiten von Klute (1930a) und einigen anderen früheren Forschern hinausgingen (Abb. 7.13). Seither belegen die intensiven Forschungen, dass es bedeutende Vergletscherungen während der letzten glazialen Zyklen gab, dass die Gletscher in den ariden Gebieten ihre maximale Ausdehnung zu Beginn der Glazialzeiten hatten und nicht während des globalen außertropischen LGM (um 22–18 ka BP). Die letzteiszeitliche Maximalvergletscherung erfolgte in vielen Regionen des Himalaya, Karakorum und tibetischen Hochlands vor dem LGM (vgl. Ono et al. 2004; Owen und Dortch 2014; Abb. 7.14).

Die am besten erforschten und erhaltenen glaziären Bildungen befinden sich im Karakorum von Nordpakistan, in den Gebirgen von Muztag Ata und Kongur in West-Tibet, dem Himalaya von Nordindien und in den Tälern der Südhänge des Mt. Everest (Owen und Dortch 2014).

Bis zu seinem tragischen Tod durch einen Steinschlag beim Erdbeben in Nepal 2015 befruchtete Matthias Kuhle die Diskussion um die Ausdehnung der Vergletscherung des Himalaya-Tibet-Orogens durch seine (teilweise provozierenden) Argumente (u. a. Kuhle 1985, 1991, 1993, 1994, 2003, 2004, 2011; Abb. 7.13). Kuhle (1991, 1993) benutzte nicht datierte glazi-

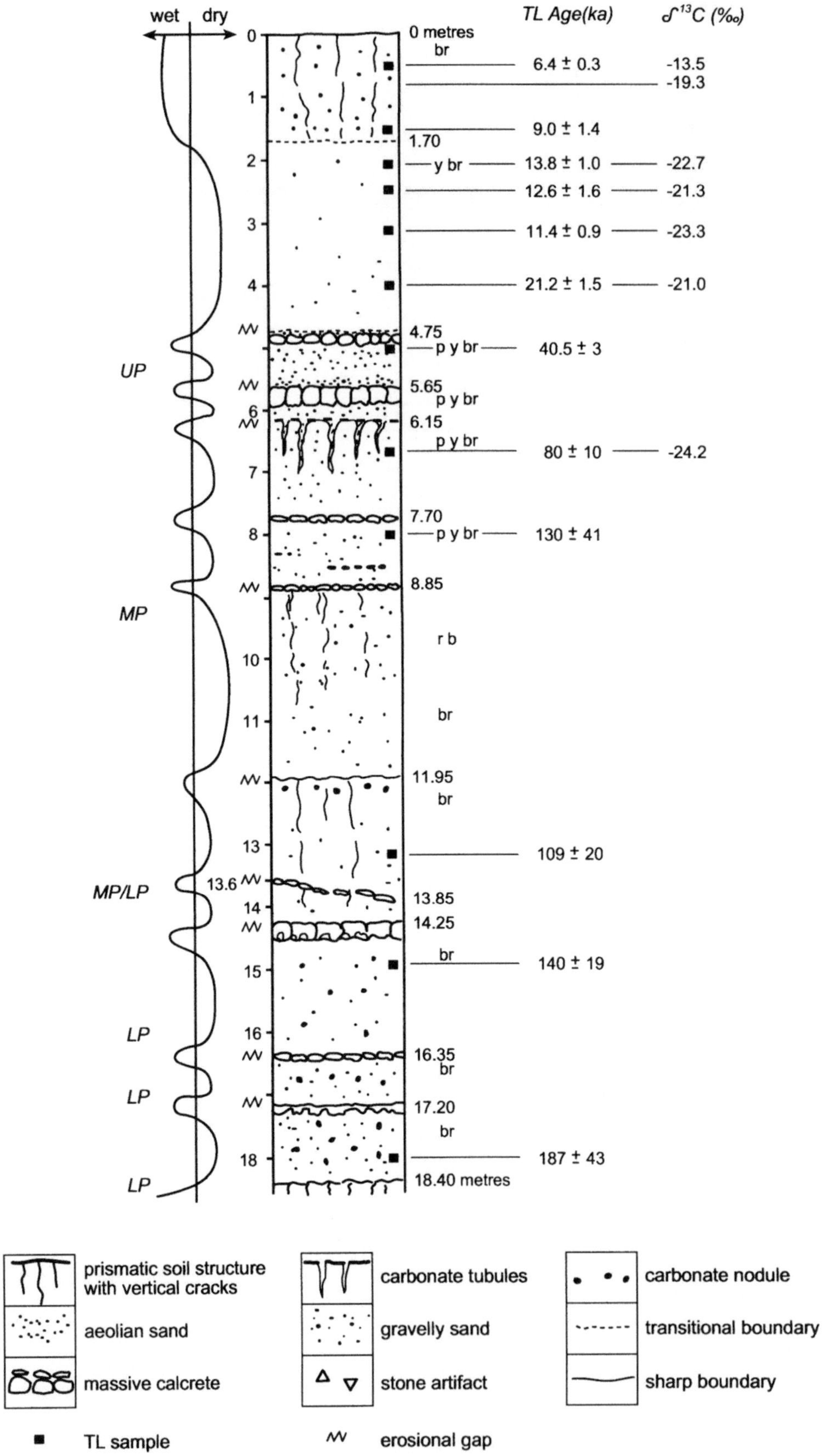

Abb. 7.10 Profil einer Düne nahe Didwana, Rajasthan, India (27°20′ N, 74°35′ E). Erläuterungen im Text. Es bedeuten: FS = *fine sand*, VFS = *very fine sand*, LFS = *loamy fine sand*, FSL = *fine sandy loam*, LMS = *loamy medium sand*. Farbsymbole: br = *brown*, ybr = *yellow brown*, p = *pale*, rb = *red brown*. LP = Lower Palaeolithic, MP = Middle Palaeolithic, UP = Upper Palaeolithic. (Aus Singhvi et al. 2010)

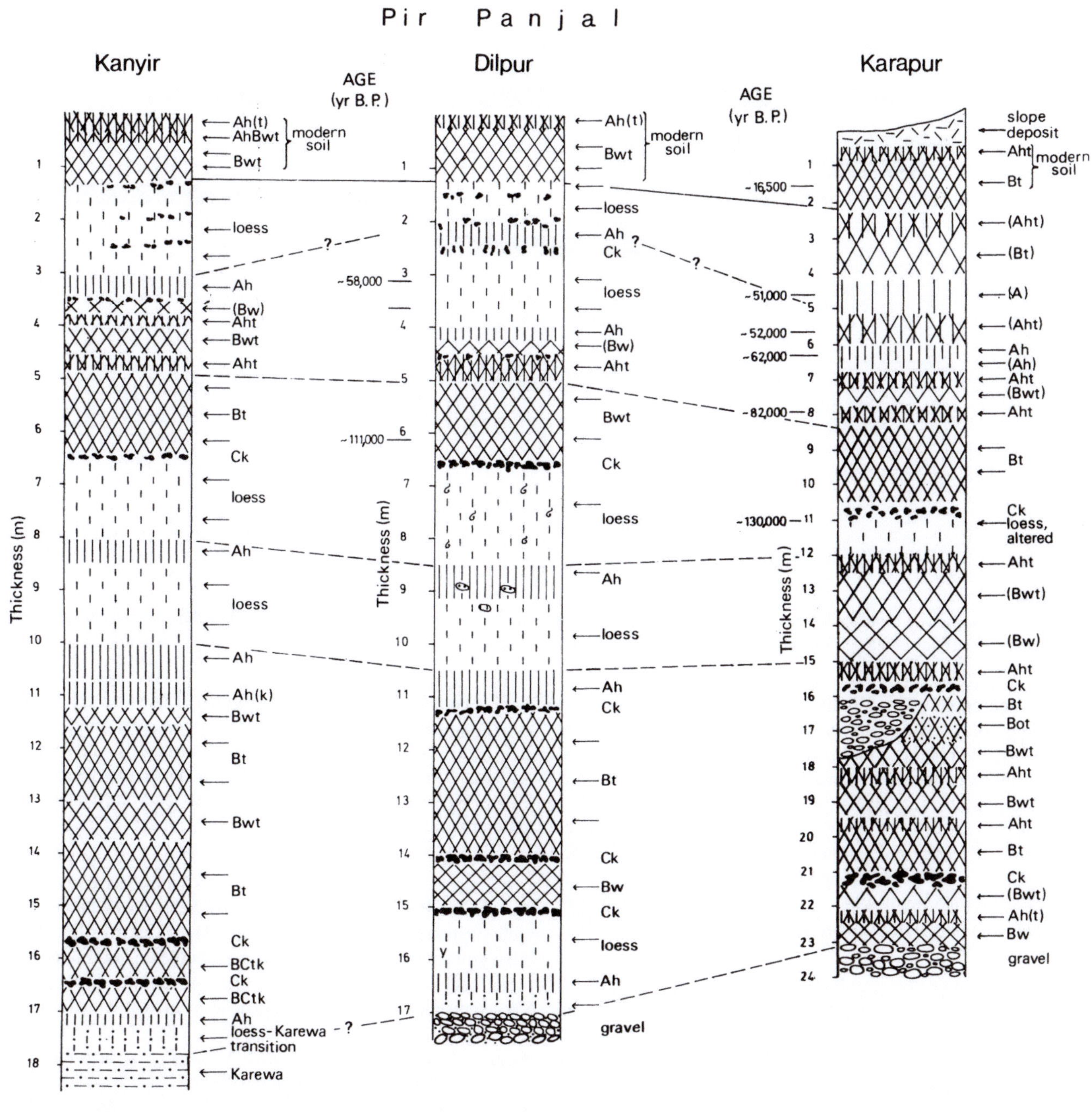

Abb. 7.11 Lössprofile im Kaschmir-Becken und chronostratigraphische Beziehungen. Die *Pfeile* kennzeichnen die Stellen der Probenahme für mikromorphologische Analysen. Die Bodenbildungen (Bw-Horizonte) belegen vier Interglaziale und Lössakkumulation in kalten Phasen. Zwischen ca. 80 und 50 ka BP (TL-Alter) fand ein dreimaliger Wechsel von relativ warm-feuchten zu relativ kühl-trockenen Bedingungen statt. (Aus Bronger et al. 1987)

Tab. 7.1 Rekonstruktion von Chronologie, Prozessen und Klima aufgrund eines Lössprofils im Pindar-Tal, Himalaya. (Aus Pant et al. 2005)

Episode	Period	Processes	Inferred climatic events
1	> 20 ka to ~ 16 ka	Loess deposition	Last glacial phase
2	~ 16 ka to > 12 ka	Weak weathering	SW monsoon re-establishment phase
3	~ 12 ka to > 9 ka	Loess deposition	Younger Dryas cooling
4	9 ka to ~ 7 ka	Pedogenesis (S_1)	Holocene optimum
5	4 ka to 1 ka	Loess deposition	Mid-late Holocene arid phase
6	< 1 ka to present	Pedogenesis (S_2)	Same as at present

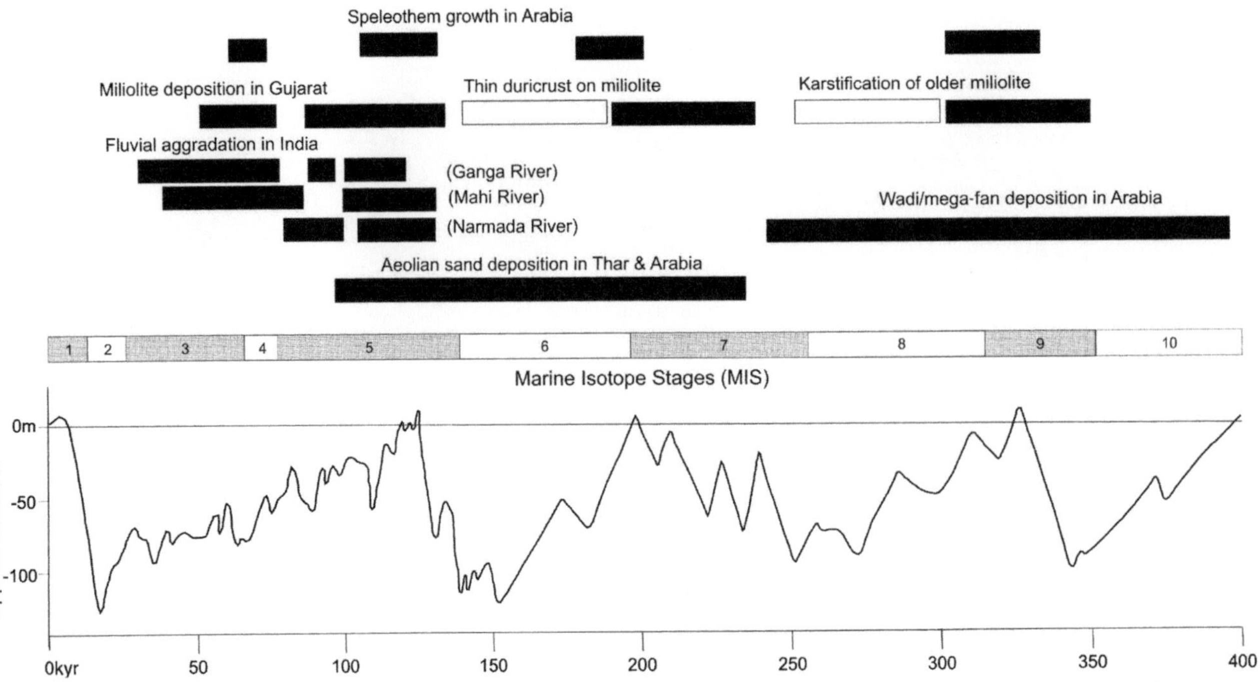

Abb. 7.12 Synopse von bedeutenden quartären *events* in Indien und Arabien für die letzten 400 ka BP. Die fluvialen Sedimente von Ganges, Mahi und Narmada betreffen allein den letzten Glazial/Interglazialzyklus. (Aus Singhvi et al. 2012)

äre Ablagerungen (u. a. Erratika) und Formen nichtglaziären Ursprungs (u. a. „Bortensander"), um wiederholte quartäre Inlandeisbedeckungen in Tibet zu rekonstruieren. Lange bestand keine Einigkeit über die glaziären Zeugen einer mehrfachen Inlandvergletscherung Tibets (Kuhle 1994, 2003, 2004, 2011), da keine exakten Datierungen der für die Inlandeistheorie relevanten Sedimente und Formen vorlagen und zahlreiche Beobachtungen eine Inlandeisbedeckung infrage stellten (Zheng Benxing und Fiao Kegin 1991; Heyman et al. 2009; Owen et al. 2008a; Owen und Dortch 2014; Saha et al. 2016).

Für die nordindischen Gebirgszüge stellte Owen (2011) die Glazialchronologien zusammen (Abb. 7.15). Das Bild ist uneinheitlich. Mehrere, teilweise sehr ausgedehnte Gletschervorstöße sind vor dem LGM nachgewiesen. Von Süd nach Nord zeichnet sich eine Abnahme der Ausdehnung der Vergletscherungen ab. Die ältesten datierten Moränen der *Zanskar Range* (Karzok-Tal) haben Alter von ca. 300 ka BP; in der *Ladakh Range* wird das Indus-Stadium auf > 430 ka BP geschätzt (Owen et al. 2006). Im *Gurla-Mandhata*-Massiv wurde eine ausgedehnte Eiskappe bereits vor dem MIS 10 von einer Talvergletscherung abgelöst. Es ist schwer, diesen Wandel des Vergletscherungsstils zu erklären (Owen et al. 2010). Auch in anderen Gebieten wurden die Vergletscherungen seit dem Mittelpleistozän ständig in ihrer Ausdehnung geringer. In Verbindung mit Klimaveränderungen könnten tektonische Prozesse zu einer größeren Taleintiefung als Folge der Heraushebung des Orogens geführt haben (Owen et al. 2010). Im westlichsten Tibet werden die ältesten Moränen in die drittletzte (oder zweitletzte) Kaltzeit gestellt (Seong et al. 2009). Detaillierte Studien zeigen beträchtliche Unterschiede in Ausmaß und Alter der Gletscherschwankungen, teilweise auch zwischen benachbarten Regionen. Das wird am besten in Nordpakistan und Nordindien illustriert, wo im Spätglazial die Gletscher der K2-Region im zentralen Karakorum um > 50 km vorrückten, während sich im benachbarten Hunza-Tal (36,46° N, 74,90° E) und Ladakh die Gletscher nur wenige Kilometer vorschoben (Owen et al. 2008a).

Die Gletscher des Nanga-Parbat-Gebiets hatten zwischen ca. 60 und 30 ka BP ihre größte letzteiszeitliche Ausdehnung und nicht während des LGM zwischen 24–11 ka BP. Die Perioden großer Vergletscherungen korrespondieren mit relativ warmen, feuchten regionalen Klimaverhältnissen, die vom starken SW-asiatischen Sommermonsun beherrscht wurden. Im LGM fehlten Gletschervorstöße wegen der großen LGM-zeitlichen Aridität (fehlender bzw. schwacher Monsun). In warm-feuchten Phasen waren Vorstöße wegen der starken Sommerakkumulation in den Gletschergebieten möglich. Das asynchrone Verhalten dokumentiert das Monsunverhalten. Diese Befunde heben die allgemeine Sensitivität der Himalaya-Vergletscherungen bezüglich des *orbital forcing* der Monsunintensität hervor (WM Phillips et al. 2000). Diese Asynchronität (vgl. Heine 1983a; Owen et al. 2008a) zeigten auch viele datierte Gletscherbewegungen in Tibet, so im *Queer Shan*, nördliche *Hengduan Mountains* (31–32° N, 98–99° E) im östlichen tibetischen Hochland (L Xu et al. 2010) und auf der Südseite des Mount Everest (Finkel et al. 2003). Die OSL- und ESR-datierten glazialen Geoarchive belegen, dass im MIS 3 (ca. 60–25 ka BP) der südasiatische Monsun verstärkt war und weiter ins tibetische Hochland reichte, wo in größeren Höhenlagen mehr Niederschläge in Form von Schnee fielen. Das führte zu positiven Massenbilanzen und Vorrücken der Gletscher. Im LGM (ca. 25–18 ka BP) waren die Nieder-

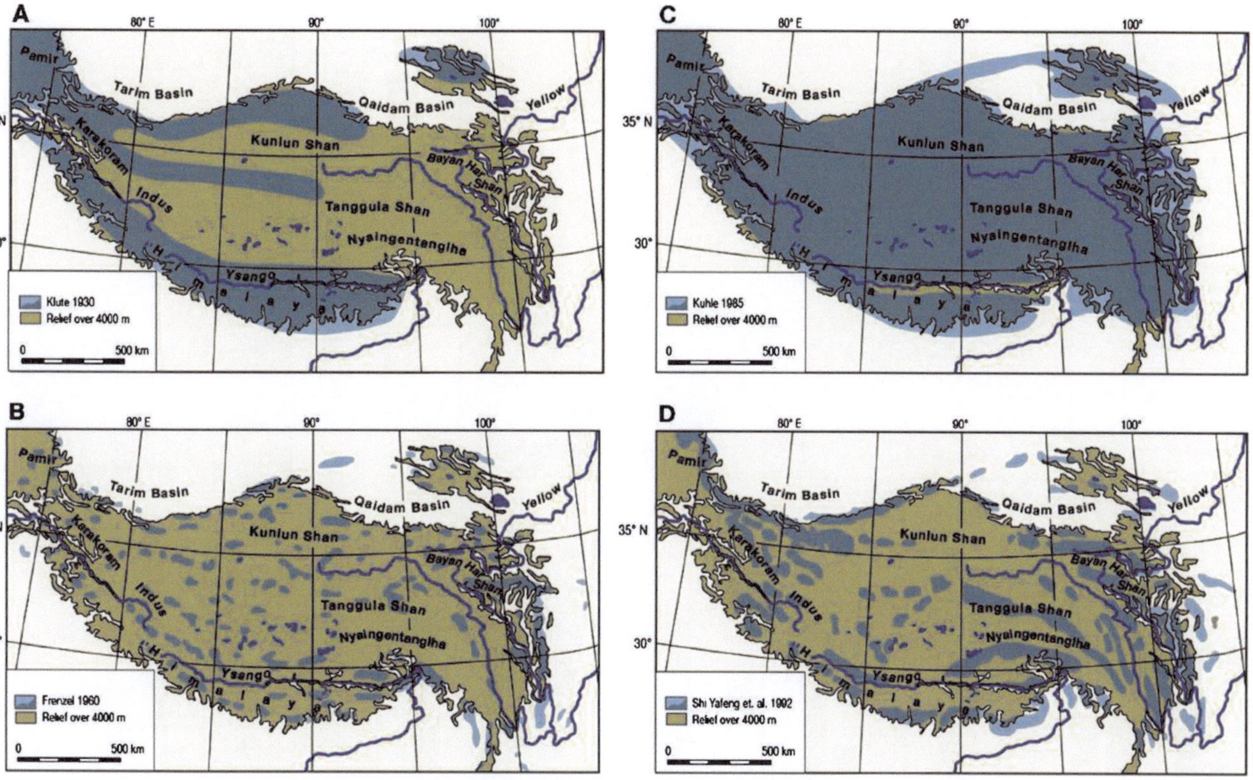

Abb. 7.13 Rekonstruktionen der letzteiszeitlichen Vergletscherung in Tibet und in angrenzenden Gebieten. Das Relief über 4000 m ist hellbraun gefärbt; die blauen Farben kennzeichnen die vergletscherten Gebiete, wie sie von verschiedenen Autoren angenommen werden. **A** Klutes (1930) Rekonstruktion, die auf einer Temperaturdepression von $\sim 4\,°C$ und einer Verlagerung der Klimazonen nach Süden sowie einer Intensivierung der atmosphärischen Zirkulation basiert; die Niederschläge sollen in der letzten Eiszeit im ariden südlichen Zentralasien zugenommen haben. **B** Frenzels (1960) Rekonstruktion basiert auf den detaillierten Arbeiten von Wissmann (1959), der die Beobachtungen der ersten Forschungsreisenden auswertete. **C** Kuhles (1985) Rekonstruktion vom Rand des tibetischen Hochlands bis in seinen zentralen Teil aufgrund von Geländebeobachtungen und ELA-Depressionen (> 1000 m). **D** Rekonstruktionen von Shi (1992), SJ Li und Jiao (1990) und SJ Li und Li (1992) aufgrund von detaillierten Geländekartierungen glaziärer und verwandter Sedimente und Formen. (Aus Owen und Dortch 2014)

schläge wegen des schwachen Monsuns gering, weshalb trotz kühlerer Temperaturen die Ausdehnung der Gletscher geringer als im MIS 3 war.

Owen et al. (2008a) geben eine Zusammenstellung der Glazialchronologien für das tibetische Hochland, den Himalaya und das Karakorum-Gebirge unter Berücksichtigung rekalkulierter Oberflächenaltersdatierungen und Lumineszenzdaten (Abb. 7.14). Owen und Dortch (2014) versuchen darüber hinaus, die Glazialchronologie des Himalaya mit der Insolation und den δ^{18}O-Daten des NGRIP-Eisbohrkerns von Grönland zu korrelieren (Abb. 7.16). Ein komplexes Bild entsteht. Im westlichsten Teil des Himalaya-Karakorum-Orogens zeichnet sich der ektropische Einfluss mit Gletschervorstößen um 75 und 20 ka BP ab. Im Transhimalaya/Westtibet-Gebiet, im tropisch monsunal beeinflussten Himalaya und im monsunal beeinflussten Tibet fanden die letzteiszeitlichen Haupt-Gletschervorstöße im MIS 3 statt, und zwar um 45 und 30 ka BP, sowie im späten MIS 2 zwischen 16 und 10 ka BP. Die glaziale Chronologie wird hauptsächlich von den unterschiedlichen Quellen der Feuchtigkeit und unterschiedlichen Rückkoppelungen der globalen LGM-zeitlichen Abkühlung bestimmt. Im westlichen Himalaya-Tibet-Orogen fand die maximale letzteiszeitliche Gletscherausdehnung vor dem LGM statt. Darüber hinaus erörtern Owen et al. (2008a) und Owen und Dortch (2014) die zahlreichen Komplikationen, die sich aus der Anwendung der chronologischen Methoden auf die glazialen Sequenzen in dieser großen Region ergeben.

Wenngleich die Datenlage noch gering ist, so zeichnet sich doch ein Muster einer fortschreitend geringeren Ausdehnung der quartären Vergletscherungen während der letzten fünf glazialen Zyklen ab (Owen et al. 2006). Dies deutet auf eine langsam zunehmende Reduzierung des Feuchtigkeitsangebots, das für die Bildung der Vergletscherungen benötigt wurde. Eine mögliche Erklärung dafür sehen Owen et al. (2006) in der Hebung der Himalaya-Gebirgsketten im Süden und/oder des Karakorum-Massivs im Westen und eine damit einhergehende Blockierung des Feuchtigkeitstransports des asiatischen Sommermonsuns und des Westwindeinflusses. Auch kann dieses Muster der Vergletscherungen den Trend repräsentieren, der im Pleistozän weltweit auftritt, nämlich eine zunehmende Verringerung der Gletscherausdehnung in Gebirgsregionen (vgl. Abschn. 5.2, Bolivien, Ecuador; Abschn. 6.2, Ostafrika).

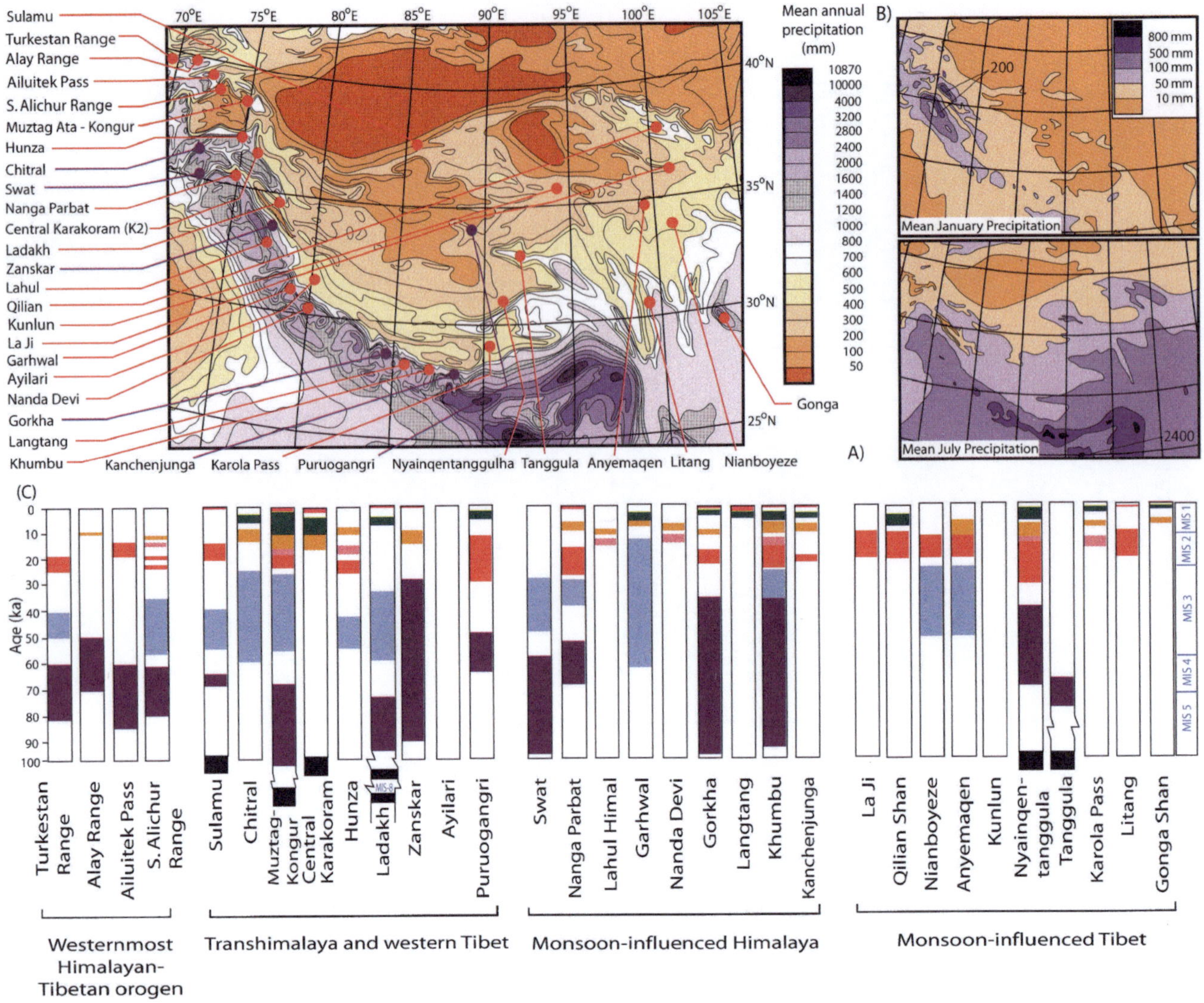

Abb. 7.14 Gegenwärtige mittlere jährliche (*A*) und mittlere Januar- und Juli- (*B*) Niederschläge in Tibet und Umgebung. (*C*) Lokalitäten und Glazialchronologien, die datiert sind, nach verschiedenen Autoren. Literaturangaben bei Owen et al. (2008a). *Rote Punkte* in (*A*) beziehen sich auf Lokalitäten mit SED(TCN)-Altersbestimmungen. Die *farbigen Balken* in (*C*) geben die vermutete Dauer der einzelnen Gletschervorstoßphasen an aufgrund der besten Abschätzung der Daten der Originalarbeiten. Eine mögliche Korrelierung wird durch die Farben angedeutet. *Marine Isotope Stages* (MIS) nach Martinson et al. (1987) und Shackleton et al. (1990; aus Owen et al. 2008a). Owen und Dortch (2014) präsentieren eine geringfügig revidierte und ergänzte Zusammenstellung der Gletscherstadien

Paläoklimaarchive nichtglaziären Ursprungs ergänzen die Glazialchronologien. Die Akkumulations- und Erosionsphasen der Himalaya-Flüsse belegen Änderungen des Monsunsystems. Akkumulation erfolgte am Spiti-Fluss (arider NW-Himalaya, 31–33° N, 77–79° E, > 3000 m NN, ~ 50 mm/a Niederschlag, > 2 m Schneefall) zwischen 50–30 ka BP und 14–8 ka BP, d. h. in Perioden intensiver Monsuntätigkeit vor dem LGM im MIS 3/4 und im frühen Holozän (Srivastava et al. 2013). Auch weiter östlich im Alaknanda-Tal (30–31° N, 79° E) erfolgte die älteste fluviale Akkumulation im frühen MIS 3. Anschließend wird – als Folge von Hebung und größeren monsunalen Niederschlägen – eine Erosionsphase angenommen. Es folgten weitere Talverschüttungsphasen um 26, 18, 15 und 8 ka BP (Juyal et al. 2010).

Nicht aus Indien, sondern aus dem benachbarten subtropischen China kommen die detailliertesten Daten, die die Veränderungen des Monsunsystems im Quartär zeigen. Die Speläothem-δ^{18}O-Kurve der Xiaobailong-Höhle in SW-China (Abb. 7.17) repräsentiert die Veränderungen der Niederschläge des Indischen Sommermonsuns (ISM) während der vergangenen 252 ka. Der *record* zeigt (i) die 23-ka-Präzessionszyklen, die durch deutlich ausgeprägte schwache Monsunereignisse in Zeitskalen von Jahrtausenden auffallen, (ii) die Synchronität

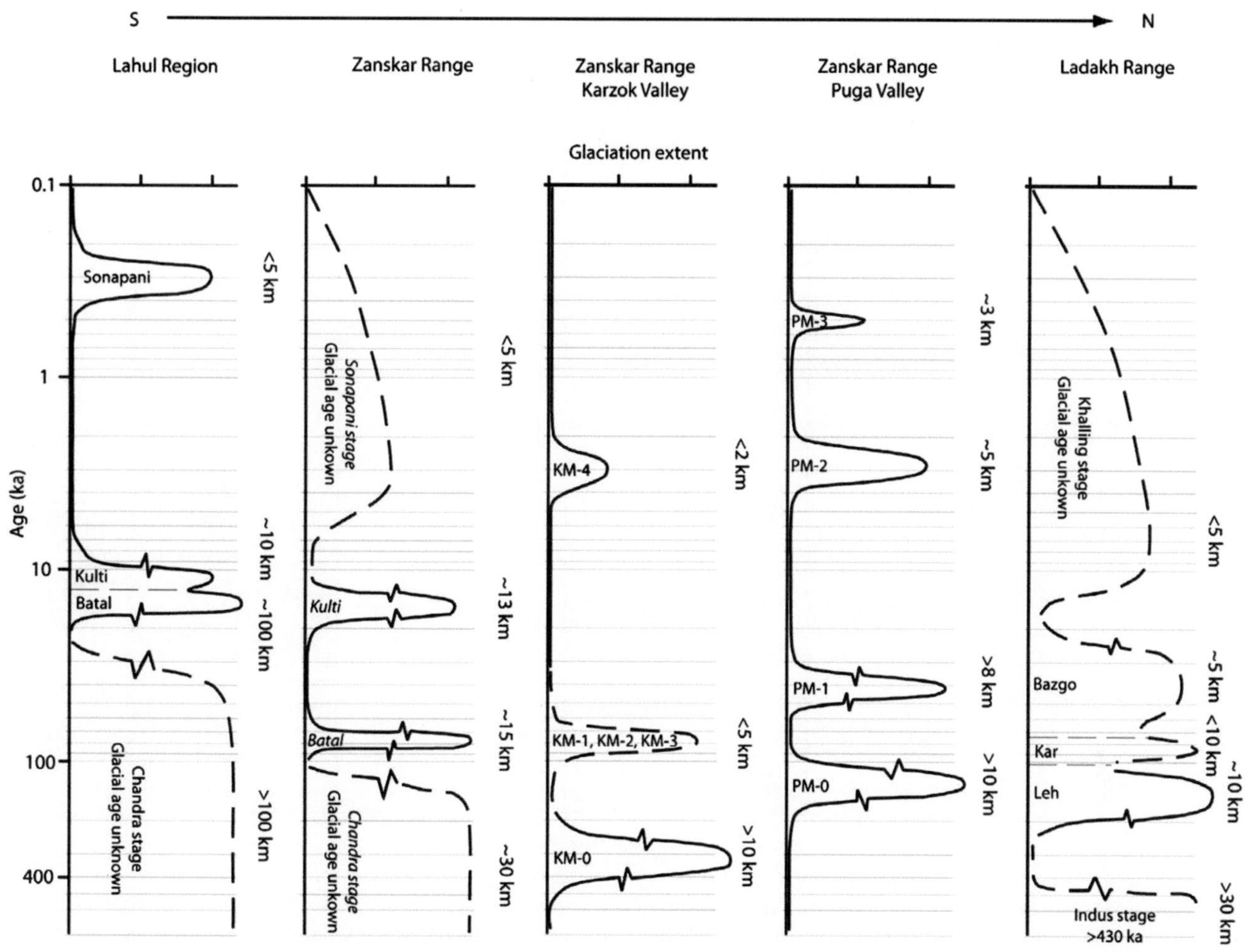

Abb. 7.15 Vergleich von Alter und Ausmaß der Vergletscherungen in Lahul, Zanskar und Ladakh, zusammengestellt von Owen (2011) nach verschiedenen Autoren. Die Ausdehnung der Vergletscherung mit dem ungefähren Ausmaß in Bezug auf das heutige Gletscherende wird in den Kurven rechts angegeben. *Gerissene Linien* – undatierter Vorstoß; *kursiv* – Glaziale Stadien, deren Datierung noch diskutiert wird. Logarithmische Zeitskala. (Aus Owen 2011)

dieser Perioden der schwachen Monsunintensität mit Heinrich-Ereignissen im Nordatlantik und (iii) die deutlichen glazial-interglazialen Variationen, die mit marinen *records* übereinstimmen, die sich aber deutlich von Speläothem-*records* aus Ostchina abheben (Cai et al. 2015). Die Daten der Xiaobailong-Höhle in SW-China und der Höhlen in Ostchina dokumentieren, dass sich die Beziehungen zwischen dem Indischen und dem ostasiatischen Sommermonsun in verschiedenen Zeitskalen in Abhängigkeit von Ursache und Stärke des Klima-*forcings* unterscheiden. Auffällig ist, dass die Periode von ca. 80–50 ka BP in den Profilen der Abb. 7.10 und 7.11 durch Paläoböden und in den vergletscherten Gebieten durch Gletschervorstöße (Abb. 7.14) charakterisiert wird, die sich in den δ^{18}O-Kurven der Speläotheme ebenfalls deutlich abzeichnen. Zwischen MIS 5 (Eem) und dem LGM veränderte sich die Monsunzirkulation, die äolische Prozesse und Gletscherschwankungen stark beeinflusste und asynchron mit den afrikanisch-arabischen Klimaänderungen verlief. Diese Monsunänderungen sind auch in den Daten des Guliya-Eiskerns aus Tibet (35°17′ N, 81°29′ E, 6710 m NN; westlicher *Kunlun Shan*, Qinghai-Plateau, China) gespeichert (Abb. 7.18).

Im Guliya-Eiskern (Abb. 7.18) sind die Werte für δ^{18}O (blau) und CH_4 (rot) – anders als in den polaren Eiskernen – der Interglaziale und Interstadiale vergleichbar. Diese Schwankungen deuten darauf, dass die CH_4-Konzentrationen hauptsächlich von der Stärke des tropischen Wasserkreislaufs beeinflusst wurden und nicht von Prozessen, die in den polaren Gebieten abliefen. Die δ^{18}O-Werte der Interstadiale weisen ebenfalls auf einen stärkeren Einfluss des subtropischen Klimas durch die Präzession (23 ka) als durch die Schiefe der Ekliptik (*Obliquity*, 41-ka-Zyklus) (angezeigt durch die etwas negativeren δ^{18}O-Werte des Eises, das die Stadien MIS 2, 4 und 5d repräsentiert) (LG Thompson et al. 1997). Für das LGM zeigen die δ^{18}O-Werte das Minimum, vergleichbar mit außertropischen polaren Werten und sind damit Belege für ein kühles Hochglazial (LGM) in

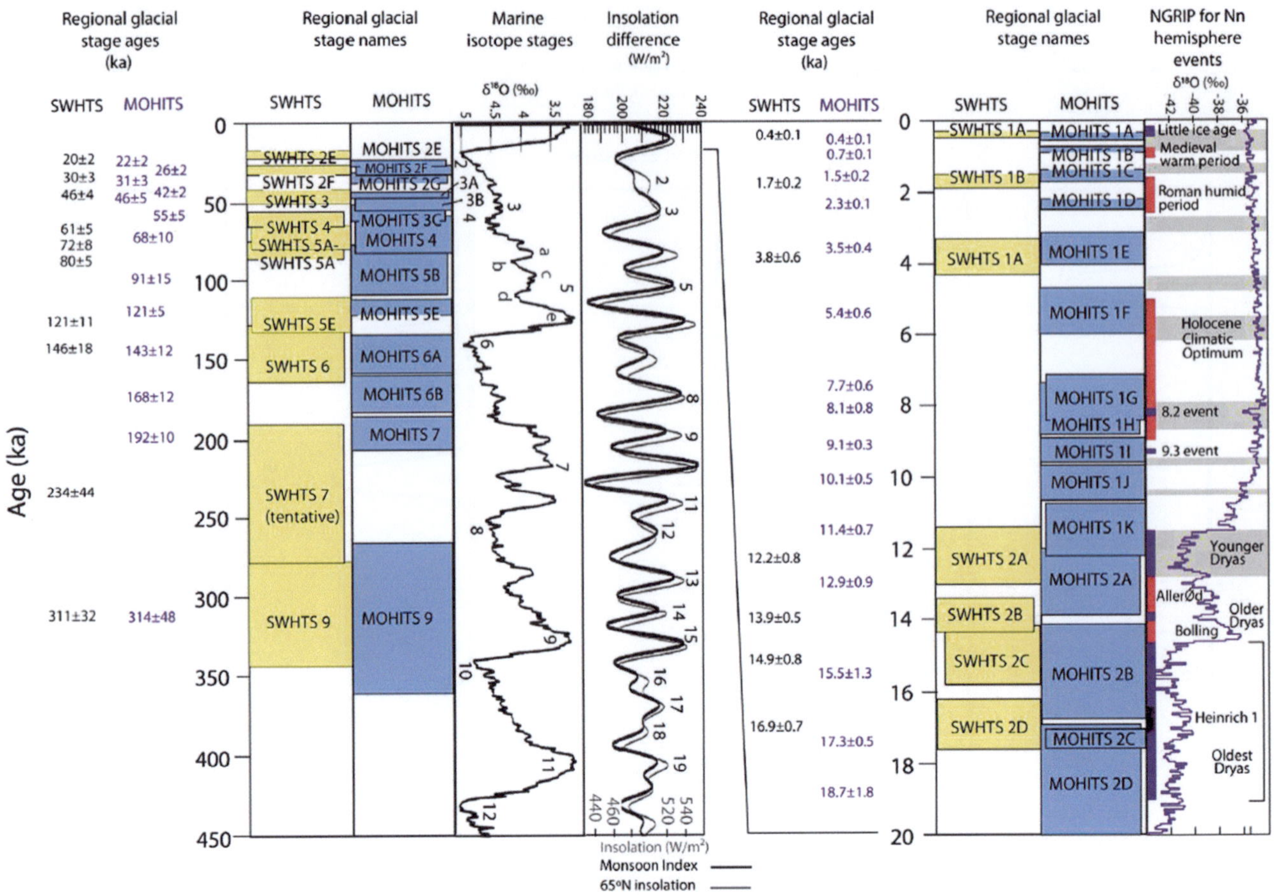

Abb. 7.16 Korrelation der regionalen Glazialstadien der westlichen Gebiete des Himalaya-Tibet-Orogens für semiaride Regionen (*Semi-arid Western Himalayan-Tibetan Stages* [SWHTS] von Dortch et al. 2013) und der monsunbeeinflussten Gebiete (*Monsoonal Himalayan-Tibetan Stages* [MOHITS] von Murari et al. 2014). Die Alter der regionalen Stadien sind mit 95 % Konfidenzintervall angegeben. Die SWHTS-Kalkulation basiert auf 352 von 695 ^{10}Be-Daten, die analysiert wurden; 98 sind bei der Cluster-Analyse ausgeschieden; 192 bzw. 50 wurden ausgesondert, da sie „zu jung" bzw. „zu alt" sind. Die MOHITS-Kalkulation basiert auf 520 von 1119 ^{10}Be-Daten; 185 sind bei der Cluster-Analyse ausgeschieden; 316 bzw. 98 wurden ausgesondert, da sie „zu jung" bzw. „zu alt" sind. Zum Vergleich sind die δ^{18}O-Kurve von Lisiecki und Raymo (2005), der Monsun-Index und die Insolation in 65° N (Leuschner und Sirocko 2003) sowie die δ^{18}O-Kurve von NGRIP Members (2004) angegeben. Die Dauer bestimmter klimatischer Ereignisse wird durch *rote* und *dunkelblaue Balken* gekennzeichnet (*rechte Spalte*). *Hellgraue horizontale Bänder* (*ganz rechts*) zeigen die Zeiten von schnellen Klimaänderungen nach Mayewski et al. (2004). (Aus Owen und Dortch 2014)

den Tropen. Zwischen 33 und 15 ka BP sind zahlreiche kurze (ca. 200 a) δ^{18}O-Oszillationen vorhanden, die auf D/O-Zyklen deuten. Die Deglaziation wird durch die YD-Schwankung charakterisiert. Da die Zeitskala für den Guliya-Eiskern durch *matching* ermittelt wird, können Korrelierungen mit anderen tropischen Eiskernen (z. B. Huascarán, Peru) nur vorläufig vorgenommen werden. LG Thompson et al. (1997) stellen engere klimatische Verbindungen zwischen den tropischen Guliya- und Huascarán-Eiskernen fest als zwischen dem Guliya-Kern und den polaren Klimaarchiven.

7.2.2 Das letzte Hochglazial und *Termination I*

Während für die ariden Gebiete Nord- und Südafrikas äolische Prozesse mit Dünenbildung als Klimaproxy für trockene Perioden von vielen Autoren genannt werden, gilt diese Annahme für die ariden Gebiete der Tharr-Wüstensteppe nicht. Singhvi et al. (2012) stellen fest, dass die äolischen Prozesse im LGM größtenteils wegen des schwachen Monsuns und des damit verbundenen begrenzten Sandtransports ruhen. Äolische Prozesse dominieren in der Tharr-Region in den Übergangszeiten von kalten ariden zu warmen feuchten Phasen; es sind Zeiten mit relativ intensiven Monsunwinden, jedoch noch nicht mit der erosionshemmenden Vegetationsbedeckung und Bodenbildung. Hier zeigt sich, dass trotz der größeren LGM-zeitlichen Aridität die Geoarchive vorsichtig paläoklimatisch gedeutet werden müssen.

Über die geringere Intensität der Monsunzirkulation im LGM geben vor allem marine und Höhlensedimente Auskunft. Ein schwacher Monsun wird durch die eiszeitlichen Verhältnisse im Nordatlantik gesteuert. Die Wechselwirkungen zwischen Meereisbedeckung und Intensität des Monsuns zeigt Abb. 7.19. Die δ^{18}O-Kurven der Speläotheme der Hulu- (32°30′ N, 119°10′ E) und Dongge- (25°17′ N, 108°5′ E) Höhlen in China belegen die

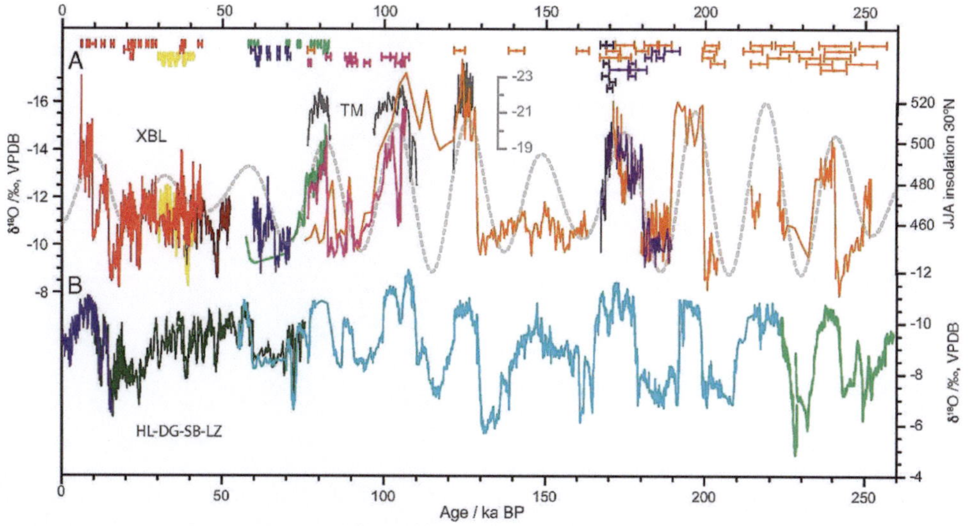

Abb. 7.17 (*A*) δ^{18}O-*record* von Stalagmiten der Xiaobailong-Höhle (XBL). Die verschiedenen Farben stehen für verschiedene Stalagmiten der Höhle. Die *graue Kurve* bezieht sich auf den δ^{18}O-*record* der Tianmen-Höhle (TM, Tibet-Plateau): Änderungen des Indischen Sommermonsuns (ISM) während des MIS 5 werden dokumentiert. Die ^{230}Th-Daten sind für die Stalagmiten ebenfalls angegeben. (*B*) δ^{18}O-*record* der Hulu-Höhle (*dunkelgrün*), Dongge-Höhle (*blau*), Sanbao-Höhle (*hellblau*) und Linzhu-Höhle (*hellgrün*). Die δ^{18}O-Skalen für alle *records* zeigen eine Zunahme nach unten an. Die Sommer-Insolation in 30° N (*graue gerissene Linie*) steht für Juni-Juli-August. (Aus Cai et al. 2015)

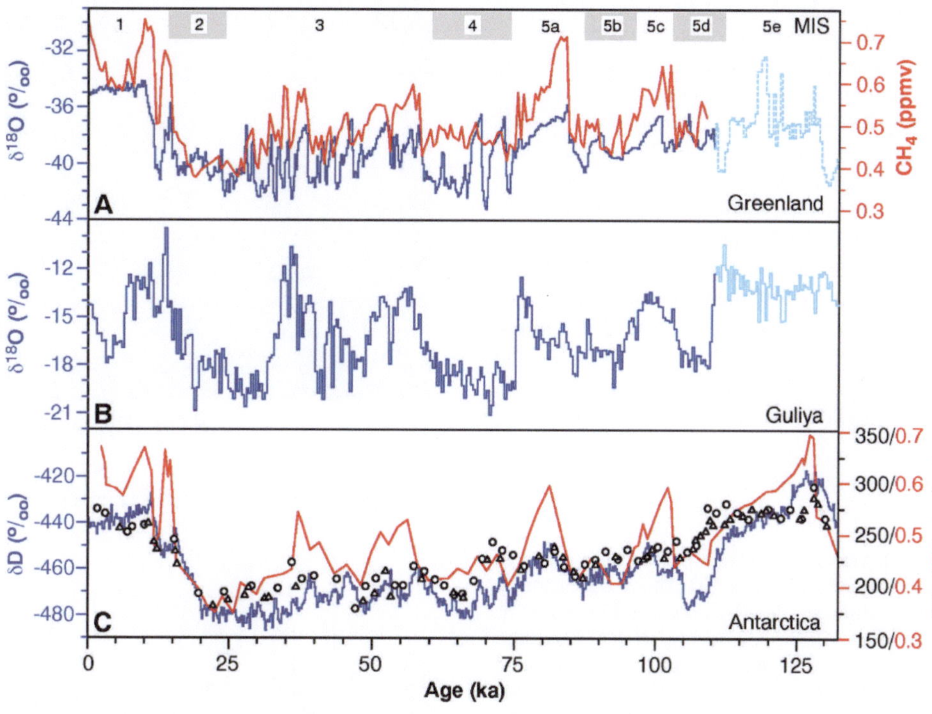

Abb. 7.18 (*A*) GISP2-Grönland-Eiskern: δ^{18}O- (*blau*) und CH_4- (*rot*) *records* der letzten 132 ka. Der *record* wird durch die Eisdeformation unterhalb 110 ka BP beeinträchtigt (*hellblaue Linie*). (*B*) Der Guliya-δ^{18}O-*record* der letzten 110 ka wird mit dem GISP2-CH_4-*record* der letzten 110 ka *gematched*. (*C*) Der Guliya-*record* wird außerdem mit dem δD (*blau*), dem CH_4 (*rot*) und dem CO_2 (*schwarz*) von Vostok verglichen. Kreise: Daten von 1987; Dreiecke: Daten von 1991. (Aus LG Thompson et al. 1997)

engen Korrelationen zwischen den nordatlantischen Meereisereignissen (H 1, Bölling/Alleröd, YD) und den Änderungen im Monsunsystem. Während höhere δ^{18}O-Werte der Speläotheme geringere Sommerniederschlagsraten und damit einen schwächeren Sommermonsun in den kalten Perioden (H1, YD) repräsentieren, zeigen die magnetischen Eigenschaften und Ti-Gehalte der limnischen Sedimente des Huhuang-Maar-Sees (S-China) einen stärkeren Wintermonsun vor dem B/A und in der YD sowie im Mittel- und Spätholozän (Yancheva et al. 2007). Diese nordatlantisch-ostasiatischen klimatischen Beziehungen werden auch durch die Sauerstoffisotopenanalysen eines Stalagmiten aus der Timta-Höhle im westlichen Himalaya Indiens bestätigt, wo Sinha et al. (2005) für das Bölling/Alleröd-Interstadial (15,2–12,8 ka BP) im Vergleich zum Spätglazial und zur YD vermehrte Niederschläge des indischen Sommermonsuns (ISM) nachweisen können. Diese Niederschlags- und Temperaturschwankungen, die sich auch im tropisch-subtropischen Nord- und Ostafrika in den Klimaarchiven abzeichnen, werden im Einflussbereich der Monsune in gleicher Weise registriert und weisen auf eine Wanderung der ITCZ hin (vgl. Gibbons et al. 2014).

Die LGM-zeitlichen Verhältnisse des Wasserdampftransports für den Sommermonsun (Juni-Juli-August) im Vergleich zur Gegenwart haben Cai et al. (2015) modelliert (Abb. 7.20). Das Modell zeigt Haupt-Trajektorien der Feuchtigkeitsadvektion von den nördlichen Bereichen des Golfes von Bengalen über das Yünnan-Plateau und Nord-Indochina nach SW-China (XBL, Xiaobailong-Höhle) für die Gegenwart und das LGM. Infolge der tieferen Temperaturen im LGM gab es weniger Feuchtigkeitstransport entlang dieses Weges. Im Gegensatz dazu war die Feuchtigkeitszufuhr nach Ostchina unterschiedlicher; drei Hauptwege zeichnen sich ab: (i) vom Arabischen Meer über den südlichen Teils des Golfes von Bengalen (Indischer Ozean-Pfad), (ii) vom Südchinesischen Meer und dem tropischen Pazifik und (iii) vom Nordpazifik. Im LGM wurde die atmosphärische Zirkulation beeinflusst von geringeren Treibhausgasanteilen, geringeren SSTs, ausgedehnten Meereisgebieten, geänderter Topographie durch die großen Eisschilde sowie einen um ≥ 120 m erniedrigten Meeresspiegel. Die asiatischen Küsten des Pazifiks erlebten im LGM eine Landzunahme in der Inselwelt SE-Asiens. Für die Küsten des Golfes von Bengalen waren die Küstenänderungen vergleichsweise gering. Im LGM verschob sich der Pfad der Feuchtigkeitsadvektion des Indischen Ozeans etwas äquatorwärts bei gleichzeitiger Intensivierung (ca. 15 % mehr Niederschlag bei den Dongge- und Hulu-Höhlen). Die Landbrücke, die im LGM existierte, verursachte ausgedehnte sommerliche stratiforme Niederschläge (Cai et al. 2015).

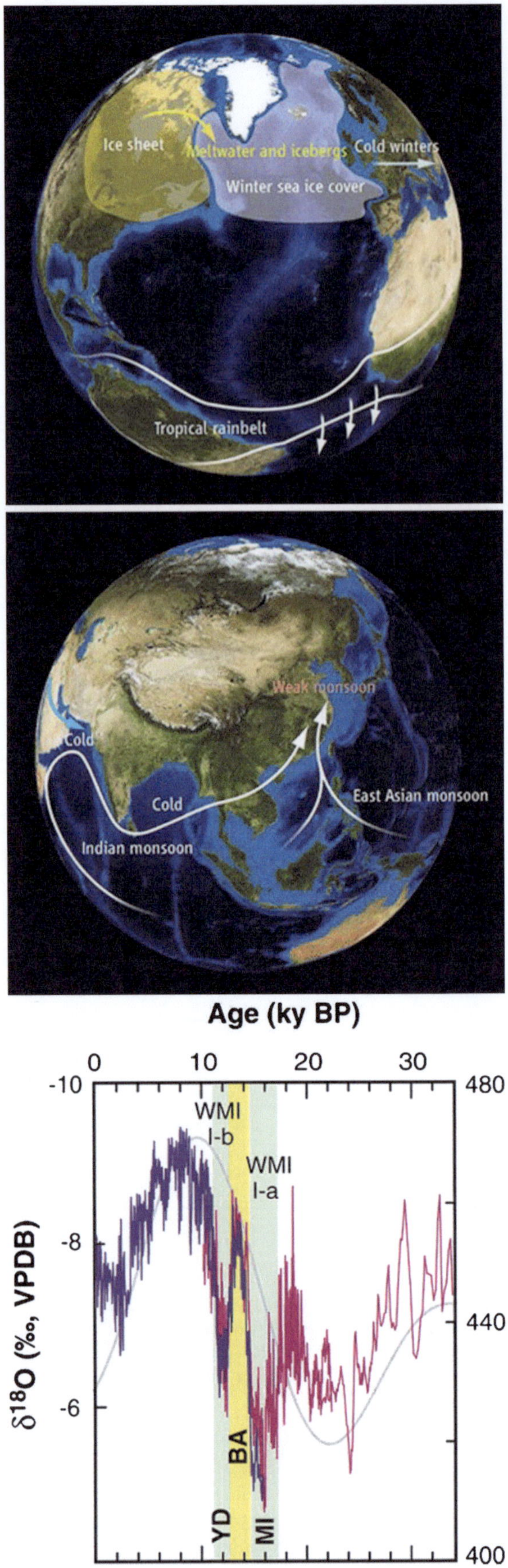

Abb. 7.19 *Oben*: Schmelzwasser, das in den Nordatlantik gelangte, verursachte eine schwache asiatische Monsunzirkulation. Das Schmelzwasser verhinderte das Absinken des Wassers bei Grönland, da Schmelzwasser eine geringere Dichte als Salzwasser hat. Das führte zum Kollabieren der Atlantischen Meridionalen Umwälzzirkulation (*Atlantic Meridional Overturning Circulation*, MOC), zur Bildung von winterlichem Meereis und von extrem kalten Wintertemperaturen (Isolation gegenüber dem vom Eis bedeckten wärmeren Wasser mit enormen Wärmereservoir, Zunahme der Albedo). Ein nach Süden verlagerter Strahlstrom (*jet stream*) brachte kalte Luftmassen in die Regionen des Indischen Ozeans. Die winterliche Abkühlung der asiatischen Landmassen und des nördlichen Indischen Ozeans schwächte und verzögerte den Beginn des folgenden Sommermonsuns (aus Severinghaus 2009). *Unten*: δ^{18}O-Kurven der letzten 34 ka BP der Hulu- und Dongge-Höhlen, China. *Graue Linie* – Insolation für 65° N am 21. Juli; *hellgrüne Balken* – WMI (*Weak Monsoon Interval*), YD (Jüngere Dryas), BA (Bölling/Alleröd), MI (*Mystery Interval*, Heinrich-Event *1*). (Aus Cheng et al. 2009) ►

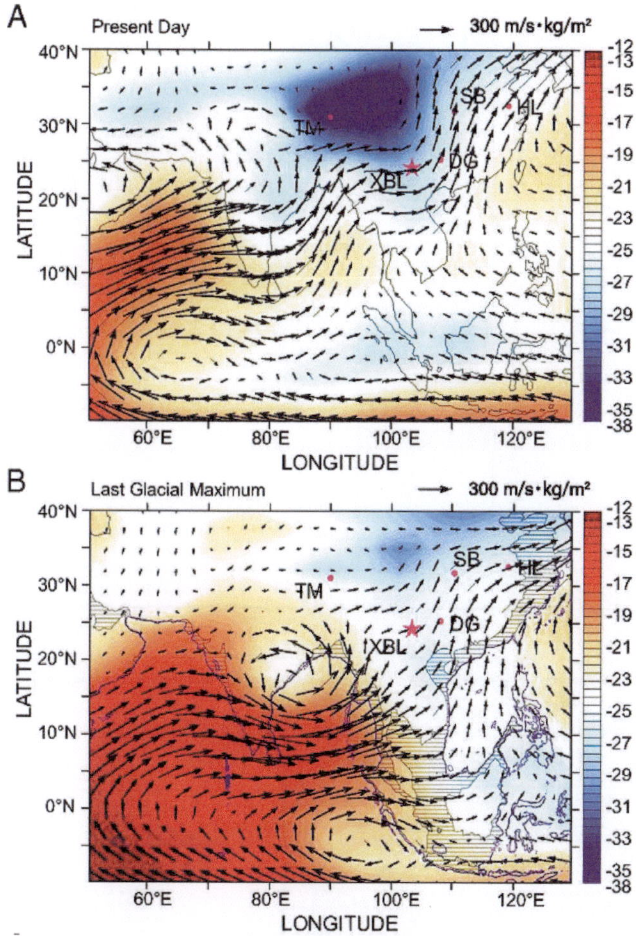

Abb. 7.20 Modellierte Wasserdampf-Trajektorien (JJA) (*Pfeile* – m/s× kg/m^2) und Isotopenzusammensetzung des Wasserdampfes (Farbsäulen in ‰) in der Gegenwart (A) und im LGM (B). Die *dunkelgrauen Linien* zeigen die heutigen Küstenlinien, die *blauen Linien* und *schraffierten* Gebiete in B geben die Küstenlinien und den trocken gefallenen Kontinentalschelf im LGM an (~ 120 m abgesenkter Meeresspiegel). Buchstaben markieren die Höhlen: Xiaobailong (XBL), Hulu (HL), Dongge (DG), Sanbao (SB), Tianmen (TM). (Aus Cai et al. 2015)

Die LGM-zeitlichen Glazialchronologien (vgl. Abb. 7.14 und 7.15) der vom indischen Monsun beeinflussten Himalaya- und Karakorum-Gebiete ergeben kein einheitliches Bild (vgl. auch Röthlisberger 1986). Owen et al. (2008a) erkennen lediglich zwei Lokalitäten, nämlich das Hunza-Tal (mit einer langen Tradition glazialgeologischer und -morphologischer Forschungen, z. B. Troll 1942) und das Khumbu Himal, wo Gletscherstände des globalen LGM zuverlässig datiert sind (Abb. 7.21). Diese Daten erlauben eine Rekonstruktion der ELAs für diese Regionen. Die ΔELAs sind beträchtlich geringer, als früher angenommen wurde (−500 m); sie betragen −200–300 m im Khumbu-Himal (Abb. 7.22) und −100 m im Hunza-Gebiet (Batura-Gletscher) (Owen et al. 2002, 2008a; Ono et al. 2004). Vergleichbare Beobachtungen macht Heine (2011b) in den Kordilleren beiderseits des relativ ariden bolivianischen Altiplano (vgl. Abb. 5.41 bis 5.44).

Die Abb. 7.23 präsentiert eine neue Zusammenstellung der SED-Daten. Die zahlreich ausgegliederten *Semi-arid Western Himalayan-Tibetan Stages* (SWHTS) lassen sich nur bedingt mit den *Monsoonal Himalayan-Tibetan Stages* (MOHITS) korrelieren (Tab. 7.2). Dies liegt vor allem an der Streuung der SED-Daten, die von einzelnen Moränenwällen stammen (aufgrund von Erosion, Exhumierung und Verlagerung der Blöcke). Außerdem sind die Gletschervorstöße teilweise von Änderungen des Monsunsystems abhängig, teilweise aber auch von Änderungen der Westerlies der Mittelbreiten, so z. B. die SWHTS-Stadien 2C und 2D von Dortch et al. (2013) (vgl. Abb. 7.24). Eine Korrelierung der detaillierten Glazialchronologien von Dortch et al. (2013) und Murari et al. (2014) nehmen Saha et al. (2016) vor (Tab. 7.2). Die Abb. 7.23 und Tab. 7.2 belegen klar, dass für das LGM eine Korrelierung der einzelnen Moränenstadien kaum möglich ist.

Die Glazialchronologien des Himalaya und Karakorum, die vor allem durch die Anwendung der SED-Datierungen wesentlich verbessert und teilweise revidiert werden, lassen wichtige paläoklimatische Aussagen zu, auch wenn die Kenntnisse noch lückenhaft sind (Owen et al. 2008a; Owen 2011; Owen und Dortch 2014). (i) Große Unterschiede in Alter und Ausmaß der Gletscherschwankungen bestehen, oft in benachbarten Gebieten. (ii) Diese LGM- und spätglazialzeitlichen Unterschiede spiegeln die zeitliche und räumliche Variabilität des asiatischen Monsuns (insolations-beeinflusst) und der Westwindzone der Mittelbreiten (beeinflusst durch schnelle Oszillationen des Nordatlantiks und der Eisschilde) wider (Abb. 7.25). (iii) In Regionen mit größerer Aridität ist die LGM-Vergletscherung auf geringe Schwankungen der Gletscherzungen beschränkt; dies führt zur Erhaltung auch sehr alter Gletscherspuren (wie im Ladakh-Gebiet). (iv) Die Gletscher scheinen sowohl auf Änderungen der insolations-kontrollierten Monsunniederschläge zu reagieren als auch auf die allgemeine nordhemisphärische Abkühlung während des LGM; daher sind Gletschervorstöße im MIS 3 und auch zu Beginn des Holozäns möglich. (v) Die LGM-zeitliche Gletscherausdehnung ist im Vergleich zu der prä-LGM-letzteiszeitlichen Vergletscherung gering. (vi) Bedeutende spätglaziale und frühholozäne Gletschervorstöße sind charakteristisch. Hinzu kommen kleinere mittelholozäne und mehrere spätholozäne Vorstöße.

Ausgewählte Pollenprofile benutzen Maxwell und Liu (2002), um Klimaverhältnisse im *Termination I* für das kontinentale Süd- und Südostasien zu rekonstruieren. Nach dem ariden LGM erfolgte in verschiedenen Regionen zwischen ca. 16 und 12 ka BP eine Intensivierung der Monsunzirkulation in zwei Schritten: zwischen 13–11 ka und 10–9 ka BP. Die sich anschließende Periode maximaler Monsunintensität dauerte bis ca. 5–3,5 ka BP. Die Autoren bemerken, dass das süd- und SE-asiatische Monsun-Maximum um 1500 Jahre dem Maximum von Nordafrika und dem Arabischen Meer nachlief. Da im außertropischen China die nordatlantischen spätglazialen Klimafluktuationen (Beginn von B/A um 14,78 ka BP und von YD von 12,84 ka BP) deutlich ausgeprägt sind (z. B. in Seesedimenten, Q Gao et al. 2016), muss erwartet werden, dass das Monsunsystem auf die nordatlantischen Ereignisse reagierte und ebenfalls um 14,8 und 12,8 ka BP Änderungen zeigte.

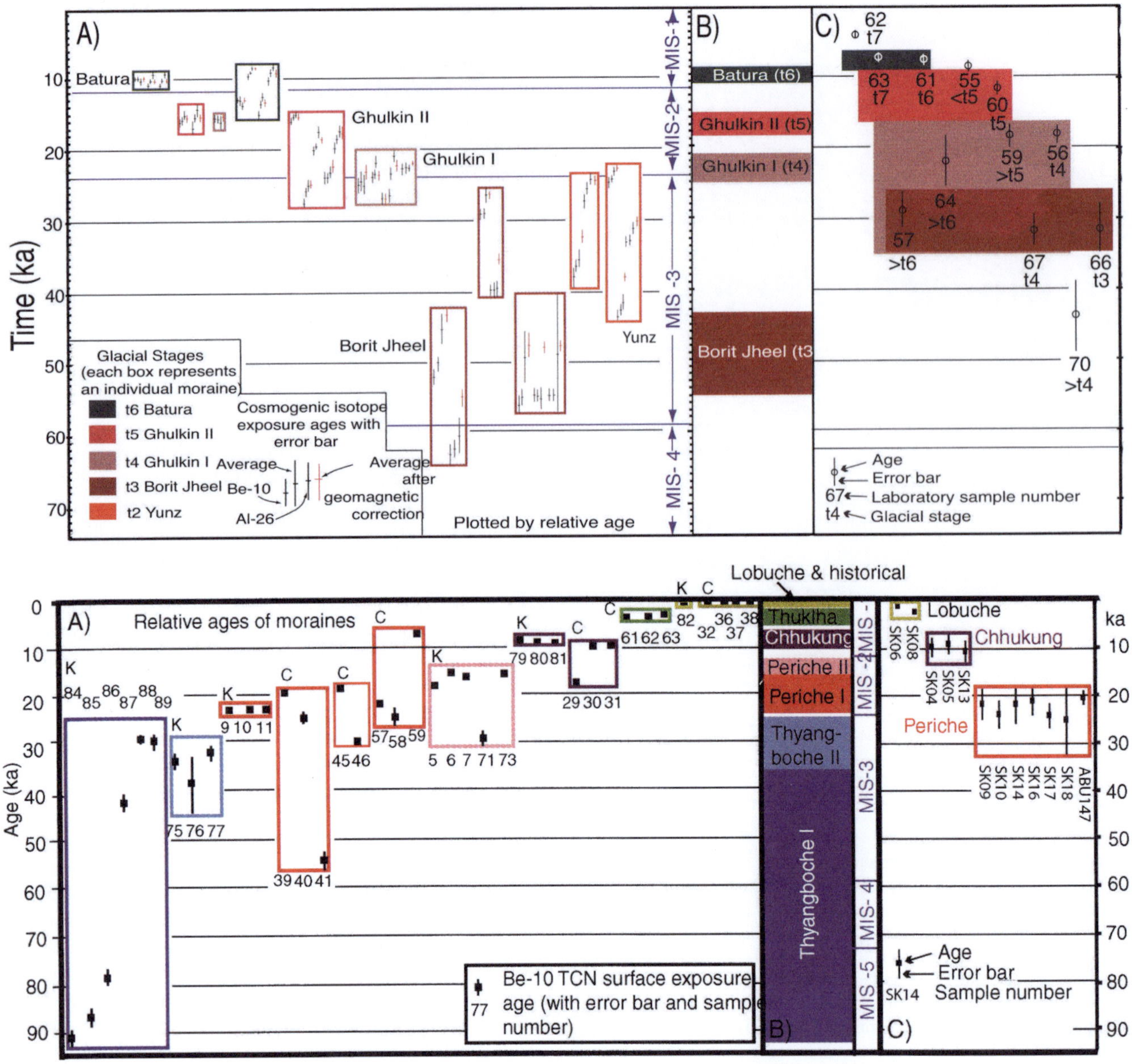

Abb. 7.21 *Oben*: Glazialchronologie des oberen Hunza-Tals. (*A*) SED-Alter für Moränenblöcke; die Alter sind entlang der x-Achse nach geographischer Position und nach relativem Alter aufgetragen. Jede *farbige Box* enthält Proben derselben Moräne. Die *blauen horizontalen Linien* repräsentieren die Grenzen der MIS. t2 bis t7 beziehen sich auf Glazialstadien. (*B*) Das Alter der Glazialstadien. (*C*) OSL-Alter von glazigenen Sedimenten in Verbindung mit Moränen; das relative Alter wird mit „t" hervorgehoben: > t – Sedimente unter einer Moräne, < t – Sedimente über einer Moräne, t – Sediment in einer Moräne. *Unten*: Glazialchronologie für das Khumbu Himal. (*A*) SED-Alter für Moränenblöcke. Die Alter sind entlang der x-Achse nach geographischer Position und nach relativem Alter aufgetragen. Jede farbige Box enthält Proben derselben Moräne. (*B*) Das Alter der Glazialstadien und MIS. (*C*) OSL-Alter von glazigenen Sedimenten in Verbindung mit Moränen. Die *farbigen Boxen* enthalten OSL-Alter von Sedimenten aus Moränen von drei Glazialstadien. (Aus Owen et al. 2008a)

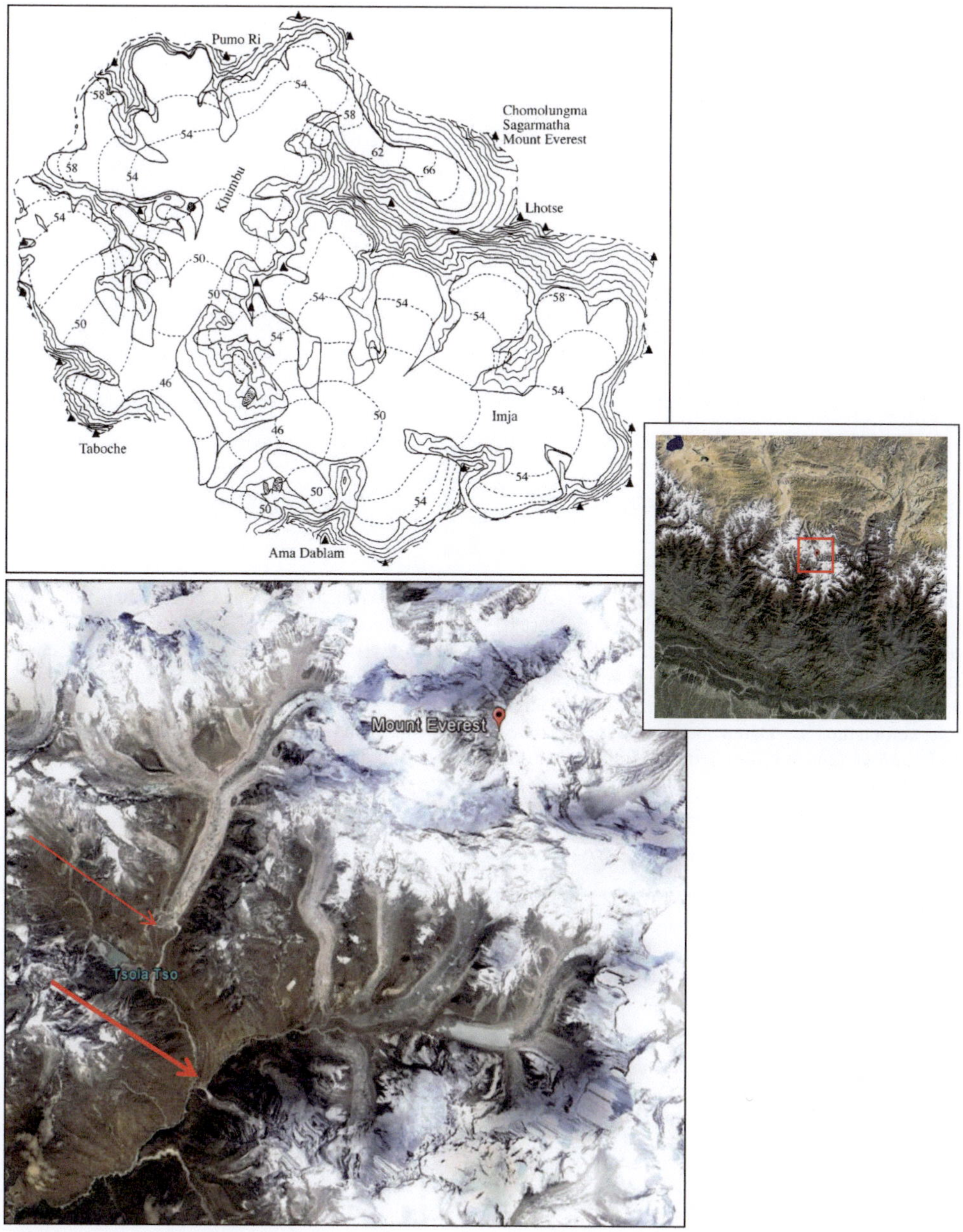

Abb. 7.22 Khumbu- und Imja-Gletschersystem im Khumbu Himal. *Oben*: Rekonstruktion der LGM-Vergletscherung. Die hypsometrischen Kurven (*gerissene Linien*) entsprechen dem LGM-zeitlichen Khumbu-Gletscher. Die Isohypsen sind in 100-m-Abständen ü. NN angegeben (aus Owen et al. 2008a).
Unten: GOOGLE-Bild derselben Region. Deutlich ist der geringe Abstand zwischen den rezenten Gletscherzungen und den LGM-zeitlichen Gletscherenden zu sehen. Der Abstand beträgt im Khumbu-Tal ca. 6,5 km (*rote Pfeile*). Röthlisberger (1986) hat die unterschiedlichen Datierungen dieser LGM-Moränen beschrieben, die von AD 1600 [Kleine Eiszeit], AD 800 sowie vom Spätglazial bis 18 ^{14}C ka BP reichen. Das LGM-Alter der Moränen (*kräftiger Pfeil*) hat Röthlisberger (1986) klar erkannt. Nebenkarte: GOOGLE-Bild der Himalaya-Region zwischen Ganges-Ebene und tibetischem Hochland. *Rotes Rech*teck – Ausschnitt der GOOGLE-Aufnahme

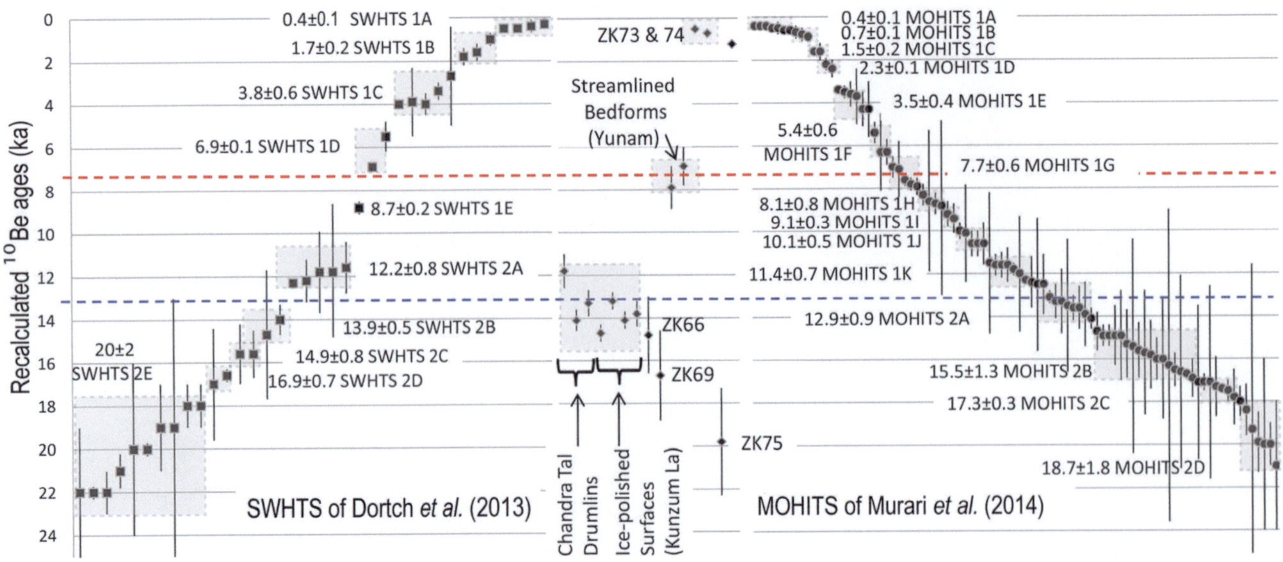

Abb. 7.23 Das Alter der glazialen Stadien im Himalaya-Tibet-Orogen seit 24 ka BP (nach Owen und Dortch 2014) und mögliche Korrelierung der Vergletscherungen mit den regionalen Glazialstadien nach Dortch et al. (2013) und Murari et al. (2014). Die ^{10}Be-Daten werden rekalkuliert (*CRONUS-Earth online calculators-Version 2.2*). ^{10}Be-Cluster werden durch *graue Rechtecke* angezeigt. Sie stellen die einzelnen Moränengruppen dar, die bestimmten Gletscherständen zugeordnet werden. Die *Semi-arid Western Himalayan-Tibetan Stages* (SWHTS) von Dortch et al. (2013) sind *links* dargestellt, die *Monsoonal Himalayan-Tibetan Stages* (MOHITS) von Murari et al. (2014) befinden sich *rechts* auf der x-Achse. In der *mittleren Säule* werden die ^{10}Be-Daten von Yunam (subglaziäre Formen), aus dem Chandra-Tal (Drumlins) und von Kunzum La (Gletscherschliffe) dargestellt. Die *blaue Linie* repräsentiert die Minimalalter der Drumlins/subglaziären Formen im Chandra-Tal, die *rote Linie* im mittleren Yunam-Gebiet. (Aus Saha et al. 2016)

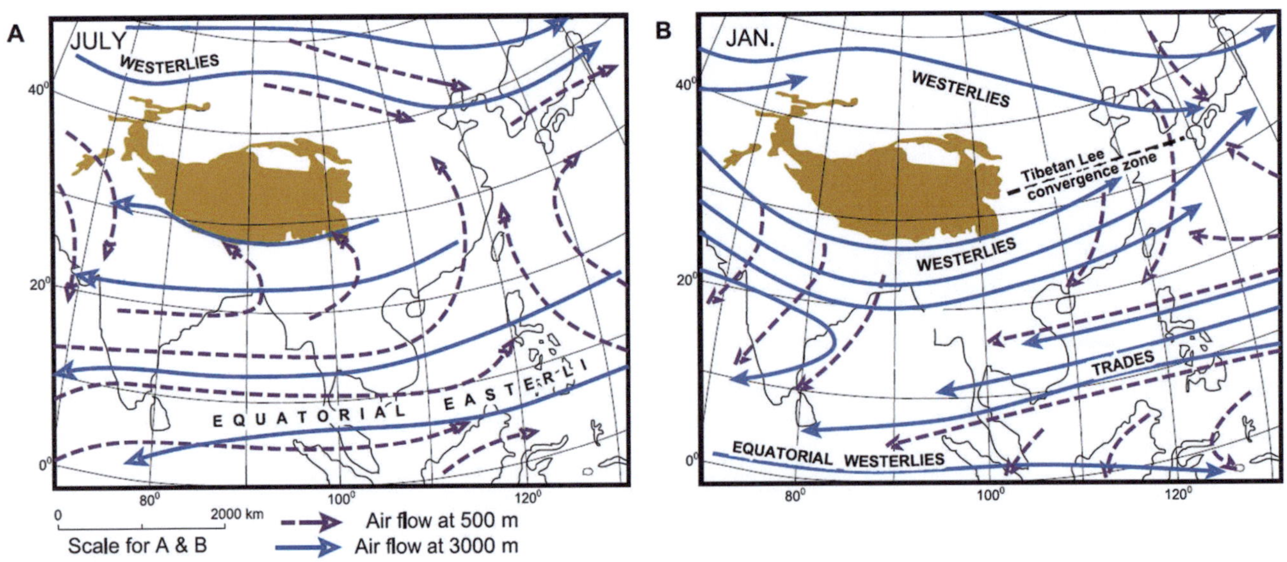

Abb. 7.24 Vereinfachte Darstellung der Zirkulation über Süd- und Zentralasien im Sommer (**A**) und im Winter (**B**). Die *blauen durchgezogenen Linien* zeigen die Luftströmungen in 6000 und 3000 m NN an, die *dunkelblauen gerissenen Linien* die Luftströmungen in ca. 600 m NN. Nach verschiedenen Autoren. (Aus Owen und Dortch 2014)

Tab. 7.2 Glazialchronologien für Ladakh und Zanskar mit den regionalen Glazialstadien (19 Glazialstadien seit ca. 300 ka BP: *Semi-arid Western Himalayan-Tibetan Stages* – SWHTS) von Dortch et al. (2013) aufgrund von 685 ^{10}Be-Daten und synchrone regionale glaziale Stadien (*Monsoonal Himalayan-Tibetan Stages* – MOHITS) von Murari et al. (2014). Details finden sich bei Owen und Dortch (2014). (Aus Saha et al. 2016, dort auch alle Literaturangaben)

Regional glacial stage		Local glacial stage	Local stage age (ka)	Regional stage age (ka)	Climate correlation
Dortch et al. (2013)	Murari et al. (2014)				
SWHTS9	MOHITS9	KM-0 stage of Hedrick et al. (2011)	311 ± 8	311 ± 32	MIS-9/10
SWHTS 7 (Tentative)	MOHITS7	–		234 ± 44 (Tentative)	MIS-7/8
SWHTS fi	MOHITS6A	Deshkit 3 stage of Dortch et al. (2009)	156 ± 16	146 ± 18	MIS-6; Monsoon and Westerly
SWHTS 5E	MOHITS5K	PM-0 stage of Hedrick et al. (2011)	126 ± 8	121 ± 11	MIS-5e; Monsoon
SWHTS 5A		Deshkit 2 stage of Dortch et al. (2009) Pangong-2 stage of Dortch et al. (2013) Ladakh-4 stage of Dortch et al. (2013)	86 ± 4 85 ± 15 81 ± 20	80 ± 5	MIS-5a; Monsoon
SWHTS 5A-		KM 1-3 stage of Hedrick et al. (2011)	72 ± 31	72 ± 8	MIS-4/5a; Monsoon/recession
SWHTS 4	MOHITS4	–		61 ± 5	MIS-4; Westerly; Heinrich event-6
SWHTS 3	MOHITS3B	Deshkit 1 stage of Dortch et al. (2009) PM-1 stage of Hedrick et al. (2011) Pangong-1 stage of Dortch et al. (2013)	48 ± 4 47 ± 12 40 ± 3	46 ± 4	MIS-3; Monsoon: Heinrich event-5
SWHTS 2F	MOHITS2G	–		30 ± 3	MIS-2; Monsoon; Heinrich event-3
SWHTS 2E		Ladakh-2 stage of Dortch et al. (2013)	22 ± 3	20 ± 2	MIS-2; Westerlies; gLGM
SWHTS 2D	MOHITS2C	–		16.9 ± 0.7	MIS-2; Westerly; Oldest Dryas; Heinrich event-1
SWHTS 2C	MOHITS2B	–		14.9 ± 0.8	MIS-2; Westerly; Late Oldest Dryas
SWHTS 2B		–		13.9 ± 0.5	MIS-2; Westerly; Older Dryas
SWHTS 2A		–		12.2 ± 0.8	MIS-2; Westerly; Younger Dryas
SWHTS 1E	MOHITS1H	–	N/A	N/A	MIS-1; Monsoon peak 1; Climatic Optimum (tentative)
SWHTS ID		–	N/A	N/A	MIS-1; Climatic Optimum (tentative)
SWHTS 1C	MOHITS1E	KM-4 stage of Hedrick et al. (2011)	3.9 ± 1.6	3.8 ± 0.6	MIS-1; Westerly
Correlation Inconclusive	MOHITS1D	PM-2 stage of Hedrick et al. (2011)	2.7 ± 2.3	N/A	MIS-1; Monsoon; Neoglacial
SWHTS IB	MOHITS1C	Ladakh Cirque of Dortch et al. (2013)	1.8 ± 0.4	1.7 ± 0.2	MIS-1; Monsoon; Roman Humid period
SWHTS 1A	MOHITS1C	Pangong Cirque of Dortch et al. (2013) PM-3 stage of Hedrick et al. (2011)	0.4 ± 0.3 0.3 ± 0.2	0.4 ± 0.1	MIS-1; Westerly; Little Ice Age

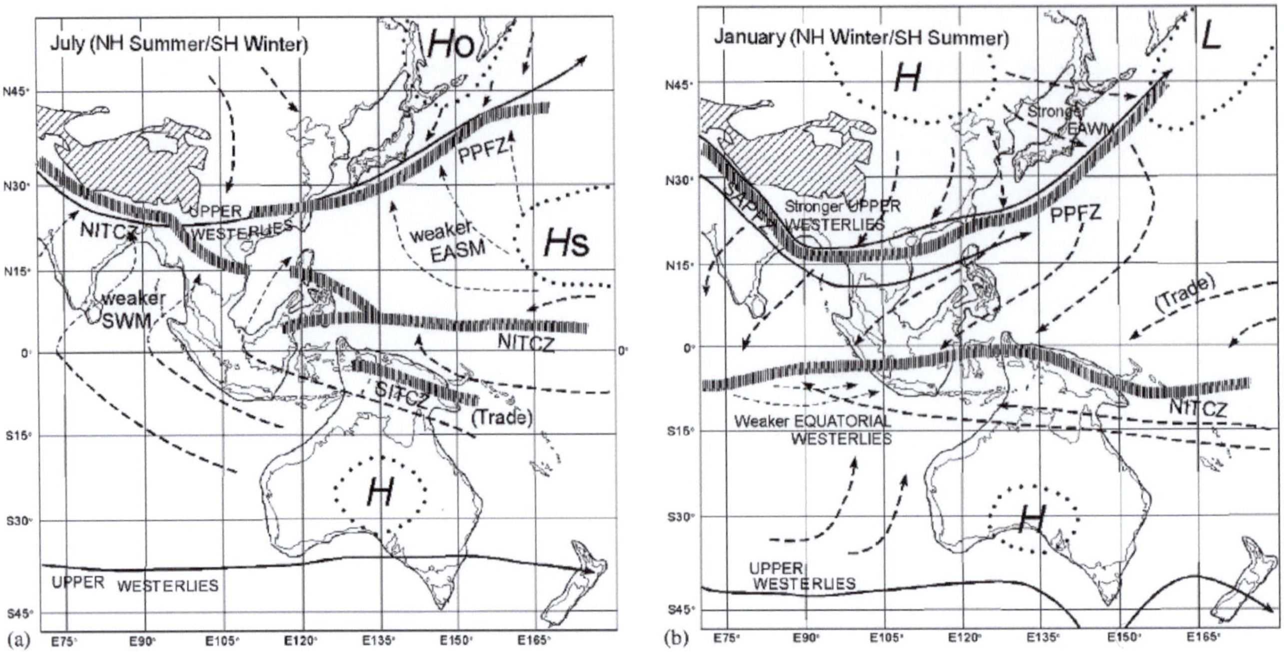

Abb. 7.25 Lage der Westerlies und synoptische klimatische Situation im Juli (NH/Nordhemisphären-Sommer und SH/Südhemisphären-Winter) (*links*) und im Januar (NH/Nordhemisphären-Winter und SH/Südhemisphären-Sommer) (*rechts*) im LGM. Ausgezogene Linien – Hauptachsen der Westwinde; *gestrichelte Linien* – Monsune und oberflächennahe Windsysteme; *schraffiert* – Haupt-Frontalzonen. *Links*: Ho – Ochotsk-Hoch; Hs – Subtropenhoch des Westpazifiks auf der Nordhemisphäre; H – Subtropenhoch in Australien; NITCZ – Nördliche ITCZ; SITCZ – Südliche ITCZ; PPFZ – Pazifische Polarfront. *Rechts*: H – Sibirien-Hoch; L – Aleuten-Tief der Nordhemisphäre und Inland-Tief in Australien (Südhemisphäre); SAPFZ – Südasien-Frontalzone (aus Ono et al. 2004). Im LGM war das tropische Asien weit von den großen Vereisungsgebieten der Nordhemisphäre und der Antarktis entfernt. Die Gletscher reagierten auf die globalen eiszeitlichen Temperaturschwankungen und auf die Veränderungen der lokalen Klimasysteme. Die LGM-Vergletscherung der Karakorum-Gebirge wurde von der Westwindzone genährt, die des östlichen Himalaya vom Monsunsystem. Daher erhielten die Karakorum-Gletscher im LGM – vor allem aber im MIS 4 und MIS 3 – vergleichsweise viel Niederschlag, die Himalaya-Gletscher wegen des schwächeren Monsuns geringe Niederschläge. In den heute extrem humiden Monsungebieten bewirkte die LGM-zeitliche Temperaturdepression die maximale letzteiszeitliche Vergletscherung, während im heute extrem ariden Karakorum die hygrischen Schwankungen (Westerlies) zur maximalen Vergletscherung im Prä-LGM führten. (Vgl. dazu Heine 1983a)

7.2.3 Das Holozän

Wie im LGM und im *Termination I*, so wurde auch im Holozän das Klima des indischen Subkontinents durch die Änderungen des Monsunsystems entscheidend bestimmt. Die indische Monsunzirkulation ist Teil der allgemeinen nordhemisphärischen Zirkulation (Abb. 7.24 und 2.12). Lézine et al. (2014) vergleichen zwei marine Kerne (ODP658 vor Westafrika und Kern 74KL vor der Arabischen Halbinsel) mit 2147 terrestrischen hydrologischen Paläoklimaarchiven (aus Seen, Sümpfen, Quellen, Flüssen, etc.), die aus Afrika, Arabien und Westindien zwischen 10° und 30° N stammen. Die Autoren bemerken, dass sich die hydrologischen Reaktionen auf die holozäne humide Phase (AHP) in den Regionen zwischen Atlantik und Indien stark von Gebiet zu Gebiet unterscheiden. Die humide Periode war auf der Arabischen Halbinsel und dem Horn von Afrika wesentlich kürzer als in Nordafrika, obgleich das Maximum zeitgleich (11–7 ka BP) auftrat. Westindien zeigt ein besonderes hydrologisches Signal, das durch die gut entwickelten fluvialen Systeme, die vom Himalaya ausgehen, und dem fast völligen Fehlen von Seen bestimmt wird. Auch war das Maximum der humiden Periode in Westindien zum Mittelholozän hin verschoben (8–6 ka BP); in der *Badain Jaran Desert* (ca. 40° N, 102°30′ E) waren Seespiegel im Mittelholozän am höchsten (X Yang et al. 2010); der Sommermonsun erreichte NE-Tibet nach einer ariden Periode um 13,6 ka BP, setzte aber in der YD wieder aus; zwischen 11,5 und 7 ka BP war er am stärksten und hatte ab 2,6 ka BP keinen Einfluss mehr. Auch die marinen Kerne zeigen – wie die afrikanischen und arabischen *records* – das Sommermonsun-Maximum um 11–7 ka BP. Lézine et al. (2014) weisen darauf hin, dass die marinen Kerne mit ihren äolisch bestimmten Klimaarchiven plötzliche Übergänge (z. T. bereits um 15 ka BP) dokumentieren, die teilweise *out-of-phase* zu den terrestrischen *records* sind, die relativ langsame Übergänge belegen. Lézine et al. (2014) vermuten, dass die Unterschiede zwischen marinen und kontinentalen (terrestrischen) Proxys folgende Ursache hatten: (i) Äolische Prozesse, die an einer einzigen marinen Lokalität erfasst werden, dokumentieren nicht unbedingt die monsunalen Änderungen der Humidität, die sich in den benachbarten Herkunftsgebieten abspielten; (ii) Humiditätsänderungen konnten auch durch Entwicklungen in den Herkunftsgebieten verursacht werden, so beispielsweise durch das Trockenfallen des Persischen Golfs als Folge der Meeresspiegelabsenkung im LGM und der Flutung desselben im *Termination I* (um 7 ka BP erreicht der Meeresspiegel im Persi-

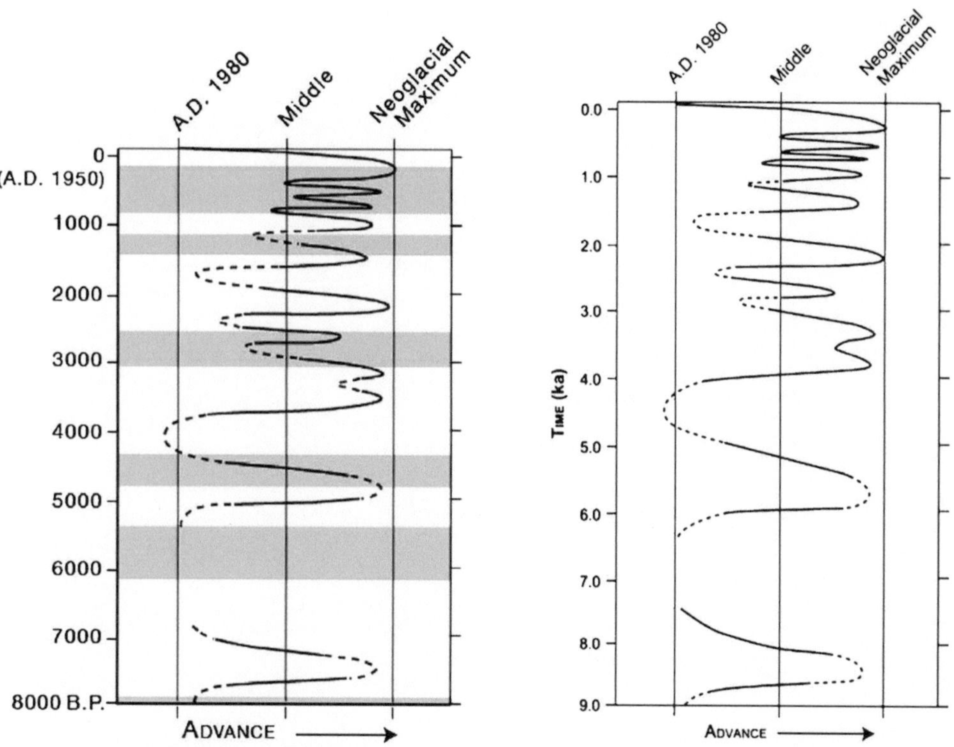

Abb. 7.26 Glazialchronologie für Himalaya und Karakorum nach Röthlisberger (1986: 152) aufgrund von 30 besuchten Gletschern in Pakistan, Indien und Nepal und 69 ^{14}C-Daten von 13 Gletschern. *Links*: die Glazialchronologie für das Holozän (^{14}C-Skala) von Röthlisberger (1986) und Röthlisberger und Geyh (1985; aus Owen und Dortch 2014). *Rechts*: kalibrierte Zeitskala (aus Owen et al. 2009). Die bedeutendsten quantitativen Studien der holozänen Glazialchronologie des Himalaya-Tibet-Gebiets werden von Röthlisberger (1986), Röthlisberger und Geyh (1985) und Seong et al. (2009) präsentiert. Die Gletscher rückten vor ca. 8,3 ka, 5,4–5,1 ka, 4,2–3,3 ka und 2,7–2,2 ka BP (7,4, 4,9–4,6, 3,7–3,1 und 2,7–2,1 ^{14}C ka BP). Zwischen 2,6–2,4 ka BP (2,5–2,3 ^{14}C ka BP) war die Gletscherausdehnung relativ gering, ebenso zwischen 1,7–1,4, 1,3–0,9, 0,8–0,55 und 0,5–0,1 ka BP (1,7–1,5, 1,2–0,95, 0,8–0,55 und 0,4–0,1 ^{14}C ka BP)

schen Golf das heutige Niveau, zwischen 5,3–4,57 ka BP ist er > 1 m höher; Jameson und Strohmenger 2012). Das Monsungeschehen wurde von Änderungen der Insolation bestimmt.

Um die holozänen Klimaschwankungen des indischen Subkontinents zu rekonstruieren, wird auf glaziäre, marine, Höhlen- und andere Paläoklimaarchive zurückgegriffen.

Die holozänen Glazialchronologien aus Nordindien und Tibet basieren zumeist auf ^{14}C-Datierungen. Röthlisberger (1986: 78–153) gibt ausführliche Beschreibungen der acht von ihm untersuchten Moränengebiete zwischen dem Khumbu Himal im Osten und dem Bagrot-Tal bei Gilgit (Pakistan) im Nordwesten. Seine Glazialchronologie zeigen Tab. 7.2 und Abb. 7.26. Aufgrund des methodischen Vorgehens von Röthlisberger (1986, vgl. Abb. 4.14) werden auch Gletscheroszillationen erfasst, die mit SED (Oberflächenaltersdatierungen) nicht erkannt werden können. Vorstoßphasen haben folgende ^{14}C-Alter: ~7,8–7,2 ^{14}C ka, ~5–4,5 ^{14}C ka, ~3,8–3,0, 2,6, 2,2, 1,5, 1,0, 0,8–0,55, 0,5 ^{14}C ka sowie in der Kleinen Eiszeit zwischen AD 1550 und 1875. Die Vorstöße um 7,5, 3,5, 2,6, 2,2 ^{14}C ka und der LIA haben neoglaziale Ausmaße. Leider sind die glazialchronologischen Forschungen von Röthlisberger (1986), die die komplexen Moränenstratigraphien als Grundlage der Gletscherschwankungen berücksichtigen, nicht weiterverfolgt worden. Jüngere Detailstudien ergänzen die Synopse von Röthlisberger (1986), so beispielsweise von Seong et al. (2009), die spätglaziale und holozäne Gletschervorstöße auf 17,1 ± 0,3 ka, 13,7 ± 0,5 ka, 11,2 ± 0,1 ka, 10,2 ± 0,3 ka, 8,4 ± 0,4 ka, 6,7 ± 0,2 ka, 4,2±0,3 ka, 3,3±0,6 ka, 1,4±0,1 ka, sowie ins LIA im Muztag-Ata- und Kongur-Shan-Gebiet (Westtibet) datieren. Würde das methodische Vorgehen von Röthlisberger (1986) mit dem Methodenspektrum z. B. von Seong et al. (2007) kombiniert, könnten die neoglazialen Moränen des *Askole*-Glazialstadiums (ca. 5,7 ± 0,5 ka bis 0,8 ± 0,3 ka BP) vermutlich in zahlreiche Gletscherschwankungen unterteilt werden, die Phasen des Vorrückens und Abschmelzens dokumentieren (vgl. Abb. 7.27).

Aus SE-Tibet (Brahmaputra-Oberlauf) beschreiben Loibl et al. (2015) die Gletscherbewegungen der Kleinen Eiszeit aufgrund mehrerer Paläoklimaproxys (detaillierte geomorphologische Kartierung, Dendrochronologie, Sedimentologie, OSL- und ^{14}C-Datierungen). Sie können weder bedeutende neoglaziale Gletschervorstöße nachweisen noch LIA-Vorstöße nach 1750 CE. Die Gletscher dehnten sich in der LIA bis ca. 1660 CE aus, schmolzen zwischen 1660 und 1680 CE etwas ab, schoben sich zwischen 1680 und 1740 CE vor (LIA-Maximum) und bildeten seitdem Rückzugsmoränen im späten 19. und frühen 20. Jahrhundert (Abb. 7.28). Wie in Bolivien, so erfolgte der größte Gletschervorstoß der LIA um AD 1700, d. h. während des Maunder-Minimums.

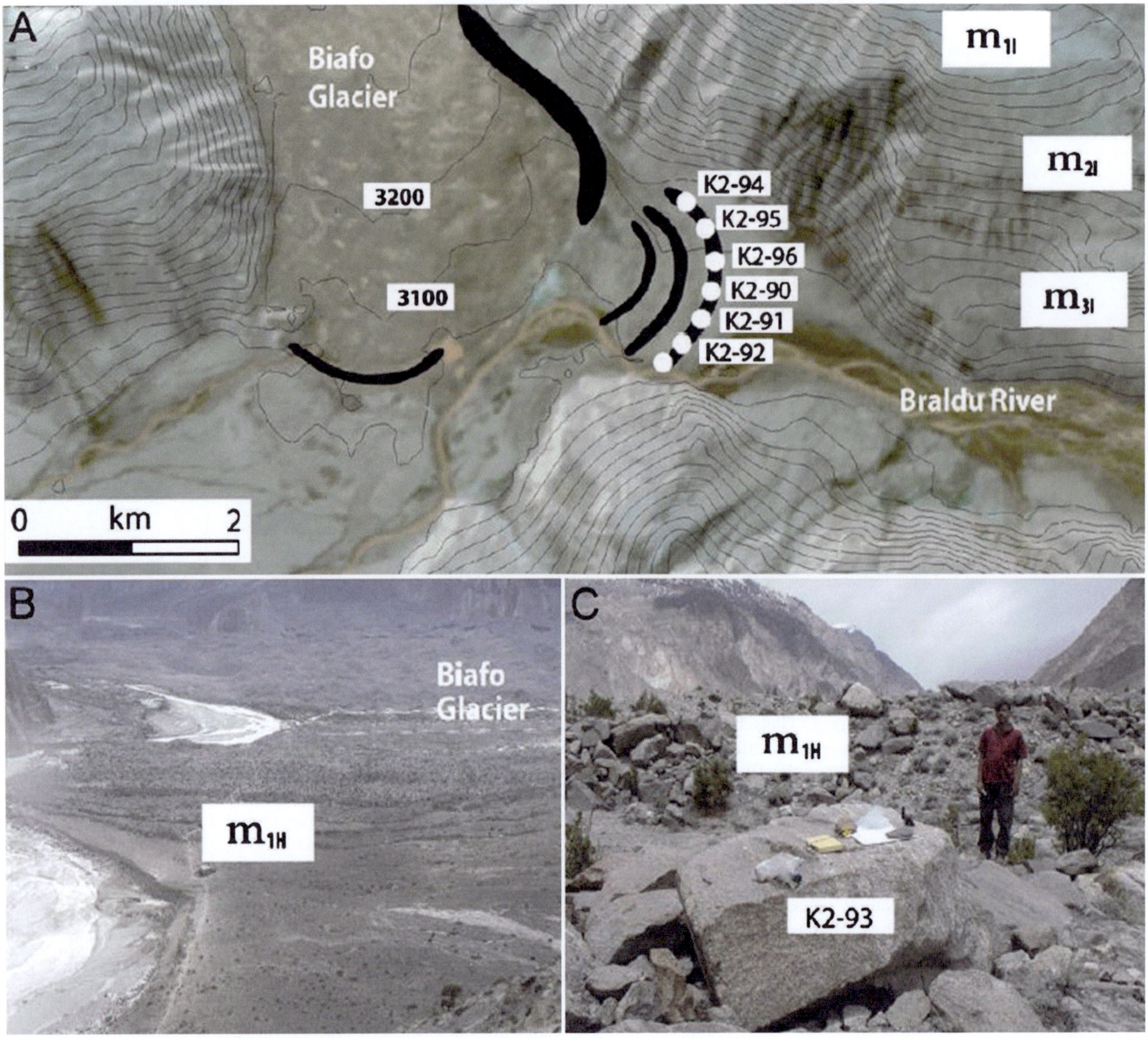

Abb. 7.27 **A** ASTER-Bild des Gletscherendes (Biafo-Gletscher) mit Orten der Probennahme (Blöcke für Oberflächenaltersdatierung, SED [TCN], Askole-Stadium). **B** Blick auf mehrere Moränenwälle (End- und Seitenmoränen). Blickrichtung von Osten. **C** Der Block K2-93 auf der äußersten Moräne (SED-Alter: 2,1 ± 0,2 ka BP). (Aus Seong et al. 2007)

Am Nanga Parbat (ca. 35°15′ N, 74°35′ E) sind Gletschervorstöße im frühen und mittleren Holozän um ca. 9,0–5,5 ka BP nachgewiesen (Phillips et al. 2000). Die holozänen Gletschervorstöße werden mit einer Temperaturabnahme um ca. 8,4–8,0 ka BP (8,2 ka *event*?) und einer Zunahme der ektropischen Winterniederschläge um ca. 7–5,5 ka in Verbindung gebracht (Phillips et al. 2000). Auch Yi et al. (2008) erfassen eine frühholozäne Periode der Vergletscherung um ca. 9,4–8,8 ka BP und zwei oder drei weitere mittelholozäne Gletschervorstoßphasen zwischen 5,5 und 1,4 ka BP. Ebenfalls ins Frühholozän datieren Owen et al. (2006) einen Gletschervorstoß in Ladakh. In der Kleinen Eiszeit gab es zwei oder drei Gletschervorstöße; in den südlichen und östlichen Gebirgsregionen rückten die Gletscher vermutlich 200–600 Jahre früher vor als in den nördlichen Gebirgszügen (Yi et al. 2008). Owen et al. (2008a) weisen darauf hin, dass die Glazialchronologien Tibets noch nicht zufriedenstellend erfasst sind (vgl. Abb. 7.14). Am Mt. Everest datieren Finkel et al. (2003) mit ^{10}Be Moränen von neoglazialen Gletschervorstößen auf 3,6 ± 0,3 ka BP und 1 ka BP und folgern, dass die Gletschervorstöße auf der Südseite des Everest-Massivs mit den Gletscherschwankungen der ektropischen Nordhemisphäre im Spätglazial und Holozän ± synchron auftreten. Yang et al. (2008) finden aufgrund einer Zusammenstellung von ^{14}C-Alter (fossiles Holz), lichenometrischen und Baumringdaten von 16 Gletschern des südöstlichen Tibet-Hochlands und des zentralen und östlichen Himalaya drei Phasen seit ca. 2000 Jahren, die durch Gletschervorstöße gekennzeichnet sind, und zwar AD 200–600 (Vorstoß mit der weitesten Verbreitung in SE-

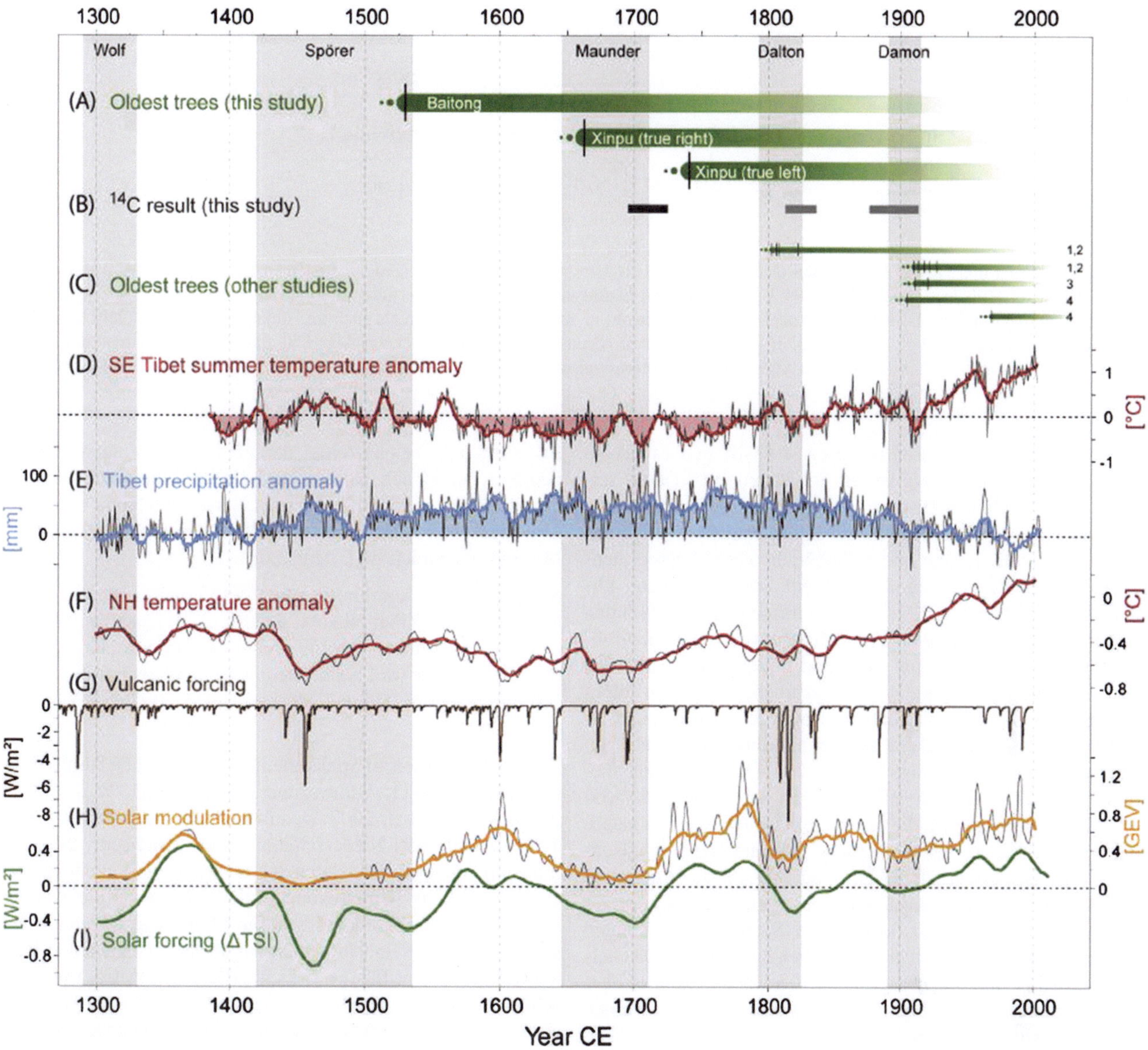

Abb. 7.28 Zusammenstellung der Daten für die östliche Nyainqêntanglha Range, SE-Tibet (ca. 30° N, 95° E). (*A*) Älteste dendrochronologische Daten der Moränen (*vertikale schwarze Linien*: Keim-Alter); (*B*) ^{14}C-Alter; (*C*) älteste dendrochronologische Daten der Moränen anderer Studien: (*D*) Temperaturrekonstruktion für SE-Tibet; (*E*) Rekonstruktion der Sommer-Niederschlagsanomalien; (*F*) Multiproxy-Rekonstruktion der Temperaturanomalien der Nordhemisphäre; (*G*) Rekonstruktion des vulkanischen *forcing*; (*H*) Rekonstruktion der solaren Beeinflussung (auf ^{14}C-Basis); (*I*) Rekonstruktion der Sonnenaktivität (aus Loibl et al. 2015, dort auch Zitate zu den Rekonstruktionen).
Anmerkung: Die Kleine Eiszeit (LIA) war kälter und feuchter; Im Spörer- und Maunder-Minimum ereigneten sich Gletschervorstöße: Die Ausdehnung der Gletscher war im Maunder-Minimum am größten während des gesamten Neoglazials

Tibet), AD 800–1150 und AD 1400–1750 (bzw. 1920). Die Gletschervorstöße der LIA waren besonders in monsunal beeinflussten Regionen deutlich ausgeprägt, aber auch noch in der Pamir-Region (Narama 2002). Wie bereits von Röthlisberger (1986) bemerkt, konnten die neoglazialen Gletschervorstöße in verschiedenen Gebieten zu verschiedenen Vorrückungsphasen unterschiedliche Ausmaße haben.

Sharma und Owen (1996) geben eine detaillierte Rekonstruktion der Gletscherstände der Kleinen Eiszeit (LIA) für das *Bhagirathi Valley* (Indischer Himalaya, 30°56′ N, 79°04′ E) aufgrund von historischen und OSL-Daten (Abb. 7.29). Die maximale LIA-Vergletscherung des Tals erfolgte vor über 300 Jahren. Damit zeigen auch die Himalaya-Gletscher während der Kleinen Eiszeit die größte Ausdehnung $\geq$ AD 1700, wie dies auch in den tropischen bolivianischen Anden der Fall ist.

Werden die holozänen Glazialchronologien mit den Klimarekonstruktionen des tibetischen Hochlands verglichen, zeigt sich in Tibet ein warm-humides Frühholozän (ca. 10,0–8,5 ka BP), eine kalt-trockene Periode (um 8,2 ka BP), eine besonders warm-humide Phase (7,5–4,6/3,8 ka BP) und ein Übergang zu

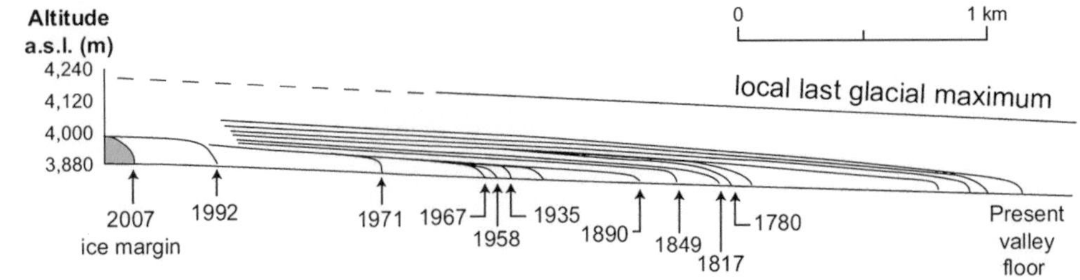

Abb. 7.29 Sharma und Owen (1996) geben eine detaillierte Rekonstruktion der Gletscherstände der Kleinen Eiszeit (LIA) für das Bhagirathi Valley (Indischer Himalaya, 30°56′ N, 79°04′ E) aufgrund von historischen und OSL-Daten (aus Sharma und Owen 1996). Man beachte die Übereinstimmung mit den LIA-Daten der Anden (Bolivien); sowohl in den tropischen Anden als auch im Himalaya haben die Gletscher vor AD 1700 ihr Maximalstadium (vgl. Abb. 5.112)! In den europäischen Alpen stoßen die Gletscher um AD 1850 am weitesten während der Kleinen Eiszeit vor. Es empfiehlt sich, nicht die LIA-Alpengletscher-Chronologie als Bezugsbasis zu nehmen, sondern die der tropischen Gletscher!

kalt-trockenen Verhältnissen (nach ca. 4 ka BP) (B Liu et al. 2014). Die holozänen hygrischen Schwankungen Tibets zeigen – oft auf kleiner Distanz ($\sim$ 100 km) – bemerkenswerte Unterschiede, die einerseits auf die Interpretation der diversen Geoarchive (z. B. Dünen und Paläoböden *versus* Seesedimente, Pollenprofile, etc.), andererseits auf unterschiedliche klimatische Einflüsse von Sommer-/Wintermonsun, Westwinden und orographisch bedingten Zirkulationsmustern zurückzuführen sind. Die humid-warme früh- und mittelholozäne Periode wird in Tibet vom 8,2 ka *event* unterbrochen, das sich durch verschiedene, in diese Zeit datierte Gletschervorstöße auch im ISM-beeinflussten Himalaya und Karakorum abzeichnet (vgl. Röthlisberger 1986; Phillips et al. 2000). Das Neoglazial beginnt um ca. 4,5/3,8 ka BP und führt zu einer Serie von Gletscherschwankungen, die bis in die Kleine Eiszeit andauern und wiederholte, vor allem hygrische Schwankungen repräsentieren (vgl. Dixit et al. 2014). Nach ca. AD 1850 kommt es in den Gebirgen von Himalaya, Karakorum etc. zu einem allgemeinen Gletscherschwund, doch neuere (Satelliten-)Messungen deuten auf ein unterschiedliches Verhalten der rund 46.000 Gletscher in Tibet und Nachbargebieten: Ca. 70 % der Gletscher schmelzen ab; im tibetischen Hochland haben Gletscher einen positiven Eishaushalt (Qiu 2012).

Im Nanga-Parbat-Gebiet hat Kick (1994) die Gletscherbewegungen anhand der detaillierten Studien der Gebrüder Adolph, Hermann und Robert Schlagintweit aus den Jahren 1854–1857 und eigenen Beobachtungen und Vermessungen in den Jahren 1934, 1958 und 1987 rekonstruiert (Abb. 7.30). Kick (1994) kommt zu dem Ergebnis, dass (i) die mit dem alpinen Gletschertyp vergleichbaren Gletscher ihren Höchststand in der Kleinen Eiszeit deutlich vor AD 1850 hatten, (ii) die schuttbedeckten, lawinen-genährten Kesselgletscher (Dammgletscher) ihr letztes Maximum erst im 20. Jahrhundert zu unterschiedlichen Zeiten hatten (nicht in der Kleinen Eiszeit) und (iii) der Gletschertyp das Gletscherverhalten wesentlich beeinflusste. Kick (1994) vergleicht nicht nur die Gletscherlängen, sondern auch das Gletschervolumen und kommt zu dem Schluss, dass

> die Fälle am Nanga Parbat und allgemein im Himalaya und Karakorum (...) einen gegenüber den Alpen gänzlich anderen Ablauf der Gletschergeschichte dokumentieren.

Er weist aber gleichzeitig darauf hin, dass auch die Alpengletscher in den 1890er- und 1920er-Jahren sehr deutlich „Hochstände" durchliefen. Diese „Hochstände" und diejenigen zwischen 1965–1985 (Maisch 2004) fallen mit Sonnenflecken-Minima zusammen (vgl. Abb. 2.63).

Sr/Ca-Analysen kombiniert mit δ^{18}O-Verhältnissen der Korallenskelette von Kikai Island (28°20′ N, 130° E) zeigen, dass der ostasiatische Sommer- und Wintermonsun im Mittelholozän (7–6 ka BP) stärker war, wahrscheinlich durch das mittelholozäne Insolationsregime bedingt (Morimoto et al. 2007; vgl. Yancheva et al. 2007).

Zahlreiche Studien an Speläothemen aus indischen Höhlen (AH Laskar et al. 2011; Yadava und Ramesh 2005; Yadava et al. 2004; A Sinha et al. 2007; Denniston et al. 2000) belegen zwar Schwankungen der Niederschläge des ISM (Indischer Sommermonsun) während der letzten Jahrtausende/Jahrhunderte, doch eine einheitliche Klimarekonstruktion kann noch nicht vorgenommen werden. Gleiches gilt für China. Der Vergleich von δ^{18}O *records* von Speläothemen aus sechs verschiedenen Höhlen in China zeigt für die letzten 1100 Jahre (MCA und LIA) sehr unterschiedliche Klimamuster unter dem Monsuneinfluss; sie reichen von einer Kombination warm/feucht und kalt/trocken bis zu kalt/feucht und warm/trocken innerhalb von jährlichen bis zu Jahrhundert-Zeitskalen (Chu et al. 2012). Außerdem zeichnet sich ein 128-Jahr-Zyklus (neben einem 42-Jahr-Zyklus an einigen Lokalitäten) ab, der auf solare Einflüsse auf den ostasiatischen Sommermonsun deutet.

δ^{18}O- und δ^{13}C-Daten der Speläotheme der *Chulerasim*-Höhle im indischen Himalaya (29°53′08″ N, 79°21′06″ E, 1254 m NN) zeigen eine feuchte Phase während des LIA von AD 1590–1850. Dürrejahre traten im LIA als auch danach immer wieder auf (Kotlia et al. 2012).

Fluviale und limnische Paläoklimaarchive (gebänderte marine Sedimente des Indus; von Rad et al. 1999; Dixit et al. 2014) geben Hinweise auf abnehmende Niederschläge im Einzugsgebiet des Indus ab ca. 4000–3500 a BP, d. h. mit dem Beginn des Neoglazials. Niederschlags-Minima zeigen sich um 2200–1900 a BP, 1000 a BP und im späten Mittelalter (700–400 a BP). Außerdem können aufgrund der Warven-*Couplets* (Warven-Paare) die Zyklen von 250, 125, 95 (solare Aktivität) und 56 Jahren erkannt werden; zwischen dem pazifischen ENSO-Phänomen und

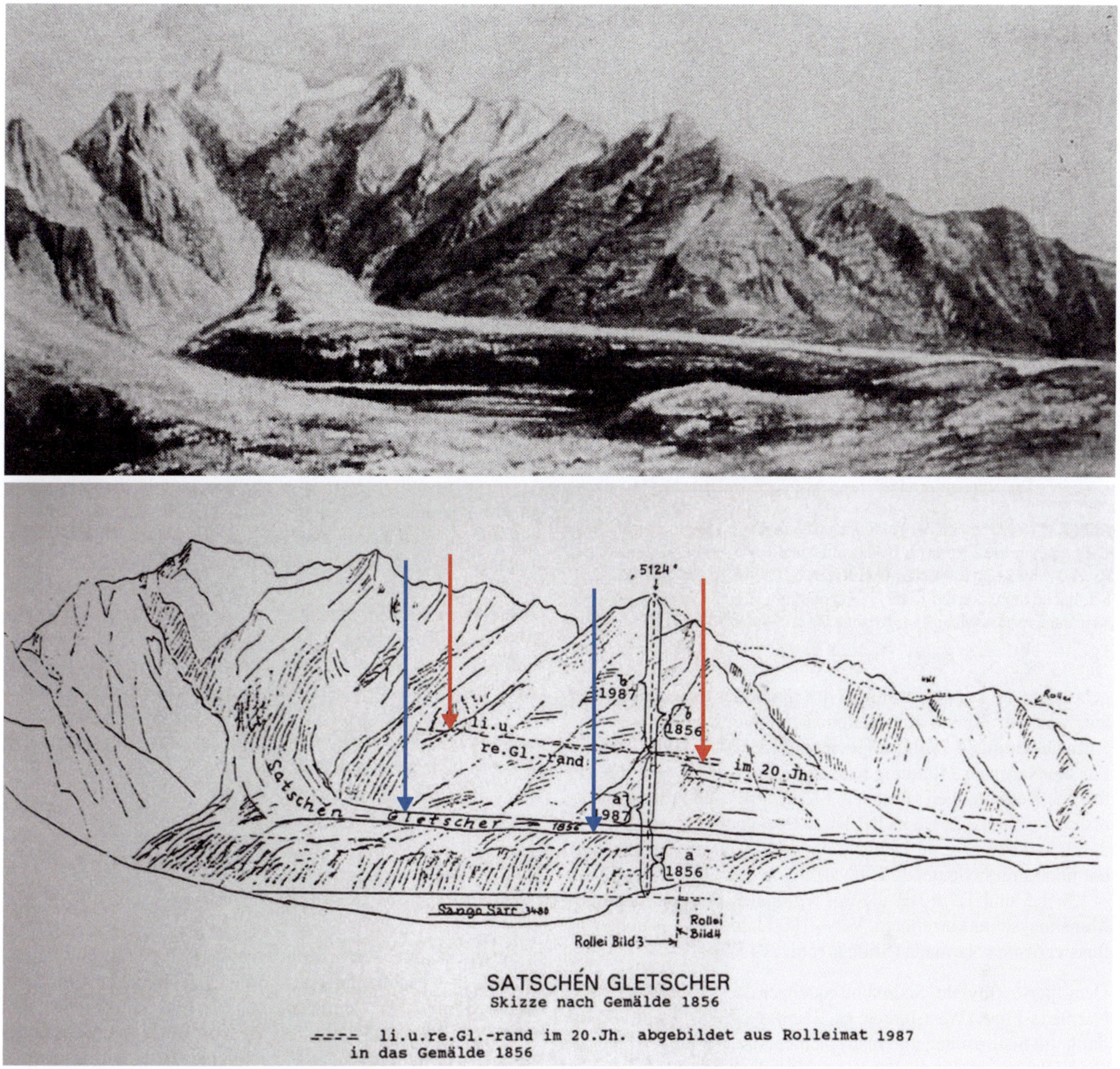

Abb. 7.30 *Oben*: Satschén-Gletscher. A Schlagintweits Gemälde Nr. 642 vom 11.09.1856. *Unten*: Linker und rechter Gletscherrand im 20. Jahrhundert aufgrund von Vergleichsfotos aus den Jahren 1958 (von W Kick) und 1987 (von Dorrer). Weiterhin bilden die kartographische Erfassung des Gebiets im Maßstab 1 : 50.000 durch R Finsterwalder im Jahr 1934, die indische Kartenaufnahme von 1900/01 (Blatt 42, 1 : 126.720) und die Diplomarbeit von Axel Galonska (1987) Grundlage der Rekonstruktion. *Rote Pfeile*: Gletscherhöchststand im 20. Jahrhundert (nicht am Ende der Kleinen Eiszeit um 1856 [*blaue Pfeile*]). (Nach Kick 1994, Bilder: alueni-images)

der Monsunzirkulation bestanden aufgrund der Warven-Archive keine Telekonnexionen (von Rad et al. 1999). Die Sedimente des Paläosees Kotla Dahar (28°00′095″ N, 76°57′173″ E) in NW-Indien belegen durch die δ^{18}O-Daten um 4,1 ka BP einen plötzlichen Anstieg des Verhältnisses von Verdunstung zu Niederschlag, d. h. aride Bedingungen (Dixit et al. 2014).

Die fluvialen Paläoklimaarchive Indiens repräsentieren die Charakteristika des Monsunsystems, denn alle indischen Flüsse werden von monsunalen Niederschlägen gespeist. Für die letzten 2000 Jahre liegen detaillierte Paläoflut-*records* vor (Sridhar 2007a, 2007b; Sridhar et al. 2015) (Abb. 7.31 und 7.32). Die extremsten Paläofluten werden für das Mittelholozän vor > 5 ka BP rekonstruiert; sie übertrafen die Magnituden der nachfolgenden Flutereignisse. Nur am Narmada-Fluss überstiegen frühholozäne die nachfolgenden Fluten. Vor ca. 400 ^{14}C-Jahren erfolgte ein Wechsel in der Häufigkeit der Paläofluten. Außerdem waren Paläofluten nicht an feuchte oder trockene Phasen

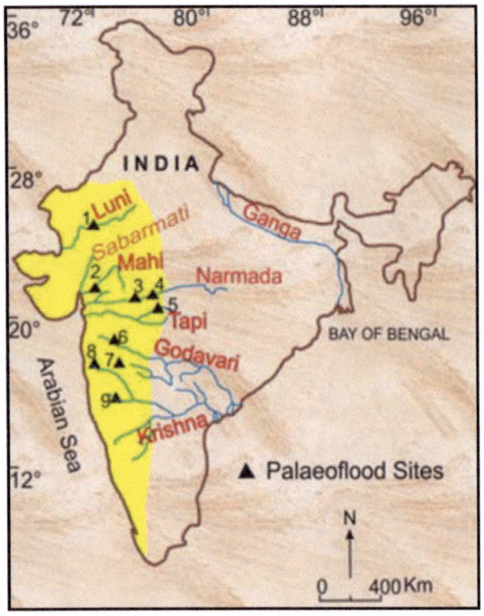

Abb. 7.31 Lokalitäten der Paläoflutforschungen in Indien. Es bedeuten: 1. Bhuka am Luni River, 2. Dodka am Mahi River, 3. Barjar am Choral River, 4. Sakarghat am Narmada River, 5. Guttigarh am Tapi River, 6. Daimabad am Godavari River, 7. Annapur am Krishna River, 8. Bibi am Krishna River, 9. Manjri am Krishna River. (Aus Sridhar 2007a, 2007b)

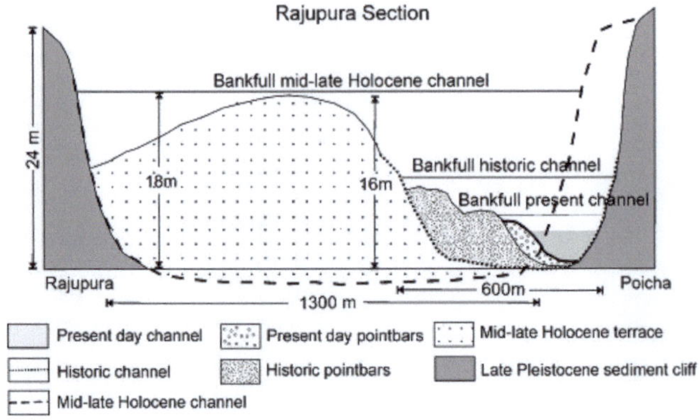

Abb. 7.32 Profil des Mahi-Flusses. Die Dimensionen des Flussquerschnitts werden mit den *bankfull*-Stadien des späten Mittelholozäns, der historischen Zeiten und der Gegenwart gezeigt. (Aus Sridhar 2007a, 2007b)

gebunden; sie konnten während des gesamten Holozäns auftreten, weshalb direkte Korrelationen mit Klimaereignissen und Klimaänderungen kaum möglich sind (Sridhar 2007a, 2007b). Für die Narmada-Mündung rekonstruieren Sridhar et al. (2015) feuchte Bedingungen zwischen 3–2,2 ka BP und aride Verhältnisse zwischen 2,2–1,8 ka BP. Diese trockenere Periode ist auch durch Indussedimente belegt (von Rad et al. 1999). Es folgten noch drei bedeutende Umwälzungen des Environments um ~ 1,8, 1,5 und 1,2 a BP, die mit regionalen Fluktuationen des Monsunsystems korrelieren. Vor ~ 1800 Jahren gab es hohe Abflusswerte des Narmada (Sridhar et al. 2015).

Detaillierte fluviale Sedimentsequenzen des Unterlaufs vom Narmada-Fluss (West-Indien, ca. 21,50° N, 73,00° E) in Verbindung mit historischen und Instrumentenaufzeichnungen belegen ebenfalls ein erratisches/unstetes Verhalten des SW-Monsuns während des LIA (Prabhin Sukumaran, pers. Mitt. 2017)

Chauhan et al. (2010) vergleichen die δ^{18}O-Daten von *Globigerinoides ruber* und *G. sacculifer* sowie geochemische Indices für Verwitterung und Erosion (Al und Ti) mit verschiedenen anderen Paläoklimaproxys des indischen Subkontinents und des angrenzenden Arabischen Meeres für die letzten ca. 3000 Jahre. Eine schnelle Abschwächung des SW-Monsuns mit abnehmenden fluvialen und Sedimentströmen erfolgte um ca. 450–650, 1000 und 1800–2200 a BP (Abb. 7.33). Auch die δ^{18}O-Daten der Jahreslagen der Speläotheme der Dongge- und Wanxiang-Höhlen zeigen deutliche Schwankungen der Sommermonsunintensität, die auf Einflüsse des *solar forcing* hinweisen (P Zhang et al. 2008). Eine im Großen und Ganzen weitgehende Übereinstimmung der Klimafluktuationen ergibt sich zwischen dem Arabischen Meer/Indien und dem nordatlantischen Raum (Eiskerne Grönlands), wodurch atmosphärische Telekonnexionen zwischen dem indischen Sommermonsun und dem atlantischen Klima angezeigt werden. Doch die Schwankungen der MWP (*Medieval Warm Period*) und des LIA waren nicht völlig synchron. Die zweite Hälfte des LIA war wesentlich feuchter als die erste Hälfte. Die MWP wies um 1000 a BP eine aride Zeit auf. Obgleich Beziehungen zwischen den Einflüssen der Solarstrahlung und dem Niederschlagsregime des Sommermonsuns bestanden, erscheint die ISM-Zirkulation als komplexes Phänomen; orographische Hindernisse hatten vermutlich größeren Einfluss als in anderen Regionen (z. B. Arabien) (Chauhan et al. 2010).

7.3 Südostasien

In diesem Kapitel werden die Gebiete von Burma bis Papua-Neuguinea einschließlich des südlichen tropischen China behandelt (vgl. Abb. 7.1). Terrestrische Paläoklimaarchive mit hoher zeitlicher Auflösung aus diesem Tropenraum beschränken sich vor allem auf die Speläotheme der chinesischen und Borneo-Höhlen (*Hulu Cave*, *Dongghe Cave*, *Sanbao Cave*, *Whiterock Cave*, *Lang's Cave*, etc.; Abb. 7.17 und 7.38) sowie der Lösssequenzen (vgl. auch Penny 2012). Nicht zuletzt aufgrund der politischen Situation auf der Halbinsel Hinterindien wurden in den letzten Jahrzehnten kaum Quartärforschungen vorgenommen. Auch die relative Unzugänglichkeit der tropischen Regenwald-Environments und die Schwierigkeiten der Feldarbeiten tragen zur Wissenslücke bei. Marine Kerne, die unweit des Festlands und von Inseln stammen, können Hinweise auf die terrestrischen Paläo-Environments geben. Ältere Arbeiten zeigen aber auch hier den Einfluss der quartären Glazial-Interglazial-Klimazyklen auf die geoökologischen Prozesse. Die Einflüsse tektonischer Bewegungen (Hebungen) sind seit Langem bekannt; sie komplizieren die paläoklimatische Interpretation der Geoarchive (z. B. [küstennahe] Flussterrassen: Ngandong-Terrasse [= Typlokalität der Ngandong-Fauna]) (Westaway et al. 2007).

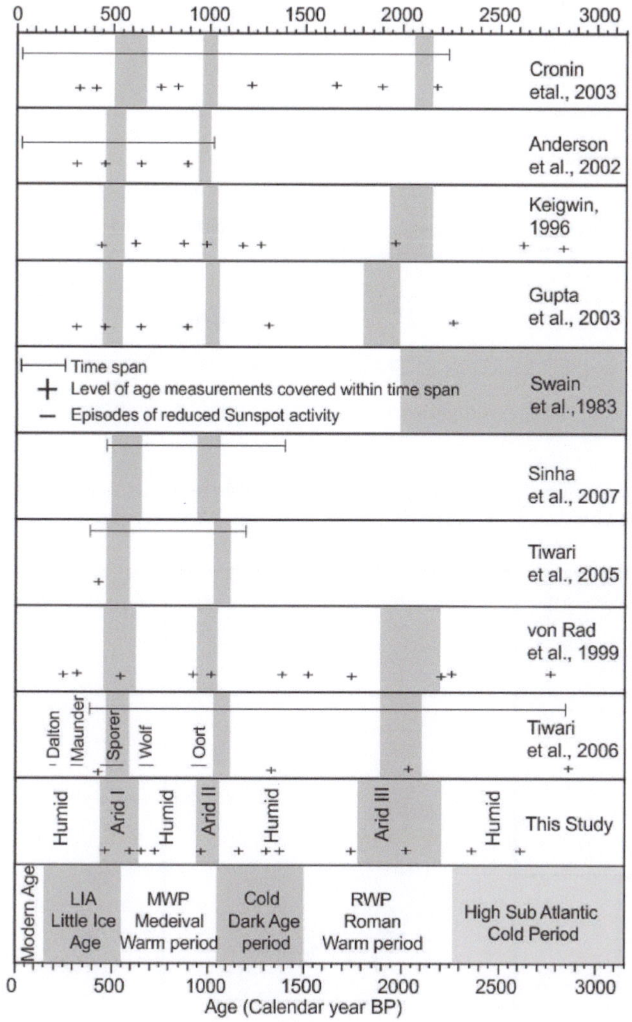

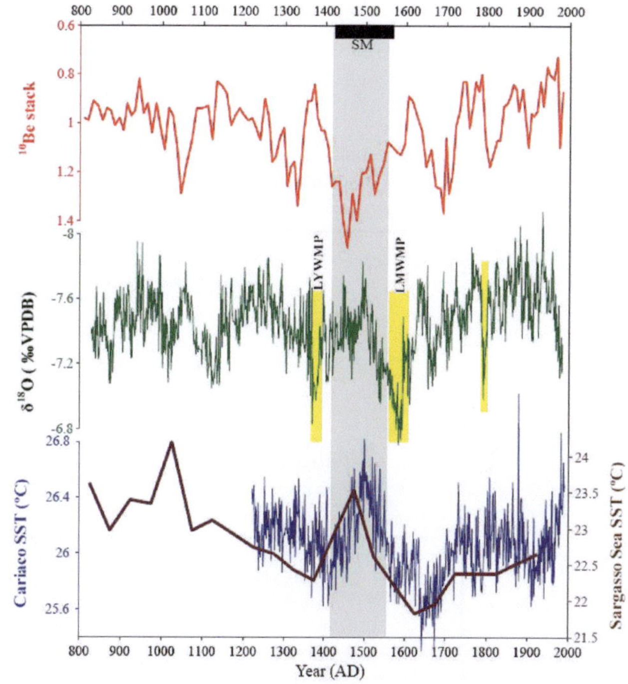

Abb. 7.33 *Links*: Schematisches Diagramm der Klimaschwankungen während der letzten 3000 Jahre im Holozän aufgrund von ausgewählten terrestrischen und marinen Daten des Arabischen Meeres und des Nordatlantiks. Zum Vergleich werden globale Klimadaten gezeigt. Die erfassten Zeitspannen und die ^{14}C-Alter sind angegeben, ebenso Phasen mit reduzierter Sonnenfleckenaktivität (aus Chauhan et al. 2010).
Rechts: Vergleich der Sonnenaktivität (^{10}Be-Daten der Antarktis, *rot*), der δ^{18}O-Werte der Dongge-Höhle (*grün*, Jahresauflösung) und der SST von der Sargasso-See (*blau*) und subtropischem Atlantik (*braun*) (aus K Zhao et al. 2015). SM = Spörer-Minimum; LYWMP = Late Yuan Weak Monsoon Period, ca. 1360–1385 AD; LMWMP = Late Ming Weak Monsoon Period, ca. 1505–1630 AD; *graue Schattierung* = starker asiatischer Sommermonsun (ASM); *gelbe Balken* = Phasen mit schwachem ASM

Eine ähnliche Abfolge von eiszeitlichen fluvialen Sedimenten und Formen wie in NW-Indien dokumentieren die Flussterrassenabfolgen (Abb. 7.34), so z. B. in Ober-Birma (Burma, Myanmar). Das Altpleistozän wird durch die Oberen Irawadi-Schichten repräsentiert, deren Fauna mit der der Oberen Siwalik-Schichten verglichen werden kann. Die im Mittel- und Spätpleistozän gebildete Terrassensequenz soll der in NW-Indien festgestellten Abfolge (Abb. 7.9) völlig entsprechen (Woldstedt 1965).

Die Bedeutung der paläogeographischen Entwicklung der südostasiatischen Inselwelt für die Wanderungsbewegungen von Fauna und Flora – dem Austausch asiatischer Arten mit australischen Arten – wird seit der Diskussion der Wallace-Linie (seit 1858) auch nach und nach mit der pleistozänen Klimageschichte in Zusammenhang gebracht (vgl. Hooijer 1974; Whiffin 2002). Bedeutende Einschnitte in der faunistischen Entwicklung von Sunda-Land und Sahul-Land (Abb. 7.5) zeigen sich um 0,8 Ma BP, d. h. im Übergang vom frühen Pleistozän zum Mittelpleistozän (*Middle Pleistocene Transition*). Abb. 7.35 stellt die wichtigsten Veränderungen vor. Bereits vor ca. 1 Ma kolonisierte eine bis heute noch unbekannte Hominini-Linie Flores, und um 50 ka BP waren die modernen Menschen (*H. sapiens*) nach Sahul (und damit nach Australien) gekommen.

Die palynologischen Studien aus Java weisen auf savannenartige Biome zur Plio/Pleistozän-Wende. Auch um 1 Ma BP lebte der *Homo erectus* zusammen mit Elefant, *Stegodon*, Flusspferd

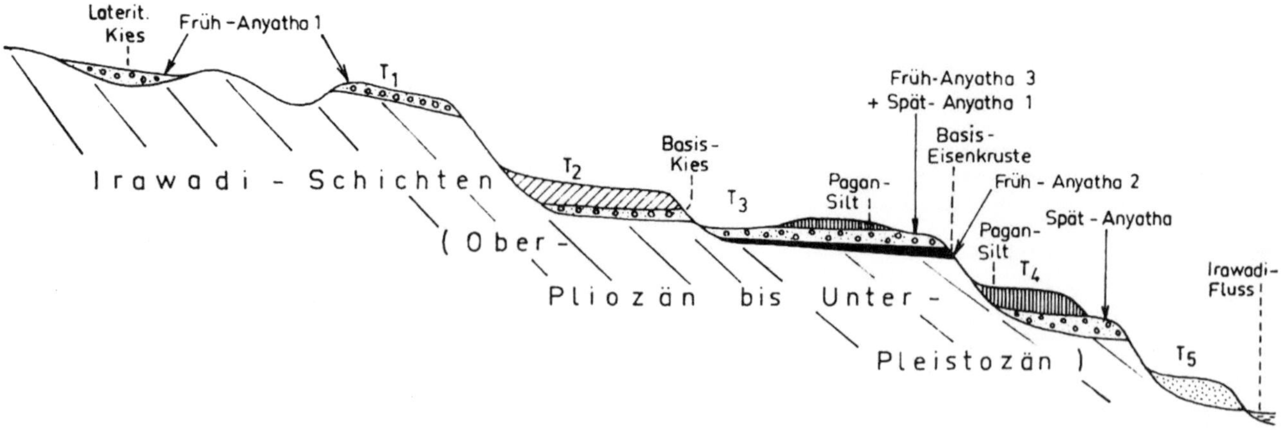

Abb. 7.34 Pleistozäne Schichtenfolge in Ober-Birma. T_1 – mittleres Pleistozän; T_4 – letzte Eiszeit; T_5 – Nacheiszeit. Die zeitliche Zuordnung der Terrassen erfolgt durch Artefakte und – der T_2-Terrassen – auch durch eine Großsäugerfauna. (Nach Movius 1948, vgl. Woldstedt 1965)

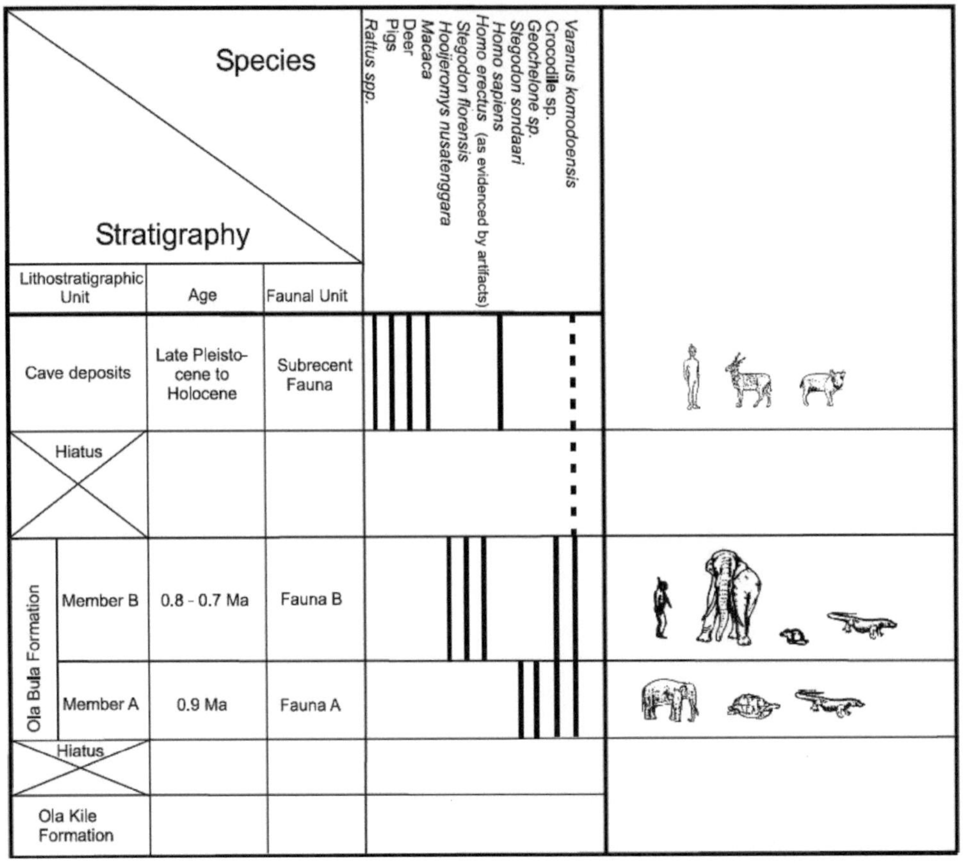

Abb. 7.35 Stratigraphisches Schema der Sukzession der Landwirbeltier-Fauna von Flores. Deutliche Einschnitte zeigen sich in der MPT (um 0,9/0,8 ka BP) und im späten Pleistozän. Der *Homo erectus* taucht bereits im Mittelpleistozän auf. In Sulawesi ist er schon vor 1 Ma nachgewiesen (van den Bergh 2016). (Aus van den Bergh et al. 2001)

und Antilope, d. h. mit *grazer* und *browser*, die keinen geschlossenen Regenwald anzeigen (Polhaupessy 2002). Das trifft auch für Sulawesi zu. In Ostjava war der Regenwald aufgrund von TL-, OSL- und TIMS-*uranium-series*-Datierungen seit dem frühen Eem durchgehend vertreten (Westaway et al. 2007). Die spärlichen Daten belegen, dass Regenwaldrefugien im Jungpleistozän in Sunda und Sahul existierten.

In Verbindung mit den Funden der frühen Hominini (AD 1891/1892: *Pithecanthropus erectus* [Java-Mensch]) und der

Abb. 7.36 **a** Talepu-Hominin-Lokalität (hinter den Palmen links; 4°22′ 06,5″ S, 119°59′01,7″ E); **b** Ansicht der Grabung von AD 2009; **c** die 12 m tiefe Grabung von AD 2012; **d** Grabung Nr. 4 von AD 2010; **e** Grabung 2 von AD 2012, Ausschnitt aus 4–5 m Tiefe. Löcher – Probennahme für OSL-Datierungen (aus van den Bergh et al. 2016). Die Bilder vermitteln eine Vorstellung der detaillierten Profilaufnahmen

Einwanderungsgeschichte des *Homo sapiens* nach Sahul-Land (Australien, vgl. Marwick 2009) wurden einzelne Lokalitäten umfassend chronostratigraphisch, aber auch sedimentologisch-paläontologisch untersucht (z. B. in Sulawesi: *Talepu Site*, van den Bergh et al. 2016; Abb. 7.36 und 7.37). Die Sedimente dokumentieren die kaltzeitlichen Abtragungsprozesse und weisen auf das Fehlen einer geschlossenen Regenwaldvegetation in den Kaltzeiten hin.

Dass die markanten glazial/interglazialzeitlichen Rhythmen auch die inneren Tropen erfassten, ist aus marinen Kernen bekannt. Terrestrische Klimaarchive sind dagegen selten. Speläotheme aus Borneo (Abb. 7.38) belegen nicht nur glaziale Zyklen, sondern auch – im Vergleich zu den Beobachtungen aus hohen Breiten – Unterschiede derselben. Außertropische *records* der atmosphärischen Kohlendioxidkonzentrationen ($_PCO_2$) zeigen einen Wandel in der Erwärmung der Interglaziale um 430 ka

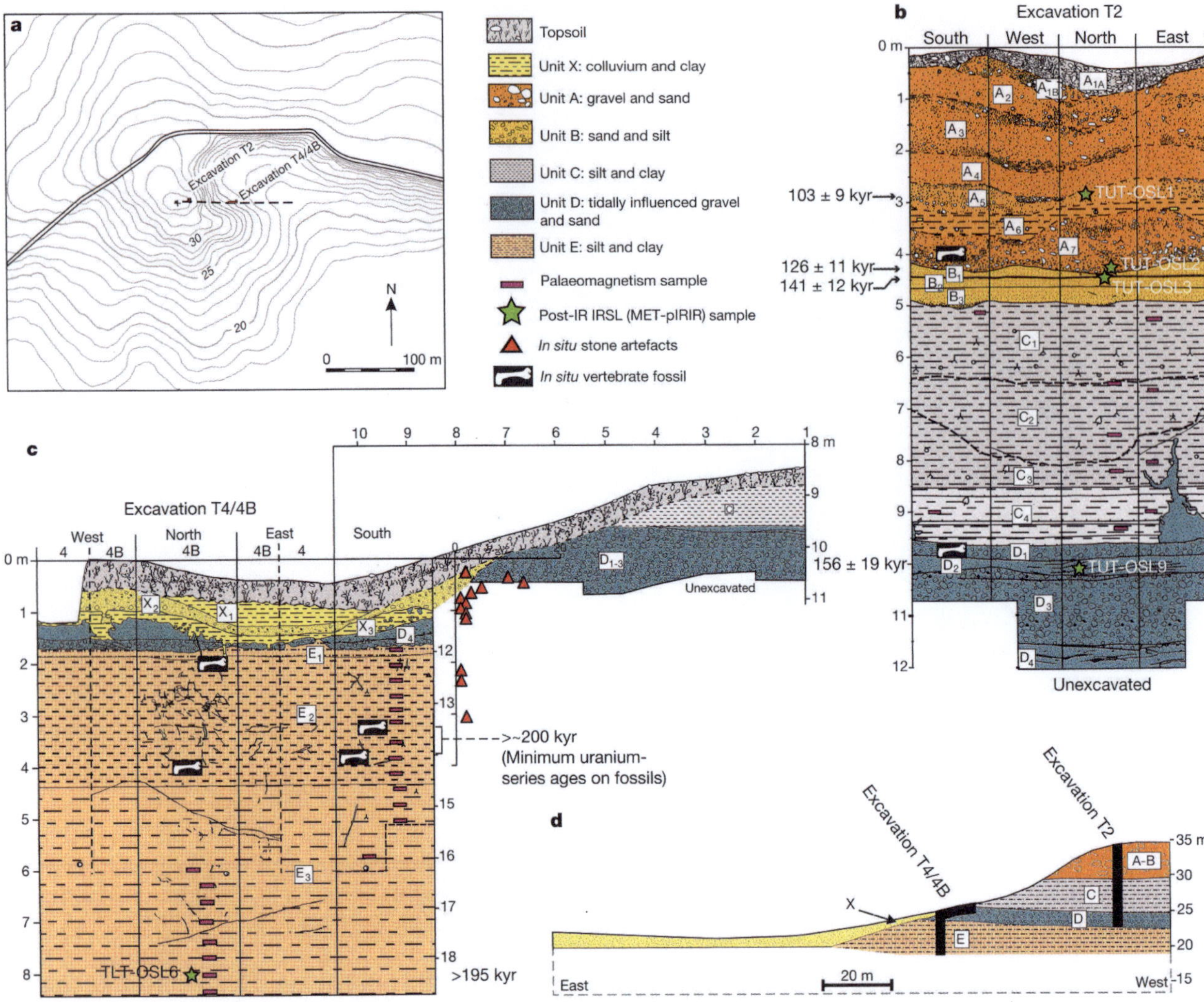

Abb. 7.37 Talepu-Grabungen T2 und T4 (aus van den Bergh et al. 2016). **a** Karte mit Lage der Grabungen T2 und T4. Die Punktlinie zeigt das Profil von **d**. **b**, **c** Die Stratigraphie, die Vorkommen von Fossilien und Steinwerkzeugen, die datierten Horizonte und Alter der Grabungen T2 (**b**) und T4 (**c**). Es bedeuten: Einheit A – Konglomerat mit 7 deutlich unterscheidbaren Lagen; Einheit B – Sand und Silt unter Erosionsdiskordanz; Einheit C – feinkörnige Sedimente; Einheit D – Sand und Geröll; Einheit E – feinkörnige Sedimente; Einheit X – Kolluvium diskordant über Einheit D. Die vertikale Verbreitung der *in-situ*-Artefakte ist als Anzahl der Artefakte je 10-cm-Interwall angegeben. Die beiden Profile belegen bedeutende Abtragungs-, Transport- und Ablagerungsprozesse im Bereich des immerfeucht-tropischen Regenwalds während der beiden letzten Kaltzeiten. Dies deutet auf fehlenden tropischen Regenwald in den Kaltzeiten und eine teilweise (offene) Savannenvegetation. Spuren (Tephren, Sanidin-Minerale) des gewaltigen Toba-Vulkanausbruchs vor ca. 75 ka BP im > 2000 km westnordwestlich gelegenen Nordsumatra finden sich nicht in den Profilen der Talepu-Grabung. $^{40}Ar/^{39}Ar$-Altersbestimmungen der Sanidin-Minerale der Einheit E2 ergaben tertiäre Alter; die Daten belegen die Erosion tertiärer Vulkangesteine in der Umgebung der Profile

BP (*Middle Brunhes event*, MBE: Der Charakter von CO_2-Zyklen und Eisvolumenzyklen änderte sich). Dieser Wandel zeichnet sich nicht in den Rekonstruktionen des tropischen westpazifischen Hydroklimas ab. Meckler et al. (2012) präsentieren die $\delta^{18}O$-Daten von Stalagmiten aus Borneo (4° N, 115° E) für die Zeit 570–210 ka BP; die Niederschläge der erfassten vier Interglaziale (MIS 13 bis MIS 7) waren aufgrund der Speläothem-Bildungen annähernd gleich. Dies zeigt, dass das tropische Hydroklima nicht sensibel auf $_{P}CO_2$-Änderungen reagierte. Allerdings begleiten im westlichen tropischen Pazifik während der glazialen *Terminations* Phasen verstärkter Aridität die kalten *events* der Nordhemisphäre.

Unter Anwendung neuer Methoden an Speläothemen ermitteln Meckler et al. (2015) die glazial-interglazialen Temperaturschwankungen für die Zeit von MIS 12 bis MIS 9 (Abb. 7.39). Die Werte der Temperaturdepression während der Kaltzeiten betrugen 4–5 °C. Weder bei den Paläoniederschlägen noch bei den Paläotemperaturen gibt es Hinweise auf auffällige Werte im MIS 11, die für dieses außergewöhnliche Interglazial einen extrem hohen Meeresspiegel (+12 m oder höher) und/oder extrem hohe Niederschläge anzeigen. (Ein extrem hoher Meeresspiegelstand dokumentiert eine deutliche Temperaturzunahme und geringere Eisvolumina der Arktis/Antarktis.)

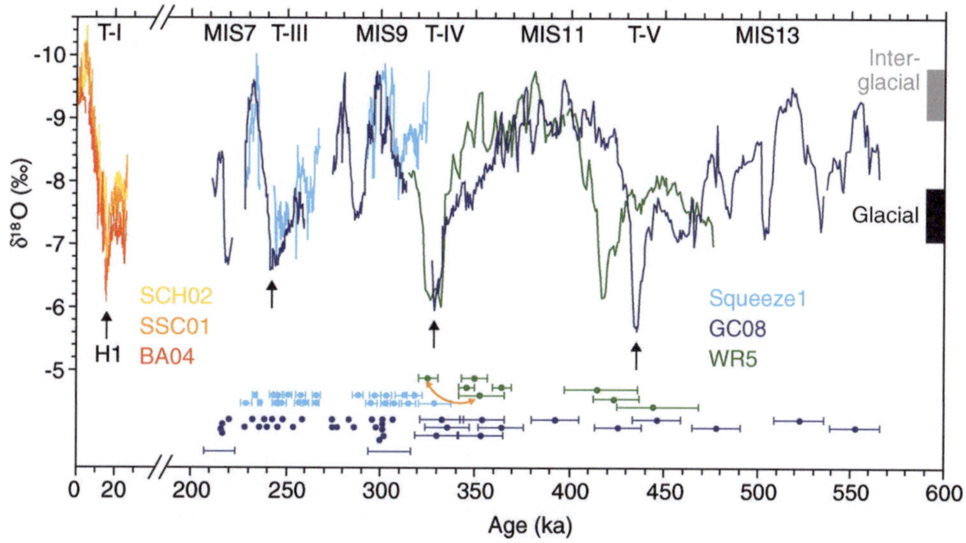

Abb. 7.38 Borneo-Stalagmit-δ^{18}O-*records* von verschiedenen Höhlen (aus Meckler et al. 2012). Die verschiedenen Farben der Kurven repräsentieren verschiedene Proben. *Unten* sind die Alter mit 2σ-Fehlerbereich angegeben. MIS-Interglaziale und T-*Terminations* sind oben vermerkt. H1 – Heinrich-Event 1. *Hell-* und *dunkelgraue Balken* (*rechts*) geben den Bereich der interglazialen und glazialen Werte an. Die *schwarzen Pfeile* stehen für δ^{18}O-Maxima, die als deglaziale Trockenphasen interpretiert werden. Zum Altersmodell siehe Meckler et al. (2012). Der *orange Doppelpfeil* weist auf eine Altersumkehrung hin. Innerhalb der Fehlerbereiche weisen die δ^{18}O-Signale auf gute Übereinstimmungen zwischen den verschiedenen Höhlen

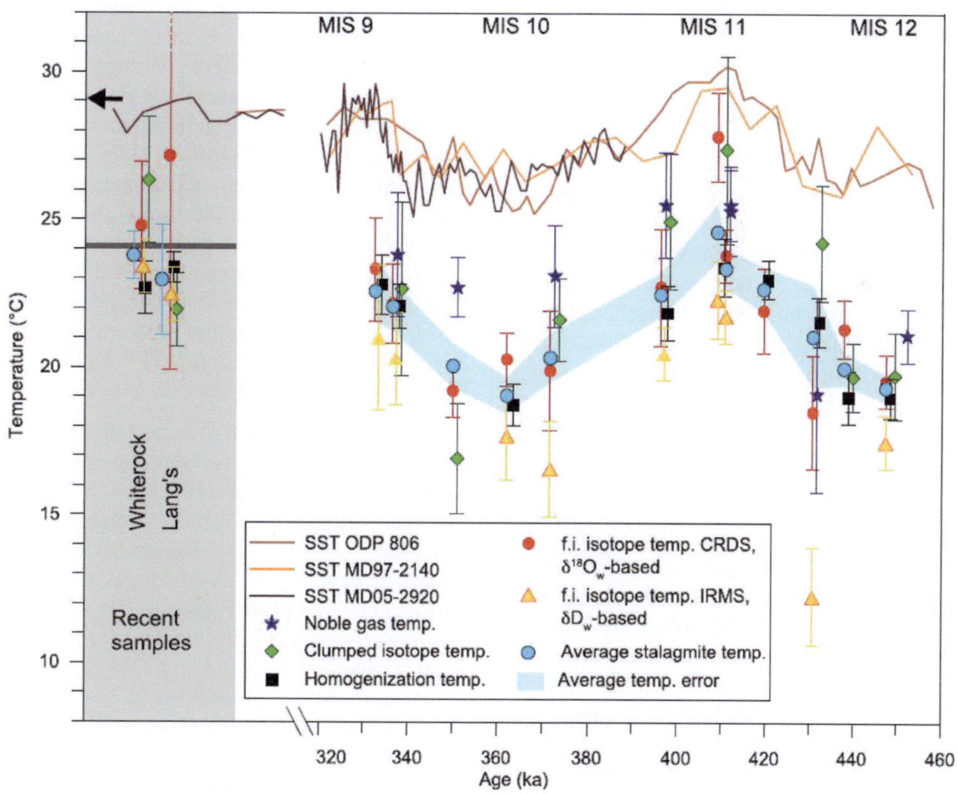

Abb. 7.39 Vergleich von Temperaturen aufgrund von Stalagmiten-Analysen und SST aufgrund von Daten verschiedener mariner Kerne des westpazifischen warmen Beckens (WPWP) (aus Meckler et al. 2015). Nähere Einzelheiten zu den Methoden in Abschn. 4.2.7.2 und bei Meckler et al. (2015), die die Fehlermöglichkeiten und Grenzen der Methoden ausführlich diskutieren

Inwieweit der gewaltige Vulkanausbruch des Toba (Sumatra, 2°37′ N, 98°49′ E, ~900 m NN), der vor ca. 75 ka BP erfolgte und die Menschheit auf nur noch 10.000 Individuen reduziert haben soll (*genetic bottleneck*), die klimatische Entwicklung beeinflusste und möglicherweise eine kalte glaziale Periode initiierte, wird immer wieder diskutiert. Lane et al. (2013) finden in den Sedimenten des Lake Malawi (Ostafrika) zwar Toba-Tephraspuren, aber keine Hinweise auf klimatische bzw. Umweltveränderungen. Auch die Hypothese, dass die Toba-Eruptionen vor 75 ka BP zu einer starken Reduzierung der Menschen führte (Jones 2013) – wie Berechnungen zur Mutationsrate des menschlichen Genoms zeigen sollen –, ist keinesfalls belegt (Lane et al. 2013). Das Toba-Ereignis führte aber zu einer Abkühlung der (Nord-)Hemisphäre um 3–3,5 °C für ein (oder mehrere) Jahre, nicht jedoch zu einer Klimaänderung.

Kershaw et al. (2002) geben einen Überblick auf die Vegetationsentwicklung aufgrund von drei ausgewählten marinen und zwei bedeutenden terrestrischen quartären Pollensequenzen. Im Bandung-Becken (Westjava, 7° S, 108° E, 665 m NN) befindet sich das einzige Profil in SE-Asien, das über 40 ka BP (bis ca. 135 ka BP) hinausreicht. Um 135–130 ka BP war es trockener mit 750–1000 mm/a Niederschlag (heute: ~ 1700 mm/a). Das frühe MIS 5 (zwischen ca. 126–107 ka BP) war etwa 1–2 °C wärmer als heute, mit weniger deutlichen Trockenzeiten. Von 107–81 ka BP war es etwas kühler und trockener. Für die Zeit danach – mit fallendem Meeresspiegel und bei reduziertem Feuchtigkeitstransport des NW-Monsuns – kann keine eindeutige Rekonstruktion des Klimas vorgenommen werden. Zwischen 47 und 18 ^{14}C ka BP (LGM) war es 4–7 °C kälter als heute (~ 23,7 °C). Um 47 ^{14}C ka BP nahm das Brennen von Biomasse deutlich zu (Einfluss des *H. sapiens*?).

Die marinen Kerne G6-4 (10°47′ S, 118°04′ E, ca. 170 km südwestlich der Insel Sumba) und SHI-9014 (5°46′ S, 126°58′ E, im Banda-Seebecken) weisen palynologisch für die letzten Interglaziale MIS 7 und MIS 5e, c und a auf etwas feuchtere Verhältnisse hin und ergänzen damit die terrestrischen Befunde. Auch die marinen Kerne beschreiben trockenere Klimaverhältnisse während der Glazialzeiten.

Kershaw et al. (2002) verglichen die marinen und terrestrischen Pollenprofile SE-Asiens mit dem Profil des Lynch-Kraters (17°37′ S, 145°70′ E, 760 m NN, NE-Australien) und des ODP 820 (16°38′ S, 146°18′ E). Das Lynch-Kraterprofil reicht bis 215 ka BP zurück und umfasst die zweitletzte Warmzeit (MIS 7), die vorletzte Kaltzeit (MIS 6), das Eem (MIS 5) und die letzte Kaltzeit (MIS 4–2) sowie das Holozän. Die Unterscheidung zwischen Interglazialen mit hohen Prozentzahlen an Regenwald-Angiospermen (Cunoniaceae, *Elaeocarpus*), die Belege für einen Regenwald in der Kraterregion sind, und Glaziale mit Araukarien-Wäldern, Skerophyll-Vegetation mit Casuarinaceae und *Eucalyptus* über einem niedrigem Stockwerk aus Gräsern, die trockeneres Klima dokumentieren, ist eindeutig (Abb. 7.40). Während des MIS 5e wurden vermutlich die höchsten Niederschläge erreicht; andere Niederschlag-Peaks kennzeichnen MIS 7 und MIS 5a sowie das Holozän. Zwischen 38 und 26 ^{14}C ka BP fand ein markanter Umschwung zum LGM statt. Im LGM nahmen die Holzkohleanteile ab, da sich Feuer bei einer relativ offenen Vegetation schlecht ausbreiten konnten. In Verbindung mit anderen Daten aus den Gebirgen Neuguineas gehen Kershaw et al. (2002) von einer LGM-zeitlichen Temperaturdepression von ca. 6 °C aus.

Das ODP 820-Profil zeigt – wie das Lynch-Kraterprofil – um 135 ka BP einen ausgeprägten Vegetationswechsel: eine Verschiebung vom Regenwald zu einer Skerophyll-Vegetation. Die Regenwald-Gymnospermen nehmen ab, die Regenwald-Angiospermen nehmen zu. Diese palynologische Entwicklung ist von den Daten des terrestrischen Kerns abweichend und kann bisher nicht erklärt werden (Einfluss des Menschen? Allgemeine Zunahme der Sklerophyll-Vegetation seit dem Tertiär? Tektonisch-vulkanische Ursachen und paläogeographische bedeutende Veränderungen? Vgl. Kershaw et al. 2002).

Seit einigen Dekaden wird ein Enigma viel diskutiert: Die SSTs des WPWP (*Western Pacific Warm Pool*) sind aufgrund der Planktonfossilien und der Sauerstoffisotopen im LGM lediglich ca. 2–3 °C kälter als heute, während die palynologischen Daten eine Temperaturdepression von > 6 °C anzeigen. An den nördlichen Hängen von Neuguinea belegen Pollendiagramme in verschiedenen Höhenlagen, dass feuchte Pflanzengemeinschaften im LGM existierten oder sogar ausgeweitet waren (Hope 1996; Peterson et al. 2002). Die Ursachen für diese Diskrepanz werden in thermischen Faktoren oder in CO_2-Konzentrationsfaktoren vermutet (Flenley 1997, 1998). Auch eine größere *lapse rate* wird diskutiert (Walker und Flenley 1979; vgl. Peterson et al. 2002). Die datierten glaziären Formen und Sedimente bezeugen zweifelsfrei quartäre Klimaschwankungen. Bereits vor fast vier Jahrzehnten analysieren Webster und Streten (1978) die terrestrischen Paläoklimaarchive des tropischen Australasiens und kommen zu dem Ergebnis, dass im LGM in Neuguinea die Schneegrenze 1000–1500 m tiefer lag und die Temperaturen 6–8 °C kühler waren, dass terrestrische und marine (CLIMAP) Paläotemperaturrekonstruktionen sich nicht ergänzen und dass eine Verschiebung der Klimazonen die Beobachtungen (z. B. LGM-Aridität in SE-Australien) nicht erklärt. Peterson et al. (2002) beschreiben den Forschungsstand und bestätigen die LGM-zeitliche Temperaturabsenkung in Höhen über 3000 m NN von 6–8 °C; sie sehen im WPWP (*West Pacific Warm Pool*) die Quelle einer großen Feuchtigkeit im LGM.

In der südostasiatischen Äquatorialregion zwischen ca. 10° N und 10° S sind eiszeitliche Gletscherspuren nur in Borneo (Kalimantan) und Neuguinea zu finden. In Borneo erhebt sich der Mt. Kinabalu (6°05′ N, 116°33′ E, Sabah, Malaysia) bis 4101 m NN (Abb. 7.3 und 7.41). Koopmans und Stauffer (1967) beschreiben eine lokale LGM-Vergletscherung (dünne östliche und dickere westliche Eiskappe des Gipfelplateaus) mit kleinen Talgletschern, U-Tal und Moränen, deren tiefste Lage bei 2900 m NN liegen soll. Die LGM-ELA schätzen Koopmans und Stauffer (1967) in 3660 m NN, d. h. ca. 1000 m niedriger und vergleichbar mit dem Osten von Neuguinea. Die vermutlich glaziären Bildungen bei 2900 m NN (Endmoräne) bestehen aus einer Ansammlung von Felsschutt (Abb. 7.41). Die Talform zeigt Merkmale eines glaziär überprägten Tals und könnte auf eine ältere prä-letztglaziale Vergletscherung deuten.

In Neuguinea sind die besten Voraussetzungen gegeben, Gletscherschwankungen in SE-Asien zu erfassen und diese pa-

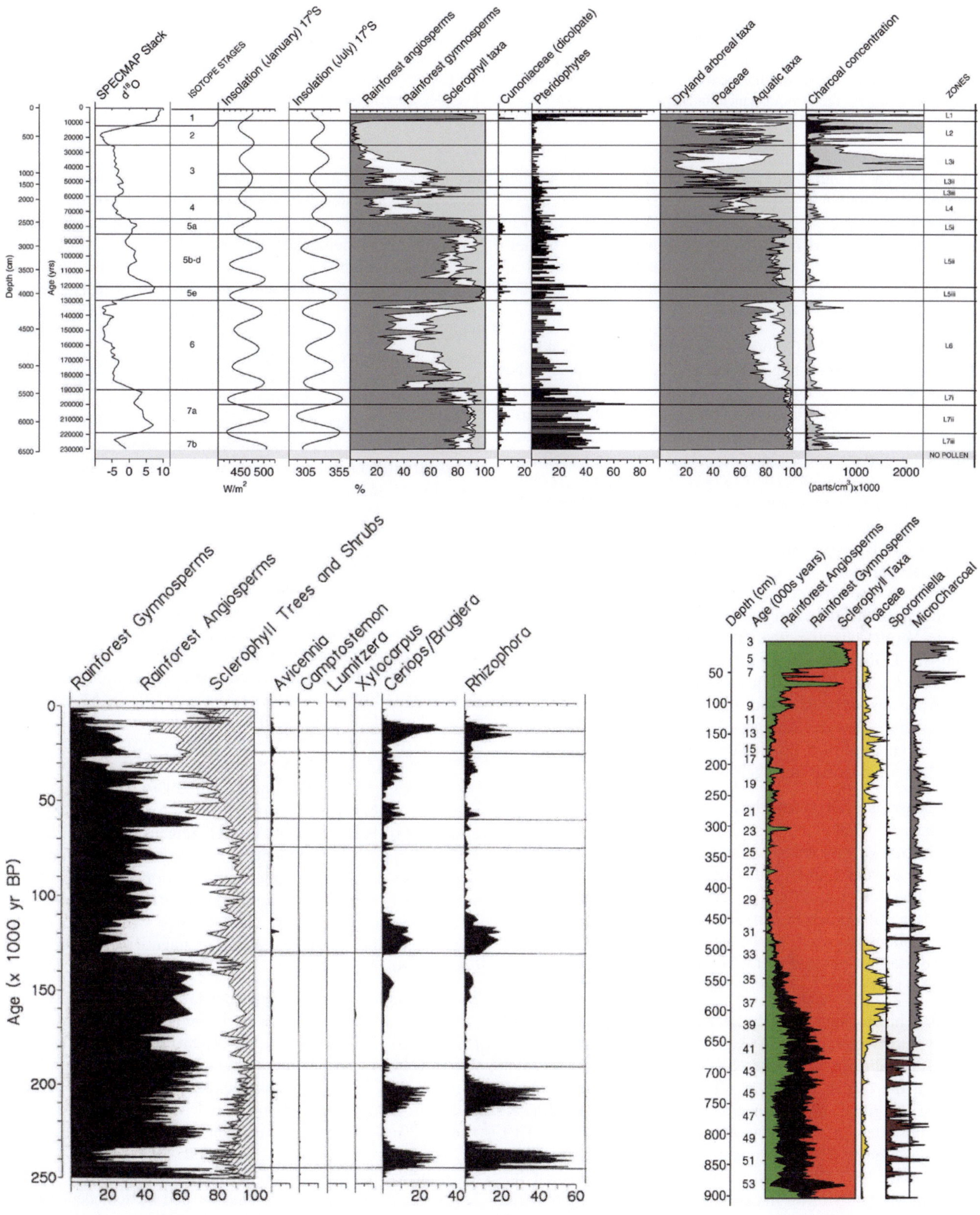

Abb. 7.40 *Oben*: Vereinfachtes Pollenprofil vom Lynch-Krater, NE-Australien (aus Kershaw et al. 2007). Cunoniaceae – Taxa des Regenwald-Kronenschlusses; Pteridophyta – Farne. *Unten links*: Vereinfachtes Pollenprofil von ODP 820, Korallensee (vor NE-Australien) (aus Grindrod et al. 2002). *Unten rechts*: Pollen-, Holzkohle- und *Sporormiella*-Diagramm vom Lynch-Krater für die letzten 54 ka BP. Der Abschnitt, in dem *Sporormiella* abnimmt und Holzkohle zum ersten Mal deutlich zunimmt, reicht von 43 bis 39 ka BP; er betrifft die Zeit, in der der Mensch nach Australien einwanderte und in der viele große Herbivoren ausstarben (dies konnte eine Auswirkung auf die Ökosysteme haben). (Aus Rule et al. 2012)

Abb. 7.41 *Oben*: Kinabalu-Massiv in NE-Borneo. Der Porphyr-Dom (bis ca. 4100 m Höhe) überragt seine Umgebung. Der Gipfelbereich zeigt deutlich die Spuren der Erosion durch eine (mehrmalige) Vergletscherung. *Mitte*: GOOGLE-Schrägansicht von Süden. Gletscherspuren reichen bis ca. 2900 m NN (*roter Pfeil*). *Blauer Pfeil*: vermutete LGM-zeitliche Endmoräne. *Unten links*: Schutt in ca. 2900 m NN, der als Endmoräne des LGM gedeutet wurde (wofür es jedoch keine Belege gibt). Aufgrund der intensiven Verwitterung des Materials kommt eine letzteiszeitliche Vergletscherung für diese Moräne nicht in Betracht. *Unten rechts*: Im LGM vergletscherter Bereich des Gipfelplateaus und angrenzender Gebiete. *Blauer Pfeil*: vermutete LGM-zeitliche Endmoräne. (Aus Prentice et al. 2011, nach Koopmans. Fotos: alueni-images) ►

läoklimatisch zu interpretieren. Peterson et al. (2002) gehen von einer gesamten LGM-Gletschereisbedeckung von 1100–1400 km² aus, die sich auf zahlreiche Gebirge Neuguineas verteilt (Abb. 7.4 und 7.42). Eine wesentlich größere Ausdehnung der eiszeitlichen Vergletscherung nennen Prentice et al. (2011), die auch eine detaillierte Beschreibung der rezenten und eiszeitlichen Gletscher vornehmen.

Nur vom Vulkan Mt. Giluwe (6°2,6′ S, 143°53,2′ E, 4368 m NN) in Ostneuguinea liegen Beobachtungen und Daten über Prä-LGM-Vergletscherungen vor (Barrows et al. 2011; Prentice et al. 2011). Der Vulkan war im Früh- und Mittel-Quartär bis vor 200 ka BP tätig, und Eruptionen ereigneten sich auch unter Gletschereis, sodass Moränenschutt zwischen Lavaflüssen auf ca. 293–306 ka BP datiert (K/Ar) werden konnte (*Gogon-glaciation*; Löffler et al. 1980). Die nächst jüngere Vergletscherung (*Mengane glaciation*) datieren Barrows et al. (2011) auf 158–136 ka BP (^{36}Cl-Alter). Die *Komia glaciation* datiert um 62 ka BP und die *Tongo glaciation* von > 20,3 bis 11,5 ka BP (Abb. 7.43). Die Moränen der Komia-Vergletscherung des MIS 4 wurden größtenteils von den Gletschern der LGM-zeitlichen Tongo-Vergletscherung überrannt. Die maximale Eisausdehnung im LGM war um 19 ka BP aufgrund der ^{36}Cl-Daten. Um 11,5 ka war der Mt. Giluwe eisfrei (Barrows et al. 2011). ^{14}C-Alter aus verlandeten Seen in Höhen um 3550 m NN dokumentieren, dass das Abschmelzen des Gletschers bereits um 17–15,5 ka BP diesen Bereich des Tals und den Gipfelbereich um 11,9–11,25 ka BP freigegeben hatte (Prentice et al. 2011).

Moränensequenzen vom Mt. Trikora (Papua, 4°15,8′ S, 138°40,6′ E, 4760 m NN) sind ^{10}Be- und ^{26}Al-datiert. Wie am Mt. Giluwe wird auch hier ein Gletschervorstoß beobachtet, der älter als das LGM ist und der eine $\geq$ LGM-Ausdehnung hatte (Prentice et al. 2011). Belege für kühlere Temperaturen um 65 ka BP werden in den Gebirgen Papuas darüber hinaus durch Pollensequenzen belegt, die ebenfalls von ca. 30–25 ka BP (vor dem LGM) und im LGM von ca. 22–18 ka BP kühlere Perioden anzeigen.

Darüber hinaus sind spätglaziale Klimafluktuationen bekannt, die hypothetisch mit der YD korreliert werden. Prentice et al. (2011) erwähnen die jüngsten SED-Moränenalter vom Mount Trikora, die in die YD fallen, um die YD-Klimaschwankung auch in Neuguinea zu belegen. Sie nennen als weiteren Hinweis ein kalibriertes ^{14}C-Alter vom Mt. Jaya (13.740 ± 210 a BP), das einen kleinen Gletschervorstoß dokumentiert (Hope und Peterson 1975: 158). Die detaillierten glazialchronologischen Studien am Mt. Giluwe von Barrows et al. (2011) liefern keinerlei Hinweise auf die YD-Schwankung, datieren aber einen markanten spätglazialen Moränenwall in rund 3500 m NN (143,804° E, 06,059° S) auf ca. 14–13 ka BP, d. h. in die Zeit des ACR, wenn die SED-Alter unter Berücksichtigung der Überlegungen von Reuther et al. (2006) interpretiert werden. Da ein Klimaeinfluss der YD weder in Neuseeland und den angrenzenden Meeren noch in Hawaii nachzuweisen ist (Barrows et al. 2007, vgl. auch Box *Jüngere Dryaszeit*), kann die kühle Phase, die vom Mt. Jaya durch einen kleinen Gletschervorstoß um 13.740 ± 210 a BP belegt ist (Hope und Peterson 1975) und von Prentice et al. (2011) der YD zugeordnet wird, auch mit dem ACR (vgl. Heine et al. 2014) in Zusammenhang gebracht werden. Dass immer wieder Belege für das Auftreten der YD auf der Südhemisphäre gesucht werden, zeigen auch die aufgrund von Sr/Ca- und δ^{18}O-Analysen der Riffterrasse-Koralle *Diploastrea heliopora* vom Espiritu Santo Island (Vanuatu) berechneten SST für die YD: Die Temperaturdepression soll 4,5 ± 1,3 °C betragen haben (Corrège et al. 2004), ein Wert, der selbst die LGM-SST-Rekonstruktionen übersteigt und u. a. von Barrows et al. (2007) zurückgewiesen wird, da der Wert „isoliert" steht und weder durch andere SST-Rekonstruktionen noch durch die terrestrischen Paläoklimaarchive (Gletscher, Pollen) gestützt wird.

In diesem Zusammenhang sind die Ergebnisse von Yoshida und Takeuti (2009) von Bedeutung. Die Autoren präsentieren aus Japan aussagekräftige palynologische Beweise in Verbindung mit ^{14}C-Daten und tephrochronologischen Korrelierungen, dass während des *Termination I* (18–10 ka BP) das ACR-Ereignis das pazifische Hochdrucksystem stark beeinflusste, während sich das YD-Ereignis nicht über die ostasiatische Monsunfront hinaus bemerkbar machte. Offensichtlich war die ostasiatische Monsunfront eine bedeutende geoklimatische Grenze zwischen ACR-gleichen und YD-gleichen Klimaschwankungen während der Deglaziation (Yoshida und Takeuti 2009). Diese Daten werden vom Arabischen Meer durch Sirocko (1996) und Sirocko et al. (2000) bestätigt. Die Autoren zeigen, dass humide Phasen mit Temperaturmaxima in der Antarktis korrelieren und dass ein Einfluss der Südhemisphäre auf das Monsunsystem besteht, während untergeordnete kurze Fluktuationen der Niederschläge mit Klimaereignissen (z. B. YD) korreliert werden können, die in den grönländischen Eiskernen dokumentiert sind (vgl. auch Gasse 2000; Heine 2002).

Die aufgrund der Moränensequenzen rekonstruierten ELAs liegen im LGM am Mt. Jaya in Höhen zwischen 4000 ± 56 (Minimum) und 4050 ± 49 (Maximum) m NN (Prentice et al. 2005). Daraus ergibt sich eine Temperaturdepression im LGM von 2,5–3 °C (bei Niederschlagsreduzierung von 35 %, verändertem Temperaturgradienten und Meeresspiegelabsenkung von ~ 120 m). Ältere Arbeiten nennen z. T. wesentlich größere ELA-Depressionen von $\geq$ 1000 m für das LGM. Die unterschiedlichen Werte ergeben sich einerseits aus den lokalen Feuchtegradienten, aus der Lage zu den verschiedenen Meeresgebieten (z. B. WPWP) und andererseits aus nicht datierten Moränen, die unterschiedliche Alter (z. B. MIS 3/4 und MIS 2) aufweisen und bei den ELA-Rekonstruktionen berücksichtigt wurden. Da die südostasiatische tropische Inselwelt in den Kaltzeiten zu den feuchtesten Regionen der Tropen gehörte, konnten

842 m
2012
Image © 2016 DigitalGlobe
Image Landsat
Image © 2016 CNES / Astrium
Google earth
Bildaufnahmedatum: 2/6/2015

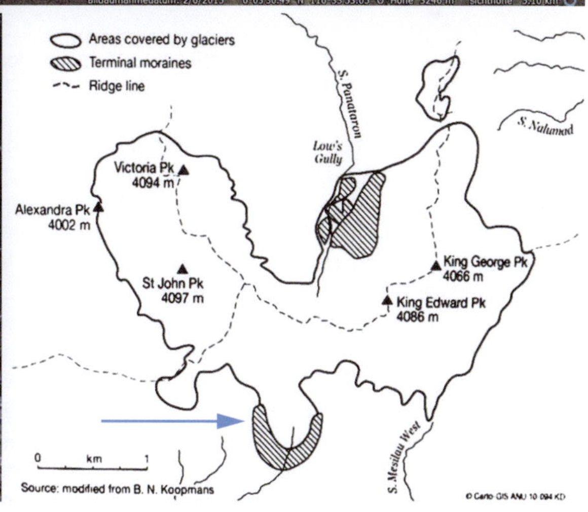
Areas covered by glaciers
Terminal moraines
Ridge line
S. Panataran
Low's Gully
S. Nalumad
Victoria Pk
4094 m
Alexandra Pk
4002 m
St John Pk
4097 m
King George Pk
4066 m
King Edward Pk
4086 m
S. Mesilau West
0 km 1
Source: modified from B. N. Koopmans

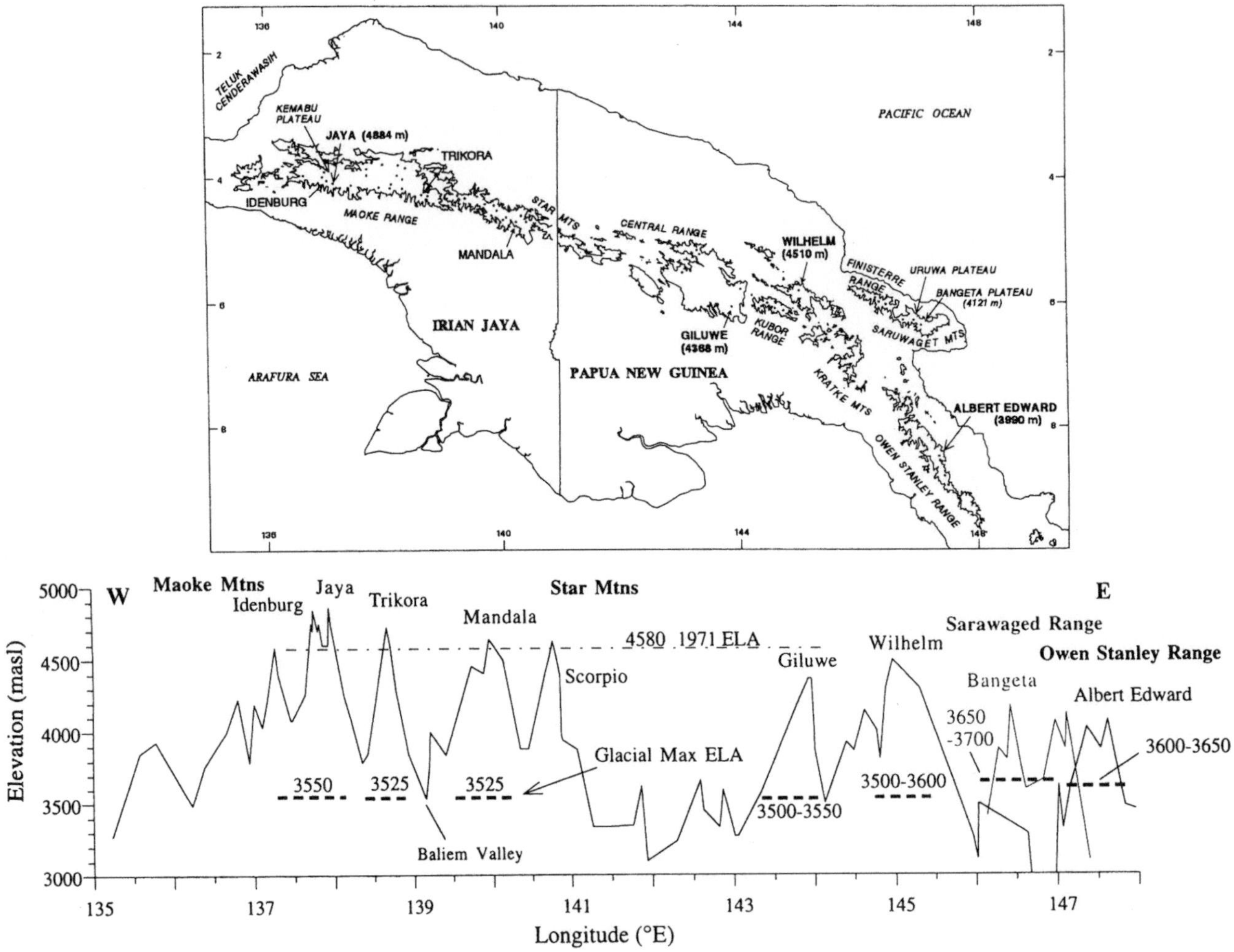

Abb. 7.42 Neuguinea (Irian Jaya und Papua New Guinea). *Oben*: 3000-m-Isohypse und ausgewählte Gipfel. Während des Höhepunkts der neoglazialen Gletschervorstöße existierten Eisfelder/Gletscher am Jaya, Trikora, Mandala und Mount Wilhelm, eventuell auch an einigen anderen hohen Gipfeln. Seit dem Ende der Kleinen Eiszeit schmolzen die Gletscher ab. LGM-zeitliche Gletscherzungen sollen bis in 3000 m NN (und in Einzelfällen auch tiefer) gereicht haben. *Unten*: Heutige (AD 1971) und LGM-zeitliche ELAs in einem W-E-Profil der hohen Berggipfel Neuguineas. (Aus Peterson et al. 2002)

Unterschiede in der Humidität wesentlich zum Ausmaß der Vergletscherung beitragen.

Nicht nur die Gletscher dokumentieren eine Absenkung der glazialmorphologischen Höhenstufen im LGM, sondern parallel damit erfolgte auch eine Depression der Vegetationsstufen um ähnliche Beträge. Flenley (1996) fasst die Änderungen der Höhenstufung der Vegetation (Gegenwart – LGM), die hauptsächlich auf der Physiognomie beruht (vgl. Humboldt 2008), zusammen (Abb. 7.44). Nach Flenley (1996) bestehen zwei Probleme, um die beobachteten Fakten zu erklären, nämlich: (i) Der obere montane (Berg-)Regenwald war im Spätpleistozän nicht ausgebildet; dies zeigen die palynologischen Daten. Heute ist er durchgehend vorhanden. (ii) Die Werte der spätpleistozänen Temperaturdepression sind in den Bergländern wesentlich größer als in den Tiefländern. Als Erklärung kann vermutet werden, dass die vertikalen Vegetationsstufen zum Teil durch die ultraviolette B-Strahlung (UV-B) kontrolliert werden, die in größeren Höhen in den Tropen merklich zunimmt. Diese Tatsache ist vermutlich für die beiden genannten Probleme mitverantwortlich, und zwar nicht nur im Sunda-Sahul-Gebiet, sondern auch in anderen tropischen Regionen (Flenley 1996).

Im LGM waren die Tieflandregionen von Sunda-Sahul etwas trockener, denn Pollenprofile belegen höhere Werte von Gramineae (Hinweis auf eingestreute Savannen) und von *Casuarina* und *Lithocarpus*, die kühlere und trockenere Verhältnisse bezeugen. Dies zeigt auch ein stärkerer Wintermonsun im tropischen Südchina (Huguang-Maarsee, 21°09′ N, 110°17′ E, ca. 15 m NN; Yancheva et al. 2007). In den Bergländern dokumentieren die Pollenprofile eine Absenkung der oberen Wald-/Baumgrenze wie auch der anderen Vegetationsstufen (Abb. 7.44). In Neuguinea befand sich die LGM-Waldgrenze in nur 2200 m NN, was einer Depression der Waldgrenze um 1600 m und der Temperatur um 9–11 °C gegenüber heute entspricht (Flenley 1996; Walker und Flenley 1979; vgl. auch M Williams et al. 2009).

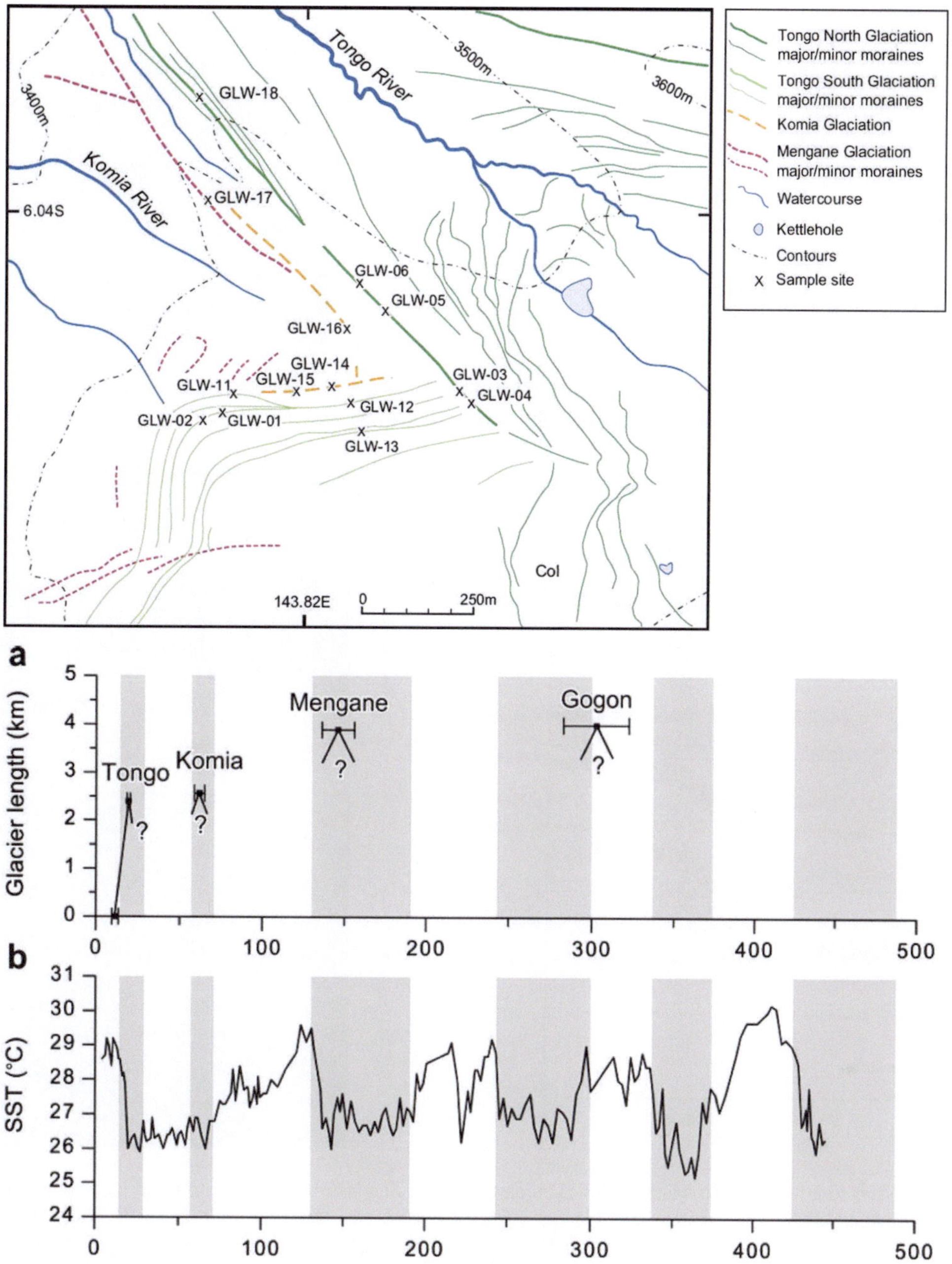

Abb. 7.43 Gletschervorstöße am Mt. Giluwe, Papua-Neuguinea, und regionale SSTs. *Oben*: Glazialmorphologische Karte des Tongo-Flusses mit den Moränen der Tongo-, Komia- und Mengane-Vergletscherungen (aus Barrows et al. 2011).
Unten: **a** Distanz zwischen Gletscherende und oberer Kar-Steilwand der jeweiligen datierten Vergletscherungsmaxima. Fehlerbalken zeigen die gewichteten mittleren Alter. **b** SST-*record* von ODP 806B. Das Altersmodell ist *getuned* (aus Barrows et al. 2011). Es ist deutlich zu erkennen, dass die älteren Vergletscherungen (Gogon und Mengane) wesentlich ausgedehnter waren als die MIS-4- und MIS-2-Vergletscherungen (Komia und Tongo)

Das Diagramm (Abb. 7.45) ist eine schematische Darstellung, die nicht alle regionalen Besonderheiten und die verschiedenen zeitlichen Angaben zum Ansteigen der Waldgrenze im Spätglazial bis zur heutigen Lage berücksichtigt. Der *Lower Mountain Rain Forest* (LMRF) befand sich im LGM in tieferen Lagen; der *Upper Mountain Rain Forest* (UMRF) erfuhr im LGM keine Depression, sondern verschwand fast ganz. In den Pollenprofilen taucht er nicht mehr als eigene Vegetationsformation in einer eigenen Höhenstufe auf (Flenley 1996). Ähnliche Verhältnisse beschreibt Salomons (1986) für die tropischen Regenwälder der Andenhänge Kolumbiens.

Die sich aus den Verschiebungen der Vegetationshöhenstufen ergebende Temperaturdepression für Neuguinea liegt bei

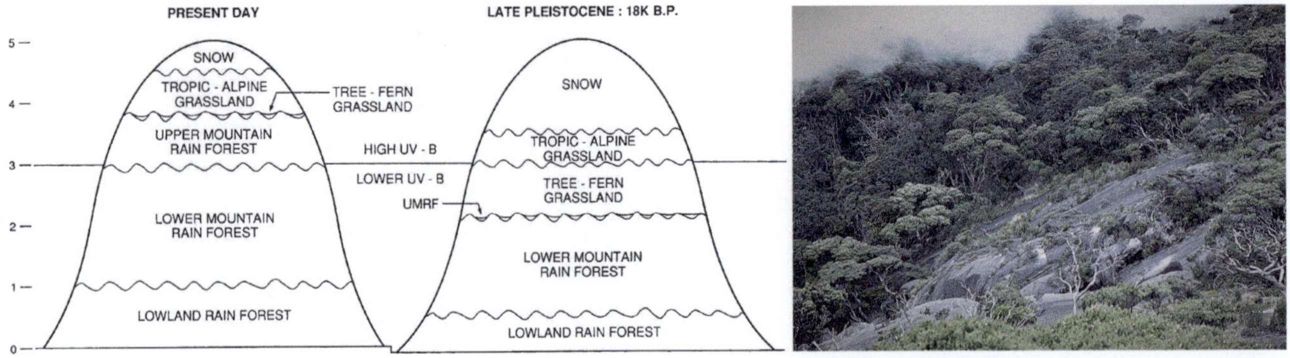

Abb. 7.44 *Links*: Die Höhenzonierung der Vegetation in der Sunda-Sahul-Region, heute und im LGM. Einflüsse der menschlichen Aktivitäten sind nicht berücksichtigt. 18 K B. P. = 18 ^{14}C ka BP (aus Flenley 1996). *Rechts*: *Upper Mountain Rain Forest* am Mt. Kinabalu. (Foto: alueni-images)

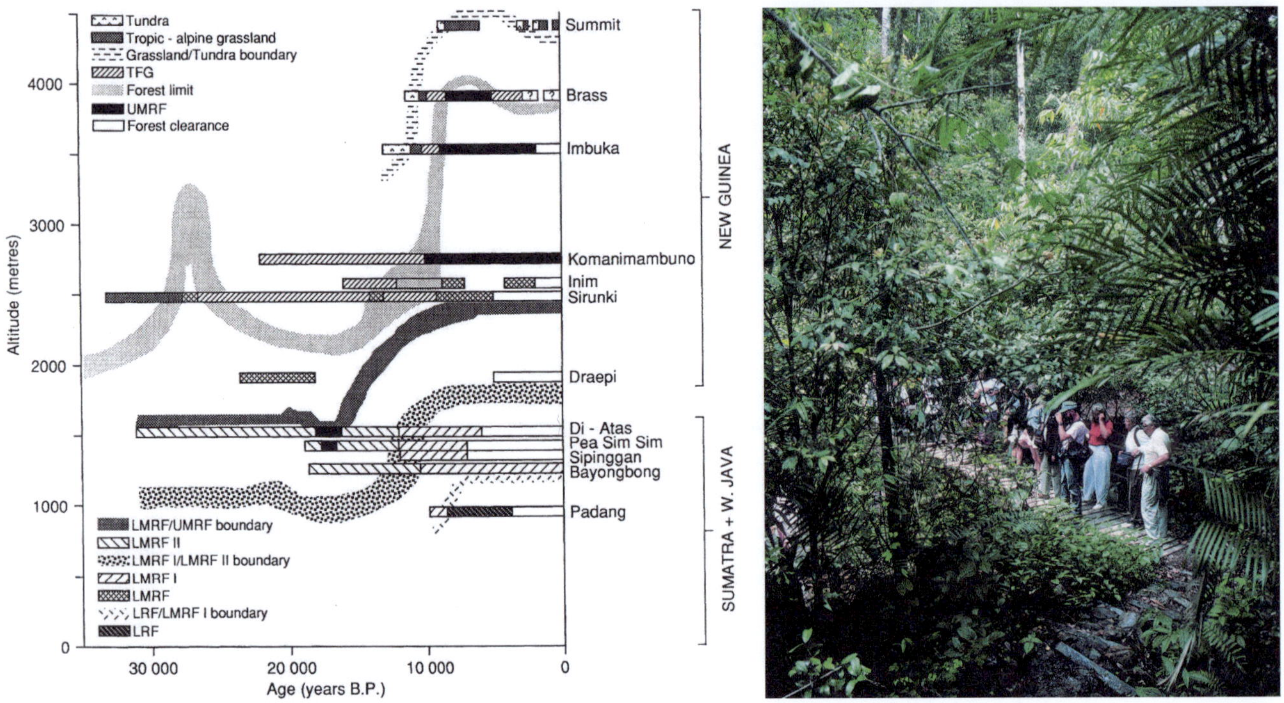

Abb. 7.45 *Links*: Die Vegetationsänderungen während des Spätquartärs in der Sunda-Sahul-Region aufgrund palynologischer Daten. Jeder horizontale Balken repräsentiert ein Pollendiagramm (aus Flenley 1996). *Rechts*: *Lower Mountain Rain Forest* (LMRF) am Mt. Kinabalu. Foto: alueni-images

ca. 10 °C (Temperaturgradient von 0,61 °C/100 m). Die ELA-Depression beträgt dagegen nur 5–600 m (Prentice et al. 2005; andere Werte: ca. 1000 m); das entspricht einer Temperaturerniedrigung von ca. 3 °C bzw. 6 °C. Die Depression der SSTs der umgebenden Meere wird mit ca. 3 °C angegeben (Abb. 4.82). Die großen Unterschiede der Temperaturrekonstruktionen für das LGM können zurzeit nicht schlüssig erklärt werden (vgl. Prentice et al. 2011).

Unter Berücksichtigung der UV-B-Strahlungsverhältnisse in verschiedenen Höhenlagen tropischer Gebirge kommt Flenley (1993, 1996) zu dem Ergebnis, dass viele Spezies der UMRF an hohe UV-B-Werte adaptiert sind, die der UMRF im LGM in tieferen Lagen nicht mehr vorfand, weshalb er gegenüber anderen Vegetationsformationen benachteiligt war (Abb. 7.44) und sich auf kleine Nischen zurückziehen musste. Unter Verwendung der Temperaturansprüche der heutigen Vegetationsstufen rekonstruiert Flenley (1996) die Höhenlage der LGM-zeitlichen Grenzen der Vegetationsstufen (Abb. 7.45) für die Sunda-Sahul-Region und findet einen Temperaturgradienten von 0,71 °C/100 m im LGM (gegenüber 0,61 °C/100 m heute). Damit können Unterschiede der LGM-zeitlichen Temperaturdepressionen in tropischen Tiefländern und tropischen Gebirgen teilweise erklärt werden.

Eine detaillierte Rekonstruktion der Niederschlagsverhältnisse seit 27 ka BP geben Partin et al. (2007) für Nordborneo aufgrund von Speläothem-δ^{18}O-Daten (Abb. 7.46). Zwischen

20–18 ka BP war die Konvektion schwächer, als sich die Temperaturen des tropischen Pazifiks und der Antarktis zu erwärmen begannen. Die konvektive Aktivität erreichte ihr Minimum im Heinrich-Event 1 während einer schwachen atlantischen MOC. Das deutet auf Rückkoppelungen zwischen der AMOC und der Hydrologie des tropischen Pazifiks hin (FT Gibbons et al. 2014). Während die Borneo-Stalagmiten keinen Hinweis auf die YD zeigen (Partin et al. 2007), ermitteln Griffiths et al. (2010) aufgrund von Fluid-Einschlüssen in Speläothemen der *Liang-Luar*-Höhle auf Flores (Südindonesien, 8°32′ N, 120°26′ E) für die YD eine Zunahme des Einflusses monsunaler Niederschläge sowie eine Temperaturabnahme von ~ 4,5 °C; Letzteres entspricht SST-Rekonstruktionen mittels Sr/Ca (von planktonischen Foraminiferen) und Temperaturdepressionen, die durch eine Absenkung der ELA angezeigt werden. Andererseits weisen die SST-Rekonstruktionen aufgrund von Mg/Ca-Verhältnissen (von planktonischen Foraminiferen) wesentlich geringere Werte auf (~ 1 °C Abkühlung). Wegen des Fehlens eines YD-Signals in den Borneo-Stalagmiten nehmen Partin et al. (2007) verschiedene Mechanismen für das H 1 *event* und die YD an. Griffiths et al. (2010), die die YD in den Flores-Stalagmiten deutlich erkennen, äußern sich nicht zu den Ergebnissen von Partin et al. (2007). Während des Holozäns weist die konvektive Aktivität auf Einflüsse der Insolation hin (Frühling und Herbst). Hier zeigt sich, dass das Klima der SE-asiatischen Inselwelt nicht nur unterschiedlich rekonstruiert wird, sondern auch von Einflüssen aus dem nordatlantischen Raum, aber auch aus der Südhemisphäre sowie von externen Strahlungsverhältnissen bestimmt wird (Partin et al. 2007). Hinzu kommen die sich stark ändernden paläogeographischen Verhältnisse aufgrund des spätglazialen Meeresspiegelanstiegs und Flutung der Schelfgebiete von Sunda und Sahul.

Holozäne Klimaschwankungen sind in der SE-asiatischen Inselwelt aufgrund terrestrischer Paläoklimaarchive kaum belegt. Eine vorläufige Gliederung der holozänen (und spätglazialen) Klimaänderungen nehmen Haberle et al. (2001) vor: Bis ca. 17,5 ^{14}C ka BP war es kalt und feucht (−5 °C im Vergleich zu heute), danach war es trocken-kalt und bis ca. 9,5 ^{14}C ka BP änderte sich das Klima zu warm-feucht und stabilen Verhältnissen; ab 5 ^{14}C ka BP traten starke ENSO-Dürren auf.

Die neoglazialen Moränen Neuguineas, die – wie in den europäischen Alpen und anderswo – das Gletschervorfeld umschließen (Abb. 7.47), sind eindeutige Beweise für Klimaschwankungen. Obgleich keine exakten Datierungen dieser glaziären Bildungen vorliegen, darf aufgrund (i) der Lage in Bezug zu den rezenten Gletschern, (ii) der „frischen" morphologischen Formen und des fehlenden/geringen Flechtenbewuchses, (iii) der historischen Quellen und (iv) der Verwitterungs- und Abtragungsprozesse ein LIA-Alter der markanten Endmoränenwälle angenommen werden. Wann das Maximum der LIA-Gletschervorstöße erfolgte (im frühen, mittleren oder späten LIA), ist nicht bekannt.

Acht holozäne schwache Intensitäten des SE-asiatischen Monsuns von ein bis fünf Jahren Dauer können anhand der Speläothem-Daten der Dongge-Höhle postuliert werden: Sie fallen zusammen mit dem 8,2 ka *event*, mit dem Kollabieren der chinesischen neolithischen Kultur (vor 4,4–4,0 ka BP) und mit nordatlantischen *ice-rafting events* (7,2; 6,3; 5,5; 2,7; 1,6; 0,5). Y Wang et al. (2005) vermuten aufgrund von Korrelierungen mit dem Dongge-Höhlen-Monsun-*record* einen solaren Einfluss (Schwankungen der Sonnenleistung belegt durch $\Delta^{14}C_{atm}$).

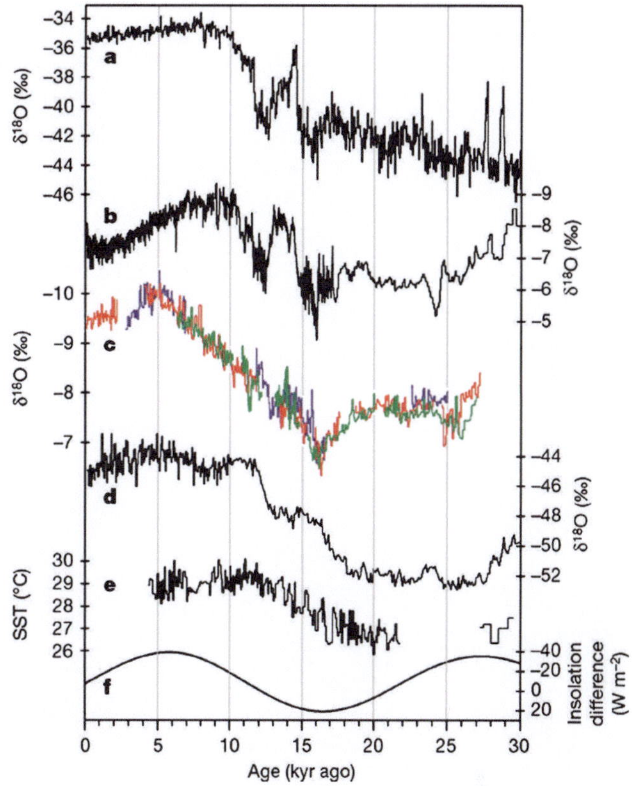

Abb. 7.46 Vergleich der Stalagmiten-$\delta^{18}O$-*records* von Borneo mit anderen Paläoklima-*records*. **a** Grönland-Eiskern NGRIP $\delta^{18}O$; **b** Hulu-/Dongge-Höhlen-Stalagmiten $\delta^{18}O$; **c** Borneo-Stalagmiten $\delta^{18}O$ (SCH02, *blau*; SSC01, *rot*; BA04, *grün*); die Kurve von BA04 $\delta^{18}O$ wurde um 10,4 % verschoben; **d** EPICA-Eiskern $\delta^{18}O$; **e** Rekonstruktion der SST der Sulu-See aufgrund mariner Sedimente. **f** Insolation am Äquator (März–September). (Aus Partin et al. 2007)

In den Tropen werden die holozänen Klimaschwankungen der letzten 2000 Jahre u. a. durch die Speläothem-Daten von Flores (Indonesien), marine $\delta^{18}O_{sw}$- und $\delta D_{leaf-wax}$-*records* vom Sulawesi-Schelfrand und vom zentralen Pazifik, von Seesedimenten und Speläothemen aus Peru, Ecuador und von den Galapagosinseln dokumentiert (Abb. 7.48). Die MCA (*Medieval Climate Anomaly,* Mittelalter-Wärmephase), die Kleine Eiszeit (LIA, *Little Ice Age*) und die CWP (*Climate Warm Period*, Postindustrielle Erwärmungsphase) sind globale Erscheinungen. Kühle Phasen (LIA) sind hydrologisch feuchter, warme Phasen (MCA) trockener.

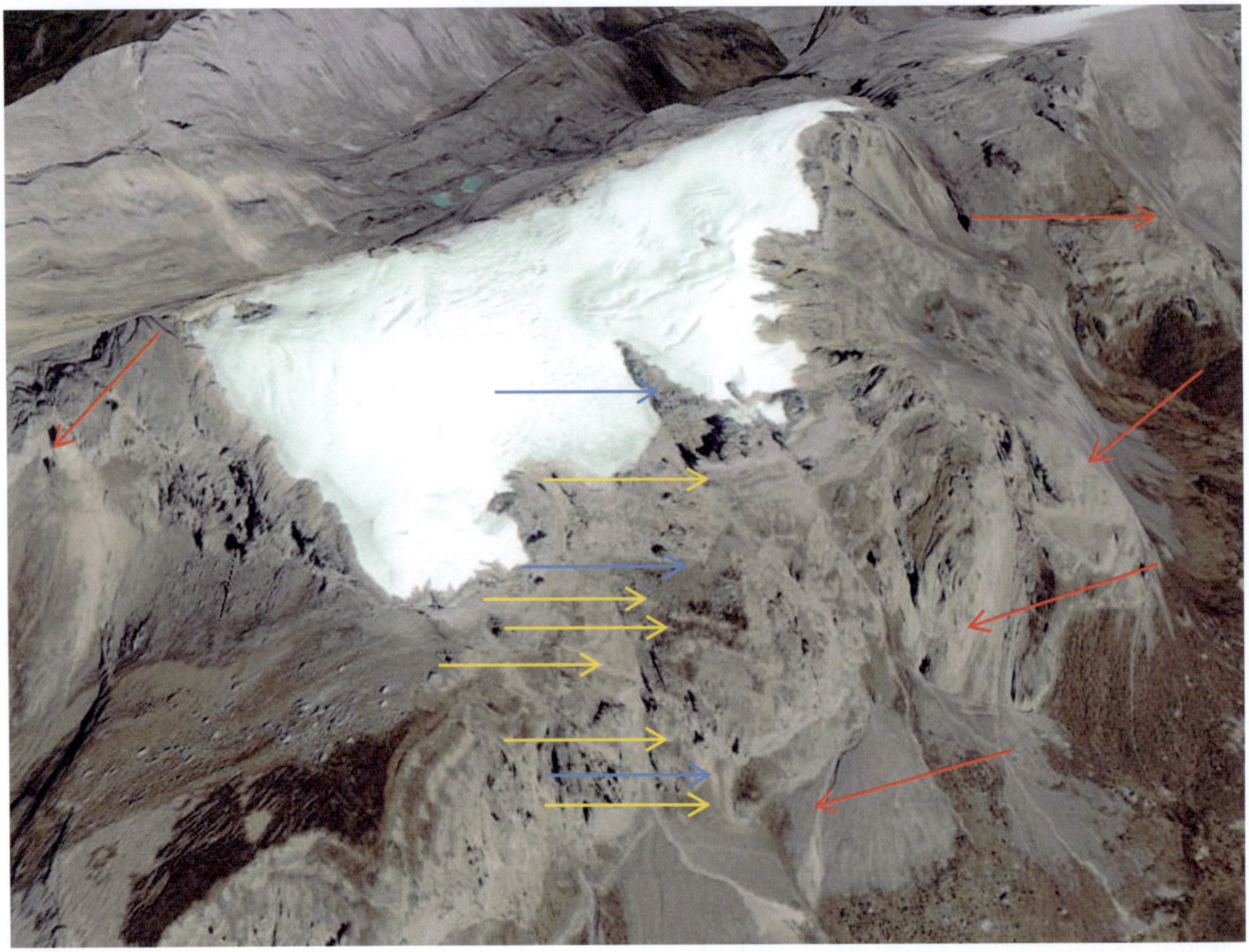

Abb. 7.47 GOOGLE-Schrägbild der LIA-Moränen am Carstensz Mountain, Neuguinea. Die rezente Vergletscherung und das „Gletschervorfeld" (*blaue Pfeile*) sowie die LIA-Moränen (*rote Pfeile*) sind markant ausgebildet und belegen die Klimafluktuationen der Kleinen Eiszeit. Mindestens seit Mitte des 19. Jahrhunderts schmelzen die Gletscher ab. Rückzugsmoränen (*gelbe Pfeile*) sind Zeugen des Gletscherschwunds, der von Abschmelzprozessen, von Gletscherstillständen und von Vorrückphasen geprägt wird

7.4 Synopse

Die kritische Bewertung der terrestrischen paläoklimatischen Proxys ergibt folgende Schlussfolgerungen:

(i) Die markanten Klimawechsel zwischen quartären Kalt- und Warmzeiten sind durch Moränensequenzen (Owen 2011), Paläoböden und Dünengenerationen (Singhvi et al. 2012), Speläotheme (Meckler et al. 2012, 2015), Seesedimente, marine Kerne und andere Paläoklimaarchive belegt.

(ii) Die maximalen Gletscherstände der letzten Eiszeit ereigneten sich z. T. im MIS 4 und 3.

(iii) Zeitlich hochauflösende Klimarekonstruktionen, die auf weitreichende Hypothesen verzichten können, bestehen nur für das LGM, das *Termination I* und das Holozän.

(iv) Das LGM war im tropischen Süd- und Südostasien arider; der Regenwald der südostasiatischen Inselwelt war zum größten Teil durch trockenere Biome (Savannen) ersetzt. Als Folge der Meeresspiegelabsenkung waren große Landflächen zwischen Hinterindien und Australien entstanden (Sunda und Sahul). Die Gletscher waren ausgedehnter als heute, die obere Waldgrenze war 1000 bis 1600 m (Neuguinea) abgesenkt. Die Temperaturen waren mindestens 5 °C kälter als heute, in den Gebirgen von Sunda noch kälter (bis 8 °C).

(v) Während des *Termination I* traten Klimaschwankungen stärker hygrisch als thermisch hervor. Das Abschmelzen der Gletscher begann relativ früh. Nördlich des Äquators waren Einflüsse der arktisch/nordatlantischen Region erkennbar und teilweise deutlich ausgeprägt (Heinrich-1-Event, Bölling–Alleröd, YD – *Younger Dryas*, Präboreal). Diese Fluktuationen machten sich bis in das Gebiet des südchinesischen Meeres bemerkbar.

(vi) Das Holozän begann – bedingt durch die Insolation und der damit verbundenen Intensivierung des Monsuns – feuchter (vgl. AHP – *African Humid Period*). Vor allem in Indien war das holozäne Klimaoptimum feuchter. Es wurde im Neoglazial in Indien von z. T. großer Aridität abgelöst.

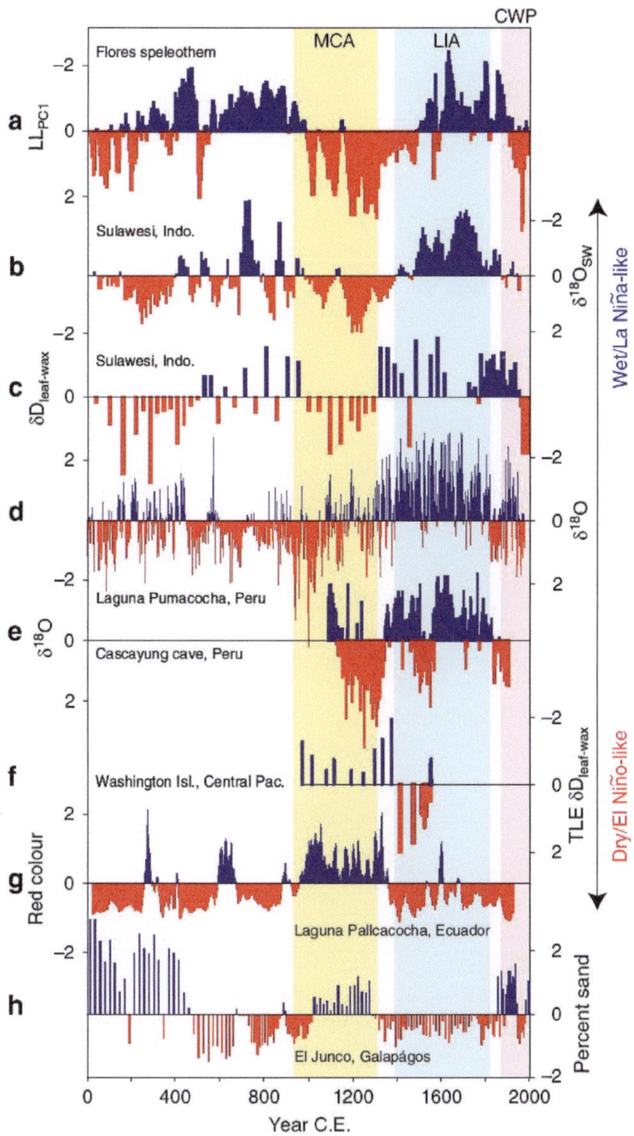

Abb. 7.48 Hydroklimatische *records* für den tropischen westlichen und östlichen Pazifik. **a** Flores LLPC1 *record*. LLPC1 = Hauptkomponentenanalyse der dominanten hydrologischen Signale in den *records*. **b** Marine Foraminiferen $\delta^{18}O_{sw}$ und **c** terrestrische $\delta D_{leaf-wax}$-*records* in marinen Sedimenten der Makassar-Straße des Sulawesi-Schelfrands. **d** $\delta^{18}O$ von Seesediment-Calcit der Laguna Pumacocha in den zentralen peruanischen Anden (Proxy für die Stärke des südamerikanischen Sommermonsuns). **e** Speläothem-$\delta^{18}O$-*record* der Cascayunga-Höhle in Nordostperu. **f** $\delta D_{leaf-wax}$-*record* von Washington Island im zentralen äquatorialen Pazifik. **g** *Red-colour*-Intensität der Laguna Pallcacocha-Sedimente, Südecuador. **h** % Sand im El-Junco-See, Galapagosinseln. Feuchtere Bedingungen (a–f) und stärkere Niederschläge (g–h) = *blau*; *rot* = umgekehrt. Die vertikalen Balken zeigen die MCA (gelb, *Medieval Climate Anomaly*), LIA (*Little Ice Age*, blau) und CWP (*Climate Warm Period*, rosa) für Flores an (aus Griffiths et al. 2016).
Anmerkung: Die Ergebnisse in **g** basieren auf der *red colour intensity* eines Sedimentkerns der Laguna Pallcacocha in Ecuador (Moy et al. 2002). Die Ergebnisse sind konträr zu zahlreichen anderen Paläoklimaarchiven (Vergletscherungen, historische Beobachtungen, etc.). Die Ergebnisse in **h** von den Galapagosinseln (Conroy et al. 2008) basieren auf paläoklimatischen Ableitungen limnischer Korngrößensequenzen; die sedimentologischen Befunde ergeben jedoch keine eindeutigen Daten zur Paläohydrologie. (Vgl. Abb. 5.115 und 5.116) ◄

(vii) Die vielfach in der Vergangenheit postulierte markante Klimaschwankung der YD ist nördlich des Äquators durch Aridität (und Abkühlung) gut belegt.

(viii) Das 8,2-ka-Ereignis ist – wie die YD – im Norden gut dokumentiert (als aride Phase), im Süden nur vereinzelt. Das 4,2–4,0 ka *event* zeigt sich lediglich in Speläothemen. Bis ca. 5–3,5 ka BP dauerte die Phase verstärkter Monsune an.

(ix) Die Kleine Eiszeit war etwas kühler und geoökologisch feuchter.

(x) Die Insolation bestimmte entscheidend das letzteiszeitlich/nacheiszeitliche Klimageschehen (*orbital forcing* und *solar forcing*). Die beiden asiatischen Monsunsysteme (Ostasiatischer Sommermonsun [OSM] und Indischer Sommermonsun [ISM]) verliefen gegenphasig. Die Dominanz des ISM fiel mit minimaler Präzession/maximaler sommerlicher Erwärmung der Nordhemisphäre zusammen, die Dominanz des OSM mit maximaler Präzession. Die Niederschläge des Sommermonsuns waren in kalten glazialen Phasen gering.

(xi) Im Vergleich zu den neuweltlichen Tropen Südamerikas ergibt sich ein stärkerer Einfluss der nordatlantischen Klimaschwankungen auf die Klimaänderungen in Monsunasien. Dieser Einfluss war schwächer als in Afrika nördlich des Äquators. Der nordatlantische Einfluss nahm von Nord (Tibet) nach Süd (Malayischer Archipel) ab.

8 Regionale Beschreibung – Australien, pazifische Inselregion (Ozeanien), Hawaii

Kapitel 8

K. Heine, *Das Quartär in den Tropen*, https://doi.org/10.1007/978-3-662-57384-6_8

8.1 Australien

Die australischen Tropen umfassen nach Troll und Paffen (1964) den Nordteil des Kontinents (Abb. 8.1). Lauer (1975) zieht die Tropengrenze ähnlich (Abb. 3.3), jedoch verläuft die Grenzlinie im Osten in Küstennähe bis Brisbane nach Süden. Abgesehen vom südöstlichsten Ende Australiens in der südhemisphärischen Westwinddrift, die der kühl-gemäßigten Zone zugeordnet wird, befindet sich der südliche Teil des Kontinents in der warmgemäßigten Subtropenzone (Zone IV nach Troll und Paffen). Tropen- und Subtropenzone liegen – mit Ausnahme des südlichen Subtropengebiets – im Einflussbereich der Sommerregen. Die ITCZ liegt im Südsommer (JJA) über dem Norden des tropischen Australien, im Südwinter (DJF) werden die australischen Tropen vom SE-Passat dominiert (Abb. 7.7). Ausführliche Beschreibungen der Klimaverhältnisse gibt Weischet (1996: 431):

> Australien ist ein idealer Kontinent zur Demonstration der regionalen Ordnung von Klimaten der inneren Subtropen und der äußeren Tropen als Ergebnis der atmosphärischen Zirkulation. Ungefähr in der Mitte verläuft ziemlich breitenparallel die Trockenachse des subtropisch-randtropischen Hochdruckgürtels. Äquatorwärts vollzieht sich der Übergang in die konvektiv-wechselfeuchten Sommerregengebiete der äußeren Tropen. In diesen gibt es eine zonale Differenzierung in den vorwiegend von der Passatströmung dominierten Nordosten des Kontinents und den von monsunalen Strömungen beeinflussten Nordwesten.

Für zusammenfassende Rekonstruktionen der quartären Klimaverhältnisse und Klimaschwankungen werden – neben wenigen terrestrischen – vor allem marine Paläoklimaarchive herangezogen (vgl. Kershaw und van der Kaars 2012; Abb. 7.40). Im Folgenden wird den terrestrischen Archiven besondere Aufmerksamkeit geschenkt.

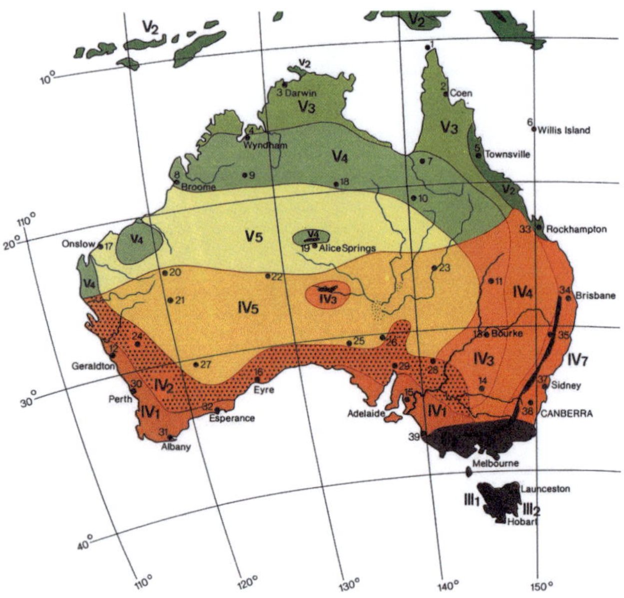

Abb. 8.1 Abgrenzung der Tropen in Australien nach Troll und Paffen (1964). Die tropischen Klimate sind in grünen Farbtönen dargestellt (vgl. Abb. 7.1). Arabische Zahlen (1 bis 40) kennzeichnen Klimastationen

8.1.1 Paläoklimaarchive mit großer zeitlicher Spanne

Im endorheischen Becken des *Lake Eyre* ($1{,}2 \times 10^6\,km^2$) sammeln sich die abkommenden Fluten aus dem tropisch-randtropischen Halbwüstengebiet Inneraustraliens (Abb. 8.2 und 8.3). Lake Eyre ist der Endsee (−15 m NN) der Flusssysteme, die im monsunal beeinflussten Klimaregime liegen. Die fluvialen Formen und Sedimente und die limnischen Ablagerungen und Formen lassen in Verbindung mit den äolischen Bildungen Klimarekonstruktionen zu, die die letzten Glazial-Interglazial-Zyklen umfassen und die sich auf hygrische Klimaschwankungen konzentrieren (Abb. 8.4).

Nanson et al. (2008) fassen die mittel- und jungquartäre Klimageschichte für das Lake-Eyre-Becken zusammen, indem sie die Daten der geomorphologisch-sedimentologischen Paläoklimaarchive zahlreicher Autoren mit eigenen Beobachtungen verknüpfen. Nach Nanson et al. (2008) ergibt sich folgende Rekonstruktion: Das Lake-Eyre-Becken ist eine semiaride Region zwischen den Tropen und der gemäßigten Zone. Seit dem Tertiär erfolgt aufgrund tektonischer Prozesse Sedimentation. Die Ablagerungen bieten günstige Voraussetzungen für paläoklimatische und paläohydrologische Rekonstruktionen (Abb. 8.5). So zeigen 85 Lumineszenzdaten (TL und OSL) im Bereich der unteren 500 km des Cooper Creek, einem Hauptzufluss im Osten des Beckens, zusammen mit weiteren 142 Lumineszenzdaten aus NE-Australien eine Chronologie mit zahlreichen Perioden vermehrter Wasserzufuhr in das Becken seit ca. 750 ka BP bis heute. Zwischen 250 und 230 ka BP (MIS 7–6) waren die Abflussraten 5- bis 7-mal höher als heute. Während und nach dem MIS 5 (Eem) waren die fluvialen Prozesse geringer als zuvor. Auch in der Tirari-Wüste beim Lake Eyre gibt es Hinweise auf weit verbreitete fluviale Aktivität vor (und in) dem Mittelpleistozän; in MIS 7–5 dokumentiert die seitliche Begrenzung der Flüsse nachlassende Fluten. Das Quartär wird durch deutliche Wechsel von humid zu arid charakterisiert. Seit dem MIS 7 (oder 6) ist eine allgemeine Abnahme der Intensität der humiden Phasen festzustellen, die im östlichen Teil von Zentralaustralien periodisch auftraten. Während des letzten glazialen Zyklus ereigneten sich die stärksten Fluten nicht im interglazialen Maximum (MIS 5e, ca. 132–122 ka BP), sondern später im MIS 5, als die Temperaturen und Meeresspiegel deutlich niedriger waren als im MIS 5e bzw. heute. Im MIS 4 und 3 war die fluviale Aktivität geringer als im mittleren und späten MIS 5; die Einflüsse der Westwindzone waren stärker als die der Monsune. Im LGM sowie im frühen und mittleren Holozän gab es kurze, jedoch starke Flutepisoden, die aber keine bedeutenden fluvialen Prozesse (Erosion, Transport, Akkumulation) auslösten.

Werden die Rekonstruktionen der Seespiegelschwankungen im Lake Eyre während der letzten 150 ka BP (Abb. 8.6) betrachtet, so ergibt sich ein abweichendes Bild für die Datierungen der feuchten Phasen. Während Nanson et al. (2008) für das

Abb. 8.2 Uluru (Ayers Rock), Zentralaustralien. (Envisat-Satellitenbild www.esa.int/spaceinimages/Images/) *Kleines Bild* (Januar 2004): Landschaftsbild nach Niederschlägen im Südsommer 2003/2004. (Foto: alueni-images)

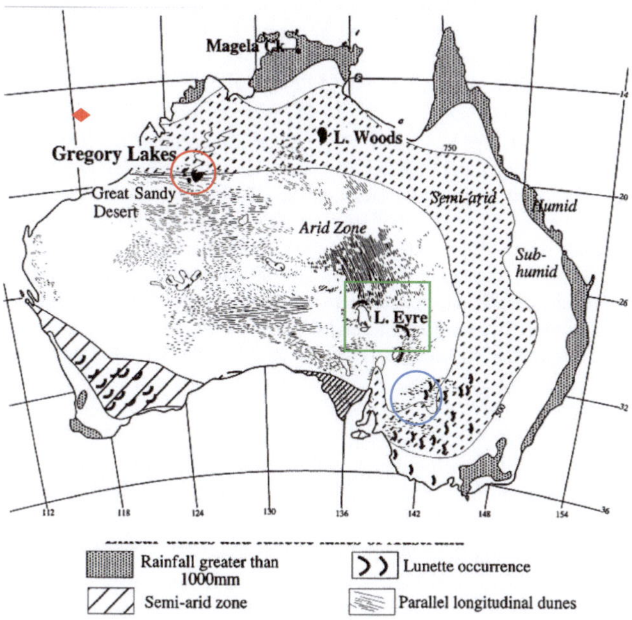

Abb. 8.3 Lineardünen und Lunettedünen in Australien. Das Lake-Eyre-Becken liegt südlich der Simpson-Wüste, die durch Lineardünen charakterisiert wird. Über verschiedene Talsysteme (Cooper Creek, Diamantina, Geogina-Warburton, Finke-Alberga) erhält es Anschluss an die tropischen und subtropischen Niederschläge bis in 20° S (Northern Territory und Queensland). Das Gregory-Lake-System befindet sich in der Großen Sandwüste W-Australiens. Es liegt in der randtropischen Monsunregion. Die von Ost nach West verlaufenden Längsdünen stehen im Gegensatz zu den Dünen- und Seemustern in SE-Australien (Murray-Region) im Einflussgebiet der Westwindzirkulation (aus Bowler et al. 2001). *Roter Kreis*: Gregory Lake System. *Blauer Kreis*: Murray-Dünen-Region (vgl. Lomax et al. 2011). *Grünes Rechteck*: Strzelecki- und Tirari-Wüsten (vgl. Fitzsimmons et al. 2007). *Rote Raute*: Bohrkern SO-14-08-05 (16°21′ S, 118°23′ E) ◄

MIS 5e (wärmste Phase des Eem um 125 ka BP) keine extreme fluviale Aktivität im Cooper Creek nachweisen können, zeigen die Lake-Eyre-Seespiegelstände zwischen 120 und 110 ka BP die höchsten Stände der letzten 150 ka BP. Dies muss kein Widerspruch sein, sondern kann durchaus belegen, dass im MIS 5e die monsunalen Niederschläge regelmäßig auftraten und zwar in relativ tropisch-(semi)humiden Geoökosystemen, was zu geringerer fluvialer Aktivität, jedoch zu hohen Abflüssen und hohen Seespiegelständen führte. Erst nach dem MIS 5e dokumentieren die fluvialen Prozesse (Sedimentauf-

Abb. 8.4 Paläoklimaarchive Inneraustraliens. *Oben links*: GOOGLE-Bild des Lake-Eyre-Beckens (*grünes Rechteck* in Abb. 8.3). *Oben rechts*: Simpson-Desert-Längsdünensysteme. GOOGLE-Bild. *Unten links*: Slackwater Deposits (SWD) des Finke River. ^{14}C-Alter der SWDs zeigen, dass die größten Fluten der letzten 700 Jahre in den Jahren 1967, 1972 und 1974 auftraten (van Oosterzee and Morrison 1991; Foto: alueni-images). *Unten rechts*: *Diprotodon optatum* war der größte eiszeitliche Wüstenbewohner mit 3 m Länge und 2 m Höhe (aus van Oosterzee and Morrison 1991). Vermutlich starb *Diprotodon optatum* bereits vor rund 50.000 Jahren im Lake-Eyre-Becken aus (GH Miller et al. 2007)

Abb. 8.5 *Oben*: GOOGLE-Bild des Channel Country (Cooper Creek, 27°30′09″ S, 141°59′ E, ~72 m NN). *Unten*: Stratigraphie der Sedimente der Cooper Creek-Floodplain. Die Talsohle besteht aus 0,5–5 m massivem sandigem Schlamm (Genese: sedimentiertes Schwebmaterial): Er ist an der Oberfläche rezent, am unteren Kontakt mit dem liegenden Sand im Westen ≤ 10 ka BP und im Osten > 60 ka BP alt. Im Liegenden befinden sich grobe und feine Sande mit Schlammlinsen, Fe-Mn-verbackenen Lagen und einigen feinen Schottern. Die ältesten Sandkörper der obersten 6–7 m kommen im Osten vor (ca. 200 bis 160 ka BP). Im Westen sind die Sande bis ca. 12 m Tiefe seit ca. 80 ka BP umgelagert. Calcretes und Gypcretes sind im Osten eingelagert; im Westen, wo auch äolische Sande auftreten, ist das nicht der Fall. Die 80-ka-Isochrone zeigt an, dass sich die fluvialen Prozesse während des letzten glazialen Zyklus auf den westlichen Abschnitt konzentriert haben. Im Liegenden (unterhalb der 80-ka-Linie) stehen dicke Einheiten aus Grob- und Mittelsand an, in die gelegentlich Silt/Ton-Linsen eingeschlossen sind. Die Alter reichen bis 740 ± 55 ka BP. Eine detaillierte Interpretation geben Nanson et al. (2008) in Verbindung mit anderen Profilserien des Lake Eyre-Beckens. (Aus Nanson et al. 2008) AHD – Australian Height Datum ►

nahme, Transport und Akkumulation durch Wasser) stärker akzentuierte Monsunniederschläge (jahreszeitlich und/oder witterungsbedingt, vgl. Rohdenburg 1971, 1989), während die Seespiegel die feuchteste letztinterglaziale Phase im MIS 5e repräsentieren.

Cohen et al. (2011) rekonstruieren für das *Lake-Frome*-Gebiet (südlich des Lake Eyre) die Paläohydrologie der letzten 110 ka BP (Abb. 8.7). Einflüsse der südlichen Ozeane (gemäßigte Breiten) und der tropischen Feuchtigkeitsquellen werden sichtbar. Paläoklimaproxys (lakustrine Sedimente vom Lake-Mega-Frome und vom Lake-Eyre-Becken, Speläotheme aus SE-Australien [Ayliffe et al. 1998], fluviale und limnische Ablagerungen aus dem nördlichen Lake-Eyre-Becken) weisen auf ergiebige Niederschläge aus mehreren Ursprungsgebieten im späten MIS 5. Synchrone Hochstände der Seespiegel im frühen MIS 3 und im Post-LGM während der Insolations-Maxima deuten auf den Einfluss des *Orbital Forcing* (Präzession), obgleich nicht alle Lake-Frome-Hochstände dem entsprechen. Die gute Übereinstimmung zwischen Seespiegelständen und Spe-

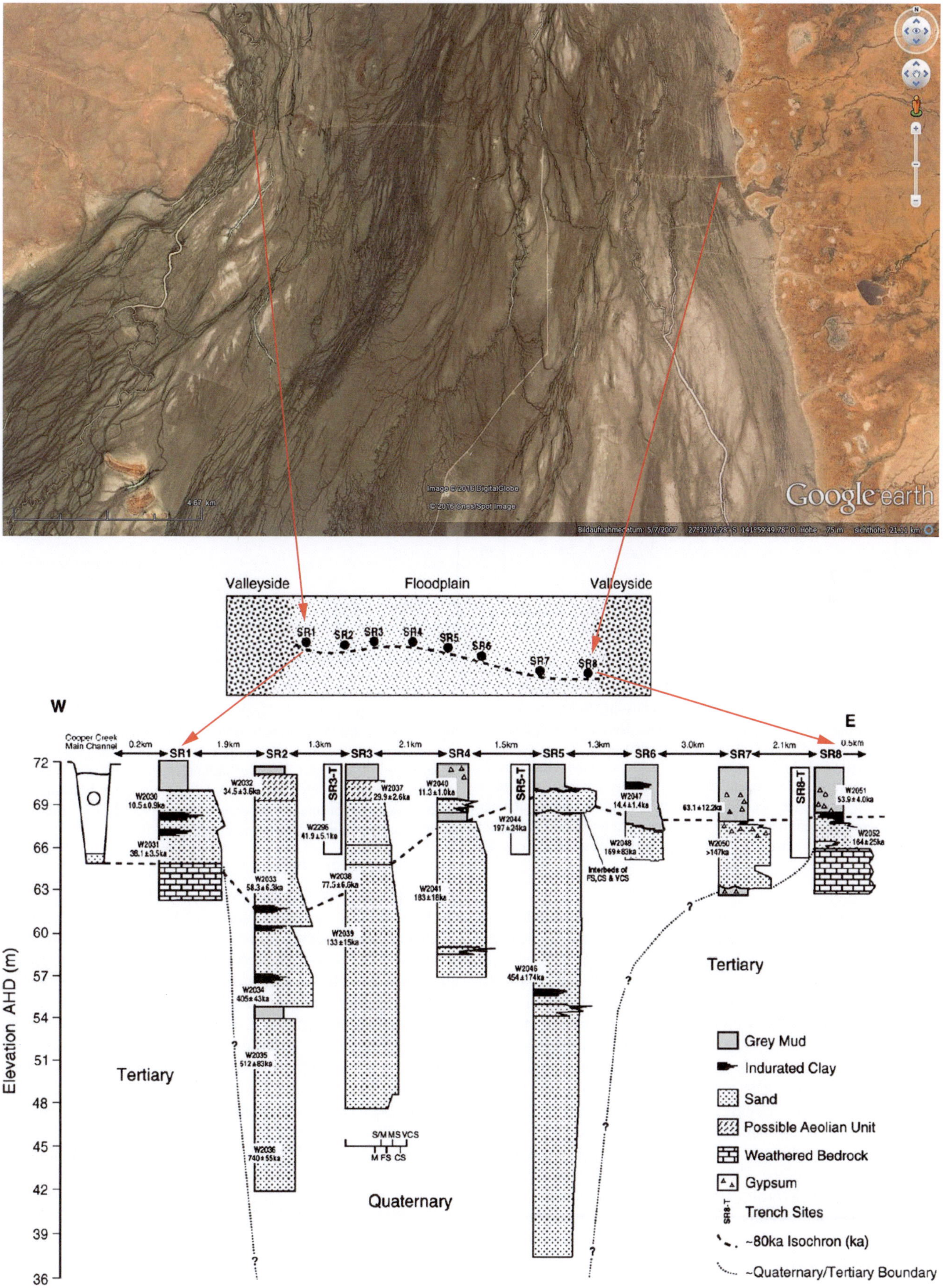

Image © 2018 DigitalGlobe
© 2018 Cnes/Spot Image
Google earth
Valleyside
Floodplain
Valleyside
SR1
SR2
SR3
SR4
SR5
SR6
SR7
SR8
W
E
Cooper Creek Main Channel
Elevation AHD (m)
Tertiary
Quaternary
Tertiary
Grey Mud
Indurated Clay
Sand
Possible Aeolian Unit
Weathered Bedrock
Gypsum
Trench Sites
~80ka Isochron (ka)
~Quaternary/Tertiary Boundary

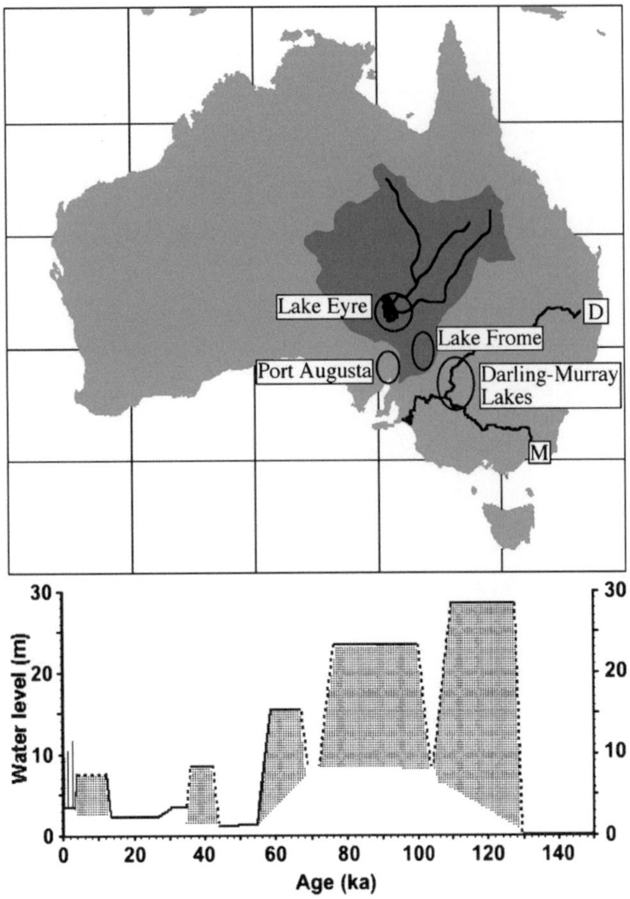

Abb. 8.6 *Oben*: Karte von Australien mit dem Lake-Eyre-Becken (*dunkelgrau*), dem Lake Eyre und wichtigen Zuflüssen. Außerdem ist das Darling-Murray-Flusssystem dargestellt. Die Kreise zeigen die Regionen, aus denen die Proben von Eierschalen für $\delta^{13}C_{diet}$-Analysen stammen (aus GH Miller et al. 2006, 2007). *Unten*: Lake-Eyre-Seespiegelkurve für die letzten 150 ka BP. Höhenangaben in m über dem tiefsten Punkt des Seebeckens im MIS 6 (nach Entfernung der jungquartären Seesedimente). Der Seeboden wird im MIS 6 zum letzten Mal während der extremen Aridität exhumiert. (Aus GH Miller et al. 2006, 2007)

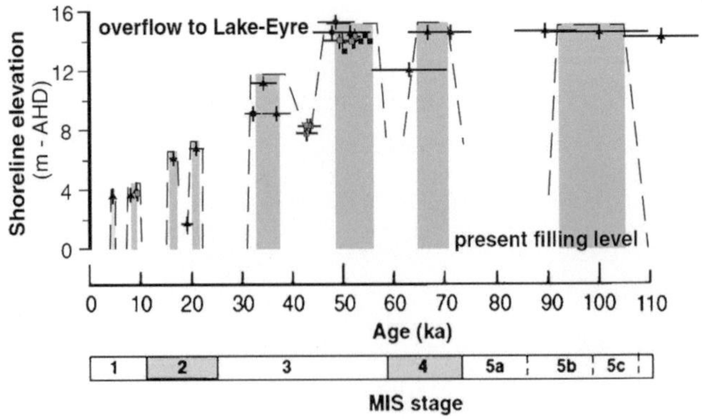

Abb. 8.7 Seespiegelstände des Lake Frome aufgrund von OSL-Daten (*single grain*) von stratifizierten Paläostrandlinien (*schwarze Dreiecke*), TL-Daten (multigrain, *schwarze Kreise*) und AMS-^{14}C-Daten von Frischwasser-Mollusken (*graue Rechtecke*). Die *grauen Balken* kennzeichnen die hohen Seestände. Das horizontale *graue Band* repräsentiert die Höhe der Warrawoocarra-Schwelle in 15,4 AHD (Australian Height Datum). Ein Überlauf zum Lake Eyre ist nach ca. 50 ka BP nicht mehr erfolgt. (Aus Cohen et al. 2011)

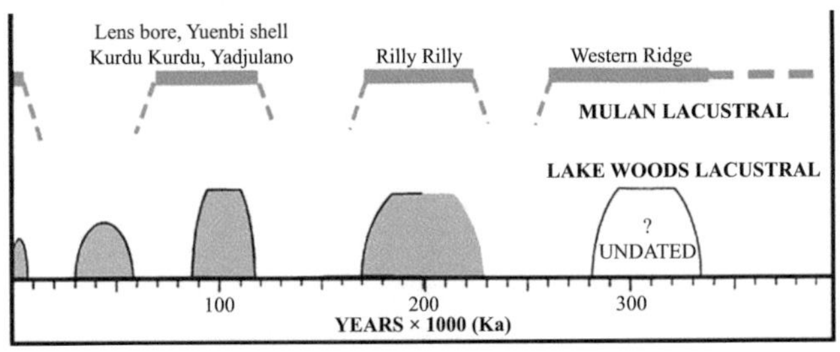

Abb. 8.8 Rekonstruktion der quartären Seebildungen aufgrund von TL-Datierungen der Longitudinal- und Transversaldünen im Gregory-Becken (Lake Mulan); Erstere sind für die Wüstenareale charakteristisch; Letztere werden aufgrund von Seen/Pfannen gebildet. Das Muster der aufgrund der Transversaldünen rekonstruierten Seespiegel ähnelt im Prinzip dem Muster der paläohydrologischen Merkmale von Lake Woods im monsunalen Nordaustralien (vgl. Abb. 8.3; Mulan- und Woods-Seephasen nach Bowler et al. 2001)

läothemwachstum bei Naracoorte und auf Kangaroo Island in SE-Australien (Winterregenregion) legt nahe, dass der australische Kontinent viel Feuchtigkeit vom südlichen Ozean erhielt und zwar um 50–45 ka BP (MIS 3) und um 32 ka BP (spätes MIS 3). Diese Perioden und die Hochstände um 17,6–15,8 ka BP (Post-LGM, Heinrich-Event 1) fallen mit Maxima und Minima der südhemisphärischen Sommer-Insolation, mit Meeresspiegelabsenkungen unter 50 m und mit niedrigen Temperaturen zusammen. Die hohen Seestände um 13–12 ka BP und im Holozän ($\sim$5 und 1 ka BP) werden mit einer südwärtigen Verlagerung der ITCZ und höheren Niederschlägen im tropisch beeinflussten Sommerregengebiet in Verbindung gebracht. Cohen et al. (2011) weisen darauf hin, dass die Lake-Frome-Paläohydrologieproxys im letzten glazialen Zyklus keinen eindeutigen Einfluss des Insolations-*forcing* ergeben, jedoch einen fortschreitenden Klimawandel zu größerer Aridität in Australien, vor allem nach ca. 45 ka BP.

Im tropischen NW-Australien wird das Gregory-Lake-System (Abb. 8.3), das aus einer untereinander verbundenen Kette aus Seebecken besteht, von Sommermonsunniederschlägen gespeist. Die Gregory-Seen werden von Dünenfeldern umgeben. Die Geoarchive dokumentieren quartäre Klimaschwankungen, die teils feuchter, teils arider als heute sind (Bowler et al. 2001). Die Dünenbildungsphasen sind TL-datiert. Sie zeigen bedeutende hydrologische Änderungen in den letzten ca. 300 ka BP (Abb. 8.8). Alte *Foreshore*-(Ufer-)Dünen dokumentieren Mega-Paläoseen, von denen der älteste auf ca. 300 ka BP datiert wird. Größere Seen bilden sich auch um 200 ka und 100 ka BP; die Paläoseephasen entsprechen weitgehend den warmen Interglazialzeiten MIS 9, 7 und 5. Ein Trend zu abnehmender Humidität in den letzten 300 ka zeigt sich. Längsdünenbildung innerhalb der Mega-Paläoseen repräsentieren mindestens zwei trockene Phasen um oder kurz vor 230 ka und 70 ka BP (Bowler et al. 2001). Die gegenwärtige monsunale Aktivität führt in extrem feuchten Jahren lediglich zu kurzzeitigen Abfluss-/Flut-Ereignissen.

Obgleich die weite Verbreitung äolischer Formen und Sedimente in Australien günstige Voraussetzungen für paläoklimatische Rekonstruktionen bereitstellt, liegen immer noch relativ wenig detaillierte Studien vor, die äolische Bildungen erfassen, die älter als ca. 40 ka BP sind. Dies ist teilweise mit Problemen der Zugänglichkeit wie auch der Datierung verbunden (vgl. Lomax et al. 2003).

Fitzsimmons et al. (2007) beschreiben aus dem trockensten Teil Inneraustraliens (Strzelecki- und Tirari-Wüste, Abb. 8.3) OSL-datierte Dünenbildungen (Lineardünen). Vier stratigraphische Einheiten, die durch Paläoböden gegliedert werden, dokumentieren äolische Aktivitäts- und Stabilitätsphasen. Die äolischen Prozesse waren besonders um ca. 73–66 (MIS 4), 35–32 (MIS 3), 22–18 und 14–10 ka BP (MIS 2) aktiv, d. h. in kühlen und trockenen Phasen des Spätpleistozäns. Aber auch im MIS 5 können Dünensande (re)aktiviert werden, wenn geeignete Sedimente zur Verfügung stehen (*Floodplains*, Seeböden).

Neuere OSL- und ESR-Daten von Dünen aus dem außertropischen Murray-Gebiet in SE-Australien (Abb. 8.3) legen Lomax et al. (2011) und Beerten et al. (2006) für die letzten ca. 300 ka BP vor. Die älteste datierte Ablagerungsphase von äolischen Sanden reicht bis 380 ka BP zurück. Allerdings können die Dünenbildungsphasen vor dem letzten glazialen Zyklus aufgrund methodischer Einschränkungen nicht stratigraphisch zufriedenstellend erfasst werden. Seit dem Eem erfolgte bedeutende Sandakkumulation zwischen 72–63 ka BP und 38–18 ka BP. Die äolischen Prozesse waren während des *Termination I* und im Holozän sehr begrenzt. Lediglich eine leichte Konzentration der Daten fällt mit dem ACR und der holozänen Phase zwischen 8–5 ka BP zusammen. Die Phasen aktiver äolischer Prozesse (Dünenbildung) waren im Wesentlichen an aride Perioden gebunden. Lomax et al. (2011) bemerken, dass die Dünen-*records* oft unterbrochen sind, weshalb die direkte paläoklimatische Interpretation *Dünenbildung = arid* nicht angewendet werden kann.

Das palynologische Profil vom *Lynch's Crater* ist weiter oben erwähnt (Abb. 7.40). Es reicht bis ca. 220 ka BP zurück und zeigt deutlich die Vegetationsveränderungen. MIS 7, 5 und 1 werden von Regenwald-Angiospermen dominiert, während sich die Sklerophyllen (Hartlaubvegetation) in MIS 6, 4, 3 und 2 stark ausbreiten; im MIS 2 beherrschen die Sklerophyllen die Gehölzarten (Kershaw et al. 2002).

GH Miller et al. (2006) vermuten, dass mit der Einwanderung des *Homo sapiens* nach Australien vor ca. 50 ka BP aufgrund systematischer Feuer eine Vegetationsänderung ausgelöst wurde. Die für die ariden Gebiete charakteristische Baum-/Strauch-Savanne mit gelegentlichem üppigem Grasland wurde von dem modernen Hartlaub-*Scrub* (immergrüne Hartlaubsträucher) abgelöst. Dieser relativ plötzliche Zusammenbruch des Ökosystems der (semi)ariden Regionen zeigt sich auch in den $\delta^{13}C_{diet}$-Werten der *Dromaius*-Eierschalen (eine weitverbreitete Emuart) (Abb. 8.9). Um 50–45 ka BP änderte sich die Diät drastisch; C_4-Pflanzen (Gräser) wurden bedeutungslos. Da *Dromaius* allgemeine *Feeder* waren, konnten sie sich der neuen Situation anpassen (wie auch das Känguru), was dem spezialisierten *Genyornis newtoni* (ein ca. 2 m großer flugunfähiger Vogel) nicht gelang; er starb aus (GH Miller et al. 2006). Der Vegetationswechsel hatte vermutlich auch das Klima beeinflusst. Klimamodelle zeigen reduzierte Monsunniederschläge um bis zu 50 % für das innere Australien. Die hohen Seespiegel im Lake Eyre zwischen 130–60 ka BP, vor allem zwischen 65–60 ka BP, stehen im Kontrast zu den niedrigen holozänen Seespiegelständen (Abb. 8.6). Diesen Gegensatz erklären GH Miller et al. (2006, 2007) mit Rückkoppelungen des Ökosystemwandels vor rund 50–45 ka BP und des monsunalen Klimas. Neuere Daten von Paläostrandlinien der Seen im Lake-Eyre-Becken belegen hydrologische Veränderungen, die ein Ende der überlaufenden Megaseen um 48 ± 2 ka BP anzeigen, sodass eine katastrophale Phase der Austrocknung einsetzte, die das Aussterben der Megafauna (u. a. *Genyornis newtoni*, 90 % der Megafauna sind um ~45 ka BP ausgestorben) begünstigte (Cohen et al. 2015).

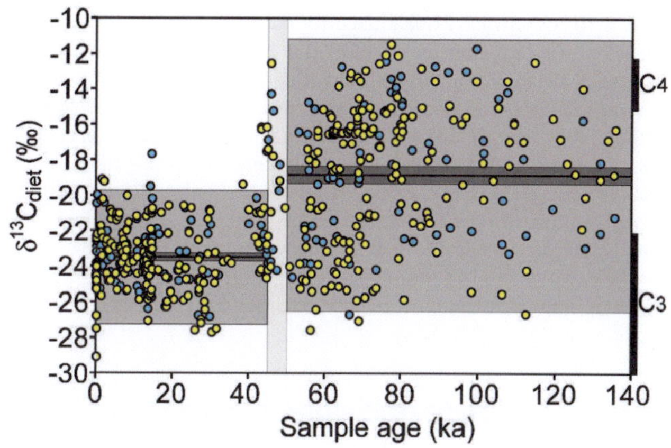

Abb. 8.9 $\delta^{13}C_{diet}$-record für *Dromaius* im Lake-Eyre-Gebiet für die letzten 140 ka BP. Ein dramatischer Wechsel in der Nahrungsaufnahme findet um 50–45 ka BP statt. Jede Probe ist unabhängig datiert worden. *Hellgrau* repräsentiert $\pm 1\sigma$; *dunkelgrau* – Standardabweichung vom Mittel; *schwarze Linie* – $\delta^{13}C$-Mittel. Der Bereich von $\delta^{13}C$ in der rezenten Vegetation (Lake-Eyre-Gebiet) wird durch die Balken am rechten Rand angezeigt. (Aus HG Miller et al. 2006, 2007, vgl. auch Kershaw und van der Kaars 2012)

Es scheint, dass die australischen terrestrischen Geoarchive, die lange quartäre Zeiträume umfassen, erst seit ca. 400 ka BP (MIS 11) eine größere Aridität mit Dünenbildung einerseits und extremere Feuchtphasen andererseits mit Seenbildungen zeigen. Ob hier ein Zusammenhang mit dem *Mid-Brunhes Event* (Jansen et al. 1986) besteht, wie Kershaw und van der Kaars (2012) vermuten, muss zukünftig diskutiert werden. Hinweise dafür tragen Kershaw und van der Kaars (2012) vor: Ein verstärkter Staubeintrag fand seit ca. 350 ka BP von Australien in die Tasman-See statt (Hesse 1994) (Abb. 8.10); die SSTs nahmen um 400–250 ka BP vor der Küste NW-Australiens (mariner Kern ODP 820, Peerdeman et al. 1993) merklich um 4 °C zu. Auch die aktive Tektonik im SE-asiatischen Raum, wo im Jungquartär der *West Pacific Warm Pool* (WPWP) einen großen Einfluss auf das Klima ausübte und wo sich als Folge der eiszeitlichen tiefen Meeresspiegel (−120 m) mit Bildung von Sunda und Sahul die marinen Zirkulationssysteme anpassten, führte im Früh- und Mittelquartär zu Veränderungen der geographischen Situation.

Abb. 8.10 *Oben links*: Lokalitäten im nördlichen Australien und dem Eyre-See-Becken. Der Bereich der nordwestlichen Staubtransportwege ist getönt. Es bedeuten: Fi – Finke; B – Birdsville; De – Derby; CG – Carpenter's Gap. Die Ausrichtung der Lineardünen wird durch *Pfeile* angezeigt. *Oben rechts*: Australische Monsun-*Records*. (*a*) SO-14-08-05 Staubtransport-*Record* (*dicke Linie*) und SO-14-08-15- Staubtransport-*Record* (*dünne Linie*) (Hesse und McTainsh 2003). (*b*) Seespiegelstände vom Lake Gregory und Lake Woods (Bowler et al. 2001; Wyrwoll und Miller 2001). *Marine Oxygen Isotope Stages* (MIS) (Martinson et al. 1987) sind in *getönten Bändern* dargestellt (Glaziale).
Unten links: Lokalitäten in Südaustralien und in der Tasman-See und Umweltbedingungen (Dünen, Vegetation, Gletscher, Staub-Trajektorien) während des LGM. Es bedeuten: MR – Murrumbidgee River; Mu – Lake Mungo; Ur – Lake Urana; Ge – Lake George; Na – Naracoorte; Wa – Wangoom. *Unten rechts*: Südaustralische *Records*. (*a*) Histogramm der datierten Lineardünen südlich von 30° S. Vier Einheiten von Nyah West sind getönt dargestellt. (*b*) Staub-Trajektorien in die Tasman See aufgrund von drei marinen Kernen. (*c*) Rekonstruierte Extremabflüsse (Qb) in den Paläobetten des Murrumbidgee River, dargestellt als Vielfaches des modernen Abflusses. Isotopenstadien werden durch vertikale Schattierung angezeigt (aus Hesse et al. 2004, dort auch weitere Literatur) ►

8.1.2 Das letzte Hochglazial und *Termination I*

Abb. 8.11 zeigt eine Zusammenschau der LGM-zeitlichen Vegetation für die australasiatische Region zwischen 90 und 170° W; die Regenwaldgebiete beiderseits des Äquators sind teilweise durch Savannen bzw. Trockenwälder ersetzt. Wie im Kongo-Becken, so dokumentieren auch in NE-Australien alluviale Schwemmfächer, *Sheetwash*-Sedimente und Schuttlagen Abtragungsprozesse zwischen 27 und 14 ka BP, die für Savannenökosysteme und nicht für tropische Regenwaldbiome charakteristisch sind (Nott et al. 2001). Für das aride bis semiaride Innerаustralien legen Bowler und Wasson (1984) und 30 Jahre später Fitzsimmons et al. (2013) für die letzten 40 ka BP eine Zusammenfassung der Paläo-Environment-Rekonstruktionen vor (Abb. 8.12 und 8.13). Die großen Fortschritte der Paläoklimaforschung aufgrund terrestrischer Archive erschließt sich durch einen Vergleich der Arbeiten, deren Chronostratigraphien der äolischen Bildungen durch die Lumineszenzdatierungen beherrscht werden. Wie im (semi)ariden südlichen Afrika, so war auch hier das Feuchtigkeitsangebot die dominante Variable der Klimaschwankungen. In den nördlichen Regionen bestimmte das tropische Monsunzirkulationsmuster die Klimaregime, in den südlichen kamen Einflüsse der Westwindzone hinzu.

Das Lake-Eyre-Becken war von ca. 33–13 ka BP relativ trocken. Beim Lake Frome verursachten LGM-zeitliche Einflüsse der Westwindzone Seenbildung während einiger Episoden im *Termination I*. Im monsunbeeinflussten Norden wurde das LGM durch weit verbreitete relative Aridität und kühlere Temperaturen charakterisiert; dies wird durch ausgedehnte äolische Prozesse (Dünenbildung, Staubtransport), niedrige Seespiegel (auch Austrocknung) und reduzierte – jedoch episodische – fluviale Prozesse angezeigt. Das vom Westwind beeinflusste Gebiet war im LGM ebenfalls relativ arid, zeigt aber Speläothembildung und fluviale Aktivität. Im *Termination I* (die Erwärmung begann um 17 ka BP) wies der (außertropische) südliche Teil der semiariden Gebiete um ~ 17–15 ka BP eine humide Periode auf und anschließend eine Phase mit deutlicher äolischer Aktivität um ~ 14–10 ka BP. Diese Entwicklung steht im Gegensatz zu den Klimaverhältnissen im Norden, wo die ariden Bedingungen auch nach dem LGM andauerten; hier war der Monsun geschwächt, die Seespiegel waren niedrig und die fluviale Aktivität war gering. Ab ~ 14 ka BP verstärkte sich die Monsunzirkulation und sorgte für eine Zunahme der Niederschläge, die auch noch im frühen und mittleren Holozän für

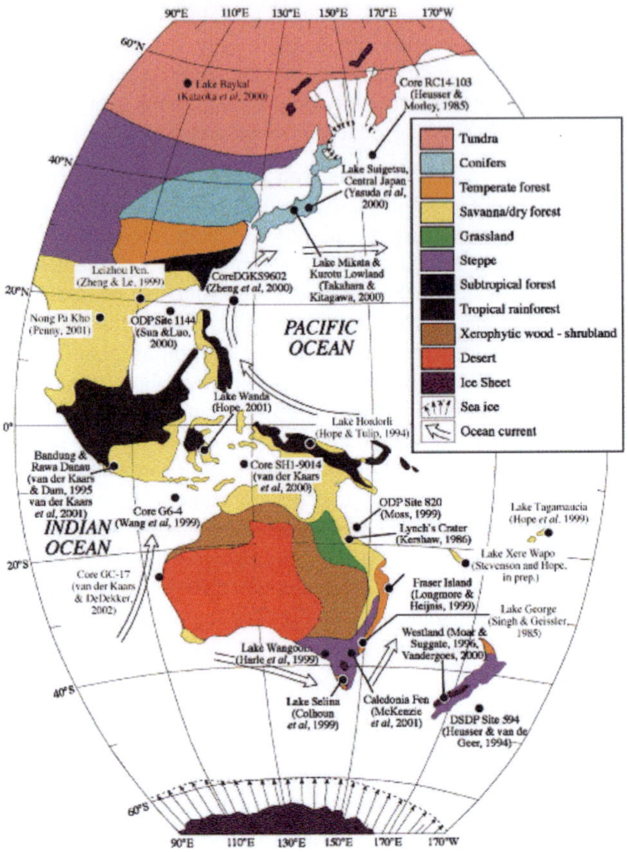

Abb. 8.11 Lokalitäten mit langen Pollensequenzen, die die letzten ≥ 40 ka BP umfassen, und die Rekonstruktion der Biome entlang des PEP-II-Transekts (Pole-Equator-Pole) während des LGM (aus Hope et al. 2004). Refugien des tropischen Regenwalds befanden sich in Sunda und Sahul. Die Regenwaldgebiete in NE-Australien wurden von Savannen und/oder Trockenwald verdrängt

mäßig humide Bedingungen sorgten. Das wird durch ansteigende Seespiegel, Dünenaktivität im Umkreis der Ausblasungsgebiete (z. B. Pfannen) und Speläothemwachstum dokumentiert. Reeves et al. (2013) betonen, dass keinerlei Hinweise auf eine Klimafluktuation (Abkühlung) während der YD in Australien vorhanden sind, andererseits aber das ACR deutlich südlich von Australien auftrat. Das frühe Holozän wurde durch eine ausgeprägte Klimavariabilität im monsunal beeinflussten tropischen Teil geprägt. Im späten Holozän nahm die Humidität ab (Ab-

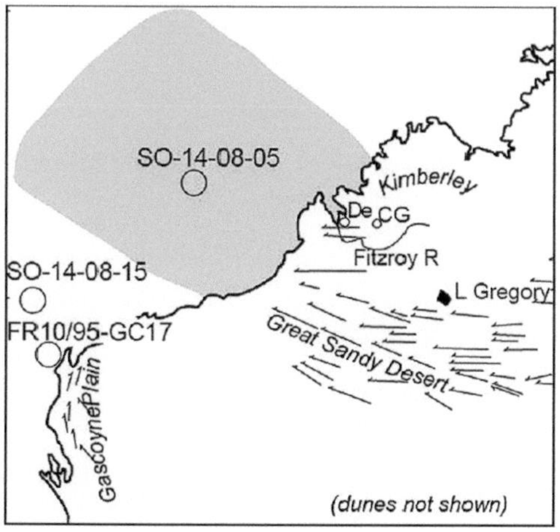
SO-14-08-05
Kimberley
De
CG
Fitzroy R
L Gregory
SO-14-08-15
FR10/95-GC17
Great Sandy Desert
Gascoyne Plain
(dunes not shown)

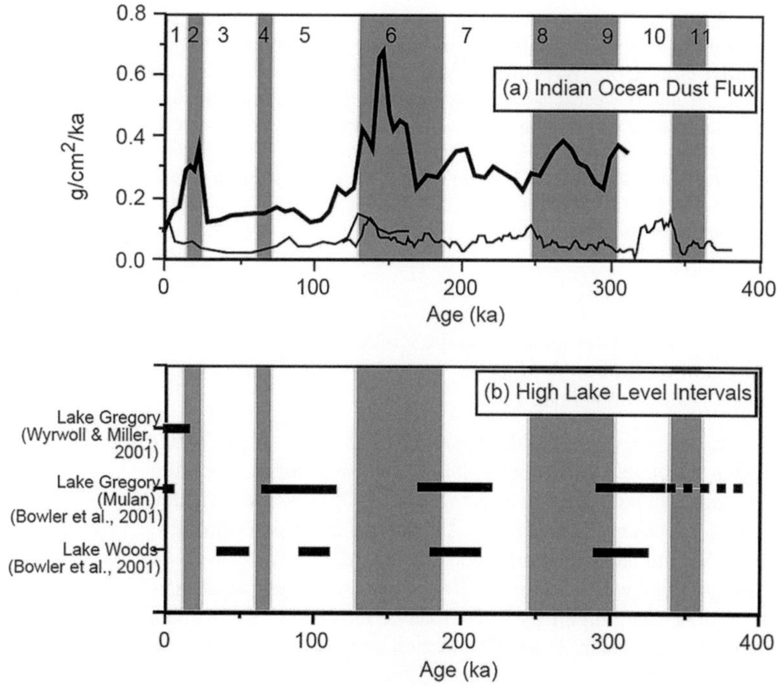
(a) Indian Ocean Dust Flux
1 2 3 4 5 6 7 8 9 10 11
g/cm²/ka
Age (ka)
(b) High Lake Level Intervals
Lake Gregory (Wyrwoll & Miller, 2001)
Lake Gregory (Mulan) (Bowler et al., 2001)
Lake Woods (Bowler et al., 2001)
Age (ka)

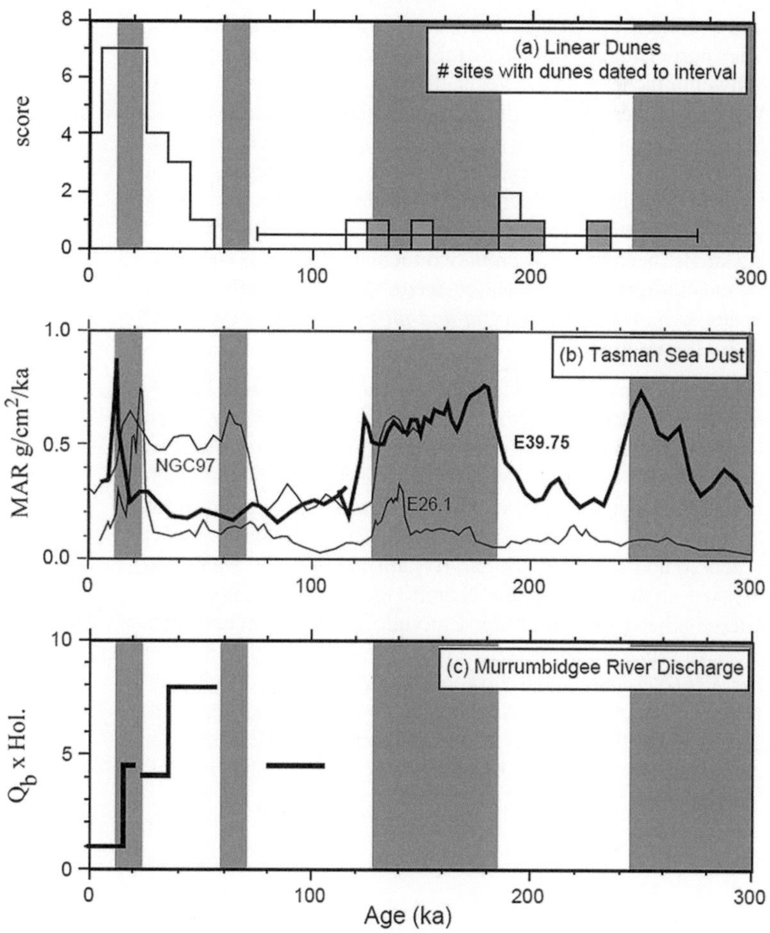
(a) Linear Dunes
sites with dunes dated to interval
score
(b) Tasman Sea Dust
MAR g/cm²/ka
NGC97
E39.75
E26.1
(c) Murrumbidgee River Discharge
Qb x Hol.
Age (ka)

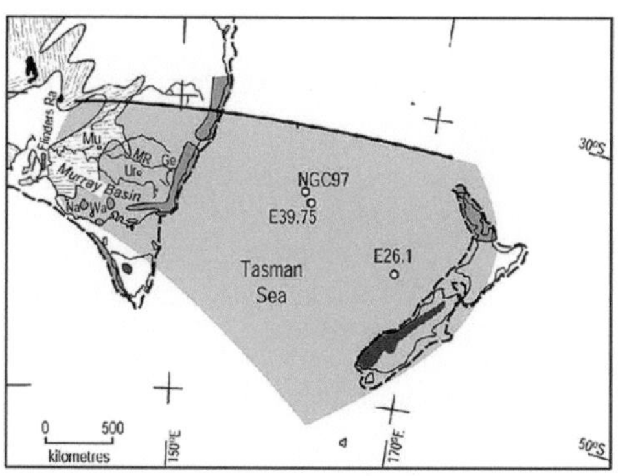
Murray Basin
NGC97
E39.75
E26.1
Tasman Sea
kilometres

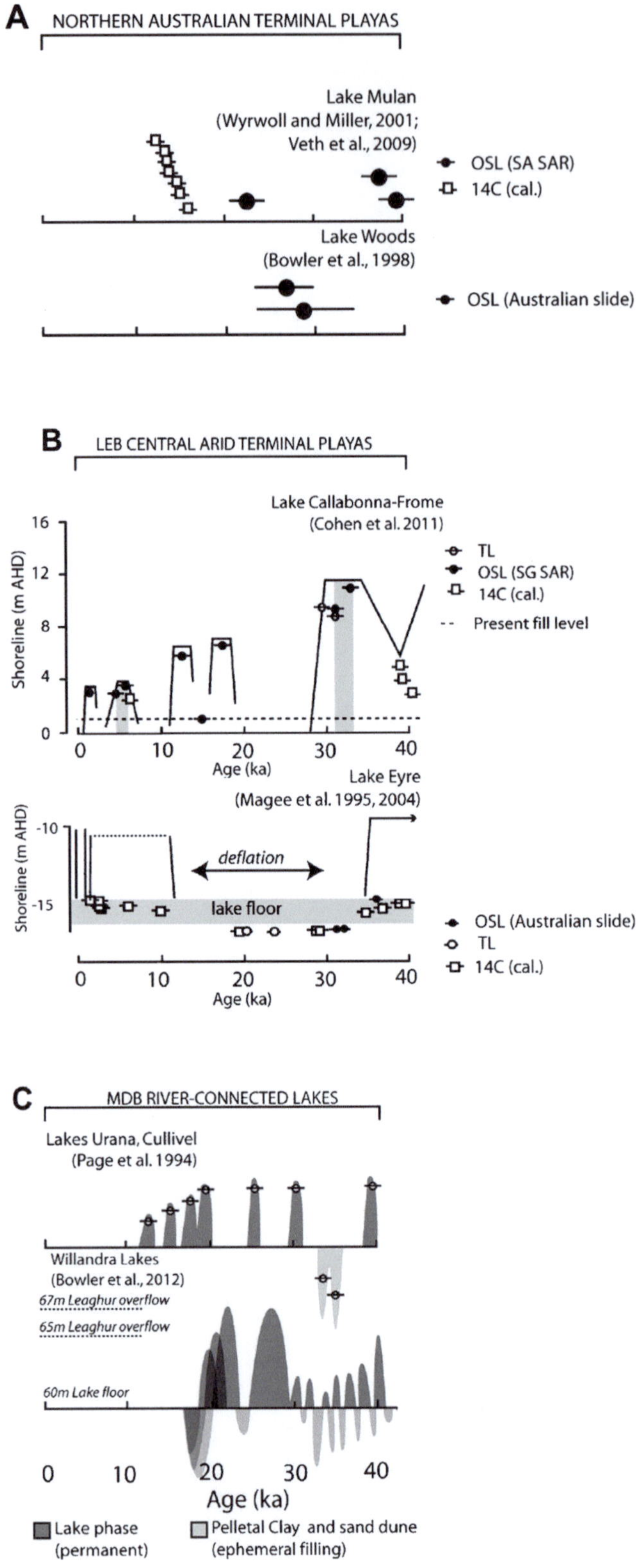

Abb. 8.12 Synthese der Seespiegelschwankungen (Austrocknung und Seebildungen) in **A** den vom Monsun beeinflussten nördlichen Playas (Bowler et al. 1998; Wyrwoll und Miller 2001; Veth et al. 2009) im Vergleich mit **B** wechselnden hydrologischen Veränderungen in den zentralaustralischen End-Playas von Lake Frome und Eyre (Magee et al. 1995, 2004; Cohen et al. 2011) und mit **C** den von dem Westwindzone beeinflussten südlichen MDB-Eiszugsgebiet (Murray-Darling-Becken) (Page et al. 1994; Bowler et al. 2012). (Aus Fitzsimmons et al. 2013, dort auch alle Literaturzitate) ►

schwächung des Monsuns) und die El-Niño-dominierte ENSO zu; damit bestimmte Aridität die zentrale australische Trockenzone (Fitzsimmons et al. 2013).

Ergänzend zu den Paläoklimaarchiven aus den ariden/semiariden Gebieten Australiens sollen Beobachtungen aus dem tropisch-feuchten NE-Australien kurz erwähnt werden. In den humiden Tropen Südamerikas, Afrikas und SE-Asiens sind fluviale Sedimente weit verbreitet, die im MIS 3 (ca. 58–28 ka BP) gebildet wurden. In der Regel repräsentieren sie kühlere Klimabedingungen (MF Thomas et al. 2001). Nach 28 ka und besonders nach 21 ka BP änderten sich die Flussregime radikal hinsichtlich Schwemmfächerbildung, *Braiding* (Verzweigungen) und Reduktion in allen Prozessen. Zwischen < 25 ka und > 15 ka BP führte in NE-Queensland das Nachlassen der Transportleistungen der Flüsse im LGM zur Bildung von großen Schwemmfächern, da die Vegetationsänderungen von feuchtem Wald zu offener Savanne die Abtragung förderten und damit die Sedimentfracht der Flüsse und die Tendenz zu Laufverzweigungen (*Braided River*) steigerten. Während des Übergangs zum Holozän fand Einschneiden der Flussläufe statt. Dieser Vorgang wurde durch die Wiederausbreitung des Regenwalds um 9,5–8,5 ka BP beendet. *Overbank*-Sedimentation und ein Wechsel zu meandrierenden Flussläufen setzte ein, der im Mittel- und Spätholozän von mehreren *Cut-and-fill*-Episoden gefolgt wurde (MF Thomas et al. 2001).

Ferner sei darauf hingewiesen, dass im außertropischen Tasmanien das Gletscherverhalten während des *Termination I* durch folgende Daten charakterisiert wurde: (i) Ein Vorstoß während der YD fehlte; (ii) das LGM eilte dem LGM der Nordhemisphäre um 3–4 ka voraus; (iii) das Abschmelzen der Gletscher nach dem LGM begann bereits deutlich vor > 20 ka BP und war zwischen 20 und 15 ka BP schnell; (iv) um 15–14 ka BP waren die meisten alpinen Talsysteme eisfrei; (v) diese Chronologie der Gletscherbewegungen ist der Chronologie des südlichen Südamerika sehr ähnlich; (vi) das Gletscherverhalten korreliert mit der $\delta^{18}O$-Variabilität der Eiskern-*Records* von Byrd und Law Dome in der Antarktis (ANSTO 2007; vgl. Shulmeister et al. 2005; M Williams et al. 2009) und betont den Einfluss der Antarktis und südlichen Ozeane auf das Klimageschehen Süd-Australiens.

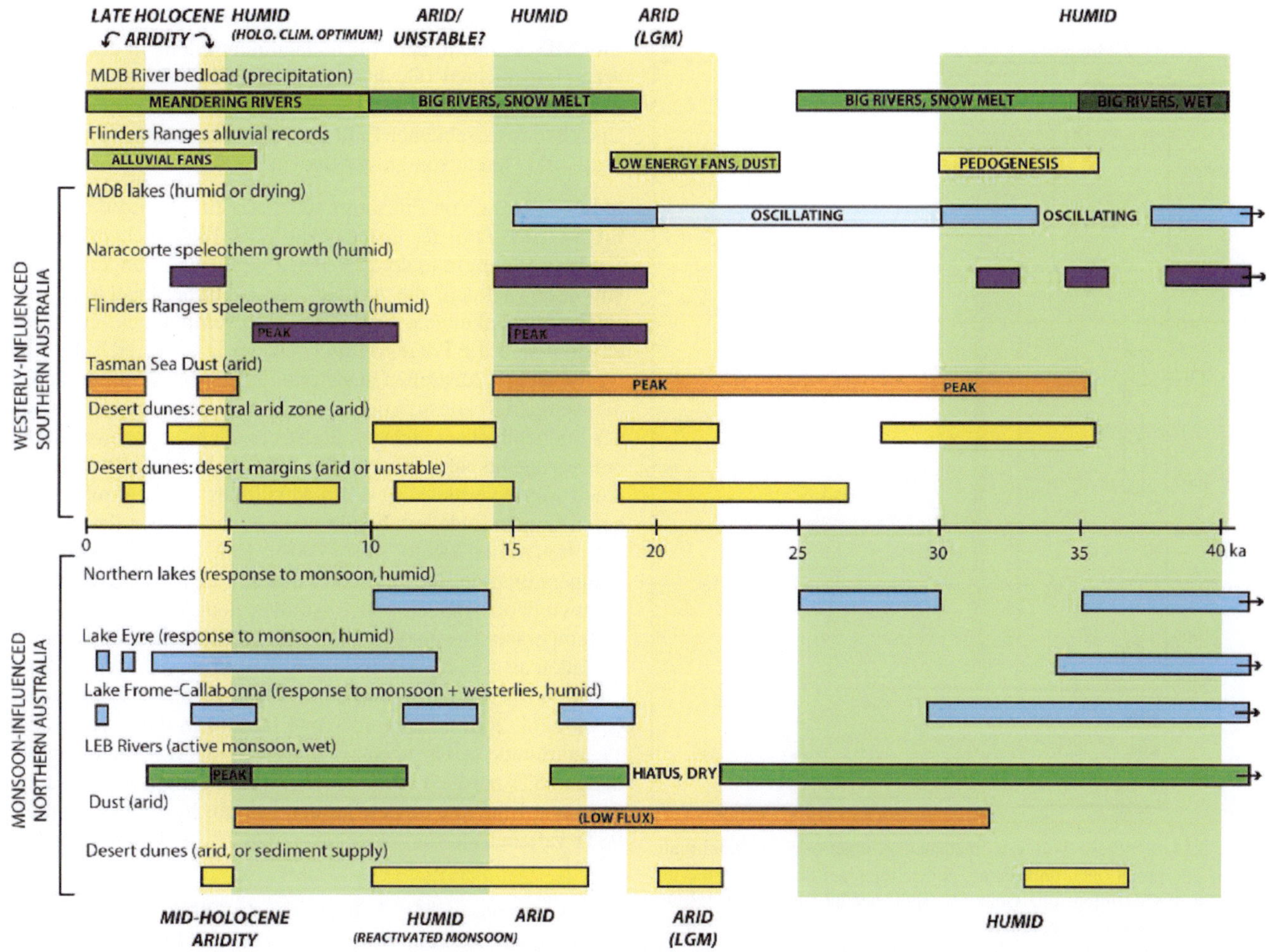

Abb. 8.13 Synthese des Paläoumweltwandels in der ariden Zone Australiens aufgrund von geomorphologischen Reaktionen auf Klimaschwankungen. Die Bedingungen vor > 40 ka BP sind durch Pfeile angedeutet (aus Fitzsimmons et al. 2013). In einer jüngeren Studie werden für das südliche zentrale aride Australien (u. a. Lake Frome) im Holozän humide Intervalle auf ~ 5,8–5,2, 4,5, 3,5–2,7 und 1 ka BP datiert; Grundlage sind Seeufersedimente, alluviale Schwemmfächer und Speläotheme. (Gliganic et al. 2014)

8.1.3 Das Holozän

Nach der leichten Klimafluktuation um 15–13 ka BP (ACR), die sich durch eine Zunahme der äolischen Aktivität anzeigt, erfolgte der Übergang zum Holozän ohne weitere erkennbare hygrische und/oder thermische Fluktuationen. Die YD übte mit ihren klimatischen Schwankungen keinen Einfluss aus (Green et al. 2013).

Fitzsimmons et al. (2013) fassen die holozäne Klimaentwicklung zusammen (Abb. 8.13). Während aus dem westwindzonenbeeinflussten außertropischen südlichen ariden Gebiet die Datenlage aufgrund verschiedener Geoarchive recht gut ist, trifft dies für den nördlichen, monsunal bestimmten ariden Teil nicht zu. Eine Zunahme der monsunalen Niederschläge charakterisiert den holozänen Klimatrend; jedoch nahmen zwischen ca. 8–5 ka BP die äolischen Prozesse im Süden zu. Ab dem Mittelholozän ist im tropischen Australien eine Abnahme der Niederschläge (Abschwächung des Sommermonsuns) festzustellen (Hesse et al. 2004). Den allgemeinen Trend spiegeln auch die Speläothem- und fluvialen Klimaarchive wider (Abb. 8.14). Zwischen ca. 8–5 ka BP war das ENSO-Zirkulationssystem relativ schwach ausgebildet, wodurch das aride Innere Australiens stärkere Niederschläge erhielt. Quigley et al. (2010) diskutieren die klimatologischen Konsequenzen: Die Zunahme der effektiven Niederschläge im südlichen Zentral-Australien resultierte (i) von einer Abnahme der ENSO-Variabilität, die die Häufigkeit ENSO-bedingter Dürren verringerte, (ii) vom Vorherrschen eines mehr La-Niña-ähnlichen mittleren Klimazustands im tropischen Pazifik, wodurch mehr atmosphärische Feuchtigkeit verfügbar wurde, und (iii) von einer Südwärtsverlagerung der ITCZ, die ein Eindringen von tropischen Sommerzyklonen in Verbindung mit dem australischen Sommermonsun weit nach Süden in den Kontinent zuließ. Diese Situation brachte ein nach Süden verschobenes Zentrum der Aridität mit sich; ähnliche Bedingungen sind aus früheren Interglazialen und warmen Interstadialen der letzten 500 ka BP bekannt (Ayliffe et al. 1998). Nach ca. 5 ka BP nahm die Aridität zu; große Fluten traten häufiger auf; ein ENSO-ähnliches Klima stellte sich im ariden Australien ein, wofür zahlreiche terrestrische und marine Pa-

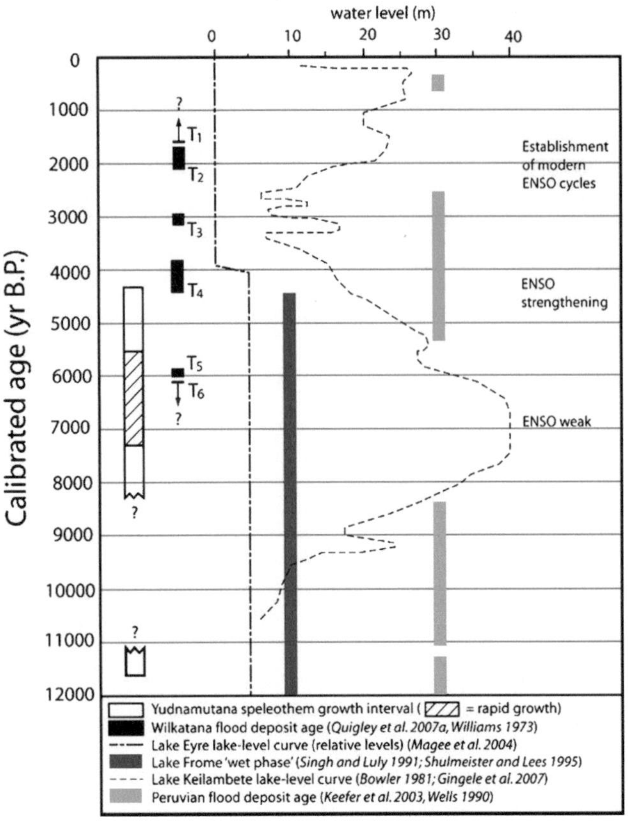

Abb. 8.14 Synthese von verschiedenen Klimaproxys, paläoklimatischen Interpretationen und daraus abgeleiteten zeitlichen Veränderungen der ENSO-Intensität. Gezackte Balkenenden und Fragezeichen des Speläothem-Altersbereichs zwischen 11 und 8 ka BP markieren die Zeitintervalle, für die das Speläothemwachstum unbekannt ist. Speläothem- und Flutbildungen schließen Altersbestimmungsunsicherheiten ein. Die Seespiegelkurve des Lake Eyre bezieht sich auf Abweichungen vom heutigen Seespiegel, der bei 0 liegt. Das Alter der peruanischen Flutablagerungen ergibt sich aus ENSO-Proxys. Die Yudnamutana-Speläothem- und Wilkatana-Alluvial-*Records* stimmen mit den Schwankungen von einer schwächeren ENSO-Aktivität um ca. 8–5 ka BP zu einer stärkeren ENSO-Aktivität ab ca. 5 ka BP bis heute überein (aus Quigley et al. 2010). Zwischen 8 und 5 ka BP waren im Nordterritorium die Paläofluten bis zu fünfmal stärker als im Spätholozän, nicht jedoch in NE-Queensland; das weist auf große regionale Unterschiede des Monsuneinflusses im tropischen Australien hin (mdl. Mitteilung J. Nott, 03.12.2002)

läoklimaproxys Belege abgeben und damit auch die Telekonnexionen zwischen ENSO und anderen Klimasystemen anzeigen (Australischer Sommermonsun [ASM], Indischer Ozean-Dipol [IOD, kühlere SSTs im östlichen Indischen Ozean], *Southern Annular Mode* [SAM, extrem große Druckdifferenzen zwischen hohen und mittleren Breiten der Südhemisphäre]) (Quigley et al. 2010).

Das Holozän, das global als ein volles Interglazial angesehen wird, erreichte nicht die Humidität vorangegangener Interglaziale (Eem/MIS 5) und war wahrscheinlich auch nicht so feucht wie MIS 3 (Fitzsimmons et al. 2013). Damit gleichen die Verhältnisse denen der Namib im südlichen Afrika, wo Speläotheme belegen, dass die holozänen Niederschläge – im Gegensatz zum MIS 5 – nicht mehr für Stalagmitenbildung in der Namib-Wüste ausreichten (Geyh und Heine 2014). Da dieser Trend sich nicht auf Australien zu beschränken scheint, können lokale Ursachen (menschlicher Einfluss durch Feuer etc., vgl. Notaro et al. 2011) kaum von großer Bedeutung sein.

In der Synopse von Fitzsimmons et al. (2013) wird die Kleine Eiszeit (LIA, *Little Ice Age*, ca. AD 1350–1850) nicht behandelt. Vor dem Hintergrund der globalen Zeugen einer jungholozänen Klimaschwankung, die weltweit zu Gletschervorstößen, Seespiegelschwankungen, Dürren/Überschwemmungen, etc. führte, stellt sich die Frage, ob und – wenn ja – wie sich die LIA im tropischen Australien auswirkte. Noch vor 15 Jahren ließen die wenigen Rekonstruktionen der LIA aus den Tropen und von der Südhemisphäre nicht zweifelsfrei zu, eine Synchronität mit der Nordhemisphäre herzustellen (PD Jones et al. 1998, 2001). Auch wurde vermutet, dass die Abkühlung der LIA auf die höheren Breitengrade beschränkt war und die Tropen davon nicht betroffen waren (Rind 1998, 2000). Eine Rekonstruktion der Temperaturen der letzten 3600 Jahre für Tasmanien, das in der Westwindzone südlich von Australien liegt, zeigt nur moderate Temperaturschwankungen, die bis zur Zeitenwende extremer ausfallen als seit ca. AD 100. In Abb. 8.15 sind die MWA (*Medieval Warm Anomaly*) und die LIA schwach zu erkennen (ER Cook et al. 2006). Das Ende der LIA fällt in die 2. Hälfte des 19. Jahrhunderts. Dagegen zeichnen sich die MWA und die LIA in den SSTs nördlich von Australien in der Straße von Makassar zwischen Borneo und Celebes deutlich ab: In der LIA sind die SSTs variabel, sie sind zwischen $\sim 0{,}5$–1 °C kühler (Oppo et al. 2009).

Für Australien geben Pollack et al. (2006) aufgrund von 57 Bohrlochtemperaturprofilen einen 0,5-°C-Temperaturanstieg seit AD 1500 an, der sich jedoch größtenteils auf das 19. und 20. Jahrhundert bezieht. Während der LIA war das 17. Jh. das kälteste Jahrhundert (Abb. 8.15). Zu differenzierten Temperaturrekonstruktionen der LIA kommen Hendy et al. (2002) für den tropischen Pazifik: Sie analysierten *Porites*-sp.-Korallen des *Great Barrier Reef* der letzten 420 Jahre und erkannten in den Proxys (*strontium/calcium, uranium/calcium* und *oxygen isotope ratios* [δ^{18}O, Sr/Ca und U/Ca]), dass die Leitindikatoren des Klimawandels, nämlich die SSTs und die Salinität (SSS), am Ende der LIA höher als im 20. Jahrhundert waren, während die SSTs zwischen AD 1565–1700 $\sim 0{,}2$–0,3 °C kühler als der langjährige Durchschnitt waren. Eine Erwärmung um AD 1700 von 0,4 °C leitete zu überdurchschnittlich warmen SST im 18. und 19. Jahrhundert über. Ein plötzlicher Salinitäts- und δ^{18}O-Abfall erfolgte nach AD 1870 im gesamten südwestlichen Pazifik, der mit einer Abkühlung der tropischen Temperaturen einherging. Auch von Rarotonga (21°15′ S, 159°45′ W) liegt eine SST-Rekonstruktion (Sr/Ca-Korallen-*Record*) vor, die für das 18. und 19. Jahrhundert SSTs angibt, die wärmer als oder so warm wie heute waren (Hendy et al. 2002). Nach AD 1870 wurden vermehrt fluviale Sedimente über den Burdekin-Fluss in das innere *Great Barrier Reef* eingetragen; M McCulloch et al. (2003) machen dafür die Besiedlung und Landnutzung mit veränderten Erosionsprozessen bei Starkregen verantwortlich (Abb. 8.16). Die Analyse von Korallen, die mehrere Flüsse repräsentieren, die in den Bereich des *Great Barrier*

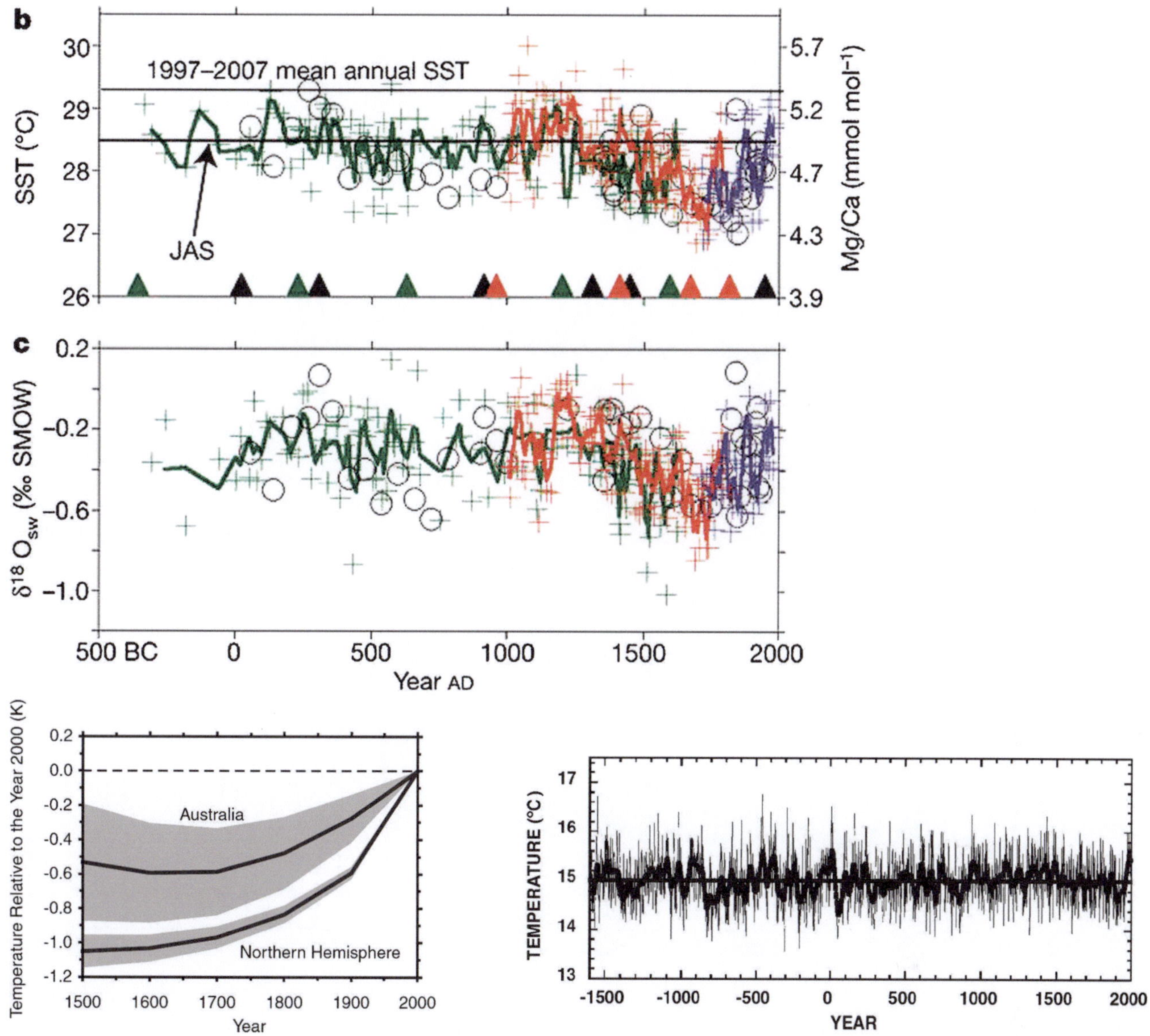

Abb. 8.15 *Oben*: SST- (*Sea Surface Temperature*) (**b**) und $\delta^{18}O_{sw}$-Rekonstruktionen (**c**) der letzten 2500 Jahre aufgrund mariner Kerne der Java-See (BJ8-03-31MCA – *blaue Kreuze*; –34GGC – *grüne Kreuze*; –32GGC – *schwarze Kreise*; MD60 – *rote Kreuze*). Die *farbigen Linien* stellen gemittelte Daten dar. Obere und untere *horizontale Linien* in **b** sind heutige (1997–2007) mittlere jährliche und JAS-SSTs. Die *farbigen Dreiecke* in **b** geben die ^{14}C-Alter an; das jüngste *rote Dreieck* kennzeichnet die Tambora-Tephra (AD 1815). Die MWA und das LIA werden im indonesischen Seegebiet erfasst (aus Oppo et al. 2009).
Unten links: Vergleich von Bohrlochtemperaturrekonstruktionen von Australien mit der Nordhemisphäre. Die Nordhemisphäre zeigt einen Temperaturanstieg seit AD 1500 um ca. 1 °C, Australien nur um 0,5 °C. Außerdem ist das 17. Jahrhundert das kälteste der letzten 500 Jahre (aus Pollack et al. 2006). *Rechts unten*: Baumring-Temperatur-Rekonstruktion für Tasmanien (Mount Read, ca. 1000 m NN). Die letzten 3502 Jahre werden erfasst. Daten der Huon-Kiefer (*Lagarostrobos franklinii*). Südlich von Australien sind die Schwankungen von MWA und LIA kaum erkennbar. (Aus ER Cook et al. 2006)

Reef Sedimente eintragen, zeigt keine Veränderungen der Niederschlagsmengen seit 350 Jahren (Lough 2007), wohl aber eine Zunahme der Extreme zwischen feucht und trocken. Extreme Niederschlagsjahre korrelieren mit starken La-Niña-Jahren, in denen NW-Australien überdurchschnittliche Regenmengen empfing und die Aktivität tropischer Zyklone zunahm.

Die Datierung der extremen tropischen Zyklone, die auf die Küsten im Gebiet des *Great Barrier Reef* (13–24° S) während der letzten 5000 Jahre trafen, zeigt keine Häufung der Ereignisse in Bezug auf neoglaziale Klimafluktuationen (Nott und Hayne 2001). Die zeitliche Frequenz der „Super-Zyklone" liegt bei 200–300 Jahren (Abb. 8.17).

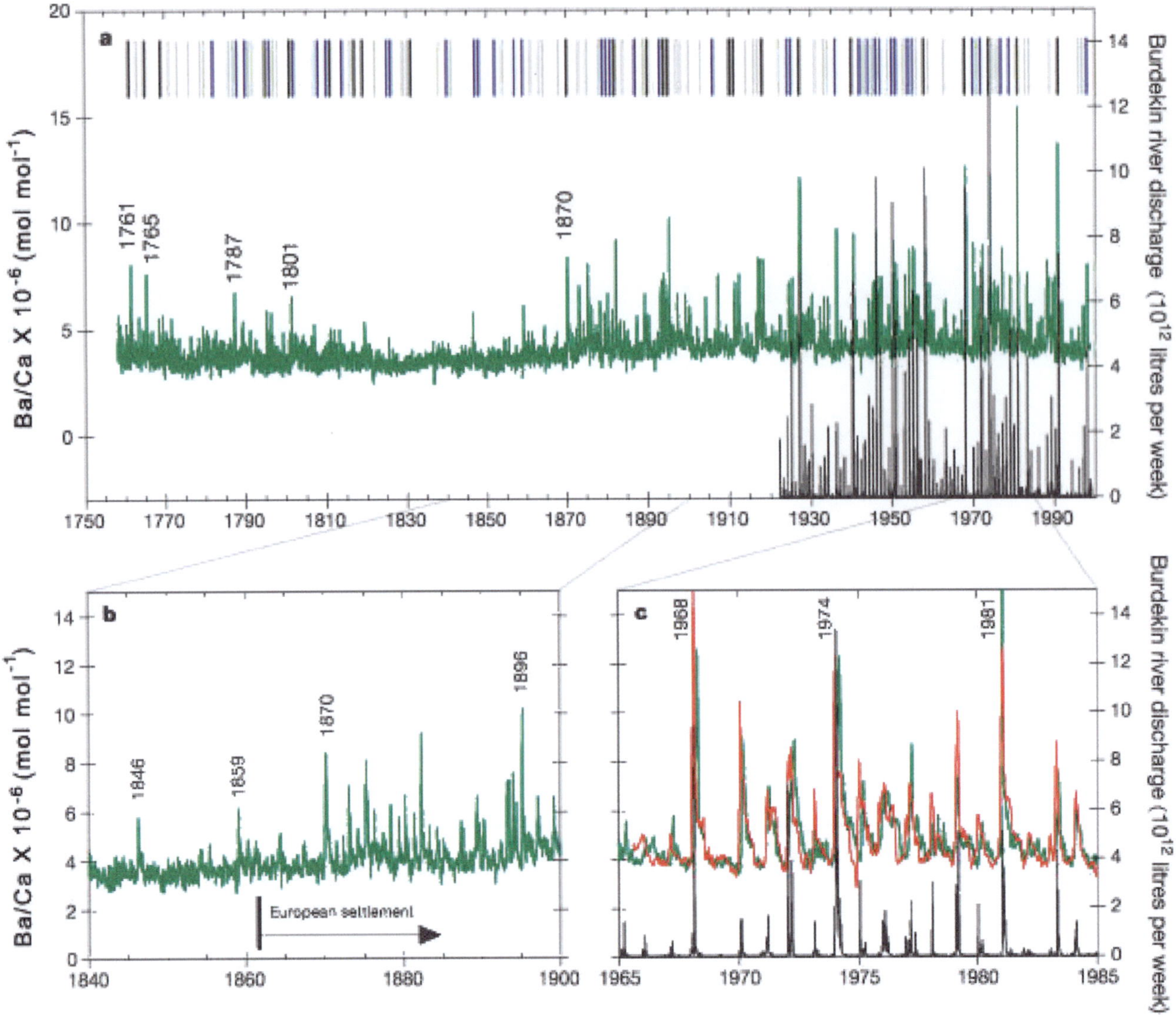

Abb. 8.16 Ba/Ca-*Record* von Korallen des *Great Barrier Reef* (GBR) zeigt den Eintrag von Schwebstoffen des Burdekin-Flusses in das Gebiet des GBR während der letzten 250 Jahre. Barium ist ein Proxy für Suspensionen, da es von Sedimenten der Suspensionswolke im Meer stammt und in Korallenskelette eingebaut wird. **a** Korallen-*Record* des Havannah-Riffs (*grüne Linie*) für die Periode von 1760–1998 mit Ba/Ca-Peaks, die mit den Schwebstoffeinträgen von Fluten des Burkedin-Flusses zusammenfallen. Häufigkeit und Intensität der Flutereignisse werden durch Lumineszenzstreifen angezeigt, die in den Korallenskeletten 19, 20, 28 (große Fluten – *schwarze Balken*; mittlere Fluten – *blaue Balken*; kleine Fluten – *graue Balken*) auftreten. Die *schwarze Linie* stellt den Abfluss-*Record* des Burdekin-Flusses seit 1921 dar. **b** Der Korallen-*Record* für die Zeit von 1840 bis 1990 mit dem starken Anstieg in Ba/Ca, der um 1870 mit dem ersten großen Flutereignis nach der Besiedlung durch die Europäer beginnt. **c** Korallen-*Records* der Havannah- (*grüne Linie*) und Pandora-Riffe (*rote Linie*) für die Zeit von 1965 bis 1985; die ausgezeichnete Übereinstimmung mit dem wöchentlichen Abfluss des Burdekin-Flusses (*schwarze Linie*) wird deutlich. (Aus M McCulloch et al. 2003)

Die MCA (AD 950–1250) ist im ariden Zentralaustralien bisher nur durch den Nachweis eines hohen Seespiegels des *Lake Callabonna* (29°56,5′ S, 140°07,5′ E) um 1050±70–1100±60 a BP (OSL-, TL- und [AMS-]^{14}C-Daten) belegt (Cohen et al. 2012). Eine auf Multiproxyanalogie basierte Rekonstruktion der atmosphärischen Zirkulation zeigt, dass die feuchten Bedingungen mit einem außergewöhnlichen meridionalen Zirkulationsmuster über den südlichen Außertropen erklärt werden können; hohe Druckachsen bestanden im zentralen Indischen Ozean und der Tasman-See, und ein Trog reichte vom südlichen Ozean nach Australien (Abb. 8.18). Cohen et al. (2012) erwähnen, dass die australischen Jäger und Sammler in dieser Zeit weniger Mobilität zeigten, was auf günstigere Niederschlagverhältnisse deutet. Das Band feuchter Bedingungen über Australien vom außertropischen in den tropischen Bereich zeigt Ähnlichkeiten mit dem *Tropical-Temperate-Troughs* (TTTs), die dem ariden südwestlichen Afrika im LIA ungewöhnlich hohe Niederschläge brachten (vgl. Abb. 6.195).

Aus dem ariden Innern Australiens liegen zahlreiche Beobachtungen über extreme Flutereignisse vor, die aufgrund von Analysen der *Slackwater Deposits* datiert und hinsichtlich der

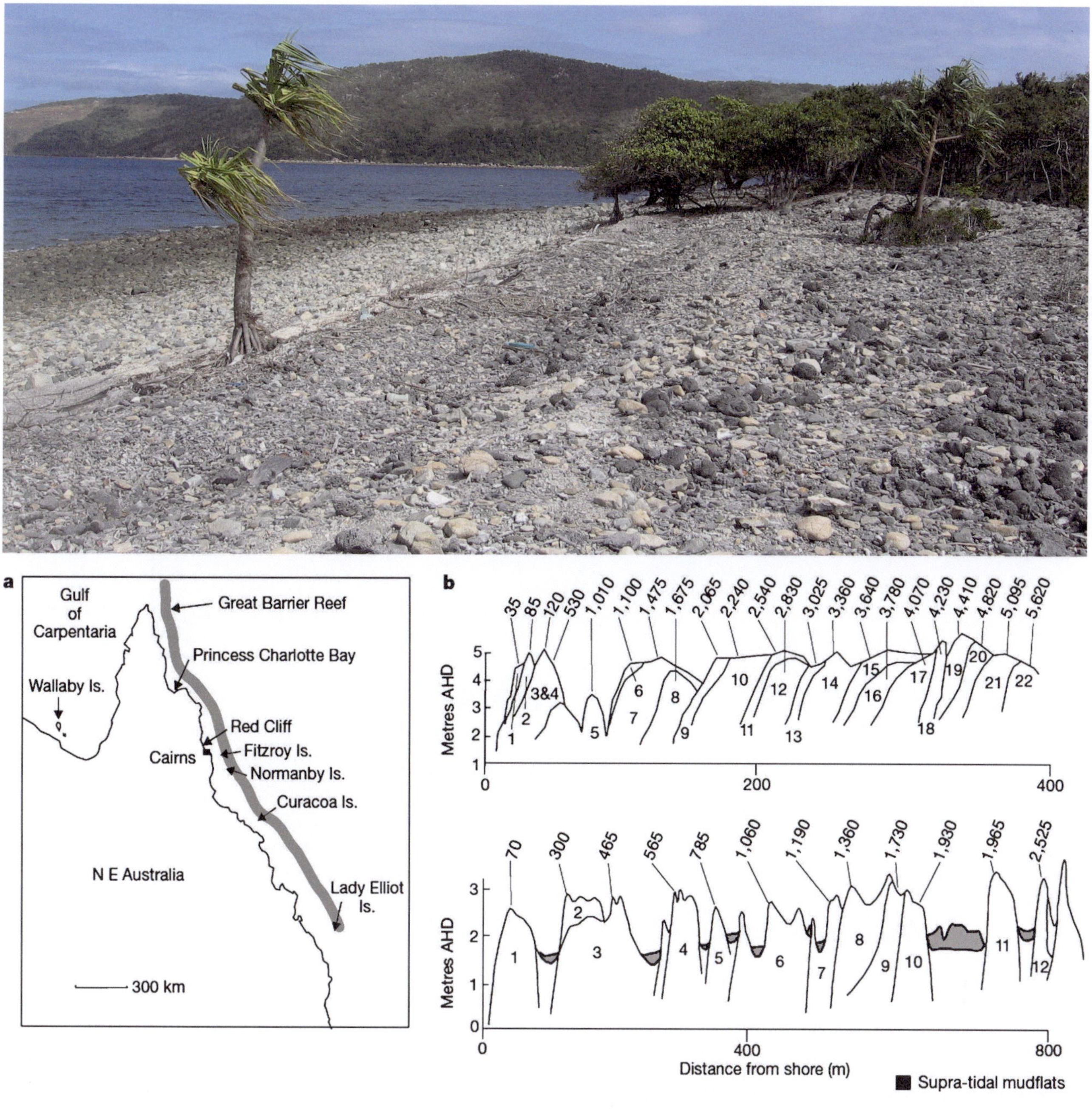

Abb. 8.17 *Oben*: Sturm-Ablagerungen bilden an den Küsten NE-Australiens Strandwälle. Die jüngsten Wälle (1, 2 und 3) der Curacoa-Insel. Foto: Raphael Wust. *Unten*: Lokalitäten der Untersuchungen (**a**) und Daten der Sturmablagerungen (**b**). Stratigraphische Beziehungen der Sturmablagerungen und Sturmsedimentwälle auf der Curacoa-Insel (*oben*) und in der Princess Charlotte Bay (*unten*). Die sukzessiven Sturmsedimente sind durchnummeriert. Die korrigierten ^{14}C-Alter in a BP sind für jeden Sturmstrandwall eingetragen. Die Alter nehmen landeinwärts zu. AHD bedeutet *Australian Height Datum* (1971 wurde der mittlere Meeresspiegel für Australien auf 0,000 m festgesetzt). (Aus Nott und Hayne 2001)

Frequenz und Magnitude interpretiert werden (z. B. Baker und Pickup 1985; Gale et al. 1990; Patton et al. 1993; Pickup et al. 2002; Nott et al. 1996). Es zeichnet sich noch kein einheitliches Bild ab, welche *Feedbacks* zwischen extremen Fluten und deren Beziehungen zu Klimaschwankungen/Klimaanomalien bestehen. Nott et al. (1996) stellen für das tropische Nordaustralien fest, dass im frühen bis mittleren Holozän und vor dem LGM die größten Magnituden der Fluten auftraten; die Wassermengen der Extremfluten waren 5-mal größer als in den letzten 4000 Jahren.

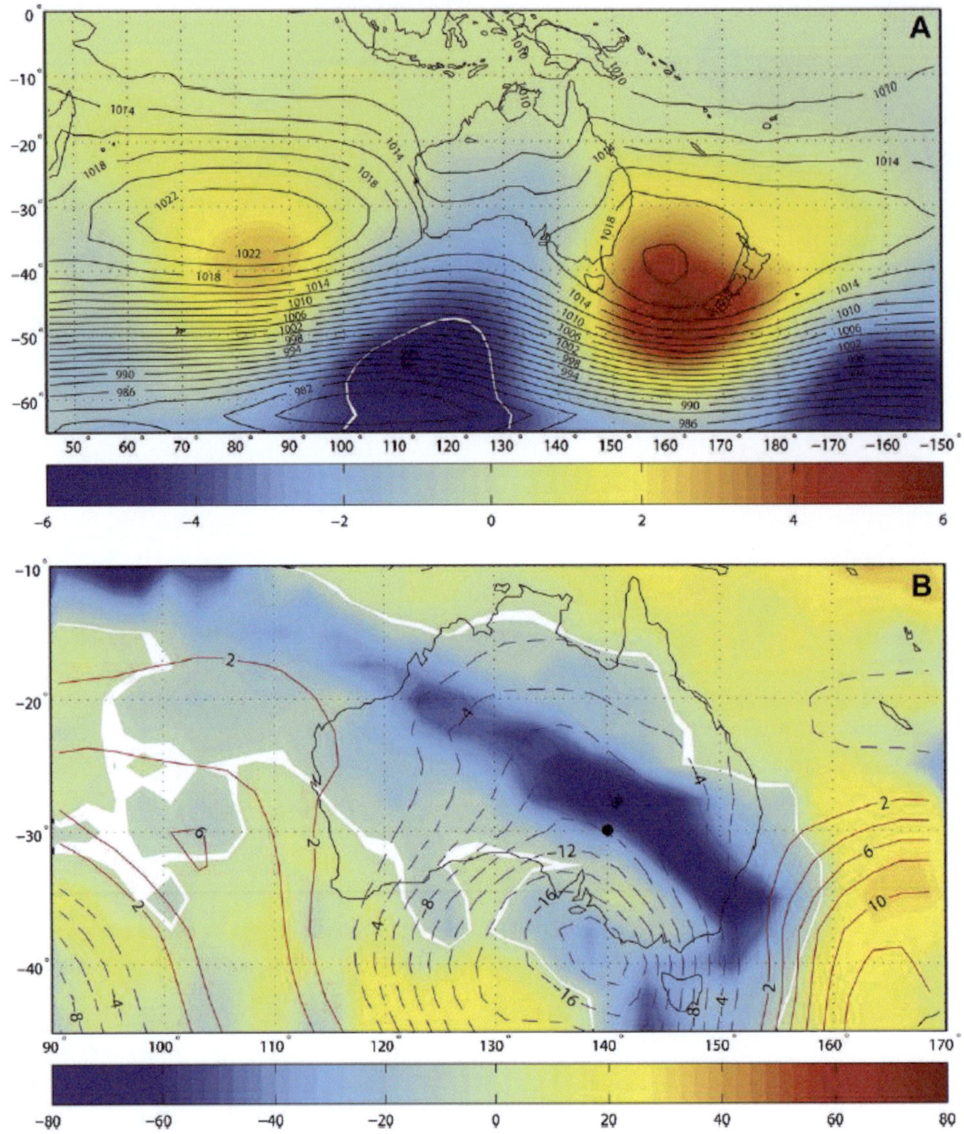

Abb. 8.18 **A** Multiproxyrekonstruktion des australasiatischen Luftdrucks im Meeresspiegelniveau (*Sea Level Pressure*, SLP) für die Zeit 900–1000 CE. Die *schwarzen Linien* repräsentieren das mittlere SLP-Druckfeld und die Farben die SLP-Anomalien für die Zeitscheibe 900–1000 CE. Die Skala für die SLP-Anomalien ist in Pascal (Pa); niedrige (hohe) SLP-Anomalien werden durch kühle (warme) Farben angezeigt. **B** Ein Beispiel für synoptische meteorologische Verhältnisse, von denen angenommen wird, dass sie während der Zeit 900–1000 CE häufiger auftraten und zur Seenbildung führten. Tägliche zusammengesetzte Anomalie der von der Oberfläche ausgehenden langwelligen Strahlung (*Outgoing Longwave Radiation*, OLR) in W/m^2 für den 27. Juli 1980. Kühle Farben repräsentieren eine dicke konvektive Wolkendecke zusammen mit nordwestlichen Wolkenbändern (niedrige OLR). Die wesentlichen synoptischen Züge dieses Musters bestimmen die polwärtige Brücke hohen Drucks über der Tasman-See, ein tiefer Trog über dem Südozean und dem südlichen Zentralaustralien und eine äquatorwärts verlaufende Brücke hohen Drucks über dem östlichen Indischen Ozean. Die Verbindung zwischen dem außertropischen Frontensystem und den nordwestlich verlaufenden Wolkenbändern bringt Niederschläge über die Einzugsgebiete der Seen, die mehr als 60 % der gesamten mittleren monatlichen Niederschläge betragen. *Konturlinien* – SLP-Anomalien; *gerissen blau* – negativ, *rote Linien* – positiv. Die Lage des Lake Callabonna wird durch den *schwarzen Punkt* angezeigt. (Aus Cohen et al. 2012)

8.2 Ozeanien

Die tropische pazifische Inselregion (Ozeanien) umfasst Mikronesien, Melanesien und Polynesien. Die Hawaii-Inseln werden in einem eigenen Kapitel behandelt. Aus diesem großen Raum liegen kaum terrestrische Paläoklimaarchive, die sich mit dem Pleistozän befassen, vor (vgl. Nunn 1997; Kershaw und van der Kaars 2012). Da der tropische Pazifische Ozean eine bedeutende Rolle im irdischen Klimasystem spielt (vgl. ENSO-, El-Niño-/La-Niña-Phänomene, etc.), werden allein marine Klimaarchive herangezogen, wenn quartäre, gegenwärtige und zukünftige Klimaschwankungen und Klimaanomalien diskutiert werden. Bei paläogeoökologischen Untersuchungen finden vor allem die Veränderungen Aufmerksamkeit, die durch die Ankunft der Menschen in der Inselwelt in den letzten Jahrtausenden (z. B. Tonga [ca. 20° S, 175° W], vgl. Fall 2005) verursacht wurden.

Die marinen Klimaarchive dokumentieren die eiszeitlichen Klimazyklen seit Jahrhunderttausenden. Phosphatablagerungen auf manchen Inseln weisen auf größere Aridität (vermutlich in Kaltzeiten) im Vergleich zu heute hin. Interglaziale Meeresspiegelhochstände hatten wahrscheinlich im Mittelholozän ihre Maxima erreicht. Im Eem war der Meeresspiegel 2–6 m höher als heute. Wenige Hinweise liegen über eine LGM-zeitliche Aridität und über eine Zunahme der spätglazial-frühholozänen Humidität mit einer Verstärkung der *Southern Oscillation* vor (Nunn 1997). Die mittelholozäne Erwärmung zeigt zur gleichen Zeit einen maximalen Meeresspiegelstand um ca. 5–3 ^{14}C ka BP. Die spätholozäne Abkühlung und eine Niederschlagszunahme scheinen weit verbreitet zu sein; dies zeigen die verfügbaren Paläoklimaarchive nur selten an (Nunn 1997). Es wird diskutiert, inwieweit die pazifische Graslandvegetation vieler Inseln anthropogenen Ursprungs ist. Nunn (1997) bemerkt, dass Hinweise vorliegen, dass diese Vegetationsformation bereits im LGM bestand und auch im Holozän wenig Änderungen erfahren hat.

Von Neukaledonien (*Lake Xere Wapo*, 22°17′ S, 166°58′ E, 220 m NN) liegt ein Pollenprofil vor, das die letzten ca. 130 ka BP beschreibt (Stevenson und Hope 2005). Von 120 ka bis ca. 50 ka BP wechselte die Vegetation im SE der Insel zwischen feuchtem Regenwald und *Maquis* (*Heath-Shrubland*), wobei Feuer ein bedeutender Faktor für Veränderungen war. Nach ca. 50 ka BP fehlt der Einfluss des Feuers. Auffällig ist die große Übereinstimmung mit dem Lynch-Kraterprofil (Abb. 7.40) und dem viel diskutierten Abfall von *Araucaria*-Pollen um 45 ka BP in Nordqueensland. Da Neukaledonien vor 45 ka BP nicht vom Menschen besiedelt war, darf vermutet werden, dass auch in NE-Australien der anthropogene Einfluss auf die Vegetationsänderungen um 48 ka BP weniger stark war, als bisher oft angenommen wurde (vgl. Kershaw et al. 2002; GH Miller et al. 2006). Dies deckt sich mit den Ergebnissen von Cohen et al. (2015), die eine Phase extremer Austrocknung in Zentralaustralien dokumentieren, die mit der Besiedlung einherging.

Speläothem-δ^{18}O-Proxy-Niederschlags-*records* von Vanuato zeigen für die letzten ca. 500 Jahre starke Schwankungen der Regenfälle (quasi-periodische Perioden von ~50 Jahren und

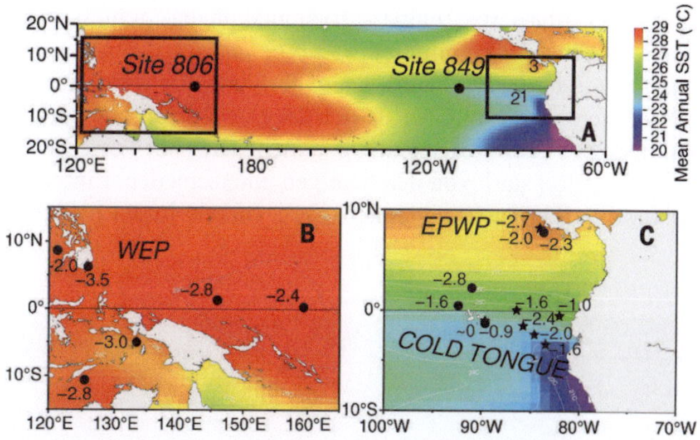

Abb. 8.19 Rekonstruktion des zonalen holozänen Temperaturgradienten. (A) *Ocean Drilling Program Sites* (ODP) 806 und 849 auf einer SST-Karte der mittleren Jahrestemperaturen (unter Benutzung des *Met Office Hadley Centre's HadISST 1.1 data set*). Die Zahlen kennzeichnen die einzelnen Foraminiferen-Lokalitäten: V21-30 (1), CD38-17P (2) und MD02-2529 (3). Die Nebenkarten von (B) WEP (*Western Equatorial Pacific*) und (C) EEP (*Eastern Equatorial Pacific*) zeigen die Abweichungen von rekonstruierten LGM- (20–18 ka BP) minus Holozän- (6–4 ka BP) Temperaturen. Der zonale Temperaturgradient wird deutlich. Lokalitäten, die auf Mg/Ca-Proxys basieren, sind durch *Kreise* gekennzeichnet, diejenigen auf Alkenone-Basis durch *Sterne*. Ganz allgemein existieren niedrigere zonale Temperaturen im Pazifik, obwohl eine gewisse räumliche Heterogenität im EEP festzustellen ist. Der WEP und der EPWP (*Equatorial Pacific Warm Pool*) zeigen gleiche Abkühlungswerte (~2,7 und ~2,3 °C); daher wird angenommen, dass die LGM-Abkühlung hauptsächlich auf eine Abkühlung durch Strahlung zurückzuführen ist. Im Gegensatz dazu kühlte die EEP-Region („kalte Zunge") weniger als 1,6 °C während des LGM ab; die strahlungsbedingte Abkühlung wurde teilweise durch dynamische Komponenten (eine tiefe Thermokline und verringertes *Upwelling*) kompensiert (aus Ford et al. 2015). Diese Daten von Ford et al. (2015) können die Modellierungen des ENSO-Verhaltens bei weiterer globaler Erwärmung verbessern. Es wird gezeigt, dass die Temperaturfluktuationen bei kälterem Klima größer waren. Die ENSO scheint stärker von der Neigung der äquatorialen pazifischen Thermokline beeinflusst zu sein als von dem Ost-West-Temperaturgradienten (wie bisher angenommen wurde)

plötzliche Änderungen in ~5–10 Jahren) (Partin et al. 2013). Interessant ist, dass die Daten keine Übereinstimmung mit Änderungen der ITCZ während der LIA und einem solaren *Forcing* zeigen, wie früher postuliert wurde. Die Variabilität der *South Pacific Convergence Zone* (SPCZ) scheint von endogener Natur zu sein. Im äquatorialen Ostpazifik (Nähe Galapagosinseln) können sowohl die MCA (warme Periode, AD 900–1150) als auch der Höhepunkt der LIA (AD 1500–1650) durch SST-Rekonstruktionen anhand von δ^{18}O (Calcit von *G. rubur*), δ^{13}C (Sediment) und Mg/Ca-Verhältnissen (von *G. rubur*) dokumentiert werden (Rustic et al. 2015). Eine Verlagerung der ITCZ in der MCA polwärts und in der LIA äquatorwärts wird angenommen (vgl. auch Griffiths et al. 2016; Abb. 7.47).

Die LGM-zeitlichen Verhältnisse im tropischen Pazifik werden aufgrund von marinen Kernen von Ford et al. (2015) rekonstruiert. In Ermangelung terrestrischer Daten werden die Ergebnisse hier genannt. Die paläoklimatischen *Records* des LGM sind Mg/Ca-basierte Temperaturveränderungen, gemessen an planktonischen Foraminiferen (*Globigerinoides sacculifer* und *Globorotalia tumida*). Die Daten gestatten Einblicke in das ENSO-Verhalten im LGM, als sich die globalen entscheidenden Parameter (Eisschildausdehnung, atmosphärischer Partialdruck von CO_2, etc.) stark von den heutigen unterschieden. Eine tiefe äquatoriale Thermokline änderte die Dynamik in der östlichen äquatorialen „kalten Zunge" (Abb. 8.19); dies führte zu einer geringeren ENSO-Variabilität während des LGM im Vergleich zum späten Holozän. Daraus folgt, dass die ENSO nicht unmittelbar an einen Ost-West-Temperaturgradienten geknüpft war, wie oft angenommen wird. Vielmehr spielte die Thermokline des östlichen äquatorialen Pazifiks eine entscheidende Rolle bei der ENSO-Reaktion auf das LGM-Klima.

Abb. 8.20 Satelliten-Schrägaufnahme von Big Island (Hawaii-Insel). Blickrichtung nach NNE. Im Vordergrund befindet sich der aktive Vulkan Mauna Loa (4169 m NN), dahinter der Mauna Kea (19°46,5′ N, 155°29′ E, 4206 m NN). Beide Vulkanbauten trugen in den quartären Kaltzeiten Eiskappen. Die glaziären Spuren des Mauna Kea sind eingehend quartärmorphologisch und chronostratigraphisch bearbeitet. (Foto: Wikipedia https://upload.wikimedia.org/wikipedia/commons/3/3c/Island_of_Hawai%27i_-_Landsat_mosaic.jpg)

8.3 Hawaii

Während der letzten Jahrmillionen wurde die Hawaii-Inselkette von sich überlappenden Vulkanen aufgebaut. Von den zahlreichen Vulkaninseln wird die Hawaii-Insel (Abb. 8.20: *Big Island*: ca. 20° N, 157° W) näher betrachtet, da die quartären Vergletscherungen Hinweise auf quartäre Klimaänderungen im nördlichen tropischen Pazifik geben. Hawaii liegt in den äußeren Tropen im Einflussgebiet des NE-Passats. Die ITCZ verläuft ganzjährig südlich der Hawaii-Inseln (vgl. Abb. 2.24 und 7.7). Im Gipfelbereich des Mauna Kea betragen die mittleren jährlichen Temperaturen in 4198 m NN 2,2 °C und die mittleren jährlichen Niederschläge 260 mm.

Porter (2011) präsentiert einen zusammenfassenden Überblick der pleistozänen Vergletscherungen der Hawaii-Inseln. Neben den beiden Vulkanen von *Big Island*, Mauna Loa und Mauna Kea, war der Haleakala-Vulkan der Maui-Insel im Mittelpleistozän wiederholt vergletschert; hier fehlen aber detaillierte Quartärstudien. Der aktive Vulkan Mauna Loa trug im LGM eine kleine Eiskappe, deren Spuren heute unter holozänen Lavaströmen begraben sind (Porter 1975, 1979a, 1979b, 2005, 2011).

Das Ausmaß der letzteiszeitlichen Vergletscherung des Mauna Kea wird durch Endmoränen, Endmoränengruppen sowie den oberen Grenzen von erratischen Blöcken an (Parasitär-)Vulkankegeln innerhalb der ehemals vergletscherten Gebiete angezeigt (Abb. 8.21 und 8.22).

Günstige Voraussetzungen für die Erarbeitung einer quartären Glazialchronologie bieten die wiederholten vulkanischen Eruptionen des Mauna Kea. Die Gesteine an der Oberfläche haben Alter von ca. 250–4,5 ka BP; sie werden in zwei Gesteinseinheiten gegliedert: Die basaltischen Hamakua-Vulkanite (ca. 250–65 ka BP) bilden die mittleren und tieferen Hänge des Mauna Kea; sie stehen auch in tiefen Schluchten am SW-Hang an. Sie werden bedeckt von den Laupahochoe-Vulkaniten aus Hawaii-Laven und pyroklastischen Gesteinen (ca. 65–4 ka BP) (Abb. 8.22).

Die Moränen der letzten Vergletscherung (Makanaka, Abb. 8.22) begrenzten eine Eiskappe von ca. 10 km Durchmesser, die an den südöstlichen Hängen bis ca. 3420 m NN und an den südwestlichen Hängen bis ca. 3465 m NN abwärts reichte. Im Pohakuloa-Tal enden die Moränen in ca. 3200 m NN. Im NE reichte das Gletschereis bis 3510 m NN und im NW bis 3570 m NN (Porter 2005). Teilweise werden Moränen von postglazialen Laven, Tephren und pyroklastischen Schlackenkegeln bedeckt. Ältere glaziäre Sedimente (Waihu, Pohakuoa) werden von vulkanischen Gesteinen unter- und überlagert. Dadurch wird es möglich, die Vergletscherungsphasen tephrostratigraphisch einzuordnen und über die Datierung (K/Ar-Alter, ^{36}Cl-, ^{3}He-, ^{10}Be-SED- und ^{14}C-Alter) der vulkanischen Eruptionsphasen zeitlichen „Fenstern" zuzuordnen. In Einzelfällen wurden Laven gefördert, als der Mauna Kea vergletschert war. Die schnelle Abkühlung der Laven im Kontakt mit Eis zeigt sich in den Gesteinsstrukturen (Porter 2005, 2011).

Die Altersbestimmungen der glaziären Bildungen (Moränen und Tills) unter Verwendung der Tephrochronologie ergibt für die Makanaka-Vergletscherung Alter zwischen 31 ± 9 ka und 18 ± 10 ka K/Ar-Jahre BP. Das ^{36}Cl-Alter der Endmoränen von 18,3 ± 0,2 ka BP bestätigt die LGM-zeitliche Vergletscherung des Gipfelbereichs. Das Maximum der Vergletscherung wird um 20,6 ka BP angenommen, und um 16 ka BP erfolgte ein klei-

Abb. 8.21 Mauna Kea, Hawaii. Spuren der Vergletscherung. Endmoränen des LGM (Makanaka-Vergletscherung, *rote Pfeile*). Endmoränen-Gruppen bedecken Lavaströme (Makanaka, *gelbe Pfeile*). Waihu-Vergletscherung (MIS 4, *blaue Pfeile*). *Grüner Pfeil*: Blickrichtung von Abb. 8.22. Norden ist links. (Foto: GOOGLE-Bild)

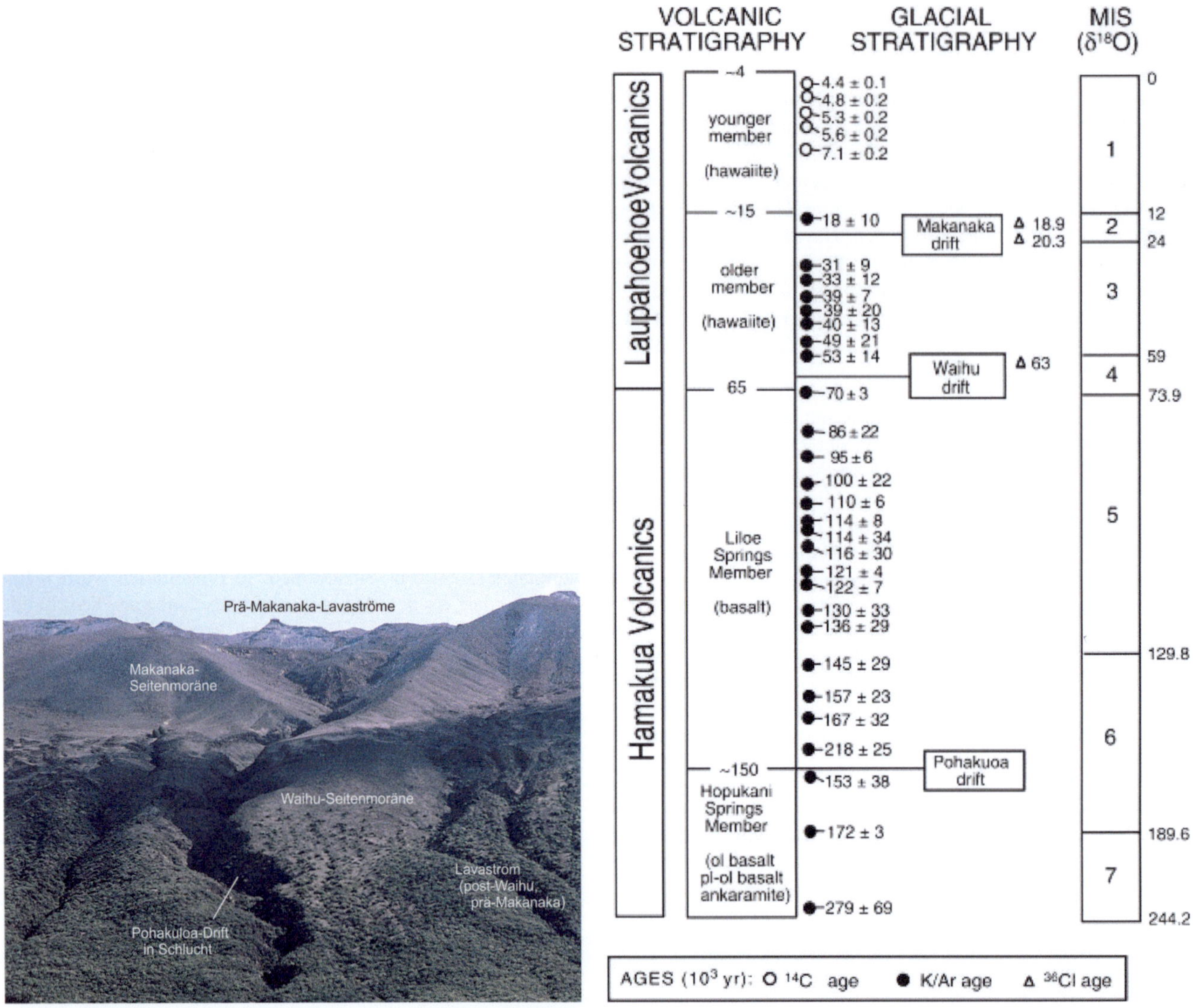

Abb. 8.22 *Links*: Blick in nordöstlicher Richtung auf den Gipfel des Mauna Kea. Moränen der Makanaka- und Waihu-Vergletscherungen und Beziehungen der Moränen zu zwischengeschalteten Lavadecken. Die Bildbreite bei den Moränenwällen beträgt ca. 2 km. Die Gletscher bewegten sich auf den Betrachter zu (Foto: alueni-images).
Rechts: Stratigraphie und Chronologie der jungquartären Lavadecken und ihre Beziehung zu den drei aufgeschlossenen Moränen bzw. glaziären Ablagerungen. K/Ar- und ^{14}C-Daten sind von Dorn et al. (1991). MIS-Alter und MIS-Grenzen nach Martinson et al. (1987). Datierungsfehlerbereich ist $\pm 1\sigma$. (Aus Porter 2005; Literaturzitate bei Porter 2005)

ner Vorstoß während des Rückzugs (Porter 2011). Um 15–14 ka BP war das Gletschereis abgeschmolzen (Porter 2005). Neuere ^{3}He-Alter legen Blard et al. (2007) vor. Die Autoren datieren die Endmoränen beiderseits der Pohakuloa-Talschlucht (Abb. 8.22 bis 8.24). Die M0-Moräne in ca. 3200 m NN hat ein maximales Alter von $\sim$ 19 ka BP (3 Blöcke MK 12). Die M1-Moränen sind morphologisch besonders markant ausgebildet; sie wurden zwischen 19 und 16 ka BP sedimentiert. Die Rückzugsmoränen M2 sind $\sim$ 16 ka BP alt und zeigen einen kurzen Gletscherhalt um $\sim$ 15,5 ka BP in 3600 m NN an. Nach $\sim$ 15 ka BP erfolgte das sehr schnelle restlose Abschmelzen der Gletscher. Die Daten von Blard et al. (2007) stimmen nahezu mit den Angaben von Porter (2005, 2011) überein und sind somit eine gute Ergänzung.

Die beiden älteren Vergletscherungen sind weniger gut datiert. Die Waihu-Phase fällt ins MIS 4 (ca. 60–70 ka BP) und die Pohakuloa-Phase ins MIS 6 (ca. 150 ka BP) (Porter 2005).

Für die letzte Vergletscherung im LGM rekonstruiert Porter (2005) die Ausdehnung der Gletscher und die ELA (Abb. 8.25). 70 km^2 waren im LGM vergletschert; die Eismächtigkeit betrug ca. 70 m und konnte bis 100 m dick sein. Die LGM-ELA lag im Durchschnitt bei 3735 $\pm$ 25 m NN und im NW 125 m höher als im SE des Gipfelbereichs. Da in der Breitenlage von Hawaii die Insolationsunterschiede an den oberen Hängen des Mauna Kea relativ gering sind, führt Porter (2005) die tiefere Lage der LGM-ELA auf eine Feuchtigkeitsquelle aus ESE-Richtung zurück. Für die Waihu-Vergletscherung im MIS 4 wird eine

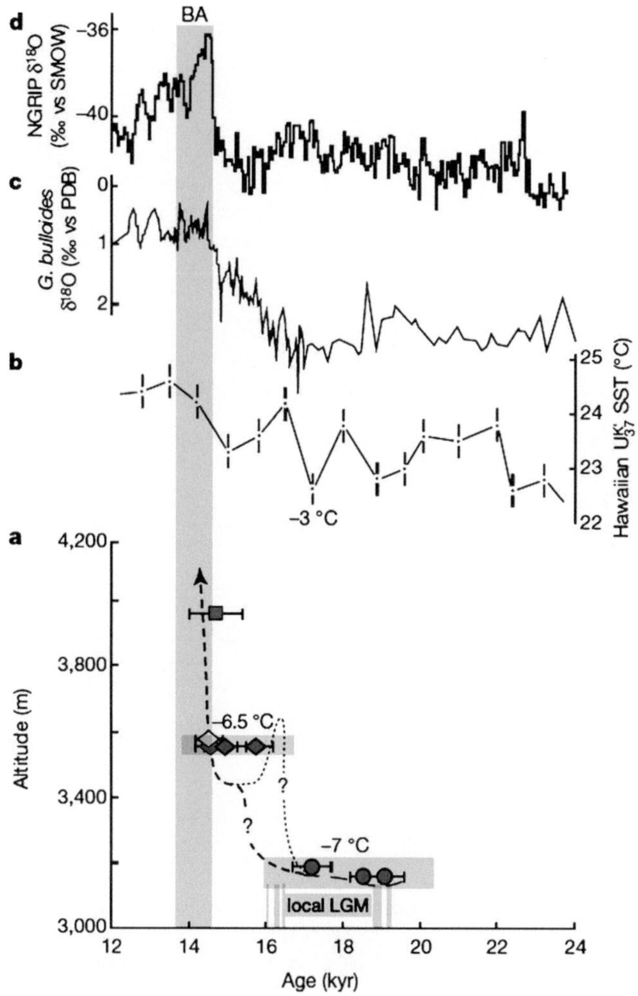

Abb. 8.23 Vergleich der Mauna-Kea-Glazialchronologie mit anderen paläoklimatischen Proxys seit 24 ka BP. **a** Chronologie der Gletscherrückzugsbewegungen (Pohakuloa-Schlucht) aufgrund von Moränendatierungen mit ^{3}H und ^{14}C (1σ Standardabweichung). Um Vergleiche mit anderen absoluten *Records* zu ermöglichen, schließen die *grauen Boxen* 10 % Gesamtfehler ein. Die Abkühlungswerte beziehen sich auf die Positionen der Gletscher und wurden aus den betreffenden ELAs rekonstruiert. *Graues Rechteck* – ^{14}C-Alter; *Rauten* – Rückzugsmoränen (*hellgrau* = M2a, *dunkelgrau* = M2b, *weiß* = M2c); *graue Kreise* – Endmoräne M0; *gerissene Linie* – Position der Gletscherfront. **b** SST von Hawaii (Kern PC 17, 21° N, 158° W) aufgrund von Alkenone-Daten (Index $U^{K'}_{37}$). 1σ Standardabweichung. **c** δ^{18}O in *Globigerina bulloides* (SST-Proxy), Santa Barbara Basin (Kern MD02-2503, 34° N, 120° W). **d** δ^{18}O (Proxy für Lufttemperatur) vom Grönlandeiskern NGRIP. BA = Bølling-Allerød. (Aus Blard et al. 2007)

ELA in 3510 ± 35 m NN rekonstruiert. Die Beobachtungen zur Pohakuloa-Vergletscherung reichen nicht aus, um die Paläo-ELA zu bestimmen.

Große Vulkanbauten erfahren aufgrund des sich anhäufenden Gewichts beim Vulkanaufbau eine Absenkung (Subsidenz). Unter Berücksichtigung der für den Mauna Kea bekannten Subsidenz-Raten von 2,6 mm/a ergibt sich ein Absenkungsbetrag von ca. 52 m seit 20 ka BP, d. h. die LGM-ELA ist mit 3680 ± 25 m NN anzusetzen (Porter 2005). Da die heutige ELA oberhalb des Gipfels liegt, jedoch aus der Lage der mittleren Juli-0 °C-Isotherme bestimmt werden kann, die um AD 1970 in 4715 m NN lag, errechnet Porter (2005) die LGM-ELA aus diesen Daten und kommt zu einer LGM-zeitlichen ELA-Depression für Hawaii auf ca. 930 ± 100 m. Wird die Absenkung des Meeresspiegels um ca. 120 m während des LGM berücksichtigt, erniedrigt sich der Wert der Depression der LGM-ELA auf ca. 810 ± 100 m.

Sollen die LGM-ELA-Werte von Hawaii in paläoklimatische Informationen transformiert werden, ergeben sich Schwierigkeiten. Hostetler und Clark (2000) beispielsweise wenden ein Massen-Gleichgewichtsmodell an, um LGM-zeitliche Temperaturen und Niederschläge abzuschätzen, die eine Vergletscherung des Mauna Kea bewirken können. Für das LGM nennen die Autoren eine Temperaturdepression um ca. 3,5 °C und eine Niederschlagzunahme um ca. 65 %. Porter (2005) bemerkt dazu, dass eine weitere Temperaturabnahme um 1 °C bereits Gletscherbildung bei einer Abnahme der Niederschläge um ein Drittel (im Vergleich zu heute) ermöglicht. Die Diskussion zeigt, dass die Temperaturdepression für das LGM in den Modellen zu niedrig ausfällt, denn eine Abnahme der Niederschläge (Humidität) in den Tropen während des LGM zeigt sich in zahlreichen Paläoklimaarchiven. Die Berechnungen von Blard et al. (2007) ergeben höhere Werte der LGM-zeitlichen und spätglazialen Temperaturdepressionen (Abb. 8.26). Sie benutzen ein numerisches Eisflussmodell, das die Massenbilanz und den Einfluss der lokalen Topographie auf die Gletschergeometrie kombiniert. Die eingegebene Massenbilanzkurve wird mit einem Modell kalkuliert, das Temperatur, Niederschlag, Albedo und direkte Solarstrahlung berücksichtigt. Die gegenwärtigen Temperaturen werden mit einer saisonalen Amplitude von ~4 °C und einem Temperaturgradienten (*Lapse Rate*) von 5,4 ± 0,1 °C km^{-1} beschrieben (Blard et al. 2007). Der gesamte jährliche Niederschlag nimmt exponentiell mit der Höhe ab auf ein Minimum von ~260 mm a^{-1} (über 4000 m NN). Das LGM-Gletscherende in 3200 m NN benötigte eine ELA-Depression auf ~3780 m NN. Die LGM-ELA-Depression wiederum ergibt eine Temperaturdepression von mindestens ~7 °C in 4200 m NN. Dieser Wert wird um 1 °C reduziert aufgrund der Subsidenz und des niedrigen LGM-Meeresspiegels. Auch wenn der Niederschlag verfünffacht wird, ergibt das Modell eine Temperaturerniedrigung im LGM um ~4,5 °C.

Ein ΔT von ~7 °C und eine LGM-SST-Absenkung von ~3 °C in derselben Zeit, wie Blard et al. (2007) annehmen, werden nicht von anderen Daten bestätigt; Lee et al. (2001; vgl. Abb. 8.27) rekonstruieren SSTs für das LGM nahe Oahu (Hawaii), die im LGM-Sommer um nur ca. 2,5 °C und im LGM-Winter um lediglich ca. 1 °C niedriger als heute waren. Die Diskrepanz zwischen den ELA-berechneten und marinen Werten kann mit einem steileren vertikalen Temperaturgradienten der Oberflächentemperaturen (~6,4 ± 0,2 °C km^{-1} im Gegensatz zum heutigen Wert von 5,4 ± 0,1 °C km^{-1}) erklärt werden, der durch palynologische Rekonstruktionen (O'ahu-Insel, 463 m NN: −3–5 °C LGM-Temperaturdepression) bestätigt wird (Hotchkiss and Juvik 1999), ebenso durch Modelle der allgemeinen atmosphärischen Zirkulation, die einen steileren Temperaturgradienten aufgrund der trockeneren tropischen

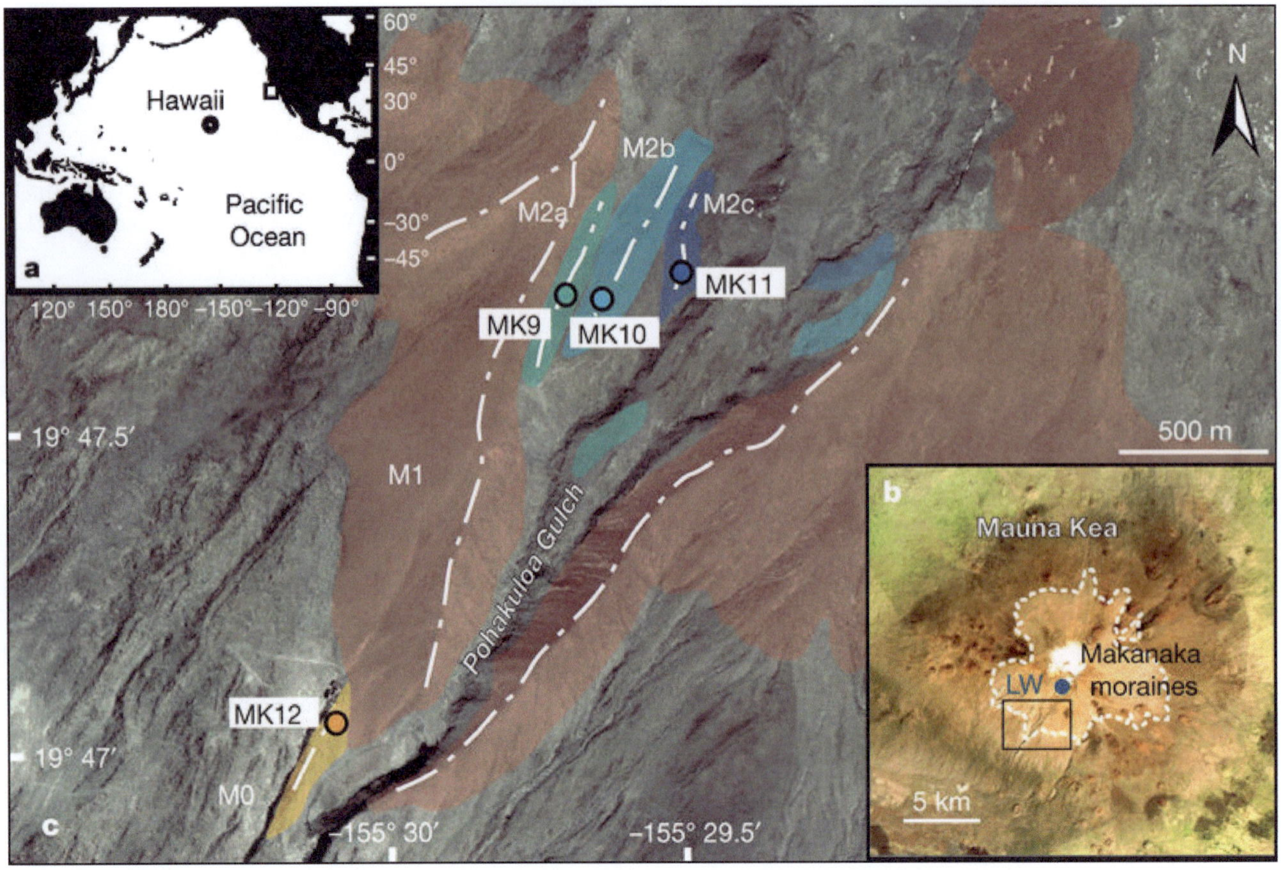

Abb. 8.24 Karte mit den Probenahmeorten der glaziären Ablagerungen (Mauna Kea, Hawaii). **a** Lage der Hawaii-Inseln im Pazifik. Das Rechteck bezieht sich auf den marinen Kern MD02-2503, Santa-Barbara-Becken. **b** Lage der Pohakuloa-Schlucht (SPOT-Bild). LW – Lake Waiau. **c** Karte der Verbreitung der Moränen (M0 in *orange*, M1 in *rotbraun*, M2a, M2b und M2c in *blau*) und der Lage der Probenblöcke. (Aus Blard et al. 2007)

Atmosphäre zeigen. Unter der Annahme einer konstanten *lapse rate* zwischen 19 und 15 ka BP ist die Reaktion der Gletscherschwankungen in Zeit und Temperatur denen der SSTs sehr ähnlich (Abb. 8.23). Die SSTs erwärmten sich zwischen 17–15 ka BP um ~0,7 °C; die ELA-Höhenverschiebung in derselben Zeit um 100 m dokumentiert eine Temperaturzunahme um ~0,5 °C. Auch die SST-Zunahme nach 15 ka BP um 1,5 °C reichte aus, um den Mauna Kea von den Gletschern zu befreien (Blard et al. 2007).

Die Diskussion der LGM-zeitlichen Temperaturrekonstruktionen anhand der LGM-ELAs ist ein starkes Argument für die großen quartären Klimaschwankungen in den Tropen und für die Rückkoppelungen mit den außertropischen Klimasystemen, auch wenn die Depression der Temperaturen auf der Basis mariner Archive geringere Werte zeigt als auf der Basis terrestrischer glazialmorphologischer Studien.

8.4 Synopse

Die terrestrischen quartären Paläoklimaarchive von Australien, der tropischen pazifischen Inselwelt und Hawaii legen Zeugnis ab von den – auch in anderen tropischen Regionen erfassten – Klimaschwankungen mit unterschiedlichen zeitlichen Skalen. Die großen Zyklen der Glazial-/Interglazialzeiten werden für die letzten ca. 300 ka BP in den glaziären Formen und Sedimenten des Mauna-Kea-Vulkanmassivs von Hawaii, den Dünengenerationen des ariden inneren Australiens und Zeugen der Seespiegelschwankungen (Strandwälle, lakustrine Sedimente, etc.) eindrucksvoll dokumentiert. Darüber hinaus ergänzen Speläothembildungen im südöstlichen außertropischen Australien die „Milankovitch-Zyklen" der letzten ca. 500 ka BP. Warmzeiten waren in den tropischen Regionen wärmer und feuchter, Kaltzeiten kühler und arider im Vergleich zum gegenwärtigen Klima.

Die Seespiegelstände im tropisch-randtropisch beeinflussten Australien belegen einen Trend der Abnahme der Ausdehnung der Mega-Paläoseen und damit – wie in Afrika – extreme interglaziale Humidität in den älteren Warmzeiten; die Intensität der Humidität verringerte sich von Interglazial zu Interglazial.

Die letzte Glazialzeit zeigte zahlreiche Klimaschwankungen. Das MIS 4 (ca. 75–60 ka BP) ist im tropischen pazifischen Raum durch Gletscherbildungen in Hawaii als wesentlich kühlere Phase belegt. Die Gletschervorstöße erreichten eine größere Ausdehnung als im LGM (MIS 2). Damit zeigen sie ein ähnliches Verhalten wie die Gletscher im tropischen SE- und S-Asien, E-Afrika und S-Amerika.

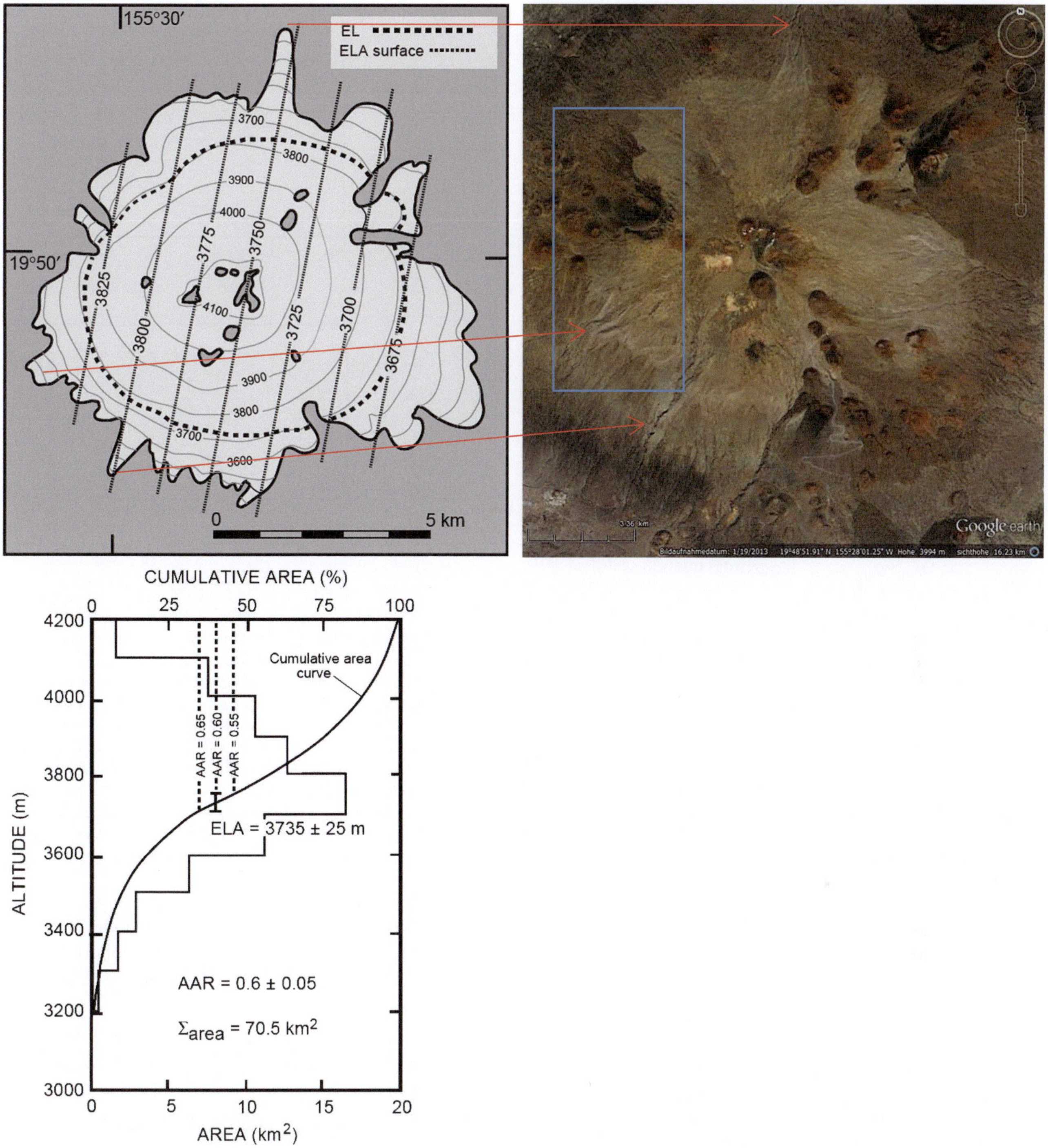

Abb. 8.25 *Links oben*: Die Karte zeigt das Ausmaß und die Oberflächen-Topographie der Makanaka-Vergletscherung während des LGM vor ca. 20 ka BP. *Fette gerissene Linie* – rekonstruierte ELA der Eiskappe; *Punktlinien* – E-SE-Hangneigungsgradient der ELA-Oberfläche auf dem Gletschereis (aus Porter 2005, vgl. auch Porter 1979b). *Rechts oben*: GOOGLE-Bild des LGM-zeitlich vergletscherten Gebiets. *Rote Pfeile* zur Orientierung. *Blaues Rechteck* – Ausschnitt von Abb. 8.21.
Unten: Flächen-Höhen-Histogramm und kumulative Kurve der Makanaka-Eiskappe während des LGM. Das Flächen-Höhen-Histogramm repräsentiert das vergletscherte Gebiet in 100-m-Intervallen zwischen 3200 und 4200 m NN. Die Kurve zeigt die kumulativen Prozentwerte. Die ELA in 3735 ± 25 m NN wird mit einem AAR-(*Accumulation Area Ratio*)-Wert von 0,6 ± 0,05 berechnet. Die Eiskappe bedeckt ein Gebiet von 70,5 km^2. (Aus Porter 2005)

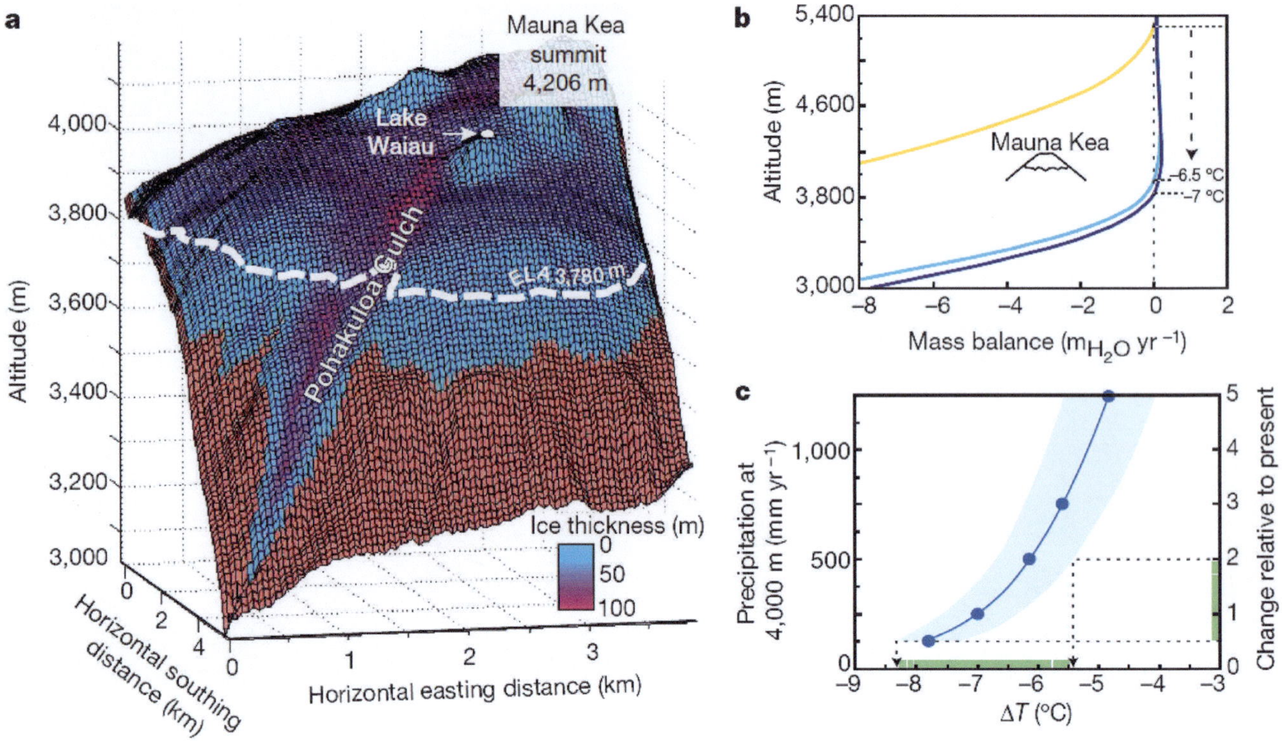

Abb. 8.26 Modellierung der Gletscherbedeckung des Mauna Kea seit dem LGM und paläoklimatische Rekonstruktion. **a** Modellierung der maximalen Gletscherausdehnung im Bereich der Pohakuloa-Schlucht (3200 m während des LLGM, 19–16 ka BP). Die beste Übereinstimmung zwischen Modell und Geländebefunde zeigt die LGM-ELA in 3780 m NN. **b** Massenbilanz(MB)-Höhen-Diagramm für die Gegenwart (*gelb*), das LLGM (19–16 ka BP, *dunkelblau*) und 15 ka BP (*hellblau*). Die heutige MB-Kurve für Hawaii wird durch eine ELA in 5300 m NN charakterisiert. Die MB-Kurve der LLGM-Gletscherausdehnung erfordert eine ELA-Depression auf 3780 m NN. Daraus resultiert eine Abkühlung von ~7 °C. Die MB für 15 ka BP erfordert eine ELA in 3880 m NN, was einer Temperaturdepression von ~6,5 °C entspricht. **c** Paläoklimatische Verhältnisse während des LLGM. Das Diagramm zeigt den Wechsel der Temperatur über 3000 m NN in Abhängigkeit von Niederschlagsänderungen über 4000 m NN und damit die Sensitivität der Abkühlung hinsichtlich Niederschlagsänderungen. Das Diagramm berücksichtigt Meeresspiegeländerungen. Die *blaue Linie* wird kalkuliert, indem die Modell-Parameter der Zongo-Gletscherdaten (Bolivien) benutzt werden; der *hellblaue Bereich* kennzeichnet den Unsicherheitsbereich der Modellierung. Die *grüne Box* zeigt den Temperaturbereich unter der Annahme eines Niederschlagsbereichs während des LLGM, der zwischen der Hälfte und dem Doppelten der gegenwärtigen Werte liegt. (Aus Blard et al. 2007)

Das LGM war relativ kalt (ca. 5 °C kühler als heute [Williams et al. 2009: 3–7 °C niedrigere Temperaturen für das tropische Australien, Indonesien und Papua-Neuguinea und bis zu 8 °C im Innern von SE-Australien]; ca. 7 °C kühler in Hawaii [Mauna Kea]) und trocken (ca. 30 % weniger Niederschläge als heute, aufgrund eines schwächeren Sommermonsuns und einer Nordwärtsverschiebung der ITCZ). Im außertropischen südlichen Australien sind extreme Flutereignisse in fluvialen *Records* gespeichert, und Gletschervorstöße datieren um 32 ± 2,5, 19,1 ± 1,6 und 16,8 ± 1,4 ka BP (Hawaii: 21 und 16 ka BP). Die SSTs waren ca. 5 °C kälter und erwärmten sich nach ca. 20 ka BP schnell; um ca. 15 ka BP erreichten sie die heutigen Werte.

Das *Termination I* erlebte hygrische und thermische Klimafluktuationen, die mit Vorgängen im zirkumantarktischen Raum korreliert werden können. In NE-Australien waren die Niederschläge bis zu 50 % vermindert (Sundaland); um 17–16 ka BP setzte eine wärmere und feuchtere Phase ein. Eine zweite warme und feuchte Phase folgte um 15–14 ka BP (Williams et al. 2009). Der Sommermonsun war in NW-Australien um 14 ka BP wieder voll entwickelt. Das ACR ist bisher nicht eindeutig erkennbar. In Australien werden neuerdings Klimaschwankungen, die bisher der YD zugeschrieben wurden (z. B. Speläothemdaten aus dem östlichen Viktoria), zeitlich ins ACR gestellt (Green et al. 2013).

Südlich von Australien und in und um Neuseeland gibt es Hinweise auf das ACR (Pedro et al. 2016), während die YD nicht nachweisbar ist.

Das Holozän begann mit warm-feuchten Verhältnissen. Im Frühholozän (zwischen ca. 8–5 ka BP) waren die Temperaturen höher, die Niederschläge ebenfalls. Ab ca. 5 ka BP wurde es etwas kühler und trockener. Die MCA und das LIA sind in einigen Klimaarchiven gut dokumentiert.

Die Klimaschwankungen weisen auf N-S- bzw. S-N-Verschiebungen der südlichen ITCZ hin. Rückkoppelungen zwischen dem tropischen Klimasystem (ITCZ, Passat-/Monsun-/Walker-Zirkulation, ENSO) und den außertropischen Systemen (Westwindzone) sind deutlich erkennbar. Detaillierte Paläoklimaarchive (u. a. Speläotheme) dokumentieren, dass die strahlungsbedingten holozänen globalen Temperaturschwankungen wesent-

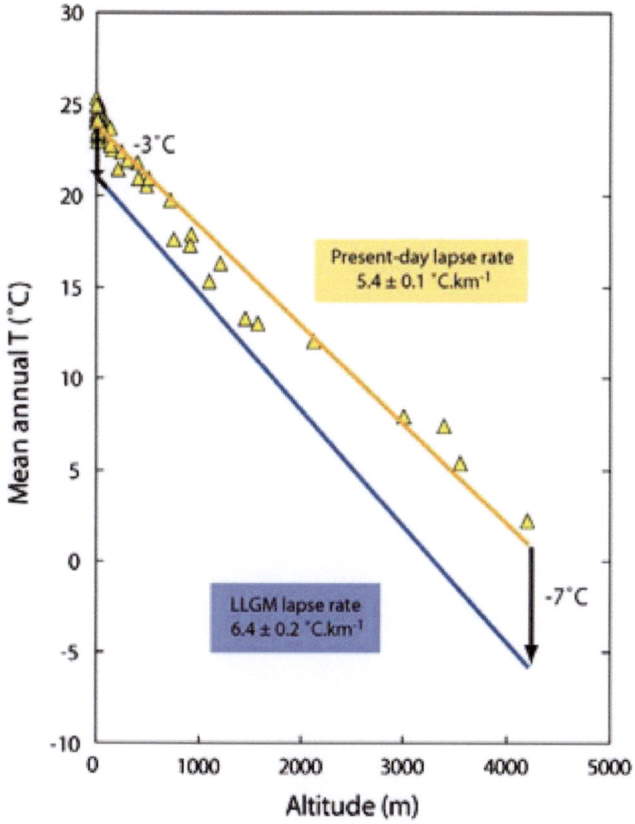

Abb. 8.27 Diagramm von heutiger mittlerer Jahrestemperatur (°C) versus Höhe (m). Die Daten von 15 Klimastationen der Jahre 1970–2001 des Mauna Kea zeigen eine *Lapse Rate* von 5,4 ± 0,1 °C km^{-1}. Für das LGM ergibt sich ein Wert von 6,4 ± 0,2 °C km^{-1}. Die Diskrepanz zwischen den LGM-Temperaturrekonstruktionen aufgrund von ELA einerseits (−7 °C) und marinen Daten andererseits (−3 °C) kann durch eine *Lapse Rate* von 6,4 ± 0,2 °C km^{-1} erklärt werden. (Aus Blard et al. 2007, Suppl. Information)

lich durch den Klimaverlauf im Einflussbereich des tropischen Pazifiks in Zeitskalen von Jahrhunderten (MCA, LIA) modifiziert werden können.

Menschheitsentwicklung und Klima (Exkurs)

9

K. Heine, *Das Quartär in den Tropen*, https://doi.org/10.1007/978-3-662-57384-6_9

Klima und biologische Evolution sind während der Erdgeschichte eng miteinander verknüpft. Das Klima spielt eine Rolle bei der Entwicklung und Adaption der Hominini (Hominiden) nicht nur in der Vergangenheit, sondern – vermutlich – auch in der Zukunft (Behrensmeyer 2006; Trauth et al. 2006). Viel ist über Rückkoppelungen zwischen Klimaschwankungen und Menschheitsentwicklung diskutiert worden (vgl. Schrenk und Bromage 2002; Reed et al. 2013). Verschiedene Hypothesen nehmen an, dass die klimatisch bedingten Umweltveränderungen der letzten 7 Mio. Jahre verantwortlich für die Hominini-Entwicklung (*Hominin Speciation*) waren, für den morphologischen Wandel zum aufrechten zweibeinigen Gang (der aber auch bei den Menschenaffen angelegt ist, bevor die Trennung zum aufrechten Gang der Hominiden erfolgte), zum größeren Hirnvolumen, zu angepassten Verhaltensweisen (*Behavioral Adaptability*), zu kulturellen Innovationen (Nutzung von Steinwerkzeugen seit 3,3 Ma; *regelmäßige* Nutzung des Feuers seit 0,5 Ma) und interkontinentalen Wanderungen. Diese Hypothesen basieren auf Korrelationen von globalen Klimaänderungen, die in marinen und terrestrischen Klimaarchiven gespeichert sind, mit Ereignissen in der Hominini-Evolution, die in den terrestrischen, fossilienführenden Sedimenten dokumentiert werden. Ursache-Wirkung-Beziehungen zwischen Klima und Menschheitsentwicklung herzustellen, ist mühsam, eröffnet aber zahlreiche Herausforderungen für die Paläoanthropologie und die Geowissenschaften (Behrensmeyer 2006). In Abb. 9.1 sind bedeutende Klimaproxys und die Hominini-Evolution dargestellt. Die Beziehungen zwischen Klima und Umweltveränderungen einerseits und den Ursprüngen der Hominini müssen auf einem theoretischen Fundament aufbauen in Verbindung mit einem kausalen Verständnis der Zusammenhänge zwischen Klima, Umwelt, Verteilung der Ressourcen, Hominini-Verhalten und Hominini-Gestalt. Die strikte Korrelationsforschung, die heute oft noch dominiert, muss überwunden werden (Marean et al. 2015).

Klimatische Umbrüche (*Climate Transitions* des afrikanischen Klimas, der Vegetation und der Faunen) werden als kritische Phasen der Hominini-Entwicklung angesehen, in denen sich die Hominini an veränderte Umweltbedingungen anpassen mussten, so zu Beginn des Quartärs vor ca. 2,7–2,5 Ma, vor ca. 1,9–1,7 Ma mit dem Aufkommen der tropischen Walker-Zirkulation und vor 0,95–0,7 Ma während des Früh-/Mittelpleistozän-Übergangs mit dem Beginn der ausgeprägten Warm-/Kaltzeit-Zyklen (vgl. deMenocal 2004). Um ca. 1,85–1,74 Ma BP werden für das äquatoriale Ostafrika (Olduvai-Becken) 21-ka-Zyklen von trockenen und feuchten Phasen dokumentiert, die mit den natürlichen Ausleseprozessen der homininen Entwick-

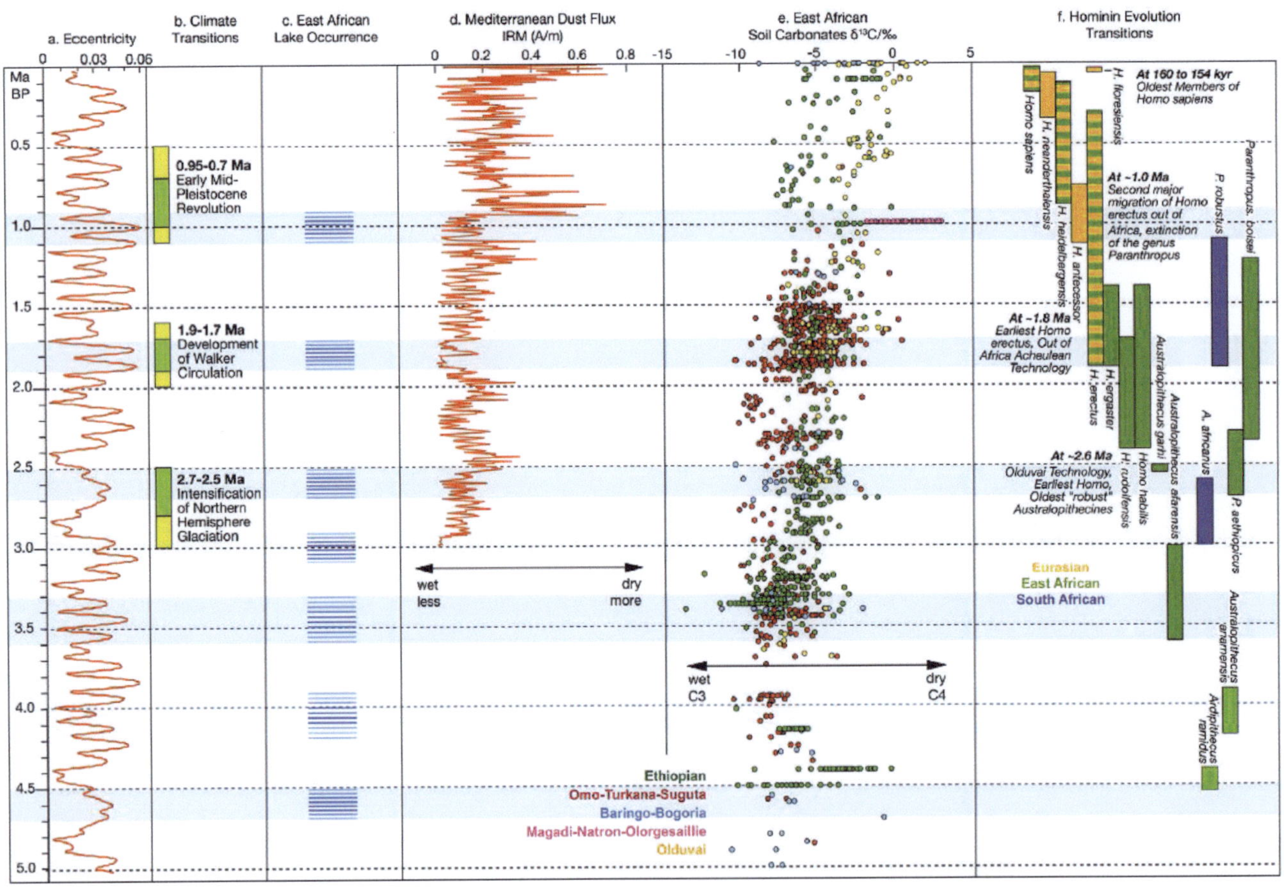

Abb. 9.1 Vergleich der Exzentrizitätsschwankungen, der ostafrikanischen Seephasen, des mediterranen Staubtransports und der Kohlenstoffisotope des Bodencarbonats mit Übergängen in der Hominini-Evolution. (Aus Maslin et al. 2014, dort auch Quellenangaben zu den Daten)

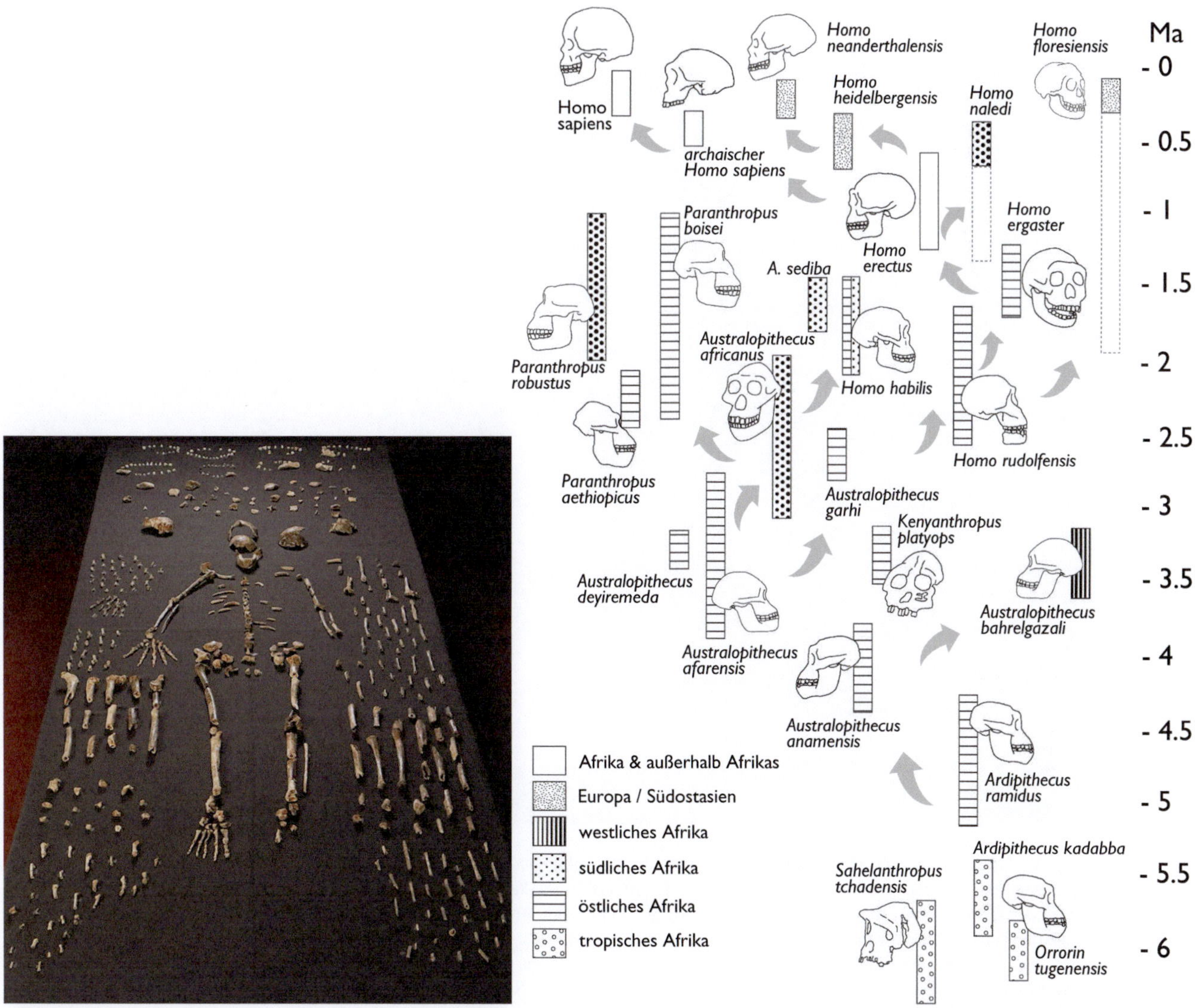

Abb. 9.2 *Links*: Zusammengesetztes Skelett des *Homo naledi,* umgeben von einigen Hundert weiteren Fundstücken aus der *Rising Star Cave*, nahe Johannesburg, Südafrika (aus Wikipedia 2018). *Rechts*: Chronologie der frühen Hominiden auf biogeographischer Grundlage (aus Schrenk 2015). Seit AD 1983 wird die Stammesgeschichte im *Hominid Corridor Research Project* (HCRP) von F. Schrenk und T. Bromage in Ostafrika erforscht. (Die Chronologie [*rechts*] wurde freundlicherweise von Friedemann Schrenk überlassen.)
Anmerkung: Die ungefähre Lage des *Homo naledi* im Stammbaum der Hominini ist vermerkt. Das Alter des *H. naledi* wird grob auf 1–2 Mio. Jahre geschätzt, neuerdings aber auf nur ca. 300.000 Jahre (Berger LR et al. 2017)

lung in Verbindung gebracht werden und die auch einen Einfluss auf die *Out-of-Africa*-Migration vor 1,8 Ma gehabt haben sollen (Ashley 2015). Fest steht, dass Perioden von verstärkter Ausbreitung und von Aussterben mit Perioden maximaler Klimavariabilität, die Phasen großer Humidität betrifft, zusammenfallen (Trauth et al. 2009).

Werden die Forschungsergebnisse der paläoanthropologischen Arbeiten betrachtet, stellt sich ein ständig veränderndes Bild der Evolution dar. Mit jedem Fund einer neuen Art der Hominini-Familie (Gattung *Homo*; Hominini – in der jüngeren Fachliteratur steht allein *hominini* für den Menschen und seine Vorfahren bis zur Abzweigung der Schimpansen) werden weniger Wissenslücken geschlossen als vielmehr neue Fragen aufgeworfen, so beispielsweise durch den Fund des *Homo naledi* in Südafrika am 13. September 2013 (vgl. Shreeve 2015; Abb. 9.2).

Afrika ist die Wiege sowohl der Menschen (*Homo* sp.) als auch der modernen Affen. Bereits im Jungtertiär, vor ≥7 Ma, trennte sich die Linie der Hominiden von der der Affen (Brunet *et al.* 2002). Der aufrechte Gang begann vor 8–6 Ma (*Sahelanthropus tschadensis*; Abb. 9.3). Seit ca. 2,8 Ma existiert die Art *Homo* (Spoor et al. 2015). Vor 2,6–2,4 Ma setzte die kulturelle Evolution ein, ausgelöst vermutlich von einer klimatisch bedingten Veränderung der Nahrungsgrundlagen: Der Wechsel von Wald- zu einer Savannenvegetation kann zu einer *biologischen* Lösung geführt haben, mit der Ausbildung starker Kauwerkzeuge („Nussknacker") oder zu einer kulturellen Lösung mit der Ein-

Kapitel 9

Abb. 9.3 *Oben*: Die Gravuren auf der Muschel sind lange unentdeckt geblieben: Die Muschelschalen wurden 1890 in Trinil auf Java von dem niederländischen Arzt und Forscher Eugène Dubois gefunden. Sie sind 640–380 ka alt. Es sind die ältesten Belege für eine „künstlerische" Betätigung (Gravuren) des *Homo erectus* (Foto: Wim Lustenhouwer, VU University Amsterdam).
Großes Bild: Laetoli, Tansania, Ostafrika vor 3,6 Mio. Jahren. In der Vulkanasche hinterließen die Hominini Fußabdrücke (Trittsiegel), die 1979 entdeckt wurden und Auskunft über Größe und Fortbewegung der Vormenschen geben. Die Spuren von einer erwachsenen Person (*oben*) und einem Kind (*unten*) verlaufen von *rechts* nach *links*. Abguss der Laetoli-Spur im National Museum of Nature and Science, Tokyo, Japan

führung von Werkzeugen vor ≥3,2 Ma (Gebrauchsspuren auf Knochen; vgl. Braun 2010; doch auch Primaten benutzen Werkzeuge!) bzw. Steinwerkzeuge vor ca. 3,3 Ma (Haile-Selassie et al. 2015) bzw. Acheuléen-Steinäxte vor 1,7 Ma (Gibbons 2013). Waren die frühen Hominini Jäger (Fleischesser), Aßesser oder Vegetarier (Sammler) oder hatten sie eine gemischte Diät? Erst viel später – zwischen 400 und 200 ka BP (im späten Mittelpleistozän) – ändert sich die Steinwerkzeugtechnologie entscheidend (Adler et al. 2014), obgleich vereinzelte Funde auf eine graduelle Entwicklung deuten (Balter 2012). Seit ca. 1 Ma wird Feuer in Afrika benutzt (Roberts und Bird 2012). Von Afrika aus breitete sich der *Homo erectus* in zwei Wellen nach Asien aus (Abb. 9.4). Der Beginn der Auswanderung fällt in die Zeit des Übergangs vom Pliozän zum Pleistozän (Abb. 2.2). In China (der Peking-Mensch ist ca. 770.000 alt) überlebt der *H. erectus* die Kaltzeiten, d. h. er nutzt das Feuer. Auf 640–380 ka BP werden geometrische Gravuren auf Muschelschalen aus Java datiert (Joordens et al. 2015; Abb. 9.3).

Durch immer neue Funde von Hominiden geht man heute von einer großen Diversität der frühen *Homo* aus (Spoor et al. 2015). Dazu trägt auch die DNA-Forschung bei (Callaway 2012; Abb. 9.5; Tucci und Akey 2016).

Der *Homo sapiens* ist Vorfahre des modernen Menschen (der Name wurde 1758 von Carl Linnaeus zuerst genannt). *H. sapiens* tauchte vor ca. 400.000 Jahren auf. Er stammt aus Afrika (Abb. 9.4 und 9.6). Die Zeit, in der die Ausbreitung des *H. sapiens* von Afrika aus erfolgte (*Out-of-Africa*-Wanderungen), ist viel diskutiert worden (Stringer 2000). Im Eem (140–110 ka BP) lebten erste *H. sapiens* (*Modern Humans*) in Israel. Der Weg von Afrika nach Asien/Europa wurde durch feuchtere Verhältnisse begünstigt. Die Ausbreitung von Afrika aus erfolgte ab 130–120 ka BP; die archaischen eurasiatischen Hominiden wurden ersetzt (RAO-Hypothese = *Recent African Origin*) (Appenzeller 2012). China bewohnte der *H. sapiens* vor 120.000 Jahren(?), mindestens aber seit 80.000 Jahren (W Liu et al. 2015). Im südlichen Afrika sind die ersten Funde des *H. sapiens* auf 66 ± 5 ka (u. a. Apollo 11 Cave) bzw. > 100 ka datiert (GH Miller et al. 1999). Seit ca. 120 ka BP benutzte der *H. sapiens* die Sprache; ohne Sprache ist die Verbreitung von Wissen ineffektiv (z. B. Werkzeugherstellung etc.). Seit mindestens 100 ka BP gibt es

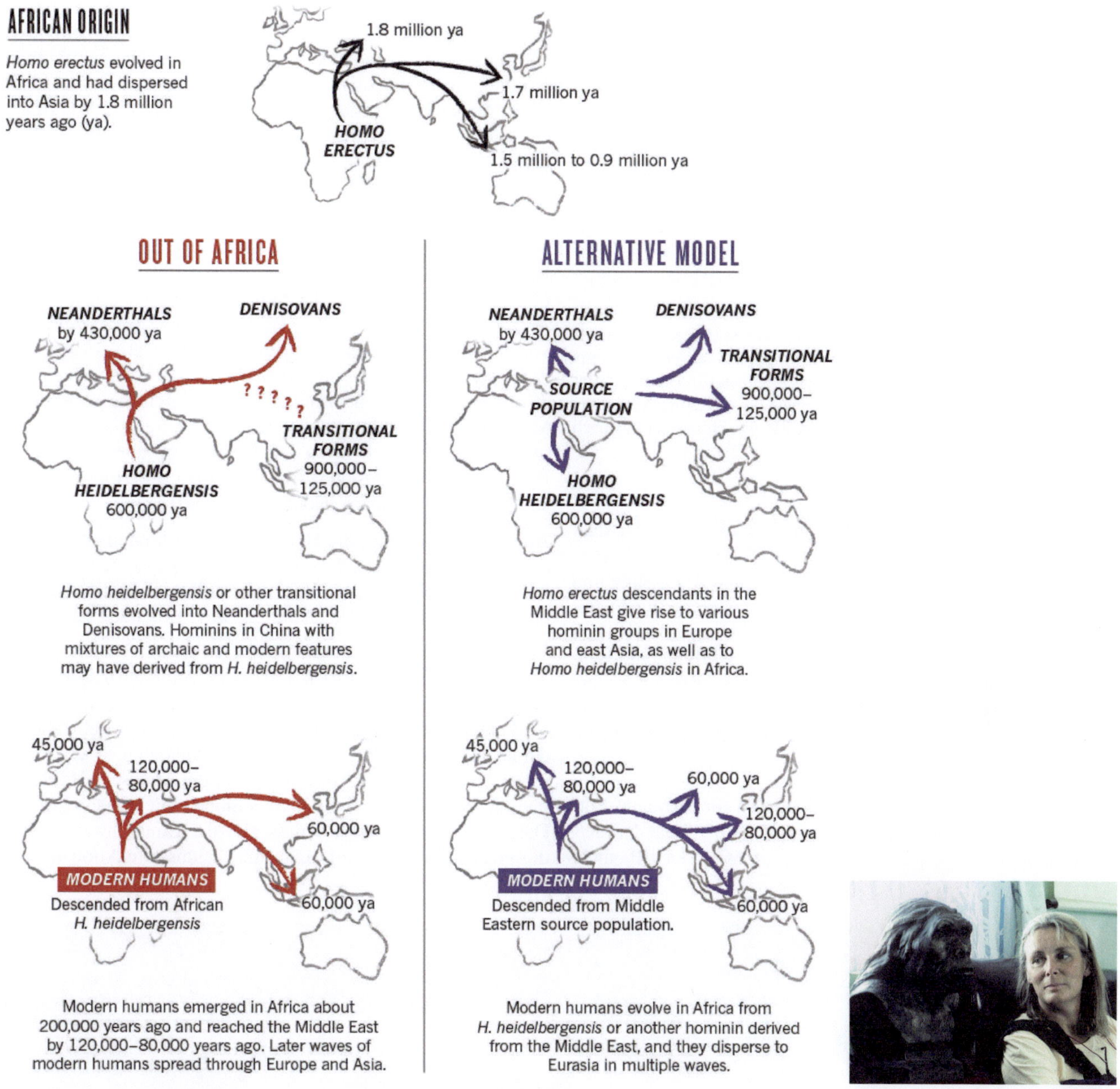

Abb. 9.4 *Links*: Zwei mögliche Routen der menschlichen Evolution. Im Standardmodell der menschlichen Entwicklung (*links*) verließen mehrere Wellen der Hominine Afrika und breiteten sich über Eurasien während der letzten ca. 2 Ma aus. Ein anderes Modell (*rechts*) geht davon aus, dass frühe Emigranten von Afrika eine Population im Mittleren Osten bildeten, die als Ursprung für viele Übergangsarten angesehen wird, die sich über Europa, Ostasien und Afrika verteilten (aus Qiu 2016). Auch für die *Out-of-Africa*-Wanderungen des modernen Menschen gibt es verschiedene Modelle: Eine Wanderungswelle ab ca. 130/120 ka BP nach SE-Asien und Australien, eine zweite nach Eurasien oder eine Welle ab 130/120 ka BP, die sich nach dem Verlassen Afrikas aufspaltete (Tucci und Akey 2016).
Rechts: Der Lantian-Mensch (*Homo erectus lantianensis*) wurde 2014 auf ca. 1,63 Ma Jahre datiert; er ist damit der zweitälteste Hominini außerhalb von Afrika. Foto: alueni-images

Kunst des *H. sapiens* (*Human Art*, Blombos Cave, SA; Balter 2009). Kunst-/Kultur-Hinweise finden sich vom *H. sapiens* beispielsweise in südafrikanischen Muschelperlen mit einem Alter von 80 ka BP (Villa et al. 2012). KS Brown et al. (2012) beschreiben hitzebehandelte Klingen (*Heat-treated bladelets*) mit einem Alter von 71 ka BP aus Südafrika; diese Waffen waren den Waffen der Neandertaler überlegen; dies begünstigte vielleicht die Ausbreitung von Afrika aus aufgrund der technologischen Überlegenheit.

Ob quartäre Klimaschwankungen und klimatische Extremereignisse die Evolution der Hominiden bzw. Hominini (entscheidend) beeinflussten, wird immer wieder diskutiert. Kann nicht die Menschheitsentwicklung (*Hominin Evolution Transitions*) –

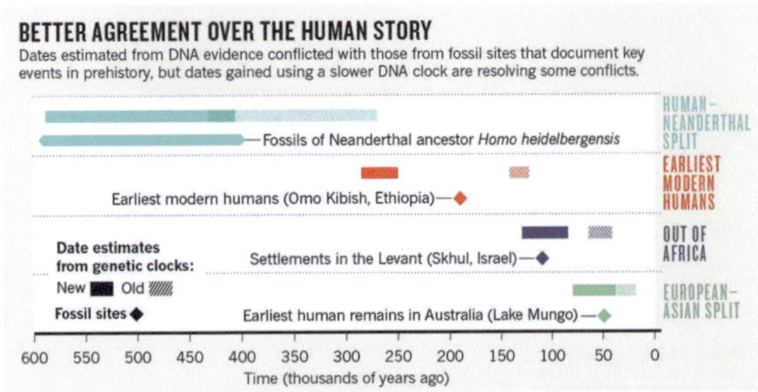

Abb. 9.5 Revidierte Abschätzungen der Mutationsraten der Hominini erlauben eine Anpassung der genetischen Berechnungen mit den archäologischen Daten. So wird die Abspaltung der Neandertaler bereits vor über 400 ka BP angesetzt (evtl. zwischen 550 und 765 ka BP, Callaway 2016a), und die *Out-of-Afri*ca-Bewegung des modernen Menschen (*Homo sapiens*) beginnt vor über 100 ka BP, die Einwanderung nach Australien vor über 50 ka BP. (Aus Callaway 2012)

wie bei Pflanzen und Tieren (Biodiversität) – daher rühren, dass eine Ausbreitung über große Entfernungen und lokale Ergänzungen zusammenwirkten, und zusätzlich eine Anpassung und Speziation (Entstehung neuer Arten) durch Interaktionen mit einem Wandel von Landschaft, Klima und Umwelt erfolgten? Dann wäre eine Hominini-Biodiversität in Jahrhunderttausenden bis Jahrtausenden möglich (vgl. Antonelli 2015). Chatters et al. (2014) weisen auf die Möglichkeit einer *In-situ*-Evolution bei den Paläoamerikanern hin, die seit ca. 13 ka BP erfolgt sein muss.

Eine Rückkoppelung Klima – Evolution ist für markante Entwicklungen der Evolution (z. B. Abspaltung der Neandertaler-Linie und/oder Aussterben derselben vor ca. 25 ka BP) nicht nachzuweisen. Die Ausbreitung der Hominini im Quartär spielte jedoch für die dadurch bewusst und unbewusst initiierten Umweltveränderungen eine bedeutende Rolle. Die Ausbreitung erfolgte von Afrika aus. Seit dem Mittelpleistozän wird nicht nur in Afrika, sondern auch in Europa und Asien die Verbreitung der Hominini belegt. Die von den Kontinenten durch Wasser getrennten Inseln (Australien, Ozeanien, etc.), aber auch Nord- und Südamerika blieben von den ersten Einwanderungswellen der Hominini verschont.

Mit der *Out-of-Africa*-Bewegung des *H. sapiens* seit ca. 200 ka BP wurden nach und nach Asien (vor ca. 100–50 ka BP), Australien (vor ~50 ka BP), die Neue Welt und viele Inseln vom *H. sapiens* besiedelt (Abb. 9.9). Kreuzungen (*inter-breeding*) von *H. sapiens* mit *Denisovans* und Neandertalern erfolgten im Zuge der Wanderungen und Bevölkerungsbewegungen (Reich et al. 2011). Die Wanderungen wurden durch die eiszeitliche Meeresspiegelabsenkung begünstigt und waren oft sehr komplex. Bereits vor ca. 23 ka BP (im LGM) kam es auch zu Rückwanderungen aus dem Mittleren Osten zum Horn von Afrika (Äthiopien, Somalia) (Hodgson et al. 2014).

Alle Hypothesen über die Ursachen der Ausbreitung des *H. sapiens* gehen davon aus, dass das Klima den Ressourcenreichtum beeinflusste, der die Tragfähigkeit einer Region bestimmte. Änderungen der Tragfähigkeit führten zur Ausbreitung des *H. sapiens*.

Timmermann und Friedrich (2016) modellieren die Ausbreitung des *H. sapiens* von Afrika aus im Zusammenhang mit markanten Änderungen von Klima und Meeresspiegel während der letzten 125 ka BP. Vier ausgeprägte Wanderungswellen zwischen 106 und 29 ka BP erfolgten über die Arabische Halbinsel und die Levante. Die Ergebnisse stimmen mit archäologischen Daten überein und zeigen, dass globale Klimaschwankungen, die präzessions gesteuert sind, eine Schlüsselfunktion für die

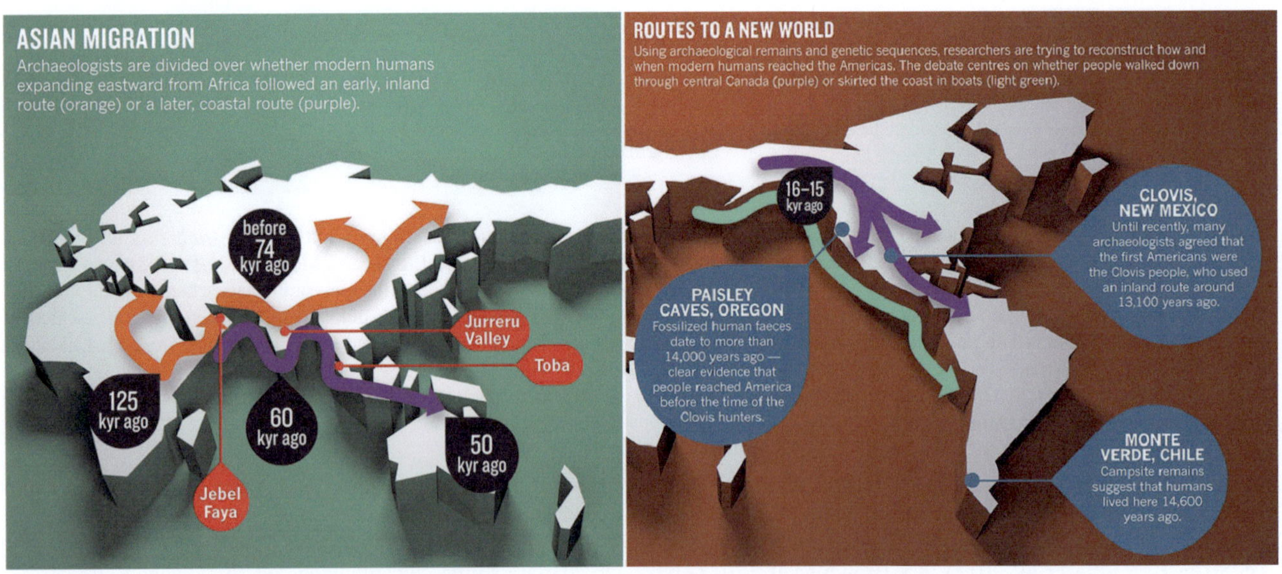

Abb. 9.6 Routen der Ausbreitung des *H. sapiens* im Jungquartär. *Links*: Migration aus Afrika nach Asien. Zwei mögliche Routen werden diskutiert: eine Inland- und eine (spätere) Küsten-Route (aus Appenzeller 2012). *Rechts*: Die Migration in die Neue Welt erfolgte über Beringia (Landverbindung zwischen Asien und Alaska). Auch hier werden verschiedene Routen diskutiert. (Aus Curry 2012)

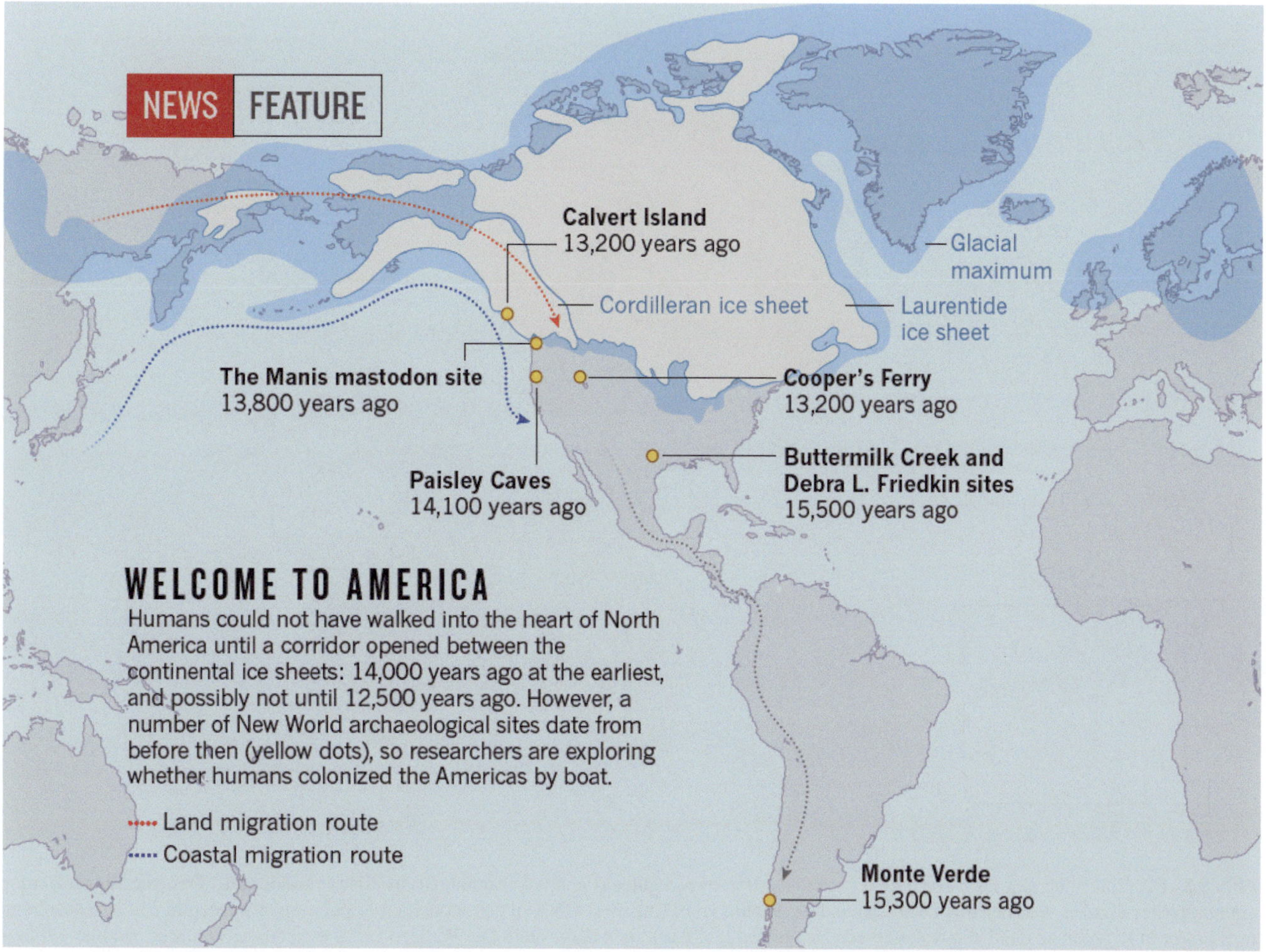

Abb. 9.7 Wissenschaftler gehen davon aus, dass die Einwanderung von Beringia bis nach Südamerika entweder über den „eisfreien Korridor" erfolgte, der sich im Spätglazial zwischen Kordilleren- und Laurentischem Eis bildete, oder entlang der Küste. Da der „eisfreie Korridor" erst um ca. 12.700 bzw. 13.000 v. h. eisfrei wurde (McGowan 2016) und die Menschen bereits ab ca. 16.500 v. h. in Nordamerika erschienen (Goebel et al. 2008), scheidet diese Hypothese aus. Die Boot-Hypothese ist ebenfalls wenig plausibel. Eine dritte Möglichkeit besteht über eine Einwanderung im Bereich der Kordilleren-Vergletscherung, denn glazialmorphologische Studien zeigen, dass es große eisfreie Gebiete zwischen den mit Gletschern gefüllten Talungen und den vergletscherten Berggipfeln im *Termination I* gab (mdl. Mitt. J. Völkel). Auch scheint eine Einwanderung westlich der Rocky Mountains in Britisch-Kolumbien (Kanada) nach ca. 20 ka BP möglich, da dort infolge des kalt-ariden LGM-Klimas Gebiete eisfrei waren (vgl. Heine 1998c). Ab 17 ka BP war eine Migration entlang der Küste möglich (Newton 2012). Die Einwanderung nach Südamerika soll in einer Welle erfolgt sein (Callaway 2015), während Nordamerika in drei Einwanderungswellen bevölkert wurde (Reich et al. 2012). (Aus Marris 2015)

Bevölkerungsbewegungen hatten; plötzliche Klimaänderungen in Zeitskalen von 10^3 Jahren hatten – wenn überhaupt – nur regionale Auswirkungen.

Zahlreiche Hypothesen bestehen über die Einwanderungsrouten in den nordamerikanischen Raum südlich des LGM-zeitlichen Laurentischen und Kordilleren-Eisschildes (Abb. 9.7). Die mächtigen Gletschermassen verhinderten die Ausbreitung des *H. sapiens* von Beringia nach Süden (zur Diskussion vgl. Heine 1998c). Archäologische, linguistische und genetische Forschungen setzen sich mit der Einwanderungsgeschichte auseinander. Gab es eine oder mehrere Einwanderungswellen? Für Nordamerika werden drei Ereignisse, für Südamerika ein Ereignis genannt (Reich et al. 2012).

Aus Nord- und Südamerika gibt es Hinweise auf prä-LGM-zeitliche Besiedlungsspuren (z. B. *Valsequillo*, Mexiko; Steen-McIntyre et al. 1981; Heine 1973; Brasilien: *Pedra Furada Rock Shelter*: > 40 ka, Santos et al. 2003). Die Genomforschungen an altem und heutigem menschlichem Material weisen auf komplexe Einwanderungsprozesse hin: Zahlreiche Wanderungswellen führten zur Besiedlung des Doppelkontinents; die Menschen wanderten später weiter und ersetzten frühere Bewohner bei ihren Wanderungen. Inwieweit dabei Klimaereignisse entscheidend mitwirkten, ist bisher nicht bekannt. Für Europa weisen jüngst Fu et al. (2016) aufgrund der genetischen Zusammensetzung von modernen eiszeitlichen Menschen Wanderungen und Bevölkerungsbewegungen am Ende der letzten Eiszeit (während des *Termination I* ab ca. 14 ka BP) nach.

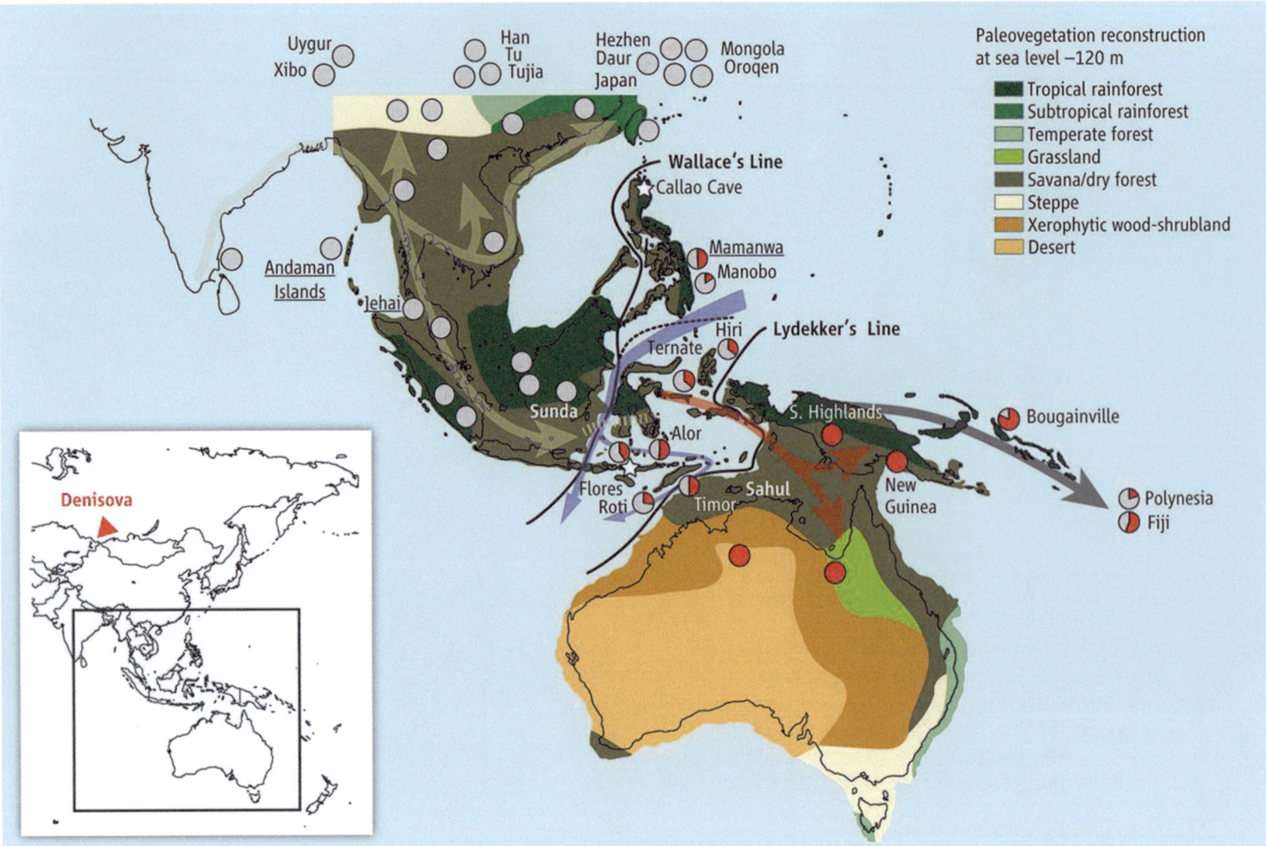

Abb. 9.8 Die Einwanderung nach Australien (Sahul-Australien-Neuguinea) geht von Sunda (SE-asiatische Inseln) aus. Dass die Einwanderung ein komplexer Prozess war, belegen DNA-Daten. Die Anteile von Denisovan-DNA in den modernen Populationen werden in den Kreisdiagrammen in *Rot* in Relation zu den Ureinwohnern von Neuguinea und Australien dargestellt. Die Wallace-Linie wird durch die starke Strömung (*blaue Pfeile*) durch die indonesische Inselwelt charakterisiert; sie markiert die Grenze zwischen den Säugetieren des Sunda-Schelfs und denen von Eurasien. Die Lydekker-Linie zeigt dasselbe für die Beuteltiere und den Sahul-Schelf; das Gebiet zwischen beiden Linien wird als Wallacea bezeichnet. Eine Einwanderungsroute der modernen Menschen entlang der Küsten (*hellgraue Pfeile*) bot sich während der Meeresspiegelabsenkung im LGM um ~ 120 m an. Eine Vermischung (*Interbreeding*) mit der indigenen Denisovan-Population wird nach der ersten Ausbreitung der modernen Menschen über die Wallace-Linie nach Osten (*rotbraune Pfeile*) angenommen. Die genetischen Signale verbreiteten sich anschließend in unterschiedlichem Ausmaß in der Region und im pazifischen Raum (*graue Pfeile*) durch die späteren austronesischen Populationen. Im Gegensatz dazu zeigen die modernen und indigenen Jäger-Sammler-Populationen (*unterstrichen*) keine oder wenig Denosovan-DNA westlich der Wallace-Linie, was auf eine begrenzte Rückwanderung aus Wallacea deutet (aus Cooper und Stringer (2013)).
Bemerkenswert ist, dass östlich der Wallace-Linie in Celebes (Sulawesi) eine Hominini-Besiedlung bereits vor ca. 200 ka BP bestand (van den Bergh et al. 2016), die aber keine weitere Ausbreitung nach Australien zeigt. Auf der Insel Flores, die östlich der Wallace-Linie liegt, lebte der *Homo floresiensis* („Hobbit"), ein Überbleibsel der archaischen, vor 2 Ma aus Afrika ausgewanderten Hominiden. Seit 1 Ma belegen einfache Steinwerkzeuge auf Flores eine Hominiden-Besiedlung, die vermutlich die endemischen Tierarten ausrottete, so den Zwergelefanten *Stegodon sondaari* und die Riesenschildkröte *Geochelone* sp., doch die frühere Einwanderung und das Alter der Extinktion deutet eher auf Naturkatastrophen hin, da die Arten ± zeitgleich ausstarben (um/nach 880.000 BP). *H. floresiensis* soll dort auch noch zeitgleich mit modernen Menschen gelebt haben (bis vor 17.000 Jahren; Dalton 2010). Das Aussterben des *H. floresiensis* während des *Termination I* ist oft angezweifelt worden, da viele anthropologische, archäologische und stratigraphische Daten dieser Vorstellung entgegenstehen. Eine Revision der Fundumstände (Stratigraphie) datiert das Ende der *H.-floresiensis*-Besiedlung auf 100–60 ka BP (Callaway 2016b) und lässt die Frage unbeantwortet, ob der *H. sapiens* und der *H. floresiensis* noch nebeneinander auf Flores lebten. – Vor ca. 4 ka BP sind (aufgrund von Genomdaten) Menschen von Indien nach Australien eingewandert; seit ca. 4000 Jahren gibt es eine schnelle Entwicklung der Werkzeugtechnologie in Australien. (Pugach et al. 2013)

Im Zusammenhang mit der Meeresspiegelabsenkung im letzten glazialen Zyklus wird die Einwanderung des *H. sapiens* nach Australien gesehen (Abb. 9.8). Dass die Klimaschwankungen während der letzten Eiszeit auch die frühen Kulturen der Jäger und Sammler beeinflussten, zeigt sich beispielsweise in der Intensität der Wanderungsbewegungen der australischen Ureinwohner (z. B. in feuchten Klimaphasen nahm die Intensität der Bewegungen ab).

Im Spätglazial um 14 ka BP führte die Bölling/Alleröd-Erwärmung vermutlich zu günstigen Voraussetzungen für den Beginn der Reiskultivierung im *Yangtze-River*-Becken (China),

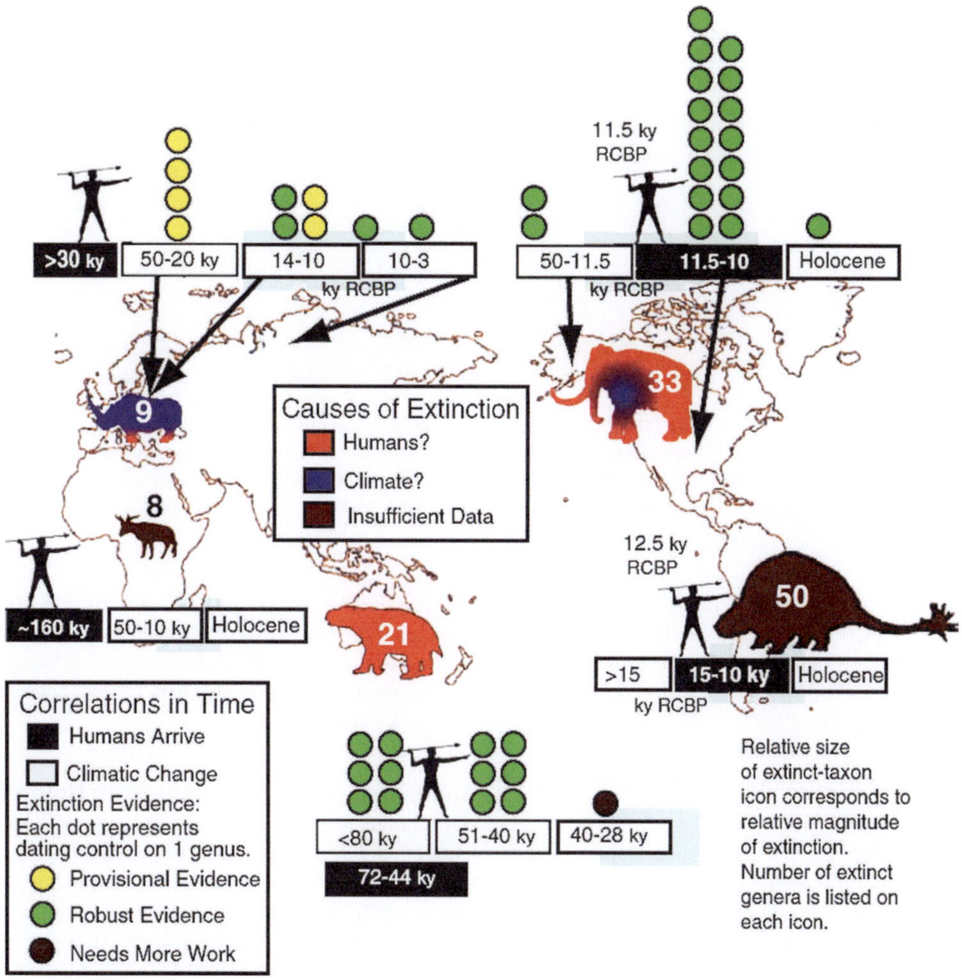

Abb. 9.9 Zusammenfassung der Anzahl der Megafauna-Gattungen, die auf den jeweiligen Kontinenten ausgestorben sind. Außerdem wird die Zuverlässigkeit der Chronologie der Extinktion angezeigt; die Zeit des Aussterbens und die Zeit des Eintreffens der Menschen werden vergleichend dargestellt. Der spätquartäre Klimawandel wird berücksichtigt. Der Zeitpunkt des Aussterbens einzelner Gattungen wird als gesichert oder als vorläufig angegeben, aufgrund von Publikationen, die die Qualität der Datierungen berücksichtigen. In der Originalarbeit werden die Quellen für Europa, Sibirien, Nordamerika und Australien genannt. Das Datum der ersten allgemein akzeptierten Ankunft von *H. sapiens sapiens* wird berücksichtigt; in Eurasien und Afrika treten *Prä-sapiens*-Hominini wesentlich früher auf. (Aus Barnosky et al. 2004)

und das warme Frühholozän erlaubte die Ausdehnung des Reisanbaus in das mittlere *Yangtze-River*-Becken (Yasuda 2008).

Das zeitliche Zusammentreffen von größeren Einwanderungswellen und das Aussterben der spätpleistozänen Großsäuger sowie anderer Tierarten sind auffällig. Mammut, Mastodon und viele Großsäuger starben während des *Termination I* in der Neuen Welt aus (von Koenigswald 2002; Barnosky et al. 2004); in Australien geschah dies bereits für die meisten großen Wirbeltiere um 40 ka (McDowell et al. 2015; Rule et al. 2012; vgl. Abb. 7.40); die neuseeländischen flugunfähigen Riesenlaufvögel (*Moa* mit 11 Arten) überlebten die polynesische Besiedlung am Ende des 13. Jahrhunderts nicht und starben innerhalb von 100 Jahren aus (Holdaway und Jacomb 2000). Inwieweit der Mensch auf den verschiedenen Kontinenten am Aussterben beteiligt war (wie in Neuseeland) und inwieweit natürliche Faktoren (Klimawandel in Verbindung mit drastischen Vegetations-/ökologischen Veränderungen) verantwortlich waren, ist Gegenstand heftiger Diskussionen seit einem Jahrhundert (vgl. von Koenigswald 2002; Barnosky et al. 2004; Lorenzen et al. 2011; Abb. 9.9).

In Australien fiel das Massensterben mit dem Trockenfallen von zahlreichen Seen zwischen 60–40 ka BP zusammen (Cohen et al. 2015; Bird et al. 2013). Dennoch wird die Extinktion in Verbindung mit der Einwanderung des Menschen gesehen (Abb. 9.9; die Bedeutung des Menschen als treibende Kraft bei der Extinktion wird von Jankowski et al. 2016 infrage gestellt). Es kam wesentlich früher als in der Neuen Welt zu einer Reduzierung der großen Vertebraten. Markante Klimaänderungen – wie sie im *Termination I* auftraten – konnten an der Extinktion beteiligt sein (Cohen et al. 2015); die klimatisch bedingten Ökosystemveränderungen hatten den größten Einfluss.

In Nord- und Südamerika – hier fand erst am Ende der letzten Eiszeit die bedeutendste Phase der Extinktion statt – trug neben dem Menschen auch der Klimawandel zum Aussterben

Abb. 9.10 *Links*: Elefantenherde am Chobe-Fluss (Botswana). Die Savannenwaldvegetation ist vernichtet. *Rechts*: Savannenwald in gleicher Klimazone ohne Elefantenpopulationen. Die Verbreitung der verschiedenen offenen Savannenvegetationsformationen weicht in Afrika und Südamerika stark voneinander ab; obgleich die geoökologischen Voraussetzungen ± übereinstimmen, sind sehr unterschiedliche Vegetationsformationen ausgebildet: In Afrika offene Grasländer mit vereinzelten Baumbeständen, in Südamerika gehölzreiche Savannenwälder. (Fotos: alueni-images)

bei: Mit der schnellen Ausbreitung und kulturellen Entwicklung des *H. sapiens* um 13 ka BP steht das Aussterben von Mammut um 10,5 ka BP in Nordamerika und von *Megatherium americanum* um 13,5/13–7,9 ka BP in Südamerika in Zusammenhang (Abb. 9.9). In Refugien – auf St. Paul Island vor der Küste Alaskas – überlebten Mammuts bis vor 5600 Jahren (Graham et al. 2016); die Extinktionsursachen der Restpopulationen waren oft sehr unterschiedlich.

Allgemein ist festzustellen, dass in den Außertropen (v. a. in der Umgebung der großen eiszeitlichen Eisschilde und in den eiszeitlichen Permafrost- und Tundrengebieten) der Klimawandel von glazialen zu interglazialen Verhältnissen zum Aussterben vieler Großsäuger beigetragen hat (Lorenzen et al. 2011; Barnosky et al. 2004; Abb. 9.9). In den Tropen veränderte der Klimawandel am Übergang von glazialen zu interglazialen Verhältnissen die Ökosysteme weniger einschneidend; auf Verschiebungen der Vegetationszonen konnten die Großsäuger reagieren. In den Tropen und Randtropen wurde jedoch der Mensch durch seine Aktivitäten zum beherrschenden Faktor der Extinktion der Großsäuger und anderer großer Vertebraten. Das Aussterben der Megafauna in tropisch-subtropischen Gebieten führte zu Vegetationsveränderungen (Abb. 9.10); das Fehlen der Pflanzenfresser (Herbivoren) bewirkte Veränderungen bei Pflanzengesellschaften und förderte Wald/Savannenbrände (B. Johnson 2013).

Auffällig ist, dass sich die Großsäugerfauna in Afrika bis in die Gegenwart erhalten hat. In der Neuen Welt und in Australien fällt das Ende der jungquartären Großsäuger mit der Einwanderung und Ausbreitung des *H. sapiens* zusammen. Kann es sein, dass das Zusammenleben der Großsäuger mit den Hominiden in Afrika seit dem Tertiär Verhaltensweisen und Fähigkeiten der Tier- und Hominiden-Gesellschaften entwickelt hat, die das Nebeneinander von Hominiden (als Teil des natürlichen Ökosystems) und Großsäugern ermöglichten? In der Neuen Welt und in Australien besiedelte der *H. sapiens* plötzlich Ökosysteme, in denen beim Konkurrenzkampf ums Überleben die Fauna nicht auf die Fähigkeiten und Methoden des *H. sapiens* angemessen reagieren konnte. In Verbindung mit den jungquartären Klima- und Umweltveränderungen ging *H. sapiens* als Gewinner aus dem Konkurrenzkampf hervor. (Ähnliches spielte sich Jahrtausende später ab, als Neuseeland, Madagaskar und andere Inseln vom *H. sapiens* aufgesucht und bevölkert wurden; vgl. Barnosky et al. 2004).

Klima und Kulturentwicklung im Holozän

Die Frage, ob schnelle oder langsame Paläoumweltveränderungen die Jäger-Sammler-Gesellschaften im Spätglazial und Frühholozän entscheidend beeinflusst haben, wird immer wieder gestellt. Die Komplexität der Klima-Ökosystem-Mensch-Interaktionen und auch die Komplexität der menschlichen Reaktion auf Umweltveränderungen zeigen, dass in einigen Regionen keine Beweise für einen direkten kausalen Zusammenhang zwischen Umweltwandel und Kulturwandel vorliegen, dass jedoch in anderen Regionen deutliche Belege dafür gefunden werden. In der zentralen Sahara fanden die wesentlichen Veränderungen der kulturellen Systeme um 8,2, 6,0 und 4,2 ka BP statt; sie fallen damit in die Phasen großer Aridität während der AHP (Mercuri et al. 2015). Die Ursachen für diese Variabilität sind noch wenig bekannt; sie sind in den früheren ökologischen, siedlungsgeschichtlichen und technologischen Unterschieden zu suchen oder aber in den methodisch bedingten (Zeit-)Skalen zwischen den einschlägigen Studien.

Während die Jäger- und Sammler-Kulturen des Pleistozäns nicht zuletzt auf Klimaschwankungen mit Migrationsbewegungen reagieren konnten, war dies bei sesshaften Kulturen nicht möglich. Andere Strategien der Anpassung an einen Klimawandel waren erforderlich. Die Reaktionen wandelten sich von *Mobilität* zu *Sozialität*. Mit der Urbanisierung entfernte sich das humane Sozialsystem immer weiter von der Flexibilität und schnellen Anpassung an Umweltveränderungen; zugleich vermehrten sich die Ansprüche an das soziale System, an Energie, Wasser und andere Dinge, die eine urbane Bevölkerung benötigt. In klimabedingten Stresssituationen zeigt sich, ob die Mensch-Umwelt-Interaktionen den Herausforderungen gewachsen sind (van der Leeuw 2008). Einige Beispiele der Interaktionen von Umweltveränderungen und vorindustriellen

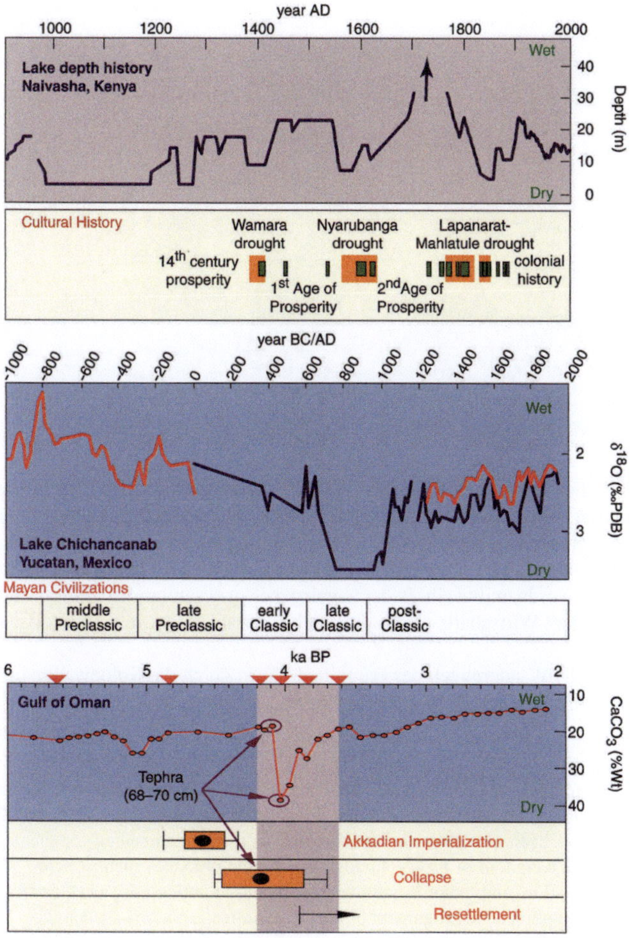

Abb. 9.11 Beispiele der Interaktionen von Umweltveränderungen und vorindustriellen Zivilisationen in den Subtropen und Tropen Asiens, Afrikas und Mesoamerikas. In allen drei Fällen führte der Übergang von dem „normalen" regionalen Klima zu wesentlich größerer Aridität zu einer Krise bzw. zum Kollabieren der Zivilisation (aus Steffen 2008. Vgl. auch: deMenocal 2001).
Oben: Ostafrika. Extreme Dürreperioden verursachten während der Kleinen Eiszeit (LIA) Katastrophen in der Versorgung der Bevölkerung. Die ariden Phasen korrelieren mit Änderungen der solaren Strahlung (Verschuren et al. 2000). *Mitte*: Mesoamerika. Auch im Siedlungsgebiet der Maya-Zivilisationen traten extreme Dürreperioden auf, von denen eine besonders lange andauernde Periode mit dem endgültigen Kollaps der Maya-Reiche zusammenfällt (Hodell et al. 1995). *Unten*: Asien. In Mesopotamien kollabierte das Akkadische Reich um 4 ka BP; die Trockenphase um 4 ka BP wird durch viele terrestrische Paläoklimaarchive in Nord- und Ostafrika dokumentiert (Cullen et al. 2000). Konzentrationen der äolischen Minerale (vulkanischer Staub) des marinen Kerns M5-422 in Verbindung mit kalibrierten ^{14}C-Daten korrelieren mit den archäologischen Daten von Aufstieg, Fall und Wiederansiedlung des Tell Leilan (Akkadisches Reich). Die Tephralagen dienen der Korrelierung und fallen in die Zeit des 4,2 ka-*Event*. Mit vermehrten Erkenntnissen des Paläoklimas und der archäologischen Daten nehmen die Zweifel an einer einfachen Korrelation Klimaereignis – Zivilisationsereignis deutlich zu. (Vgl. Hodell 2011, Aimers 2011)

Zivilisationen in den Subtropen und Tropen Asiens, Afrikas und Mesoamerikas werden im Folgenden angeführt (Abb. 9.11).

In Mesopotamien fällt der Zusammenbruch des Akkadischen Reichs mit der ariden Phase um 4 ka BP zusammen (Weiss et al. 1993: deMenocal 2001), die durch terrestrische und marine Paläoklimaarchive in Nordafrika zwischen Atlantik und Indischem Ozean dokumentiert wird (Cullen et al. 2000). Im Siedlungsgebiet der Maya in Mittelamerika korrelieren markante aride Phasen mit einschneidenden kulturellen Veränderungen während des Zerfalls der Maya-Stadtstaaten zwischen ca. AD 600 und 1000 (Hodell et al. 1995). Die Schwankungen ostafrikanischer Seespiegel zeigen eine auffällige Kongruenz mit extremen Dürreperioden, Hungersnöten, sozialen Unruhen, aber auch mit Veränderungen der Sonnenflecken-Aktivität (Verschuren et al. 2000). Wenngleich diese vereinfachte Darstellung vorgibt, dass Klimaereignisse (Dürren, aride Intervalle) die Kulturentwicklung entscheidend beeinflussen können, zeigt eine genauere Betrachtung der Klimaereignisse und der kulturellen, sozialen, wirtschaftlichen und politischen Entwicklungen der entsprechenden Kulturen, dass die Interaktionen zwischen Naturereignissen und Kulturentwicklung i. w. S. äußerst komplex sind (vgl. Wilhelmy 1981 für die Maya).

Das Klimaereignis um 4,2 ka BP brachte in vielen Regionen der Nordhemisphäre Veränderungen der frühen Zivilisationen. Yasuda et al. (2004; vgl. auch Yasuda 2008) verbinden mit dem Kollabieren der Reisanbau-Kultur und dem Zerfall großer städtischer Siedlungen am unteren Yangtze-Fluss zwischen 4,2 und 4,0 ka BP eine Klimaänderung, die zusammen mit einer deutlichen Abkühlung auch einen fallenden Meeresspiegel brachte. Das Alte Königreich von Ägypten (Hassan 2001) brach um 4 ka

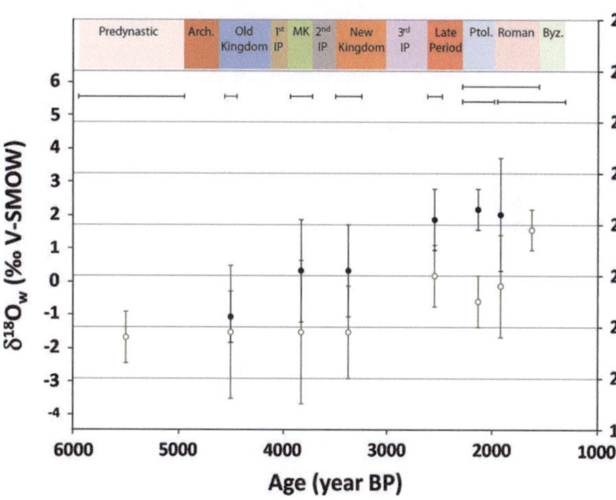

Abb. 9.12 Aus den Analysen von Sauerstoff- und Strontiumisotopen der Mumienzähne (Enamel [*gefüllte Kreise*], Knochen [*offene Kreise*], *rechte Skala*) wird auf die Isotopendaten des Nilwassers (als Nahrungsquelle, *linke Skala*) geschlossen. Die Daten zeigen entweder eine Temperaturabnahme um 2 °C oder eine Niederschlagsreduzierung um 140 mm/a oder eine Kombination von Erwärmung und Aridisierung zwischen 5,5–1,3 ka BP. Das Ende des Alten Königreichs fällt in die Zeit um 4,2 ka BP (aus Touzeau et al. 2013, vgl. Newton 2013). IP – Intermediate Period; MK – Middle Kingdom; Ptom./Roman/Byz. – Ptolemaic/Roman/Byzantine Period

Abb. 9.13 *Links*: *Rainforest Crisis* und Wanderungen der Bantu-Sprachfamilie setzten um 3000 BP ein. Die Migrationen dauerten bis in die jüngste Zeit an. Inwieweit neben dem Klima auch die Menschen selbst mit ihren Wirtschaftsweisen (Viehzucht, Ackerbau, Eisenverarbeitung etc.) die natürlichen Vegetationsformationen des Regenwalds veränderten, wird zurzeit noch diskutiert. Während die Bantu-sprechenden Ethnien bereits vor 1500 Jahren von Norden kommend die ariden Regionen Namibias besiedelten (Bayon et al. 2012), wanderten erst im 15./16. Jh. die Himba (Bantu-Viehzüchter) aus nördlichen und östlichen Gebieten in das Kaokoveld in Nordnamibia ein. In der abgelegenen arid/semiariden Region sind Weide und Wasser ungleichmäßig in Raum und Zeit verteilt. Die Himba haben ihre Wirtschaftsweisen den höchst variablen Umweltverhältnissen angepasst (vgl. Abb. 6.160).
Rechts: Die Ethnie der San lebt seit Jahrtausenden im südlichen Afrika. Durch die Wanderungen der Bantu und jüngst durch die Kolonisation der Europäer wurden die San in die siedlungsfeindlichen Gebiete der Kalahari zurückgedrängt. (Fotos: alueni-images)

BP zusammen (Abb. 9.12); die Indus-Zivilisation mit der Stadt *Harappa* im Indus-Tal (Possehl 2001; Shinde et al. 2001) hatte ihre Blüte zwischen 4,6 und 3,9 ka BP; ihr Einflussgebiet war größer als das von Ägypten und Mesopotamien; um 4 ka BP begann ein langsamer Niedergang (Robinson 2015). Gleiches trifft für die Zivilisationen in Mesopotamien (Weiss 2001), im Nahen Osten (Migowski et al. 2001) und für die neolithischen Gesellschaften im atlantischen Europa zu (O'Connell 2001).

Catto und Catto (2004: 7) bemerken zu den zivilisatorischen Auswirkungen des 4,2–4,0 ka BP-Klimaereignisses:

> The impact of climate drying ca. 4200 BP, resulting in decreased rainfall to Equatorial Africa and a consequent drop in discharge down the Nile Valley, triggered the demise of the Old Kingdom of Egypt [...]. Failure of floodwaters providing nourishment to fields led successively to starvation, military weakness, and political instability. Local adaptations and effective management by local governors replaced the weakened central authority. Central authority and national unity, under Thebes, was not re-established until ca. 4000 BP. Climate change appears to have been a significant driving force in the collapse of the Old Kingdom. The subsequent political reorganization of Egypt under the Theban pharaohs was made possible by the return of regular, predictable Nile floods.
>
> The evolution and eventual decline of the Harappan civilization of the Indus Valley was also influenced by climate change at the end of the Third Millennium BC, but several other environmental factors were involved (Shinde et al., 2001). Agriculture played a role in the rise of the Chalcolithic Harappan civilization, but geological resources (e. g. copper, chert, agate) were also important. Harappan cities established trade linkages throughout the region, allowing the development of further economic activity. Some trade links were dependent on river transportation, and hence indirectly depended on climate. Climate drying resulted in failures in agricultural productivity, and imposed difficulties for navigation. However, agriculture and trade appear to have continued, albeit at reduced levels and with differences in crops and routes. The changes do not appear to have been as abrupt and catastrophic as those documented for the Old Kingdom of Egypt. In addition, human practices such as deforestation, and tectonic activity, which caused both earthquakes and disruption and realignment of upstream drainage patterns, had significant influences on the population. For the Harappan civilization, climate change appears to have played an important supporting role, but it was not the sole factor.
>
> Western Asia and Mesopotamia were influenced by four significant and abrupt climate change episodes in the period 12000–4000 BP, as summarized by Weiss (2001) and discussed by Hassan (2001). Agriculture began in the region at least in part due to the Younger Dryas episode, which triggered the abandonment of hunter-gatherer activity and resulted in concentration of population in compact regions suitable for agriculture. Irrigation was adopted in partial response to cooling and drying ca. 8200 BP, and proved an effective mechanism for agriculture until ca. 5200 BP, when a sharp aridification event resulted in failure or reduced effectiveness of irrigation systems. The fourth significant climate event, the dry period ca. 4200 BP, affected Mesopotamia as it did Egypt and the Indus Valley, causing the socio-economic difficulties of the First Intermediate Period. In these four episodes, climate change played either the dominant (Younger Dryas and ca. 4200 BP) or a very significant supporting part. Similar climate influences are evident elsewhere in northern Africa, Western Asia, the Levant, and Israel (e. g. Hassan 2001; Migowski et al., 2001).

Immer mehr Paläoklimaarchive belegen um 4,2 ka BP Änderungen bzw. eine Abschwächung der globalen Monsune und der Zirkulationssysteme von Ozeanen und Atmosphäre. Dadurch wurden plötzliche Niederschlagsanomalien ausgelöst, die die Zivilisationen teilweise nachhaltig beeinflussten. Die Ursachen der 4,2–3,9 ka *Megadrought* und Abkühlung sind immer noch unbekannt (Weiss 2016).

Abb. 9.14 *Oben links*: Zentrale Tempelanlage von Tikal, Maya-Siedlungsgebiet im Tiefland Guatemalas. Die Siedlung, Mittelpunkt von ~ 60.000 Menschen, wird im 9. Jahrhundert aufgegeben, als mehrere Dürreperioden das Gebiet heimsuchen und die Tragfähigkeit der Anbauflächen überschritten wird (Lentz et al. 2014). *Oben rechts*. Maya-Feuchtfelder in Yucatán in 91°06′ West, 18°42′ Nord (GOOGLE Earth © 2018 Digital Globe; Aufnahme vom 05/04/2012). Die Maya-Landwirtschaft war durch Dürrephasen leicht verwundbar. Gleiches gilt für die Khmer-Zivilisation: Das Zentrum in Angkor mit seinen ausgedehnten Bewässerungssystemen wurde durch Dürren und Überschwemmungen im 14. bis 16. Jahrhundert destabilisiert (Angkor-Dürre I und II, ca. AD 1350–1370 und 1420–1430) (Buckley et al. 2014). *Unten links*: Inka-Festung Machu Picchu im Urubamba-Tal bei Cuzco (Gemälde von P. Malik). *Unten rechts*: Tiahuanaco. Sonnentor, megalithisches solides Steintor. Die Tiahuanaco-Kultur bestand über 1500 Jahre im Bereich des Altiplano. (Bilder: alueni-images)

Um 2800 a BP verursachte ein großes Minimum der Sonnenaktivität regionale Verschiebungen der atmosphärischen Zirkulation (Martin-Puertas et al. 2012). Die sommerliche ITCZ war nach Süden verschoben. (In Europa wurde die Ausrichtung der Häuser den veränderten Windverhältnissen angepasst.) In Afrika fällt die *Rainforest crisis* (Regenwald-Krise, vgl. Abb. 6.85) und die *Bantu Question* (Bantu-Frage) in diese Zeit (vgl. Oslisly et al. 2013). Die Bevölkerung der Bantu-Sprachfamilie breitete sich in die Regenwaldgebiete aus, die infolge trockenerer Klimaverhältnisse (größere Saisonalität) geschrumpft waren (Abb. 9.13). Strittig ist, inwieweit die ackerbaubetreibende Bantu-Bevölkerung an der Savannenausbreitung beteiligt war (Dupont 2012).

Archäologische Befunde in Verbindung mit paläogeoökologischen Daten benutzen Mächtle und Eitel (2009), um rekonstruierte holozäne Klimaschwankungen mit Besiedlungsphasen in der nördlichen Atacama-Wüste Perus zu korrelieren: Zwischen 8 und 4 ka BC besiedelten Jäger und Sammler die peruanische Atacama-Küstenregion; erste Spuren der Sesshaftigkeit werden auf ~ 3,8 ka BC datiert. Die Besiedlungsdichte nahm zu. Um 800 BC begann mit der *Paracas*-Kultur, die von der *Nasca*-Kultur (um 200 BC–600 AD) abgelöst wurde, die Blütezeit der Küstenkulturen. Goldberg et al. (2016) benutzen statistische Methoden (Kerndichteschätzung [*Kernel Density Estimation*, KDE]), um die holozäne prähistorische Besiedlung Südamerikas zu rekonstruieren und stellen fest, dass die Bevölkerungsdichte in zwei „Sprüngen" nach ca. 12 ka BP und nach ca. 5 ka BP zugenommen hat. Der zweite Anstieg fällt in die Zeit des 4,2 ka-*Events*. Goldberg et al. (2016) finden keinen Zusammenhang der demographischen Entwicklung mit paläoklimatischen Veränderungen, obgleich der Anstieg zwi-

Abb. 9.15 Datierung von Dürren und Niedergang. Archäologische Daten (Orte sind *blau* markiert) zeigen, dass der Zusammenbruch der Maya-Zivilisationen in verschiedenen Zeiten an verschiedenen Orten erfolgte. In der Petexbatún-Region wurden die Orte im 8. Jahrhundert aufgegeben, in Chitzén Itzá im 11. Jahrhundert und im Mopan-Tal vermutlich erst im 13. Jahrhundert. Lamanai, Tipu und einige Orte an den Petén-Seen wurden erst in historischer Zeit verlassen. Paläoklima-Indizien der *rot* markierten Orte zeigen Dürren in der Klimageschichte Mesoamerikas. Die Daten vom Lake Chichancanab belegen Dürren zwischen AD 800 und 1000, während die Daten von Barranca de Amealco Dürren exakter zwischen AD 897 und 922 datieren. Andere Daten belegen eine Serie von Dürren von AD 760 bis 910 (marine Sedimente im Cariaco-Becken) und von AD 800 bis 950 (Tecoh). Die Verschiedenheit zwischen der Aufgabe der Siedlungen und den Dürreperioden lässt Zweifel an der Theorie aufkommen, dass Dürren den „Kollaps" der Maya-Zivilisationen (unmittelbar) verursachten. Auch müssen die paläoklimatischen Daten in einem weiteren (geographischen) Zusammenhang betrachtet werden: Änderungen in den Niederschlägen im Einzugsgebiet des Cariaco-Beckens (vgl. Abb. 5.141) müssen nicht *a priori* eine Erklärung dafür sein, was 2700 km entfernt im Maya-Staat Tikal geschah. (Aus Hodell 2011)

schen 5 und 4 ka BP mit dem Beginn des Neoglazials und dem 4,2-ka-BP-Ereignis zusammenfiel. Die Autoren benutzen lediglich zwei Publikationen, um das Paläoklima in Südamerika zu erfassen, nämlich: (i) eine für das Holozän wenig differenzierte $\delta^{18}O$-Kurve aus der Antarktis (Petit et al. 1999), und (ii) eine $\delta^{18}O$-Kurve vom Gletschereis des bolivianischen Sajama, die nach ca. 5 ka BP (im Neoglazial) deutlich größere Schwankungen der $\delta^{18}O$-Werte aufweist (Thompson et al. 1998; vgl. Abb. 5.42 und 5.57). Eine differenzierte Betrachtung des Paläoklimas könnte die Autoren vermutlich zu anderen Schlussfolgerungen veranlassen.

Die tropischen Zivilisationen von Maya, Khmer und Inka weisen markante Ähnlichkeiten und Unterschiede zwischen AD 700 und 1600 auf (Diamond 2009). Bei der Maya-Zivilisation bestimmten einschneidende Dürreereignisse zwischen AD 800 und 950 die kulturelle Entwicklung. Die meisten Städte im Tiefland Zentralamerikas wurden verlassen. Die Khmer-Zivilisation mit dem Zentrum Angkor, das um AD 1100–1300 seine Blütezeit hatte und auf rund 1000 km^2 ca. 500.000 Menschen beherbergte, wurde durch *Feedbacks* zwischen wiederholten Überflutungen des Kulturlands (Wasserbewirtschaftung ist wichtigstes Ressourcen-Management), intensiver Landnutzung und massiver Infrastruktur geschwächt (Penny 2014). Beide Zivilisationen – Maya und Khmer – kennzeichnet der schleichende Verfall, den Wilhelmy (1981) ausführlich für die Maya-Zivilisationen dokumentiert. Die Übernutzung der natürlichen Ressourcen war daran beteiligt (Diamond 2009).

Nach ca. AD 880 ist in den Anden Südamerikas im Gebiet des Altiplano rund um den Titicacasee eine Zunahme der Dürren festzustellen; die prä-inkaische *Tiwanaku* (Tiahuanaco)-Kultur (1500 BC – 1200 AD, Höhepunkt ca. AD 600–900) fand ihr Ende um AD 1200. Bei den Inka ermöglichte eine warme Periode nach AD 1100, die der MCA (*Medieval Climate Anomaly*) entspricht, einen Anbau in größeren Höhen, eine Ausdehnung und Intensivierung der Bewässerung (Schmelzwasser der Gletscher), eine größere Nahrungsproduktion etc. Die Klimagunst förderte die Erstarkung des Inka-Reichs (Abb. 9.14).

Die Beispiele zeigen, dass Klima und Zivilisationen eng miteinander verbunden sind. Klimaänderungen beeinflussen – je nach Art der Zivilisation (Jäger und Sammler, Ackerbauern, Bewässerung, Städte, wirtschaftliche Verflechtungen, etc.) – in unterschiedlichem Ausmaß und die Kulturen in verschiedene Richtungen. Klimaänderungen können in vielen Fällen auch „positiv" sein, beispielsweise ermöglichen wärmere Temperaturen eine Ausweitung der Anbaugrenzen (in den Tropen in größere Höhen) und höhere Niederschläge in (semi)ariden Regionen günstigere Voraussetzungen für Ackerbau und Viehzucht (z. B. *African Humid Period* [AHP]) und für Siedlungen eine bessere Wasserversorgung. Klimakrisen und Katastrophen ermöglichen Neuanfänge, weshalb ein klimabedingter Wandel in manchen Fällen durchaus positiv bewertet werden kann.

Es soll hier nicht verschwiegen werden, dass die Maya-Zivilisation zwar eine der erfolgreichsten der Erde war – sie dauerte von AD 250 bis 750 – und dass im *Terminal Classic* (ca. AD 750–1050) Krisen auftraten, die von Dürren ausgelöst wurden und zur Aufgabe vieler Orte führten, dass aber die Argumentation „Dürren verursachen Niedergang der Kultur" im Widerspruch zur Komplexität der archäologischen Daten steht. Darauf wird bereits im Abschn. 5.3.3 (*Zentralamerika und Karibik*) hingewiesen. Aimers (2011) führt an, dass der Verfall

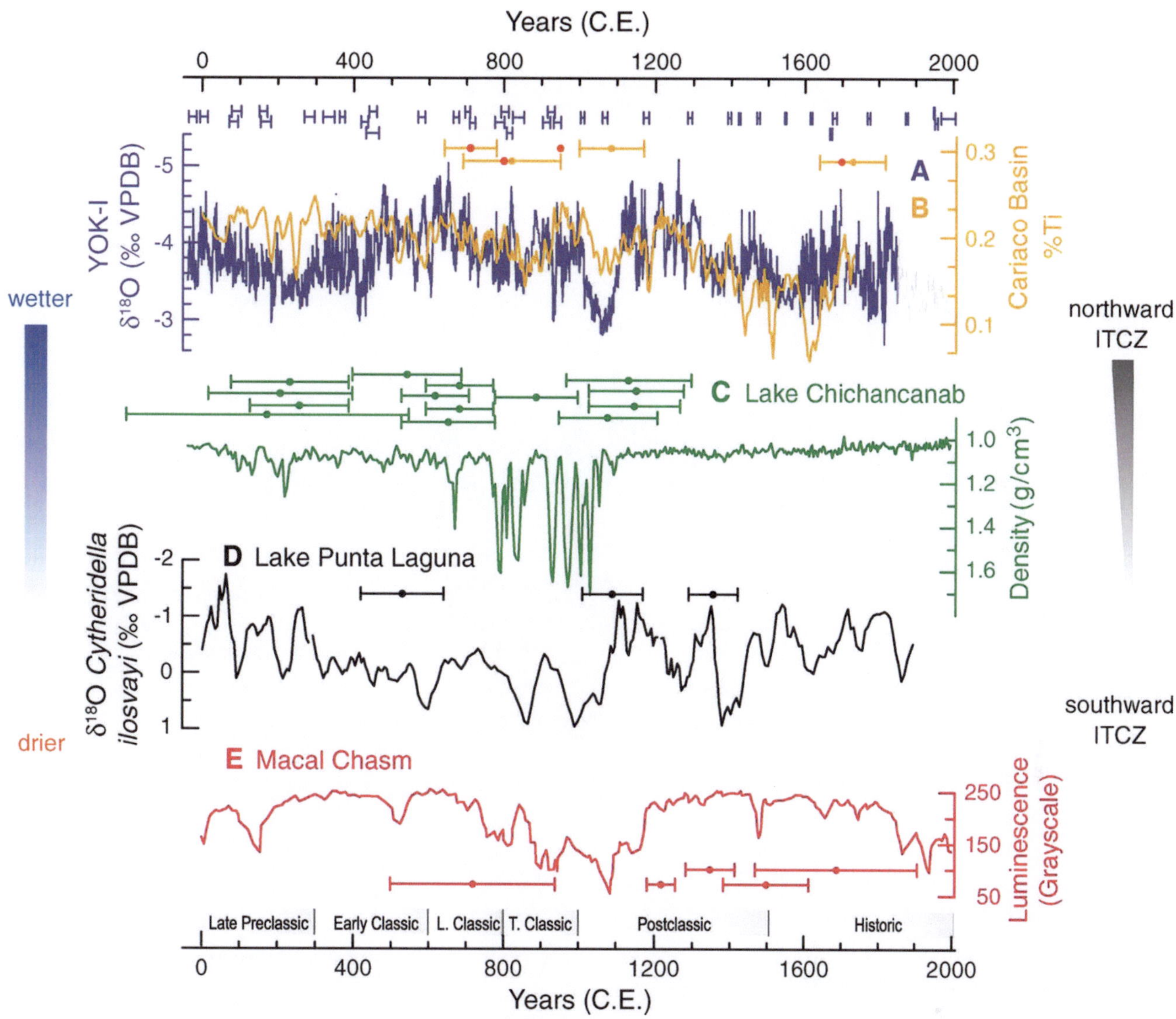

Abb. 9.16 Vergleich (A) vom Stalagmiten YOK-I-δ^{18}O mit (B) dem *„getunten"* Titan-*Record* der Sedimente des Cariaco-Beckens (Venezuela). (C) Sedimentdichte-*Record* vom Lake Chichancanab. (D) δ^{18}O-*Record* der Ostrakoden (*Cytheridella ilosvayi*) vom Lake Punta Laguna. (E) Lumineszenz-Speläothem-*Record* von Macal Chasm. Die Ähnlichkeiten mit dem YOK-I- und Cariaco-*Record* weisen auf einen starken Einfluss der ITCZ-Wanderungen auf die Niederschlagsschwankungen hin. Die Altersmodelle für die einzelnen *Records* basieren auf ^{14}C und U-Th; die Standardabweichungen sind angegeben. Die *hellgrauen Linien* (in A und B) zeigen Unsicherheiten in den δ^{18}O-Werten des 20. Jahrhunderts. (Aus Kennett et al. 2012)

der Maya-Zivilisation ein Prozess ist, der sich über einen langen Zeitraum erstreckte und sehr unterschiedlich von Region zu Region, von Stadtstaat zu Stadtstaat ausgeprägt war. „Kollaps" scheint daher auch kein passender Ausdruck für das Ende der Maya-Kultur zu sein. Politische und ökonomische Ungleichgewichte, langandauernde Kriege u. v. a. m. waren beteiligt. Dürren spielten für manche Ortsaufgabe eine Rolle, für andere jedoch nicht (Medina-Elizalde und Rohling 2012; Abb. 9.15). Es scheint, dass Archäologen und (Paläo-)Klimawissenschaftler ihre Ergebnisse an verschiedenen Orten an verschiedene Auditorien richten. Einen Versuch, die archäologischen Daten mit den Daten der Paläoklimaarchive zusammenzufügen, unternehmen Kennett et al. (2012; Abb. 9.16 und 9.17).

Kennett et al. (2012) legen eine exakt datierte Speläothem-Chronologie einer Höhle (*Yok Balum Cave*) in Belize vor und vergleichen diesen *Record* mit gut datierten Steinmonumenten. Zwischen AD 440 und 660 begünstigten ungewöhnlich hohe Niederschläge eine zuvor nicht gekannte Bevölkerungsexpansion und die Ausbreitung mehrerer politischer Zentren. Der anschließende Trend zu größerer Aridität zwischen AD 660 und 1000 förderte die „Balkanisierung" der politischen Einheiten, zunehmende Streitigkeiten (Kriege) und die asynchron verlaufende Aufspaltung der sozialen Einheiten (Stadtstaaten). Diese Prozesse mündeten in einer Abnahme der Bevölkerung in Verbindung mit einer ausgedehnten Dürreperiode zwischen AD 1020 und 1100 (Kennett et al. 2012).

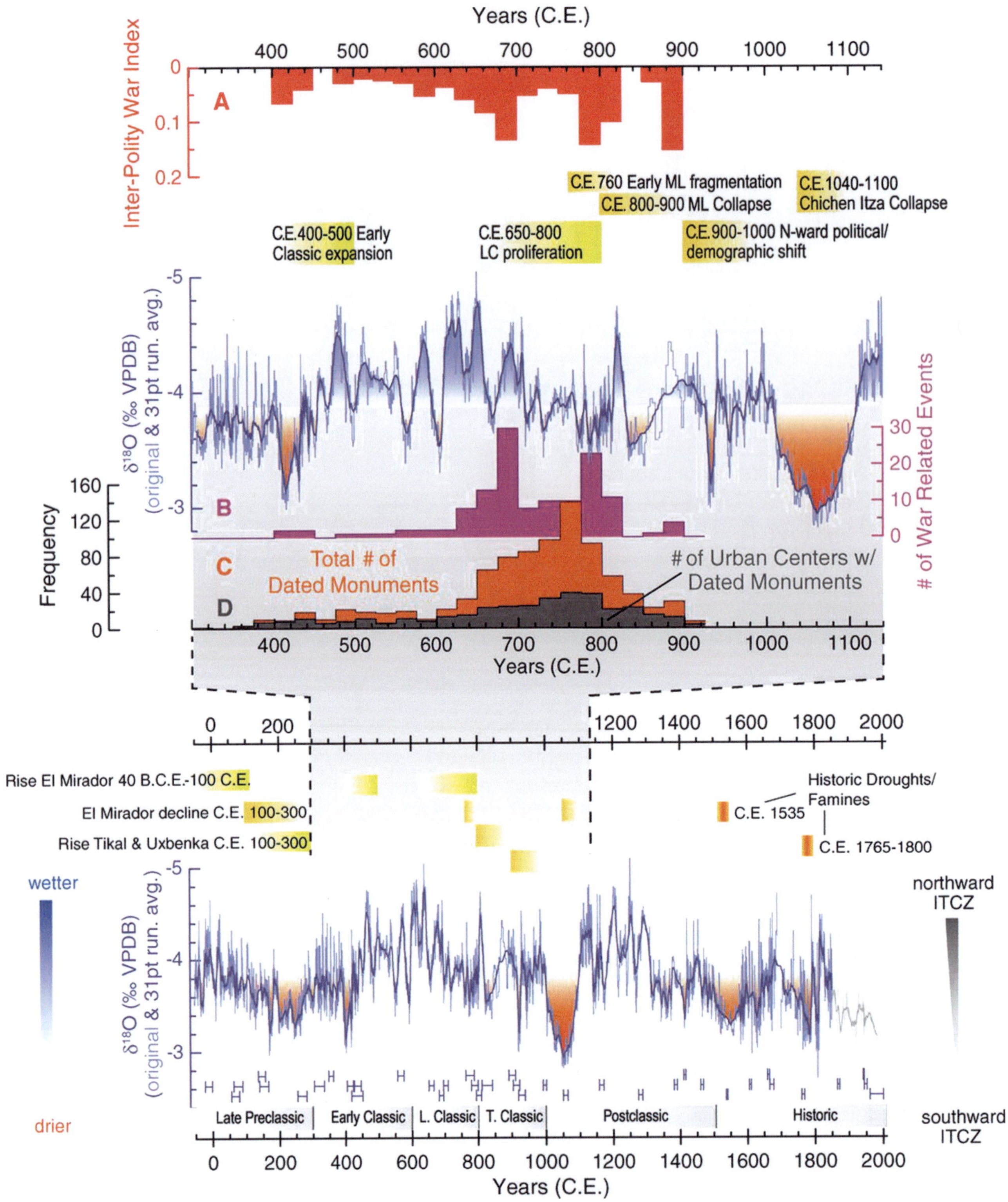

Es soll hier nachdrücklich darauf aufmerksam gemacht werden, dass die eingehende mit den Fragestellungen der Geographie vorgenommene Analyse der „*Welt und Umwelt der Maya*" von Wilhelmy (1981) bereits die Komplexität (eine Reihe von Ursachen in Wirkung und Wechselwirkung) des Niedergangs der Mayakulturen detailliert beschreibt. Wilhelmy (1981) stellt fest, dass der Niedergang ein schleichender Prozess war, an dem zahlreiche Faktoren in unterschiedlicher Weise in verschiedenen Regionen zu verschiedenen Zeiten (Abb. 9.15) beteiligt waren, so die Überbevölkerung, Ernährungsschwierigkeiten, Bodener-

Abb. 9.17 *Unten*: δ^{18}O-*Record* von YOK-I für die letzten 2000 Jahre (40 BCE–2006 CE), Maya-Chronologie und bedeutende historische Ereignisse. Die *blauen Balken* unter der δ^{18}O-Kurve markieren die kleinen Abweichungen für jede der 40 U-Th-Daten, die der Chronologie des δ^{18}O-Klima-*Records* zugrunde liegen. Verhältnisse mit überdurchschnittlich trockenem Klima sind *orange* gekennzeichnet. Zwei historisch erwähnte Dürren im 16. und 18. Jahrhundert korrelieren mit dem YOK-I-*Record*. Die erste Dürrephase von mehreren Jahrzehnten (200–300 CE) korrespondiert mit dem Niedergang des großen Zentrums von El Mirador und einer bedeutenden soziopolitischen Reorganisation im Maya-Tiefland.
Oben: Der YOK-I- δ^{18}O-Klima-*Record* zwischen 300 und 1140 CE in Bezug zu bedeutenden historischen Ereignissen: (A) Kriegsindex (kriegsrelevante Ereignisse zwischen Mayastädten bzw. Mayaherrschern in Bezug zur Gesamtzahl von Ereignissen im entsprechenden Intervall). (B) Anzahl der kriegsrelevanten Ereignisse. (C) Häufigkeitsverteilung datierter Monumente im Maya-Tiefland. (D) Gesamtzahl der urbanen Zentren mit datierten Monumenten während des Intervalls als Proxy für die Entwicklung und Auflösung von komplexen Staaten im Maya-Tiefland (aus Kennett et al. 2012).
Anmerkung: Der Ilopango-Ausbruch in El Salvador um AD 540, der extreme Wetteranomalien für mehrere Jahre auf der Nordhemisphäre bewirkte, ist in den Paläoklima-*Records* nicht enthalten. Dies kann möglicherweise an einer ungenauen Datierung der hier berücksichtigten *Records* liegen ◄

schöpfung, Bodenzerstörung, Störung des ökologischen Gleichgewichts, Klimaänderungen, Epidemien, kulturelle Dekadenz, sozialer Umsturz, feindliche Invasionen, Unterbrechung des Fernhandels und irrationale Gründe. Interessant ist auch Wilhelmys (1981: 428) Beobachtung, dass der sog. Maya-Hiatus, der die frühklassische von der spätklassischen Periode trennt und zwischen AD 540 und 600 datiert wird, eine Zeitspanne ist, in der:

> eine eigenartige Stagnation aller Aktivitäten im Maya-Tiefland zu beobachten ist. Während dieses halben Jahrhunderts wurden keine datierten Stelen errichtet, und die Skulpturen dieser Phase tragen Zeichen des künstlerischen Verfalls, auch mutwilliger Zerstörungen. Vielleicht haben Volksaufstände stattgefunden, aber offensichtlich sind keine Kultzentren von ihrer Bevölkerung völlig verlassen worden [...]. Im [mexikanischen] Hochland war zu dieser Zeit genau das Gegenteil der Fall. Lokale Kulturzentren bildeten sich heraus und entfalteten sich zu großer Blüte.

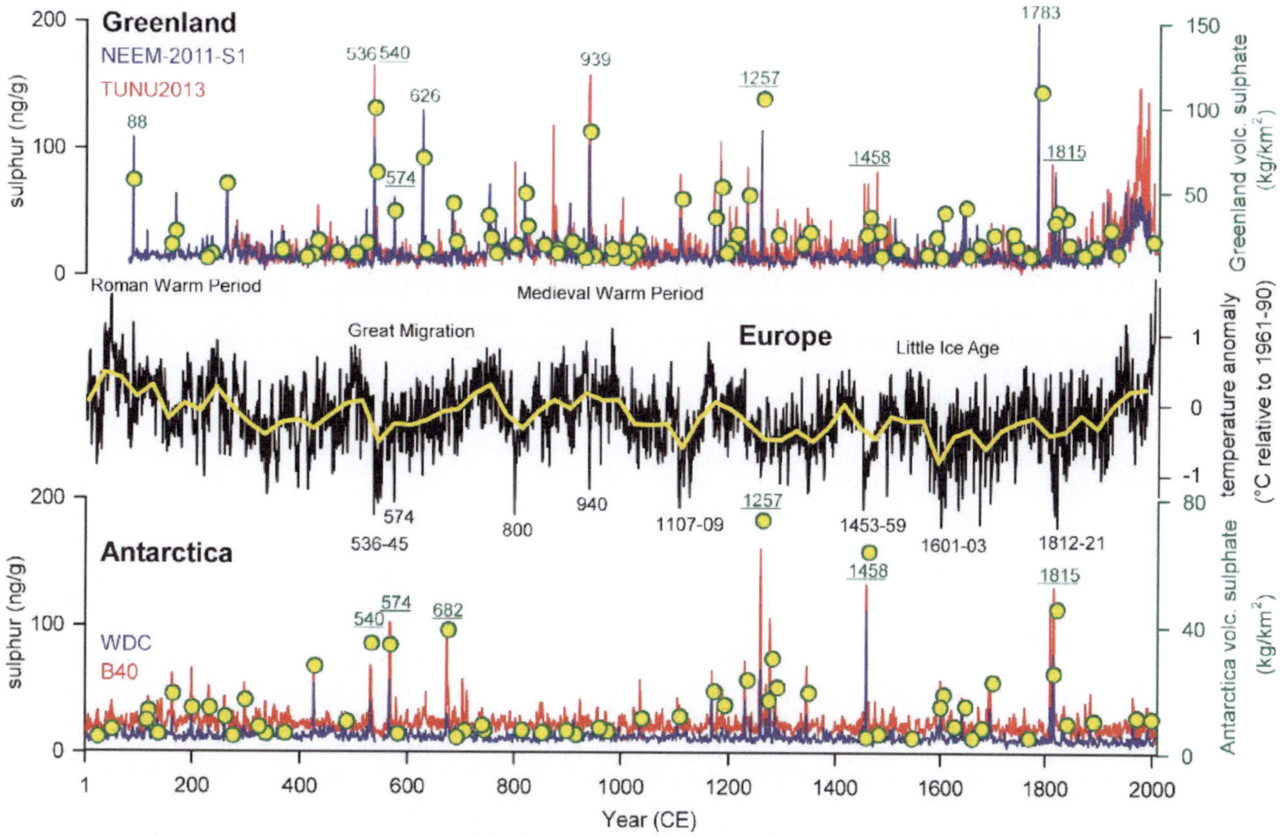

Abb. 9.18 Schwefel-*Record* von zwei Eiskernen aus Grönland und der Antarktis. Die Kurven geben die Deposition aus der Atmosphäre an (*gelbe Kreise*). Über 100 einzelne Eruptionen werden rekonstruiert und entweder den Eruptionen der Mittelbreiten (z. B. Island, Alaska) oder denen der niederen Breiten (ausgewählte Ereignisse sind unterstrichen) zugeordnet. Die Schwefelablagerung auf den Eisschilden wird datiert. Die Daten von einigen großen Eruptionen korrelieren mit Baumringrekonstruktionen und zeigen eine starke sommerliche Abkühlung in Europa an. Aus den Tropen fehlen bisher entsprechende zeitlich hochauflösende Temperaturkurven, um die Vulkanausbrüche mit Temperaturschwankungen zu korrelieren. Die *schwarze Kurve* (*Mitte*) stellt die Temperaturkurve für Europa dar (PAGES-2k Network 2013; aus Sigl et al. 2015b). Der Ilopango-Ausbruch um AD 536/540 ist sowohl in Grönland als auch in der Antarktis durch sehr hohe Schwefelwerte dokumentiert

Auffällig ist das Datum von AD 540 für den Beginn des Maya-Hiatus. Erst seit wenigen Jahren ist bekannt, dass der Ilopango-Vulkan in El Salvador einen extremen Ausbruch um AD 538 hatte, dessen Auswirkungen die gesamte Nordhemisphäre über mehrere Jahre beeinflusste (Sigl et al. 2015a, 2015b; Abb. 9.18; vgl. auch Abb. 2.40). Sehr wahrscheinlich führten die vulkanischen Ilopango-Aerosole im Maya-Tiefland zu einschneidenden Veränderungen der atmosphärischen Bedingungen (Trübung, Schwefelgeruch, etc.), die das Herrschaftssystem der Maya durch Autoritätsverlust derart schwächten, dass sozioökonomische und politische Strukturen verfielen. Leider sind die Speläotheme aus dem Gebiet der Maya-Kulturen (z. B. Tecoh Cave in Nord-Yucatán, Medina-Elizalde und Rohling 2012) bisher immer nur als Paläoklimaarchive für Klimaschwankungen, nicht aber für den Nachweis extremer vulkanischer Ereignisse (wie bei den arktischen und antarktischen Eisbohrkernen) genutzt worden (vgl. Medina-Elizalde et al. 2010; Haug et al. 2003a; Abb. 5.173, 5.177, 5.178, 5.179). Die extremsten Witterungsbedingungen, die die Nordhemisphäre betroffen haben, ereigneten sich um AD 535–536 (Baillie 1994) und fallen mit einer plötzlichen starken Bevölkerungsabnahme im tropischen Kongo-Regenwald zusammen (Oslisly et al. 2013). Die Hinweise verdichten sich, dass der Ilopango-Ausbruch weltweit ungewöhnliche Witterungsverhältnisse auslöste, die die Zivilisationen zum Teil stark beeinflussten. Immer häufiger werden heute starke Vulkaneruptionen mit historischen Hungersnöten, Sterblichkeit, Konflikten und Machtverfall in Verbindung gebracht (Toohey et al. 2016).

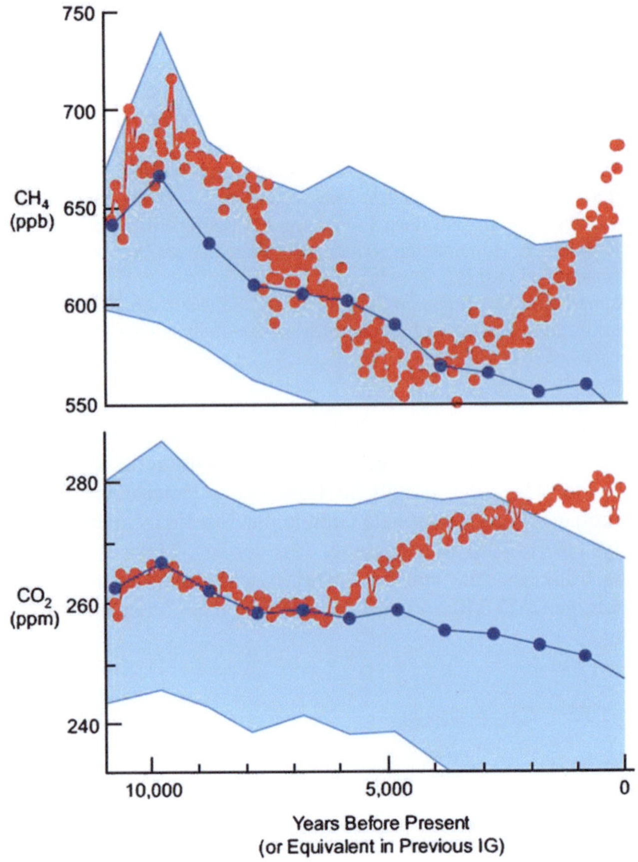

Abb. 9.19 Trends von CO_2 und CH_4 während des Holozäns (*rot*) im Vergleich mit den durchschnittlichen (*dunkelblau*) und Standardabweichungen (*hellblau*) der vorangegangenen Interglaziale. CO_2- und CH_4-Konzentrationen der Luftblasen im Eis des Kerns Dome C (Antarktis) während des Holozäns. Daten von EPICA Community Members (2004; aus Ruddiman et al. (2014, 2016)). Zwischen 10 und 8 ka BP sinkt der CO_2-Gehalt etwas, um seit ca. 6 ka BP wieder langsam anzusteigen. Die Treibhausgasgehalte der Atmosphäre (CO_2 und CH_4) werden seit ca. 8 bzw. 5 ka BP durch Ackerbau und Viehzucht beeinflusst und unterscheiden sich dadurch von früheren Interglazialen. (Vgl. Abb. 2.45)

In China korreliert die Intensität des Sommermonsuns mit Schwankungen der Solarstrahlung, den Temperaturen der Nordhemisphäre, Gletscherschwankungen und dem chinesischen Kulturwandel. Der Sommermonsun war während der europäischen MWP (*Medieval Warm Period*) stark, aber während der Kleinen Eiszeit schwach und extrem schwach während der letzten Dekaden der Tang- (um AD 900), Yuan- (um AD 1350) und Ming- (um AD 1600) Dynastien; das Ende der Dynastien wurde durch soziale Unruhen charakterisiert. Während der ersten Dekaden der Song-Dynastie (um AD 960), die eine wachsende Reiskultivierung und einen dramatischen Bevölkerungsanstieg aufwies, war der Sommermonsun stark (P Zhang et al. 2008).

Die Klimaschwankungen der *Medieval Climate Anomaly* (MCA, *Medieval Warm Period* [MWP], ca. AD 800–1300) und der *Kleinen Eiszeit* (LIA, *Little Ice Age*, ca. AD 1400–1850) präsentieren sich in den Tropen nicht durch synchrone hygrische und/oder thermische Änderungen. Die letzten ca. 1000 Jahre sind viel heterogener (v. a. hinsichtlich der Temperaturen) als vielfach angenommen. Die tropischen Zivilisationen reagieren auf diese Klimaänderungen sehr unterschiedlich (s. Maya-, Khmer- und Inka-Kulturen). Eine unmittelbare Rückkoppelung zwischen Klimaverlauf und Kulturentwicklung scheint nicht zu bestehen. Damit werden die von Lawler (2010) geäußerten Einwände gegen diese Vorstellungen bestätigt, dass nämlich Umweltkatastrophen, seien sie natürlich (z. B. Klimawandel) oder anthropogen bedingt, nicht die einzigen wahren Verursacher für den Untergang mancher Kulturen sind. Der Mensch selbst ist immer wichtigster Träger des Kulturwandels (vgl. Heine 1988c, 2010).

Abschließend sei vermerkt, dass extreme Klimaschwankungen nicht mit extremen Witterungs- bzw. Wetterereignissen verwechselt werden dürfen. Extreme Witterungsereignisse können sehr wohl die Kulturentwicklung direkt beeinflussen. Aus den Tropen liegen dafür keine bedeutenden Beispiele vor. Erwähnt sei jedoch die Vernichtung der spanischen Armada Ende August/Anfang September des Jahres AD 1588 in den Gewässern um England; extreme Stürme waren für den Seeschlachtverlauf entscheidend, der die Machtverhältnisse in Europa durch den beginnenden Abstieg der spanischen und den Aufstieg der englischen Weltmacht neu ordnete. Schon Jahrhunderte zuvor – im Jahr AD 1274 (Abb. 4.88) – hatte der mongolische Herrscher, Kaiser von China und Gründer der Yuan-Dynastie *Kublai Khan* seine Flotte von 900 Schiffen und 40.000 mongolischen, chinesischen und koreanischen Invasoren durch einen Taifun in der Korea-Straße beim Versuch, Japan zu erobern, verloren; ein zweiter Versuch mit 4000 Schiffen und 100.000 Truppen im Jahr

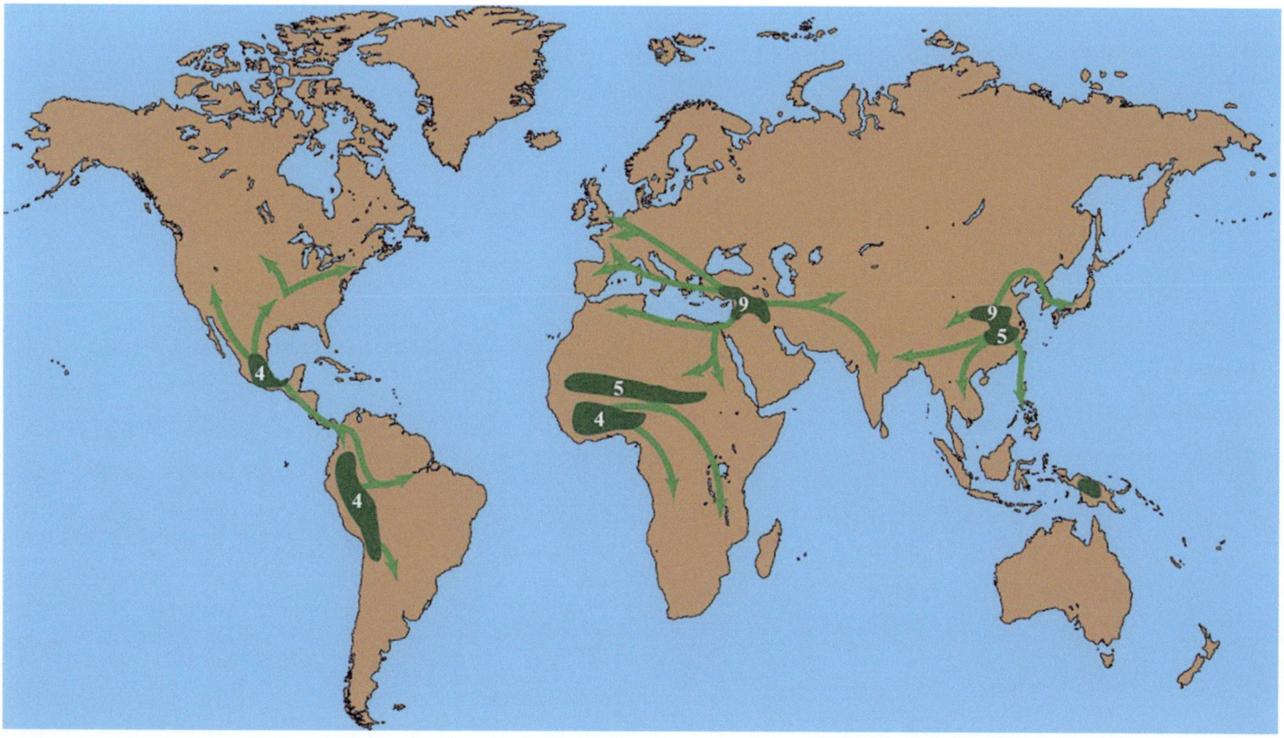

Abb. 9.20 Die Ausbreitung des Ackerbaus während der vorindustriellen Zeit. Die *Zahlen in Weiß* zeigen die Zeit (in 1000 Jahren) der ersten Ausbreitung von den Regionen, in denen die Domestizierung erfolgte. Die *hellgrünen Pfeile* weisen auf die Hauptwege hin. (Nach Bellwood 2004 und Purugganan und Fuller 2009, aus Ruddiman et al. 2014)

AD 1281 scheiterte erneut, da wiederum ein extremer Taifun die Invasoren vernichtete. *Kamikaze* (der „göttliche Wind", ein extremes Wetterereignis, keine Klimaänderung) rettete Japan vor einschneidenden kulturellen Veränderungen.

So komplex wie die Frage nach Einflüssen von (extremen) Klima-/Witterungsereignissen auf Zivilisationen ist andererseits die Frage, inwieweit die Zivilisationen das Klima beeinflussten (Ruddiman und Ellis 2009; Ruddiman et al. 2014, 2016; Abb. 9.19 und 9.20). Die Vegetationsbedeckung spielt eine bedeutende Rolle für das regionale Klima. Die anthropogen verursachten Veränderungen der Pflanzendecke (ALCC – *Anthropogenic Land Cover Change*, vgl. Abb. 2.45) können zurzeit in Modellen nicht genügend erfasst werden, da sich für weite Gebiete der Tropen (z. B. Amazonien, Kongo-Becken) die Rekonstruktionen der präkolonialen holozänen vom Menschen ausgelösten Vegetationsänderungen in Raum und Zeit widersprechen bzw. wenig bekannt sind (vgl. Bush et al. 2016). Die Bevölkerungsdichte und der Anteil an landwirtschaftlich genutzter Fläche werden erst in jüngster Zeit erhellt. Neuere Forschungen zeigen, dass *Forcing* und *Feedbacks*, die mit Änderungen der Landoberflächen verbunden sind, einen bedeutenden Einfluss auf die verschiedenen regionalen Monsunsysteme haben, wenngleich bisher eine Quantifizierung der Rückkoppelungen zwischen Monsun und Vegetationsbedeckung aufgrund von Proxydaten schwierig ist (Mohtadi et al. 2016). Amazonien ist eines der wichtigsten Teile im globalen CO_2-Haushalt. Wie groß war die Waldvernichtung vor der Conquista (vor AD 1492) und wie groß die Wiederbewaldung nach ihr? Die präkoloniale Bevölkerung Amazoniens wird auf 8,4 Mio. geschätzt und die Verringerung nach der Conquista um 95 %. Große Gebiete, die vor der Conquista landwirtschaftlich genutzt wurden, entvölkerten, fielen brach und bewaldeten sich wieder. Es wird sogar vermutet, dass durch die Wiederbewaldung der Atmosphäre so viel CO_2 entzogen wurde, dass die Kleine Eiszeit dadurch begünstigt wurde (Dull et al. 2010). Doch diese Hypothese erscheint wenig zutreffend zu sein, da die präkoloniale agrarische Landnutzung die Vegetation nur teilweise „zerstörte" und die Pflanzenbedeckung in Zusammenhang mit dem Brandrodungsfeldbau (Wanderfeldbau, *Shifting Cultivation*) den CO_2-Haushalt nur relativ geringfügig beeinflusste (im Vergleich zu der Waldvernichtung zwischen der Iberischen Halbinsel und dem Hindukusch seit der Bronzezeit). Die umfassende Analyse von Holzkohle-*Records* (ein Proxy für die Verbrennung von Biomasse, Power et al. 2012) spricht ebenfalls gegen die Hypothese von Dull et al. (2010). Heute werden die Sonnenaktivität und vulkanische Ereignisse als die wichtigsten externen *Forcings* der Klimavariabilität während des letzten Millenniums und auch darüber hinaus betrachtet (Mohtadi et al. 2016). Während das Klima im Eiszeitalter stark von der Sonne (Insolation i. w. S.) beeinflusst wurde, gibt es aufgrund der Paläoklimaarchive keine Belege für den Einfluss starker Vulkaneruptionen auf Klimaänderungen von größerer Intensität bzw. längerer Dauer (> 10 a) während des Quartärs.

Versuch einer Synopse (Globale Synthesen)

10

K. Heine, *Das Quartär in den Tropen*, https://doi.org/10.1007/978-3-662-57384-6_10

10.1 Vorbemerkung

Die Klimageschichte des (Spät-)Quartärs ist kein Schlüssel für die Klimaentwicklung der Zukunft. Die Klimabedingungen des (Spät-)Quartärs unterscheiden sich sehr von denen der Gegenwart und werden sich von denen der Zukunft unterscheiden: Der solare Strahlungshaushalt hat die Erwärmung des letzten Jahrhunderts maßgeblich beeinflusst, doch Aerosole, Treibhausgase, anthropogen bedingte Albedobedingungen und vieles andere mehr werden die natürliche Klimaentwicklung in der Zukunft übertreffen. Deshalb ist eine Vorhersage für die Klimazukunft, die auf den Gegebenheiten der Vergangenheit basiert, von geringem Wert. Aus diesem Grund werden in den Kapiteln über das Eiszeitalter (Kap. 2), über die Tropen (Kap. 3) und über die Klimaarchive (Kap. 4) zahlreiche Forschungsergebnisse präsentiert, die die Möglichkeiten und Grenzen der Klimamodellierungen der Zukunft aufzeigen.

Unser gesamtes Verstehen der Funktion des irdischen Systems basiert auf Beobachtungen (vgl. Berger und Wefer 2010: *The lessons from ice-age studies: they say much about the deficiencies in our level of understanding, and not so much about what is ahead*). Charakteristika des Klimas vergangener Perioden haben sich in geologischen Eis- und Vegetations-*Records* erhalten, wurden von Historikern notiert und – während der letzten Dekaden – auch direkt gemessen (Abb. 10.1). Die variierenden Zeitskalen und Auflösungen dieser Beobachtungen diktieren die Zeitskalen, in denen das irdische System modelliert werden kann. Veränderungen während der letzten 200.000 Jahre umfassen die letzte Eiszeit, die vorangegangene Warmzeit und reichen in die zweitletzte Eiszeit; sie können uns eine Vorstellung über das Funktionieren des irdischen Systems unter natürlichen Einflüssen (*Forcings*) geben, wie beispielsweise Änderungen der Erdbahn und der ozeanischen Zirkulation. Studien über die letzten 2000 Jahre ermöglichen, den wachsenden Einfluss der Menschheit zu verfolgen, zuerst als Folge von Landnutzungsänderungen durch Ackerbau, Entwaldung, künstliche Bewässerung, etc. (z. B: Schüle 1992; Vitousek et al. 1997; Ramankutty und Foley 1999; Klein Goldewijk 2000; E Ehlers 2008; Ruddiman et al. 2014) und während der vergangenen 170 Jahre durch die Industrialisierung, die besonders die Spurengase beeinflusste (z. B. Kerr 2011; Huber und Knutti 2012; Allen et al. 2014). Mit einer noch kürzeren zeitlichen Skala haben die letzten Dekaden die meisten Beobachtungen hervorgebracht und zugleich eine Periode relativ schneller Änderungen der atmosphärischen Zusammensetzung und der Landnutzung gezeigt (Reay et al. 2007; IPCC 1990, 2007, 2013).

Viele Beobachtungen ergänzen sich, oft in idealer Weise. Die Untersuchungen basieren auf terrestrischen Phänomenen, auf marinen Sedimenten und Eisbohrkernen. Um die Daten der verschiedenen Paläoklimaarchive zu einem sinnvollen Gesamtbild zusammenfügen zu können, ist es unerlässlich, exakte Altersbestimmungen zu verwenden.

> An accurate chronology is the basis for a meaningful interpretation of any climate archive, including ice cores (Schwander 2006).

Damit rückt die Altersansprache in das Zentrum der Betrachtungen (vgl. Abschn. 4.5). Je weiter die benutzten Klimaarchive jedoch zeitlich zurückliegen, desto schwieriger werden die Erstellung von individuellen Chronologien und die zeitliche Korrelierung derselben. Zwar können heute die quartären Klimaschwankungen, die in den verschiedenen Paläoklimaarchiven gespeichert sind, sehr zuverlässig untereinander korreliert werden, wenn lückenlose Sequenzen vorliegen, doch die zeitliche Auflösung ist oft unbefriedigend. Die Schwierigkeiten – wenn nicht Unmöglichkeiten – der Datierung werden dann mittels der Methoden des *Tuning* und *Matching* angegangen (Abb. 10.2), was große Gefahren für Fehlinterpretationen in sich birgt, selbst wenn diese Verfahren Klimaabschnitte betreffen, die nur wenige 10^3 Jahre umfassen. Wie schwierig es ist, auch für die letzten ca. 2000 Jahre die Prozesse zu deuten, die für kleinere und größere Klimaschwankungen verantwortlich sind, soll Abb. 10.3 veranschaulichen.

Paläoklima-*Records* werden benutzt, um die Sensitivität („Empfindlichkeit“) des Klimas und den möglichen anthropogen bedingten Einfluss auf das Klima abzuschätzen. Die Beschäftigung mit den Paläoklimaarchiven der Erde führt zu der Erkenntnis, dass terrestrische Paläoklimaarchive, die von geowissenschaftlich orientierten Forschern seit über 100 Jahren beschrieben und paläoklimatisch gedeutet werden, heute weniger wahrgenommen werden als die Paläoklima-*Records*, die von spezialisierten Physikern und Chemikern (Isotopenforschung, Altersbestimmung, etc.), Geophysikern (Meteorologie, Glaziologie, Hydrologie, etc.), Geochemikern, Biologen (marine und terrestrische Mikrobiologie, Genomforschung, etc.) sowie Mathematikern und Statistikern bearbeitet und interpretiert werden. Beispielhaft möchte ich James E. Hansen (Columbia University Earth Institute, Climate Science, Awareness and Solutions) nennen, einen durch zahlreiche Ehrungen auf dem Gebiet der (Paläo-)Klimaforschung ausgezeichneten Forscher, der seine Ausbildung in Physik und Astronomie erhielt; Hansen und Sato (2012) konstatieren, dass die Erde während ihrer wärmsten interglazialen Perioden in den letzten 1 Mio. Jahren weniger

Abb. 10.1 *Oben*: Nasca-Geoglyphen in der Atacama-Wüste, südliches Peru. Interdisziplinäre geophysikalische, petrophysikalische, mineralogische und geochemische Analysen zeigen, dass die Nasca-Bevölkerung (die Nasca-Kultur blühte zwischen 200 BC und 600 AD) die Steine des Wüstenpflasters bis zur natürlichen Kruste (*duricrust*) entfernten, um die Geoglyphen zu bilden (Hartsch et al. 2009). Die Nasca-Kultur war von den hydrologischen Verhältnissen in den Tälern (im Hintergrund) abhängig. Mit verringertem Abfluss aus dem Andengebiet verlagerten sich die Hauptsiedlungs- und Anbaugebiete von den Flussoasen der Atacama-Wüste zu den Anden hin. Siedlungsgang und Klimawandel der Nasca-Kultur beschreiben Mächtle und Eitel (2009).
Mitte: Neoglaziale Moränen (hier: Kleine Eiszeit) der bolivianischen Anden dokumentieren kühlere und feuchtere Klimaverhältnisse zwischen AD 1500 und 1850 mit den maximalen Werten um AD 1700 während des Maunder-Minimums der Sonnenfleckenaktivität.
Unten links: Wetterforschung im 19. Jahrhundert. *Unten rechts*: Wüstenforschungsstation Gobabeb in der Namib-Wüste. (Fotos: alueni-images)
►

NAMIB
NAVORSINGSINSTITUUT
RESEARCH INSTITUTE
FORSCHUNGS-INSTITUT
NO ADMISSION. GEEN TOEGANG. KEIN ZUTRITT.

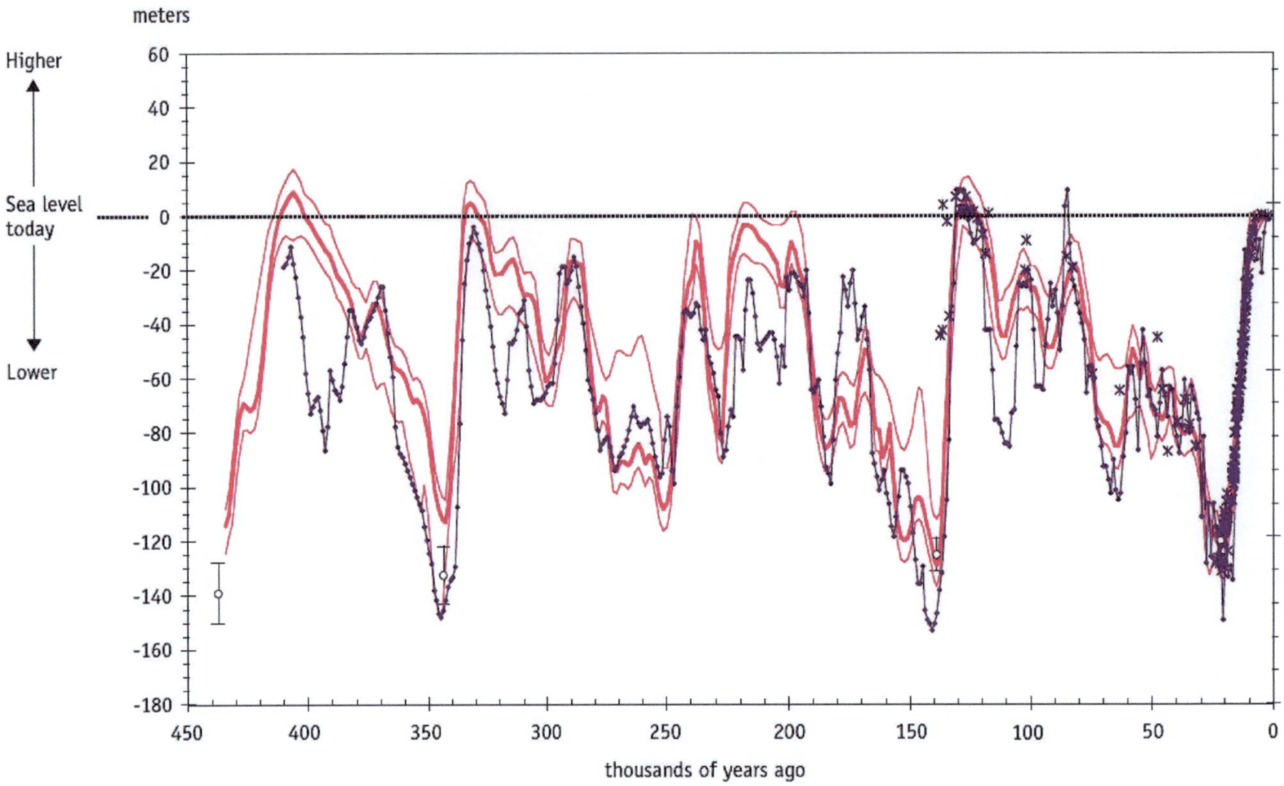

Abb. 10.2 Kurve der Meeresspiegeländerungen während der letzten vier glazialen Zyklen (seit ca. 430 ka BP). Grundlage der Rekonstruktionen sind (i) der Nachweis über frühere (tektonisch gehobene) Küstenlinien (Strandterrassen) und (ii) Änderungen im Chemismus der Ozeane, die durch das Anwachsen von Eisschilden auf den Kontinenten verursacht wurden. Aufgrund der vorliegenden Rekonstruktion war vor 30–20 ka BP der Meeresspiegel (SS – *Sea Surface*) um ca. 120–140 m niedriger als heute. Während früherer warmer Perioden (Interglaziale, z. B. MIS 5 – Eem) war der SS höher (MIS 5: 5–10 m), da das Volumen des globalen kontinentalen Eises geringer als heute war (aus Alverson et al. 2001).
Anmerkung: Die maximalen interglazialen Meeresspiegelhochstände sind mit maximalen $\delta^{18}O$-, δD- und anderer Daten mariner Sedimente und antarktischer Eiskerne *getuned*. Es kann daher durchaus sein, dass die maximalen Werte (ausgedrückt durch die Spitzen der Kurven) tatsächlich zeitlich nicht exakt zusammenfallen und bis zu 10^3 Jahre abweichen, beispielsweise wenn große/kleine Mengen des Wasserkreislaufs in Sedimenten/Böden/Vegetation der Festländer und/oder in Meereis (Schelfeis, arktisches Meereis) gespeichert sind. Hibbert et al. (2016) datieren den maximalen eemzeitlichen (MIS 5e, ca. 128–116 ka BP) Meeresspiegelhochstand auf 124,6 ka BP; sie berücksichtigen alle verfügbaren Altersdaten von Korallen. Rovere et al. (2016) machen darauf aufmerksam, dass Paläomeeresstrandlinien oft mit Techniken gemessen werden, die von geringer Genauigkeit sind, und schlagen einheitliche Standards der Definitionen und Methoden vor

als 1 °C wärmer als das Holozän war, selbst das Pliozän soll höchstens 1–2 °C wärmer als das holozäne Wärmemaximum gewesen sein. Ihre Aussage stützt sich allein auf ausgewählte Daten von marinen und Eisbohrkernen, auf Schätzungen von Klima-*Forcings* und Klima-*Feedbacks* (vgl. Abb. 10.2); sämtliche Fakten, die durch terrestrische Paläoklimaarchive eindeutig dokumentiert werden (aber auch in marinen und Eiskernen, vgl. z. B. Tzedakis et al. 2009), bleiben bei den Rekonstruktionen von Hansen und Sato (2012) unberücksichtigt.

Aufgrund von über 20.000 SST-Punktrekonstruktionen von 59 marinen Sedimentkernen beschreibt Snyder (2016) die globale Temperaturentwicklung der letzten 2 Mio. Jahre und vergleicht die neue Temperaturrekonstruktion mit dem Strahlungs-*Forcing* von Treibhausgasen; daraus wird auf eine mögliche Gesamt-Erderwärmung von 5 °C (3–7 °C mit 95 % Wahrscheinlichkeit) geschlossen, wenn die GHG-Niveaus stabilisiert werden; die Erwärmung erfolgt während der kommenden ein bis zwei Jahrtausende, da Eisschilde, Vegetation und atmosphärischer Staub weiterhin auf die bereits in Gang gekommene globale Erwärmung reagieren. Daraus folgt, dass bessere Daten, die von der Wissenschaft zukünftig geliefert werden, die globale Erwärmung nicht aufhalten werden. Wenn gefordert wird, die Erderwärmung seit 1850 CE in diesem Jahrhundert auf ≤ 2 °C zu beschränken, ist dies ein Anspruch, der jeder wissenschaftlichen Grundlage entbehrt!

Diese Bemerkungen sollen in keiner Weise die gewaltigen Errungenschaften in der (Paläo-)Klimaforschung schmälern, die von den Naturwissenschaften in den vergangenen 50 Jahren erarbeitet wurden und ohne die unsere heutigen Kenntnisse über das Eiszeitalter noch rudimentär wären (vgl. Kap. 4). Dennoch sind einige komplexe Fragestellungen nicht geklärt.

Wie lässt sich begründen, dass die Daten der marinen und antarktischen Eisbohrkerne für die letzten ca. 400.000 Jahre keine wesentlichen Veränderungen der Schwankungen zwischen den glazialen bzw. interglazialen Parametern ($\delta^{18}O$, δD, CH_4, etc.; Past Interglacials Working Group of PAGES 2016; Abb. E in

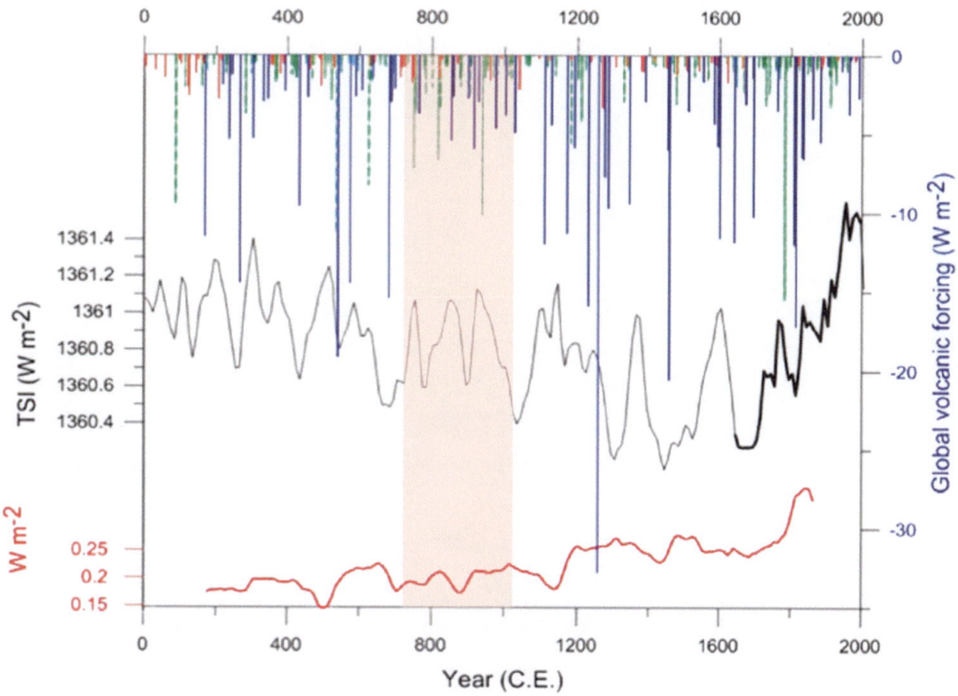

Abb. 10.3 Veränderungen der TSI (*Total Solar Irradiance*) aufgrund von einem physikalisch basierten Modell der kosmogenen ^{14}C-Produktionsänderungen, die an Satellitenwerte für den jüngsten solaren Zyklus 23 (AD 1996–2008) angepasst (*getuned*) sind. Die Schätzungen seit AD 1640 (*dicke schwarze Linie*) erfolgen aufgrund des SATIRE-T-Modells und davor aufgrund des SATIRE-H-Modells. Die *Balken* stellen die Schätzungen des globalen vulkanischen *Forcing* der explosiven Eruptionen dar (nach Sigl et al. 2015a). *Blau*: Tropen (mit Einfluss auf beide Hemisphären), *grün gerissen*: Nordhemisphäre und *rot*: Südhemisphäre (mit regionalem Klimaeinfluss). Die *untere rote Linie* zeigt die 300-Jahr-Standardabweichung des *Solar Forcing*. Die *lila* Schattierung kennzeichnet die lange Periode ($\sim$725–1025 CE), in der die TSI in etwa dem langjährigen Mittel entspricht und relativ unverändert ist; die Beeinflussung der Atmosphäre durch vulkanische Partikel ist ebenfalls minimal im Vergleich zu anderen Intervallen. Die lange Periode relativer Stabilität wird von Bradley et al. (2016) als *Medieval Quiet Period* (MQP) bezeichnet; sie stellt eine Zeit dar, die einzigartig während der letzten 2000 Jahre ist; sie weist eine minimale Klimabeeinflussung durch Strahlungsschwankungen der Sonne und durch Vulkanismus auf; ein anthropogenes *Forcing* des Klimas wird für diese präindustrielle Zeit ausgeschlossen. Die MQP findet ein plötzliches Ende durch starke vulkanische Eruptionen in äquatorialen Regionen im 12. und 13. Jahrhundert (AD 1108, 1171, 1230 und 1257) (aus Bradley et al. 2016).
Anmerkung: Die *Medieval Climate Anomaly* (MCA, vgl. Abb. 5.167 und 5.123) kennzeichnet die warme Phase von AD 950–1250 (bzw. AD 1100–1250) und ist nicht identisch mit der MQP. Ungeklärt bleibt beispielsweise die Frage, ob zu Beginn der Kleinen Eiszeit vulkanische Ereignisse beteiligt und/oder ob die geringen TSI-Werte infolge verminderter Sonnenstrahlung von größter Bedeutung sind

Box Eisbohrkerne) aufweisen im Gegensatz zu den terrestrischen Paläoklimaarchiven, die große Unterschiede im Verlauf des Mittel- und Jungpleistozäns zeigen? Die warmzeitlichen pluvialen Seen und die Speläotheme in den Höhlen der Rand- und Subtropen (vgl. Abschn. 6.2.1) belegen eine Abnahme der Humidität mindestens seit dem MIS 11 (ca. 400 ka BP) bzw. dem MBE (*Mid-Brunhes Event*, ca. 430 ka BP; H Cheng et al. 2016), d. h. eine zunehmende Aridisierung der Interglazialzeiten. Die Gletscherausdehnung der Kaltzeiten war während der älteren Glaziale wesentlich ausgedehnter in den Gebirgen der Tropen und Randtropen (auch in den Außertropen) als in der letzten Kaltzeit (vgl. Abschn. 5.2.3). Bedeutende Temperatur- und/oder Niederschlagsveränderungen werden dadurch belegt, die ausgeprägte Trends erkennen lassen: Seit dem Mittel- und Jungquartär erfolgt eine Abnahme der Niederschläge in den Tropen/Randtropen. Die Staubeinträge in die Antarktis (EPICA Dome C; Abb. E in Box Eisbohrkerne) weisen ebenfalls auf einen Aridisierungstrend hin. Inwieweit auch die Temperaturen auf einen Trend zu wärmeren Eiszeiten deuten, ist zu vermuten, kann aber bisher nicht durch eindeutige Daten dokumentiert werden (z. B. Nachweis von Permafrost in tropischen Gebirgen in tieferen Höhenlagen während der älteren Kaltzeiten).

In der Physik besteht Konsens, dass hinreichend physikalische Belege für die Vermutung vorliegen, dass CO_2 das wichtigste klimarelevante Treibhausgas der Erdatmosphäre ist (Lacis et al. 2010; IPCC 2007, 2013), und zwar deshalb, weil CO_2 wie Ozon, N_2O, CH_4 und Fluorchlorkohlenwasserstoff (FCKW) nicht kondensiert und sich bei bestimmten Temperaturen aus der Atmosphäre auch nicht niederschlägt; Wasserdampf kann das und tut es auch (doch: In Wüsten kondensiert beispielweise Wasserdampf nachts und wird am Tag durch Verdunstung wieder der Atmosphäre zugeführt). Nicht kondensierende GHGs (*Greenhouse Gases*) sind am gesamten Treibhauseffekt mit 25 % beteiligt; der atmosphärische Wasserdampf hat einen Anteil von 75 % (Lacis et al. 2010; andere Quellen nennen bis zu 95 %, z. B. R Miller 2013). Zeitlich hochauflösende Datensequenzen zeigen, dass die Erwärmung nach dem LGM (*Last*

Abb. 10.4 *Links*: Speläotheme (Calcit-Säulen) in der Lechuguilla-Höhle, Neu-Mexiko. Höhlenablagerungen (Speläotheme) können Proxy-Daten für frühere Niederschlagsmuster liefern. Ljungqvist et al. (2016) rekonstruierten die Niederschlagsgeschichte der letzten 1200 Jahre für die Nordhemisphäre aufgrund von einer Vielzahl von Paläoklimaproxys, u. a. Höhlensedimenten, Eiskernen, Torfprofilen, Baumringen, Archivalien und marinen und Seesedimenten (vgl. auch Kirby (2016), Foto: Max Wisshak www.speleo-foto.de).
Rechts: Bibliothek *Palafoxiana* in Puebla, Pue. (Mexiko). Die Bücher, Berichte und Statistiken enthalten wertvolle Daten für die Rekonstruktion des Klimas im mexikanischen Hochland während der letzten 500 Jahre. (Vgl. auch Acuña-Soto 2008, Foto: alueni-images)

Glacial Maximum, ca. 23–18 ka BP) um viele Jahrhunderte dem Anstieg des CO_2-Gehalts in der Atmosphäre vorauseilte. Das trifft auch für den Beginn der letzten Kaltzeit zu: Nach dem MIS 5e (Eem) verringerte sich der CO_{2atm}-Gehalt von 280 auf 240 ppm erst nach 115 ka BP, als die Temperaturen bereits erniedrigt waren; gleiche Phasenveränderungen treffen für das Ende von MIS 11 und von anderen Interglazialen zu (Past Interglacials Working Group of PAGES 2016). Damit wird infrage gestellt, ob der CO_{2atm}-Anstieg den Temperaturanstieg im *Termination I* auslöste bzw. wesentlich beeinflusste. Neue Daten dokumentieren, dass die Beziehungen zwischen dem CO_{2atm}-Gehalt, den terrestrischen Kohlenstoffreservoiren und dem Klima (Bauska et al. 2015) sowie die Sensitivität der globalen terrestrischen Ökosysteme hinsichtlich der Klimavariabilität (Seddon et al. 2016), aber auch die Klimasensitivität von Treibhausgaserwärmung einerseits und Aerosolabkühlung (der Aerosoleinfluss muss neu bewertet werden, s. o.) andererseits (Storelvmo et al. 2016) wesentlich komplexer sind, als dies bisher angenommen und in Modellierungen aufgenommen wurde (vgl. Abschn. 2.2). Das betrifft auch das *Feedback* von solaren Einflüssen auf physikalische und chemische Prozesse der Erdatmosphäre (vgl. Cappa 2016; Kirkby et al. 2016; Tröstl et al. 2016). Müssen wir davon ausgehen, dass das *Forcing* des CO_{2atm} auf das Klima geringer ist, als von vielen Forschern angenommen wird, und andererseits das *Solar Forcing* (sowie das Albedo- und Aerosol-*Forcing*) größeren Einfluss ausübt? Und müssen wir berücksichtigen, dass die Auswirkungen der zukünftigen globalen Erwärmung nicht die bisherigen modellierten Klimaszenarien der Zukunft bestätigen, wenn die Analysen stärker auf terrestrischen Daten basieren? Ljungqvist et al. (2016) validieren Modellergebnisse durch Vergleiche mit – und unter Einbeziehung von – gemessenen und proxybasierten Klimadaten (Abb. 10.4); sie rekonstruieren den Wasserhaushalt der letzten 1200 Jahre für die Nordhemisphäre und kommen zu dem Ergebnis, dass sich die – bisher modellierte – Verstärkung der durchschnittlichen hydroklimatischen Anomalien des 20. Jahrhunderts (*feuchte Regionen werden feuchter und trockene Regionen werden trockener*) nicht aufgrund der Multi-Proxy-Rekonstruktion von terrestrischen Daten bestätigen lässt. Außerdem zeigen zahlreiche terrestrische Paläoklimaarchive, dass das holozäne Klima nicht nur in den Tropen auf die Veränderungen des *Solar Forcing* reagiert hat, sondern weltweit (vgl. Abschn. 2.2.5).

10.2 Modelle und Modellierungen

Nahezu täglich werden Forschungsergebnisse publiziert, die wesentliche Paramater neu definieren, die vielen Klimamodellen und auch dem IPCC von 2013 zugrunde liegen (vgl. Abb. 2.43; PM Cox et al. 2018a, 2018b; PT Brown et al. 2018; Rypdal et al. 2018; Po-Chedley et al. 2018). Eine ständige Anpassung der bei Modellierungen benutzten Parameter wird erforderlich, denn eine sinnvolle mathematische Behandlung paläoklimatischer Probleme setzt eine solide Kenntnis der geophysikalischen Prozesse und Parameter voraus. In den einführenden Kapiteln über die Grundlagen der Quartärforschung (Abschn. 2.2) und über die Klimaarchive (Kap. 4) ist mehrfach darauf hingewiesen worden. Die treibenden Kräfte des Klimawandels (*Forcings*, z. B. *Orbital* und *Solar Forcing*, GHG [*Greenhouse Gases*], Aerosole, Bewölkung, Vulkanismus, Landnutzungsänderungen/Albedo) wirken in verschiedenen zeitlichen Skalen und führen nach einer Übergangsphase der Klimasensitivität (*Transient Climate Sensitivity*, TCS) zu einem Gleichgewichtszustand des Klimas (*Equilibrium Climate State*). Die Prozesse, die beim Übergang von einem Zustand zum neuen Zustand (z. B. zurzeit bei der globalen Erwärmung) wirksam werden, können in Modellen, die das zukünftige irdische Klima beschreiben, bisher nur hypothetisch erfasst werden (vgl. Abschn. 4.5). Daher sind die Ergebnisse der globalen Klimamodelle (GCMs, *Global Climate Models*) keine Prognosen, sondern Szenarien, denen bestimmte Annahmen zugrunde liegen. So basiert das gegenwärtige Verständnis der Prozesse, die für den Beginn einer Kaltzeit verantwortlich sind, auf den Fortschritten in der Klimasystemtheorie, die durch die Kombination von konzeptioneller Modellierung und Experimenten mit numerischen Modellen verschiedener Komplexitätsebenen ermöglicht wurden. Auch heute noch werden die Interaktionen zwischen Aerosolen und *Surface Solar Radiation* (SSR), zwischen Aerosolen und Niederschlägen sowie zwischen Aerosolen und Temperaturen teilweise gegensätzlich diskutiert (vgl. Abschn. 2.2.3 [Aerosole], Abb. 2.32, 2.35). Häufig werden entscheidende Parameter neu definiert bzw. bilanziert, so auch der globale Methanhaushalt (Allen 2016). Seit Kurzem wird erst der Einfluss des Sonnenwindes auf atmosphärische Aerosole und damit auf das Klima entschlüsselt (Cappa 2016; Kirkby et al. 2016; Tröstl et al. 2016). Das CLOUD-Experiment (*Cosmics Leaving Outdoor Droplets*, CERN – *Conseil Européen pour la Recherche Nucléaire*) befasst sich mit den möglichen *Feedbacks* zwischen galaktischen kosmischen Strahlen und der Bildung von Wolken. Auch sind die Aerosolbildung wenig bekannt, ebenso die Interaktionen von Aerosolen und Wolken sowie ihre Reaktion auf das irdische Klima (vgl. Abschn. 2.2.3). Bisher kann in Modellen nicht berücksichtigt werden, welchen Einfluss der Mensch auf die Bildung von Wolken vor Jahrhunderten/Jahrtausenden hatte und welchen Einfluss die kosmischen Strahlen. Der in den terrestrischen Paläoklimaarchiven dokumentierte Einfluss der Sonne auf Klimaveränderungen (z. B. Kleine Eiszeit), der in den Klimamodellen nur eine äußerst geringe Rolle spielt, scheint den Klimagang stärker zu steuern, als bisher angenommen wurde.

10.3 Klima- und Landschaftswandel in den Tropen und Subtropen, gestern – heute – morgen

Aufgrund seiner umfassenden Synthese der *terrestrischen* Paläoklimaarchive in seinem dreibändigen Werk *Das Eiszeitalter, Grundlinien einer Geologie des Quartärs* nennt Woldstedt (1961: 326) als wichtigstes Ergebnis der Glazialforschung auf der ganzen Erde: (i) Mit größter Wahrscheinlichkeit haben die Vergletscherungen die ganze Erde gleichzeitig betroffen, und (ii) mehrere, durch längere warme Interglazialzeiten getrennte Eiszeiten traten in allen genauer untersuchten Gebieten auf. Woldstedt (1961: 331 ff.) unternimmt den Versuch, die Strahlungskurve von Milankovitch (1920, 1941) mit der Vereisungskurve der Alpen von Soergel (1937, 1939) und der Vereisungskurve, die Änderungen in der Ausdehnung der nordeuropäischen Eismassen nach Süden anzeigt, zu korrelieren. Woldstedts (1961) Analyse der Paläoklimaarchive in Verbindung mit der astronomischen Erklärung der quartären Klimaschwankungen führt zu der Erkenntnis, dass die Klimaschwankungen des Quartärs in den Änderungen der Erdbahnelemente ihre Erklärung finden, dass jedoch die spätglazialen Klimaschwankungen des Bölling/Alleröd und der Jüngeren Dryaszeit dem entgegenstehen. Auch betont Woldstedt (1961: 337) in Anlehnung an Milankovitch (1941), dass eine gewisse „Eiszeitbereitschaft" der Erde gegeben sein muss, damit die Vorbedingungen erfüllt sind, um infolge der astronomischen Schwankungen eine Überschreitung der Schwellenwerte auszulösen, die zu globalen Vergletscherungen führen. Diese „primäre Voraussetzung" sieht Flohn (1969) in seinem geophysikalischen Eiszeitmodell u. a. in der Drift der isolierten Kontinentalscholle Antarktika im Tertiär in eine zirkumpolare Position. Auch die Hypothese von Milankovitch (1941), dass die Sommer-Insolation in bestimmten Breiten der Nordhemisphäre kritisch für den Auf- und Abbau der Eisschilde – und damit für das globale Klima – ist, wird durch geologische Daten bestätigt. Viel diskutiert werden bis heute die Mechanismen, die die Insolation mit dem globalen Klima verbinden (vgl. u. a. Denton und Hughes 1983).

Die Synthese von Woldstedt (1961) über die Ursachen der quartären Klimaschwankungen ist in den letzten 50 Jahren im Prinzip von vielen Forschern bestätigt und differenziert worden (u. a. von Imbrie et al. 1984; Lorius et al. 1985; Kutzbach und Street-Perrott 1985; Schwarzacher 1994; Muller und MacDo-

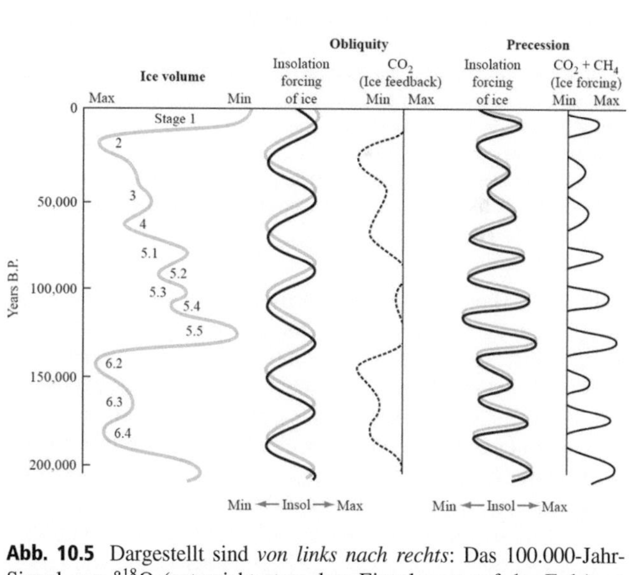

Abb. 10.5 Dargestellt sind *von links nach rechts*: Das 100.000-Jahr-Signal von $\delta^{18}O$ (entspricht etwa dem Eisvolumen auf der Erde); es spiegelt die Kombination wider von (i) der linearen Reaktion des Eisvolumens auf das *Forcing* der Schiefe der Erdachse, (ii) dem CO_2-Verstärkungseffekt der Reaktion des 41.000-Jahr-Eisvolumens auf eisbedingte Prozesse (repräsentiert durch Staubeinträge in das Arabische Meer) und (iii) der linearen Reaktion des Eisvolumens auf das Präzessions-*Forcing* sowie ein gesteigertes *Forcing* des Eisvolumens durch die 23.000-Jahr-Schwankungen von CO_2 und CH_4. (Aus Ruddiman 2003)

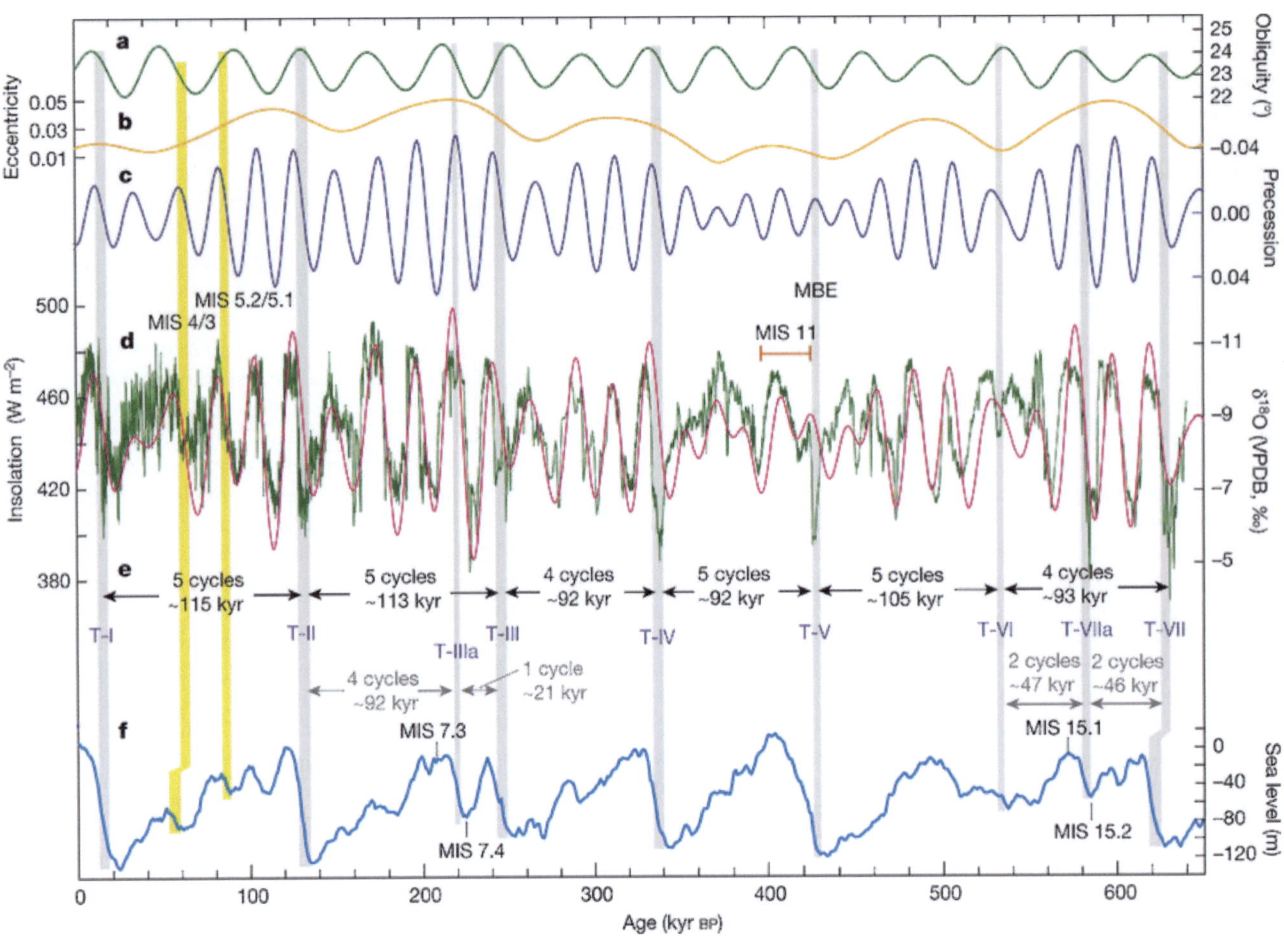

Abb. 10.6 Orbitale Parameter der Erde und Änderungen des asiatischen Monsuns. Änderungen der Schiefe der Ekliptik (*Obliquity*) (**a**), der Exzentrizität (**b**) und der Präzession (**c**). **d** – Zusammengesetzter δ^{18}O-record für den asiatischen Monsun (*grün*) und Insolation in 65° N (21. Juli) (*violett*); **e** – Stufen und Dauer der *Terminations*; *vertikale Balken* markieren die Zeiten der WMIs (*Weak Monsoon Intervals*, schwache Monsunintervalle), die mit glazialen *Terminations* korreliert werden (*grau*) und zwei ähnliche *Events* (Übergänge von MIS 4/3 und 5.2/5.1) (*gelb*). Die Zeitstellung von T-IIIa-WMI wird von anderen Autoren etwas anders angegeben. **f** – Zusammengesetzte Meeresspiegelkurve. Die Zeitstellungen von MBE (*Mid-Brunhes Event*), MIS 11, 7.3, 7.4, 15.1 und 15.2 sind dargestellt (aus H Cheng et al. 2016).
Anmerkung: Die Änderungen des asiatischen Monsuns (**d**, *grüne Linie*), dargestellt durch die Änderungen des δ^{18}O-*record* der Speläotheme in chinesischen Karsthöhlen, belegen auch Änderungen des globalen Klimas. Das äußerst komplexe Zusammenspiel zahlreicher Faktoren wird durch das *Global Forcing* bestimmt

nald 1995; Mayer et al. 1996; Partridge et al. 1997; T Liu et al. 1999; Leuschner und Sirocko 2003; Ruddiman 2003; Trauth et al. 2003; Tziperman et al. 2006; Jouzel et al. 2007; Huybers und Denton 2008; Lézine et al. 2014; Ashley 2015). Heute werden in der SPECMAP-Modell-Kurve der Klimaschwankungen in orbitalen Skalen alle wesentlichen Klimabeobachtungen analysiert, die im Zusammenhang mit den 3 orbitalen Signalen stehen (Exzentrizität [~ 100-ka-Zyklen], Schiefe der Erdachse [~ 40-ka-Zyklen], Präzession [~ 23-ka-Zyklen]) (Ruddiman 2003). Es besteht kein Zweifel aufgrund der Daten von terrestrischen, marinen und glaziären Paläoklimaarchiven, dass die quartären Schwankungen des irdischen Klimas (in Zeitskalen von $> 10^3$ bis 10^5 Jahren) von den orbitalen Parametern bestimmt werden. Die Sommer-Insolation in ca. 65° N wird als entscheidendes *Forcing* betrachtet (Lachniet et al. 2014), da die nordhemisphärischen Eisschilde die größten Veränderungen zeigen. Der dominante 100.000-Jahr-Zyklus resultiert von einer nichtlinearen Reaktion der quartären Eisschilde auf das *Orbital Forcing*. Es entsteht ein äußerst komplexes Zusammenspiel zahlreicher Faktoren (Abb. 10.5). H Cheng et al. (2016) können anhand des kontinuierlichen Stalagmitenwachstums der chinesischen *Sanbao Cave* (110°26′ E, 31° 40′ N, 1900 m NN) belegen, dass die *Terminations* der Kaltzeiten seit 640 ka BP durch 4 oder 5 Präzessionszyklen getrennt sind (Abb. 10.6); dies stützt die Ansicht, dass der 100.000-Jahr-Eiszeitzyklus ein Durchschnitt von diskreten Zahlen von Präzessionszyklen ist. Außerdem scheint neben der Präzession auch die Schiefe der Ekliptik (*Obliquity*) einen geringen Einfluss auszuüben. Die Beobachtungen von H Cheng et al. (2016) dokumentieren, dass die Insolation (zu einem Teil) das Auftreten von Klimaschwankungen in 10^3-Jahresskalen bestimmt.

Aufgrund der Erkenntnisse über die Bedeutung der *Orbital Forcings* für die quartären Klimaschwankungen wird das ho-

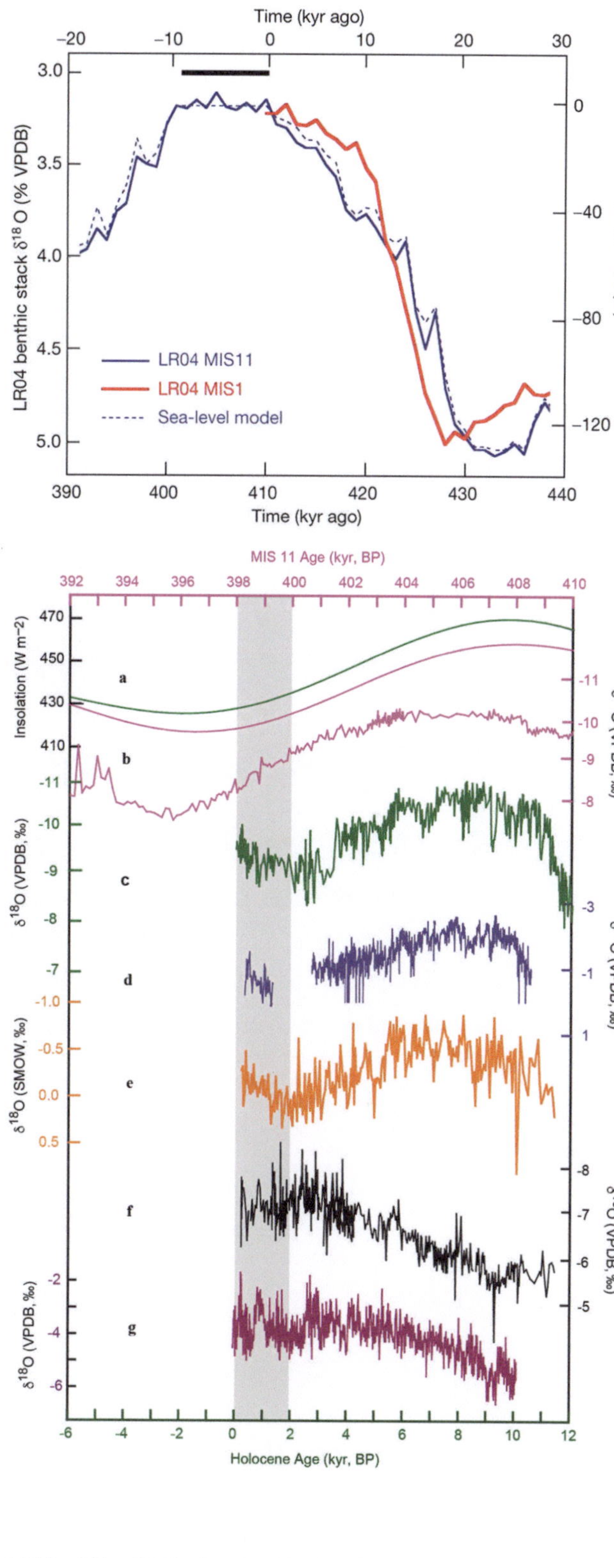

Abb. 10.7 *Oben*: Vergleich der Dauer von den Interglazialen MIS 11 und MIS 1 (Holozän). Die linke *y*-Achse zeigt die benthische Sauerstoffisotopen-Kurve LR04 (Lisiecki und Raymo 2005); *blaue Kurve* – MIS 11, *rote Kurve* – MIS 1; Abszissen-Skalen: *unten* – MIS 11, ka BP, *oben* – MIS 1, ka BP. Die relativ lange Dauer von MIS 11 im Vergleich zu MIS 1 wird deutlich. Die *blaue gerissene Linie* zeigt den modellierten Meeresspiegel im MIS 11 (*rechte vertikale Skala*). Der *schwarze Balken* kennzeichnet den Hiatus in der modellierten Eisvolumenänderung zwischen 410 und 401 ka BP. (Aus Raymo und Mitrovica 2012).
Unten: Vergleich von Holozän und MIS 11 aufgrund der Insolation. **a** Insolation in 65° N am 21. Juli für das Holozän (*grün*) und MIS 11 (*rosa*); **b** und **c** zusammengesetzte δ^{18}O-*records* des asiatischen Monsuns (AM) im MIS 11 und im Holozän; **d** Speläothem-δ^{18}O-*records* aus dem Bereich des AM; **e** Nordafrikanischer Monsun-*Record* (mariner Kern MD03-270, Golf von Guinea); **f** Südamerikanischer Monsun-*Record* von Cueva del Tigre Perdido (N-Peru); **g** Südafrikanischer Monsun-*Record* der Cold Air Cave, Makapansgat-Tal (S-Afrika). Der *vertikale Balken* kennzeichnet die 2-ka-Veränderung (2-kyr *Shift*); die Trends der 2-kyr *Shifts* unterscheiden sich von den Trends des Mittel-/Spätholozän-Interwalls (ca. 4–4,5 ka BP) und deuten auf ein entgegengesetztes interhemisphärisches Muster hin. Der 2-kyr *Shift* wird mit Veränderungen der AMOC in Verbindung gebracht, ebenso das Mittel/Spätholozän-Interwall (vgl. Abschn. 2.2.1). (Aus H Cheng et al. 2016) ►

lozäne *Orbital Forcing* mit ähnlichen Konstellationen der Erdbahnelemente während früherer Interglazialzeiten verglichen. Wissenschaftler erhoffen sich dadurch Aussagen über die langfristige Klimazukunft (in 10^3 bis 10^4 Zeitskalen). Das MIS 11 (ca. 424–374 ka BP) und das MIS 19 (ca. 787–760 ka BP) sind hinsichtlich der *Orbital Forcings* dem Holozän sehr ähnlich (Abb. 10.7). Eine geringe Exzentrizität führt zu einem schwachen Präzessions-*Forcing* (Abb. E in Box Eisbohrkerne). Das MIS 11 ist eine lange Periode von ca. 28 ka; das Holozän, das bisher ca. 12 ka umfasst, könnte demnach – ohne den anthropogenen Einfluss – noch mindestens weitere 12 ka andauern.

Die CO_{2atm}-Konzentrationen waren im MIS 11 vergleichbar mit denjenigen der präindustriellen Zeit; im Vergleich zu den Werten der Interglaziale MIS 9, 7 und 5 zeigt sich, dass die CO_{2atm}-Werte im MIS 11 geringer als die Höchstwerte von MIS 9, 7 und 5 waren. Darüber hinaus erscheint im MIS 11 nicht der CO_2-Peak zu Beginn des Interglazials, der mit der Deglaziation und den ansteigenden Temperaturen in Zusammenhang gebracht wird (Abb. E in Box Eisbohrkerne). Im MIS 11 (vor rund 400 ka BP) waren große Teile der westantarktischen und grönländischen Eisschilde geschmolzen. Der ostantarktische Eisschild war nicht wesentlich betroffen; in Grönland existierten Reste des Inlandeises (Reyes et al. 2014). Roberts et al. (2012), die das MIS 11 auf ~423–362 ka BP datieren, sehen in dem MIS-11-Interglazial die wärmste Periode des gesamten Quartärs mit einem Meeresspiegelanstieg von ca. 13 m (Raymo und Mitrovica (2012) nennen 6–13 m; es werden auch Werte von ~20 m genannt; Hearty et al. 1999; Olson und Hearty 2009; van Hengstum et al. 2009). In der Arktis NE-Russlands (67°30′0″ N, 172°0′0″ E) wies das „Super-Interglazial" MIS 11 maximale Sommertemperaturen und jährliche Niederschläge auf, die um ~4–5 °C höher und um ~300 mm niederschlagsreicher waren als MIS 5e (Eem) und das Holozän (Melles et al. 2012; Abb. 10.8). In der Namib-Wüste wurden im MIS 11 Sinter (Speläotheme der Rössing-Höhle, Abb. 6.19 bis 6.23) und marine Terrassen (Horingbaai Fan-Delta, Abb. 6.76) gebildet, die im Vergleich zu nachfolgenden Interglazialen relativ feuchte Bedingungen und einen hohen Meeresspiegel dokumentieren (Abschn. 6.2.1). Gleiches gilt für Seebildungen in der

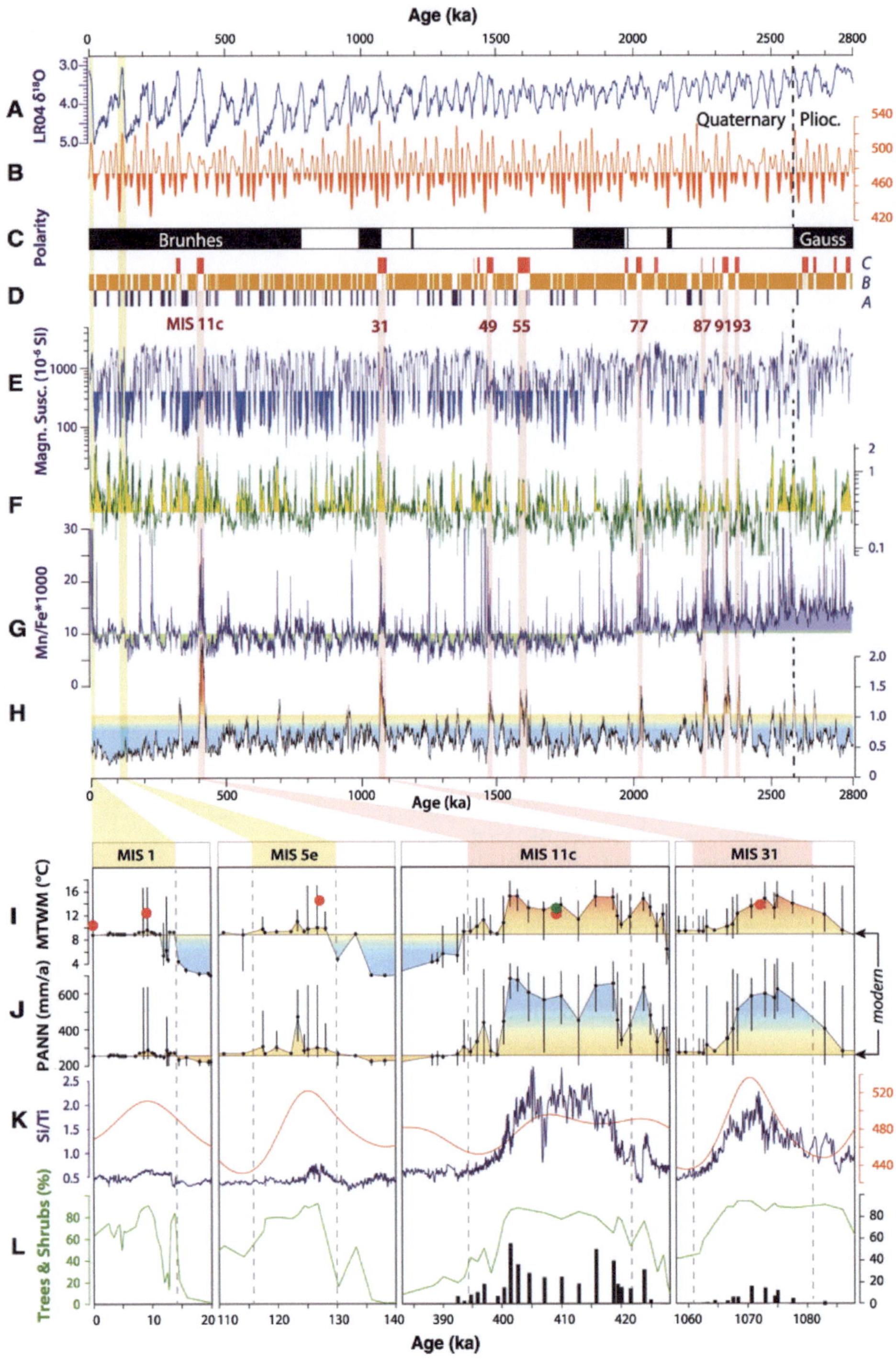

Abb. 10.8 (A) Globale marine LR04-δ^{18}O-Kurve. (B) Mittlere Juli-Insolation in 67,5°N für die letzten 2,8 Ma verglichen mit (C) der Magnetostratigraphie, (D) der Fazies, (E) der magnetischen Suszeptibilität, (F) den TOC(total organic content)-Gehalten, (G) den Mn/Fe-Verhältnissen und (H) den Si/Ti-Verhältnissen im Sediment-record des Sees El'gygytgyn (NE-Russland; 67.5°N, 172°E). Super-Interglaziale werden durch hellrote Balken hervorgehoben. Im unteren Teil detaillierte Daten der Interglaziale MIS 1, 5e, 11c und 31. (I) Rekonstruierte mittlere Temperaturen des wärmsten Monats (MTWM) und (J) rekonstruierte jährliche Niederschläge (PANN) aufgrund von Pollenspektren und den heutigen am besten vergleichbaren Verhältnissen. (K) Mittlere Juli-Insolation in 67,5° N im Vergleich zu den Si/Ti-Verhältnissen der El'gygytgyn-Seesedimente (geglättet, 5-jähriges gleitendes Mittel). (L) Baum- und Strauch-Pollenanteile im Vergleich zum Fichten- (*Spruce sp.*) Anteil. Die simulierten Juli-Lufttemperaturen in Bereich des Sees sind durch *rote* und *grüne Punkte* angegeben. Die Lage der Punkte in Bezug zur x-Achse korrespondiert mit den Treibhausgasen und dem *Orbital Forcing*, die bei den interglazialen Simulationen benutzt wurden. Die simulierten heutigen und präindustriellen Temperaturen liegen nahe den gemessenen Temperaturen; die Modelltemperaturen wurden deshalb nicht korrigiert. Der *grüne Punkt* zeigt eine Modellierung unter anderen Bedingungen (Grönland ohne Eis) (aus Melles et al. 2012).
Anmerkung: Die Fichte ist weder in MIS 5 noch in MIS 1 (Holozän) durch Pollen belegt; dies ist ein deutlicher Hinweis auf ein wesentlich wärmeres MIS-11-Interglazial als MIS 5 und 1

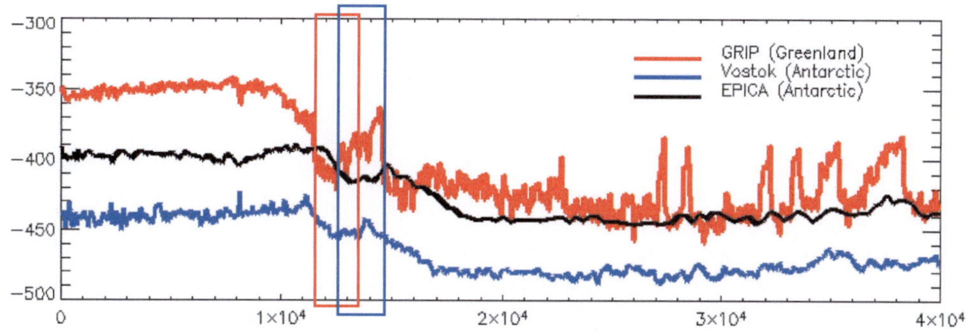

Abb. 10.9 Temperaturproxys für die letzten 40.000 Jahre (© https://en.wikipedia.org/wiki/User:William_M._Connolley CC BY-SA 3.0). Zwei Temperaturkurven von Eiskernbohrungen der Antarktis und eine *Kurve* von Grönland werden vergleichend dargestellt. Die *Kurven* von EPICA (Antarktis) und GRIP (Grönland) unterscheiden sich deutlich am Ende der letzten Eiszeit im Bereich der YD (*rotes Feld*: Younger Dryas, ca. 12,8–11,7 ka BP) und ACR (*grünes Feld*: Antarctic Cold Reversal, ca. 14,7–12,7 ka BP). Die *Kurve* von Vostok (Antarktis) zeigt die kühle Phase ± gleichzeitig mit der YD von GRIP. Diese kühle Phase wurde früher (1970er-Jahre, vgl. Lorius et al. 1979) mit der YD der grönländischen Eiskerne *getuned* und als antarktisches Klimasignal gedeutet, das der YD entsprechen sollte. Daraus wurde der weltweite Klimaeinfluss der YD abgeleitet; es dauerte Jahrzehnte, bis sich die Existenz von der nordatlantischen YD und des – davon völlig unabhängigen – antarktischen ACR in der Wissenschaft durchsetzte

Sahara und Speläothemwachstum auf der Arabischen Halbinsel. Auch in den Glazialzeiten scheinen die Klimaverhältnisse im Mittelpleistozän humider gewesen zu sein; darauf deuten die prä-letzteiszeitlichen Vergletscherungen tropischer und randtropischer Gebirge hin, die wesentlich ausgedehnter waren, deren Altersstellung jedoch bis heute nicht exakt ermittelt und bestimmten marinen Isotopenstadien (MIS) zugeordnet werden kann.

Der Vergleich der terrestrischen MIS-11-Paläoklimaarchive mit den rekonstruierten Daten der marinen Sedimente und der antarktischen Eisbohrkerne belegt, dass diese Paläoklimaproxys zu rekonstruierten CO_{2atm}-, δD- (als Temperaturproxy) und anderen Werten führen, die die beobachteten Klimaschwankungen der Eiszeiten und Interglazialzeiten nur erklären können, wenn den *solaren Forcings* eine größere Bedeutung und dem CO_{2atm} ein geringerer Einfluss zukommt. Viele Grundannahmen, die in die Modellierungen eingehen, müssen überdacht werden. Doch um diese zu verstehen, werden mehr Daten benötigt; das betrifft insbesondere die Chronologien der verschiedenen Paläoklimaarchive sowie die Reaktion der terrestrischen Ökosysteme auf interglaziale Klimaänderungen.

Die markanten Klimaschwankungen des *Termination I* (Ältere Dryas, Bölling/Alleröd, Jüngere Dryas) konnte Woldstedt (1961) nicht erklären, weshalb er der Milankovitch-Theorie nicht zustimmen wollte. Seit der Zusammenfassung des Forschungsstands von Woldstedt (1961) hat es viele Erklärungen zu den Klimaschwankungen des *Termination I* gegeben, die – was vor allem die YD betrifft – teilweise zu heftigen wissenschaftlichen Disputationen führte: Einerseits suchte man übereifrig nach Belegen für das globale Auftreten der YD (vgl. Heusser und Streeter 1980; Heusser und Rabassa 1987; Denton und Hendy 1994; Clapperton et al. 1997b), andererseits wurden zahlreiche Klimaproxys publiziert, die entweder die YD-Klimaschwankung auf der Südhemisphäre ausschlossen (vgl. Ashworth und Hoganson 1984; Ashworth et al. 1991) oder die vermeintlichen YD-Proxys einer älteren (*Antarctic Cold Reversal*, ACR; vgl. Rutter et al. 2012) oder einer jüngeren (Frühes Holozän; vgl. Heine 1995b; Heine und Heine 1996; Vázquez-Selem und Heine 2011) Klimaschwankung zuordnen konnten (Abb. 10.9).

Heute werden die *Termination-I*-Klimaschwankungen mit Prozessen erklärt, die durch den Abbau der großen Eisschilde nach dem LGM zu unterschiedlichen Auswirkungen führten, wie Bildung und plötzliches Auslaufen gewaltiger Eisstauseen, Phasen von schnellem und langsamem Meeresspiegelanstieg, Änderungen der globalen Zirkulationsverhältnisse der Ozeane (bipolare Klimawippe) und der Atmosphäre, Schwankungen der Isotopenverhältnisse, Änderungen im Chemismus der Atmosphäre (CO_2, NH_4 und andere Treibhausgase) und der Albedo, vulkanische Ereignisse u.v.a.m. Die Rückkoppelungen (*Feedbacks*) zwischen den einzelnen Parametern sind äußerst komplex und spielen sich in einer Zeit ab, in der sich das *Global Forcing* ändert und das *Solar Forcing* Schwankungen unterworfen ist. Der Übergang vom LGM zum Holozän (*Termination I*) ist eine „unruhige" Klimaperiode, deren größere und kleinere Klimaschwankungen in den Warmtropen relativ geringe Auswirkungen haben, in den Randtropen jedoch – da die Klimaschwankungen immer wieder Schwellenwerte überschreiten – deutlich hervortreten. So machen sich die spätglazialen Klimaschwankungen im warm-feucht-tropischen Amazonas- und Kongo-Becken nicht bzw. kaum bemerkbar, in den Gebirgen jedoch schon deutlicher und in den Höhenlagen der tropischen Gebirge (Kalttropen i. S. von Lauer 1975) am eindrucksvollsten. Wird die YD-Klimaschwankung betrachtet, so ist diese aufgrund von veränderten atlantischen Zirkulationsverhältnissen und den damit veränderten atmosphärischen Zirkulationsbedingungen auf der Nordhemisphäre (Westwind- und Monsunsysteme in Afrika und Asien) in den Gebieten zwischen Atlantik (von der Baffin-Insel; Young et al. 2012) bis Süd- und Ostasien (Indonesien, S-China) deutlich in den Klimaproxys dokumentiert. Selbst im Südostatlantik (Benguela-Strom) macht sich die YD bemerkbar, nicht aber im zirkumpazifischen Raum der Südhemisphäre. Dies trifft mit ähnlichen Reaktionen auch auf das holozäne 8,2-ka-Ereignis zu.

Die Analyse der Klimaschwankungen des *Termination I* hat in der Vergangenheit zu Fehleinschätzungen der Klimazukunft geführt. Da die Ursachen erst in den letzten Jahren im Detail erkannt wurden und heute hinreichend exakte Modellierungen vorliegen, wird sichtbar, dass die spätglaziale Klimageschichte in erster Linie durch Paläoumweltfaktoren geprägt wurde, die für den Übergang von extremer Eiszeit (mit ausgedehnten Inlandeisbildungen auf der Nordhemisphäre) zur holozänen Interglazialzeit charakteristisch sind und die auch frühere Kalt/Warmzeit-Übergänge bestimmten. Weder die Konstellation der Erdbahnelemente, die den quartären Warm-Kaltzeit-Rhythmus vorgibt, noch ein *Solar Forcing*, das für Klimafluktuationen im Mittel- und Jungholozän verantwortlich ist, erklärt die Klimaschwankungen während des *Termination I*. Woldstedt (1961) hat in seiner gründlichen Analyse der Ursachen der quartären Klimaschwankungen bereits erkannt, dass die Milankovitch-Theorie zwar den Eiszeitrhythmus erklären kann (wenn bestimmte Voraussetzungen auf der Erde gegeben sind), nicht aber die spätglazialen Klimaschwankungen, die durch *Feedbacks* beim Abbau der gewaltigen nordhemisphärischen Inlandeiskalotten bedingt wurden. Die Zusammenhänge wurden erst aufgrund der Daten der marinen und Eisbohrkerne (z. B. Heinrich-Events, Dansgaard/Oeschger-Zyklen) sichtbar, die Jahre/Jahrzehnte nach Woldstedts (1961) Synopse verfügbar wurden.

Seit dem holozänen Klimaoptimum vor ca. 8–5 ka BP wird es weltweit kühler. In den Randtropen belegen geringere Niederschläge eine äquatorwärtige Verlagerung der ITCZ. Dafür ist das *Orbital Forcing* entscheidend verantwortlich, denn das Maximum der Einstrahlung verschiebt sich im Spätglazial/Frühholozän von der Nord- zur Südhemisphäre (vgl. Bond et al. 2001). Die unterschiedliche Verteilung von Land und Meer auf der Erde bewirkt die Verringerung des Insolations-*Forcing* (Abb. 10.5) und führt zu großräumigen Veränderungen der Ozean-Atmosphäre-*feedbacks* der Tropen. Um 5–4,5 ka BP beginnt das sog. Neoglazial. Das 4,2 ka-*Event* markiert in zahlreichen Geoarchiven der Tropen und Randtropen den „Wendepunkt“. Veränderungen zeigen sich im IOD (*Indian Ocean Dipole*) und ENSO (*El Niño Southern Oscillation*). Ein positiver IOD schwächt den Effekt des ENSO. Im monsunalen Klimasystem des Indischen Ozeans herrscht ein mehr negativer Zustand des IOD ab 4,3 ka BP; im Pazifik beginnt um 4,2 ka BP eine ENSO-Variabilität mit stärkeren und häufigeren ENSO-Ereignissen. Im afrikanisch-südasiatischen Raum treten Trockenphasen auf, die auch die frühen Zivilisationen beeinflusst haben. Das 4,2 ka-*Event* ist eines der stärksten Klimaereignisse des Holozäns.

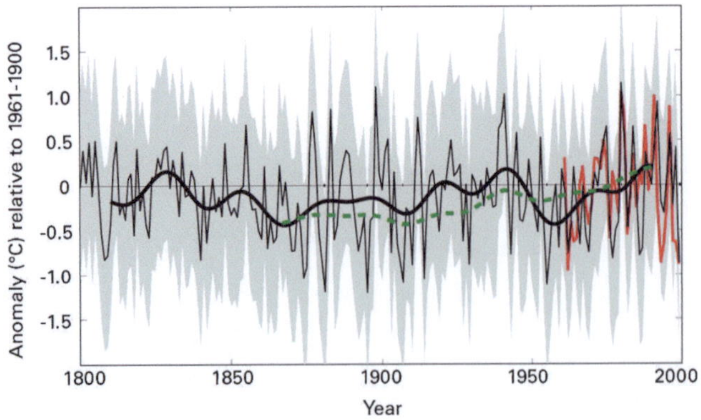

Abb. 10.10 Rekonstruierte durchschnittliche antarktische Temperaturanomalien (für den ganzen Kontinent) aufgrund von stabilen Isotopen-*Records* der kalibrierten Eiskerne. *Schwarze Linien* zeigen die jährlichen Werte (geglättetes 20-Jahr-Mittel: *fette Linie*). Zum Vergleich in *Rot*: Instrumentendaten (Antarktis) und *gerissen grün*: 20-Jahr-Instrumentendaten (geglättet) der Südhemisphäre. Nach DP Schneider (2005). (Aus EJ Brook et al. 2006)

Aufgrund einer Abnahme des *Solar Forcing* kommt es zur weltweit kühleren Phase der Kleinen Eiszeit (*Little Ice Age*, LIA), die um ca. AD 1350 beginnt und um ca. AD 1850 endet. Vulkanische Eruptionen sollen für die Abkühlung mitverantwortlich gewesen sein, doch für *Feedback*-Mechanismen zwischen extremen Vulkanausbrüchen und globalen Klimaänderungen gibt es in der quartären Klimageschichte keine Belege. Das Ende der Kleinen Eiszeit fällt mit dem Beginn des Industriezeitalters in Europa und Nordamerika zusammen. Seither steigen die globalen Temperaturen an. Die Südhemisphäre mit der Antarktis folgt diesem Trend im 20. Jahrhundert nicht (Abb. 10.10). Das Muster der Temperaturänderung des LIA lässt auf dynamische Klimareaktionen schließen, die auf Änderungen des natürlichen Strahlungs-*Forcings* (*Solar Forcing*) unter Beteiligung von El Niño und nordatlantischer Oszillation(NAO)/arktischer Oszillation erfolgten (Mann et al. 2009).

In den Tropen und Randtropen bedeuten hygrische Änderungen (i) Verlagerungen der ITCZ und damit der Niederschlagsgebiete von Zenital- und Monsunregen, (ii) Änderungen in der Dauer der Regenzeiten sowie (iii) in der Intensität derselben. Die terrestrischen Paläoklimaarchive (Speläotheme; limnische Sedimente mit Pollen, Mikrofossilien, chemischen Indikatorwerten; glaziäre Formen und Sedimente; Gletscher; etc.) lassen in Verbindung mit marinen Paläoklimaproxys eine Rekonstruktion der (jungquartären) Verhältnisse zu. Fast immer treten kalte/

Abb. 10.11 *Oben*: Vegetationsbedeckung während des LGM (*Last Glacial Maximum*, ca. 23–18 ka BP). *Dunkelgrün* – tropischer Regenwald; *hellgrün* – tropische Savannen; *braun* und *gelb* – aride Vegetationsformationen; *weiß* – Gletscher; für Tibet wird eine umfangreiche Vergletscherung angenommen, die von Kuhle (1985) postuliert wurde, jedoch nicht bestätigt werden konnte (Entwurf: Liedtke (1986) mit frdl. Genehmigung des Autors).
Mitte: Rekonstruktion der LGM-Vegetationsverhältnisse vor 18±2 ka ^{14}C BP und vor 6 ka ^{14}C BP (*unten*) für die Tropen (vgl. Abb. 10.12). *Dunkelgrün* – tropischer Regenwald; *grün* – tropische Savannen; *gelb* bis *ocker* – aride Vegetationsformationen; *weiß* – Gletscher. Die globale Mitteltemperatur war 4,5 °C kälter als AD 1999 (aus Petit-Maire 1999; alueini-images; vgl. Abb. 2.41).
Anmerkung: Der Vergleich der Abbildungen zeigt unterschiedliche Interpretationen der terrestrischen Paläoklimaarchive. Man beachte, dass die untere Kartenprojektion nicht flächentreu ist! Details der Darstellung für die Tropen müssen aufgrund neuer Daten ergänzt werden. Auch ist die Meereisbedeckung in beiden Karten nicht erfasst ►

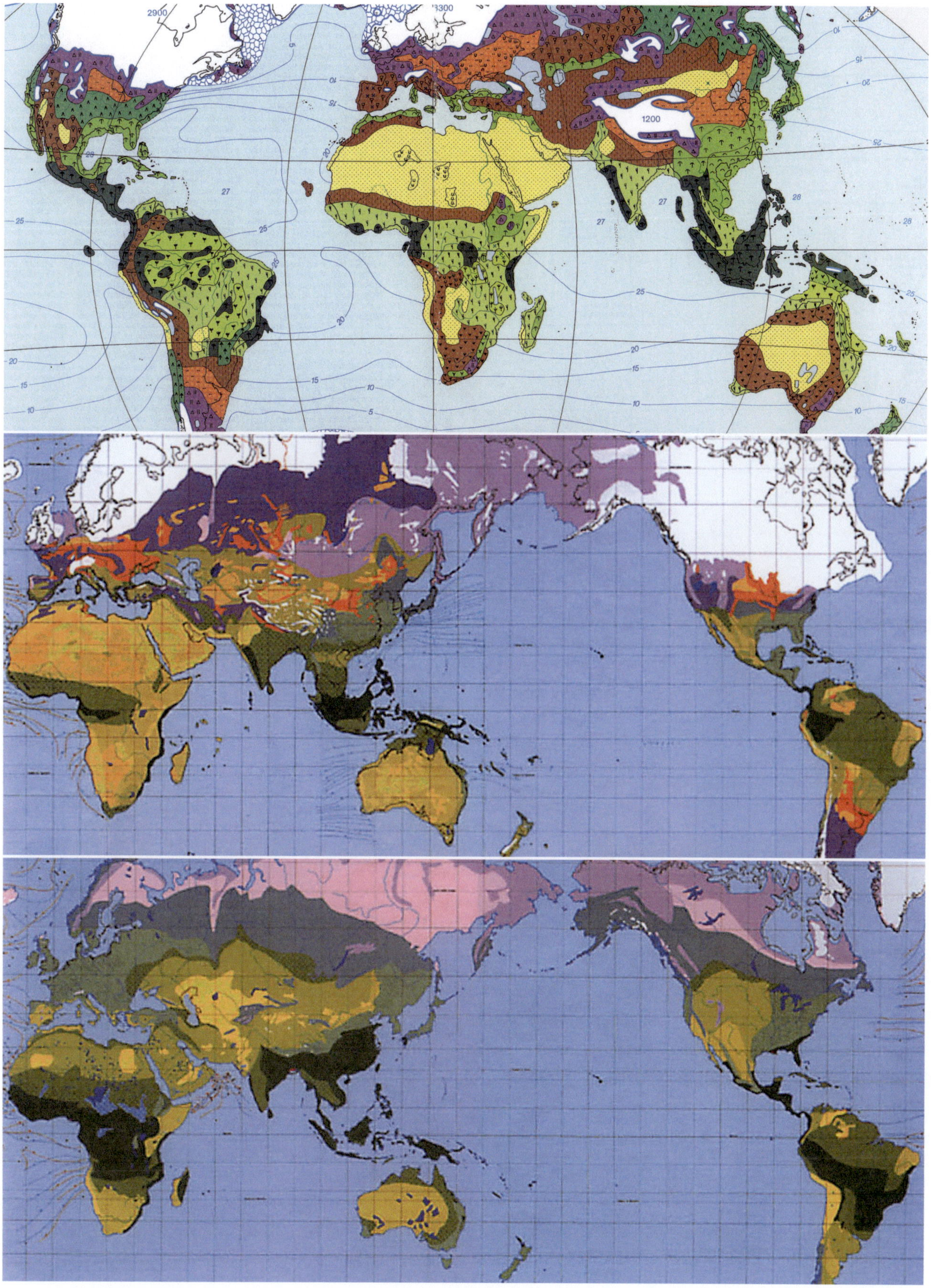
2900
3300
1200

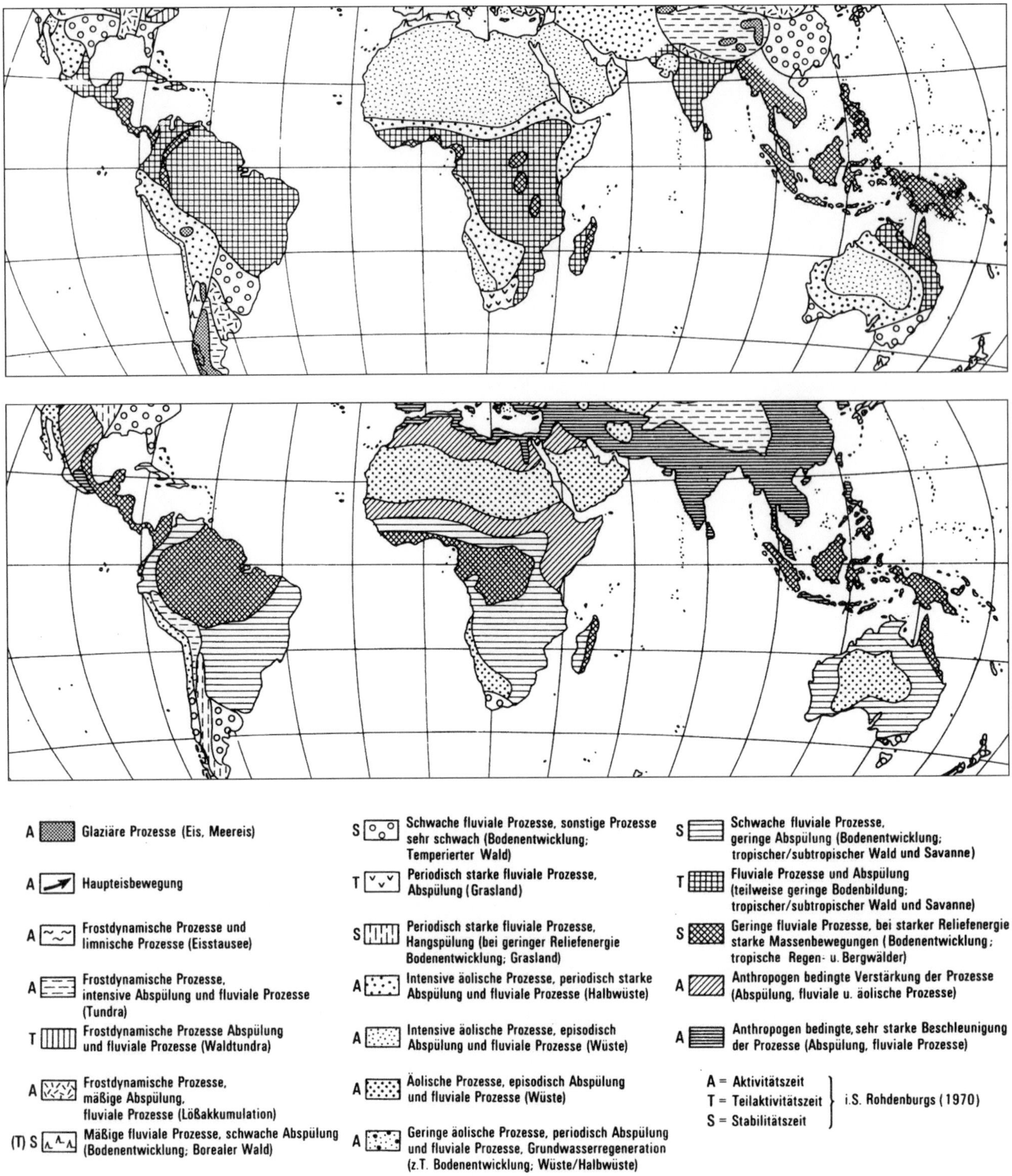

Abb. 10.12 Räumliche Ordnung der geomorphologischen Prozesse für das LGM vor ca. 17 ^{14}C ka BP (*oben*) und das Holozän vor ca. 2 ^{14}C ka BP (*unten*). Die Darstellung ist stark hypothetisch. Sie zeigt, dass die geomorphologischen Zonen nicht äquatorwärts/polwärts wanderten bzw. schrumpften/sich ausdehnten, sondern dass sie sich in ihren Prozesskombinationen änderten. (Aus Heine 1983a)

Box Solar forcing

Changing solar activity and evidence for solar forcing of climate change during the Holocene

This paper deals with surface temperature variation during the period in which sufficient solar observations are available (1610–present). But there is abundant indirect evidence of solar variations corresponding to climate fluctuations throughout the Holocene. We summarize these in this section because their study may help to solve unresolved problems. To extend the record of solar activity indirect proxy data can be derived from measurements of the cosmogenic radionuclides ^{10}Be and ^{14}C (radiocarbon) in natural archives such as ice cores and tree rings (Beer et al., 1990, 2006; Muscheler et al., 2004; Stuiver et al., 1991; Solanki et al. 2004; Usoskin et al., 2004b, 2004c; Beer and van Geel, 2008, Steinhilber et al., 2009). Cosmogenic radionuclides are produced continuously in the atmosphere as a result of the interaction of galactic cosmic rays with nitrogen and oxygen. The higher the cosmic ray intensity, the larger the production rate. Cosmic ray intensity is modulated by two magnetic effects: the solar activity and the geomagnetic field. Depending on the magnetic activity, the Sun emits plasma (solar wind) carrying magnetic fields into the heliosphere that acts as a shield and reduces the cosmic ray intensity. The second shielding effect is due to the geomagnetic field. After production ^{10}Be becomes attached to aerosols and is removed from the atmosphere mainly by wet deposition within 1–2 years. Ice cores are excellent archives to measure ^{10}Be. ^{14}C forms $^{14}CO_2$ and exchanges between atmosphere, biosphere and ocean. As a consequence of the large size of these reservoirs and the long residence times the amplitude of an observed ^{14}C change in the atmosphere is considerably smaller than the corresponding change in the production rate and the atmospheric ^{14}C change is delayed. While the average delay is variable and can reach a century, a good average is about 20 years (Beer and van Geel, 2008). Both ^{10}Be and ^{14}C provide independent records of the cosmic ray intensity and solar activity of the past. Paleoclimate reconstructions provide growing evidence for climate change. Denton and Karlén (1973) linked the radiocarbon record with geological data such as the extension of glaciers and made important conclusions about solar forcing of climate change. Magny (2004, 2007) published a long record of Holocene climate-related water table changes in lakes in south-eastern France and adjacent Switzerland. The lake level fluctuations closely correspond to the atmospheric ^{14}C fluctuations and therefore also to the history of solar activity. Holzhauser et al. (2005) compared glacier and lake level fluctuations in westcentral Europe over the last 3500 years and demonstrated synchronicity between glacier advances, periods of higher lake levels and maxima of atmospheric radiocarbon. There are numerous other examples of sediment and lake level data that point to a solar link (Baker et al., 2005; Morrill et al., 2006; Patterson et al., 2004; Stager et al., 2005; Verschuren et al., 2000; Wu et al., 2006; Haltia-Hovi et al., 2007). Holocene peat deposits, especially the rainwater-fed raised bogs such as those in northwest Europe, are natural archives of climate change. Climate-related changes in precipitation and temperature are reflected in the changing species composition of the peat-forming vegetation. Based on very well dated peat cores that were formed after the last Ice Age it has been shown that mire surface wetness often increased together with rapid increases of atmospheric production of ^{14}C (Kilian et al., 1995; van der Plicht et al., 2004; van Geel et al., 1998; Speranza et al., 2003; Mauquoy et al., 2002). The ice rafted debris found in sediment cores of the North Atlantic originates from areas in Greenland and Iceland where particles are picked up by glaciers moving towards the coast. When the ice melts in the North Atlantic the particles are released and preserved in the sediment. Their amount is therefore a measure of the transport of cooler, ice-bearing surface waters eastward from the Labrador Sea and southward from the Nordic Seas, probably accompanied by shifts to strong northerly winds north of Iceland. Bond et al. (2001) showed that more ice-rafted debris in the North Atlantic Ocean was transported to the south during periods of relatively low solar activity. The agreement between cosmogenic isotope fluctuations and ice rafted debris points to a dominant influence of solar activity changes on the North Atlantic climate. Neff et al. (2001) studied the climate archive of stalagmites in Oman. The oxygen isotope record was interpreted as a proxy for fluctuations in monsoon rainfall. After some adjustments of the U-Th chronology, the oxygen isotope record was linked to the $\Delta^{14}C$ record, suggesting that changes of monsoon intensity are driven by solar activity fluctuations. Oxygen isotopes ratios in stalagmites from the Dongge cave in southern China also show clear evidence for a solar signal in the monsoon variability on decadal to centennial time scales (Wang et al., 2005). Mangini et al. (2005) reconstructed temperature changes during the last 2000 years based on a stalagmite from a cave in the Central Alps. Based on a high correlation of that record with $\Delta^{14}C$, the conclusion was made that solar variability was a major driver of climate in Central Europe during the past two millennia. Based on measurements of ^{10}Be in polar ice cores Steinhilber et al. (2009) presented a physics-based record of 40-year averaged total solar irradiance covering 9300 years. While the record of atmospheric ^{14}C includes considerable system effects, such as the variable delay, the ^{10}Be record is a more direct reflection of TSI. The reconstruction by Steinhilber et al. offers the possibility to further test links between Holocene climate fluctuations and TSI, and provides a basis for climate models to quantify the role of TSI forcing.

Zitat aus Jager de C, Duhau S und van Geel B (2010). Quantifying and specifying the solar influence on terrestrial surface temperature. Journal of Atmospheric and Solar-Terrestrial Physics **72**: 926–937.

Die Tropen bleiben unberücksichtigt, obgleich es zahlreiche Publikationen gibt, die den solaren Einfluss auf das Klima auch für die Tropen belegen.

(Die Literaturzitate sind in der Originalarbeit angegeben.)

kühle Phasen (LGM, Heinrich-Ereignis 1 [H 1], 8,2 ka-*Event*, LIA) mit geringeren Niederschlägen auf; nördliche und südliche ITCZ waren äquatorwärts verschoben; die immerfeuchte warmtropische Zone hatte an Ausdehnung eingebüßt; die geomorphologischen und botanischen/zoologischen Höhenstufen in den tropischen Gebirgen waren abgesenkt (im LGM als Folge der tieferen Temperaturen: In Höhen über 4000 m bis zu 8 °C, in Tiefländern bis zu 5 °C); die Passatwinde waren intensiver, die Monsune schwächer ausgebildet; die geomorphologischen Prozesse (Abtragung, Transport, Sedimentation) in Verbindung mit Verwitterung und Bodenbildung waren teilweise Wandlungen unterworfen, die einen Vergleich mit aktuellen Prozessen

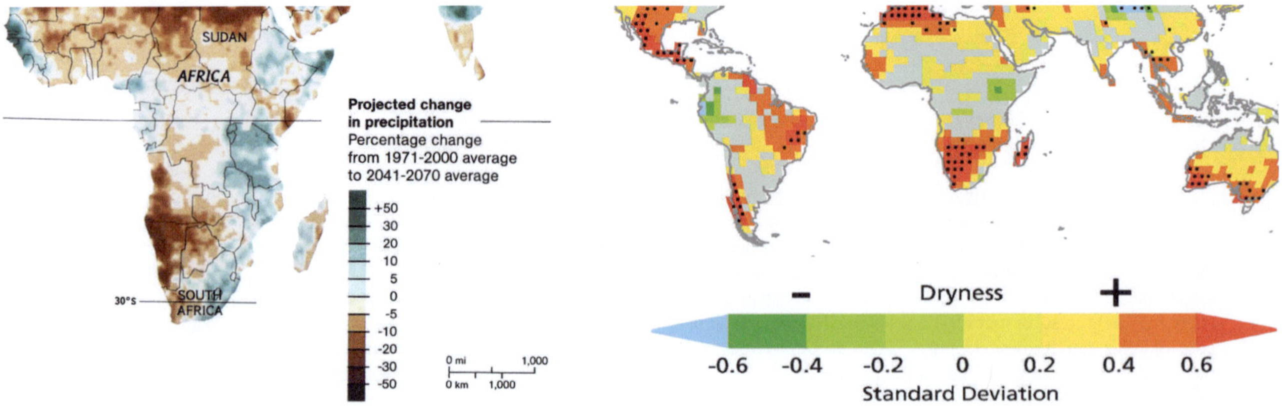

Abb. 10.13 Simulierte Veränderungen der Niederschläge bei globaler Erwärmung. Die ariden Gebiete (Sahara, Namib, Mexiko) sollen arider werden. *Links*: Änderungen der Niederschläge für die Periode 2041–2070 aufgrund von Modellierungen in Afrika. *Rechts*: Änderungen in der maximalen jährlichen Anzahl von aufeinanderfolgenden trockenen Tagen (Niederschlag <1 mm) für die Periode 2081–2100 aufgrund von Modellprojektionen. Die Zunahme der Trockenheit wird durch *gelbe* bis *rote* Farben angegeben, eine Abnahme durch *grüne* bis *blaue* Farben (aus IPCC 2011; auch in: Global Change **78** 2012, S 5).
Anmerkung: Beide Szenarien zeigen für die afrikanischen Trockengebiete eine Verringerung der Humidität/Niederschläge für die Zukunft aufgrund globaler Erwärmung. Die terrestrischen Paläoklimaarchive (Paläoseen, Speläotheme, Pollenprofile, etc.) dokumentieren das Gegenteil: Warme Interglaziale waren feuchter

unmöglich machen (Heine 1983a); das Aktualitätsprinzip, eine grundlegende wissenschaftliche Methode in der Geologie, gilt daher bei der Deutung zahlreicher – vor allem mariner – Sedimentsequenzen nur unter bestimmten Einschränkungen und kann nicht „lehrbuchhaft“ angewendet werden (Abb. 10.11 und 10.12).

Das Holozän ist am besten geeignet, Erkenntnisse über zukünftige Klimaänderungen zu gewinnen, da einerseits das *Orbital Forcing* sehr langsam abläuft und für die kommenden Jahrhunderte kaum Änderungen bringen wird und andererseits die Einflüsse des *Solar Forcing* auf das Klima und Klimaänderungen gut bekannt sind. Letzteres trifft auch für die anthropogen verursachten Änderungen zahlreicher klimabeeinflussender Parameter zu, wie Albedo (Veränderung der Erdoberfläche), Chemismus der Atmosphäre, Aerosole, Wasserkreislauf, Chemismus und Verschmutzung der Ozeane (vgl. Abschn. 2.2).

De Jager et al. (2010) geben eine Zusammenstellung zum Fragenkreis „Solare Entstehung terrestrischer Temperaturveränderungen“. Sie listen zahlreiche Belege für den Einfluss des *Solar Forcing* auf längere Zeitskalen auf (z. B. Bond-Zyklen). Die Belege für ein *Solar Forcing* der Klimaänderungen und der damit durch *feedback*-Prozesse einhergehenden Erwärmung sind eindeutig (Box *Solar Forcing*). Es besteht eine große Sensitivität der Klimasysteme hinsichtlich geringer Änderungen in der Sonnenaktivität, die in Verbindung mit verstärkenden *Feedback*-Effekten (u. a. Erwärmung → Zunahme der Verdunstung → Zunahme des Treibhausgases „Wasserdampf“ in der Atmosphäre → weitere Erwärmung etc., vgl. Flohn 1969) zu spürbaren Einflüssen auf das Klimasystem führen. In den letzten Jahren haben vor allem terrestrische, zeitlich hochauflösende Paläoklimaarchive der nordhemisphärischen Außertropen den Einfluss von *Solar Forcing* auf das Klima dokumentiert, so u. a. limnische Sedimente, Torfmoore, Speläotheme und Baumringe. Aber auch aus den Tropen liegen bereits detaillierte Klimarekonstruktionen vor, die *Feedbacks* zwischen *Solar Forcing* mit Klimaänderungen zeigen (vgl. Abb. 6.181 und 6.193). Die große Sensitivität des irdischen Klimasystems auf kleine Änderungen der solaren Aktivität bekräftigt die Bedeutung von verstärkenden *Feedback*-Prozessen im Klimasystem.

Die jungholozänen marinen Paläoklimaarchive (z. B. Korallen) weisen keine belastbaren Daten auf, die auf ein *solares Forcing* für Veränderungen der marinen Ökosysteme hinweisen. Hier ist zu berücksichtigen, dass die THC zu träge ist, um auf kurzzeitiges *solares Forcing* zu reagieren. Zwischen AD 1960 und den späten 1980er-Jahren war die solare Strahlung an der Erdoberfläche reduziert; anschließend stieg sie an (Wild et al. 2005; Pinker et al. 2005). Während der Periode mit verringerter Strahlung (1960–1988, auch vor 1920) hatten zahlreiche Gletscher der Alpen einen positiven Eishaushalt und bildeten Vorstoßmoränen (Maisch 2004).

Über die Klimazukunft gehen die Ansichten in der Forschung sehr auseinander. Unter Berücksichtigung der Paläoklimaarchive aus den Tropen und Randtropen in Verbindung mit den messenden Analysen der letzten Dekaden darf von einer weiteren Ausdehnung der Tropenzone sowohl nach Süden als auch nach Norden ausgegangen werden. Damit einher geht eine Ausweitung der randtropischen Gebiete mit Zenitalregen; das führt – wie die Paläoklimaarchive der warmzeitlichen Interglaziale belegen – zur Zunahme der Niederschläge in den randtropischen ariden Gebieten (Südsahara, Namib, Südarabien) (Abb. 10.13). Auch wird der Temperaturgradient (*lapse rate*) in tropischen Gebirgen geringer, d. h. die Erwärmung wird größer als durch Modelle vorausgesagt (Loomis et al. 2017).

Da im Anthropozän der anthropogene Einfluss auf die irdischen Systeme (vgl. Abb. 1.2) asymptotisch zugenommen hat und dieser Einfluss weiterbestehen wird, ist mit größeren Veränderungen der Umwelt zu rechnen, wodurch auch das Klima verändert wird. Doch nicht nur das Klima, vor allem Witterung und Wetter werden sich – gemessen an den Verhältnissen seit AD 1850 – von Region zu Region ändern.

Nobre und Borma (2009) gehen zum Beispiel davon aus, dass das Gleichgewicht von Klima und Amazonas-Regenwald durch verschiedene anthropogene Einflüsse – wie Entwaldung, globale Erwärmung, Waldbrände, höhere CO_{2atm}-Konzentrationen und zunehmende Häufigkeit von Dürren und Fluten – gestört werden könnte. Quantitative Abschätzungen für die Erhaltung des tropischen Regenwalds zeigen (vgl. Abb. 2.44 und 2.45), dass Schwellenwerte für die völlige Entwaldung bei $> 40\,\%$ und für die globale Erwärmung bei $\Delta T > 3$–$4\,°C$ liegen. Die Wahrscheinlichkeit, dass Schwellenwerte überschritten werden, wird durch eine Zunahme von Waldbränden und Dürren erhöht. Allerdings gibt es bisher keine Quantifizierungen dieser Einflüsse. Die Widerstandsfähigkeit der tropischen Wälder könnte durch den „Düngungs"-Effekt des CO_2 profitieren, doch zeigen Klimaprojektionen große Unterschiede aufgrund von Unsicherheiten in der Bewertung der pflanzenphysiologischen Reaktionen und der zukünftigen Emissionsszenarien (vgl. DA Clark et al. 2003; Huntingford et al. 2013; Brienen und 91 Ko-Autoren 2015; Keenan et al. 2016). Außerdem können keine Aussagen über das *Solar Forcing* der kommenden Dekaden gemacht werden.

10.4 Synopse

(i) Die Warm/Kaltzeit-Zyklen des Quartärs wurden durch die Erdbahnparameter (*Orbital Forcing*) bestimmt. Sich ändernde Strahlungsverhältnisse führten zu *Feedbacks* im irdischen System.

(ii) Die markanten Klimaschwankungen des *Termination I* waren Auswirkungen der Prozesse des Abbaus der großen nordhemisphärischen Eisschilde, die zu Bildungen und (plötzlichem) Auslaufen von Eisstauseen, veränderten ozeanischen und atmosphärischen Zirkulationsmustern, etc. führten, mit teilweise sehr schnellen Übergängen (z. B. YD).

(iii) Die Klimaveränderungen/-Schwankungen im Mittel- und Jungholozän wurden durch *orbital* (4,2-ka-Ereignis) und *Solar Forcing* (Veränderungen auf der Sonne, z. B. LIA) bestimmt. *Feedback*-Mechanismen spielten dabei eine Rolle.

(iv) Zurzeit kann noch nicht hinreichend exakt angegeben werden, welchen Einfluss der Mensch auf die Klimaentwicklung der letzten Jahrtausende, Jahrhunderte und Jahrzehnte ausgeübt hat. Sicher ist, dass die anthropogenen „*Forcings*" sehr vielfältig sind und von Albedo-Änderungen (Änderung der Landbedeckung) über Aerosoleinträge in die Atmosphäre bis zu Veränderungen des Chemismus der Atmosphäre (Treibhausgase) reichen.

(v) Ständig werden neue Erkenntnisse über den Einfluss einzelner Parameter (Aerosole, Sonnenwind, Wolken, etc.) auf das irdische Klima gewonnen. Daher ist es nicht möglich, anthropogene und natürliche Klima-*Forcings* hinreichend exakt zu quantifizieren, um – wie von der Weltklimakonferenz gefordert – konkrete Maßnahmen zur globalen Klimabeeinflussung (Reduzierung der Erderwärmung auf $\leq 2\,°C$ seit AD 1850) zu treffen. Die Zukunft wird zeigen, ob die Zunahme des CO_{2atm}-Gehalts (ohne weitere einschneidende Maßnahmen) reduziert werden kann und dadurch der gewünschte Erfolg eintreten wird. Vorerst muss sich die Menschheit auf eine weitere Erderwärmung einstellen, und zwar mit allen „Begleiterscheinungen" (Meeresspiegelanstieg, Verschiebung und qualitative Änderungen der Klima- und Landschaftszonen, etc.).

10.5 Forderungen aus der Quartärforschung (Klimaänderungen, Weltbevölkerung, Nahrungsspielraum)

Die Quartärforschung erhellt die Klimageschichte der Erde seit ca. 2,5 Mio. Jahren. Die Zeitskalen von Klimaänderungen reichen von Jahren (z. B. nach Vulkaneruptionen) bis zu Jahrhunderttausenden (bedingt durch Änderungen der Erdbahnelemente). Der Beobachtungszeitraum direkter Messungen und Analysen erstreckt sich im Wesentlichen auf die letzten ca. 150 Jahre in einigen nordhemisphärischen Ländern. In Arktis und Antarktis, aber auch in den Tropen und in den Weltmeeren, werden messende Analysen erst seit wenigen Jahrzehnten ausgeführt. Änderungen der Parameter (Temperatur, Niederschlag, Bewölkung, Meereisverbreitung, etc.) und der klimabeeinflussenden Faktoren (Aerosolbelastung, CO_2, etc.) werden seit wenigen Dekaden benutzt, um allgemeine (Klima-)Trends zu erschließen (Ablauf und Ausmaß der globalen Erwärmung). Daraus werden Szenarien für die Klimazukunft abgeleitet.

Die Daten der unmittelbaren Beobachtungen und Messungen der letzten Dekaden hatten eine große Bedeutung für Modellierungen der Klimazukunft. Erst nach und nach stellte sich heraus, dass infolge der kurzen Beobachtungszeiträume – gemessen an den natürlichen Klimaschwankungen der letzten 10^3 bis 10^5 Jahre – die Modellierungsergebnisse kritisch bewertet werden sollten (vgl. MR Allen et al. 2013). Fehlschlüsse, denen die Modellierungsresultate zugrunde lagen, konnten teilweise revidiert werden. Die Einflüsse (*Forcings*), die das irdische Klimasystem steuern, sind komplex und auch heute in keiner Weise zufriedenstellend erfasst. Von immer größerer Bedeutung werden Variationen, die im System selbst begründet sind. Die natürliche Klimavariabilität (*Natural Climate Variability*), die in jüngster Zeit (seit ca. AD 1850) erkannt wird, betrifft die Phänomene ENSO (*El Niño/Southern Oscillation*), AMOC (*Atlantic Meridional Overturning Circulation*), SAM (*Southern Annular Mode*), IPO (*Interdecadal Pacific Oscillation*) u. v. a. m. Die zu Beginn des 21. Jahrhunderts stagnierende globale Erwärmung (ca. 1998–2014), die sogar zu einer Abkühlung in der (West-)Antarktis geführt hat (Steig 2016; Turner et al. 2016), wird heute mit einer natürlichen Klimavariabilität in Zusammenhang gebracht. Vor allem die Magnituden dieser *Natural*

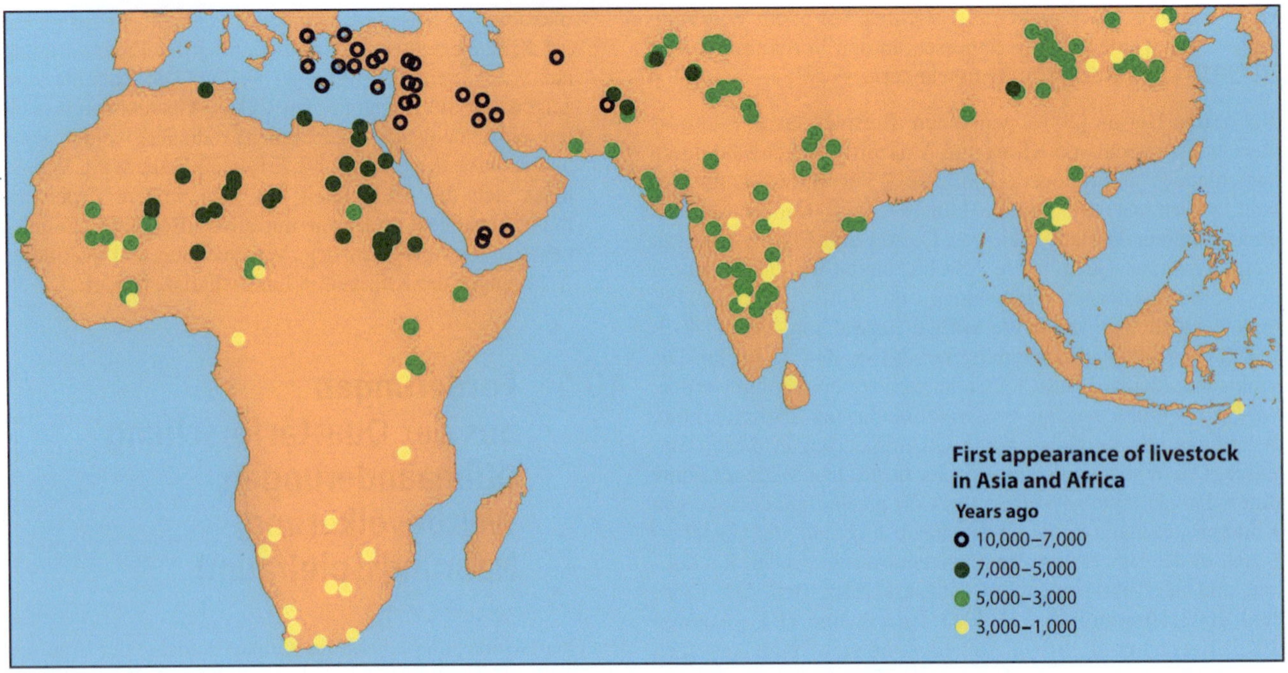

Abb. 10.14 ^{14}C-datiertes erstes Auftreten von Viehhaltung in Asien, Afrika und SE-Europa (Fuller et al. 2011) mit Ergänzungen nach Boivin und Fuller (2009), Conolly et al. (2011) und Arbuckle (2014). (Aus Ruddiman et al. 2016)

Abb. 10.15 Klimawandel und Anpassung. Infolge des globalen Temperaturanstiegs seit dem Ende der Kleinen Eiszeit haben sich nicht nur die hygrischen Bedingungen verändert, sondern auch die Höhengrenzen der Vegetation und des Anbaus in den Gebirgen der Tropen, die sich nach oben verschoben haben. Das Phänomen *Klimawandel* beeinflusst die Kulturen seit Jahrtausenden. *Oben links*: Chinampas-Anbau im Hochbecken von Mexiko in präspanischer Zeit. Die Seenbildungen ermöglichten einen intensiven „Gartenanbau" mit hohen Erträgen für eine große Einwohnerzahl der Stadtstaaten. *Oben rechts*: Kartoffelanbau in 3600 m NN am Pico-de-Orizaba-Vulkan. Angestiegene CO_{2atm}-Werte sind mit stärkerem Pflanzenwachstum verbunden. In Verbindung mit der Ausweitung der Anbauflächen in größere Höhen wird dadurch in vielen Bergregionen der Tropen die Nahrungsproduktion seit dem vorigen Jahrhundert positiv beeinflusst. *Mitte*: Bevölkerungswachstum und fehlende Zukunftsperspektiven, trotz hinreichender Schulbildung (das Bild zeigt ein indisches Wohngebiet), sind die Ursache für interkontinentale Migrationsbewegungen. *Unten*: Die seit der Kleinen Eiszeit stark wachsende Bevölkerung in den Tropenregionen führt in Verbindung mit der natürlichen Variabilität des Klimas (Dürrephasen) zur Überbeanspruchung der natürlichen Ressourcen. Das betrifft auch die fossilen Grundwasservorräte. Das Bild zeigt die Besiedlung und agrarische Nutzung der Wüste bei Al Ain, VAE. Fossile jungquartäre Grundwasservorräte werden genutzt. Die Dünen werden planiert und von einem Bewässerungsanbau eingenommen. *Unten rechts*: GOOGLE-Bild von bewässerten Feldern in der saudi-arabischen Wüste (23°53,5′N, 47°07,5′E). Vgl. auch Abb. 2.52 (Bilder: alueni-images) ►

Climate Variability geben sich erst in den letzten Jahren zu erkennen. In den terrestrischen Paläoklimaarchiven ist die *Natural Climate Variability* in der Regel nicht gespeichert und somit auch nicht für frühere 10^3 bis 10^4 Jahre nachweisbar. Dass *Solar* und *Global Forcing* das irdische Klima entscheidend prägten, wird durch die zahlreichen terrestrischen Paläoklimazeugen dokumentiert.

Die natürliche Klimavariabilität ist dem allgemeinen Trend des *Global Warming* in den vergangenen ca. 150 Jahren aufgesetzt. Die terrestrischen Paläoklimaarchive belegen, dass die globale Erwärmung nach der Kleinen Eiszeit natürliche Ursachen hat. Ein anthropogenes *Forcing* der Erwärmung überlagert wiederum die natürliche Erwärmung einschließlich der natürlichen (im System begründeten) Variabilität. Da die messenden Analysen und Beobachtungen nur wenige Dekaden zurückreichen, ist eine Trennung von natürlich und anthropogen bedingtem *Forcing* des *Global Warming* bisher nicht möglich. Unbestreitbar ist eine Zunahme des Einflusses der menschlichen Zivilisationen auf das Klimageschehen seit Jahrhunderttausenden durch die Benutzung des Feuers (Biggs et al. 2016), durch Jagd und durch Waldrodung (alles führte zu Vegetations-, Albedo- und hydrologischen Veränderungen); dazu kommen die Auswirkungen der Bodenerosion seit Jahrtausenden (s. Heine 1976d, 1994e). Seit AD 1850 tragen das Bevölkerungswachstum und die Industrialisierung außerdem zu einer markanten Veränderung des Chemismus der Atmosphäre (CO_2, Methan, etc.) bei.

Über den Einfluss des Menschen auf eine Klimaänderung seit AD 1850 wird viel diskutiert. Klimamodelle legen nahe, dass das Signal der anthropogenen Klimabeeinflussung durch die Tendenz der Ozeane maskiert wird, Wärme nach Norden zu transportieren; auch werden *Feedbacks* des anthropogenen *Forcing* durch die Geschwindigkeiten der THC gesteuert; sie laufen in 10^2 oder längeren Zeiträumen ab (Armour et al. 2016). Doch um einerseits das Ausmaß der Bedeutung der natürlichen Klimavariabilität und der natürlichen globalen Erwärmung zu bestimmen und andererseits zweifelsfrei zu belegen, welchen

Einfluss dem anthropogenen *Forcing* dabei zukommt, bedarf es noch einiger Dekaden der Datensammlung und Datenauswertung (Steig 2016).

Zu den ungelösten Fragen zählt vor allem der Beitrag des anthropogenen *Forcing* zur globalen Erwärmung. Ruddiman et al. (2016) werfen sogar die Frage auf, inwieweit ein leichter Anstieg des CO_2 während der letzten 8000 Jahre auf einen frühen anthropogenen Einfluss zurückzuführen ist (Abb. 9.19, 10.14), wodurch möglicherweise auch das Ende des gegenwärtigen Interglazials verhindert wurde. Allerdings reproduzieren Modelle des Kohlenstoffkreislaufs für das Holozän sowohl eine Zunahme als auch eine Abnahme des CO_2, je nach verschiedenen Annahmen. Die *African Humid Period* (AHP) zwischen ca. 12 und 5 ka BP kann an der CO_2-Absenkung im frühen Holozän beteiligt sein. Die Frage nach dem Einfluss des Menschen auf den CO_2-Haushalt der Atmosphäre während der letzten Jahrtausende kann heute noch nicht beantwortet werden.

Die Beziehungen zwischen *Klima* und *Migration* werden seit einigen Jahren vermehrt wissenschaftlich bearbeitet (Piguet 2013; Felgentreff und Pott 2016). Bereits Friedrich Ratzel (1891) sah in den Faktoren *Klima* und *Umwelt* neben anderen Ursachen die Auslöser für Wanderungen von Bevölkerungsgruppen. Migration ist ein Phänomen, das komplex und multifaktoriell ist und von kumulativen Ursachen bestimmt wird (Felgentreff und Pott 2016). Die Migration der letzten Dekaden zeigt, dass ein tieferes Verständnis der menschlichen Mobilität (Migration) und Immobilität (Sesshaftigkeit) im Zusammenhang mit den Beziehungen zwischen Gesellschaft und Umwelt zu sehen ist. In den Tropen wird dem El Niño zwischen 1950 und 2004 eine bedeutende Mitwirkung in 21 % an allen Konflikten zugeschrieben (Hsiang et al. 2011). Das einfache Paradigma „*Migration als Anpassung*", das für die Wanderungsbewegungen unserer Vorfahren vielfach angewandt wurde und wird (*Out-of-Africa*, etc.), muss kritisch überdacht und mit Verwundbarkeit (*Vulnerability*), Belastbarkeit (*Resilience*) und ortsübergreifenden Einflussfaktoren in Verbindung gebracht werden (Abb. 10.15). Wie heute, so waren auch bei unseren Vorfahren im Quartär nicht allein das Klima, sondern komplexe Strukturen für Migrationsbewegungen ausschlaggebend. Gleiches gilt für Aufstieg und Niedergang früherer Kulturen (Maya, Khmer, etc.).

Heute und in Zukunft bringt die Globalisierung mit sich, dass die lebenserhaltenden Systeme der Erde nicht mehr länger losgelöst von sozioökonomischen Systemen behandelt werden können. Politiker müssen erkennen und danach handeln, dass sich die (natürlichen) irdischen Systeme wie komplexe und nichtlineare Systeme verhalten und sich in einem stetigen Wandel befinden. Sie müssen auch erkennen, dass, um das System völlig zu verstehen, große Zeiträume berücksichtigt werden müssen. Die Verantwortlichen in Politik und Wirtschaft scheinen immer noch nicht erkannt zu haben, dass die irdischen unruhigen und mächtigen sozialen Systeme innerhalb eines komplexen und kompliziert vernetzten geoökologischen Systems operieren.

Die wachsende Weltbevölkerung beansprucht die Naturressourcen Luft, Wasser, Böden, Vegetation, Fauna (z. B. Fischbestände der Weltmeere) immer stärker. Nur eine weit vorausschauende „Nutzung" kann die Lebensgrundlagen der Menschheit bei steigendem Lebensstandard sichern. Es gibt zahlreiche Vorschläge für *A Blueprint for a Safer Planet: How to Manage Climate Change and Create a New Era of Progress and Prosperity* (Stern 2009). Bisher allerdings gibt es keine Anzeichen, dass Sterns Analyse, angefertigt für die Britische Regierung, das kapitalistische Wirtschaftssystem zum Besseren beeinflusst. Die Frage *Could climate change capitalism?* (Constanza 2009) bleibt unbeantwortet.

Bildnachweis

Im Bildnachweis verwendete Abkürzungen:

l – links; m – Mitte; o – oben; r – rechts; u – unten

Bilder ohne Nachweisangaben stammen vom Autor.

Die Autoren der Bildquellen werden in den Bildunterschriften genannt; die bibliographischen Angaben sind in der Literaturliste aufgeführt. Viele Autoren/Autorinnen und Verlage/Institutionen haben ihre Einwilligung zur Reproduktion von Abbildungen gegeben. Dafür sei hier herzlich gedankt. Für die nachfolgend aufgeführten Abbildungen haben ihre Zustimmung gegeben:

With permission from Elsevier

2.64; 3.5; 4.6; 4.9; 4.16l; 4.22ol; 4.23; 4.40o; 4.40u; 4.50; 4.70ul; 4.70ur; 4.86; 4.88ul; Box Tuning A; 4.95; 4.96; 4.97; 4.98; 5.12; 5.14r; 5.23ol; 5.24l; 5.24r; 5.25; 5.54r; 5.55; 5.56; 5.65; 5.67; 5.70; 5.71o; 5.71ul; 5.71um; 5.72; 5.73; 5.77l; 5.79o; 5.80; 5.82; 5.88; 5.94; 5.94ul; 5.95; 5.108l; 5.111l; 5.116; 5.117; 5.126; 5.128u; 5.147o; 5.147u; 5.149ul; 5.150; 5.151; 5.152; 5.153; 5.154r; 5.155; 5.156; 5.157; 5.158l; 5.160; 5.161; 5.162; 5.165; 5.176l; 5.176r; 5.178; 5.179; 6.3; 6.9; 6.10r; 6.25; 6.25 inset; 6.26; 6.27; 6.28; 6.30; 6.32; 6.35l; 6.35r; 6.36; 6.38; 6.39; 6.43l; 6.46o; 6.47; 6.48; 6.50l; 6.50r; 6.53; 6.54l; 6.54r; 6.55l; 6.55r; 6.58r; 6.59; 6.66; 6.68; 6.69; 6.70o; 6.72; 6.75l; 6.76o; 6.76u; 6.84ol; 6.84m; 6.87l; 6.90or; 6.90ur; 6.91; 6.96l; 6.97; 6.108; 6.109; 6.110l; 6.115; 6.116; 6.123; 6.128; 6.137; 6.138; 6.140; 6.147; 6.153; 6.154l; 6.154r; 6.155; 6.157l; 6.157r; 6.158; 6.173; 6.177l; 6.177r; 6.178l; 6.178r; 6.182; 6.189l; 6.189r; 7.8; 7.10; 7.11; 7.13; 7.15; 7.16; 7.24; 7.25; 7.26l; 7.26r; 7.27; 7.28; 7.29; 7.31; 7.32; 7.33r; 7.35; 7.39; 7.40ur; 7.43o; 7.43u; 7.44l; 7.45l; 8.3; 8.5m; 8.5u; 8.7; 8.8; 8.10ol; 8.10or; 8.10ul; 8.10ur; 8.11; 8.12; 8.13; 8.18; 8.22r; 8.25ol; 8.25ul; 9.20; 9.12; 10.5

With permission from Wiley

2.35u; 2.42; 2.60; 2.70; 4.8; 4.12; 4.64; 4.69; 4.89; 4.90; 4.91; 4.92; Box Tuning C; 5.8o: 5.8u; 5.13; 5.69o; 5.69u; 5.92l; 5.92r; 5.122ol; 5.122ul; 5.122r; 6.18; 6.44; 6.84u; 6.90r; 6.92; 6.102l; 6.102r; 6.104; 6.179; 7.12; 7.14; 7.21o; 7.21u; 7.22o; 7.23; 7.33l; 8.15ul; 8.15ur

With permission from SAGE journals

2.65; 2.71; 4.22or; 8.14; 9.19; 9.20; 10.3

With permission from Taylor & Francis Group

4.27; 5.66o

With permission from the Geological Society of America

4.65; 6.52; 6.183; 8.7

With permission from the Society for Sedimentary Geology (SEPM)

6.2ul; 6.14; 6.16

With permission from the American Association for the Advancement of Science (AAAS)

Box Eisbohrkerne Dr; 2.8l; 2.8r; 2.13u; 2.29; 2.38l; Box Die Hockey-Stick-Diskussion B; 4.65l; 4.53; 4.88mr; Box Tuning E; 5.21l; 5.49; 5.57; 5.58u; 5.61; 5.64l; 5.64r; 5.68; 5.86; 5.99; 5.100l; 5.100r; 5.118; 5.119; 5.123; 5.125; 5.141; 5.158r; 5.167l; 5.167r; 5.177m; 5.177u; 5.180; 6.43r; 6.86; 6.99l; 6.99r; 6.144; 6.145; 6.148; 6.149; 6.160; 6.162; 7.18; 7.19u; 7.38; 7.40ur; 8.19; 9.9; 9.16; 9.17; 10.8

With permission from the Proceedings of the National Academy of Sciences (PNAS)

2.10r; 2.34; 7.17; 7.20

With permission from the American Meteorological Society (AMS)

3.4; 6.197o

With permission from Springer

2.2; 2.59; 4.7; 4.49; Box Die Hockey-Stick-Diskussion Al; 4.66r; 4.73o; 5.7r; 5.98; 5.168l; 5.168r; 5.169l; 5.171l; 6.4l; 6.4r; 6.5o; 6.5u; 6.40; 6.83; 6.85; 6.94; 6.102l; 6.102r; 6.111; 6.112; 6.161; 6.168l; 6.168r; 6.170o; 6.170u; 6.171; 6.172; 6.175; 9.11

With permission from Nature/Springer

2.3; 2.4; Box Sauerstoffisotopen-Analyse A, F, G, H; 2.7l; 2.7r; Box Jüngere Dryaszeit Ar, B; 2.13o; 2.14o; 2.14u; 2.20; 2.21; 2.26; 2.27; 2.31; 2.32or; 2.39; 2.40o; 2.45ul; 2.45um; 2.45ur; 2.50; 2.54; 2.56; 2.61u; 2.63; 2.68; 2.69; 4.25; 4.36; 4.56l; 4.56r; Box Die Hockey-Stick-Diskussion Ar; 4.75ol; 4.75or; 4.77ol; 4.77um; 4.79; Box Tuning B; 4.93r; 4.102l; 4.104l; 4.105; Box Modelle/Modellierungen Al; 5.3; 5.15; 5.19; 5.22; 5.83; 5.89; 5.101; 5.166; 5.172; 5.175; 6.11; 6.12; 6.40; 6.65; 6.82r; 6.93l; 6.93r; 6.143; 6.164o; 6.164u; 6.174; 6.176; 6.187; 6.188; 7.36; 7.37; 7.46; 7.48; 8.15o; 8.16; 8.17u; 8.23; 8.24; 8.26; 8.27; 9.1ol; 9.4l; 9.5; 9.6l; 9.6r; 9.7; 9.15; 10.6; 10.7o; 10.7u; 10.14

K. Heine, *Das Quartär in den Tropen*, https://doi.org/10.1007/978-3-662-57384-6

With permission from PAGES and the authors
2.40u; 2.41; 2.48; 2.58; 2.66; 4.2; 4.3; 4.10; 4.32l; 4.33; 4.35; 4.52; 4.54; 4.55; 4.58; 4.59; 4.62; 4.63o; 4.67; 4.72; 4.73u; 4.74; 4.80; 4.81; 4.82; Box Sclerochronologie B; 4.101; 5.9ol; 5.10; 5.26; 5.81l; 5.81r; 5.96; 5.107; 5.108r; 5.144; 5.170l; 5.177ol; 6.89; 6.186; 9.18; 10.10

In Bildunterschriften nicht erwähnte Autoren:

Mcnaughton, Sean; NationalGeographicCreative No. RR3-240045-1. Image 1210171
10.131

Niller, Hans-Peter; Bonn
4.37ml

Schmidt, Mareike; FU Berlin
6.114r

Soubrier, Julien; University of Adelaide
9.8

Spratt, Rachel M. und Lisiecki, Lorraine E. 2016. Climate of the Past EGU: CC Attribution 3.0 License
2.5o; 2.5u

Literatur

Abele G (1984) Derrumbe de montaña y morrenas en los Andes Chilenos. Revista De Geografía Norte Grande 11:17–30

Abell PI, Plug I (2000) The Pleistocene/Holocene transition in South Africa: evidence for the Younger Dryas event. Glob Planet Change 26:173–179

Abbott MB et al (2000) Holocene hydrological reconstructions from stable isotopes and paleolimnology, Cordillera Real, Bolivia. Quat Sci Rev 19:1801–1820

Abbott MB et al (2003) Holocene paleohydrology and glacial history of the central Andes using multiproxy lake sediment studies. Palaeogeogr Palaeoclimatol Palaeoecol 194:123–138

Abram NJ et al (2003) Coral reef death during the 1997 Indian Ocean dipole linked to Indonesian wildfires. Science 301:952–955

Abram NJ et al (2016) Early onset of industrial-era warming across the oceans and continents. Nature 536:411–418 (Suppl)

Absy ML et al (1991) Mise en évidence de quatre phases d'ouverture de la forêt dense dans le sud-est de l'Amazonie au cours des 60 000 dernières années. Première comparaison avec d'autres regions tropicales. Comptes Rendues Académie Des Sci Paris 313:673–678

Acosta J (1851) Zitiert nach Hermann A. Schumacher (1884), Südamerikanische Studien. Drei Lebens- und Culturbilder. Mútis. Cáldas. Codazzi. 1760–1860. 132 S, Fußnote 142

Acosta Navarro JC et al (2016) Amplification of Arctic warming by past air pollution reductions in Europe. Nat Geosci 9:277–281

Acuña-Soto et al (2004) When half of the population died: the epidemic of hemorrhagic fevers of 1576 in Mexico. FEMS Microbiol Lett 240:1–5

Acuña-Soto GH (2008) Climate and society in colonial Mexico. A study in vulnerability. Wiley-Blackwell, Malden

Acuña-Soto R et al (2000) Large epidemics of hemorrhagic fevers in Mexico 1545–1815. Am J Trop Med Fre 62:733–739

Acuña-Soto R et al (2002) Megadrought and Megadeath in 16th Century Mexico. Emerg Infect Dis 8:360–362

Acuña-Soto R et al (2005) Drought, epidemic disease, and the fall of classic period cultures in Mesoamerica (AD 750–950). Hemorrhagic fevers as a cause of massive population loss. Med Hypotheses 65:405–409

Adams JM et al (1990) Increases in terrestrial carbon storage from the last Glacial maximum to the present. Nature 348:711–714

Adler DS et al (2014) Early Levallois technology and the Lower to Middle Paleolithic transition in the Southern Caucasus. Science 345:1609–1613

Adolphi F et al (2014) Persistent link between solar activity and Greenland climate during the last Glacial maximum. Nat Geosci 7:662–666

Aeppli H (1973) Barroböden und Tepetate. Untersuchungen zur Bodenbildung in vulkanischen Aschen unter wechselfeuchtem gemäßigtem Klima im zentralen Hochland von Mexiko. Dissertation Fachbereich Umweltsicherung. Justus-Liebig-Universität Gießen

Agassiz A (1876) Hydrographic sketch of Lake Titicaca. Proc Am Academy Arts Sci 11:280–292

Aggarwal PK et al (2016) Proportions of convective and stratiform precipitation revealed in water isotope ratios. Nat Geosci 9:624–629

Ahlfeld F (1932) Die Cordillera Quimsa Cruz. Zeitschrift des deutsch-österreichischen Alpenvereins (döav) 63:79–94

Ahnert F (1996) Einführung in die Geomorphologie, 2. Aufl. Ulmer, Stuttgart

Aimers J (2011) The story of the artefacts. Nature 479:44

Ainsworth C (2008) Logbooks record weather's history. Science 322:1629

Alamaro M (2014) Water politics must adapt to a warming world. Nature 514:7

Albert RM, Madella M (2009) Perspectives on phytolith research: 6th international meeting on phytolith research. Quat Int 193:1–2

Alexander D et al (2014) Formation of the Waiho Loop terminal moraine, New Zealand. J Quat Sci 29:361–369

Allan R (1996) El Niño Southern Oscillation and Climatic Variability. CSIRO, Melbourne, Vic., Australia

Allen G (2016) Rebalancing the global methane budget. Nature 538:46–48

Allen KA (2015) When carbon escaped from the sea. Nature 518:176–177

Allen M (2010) Embracing an uncertain future. Nature 466:31

Allen MR et al (2013) Test of a decadal climate forecast. Nat Geosci 6:243–244

Allen PA (2007) Sediment en route to oblivion. Nature 450:490–491

Allen PA, Etienne JL (2008) Sedimentary challenge to Snowball Earth. Nat Geosci 1:817–825

Allen RJ et al (2012) Recent Northern Hemisphere tropical expansion primarily driven by black carbon and tropospheric ozone. Nature 485:350–354

Allen RJ et al (2014) Influence of anthropogenic aerosols and the Pacific Decadal Oscillation on tropical belt width. Nat Geosci 7:270–274

Allen RP (2014) Dichotomy of drought and deluge. Nat Geosci 7:700–701

Alley RB, Ágústsdóttir AM (2005) The 8k event: cause and consequences of a major Holocene abrupt climate change. Quat Sci Rev 24:1123–1149

Alley RB, MacAyeal DR (1994) Ice-rafted debris associated with binge/purge oscillations of the Laurentide Ice Sheet. Paleoceanography 9:503–511

Alley RB et al (1995) Comparison of deep ice cores. Nature 373:393–394

Alley RB et al (1997) Holocene climatic instability; a prominent, widespread event 8,200 yr ago. Geology 25:483–486

Allison N, Finch AA (2007) High temporal resolution Mg/-Ca and Ba/Ca records in modern *Porites lobata* corals. Geochemistry Geophys Geosystems. https://doi.org/10.1029/2006GC001477

Almásy LE (1939) Unbekannte Sahara. Mit Flugzeug und Auto in der Libyschen Wüste. Brockhaus, Leipzig.

Altenbach A, Struck U (2006) Some remarks on Namibia's shelf environments, and a possible teleconnection to the Hinterland. In: Leser H (Hrsg) The changing culture and nature of Namibia: case studies. Basler Afrika Bibliographien, Basel, Windhoek, S 109–124

Alter RE et al (2015) Rainfall consistently enhanced around the Gezira Scheme in East Africa due to irrigation. Nat Geosci 8:763–767

Alvarez-Solas J et al (2010) Links between ocean temperature and iceberg discharge during Heinrich events. Nat Geosci 3:122–126

Alverson K et al (Hrsg) (2001) Environmental Variability and Climate Change. IGBP Science 3:1–31

Amaral GC et al (2013) Palynological evidence for gradual vegetation and climate changes during the African Humid Period termination at 13° N from a Mega-Lake Chad sedimentary sequence. Clim Past 9:223–241

Ammann C et al (2001) Late Quaternary Glacier response to humidity changes in the arid Andes of Chili. Palaeogeogr, Palaeoclimatol, Palaeoecol 172:313–326

Anchukaitis KJ et al (2012) Tree rings and volcanic cooling. Nat Geosci 5:836–838

Andersen BG, Borns HW Jr (1994) The Ice Age World. Scandinavian University Press, Oslo

Andersen KK et al (2006) The Greenland ice core chronology 2005, 15–42 ka. Part 1: constructing the time scale. Quat Sci Rev 25:3246–3257

Anderson DM, Webb RS (1994) Ice-age tropics revisited. Nature 367:23–24

Anderson DM et al (2002) Increase in the Asian Southwest Monsoon during the past four centuries. Science 297:596–599

Anderson RF et al (2009) Wind-driven upwelling in the Southern Ocean and the deglacial rise in atmospheric CO_2. Science 323:1443–1448

Andreae MO, Ramanathan V (2013) Climate's dark forcings. Science 340:280–281

Andreotti B et al (2009) Giant aeolian dune size determined by the average depth of the atmospheric boundary layer. Nature 457:1120–1123

Andriessen PAM et al (1993) Absolute chronology of the pliocene-quaternary sediment sequence of the area of Bogotá, Colombia. Quat Sci Rev 12:483–501

Anhuf D et al (2006) Paleo-environmental change in Amazonian and African rainforest during the LGM. Palaeogeogr Palaeoclimatol Palaeoecol 239:510–527

Anisinov OA, Nelson FE (1996) Permafrost distribution in the Northern Hemisphere under scenarios of climatic change. Glob Planet Change 14:59–72

Anisinov OA, Reneva S (2006) Permafrost and changing climate: the Russian perspective. Ambio 35:169–175

Anisinov OA et al (1997) Global warming and active-layer thickness: results from transient general circulation models. Glob Planet Change 15:61–77

ANSTO (2007) Quaternary science and capabilities at ANSTO. Australian Government ANSTO (Australian Nuclear Science and Technology Organisation), Sydney

Anthony KMW et al (2014) A shift of thermokarst lakes from carbon sources to sinks during the Holocene epoch. Nature 511:452–456

Antonelli A (2015) Multiple origins of mountain life. Nature 524:300–301

Appenzeller T (2012) Human migrations: eastern odyssey. Nature 485:24–26

Arbuckle BS (2014) Pace and progress in the emergence of animal husbandry in Neolithic Southwest Asia. Bioarchaeology of the Near East 8:53–81

Argollo BJ (1980) Los Pie de Montes de la Cordillera Real entre los Valles de la Paz y de Tuni, Estudio Geológico, Evolución

Plio-Cuaternaria. Ph. D. Thesis, Universidad Mayor de San Andrews, La Paz

Argollo BJ, Mourguiart P (1995) Palaeohidrología de los últimos 25.000 aos en los Andes bolivianos. Bull De L'institut Franais D'Études Andines 24:551–562

Argollo BJ, Mourguiart P (2000) Late quaternary climate history of the Bolivian Altiplano. Quat Int 72:37–51

Armbrust EV, Palum SR (2015) Uncovering hidden worlds of ocean biodiversity. Science 348:865–867

Armour KC et al (2016) Southern Ocean warming delayed by circumpolar upwelling and equatorward transport. Nat Geosci 9:549–554

Armstrong A (2014) Twilight budget in balance. Nat Geosci 7:255

Arneth A et al (2009) Clean the air, heat the planet? Science 326:672–673

Aronson RB et al (2000) Coral bleach-out in Belize. Nature 405:36

Arrigo KR (2007) Carbon cycle. Marine manipulations. Nature 450:491–492

Arz HW et al (1998) Correlated millennial-scale changes in surface hydrography and terrigenous sediment yield inferred from the last-glacial marine deposits off Northeastern Brazil. Quat Res 50:157–166

Arz HW et al (2006) A pronounced dry event recorded around 4.2 ka in brine sediments from the northern Red Sea. Quat Res 66:432–441

Ashley GM (2015) Orbital rhythms, monsoons, and playa lake response, Olduvai Basin, equatorial East Africa (ca. 1.85–1.74 Ma). Geology 35:1091–1094

Ashworth AC, Hoganson JW (1984) Testing the late quaternary climatic record of southern Chile with evidence from fossil Coleoptera. In: Vogel JC (Hrsg) Late cainozoic palaeoclimates of the Southern Hemisphere. Balkema, Rotterdam-Boston, S 85–102

Ashworth AC et al (1991) Late quaternary climatic history of the Chilean channels based on fossil pollen and beetle analyses, with an analysis of the modern vegetation and pollen rain. J Quat Sci 6:279–291

Åström JA et al (2014) Termini of calving glaciers as self-organized critical system. Nat Geosci 7:874–878

Atkinson JD et al (2013) The importance of feldspar for ice nucleation by mineral dust in mixed-phase clouds. Nature 498:355–358

Aubert M et al (2014) Pleistocene cave art from Sulawesi, Indonesia. Nature 514:223–227

Auerswald K (2005) Auf Spurensuche in der Natur. Akademie Aktuell 03/2005:58–59

Austin WEN et al (2004) The age and chronostratigraphical significance of North Atlantic Ash Zone II. J Quat Sci 19:137–146

Avery DM (1981) Holocene micromammalian faunas from the Northern Cape Province, South Africa. S Afr J Sci 77:265–273

Avery DM (1993) Last Interglacial and Holocene altithermal environments in South Africa and Namibia: micromammalian evidence. Palaeogeogr Palaeoclimatol Palaeoecol 101:221–228

Avery DM (2000) Micromammals. In: Partridge TC, Maud RR (Hrsg) The cenozoic geology of southern Africa. Oxford monographs on geology and geophysics, Bd. 40. Oxford University Press, Oxford, S 305–338

Avery DM (2003) Early and Middle Pleistocene environments and hominid biogeography: micromammalian evidence from Kabwe, Mumbwa Caves and Twin Rivers in central Zambia. Palaeogeogr Palaeoclimatol Palaeoecol 189:55–69

Avery DM (2007) Micromammals as palaeoenvironmental indicators of the southern African Quaternary. Trans Royal Soc South Africa 62:17–23

Ayliffe LK et al (1998) 500 ka precipitation record from southeastern Australia: evidence for interglacial relative aridity. Geology 26:147–150

Bachelet D, Turner D (Hrsg) (2015) Global vegetation dynamics: concepts and applications in the MC1 model. Wiley, Hoboken

Backwell LR et al (2014) Multiproxy record of late Quaternary climate change and Middle Stone Age human occupation at Wonderkrater, South Africa. Quat Sci Rev 99:42–59

Bader J (2014) The origin of regional Arctic warming. Nature 509:167–168

Bagnold RA (1941) Physics of blown sand and desert dunes. Methuen, London

Bailleul B et al (2015) Energetic coupling between plastids and mitochondria drives CO_2 assimilation in diatoms. Nature 524:366–369

Baillie MGL (1994) Dendrochronology raises questions about the nature of the AD 536 dust-veil event. Holocene 4:212–217

Baker MB, Peter T (2008) Small-scale cloud processes and climate. Nature 451:299–300

Baker PA et al (2001a) Tropical climate changes at millennial and orbital timescales on the Bolivian Altiplano. Nature 409:698–701

Baker PA et al (2001b) The history of South American tropical precipitation for the past 25,000 years. Science 291:640–643

Baker PA et al (2015) Trans-Amazon Drilling Project (TADP): origins and evolution of the forests, climate, and hydrology of the South American tropics. Sci Drill 20:41–49 (www.sci-dril.net/20/41/2015/ https://doi.org/10.5194/sd-20-41-2015)

Baker VR (1987) Paleoflood hydrology and extraordinary flood events. J Hydrol 96:79–99

Baker VR, Pickup G (1985) Radiocarbon dating of flood events, Katherine Gorge, NT, Australia. Geology 13:344–347

Balch JK (2014) Drought and fire change sink to source. Nature 506:41–42

Balco G (2011) Contributions and unrealized potential contributions of cosmogenic-nuclide exposure dating to glacier chronology, 1990–2010. Quat Sci Rev 30:3–27

Balco G et al (2002) Cosmogenic-nuclide ages for New England coastal moraines, Martha's Vineyard and Cape Cod, Massachusetts, USA. Quat Sci Rev 21:2127–2135

Balco G et al (2008) A complete and easily accessible means of calculating surface exposure ages or erosion rates from ^{10}Be and ^{26}Al measurements. Quat Geochronol 3:174–195

Baldocchi D, Gu L (2003) Multiple ecosystem interactions lead to overall reduced growth in atmospheric CO_2. Glob Chang Newsl 5:23–24

Ballantyne CK (2002) Paraglacial geomorphology. Quat Sci Rev 21:1935–2017

Balter M (2008) DNA from fossil feces breaks Clovis barrier. Science 320:370

Balter M (2009) Early start of human Art? Ochre May revise timeline. Science 323:569

Balter M (2012) New light on revolutions that weren't. Science 336:530–531

Bamber J (2012) Shrinking glaciers under scrutiny. Nature 482:482–483

Banholzer S, Donner S (2014) The influence of different El Niño types on global average temperature. Geophys Res Lett 41:2093–2099

Bao H et al (2000) Anomalous ^{17}O compositions in massive sulphate deposits on the Earth. Nature 406:176–178

Barbante C, Fischer H (2009) Mechanisms of quaternary climate change: stability of warm phases in the past and in the future. European Science Foundation – Austrian Science Fund Conference with the University of Innsbruck, Obergurgl, 6–11 June 2009. PAGES News 17(3):129–130

Bard E (2013) Out of the African humid period. Science 342:808–809

Bard E, Rickaby REM (2009) Migration of the subtropical front as a modulator of glacial climate. Nature 460:380–383

Bard E et al (1996) Deglacial sea-level records from Tahiti corals and the timing of global meltwater discharge. Nature 382:241–244

Bard E et al (1997) Interhemispheric synchrony of the last deglaciation inferred from alkenone palaeothermometry. Nature 385:707–709

Bard E et al (2000) Hydrological impact of Heinrich events in the subtropical Northeast Atlantic. Science 289:1321–1324

Bardgett RD, van der Putten WH (2014) Belowground biodiversity and ecosystem functioning. Nature 515:505–511

Barker P, Gasse F (2003) New evidence for a reduced water balance in East Africa during the last glacial maximum: implication for model-data comparison. Quat Sci Rev 22:823–837

Barker S et al (2009) Interhemispheric Atlantic seesaw response during the last deglaciation. Nature 457:1097–1103

Barker S et al (2011) 800,000 years of abrupt climate variability. Science 334:347–351

Barker S et al (2015) Icebergs not the trigger for North Atlantic cold events. Nature 520:333–336

Barnett TP et al (2005) Potential impacts of a warming climate on water availability in snow-dominated regions. Nature 438:303–309

Barnosky AD et al (2004) Assessing the causes of late Pleistocene extinctions on the continents. Science 306:70–75

Barrows TT, Juggins S (2005) Sea-surface temperatures around the Australian margin and Indian Ocean during the last glacial maximum. Quat Sci Rev 24:1017–1047

Barrows TT et al (2007) Absence of cooling in New Zealand and the adjacent ocean during the Younger Dryas chronozone. Science 318:86–89

Barrows TT et al (2011) Late Pleistocene glaciation of the Mt Giluwe volcano, Papua New Guinea. Quat Sci Rev 30:2676–2689

Barry RG (2006) The status of research on glaciers and global glacier recession: a review. Prog Phys Geogr 30:285–306

Barry RG (2012) Recent advances in mountain climate research. Theor Appl Climatol 110:549–553

Barry R, Gan TY (2011) The global Cryosphere, past, present and future. Cambridge University Press, Cambridge

Barth H (1857/58) Reisen und Entdeckungen in Nord- und Central-Afrika: in den Jahren 1849 bis 1855: Tagebuch seiner im Auftrag der Britischen Regierung unternommenen Reise. In fünf Bänden. Perthes, Gotha (Bd. 1 (1857) 638 S., Bd. 2 (1857) 762 S., Bd. 3 (1857) 612 S., Bd. 4 (1858) 688 S., Bd. 5 (1858) 804 S)

Barth H (1859) Reisen und Entdeckungen in Nord- und Central-Afrika in den Jahren 1849 bis 1855 Bd. I. Perthes, Gotha (Band II (1860))

Barthlott W et al (2016) Superhydrophobic hierarchically structured surfaces in biology: evolution, structural principles and biomimetic applications. Phil Trans R Soc A 374:20160191. https://doi.org/10.1098/rsta.2016.0191

Bartholomaus TC et al (2008) Response of glacier basal motion to transient water storage. Nat Geosci 1:33–37

Bastin J-F et al (2017) The extent of forest in dryland biomes. Science 356:635–638

Bastos A et al (2013) The global NPP dependence on ENSO: La Niña and the extraordinary year of 2011. J Geophys Res 118:1247–1255

Bateman MD et al (2003) Extending the aridity record of the Southwest Kalahari: current problems and future perspectives. Quat Int 111:37–49

Bathiany S et al (2016) Simple tipping or complex transition? Lessons from a green Sahara. PAGES Mag 24(1):20–21

Battarbee RW (2000) Palaeolimnological approaches to climate change, with special regard to the biological record. Quat Sci Rev 19:107–124

Batterbee R, Binney H (Hrsg) (2008) Natural climate variability and global warming. Wiley-Blackwell, Hoboken

Battipaglia G et al (2015) Long tree-ring chronologies provide evidence of recent tree growth decrease in a central African tropical forest. PLoS ONE 10(3):e120962

Baumgartner TR et al (2004) GLOBEC investigations and Interdecadal to multi-centennial variability in marine fish populations. PAGES News 12(1):19–23

Baumhauer R (1986) Zur jungquartären Seenentwicklung im Bereich der Stufe von Bilma (NE-Niger). Würzburger Geographische Arbeiten 65. Geographisches Institut, Würzburg

Bauska TK et al (2015) Links between atmospheric carbon dioxide, the land carbon reservoir and climate over the past millennium. Nat Geosci 8:383–387

Bayon G et al (2012) Intensifying weathering and land use in iron age Central Africa. Science 335:1219–1222

Beal LM et al (2011) On the role of the Agulhas system in ocean circulation and climate. Nature 472:429–436

Beaufort L et al (2011) Sensitivity of coccolithophores to carbonate chemistry and ocean acidification. Nature 476:80–83

Beck JW et al (1997) Abrupt changes in early Holocene tropical sea surface temperature derived from coral records. Nature 385:705–707

Beer J (2005) Solar variability and climate change. Glob Chang Newsl 63:18–20

Beer J (2012) Solar forcing – a new PAGES working group. PAGES News 20(2):91

Beerten K et al (2006) On the use of Ti centres for estimating burial ages of Pleistocene sedimentary quartz: multiple grain data from Australia. Quat Geochronol 1:151–158

Beget JE (1983) Radiocarbon-dated evidence of worldwide early Holocene climate change. Geology 11:389–393

Behling H (1993) Untersuchungen zur spätpleistozänen und holozänen Vegetations- und Klimageschichte der tropischen Küstenwälder und der Araukarienwälder in Santa Catarina (Südbrasilien). Diss Bot 206:1–149

Behling H (1997) Late Quaternary vegetational and climatic changes in Brazil. Rev Palaeobot Palynol 97:109–121

Behling H, Hooghiemstra H (1998) Late Quaternary palaeoecology and palaeoclimatology from pollen records of the savannas of the Llanos Orientales in Colombia. Palaeogeogr Palaeoclimatol Palaeoecol 139:251–267

Behling H, Lichte M (1997) Evidence of dry and cold climatic conditions at glacial times in tropical southeastern Brazil. Quat Res 48:348–358

Behling H et al (1998) Evidence of a forest free landscape under dry and cold climatic conditions during the last glacial maximum in the Botucatu region (Sao Paulo State), Southeastern Brazil. Quat S Am Antarct Peninsula 11:99–110

Behling H et al (2000) Late Quaternary vegetational and climate dynamics in northeastern Brazil, inferences from marine core GeoB 3104-1. Quat Sci Rev 19:981–994

Behrensmeyer AK (2006) Climate change and human evolution. Science 311:476–478

Behringer W (2007) Kulturgeschichte des Klimas. Von der Eiszeit bis zur globalen Erwärmung. Beck, München

Behrmann W (1937) Der Malaiische Archipel. Potsdam, Akademische Verlagsgesellschaft. In: Frey U et al (Hrsg) Vorder- und Südasien in Natur, Kultur und Wirtschaft. Athenaion, Potsdam, S 453–533

Belda M et al (2016) Global warming-induced changes in climate zones based on CMIP5 projections. Climate Research 71:17–31

Bell RE et al (2011) Widespread persistent thickening of the East Antarctic ice sheet by freezing from the base. Science 331:1592–1595

Bellouin N (2014) The colour of smoke. Nat Geosci 7:619–620

Bellprat O, Doblas-Reyes F (2016) Attribution of extreme weather and climate events overestimated by unreliable climate simulations. Geophys Res Lett. https://doi.org/10.1002/2015GL067189

Bellwood P (2004) First farmers: the origins of agriculture. Blackwell, Oxford

Benito G et al (2011) Hydrological response of dryland ephemeral river to southern African climatic variability during the last millennium. Quat Res 75:471–482

Benn DI, Lehmkuhl F (2000) Mass balance and equilibrium-line altitudes of glaciers in high-mountain environments. Quat Int 65/66:15–29

Benn DI, Owen LA (1998) The role of the Indian summer monsoon and the mid-latitude westerlies in Himalayan glaciation: review and speculative discussion. J Geol Soc London 155:353–363

Benn DI, Owen LA (2002) Himalayan glacial sedimentary environments: a framework for reconstructing and dating former glacial extents in high mountain regions. Quaternary International 97/98:3–26

Bennartz R et al (2013) July 2012 Greenland melt extent enhanced by low-level liquid clouds. Nature 496:83–86

Benning LG et al (2014) Biological impact on Greenland's albedo. Nat Geosci 7:691

Benvenuti M et al (2002) The Ziway–Shala lake basin (main Ethiopian rift, Ethiopia): a revision of basin evolution with special reference to the Late Quaternary. J Afr Earth Sci 35:247–269

Berendsen HJA (2008) De Vorming Van Het Land, Inleiding in de Geologie en de Geomorfologie, 5. Aufl. Uitgeverij Van Gorcum, Assen

Berger A (1978) Long-term variations of daily insolation and Quaternary climate changes. J Atmospheric Sci 35:2362–2367

Berger A, Loutre MF (1991) Insolation values for the climate of the last 10 million years. Quat Sci Rev 10:297–317

Berger LR et al (2017) Homo naledi and Pleistocene hominin evolution in subequatorial Africa. eLife 2017;6:e24234 https://doi.org/10.7554/eLife.24234

Berger WH (1982) Increase of carbon dioxide in the atmosphere during deglaciation: the coral reef hypothesis. Naturwissenschaften 69:87–88

Berger WH (1990) The Younger Dryas cold spell – a quest for causes. Glob Planet Change 3:219–237

Berger WH (1999) The 100-kyr ice-age cycle: internal oscillation or inclinational forcing? Int J Earth Sci 88:305-316

Berger WH, Wefer G (2010) Erforschung der Eiszeit. In: Wefer G, Schmieder F (Hrsg) Expedition Erde. Wissenswertes und Spannendes aus den Geowissenschaften. Marum, Bremen, S 316–325

Berger WH et al (1978) Stable isotopes in deep sea carbonates: boxcore ERDC-92, West Equatorial Pacific. Oceanol Acta 1:203–216

Berman B (2011) The sun's heartbeat: and other stories from the life of the star that powers our planet. Back Bay Books, Little, Brown

Berner RA, Kothavala Z (2001) Geocarb III: a revised model of atmospheric CO_2 over Phanerozoic time. Am J Sci 301:182–204

Bertrand S et al (2008) ESF EuroCLIMATE spring school: late quaternary timescales and chronology. Piran, 20–26 April 2008. PAGES News 16(3):36–37

Besler H (1980) Die Dünen-Namib: Entstehung und Dynamik eines Ergs. Stuttgarter Geographische Studien 96. Geographisches Institut, Stuttgart

Besler H (1991) Der Namib Erg: Älteste Wüste oder älteste Dünen? Geomethodica 16:93–122

Besler H (1992) Geomorphologie der ariden Gebiete. WBG, Darmstadt

Besler H et al (1994) Geomorphogenese und Paläoklima Namibias. Eine Problemskizze. Die Erde 125:139–165

Betancourt JL et al (1990) Packrat middens. The last 40,000 years of biotic change. The University of Arizona Press, Tucson

Betancourt JL et al (2000) A 22,000-year record of monsoonal precipitation from northern Chile's Atacama desert. Science 289:1542–1546

Beug H-J (2004) Leitfaden der Pollenbestimmung für Mitteleuropa und angrenzende Gebiete. Pfeil, München

Beugler-Bell H, Buch MW (1997) Soils and soil erosion in the Etosha National Park, northern Namibia. Madoqua 20:91–104

Beuning KRM et al (1997) A revised 30,000-year paleoclimatic and paleohydrologic history of Lake Albert, East Africa. Palaeogeogr Palaeoclimatol Palaeoecol 136:259–279

Bhattacharya T et al (2015) Cultural implications of late Holocene climate change in the Cuenca Oriental, Mexico. Proc Natl Acad Sci 112:1693–1698

Bianchi F et al (2016) New particle formation in the free troposphere: a question of chemistry and timing. Science 352:1109–1112

Bierman P, Caffee M (2001) Slow rates of rock surface erosion and sediment production across the Namib Desert and escarpment, southern Africa. Am J Sci 301:326–358

Biggs R et al (2016) The domestification of fire as a social-ecological regime shift. PAGES Mag 24(1):22–23

Bik MJJ (1972) Pleistocene glacial and periglacial landforms on Mt. Giluwe and Mt. Hagen, western and southern highlands districts, Territory of Papua and New Guinea. Z Geomorphol 16:1–15

Billups K (2004) Low-down on a rhythmic high. Nature 427:686–687

Billups K (2015) Timing is everything during deglaciations. Nature 522:163–164

Biondi F (2001) A 400-year tree-ring chronology from the tropical treeline of North America. Ambio 30:162–166

Biondi F (2002) Treeline dendroclimatology in the North American tropics. PAGES News 10(1):9–10

Biondi F, Fessenden J (1999) Radiocarbon analysis of *Pinus lagunae* tree rings: implications for tropical dendrochronology. Radiocarbon 41:241–249

Bird MI et al (2013) Humans, megafauna and environmental change in tropical Australia. J Quat Sci 28:439–452

Birkeland PW et al (1989) Radiocarbon dates on deglaciation, cordillera central, northern Peruvian Andes. Quat Res 32:111–113

Birks HJB (1998) Numerical tools in palaeolimnology – progress, potentialities, and problems. J Palaeolimnology 20:307–332

Birks HJB et al (2012) Tracking environmental change using lake sediments: data handling and numerical technique. Developments in Paleoenvironmental Research 5. Springer, Berlin Heidelberg

Blard PH et al (2006) Cosmogenic He-3 production rates revisited from evidence of grain-size dependent release of matrix-sited helium. Earth Planet Sci Lett 247:222–234

Blard PH et al (2007) Persistence of full glacial conditions in the central Pacific until 15,000 years ago. Nature 449:591–594

Blard PH et al (2011) Lake highstands on the Altiplano (Tropical Andes) contemporaneous with Heinrich 1 and the Younger Dryas: new insights from ^{14}C, U-Th dating and $\delta^{18}O$ of carbonates. Quat Sci Rev 30:3973–3989

Bleil U, von Dobeneck T (2008) Das Magnetfeld der Erde. GMIT 34:6–17

Blume H-P et al (2010) Scheffer/Schachtschabel. Lehrbuch der Bodenkunde, 16. Aufl. Spektrum Akademischer Verlag, Heidelberg

Blümel W-D (2001) Karge Böden, harte Krusten. In: Hüser K et al (Hrsg) Namibia. Eine Landschaftskunde in Bildern, Bd. 208. Hess, Göttingen, Windhuk, S 185–193

Blümel W-D et al (1998) Dunes in southeastern Namibia: evidence for Holocene environmental changes in the southwestern Kalahari based on thermoluminescence data. Palaeogeogr Palaeoclimatol Palaeoecol 138:139–151

Blunier T, Brook EJ (2001) Timing of millennial-scale climate change in Antarctica and Greenland during the last glacial period. Science 291:109–112

Blüthgen J (1980) Allgemeine Klimageographie. De Gruyter, Berlin

Boening C et al (2012) The 2011 La Niña: so strong, the oceans fell. Geophys Res Lett 39:L19602

Bogotá RG et al (2011) Rapid climate change from north Andean Lake Fúquene pollen records driven by obliquity: implications for a basin-wide biostratigraphic zonation for the last 284 ka. Quat Sci Rev 30:3321–3337

Böhm E et al (2015) Strong and deep Atlantic meridional overturning circulation during the last glacial cycle. Nature 517:73–76

Boivin N, Fuller DQ (2009) Shell middens, ships and seeds: Exploring coastal subsidence, maritime trade, and the dispersal of domesticates in and around the ancient Arabian Peninsula. Journal of World Prehistory 22:113–180

Bolton CT, Stoll HM (2013) Late Miocene threshold response of marine algae to carbon dioxide limitation. Nature 500:558–562

Bond GC, Lotti R (1995) Iceberg discharges into the North Atlantic on millenial time scales during the last glaciation. Science 267:1005–1010

Bond G et al (1997) A pervasive millennial-scale cycle in North Atlantic Holocene and glacial climates. Science 297:1257–1266

Bond G et al (2001) Persistent solar influence on North Atlantic climate during the Holocene. Science 294:2130–2136

Boninsegna JA (2002) Progress in South American dendrochronology. PAGES News 10(1):11–13

Bonnefille R et al (1990) Temperature and rainfall estimates for the past 40,000 years in equatorial Africa. Nature 346:347–349

Bonneville S et al (2009) Plant-driven fungal weathering: early stages of mineral alteration at the nanometer scale. Geology 37:615–618

Bony S et al (2015) Clouds, circulation and climate sensitivity. Nat Geosci 8:261–268

Boom A (2004) A geochemical study of lacustrine sediments: towards palaeo-climatic reconstructions of high Andean biomes in Colombia. Ph. D. Thesis. Institute for Biodiversity and Ecosystem Dynamics (IBED), FNWI, Radboud University, Nijmegen

Booth B, Bellouin N (2015) Black carbon and atmospheric feedbacks. Nature 519:167–168

Borges AV et al (2015) Globally significant greenhouse-gas emissions from African inland waters. Nat Geosci 8:637–642

Bork P et al (2015) Tara oceans studies plankton at planetary scale. Science 348:873

Bornemann A et al (2008) Isotopic evidence for glaciation during the cretaceous supergreenhouse. Science 319:189–192

Bory AJM (2014) A 10,000 km dust highway between the Taklamakan Desert and Greenland. PAGES Mag 22(2):72–73

Botha GA et al (1990) Cyclicity of erosion, colluvial sedimentation and palaeosol formation in Quaternary hillslope deposits from northern Natal, South Africa. Palaeoecol Africa 21:195–210

Boucher É et al (2011) A millennial multi-proxy reconstruction of summer PDSI for Southern South America. Clim Past 7:957–974

Bouimetarhan I et al (2013) Low- to high-productivity pattern within Heinrich Stadial 1: Inferences from dinoflagellate cyst records off Senegal. Glob Planet Change 106:64–76

Bouimetarhan I et al (2014) African climate-vegetation interaction since the last glacial period. PAGES Mag 22(1):54

Bounoua L et al (2010) Quantifying the negative feedback of vegetation to greenhouse warming: a modeling approach. Geophys Res Lett. https://doi.org/10.1029/2010GL045338

Bourgeois J, Weiss R (2009) "Chevrons" are not mega-tsunami deposits—a sedimentologic assessment. Geology 37:403–406

Bousquet P et al (2006) Contribution of anthropogenic and natural sources to atmospheric methane variability. Nature 443:439–443

Bowen GJ (2007) When the world turned cold. Nature 445:607–608

Bowen G (2015) The diversified economics of soil water. Nature 525:43–44

Bowen M (2005) Thin ice: unlocking the secrets of climate in the world's highest mountains. Holt, New York

Bowler JM et al (1998) Hydrologic changes in monsoonal climates of the last glacial cycle: stratigraphy and luminescence dating of Lake Woods, N.T., Australia. Palaeoclimates 3:179-207

Bowler JM et al (2001) Variations of the northwest Australian summer monsoon over the last 300,000 years: the paleohydrological record of the Gregory (Mulan) Lakes System. Quat Int 83–85:63–80

Bowler JM et al (2012) Wind v water: Glacial maximum records from the Willandra Lakes. In: Haberle S und David B (Hrsg) Peopled Landscapes: Archaeological and Biogeographic Approaches to Landscapes. The Australian National University, Canberra. S 271-296

Box GEP, Draper NR (1987) Empirical model-building and response surfaces. Wiley, Chichester

Boy J, Wilcke W (2008) Tropical Andean forest derives calcium and magnesium from Saharan dust. Global Biogeochem Cycles. https://doi.org/10.1029/2007GB002960

Boyce DG et al (2010) Global phytoplankton decline over the past century. Nature 466:591–596

Boyd PW et al (2000) A mesoscale phytoplankton bloom in the polar Southern Ocean stimulated by iron fertilization. Nature 407:695–672

Braconnot P et al (2013) Editorial: El Niño-Southern Oscillation – observations and modeling. PAGES News 21(2):48–49

Bradbury JP (1989) Late Quaternary lacustrine paleoenvironments in the Cuenca de Mexico. Quat Sci Rev 8:75–100

Bradbury JP (1997) Sources of glacial moisture in Mesoamerica. Quat Int 43–44:97–110

Bradbury JP (2000) Limnologic history of Lago de Pátzcuaro, Michoacán, Mexico, for the past 48000 years: impacts of climate and man. Palaeogeogr Palaeoclimatol Palaeoecol 163:69–95

Bradford MA (2014) Good dirt with good friends. Nature 505:486–487

Bradley RS (2014) Paleoclimatology. Reconstructing climates of the quaternary, 3. Aufl. Elsevier, Amsterdam

Bradley RS et al (1995) Changes of solar Irradiance and temperature over the last four centuries. PAGES, a core project of the IGBP 3(3)

Bradley RS et al (2003) The Climate of the Last Millennium. In Alverson KD et al., Paleoclimate, Global Change and the Future. Springer, Berlin (Kap. 6). S~106-149

Bradley RS et al (2016) The medieval quiet period. Holocene. https://doi.org/10.1177/0959683615622552

Brádzil R et al (2005) Historical climatology in Europe – the state of the art. Clim Change 70:363–430

Braithwaite CJR et al (2000) Origins and development of Holocene coral reefs: a revisited model based on reef boreholes in the Seychelles, Indian Ocean. Int J Earth Sci 89:431–445

Bramanti B, Hänsch S (2014) Was uns alte DNA zur Veränderung vergangener Ökosysteme mitteilen kann. Geogr Rundsch 66(7/8):46–49

Branco W (1883) Über eine fossile Säugetierfauna von Punin in Ecuador. Paläontologische Abhandlungen I(2). Institut für Paläontologie, Berlin

Brain CK, Brain V (1977) Microfaunal remains from Mirabib: some evidence of palaeoecological changes in the Namib. Madoqua 10(4):285–293

Brauer A, Negendank JFW (2002) The value of annually laminated lake sediments in palaeoenvironment reconstruction. Quat Int 88:1–3

Braun DR (2010) Australopithecine butchers. Nature 466:810

Braun H et al (2005) Possible solar origin of the 1,470-year glacial climate cycle demonstrated in a coupled model. Nature 438:208–211

Bray JR (1979) Neogene explosive volcanicity, temperature and glaciation. Nature 282:603–605

Bremer H (1967) Zur Morphologie Zentralaustraliens. Heidelberger Geographische Arbeiten 17. Geographisches Institut, Heidelberg

Bremer H (1999) Die Tropen. Geographische Synthese einer fremden Welt im Umbruch. Borntraeger, Berlin, Stuttgart

Brendryen J et al (2011) Non-synchronous deposition of North Atlantic Ash Zone II in Greenland ice cores, and North Atlantic and Norwegian Sea sediments: an example of complex glacial-stage tephra transport. J Quat Sci 26:739–745

Brenner M et al (2001) Abrupt climate change and precolumbian cultural collapse. In: Markgraf V (Hrsg) Interhemispheric climate linkages. Academic Press, San Diego, S 87–103

Brienen R, Zuidema P (2005) Relating tree growth to rainfall in Bolivian rain forests: a test for six species using tree ring analysis. Oecologia 146:1–12

Brienen RJW et al (2015) Long-term decline of the Amazon carbon sink. Nature 519:344–348

Brierley C et al (2015) Pliocene warmth and gradients. Nat Geosci 8:419–420

Briffa KR (2000) Annual climate variability in the Holocene: interpreting the message of ancient trees. Quat Sci Rev 19:87–105

Briffa KR et al (1998) Influence of volcanic eruptions on Northern Hemisphere summer temperature over the past 600 years. Nature 393:450–455

Briffa KR, Osborn TJ (2000) Seeing the wood from the trees. Science 284:926–927

Briner JP (2016) Ice streams waned as ice sheets shrank. Nature 530:287–288

Brink JS (2016) Faunal evidence for mid- and late Quaternary environmental change in southern Africa. In: Knight J, Grab

SW (Hrsg) Quaternary environmental change in southern Africa: physical and human dimensions. Cambridge University Press, Cambridge

Bristow CS et al (2000) The sedimentary structure of linear sand dunes. Nature 406:56–59

Bristow CS et al (2005) Combining ground penetrating radar surveys and optical dating to determine dune migration in Namibia. J Geol Soc Lond 162:315–321

Bristow CS et al (2007) Age and dynamics of linear dunes in the Namib Desert. Geology 3:555–558

Brocklehurst SH (2008) A glacial driver of tectonics. Nat Geosci 1:732–733

Brocklehurst SH (2013) How glaciers grow. Nature 493:173–174

Broecker WS (2006) Abrupt climate change revisited. Glob Planet Change 54:211–215

Broecker WS, Kunzig R (2008) Fixing climate. What past climate changes reveal about the current threat – and how to counter it. Hill & Wang, New York.

Brogiato HP (Hrsg) (2003) Die Anden. Geographische Erforschung und künstlerische Darstellung. 100 Jahre Andenexpedition von Hans Meyer und Rudolf Reschreiter 1903 – 2003. Wissenschaftliche Alpenvereinshefte 37 (242 S. + 32 Farbtafeln)

Bromley GRM et al (2009) Relative timing of last glacial maximum and late-glacial events in the central tropical Andes. Quat Sci Rev 28:2514–2526

Bromley GRM et al (2011a) Glacier fluctuations in the southern Peruvian Andes during the late-glacial period, constrained with cosmogenic ^{3}He. J Quat Sci 26:37–43

Bromley GRM et al (2011b) Late Pleistocene snowline fluctuations at Nevado Coropuna (15°S), southern Peruvian Andes. J Quat Sci 26:305–317

Bronger A et al (1987) Pleistocene climatic changes and landscape evolution in the Kashmir basin, India: paleopedologic and chronostratigraphic studies. Quat Res 27:167–181

Brönnimann S (2007) Fires and climate linked in nineteenth century. Nature 448:992

Brönnimann S, Krämer D (2016) Tambora and the "year without a summer" of 1816. A perspective on earth and human systems science. Geographica Bernensia G90

Brönnimann S et al (2013) Transient state estimation in paleoclimatology using data assimilation. PAGES News 21(2):74–75

Brönnimann S et al (2015) Southward shift of the northern tropical belt from 1945 to 1980. Nat Geosci 8:969–974

Brook EJ (2005) Atmosphere science: tiny bubbles tell all. Science 336:1285–1287

Brook EJ (2012) Ice age carbon puzzle. Science 310:682–683

Brook EJ et al (2006) The future of ice coring: international partnerships in ice core sciences (IPICS). PAGES News 14(1):6–10

Brook G et al (1996) Wet and dry periods in the southern African summer rainfall zone during the last 330 kyr from speleothem, tufa and sand dune age data. Palaeoecol Africa 24:147–158

Brook GA et al (1998) Comparison of quaternary environmental change in eastern and southern Africa using cave speleothem, tufa and rock shelter sediment data. In: Alsharan A et al (Hrsg) Quaternary deserts and climate change. Balkema, Rotterdam, S 239–250

Brook GA et al (1999) Evidence of wetter and drier conditions in Namibia from tufas and submerged cave speleothems. Cimbebasia 15:29–39

Brook GA et al (2006) Characteristics and OSL minimum ages of relict fluvial deposits near Sossus Vlei, Tsauchab River, Namibia, and a regional climate record for the last 30 ka. J Quat Sci 21:347–362

Brooks K et al (2005) Late-Quaternary lowstands of lake Bosumtwi, Ghana: evidence from high-resolution seismic-reflection and sediment-core data. Palaeogeogr Palaeoclimatol Palaeoecol 216:235–249

Brooks SJ et al (2007) The identification and use of palaearctic chironomidae larvae in palaeoecology. QRA Technical Guide No. 10, Quaternary Research Association

Bowler JM, Wasson RJ (1984) Glacial age environments of inland Australia. In: Vogel JC (Hrsg) Late cainozoic palaeoclimates of the southern hemisphere. Balkema, Rotterdam, S 183–208

Brown ET et al (2003) Quantitative evaluation of soil processes using in situ-produced cosmogenic nuclides. Comptes Rendus – Geosci 335:1161–1171

Brown ET et al (2007) Abrupt change in tropical African climate linked to the bipolar seesaw over the past 55,000 years. Geophysical Research Letters 34:L20702

Brown J (2004) The thermal state of permafrost: an IPA contribution to the international polar year and year of planet earth. Frozen Ground 28:3–5

Brown JR (2014) El Niño's variable history. Nature 515:494–495

Brown KS (1987) Conclusions, synthesis, and alternative hypotheses. In: Whitmore TC, Prance GT (Hrsg) Biogeography and Quaternary history in tropical Amazonia. Clarendon Press, Oxford, S 175–196

Brown KS et al (2012) An early and enduring advanced technology originating 71,000 years ago in South Africa. Nature 491:590–593

Brown TA, Barnes IM (2015) The current and future applications of ancient DNA in Quaternary science. J Quat Sci 30:144–153

Brown PT et al (2018) Assumptions for emergent contraints. Nature 563:E1–E2

Brunet M et al (2002) A new hominid from the Upper Miocene of Chad, Central Africa. Nature 418:145–151

Brunk K, Gronenborn D (2004) Floods, droughts, and migrations. The effects of late holocene lake level oscillations and climate fluctuations on the settlement and political history in the Chad basin. In: Krings M, Platte E (Hrsg) Living with the lake. Studien zur Sozialkunde 121. Köppe, Köln, S 101–132

Brunner K (2005) Kartographie als Klimaarchiv. Eiszeitalt Gegenwart 55:1–24

Bryan K (1948) Los suelos complejos y fósiles de la altiplanicie de México, en relación a los cambios climáticos. Boletin De La Sociedad Geológica Méjicana XIII:1–20

Buch MW (1997) Etosha Pan – the third largest lake in the world? Madoqua 20(1):49–64

Buch MW, Heine K (1988) Klima- oder Prozeßgeomorphologie. Geogr Rundsch 40:16–26

Buch MW, Rose D (1996) Mineralogy and geochemistry of the sediments of the Etosha pan region in northern Namibia: a reconstruction of the depositional environment. J Afr Earth Sci 22:355–378

Buch MW, Trippner C (1997) Overview of the geological and geomorphological evolution of the Etosha region, northern Namibia. Madoqua 20(1):63–74

Buch MW, Zöller L (1992) Pedostratigraphy and thermoluminescence chronology of the western margin-(lunette-) dunes of the Etosha Pan/northern Namibia. Würzburger Geographische Arbeiten 84, S 361–384

Buch MW et al (1992) A TL-calibrated pedostratigraphy of the western lunette dunes of the Etosha Pan/northern Namibia: a reconstruction of the depositional implications for the last 140 ka. Palaeoecol Africa 23:129–147

Buckley BM et al (2005) Global surface temperature signals in pine ring-width chronologies from southern monsoon Asia. Geophys Res Lett 32(20):L20704. https://doi.org/10.1029/2005GL023745

Buckley BM et al (2006) Progress in the study of Asian Monsoon climate dynamics using dendrochronology. PAGES News 14(2):10–11

Buckley BM et al (2007) Decadal scale droughts over northwestern Thailand over the past 448 years: links to the tropical Pacific and Indian Ocean sectors. Clim Dyn 29:63–71

Buckley BM et al (2014) Monsoon extremes and society over the past millennium on mainland Southeast Asia. Quat Sci Rev 95:1–19

Büdel J (1951) Die Klimazonen des Eiszeitalters. Eiszeitalt Gegenwart 1:16–26

Büdel J (1977) Klima-Geomorphologie. Borntraeger, Berlin

Bullard JE (2006) Arid geomorphology. Prog Phys Geogr 30:542–552

Burgermeister J (2007) Missing carbon mystery: case resolved? Nat Reports Clim Chang. https://doi.org/10.1038/climate.2007.35

Burke M et al (2015) Global non-linear effect of temperature on economic production. Nature 527:235–239

Burkhardt U, Kärcher B (2011) Global radiative forcing from contrail cirrus. Nat Clim Chang 1:54–58

Burmeister H (1875) Die fossilen Pferde der Pampasformation (nebst Übersicht der gesamten Säugetierfauna dieser Formation). Eine im Auftrag der Provinzial-Regierung von Buenos Aires für die internationale Ausstellung zu Philadelphia verfasste Monographie. Museo Público, Buenos Aires: VIII + 88 S, 8 Tafn.

Burn MJ, Palmer SE (2014) Solar forcing of Caribbean drought events during the last millennium. J Quat Sci 29:827–836

Burney DA et al (1994) A Holocene pollen record for the Kalahari Desert of Botswana from a U-series dated speleothem. Holocene 4:225–232

Burns SJ et al (1998) Speleothem-based paleoclimate record from northern Oman. Geology 26:499–502

Burns SJ et al (2001) Speleothem evidence from Oman for continental pluvial events during interglacial periods. Geology 29:623–626

Burrough SL, Thomas DSG (2008) Late Quaternary lake level fluctuations in the Mababe Depression: middle Kalahari palaeolakes and the role of Zambezi inflows. Quat Res 69:388–403

Burrough SL, Thomas DSG (2009) Geomorphological contributions to palaeolimnology on the African continent. Geomorphology 103:285–298

Burrough SL, Thomas DSG (2013) Central southern Africa at the time of the African Humid Period: a new analysis of Holocene palaeoenvironmental and palaeoclimate data. Quat Sci Rev 80:29–46

Burrough SL et al (2007) Multiple Quaternary highstands at Lake Ngami, Kalahari, northern Botswana. Palaeogeogr Palaeoclimatol Palaeoecol 253:280–299

Burrough SL et al (2009a) Mega-Lake in the Kalahari: a late Pleistocene record of the palaeolake Makgadikgadi system. Quat Sci Rev 28:1392–1411

Burrough SL et al (2009b) Late Quaternary hydrological dynamics in the middle Kalahari: forcing and feedbacks. Earth Sci Rev 96:313–326

Burrough SL et al (2012a) From landform to process: morphology and formation of lake-bed barchan dunes, Makgadikgadi, Botswana. Geomorphology 161–162:1–14

Burrough SL et al (2012b) Can phytoliths provide an insight into past vegetation of the Middle Kalahari palaeolakes during the late Quaternary? J Arid Environ 82:156–164

Bush MB, Metcalfe SE (2012) Latin America and the Caribbean. In: Metcalfe SE, Nash DJ (Hrsg) Quaternary environmental change in the tropics. Wiley, Chichester, S 263–311

Bush MB et al (1990) Late Pleistocene temperature depression and vegetation change in Ecuadorian Amazonia. Quat Res 34:330–345

Bush MB et al (2000) Two histories of environmental change and human disturbance in eastern lowland Amazonia. Holocene 10:543–553

Bush MB et al (2002) Orbital forcing signal in sediments of two Amazonian lakes. J Paleolimnol 27:341–352

Bush MB et al (2004a) 48,000 years of climate and forest change in a biodiversity hot spot. Science 303:827–829

Bush MB et al (2004b) Amazonian paleoecological histories: one Hill, three watersheds. Palaeogeogr Palaeoclimatol Palaeoecol 214:359–393

Bush MB et al (2016) A 6900-year history of landscape modification by humans in lowland Amazonia. Quat Sci Rev 141:52–64

Butzer CW, Butzer EK (1997) The 'natural' vegetation of the Mexican Bajío: Archival documentation of the 16th-cemtury savanna environment. Quatern Int 43/44:161–172

Butzer CW (1991) Spanish colonization of the New World. Erdkunde 45:205–219

Butzer KW (1958) Quaternary stratigraphy and climate in the Near East. Bonner Geographische Abhandlungen 24:103–128

Butzer KW (1976) Geomorphology from the earth. Harper & Row, New York

Butzer KW et al (1972) Radiocarbon dating of East African lake levels. Science 175:1069–1076

Butman DE et al (2015) Increased mobilization of aged carbon to rivers by human disturbance. Nat Geosci 8:112–116

Caballero M et al (1999) Environmental characteristics of Lake Tecocomulco, northern basin of Mexico, for the last 50,000 years. J Paleolimnol 22:399–411

Cahoon D et al (1992) Seasonal distribution of African savanna fires. Nature 359:812–815

Cahyarini SY et al (2009) Improving SST reconstructions from coral Sr/Ca records: multiple corals from Tahiti (French Polynesia). Int J Earth Sci 98:31–40

Cai YJ et al (2012) The Holocene Indian monsoon variability over the southern Tibetan Plateau and its teleconnections. Earth Planet Sci Lett 335/336:135–144

Cai Y et al (2015) Variability of stalagmite-inferred Indian monsoon precipitation over the past 252,000 y. Proc Natl Academy Sci 112:2954–2959

Caldenius C (1932) Las Glaciaciones Cuaternarios en Patagonia y Tierra del Fuego. Min Agric Y Gan De La Nac Dir Gen Minas Y Geol 95:1–148

Callaway E (2012) Studies slow the human DNA clock. Nature 489:343–344

Callaway E (2015) South America settled in one go. Nature 520:598–599

Callaway E (2016a) Ancient DNA pinpoints dawn of Neanderthals. Nature 531:286

Callaway E (2016b) Did humans drive 'hobbit' species to extinction? Nat News. https://doi.org/10.1038/nature.2016.19651

Canti MG (2007) Deposition and taphonomy of earthworm granules in relation to their interpretative potential in Quaternary stratigraphy. J Quat Sci 22:111–118

Cappa C (2016) Unexpected player in particle formation. Nature 533:478–479

Carcaillet J et al (2013) Timing of the last deglaciation in the Sierra Nevada of the Mérida Andes, Venezuela. Quat Res 80:482–494

Cárdenas ML et al (2011) The response of vegetation on the andean flank in western Amazonia to pleistocene climate change. Science 331:1055–1058

Cárdenas ML et al (2014) Forests of the tropical eastern Andean flank during the middle pleistocene. Palaeogeogr Palaeoclimatol Palaeoecol 393:76–89

Carneiro MV et al (2013) Midair collisions enhance saltation. Phys Rev Lett. https://doi.org/10.1103/PhysRevLett.111.058001

Carr AS et al (2014) Leaf wax n-alkane distributions in arid zone South African flora: environmental controls, chemotaxonomy and palaeoecological implications. Org Geochem 67:72–84

Carr AS et al (2016) An optical luminescence chronology for late Pleistocene aeolian activity in the Colombian and Venezuelan Llanos. Quat Res 85:299–312

Carrión JS et al (2007) Pleistocene landscapes in central Iberia inferred from pollen analysis of hyena coprolites. J Quat Sci 22:191–202

Carslaw K (2009) Cosmic rays, clouds and climate. Nature 460:332–333

Carslaw KS et al (2002) Cosmic rays, clouds, and climate. Science 298:1732–1737

Casanova J (1986) Les Stromatolites Continenteaux: Paléoecologie, Paléohydrologie, Paléoclimatologie. Application au Rift Gregorie. Thèse Doct. État-Sci. Université Aix-Marseille. Aix-Marseille

Casanova J, Hillaire-Marcel C (1987) Chronologie et paléohydrologie des hauts niveaux Quaternaires du Bassin Natron-Magadi (Tanzanie-Kenya) d'après la composition isotopique (^{18}O, ^{13}C, ^{14}C, U/Th) des stromatolites littoraux. Sci Géologiques Bull 40:121–134

Castañeda IS et al (2007) Wet/arid phases in the Southeast African tropics since the last glacial maximum. Geology 35:823–826

Castellano E et al (2006) Paleoreconstruction of volcanic history inferred from glacio-chemical ice core analyses. PAGES News 13(3):3–5

Castro-Govea R, Siebe C (2007) Late Pleistocene-Holocene stratigraphy and radiocarbon dating of La Malinche volcano, Central Mexico. J Volcanol Geotherm Res 162:20–42

Catto N, Catto G (2004) Climate change, communities, and civilizations: driving force, supporting player, or background noise? Quat Int 123–125:7–10

Chabangborn A et al (2014) Asian monsoon climate during the last glacial maximum: palaeo-data-model comparison. Boreas 43:220–242

Chakraborty S et al (2012) Pacific coral oxygen isotope and the tropospheric temperature gradient over the Asian monsoon region: a tool to reconstruct past Indian summer monsoon rainfall. J Quat Sci 27:269–278

Chang P et al (2006) The cause of the fragile relationship between the Pacific El Niño and the Atlantic El Niño. Nature 443:324–328

Chappellaz J et al (1993) Synchronous changes in atmospheric CH_4 and Greenland climate between 40 and 8 kyr B.P. Nature 366:443–445

Charbonneau P (2013) The planetary hypothesis revived. Nature 493:613–614

Charbonneau P (2016) Dynamo theory questioned. Nature 535:500–501

Charles C (1997) Cool tropical punch of the ice ages. Nature 385:681–682

Chase BM (2009) Evaluating the use of dune sediments as a proxy for palaeo-aridity: a southern African case study. Earth Sci Rev 93:31–45

Chase BM, Brewer S (2008) Last glacial maximum dune activity in the Kalahari desert of southern Africa: observations and simulations. Quat Sci Rev 28:301–307

Chase BM, Meadows ME (2007) Late Quaternary dynamics of southern Africa's winter rainfall zone. Earth Sci Rev 84:103–138

Chase BM, Thomas DSG (2006) Late Quaternary dune accumulation along the western margin of South Africa: distinguishing forcing mechanisms through the analysis of migratory dune forms. Earth Planet Sci Lett 251:318–333

Chase BM, Thomas DSG (2007) Multiphase late Quaternary aeolian sediment accumulation in western South Africa: timing and relationship to palaeoclimatic changes inferred from the marine record. Quat Int 166:29–41

Chase BM et al (2007) Late Quaternary dune development along the western margin of South Africa and its relationship to paleoclimatic changes inferred from the marine record. PAGES News 15(2):26–27

Chase BM et al (2009) A record of rapid Holocene climate change preserved in hyrax middens from southwestern Africa. Geology 37:703–706

Chase BM et al (2010) Evidence for progressive Holocene aridification in southern Africa recorded in Namibian hyrax middens: Implications for African Monsoon dynamics and the "African Humid Period". Quat Res 74:36–45

Chase BM et al (2011) Late glacial interhemispheric climate dynamics revealed in South African hyrax middens. Geology 39:19–22

Chase BM et al (2012) Rock hyrax middens: a palaeoenvironmental archive for southern African drylands. Quat Sci Rev 56:107–125

Chase BM et al (2013) Holocene climate change in southernmost South Africa: rock hyrax middens record shifts in the southern westerlies. Quat Sci Rev 82:199–205

Chase BM et al (2015a) Evolving southwest African response to abrupt deglacial North Atlantic climate change events. Quat Sci Rev 121:132–136

Chase BM et al (2015b) Influence of tropical easterlies in the southwestern Cape of Africa during the Holocene. Quat Sci Rev 107:138–148

Chatters J et al (2014) Late pleistocene human skeleton and mtDNA link paleoamericans and modern native Americans. Science 344:750–754

Chauhan OS et al (2010) Reconstruction of the variability of the southwest monsoon during the past 3 ka, from the continental margin of the southeastern Arabian Sea. J Quat Sci 25:798–807

Check Hayden E (2015) Journal buoys code-review push. Nature 520:276–277

Cheetham MD et al (2010) Resolving the Holocene alluvial record in southeastern Australia using luminescence and radiocarbon techniques. J Quat Sci 25:1160–1168

Chen W et al (2014) Organic-geochemical proxies of sea surface temperature in surface sediments of the tropical eastern Indian Ocean. Deep Sea Res Part I: Oceanogr Res Pap 88:17–29

Chen Y-C et al (2014) Satellite-based estimate of global aerosol-cloud radiative forcing by marine warm clouds. Nat Geosci 7:643–646

Cheng H et al (2008) Timing of the 8.2-kyr event in a stalagmite from Northern Oman. PAGES News 16(3):29–30

Cheng H et al (2009) Ice Age terminations. Science 326:248–252

Cheng H et al (2013) Climate change patterns in Amazonia and biodiversity. Nat Commun 4:1411. https://doi.org/10.1038/ncomms2415

Cheng H et al (2016) The Asian monsoon over the past 640,000 years and ice age terminations. Nature 534:640–646

Chevalier M, Chase BM (2015) Southeast African records reveal a coherent shift from high- to lowlatitude forcing mechanisms along the east African margin across last glacial/interglacial transition. Quat Sci Rev 125:117–130

Chevalier M, Chase BM (2016) Determining the drivers of long-term aridity variability: a southern African case study. J Quat Sci 31:43–151

Chevalier M et al (2014) CREST (Climate REconstruction SofTware): a probability density function (PDF)- based quantitative climate reconstruction method. Clim Past 10:2081–2098

Chiessi CM et al (2008) South Atlantic interocean exchange as the trigger for the Bølling warm event. Geology 36:919–922

Chiessi CM et al (2009) Possible impact of the Atlantic multidecadal oscillation on the South American summer monsoon. Geophys Res Lett. https://doi.org/10.1029/2009GL039914

Chisholm SW (2000) Stirring times in the Southern Ocean. Nature 407:685–687

Chu PC et al (2012) Speleothem evidence for temporal–spatial variation in the east asian summer monsoon since the medieval warm period. J Quat Sci 27:901–910

Chung C, Ramanathan V (2006) Weakening of N. Indian SST gradients and the monsoon rainfall in India and the Sahel. J Clim 19:2036–2045

Clapperton CM (1979) Glaciation in Bolivia before 3.27 Myr. Nature 277:375–377

Clapperton CM (1983) The glaciations of the Andes. Quat Sci Rev 2:83–155

Clapperton CM (1985) Significance of a late-glacial readvance in the Ecuadorian Andes. Quat S Am Antarct Peninsula 3:149–158

Clapperton CM (1987a) Glacial geomorphology, quaternary glacial sequence and palaeoclimatic inferences in the Ecuadorian Andes. In: Gardiner V (Hrsg) International Geomorphology 1986 Part II. Wiley, Chichester, S 843–870

Clapperton CM (1987b) Maximal extent of late Wisconsin glaciation in the Ecuadorian Andes. Quat S Am Antarct Peninsula 5:165–179

Clapperton CM (1990) Glacial and volcanic geomorphology of the Chimborazo-Carihuairazo Massif, Ecuadorian Andes. Trans Royal Soc Edingburgh: Earth Sci 81:91–116

Clapperton CM (1993a) Quaternary geology and geomorphology of South America. Elsevier, Amsterdam

Clapperton CM (1993b) Nature of environmental changes in South America at the last glacial maximum. Palaeogeogr Palaeoclimatol Palaeoecol 101:189–208

Clapperton CM, McEwan C (1985) Late Quaternary moraines in the Chimborazo area, Ecuador. Arct Alp Res 17:135–142

Clapperton CM, Seltzer G (2001) Glaciation during marine isotope stage 2 in the American Cordillera. In: Markgraf V (Hrsg) Interhemispheric climate linkages. Academic Press, San Diego, S 173–181

Clapperton CM et al (1997a) Late Quaternary Glacier advances and palaeolake highstands in the Bolivian Altiplano. Quat Int 38/39:49–59

Clapperton CM et al (1997b) A Younger Dryas icecap in the Ecuadorian Andes. Quat Res 47:13–28

Clarisse L et al (2009) Global ammonia distribution derived from infrared satellite observations. Nat Geosci 2:479–483

Clark DA et al (2003) Tropical rain forest tree growth and atmospheric carbon dynamics linked to interannual temperature variation during 1984–2000. Proc Natl Acad Sci 100:5852–5857

Clark PU et al (2002) The role of the thermohaline circulation in abrupt climate change. Nature 415:863–869

Clark PU et al (2009) The last glacial maximum. Science 325:710–714

Clark PU et al (2012) Global climate evolution during the last deglaciation. In: Proceedings of the National Academy of Sciences, S E1134–E1142 https://doi.org/10.1073/pnas.1116619109

Claussen M et al (1999) Simulation of an abrupt change in Saharan vegetation in the Mid-Holocene. Geophys Res Lett 26:2037–2040

Claussen M et al (2003) Climate change in northern Africa: the past is not the future. Clim Chang 57:99–118

Clemens SC, Prell WL (2007) The timing of orbital-scale Indian monsoon changes. Quat Sci Rev 26:275–278

Clemens SC, Tiedemann R (1997) Eccentricity forcing of Pliocene-Early Pleistocene climate revealed in a marine oxygen-isotope record. Nature 385:801–804

Clift PD et al (2008) Correlation of Himalayan exhumation rates and Asian monsoon intensity. Nat Geosci 1(12):875–880

Project Members CLIMAP (1976) The surface of the Ice-Age Earth. Science 191:1131–1137

Cloos H (1936) Gespräch mit der Erde. Welt- und Lebensfahrt eines Geologen. Piper, München

Cobb KM et al (2013) Highly variable el Niño–southern oscillation throughout the Holocene. Science 339:67–70

Cockburn HAP, Summerfield MA (2004) Geomorphological applications of cosmogenic isotope analysis. Prog Phys Geogr 28:1–42

Coetzee JA (1967) Pollen analytical studies in East and Southern Africa. Palaeoecol Africa 3:1–146

Cohen AS (2003) Paleolimnology – the history and evolution of lake systems. Oxford University Press, Oxford

Cohen TJ et al (2011) Continental aridification and the vanishing of Australia's megalakes. Geology 39:167–170

Cohen TJ et al (2012) A pluvial episode identified in arid Australia during the Medieval Climatic Anomaly. Quat Sci Rev 56:167–171

Cohen TJ et al (2015) Hydrological transformation coincided with megafaunal extinction in central Australia. Geology 43:195–198

Cole K et al (2001) Holocene paleoenvironments of the southern Arabian Highlands reconstructed using fossil hyrax middens. 86. Annual Meeting of the Ecological Society of America, Scientific Program, S 86

Colijn AH (1937) Naar de eeuwige sneeuw van tropisch Nederland. De bestijging van het Carstenszgebergte in Nederlandsch Nieuw Guinee. Scheltens & Giltay, Amsterdam.

Colinvaux PA (1979) The Ice-Age Amazon. Nature 278:399–400

Colinvaux PA (1987) Amazon diversity in light of the palaeoecological record. Quat Sci Rev 6:93–114

Colinvaux PA (1989) Ice-Age Amazon revisited. Nature 340:188–189

Colinvaux PA et al (1996a) A long pollen record from lowland Amazonia: forest and cooling in glacial times. Science 274:85–88

Colinvaux PA et al (1996b) Temperature depression in the lowland tropics in glacial times. Clim Change 32:19–33

Colinvaux PA et al (1997) Glacial and postglacial pollen records from the Ecuadorian Andes and Amazon. Quat Res 48:69–78

Colinvaux PA et al (1999) Amazon pollen manual and atlas. Harwood Academic Press, New York

Colinvaux PA et al (2000) Amazonian and neotropical plant communities on glacial time-scales: the failure of the aridity and refuge hypotheses. Quat Sci Rev 19:141–169

Collins JA (2011) Glacial to Holocene Hydroclimate In Western Africa: Insights from Organic and Major Element Geochemistry of Hemipelagic Atlantic Ocean Sediments. PhD Thesis Faculty of Geosciences at the University of Bremen. 108 S

Collins JA et al (2011) Interhemispheric symmetry of the tropical African rainbelt over the past 23,000 years. Nat Geosci 4:42–45

Collins JA et al (2013a) Estimating the hydrogen isotopic composition of past precipitation using leaf-waxes from western Africa. Quat Sci Rev 65:88–101

Collins JA et al (2013b) Abrupt shifts of the Sahara-Sahel boundary during Heinrich stadials. Clim Past 9:1181–1191

Conolly JS et al (2011) Meta-analysis of zooarchaeological data from SW Asia and SE Europe provides insight into the origins and spread of animal husbandry. J Archaeol Sci 38:538–545

Conroy JL et al (2008) Holocene changes in eastern tropical Pacific climate inferred from a Galápagos lake sediment record. Quat Sci Rev 27:1166–1180

Conserva ME, Byrne R (2002) Late Holocene vegetation change in the sierra madre oriental of central Mexico. Quat Res 58:122–129

Constantine JA et al (2014) Sediment supply as a driver of river meandering and floodplain evolution in the Amazon Basin. Nat Geosci 7:899–903

Constanza R (2009) Could climate change capitalism? Nature 458:1107–1108

Conway M (1899) Exploration in the Bolivian Andes. Geogr J 14:14–34

Conway M (1901) Climbing and explorations in the Bolivian Andes. Harper & Bros., London

Cook ER et al (2006) Millennia-long tree-ring records from Tasmania and New Zealand: a basis for modelling climate variability and forcing, past, present and future. J Quat Sci 21:89–99

Cooke HJ (1975) The paleoclimatic significance of caves and adjacent landforms in western Ngamiland, Botswana. Geogr J 141:430–444

Cooke HJ (1980) Landform evolution in the context of climatic change and neotectonism in the middle Kalahari of north central Botswana. Trans Inst Br Geogr New Ser 5:80–99

Cooke HJ, Verhagen BT (1977) The dating of cave development: an example from Botswana. Proceedings of the Seventh International Speleological Congress, Sheffield

Cook KH (2008) The mysteries of Sahel droughts. Nat Geosci 1:647–648

Cook KH, Vizy EK (2006) Delayed onset of the South American summer monsoon during the last glacial maximum. PAGES News 14(2):17–18

Coope GR (2002) Changes in the thermal climate in northwestern Europe during marine oxygen isotope stage 3, estimated from fossil insect assemblages. Quat Res 57:401–408

Cooper A, Stringer CB (2013) Did the denisovans cross Wallace's line? Science 342:321–323

Copland L et al (2011) Expanded and recently increased glacier surging in the Karakoram. Arct Antarct Alp Res 43:503–516

Cordeiro RC et al (2011) Biogeochemical indicators of environmental changes from 50 ka to 10 ka in a humid region of the Brazilian Amazon. Palaeogeogr Palaeoclimatol Palaeoecol 299:426–436

Cordova C et al (2013) Comment on Burrough, S.E., Breman, E., and Dodd, C. Can Phytoliths provide an insight into past vegetation of the Middle Kalahari Paleolakes during the Quaternary? J Arid Environ 92:113–116

Cornwall IW (1968) Outline of a stratigraphical "bridge" between the Mexico and Puebla basins. Bull Inst Archaeol Univ Lond 7:88–140

Cornwall IW (1970) Outline of a stratigraphical "bridge" between the Mexico and Puebla basins. Bull Inst Archaeol Univ Lond 8/9:1–54

Correa-Metrio A et al (2012) Rapid climate change and no-analog vegetation in lowland Central America during the last 86,000 years. Quat Sci Rev 38:63–75

Corrège T (2006) Sea surface temperature and salinity reconstruction from coral geochemical tracers. Palaeogeogr Palaeoclimatol Palaeoecol 232:408–428

Corrège T et al (2004) Interdecadal variation in the extent of South Pacific tropical waters during the Younger Dryas event. Nature 428:927–929

Costantini EAC et al (2009) Recent developments and new frontiers in paleopedology. Quat Int 209:1–5

Cox P, Jones C (2008) Illuminating the modern dance of climate and CO_2. Science 321:1642–1644

Cox PM et al (2018a) Assumptions for emergent contraints. Nature 553:319–322

Cox PM et al (2018b) Cox et al. reply. Nature 563:E10–E15

Credner W, Behrmann W (Hrsg) (1937) Vorder- und Südasien in Natur, Kultur und Wirtschaft. Akademische Verlagsgesellschaft, Potsdam, S 453–533

Creutzberg D et al (1990) Micromorphology of "Cangahua": a cemented subsurface horizon in soils from Ecuador. Dev Soil Sci 19:367–372

Croll J (1885) Discussions on climate and cosmology. Adam & Charles Black, Edinburgh

Crombie MK et al (1997) Age and isotopic constraints on Pleistocene pluvial episodes in the western desert, Egypt. Palaeogeogr Palaeoclimatol Palaeoecol 130:337–355

Cronin TM et al (2003) Medieval warm period, little Ice Age and 20th century temperature variability from Chesapeake Bay. Glob Planet Change 36:17–29

Cross SL et al (2000) A new estimate of the Holocene lowstand level of Lake Titicaca, central Andes, and implications for tropical palaeohydrology. Holocene 10:21–32

Crosta X (2007) Late Quaternary Antarctic sea-ice history: evidence from deep-sea sediment records. PAGES News 15(2):13–14

Crowley TJ, Hyde WT (2008) Transient nature of late Pleistocene climate variability. Nature 456:226–230

Crowther TW et al (2016) Quantifying global soil carbon losses in response to warming. Nature 540:104–108

Crucifix M (2008) Climate's astronomical sensors. Nature 456:47–48

Cruz FW et al (2005) Insolation-driven changes in atmospheric circulation over the past 116,000 years in subtropical Brazil. Nature 434:63–66

Cruz FW et al (2009) Orbitally driven east-west antiphasing of South American precipitation. Nat Geosci 2:210–214

Cullen HM et al (2000) Climate change and the collapse of the Akkadian empire: evidence from the deep sea. Geology 28:379–382

Curry A (2012) Coming to America. Nature 485:30–32

Curry J (2014) Uncertain temperature trend. Nat Geosci 7:83–84

Curtis JH et al (1996) Climate variability on the Yucatan Peninsula (Mexico) during the past 3500 years, and implication for Maya cultural evolution. Quat Res 46:37–47

Cziczi DJ et al (2009) Inadvertent climate modification due to anthropogene lead. Nat Geosci 2:333–336

Dahl-Jensen D (2006) NGRIP ice core reveals detailed climatic history 123 kyrs back in time. PAGES News 14(1):15–16

Dainelli G (1922) Studi sul glaciale. Spedizione Italiane de Filippi nell'Himalaia, Caracorum e Turchestan Cinese (1913–1914). Seriae II (10 Bde.) 5.3. Zanichelli, Bologna

Dalton R (2010) Hobbit origins put back. Nature 464:335

Dance A (2008) What lies beneath. Nature 455:724–725

Danovaro R et al (2008) Major viral impact on the functioning of benthic deep-sea ecosystems. Nature 454:1084–1088

Dansgaard W et al (1993) Evidence for general instability of past climate from a 250 kyr ice-core record. Nature 364:218–220

D'Antoni HL (1993) Paleotemperatures of La Malinche: a palynological hypothesis. Grana 32:354–358

Darby DA et al (2012) 1,500-year cycle in the Arctic Oscillation identified in Holocene Arctic sea-ice drift. Nat Geosci 5:897–900

D'Arcy Wood G (2014) Tambora: the eruption that changed the world. Princeton University Press, Princeton

D'Arrigo R et al (2009) The impact of volcanic forcing on tropical temperatures during the past four centuries. Nat Geosci 2:51–56

Darwin C (1842) On the distribution of the erratic boulders and on the contemporaneous unstratified deposits of South America. Trans Geol Soc Lond 6:415–431 (Vgl. Nature Geosci 2:666–669. 2009)

Darwin C (1962) Reise eines Naturforschers um die Welt. Steingrüben, Stuttgart.

Davidson EA (2015) Soil carbon in a beer can. Nat Geosci 8:748–749

Davies SM (2015) Cryptotephras: the revolution in correlation and precision dating. J Quat Sci 30:114–130

Davies SM et al (2010) Widespread dispersal of Islandic tephra: how does the Eyjafjöll eruption of 2010 compare to past Icelandic events? J Quat Sci 25:605–611

Davis N (Hrsg) (2001) Permafrost: a guide to frozen ground in transition. University of Alaska Press, Fairbanks

Davis OK (Hrsg) (2006) Advances in the Interpretation of Pollen and Spores in Coprolites, Faeces Facies Symposium. Palaeogeogr, Palaeoclimatol, Palaeoecol 237:1–118

Deacon J, Lancaster N (1988) Late Quaternary palaeoenvironments of southern Africa. Clarendon, Oxford

De Angelis M et al (1987) Aerosol concentrations over the last climatic cycle (160 kyr) from an Antarctic ice core. Nature 325:318–321

De´ath G et al (2012) The 27–year decline of coral cover on the Great Barrier Reef and its causes. Proc Natl Acad Sci 109:17995–17999

De Boer AM (2010) Sea change. Nat Geosci 3:668–669

Deckert R, Dameris M (2008) From ocean to stratosphere. Science 322:53–55

De Deckker P et al (2012) Influence of the tropics and southern westerlies on glacial interhemispheric asymmetry. Nat Geosci 5:266–269

Deevey ES et al (1983) Paleolimnology of the Petén lake district, Guatemala III: late pleistocene and Gamblian environments of the Maya area. Hydrobiologia 103:211–216

de Jager C et al (2010) Quantifying and specifying the solar influence on terrestrial surface temperature. J Atmospheric Solar-terrestrial Phys 72:926–937

Delmonte B et al (2002) Glacial to Holocene implications of the new 27000-year dust record from the EPICA Dome C (East Antarctica) ice core. Clim Dyn 18:647–660

DeLong KL et al (2013) A reconstruction of sea surface temperature variability in the southeastern Gulf of Mexico from 1734–2008 CE using cross-dated Sr/Ca records from the coral *Siderastrea siderea*. 2013 American Geophysical Union Fall Meeting, San Francisco, 9–13 December, S PP42A-02 https://doi.org/10.1002/2013PA002524

Delworth TL et al (2016) The North Atlantic oscillation as a driver of rapid climate change in the northern hemisphere. Nat Geosci 9:509–512

deMenocal PB (2001) Cultural responses to climate change during the late Holocene. Science 292:667–673

deMenocal PB (2004) African climate change and faunal evolution during the Pliocene–Pleistocene. Earth Planet Sci Lett 220:3–24

deMenocal PB (2015) End of the African humid period. Nat Geosci 8:86–87

deMenocal P et al (2000) Abrupt onset and termination of the African humid period: rapid climate responses to gradual insolation forcing. Quat Sci Rev 19:347–361

Denniston RF et al (2000) Speleothem evidence for changes in Indian summer monsoon precipitation over the last ~2300 Years. Quat Res 53:196–202

Denton GH, Hendy CH (1994) Younger Dryas age advance of Franz Josef glacier in the southern alps of New Zealand. Nature 264:1434–1436

Denton GH, Hughes TJ (1983) Milankovitch theory of Ice Ages: hypothesis of ice-sheet linkage between regional insolation and global climate. Quat Res 20:125–144

Deplazes G et al (2013) Links between tropical rainfall and North Atlantic climate during the last glacial period. Nat Geosci 6:213–217

De Ploey J (1969) Report on the quaternary of the western Congo. Palaeoecol Africa 4:65–68

Derbyshire E (Hrsg) (2001) Loess and Paleosols: Characteristics, Stratigraphy, Chronology and Climate. A Contribution to IGCP 413. Quat Int 76/77:1–260

Desilets D (2006) Extended scaling factors for in situ cosmogenic nuclides: new measurements at low latitude. Earth Planet Sci Lett 246:265–276

Detzner H (1920) Vier Jahre unter Kanibalen. Scherl, Berlin

De Vleeschouwer F et al (2014) Extracting paleodust information from peat geochemistry. PAGES Mag 22(2):88–89

DeWolf Y (1988) Stratified slope deposits. In: MJ Clark (Hrsg), Advances in Periglacial Geomorphology. Wiley, New York, N.Y. S. 91–110

Diamond J (2005) Collapse: how societies choose to fail or succeed. Viking, Allen Lane.

Diamond J (2009) Maya, Khmer and Inca. Nature 461:479–480

Diaz HF, Markgraf V (Hrsg) (1992) El Niño. Historical and paleoclimatic aspects of the southern oscillation. Cambridge University Press, Cambridge

Dickson AJ et al (2008) Centennial-scale evolution of Dansgaard–Oeschger events in the northeast Atlantic Ocean between 39.5 and 56.5 ka B.P. Paleoceanography 23:PA3206

Diener C (1896) Die Eiszeit im Himalaya. Mitteilungen K K Geogr Ges Wien 1896:1–36

Dieffenbach E (1843) Travel in New Zealand with contributions to the geography, geology, botany, and natural history of that country Bd. I, II. Murray, London.

Diester-Haass L et al (1988) Late Quaternary history of continental climate and the Benguela current off South West Africa. Palaeogeogr Palaeoclimatol Palaeoecol 65:81–91

Di Lorenzo E (2015) The future of coastal upwelling. Nature 518:310–311

Ding Q et al (2014) Tropical forcing of the recent rapid Arctic warming in northeastern Canada and Greenland. Nature 509:209–212

Dixit Y et al (2014) Abrupt weakening of the summer monsoon in northwest India ~4100 yr ago. Geology 42:339–342

Doetterl S et al (2015) Soil carbon storage controlled by interactions between geochemistry and climate. Nat Geosci 8:780–783

Donnelly JP (2005) Evidence of past intense tropical cyclones from backbarrier salt pond sediments: a case study from Isla de Culebrita, Puerto Rico, USA. J Coast Res 42:201–210

Donnelly JP, Woodruff JD (2007) Intense hurricane activity over the past 5,000 years controlled by El Niño and the West African monsoon. Nature 447:465–468

Donner J, Embadi NS (2000) The significance of yardangs and ventifacted rock outcrops in the reconstruction of changes in the late Quaternary wind regime in the western desert of Egypt. Quaternaire 11(3/4):179–185

Dortch JM et al (2009) Nature and timing of large-landslides in northern India. Quat Sci Rev 28:1037–1056

Dortch JM et al (2013) Timing and climatic drivers for glaciation across semi-arid western Himalayan-Tibetan orogen. Quat Sci Rev 78:188–208

Dorn RI (2014) Ants as a powerful biotic agent of olivine and plagioclase dissolution. Geology 42:771

Dorn RI et al (1991) Glacial chronology of Mauna Kea, Hawaii, as constrained by surface-exposure dating. National Geographic Research and Exploration 7:456–471

Douglass DC et al (2006) Cosmogenic nuclide surface exposure dating of boulders on last-glacial and lateglacial moraines, Lago Buenos Aires, Argentina: Interpretive strategies and paleoclimate implications. Quat Geochronol 1:43–58

Dozy JJ (1938) Eine Gletscherwelt in Niederländisch Neuguinea. Zeitschrift Gletscherkd 26:45–51

Drew F (1875) The Jummoo and Kashmir territories: a geographical account. Indus Publications, Karachi

Drysdale RN et al (2009) Evidence for obliquity forcing of glacial Termination II. Science 325:1527–1531

Dubilier N et al (2015) Create a global microbiome effort. Nature 526:631–634

Dull R et al (2010) The Columbian encounter and the little Ice Age: abrupt land use change, fire, and greenhouse forcing. Ann Assoc Am Geogr 4:755–771

Dunai T (2000) Scaling factors for production rates of in situ produced cosmogenic nuclides: a critical re-evaluation. Earth Planet Sci Lett 176:157–169

Duplessy JC et al (1992) Changes in the surface salinity of the North Atlantik Ocean during the last deglaciation. Nature 358:485–488

Dupont LM (2009) The Congo deep-sea fan as an archive of quaternary change in Africa and the eastern tropical South Atlantic (a review). In: External controls on deep-water depositional systems. SEPM (Society for Sedimentary Geology) Special Publication No. 92 (CD version), S 79–87

Dupont LM (2011) Orbital scale vegetation change in Africa. Quat Sci Rev 30:3589–3602

Dupont LM (2012) The human factor. Science 335:1180–1181

Dupont LM, Hooghiemstra H (1989) The Saharan-Sahelian boundary during the Brunhes chron. Acta Bot Neerlandica 38:405–415

Dupont LM, Wyputta U (2003) Reconstructing pathways of aeolian pollen transport to the marine sediments along the coastline of SW Africa. Quat Sci Rev 22:157–174

Dupont LM et al (2001) Mid-Pleistocene environmental change in tropical Africa began as early as 1.05 Ma. Geology 29:195–198

Dupont LM et al (2004) Southwest African climate independent of Atlantic sea surface temperatures during the Younger Dryas. Quat Res 61:318–324

Dupont LM et al (2008) Thirty thousand years of vegetation development and climate change in Angola (Ocean Drilling Program Site 1078). Clim Past 4:107–124

Dupont LM et al (2011) Glacial–interglacial vegetation dynamics in South Eastern Africa coupled to sea surface temperature variations in the Western Indian Ocean. Clim Past 7:1209–1224

Dupont-Nivet G et al (2007) Tibetan plateau aridification linked to global cooling at the Eocene-Oligocene transition. Nature 445:635–638

Durack PJ et al (2014) Quantifying Underestimates of Long-term Upper-Ocean Warming. Nat Clim Chang. https://doi.org/10.1038/nclimate2389

Düsterhus A et al (2016) Palaeo-sea-level and palaeo-ice-sheet databases: problems, strategies, and perspectives. Clim Past 12:911–921

Dutton A et al (2015a) Sea-level rise due to polar ice-sheet mass loss during past warm periods. Science 349. https://doi.org/10.1126/science.aaa4019

Dutton A et al (2015b) Tropical tales of polar ice: evidence of last interglacial polar ice sheet retreat recorded by fossil reefs of the granitic Seychelles Islands. Quat Sci Rev 107:182–196

Dykoski CA et al (2005) A high-resolution, absolute-dated Holocene and deglacial Asian monsoon record from Dongge Cave, China. Earth Planet Sci Lett 233:71–86

Easterbrook D (2011) Evidence-based climate science. Data opposing CO_2 emissions as the primary source of global warming. Elsevier, Amsterdam

Eckardt FD, Kuring N (2005) SeaWiFS identifies dust sources in the Namib Desert. Int J Remote Sens 26:4159–4167

Eckardt FD et al (2001) The origin of dust on the West Coast of Southern Africa. Palaeoecol Africa 27:207–219

Eckardt FD et al (2015) Mapping the surface geomorphology of the Makgadikgadi Rift Zone (MRZ). Quat Int. https://doi.org/10.1016/j.quaint.2015.09.002

Eddy JA (1976) The Maunder minimum. Science 192:1189–1202

Edelman-Furstenberg Y et al (2009) Palaeoceanographic evolution of the central Red Sea during the late Holocene. Holocene 19(1):117–127

Editorial Nature (2012) Extreme weather. Better models are needed before exceptional events can be reliably linked to global warming. Nature 489:335–336

Edmunds WM et al (1999) Lakes, groundwater and palaeohydrology in the Sahel of NE Nigeria: evidence from hydrogeochemistry. J Geol Soc 156:345–355

Edwards PN (2010) A vast machine: computer models, climate data, and the politics of global warming. MIT Press

Eggermont H, Heiri O (2012) The chironomid-temperature relationship: expression in nature and palaeoenvironmental implications. Biol Rev 87:430–456

Eggermont H et al (2010) Chironomidae (Insecta: Diptera) as paleothermometers in the African tropics. J Paleolimnol 43:413–435

Eglinton G, Hamilton RJ (1967) Leaf epicuticular waxes. Science 156:1322–1335

Ehlers E (2008) Das Anthropozän. Die Erde im Zeitalter des Menschen. WBG, Darmstadt

Ehlers E (2015) Down to Earth – geography in the anthropocene. In: Krass F et al (Hrsg) Down to Earth Documenting the 32nd International Geographical Congress, Cologne, 26–30 August 2012. Kölner Geographische Arbeiten, Bd. 95. Geographisches Institut, Köln. S 26–32

Ehlers J (2011) Das Eiszeitalter. Springer Spektrum, Heidelberg

Ehlers J et al (Hrsg) (2011) Quaternary Glaciations – Extent and Chronology, A Closer Look. Dev Quat Sci 15:1–1108

Ehrlich R (2007) Solar resonant diffusion waves as a driver of terrestrial climate change. J Atmospheric Solar-terrestrial Phys 69:759–766

Eisenman I et al (2014) A spurious jump in the satellite record: has Antarctic sea ice expansion been overestimated? Cryosphere 8:1289–1296. https://doi.org/10.5194/tc-8-1289-2014

Eitel B et al (2002) Environmental transitions between 22 ka and 8 ka in monsoonally influenced Namibia – a preliminary chronology. Zeitschrift Geomorphol Suppl 116:31–57

Eitel B et al (2004) Palaeoenvironmental transitions between 22 ka and 8 ka in Monsoonally influenced Namibia. In: Smykatz-Kloss W, Felix-Henningsen P (Hrsg) Palaeoecology of quaternary Drylands. Lecture notes of earth sciences, Bd. 102. Springer, Berlin, Heidelberg, S 167–194

Eitel B et al (2006) Environmental changes at the eastern Namib desert margin before and after the last glacial maximum: new evidence from fluvial deposits in the upper Hoanib river catchment, northwestern Namibia. Palaeogeogr Palaeoclimatol Palaeoecol 234:201–222

Ekman AML (2014) From clouds to carbon: land-atmosphere interactions in the spotlight. Glob Chang 82:16–17

Elderfield H, Rickaby REM (2000) Oceanic Cd/P ratio and nutrient utilization in the glacial Southern Ocean. Nature 405:305–310

Elenga H et al (1991) Présence d'éléments forestiers montagnards sur les Plateaux Batéké (Congo) au Pléistocène supérieur: nouvelles données palynologiques. Palaeoecol Africa 22:239–252

Elenga H et al (1994) Pollen evidence of Late Quaternary vegetation and inferred climate changes in the Congo. Palaeogeogr Palaeoclimatol Palaeoecol 109:345–356

Elenga H et al (1996) Diagramme pollinique holocène du lac Kitina (Congo): mise en évidence de changements paléobotaniques et paléoclimatiques dans le massif forestier du Mayombe. CR Acad Sci Paris, ser. 2a, 232:403M10

Elenga H et al (2004) Palaeoenvironments, palaeoclimates and landscape development in Atlantic equatorial Africa: a review of key sites covering the last 25 kyrs. In: Battarbee RW et al (Hrsg) Past climate variability through Europe and Africa. Springer, Dordrecht, S 181–198

Elliot M et al (2013) Giant clam recorders of ENSO variability. PAGES News 21(2):54–55

Elsner JB (2007) Tempests in time. Nature 447:647–649

Elsner JB et al (2008) The increasing intensity of the strongest tropical cyclones. Nature 455:92–95

Embley RW, Morley JJ (1980) Quaternary sedimentation and paleoenvironmental studies off Namibia (South-West Africa). Mar Geol 36:183–204

Endfield GH (2008) Climate and society in colonial Mexico. A study in vulnerability. Wiley-Blackwell, Malden

Endfield GH, Fernández-Tejedo I (2006) Decades of drought, years of hunger: archival investigations of multiple year droughts in late colonial chihuahua. Clim Change 75:391–419

England MH et al (2014) Recent intensification of wind-driven circulation in the Pacific and the ongoing warming hiatus. Nat Clim Chang. https://doi.org/10.1038/nclimate2106

EPICA Community Members (2004) Eight glacial cycles from an Antarctic ice core. Nature 429:623–628

EPICA Community Members (2006) One-to-one coupling of glacial climate variability in Greenland and Antarctica. Nature 444:195–198

Eronen M et al (2003) Reconstruction of low- and high-frequency summer temperature changes from a tree-ring archive of fennoscandian forest-limit. PAGES News 11(2/3):14–15

Escobar J et al (2012) A ∼43-ka record of paleoenvironmental change in the Central American lowlands inferred from stable isotopes of lacustrine ostracods. Quat Sci Rev 37:92–104

Esper J et al (2012) Orbital forcing of treering data. Nat Clim Chang 2:862–866

Evan AT et al (2016) Tha past, present and future of African dust. Nature 531:493–495

Evans DJA (2008) Avalanches and moraines. Nat Geosci 1:493–494

Evans DJA (2009) Special theme: modern analogues in quaternary palaeoglaciological reconstruction. Quat Sci Rev 28:181–182

Evans ME et al (2003) Magnetoclimatology: teleconnection between the Siberian loess record and North Atlantic Heinrich events. Geology 31:537–540

Evaristo J et al (2015) Global separation of plant transpiration from groundwater and streamflow. Nature 525:91–94

Eyles N (2008) Glacio-epochs and the supercontinent cycle after ~3.0 Ga: tectonic boundary conditions for glaciation. Palaeogeogr Palaeoclimatol Palaeoecol 258:89–129

Faegri K, Iversen J (1989) Textbook of pollen analyses, 4. Aufl. Wiley, New York

Fairbridge RW (1964) The importance of limestone and its Ca/Mg content to paleoclimatology. In: Nairn AEM (Hrsg) Problems in palaeoclimatology. Wiley, New York

Fairbridge RW (1972) Climatology of a glacial cycle. Quat Res 2:283–302

Fairchild IJ et al (2014) Seasonality in speleothems. PAGES Mag 22(1):24–25

Falkowski P (2012) The power of plankton. Nature 482:S17–S20

Fall PL (2005) Vegetation change in the coastal-lowland rainforest at Avai'o'vuna Swamp, Vava'u, Kingdom of Tonga. Quat Res 64:451–459

Farber DL et al (2005) The age and extent of tropical alpine glaciation in the Cordillera Blanca, Peru. J Quat Sci 20:759–776

Farley KA, Patterson DB (1995) A 100-kyr periodicity in the flux of extraterristrial ^{3}He to the sea floor. Nature 378:600–603

Farmer EC et al (2005) Holocene and deglacial ocean temperature variability in the Benguela upwelling region: implications for low-latitude atmospheric circulation. Paleoceanography 20:PA2018. https://doi.org/10.1029/2004PA001049

Farrera I et al (1999) Tropical climates at the last glacial maximum: a new synthesis of terrestrial palaeoclimate data: I. Vegetation, lake-levels and geochemistry. Clim Dyn 15:823–856

Faure H (1969) Lacs quaternaires du Sahara. Mitteilungen, Internationale Vereinigung für Theoretische und Angewandte Limnologie 17:131–164

Faust D et al (2004) High-resolution fluvial record of late Holocene geomorphic change in northern Tunisia: climatic or human impact? Quat Sci Rev 23:1757–1775

Feldman DR et al (2015) Observational determination of surface radiative forcing by CO_2 from 2000 to 2010. Nature 519:339–343

Felgentreff C, Pott A (2016) Climatic turn in migration studies? Geographical perspectives on the relationship between climate and migration. Die Erde 147:73–80

Felton AA et al (2007) Paleolimnological evidence for the onset and termination of glacial aridity from Lake Tanganyika, Tropical East Africa. Palaeogeogr Palaeoclimatol Palaeoecol 252:405–423

Ferrari R (2014) What goes down must come up. Nature 513:179–180

Finkel RC et al (2003) Beryllium-10 dating of Mount Everest moraines indicates a strong monsoon influence and glacial synchroneity throughout the Himalaya. Geology 31:561–564

Fischer E (2006) Climate response to major volcanic eruptions. PAGES News 13(3):8–10

Fischer H (2006) Editorial: past, present and future ice core research. PAGES News 14(1):2

Fischer H et al (1999) Ice core records of atmospheric CO_2 around the last three glacial terminations. Science 283:1712–1714

Fitzsimmons KE et al (2007) The timing of linear dune activity in the Strzelecki and Tirari deserts, Australia. Quat Sci Rev 26:2598–2616

Fitzsimmons KE et al (2013) Late Quaternary palaeoenvironmental change in the Australian drylands. Quat Sci Rev 74:78–96

Fleitmann D, Matter A (2009) The speleothem record of climate variability in southern Arabia. Comptes Rendus Geosci 341:633–642

Fleitmann D et al (2003a) Holocene forcing of the Indian monsoon recorded in a stalagmite from southern Oman. Science 300:1737–1739

Fleitmann D et al (2003b) Changing moisture sources over the last 330,000 years in northern Oman from fluid-inclusion evidence in speleothems. Quat Res 60:223–232

Fleitmann D et al (2007a) Holocene ITCZ and Indian monsoon dynamics recorded in stalagmites from Oman and Yemen (Socotra). Quat Sci Rev 26:170–188

Fleitmann D et al (2007b) East African soil erosion recorded in a 300-year old coral colony from Kenya. Geophys Res Lett 34:L4401. https://doi.org/10.1029/2006GL028525

Fleitmann D et al (2008) Advances in speleothem research. PAGES News 16(3):1–40

Flenley JR (1979) The equatorial rain forest, a geological history. Butterworths, London

Flenley JR (1985) Relevance of quaternary palynology to geomorphology in the tropics and subtropics. In: Douglas I, Spencer T (Hrsg) Environmental change and tropical geomorphology. McMillan, London, S 153–164

Flenley JR (1993) Cloud forest, the Massenerhebung effect, and ultraviolet insolation. In: Hamilton LS et al (Hrsg) Tropical Montane Cloud Forests. Proceedings of an international symposium, Honolulu, East-West-Center, S 94–96

Flenley JR (1996) Problems of the Quaternary on mountains of the Sunda-Sahul region. Quat Sci Rev 15:549–555

Flenley JR (1997) The Quaternary in the tropics. J Quat Sci 12:345–346

Flenley JR (1998) Tropical forests under the climates of the last 30,000 years. Clim Change 39:177–197

Flint RF (1971) Glacial and quaternary geology. Wiley, New York

Flohn H (1969) Ein geophysikalisches Eiszeit-Modell. Eiszeitalt Gegenwart 20:204–231

Flohn H (1979) On time scales and causes of abrupt paleoclimatic events. Quat Res 12:135–149

Flohn H (1980) Possible climatic consequences of a man-made global warming. International Institute for Applied Systems Analysis (IASA), Laxenburg

Flohn H (1985) Das Problem der Klimaänderungen in Vergangenheit und Gegenwart. WBG, Darmstadt

Flohn H, Nicholson SE (1980) Climatic fluctuations in the arid belt of the ‚Old World' since the last glacial maximum: possible causes and future implications. Palaeoecol Africa 12:3–21

Florescano E, Swan S (1995) Breve Historia de la Sequía en México. Bibliotheca Universidad Veracruzana, Xalapa, Ver., México

Foerster V et al (2015) Environmental change and human occupation of southern Ethiopia and northern Kenya during the last 20,000 years. Quat Sci Rev 129:333–340

Fogwill CJ, Kubik PW (2005) A glacial stage spanning the Antarctic Cold Reversal in Torres del Paine (51°S), Chile, based on preliminary cosmogenic exposure ages. Geografisca Ann 87A:403–408

Folland CK et al (1990) Observed climate variations and change. In: Houghton JT et al (Hrsg) Climate change. The IPCC scientific assessment. Cambridge University Press, Cambridge, S 195–238

Fölster H (1969) Slope development in SW-Nigeria during late Pleistocene and Holocene. Gießener Geogr Schriften 20:3–56

Fontana SL, Bennett KD (2012) Postglacial vegetation dynamics of western Tierra del Fuego. Holocene 22:1337–1350

Fontana SL, Bennett KD (2014) Quaternary paleoecology: reconstructing past environments. PAGES Mag 22(1):46

Ford HL et al (2015) Reduced el Niño–southern oscillation during the last glacial maximum. Science 347:255–258

Forest CE, Reynolds RW (2008) Hot questions of temperature bias. Nature 453:601–602

Forschungsgruppe Geowissenschaften (1998) Weltkarte der Naturgefahren. Münchener Rückversicherungsgesellschaft, München

Foukal P et al (2006) Variations in solar luminosity and their effect on the Earth's climate. Nature 443:161–166

Francou B (1989) Regime thermique des sols et rôle du gel dans la dynamique des versants d'un milieu subéquatorial d'altitude: les Andes Centrales du Perou. Géographie Physique Et Quaternaire 43:97–112

Francou B (1990) Stratification mechanisms in slope deposits in high subequatorial mountains. Permafr Periglac Process 1:249–263

Francou B et al (1999) Symptoms of degradation in a tropical rock glacier, Bolivian Andes. Permafr Periglac Process 10:91–100

Frank N (2016) Bipolare Klimawippe. Der lange Weg von Nord nach Süd. Ruperto Carolina (Forschungsmagazion Univ Heidelberg) 8:60–67

Fraser B (2012) Goodbye glaciers. Nature 491:180–182

Fraser B (2014) Carving up the Amazon. Nature 509:418–419

Freeman KH (2014) Controls on isotopic gradients in rain. Nature 516:41–42

Frenzel B (1960) Die Vegetations- und Landschaftszonen Nordeurasiens während der letzten Eiszeit und während der postglazialen Wärmezeit. Akademie der Wissenschaften und der Literatur in Mainz, Abhandlungen der Mathematisch-Naturwissenschaftlichen Klasse 13, S 937–1099

Friedrich M et al (2004) The 12,460-year Hohenheim oak and pine tree-ring chronology from Central Europe – a unique annual record for radiocarbon calibration and palaeoenvironment reconstructions. Radiocarbon 46:1111–1122

Friedrich WL et al (2006) Santorini eruption radiocarbon dated to 1627–1600 B.C. Science 312:548

Frisia S et al (2008) The use of stalagmite geochemistry to detect pastvolcanic eruptions and their environmental impacts. PAGES News 16(3):25–26

Fritz SC et al (2004) Hydrologic variation during the last 170,000 years in the southern hemisphere tropics of South America. Quat Res 61:95–104

Fritz SC et al (2006) Large lake drilling projects supported by U.S. National Science Foundation Earth Systems History Program. PAGES News 14(2):19–20

Fritz SC et al (2007) Quaternary glaciation and hydrologic variation in the South American tropics as reconstructed from the Lake Titicaca drilling project. Quat Res 68:410–420

Fritz SC et al (2008) Corrigendum to "Quaternary glaciation and hydrologic variation in the South American tropics as reconstructed from the Lake Titicaca drilling project" [Quat Res 68(2007):410–420]. Quat Res 69:342–342

Fritz SC et al (2010) Millenial-scale climate variability during the last Glacial period in the tropical Andes. Quat Sci Rev 29:1017–1024

Froese DG et al (Hrsg) (2008) Global Tephra Studies: John Westgate and Andrei Sarna-Wojcicki Commemorative Volume. Quaternary International 178:1–320

Fu Q et al (2016) The genetic history of Ice Age Europe. Nature. https://doi.org/10.1038/nature17993

Fuller DQ et al (2011) The contribution of rice agriculture and livestock to prehistoric methane levels: An archeological assessment. Holocene 21:743–759

Furnas M et al (2014) Selective evisence of eutrophication in the Great Barrier Reef: comment on Bell et al. Ambio 43:377–378

Gagan MK et al (2000) New views of tropical paleoclimates from corals. Quat Sci Rev 19:45–64

Gagné M-È et al (2015) Impact of aerosol emission controls on future Arctic sea ice cover. Geophys Res Lett. https://doi.org/10.1002/2015GL065504

Gale SJ et al (1990) Megafloods in inland eastern Australia. Z Geomorphol 38:1–11

Gallet Y et al (2006) Possible impact of the Earth's magnetic field on the history of ancient civilizations. Earth Planet Sci Lett 246:17–26

Galonska A (1987) Zur Bildgeometrie von Landschaftsgemälden; Bildanalysen am Beispiel zweier Gletschergemälde von Adolf Schlagintweit 1856. Diplomarbeit, Universität der Bundeswehr München. 75 S und 13 Bilder

Gan SQ, Scholz CA (2011) A batch method for retrieving primary and derived datasets of laminae in sediment core images. In: Besonen MR (Hrsg) Second Workshop of the PAGES Varves Working Group & INQUA Project Number 1102 Corpus Christi, 17–19 March 2011, PAGES International Project Office, S 35–40 (Program and Abstracts)

Ganopolski A et al (1998) The influence of vegetation–atmosphere–ocean interaction on climate during the mid-holocene. Science 280:1916–1919

Gao C et al (2006) The 1452 or 1453 A.D. Kuwae eruption signal derived from multiple ice core records: greatest volcanic sulfate event of the past 700 years. J Geophys Res 111(12):D12107

Gao Q et al (2016) Lateglacial and early Holocene climatic fluctuations recorded in the diatom flora of Xiaolongwan maar lake, NE China. Boreas 45:61–75

Garcia RR et al (2001) Atmospheric circulation changes in the tropical Pacific inferred from the voyages of the Manila galleons in the 16th–18th centuries. Bull Am Meteorol Soc 8:2435–2456

Garcia RR, Herrera GR (2003) Sailing ship records as proxies of climate variability over the world's oceans. Glob Chang Newsl 53:10–13

Garcia-Castellanos D et al (2009) Catastrophic flood of the Meiterranean after the Messinian crisis. Nature 462:778–781

García Cook A (1986) El control de la erosion en Tlaxcala: un problema secular. Erdkunde 40:241–262

García Cook A (1995) Cruce de caminos. Desarrollo histórico de la region poblano-tlaxcalteca. Arqueología Mexicana III(13):12–17

Garcin Y et al (2006) Wet phases in tropical southern Africa during the last glacial period. Geophys Res Lett 33:L7703. https://doi.org/10.1029/2005GL025531

Garcin Y et al (2007) Abrupt resumption of the African Monsoon at the Younger Dryas-Holocene climatic transition. Quat Sci Rev 26:690–704

Gardelle J et al (2012) Slight mass gain of Karakorum glaciers in the early twenty-first century. Nat Geosci 5:322–325

Garleff K, Stingl H (1984) Neue Befunde zur jungquartären Vergletscherung in Cuyo und Patagonien. Berl Geogr Abhandlungen 36:105–112

Garleff K, Stingl H (1985) Höhenstufen und ihre raumzeitlichen Veränderungen in den argentinischen Anden. Zentralblatt Für Geol Paläontologie I(11/12):1701–1707

Garleff K, Stingl H (1994) Reply to Gosse & Evenson: reinterpretation of the evidence for a significant mid-holocene ice advance in the Rio Atuel valley, Mendoza province, Argentina. Z Geomorphol 38:339–342

Garstang M, Fitzjarrald DR (1999) Observations of surface-to-atmosphere interactions in the tropics. Oxford University Press, Oxford

Gärtner H (2014) Neue Entwicklungen zur Integration der Holzanatomie in die Jahrringforschung. Geogr Rundsch 66(7/8):50–52

Gasse F (1977) Evolution of Lake Abhé (Ethiopia and T.F.A.I.) from 70,000 B.P. Nature 265:42–45

Gasse F (2000) Hydrological changes in the African tropics since the last glacial maximum. Quat Sci Rev 19:189–211

Gasse F, Street FA (1978) Late Quaternary lake-level fluctuations and environments of the northern rift valley and Afar region (Ethiopia and Djibouti). Palaeogeogr Palaeoclimatol Palaeoecol 25:145–150

Gasse F, van Campo E (1998) A 40,000-yr pollen and diatom record from Lake Tritrivakely, Madagascar, in the southern tropics. Quat Res 49:299–311

Gasse F, van Campo E (2001) Late Quaternary environmental changes from a pollen and diatom record in the southern tropics (Lake Tritrivakely, Madagascar). Palaeogeogr Palaeoclimatol Palaeoecol 167:287–308

Gasse F et al (1989) Water-level fluctuations of Lake Tanganyika in phase with oceanic changes during the last glaciation and deglaciation. Nature 342:57–59

Gasse F et al (2008) Climatic patterns in equatorial and southern Africa from 30,000 to 10,000 years ago reconstructed from terrestrial and near-shore proxy data. Quat Sci Rev 27:2316–2340

Ge Q et al (2002) 2000 years of temperature history in China. PAGES News 10(3):18–19

Gedney N et al (2006) Detection of a direct carbon dioxid effect in continental river runoff records. Nature 439:835–838

Gedney N et al (2014) Detection of solar dimming and brightening effects on Northern Hemisphere river flow. Nat Geosci 7:796–800

George SS (2014) The global network of tree-ring widths and its application to paleoclimatology. PAGES Mag 22(1):16–17

Gergis JL, Fowler AM (2009) A history of ENSO events since A.D. 1525: implications for future climate change. Clim Change 92:343–387

Gergis J, Henley BJ (2016) Southern Hemisphere rainfall variability over the past 200 years. Clim Dyn. https://doi.org/10.1007/s00382-016-3191-7

Gergis J et al (2006) Reconstructing El Niño–Southern Oscillation (ENSO) from high-resolution palaeoarchives. J Quat Sci 21:707–722

German K et al (Hrsg) (1988) Die Erde. Dynamische Entwicklung, menschliche Eingriffe, globale Risiken. Springer, Berlin

Gersonde R (2012) Reports on Polar and Marine Research 643. https://doi.org/10.2312/BzPM_0643_2012

Gersonde R, Seidenkrantz M-S (2013) Sampling marine sediment. PAGES News 21(1):8–9

Gersonde R et al (1997) Geological record and reconstruction of the late Pliocene impact of the Eltanin asteroid in the Southern Ocean. Nature 390:357–363

Gerstmann R (1928) Bolivia. Braun & Co, Paris.

Geyh MA (1983) Physikalische und Chemische Datierungsmethoden in der Quartär-Forschung. Clausthaler Tektonische Hefte 19. Pilger, Clausthal-Zellerfeld

Geyh MA (1986) Gletscherschwankungen der letzten 10 000 Jahre. 14C-Daten zu Gletscherständen – Probleme der Deutung. In: Röthlisberger F (Hrsg) 10 000 Jahre Gletschergeschichte der Erde. Sauerländer, Aarau, Frankfurt/Main, S 317–370

Geyh MA (2005) Handbuch der physikalischen und chemischen Altersbestimmung. WBG, Darmstadt

Geyh MA, Heine K (2014) Several distinct wet periods since 420 ka in the Namib Desert inferred from U-series dates of speleothems. Quat Res 81:381–391

Geyh MA, Jäkel D (1974) Spätpleistozäne und holozäne Klimageschichte der Sahara aufgrund zugänglicher ^{14}C-Daten. Z Geomorphol 18:82–98

Geyh MA, Obenauf K-P (1974) Zur Frage der Neubildung von Grundwasser unter ariden Bedingungen. Informationen aus Lehre und Forschung an der freien Universität Berlin 5:70–91

Geyh MA, Thiedig F (2008) The Middle Pleistocene Al Mahrúqah Formation in the Murzuq Basin, northern Sahara, Libya evidence for orbitally-forced humid episodes during the last 500,000 years. Palaeogeogr Palaeoclimatol Palaeoecol 257:1–21

Gibbard PL et al (2010) Formal ratification of the Quaternary system/period and the Pleistocene series/epoch with a base at 2.58 ma. J Quat Sci 25:96–102

Gibbons A (2013) When early hominins got a grip. Science 340:426–427

Gibbons FT et al (2014) Deglacial δ^{18}O and hydrologic variability in the tropical Pacific and Indian Oceans. Earth Planet Sci Lett 387:240–251

Giering SL et al (2014) Reconciliation of the carbon budget in the ocean's twilight zone. Nature 507:480–483

Gill RB (2000) The great Maya droughts: water, life and death. University of New Mexico Press, Albuquerque

Gillespie A, Molnar P (1995) Asynchronous maximum advances of mountain and continental glaciers. Rev Geophys 33:311–364

Gillett NP et al (2012) Improved constraints on 21st-century warming derived using 160 years of temperature observations. Geophys Res Lett. https://doi.org/10.1029/2011GL050226

Gil-Romera G et al (2007) Late holocene environmental change in the northwestern Namib desert margin: new fossil pollen evidence from hyrax middens. Palaeogeogr Paleoclimatol Palaeoecol 249:1–17

Giralt S et al (2010) Paleolimnology. Palaeogeogr Paleoclimatol Palaeoecol 294:1–3

Giresse P (2008) Tropical and Sub-Tropical West Africa. Marine and Continental Changes during the Late Quaternary. Dev Quat Sci 10:1–395

Giresse P, Ngos S III (2014) Palaeoenvironmental observations on a Late Holocene debris-flow process in Lake Assom (Adamawa, Cameroon). Palaeoecol Africa 32:123–141

Giresse P et al (1982) La lithostratigraphie des sediments hémipélagiques du delta du fleuve Congo et ses indications sur les paléoclimats de la fin du Quaternaire. Bull Société Géologie Française Série 24:803–815

Giresse P et al (1991) Sedimentation and palaeoenvironment in crater lake Barombi Mbo, Cameroon, during the last 25,000 years. Sediment Geol 71:151–175

Giresse P et al (1994) Late Quaternary palaeoenvironments in the Lake Barombi Mbo (West Cameroon) deduced from pollen and carbon isotopes of organic matter. Palaeogeogr Palaeoclimatol Palaeoecol 107:65–78

Giresse P et al (2005) Sedimentary environmental changes and millennial climatic variability in a tropical shallow lake (Lake Ossa, Cameroon) during the Holocene. Palaeogeogr Palaeoclimatol Palaeoecol 218:257–285

Giresse P et al (2014) Lake level changes of Barombi Mbo (Cameroon) during the late quaternary: compared catchment and crater lake records. Palaeoecol Africa 32:91–122

Gischler E et al (2005) Coral climate proxy data from a marginal reef area, Kuwait, northern Arabian-Persian Gulf. Palaeogeogr Palaeoclimatol Palaeoecol 228:86–95

Glaser R (2001) Klimageschichte Mitteleuropas. 1000 Jahre Wetter, Klima, Katastrophen. WBG, Darmstadt

Glaser R, Riemann D (2009) A thousand-year record of temperature variations for Germany and Central Europe based on documentary data. J Quat Sci 24:437–449

Gleckler P et al (2016) Industrial-era global ocean heat uptake doubles in recent decades. Nat Clim Chang. https://doi.org/10.1038/nclimate2915

Gliganic LA et al (2014) Late-Holocene climatic variability indicated by three natural archives in arid southern Australia. Holocene 24:104–117

Godfrey LV et al (2003) Stable isotope constraints on the transport of water to the Andes between 22° and 26°S during the last glacial cycle. Palaeogeogr Palaeoclimatol Palaeoecol 194:299–317

Goebel T et al (2008) The late Pleistiocene dispersal of modern humans in the Americas. Science 319:1497–1502

Goff J et al (2012) The Eltanin asteroid impact: possible South Pacific palaeomegatsunami footprint and potential implications for the Pliocene-Pleistocene transition. J Quat Sci 27:660–670

Goldberg A et al (2016) Post-invasion demography of prehistoric humans in South America. Nature 532:232–235

Gómez-Olivencia A et al (2014) New evidence of reindeer (*Rangifer tarandus*) on the Iberian Peninsula in the Pleistocene: an archaeopalaeontological and chronological reassessment. Boreas 43:286–308

González C, Dupont LM (2009) Tropical salt marsh succession as sea-level indicator during Heinrich events. Quat Sci Rev 28:939–946

Gonzalez E et al (1965) Late Quaternary glacial and vegetational sequence in Valle de Lagunillas, Sierra Nevada del Cocuy, Colombia. Leidse Geol Mededeelingen 32:157–182

Gonzalez-Ferran O (1994) Volcanes de Chile. Instituto Geográfico Militar, Santiago

Goodman AY et al (2001) Subdivision of glacial deposits in southeastern Peru based on pedogenic development and radiometric ages. Quat Res 56:31–50

Goosse H et al (2010) Description of the Earth system model of intermediate complexity LOVECLIM version 1.2. Geosci Model Dev Discuss 3:309–390

Gosse JC, Evenson EB (1994) Reinterpretation of the evidence for a significant mid-holocene ice advance in the Rio Atuel valley, Mendoza Province, Argentina. Z Geomorphol 38:327–338

Goudie A (1973) Duricrusts in tropical and subtropical landscapes. Clarendon, Oxford

Goudie A (Hrsg) (1998) Geomorphologie. Ein Methodenhandbuch für Studium und Praxis. Springer, Berlin

Goudie AS, Middleton NJ (2006) Desert dust in the global system. Springer, Berlin

Gourlay I (1995) Growth ring characteristics of some African Acacia species. J Trop Ecol 11:121–140

Gouze P et al (1986) Interprétation paléoclimatique des oscillations des glaciers au cours des 20 derniers millénaires dans les régions tropicales; exemple des Andes boliviennes. Comptes Rendus De L'académie Des Sci 303:219–224

Govin A et al (2014) Astronomically forced variations in western African rainfall (21°N–20°S) during the Last Interglacial period. Geophys Res Lett 41:2117–2125

Graf K (1979) Untersuchungen zur rezenten Pollen- und Sporenflora in der nördlichen Zentralkordillere Boliviens und der Versuch einer Auswertung von Pollen aus postglazialen Torfmooren. Habilitationsschrift Phil. Fak. II, Universität Zürich. Juris, Zürich, 104 S

Graf K (1992) Pollendiagramme aus den Anden. Eine Synthese zur Klimageschichte und Vegetationsentwicklung seit der letzten Eiszeit. Phys Geogr (geogr Inst Univ Zürich) 34:138

Graf K et al (2012) Aviation induced diurnal North Atlantic cirrus cover cycle. Geophys Res Lett. https://doi.org/10.1029/2012GL052590

Graham MD (2015) Turbulence spreads like wildfires. Nature 526:508–509

Graham RW et al (2016) Timing and causes of mid-Holocene mammoth extinction on St. Paul Island, Alaska. Proc Natl Academy Sci 113(33):9310–9314

Green H et al (2013) Re-analysis of key evidence in the case for a hemispherically synchronous response to the Younger Dryas climatic event. J Quat Sci 28:8–12

Greenbaum N et al (2014) Paleohydrology of extraordinary floods along the Swakop River at the margin of the Namib Desert and their paleoclimate implications. Quat Sci Rev 103:153–169

Grefe I (2015) A tropical hotspot. Nat Geosci 8:504–505

Gregoire LJ et al (2012) Deglacial rapid sea level rises caused by ice-sheet saddle collapses. Nature 487:219–222

Greve P et al (2014) Global assessment of trends in wetting and drying over land. Nat Geosci 7:716–721

Griffiths ML et al (2010) Evidence for Holocene changes in Australian-Indonesian monsoon rainfall from stalagmite trace element and stable isotope ratios. Earth Planet Sci Lett 29:27–38

Griffiths ML et al (2016) Western Pacific hydroclimate linked to global climate variability over the past two millennia. Nat Commun https://doi.org/10.1038/ncomms11719

Grindrod J et al (2002) Late quaternary mangrove pollen records from continental shelf and ocean cores in the north Australian-Indonesian region. Adv Geoecology 34:119–146

Grine FE (1981) Trophic differences between 'gracile' and 'robust' Australopithecines: a scanning electron microscope analysis of occlusal events. S Afr J Sci 77:203–230

Members GRIP (1993) Climate instability during the last interglacial period recorded in the GRIP ice core. Nature 364:203–207

Grodek T et al (2013) The last millennium largest floods in the hyperarid Kuiseb River basin, Namib Desert. J Quat Sci 28:258–270

Groot M et al (2011) Ultra-high resolution pollen record from the northern Andes reveals rapid shifts in montane climates within the last two glacial cycles. Clim Past 7:299–316

Grosjean J (2001) Mid-holocene climate in the south-central Andes: humid or dry? Science 292:2391

Grosjean M et al (2001) A 22,000 ^{14}C year BP sediment and pollen record of climate change from Laguna Miscanti (23°S), northern Chile. Glob Planet Change 28:35–51

Grosjean M et al (2014) Hyperspectral imaging: a novel, non-destructive method for investigating sub-annual sediment structures and composition. PAGES Mag 22(1):10–11

Gross G et al (1978) Methodische Untersuchungen über die Schneegrenze in alpinen Gletschergebieten. Zeitschrift Gletscherkd Glazialgeol 12:223–251

Grottoli AG et al (2006) Heterotrophic plasticity and resilience in bleached corals. Nature 440:1186–1189

Grove AT (1969) Landforms and climate change in the Kahahari and Ngamiland. Geogr J 135:192–212

Grove AT (2008) A brief consideration of climate forcing factors in view of the Holocene glacier record. Glob Planet Change 60:141–147

Grundmann R (2016) Climate change as a wicked social problem. Nat Geosci 9:562–563

Guan K et al (2015) Photosynthetic seasonality of global tropical forests constrained by hydroclimate. Nat Geosci 8:284–289

Gubbins D (2008) Geomagnetic reversals. Nature 452:165–167

Gudmundsdóttir ER et al (2012) Tephra stratigraphy on the north Icelandic shelf: extending tephrochronology into marine sediments off North Iceland. Boreas 41:718–734

Guilderson TP et al (1994) Tropical temperature variations since 20,000 years ago: modulating interhemispheric climate change. Science 263:663–665

Guilderson TP et al (2005) The bone and bane od radiocarbon dating. Science 307:362–364

Gulev SK et al (2013) North Atlantic Ocean control on surface heat flux on multidecadal timescales. Nature 499:464–467

Gumbricht T et al (2001) The topography of the Okavango Delta, Botswana, and its tectonic and sedimentological implications. South African J Geol 104:243–264

Gumnior M, Preusser F (2007) Late Quaternary river development in the southwest Chad Basin: OSL dating of sediment from the Komadugu palaeofloodplain (northeast Nigeria). J Quat Sci 22:709–719

Gunnarson BE et al (2003) Holocene humidity fluctuations in Sweden inferred from dendrochronology and peat stratigraphy. Boreas 32:347–360

Guo ZT et al (2002) Onset of Asian desertification by 22 Myr ago inferred from loess deposits in China. Nature 416:159–163

Gupta AK et al (2003) Abrupt changes in the Asian southwest monsoon during the Holocene and their links to the North Atlantic Ocean. Nature 421:354–357

Gupta S (2016) Clever eating. Nature 531:S12–S13

Guthrie R (2015) The catastrophic nature of humans. Nat Geosci 8:421–422

Gutiérrez Elorza M (2001) Geomorfología Climática. Ediciones Omega, Barcelona

Gutiérrez Elorza M (2008) Geomorfología. Pearson Prentice Hall, Madrid

Guzman HM et al (2008) Historical decline in coral reef growth after the Panama canal. Ambio 37:342–346

Haberlah D et al (2010) Loess and floods: high-resolution multi-proxy data of Last Glacial Maximum (LGM) slackwater deposition in the Flinders Ranges, semi-arid South Australia. Quat Sci Rev 29:2673–2693

Haberle SG et al (2001) Biomass burning in Indonesia and Papua New Guinea: natural and human induced fire events in the fossil record. Palaeogeogr Palaeoclimatol Palaeoecol 171:259–268

Haeberli W et al (1993) Mountain permafrost and climate change. Permafr Periglac Process 4:165–174

Haffer J (1969) Speciation in Amazonian forest birds. Science 165:131–137

Haffer J (1987) Quaternary history of tropical America. In: Whitmore TC, Prance GT (Hrsg) Biogeography and quaternary history in tropical Amazonia. Clarendon Press, Oxford, S 1–18

Haffer J, Prance GT (2002) Impulsos climáticos da evolução na Amazônia durante o Cenozóico: sobre a teoria dos Refúgios da diferenciação biótica. Estudos Avançados 16(46):175–206

Hahn A et al (2015) Holocene paleo-climatic record from the south African Namaqualand mudbelt: a source to sink approach. Quat Int 404:121–135

Haigh JD (2001) Climate variability and the influence of the sun. Science 294:2109–2111

Haigh JD et al (2010) An influence of solar spectral variations on radiative forcing of climate. Nature 467:696–699

Haile-Selassie Y et al (2015) New species from Ethiopia further expands Middle Pliocene hominin diversity. Nature 521:483–488

Haine TWN (2016) Vagaries of Atlantic overturning. Nat Geosci 9:479–480

Haldon J (2016) Cooling and societal change. Nat Geosci 9:191–192

Hall BL et al (2015) Accumulation and marine forcing of ice dynamics in the western Ross Sea during the last deglaciation. Nat Geosci 8:625–628

Hall SR et al (2009) Geochronology of Quaternary glaciations from the tropical Cordillera Huayhuash, Peru. Quat Sci Rev 28:2991–3009

Hambrey M, Alean J (2004) Glaciers, 2. Aufl. Cambridge University Press, Cambridge

Hamilton AC, Perrott RA (1979) Aspects of the glaciation of Mt. Elgon, East Africa. Palaeoecol Africa 11:153–161

Hamilton C (2016) Define the anthropocene in terms of the whole earth. Nature 536:251

Hamilton G (2016) The secret lives of jellyfish. Nature 531:432–434

Hanselman JA et al (2011) A 370,000-year record of vegetation and fire history around Lake Titicaca (Bolivia/Peru). Palaeogeogr Palaeoclimatol Palaeoecol 305:201–214

Hansen BCS et al (1994) Late quaternary vegetation change in the central Peruvian Andes. Palaeogeogr Palaeoclimatol Palaeoecol 109:263–285

Hansen J et al (2011) Earth's energy imbalance and implications. Atmospheric Chem Phys 11:13421–13449

Hansen JE, Sato M (2012) Paleoclimate implications for human-made climate change. In: Berger A et al (Hrsg) Climate change, inferences from paleoclimate and regional aspects. Springer, Wien, S 21–47

Hansen MC et al (2013) High-resolution global maps of 21st-century forest cover change. Science 34:850–853

Hantson S et al (2016) Fire in the earth system. Bridging data and modeling research. Bull Am Meteorol Soc (June 2016):1069–1072

Hardy DR et al (2003) Variability of snow accumulation and isotopic composition on Nevado Sajama, Bolivia. J Geophys Res. https://doi.org/10.1029/2003JD003623

Harris SA (1990) Long-term air and ground temperature records from the Canadian Cordillera and the probable effects of mositure changes. In: Proceedings, Fifth Canadian Permafrost Conference Quebec. Collection Nordicana 54:151–158. https://doi.org/10.5885/464033ND-E650BFA9E

Harris SE, Mix AC (1999) Pleistocene precipitation balance in the amazon basin recorded in deep sea sediments. Quat Res 51:14–26

Harrison S, Glasser NF (2011) The pleistocene Glaciations of Chile. In: Ehlers J et al (Hrsg) Quaternary Glaciations—extent and chronology. A closer look. Elsevier, Amsterdam, S 739–756

Harrison SP et al (2016) What have we learnt from palaeoclimate simulations? J Quat Sci 31:363–385

Harsch MA, Ris Lambers HJ (2015) Species distributions shift downward across western North America. Glob Chang Biol 21:1376 (Retraction statement)

Hartsch K et al (2009) The Nasca and Palpa geoglyphs: geophysical and geochemical data. Naturwissenschaften 96:1213–1220

Harvey LD (1988) Climatic impact of Ice-Age aerosols. Nature 33:333–335

Haslett SK (Hrsg) (2002) Quaternary environmental micropaleontology. Arnold, London

Hassan FA (2001) The collapse of the old kingdom: low floods, famines, and anarchy. Monsoon 3:39

Hassan FA (2011) Nile flood discharge during the medieval climate anomaly. PAGES News 19(1):30–31

Hassig R (1981) The famine of one rabbit: ecological causes and social consequences of a pre-columbian calamity. J Anthropol Res 37:172–182

Hastenrath S (1974) Spuren pleistozäner Vergletscherung in den Altos de Cuchumatanes, Guatemala. Eiszeitalt Gegenwart 25:25–34

Hastenrath S (1981) The glaciation of the Ecuadorian Andes. Balkema, Rotterdam

Hastenrath S (1985) A review of Pleistocene to Holocene glacier variations in the tropics. Zeitschrift Gletscherkd Glazialgeol 21:183–194

Hastenrath S (2009) Past glaciations in the tropics. Quat Sci Rev 28:790–798

Hastenrath S (2010) Climatic forcing of glacier thinning on the mountains of equatorial East Africa. Int J Climatol 30:146–152

Hastenrath S (2012) Contemporary climate and circulation of the tropics. In: Metcalfe SE, Nash DJ (Hrsg) Quaternary environmental change in the tropics. Wiley, Chichester, S 34–43

Haug GH, Sigman DM (2009) Polar twins. Nat Geosci 2:91–92

Haug GH, Tiedemann R (1998) Effect of the formation of the Isthmus of Panama on Atlantic Ocean thermohaline circulation. Nature 393:673–676

Haug GH et al (2001) Southward migration of the Intertropical Convergence Zone through the Holocene. Science 293:1304–1308

Haug GH et al (2003a) Climate and the collapse of the Maya Civilization. Science 299:1731–1735

Haug GH et al (2003b) Climate and the Maya. PAGES News 11(2–3):28–30

Haug GH et al (2005) North Pacific seasonality and the glaciation of North America 2.7 million years ago. Nature 433:821–825

Hauthal R (1906) Quartäre Vergletscherung der Anden in Bolivien und Peru. Zeitschrift Gletscherkd 1906:230

Hauthal R (1911) Reisen in Bolivien und Peru, ausgeführt 1908. Wissenschaftliche Veröffentlichungen Ges Für Erdkd Zu Leipz 7:1–247

Hays J et al (1976) Variations in the earth's orbit: Pacemaker of the ice ages. Science 194:1121–1132

Haywood JM et al (2008) Overview of the dust and biomass-burning experiment and African monsoon multidisciplinary analysis special observing period-0. J Geophys Res 113:D00C17. https://doi.org/10.1029/2008JD010077

He F et al (2013) Northern Hemisphere forcing of Southern Hemisphere climate during the last deglaciation. Nature 494:81–85

He Y et al (2016) Radiocarbon constraints imply reduced carbon uptake by soils during the 21st century. Science 353:1419–1424

Hearty PJ et al (1999) A ~20m middle Pleistocene sea level highstand (Bermuda and the Bahamas) due to partial collapse of Antarctic ice. Geology 27:375–378

Heaton THE et al (1983) Origin and history of nitrate in confined groundwater in the western Kalahari. J Hydrol (Amst) 62:243–262

Hecky RE, Degens ET (1973) Late Pleistocene-Holocene chemical stratigraphy and paleolimnology of the Rift Valley lakes of central Africa. Woods Hole Ocean Inst Tech Rep. https://doi.org/10.1575/1912/4362

Hedrick KA et al (2011) Towards defining the transition in style and timing of Quaternary glaciation between the monsoon-influenced Greater Himalaya and the semi-arid Transhimalaya of Northern India. Quat Int 236:21–33

Heffernan O (2010) The climate machine. Nature 463:1014–1016

Heffernan O (2016) The mystery of the expanding tropics. Nature 530:20–22

Hegglin MI et al (2014) Vertical structure of stratospheric water vapour trends derived from merged satellite data. Nat Geosci 7:768–776

Heim A (1885) Handbuch der Gletscherkunde. Engelhorn, Stuttgart

Heine JT (1993) A reevaluation of the evidence for a Younger Dryas climatic reversal in the tropical Andes. Quat Sci Rev 12:769–779

Heine JT (1995) Comments on C.M. Clapperton's "Glacier readvances in the Andes at 12,500–10,000 yr BP: implications for mechanism of Late-glacial climatic change (JQS 8, 197–215)". J Quat Sci 10:87–88

Heine K (1970) Einige Bemerkungen zu den Liefergebieten und Sedimentationsräumen der Lösse im Raum Marburg/Lahn aufgrund tonmineralogischer Untersuchungen. Erdkunde 24:180–194

Heine K (1973) Zur Glazialmorphologie und präkeramischen Archäologie des mexikanischen Hochlandes während des Spätglazials (Wisconsin) und Holozäns. Erdkunde 27:161–180

Heine K (1974) Bemerkungen zu neueren chronostratigraphischen Daten zum Verhältnis glazialer und pluvialer Klimabedingungen. Erdkunde 28:303–312

Heine K (1975a) Permafrost am Pico de Orizaba/Mexiko. Eiszeitalt Gegenwart 26:212–217

Heine K (1975b) Studien zur jungquartären Glazialmorphologie mexikanischer Vulkane – mit einem Ausblick auf die Klimaentwicklung. Das Mexiko-Projekt der Deutschen Forschungsgemeinschaft VII. Steiner, Wiesbaden

Heine K (1976a) Auf den Spuren der Eiszeit in Mexiko. Nat Mus 106:289–298

Heine K (1976b) Blockgletscher- und Blockzungen-Generationen am Nevado de Toluca, Mexiko. Die Erde 107:330–352

Heine K (1976c) Changes in climate in the Central Mexican Highland during the Upper Pleistocene and Holocene: Evidence from glacial morphology and tephrochronology of the volcanoes. XXIII Intern. Geogr. Congr., Moskau 1976, Vol. 1 (Geomorphology and Palaeogeography), S 298–301

Heine K (1976d) Schneegrenzdepressionen, Klimaentwicklung, Bodenerosion und Mensch im zentralmexikanischen Hochland im jüngeren Pleistozän und Holozän. Zeitschrift Geomorphol Suppl 24:160–176

Heine K (1977) Beobachtungen und Überlegungen zur eiszeitlichen Depression von Schneegrenze und Strukturbodengrenze in den Tropen und Subtropen. Erdkunde 31:161–178

Heine K (1978a) Jungquartäre Pluviale und Interpluviale in der Kalahari (südliches Afrika). Palaeoecol Africa 10:31–39

Heine K (1978b) Radiocarbon chronology of late Quaternary Lakes in the Kalahari, Southern Africa. Catena 5:145–149

Heine K (1979) Reply to Cooke's discussion of: K. Heine: Radiocarbon Chronology of Late Quaternary Lakes in the Kalahari, Southern Africa. Catena 6:259–266

Heine K (1980a) Quartäre Pluvialzeiten und klimamorphologischer Formenwandel in den Randtropen (Mexiko, Kalahari). Arbeiten aus dem Geographischen Institut der Universität des Saarlands, Bd. 29, S 135–157

Heine K (1980b) Wann regnete es in der Kalahari? Umsch Wiss Tech 80:250–251

Heine K (1980c) Studien zur jungpleistozänen Klima- und Landschaftsentwicklung der Kalahari, südliches Afrika. 42. Deutscher Geographentag 1979, Tagungsberichte und wissenschaftliche Abhandlungen, Göttingen. Steiner, Wiesbaden, S 281–283

Heine K (1981) Aride und pluviale Bedingungen während der letzten Kaltzeit in der Südwest-Kalahari (südliches Afrika). Ein Beitrag zur klimagenetischen Geomorphologie der Dünen, Pfannen und Täler. Z Geomorphol 38(Suppl):1–37

Heine K (1982) The Main Stages of the Late Quaternary Evolution of the Kalahari Region, Southern Africa. Palaeoecol Africa 15:53–76

Heine K (1983a) Führt die Quartärforschung zu nichtaktualistischen Modellvorstellungen in der Geomorphologie? Colloquium Geogr 16:93–121

Heine K (1983b) Mesoformen der Periglazialstufe der semihumiden Randtropen, dargestellt an Beispielen der Cordillera Neovólcanica, Mexiko. Abh. Akad. Wiss. Göttingen, Math.-Phys. Kl. 3. Folge, Nr. 35, S 403–424

Heine K (1984) Comment on "Pleistocene glaciation of volcano Ajusco, Central Mexico, and comparison with the Standard Mexican Glacial Sequence" by SIDNEY E. WHITE and SALVATORE VALASTRO, Jr. Quat Res 22:242–246

Heine K (1985) Neue absolute Daten zur holozänen Gletscher-, Vegetations- und Klimageschichte mexikanischer Vulkane. Regensbg Geogr Schr 19/20:79–92

Heine K (1987) Zum Alter jungquartärer Seespiegelschwankungen in der Mittleren Kalahari, südliches Afrika. Palaeoecol Africa 18:73–101

Heine K (1988a) Late Quaternary glacial chronology of the Mexican volcanoes. Die Geowissenschaften 6:197–205

Heine K (1988b) Southern African palaeoclimates 35-25 ka ago: a preliminary summary. Palaeoecol Africa 19:305–315

Heine K (1988c) Klimagang, Geomorphodynamik und Kulturentwicklung in Zentralmexiko. Jahrb Geogr Ges Zu Hann Jb 1988:189–211

Heine K (1990) Some observations concerning the age of the dunes in the western Kalahari and palaeoclimatic implications. Palaeoecol Africa 21:161–178

Heine K (1991) Paläoklima und Reliefentwicklung der Namibwüste im überregionalen Vergleich. Geomethodica (basler Geomethodisches Colloquium) 16:53–92

Heine K (1992) On the ages of humid Late Quaternary phases in southern African arid areas (Namibia, Botswana). Palaeoecolology Africa 23:149–164

Heine K (1994a) Present and past geocryogenic processes in Mexico. Permafr Periglac Process Mexico 5:1–12

Heine K (1994b) The Mera site revisited: Ice-Age Amazon in the light of new evidence. Quat Int 21:113–119

Heine K (1994c) Eis am Äquator – Wasser in der Wüste. Forschungsmagazin Fre Regensbg 3(4):46–61

Heine K (1994d) The late-glacial moraine sequences in Mexico: is there evidence for the Younger Dryas event? Palaeogeogr Palaeoclimatol Palaeoecol 112:113–123

Heine K (1994e) Bodenzerstörung – ein globales Umweltproblem. Akademie Wissenschaften Lit Mainz Abhandlungen Math Kl 1994(2):65–91

Heine K (1995a) Bedded slope deposits with respect to the late glacial sequence in the high Andes of Ecuador and Bolivia. In: Slaymaker O (Hrsg) Steepland Geomorphology. Wiley, Chichester, S 257–278

Heine K (1995b) Late quaternary glacier advances in the Ecuadorian Andes: a preliminary report. Quat S Am Antarct Peninsula 9:1–22

Heine K (1995c) Paläoklimatische Informationen aus südwestafrikanischen Böden und Oberflächenformen. Geomethodica (= Basl Geomethodisches Colloquium) 20:27–74

Heine K (1996) The extent of the last glaciation in the Bolivian Andes (Cordillera Real) and paleoclimatic implications. Zeitschrift Geomorphol Suppl 104:187–202

Heine K (1998a) Neue Ergebnisse der Paläoklimaforschung in den Tropen und Subtropen (Lateinamerika, südliches Afrika). In: Karrasch H et al (Hrsg) Globaler Wandel – Welterbe. HGG-Journal 13, S 19–44

Heine K (1998b) Climate change over the past 135,000 years in the Namib desert (Namibia) derived from proxy data. Palaeoecol Africa 25:171–198

Heine K (1998c) Geomorphologische Beobachtungen zur Besiedlungsgeschichte der Neuen Welt: Das Problem des "eisfreien Korridors". Regensbg Beiträge Zur Prähistorischen Archäologie 5:1–22

Heine K (2000) Tropical South America during the Last Glacial Maximum: evidence from glacial, periglacial and fluvial records. Quat Int 72:7–21

Heine K (2001) Fließgewässer und Flußauen. Eine Einführung zum Symposium "Fließgewässer und Flußauen – schützenswürdige Naturlandschaften und/oder moderne Wasserstraßen?". Zeitschrift Geomorphol Suppl 124:1–24

Heine K (2002) Sahara and Namib/Kalahari during the late Quaternary – inter-hemispheric contrasts and comparisons. Zeitschrift Geomorphol Suppl 126:1–29

Heine K (2003) Paleopedological evidence of human-induced environmental change in the Puebla-Tlaxcala area (Mexico) during the last 3,500 years. Revista Méxicana De Ciencias Geológicas 20:235–244

Heine K (2004a) Flood reconstructions in the Namib desert, Namibia, and little ice Age climatic implications: evidence from slackwater deposits and desert soil sequences. In: Kale VS et al (Hrsg) Progress in palaeohydrology: focus on monsoonal areas. Special Issue of the Journal Geological Society of India, Bd. 64, S 535–547

Heine K (2004b) Late quaternary glaciations of Ecuador. In: Ehlers J, Gibbard PL (Hrsg) Quaternary glaciations – extent and chronology, part III. Developments in Quaternary Science 2. Elsevier, Amsterdam, S 165–169

Heine K (2004c) Little ice Age climatic fluctuations in the Namib desert, Namibia, and adjacent areas: evidence of exceptionally large floods from slack water deposits and desert soil sequences. In: Smykatz-Kloss W, Felix-Henningsen P (Hrsg) Palaeoecology of quaternary Drylands. Lecture Notes of Earth Sciences 102, S 137–165

Heine K (2004d) Late Quaternary glaciations of Bolivia. In: Ehlers J, Gibbard PL (Hrsg) Quaternary Glaciations – Extent and Chronology, Part III. Developments in Quaternary Science 2. Elsevier, Amsterdam. S 83–88

Heine K (2005) Holocene climate of Namibia: a review based on geoarchives. African Study Monogr Suppl 30:119–133

Heine K (2010) Dürren, Bevölkerungskollaps und Bodenerosion: Epidemien und Umweltveränderungen in Zentralmexiko vor 400 bis 500 Jahren. Geoöko 31:162–197

Heine K (2011a) Late quaternary glaciations of Ecuador. In: Ehlers J et al (Hrsg) Quaternary glaciations – extent and chronology, a closer look. Developments in Quaternary Science 15, S 803–813

Heine K (2011b) Late Quaternary glaciations in Bolivia: comments on some new approaches to dating morainic sequences. In: Ehlers J et al (Hrsg) Quaternary glaciations – extent and chronology, A closer look. Developments in Quaternary Science 15, S 757–772

Heine K, Geyh MA (1984) Radiocarbon dating of speleothem from the Rössing cave, Namib desert, and palaeoclimatic implications. In: Vogel JC (Hrsg) Late cainozoic palaeoclimates of the southern hemisphere. Balkema, Rotterdam, S 465–470

Heine K, Geyh MA (2002) Neue ^{14}C-Daten zur Jüngeren Dryaszeit in den ecuadorianischen Anden. Eiszeitalt Gegenwart 51:33–50

Heine K, Heine JT (1996) Late glacial climatic fluctuations in Ecuador: glacier retreat during the Younger Dryas time. Arct Alp Res 28:496–501

Heine K, Heine JT (2002) A paleohydrologic reinterpretation of the Homeb Silts, Kuiseb River, central Namib Desert (Namibia) and paleoclimatic implications. Catena 48:107–130

Heine K, Ohngemach D (1976) Die Pleistozän/Holozän-Grenze in Mexiko. Münstersche Forschungen Zur Geol Paläontologie 38/39:229–251

Heine K, Schönhals E (1973) Entstehung und Alter der "toba"-Sedimente in Mexiko. Eiszeitalt Gegenwart 23/24:201–215

Heine K, Vázquez-Selem L (2002) Das 8,2 ka-Ereignis in Mexiko: Gletscherverhalten und klimatische Folgerungen. Schriftenr Dtsch Geol Ges 21:154

Heine K, Völkel J (2009) Desert flash flood series – Slackwater deposits and floodouts in Namibia: their significance for paleoclimatic reconstructions. Zentralblatt Für Geol Paläontologie Teil I 2007(3–4):287–308

Heine K, Völkel J (2010) Soil clay minerals in Namibia and their significance for the terrestrial and marine past global change research. African Study Monogr (Kyoto) 40(Suppl):15–34

Heine K, Völkel J (2011) Extreme floods around AD 1700 in the northern Namib Desert, Namibia, and in the Orange River catchment, South Africa, forced by a decrease of solar irradiance during the Little Ice Age? Geogr Polonica 84(Special Issue Part 1):61–80

Heine K, Walter R (1996) Gypcretes of the central Namib Desert (Namibia). Palaeoecol Africa 24:173–201

Heine K et al (2014) Why 'Younger Dryas', why not 'Antarctic Cold Reversal'? Eksteenfontein revisited. Palaeoecol Africa 32:163–183

Heinrich H (1988) Origin and consequences of cyclic ice rafting in the northeast Atlantic Ocean during the past 130,000 years. Quat Res 29:142–152

Heiri O et al (2009) Stable isotopes in chitinous fossils of aquatic invertebrates. PAGES News 17(3):100–102

Helgren DM (1978) Environmental history in the northwest Kalahari – a preliminary report. Palaeoecol Africa 10:65–66

Helle G, Panferov O (2004) Tree-rings, isotopes, climate and environment: TRICE. PAGES News 12(2):22–23

Helmens KF (1988) Late Pleistocene glacial sequence in the area of the high plain of Bogotá (Eastern Cordillera, Colombia). Palaeogeogr Palaeoclimatol Palaeoecol 67:263–283

Helmens KF (1990) Neogene-Quaternary geology of the high plain of Bogotá, Eastern Cordillera, Colombia (stratigraphy, paleoenvironments and landscape evolution). Diss Bot 163:1–202

Helmens KF (2011) Quaternary glaciations of Colombia. In: Ehlers J et al (Hrsg) Quaternary glaciations – extent and chronology, a closer look. Developments in Quaternary Science 15, S 815–834

Helmholtz Perspektiven (2014) Forschung. "Wir stehen vielleicht am Anfang einer evolutionären Krise". Helmholtz Perspektiven 2 (März–April 2014):16–20

Hemming SR (2004) Heinrich events: massive late Pleistocene detritus layers of the North Atlantic and their global climate imprint. Rev Geophys 42(RG1):5–2004. https://doi.org/10.1029/2003RG000128

Hempson GP et al (2015) A continent-wide assessment of the form and intensity of large mammal herbivory in Africa. Science 350:1056–1061

Henderson GM (2006) Caving in to new chronologies. Science 313:620–622

Hendy EJ et al (2002) Abrupt decrease in tropical pacific sea surface salinity at end of little Ice Age. Science 295:1511–1514

Herget J (2012) Am Anfang war die Sintflut. Hochwasserkatastrophen in der Geschichte. WBG, Darmstadt

Hermanowski B et al (2012) Environmental changes in southeastern Amazonia during the last 25,000 yr revealed from a paleoecological record. Quat Res 77:138–148

Hesse PP (1994) The record of continental dust from Australia in Tasman sea sediments. Quat Sci Rev 13:257–272

Hesse PP, McTainsh GH (2003) Australian dust deposits: modern processes and the quaternary record. Quat Sci Rev 22:2007–2035

Hesse PP et al (2004) Late Quaternary climates of the Australian arid zone: a review. Quat Int 118–119:87–102

Hettner A (1888) Reisen in den columbianischen Anden. Duncker & Humblot, Leipzig.

Hettner A (1889) Dritter Bericht von Herrn Alfred Hettner über seine Reisen in Peru und Bolivien. Verhandlungen Ges Für Erdkd Berl 16:269–276

Hettner A (1892) Die Kordillere von Bogotá. Gotha, Perthes. VI, 131 S. [Übersetzung von E. Guhl (1966). La Cordillera de Bogotá. Resultados de Viajes y Estudios. Bogotá, Talleres Gráficos del Banco de la República. 351 S.]

Heusser CJ (1966) Polar hemispheric correlation: palynological evidence from Chili and the Pacific Northwest of America. In: Swayer JS (Hrsg) World climate from 8000 to 0 BP. Proceedings international symposium world climate. Royal Meteorological Society, London, S 124–142

Heusser CJ, Rabassa J (1987) Cold climatic episode of Younger Dryas age in Tierra del Fuego. Nature 328:609–611

Heusser CJ, Streeter SS (1980) A temperature and precipitation record of the past 16 000 years in southern Chile. Science 210:1345–1347

Heusser CJ et al (1981) Temperature and precipitation record in southern Chile extended to ~43,000 yr ago. Nature 294:65–67

Hewitt K et al (2011) Rock avalanches and the pace of late Quaternary development of river valleys in the Karakoram Himalaya. Geol Soc Am Bull 123:1836–1850

Heyman J et al (2009) Palaeoglaciation of Bayan Har Shan, northeastern Tibetan Plateau: glacial geology indicates maximum extents limited to ice cap and ice field scales. J Quat Sci 24:710–727

Heyman J et al (2011) Too young or too old: evaluating cosmogenic exposure dating based on an analysis of compiled boulder exposure ag*es*. Earth Planet Sci Lett 302:71–80

Hibbert FD et al (2016) Coral indicators of past sea-level change: a global repository of U-series dated benchmarks. Quat Sci Rev 145:1–56

Higgins JA et al (2015) Atmospheric composition 1 million years ago from blue ice in the Allan Hills, Antarctica. Proc Natl Acad Sci 112:6887–6891

Hill JC, Condron A (2014) Subtropical iceberg scours and meltwater routing in the deglacial western North Atlantic. Nat Geosci 7:806–810

Hillesheim MB et al (2005) Climate change in lowland Central America during the late deglacial and early Holocene. J Quat Sci 20:363–376

Hipondoka MHT (2005) The Development and Evolution of Etosha Pan, Namibia. Unveröff. Dissertation Universität Würzburg. 152 S

Hodell DA (2011) Maya megadrought? Nature 479:45

Hodell DA et al (1991) Reconstruction of Caribbean climate change over the past 10,500 years. Nature 352:790–793

Hodell DA et al (1995) Possible role of climate in the collapse of classic Maya civilization. Nature 375:91–394

Hodell DA et al (2001) Solar forcing of drought frequency in the Maya lowlands. Science 292:1367–1370

Hodell DA et al (2005) Terminal Classic drought in the northern Maya lowlands inferred from multiple sediment cores in Lake Chichancanab (México). Quat Sci Rev 24:1413–1427

Hodell DA et al (2008) An 85-ka record of climate change in lowland Central America. Quat Sci Rev 27:1152–1165

Hodgson DA, Convey P (2005) A 7000-year record of oribatid mite communities on a maritime-antarctic island: responses to climate change. Arct Antarct Alp Res 37:239–245

Hodgson DA, Sime LC (2010) Southern westerlies and CO_2. Nat Geosci 3:666–667

Hodgson JA et al (2014) Early back-to-Africa migration into the Horn of Africa. PLoS Genet. https://doi.org/10.1371/journal.pgen.1004393

Hoegh-Guldberg O et al (2007) Coral reefs under rapid climate change and ocean acidification. Science 318:1737–1742

Hoek H, Steinmann G (1905) Erläuterungen zur Routenkarte der Expedition Steinmann, Hoek, v. Bistram in den Anden von Bolivien 1903–04. Petermanns Geogr Mitt 52:1–13, 25–31

Hoelzmann P et al (2004) Palaeoenvironmental changes in the arid and subarid belt (Sahara-Sahel-Arabian Peninsula) from 150 kyr to present. In: Batterbee RW et al (Hrsg) Past climate variability through Europe and Africa. Springer, Dordrecht, S 219–256

Hoffmann J et al (2014) Disentangling abrupt deglacial hydrological changes in northern South America: insolation versus oceanic forcing. Geology 42:579–582

Hogan J (2007) Cosmic-ray results auger well for future. Nature 448:7–8

Hoganson JW, Ashworth AC (1992) Fossil beetle evidence for climatic change 18,000–10,000 years B.P. in south-central Chile. Quat Res 37:101–116

Holbourn A et al (2005) Impacts of orbital forcing and atmospheric carbon dioxide on Miocene ice-sheet expansion. Nature 438:483–487

Holdaway RN, Jacomb C (2000) Rapid extinction of the moas (aves: dinornithiformes): model, test, and implications. Science 287:2250–2254

Hollesen J et al (2015) Permafrost thawing in organic Arctic soils accelerated by ground heat production. Nat Clim Chang 5:574–578

Holmgren CA et al (2001) Holocene vegetation history from fossil rodent middens near Arequipa, Peru. Quat Res 56:242–251

Holmgren CA et al (2006) A 36,000-yr vegetation history from the Peloncillo Mountains, southeastern Arizona, USA. Palaeogeogr Palaeoclimatol Palaeoecol 240:405–422

Holmgren K et al (1999) A 3000-year high-resolution record of palaeoclimate for north-eastern South Africa. Holocene 9:295–309

Holmgren K et al (2003) Persistent millennial-scale climatic variability over the past 25,000 years in southern Africa. Quat Sci Rev 22:2311–2326

Hooghiemstra H (1984) Vegetational and climatic history of the high plain of Bogotá, Colombia: a continuous record of the last 3.5 million years. Diss Bot 79:1–368

Hooghiemstra H (1996) Aspects of neogene-Quaternary environmental and climatic change in equatorial and Saharan Africa. Palaeoecol Africa 24:115–132

Hooghiemstra H (1989) Quaternary and Upper-Pliocene glaciations and forest development in the tropical Andes: evidence from a long high-resolution pollen record from the sedimentary basin of Bogotá, Colombia. Palaeogeogr Palaeoclimatol Palaeoecol 72:11–26

Hooghiemstra H (1997) Climatic change at low elevations: expedition to the savannas and rain forest of Colombia. PAGES News 5(3):11

Hooghiemstra H, Cleef AM (1995) Pleistocene climatic change and environmental and generic dynamics in the north Andean montane forest and paramo. In: Churchill SP et al (Hrsg) Biodiversity and conservation of neotropical montane forests. The New York Botanical Garden, New York, S 35–49

Hooghiemstra H, van 't Veer R (1999) A 0.6 million year pollen record from the Colombian Andes. PAGES News 7(3):4–5

Hooijer DA (1974) Quaternary mammals west and east of Wallace's Line. Neth J Zool 25:46–56

LeB. Hooke R (2005) Principles of glacier mechanics, 2. Aufl. Cambridge University Press, Cambridge

Lebreiro SM et al (1996) Evidence for Heinrich layers off Portugal (Tore Seamount: 39°N, 12°W). Marine Geology 131:47-56

Hope GS (1996) Quaternary change and historical biogeography of Pacific Islands. In: Keast A und Miller SE (Hrsg) The Origin and Evolution of Pacific Island Biotas, New Guinea to Eastern Polynesia: Patterns and Process. SPB Publishing, Amsterdam, S 165–190

Hope GS, Peterson JA (1975) Glaciation and vegetation in the high New Guinea mountains. In: Suggate RP, Cresswell MM (Hrsg) Quaternary studies. The Royal Society of New Zealand, Bulletin 13, S 155–162

Hope G et al (2004) History of vegetation and habitat change in the Austral-Asian region. Quat Int 118–119:103–126

Hopkin M (2005) Antarctic ice puts climate predictions to the test. Nature 438:536–537

Hopkin M (2007) Missing gas saps plant theory. Nature 447:11

Hoppenrath M et al (2014) Marine benthic dinoflagellates – unveiling their worldwide biodiversity. Kleine Senckenberg-Reihe. Schweizerbarth, Stuttgart.

Hora JM et al (2007) Volcano evolution and eruptive flux on the thick crust of the Andean Central Volcanic Zone: $^{40}Ar/^{39}Ar$ constraints from Volcán Parinacota, Chile. Geol Soc Am Bull 119(3):343–362

Hori N (1977) Weathering and cuirasses in the Yaoundé area and geographical variation of weathering profile and superficial deposits. In: Kadomura H (Hrsg) Geomorphological studies in the forest and Savanna areas of Cameroon. Laboratory of fundamental research, division of environmental structure, graduate school of science, Hokkaido University, special publication 1, S 67–71

Horiuchi K et al (2008) Ice core record of ^{10}Be over the past millennium from Dome Fuji, Antarctica: a new proxy record of past solar activity and a powerful tool for stratigraphic dating. Quat Geochronol 3:253–261

Horn SP (1990) Timing of deglaciation in the Cordillera de Talamanca, Costa Rica. Clim Res 1:81–83

Horowitz A (1992) Palynology of Arid lands. Elsevier, Amsterdam

Hostetler SW, Clark PU (2000) Tropical climate at the last glacial maximum inferred from glacier mass-balance modeling. Science 290:1747–1750

Hotchkiss S, Juvik JO (1999) A Late-Quaternary pollen record from Ka'au crater, O'ahu, Hawai'i. Quat Res 52:115–128

Hovenden MJ et al (2014) Seasonal not annual rainfall determines grassland biomass response to carbon dioxide. Nature 511:583–586

Hövermann J (1988) The Sahara, Kalahari and Namib deserts: a geomorphological comparison. In: Dardis GF, Moon BP (Hrsg) Geomorphological studies in southern Africa. Balkema, Rotterdam, S 71–83

Hövermann J et al (1992) Neue Befunde zur Paläoklimatologie Nordafrikas und Zentralasiens. Abhandlungen Braunschw Wissenschaftlichen Ges 43:127–150

Hovey EO (1907) The geological society of America. Science 25:761–775

Hsiang SM et al (2011) Civil conflicts are associated with the global climate. Nature 476:438–441

Hu X-F et al (2009) Influence of the aging of Fe oxides on the decline of magnetic susceptibility of the Tertiary red clay in the Chinese Loess Plateau. Quat Int 209:22–30

Huang J et al (2014) Climate effects of dust aerosols over East Asian arid and semiarid regions. J Geophys Res Atmospheres 119:11398–11416

Huang S et al (1999) Global database of Borehole temperatures and climate reconstructions. PAGES News 7(2):18–19

Huang S et al (2000) Temperature trends over the past five centuries reconstructed from borehole temperatures. Nature 403:756–758

Huang S (2006) Consolidating high- and low-resolution information from different sources into a Northern Hemisphere climate reconstruction. PAGES News 14(2):22–24

Huber M, Knutti R (2012) Anthropogenic and natural warming inferred from changes in Earth's energy balance. Nat Geosci 5:31–36

Huber M, Knutti R (2014) Natural variability, radiative forcing and climate response in the recent hiatus reconciled. Nat Geosci 7:651–656

Huffman TN, Woodborne S (2015) Archaeology, baobabs and drought: cultural proxies and environmental data from the Mapungubwe landscape. Holcene. https://doi.org/10.1177/0959683615609753

Hughen KA et al (1996) Rapid climate changes in the tropical Atlantic region during the last deglaciation. Nature 380:51–54

Hughen KA et al (2000) Synchronous radiocarbon and climate shifts during the last deglaciation. Science 290:1951–1954

Hughen K et al (2004) ^{14}C activity and global carbon cycle changes over the past 50,000 years. Science 303:202–207

Hughes MK et al (2002) The ancient Bristlecone pines of Methuselah walk, California, as a natural archive of past environment. PAGES News 10(1):16–17

Hulbe C (2010) Extreme iceberg generation exposed. Nat Geosci 3:80–81

Humboldt A von und Bonpland A (1810) Vues des Cordillères et Monumens des Peuples Indigènes de l'Amerique. Paris [de l'Imprimerie de JH Stône] chez F Schoell. Two volumes bound in one

Humboldt A v (1978) Kosmos. Quellen u. Forsch. z. Gesch. d. Geographie u. d. Reisen, 12. Brockhaus, Stuttgart

Humboldt A v (2008) Werke. Darmstädter Ausgabe, hrsg. und komm. von Hanno Beck. 7 Abteilungen mit 10 Bänden. 2. Aufl. Zus. LXXVIII, 3819 S

Humboldt A v, Bonpland A (1807) Ideen zu einer Geographie der Pflanzen nebst einem Naturgemälde der Tropenländer. Cotta, Tübingen

Humlum O (1988) Rock glacier appearance level and rock glacier initiation line altitude: a methodological approach to the study of rock glaciers. Arct Alp Res 20:160–178

Humlum O (1997) Active layer thermal regime at three rock glaciers in Greenland. Permafr Periglac Process 8:383–408

Humlum O (1998) The climatic significance of rock glaciers. Permafr Periglac Process 9:375–395

Huntingford C et al (2013) Simulated resilience of tropical rainforests to CO_2-induced climate change. Nat Geosci 6:268–273

Huntington E (1915) Civilization and climate. Yale University Press

Huntsman-Mapila P et al (2006) Use of the geochemical and biological sedimentary record in establishing palaeoenvironments and climate change in the Lake Ngami basin, NW Botswana. Quat Int 148:51–64

Hupfer P, Kuttler W (Hrsg) (1998) Witterung und Klima. Teubner, Stuttgart

Hürkamp K et al (2011) Late Quaternary environmental changes from aeolian and fluvial geoarchives in the Southwestern Kalahari, South Africa: Implications for past African climate dynamics. South African J Geol 114:459–474

Hurlbert SH, Chang CCY (1984) Ancient Ice Islands in Salt Lakes of the Central Andes. Science 224:299–302

Hurrell JW et al (Hrsg) (2003) The North Atlantic oscillation: climatic significance and environmental impact. Geophysical Monograph Series 134. AGU (American Geophysical Union)

Hutchins DA (2011) Forecasting the rain ratio. Nature 476:41–42

Huusko A, Hicks S (2009) Conifer pollen abundance provides a proxy for summer temperature: evidence from the latitudinal forest limit in Finland. J Quat Sci 24:522–528

Huybers P, Curry W (2006) Links between annual, Milankovitch and continuum temprature variability. Nature 441:329–332

Huybers P, Denton G (2008) Antarctic temperature at orbital timescales controlled by local summer duration. Nat Geosci 1:787–792

Hvidberg CS (2016) Ice sheet in peril. Science 351:562–563

Iles CE et al (2015) Volcanic eruptions and the global hydrological cycle. PAGES Mag 23(2):56–57

Imbrie J, Palmer-Imbrie K (1981) Die Eiszeiten. Naturgewalten verändern unsere Welt. Knauer, München

Imbrie J et al (1984) The orbital theory of Pleistocene climate: support from a revised chronology of the marine $\delta^{18}O$ record. In: Berger AL et al (Hrsg) Milankovitch and climate. Reidel, Dordrecht, S 269–305

Ineson S, Scaife AA (2009) The role of the stratosphere in the European climate response to El Niño. Nat Geosci 2:32–36

Insel N et al (2009) Influence of the Andes Mountains on South American moisture transport, convection, and precipitation. Clim Dyn. https://doi.org/10.1007/s00382-009-0637-1

IPCC (1990) Climate change. The IPCC scientific assessment, working group 1 report. Intergovernmental Panel on Climate Change 1990

IPCC (2007) Zusammenfassung für politische Entscheidungsträger. In: Solomon S et al (Hrsg) Klimaänderung 2007: Wissenschaftliche Grundlagen. Beitrag der Arbeitsgruppe zum Vierten Sachstandsbericht des Zwischenstaatlichen Ausschusses für Klimaänderung (IPCC). Cambridge University Press, Cambridge (Deutsche Übersetzung durch ProClim-, österreichisches Umweltbundesamt, deutsche IPCC-Koordinationsstelle, Bern/Wien/Berlin. 18 S)

IPCC (2011) Summary for policymakers. In: Field CB et~al (Hrsg) Intergovernmental Panel on Climate Change, Special Report on Managing the Risks of Extreme Events and

Disasters to Advance Climate Change Adaptation. Cambridge University Press, Cambridge, United Kingdom and New York, NY, USA

IPCC (2013) Summary for policymakers. In: Stocker TF et al (Hrsg) Climate change 2013: the physical science basis. Contribution of working group to the fifth assessment report of the intergovernmental panel on climate change. Cambridge University Press, Cambridge

IPICS (2016) International Partnerships in ice core sciences. Second open conference 7-11 March 2016, Hobart, Australia. http://www.ipics2016.org/. Zugegriffen: 11.09.2018

Iriondo M, Latrubesse E (1994) A probable scenario for a dry climate in Central Amazonia during the Late Quaternary. Quat Int 21:121–128

Irvine EA et al (2014) A simple framework for assessing the trade-off between the climate impact of aviation carbon dioxide emissions and contrails for a single flight. Environ Res Lett 9(6):64021. https://doi.org/10.1088/1748-9326/9/6/064021

Ishikawa M et al (2001) Genetic differences of rock glaciers and the discontinuous mountain permafrost zone in Kanchanjunga Himal, eastern Nepal. Permafr Periglac Process 12:243–253

Islebe GA et al (1996) A Holocene vegetation history from lowland Guatemala. Holocene 6:265–271

Israde-Alcántara I et al (2005) Lake level change, climate, and the impact of natural events: the role of seismic and volcanic events in the formation of the Lake Patzcuaro Basin, Michoacan, Mexico. Quat Int 135:35–46

Iturrizaga L (2015) Extremereignisse aus Fels und Eis im Hochgebirge. Geogr Rundsch 67(7–8):14–23

Jacobson PJ et al (1995) Ephemeral rivers and their catchments. Desert Research Foundation of Namibia (DRFN), Windhoek

Jacoby GC (1989) Overview of tree-ring analysis in tropical regions. IAWA Bull (International Assoc World Anat) 10:99–108

Jäger F (1927) Die Etoschapfanne. Mitteilungen Aus Den Dtsch Schutzgebieten 34(7):1–22

Jäger F (1928) Afrika, 3. Aufl. Bibliographisches Institut, Leipzig

Jäkel D (1978) Eine Klimakurve für die Zentralsahara. In: Museen der Stadt Köln (Hrsg) Sahara, 10.000 Jahre zwischen Weide und Wüste. Handbuch zu einer Ausstellung des Rautenstrauch-Joest-Museums für Völkerkunde. Museen der Stadt Köln, Köln, S 382–396

Jameson J, Strohmenger C (2012) Relative Sea-Level Changes during the Late Pleistocene to Holocene of Qatar: Implications for Eustasy and Tectonics: Qatar Center for Coastal Research. ExxonMobil Research Qatar. http://www.searchanddiscovery.com/pdfz/documents/2012/50704jameson/ndx_jameson.pdf.html

Jankaew K et al (2008) Medieval forewarning of the 2004 Indian Ocean tsunami in Thailand. Nature 455:1228–1231

Jankowski NR et al (2016) A late Quaternary vertebrate deposit in Kudjal Yolgah Cave, south-western Australia: refining regional late Pleistocene extinctions. J Quat Sci 31:538–550

Jansen E et al (2007) Palaeoclimate. In: Solomon S et al (Hrsg) Climate change 2007: the physical science basis; contribution of working group I to the fourth assessment report of the Intergovernmental Panel on Climate Change. Cambridge University Press, Cambridge, S 433–497

Jansen JHF et al (1984) Late Quaternary oceanography and climatology of the Zaire-Congo fan and the adjacent eastern Angola basin. Neth J Sea Res 17:201–249

Jansen JHF et al (1986) A mid-Brunhes climatic event: long term changes in global atmosphere and ocean circulation. Science 232:619–622

Jasechko S (2017) Global aquifers dominated by fossil groundwaters but wells vulnerable to modern contamination. Nat Geosci 10:425–429

Jasechko S et al (2013) Terrestrial water fluxes dominated by transpiration. Nature 496:347–350

Jennerjahn TC et al (2004) Asynchronous terrestrial and marine signals of climate change during Heinrich events. Science 306:2236–2239

Jerolmack DJ et al (2012) Internal boundary layer model for the evolution of desert dune fields. Nat Geosci 5:206–210

Jerret M (2015) The death toll from air-pollution sources. Nature 525:330–331

Jessen CA et al (2007) Climate forced atmospheric CO_2 variability in the early Holocene: a stomatal frequency reconstruction. Glob Planet Change 57:247–260

Jin H et al (2000) Permafrost and climatic change in China. Glob Planet Change 26:387–404

Jochmann H, Greiner-Mai H (1995) Klimazyklen, Erdkerndynamik und Schwerefeld. In: Helmholtz-Gemeinschaft Deutscher Forschungszentren (Hrsg) Paläoklima und Klimaprozesse. HGF, Bonn, S 30–31

Johnsen SJ et al (1992) Irregular glacial interstadials recorded in a new Greenland ice core. Nature 359:311–313

Johnson B (2013) Extinction promoted fire. Nat Geosci 6:595–596

Johnson BC et al (2016) The reduction of friction in long runout landslides as an emergent phenomenon. J Geophys Res. https://doi.org/10.1002/2015JF003751

Johnson GC, Lyman JM (2014) Oceanography: where's the heat? Nat Clim Chang. https://doi.org/10.1038/nclimate2409

Johnson TC (1996) Sedimentary processes and signals of past climatic change in the large lakes of the East African rift valley. In: Johnson TC, Odada EO (Hrsg) The Limnology, climatology and paleoclimatology of the East African lakes. Gordon & Breach, , S 367–412

Johnson TC, Odada EO (Hrsg) (1996) The limnology, climatology and Paleoclimatology of the East African lakes. Gordon & Breach,

Johnson TC et al (1996) Late pleistocene desiccation of lake Victoria and rapid evolution of cichlid fishes. Science 273:1091–1093

Johnson TC et al (2002) A high-resolution paleoclimate record spanning the past 25,000 years in southern East Africa. Science 296:113–132

Johnson TC et al (2016) A progressively wetter climate in southern East Africa over the past 1.3 million years. Nature 537:220–224

Johnson WC (2014) Sequestration in buried soils. Nat Geosci 7:398–399

Jolly D, Haxeltine A (1997) Effect of low glacial atmospheric CO_2 on tropical African montane vegetation. Science 276:786–788

Jomelli V et al (2009) Fluctuations of glaciers in the tropical Andes over the last millennium and palaeoclimatic implications: a review. Palaeogeogr Palaeoclimatol Palaeoecol 281:269–282

Jomelli V et al (2011) Irregular tropical glacier retreat over the Holocene epoch driven by progressive warming. Nature 474:196–199

Jomelli V et al (2014) A major advance of tropical Andean glaciers during the Antarctic cold reversal. Nature 513:224–228

Jones AM et al (2008) A community change in the algal endosymbionts of a scleractinian coral following a natural bleaching event: field evidence of acclimatization. Proc R Soc B 275(1641):1359–1365

Jones MQW et al (1999) Modelling climatic change in South Africa from perturbed borehole temperature profiles. Quat Int 57/58:185–192

Jones N (2013) Catastrophes from the past will strike again – we just do not know when. Nature 493:155–156

Jones PD et al (1998) High-resolution palaeoclimatic records for the last millennium: interpretation, integration and comparison with General Circulation Model control-run temperatures. Holocene 8:455–471

Jones PD et al (2001) The evolution of climate over the last millennium. Science 292:662–667

Jones PD et al (2009) High-resolution palaeoclimatology of the last millennium: a review of current status and future prospects. Holocene 19:3–49

Joordens JCA et al (2015) *Homo erectus* at Trinil on Java used shells for tool production and engraving. Nature 518:228–231

Jordan E (1983) Die Vergletscherung des Cotopaxi – Ecuador. Zeitschrift Gletscherkd Glazialgeol 19:73–102

Jordan E (1991) Die Gletscher der bolivianischen Anden. Steiner, Stuttgart

Jordan E (2003) Die Glazialforschungen Hans Meyers aus heutiger Sicht. Wertung der wissenschaftlichen Leistungen Meyers in den Hochanden von Ekuador aus aktueller Sicht und Ausblick auf die geographischen Forschungsergebnisse der vergangenen 100 Jahre. In: Brogiato HP (Hrsg) Die Anden. Geographische Erforschung und künstlerische Darstellung. 100 Jahre Andenexpedition von Hans Meyer und Rudolf Reschreiter 1903–2003. Wissenschaftliche Alpenvereinshefte 37, S 159–193

Jordan E, Hastenrath S (1998) Glaciers of Ecuador. United States Geological Survey, Washington, Professional Paper 1386-I, S 131–150

Jordan E et al (1993) Pleistocene moraine sequences in different areas of glaciation in the Bolivian Andes. Zentralblatt Für Geol Paläontologie I 1/2/1993:455–470

Jordan E et al (2003) Die Glazialforschungen Hans Meyers aus heutiger Sicht. Wertung der wissenschaftlichen Leistungen Meyers in den Hochanden von Ekuador aus aktueller Sicht und Ausblick auf die geographischen Forschungsergebnisse der vergangenen 100 Jahre. Wissenschaftliche Alpenvereinshefte 37:159–193

Jourdan F et al (2007) The problem of inherited $^{40}Ar^*$ in dating impact glass by the $^{40}Ar/^{39}Ar$ method: Evidence from the Tswaing impact crater (South Africa). Geochim Cosmochim Acta 71:1214–1231

Jouzel J et al (1987) Vostok ice core: a continuous isotope temperature record over the last climatic cycle (160,000 years). Nature 329:403–407

Jouzel J et al (2007) Orbital and millennial antarctic climate variability over the past 800,000 years. Science 317:793–796

Juggins S (2013) Quantitative reconstructions in palaeolimnology: new paradigm or sick science? Quat Sci Rev 64:20–32

Jullien E et al (2007) Low-latitude "dusty events" vs. high-latitude "icy Heinrich events". Quat Res 68:379–386

Joyce DA et al (2005) An extant cichlid fish radiation emerged in an extinct Pleistocene lake. Nature 435:90–95

Juyal N et al (2010) Late Quaternary fluvial aggradation and incision in the monsoon-dominated Alaknanda valley, Central Himalaya, Uttrakhand, India. J Quat Sci 25:1293–1304

Kääb A et al (2008) Climate change impacts on mountain glaciers and permafrost. Glob Planet Change 56(1–2):VII–IX

Kadomura H (1980) Reconstruction of palaeoenvironments in tropical Africa during the Würm glacial maximum: a review. Environ Sci Hokkaido 3(3):147–154

Kadomura H (1986) Late glacial – early holocene environmental changes in tropical Africa: a comparative analysis with deglaciation history. Geogr Reports Tokyo Metrop Univ 21:1–21

Kadomura H (1995) Palaeoecological and palaeohydrological changes in the humid tropics during the last 20,000 years, with reference to equatorial Africa. In: Gregory KJ et al (Hrsg) Global continental palaeohydrology. Wiley, New York, S 177–202

Kadomura H, Hori N (1978) Some notes on landforms and superficial deposits in the forest and Savanna zones of inland Cameroon. J Geogr 87(6):37–55 (In Japanisch)

Kahlke HD (1981) Das Eiszeitalter. Urania, Leipzig

Kaiser E (1926) Die Diamantenwüste Südwest-Afrikas, zugleich Erläuterung zu einer geologischen Spezialkarte der südl. Diamantenfelder. 2 Bände. Reimer, Berlin

Kaiser K-F (1993) Klimageschichte vom späten Hochglazial bis ins frühe Holozän, rekonstruiert mit Jahrringen und Molluskenschalen aus verschiedenen Vereisungsgebieten. Ziegler, Winterthur

Kamenik C et al (2009) Pollen/climate calibration based on a near-annual peat sequence from the Swiss Alps. J Quat Sci 24:529–546

Kandiano ES et al (2004) Sea surface temperature variability in the North Atlantic during the last two glacial-interglacial cycles: comparison of faunal, oxygen isotopic, and Mg/Ca-derived records. Palaeogeogr Palaeoclimatol Palaeoecol 204:145–164

Kaplan MR et al (2010) Glacier retreat in New Zealand during the Younger Dryas stadial. Nature 467:194–197

Kapnick SB et al (2014) Snowfall less sensitive to warming in Karakoram than in Himalayas due to a unique seasonal cycle. Nat Geosci 7:834–840

Karátson D et al (2010) Late-stage volcano geomorphic evolution of the Pleistocene San Francisco Mountain, Arizona (USA), based on high-resolution DEM analysis and $^{40}Ar/^{39}Ar$ chronology. Bull Volcanol 72:833–846

Karátson D et al (2012) Erosion rates and erosion patterns of Neogene to Quaternary stratovolcanoes in the Western Cordillera of the Central Andes: an SRTM DEM based analysis. Geomorphology 139–140:122–135

Karl TR et al (2015) Possible artifacts of data biases in the recent global surface warming hiatus. Science 348:1469–1472

Karlén W, Rosqvist G (1988) Glacier fluctuations recorded in lacustrine sediments on Mount Kenya. Natl Geogr Res 4:219–232

Karlén W et al (1999) Glacier fluctuations on mount Kenya since ~6000 cal. Years BP: implications for holoceneclimatic change in Africa. Ambio 28:409–418

Karte J (1990) Das Ensemble der periglaziären Formen in dreidimensionaler Sicht. In: Liedtke H (Hrsg) Eiszeitforschung. WBG, Darmstadt, S 238–249

Karte J, Liedtke H (1981) The theoretical and practical definition of the term "periglacial" in geographical and geological meaning. Biuletyn Periglacjalny 28:123–135

Kaser G (1999) A review of the modern fluctuations of tropical glaciers. Glob Planet Change 22:93–103

Kaser J, Osmaston H (2002) Tropical glaciers. Cambridge University Press, Cambridge

Kaser G et al (2004) Modern glacier retreat on Kilimanjaro as evidence of climate change: observations and facts. Int J Climatol 24:329–339

Kaser G et al (2010) Is the decline of ice on Kilimanjaro unprecedented in the Holocene? Holocene 20:1079–1091

Kaufman D et al (2013) A regional view of global climate change. Glob Chang 81:18–23

Kaufman YJ et al (2002) A satellite view of aerosols in the climate system. Nature 419:215–223

Kaufmann A (1936) Ägypten und der englisch-ägyptische Sudan. In: Klute F et al (Hrsg) Afrika in Natur, Kultur und Wirtschaft. Akademische Verlagsgesellschaft, Potsdam, S 147–210

Kayser E (1918) Lehrbuch der Allgemeinen Geologie Teil I, 5. Aufl. Enke, Stuttgart

Keefer DK et al (2003) A 38 000-year record of floods and debris flows in the Ilo region of southern Peru and its relation to El Niño events and great earthquakes. Palaeogeogr Palaeoclimatol Palaeoecol 194:41–77

Keenan TF et al (2016) Recent pause in the growth rate of atmospheric CO_2 due to enhanced terrestrial carbon uptake. Nat Commun. https://doi.org/10.1038/ncomms13428

Keigwin LD (1996) The little Ice Age and medieval warm period in the Sargasso sea. Science 274:1503–1508

Keigwin L et al (2005) Seasonality and stable isotopes in planktonic foraminifera off Cape Cod, Massachusetts. Paleoceanography 20:PA4011. https://doi.org/10.1029/2005PA001150

Kellerhals T et al (2010) Ammonium concentration in ice cores: a new proxy for regional temperature reconstruction? J Geophys Res 115:D16123. https://doi.org/10.1029/2009JD012603

Kelly KA, Thompson L (2016) Unexpected fix for ocean models. Nature 535:497–498

Kelly MA et al (2012) Late glacial fluctuations of Quelccaya Ice Cap, southeastern Peru. Geology 40:991–994

Kelly MA et al (2014) Expanded glaciers during a dry and cold Last Glacial Maximum in equatorial East Africa. Geology 42:519–522

Kelly MA et al (2015) A locally calibrated, late glacial ^{10}Be production rate from a low-latitude, high-altitude site in the Peruvian Andes. Quat Geochronol 26:70–85

Kelso C, Vogel C (2007) The climate of Namaqualand in the nineteenth century. Climatic Change 83:357–380

Kemp AES (2014) Seasonal laminae in marine sediments: applications and potential. PAGES Mag 22(1):14–15

Kennedy D (2007) Year of the reef. Science 318:1695

Kennett DJ et al (2012) Development and disintegration of Maya political systems in response to climate change. Science 338:788–791

Kennett JP et al (2003) Methane hydrates in quaternary climate change. American Geophysical Union, Washington, DC.

Keppler F et al (2006) Methane emissions from terrestrial plants under aerobic conditions. Nature 439:187–191

Kerr RA (2007) Is a thinning haze unveiling the real global warming? Science 315:1480

Kerr RA (2009a) Clouds appear to be big, bad player in global warming. Science 325:376

Kerr RA (2009b) Joining forces to pump up a variable sun's climate effects. Science 325:1058–1059

Kerr RA (2011) Humans are driving extreme weather; time to prepare. Science 334:1040

Kerr RA (2013) Soot is warming the world even more than thought. Science 339:382

Kerschner H, Ivy-Ochs S (2008) Palaeoclimate from glaciers: examples from the Eastern Alps during the Alpine Lateglacial and early Holocene. Glob Planet Change 60:58–71

Kershaw P, van der Kaars S (2012) Australia and the southwest Pacific. In: Metcalfe SE, Nash DJ (Hrsg) Quaternary environmental change in the tropics. Wiley, Chichester, S 236–262

Kershaw P et al (2002) Quaternary records of vegetation, biomass burning, climate and possible human impact in the Indonesian-northern Australian region. Catena 48:97–118

Kershaw P et al (2007) A complete pollen record of the last 230 ka from Lynch's Crater, north-eastern Australia. Palaeogeogr Palaeoclimatol Palaoecology 251:23–45

Kessler A (1984) The paleohydrology of late pleistocene lake Tauca on the Bolivian Altiplano and recent climatic fluctuations. In: Vogel JC (Hrsg) Late Cainozoic paleoclimates of the southern hemisphere. Balkema, Rotterdam, S 115–122

Kiage LM, Liu K-B (2006) Late Quaternary palaeoenvironmental changes in East Africa: a review of multiproxy evidence from palynology, lake sediments, and associated records. Prog Phys Geogr 30:633–658

Kick W (1994) Gletscherforschung am Nanga Parbat 1856–1990. Wissenschaftliche Alpenvereinshefte 30:1–153

Kiefer T, Kienast M (2005) Patterns of deglacial warming in the Pacific Ocean: a review with emphasis on the time interval of Heinrich event 1. Quat Sci Rev 24:1063–1081

Kienast M et al (2006) Eastern Pacific cooling and Atlantic overturning circulation during the last deglaciation. Nature 443:846–849

Kienel U, Negendank JFW (2010) Die „Kleine Eiszeit“ dokumentiert in Landschaftsbildern und den Sedimenten eines Maarsees. In: Wefer G, Schmieder F (Hrsg) Expedition Erde. Wissenswertes und Spannendes aus den Geowissenschaften. Marum, Bremen, S 416–421

Kim J-H, Schneider RR (2003) Low-latitude control of interhemispheric sea-surface temperature contrast in the tropical Atlantic over the past 21 kyr: the possible role of SE trade winds. Clim Dyn 21:337–347

Kim J-H et al (2002) Interhemispheric comparison of deglacial sea-surface temperature patterns in Atlantic eastern boundary currents. Earth Planet Sci Lett 194:383–393

Kim J-H et al (2003) Reconstruction of SE trade-wind intensity based on sea-surface temperature gradients in the Southeast Atlantic over the last 25 kyr. Geophys Res Lett 30(22):2144. https://doi.org/10.1029/2003GL017557

King J (2014) A resolution of the Antarctic paradox. Nature 505:491–492

Kinzl H (1942) Gletscherkundliche Begleitworte zur Karte der Cordillera Blanca, Peru. Zeitschrift Gletscherkd 28(1+2):1–13

Kinzl H (1949) Die Vergletscherung in der Südhälfte der Cordillera Blanca, Peru. Zeitschrift Gletscherkd Glazialgeol 1:1–28

Kinzl H (1973) Die frühesten Meinungen und Beobachtungen über die pleistozäne Vergletscherung in den südamerikanischen Tropen. In: Geographische Zeitschrift Beihefte ‚Geographie heute – Einheit und Vielfalt‘ (E. Plewe 65. Geburtstag-Festschrift), S 94–104

Kirby ME (2016) Water's past revisited to predict its future. Nature 532:44–45

Kirchhoff H (1944) Bolivia, its people and scenery. Kraft, Buenos Aires

Kirillova IV et al (2016) Taphonomic phenomenon of ancient hair from Glacial Beringia: perspectives for palaeontological reconstructions. Boreas 45:455–469

Kirkbride MP (2010) A glacial test of timing. Nature 467:129–130

Kirkby J et al (2016) Ion-induced nucleation of pure biogenic particles. Nature 533:521–526

Kirst GJ et al (1999) Late Quaternary temperature variability in the Benguela current system derived from alkenones. Quat Res 52:92–103

Klein RG (1984) The large mammals of southern Africa: late pliocene to recent. In: Klein RG (Hrsg) Southern African prehistory and Paleoenvironments. Balkema, Rotterdam, S 107–146

Klein Goldewijk K (2000) Estimating global land use change over the past 300 years: the HYDE database. Global Biogeochem Cycles 15:417–434

Kleypas JA et al (2001) The future of coral reefs in an age of global change. Int J Earth Sci 90:426–437

Klitzsch E et al (1976) Grundwasser der Zentralen Sahara: Fossile Vorräte. Geol Rundsch 65:264–287

Klitzsch E, Thorweihe U (Hrsg) (1999) Deutsche Forschungsgemeinschaft. Nordost-Afrika: Strukturen und Ressourcen.

Ergebnisse aus dem Sonderforschungsbereich „Geowissenschaftliche Probleme in ariden und semiariden Gebieten". Wiley, Weinheim

Klotzbach P et al (2015) Active Atlantic hurricane era at its end? Nat Geosci 8:737–738

Klute F (1920) Ergebnisse der Forschungen am Kilimandscharo 1912. Reimer (Vohsen), Berlin (VIII + 136 S. + 1 grosse gef. stereophotogrammetrischen Karte)

Klute F (1930) Verschiebung der Klimagebiete der letzten Eiszeit. Petermanns Mitteilungen Ergänzungsh 209:166–182

Klute F (1936) Afrika südlich der Sahara mit Ausnahme des anglo-ägyptischen Sudans. In: Klute F et al (Hrsg) Afrika in Natur, Kultur und Wirtschaft. Akademische Verlagsgesellschaft, Potsdam, S 211–447

Klute F (1949) Wie der höchste Berg Afrikas erforscht wurde. Geogr Rundsch 1:2–6

Knight PG (Hrsg) (2006) Glacier science and environmental change. Blackwell, Malden

Knipp DJ et al (2016) The May 1967 great storm and radio disruption event: extreme space weather and extraordinary responses. Agu Earth Space Sci. https://doi.org/10.1002/2016SW001423

Knorr G, Lohmann G (2014) Climate warming during Antarctic ice sheet expansion at the Middle Miocene transition. Nat Geosci 7:376–381

Knudsen MF et al (2008) Variations in the geomagnetic dipole moment during the Holocene and the past 50 kyr. Earth Planet Sci Lett 272:319–329

Knutti R et al (2002) Constraints on radiative forcing and future climate change from observations and climate model ensembles. Nature 416:719–723

Knutti R, Hegerl GC (2008) The equilibrium sensivity of the Earth's temperature to radiation changes. Nat Geosci 1:735–743

Koch J, Clague JJ (2006) Are insolation and sunspot activity the primary drivers of Holocene glacier fluctuations? PAGES News 14(3):20–21

Kochel RC, Baker VR (1988) Palaeoflood analysis using slackwater deposits. In: Baker VR et al (Hrsg) Flood geomorphology. Wiley, New York, S 357–376

Kocurek G (1998) Aeolian system response to external forcing factors – a sequence stratigraphic view of the Saharan region. In: Alsharhan S et al (Hrsg) Quaternary deserts and climatic change. Balkema, Rotterdam, S 327–337

Koeberl C et al (1993) The age of the Roter Kamm impact crater, Namibia: Constraints from ^{40}Ar-^{39}Ar, K-Ar, Rb-Sr, fission track, and ^{10}Be-^{26}Al studies. Meteoritics 28:204–212

Koeberl C et al (1999) Tswaing, investigations into the origin, age and palaeoenvironments of the Pretoria Saltpan. In: Council of Geoscience (Geological Survey of South Africa), S 55–63

von Koenigswald W (2002) Lebendige Eiszeit. Klima und Tierwelt im Wandel. WBG, Darmstadt

Kogelnik-Mayer B et al (2011) Possibilities and limitations of dendrogeomorphic time-series reconstructions on sites influenced by debris flows and frequent snow avalanche activity. Arct Antarct Alp Res 43:649–658

Köhler P et al (2010) What caused Earth's temperature variations during the last 800,000 years? Data-based evidence on radiative forcing and constraints on climate sensitivity. Quat Sci Rev 29:129–145

von Koken E (1912) Die Geologie und Tierwelt der paläolithischen Kultstätten Deutschlands. In: Schmidt RR (Hrsg) Die diluviale Vorzeit Deutschlands. Schweizerbart, Stuttgart, S 159–227

Kononov YM et al (2009) Regional summer temperature reconstruction in the Khibiny low mountains (Kola Peninsula, NW Russia) by means of tree-ring width during the last four centuries. Arct Antarct Alp Res 41:460–468

Koopmans BN, Stauffer PH (1967) Glacial phenomena on Mount Kinabalu, Sabah, Borneo Region. Malaysia Geol Surv Bull 8:25–35

Kopp G, Lean JL (2011) A new, lower value of total solar irradiance: evidence and climate significance. Geophys Res Lett 38:L1706. https://doi.org/10.1029/2010GL045777

Koppes M et al (2015) Observed latitudinal variations in erosion as a function of glacier dynamics. Nature 526:100–103

Koren I et al (2006) The Bodele depression: a single spot in the Sahara that provides most of the mineral dust to the Amazon forest. Environ Res Lett 1:1–5

Koren I et al (2012) Aerosol-induced intensification of rain from the tropics to the mid-latitudes. Nat Geosci 5:118–122

Korn H und Martin H (1957) The Pleistocene in South West Africa. Proceedings of the 3rd Pan African Congress in Prehistory, Livingstone, London. S 14-22

Kossin JP et al (2014) The poleward migration of the location of tropical cyclone maximum intensity. Nature 509:349–352

Kotlia BS et al (2012) Climatic fluctuations during the LIA and post-LIA in the Kumaun Lesser Himalaya, India: Evidence from a 400 y old stalagmite record. Quat Int 263:129–138

Kowalski K (1986) Die Tierwelt des Eiszeitalters. WBG, Darmstadt

Kraas F (2009) Megastädte als Motoren globalen Wandels im System Mensch – Erde: Aktuelle Forschungsfragen und Handlungsoptionen. Terra Nostra 2/2009:83–86

Kramer B et al (2014) Marked differentiation in a new species of dwarf stonebasher, *Pollimyrus cuandoensis* sp. nov. (Mormyridae: Teleostei), from a contact zone with two sibling species of the Okavango and Zambezi rivers. J Nat Hist 48:429–463

Krapf CBE et al (2003) Contrasting styles of ephemeral river systems and their interaction with dunes of the Skeleton Coast erg (Namibia). Quat Int 104:41–52

Kristen I et al (2007) Hydrological changes in southern Africa over the last 200 Ka as recorded in lake sediments from the Tswaing impact crater. South African J Geol 110:311–326

Kristen I et al (2010) Biomarker and stable carbon isotope analyses of sedimentary organic matter from Lake Tswaing: evidence for deglacial wetness and early Holocene drought from South Africa. J Paleolimnol 44:143–160

Kromer B, Friedrich M (2007) Jahrringchronologien und Radiokohlenstoff. Ein ideales Gespann in der Paläoklimaforschung. Geogr Rundsch 59(4):50–55

Kromer B et al (2004) Solar variability and holocene climate: evidence from radiocarbon, tree-ring proxies and climate system modeling. PAGES News 12(2):13–15

Kronberg BI, Benchimol RE (1993) Climate changes reflected in geochemistry and stratigraphy of Acre Basin sediments (Western Amazonia). Quat S Am 8:191–199

Kröpelin S (1999) Terrestrische Paläoklimatologie heute arider Gebiete: Resultate aus dem Unteren Wadi Howar (Südöstliche Sahara/Nordwest-Sudan). In: Klitzsch E, Thorweihe U (Hrsg) Deutsche Forschungsgemeinschaft. Nordost-Afrika: Strukturen und Ressourcen. Ergebnisse aus dem Sonderforschungsbereich „Geowissenschaftliche Probleme in ariden und semiariden Gebieten“. Wiley, Weinheim, S 446–506

Kröpelin S (2009) Holozäne Umweltrekonstruktion und Kulturgeschichte der Sahara: Perspektiven aus der sudanesischen Wüste. Nova Acta Leopoldina NF 108(373):165-191

Kröpelin S, Kuper R (2007) Holozäner Klimawandel und Besiedlungsgeschichte der östlichen Sahara. Geogr Rundsch 59(4):22–29

Kröpelin S et al (2008a) Climate-driven ecosystem succession in the sahara: the past 6000 years. Science 320:765–768

Kröpelin S et al (2008b) Response to comment by Brovkin and Claussen on "climate-driven ecosystem succession in the Sahara: the past 6000 years". Science 322:1326

Krüger T (2013) Discovering the ice ages. International reception and consequences for a historical understanding of climate. History of Science and Medicine Library 37. Koninklijke Brill NV, Leiden

Krüger Y et al (2008) Paleotemperatures from fluid inclusion liquid-vapor homogenization in speleothems. PAGES News 16(3):13–14

Kuhle M (1985) Ein subtropisches Inlandeis als Eiszeitauslöser, Südtibet und Mt. Everest Expedition 1984. Georgia Augusta (Nachrichten aus der Universität Göttingen), S 1–17

Kuhle M (1991) Glazialgeomorphologie. WBG, Darmstadt

Kuhle M (1993) Eine Autozyklentheorie zur Entstehung und Abfolge der quartären Kalt- und Warmzeiten auf der Grundlage epirogener und glazialisostatischer Bewegungsinterferenzen im Bereich des tibetischen Hochlandes. Petermanns Geogr Mitt 137(3):133–152

Kuhle M (1994) Kurzbericht über die Tibet-Exkursion 14-A im Rahmen des XIII. INQUA-Kongresses 1991 in Peking. Eiszeitalt Gegenwart 44:129–131

Kuhle M (2003) New geomorphological indicators of a former Tibetan ice sheet in the central and northeastern part of the high plateau. Zeitschrift Geomorphol Suppl 130:75–97

Kuhle M (2004) The high glacial (last ice age and LGM) ice cover in high and central Asia. In: Ehlers J, Gibbard PL (Hrsg) Quaternary glaciations: extent and chronology. Part III: South America, Asia, Africa, Australia, Antarctica. Elsevier, Amsterdam, S 175–199

Kuhle M (2011) The high glacial (last ice age and last glacial maximum) ice cover of high and central Asia, with a critical review of some recent OSL and TCN dates. In: Ehlers J et al (Hrsg) Quaternary Glaciations – extent and chronology, a closer look. Developments in Quaternary Science 15, S 943–965

Kuhlmann H et al (2004) The transition of the monsoonal and the N Atlantic climate system off NW Africa during the Holocene. Geophys Res Lett 31:L22204. https://doi.org/10.1029/2004GL021267

Kull C et al (2003) Evidence of an LGM cooling in NW-Argentina (22°S) derived from a glacier climate model. Quat Int 108:3–11

Kull C et al (2008) Late Pleistocene glaciation in the central Andes: temperature versus humidity control — a case study from the eastern Bolivian Andes (17°S) and regional synthesis. Glob Planet Change 60:148–164

Kulongoski JT et al (2004) Climate variability in the Botswana Kalahari from the late Pleistocene to the present day. Geophys Res Lett 31(10):L10204. https://doi.org/10.1029/2003gl019238

Kump LR (2001) Chill taken out of the tropics. Nature 413:470–471

Kump LR (2005) Foreshadowing the glacial era. Nature 436:333–334

Kuper R, Kröpelin S (2006) Climate-controlled holocene occupation in the Sahara: motor of Africa's evolution. Science 313:803–807

Kutzbach JE, Street-Perrott FA (1985) Milankovitch forcing of fluctuations in the level of tropical lakes from 18 to 0 kyr BP. Nature 317:130–134

Kwiatkowski L et al (2013) Carribean coral growth influenced by anthropogenic aerosol emissions. Nat Geosci 6:362–366

Kwon EY, Galbraith ED (2013) When dust settles. Nat Geosci 6:423–424

Lachniet MS, Seltzer G (2002) Late quaternary glaciation of Costa Rica. Geol Soc Am Bull 114:547–558

Lachniet MS, Vazquéz-Selem L (2005) Last Glacial Maximum equilibrium line altitudes in the circum-Caribbean (Mexico,

Guatemala, Costa Rica, Colombia, and Venezuela). Quat Int 138–139:129–144

Lachniet MS et al (2014) Orbital control of western North America atmospheric circulation and climate over two glacial cycles. Nat Commun. https://doi.org/10.1038/ncomms4805

Lacis A (2015) Volcanic aerosol radiative properties. PAGES Mag 23(2):50–51

Lacis AA et al (2010) Atmospheric CO_2: principal control knob governing earth's temperature. Science 330:356–359

Laepple T und Huybers P (2014) Ocean surface temperature variability: Large model–data differences at decadal and longer periods. Proc Natl Acad Sci 111(47):16682–16687

La Frenierre J et al (2011) Ecuador, Peru and Bolivia. In: Ehlers J et al (Hrsg) Quaternary glaciations – extent and chronology, a closer look. Developments in Quaternary Science 15, S 773–802

Lal D (1991) Cosmic ray labelling of erosion surfaces: in situ nuclide production rates and erosion models. Earth Planet Sci Lett 104:429–439

Laland K et al (2014) Does evolutionary theory need a rethink? Nature 514:161–164

Lamb HH (1965) The early medieval warm epoch and its sequel. Palaeogeogr Palaeoclimatol Palaeoecol 1:13–37

Lamb HH (1969) The new look of climatology. Nature 223:1209–1215

Lamb HH (1982) Climate: history and the modern world. Methuen, London

Lambert F et al (2008) Dust-climate couplings over the past 800,000 years from the EPICA Dome C ice core. Nature 452:616–619

Lamy F et al (2010) Holocene changes in the position and intensity of the southern westerly wind belt. Nat Geosci 3:695–699

Lamy F et al (2014) Increased dust deposition in the Pacific Southern Ocean during glacial periods. Science 343:403–407

Lancaster N (1979a) Evidence for a widespread late Pleistocene humid period in the Kalahari. Nature 279:145–146

Lancaster N (1979b) Quaternary environments in the Arid zone of southern Africa. Environmental studies occasional paper no. 22. Department of Geography and Environmental Studies, University of Witwatersrand, Johannesburg

Lancaster N (1981) Palaeoenvironmental implications of fixed dune systems in southern Africa. Palaeogeogr Palaeoclimatol Palaeoecol 33:327–346

Lancaster N (1989) The Namib Sand Sea. Dune forms, processes and sediments. Balkema, Rotterdam

Lancaster N (2000) Eolian deposits. In: Partridge TC, Maud RR (Hrsg) The cenozoic of southern Africa. Oxford University Press, New York, S 73–87

Lancaster N (2002) How dry was dry?: late Pleistocene palaeoclimates in the Namib Desert. Quat Sci Rev 21:769–782

Lancaster N et al (2016) The INQUA dunes Atlas chronologic database. Quat Int. https://doi.org/10.1016/j.quaint.2015.10.044

Landais A et al (2013) Two-phase change in CO_2, Antarctic temperature and global climate during Termination II. Nat Geosci 6:1062–1065

Lane CS et al (2013) Ash from the Toba super-eruption in Lake Malawi shows no volcanic winter in East Africa at 75 ka. Proc Natl Acad Sci U S A 110:8025–8029

Langdon P, Brooks SJ (2014) 12th International Workshop on Subfossil Chironomids. PAGES Mag 22(1):39

Langejans GHJ et al (2014) A hazy shade of winter: Late Pleistocene environments and behavioural adaptations at Blombos Cave, South Africa. Palaeoecol Africa 32:19–51

Lara A, Villalba R (1993) A 3620-year temperature record from *Fitzroya cupressoides* tree rings in southern South America. Science 260:1104–1106

Laskar AH et al (2011) Potential of stable carbon and oxygen isotope variations of speleothems from Andaman islands, India, for paleomonsoon reconstruction. J Geol Res. https://doi.org/10.1155/2011/272971

Laskar J et al (2004) A long-term numerical solution for the insolation quantities of the Earth. Astron Astrophys 428:261–285

Latham J et al (2008) Global temperature stabilization via controlled albedo enhancement of low-level maritime clouds. Philos Trans Royal Soc A 366(1882):3969–3987

Latorre C et al (2002) Vegetation invasions into absolute desert: a 45,000 yr rodent midden record from the Calama–Salar de Atacama basins, northern Chile (lat 22°–24°S). Geol Soc Am Bull 114:349–366

Latrubesse EM (2007) The late pleistocene in Amazonia: a paleoclimatic approach. In: Smolka PP, Volkheimer W (Hrsg) Southern hemisphere paleo- and neoclimates. Springer, Berlin, S 209–224

Latrubesse EM, Franzinelli E (1998) Late quaternary alluvial sedimentation in the upper Rio Negro basin, Amazonia, Brazil: Palaeohydrological implications. In: Benito G et al (Hrsg) Palaeohydrology and environmental change. Wiley, Chichester, S 259–271

Latrubesse EM, Rancy A (2000) Neotectonic influence on tropical rivers of southwestern Amazon during the late Quaternary: the Moa and Ipixuna river basins, Brazil. Quat Int 72:67–72

Latrubesse E et al (2012) Late Quaternary megafans, fans and fluvio-aeolian interactions in the Bolivian Chaco, Tropical South America. Palaeogeogr Palaeoclimatol Palaeoecol 356–357:75–88

Lauer W (1952) Humide und aride Jahreszeiten in Afrika und Südamerika und ihre Beziehungen zu den Vegetationsgürteln. Bonn Geogr Abhandlungen 9:15–98

Lauer W (1975) Vom Wesen der Tropen. Klimaökologische Studien zum Inhalt und zur Abgrenzung eines irdischen Landschaftsgürtels. Akademie der Wissenschaften und der Literatur in Mainz, Abhandlungen der Mathematisch-Naturwissenschaftlichen Klasse, Bd. 1975/3. Steiner, Wiesbaden

Lauer W (1979) Medio ambiente y desarrollo cultural en la región de Puebla-Tlaxcala. Comun Proyecto Puebbla-tlaxcala (puebla) 16:29–54

Lauer W (1989) Climate and weather. In: Lieth H, Werger MJA (Hrsg) Tropical rain forest ecosystems. Elsevier, Amsterdam, S 7–53

Lauer W, Rafiqpoor MD (1986) Geoökologische Studien in Ecuador. Erdkunde 40:68–72

Lauer W et al (1996) Die Klimate der Erde. Eine Klassifikation auf ökophysiologischer Grundlage der realen Vegetation. Erdkunde 50: 275–300

Lauritzen S-E (1997) SPEP: the speleothem record in the Pole-Equator-Pole transects. In: Gasse F et al (Hrsg) PEP III: The Pole-Equator-Pole transect through Europe and Africa. PAGES Workshop Report, Bd. 97–2, S 37–43

Lautridou JP, Francou B (1992) Present-day periglacial processes and landforms in mountain areas. Permafr Periglac Process 3:93–101

Lavigne F et al (2013) Source of the great A.D. 1257 mystery eruption unveiled, Samalas volcano, Rinjani Volcanic Complex, Indonesia. Proc Natl Acad Sci 110:14742–14748

Lawler A (2010) Collapse? What collapse? Societal change revisited. Science 330:907–909

Lawler DM (1988) Environmental limits of needle ice: a global survey. Arct Alp Res 20:137–159

Lazareth CE et al (2013) A controversial insight into Southwest Pacific mid-Holocene seasonality: from corals to models. PAGES News 21(2):66–67

Lea DW (2015) Climate sensitivity in a warmer world. Nature 518:46–47

Lea DW et al (2000) Climate impact of Late Quaternary equatorial Pacific sea surface temperature variations. Science 289:1719–1724

Lea DW et al (2003) Synchroneity of tropical and high-latitude Atlantic temperatures over the last glacial termination. Science 301:1361–1364

Lea DW et al (2014) COMPARE 2013: constraining tropical ocean cooling during the last glacial maximum. PAGES Mag 22(1):43

Leal A et al (2011) Contribution to early Holocene vegetation and climate history of eastern Orinoco llanos, Venezuela, from a paleoecological record of a Mauritia L.f. swamp. Acta Amazon 41:513–520

Lean J (2006) Solar forcing of climate change: current status. PAGES News 13(3):13–15

Lean JL, Rind DH (2009) How will Earth's surface temperature change in future decades? Geophys Res Lett 36:L15708. https://doi.org/10.1029/2009GL038932

Lechtenfeld OJ et al (2015) Marine Sequestration of Carbon in Bacterial Metabolites. Nature Communications 6, March 2015.https://doi.org/10.1038/ncomms7711

Ledru M-P et al (2006) Millennial-scale climatic and vegetation changes in a northern Cerrado (Northeast, Brazil) since the Last Glacial Maximum. Quat Sci Rev 25:1110–1126

Lee KE et al (2001) Glacial sea surface temperatures in the subtropical North Pacific: a comparison of U-K379, $\delta^{18}O$, and foraminiferal assemblage temperature estimates. Paleoceanography 16:268–279

Lee KE, Slowey NC (1999) Cool surface waters of the subtropical North Pacific Ocean during the last glacial. Nature 397:5412–5514

Lee-Thorp JA, Beaumont PB (1995) Vegetation and seasonality shifts during the late quaternary deduced from $^{13}C/^{12}C$ ratios of grazers at Equus Cave, South Africa. Quat Res 43:426–432

Lee-Thorp J, Schneider R (2002) Linking the continental environmental Quaternary history of southern Africa with ocean currents and Antarctica. PAGES News 10(2):2

LeGrande AN, Anchukaitis KJ (2015) Volcanic eruptions and climate. PAGES Mag 23(2):46–47

Lehmkuhl F (1995) Zum vorzeitlichen glazialen Formenschatz im zentralen Qilian Shan (Tulai Shan). Petermanns Geogr Mitt 139:239–251

Lehmkuhl F, Owen LA (2005) Late Quaternary glaciation of Tibet and the bordering mountains: a review. Boreas 34:87–100

Leinweber P et al (1996) Molecular characterization of soil organic matter in Pleistocene moraines from the Bolivian Andes. Geoderma 72:133–148

Lemieux-Dudon B et al (2010) Consistent dating for Antarctic and Greenland ice cores. Quat Sci Rev 29:8–20

Lenderink G (2012) Tropical extremes. Nat Geosci 5:689–699

Leng MJ (Hrsg) (2006) Isotopes in Palaeoenvironmental research. Developments in Palaeoenvironmental research 10. Springer, Berlin

Leng MJ, Barker PA (2006) A review of the oxygen isotope composition of lacustrine diatom silica for palaeoclimate reconstruction. Earth Sci Rev 75:5–27

Lenssen-Erz T (2007) Brandberg/Daureb, Namibia – painters of a prehistoric hunter-gatherer world. Africa Praehistorica 21:72–73

Lenssen-Erz T, Erz M-T (2000) Brandberg. Der Bilderberg Namibias. Thorbecke, Stuttgart

Lentz DL et al (2014) Forests, fields, and the edge of sustainability at the ancient Maya city of Tikal. Proc Natl Acad Sci 111:18513–18518

Leopold M, Völkel J (2007) Colluvium: Definition, differentiation, and possible suitability for reconstructing Holocene climate data. Quat Int 162–163:133–140

Leopold M et al (2006) A ground-penetrating radar survey of late Holocene fluvial sediments in NW Namibian river valleys: characterization and comparison. J Geol Soc Lond 163:923–936

Leopoldo PR et al (1982) Estimativa da evapotranspiracáo da floresta Amazónica de terra firme. Acta Amazon 12:23–28

Leroy SAG, Niemi TM (2009) Hurricanes and typhoons: From the field records to the forecast. Quat Int 195:1–3

Leroy SAG, Simms MJ (2006) Iron age to medieval entomogamous vegetation and *Rhinolophus hipposideros* roost in South-Eastern Wales (UK). Palaeogeogr Palaeoclimatol Palaeoecol 237:4–18

Leser H (2000) Methodische Probleme sedimentologischer Untersuchungen pleistozäner Sedimente im Kaokoveld (Namibia). Regensbg Geogr Schriften 33:19–36

Leser H et al (1995) DIERKE-Wörterbuch der Allgemeinen Geographie Bd. 2. Deutscher Taschenbuch-Verlag, München

Lettau HH, Lettau K (Hrsg) (1978) Exploring the World's Driest Climate. IES Report 101. Center for Climatic Research. Institute of Environmental Studies. University of Wisconsin, Madison

Leuschner DC, Sirocko F (2000) The low-latitude monsoon climate during the Dansgaard-Oeschger cycles and Heinrich Events. Quat Sci Rev 19:243–254

Leuschner DC, Sirocko F (2003) Orbital insolation forcing of the Indian monsoon – a motor for global climate change. Palaeogeogr Palaeoclimatol Palaeoecol 197:83–95

Lewis CFM, Teller JT (2006) Glacial runoff from North America and its possible impact on oceans and climate. In: Knight PG (Hrsg) Glacier science and environmental change. Blackwell, Oxford, S 138–150

Lewis CFM, Teller JT (2007) North American late-Quaternary meltwater and floods to the oceans: Evidence and impact — Introduction. Palaeogeogr Palaeoclimatol Palaeoecol 246:1–7

Lewis SE et al (2007) A multi-trace element coral record of land-use changes in the Burdekin River catchment, NE Australia. Palaeogeogr Palaeoclimatol Palaeoecol 246:471–487

Lewis SL (2012) Climate science: at the storm front. (Buchbesprechung). Nature 483:402–403

Lewis SL, Maslin MA (2015) Defining the Anthropocene. Nature 519:171–180

Lewis SL et al (2006) Impacts of global atmospheric change on tropical forests. Trends Ecol Evol 21:173–174

Leyden BW (1984) Guatemalan forest synthesis after Pleistocene aridity. Proc Natl Acad Sci USA 81:4856–4859

Leyden BW (1985) Late Quaternary aridity and Holocene moisture fluctuations in the Lake Valencia Basin, Venezuela. Ecology 66:1279–1295

Leyden BW (1987) Man and climate in the Maya lowlands. Quat Res 28:407–414

Leyden BW et al (1993) Late Pleistocene climate in the Central American lowlands. In: Swart PK et al (Hrsg) Climate change in continental isotópic records. Geophysical Monograph 78. American Geophysical Union, Washington, DC, S 165–178

Leyden BW et al (1994) Orbital and internal forcing of climate on the Yucatan Peninsula for the past ca 36 ka. Palaeogeogr Palaeoclimatol Palaeoecol 109:193–210

Leyden BW et al (1996) A record of long and short-term climatic variation from northwest Yucatan: Cenote San Jose Chulchaca. In: Fedick SL (Hrsg) The managed mosaic: ancient Maya agriculture and resource use. University of Utah Press, Salt Lake City, S 30–50

Lézine A-M et al (2014) Orbitally-induced changes of the Atlantic and Indian monsoons over the past 20,000 years: new insights based on the comparison of continental and marine records. Bull De La Société Géologique De France 185:3–12

Li SJ, Li SD (1992) Quaternary glacial and environmental changes in the region of Hoh Xil, Qinghai Province. J Glaciol Geocryol 14:316–324 (Chinese with English summary)

Li SJ, Jiao KQ (1990) Glacier variation on the south slope of west Kunlun Mountains since 30,000 ^{14}C yr BP. (Chinese with English summary). J Glaciol Geocryol 12:311–318

Li Y, Harrison SP (2008) Simulations of the impact of orbital forcing and ocean on the Asian summer monsoon during the Holocene. Glob Planet Change 60:505–522

Li X et al (2014) Impacts of the north and tropical Atlantic Ocean on the Antarctic Peninsula and sea ice. Nature 505:538–542

Li X et al (2015) Sedimentary and hydrological studies of the Holocene palaeofloods in the Shanxi-Shaanxi Gorge of the middle Yellow River, China. Geol Rundsch 104:277–288

Licciardi JM et al (2009) Holocene glacier fluctuations in the Peruvian Andes indicate northern climate linkages. Science 325:1677–1679

Lichte M, Behling H (1999) Dry and cold climatic conditions in the formation of the present landscape in Southeastern Brazil. An interdisciplinary approach to a controversially discussed topic. Z Geomorphol 43:341–358

Liedtke H (1986) Stand und Aufgabe der Eiszeitforschung. Geogr Rundsch 38:412–419

Lifton NA et al (2005) Addressing solar modulation and long-term uncertainties in scaling secondary cosmic rays for in situ cosmogenic nuclide applications. Earth Planet Sci Lett 239:140–161

Lifton N et al (2014) Scaling in situ cosmogenic nuclide production rates using analytical approximations to atmospheric cosmic-ray fluxes. Earth Planet Sci Lett 386:149–160

Limardo AJ, Worden AZ (2015) Exclusive networks in the sea. Nature 522:36–37

Lin H-L et al (1997) Late Quaternary climate change from $\delta^{18}O$ records of multiple species of planktonic foraminifera: High-resolution records from the anoxic Cariaco Basin, Venezuela. Paleoceanography 12:415–427

Lin H, Wu Z (2011) Contribution of the autumn Tibetan plateau snow cover to seasonal prediction of North American winter temperature. J Clim 24:2801–2813

Lin L et al (2016) Sensitivity of precipitation extremes to radiative forcing of greenhouse gases and aerosols. Geophys Res Lett 43:9860–9868. https://doi.org/10.1002/2016GL070869

Lindholm M et al (2002) Recent fennoscandian pine records of temperature, precipitation and the North Atlantic oscillation. PAGES News 10(1):20

Lisiecki LE (2010) Links between eccentricity forcing and the 100,000-year glacial cycle. Nat Geosci 3:349–352

Lisiecki LE, Raymo ME (2005) A Pliocene-Pleistocene stack of 57 globally distributed benthic $\delta^{18}O$ records. Paleoceanography 20:PA1003. https://doi.org/10.1029/2004PA001071

Lisiecki LE et al (2008) Atlantic overturning responses to Late Pleistocene climate forcings. Nature 456:85–88

Little MG et al (1997) Tradewind forcing of upwelling, seasonality, and Heinrich events as a response to sub-Milankovitch climate variability. Paleooceanography 12:568–576

Liu B et al (2014) Spatial-temporal difference in climate change at different altitudes, northeastern Qinghai-Tibetan Plateau during the Holocene period. Int J Earth Sci 103:1699–1710

Liu J et al (2016) Sea-level constraints on the amplitude and source distribution of Meltwater Pulse 1A. Nat Geosci 9:130–134

Liu K-B, Colinvaux PA (1985) Forest changes in the Amazon Basin during the last glacial maximum. Nature 318:556–557

Liu K-B et al (2005) Ice-core pollen record of climatic changes in the Central Andes during the last 400 yr. Quat Res 64:272–278

Liu T et al (1999) Comparison of Milankovitch periods between continental loess and deep sea records over the last 2.5 Ma. Quat Sci Rev 18:1205–1212

Liu W et al (2015) The earliest unequivocally modern humans in southern China. Nature 526:696–699

Liu Z, Braconnot P (2012) Modelling of tropical environments during the quaternary. In: Metcalfe SE, Nash DJ (Hrsg) Quaternary environmental change in the tropics. Wiley, Chichester, S 315–359

Liu Z, Herbert TD (2004) High-latitude influence on the eastern equatorial Pacific climate in the early Pleistocene epoch. Nature 427:720–723

Liu Z et al (2014) Evolution and forcing mechanisms of El Niño over the past 21,000 years. Nature 515:550–553

Liverman DM (1999) Vulnerability and adaptation to drought in Mexico. Natl Resour J 39:99–115

Livingstone D (1858) Missionary Travels and Researches in South Africa; including a sketch of Sixteen Years‘ Residence in the Interior of Africa, and a Journey from the Cape of Good Hope to Loanda on the West Coast; thence across the Continent, down the River Zambezi, to the Eastern Ocean. Harper & Brothers, New York

Livingstone DA (1962) Age of deglaciation in the Ruwenzori range, Uganda. Nature 194:859–860

Ljungqvist FC et al (2016) Northern hemisphere hydroclimate variability over the past twelve centuries. Nature 532:94–98

Lliboutry L et al (1977) Glaciological problems set by the control of dangerous lakes in Cordillera Blanca, Peru. III. Study of moraines and mass balances at Safuna. J Glaciol 18:275–290

Lockwood M et al (2010) The solar influence on the probability of relatively cold UK winters in the future. Environ Res Lett 6(11):34004

Löffler E et al (1980) Potassium-argon ages from some of the Papua New Guinea highland volcanoes, and their relevance to Pleistocene geomorphic history. J Geol Soc Aust 26:387–397

Lohne S et al (2014) IntCal13 calibrated ages of the Vedde and Saksunarvatn ashes and the Younger Dryas boundaries from Kråkenes, western Norway. J Quat Sci 29:506–507

Loibl D et al (2014) Reconstructing glacier retreat since the Little Ice Age in SE Tibet by glacier mapping and equilibrium line altitude calculation. Geomorphology 214:22–39

Loibl D et al (2015) Toward a late Holocene glacial chronology for the eastern Nyainqêntanglha Range, southeastern Tibet. Quat Sci Rev 107:243–259

Lokier SW et al (2015) Late Quaternary sea-level changes of the Persian Gulf. Quat Res 84:69–81

Lomax J et al (2003) The onset of dune formation in the Strzelecki Desert, South Australia. Quat Sci Rev 22:1067–1076

Lomax J et al (2011) Palaeoenvironmental change recorded in the palaeodunefields of the western Murray Basin, South Australia – new data from single grain OSLdating. Quat Sci Rev 30:723–736

Loomis SE et al (2012) Calibration and application of the branched GDGT temperature proxy on East African lake sediments. Earth Planet Sci Lett 357–358:277–288

Loomis SE et al (2017) The tropical lapse rate steepened during the Last Glacial Maximum. Science Advances 3(1):e1600815

Lopes dos SRA et al (2013) Abrupt vegetation change after the Late Quaternary megafaunal extinction in southeastern Australia. Nat Geosci 6:627–631

Lorenzen ED et al (2011) Species-specific responses of Late Quaternary megafauna to climate and Humans. Nature 479:359–364

Lorius C et al (1979) A 30,000 year isotope climatic record from Antarctic ice. Nature 280:644–648

Lorius C et al (1985) A 150,000 year climatic record from Antarctic ice. Nature 316:591–596

Lorius C et al (1990) The ice-core record: climate sensitivity and future greenhouse warming. Nature 347:139–145

Lorius C et al (1993) Glacial-interglacials in Vostok: climate and greenhouse gases. Glob Planet Change 7:131–143

Lough JM (2007) Tropical river flow and rainfall reconstructions from coral luminescence: Great Barrier Reef, Australia. Paleoceanography 22:PA2218. https://doi.org/10.1029/2006PA001377

Louis H (1955) Schneegrenze und Schneegrenzbestimmung. Geogr Taschenb 1954/55:414–418

Lowe DC (2006) Global change: a green source of surprise. Nature 439:148–149

Lowell TV, Kelly MA (2008) Was the Younger Dryas global? Science 321:348–349

Lowell TV et al (1995) Interhemispheric correlation of late pleistocene glacial events. Science 269:1541–1549

Lowe J, Walker M (2015a) Measuring quaternary time: a 50-year perspective. J Quat Sci 30:104–113

Lowe J, Walker M (2015b) Reconstructing quaternary environments, 3. Aufl. Routledge, London

Lozano-García S, Ortega-Guerrero B (1994) Palynological and magnetic susceptibility records of Lake Chalco, central Mexico. Palaeogeogr Palaeoclimatol Palaeoecol 109:177–191

Lozano-García S, Vázquez-Selem L (2005) A high-elevation Holocene pollen record from Iztaccíhuatl volcano, central Mexico. Holocene 15:329–338

Lu J (2014) Tropical expansion by ocean swing. Nat Geosci 7:250–251

Lucas C et al (2014) The expanding tropics: a critical assessment of the observational and modeling studies. WIREs 5:89–112

Luo J-J (2011) Ocean dynamics not required? Nature 477:544–546

Luoto TP (2009) Subfossil Chironomidae (Insecta: Diptera) along a latitudinal gradient in Finland: development of a new temperature inference model. J Quat Sci 24:150–158

Luterbacher J (2003) Ungehobene Schätze im Reich der Mitte. Chinesische Dokumente verheissen spektakuläre Klimarekonstruktionen. Unipress (Forschung Wissenschaft Univ Bern) 116:15–17

Luterbacher J, Pfister C (2015) The year without a summer. Nat Geosci 8:246–248

Lyle M (1988) Climatically forced organic carbon burial in equatorial Atlantic and Pacific Oceans. Nature 335:529–532

Lyle MW et al (1992) Upwelling and productivity changes inferred from a temperature record in the central equatorial Pacific. Nature 355:812–815

Lynch-Stieglitz J (2004) Hemispheric asynchrony of abrupt climate change. Science 304:1919–1920

Lynch-Stieglitz J et al (2014) Muted change in Atlantic overturning circulation over some glacial-aged Heinrich events. Nat Geosci 7:144–150

MacDougall AH et al (2012) Significant contribution to climate warming from the permafrost carbon feedback. Nat Geosci 5:719–721

Mächtle B, Eitel B (2009) Holozäne Umwelt- und Kulturentwicklung in der nördlichen Atacama (mit einem Exkurs zum „Neodeterminismus-Paradigma"). Nova Acta Leopoldina Nf 108(373):109–124

Macklin MG, Lewin J (2008) Alluvial responses to the changing earth system. Earth Surf Process Landf 33:1374–1395

Macquaker JHS, Bohacs KM (2007) On the accumulation of mud. Science 318:734–1735

Madeja J (2015) A new tool to trace past human presence from lake sediments: the human-specific molecular marker *Bacteroides* strain HF 183. J Quat Sci 30:349–354

Madin EMP et al (2011) Landscape of fear visible from space. Nat Sci Reports. https://doi.org/10.1038/srep00014

Magee JW et al (1995) Stratigraphy, sedimentology, chronology and paleohydrology of Quaternary lacustrine deposits at Madigan Gulf, Lake Eyre, South Australia. Palaeogeogr Palaeoclimatol Palaeoecol 113:3–42

Magee JW et al (2004) Continuous 150 k.y. monsoon record from Lake Eyre, Australia: insolation-forcing implications and unexpected Holocene failure. Geology 32:885–888

Magny M (2013) Orbital, ice-sheet, and possible solar forcing of Holocene lake-level fluctuations in west-central Europe: a comment on Bleicher. Holocene 23:1202–1212

Mahaney WC (1990) Ice on the Equator. Quaternary geology of mount Kenya, East Africa. Caxton, Sister Bay

Mahaney WC (2011) Quaternary glacial chronology of mount Kenya massif. In: Ehlers J et al (Hrsg) Quaternary Glaciations – extent and chronology, a closer look. Developments in Quaternary science 15, S 1075–1080

Mahaney WC et al (1989) Quaternary glaciations and palaeoclimate of Mount Kanya, East Africa. In: Oerlemans J (Hrsg) Glacier fluctuations and climatic change: proceedings of the workshop on glacier fluctuations and climatic change 1–5 June 1987 Kluwer, Dordrecht, S 13–35

Maher LJ Jr (2006) Environmental information from guano palynology of insectivorous bats of the central part of the United

States of America. Palaeogeogr Palaeoclimatol Palaeoecol 237:19–31

Mahowald NM et al (2006) Change in atmospheric mineral aerosols in response to climate: last glacial period, preindustrial, modern, and doubled carbon dioxide climates. J Geophys Res Atmospheres 111:D10. https://doi.org/10.1029/2005JD006653

Mairesse A, Goosse H (2013) Using data assimilation to estimate the consistency between climate proxies and climate model results. PAGES News 21(1):14–15

Maisch M (2004) Gletscher im Brennpunkt des Klimawandels. In: Zängl W, Hamberger S (Hrsg) Gletscher im Treibhaus. Tecklenborg, Steinfurt, S 204–214

Majeda J (2015) A new tool to trace past human presence from lake sediments: the human-specific molecular marker Bacteroides strain HF 183. J Quat Sci 30:349–354

Majorowicz J, Šafanda J (2015) Effect of postglacial warming seen in high precision temperature log deep into the granites in NE Alberta. Int J Earth Sci 10:1563–1571

Majorowicz J et al (2014) The little Ice Age signature and subsequent warming seen in borehole temperature logs versus solar forcing model. Int J Earth Sci 103:1163–1173

Malcolm JR et al (2006) Global warming and extinctions of endemic species from biodiversity hotspots. Conserv Biol 20:538–548

Maley J (1991) The African rain forest vegetation and palaeoenvironments during late Quaternary. Clim Change 19:79–98

Maley J (1996) Fluctuacions majeures de la fôret dense humide Africaine. In: Hladik CM et al (Hrsg) L'Alimentation en forêt tropicale. UNESCO, Paris (Chapter 3)

Maley J, Brenac P (1998) Vegetation dynamics, palaeoenvironments and climatic changes in the forests of western Cameroon during the last 28,000 years B.P. Rev Palaeobot Palynol 99:157–187

Maley J et al (1990) Lithostratigraphy, volcanism, paleomagnetism and palynology of Quaternary lacustrine deposits from Barombi Mbo (West Cameroon): preliminary results. J Volcanol Geotherm Res 42:319–335

Malone AGO (2015) Constraints on southern hemisphere tropical climate change during the Little Ice Age and Younger Dryas based on glacier modeling of the Quelccaya Ice Cap, Peru. Quat Sci Rev 125:106–116

Malvido E (1973) Cronología de la epidemías y crisis agricolas de la época colonial. Historia Méxicana 89:96–101

Mann ME (2012) The hockey stick and the climate wars: dispatches from the front lines. Columbia University Press, New York City

Mann ME et al (1998) Global-scale temperature patterns and climate forcing over the past six centuries. Nature 392:779–787

Mann ME et al (1999) Northern Hemisphere temperatures during the past millennium: inferences, uncertainties and limitations. Geophys Res Lett 26:759–762

Mann ME et al (2004) Corrigendum. Global-scale temperature patterns and climate forcing over the past six centuries. Nature 430:105

Mann ME et al (2007) Robustness of proxy-based climate field reconstruction methods. J Geophys Res 112:D12109. https://doi.org/10.1029/2006JD008272

Mann ME et al (2009) Global signatures and dynamical origins of the little ice age and medieval climate anomaly. Science 326:1256–1260

Mann ME et al (2012) Underestimation of volcanic cooling in tree-ring-based reconstructions of hemispheric temperatures. Nat Geosci 5:202–205

Mannion AM (1999) Natural environmental change. The last 3 million years. Routledge, London

Manzini E (2009) ENSO and the stratosphere. Nat Geosci 2:749–750

Marchant R et al (2009) Climate of the Past Pollen-based biome reconstructions for Latin America at 0, 6000 and 18 000 radiocarbon years ago. Clim Past 5:725–767

Marcott SA et al (2013) A reconstruction of regional and global temperature for the past 11,300 years. Science 339:1198–1201

Marcott SA et al (2014) Centennial-scale changes in the global carbon cycle during the last deglaciation. Nature 514:616–619

Marean CW et al (2015) A new research strategy for integrating studies of paleoclimate, paleoenvironment, and paleoanthropology. Evol Anthropol 24(2):62–72

MARGO Project Members (2009) Constraints on the magnitude and patterns of ocean cooling at the last glacial maximum. Nat Geosci 2:127–132

Margono BA et al (2014) Primary forest cover loss in Indonesia over 2000–2012. Nat Clim Chang. https://doi.org/10.1038/nclimate2277

Mariaux A (1995) Growth periodicity in tropical trees. Int Assoc Wood Anat (IAWA) J 16(4):327–328

Marino G, Zahn R (2015) The Agulhas Leakage: the missing link in the interhemispheric climate seesaw? PAGES Mag 23(1):22–23

Marino G et al (2013) Agulhas salt-leakage oscillations during abrupt climate changes of the Late Pleistocene. Paleoceanography 28:599–606. https://doi.org/10.1002/palo.20038

Mark BG (2008) Tracing tropical andean glaciers over space and time: some lessons and transdisciplinary implications. Glob Planet Change 60:101–114

Mark BG, Helmens KF (2005) Reconstruction of glacier equilibrium-line altitudes for the last glacial maximum on the high plain of Bogotá, eastern Cordillera, Colombia: climatic and topographic implications. J Quat Sci 20:789–800

Mark BG, Osmaston HA (2008) Quaternary glaciation in Africa: key chronologies and climatic implications. J Quat Sci 23:589–608

Mark BG, Seltzer GO (2005) Evaluation of recent glacier recession in the Cordillera Blanca, Peru (AD 1962–1999): spatial distribution of mass loss and climatic forcing. Quat Sci Rev 24:2265–2280

Mark BG et al (2004) Late quaternary glaciations of Ecuador, Peru and Bolivia. In: Ehlers J, Gibbard PL (Hrsg) Quaternary glaciations – extent and chronology, part III: South America, Asia, Africa, Australia, Antarctica. Elsevier, Amsterdam, S 151–163

Mark BG et al (2005) Tropical snowline changes at the last glacial maximum: a global assessment. Quat Int 138–139:168–201

Marker ME, Muller D (1978) Relict vlei silts of the Kuiseb River valley, South West Africa. Madoqua II(2):151–162

Markgraf V (1991) Younger Dryas in southern South America. Boreas 20:63–69

Markgraf V (1993) Younger Dryas in southernmost South America – an update. Quat Sci Rev 12:351–355

Markgraf V et al (1992) Evolution of late Pleistocene and Holocene climates in the circum-South Pacific land areas. Clim Dyn 6:193–211

Markgraf V et al (2000) Paleoclimate reconstruction along the Pole–Equator–Pole transect of the Americas (PEP 1). Quat Sci Rev 19:125–140

Marlon JR et al (2016) Reconstructions of biomass burning from sediment-charcoal records to improve data–model comparisons. Biogeosciences 13:3225–3244

Marotzke J, Forster PM (2015) Forcing, feedback and internal variability in global temperature trends. Nature 517:565–570

Marques I et al (1980) Cálculo de evapotranspiracao real na Bacia Amazônica através do método aerológico. Acta Amazon 19:357–361

Marris E (2006) Written in elements. Nature 442:505

Marris E (2015) Fishing for the first Americans. Nature 525:176–178

Marshall J, Speer K (2012) Closure of the meridional overturning circulation through Southern Ocean upwelling. Nat Geosci 5:171–180

Martin EE (2015) Earth science: ocean circulation and rapid climate change. Nature 517:30–31

Martin L et al (1997) Astronomical forcing of contrasting rainfall changes in tropical South America between 12,400 and 8800 cal yr B.P. Quat Res 47:117–122

Martin-Puertas C et al (2012) Regional atmospheric circulation shifts induced by a grand solar minimum. Nat Geosci 5:397–401

Martínez JI et al (2015) Climate Change and human impact in Central and South America over the last 2000 years. PAGES Mag 23(1):32

Martínez-Garcia A et al (2009) Links between iron supply, marine productivity, sea surface temperature, and CO2 over the last 1.1 Ma. Paleoceanography 24, PA 1207

Martinson DG et al (1987) Age dating and the orbital theory of the ice ages: Development of a high resolution 0 to 300,000 year chronostratigraphy. Quat Res 27:1–29

Marwick B (2009) Biogeography of Middle Pleistocene hominins in mainland Southeast Asia: a review of current evidence. Quat Int 202:51–58

Mascarelli A (2014) Designer reefs. Nature 508:444–446

Maslin M (2016) Forty years of linking orbits to ice ages. Nature 540:208–210

Maslin M, Austin P (2012) Climate models at their limit? Nature 486:183–184

Maslin MA et al (2014) East African climate pulses and early human evolution. Quat Sci Rev 101:1–17

Mastepanov M et al (2008) Large tundra methane burst during onset of freezing. Nature 456:628–630

Matthes K (2011) Solar cycle and climate predictions. Nat Geosci 4:735–736

McIntyre S, McKitrick R (2005) Hockey sticks, principal components, and spurious significance. Geophys Res Lett 32(3):L3710. https://doi.org/10.1029/2004GL021750

Mauelshagen F (2010) Klimageschichte der Neuzeit. WBG, Darmstadt

Mauquoy D et al (2002) High resolution records of late-Holocene climate change and carbon accumulation in two north-west European ombrotrophic peat bogs. Palaeogeogr Palaeoclimatol Palaeoecol 186:275–310

Mauritsen T (2016) Clouds cooled the Earth. Nat Geosci 9:865–867

Mauritsen T, Stevens B (2015) Missing iris effect as a possible cause of muted hydrological change and high climate sensitivity in models. Nat Geosci 8:346–351

Maxwell AL, Liu K (2002) Late quaternary pollen and associated records from the monsoonal areas of continental south and SE Asia. Adv Geoecology 34:189–228

May J-H (2014) Dunes and dunefields in the Bolivian Chaco as potential records of environmental change. Aeolian Res 10:89–102

Mayer LA et al (1996) Three-dimensional visualization of orbital forcing and climatic response: interactively exploring the pacemaker of the ice ages. Geol Rundsch 85:505–512

Mayewski PA et al (2004) Holocene climate variability. Quat Res 62:243–255

Mayle FE et al (2000) Millennial-scale dynamics of southern Amazonian rain forests. Science 290:2291–2294

McCarroll D (2015) 'Study the past, if you would divine the future': a retrospective on measuring and understanding Quaternary climate change. J Quat Sci 30:154–187

McCauley JF et al (1982) Subsurface Valleys and Geoarchaeology of Eastern Sahara Revealed by Shuttle Radar. Science 218:1004–1020

McCauley JF et al (1995) SIR-C Definition of the Serir-Kufra River System in SE Libya. EOS Supplement, April 25

McCloskey TA, Keller G (2009) 5000 year sedimentary record of hurricane strikes on the central coast of Belize. Quat Int 195:53–68

McClure HA (1976) Radiocarbon chronology of late Quaternary lakes in the Arabian desert. Nature 263:755–756

McCulloch M et al (2003) Coral record of increased sediment flux to the inner Great Barrier Reef since European settlement. Nature 421:727–730

McCulloch RD et al (2005) Chronology of the last glaciation in central Strait of Magellan and Bahía Inútil, southernmost South America. Geografisca Ann 87A:289–312

McDowell MC et al (2015) Re-evaluating the Late Quaternary fossil mammal assemblage of Seton Rockshelter, Kangaroo Island, South Australia, including the evidence for late-surviving Megafauna. J Quat Sci 30:355–364

McFarlane MJ, Eckardt FD (2007) Paleodune morphology associated with the Gumare fault of the Okavango graben in the Botswana/Namibia borderland: a new model of tectonic influence. South African J Geol 110:535–542

McFarlane MJ et al (2005) Degradation of linear dunes in northwest Ngamiland, Botswana and the implications for luminescence dating of periods of aridity. Quat Int 135:83–90

McGlone MS (1995) Lateglacial landscape and vegetation change and the Younger Dryas climatic oscillation in New Zealand. Quat Sci Rev 14:867–881

McGlone MS et al (2010) Divergent trends in land and ocean temperature in the Southern Ocean over the past 18,000 years. Nat Geosci 3:622–626

McGlue M et al (2006) Facies architecture of flexural margin lowstand delta deposits in Lake Edward, East African rift: Constraints from seismic reflection imaging. J Sediment Res 76:942–958

McGlue MM et al (2008) Seismic records of late Pleistocene aridity in Lake Tanganyika, tropical East Africa. J Paleolimnol 40:635–653

McGowan S (2016) Muddy messages about American migration. Nature 537:43–44

McGraw MC et al (2016) Reconciling the observed and modeled Southern Hemisphere circulation response to volcanic eruptions. Geophys Res Lett 43:7259–7266

McGregor HV et al (2015) Robust global ocean cooling trend for the pre-industrial Common Era. Nat Geosci 8:671–677

McGregor HV et al (2016) Data, age uncertainties and ocean $\delta^{18}O$ under the spotlight for Ocean2k Phase 2. PAGES Mag 24(1):44

McKay NP, Emile-Geay J (2016) Technical note: the Linked Paleo Data framework – a common tongue for paleoclimatology. Clim Past 12:1093–1100

McLaren SJ et al (2009) First evidence for episodic flooding events in the arid interior of central Saudi Arabia over the last 60 ka. J Quat Sci 24:198–207

McLauchlan KK et al (2013) Changes in global nitrogen cycling during the Holocene epoch. Nature 495:352–355

McManus JF (2004) A great grand-daddy of ice cores. Nature 429:611–612

McManus JF et al (1999) A 0.5 million year record of millennial scale climate variability in the North Atlantic. Science 283:971–975

McManus J, Tzedakis C (2006) Global climate during Marine Isotope Stage 11 (MIS 11). PAGES News 14(1):42–44

McMichael CH et al (2012) Spatial and temporal scales of pre-Columbian disturbance associated with western Amazonian lakes. Holocene 22:131–141

McPhillips D et al (2014) Millennial-scale record of landslides in the Andes consistent with earthquake trigger. Nat Geosci 7:925–930

Meadows ME (1988) Late Quaternary peat accumulation in southern Africa. Catena 15:459–472

Meadows ME (2007) Classics in physical geography revisited. Coetzee, JA 1967: Pollen analytical studies in East and Southern Africa. Palaeoecology of Africa 3, 1–146. Prog Phys Geo 31:313–317

Meadows ME (2015) Seven decades of Quaternary palynological studies in southern Africa: a historical perspective. Trans Royal Soc South Africa 70:103–108

Meckler AN (2016) An extended yardstick for climate variability. Nature 534:626–628

Meckler AN et al (2012) Interglacial hydroclimate in the tropical west Pacific through the late pleistocene. Science 336:1301–1304

Meckler AN et al (2013) Deglacial pulses of deep-ocean silicate into the subtropical North Atlantic Ocean. Nature 495:495–498

Meckler AN et al (2015) Glacial-interglacial temperature change in the tropical West Pacific: a comparison of stalagmite-based paleo-thermometers. Quat Sci Rev. https://doi.org/10.1016/j.quascirev.2015.06.015

Medina-Elizalde M, Rohling EJ (2012) Collapse of classic Maya civilization related to modest reduction in precipitation. Science 335:956–959

Medina-Elizalde M et al (2010) High resolution stalagmite climate record from the Yucatán Peninsula spanning the Maya terminal classic period. Earth Planet Sci Lett 298:255–262

Meehl GA et al (2016) Antarctic sea-ice expansion between 2000 and 2014 driven by tropical Pacific decadal climate variability. Nat Geosci 9:590–595

Meissner KJ (2015) The dynamics of cold events. Nat Geosci 8:904–906

Melles M et al (2012) 2.8 million years of arctic climate change from lake el'gygytgyn, NE Russia. Science 337:315–320

Mendelsohn J et al (2002) Atlas of Namibia. Ministry of Environment and Tourism (D. Philips Publ.), Cape Towm

Mensching H et al (1970) Die Hochwasserkatastrophe in Tunesien im Herbst 1969. Geogr Z 58:81–94

Mercer JH (1976) Glacial history of southernmost South America. Quat Res 6:125–166

Mercer JH (1984) Late cainozoic paleoclimates of the southern hemisphere south of the Equator. In: Vogel JC (Hrsg) Late cenozoic Paleoclimates of the southern hemisphere. Balkema, Rotterdam, S 45–58

Mercer JH, Palacios MO (1977) Radiocarbon dating of the last glaciation in Peru. Geology 5:600–604

Merck JH (1783) Über den Ursprung der Fossilien in Teutschland. Der Teutsche Merkur, Weimar, S 50–63

Mercuri AM et al (2015) Humans and water in desert "Refugium" areas: palynological evidence of climate oscillations and cultural developments in early and mid-holocene saharan edges. Interdiscip Archaeol VI(2):151–160

Merkel U et al (Hrsg) (2014) Dust. PAGES Magazine 22(2):57–116

Mertens K (2009) Tracing hydrological millennial-scale cycles in the late Quaternary of the Cariaco Basin and the southern Gulf of Cádiz using coccoliths and dinoflagellate cysts. Ph. D. thesis, Ghent University, Belgium. 205 S

Mertens KJM et al (2009) Coccolithophores as palaeoecological indicators for shifts of the ITCZ in the Cariaco Basin during the late Quaternary. J Quat Sci 24:159–174

Messerli B et al (1980) The Saharan and East African Uplands during the Quaternary. In: Williams MAJ, Faure H (Hrsg) The Sahara and the Nile. Balkema, Rotterdam, S 87–118

Messerli B et al (1992) Die Veränderungen von Klima und Umwelt in der Region Atacama (Nordchile) seit der letzten Kaltzeit. Erdkunde 46:257–272

Metcalfe DB (2014) A sink down under. Nature 509:566–567

Metcalfe SE, Hales PE (1994) Holocene diatoms from a Mexican crater lake – la Piscina de Yuriria. Proceedings of the 11th international diatom symposium, San Francisco, 1990. Calif Acad Sci 17:505–515

Metcalfe SE, Nash DJ (Hrsg) (2012) Quaternary environmental change in the tropics. Wiley, Chichester

Metcalfe SE et al (2000) Records of Late Pleistocene-Holocene climatic change in Mexico – a review. Quat Sci Rev 19:699–721

Metcalfe SE et al (2002) The potential of archival sources for reconstructing climate and climate-related processes in latin Amerika. PAGES News 10(3):11–14

Metcalfe SE et al (2014) Hydrology and climatology at Laguna La Gaiba, lowland Bolivia: complex responses to climatic forcings over the last 25 000 years. J Quat Sci 29:289–300

Metcalfe SE et al (2016) Early-Mid Pleistocene environments in the Valsequillo Basin, Central Mexico: a reassessment. J Quat Sci 31:325–336

Metzner D et al (2014) Radiative forcing and climate impact resulting from SO_2 injections based on a 200,000-year record of Plinian eruptions along the Central American Volcanic Arc. Int J Earth Sci 103:2063–2079

Meyer H (1890) Ostafrikanische Gletscherfahrten. Die Ersteigung des Kilimandscharo und Forschungsreisen im Kilimandscharo-Gebiet. Duncker & Humblot, Leipzig

Meyer H (1900) Der Kilimandjaro. Reisen und Studien. Reimer, Berlin

Meyer H (1904) Die Eiszeit in den Tropen. Geogr Z 10:593–600

Meyer H (1907a) In den Hoch-Anden von Ecuador: Chimborazo, Cotopaxi etc. Reisen und Studien. Reimer, Berlin

Meyer H (1907b) In den Hoch-Anden von Ecuador: Chimborazo, Cotopaxi etc. Reisen und Studien. Reimer, Berlin (Bilder-Atlas, 24 farbige Tafeln (Lithographien nach Gemälden von Rudolf Reschreiter), 20 Tafeln (Lichtdruck nach Originalen verschiedener Forscher und Künstler), Vorwort + 12 S. Erläuterungen)

Meyer-Abich A (1963) Geleitwort. In: von Humboldt A (Hrsg) Ideen zu einer Geographie der Pflanzen. WBG, Darmstadt, S V–X

Meyers PA, Horie S (1993) An organic carbon isotopic record of glacial-postglacial change in atmospheric pCO_2 in the sediments of Lake Biwa, Japan. Palaeogeogr Palaeoclimatol Palaeoecol 105:171–178

Michaletz ST et al (2014) Convergence of terrestrial plant production across global climate gradients. Nature 512:39–43

Michel P (1973) Les bassins de fleuves Sénéga et Gambie. Étude Géomorphologique. ORSTOM Série des Mémoires 63 (Tomes 1–3, 752 S. + Kartenanhang.)

Middleton N (2012) Rivers: a very short introduction. Oxford University Press, Oxford

Miehlich G (1991) Chronosequences of volcanic ash soils. Hamburger Bodenkundliche Arbeiten 15

Migowski C et al (2001) Holocene climatic record in laminated sediments from the Dead Sea (Israel): comparison with the development of the near East civilizations. Monsoon 3:62–64

Migowski C et al (2006) Holocene climate variability and cultural evolution in the Near East from the Dead Sea sedimentary record. Quat Res 66:421–431

Mikami T (2002) Summer and winter temperature reconstructions in Japan. PAGES News 10(3):17–18

Milanković M (1998) Canon of insolation and the ice-age problem. Agency for Textbooks, Belgrad (Translated From German Edition of 1941)

Milankovitch M (1920) Théorie mathématique des phénomènes thermiques produits par la radiation solaire. Acad. Yougoslave Sci. Arts (Zagreb), Paris

Milankovitch M (1941) Kanon der Erdbestrahlung und seine Auswirkung auf das Eiszeitenproblem. In: Königlich Serbische Akademie, Belgrad. Edit. Spec. 133, S 1–633

Miller CS, Gosling WD (2014) Quaternary forest associations in lowland tropical West Africa. Quat Sci Rev 84:7–25

Miller CS et al (2016) Drivers of ecosystem and climate change in tropical West Africa over the past ~540 000 years. J Quat Sci 31:671–677

Miller DC et al (1993) Evidence for Holocene stability of steep slopes, northern Peruvian Andes, based on soils and radiocarbon dates. Catena 20:1–12

Miller GH et al (1999) Earliest modern humans in southern Africa dated by isoleucine epimerization in ostrich eggshell. Quat Sci Rev 18:1537–1548

Miller GH et al (2006) Detecting human impacts on the flora, fauna, and summer monsoon of Pleistocene Australia. Clim Past Discuss 2:535–562

Miller GH et al (2007) Detecting human impacts on the flora, fauna, and summer monsoon of Pleistocene Australia. Clim Past Discuss 3:463–473

Miller RM (2008) Palaeozoic to cenozoic. The geology of Namibia, Bd. 3. Ministry of Mines and Energy, Geological Survey, Windhoek (Kap. 16–1 bis 28–13 + Index)

Miller R (2013) Climate change. Sci Soc Swakopmund Reports 45:29–32

Mishchenko MI et al (2007) Long-term satellite record reveals likely recent aerosol trend. Science 315:1543

Miyahara H et al (2012) Tracing the response of climate to galactic cosmic rays. PAGES News 20(2):80–81

Miyamoto S (2010) Late Pleistocene sedimentary environment of the "Homeb Silts" deposits, along the middle Kuiseb River in the Namib Desert, Namibia, African Study Monogr (Kyoto) 40(Suppl):51–66

Moffa-Sánchez P et al (2014) Solar forcing of the North Atlantic surface temperature and salinity over the past millennium. Nat Geosci 7:275–278

Mohtadi M et al (2016) Palaeoclimatic insights into forcing and response of monsoon rainfall. Nature 533:191–199

Mölg T et al (2006) Recent glacial recession in the Rwenzori mountains of East Africa due to rising air temperature: comment. Geophys Res Lett 33:L20404. https://doi.org/10.1029/2006GL027254

Mölg T et al (2008) Mass balance of a slope glacier on Kilimanjaro and its sensitivity to climate. Int J Climatol 28:881–892

Molion LCB (1975) A climatologic study of the energy and moisture fluxes of the Amazon Basin with consideration of deforestation effects. Ph. D. Thesis, Madison, Wisconsin, USA

Mollier-Vogel E et al (2013) Rainfall response to orbital and millennial forcing in northern Peru over the last 18 ka. Quat Sci Rev 76:29–38

Monastersky R (2015) The human age. Nature 519:144–147

Monecke K et al (2008) A 1,000-year sediment record of tsunami recurrence in northern Sumatra. Nature 455:1232–1234

Monheim F (1956) Beiträge zur Klimatologie und Hydrologie des Titicacabeckens. Heidelb Geogr Arb 1:1–152

Monnin E et al (2001) Atmospheric CO_2 concentrations over the last glacial termination. Science 291:112–114

Montgomery DR (2007) Dirt: the erosion of civilizations. University of California Press, Oakland

Moore CM et al (2013) Processes and patterns of oceanic nutrient limitation. Nat Geosci 6:701–710

Mora C et al (2013) The projected timing of climate departure from recent variability. Nature 502:183–187

Morales MS et al (2011) Precipitation changes in the South American Altiplano since 1300 AD reconstructed by tree-rings. Clim Past Discuss 7:4297–4334

Moran AP et al (2016) Evidence of central Alpine glacier advances during the Younger Dryas-early Holocene transition period. Boreas 45:398–410

Moran K et al (2006) The cenozoic palaeoenvironment of the Arctic Ocean. Nature 441:601–605

Morello L (2014) NASA carbon-monitoring orbiter readies for launch. Nature 510:451–452

Morgan V et al (2002) Relative timing of deglacial climate events in Antarctica and Greenland. Science 297:1862–1864

Morimoto M et al (2007) Intensified mid-Holocene Asian monsoon recorded in corals from Kikai Island, subtropical Northwestern Pacific. Quat Res 67:204–214

Morrás H et al (2009) Genesis of subtropical soils with stony horizons in NE Argentina: autochthony and polygenesis. Quat Int 196:137–159

Mountain Research Initiative EDW Working Group, Pepin N et al (2015) Elevation-dependent warming in mountain regions of the world. Nat Clim Chang 5:424–430

Mourguiart P (1999) Commentaire á la note de Florence Sylvestre, Simone Servant-Vildary et Michel Servant. C. R. Acad.

Sci. Paris Série IIa, Sciences de la terre et des planètes 329, S 153–155

Mourguiart P et al (1992) Reconstruction quantitative des niveaux du petit lac Tititcaca au cours de l'Holocène. C. R. Acad. Sci. Paris Série II 315, S 875–880

Mourguiart P et al (1997) Changements limnologiques et climatologiques dans le bassin du lac Titicaca (Bolivie), depuis 30,000 ans. C. R. Acad. Sci. Paris, Sciences de la terre et des planètes 325, S 139–146

Mourguiart P et al (1998) Holocene palaeohydrology of Lake Titicaca estimated from an ostracod-based transfer function. Palaeogeogr Palaeoclimatol Palaeoecol 143:51–72

Mosblech NA et al (2012) North Atlantic forcing of Amazonian precipitation during the last ice age. Nat Geosci 5:817–820

Mousinho de Meis MR (1968) Considerações geomorfológicas sôbre o Médio Amazonas. Rev Bras Geogr 30(2):3–20

Movius HL (1948) The Lower Palaeolithic Cultures of Southern and Eastern Asia. Trans Amer Philos Soc 38(4):329–420

Moy CM et al (2002) Variability of El Niño/Southern Oscillation activity at millennial timescales during the Holocene epoch. Nature 420:162–165

Mühlinghaus C et al (2008) Temperature and precipitation records from stalagmites grown under disequilibrium conditions: a first approach. PAGES News 16(3):19–20

Muhs DR et al (2008) Paleoclimatic significance of chemical weathering in loess-derived paleosols of subarctic Central Alaska. Arct Antarct Alp Res 40:396–411

Muhs DR et al (2014a) Loess as a quaternary paleoenvironmental indicator. PAGES Mag 22(2):84–85

Muhs D et al (2014b) Loess records. In: Knippertz P, Stuut J-BW (Hrsg) Mineral dust: a key player in the earth system. Springer, Dordrecht, S 411–441

Müller J et al (1995) Hydrological changes of the Amazon during the last glacial-Interglacial cycle in central Amazonia (Brazil). Naturwissenschaften 82:232–235

Müller P (1973) The dispersal centres of terrestrial vertebrates in the neotropical realm. A study in the evolution of the neotropical biota and its native landscapes. Biogeographica 2:1–243

Müller R (1985) Zur Gletschergeschichte in der Cordillera Quimsa Cruz (Depto. La Paz, Bolivien). Inaugural-Dissertation, Phil. Fak. II, Universität Zürich. Druck Müller, Wildhaus

Muller RA, MacDonald GJ (1995) Glacial cycles and orbital inclination. Nature 377:107–108

Munyikwa K (2005a) The role of dune morphogenetic history in the interpretation of linear dune luminescence chronologies: a review of linear dune dynamics. Prog Phys Geogr 29:317–336

Munyikwa K (2005b) Synchrony of southern hemisphere late Pleistocene arid episodes: a review of luminescence chronologies from arid aeolian landscapes south of the Equator. Quat Sci Rev 24:2555–2583

Murari MK et al (2014) Timing and climatic drivers for glaciation across monsoon-influenced regions of the Himalayane Tibetan orogen. Quat Sci Rev 88:159–182

Muscheler R (2012) The enigmatic 1,500-year cycle. Nat Geosci 5:851–852

Muscheler R et al (2007) Solar activity during the last 1000 yr inferred from radionuclide records. Quat Sci Rev 26:82–97

Muscheler R et al (2008) Tree rings and ice cores reveal ^{14}C calibration uncertainties during the Younger Dryas. Nat Geosci 1:263–267

Myhre G et al (2013) Anthropogenic and Natural Radiative Forcing. In: Stocker TF et al (Hrsg) Climate Change 2013: The Physical Science Basis. Contribution of Working Group I to the Fifth Assessment Report of the Intergovernmental Panel on Climate Change. Cambridge University Press, Cambridge

Nagornov OV et al (2006) Temperature reconstruction for Arctic glaciers. Palaeogeogr Palaeoclimatol Palaeoecol 236:125–134

Naidu PD, Govil P (2010) New evidence on the sequence of deglacial warming in the tropical Indian Ocean. J Quat Sci 25:1138–1143

Najafi MR et al (2015) Attribution of Arctic temperature change to greenhouse-gas and aerosol influences. Nat Clim Chang. https://doi.org/10.1038/nclimate2524

Nanson GC et al (2008) Alluvial evidence for major climate and flow regime changes during the middle and late Quaternary in eastern central Australia. Geomorphology 101:109–129

Narama C (2002) Late Holocene variation of the Raigorodskogo Glacier and climate change in the Pamir Altai, central Asia. Catena 48:21–37

Narcisi B et al (2010) Extended East Antarctic ice-core tephrostratigraphy. Quat Sci Rev 29:21–27

Nash DJ, Adamson GCD (2014) Recent advances in the historical climatology of the tropics and subtropics. Bull Am Meteorol Soc 95:131–146

Nash DJ, Endfield GH (2002) A 19th century climate chronology of the Kalahari region of central southern Africa derived from missionary correspondence. Int J Climatol 22:821–841

Nash DJ, Meadows ME (2012) Africa. In: Metcalfe SE, Nash DJ (Hrsg) Quaternary Environmental Change in the Tropics. Wiley, Chichester, S 79–150

Nash DJ et al (2006) Holocene environmental change in the Okavango Panhandle, northwest Botswana. Quat Sci Rev 25:1302–1322

Navarro-González R et al (2007) Paleoecology reconstruction from trapped gases in a fulgurite from the late Pleistocene of the Libyen Desert. Geology 35:171–174

NEEM community members (2013) Eemian interglacial reconstructed from a Greenland folded ice core. Nature 493:489–494

Neff JC et al (2008) Increasing eolian dust deposition in the western United Stzates linked to human activity. Nat Geosci 1:189–195

Negendank J (2001) Klima im Wandel: Die Geschichte des Klimas aus geobiowissenschaftlichen Archiven. In: Schluchter W, Elkins S (Hrsg) Klima im Wandel – Eine disziplinüberschreitende Herausforderung. Brandenburgische Technische Universität Cottbus, Aktuelle Reihe, Bd. 10, S 32–38

Negendank J (2006) Pragmatik wissenschaftlicher Erkenntnisse. Geowissenschaften als Basis modernen Handlungsrahmens? Uwsf – Zeitschrift Umweltchemie Ökotoxikologie 18(2):80–87

Negendank J, KIHZ-Konsortium (Hrsg) (2004) Klima in historischen Zeiten. Akademie der Wissenschaften und der Literatur in Mainz. Abhandlungen der Mathematisch-Naturwissenschaftlichen Klasse Jg., Bd. 2004, S 119–135

Nehring A (1890) Ueber Tundren und Steppen der Jetzt- und Vorzeit: Mit besonderer Berücksichtigung ihrer Fauna. Dümmler, Berlin

Nemecz E et al (2000) The origin of the silt size quartz grains and minerals in loess. Quat Int 68–71:199–208

Neukom R et al (2014a) Inter-hemispheric temperature variability over the past millennium. Nat Clim Chang 4:362–367

Neukom R et al (2014b) Multi-proxy summer and winter precipitation reconstruction for southern Africa over the last 200 years. Clim Dyn 42:2713–2726

Neumann K et al (2007) The third millennium BP Central African rainforest crisis and the Bantu question: Seasonality as a factor for population movements. MARUM Abstracts, 13–16 November 2007, S 24

Newsome J, Flenley JR (1988) Late Quaternary Vegetational History of the Central Highlands of Sumatra. II. Palaeopalynology and Vegetational History. J Biogeogr 15:555–578

Newton A (2012) Ice-free emigration. Nat Geosci 5:596

Newton A (2013) The mummies's tale. Nat Geosci 6:518

Newton A (2015) Maritime cooling. Nat Geosci 8:259

NGRIP Members (2004) High-resolution record of Northern Hemisphere climate extending into the last interglacial period. Nature 431:147–151

Nicholson SE (1996) A review of climate dynamics and climate variability in eastern Africa. In: Johnson TC, Odada EO (Hrsg) The Limnology, Climatology and Palaeoclimatology of the East African Lakes. Gordon and Breach, Amsterdam. S 25–56

Nicholson SE (2009) A new picture of the structure of the "monsoon" and land ITCZ over West Africa. Clim Dyn 32:1155–1171

Nicholson SE (2011) Non-linearities in the environmental system over West Africa and implications for abrupt change. Northern Africa – past, present, and future climate changes. Workshop of the Excellence Cluster CliSAP (DFG EXC 177) and the Max Planck Institute for Meteorology at KlimaCampus Hamburg, 7–9 February 2011

Nicholson SE et al (2012) Spatial reconstruction of semi-quantitative precipitation fields over Africa during the nineteenth century from documentary evidence and gauge data. Quat Res 78:13–23

Nield T (2014) Parsing eruptions. Nature 508:316–317

Niemi NA (2014) Quake, rubble and roll. Nat Geosci 7:859–860

Nishiizumi K (1989) Cosmic ray production rates of ^{26}Al and ^{10}Be in quartz from glacially polished rocks. J Geophys Res 94:17907–17915

Ninglian W et al (2000) Nitrate concentration in the Guliya ice core and solar activity. PAGES News 2000–2:11

Nobre CA, de Borma LS (2009) 'Tipping points' for the Amazon forest. Curr Opin Environ Sustain 1:28–36

Normile D (2011) Tohoku inundation spurs hunt for ancient tsunamis. Science 334:1341–1343

Norris JR et al (2016) Evidence for climate change in the satellite cloud record. Nature 536:72–75

Norström E et al (2009) Reconstruction of environmental and climate changes at Braamhoek wetland, eastern escarpment South Africa, during the last 16,000 years with emphasis on the Pleistocene-Holocene transition. Palaeogeogr Palaeoclimatol Palaeoecol 271:240–258

Notaro M et al (2011) Did aboriginal vegetation burning impact on the Australian summer monsoon? Geophys Res Lett 38:L11704

Nott J, Hayne M (2001) High frequency of 'super-cyclones' along the Great Barrier Reef over the past 5,000 years. Nature 413:508–512

Nott JF et al (1996) A 30,000 year record of extreme floods in tropical Australia from relict plunge-pool deposits: Implications for future climate change. Geophys Res Lett 23:379–382

Nott JF et al (2001) Alluvial fans, landslides and the Late Quaternary climatic change in the wet tropics of northeast Queensland. Aust J Earth Sci 48:875–882

Novakov T, Rosen H (2012) The Black Carbon Story: Early History and New Perspectives. Ambio 42:840–851

Nshimyimana JP et al (2014) Distribution and abundance of human-specific Bacteroides and relation to traditional indicators in an urban tropical catchment. J Appl Microbiol 116:1369–1383

Núñez L et al (2002) Human Occupations and Climate Change in the Puna de Atacama. Chile Sci 298:821–824

Nunn PD (1997) Late Quaternary environmental changes on Pacific islands: controversy, certainty and conjecture. J Quat Sci 12:443–450

Nyberg J et al (2007) Low Atlantic hurricane activity in the 1970s and 1980s compared to the past 270 years. Nature 447:698–701

O'Brien C et al (2010) High sea surface temperatures in tropical warm pools during the Pliocene. Nat Geosci 7:606–611

Ochsenius C (1982) Biogeographie und Ökologie der Landmegafauna Südamerikas und ihre korrelativen Landschaften im Jung-Quartär. Unveröffentlichte Habilitationsschrift. Phil. Fak. Universität des Saarlandes. 387 S

Ochsenius C (1983) Aridity and Biogeography in Northernmost South America During the Late Pleistocene (Peri-Caribbean Arid Belt, 62°–74° W). Zentralblatt Geol Paläontologie Teil I 1983(3–4):264–278

Ochsenius C (1998) About the geological age and in situ evolution of the Amazon rain forest of South America. The Amazon vertebrate fauna as indicator of savannah landscapes during the Neogene and Pleistocene postglacial age of the hylaea. A revisited hypothesis. Geowissenschaftliche Beiträge. Carl Christian Ochsenius-Stiftung, Singen a. Hohentwiel

O'Connell M (2001) Neolithic impact in Atlantic Europe: timing, intensity, and environmental contexts. Monsoon 3:78–82

Odada EO, Olago DO (Hrsg) (2006) The East African great lakes: Limnology, Palaeolimnology and Biodiversity. Advances in Global Change Research, Bd. 12. Springer Science & Business Media

Oerlemans J (2009) Freezes, floes and the future. Nature 462:572–573

Oestreich K (1904) Über die Eiszeit im nordwestlichen Himalaya. Verhandlungen Ges Dtsch Naturforscher Ärzte 76(II):225 (Versamml. zu Breslau 1904)

O'Gorman PA (2012) Sensitivity of tropical precipitation extremes to climate change. Nat Geosci 5:697–700

O'Hara SL (1993) Historical evidence of fluctuations in the level of Lake Pátzcuaro, Michoacán, Mexico over the last 600 years. Geogr J 159:51–62

O'Hara SL et al (1993) Accelerated soil erosion around a Mexican highland lake caused by prehispanic agriculture. Nature 362:48–51

O'Hara SL, Metcalfe SE (1995) Reconstructing the climate of Mexico from historical records. Holocene 5:485–490

Ohlendorf C et al (2013) Mechanisms of lake-level change at Laguna Potrok Aike (Argentina) – insights from hydrological balance calculations. Quat Sci Rev 71:27–45

Ohngemach D (1973) Análisis polínico de los sedimentos del Pleistoceno Reciente y del Holoceno en la región Puebla-Tlaxcala. Comunicaciones (Projecto Puebla-Tlaxcala), Bd. 7, S 47–49

Ollier CD (1977) Outline geological and geomorphic history of the central Namib Desert. Madoqua 10:207–212

Olsen J et al (2012) Variability of the North Atlantic Oscillation over the past 5,200 years. Nat Geosci 5:808–812

Olson C (2007) The soil record of quaternary climate change. Quat Int 162–163:1–2

Olson SL, Hearty PJ (2009) A sustained +21 m sea level highstand during MIS 11 (400 ka): direct fossil and sedimentary evidence from Bermuda. Quat Sci Rev 28:271–285

Ono Y et al (2004) Timings and causes of glacial advances across the PEP-II transect (East-Asia to Antarctica) during the last glaciation cycle. Quat Int 118–119:55–68

Oppo DW et al (2009) 2,000-year-long temperature and hydrology reconstructions from the Indo-Pacific warm pool. Nature 460:1113–1116

Ortega-Ramírez J et al (1998) Paleoclimatic changes during the Late Pleistocene – Holocene in Laguna Babícaro, near the Chihuahuan Desert. Can J Earth Sci 35:1168–1179

Ortlieb L (2000) The documentary historical record of El Niño events in Peru: An update of the Quinn record (sixteenth through nineteenth centuries). In: Diaz H, Markgraf V (Hrsg) El Niño and the southern oscillation: variability, global and regional impacts. Cambridge University Press, Cambridge, S 207–295

Ortlieb L et al (2002) ENSO Reconstruction Based on Documentary Data From Ecuador, Peru and Chile. PAGES News 10(3):14–17

Oschmann W (Hrsg) (2009) Sclerochronology and Paleoclimate. Int J Earth Sci 98:1–133

Oslisly R et al (2013) Climatic and cultural changes in the west Congo Basin forests over the past 5000 years. Philos Trans Royal Soc B 368:120304. https://doi.org/10.1098/rstb.2012.0304

Osmaston H (1989a) Glaciers, glaciations and equilibrium line altitudes on Kilimanjaro. In: Mahaney WC (Hrsg) Quaternary and environmental research on East African mountains. Balkema, Rotterdam, S 7–30

Osmaston H (1989b) Glaciers, glaciations and equilibrium line altitudes on the Ruwenzori. In: Mahaney WC (Hrsg) Quaternary and environmental research on East African mountains. Balkema, Rotterdam, S 31–104

Osmaston HA (2006) Should Quaternary sea-level changes be used to correct glacier ELAs, vegetation belt altitudes and sea level temperatures for inferring climate changes? Quat Res 65:244–251

Osmaston HA, Harrison SP (2005) The Late Quaternary glaciation of Africa: A regional synthesis. Quat Int 138–139:32–54

Osmond JK, Dabous AA (2004) Timing and intensity of groundwater movement during Egyptian Sahara pluvial periods by U-series analysis of secondary U in ores and carbonates. Quat Res 61:85–94

Oster JL et al (2015) Steering of westerly storms over western North America at the Last Glacial Maximum. Nat Geosci 8:201–205

Osterkamp TE (2005) The recent warming of permafrost in Alaska. Glob Planet Change 49:187–202

Otterø OH et al (2010) External forcing as a metronome for Atlantic multidecadal variability. Nat Geosci 3:688–694

Overeem A et al (2013) Crowdsourcing urban air temperatures from smartphone battery temperatures. Geophys Res Lett 40:4081–4085

Overpeck JT (2000) The hole record. Nature 403:714–715

Owen LA (1988) Wet-sediment deformation of Quaternary and recent sediments in the Skardu Basin, Karakoram Mountains, Pakistan. In: Croots D (Hrsg) Glaciotectonics. Balkema, Rotterdam, S 123–147

Owen LA (2008) How Tibet might keep its edge. Nature 455:748–749

Owen LA (2009) Latest Pleistocene and Holocene glacier fluctuations in the Himalaya and Tibet. Quat Sci Rev 28:2150–2164

Owen LA (2011) Quaternary Glaciation of Northern India. In: Ehlers J et al (Hrsg) Quaternary Glaciations – extent and chronology, A closer look. Developments in Quaternary Science, S 929–942

Owen LA, Dortch JM (2014) Nature and timing of Quaternary glaciation in the Himalayan-Tibetan orogen. Quat Sci Rev 88:14–54

Owen LA et al (2002) Timing of multiple Late Quaternary glaciations in the Hunza Valley, Karakoram Mountains, northern Pakistan: defined by cosmogenic radionuclide dating of moraines. Geol Soc Am Bull 114:593–604

Owen LA et al (2005) Climatic and topographic controls on the style and timing of Late Quaternary glaciation throughout Tibet and the Himalaya defined by ^{10}Be cosmogenic radionuclide surface exposure dating. Quat Sci Rev 24:1391–1411

Owen LA et al (2006) Terrestrial cosmogenic nuclide surface exposure dating of the oldest glacial successions in the Himalayan orogen: Ladakh Range, northern India. Geol Soc Am Bull 118:383–392

Owen LA et al (2008a) Quaternary glaciation of the Himalayan-Tibetan orogeny. J Quat Sci 23:513–531

Owen LA et al (2008b) Landslides triggered by the October 8, 2005, Kashmir Earthquake. Geomorphology 94:1–9

Owen LA et al (2009) Quaternary glaciation of Mount Everest. Quat Sci Rev 28:1412–1433

Owen LA et al (2010) Quaternary glaciation of Gurla Mandata (Naimon'anyi). Quat Sci Rev 29:1817–1830

Owen-Smith N (1982) Factors influencing the consumption of plant products by large herbivores. In: Huntley BJ, Walker BH (Hrsg) Ecology of tropical savannas. Ecological Studies, Bd. 42. Springer, Berlin, S 359–403

Pachur H-J (1997) Der Ptolemäus-See in Westnubien als Paläoklimaindikator. Petermanns Geogr Mitt 141:227–250

Pachur H-J (1999) Paläo-Environment und Drainagesysteme der Ostsahara im Spätpleistozän und Holozän. In: Klitzsch E, Thorweihe U (Hrsg) (1999) Deutsche Forschungsgemeinschaft. Nordost-Afrika: Strukturen und Ressourcen. Ergebnisse aus dem Sonderforschungsbereich „Geowissenschaftliche Probleme in ariden und semiariden Gebieten". Wiley, Weinheim, S 366–445

Pachur H-J, Altmann N (2006) Die Ostsahara im Spätquartär. Ökosystemwandel im größten hyperariden Raum der Erde. Springer, Berlin

Pachur H-J, Braun G (1980) The palaeoclimate of the Central Sahara, Libya and the Libyan Desert. Palaeoecol Africa 12:351–363

Pachur H-J, Wünnemann B (1996) Reconstruction of the palaeoclimate along 30°E in the eastern Sahara during the Pleistocene/Holocene transition. Palaeoecol Africa 24:1–32

Paduano GM et al (2003) A vegetation and fire history of Lake Titicaca since the Last Glacial Maximum. Palaeogeogr Palaeoclimatol Palaeoecol 194:259–279

Paeth H (2015) Insights from large ensembles with pertubates physics. Erdkunde 69:201–216

Pagani M (2014) Broken tropical thermostats. Nat Geosci 7:555–556

Page K et al (1994) Late Quaternary evolution of Lake Urana, New South Wales, Australia. J Quat Sci9:47–57

PAGES 2k Network (2013) Continental-scale temperature variability during the past two millennia. Nat Geosci 6:339–346

PALAEOSENS Project Members (2012) Making sense of palaeoclimate sensitivity. Nature 491:683–691

Palmer J et al (2006) Extension of New Zealand kauri (*Agathis australis*) tree-ring chronologies into Oxygen Isotope Stage (OIS) 3. J Quat Sci 21:779–787

Palmer T (2014) Build high-resolution global climate models. Nature 515:338–339

Palmer T (2015) Build imprecise supercomputers. Nature 526:32–33

Pangani M et al (2010) High Earth-system climate sensitivity determined from Pliocene carbon dioxide concentrations. Nat Geosci 3:27–30

Pant RK et al (2005) A 20-ka climate record from Central Himalayan loess deposits. J Quat Sci 20:485–492

Parker EJ, Bloemendal J (2005) Aeolian process and pedogenesis under the influence of the East Asian monsoon: A statistical approach to particle-size distribution variability. Sediment Geol 181:195–206

Parkinson B et al (1987) Tropical Landshells of the World. Christa Hemmen, Wiesbaden

Parolin M, Stevaux JC (2006) Dry climate and eolian dune formation in the Middle Holocene in Mato Grosso do Sul State, Central West Brazil. Zeitschrift Geomorphol Suppl 145:177–190

Partin JW et al (2007) Millennial-scale trends in Warm Pool hydrology since the Last Glacial Maximum. Nature 449:452–455

Partin JW et al (2008) Climate variability recorded in tropical and sub-tropical speleothems. PAGES News 16(3):9–10

Partin W et al (2013) Multidecadal rainfall variability in South Pacific Convergence Zone as revealed by stalagmite geochemistry. Geology 41:1143–1146

Partridge TC (2002) Were Heinrich Events forced from the southern hemisphere? S Afr J Sci 98:43–46

Partridge TC, Maud RR (1987) Geomorphic evolution of southern Africa since the Mesozoic. South African J Geol 90:179–208

Partridge TC, Maud RR (1989) The end-Cretaceous event: new evidence from the southern hemisphere. S Afr J Sci 85:428–430

Partridge TC et al (1991) Our feature: the pretoria Saltpan – the scientific aspects. Geobulletin 34:16–22

Partridge TC et al (1993) The Pretoria Saltpan: a 200,000 year Southern African lacustrine sequence. Palaeogeogr Palaeoclimatol Palaeoecol 101:317–337

Partridge TC et al (1997) Orbital forcing of climate over South Africa: A 200,000-year rainfall record from the Pretoria Saltpan. Quat Sci Rev 16:1125–1133

Partridge TC et al (1999) Synthetic reconstructions of southern African environments during the Last Glacial Maximum (21–18 kyr) and the Holocene Altithermal (8–6 kyr). Quat Int 57/58:207–214

Pasachoff JM (2009) Solar eclipses as an astrophysical laboratory. Nature 459:789–795

Passarge S (1904) Die Kalahari. Versuch einer physisch-geographischen Darstellung der Sandfelder des südafrikanischen Beckens. Reimer, Berlin

Past Interglacials Working Group of PAGES (2016) Interglacials of the last 800,000 years. First published: 5 March 2016. Full publication history. http://onlinelibrary.wiley.com/doi/10.1002/2015RG000482/full

Patnaik R et al (2012) Indian Monsoon Variability at Different Time Scales: Marine and Terrestrial Proxy Records. Proceedings of the Indian national Science Academy, Bd. 78, S 535–547

Patton PC et al (1993) Holocene paleofloods of the Ross River, Central Australia. Quat Res 40:201–212

Pätzold J et al (2004) Coral Climate History of the Subtropical North Atlantic (CorClim). PAGES News 12(2):31–32

Pauluis O et al (2008) The global atmospheric circulation on moist Isentropes. Science 321:1075–1078

Payet R, Agricole W (2006) Climate Change in the Seychelles: Implications for Water and Coral Reefs. Ambio 35(4):182–189

Pearce NJG et al (2007) Correlation and characterisation of individual glass shards from tephra deposits using trace element laser ablation ICP-MS analyses: current status and future potential. J Quat Sci 22:721–736

Pearce NJG et al (2014) Individual glass shard trace element analyses confirm that all known Toba tephra reported from India is from the c. 75-la Youngest Toba eruption. J Quat Sci 29:729–734

Pearson A (2008) Who lives on the sea floor? Nature 454:952–953

Peck JA et al (2004) A magnetic mineral record of Late Quaternary tropical climate variability from Lake Bosumtwi, Ghana. Palaeogeogr Palaeoclimatol Palaeoecol 215:37–57

Pedersen K, Egholm DL (2013) Glaciations in response to climate variations preconditioned by evolving topography. Nature 493:206–210

Pedro JB et al (2016) The spatial extent and dynamics of the Antarctic Cold Reversal. (And Supplementary Information). Nat Geosci 9:51–55

Peel DA (1995) Ice cores. Profiles of the past. Nature 378:234–235

Peeters L (1968) Orígen y Evolución de la Cuenca del Lago de Valencia, Venezuela. ODA (Oficina de Divulgación Agricola), Caracas, Venezuela

Peeters L (1971) Nuevos datos acerca de la evolución de la cuenca del Lago de Valencia (Venezuela) durante el Pleistoceno Superior y el Holoceno. Instituto para la conservación del Lago de Valencia, Caracas.

Pekel J-F et al (2016) High-resolution mapping of global surface water and its long-term changes. Nature 540:418–422

Pelto MS (1992) Equilibrium line altitude variations with latitude, today and during the Late Wisconsin. Palaeogeogr Palaeoclimatol Palaeoecol 95:41–46

Peña-Ramírez V et al (2015) Rates of pedogenic processes in volcanic landscapes of late Pleistocene to Holocene age in Central Mexico. Quat Int. https://doi.org/10.1016/j.quaint.2014.11.032

Penck A (1913) Die Formen der Landoberfläche und Verschiebungen der Klimagürtel. Sitzungsberichte der preußischen Akademie der Wissenschaften, Physikalisch-mathematische Klasse, Bd. I, S 77–97

Pennisi E (2007) Spawning for a better Life. Science 318:1712–1717

Penny D (2012) China and Southeast Asia. In: Metcalfe SE, Nash DJ (Hrsg) Quaternary environmental change in the tropics. Wiley, Chichester, S 207–235

Penny D (2014) Social upheaval in ancient Angkor resulting from fluvial response to land use and climate variability. PAGES Mag 22(1):32–33

Pepin NC et al (2014) Measuring and modelling the retreat of the summit ice fields on Kilimanjaro, East Africa. Arct Antarct Alp Res 46:905–917

Peerdeman FM et al (1993) The stable oxygen isotope signal in shallow-water, upperslope sediments off the Great Barrier Reef (Hole 820A). Proc Ocean Drill Program Sci Results 133:163–173

Peteet D (1995) Preface. J Quat Sci 14:811

Peterson GM et al (1979) The continental record of environmental conditions at 18,000 yr B.P.: An initial evaluation. Quat Res 12:47–82

Peterson J et al (2002) Mountain Environments in New Guinea and the Last Glacial Maximum. 'Warm Seas/Cold Mountains' Enigma in the West Pacific Warm Pool Region. Adv Geoecology 34:173–187

Peterson LC et al (2000) Rapid changes in the hydrologic cycle of the tropical Atlantic during the last glacial. Science 290:1947–1951

Petit JR et al (1999) Climate and atmospheric history of the past 420,000 years from the Vostok ice core, Antarctica. Nature 399:429–436

Petit-Maire N (1999) Variabilité naturelle des environnements terrestres: les deux derniers extrêmes climatiques (18 000 ± 2 000 et 8 000 ± 1 000 ans BP). C. R. Acad. Sci. Paris, Sciences de la terre et des plantes. Earth Planet Sci 328(4):273–279

Petoukhov V et al (2000) CLIMBER-2: a climate system model of intermediate complexity. Part I: model description and performance for present climate. Clim Dyn 16:1–17

Péwé TL (Hrsg) (1981) Desert dust: origin, characteristics, and effect on man. The Geological Society of America, Special Paper, Bd. 186

Pfaffl FA, Dullo W-C (2014) The first ascent to the volcano Cotopaxi in Ecuador by Wilhelm Reiss (1838–1908). Int J Earth Sci 103:1175–1179

Pfister C et al (2002) Reconstructing past climate and natural disasters in europe using documentary evidence. PAGES News 10(3):6–8

Philipona R et al (2009) How declining aerosols and rising greenhouse gases forced rapid warming in Europe since the 1980s. Geophys Res Lett 36:L2860. https://doi.org/10.1029/2008GL036350

Phillips T et al (2010) Cryo-hydrologic warming: A potential mechanism for rapid thermal response of ice sheets. Geophys Res Lett 37(20). https://doi.org/10.1029/2010GL044397

Phillips WM et al (2000) Asynchronous glaciation at Nanga Parbat, northwestern Himalaya Mountains, Pakistan. Geology 28:431–434

Piccardi L, Masse WB (Hrsg) (2007) Myth and Geology. Geological Society of London Spec. Publ., Bd. 273

Pichevin L et al (2005) A 190 kyr record of lithogenic grainsize on the Namibian slope: forcing a tight link between past wind-strength and coastal upwelling dynamics. Mar Geol 218:81–96

Pickering et al (2007) Stratigraphy, U-Th chronology, and paleoenvironments at Gladysvale Cave: insights into the climatic control of South African hominin-bearing cave deposits. J Hum Evol 53:602–619

Pickup G et al (2002) Paleoflood reconstruction on floodplains using geophysical survey data and hydraulic modeling. In: House PK et al (Hrsg) Ancient floods, modern hazards: principles and applications of Paleoflood hydrology. Water Science and Application, Bd. 5, S 47–60

Pienitz R et al (Hrsg) (2009) Advances in Paleolimnology. PAGES News 17(3):136

Piguet E (2013) From „primitive migration" to „climate refugees": the curious fate of the natural environment in migration studies. Ann Assoc Am Geogr 103(1):148–162

Pilewskie P (2007) Aerosol heat up. Nature 448:541–542

Pinker RT et al (2005) Do satellites detect trends in surface solar radiation? Science 308:850–854

Piotrowski J (1997) Palaeohydrology and global continental changes – panta rhei? Boreas 26:157–158

Placzek C et al (2001) Holocene lakelevel fluctuations of Lake Aricota, southern Peru. Quat Res 56:181–190

Placzek C et al (2006) Geochronology and stratigraphy of late Pleistocene lake cycles on the southern Bolivian Altiplano: implications for causes of tropical climate change. Geol Soc Am Bull 118:515–532

Polashenski CM et al (2015) Neither dust nor black carbon causing apparent albedo decline in Greenland's dry snow zone; implications for MODIS C5 surface reflectance. Geophys Res Lett 42. https://doi.org/10.1002/2015GL065912

Po-Chedley S et al (2018) Climate constraint reflects forced signal. Nature 563:E6–E9

Polhaupessy AA (2002) Quaternary Flora and vegetation of java. Adv Geoecology 34:83–96

Polissar PJ et al (2006) Solar modulation of Little Ice Age climate in the tropical Andes. Proc Natl Acad Sci 103:8937–8942

Polk JS et al (2007) Late Holocene environmental reconstruction using cave sediments from Belize. Quat Res 68:53–63

Pollack HN et al (2006) Five centuries of climate change in Australia: the view from underground. J Quat Sci 21:701–706

Porter SC (1975) Late Quaternary Glaciation and Tephrochronology of Mauna Kea, Hawaii. Bull Royal Soc N Z 13:247–251

Porter SC (1979a) Quaternary stratigraphy and chronology of Mauna Kea, Hawaii: a 380,000-yr record of mid-Pacific volcanism and ice-cap glaciation. Geological Society of America Bulletin 90, Part I: 609–611; Part II: 980–1093

Porter SC (1979b) Hawaiian glacial ages. Quat Res 12:161–187

Porter SC (2001) Snowline depression in the tropics during the last glaciation. Quat Sci Rev 20:1067–1091

Porter SC (2005) Pleistocene snowlines and glaciation of the Hawaiian Islands. Quat Int 138/139:118–128

Porter SC (2011) Pleistocene Glaciation of Hawaii. In: Ehlers J et al (Hrsg) Quaternary Glaciations – extent and chronology, A closer look. Developments in Quaternary Science, Bd. 15, S 463–465

Poser H (1948) Boden- und Klimaverhältnisse in Mittel- und Westeuropa während der Würmeiszeit. Erdkunde 2:53–68

Possehl G (2001) Distinctive differences: the Indus civilization. Monsoon 3:85

Post E (2013) Tropical diversity countdown. Nature 502:174–175

Poulter B et al (2014) Contribution of semi-arid ecosystems to interannual variability of the global carbon cycle. Nature 509:600–603

Poussart PF et al (2006) Tropical dendrochemistry: a novel approach to estimate age and growth from ringless trees. Geophys Res Lett 33:L17711. https://doi.org/10.1029/2006GL026929

Power MJ et al (2012) Climatic control of the biomass-burning decline in the Americas after ad 1500. Holocene 23:3–13

Powers LA et al (2005) Large temperature variability in the southern African tropics since the Last Glacial Maximum. Geophys Res Lett 32:L8706. https://doi.org/10.1029/2004GL022014

Prem HJ (1978) Milpa y Hacienda: tenencia de la tierra indígena y española en la Cuenca del Alto Atoyac, Puebla, México (1520–1650). Das Mexiko-Projekt der DFG XIII. Wiesbaden

Prem HJ (1979) Condiciones y posibilidades de la reconstrucción demografíca en el México Central. Comunicaciones Proyecto Puebla-Tlaxcala 16:183–190

Prentice ML et al (2005) An evaluation of snowline data across New Guinea during the last major glaciation, and area-based glacier snowlines in the Mt. Jaya region of Papua, Indonesia, during the Last Glacial Maximum. Quat Int 138/139:93–117

Prentice ML et al (2011) The Glaciation of the South-East Asian Equatorial Region. In: Ehlers J et al (Hrsg) Quaternary Glaciations – extent and chronology, A closer look. Developments in Quaternary Science, Bd. 15, S 1023–1036

Preuss J (1986) Jungpleistozäne Klimaänderungen im Kongo-Zaire-Becken. Geowissenschaften in unserer Zeit 4(6):177–187

Preusser F et al (2002) A 160,000-year record of dune development and atmospheric circulation in southern Arabia. Science 296:2018–2020

Price WA (1944) Greater American deserts. Texas Academy of Science Proceedings and Transactions, Bd. 27, S 163–170

Priest ER et al (1998) Nature of the heating mechanism for the diffuse solar corona. Nature 393:545–547

del Prieto MR, del Rojas F (2013) Climate anomalies and epidemics in South America at the end of the Colonial Period. Clim Change 118:641–658

Pringle H (2010) Using old insects to sleuth out new clues to ancient cultures. Science 330:752–753

Prospero JM et al (2002) Environmental Characterization of Global Sources of Atmospheric Soil Dust Identified with the Nimbus 7 Total Ozone Mapping Spectrometer (Toms) Absorbing Aerosol Product. Rev Geophys 40(1). https://doi.org/10.1029/2000RG000095

Prum RO et al (2015) A comprehensive phylogeny of birds (Aves) using targeted next-generation DNA sequencing. Nature 526:569–573

Pugach I et al (2013) Genome-wide data substantiate Holocene gene flow drom India to Australia. Proc Natl Acad Sci 110:1803–1808

Purdy EG, Winterer EL (2006) Contradicting Barrier Reef relationships for Darwin's Evolution of reef types. Geol Rundsch 95:143–167

Purugganan MD, Fuller DQ (2009) The nature of selection during plant domestication. Nature 457:843–848

Putnam AE et al (2010) Glacier advance in southern middle-latitudes during the Antarctic Cold Reversal. Nat Geosci 3:700–704

Qingdao JQI (2014) Coastal havoc boosts jellies. Nature 514:545

Qiu J (2012) Glaciologista to target third pole. Nature 484:19

Qiu J (2016) The forgotten continent. Nature 535:218–220

Quaas J (2011) The soot factor. Nature 471:413

Quan X-W et al (2013) How fast are the tropics expanding? J Clim. https://doi.org/10.1175/JCLI-D-13-00287.1

Quick LJ et al (2011) A 19.5 kyr vegetation history from the central Cederberg Mountains, South Africa: palynological evidence from rock hyrax middens. Palaeogeogr Palaeoclimatol Palaeoecol 309:253–270

Quigley MC et al (2010) Holocene climate change in arid Australia from speleothem and alluvial records. Holocene 20:1093–1104

Quinn WH (1993) The large-scale ENSO event, the El Niño, and other important features. Bull De L'institut Française D'études Andines 22(1):13–34

Quinn WH, Neal VT (1992) The historical record of El Niño events. In: Bradley RS, Jones PD (Hrsg) Climate since A. D, Bd. 1500. Routledge, London., S 623–648

Quinn WH, Neal WT (1995) The historical record of El Niño events. In: Bradley RS, Jones PD (Hrsg) Climate Since A.D. 1500. Routledge, London., S 623–648 (Revised edition)

Quinn WH et al (1987) El Niño occurrences over the past four and a half centuries. J Geophys Res 92(C13):14449–14461

Rabatel A (2005) Chronologie et interprétation paléoclimatique des fluctuations des glaciers dans les Andes de Bolivie (16°S) depuis le maximum du Petit Age Glaciaire (17ème siècle). Ph. D. Thesis. IRD, CNRS, University Joseph Fourier, Grenoble, 194 S

Rabatel A et al (2005) External Geophysics, Climate and Environment (Glaciology) Dating of Little Ice Age glacier fluctuations in the tropical Andes: Charquini glaciers, Bolivia. Comptes Rendus Geosci 337:1311–1322

Rabatel A et al (2006) Glacier recession on Cerro Charquini (16° S), Bolivia, since the maximum of the Little Ice Age (17th century). J Glaciol 52(176):110–118

Rabatel A et al (2008) A chronology of the Little Ice Age in the tropical Andes of Bolivia (16°S) and its implications for climate reconstruction. Quat Res 70:198–212

Rabineau M et al (2006) Paleo sea levels reconsidered from direct observation of paleoshoreline position during Glacial Maxima (for the last 500,000 yr). Earth Planet Sci Lett 252:119–137

Rabosky DL, Sorhannus U (2009) Diversity dynamics of marine planktonic diatoms across the Cenozoic. Nature 457:183–187

Rach O et al (2014) Delayed hydrological response to Greenland cooling at the onset oft he Younger Dryas in western Europe. Nat Geosci 7:109–112

Rädel G et al (2016) Amplification of El Niño by cloud longwave coupling to atmospheric circulation. Nat Geosci 9:106–110

Radies D et al (2004) Eustatic and climatic controls on the development of the Wahiba Sand Sea, Sultanate of Oman. Sedimentology 51:1359–1385

Rahmstorf S (1995) Bifurcations of the Atlantic thermohaline circulation in response to changes in the hydrological cycle. Nature 378:145–149

Rahmstorf S et al (2004) Cosmic rays, carbon dioxide, and climate. Eos 85(4):38–41

Rahn T (2007) Tropical rain recycling. Nature 445:495–496

Railsback LB et al (2016) A multi-proxy stalagmite record from northwestern Namibia of regional drying with increasing global-scale warmth over the last 47 kyr: The interplay of a globally shifting ITCZ with regional currents, winds, and rainfall. Palaeogeogr Palaeoclimatol Palaeoecol 451:109–121

Raisbeck GM et al (2006) ^{10}Be evidence for the Matuyama-Brunhes geomagnetic reversal in the EPICA Dome C ice core. Nature 444:82–84

Raisbeck GM et al (2016) An improved North-South synchronization of ice core records around the 41 K beryllium 10 peak. Clim Past Discuss. https://doi.org/10.5194/cp-2016-79

Ramage JM et al (2005) Comparing reconstructed Pleistocene equilibrium-line altitudes in the tropical Andes of central Peru. J Quat Sci 20:777–788

Ramana MV et al (2010) Warming influenced by the ratio of black carbon to sulphate and the black carbon source. Nat Geosci 3:542–545

Ramanathan V et al (2007) Warming trends in Asia amplified by brown cloud solar absorption. Nature 448:575–578

Ramanathan V, Carmichael G (2008) Global and regional climate changes due to black carbon. Nat Geosci 1:221–227

Ramankutty N, Foley JA (1999) Estimating historical changes in global land cover: Croplands from 1700 to 1992. Global Biogeochem Cycles 13:997–1027

Ramaswamy V (1992) Explosive start to last ice age. Nature 359:14

Rampino MR, Self S (1992) Volcanic winter and accelerated glaciation following the Toba super-eruption. Nature 359:50–52

Ran ETH et al (1996) Evolution of climate and Andean ecosystems in the Quaternary based on pollen analysis, land-sea correlation and astronomical tuning. Volume of Abstracts, 9th Int. Palynological Congress, Houston. http://dare.uva.nl/personal/pure/en/publications/evolution-of-climate-and-andean-ecosystems-in-the-quaternary-based-on-pollen-analysis-landsea-correlation-and-astronomical-tuning(e0c79863-f70a-446b-bc10-962aa4a8e589).html

Randerson JT et al (2015) Multicentury changes in ocean and land contributions to the climate-carbon feedback. Global Biogeochem Cycles 29. https://doi.org/10.1002/2014GB005079

Rashid H et al (2011) Comments on ‘Does the Agulhas Current amplify global temperatures during super-interglacials’. J Quat Sci 26:866–869

Rathmann J, Jacobeit J (2009) Solar signals in southern hemisphere African climate since 1901. Adv Sci Lett 2:1–9

Ratzel F (1891) Anthropogeographie.Teil II: Die geographische Verbreitung des Menschen. Engelhorn, Stuttgart

Ravelo AC (2010) Warmth and glaciation. Nat Geosci 3:672–674

Rawlence NJ et al (2014) Using palaeoenvironmental DNA to reconstruct past environments: progress and prospects. J Quat Sci 29:610–626

Raymo ME, Huybers P (2008) Unlocking the mysteries of the ice ages. Nature 451:284–285

Raymo ME, Mitrovica JX (2012) Collapse of polar ice sheets during the stage 11 Interglacial. Nature 483:453–456

Reager JT et al (2016) A decade of sea level rise slowed by climate-driven hydrology. Science 351:699–703

Reay D et al (2007) Spring-time for sinks. Nature 446:727–728

Reed KE et al (Hrsg) (2013) The Paleobiology of Australopithecus. Springer, Dordrecht

Reeves JM et al (2013) Climate variability over the last 35,000 years recorded in marine and terrestrial archives in the Australian region: an OZ-INTIMATE compilation. Quat Sci Rev 74:21–34

Reffet E et al (2010) Formation and stability of transverse and longitudinal sand dunes. Geology 38:491–494

Reich D et al (2011) Denisova admixture and the first modern human dispersals into Southeast Asia and Oceania. Am J Hum Genet 89:516–528

Reich D et al (2012) Reconstructing Native American Population history. Nature 488:370–374

Reich ES (2011) Bear researcher frozen out. Nature 476:16–17

Reineck H-E, Singh IB (1980) Depositional sedimentary environments. Springer, Berlin

Reiss W (1873) Über eine Reise nach den Gebirgen des Illiniza und Corazón und im Besonderen über die Besteigung des Cotopaxi. Zeitschrift Dtsch Geol Ges 27:71–95

Reiss W (1875) Bericht über eine Reise nach dem Quilotoa und dem Cerro Hermoso in den ecuadorianischen Cordilleren. Zeitschrift Dtsch Geol Ges 25:274–294

Reiss W, Stübel A (1886) Skizzen aus Ecuador. Asher & Co, Berlin

Reiss W & Stübel A (1892–98) Reisen in Südamerika. Das Hochgebirge der Republik Ecuador. Petrographische Untersuchungen, Band 1: West-Cordillere, Bd 2: Ost-Cordillere. Asher, Berlin. 358 + 356 S

Rendell HM et al (2003) The timing of climbing dune formation in southwestern Niger: fluvio-aeolian interactions and the role of sand supply. Quat Sci Rev 22:1059–1065

Renssen H et al (2003) Holocene climatic instability during the termination of the African Humid Period. Geophys Res Lett 30(4):1184

Resing JA, Barrett PM (2014) Fingerprints of a trace nutrient. Nature 511:164–165

Reuter J et al (2009) A new perspective on the hydroclimate variability in northern South America during the Little Ice Age. Geophys Res Lett 36:L21706. https://doi.org/10.1029/2009GL041051

Reuther AU et al (2004) Determining the glacial equilibrium line altitude (ELA) for the northern Retezat Mountains, southern Carpathians and resulting paleoclimatic implications for the last glacial cycle. Analele Universitatii de Vest din Timisoara, Geografie, Bd. XIV, S 11–34

Reuther AU et al (2006) Application of surface exposure dating in glacial geomorphology and the interpretation of moraine ages. Zeitschrift Geomorphol Suppl 142:335–359

Revesz RL et al (2014) Improve economic models of climate change. Nature 508:173–175

Reyes AV et al (2014) South Greenland ice-sheet collapse during Marine Isotope Stage 11. Nature 510:525–528

Reynaud-Farrera I et al (1996) Végétation et climat dans les forêts du sud-ouest Cameroun depuis 4770 ans BP. Ánalyse pollinique des sediments du lac Ossa. CR Acad Sci Paris, Ser. 2a, 322:749–755

Rial JA et al (2013) Synchronization of the climate system to eccentricity forcing and the 100,000-year problem. Nat Geosci 6:289–293

von Richthofen F (1877) China. Ergebnisse eigener Reisen und darauf gegründeter Studien. Bd. I: Einleitender Teil. Reimer, Berlin

von Richthofen F (1886) Führer für Forschungsreisende. Anleitung zu Beobachtungen über Gegenstände der physischen Geographie und Geologie. Oppenheim, Berlin.

Ridley HE et al (2015) Aerosol forcing of the position of the intertropical convergence zone since AD 1550. Nat Geosci 8:195–200

Riedel F et al (2009) A fossil *Potadoma* (Gastropoda: Pachychilidae) from Pleistocene central Kalahari fluvio-lacustrine sediments. Hydrobiologia 636:493–498

Riedel F et al (2012) Evidence for a permanent lake in Sua Pan (Kalahari, Botswana) during the early centuries of the last millennium indicated by distribution of Baobab trees (*Adansonia digitata*) on "Kubu Island". Quat Int 253:67–73

Riedel F et al (2014) Dynamics of a Kalahari long-lived mega-lake system: hydromorphological and limnological changes in the Makgadikgadi Basin (Botswana) during the terminal 50 ka. Hydrobiologia 739:25–53

Riemer H et al (2017) Climate, styles and archaeology: an integral approach towards an absolute chronology of the rock art in the Libyan Desert (Eastern Sahara). Antiquity 91(355):7–23

Rietbroek R et al (2016) Revisiting the contemporary sea-level budget on global and regional scales. Proc Nat Acad Sci. https://doi.org/10.1073/pnas.1519132113

Rignot E et al (2002) Rock glacier surface motion in Beacon Valley, Antarctica, from synthetic-aperture radar interferometry. Geophys Res Lett 29(12):1607. https://doi.org/10.1029/2001GL013494

Rincón-Martínez D et al (2010) More humid interglacials in Ecuador during the past 500 kyr linked to latitudinal shifts of the equatorial front and the Intertropical Convergence Zone in the eastern tropical Pacific. Paleoceanography 25:PA2210. https://doi.org/10.1029/2009PA001868

Rind D (1998) Latitudinal temperature gradients and climate change. J Geophys Res 103:5943–5971

Rind D (2000) Relating paleoclimate data and past temperature gradients: Some suggestive rules. Quat Sci Rev 19:381–390

Rind D, Peteet D (1985) Terrestrial Conditions at the Last Glacial Maximum and CLIMAP Sea-Surface Temperature Estimates: Are They Consistent? Quat Res 24:1–22

Ringrose S et al (2008) Diagenesis in Okavango fan and adjacent dune deposits with implications for the record of palaeoenvironmental change in Makgadikgadi– Okavango– Zambezi basin, northern Botswana. Geomorphology 101:544–557

Ringrose S et al (2014) Aspects of floodplain deposition in semiarid ephemeral rivers, examples from the Kuiseb river valley, central Namibia. Trans Royal Soc South Africa 69(3):187–193

Rippeth TP et al (2008) Impact of sea-level rise over the last deglacial transition on the strength of the continental shelf CO_2 pump. Geophys Res Lett 35:L24604. https://doi.org/10.1029/2008GL035880

Risbey J (2015) Free and forced climate variations. Nature 517:562–563

Roa P (1979) Génesis y evolución de los médanos en los llanos centrales de Venezuela. Testimonio de un clima desertico. Acta Biol Venezuelica 10:19–49

Robbins LH et al (1996) Paleoenvironment and archaeology of Drotsky's Cave: Western Kalahari Desert, Botswana. J Archaeol Sci 23:7–22

Roberts DL et al (2012) Melting ice sheets 400,000 yr ago raised sea level by 13 m: Past analogue for future trends. Earth Planet Sci Lett 357–358:226–237

Roberts GC et al (2008) Simultaneous observations of aerosol–cloud–albedo interactions with three stacked unmanned aerial vehicles. Proc Nat Acad Sci 105:7370–7375

Roberts RG, Bird MI (2012) Homo 'incendius'. Nature 485:586–587

Robinson A (2015) Cracking the Indus script. Nature 526:499–501

Robson J et al (2014) Atlantic overturning in decline? Nat Geosci 7:2–3

Roche DM et al (2015) Freshwater release and volcanic eruptions as drivers of abrupt changes during interglacial climate. PAGES Mag 23(1):8–9

Rockström J et al (2009) A safe operating space for humanity. Nature 461:472–475

Rodbell DT (1992) Lichenometric and radiocarbon dating of Holocene glaciation, Cordillera Blanca, Peru. Holocene 2:19–29

Rodbell DT, Seltzer GO (2000) Rapid Ice Margin Fluctuations during the Younger Dryas in the Tropical Andes. Quat Res 54:328–338

Rodbell DT et al (1999) An ~15,000-year record of El Niño-driven alluviation in Southwestern Ecuador. Science 283:516–520

Rodbell DT et al (2008) Clastic sediment flux to tropical Andean lakes: records of glaciation and soil erosion. Quat Sci Rev 27:1612–1626

Rodbell DT et al (2009) Glaciation in the Andes during the Lateglacial and Holocene. Quat Sci Rev 28:2165–2212

Rodbell DT et al (2012) Development of unusual rock weathering features in the Cordillera Blanca, Peru. Quat Res 77(1):149–158

Rodríguez-Sanz L, Mortyn PG (2015) Widespread salinification of the North Pacific Ocean during the last glacial termination. PAGES Mag 23(1):6–7

Roe G (2009) On the interpretation of Chinese loess as a paleoclimate indicator. Quat Res 71:150–161

Roeland J-C et al (1988) Pollen et reconstruction quantitative du climat. Validation des données d'Afrique orientale. Comptes Rendus De L'Académie De Sci Paris 307(II):1735–1740

Rohdenburg H (1971) Einführung in die Klimagenetische Geomorphologie anhand eines Systems von Modellvorstellungen am Beispiel des fluvialen Abtragungsreliefs. Lenz, Giessen.

Rohdenburg H (1989) Landschaftsökologie – Geomorphologie. Catena, Cremlingen.

Rohling EJ et al (2014) Sea-level and deep-sea-temperature variability over the past 5.3 million years. Nature 508:477–482

Rohling EJ et al (2015) Mediterranean climate and oceanography, and the periodic development of anoxic events (sapropels). Earth Sci Rev 143:62–97

Rohwer F, Thurber RV (2009) Viruses manipulate the marine environment. Nature 459:207–212

Romanovsky VE et al (2007) Past and recent changes in air and permafrost temperatures in eastern Siberia. Glob Planet Change 56:399–413

Rommerskirchen R et al (2006) Glacial/interglacial changes in Southern Africa: compound-specific $\delta^{13}C$ land plant biomarker and pollen records from Southeast Atlantic continental margin sediments. Geochemistry Geophys Geosystems 7(8):1–21

Rose KC et al (2013) Early East Antarctic Ice Sheet growth recorded in the landscape of the Gamburtsev Subglacial Mountains. Earth Planet Sci Lett 375:1–12

Rose K et al (2014) Major Subglacial Meltwater Channels Reveal Former Dynamic Ice Sheet In West Antarctica. Geophysical Research Abstracts 16. EGU 2014:7128

Rosetti DF et al (2014) Late Quaternary fluvial terrace evolution in the main southern Amazonian tributary. Catena 116:19–37

Rosell-Melé A et al (2011) Alkenones and coccoliths in icerafted debris during the Last Glacial Maximum in the North Atlantic: implications for the use of $U^{K}{}_{37'}$ as a sea surface temperature proxy. J Quat Sci 26:657–664

Rosen J (2016) A forest of hypotheses. Nature 536:239–241

Rosenfeld D et al (2008) Flood or Drought: How Do Aerosols Affect Precipitation? Science 321:1309–1313

Rossignol-Strick M (1983) African monsoons, an immediate climate response to orbital insolation. Nature 304:46-49

Rossignol-Strick M, Paterne M (1999) A synthetic pollen record of the eastern Mediterranean sapropels of the last 1 Ma: implications for the time-scale and formation of sapropels. Mar Geol 153:221-237

Rothe P (2008) Die Erde. Primus, Darmstadt

Röthlisberger F (1986) 10.000 Jahre Gletschergeschichte der Erde. Sauerländer, Aarau

Röthlisberger F, Geyh M (1985) Glacier variations in Himalayas and Karakorum. Zeitschrift Gletscherkd Glazialgeol 21:237–249

Rousseau D-D, Kukla G (2000) Abrupt retreat of summer monsoon at the S1/L1 boundary in China. Glob Planet Change 26:189–198

Rovere A et al (2016) The analysis of Last Interglacial (MIS 5e) relative sea-level indicators: Reconstructing sea-level in a warmer world. Earth Sci Rev 159:404–427

Rowe HD, Dunbar RB (2004) Hydrologic-energy balance constraints on the Holocene lake-level history of lake Titicaca, South America. Clim Dyn 23:439–454

Rowe HD et al (2002) Insolation, moisture balance and climate change on the South American Altiplano since the Last Glacial Maximum. Clim Change 52:175–199

Rowlands DJ et al (2012) Broad range of 2050 warming from an observationally constrained large climate model ensemble. Nat Geosci 5:256–260

Roy AJ, Lachniet MS (2010) Late Quaternary glaciation and equilibrium-line altitudes of the Mayan Ice Cap, Guatemala, Central America. Quat Res 74:1–7

Royer DL et al (2004) CO_2 as a primary driver of Phanerozoic climate. Geol Soc Am (gsa) Today 14(3):4–10

Rubin DM, Hesp PA (2009) Multiple origins of linear dunes on Earth and Titan. Nat Geosci 2:653–658

Ruddiman WF (2003) Orbital insolation, ice volume, and greenhouse gases. Quat Sci Rev 22:1597–1629

Ruddiman WF, Ellis E (2009) Effect of per-capita land-use changes on Holocene forest cover and CO_2 emissions. Quat Sci Rev 28:3011–3015

Ruddiman WF et al (2014) Does pre-industrial warming double the anthropogenic total? Anthropocene Rev 1:147–153

Ruddiman WF et al (2016) Late Holocene climate: Natural or anthropogenic? Rev Geophys 54:93–118

Ruesch A, Gibbs HK (2008) New IPCC Tier-1 Global Biomass Carbon Map for the Year 2000. Oak Ridge National Laboratory, Oak Ridge (Available online from the Carbon Dioxide Information Analysis Center [http://cdiac.ornl.gov])

Ruhe RV (1959) Stone lines in soils. Soil Sci 87(4):223–231

Rule S et al (2012) The aftermath of megafaunal extinction: ecosystem transformation in Pleistocene Australia. Science 335:1483–1486

Rull V (1996) Late Pleistocene and Holocene Climates of Venezuela. Quat Int 31:85–94

Rull V (1998) Palaeoecology of pleniglacial sediments from the Venezuelan Andes. Palynological record of El Caballo stadial, sedimentation rates and glacier retreat. Rev Palaeobot Palynol 99:95–114

Rull V (2009) Microrefugia. J Biogeogr 36:481–484

Runge F (1999) The opal phytolith inventory of soils in central Africa. – Quantities, shapes, classification, and spectra. Rev Palaeobot Palynol 107:23–53

Runge F, Fimbel RA (2001) Opal phytoliths as evidence for the formation of savanna islands in the rain forest of Southeast Cameroon. Palaeoecol Africa 27:171–185

Runge F, Runge J (1997) Opal phytoliths in East African plants and soils. Monografías 4:71–82

Runge J (2001a) Landschaftsgenese und Paläoklima in Zentralafrika. Physiogeographische Untersuchungen zur Landschaftsentwicklung und klimagesteuerten quartären Vegetations- und Geomorphodynamik in Kongo/Zaire und der Zentralafrikanischen Republik. Relief – Boden – Paläoklima 17:1–312

Runge J (2001b) Quaternary sedimentary records in Central Africa and their paläoenvironmental interpretation. Palaeoecol Africa 27:1–327

Runge J (2001c) On the age of stone-lines and hillwash sediments in the eastern Congo basin – palaeoenvironmental implications. Palaeoecol Africa 27:19–36

Runge J (2015) Vom Kongobecken zum zentralafrikanischen Rift. Geogr Rundsch 67(6):32–40

Runge J, Runge F (1995) Late Quaternary pelaeoenvironmental conditions in eastern Zaire (Kivu) deduced from remote sensing, morpho-pedological and sedimentological studies (Phytoliths, Pollen, ^{14}C-data). 2^{e} Symposium de Palynologie Africaine 31. Publ. Ocass. CIFEG, Tervuren, S 109–122

Runge J et al (2014) Late Quaternary valley and slope deposits and their palaeoenvironmental significance in the Upper Congo Basin, Central Africa. Palaeoecol Africa 32:53–90

Russel IC (1889) Quaternary History of the Mono Valley, California. Reprint 8th Annual Report of the United Geological Survey, 1889. Artemisia Press, Lee Vining, S 267–394

Russell JM et al (2003) An 11,000-year lithostratigraphic and paleohydrologic record from equatorial Africa: Lake Edward, Uganda-Congo. Palaeogeogr Palaeoclimatol Palaeoecol 193:25–49

Russell JM et al (2014) SynTraCE-21 Workshop. PAGES Mag 22(1):55

Rust U (1984) Geomorphic evidence of Quaternary environmental changes in Etosha, South West Africa/Namibia. In: Vogel JC (Hrsg) Late Cainozoic Palaeoclimates of the Southern Hemisphere. Balkema, Rotterdam, S 465–470

Rust U (1985) Die Entwicklung der Etoschapfanne im Rahmen der Landschaftsentwicklung des Etoscha-Nationalparks (nördliches Südwestafrika/Namibia). Modoqua 14:197–266

Rust U, Vogel JC (1988) Late Quaternary environmental changes in the Namib Desert as evidenced by fluvial Landforms. Palaeoecol Africa 19:127–137

Rustic GT et al (2015) Dynamical excitation of the tropical Pacific Ocean and ENSO variability by Little Ice Age cooling. Science 350:1537–1541

Ruth U (2006) Mineral dust records from Greenland ice cores. PAGES News 13(3):17–18

Ruter A et al (2004) Climate and environment of the subtropical and tropical Americas (NH) in the mid-Holocene: comparison of observations with climate model simulations. Quat Sci Rev 23:663–679

Rutherford S, D'Hondt S (2000) Early onset and tropical forcing of 100,000-year Pleistocene glacial cycles. Nature 408:72–75

Rutter N et al (2012) Glaciations in North and South America from the Miocene to the Last Glacial Maximum. Comparisons, linkages and uncertainties. SpringerBriefs in Earth System Sciences. Springer, Dordrecht

Rypdal M et al (2018) Emergent constraints for climate sesitivity. Nature 563:E3–E5

Sagredo EA (2014) Sensitivity of the equilibrium line altitude across the Andes. Quat Res 81:355–366

Sagredo EA (2017) Equilibrium line altitudes along the Andes during the Last millennium: Paleoclimatic implications. Holocene 27:1019–1033

Saha S et al (2016) Geomorphology, sedimentology and minimum exposure ages of streamlined subglacial landforms in the NW Himalaya, India. Boreas 45:284–303

Said R (1993) The river Nile. Pergamon, Oxford

Salati E (1985) The climatology and hydrology of Amazonia. In: Prance GT, Lovejoy TE (Hrsg) Key environments. Amazonia. Pergamon, Oxford, S 18–48

Salati E et al (1979) Recycling of water in the Amazon Basin. An isotope study. Water Resour Res 15:1250–1258

Saleh R et al (2014) Brownness of organics in aerosols from biomass burning linked to their black carbon content. Nat Geosci 7:647–650

Salgado-Labouriau ML (1980) A pollen diagram of the pleistocene-holocene boundary of Lake Valencia, Venezuela. Rev Palaeobot Palynol 30(C):297–312

Salomons JB (1986) Paleoecology of volcanic soils in the Colombian Central Cordillera (Parque Nacionai Natural de los Nevados). Quat Colombia 13:1–212

Salzer MW, Hughes MK (2007) Bristlecone pine tree rings and volcanic eruptions over tha last 5000 yr. Quat Res 67:57–68

Sancho J, Pérez-Gavilán D (1981) A perspective study of droughts in Mexico. J Hydrol (Amst) 51:41–55

Sanders WT et al (1979) The basin of Mexico. Ecological processes in the evolution of a civilization. New York, San Francisco, London

Sano M et al (2008) Tree-ring based hydroclimate reconstruction over northern Vietnam from *Fokienia hodginsii*: 18th century mega-drought and tropical Pacific influence. Clim Dyn 33:331–340

Santamaria Tovar D et al (2008) Evidence for a landslide origin of New Zealand's Waiho Loop moraine. Nat Geosci 8:524–526

Santer BD et al (2007) Identification of human-induced changes in atmospheric moisture content. Proc Nat Acad Sci 104:15248–15253

Santos GM et al (2003) A revised chronology of the lowest occupation layer of Pedra Furada Rock Shelter, Piauí, Brazil: the Pleistocene peopling of the Americas. Quat Sci Rev 22:2303–2310

Vecino SG et al (2015) Alteration of tropical forest vegetation from the Pleistocene – Holocene transition and plant cultivation from the end of early Holocene through middle Holocene in Northwest Colombia. Quat Int 363:28–42

Santoso A et al (2013) Late-twentieth-century emergence of the El Niño propagation asymmetry and future projections. Nature 504:126–130

Sardet C (2015) Plankton. Wonders of the drifting world. University of Chicago Press, Chicago

Sarjeant WAS et al (1987) The cysts and skeletal elements of dinoflagellates: speculations on the ecological causes for their morphology and development. Micropaleontology 33:1–36

Sarnthein M (1978) Sand deserts during glacial maximum and climatic optimum. Nature 272:43–46

Sarnthein M, Koopmann B (1980) Late Quaternary deep-sea record on Northwest African dust supply and wind circulation. Palaeoecol Africa 12:239–253

Satheesh SK, Moorthy KK (2005) Radiative effects of natural aerosols: a review. Atmos Environ 39:2089–2110

Sauer W (1971) Geologie von Ecuador. Borntraeger, Berlin

Schaefer H et al (2006) Ice record of $\delta^{13}C$ for atmospheric CH_4 across the Younger Dryas-Preboreal transition. Science 313:1109–1112

Schaub M et al (2008) Environmental change during the Allerød and Younger Dryas reconstructed from Swiss tree-ring data. Boreas 37:74–86

Schefuß E et al (2003) African vegetation controlled by tropical sea surface temperatures in the mid-Pleistocene period. Nature 422:418–421

Schefuß E et al (2005) Climatic controls on central African hydrology during the past 20,000 years. Nature 437:1003–1006

Schefuß E et al (2011) Forcing of wet phases in Southeast Africa over the past 17,000 years. Nature 480:509–512

Scheidegger AE (1990) Theoretical Geomorphology. Springer, Berlin

Scheidegger Y et al (2008) Paleotemperature reconstruction using noble gasconcentrations in speleothem fluid inclusions. PAGES News 16(3):10–12

Schepanski K et al (2014) Mineral dust: Meteorological controls and climate impacts. PAGES Mag 22(2):62–63

Scherler D et al (2011) Spatially variable response of Himalayan glaciers to climate change affected by debris cover. Nat Geosci 4:156–159

Schieber J et al (2007) Accretion of mudstone beds from migrating floccule ripples. Science 318:1760–1763

Schiermeier Q (2006a) Oceans cool off in hottest years. Nature 442:854–855

Schiermeier Q (2006b) The methane mystery. Nature 442:730–731

Schiermeier Q (2007) No solar hiding place for greenhouse sceptics. Nature 448:8–9

Schiermeier Q (2008) Climate anomaly is an artefact. Nature 453:569

Schiermeier Q (2011) Earth's acid test. Nature 471:154–156

Schiermeier Q (2013a) Oceans under surveillance. Nature 497:167–168

Schiermeier Q (2013b) Quandary over Soviet croplands. Nature 504:342

Schiermeier Q (2015) Hunting the Godzilla El Niño. Nature 526:490–491

Schiermeier Q (2016) The ice historians. Nature 535:480–483

Schiller A et al (1997) The stability of the North Atlantic thermohaline circulation in a coupled ocean-atmosphere general circulation model. Clim Dyn 13:325–347

Schlosser P, Pfirman S (2012) Earth science for sustainability. Nat Geosci 5:587–588

Schlüter T (1997) Geology of East Africa. Borntraeger, Berlin

Schmidt F et al (2014) Biocoenosis response to hydrological variability in Southern Africa during the last 84 ka BP: A study of lipid biomarkers and compound-specific stable carbon and hydrogen isotopes from the hypersaline Lake Tswaing. Glob Planet Change 112:92–104

Schmidt GA et al (2014) Reconciling warming trends. Nat Geosci 7:158–160

Schmidt MW et al (2006) Rapid subtropical North Atlantic salinity oscillations across Dansgaard-Oeschger cycles. Nature 443:561–564

Schmidt M et al (2012) Diatom evidence for a MIS 5 megalake high stand in the Kalahari (Botswana). Abstracts 12th International Paleolimnology Symposium, Glasgow SECC, 21–24 August, 2012 (S13-P-07)

Schmidt M et al (2017) Paleolimnological features of a megalake phase in the Makgadikgadi Basin (Kalahari, Botswana) during Marine Isotope Stage 5 inferred from diatoms. J Paleolimnol. https://doi.org/10.1007/s10933-017-9984-9

Schmidt S et al (2011) A note of caution on the use of boulders for exposure dating of depositional surfaces. Earth Planet Sci Lett 302:60–70

Schmincke H-U (2000) Vulkanismus. WBG, Darmstadt

Schmitt et al (2012) Carbon Isotope Constraints on the Deglacial CO2 Rise from Ice Cores. Science 336:711-714

Schneebeli W (1976) Untersuchungen von Gletscherschwankungen im Val de Bagnes. Die Alpen, Zeitschrift des Schweizer Alpen-Club 3/4:5–57

Schneider B (2010) Ozeanzirkulation. Geogr Rundsch 2010(5):8–14

Schneider DP (2005) Antarctic climate of the past 200 years from an integration of instrumental, satellite, and ice core proxy data. Ph. D. Thesis, University of Washington, Seattle

Schneider RR (2007) IMAGES – The hydrological cycle and ocean temperatures: A paleo-perspective. PAGES News 15(1):6–7

Schneider R (2014) Sea levels from ancient seashells. Nature 508:465–466

Schneider RR et al (1996) Late Quaternary Surface Temperature and Productivity in the East-Equatorial South Atlantic: Response to Changes in Trade/Monsoon Wind Forcing and Surface Water Advection. In: Wefer G et al (Hrsg) The South Atlantic, Present and Past Circulation. Springer, Berlin, Heidelberg, S 527-551

Schneider RR et al (2004) GHOST (global holocene spatial and temporal climate variability): combination of Paleotemperature records, statistics and modeling. PAGES News 12(2):25–26

Schneider T et al (2014) Migrations and dynamics of the intertropical convergence zone. Nature 513:45–53

Schollaen K et al (2013) Multiple tree-ring chronologies (ring width, $\delta^{13}C$ and $\delta^{18}O$) reveal dry and rainy season signals of rainfall in Indonesia. Quat Sci Rev 73:170–181

Scholz C (1997) Fieldwork, a geologist's memoir of the Kalahari. Princeton University Press, Princeton NJ

Scholz CA, Rosendahl BR (1988) Low lake stands in lakes Malawi and Tanganyika, East Africa, delineated with multifold seismic data. Science 240:1645–1648

Scholz CA et al (2011) Scientific drilling in the Great Rift Valley: The 2005 Lake Malawi Scientific Drilling Project — An overview of the past 145,000 years of climate variability in Southern Hemisphere East Africa. Palaeogeogr Palaeoclimatol Palaeoecol 303:3–19

Schöne BR & Surge D (Hrsg) (2005) Looking back over Skeletal Diaries – High-resolution Environmental Reconstructions from Accretionary Hard Parts of Aquatic Organisms. Palaeogeogr, Palaeoclimatol, Palaeoecol 228(Special Issue):1–191

Schöne BR, Surge D (2014) Bivalve shells: ultra high-resolution paleoclimate archives. PAGES Mag 22(1):20–21

Schöngart J et al (2004) Teleconnections between tree growth in the Amazonian floodplains and the El Niño-Southern Oscillation effect. Glob Chang Biol 10:683–692

Schönwiese C-D (1994) Klima. Grundlagen, Änderungen, menschliche Eingriffe. BI, Mannheim

Schøtt Hvidberg C (2000) When Greenland ice melts. Nature 404:551–552

Schouten S et al (2002) Distributional variation in marine crenarchaeotal membrane lipids: a new tool for reconstructing ancient sea water temperatures? Earth Planet Sci Lett 204:265–274

Schrag DP (2000) Of ice and elephants. Nature 404:23–24

Schrenk F (2015) Wie wurde der Mensch zum Menschen? zur debatte (Kath. Akad. Bayern), Bd. 6, S 20–22

Schrenk F, Bromage TG (2002) Adams Eltern. Expeditionen in die Welt der Frühmenschen. Beck, München

Schrope M (2012) Trees and temperature. Nat Geosci 5:589

Schubert C, Rinaldi M (1987) Nuevos Datos Sobre la Cronología del Estadio Tárdio de la Glaciación Mérida, Andes Venezolanos. Acta Científica 38:135–136

Schubert C, Huber O (1990) The Gran Sabana. Panorama of a region. Lagoven (Public Relation Department), Caracas.

Schubert C, Clapperton CM (1990) Quaternary glaciations in the northern Andes (Venezuela, Colombia and Ecuador). Quat Sci Rev 9:123–135

Schubert C, Vivas L (1993) El Cuaternario de la Cordillera de Mérida, Andes Venezolanos. Universidad de los Andes, Fundación POLAR, Mérida, Venezuela

Schuh H (2004) Erdrotation und globale dynamische Prozesse. Promet 30(3):153–160

Schüle W (1992) Anthropogenic trigger effects on Pleistocene climate? Glob Ecol Biogeogr Lett 2:33–36

Schulte P et al (2014) How well does end-member modelling analysis of grain size data work? EGU General Assembly 2014. Geophysical Research Abstracts, Bd. 16, EGU2014-1903

Schulz H et al (2002) The Toba volcanic event and Interstadial/-Stadial climates at the marine isotopic stage 5 to 4 transition in the northern Indian Ocean. Quat Res 57:22–31

Schulz W (1960) Aimé Bonpland. Alexander von Humboldts Begleiter auf der Amerikareise 1799–1804. Sein Leben und Wirken, besonders nach 1817 in Argentinien. Akademie der Wissenschaften und der Literatur in Mainz, Abhandlungen der Mathematisch-Naturwissenschaftlichen Klasse Jg. 1960, Bd. 9. Steiner, Wiesbaden, S 1–53

Schumm SA (1965) Quaternary palaeohydrology. In: Wright HE, Frey DG (Hrsg) The Quaternary of the United States. Princetown University Press, Princetown, S 783–794

Schüpbach S et al (2016) Ice cores: High-resolution archive of rapid climate changes. PAGES Mag 24(1):12–13

Schuur EAG et al (2009) The effect of permafrost thaw on old carbon release and net carbon exchange from tundra. Nature 459:556–559

Schuur EAG et al (2015) Climate change and the permafrost carbon feedback. Nature 520:171–179

Schwander J (2006) Dating ice cores. PAGES News 14(1):21–22

Schwartz D (1988) Histoire d'une paysage: le Louséké. Paléoenvironments Quaternaires et podsolization sur sables Batéké. ORSTOM Collection Études et Thèses

Schwarzacher W (1994) Cyclostratigraphy and the Milankovitch Theory. Dev Sedimentol 52:546

Schwarzbach M (1968) Neuere Eiszeithypothesen. Eiszeitalt Gegenwart 19:250–261

Schwarzbach M (1974) Das Klima der Vorzeit. Eine Einführung in die Paläoklimatologie. Enke, Stuttgart

Schweingruber FH (1983) Der Jahrring: Standort, Methoden, Zeit und Klima in der Dendrochronologie. Paul Haupt, Bern

Schweingruber FH (2000) Jahrringforschung und Klimawandel in den borealen Wäldern. Geogr Rundsch 52(12):50–55

Scott L (1987) Pollen analysis of hyaena coprolites and sediments from Equus Cave, Taung, southern Kalahari (South Africa). Quat Res 28:144–156

Scott L (1999) Vegetation history and climate in the Savanna biome South Africa since 190,000 ka: a comparison of pollen data from the Tswaing Crater (the Pretoria Saltpan) and Wonderkrater. Quat Int 57(58):215–223

Scott L, Woodborne S (2006) Pollen analysis and dating of Late Quaternary faecal deposits (hyraceum) in the Cederberg, western Cape, South Africa. Rev Palaeobot Palynol 144(3):123–134

Scott L, Woodborne S (2007) Vegetation history inferred from pollen in Late Quaternary faecal deposits (hyraceaum) in the Cape winter-rain region and its bearing on past climates in South Africa. Quat Sci Rev 26:941–953

Scott L et al (1995) Palaeoenvironmental conditions in South Africa at the Pleistocene-Holocene transition. Quat Sci Rev 14:937–947

Scott L et al (2004) Fossil hyrax dung and evidence of Late Pleistocene and Holocene vegetation types in the Namib Desert. J Quat Sci 19:829–832

Scott L et al (2008) Reconciliation of vegetation and climatic interpretations of pollen profiles and other regional records from the last 60 thousand years in the Savanna Biome of Southern Africa. Palaeogeogr Palaeoclimatol Palaeoecol 257:198–206

Scott L et al (2012) Terrestrial fossil-pollen evidence of climate change during the last 26 thousand years in Southern Africa. Quat Sci Rev 32:100–118

Scott PA, Kettleborough JA (2002) Origins and estimates of uncertainty in predictions of twenty-first century temperature rise. Nature 416:723–726

Scott PA, Walton P (2013) Attribution of climate-related events: understanding stakeholder needs. Weather (Royal Meteorological Society) 68:274–279

Scurla H (1977) Alexander von Humboldt, Ansichten der Natur. Ein Blick in Humboldts Lebenswerk, 3. Aufl. Verlag der Nation, Berlin

Seddon AWR et al (2016) Sensitivity of global terrestrial ecosystems to climate variability. Nature 531:229–232

Sedov S et al (2009) The Tlaxcala basin paleosol sequence: a multiscale proxy of middle to late Quaternary environmental change in central Mexico. Revista Mexicana De Ciencias Geológicas 26:448–465

Sedov S et al (2010) Tepexpan revisited: A multiple proxy of local environmental changes in relation to human occupation from a paleolake shore section in Central Mexico. Holocene 122:309–322

Seely M, Pallett J (2008) Namib. Secrets of a desert uncovered. Venture, Windhoek

Seely M und Sandelowsky BH (1974) Dating the regression of a river's end point. South African Archaeological Bulletin Goodwin Series 2, Claremont/Cape, S 61-64

Seiner F (1909) Ergebnisse einer Bereisung des Gebiets zwischen Okawango und Sambesi (Caprivi-Zipfel) in den Jahren 1905 und 1906. Mitteilungen Aus Den Dtsch Schutzgebieten 22:1–107

Selby MJ et al (1979) A late Quaternary lake in the central Namib Desert, southern Africa, and some implications. Palaeogeogr Palaeoclimatol Palaeoecol 26:37–41

Seltzer GO (1990) Recent glacial history and paleoclimate of the Peruvian-Bolivian Andes. Quat Sci Rev 9:137–152

Seltzer GO (1991) La regressión del hielo en Peru y en Bolivia desde el Pleistoceno tardió. Boletín De La Sociedad Geológica Boliv 26:13–32

Seltzer GO (1992) Late Quaternary glaciation of the Cordillera Real, Bolivia. J Quat Sci 7:87–98

Seltzer GO (2001) Late Quaternary glaciation in the tropics: future research directions. Quat Sci Rev 20:1063–1066

Seltzer GO et al (2002) Early warming of tropical South America at the last glacial-interglacial transition. Science 296:1685–1686

Seltzer GO et al (Hrsg) (2003) Late-quaternary palaeoclimates of the southern tropical Andes and adjacent regions. Palaeogeogr, Palaeoclimatol, Palaeoecol 194:1–338

Semmel A (1977) Grundzüge der Bodengeographie. Teubner, Stuttgart

Seneviratne SI et al (2006) Land-atmosphere coupling and climate change in Europe. Nature 443:205–209

Seong YB et al (2007) Quaternary glacial history of the Central Karakoram. Quat Sci Rev 26:3384–3405

Seong YB et al (2009) Quaternary glaciation of Muztag Ata and Kongur Shan: evidence for glacier response to rapid climate changes throughout the Late-glacial and Holocene in westernmost Tibet. Geol Soc Am Bull 121:348–365

Servant M, Fontes J-C (1978) Les lacs quaternaires des hauts plateaux des Andes Boliviennes, premières interprétations paléoclimatiques. Cahier ORSTOM Série Géologie, Bd. 10, S 9–23

Servant M, Servant-Vildary S (1980) L'environnement quaternaire du bassin du Tchad. In: Williams MAJ, Faure H (Hrsg) The Sahara and the Nile. Balkema, Rotterdam, S 133–162

Servant M, Servant S (1983) The lacustrine environment and its evolution. In: Carmouze JP et al (Hrsg) Lake Chad: ecology and productivity of a shallow tropical ecosystem. Dr. Junk, The Hague, S 11–26

Servant M et al (1976) Paléolimnologie des lacs du Quaternaire récent du Bassin du Tchad. Interprétation paléoclimatiques. 2nd Int. Symp. Paleolimnology, Mikolaijki, Poland, 1976

Servant M et al (1993) Tropical forest changes during the late Quaternary in African and South American lowlands. Glob Planet Change 7:25–40

Severinghaus JP (2009) Monsoons and meltdowns. Science 326:240–241

Severinghaus JP (2013) Deglacial decoupling. Nat Geosci 6:994–995

Sha L et al (2015) Sea-ice variability off West Greenland over the last five millennia derived from diatom assemblages. PAGES Mag 23(1):24–25

Shackleton NJ et al (Hrsg) (1988) The past three million years: evolution of climatic variability in the North Atlantic region. Proceedings of a royal society discussion meeting held on 25 and 26 february 1987. Philosophical Transactions of the Royal Society London B, Bd. 318, S 411–688

Shackleton NJ et al (1990) An alternative astronomical calibration of the lower Pleistocene timescale based on ODP site 677. Transactions of the Royal Society of Edinburgh. Earth Sci 81:251–261

Shackley M (1980) An Archeulean industry with *Elephas recki* fauna from Namib IV, South West Africa. Nature 284:340–341

Shackley M (1985) Palaeolithic archaeology of the central Namib Desert. Cimbebasia B, Memoir 6. Windhoek

Shakun JD, Carlson AE (2010) A global perspective on Last Glacial Maximum to Holocene climate change. Quat Sci Rev 29:1801–1816

Shakun JD et al (2012) Global warming preceded by increasing carbon dioxide concentrations during the last deglaciation. Nature 484:49–52

Shakun JD et al (2015) Cosmogenic dating of Late Pleistocene glaciation, southern tropical Andes, Peru. J Quat Sci 30:841–847

Shanahan TM, Zreda M (2000) Chronology of Quaternary glaciations in East Africa. Earth Planet Sci Lett 177:23–42

Shanahan TM et al (2006) Paleoclimatic variations in West Africa from a record of late Pleistocene and Holocene lake level stands of Lake Bosumtwi, Ghana. Palaeogeogr Palaeoclimatol Palaeoecol 242:287–302

Shanahan TM et al (2015) The time-transgressive termination of the African Humid Period. Nat Geosci 8:140–144

Shanahan TM et al (2016) CO_2 and fire influence tropical ecosystem stability in response to climate change. Sci Rep 6:29587. https://doi.org/10.1038/srep29587

Shannon LV et al (1986) On the existence of an El Niño-type phenomenon in the Benguela System. J Mar Res 44:495–520

Shapiro A et al (2011) A new approach to the long-term reconstruction of the solar irradiance leads to large historical solar forcing. Astron Astrophys 529:A67

Sharma MC, Owen LA (1996) Quaternary glacial history of NW Garhwal Himalayas. Quat Sci Rev 15:335–365

Shaviv NJ, Veizer J (2003) Celestial driver of Phanerozoic climate? Geol Soc Am Today 13(7):4–10

Shaviv NJ, Veizer J (2004) Detailed Response to "Cosmic Rays, Carbon Dioxide and Climate" by Rahmstorf et al. http://www.sciencebits.com/ClimateDebate

Shaw PA, Cooke HJ (1986) Geomorphic evidence for the late Quaternary paleoclimates of the Middle Kalahari of northern Botswana. Catena 13:349–359

Shaw PA, Thomas DSG (1989) Playas, pans, salt lakes. In: Thomas DSG (Hrsg) Arid-zone geomorphology. Belhaven Press, London, S 184–205

Shaw PA, Thomas DSG (1996) The Quaternary palaeoenviromental history of the Kalahari, southern Africa. J Arid Environ 32:9–22

Shaw PA et al (1992) Late Quaternary fluvial activity in the dry valleys (mekgacha) of the Middle and Southern Kalahari, southern Africa. J Quat Sci 7:273–281

Shaw PA et al (1997) Palaeoecology and age of Quaternary high lake level in the Makgadikgadi basin of the Middle Kalahari, Botswana. S Afr J Sci 93:273–276

Shepherd TG (2014) Atmospheric circulation as a source of uncertainty in climate change projections. Nat Geosci 7:703–708

Sherwood S (2015) The sun and the rain. Nat Geosci 8:200–201

Sherwood SC et al (2014) Spread in model climate sensitivity traced to atmospheric convective mixing. Nature 505:37–42

Shi N et al (2000) Correlation between vegetation in southwestern Africa and oceanic upwelling in the past 21,000 years. Quat Res 54:72–80

Shi N et al (2001) Southeast trade wind variations during the last 135 kyr: evidence from pollen spectra in eastern South Atlantic sediments. Earth Planet Sci Lett 187:311–321

Shi Y (1992) Glaciers and glacial geomorphology in China. Z Geomorphol 86:19–35

Shinde V et al (2001) Climatic fluctuations and the rise and fall of the Harappan civilization of South Asia. Monsoon 3:92–94

Shindell DT et al (2009) Improved Attribution of Climate Forcing to Emissions. Science 326:716–718

Showers WJ, Bevis M (1988) Amazon Cone isotopic stratigraphy: Evidence for the source of the tropical freshwater spike. Palaeogeogr Palaeoclimatol Palaeoecol 64:189–199

Shreeve J (2015) Mystery man. Natl Gegraphic 228(10):30–57

Shulmeister J et al (2005) Cosmogenic nuclide chronology of the last glacial transition in North-West Nelson, New Zealand – new insights in Southern Hemisphere climate forcing during the last deglaciation. Earth Planet Sci Lett 233:455–466

Siebe C et al (1996) Repeated volcanic disasters in Prehispanic time at Popocatépetl, central Mexico: past key to the future? Geology 24:399–402

Siegel DA, Franz BA (2010) Century of phytoplankton change. Nature 466:569–571

Siegenthaler U et al (2005) Stable carbon cycle – Climate relationship during the Late Pleistocene. Science 310:1313–1317

Sievers W (1886) Über Schneeverhältnisse in der Cordillere Venezuelas. Mitteilungen der Geographischen Gesellschaft München, Bd. 1885, S 54–57

Sievers W (1887) Reise in die Sierra Nevada de Santa Marta. Gressner & Schramm, Leipzig

Sievers W (1908) Vergletscherung der Cordilleren des tropischen Südamerika. Zeitschrift Gletscherkd 2:271–284

Sievers W (1911) Die heutige und frühere Vergletscherung Südamerikas. Verhandlungen der Gesellschaft deutscher Naturforscher und Ärzte. Karlsruhe. Vogel, Leipzig.

Sifeddine A et al (2003) A 21 000 cal years paleoclimatic record from Caçó Lake, northern Brazil: evidence from sedimentary and pollen analyses. Palaeogeogr Palaeoclimatol Palaeoecol 189:25–34

Sigl M et al (2014) Insights from Antarctica on volcanic forcing during the Common Era. Nat Clim Chang 4:693–697

Sigl M et al (2015a) Timing and climate forcing of volcanic eruptions for the past 2,500 years. Nature 523:543–549

Sigl M et al (2015b) The history of volcanic eruptions since Roman times. PAGES Mag 23(2):48–49

Sigman DM et al (2010) The Polar Ocean and glacial cycles in atmospheric CO_2 concentration. Nature 466:47–55

Sikes EL, Keigwin LD (1994) Equatorial Atlantic sea surface temperature for the last 30 kyr: a comparison of $U_{37}^{k'}$, $\delta^{18}O$ and foraminiferal assemblage temperature estimates. Paleoceanography 9:31–45

Silberzahn R, Uhlmann EL (2015) Many hands make tight work. Nature 526:189–191

Silenzi S et al (2005) Isotopic and elemental records in a non-tropical coral (*Cladocora caespitosa*): Discovery of a new high-resolution climate archive for the Mediterranean Sea. Glob Planet Change 49:94–120

Sinclair G et al (2015) Quantifying global sea level during warm periods. PAGES Mag 23(2):73

Singarayer JS, Burrough SL (2015) Interhemispheric dynamics of the African rainbelt during the late Quaternary. Quat Sci Rev 124:48–67

Singer C et al (1998) Evidence against a significant Younger Dryas cooling event in New Zealand. Science 281:812–814

Singhvi AK, Porat N (2008) Impact of luminescence dating on geomorphological and paleoclimate research in drylands. Boreas 37:536–558

Singhvi AK et al (2010) A ~200 ka record of climatic change and dune activity in the Thar Desert, India. Quat Sci Rev 29:3095–3105

Singhvi AK et al (2012) India, Arabia and adjacent regions. In: Metcalfe SE, Nash DJ (Hrsg) Quaternary Environmental Change in the Tropics. Wiley, Chichester, S 151–206

Sinha A et al (2005) Variability of southwest Indian summer monsoon precipitation during the Bølling-Ållerød. Geology 33:813–816

Sinha A et al (2007) A 900-year (600 to 1500 AD) record of the Indian summer monsoon precipitation from the core monsoon zone of India. Geophys Res Lett 34:L16707. https://doi.org/10.1029/2007GL030431

Sinha R et al (2007) Late Cenozoic fluvial successions in northern and western India: an overview and synthesis. Quat Sci Rev 26:2801–2822

Sinha R et al (Hrsg) (2012) The Quaternary of tropical and subtropical rivers. Palaeogeogr, Palaeoclimatol, Palaeoecol 356–357:108 S

Sirocko F (1996) The evolution of the monsoon climate over the Arabian Sea during the last 24,000 years. Palaeoecol Africa 24:53–69

Sirocko F (Hrsg) (2009) Wetter, Klima, Menschheitsentwicklung von der Eiszeit bis ins 21. Jahrhundert. WBG, Darmstadt

Sirocko F et al (1993) Century-scale events in monsoonal climate over the past 24,000 years. Nature 364:322–324

Sirocko F et al (1996) Teleconnections Between the Subtropical Monsoons and High-Latitude Climates During the Last Deglaciation. Science 272:526–529

Sirocko F et al (2000) Processes controlling trace element geochemistry of Arabian Sea sediments during the last 25,000 years. Glob Planet Change 26:217–303

Sirocko F et al (Hrsg) (2006) The climate of past interglacials. Developments in Quaternary Science, Bd. 7. Elsevier, Amsterdam.

Sirocko F et al (2009) Ursachen von Klimavariabilität in der Vergangenheit. In: Sirocko F (Hrsg) Wetter, Klima, Menschheitsentwicklung von der Eiszeit bis ins 21. Jahrhundert. WBG, Darmstadt, S 53–64

Skilbeck CG, Fink D (2006) Radiocarbon dating and sedimentation rates for Holocene – upper Pleistocene sediments, eastern equatorial Pacific and Peru continental margin. In: Jørgensen BB et al (Hrsg) Data report ODP Leg-181. Proc. ODP, Science results, 201

Skonieczny C et al (2015) African humid periods triggered the reactivation of a large river system in Western Sahara. Nat Commun 6:Article number: 8751. https://doi.org/10.1038/ncomms9751

Sletten HR et al (2013) A petrographic and geochemical record of climate change over the last 4600 years from a northern Namibia stalagmite, with evidence of abruptly wetter climate at the beginning of southern Africa's Iron Age. Palaeogeogr Palaeoclimatol Palaeoecol 376:149–162

Smith BT et al (2014) The drivers of tropical speciation. Nature 515:406–409

Smith CA et al (2009) Lateglacial and Holocene cosmogenic surface exposure age glacial chronology and geomorphological evidence for the presence of cold-based glaciers at Nevado Sajama, Bolivia. J Quat Sci 24:360–372

Smith CA et al (2011) Late Quaternary glacial chronology on Nevado Illimani, Bolivia, and the implications for paleoclimatic reconstructions across the Andes. Quat Res 75:1–10

Smith JA, Rodbell DT (2010) Cross-cutting moraines reveal evidence for North Atlantic influence on glaciers in the tropical Andes. J Quat Sci 25:243–248

Smith JA et al (2001) Cosmogenic dating of glaciation in the Peruvian Andes: >400 ^{10}Be ka to Last Glacial Maximum. GSA Annual Meeting, November 5–8, 2001 (Paper No. 181–0)

Smith JA et al (2002) Chronology of tropical glaciation from cosmogenic dating. American geophysical union, fall meeting 2002, abstract #PP11A-0301

Smith JA et al (2005a) Early Local Last Glacial Maximum in the Tropical Andes. Science 308:678–681

Smith JA et al (2005b) Regional synthesis of the last glacial maximum snowlines in the tropical Andes, South America. Quat Int 138–139:145–167

Smith JA et al (2005c) Moraine preservation and boulder erosion in the tropical Andes: interpreting old surface exposure ages in glaciated valleys. J Quat Sci 20:735–758

Smith JA et al (2008) The timing and magnitude of mountain glaciation in the tropical Andes. J Quat Sci 23:609–634

Smith LC et al (2004) Siberian Peatlands a net carbon sink and global methane source since the early holocene. Science 303:353–356

Smith RMH et al (1993) Flashflood sediments and ichnofacies of the Late Pleistocene Homeb Silts, Kuiseb River. Namibia Sediment Geol 85:579–599

Snyder CW (2016) Evolution of global temperature over the past two million yeras. Nature 538:226–228

Solanki SK et al (2004) Unusual activity of the Sun during recent decades compared to the previous 11,000 years. Nature 431:1084–1087

Solleiro-Rebolledo E et al (2006) Spatial variability of environment change in the Teotihuacan Valley during the Late Quaternary: Paleopedological inferences. Quat Int 156/157:13–31

Solomina O et al (2007) Lichenometry in the Cordillera Blanca, Peru : "Little Ice Age" moraine chronology. Glob Planet Change 59:225–235

Solomina O et al (2008) Historical and Holocene glacier-climate variations: General concepts and overview. Glob Planet Change 60:1–9

Solomon S et al (2007) Contributions of stratospheric water vapor to decadal changes in the rate of global warming. Science 327:1219–1223

Sonntag C et al (1978) Paleoclimatic information from deuterium and ^{18}O in ^{14}C-dated north Daharian groundwaters. In: IAEA (Hrsg) Isotope Hydrology 1978: Proceedings of the International Symposium on Isotope Hydrology. International Atomic Energy Agency, Wien, S 569–580

Sonntag C et al (1980) Isotopic identification of Saharian groundwaters, groundwater formation in the past. Palaeoecol Africa 12:159–171

Soergel W (1937) Die Vereisungskurve. Borntraeger, Berlin

Soergel W (1939) Das diluviale System. Borntraeger, Berlin

Sommerhoff G, Weber C (1999) Mexiko. Darmstadt

Sorrel P et al (2012) Persistent non-solar forcing of Holocene storm dynamics in coastal sedimentary archives. Nat Geosci 5:892–896

Sosdian S, Rosenthal Y (2009) Deep-sea temperature and ice volume changes across the Pliocene-Pleistocene climate transitions. Science 325:306–310

Spero et al (1997) Effect of seawater carbonate concentration on foraminiferal carbon and oxygen isotopes. Nature 390:497–500.

Spielhagen R (2001) Enigmatic Arctic ice sheets. Nature 410:427–428

Spiske M et al (2013) Coastal chevron deposits – sedimentology, methods and aeolian versus tsunamigenic origin, EGU Meeting 2013, Vienna. Abstract 04/2013

Sponholz B et al (1993) Fulgurites in the southern central Sahara, Republic of Niger, and their paleoenvironmental significance. Holocene 3:97–104

Spoor F et al (2015) Reconstructed *Homo habilis* type OH 7 suggests deep-rooted species diversity in early Homo. Nature 519:83–86

Spratt RM, Lisiecki LE (2016) A Late Pleistocene sea level stack. Clim Past 12:1079–1092

Sprintall J et al (2014) The Indonesian seas and their role in the coupled ocean-climate system. Nat Geosci 7:487492

Sridhar A (2007a) A mid–late Holocene flood record from the alluvial reach of the Mahi River, Western India. Catena 70:330–339

Sridhar A (2007b) Mid-late Holocene hydrological changes in the Mahi River, arid western India. Geomorphology 88:285–297

Sridhar A et al (2015) Late Holocene flooding history of a tropical river in western India in response to southwest monsoon fluctuations: A multi proxy study from lower Narmada valley. Quat Int 371:181–190

Srivastava P et al (2004) A record of fluvial aggradation in the northern Namib Desert during the Late Quaternary. Zeitschrift Geomorphol Suppl 133:1–18

Srivastava P et al (2005) Depositional environment and luminescence chronology of the Hoarusib River Clay Castles sediments, northern Namib Desert, Namibia. Catena 59:187–204

Srivastava P et al (2006) Depositional environment and OSL chronology of the Homeb silt deposits, Kuiseb River, Namibia. Quat Res 65:478–491

Srivastava P et al (2013) Late Pleistocene-Holocene morpho-sedimentary architecture, Spiti River, arid higher Himalaya. Geol Rundsch 102:1967–1984

Stabell B (1989) Initial diatom record of Sites 657 and 658: on the history of upwelling and continental aridity. In: Ruddiman W, Sarnthein M et al: Procedings of the Ocean Drilling Program, Scientific Results Vol. 108, S 149–156

Stager JC et al (2002) Cooling cycles, Heinrich event 1, and the desiccation of Lake Victoria. Palaeogeogr Palaeoclimatol Palaeoecol 183:169–178

Stager JC et al (2003) A 10,000-year high-resolution diatom record from Pilkington Bay, Lake Victoria, East Africa. Quat Res 59:172–181

Stager JC et al (2005) Solar variability and the levels of Lake Victoria, East Africa, during the last millennium. J Paleolimnol 33:243–251

Stager JC et al (2011) Catastrophic drought in the afro-asian monsoon region during Heinrich event 1. Science 331:1299–1302

Stansell ND et al (2007) Last glacial maximum equilibrium-line altitude and paleo-temperature reconstructions for the Cordillera de Mérida, Venezuelan Andes. Quat Res 67:115–127

Stark CP et al (2010) The climatic signature of incised river meanders. Science 327:1497–1501

Stauffer B (1999) Cornucopia of ice-core results. Nature 399:412–413

Steen-McIntyre V et al (1981) Geologic evidence for Age deposits at Hueyatlaco archaeological site Valsequillo Mexico. Quat Res 16:1–17

Steffen W (2008) Looking back to the future. Ambio Special Rep 14:507–513

Steig EJ (2016) Cooling in the Antarctic. Nature 535:358–358

Steig EJ et al (1998) Synchronous climate changes in Antarctica and the North Atlantic. Science 282:92–95

Steinmann P et al (2006) A peat core based estimate of Lateglacial and Holocene methane emissions from northern peatlands. Glob Planet Change 53:233–239

Stenni B et al (2011) Expression of the bipolar see-saw in Antarctic climate records during the last deglaciation. Nat Geosci 4:46–49

Stephens GL et al (2012) An update on Earth's energy balance in light of the latest global observations. Nat Geosci 5:691–696

Stern N (2009) A blueprint for a safer planet: how to manage climate change and create a new era of progress and prosperity. Bodley Head, London

Sternberg HOR (1956) Radiocarbon dating as applied to a problem of Amazonian morphology. Comptes Rendus 18th Congress UGI, Bd. 2, S 399–424

Stevaux JC (2000) Climatic events during the Late Pleistocene and Holocene in the Upper Parana River: Correlation with NE Argentina and South-Central Brazil. Quat Int 72:73–85

Stevenson J, Hope G (2005) A comparison of late Quaternary forest changes in New Caledonia and northeastern Australia. Quat Res 64:372–383

Stine AR et al (2009) Changes in the phase of the annual cycle of surface temperature. Nature 457:435–441

Stingl H, Garleff K (1985) Spätglaziale und holozäne Gletscher- und Klimaschwankungen in den argentinischen Anden. Zentralblatt Für Geol Paläontologie Teil I 1984:1667–1677

Stocker TF (2000) Past and future reorganizations in the climate systems. Quat Sci Rev 19:301–319

Stocker TF (2001) Polares Eis: der Eckpfeiler der Klimaforschung. In: Schweizerische Kommission für Polarforschung SKP (Hrsg) Die Polarforschung als Schlüssel zum Verständnis der globalen Veränderungen. Eidgenössisches Departement für auswärtige Angelegenheiten EDA, Bern, S 17–29

Stocker TF (2002/2003) Einführung in die Klimamodellierung. Skript. Physikalisches Institut Universität Bern. WS 2002/2003, 2. Aufl

Stocker TF (2004) Models change their tune. Nature 430:737–738

Stocker TF (2007) Polare Eisbohrkerne – Eckpfeiler der Klimarekonstruktion. Geogr Rundsch 59(4):40–48

Stocker TF, Schmittner A (1997) Influence of CO_2 emission rates on the stability of the thermohaline circulation. Nature 388:362–365

Stoermer EF, Smol JP (Hrsg) (2001) The Diatoms: Applications for the Environmental and Earth Sciences. Cambridge University Press, Cambridge

Stokes CR et al (2016) Ice stream activity scaled to ice sheet volume during Laurentide Ice Sheet deglaciation. Nature 530:322–326

Stokes S et al (1997) Multiple episodes of aridity in southern Africa since the last interglacial period. Nature 388:154–158

Stollhofen H et al (2014) Pliocene–Pleistocene climate change, sea level and uplift history recorded by the Horingbaai fan-delta, NW Namibia. Sediment Geol 309:15–32

Stone AEC, Edmunds WM (2016) Unsaturated zone hydrostratigraphies: a novel archive of past climates in dryland continental regions. Earth Sci Rev 157:121–144

Stone AEC, Thomas DSG (2008) Linear dune accumulation chronologies from the southwest Kalahari, Namibia: challenges of reconstructing late Quaternary palaeoenvironments from Aeolian landforms. Quat Sci Rev 27:1667–1681

Stone AEC, Edmunds WM (2016) Unsaturated zone hydrostratigraphies: A novel archive of past climates in dryland continental regions. Earth Sci Rev 157:121–144

Stone AEC et al (2010a) Late Quaternary palaeohydrological changes in the northern Namib Sand Sea: New chronologies using OSL dating of interdigitated aeolian and water-lain interdune deposits. Palaeogeogr Palaeoclimatol Palaeoecol 288:35–53

Stone AEC et al (2010b) Quaternary tufa deposition in the Naukluft Mountains, Namibia. J Quat Sci 25:1360–1372

Stone EJ et al (2013) Insights into paleoclimate modeling. PAGES News 21(1):10–11

Stone JO (2000) Air pressure and cosmogenic isotope production. J Geophys Res 105:23753–23759

Storelvmo T et al (2016) Disentangling greenhouse warming and aerosol cooling to reveal Earth's climate sensitivity. Nat Geosci 9:286–289

Strahler AH, Strahler AN (1999) Physische Geographie. Ulmer, Stuttgart

Straka H, Ohngemach D (1989) Late Quaternary vegetation history oft he Mexican highland. Plant Syst Evol 162:115–132

Straub M et al (2013) Changes in the North Atlantic nitrogen fixation controlled by ocean circulation. Nature 501:200–203

Street FA, Grove AT (1976) Environmental and climatic implication of late Quaternary lake-level fluctuations in Africa. Nature 261:385–389

Street-Perrott FA et al (1997) Impact of Lower Atmospheric Carbon Dioxide on Tropical Mountain Ecosystems. Science 278:1422–1426

Stringer C (2000) Palaeoanthropology – Coasting out of Africa. Nature 405:24–27

Stroup JS et al (2014) Late Holocene fluctuations of the Qori Kalis outlet glacier, Quelccaya Ice Cap, Peruvian Andes. Geology. https://doi.org/10.1130/G35245.1

Struck U, Altenbach A (2006) Palaeoclimatological investigations in upwelling sediments off Namibia. In: Leser H (Hrsg) The changing culture and nature of Namibia: case studies. Basler Afrika Bibliographien, Basel/Windhoek, S 165–169

Strunk H (1995) Dendrogeomorphologische Methoden zur Ermittlung der Murfrequenz und Beispiele ihrer Anwendung. Roderer, Regensburg

Stübel A (1897) Die Vulkangebirge von Ecuador. Asher, Berlin.

Stuart C (2006) The dark side of the sun. Nature 441:402–404

Stuart-Smith RD et al (2013) Integrating abundance and functional traits reveals new global hotspots of fish diversity. Nature 501:539–542

Stuart-Williams V (1992) Etosha: third largest lake in the world. In: Marsh A, Seely M (Hrsg) Oshanas – sustaining people, environment and development in central Ovambo, Namibia. Typoprint, Windhoek, S 13

Stuijts ILM (1993) Late pleistocene and holocene vegetation of West Java, Indonesia. Modern Quaternary research in Southeast Asia, Bd. 12. Balkema, Rotterdam

Stuiver M et al (1995) The DISP 2 $\delta^{18}O$ Record of the Past 16,500 years and the Role of Sun, Ocean, and Volcanoes. Quat Res 44:341–354

Stute M, Schlosser P (1993) Principles and applications of the noble gas paleothermometers. In: Swart PK et al (Hrsg) Climate change in continental isotopic records. American Geophysical Union, Washington D.C., S 89–100

Stute M, Talma AS (1998) Glacial temperatures and moisture transport regimes reconstructed from noble gases and $\delta^{18}O$, Stampriet aquifer, Namibia. In: IAEA (Hrsg) Isotope Techniques in the Study of Past and Current Environmental Changes in the Hydrosphere and the Atmosphere. International Atomic Energy Agency, Wien, S 307–328

Stute M et al (1995) Cooling of tropical Brazil (5 °C) during the Last Glacial Maximum. Science 269:379–383

Stuut JBW, Lamy F (2004) Climate variability at the southern boundaries of the Namib (southwestern Africa) and Atacama (northern Chile) coastal deserts during the last 120,000 yr. Quat Res 62:301–309

Stuut JBW et al (2002) A 300-kyr record of aridity and wind strength in southwestern Africa: inferences from grain-size distributions of sediments on Walvis Ridge, SE Atlantic. Mar Geol 180:221–233

Stuut JBW et al (2004) Relationship between Antarctic sea ice and southwest African climate during the Late Quaternary. Geology 32:909–912

Stuut JBW et al (2009) Aeolian dust in Europe: African sources and European deposits. Quat Int 198:234–245

Stuut J-BW et al (2011) Late Quaternary aridity changes in the winter-rain areas on the southern hemisphere: inferences from the marine sediment archive. ADOM-MARUM Dust Workshop 2011, Abstract, Short Presentations and Posters: 52

Sublette Mosblech NA et al (2012) Anthropogenic control of late-Holocene landscapes in the Cuzco region. Holocene 22:1361–1372

Subramaniam A et al (2008) Amazon River enhances diazotrophy and carbon sequestration in the tropical North Atlantic Ocean. Proc Natl Acad Sci 105:10460–10465

Sugden DE et al (2009) Influence of Patagonian glaciers on Antarctic dust deposition during the last glacial period. Nat Geosci 2:281–285

Svendsen J et al (2003) Mass and hyperconcentrated flow deposits record dune damming and catastrophic breakthrough of ephemeral rivers, Skeleton Coast erg, Namibia. Sediment Geol 160:7–31

Svensson A et al (2008) A 60000 year Greenland stratigraphic ice core chronology. Clim Past 4:47–57

Swain AM et al (1983) Estimates of Holocene precipitation for Rajasthan, India, based on pollen and lake-level data. Quat Res 19:1–17

Swetnam TW (2002) Fire and climate history in the Western Americas from tree rings. PAGES News 10(1):6–8

Sylvestre F et al (1999) Lake-level chronology on the southern Bolivian Altiplano (18°–23° S) during late-glacial time and the early Holocene. Quat Res 51:54–66

Sylvestre F (2009) Moisture pattern during the last glacial maximum in South America. Past climate variability in South America and surrounding regions. Dev Paleoenviron Res 14:3–27

Szabo BJ et al (1995) Ages of Quaternary pluvial episodes determined by uranium-series and radiocarbon dating of lacustrine deposits of Eastern Sahara. Palaeogeogr Palaeoclimatol Palaeoecol 113:227–242

Tafforeau P et al (2007) Nature of laminations and mineralization in rhinoceros enamel using histology and X-ray synchrotron microtomography: Potential implications for palaeoenvironmental isotopic studies. Palaeogeogr Palaeoclimatol Palaeoecol 246:206–227

Talbot MR (1980) Environmental responses to climate change in the West African Sahel over the past 20000 years. In: Williams M, Faure H (Hrsg) The Sahara and the Nile. Balkema, Rotterdam, S 37–62

Talbot MR, Delibrias G (1977) Holocene variations in the level of Lake Bosumtwi, Ghana. Nature 268:722–724

Talbot MR, Delibrias G (1980) A new late-Holocene water-level curve for Lake Bosumtwi, Ghana. Earth Planet Sci Lett 47:336–344

Talbot MR, Johannessen T (1992) A high resolution paleoclimatic record for the last 27,000 years in tropical West Africa from the carbon and nitrogen isotopic composition of lacustrine organic matter. Earth Planet Sci Lett 110:23–37

Talbot MR et al (1984) Preliminary results from sediment cores from lake Bosumtwi, Ghana. Palaeoecol Africa 16:173–192

Talling PJ et al (2007) Onset of submarine debris flow deposition far from original giant landslide. Nature 450:541–544

Talma AS und Vogel JC (1992) Late Quaternary Paleotemperatures Derived from a Speleothem from Cango Caves, Cape Province, South Africa. Quat Res 37:203–213

Tamura T (1989) Landform Development on the Eastern Margin of the Kalahari Sands of Northwest Zambia. In: Kadomura H (Hrsg) Savannization Processes in Tropical Africa I. TAGE-LAQP/SAPITA No. **1** Zambia Geogr. Ass. Lusaka. Univ. & Occasional Study No., Bd. 17. Metropol, Tokyo, S 55–75

Tan J et al (2015) Increases in tropical rainfall driven by changes in frequency of organized deep convection. Nature 519:451–454

Tan L et al (2014) Annually laminated speleothems in paleoclimate studies. PAGES Mag 22(1):22–23

Tang Q et al (2014) Extreme summer weather in northern mid-latitudes linked to a vanishing cryosphere. Nat Clim Chang 4:45–50

Tapia PM et al (2003) A Late Quaternary diatom record of tropical climatic history from Lake Titicaca (Peru and Bolivia). Palaeogeogr Palaeoclimatol Palaeoecol 194:139–164

Tapper N (2002) Climate, climatic variability and atmospheric circulation patterns in the maritime continent region. Adv Geoecology 34:5–28

Tarhule A, Hughes MK (2002) Tree-ring research in semi-arid West Africa: need and potential. Tree-Ring Res 58:31–46

Taylor KC et al (1993) The 'flickering switch' of late Pleistocene climate change. Nature 361:432–436

Taylor RG et al (2006a) Recent glacial recession in the Ruwenzori Mountains of East Africa due to rising air temperature. Geophys Res Lett 33:L10402. https://doi.org/10.1029/2006GL025962

Taylor RG et al (2006b) Recent glacial recession in the Ruwenzori Mountains of East Africa due to rising air temperature: Reply. Geophys Res Lett 33:L20405. https://doi.org/10.1029/2006GL027606

Telfer MW, Thomas DSG (2007) Late Quaternary linear dune accumulation and chronostratigraphy of the southwestern Kalahari: implications for aeolian palaeoclimatic reconstructions and predictions of future dynamics. Quat Sci Rev 26:2617–2630

Telfer MW et al (2010) Understanding linear dune chronologies: Insights from a simple accumulation model. Geomorphology 120:195–208

Telford RJ et al (2004) Lacustrine responses to tephra deposition: examples from Mexico. Quat Sci Rev 23:2337–2353

Teller JT et al (1990) Sedimentology and palaeohydrology of late Quaternary lake deposits in the northern Namib Sand Sea, Namibia. Quat Sci Rev 9:343–364

Temmerman S et al (2013) Ecosystem-based coastal defence in the face of global change. Nature 504:79–83

Tennant RK et al (2013) A new flow cytometry method enabling rapid purification of fossil pollen from terrestrial sediments for AMS radiocarbon dating. J Quat Sci 28:229–236

Tetzlaff G et al (1988) Wasserhaushalt im Sahel. Die Erde 119:163–170

Therrell MD et al (2004) Aztec drought and the "Curse of One Rabbit". Bull Am Meteorol Soc 85:1263–1272

Therrell MD et al (2006a) Tree-ring reconstructed maize yield in central Mexico: 1474-2001. Clim Change 74:493–504

Therrell MD et al (2006b) Tree-ring reconstructed rainfall variability in Zimbabwe. Clim Dyn 26:677–685

Thevenon F et al (2002) A 22-kyr BP sedimentological record of Lake Rukwa (8° S, SW Tanzania): environmental, chronostratigraphic and climatic implications. Palaeogeogr Palaeoclimatol Palaeoecol 187:285–294

Thiede J et al (2004) Das Golfstrom-Problem. In: Thiede J et al (Hrsg) Geowissenschaften und die Zukunft. Abhandlungen der Mathematisch-Naturwissenschaftlichen Klasse, Akademie der Wissenschaften und der Literatur Mainz. Franz Steiner, Stuttgart, S 168–174

Thiedig F et al (2000) Evidence of a large Quaternary lacustrine palaeo-lake in Libya and their importance for climate change in North Africa. In: Sola MA, Worsley D (Hrsg) Proc. Regional Aquifer Systems in Arid Zones — Managing Non-Renewable Resources. Geological Exploration in Murzuq Basin. Chapter, Bd. 5. Elsevier, Amsterdam, S 89–116

Thomas DSG (2010) Grove AT (1969) Landforms and climate change in the Kalahari and Ngamiland. Geographical Journal 135: 191–212. Prog Phys Geogr 35:263–266

Thomas DSG (2013) Reconstructing paleoenvironments and palaeoclimates in drylands: what can landform analysis contribute? Earth Surf Process Landf 38:3–16

Thomas DSG, Burrough SL (2012) Interpreting geo-proxies of late Quaternary climate change in African drylands: implications for understanding environmental and early human behaviour. Quat Int 253:5–17

Thomas DSG, Burrough SL (2016) Luminescence-based dune chronologies in southern Africa: Analysis and interpretation of dune database records across the subcontinent. Quat Int 410(B):30–45

Thomas DSG, Shaw PA (1991) The Kalahari Environment. Cambridge University Press, Cambridge

Thomas DSG, Shaw PA (2002) Late Quaternary environmental change in central southern Africa: new data, synthesis, issues and prospects. Quat Sci Rev 21:783–797

Thomas DSG et al (2003) Late Pleistocene wetting and drying in the NW Kalahari: an integrated study from the Tsodilo Hills, Botswana. Quat Int 104:53–67

Thomas MF (1974) Tropical Geomorphology. A Study of Weathering and Denudation in Warm Climates. Macmillan, London.

Thomas MF (1994) Geomorphology in the Tropics. A Study of Weathering and Denudation in Low Latitudes. Wiley, Chichester

Thomas MF (2000) Late Quaternary environmental changes and the alluvial record in humid tropical environments. Quat Int 72:23–36

Thomas MF (2008) Understanding the impacts of Late Quaternary climate change in tropical and sub-tropical regions. Geomorphology 101:146–158

Thomas MF, Thorp MB (1995) Geomorphic response to rapid climatic and hydrologic change during the Late Pleistocene and Early Holocene in the humid and subhumid tropics. Quat Sci Rev 14:193–207

Thomas MF et al (2001) Late Quaternary stream sedimentation in the humid tropics: a review with new data from NE Queenland, Australia. Geomorphology 39:53–68

Thompson AM (1992) The oxidizing capacity of the earth's atmosphere: probable past and future changes. Science 256:1157–1165

Thompson DM et al (2015) Early twentieth-century warming linked to tropical Pacific wind strength. Nat Geosci 8:117–121

Thompson DWJ et al (2008) A large discontinuity in the mid-twentieth century in observed global-mean surface temperature. Nature 453:646–649

Thompson LG (1996) Climatic changes for the last 2000 years inferred from ice-core evidence in tropical ice cores. In: Jones PD et al (Hrsg) Climatic Variations and Forcing Mechanisms of the Last 2000 Years. NATO ASI Series Global Environmental Change, Berlin, Bd. 141, S 281–295

Thompson LG (2000) Ice core evidence for climate change in the Tropics: implications for our future. Quat Sci Rev 19:19–35

Thompson LG et al (1984a) Tropical Glaciers: potential for ice core Paleoclimatic reconstructions. J Geophys Res 89(D3):4638–4646

Thompson LG et al (1984b) El Niño-Southern Oscillation Events Recorded in the Stratigraphy of the Tropical Quelccaya Ice Cap, Peru. Science 226:50–53

Thompson LG et al (1985) A 1500-year record of tropical precipitation in ice cores from the Quelccaya ice cap, Peru. Science 229:971–973

Thompson LG et al (1986) The Little Ice Age as recorded in the stratigraphy of the Tropical Quelccaya ice cap. Science 234:361–364

Thompson LG et al (1988) Pre-Incan agricultural activity recorded in dust layers in two tropical ice cores. Nature 336:763–765

Thompson LG et al (1993) "Recent warming": ice core evidence from tropical ice cores with emphasis on Central Asia. Glob Planet Change 7:145–156

Thompson LG et al (1995) Late glacial stage and Holocene tropical ice core records from Huascaran, Peru. Science 269:46–50

Thompson LG et al (1997) Tropical climate instability: The last glacial cycle from a Qinghai-Tibetan ice core. Science 276:1821–1825

Thompson LG et al (1998) A 25,000-year tropical climate history from Bolivian ice cores. Science 282:1858–1864

Thompson LG et al (2000) Ice-core palaeoclimate records in tropical South America since the Last Glacial Maximum. J Quat Sci 15:377–394

Thompson LG et al (2002) Kilimanjaro ice core records: evidence of Holocene climate change in tropical Africa. Science 298:589–593

Thompson LG et al (2006) Abrupt tropical climate change: Past and present. Proceedings of the National Academy of Sciences of the USA, Bd. 103, S 10536–10543

Thompson LG et al (2009) Glacier loss on Kilimanjaro continues unabated. National Academy of Sciences Proceedings, Bd. 106, S 19770–19775

Thompson WG, Goldstein SL (2006) A radiometric calibration of the SPECMAP timescale. Quat Sci Rev 25:3207–3215

Thomson DJ (2009) Shifts in season. Nature 457:391–392

Thorbecke F (1927) Klima und Oberflächenformen: Die Stellung des Problems. Düsseldorfer Geographische Vorträge und Erörterungen, 3. Teil: Morphologie der Klimazonen. Hirt, Breslau, S 1–3

Thouret J-C et al (2007) Geochronologic and stratigraphic constraints on canyon incision and Miocene uplift of the Central Andes in Peru. Earth Planet Sci Lett 263:151–166

Tian H et al (2016) The terrestrial biosphere as a net source of greenhouse gases to the atmosphere. Nature 531:225–228

Tiedemann R (1995) Meeressedimente – Zeugen der Ozean- und Klimageschichte. Geogr Rundsch 47(2):97–104

Tiedemann R et al (1989) Climatic changes in the western Sahara: aeolo-marine sediment record of the last 8 million years (Sites 657–661). In: Ruddiman W, Sarnthein M et al: Procedings of the Ocean Drilling Program, Scientific Results Vol. 108, S 241–277

Tiercelin J-J, Lezzar K-E (2002) A 300 million years history of rift lakes in Central and East Africa: an updated broad review. In: Odada EO et al (Hrsg) The East African great lakes: Limnology, Palaeolimnology and Biodiversity. Dordrecht, Kluwer, S 3–62

Tierney JE, deMenocal PB (2013) Abrupt shifts in horn of Africa Hydroclimate since the Last Glacial Maximum. Science 342:843–846

Tierney JE et al (2008) Northern Hemisphere controls on tropical Southeast African climate during the last 60,000 years. Science 322:252–255

Tierney JE et al (2015) Tropical sea-surface temperatures for the past four centuries reconstructed from coral archives. Paleoceanography 30:226–252

Tilho J (1925) Sur l'aire probable d'extension maxima de la mer paléotchadienne. Comtes Rendus de l'Académie de Sciences Paris 181:643–646

Timmermann A, Friedrich T (2016) Late Pleistocene climate drivers of early human migration. Nature 538:92–95

Tiwari M et al (2005) Solar control of southwest monsoon on centennial timescales. Curr Sci 89:1583–1588

Tiwari M et al (2006) Is there a persistent control of monsoon winds by recipitation during the late Holocene? Geochemistry Geophys Geosystems 7:Q3001

Toggweiler JR, Russel J (2008) Ocean circulation in a warming climate. Nature 451:286–288

Tollefson J (2008) Save the trees. Nature 452:8–9

Tollefson J (2012) A break in the clouds. Nature 485:164–166

Tollefson J (2014a) The case of the missing heat. Nature 505:276–278

Tollefson J (2014b) Blue energy. Nature 508:302–304

Tollefson J (2015) Climate modellers take tropical approach. Nature 519:398–399

Toohey M et al (2016) How did climate and humans respond to past volcanic eruptions? Eos (Washington DC) 97. https://doi.org/10.1029/2016EO062599

Torres Acosta V et al (2015) Effect of vegetation cover on millennial-scale landscape denudation rates in East Africa. Lithosphere 7:408–420

Toth LT et al (2015) Climatic and biotic thresholds of coral-reef shutdown. Nat Clim Chang 5:369–374

Touzeau A et al (2013) Egyptian mummies record increasing aridity in the Nile valley from 5500 to 1500 yr before present. Earth Planet Sci Lett 375:92–100

Toya H et al (1973) Geomorphological Studies in Southeastern Kenya. Geogr Reports Tokyo Metrop Univ 8:51–137

Trauth MH et al (2003) East African climate change and orbital forcing during the last 175 kyr BP. Earth Planet Sci Lett 206:297–313

Trauth MH et al (2006) A better climate for human evolution. PAGES News 14(2):32–34

Trauth MH et al (2009) Trends, rhythms and events in Plio-Pleistocene African climate. Quat Sci Rev 28:399–411

Tricart J (1974) Existence de périodes sèches au Quaternaire en Amazonie et dans les régions voisines. Revue De Géomorphologie Dynamique 23(4):145–158

Tripati AK et al (2014) Modern and glacial tropical snowlines controlled by sea surface temperature and atmospheric mixing. Nat Geosci 7:205–209

Troll C (1927) Forschungen in den zentralen Anden von Bolivien und Peru. Petermanns Geogr Mitt 73:41–43

Troll C (1929) Die Cordillera Real. Zeitschrift Ges Für Erdkd Zu Berl 1929(7):279–312

Troll C (1942) Neue Gletscherforschungen in den Subtropen der Alten und der Neuen Welt (Karakorum und argentinische Anden). Zeitschrift Ges Für Erdkd Zu Berl 1942:54–65

Troll C (1943) Thermische Klimatypen der Erde. Petermanns Geogr Mitt XX:81–89

Troll C (1968) The cordilleras of the tropical Americas. Aspects of climatic, phytogeographical and agrarian ecology. Colloquium Geogr 9:15–56

Troll C (1985) Tagebücher der Reisen in Bolivien 1926/1927. Erdwissenschaftliche Forschung, Bd. 29. Steiner, Stuttgart

Troll C, Finsterwalder R (1935) Die Karten der Cordillera Real und des Talkessels von La Paz (Bolivien) und die Diluvialgeschichte der zentralen Anden. Petermanns Geogr Mitt 81:393–399

Troll C, Paffen KH (1964) Karte der Jahreszeitenklimate der Erde. Erdkunde 18:5–28

Troll C, Wien K (1949) Der Lewisgletscher am Mount Kenya. Geografiska Ann 31:257–274

Tröstl J et al (2016) The role of low-volatility organic compounds in initial particle growth in the atmosphere. Nature 533:527–531

Tucci S, Akey JM (2016) A map of human wanderlust. Nature 538:179–180

Turner J et al (2016) Absence of 21st century warming on Antarctic Peninsula consistent with natural variability. Nature 535:411–415

Turner KJ et al (2005) Deglaciation of the eastern flank of the North Patagonian Icefield and associated continental-scale lake diversions. Geografisca Ann 87A:363–374

Turney CSM et al (2006) Geochemical changes recorded in Lynch's Crater, Northeastern Australia, over the past 50 ka. Palaeogeogr Palaeoclimatol Palaeoecol 233:187–203

Tyson PD, Lindesay JA (1992) The climate of the last 2000 years in southern Africa. Holocene 2:271–278

Tyson PD et al (2000) The Little Ice Age and medieval warming in South Africa. S Afr J Sci 96:121–126

Tyson PD et al (2002) Regional-global change linkages: Southern Africa. In: Tyson PD et al (Hrsg) Global-regional linkages in earth systems. Springer, Berlin, S 3–73

Tzedakis PC et al (2009) Interglacial diversity. Nat Geosci 2:751–755

Tziperman E (1997) Inherently unstable climate behaviour due to weak thermohaline ocean circulation. Nature 386:592–595

Tziperman E et al (2006) Consequences of pacing the Pleistocene 100 kyr ice ages by nonlinear phase locking to Milankovitch forcing. Paleoceanography 21(4):PA4206. https://doi.org/10.1029/2005PA001241

Uberoi C (2012) Little Ice Age in Mughal India: Solar minima linked to droughts? Eos Trans Am Geophys Union 93(44):437–438

Uno I et al (2009) Asian dust transported one full circuit around the globe. Nat Geosci 2:557–560

Urrego DH et al (2010) A long history of cloud and forest migration from Lake Consuelo, Peru. Quat Res 73:364–373

Urrego DH et al (2014) Millennial-scale climate variability in the American tropics and subtropics. PAGES Mag 22(2):94–95

Urrutia R, Vuille M (2009) Climate change projections for the tropical Andes using a regional climate model: temperature and precipitation simulations for the end of the 21st century. J Geophys Res 114:D2108

Usoskin IG et al (2006) Solar activity reconstructed over the last 7000 years: The influence of geomagnetic field changes. Geophys Res Lett 33:L8103. https://doi.org/10.1029/2006GL025921

Vaks A et al (2010) Middle-Late Quaternary paleoclimate of northern margins of the Saharan-Arabian Desert: reconstruction from speleothems of Negev Desert, Israel. Quat Sci Rev 29:2647–2662

Valencia BG et al (2010) From ice age to modern: A record of landscape change in an Andean cloud forest. J Biogeogr 37:1637–1647

Valente C, Latrubesse E (2012) Fluvial archive of peculiar avulsive fluvial patterns in the largest intracratonic basin of tropical South America: the Bananal basin, Central Brazil. Palaeogeogr Palaeoclimatol Palaeoecol 356–357:62–74

Valero-Garcés BL et al (1996) Limnogeology of Laguna Miscanti: evidence for mid to late Holocene moisture changes in the Atacama Altiplano (northern Chile). J Paleolimnol 16:1–21

Valero-Garcés BL et al (2003) Patterns of regional hydrological variability in central-southern Altiplano (18°–26° S) lakes during the last 500 years. Palaeogeogr Palaeoclimatol Palaeoecol 194:319–338

Vallelonga P (2014) The enigma of dust provenance: where else does Antarctic dust come from? PAGES Mag 22(2):74–75

Valsecchi V et al (2013) A high resolution 15,600-year pollen and microcharcoal record from the Cederberg mountains, South Africa. Palaeogeogr Palaeoclimatol Palaeoecol 387:6-16

Vanacker V et al (2007) Restoring dense vegetation can slow mountain erosion to near natural benchmark levels. Geology 35:303–306

Van de Berg WJ et al (2011) Significant contribation of insolation to Eemian melting of the Greenland ice sheet. Nat Geosci 4:679–683

Van den Bergh GD et al (2001) The Late Quaternary Palaeogeography of mammal evolution in the Indonesian Archipelago. Palaeogeogr Palaeoclimatol Palaeoecol 171:385–408

Van den Bergh GD et al (2016) Earliest hominin occupation of Sulawesi, Indonesia. Nature 529:208–2011

Vandenberghe J et al (2014) The Last Permafrost Maximum (LPM) map of the Northern Hemisphere: permafrost extent and mean annual air temperatures, 25–17 ka BP. Boreeas, Bd. 43, S 652–666

Van den Broeke M (2008) Depth and density of the Antarctic firn layer. Arct Antarct Alp Res 40:432–438

Van der Hammen T (1974) The Pleistocene changes of vegetation and climate in tropical South America. J Biogeogr 1:3–26

Van der Hammen T, Absy ML (1994) Amazonia during the last glacial. Palaeogeogr Palaeoclimatol Palaeoecol 109:247–261

Van der Hammen T, Hooghiemstra H (2000) Neogene and Quaternary history of vegetation, climate, and plant diversity in Amazonia. Quat Sci Rev 19:725–742

Van der Hammen T et al (1980) Glacial and environmental history in the Sierra Nevada del Cocuy (Colombia). Palaeogeogr Palaeoclimatol Palaeoecol 32:247–340 (1981)

Van der Leeuw SE (2008) Climate and society; lessons from the past 10 000 years. Ambio Special Rep 14:476–482

Van der Leeuw S (2013) Aimes 2.0: towards a global earth system science. Glob Chang 81:10–13

van der Plas G et al (2012) Mauritius since the last glacial: environmental and climatic reconstruction of the last 38 000 years from Kanaka Crater. J Quat Sci 27:159–168

Van der Wateren FM, Dunai TJ (2001) Late Neogene passive margin denudation history — cosmogenic isotope measurements from the central Namib Desert. Glob Planet Change 30:271–307

Van Geel B et al (1998) The sharp rise of <5 ^{14}C ca. 800 cal BC: possible causes, related climatic teleconnections and the impact of human environments. Radiocarbon 40:535–550

Van Geel B et al (1999) The role of solar forcing upon climate change. Quat Sci Rev 18:331–338 van Hengstum P et al (2009) Foraminifera in elevated Bermudian caves provide further evidence for ~ 21 m eustatic sea level during Marine Isotope Stage 11. Quat Sci Rev 28:1850–1860

van Kreveld S et al (2000) Potential links between surging ice sheets, circulation changes, and the Dansgaard–Oeschger cycles in the Irminger Sea, 60–18 kyr. Paleoceanography 15:425–442

Vannière B et al (2014) Multi-Scale Analyses of Fire-Climate-Vegetation Interactions on Millennial Scales. PAGES Mag 22(1):40

Van Oosterzee P, Morrison R (1991) The Centre. The Natural History of Australia's Desert Regions. National Library of Australia

Van Steijn H et al (1995) Models for the Genetic and Environmental Interpretation of Stratified Slope Deposits: Review. Permafr Periglac Process 6:125–146

Van Steijn H et al (2002) Recent research on the nature, origin and climatic relations of blocky and stratified slope deposits. Prog Phys Geogr 26:551–575

Van 't Veer R et al (1995) Multivariate analysis of the Middle and Late Pleistocene Funza pollen records of Colombia. Mededelingen Rijks Geol Dienst 52:195–212

Van Valkenburgh B et al (2016) The impact of large terrestrial carnivores on Pleistocene ecosystems. Proc Nat Acad Sci 113:862–867

Van Zinderen Bakker EM (1966) A re-issue of Palynology in Africa Reports 1–8 (1950–1963). Palaeoecol Africa 1:1–270

Van Zinderen Bakker EM (1972) Late Quaternary lacustrine phases in the southern Sahara and East Africa. Palaeoecol Africa 6:15–27

Van Zinderen Bakker EM, Coetzee JA (1972) A re-appraisal of late-Quaternary climatic evidence from tropical Africa. Palaeoecol Africa 7:151–198

Varma V et al (2012) Impact of solar-induced stratospheric ozone decline on Southern Hemisphere westerlies during the Late Maunder Minimum. Geophys Res Lett 39:L20704. https://doi.org/10.1029/2012GL053403

Vaz JE, García-Miragaya J (1989) Thermoluminescence dating of fossil sand dunes in Apure, Venezuela. Acta Cient Venez 40:1 (Avances de investigación)

Vaz JE, García-Miragaya J (1992) Thermoluminescence dating and chemistry of Quaternary sodic alluvial soils in the Venezuelan savanna. Catena 19:209–220

Vázquez-Selem L (2000) Glacial chronology of Iztaccíhuatl volcano, central México. A record of environmental change on the border of the tropics. Unpublished Ph. D. Thesis, Arizona State University, 257 S

Vázquez-Selem L, Heine K (2011) Late Quaternary Glaciation of Mexico. In: Ehlers J et al (Hrsg) Quaternary Glaciations – Extent and Chronology, A Closer Look. Developments in Quaternary Science, Bd. 15, S 849–861

Vázquez-Selem L, Phillips FM (1998) Glacial chronology of Iztaccíhuatl volcano, central Mexico, based on cosmogenic ^{36}Cl exposure ages and tephrochronology. American Quaternary Association. Program and Abstracts of the 15th Biennial Meeting, Puerto Vallarta, Mexico, 5–7 September 1998. Bd. 174

Vermeesch P et al (2010) Sand residence times of one million years in the Namib Sand Sea from cosmogenic nuclides. Nat Geosci 3:862–865

Verosub KL et al (1993) Pedogenesis and paleoclimate: interpretation of the magnetic susceptibility record of Chinese loess–paleosol sequences. Geology 21:1011–1014

Verpoorter C et al (2014) A global inventory of lakes based on high-resolution satellite imagery. Geophys Res Lett 41:6396–6402

Verschuren D (2001) Reconstructing fluctuations of a shallow East African lake during the past 1800 years from sediment stratigraphy in a submerged crater basin. J Paleolimnol 25:297–311

Verschuren D, Russell JM (2009) Paleolimnology of African lakes: Beyond the exploration phase. PAGES News 17(3):112–114

Verschuren D et al (1996) Utilisation de cladocères et chironomides fossiles pour réconstruire l'évolution hydrologique de leur habitat marécageux dans la tourbière de Kashiru (Burundi) depuis 40.000 ans BP. Palaeoecol Africa 24:133–145

Verschuren D et al (2000) Rainfall and drought in equatorial East Africa during the past 1100 years. Nature 403:410–414

Verschuren D et al (2009) Half-precessional dynamics of monsoon rainfall near the East African Equator. Nature 462:637–641

Veth P et al (2009) Excavations at Parnkupirti, Lake Gregory, Great Sandy Desert: OSL ages for occupation before the Last Glacial Maximum. Australian Archaeology 69:1–10

Vetter RE, Wimmer R (1999) Remarks on the current situation of tree-ring research in the tropics. In: Wimmer R, Vetter RE (Hrsg) Tree-ring analysis: biological, methodological, and environmental aspects. CABI Publishing, Wallingford, S 131–137

Villa P et al (2012) Border Cave and the beginning of the Later Stone Age in South Africa. Proc Natl Acad Sci 109:13208–13213

Villacís M et al (2008) Étude des paramètres climatiques contrôlant la variabilité de la composition isotopique ($\delta^{18}O$) des précipitations à Nuevo Rocafuerte, 74,5° O, 0,9° S, 250 m, Équateur. Comptes Rendus Geosci 340:1–9

Villarroel C, Graf K (1979) Zur Entstehung des Talkessels von La Paz/Bolivien und Umgebung. Geogr Helv 1979:43–48

Villavicencio M (1858) Geografía de la Republica del Ecuador. Craighead, New York

Vimeux F, Ginot P (2006) South American Andes: A unique area for ice core-based tropical paleoclimate reconstruction. PAGES News 14(1):19–20

Vimeux F et al (2005) What are the climate controls on δD in precipitation in the Zongo Valley (Bolivia)? Implications for the Illimani ice core interpretation. Earth Planet Sci Lett 240:205–220

Vimeux F et al (2009) Climate variability during the last 1000 years inferred from Andean ice cores: A review of methodology and recent results. Palaeogeogr Palaeoclimatol Palaeoecol 281:229–241

Vincens A et al (1993) Pollen-derived rainfall and temperature estimates from Lake Tanganyika and their implication for late pleistocene water levels. Quat Res 40:343–350

Vincens A et al (1994) Changement majeur de la végétation du lac Sinnda (Vallée du Niari, Sud-Congo) consecutive a l'assèchement climatique Holocène supérieur: apport de la palynologie. CR Acad Sci Paris, ser. 2, 318:1521–1526

Vincens A et al (1998) Late Holocene climatic changes in Western Equatorial Africa inferred from pollen from lake Sinnda, Southern Congo. Quat Res 50:34–45

Vincent L et al (2007) Tree-rings and the climate of New Caledonia (SW Pacific). Preliminary results from Araucariacae. Palaeogeogr Palaeoclimatol Palaeoecol 253:477–489

Vinoj V et al (2014) Short-term modulation of Indian summer monsoon rainfall by West Asian dust. Nat Geosci 7:308–313

Visbeck M (2014) Bumpy path to a warmer world. Nat Geosci 7:160–161

Vitousek PM et al (1997) Human domination of Earth's ecosystems. Science 277:494–499

Vogel JC (1982) The age of the Kuiseb River silt terrace at Homeb. Palaeoecol Africa 15:201–209

Vogel JC (1989) Evidence of past climatic change in the Namib Desert. Palaeogeogr Palaeoclimatol Palaeoecol 70:355–366

Vogel JC (2003) The age of dead trees at Sossusvlei and Tsondabvlei, Namib Desert, Namibia. Cimbebasia 18:247–251

Vogel JC, Rust U (1987) Environmental changes in the Kaokoland Namib Desert during the present millennium. Madoqua 15(1):5–16

Vogel JC, Rust U (1990) Ein in der kleinen Eiszeit (Little Ice Age) begrabener Wald in der nördlichen Namib. Berl Geogr Stud 30:15–34

Vogel JC, Visser E (1981) Pretoria radiocarbon dates II. Radiocarbon 23:43–80

Völkel J (1989) Geomorphologische und pedologische Untersuchungen zum jungquartären Klimawandel in den Dünengebieten Ost-Nigers (Südsahara und Sahel). Bonn Geogr Abhandlungen 79:1–258

Völkel J et al (2002) Zur Bedeutung kaltzeitlicher Hangsedimente in zentraleuropäischen Mittelgebirgslandschaften und zu Fragen ihrer Terminologie. Petermanns Geogr Mitt 146:50–59

Volkov I et al (2007) Patterns of relative species abundance in rainforests and coral reefs. Nature 450:45–49

von Klebelsberg R (1949) Handbuch der Gletscherkunde und Glazialgeologie Bd. 2. Springer, Wien

Vonmoos M et al (2006) Large variations in Holocene solar activity: Constraints from ^{10}Be in the Greenland Ice Core Project ice core. J Geophys Res 111:A10105. https://doi.org/10.1029/2005JA011500

von Rad U et al (1999) A 5000-yr record of climate change in varved sediments from the Oxygen Minimum Zone off Pakistan, northeastern Arabian Sea. Quat Res 51:39–53

von Storch et al (2004) Reconstructing Past Climate from Noisy Data. Science 306:679–682

Werner G (1988) Die Böden des Staates Tlaxcala im zentralen Hochland von Mexiko. Das Mexiko-Projekt der DFG XX, Wiesbaden

von Wissmann H (1959) Die heutige Vergletscherung und Schneegrenze in Hochasien mit Hinweisen auf die Vergletscherung der letzten Eiszeit. Akademie der Wissenschaften und der Literatur in Mainz, Abhandlungen der Mathematisch-Naturwissenschaftlichen Klasse, Bd. 14, S 121–123

Wacker L (2014) Neuste Entwicklungen der Radiokohlenstoffmethode zur Datierung in der Paläoklimatologie. Geogr Rundsch 66(7/8):55–57

Wadham JL et al (2010) Biogeochemical weathering under ice: Size matters. Global Biogeochem Cycles 24(3). https://doi.org/10.1029/2009GB003688

Wagener T et al (2008) Revisiting atmospheric dust export to the Southern Hemisphere Ocean: Biogeochemical implications. Global Biogeochem Cycles 22(2):GB2006. https://doi.org/10.1029/2007GB002984

Wagner GA (1995) Altersbestimmung von jungen Gesteinen und Artefakten. Enke, Stuttgart

Wagner M (1870) Naturwissenschaftliche Reisen im tropischen Südamerika. Cotta, Stuttgart

Wahl D et al (2006) Holocene vegetation change in the northern Peten and its implications for Maya prehistory. Quat Res 65:380–389

Waibel L (1922) Winterregen in Deutsch-Südwest-Afrika. Abhandlungen aus dem Gebiet der Auslandskunde Bd. 9, Reihe C (Naturwissenschaften), Band 4, 112 S. + Fotos und Karten

WAIS Divide Project Members (2015) Precise interpolar phasing of abrupt climate change during the last ice age. Nature 520:661-665. https://doi.org/10.1038/nature14401

Walker D, Flenley J (1979) Late Quaternary vegetational history of the Enga Province of upland Papua New Guinea. Philos Trans Royal Soc Lond B 286:265–344

Walker G (2007) A world melting from the top down. Nature 446:718–721

Walker MJC (2005) Quaternary dating methods. Wiley, Chichester

Walker MJC et al (1999) Isotopic 'events' in the GRIP ice core: a stratotype for the Late Pleistocene. Quat Sci Rev 18:1143–1150

Walker MJC et al (2009) Formal definition and dating of the GSSP (Global Stratotype Section and Point) for the base of the Holocene using the Greenland NGRIP ice core, and selected auxiliary records. J Quat Sci 24:3–17

Walker MJC et al (2012) Formal subdivision of the Holocene series/epoch: a discussion paper by a working group of INTIMATE (integration of ice-core, marine and terrestrial records) and the subcommission on quaternary stratigraphy (international commission on stratigraphy). J Quat Sci 27:649–659

Walker TR (1979) Red color in dune sand. In: McKee ED (Hrsg) A Study of Global Sand Seas. Geological Society Professional Paper 1052, Washington DC, S 61–81

Wang B et al (2016) Airborne soil organic particles generated by precipitation. Nat Geosci 9:433–437

Wang C et al (2012) Multidecadal covariability of North Atlantic sea surface temperature, African dust, Sahel rainfall, and Atlantic hurricanes. J Clim 25:5404–5415

Wang J et al (2015) Fragility of reconstructed temperature patterns over the Common Era: Implications for model evaluation. Geophys Res Lett 42:7162–7170

Wang P et al (2011) Linking monsoon systems across timescales. PAGES News 19(2):86–87

Wang YJ et al (2001) A high-resolution absolute-dated late pleistocene monsoon record from Hulu cave, China. Science 294:2345–2348

Wang YJ et al (2005) The Holocene Asian monsoon: links to solar changes and North Atlantic climate. Science 308:854–857

Wang YJ et al (2008) Millennial-and orbital-scale changes in the East Asian monsoon over the past 224,000 years. Nature 451:1090–1093

Wang X et al (2004) Wet periods in northeastern Brazil over the past 210 kyr linked to distant climate anomalies. Nature 432:740–743

Wang X et al (2007) Millennial-scale precipitation changes in southern Brazil over the past 90,000 years. Geophysical Research Letters 34:L23701, https://doi.org/10.1029/2007GL031149

Wang X et al (2014) A two-fold increase of carbon cycle sensitivity to tropical temperature variations. Nature 506:212–215

Wang X et al (2017) Hydroclimate changes across the Amazon lowlands over the past 45,000 years. Nature 541:204–207

Wanner H, Ritz S (2011) HOCLAT. A web-based Holocene Climate Atlas. http://www.oeschger.unibe.ch/research/projects/holocene_atlas/

Wanner H et al (2008) Mid- to Late Holocene climate change: an overview. Quat Sci Rev 27:1791–1828

Wanner H et al (2011) Structure and origin of Holocene cold events. Quat Sci Rev 30:3109–3123

Ward DJ et al (2015) Late pleistocene glaciations of the arid subtropical Andes and new results from the Chajnantor Plateau, northern Chile. Quat Sci Rev 128:98–116

Ward JD (1987) The Cenozoic succession in the Kuiseb Valley, central Namib Desert. Memoir, Bd. 9. Geological Survey SWA/Namibia, Windhoek

Ward JD et al (1983) On the antiquity of the Namib. S Afr J Sci 79:175–183

Warnecke G (1991) Meteorologie und Umwelt. Springer, Berlin

Washburn AL (1979) Geocryology. A survey of periglacial processes and environments. Arnold, London

Washburn AL (1980) Permafrost features as evidence of climatic change. Earth Sci Rev 15:327–392

Watson AJ et al (2000) Effect of iron supply on Southern Ocean CO_2 uptake and implications for glacial atmospheric CO_2. Nature 407:730–733

Watson AJ et al (2015) Southern Ocean buoyancy forcing of ocean ventilation and glacial atmorpheric CO_2. Nat Geosci 8:861–864

Watson JE et al (2010) Chironomid-inferred late-glacial summer air temperatures from Lough Nadourcan, Co. Donegal, Ireland. J Quat Sci 25:1200–1210

Webb RS et al (1997) Influence of ocean heat transport on the climate of the Last Glacial Maximum. Nature 385:695–699

Webster D (2002) The fall of the ancient Maya: solving the mystery of the Maya collapse. Thames & Hudson, London.

Webster JW (2000) Speleothem Evidence of Late Holocene Climate Variation in the Maya Lowlands of Belize, Central America and Archaeological Implications. Unpublished Doctoral Dissertation. Department of Geography, University of Georgia, Athens, GA. 233 S

Webster JW et al (2007) Stalagmite evidence from Belize indicating significant droughts at the time of Preclassic Abandonment, the Maya Hiatus, and the Classic Maya collapse. Palaeogeogr Palaeoclimatol Palaeoecol 250:1–17

Webster PJ, Streten NA (1978) Late Quaternary Ice Age Climates of Tropical Australasia: Interpretations and Reconstructions. Quat Res 10:279–309

Wefer G, Berger WH (2007) Klimageschichte aus der Tiefsee. Der Weg vom Treibhaus zum Eiszeitklima. Marum_ROMM Bibliothek (Verständliche Geowissenschaften), Bremen, S 206–217

Wefer G et al (Hrsg) (2004) The South Atlantic in the late quaternary: reconstruction of material budgets and current systems. Springer, Berlin

Wefer G et al (2015) Klimageschichte aus der Tiefsee. Der Weg vom Treibhaus zum Eiszeitklima. In: Wefer G, Schmieder F (Hrsg) Expedition Erde. MARUM, S 328–339

Wei G et al (2000) Mg/Ca, Sr/Ca and U/Ca ratios of a porites coral from Sanya Bay, Hainan Island, South China Sea and their relationships to sea surface temperature. Palaeogeogr Palaeoclimatol Palaeoecol 162:59–74

Weiers S (1995) Zur Klimatologie des NW-Karakorum und angrenzender Gebiete. Bonner Geographische Abhandlungen, Bd. 92. Dümmler, Bonn

Weijers JWH et al (2007) Coupled thermal and hydrological evolution of tropical Africa over the last deglaciation. Science 315:1701–1704

Weischet W (1990) Das Klima Amazoniens und seine geoökologischen Konsequenzen. Berichte Naturforschende Gesellschaft Freiburg i. Br., Bd. 80, S 59–91

Weischet W (1995) Einführung in die Allgemeine Klimatologie. Teubner, Stuttgart

Weischet W (1996) Regionale Klimatologie. Teil 1: Die Neue Welt (Amerika, Neuseeland, Australien). Teubner, Stuttgart

Weischet W, Endlicher W (2000) Regionale Klimatologie. Teil 2: Die Alte Welt (Europa, Afrika, Asien). Teubner, Stuttgart

Weiss H (2001) Prehistoric and early historic West Asian responses to abrupt climate change. Monsoon 3:108

Weiss H (2016) Global megadrought, societal collapse and resilience at 4.2–3.9 ka BP across the Mediterranean and west Asia. PAGES Mag 24(2):62–63

Weiss H et al (1993) The genesis and collaps of third millennium north Mesopotamian civilization. Science 261:995–1004

Weldeab S et al (2005) Holocene African droughts relate to eastern equatorial Atlantic cooling. Geology 33:981–984

Weldeab S et al (2006) Deglacial sea surface temperature and salinity increase in the western tropical Atlantic in synchrony with high latitude climate instabilities. Earth Planet Sci Lett 241:699–706

Weldeab S et al (2007) 155,000 years of West African monsoon and ocean thermal evolution. Science 316:1303–1307 (and supporting online material)

Welsch W (2003) Die frühe Erschließung der Berge Ekuadors und die alpinistischen Unternehmungen Hans Meyers im Jahre 1903. In: Brogiato HP (Hrsg) Die Anden. Geographische Erforschung und künstlerische Darstellung. 100 Jahre Andenexpedition von Hans Meyer und Rudolf Reschreiter 1903–2003. Wissenschaftliche Alpenvereinshefte, Bd. 37, S 41–57

Wendorf F et al (1987) Early domestic cattle in the Eastern Sahara. Palaeoecol Africa 18:441–448

Wentz FJ et al (2007) How much more rain will global warming bring? Science 317:233–235

Westaway KE et al (2007) Age and biostratigraphic significance of the Punung Rainforest Fauna, East Java, Indonesia, and implications for Pongo and Homo. J Hum Evol 53:709–717

Weyhenmeyer CE et al (2000) Cool glacial temperatures and changes in moisture source recorded in Oman groundwaters. Science 287:842–845

Weyl R (1956) Eiszeitliche Gletscherspuren in Costa Rica (Mittelamerika). Zeitschrift Gletscherkd Glazialgeol 3:317–325

Wheeler D et al (2009) Reconstructing the trajectory of the August 1680 hurricane from contemporary records. Bull Am Meteorol Soc 90:971–978

Whiffin T (2002) Plant biogeography of the SE Asian-Australian Region. Adv Geoecology 34:61–82

White F (1983) The vegetation of Africa. A descriptive memoir to accompany the UNESCO/AETFAT/UNSO vegetation map of Africa. Natural Resources Research Bd. XX. UNESCO, Paris

White JWC, Steig EJ (1998) Timing is everything in the game of the two hemispheres. Nature 394:717–718

White JWC et al (1994) A high-resolution record of atmospheric CO_2 content from carbon isotopes in peat. Nature 367:153–156

White SE (1962) Late Pleistocene glacial sequence for the west side of Iztaccíhuatl, Mexico. Geol Soc Am Bull 7:935–958

Whitney BS et al (2011) A 45 kyr palaeoclimate record from the lowland interior of tropical South America. Palaeogeogr Palaeoclimatol Palaeoecol 307:177–192

Whymper E (1892) Travels amongst the great Andes of the Equator. New edition with introduction and photographs by Loren McIntyre. Gibbs M. Smith, Salt Lake City.

Wigley TML (1981) Climate and paleoclimate: What we can learn about solar luminosity variations. Sol Phys 74:435–471

Wikipedia (2016) Solar irradiance. https://en.wikipedia.org/wiki/Solar_irradiance. Zugegriffen: 2016

Wikipedia (2018) Albedo. https://en.wikipedia.org/wiki/Albedo. Zugegriffen: 10.12.2018

Wikipedia (2018) Homo naledi. https://de.wikipedia.org/wiki/Homo_naledi. Zugegriffen: 13.12.2018

Wild M (2012) Enlightening global dimming and brightening. Bull Am Meteorol Soc 93:27–37

Wild M et al (2005) From dimming to brightning: Decadal changes in solar radiation at earth's surface. Science 308:847–850

Wilhelm F (1975) Schnee- und Gletscherkunde. De Gruyter, Berlin

Wilhelmy H (1981) Welt und Umwelt der Maya. Aufstieg und Untrgang einer Hochkultur. Piper, München.

Wilkes H et al (2014) Landschaftsentwicklung und Klimawandel im südlichen Afrika. Syst Erde 4(2):38–45

Wille M et al (2000) 50 kyr climatic change in the lower-montane vegetation belt: altitudinal vegetation distribution (C3/C4 plant competition) and lapse rates in glacial times. PAGES Symposium, KNAW, Amsterdam, Niederlande, 03.11.2000 (Abstracts)

Williams M (2012) The ~73 ka Toba super-eruption and its impact: History of a debate. Quat Int 258:19–29

Williams MAJ, Nottage J (2006) Impact of extreme rainfall in the central Sudan during 1999 as a partial analogue for reconstructing early Holocene prehistoric environments. Quat Int 150:82–94

Williams MAJ et al (2003) New light on the age of the White Nile. Geology 31:1001–1004

Williams MAJ et al (2009) Glacial and deglacial climatic patterns in Australia and surrounding regions from 35 000 to 10 000 years ago reconstructed from terrestrial and near-shore proxy data. Quat Sci Rev 28:2398–2419

Williams MAJ et al (2010) Late Quaternary floods and droughts in the Nile valley, Sudan: new evidence from optically stimulated luminescence and AMS radiocarbon dating. Quat Sci Rev 29:1116–1137

Williamson CE et al (2009) Sentinels of change. Science 323:887–888

Winckler G, Mahowald N (2014) DICE: Dust impact on climate and environment. PAGES Mag 22(2):61

Winkler M et al (2010) Land-based marginal ice cliffs: Focus on Kilimanjaro. Erdkunde 64:179–193

Winkler S et al (2010) An introduction to mountain glaciers as climate indicators with spatial and temporal diversity. Erdkunde 64:97–118

Winton M (2011) Do climate models underestimate the sensitivity of Northern Hemisphere sea ice cover? J Clim 24:3924–3934

Wirrmann D, Mourguiart Ph (1995) Late Quaternary spatio-temporal limnological variations in the Altiplano of Bolivia and Peru. Quat Res 43:344–354

Wirrmann D et al (1992) A 20,000 years paleohydrological record from Lake Titicaca. In: Dejoux C, Iltis A (Hrsg) Lake Titicaca. A synthesis of Limnological knowledge. Kluwer Academic, Dordrecht, S 40–48

Wirthmann A (1987) Geomorphologie der Tropen. WBG, Darmstadt

Witze A, Kanipe J (2014) Island of fire: the extraordinary story of Laki: the volcano that turned eigthteen's-century Europe dark. Profile Books, London

Woldstedt P (1958) Das Eiszeitalter. Grundlinien einer Geologie des Quartärs, Bd 2, 2. Aufl. Enke, Stuttgart

Woldstedt P (1961) Das Eiszeitalter. Grundlinien einer Geologie des Quartärs, Bd 1, 3. Aufl. Enke, Stuttgart

Woldstedt P (1965) Das Eiszeitalter. Grundlinien einer Geologie des Quartärs, Bd 3, 2. Aufl. Enke, Stuttgart

Wolf T (1892) Geografía y geología del Ecuador. Brockhaus, Leipzig

Wolff E (2007) An ice-core scientist wonders what makes the earth run hot and cold. Nature 447:235

Wolff E, Brook E (2008) International Partnerships in Ice Core Sciences (IPICS) Steering Committee meeting. PAGES News 16(3):35

Wolff E, EPICA Members (2006) European Project for Ice Coring in Antarctica (EPICA). PAGES News 14(1):31–33

Woltering M et al (2011) Late Pleistocene temperature history of Southeast Africa: a TEX86 temperature record from Lake Malawi. Palaeogeogr Palaeoclimatol Palaeoecol 303:93–102

Wolff EW et al (2006) Southern Ocean sea-ice extent, productivity and iron flux over the past eight glacial cycles. Nature 440:491–496

Wood R et al (1999) Changing spatial structure of the thermohaline circulation in response to atmospheric CO_2 forcing in a climate model. Nature 399:572–575

Woodborne S et al (2015) A 1000-year carbon isotope rainfall proxy record from South Africa baobab trees (*Adansonia diagata* L). PLoS ONE. https://doi.org/10.1371/journal.pone.0124202

Woodruff JD et al (2009) Exploring typhoon variability over the mid-to-late Holocene: evidence of extreme coastal flooding from Kamikoshiki, Japan. Quat Sci Rev 28:1774–1785

Woodruff JD et al (2014) Depositional evidence for the Kamikaze typhoons and links to changes in typhoon climatology. Geology 43:91–94

Worden J et al (2007) Importance of rain evaporation and continental convection in the tropical water cycle. Nature 445:528–532

Wörner G et al (1988) The Nevados de Payachata volcanic region (18°S/69°W, N. Chile). I. Geological, geochemical and isotopic observations. Bull Volcanol 50:287–303

Wörner G et al (2000) Geochronology ($^{40}Ar/^{39}Ar$, K-Ar and He-exposure ages) of Cenozoic magmatic rocks from northern Chile (18–22°S): implications for magmatism and tectonic evolution of the central Andes. Revista Geológica De Chile 27(2):205–240

Wright J (2001) Making loess-sized quartz silt: data from laboratory simulation and implications for sediment transport pathways and the formation of 'desert' loess deposits associated with the Sahara. Quat Int 76/77:7–19

Wu Z et al (2009) An empirical seasonal prediction model of the east Asian summer monsoon using ENSO and NAO. J Geophys Res 114:D18120. https://doi.org/10.1029/2009JD011733

Wunsch C (2000) Moon, tides and climate. Nature 405:743–744

Wunsch C (2006) Abrupt climate change: An alternative view. Quat Res 65:191–203

Wyrwoll KH, Miller GH (2001) Initiation of the Australian summer monsoon 14,000 years ago. Quat Int 83–85:119–128

Xoplaki E et al (2011) Editorial: Medieval Climate Anomaly. PAGES News 19(1):4

Xu L et al (2010) Timing and style of Late Pleistocene glaciation in the Queer Shan, northern Hengduan Mountains in the eastern Tibetan Plateau. J Quat Sci 25:957–966

Xu Q et al (2010) The effects of training set selection on the relationship between pollen assemblages and climate parameters: Implications for reconstructing past climate. Palaeogeogr Palaeoclimatol Palaeoecol 289:123–133

Xu Z et al (2017) Fifteen years of the Chinese Continental Scientific Drilling Program. Scientific Drilling 22:1–18

Yaalon DH (2000) Down to Earth. Why soil – and soil science – matters. Nature 407:301

Yadava MG, Ramesh R (2005) Monsoon reconstruction from radiocarbon dated tropical Indian speleothems. Holocene 15:48–59

Yadava MG et al (2004) Past monsoon rainfall variations in peninsular India recorded in a 331-year-old speleothem. Holocene 14(4):517–524

Yamaguchi S, Fujita K (2013) Modeling glacier behavior under different precipitation Seasonalities. Arct Antarct Alp Res 45:143–152

Yancheva G et al (2007) Influence of the intertropical convergence zone on the East Asian monsson. Nature 445:74–77

Yang B et al (2008) Late Holocene monsoonal temperate glacier fluctuations on the Tibetan Plateau. Glob Planet Change 60:126–140

Yang X et al (2010) Recharge to the inter-dune lakes and Holocene climatic changes in the Badain Jaran Desert, western China. Quat Res 73:10–19

Yasuda Y (2008) Climate change and the origin and development of rice cultivation in the Yangtze river basin China. Ambio Special Rep 14:502–506

Yasuda Y et al (2004) Environmental archaeology at the Chengtoushan site, Hunan Province, China, and implications for environmental change and the rise and fall of the Yangtze River civilization. Quat Int 123–125:149–158

Yeager SG et al (2015) Predicted slowdown in the rate of Atlantic sea ice loss. Geophys Res Lett 42. https://doi.org/10.1002/2015GL065364

Yeom D-I, Eggleton BJ (2007) Rogue waves surface in light. Nature 450:953–954

Yi C et al (2008) Review of Holocene glacial chronologies based on radiocarbon dating in Tibet and its surrounding mountains. J Quat Sci 23:533–543

Yokoyama Y et al (2001) Coupled climate and sea-level changes deduced from Huon Peninsula coral terraces of the last ice age. Earth Planet Sci Lett 193:579–587

Yoshida A, Takeuti S (2009) Quantitative reconstruction of palaeoclimate from pollen profiles in northeastern Japan and the timing of a cold reversal event during the Last Termination. J Quat Sci 24:1006–1015

Young NE et al (2012) Glacier extent during the Younger Dryas and 8.2-ka event on Baffin Island, Arctic Canada. Science 337:1330–1333

Zachos JC et al (2008) An early Cenozoic perspective on greenhouse warming and carbon-cycle dynamics. Nature 451:279–283

Zahn R (2009) Beyond the CO_2 connection. Nature 460:335–336

Zakaib GD (2011) Out of a limb. Nature 476:20–21

Zalasiewicz J et al (2015) When did the Anthropocene begin? A mid-twentieth century boundary level is stratigraphically optimal. Quat Int 383:204–207

Zastrow M (2014) Stalled El Niño poised to resurge. Nature 513:15

Zawada PK (2000) Slackwater sediments and paleofloods. Their significance for Holocene paleoclimatic reconstruction and flood prediction. In: Partridge T, Maud RR (Hrsg) The Cenocoic of Southern Africa. Oxford University Press, New York, S 198–206

Zazula GD et al (2004) "Packrats" of Beringia: Paleoecology of small mammal middens in central Yukon. 34th Annual International Arctic Workshop 2004, Boulder, INSTAAR, 11–13 March 2004 (Abstracts)

Zech J et al (2009a) Heinrich I and Younger Dryas glaciation in the Central Andes. AGU Fall Meeting 2009. Abstracts

Zech J et al (2009b) Glacier and climate reconstruction at Tres Lagunas, NW Argentina, based on ^{10}Be surface exposure dating and lake sediment analyses. Palaeogeogr Palaeoclimatol Palaeoecol 284:180–190

Zech R (2012) A late Pleistocene glacial chronology from the Kitschi-Kurumdu Valley, Tien Shan (Kyrgyzstan), based on ^{10}Be surface exposure dating. Quat Res 77:281–288

Zech R et al (2007a) LGM and Late Glacial glacier advances in the Cordillera Real and Cochabamba (Bolivia) deduced from ^{10}Be surface exposure dating. Clim Past Discuss 3:839–869

Zech R et al (2007b) Exposure dating of Late Glacial and pre-LGM moraines in the Cordon de Doña Rosa, Northern/-Central Chile (~ 31° S). Clim Past 3:1–14

Zech R et al (2008) Timing of the late Quaternary glaciation in the Andes from ~ 15 to 40° S. J Quat Sci 23:635–647

Zech R et al (2009) Chronologies of the last glacial maximum and its termination in the Andes (10–55°S) based on surface exposure dating. In: Vimeux F et al (Hrsg) Past climate variability in South America and surrounding regions. Developments in Palaeoenvironmental Research, Bd. 14, S 61–87

Zech W, Hintermaier-Erhard G (2002) Böden der Welt: ein Bildatlas. Spektrum Akademischer Verlag, Heidelberg

Zeebe RE, Marchitto TM (2010) Atmospheric and ocean chemistry. Nat Geosci 3:386–387

Zerefos CS et al (2014) Further evidence of important environmental information content in red-to-green ratios as depicted in paintings by great masters. Atmospheric Chem Phys 14:2987–3015

Zeuner F (1952) Dating the past. Methuen, London

Zeuske M (2013) Handbuch Geschichte der Sklaverei. Eine Globalgeschichte von den Anfängen bis zur Gegenwart. De Gruyter, Berlin

Zhang B et al (2008) Contributions of sandy lands and stony deserts to long-distance dust emission in China and Mongolia during 2000–2006. Glob Planet Change 60:487–504

Zhang D (Hrsg) (2004) A compendium of Chinese meteorological records of the last 3000 years. Jiangsu Education Press, Nanjing (mit englischer Einführung)

Zhang D (2005) Sorting Chinese climate records from the 13th century BC to 1911 AD and their latest application. PAGES News 13(2):22–23

Zhang D et al (2012) Morphology and dynamics of star dunes from numerical modelling. Nat Geosci 5:463–467

Zhang P et al (2008) A test of climate, sun, and culture relationships from an 1810-year Chinese cave record. Science 322:940–942

Zhang W et al (2014) A detailed East Asian monsoon history surrounding the 'Mystery Interval' derived from three Chinese speleothem records. Quat Res 82:154–163

Zhang X et al (2014) Abrupt glacial climate shifts controlled by ice sheet changes. Nature 512:290–294

Zhao J et al (2009) High-precision U-series dating of very young cyclone-transported coral reef blocks from Heron and Wistari reefs, southern Great Barrier Reef, Australia. Quat Int 195:122–127

Zhao K et al (2015) An annually-resolved record of the Asian Summer Monsoon from Dongge Cave, China for the past 1,200 years. Quat Sci Rev. https://doi.org/10.1016/j.quascirev.2015.05.030

Zheng Benxing, Jiao Keqin (1991) Quaternary Glaciations and Periglaciations in the Qinghai-Xizhang (Tibetan) Plateau. INQUA Excursion Guidebook, Bd. XI. Chinese Academy of Science, Beijing

Zielinski GA et al (1996) Potential atmospheric impact of the Toba mega-eruption ~71,000 years ago. Geophys Res Lett 23:837–840

Zinke J et al (2008) Mayotte coral reveals hydrological changes in the western Indian Ocean between 1881 and 1994. Geophys Res Lett 35:L23707

Zinke J et al (2009) Western Indian Ocean marine and terrestrial records of climate variability: a review and new concepts on land-ocean interactions since AD 1660. Int J Earth Sci 98:115–133

Zöller L, Faust D (2009) Lower latitude loess – Dust transport past and present. Quat Int 196:1–3

Zolitschka B, Pike J (2014) Maximizing the information yield from annually resolving natural archives. PAGES Mag 22(1):4–5

Zolitschka B et al (Hrsg) (2014) Annual recorders of the past. PAGES Magazine 22(1):1–29

Zolitschka B et al (2015) The online Varve Image Portal: A new tool for studying annually laminated sediments. PAGES Mag 23(1):35

Zonneveld KAF et al (1997) Mechanisms forcing abrupt fluctuations of the Indian Ocean summer monsoon during the last deglaciation. Quat Sci Rev 16:187–201

Zumbühl HJ (1980) Die Schwankungen des Grindelwaldgletschers in den historischen Bild- und Schriftquellen des 12. bis 19. Jahrhunderts. Birkhäuser, Basel

Zumbühl HJ, Holzhauser H (1988) Alpengletscher in der Kleinen Eiszeit. Die Alp 64:129–322

Zyrkowski J (2008) It's the sun, not your SUV. St Augustine's Press, South Bend

Sachverzeichnis

B

C

D

H

L

M

Q

R

S

T